Die Pflanze

Regine Claßen-Bockhoff

Die Pflanze

Morphologie, Entwicklung und Evolution von Vielfalt

 Springer Spektrum

Regine Claßen-Bockhoff
Institut für Organische und Molekulare Evolutionsbiologie
Johannes Gutenberg-Univeristät Mainz
Mainz, Deutschland

ISBN 978-3-662-65442-2   ISBN 978-3-662-65443-9   (eBook)
https://doi.org/10.1007/978-3-662-65443-9

Die Deutsche Nationalbibliothek verzeichnet diese Publikation in der Deutschen Nationalbibliografie; detaillierte bibliografische Daten sind im Internet über http://dnb.d-nb.de abrufbar.

Vorwort

Noch ein Botanikbuch – gibt es nicht schon genug? Und überhaupt: Bei Wikipedia lässt sich doch alles nachschlagen. Alles? Nein. Gerade jetzt, in einer Zeit, in der die universitäre Lehre kaum noch Grundlagen der organismischen Botanik vermittelt, besteht die Notwendigkeit, das **pflanzenmorphologische Grundwissen** zusammenzufassen, zu **aktualisieren**, zu **illustrieren** und in einen Bezug zur aktuellen biologischen Forschung zu setzen.

Pflanzenmorphologie wird hier als die Lehre vom **Phänotyp** verstanden. Sie verbindet **Entwicklungs- und Funktionsaspekte** im **evolutionsbiologischen** Kontext mit den Nachbardisziplinen der **phylogenetischen Systematik, Ökologie** und **Entwicklungsgenetik**.

Das Buch richtet sich an **Bachelor- und Masterstudierende**, die es zur Vertiefung des in den Lehrveranstaltungen vermittelten Wissens nutzen können, an **Lehrende**, die schulische und universitäre Veranstaltungen durchführen, und an alle Interessierte, die **neugierig** auf **Pflanzen** sind.

Ein spezifisches **Grundwissen** ist nicht erforderlich, aber sicher hilfreich. Begriffe und Zusammenhänge werden **verständlich** erklärt, verlangen aber **Konzentration** und **Mitarbeit**. Die Sprache ist kompakt, der Text informativ und die Fülle an Details, Abbildungen und Querverweisen groß. Bisweilen geht der Inhalt über das Grundwissen hinaus und weist auf aktuelle Forschungsschwerpunkte hin. Exkurse ergänzen den Text um wissenswerte Details oder setzen sich mit Grundsatzfragen auseinander. Ein umfangreiches Literaturverzeichnis lädt zu weiterer Vertiefung des Stoffes ein.

Wissenschaftliches Lernen heißt nicht, Klausuren zu bestehen, sondern sich mit den Inhalten kritisch auseinanderzusetzen. Aus diesem Grund enthält das vorliegende Buch neben den allgemeinen Grundlagen auch **kontroverse Konzepte, offene Fragen** und **Diskussionsanregungen**. Die ungewöhnliche Breite des Buches spannt dabei den Bogen vom Alltagswissen über allgemeine, wissenschaftliche Grundlagen bis hin zum Expertenwissen.

Motivation und Alleinstellungsmerkmal

Der Leitgedanke des Buches ist die **Entstehung von Vielfalt** im Laufe der **Evolution der Pflanzen**:

- Die **Evolution der Pflanzen** wird oft auf die phylogenetische Systematik reduziert. Deren Ziel ist es, die Stammesgeschichte und Merkmalsentwicklung auf der Basis molekularer und morphologischer Daten zu rekonstruieren. **Allgemeine Evolutionstendenzen** und **analoge Ähnlichkeiten**, die durch gleichsinnige Anpassung an globale erdgeschichtliche Ereignisse und standortökologische Gegebenheiten entstehen, erkennt man aber vor allem bei einer **vergleichenden Betrachtung** der Pflanzen, die über den Rahmen der verwandtschaftlichen Beziehungen hinausgeht. Diesem Aspekt trägt das vorliegende Buch Rechnung. Es unterscheidet sich in seiner Gliederung von anderen Lehrbüchern der Botanik, indem beispielsweise die beiden Generationen des Gametophyten (▶ Kap. 4) und Sporophyten (▶ Kap. 5) voneinander getrennt und in sich vergleichend dargestellt werden. Dadurch treten parallele Evolutionstendenzen zutage, die sonst leicht übersehen werden. Der **Wechsel der Perspektive** ist zwar ungewohnt, führt aber zu neuen interessanten Fragestellungen.

- Evolution ist aufs Engste mit **Entwicklungsprozessen** verknüpft. Das leuchtet unmittelbar ein, denn jedes Lebewesen entsteht aus einer einzigen Zelle, die sich teilt und erst durch spezifische Entwicklungsprozesse zu einem konkreten Organismus heranwächst. Umso erstaunlicher ist es, dass die morphogenetischen Prozesse der **Blatt-, Blütenstand-** und **Blütenentwicklung** in den meisten botanischen Lehrbüchern fehlen oder überwiegend molekularbiologisch dargestellt werden.

   Im vorliegenden Buch steht das **offene Wachstum** der Pflanze im Mittelpunkt. Es drückt sich in der **kontinuierlichen Bildung und Abwandlung** von Organen während der Individualentwicklung aus und ermöglicht dadurch den ortsgebundenen Pflanzen, sich an die jeweilige Umgebung anzupassen. Die Kenntnis der morphologischen und molekularen Entwicklungsprozesse macht das pflanzliche Wachstum verständlich und vermittelt ein vertieftes Verständnis für die Evolution von Merkmalen.

- **Biologische Vielfalt** wird gewöhnlich mit der Anzahl von Arten gleichgesetzt. Sie drückt sich aber vor allem in der **morphologischen Vielfalt** aus, die das **Anpassungspotential** der Pflanzen an ihre jeweilige Umwelt widerspiegelt. Wuchsformen und Lebensweisen, Reproduktionssysteme, Bestäubungsmechanismen und Ausbreitungsprozesse haben sich in vielfältiger und oftmals **paralleler** Weise entwickelt. Diese Vielfalt lässt sich nicht an Modellorganismen zeigen, sondern nur anhand einer **Fülle von Beispielen**. Seltene Fälle sind dabei überrepräsentiert, aber gerade sie weisen auf die Breite der Vielfalt hin. Die reiche **Illustration** des Buches verschafft die notwendige Anschaulichkeit und erlaubt die schnelle Wiedererkennung von eigenen Beobachtungen.

- Auseinandersetzungen mit **grundsätzlichen Fragen** der Pflanzenmorphologie fließen ganz natürlich in den Text mit ein. Ein erstes Anliegen des Buches ist es, zentrale Fragen wie z. B. die Evolution des Kormus oder die Definition der Blüte, aus verschiedenen Blickwinkeln zu beleuchten und damit **Diskussionen** anzuregen. Ein weiteres Ziel ist, die **babylonische Begriffsverwirrung** zumindest ein Stück weit aufzulösen. In der Vergangenheit haben sich in unterschiedlichen Epochen und Sprachräumen unabhängig voneinander wissenschaftliche Schulen entwickelt, die zum Teil **gleiche Strukturen unterschiedlich** und **verschiedene Strukturen gleich** benannt haben. Erschwerend tritt hinzu, dass ähnliche Strukturen identisch (**homolog**) oder nur äußerlich ähnlich (**analog**) sein können. Da die wissenschaftliche Terminologie **Eindeutigkeit** zum Ziel hat, ist ein laxer Sprachgebrauch unbefriedigend. Auch wenn im vorliegenden Buch nicht alle Probleme gelöst werden können, wird zumindest versucht, die Terminologie für den **deutschen Sprachraum** zu aktualisieren, von Ballast zu befreien und durch die Trennung von **Homolog-** und **Analogbegriffen** präziser zu gestalten.

Wissenschaftliche Unterstützung

Das Buch umfasst die Evolution der Pflanzen von den ersten photoautotrophen Einzellern bis zur heutigen Biodiversität. Diese Breite war anfangs nicht geplant, sondern hat sich im Laufe der über zehnjährigen Bearbeitungszeit entwickelt. Ohne die Unterstützung **zahlreicher Fachkollegen** und **Fachkolleginnen**, mit denen ich über Jahre hinweg im Gespräch war, hätte ich die Arbeit nicht leisten können. Ihre spontane Bereitschaft, mir mit ihrem **Spezialwissen** zu helfen, war eine außerordentlich schöne Erfahrung. Ich danke allen sehr herzlich dafür.

Die folgenden Kollegen und Kolleginnen haben frühere Versionen der angegebenen Textauszüge kritisch gelesen und kommentiert. Für etwaige Fehler bei der anschließenden Überarbeitung bin ich allein verantwortlich:

- Annette **Becker**, Justus-Liebig-Universität Gießen (Entwicklungsgenetik)
- Peter **Comes**, Paris-Lodron-Universität Salzburg (Artbildung)
- Peter **Endress**, Universität Zürich (Blüte)
- Wolfgang **Frey**, Freie Universität Berlin (Moose)
- Marc **Gottschling**, Ludwig-Maximilians-Universität München (Algen)
- Hartmut H. **Hilger**, Freie Universität Berlin (Durchsicht aller Kapitel)
- Hansjörg **Krähmer**, Hofheim (Histologie)
- Markus **Lehnert**, Ludwig-Maximilians-Universität München (Farne)
- Veronika **Mayer**, Universität Wien (Ameisenpflanzen)
- Harald **Paulsen**, Johannes Gutenberg-Universität Mainz (Zellbiologie)
- Simon **Poppinga**, Albert-Ludwigs-Universität Freiburg (Carnivorie)
- Susanne **Renner**, Ludwig-Maximilians-Universität München (Reproduktionsbiologie)
- Rolf **Sattler**, McGill University Montréal, CA (Theoretische Morphologie)
- Annette **Schölch**, Heidelberg (Farnsporangien)
- Thomas **Stützel**, Ruhr-Universität Bochum (Gymnospermen)
- Noel **Silló**, Kompetenzzentrum Wildbienen, Neustadt/Weinstraße (Bienen)
- Anton **Weber**, Universität Wien (Morphologie, Blütenstände)
- Petra **Wester**, Universität von Natal, Pietermaritzburg (Blütenbiologie)
- Volker **Wilde**, Senckenberg Forschungsinstitut und Naturmuseum Frankfurt a.M. (Paläobotanik)
- Gerhard **Zotz**, Carl von Ossietzky Universität Oldenburg (Epiphyten)

Weitere Diskussionsbeiträge und Literaturhinweise verdanke ich:

- Julia **Bechteler**, Rheinische Friedrichs-Wilhelm-Universität Bonn
- Eileen **Dworaczek**, Johannes Gutenberg-Universität Mainz
- Lewis **Feldman**, Universität von Kalifornien, Berkeley, USA
- Herbert **Frankenhäuser**, Johannes Gutenberg-Universität Mainz
- Kester **Bull-Hereñu**, Johannes Gutenberg-Universität Mainz/Santiago de Chile, CL
- Wolfgang **Hagemann**, Ruprecht-Karls-Universität Heidelberg
- Markus **Jerominek**, Carl von Ossietzky Universität Oldenburg
- Joachim **Kadereit**, Johannes Gutenberg-Universität Mainz
- Martin **Lohr**, Johannes Gutenberg-Universität Mainz
- Iris **Mundry**, Ruhr-Universität Bochum
- Somayeh **Naghiloo,** Johannes Gutenberg-Universität Mainz/Teheran, IR
- Helga **Ochoterena**, Nationale Autonome Universität von Mexiko, MX
- Przemysław **Prusinkiewicz**, Universität von Calgary, CA
- Louis **Ronse De Craene**, Royal Botanic Garden Edinburgh, GB
- Paula **Rudall**, Royal Botanic Gardens Kew, GB
- Natalie **Schmalz**, Johannes Gutenberg-Universität Mainz

- Eric **Smets**, Naturalis Biodiversity Center, Leiden, NL
- Dmitry **Sokoloff**, Lomonossow-Universität Moskau, RU
- Thomas **Speck**, Albert-Ludwigs-Universität Freiburg
- Alexander **Vrijdaghs**, Katholische Universität Leuven, B

Trotz sorgfältiger Arbeit und kollegialer Beratung enthält das vorliegende Buch sicherlich Flüchtigkeiten, schwer verständliche Passagen und inhaltliche Fehler. Ich freue mich daher über Rückmeldungen, die zur Verbesserung des Buches beitragen.

Quellen und Zitierweise

Allgemeine Grundlagen, die zum Standardwissen gehören und in den meisten einschlägigen Botaniklehrbüchern nachlesbar sind, werden nicht (oder allenfalls pauschal) zitiert. Sie sind unter Verwendung zahlreicher deutsch- und englischsprachiger Standardwerke überprüft, neu zusammengestellt und formuliert worden. **Abweichungen** vom traditionellen Grundlagenwissen, konkrete Beispiele, neue Erkenntnisse und Spezialwissen werden anhand von Originalliteratur belegt. Das **Literaturverzeichnis** ist dementsprechend heterogen und umfangreich. Dennoch repräsentiert es nur ausgewählte Schriften und stellt keinen Anspruch auf Vollständigkeit. **Wikipedia** ist als Nachschlagwerk und für populärwissenschaftliche Exkurse sehr hilfreich. Alle Einträge wurden vor ihrer Verwendung auf Richtigkeit **überprüft**.

Die wichtigsten im Buch verwendeten Lehrbücher und Standardwerke:

- Bresinsky A, Körner C, Kadereit JW, Neuhaus G, Sonnewald U (2008) Strasburger. Lehrbuch der Botanik, 36. Aufl. Spektrum, Heidelberg
- Endress PK (1994) Diversity and evolutionary biology of tropical flowers. Cambridge University Press, Cambridge
- Evert RF (2006) Esau's plant anatomy. Meristems, cells, and tissues of the plant body – their structure, function and development. 3. Aufl. Wiley, Hoboken
- Flindt R (2000) Biologie in Zahlen. Eine Datensammlung in Tabellen mit über 10.000 Einzelwerten. 5. Aufl. Spektrum, Heidelberg
- Frahm JP (2001) Biologie der Moose. Springer, Heidelberg
- Gifford EM, Foster AS (1996) Morphology and evolution of vascular plants. 3. Aufl. Freeman, New York
- Hagemann W (1984) Die Baupläne der Pflanzen. Eine vergleichende Darstellung ihrer Konstruktion. Vorlesungsskript, Universität Heidelberg (unveröffentlicht)
- van den Hoek C, Mann DG, Jahns HM (1995) Algae. An introduction to phycology. Cambridge University Press, Cambridge
- Jäger EJ, Neumann S, Ohmann E (2009) Botanik. Nachdruck der 5. Aufl. 2003. Spektrum, Heidelberg
- Kugler H (1970) Blütenökologie. Fischer, Stuttgart
- Leins P, Erbar C (2008) Blüte und Frucht. Aspekte der Morphologie, Entwicklungsgeschichte, Phylogenie, Funktion und Ökologie. 2. Aufl. Schweitzbart'sche Verlagsbuchhandlung, Stuttgart
- Lieberei R, Reisdorff C (2012) Nutzpflanzen. Begründet von W. Franke, 8. Aufl. Thieme, Stuttgart
- Raven PH, Evert RF, Eichhorn SE (2006) Biologie der Pflanzen. 4. Aufl. De Gruyter, Berlin/New York
- Richards AJ (1997) Plant Breeding Systems. 2. Aufl. Chapman & Hall, London
- Stevens PF (2001 onwards) Angiosperm phylogeny website. Version 14, July 2017. ▶ http://www.mobot.org/MOBOT/research/APweb/
- Taylor TN, Taylor EL, Krings M (2009) Palaeobotany. The biology and evolution of fossil plants. 2. Aufl. Elsevier, Oxford
- Troll W (1935/1939/1943) Vergleichende Morphologie der Höheren Pflanzen. Band I-III. Borntraeger, Berlin (Nachdruck 1967, Koeltz, Königstein)
- Troll W (1954/1957) Praktische Einführung in die Pflanzenmorphologie. 1. und 2. Teil. Jena: Fischer (Nachdruck 1973. Koeltz, Köenigstein i.Taunus)
- Troll W (1973) Allgemeine Botanik. Ein Lehrbuch auf vergleichend-biologischer Grundlage. 4. verbesserte Auflage unter Mitwirkung von K. Höhn. Enke, Stuttgart
- Wagenitz G (2003) Wörterbuch der Botanik. 2. Aufl. Spektrum, Heidelberg

Abbildungen und Lizenzrechte

Angesichts der generellen Verfügbarkeit von Bildmaterial aus Lehrbüchern und dem Internet müssen die **Lizenzrechte** der Autoren und Autorinnen stärker als in der Vergangenheit berücksichtigt werden. Ich danke Dominik **Schuh**, Universitätsbibliothek Mainz, für seine Beratung zur Zitierweise und akademischen Integrität.

- Die **Fotos** wurden in der überwiegenden Mehrheit von mir selbst während meiner Forschungsreisen, Exkursionen und Besuche von Botanischen Gärten angefertigt. Die Namen der Pflanzen wurden anhand von Bestimmungsliteratur oder Herbarbelegen ermittelt. In vielen Fällen stammen sie von Spezialisten und Spezialistinnen vor Ort, die unsere Geländearbeit unterstützt oder Exkursionen geführt haben. Ihnen allen sei an dieser Stelle herzlich gedankt.

  Einzelne Fotos wurde mir freundlicherweise von Kollegen, Kolleginnen und Studierenden überlassen. Ich danke dafür Yousef **Ajani** (Teheran), Wilhelm **Barthlott** (Bonn), Katrin **Bockhoff** (Heidelberg), Anna **Böhm** (Mainz), Ferhat **Celep** (Ankara), Javiera **Chinga** (Santiago de Chile), Silke **Czarny** (Mainz), Barbara **Dittmann** (Mainz), Stefan **Dötterl** (Salzburg), Hans Albrecht **Froebe** (Aachen), Claudia **Gack** (Freiburg), Günther **Gerlach** (München), Peter **Gleissner** (Aachen), Anke **Groß** (Mainz), Greg **Guerin** (Adelaide), Isolde **Hagemann** (Berlin/Frankfurt a. M.), Akitoshi **Iwamoto** Yokohama Hansjörg **Krähmer** (Hofheim), Alexandra **Ley** (Mainz), Katerina **Milkoteva** (Sofia), Jin **Murata** (Tokio), Lars **Nauheimer** (Mainz), Wolfgang **Schadt** (Witten-Herdecke), Uwe **Schirkonyer** (Mainz), Peter **Schubert** (Mainz), Noel **Silló** (Mainz), Pakkapol **Thaowetsuwan** (Edinburgh), João Felipe **Toni** (Jena/Dornach), Enikö **Tweraser** (Mainz), Joshua **Wachlin** (Mainz), Anton **Weber** (Wien), Petra **Wester** (Mainz/Pietermaritzburg/Düsseldorf), Lee **Wilcox** (Madison, Wisconsin), Maria **Will** (Mainz/Oldenburg), und Bo **Zhang** (Mainz/Lanzhou).

- Die meisten **rasterelektronenmikroskopischen Aufnahmen** stammen aus meiner Arbeitsgruppe. Sie wurden im Rahmen von studentischen Projekt- und Abschlussarbeiten angefertigt und werden mit dem Namen des Autors bzw. der Autorin und meinem Namen als Betreuerin zitiert. Einige Bilder wurden mir freundlicherweise von Kester **Bull-Hereñu** (Mainz), Herbert **Frankenhäuser** (Mainz), Stefan **Gleissberg** (Athens, Ohio) und Peter **Schubert** (Mainz) zur Verfügung gestellt. Vielen Dank an alle Beteiligten.

- Die meisten **histologischen Bilder** stammen aus den **Botanischen Sammlungen der JGU Mainz**. Sie wurden von 1950 bis 1975 zu Unterrichtszwecken an der Universität Mainz angefertigt, ohne dass die Namen der daran beteiligten Personen im Einzelnen bekannt sind. Das Gleiche gilt für die histologischen Bilder aus dem Nachlass von Hans A. Froebe (Aachen), die an der RWTH Aachen für Lehrzwecke angefertigt wurden. Hansjörg Krähmer, Hochheim, stellte mir dankenswerter Weise zahlreiche Bilder seiner Handschnitte zur Verfügung. Die übrigen Bilder stammen aus meiner Arbeitsgruppe und werden wie oben angegeben zitiert.

- Für alle Abbildungen aus **Lehrbüchern**, **Zeitschriften** oder **Dissertationen** wurden die **Lizenzrechte** erfragt und wenn nötig gekauft. Ich danke allen Verlagen und Personen, die mir ihre Bilder kostenfrei oder zu einem akzeptablen Preis überlassen haben.

  Abbildungen, die vor 1930 publiziert wurden oder unter Creative Commons im Internet verfügbar sind, können lizenzfrei verwendet werden. Die **Ermittlung der Autorenschaft** anderer Abbildungen war sehr mühsam, da viele Abbildungen nicht eindeutig zitiert sind, auf ältere Auflagen zurückgehen oder von Verlagen publiziert wurden, die heute nicht mehr existieren; der Verbleib der Abbildungsrechte ist dann oft nicht mehr nachvollziehbar. Dennoch ist es für fast alle Abbildungen gelungen, den Herkunftsnachweis zu erbringen. Um die Autorenrechte zu wahren, werden auch über 100 Jahre alte Standardwerke und ältere Lehrbuchauflagen zitiert.

- Die **Originalabbildungen** wurden von mir entworfen und von Maria **Geyer** (Wiesbaden), Martin **Lay** (Breisig) und Doris **Franke** (Mainz) grafisch bearbeitet. Künstlerisch anspruchsvolle Zeichnungen und Grafiken werden mit dem entsprechenden Namen zitiert und unterliegen dem Urheberrecht. Für die hervorragende Zusammenarbeit sei allen herzlich gedankt.

Zur Verwendung des Buches

Das Buch gliedert sich in **zwölf Kapitel**, die unabhängig voneinander gelesen werden können. Auf zwei einführende Kapitel zu den theoretischen Grundlagen der Biologie und zur Zellbiologie folgen **drei Hauptteile**: Evolution der Landpflanzen (► Kap. 3, 4, und 5), Vegetationskörper und Lebenszyklus der Samenpflanzen (► Kap. 6, 7, und 8) und Reproduktive Lebensphase der Blütenpflanzen (► Kap. . 9, 10, 11 und 12). Alle Kapitel sind durch **Querverweise** miteinander verbunden, die den inhaltlichen Zusammenhang herstellen und Redundanzen vermeiden.

Die **Schreibweise** botanischer Fachbegriffe ist zuweilen verwirrend, da viele Begriffe im Laufe der Wissenschaftsgeschichte abgewandelt wurden. Termini griechischen Ursprungs mit k bzw. z werden in latinisierter Form mit c geschrieben, eingedeutscht mit k bzw. z und anglisiert mit c. Lateinische Begriffe mit c werden im Deutschen mit z geschrieben und im Englischen mit c. Auch einzelne Begriffe wie z. B. „Gynoeceum" treten in verschiedenen Versionen auf: „Gynoecium", „Gynoezium", „Gynaeceum" oder „Gynözeum". Solange keine inhaltlichen Missverständnisse auftreten, ist die unterschiedliche Schreibweise nicht problematisch. Im vorliegenden Buch richtet sie sich weitgehend nach dem *Wörterbuch der Botanik.* von Wagenitz (2002), das auch zur Vertiefung und als Nachschlagwerk empfohlen wird.

Das **Stichwortverzeichnis** listet **Schlagwörter** und **taxonomische Namen** auf. In der Regel sind hier nur die lateinischen Namen bis zum Gattungsrang berücksichtigt. Sucht man nach mehr Information, hilft der **Taxonomische Anhang** weiter, der auch Hinweise auf **Abbildungen**, **Exkurse**, **Tabellen** und den **Systematischen Anhang (Sy)** enthält. In diesem sind alle Pflanzentaxa bis zum Familienrang in ihrer systematischen Position aufgeführt und über einen **Zahlencode** auffindbar. Wichtige, im Buch behandelte Tiergruppen (Insekten, Wirbeltiere) finden sich am Ende des Systematischen Anhangs.

Folgende **Abkürzungen** werden im Buch verwendet:

BG	Botanischer Garten, Botanical Garden
convar.	Convarietät: taxonomische Rangstufe zwischen Unterart und Varietät; nur bei Kulturpflanzen verwendet
cf	Lat. *confer*, „vergleichen": wird bei nicht näher geprüften Artnamen verwendet, z. B. *Caladenia* cf. *dilatata*
div. spec.	Verschiedene (diverse) Arten
f	Form: taxonomischer Rang unterhalb der Varietät; vor allem bei Kultur- und Zierpflanzen verwendet, um züchterische Besonderheiten zu benennen
JGU	Johannes-Gutenberg-Universität
NP	Nationalpark, National Park
NR	Naturreservat, Nature Reserve
sect.	Section: taxonomischer Rang unterhalb der Gattung
s.l.	sensu latu: im weiteren Sinne
spec.	Die Abkürzung für species („Art") wird benutzt, wenn die Art einer Gattung nicht näher bestimmt ist.
subsp.	Subspecies: Unterart
syn	Synonym: Wenn mehrere Namen für ein Taxon existieren, ist nur einer gültig; die anderen sind Synonyme. Sind die Synonyme sehr bekannt, werden sie hier in Klammern angeführt, z. B. *Euphobia tithymaloides* (syn. *Pedilanthus*).
var	Varietät; taxonomischer Rang unterhalb der Unterart; vor allem für Populationen verwendet, die sich geringfügig voneinander unterscheiden
X	Das Kreuz kennzeichnet Hybride oder Zuchtformen, z. B. *Citrus × aurantium,* Clementine

Danksagung und Widmung

An erster Stelle danke ich Engelbert, Katrin und Tobi, die die stressige Zeit mit mir ertragen und mir immer den Rücken gestärkt haben.

Mein besonderer Dank gilt Hans A. **Froebe** und Wolfgang **Hagemann**, die das wissenschaftliche Fundament für das vorliegende Buch gelegt haben. Ich danke allen, die an der Erstellung dieses Buches beteiligt waren: Volker **Wissemann** (Gießen), der den Anstoß gab, Hartmut H. **Hilger** (Berlin), der die Entstehung des Buches inhaltlich begleitet hat, und den vielen Unterstützern und Unterstützerinnen, die ihr Fachwissen mit mir geteilt, meine Entwürfe kritisch kommentiert, Bilder oder Literaturhinweise zur Verfügung gestellt oder durch praktische Tätigkeiten zum Gelingen des Buches beigetragen haben.

Ich bedanke mich bei der Leitung und Belegschaft des Botanischen Gartens der JGU Mainz, die die reiche Lebendsammlung gepflegt und mir Pflanzen für Lehr- und Forschungszwecke zur Verfügung gestellt haben. Mein Dank gilt den Mitarbeitern und Mitarbeiterinnen meiner ehemaligen **Arbeitsgruppe** und meinen Kandidaten, Kandidatinnen, Doktoranden und Doktorandinnen, die mich durch Diskussionen, Hinweise und Recherchen in der Lehre und bei technischen Arbeiten unterstützt haben. Stellvertretend danke ich Herbert **Frankenhäuser**, Barbara **Dittmann**, Madeleine **Junginger**, Eranthis **Hartl**, Maria **Will**, Markus **Jerominek**, Eileen **Dworaczek**, Anna **Böhm** und Lavinia **Schardt**. Schließlich danke ich allen Studierenden, die sich getraut haben ‚dumme Fragen‘ zu stellen. Meist waren diese Fragen nicht dumm, sondern berechtigt oder sogar außer ordentlich anregend.

Der Verlag begegnete mir mit großem Vertrauen. Für die Unterstützung und Geduld während der Phase der Manuskriptabfassung danke ich Meike **Barth** und Stefanie **Wolf** (Springer Nature, Heidelberg). Vielen Dank an die le-tex publishing GmbH für das Management des Copyeditings sowie Frau Regine **Zimmerschied** für das Copyediting dieses Buches. Für die Betreuung während des aufwendigen Herstellungsprozesses danke ich Stefan **Kreickenbaum** (Springer Nature, Heidelberg), und **Shahbaz** Alam (Fa. Straive, Indien).

Ich widme dieses Buch den Studierenden, die in der Botanikklausur glaubten, dass Siphonogamie eine „entsetzliche Geschlechtskrankheit bei Algen" und das Pollenkorn „das fliegende Geschlechtsorgan der Pflanzen" sei. So unvergessen schön diese Aussagen sind, sollten sie sich doch nicht wiederholen.

Motto

Man stelle sich vor

... einen Organismus, der zur Energiegewinnung großflächige Sonnenkollektoren nutzt und seine Betriebsbereitschaft durch eine kontinuierliche Wasserversorgung aufrechterhält. Diese wird über ein Saugdruckgefälle zwischen innen und außen geregelt. An den Grenzstellen sind Regulatoren eingebaut, die den Durchfluss lenken. Der Organismus ist extremen Umweltbedingungen ausgesetzt, an die er sich selbständig anpassen kann. Er variiert sein Programm und probiert Alternativen in Tochterorganismen aus. Positive Lösungen werden weiter optimiert. Dabei kann es im Laufe der Zeit zur Entwicklung gänzlich neuer Elemente kommen. Der Organismus arbeitet in großen Temperatur- und Feuchtigkeitsamplituden. Er ist selbstreparabel, kann äußere Beschädigungen autonom beheben und verloren gegangenen Teile ersetzen ...

Diesen Organismus nennen wir Pflanze

Inhaltsverzeichnis

1	**Grundlagen der organismischen Biologie**	1
1.1	**Tierische und pflanzliche Organisation**	2
1.1.1	Ernährung: Heterotrophie vs. Photoautotrophie	3
1.1.2	Wachstum: Geschlossene vs. offene Gestalt	4
1.1.3	Körperbau: Mehrzeller vs. Symplast	5
1.2	**Identität und Ähnlichkeit**	7
1.2.1	Morphologische Bezugssysteme: Homologie und Analogie	8
1.2.2	Phylogenetische Bezugssysteme: Homologie und Homoplasie	12
1.2.3	Formbildungsprozesse	13
	Literatur	16
2	**Pflanzenzelle, Zellzyklus und Symplast**	19
2.1	**Evolution der Pflanzenzelle**	21
2.1.1	Endosymbiontentheorie	21
2.1.2	Evolution photoautotropher Zellen	22
2.2	**Besonderheiten der Pflanzenzelle**	22
2.2.1	Plastiden	24
2.2.2	Plasmalemma und Tonoplast	30
2.2.3	Vakuole	31
2.2.4	Zellwand	37
2.3	**Allgemeine Zellbestandteile**	44
2.3.1	Cytoplasma	44
2.3.2	Zellkern (Nucleus)	47
2.3.3	Endomembransysteme	49
2.3.4	Mitochondrien	52
2.4	**Zellzyklus**	53
2.4.1	Mitose	53
2.4.2	Zellteilung	54
2.4.3	Meiose	55
2.4.4	Polyploidie	58
	Literatur	59

I Evolution der Landpflanzen

3	**Erdgeschichte und Evolution der Pflanzengruppen**	63
3.1	**Evolution, Artbildung und Entstehung von Vielfalt**	65
3.1.1	Artbildung	68
3.1.2	Phänotypische Plastizität	70
3.2	**Fossilien – Zeugen der Vergangenheit**	72
3.2.1	Fossilisierung	72
3.2.2	Datierung/Zeitmessung	76
3.3	**Entstehung pflanzlichen Lebens im Wasser**	77
3.3.1	Präkambrium: Zeitalter der Prokaryoten	77
3.3.2	Kambrium: Evolution der Algen	80
3.4	**Der Landgang der Pflanzen**	84
3.4.1	Anpassungen an das Leben auf dem Land	86
3.5	**Farnzeitalter (Paläophytikum)**	87
3.5.1	Silur/Devon: Erste Landpflanzen	87
3.5.2	Devon: Entfaltung der Gefäßpflanzengruppen	90
3.5.3	Karbon: Steinkohlewälder und Gondwana-Flora	92
3.5.4	Perm: Klima- und Florenwandel	95

3.6 **Gymnospermenzeitalter (Mesophytikum)** 96
3.6.1 Trias/Jura: Entfaltung der Gymnospermen 96
3.6.2 Kreide: Beginn des Angiospermenzeitalters 98
3.7 **Zeitalter der Blütenpflanzen (Känophytikum)** 99
3.7.1 Paläogen und Neogen (Tertiär): Gebirgs- und Florenbildung 99
3.7.2 Quartär: Eiszeiten und Vegetationsentwicklung in Europa 100
3.8 **Florenreiche und Vegetationsgliederung der Erde** 100
3.8.1 Vegetationszonen 100
3.8.2 Florenreiche 104
3.9 **Erhalt von Biodiversität: Eine globale Herausforderung** 122
3.9.1 Verlust von Biodiversität 122
3.9.2 Nutzen pflanzlicher Vielfalt 122
3.9.3 Bewahrung und Erforschung biologischer Vielfalt 123
Literatur 125

4 **Sexualität und Evolution des Gametophyten** 129
4.1 **Grundbegriffe** 130
4.1.1 Sexualität: Syngamie und Meiose 130
4.1.2 Keimzellen: Sporen und Gameten 131
4.1.3 Kernphasen und Kernphasenwechsel 132
4.1.4 Generation und Organismus 133
4.2 **Sexualzyklen der Algen** 134
4.2.1 Grünalgen 135
4.2.2 Rotalgen 141
4.2.3 Braunalgen 144
4.2.4 Evolutionstendenzen im Sexualsystem der Algen 146
4.3 **Generationswechsel der Landpflanzen** 146
4.4 **Generationswechsel der Moose** 148
4.4.1 Antheridien und Archegonien 149
4.4.2 Befruchtung und Reproduktionssystem 151
4.4.3 Embryobildung und Sporogon 152
4.5 **Generationswechsel der Bärlapp- und Farnpflanzen** 153
4.5.1 Dominanz des Sporophyten 154
4.5.2 Isosporie, Endosporie und Heterosporie 155
4.6 **Generationswechsel der Samenpflanzen** 159
4.6.1 Innovationen der Samenpflanzen 159
4.6.2 Generationswechsel der Gymnospermen 161
4.6.3 Generationswechsel der Angiospermen 167
4.7 **Verlust von Sexualität: Agamospermie** 172
Literatur 173

5 **Organisationsformen und Evolution des Sporophyten** 175
5.1 **Organisation und Lebensweise der Cyanobakterien** 177
5.2 **Einzeller und Zellaggregate** 178
5.2.1 Organisation einzelliger Algen 178
5.2.2 Vom Einzeller zum Vielzeller 185
5.3 **Thalluspflanzen** 188
5.3.1 Definition des Thallus 188
5.3.2 Wachstum und Verzweigung 188
5.3.3 Organisation des Thallus 192
5.3.4 Algen: Lebensweise und ökologische Bedeutung 205
5.3.5 Der Thallus der Landpflanzen 208
5.3.6 Moose: Lebensweise und ökologische Bedeutung 217

5.4	**Fossile Telompflanzen**	222
5.4.1	Telome und Telomsysteme	222
5.4.2	Lignin und Tracheiden	223
5.4.3	Höhenwuchs und Festigungsgewebe	224
5.4.4	Übergipfelung und gestaltlich-funktionale Gliederung	225
5.5	**Kormuspflanzen**	225
5.5.1	Embryogestaltung und apikales Wachstum	226
5.5.2	Evolution des Leitgewebes	228
5.5.3	Organbildung im Devon	232
5.5.4	Der lycophylle Kormus der Bärlapppflanzen	238
5.5.5	Bärlapppflanzen: Diversität und Lebensweise	241
5.5.6	Der monilophylle Kormus der Farngruppen	244
5.5.7	Farne: Diversität und Lebensweise	252
5.5.8	Der bipolare Kormus der Samenpflanzen	261
5.5.9	Gymnospermen: Evolution, Diversität und Lebensweise	267
5.5.10	Evolution der Angiospermen	280
5.6	**Evolution reproduktiver Strukturen**	281
5.6.1	Homologie und Analogie im Generationswechsel	281
5.6.2	Diversität des Moossporogons	282
5.6.3	Sporangien der Kormophyta	288
5.6.4	Sporangienträger bei Bärlapp- und Farnpflanzen	291
5.6.5	Evolution des Samens	304
5.6.6	Die Reproduktionssysteme der Gymnospermen	308
5.6.7	Die Blüte der Angiospermen	324
	Literatur	337

II Vegetationskörper und Lebenszyklus der Samenpflanzen

6	**Organisation und Lebenszyklus**	347
6.1	**Lebenszyklus (Ontogenese)**	349
6.2	**Aufbau des Vegetationskörpers**	352
6.2.1	Steckbrief Spross und Sprossachse	355
6.2.2	Steckbrief Blatt	355
6.2.3	Steckbrief Wurzel	356
6.3	**Wachstum mit Meristemen**	358
6.3.1	Primäre Meristeme	358
6.3.2	Sekundäre Meristeme	359
6.4	**Embryogenese und Keimung**	360
6.4.1	Embryogenese	360
6.4.2	Keimruhe (Dormanz)	361
6.4.3	Keimung	362
6.5	**Blattfolge**	367
6.5.1	Blattgliederung: Unterblatt, Nebenblatt und Oberblatt	369
6.5.2	Morphologische Bezeichnung von Blättern	369
6.6	**Blattstellung (Phyllotaxis)**	374
6.6.1	Gegenständige (wirtelige) Blattstellung	374
6.6.2	Wechselständige (spiralige) Blattstellung	375
6.6.3	Varianten der Blattstellung	378
6.6.4	Entstehung von Blattstellungsmustern	379
6.7	**Verzweigung**	382
6.7.1	Grundlagen der Verzweigungslehre	382
6.7.2	Architektur von Holzgewächsen	389
6.7.3	Varianten der Verzweigung: Beiknospen und Metatopien	396

6.8	**Blühende Sprosssysteme**	**402**
6.8.1	Definition und Abgrenzung von Blütenständen	402
6.8.2	Blühtriebe und Aufblühfolge	405
6.9	**Überdauerung und vegetative Vermehrung**	**410**
6.9.1	Überdauerungsorgane	410
6.9.2	Klonbildung und vegetative Vermehrung	416
6.9.3	Alter von Pflanzen	420
6.10	**Wuchs- und Lebensformen**	**424**
6.10.1	Definitionen und Bezugssysteme	424
6.10.2	Übersicht über die Wuchs- und Lebensformen	425
	Literatur	435
7	**Dauergewebe und funktionelle Differenzierung**	**439**
7.1	**Grundgewebe (Parenchyme)**	**443**
7.1.1	Primäre Festigkeit	444
7.1.2	Interzellularräume und Durchlüftung	444
7.1.3	Parenchymtypen	445
7.2	**Abschlussgewebe**	**445**
7.2.1	Epidermis	445
7.2.2	Rhizodermis und Exodermis	454
7.2.3	Korkgewebe und Periderm	454
7.2.4	Endodermis	455
7.3	**Festigungsgewebe**	**456**
7.3.1	Kollenchym	457
7.3.2	Sklerenchym	458
7.4	**Leitgewebe**	**461**
7.4.1	Xylem und Wassertransport	461
7.4.2	Phloem und Assimilattransport	465
7.4.3	Leitbündel	468
7.5	**Absorptionsgewebe**	**470**
7.5.1	Rhizodermis: Wasseraufnahme aus dem Boden	471
7.5.2	Haustorien: Stoffaufnahme aus pflanzlichen Geweben	472
7.6	**Ausscheidungsgewebe**	**472**
7.6.1	Hydathoden (Wasserspalten)	473
7.6.2	Nektarien, Osmophoren und Elaiophoren	474
7.6.3	Tapetum	475
7.6.4	Verdauungsdrüsen	475
7.6.5	Harzkanäle und Ölbehälter	475
7.6.6	Milchröhren	478
	Literatur	482
8	**Grundorgane und Lebensweise**	**485**
8.1	**Entwicklung des Sprosses**	**489**
8.1.1	Organisation des Sprossapikalmeristems	489
8.1.2	Zonierung der Sprossspitze	493
8.2	**Bau, Entwicklung und Diversität von Sprossachsen**	**497**
8.2.1	Primäre Sprossachse der Dicotylen und Gymnospermen	497
8.2.2	Sekundäres Dickenwachstum	503
8.2.3	Holz und Borke	506
8.2.4	Sprossgestaltung der Monocotylen	518
8.2.5	Funktionelle Vielfalt von Sprossachsen	529

8.3	**Bau, Entwicklung und Diversität von Blättern**	534
8.3.1	Bau des Laubblattes	534
8.3.2	Entwicklung des Laubblattes	536
8.3.3	Diversität des Unterblattes	553
8.3.4	Diversität der Blattspreite	560
8.3.5	Diversität des Blattstieles	566
8.3.6	Histologische Gliederung des Blattes	570
8.3.7	Standortökologische Anpassungen von Blättern	575
8.4	**Bau, Entwicklung und Diversität von Wurzeln**	586
8.4.1	Wurzelsysteme	587
8.4.2	Wurzelmeristem und Keimwurzelbildung	589
8.4.3	Gewebedifferenzierung der Wurzel	591
8.4.4	Beziehungen zwischen Wurzel und Spross	597
8.4.5	Funktionelle Vielfalt von Wurzeln	603
8.5	**Gestalt- und Funktionswandel der Grundorgane**	619
8.6	**Lebensweisen und Anpassungsfähigkeit**	623
8.6.1	Standortökologische Anpassungen	623
8.6.2	Biotische Interaktionen	629
	Literatur	657

III Reproduktive Lebensphase der Blütenpflanzen

9	**Blütenstände und Reproduktionssysteme**	665
9.1	**Charakteristika von Blütenständen**	666
9.2	**Reproduktive Meristeme**	669
9.2.1	Infloreszenzmeristeme: Blütenbildung durch Segregation	671
9.2.2	Blütenmeristeme	671
9.2.3	*Floral unit*-Meristeme: Blütenbildung durch Fraktionierung	671
9.2.4	Meristeme mit Cymenbildung	673
9.3	**Klassifikation und Benennung von Blütenständen**	676
9.3.1	Offene und geschlossene Blütenstände	676
9.3.2	Gerüst und Peripherie	680
9.3.3	Grundformen reproduktiver Verzweigung	682
9.3.4	Thyrsus: Blütenstand mit Cymen	685
9.3.5	Maskierung von Blütenständen	692
9.3.6	Drei Schritte zur Blütenstandsanalyse	693
9.4	**Evolution der Blütenstände**	695
9.5	**Blütenstände als Blumen**	695
9.5.1	Blumenbildung	696
9.5.2	Beispiele: Cyathien, Dolden mit Döldchen und Köpfchen	702
9.6	**Die Pflanze als reproduktive Einheit**	708
9.6.1	Reproduktionserfolg (*fitness*)	709
9.6.2	Reproduktionssysteme	709
9.6.3	Blütendimorphismus	710
9.6.4	Genetische Selbstinkompatibilität	716
9.6.5	Selbstbestäubung: Autogamie und Geitonogamie	718
9.6.6	Förderung von Fremdbestäubung	719
9.6.7	Architektur und Aufblühfolge	727
	Literatur	731

10   Entwicklung und Diversität der Blüte 735
10.1   **Organisation der Blüte** 737
10.1.1   Organstellung 737
10.1.2   Zähligkeit 738
10.1.3   Symmetrie 740
10.2   **Blütenmeristem und Entwicklung** 741
10.2.1   Entwicklung der Blüte 741
10.2.2   Differentielle Meristemaktivität 745
10.2.3   Platzprobleme und Meristemausdehnung 750
10.3   **Blütenboden und Blütenhülle** 757
10.3.1   Blütenboden (Receptaculum) 757
10.3.2   Blütenhülle 757
10.4   **Androeceum und Stamina** 764
10.4.1   Bau des Stamens 764
10.4.2   Entwicklung des Stamens 765
10.4.3   Stellungsverhältnisse im Androeceum 766
10.4.4   Bau der Antherenwand 768
10.4.5   Entwicklung des Archespors und der Pollenkörner 769
10.4.6   Antherenöffnung und Transportformen des Pollens 772
10.4.7   Diversität des Stamens und des Androeceums 772
10.5   **Gynoeceum und Karpelle** 785
10.5.1   Bau und Entwicklung des Karpells 785
10.5.2   Placentation und Samenanlagen 788
10.5.3   Formen des Gynoeceums 790
10.5.4   Ständigkeit 795
10.5.5   Narbe und Pollenkeimung 796
10.5.6   Griffel und Compitum 799
10.6   **Evolutionstendenzen im Bereich der Blüte** 805
10.6.1   Ursprüngliche Merkmale 805
10.6.2   Bedeutende Innovationen 805
         Literatur 807

11   Blumenstile und Bestäubungsmechanismen 811
11.1   **Bestäubung durch Tiere (Zoophilie)** 814
11.1.1   Reiz- und Lockmittel 814
11.1.2   Blumenstile und Coevolution 814
11.1.3   Kooperation und Betrug 815
11.1.4   Generalisten und Spezialisten 816
11.2   **Blütensignale (Reizmittel)** 817
11.2.1   Duft 817
11.2.2   Farbe 821
11.2.3   Form 827
11.3   **Lockmittel** 831
11.3.1   Pollen 831
11.3.2   Nektar 835
11.3.3   Fettes Öl 847
11.3.4   Parfüm 851
11.3.5   Eiablageplatz 858
11.3.6   Weitere Lockmittel 861
11.4   **Täuschblumen** 865
11.4.1   Kesselfallen-, Aas- und Pilzmückenblumen 868
11.4.2   Sexualtäuschblumen 876

11.5	**Phänologie und blütenbiologische Rhythmen**	878
11.5.1	Phänologie	878
11.5.2	Zeitkorrelationen	881
11.6	**Blumenstile und Bestäubergruppen**	881
11.6.1	Blumen und Bestäuber	881
11.6.2	Cantharophilie: Käfer und Käferblumen	886
11.6.3	Myiophilie: Fliegen und Fliegenblumen	887
11.6.4	Lepidopterophilie: Falter und Falterblumen	889
11.6.5	Melittophilie: Bienen und Bienenblumen	889
11.6.6	Ornithophilie: Blumenvögel und Vogelblumen	896
11.6.7	Chiropterophilie: Fledertiere und Fledertierblumen	904
11.6.8	Bestäubung durch nichtfliegende Säuger	906
11.7	**Ausgewählte Bestäubungsmechanismen**	907
11.7.1	Staminaler Hebelmechanismus von *Salvia*	910
11.7.2	Schiffchenblumen bei Polygalaceae und Fabaceae	913
11.7.3	Turgormechanismus von *Stylidium*	919
11.7.4	Irreversible Schleuderbewegungen	920
11.7.5	Explosive Griffelbewegung der Marantaceae	922
11.7.6	Klemmfallenmechanismus von *Asclepias*	927
11.8	**Bestäubung durch Wind und Wasser**	932
11.8.1	Windbestäubung (Anemophilie)	932
11.8.2	Wasserbestäubung (Hydrophilie)	943
	Literatur	951
12	**Samen, Früchte und Ausbreitung**	959
12.1	**Samenbau und Nährgewebe**	961
12.1.1	Entstehung des Samens aus der Samenanlage	961
12.1.2	Nährgewebe	963
12.1.3	Samenschale	964
12.2	**Fruchtmorphologie**	967
12.2.1	Fruchtformen und Fruchtverbände	969
12.2.2	Öffnungsfrüchte (Streufrüchte)	971
12.2.3	Schließfrüchte	979
12.2.4	Spaltfrüchte und Bruchfrüchte	992
12.3	**Ausbreitungsbiologie**	993
12.3.1	Evolution der Samen- und Fruchtausbreitung	996
12.3.2	Zoochorie: Ausbreitung durch Tiere	996
12.3.3	Anemochorie: Ausbreitung durch den Wind	1003
12.3.4	Hydrochorie: Ausbreitung durch Wasser	1011
12.3.5	Autochorie: Selbstausbreiter	1015
12.3.6	Ausbreitungsbiologische Aspekte	1021
12.3.7	Evolutionsbiologische Aspekte	1023
	Literatur	1025

Serviceteil

Systematischer Anhang (Sy)	1028
Taxonomischer Anhang	1046
Stichwortverzeichnis	1093

Tabellenverzeichnis

Tab. 2.1 **Ausgewählte Eigenschaften pflanzlicher Zellbestandteile** (nach Jäger et al. 2009) 24

Tab. 2.2 **Gift-, Rausch- und Medizinalpflanzen**. Liste ausgewählter, traditionell genutzter Wirkstoffpflanzen und deren wichtigster Inhaltsstoff; die Arten enthalten oft mehrere Wirkstoffe, die teilweise auch in anderen Arten vorkommen. Daten überwiegend aus Buchanan et al. 2000; Weiler und Nover 2008 34

Tab. 2.3 **Zellwände photoautotropher Eukarya** 37

Tab. 2.4 **Kurzcharakteristik allgemeiner Zellbestandteile** (nach Jäger et al. 2009) 45

Tab. 3.1 **Evolution der Landpflanzen** in Abhängigkeit von den geologischen und klimatischen Bedingungen der Erdzeitalter. Zeitangaben nach ▶ http://www.stratigraphy.org/ICSchart/ChronostratChart2018-08.jpg 79

Tab. 3.2 **Epochen der Erdneuzeit.** Zeitangaben nach International Commission of Stratigraphy 2008 (aus Taylor et al. 2009). J, Jahre 99

Tab. 3.3 **Florenreiche und wichtige Vegetationszonen der Erde.** Die Zahlen weisen auf die Beispiele am Ende jeder Zone hin. Zusammengestellt nach Körner (2014) 103

Tab. 3.4 **Auswahl alter und bedeutender Kulturpflanzen der Holarktis.** Arten nach Herkunft und Verwendung sortiert. Zum Weiterlesen empfohlen: Lieberei und Reisdorff 2012 110

Tab. 3.5 **Auswahl tropischer Nutzpflanzen aus der Alten Welt.** Arten nach Herkunft und Verwendung sortiert. Zum Weiterlesen empfohlen: Lieberei und Reissdorff 2012 113

Tab. 3.6 **Auswahl tropischer Nutzpflanzen aus der Neuen Welt.** Arten nach Herkunft und Verwendung sortiert. Zum Weiterlesen empfohlen: Lieberei und Reissdorff 2012 116

Tab. 4.1 **Sexualsysteme der Algen.** Die Kenntnisse der sexuellen Abläufe bei Algen sind noch lückenhaft. Oft sind nur einzelne Modellorganismen untersucht. Angaben nach van den Hoek et al. 1995, Systematik nach Leliaert et al. 2012 135

Tab. 4.2 **Strukturen und Stadien im Generationswechsel der Landpflanzen.** Zu Hofmeisters Zeit waren die reproduktiven Strukturen der Samenpflanzen bereits beschrieben und mit einer eigenen Terminologie versehen. Die Tabelle liefert eine ‚Übersetzungshilfe' und macht deutlich, dass die gleichen Stadien bei allen Landpflanzengruppen vorkommen. Cy, Cycadales. Gi, Ginkgoales. Pi, Pinales 159

Tab. 4.3 **Befruchtung und Bestäubung der Landpflanzen** 171

Tab. 5.1 **Diversität der primären** und sekundären Algen (ohne systematischen Rang; Sy 4, 5). Nach van den Hoek et al. 1995; Jäger et al. 2009; Adl et al. 2012 179

Tab. 5.2 **Vorkommen und Organisation der primären** und sekundären Algen (Tab. 5.1). Nach van den Hoek et al. 1995; Jäger et al. 2009; Adl et al. 2012; Guiry und Guiry 2017 180

Tab. 5.3 **Diversität des Thallus der Landpflanzen.** Daten aus Frahm 2001; Lucas et al. 2013 214

Tab. 5.4 **Kormuskonstruktion und Organbildung bei Kormophyta.** (Erläuterungen s. ▶ Abschn. 5.5.3 bis 5.5.8). Angaben überwiegend aus Tomescu 2011 237

Tab. 5.5 **Kurzcharakteristik rezenter Bärlapppflanzen.** Anzahl Gattungen und Arten (in Klammern) nach PPG I 2016. 243

Tab. 5.6 **Kurzcharakteristik rezenter Farngruppen.** Systematik und Artenzahlen nach PPG I (2016). Merkmale nach Gifford und Foster 1996; Simpson 2010 253

Tab. 5.7 **Kurzcharakteristik rezenter Gymnospermen.** Systematik und Artenzahlen nach Simpson 2010. Merkmale s. Gifford und Foster 1996 265

Tab. 5.8 **Blattgestaltung ausgewählter Koniferengattungen.** Artenzahlen überwiegend nach Simpson (2010) 272

Tab. 5.9 **Diversität im Bau der Sporangien.** Daten aus Frahm (2001) 285

Tab. 5.10 **Morphologische Vielfalt der Samenausbreitung (Sy 9)** .324

Tab. 6.1 **Spezifität der Grundorgane.** Die Grundorgane des Vegetationskörpers von Samenpflanzen werden über die Alleinstellungsmerkmale ihrer Meristeme definiert. Einige Sonderfällen und extrem reduzierte Organe weisen Abweichungen auf (► Exkurs 6.1) 354

Tab. 6.2 **Übersicht über die Meristeme der Samenpflanzen** 360

Tab. 6.3 **Knollen, Zwiebeln, Rüben** – Nahrungsmittel und Futterpflanzen. Daten überwiegend aus Lieberei und Reisdorff (2007) 411

Tab. 7.1 **Dauergewebe der Samenpflanzen** 442

Tab. 7.2 **Technisch genutzte Faserpflanzen.** Sortiert nach Art der Faser, Familie und Zelllänge. Daten aus Bredemann und Garber 1959; Flindt 2000; Bismarck et al. 2005; Lieberei und Reisdorff 2012; Renz-Rathfelder 1992 459

Tab. 7.3 **Nutzbare Harze und Milchsäfte.** Auswahl nach Lieberei und Reisdorff 2012 477

Tab. 7.4 **Mikroskopische Verfahren in der Biologie** 480

Tab. 8.1 **Unterschiede im Bau des SAMs und der Leitbündelsysteme bei Samenpflanzen.** Generalisiert. Erläuterungen ► s. Abschn. 8.2.1 und 8.2.4 494

Tab. 8.2 **Zelluläre Zusammensetzung von Holz und Bast bei Samenpflanzen.** Erläuterungen s. ► Abschn. 7.5; Kursiv: lebende Zellen 507

Tab. 8.3 **Nutzhölzer Angiospermen.** Auswahl. Daten überwiegend aus Geldhauser 1986; Lieberei und Reisdorff 2012; diverse Internetquellen. ► https:// de.wikipedia.org/wiki/Liste_der_Holzarten 512

Tab. 8.4 **Nutzhölzer Gymnospermen.** Auswahl. Siehe Tab. 8.3 .513

Tab. 8.5 **Blattbeschaffenheit in unterschiedlichen Vegetationszonen der Erde.** Stark generalisiert 575

Tab. 8.6 **Aufbau und Funktion von Wurzeln und Sprossachsen.** 598

Tab. 8.7 **Mangrovenvegtation und Wurzelanpassungen.** Auswahl charakteristischer Gattungen. (Nach Troll 1943) 607

Tab. 8.8 **Diversität von Assimilatoren.** Ausgewählte Beispiele 620

Tab. 8.9 **Diversität von Stütz- und Verankerungshilfen.** Ausgewählte Beispiele 620

Tab. 8.10 **Diversität von Stoff- und Wasserspeichern.** Ausgewählte Beispiele 621

Tab. 8.11 **Diversität von Schutzstrukturen.** Ausgewählte Beispiele 623

Tab. 8.12 **Pflanzen und Ameisen.** Auswahl, zusammengestellt nach der zitierten Literatur. Siehe ◘ Abb. 8.54c, 8.84e und 8.89 632

Tab. 8.13 **Carnivore Pflanzen.** Auswahl, zusammengestellt nach der im Text zitierten Literatur. Artenzahlen nach Fleischmann et al. 2018 635

Tab. 8.14 **Parasitisch lebende Angiospermen.** Auswahl, zusammengestellt nach Westwood et al. 2010 und Parasitic Plant Connection. ► http://www.parasiticplants.siu.edu 643

Tab. 9.1 **Vegetative und reproduktive Meristeme.** Claßen-Bockhoff 2016, verändert 673

Tab. 9.2 **Terminologie der Blütenstände** (◘ Abb. 9.2 und 9.8). Auswahl. Die Endung -oid kennzeichnet Blütenstände mit Endblüte. *, **, analoge Formen, die aus Infloreszenz- bzw. **Floral Unit** Meristemen entstehen. **Gerüst**: Verzweigung (Architektur) der Blütenstände. **Peripherie**: Blütenäquivalente 681

Tab. 9.3 **Monokline und dikline Blüte bei Blütenpflanzen.** Nach Richards 1997 710

Tab. 9.4 **Merkmalskorrelation bei Selbstinkompatibilität.** Nach Richards 1997 718

Tab. 11.1 **Duftstoffe in Pflanzen.** Auswahl. Es handelt sich bei den genannten Duftstoffen nur um die Hauptbestandteile der Düfte, die tatsächlich aus Gemischen verschiedener Substanzen bestehen. Zum Weiterlesen empfohlen: Renz-Rathfelder (1968), Leins und Erbar (2007), Lieberei und Reisdorf (2012) 818

Tab. 11.2 **Pflanzenfarben und Färbepflanzen.** Auswahl. Pflanzenfarben werden zur Färbung von Textilien und Lebensmitteln, zur Körperpflege

(Körperbemalung, Haarfärbung, Sonnenschutz), als Malerfarbe und zum Anfärben mikroskopischer Präparate verwendet. Meist stammen die Farbstoffe aus dem vegetativen Bereich der Pflanze. Die Blütenblätter eignen sich weniger zur Farbstoffgewinnung, da die Pigmentkonzentrationen gering und die wasserlöslichen Farbstoffe nicht waschecht sind. Zum Weiterlesen empfohlen: Renz-Rathfelder 1990 und Lieberei und Reisdorf 2012 823

Tab. 11.3   **Gestalt von Blumen.** Beispiele und Eigenschaften. Abbildungsverweise in Klammern 830

Tab. 11.4   **Zusammensetzung lufttrockenen Pollens.** Durchschnittswerte (nach Heß 1983) 831

Tab. 11.5   **Diversität floraler Nektarien.** Ausgewählte Beispiele 837

Tab. 11.6   **Ölblumen und Öl sammelnde Bienen.** Zusammengestellt nach Weber et al. (2019 und Literatur darin). Videos zum Thema: Vogel 2002 848

Tab. 11.7   **Lockmittel und ihre Adressaten** 861

Tab. 11.8   **Blühzeiten mitteleuropäischer Pflanzen (MEZ).** A–Q, exemplarisch ausgewählte Pflanzenarten. Angaben aus Wikipedia (▶ https://de.wikipedia. org/wiki/Blumenuhr) 880

Tab. 11.9   **Merkmalssyndrome von Blumenstilen.** Auswahl der häufigsten, spezialisierten Bestäubergruppen und wichtigsten Merkmale. Zusammengestellt nach Vogel 1954; Bernhardt 2000; Goldblatt und Manning 2000 und weiterer Originalliteratur (s. Text) 882

Tab. 11.10   **Übersicht über die Stellung wichtiger Blütenbestäuber im System der Hautflügler (Hymenoptera),** stark vereinfacht nach Michener (2007), Sann et al. (2018) und Almeida et al. (2023). MWZ, Mundwerkzeuge. Fb, Feigenbestäubung. Hs, Harzsammlerinnen. Ös, Ölsammlerinnen. Os, Parfümsammler. Pk, Pseudokopulation. * soziale Lebensweise 891

Tab. 11.11   **Blumenvögel.** Systematik und Verbreitung wichtiger Gruppen (nach Mayr und Wilde 2014; Wester 2014, ergänzt) 897

Tab. 11.12   **Ausgewählte Bestäubungsmechanismen zoophiler Blüten** 909

Tab. 11.13   **Merkmale anemophiler Pflanzen** (zusammengestellt nach Kugler 1970; Culley et al. 2002; Friedman und Barrett 2008) 932

Tab. 11.14   **Hydrophile Pflanzen.** Auswahl nach Kugler 1970; Cox 1993; Philbrick und Les 1996 946

Tab. 12.1   **Übersicht über das morphologische Fruchtsystem** 968

Tab. 12.2   **Differenzierung des Perikarps bei Schließfrüchten** 980

Tab. 12.3   **Obst und Gemüse liefernde Beeren.** Die Anordnung folgt der zugrundeliegenden Fruchtform 984

Tab. 12.4   **‚Beeren‘, die botanisch keine Beeren sind** 985

Tab. 12.5   **Nüsse und als ‚Nüsse‘ bezeichnete Samen und Steinkerne.** Nach Lieberei und Reisdorff 2007; Stevens 2001 onwards 990

Tab. 12.6   **Anpassung der Diasporen an spezifische Ausbreitungsarten.** Zusammengestellt nach Ulbrich 1928; Müller-Schneider 1977; van der Pijl 1982; Leins und Erbar 2007 995

Tab. 12.7   **Sinkgeschwindigkeit und Ausbreitungsweiten anemochorer Diasporen.** Auswahl, angeordnet nach Pflanzengruppen und Sinkgeschwindigkeit. Daten aus Müller-Schneider (1977) nach Schmidt (1918) 1007

Tab. 12.8   **Diversität anemochorer Diasporen.** Siehe ◘ Abb. 12.24, 12.25 und 12.26. Nach Ulbrich (1928), Müller-Schneider (1977), Hecker (1981), ergänzt 1008

Tab. 12.9   **Streuweite autochorer Früchte.** Nach Müller-Schneider 1977 und Literatur darin. [1], nach Swaine und Beer (1977) 1016

Verzeichnis der Exkurse

Exkurs 1.1	‚Grün sein' hat Folgen…	3
Exkurs 1.2	Pflanzenmorphologie und Pflanzenanatomie	8
Exkurs 1.3	Homologie – ein Fall für Kriminalisten	9
Exkurs 1.4	Grundbegriffe	15
Exkurs 2.1	Zellenlehre vs. Plasmatheorie	21
Exkurs 2.2	Photosynthese und Photosynthesepigmente	28
Exkurs 2.3	Chemische Kommunikation	33
Exkurs 2.4	Cellulose – universeller Baustoff der Zellen	41
Exkurs 2.5	Entstehung genetischer Diversität	57
Exkurs 3.1	Was ist eine Art?	66
Exkurs 3.2	Die Domänen des Lebens	78
Exkurs 3.3	Pflanzen vs. Algen	82
Exkurs 3.4	Evolution durch Symbiose	84
Exkurs 3.5	Frühe Gefäßpflanzen (Telompflanzen)	89
Exkurs 3.6	Pflanzengruppen des Devons	93
Exkurs 3.7	Farne und Samenfarne	96
Exkurs 3.8	Gymnospermen	97
Exkurs 3.9	Angiospermen (Blütenpflanzen)	98
Exkurs 3.10	Invasive Arten	104
Exkurs 3.11	Endemismus und Biodiversitätszentren	116
Exkurs 4.1	Wilhelm Hofmeister (1824–1877)	148
Exkurs 4.2	Entwicklungsverkürzung	164
Exkurs 4.3	Sexualsysteme der Pflanzen	170
Exkurs 5.1	Flechten – Symbiose aus Algen und Pilzen	186
Exkurs 5.2	Evolution, Ähnlichkeit und Analogbegriffe	199
Exkurs 5.3	Wechselfeuchte und eigenfeuchte Pflanzen	215
Exkurs 5.4	Telomtheorie	223
Exkurs 5.5	Terminologische Zwischenbemerkung	232
Exkurs 5.6	Gene, Homologie und Evolution	234
Exkurs 5.7	Regulation des begrenzten Wachstums	245
Exkurs 5.8	*Ginkgo, Metasequoia* & Co. – lebende Fossilien	268
Exkurs 5.9	Bonsai – Harmonie im Miniaturformat	276
Exkurs 5.10	Quellungsbewegungen	287
Exkurs 5.11	Kohäsionsbewegungen	290
Exkurs 5.12	Pollenfang im Windkanal	308
Exkurs 5.13	Repellents – Beginn der Insektenbestäubung?	311
Exkurs 5.14	Samenausbreitung durch Tiere (Zoochorie)	323
Exkurs 5.15	Pseudanthium: ein Begriff, drei Bedeutungen	329

Exkurs 6.1	Konzepte der Pflanzenmorphologie	354
Exkurs 6.2	Aufriss und Grundriss	356
Exkurs 6.3	Goethes Metamorphose der Pflanze	368
Exkurs 6.4	Fibonacci Zahlen und Goldener Schnitt	379
Exkurs 6.5	*Arabidopsis*, Auxin und pflanzliche Entwicklung	381
Exkurs 6.6	Synfloreszenz und Infloreszenz	403
Exkurs 6.7	Bulbillen am Blattrand	419
Exkurs 6.8	Superlative: die Größten, Dicksten, Kleinsten	422
Exkurs 6.9	Alexander von Humboldts Physiognomie der Pflanzen	424
Exkurs 7.1	Zeichnen – nein danke?	440
Exkurs 7.2	Papierherstellung im Alten Ägypten	444
Exkurs 7.3	Bionik – Biologie und Technik	448
Exkurs 7.4	Mikroskopie – Blick in den Mikrokosmos	479
Exkurs 8.1	Komplementäre Sprossmodelle	487
Exkurs 8.2	Regulation des offenen Wachstums	492
Exkurs 8.3	Regulation der Blattentwicklung	536
Exkurs 8.4	Wie entsteht die Vielfalt der Blattformen?	538
Exkurs 8.5	Unifacialität bei Monocotylenblättern	546
Exkurs 8.6	Blattbewegungen	568
Exkurs 8.7	Extremstandorte: C_4- und CAM-Pflanzen	574
Exkurs 8.8	Juvenilrot und Herbstlaubfärbung	583
Exkurs 8.9	Endogene Entstehung des Wurzelpols	590
Exkurs 8.10	Symphysen	611
Exkurs 8.11	Symbiosen im Wurzelbereich	615
Exkurs 8.12	Viren, Gallen und Schädlinge	648
Exkurs 9.1	Blühimpuls bei *Arabidopsis thaliana*	670
Exkurs 9.2	*Floral unit-Meristeme* – fraktionierende Blütenmeristeme?	675
Exkurs 9.3	Anomalien (Terata)	678
Exkurs 9.4	Aufriss und Grundriss	682
Exkurs 9.5	Chaos pur: Was ist eine Cyme?	688
Exkurs 9.6	Andromonözie bei Doldengewächsen	713
Exkurs 9.7	Sekundäre Pollenpräsentation	724
Exkurs 10.1	Das ABC-Modell der Blütenentwicklung	744
Exkurs 10.2	Congenitale Entstehung und postgenitale Prozesse	750
Exkurs 10.3	Ist das Sprossmodell der Blüte noch zeitgemäß?	756
Exkurs 10.4	Blütendiagramm und Blütenformel	760
Exkurs 11.1	Geschichte der Blütenbiologie	816
Exkurs 11.2	Blütenpflanzen – eine Welt voller Düfte!	820
Exkurs 11.3	Mundwerkzeuge Blüten besuchender Insekten	842
Exkurs 11.4	Faszinierende Vielfalt der Orchideenblüten	854
Exkurs 11.5	Mimikry – Täuschung durch Signalfälschung	866

Exkurs 11.6	Linnés Blumenuhr	879
Exkurs 11.7	Blumenstile – in ihrer Bedeutung überschätzt?	884
Exkurs 11.8	Bienensterben und Wildbienenschutz	890
Exkurs 11.9	Mechanische Isolation durch Resupination	902
Exkurs 11.10	Synorganisation und Covariation	931
Exkurs 11.11	Gräser und Grasartige	937
Exkurs 12.1	Samen, Karat und Elfenbein	966
Exkurs 12.2	Hülsen und Hülsenfrüchtler	974
Exkurs 12.3	Kalebassen	982
Exkurs 12.4	Walnuss und Apfelfrucht	987

Grundlagen der organismischen Biologie

Inhaltsverzeichnis

1.1 Tierische und pflanzliche Organisation – 2
1.1.1 Ernährung: Heterotrophie vs. Photoautotrophie – 3
1.1.2 Wachstum: Geschlossene vs. offene Gestalt – 4
1.1.3 Körperbau: Mehrzeller vs. Symplast – 5

1.2 Identität und Ähnlichkeit – 7
1.2.1 Morphologische Bezugssysteme: Homologie und Analogie – 8
1.2.2 Phylogenetische Bezugssysteme: Homologie und Homoplasie – 12
1.2.3 Formbildungsprozesse – 13

Literatur – 16

© Springer-Verlag GmbH Deutschland, ein Teil von Springer Nature 2024
R. Claßen-Bockhoff, *Die Pflanze*, https://doi.org/10.1007/978-3-662-65443-9_1

Trailer

Die ältesten und höchsten Lebewesen gehören zu den Landpflanzen. Einige von ihnen können über 4000 Jahre alt werden oder in Form von mächtigen Bäumen eine Höhe von über 100 m erreichen. Wie machen die Pflanzen das? Wieso können Tiere und Pilze da nicht mithalten?

Diesen Fragen gilt das erste Kapitel. Es erläutert, in welchen grundlegenden Merkmalen sich die grünen Pflanzen von den nichtgrünen Tieren unterscheiden und wie sich die beiden Organismengruppen die gleiche Umwelt mit den gleichen Lebensanforderungen auf völlig unterschiedliche Weise erschlossen haben.

Im Laufe der Evolution sind in allen Entwicklungslinien vielfältige Anpassungen und Abwandlungen erfolgt, die sich in der heutigen biologischen Vielfalt niederschlagen. Die Frage, ob dabei auftretende Ähnlichkeiten auf gleicher Herkunft oder gleichartiger Anpassung beruhen, gehört zu den Grundfragen der Biologie. Zu ihrer Klärung bedient man sich der Homologiehypothese. Das Konzept von Homologie und Analogie ist von zentraler Bedeutung in der Biologie und wird in seinen Grundzügen erläutert.

Das vorliegende Kapitel befasst sich mit wichtigen Grundlagen der organismischen Biologie. Diese werden durch die Erklärungen und Beispiele in den folgenden Kapiteln verständlich. Es empfiehlt sich daher, das erste Kapitel mehrfach, zu Beginn und am Ende einzelner Kapitel, zu lesen.

Die unterschiedliche Ernährungsweise von Einzellern, Pflanzen, Tieren und Pilzen hat die Evolution der Organismenreiche maßgeblich beeinflusst:

- **Pflanzen** betreiben Photosynthese (▶ Exkurs 2.2), d. h., sie nehmen anorganische Moleküle auf und wandeln sie mithilfe der Sonnenenergie in organische Verbindungen um. Sie sind **photoautotroph** (wörtl. „sich mithilfe des Lichtes selbst ernährend"). Nur vollparasitisch lebende Pflanzen betreiben keine Photosynthese (▶ Abschn. 8.6.2).

  Pflanzen sind in der Regel an ihren Standort gebunden (**sessil**) und wachsen ihr Leben lang unter **kontinuierlicher Organbildung** weiter (unbegrenztes, **offenes Wachstum**; ▶ Abschn. 1.1.2).
- **Tiere** nehmen organische Nahrung auf. Sie ernähren sich von anderen Lebewesen (**heterotroph**), sind meist frei beweglich (**mobil**), zeigen ein begrenztes Wachstum und haben eine definierte Gestalt.
- **Pilze** besitzen wie die Pflanzen ein offenes Wachstum, ernähren sich aber wie Tiere heterotroph. Einige gehen eine enge Verbindung (Symbiose) mit photosynthetisch aktiven Einzellern ein und ernähren sich dann photoautotroph (**Flechten**; ▶ Exkurs 5.1). Pilze wurden ursprünglich zu den Pflanzen gestellt. Sie stehen aber verwandtschaftlich den Tieren näher (Sy 3) und werden daher in diesem Lehrbuch **nicht behandelt**.
- **Einzeller** leben autotroph (chemo-, photoautotroph; ▶ Exkurs 3.2), heterotroph oder parasitisch. Photoautotrophe Einzeller gehören verschiedenen Verwandtschaftsgruppen an, die unter dem Sammelnamen **Algen** zusammengefasst werden (▶ Exkurs 3.3).

1.1 Tierische und pflanzliche Organisation

In der Antike wurden Pflanzen auf der hierarchischen **Stufenleiter des Lebens** zwischen Mineralien und Tiere gestellt. An der Spitze stand der Mensch. Von ihm ging jede Betrachtung aus. Dann folgten absteigend Tiere, Pflanzen und Mineralien. So ist verständlich, dass **Theophrast von Eresos** (~300 v. Chr., Schüler von Aristoteles) pflanzliche Strukturen mit Begriffen aus der Medizin und Tierkunde belegte (z. B. Fruchtfleisch, Blattnerven).

Auch heute gelten Pflanzen noch vielerorts als ‚niedriger' entwickelt als Tiere. Das ist eine Wertung, die mit der Biologie der Organismen wenig zu tun hat. Pflanzen und Tiere sind nicht niedriger oder höher entwickelt, sondern **anders** organisiert. Sie stimmen im Besitz eines Protoplasmas mit Zellkern und Zellorganellen sowie in den grundlegenden Prozessen der Atmung, Nährstoffaufnahme und Erregbarkeit überein, unterscheiden sich aber in der Art ihrer Ernährung und Mobilität, in ihrem Wachstum, Körperbau und Sexualzyklus.

Der folgende stark generalisierte Vergleich zwischen Tieren und Pflanzen macht deutlich, dass sich die unterschiedliche **Ernährungsweise** auf verschiedene Bereiche des Organismus, von der Zelle bis zur äußeren Gestalt, Lebensweise und Fortpflanzung auswirkt (▶ Exkurs 1.1).

Mit der photoautotrophen Lebensweise (Abb. 1.1c) sind direkt oder indirekt folgende Merkmale der Landpflanzen verbunden: große Oberflächen, offenes Wachstum, Ortsgebundenheit (Sessilität), Totipotenz der Zellen, Zellwand aus Cellulose, Körperbau aus Symplast und Apoplast, Generationswechsel (s. Text).

Abb. 1.1   Wirbeltiere und Blütenpflanzen. a, Labrador beim Spiel: Tiere sind mobil. **b,** Weidendes Schaf: Tiere sind heterotroph. **c,** Hallenbuchenwald, Rügen: Pflanzen sind sessil und photoautotroph. (© R. Claßen-Bockhoff, Mainz)

1.1.1 Ernährung: Heterotrophie vs. Photoautotrophie

Tiere

Tiere nehmen organische Nahrung in Form von Einzellern, Pflanzen und Tieren auf. Sie sind **heterotrophe Konsumenten** (Abb. 1.1b). Ihre Nahrung müssen sie in aller Regel suchen, d. h., sie müssen wandern oder jagen bzw. fliehen können. **Mobilität** ist daher für die meisten Tiere ein gestaltbestimmender Faktor (Abb. 1.1a). Der Körperbau ist funktionell an die jeweilige Bewegungsart angepasst und verändert sich im ausgewachsenen Zustand nicht mehr. Tiere weisen damit ein **begrenztes Wachstum** und eine **definierte Gestalt** auf. Die Organe und großen resorbierenden Oberflächen, über die der Stoffaustausch mit der Umgebung erfolgt (z. B. Kiemen, Lunge, Darm), liegen im Innern des Körpers.

Die Bedeutung der äußeren Gestalt für die Bewegung der Tiere kommt auch darin zum Ausdruck, dass sich im Laufe der Evolution vielfach unabhängig voneinander Tiere mit Flügeln, Flossen oder Grabwerkzeugen entwickelt haben. Die äußere Ähnlichkeit beruht dabei nicht auf Verwandtschaft, sondern auf gleichgerichteter Anpassung (**Konvergenz**, **Parallelismus**; ► Exkurs 1.4, ► Abschn. 1.2.2).

Die Beweglichkeit ermöglicht es den Tieren, Geschlechtspartner selbst aufzusuchen und sich mit ihnen zu paaren. Dies hat im Laufe der Evolution die **Geschlechtertrennung** und einen Sexualzyklus begünstigt, bei dem die sexuelle Phase auf die Geschlechtszellen begrenzt bleibt (**Diplont**; ▶ Abschn. 4.1.3).

Pflanzen

Pflanzen (und sekundäre Algen; ▶ Abschn. 2.1.2, ▶ Exkurs 3.3, Sy 3) wandeln unter Ausnutzung der Sonnenenergie anorganische Moleküle in organische Substanzen um. Sie sind **photoautotrophe Produzenten**. Ähnlich wie bei technisch hergestellten Sonnenkollektoren sind zum Aufsammeln möglichst vieler Lichtquanten **große Oberflächen** notwendig. Sie werden vom Blattwerk der Pflanzen gebildet, das z. B. bei einer mittelgroßen Buche (*Fagus sylvatica*, Fagaceae) einer Fläche von ~500 m^2 entspricht (Flindt 2000). Für die Wasser- und Nährsalzaufnahme stehen im Wurzelbereich ähnlich ausgedehnte Oberflächen in Form von Seitenwurzeln und Wurzelhaaren zur Verfügung (▶ Abschn. 8.4.1).

Die Pflanze wendet ihre resorbierenden Oberflächen nach außen. Sie ergänzt und vergrößert diese zeitlebens durch **Neubildung von Organen** (Organbegriff s. ▶ Exkurs 5.5). Dadurch besitzt sie eine sich ständig ändernde, **offene** Gestalt (▶ Abb. 6.1).

Im Gegensatz zum mobilen Tier kann und muss sich die Pflanze (Landpflanze) nicht fortbewegen. Sie verbleibt am einmal etablierten Standort, wo sie sich fest verankert. Große **äußere Oberflächen** und Ortsgebundenheit (**Sessilität**) sind somit die gestaltbestimmenden Faktoren der Landpflanzen (◨ Abb. 1.1c).

Die **Ortsgebundenheit** erlaubt die Ausbildung riesiger Oberflächen, führt aber auch dazu, dass Hitze, Schäden durch Fressfeinde oder Überschwemmungen am Standort überlebt werden müssen. Die Pflanze reagiert auf diese Situationen sehr **flexibel**. Abwehrstoffe (▶ Exkurs 2.3), Mechanismen zur Regulation des Wasserhaushaltes (▶ Abschn. 7.2.1 und 7.4) und nicht zuletzt die Regenerationsfähigkeit durch offenes Wachstum verleihen insbesondere den Samenpflanzen ein hohes **Anpassungsvermögen**.

Anders als das Tier kann die festsitzende Pflanze nicht auf ihren **Sexualpartner** zugehen, sondern ist auf **Befruchtungsvermittler** angewiesen (▶ Abschn. 4.6.1, 11.6 und 11.7). Der notwendige Transport der Geschlechtszellen hat im Laufe der Evolution den **haplodiplontischen Generationswechsel** der Landpflanzen begünstigt (▶ Abschn. 4.3). Auch zur **Ausbreitung** der Sporen, Samen und Früchte ist die Pflanze auf Wind, Wasser oder Tiere angewiesen (▶ Abschn. 12.3)

1.1.2 Wachstum: Geschlossene vs. offene Gestalt

Tiere

In der Individualentwicklung (**Ontogenese**; ▶ Exkurs 1.4) des tierischen Organismus bleibt die optimierte Körperform durch **begrenztes Wachstum** erhalten. Die äußere Gestalt der Tiere und alle inneren Organe werden früh und nur **ein einziges Mal** angelegt (◨ Abb. 1.2a). Im Laufe der Entwicklung wächst der Körper zu seiner endgültigen Größe heran, und die Organe erlangen ihre Funktionsreife. Die **Organe bleiben** das Leben lang **erhalten**.

Begrenztes Wachstum liegt auch bei Tieren mit **Metamorphose** (z. B. Fröschen) vor, deren Körper ‚umgebaut' wird. So weit bekannt, entstehen die neuen Organe aus Anlagen, die bereits im Embryo gebildet werden (Imaginalscheiben). In jedem Fall bleibt die Gestalt des **adulten Tieres**, einmal erreicht, erhalten. **Korallen** und andere Nesseltiere (Cnidaria) sind wie Pflanzen festsitzend und vergrößern ebenfalls ständig ihre Oberfläche. Allerdings handelt es sich bei ihnen um **Kolonien** aus vielen Einzeltieren, die sich asexuell durch Knospung vermehren und zusammenbleiben. Das offene Wachstum bezieht sich somit auf die Kolonie und nicht auf das einzelne Tier, das eine geschlossene Gestalt aufweist.

Das begrenzte Wachstum geht mit **Determination** und **Differenzierung** einher (▶ Exkurs 1.4). **Embryonale Stammzellen** sind **totipotent**, d. h. aus ihnen können alle Zelltypen hervorgehen. Im Laufe der Individualentwicklung wird ihr Potential zunehmend eingeschränkt und die weitere Entwicklung festgelegt (determiniert). In multipotenten **Körperstammzellen** bleiben nur noch solche Gene aktiv, die für die Bildung bestimmter Zelltypen benötigt werden (z. B. Haut- oder Blutzellen). Diese entstehen durch **Differenzierung**, worunter die molekularen Prozesse verstanden werden, die zur Ausbildung spezifischer Zelltypen führen.

Molekularbiologisch äußert sich die **Determination** in einer schrittweisen Einschränkung der Fähigkeit zur Genexpression. Unter natürlichen Bedingungen ist sie bei Tieren (inkl. Menschen) unumkehrbar (**irreversibel**), aber im Labor lassen sich differenzierte Körperzellen wieder in Stammzellen zurückprogrammieren (Nobelpreis für Medizin 2012).

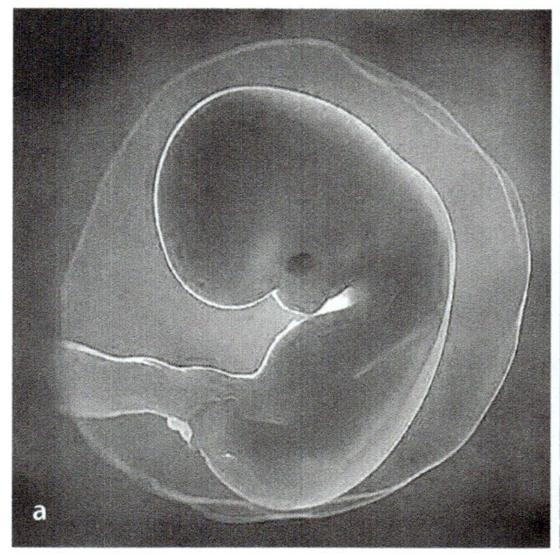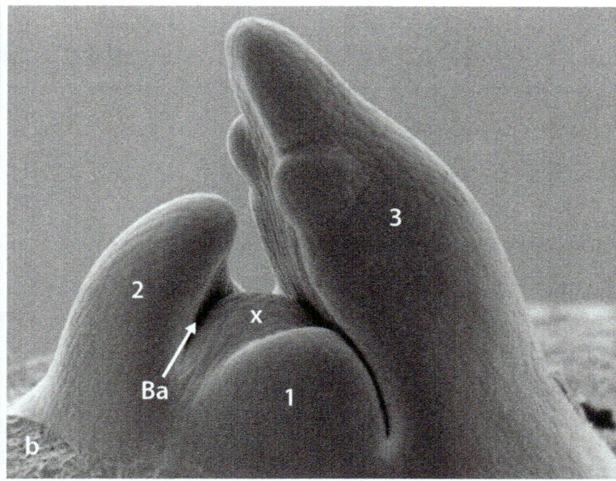

Abb. 1.2 Begrenztes und offenes Wachstum. a, Menschlicher Embryo, etwa sieben Wochen alt. Nach zwölf Wochen sind alle Organe und Gliedmaßen angelegt; es folgen nur noch Wachstum und Reifung. **b,** Offenes Wachstum am Sprossapikalmeristem (SAM) einer Blütenpflanze. Die Sprossspitze (x) bleibt teilungsaktiv. Sie gliedert kontinuierlich seitliche Blattanlagen (1–3) aus, in deren Achseln (Ba, Blattachsel) später Seitenachsen entstehen. (© a: Myers 2008. b: Claßen-Bockhoff und Bull-Hereñu 2013. Foto: S. Gleissberg, Mainz. Mit freundlicher Genehmigung)

Pflanzen

Im Gegensatz zum tierischen Organismus produzieren Pflanzen zeit ihres Lebens **neue Organe**. Diese entwickeln sich bei den meisten vielzelligen Algen und allen Sporen tragenden Landpflanzen (Moose, Bärlapp-, Farnpflanzen; Sy 6) aus **Scheitelzellen** oder **Scheitelzellreihen**, bei den Samenpflanzen dagegen aus Bildungsgeweben (**Meristemen**; ▶ Abschn. 5.5 und 6.3). Die Zellen der Bildungszonen **bleiben teilungsfähig** und **totipotent**. Eine genetisch festgelegte Determination der Zellen (wie bei Tieren) scheint es nicht zu geben. Die spezifische Entwicklung von Pflanzenzellen beruht nach derzeitigem Wissen auf **Positionsinformationen**, d. h. auf **Signalen** von Nachbarzellen oder der Umwelt. Wie das genau geschieht, ist Gegenstand aktueller Forschung (z. B. Stern und Laux 2006; ▶ Exkurs 8.2).

Die Fähigkeit, **zeitlebens neue Organe** zu produzieren, nennt man **offenes Wachstum**. Bei den **Samenpflanzen** geht es vom **Sprossapikalmeristem** (SAM; Abb. 1.2b, ▶ Exkurs 8.2), dem **Wachstumszentrum** und **Gestaltbildner** der Pflanze, aus. Das SAM liegt an der Spitze des wachsenden Sprosses und gliedert kontinuierlich seitlich liegende Blattanlagen (**Primordien**) ab. Neu gebildete Organe bleiben entweder erhalten und bauen das ober- und unterirdische Gerüst der Pflanze auf (Spross-, Wurzelsystem), oder sie werden am Ende ihrer Funktionszeit abgeworfen (Blätter, Kurztriebe). Während der Vegetationskörper durch offenes Wachstum charakterisiert ist, zeigen die meisten Blätter, Blütenstände, Blüten und Früchte **begrenztes** Wachstum. Sie besitzen eine **definierte Gestalt** und fallen nach kurzer Lebensdauer ab.

Bereits differenzierte Zellen können wieder in den teilungsfähigen Zustand übergehen (**Reembryonalisierung**; ▶ Abschn. 7.1). Diese **bemerkenswerte Fähigkeit** erlaubt es den Pflanzen, umfangreiche Vegetationskörper zu bilden und auf Verletzungen zu reagieren (▶ Abschn. 8.2.3).

Im Unterschied zu den meisten Tieren besitzen die Pflanzen **keine Keimbahn**, in der die Sexualorgane in einem frühembryonalen Stadium angelegt werden. Sie produzieren erst in einem **bestimmten Lebensalter**, der sexuellen (Gametophyt; ▶ Kap. 4) bzw. reproduktiven Phase (Sporophyt; ▶ Abschn. 5.6), **neuartige Organsysteme** in Form von Sexualapparaten, Sporenbehältern oder Blüten (▶ Kap. 4, 9 und 10). Bei den Samenpflanzen, vor allem bei den ausdauernden Gewächsen, werden **nur einzelne Sprossabschnitte reproduktiv**, während der Vegetationskörper selbst das vegetative Wachstum fortsetzt (▶ Abschn. 6.8). Der Impuls zum Übergang in die reproduktive Phase (**Blühimpuls**; ▶ Exkurs 9.1) erfolgt durch endogene Signale und Außenreize (abiotische Faktoren). Er kann gleichzeitig an verschiedenen Stellen einer Pflanze wirken und über viele Jahre hinweg immer wieder neu auftreten.

1.1.3 Körperbau: Mehrzeller vs. Symplast

Tiere

Die ontogenetisch früh angelegten Organe der vielzelligen Tiere sind ein Leben lang funktionstüchtig. Dies wird durch kontinuierliche **Erneuerung der Zellen** gewährleistet. Die Zellbildung beruht dabei auf einer **vollständigen Zellteilung (Cytokinese)**, die zu getrennten Tochterzellen und zur Bildung von echten **Mehrzellern** führt (Abb. 1.3c). Tatsächlich bestehen die Gewebe der Tiere primär aus funktional differenzierten **Einzelzellen**, die in eine extrazelluläre Matrix eingebettet sind und **sekundär** über Biomembranstrukturen zusammengehalten werden.

Jede Zelle ist von einer **Biomembran** umgeben, die sie gegenüber ihrer Umgebung abgrenzt. Die tierische Cytoplasmamembran ist mit **Na⁺-K⁺-Pumpen** ausgestattet, über die die Ionenkonzentration im Zellinneren an die des Außenmilieus angeglichen und ein ,Platzen' der Zelle verhindert wird.

Zellkommunikation findet **mittelbar** über die Biomembranen hinweg statt (z. B. Transmembranproteine, Synapsen) oder **unmittelbar** über **sekundäre Zellverbindungen** (*gap junctions*), die durch Kanalbildung in den Membranen benachbarter Zellen entstehen.

Pflanzen

Anders als Tiere bilden Pflanzen zeitlebens **neue Organe**. Deren **Zellen** werden **nicht erneuert**, sondern bleiben als **Stützsystem** erhalten.

Die Pflanzenzellen sind von einer festen Wand aus **Cellulose** umgeben und werden durch den Kittstoff **Pektin** (Mittellamelle; ▶ Abschn. 2.2.4) zusammengehalten. Cellulose besteht aus Zuckermolekülen, die in

der Pflanzenzelle als Folge der Photosynthese reichlich vorhanden sind. Die Moleküle werden aus dem Plasma ausgeschleust (Exocytose; ▶ Abb. 2.11) und bilden außerhalb des Plasmas einen festen Verband (▶ Abschn. 2.2.4). Da Zellwände mit jeder Zellteilung neu entstehen, stellen sie in ihrer Gesamtheit ein **mitwachsendes Außenskelett** dar (◘ Abb. 1.3d: Zw). Es wird als **Apoplast** bezeichnet und bleibt auch nach dem Absterben des lebenden Zellplasmas erhalten. Bestes Beispiel ist der Holzkörper der Bäume, der zum größten Teil aus den Wänden **toter** Zellen besteht (▶ Abschn. 8.2.3, ▶ Abb. 8.18).

Im Gegensatz zu den Tieren (inkl. Menschen) ist die **Zellteilung** der Landpflanzen **nicht vollständig** (▶ Abschn. 2.2.4). Es bleiben **primäre** Plasmabrücken (**Plasmodesmen**) zwischen den Tochterzellen erhalten, die eine **direkte Zellkommunikation** ermöglichen (◘ Abb. 1.3d: Pd). Auf diese Weise entsteht ein zusammenhängender **cytoplasmatischer Raum**, der die ganze Pflanze durchzieht und als **Symplast** bezeichnet wird. Er wird vom **Apoplasten** gestützt und gekammert. Nur bei der Bildung von Sporen und Gameten (▶ Abschn. 4.1.2) setzt eine vollständige Zellteilung unter Auflösung des symplastischen Zellverbandes ein.

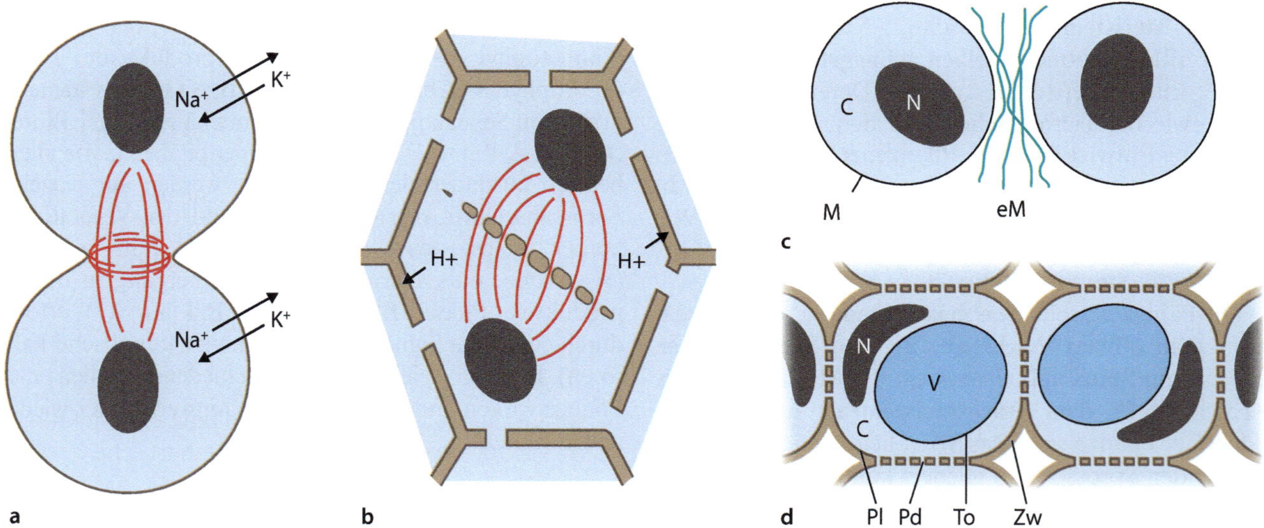

◘ **Abb. 1.3 Mehrzeller und Symplast. a, b**, Zelleigenschaften. **a**, Tierische Zellen sind von einer Biomembran umgeben. Ihre osmotische Stabilität wird durch aktiven Transport gelöster Substanzen mittels Ionenpumpen in der Membran (Na⁺, K⁺) erreicht. Die vollständige Trennung der Tochterzellen geschieht durch Furchungsteilung (Cytokinese) unter Mitwirkung des Cytoskeletts (rot). **b**, Pflanzliche Zellen sind von einer Biomembran (Plasmalemma) umgeben, die gegen eine feste Zellwand (braun) drückt; diese baut einen Gegendruck zum internen, hydrostatischen Druck der Zelle (Turgor) auf. In der Membran sind Protonenpumpen (H⁺) lokalisiert, die ein Protonenkonzentrationsgefälle aufbauen, das nachfolgende Ionenströme antreibt. Bei der Zellteilung werden die Protoplasten nicht vollständig getrennt, sondern bleiben über Cytoplasmabrücken (Plasmodesmen) in Verbindung (hier überdimensioniert dargestellt). **c, d**, Gewebeaufbau. **c**, Tiere sind Mehrzeller. Ihre Gewebe bestehen aus (mobilen) Einzelzellen, die durch extrazelluläre Matrixstrukturen oder sekundäre Plasmaverbindungen in Kontakt stehen. Die Zellen haben eine begrenzte Lebensdauer und werden kontinuierlich erneuert. **d**, Pflanzen sind Symplasten. Ihre Gewebe bilden einen einzigen Cytoplasmakörper, der durch unvollständige Zellteilung in Kompartimente (Zellen) untergliedert ist. Die Zellen sind unbeweglich und langlebig. Ihre Zellwände bleiben nach dem Absterben des Cytoplasmas erhalten. C, Cytoplasma. eM, extrazelluläre Matrix. M, Membran. N, Nucleus (Zellkern). Pd, Plasmodesmen (überdimensioniert; ▶ Abb. 2.16c). Pl, Plasmalemma. To, Tonoplast. V, Vakuole. Zw, Zellwand. (© Grafik: M. Lay, Breisach. a, b: in Anlehnung an Peters et al. (2000); c, d: Original.)

Symplast und Apoplast charakterisieren den Bau der Landpflanzen und tragen zur **primären Festigkeit** und **Kommunikation** innerhalb des Vegetationskörpers bei. Der symplastische Raum wird zur Zellwand und zum zentralen Saftraum der Zelle (**Vakuole**; ▶ Abschn. 2.2.2) hin durch Biomembranen abgegrenzt, die als **Plasmalemma** bzw. **Tonoplast** bezeichnet werden (▶ Abschn. 2.2.3). Sie sind **semipermeabel** (halbdurchlässig), d. h. für Wasser durchlässig, aber nicht für die in ihm gelösten Stoffe. Da die Ionenkonzentration in der Vakuole höher ist als in der Zellwand, dringt Wasser dem Konzentrationsgefälle folgend ein. Die Vakuole nimmt so lange unter **Volumenvergrößerung** Wasser auf, bis die elastische Zellwand der Ausdehnung nicht mehr folgen kann. Ähnlich wie bei einem voll aufgepumpten Fahrradreifen erhält die Zelle durch den **Ausdehnungsdruck** des Zellinhaltes (**Turgor**; ▶ Abschn. 2.2.3) und den **Gegendruck** der begrenzt dehnbaren Zellwand ihre **primäre Festigkeit** (▶ Abschn. 5.3.5 und 7.1.1).

Anders als bei den Tieren wird das ‚Platzen‘ der Pflanzenzelle nicht durch Ionenpumpen verhindert, sondern über das **Wasserpotential** reguliert. Dabei wird die unterschiedliche Ionenkonzentration zwischen dem Zellinneren und dem äußeren Milieu mithilfe von **Protonenpumpen** eingestellt. Die Protonenpumpen sind in den pflanzlichen Biomembranen (Plasmalemma, Tonoplast) lokalisiert und erzeugen ein **Protonenkonzentrationsgefälle**, das **nachfolgende Ionenströme** antreibt (▶ Abschn. 2.2.3). Auf diese Weise können Ionen, Zucker oder organische Säuren auch gegen das Konzentrationsgefälle in der **Vakuole** angereichert werden (Peters 1999).

Das Gewebe der Landpflanzen ist kein Verband aus Einzelzellen, sondern ein einziger, zellulär gekammerter Plasmakörper (Peters et al. 2000). Es kann allerdings durch Auflösung (**Lyse**) der Mittellamelle gelockert (Bildung von Interzellularen; ▶ Abschn. 2.2.4 und 7.1.2) oder **sekundär** aufgelöst werden, wodurch sich etwa Sporenmutterzellen (▶ Abschn. 4.4.3) oder Zellen in den Korkwarzen (▶ Abschn. 7.2.3) vereinzeln. Durch **sekundären Verschluss** von Plasmodesmen entstehen innerhalb des Symplasten Funktionsräume für besondere physiologische Aufgaben (z. B. reversible Öffnung der Stomata; ▶ Abschn. 7.2.1), die als **symplastisch isolierte Domänen** bezeichnet werden (▶ Abschn. 2.2.4, 8.1.1).

1.2 Identität und Ähnlichkeit

Die unterschiedliche tierische und pflanzliche Organisation hat vermutlich zur frühen **Trennung** der beiden **Evolutionslinien** beigetragen. Im weiteren Verlauf sind viele verschiedene Verwandtschaftsgruppen (**Taxa**; Sy

2) entstanden. Jede Gruppe (jedes Taxon) besitzt für sie typische **Merkmale** (Strukturen, Eigenschaften) und **Merkmalskombinationen**, anhand derer sich Angehörige einer Verwandtschaftsgruppe erkennen lassen. Diese ähneln sich meist auch äußerlich. Das ist aber nicht immer der Fall. Es gibt nah verwandte Arten, die habituell sehr unterschiedlich aussehen (z. B. innerhalb der Gattung *Euphorbia*; ▶ Abb. 3.22j und 9.26e, f), und nicht verwandte Arten, die sich sehr ähneln (z. B. stammsukkulente Pflanzen; ▶ Abb. 8.30). Daraus ergibt sich die Notwendigkeit, **erbbedingte** von bloß **äußerlicher Ähnlichkeit** zu unterscheiden.

Die Inkongruenz (Nichtübereinstimmung) zwischen Identität und Ähnlichkeit ist ein lange bekanntes Phänomen. Owen (1848) stellte die zu seiner Zeit existierenden Erklärungsansätze auf eine wissenschaftliche Grundlage und führte mit den Begriffen **Homologie** (für Identität) und **Analogie** (für äußere Ähnlichkeit) das **Homologiekonzept** als grundlegendes Bezugssystem für die **Zoologie** ein.

Über 100 Jahre später stellte Remane (1952) die als **Homologiekriterien** bekannt gewordenen Argumente für den Nachweis von Identität (Homologie) bei Tieren zusammen:

- Zwei Strukturen sind danach **homolog**, wenn sie die **gleiche Lage** im Organismus einnehmen (Lagekriterium), wenn sie die **gleichen Besonderheiten** aufweisen (Kriterium der speziellen Qualität) und/oder durch **Übergangsstrukturen** (Stetigkeits- oder Übergangskriterium) miteinander verbunden sind (▶ Exkurs 1.3, ◻ Abb. 1.4). Die Lage gilt als das wichtigste Kriterium.
- Zwei Strukturen sind dagegen **analog**, wenn sie die Homologiekriterien nicht erfüllen und bloß äußerlich ähnlich sind (◻ Abb. 1.5). Die Ähnlichkeit ist dabei Ausdruck einer gleichsinnigen **Entwicklung**, die häufig mit einer **Anpassung** an gleichartige Funktionen oder Umweltbedingungen einhergeht.

Das zoologisch geprägte Homologiekonzept wurde auf **Pflanzen** übertragen, obwohl sich diese in ihrem **offenen Wachstum** wesentlich von Tieren unterscheiden. Da pflanzliche Organe immer wieder neu entstehen, verwendete man deren **relative Lage** im Gesamtsystem als Bezugssystem für Homologie. Diese Vorgehensweise eignet sich gut für **Blätter**, die über ihre seitliche Stellung an einem Knoten definiert werden (◻ Abb. 1.2b). Die Anwendung des Lagekriteriums auf **Sprossachsen** und **Wurzeln** ist dagegen problematisch (▶ Abschn. 8.4.4). Hier eignet sich das Kriterium der **spezifischen Qualität** besser, das letztlich auf den **Eigenschaften des Meristems** beruht, aus dem die pflanzlichen Strukturen entstehen (▶ Abschn. 6.2, ◻ Tab. 6.1).

Im Zuge der **Evolutionstheorie** wurde das Homologiekonzept Ende des 19. Jahrhunderts auf die Stammes-

1

geschichte (Phylogenie) übertragen. Homolog im **phylogenetischen** Sinne sind danach Strukturen, die auf die Struktur eines **gemeinsamen Vorfahren** zurückgehen (◘ Abb. 1.6). Heute existieren beide Bezugssysteme nebeneinander und werden hier wie folgt verwendet:

- Die **morphologische Homologieaussage** bezieht sich bei den Pflanzen auf den meristematischen Ursprung einer Struktur im Laufe der **Individualentwicklung** (Ontogenese).
- Die **phylogenetische Homologieaussage** bezieht sich auf die **Herkunft** der Struktur im Laufe der **Stammesentwicklung** (Phylogenese).

Um mehr Klarheit in den Sprachgebrauch zu bringen, schlagen Ochoterena et al. (2019) vor, den Homologiebegriff auf die phylogenetische Homologieaussage zu beschränken und den morphologischen Homologiebegriff durch den Begriff **Orthologie** zu ersetzen. Damit soll die Brücke zur Molekularbiologie geschlagen werden, in der man **orthologe Gene** (vertikaler Gentransfer, erbidentisch) von **xenologen Genen** (horizontaler Gentransfer, nicht erbidentisch) und **paralogen Genen** (duplizierte Gene mit Potential zur Diversifizierung) unterscheidet (Fitch 1970). **Homolog** sind danach nur Strukturen, die auf der organismischen Ebene ursprungsgleich (ortholog) und innerhalb der phylogenetischen Linie abstammungsgleich sind.

1.2.1 Morphologische Bezugssysteme: Homologie und Analogie

Die **Pflanzenmorphologie** ist die Wissenschaft von der äußeren Gestalt (Morphe, Phänotyp) der Pflanzen (z. B. Kaplan 2001; Claßen-Bockhoff 2001a; Weber 2003). Ihre wechselvolle Geschichte (▶ Exkurs 1.2) mündet heute in einer **evolutionsbiologisch** ausgerichteten Fachrichtung. Diese beschränkt sich nicht auf die **Beschreibung von Merkmalen** (deskriptive oder α-Morphologie), sondern sucht die **Evolution pflanzlicher Formbildung** als Ergebnis von **Entwicklungsprozessen** und **Anpassungsvorgängen** zu verstehen (Ω-Morphologie sensu Endress 2011).

Die unterschiedlichen Perspektiven der pflanzlichen Formbildung schlagen sich in den verschiedenen Richtungen nieder.

Entwicklungsmorphologische Untersuchungen klären die morphologische Homologie der Strukturen und verdeutlichen die **Differenzierungsschritte** von ihrer Anlage bis zum Phänotyp. **Funktionsmorphologische** Analysen befassen sich mit der Funktionsweise spezifisch gestalteter Strukturen und deren Bedeutung für die **Lebensweise** der Pflanze (▶ Kap. 11). Die evolutionäre Pflanzenmorphologie steht in enger Beziehung zu den Nachbardisziplinen der phylogenetischen Systematik, Entwicklungsgenetik, Biomechanik und Ökologie.

Die Pflanzenmorphologie wurde Ende des 18. Jahrhunderts von **Johann Wolfgang von Goethe** als **Verwandlungslehre** begründet (▶ Exkurs 6.3).

In der vordarwinischen Zeit prägten in Deutschland philosophisch-goetheanische Denkweisen die Morphologie, bis **Karl von Goebel** (1898) die Pflanzenmorphologie als kausal ausgerichtete **Organografie** in die Mitte der biologischen Wissenschaften stellte. Er lehnte die nicht mehr zeitgemäße Morphologie Goethes als zu idealistisch ab und fasste die pflanzliche Formbildung im Sinne der Evolutionstheorie als das Ergebnis von Mutation und Selektion auf (Claßen-Bockhoff 2001a). Sein Schüler **Wilhelm Troll** (z. B. 1928) wandte sich jedoch mit seiner typologischen Methode (▶ Exkurs 8.5) wieder von der evolutionären Ausrichtung der Morphologie ab. Sein enormer Kenntnisreichtum, Schaffensdrang und Einfluss führten bis in die 1970er-Jahre zu einer Blütezeit der deutschen Pflanzenmorphologie, die gleichzeitig von heftiger Kritik und strikter Ablehnung vonseiten zeitgenössischer Morphologen und Phylogenetiker begleitet war (Nickel 1996; Classen-Bockhoff 2001b). In den 1970er Jahren fand eine Emanzipation von Trolls Morphologie statt. Der Typusbegriff wurde entmystifiziert (Froebe 1971) und die äußere Form als Anpassungsform verstanden. Entwicklungsprozesse konnten mit Hilfe rasterelektronenmikroskopischer Verfahren detailliert dargestellt werden und lieferten wichtige Daten zum Verständis von ontogenetischer und phylogenetischer Formbildung.

Pflanzenmorphologie wird häufig (vor allem in der englischsprachigen Literatur) mit **Pflanzenanatomie** gleichgesetzt. Historisch gesehen dürfte der Grund dafür erneut in der Übertragung von Begriffen aus der Zoologie auf die Pflanzen sein. Aufgrund des begrenzten Wachstums liegen die Organe eines **Tieres** im Inneren des Körpers. Um deren Morphologie zu verstehen, schneidet man den Körper auf, d. h., man bedient sich der Methode der **Anatomie** (griech. *aná*, „auf", *tomé*, „Schneiden"). **Histologische** Arbeiten schließen sich an, wenn Gewebe entnommen und mikroskopiert werden. Bei den **Pflanzen** liegen die Organe aufgrund des offenen Wachstums alle außen. Es bedarf keiner Pflanzenanatomie, um sie morphologisch zu erfassen. Schneidet man den Vegetationskörper auf, befindet man sich auf der Ebene der Gewebe. Aus diesem Grund werden im vorliegenden Buch nur **Morphologie** und **Histologie** als Arbeitsrichtungen unterschieden.

Feststellen von Homologie

Darwin (1877) bezeichnete Morphologie als die Wissenschaft von den Homologien und betonte ausdrücklich (zitiert nach Troll 1935, S. 198): *„Keine Gruppe organischer Wesen kann ordentlich verstanden werden, ehe ihre Homologien klargelegt sind.“*

Das Klarlegen von Homologien ist allerdings nicht immer einfach. Am leichtesten gelingt es, wenn festgelegte **Lagebezüge** vorliegen, wie dies z. B. bei den meisten Samenpflanzen zwischen der Position der Laubblätter und Seitenachsen der Fall ist (▶ Exkurs 1.3, ◘ Abb. 1.4):

– **Blätter** entwickeln sich aus **seitlichen Anlagen** (Primordien) an der **Sprossspitze** (◘ Abb. 1.2b). Sie stimmen in ihrem Ursprung überein, sind also morphologisch **homolog** (ortholog). Die Blattanlagen durchlaufen unterschiedliche Entwicklungsprozesse und werden z. B. zu Keimblättern, Laubblättern, Ranken oder Dornen (◘ Abb. 1.7, ▶ Abschn. 6.5). Sie sehen im ausgewachsenen Zustand unterschiedlich aus und können sogar bis zur Unkenntlichkeit abgewandelt sein. Um sie dennoch als homologe Strukturen erkennen zu können, bedarf es eines **Kriteriums**, das unabhängig vom typischen Aussehen (flach und grün) und von der Hauptfunktion (Assimilation) ist. Dieses Kriterium ist der **ontogenetische Ursprung** der Blätter, der sich in ihrer **relativen Lage** niederschlägt. Das Blatt der Samenpflanzen kann daher an seiner Entstehung seitlich exogen am Sprossapikalmeristem erkannt werden (▶ Tab. 6.1).

– **Seitenachsen** entwickeln sich im allgemeinen aus **Blattachselmeristemen** (◘ Abb. 1.2b), die zwischen Blattanlage und Sprossscheitel erhalten bleiben (▶ Abschn. 6.3). Diese Meristeme haben wie alle Sprossmeristeme das Potential, seitlich Blätter abzugliedern. Sie sind zueinander homolog, und zwar unabhängig davon, ob sie sich zu typischen Sprossachsen oder zu Dornen oder Ranken entwickeln. Wieder sind es die **Eigenschaften** des Meristems und nicht die äußere Gestalt oder Funktion, die die **Identität** des Organs bestimmen.

Erschwert wird der Test auf Homologie durch sekundäre Lageverschiebungen (**Metatopien**; ▶ Abschn. 6.7.3), Oberflächenauswüchse (**Emergenzen**, z. B. Stacheln; ▶ Abschn. 7.2.1) oder **Neubildungen**, die im Laufe der Evolution erworben wurden (z. B. Blüte; ▶ Abschn. 5.6.7). Bei Taxa, deren Strukturen unzureichend bekannt, in extremer Weise modifiziert oder stark reduziert sind, können die Homologiekriterien nicht angewandt werden. Die mit der Homologisierung verbundenen Schwierigkeiten haben sich in zahlreichen Begriffen und unterschiedlichen Perspektiven niedergeschlagen, deren Darlegung hier zu weit führen würde (Sattler 1994, 1996; Ochoterena et al. 2019).

Exkurs 1.3 Homologie – ein Fall für Kriminalisten

Tarnung und Täuschung sind vor allem aus dem Tierreich bekannt. Das Beispiel des Mäusedorns (*Ruscus aculeatus*, Asparagaceae) zeigt jedoch, dass auch pflanzliche Strukturen den Betrachter täuschen können und ihre Enttarnung eine grundsätzliche Methode der Pflanzenmorphologie ist.

Der Mäusedorn entwickelt flache, grüne Strukturen begrenzten Wachstums (◘ Abb. 1.4a) – offensichtlich Blätter, oder? Diese Hypothese lässt sich mithilfe der **Homologiekriterien** testen und führt zu folgenden Beobachtungen:

Lage: Die ‚Blätter‘ des Mäusedorns stehen wie Seitenachsen in den Achseln kleiner Tragblätter (◘ Abb. 1.4b: Tb).

Qualität: Sie sind wie Sprossachsen in Knoten und Internodien gegliedert, bilden Blätter und tragen Blüten (◘ Abb. 1.4b: Blü).

Übergänge: Die Hauptachse (HA) geht am Ende in eine blattartige Struktur über (◘ Abb. 1.4a: Pfeil).

Die morphologische Analyse ergibt, dass die **Blatthypothese verworfen** werden muss (aber s. Cooney-Sovetts and Sattler 1987). Tatsächlich handelt es sich bei den ‚Blättern‘ nach allen drei **Homologiekriterien** um **Sprossachsen**, die lediglich wie Blätter aussehen (◘ Abb. 1.4c). Sie sind den Blättern **analog** ähnlich und werden als **Phyllokladien** (wörtl. „Blattsprosse“; ▶ Abschn. 8.2.5) bezeichnet.

Anders als der einleitende Satz vermuten lässt, hat die Phyllokladienbildung wenig mit Tarnung und Täuschung zu tun. Sie ergibt sich vielmehr aus der Notwendigkeit, photosynthetisch aktives Gewebe bereitzustellen. Da die Blätter des Mäusedorns im Laufe der Evolution stark reduziert worden sind, stehen sie nicht mehr für diesen Dienst zur Verfügung und werden funktional durch assimilierende Sprossachsen ersetzt. Die flache Form und begrenzte Lebensdauer ergeben sich dabei als Anpassungen an die Blattfunktion (▶ Abschn. 5.5.3 und 8.3.6).

Abb. 1.4   Phyllokladien beim Mäusedorn (*Ruscus aculeatus*, Asparagaceae). a, Habitus. Der Pfeil weist auf das blattähnliche Ende der Hauptachse hin. **b**, Blattähnliche Seitenachse (Phyllokladium). Blü, Blüte in der Achsel eines grünen Tragblattes auf der Fläche des Phyllokladiums. Tb, Tragblatt des Phyllokladiums. **c**, Relative Lageverhältnisse und Abwandlung des Sprosssystems. Links: schematisch (Aufriss ▶ Abb. 6.4). Rechts: figürlich. Braun: Sprossachse. Grün: Blatt. Rot: Blüte. (© R. Claßen-Bockhoff, Mainz)

Deutung und Zustandekommen von Analogien

Blätter und Seitenachsen sind **nicht homolog** und sehen meist auch verschieden aus. Durchlaufen sie aber **gleichartige Entwicklungsprozesse**, können sie einander ähnlich werden. Sie sind dann **analog** ähnlich, womit zum Ausdruck gebracht wird, dass ihre Ähnlichkeit nicht auf Erbgleichheit, sondern auf einer **gleichgerichteten Entwicklung** beruht.

Analoge Ähnlichkeiten sind außerordentlich häufig. Meist handelt es sich um Strukturen, die sich in gleichartiger Weise an die Erfüllung einer bestimmten **Funktion angepasst** haben (▶ Abschn. 8.5). **Ranken** dienen beispielsweise der Befestigung (▶ Abb. 6.55), **Dornen** der Abwehr (◻ Tab. 8.11) und **Knollen** der Nährstoffspeicherung (◻ Abb. 1.5), ohne dass es für die Funktionserfüllung entscheidend wäre, ob es sich bei der zugrunde liegenden Struktur um Blätter, Sprossachsen oder Wurzeln handelt.

Die gleichsinnige Entwicklung analoger Strukturen hat Sattler und Jeune (1992) dazu geführt, Phyllokladien (und andere analog ähnlich Strukturen) als **Hybridstrukturen** zwischen Sprossachsen und Blättern anzusprechen. Der Ansatz basiert auf der von Sattler (1994, 1996) entwickelten **Prozess-** oder **Kontinuumsmorphologie**, die auf dem evolutionsbiologischen Grundgedanken beruht, dass Strukturen einem ständigen **Formwandel** unterworfen sind. Diese werden daher nicht länger als diskrete Einheiten über ihre relative Lage definiert, sondern durch ein **Merkmalssyndrom**, das Lage und Entwicklung als gleichberechtigte Eigenschaften umfasst. Da mehrere Merkmale gleichzeitig betrachtet werden, können Strukturen mehrere Identitäten haben, z. B. gleichzeitig Blatt- und Sprossachsenmerkmale aufweisen. Diese Auffassung schlägt sich in Begriffen wie *partial homologies* (Sattler und Rutishauser 1992) oder *mixed homologies* (Baum und Donoghue 2002) nieder. Pflanzliche Strukturen bilden danach ein Formenkontinuum, das sich begrifflich kaum fassen lässt.

Der Ansatz, der insbesondere im Kontext der **Entwicklungsgenetik** großes Interesse findet, beschreibt und vergleicht Entwicklungsprozesse pflanzlicher Organe, eignet sich aber nicht für die Feststellung von Homologien im klassischen Sinn (▶ Exkurs 6.1). Dafür müssen Strukturen eine **diskrete Identität** haben, die immer und unabhängig von möglichen Entwicklungsprozessen vorhanden ist. Diese Identität findet sich in Form von **Alleinstellungsmerkmalen**, die im Entwicklungspotential ihrer Meristeme begründet sind (▶ Abschn. 6.2).

◘ **Abb. 1.5 Knollen.** Knollen sind Speicherorgane, die aus unterschiedlichen Pflanzenteilen entstehen können. **a–d**, Analoge Knollenbildung am Beispiel einer zweikeimblättrigen Pflanze. **a**, Bezugssystem. Braun: Sprossachse. Grün: Blätter. Ocker: Primärwurzel (Pw). Pink: Hypocotyl (Hy; Verbindungsstück zwischen Sprossachse und Wurzel; ▶ Abschn. 6.2.1). Co: Keimblätter, meist hinfällig. SAM, Sprossapikalmeristem. **b–d**, Knollenbildung. Die Farben geben die Homologieverhältnisse wieder. **b**, Sprossknolle. **c**, Hypocotylknolle. **d**, Rübe (Primärwurzel). **e–g**, Beispiele. **e**, Kohlrabi (*Brassica oleracea* var. *gongylodes*, Brassicaceae). Sprossknolle. **f**, Alpenveilchen (*Cyclamen persicum*, Primulaceae). Hypocotylknolle. **g**, Knollensellerie (*Apium graveolens* var. *rapaceum*, Apiaceae). Rübe. (© R. Claßen-Bockhoff, Mainz)

1

Die Ähnlichkeit von Merkmalen beruht auf der **Aktivität** von **Entwicklungsgenen**, die im **gemeinsamen Erbgut** der eukaryotischen Lebewesen liegen. Die MADS-Box-Proteine, die die Blütenentwicklung maßgeblich steuern (▶ Exkurs 10.1), haben z. B. ihren Namen von Genen, die in der Bäckerhefe (*MEF2*), bei Blütenpflanzen (*AGAMOUS*, *DEFICIENS*) und beim Menschen (*SRF*) vorkommen. Die Entwicklungsgene haben eine **Evolution** durchlaufen, die von **Duplikationen** und **Veränderungen** gekennzeichnet ist. Ähnlich wie in der Systematik spricht man von Genfamilien und Genstammbäumen. Gene der gleichen Genfamilie kommen in **verschiedenen Organismengruppen** vor und werden im Laufe der Evolution immer wieder in gleicher oder abgewandelter Form verwendet. Dadurch können Strukturen ähnlich werden, ohne notwendigerweise morphologisch oder phylogenetisch homolog zu sein. Die **Übereinstimmung** von **Genexpressionsmustern** auf der molekularen Ebene lässt dementsprechend keine relevante Aussage über die **Homologie** von Strukturen auf der organismischen Ebene zu (▶ Exkurs 5.6; Ochoterena et al. 2019).

1.2.2 Phylogenetische Bezugssysteme: Homologie und Homoplasie

Ziel der **Systematik** ist es, die **natürliche Verwandtschaft** der Arten zu rekonstruieren (s. Systematischer Anhang). Dieses Ziel kommt nicht nur dem Bedürfnis des Menschen entgegen, die Vielfalt der Organismen sinnvoll zu ordnen, sondern hat auch **praktischen Nutzen**. Tritt in einer Pflanze beispielsweise ein medizinischer Wirkstoff auf, kann erwartet werden, dass nah verwandte Arten ebenfalls diesen oder einen ähnlich interessanten Stoff produzieren.

Rekonstruktion der Stammesgeschichte

Die in der Systematik verwendeten Datensätze stammen ursprünglich aus **morphologischen** und **histologischen** Untersuchungen (**klassische** Systematik). Sie wurden im Laufe der Zeit durch Daten anderer Disziplinen (Physiologie, Biogeografie, Naturstoffchemie, Ökologie) ergänzt und für die Rekonstruktion von Verwandtschaft herangezogen. Das methodische und terminologische Rüstzeug der **phylogenetischen Systematik** liefert die **Kladistik**, die in den 1950er-Jahren von Hennig (1982) entwickelt wurde. Eine Klade umfasst eine Gruppe von Arten, die auf eine **gemeinsame Stammart** zurückgeht. Sie repräsentiert eine **natürliche Verwandtschaftsgruppe**, die als **monophyletische Gruppe** oder **Monophylum** bezeichnet wird. Die Verwandtschaftsverhältnisse der Arten werden in Form von Stammbäumen dargestellt (Sy 2).

Seit den 1990er-Jahren liefern **molekulare Datensätze** (**DNA-Sequenzen**) einen von der phänotypischen Merkmalsebene unabhängigen Vergleichsdatensatz (**molekular-phylogenetische** Systematik). Stimmen beide Datensätze überein, gilt die Verwandtschaft als gut gestützt, gibt es Abweichungen, müssen diese nachuntersucht und erklärt werden (▶ Exkurs 3.1). Ziel der modernen Systematik ist es, die natürliche Verwandtschaft aller Arten in einem Baum des Lebens (*tree of live*) darzustellen (z. B. Allen et al. 2019).

Die **Rekonstruktion der Stammesgeschichte** ist von **grundsätzlicher Bedeutung** für das Verständnis von **Evolution**, der Entstehung organismischer Vielfalt und der ihr zugrunde liegenden regulatorischen **Prozesse**. Sie basiert auf der **Identifizierung monophyletischer Gruppen**. Diese weisen oft **abgeleitete Merkmale** auf, die für sie besonders charakteristisch sind und als **Synapomorphien** bezeichnet werden (Sy). Da sie auf die Merkmale eines **gemeinsamen Vorfahren** zurückgehen, sind sie **abstammungsgleich** und **phylogenetisch homolog** (▶ Exkurs 1.3, ▢ Abb. 1.6). Dabei ist es irrelevant, ob sie ähnlich oder unterschiedlich aussehen.

Konvergenz und Parallelismus

Weisen Arten eines Verwandtschaftskreises **ähnliche** Merkmale auf, die **nicht** auf die gleiche Struktur eines **gemeinsamen Vorfahren** zurückgehen, liegt **Homoplasie** vor (Wake 1996). Homoplasie umfasst als Oberbegriff zahlreiche Spezialbegriffe (Remane 1952), von denen **Konvergenz** und **Parallelismus** am häufigsten verwendet werden:

- Aus **morphologischer** Sicht werden **homologe** und **analoge Konvergenzen** unterschieden (Troll 1935). Zu den bekanntesten Beispielen einer homologen Konvergenz gehört die Stammsukkulenz von Wolfsmilchgewächsen (Euphorbiaceae) und Kakteen (Cactaceae; ▶ Abb. 8.30 und 8.31), die auf der unabhängig voneinander erfolgten Abwandlung des gleichen (homologen) Grundorgans beruht. Analoge Konvergenz liegt vor, wenn die Ähnlichkeit zwischen verschiedenen Grundorganen auftritt, wie es bei Laubblättern und Phyllokladien (▢ Abb. 1.7) der Fall ist.
- Aus **phylogenetischer** Sicht werden homologe Konvergenzen als **Parallelbildungen** bezeichnet, wenn sie innerhalb enger Verwandtschaftskreise auftreten. Ein Beispiel ist der mehrfach parallel erfolgte Baumwuchs mit peripherem Dickenwachstum innerhalb der Spargelgewächse (Asparagaceae; ▶ Abschn. 8.2.4). Ein Problem liegt jedoch in der Unschärfe des Bezugssystems: Was heißt enger Verwandtschaftskreis? Welcher Knoten im phylogenetischen Baum wird als Referenz herangezogen, um homologe Konvergenz noch als Parallelismus aufzufassen?

Der Begriff **Parallelismus** geht auf die Annahme zurück, dass unabhängig entstandene Ähnlichkeit zwischen verwandten Arten auf **paralleler Mutation** beruht. Aus **entwicklungsgenetischer** Sicht ist dieser Ansatz aber nicht länger haltbar (Arendt und Reznick 2007). Ähnlichkeiten

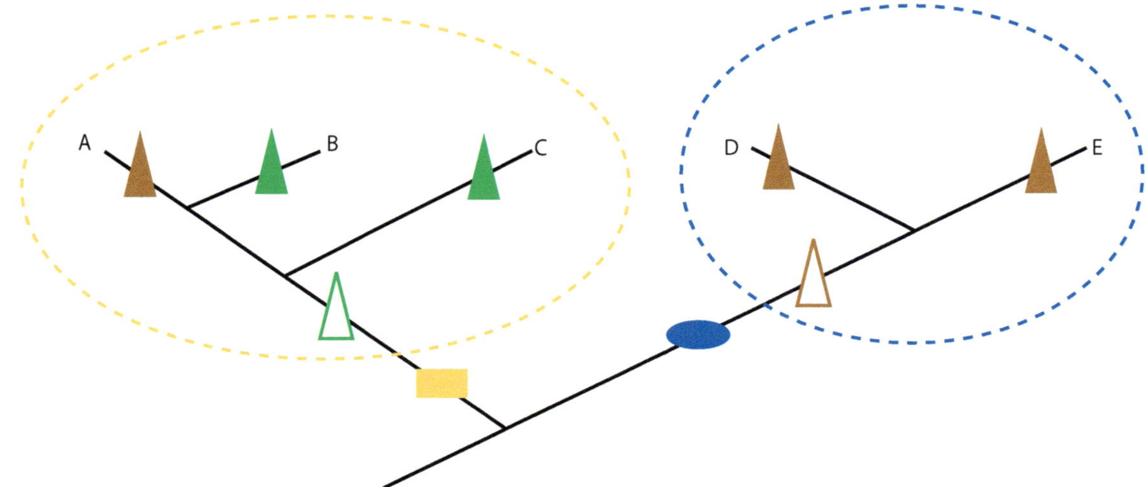

Abb. 1.6 **Merkmalsanalyse in der phylogenetischen Rekonstruktion.** Im abgebildeten Verwandtschaftskreis treten zwei Äste mit drei (A, B, C) bzw. zwei (D, E) Arten auf, die sich jeweils durch den Besitz gemeinsamer Merkmale (orange, blau) als natürliche (monophyletische) Gruppen erweisen (Kreise). In beiden Ästen tragen die Arten Dornen (Dreiecke). Dabei handelt es sich in A, D und E um Sprossdornen (braun) und in B und C um Blattdornen (grün). Alle Sprossdornen sind morphologisch homolog, aber nur die von D und E sind auch phylogenetisch homolog. Sie stammen von einem gemeinsamen Vorfahren ab, der vermutlich auch schon Sprossdornen besessen hat (braunes Symbol ohne Füllung). Die Sprossdornen von A sind unabhängig (parallel) von D und E in einem Verwandtschaftskreis mit Blattdornen (grünes Symbol ohne Füllung) entstanden. Die Blattdornen von B und C sind morphologisch und phylogenetisch homolog; zu den Sprossdornen sind sie morphologisch analog und phylogenetisch konvergent (© Original)

zwischen nah verwandten Arten können auf unterschiedlicher Genexpression und solche zwischen entfernt stehenden Arten auf gleicher Genexpression beruhen.

Das vorliegende Buch befasst sich mit der Evolution phänotypischer Merkmale und illustriert Homoplasie mit vielen Beispielen. Es folgt einem **pragmatischen Ansatz.** Der Begriff **Konvergenz** wird auf **analoge Ähnlichkeiten** beschränkt, während **Parallelismus** alle **homologen** Ähnlichkeiten **unabhängig** vom Verwandtschaftsgrad der betroffenen Arten umfasst (Kost und Kadereit 2014 nach Remane 1952; Hennig 1982). Auch die Ähnlichkeit von Merkmalen, die bei der Stammart einer monophyletischen Gruppe noch nicht existierten und von den Nachfolgern unabhängig voneinander erworben wurden, fallen unter den Begriff der **parallelen Evolution** (Hennig 1982). Dabei handelt es sich nicht notwendigerweise um homologe Merkmale, sondern um solche, die eine **gleichgerichtete** und in diesem Sinne **parallel** verlaufende Evolution erfahren haben (z. B. Organbildung im Devon; ▶ Abschn. 5.5.3).

1.2.3 Formbildungsprozesse

Die Gestaltbildung (**Morphogenese**) der Pflanzen umfasst die **Entwicklung** der Organe von der Anlage bis zur adulten Form (**Organogenese**). Im Verlauf der Individualentwicklung (**Ontogenese**) werden ständig neue Organe gebildet, deren zugrunde liegende genetische Information im Verlauf der Stammesentwicklung (**Phylogenese**) abgewandelt wird:

– Die **Organogenese** reicht von der Anlage einer Struktur bis zu ihrer ausgewachsenen Form (**Abb. 1.7**). Bei den Samenpflanzen begründen der **Ort der Anlage** (Blatt) bzw. die **Eigenschaften des Ausgangsmeristems** (Sprossachse, Wurzel; ▶ Abschn. 6.2) die Homologie der Struktur. Im Laufe der Entwicklung wird nur einer von mehreren möglichen **Phänotypen** erzeugt. Blätter werden z. B. seitlich am Sprossapikalmeristem (SAM) als Gewebehöcker (**Primordien**) angelegt, durchlaufen dann eine spezifische Entwicklung (**Differenzierung**) und nehmen ihre adulte Form als Laubblätter, Ranken oder Dornen an. Die Entwicklungsprozesse können früh oder spät einsetzen, schnell oder langsam ablaufen und von Platzverhältnissen und Außenfaktoren beeinflusst werden.
– Die **Ontogenese** eines Individuums reicht von der befruchteten Eizelle (Zygote) bis zu seinem Tod (**Abb. 1.7 und 1.8**). Aufgrund des **offenen Wachstums** bilden Pflanzen **kontinuierlich** neue Organe, deren Entwicklungsprozesse sich mit dem Alter des Individuums verändern. Die **Ontogenese** ist somit eine **Abfolge** sich abwandelnder **Organogenesen** (**Abb. 1.7**).
– Die **Phylogenese** ist ein andauernder Prozess, der bei einer Ahnenform beginnt und sich in der Reihe der Nachfahren fortsetzt. Im Laufe der Generationenfolge verändert sich das **Erbgut** durch Mutationen, genetische Rekombination und Hybridisierung (▶ Exkurs 2.5). Die **Phylogenese** ist somit eine **Abfolge** sich abwandelnder **Ontogenesen** (**Abb. 1.8**).

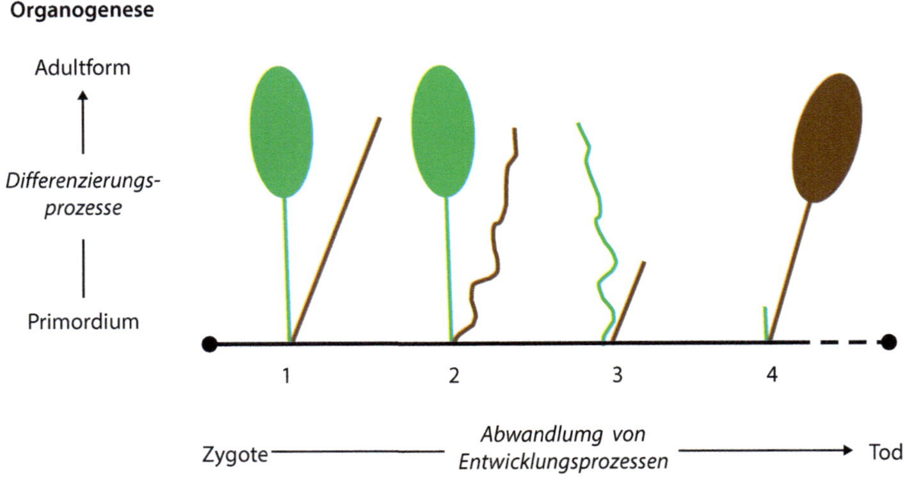

Abb. 1.7 Ontogenese als Abfolge von Organogenesen. Die Ontogenese ist die Individualentwicklung eines Lebewesens. Sie reicht von der befruchteten Eizelle (Zygote) bis zum Tod. Aufgrund des offenen Wachstums der Pflanze werden zeitlebens neue Organe gebildet (1–4). Die Entwicklung jedes einzelnen Organs (Organogenese) beginnt mit seiner Anlage (Samenpflanzen: Primordium), durchläuft eine spezifische Differenzierung und endet in der Adultform. Das Beispiel zeigt die Ontogenese einer Blütenpflanze, die an den Knoten 1–4 Blätter (grün) trägt, in deren Achseln Seitenachsen (braun) entstehen. Die Blattanlagen entwickeln sich zu Laubblättern (1, 2), Ranken (3) oder undifferenzierten Schuppen (4). Die Achselmeristeme bilden Seitenachsen (1, 3), Ranken (2) oder Phyllokladien (4). Morphologisch homolog sind jeweils die Blätter (grün) und die Seitenachsen (braun), und zwar unabhängig von ihrem Aussehen; analog sind die Blätter (1, 2) zum Phyllokladium (4) und die Sprossranke (2) zur Blattranke (3). (© R. Claßen-Bockhoff 2005, verändert)

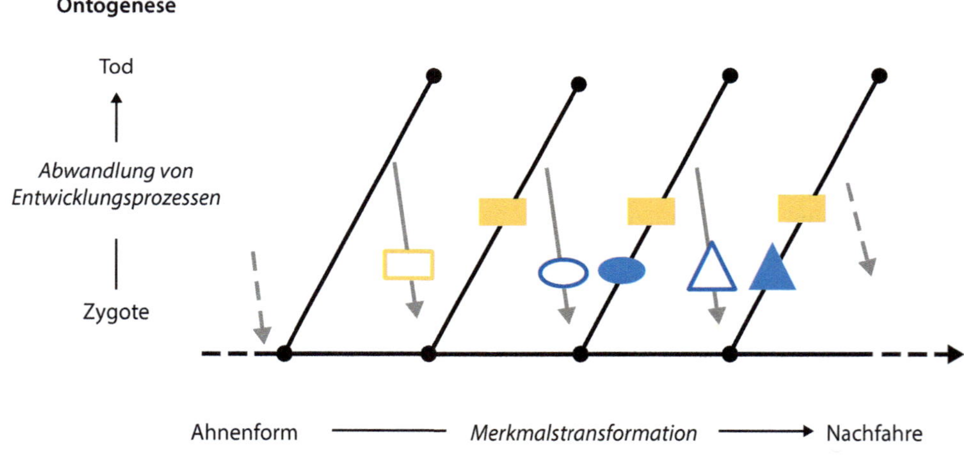

Abb. 1.8 Phylogenese als Abfolge von Ontogenesen. Die Phylogenese ist die Stammesentwicklung einer natürlichen Verwandtschaftsgruppe. Sie geht mit Artbildung und einer Abwandlung von Merkmalen einher. Dargestellt ist die Generationenfolge von Individuen mit begrenzter Lebensdauer (schwarz). Diese weisen zu Lebzeiten bestimmte Merkmale im Phänotyp auf (gefüllte orange und blaue Symbole), die in ihrem Erbgut verankert sind (unausgefüllte Symbole). Die Individuen geben ihre Erbinformationen in veränderter Form an die Nachkommen weiter (graue Pfeile). In deren Leben wird die Eignung der Merkmale getestet; vorteilhafte Merkmale setzen sich in der Nachkommenschaft durch. (© R. Claßen-Bockhoff 2005, verändert)

Jedes Individuum hat eine bestimmte genetische Ausstattung (**Genotyp**), die die Möglichkeiten seiner Individualentwicklung (**Ontogenese**) enthält. Die äußere Erscheinung eines Individuums (**Phänotyp**) ist dabei nicht strikt vorgegeben, sondern ergibt sich aus der **individuenspezifischen Expression** bestimmter Gene. Dieser Prozess wird von internen und externen Faktoren gesteuert (▶ Abschn. 3.1.2). Die **Merkmalsausprägung** eines Individuums wird in seinem Leben auf **Tauglichkeit** getestet; es unterliegt der natürlichen **Selektion**, die am **Phänotyp** ansetzt (▶ Abschn. 3.1.2). Ist das Individuum **erfolgreich** und produziert mehr Nachkommen als andere Individuen, setzt sich sein Erbgut in der Population durch. Durch Selektion kommt es im Laufe der Phylogenese zu Merkmalsveränderungen (**Transformationen**).

Veränderungen finden im Laufe der Evolution immer **an Individuen** statt und kommen in deren Leben zum Ausdruck. Die **Entwicklungsprozesse**, die der phylogenetischen Merkmalsabwandlung zugrunde liegen, lassen sich in der **Ontogenese** beobachten. Ontogenetische und entwicklungsgenetische Studien komplementieren daher die phylogenetische Rekonstruktion und tragen mit ihr zusammen zu einem vertieften Verständnis der Evolution von **Merkmalen** bei (Gould 1977).

Besondere Bedeutung kommt den **zeitlichen Verschiebungen** von Entwicklungsprozessen innerhalb einer Stammeslinie zu, die unter dem Begriff **Heterochronie** zusammengefasst werden. Man unterscheidet **Entwicklungsverkürzung** (Paedomorphose, Neotenie, ontogenetische Abbreviation) und **Entwicklungsverlängerung** (Peramorphose; Box und Glover 2010). Beide Zeitverschiebungen lassen sich auf ein unterschiedlich frühes oder spätes Einsetzen von Entwicklungsprozessen (*pre-*, *post-displacement*) oder eine schnellere oder langsamere Wachstumsrate (*acceleration*, *deceleration*) zurück-

führen (Box und Glover 2010; Naghiloo und Claßen-Bockhoff 2017; Chinga et al. 2021):

- **Entwicklungsverkürzung** kann darauf beruhen, dass **Endstadien früher** auftreten (basale Abbreviation) wie z. B. bei der Reduktion der sexuellen Generation (Gametophyten) der Angiospermen (▶ Abb. 4.26), oder dass sich **juvenile Merkmale** des Vorfahren in der adulten Form der Nachfahren (terminale Abbreviation) finden wie z. B. bei einigen epiphytischen Lebermoosen (▶ Abschn. 5.3.6). Ein berühmtes Beispiel aus dem Tierreich liefert der Axolotl (*Ambystoma mexicanum*, Amphibia), ein Schwanzlurch, der im Larvenstadium geschlechtsreif wird und keine Metamorphose durchläuft.

- **Entwicklungsverlängerung** kann auf einer **Verzögerung** von Entwicklungsprozessen beruhen, z. B. bei der Bildung des pflanzlichen Sporophyten durch Verzögerung der Meiose (nach der **Interpolationstheorie**; ▶ Abschn. 4.3) oder durch **Addition** eines neuen Endstadiums wie z. B. der Griffelbildung bei Angiospermen (▶ Abschn. 10.5.1).

Entwicklungsänderungen wurden zunächst für die Evolution der Tiere diskutiert (Zusammenfassung in Remane 1952). Ihlenfedt (1971) und Takhtajan (1973) erkannten die Bedeutung der Entwicklungsverkürzung (**Neotenie**) für Pflanzen, insbesondere für die **Evolution der Blüte**. Neotene Formen sind gegenüber ihren Vorgängern einfacher gestaltet und können zu einer **Despezialisierung** und damit zu **neuen Optionen** für evolutionäre Veränderungen führen. Sie können auch sprunghafte (saltatorische) morphologische Änderungen hervorrufen, die z. B. zu einem Bestäuberwechsel mit anschließender Artbildung führen (Schlichting und Pigliucci 1998; Barfod 2017; Buendía-Monreal und Gillmor 2018).

Exkurs 1.4 Grundbegriffe	
Organismus	– Einzelnes Lebewesen, Individuum – Gesamtheit aller Strukturen und Funktionen eines Lebewesens
Photoautotrophie	Synthese organischer Verbindungen aus anorganischen Stoffen mithilfe von Sonnenenergie (Pflanzen, sekundäre Algen, Flechten)
Heterotrophie	Aufnahme und Abbau organischer Verbindungen (Tiere)
Offenes Wachstum	Zeitlebens neue Organbildung (Pflanzen)
Offene Gestalt	Andauernde Veränderung der Körperform (Pflanzen)
Definierte Gestalt	Definierte Körperform (Tiere)
Begrenztes Wachstum	Einmalige Organbildung (Tiere)
Genotyp	Genausstattung eines Lebewesens
Totipotenz	Fähigkeit einer Zelle, uneingeschränkt Gene zu exprimieren bzw. einen ganzen Organismus zu generieren
Determination	Beschränkung der Genexpression auf bestimmte Regionen – tierische Zellen: überwiegend genetisch bedingt – pflanzliche Zellen: von Position/Umwelt abhängig (epigenetisch)
Differentielle Genexpression	Abruf nur eines Teils der genetischen Information einer totipotenten Zelle
Differenzierung	Entwicklung der Zellen zu einem spezifischen Zelltyp
Phänotyp	Merkmalsausstattung eines adulten Organs oder Organismus

1

Symplast	Organismus mit einem einzigen Cytoplasmakörper (einige Algen, Pflanzen)
Apoplast	Gesamtheit aller Zellwände (Pflanzen)
Mehrzeller	Organismus aus Einzelzellen (Tiere, einige Algen)
Histogenese	Gewebebildung
Morphogenese	Gestaltbildung (auch als Synonym von Organogenese verwendet)
Ontogenese	Individualentwicklung eines Lebewesens
Organogenese	Organbildung (oft gleichbedeutend mit Morphogenese)
Phylogenese	Stammesentwicklung einer natürlichen Verwandtschaftsgruppe
Analogie	Ähnlichkeit von Strukturen, die nicht den gleichen ontogenetischen Ursprung in der Individualentwicklung haben
Homologie	Identität von Strukturen
– morphologisch	– Strukturen gleichen ontogenetischen Ursprungs
– phylogenetisch	– Strukturen gleicher phylogenetischer Herkunft
Homoplasie	Ähnlichkeit von Strukturen, die nicht phylogenetisch homolog sind
– Parallelismus	– Ähnlichkeit zwischen mehrfach unabhängig entstandenen homologen Strukturen bzw. in gleicher Richtung evolvierenden Strukturen
– Konvergenz	– Ähnlichkeit zwischen analogen Strukturen
Evolutionäre Morphologie	Formbildung von Organismen als Ergebnis von genetischen Veränderungen, Entwicklungsprozessen und Anpassungsvorgängen
Evolutionäre Systematik	Artbildung und Rekonstruktion von Verwandtschaftsverhältnissen
Evolutionäre Entwicklungsbiologie (*evo-devo*)	Evolution und Funktion genetischer Regulationsvorgänge

Zusammenfassung

Die Unterschiede in der Organisation und Lebensweise von **Tieren und Pflanzen** gehen mit der unterschiedlichen heterotrophen bzw. photoautotrophen **Ernährung** der Organismengruppen einher. Die **divergente** Evolution der Tiere und Pflanzen zeigt sich auf allen Ebenen des Organismus. Sie betrifft die **differentielle Genexpression** (Determination vs. Differenzierung), **Zellteilung** (vollständig vs. unvollständig) und **Zellkommunikation** (mittelbar vs. unmittelbar), die **Biomembranstruktur** (Ionenpumpe vs. Protonenpumpe), die **Zellbegrenzung** (Membran vs. Zellwand/Apoplast), den **Gewebeaufbau** (Mehrzeller vs. Symplast), die **Organbildung** (einmalig vs. kontinuierlich), das **Wachstum** (begrenzt vs. offen) und den **Sexualzyklus** (Diplont vs. Haplo-Diplont) des Organismus. Die **Photoautotrophie** der Pflanzen verlangt große, außen liegende **Oberflächen**, die eine sessile Lebensweise und **Ortsgebundenheit** mit sich bringen.

Im Laufe der Evolution haben sich die Lebewesen an ihre Umwelt angepasst und dabei Strukturen bestimmter **Merkmalsausprägung** entwickelt. Das Konzept der **Homologie** und **Analogie** bietet die Möglichkeit, strukturelle Übereinstimmungen (Identitäten) unabhängig von äußerer Ähnlichkeit zu ermitteln. Strukturen sind **morphologisch homolog**, wenn sie den gleichen Ursprung in der Individualentwicklung haben, und **analog**, wenn sie sich ähneln, aber unterschiedlichen Ursprungs sind. Sie sind **phylogenetisch homolog**, wenn sie auf dieselbe morphologisch homologe Struktur einer gemeinsamen Ahnenform zurückgehen. Ähnliche Strukturen, die nicht phylogenetisch homolog sind, werden als **homoplastisch** bezeichnet und können **konvergent** oder **parallel entstanden** sein.

Literatur

Allen JM, Folk RA, Soltis PS, Soltis DE, Guralnick RP (2019) Biodiversity synthesis across the green branches of the tree of life. Nat Plants 5:11–13

Arendt J, Reznick D (2007) Convergence and parallelism reconsidered: what have we learned about the genetics of adaptation? Trends Ecol Evol 23:26–32

Barfod AS (2017) Letter to the twenty-first century botanist – what is a flower? 4. Heterochrony – still an overlooked source of rapid morphological change in flowers? Bot Lett 164:105–109

Baum DA, Donoghue MJ (2002) Transference of function, heterotopy and the evolution of plant development. In: Cronk Q, Bateman R, Hawkins J (Hrsg) Developmental genetics and plant evolution. Taylor and Francis, London, S 52–69

Box M, Glover B (2010) A plant developmentalist's guide to paedomorphosis: reintroducing a classic concept to a new generation. Trends Plant Sci 15:241–246

Buendía-Monreal M, Gillmor CS (2018) The times they are a-changin': Heterochrony in plant development and evolution. Front Plant Sci 9:1349. https://doi.org/10.3389/fpls.2018.01349

Chinga J, Pérez F, Claßen-Bockhoff R (2021) The role of heterochrony in *Schizanthus* flower evolution – a quantitative analysis. Perspectives of plant evolution, ecology and systematics PPEES 49:125591

Claßen-Bockhoff R (2001a) Vom Umgang mit der Vielfalt – eine kurze Geschichte der Pflanzenmorphologie. Wulfenia 8:125–144

Claßen-Bockhoff R (2001b) Plant morphology: The historic concepts of Wilhelm Troll, Walter Zimmermann and Agnes Arber. Ann Bot 88:1153–1172

Claßen-Bockhoff R (2005) Aspekte, Typifikationsverfahren und Aussagen der Pflanzenmorphologie. In: Harlan V (Hrsg) Wert und Grenzen des Typus in der botanischen Morphologie. Martina-Galunder-Verlag, Nümbrecht, S 31–52. Korrigierter Neudruck 2006

Claßen-Bockhoff R, Bull-Hereñu K (2013) Towards an ontogenetic understanding of inflorescence diversity. Ann Bot 112:1523–1542

Cooney-Sovetts C, Sattler R (1987) Phylloclade development in the Asparagaceae: an example of homoeosis. Bot J Linn Soc 94:327–371

Darwin C (1877) Die verschiedenen Einrichtungen, durch welche Orchideen von Insekten befruchtet werden. Übersetzt von JV Carus. Stuttgart (zitiert aus Troll 1935)

Endress PK (2011) Changing views of flower evolution and new questions. In: Wanntorp L, Ronse De Craene LP (Hrsg) Flowers on the tree of life. Cambridge University Press, Cambridge, S 120–141

Fitch WM (1970) Distinguishing homologous from analogous proteins. Syst Zool 19:99–113

Flindt R (2000) Biologie in Zahlen. Eine Datensammlung in Tabellen mit über 10.000 Einzelwerten, 5. Aufl. Spektrum, Heidelberg/Berlin

Froebe HA (1971) Die wissenschaftstheoretische Stellung der Typologie. Ber Bot Ges 84:119–129

Goebel K v (1898) Organographie der Pflanzen, insbesondere der Archegoniaten und Samenpflanzen. 1. Teil: Allgemeine Organographie, 3. Aufl. Fischer, Jena

Hennig W (Hrsg) (1982) Willi Hennig. Phylogenetische Systematik. Pareys Studientexte 34. Berlin

Ihlenfedt HD (1971) Über ontogenetische Abbreviationen und Zeitkorrelationsänderungen und ihre Bedeutung für Morphologie und Systematik. Ber Deut Bot Ges 84:91–107

Kaplan DR (2001) The science of plant morphology: definition, history, and role in modern biology. Am J Bot 88:1711–1741

Kost B, Kadereit JW (2014) Funktionelle Morphologie und Anatomie der Gefäßpflanzen. In: Kadereit JW, Körner C, Kost B, Sonnewald U (Bearb.), Strasburger. Lehrbuch der Pflanzenwissenschaften, 37. Aufl. Springer Spektrum, Berlin/Heidelberg, S 97–176

Myers DG (2008) Psychologie. Springer, Heidelberg

Naghiloo S, Claßen-Bockhoff R (2017) Developmental changes in time and space promote evolutionary diversification of flowers: a case study in Dipsacoideae. Front Plant Sci 8:1665. https://doi.org/10.3389/fpls.2017.01665

Nickel G (1996) Wilhelm Troll (1897–1978). Eine Biographie. Acta Historica Leopoldina 25:7–240

Ochoterena H, Vrijdaghs A, Smets E, Claßen-Bockhoff R (2019) The search for common origin: Homology revisited. Syst Biol. https://doi.org/10.1093/sysbio/syz013/5364027

Owen R (1848) On the archetype and homologies of the vertebrate skeleton. Taylor, London

Peters WS (1999) Die Mechanik „weicher" pflanzlicher Gewebe. Biona Rep 14:2–9

Peters WS, Hagemann W, Tomos AD (2000) What makes plants different? Principles of extracellular matrix function in soft plant tissues. Comp Biochem Physiol A 125:151–167

Remane A (1952) Die Grundlagen des natürlichen Systems, der vergleichenden Anatomie und der Phylogenetik. Geest & Portig, Leipzig

Sattler R (1994) Homology, Homoeosis, and process morphology in plants. In: Hall BK (Hrsg) Homology: The hierarchical basis of comparative biology. Academic, San Diego, S 423–475

Sattler R (1996) Classical morphology and continuum morphology: opposition and continuum. Ann Bot 78:577–581

Sattler R, Jeune B (1992) Multivariate analysis confirms the continuum view of plant form. Ann Bot 69:249–262

Sattler R, Rutishauser R (1992) Partial homology of pinnate leaves and shoots. Orientation of leaflet inception. Bot Jahrb Syst 114:61–79

Schlichting CD, Pigliucci M (1998) Phenotypic evolution. A reaction norm perspective. Sinauer, Sunderland

Stern D, Laux T (2006) Stammzellen für unbegrenztes Leben. BIOspektrum 12:714–716

Takhtajan A (1973) Evolution und Ausbreitung der Blütenpflanzen. Fischer, Stuttgart

Troll W (1928). Organisation und Gestalt im Bereich der Blüte. Springer, Berlin

Troll W (1935) Vergleichende Morphologie der höheren Pflanzen. Band I: Vegetationsorgane. Teil 1. Borntraeger, Berlin (Nachdruck 1967. Koeltz, Königstein/Taunus)

Wake DB (1996) Introduction. In: Sanderson MJ, Hufford L (Hrsg) Homoplasy. The recurrence of similarity in evolution. Academic, San Diego, S XVII–XXV

Weber A (2003) What is morphology and why is it time for its renaissance in plant systematics? In: Stuessy TE, Mayer V, Hörandl E (Hrsg) Deep morphology. Toward a renaissance of morphology in plant systematics. Gantner, Liechtenstein, S 3–32

Pflanzenzelle, Zellzyklus und Symplast

Inhaltsverzeichnis

2.1 **Evolution der Pflanzenzelle – 21**
2.1.1 Endosymbiontentheorie – 21
2.1.2 Evolution photoautotropher Zellen – 22

2.2 **Besonderheiten der Pflanzenzelle – 22**
2.2.1 Plastiden – 24
2.2.2 Plasmalemma und Tonoplast – 30
2.2.3 Vakuole – 31
2.2.4 Zellwand – 37

2.3 **Allgemeine Zellbestandteile – 44**
2.3.1 Cytoplasma – 44
2.3.2 Zellkern (Nucleus) – 47
2.3.3 Endomembransysteme – 49
2.3.4 Mitochondrien – 52

2.4 **Zellzyklus – 53**
2.4.1 Mitose – 53
2.4.2 Zellteilung – 54
2.4.3 Meiose – 55
2.4.4 Polyploidie – 58

Literatur – 59

© Springer-Verlag GmbH Deutschland, ein Teil von Springer Nature 2024
R. Claßen-Bockhoff, *Die Pflanze*, https://doi.org/10.1007/978-3-662-65443-9_2

Trailer

Die Entstehung des Lebens ist an die Bildung von Zellen gebunden. Die ersten Zellen waren **Protocyten** ohne Zellkern. Aus ihnen haben sich die **Eucyten** der Tiere, Pflanzen und Pilze entwickelt.

Was haben alle Zellen gemeinsam? Worin unterscheiden sich Pflanzenzellen von den übrigen Zellen? Inwiefern hängen diese Unterschiede mit **typisch pflanzlichen** Fähigkeiten und Eigenarten zusammen? Diese Fragen behandelt das vorliegende Kapitel. Es gibt einen kurzen Überblick über die Strukturen und Prozesse der Zelle, beschränkt sich aber weitgehend auf die Grundlagen, die für das Verständnis des pflanzlichen **Organismus** im Rahmen dieses Buches notwendig sind. Für eine Vertiefung des Stoffes in biochemischer, zellbiologischer und pflanzenphysiologischer Hinsicht wird auf einschlägige Lehrbücher verwiesen.

Alle Zellen teilen molekulare Lebensprozesse miteinander, unterscheiden sich aber in ihren Zellorganellen, ihrer Abgrenzung nach außen und ihrem Teilungsverhalten. Spezifisch **pflanzliche Zellmerkmale** sind der Besitz von **Plastiden**, die unter anderem den grünen Blattfarbstoff **Chlorophyll** enthalten sowie das Auftreten eines zentralen Saftraumes (**Vakuole**) und einer festen **Zellwand**, die zusammen zur **primären Festigkeit** der Zelle beitragen. Im Vegetationskörper der Landpflanzen liegen die Zellen nicht einzeln vor, sondern sind Teile eines einzigen **Cytoplasmakörpers** (**Symplast**). Dieser kommt durch **unvollständige Zellteilung** während des Wachstums zustande, bei der **primäre Plasmabrücken** erhalten bleiben.

Der Zellteilung geht gewöhnlich eine Kernteilung voraus. Bei **mitotischer Zellteilung** steigt die Anzahl der Zellen (**Vermehrung, vegetatives Wachstum**), bei **meiotischer Zellteilung** erfolgt eine **genetische Rekombination**, die mit **sexueller Fortpflanzung** einhergeht.

Das vorliegende Kapitel basiert auf Kapitel 3 des Lehrbuches von Jäger et al. (2009), das die Autoren und der Springer-Verlag freundlicherweise zur Verfügung gestellt haben. Die Vorlage wurde gründlich überarbeitet, ergänzt, inhaltlich neu geordnet und dem Leitgedanken des Buches angepasst.

Lebewesen (Organismen) können ein- oder vielzellig sein. Dementsprechend treten Zellen entweder als selbstständig lebende **Einzeller** oder als Bestandteile eines vielzelligen Organismus auf (Abb. 2.1, ▶ Kap. 5). Sie geben in diesem Fall ihre Selbstständigkeit zugunsten einer **arbeitsteiligen Differenzierung** auf (▶ Exkurs 2.1, ▶ Kap. 7).

Es gibt zwei Grundformen von Zellen: die phylogenetisch älteren **Protocyten** und die **Eucyten** (▶ Abschn. 3.3.1, ▶ Exkurs 3.2). Ihr wesentliches Unterscheidungsmerkmal ist das Fehlen bzw. Vorhandensein eines Zellkerns. In Protocyten, den Zellen der **Prokaryoten** (Bakterien, Archaea; Sy 3), ist die Erbinformation (DNA; ▶ Abschn. 2.3.2) in bestimmten Bereichen der Zelle konzentriert. Sie ist aber nicht durch eine Kernhülle vom übrigen Zellinhalt abgetrennt wie bei den Eucyten, den Zellen der **Eukarya** (Eukaryoten) (heterotrophe Einzeller, Pflanzen, Algen, Pilze, Tiere; Sy 3). Weitere Unterschiede zwischen den beiden Zelltypen sind der Besitz eines Cytoskeletts (▶ Abschn. 2.3.1) und die Aufgliederung in Reaktionsräume (Kompartimente; ▶ Abschn. 2.3.3), die bei den Eucyten immer, bei den Protocyten nur in wenigen Fällen auftreten.

Alle **Pflanzenzellen** sind eukaryotisch. Sie unterscheiden sich von den tierischen Zellen durch den Besitz von **Plastiden**, **Vakuolen** und festen **Zellwänden** (meist Cellulose). Die Zellen der Pilze besitzen ebenfalls Vakuole und Zellwand (meist Chitin), aber keine Plastiden.

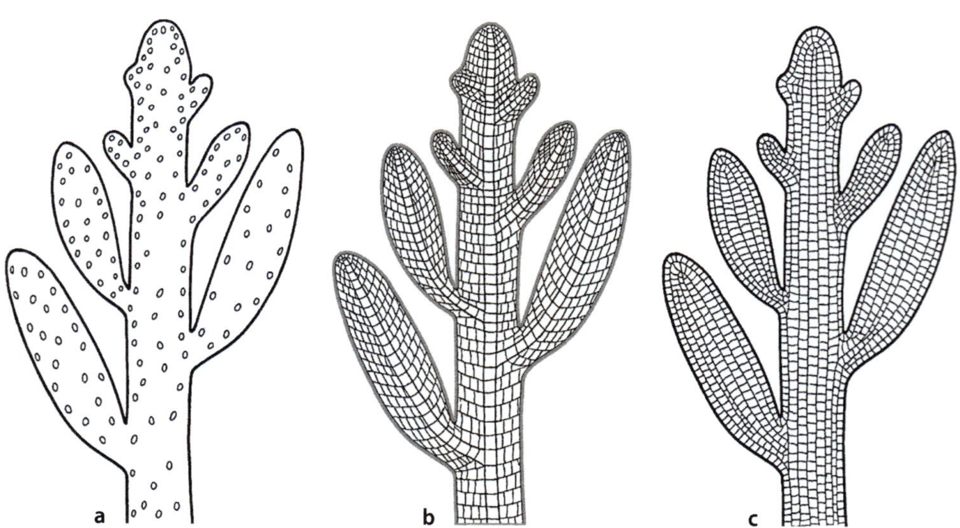

 Abb. 2.1   Die Zelle als Organismus und Teil eines Organismus. Die gleiche pflanzliche Gestalt kann auf der Basis eines Einzellers, Thallus oder Kormus auftreten. **a**, Siphonale Grünalge (Sy 5:19, ▶ Abschn. 5.2.1). **b**, Flechtthallus der Rotalgen (Sy 4:12, ▶ Abschn. 5.3.3). **c**, Symplast der Landpflanzen (Abb. 5.10). (© Kaplan und Hagemann 1991)

Exkurs 2.1 Zellenlehre vs. Plasmatheorie

Obwohl bereits Hooke (1665) mit einem Auflichtmikroskop den zellulären Aufbau von Pflanzen entdeckt hatte, setzte sich erst im 19. Jahrhundert die Erkenntnis durch, dass alle Lebewesen aus Zellen aufgebaut sind (Mägdefrau 1973; Jahn 2000). In diese Zeit fallen auch die Entdeckung des Zellkerns durch Brown (1831) und die Einführung des Begriffs ‚Protoplasma' durch v. Mohl (1846). Virchow (1858) formulierte den Grundsatz ‚Omnis cellula ex cellula' („Jede Zelle entsteht aus einer Zelle"). Strasburger (1875, 1884) entdeckte die Kernteilung bei Pflanzen und die Verschmelzung der Kerne bei der Befruchtung der Blütenpflanzen. Schon etwas früher fand der Chemiker Miescher (1869, publiziert 1871) die Nucleinsäuren als wesentlichen Bestandteil der Zellkerne und legte damit den Grundstein für die erst 100 Jahre später erforschte Proteinbiosynthese (Watson 1968) und die molekularen Prozesse von Vererbung und genetischer Rekombination (▶ Exkurs 2.5).

Das Verhältnis von Zelle und Organismus wurde von Beginn an heftig und kontrovers diskutiert (Hagemann 1982; Kaplan und Hagemann 1991):

— Schleiden, Anhänger der **Zelltheorie**, schrieb in seinem Lehrbuch:

„Bei den Pflanzen reduziert sich die ganze Physiologie nur auf das Leben der Pflanzenzelle, und die Lebensthätigkeit der ganzen Pflanze, insofern sie aus dem Leben der Zelle nicht abgeleitet werden kann, ist höchst unbedeutend." (Schleiden 1842: 32, zitiert nach Hagemann 1984)

— Demgegenüber vertraten Hofmeister (1868, ▶ Exkurs 4.1) und Sachs (1887) eine **Plasmatheorie**, die Jost (1942) wie folgt zusammenfasste:

„[…] daß die gesamte lebende Substanz der Pflanze und nicht die Zelle maßgebend für die Lebenserscheinungen sei, und daß diese sich in ganz derselben Weise vollziehen, ob nun die Gesammtpflanze durch Zellwände gekammert ist oder einheitlich bleibt." (Jost 1942, zitiert nach Hagemann 1984, S. 47)

Die Frage, ob ‚Zellen die Pflanze bilden' oder ‚die Pflanze Zellen bildet', ist heute überholt. Beide Betrachtungen sind richtig und geben verschiedene Perspektiven wieder. Jede Pflanze entsteht aus einer einzigen Zelle und ist ohne die zellulären Strukturen und Prozesse nicht lebensfähig. Andererseits bildet das gesamte Protoplasma einer Pflanze einen einzigen Symplasten, der über Positionseffekte die differentielle Genexpression der einzelnen ‚Zelle' beeinflusst.

2.1 Evolution der Pflanzenzelle

Die Entstehung eukaryotischer Zellen aus protocytischen Vorfahren und ihre Evolution zu Tier- und Pflanzenzellen werden mit der **Endosymbiontentheorie** erklärt (◻ Abb. 2.2). Danach gehen die Mitochondrien (▶ Abschn. 2.3.4) und Plastiden (▶ Abschn. 2.2.1) der eukaryotischen Zellen auf Protocyten zurück, die von ursprünglichen Eukarya aufgenommen wurden und sich im Laufe der Evolution zu **Zellorganellen** entwickelten. Vermutlich haben diese Prozesse vor etwa 1,8 Mrd. Jahren stattgefunden (▶ Abschn. 3.3.1).

2.1.1 Endosymbiontentheorie

Nach der Endosymbiontentheorie (◻ Abb. 2.2) wurden heterotrophe **Bakterien/Archaea** und autotrophe **Cyanobakterien** von der Zellmembran einer eukaryotischen Zelle umschlossen und ins Zellinnere geschleust. Dieser als **Endocytose** (Phagocytose) bekannte Prozess der Partikelaufnahme ist auch heute noch eine wichtige Form der Nahrungsaufnahme amöboider Einzeller (▶ Abschn. 5.2.1). Die aufgenommenen Prokaryoten verloren ihre Selbstständigkeit, gaben einen Teil ihrer Erbinformation an den Zellkern der eukaryotischen Zelle ab und wurden zu **Zellorganellen** der sich später

entwickelnden Tier-, Pilz- (beide nur Mitochondrien), Pflanzen- und sekundären Algenzellen (beide Mitochondrien und Plastiden; Sy 3).

Die Vereinigung einer eukaryotischen und einer prokaryotischen Zelle wird als **primäre Endosymbiose** bezeichnet (◻ Abb. 2.2: *1–4*). Durch sie sind **Mitochondrien** (aus Bakterien/Archaea) und **primäre Plastiden** (aus Cyanobakterien) entstanden. Beide Organellen sind je von einer **Doppelmembran** umhüllt, deren innere typische Merkmale einer prokaryotischen Membran aufweist, während die äußere der Membran des eucytischen Phagocytosebläschens entspricht.

Die Endosymbiontentheorie, deren grundlegende Gedanken auf Schimper (1883) und Mereschkowski (1905) zurückgehen, wurde von Margulis (1970) formuliert und weiterentwickelt. Obgleich noch viele Fragen offen sind, ist sie heute allgemein anerkannt. Wichtige Belege für die Gültigkeit der Endosymbiontentheorie sind:

— Auftreten eigener, prokaryotisch organisierter Genome (ringförmige DNA) in Mitochondrien (**Chondriom**) und Plastiden (**Plastom**).

— **Selbstständige Replikation** der Plastiden und Mitochondrien (beide Organellen können nicht von der Zelle gebildet werden)

— Auftreten bakterientypischer **70S-Ribosomen**

— Bakterientypische **Struktur der inneren Membran**

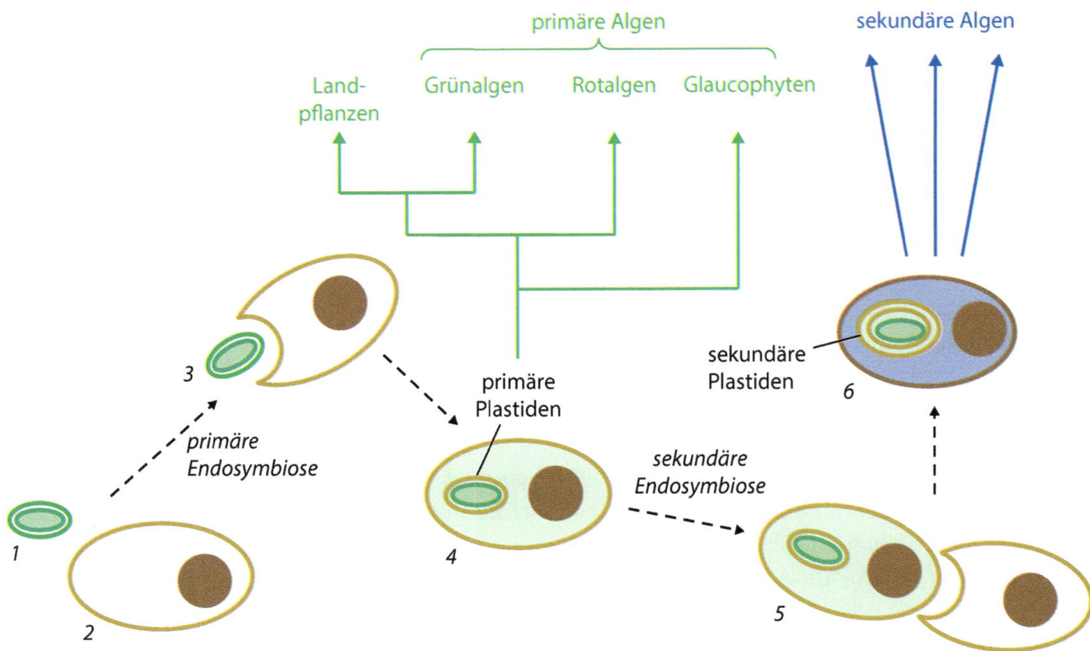

◘ Abb. 2.2   Evolution der Pflanzenzelle nach der Endosymbiontentheorie. Ein photoautotrophes Cyanobakterium mit zwei Hüllmembranen (*1*, grün) wird von einem heterotrophen Eucyten (*2*, hellbraun; Kern: dunkelbraun) mittels Phagocytose aufgenommen (*3*, primäre Endosymbiose). Es wird nicht verdaut, sondern zu einer primären Plastide modifiziert (*4*), wodurch der Eucyt die Fähigkeit zu oxygener Photosynthese erhält (hellgrün). Nach Verlust der äußeren Cyanobakterienmembran ist die primäre Plastide von zwei Membranen umhüllt: der inneren Cyanobakterienmembran (grün) und der äußeren Wand des Phagocytosebläschens (hellbraun). Primäre Plastiden treten bei den Archaeplastida, also den ‚primären Algen‘ und allen Landpflanzen auf. Die übrigen Algengruppen (sekundäre Algen) besitzen sekundäre oder tertiäre Plastiden mit drei (*6*) oder vier Hüllmembranen. Man nimmt an, dass ein heterotropher Eucyt mittels Phagocytose einen photoautotrophen Eucyten (Rot-/Grünalge) aufgenommen hat (*5*), der im Laufe der Evolution zur Plastide modifiziert wurde (sekundäre Endosymbiose). (© Original, nach verschiedenen Vorlagen)

Ob auch der Zellkern und weitere Zellorganelle (z. B. das Endoplasmatische Reticulum) durch Endosymbiose aus Prokaryoten entstanden sind, ist unklar.

2.1.2   Evolution photoautotropher Zellen

Endosymbiosen haben vermutlich **sehr oft** und mehrfach **wiederholt** stattgefunden. In der Stammlinie der **Pflanzen** (Archaeplastida; Sy 3) treten ausschließlich **primäre** Plastiden auf (◘ Abb. 2.2). Zu ihr gehören die Glaucophyten, Rot- und Grünalgen (Sy 4:11–13, Sy 5). Aus der Gruppe der Grünalgen sind die Landpflanzen hervorgegangen.

Sehr wahrscheinlich sind durch **wiederholte Endocytose** unter Beteiligung von Rot- und Grünalgen weitere photoautotrophe Algengruppen aus **heterotrophen** Verwandtschaftskreisen entstanden (**sekundäre Endosymbiose**; Sy 3). Sie weisen **sekundäre Plastiden** mit drei oder vier Membranen auf (◘ Abb. 2.2: *6*). Bei einigen Algengruppen mit vier Plastidenhüllmembranen tritt ein stark reduzierter Zellkern zwischen der zweiten und dritten Hüllmembran auf, der die Annahme der sekundären Endocytose stützt. Die Plastiden einiger Dinophyta (Sy 4:9) weisen fünf Membranen auf und deuten damit auf noch komplexere Endocytoseprozesse hin (**tertiäre Endosymbiose**; Keeling 2004).

Die Wiederholung der endosymbiontischen Prozesse unter Beteiligung ganz unterschiedlicher Organismengruppen (Sy 3) führt zu der Erkenntnis, dass **Algen** keine natürliche Verwandtschaftsgruppe sind (▸ Exkurs 3.3). In diesem Buch werden die zu den **Pflanzen** gehörenden Algen (primäre Plastiden) als **primäre Algen** bezeichnet und von den **sekundären Algen** (sekundäre, tertiäre Plastiden) unterschieden, die innerhalb von heterotrophen Evolutionslinien entstanden sind (Sy 4:3–10).

2.2   Besonderheiten der Pflanzenzelle

Die folgenden Ausführungen zur Pflanzenzelle beziehen sich auf die Zellen der Archaeplastida, es sei denn, sekundäre Algengruppen werden ausdrücklich genannt.

Die Pflanzenzelle (◘ Abb. 2.3, ◘ Tab. 2.1) weist gegenüber tierischen Zellen **vier Besonderheiten** auf:
1. Das Cytoplasma enthält **Plastiden** (▸ Abschn. 2.2.1), die die Zelle zur Photosynthese befähigen.
2. Im Cytoplasma liegt ein großer Saftraum (**Vakuole** ▸ Abschn. 2.2.3), der durch eine Biomembran (**Tonoplast**; ▸ Abschn. 2.2.2) vom Cytoplasma abgegrenzt

ist. Die Vakuole dient der Regulation des Wasserhaushaltes und der primären Festigkeit der Zellen sowie als extracytoplasmatischer Speicherraum.

3. Das Cytoplasma ist von einer Biomembran (**Plasmalemma**; ▶ Abschn. 2.2.2) nach außen abgegrenzt. Es ist von einer perforierten, elastischen **Zellwand** (▶ Abschn. 2.2.4) umgeben, die Form und Stabilität verleiht. Die Gesamtheit aller Zellwände einer Pflanze wird als **Apoplast** bezeichnet.

4. Das Cytoplasma aller Zellen ist über **Plasmabrücken** (**Plasmodesmen**) miteinander verbunden. Der gesamte pflanzliche Vegetationskörper bildet somit einen einzigen, zusammenhängenden Plasmaraum, der **Symplast** genannt wird.

Die **Gestalt** pflanzlicher Zellen wird durch allseitiges oder spitzenwärts gefördertes Wachstum der Zelle bestimmt und durch die feste Zellwand konstant gehalten. Abgerundete Zellen sind **isodiametrisch** und finden sich vor allem bei Einzellern und im Grundgewebe der Pflanze (Parenchym; ▶ Abschn. 7.1), während lang gestreckte Zellen (**prosenchymatisch**) z. B. bei Fasern auftreten (▶ Abschn. 7.3.2). In der **Zellgröße** treten Unterschiede von mehreren Zehnerpotenzen auf:

- **Einzellige Algen** wie *Micromonas* und *Ostreococcus* (beide Mamiellaceae; Sy 5: 40) sind nur 1–2 µm groß. Andere werden einige Zentimeter (*Acetabularia*, Dasycladales; Sy 5:15) Dezimeter oder sogar Meter lang (*Caulerpa*, Bryopsidales; Sy 5:16, ▶ Abschn. 5.2.1).

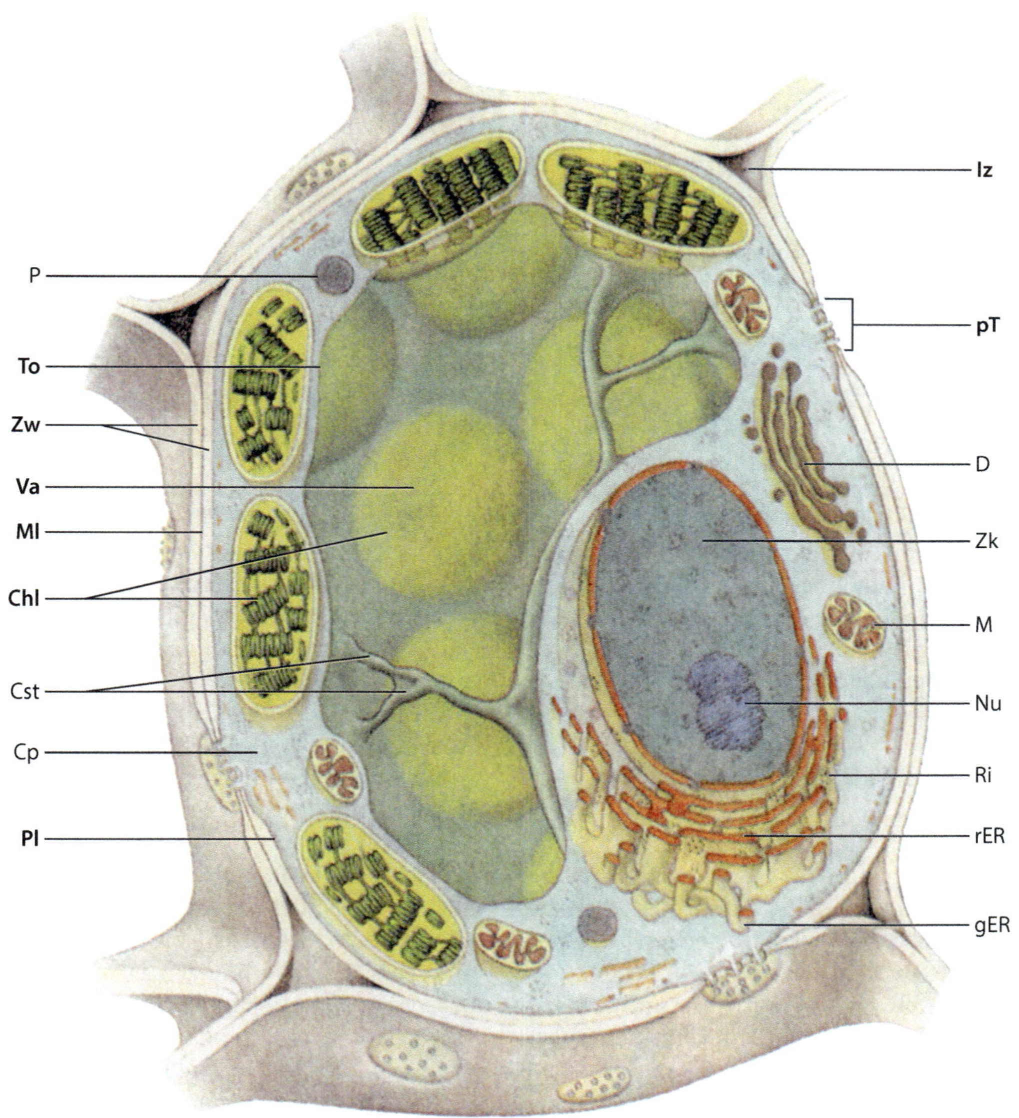

◻ **Abb. 2.3 Schema einer Pflanzenzelle.** Fettdruck: nur in Pflanzenzellen auftretende Strukturen. **Chl**, Chloroplast. **Cp**, Cytoplasma. **Cst**, Cytoplasmastränge. **D**, Dictyosom. **gER/rER**, glattes/raues Endoplasmatisches Reticulum. **Iz**, Interzellulare. **M**, Mitochondrium. **Ml**, Mittellamelle. **Nu**, Nucleolus (Kernkörperchen). **P**, Peroxisom. **Pl**, Plasmalemma. **pT**, primäres Tüpfelfeld mit Plasmodesmen. **To**, Tonoplast. **Ri**, Ribosomen. **Va**, Vakuole. **Zk**, Zellkern. **Zw**, Zellwand. (© Raven et al. 2006, leicht verändert)

2

■ **Tab. 2.1**   **Ausgewählte Eigenschaften pflanzlicher Zellbestandteile** (nach Jäger et al. 2009)

Bestandteil	Bau*	Funktion*
Plastiden	Kompartimente mit **doppelter Hüllmembran** (bei sekundären Algen** auch drei oder vier Membranen) eigenes zirkuläres Genom (**Plastom**) **Proplastiden** in Meristemen **Chloroplasten**: grün; Chlorophyll, Carotinoide **Chromoplasten**: gelb, rot; Carotinoide, in Blüten und Früchten **Leukoplasten**: farblos **Gerontoplasten**: Herbstlaub; nur Carotinoide	**Chloroplasten**: vielfältige Stoffwechselprozesse (Photosynthese; Synthese von Fettsäuren, Aminosäuren, Stärke) **Chromoplasten**: Pigmente (UV-Schutz, Anlockung) **Leukoplasten**: Speicherung von Reservestoffen: - Stärke (Amyloplasten) - Proteine (Proteinoplasten) - Lipide (Elaioplasten)
Vakuole	größtes Kompartiment (80 % des Zellvolumens), durch Tonoplast gegen Cytoplasma abgegrenzt, mit saurem Zellsaft	**Osmoregulation**, primäre Festigung krautiger Pflanzen (Turgor) vorübergehende **Speicherung** Endablagerung von Substanzen (**Entgiftung**)
Plasmalemma und Tonoplast	Biomembranen mit spezifischen ATP spaltenden Proteinen (**ATP-asen**)	**Abgrenzung** des Cytoplasmas gegenüber Zellwand und Vakuole (Biomembranen; ■ Tab. 2.2) osmotisch wirksamer **Spannungsaufbau** mit nachfolgendem Ionenfluss
Zellwand	**Mittellamelle** (Pektin) **Primärwand** (Pektin, Hemicellulosen, ca. 25 % Cellulose, Proteine) **Sekundärwand** (bis zu 90 % Cellulose) **Plasmodesmen und Tüpfel** Ein-/Auflagerung von **Lignin**, **Suberin**, **Cutin**	formgebendes **Außenskelett** **primäre Festigkeit**: Wanddruck als Gegendruck zum Zellinnendruck interzellulärer Transport, Kommunikation sekundäre Festigkeit, Verdunstungsschutz

* Vgl. zellbiologische und pflanzenphysiologische Lehrbücher. ** Sekundäre Algen gehören nicht in die Evolutionslinie der Pflanzen

— Form und Größe von **Gewebezellen** variieren mit ihrer spezifischen Differenzierung. Die Zellen des Grundgewebes (**Parenchym**; ► Abschn. 7.1) haben gewöhnlich einen Durchmesser von **10–100 μm**. Die längsten Zellen finden sich bei den Blütenpflanzen in Form von ungegliederten **Milchröhren**, die mehrere Meter lang werden können (► Abschn. 7.6.6).

2.2.1 Plastiden

Plastiden sind typisch pflanzliche Organellen. Nach Bau, Funktion und Färbung lassen sich grüne **Chloroplasten** (Photosynthese) von gelb-roten **Chromoplasten** (Organfärbung) und farblosen **Leukoplasten** (Speicherfunktion) unterscheiden (■ Abb. 2.4). **Etioplasten** sind Chloroplasten ohne Chlorophyll, die bei Dunkelheit entstehen und bei Belichtung ergrünen. **Gerontoplasten** sind alte Chloroplasten, in denen Chlorophyll abgebaut wird.

Jede Plastide ist von einer Hülle aus zwei Elementarmembranen umgeben (■ Abb. 2.4). In ihrem Innenraum befindet sich eine plasmatische Grundsubstanz, das **Stroma**, in dem Membranvesikel liegen, die von einem inneren Membransystem, dem **Thylakoid**, stammen. Noch nicht ausdifferenzierte Plastiden heißen **Proplastiden**. Sie liegen in den Zellen der Bildungsgewebe vor, sind farblos, 0,5–1 μm lang und von rundlicher oder amöboider Gestalt (■ Abb. 2.4: Pp). Ihre Matrix ist nur von wenigen Einstülpungen der inneren Hüllmembran durchzogen. Die Differenzierung wird durch Licht reguliert.

Nach der **Endosymbiontentheorie** (► Abschn. 2.1.1) haben alle Plastiden ihren Ursprung in Cyanobakterien. Chloroplasten weisen entsprechend **Chlorophyll a** auf (► Exkurs 2.2). Sie besitzen in ihrer **zirkulären DNA** ausgeprägte Sequenzhomologien mit Cyanobakterien und enthalten prokaryotische **70S-Ribosomen** (► Abschn. 2.3.1). Die Chloroplasten einiger sekundären Algen mit drei (Euglenophyceae, Dinophyta; Sy 4:4,

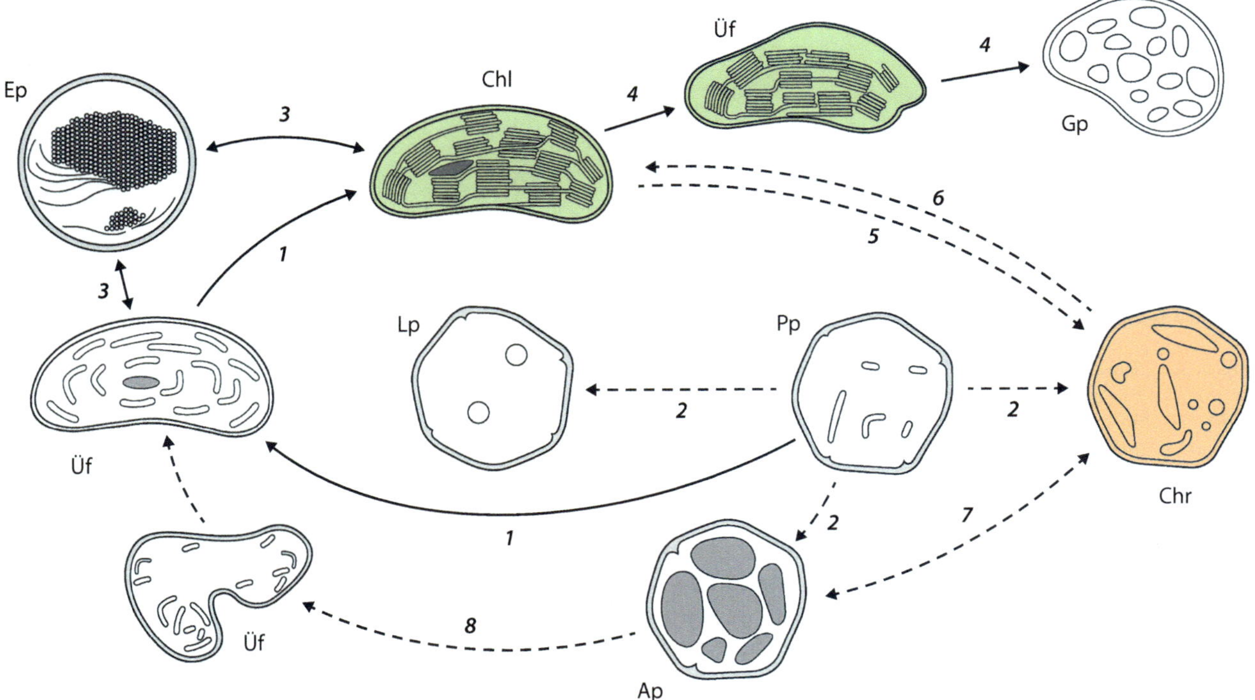

Abb. 2.4 Plastidenentwicklung. *1*, Proplastiden (Pp) differenzieren sich im Licht über Übergangsformen (Üf) zu Chloroplasten (Chl). *2*, Sie können auch direkt in Chromoplasten (Chr), Leukoplasten (Lp) oder Amyloplasten (Ap) übergehen. *3*, Die Übergangsformen entwickeln im Dunkeln Etioplasten (Ep), die bei Belichtung in Chloroplasten übergehen. *4, 5*, Chloroplasten gehen nach Abbau des Chlorophylls in Gerontoplasten (Gp, Herbstlaubfärbung) oder Chromoplasten (Chr) über (Tomatenreife). *6*, Chromoplasten können sich zu Chloroplasten differenzieren (selten). *7*, Chromoplasten und Amyloplasten (Ap) können ineinander übergehen. (© ► http:// www.spektrum.de/lexikon/biologie/plastiden/52213, leicht verändert)

9) oder vier Membranen (Cryptophyceae, Haptophyta; Sy 4:5, 6) sind durch **sekundäre Endosymbiose** entstanden (Abb. 2.2).

Plastiden reproduzieren sich durch Zweiteilung. Sie besitzen ein eigenes kleines Genom (**Plastom**), das zur **extrachromosomalen Vererbung** beiträgt.

Chloroplasten

Chloroplasten sind die Träger des grünen Blattfarbstoffs **Chlorophyll**. In ihnen laufen die Reaktionen der **Photosynthese** ab, durch die die Pflanze Sonnenenergie in chemische Energie umsetzt (► Exkurs 2.2). Zu ihren Leistungen gehört auch die **Synthese** der Photosynthesepigmente, der Chloroplasten-DNA und Chloroplasten-RNA sowie einiger chloroplastenspezifischer Proteine. Der größte Teil der Chloroplastenproteine wird jedoch im Cytoplasma synthetisiert und dann in die Chloroplasten transportiert.

Chloroplasten entstehen im Licht aus **Proplastiden** (Abb. 2.4: Pp). Im Dunkeln entwickeln sich chlorophyllfreie, durch Carotinoide (► Exkurs 2.2) gelblich gefärbte **Etioplasten** (Abb. 2.4: Ep) mit regelmäßig angeordneten tubulären Membranstrukturen (parakristalliner Prolamellarkörper; Abb. 2.5a). Diese enthalten die an Proteinkomplexe gebundene Vorstufe des Chlorophylls, das **Protochlorophyllid**. Bei Belichtung entwickeln sich die Etioplasten zu Chloroplasten. Der Prolamellarkörper zerfällt und seine Bestandteile gehen in die Thylakoidbildung ein. Aus dem Protochlorophyllid entsteht Chlorophyll.

Chloroplasten sind wie alle Plastiden der Landpflanzen von einer doppelten Hüllmembran umgeben (► Abschn. 2.1.1). Die äußere Hüllmembran ist für kleine bis mittelgroße Moleküle **durchlässig**, die innere nur mithilfe **spezifischer Transportproteine** passierbar.

Den Innenraum der Chloroplasten, das **Stroma**, durchziehen lamellenartig angeordnete Membranvesikel des **Thylakoidsystems** (Abb. 2.4 und 2.5b). Sie leiten sich (wie die Membraneinstülpungen der Mitochondrien; ► Abschn. 2.3.4) von der inneren Membran ab, stehen aber im ausdifferenzierten Zustand nicht mehr mit dieser in Verbindung. Die Vesikel liegen zum Teil als flache Lamellen (**Stromathylakoide**) vor, teil-

2

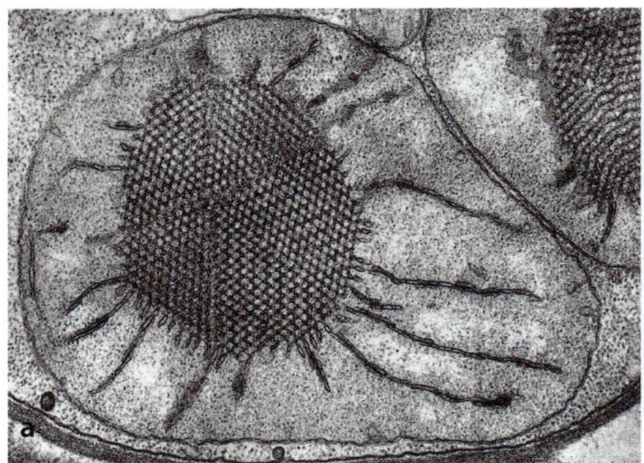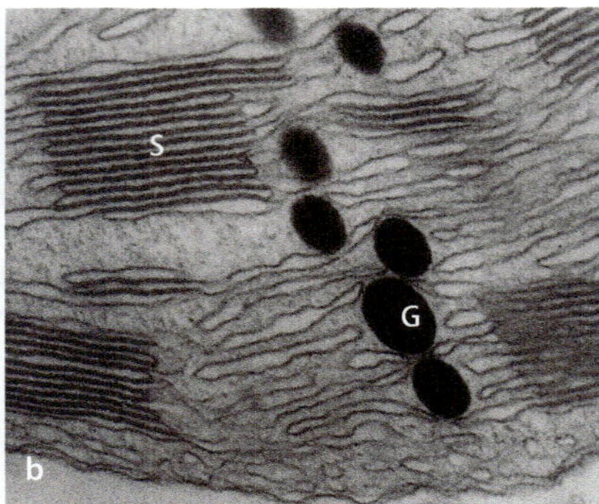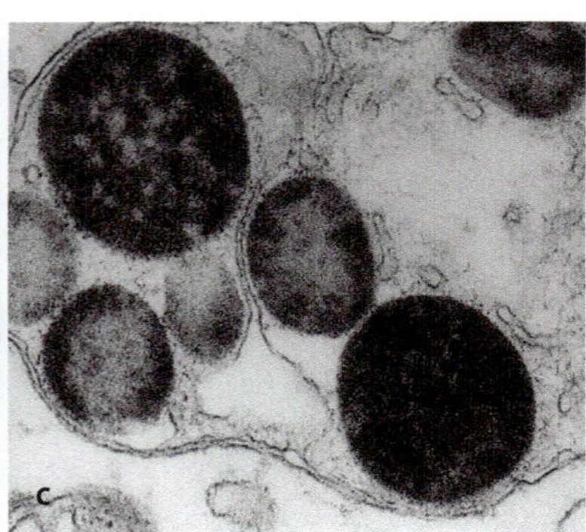

▣ Abb. 2.5   Plastiden. a, Gartenbohne (*Phaseolus vulgaris*, Fabaceae). Junge Blattzelle. Etioplast mit parakristallinem Prolamellarkörper und einzelnen Thylakoiden. **b,** Tabak (*Nicotiana tabacum*, Solanaceae). Parenchymzelle. Chloroplast mit kondensierten Grana- (G) und lockeren Stroma-Thylakoiden (S). **c,** Hahnenfuß (*Ranunculus* spec., Ranunculaceae). Blütenblatt. Chromoplast des globulären Typs. (© Jäger et al. 2009)

weise als dichte Stapel, die wegen ihres körnigen Aussehens im Lichtmikroskop **Granathylakoide** genannt werden (▣ Abb. 2.5b: S, G). Beide sind miteinander verbunden und bilden ein geschlossenes System, dessen Inneres als **Thylakoidlumen** bezeichnet wird. Die Chloroplasten einiger Algengruppen (Glaucophyta, Rhodophyceae; Sy 4:11, 12) und die der Leitbündelscheiden von C$_4$-Pflanzen (Chloroplastendimorphismus; ▶ Abschn. 8.3.6) besitzen nur Stromathylakoide.

Die **Thylakoidmembranen** sind die Orte der **Lichtreaktion** der Photosynthese (▶ Exkurs 2.2). In ihnen sind die photosynthetisch aktiven **Pigmente** an Proteine gebunden und die Proteinkomplexe der photosynthetischen **Elektronentransportkette** (PSI, PSII, Cytochrom-b$_6$/f-Komplex), mobile **Elektronenüberträger** (Plastochinon, Plastocyanin) und die **ATP-Synthase** lokalisiert. Der Gesamtanteil von Proteinen an den Thylakoidmembranen beträgt etwa 50 %.

Das **Stroma** enthält 10 bis 100 Kopien der zirkulären Plastiden-DNA, 70S-Ribosomen, Enzyme für CO$_2$-Assimilation, Proteinsynthese und andere Stoffwechselprozesse (z. B. Fett- und Aminosäuresynthesen) sowie Primärstärke und Carotinoide. Die **Primärstärke** (gleichbedeutend mit Assimilationsstärke, transitorische Stärke) liegt bei den Blütenpflanzen meist in linsenförmiger Gestalt vor. Bei verschiedenen Algengruppen und Hornmoosen erfolgt ihre Ablagerung an **Pyrenoiden** (Stärkeherde), d. h. lichtmikroskopisch erkennbaren Strukturen, die vor allem aus parakristalliner **RuBisCo** (Ribulose-1,5-diphosphat-Carboxylase), dem Schlüsselenzym der Photosynthese, bestehen. Die **Carotinoide**, die zumeist im Thylakoid lokalisiert sind, werden gewöhnlich vom Grün des Chlorophylls überdeckt. Im Herbst gehen Chloroplasten in **Gerontoplasten** über, die das Altersstadium der Plastiden darstellen (▣ Abb. 2.4: Gp). In ihnen wird das Chlorophyll schneller abgebaut als die Carotinoide, was sich in der bunten **Laubfärbung** niederschlägt (▶ Abb. 8.65d, e).

Die Chloroplasten der **Landpflanzen** sind meist linsen- bis kugelförmig und 3–10 µm lang. Sie liegen in großer Anzahl (häufig ca. 50) in den photosynthetisch aktiven Zellen vor (▶ Abb. 7.2c). Die Chloroplasten der **Algen** können wesentlich größer sein und unterschiedliche Formen besitzen (▣ Abb. 2.6). Oft kommen nur ein bis zwei Chloroplasten pro Zelle vor. Die durch Phycoerythrin rot gefärbten Plastiden der Rotalgen werden als **Rhodoplasten** bezeichnet, die durch Fucoxanthin gelbbraun gefärbten der Braunalgen als **Phaeoplasten**.

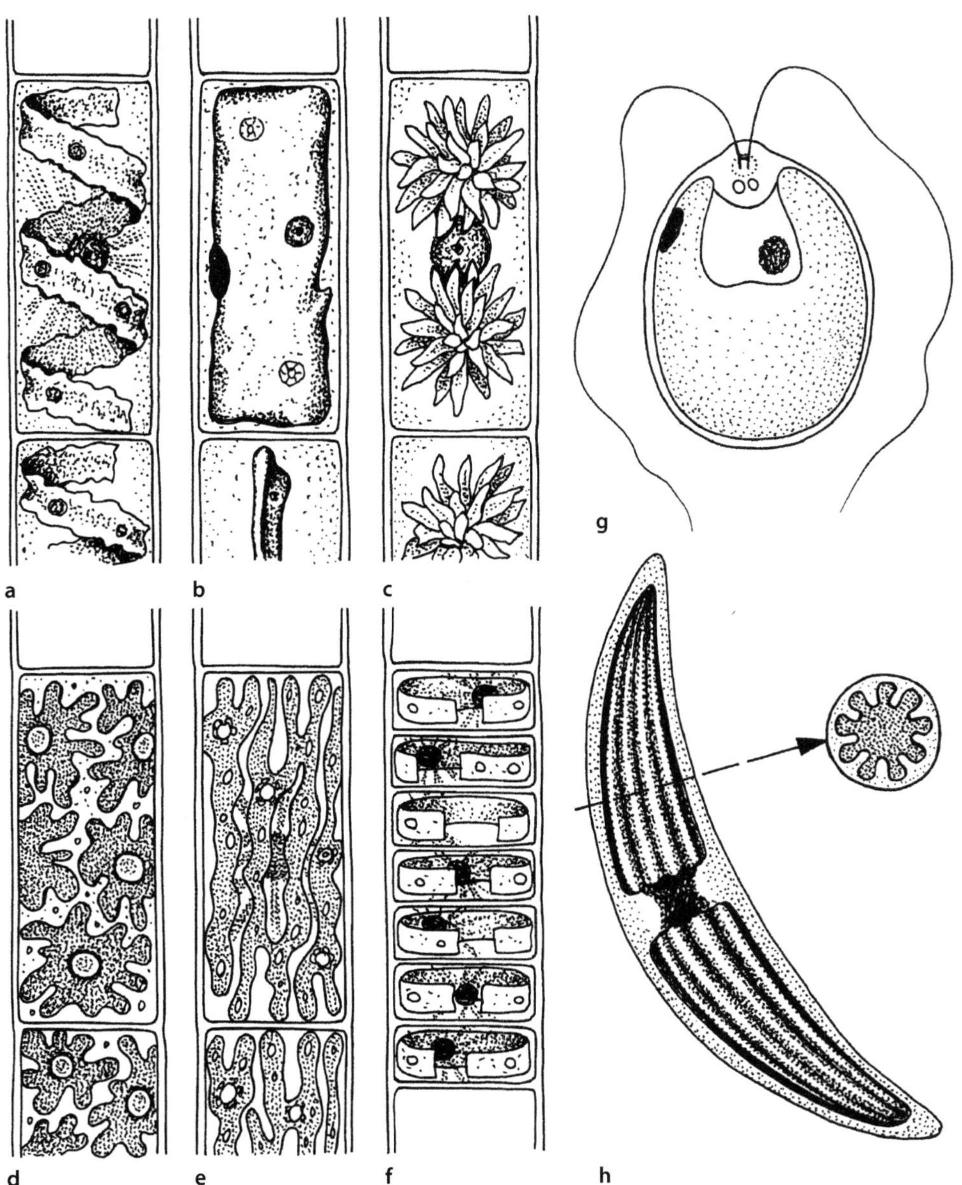

■ **Abb. 2.6 Chloroplastenformen bei primären Algen.** Mit Ausnahme von *Audouinella* (Rotalge) gehören alle Beispiele zu den Grünalgen (Sy 5). **a**, Spiralig (*Spirogyra*). **b**, Plattenförmig (*Mougeotia*). **c**, Sternförmig (*Zygnema*). **d**, Gelappt (*Audouinella*). **e**, Netzförmig (*Oedogonium*). **f**, Ringförmig (*Ulothrix*). **g**, Becherförmig (*Chlamydomonas*). **h**, Geriffelt (*Closterium*). (© Jäger et al. 2009)

2

Exkurs 2.2 Photosynthese und Photosynthesepigmente

Die **Photosynthese** ist die Umwandlung der **Sonnenenergie** in biologisch nutzbare chemische Energie. Diese wird zum Aufbau organischer Substanzen genutzt. Photosynthese betreibende Organismen sind **photoautotroph**.

Photosynthese

Zum Aufbau organischer Substanzen wird das Kohlendioxid der Luft (CO_2) auf die Stufe eines Kohlenhydrates reduziert. Neben **Energie** sind dazu **Reduktionsäquivalente** erforderlich:

- Im Falle photosynthetisch aktiver Bakterien (▶ Exkurs 3.2) werden die Reduktionsäquivalente **Schwefelverbindungen** oder organischen Substanzen entzogen. Dabei werden Schwefel oder dehydrierte organische Verbindungen frei. Die Reaktionen laufen meist sauerstofffrei (**anaerob**) ab.
- Die **Cyanobakterien** und die in Symbiose mit ihnen entstandenen **Pflanzen** und **sekundären Algen** betreiben demgegenüber eine **oxygene Photosynthese**. Dabei werden die Reduktionsäquivalente dem **Wasser** entnommen, dessen **Sauerstoff** frei wird. Dieser Prozess hat im Laufe der Erdgeschichte zur Anreichung der **Atmosphäre mit Sauerstoff** geführt und die **Evolution des Lebens** auf der Erde entscheidend beeinflusst (▶ Abschn. 3.3). Er lässt sich mit folgender Summenformel darstellen:

$$6\,CO_2 + 12\,H_2O + \text{Licht} \rightarrow C_6H_{12}O_6 + 6\,O_2 + 6\,H_2O$$

Oxygene Photosynthese

Die Vorgänge der oxygenen Photosynthese laufen in zwei Stufen ab:

1. Die erste Stufe ist die **Lichtreaktion**. Sie umfasst einen durch die Lichtenergie angetriebenen **Elektronentransport**, der in den **Thylakoidmembranen** der Chloroplasten abläuft. Sie führt zur **Wasserspaltung**, Bildung der Reduktionsäquivalente (**NADPH**, Nicotinsäureamid-Adenin-Dinucleotid-Phosphat) und Synthese des universellen Energieträgers **ATP** (Adenosintriphosphat) aus ADP (Adenosindiphosphat) und Phosphat (**Photophosphorylierung**).

2. Die zweite Stufe ist **lichtunabhängig** und umfasst die **CO_2-Assimilation**, bei der die Produkte des Elektronentransportes (NADPH, ATP) zum Einsatz kommen. Der Syntheseweg (**Calvin-Zyklus**) besteht aus mehreren enzymatischen Teilschritten und läuft im **Stroma** der Chloroplasten ab. Die ersten stabilen Zwischenprodukte weisen bei den **C3-Pflanzen** Moleküle mit je drei C-Atomen (3-Phosphoglycerat) auf und bei den **C4-Pflanzen** Säuren mit vier C-Atomen (Oxalacetat, Malat, Aspartat; ▶ Exkurs 8.7). Die Summenformel des Calvin-Zyklus bei C3-Pflanzen lautet:

$$6\,CO_2 + 12\,NADPH\,/\,H^+ + 18\,ATP \rightarrow C_6H_{12}O_6 + 6\,H_2O$$
$$+\ 12\,NADP^+ + 18\,ADP + 18\,P_i$$

Photosynthesepigmente

Für die Lichtreaktion werden Farbstoffe (**Pigmente**) benötigt, die in Biomembranen lokalisiert sind. Bei den phototrophen Prokaryoten (▶ Exkurs 3.2) handelt es sich um Chlorophylle (Cyanobakterien), Bakeriochlorophylle (Purpur-, Schwefelbakterien) oder Rhodopsine (einige Archaea), bei den Algen und Landpflanzen stets um **Chlorophylle**.

Chlorophylle

Der grüne Blattfarbstoff Chlorophyll ist das wichtigste **photosynthetisch aktive Pigment**. Ein Chlorophyllmolekül besteht aus vier ringförmig miteinander verknüpften heteroaromatischen Ringen (**Pyrrolringen**) und einem zentralen **Magnesiumatom**. Die Chlorophylle a bis d unterscheiden sich im Substitutionsmuster der Pyrrolringe und in der Art ihrer alkoholischen Isoprenseitenketten:

- **Chl a** kommt universell vor (Cyanobakterien, alle photoautotrophen Eukaryota). Es verleiht der Zelle eine blaugrüne Farbe.
- **Chl b** ist gelbgrün. Es tritt bei allen Chloroplastida (Grünalgen, Landpflanzen; Sy 4:13) und den Euglenophyceae (Sy 4: 4) auf, fehlt aber bei den Cyanobakterien und übrigen photoautotrophen Organismen.
- **Chl c** kommt anstelle von Chl b bei den sekundär autotrophen Haptophyta, Dinophyta (Panzergeißlern) und Stramenopiles (z. B. Braun-, Kiesel-, Goldalgen; Sy 4:6, 9, 10) vor.
- **Chl d** ist für Rotalgen (Sy 4:12) charakteristisch. Es absorbiert im langwelligen Rotbereich und ermöglicht damit den Organismen, in großen Tiefen Photosynthese zu betreiben (▶ Abschn. 5.3.4).

Photosynthetisch aktive Bakterien wie Purpur- und grüne Schwefelbakterien besitzen **Bacteriochlorophylle**, die ebenfalls spezifische Absorptionsmaxima im **langwelligen Rot- bis Infrarotbereich** aufweisen.

Chlorophylle und Bacteriochlorophylle werden mittels Lichts aus ihrem elektronischen Grundzustand in einen energiereicheren, **angeregten Zustand** versetzt. Für die Lichtabsorption sind vor allem die delokalisierten Elektronen konjugierter **Doppelbindungen** verantwortlich. Die Chlorophylle haben Absorptionsmaxima im roten und blauen Bereich; im grünen Bereich absorbieren sie kaum. Dieses ‚Absorptionsloch' wird durch die Aktivität der **Begleitpigmente** teilweise ausgefüllt.

Begleitpigmente

Chlorophylle werden stets von Carotinoiden oder Phycobilinen begleitet:

- **Carotinoide** treten regelmäßig in **Chloroplasten** auf. Sie bestehen aus Isopreneinheiten und weisen zahlreiche konjugierte Doppelbindungen auf. Sie sind in den Thylakoidmembranen mit Carotinoid bindenden Proteinen und anderen Pigmenten zu sogenannten **Antennenkomplexen** vereinigt. Ihre Funktion besteht einerseits in der **Absorption** von Lichtenergie und deren Weiterleitung zu den photosynthetisch aktiven Reaktionszentren und andererseits im **Schutz** des Photosyntheseapparates vor Schäden durch Überanregung. Darüber hinaus sind Carotinoide häufig in den **Chromoplasten** von Blütenblättern (► Abschn. 11.2.2) oder Fruchtwänden zu finden, wo sie zur auffälligen Färbung der Organe beitragen.

    Zu den Carotinoiden zählen **Carotine**, die nur aus C- und H-Atomen bestehen, und **Xanthophylle**, die außerdem Sauerstoff im Molekül enthalten. Liegen die Farbstoffe in hoher Konzentration vor, überdecken sie die Farbe des Chlorophylls und bestimmen die Färbung der Zelle. Dies ist z. B. bei den Kieselalgen und Braunalgen (Sy 4:10) der Fall, die einen besonders hohen Gehalt an **Fucoxanthin** (nach der Braunalgengattung *Fucus*) aufweisen.

- **Phycobiline** aus vier linear miteinander verknüpften Pyrrolringen sind ebenfalls meist an Proteine gebunden (Phycobiliproteine). Im Gegensatz zu Chlorophyllen und Carotinoiden sind sie **wasserlöslich**. Rotes Licht fördert die Bildung von Phycocyaninen, grünes und blaues die von Phycoerythrinen (chromatische Adaptation). **Phycocyanine** sind blau und fluoreszieren rötlich; sie überwiegen bei den Cyanobakterien, deren alter Name ‚Blaualgen‘ auf diese Färbung Bezug nimmt. **Phycoerythrine** sind rot und fluoreszieren orange; sie überwiegen bei Rotalgen (Sy 4:12). Phycobiliproteine können besonders gut grünes Licht absorbieren. Sie kommen außer bei Cyanobakterien und Rotalgen auch bei Cryptophyceae und Glaucophyta vor (Sy 4:5, 11).

Chromoplasten

Chromoplasten können durch Differenzierung aus Leukoplasten oder Chloroplasten entstehen. Sie sind gelb, rötlich oder orange gefärbt. Chromoplasten enthalten keine Thylakoide. Die Speicherung der Pigmente (gelbe/rote **Carotine**, gelbe **Xanthophylle**; ► Exkurs 2.2) erfolgt in globulären (kugelförmigen) und tubulären (röhrenförmigen) Strukturen oder in Form von Kristallen in flachen Membranstapeln.

Chromoplasten besitzen keine Bedeutung im Stoffwechsel. Sie rufen jedoch die auffällige Färbung vieler Blüten (► Abschn. 11.2.2) und Früchte (Paprika, Tomate) hervor, die für die **Coevolution** (► Kap. 11 und 12) der Blütenpflanzen mit Tieren eine entscheidende Rolle spielt.

Leukoplasten

Leukoplasten sind **farblose Plastiden**, die vor allem in Zellen von Speicherorganen vorkommen. Sie stellen eine heterogene Gruppe dar. Einige können bei Belichtung ergrünen und in Chloroplasten übergehen (z. B. in Kartoffelknollen), anderen fehlt diese Fähigkeit (z. B. den Nebenzellen der Schließzellen; ► Abschn. 7.2.1). Leukoplasten kommen in den ungefärbten Bereichen gefleckter (**panaschierter**) Blätter (► Exkurs 8.9) und in parasitischen Pflanzen (► Abschn. 8.6.2) vor, die die Fähigkeit zur Photosynthese verloren haben.

Leukoplasten dienen als **Amyloplasten** der Bildung und Speicherung von Stärke, als **Proteinoplasten** der Speicherung von Eiweiß und als **Elaioplasten** (nur bei Lebermoosen) der Fettspeicherung. In nichtgrünen Organen (z. B. Wurzeln) sind sie die Orte der **Aminosäure-** und **Fettsäuresynthese**.

Stärke

Stärke ist ein Polysaccharid, das aus Glucoseeinheiten besteht. Sie liegt in der Pflanzenzelle in Form von Körnern vor. Gestalt und Größe sind arttypisch. Die Stärkekörner sind meistens rund, seltener stab- oder hantelförmig. Ihr Durchmesser beträgt bei Getreide 50 µm, bei Kartoffeln bis zu 100 µm (◨ Abb. 2.7a). Durch dichte Packung, z. B. im sekundären Endosperm (► Abschn. 12.1.2) von Mais (*Zea mays*, Poaceae), entstehen abgeflachte, polyedrische Körner. Der Aufbau der Stärkekörner erfolgt von einem **Bildungszentrum** aus. Hier werden abwechselnd Schichten aus **amorpher Amylose** (10–30 %) und **kristallinem Amylopektin** (70–90 %) abgelagert. Da das Bildungszentrum meist exzentrisch liegt, sind die Schalen ungleich dick. Sie weisen eine unterschiedliche Lichtbrechung auf und erscheinen unter polarisiertem Licht in bunten Farben (◨ Abb. 2.7b).

Die Stärkekörner in den **Chloroplasten** werden tagsüber aufgebaut und dienen nachts als Energiequelle. Die Stärkekörner in den **Amyloplasten** der **Wurzelhaube** übernehmen neben der Speicherfunktion auch die Funktion von Statolithen (**Statolithenstärke**; ► Abschn. 8.4.3), also von Partikeln, die es der Pflanze ermöglichen, das Schwerefeld wahrzunehmen und sich

2

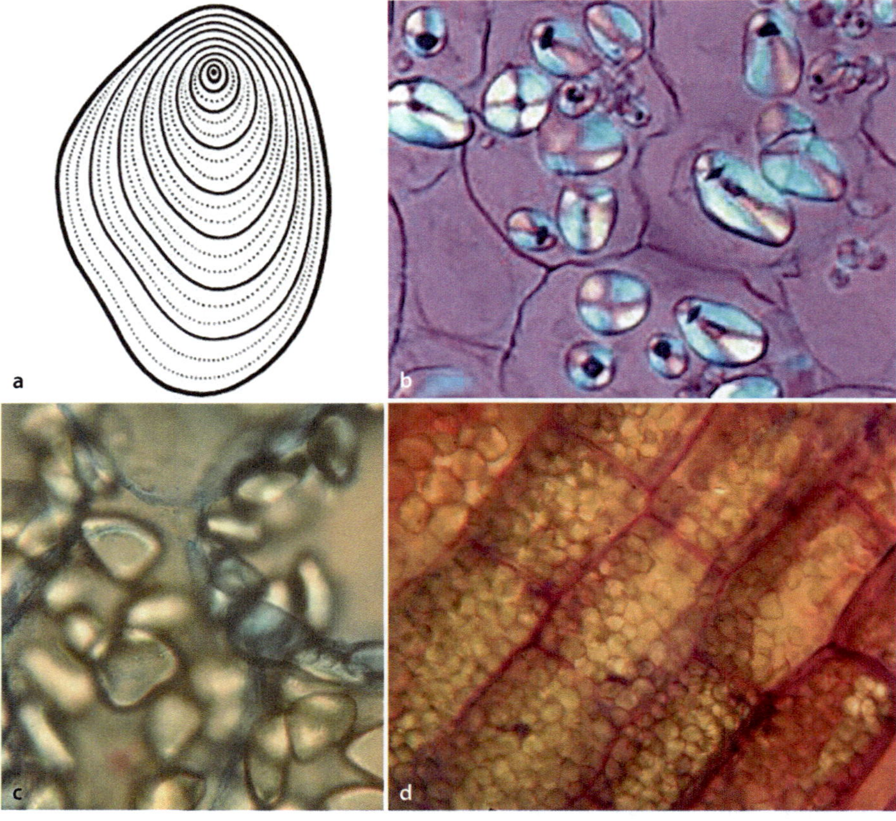

Abb. 2.7 **Stärke. a, b,** Kartoffel (*Solanum tuberosum*, Solanaceae). Speicherparenchym. **a,** Exzentrisches Stärkekorn mit sukzessiver Anlagerung neuer Schichten. Detail aus einer Lehrtafel. **b,** Darstellung von Stärkekörnern unter polarisiertem Licht. **c,** *Dioscorea rotunda* (Dioscoreaceae). Stärkekörner im Speicherparenchym der Knolle. **d,** Ackerwinde (*Convolvulus arvensis*, Convolvulaceae). Stärke im Rindengewebe der Wurzel. (© **a, b**: Botanische Sammlungen der JGU Mainz. **c, d**: HJ Krähmer, Hofheim. Mit freundlicher Genehmigung)

darin auszurichten. Beim Hahnenfuß tragen Stärkekörner durch Lichtbrechung zum **Lackglanz** der Nektarblätter bei (► Abschn. 7.2.1, ► Abb. 7.10i). Bei der **Thermogenese** einiger Fallenblumen (► Abschn. 11.3.6 und ► 11.4.1) dient Stärke als Energielieferant für Wärme- und Duftentwicklung.

Zum Nachweis der Stärke führt man eine **Iodprobe** mit Lugol-Lösung durch. Das Iod wird in die wasserlösliche Amylose eingeschlossen und führt zu einer reversiblen Blaufärbung.

Bei den Rotalgen (Sy 4:12) kommt **Florideenstärke** vor. Sie ist chemisch mit Glykogen verwandt und wird nicht wie die Stärke der Landpflanzen in Plastiden gebildet, sondern an der Oberfläche der Chloroplasten. Dort entsteht auch das **Paramylon** der Euglenophyceae (Sy 4:4) und Kalkalgen (Haptophyta; Sy 4:6). In ihm liegt die Glucose in β-1,3-glykosidischer Bindung vor (► Tab. 5.1).

2.2.2 Plasmalemma und Tonoplast

Plasmalemma und Tonoplast sind Biomembranen (► Abschn. 2.3.3), die nur in **Pflanzenzellen** auftreten. Das **Plasmalemma** grenzt das Cytoplasma gegen die Zellwand ab, der **Tonoplast** trennt die Vakuole vom Cytoplasma (■ Abb. 2.3: Pl, To).

Beide Membranen besitzen spezifische ATP-spaltende Proteine (ATPasen), durch deren Tätigkeit eine **elektrische Spannung** (innen negativ, außen positiv) aufgebaut wird (Protonenpumpe). Im Zuge des Spannungsausgleichs **strömen Ionen nach**. Auf diese Weise können Ionen, Zucker oder organische Säuren in beträchtlicher Menge auch gegen das Konzentrationsgefälle angereichert werden.

Weitere Transporteinrichtungen in den beiden Membranen sind spezifische Proteine (**Translokatoren**) für den Transport von Kohlenhydraten und Aminosäuren, **Ionenkanäle** vor allem für den Transport von K^+, Ca^{2+} und Malat sowie **Aquaporine** (‚Wasserkanäle' bildende Proteine) für den schnellen Transport von Wasser. Im Tonoplasten befindet sich außerdem ein **ABC-Transporter** (ABC = *ATP binding cassette*). Er nutzt die bei der ATP-Hydrolyse freiwerdende Energie direkt für den Transport biotischer und xenobiotischer (nicht körpereigener) Verbindungen. ABC-Transporter spielen eine Rolle beim Transport von Farbstoffen (Anthocyanen), Wirkstoffen von Pflanzenschutzmitteln (Herbiziden) und wahrscheinlich auch von Schwermetallen in die Vakuole.

2.2.3 Vakuole

Die Zellen des Grundgewebes (Parenchyms; ▶ Abschn. 7.1) weisen in ihrem Inneren einen riesigen **Saftraum** (Vakuole) auf, der durch den **Tonoplast**en (▶ Abschn. 2.2.2) vom Cytoplasma abgetrennt ist. Die Vakuole nimmt gewöhnlich mehr als 90 % des Zellvolumens ein und drängt das Cytoplasma mit seinen Organellen an den Rand der Zelle gegen den Apoplasten (▶ Abb. 7.2a).

Die zentrale Vakuole entsteht während der Differenzierung und Streckung der Zelle. Kleine Vakuolenbläs-chen, die bereits in der undifferenzierten Zelle vorliegen, nehmen während des Zellwachstums Wasser auf, vergrößern ihr Volumen und vereinigen sich schließlich zu einem großen Saftraum (◘ Abb. 2.8a–c).

Die Vakuole reguliert den **Wasserhaushalt** und trägt zur **primären Festigkeit** der Zelle bei (◘ Abb. 2.8d). Als Kompartiment außerhalb des Cytoplasmas (**extraplasmatisch**) dient sie als **vorübergehender Speicherort** (◘ Abb. 2.9), als **dauerhafte Deponie** und als Ort für intrazelluläre **Abbauprozesse**.

Zellsaft

Der Inhalt der Vakuole (**Zellsaft**) ist wässrig und sauer (pH~5). Die Ansäuerung erfolgt durch die Tätigkeit von zwei **Protonenpumpen** (Tonoplasten-ATPase, Pyrophosphatase) im Tonoplasten. Extrem saure Zellsäfte (pH-Wert 1,3–3,0) finden sich in den Blättern des Sauerklees (*Oxalis tetraphylla*, Oxalidaceae) und in den Früchten von Citrus-Hybriden wie der Sauren Limette (*Citrus × aurantiifolia*, Rutaceae) und Zitrone (*Citrus × limon*, Rutaceae).

Der Zellsaft enthält anorganische Ionen, besonders Kalium (K^+) und Calcium (Ca^{2+}). Calciumionen liegen in der Regel in millimolarer und damit tausendfach höherer Konzentration als im Cytoplasma vor. Calciumoxalat (CaC_2O_4) tritt in verschiedenen Kristallformen auf, z. B. als Einzelkristall (Oktaeder), Kristallaggregat (Druse), Bündel nadelförmiger Kristalle (Raphidenbündeln) oder Kristallsand (◘ Abb. 2.9c).

Weiterhin finden sich in wechselnden Konzentrationen Anionen (Cl^-, NO_3^-, PO_4^{3-}), Kohlenhydrate, organische Säuren, Aminosäuren, Farbstoffe, Gerbstoffe, Alkaloide, Glykoside von Phytohormonen und hydrolytische Enzyme in der Vakuole (▶ Exkurs 2.3). Letztere sind im sauren Milieu des Zellsaftes besonders aktiv.

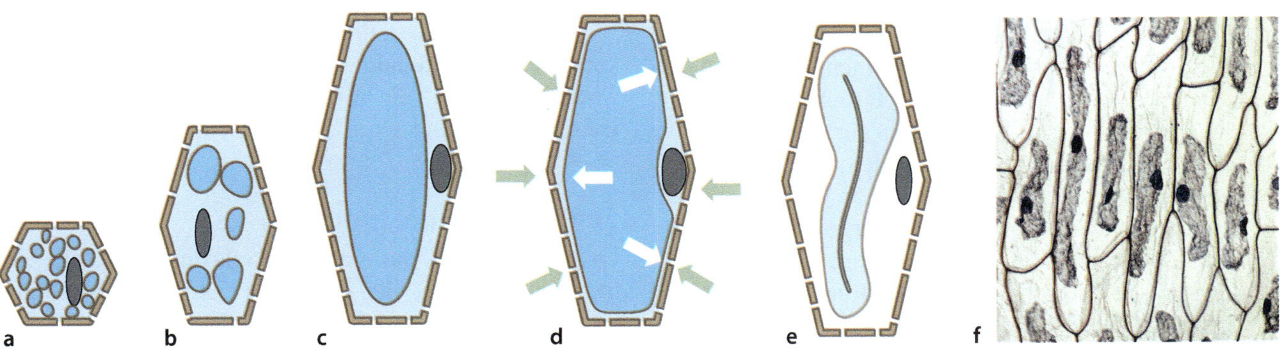

◘ **Abb. 2.8 Entstehung und Wirkungsweise der Vakuole. a–c,** Entstehung der Zentralvakuole durch das Zusammenfließen kleiner, mit Wasser gefüllter Bläschen. **a,** Junge, undifferenzierte Zelle. Braun: durchbrochene Zellwand mit Plasmodesmen (letztere überdimensioniert dargestellt). Dunkelblau: Vakuole. Grau: Zellkern. Hellblau: Cytoplasma. Übrige Zellbestandteile unberücksichtigt. **b,** Zellstreckung. **c,** Ausdifferenzierte Gewebezelle mit großer Vakuole und randlichem Cytoplasma mit Zellkern. **d,** Zustand der Vollturgeszenz. Ausdehnung der Vakuole durch Wasseraufnahme bis zum Gleichgewichtszustand zwischen Turgor (Innendruck; weiße Pfeile) und Gegendruck durch elastische Zellwand und umliegendes Gewebe (Gewebedruck; grüne Pfeile). **e, f,** Plasmolyse. Bei Wasserabgabe in den Apoplasten löst sich der Plasmaschlauch von der Zellwand ab; es treten Welkerscheinungen an der Pflanze auf. (© **a–e:** Grafik: M. Lay, Breisach (in Anlehnung an Nultsch 2001). **f:** Botanische Sammlungen der JGU Mainz)

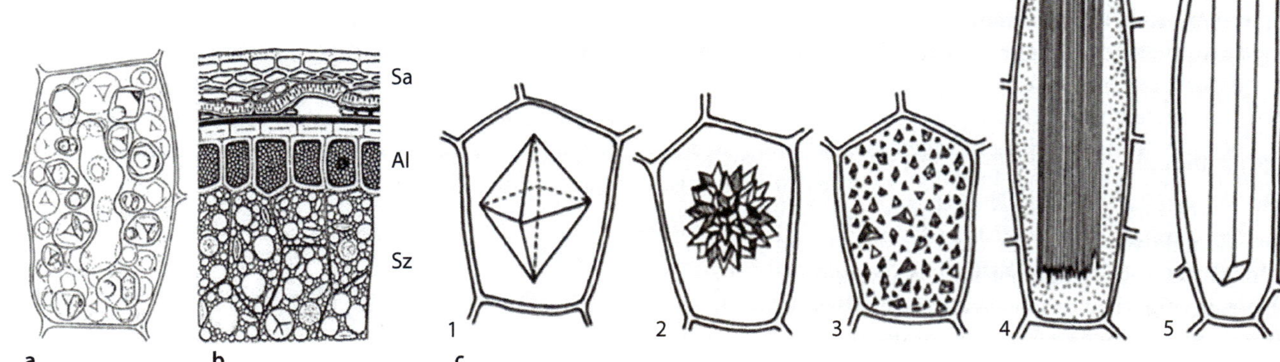

Abb. 2.9 Vakuole als Speicherort. a, Wunderbaum (*Ricinus communis*, Euphorbiaceae). Ölvakuolen in einer Zelle des Nährgewebes im Samen. **b**, Weizen (*Triticum*, Poaceae). Ausschnitt aus der Wand des Weizenkorns. Al, Aleuronschicht. Sa, Samenschale. Sz, Stärke- zellen des sekundären Endosperms (Mehlkörper; ▸ Abb. 6.9d, e). **c**, Calciumoxalatkristalle verschiedener Gestalt: 1, Oktaeder, 2, Druse, 3, Kristallsand, 4, Raphidenbündel, 5, stabförmiges Einzelkristall. (© **a**, **b**: v. Denffer 1971. **c**: Jäger et al. 2009)

Turgor und primäre Festigkeit

Cytoplasma und Zellsaft sind **wässrige** Lösungen, die sich in der Zusammensetzung und **Konzentration** der in ihnen gelösten Stoffe unterscheiden. Sie werden vom Tonoplasten getrennt, der als halbdurchlässige (semi- permeable) Membran die Konzentrationsunterschiede aufrechterhält.

Eine **semipermeable Biomembran** (lat. *semi*, „halb", „teilweise", *permeare*, „durchdringen") lässt Wasser un- gehindert durchströmen, kontrolliert aber den Durchtritt von Ionen und größeren Molekülen. Sie bildet somit die Grundlage für den Vorgang der **Osmose** (griech. *ōsmós*, „Eindringen"), der den Wasserhaushalt in lebenden Zel- len reguliert:

— Liegt im Zellsaft eine höhere Konzentration gelöster Stoffe vor als im Cytoplasma, strömt Wasser dem Konzentrationsgefälle folgend in die Vakuole ein. Die Vakuole vergrößert ihr Volumen und dehnt sich gegen den Apoplasten aus. Der Druck, der dabei auf die **Zellwand** wirkt, wird als **Turgor** bezeichnet. Die Zellwand ist **elastisch** und gibt dem Druck nach, bis sie maximal gedehnt ist. Es wird ein Gleichgewichts- zustand erreicht, bei dem der Turgor des Zellsaftes dem Gegendruck der Zellwand (und des umgebenen Gewebes) entspricht. Es liegt **Vollturgeszenz** vor, ein Zustand, bei dem kein Wasser mehr aufgenommen werden kann (▸ Abb. 2.8d).

Der Turgor verleiht der Zelle ihre **primäre Festig- keit**. Er beträgt in Pflanzenzellen 0,07–4 MPa (Mega- pascal; 1 MPa = 1 N/mm^2). Das gleiche Prinzip liegt der Festigkeit aufgepumpter Luftmatratzen und Fahrradreifen zugrunde (‚Pneu-Konstruktion').

— Ist die Konzentration gelöster Teilchen im um- gebenden Milieu der Zelle größer als im Zellsaft, tritt Wasser aus dem Protoplasten aus und strömt in den Apoplasten. Die Vakuole verringert ihre Größe, und das Protoplasma löst sich mit dem Plasmalemma vom Apoplasten ab. Dieser Vorgang heißt **Plasmo- lyse** (▸ Abb. 2.8e, f). Das Gewebe verliert dabei Festigkeit, und es kommt zu Welkerscheinungen.

Der Turgor führt nicht nur zur Festigkeit krautiger Pflan- zen, sondern ist auch an Sekretionsvorgängen (z. B. in Drüsengeweben; ▸ Abschn. 7.6) und Bewegungen be- teiligt. So kann die Pflanze durch Änderungen des Tur- gors den Öffnungszustand der **Stomata** (Spaltöffnungen) kontrollieren (▸ Abschn. 7.2.1), **Blattbewegungen** durch- führen (*Mimose*, Venusfliegenfalle; ▸ Exkurs 8.6, ▸ Abschn. 8.6.2) und Pollen (▸ Abschn. 11.7.4) oder Samen ausschleudern (Spritzgurke; ▸ Abschn. 12.3.5).

Die Vakuole der Pflanzenzelle sollte nicht mit der **kontraktilen Vakuole** einzelliger Organismen ver- wechselt werden, die mithilfe rhythmisch **pulsierender Bläschen** Wasser aus der Zelle herauspumpen (▸ Abschn. 5.1).

Speicherkompartiment

Die Vakuole ist ein vom Cytoplasma der Zelle ab- gegrenzter Raum. Sie dient als Ort vorübergehender oder dauerhafter Speicherung von Stoffen.

Reversible Stoffspeicherung

In den Speichergeweben von Knollen, Früchten und Samen werden Zucker, organische Säuren, Fettsäuren, Öle und Proteine gespeichert (▸ Abb. 2.9a, b), bis sie zum Ort ihres Verbrauchs transportiert werden. Die Speicherung der Stoffe ist vorübergehend; der Prozess ist umkehrbar (**reversibel**):

– Wirtschaftlich bedeutend ist die Speicherung von **Saccharose** in den Vakuolen der Zuckerrübe (*Beta*) und des Zuckerrohrs (*Saccharum*).
– Im Nährgewebe einiger Samen (z. B. Getreidesamen) und in den Speicherkeimblättern der Hülsenfrüchtler (► Abschn. 12.1.2) liegen **Protein**vakuolen vor. Sie heißen **Aleuronkörner** (◘ Abb. 2.9b und ► 6.10d) und entstehen entweder direkt am Syntheseort der Speicherproteine (raues Endoplasmatisches Reticulum) oder durch Zusammenfluss von Golgi-Vesikeln (► Abschn. 2.3.3). Aleuronkörner können unterschiedlich groß sein. Im Endosperm der Süßgräser beträgt ihr Durchmesser 3–5 nm, im Rizinussamen bis zu 20 nm.
– Die Vakuole dient auch als temporärer Speicher für **Kohlendioxid** bei Pflanzen, die nachts CO_2 aufnehmen (CAM-Pflanzen; ► Exkurs 8.7) und das CO_2 als Äpfelsäure (**Malat**) in den Vakuolen des Blattparenchyms speichern.

Irreversible Stoffablagerung

In vielen Fällen ist die Ablagerung von Substanzen in der Vakuole mit ihrer dauerhaften Entfernung aus dem Cytoplasma verbunden (**irreversibel**: unumkehrbarer Prozess). Damit hat die Pflanzenzelle eine Möglichkeit, **Gifte** wie Gerbstoffe, Alkaloide und Pflanzenschutzmittel aus dem Cytoplasma zu entfernen (**Entgiftungsprozess**) und in der Vakuole zu deponieren. Dort stehen sie für weitere Verwendungen, z. B. als Schreck- oder Giftstoffe zur Abwehr von Fressfeinden, zur Verfügung (► Exkurs 2.3).

Auch die in den Vakuolen enthaltenen **Farbstoffe** (Anthocyane, Betalaine; ► Abschn. 11.2.2) liegen meist dauerhaft vor. Wie die Chromoplastenfarbstoffe (► Exkurs 2.2) haben sie die Aufgabe, Proteine und DNA vor zu starker **UV-Strahlung** zu schützen. Außerdem kommt ihnen bei den Blütenpflanzen die evolutionsbiologisch wichtige Funktion der **Anlockung** von Bestäubertieren und Frucht-/Samenausbreitern zu. Die Farbstoffe treten vor allem in den Vakuolen der **Epidermiszellen** (► Abschn. 7.2.1) auf. Einige von ihnen (z. B. Anthocyanidine) sind **pH-sensitiv** und reagieren mit einem **Farbwechsel** auf Änderungen des Säuregehaltes des Zellsaftes (► Abschn. 11.2.2). In jungen Blättern, bei denen die Chlorophyllsynthese noch nicht eingesetzt hat, kann eine frühe Anthocyanbildung zur Rotfärbung führen (**Juvenilrot**; ► Exkurs 8.8).

Exkurs 2.3 Chemische Kommunikation

Pflanzen sind ortsgebunden und müssen sich an ihrem jeweiligen Standort behaupten. Insbesondere gilt es, Krankheitserreger (**Pathogene**) und Fressfeinde (**Herbivoren**) abzuwehren. Der **evolutionäre Erfolg** der Blütenpflanzen beruht neben den strukturellen Innovationen vor allem auf der **Vielzahl sekundärer Pflanzenstoffe**. Diese als **Sekundärmetabolite** oder **pflanzliche Naturstoffe** bezeichneten Substanzen sind nicht (oder nicht nur) am Primärstoffwechsel der Pflanze beteiligt, sondern übernehmen vielfältige Aufgaben in der **Kommunikation** der Pflanze **mit ihrer Umwelt**. Im Laufe der Evolution haben sich nach konservativer Schätzung etwa 200.000 Wirkstoffe entwickelt. Obgleich bereits Tausende Naturstoffe isoliert wurden (allein aus der Tabakpflanze über 2000), ist die überwiegende Mehrheit von ihnen noch **unbekannt**.

Chemie der sekundären Pflanzenstoffe

Die meisten Sekundärmetabolite gehören zu den **Alkaloiden** und werden in der **Vakuole** deponiert. Zu ihnen gehören die weltweit gefährlichsten Gift- und Drogenstoffe (◘ Tab. 2.2).

Die nächstgrößere Stoffgruppe sind die **Terpenoide**, zu denen die ätherischen Öle und Harze zählen, die meist in speziellen **Ölbehältern** und **Harzgängen** gespeichert werden (► Abschn. 7.6.5). Auch die **Carotinoide** in den Chloroplasten und Chromoplasten gehören als Tetra-

terpene hierher. Die dritte Gruppe umfasst **phenolische Substanzen**, z. B. **Bitterstoffe** (Cumarin; ◘ Tab. 2.2), **Gerbstoffe** (Tannine) und **Flavonoide** (Farbstoffe; ► Abschn. 11.2.2).

Zahlreiche Metabolite der oben genannten und weiterer Stoffgruppen liegen als **Glykoside** (an Zucker gebunden) in der **Vakuole** vor. Zu ihnen gehören die für die Medizin wichtigen **Herzglykoside** (z. B. Digitoxin; ◘ Tab. 2.2), die **cyanogenen Glykoside**, die bei der Spaltung Blausäure freisetzen (z. B. im Steinkern der Mandel und anderer *Prunus*-Arten, Rosaceae) oder die **Senfölglykoside**, die den scharfen Geschmack von Senf (*Sinapis*) und Meerrettich (*Armoracia*) bedingen. Viele Glykoside bilden inaktive Vorstufen von Giften, die auch für die Pflanze gefährlich sind. Ihre Wirkung entfaltet sich erst, wenn die **Zellkompartimentierung** z. B. durch Verbiss **zerstört** wird und die Glykoside mit den zu ihrer Spaltung notwendigen **Enzymen** in Kontakt treten.

Biologische Bedeutung der Sekundärmetabolite

Die **frühen Gefäßpflanzen** nutzten bereits sekundäre Pflanzenstoffe zum Schutz vor Wasserverlust und UV-Strahlung; (**Cutin**, **Suberin**, **Sporopollenin**) bzw. zur Stabilisierung ihres Vegetationskörpers (**Lignin**; ► Abschn. 2.2.4 und ► 5.4.2). Die Fülle an Inhaltsstoffen entstand aber erst mit der Evolution der **Blütenpflanzen**, die die End-

2

□ **Tab. 2.2   Gift-, Rausch- und Medizinalpflanzen.** Liste ausgewählter, traditionell genutzter Wirkstoffpflanzen und deren wichtigster Inhaltsstoff; die Arten enthalten oft mehrere Wirkstoffe, die teilweise auch in anderen Arten vorkommen. Daten überwiegend aus Buchanan et al. 2000; Weiler und Nover 2008

Wirkstoff	Art	Familie	Pflanzenteil	Wissenswertes
Alkaloide				
Arecolin	Betelnusspalme[4a] *Areca catrechu*	Arecaceae	Samen	Betelbissen: euphorisierend
Atropin	Tollkirsche[1, 3] *Atropa belladonna*	Solanaceae	Ganze Pflanze	Notfallmedizin, Augenheilkunde
Chinin	Cinchonabaum[6] *Cinchona officinalis*	Rubiaceae	Rinde	Antimalariamittel
Cocain	Cocastrauch[6] *Erythroxylum coca*	Erythroxylaceae	Blätter	Rauschdroge
Codein	Schlafmohn[1] *Papaver somniferum*	Papaveraceae	Milchsaft der Frucht	Schmerzmittel
Coffein	Kaffee[4b] *Coffea arabica*	Rubiaceae	Nährgewebe des Samens	Genussmittel: stimulierend
Colchicin	Herbstzeitlose[1] *Colchicum autumnale*	Colchicaceae	Ganze Pflanze	Mitosehemmer: erbgutverändernd
Coniin	Gefleckter Schierling[1, 3] *Conium maculatum*	Apiaceae	Ganze Pflanze	starkes Nervengift: Schierlingsbecher
Hyoscyamin	Bilsenkraut[1] *Hyoscyamus niger*	Solanaceae	Ganze Pflanze	Rauschdroge: ‚Hexensalbe‘
Mescalin	Peyotl[2, 5] *Lophophora williamsii*	Cactaceae	Sprossachse	Halluzinogen
Morphin	Schlafmohn[1] *Papaver somniferum*	Papaveraceae	Milchsaft der Frucht	Narkotikum, Rauschdroge: Opium
Nicotin	Tabak[5, 6] *Nicotiana tabacum*	Solanaceae	Blätter	Insektizid, Nervengift, Rauschdroge
Scopalamin	Engesltrompete[6] *Brugmansia aurea*	Solanaceae	Ganze Pflanze	Augenheilkunde, Beruhigungsmittel
Strychnin	Brechnuss *Strychnos nux-vomica*	Loganiaceae	Ganze Pflanze	Rattengift, Bestandteil von Curare
Nichtalkaloide Sekundärmetabolite				
Allicin	Knoblauch *Allium sativum*	Amaryllidaceae	Ganze Pflanze	Cysteinderivat: zelltötend, Antikrebsmittel
Calotropin	Curaçao-Seidenpflanze[5, 6] *Asclepias curassavica*	Apocynaceae	Ganze Pflanze	Herzglykosid: Monarchfalter resistent
Cumarin	Waldmeister[1] *Galium odoratum*	Rubiaceae	Ganze Pflanze	Duftstoff
Digoxin, Digitoxin	Roter Fingerhut *Digitalis purpurea*	Plantaginaceae	Ganze Pflanze	Herzglykosid: Herzinsuffizienz
Rizin	Wunderbaum[1] *Ricinus communis*	Euphorbiaceae	Samen	Protein, zelltötend, B-Waffe

Tab. 2.2 (Fortsetzung)

Wirkstoff	Art	Familie	Pflanzenteil	Wissenswertes
Taxin B Paclitaxel	Eibe *Taxus baccata*[1] *Taxus brevifolia*[2]	Taxaceae	Ganze Pflanze, außer Arillus	Diterpen, Giftpflanze, Antikrebsmittel
Urushiol [2]	Giftsumach[2] *Toxicodendron radicans*	Anacardiaceae	Ganze Pflanze	Kontaktallergen

Herkunft: [1]Europa-Vorderasien, [2]Nordamerika, [3]Zentral-/Ostasien, [4a]Paläotropis: Asien, [4b]Paläotropis: Afrika, [5]Mittelamerika, [6]Südamerika

und Nebenprodukte des Stoffwechsels in Vakuolen, Zellwänden, Ölzellen, Harzkanälen und Milchröhren (► Abschn. 7.6.5 und ► 7.6.6) akkumulieren und bis zur weiteren Verwendung speichern können:

- **Chemische Waffen:** Die **primäre Funktion** der Sekundärmetabolite bei Blütenpflanzen dürfte in der **Abwehr** von **Fressfeinden** gelegen haben (Repellents; ► Exkurs 5.12). Die Pflanzen entwickeln **Schreckstoffe** (z. B. ätherische Öle, Bitterstoffe) und **Gifte**, die die Zellteilung hemmen oder das Nervensystem von Insekten lähmen (vor allem Alkaloide; ◘ Tab. 2.2). Passt sich ein Fressfeind im Laufe der Evolution an die Abwehrstoffe seiner Futterpflanze an (► Abschn. 8.6.2), erhöht sich der **Selektionsdruck** aufseiten der Pflanze, neue Substanzen zu produzieren. Die Beziehung zwischen Pflanzen und Herbivoren ist ein Beispiel für **Coevolution**, da sich durch die andauernde Wechselbeziehung ein dynamisches Gleichgewicht zwischen den Antagonisten einstellt.
- **Lockstoffe:** Eine weitere wichtige Funktion übernehmen sekundäre Pflanzenstoffe als Lockstoffe. Die Fülle von Düften und Farben fördert die **Interaktion** mit Bestäubern und Fruchtausbreitern (► Abschn. 11.2.1 und ► 11.2.2) und trägt maßgeblich zur **Diversifizierung** der Blütenpflanzen bei.
- **Hemmstoffe:** Manche Sekundärmetabolite wirken gegen die Konkurrenz durch andere Pflanzen (**Allelopathie**). Sie werden bevorzugt über die Wurzeln in den Boden abgegeben und hemmen die Keimung oder das Wachstum benachbarter Pflanzen. Beispiele liefern Walnuss (*Juglans regia*, Juglandaceae), *Eucalyptus*-Arten (Myrtaceae) und Purpursalbei (*Salvia leucophylla*, Lamiaceae). Die Allelopathie dürfte ein weitverbreitetes Phänomen sein, das jedoch erst wenig erforscht ist.

Bedeutung sekundärer Pflanzenstoffe für den Menschen

Das Wissen um die Wirkung pflanzlicher Inhaltsstoffe ist **uralt** und vermutlich in allen Völkern verankert. Rituelle Handlungen, Schamanismus, Hexerei und Aberglauben gingen und gehen einher mit überlieferten Kenntnissen über die Wirkung von Heil- und Giftstoffen.

Einige Naturstoffe haben Geschichte geschrieben. Das Trinken des **Schierlingsbechers** (**Coniin;** ◘ Tab. 2.2) war in der griechischen Antike eine Form der Todesstrafe, der auch Sokrates im Jahr 399 v. Chr. zum Opfer fiel. **Kleopatra** soll sich mithilfe von **Atropin** die Pupillen erweitert haben, um verführerischer auf Männer zu wirken – eine Praxis, die auch in der **Renaissance** weitverbreitet war (*Atropa belladonna*: Artname wörtl. „schöne Frau"; ◘ Abb. 2.10e). Von weltpolitischer Bedeutung war und ist bis heute die Verwendung des **Schlafmohns** (*Papaver somniferum*, Papaveraceae; ◘ Abb. 2.10a und ► 7.24h), die seit über 3000 Jahren belegt ist. Die Pflanze produziert im Milchsaft ihrer Kapseln das Alkaloid **Morphin** (Morpheus: griechischer Gott der Träume), das an der Luft trocknet und zu **Opium** wird. In der griechisch-römischen Kultur wurde der Milchsaft dem **Theriak** beigemischt, einem Trank, der gegen Schlangen- und Skorpionbisse wirken sollte. Später wurde das Opium zunehmend als **Droge** konsumiert. Anfang des 19. Jahrhunderts führte der Import nach China zu den berüchtigten Opiumhöllen, in denen Millionen von Menschen der Droge erlagen. Zwei verlorene **Opiumkriege** auf Seiten Chinas (1839–1859) festigten die Vormachtstellung Großbritanniens in Ostasien. Mit der **chemischen Isolierung** des Morphins im Jahr 1806 begann die moderne Alkaloidforschung.

Auch die Verwendung anderer **psychoaktiver Substanzen** wie Cocain und Mescalin reicht weit in die Kulturgeschichte zurück. Der **Cocastrauch** ist eine Nutzpflanze aus den Anden, die gegen Hunger, Müdigkeit und Höhenkrankheit hilft. Noch im 19. Jahrhundert wurden ihre Blätter auch in Europa medizinisch verwendet, bis die suchtfördernde Wirkung des Cocains bekannt wurde. Heute sind Verarbeitung und Export von Cocablättern streng verboten. Der Anbau ist allerdings in einigen Andenregionen bis zu einer bestimmten Menge zur Eigen-

◘ Abb. 2.10 **Alkaloidhaltige Pflanzen. a**, Schlafmohn (*Papaver somniferum*, Papaveraceae). Morphium- und Opiumlieferant. Lizenzierter Anbau in Zentralanatolien. **b**, Mate de Coca. Tee mit Blättern des Cocastrauches (*Erythroxylon coca*, Erythroxylaceae). La Paz, Bolivien. **c**, Peyotl (*Lophophora williamsii*, Cactaceae). Mittelamerikanischer Kaktus mit Mescalin. **d**, Betelbissen. Euphorisierende Wirkung durch Arecolin. Marktstand, Zentralbali (▸ Abschn. 3.8.2: Paläotropis). **e**, Tollkirsche (*Atropa belladonna*, Solanaceae). Wie zahlreiche andere Nachtschattengewächse Produzent von Atropin, Hyoscyamin, Scopal-min. **f**, Herbstzeitlose (*Colchicum autumnale*, Colchicaceae). Colchicin. **g–i**, Tabakpflanze (*Nicotiana tabacum*, Solanaceae). Nicotin. **g**, Blühende Pflanze. **h, i**, Trocknung der Blätter. Griechenland. **j–m**, Kaffeestrauch (*Coffea arabica*, Rubiaceae). **j**, Blüten und Früchte tragender Ast einer Kaffeepflanze. **k**, Steinfrucht (‚Kaffeekirsche‘) und Steinkern (‚Kaffeebohne‘) im Längs- und Querschnitt; der Querschnitt zeigt den Samen in der ‚Hornschale‘ (Endokarp ▸ Abschn. 12.2.3). **l**, Frisch geerntete Früchte. Costa Rica. **m**, Trocknung der Früchte. Peru. (© R. Claßen-Bockhoff, Mainz)

nutzung erlaubt. Cocablätter sind Bestandteil des Mate de Coca, eines Tees, der das Nationalgetränk der Hochanden ist (◘ Abb. 2.10b).

Nicotin (◘ Abb. 2.10g–i) und **Coffein** (◘ Abb. 2.10j–m) sind Alkaloide mit stimulierender Wirkung, die weltweit als Genussmittel gehandelt werden. Tatsächlich ist aber insbesondere Nicotin in hoher Dosis ein starkes Nervengift, das früher auch als Insektizid Verwendung fand. Nicotin macht süchtig und ist vermutlich krebserregend.

Pflanzliche Naturstoffe sind **Ausgangsstoffe** für Antibiotika, Herbizide, Pestizide, Parfüm- und Farbstoffe, Polymere, Klebstoffe, Gummi, Drogen und Arzneimittel. Sie werden in der **Biotechnologie** durch mikrobielle Produktion hergestellt.

Über den direkten Nutzen der Naturstoffe hinaus hilft die Kenntnis der **komplexen Zusammenhänge** zwischen pflanzlichen Inhaltsstoffen und Fressfeinden dabei, **Ökosysteme umweltbewusst** zu managen, Nutzpflanzen **biologisch** zu schützen und Prozesse der **Coevolution** zu verstehen.

2.2.4 Zellwand

Zellwände kommen bei Archaea, Bakterien, Pilzen und Pflanzen vor (Sy 3). Sie werden als **Abscheidungsprodukt** lebender Zellen gebildet und bieten Festigkeit und Schutz:

- Bei den **Pflanzen** (Archaeplastida) besteht die Zellwand aus **Cellulose** (Ausnahme einige Grünalgen; ◘ Tab. 2.3). Diese kommt bei den Landpflanzen universell vor und fehlt nur den Keimzellen (Gameten; ▸ Abschn. 4.1.2) und gametophytischen Zellen der Blütenpflanzen (▸ Abschn. 4.6).
- Die **sekundären Algen** weisen überwiegend Zellwände ohne Cellulose auf (Ausnahme Braunalgen; ◘ Tab. 2.3 ▸ Abschn. 5.3.4).

Die Unterschiede in Struktur, Zusammensetzung und Biosynthese weisen darauf hin, dass Zellwände im Laufe der Evolution **mehrfach parallel** entstanden sind. Gleichzeitig ist der gemeinsame Besitz einer Zellwand aus Cellulose ein morphologisches Merkmal für die Evolutionslinie der **Streptophyta**, zu der die Charophyta (Sy 5:49–55) und alle Landpflanzen gehören (Sy 5).

Die Zellwand der **Streptophyta** besteht aus einer amorphen Kittsubstanz (**Mittellamelle**), die die benachbarten Zellen fest miteinander verbindet, und der elastischen **Primärwand**, die der Zelle Form und Schutz verleiht. Ei-

◘ Tab. 2.3 **Zellwände photoautotropher Eukarya**

Pellicula (durch Proteine verhärtete Membran)	*Euglena**, *Chlamydomonas* (Grünalge)
Xylan, Mannan	Siphonale Grünalgen
Agar, Xylan, Mannan, Cellulose	Rotalgen
Alginsäure, Cellulose	Braunalgen*
Kalk	Kalkalgen*, siphonale Grünalgen
Kieselsäure	Kieselalgen*, Gelbgrüne Algen*
Cellulose	Streptophyta

* sekundäre Algen (Sy 3)

nige Zelltypen bilden darüber hinaus eine feste, oft verholzende **Sekundärwand**. Die Wandsubstanzen werden in membranumschlossenen Bläschen (Vesikeln) zum Plasmalemma transportiert und dort mittels **Exocytose** (Umkehr der Phagocytose) aus der Zelle ausgeschleust (◘ Abb. 2.11a). Bei den Zuckern handelt es sich um **überschüssige Assimilate** aus der Photosynthese, die außerhalb des Cytoplasmas polymerisieren und Struktur erhalten.

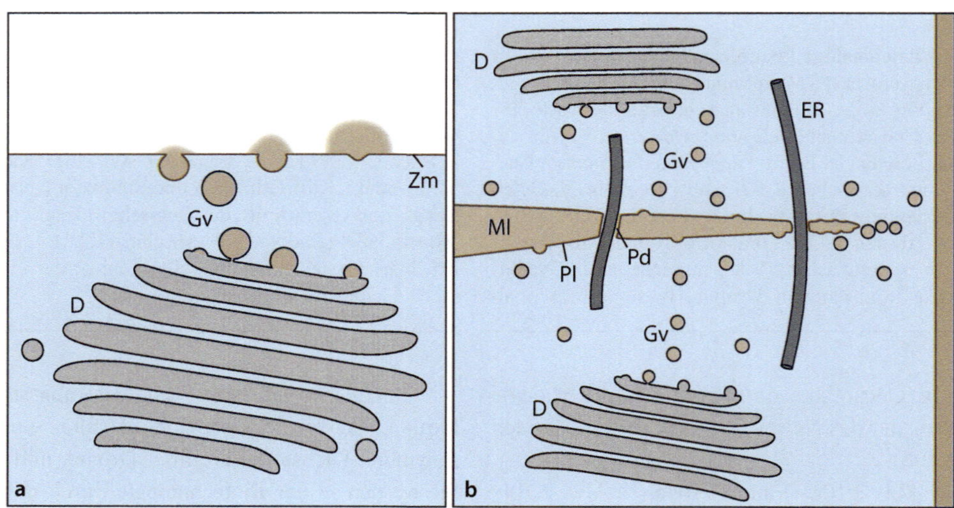

Abb. 2.11 Exocytose und Zellwandbildung (schematisch). a, Vom Dictyosom (D) werden mit Zellwandsubstanzen gefüllte Bläschen (Gv, Golgi-Vesikel) abgeschnürt und zur Zellmembran (Zm) transportiert. Die Membran der Vesikel verschmilzt mit der Zellmembran, ihr Inhalt wird nach außen abgeschieden (Exocytose). **b,** Die Golgi-Vesikel fließen zur Zellplatte zusammen; ihre Membranen bilden die späteren Plasmalemmen (Pl) der Tochterzellen, ihr Inhalt baut die Mittellamelle (Ml) auf. Dabei bleiben Aussparungen (Pd, Plasmodesmen) erhalten, sodass die Tochterzellen über Plasmabrücken in Verbindung bleiben. ER, Endoplasmatisches Reticulum. (© Grafik: M. Lay, Breisach (in Anlehnung an Sitte 1998 (a), Lüttge et al. 1999 (b))

Mittellamelle

Die Mittellamelle entsteht bei der Zellteilung (Mitose; ▶ Abschn. 2.4.1). Mit Zellwandmaterial gefüllte Membranbläschen (**Golgi-Vesikel;** ▶ Abschn. 2.3.3) werden von beiden Seiten zur Äquatorialebene der teilungsbereiten Zelle transportiert. Dort verschmelzen sie zur **Zellplatte** (**□** Abb. 2.11b). Die Zellplatte ist zum Cytoplasma hin von Biomembranen begrenzt, die durch das Zusammenfließen der Vesikelwände entstehen. Aus ihnen gehen die **Plasmalemmen** (Pl) der Tochterzellen hervor. Zwischen den Membranen liegt ein **extracyto-plasmatischer** Raum, in dem das von den Vesikeln herangeschaffte Zellwandmaterial abgelagert wird. Auf diese Weise entsteht die **Mittellamelle.**

Bei den Streptophyta bleiben Bereiche, in denen Abschnitte des Endoplasmatischen Reticulums senkrecht zur Zellplatte stehen, von der Zellwandbildung ausgespart (**□** Abb. 2.11b: ER). Die Golgi-Vesikel umfließen diese Bereiche und lassen primäre **Plasmabrücken (Plasmodesmen,** *Singular:* der Plasmodesmos) zwischen den Tochterzellen bestehen. Die Zellteilung ist somit **unvollständig.** Das gesamte Cytoplasma des Organismus bildet einen einheitlichen cytoplasmatischen Raum, den **Symplasten,** der von Zellwänden, dem **Apoplasten,** durchzogen, gekammert und gestützt wird (▶ Abschn. 1.1.3).

Die Mittellamelle ist nur wenige Nanometer dick und erscheint im elektronenmikroskopischen Bild amorph (**□** Abb. 2.16c und ▶ 7.25l). Sie besteht aus **Pektinen,** einer chemisch heterogenen Gruppe von verzweigten Zuckern (Polysacchariden), deren Hauptfraktionen Polygalacturonsäure und Rhamnogalacturo-

nane sind. Pektine liegen häufig in Form ihrer Calcium- und Magnesiumsalze vor, die sich durch eine verhältnismäßig große Löslichkeit auszeichnen. Vielfach genügt schon eine Behandlung mit heißem Wasser, um die Mittellamelle zu zerstören und das Gewebe zur **Mazeration** zu bringen, d. h. durch Lockerung des Zellverbandes aufzuweichen. Pektine sind aufgrund ihrer Ladung stark quellbar und klebrig. Sie spielen wegen ihres guten **Geliervermögens** bei der Lebensmittelherstellung eine wichtige Rolle.

Die Mittellamelle bewirkt den **Zusammenhalt** zweier durch Teilung entstandener Zellen und ermöglicht damit den Aufbau echter Gewebe (▶ Abschn. 5.3.3). Durch pflanzeneigene Enzyme (**Pektinasen**) kann sie sich jedoch **lokal** auflösen (lysieren) und **Interzellularen** (▶ Abschn. 7.1.2) bilden. Wird sie **vollständig** abgebaut, zerfällt der Gewebeverband in Einzelzellen. Dieser Prozess liegt der Bildung der Sporenmutterzellen (▶ Tab. 4.2), der Vereinzelung von Zellen bei der Korkwarzenbildung (Lenticellen; ▶ Abschn. 7.2.3, ▶ Abb. 7.11c) und der Fruchtreife zugrunde. Das Mehligwerden der Äpfel ist ebenfalls ein Alterungsprozess, der auf die enzymatische Lyse der Mittellamelle zurückgeht.

Primärwand

Die Primärwand bietet den Zellen Form, Stabilität und Schutz. Sie setzt dem Druck des Zellinhaltes einen elastischen Widerstand entgegen und trägt damit maßgeblich zur primären Festigkeit der Pflanzenzelle bei (▶ Abschn. 2.2.3). Einige Zelltypen, vor allem

Parenchymzellen (▶ Abschn. 7.1.3), besitzen nur Primärwände und sind dadurch in der Lage, sich zu teilen oder sogar zu remeristematisieren (▶ Abschn. 7.1).

Zusammensetzung

Die 0,1–1 µm dicke Primärwand besteht zu ca. 70 % (Trockenmasse) aus einer quellbaren, gallertigen **Grundsubstanz**. Diese setzt sich aus Pektinen, Hemicellulosen und Proteinen zusammen. **Cellulosefibrillen** sind in lockerer Streutextur als Gerüstsubstanz eingelagert (◘ Abb. 2.13b):

- **Pektine** machen ungefähr 30 % der Trockenmasse aus. Sie bestehen vorwiegend aus Polygalacturonsäuren und Rhamnogalacturonanen, die über zweiwertige Kationen (Ca^{2+}, Mg^{2+}) miteinander vernetzt sind.
- **Hemicellulosen** (25 % der Trockenmasse) sind über Wasserstoffbrücken an die Cellulosefibrillen gebunden (◘ Abb. 2.13c). Sie sind in ihrer Zusammensetzung nicht einheitlich. Bei den zweikeimblättrigen Pflanzen (Dicotylen) bestehen sie vorwiegend aus Xyloglucanen.
- **Proteine** machen 5–10 %, gelegentlich bis 20 % der Trockenmasse der Primärwand aus. Die größte Fraktion bilden **Glykoproteine**, vorwiegend mit Arabinose als Zuckerkomponente. Glykoproteine mit einem hohen (bis 90 %) Anteil an Arabinose und Galactose spielen eine Rolle als Sensoren für den **Dehnungszustand** der Zellwand, da sie mit den Proteinen des Plasmalemmas verknüpft sind, die wiederum mit dem Cytoskelett in Verbindung stehen. **Expansine** sind zellwandspezifische Proteine, die bei der Streckung der Zellwand aktiviert werden.
- **Cellulose** (▶ Exkurs 2.4) ist zu 20–30 % an der Trockenmasse der Zellwand beteiligt.

Entstehung

Gleichzeitig mit der Bildung der Mittellamelle beginnt auf beiden Tochterzellseiten die Anlagerung von Primärwandschichten. Pektine und Hemicellulosen (Glucane, Xyloglucane) werden über Golgi-Vesikel angeliefert und über das jeweilige Plasmalemma Richtung Mittellamelle ausgeschleust (Exocytose; ◘ Abb. 2.11a). Die Celluloseketten entstehen an Proteinkomplexen auf der Zellwandseite des Plasmalemmas. Sofort nach der Synthese lagern sich die einzelnen Moleküle über Wasserstoffbrücken zunächst zu Elementarfibrillen und dann zu Fibrillenbündeln zusammen (◘ Abb. 2.14). Die Orientierung der Fibrillen in der Zellwand wird durch Mikrotubuli (▶ Abschn. 2.3.3) bestimmt.

Bei der Auflagerung der Primärwand werden Stellen, an denen besonders viele Plasmodesmen in die Nachbarzellen hineinreichen, ausgespart. Über diesen **Plasmodesmenfeldern** entstehen **primäre Tüpfelfelder** (◘ Abb. 2.12: pT), die den Erhalt der unmittelbaren Zell-Zell-Kommunikation gewährleisten.

Bei der **Zellstreckung** erfolgt eine Ausdehnung und Erneuerung des Fibrillennetzes (◘ Abb. 2.13a). Die zuerst angelegten Wandschichten werden durch Wasseraufnahme der Zelle gedehnt. Sie können dieser Dehnung folgen, da die Wasserstoffbrückenbindungen zwischen den Cellulosefibrillen und Xyloglucanen vorübergehend gelöst und nach der Dehnung in **größerer Maschenweite** wieder verknüpft werden (Cosgrove 2005). An diesem Prozess sind spezifische Zellwandproteine (**Expansine**) beteiligt, die durch das Pflanzenhormon **Auxin** (▶ Exkurs 6.5) aktiviert werden. Gleichzeitig werden weitere Substanzen angeliefert, die eine neue Wandschicht auflagern. Bei weiterer Dehnung wiederholen sich die Prozesse der Loslösung und Neuverknüpfung von Fibrillen und der Auflagerung von Wandschichten, bis schließlich die Endform der Zelle erreicht ist. Durch diesen auch als **Multinetz-Wachstum** der Primärwand bezeichneten Vorgang bleibt die Dicke der Zellwand trotz Zellstreckung erhalten.

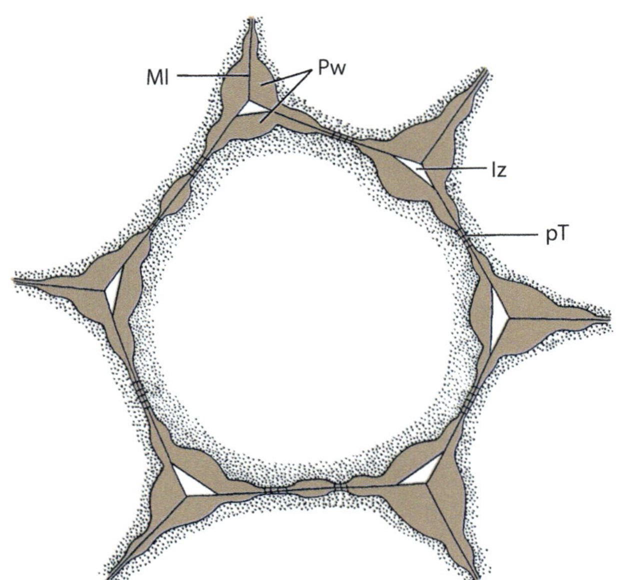

◘ **Abb. 2.12** **Zelle mit Primärwand und primären Tüpfelfeldern.** Iz, Interzellulare. Ml, Mittellamelle. pT, primäres Tüpfelfeld mit Plasmodesmen. Pw, Primärwand. (© Raven et al. 2006, leicht verändert)

2

■ **Abb. 2.13 Bau und Wachstum der Primärwand. a**, Multinetz-Wachstum der Primärwand. Die zuerst gebildete Wandschicht (obere Reihe) folgt der Volumenvergrößerung der Zelle. Dabei wird die anfänglich enge Maschenweite der Cellulosefibrillen durch Lösen und Neuverknüpfung vergrößert. Mit zunehmender Volumenvergrößerung (mittlere und untere Reihe) werden immer mehr Cellulosefibrillen aufgelagert, deren Maschenweite schrittweise der Wanddehnung folgt. Durch Wiederholung dieses Prozesses kann die Primärwand der Ausdehnung folgen, ohne ihre Wanddicke zu verringern. Die fertige Primärwand besteht aus übereinanderliegenden Schichten von Cellulosefibrillen unterschiedlicher Maschenweite (rechtes Bild). **b**, Bau der Primärwand. Die Primärwand (Pw) liegt zwischen der Mittellamelle (Ml) und dem Plasmalemma (Pl). In eine Matrix aus Pektinen (Pe) sind Cellulosefibrillen (Ce) als Gerüstsubstanzen eingestreut, die mit Hemicellulosemolekülen (He) in Verbindung stehen. **c**, Molekularer Bau der Primärwand. Die Cellulosefibrillen sind untereinander und mit den sie einhüllenden Hemicellulosen über Wasserstoffbrücken verbunden. Rh, Rhamnogalacturonan I ist der Hauptbestandteil des Pektins der Primärwand. Sp, Strukturproteine geben der Zellwand zusätzliche Festigkeit und Elastizität. (© **a**: Grafik: M. Lay, Breisach (in Anlehnung an Nultsch 2001). **b**: Raven et al. 2006. **c**: Sitte 2002 (nach Brett und Waldron 1996), verändert)

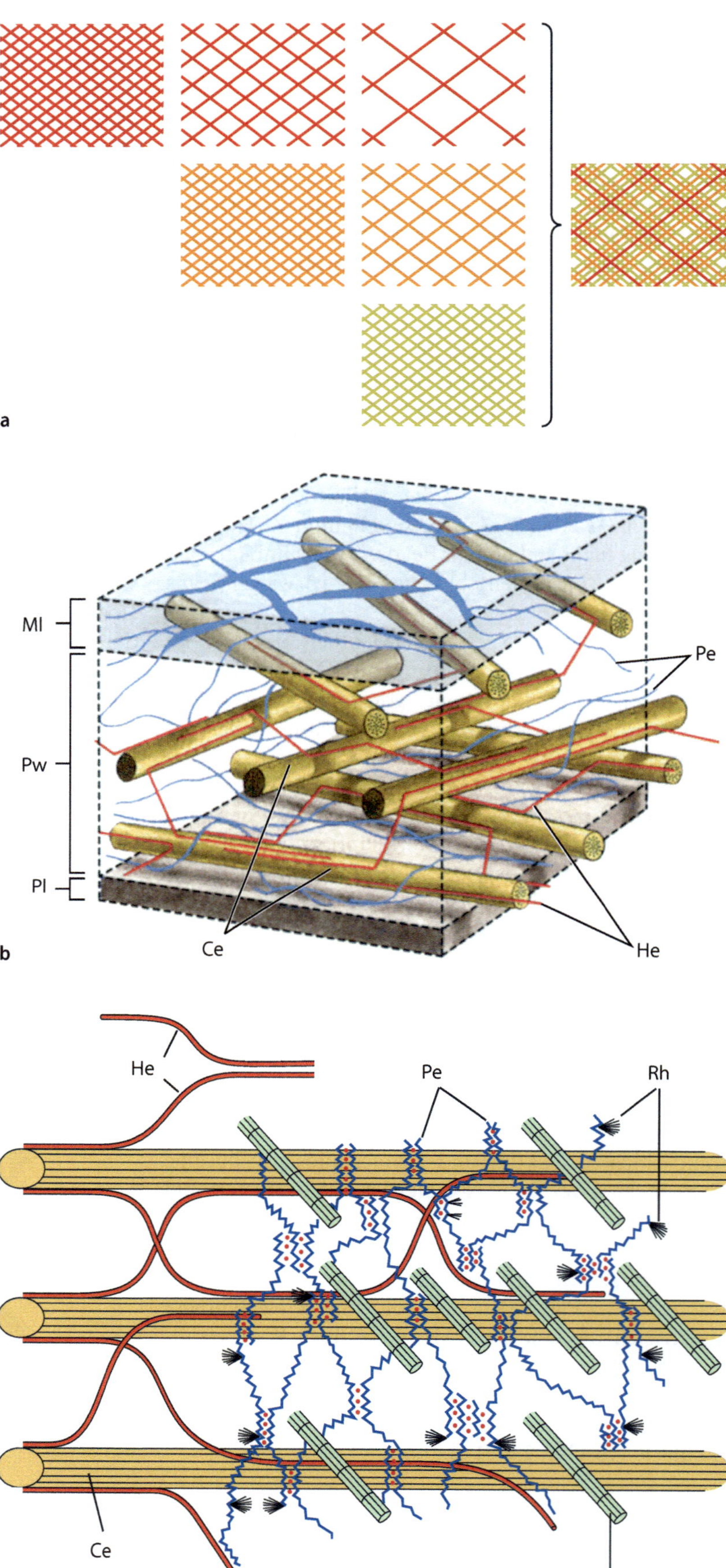

Exkurs 2.4 Cellulose – universeller Baustoff der Zellen

Cellulose kommt in den Zellwänden aller Landpflanzen vor und ist die **häufigste organische Verbindung** überhaupt. Weltweit enthält Cellulose etwa 50 % des organisch gebundenen Kohlenstoffs.

Cellulose ist als **Produkt der Photosynthese** entstanden. Sie besteht aus Glucosebausteinen [(1→4)-β-D-Glucan], die über das Plasmalemma aus dem Cytoplasma ausgeschleust und zu unverzweigten **Celluloseketten** verknüpft werden. Diese wiederum lagern sich zu Strängen (Fibrillen) unterschiedlichen Durchmessers zusammen:

- **Elementarfibrillen** (Ef, Micellarstränge) haben einen Durchmesser von 2–4 nm und bestehen aus 50 bis 100 parallel angeordneten Einzelmolekülen mit einer Kettenlänge von 2000 bis 20.000 Glucoseresten (◨ Abb. 2.14a). Sie werden durch Wasserstoffbrückenbindungen zusammengehalten. Die parakristalline Struktur bedingt die hohe **Zugfestigkeit** der Fibrillen, die der von **Stahlseilen** entspricht (Niklas 1992).

- **Mikrofibrillen** sind etwa 10–30 nm dick und umfassen bis zu 20 Elementarfibrillen (◨ Abb. 2.14b). Zwischen diesen liegen Intermicellarräume von ca. 1 nm Durchmesser, in die kleine Moleküle (z. B. Wasser, Iod) eindringen können.

- **Makrofibrillen** bestehen aus Mikrofibrillen und haben einen Durchmesser von ca. 400 nm (◨ Abb. 2.14c). In ihre interfibrillären Räume (ca. 10 nm) können größere Moleküle, z. B. der Holzstoff **Lignin** oder Hemicellulose, eingelagert werden.

Cellulose ist ein viel verwendeter **Naturstoff**, der zur Papierherstellung (▸ Exkurs 7.2), in der Verpackungsindustrie (Cellophan), zur Herstellung von Kleidung (Baumwolle, Leinen) und Biokraftstoffen, in der chemischen Industrie (Zelluloid, Säulenchromatografie) und als Dämmstoff genutzt wird.

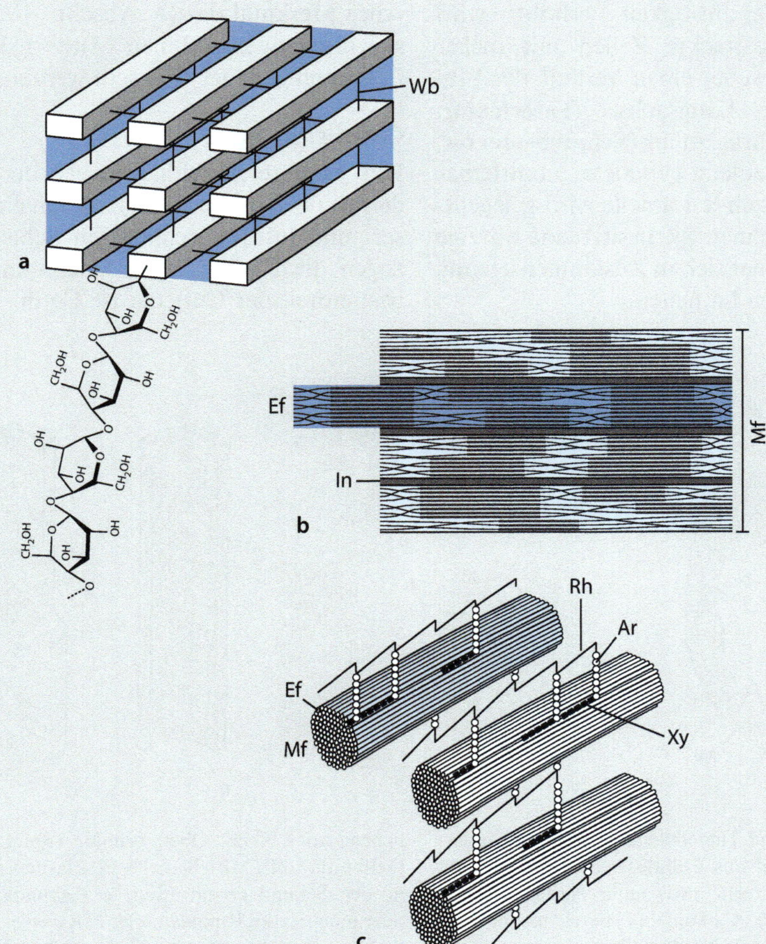

◨ **Abb. 2.14   Molekularstruktur der Cellulose. a**, Elementarfibrille aus parakristallin angeordneten Glucoseketten. Wb, Wasserstoffbrückenbindung. **b**, Zusammenlagerung der Elementarfibrillen (Ef) zu Mikrofibrillen (Mf). In, Intermicellarraum. **c**, Makrofibrille aus Mikrofibrillen in der Primärwand. Ar, Arabinogalactan. Rh, Rhamnogalacturonan I. Xy, Xyloglucan. (© Lüttge et al. 1999, leicht verändert)

Sekundärwand

Die im Vergleich zur Primärwand sehr viel dickeren Sekundärwandschichten werden der Primärwand **nach abgeschlossenem Wachstum** der Zelle von innen aufgelagert. Dabei erfolgt die Auflagerung wie bei der Primärwand schubweise über Golgi-Vesikel, sodass die Sekundärwand aus einzelnen übereinandergelagerten Lamellen aufgebaut ist. Der Übergang zwischen Primär- und Sekundärwand ist fließend (Übergangslamelle). Über den primären Tüpfelfeldern der Primärwand unterbleibt die Sekundärwandbildung; es entstehen **Tüpfel**. Das sind unverdickte Zellwandbereiche benachbarter Zellen, durch die die Plasmastränge hindurchtreten (◘ Abb. 2.15a, b). Der Begriff ‚Tüpfel' wird auch als Oberbegriff für alle Dünnstellen in einer Zellwand verwendet.

Der Celluloseanteil der Sekundärwand beträgt bis zu 90 % der Trockenmasse. Die Mikrofibrillen sind im Gegensatz zur Primärwand stets in **Paralleltextur** angeordnet. In den verschiedenen Schichten der Sekundärwand kann die Verlaufsrichtung jedoch unterschiedlich sein, wodurch die Wandfestigkeit erhöht wird (◘ Abb. 2.15c). Lang gestreckte Zellen mit dicker Sekundärwand zeigen entweder einen Verlauf der Fibrillen in Richtung der Längsachse (**Fasertextur**, z. B. Flachsfasern) oder schräg zu ihr (**Schraubentextur**, z. B. Baumwollhaar). Die zuletzt gebildete, unmittelbar an das Plasmalemma grenzende Lamelle wird gelegentlich als **Tertiärwand** bezeichnet. Sie besitzt eine warzige Oberfläche und unterscheidet sich in Zusammensetzung und Textur von den übrigen Lamellen.

Auf- und Einlagerungen der Zellwand

Zellwände können durch Auflagerung (**Akkrustierung**) von Sporopollenin, Wachsen (Cutin) und Korkstoffen (Suberin) bzw. durch Einlagerung (**Inkrustierung**) von Suberin, Lignin, Mineralstoffen und Farbstoffen in ihren Eigenschaften verändert werden.

Sporopollenin

Sporopollenin ist ein **hochpolymerer**, sehr **widerstandsfähiger** Stoff, der den Sporen und Pollenzellen der Pflanzen **aufgelagert** wird. Er ist an der Bildung des **Exospors** bzw. der **Exine** der Sporenwand beteiligt und gilt als **Schlüsselerfindung** (*key innovation*) für die Besiedlung des Landes (▸ Abschn. 3.4). Die chemische Struktur und biochemische Entstehung des Biopolymers sind noch nicht vollständig verstanden

Sporopollenin ist **inert** gegen Säuren und Basen und chemisch kaum abbaubar. Es bleibt Millionen Jahre lang erhalten und macht die Pollenkörner der Blütenpflanzen zu **Mikrofossilien**. Deren Oberflächenstruktur ist stark skulpturiert und stellt ein wichtiges taxonomisches Merkmal dar (▸ Abschn. 10.4.5). Wie es zu den spezifischen, kristallinen Mustern kommt, muss ebenfalls noch genauer erforscht werden.

Cutinisierung

Das primäre Abschlussgewebe der Pflanzen, die **Epidermis** (▸ Abschn. 7.2.1), ist von einer weitgehend wasser- und luftundurchlässigen Schicht (**Cuticula**) überzogen, die die Pflanze vor Austrocknung schützt. Hauptbestandteil der Cuticula ist **Cutin**, ein Biopolymer aus

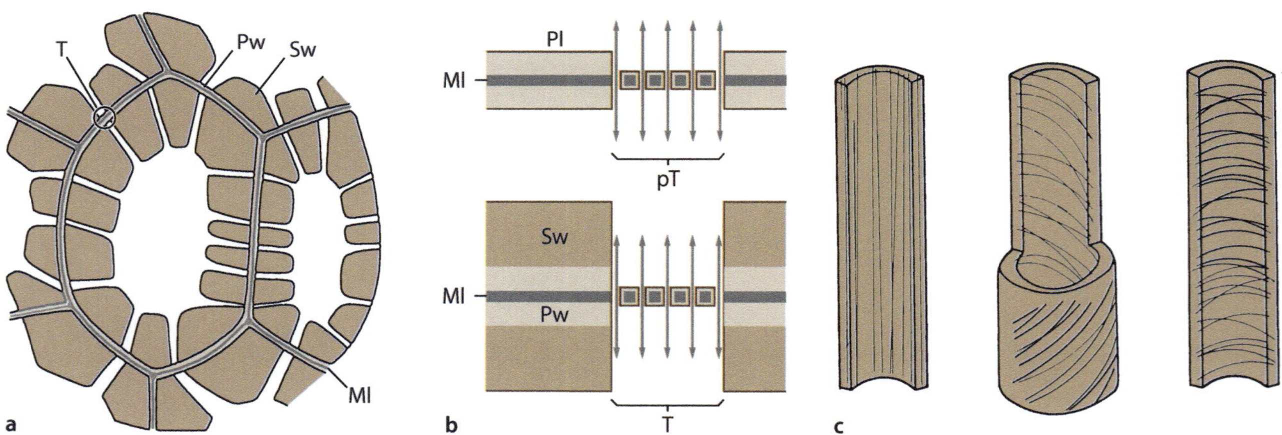

◘ **Abb. 2.15 Sekundärwand und Tüpfelbildung. a,** Die Sekundärwand (Sw) besteht überwiegend aus Cellulosemolekülen, die der Primärwand (Pw) und Mittellamelle (Ml) unter Auslassung von Tüpfeln (T) aufgelagert werden. **b,** Als Tüpfel (T) bezeichnet man die unverdickten Bereiche der Zellwand über den Plasmodesmenfeldern. In ihnen verlaufen die Plasmabrücken, die Stoffaustausch ermöglichen (graue Pfeile). Oben: primäre Tüpfel (pT) in der Primärwand (hellbraun). Ml, Mittellamelle. Pl, Plasmalemma. Unten: Tüpfel (T) in der Sekundärwand (Sw). **c,** Sekundärwandbau: Fasertextur, Schraubentextur, Ringtextur. (© **a**: Raven et al. 2006, verändert. **b,** in Anlehnung an Lüttge et al. 1999. **c**: Sitte 1998)

Hydroxyfettsäuren. Seine Bausteine (Monomere) werden in der Epidermis synthetisiert und dann außerhalb der Zellwand vernetzt, wo die Substanz erhärtet. Die Vernetzung kann durch Cutinasen gelöst und nach Einbau weiterer Monomere wieder erneuert werden. Auf diese Weise kann die pflanzliche Cuticula (im Gegensatz zur Cuticula der Insekten, die aus **Chitin** besteht) mitwachsen.

Suberinisierung (Verkorkung)

Der Korkstoff **Suberin** ähnelt chemisch und in seinen wasserabweisenden und luftundurchlässigen Eigenschaften dem Cutin. Er wird den Zellwänden gewöhnlich zusammen mit dünnen Wachsschichten als **Suberinlamelle** aufgelagert. Durch den Prozess der **Verkorkung** sterben die Protoplasten ab. **Korkgewebe** eignet sich somit als Abschlussgewebe (Periderm, Borke, Exodermis; ▶ Abschn. 7.2.3) und zum Verschluss von Wunden (**Wundkork**). Auch beim Abfallen von Blättern oder Früchten werden die Wundflächen durch dünne Korkschichten verschlossen. Suberin und suberinähnliche Substanzen können auch **in die Zellwände** lebender Zellen eingelagert werden, die dadurch lokal imprägniert werden (**Endodermis**; ▶ Abschn. 7.2.4 und ▶ 8.4.3). Die Stoffe lassen sich histologisch mit fettlöslichen Farbstoffen wie Sudan III nachweisen.

Lignifizierung (Verholzung)

Der Holzstoff **Lignin** ist ein festes Biopolymer aus aromatischen Grundbausteinen wie Cumaryl-, Coniferyl- und Sinapylalkoholen, das vor allem in die Sekundärwand von Zellen eingelagert wird. Er lässt sich histologisch mittels einer alkoholischen Phloroglucinlösung nachweisen, die zusammen mit konzentrierter Salzsäure verholzte Zellwände rot färbt.

Die Bausteine für die Ligninbiosynthese werden mit Golgi-Vesikeln über das Plasmalemma in die Zellwand transportiert, wo ihre Zusammenlagerung (Polymerisation) durch **radikalische Reaktion** erfolgt. Dadurch bildet Lignin **Riesenmoleküle**, die die Cellulosefibrillen allseitig umschließen und auch mit diesen chemisch verknüpft sind. Die Verholzung bewirkt eine höhere Festigkeit der Zellwände gegenüber Druckbeanspruchung, verringert jedoch ihre Elastizität. Im Zusammenspiel mit den reißfesten Cellulosefibrillen entsteht in der Sekundärwand ein **Materialverbund**, der mit einer Beton-Stahl-Bauweise verglichen werden kann: Lignin (Beton) erhöht die Druckfestigkeit und Cellulose (Stahlseile) die Reißfestigkeit der Zellwand.

Etwa 20–30 % der Trockenmasse verholzter Pflanzen besteht aus Ligninen, die damit neben Cellulose und Chitin zu den häufigsten organischen Verbindungen der Erde zählen.

Mineralisierung

Die Einlagerung von **Calciumcarbonat** ($CaCO_3$) und **Siliciumdioxid** (SiO_2) führt zur Verkalkung bzw. Verkieselung der Zellwände (◘ Tab. 2.3). Diese bleiben fossil erhalten (Hartteilerhaltung) und sind von **gesteinsbildender Bedeutung** (Kreidefelsen, Dolomiten; ▶ Abschn. 3.2.1). Der deutsche Name Zinnkraut des Acker-Schachtelhalmes (*Equisetum arvense*, Equisetaceae) weist auf die frühere Verwendung der Pflanze als Putzmittel für Zinngegenstände hin. Dabei wirkt das Siliciumdioxid (umgangssprachlich als Kieselsäure bezeichnet) als Scheuermittel.

Pigmentierung

Die Pigmentierung der Zellwand findet gewöhnlich beim Absterben der Zelle statt. Das gilt zumindest für die braunen **Phlobaphene**, die aus der Oxidation der im Plasma bzw. Zellsaft gelösten **Gerbstoffe** hervorgehen und totes Gewebe braun färben (▶ Abb. 8.19a, b). Als Gerbstoffderivate verleihen sie den Zellwänden fäulniswidrige (antiseptische) Eigenschaften und erhöhen somit die Dauerhaftigkeit toter Gewebe (Holz, Kork ▶ Abschn. 8.2.3).

Plasmodesmen

Plasmodesmen (Plasmodesmata) sind dünne **Plasmastränge**, die durch die Zellwand hindurch die cytoplasmatischen Räume benachbarter Zellen zu einem symplastischen Kontinuum verbinden. Im Grundgewebe (Parenchym; ▶ Abschn. 7.1) treten fünf bis 50 Plasmodesmen pro 100 µm² Zellwand auf (Kost 2014).

Die in der Aufsicht ca. 20–30 nm breiten Öffnungen sind von Plasmalemma umgeben (◘ Abb. 2.15b und 2.16: Pl). In der Mitte der Öffnung befindet sich der **Desmotubulus**, ein zentraler Strang aus kompakten globulären Proteinen. Sein Innenraum steht mit den Zisternen des Endoplasmatischen Reticulums der benachbarten Zellen in Verbindung. Von den globulären Proteinen des **Desmotubulus** verlaufen Verbindungsproteine zu globulären Proteinen des Plasmalemmas.

Die Plasmodesmen bilden ein Netz von Kanälen innerhalb des cytoplasmatischen Raumes. Diese Kanäle haben einen Durchmesser von 2,5 nm und stellen die eigentlichen Transportwege dar. Sie erlauben eine **Diffusion** von Ionen und kleinen Molekülen bis zu einer Größe von 750–1000 kDa. Bei Bedarf, z. B. beim Transport größerer Moleküle (RNA, Multiproteinkomplexen, Viren), besteht die Möglichkeit, die Kanäle aufzuweiten. Beim Transport von Viren geschieht das mithilfe eines vom Virus synthetisierten Movement-Proteins.

Im Bereich der Plasmodesmen befindet sich zwischen Plasmalemma und Zellwand ein Zylinder aus **Callose** (◘ Abb. 2.16: C). Durch lokale Callosesynthese

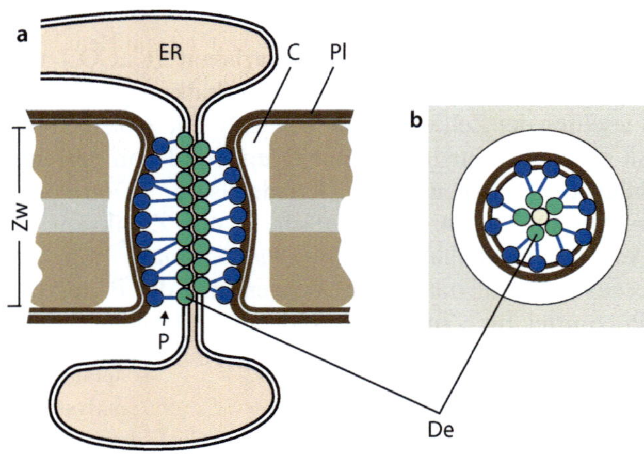

◘ Abb. 2.16 Plasmodesmos. Längs- (**a**) und Querschnitt (**b**), schematisch. De, Desmotubulus: zentraler Strang aus globulären Proteinen (grün). ER, Endoplasmatisches Reticulum. C, Callose. P, Verbindungsproteine. Pl, Plasmalemma mit globulären Proteinen (blau). Zw, Zellwand. (© nach Lucas 1995, verändert. Kolorierte Version nach Neuhaus 2008)

können die cytoplasmatischen Transportwege verengt und die Plasmodesmen **verschlossen** werden. Das synthetisierende Enzym ist im Plasmalemma lokalisiert und in seiner Aktivität vom Ca^{2+}-Gehalt des Plasmas abhängig. Der Verschluss der Plasmodesmen geht sehr schnell vor sich. Durch Abbau der Callose mittels Glucanase können verschlossene Öffnungen wieder **geöffnet** werden. Dieser Vorgang verläuft wesentlich langsamer. Der koordinierte Wechsel von Callosesynthese und -abbau spielt eine zentrale Rolle bei der Bildung von **Siebporen** in den Querwänden der Siebröhren (▶ Abschn. 7.4.2).

Plasmodesmen liegen als einzelne Kanäle vor oder verbinden sich zu einem Netzwerk (*branched plasmodesmata*) mit entsprechend größerer Transportleistung. Sie können auch **neu gebildet** werden (**sekundäre Plasmodesmen**). Dazu lagern sich zunächst Zisternen des Endoplasmatischen Reticulums an korrespondierende Wandbereiche benachbarter Zellen an und fusionieren nach deren Auflösung miteinander. Anschließend wird unter Mitwirkung von Golgi-Vesikeln um die neu entstandene plasmatische Verbindung herum die Zellwand aufgebaut. Sekundäre Plasmodesmen kommen bei einigen Lycophyta (Selaginellales, Isoëtales; SY 8:2, 3) und allen **Samenpflanzen** vor und ermöglichen in diesen Gruppen den **Transport von Positionssignalen** im Sprossscheitel bzw. Sprossapikalmeristem (SAM; ▶ Abschn. 8.1.1; van der Schoot und Rinne 1999). Sie können auch zwischen Zellen unterschiedlicher Individuen, z. B. bei **Pfropfungen** zwischen den Zellen der Unterlage und des ‚Edelreises‘ (Pfropfgut), auftreten.

Einige Zellen besitzen aufgrund ihrer besonderen physiologischen Aufgaben im funktionellen Zustand keine Plasmodesmen zu den Nachbarzellen. Solche **symplastisch isolierte Domänen** sind die **Initialzellen** des

Sprossapikalmeristems (▶ Abschn. 8.1.1, ▶ Exkurs 8.2), die **Schließzellen** der Spaltöffnungen (▶ Abschn. 7.2.1) und die Siebröhren-Geleitzellen-Komplexe solcher Pflanzen, die die Photoassimilate und deren Umwandlungsprodukte aktiv aus dem Apoplasten in die Siebröhren transportieren (**apoplastische Beladung**; ▶ Abschn. 7.4.2). Die hier ursprünglich angelegten Plasmodesmen werden im Verlauf der Differenzierung der Zellen verschlossen.

2.3 Allgemeine Zellbestandteile

Die Pflanzenzelle stimmt mit den übrigen eukaryotischen Zellen im Aufbau und in der Kompartimentierung des Cytoplasmas, der grundsätzlichen Struktur der Biomembranen und dem Besitz von Zellkern, Chromosomen und Mitochondrien überein.

Die folgende Zusammenfassung beruht auf Jäger et al. (2009).

2.3.1 Cytoplasma

Das Cytoplasma ist die Grundsubstanz der lebenden Zelle, in der die Zellorganellen liegen. Es besteht aus einer flüssigen Matrix (**Cytosol**) und festeren Cytoskelettelementen. Es ist in Reaktionsräume (**Kompartimente**) gegliedert. Diese sind von **Biomembranen** umgeben, die sowohl eine Abgrenzung als auch einen kontrollierten Stoffaustausch ermöglichen. Die Kompartimente sind nicht starr, sondern äußerst dynamisch und unterliegen einem fortwährenden Auf-, Ab- und Umbau.

Das Cytoplasma erscheint im elektronenmikroskopischen Bild körnig (granulär). Es besteht zu 10–30 % aus **Proteinen**. Weitere Bestandteile sind **RNA**, **Kohlenhydrate** und **Ionen**. Der **Wassergehalt**, vorwiegend Hydratationswasser der Proteine, beträgt rund 80 %. Das Cytoplasma enthält im Vergleich zum extrazellulären Raum relativ viel K^+ und nur wenig Ca^{2+}. Der **Quellungszustand** des Plasmas wird vor allem durch das K^+/Ca^{2+}-Verhältnis bestimmt (Ionenantagonismus: K^+ wirkt quellend, Ca^{2+} entquellend). ATPasen am Plasmalemma und am Tonoplasten bewirken einen pH-Wert im neutralen bis schwach alkalischen Bereich (pH 7,0–7,5).

Das Cytoplasma ist der Ort der **Glykolyse**, der **Synthese** von kerncodierten **Proteinen**, von **Speicherlipiden**, **Nucleotiden**, **Saccharose** und **Sekundärstoffen** (◘ Tab. 2.4).

Cytoskelett

Das Cytoskelett ist Bestandteil des Cytoplasmas und besteht aus Mikrofilamenten und Mikrotubuli (◘ Abb. 2.17, ◘ Tab. 2.4). Es trägt zur mechanischen **Stabilisierung** des Cytoplasmas bei. Im Zusammenspiel mit anderen Proteinen ermöglicht es aktive **Zellbewegungen** und intrazelluläre **Transporte**. An allen Be-

▣ Tab. 2.4 Kurzscharakteristik allgemeiner Zellbestandteile (nach Jäger et al. 2009)

Bestandteil	Bau*	Funktion*
Cytoplasma	membranfrei, **gallertartig** Wasser, Proteine, Nucleinsäuren, Kohlenhydrate, Ionen begrenzt durch Biomembranen	Ort zahlreicher Stoffwechselprozesse, z. B. Glykolyse, Synthese von Proteinen, Saccharose und Sekundärstoffen
Cytoskelett	**Mikrofilamente:** fädige Proteinstrukturen aus Actin, (Ø 5–7 nm), im Cytoplasma **Mikrotubuli**; röhrenförmige Proteine aus α- und β-Tubulin, Ø außen: 25 nm, Ø innen: 15 nm	Verfestigung des Cytoplasmas Beteiligung an Plasmaströmung, Chromosomenverlagerung bei Zellteilung und Bewegung von Zellorganellen Bestandteil von Geißeln
Ribosomen	kleine rundliche Partikel aus Proteinen und RNA Ø 20–30 nm, große und kleine Untereinheiten: - **80S-Ribosomen** frei im Cytoplasma oder an ER- Membran (rER) - **70S-Ribosomen** in Plastiden und Mitochondrien	Ort der Proteinbiosynthese (Translation)
Zellkern	größte Zellorganelle mit Kernplasma, Chromosomen mit Chromatin (DNA-Histon-Komplex) und ein oder mehreren Kernkörperchen (Nucleolus), Ø 5–25 µm Kernhülle mit Kernporen, äußere Membran mit Ribosomen in Verbindung mit ER	DNA-Replikation, Transkription, RNA-Processing Nucleolus: Ort der Ribosomenbiogenese Stoffaustausch (Proteine und RNA) zwischen Kern und Cytoplasma
Biomembranen	Doppelschicht aus Membranlipiden und Proteinen selektive Permeabilität	Kompartimentierung Diffusionsbarriere spezifische Transportprozesse
Endoplasmatisches Reticulum (ER)	verzweigtes Membransystem aus flachen Zisternen: - **raues ER (rER:** *rough* **ER):** mit Ribosomen auf Membranaussenseite - **glattes ER (sER:** *smooth* **ER):** ohne Ribosomen	rER: Synthese von Membrankomponenten, Export- und Speicherproteinen sER: Beteiligung an Lipid-, Isoprenoid- und Flavonoidsynthese
Dictyoomen (Golgi-Apparat)	aus 5–10 (bis 30) übereinandergeschichteten, von Membranen umgebenen Zisternen, Ø 0,5–2 µm Aufnahme von Vesikeln vom ER an cis-Seite, Abschnürung von Golgi-Vesikeln an trans-Seite; **Golgiapparat:** Gesamtheit aller Dictyosomen	Weiterverarbeitung der am rER synthetisierten Proteine: Modifizierung, Sortierung und Verpackung für Transport Oligo- und Polysaccharidsynthese (Pectine, Hemicellulosen, Schleim) Beteiligung an Transport- und Sekretionsprozessen
Peroxisomen	runde Partikel (Ø 1 µm), von Membran umgeben Besitz von **Katalase** (Abbau von H_2O_2)	**Blattperoxisomen:** Photorespiration (nur Pflanzen) **Glyoxysomen (nur Pflanzen):** Fettabbau in Speichergeweben
Mitochondrien	von doppelter Membran umgebene Zellorganellen Ø 0,5–1,5 µm, Länge 1–5 µm Oberflächenvergrößerung durch Einfaltung (Tubuli oder Cristae) der inneren Membran eigenes zirkuläres Genom (mtDNA, **Chondriom**)	respiratorische Elektronentransportkette und Citratzyklus (Zitronensäurezyklus) Oxidative Phosphorylierung (ATP-Synthese)

* Vgl. zellbiologische und pflanzenphysiologische Lehrbücher

wegungsvorgängen sind **Motorproteine** wie Myosin (Mikrofilamente) und Dynein (Mikrotubuli) beteiligt:
- **Mikrofilamente** spielen eine Rolle bei der **Plasmaströmung** und der durch Licht induzierten **Chloroplastenbewegung**. Es handelt sich um äußerst dünne (ca. 6 nm) fädige Proteinstrukturen, die hauptsächlich aus **Actin** (Aktin) bestehen. Mikrofilamente sind polar aufgebaut. Am (+)-Ende wird bevorzugt ATP gebunden. Hier werden neue Monomere angelagert, wodurch sich das Filament verlängert. Am (–)-Ende erfolgt durch Depolymerisation ein Abbau. An den strukturellen Veränderungen und der Funktion von Mikrofilamenten sind spezifische actinassoziierte Proteine beteiligt.

2

— **Mikrotubuli** bilden den **Spindelapparat** bei der Kernteilung und sind an der Bildung des **Phragmoplasten** (▶ Abschn. 2.4.2) bei der Zellteilung beteiligt. Sie bestimmen die Orientierung der **Cellulosefibrillen** beim Aufbau der Zellwand und sind wesentlicher Bestandteil der **Eukaryageißel**. Strukturell handelt es sich bei den Mikrotubuli um röhrenförmige Proteinstrukturen aus α- und β-Tubulinen. Die Proteine liegen als Heterodimere in Ketten (Protofilamenten) vor und bilden die Wand eines Hohlzylinders. Meist lagern sich 13 Ketten durch seitliche Verknüpfung zu einer Röhre zusammen (◘ Abb. 2.17a). Da die Tubuline verschiedener Organismen nicht identisch sind, variieren die Durchmesser der Mikrotubuli zwischen 20 und 30 nm.

Mikrotubuli sind **polar** aufgebaut. Die Bildung der Mikrotubuli erfolgt an **Mikrotubuli-organisierenden Zentren** (MTOCs). Im Gegensatz zu den Mikrofilamenten ist das (–)-Ende fest am MTOC verankert, z. B. am Basalkörper der Eukaryageißel oder an der Polregion der Kernspindel. Mikrotubuli sind kurzlebige Strukturen, die einem kontinuierlichen Auf- und Abbau unterliegen (**dynamische Instabilität**). Dabei laufen die Prozesse der Polymerisation und Depolymerisation gleichzeitig in der Zelle ab. Wie bei Mikrofilamenten werden Aufbau, Abbau und Funktion durch spezielle Mikrotubuli-assoziierte Proteine (**MAPs**) moduliert. Dabei handelt es sich um ATP-spaltende Proteine, die die freiwerdende Energie über Konformationsänderungen in Bewegungen umsetzen (mechanochemische ATPasen).

Geißeln

Geißeln (Flagellen) dienen der **Fortbewegung** frei beweglicher Zellen. Sie treten bei einzelligen Organismen und Zellaggregaten (▶ Abschn. 5.2), Zoosporen und Gameten (▶ Abschn. 4.1.2) auf. Ihr Durchmesser beträgt 0,15–0,3 µm, die Länge kann wenige bis zu mehreren Hundert Mikrometern betragen (Geißellänge von *Euglena viridis* z. B. 50–60 µm). Kurze Geißeln, die in hoher Anzahl auftreten (z. B. bei *Vaucheria*-Zoosporen), werden Wimpern (**Cilien**) genannt.

Die Geißeln aller **Eukarya** besitzen einen übereinstimmenden Bau aus miteinander verbundenen Mikrotubuli (◘ Abb. 2.17b). Der Querschnitt zeigt 20 Mikrotubuli, die nach dem **9 + 2-Muster** angeordnet sind: zwei zentrale Mikrotubuli werden dabei von neun Doppelmikrotubuli (Duplett) umgeben. Jedes Duplett besteht aus einem A- und einem B- Tubulus, die über gemeinsame Protofilamente verbunden sind. Die Dupletts stehen über elastischen Proteinstrukturen (Nexine) in Verbindung. Radial angeordnete, ebenfalls elastische Proteinstrukturen (Speichen) verbinden die peripheren Dupletts mit der Hülle, die die zentralen Tubuli umgibt. Zusätzlich trägt jeder A-Tubulus mehrere seitliche Arme aus dem ATP-spaltenden Proteinkomplex **Dynein**, die zum B-Tubulus des Nachbardupletts gerichtet sind.

Bei der **Geißelbewegung** erfolgt unter ATP-Spaltung eine Konformationsänderung des Dyneins, wodurch die benachbarten Mikrotubuli gegeneinander verschoben werden. Da die zentralen Mikrotubuli ein nichtkontraktiles Widerlager darstellen, wird die umlaufende Krümmungsbewegung in eine Schraubenbewegung umgesetzt. Die Geißel ist mit einem **Basalkörper** im randlichen Cytoplasmabereich der Zelle verankert. Dieser besteht meistens aus einem Ring von neun peripher angeordneten Mikrotubulitripletts; zentrale Mikrotubuli fehlen.

Bei störenden Eingriffen können Geißeln abgeworfen und später neu gebildet werden. Die Neubildung erfolgt vom Basalkörper aus, der sich ebenfalls neu bildet.

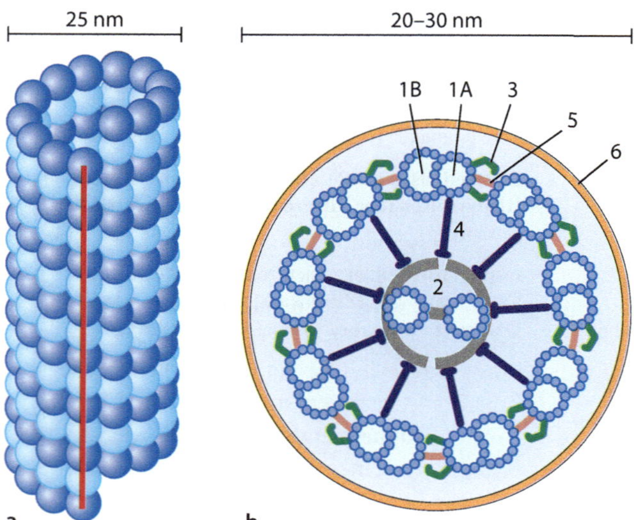

◘ **Abb. 2.17 Aufbau von Mikrotubulus und Geißel (schematisch). a**, Aufbau eines Mikrotubulus aus 13 röhrenförmig miteinander verbundenen Ketten (Protofilamenten) aus α- und β-Tubulinen. Rote Linie: einzelnes Protofilament. **b**, Querschnitt durch die Eukaryageißel. 1A + 1B, Doppelmikrotubuli an der Peripherie. 2, zwei einfache Mikrotubuli in der Mitte, umgeben von zentraler Hülle. 3, Dyneinarme. 4, Speichen. 5, Nexinverbindungen. 6, Zellmembran. (© **a**: nach Sitte 1998, verändert. **b**: Alexei Kouprianov, CC BY-SA 2.5, via Wikimedia Commons)

Ribosomen

Ribosomen sind makromolekulare Komplexe aus Proteinen und Ribonucleinsäuren (RNA), die im Cytoplasma, in den Mitochondrien und Chloroplasten vorkommen. An ihnen werden **Proteine** synthetisiert. Hier werden die von der Boten-RNA (Messenger-, mRNA) übermittelten Informationen des Erbmaterials (Basensequenz der DNA) in die Aminosäuresequenzen der Proteine umgesetzt (Translation). Die Anzahl der Ribosomen pro Zelle, die bei Samenpflanzen zwischen 10^4 und 10^6 liegt, ist mit der Aktivität der Proteinbiosynthese korreliert.

Ribosomen sind kleine, rundliche Partikel mit einem Durchmesser von ca. 20–30 nm. Sie bestehen zu etwa zwei Dritteln aus **rRNA (ribosomaler RNA)** und einem Drittel aus ribosomalen Proteinen. Als **Polysomen** bezeichnet man Komplexe aus vielen Ribosomen, die an der mRNA hintereinander aufgereiht sind. Die Anheftung der mRNA erfolgt an der kleineren Untereinheit. Nach ihrem Sedimentationsverhalten, das in Svedberg-Einheiten (1 S = 10^{-13} s) gemessen wird, werden zwei Typen von Ribosomen unterschieden:

1. **70S-Ribosomen** bestehen aus einer 50S- und einer 30S-Untereinheit. Sie kommen bei Bakterien und Cyanobakterien vor und werden deshalb auch als **prokaryotische Ribosomen** bezeichnet. Ihr Auftreten in Plastiden und Mitochondrien eukaryotischer Zellen stützt die Endosymbiontentheorie (▶ Abschn. 2.1).
2. **80S-Ribosomen** bestehen aus einer 60S- und einer 40S-Untereinheit. Sie sind die Ribosomen **eukaryotischer Zellen**. Sie kommen frei im Cytoplasma oder an den Membranen des rauen Endoplasmatischen Reticulums und an der äußeren Kernmembran vor.

Die Ribosomen der Eukarya unterliegen einem schnellen Turnover, ihre Lebensdauer beträgt nur wenige Stunden. Die Vereinigung (Assemblierung) der beiden Untereinheiten der 80S-Ribosomen erfolgt im Nucleolus (▶ Abschn. 2.3.2) aus ribosomaler rRNA und Proteinen, die im Cytoplasma synthetisiert und in den Kern transportiert wurden. Beide Ribosomenuntereinheiten gelangen anschließend durch Kernporen in das Cytoplasma. Die 70S-Ribosomen der Plastiden und Mitochondrien werden direkt in den Organellen assembliert.

2.3.2 Zellkern (Nucleus)

Der Zellkern enthält das **Erbgut** der eukaryotischen Zelle, das in der **DNS** (Desoxyribonucleinsäure; *deoxyribonucleic acid*, **DNA**) der Chromosomen gespeichert ist. Er ist kugel- bis linsenförmig und besitzt in den meisten Fällen einen Durchmesser von 5–25 μm. Sehr große Kerne (500–600 μm) besitzen die Eizellen der Palmfarne (Cycadales; ▶ Abschn. 4.6.2).

Zwischen Kern- und Zellgröße besteht eine enge Beziehung (**Kern-Plasma-Relation**). Große, plasmareiche Zellen (z. B. Drüsenzellen; ▶ Abschn. 7.6) besitzen meist auch große (oft endopolyploide; ▶ Abschn. 2.4.4) Kerne oder sind vielkernig (▶ Abschn. 2.4.2).

Kernhülle und Kernporenkomplexe

Die **Kernhülle** besteht aus zwei jeweils etwa 7,5 nm dicken Biomembranen. Der von ihnen begrenzte Innenraum steht mit dem Innenraum des Endoplasmatischen Reticulums in enger Verbindung. Die äußere Kernmembran kann Ribosomen tragen.

In der Kernhülle sind im elektronenmikroskopischen Bild Poren zu erkennen, die als **Kernporenkomplexe** bezeichnet werden (◘ Abb. 2.18a, b). Jeder Komplex hat eine molare Masse von etwa 120 MDa und besteht vermutlich aus mehr als 100 verschiedenen Proteinen. Diese bilden auf der cytoplasmatischen und nucleären Seite je

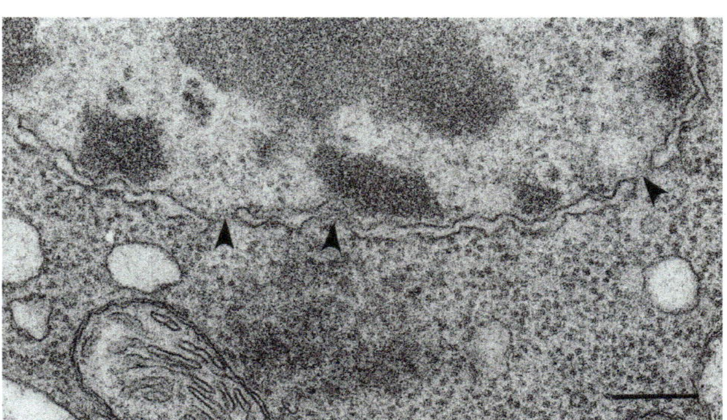

a

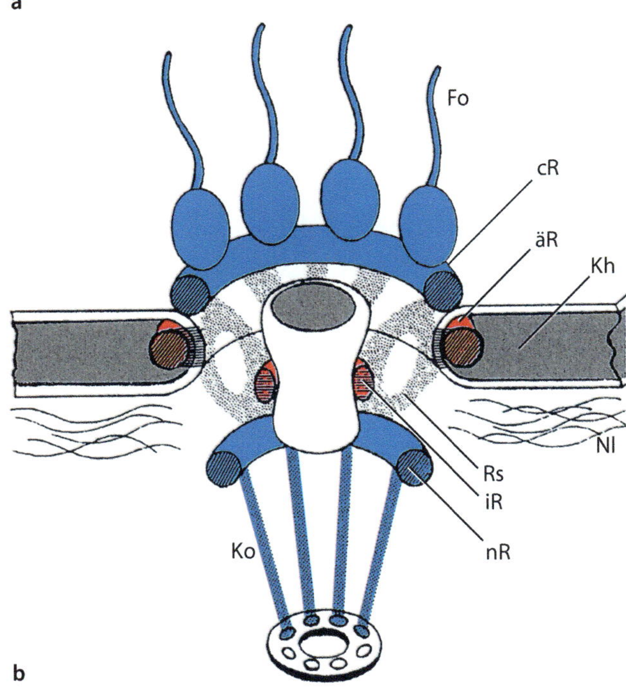

b

◘ **Abb. 2.18 Porenkomplexe der Kernhülle. a,** Tabak (*Nicotiana tabacum*, Solanaceae). Kernhülle mit Poren (Pfeile). Balken: 0,5 μm. **b,** Modell eines Porenkomplexes; in der Mitte der zentrale Transporter (Zentralgranulum). äR, äußerer Ring. cR, cytoplasmatischer Ring. Fo, Fortsätze der auf dem cR sitzenden Untereinheiten. iR, innerer Ring. Kh, Kernhülle. Ko, Korbstrukturen im Kern. Nl, Nuclearlamina. nR, nucleärer Ring. Rs, Radialspeichen. (© **a**: Jäger et al. 2009. **b**: Sitte 1998)

einen Ring (◼ Abb. 2.18b: cR, nR), die den zentralen Kanal von ca. 9 nm Durchmesser umschließen. Die Ringe werden aus jeweils acht globulären Untereinheiten gebildet, von denen Fortsätze (Fo) in das Cytoplasma und in den Kern ausgehen (Ko). Radial angeordnete Filamente (Rs: Radialspeichen) verbinden die Ringe mit einem in der Mitte der Öffnung befindlichen Zentralgranulum, durch das der Transport erfolgt. Seine Öffnung kann bei Bedarf während des Transportvorganges von 9 nm auf 25 nm erweitert werden.

Porenkomplexe sind äußerst **dynamische Strukturen**, die ihre Lage innerhalb der Kernmembran ändern können. Ihre Zahl (in Wurzelspitzen der Küchenzwiebel z. B. 7–65 pro μm^2) scheint in engem Zusammenhang mit der jeweiligen Aktivität der Kerne zu stehen. Am Ende der Prophase (▶ Abschn. 2.4.1) werden sie zusammen mit der Kernmembran abgebaut, in der Telophase wieder neu gebildet.

Die Kernporenkomplexe dienen dem **Stoffaustausch** zwischen Zellkern und Cytoplasma. Da die Proteinsynthese im Cytoplasma stattfindet, müssen die im Kern synthetisierten Messenger-Ribonucleinsäuren (**mRNA**) und Transfer-Ribonucleinsäuren (**tRNA**) sowie die für die Proteinsynthese benötigten Ribosomenuntereinheiten aus dem Kern in das Cytoplasma überführt werden. Andererseits werden einige im Kern benötigte **Proteine** im Cytoplasma synthetisiert. Dazu gehören die Histone, DNA- und RNA-Polymerasen und die Transkriptionsfaktoren, die den Prozess der Umschreibung (Transkription) der DNA-Sequenz auf eine RNA initiieren.

Nucleoplasma und Nucleoli

Im Inneren des Kerns lassen sich **Nucleoplasma**, **Chromosomen** und ein oder mehrere Kernkörperchen (**Nucleoli**, *Singular:* Nucleolus) unterscheiden. Nach Entfernung aller löslichen Proteine aus dem Nucleoplasma bleibt das **Kernskelett** (Nuclearmatrix) zurück, eine gelartige, lockere Struktur, die in Größe und Form dem ursprünglichen Kern entspricht. An den Proteinen des Kernskeletts sind die Chromosomen angeheftet.

Nucleoli sind kugelige, nicht durch eine eigene Membran umgrenzte Gebilde mit einem Durchmesser von 1 μm, die sich bereits im Lichtmikroskop aufgrund ihrer höheren Dichte erkennen lassen. Sie setzen sich aus peripher angeordneten Granula von 15 nm Durchmesser (*pars granulosa*) und zentralen 5–8 nm langen Filamenten (*pars fibrosa*) zusammen und bestehen aus ribosomaler RNA (rRNA), ribosomalen Proteinen sowie dem Abschnitt der chromosomalen DNA, der für die rRNA codiert. Dieser wird als **Nucleolus-Organisator-Region (NOR)** bezeichnet. Nucleoli werden zu Beginn der Kernteilung (Mitose; ▶ Abschn. 2.4.1) aufgelöst

und entstehen erst wieder in der Telophase an der NOR der Chromosomen. In den Nucleoli erfolgt die Assemblierung der Ribosomenuntereinheiten.

Chromosomen

Chromosomen sind die Träger des nucleären Erbmaterials (**Kerngenom**). Sie bestehen aus DNA, die von Proteinen umgeben ist. Dieser Materialverbund wird auch als **Chromatin** bezeichnet. Die DNA liegt in Form einer **Doppelhelix** vor, also eines doppelsträngigen, 2 nm dicken schraubenförmig gewundenen Fadens, der mit **Histonen** assoziiert ist. Diese als H1, H2A, H2B, H3 und H4 bezeichneten Proteine besitzen einen hohen Anteil an den basischen Aminosäuren Lysin und Arginin. Daneben kommen auch Nichthistonproteine vor. Sie bilden ein chromosomales Gerüst, an dem die DNA-Schleifen verankert sind. Jedes Chromosom weist eine spezifische Zusammensetzung und Basensequenz auf (**Chromosomenindividualität**).

Die Anzahl verschiedener Chromosomen einer Zelle ist artspezifisch und wird als **Chromosomensatz** bezeichnet. Die Anzahl der Chromosomensätze pro Zelle kennzeichnet deren **Ploidiegrad**. In der **haploiden** Phase (abgekürzt **n**) liegt jedes Chromosom in Einzahl (einfacher Chromosomensatz), in der **diploiden** Phase (**2n**) in doppelter Form vor (doppelter Chromosomensatz; ◼ Abb. 2.19a, b). Die beiden zu einem Paar gehörenden Chromosomen eines doppelten Chromosomensatzes werden als **homologe Chromosomen** bezeichnet.

Der Chromosomenbestand (Anzahl und Morphologie) einer Zelle ist der **Karyotyp**. Er reicht von einem haploiden Chromosomensatz von n = 2 bei *Haplopappus gracilis* (Asteraceae) bis zu haploiden Chromosomensätzen von mehreren Hundert bei Algen und Farngewächsen (z. B. n = 631 bei *Ophioglossum reticulatum*). Die Anzahl der Chromosomen ist unabhängig von der Organisationshöhe eines Organismus und scheint mehr mit der Lebensweise als mit der Evolutionsstufe verknüpft zu sein.

Je nach Kernphase liegen die Chromosomen entspiralisiert oder stark kondensiert vor:

— Zwischen den Kernteilungen, im **Arbeitskern** (Interphase; ▶ Abschn. 2.4.1), sind die Chromosomen stark entspiralisiert und liegen vornehmlich als 30-nm-Fibrille vor. Sie heben sich im elektronenmikroskopischen Bild kaum oder nur als feines Netzwerk vom Nucleoplasma ab. Nach dem Grad der Anfärbbarkeit mit basischen Farbstoffen wird **Euchromatin**, das weitgehend entspiralisiert ist und vor allem transkriptionsaktive Chromosomenbereiche enthält, von **Heterochromatin** unterschieden, das auch im Interphasekern weitgehend verkürzt bleibt und nicht transkriptionsaktive Chromosomenbereiche umfasst.

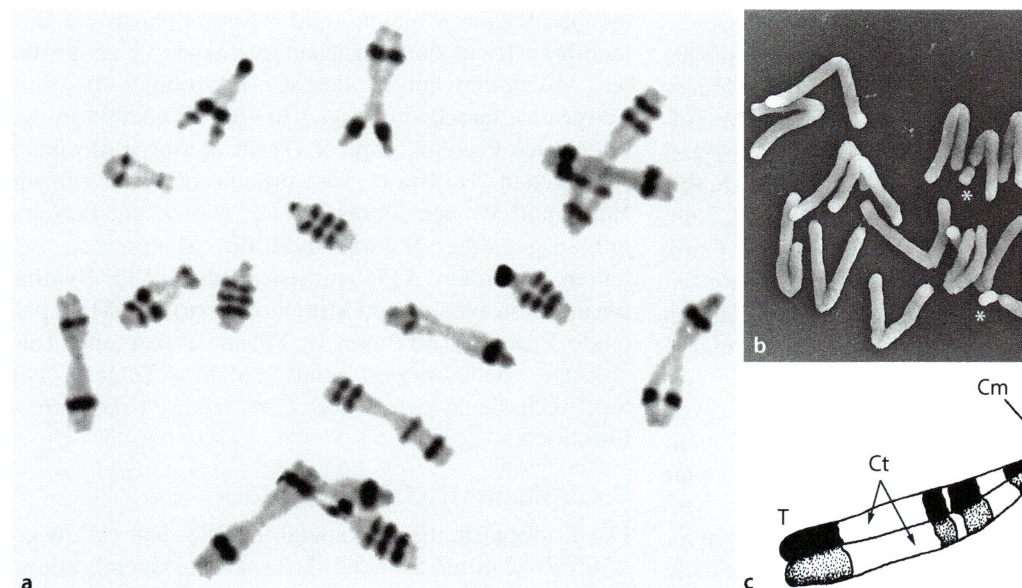

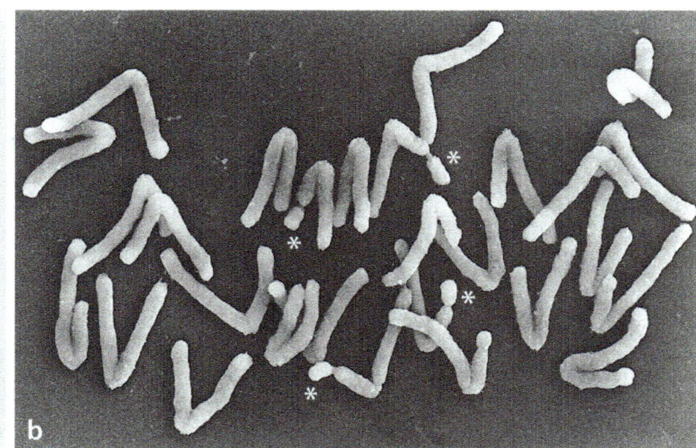

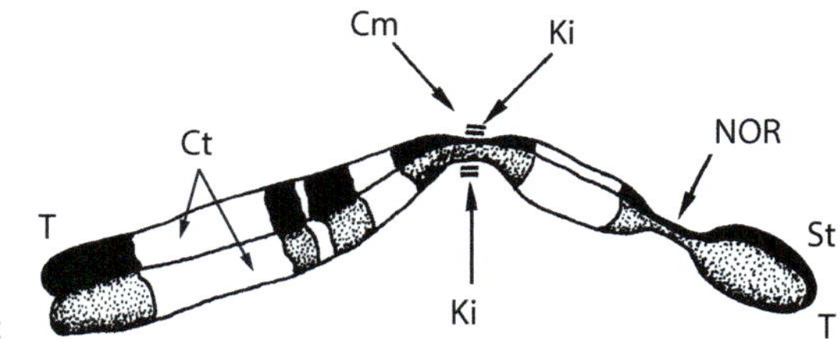

Abb. 2.19 Chromosomen. a, Balkan-Windröschen (*Anemone blanda*, Ranunculaceae). Chromosomensatz (2n = 16), heterochromatische Banden durch Färbung hervorgehoben (×600). **b,** Gerste (*Hordeum vulgare*, Poaceae). Anaphasechromosomen (2n = 28). Sternchen: Satellitenchromosomen (SAT) mit Nucleolus-Organisator-Region. **c,** SAT-Chromosom (schematisch). Während der Kernteilung (Metaphase) liegt das Chromosom maximal verkürzt vor. Es besteht aus zwei Chromatiden (Ct), die am Centromer (Cm) zusammenhängen. SAT-Chromosomen besitzen je eine Nucleolus-Organisator-Region (NOR) und einen als Satelliten (St) bezeichneten Abschnitt. Ki, Kinetochor. T, Telomer. (© **a–c**: Sitte 1998)

— Vor der Zellteilung wird das Erbgut verdoppelt (identische **Replikation**; ▶ Abschn. 2.4.1). Die Chromosomen liegen vollständig kondensiert vor und weisen eine spezifische Gestalt und Größe auf. Sie bestehen nach der Verdopplung des Erbgutes aus je zwei **Chromatiden**, d. h. aus zwei DNA-Doppelsträngen und den zu ihnen gehörenden Chromatinproteinen. Die Chromatiden haften am **Centromer** aneinander, einer Einschnürung, die das Chromosom in zwei meist unterschiedlich lange Abschnitte gliedert (**Abb. 2.19c**). In dieser Region befindet sich auch das **Kinetochor**, die Ansatzstelle der Mikrotubuli des Spindelapparates. Manche Chromosomen (Satellitenchromosomen, SAT) weisen zusätzliche Einschnürungen auf, die häufig die **Nucleolus-Organisator-Region** (**NOR**) enthalten. Bei Anfärbung mit speziellen Farbstoffen (z. B. Giemsa-Färbung) kann bei kondensierten Chromosomen ein typisches **Bandenmuster** sichtbar gemacht werden (**Abb. 2.19a**).

Die DNA der Chromosomen enthält die Informationen für die Synthese von RNA und Proteinen (**Strukturgenen**) und für die Regulation und Kontrolle von Replikation und Transkription (**Regulatorsequenzen**). Zwei Abschnitte enthalten **repetitive DNA** für besondere Aufgaben: die **Telomere**, die den Enden der Chromosomen kappenförmig aufsitzen und für die Stabilität des Chromosoms wichtig sind, und das **Centromer**, an dessen seitlichen Bereichen, den **Kinetochoren**, die Spindelfasern bei der Kern-

teilung ansetzen. Bei jeder Zellteilung verkürzen sich die Telomerkappen, bis sie gänzlich verbraucht sind und zum Zelltod führen. Molekulare Daten weisen darauf hin, dass die Aktivität von **Telomerasen** diesen Prozess verlangsamt (González-García et al. 2015), was die lange Lebensdauer einiger Pflanzen erklären könnte (▶ Abschn. 6.9.3).

Die außerordentlich starke **Verkürzung** des DNA-Fadens (Verkürzungsfaktor 12.000) wird über mehrere Stufen erreicht. Zwischenstadien heißen **Nucleosom** (10 nm dicker Faden um Histonkomplex gewunden), **Solenoid** (Spiralisierung zum 30-nm-Faden) und **Rosette** (Durchmesser 300 nm; Ausbildung von Chromatinschleifen, Verankerung an Nicht-Histon Proteinen). Das **Chromatid** entsteht durch Aufwindung eines 300 nm dicken Fadens hintereinanderliegender Rosetten.

2.3.3 Endomembransysteme

Das Cytoplasma der Pflanzenzelle ist durch Biomembranen gegenüber Zellwand (Plasmalemma) und Vakuole (Tonoplast) abgegrenzt (▶ Abschn. 2.2.2) und von in sich geschlossenen Membransystemen durchsetzt. Diese **Endomembransysteme** untergliedern den Zellinnenraum, stellen **Diffusionsbarrieren** dar und sind an **intrazellulären Transportprozessen** beteiligt.

Biomembranen

Biomembranen sind in sich geschlossene flache Gebilde aus zwei **Lipidschichten**, die einen hydrophoben Innenraum bilden. Fast immer sind Proteine ein- oder aufgelagert. Bei Betrachtung im Elektronenmikroskop zeigen alle Biomembranen ein einheitliches Bild: zwei dunkle Linien von je 2 nm Dicke, getrennt durch einen ca. 3 nm breiten hellen Zwischenraum (Abb. 2.21). Diese Optik führte zu der Bezeichnung ‚Einheitsmembran' (*unit membrane*). Die einzelnen Biomembranen unterscheiden sich jedoch im chemischen Aufbau ihrer Lipidschicht und in ihren Proteinkomponenten.

Nach dem **Fluid-Mosaik-Modell** (Abb. 2.20) von Singer und Nicholson (1972) bilden die **Lipide** eine mehr oder weniger flüssige Schicht. Die **Membranproteine** tauchen mit ihren wasserabweisenden (hydrophoben) Domänen in diese ein (integrale Proteine) oder liegen ihr auf (periphere Proteine). Da Proteine und Lipide nicht kovalent miteinander verbunden sind, können sich die Proteine lateral in der Lipidschicht bewegen. Alle am Aufbau der Biomembran beteiligten Moleküle befinden sich in ständiger thermischer Bewegung.

Biomembranen sind **asymmetrisch** aufgebaut, d. h. die plasmatische Innenseite und extraplasmatische Außenseite sind voneinander verschieden. Die Membranen ermöglichen eine **Abgrenzung** von Reaktionsräumen. Sie stellen eine **Diffusionsbarriere** dar und besitzen für die einzelnen Substanzen unterschiedliche Durchlässigkeit (**Permeabilität**). Sie sind **selektiv** permeabel. Kleine Moleküle und Wasser können die Biomembran leicht durchdringen (permeieren), bei größeren Molekülen entscheidet die Lipophilie über ihre Permeationsgeschwindigkeit. In der Biomembran befinden sich Proteinkomplexe (**Translokatoren**) für einen spezifischen Transport von organischen Substanzen, Ionen und Wasser. Dabei handelt es sich um Proteine mit ausgeprägter **Substratspezifität**. Membranen enthalten außerdem ATP-synthetisierende (**ATP-Synthasen** in Chloroplasten und Mitochondrien) und ATP-spaltende Proteine (**ATPasen** in Plasmalemma und Tonoplast). Membranen sind auch Träger von Stoffwechselenzymen und besitzen Erkennungsfunktionen.

Endoplasmatisches Reticulum

Das Endoplasmatische Reticulum (ER) stellt ein die gesamte Zelle durchziehendes Netzwerk aus membranumgrenzten **Tubuli** oder **flachen Zisternen** dar (Abb. 2.21a). Diese sind untereinander und mit dem Innenraum der Kernhülle verbunden. Über den **Desmotubulus** innerhalb der **Plasmodesmen** können ER-Zisternen zweier benachbarter Zellen miteinander kommunizieren (Abb. 2.16). Bei der Teilung des Kerns zerfallen die Kernmembran und Teile des ER zu kleinen kugeligen Vesikeln, aus denen sich nach der Zellteilung das Membransystem wieder aufbaut:

- Das flächige **raue** (*rough*) **ER** (rER) trägt an der cytoplasmatischen Seite der Membran viele Ribososmen und ist Ort der **Synthese** von Membran-, Zellwand- und Speicherproteinen. Diese werden schon während der Synthese in den ER-Innenraum aufgenommen und anschließend in Vesikel verpackt zu den Dictyosomen transportiert. Das ER ist damit wesentlicher Bestandteil des **intrazellulären Transportsystems**.
- Das vorwiegend aus tubulären Strukturen bestehende **glatte** (*smooth*) **ER** (sER) ist frei von Ribosomen und an der **Synthese von Farbstoffen** (Flavonoiden), **Isoprenen** und **Membranlipiden** beteiligt. Es ist auch Sitz der an vielen Hydroxylierungsreaktionen beteiligten Cytochrom-P450-Monooxygenasen, die eine wichtige Rolle bei der Entgiftung von z. B. Pflanzenschutzmitteln spielen.

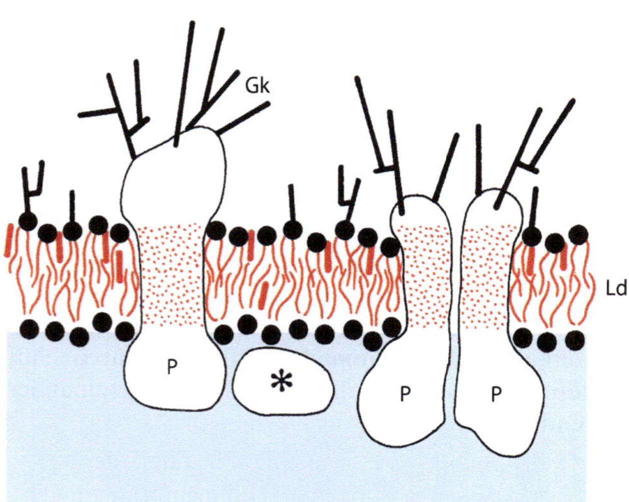

 Abb. 2.20 Vereinfachter Aufbau einer Biomembran nach dem Flüssig-Mosaik-Modell (Singer und Nicholson 1972). Biomembranen bestehen aus Lipiden und Proteinen. Die Lipide sind mit der hydrophoben Seite (rot) zueinander in einer Phospholipiddoppelschicht (Ld, Lipidschicht) angeordnet. Diese wird von Proteinen (P) durchdrungen, die an der extraplasmatischen Seite Glucanketten (Gk) tragen. Die Proteine haben überwiegend Transportfunktion und ermöglichen spezifische Stoffwechselprozesse. *, peripheres Membranprotein. (© Sitte 1998)

Dictyosomen und Golgiapparat

Ein Dictyosom ist ein Stapel aus meistens fünf bis zehn (in Wurzeln und einigen Einzellern bis zu über 30) scheibenförmigen, membranumgrenzten Hohlräumen (**Zisternen;** Abb. 2.21b, c). Der Durchmesser einer Zisterne beträgt 0,5–2 μm. Die proximale Seite (**cis-** oder **Bildungsseite**) nimmt Transitvesikel vom ER auf. An der distalen Seite (**trans-** oder **Sekretionsseite**) bilden die

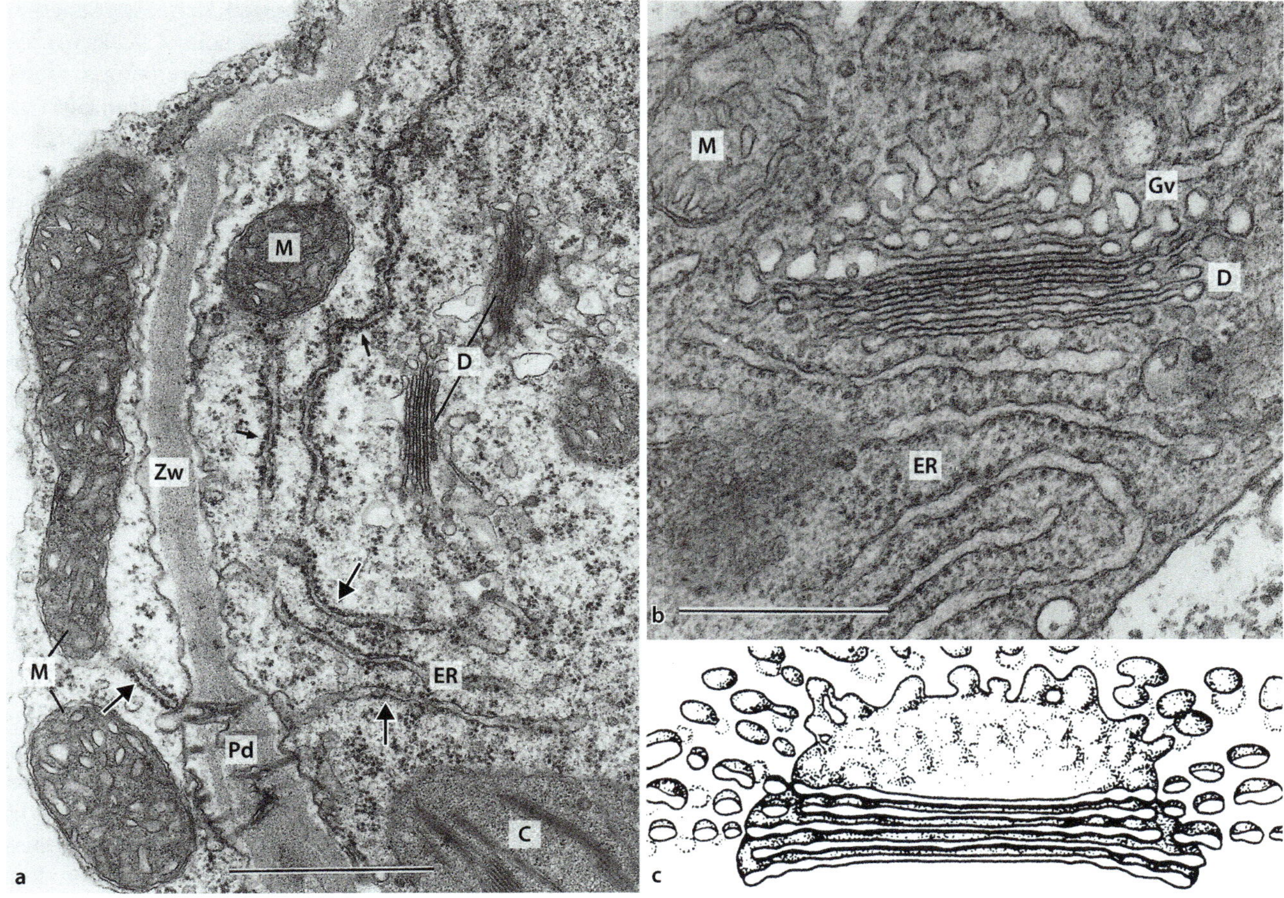

Abb. 2.21 Endomembransysteme. a, Gartenbohne (*Phaseolus vulgaris*, Fabaceae). Cytoplasma einer Blattzelle. Endoplasmatisches Reticulum (ER) mit Ribosomen (Pfeile). D, Dictyosom. M, Mitochondrium. C, Chloroplast. Pd, Plasmodesmen. Zw, Zellwand. Balken: 1 μm. **b,** Bachbunge (*Veronica beccabunga*, Plantaginaceae). Drüsenzelle. Abschnürung von Golgi-Vesikeln (Gv) vom flachen Membranstapel eines Dictyosoms. Balken: 0,5 μm. **c,** Aufbau eines Dictyosoms mit Golgi-Vesikeln (schematisch). (© **a, b**: Sitte 1998. **c**: Jäger et al. 2009)

Zisternen blasenförmige Enden, die sich zu Vesikeln abschnüren (**Golgi-Vesikel**) und zum Plasmalemma oder Tonoplasten wandern.

Dictyosomen kommen in Abhängigkeit von der Stoffwechselaktivität der Zelle in unterschiedlicher Häufigkeit vor. Sie entstehen nach Bedarf aus dem ER. Besonders viele Dictyosomen sind in Meristem- und Drüsenzellen zu finden. In der Wurzelhaube wurden 100 Dictyosomen pro Zelle gezählt. Algen besitzen manchmal nur ein einziges Dictyosom. Die Gesamtheit der Dictyosomen einer Zelle wird als **Golgi-Apparat** bezeichnet.

In Dictyosomen werden Oligo- und Polysaccharide synthetisiert, die Bestandteile der **Zellwand** (Pektine, Hemicellulosen) und vieler **Sekrete** bilden. In ihnen werden außerdem die **Glykosylierungsmuster** der vom ER herantransportierten Proteine modifiziert, die anschließend, sortiert und in Vesikel verpackt, zum jeweiligen Akzeptorkompartiment (z. B. Zellwand oder Vakuole) transportiert werden:

— Durch Verschmelzen der Vesikelmembran mit dem **Plasmalemma** werden die Vesikelinhalte, wie z. B. Substanzen für die Zellwandbildung (▶ Abschn. 2.2.4), der Schleim von Wurzelhaubenzellen (▶ Abschn. 8.4.3) oder der Fangschleim von *Drosera* (▶ Abschn. 8.6.2), aus der Zelle ausgeschleust (**apoplastische Sekretion, Exocytose**).

— Durch Verschmelzen der Vesikel mit dem **Tonoplasten** werden Speicherproteine in die Vakuole transportiert (**vakuoläre Sekretion**).

— Auch die Sekretion von α-Amylase aus der Aleuronschicht der Getreidesamen (■ Abb. 2.9b) erfolgt unter Mitwirkung von Golgi-Vesikeln.

— Nach der Kernteilung wandern Vesikel mit Protopektinen in die Äquatorialebene des Phragmoplasten, verschmelzen dort und bilden mit ihrem Inhalt die spätere **Mittellamelle** (▶ Abschn. 2.2.4 und ▶ 2.4.2).

Cytoplasmatische Vesikel

Cytoplasmatische Vesikel sind rundliche, elektronendichte Bläschen mit einem Durchmesser von 0,5–1,5 µm. Sie sind durch eine einfache Membran vom Cytoplasma abgegrenzt und enthalten **spezifische Enzymausstattungen**:

- In **Peroxisomen** (■ Abb. 2.3: P). laufen Reaktionen ab, bei denen H_2O_2 entsteht. Dieses Zellgift kann in den Bläschen durch **Katalase** zu Wasser und Sauerstoff abgebaut werden.

- **Glyoxysomen** sind eine Spezialform der Peroxisome. Sie sind in Speichergeweben an der Umwandlung von Fettsäuren in Kohlenhydrate beteiligt. Beim Ergrünen der Speichercotyledonen kann durch Umstellung der Enzymproduktion eine Umwandlung von Glyoxysomen in Peroxisomen erfolgen.

- **Oleosomen** sind **Öltröpfchen** im Cytoplasma. Sie entstehen an der Membran des ER, besitzen einen Durchmesser von 0,6–2 µm und kommen bevorzugt im **Speichergewebe** (sekundäres Endosperm, Speichercotyledonen; ▶ Abschn. 12.1.2) vor. Sie sind von einer ‚halben' Biomembran, d. h. von einer **einzelnen Phospholipidschicht**, umgeben, deren hydrophobe Seite mit den Fettsäureresten nach innen gerichtet ist. In die Lipidschicht sind spezifische Proteine, **Oleosine**, eingelagert, die stabilisierend wirken.

2.3.4 Mitochondrien

Mitochondrien (griech. *mitos*, „Faden", *chondrion*, „Körnchen") sind die **Energiekraftwerke** eukaryotischer Zellen, weil sie das energiereiche Molekül Adenosintriphosphat (**ATP**) bilden. Sie sind meistens stabförmig mit einem Durchmesser von 0,5–1,5 µm und einer Länge von 1–5 µm (■ Abb. 2.22). Die Anzahl der Mitochondrien ist besonders in stoffwechselaktiven Zellen sehr hoch und kann bis zu mehreren Tausend pro Zelle betragen.

Ebenso wie Plastiden sind Mitochondrien von **zwei Membranen** umgeben (■ Abb. 2.21c). In der äußeren **Membran** (äM) ermöglichen Porine einen Durchtritt von Molekülen bis zu einer Größe von ca. 6 kDa und unspezifische Translokatoren einen Transport größerer Moleküle. Die **innere Membran** (iM) besitzt Translokatoren für den spezifischen Stoffaustausch mit dem Cytoplasma. In den plasmatischen Innenraum, die **Matrix**, ragen Aussackungen der inneren Membran als Falten (**Cristae**), Säckchen (**Sacculi**) oder Röhren (**Tubuli**), die zu einer beträchtlichen Oberflächenvergrößerung führen (■ Abb. 2.22a, b). An und in den Membranen und in der Matrix (Ma) befinden sich die für die Stoffwechselleistungen notwendigen Enzymausstattungen. Die Matrix enthält auch die mitochondriale DNA (**mtDNA**) und zahlreiche **70S-Ribosomen**, die auf den endosymbiontischen Ursprung der Mitochondrien hinweisen. Wie bei den Plastiden sind jedoch ca. 95 % der in Mitochondrien vorkommenden Proteine kerncodiert und werden nach der Synthese im Cytoplasma in das Mitochondrium transportiert.

Die wichtigste Funktion der Mitochondrien ist die Transformation der chemischen Energie energiereicher Substrate in die leicht nutzbare Form energiereicher Phosphatverbindungen, insbesondere des ATP. Die innere Mitochondrienmembran ist Sitz der **respiratorischen Elektronentransportkette**. Auf der Matrixseite dieser Membran erfolgt die **ATP-Synthese** (■ Abb. 2.22c: Ep). Die Matrix ist Ort des **Citratzyklus** (■ Tab. 2.4). Mitochondrien sind auch an zahlreichen anderen Stoffwechselprozessen beteiligt, z. B. beim Aminosäureauf- und -abbau und der Umwandlung von Fetten in Kohlenhydrate bei der Keimung.

Nach der **Endosymbiontentheorie** (▶ Abschn. 2.1.1) haben die Mitochondrien ihren Ursprung in anaeroben Bakterien, die während der Evolution mit eukaryotischen Zellen eine Symbiose eingingen. Wie die Plastiden besitzen auch die Mitochondrien ein eigenes, sich selbst duplizierendes Genom, das **Chondriom**. Sie entstehen durch **Querteilung** nach vorheriger Vermehrung der mitochondrialen DNA. Bei der Zellteilung werden sie auf die Tochterzellen verteilt.

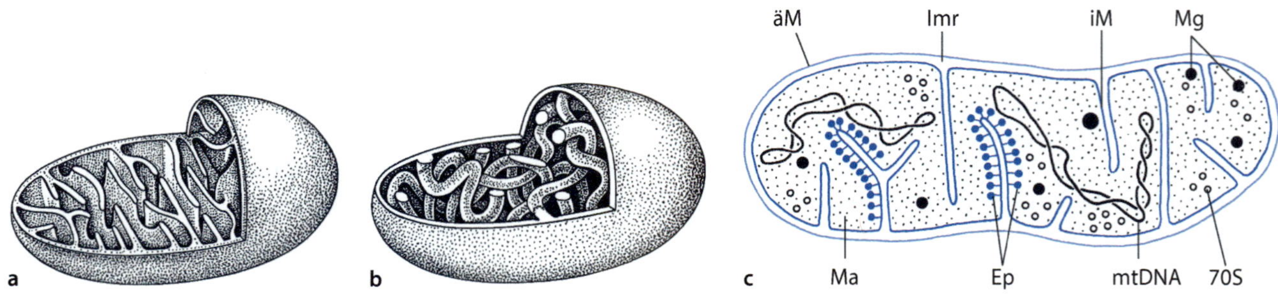

■ **Abb. 2.22 Mitochondrien. a**, Cristae-Typ. **b**, Tubulus-Typ. **c**, Schematischer Längsschnitt. äM, äußere Membran. Ep, Elementarpartikel (ATP-Synthase). iM, innere Membran. Imr, Intermembranraum. Ma, Matrix. Mg, Matrixgranula. mtDNA, mitochondriale DNA. 70S, 70S-Ribosomen. (© **a**, **b**: Jäger et al. 2009. **c**: Sitte 1998)

2.4 Zellzyklus

Der **Zellzyklus** der Eukarya umfasst die biologischen Vorgänge der Kernteilung und der Zellteilung:

— Bei der **Kernteilung** werden **Mitose** und **Meiose** unterschieden:

  – Die **Mitose** führt zu einer Aufteilung des Kerngenoms auf zwei Tochterzellen. Das genetische Material wird zunächst dupliziert und dann gleichmäßig auf die beiden entstehenden Tochterkerne aufgeteilt. Dabei bleibt der Ploidiegrad (▶ Abschn. 2.4.4) der Zelle erhalten, genetische Rekombination findet nicht statt.

  – Die **Meiose** führt über zwei Teilungsschritte zur Bildung von je vier **haploiden Zellen** mit unterschiedlicher Genausstattung. Auf ihr beruht die **genetische Rekombination** während der **sexuellen Fortpflanzung** (▶ Abschn. 4.1.1).

— Bei der **Zellteilung** werden Genom, Plasma und Zellbestandteile auf Tochterzellen aufgeteilt. Proplastiden und Mitochondrien verdoppeln ihr Erbmaterial, teilen sich und sammeln sich um die neuen Zellkerne an. Die Zellteilung ist mit einer **Erhöhung der Individuenzahl** bei einzelligen

Organismen und mit **Wachstum** bei mehrzelligen Organismen gekoppelt. Zellen, die sich im Zellzyklus befinden, werden als **proliferierende** Zellen bezeichnet. Sie sind vor allem in Bildungsgeweben (Meristemen; ▶ Abschn. 6.3) zu finden.

2.4.1 Mitose

Der Kernteilungsprozess (**Karyokinese**) vegetativer Zellen wird als **Mitose** bezeichnet. In seinem Verlauf entstehen aus einem Zellkern zwei erbgleiche Tochterkerne. Jeder Mitose geht eine sog. **Interphase** (Zwischenphase) voraus, in der die genetische Information verdoppelt (**identisch repliziert**) wird. Während der Mitose wird anschließend mithilfe eines **Spindelapparates** (Kernteilungsspindel) die in Doppelsträngen vorliegende DNA gleichmäßig auf die zwei neu gebildeten Tochterkerne verteilt.

Prophase

Die Mitose wird durch den Aufbau des **Spindelapparates** eingeleitet (◘ Abb. 2.23a). Mikrotubuli ordnen sich in Höhe der künftigen Äquatorialebene an. Gleichzeitig

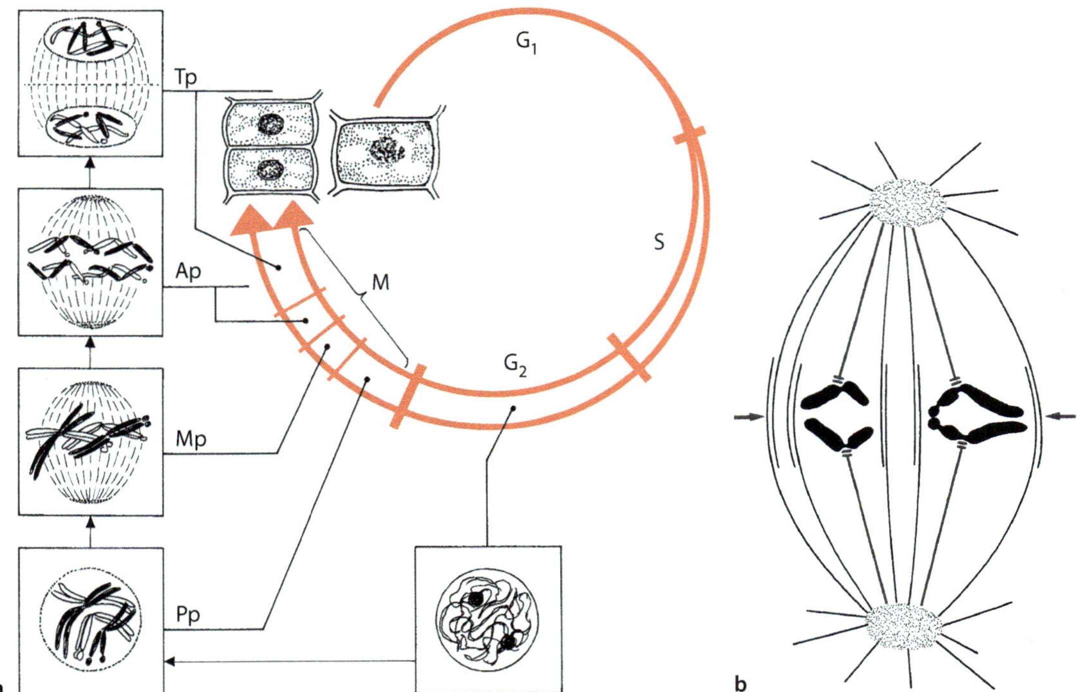

◘ **Abb. 2.23 Kernteilung (Mitose). a**, Dargestellt sind die Arbeitsphasen des Kerns (Interphase: G₁, S, G₂) und die vier Phasen der Kernteilung. In der Prophase (Pp) kondensieren die in je zwei identischen Chromatiden vorliegenden Chromosomen. In der Metaphase (Mp) ordnen sie sich in der Äquatorialebene an. In der Anaphase (Ap) werden die Chromatiden am Kinetochor zu den entgegengesetzten Polen auseinandergezogen. In der Telophase (Tp) liegen sie an den Polen, lockern sich auf und umgeben sich mit einer Kernhülle. **b**, Spindelapparat (Metaphase) mit von Pol zu Pol reichenden Pol-Mikrotubuli und Kinetochor-Mikrotubuli, die die Chromatiden der Chromosomen zu den entgegengesetzten Polen ziehen. (© **a**: Jäger et al. 2009. **b**: Sitte 1998)

beginnen sich die entkondensierten Chromosomen der Arbeitsphase (Interphase) zu den **Transportchromosomen** zu verdichten. Lichtmikroskopisch werden einzelne Chromosomen erkennbar, die aufgrund der vorangegangenen Verdopplung (Replikation) aus je zwei identischen Chromatiden bestehen. Kernhülle und Nucleoli lösen sich auf. Durch Umordnung der Mikrotubuli beginnt von den Polkappen ausgehend die Ausbildung des **Spindelapparates**. Bei einigen einzelligen Algen, die Geißeln bilden, geht die Bildung wie bei tierischen Zellen von zylinderförmigen Mikrotubulikomplexen (Centriolen) aus.

Metaphase

Im nächsten Stadium erreichen die Chromosomen den maximalen Grad ihrer Verkürzung (◘ Abb. 2.23a). Die beiden identischen Chromosomenhälften, die **Chromatiden**, die nur noch am Centromer zusammenhängen, sind deutlich sichtbar. Sie ordnen sich in der Äquatorialebene des **Spindelapparates** an. Dieser besteht aus den **Pol-Mikrotubuli**, die von Polregion zu Polregion reichen, und den **Kinetochor-Mikrotubuli**, die am Kinetochor der Chromosomen angeheftet sind (◘ Abb. 2.23b).

Lichtmikroskopisch In der Metaphase sind die Chromosomen am besten beobachtbar. Mithilfe des Alkaloids **Colchicin** (◘ Tab. 2.2), das den Abbau der Spindelmikrotubuli bewirkt, kann man die Mitose in diesem Stadium anhalten und die Chromosomen darstellen und zählen.

Anaphase

Das Centromer teilt sich (◘ Abb. 2.23a). Die Kinetochor-Mikrotubuli verkürzen sich, und die getrennten Chromatiden, die jetzt als **Tochterchromosomen** bezeichnet werden, bewegen sich mit dem Kinetochor voran auf die Pole zu. Diese weichen durch die Verlängerung der Pol-Mikrotubuli weiter auseinander.

Telophase

Die Tochterchromosomen bilden im Bereich der Polkappen durch Entspiralisierung je einen Kern ohne erkennbare Chromosomenstruktur (**Interphasekern**; ◘ Abb. 2.23a). Polregion und Kernspindel verschwinden (Abweichungen bei einigen Grünalgen; van den Hoek et al. 1995). Die **Kernmembran** entsteht durch Verschmelzen von Vesikeln des Endoplasmatischen Reticulums, Kernporenkomplexe werden neu gebildet. An den Nucleolus-Organisator-Regionen entstehen die **Nucleoli**.

Interphase

An die Telophase schließt sich eine sehr viel länger dauernde Zwischenphase an. Sie ist die Arbeitsphase des Chromatins, in der die im Zellkern vorliegende genetische Information identisch repliziert, d. h. die nach der Mitose einsträngig vorliegende DNA durch Synthese

eines komplementären Stranges verdoppelt wird. Die Phase wird in drei Abschnitte untergliedert:
1. In der postmitotischen oder **G_1-Phase** (G, *gap*) erfolgt das Wachstum der Zelle durch RNA- und Proteinsynthese.
2. In der **S-Phase** (S, *synthesis*) finden die Verdopplung der DNA (**Replikation**) und die Synthese spezifischer Proteine (Histone) statt.
3. In der prämitotischen oder **G_2-Phase** wird die nächste Mitose vorbereitet.

In Wurzelspitzen von *Pisum* dauert die Mitose 4 h, die Interphase dagegen 20 h, wobei 10 h auf die S-Phase entfallen.

2.4.2 Zellteilung

Auf die Kernteilung folgt in der Regel eine **Zellteilung**, in deren Verlauf Zellwände eingezogen werden. Bei den primären und sekundären Algen treten verschiedene Formen der Zellwandbildung auf (► Abschn. 5.2 und ► 5.3). Während sich die meisten Algenzellen wie tierische Zellen durchschnüren (**Cytokinese**), bleiben die Zellen der Braunalgen, einiger Grünalgen und aller **Streptophyta** (Sy 4:10, Sy 5) über Plasmabrücken miteinander in Verbindung. Es entsteht der typisch pflanzliche Vegetationskörper des **Symplasten**, bei dem ein einziger cytoplasmatischer Raum den gesamten durch Zellwände gekammerten Körper durchzieht (► Abschn. 1.1.3).

Phragmoplast und Phycoplast

Die Bildung der Zellwand geht in der **Landpflanzenlinie** (Streptophyta; Sy 5) von einem Wandbildner aus (**Phragmoplast**; ◘ Abb. 2.24a). Dieser entsteht nach Auflösung des Spindelapparates aus Mikrotubuli, Mikrofilamenten und dem Endoplasmatischen Reticulum, die sich senkrecht zur späteren Teilungsachse anordnen (◘ Abb. 2.24a). Während der Telophase wandern mit Zellwandmaterial gefüllte Golgi-Vesikel zum Phragmoplasten und verschmelzen dort. Dadurch bildet sich die **Zellplatte**, die sich durch Anlagerung weiterer Vesikel bis zu den Wänden der Zelle ausdehnt. Sie ist Ausgangspunkt der Zellwand (► Abschn. 2.2.4), die die künftigen Tochterzellen unter Auslassung von Plasmabrücken (◘ Abb. 2.11b und 2.15b) durchtrennt.

Das Auftreten des Phragmoplasten bei den Charophyta (Sy 5:49–55) und allen Landpflanzen gilt als Indiz für deren enge Verwandtschaft (► Abschn. 3.3). Bei den meisten anderen symplastisch organisierten Grünalgen (Sy 5: grau unterlegt) sind die Mikrotubuli parallel zur Teilungsrichtung ausgerichtet (**Phycoplast**; ◘ Abb. 2.24b).

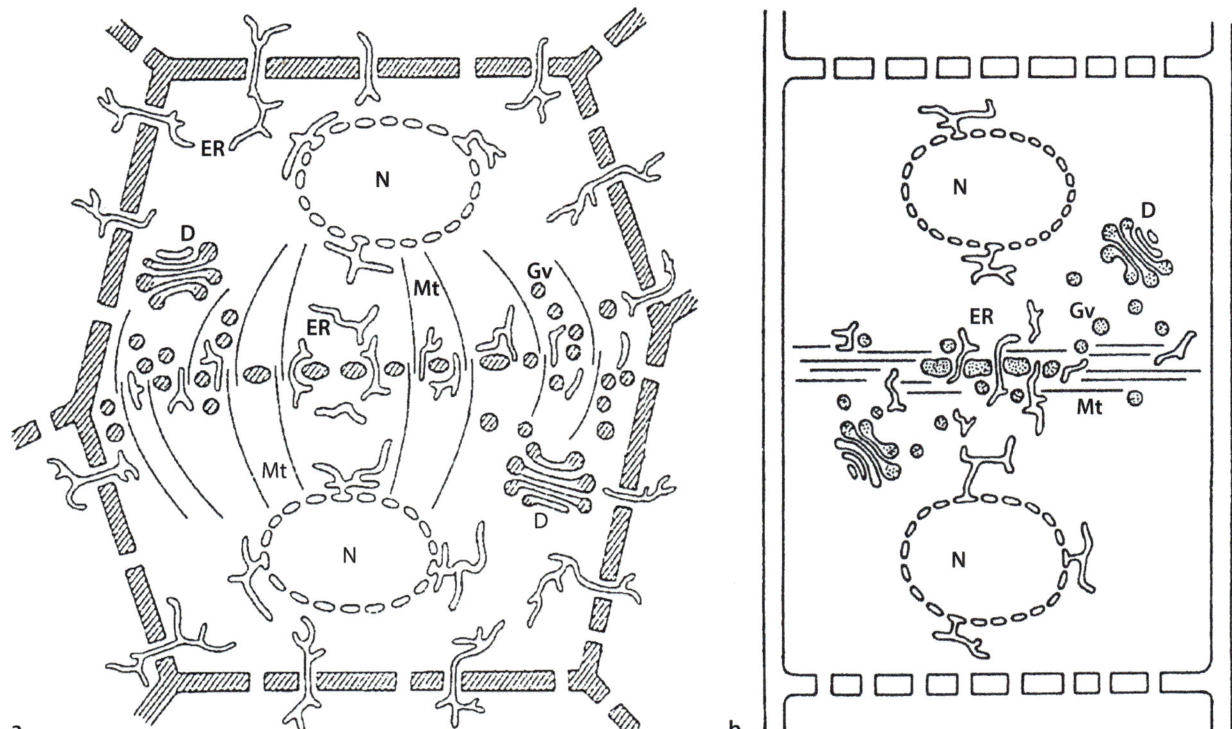

Abb. 2.24 Zellteilungsformen mit Symplastenbildung. a, Phragmoplast aus Mikrotubuli (Mt), Mikrofilamenten und Endoplasmatischem Reticulum (ER), die senkrecht zur späteren Teilungsachse angeordnet sind. D, Dictyosom. N, Nucleus. Gv, Golgi-Vesikel. **b,** Phycoplast einiger Algen mit parallel zur Äquatorialebene angeordneten Mikrotubuli. (© a, b: Hagemann 1984. Mit freundlicher Genehmigung)

Formen der Zellteilung

Während die Kernteilung immer **äqual** verläuft, das Erbmaterial also gleichmäßig auf die Tochterkerne verteilt wird, ist die sich anschließende Zellteilung oft **inäqual** (► Abb. 5.8e, f). Inäquale Zellteilungen sind typisch für **Scheitelzellen** (► Abschn. 5.3.2). Sie führen zu zwei unterschiedlichen Tochterzellen und stehen am Beginn von Differenzierungsprozessen.

Coenoplasten und Syncytien

Laufen Kernteilungen ohne anschließende Zellteilung ab, entstehen **mehrkernige Zellen**, sog. **Plasmodien** oder **Coenoblasten**. Bekannte Beispiele liefern die **siphonal** organisierten Grünalgen (■ Abb. 2.1, ► Abschn. 5.2.1), das **Nährgewebe** mancher Samen („Milch' der Kokosnuss; ► Abschn. 12.1.2) und die **ungegliederten Milchröhren** der Wolfsmilcharten (► Abschn. 7.6.6).

Die vielkernigen Zellen der **gegliederten Milchröhren** (z. B. des Löwenzahns; ► Abschn. 7.6.6) und des **Periplasmodialtapetums** einiger Sporangien (z. B. der Schachtelhalme; ► Abschn. 5.6.4) entstehen dagegen **sekundär** durch Fusion einkerniger Zellen. Die Fusionsprodukte werden als **Syncytien** bezeichnet.

Gonitogonie

Bei der Bildung von **Keimzellen** (Sporen, Gameten; ► Abschn. 4.1) laufen mehrere Kern- und Zellteilungen **innerhalb einer Mutterzelle** ab. Dieser Vorgang wird als **Gonitogonie** (Keimzellbildung) bezeichnet und tritt in allen Pflanzengruppen auf.

2.4.3 Meiose

Während die Mitose in haploiden und diploiden Zellen abläuft, ist die Meiose nur in **diploiden** (oder polyploiden; ► Abschn. 2.4.4) Zellen möglich. In ihrem Verlauf erfolgt die Bildung von haploiden Fortpflanzungszellen. Die Halbierung des Chromosomensatzes ist **Voraussetzung für die sexuelle Fortpflanzung**, bei der durch Kernverschmelzung (Syngamie, Befruchtung; ► Abschn. 4.1.1) die ursprüngliche Chromosomenzahl wiederhergestellt wird.

Die Meiose besteht aus zwei unmittelbar aufeinanderfolgenden Kernteilungen. In der Meiose I (■ Abb. 2.25c, d) erfolgt die **Halbierung des Chromosomensatzes**, in der Meiose II (■ Abb. 2.25e, f) die **Trennung der Chromatiden**.

2

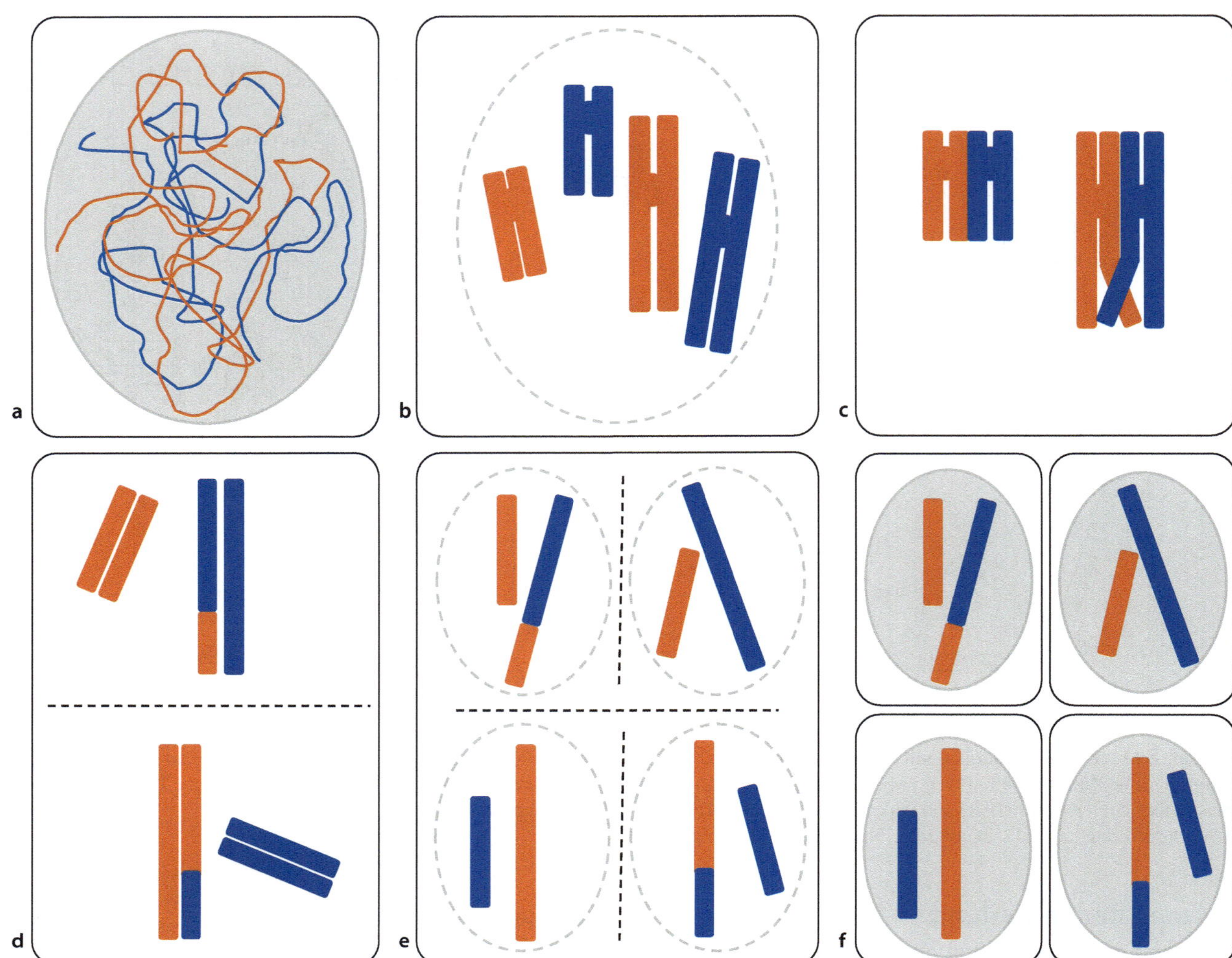

◘ Abb. 2.25   Genetische Rekombination während der Meiose (stark vereinfacht). a, b, Interphase. **a,** In der diploiden Ausgangszelle liegen je zwei Chromosomen des väterlichen (orange) und mütterlichen Genoms (blau) als entspiralisierte Einzelstränge im Zellkern (hellgrau). **b,** Nach der identischen Replikation des Erbmaterials kondensieren die Chromosomen und liegen in Form von je zwei Schwesterchromatiden vor. Die Kernhülle löst sich auf. **c,** Prophase I. Im Zygotän kommt es zur Paarung der homologen Chromosomen, im Pachytän zum Austausch genetischen Materials durch Crossing-over (intrachromosomale Rekombination). **d,** Anaphase I. Nach der Bildung des Spindelapparates (nicht eingezeichnet) werden die homologen Chromosomen getrennt und zufällig auf die Tochterkerne aufgeteilt (interchromosomale Rekombination). Gestrichelte Linie: Äquatorialplatte. **e,** Meiose II. Wie bei der Mitose werden die Chromatiden der Chromosomen auf die vier späteren Tochterzellen aufgeteilt. Der Spindelapparat wird abgebaut, die Kernhüllen entstehen neu. **f,** Als Ergebnis der Meiose liegen vier haploide Zellen mit unterschiedlichem Genbestand im Zellkern vor. (© Original, nach verschiedenen Vorlagen)

Meiose I

Zu Beginn der Meiose I liegen die Chromosomen wie bei der Mitose identisch dupliziert vor, d. h. jedes Chromosom besteht aus zwei Chromatiden (◘ Abb. 2.25b).

Prophase I

In der Prophase I erfolgt die Paarung der homologen Chromosomen, während der es durch Chromatidenbrüche und Wiederverbindung (**Crossing-over**) zum **Austausch genetischen Materials** kommt (▶ Exkurs 2.5). Im Einzelnen werden folgende Stadien unterschieden (◘ Abb. 2.25):

— **Leptotän:** Die Chromosomen werden als zarte Fäden sichtbar.
— **Zygotän:** Die homologen Chromosomen aus dem väterlichen und mütterlichen Erbgut lagern sich zusammen. Die resultierenden Chromosomenpaare (‚Chromatidentetrade' aus je vier Chromatiden) werden als **Bivalente** bezeichnet.
— **Pachytän:** Die aneinandergrenzenden Nichtschwesterchromatiden der gepaarten Chromosomen erfahren Strangbrüche, die durch Enzyme induziert und in veränderter Form wieder zusammengefügt werden. Es kommt zu einem Austausch von Chromosomenstücken (**intrachromosomale Rekombination**),

die als **Crossing-over** bzw. **Chiasmabildung** in Erscheinung tritt (□ Abb. 2.25c).

- **Diplotän:** Die Chromosomen verkürzen sich und weichen mit Ausnahme der Chiasmabereiche auseinander. In dieser Phase finden verschiedene Stoffwechselprozesse statt.
- **Diakinese:** Die Chromosomen sind maximal verkürzt, die Kernhülle löst sich auf.

Metaphase I

In der Metaphase I ordnen sich die Chromosomenpaare in der Äquatorialebene des Spindelapparates an. Sie hängen immer noch an den Chiasmata zusammen.

Anaphase I

In der Anaphase I trennen sich die homologen Chromosomen voneinander. Die Aufteilung der väterlichen und mütterlichen Chromosomen auf die Tochterkerne er-

folgt zufällig und führt zu einer weiteren Durchmischung des Erbgutes (**interchromosomale Rekombination**; □ Abb. 2.25d).

Interkinese und Meiose II

Zwischen den beiden Teilungen der Meiose I und II (**Interkinese**) erfolgt keine Replikation des genetischen Materials. d. h. die S-Phase fällt aus. Die gesamte Interphase ist entsprechend kurz.

Zu Beginn der **Meiose II** liegen die Chromosomen in haploidem Satz in Form von je zwei Chromatiden an den Polen der Ausgangszelle vor (□ Abb. 2.25d). Es folgen nach Art der Mitose eine Auftrennung der Chromosomen in ihre Chromatiden und deren Aufteilung auf Tochterkerne (□ Abb. 2.25e).

Als Ergebnis der Meiose und der sie begleitenden Zellteilungen entstehen aus einer diploiden Mutterzelle vier haploide **Keimzellen** mit jeweils unterschiedlichem Genbestand (□ Abb. 2.25a, f).

Exkurs 2.5 Entstehung genetischer Diversität

Die genetische Diversität der Nachkommen bestimmt das **Anpassungspotential** einer Population. Sie wird durch molekulare Prozesse während der **Meiose** und durch **sexuelle Fortpflanzung** (▶ Abschn. 9.6) erhöht.

Die Rekombination des genetischen Materials erfolgt **intrachromosomal** durch Umbau des Chromosoms in der meiotischen Prophase, **interchromosomal** durch zufällige Aufteilung der väterlichen und mütterlichen Chromosomen an der Teilungsspindel der ersten meiotischen Teilung und durch **zufällige Gametenverschmelzung** bei der Syngamie.

Intrachomosomale Umbauten

Strukturelle Veränderungen innerhalb von Chromosomen spielen in der Evolution eine bedeutende Rolle. Zu ihnen gehören der Austausch (**Crossing-over**), Ausfall (**Deletion**) und Einbau (**Insertion**) von Chromosomenabschnitten. Asymmetrisches Crossing-over kann zur Verdopplung (**Duplikation**) einzelner Chromosomenabschnitte führen. Die so entstandenen Gensequenzen können gegenüber der Vorlage variieren und **neue Eigenschaften** hervorbringen. Ein Beispiel mit erheblicher evolutionsbiologischer Bedeutung liefert die Evolution der **Blütenhülle** bei Angiospermen, die mit **Genduplikation** einhergegangen ist (▶ Exkurs 10.1).

Da die Häufigkeit der Trennung von Genen von der Entfernung innerhalb des Chromosoms abhängt, lassen sich durch die Feststellung von Rekombinationshäufigkeiten genetische Kopplungskarten (Quantitative Trait Loci, QTL) erstellen. Auf diese Weise kann die **Funktion** von Genen und deren evolutionsbiologische Bedeutung erforscht werden.

Interchromosomale Rekombination

Die möglichen Verteilungsmuster nach interchromosomaler Rekombination betragen 2^n. Eine Pflanze mit zehn verschiedenen Chromosomen weist somit über 1000, eine mit 20 Chromosomen bereits über 10^6 Kombinationsmöglichkeiten auf.

Gametenverschmelzung

Je nach **Herkunft der Gameten** liegt **Selbstbefruchtung** oder **Fremdbefruchtung** vor (▶ Abschn. 4.4.2). Fremdbefruchtung führt zu einer höheren genetischen Diversität der Nachkommen als Selbstbefruchtung, da die am Befruchtungsprozess beteiligten Geschlechtszellen (Gameten; ▶ Abschn. 4.1.2) von genetisch unterschiedlichen Gametophyten stammen.

2

2.4.4 Polyploidie

Als polyploid bezeichnet man Zellen, die **mehr als zwei Chromosomensätze** haben. Sie kommen bei Pflanzen **natürlicherweise** vor und entstehen durch Fehler bei der Kernteilung. Unterbleibt z. B. die Bildung der Spindel, werden die Chromatiden nicht auseinandergezogen. Laufen alle weiteren Schritte unverändert ab, entsteht eine kernlose Zelle, die abstirbt, und eine diploide Zelle, deren Erbgut in der anschließenden Interphase verdoppelt und dadurch tetraploid wird. Eine Pflanze mit dem haploiden Chromosomensatz von n = 10 hat einen diploiden Satz von 2n = 20 und nach Verdopplung einen tetraploiden Satz von $2n = 4\times = 40$ (Schreibweise nach Kadereit 2014; sie weist darauf hin, dass bei der Meiose nur Bivalente beobachtet werden).

Es treten unterschiedliche Formen von Polyploidie auf:

- **Autopolyploidie** kennzeichnet die Vervielfachung von Chromosomensätzen innerhalb einer Art. Sie beruht auf **Meiosestörungen** und beeinträchtigt die Vitalität der Pflanze.
- **Allopolyploidie** folgt häufig auf ein **Hybridisierungsereignis** (▶ Abschn. 3.1.1). Der diploide Nachkomme besitzt ein Genom (z. B. 2n = 17) aus zwei nichthomologen Chromosomensätzen seiner Elternarten (z. B. n = 5 und n = 12). Er weist gewöhnlich eine geringe Fertilität auf oder bleibt steril. Durch Polyploidisierung entstehen homologe Chromosomen, die eine intakte Reproduktion erlauben (z. B. $2n = 4\times = 34$). Vermutlich ist ein Großteil der **Artbildung** bei Pflanzen auf Hybridisierung und Allopolyploidie zurückzuführen (Wood et al. 2009).
- **Endopolyploidie** (**somatische Polyploidie**) liegt vor, wenn nur einzelne Gewebe polyploid sind, wie z. B. Drüsen- oder Nährgewebe (Tapetum; ▶ Abschn. 7.6.3). Sie beruht auf **Endoreplikation** und **Endomitose**, d. h. auf einer Vervielfachung der Chromosomenzahl ohne Kern- und Zellteilung.
- **Aneuploidie** bezeichnet eine **Chromosomenaberration**, bei der einzelne Chromosomen doppelt vorliegen oder fehlen (z. B. Trisomie 21 des Menschen). Es treten dann bei Chromosomenzählungen auch ungerade Zahlen auf. Aneuploidie beruht auf Meiosefehlern oder Mutationen.

Polyploidie kann durch **Colchicin**, einen äußert toxischen Mitosehemmstoff, induziert werden (◘ Tab. 2.2). Colchicin ist ein Alkaloid der Herbstzeitlose (*Colchicum autumnale*, Colchicaceae; ◘ Abb. 2.10f), das den Aufbau der Spindel während der Mitose verhindert. Während tierische Zellen nach Colchicinbehandlung in der Regel absterben, kann diese bei pflanzlichen Zellen durch Polyploidisierung zu einer **Vergrößerung** der Zellen führen. Dies hat wirtschaftliche Bedeutung in der **Züchtung** von Getreide-, Obst- und Gemüsesorten (z. B. Weichweizen: hexaploid; ▶ Abb. 3.4; Erdbeere: decaploid), die durch Polyploidisierung ertragreicher werden. Im Zierpflanzenbau können großblütigere Sorten gezüchtet werden.

Colchicin wird auch eingesetzt, um Chromosomen lichtmikroskopisch darzustellen und ihre Anzahl zu bestimmen (Erstellung von **Karyogrammen**; ◘ Abb. 2.19a). Die Mitose wird künstlich in der Metaphase gestoppt, wenn die Chromosomen maximal kondensiert vorliegen. Bevorzugt wird die Chromosomenzählung an Zellen der Wurzelspitze durchgeführt, die sich in ständigem Wachstum befinden (▶ Abb. 8.66b).

Zusammenfassung

Nach der **Endosymbiontentheorie** lassen sich alle grünen Eukarya auf die Symbiose eines heterotrophen Eucyt mit einem **Cyanobakterium** zurückführen. Die **primäre Endosymbiose** führt zur Evolutionslinie der Pflanzen (**Archaeplastida**), zu der die **primären Algen** und alle **Landpflanzen** gehören. Die **sekundären Algen** und alle übrigen grünen Organismen sind durch wiederholte Endocytose unter Beteiligung von primären und sekundären Algen innerhalb **heterotropher** Verwandtschaftskreise entstanden.

- Pflanzenzellen

Pflanzenzellen zeichnen sich durch den Besitz von Plastiden, einer Vakuole und einer Zellwand mit Plasmabrücken gegenüber heterotrophen Eucyten aus:

- **Plastiden** sind Zellorganelle, die von einer doppelten Membran umgeben sind. Sie besitzen ein eigenes, extrachromosomales Genom (Plastom) und gehen nach der Endosymbiontentheorie auf Cyanobakterien zurück. Chloroplasten enthalten den grünen Farbstoff Chlorophyll und befähigen die Pflanzenzelle zur oxygenen Photosynthese. Chromoplasten enthalten Farbstoffe (Carotinoide), die dem UV-Schutz und der Interaktion mit Tieren dienen. Leukoplasten sind farblos und können Stärke speichern.
- Die Vakuole bildet den zentralen Saftraum der Pflanzenzelle. Sie reguliert den Wasserhaushalt der Zelle, enthält hydrolytische Enzyme und dient als reversibler (Proteine, Eiweiße, Zucker) und irreversibler (Gifte, Farbstoffe) Speicher. Die Vakuole ist von einer semipermeablen Biomembran umgeben (Tonoplast), die als Protonenpumpe fungiert und eine Anreicherung von Ionen und organischen Verbindungen in der Vakuole erlaubt. Als Folge der hohen Innenkonzentration strömt Wasser ein. Die Vakuole kann nur so lange Wasser aufnehmen, wie es die Elastizität der Zellwand zulässt. Entspricht der Ausdehnungsdruck (Turgor) dem Gegendruck, liegt Vollturgeszenz vor. Auf ihr beruht die primäre Festigkeit der Pflanzen.

- Die Zellwand verleiht der Pflanzenzelle Form und Festigkeit. Sie entsteht bei der Zellteilung durch Exocytose überschüssiger Zuckermoleküle und ist durch eine Biomembran (Plasmalemma) vom Plasma der Zelle getrennt. Die Zellteilung der Landpflanzen ist unvollständig und erfolgt mithilfe eines Phragmoplasten.

  Die Zellwände benachbarter Zellen sind durch eine Pektinlamelle (Mittellamelle) miteinander verbunden und bilden gemeinsam den Apoplasten der Pflanze. Sie sind perforiert und ermöglichen über Plasmabrücken (Plasmodesmen) den direkten Kontakt zwischen benachbarten Zellen. Der pflanzliche Organismus ist somit kein Verband aus Einzelzellen, sondern ein einziger plasmatischer Raum, der durch Zellwände gestützt und gekammert wird (Symplast).

  Der Mittellamelle werden Primär- und Sekundärwände aus überwiegend Cellulose aufgelagert, die über den Plasmodesmenfeldern Dünnstellen (Tüpfel) aufweisen. Den Wänden können Substanzen aufgelagert (Akkrustation: Sporopollenin, Cutin, Suberin) und eingelagert (Inkrustation: Lignin, Suberin, Phlobaphene) werden. Besondere Bedeutung hat der Holzstoff Lignin, der den Zellwänden Druckfestigkeit verleiht. Die Zellwände toter Zellen bleiben in der Regel als **Stützskelett** der Pflanze erhalten.

- Allgemeine Zellbestandteile

Wie alle **eukaryotischen Zellen** ist auch die Pflanzenzelle von **Cytoplasma** ausgefüllt, das durch ein **Cytoskelett** gestützt und durch **Endomembransysteme** (Endoplasmatisches Reticulum) kompartimentiert wird. Im Plasma liegen die **Ribosomen**, der **Zellkern** mit dem Kerngenom, die **Dictyosomen**, cytoplasmatische **Vesikel** und **Mitochondrien** mit dem extrachromosomalen Chondriom.

  Der **Zellteilung** geht in der Regel eine **Kernteilung** voraus. Dabei wird das genetische Material zunächst dupliziert und dann auf die zwei Tochterzellen aufgeteilt. Bei der **Mitose** bleibt der **Ploidiegrad** der Zelle erhalten, bei der **Meiose** wird er halbiert. Während der Meiose kommt es zur **Rekombination** des Erbmaterials. Es entstehen vier haploide, genetisch verschiedene Keimzellen für die **sexuelle Fortpflanzung**.

Literatur

Brett C, Waldron K (1996) Physiology and biochemistry of plant cell walls, 2. Aufl. Chapman and Hall, London

Brown R (1831) Observations on the organs and mode of fecundation in Orchideae and Asclepiadeae. Transact Linn Soc London 16:685–745. (zitiert nach Mägdefrau 1973)

Buchanan BB, Gruissem W, Jones RL (2000) Biochemistry & molecular biology of plants. American Society of Plant Physiologists, Rockville

Cosgrove DJ (2005) Growth of the plant cell wall. Nat Rev Mol Cell Biol 6:850–861. http://www.nature.com/reviews/molcellbio

von Denffer D (1971) Morphologie. In: von Denffer D, Schumacher W, Mägdefrau K, Ehrendorfer F (Hrsg) Lehrbuch der Botanik, 30. Aufl. Fischer, Stuttgart, S 9–202

González-García M-P, Pavelescu I, Canela A, Sevillano X, Leehy KA, Nelson ADL, Ibañes M, Shippen DE, Blasco MA, Caño-Delgado AI (2015) Single-cell telomere-length quantification couples telomere length to meristem activity and stem cell development in *Arabidopsis*. Cell Rep 11(6):977–989. https://doi.org/10.1016/j.celrep.2015.04.013

Hagemann W (1982) Vergleichende Morphologie und Anatomie – Organismus und Zelle, ist eine Synthese möglich? Ber Deut Bot Ges 95:45–56

Hagemann W (1984) Die Baupläne der Pflanze. Eine vergleichende Darstellung ihrer Konstruktion. Vorlesungsskript Universität Heidelberg (unveröffentlicht)

van den Hoek C, Mann DG, Jahns HM (1995) Algae. An introduction to phycology. Cambridge University Press, Cambridge

Hofmeister W (1868) Allgemeine Morphologie der Gewächse. Engelmann, Leipzig

Hooke R (1665) Micrographia: or, some physiological descriptions of minute bodies made by magnifying glasses. The Royal Society, London. (zitiert nach Mägdefrau 1973)

Jäger EJ, Neumann S, Ohmann E (2009) Botanik. Nachdruck der 5. Aufl., 2003. Spektrum, Heidelberg

Jahn I (Hrsg) (2000) Geschichte der Biologie, 3., neubearb. Aufl. Spektrum, Heidelberg/Berlin

Jost L (1942) Matthias Jacob Schleidens „Grundzüge der Wissenschaftlichen Botanik" (1842). Zum hundertjährigen Jubiläum des Werkes. Sudhoffs Arch Gesch Med Naturwiss 35:206–237

Kadereit JW (2014) Mutationen. In: Kadereit JW, Körner C, Kost B, Sonnewald U (Hrsg) Strasburger. Lehrbuch der Pflanzenwissenschaften, 37. Aufl. Springer Spektrum, Berlin/Heidelberg, S 233–240

Kaplan DR, Hagemann W (1991) The relationship of cell and organism in vascular plants. Bioscience 41(10):693–703

Keeling P (2004) Diversity and evolutionary history of plastids and their hosts. Am J Bot 91:1481–1493

Kost B (2014) Bau und Feinbau der Zelle. In: Kadereit JW, Körner C, Kost B, Sonnewald U (Hrsg) Strasburger. Lehrbuch der Pflanzenwissenschaften, 37. Aufl. Springer, Heidelberg, S 1–69

Lucas WJ (1995) Plasmodesmata: intercellular channels for macromolecular transport in plants. Curr Opin Cell Biol 7:673–680

Lüttge U, Kluge M, Bauer G (1999) Botanik, 3. Aufl. Wiley VCH, Weinheim

Mägdefrau K (1973) Geschichte der Botanik. Leben und Leistung großer Forscher. Fischer, Stuttgart

Margulis L (1970) Origin of eukaryotic cells. Evidence and research implications for a theory of the origin and evolution of microbial, plant and animal cells on the precambian earth. Yale University, New Haven. (zitiert nach Wagenitz 2002)

Mereschkowski C (1905) Über Natur und Ursprung der Chromatophoren im Pflanzenreiche. Biol Zentralbl 25:593–604. (zitiert nach Wagenitz 2002)

Miescher F (1871) Über die chemische Zusammensetzung der Eiterzellen. Med Chem Untersuchungen 4:441–460

von Mohl H (1846) Ueber die Saftbewegung im Innern der Zellen. Bot Zeitung 4:73–78, 89–94 (zitiert nach Wagenitz 2002)

Neuhaus G (2008) Bau und Feinbau der Zelle. In: Bresinsky A, Körner C, Kadereit JW, Neuhaus G, Sonnewald U (Hrsg) Strasburger. Lehrbuch der Botanik, 36. Aufl. Springer-Spektrum, Berlin/Heidelberg, S 39–121

Niklas KJ (1992) Plant Biomechanics. An engineering approach to plant form and function. University of Chicago Press, Chicago

Nultsch W (2001) Allgemeine Botanik, 11. Aufl. Thieme, Stuttgart

Raven PH, Evert RF, Eichhorn SE (2006) Biologie der Pflanzen, 4. Aufl. de Gruyter, Berlin/New York

Sachs J (1887) Vorlesungen über Pflanzenphysiologie, 2. Aufl. Engelmann, Leipzig

Schimper AFW (1883) Über die Entwicklung der Chlorophyllkörner und Farbkörper. Bot Zeitung 41:105–120, 126–131, 137–169

Schleiden MJ (1842) Grundzüge der wissenschaftlichen Botanik …1. Theil. Methodologische Einleitung. Vegetabilische Stofflehre. Die Lehre von der Pflanzenzelle. Engelmann, Leipzig

van der Schoot C, Rinne P (1999) Networks for shoot design. Trends Plant Sci Perspect 4:31–37

Singer SJ, Nicholson G (1972) The fluid mosaic theory of the structure of cell membranes. Science 175:720–731

Sitte P (1998) Morphologie. In: Sitte P, Ziegler H, Ehrendorfer F, Bresinsky A (Hrsg) Strasburger. Lehrbuch der Botanik, 34. Aufl. Fischer, Stuttgart, S 11–214

Sitte P (2002) Bau und Feinbau der Zelle. In: Sitte P, Weiler EW, Kadereit JW, Bresinsky A, Körner C (Hrsg) Strasburger. Lehrbuch der Botanik, 35. Aufl. Spektrum, Heidelberg, S 38–114

Strasburger E (1875) Ueber Zellbildung und Zelltheilung. Dabis, Jena (zitiert nach Wagenitz 2002)

Strasburger E (1884) Neue Untersuchungen über den Befruchtungsvorgang bei den Phanerogamen als Grundlage für eine Theorie der Zeugung. Fischer, Jena

Virchow R (1858) Die Cellularpathologie in ihrer Begründung und in ihrer Auswirkung auf die physiologische und pathologische Gewebelehre. Hirschwald, Berlin

Watson JD (1968) The double helix. Weidenfeld and Nicolson, London. (Deutsche Übersetzung 1973: Die Doppel-Helix. Rowohlt Hamburg)

Weiler E, Nover L (2008) Allgemeine und molekulare Botanik. Begründet von W. Nultsch. Thieme, Stuttgart

Wood TE, Takebayashi N, Barker MS, Mayrosee I, Greenspoond PB, Rieseberg LH (2009) The frequency of polyploid speciation in vascular plants. Proc Natl Acad Sci 106:13875–13879

Evolution der Landpflanzen

Die Evolution der Landpflanzen umfasst bis heute einen Zeitraum von 470 Millionen Jahren. Was in dieser Zeit geschah, wie die Lebensbedingungen beschaffen waren und welche Lebensformen ausprobiert, verworfen oder optimiert wurden, lässt sich nur indirekt ermitteln. Wichtige Quellen sind geologische, paläoklimatische und paläobiologische Befunde, datierte Fossilien und die heutige Diversität der Pflanzen, die als Ergebnis der Millionen Jahre langen Evolution Einblicke in deren Geschichte gibt (▶ Kap. 3).

Alle Landpflanzen stimmen im spezifischen Bau der Pflanzenzelle und des symplastischen Vegetationskörpers überein, teilen das offene Wachstum, die ortsgebundene Lebensweise und den haplo-diplontischen Generationswechsel. Sie unterscheiden sich im Grad ihrer Anpassung an das Leben auf dem Land und ihrer Fähigkeit, auch unter extremen Bedingungen zu überleben. Im Laufe der Evolution haben sowohl der Generationswechsel (▶ Kap. 4) als auch der Vegetationskörper der Pflanzen (▶ Kap. 5) bedeutende Änderungen erfahren, die sich in der heutigen Vielfalt pflanzlichen Lebens niederschlagen.

Inhaltsverzeichnis

Kapitel 3   Erdgeschichte und Evolution der Pflanzengruppen – 63

Kapitel 4   Sexualität und Evolution des Gametophyten – 129

Kapitel 5   Organisationsformen und Evolution des Sporophyten – 175

Erdgeschichte und Evolution der Pflanzengruppen

Inhaltsverzeichnis

3.1 **Evolution, Artbildung und Entstehung von Vielfalt – 65**
3.1.1 Artbildung – 68
3.1.2 Phänotypische Plastizität – 70

3.2 **Fossilien – Zeugen der Vergangenheit – 72**
3.2.1 Fossilisierung – 72
3.2.2 Datierung/Zeitmessung – 76

3.3 **Entstehung pflanzlichen Lebens im Wasser – 77**
3.3.1 Präkambrium: Zeitalter der Prokaryoten – 77
3.3.2 Kambrium: Evolution der Algen – 80

3.4 **Der Landgang der Pflanzen – 84**
3.4.1 Anpassungen an das Leben auf dem Land – 86

3.5 **Farnzeitalter (Paläophytikum) – 87**
3.5.1 Silur/Devon: Erste Landpflanzen – 87
3.5.2 Devon: Entfaltung der Gefäßpflanzengruppen – 90
3.5.3 Karbon: Steinkohlewälder und Gondwana-Flora – 92
3.5.4 Perm: Klima- und Florenwandel – 95

3.6 **Gymnospermenzeitalter (Mesophytikum) – 96**
3.6.1 Trias/Jura: Entfaltung der Gymnospermen – 96
3.6.2 Kreide: Beginn des Angiospermenzeitalters – 98

3.7 **Zeitalter der Blütenpflanzen (Känophytikum) – 99**
3.7.1 Paläogen und Neogen (Tertiär): Gebirgs- und Florenbildung – 99
3.7.2 Quartär: Eiszeiten und Vegetationsentwicklung in Europa – 100

3.8 **Florenreiche und Vegetationsgliederung der Erde – 100**
3.8.1 Vegetationszonen – 100
3.8.2 Florenreiche – 104

© Springer-Verlag GmbH Deutschland, ein Teil von Springer Nature 2024
R. Claßen-Bockhoff, *Die Pflanze*, https://doi.org/10.1007/978-3-662-65443-9_3

3.9 **Erhalt von Biodiversität: Eine globale Herausforderung – 122**
3.9.1 Verlust von Biodiversität – 122
3.9.2 Nutzen pflanzlicher Vielfalt – 122
3.9.3 Bewahrung und Erforschung biologischer Vielfalt – 123

Literatur – 125

Trailer

Die Vielfalt des Lebens ist das Ergebnis von Evolution. Die ersten Pflanzen waren marine Einzeller. Aus ihnen gingen verschiedene Algengruppen hervor, von denen einzelne Vertreter im Süßwasser überleben und temporäre Trockenzeiten ertragen konnten. Aus solchen Gruppen entwickelten sich nach heutiger Kenntnis die Landpflanzen. Sie mussten sich an völlig neue Lebensbedingungen anpassen und entwickelten Schutzvorrichtungen gegen Lufttrockenheit, UV-Strahlung und Schwerkraft.

Fossilfunde belegen, dass die Vorläufer aller heute existierenden Landpflanzengruppen bereits vor 400 Mio. Jahren existierten. Farnartige und nacktsamige Pflanzen dominierten die folgenden 250 Mio. Jahre, bevor sich ab der mittleren Kreidezeit die bedecktsamigen Pflanzen sehr schnell über die gesamte Erde ausbreiteten.

Die Blütenpflanzen stellen heute mit 85 % aller Landpflanzen die mit Abstand erfolgreichste Pflanzengruppe dar. Sie sind über alle Kontinente und Klimazonen verbreitet. Florenreiche spiegeln die Geschichte der Pflanzenverbreitung wider, während Vegetationszonen klimatisch bedingt sind und Pflanzen gleicher Anpassung umfassen. Durch die Übernutzung von Lebens-

räumen und Arten durch den Menschen ist die Vielfalt der Pflanzen und mit ihr die Lebensgrundlage des Menschen auf der Erde bedroht. Klimakatastrophen, Hungersnöte und Wasserknappheit werden vermutlich weiter zunehmen und verlangen eine globale Kehrtwende im Handeln jedes Einzelnen bis hin zur Weltgemeinschaft.

3.1 Evolution, Artbildung und Entstehung von Vielfalt

Heute existieren über 350.000 Pflanzenarten (The Plant List 2013). Sie sind im Laufe der **Evolution** auseinander hervorgegangen, haben sich abgewandelt und ihrer Umwelt angepasst (■ Abb. 3.1).

Evolution basiert auf der **genetischen Abwandlung** von **Populationen** im Laufe der **Generationenfolge**. Sie bildet die Grundlage für die Entstehung biologischer Vielfalt und führt zur Bildung von Arten (► Exkurs 3.1). **Artbildung** findet immer auf der Ebene von Populationen statt und beruht auf der **Aufspaltung** einer Population oder auf **Hybridisierung**.

■ **Abb. 3.1 Evolution der Landpflanzen.** Die historische Darstellung illustriert die zunehmende Unabhängigkeit der Pflanzen vom Wasser. Entgegen der früheren Vorstellung sind die Anpassungen an das Landleben mehrfach parallel erfolgt. (© von Wettstein 1935, kolorierte Version aus Leistikow und Kockel 1990, leicht verändert)

Exkurs 3.1 Was ist eine Art?

Arten (lat. *species*, „Art", abgekürzt spec.) sind **Gruppen von Populationen**, die sich von anderen Gruppen **abgrenzen lassen**. Sie kennzeichnen eine **taxonomische Rangstufe** (Taxon; Sy) und bilden die Grundeinheiten der biologischen Systematik. Trotz ihrer zentralen Bedeutung gibt es keine allgemeingültige **Definition**, weshalb man je nach Fragestellung und den zur Verfügung stehenden Daten **unterschiedliche Artkonzepte** verwendet.

Das Bestreben des Menschen, die natürliche Vielfalt systematisch zu ordnen, reicht bis in die Antike zurück. Aristoteles war vermutlich der Erste, der Tiere und Pflanzen systematisch klassifizierte (Leroi 2017). Etwa ab dem 17. Jahrhundert wurden **äußerlich ähnliche** Pflanzen zu einer **Art** zusammengefasst. Ziel war es, die als **konstant** angenommenen Arten zu benennen und zu klassifizieren. Jede Art erhielt einen langen Namen, der ihre wichtigsten Eigenschaften aufzählte. Erst durch die von Linné (1753) eingeführte **binäre Nomenklatur**, nach der jede Art durch einen Doppelnamen aus Gattungs- und Artbezeichnung charakterisiert wird, wurde die Namensgebung vereinfacht und standardisiert. Die binäre Nomenklatur wird bis heute verwendet (Sy), während die Annahme von der Konstanz der Arten durch **evolutionsbiologische Konzepte** ersetzt wurde, nach denen Arten **sich abwandelnde Einheiten** sind.

Morphologischer Artbegriff

Morphologisch definierte Arten umfassen Individuen, die **spezifische** morphologische **Merkmale** miteinander teilen und sich darin erkennbar von anderen Individuen unterscheiden. So umfasst die Gattung *Schizanthus* (Solanaceae) beispielsweise zwölf Arten, die sich in ihrer Blütenform, Blütenbiologie und geografischen Verbreitung voneinander unterscheiden (**◘** Abb. 3.2).

Der morphologische Artbegriff ist **praktisch**, weil sich Arten leicht anhand morphologischer Merkmale erkennen lassen. Man kann ihn universell nutzen, weswegen er vorrangig in der Taxonomie (Sy), Systematik und Paläobiologie Verwendung findet. Allerdings müssen die **Merkmale** und deren Variabilität **gut bekannt** sein und richtig **interpretiert** werden. Äußerliche Ähnlichkeit allein führt zu **Fehlinterpretationen**, wenn **Analogien** und **phänotypische Plastizität** nicht erkannt werden (▶ Abschn. 1.2 und ▶ 3.1.2). Auch die **Auswahl** der **Merkmale**, die zur Artabgrenzung führt, ist **subjektiv** geprägt.

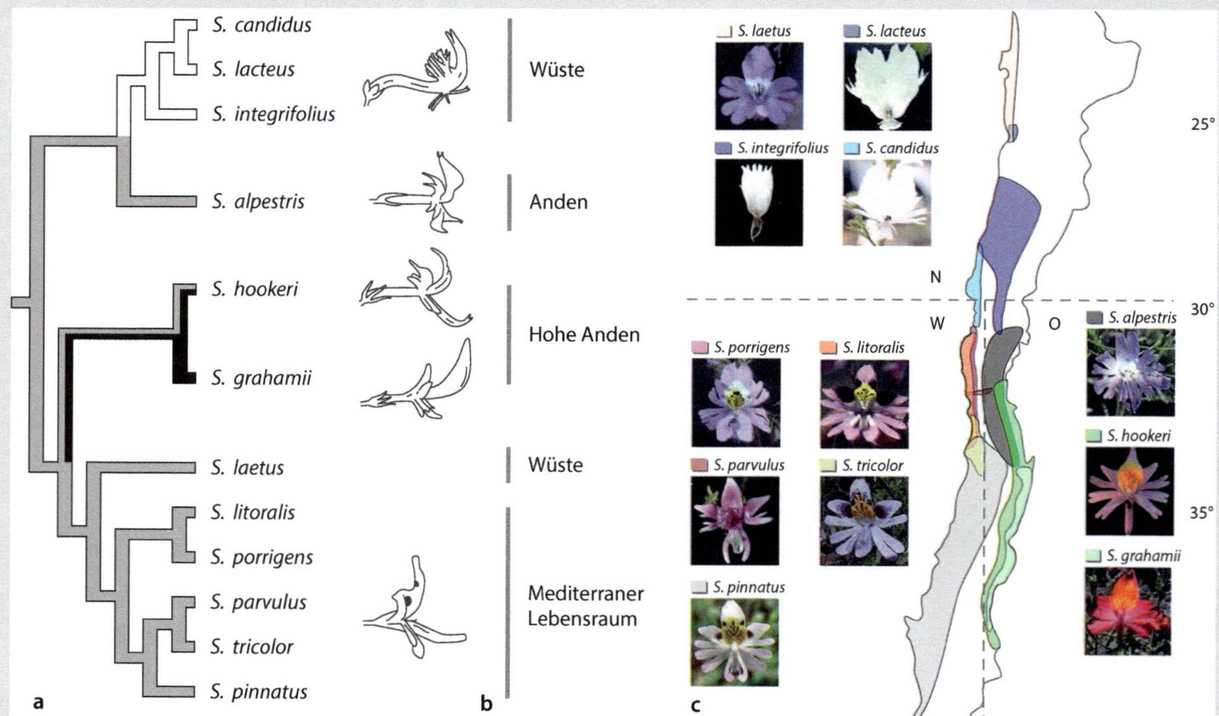

◘ Abb. 3.2   Phylogenie, Verbreitung und Blütenbiologie der Gattung *Schizanthus* (Solanaceae). a, Phylogenetischer Baum, der die wahrscheinlichste Verwandtschaft zwischen den Arten zeigt. Bienenblütigkeit (hellgrau) ist der ursprüngliche Zustand. Vogelblütigkeit (schwarz) hat sich in den hohen Anden entwickelt und Schwärmerblütigkeit (weiß) in der Wüste (Ausnahme *S. laetus*: bienenblütig). **b,** Lebensräume der Arten. *S. laetus* und *S. alpestris* besiedeln andere Lebensräume als ihre nächsten Verwandten. **c,** Diversität der Blüten und deren Verbreitung in Chile. Skala rechts: Breitengrade. Gestrichelte Linien: Verbreitungsgebiete. Wüste im Norden (N), mittlere bis hohe Anden im Osten (O), mediterrane Lebensräume im Westen (W). (© Pérez et al. 2006, verändert)

Morphologisch definierte Arten werden als **Morphospezies** bezeichnet. Sie können, müssen aber nicht biologisch bzw. phylogenetisch definierten Arten entsprechen.

Biologischer Artbegriff

Der biologische Artbegriff (Mayr 1942, 2000) definiert eine Art als eine **sexuelle Fortpflanzungsgemeinschaft**, die von anderen Arten durch **Isolationsmechanismen** reproduktiv getrennt ist (▶ Abschn. 3.1.1). Werden Individuen einer **Population** durch **Kreuzungsbarrieren** an der sexuellen Fortpflanzung gehindert, entwickeln sie sich getrennt voneinander weiter. Dabei werden ihre Nachkommen mehr und mehr genetisch und morphologisch **abgewandelt**, was schließlich zum Verlust der gemeinsamen Fortpflanzungsfähigkeit und zur **Bildung neuer Arten** führt. Biologisch definierte Arten werden als **Biospezies** bezeichnet.

So **plausibel** der biologische Artbegriff ist, so **schwierig** ist seine Anwendung. Es ist unmöglich, alle Populationen auf ihre Fortpflanzungsfähigkeit hin zu testen, sodass der biologische Artbegriff nicht sehr praktisch ist. Außerdem illustrieren **Hybridschwärme**, dass zwei verschiedene Arten durch eine Reihe von Übergangsformen miteinander verbunden sein können (◘ Abb. 3.3a). Eine Artabgrenzung nach dem Gesichtspunkt der Fortpflanzungsfähigkeit ist hier kaum möglich. Das Gleiche gilt für eng verwandte, aber **geografisch isolierte** Populationen. Hat die Wüstenart

Schizanthus laetus tatsächlich die Kreuzungsfähigkeit mit ihren nächstverwandten Arten im mediterranen Raum verloren, oder sind die Arten nur räumlich am Genaustausch gehindert (◘ Abb. 3.2)?

Phylogenetischer Artbegriff

Der phylogenetische Artbegriff ist eng mit der von Hennig (1966, 1982) ausgearbeiteten Methodik der phylogenetischen Systematik (**Kladistik**) verknüpft. Im Unterschied zu den obigen Artkonzepten, in denen die zeitliche Abfolge von Artbildungen keine Rolle spielt, wird eine Art hier als eine Gruppe von Individuen verstanden, die von einem **gemeinsamen Vorfahren** abstammt, eine **begrenzte Zeitspanne** existiert und durch andauernde genetische Abwandlung in neue Arten übergehen kann.

Die **Aufspaltung der Arten** wird in der molekular ausgerichteten, phylogenetischen Systematik (▶ Abschn. 1.2.2) mithilfe von **DNA-Sequenzanalysen** und **Rechenverfahren** ermittelt, auf deren Basis die statistisch sicherste **Verwandtschaftshypothese** erstellt und in einem **Baumdiagramm** (phylogenetischer Baum; ◘ Abb. 3.2a) dargestellt wird (s. Sy 2). Parallel dazu werden **morphologische Merkmale** herangezogen, die die gefundenen Arten stützen und äußerlich erkennbar machen. Das phylogenetische **Artkonzept** kombiniert Elemente der Morpho- und Biospezies mit der Dynamik der **Artbildung**

◘ **Abb. 3.3**　**Natürliche Hybridbildung. a,** Hybridschwarm (*Salvia × westerae*) zwischen *Salvia haenkei* (Lamiaceae, oben) und *S. orbignaei* (unten). Arani, Bolivien. **b–d,** *Satureja* (Lamiaceae). Elternarten (**b, d**) und F1-Hybrid (**c**) mit intermediären Merkmalen im Blüten- und Blütenstandbereich. Grobnik, Nordwest-kroatien. **b,** *S. subspicata* subsp. *liburnica.* **c,** *Satureja × karstiana.* **d,** *S. montana* subsp. *variegata.* Der Hybrid bringt fertile Nachkommen hervor und lässt sich mit beiden Elternarten rückkreuzen (Wachlin et al. 2017). (© **a**: Claßen-Bockhoff et al. 2004. **b**: J. Wachlin, Mainz. Mit freundlicher Genehmigung)

3

(*speciation*). Es ist das führende Konzept der phylogenetischen Systematik, obgleich auch seine Anwendung **Probleme** aufwirft. Angesichts von **Aussterbeereignissen**, **Hybridisierungserscheinungen** und der unterschiedlichen **Evolutionsgeschwindigkeit** der zugrunde liegenden Merkmale stellt sich die Frage, inwieweit die verwendeten Baumtopologien die Artbildung tatsächlich widerspiegeln (Hörandl 2006). Außerdem stimmen die Ergebnisse unterschiedlicher DNA-Abschnitte (*marker*) nicht immer überein, was die Interpretation der Daten erschwert. Widersprüche zwischen unterschiedlichen Genbäumen können auf den langen **Zeiträumen** des Evolutionsgeschehens beruhen, auf **Hybridisierungsereignissen** sowie auf kleinen **Stichproben** oder **Fehlern** bei der Datenaufnahme (Arten-, Markerauswahl) und Interpretation.

Unstimmigkeiten treten auch zwischen **molekularen** Ergebnissen und **morphologisch** definierten Arten auf.

Das Ziel der phylogenetischen Systematik ist es, **natürliche** Verwandtschaftsgruppen zu beschreiben, die auf einen **gemeinsamen Vorfahren** zurückgehen. Sie werden als **monophyletische Gruppen** oder **Monophyla** bezeichnet. Die gewaltigen Umwälzungen in der Pflanzensystematik seit den 1990er-Jahren wurden dadurch ausgelöst, dass sich morphologisch gut begründete Verwandtschaftskreise als **polyphyletisch** oder **paraphyletisch** erwiesen. Im ersten Fall gehen **nicht alle Arten** auf einen gemeinsamen Vorfahren zurück, im zweiten Fall umfasst die Gruppe **nicht alle Nachkommen** ihres letzten gemeinsamen Vorfahrens (s. Sy 2). Zahlreiche Gattungen und Familien wurden entsprechend neu geordnet (revidiert). Dabei gingen oft **diagnostische** Merkmale verloren, was zu anhaltenden **Konflikten** zwischen taxonomischen und phylogenetischen Systemen führt (z. B. Stevens 1985; Humphreys und Linder 2009; Daly et al. 2012; Brummitt 2014).

3.1.1 Artbildung

Populationen sind **Fortpflanzungsgemeinschaften** aus kreuzungsfähigen, genetisch verschiedenen Individuen. Gruppen von Populationen, deren Individuen untereinander sexuell fortpflanzungsfähig sind und **fruchtbare Nachkommen** bilden, aber von anderen solchen Gruppen reproduktiv isoliert sind, bilden eine **Art** (biologischer Artbegriff s. ► Exkurs 3.1).

Artbildung setzt immer eine **Isolation** von Teilpopulationen voraus. Die **Unterbrechung des Genflusses** beruht dabei entweder auf **räumlicher Distanz** oder der Evolution **reproduktiver Isolationsmechanismen**. Je wirksamer die Kreuzungsbarrieren sind, umso **stabiler** ist eine Art. Isolationsmechanismen führen somit nicht nur zur Bildung von Arten, sondern dienen auch dem Arterhalt.

Nach dem **Ort der Artbildung** unterscheidet man allopatrische, sympatrische und parapatrische Artbildung:

- Im häufigsten Fall liegt **allopatrische** Artbildung vor (griech. *allos*, ‚fremd‘, *patra*, ‚Heimat‘). Dabei führt die **räumliche Trennung** von Teilpopulationen zur Entstehung neuer Arten.
- Bei der **sympatrischen** Artbildung entstehen Arten **innerhalb von Populationen**. Sie ist eher selten, da sie die Evolution von Merkmalen voraussetzt, die in relativ kurzer Zeit reproduktive Isolation bewirken. Bei Pflanzen können das z. B. Polyploidisierung (► Abschn. 2.2.4), Selbstbestäubung oder phänotypische Veränderungen der Blüte sein (Farbe, Proportionen), die das Bestäuberverhalten beeinflussen.
- Unter einer **parapatrischen** Artbildung versteht man die Entstehung von Arten in unmittelbarer räum-

licher **Nachbarschaft**. Sie tritt vermutlich häufig bei Pflanzen auf (Anacker und Strauss 2014; Otero et al. 2019), gilt aber als schwer nachweisbar. In den meisten Fällen kann nicht ausgeschlossen werden, dass geografisch benachbart auftretende Schwesterarten zuvor einmal geografisch voneinander getrennt waren (Coyne und Orr 2004).

Geografische Einflüsse

Bei der **geografischen** Isolation wird der Genfluss innerhalb des ursprünglich zusammenhängenden Lebensraumes einer Population durch **Fragmentierung** oder **Fernausbreitung** unterbrochen. Teilpopulationen entwickeln sich **unabhängig voneinander** weiter. Dabei kann es zu **allopatrischer Artbildung** kommen:

- Die Fragmentierung (Zerteilung) ursprünglich zusammengehörender Populationen erfolgt im **großräumigen Maßstab** durch geologische (**Gebirgsbildung**) oder klimatische Veränderungen (**Eiszeiten**). Zahlreiche Beispiele dazu sind aus den Alpen bekannt. Während der Eiszeiten zogen sich Teilpopulationen einer Art in wärmere Gebiete (**Refugialgebiete**) zurück, wo sie sich anpassten und gegebenenfalls neue Morpho- und Biospezies bildeten. Wenn diese nach Rückkehr in die angestammten Gebiete in **sekundären Kontakt** miteinander gerieten, erzeugten sie in Abhängigkeit vom Grad ihrer reproduktiven Isolation fruchtbare Nachkommen, sterile Hybriden oder keinen Nachwuchs mehr (z. B. Abbott 2017; Kadereit 2017; Kadereit et al. 2004).

Kleinräumig erfolgt Fragmentierung von Populationen und Lebensräumen durch Erdbeben und

Überschwemmungen, aber auch durch Autobahnbau, Waldschneisen und fehlende Hecken, die als Korridore für Genaustausch fungieren. Die abgetrennten Teilpopulationen sind oft sehr klein und weisen nur einen **Teil des Genpools** der Ausgangspopulation auf. Es resultiert eine zufällige Verschiebung der Allelausstattung (**genetische Drift**), die mit **genetischer Verarmung** einhergeht (Flaschenhals- oder *bottleneck*-Effekt). Diese führt zu einem **Verlust von Anpassungsfähigkeit**, die gerade an gestörten Standorten notwendig wäre, um die Teilpopulation zu erhalten.

Viele Lebensräume sind aktuell von **Klimaveränderungen** betroffen, die sich z. B. in zunehmender Erwärmung, großflächigen Bränden oder häufigeren Überschwemmungen ausdrücken. Die ansässigen Pflanzen müssen sich anpassen und können das umso besser, je intakter, d. h. größer und genetisch diverser, ihre Populationen sind.

- Keimen Samen nach **Fernausbreitung** an Standorten aus, die **weitab** von der Elternpopulation liegen, entwickeln sie unter günstigen Bedingungen neue Populationen (▶ Abschn. 12.3.6). Man spricht von einem **Gründerereignis** (*founder event*), wenn die neue Population von nur wenigen Pflanzen oder, im Extremfall, von nur einem zwittrigen, selbstfertilen Individuum ausgeht, und vom **Gründereffekt** (*founder effect*), wenn die genetischen Konsequenzen eines Gründerereignisses, z. B. der Verlust genetischer Diversität, im Mittelpunkt der Betrachtung stehen. Wie bei der Fragmentierung ist die genetische Diversität zunächst ausgesprochen gering und steigt erst nach und nach durch Mutationen und genetische Rekombination wieder an (▶ Exkurs 4.3).

- **Ethologische Isolation** basiert auf dem **Wahlverhalten der Bestäuber**. Viele Tiere wählen ihre Futterpflanzen so aus, dass sie den höchsten **Nettoenergiegewinn** aus dem Blütenbesuch ziehen. Bienen bevorzugen beispielsweise blaue gegenüber roten Blüten, da sie diese leichter erkennen können (▶ Abschn. 11.5.2).
- **Mechanische Isolation** beruht meist auf der Wechselwirkung zwischen Blütenkonstruktion und Bestäuberverhalten (▶ Exkurs 11.9). Wenn z. B. ein Bestäuber Blüten mehrerer Arten besucht und der Pollen das eine Mal auf dem Kopf und das andere Mal auf dem Rücken abgelegt wird, kann er beide Blüten bestäuben, ohne dass es zu einer Pollenvermischung kommt (Grant 1994).
- **Genetische Unverträglichkeiten** verhindern nach erfolgreicher Bestäubung die Befruchtung der Samenanlagen (◘ Abb. 11.2). Pollenkeimung oder Pollenschlauchwachstum bleiben dann aus (intraspezifische Inkompatibilität ▶ Abschn. 9.6.4).
- **Ökologische Isolation** liegt vor, wenn Arten eines gemeinsamen Lebensraumes an unterschiedliche **ökologische Nischen** angepasst sind. So können Schwesterarten z. B. an Kalk- oder Silicatböden adaptiert sein. Die Habitatpräferenz wird traditionell zu den präzygotischen Isolationsmechanismen gestellt (Levin 2000), obgleich sie nicht notwendigerweise zu einer Unterbrechung des Genflusses führt. In manchen Fällen erschwert sie die Keimung von Hybridsamen und zählt dann zu den postzygotischen Mechanismen (Nosil und Harmon 2009). Inwiefern auch die **geografische Isolation** zu den präzygotischen Isolationsmechanismen zählt, wird kontrovers diskutiert (z. B. Coyne und Orr 2004; Sobel et al. 2010).

Reproduktive Isolationsmechanismen

Im Gegensatz zur geografischen Isolation, die nicht zwingend mit einem Verlust der Kreuzungsfähigkeit einhergeht, führen reproduktive Isolationsmechanismen immer zu einer **Unterbrechung des Genflusses**. Die **Kreuzungsbarrieren** können dabei vor (**präzygotisch**) oder nach der Befruchtung (**postzygotisch**) zur Wirkung kommen.

Präzygotische Isolationsmechanismen

Präzygotische Isolationsmechanismen reduzieren oder verhindern die Befruchtung:
- **Phänologische (saisonale, zeitliche) Isolation** beruht auf unterschiedlichen **Blühzeiten** (▶ Abschn. 11.5). Dabei reicht bei kurzblühenden Individuen schon eine Verschiebung der Blütezeit um ein bis zwei Wochen, um den Pollenfluss zu unterbinden.

Postzygotische Isolationsmechanismen

Postzygotische Isolationsmechanismen reduzieren die Überlebensfähigkeit und Fruchtbarkeit von Hybriden. Sie sind überwiegend genetischer und/oder chromosomaler Natur und wirken direkt auf die nächste Generation (F1-Hybride) oder führen nach mehreren Generationen zum Zusammenbruch der Hybridpopulation.

Artbildung durch Hybridisierung und Polyploidisierung

Hybridarten sind die Kreuzungsprodukte von genetisch nicht vollständig voneinander getrennten Arten. Sie sind meist nicht oder nur **wenig fertil**, weil ihre Chromosomen sich in der Prophase der Meiose I (▶ Abschn. 2.4.3) nicht richtig paaren können. Die Individuen können sich jedoch sexuell fortpflanzen, wenn sie sich selbst befruchten, untereinander kreuzen oder mit einem Elternteil rückkreuzen (■ Abb. 3.3b).

Sind Hybridarten ausreichend von den Elternarten isoliert (z. B. geografisch, genetisch oder durch Kreuzungsbarrieren), können sie eine **neue Art** bilden. Man spricht von **homoploiden** Hybridarten, wenn die Anzahl der Chromosomensätze der Elternarten (▶ Abschn. 2.3.2) beibehalten wird, und von **allopolyploider Hybridisierung**, wenn auf die Hybridisierung eine Vervielfachung des Chromosomensatzes (**Polyploidisierung**; ▶ Abschn. 2.4.4) folgt. Durch eine solche Polyploidisierung werden die Hybridindividuen genetisch von den Elternarten **isoliert**. Sie können **fertile Nachkommen** erzeugen und sich je nach Anpassungsvermögen auch am gleichen Standort (**sympatrisch**) gegenüber den Elternarten als neue Art durchsetzen.

Das bekannteste Beispiel für polyploide Hybridartbildung liefert der **Saatweizen** (Weichweizen, *Triticum aestivum*, Poaceae) mit einem sechsfachen (hexaploiden) Genom (■ Abb. 3.4). Seine Entstehung im Vorderen Orient (■ Tab. 3.5) geht auf die Hybridisierung von zwei Arten mit einem jeweils zweifachen (diploiden) Chromosomensatz zurück: *Triticum urartu*, eng verwandt mit dem **Wilden Einkorn** *T. monococcum*, und *Aegilops speltoides* (oder einer verwandten Art). Der daraus resultierende, tetraploide **Wilde Emmer** (*T. turgidum* subsp. *dicoccoides*) wurde schon vor 8000 Jahren im Nahen Osten angebaut und gehört als **Emmer** (*T. turgi-*

dum ssp. *dicoccum*) zu den ältesten Nutzpflanzen der Welt. Er hybridisierte vor etwa 7000 Jahren mit dem diploiden *Aegilops tauschii* und entwickelte sich über den hexaploiden Dinkel (*Triticum aestivum* subsp. *spelta*) zum Saatweizen (Peng et al. 2011).

Die Entstehung neuer Arten durch Hybridisierung ist bei Blütenpflanzen vermutlich häufig. Vor allem **junge Sippen**, die genetisch noch nicht klar abgegrenzt sind, tendieren dazu. Der genaue Anteil der allopolyploiden Hybridisierung an der Artbildung ist jedoch schwer zu ermitteln. Nach Mallet (2007) bringen 25 % aller Pflanzenarten Hybride hervor. Polyploidie tritt bei 40–70 % der Pflanzenarten auf. Sie erklärt aber nur 2–4 % der Artbildungsereignisse, da zahlreiche polyploide Arten aus bereits polyploiden Sippen hervorgegangen sind.

3.1.2 Phänotypische Plastizität

Die evolutionäre Entstehung von Vielfalt hat immer eine **genetische Grundlage**. Das Genom lässt aber nicht nur einen Phänotyp zu, sondern derselbe **Genotyp** kann unter unterschiedlichen Umwelteinflüssen (Wasser, Klima, Stickstoffzufuhr etc.) unterschiedliche Phänotypen hervorbringen. Er weist eine **Reaktionsnorm** auf, die das Ausmaß möglicher Phänotypen festlegt.

Die **Reaktionsnorm** ist im **Erbmaterial** verankert, während die **Ausgestaltung** des Phänotyps weitgehend

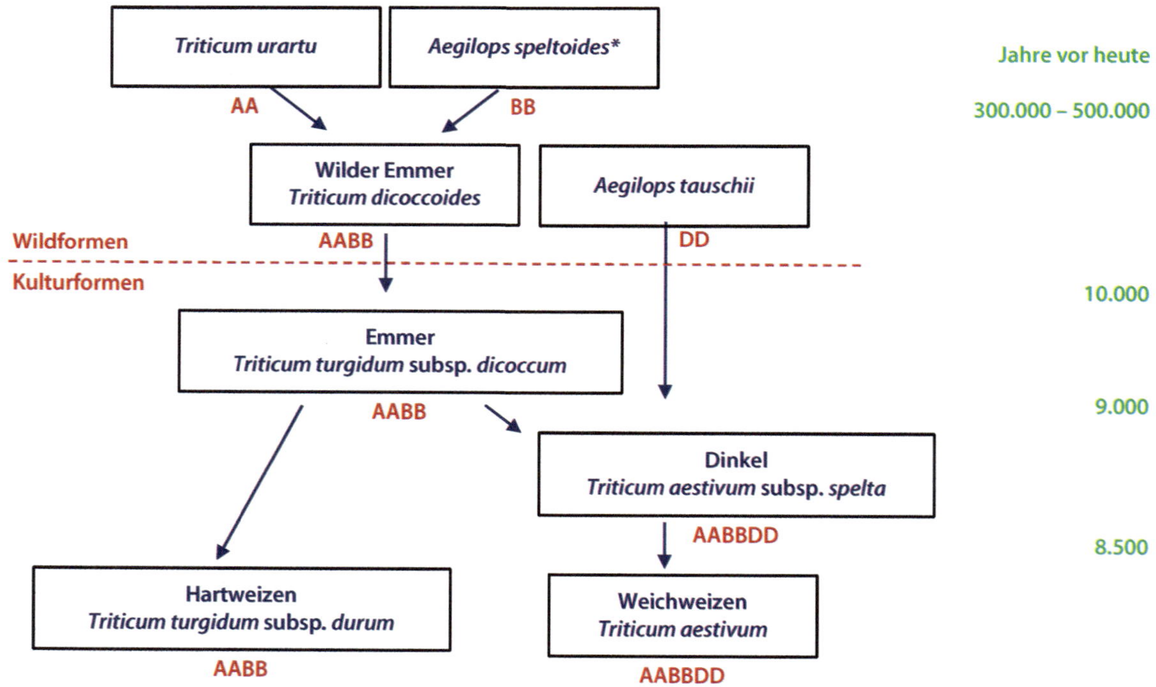

■ **Abb. 3.4 Evolution des Kulturweizens.** Die Gattung *Triticum* (Poaceae) enthält einige der bedeutendsten und ältesten Kulturpflanzen der Welt. Die domestizierten Arten (Kulturformen) sind tetraploid (Emmer, Hartweizen) oder hexaploid (Dinkel, Weich-/ Saatweizen). Ihre Entstehung geht auf mehrfache Hybridisierungsereignisse mit anschließender Polyploidisierung zurück. Rote Buchstaben: Genome. *, oder nah verwandte Art. (© Daten aus Peng et al. 2011)

epigenetisch erfolgt. Als **Epigenese** bezeichnet man den Entwicklungsprozess von der **Genexpression** bis zur Realisierung des **Phänotyps**. Dieser wird durch **Umweltsignale** und **Entwicklungsbedingungen** gesteuert (Schlichtig und Pigliucci 1998). Das Genom gibt somit den **Rahmen** der phänotypischen Möglichkeiten vor, die durch epigenetische Prozesse zum konkreten Phänotyp führen.

Während sich **phänotypische Variation** in der unterschiedlichen Ausbildung von z. B. Laubblättern oder Blüten innerhalb und zwischen Individuen einer Population niederschlägt (◘ Abb. 3.5), ist die **phänotypische Plastizität** genetisch stabil und selektierbar. Sie führt z. B. zu **Ökomorphen** und stellt einen **Anpassungsmechanismus** an die Umwelt dar, der insbesondere für die sessilen Pflanzen von lebenswichtiger Bedeutung ist.

Phänotypische Plastizität betrifft den gesamten **Organismus** oder nur einzelne morphologische, physiologische oder molekulare **Merkmale** (Schlichtig und Pigliucci 1998). Sie tritt in allen Lebensphasen der Pflanzen auf und spielt für die **Formbildung** und **Ökologie** der Organismen eine zentrale Rolle (Miner et al. 2005 und Literatur darin).

Exogene und endogene Signale

Der jeweils realisierte Phänotyp beruht auf dem Zusammenspiel exogener und endogener Stimuli. Nach derzeitigem Kenntnisstand gelangen **extrazelluläre Signale** über Signalketten oder Signalkaskaden in den Zellkern und führen dort zur Expression spezifischer Gene (**differentielle Genaktivität**). Die komplexen Wechselwirkungen zwischen Hormonen, Enzymen und sekundären Botenstoffen (*second messenger*) sind noch weitgehend unbekannt und Gegenstand aktueller Forschung (z. B. Pigliucci 2005; Pigliucci et al. 2006; Zhang et al. 2013):

– Zu den **exogenen Stimuli** gehören Außenfaktoren wie Licht, Temperatur, Luftfeuchtigkeit oder Schwerkraft, auf die die Pflanzen mit spezifischem **Wachstum** reagieren. Neben standortökologischen Bedingungen (**abiotische Faktoren**) beeinflussen auch Interaktionen mit anderen Organismen (**biotische Interaktionen**) den Phänotyp.

  Zu den vielen Beispielen für exogen bedingte phänotypische Plastizität gehören z. B. aufrecht wachsende Kräuter, die mit zunehmender Höhe zum Zwergwuchs übergehen (*Achillea*-Arten, Asteraceae), Schwimmpflanzen, die Unterwasser- und Überwasserblätter bilden (Hahnenfuß; ◘ Abb. 6.15g), oder Bäume mit Schatten- und Sonnenblättern (Rotbuche; ► Abschn. 8.3.6). Sauerklee (*Oxalis acetosella*, Oxalidaceae) und Veilchen (*Viola mirabilis*) bilden im Frühjahr offene (chasmogame) und im Sommer geschlossen bleibende (kleistogame) Blüten (► Abschn. 9.6.5). Bäume der afrikanischen Savanne produzieren vermehrt Bitterstoffe (Tannine), wenn sie von Giraffen oder Antilopen verbissen werden (Furstenburg und van Hoven 1994).

– Zu den **endogenen Signalen** gehören Positionseffekte und weitere physikalische und chemische Entwicklungsbedingungen. So ist die **Zelldifferenzierung** an den Meristemen der Spross- und Wurzelspitzen nicht genetisch determiniert, sondern wird durch **Positionseffekte** kontrolliert (► Exkurs 8.2 und 8.9). Größe und Form des Sprossapikalmeristems (SAMs)

◘ **Abb. 3.5 Phänotypische Variation von Merkmalen.** In beiden Beispielen treten die Varianten innerhalb und zwischen Individuen einer Population auf. **a,** *Salvia pratensis* (Lamiaceae). Blütenmorphen. **b,** *Xanthosia rotundifolia* (Apiaceae). Blütenstandmorphen. Waychinicup NP, Westaustralien. (© R. Claßen-Bockhoff, Mainz)

3

beeinflussen den Ort der Blattbildung (**Phyllotaxis**; ► Abschn. 6.6.4, ► Exkurs 6.4). Unregelmäßig verlaufende Rippen am Vegetationskörper einer Kaktee zeigen, wie sich Veränderungen am SAM auf die Blattstellung auswirken (◘ Abb. 6.20g).

Evolutionsbiologische Bedeutung

Die evolutionsbiologische Bedeutung der genotypischen Reaktionsnorm und der ihr folgenden phänotypischen Vielfalt liegt in einer Steigerung der **Anpassungsfähigkeit**, durch die die Pflanzen vielfältige **Nischen** besiedeln können. Da auch der **Blühimpuls** (► Exkurs 9.1) und die **Geschlechtsbestimmung** der meisten Pflanzen als Antwort auf bestimmte Signale erfolgen (**modifikatorisch**), beeinflusst die Reaktionsnorm auch direkt den sexuellen **Reproduktionserfolg** und die **Fitness** einer Pflanze (► Abschn. 9.6.1). Genotypen mit erfolgreichen Phänotypen setzen sich in der Population durch und unterliegen der **natürlichen Selektion**. Diese setzt immer am konkreten **Individuum** an. Molekulare Untersuchungen deuten an, dass die Bevorzugung des immer gleichen Phänotyps langfristig zu einer **genetischen Fixierung von Merkmalen** durch Einengung der genetischen Reaktionsnorm führen kann (*genetic assimilation*; Pigliucci et al. 2006; Zhang et al. 2013).

3.2 Fossilien – Zeugen der Vergangenheit

[Unter Mitwirkung von V. Wilde, Frankfurt a. M.]

Im Laufe der Erdgeschichte haben sich dramatische Klimaänderungen und Kontinentalverschiebungen ereignet; es gab Meeresspiegelschwankungen, Vulkanausbrüche und Meteoriteneinschläge. Dies alles hat das Leben auf der Erde beeinflusst und führte immer wieder zu immensen **Aussterbeereignissen**. Es folgten Phasen **adaptiver Radiation**. Darunter versteht man die **Entstehung von Arten** aus einer Stammart in einem vergleichsweise **kurzen Zeitraum** durch **Anpassung an den Lebensraum** (Givnish und Sytsma 1997; Schluter 2000).

Um die heute lebenden Arten verstehen und systematisch gruppieren zu können, muss die Vergangenheit rekonstruiert werden. Dies geschieht auf zwei Wegen. Die **phylogenetische Systematik** geht von den derzeit lebenden Arten aus und versucht, deren Stammesgeschichte anhand molekularer Daten und phänotypischer Merkmale zu rekonstruieren. Die **Paläobotanik** befasst sich mit der Analyse und Deutung fossilen Pflanzenmaterials.

3.2.1 Fossilisierung

Fossilien sind Zeugnisse vergangenen Lebens, die sich in Sedimenten und anderen Gesteinen finden.

Lebewesen werden nur unter **bestimmten Bedingungen** zu Fossilien, wobei die Fossilisation je nach Art der Organismen und dem Ort ihres Sterbens, den anschließenden Transport- und Einbettungsprozessen und den vorliegenden Gesteinsarten unterschiedlich abläuft. Meist sind Fossilien in **Sedimentgesteinen** zu finden, können unter bestimmten Umständen aber auch in vulkanischen oder metamorphen Gesteinen auftreten. Insgesamt ist nur ein verschwindend **geringer Teil** des ehemaligen Arten- und Formenreichtums überliefert.

Zu Beginn der ‚Knochensuche‘ im ausgehenden 19. Jahrhundert waren gut erhaltene Fossilien Zufallsfunde; heute wird systematisch nach ihnen gesucht. Fundstellen mit einer besonderen Häufigkeit oder außergewöhnlichen Erhaltung von Fossilien bezeichnet man als **Fossillagerstätten**. Berühmte europäische Fossillagerstätten mit Bedeutung für die Paläobotanik sind z. B. der Hornstein von Rhynie in Schottland, wo die ältesten in histologischen Details erhaltenen Landpflanzen gefunden wurden (◘ Abb. 3.11a, b), das Rheinische Schiefergebirge mit Fossilien des Unter- und Mitteldevons, der für den Urvogel *Archaeopteryx* bekannte Solnhofener Plattenkalk (Juraflora) und die Grube Messel bei Darmstadt mit dem Urpferdchen und einer artenreichen Flora des älteren Tertiärs (Eozäns) (◘ Abb. 3.6a).

Die **Interpretation** der Funde ist schwierig. Oft liegen pflanzliche Fossilien in einzelnen Teilen (z. B. Blättern, Holz, Pollenkörnern) vor und können nur schwer einer bestimmten Pflanzenart zugeordnet werden. Tatsächlich wurden immer wieder Teile derselben Pflanzen unter verschiedenen Namen beschrieben. Hinzu kommt, dass mengenmäßig häufig auftretende Fossilien, z. B. Blattreste, nicht notwendigerweise repräsentativ oder informativ für die Lagerstätte sein müssen. Trotz dieser Einschränkungen sind Fossilien **unverzichtbare Belege** und geben einen einzigartigen Blick in die Vergangenheit.

Fossilien werden häufig als **Versteinerungen** bezeichnet, doch trifft dieser Begriff im engeren Sinne nur auf Strukturen zu, bei denen kein organisches Material mehr erhalten ist. Demgegenüber führen **Inkohlungsprozesse** zu fossilen Überlieferungen, die Kohlenstoff und organische Moleküle enthalten. Schließlich bleiben auch nur Spuren von Lebewesen erhalten, die einen indirekten Rückschluss auf deren Existenz erlauben (**Spurenfossilien**).

◻ Abb. 3.6 Fossillagerstätten. a, b, Grube Messel bei Darmstadt. **a,** Lagerstätte. **b,** Bohrkerne aus 283–396 m Tiefe. **c,** Kreidefelsen auf Rügen, entstanden in der Kreide (vor 70–100 Mio. Jahren) aus den Kalkhüllen der Coccolithales (**◻** Tab. 5.2). **d, e,** Eckfelder Maar, Eifel. **d,** Grabungsstätte des Naturhistorischen Museums Mainz. **e,** Ölschiefer. Die Grube Messel und das Eckfelder Maar bergen Fossilien aus dem Eozän (**◻** Tab. 3.2). (© **c:** K. Bockhoff, Heidelberg. Mit freundlicher Genehmigung. Übrige Bilder: R. Claßen-Bockhoff, Mainz)

Versteinerungen

Unter dem Begriff der Versteinerung werden im Folgenden alle fossilen Zeugnisse zusammengefasst, die überwiegend oder ausschließlich **mineralischen Charakter** haben.

Hartteilerhaltung

Hartteile sind Knochen und Schalen von Tieren oder mineralische Ausscheidungen von Algen, die als solche erhalten bleiben. Bekannte Beispiele von **gesteinsbildender Bedeutung** sind die verkieselten Hüllen von Diatomeen (Kieselgur der Lüneburger Heide; Sy 4:10), die kalkigen Hüllelemente der Coccolithales (Kreidefelsen auf Rügen; ◘ Abb. 3.6c, Sy 4:6) und Kalkausscheidungen verschiedener Algengruppen wie z. B. Rotalgen (Sy 4:12) und Dasycladales (Sy 5:15), die in den Dolomiten ganze Bergmassive aufbauen.

Permineralisierung

Bei der Permineralisierung wird zunächst das Zellwandgerüst der Pflanzen durch rasche **Ausfällung mineralischer Substanzen** versteift (inkrustiert). Dann setzt sich der Prozess in das Zellinnere hinein fort. In günstigen Fällen bleibt das gesamte Gewebeinventar einer Pflanze erhalten (◘ Abb. 3.7a–c). Dabei können auch Reste des organischen Materials der Zellwände als Einschluss konserviert werden.

Besonders bekannt ist die **Verkieselung**, bei der die Pflanzen oder Pflanzenteile von silicathaltigen Wassern umspült werden, so wie es in Gebieten mit **Geysiren und heißen Quellen** (z. B. Yellowstone National Park, USA) der Fall ist. Auf diese Weise ist im Unterdevon auch der Hornstein von Rhynie in Schottland entstanden (◘ Abb. 3.11a, b). Kieselsäure kann aber auch durch Regen- und Grundwasser aus lockeren **kieselsäurereichen Ablagerungen**, z. B. vulkanischen Aschen, gelöst werden, eingeschlossene Pflanzenteile durchdringen und dabei ‚**versteinerte Wälder**' entstehen lassen (◘ Abb. 3.7c).

Abdruck- und Hohlraumerhaltung

Dieser bei Pflanzenresten **häufigste Erhaltungszustand** ist dadurch gekennzeichnet, dass die ursprüngliche organische Substanz durch Zersetzung und/oder Oxidation **vollständig verloren** gegangen ist. Der im Sediment zurückgebliebene Hohlraum (**Hohlraumerhaltung**) bzw. der dort entstandene **Abdruck** bilden die **Außenseite** des ursprünglichen Pflanzenrestes ab (◘ Abb. 3.7d). Welche Details dabei erkennbar bleiben, richtet sich nach der Korngröße des Sedimentes. So sind in Sandsteinen oft nur grobe Blattaderungsmuster erhalten, während man in feinkörnigen Ton- oder Kalksteinen noch die Feinnervatur, im günstigsten Falle sogar das Zellmuster der Epidermis erkennen kann.

Die Hohlraumerhaltung kann auch auf **Umkrustung** (Inkrustation) von Pflanzenmaterial durch Ausfällung mineralischer Substanz beruhen. Meist handelt es sich um Kalk, der durch den Verlust gelösten Kohlendioxids bei der Erwärmung von carbonatreichem Quellwasser gebildet wird.

Steinkernerhaltung

Hohlräume, die primär in Organismen vorhanden (z. B. Markhohlräume bei Pflanzen) oder durch Zersetzung entstanden sind, können durch Sediment ausgefüllt werden. So entsteht ein **natürlicher Ausguss** (Steinkern), der die auf der **Innenseite** des betreffenden Hohlraumes erhaltenen Merkmale zeigt.

Erhaltung organischer Substanz

Unter Luftabschluss und hohen Druck- und Temperaturverhältnissen zersetzen sich organische Substanzen nicht. Sie gehen je nach Ausgangsmaterial in Kohle, Erdöl und Erdgas (Inkohlung) über oder bleiben z. B. in Bernstein als Einschluss erhalten.

Inkohlung

Inkohlung ist ein natürlicher Prozess, der von frischem Pflanzenmaterial über Huminsäuren und Torf (► Abschn. 5.3.6) zur Bildung von **Braunkohle** und **Steinkohle** führt. Dabei werden organische Substanzen wie Lignin und Cellulose (► Abschn. 2.2.4) luftdicht von Wasser oder Schlamm bedeckt. Unter hohen Temperatur- und Druckverhältnissen wird ihnen im Laufe von Jahrmillionen Wasser, Kohlendioxid und Methan entzogen, wodurch Kohlenstoff angereichert wird und **fossile Brennstoffe** entstehen.

Bei einzelnen Pflanzenresten wird das als kohliger Film im Gestein überlieferte Produkt der Inkohlung als **kohliger Abdruck** (*compression*) bezeichnet. Bei diesem **sehr verbreiteten** Erhaltungszustand kollabiert das pflanzliche Zellwandgerüst aufgrund der Druckwirkung mit der Zeit oder wird stark deformiert. In der Regel lassen sich aber auf chemischem Wege die Reste organischer Strukturen isolieren. Auf diese Weise wurden aus pflanzlichen Fossilien des Devons und Karbons Cellulose, Lignin und Sporopollenin (► Abschn. 2.2.4) und aus Blättern des Paläogens Flavonoide, Chlorophyllderivate, aromatische Säuren und Steroide nachgewiesen (Taylor et al. 2009). Selbst wenn keine strukturellen Reste von Organismen im Sediment überliefert sind, können organische Bausteine (**Chemofossilien**) im Sediment nachweisbar sein.

Bei unvollständiger Verbrennung (**Verkohlung**) entsteht **Holzkohle**, die eine große Widerstandskraft gegenüber Oxidation besitzt und sich deshalb in vielen Sedimenten findet. Da hierbei das Zellwandgerüst rasch in fast reinen Kohlenstoff umgewandelt und dadurch ver-

⊡ Abb. 3.7 Fossile Erhaltungszustände und Datierung. a–c, Verkieselte Stammstrukturen. **a, b,** Querschnitt durch den Stamm eines Baumfarns mit deutlich erkennbaren Gewebestrukturen. Perm. Südamerika. **c,** Stamm einer fossilen Gymnosperme aus der Araukarien-Verwandtschaft (Araucariaceae). Trias. Petrified Forest NP, Arizona, USA. **d,** Abdruck vom Stamm eines Schuppenbaums (*Lepidodendron*) mit charakteristischen Blattpolstern. Karbon. Saarland. **e,** Baumscheibe eines Küstenmammutbaums (*Sequoia sempervirens*, Cupressaceae) mit einem Durchmesser von >3 m. Sie stammt von einem ca. 100 m hohen Baum, der 1995 in Kalifornien gefällt wurde. Die Auszählung der Jahresringe ergibt ein Alter von über 2000 Jahren. (© R. Claßen-Bockhoff, Mainz. e: Mit freundlicher Genehmigung des Senckenberg-Museums, Frankfurt a. M.)

3

festigt wird, bleiben oft auch feinste Gewebestrukturen bis hin zu ganzen Blüten oder einzelnen Moospflanzen erhalten. Da Holzkohle im Lichtmikroskop intransparent und nur schwer zu untersuchen ist, hat dieser Erhaltungszustand erst mit dem Aufkommen der Rasterelektronenmikroskopie große Bedeutung erlangt.

Fäulnisprozesse

Zersetzungsprozesse von organischem Material, besonders Algenresten, führen unter Sauerstoffabschluss am Meeresgrund oder am Boden nicht durchmischter Seen (z. B. Grube Messel; ◘ Abb. 3.6a) zur Fäulnis. Es entstehen Faulschlämme, die von Sedimenten überschichtet werden und sich im Laufe der Zeit zu Gestein verfestigen (z. B. **Ölschiefer**; ◘ Abb. 3.6b). Unter Luftabschluss, hohen Temperaturen und hohem Druck bilden sich daraus im Laufe der Inkohlung flüssige bzw. gasförmige Kohlenwasserstoffgemische (**Erdöl**, **Erdgas**).

Einschlüsse (Inklusion)

Geraten pflanzliche Reste oder Tiere in ein **flüssiges Medium**, das sich anschließend verfestigt und so den Erhalt ermöglicht, spricht man von **Inklusion**. Als Einbettungsmedium dient häufig auslaufendes **Harz** (vor allem von Gymnospermen; ◘ Abb. 7.24a), das zu **Bernstein** umgewandelt wird (► Abschn. 7.6.5, Abb. 7.24d). Besonders bekannt und häufig sind die **Bernsteininklusen** des Baltikums oder der Dominikanischen Republik. Aufgrund der Transparenz des fossilen Harzes ist die Oberfläche des eingeschlossenen Organismus meist gut erkennbar. Oft lassen sich auch noch Gewebeteile anhand von Dünnschliffen (ca. 20–30 µm) oder tomografischen Röntgenaufnahmen untersuchen.

Spurenfossilien

Von Spurenfossilien spricht man, wenn nicht die Organismen selbst, sondern nur Spuren ihrer Aktivität erhalten bleiben. Hierzu gehören z. B. die Spuren einer **Durchwurzelung** in fossilen Böden oder mikroskopische Spuren von **bohrenden Algen** auf harten Substraten im Meer. Auch Fraßspuren an fossilen Pflanzen treten in großer Vielfalt auf.

3.2.2 Datierung/Zeitmessung

Das **Alter von Fossilien** kann absolut, relativ oder über die Dauer eines Prozesses bestimmt werden.

- **Absolute physikalische Altersbestimmung:** Aufgrund des **radioaktiven Zerfalls** natürlicher Isotope kann über deren bekannte Halbwertszeiten das absolute Alter eines Fossils bestimmt werden. Die bekann-

teste Methode ist die **Radiokarbonmethode**, die mit dem Zerfall des ^{14}C Isotops arbeitet. Sie ist die wichtigste Kurzzeitmessmethode und bis zu einer Grenze von ca. 70.000 Jahren vor heute anwendbar. Auf ihr beruhen die Datierung eiszeitlicher und postglazialer Funde und die Altersbestimmung sehr alter Bäume (► Abschn. 6.9.3).

Langlebigere Isotope (z. B. ^{235}PB, ^{238}PB, ^{40}K) werden zur **indirekten Datierung** von Fossilfunden über die Altersbestimmung des einschließenden Sedimentes verwendet. Hierfür ist das Vorkommen bestimmter Minerale erforderlich, in denen die betreffenden Ausgangs- und Zerfallsprodukte eingeschlossen sind. Mithilfe dieser Methodik ist es möglich, Millionen Jahre alte Fossilien zu datieren.

- **Relative Altersbestimmung:** Fossilien einer bestimmten Erdepoche können als **Leitfossilien** zur relativen Datierung von Gesteinsschichten und anderer, darin enthaltener Fossilfunde genutzt werden. Diese als **Biostratigrafie** bezeichnete Methode beruht darauf, dass einzelne fossile Arten für jeweils einen bestimmten Schichtabschnitt charakteristisch sind. Da jüngere Schichten in der Regel auf älteren liegen, lässt sich eine zeitliche Reihung innerhalb fossilführender Gesteinsabfolgen herstellen.

  Die meisten Leitfossilien stammen aus dem tierischen Bereich, z. B. Trilobiten (älteres Paläozoikum) oder Ammoniten (Jura und Kreide). Wichtige **pflanzliche Leitfossilien** liefert die Belaubung fossiler Farne und Samenfarne aus dem Karbon und Perm. Zu ihnen gehört die für die *Glossopteris*-**Flora** des ehemaligen Südkontinentes Gondwana namengebende Gattung *Glossopteris* (Samenfarne; ◘ Abb. 3.10: Gl), die sich auf allen heutigen Südkontinenten und Indien nachweisen lässt (◘ Abb. 3.16). Auch Sporen und Pollen sind mit ihren charakteristischen Oberflächenstrukturen (► Abschn. 10.4.5) wichtige pflanzliche Leitfossilien, die bis ins Paläozoikum zurückreichen.

- **Altersbestimmung über einen Zeitverlauf:** Aufgrund der Intensität von jahreszeitlich bedingten Sedimentations- und Wachstumsprozessen können Fossilien relativ und sogar absolut datiert werden. Hierfür wird die Dicke einzelner Jahresschichten in Seeablagerungen (Warvenchronologie) bzw. jahreszeitlicher Zuwachszonen bei Hölzern (**Dendrochronologie**; ◘ Abb. 3.7e, ► Abschn. 8.2.3) ausgemessen, miteinander verglichen und korreliert. Da die betreffenden Prozesse vom Klimaverlauf abhängen, der seinerseits langperiodischen Veränderungen unterliegt, kann man mit mathematisch-statistischen Methoden eine weit zurückreichende Datierung erreichen.

3.3 Entstehung pflanzlichen Lebens im Wasser

Das Alter der **Erde** wird auf etwa **4 Mrd. Jahre** geschätzt. Zu Beginn herrschten lebensfeindliche Bedingungen. Die Erde war eine feurige Kugel, an deren Oberfläche **Vulkane** flüssiges Gestein und giftige Gase aus dem Erdinneren nach außen schleuderten. Die Uratmosphäre war nicht von einer schützenden Hülle aus Gas umgeben. **UV-Strahlen** trafen daher ungehindert auf die Erde. Vereiste **Kometen** und **Asteroide** schlugen ein und brachten vermutlich das Wasser auf die Erde. Das Eis verdampfte und bildete Wolken, die sich über Millionen von Jahren über der Erde abregneten und die **Ozeane** formten (Palmer 2012).

Dort, wo **Energie** und **Wasser** vorhanden waren, bildeten Kohlendioxid und Ammoniak erste **Kohlenwasserstoffe** und **Aminosäuren** und damit die **Bausteine des Lebens**. Vermutlich traten vor ungefähr 3,8 Mrd. Jahren die ersten **Einzeller** auf, aber **wo und wie** das Leben entstand, ist immer noch ungeklärt. Aktuellen Theorien zufolge könnte Leben an heißen Tiefseequellen, im Eis oder an mineralischen Oberflächen entstanden sein, d. h. überall dort, wo Unterschiede in der Temperatur, im pH-Wert oder anderen Parametern **Energie** freisetzten. Oder das Leben ist mit **Kometen** auf die Erde gelangt – auch dafür gibt es Anhaltspunkte (Steele et al. 2018).

Die ersten Lebewesen waren **Prokaryoten** (▶ Kap. 2, ▶ Exkurs 3.2), die sich an die unwirtlichen Bedingungen anpassen konnten. Sie waren meist **einzellig** und vermehrten sich **asexuell** durch Zweiteilung. **Horizontaler Gentransfer**, wie er heute noch von Bakterien bekannt ist, die mittels sekundärer Plasmabrücken (Sexpili) Genmaterial austauschen (**Konjugation**), war vermutlich häufig.

Die Organismen ernährten sich **heterotroph** oder bildeten aus anorganischen Stoffen organische Moleküle. Die Energie für diese **autotrophe Lebensweise** stammte aus chemischen Verbindungen (**Chemoautotrophie**) wie z. B. Schwefelsäure oder aus dem Licht der Sonne (**Photoautotrophie**; ▶ Exkurs 2.2). Während Purpurbakterien und grüne Schwefelbakterien eine bakterielle **sauerstofffreie Photosynthese** entwickelten, entstand bei den **Cyanobakterien** vor etwa 3,5 Mrd. Jahren die **oxygene Photosynthese** (▶ Exkurs 2.2), bei der Wasser gespalten und molekularer **Sauerstoff** (O_2) freigesetzt wird.

Durch die photosynthetische Aktivität der Cyanobakterien wurde die sauerstofffreie (reduzierende) Uratmosphäre in eine **sauerstoffhaltige Atmosphäre** überführt. Das Zusammenwirken des freien **Sauerstoffs** mit der auf die Erde treffenden **UV-Strahlung** führte zur Bildung einer stabilen **Ozonschicht**. Erst durch die von der Ozonschicht bewirkte **Absorption** der für Organismen schädlichen UV-Strahlung war die grundlegende Voraussetzung zur **Besiedlung des Landes** gegeben.

3.3.1 Präkambrium: Zeitalter der Prokaryoten

Das **Präkambrium** (4,6 Mrd. bis 541 Mio. Jahren vor heute; Zeitangaben s. ◘ Tab. 3.1) umfasst den Zeitraum von der Entstehung der festen Erde bis zum Beginn des Kambriums, also etwa 87 % der gesamten Erdgeschichte. In ihm entstanden die **Prokaryoten** (Archaea, Bakterien; ▶ Exkurs 3.2, Sy 3) als die frühesten, zellulär organisierten Lebewesen. Über **2 Mrd. Jahre** lang beherrschten sie das Leben auf der Erde. Vermutlich entwickelten sie eine Fülle verschiedener Formen, die jedoch aufgrund der weit zurückliegenden Zeit und der schlechten Erhaltung nicht rekonstruierbar sind.

Aus dem Präkambrium (vor ca. 3,5 Mrd. Jahren) sind **Stromatolithen** als die ältesten Zeugnisse des Lebens auf der Erde erhalten. Stromatolithen sind meist **Kalkformationen**, die von **Mikrobenmatten** (oft Cyanobakterien) aufgebaut wurden und auf deren massenhafte Präsenz hinweisen. Vermutlich hat der intensive CO_2-Verbrauch der Cyanobakterien zur Kalkausfällung aus dem an Calcium- und Hydrogencarbonationen reichen Meerwasser beigetragen. Die Stromatolithen sind meist kugelig oder knollenförmig und besitzen eine laminare Schichtung. Diese entstand dadurch, dass die tiefer liegenden Schichten abstarben, während die oben liegenden **Biofilme** weiter in die Höhe wuchsen.

Bis vor etwa 1 Mrd. Jahren kamen Stromatolithen als wichtige **Riffstrukturen** in fast allen Küstengewässern vor. Vor 700 Mio. Jahren ging ihre Verbreitung plötzlich zurück, vermutlich weil die sich damals ausbreitenden **Eukarya** die Biofilme flächendeckend abfraßen. Heute entstehen Stromatolithen nur noch unter Extrembedingungen in wenigen Regionen der Erde, z. B. an der Shark Bay Westaustraliens.

3

Exkurs 3.2 Die Domänen des Lebens

Bis vor etwa 35 Jahren wurde das Leben auf der Erde in die drei Reiche der Bakterien, Tiere und Pflanzen eingeteilt. Heute unterscheidet man **drei Domänen** des Lebens: Archaea, Bakterien und Eukarya (Woese et al. 1990; Sy 3).

Archaea

Die Archaea sind einzellige **Prokaryoten** mit oder ohne Geißeln. Sie unterscheiden sich von Bakterien in der Sequenz einer Untereinheit der rRNA (► Abschn. 2.3.1) und weiteren strukturellen und biochemischen Eigenschaften. In einigen molekularen Prozessen stehen die Archaea den Eukarya näher als den Bakterien, was eine Beteiligung der Archaea an der Bildung der eukaryotischen Zelle (Endosymbiontentheorie; ► Abschn. 2.1.1) wahrscheinlich macht

Archaea kommen im Meerwasser (als **Plankton**; ► Abschn. 5.3.4), in Süßwasserbiotopen und in Böden vor. Sie besiedeln oft **extreme Standorte** wie heiße Quellen, Vulkanränder oder Salzseen (wie z. B. das als Bakterium bezeichnete *Halobacterium salinarum*) und weisen mit ihren außergewöhnlichen physiologischen Anpassungen auf frühe Lebensformen hin. Die meisten Archaea sind **autotroph** und gewinnen Kohlenstoff aus CO_2 **ohne Sauerstoff** freizusetzen. Die **Energie** für die Stoffwechselprozesse ziehen sie aus der Umsetzung organischer (chemoorganotropher) oder anorganischer (chemolithotropher) Verbindungen, wobei Schwefelverbindungen eine besondere Rolle spielen. Einige Archaea besitzen **Bacteriorhodopsin** und sind zur **Photosynthese** befähigt, andere sind in der Lage, Methan zu produzieren. Aufgrund ihrer spezifischen Fähigkeiten werden Archaea in der **Biotechnologie** zur Biogasherstellung und mikrobiellen Erzlaugung sowie in der Medizin und Nanotechnologie genutzt.

Bakterien

Bakterien bilden zusammen mit den Archaea die Gruppe der **Prokaryoten**. Sie sind einzellig oder in Aggregaten organisiert (► Abschn. 5.1) und sehr **divers** in Bau und Lebensweise. Sie sind unverzichtbarer Bestandteil des **Bodens**, wo sie zusammen mit Pilzen als **Destruenten** organische Substanzen abbauen und den Pflanzen als Nährsalze zur Verfügung stellen. Sie spielen für die **Gesundheit** des Menschen (Darmflora) und als **Krankheitserreger** eine bedeutende Rolle. Bakterien werden in großem Umfang **biotechnologisch** genutzt, z. B. zur Insulinherstellung, zur Produktion von Antibiotika, Nahrungsmitteln und Chemikalien (Bioäthanol, Essigsäure) und zur Abfallbeseitigung.

Die meisten Bakterien sind **heterotroph**, aber einige Gruppen nutzen **Sonnenlicht** als Energiequelle. Dazu zählen die Purpurbakterien und grünen Schwefelbakterien, vor allem aber die **Cyanobakterien**. Sie entwickelten die **oxygene Phosphorylierung** (► Exkurs 2.2) und reicherten die Atmosphäre mit **Sauerstoff** an (► Abschn. 3.3). Cyanobakterien vereinigten sich mit heterotrophen Eukarya (**Endosymbiontentheorie**; ► Abschn. 2.1.1) und leiteten damit die Evolution aller photosynthetisch aktiven Eukarya ein.

Bakterien kommen **universell** und in enorm hoher Arten- und Individuenzahl vor. Vermutlich ist die große Mehrheit der Bakterien noch **nicht erforscht** und das Potential, das in ihnen steckt, noch unbekannt. Bakterien vermehren sich **asexuell** durch Zellteilung, tauschen aber Genmaterial durch Konjugation (► Abschn. 3.3) untereinander aus. Einige Arten bilden Dauersporen, die mehrere Tausend Jahre überdauern können.

Eukarya

Zu den **Eukarya** gehören alle Eukaroyten: die heterotrophen Einzeller, die Sammelgruppe der Algen (► Exkurs 3.3), die Pilze, Tiere und Pflanzen (Sy 3). Evolution und Entwicklung der **Pflanzen** sind Gegenstand des vorliegenden Buches.

◘ **Tab. 3.1** **Evolution der Landpflanzen** in Abhängigkeit von den geologischen und klimatischen Bedingungen der Erdzeitalter. Zeitangaben nach ▶ http://www.stratigraphy.org/ICSchart/ChronostratChart2018-08.jpg

Erdzeitalter [10^6 Jahre]		Kontinentalgeschichte	Klimageschichte	Vegetationsgeschichte
Känozoikum	**Quartär** Holozän Pleistozän 2,6	andauernde Kontinentaldrift	Holozän: Erwärmung Pleistozän: starke Klimaschwankungen (Eis- und Warmzeiten)	**Diversifizierung der Angiospermen**
	Neogen * 23 **Paläogen *** 66	Entstehung nördlicher Kontinente, alpidische Faltung, Rückgang der Tethys	Übergang zu kühlerem und trockenerem Klima (seit Pliozän)	**Ausbildung der heutigen Florenreiche**
Mesozoikum	**Kreide** 145	Zerfall von Pangäa: Tethys trennt Laurasia von Gondwana, Gondwana zerfällt in Südkontinente	Abfall des CO_2-Gehalts, Klimawandel am Ende der Kreide: globale Erwärmung, ausgeprägter Temperaturgradient	**Florenwechsel: Entstehung der Angiospermen** Massenaussterben Rückgang der im Mesozoikum dominierenden Pflanzengruppen
	Jura 201	Beginn des Zerfalls von Pangäa	Übergang vom weltweit einheitlichen Tropenklima zur Ausbildung von Klimazonen	**Zunahme von Gefäßpflanzenarten**
	Trias 252	Pangäa	Übergang vom kontinentalen Wüstenklima zum warm-feuchten Tropenklima	**Dominanz der Gymnospermen** Farn- und Gymnospermenwälder
Paläozoikum	**Perm** 299		Anstieg des CO_2-Gehalts, Klimawandel am Ende des Perms: Abkühlung und Aridisierun	**Florenwechsel: Beginn der Gymnospermenzeit** Massenaussterben Steinkohlewälder verschwinden
	Karbon 359	Entstehung des Superkontinents Pangäa, variskische Faltung	etwa heutige CO_2-Werte, Klimazonen	**Erste (Farn-)Wälder** N-Hemisphäre: Steinkohlewälder S-Hemisphäre: *Glossopteris*-Flora
	Devon 419	Annäherung von Gondwana und Euramerika	Abfall des CO_2-Gehalts, Klimaschwankungen	**Entstehung der Landpflanzengruppen ▶ Organbildung**
	Silur 444	Entstehung von Euramerika (Old-Red-Kontinent) aus Laurentia und Baltica	warme Klimate	**Erste Gefäßpflanzen** Protracheophyten und Tracheophyten
	Ordovizium 485	Zerfall der Landmasse Rodinia in Gondwana und mehrere Inselkontinente	Abfall des CO_2-Gehalts, warme und trockene Klimate (tropisch)	**Besiedelung des Landes durch Pflanzen** erste Mikrofossilien
	Kambrium 541		hoher CO_2-Gehalt, hohe globale Temperaturen	**Entfaltung der Algen**

*Paläogen und Neogen wurden früher als Tertiär bezeichnet (◘ Tab. 3.2).

3.3.2 Kambrium: Evolution der Algen

Im Präkambrium entstanden die ersten, Photosynthese betreibenden Eukarya. Die **Archaeplastida** (Pflanzen) gingen aus der Verschmelzung eines Eucyten und eines Cyanobakteriums hervor und entwickelten sich zu den **Glaucophyta**, **Rotalgen** und **Grünalgen** (Sy 4: 11–13). Die Grünalgen (Chloroplastida) sind paraphyletisch; sie umfassen die Chlorophyta und die Streptophyta, aus denen sich die **Landpflanzen** entwickelten (Sy 5).

In der Folgezeit, insbesondere im **Kambrium** (vor 541–485 Mio. Jahren; ▪ Tab. 3.1), begünstigte der sehr hohe CO_2-Gehalt der Atmosphäre (▪ Abb. 3.8) die rasche Entfaltung der Algen. Diese entwickelten eine große Fülle verschiedener Organisationsformen und Lebensweisen (▶ Abschn. 5.2 und ▶ 5.3).

Für die Entstehung der Landpflanzen sind vor allem drei Prozesse von grundlegender Bedeutung:

1. Die Algen entwickelten die **eukaryotische Pflanzenzelle** mit ihren typischen Eigenschaften und grundlegenden **Stoffwechselvorgängen** (▶ Abschn. 2.2).
2. Es entstanden vielfältige **Organisationsformen** (▶ Kap. 5), deren Evolution **mehrfach parallel** von einzelligen Organismen zu Mehrzellern aus Zellfäden, Flechtgeweben (Plectenchym) und echten Geweben führte (▪ Tab. 5.2). In einigen Grünalgengruppen, zu denen auch die Charophyta (z. B. Armleuchteralgen, Zieralgen; Sy 5) als die nächsten, heute lebenden Verwandten der Landpflanzen zählen, entwickelte sich die Zellteilung mittels eines **Phragmoplasten** (▶ Abschn. 2.4.2). Bei dieser bleiben Plasmabrücken (**Plasmodesmen**; (▶ Abschn. 2.2.4) zwischen benachbarten Zellen erhalten. Der daraus resultierende Körperbau aus **Symplast** und **Apoplast** ist bei allen Landpflanzen zu finden und stellt ein starkes Argument für die gemeinsame Abstammung

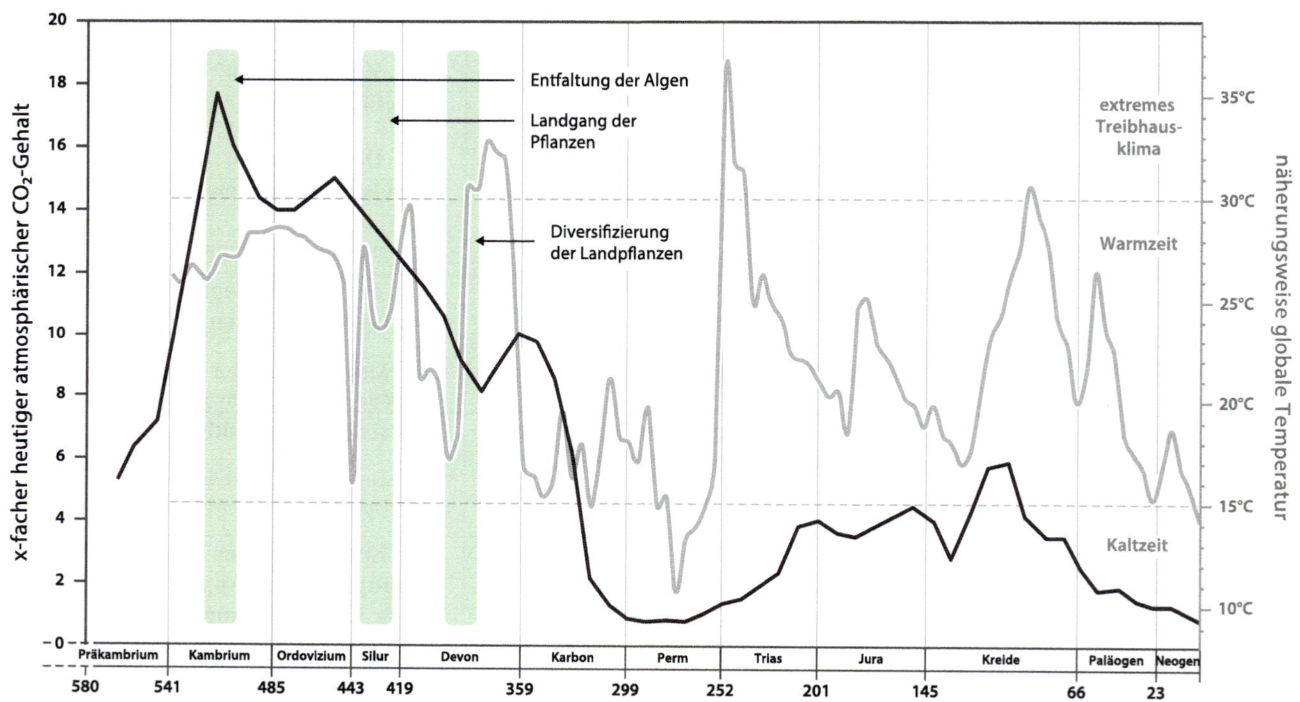

▪ **Abb. 3.8** **Evolution der Pflanzen im Kontext erdgeschichtlicher Klimaschwankungen**. Die Reduktion der CO_2-Konzentration begünstigte den Landgang der Pflanzen im Silur. Klimaschwankungen im Devon führten zur Diversifizierung der Gefäßpflanzen. Nach dem klimatisch bedingten Massenaussterben im Perm setzte der Florenwechsel vom Farn- zum Gymnospermenzeitalter ein, nach dem erneuten Massenaussterben Ende der Kreide begann das Angiospermenzeitalter. Durchgezogene schwarze Linie: x-facher heutiger CO_2-Gehalt in der Atmosphäre. Graue Linie: mittlere globale Temperatur. (© Grafik: M. Geyer, Wiesbaden, nach Daten von Willis und McElwain 2002 (CO_2-Werte) und Scotese 2021 (Temperaturverlauf))

aus grünalgenartigen Vorfahren dar. Er ist eine **Schlüsselinnovation** (*key innovation*) für den späteren Landgang der Pflanzen, da er offenes Wachstum (▶ Abschn. 1.1.2) und primäre Festigung (▶ Abschn. 2.2.3 und ▶ 5.3.3) ermöglicht.

3. Innerhalb der Algen entstanden verschiedene **sexuelle Fortpflanzungssysteme**, von denen sich der haplo-diplontische Generationswechsel der Landpflanzen ableitet (▶ Kap. 4). **Sexualität** ist an **Meiose** (▶ Abschn. 2.4.3) gebunden, die vermutlich schon kurz nach der Entstehung eukaryotischer Zellen auftrat (Speijer et al. 2015). Ausgehend von einer diploiden Zelle entstehen durch Meiose vier **genetisch verschiedene** Sporen mit nur einem Chromosomensatz (haploid; ▶ Abschn. 4.1.3). Durchlaufen diese Sporen zahlreiche Mitosen, entsteht aus jeder von ihnen ein **haploider** Vegetationskörper. Er wird als **Gametophyt** bezeichnet, da aus ihm die Geschlechtszellen (Gameten; ▶ Abschn. 4.1.2) hervorgehen, die nach der Befruchtung zur diploiden **Zygote** (mit doppeltem Chromosomensatz) fusionieren. Durchläuft die Zygote mehrere Mitosen, entsteht ein **diploider** Vegetationskörper, der als **Sporophyt** (▶ Abschn. 4.1.2) bezeichnet wird. Je nach Dominanz der Stadien finden sich bei den Algen haplontische, diplontische und haplo-diplontische Fortpflanzungszyklen (▶ Abschn. 4.2).

Der für alle Landpflanzen charakteristische, **haplo-diplontische Generationswechsel** (◘ Abb. 4.2) leitet sich vermutlich durch Verlängerung der diploiden Phase vom haplontischen Sexualzyklus der Charophyta ab (▶ Abschn. 4.3). Die Vorfahren dieser Algengruppe besaßen schon bewegliche **Spermatozoiden** und unbewegliche Eizellen (**Oogamie**; ▶ Abschn. 4.1.2) und damit eine sexuelle Differenzierung, die für alle Landpflanzen typisch ist. Ihre Sporen wurden vermutlich schon durch **Sporopollenin** geschützt, einen äußerst widerstandsfähigen Naturstoff, der in der Sporenwand aller fossiler und rezenter Landpflanzen zu finden ist (▶ Abschn. 2.2.4).

Die hohe Sauerstoffproduktion der photosynthetisch aktiven Algen veränderte die Lebensbedingungen im Meer und führte zur sog. **kambrischen Explosion**, während der fast alle heutigen **Tierstämme** entstanden. Der hohe CO_2-Gehalt der Atmosphäre verhinderte noch die Besiedlung des Landes. Es herrschte ein starker Treibhauseffekt mit sehr hohen globalen Temperaturen (◘ Abb. 3.8).

Erst die deutliche **Reduktion der CO_2-Konzentration** im mittleren **Ordovizium** ermöglichte erstes **terrestrisches Leben**. Vermutlich besiedelten Cyanobakterien und Pilze vor ca. 470 Mio. Jahren das Land, als die Landmassen überwiegend in der Südhemisphäre lagen (◘ Abb. 3.9a) und das Klima warm und trocken war. Die **Absenkung der Temperatur** nach einer großräumigen Verlagerung der Erdkruste durch tektonische Ereignisse führte am Ende des Ordoviziums zu einem **Massenaussterben**, dem Dreiviertel der Meeresbewohner zum Opfer fielen.

3

Exkurs 3.3 Pflanzen vs. Algen

Die **Algen** werden gemeinhin zu den Pflanzen gezählt. Sie sind grün und photoautotroph und weisen damit typisch pflanzliche Eigenschaften auf. Wenn man allerdings die **Verwandtschaftsverhältnisse** betrachtet, wird deutlich, dass es sich bei den Algen um eine heterogene Gruppe unterschiedlicher phylogenetischer Herkunft handelt (Sy 3).

Definition der Pflanzen

Pflanzen sind photoautotrophe Eukarya, die durch **primäre Endosymbiose** (▶ Abschn. 2.1) aus einem heterotrophen Eucyten und einem Cyanobakterium hervorgegangen sind. Das Cyanobakterium wurde nicht verdaut, sondern im Laufe der Evolution zu einer **Plastide** mit zwei Membranen modifiziert. Plastiden mit zwei Membranen werden als **einfache** oder **primäre Plastiden** bezeichnet. Sie kennzeichnen die **Evolutionslinie der Pflanze**, die **Archaeplastida** (Sy 3, Sy 4). Zu ihr gehören die Glaucophyta (13 Arten), die Rotalgen (ca. 6000 Arten), die Grünalgen (über 11.000 Arten; ◘ Tab. 5.2) und alle Landpflanzen (Moose, Bärlapp-, Farn-, Samenpflanzen).

Die genaue **Entstehungszeit** der **Archaeplastida** ist unsicher und wird je nach Quelle auf den Zeitraum zwischen 900 Mio. und 1,6 Mrd. Jahren vor heute datiert (Shih und Matzke 2013; Knoll 2014). Aus der Gruppe der Grünalgen (belegt seit 700 Mio. Jahren) sind die Landpflanzen hervorgegangen (belegt seit über 400 Mio. Jahren).

Heterogenität von Algen

Die Algen sind eine **heterogene** Sammelgruppe **nicht näher verwandter Evolutionslinien** (Sy 3). Zu ihnen gehören alle photosynthetisch aktiven Eukarya, die **keinen Embryo** bilden und **nicht zu** den Pilzen (Flechten; ▶ Exkurs 5.1) oder Tieren (▶ Abschn. 5.3.4) gehören. Sie umfassen neben den Archaeplastida (primäre Algen, Pflanzen) auch Gruppen heterotropher Verwandtschaftskreise, deren Fähigkeit zur Photosynthese auf **sekundäre** und **tertiäre Endosymbiose** zurückgeführt wird (sekundäre Algen; ▶ Abschn. 2.1.2, ◘ Abb. 2.2):

- Unter Beteiligung von **Rotalgen** entwickelten sich in verschiedenen **heterotrophen Verwandtschaftskreisen** sekundär photoautotrophe Organismengruppen: Cryptomonadales (Schlundgeißler), Haptophyta (Kalkalgen), Dinophyta, (Panzergeißler) und Stramenopiles (Chrysophyceae, Xanthophyceae, Braunalgen, Kieselalgen; Sy 4:5, 6, 9, 10).
- **Grünalgen** waren an der Evolution der sekundär photoautotrophen Euglenophyceae (Augentierchen) und Chlorarachniophyta (Sy 4:4, 7) beteiligt, die verwandtschaftlich zu den **heterotrophen** Excavata bzw. Cercozoa gehören.

Tertiäre Endosymbiosen haben mehrfach parallel unter Beteiligung der **Dinophyta** stattgefunden. Partner der wiederholten Symbiose waren Cryptomonadales, Haptophyta, Stramenopiles und Grünalgen (Keeling 2004; Sy 3).

Die Algengruppen mit sekundären und tertiären Plastiden gehören phylogenetisch **nicht zu den Pflanzen**. Sie sind jünger als die Archaeplastida und entstanden vermutlich in der Zeit zwischen 700 Mio. und 1,3 Mrd. Jahren vor heute (Shih und Matzke 2013; Knoll 2014). Einige Linien sind deutlich jünger.

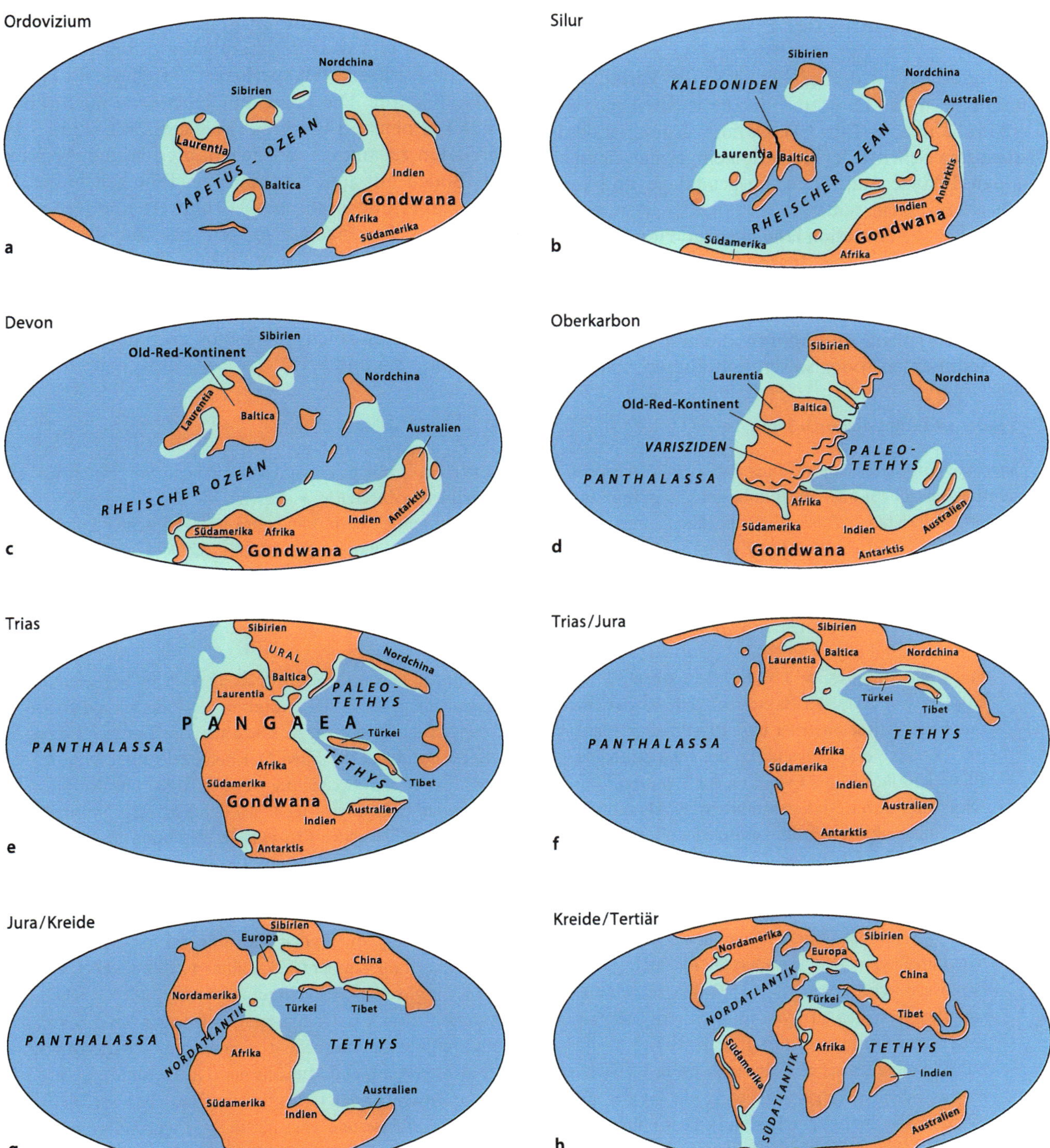

■ **Abb. 3.9 Anordnung der Kontinente im Laufe der Erdgeschichte. a–h** Erdzeitalter (■ Tab. 3.1). Urkontinente: Baltica, Gondwana, Laurentia, Pangäa, Old-Red-Kontinent (Euramerika). Urozeane: Iapetus-Ozean, Rheischer Ozean, Palaeotethys, Panthalassa, Tethys. Gebirgsbildung: Kaledonien, Variszidar. Blau: Ozeane. Grün: Schelfmeer, Kontinental-sockel. Orange: Festland. (© nach Storch et al. 2007, verändert)

3.4 Der Landgang der Pflanzen

Fossilfunde weisen darauf hin, dass die Vorläufer der Landpflanzen das Land im **Silur** besiedelten (vor 444–419 Mio. Jahren, ◘ Tab. 3.1). Damit wurde einer der **bedeutendsten Schritte der Evolution** eingeleitet, denn erst mit den Pflanzen als Nahrungsgrundlage und ihrem Einfluss auf den Sauerstoffgehalt der Atmosphäre konnte auch die **Evolution landlebender Tiere** beginnen.

Vor der Besiedlung durch die Pflanzen war das Land mit **Biofilmen** aus Cyanobakterien, heterotrophen Bakterien und Archaea bedeckt. Fossilisierte Pilzfäden (Hyphen) und Sporen, die in 470 Mio. Jahre alten Sedimenten (oder wesentlich älteren Schichten; Brundrett und Tedersoo 2018) gefunden wurden, weisen darauf hin, dass der Landgang durch eine Symbiose mit Pilzen (**Mykorrhiza**; ► Exkurs 8.11) begünstigt wurde. Die Pilze, möglicherweise auch schon frühe Formen von **Flechten** (Lichenes; ► Exkurs 5.1), bereiteten zusammen mit den Bakterien und Archaea den Boden auf und machten den Pflanzen mineralische Nährstoffe verfügbar (Brundrett und Tedersoo 2018). Im Gegenzug erhielten sie von den Landpflanzen Photosyntheseprodukte. Diese für beide Partner vorteilhafte Wechselwirkung (**Symbiose**) war eine weitere Schlüsselinnovation (*key innovation*) der Evolution und spielt bis heute eine zentrale Rolle (► Exkurs 3.4 und 8.11).

Exkurs 3.4 Evolution durch Symbiose

Der evolutionäre ‚Kampf ums Überleben‘ wurde jahrzehntelang als ein von Eigennutz geprägter **Konkurrenzkampf** angesehen. Tatsächlich beruhen aber die bedeutendsten Fortschritte der Evolution auf **Symbiose** (griech. *syn*, „zusammen", *bio*, „Leben"), einer Lebensgemeinschaft aus Organismen ganz unterschiedlicher Zugehörigkeit, die beiden Partnern **Vorteile** gewährt (Axelrod 2000; Nowak und Highfield 2011):

- Die **Endosymbiose** (► Abschn. 2.1) zwischen heterotrophen Eukarya und Bakterien/Archaea hat zur Bildung von **Mitochondrien** und **Plastiden** geführt. Auf ihr beruhen die Entstehung der photoautotrophen **Pflanzenzelle** und die **Evolution der Pflanzen**.
- Die Symbiose mit **Mykorrhizapilzen** (► Abschn. 3.4) hat den **Landgang der Pflanzen** entscheidend gefördert und vermutlich das Überleben der Pflanzen an Land erst ermöglicht. Noch heute hängen ca. 85 % der Landpflanzen von der Symbiose mit Pilzen ab (► Exkurs 8.11).
- Die Symbiose zwischen Pilzen und Cyanobakterien bzw. einzelligen Grünalgen hat die **Flechten** (Lichenes) hervorgebracht, deren etwa 25.000 Arten eine eigenständige, von beiden Symbiosepartnern unterschiedliche Lebensweise zeigen (► Exkurs 5.1).
- Die Symbiose zwischen **Blütenpflanzen und Tieren** zählt zu den Schlüsselereignissen der Evolution der Blütenpflanzen. Die überwiegende Mehrheit der Blütenpflanzen wird von Tieren bestäubt (**Zoophilie**; ► Abschn. 11.1) und ein Großteil der Samen und Früchte von Tieren ausgebreitet (**Zoochorie**; ► Abschn. 12.3.2).
- Bedeutende Symbiosen treten auch zwischen **Ameisen und Blütenpflanzen** (► Abschn. 8.6.2) und stickstofffixierenden **Bakterien und Hülsenfrüchtlern** bzw. **Schlauchpilzen und verschiedenen Pflanzengruppen** auf (► Exkurs 8.11).

Die wenigen Beispiele zeigen, dass eine Vielzahl bedeutender Schlüsselereignisse in der Evolution der Pflanzen auf Symbiosen beruht. Zieht man Beispiele aus dem Tierreich hinzu, z. B. die Symbiose zwischen Darmbakterien und Säugern, Putzerfischen und Seeanemonen oder Algen und Korallen (► Abschn. 5.3.4), wird mehr als deutlich, dass Symbiose einer der **grundlegenden Prozesse der Evolution** ist.

Nach Art der Symbiose werden **Endo- und Ektosymbiosen** unterschieden. Im ersten Fall wird einer der Partner vom anderen aufgenommen (z. B. Bakterien bei der Endosymbiose), im zweiten Fall interagieren freilebende Organismen miteinander (z. B. Blüten und Bestäuber).

Im englischen Sprachraum werden **alle Wechselwirkungen** zwischen Organismen unter dem Oberbegriff *symbiosis* zusammengefasst und in **Parasitismus** (Schmarotzertum) und **Mutualismus** (Partnerschaft; lat. *mutuus*, ‚gegenseitig‘) unterschieden. Im Deutschen werden die Begriffe Symbiose und Mutualismus weitgehend synonym verwendet und von Parasitismus abgegrenzt.

Die Landpflanzen stammen nach derzeitigem Wissen von **Grünalgen** ab, die wahrscheinlich temporär trockene **Süßwasserstandorte** bewohnten (Graham et al. 2014). Vermutlich handelte es sich um die gemeinsamen Vorfahren der Landpflanzen und heute lebenden Charophyta (Streptophyta; Sy 5). Dafür sprechen molekulare Daten, die Merkmalskombination aus Chlorophyll a und b (► Exkurs 2.2), Stärke als Reservestoff (► Abschn. 2.2.1) und Cellulose als Zellwandmaterial (► Abschn. 2.2.4) sowie die Übereinstimmungen in der Zellteilung (Phragmoplast ► Abschn. 2.4.2) und Differenzierung der Gameten (Oogamie; ► Abschn. 4.1.2). Andere landlebende Algengruppen scheiden als Stammgruppe aus. Sie zeigen aber, dass der **Landgang** der Algen **mehrfach parallel** erfolgt ist, möglicherweise sogar viel öfter, als es die rezenten Vertreter der Algen vermuten lassen.

Die ältesten, fossil erhaltenen Sporen von Landpflanzen weisen eine starke Ähnlichkeit zu den Sporen rezenter **Lebermoose** auf. Von den betreffenden Pflanzen selbst ist jedoch fossil nichts erhalten; die ersten eindeutig als Lebermoose anzusprechenden Fossilien (*Metzgeriothallus sharonae*) sind erst aus dem mittleren Devon erhalten (Hernick et al. 2008). Daher lassen sich weder der Zeitpunkt der Besiedlung des Landes durch frühe Moospflanzen noch deren Verwandtschaftsverhältnis zu den ersten Gefäßpflanzen (Tracheophyten) anhand von Fossilmaterial nachvollziehen (Abb. 3.10). Aufgrund der heute zur Verfügung stehenden molekularen Daten geht man davon aus, dass die Landpflanzen **monophyletisch** sind, also auf einen gemeinsamen Vorfahren zurückgehen, und dass die Moose die Schwestergruppe der Gefäßpflanzen sind (Sy 6).

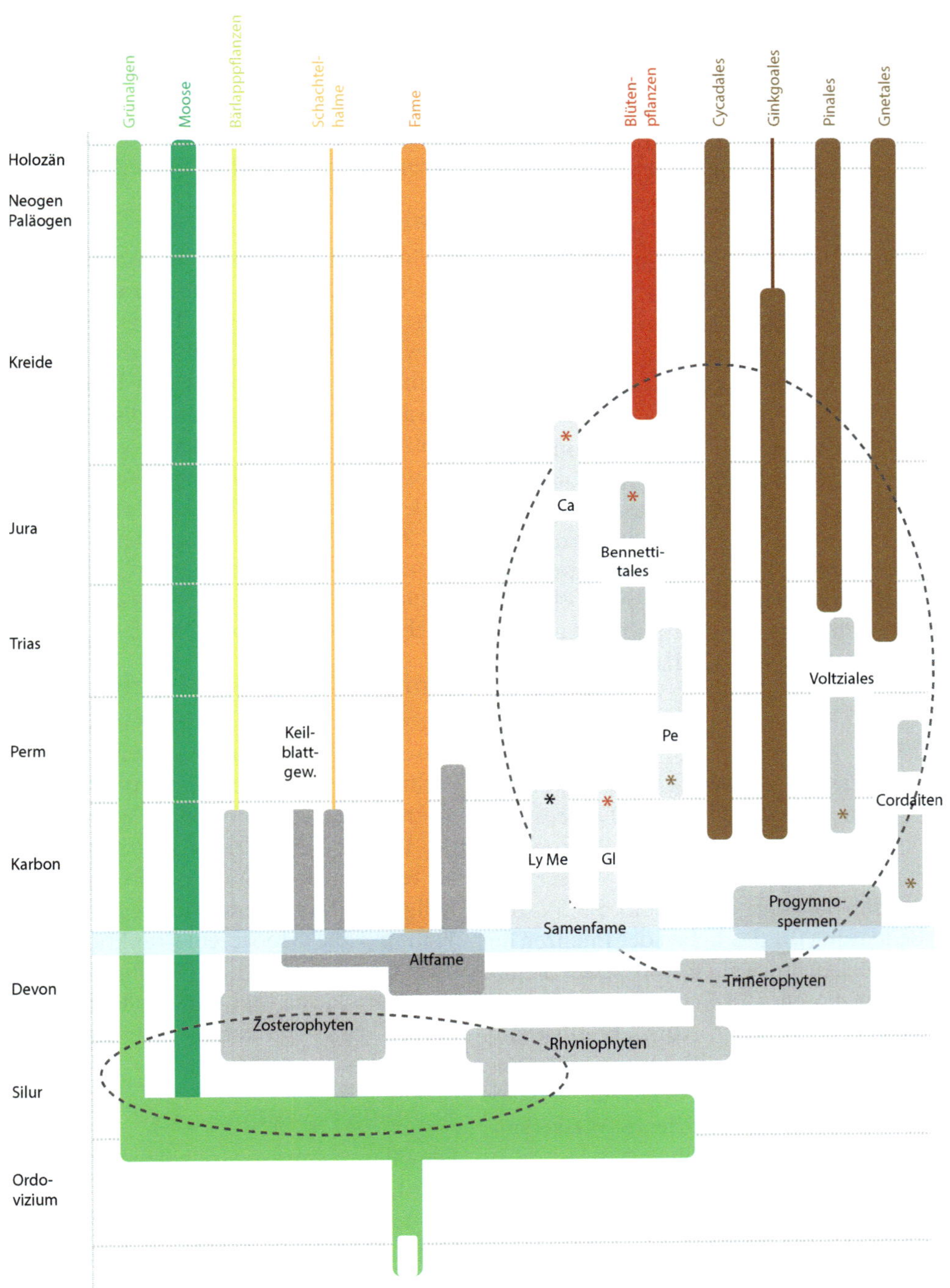

Abb. 3.10 Rekonstruktion der Evolution der Landpflanzen auf der Basis von Fossilfunden. Ca, Caytoniales. Gl, Glossopteridales. Ly, Lyginopteridales. Me, Medullosales. Pe, Peltaspermales (alles Samenfarne, Pteridospermen). Gestrichelte Linie: unklare Verwandtschaftsverhältnisse. Hellblau: Zeitraum der Organbildung bei Kormophyten. Sternchen: vermutete Verwandtschaft aufgrund von molekularen und morphologischen Daten (Doyle 2013). Schwarz: Evolutionslinie der Samenpflanzen. Braun: Evolutionslinie der Gymnospermen. Rot: Evolutionslinie der Angiospermen. Die Balkenbreite gibt nicht den jeweiligen Artenreichtum wider; die dünnen Linien weisen auf Reliktgruppen hin (▶ Exkurs 3.5 bis 3.8). (© Original, stark generalisiert nach Daten überwiegend aus Taylor et al. 2009)

3.4.1 Anpassungen an das Leben auf dem Land

Die ersten Algen, die vom Süßwasser ans Land gespült wurden, sind vermutlich kollabiert und vertrocknet. Sie mussten erst **Anpassungen** an das Leben auf dem Land entwickeln. Dieser Prozess dauerte **viele Millionen Jahre**, in denen von unzähligen Mutanten nur diejenigen erhalten blieben, die **überlebensfähig** waren (natürliche Selektion).

Wasser ist für tierische und pflanzliche Organismen der **ursprüngliche Lebensraum**. Es bietet relativ konstante Lebensbedingungen. Photoautotrophe Organismen nutzen die Energie des Sonnenlichtes und sind dabei durch Reflexion an der Wasseroberfläche vor zu starker **UV-Strahlung** geschützt. Sie halten sich schwebend oder schwimmend an der Wasseroberfläche oder gehen zur festsitzenden Lebensweise in der Gezeitenzone über. Der Auftrieb des Wassers wirkt der Schwerkraft entgegen, sodass auch bei größeren Organismen wenig Energie in zusätzliche Stützstrukturen investiert werden muss.

Der Übergang zum Leben auf dem Land umfasste den Übergang vom **Salz- ins Süßwasser** und vom **Süßwasser aufs Land**. Dabei mussten die Pflanzen ihren gesamten Vegetationskörper **umstrukturieren** (▶ Abschn. 5.3.5 und ▶ 5.4). UV-Licht, Schwerkraft und Trockenheit mussten ertragen und die vorher im Wasser ablaufenden Prozesse der Stoffaufnahme, Fortpflanzung und Ausbreitung an die Landbedingungen angepasst werden.

Wasserhaushalt

Landpflanzen befinden sich mit dem größten Teil ihres Vegetationskörpers in der Atmosphäre. Diese weist meist ein niedrigeres Wasserpotential als die Pflanze auf, wodurch dem Pflanzenkörper zwangsläufig Wasser entzogen wird (**Transpirationssog**; ▶ Abschn. 5.3.5). Von grundlegender Bedeutung für das Leben der Pflanzen an Land waren daher vor Austrocknung schützende Strukturen. Die Landpflanzen entwickelten wasserundurchlässige **Abschlussgewebe** (Cuticula, Kork)**, regulierbare Spaltöffnungen** zur Aufrechterhaltung des Gasaustauschs, großflächige **Absorptionsgewebe** zur Wasseraufnahme aus dem Boden und **effiziente Wasserleitsysteme** aus **toten Zellen** (▶ Abschn. 5.4.2, ▶ 7.1, ▶ 7.2, ▶ 7.4 und ▶ 7.5).

Schutz vor mutagener Strahlung

Im Unterschied zum Leben im Wasser geht mit dem Leben an Land eine starke Bestrahlung durch **ultraviolettes Licht** einher. Die davon ausgehende potentielle Schädigung des Erbguts stellt einen bedeutenden Selektionsdruck für terrestrisches Leben dar. Mit UV-absorbierenden Farbstoffen wie dem grünen **Chloro**phyll (▶ Exkurs 2.2) oder den gelben und roten Carotinoiden besaßen die frühen Landpflanzen bereits einen Schutz vor mutagener Strahlung.

Ein Schritt von zentraler Bedeutung für das Überleben an Land war die Bildung eines **diploiden Vegetationskörpers**, der vermutlich durch eine Verlängerung der **diploiden Lebensphase** aus der **Zygote** entstand und bei den Gefäßpflanzen zum freilebenden, dominanten Sporophyten führte (▶ Abschn. 4.3 und 4.5.1). Da **Mutationen** gewöhnlich **rezessiv** sind, setzen sich schädliche Veränderungen in einem Organismus mit **doppeltem Chromosomensatz** (diploid) nicht unmittelbar durch, sondern werden von der Expression des unveränderten, dominanten Allels überdeckt.

Stabilität

Während die Pflanzen im Wasser Auftrieb erfahren, wirkt an Land die **Schwerkraft** auf den pflanzlichen Vegetationskörper ein. Festigungsstrukturen wurden entwickelt, die das Kollabieren verhinderten. Neben der primären Festigkeit durch den **Turgor** (▶ Abschn. 2.2.3) gewannen vor allem der Zellstoff **Cellulose** und der Holzstoff **Lignin** an Bedeutung (▶ Abschn. 2.2.4). Cellulose tritt schon bei einigen Algengruppen auf und ist in den Zellwänden aller Landpflanzen enthalten, denen sie **Zugfestigkeit** verleiht. Die Ligninsynthese ist ein Neuerwerb der frühen Landpflanzen, die mit den durch **Lignin** versteiften Zellwänden zu beachtlichem **Höhenwuchs** gelangten (▶ Abschn. 5.4.2 und ▶ 5.5.4).

Stoffaufnahme und Stoffleitung

Algen können über ihre gesamte Oberfläche Wasser, Gase und Mineralsalze aufnehmen. Die Energie- und Nahrungsquellen der Landpflanzen liegen dagegen räumlich getrennt im Boden (Wasser, Nährsalze) und in der Luft (Licht, CO_2, Sauerstoff). Die unterschiedliche Verteilung hat im Laufe der Evolution zu einer **arbeitsteiligen Differenzierung des Vegetationskörpers** geführt. Während die Moose eine funktionale Differenzierung ihrer **Gewebe** aufweisen (**Thallus**; ▶ Abschn. 5.3.5), besitzen die Farne und Samenpflanzen **Organe** mit Achsen-, Blatt- und Wurzelfunktion (**Kormus**; ▶ Abschn. 5.5.1).

Sexuelle Fortpflanzung

Die Pflanzen mussten sich beim Übergang vom Wasser- zum Landleben auch in ihrem Fortpflanzungssystem an die neuen Bedingungen anpassen. Die **Befruchtung** erfolgte nicht länger im Wasser, sondern bodennah an wasserüberspülten Flächen oder durch Regentropfen.

Der haplo-diplontische Generationswechsel setzte sich durch (▶ Abschn. 4.3) und führte im Laufe der Evolution zur Dominanz des diploiden **Sporophyten**. Die Gameten und sporenbildenden Gewebe wurden durch **Hüllen** geschützt (Gametangien, Sporangien;

▶ Abschn. 4.4) und die Ausbreitungseinheiten mit harten Wänden aus **Sporopollenin** (Sporen; ▶ Abschn. 2.2.4 und ▶ 4.1.2) und **Lignin** (einige Samen und Früchte; ▶ Abschn. 12.1 und ▶ 12.2) umgeben. Die Samenpflanzen erreichten schließlich durch extreme **Reduktion des Gametophyten, Endosporie, Endosporangie, Pollenschlauchbefruchtung** und Bereitstellung von **Keimmedien** für den Pollen (Narbenoberfläche, Bestäubungstropfen) eine völlige **Unabhängigkeit vom Wasser** (▶ Abschn. 4.6.1).

Ausbreitung

Während die **Sporen** der Algen mit dem **Wasser** ausgebreitet werden, mussten sich die frühen Landpflanzen an den **Wind** als Ausbreitungsvektor ihrer Sporen anpassen. Dazu benötigten sie eine ausreichende Wuchshöhe und Mechanismen, die das Ausstreuen der Sporen aus Sporenbehältern begünstigten (▶ Exkurs 5.10 und 5.11). Im Laufe der Evolution wurde die Ausbreitung zunehmend effizienter. Bei den Samenpflanzen entstand der **Samen** als neue **diploide Ausbreitungseinheit.** Im Schutze der Samenschale konnte der junge Sporophyt (**Embryo**) überdauern und geeignete Keimbedingungen abwarten. Bei den Blütenpflanzen führte die Bedecktsamigkeit (**Angiospermie**; ▶ Abschn. 4.6.3 und ▶ 10.5) zur Bildung von **Früchten** und Fruchtverbänden mit vielfältigen Ausbreitungsmöglichkeiten durch Wind, Wasser und Tiere (▶ Kap. 12).

3.5 Farnzeitalter (Paläophytikum)

Die Erdgeschichte wird üblicherweise nach der Evolution der Tiere in Erdaltertum (Paläozoikum), Erdmittelalter (Mesozoikum) und Erdneuzeit (Neozoikum) unterteilt (◻ Tab. 3.1). Nach der **Evolution der Pflanzen** lassen sich ein **Farnzeitalter** (Paläophytikum; Mitte Silur bis Mitte Perm), ein **Gymnospermenzeitalter** (Mesophytikum; Mitte Perm bis Mitte Kreide) und ein **Angiospermenzeitalter** (Känophytikum; ab Mitte Kreide) unterscheiden.

Die folgenden Ausführungen zur Evolution der Pflanzen basieren auf den Büchern von Storch et al. (2007) und Taylor et al. (2009), den reich illustrierten Werken von Guerrero und Frances (2012) und Palmer und Barrett (2009) und auf der zitierten Originalliteratur.

3.5.1 Silur/Devon: Erste Landpflanzen

Im Silur (vor 443–416 Mio. Jahren) vereinigten sich die am Äquator liegenden Landmassen Laurentia und Baltica unter Auffaltung des Kaledonischen Gebirges zu Euramerika, dem späteren Old-Red-Kontinent (◻ Abb. 3.9b, c). Die übrigen Landmassen bildeten weit im Süden den Kontinent Gondwana. Es herrschte weltweit ein warmes Klima, das ebenso wie der sehr hohe CO_2-Gehalt der Atmosphäre (etwa das 14-Fache von heute; ◻ Abb. 3.8) die Entwicklung der Pflanzen förderte.

Aus dieser Zeit stammen die ersten Makrofossilien der **Rhyniophyta**, **Zosterophyta** und **Trimerophyta** (▶ Exkurs 3.5). Diese Pflanzen (missverständlich als Urfarne bezeichnet) gelten neben den Moosen als die ältesten Landpflanzen und **Vorfahren aller Gefäßpflanzen** (◻ Abb. 3.10). Sie hatten einen sehr einfachen Vegetationskörper aus organlosen Gliedern (**Telomen**; ▶ Abschn. 5.4.1) und werden in diesem Buch als **Telompflanzen** bezeichnet.

Die Telompflanzen besiedelten Sumpfgebiete und waren etwa 50 Mio. Jahre auf der Erde vertreten. Sie entwickelten eine beträchtliche Formenfülle und starben im frühen Oberdevon aus. Ihre morphologische Heterogenität und die nur fragmentarisch vorliegenden Fossilfunde erlauben keine eindeutigen Aussagen über ihre Verwandtschaftsverhältnisse (◻ Abb. 3.10: gestrichelte Linie).

Die Pflanzen waren klein (20–50 cm, selten bis 1 m) und besaßen blattlose (‚nackte‘), gabelig verzweigte Vegetationskörper (◻ Abb. 3.11c, d). Eine für Wasser undurchlässige Wachsschicht (**Cuticula**) und regulierbare **Spaltöffnungen** sorgten für Verdunstungsschutz und Gasaustausch (▶ Abschn. 5.4 und ▶ 7.2.1). **Festigkeit** erhielten die Pflanzen vor allem durch den **Turgor** ihres Gewebes (▶ Abschn. 2.2.3). Zur Verbesserung der Wasserleitung wurden erste Leitzellen (Vorläufer der **Tracheiden**; ▶ Abschn. 5.4.2 und ▶ 7.4.1) und einfache Leitsysteme (**Protostele**; ▶ Abschn. 5.5.2) entwickelt. Erstmals im Laufe der Evolution trat der Holzstoff **Lignin** (▶ Abschn. 2.2.4) auf, der die Zellwände zusätzlich festigte. Durch die optimierte Wasserleitfähigkeit und erhöhte Stabilität der Pflanze gelang es den Telompflanzen, aufrechte Vegetationskörper zu entwickeln. Der Höhenwuchs wurde durch **Übergipfelung** (▶ Abschn. 5.4.4) gefördert und diente vor allem der Sporenausbreitung durch den Wind. Mit diesen Neuerungen leiteten die Telompflanzen die Evolution der später auftretenden Gefäßpflanzen (**Kormophyten**: Bärlapp-. Farn-, Samenpflanzen) ein.

Während die grünen Moospflanzen einen haploiden, gametophytischen Vegetationskörper aufweisen, dem ein kurzlebiges, diploides **Sporogon** aufsitzt (▶ Abschn. 4.4.3 und ▶ 5.6.2), entwickelten die Telompflanzen erstmals in der Geschichte der Landpflanzen grüne, freilebende **Sporophyten**. Mit ihren **diploiden Vegetationskörpern** waren sie besser an das Leben auf dem Land angepasst als die Moose. Sie bildeten sehr viel **mehr Sporangien** und **genetisch diverse Spo-**

ren (■ Tab. 4.2) und konnten dadurch besser auf Umweltänderungen reagieren.

Die Gametophyten der Telompflanzen sind fossil schlecht dokumentiert. Die wenigen Funde belegen aber, dass zumindest einige Arten **zwei grüne Vegetationskörper** ausbildeten, einen zur Gametenbildung und einen zur Sporenbildung (■ Abb. 3.12). Der damit einhergehende hohe Energieaufwand könnte ein erheblicher Selektionsnachteil gewesen sein. Dafür spricht auch die Tatsache, dass alle Nachfahren (Kormophyten) nur eine dominante Generation, den **Sporophyten**, ausbilden, während der Gametophyt zunehmend reduziert wird (■ Tab. 4.2).

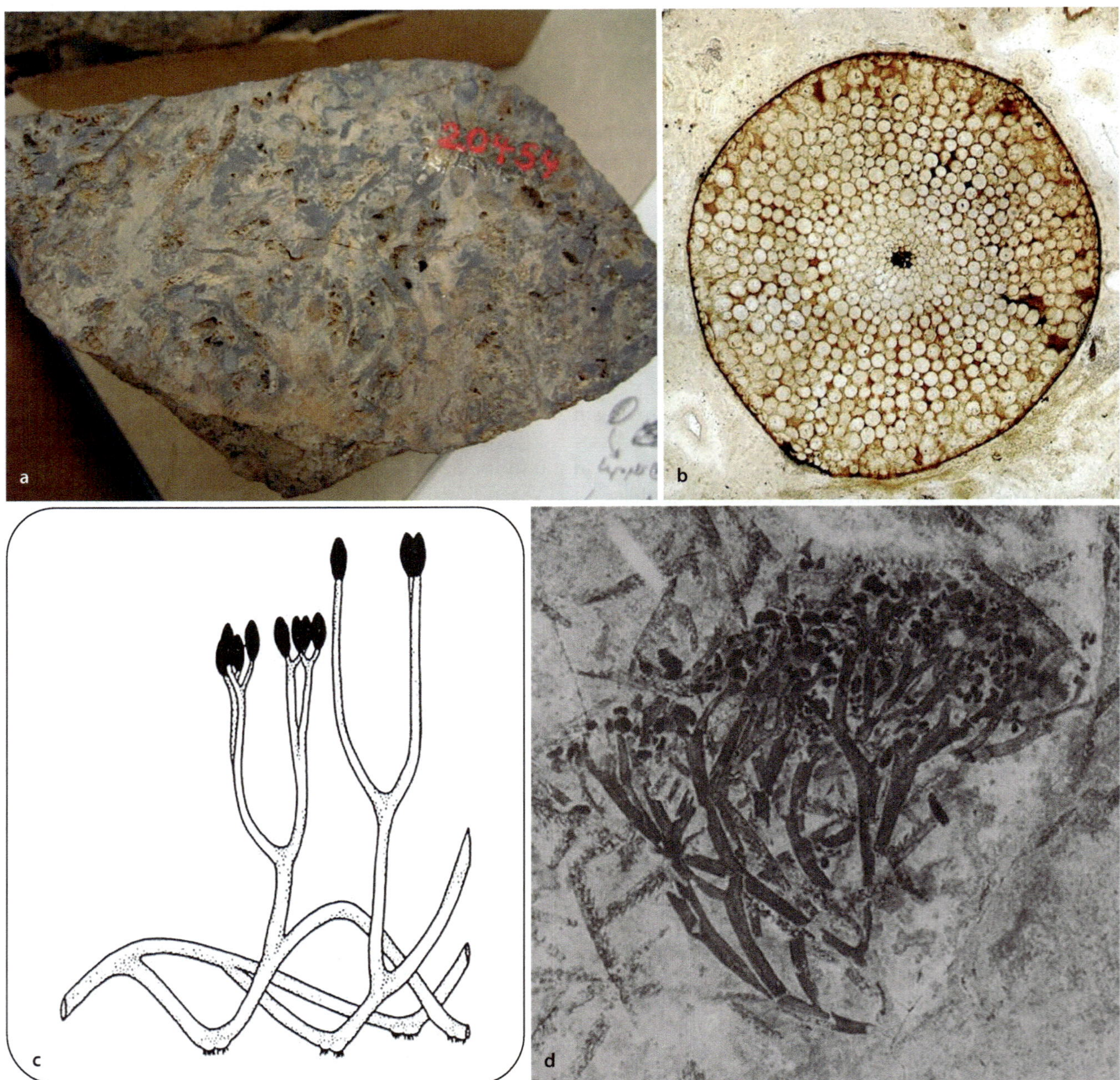

■ **Abb. 3.11 Frühe Landpflanzen.** Rhyniophyta. **a,** Fossilführender Hornstein (Rhynie Chert). **b,** Dünnschliff aus dem Hornstein mit einem Stängel von *Rhynia gwynne-vaughanii*, ≤5 mm im Durchmesser. **c,** *Aglaophyton major*. Rekonstruktion einer Pflanze aus dem Rhynie Chert mit Kriechtrieben und aufrechten Sporangienträgern. **d,** *Cooksonia bohemica*. Das abgebildete Fossil aus dem Obersilur ist der bisher vollständigste Fund der ältesten Landpflanzen. (© **a**: Jpwilson at English Wikipedia, Public domain, via Wikimedia Commons. ► https://commons.wikimedia.org/wiki/File:Rhynie_chert.jpg. **b**: Plantsurfer, CC BY-SA 2.0 UK. ► https://creativecommons.org/licenses/by-sa/2.0/uk/deed.en, via Wikimedia Commons. **c**: Edwards 1986. **d**: Schweitzer 1990 (► http://www.schweizerbart.de))

Exkurs 3.5 Frühe Gefäßpflanzen (Telompflanzen)

Die **Telompflanzen** sind eine **Sammelgruppe**, die die frühesten Gefäßpflanzen umfasst. Zu ihnen gehören morphologisch ähnliche Fossilien, die nicht notwendigerweise miteinander verwandt sind. Die Pflanzen entwickelten erstmals **Gefäße** und gelten als Ausgangsgruppe aller Gefäßpflanzen (**Tracheophyta**), also aller Landpflanzen außer den Moosen. Die frühen Telompflanzen werden in drei Gruppen gegliedert (■ Abb. 3.10):

- Die **Rhyniophyta** sind sehr heterogen. *Aglaophyton major* und *Cooksonia bohemica* (■ Abb. 3.11c, d) hatten noch keine Gefäße und ähnelten darin den Moosen. Sie gehören streng genommen nicht zu den Tracheophyta und werden auch als **Protracheophyta** bezeichnet. *Rhynia gwynne-vaughanii* (■ Abb. 3.11b) wies dagegen schon einen zentralen Strang sehr ursprünglicher Leitgewebezellen auf (**Protostele**; ■ Abb. 5.28a, b). Der zugehörige Gametophyt wurde als *Remyophyton delicatum* beschrieben und belegt, dass *Rhynia* zwei habituell ähnliche, freilebende Generationen besaß. Weitere Fossilien der Rhyniophyta sind *Stockmansella* und *Taeniocrada*.

- Die **Zosterophyta** entstanden vermutlich parallel zu den Rhyniophyta. Sie entwickelten höherwüchsige Pflanzen und seitlich sitzende Sporangien. Sie unterschieden sich im Bau der Protostele von den anderen Gruppen und gelten als Stammgruppe der Bärlapppflanzen. Wichtige Fossilien sind *Zosterophyllum* (■ Abb. 3.14a), *Sawdonia* (■ Abb. 5.31a) und *Gosslingia* (▶ Abschn. 5.4.3).

- Die **Trimerophyta** leiten sich wahrscheinlich von den Rhyniophyta ab. Sie besaßen stärker differenzierte Vegetationskörper (■ Abb. 5.33e) und gelten als Ausgangsgruppe aller Gefäßpflanzen (mit Ausnahme der Bärlapppflanzen). Wichtige Fossilien sind *Trimerophyton* und *Psilophyton dawsonii*.

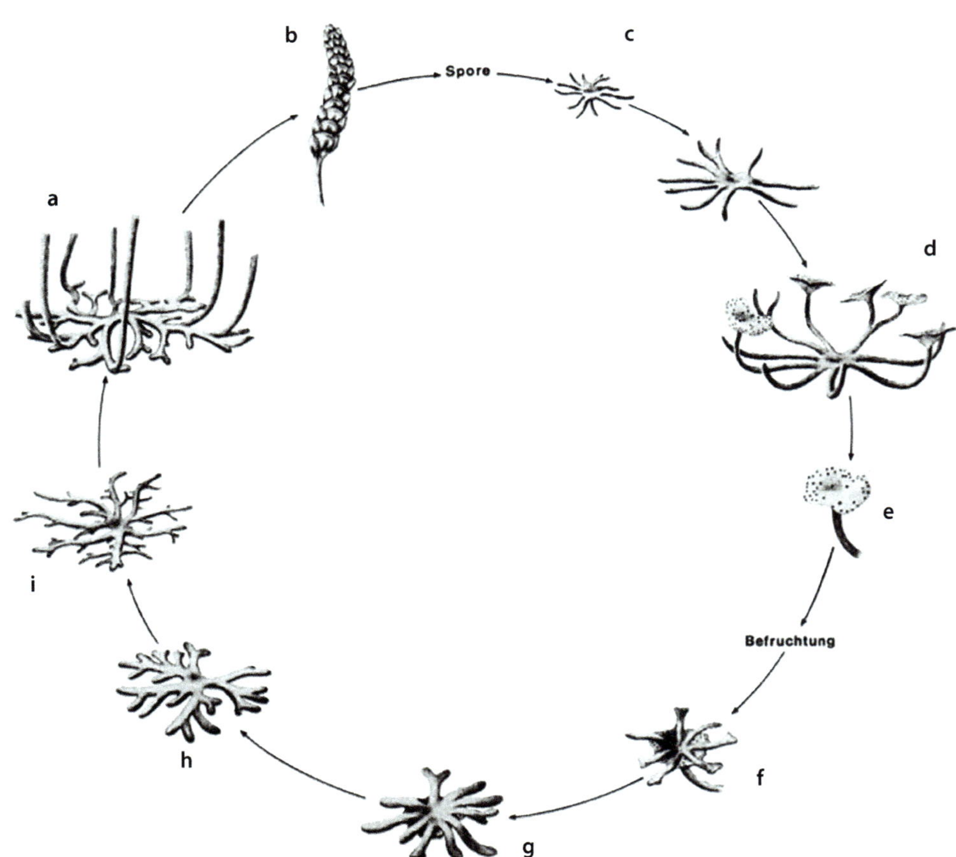

■ **Abb. 3.12 Generationswechsel von *Zosterophyllum rhenanum*** (zum Verständnis der Stadien s. ▶ Kap. 4). **a,** Sporophyt. **b,** Sporangienstand. **c,** Sternförmiger Gametophyt (Prothallium). **d,** Gametophyt mit Gametangienträger. **e,** Gametangienträger mit Sexualapparaten (zentrale Archegonien, randständige Antheridien). **f,** Sporophyt, nach der Befruchtung auf dem Gametangienträger auskeimend. **g–i,** Junger Sporophyt. (© Schweizer 1990 (▶ http://www.schweizerbart.de))

3.5.2 Devon: Entfaltung der Gefäßpflanzengruppen

Im Devon (vor 416–359 Mio. Jahren) waren die Landmassen auf einen großen Nordkontinent (Euramerika, Old-Red-Kontinent) und Gondwana verteilt (◘ Abb. 3.9c). Das Klima unterlag mit schweren Niederschlägen und ausgeprägter Trockenheit starken Schwankungen und förderte die Entfaltung unterschiedlicher Gefäßpflanzengruppen (▶ Abschn. 5.5.3). Die Vegetation veränderte sich von lockeren und niedrigen Beständen zu höherwüchsigen und vollständig terrestrischen Lebensgemeinschaften.

Innerhalb von 50 Mio. Jahren entfalteten sich die **Vorfahren** aller heute lebenden **Gefäßpflanzengruppe** (◘ Abb. 3.10), also der Bärlapppflanzen (Zosterophyta), Schachtelhalme (*Sphenophyllales*, Keilblattgewächse), Farne (Altfarne, Primofilices) und Samenpflanzen (Progymnospermen; ▶ Exkurs 3.6). Sie lösten die Telompflanzen ab und entwickelten **mehrfach parallel** arbeitsteilig differenzierte Vegetationskörper mit Organen (**Kormus**; ▶ Abschn. 5.5.3).

Die Pflanzengruppen des Devons bildeten je nach Epoche und Lebensraum ganz unterschiedliche Vegetationsformen (◘ Abb. 3.13):

◘ **Abb. 3.13 Rekonstruktion fossiler Pflanzengemeinschaften.** Die Vegetationsbilder basieren auf Fossilfunden, die jeweils nur einer Altersschicht angehören. Sie illustrieren den raschen Florenwechsel vom unteren bis zum oberen Devon. **a**, Binsenartiger Bestand aus Vertretern der Zosterophyta. Wahnbachtal bei Siegburg, Unterdevon. **b**, Feuchte Ebene mit Altfarnen, Bärlapppflanzen und Progymnospermen. Lindlar, Mitteldevon. **c**, Senke mit Altfarnen, Keilblattgewächsen, ersten Bärlappbäumen und Progymnospermen. Büreninsel (Norwegen), Oberdevon. **d**, Küstenmoor mit Altfarnen, Bärlappbäumen, Riesen-Schachtelhalmen und Progymnospermen. Büreninsel (Norwegen), spätes Oberdevon. An, *Aneurophyton* (Progymnospermae). Ar, *Archaeaopteris* (Progymnospermae). As, *Asteroxylon* (Bärlapppflanzen). Ca, *Calamophyton* (Altfarn). Ce, *Cephalopteris* (Altfarn). Co, Coenopteridales (Altfarne). Cy, *Cyclostigma* (Bärlapppflanzen). Dr, *Drepanophycus* (Bärlapppflanzen). Du, *Duisbergia* (identisch mit Ca, Altfarn). Hy, *Hyenia* (Altfarn). Ps, *Pseudobornia* (Riesen-Schachtelhalm). Sp, *Sphenophyllum* (Keilblattgewächs). Su, *Sublepidodendron* (Bärlapppflanze). Zo, *Zosterophyllum* (Telompflanzen). (©Schweitzer 1990 (▶ http://www.schweizerbart.de), verändert)

- Im **frühen Devon** war die Vegetation vermutlich nur etwa hüfthoch. Sie wurde von ‚nackten' Zosterophyten (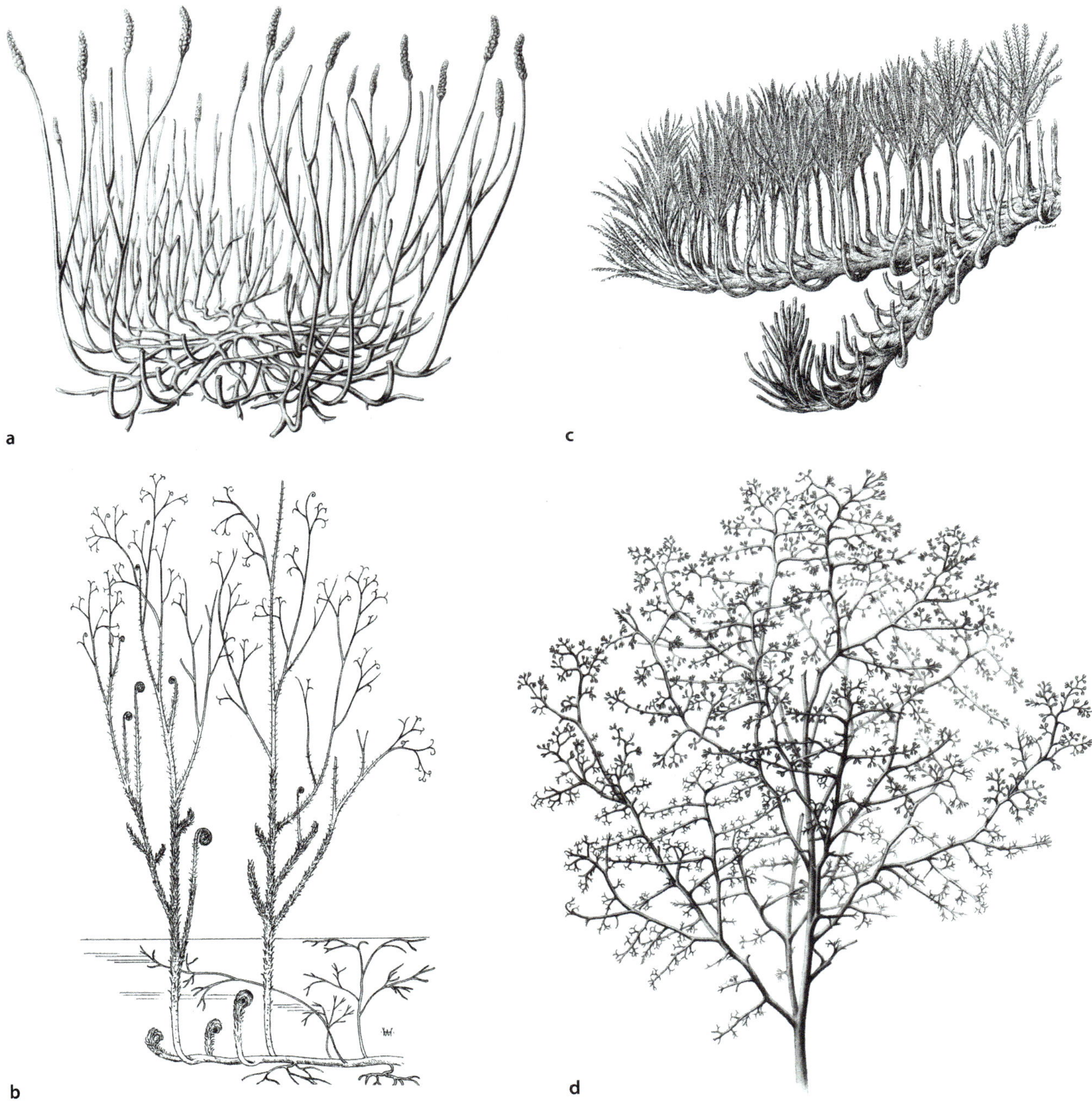 Abb. 3.13a und 3.14a) dominiert, die binsenartige Bestände bildeten.
- Im **mittleren Devon** traten vermehrt **Bärlapppflanzen** (*Asteroxylon, Drepanophycus*) und erste Altfarne auf. *Asteroxylon* (Abb. 3.14b) war sehr häufig. Er war mit Kriechtrieben im Wasser verankert und bildete bis 1 m hohe Sporangienträger. Pilzsymbiose (My-

korrhiza ▶ Exkurs 3.4 und 8.11) konnte am Fossilmaterial nachgewiesen werden. Die **Primofilices** (Altfarne) waren blattlos (‚nackt') und mehrfach gabelig (dichotom) verzweigt. Die Pflanzen bildeten durch unterschiedliche Förderung ihrer Haupt- und Seitensysteme verschiedene Wuchsformen. So festigte *Hyenia elegans* (Abb. 3.13b: Hy, und 3.14c) mit meterlangen, verzweigten Kriechtrieben den Boden, während andere Arten aufrecht wuchsen und bereits eine

a

c

b

d

 Abb. 3.14 Gefäßpflanzen aus dem Devon. Rekonstruiert nach Fossilfunden. **a**, *Zosterophyllum rhenanum* (Zosterophyta). **b**, *Asteroxylon elberfeldense* (Bärlapppflanzen). **c,** *Hyenia elegans* (Primofilices). **d**, *Aneurophyton germanicum* (Progymnospermen). Die Pflanzen waren etwa 30–100 cm hoch. (© Schweitzer 1990 (▶ http://www.schweizerbart.de), verändert)

3

Wuchshöhe von 2–3 m erreichten. Dazu zählen auch *Calamophyton primaevum* (■ Abb. 3.13b: Ca) und *Duisbergia mirabilis* (Du), von denen inzwischen, basierend auf sehr gut erhaltenem Fossilmaterial, bekannt ist, dass sie zur gleichen Art gehören (Giesen und Berry 2013).

Zeitgleich setzte mit der Entfaltung der **Progymnospermen** eine neue Entwicklungslinie ein (■ Abb. 3.10), deren Vertreter aufgrund ihres deutlich besseren Wasserleitvermögens trockenere Standorte besiedeln konnten. *Aneurophyton* (■ Abb. 3.13b: An, und 3.14d) wurde mehrere Meter hoch und bildete wie die Altfarne ,nackte', mehrfach dichotom verzweigte Vegetationskörper (Raumwedel; ▶ Abschn. 5.4.4).

— Im **späten Devon** wurde die Zonierung der Vegetation noch deutlicher. Am Boden dominierten niedrige Altfarne (Coenopteridales; ■ Abb. 3.13c: Co, d: Ce), zwischen denen Keilblattgewächse (■ Abb. 3.13c: Sp) auftraten. Erste Bärlappbäume (Su) mit auffallend gabelig verzweigten Kronen erreichen eine Höhe von 8 m. *Archaeopteris* (Ar; ■ Abb. 3.15b), der bekannteste Vertreter der Progymnospermen, bildete stattliche Bäume von bis zu 20 m Höhe. Er war weit verbreitet und konnte bereits trockenere Standorte besiedeln. In Küstenmooren bildeten riesige Schachtelhalmverwandte (*Pseudobornia* ■ Abb. 3.13d: Ps) und Bärlappbäume (Cy) die ersten echten Wälder.

3.5.3 Karbon: Steinkohlewälder und Gondwana-Flora

Mit der voranschreitenden Besiedlung des Festlandes und der Entstehung vielfältiger Floren wurde der Atmosphäre kontinuierlich CO_2 entzogen und in pflanzlicher Biomasse fixiert. Die CO_2-Konzentration fiel dementsprechend am Ende des Devons rapide ab und hatte im Karbon (vor 359–299 Mio. Jahren) etwa die heutigen Werte erreicht (■ Abb. 3.8). Durch das Zusammenrücken der nördlichen (Euramerika) und südlichen (Gondwana) Landmassen entstand der Superkontinent **Pangäa** (■ Abb. 3.9d), der fast alle Landmassen der Erde zusammenfügte. Im Laufe des Karbons stellte sich eine zunehmende Klimadifferenzierung ein, wodurch es zu einer ausgeprägten geografischen Differenzierung verschiedener Floren kam (■ Tab. 3.1). Am Äquator herrschte ein tropisch-feuchtes Klima, während große Teile von Gondwana zeitweise vergletschert waren.

Nordhemisphäre

Unter den feuchtwarmen Bedingungen der Nordhemisphäre entwickelten sich aus den baumförmigen Arten der unterschiedlichen Pflanzengruppen, die im Devon noch einzeln oder nur in kleinen Gruppen auftraten, bedeutende **Wälder**. Aus ihnen gingen die reichsten **Kohlelagerstätten** der Erdgeschichte hervor (▶ Abschn. 3.2.1).

Die Baumschicht der ,**Steinkohlewälder**' bestand aus Bärlappbäumen, Riesen-Schachtelhalmen, Progymnospermen, Baumfarnen und frühen Gymnospermen. Krautige Keilblattgewächse (Sphenophyllales), niedrigere Farne und erste Samenfarne (Pteridospermen: *Lyginopteris*, *Medullosa*; ■ Abb. 3.15e) bildeten den Unterwuchs:

— Baumförmige Bärlapppflanzen dominierten die Wälder. Die **Schuppen-** (*Lepidodendron*; ■ Abb. 3.15a) und **Siegelbäume** (*Sigillaria*; ■ Abb. 5.31e) waren mit über 200 Arten vertreten und besiedelten vor allem Sumpfgebiete (▶ Abschn. 5.5.4). Ihre Namen nehmen auf die auffälligen Stammmuster Bezug, die von ,Blattpolstern' herrühren (■ Abb. 3.7a und 5.31d). Die unverzweigten Stämme wurden bis 40 m hoch und trugen am Ende eine Krone gabelig (dichotom) verzweigter Äste mit Sporangienzapfen (▶ Abschn. 5.6.4, ■ Abb. 5.63f). Aufgrund des Stammaufbaus (**Rindenkonstruktion** s. ■ Abb. 5.29b, ▶ Abschn. 5.5.4) wird vermutet, dass die Bäume leicht umfallen konnten und nur im dichten Bestand Halt fanden.

— Die niedrigere Baumschicht (10–18 m) wurde von **Riesen-Schachtelhalmen** (*Calamites*; ■ Abb. 3.15c) gebildet. Wie die Bärlappbäume gehörten auch diese Pflanzen zu den frühesten baumförmigen Gewächsen und waren wesentlich an der Waldvegetation des Karbons und Perms beteiligt. Allerdings entwickelten sie mit ihren hohlen Stämmen eine völlig andere Baumkonstruktion (**Rohrkonstruktion**; ■ Abb. 5.29c, ▶ Abschn. 5.5.6).

— Als einer der ersten Baumfarne ist *Psaronius* (bis 15 m; ■ Abb. 3.15d) fossil dokumentiert, ein Vertreter der heute noch rezenten, tropischen Marattiales. Er wuchs wie die heutigen Baumfarne als **Wurzelmantelbaum** (■ Abb. 5.20d, ▶ Abschn. 5.5.6).

— Neben *Archaeopteris* (Progymnosperme; ■ Abb. 3.15b) traten mit den **Cordaitales** (bis 30 m) und **Voltziales** auch erstmals Nadelbäume auf. Ihr Wasserleitvermögen war durch die Ausbildung eines mächtigen Sekundärholzes (**Holzkonstruktion**; ■ Abb. 5.29e, ▶ Abschn. 5.5.8) dem der Bärlappbäume und Schachtelhalme überlegen. Sie konnten daher die Sumpfgebiete der Steinkohlewälder verlassen und trockenere Standorte besiedeln.

Exkurs 3.6 Pflanzengruppen des Devons

Bärlapppflanzen (Lycophyta; Sy 8)

Die Vorläufer der Bärlapppflanzen leiten sich von den ausgestorbenen Zosterophyta ab und bilden eine eigene Evolutionslinie innerhalb der Gefäßpflanzen. Die frühen Vertreter waren vermutlich sehr heterogene, binsenartig wachsende Pflanzen (◨ Abb. 3.13a). Sie bildeten erste blattartige Strukturen (Lycophylle; ▶ Abschn. 5.5.4). Wichtige Fossilien dieser Epoche (Silur/Devon) sind *Baragwanathia longifolia*, *Asteroxylon mackiei* und *Leclerquia*.

Die Bärlapppflanzen entwickelten schnell eine große Formenvielfalt. Im Karbon dominierten sie mit Schuppenbäumen (*Lepidodendron*; ◨ Abb. 3.15a), Siegelbäumen (*Sigillaria*) und Samenbärlappen (*Lepidocarpon*) die Steinkohlewälder (▶ Abschn. 5.5.4). Mit der Klimaveränderung im Perm starben die Bärlappbäume aus. Heute sind nur noch etwa 1250 krautige Arten der Moosfarne (*Selaginella*), Brachsenkräuter (*Isoëtes*) und Bärlappgewächse (z. B. *Lycopodium*, *Huperzia*) bekannt (◨ Tab. 5.5). Die Pflanzen haben sich in wenig veränderter Form bis in unsere Zeit erhalten und besiedeln meist feuchte Standorte.

Altfarne (Primofilices)

Die **Primofilices** gelten als Ausgangsgruppe aller Farngruppen (Sy 8). Sie sind vom Unterdevon bis zum Unterperm fossil dokumentiert (◨ Abb. 3.10) und durch dreidimensional verzweigte Raumwedel (▶ Abschn. 5.5.6) charakterisiert. Vermutlich handelt es sich um eine Sammelgruppe nicht näher verwandter Linien:

- Die **Cladoxylales** sind vermutlich aus den Trimerophyta entstanden. Ob sie direkte Vorläufer der Farne sind oder eine Seitenlinie darstellen, ist unklar. Wichtige Vertreter sind *Cladoxylon*, *Pseudosporochnus nodosus* (2–4 m hoch), *Calamophyton* (inkl. *Duisbergia mirabilis*, ca. 2 m hoch) und *Hyenia* (Kriechwuchs; ◨ Abb. 3.14c). *Eospermatopteris* (Devon, 8 m) gilt als die älteste Pflanze mit Baumwuchs.
- Die **Coenopteridales** wiesen erstmals spezielle Organe mit Blattfunktion auf (**Euphylle**; ▶ Abschn. 5.5.6). Zu ihnen gehören z. B. *Rhacophyton* (1 m hoch) und *Zygopteris*.

Sphenophyta

Die Sphenophyta umfassen die ausgestorbenen **Keilblattgewächse** (Sphenophyllales) und **Riesen-Schachtelhalme** (Calamitaceae). Ihre Nachfahren sind die **Schachtelhalme** (Equisetales, Sy 8) mit etwa 15 krautigen Arten der einzigen Gattung *Equisetum* (Schachtelhalm; ▶ Abschn. 5.5.7):

- Der bekannteste Vertreter der **Keilblattgewächse** (Devon bis Trias) ist *Sphenophyllum*, eine wahrscheinlich kletternde Pflanze, die ihre Hauptverbreitung im Unterwuchs der Karbonwälder hatte (◨ Abb. 3.13c).
- Die ersten **Riesen-Schachtelhalme** (*Calamites*; ◨ Abb. 3.15c) und verwandte Arten (*Pseudobornia*; ◨ Abb. 3.13d: Ps) traten Ende des Devons auf und erfuhren ihre eigentliche Entfaltung im Karbon. Sie wurden bis zu 20 m hoch und bildeten die niedrige Baumschicht der Karbonwälder. Wie die Bärlappbäume starben sie im Perm aus. Krautige Vertreter verschiedener Gattungen sind bis in die Kreide hinein zu finden; heute existiert nur noch die Gattung Schachtelhalm (*Equisetum*; ▶ Abschn. 5.5.7).

Progymnospermen

Die Progymnospermen sind eine kleine Gruppe ausgestorbener Holzgewächse, die sich vermutlich aus den Trimerophyta entwickelt haben (◨ Abb. 3.10). Sie sind nur aus dem Devon/Karbon bekannt. In der Evolution der Pflanzen nehmen sie eine Schlüsselrolle ein, da sie sehr ursprüngliche Merkmale (Raumwedel) mit dem ‚modernen' Holzkörper der wesentlich jüngeren Gymnospermen verbinden (▶ Abschn. 5.5.8). Die Verwandtschaftsverhältnisse zwischen den Progymnospemen, Samenfarnen und frühen Gymnospermen sind nicht geklärt (◨ Abb. 3.10 und ▶ 5.42). In jedem Fall weisen die Progymnospermen darauf hin, dass sich die Vorläufer der Samenpflanzen sehr früh von den übrigen Landpflanzengruppen separiert haben. Wichtige Fossilien sind *Aneurophyton* (◨ Abb. 3.14d), *Archaeopteris* (auch als *Callixylon* beschrieben; ◨ Abb. 3.15b), *Tetraxylopteris* und *Rellimia*.

■ **Abb. 3.15 Charakterpflanzen der paläozoischen Steinkohle-wälder. a**, Schuppenbaum (*Lepidodendron*; bis 40 m). **b**, *Archaeopteris* (Progymnosperme; bis 20 m). **c**, Riesen-Schachtelhalm (*Calamites*; bis 18 m). **d**, *Psaronius* (Marattiales, Farn; bis 15 m). **e**, *Medullosa* (Samenfarn; bis 9 m). Die Wuchshöhe ist nicht maßstabsgetreu wiedergegeben. (© **a**: Hirmer 1927. **b**: Philipps et al. 1972 (► http://www.schweizerbart.de). **c**: Stewart und Rothwell 1993. **d**, Morgan 1959. **e**: Stewart und Delevoryas 1956)

Südhemisphäre

Im Süden bildete sich zeitgleich die völlig andersartige und wesentlich artenärmere **Gondwana-Flora**. Nach einer Kaltzeit, die im mittleren Karbon begann, etablierte sich Ende des Karbons ein kühlgemäßigtes Klima. Erste Ginkgogewächse (mit saisonalem Laubfall), Nadelbäume und Baumfarne prägten das Bild dieser Flora.

Das Holz der Nadelbäume wies aufgrund des kühl-gemäßigten Klimas Jahresringe auf. Als **Leitfossilien** gelten die zungenförmigen Blätter der baum- und strauchförmigen Samenfarne der Gattung *Glossopteris* (Zungenfarn; ■ Abb. 3.16 und ► 5.68a), die sich in allen ehemals zu Gondwana gehörenden Gebieten der Erde finden und zu der Bezeichnung ***Glossopteris*-Flora** geführt haben.

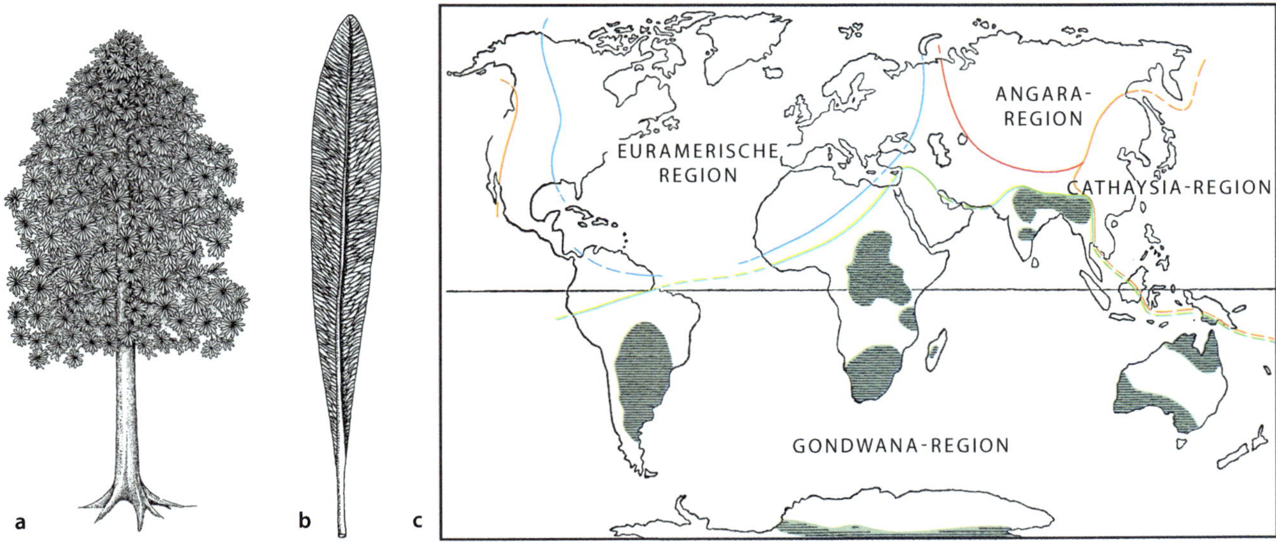

Abb. 3.16 *Glossopteris*. **a**, Rekonstruktion eines Baumes. **b**, Fossile Blätter dienen als Leitfossilien zur Rekonstruktion der *Glossopteris*-Epoche. **c**, Fossilfunde der *Glossopteris*-Flora (grün) aus dem Unterperm auf allen heutigen Südkontinenten belegen die Existenz des Südkontinents Gondwana. Farbige Linien geben die Florenregionen zur Zeit des Oberkarbon-Unterperm wieder. (© **a**: Stewart und Rothwell 1993 (nach Gould und Delevoryas 1977). **b**: Thenius 1981, verändert)

3.5.4 Perm: Klima- und Florenwandel

Im Perm (vor 299–251 Mio. Jahren) setzte ein Klimawandel ein, der zusammen mit anderen Faktoren zu einem katastrophalen **Massenaussterben** führte. Vermutlich gingen 80 % aller Tier- und Pflanzenarten zugrunde.

Die **Abkühlung des Klimas** mit andauernder **Trockenheit** führte auf der Nordhemisphäre zum Austrocknen der Sumpf- und Moorlandschaften und damit zur Vernichtung des Lebensraumes der Steinkohlewälder. Bärlappbäume und Riesen-Schachtelhalme starben aus. Der Süden blieb zunächst vereist. Im weiteren Verlauf des Perms wurde es weltweit wärmer, blieb aber trocken. Örtlich kam es zu wüstenartigen Verhältnissen, die zur Eindampfung von Überschwemmungsgebieten führten und Gips-, Stein- und Kalisalzlager hervorbrachten (z. B. in Norddeutschland). Als Folge der variskischen Gebirgsbildung (Devon bis Perm), die unter anderem zur Auffaltung des Rheinischen Schiefergebirges führte, setzte heftiger **Vulkanismus** ein. Dieser hielt mehrere Hunderttausend Jahre lang an und führte zusammen mit dem Rückgang der Vegetation zu einem erneuten globalen CO_2-Anstieg.

Auf die starke Dezimierung der Arten folgte eine Phase der **Artbildung**, die mit einem **Florenwechsel** einherging. Der trockene Lebensraum wurde durch **xeromorphe**, d. h. an Trockenheit angepasste Pflanzengruppen neu besiedelt. Die Gymnospermen setzten sich als dominante Pflanzengruppe durch, weswegen das anbrechende **Mesophytikum** auch als das **Zeitalter der Gymnospermen** bezeichnet wird. Im Perm traten Cordaitales, Voltziales, frühe Ginkgogewächse, Palmfarne (Cycadales) und Samenfarne auf (■ Abb. 3.10 und ▶ Exkurs 3.7).

3

Exkurs 3.7 Farne und Samenfarne

Farne (Sy 8)

Die Farne (Monilophyta) stellen heute mit 11.000 Arten nach den Angiospermen und Moosen die artenmäßig drittgrößte Gruppe der Landpflanzen (▶ Abschn. 5.5.7). Sie haben sich vermutlich aus den Primofilices entwickelt (◘ Abb. 3.10). Im Laufe der Evolution wurden drei Artbildungsphasen durchlaufen (Taylor et al. 2009):

- Die erste Entfaltung fand im **Karbon** statt. Sie ging mit der Bildung großer, wedelartiger ‚Blätter' einher (Euphylle, Monilophylle; ▶ Abschn. 5.5.3 und 5.5.6). *Rhacophyton* zeigte bereits im Oberdevon die für die rezenten Farne typischen, flach ausgebreiteten Wedel. Zusammen mit den Bärlappbäumen und Riesen-Schachtelhalmen bildeten die Farne große zusammenhängende Wälder. Der aus dieser Zeit gefundene Baumfarn *Psaronius* (Marattiales; Sy 8:7) erreichte bereits eine Höhe von 8 m (◘ Abb. 3.15d).
- Die zweite Radiation setzte im späten **Perm** ein und dauerte bis in den Jura hinein. Es entstanden die Osmundales und die basalen Gruppen der leptosporangiaten Farne (Hymenophyllales, Gleicheniales, Schizaeales; Sy 8:8–11, ◘ Tab. 5.6).
- Die dritte Artbildungsphase in der späten **Kreide** ging vermutlich mit der Evolution und Ausbreitung der Blütenpflanzen einher. Es entstanden zahlreiche **neue Nischen**, die von den anpassungsfähigen Farnen besiedelt werden konnten. In dieser Zeit entstanden die rezenten Gruppen der Baumfarne (Cyatheales; Sy 8:13), Tüpfelfarne (Polypodiales) und heterosporen Wasserfarne (Salviniales; Sy 8:14, 12, ◘ Tab. 5.6).

Samenfarne (Pteridospermen)

Im späten Devon setzte mit den Samenfarnen die Evolution der samenbildenden Pflanzen ein. Dabei handelt es sich ebenfalls um eine **Sammelgruppe** nicht näher verwandter Evolutionslinien. Die Gruppe hat sich vermutlich aus Progymnospermen (*Aneurophyton*-Gruppe) entwickelt und gilt als **Vorläufer der Samenpflanzen** (▶ Abschn. 5.5.8).

Die Samenfarne entfalteten sich besonders formenreich im Karbon und Unterperm und sind bis in die Kreide fossil belegt. Die ältesten überlieferten Samen finden sich bei *Runcaria heizelinii*, *Elkinsia polymorpha* und *Moresnetia zalesskyi* (alle aus dem Devon; ▶ Abschn. 5.5.8 und 5.6.5). Besondere Bedeutung haben Fossilfunde aus dem Karbon: *Lyginopteris*, eine Kletterpflanze mit Haaren und Drüsen auf der Oberfläche, *Medullosa*, mit einer Wuchshöhe von bis zu 9 m der größte bislang bekannte Samenfarn, und *Glossopteris*, das Leitfossil der Gondwana-Flora (◘ Abb. 3.16). *Lepidopteris* (Peltaspermales) ist vom Oberkarbon bis in die Trias nachgewiesen, *Caytonia* (◘ Abb. 5.68c, d) von der Trias bis zur Kreide.

3.6 Gymnospermenzeitalter (Mesophytikum)

3.6.1 Trias/Jura: Entfaltung der Gymnospermen

Das Erdmittelalter war von großen tektonischen Veränderungen geprägt (◘ Tab. 3.1). Pangäa begann sich aufzuteilen, neue Meere entstanden zwischen den Teilkontinenten, und das Klima unterlag erheblichen Schwankungen (◘ Abb. 3.9e–g). Der CO_2-Gehalt der Atmosphäre stieg auf das Sechsfache des heutigen Wertes an (◘ Abb. 3.8). Saurier dominierten die Tierwelt.

Zu Beginn der Trias (vor 251–199 Mio. Jahren) herrschte in weiten Teilen von Pangäa ein kontinentales Wüstenklima. Die Vegetation war arm und der Bewuchs locker. Fossilfunde eines 2 m hohen Baumes aus der Verwandtschaft der Brachsenkräuter (*Pleuromeia*, Isoëtales; ◘ Abb. 5.63d) weisen darauf hin, dass der Stamm möglicherweise Wasser speichern und sich damit an die Trockenheit anpassen konnte. Mit der Entstehung der Tethys, eines Meeres zwischen dem Nord- und Südteil von Pangäa (◘ Abb. 3.9e, f), wurde es zunehmend feuchter. In weiten Teilen der Welt etablierte sich ein warmfeuchtes Tropenklima, die Pole waren eisfrei.

Die Vegetation der Nordhemisphäre bestand aus warm-feuchten **Gymnospermenwäldern**, in denen Farne und verschiedene Samenpflanzengruppen mit einem hohen Artenreichtum auftraten. So waren beispielsweise Verwandte der heutigen Gattung *Ginkgo* (◘ Abb. 5.44a–c) fast über die gesamte Nordhemisphäre verbreitet, die Gattung *Araucaria* (Pinales; ◘ Abb. 5.46a–c), die heute nur noch in der Australis und Südamerika heimisch ist, trat sogar weltweit auf. Gegen Ende der Trias erreichten die **Cycadales** ihre größte Artenfülle und weiteste Verbreitung. An der Wende von der Trias zum Jura traten mit den **Bennettitales** (◘ Abb. 3.10, ▶ Exkurs 3.8) erstmals Samenpflanzen mit ‚zwitterblütenähnlichen' Strukturen auf (◘ Abb. 5.68e, f). Sie wurden vermutlich von Insekten bestäubt (▶ Abschn. 5.6.5) und liefern damit einen der ersten Belege für die evolutionsbiologisch bedeutende Interaktion zwischen Insekten und Blüten.

Die Trockenperiode der Südhemisphäre dauerte bis in die untere Trias. Die *Glossopteris*-Flora wurde von einer Flora abgelöst, die sich aus Samenfarnen (Pteridospermen), Ginkgogewächsen, Farnen, Schachtelhalmen, wärmeliebenden Cycadales und frühen Koniferen (vor allem Voltziales; ◘ Abb. 5.68g, h) zusammensetzte.

Im Jura (vor 199–145 Mio. Jahren) begann sich der Atlantik auszudehnen, und Pangäa zerfiel zunehmend in einzelne Kontinente (◘ Abb. 3.9g). Dadurch änderten sich die Meeresströmungen und beeinflussten die Verteilung von Temperatur und Niederschlägen. Es entstanden erstmals den heutigen Verhältnissen ähnliche **Klimazonen**, die von den kühl-temperaten Polen über warm-temperate, winterfeuchte und subtropische Gebiete zu den sommerfeuchten Tropen am Äquator führten (◘ Abb. 3.18).

Exkurs 3.8 Gymnospermen

Die rezenten Samenpflanzen umfassen die nacktsamigen Pflanzen (Gymnospermen; Sy 9) und die bedecktsamigen Pflanzen (Angiospermen; ► Exkurs 3.9, Sy 10). Sie sind vermutlich aus den Samenfarnen entstanden und gehören damit einer Evolutionslinie an, die sich bereits im Devon von den übrigen Gefäßpflanzengruppen abgetrennt hat (◘ Abb. 3.10).

Die nacktsamigen Pflanzen weisen eine lange und reiche Fossilgeschichte auf. Dennoch sind die Verwandtschaftsverhältnisse zwischen den Gruppen unklar. Dies gilt insbesondere für Gruppen, die nur fragmentarisch belegt sind oder ungewöhnliche Merkmalskombinationen aufweisen. Beispiele liefern die aus der oberen Trias bekannte ‚Zwitterblüte‘ *Irania hermaphroditica* (Schweitzer 1977) und *Pentoxylon* (Jura; ◘ Abb. 5.42) mit Merkmalen, die zu fast allen Samenpflanzengruppen überleiten.

Kiefernartige (Pinales)

Die Vorläufer der kiefernartigen Pflanzen datieren aus dem späten Karbon (*Swillingtonia denticulata*):

- Die **Voltziales** (◘ Abb. 3.10) sind nur fossil erhalten und traten im Karbon und Perm auf. Wichtige Fossilien für die morphologische Interpretation des Kiefernzapfens sind *Lebachia* und *Lebowskia* (► Abschn. 5.6.6, ◘ Abb. 5.68g, h).
- Die jüngeren Fossilgruppen und modernen Familien werden in die **Pinales** (Sy 9:3) gestellt. Fast alle rezenten Gruppen entstanden in der Trias. Aufgrund ihrer heterogenen Merkmalsverteilung und der erheblichen morphologischen Unterschiede im fossilen und rezenten Material sind die Homologie der Strukturen und die Verwandtschaftsverhältnisse der Gruppe bis heute umstritten (► Abschn. 5.5.8, Sy 9).

Cordaitales

Die Cordaitales (Cordaiten) sind vom frühen Karbon bis ins Perm fossil belegt. Sie wiesen vielfältige Wuchsformen auf, darunter auch Bäume von über 45 m Höhe. Ob sie sich aus Progymnospermen oder Samenfarnen entwickelten und ob sie Vorläufer oder Schwestergruppe der Volziales und/oder Pinales waren, ist unklar (◘ Abb. 5.42).

Ginkgoales

Fossilien der Ginkgogewächse datieren ebenfalls aus dem Paläophytikum (Karbon, Perm), wenngleich die Hauptentfaltung der Gruppe im Mesophytikum (Trias, Jura) stattfand. Heute existiert nur noch *Ginkgo biloba* als ‚lebendes Fossil‘ (► Exkurs 5.8). Seine Verwandtschaft zu den übrigen Gymnospermen ist umstritten.

Cycadales

Die Cycadales sind heute mit etwa 300 Arten in den Tropen und Subtropen der Südhemisphäre verbreitet (► Abschn. 5.5.9). Sie werden als ‚Palmfarne‘ bezeichnet, was allerdings **irreführend** ist, da die Gruppe weder mit den Farnen noch mit den Palmen verwandt ist:

- Die rezenten Arten gehören alle der Gruppe der **Cycadales** an (Sy 9:1 ► Abschn. 5.5.9), die sich bis ins späte Karbon zurückverfolgen lässt. Die Pflanzen haben sich im Laufe der Evolution wenig verändert und zählen zu den lebenden Fossilien (► Exkurs 5.8).
- Während die Cycadales nur zweihäusige (**diözische**; ► Exkurs 4.3, ► Abschn. 5.5.9) Individuen ausbilden, wiesen die heute ausgestorbenen **Bennettitales** (Trias bis Kreide) ‚zwittrige‘ Strukturen auf. Im Rahmen der Euanthientheorie (► Abschn. 5.6.7) wurden sie als Vorläufer der Angiospermen betrachtet. Wichtige Fossilien sind *Cycadeoidea*, *Williamsonia* und *Williamsoniella* (◘ Abb. 5.68e, f).

Gnetales

Von den heute nur noch mit drei Gattungen (*Ephedra*, *Gnetum*, *Welwitschia*) repräsentierten Gnetales (◘ Abb. 3.10) ist fossil wenig belegt. Man vermutet, dass sie ihre Hauptentfaltung in der mittleren Kreide hatten. Ihre phylogenetische Stellung ist umstritten (► Abschn. 5.5.8). Nach derzeitigem Kenntnisstand gehören sie in die Verwandtschaft der Pinales (Sy 9:3).

3.6.2 Kreide: Beginn des Angiospermenzeitalters

Die Kreidezeit (vor 145–65 Mio. Jahren) ist durch gewaltige tektonische Veränderungen und Klimaschwankungen gekennzeichnet. Im Meer erreichten Kalk- und Kieselalgen (Tab. 5.2) eine Blütezeit. Ihre Schalen sind Hauptbestandteil der Kreidefelsen von Dover und Rügen (Abb. 3.6c):

— In der **unteren Kreide** überwog ein warm-feuchtes Klima. Die Tethys trennte die Nord- und Südkontinente voneinander (Abb. 3.9g, h), Gondwana begann sich in Antarktis, Australien, Afrika, Indien und Südamerika aufzuteilen. Das Auseinanderdriften der Landmassen und weiträumige Überschwemmungen (Meeresspiegel etwa 100 m höher als heute) führten in den Südkontinenten zu stark wechselnden Lebensbedingungen.

— In der **mittleren Kreide** setzte sich die **Kontinentalverschiebung** fort (vor 124–83 Mio. Jahren), während der sich riesige Landmassen in Richtung ihrer heutigen Lage bewegten (Abb. 3.9h). Sie wurde von **Vulkanismus** und einem ansteigenden CO_2-Gehalt begleitet (Abb. 3.8).

— In der **oberen Kreide** kam es zu einem weltweiten **Temperaturanstieg** (8 °C wärmer als heute) mit zunehmender Trockenheit. Global etablierte sich der im Jura entstandene Temperaturgradient von den Polen zum Äquator. Es entstanden **Jahreszeiten** mit kühleren Zonen im Norden und Süden der Erde.

Die Farne und Gymnospermen, die die mesozoischen Wälder dominierten, konnten nicht schnell genug auf die Veränderungen in der Kreide reagieren. Sie wurden von den **Blütenpflanzen** (Angiospermen) verdrängt, die sich sehr schnell entwickelten und die freien Nischen besetzten (Exkurs 3.9). Bereits in der mittleren Kreide dominierten Blütenpflanzen die meisten Vegetationseinheiten der Erde; am Ende der Kreide existierten bereits 50–80 % der heutigen Sippen.

Am Ende der Kreide (vor etwa 66 Mio. Jahren) kam es erneut zu einem gigantischen **Massenaussterben**. Als Hauptursache wird ein Meteoriteneinschlag im heutigen Mexiko angenommen. Wie gegen Ende des Perms führte auch dieses Artensterben zu einem **Faunen- und Florenwechsel** (Tab. 3.1). Die Dinosaurier starben aus und wurden durch Säuger ersetzt. Die Bennettitales und Voltziales starben aus, die Ginkgoales gingen stark zurück, und die übrigen Gymnospermen wurden auf ihre heutigen Klimaareale verdrängt (boreale Nadelwälder, Gebirgswälder; Abb. 3.18 und Exkurs 3.8).

Exkurs 3.9 Angiospermen (Blütenpflanzen)

Die Angiospermen sind die mit Abstand **artenreichste Pflanzengruppe** (Sy 10). Über 85 % der etwa 350.000 bekannten Arten von Landpflanzen gehören zu ihnen (The Plant List 2013).

In den 1990er-Jahren wurde in China *Archaefructus liaoningensis* (Abb. 5.81) entdeckt, ein auf etwa 130 Mio. Jahre datiertes Fossil, das als älteste angiosperme Pflanze gilt. Nach der Berechnung molekularer Daten, die die Artbildung anhand von DNA-Sequenzen datieren (molekulare Uhr), sind die Blütenpflanzen wahrscheinlich schon früher entstanden. Man vermutet, dass sie erstmals an gestörten Standorten im Unterwuchs feuchter Wälder auftraten und bereits Anpassungen an Trockenheit entwickelten. Von dort breiteten sie sich im Zuge der tektonischen Verschiebungen und Klimaveränderungen schnell aus.

Begünstigt wurde die **Artbildung** durch die Kombination von Eigenschaften, die die Gruppe noch heute gegenüber den Gymnospermen auszeichnet:

— **Angiospermie** (Schutz, Pollenselektion, Fruchtbildung; Kap. 10 und 12)

— **Interaktion mit Tieren** (Coevolution, Bestäubung, Ausbreitung; Kap. 11 und 12)

— **Zwitterblütigkeit** mit möglicher Selbstbestäubung (Abschn. 9.6.5 und 9.6.6)

— **Pollenselektion** (Griffel, Compitum, Selbstinkompatibiltät; Abschn. 4.6.3, 10.5.6 und 9.6.4)

— **Sekundäre Pflanzenstoffe** (Herbizide, Düfte; Exkurs 2.3 und 11.2)

— **Krautige Lebensform** und kurze Generationszeit (Annuelle; Abschn. 6.10.2).

3.7 Zeitalter der Blütenpflanzen (Känophytikum)

Das Känophytikum umfasst die früher als Tertiär zusammengefassten Epochen des **Paläogens** und **Neogens** sowie das **Quartär**, das bis zur Jetztzeit reicht (◘ Tab. 3.2).

3.7.1 Paläogen und Neogen (Tertiär): Gebirgs- und Florenbildung

Im Tertiär hatten die Landmassen fast ihre derzeitige Lage erreicht und bildeten die heute existierenden Kontinente (◘ Abb. 3.9h und 3.17). Australien trennte sich von der Antarktis und driftete nordwärts. Die Millionen Jahre dauernde **Isolation** des Kontinents begann und legte den Grundstein für die Eigenständigkeit der australischen Flora (Florenreich **Australis**).

Nordamerika war über Grönland mit Europa verbunden und über Alaska mit Sibirien. Diese **Landbrücken** führten durch regen Artenaustausch zur Ausbildung einer homogenen **arktotertiären Flora**, die den Grundstock der rezenten **holarktischen Flora** (▶ Abschn. 3.8.2, ◘ Abb. 3.17) bildet.

◘ **Tab. 3.2 Epochen der Erdneuzeit.** Zeitangaben nach International Commission of Stratigraphy 2008 (aus Taylor et al. 2009). J, Jahre

Erdzeitalter		Zeiträume (vor heute)
Paläogen (frühes Tertiär)	Paläozän	$65{,}5{-}55{,}8 \times 10^6$ J.
	Eozän	$55{,}8{-}33{,}9 \times 10^6$ J.
	Oligozän	$33{,}9{-}23{,}0 \times 10^6$ J.
Neogen (spätes Tertiär)	Miozän	$23{,}0{-}5{,}33 \times 10^6$ J.
	Pliozän	$5{,}33{-}2{,}59 \times 10^6$ J.
Quartär	Pleistozän (Dilluvium)	$2{,}59 \times 10^6{-}11.700$ J.
	Holozän (Alluvium)	11.700 Jahre bis heute

Im Paläogen kam es zur Kollision verschiedener Erdplatten. Im Zuge der **alpidischen Faltung** entstanden die europäischen Gebirge (Pyrenäen, Alpen, Apennin, Karpaten), der Kaukasus, der Himalaya mit dem tibetischen Hochland und die amerikanische Kordillere (Anden, Rocky Mountains). Die **Gebirgsbildungen** brachten Meeres- und Klimaschwankungen mit sich, eröffneten aber auch eine **Vielzahl neuer Lebensräume** (Höhenstufen, Exposition, Isolation). Im Regenschatten der Gebirge entstanden Trockengebiete.

Im frühen Paläogen (**Paläozän**) herrschte zunächst ein mildes bis subtropisches Klima. In der Nordhemisphäre dehnten sich **immergrüne tropisch-subtropische Wälder** mit ersten Laubbäumen, Palmen und Farnen bis an die Grenze heute arktischer Regionen aus. Zu Beginn des **Eozäns** herrschten die höchsten Temperaturen (30 °C) der gesamten Erdneuzeit. Die Welt war eisfrei. Vom Äquator bis nach Europa entwickelten sich **subtropisch-feuchte Lorbeerwälder**, weiter nördlich warm-temperierte Laub- und Nadelmischwälder.

Im späten Paläogen (**Oligozän**) begann die **Vereisung der Antarktis**, vermutlich als Folge der neu entstandenen, antarktisch-zirkumpolaren Meeresströmung. Die nördlichen Kontinente kühlten rasch ab. Die Vegetationszonen verschoben sich nach Süden, fast alle tropischen Arten und viele wärmeliebende Sippen starben in Europa aus. Reste des **tertiären Lorbeerwaldes** haben sich nur an wenigen Orten erhalten, z. B. auf einigen Kanarischen Inseln.

Im Paläogen und Neogen etablierten sich verschiedene Ökosysteme. **Temperate Wälder** breiteten sich auf der gesamten Nordhemisphäre aus. **Hartlaubgehölze** charakterisierten die heute **mediterran** geprägten Gebiete Europas, Chiles, Kaliforniens, Westaustraliens und Südafrikas. Die zunehmende Trockenheit und Abkühlung im **Pliozän** förderten die Entstehung ausgedehnter **Grasländer** (Savannen, Steppen, Halbwüsten) und mit ihnen die Evolution grasfressender Herdentiere (▶ Exkurs 8.7 und ▶ Abschn. 12.3.1). An den tropischen Küsten entwickelten sich salztolerante **Mangrovenwälder** (▶ Abschn. 8.4.5, ◘ Abb. 8.81).

3.7.2 Quartär: Eiszeiten und Vegetationsentwicklung in Europa

Die Abkühlungstendenz im Neogen setzte sich in **starken Klimaschwankungen** fort und führte im **Pleistozän** zu mehreren **Eiszeiten**. Die Ursachen für diese Schwankungen werden in einem veränderten Umlaufverhalten der Erde und in der Veränderung von **Meeresströmungen** gesehen. Nordamerika trennte sich vollständig von Eurasien, Nord- und Südamerika vereinigten sich, und Australien driftete auf Asien zu.

Während der **Kaltzeiten** (Glaziale) kam es zu einer starken Vergletscherung in Nord- und Mitteleuropa und zu Regenzeiten (Pluvialzeiten) in Südeuropa. Arten starben aus oder zogen sich in wärmere **Refugialräume** zurück, wo sie die Eiszeit überlebten. In den **Warmzeiten** (Interglazialen) breiteten sich die Arten wieder aus und besiedelten erneut die eisfrei gewordenen Gebiete. Neue Taxa entstanden, begünstigt durch geografische Isolation, Hybridisierung und Polyploidie (**Artbildung**; ▶ Abschn. 3.1.1). Mithilfe von Pollenfunden und phylogenetischen Methoden lässt sich die Vegetationsgeschichte weitgehend rekonstruieren.

Vor knapp 12.000 Jahren endete die letzte Eiszeit, und es begann die bis heute anhaltende Warmzeit (Holozän; ◘ Tab. 3.2). **Mitteleuropa** war zu dieser Zeit fast baumlos, Zwergsträucher, Kräuter und Seggen traten in steppenartigen Matten und Mooren auf. Mit zunehmender **Erwärmung** bildeten sich zunächst Birken-Kiefernwälder und dann Hasel-Eichen-Mischwälder (mit Linde, Ahorn, Ulme und Esche). Mit zunehmenden **Niederschlägen** entwickelten sich ausgedehnte **Buchen- und Hainbuchenwälder**, die bis heute den Großteil der natürlichen Vegetation Mitteleuropas bilden (◘ Abb. 3.21d, e und 1.1b).

3.8 Florenreiche und Vegetationsgliederung der Erde

Die Etablierung von **Klimagürteln** und der Zerfall der Landmasse in **Kontinente** wirkten sich unmittelbar auf die **Artenzusammensetzung** der Erde aus. Zwischen dem heutigen Nordamerika und Eurasien war bis zum Ende des Pliozäns ein **Austausch von Arten** möglich, während sich Teile der heutigen **Südkontinente** (Kapland, Australien) über lange Zeiträume hinweg **isoliert** voneinander

entwickelten und lokale **Arten** hervorbrachten (Endemismus; ▶ Exkurs 3.11). Es entstanden **Florenreiche**, worunter man geografisch voneinander abgrenzbare Zonen mit einer Gemeinschaft von Pflanzen (**Flora**) versteht, die nur (oder überwiegend) in diesem Teil der Erde vorkommt. Weltweit werden sechs Florenreiche unterschieden, die in ihrer **Größe**, der Gliederung in **Vegetationszonen** und ihrem **Artenreichtum** beträchtlich voneinander abweichen (◘ Abb. 3.17).

3.8.1 Vegetationszonen

Im Unterschied zu den Florenreichen, die Pflanzen nach ihrer **historisch** entstandenen Verbreitung zusammenfassen, beinhalten **Vegetationszonen** Pflanzen **gleicher Anpassung** an klimatische (Temperatur, Niederschläge, Tageslänge) und geomorphologische **Standortbedingungen** (Höhe über Meeresspiegel, Exposition, Bodenart). Wälder, Grasländer oder Wüsten folgen stark generalisiert den **Klimazonen** der Erde, die sich entlang der **Breitengrade** vom Äquator bis zu den Polen und entlang der **Höhenstufen** vom Meeresspiegel bis zur Vegetationsgrenze hinziehen (◘ Abb. 3.18 und 3.19). Letzteres zeigt sich besonders deutlich in **tropischen Gebirgen**, in denen 1000 hm (Höhenmeter) eine ähnliche klimatische Veränderung zeigen wie eine Breitengraddistanz von 2000 km. Dementsprechend finden sich in den Tropen je nach Höhestufe tropische, mediterrane, temperate und kalte Zonen (Körner 2014; ◘ Abb. 3.19). Die Wiederholung der Lebensräume mit der Höhe begünstigt die **Ausbreitung** z. B. mediterraner Pflanzen vom Mittelmeerraum nach Südafrika (und umgekehrt), da die Pflanzen die Tropen in einer Höhe von 2500–3500 m durchwandern können, ohne sich völlig neu anpassen zu müssen.

Den **Breitengraden** entsprechend folgen auf die **Tropen**, die zwischen den Wendekreisen liegen, die **Subtropen** (etwa zwischen 25. und 40. Breitengrad), die über eine mittlere Jahrestemperatur von über 20 °C definiert sind (◘ Abb. 3.18). In der gemäßigten oder **temperaten Zone** liegt die mittlere Temperatur des wärmsten Monates über 10 °C, in der kalten Zone darunter.

Nach der **Höhe** unterscheidet man vom Meeresspiegel beginnend die **planaren** und **kollinen** Stufen mit Laubwäldern und Steppen, die **montane** Stufe mit Misch- und Nadelwäldern, die bis zur **subalpinen** Wald-

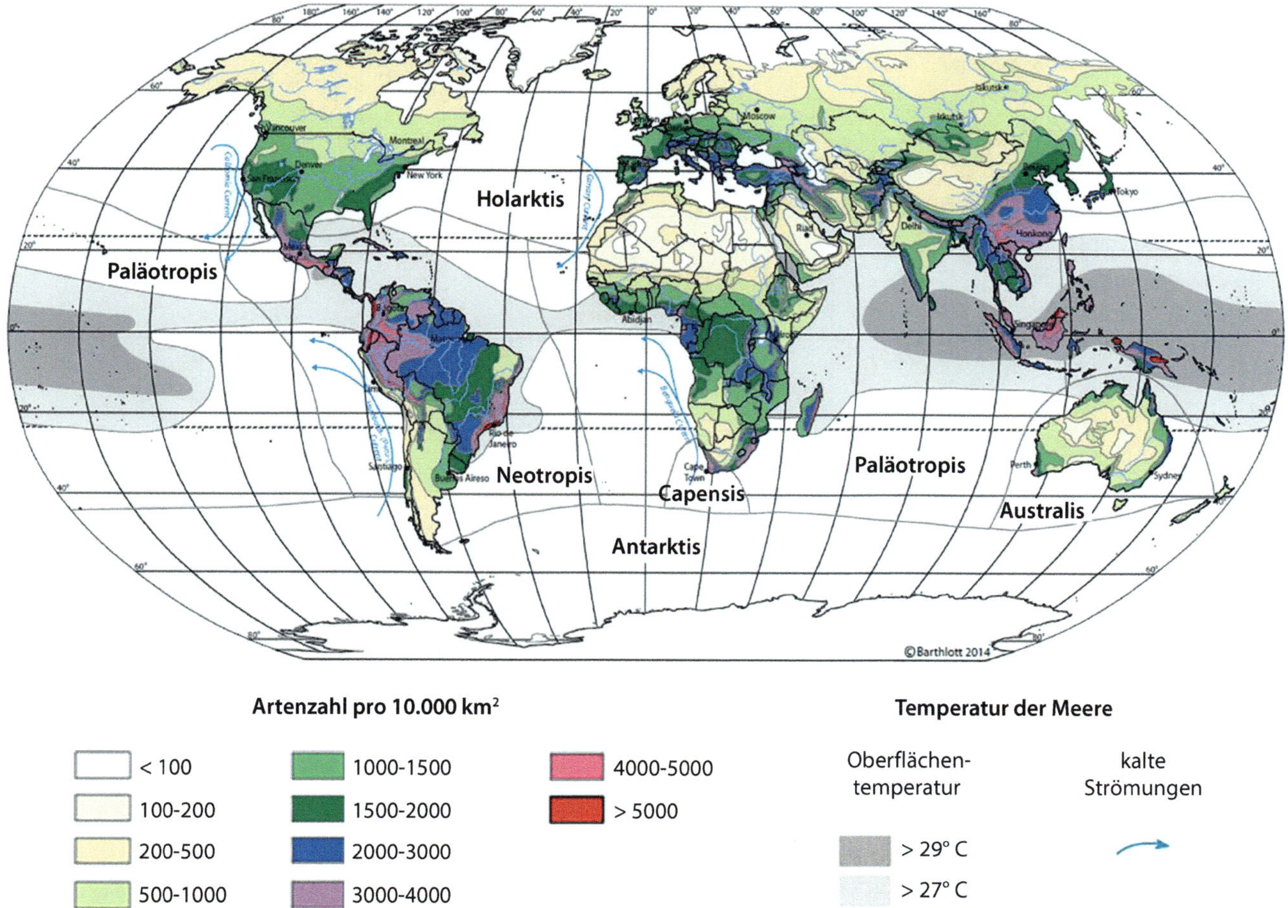

Artenzahl pro 10.000 km²

< 100	1000-1500	4000-5000
100-200	1500-2000	> 5000
200-500	2000-3000	
500-1000	3000-4000	

Temperatur der Meere

Oberflächentemperatur   kalte Strömungen

> 29° C

> 27° C

Abb. 3.17 Florenreiche und Biodiversität der Gefäßpflanzen. Das größte Florenreich ist die Holarktis, die sich über die gesamte Nordhemisphäre ausdehnt. Zum Äquator hin folgen die Altwelttropen (Paläotropis) und die Neuwelttropen (Neotropis), die auch weit südlich liegende Gebiete von Afrika und Südamerika einschließen. Australien hat aufgrund seiner Millionen Jahre langen Isolation eine eigene Flora entwickelt (Australis) ebenso wie das kleinste Florenreich, die Capensis, an der Südspitze Afrikas. Beide zeichnen sich durch einen Reichtum nur dort vorkommender Arten (Endemiten) aus. Das antarktische Florengebiet (Antarktis) umfasst die Südspitze Südamerikas, den Süden Chiles und einige südpazifische Inseln (z. B. Neuseeland). (© Barthlott und Rafiqpoor 2016, leicht verändert)

grenze mit niederwüchsigen Gehölzen reicht (Krummholzzone; ▶ Abschn. 5.5.9). Weiter oben folgen die **alpine** Stufe der Zwergsträucher und Horstgrasmatten, die **subnivale** Stufe mit Polsterpflanzen und offener Geröllvegetation und oberhalb der Schneegrenze die **nivale** Stufe, in der nur noch einzelne Pflanzenarten auftreten (◘ Abb. 3.19, ◘ Tab. 3.3). Die Höhenlage der einzelnen Zonen variiert mit der Klimazone. So liegt die **Waldgrenze** der Alpen bei 1800–2000 m und in den Anden bei 4000–5000 m.

Die **Vegetationszonen** decken sich nicht mit den Florenreichen (◘ Abb. 3.17 und 3.18). Treten ähnliche Vegetationseinheiten in unterschiedlichen Florengebieten auf, unterscheiden sie sich in ihrer florenspezifischen **Artenzusammensetzung**. So finden sich beispielsweise überall in den Tropen Tiefland- und Bergregenwälder, aber nur 13 % der Gattungen sind in den gesamten Tropen (pantropisch) verbreitet. Knapp die Hälfte der tropischen Gattungen ist auf die Paläotropis, etwa 40 % auf die Neotropis beschränkt.

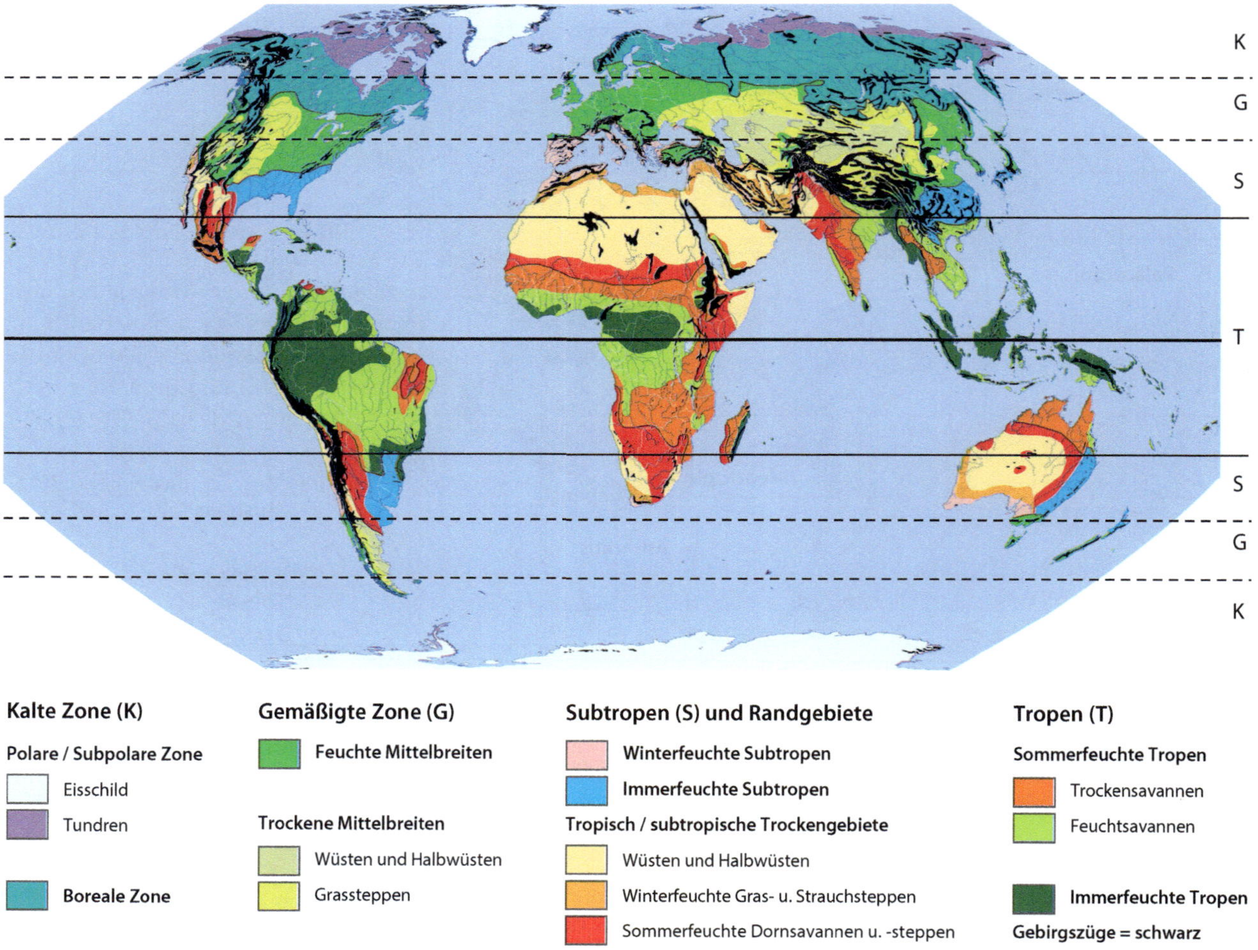

3

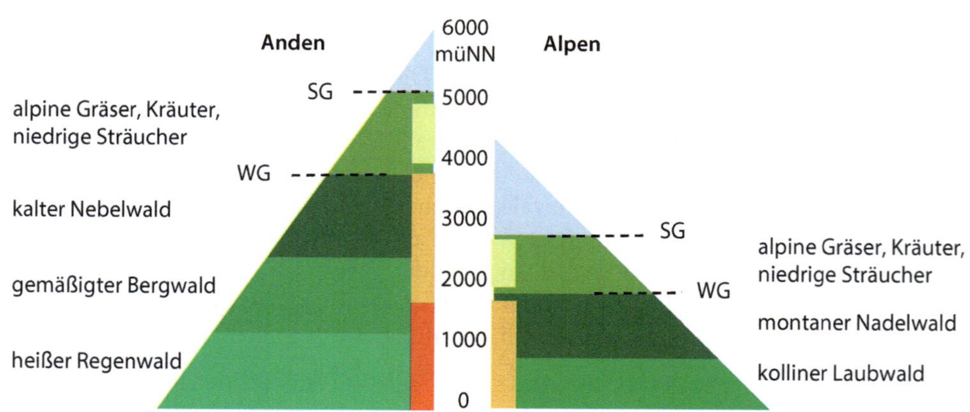

◘ **Abb. 3.18**   **Vegetationszonen der Erde** (stark generalisiert). G, gemäßigte (temperate) Zone. K, kalte Zone. S, Subtropen. T, Tropen. Durchgezogene Linien: Äquator, Wendekreis des Krebses (Nordhalbkugel), Wendekreis des Steinbocks (Südhalbkugel). Gestrichelte Linien: Grenze zwischen Klimazonen. (© J. Schultz 2008 (update 12.7.12) CC BY 3.0, leicht verändert)

◘ **Abb. 3.19**   **Zonierung der Vegetation in den Anden und Alpen** (stark vereinfacht). Gelb: Weideland. Hellblau: Gletscherzone. Orange: Anbaugebiete temperater Nutzpflanzen. Rot: Anbaugebiete tropischer Nutzpflanzen. SG, Schneegrenze. WG, Waldgrenze. (© Original, nach Daten von Körner 2014)

▣ Tab. 3.3   Florenreiche und wichtige Vegetationszonen der Erde. Die Zahlen weisen auf die Beispiele am Ende jeder Zone hin. Zusammengestellt nach Körner (2014)

Vegetationszonen (eingerückt: Gebirgsregionen) / **Florenreiche**	Holarktis	Paläotropis	Neotropis	Capensis	Australis	Antarktis
Kalte Zone						
Subantarktische und arktische Vegetation (Tundra)	1					2
Boreale Wälder (Taiga)	3					

1, Alaska, N-Kanada, Island, N-Sibirien. **2**, antarktische Inseln. **3**, Kanada, Skandinavien, Sibirien

Vegetationszonen	Holarktis	Paläotropis	Neotropis	Capensis	Australis	Antarktis
Temperate Zone						
Temperate laubwerfende Wälder	4					5
Bergwälder (Laub-Nadelmischwälder)	6	7	8		9	
Alpine Vegetation temperater Hochgebirge	10	11	12		13	
Steppen, Prärien	14		15			
Wüsten der temperaten Zone	16		17			

4, Waldgebiete Ostasiens, O-Nordamerikas, Mitteleuropas. **5**, Nothofaguswälder Chile. **6**, Rocky Mountains, Mittelmeerraum, Himalaya. **7**, Ostkap, S-Afrika. **8**, S-Anden. **9**, SO-Australien, Neuseeland. **10**, Rocky Mountains, Alpen bis Himalaya, Japan. **11**, Drakensberge, SO-Afrika. **12**, S-Anden. **13**, Snowy Mountains Australien, Tasmanien, Neuseeland. **14**, Nordamerikanische Prärie, eurasiatische Steppe. **15**, Argentinische Pampa. **16**, Sonorawüste (Kalifornien), Wüste Gobi (Zentralasien/Mongolei). **17**, Patagonien (Argentinien)

Vegetationszonen	Holarktis	Paläotropis	Neotropis	Capensis	Australis	Antarktis
Subtropen						
Mediterrane Hartlaubvegetation	18		19	20	21	
Lorbeerwaldzone	22	23	24	(23)	25	26
Heiße Wüsten	27	28	29	(28)	30	

18, Kalifornien, Mittelmeerraum. **19**, Z-Chile. **20**, Kapprovinz S-Afrikas. **21**, SW Australien. **22**, SW-USA, Kanaren, S-Japan, SW-China. **23**, Podocarpuswälder der S-Küste Afrikas. **24**, Vereinzelt in Mittelamerika, Brasilien. **25**, Eucalyptuswälder SW-Australiens. **26**, Valdivianischer Regenwald, S-Chile. **27**, Sonorawüste, Sahara, arabische Wüste. **28**, Namib, Karoo. **29**, Atacamawüste, SW-Brasilien. **30**, Viktoria und Simpson-Wüsten.

Vegetationszonen	Holarktis	Paläotropis	Neotropis	Capensis	Australis	Antarktis
Tropen						
Mangrovenwälder		31				
Feucht-tropische Tieflandregenwälder		32	33			
Feucht-tropische Bergregenwälder / Tropisch-subtropische Hochgebirge		34	35			
Tropische halb-immergrüne Wälder		36	37		38	
Tropische Savannen		39	40		41	

31, Pantropische Küsten. **32**, Kongobecken, Indomalaysia. **33**, Amazonas. **34**, Himalaya, Gebirge O-Afrikas. **35**, Anden. **36**, Zentralafrika, Madagaskar, Indien, SW Asien. **37**, O-Mittelamerika, Brasilien. **38**, N-Australien. **39**, Sahelzone, Rift Valley, S-Afrika (außer Capensis). **40**, Cerrado (Brasilien). **41**, Z-/N-Australien.

3.8.2 Florenreiche

Die Florenreiche der Erde sind in erdgeschichtlichen Zeiträumen entstanden und heute an bestimmten Charakterarten erkennbar. Allerdings handelt es sich nicht um starre, fest abgegrenzte Gebiete, sondern um dynamische, sich wandelnde Pflanzengemeinschaften. An den Grenzen der Florenreiche kommt es zu einer natürlichen **Florenvermischung**. So gehört die Sukkulentenkaroo im nördlichen Südafrika florengeschichtlich zur Paläotropis, kommt aber auch in der Capensis vor. Neuseeland weist Florenelemente der Paläotropis, Australis und Antarktis auf und die Vegetation des südwestlichen Chinas der Holarktis und Paläotropis.

Neben der natürlichen Verzahnung von Florenreichen hat der **globale Handel** des Menschen zur **Florenverfremdung** beigetragen. Diese zeigt sich vor allem im Bereich der **Nutz-** und **Zierpflanzen**, die heute überall angebaut werden, wo sie gedeihen und günstig zu bewirtschaften sind (◘ Tab. 3.4, 3.5 und 3.6). Sie schlägt sich aber auch in der weltweiten Zunahme **invasiver Arten** nieder, die die natürliche Flora erheblich gefährden (► Exkurs 3.10).

Florengebiete stimmen nicht mit den geografischen Bezeichnungen überein. So liegen Paläotropis und Neotropis nicht genau zwischen den Wendekreisen, sondern umfassen, insbesondere auf der Südhalbkugel, auch subtropische Regionen (◘ Abb. 3.18). Die Capensis beschränkt sich auf den Südwesten des Kaplandes, während Norden und Osten der Paläotropis angehören.

Die folgende Übersicht gibt einen **groben Einblick** in die Diversität der Florengebiete. Sie illustriert anhand ausgewählter Beispiele charakteristische Pflanzen, Lebensformen und Vegetationseinheiten.

Exkurs 3.10 Invasive Arten

Die **Verbreitungsgebiete** (Areale) der Pflanzen unterliegen einer **andauernden Veränderung**. Durch Fernausbreitung und Klimaveränderung treten natürlicherweise neue Arten in einem gegebenen Lebensraum auf.

In großem Ausmaß hat der **Mensch** durch seine globalen Handelsbeziehungen zur **Florenvermischung** beigetragen. Pflanzen wurden entweder bewusst als Kultur- und Zierpflanzen eingeführt oder unbewusst über Handelswege verschleppt. Der Beginn der massiven Florenverfremdung wird auf das Jahr 1492 datiert, als Christoph Kolumbus Amerika entdeckte. Pflanzen, die vor diesem Zeitpunkt in einem Gebiet auftraten, werden als **Archaeophyten** bezeichnet, solche, die sich später etablierten, als **Neophyten**.

Breiten sich die Neophyten auf Kosten der einheimischen (indigenen) Arten in der für sie fremden Flora aus, werden sie als **invasive Arten** bezeichnet. Sie richten enorme **Schäden in Ökosystemen** an. Da sie meist keine natürlichen Feinde haben und sehr wuchsfreudig sind, nehmen sie leicht überhand und **verdrängen** die angestammten Arten. Besonders gefährdet sind die sensiblen Floren des Kaplandes (Capensis) und Australiens (Australis) mit ihrem hohen Anteil an Endemiten (► Exkurs 3.11). **Warnhinweise** an Reisende, keine Lebewesen und organischen Produkte in diese Regionen einzuführen, finden hierin ihre Begründung.

Im kapländischen Florengebiet (**Capensis**) haben sich vor allem die Europäische Strandkiefer (*Pinus pinaster*, Pinaceae, um 1680 eingeschleppt) und australische Eindringlinge wie *Eucalyptus*-Arten (Myrtaceae), *Acacia*-Arten (*A. longifolia, A. cyclops, A. saligna*, Fabaceae) und *Hakea sericea* (Proteaceae) ausgebreitet. Sie bewirken tiefgreifende Veränderungen im Wasserhaushalt des Bodens und beeinflussen die Intensität der natürlich auftretenden Feuer (Richardson und van Wilgen 2004). Umfangreiche Maßnahmen zur Bekämpfung der invasiven Arten zeigen erste Erfolge. So werden etwa *Acacia longifolia* und *A. saligna* mit parasitischen Pilzen (*Uromycladium tepperianum*) beimpft, die die Pflanzen absterben lassen (◘ Abb. 8.94g, h, ► Exkurs 8.12).

Auch in **Mitteleuropa** treten zahlreiche invasiven Arten auf. Sie breiten sich bevorzugt entlang von Bahnlinien oder Autobahnen aus, wo sie sich ungestört entwickeln können. Ihre **Ausbreitungsgeschichte** ist meist gut belegt:

— Aus dem Kaukasus stammt der **Riesen-Bärenklau** (*Heracleum mantegazzianum*, Apiaceae; ◘ Abb. 3.20a–c), eine außerordentlich attraktive Pflanze, die Anfang des 20. Jahrhunderts als Gartenpflanze nach Europa kam und verwilderte. Da sie phototoxische Substanzen enthält, die bei Berührung zu verbrennungsähnlichen Hautreaktionen führen können, wird sie vielerorts ausgerissen und an der Ausbreitung gehindert.

— Der **Japanische Staudenknöterich** (*Fallopia japonica*, Polygonaceae; ◘ Abb. 3.20d, e) zeigt klonales Wachstum (► Abschn. 6.9.2). Er wurde Anfang des 19. Jahrhunderts aus Ostasien als Futterpflanze eingeführt und wuchert heute vorzugsweise an feuchten Gebüsch- und Waldrändern. Die Bestände erreichen eine Wuchshöhe von bis 3–4 m.

— Das **Drüsige Springkraut** (*Impatiens glandulifera*, Balsaminaceae) ist ein einjähriges Kraut mit großen, attraktiven Blüten (◘ Abb. 3.20f, g). Es wurde im 19. Jahrhundert als Zierpflanze nach England eingeführt und breitete sich von dort sehr schnell aus. Heute ist es in der gesamten temperaten Zone der Holarktis zu finden. Verhindert man die Samenfreisetzung durch rechtzeitiges Abschneiden der Blütenstände, lässt sich die Ausbreitung des Springkrautes eindämmen.

— Das **Schmalblättrige Greiskraut** (*Senecio inaequidens*, Asteraceae) stammt aus Südafrika und wurde vor über 100 Jahren vermutlich mit einer Schiffsladung Wolle nach Mitteleuropa verschleppt. Nachdem die Art zunächst auf die Nähe großer Häfen beschränkt blieb, breitet sie sich seit den 1970er-Jahren kontinuierlich aus und ist heute in ganz Europa zu finden. In Deutschland bildet die gelb blühende Pflanze, die aufgrund ihrer späten Blütezeit im Oktober/November besonders auffällt, kilometerlange Bestände entlang der Fernstraßen (◘ Abb. 3.20h, i).

— Die **Riesen-Goldrute** (*Solidago gigantea*, Asteraceae; ◘ Abb. 3.20j), ursprünglich in Nordamerika beheimatet, wurde als Zierpflanze nach Europa gebracht. Aufgrund ihres klonalen Wachstums breitet sie sich rasch aus und bildet Massenbestände. Da sie vorzugsweise auf degradierten Flächen gedeiht und zudem im Spätsommer eine gute Bienenweide bildet, wird sie meist als ‚Neubürger' (Neophyt) geduldet.

Invasive Arten finden sich nicht nur bei den Blütenpflanzen. Auch Gymnospermen (*Pinus*), Farne (*Lygodium japonicum* ► Abb. 5.39h, *Salvinia* ► Abb. 5.40a, c), und Algen (*Caulerpa taxifolia* ► Abschn. 5.2.1, *Sargassum muticum* ► Abb. 5.16g) weisen aggressive Eindringlinge auf.

3

◘ **Abb. 3.20 Invasive Arten in Mitteleuropa. a–c,** *Heracleum mantegazzianum* (Apiaceae). Heimat: Kaukasus. **d, e,** *Fallopia japonica* (Polygonaceae). Heimat: Ostasien. **f, g,** *Impatiens glanduli-fera* (Balsaminaceae). Heimat: Himalaya. **h, i,** *Senecio inaequidens* (Asteraceae). Heimat: Südafrika. **j,** *Solidago gigantea* (Asteraceae). Heimat: Nordamerika. (© R. Claßen-Bockhoff, Mainz)

Holarktis

Die Holarktis ist das **größte** Florenreich der Erde (■ Abb. 3.17). Es erstreckt sich über den gesamten außertropischen Teil der **Nordhemisphäre** und umfasst sehr unterschiedliche Vegetationszonen (■ Abb. 3.18, ■ Tab. 3.3).

Kalte und temperate Zonen

In der kalten Zone des Nordens ist die Vegetation artenarm und setzt sich vor allem aus subarktischen Moosböden und Zwergstrauchheiden (**Tundra**) zusammen. Die Zone der borealen Nadelwälder (**Taiga**) erstreckt sich von Skandinavien über Sibirien bis nach Kanada (■ Abb. 3.21a). An der Grenze zur temperaten Zone treten vermehrt **Moore** und **Heidelandschaften** auf (■ Abb. 3.21b, c).

Die gemäßigte (**temperate**) Zone der **sommergrünen Laubmischwälder** überzieht ganz Mitteleuropa, weite Teile Ostasiens und den Osten Nordamerikas. Sie ist stark **jahreszeitlich** geprägt. Im Frühjahr treiben die Bäume aus und bilden ihr Blattwerk, das am Ende der Vegetationsperiode in farbenprächtiges Herbstlaub übergeht (**Indian Summer**; ▶ Exkurs 8.8) und schließlich abgeworfen wird. In Mitteleuropa dominieren Buchenwälder (■ Abb. 3.21d, e und ▶ 1.1b) und Mischwälder, die im Frühjahr, bevor das Laubwerk der Bäume den Boden verschattet, einen reichen Unterwuchs an **Frühjahrsgeophyten** aufweisen (■ Abb. 3.21f, ▶ Abschn. 6.10.2). Wärmeliebende Eichenmischwälder finden sich bevorzugt in trockeneren Regionen, Erlenbruchwälder (■ Abb. 3.21f) an bodennassen Standorten (Flussauen) und Mischwälder aus Buchen, Fichten, Kiefern, Tannen und Lärchen im Gebirge (▶ Abschn. 5.5.9). Oberhalb der Baumgrenze folgen Heiden, Moore und Horstgrasmatten.

Weite Gebiete der Holarktis sind von **Graslandschaften** bedeckt. Zu ihnen gehören die ausgedehnten **Steppengebiete** Eurasiens und die **Prärien** Nordamerikas. Sie sind meist **artenreich** (z. B. Federgrassteppe; ■ Abb. 3.22a), aber in vielen Regionen durch **Überweidung** in ihrem Bestand **gefährdet**.

Zu den **artenreichsten Lebensräumen** Mitteleuropas zählen die **Trockenrasen** (■ Abb. 3.21g), die auf **nährstoffarmen** Böden gedeihen. Sie treten oft als Begleiterscheinung der Landnutzung (Rodung) durch den Menschen auf. Da sie viele seltene und geschützte Arten aufweisen und überdies einen wichtigen Lebensraum für Insekten, Vögel und Kleinsäuger bieten, stehen sie trotz ihres anthropogenen Ursprungs vielerorts unter **Naturschutz** und werden durch Pflegemaßnahmen vor Verbuschung geschützt.

Subtropische und tropische Zonen

Den holarktischen Subtropen gehören die **mediterranen Hartlaubgebüsche** (Mittelmeergebiet: **Macchie** ■ Abb. 3.22b, Kalifornien: **Chaparral**), die **Lorbeerwälder** der Kanarischen Inseln (■ Abb. 3.22l) und die Wälder Südwestchinas mit ihren zahlreichen Tertiärrelikten an (▶ Exkurs 5.8). **Winterkalte Wüsten** dehnen sich über weite Gebiete Kaliforniens und Zentralasiens aus, wo sie von Kakteen (Nordamerika; ■ Abb. 3.22g, h) bzw. Polstersträuchern (Asien, z. B. *Astragalus*, Fabaceae) dominiert werden. Nach Regenfällen weisen sie eine kurze, üppige Blüte annueller und ausdauernder Kräuter auf (■ Abb. 3.22e). Die **heißen Wüsten** der Nordhemisphäre, insbesondere die Sahara, gehören klimatisch in die (Sub-)Tropen, aber florengeschichtlich zur Holarktis (■ Abb. 3.17 und 3.18).

Trotz der enormen räumlichen Ausdehnung und Vielfalt an Vegetationszonen ist das holarktische Florengebiet **gut charakterisiert**. Eine große Zahl von Pflanzenfamilien und Gattungen kommt entweder ausschließlich in diesem Gebiet vor oder hat doch seinen Verbreitungsschwerpunkt hier.

Charakteristische Gruppen der Baum- und Strauchschicht sind die Buchengewächse (Fagaceae) mit der Rotbuche *Fagus sylvatica* als dominanter Art mitteleuropäischer Buchenwälder (■ Abb. 3.21d und 1.1b), die Birkengewächse (Betulaceae), Ahorngewächse (Sapindaceae) und Rosengewächse (Rosaceae). Krautige Pflanzen gehören vor allem den Kreuzblütlern (Brassicaceae), Hahnenfußgewächsen (Ranunculaceae), Doldenblütlern (Apiaceae), Nelkengewächsen (Caryophyllaceae) und Primelgewächsen (Primulaceae) an. Charakteristische Gattungen sind Segge (*Carex*, Cyperaceae) und Kiefer (*Pinus*, Pinaceae).

Die Holarktis, insbesondere der ostmediterran-vorderasiatische Raum (bekannt als **Fruchtbarer Halbmond**), ist Heimat weltweit bedeutender **Nutzpflanzen**, die zu den **ältesten Kulturpflanzen** überhaupt zählen. Dazu gehören Getreidearten (Weizen, Roggen, Gerste, Hafer), Hülsenfrüchte (Linse, Erbse, Ackerbohne, Kichererbse), Steinobstarten (Rosaceae; Kirsche, Pflaume, Pfirsich Mandel), Feige, Dattel, Olivenbaum und Weinstock (■ Tab. 3.4).

3

◻ **Abb. 3.21 Holarktis: Vegetation der kalten und temperaten Zonen. a**, Boreale Nadelwälder. Typischer Lebensraum der Wapiti-Hirsche (*Cervus canadensis*). Banff (ca. 1400 müNN), Rocky Mountains, Kanada. **b**, Hochmoor mit Wollgras (*Eriophorum*, Cyperaceae), Sonnentau (*Drosera*, Droseraceae) und Fettkraut (*Pinguicula*, Lentibulariaceae). Irland. **c**, Küstenheide, dominiert von Heidekrautgewächsen (Ericaceae). Bretagne. **d–g**, Laubwälder Mitteleuropas. **d, e**, Buchenwald (Rotbuche *Fagus sylvatica*, Fagaceae) bei Aachen. **e, f**, Buschwindröschen (*Anemone nemorosa*, Ranunculaceae) als typischer Vertreter der Frühjahrsgeophyten. **g**, Erlenbruchwald (Schwarzerle, *Alnus glutinosa*, Betulaceae). Fényes bei Tata, Ungarn. **h**, Blühende Alpenwiese mit Asteraceae, Fabaceae, Caryophyllaceae u. v. a. Kräutern. Bergün (ca. 1400 müNN), Graubünden, Schweiz. (© R. Claßen-Bockhoff, Mainz)

Abb. 3.22 Holarktis: Vegetation der subtropischen Zone. a, Artenreiche Federgrassteppe (*Stipa*, Poaceae). Zentralanatolien. **b,** Mediterrane Macchie. Immergrüne Hartlaubvegetation mit Pistazien (*Pistacia*, Anacardiaceae), Steinlinden (*Phillyrea*, Oleaceae) und Eichen (*Quercus*, Fagaceae). Kroatien. **c, d,** Alpine Stufe. Tahtalı Dağı (2300 müNN), Türkei. **c,** Geröllandschaft mit ‚Steingartenpflanzen'. **d,** Steinkraut (*Alyssum*, Brassicaceae) als typischer Vertreter alpiner Polsterpflanzen. **e–g,** Wüstenlandschaften Kaliforniens. **e,** Blühende Mojave-Wüste. **f,** Joshua-Palmlilie (*Yucca brevifo-lia*, Asparagaceae). Charakterpflanze des Joshua Tree NP. **g,** Teddybär-Kaktus (*Cylindropuntia bigelovii*, Cactaceae). Boyd Deep Canyon. **h,** Saguaro (*Carnegiea gigantea*, Cactaceae). Sonora-Wüste, Kalifornien. **i–l,** Vegetation auf Teneriffa, Kanarischen Inseln. **i,** Küstennaher Sukkulentenbusch. Punta de Teno. **j,** *Euphorbia candelabrum* (Euphorbiaceae). Hidalgo. **k,** Kugelbuschzone. Canadas (<2000 müNN). **l,** Lorbeerwald (Tertiärrelikt). Anaga-Gebirge. (© R. Claßen-Bockhoff, Mainz)

3

◘ Tab. 3.4   Auswahl alter und bedeutender Kulturpflanzen der Holarktis. Arten nach Herkunft und Verwendung sortiert. Zum Weiterlesen empfohlen: Lieberei und Reisdorff 2012

Art	Familie	Herkunft	Verwendung
Kohlarten (*Brassica oleracea*-Unterarten)	Brassicaceae	Europa	Gemüse
Korkeiche (*Quercus suber*)	Fagaceae		Kork
Hafer (*Avena sativa*)	Poaceae	(nördliches Eurasien)	Getreide
Hirse* Kolbenhirse (*Setaria italica*)			
Zwerghirse (*Eragrostis tef*)	Poaceae	N –Afrika	Getreide
Gerste (*Hordeum vulgare*) Weizen (*Triticum aestivum* subsp. *aestivum*) Emmer (*Triticum turgidium* subsp. *dicoccon*) Dinkel (*Triticum aestivum* subsp. *spelta*)	Poaceae	SW-Asien	Getreide
Bohne (*Vicia faba*) Erbse (*Pisum sativum*) Linse (*Lens culinaris*)	Fabaceae	‚Fruchtbarer Halbmond'	Gemüse
Feige (*Ficus carica*)	Moraceae		Obst
Dattelpalme (*Phoenix dactylifera*)	Arecaeae		
Mandel (*Prunus dulcis*) Pfirsich (*Prunus persica*) Apfel** (*Malus domestica*)	Rosaceae		
Granatapfel (*Punica granatum*)	Lythraceae		
Lein (*Linum usitatissimum*)	Linaceae		Ölpflanze
Olive (*Olea europaea*)	Oleaceae		
Lorbeer (*Laurus nobilis*)	Lauraceae		Gewürz
Wein (*Vitis vinifera*)	Vitaceae		Genussmittel
Rose (*Rosa*-Arten)	Rosaceae		Zierpflanzen
Tulpe (*Tulipa*-Arten)	Liliaceae		

Hirse*
    Rispenhirse (*Pennisetum miliaceum*)
    Borstenhirse (*Setaria*-Arten)
	Poaceae	Zentralasien	Getreide

Zwiebel (*Allium cepa*)	Amaryllidaceae		Gemüse, Gewürz
Knoblauch (*Allium sativum*)			
Rettich (*Raphanus sativus*)	Brassicaceae		
Apfel** (*Malus sieversii*)	Rosaceae		Obst
Schlafmohn (*Papaver somniferum*)	Papaveraceae		Gewürz, Öl, Opium
Soja (*Glycine max*)	Fabaceae	O-Asien	Öl, Gemüse
Sonnenblume (*Helianthus*-Arten)	Asteraceae	N-Amerika	Öl

*Hirse ist ein Sammelbegriff, der mehrere, unabhängig voneinander kultivierte Arten zusammenfasst (◘ Tab. 3.5).
** Der Apfel ist mehrfach parallel in Kultur genommen worden.
Für Faserpflanzen, Nutzhölzern, Duft- und Gewürzpflanzen, Färbepflanzen, Beeren und Nüssen s. ◘ Tab. 7.2, 7.3, 8.3, 8.4, 11.1, 11.2, 12.3, 12.4 und 12.5

Paläotropis

Die Paläotropis ist das zweitgrößte und zugleich **artenreichste** Florengebiet. Sie umfasst die **Tropen** (Afrika: südlich der Sahara) und die **südlichen Subtropen** der **Alten Welt**, d. h. den größten Teil von Afrika, Indien, Südostasien und die pazifische Inselwelt (◘ Abb. 3.17). Die Zuordnung von Neuseeland zur Paläotropis, Australis oder Antarktis ist umstritten; die pazifische Inselwelt wird auch als eigenes Florenreich (Ozeanien) geführt.

Die altweltlichen Tropen umfassen feuchte und trockene Waldtypen, charakteristische Hochgebirgsvegetationen, Savannen und Wüsten (◘ Tab. 3.3, ◘ Abb. 3.23):

— Bedeutende Wälder sind die *Rhododendron*-**Wälder** des Himalayas und die **Dipterocarpaceen-Wälder** des indomalaysischen Raumes (◘ Abb. 3.23a). Die namengebenden Flügelnussgewächse (Dipterocarpaceae) sind die höchsten Bäume dieser Tieflandregenwälder und liefern mit ihren gerade wachsenden Stämmen aus Hartholz ein begehrtes Tropenholz. Der Bestand der artenreichen Primärwälder ist nicht nur durch einzelne holzwirtschaftliche Eingriffe bedroht, sondern vor allem durch **großflächige Rodungen** zugunsten von Kautschukplantagen (z. B. in Yunnan, China). In Afrika sind die *Hagenia*-**Wälder** (*Hagenia abyssinica*, Rosaceae) mit ihrem reichen Flechtenbewuchs erwähnenswert. Sie kommen beispielsweise in der Nebelzone des Aberdare-Gebirgszuges in Kenia vor (◘ Abb. 3.23d). Zu den besonderen Lebensräumen der Tropen gehört die **Gezeitenzone** der tropischen Meere, die von **Mangrovenwäldern** gesäumt wird (► Abschn. 8.4.5).

— Die Waldvegetation der ostafrikanischen Hochgebirge geht in 3000–4000 m Höhe in eine Bambuszone über, auf die weiter oben Horstgrasländer (*tussocks*) folgen (◘ Abb. 3.23e). In dieser **afroalpinen** Stufe treten **gigantische Rosettenpflanzen** mit oft meterhohen Blütenständen auf, die vor allem den Ruwenzori Mountain NP in Uganda berühmt gemacht haben. Arten wie *Dendrosenecio brassiciformis* (Asteraceae; ◘ Abb. 8.12c) oder *Lobelia telekii* (Campanulaceae; ◘ Abb. 3.23e, f) werden meterhoch und sind mit ihrer dichten Behaarung an die intensive Sonneneinstrahlung am Tag angepasst. Abends führen die Blätter Schließbewegungen (► Exkurs 8.6) durch und schützen damit die empfindliche Sprossspitze vor nächtlichem Frost (Rauh 1988).

— Die flächenmäßig größte **Savanne** der Paläotropis liegt im Rift Valley Ostafrikas und wird von der charakteristischen Wuchsform der **Schirmakazien** (*Vachellia*-Arten, Fabaceae) geprägt (◘ Abb. 3.23g, h). Weitere Bäume, die meist in kleinen Gruppen oder einzeln angeordnet sind, gehören z. B. zu den Combretaceae (*Combretum*, *Terminalia*) oder Fabaceae (*Erythrina*, *Bauhinia*). Die dominanten Süßgräser (Poaceae) erreichen eine Höhe von bis zu 2,5 m (*Hyparrhenia*, *Cymbopogon*) oder bleiben niedriger (~1 m: *Themeda triandra*). Die Savanne geht vielerorts in eine halbwüstenartige Vegetation mit *Commiphora*-Bäumen (Burseraceae), blattsukkulenten (*Aloe*, Asphodelaceae) und stammsukkulenten (*Euphorbia*, Euphorbiaceae ◘ Abb. 8.30f und 9.40c) Pflanzen über.

— Die bedeutendste **Wüste** der Paläotropis und mit 80 Mio. Jahre zugleich die älteste der Welt ist die **Namib** (Namibia; ◘ Abb. 3.23i, j). Sie erstreckt sich an der Westküste Südafrikas entlang des kalten Benguela-Stromes, der die extreme Trockenheit und morgendliche Nebelbildung der Wüste bedingt. Pflanzen und Tiere haben sich an die lebensfeindlichen Bedingungen angepasst. Viele Pflanzen überdauern jahre- oder jahrzehntelang als Samen im Boden und kommen erst nach heftigen Regenfällen zur Entfaltung. Andere, wie der endemische, zu den Kürbisgewächsen (Cucurbitaceae) gehörende Nara-Strauch (*Acanthosicyos horridus*; ◘ Abb. 12.16h) assimiliert mit seinen stark verzweigten Ästen und zu Dornen umgebildeten Blättern, wodurch die verdunstende Oberfläche reduziert wird. Der Nara-Strauch bildet wasserhaltige, nährstoffreiche Früchte, die eine wichtige Nahrungsquelle für Tiere und Menschen darstellen. Die berühmteste Pflanze der Namib ist die *Welwitschia mirabilis* (Welwitschiaceae), die an anderer Stelle ausführlich dargestellt wird (► Abschn. 5.5.9, ◘ Abb. 5.49e–k).

Vorwiegend **paläotropische Pflanzenfamilien** sind die Schwalbenwurzgewächse (Apocynaceae-Asclepiadoideae), Flügelnussgewächse (Dipterocarpaceae), Muskatnussgewächse (Myristicaceae), Maulbeergewächse (Moraceae) mit der großen Gattung der Feigen (*Ficus*; ◘ Abb. 8.83a), die Kannenpflanzengewächse (Nepenthaceae; ◘ Abb. 8.91a–c) und die Schraubenbaumgewächse (Pandanaceae; ◘ Abb. 8.82c). Zu den charakteristischen Gattungen zählen *Aloe* (Asphodelaceae; ◘ Abb. 8.27g), *Euphorbia* (Wolfsmilch, Euphorbiaceae; vor allem stammsukkulente Arten; ◘ Abb. 8.30f und 9.41c, d) und *Dracaena* (Drachenbaum, Asparagaceae; ◘ Abb. 8.27i). *Rafflesia arnoldii* (Rafflesiaceae), ein Parasit mit der größten Blüte der Welt, und die Titanwurz (*Amorphophallus titanum*, Araceae) mit der größten Fallenblume der Welt sind auf Sumatra endemisch (◘ Abb. 11.36).

Aus der Paläotropis stammen viele **Nutzpflanzen** (◘ Tab. 3.5), darunter Arten, die schon in vorchristlicher Zeit entlang der altorientalischen Handelswege zwischen Nordafrika und Indien gehandelt wurden. Ins-

3

◘ **Abb. 3.23　Paläotropis. a,** Tieflandregenwald mit typischem Stockwerkbau, dominiert von Urwaldriesen aus der Familie der Flügelnussgewächse (Dipterocarpaceae). Yunnan, China. **b, c,** Tropischer Regenwald. Ipassa-Makokou-Biosphärenreservat, Gabun. **b,** Blick auf den Ivindo-Fluss. **c,** Unwegsamer Unterwuchs mit Marantaceae und Zingiberaceae. **d–f,** Montane und alpine Stufen im ostafrikanischen Hochgebirge. Aberdare NP, Kenia. **d,** Montaner Nebelwald mit *Hagenia abyssinica* (Rosaceae) (ca. 3000 müNN). **e,** Afroalpines *tussock*-Grasland (ca. 3300 müNN) mit riesenwüchsigen Exemplaren von *Dendrosenecio brassiciformis* (Asteraceae; ◘ Abb. 8.15c). **f,** *Lobelia telekii* (Lobeliaceae). Wollig behaarte Rosettenpflanze mit etwa 3 m hohem Blütenstand. **g, h,** Tropische Savanne. Rift Valley, Kenia. **g,** Charakteristische ‚Schirmakazien' (*Vachellia tortilis*, Fabaceae). **h,** *Vachellia*-Art mit Nestern von Webervögeln. **i, j,** Vegetation der Namib-Wüste, Namibia. **i,** Butterbaum (*Cyphostemma currorii*, Vitaceae). **j,** Spärlicher Bewuchs mit Kameldornakazien (*Vachellia erioloba*, Fabaceae) und Nara (*Acanthosicyos horridus*, Cucurbitaceae). **k,** Frühjahrsblüte in Namaqua mit Asteraceae und Aizoaceae. Nordwest-Südafrika. **l, m,** Drakensberge. Östliches Südafrika. **l,** Artenreiches afromontanes Strauchgrasland. Sentinel Peak (ca. 3000 müNN). **l,** Tussock-Grasland mit *Merxmuellera aureocephala* (Poaceae). Hochplateau von Lesotho (3000 müNN). (© R. Claßen-Bockhoff, Mainz)

Tab. 3.5 Auswahl tropischer Nutzpflanzen aus der Alten Welt. Arten nach Herkunft und Verwendung sortiert. Zum Weiterlesen empfohlen: Lieberei und Reissdorff 2012

Art	Familie	Herkunft	Nutzen
Hirse* Perlhirse (*Pennisetum glaucum*)	Poaceae	Afrika	Getreide
Wassermelone (*Citrullus lanatus*)	Cucurbitaceae		Obst
Ölpalme (*Elaeis quineensis*)	Arecaceae		Öl
Kaffeestrauch (*Coffea arabica*)	Rubiaceae		Genussmittel
Weihrauchbaum (*Boswellia sacra*)	Burseraceae		Duftstoff
Myrrhe (*Commiphora habessinica*)			
Reis (*Oryza sativa*)	Poaceae	O-Asien	Getreide
Zitrone, Apfelsine (*Citrus*-Arten)	Rutaceae		Obst
Tee (*Camellia sinensis*)	Theaceae		Genussmittel
Pfeffer (*Piper nigrum*)	Piperaceae	S-/SO-Asien	Gewürz
Sternanis (*Illicium verum*)	Schisandraceae		
Zimt (*Cinnamomum* Arten)	Lauraceae		
Gewürznelken (*Syzygium aromaticum*)	Myrtaceae		
Ingwer (*Zingiber officinale*	Zingiberaceae		
Sesam (*Sesamum indicum*)	Pedaliaceae		Öl/Gewürz
Jute (*Corchorus capsularis, C.olitorius*	Malvaceae		Fasern
Baumwolle*** (*Gossypium arboretum*) (*G. herbaceum*)			
Indigo (*Indigofera tinctoria*	Fabaceae		Farbstoff
Zuckerrohr (*Saccharum officinarum*)	Poaceae	Molukken	Zucker
Essbanane (*Musa x paradisiaca*)	Musaceae		Obst/Gemüse
Muskat (*Myristica fragrans*)	Myristicaceae		Gewürz
Kokospalme (*Cocos nucifera*)	Arecaceae	Ozeanien	Öl, Fasern

*Hirse ist ein Sammelbegriff, der mehrere, unabhängig voneinander kultivierte Arten zusammenfasst (Tab. 3.4).
*** Baumwolle ist vermutlich viermal parallel als Nutzpflanze entdeckt worden (s. Tab. 3.7).
Für Faserpflanzen, Nutzhölzer, Duft- und Gewürzpflanzen, Färbepflanzen, Beeren und Nüsse s. Tab. 7.2, 7.3, 8.3, 8.4, 11.1, 11.2, 12.3, 12.4 und 12.5

besondere die fernöstlichen **Gewürze** aus Indien und Indonesien (Molukken: ‚Gewürzinseln') waren und sind bis heute begehrte Waren. Der Betelpfeffer (*Piper betle*) ist Bestandteil des **Betelbissens**, der seit Jahrtausenden in weiten Teilen Asiens als Mittel gegen Müdigkeit und Hunger verwendet wird (Abb. 2.10d). Zu seiner Herstellung wird das alkaloidhaltige Nährgewebe des Samens (sekundäres Endosperm; ► Abschn. 12.1.2) der Betelnusspalme (*Areca catechu*, Arecaceae) mit eingedicktem Saft aus den Blättern des Gambirs (*Uncaria gambir*, Rubiaceae) und gelöschtem Kalk vermischt, in Pfefferblätter eingewickelt und zerkaut. Bei der chemischen Umsetzung des Alkaloids werden Tannine freigesetzt, die den Speichel rot färben.

Neotropis

Die Neotropis ist das neuweltliche Gegenstück zur Paläotropis und umfasst den Bereich von Südkalifornien und Florida im Norden über ganz Mittelamerika bis hin zum größten Teil des subtropischen Südamerika (◘ Abb. 3.17). Die Vegetation ähnelt in vielen Aspekten der der Altwelttropen, weist aber auch Besonderheiten auf:

— Große Flächen der Neotropis werden von **tropischen Wäldern** bedeckt, die je nach Höhenstufe und Feuchtigkeit von **Küsten-** und **Tieflandregenwäldern** (◘ Abb. 3.24a, b) bis zu den **Bergtrockenwäldern** (◘ Abb. 3.24d, e) reichen. Wie in den Altwelttropen sind die Wälder außerordentlich **artenreich**, in Kraut-, Strauch- und verschieden hohe Baumschichten gegliedert und reich an **Lianen** und **Epiphyten** (◘ Abb. 3.24c, f). Mangrovenwäldern treten entlang der Küsten auf (◘ Abb. 8.81a).

Der **Amazonas-Regenwald** bildet das **größte** zusammenhängende Waldgebiet der Erde und bildet damit einen der wichtigsten CO_2-Speicher der Erde. Er weist die **größte Biodiversität** (*biodiversity hotspot*; ▶ Exkurs 3.11) aller tropischen Wälder auf. Die artenreichsten und höchsten Wälder (bis 45 m) sind die **Terra-firma**-Regenwälder, die auf trockenem Grund gedeihen. Tiefer liegende Gebiete, die in der Regenzeit regelmäßig überflutet werden, bilden riesige **Überschwemmungsgebiete**. Tragen die Flüsse **Nährstoffe** in den Boden ein (‚Weißwasserflüsse‘), entwickeln sich **Várzea**-Regenwälder, liefern sie Huminsäuren (‚Schwarzwasserflüsse‘) entstehen **Igapó**-Regenwälder. Alle Waldtypen sind in ihrem Bestand durch Brandrodung, Viehwirtschaft und Fragmentierung (Raubbau) extrem gefährdet: große Flächen könnten schon bald dauerhaft verloren sein (Vergara und Scholz 2018).

— Die **Anden** gehören wie die Amazonaswälder zu den **Biodiversitätszentren** der Erde (▶ Exkurs 3.11). Ihr **Artenreichtum** ist auf **abiotische Faktoren** (Klima, Boden, Exposition, Höhe) und das Auftreten **vielfältiger Bestäubergruppen** zurückzuführen, zu denen vor allem die **Kolibris** (Trochilidae) (bis etwa 4500 müNN; ▶ Abschn. 11.6.6) und die in Lateinamerika endemischen **Prachtbienen** (Euglossini) (bis etwa 2000 müNN) zählen (▶ Abschn. 11.6.5). Besonders auffallend sind die exponierten roten Blüten- und Fruchtstände, die Kolibris anlocken (◘ Abb. 3.24e).

In der alpinen Stufe gehen die Wälder in **Graslandschaften** über. Ähnlich wie im Ruwenzori-Gebirge tritt auch in den **Páramos** Kolumbiens **Gigantismus** (~4000 müNN) auf. Charakteristische Beispiele liefern die Gattungen *Espeletia* (Asteraceae) und *Puya* (Bromeliaceae). Die unterschiedliche Artenzusammensetzung illustriert sehr deutlich die gleichsinnige, aber **parallel erfolgte** Anpassung der Pflanzen an die extremen Standortverhältnisse der tropischen Hochgebirge. Etwas tiefer liegt die **Puna-Vegetation** (~3000 müNN; ◘ Abb. 3.24h). Bei ihr handelt es sich um eine feuchte Hochlandsteppe aus Süßgräsern (*Calamagrostis*, *Festuca*), in der auch Binsen (Juncaceae) und Schwertliliengewächse (Iridaceae) häufig sind.

— Fast das gesamte Inland von Brasilien wird von einer als **Cerrado** bezeichneten **Strauchsavanne** bedeckt. Die knapp 10 m hohe, offene Vegetation umfasst 3000 bis 7000 Arten von Blütenpflanzen, von denen etwa 50 % **endemisch** sind (Gottsberger und Silberbauer-Gottsberger 2006). Bei hoher Feuchtigkeit geht der Cerrado in die **Campo-rupestre-Vegetation** über, eine **anmoorige** Strauchsavanne auf steinigem Grund, die eine besonders hohe Vielfalt an Sauergräsern (Cyperaceae), Eriocaulaceae und Velloziaceae (◘ Abb. 3.24i–k) beherbergt. Die beiden letztgenannten Familien haben ihren Verbreitungsschwerpunkt in Brasilien.

Zu den **Familien**, die die Neotropis in besonderem Maße charakterisieren, gehören die Bromeliengewächse (Bromeliaceae) mit ihren zahlreichen, epiphytisch lebenden Arten (◘ Abb. 3.24f und 8.88a–c), die Kakteen (Cactaceae, besonders in semiariden und ariden Gebieten (◘ Abb. 3.24g und 8.31), die Kapuzinerkressegewächse (Tropaeolaceae; ◘ Abb. 8.39e, 11.17a, b, 11.44f) und Pantoffelblumen (Calceolariaceae; ◘ Abb. 11.21d–f).

Aus der Neotropis stammen viele Nutz- und Zierpflanzen, die in den Hochkulturen Mittel- und Südamerikas genutzt und in der Kolonialzeit nach Europa eingeführt wurden (‚**Kolonialwaren**‘; ◘ Tab. 3.6). Dazu gehören z. B. Mais, Kartoffel, Tomate und Paprika, die heute weltweit angebaut werden. Tabak, Vanille und Schokolade (Kakaostrauch) sind neotropischen Ursprungs ebenso wie die Kautschukpflanze, um die es erbitterte Handelskriege gegeben hat (▶ Abschn. 7.6.6).

■ **Abb. 3.24** **Neotropis. a**, Küstenwald. Typische Elemente sind die bis zu 50 m hohen, gelb blühenden *Schizolobium*- (Fabaceae) und *Caryo-car*-Bäume (Caryocaraceae) sowie die Kokospalmen am Uferbereich (*Cocos nucifera*, Aceraceae). Golfito, Costa Rica. **b, c**, Tieflandregenwald. La Gamba, Costa Rica. **b**, Dichter Unterwuchs mit Costaceae, Zingiberaceae und Araceae. **c**, Lianen gehören zum typischen Erscheinungsbild tropischer Wälder. (Mit freundlicher Genehmigung). **d–f**, Bergtrockenwald (~1800 müNN). Canchaque, Peru. **d**, Charakteristische Vertreter gehören zu den Anacardiaceae, Bignoniaceae, Celastraceae und Sapindaceae. **e**, *Triplaris* (Polygonaceae). Die rote Farbe der Früchte lockt Kolibris als Ausbreiter an. **f**, Epiphytische Bromelien (Bromeliaceae). **g**, *Echinopsis chiloensis* (Cactaceae). Kakteen gehören zum typischen Erscheinungsbild der Neotropen. Rio Carillo NR. Zentralchile. **h**, Puna-Vegetation (≥3000 müNN). Huancabamba, Peru. **i–k**, Campo-rupestre-Vegetation (~1200 müNN). Pico los Almas, Bahia, Brasilien. **i**, Die Pflanzen sind an nährstoffarme Böden und starke Belichtung angepasst. **j**, *Vellozia caudata* (Velloziaceae). **k**, Anmooriger Standort mit Eriocaulaceae. (© R. Claßen-Bockhoff, Mainz)

◻ Tab. 3.6   Auswahl tropischer Nutzpflanzen aus der Neuen Welt. Arten nach Herkunft und Verwendung sortiert. Zum Weiterlesen empfohlen: Lieberei und Reissdorff 2012

Art	Familie	Herkunft	Nutzen
Mais (*Zea mays*)	Poaceae	Mittelamerika	Getreide
Tomate (*Solanum lycopersicum*)	Solanaceae		Gemüse
Vanille (*Vanilla planifolia*)	Orchidaceae		Gewürz
Baumwolle *** (*Gossypium barbadense, G. hirsutum*)	Malvaceae		Fasern
Ananas (*Ananas comosus*)	Bromeliaceae	S-Amerika	Obst
Paprika, Chili (*Capsicum annuum*)	Solanaceae		Gemüse
Tabak (*Nicotiana tabacum/N. rustica*			Genussmittel
Kakaobaum (*Theobroma cacao*)	Malvaceae		
Kautschukbaum (*Hevea brasiliensis*)	Euphorbiaceae		Gummi
Quinoa (*Chenopodium quinoa*)	Amaranthaceae	S-Amerika: Anden	Getreide
Gartenbohne (*Phaseolus vulgaris*)	Fabaceae		Gemüse Nuss
Erdnuss (*Arachis hypogaea*)			
Kartoffel (*Solanum tuberosum*)	Solanaceae		Stärke
Kokastrauch (*Erythroxylum coca*)	Erythroxylaceae		Rauschmittel

*** Baumwolle ist vermutlich viermal parallel als Nutzpflanze entdeckt worden (s. ◻ Tab. 3.7).
Für Faserpflanzen, Nutzhölzer, Duft- und Gewürzpflanzen, Färbepflanzen, Beeren und Nüsse s. ◻ Tab. 7.2, 7.3, 8.3, 8.4, 11.1, 11.2, 12.3, 12.4 und 12.5

Exkurs 3.11 Endemismus und Biodiversitätszentren

Treten Arten, Gattungen oder Familien nur in einem **bestimmten Gebiet** auf, sind sie in diesem Gebiet **endemisch** (griech. *éndēmos*, ‚einheimisch'). Dabei kann es sich um **Lokalendemiten** handeln, die nur kleinräumig auftreten (Seychellennuss, *Lodoicea maldivica*, Arecaceae: nur auf den Seychellen), oder um **Endemiten eines Florenreiches**, die weitverbreitet sein können (Bromeliengewächse: gesamte Neotropis).

Als **Paläoendemiten** (Reliktendemiten) werden Arten bezeichnet, die früher vermutlich weit verbreitet waren, aber heute nur noch lokal vorkommen (z. B. lebende Fossilien; ► Exkurs 5.8). **Neoendemiten** gehören demgegenüber jungen Sippen an, die vor Ort neu entstanden sind. Dies geschieht häufig durch **adaptive Radiation** (► Abschn. 3.1 und 3.2).

Das bekannteste Beispiel für adaptive Radiation sind die ‚Darwin-Finken' der Galapagos-Inseln. Besonders gut untersuchte Beispiele im Pflanzenreich liefern die **Kanarischen Inseln.** Von den 37 *Aeonium*-Arten (Crassulaceae) sind 30 auf den Kanarischen Inseln endemisch (83 %; Jorgensen und Olesen 2001), von den etwa 65 *Echium*-Arten (Boraginaceae) über 40 % (Böhle et al. 1996). Die Arten haben sich an sehr unterschiedliche Nischen angepasst und sind oft auf eine Insel oder einen Lebensraum beschränkt. Einen hohen Anteil an Neoendemiten zeigen auch die **Anden** und andere jüngere Gebirge, die mit ihrer Vielfalt an Höhenstufen, klimatischen Gegebenheiten und Bestäubergruppen ganz unterschiedliche ökologische Nischen bereitstellen.

Gebiete, in denen eine besonders große Zahl endemischer Pflanzen- und Tierarten auftritt, werden als **Biodiversitätszentren** bezeichnet. Aktuell sind 34 solcher *biodiversity hotspots* anerkannt. Die meisten liegen in den **Tropen**, aber auch der Mittelmeerraum, Vorder- bis Zentralasien und Kalifornien (Holarktis), die Kapprovinz (Capensis), Australien (Australis), der Süden Chiles und Neuseeland (Paläotropis/Antarktis) gehören zu den floristischen Biodiversitätszentren der Erde. Diese bedecken etwas mehr als 2 % der Erdoberfläche, beherbergen aber über 50 % aller Pflanzenarten (► http://de.wikipedia.org/wiki/Biodiversitäts-Hotspot). Von ihrem ursprünglichen Verbreitungsgebiet (15,7 % der Landoberfläche) wurden bereits 86 % der Fläche durch den Raubbau des Menschen zerstört.

Australis

Zur Australis gehören Australien und Tasmanien. Aufgrund der fast 30 Mio. Jahre dauernden Isolation während der Kontinentalverschiebung entwickelten sich Fauna und Flora sehr eigenständig. Von den etwa 20.000 Pflanzenarten sind 85 % endemisch (Barlow 1981).

Florengeschichtlich konnte sich der ursprünglich **warmfeuchte Regenwald** während der Norddrift des Kontinents nicht halten und zog sich auf **feuchte Refugialstandorte** an der Ostküste Australiens zurück (◘ Abb. 3.17 und 3.25a). Die Regenwälder, die heute nur noch etwa 0,25 % der Landmasse einnehmen und in ihrem Bestand stark **bedroht** sind, beherbergen die **Nachfahren der tertiären Gondwana-Flora**, die sich in den geschlossenen Regenwäldern erhalten haben. Die Wälder weisen die weltweit meisten **Basalen Angiospermen** (z. B. *Eupomatia*; ◘ Abb. 3.25c und 5.84j) sowie alte Bestände von Südkoniferen, Cycadeen, Boden- und Baumfarnen auf. Auch die Südbuche (*Nothofagus*; ◘ Abb. 3.25b), die auf allen Südkontinenten auftritt und damit ein typisches **Gondwana-Areal** anzeigt, kommt hier vor.

Der Großteil Australiens ist heute von einer wesentlichen jüngeren **Hartlaubvegetation** bedeckt (Lüpnitz 2003). Außerhalb der Wälder mussten sich die Pflanzen an Trockenheit, Nährstoffarmut und Feuer anpassen. Der **hohe Selektionsdruck** führte zu einer raschen Artbildung, die aufgrund der Isolation des Kontinents zu einer extrem hohen Anzahl an **Endemiten** führte (► Exkurs 3.11).

Australien weist einen deutlichen **Niederschlagsgradienten** von der Küste ins Inland auf. Die höchsten Niederschläge (≥1200 mm) fallen im Südwesten des Kontinentes, wo sich der **Karri-Wald** mit *Eucalyptus*-Arten entwickelt hat (◘ Abb. 3.25d und 6.52b–d), die zu den höchsten Laubbäumen der Erde zählen. Es folgen landeinwärts offene Eukalyptuswälder, Heidegebiete (300–500 mm Niederschlag), Dornbuschgesellschaften und Grasländer (<200 mm Niederschlag; ◘ Abb. 3.25f–h). Das gesamte wüstenartige Zentrum Australiens ist von *hummock*-**Grasland** bedeckt, einer Vegetationsform, die von extrem widerstandsfähigen Gräsern (z. B. *Triodia*) dominiert wird, zwischen denen einzelne *Acacia*- und *Casuarina*-Arten auftreten (◘ Abb. 3.25l, m). Vielerorts treten **Salzseen** mit typischer Salzpflanzenvegetation (**Halophytenvegetation**) auf (◘ Abb. 3.25j, k).

Die **Flora Australiens** wird von den beiden artenreichen Gattungen *Eucalyptus* (Myrtaceae, ≥700 Arten, Futterpflanze der Koalabären; ◘ Abb. 3.25e) und *Acacia* (Fabaceae, ca. 900 Arten; ◘ Abb. 8.55a–c) charakterisiert, die fast alle Vegetationseinheiten Australiens prägen (◘ Abb. 3.25f). In den **Heidegebieten** kommen zahlreiche australische Proteaceengattungen (z. B. *Grevillea*, *Hakea*, *Banksia*) mit insgesamt etwa 1000 Arten vor sowie die Australheidegewächse (**Ericaceae**-Styphelioideae, ehemals Epacridaceae) mit etwa 500 Arten. Besonders charakteristisch sind die Grasbaumgewächse (Asphodelaceae-Xanthorrhoideae; ◘ Abb. 3.25h, ◘ Abb. 6.53d) und Kängurupfoten (*Anigozanthos* Haemodoraceae; ◘ Abb. 3.25i), von denen letztere auch in Europa als Zierpflanze gehandelt wird.

Die Heiden werden ebenso wie die offenen Wälder regelmäßig von **Buschfeuern** (► Abschn. 8.6.1, ◘ Abb. 8.87) heimgesucht, die durch die ätherischen Öle der *Eucalyptus*-Arten zusätzlich angefacht werden. Die Pflanzen schützen sich durch dicke Borken vor dem Feuer, die nach dem Feuer rußgeschwärzt sind und den Grasbäumen den Namen *black boys* gegeben haben.

Eukalyptusplantagen finden sich heute in nahezu allen subtropischen Gebieten. Sie werden wegen des schnellen Wuchses und der guten Holzqualität angepflanzt und auch zur Aufforstung verwendet. Allerding ist diese Vorgehensweise nicht unproblematisch, da *Eucalyptus*-Arten nicht nur die Waldbrandgefahr erhöhen, sondern auch den Boden austrocknen und Substanzen in den Boden abgeben, die auf andere Pflanzen wachstumshemmend wirken (**allelopathischer Effekt**; ► Exkurs 2.3). Daher sind Eukalyptusbestände sehr artenarm und weisen fast keinen Unterwuchs auf.

Capensis

Das kleinste Florenreich umfasst nur das **mediterran** geprägte **Winterregengebiet** Südafrikas. Es erstreckt sich vom 32. zum 34. südlichen Breitengrad und vom 18. zum 24. östlichen Längengrad. Im Westen grenzt es an den kalten Beguela-Strom, im Süden an den warmen Agulhas-Strom; von den Trockengebieten im Norden (Namaqua, Richtersveld) und den Sommerregengebieten im Osten ist es klimatisch getrennt.

Ähnlich wie Australien ist das kapländische Florengebiet durch **Artenreichtum** und einen hohen Prozentsatz an endemischen Arten gekennzeichnet (Biodiversitätszentrum s. ► Exkurs 3.11). Von den knapp 8900 Arten an Blütenpflanzen sind über **70 % endemisch** (Cowling 1992; Manning 2007).

Florengeschichtlich setzt sich die Capensis aus alten und jungen Sippen zusammen (Linder 2003; White 1986):

— Zu den alten Florenelementen gehören Taxa mit **Gondwana-Areal**, die auf allen (oder mindestens zwei) Südkontinenten zu finden sind, z. B. Restionaceae ◘ (Abb. 3.26j), Loranthaceae und Goodeniaceae. Die **Übereinstimmung** zwischen den Florenreichen zeigt sich im Auftreten gleicher **Pflanzenfamilien**, ihre **Eigenständigkeit** in unterschiedlichen **Gattungen** und **Arten**.

3

◙ **Abb. 3.25   Australis. a–c,** Tertiäre Lorbeerwälder Ostaustraliens. **a, b,** New England NP. **c,** Blue Mountains. Die immergrünen, artenreichen Wälder (**a**) beherbergen zahlreiche Reliktarten, darunter Südbuchen (**b**: *Nothofagus*, Fagaceae), Baumfarne (◙ Abb. 5.37g) und Basale Angiospermen (**c**: *Eupomatia laurina*, Eupomatiaceae; ◙ Abb. 5.84k). **d,** Karri (*Eucalyptus diversicolor*, Myrtaceae). Hochwald mit bis zu 90 m hohen Individuen. Südwestaustralien. **e,** *Eucalyptus*-Arten sind die Nahrungsquelle der Koalabären (Kangaroo Island). **f–k,** Vegetationsaspekte Südwestaustraliens. **f,** Lichter Eukalyptus-Akazien-Wald. **g,** Hartlaubgebüsch mit Myrtaceen, Rutaceen und Asteraceen. Fitzgerald River NP. **h,** Artenreiche Heide mit Grasbäumen (*Xanthorrhoea*, Asphodelaceae). **i,** Kängurupfote (*Anigozanthos manglesii*, Haemodoraceae). Wappenblume von Western Australia. **j, k,** Vegetationszonierung an einem Salzsee. King's Lake. **j,** Proteaceengebüsch mit *Banksia*. **k,** Salztolerante Amaranthaceen und Zygophyllaceen säumen den Uferbereich. **l–n,** Zentralaustralische Wüste. **l,** *Casuarina* (Casuarinaceae). **m,** Igelgräser (*Triodia*, Poaceae). **n,** Blühende Wüste, überwiegend annuelle Asteraceen (Strohblumen). (© R. Claßen-Bockhoff, Mainz)

– Eine zweite Gruppe von Pflanzen hat ihre Wurzeln im **tropischen Afrika** und stammt von Vorfahren ab, die vor der klimatischen Isolation Südafrikas einwanderten. Dazu zählen z. B. die Gattungen *Protea* (Proteaceae), *Disa* (Orchidaceae), *Cliffortia* (Rosaceae) oder *Anthospermum* (Rubiacae). Von den **subtropischen Tertiärwäldern** (*Podocarpus*-Wäldern; ◘ Abb. 5.47a, b) sind nur noch Relikte entlang der Südküste erhalten; ansonsten fehlen Waldgebiete in der Capensis.

– Die jungen Sippen sind vermutlich vor 10–20 Mio. Jahre (Miozän) im Zuge einer **schnellen** Artbildungsphase (adaptive **Radiation**) entstanden (Linder 2003). Diese auf molekularen Daten beruhenden Befunde werden durch die Tatsache gestützt, dass über 50 % der Arten zu nur zehn Pflanzenfamilien gehören. Mit absteigender Artenzahl sind dies die Asteraceae, Fabaceae, Iridaceae (z. B. *Lapeirousia*, *Moraea*; ◘ Abb. 3.26h), Aizoaceae (z. B. *Mesembryanthemum*; ◘ Abb. 8.62c–h), Ericaceae (*Erica* mit 500 bis 600 südafrikanischen Arten; ◘ Abb. 3.26i), Scrophulariaceae (z. B. *Nemesia*, *Diascia*; ◘ Abb. 11.12g und 11.22e–g), Proteaceae (*Protea*, *Leucospermum*, *Leucadendron*; ◘ Abb. 3.26a, d, f), Restionaceae, Rutaceae und Orchidaceae.

Die **heutige Vegetation** des kapländischen Florenreiches umfasst neben wenigen reliktären Wäldern vor allem den flächenmäßig dominanten **Fynbos** und die sukkulentenreiche **Knersvlakte**:

– Der **Fynbos** gehört zu den immergrünen **Hartlaubgesellschaften** und teilt viele Standorteigenschaften mit anderen mediterranen Vegetationseinheiten (Macchie, Chaparral). Die Pflanzen sind an die **nährstoffarmen** Böden des Tafelbergsandsteins und an regelmäßige **Feuer** angepasst (▶ Abschn. 8.6.1). Die Vegetation besteht aus niedrigen **Sträuchern** (maximal 3 m hoch) mit ,**ericoiden**' Blättern (▶ Abschn. 8.3.7, ◘ Abb. 8.61c) und ausdauernden Kräutern, vor allem Zwiebelpflanzen. In Abhängigkeit von der Höhe und Luftfeuchtigkeit des Standortes prägen unterschiedliche Pflanzenfamilien die Vegetation. Man unterscheidet entsprechend den Proteaceen-, Asteraceen- und Restionaceen-Fynbos (◘ Abb. 3.26a, d, j, k).

Das Gebiet der Capensis weist mehrere Gebirgszüge von etwa 1000 m Höhe auf, von denen der **Tafelberg** bei Kapstadt der berühmteste ist. Hier lässt sich auch ein für die Vegetation wichtiges Wetterphänomen beobachten. In den Sommermonaten führt der **Südostpassat** Luftmassen heran, die am Gebirge aufsteigen, eine Wolkenbank, das berühmte ,Tafeltuch' (◘ Abb. 3.26c), bilden und sich auf der windabgewandten Seite auflösen. Die Nebelzone liegt zwischen (400–)600 und 1000 m Höhe und weist eine an sie angepasste Vegetation auf.

Die reiche Nischendifferenzierung der Küstengebirge hat eine artenreiche Flora hervorgebracht. Zu ihnen gehören 198 endemische Gattungen und sechs Familien, die nur hier vorkommen. Mit Ausnahme der Bruniaceae (etwa 75 Arten, eine Art im Ostkap; ◘ Abb. 3.26b und 9.21n) sind die endemischen Familien monotypisch oder artenarm (Geissolomataceae ◘ Abb. 3.26f, Grubbiaceae, Penaeaceae, Roridulaceae ▶ Abb. 8.90f, g, Stilbaceae inkl. Retziaceae).

– Im Nordwesten der Capensis liegt die **Knersvlakte**, ein einzigartiger Lebensraum, der vegetationsökologisch zur **sukkulenten Karoo** (Halbwüste) gehört (▶ Abschn. 8.3.6). Er ist Heimat der ,**Lebenden Steine**' und wird von **sukkulenten** Mittagsblumengewächsen (**Aizoaceae**) und Dickblattgewächsen (**Crassulaceae**) dominiert (◘ Abb. 8.62). Von den über 1200 Arten sind 250 endemisch.

Aus dem kapländischen Florengebiet stammen zahlreiche **Zierpflanzen** wie z. B. Kapmargeriten (*Osteospermum ecklonis*), Gazanien u. a. Korbblütler (Asteraceae) sowie Vertreter der Iridaceae wie Freesien (*Freesia*) und Gladiolen (*Gladiolus*). Die ,Geranien', mit denen in Mitteleuropa die Blumenkästen bepflanzt werden, gehören zur Gattung *Pelargonium* (Geraniaceae), von deren 270 Arten 150 im Fynbos endemisch sind.

Die Essbare Mittagsblume (*Carpobrotus edulis*, Aizoaceae) gehört zu den **invasiven Arten** (▶ Exkurs 3.10). Die anspruchslose und salztolerante Sukkulente ist in Südafrika heimisch und inzwischen an zahlreichen mediterran-subtropischen Küsten Nordamerikas, Europas und Australiens verbreitet.

Im Herbst gelangen Trockensträuße mit Fynbos-Pflanzen (Proteaceen, Bruniaceen, Asteraceen) in den Handel (*Cape Flora Bouquets*). Diese werden der Natur entnommen und stammen überwiegend von privatem Farmland der Agulhas-Ebene (◘ Abb. 3.26d). Im Jahr 2011 wurden etwa 450.000 Bouquets verkauft, von denen die meisten nach Europa gelangten (Blokker et al. 2015). Die *Wildflower Industry* ist damit ein wichtiger, allerdings nicht unumstrittener Zweig der südafrikanischen Wirtschaft.

3

■ **Abb. 3.26** **Capensis. a–c,** Kaphalbinsel. Cape Peninsula NR. **a,** Fynbos mit Proteaceen (*Leucadendron, Mimetes*). **b,** *Berzelia lanuginosa* (Bruniaceae). **c,** Nebelwolken (‚Tafeltuch‘) bringen regelmäßig Feuchtigkeit in die Gebirgszone des Tafelberges. **d,** Fynbos mit *Leucospermum* (Proteaceae). Privates Farmland auf der Agulhas-Halbinsel. **e,** *Leucospermum* (Proteaceae) mit einem Weibchen des in der Kap- provinz endemischen Kaphonigfressers (*Promerops cafer*). **f,** *Geissoloma marginatum*, einziger Vertreter der endemischen Familie Geissolomataceae. **g,** *Pelargonium* (Geraniaceae). Hybride dieser Gattung sind in Europa als ‚Geranien‘ im Handel. **h,** *Moraea* (Iridaceae). **i,** *Erica cerinthoides* (Ericaceae). **j, k,** Fynbos mit Restionaceen (mit freundlicher Genehmigung). (© R. Claßen-Bockhoff, Mainz)

Antarktis

Das antarktische Florenreich repräsentiert das ehemalige Bindeglied zwischen den Südkontinenten. Es umfasst außer dem antarktischen Festland mit nur sehr wenigen Pflanzenarten die Inseln der südlichen Meere (Falklandinseln, Kerguelen, Teile Neuseelands) und den südlichsten Teil von Südamerika (Westpatagonien und Feuerland).

Am besten ausgeprägt ist die antarktische Flora im Valdivianischen Regenwald im Süden Chiles (◘ Abb. 3.27a). Es handelt sich um einen der wenigen **temperaten Regenwälder**, in dem aufgrund der hohen Niederschläge eine reiche Moos-, Farn- und Epiphytenflora gedeiht (◘ Abb. 3.27e).

Charakteristisch fur die Antarktis, wenngleich nicht auf sie beschränkt, sind 13 Gattungen aus ebenso vielen Familien. Zu ihnen gehören die Südbuche (*Nothofagus*, Fagaceae; ◘ Abb. 3.27d), das Stachelnüsschen (*Acaena*, Rosaceae; ◘ Abb. 12.22l), die sehr harte, polsterbildende Gattung *Azorella* (Apiaceae) und die durch riesige Blätter ausgezeichnete Gattung *Gunnera* (Mammutblatt, Gunneraceae; ◘ Abb. 3.27f). *Gunnera*-Arten leben in Symbiose mit Cyanobakterien der Gattung *Nostoc*, die Luftstickstoff fixieren (▶ Abschn. 5.1).

◘ **Abb. 3.27 Antarktisches Florenreich.** Valdivianischer Regenwald an der chilenischen Pazifikküste, südlich des 40. Breitengrades. **a**, Fjordlandschaft zwischen Puerto Montt und Chaiten. **b, c**, *Drimys winteri*, Winteraceae. Charakteristische Art in den immergrünen antarktischen Wäldern. **d**, *Nothofagus dombeyi* (Chilenische Scheinbuche, Fagaceae), eine der häufigsten Arten der *Nothofagus*-Wälder. **e**, Außerordentlich hohe Diversität an Farnen, Moosen und Epiphyten als Folge des reichen Niederschlags (~2400 mm/Jahr). **f**, Mammutblatt (*Gunnera tinctoria* var. *valdiviensis*, Gunneraceae). (© R. Claßen-Bockhoff, Mainz)

3.9 Erhalt von Biodiversität: Eine globale Herausforderung

Der moderne Mensch (*Homo sapiens sapiens*) trat vor 40.000 Jahren in Erscheinung und begann vor etwa 10.000 Jahren mit Ackerbau und Viehzucht. Zunächst beeinflusste er seine natürliche Umgebung nur lokal durch Jagd, Brandrodung und Holznutzung. Heute greift er mit Umweltverschmutzung, Raubbau und Fragmentierung von Lebensräumen so massiv in den Naturhaushalt ein, dass **Ökosysteme** und **Artenreichtum** in ihrem **Bestand gefährdet** sind. Prognosen gehen davon aus, dass der derzeitige Ressourcenverbrauch des Menschen, sein ‚ökologischer Fußabdruck', zu einem **Massenaussterben** führen wird, das mit der Katastrophe am Ende der Kreidezeit (Sauriersterben) vergleichbar ist (WWF 2018).

3.9.1 Verlust von Biodiversität

Niemand weiß genau, wie viele Arten es auf der Erde gibt. Schätzungen gehen von 13–14 Mio. Tier- und Pflanzenarten aus, von denen erst 1,4 Mio. Arten wissenschaftlich erfasst sind. Meist haben die Arten nur einen Namen; über ihre Biologie und Bedeutung für das Ökosystem und den Menschen ist wenig bekannt. Täglich gehen Arten verloren, weltweit sind es vermutlich 10.000 bis >50.000 Arten pro Jahr. Die Arten sterben aus, bevor sie überhaupt wahrgenommen, geschweige denn kennengelernt und erforscht worden sind.

Nicht nur der **Artenrückgang** ist bedrohlich, sondern auch die Abnahme der Populationsgrößen. Nach dem *Living Planet Report* 2018 des WWF (World Wide Fund for Nature 2018) verringerte sich die Populationsgröße der über 4000 berücksichtigten Wirbeltierarten zwischen 1970 und 2014 um 60 %, d. h., die Anzahl der Individuen hat sich mehr als halbiert. Die **Reduktion der Populationsgröße** führt zur genetischen Verarmung und damit zu einem verringerten Anpassungsvermögen und höheren Gefährdungsgrad der Arten (▶ Abschn. 3.1.2).

3.9.2 Nutzen pflanzlicher Vielfalt

Pflanzen sind die Primärproduzenten der Nahrungskette. Sie regulieren den Sauerstoff- und Kohlendioxidgehalt der Atmosphäre, liefern Medizin, Baustoffe und Kleidung. **Ohne Pflanzen ist kein höher organisiertes Leben auf der Erde möglich.** Es sollte **selbstverständlich** sein, **ihren Erhalt** zu sichern.

Auch wenn jeder Einzelne durch eine bewusste Lebensweise einen Beitrag leisten kann, sind doch vor allem die Staatengemeinschaften gefragt, durch eine nachhaltig ausgerichtete Politik Energie und Wasser einzusparen, Umweltverschmutzung zu reduzieren und Tier und Pflanzenarten zu schützen. Mangelndes Verständnis für globale Zusammenhänge sowie wirtschaftliche und politische Interessen prägen allerdings immer noch den Umgang mit der Natur. **Schutzprogramme** bedürfen daher oft einer **wirtschaftlichen Begründung**, um akzeptiert zu werden.

Tatsächlich ist die **Wirtschaftsleistung der Natur** universal sichtbar. Zieht man alle Leistungen der Natur in Betracht, also neben den Roh- und Naturstoffen auch die Bereitstellung von Süßwasser und Wäldern, die Bodenbildung und die Photosynthese- und Bestäubungsleistung der Organismen, kommt man auf eine Summe von **100 Billionen Euro pro Jahr** (1000 Mrd. oder 1.000.000.000.000 €, WWF 2018).

Im Konflikt zwischen **Ökologie und Ökonomie** wird oft die Frage nach der lebensnotwenigen Minimalzahl von Arten gestellt. Wie viele Arten sind nötig, um das Überleben des Menschen zu sichern? Diese Antwort kann niemand geben. Die Netzwerke der Natur sind zu **komplex**, als dass man die Konsequenzen des Artensterbens voraussagen könnte. Sicher ist aber, dass **jede einzelne Art** kostbar ist, weil sie ein **einzigartiges Zeugnis des Lebens** ist und ein **biologisches Potential** besitzt, das weitgehend **unerforscht** ist. Mit jeder Art **stirbt eine Evolutionslinie** aus und ist unwiederbringlich verloren.

Bis heute wird nur ein verschwindend kleiner Teil der potentiell nutzbaren Pflanzen verwendet. Das gilt insbesondere für die Bereiche Landwirtschaft und Medizin (Ziegler et al. 1997):

- **Welternährung:** Weltweit sind schätzungsweise **7000 Nahrungspflanzen** bekannt. Die meisten werden nur lokal verwendet, ihr Potential für eine weitere Nutzung ist **unerforscht**. Tatsächlich sind nur etwa 30 Nahrungspflanzen (0,4 %) im globalen Handel, allein Mais, Weizen und Reis (0,04 %) decken über 50 % der Welternährung. Die Konsequenzen sind Monokulturen, verstärkter Einsatz von Herbiziden und Pestiziden, Fragmentierung von Lebensräumen, genetische Verarmung durch Verwendung von Zuchtlinien, wirtschaftliches Risiko bei Missernten und Abhängigkeit der Erzeugerländer von Saatgutlieferanten und dem Weltmarkt.

- **Weltgesundheit:** Die medizinische Versorgung von etwa 80 % der Bevölkerung von Entwicklungs- und Schwellenländern beruht auf **traditionellen Heilmitteln**. Dabei werden schätzungsweise 30.000–50.000 Pflanzenarten genutzt. Ihre Inhaltsstoffe und ihr Potential zur Bekämpfung von Krankheiten sind **weitgehend unbekannt**.

Mit dem Eindringen des Menschen in neue Lebensräume, z. B. durch **Abholzung** tropischer Waldflächen, und durch **Jagd** auf Großsäuger nimmt die **Gefahr** weltweiter **Seuchen** zu. **Kleinsäuger** wie Ratten und Fledertiere sind als Virenträger bekannt. Sie vermehren sich ohne ihre Fressfeinde rasant, kommen mit dem Menschen in Kontakt und lösen Pandemien aus - wie zuletzt für Covid-19 vermutet.

3.9.3 Bewahrung und Erforschung biologischer Vielfalt

Angesichts der globalen Gefährdung finden seit 1959 internationale Konferenzen zum Erhalt der Biodiversität statt. Das **Washingtoner Artenschutzübereinkommen** (CITES 1973) regelt den internationalen Handel mit gefährdeten Arten. In der **Biodiversitätskonvention** von Rio de Janeiro 1992 haben sich 175 Nationen verpflichtet, die biologische **Vielfalt zu erhalten**, die Nutzung **nachhaltig** zu gestalten und die natürlichen Ressourcen **gerecht** zu verteilen. Zahlreiche internationale und nationale Abkommen, vor allem die UN-Klimakonferenz in Paris 2015, haben die Umweltpolitik verändert, aber die Ziele sind noch lange nicht erreicht.

Schutz und Erhalt des Lebens hängen wesentlich von **Wissen und Aufklärung** ab. Beide Aufgaben werden von wissenschaftlichen Einrichtungen wie Naturhistorischen Museen, Botanischen Gärten und Herbarien unterstützt. Diese Stätten sind Forschungs-, Lehr- und Lernorte, pflegen Datenbanken zur biologischen Vielfalt und sind an international vernetzten Biodiversitätsprogrammen beteiligt:

- **Naturhistorische Museen** dienen der Wissenschaftsförderung und Bildung. Sie beherbergen umfangreiche Sammlungen (Dokumentation, Forschung) und präsentieren Ausstellungen zu naturwissenschaftlichen und biologischen Themen. In Deutschland gibt es über 40 naturkundliche Museen mit unterschiedlichen Schwerpunkten von Geologie/Mineralogie über Paläontologie bis hin zu Botanik, Zoologie und Evolution. Besonders hervorzuheben sind aus botanischer Sicht das Museum für Naturkunde in Berlin und das Naturmuseum Senckenberg in Frankfurt a. M.
- **Botanische Gärten** sind Lebendsammlungen, die oft einen regionalen Schwerpunkt haben und zum **Erhalt gefährdeter Arten** beitragen. **Bildungsangebote** (öffentliche Führungen, Workshops Projektangebote für Schulen) haben zum Ziel, Interesse und Verständnis für Natur, Umwelt und Leben zu wecken. Die meisten Botanischen Gärten sind in Europa konzentriert. Zu den größten und berühmtesten gehören der Royal Botanic Garden Kew (London), der 1840 offiziell gegründet wurde, und der Botanische Garten Berlin-Dahlem, der auf eine Pflanzensammlung aus dem Jahr 1573 zurückgeht. Die Gärten sind mit Forschungsinstituten oder Universitäten verbunden, die die Lebendsammlung auch für wissenschaftliche Projekte nutzen.
- **Herbarien** sind Sammlungen getrockneter und gepresster Pflanzen, die der Dokumentation und Forschung dienen. Anhand der Belege lassen sich Daten zur Systematik, Morphologie, Biogeografie, Genetik, Ökologie und Kulturgeschichte der Pflanzen gewinnen. Zur Erfassung der Biodiversität werden **Forschungs- und Sammelreisen** durchgeführt und **Florenwerke** angefertigt. Wichtige Herbarien in Deutschland sind das Herbarium des Botanischen Museums Berlin-Dahlem (mit 3,6 Mio. Belegen das größte Herbarium), das Herbarium Haussknecht in Jena (ca. 3,5 Mio. Belege) und das Herbarium der Botanischen Staatssammlung München (etwa 3,2 Mio. Belege).
- **Saatgutbanken** werden in der Pflanzenzucht genutzt, um besonders ertragreiche Sorten zu erhalten. Globale Bedeutung kommt ihnen als Sammlung von **Genmaterial** zu, die den weltweiten genetischen Bestand der Pflanzen sichern soll. In einer Saatgutbank werden Samen aufbewahrt und durch Angaben zu Fundort, Entstehungsjahr, Gewicht und Eigenschaften der Herkunftspflanze dokumentiert. Regelmäßige Tests auf Keimfähigkeit sorgen dafür, dass das Saatgut rechtzeitig durch Aussaat ersetzt wird. Das Leibniz-Institut für Pflanzengenetik und Kulturpflanzenforschung in Gatersleben pflegt die bedeutendste Samenbank in Deutschland und sichert die genetische Vielfalt der hiesigen Kulturpflanzen.

Im Jahr 2008 wurde auf der norwegischen Insel Spitzbergen die erste und bislang einzige **weltweite Samenbank** eröffnet (Svalbard Global Seed Vault). Es handelt sich um ein Projekt des Welttreuhandfonds für Kulturpflanzenvielfalt (Global Crop Diversity Trust, GCDT). Die Genbank liegt im Permafrost eines Eisbergs und ist für 4,5 Mio. Samenproben (à 500 Samen) ausgelegt. Ziel ist die langfristige Sicherung der pflanzlichen Genressourcen der Erde.

Zusammenfassung

Evolution ist die **genetische Abwandlung** von **Populationen** im Laufe der **Generationenfolge**. Sie ist die Grundlage der Entstehung biologischer Vielfalt und führt zur Bildung von **Arten**. Arten werden morphologisch (**Morphospezies**), biologisch (**Biospezies**) oder **phylogenetisch** definiert. Sie unterscheiden sich in **Merkmalen**, die **phänotypische Plastizität** aufweisen können.

Die Evolution der Landpflanzen wird anhand von **Fossilien** und der **heute existierenden Vielfalt** unter Be-

3

rücksichtigung der **Erd- und Klimageschichte** rekonstruiert. Aufgrund nur zufälliger und fragmentarischer Fossilfunde und rapider Artbildungs- und Aussterbeereignisse sind noch viele Fragen offen.

• Entstehung des Lebens

Das **pflanzliche Leben** begann vor etwa 3,5 Mrd. Jahren im Meer, als die **Cyanobakterien** anfingen, Photosynthese zu betreiben. Sie reicherten die Luft mit **Sauerstoff** an und schafften damit die Grundlage für das Leben auf dem Land. Durch Endosymbiose entstanden vor 1–1,5 Mrd. Jahren die ersten **eukaryotischen Pflanzenzellen** in Form von einzelligen **Algen**. Aber erst der hohe CO_2-Gehalt der Atmosphäre vor 500 Mio. Jahren (Kambrium) führte zu einer reichen Entfaltung der **Algen**. Diese entwickelten die Photosyntheseapparate und Stoffwechselwege der **Pflanzenzelle**, verschiedene **Organisationsformen** und **Sexualzyklen**.

Vermutlich stammen die Landpflanzen von **Süßwasseralgen** ab. Als Kandidaten kommen die Vorfahren heutiger Grünalgen aus der Gruppe der **Charophyta** in Betracht. Sie teilen mit den Landpflanzen die Photosynthesepigmente **Chlorophyll a und b**, **Stärke** als Reservestoff, Zellwände aus **Cellulose**, **Sporopollenin** zum Schutz der Sporen, den **symplastischen** Vegetationskörper und unbewegliche Eizellen (**Oogamie**).

• Landgang der Pflanzen

Die **Besiedlung des Landes** durch Cyanobakterien und Pilze begann vor etwa 470 Mio. Jahren. Die Evolution der Landpflanzen folgte im Silur. Funde von Sporen und Hyphen deuten auf eine enge **Symbiose** zwischen den ersten Landpflanzen und **Mykorrhizapilzen** hin. Die ältesten Landpflanzen wiesen bereits mit schützenden Hüllen (Gametangien, Sporenbehälter), Rhizoiden zur Wasseraufnahme, einem heterophasischen Generationswechsel (sexueller Gametophyt, asexueller Sporophyt) und der Embryobildung **wichtige Anpassungen** an das Leben auf dem Land auf.

Die ersten Landpflanzen waren Moose und frühe Gefäßpflanzen. Die **Moose** stellen eine Evolutionslinie dar, die bis heute erfolgreich überwiegend feuchte Standorte besiedelt. Sie wachsen mit einem **Thallus**, der dem haploiden Gametophyten entspricht. Alle übrigen Landpflanzen gehören zu den Gefäßpflanzen (**Tracheophyten**) und sind durch einen **freilebenden Sporophyten** und die Ausbildung spezialisierter **Leitgewebe** charakterisiert.

Vermutlich stammen alle Gefäßpflanzen von den frühen Telompflanzen ab, einer Gruppe einfach gestalteter Pflanzen, die seit etwa 400 Mio. Jahren (Silur) fossil nachweisbar ist und 50 Mio. Jahre später, im

Devon, ausstarb bzw. in neue Pflanzengruppen überging. Die Pflanzen besaßen gabelig (dichotom) verzweigte Vegetationskörper (Telome) und waren noch nicht in Organe differenziert. Sie waren besser als die Moose an die Bedingungen des Landlebens angepasst, da sie von einer Wasser abweisenden **Cuticula** vor Austrocknung geschützt waren und **Spaltöffnungen** zur Regulation des Gasaustausches besaßen. Sie bildeten einfache Wasserleitzellen (**Tracheiden**) und Leitbahnen (**Protostele**) und verwendeten erstmals den Holzstoff **Lignin** zur Festigung der Zellwände. Damit war die Voraussetzung für den späteren Baumwuchs gegeben.

• Farnzeitalter

Das Farnzeitalter (Paläophytikum) reichte von Mitte Silur bis Mitte Perm (etwa 400–300 Mio. Jahre vor heute). In dieser Zeit dominierten Bärlapppflanzen, Keilblattgewächse, Altfarne, Schachtelhalme, Progymnospermen, Samenfarne und frühe Nadelhölzer die Vegetation:

— Im **Devon** entstanden die Vorläufer aller heutigen **Landpflanzengruppen**. Die **Bärlapppflanzen** trennten sich sehr früh als eigene Evolutionslinie von den übrigen Gefäßpflanzen ab. Ende Devon traten mit den Progymnospermen und Samenfarnen Vorläufer der **Samenpflanzen** auf, die ebenfalls eine sehr alte separate Evolutionslinie darstellen. Die **Vegetation** des Devons war an feuchte Standorte gebunden und abgesehen von einzelnen, baumförmigen Pflanzen nur etwa hüfthoch.

— Die ersten Wälder bildeten sich im **Karbon** auf sumpfigem Grund. Aus ihnen gingen die größten Steinkohlelager der Erde hervor. Die **Steinkohlewälder** wurden von Bärlappbäumen (Schuppen-, Siegelbäumen, bis 40 m hoch) und Riesen-Schachtelhalmen dominiert. Auf der südlichen Landmasse der Erde, dem Kontinent **Gondwana**, entwickelte sich zeitgleich die *Glossopteris*-Flora. Sie ist nach dem Zungenfarn *Glossopteris* benannt, dessen fossilisierte Blätter auf allen ehemals zu Gondwana gehörenden Landmassen, also den heutigen Südkontinenten und Indien, zu finden sind.

— Im **Perm** setzte ein Klimawandel ein, der zu einem **Massenaussterben** führte. Die an feuchtwarme Bedingungen angepasste Farnflora konnte der zunehmenden Abkühlung und Trockenheit nicht folgen und wurde weitgehend von Gymnospermen verdrängt.

• Gymnospermenzeitalter

Das Gymnospermenzeitalter (Mesophytikum) setzte Mitte Perm ein und dauerte bis zur mittleren Kreidezeit (etwa 300–100 Mio. Jahre vor heute). Tektonische Ereignisse (Zerfall des Kontinentes Pangäa), Klimaschwankungen und Änderungen des Meeresspiegels führten zu wechselnden Lebensbedingungen. Die Vegetation erholte sich, und neue Pflanzengruppen entstanden. Die Wälder des Erdmittelalters wurden von wärmeliebenden Farn- und Nacktsamern dominiert. Palmfarne (Cycadeen) und Ginkgogewächse erfuhren ihre größte Verbreitung. Mit den Bennettitales traten erstmals Pflanzen mit ‚**Zwitterblüten**' auf, die vermutlich von **Insekten** bestäubt wurden.

• Angiospermenzeitalter

Das Angiospermenzeitalter (Känophytikum) brach in der mittleren Kreide an (vor etwa 100 Mio. Jahren) und dauert bis heute. Nach dem Zerfall Pangäas setzte die **Kontinentalverschiebung** ein, die mit Gebirgsbildung, Änderung der Meeresströmungen und Klimaschwankungen einherging. Am Ende der oberen Kreide kam es erneut zu einem globalen Temperaturanstieg, dem ein **Massenaussterben** folgte. Der **Florenwechsel** führte zum Rückgang der Gymnospermen und zur Evolution der **Blütenpflanzen**. Die Blütenpflanzen (Angiospermen) breiteten sich schnell über die gesamte Erde aus und stellen heute mit 85 % aller Landpflanzenarten die mit Abstand artenreichste Pflanzengruppe. Zu ihrem **Erfolg** tragen ihre vielfältigen und verbesserten **Anpassungen** an das Landleben bei, wie z. B. effiziente Stoffaufnahme und Stoffleitung, Unabhängigkeit vom Wasser bei der sexuellen Fortpflanzung, Kooperation mit Tieren (Bestäubung, Ausbreitung), kurze Lebensdauer und Synthese von Gift- und Duftstoffen.

• Diversität heutiger Pflanzen

Die aktuelle **Pflanzendecke der Erde** umfasst sechs **Florenreiche** (Holarktis, Palätropis, Neotropis, Australis, Capensis, Antarktis), die die **Herkunft** der Pflanzen im Laufe der Erdgeschichte anzeigen. Sie sind in **Vegetationszone**n gegliedert, die den Klimagürteln der Erde entsprechen. Vom Äquator zu den Polen und vom Meeresspiegel bis zur Vegetationsgrenze nimmt die Diversität der Pflanzen ab.

Endemische Arten kommen nur in einer bestimmten Region oder nur in einem bestimmten Florenreich vor. Sie repräsentieren entweder **Reliktarten** (Paläoendemiten) oder sind das Ergebnis von **Artbildung** (Neoendemiten). Weltweit sind 34 Regionen als Zentren hoher Biodiversität (*biodiversity hotspots*) ausgewiesen, in denen nicht nur viele Arten, sondern auch ein hoher Prozentsatz endemischer Arten auftreten.

Die **biologische Vielfalt** ist heute durch den Eingriff des Menschen in ihrer Existenz **gefährdet**. Verheerende Konsequenzen für die **Welternährung** und **Weltgesundheit** sind abzusehen. Globale politische Anstrengungen sind notwendig, um die Lebensbedingungen auf der Erde zu erhalten. Sie greifen letztlich nur, wenn alle mit einer bewussten Lebensweise zum Schutz der Umwelt beitragen. Aufklärung und Bildung, wie sie beispielsweise in Naturkundemuseen und Botanischen Gärten vermittelt werden, sind dabei wichtige Voraussetzungen.

Literatur

Abbott RJ (2017) Plant speciation across environmental gradients and the occurrence and nature of hybrid zones. J Syst Evol 55:238–258

Anacker BL, Strauss SY (2014) The geography and ecology of plant speciation: range overlap and niche divergence in sister species. Proc R Soc B 281:2013–2980

Axelrod R (2000) Die Evolution der Kooperation. Oldenbourg Scientia Nova, München. (Übersetzung des englischen Originals von 1984: the evolution of cooperation. Basic Books, New York)

Barlow BA (1981) The Australian flora: its origin and evolution. In: George AS (Hrsg) Flora of Australia, Bd 1, S 25–75. Canberra, Australian Government Puplishing Service

Barthlott W, Rafiqpoor MD (2016) Biodiversität im Wandel – Globale Muster der Artenvielfalt. In: Lozán JL, Breckle SW, Müller R, Rachor E (Hrsg) Warnsignal Klima: Die Biodiversität. Unter Berücksichtigung von Habitatveränderung, Umweltverschmutzung und Globalisierung, S 45–51. https://doi.org/10.2312/warnsignal.klima-die-biodiversitat

Blokker T, Bek D, Binns T (2015) Wildflower harvesting on the Agulhas Plain, South Africa: challenges in a fragmented industry. S Afr J Sci 111(11/12):63–69

Böhle U-R, Hilger HH, Martin WF (1996) Island colonization and evolution of the insular woody habit in *Echium* L. (Boraginaceae). Proc Natl Acad Sci USA 93:11740–11745

Brummitt RK (2014) Taxonomy versus cladonomy in the dicot families. Ann Miss Bot Gard 100:89–99

Brundrett MC, Tedersoo L (2018) Evolutionary history of mycorrhizal symbioses and global host plant diversity. New Phytol 220:1108–1115

CITES (1973) Convention on International Trade in Endangered Species of Wild Fauna and Flora, Washington. https://cites.org/eng/disc/text.php

Claßen-Bockhoff R, Speck T, Tweraser E, Wester P, Thimm S, Reith M (2004) The staminal lever mechanism in *Salvia* L.(Lamiaceae): a key innovation for adaptive radiation?. ODE 4:189–205

Cowling R (Hrsg) (1992) The ecology of fynbos. Nutrients, fire and diversity. Oxford University Press, Cape Town

Coyne JA, Orr HA (2004) Speciation. Sinauer, Sunderland

Daly M, Herendeen PS, Guralnick RP, Westneat MW, McDade L (2012) Systematics agenda 2020: the mission evolves. Syst Biol 61:549–552

Doyle JA (2013) Phylogenetic analyses and morphological innovations in land plants. Annu Plant Rev 45:1–50

Edwards DS (1986) *Aglaophyton major*, a non-vascular land-plant from the Devonian Rhynie Chert. Bot J Linn Soc 93:173–204

Furstenburg D, van Hoven W (1994) Condensed tannin as anti-defoliate agent against browsing by giraffe (*Giraffa camelopardalis*) in the Kruger National Park. Comp Biochem Physiol 107A:425–431

Giesen P, Berry CM (2013) Reconstruction and growth of the early tree *Calamophyton* (Pseudosporochnales, Cladoxylopsida) based on exceptionally complete specimens from Lindlar, Germany (mid-Devonian): organic connection of *Calamophyton* branches and *Duisbergia* trunks. Int J Plant Sci 174:665–686

Givnish TJ, Sytsma KJ (1997) Molecular evolution and adaptive radiation. Cambridge University Press, Cambridge

Gottsberger G, Silberbauer-Gottsberger I (2006) Life in the Cerrado. A South American tropical seasonal ecosystem, Bd 1–2. Reta, Ulm

Gould RE, Delevoryas T (1977) The biology of *Glossopteris*: evidence from petrified seed-bearing and pollen-bearing organs. Alcheringa Aust J Palaeontol 1(4):387–399. https://doi.org/10.1080/03115517708527774

Graham L, Lewis LA, Taylor W, Wellman C, Cook M (2014) Early terrestrialisation: transition from algal to bryophyte grade. In: Hanson DT, Rice SK, (Hrsg) Photosynthesis in bryophytes and early land plants, advances in photosynthesis and respiration, Bd 37, S 9–28. Springer, Dordrecht

Grant V (1994) Modes and origin of mechanical and ethological isolation in angiosperms. Proc Natl Acad Sci USA 91:3–10

Guerrero AG, Frances P (2012) Prehistoric life. The definitive visual history of life on earth, S. 1ß-47. DK Publishing, London/New York

Hennig W (1966) Phylogenetic systematics. University Illinois Press, Urbana

Hennig W jun. (Hrsg) (1982) Willi Hennig. Phylogenetische Systematik. Pareys Studientexte 34. Parey, Berlin

Hernick L, Landing E, Bartowski K (2008) Earth's oldest liverworts – *Metzgeriothallus sharonae* sp. nov. from the middle Devonian (Givetian) of eastern New York, USA. Rev Palaeobot Palynol 148:154

Hirmer M (1927) Handbuch der Paläobotanik: Band I. Thallophyta, Bryophyta, Pteridophyta. Oldenbourg, München

Hörandl E (2006) Paraphyletic versus monophyletic taxa – evolutionary versus cladistics classifications. Taxon 55:564–570

Humphreys AM, Linder HP (2009) Concept versus data in delimitation of plant genera. Taxon 58:1054–1074

Jorgensen TH, Olesen JM (2001) Adaptive radiation of island plants: evidence from *Aeonium* (Crassulaceae) of the Canary Islands. Perspect Plant Ecol Evol Syst 4:29–42

Kadereit JW (2017) The role of *in situ* species diversification for the evolution of high vascular plant species diversity in the European Alps. A review and interpretation of phylogenetic studies of the endemic flora of the Alps. Perspect Plant Ecol Evol Syst 26:28–38

Kadereit JW, Griebeler EM, Comes HA (2004) Quaternary diversification in European alpine plants: pattern and process. Phil Trans R Soc Lond B 359:265–274

Keeling PJ (2004) Diversity and evolutionary history of plastids and their hosts. Am J Bot 91:1481–1493

Knoll AH (2014) Paleobiological perspectives on early eukaryotic evolution. Cold Spring Harb Perspect Biol 6:a016121

Körner C (2014) Vegetation der Erde, Kap. 29. In: Kadereit JW, Körner C, Kost B, Sonnewald U (Hrsg) Strasburger. Lehrbuch der Pflanzenwissenschaften, 37. Aufl. Springer, Heidelberg

Leistikow KU, Kockel F (1990) Zur Entwicklungsgeschichte der Pflanzen – Ein didaktisches Modell. Palmarum Hortus Francofortensis 2:3–74

Leroi AM (2017) Die Lagune – oder wie Aristoteles die Naturwissenschaften erfand. Wissenschaftliche Buchgesellschaft, Darmstadt

Levin DA (2000) The origin, expansion, and demise of plant species. Oxford University Press, Oxford

Lieberei R, Reisdorff C (2012) Nutzpflanzenkunde. Begr. von W. Franke, 8. Aufl. Thieme, Stuttgart

Linder HP (2003) The radiation of the Cape flora, southern Africa. Biol Rev 78:597–638

von Linné C (1753) Species plantarum, exhibentes plantas rite cognitas, ad genera relatas, cum differentiis specificis, nominibus trivialibus, synonymis selectis, locis natalibus, secundum systema sexuale digestas. Salvius, Stockholm

Lüpnitz D (2003) Australis. Lebensräume in Australien. Palmengarten. Sonderheft 37. Stadt Frankfurt, Frankfurt am Main

Mallet J (2007) Hybrid speciation. Nature 446:279–283

Manning J (2007) Field guide to Fynbos. Struik, Cape Town

Mayr E (1942) Systematics and the origin of species. Columbia University Press, New York

Mayr E (2000) Das ist Biologie. Die Wissenschaft des Lebens. Spektrum, Heidelberg/Berlin

Miner BG, Sultan SE, Morgan SG, Padilla DK, Relyea RA (2005) Ecological consequences of phenotypic plasticity. Trends Ecol Evol 20:685–692

Morgan EJ (1959) The morphology and anatomy of American species of the genus *Psaronius*. Ill Biol Monogr 27:1–108

Nosil P, Harmon L (2009) Niche dimensionality and ecological speciation. In: Butlin RK, Bridle JR, Schluter D (Hrsg) Speciation, and patterns of diversity. Cambridge University Press, Cambridge, S 127–154

Nowak M, Highfield R (2011) Supercooperators: altruism, evolution, and why we need each other to succeed. Free Press, New York

Otero A, Vargas P, Valcárcel V, Fernández-Mazuecos M, Jiménez-Mejías P, Hipp AL (2019) A snapshot of progenitor-derivative speciation in action in *Iberodes* (Boraginaceae). bioRxiv [preprint]. https://doi.org/10.1101/823641

Palmer D (2012) Young earth. In: Guerrero AG, Frances P (eds) Prehistoric life. The definitive visual history of life on earth, S. 1ß-47. DK Publishing, London/New York

Palmer D, Barrett P (2009) Evolution. Die Entwicklung des Lebens. Gerstenberg, Hildesheim

Peng JH, Sun D, Nevo E (2011) Domestication evolution, genetics and genomics in wheat. Mol Breed 28:281–301

Pérez F, Arroyo MTK, Medel R, Hershkovitz MA (2006) Ancestral reconstruction of flower morpology and pollination systems in *Schizanthus* (Solanaceae). Am J Bot 93:1029–1038

Philipps TL, Andrews HG, Gensel PG (1972) Two heterosporous species of *Archaeopteris* from the Upper Devonian of West Virginia. Palaeontogr Abt B 139:47–71

Pigliucci M (2005) Evolution of phenotypic plasticity: where are we going now? Trends Ecol Evol 20:481–486

Pigliucci M, Murren CJ, Schlichting CD (2006) Phenotypic plasticity and evolution by genetic assimilation. J Exp Biol 209:2362–2367

Plamer D, Lamb S, Gavira Guerrero A, Frances P (Hrsg) (2012) Prehistoric life.The definitiv visual history of life on earth. DK Publishing, London/New York

Rauh W (1988) Tropische Hochgebirgspflanzen. Wuchs- und Lebensformen. Springer, Berlin/Heidelberg

Richardson DM, van Wilgen BW (2004) Invasive alien plants in South Africa: how well do we understand the ecological impacts? S Afr J Sci 100:45–52

Schlichtig CD, Pigliucci M (1998) Phenotypic evolution. A reaction norm perspective. Sinauer, Sunderland

Schluter D (2000) The ecology of adaptive radiation. Oxford University Press, Oxford

Schultz J (2008) Die Ökozonen der Erde, 4. Aufl. Ulmer, Stuttgart

Schweitzer HJ (1977) Die räto-jurassischen Floren des Iran und Afghanistans. 4. Die rätische Zwitterblüte *Irania hermaphroditica* nov. spec. und ihre Bedeutung für die Phylogenie der Angiospermen. Palaeontographica 161:98–145

Schweitzer HJ (1990) Pflanzen erobern das Land. Kleine Senckenberg-Reihe 18:5–75

Scotese CR (2021) An atlas of phanerozoic paleogeographic maps: The seas come In and the seas go out. Annu. Rev. Earth Planet. Sci. 49:679–728

Shih PM, Matzke NJ (2013) Primary endosymbiosis events date to the later proterozoic with cross-calibrated phylogetenic dating of duplicated ATPase proteins. PNAS 110:12355–12360

Sobel JM, Chen GF, Watt LR, Schemske DW (2010) The biology of speciation. Evolution 64:295–315

Speijer D, Lukeš J, Eliáš M (2015) Sex is a ubiquitous, ancient, and inherent attribute of eukaryotic life. PNAS 112:8827–8834

Steele EJ, Al-Mufti S, Augustyn KA, Chandrajith R, Coghlan JB et al (2018) Cause of Cambrian explosion – terrestrial or cosmic? Prog Biophys Mol Biol 136:3–23

Stevens PF (1985) The genus concept in practices – But for what practice? Kew Bull 40:457–465

Stewart WN, Delevoryas T (1956) The medullosan pteridosperms. Bot Rev 22:45–80

Stewart WN, Rothwell GW (1993) Paleobotany and the evolution of plants, 2. Aufl. Cambridge University Press, Cambridge

Storch V, Welsch U, Wink M (2007) Evolutionsbiologie, 2. Aufl. Springer, Heidelberg,

Taylor TN, Taylor EL, Krings M (2009) Paleobotany. The biology and evolution of fossil plants. Elsevier, Oxford

The Plant List (2013) Version 1.1. http://www.theplantlist.org/

Thenius E (1981) Biogeographie auf „neuen" Wegen. Schriften des Vereins zur Verbreitung naturwissenschaftlicher Kenntnisse in Wien. 116:69–110

Vergara W, Scholz SM (Hrsg) (2018) Assessment of the risk of Amazon dieback. World Bank studies. World Bank, Washington, DC

Wachlin J, Surina B, Claßen-Bockhoff R (2017) Pollination and hybridization in co-existing *Satureja* species from Croatia. In: Başer HC (ed) Lamiaceae 2017. Abstracts. Nat Vol Essent Oils (4)2/63

Wettstein RV (1935) Handbuch der Systematischen Botanik, 4. Aufl. Deuticke, Leipzig/Wien. (Reprint 1962, Asher, Amsterdam)

White ME (1986) The greening of Gondwana. The 400 Million year story of Australia's plants. Reed Books, Singapore

Willis KJ, McElwain JC (2002) The evolution of plants. Oxford University Press, Oxford

Woese CR, Kandler O, Wheelis ML (1990) Towards a natural system of organisms: proposal for the domains Archaea, Bacteria and Eucary. Proc Natl Acad Sci USA 87:4576–4579

World Wide Fund for Nature (WWF) (2018) Living planet report. http://www.wwf.de/living-planet-report

Zhang YY, Fischer M, Colot V, Bossdorf O (2013) Epigenetic variation creates potential for evolution of plant phenotypic plasticity. New Phytol 197:314–322

Ziegler W, Bode HJ, Mollenhauer D, Peters DS, Schminke HK, Trepl L, Türkay M, Zizka G, Zwölfer H (1997) Biodiversitätsforschung. Ihre Bedeutung für Wissenschaft, Anwendung und Ausbildung. Kleine Senckenberg-Reihe 26:1–68

Sexualität und Evolution des Gametophyten

Inhaltsverzeichnis

4.1   Grundbegriffe – 130
4.1.1   Sexualität: Syngamie und Meiose – 130
4.1.2   Keimzellen: Sporen und Gameten – 131
4.1.3   Kernphasen und Kernphasenwechsel – 132
4.1.4   Generation und Organismus – 133

4.2   Sexualzyklen der Algen – 134
4.2.1   Grünalgen – 135
4.2.2   Rotalgen – 141
4.2.3   Braunalgen – 144
4.2.4   Evolutionstendenzen im Sexualsystem der Algen – 146

4.3   Generationswechsel der Landpflanzen – 146

4.4   Generationswechsel der Moose – 148
4.4.1   Antheridien und Archegonien – 149
4.4.2   Befruchtung und Reproduktionssystem – 151
4.4.3   Embryobildung und Sporogon – 152

4.5   Generationswechsel der Bärlapp- und Farnpflanzen – 153
4.5.1   Dominanz des Sporophyten – 154
4.5.2   Isosporie, Endosporie und Heterosporie – 155

4.6   Generationswechsel der Samenpflanzen – 159
4.6.1   Innovationen der Samenpflanzen – 159
4.6.2   Generationswechsel der Gymnospermen – 161
4.6.3   Generationswechsel der Angiospermen – 167

4.7   Verlust von Sexualität: Agamospermie – 172

        Literatur – 173

© Springer-Verlag GmbH Deutschland, ein Teil von Springer Nature 2024
R. Claßen-Bockhoff, *Die Pflanze*, https://doi.org/10.1007/978-3-662-65443-9_4

4

Die Landpflanzen besitzen Sexualsysteme, die im Gegensatz zu den meisten Tieren zwei Generationen (statt einer) umfassen. Auf eine sexuell fortpflanzungsfähige Generation (Gametophyt) folgt eine asexuelle Generation (Sporophyt), die der Ausbreitung dient. Erst diese bringt wieder eine sexuelle Generation hervor.

Das vorliegende Kapitel erklärt die sexuelle Fortpflanzung und sexuelle Differenzierung der Pflanzen und sekundären Algen. Es zeichnet die Evolution des Generationswechsels innerhalb des Pflanzenreiches nach und macht deutlich, dass der sexuelle Gametophyt zunehmend zugunsten des robusten Sporophyten reduziert wird. Bei den Blütenpflanzen umfasst er nur noch wenige Zellen, die vollständig vom Sporophyten umschlossen, geschützt und versorgt werden.

Durch die Übertragung aller vegetativen Lebensfunktionen auf den diploiden Sporophyten verbessern sich die Überlebenschancen der Pflanzen an Land. Die Befruchtung wird sicherer, genetisch diverser und von Wasser unabhängig. Die Bildung eines Embryos optimiert den Schutz, die Ernährung und Ausbreitung des jungen Sporophyten.

Von jeher ist als **Erfahrungswissen** bekannt, dass Blüten Früchte und Samen bilden. Aber die Deutung dieses Vorganges als Ausdruck pflanzlicher Sexualität setzte sich erst mit **Darwin** (1862, 1876, 1877) durch. Das ist gerade einmal 150 Jahre her!

Auf einem etwa 3000 Jahre alten Relief aus der **Assyrerzeit** (Ägyptisches Museum, Berlin) ist ein Priester abgebildet, der im Rahmen einer **kultischen Handlung** die Dattelpalme mit der Hand bestäubt (Jahn 2000). **Theophrast von Eresos** (371–285 v. Chr.) verglich die Bestäubung der Dattelpalme mit der Befruchtung der Fische, zog aber nicht den Schluss, dass Pflanzen Sexualität besitzen. In der griechischen Antike glaubte man, dass Gaia, die Mutter Erde, von den ‚Samen‘ der Pflanze befruchtet wird. Aus dieser Zeit stammt die doppelte Bedeutung der Bezeichnung **Samen** für die männlichen Geschlechtszellen der Tiere und dem in der Samenschale geschützten und mit Nährstoffen ausgestatteten **Embryo** der Samenpflanzen.

Im Mittelalter galten Blumen als **Geschenke Gottes** an den Menschen. Sie waren Ausdruck vollkommener Reinheit und hatten eine hohe religiöse Symbolkraft. Sie mit Sexualität in Verbindung zu bringen, war völlig ausgeschlossen.

Erst **Camerarius** (1665–1721) brach das Tabu und folgerte aus Bestäubungsexperimenten, dass die „Staubbeutel […] männlichen" und die „Behälter der Samen […] weiblichen Geschlechtsteilen entsprechen" (zitiert nach Mägdefrau 1973: 109). Wenig später lieferte **Köl-reuter** (1733–1805) den Nachweis, dass die Nachkommen aus Kreuzungsexperimenten väterliche und mütterliche Merkmale in unterschiedlicher Kombination aufweisen. Auch wenn damit die **Sexualität** bei Pflanzen **bewiesen** war, wurde bis weit ins 19. Jahrhundert hinein gestritten, ob sie ‚aus philosophischen Gründen‘ akzeptiert und ‚der akademischen Jugend zugemutet‘ werden könne (Mägdefrau 1973). Erst mit dem theoretischen Konzept der **Evolutionslehre** (Darwin 1859) setzte sich die Erkenntnis durch, dass Sexualität bei Pflanzen nicht nur existiert, sondern dass Bestäubung und Befruchtung lebensnotwendige Prozesse sind, um die Überlebensfähigkeit der Arten zu erhalten und zu erhöhen (▶ Abschn. 9.6.1).

4.1 Grundbegriffe

Pflanzen können sich **sexuell** fortpflanzen oder **asexuell** (vegetativ, ungeschlechtlich) vermehren. Unter **Fortpflanzung (Reproduktion)** versteht man die Bildung **genetisch veränderter Individuen** durch sexuelle Prozesse, unter **Vermehrung** die Bildung **genetisch gleicher Kopien** durch vegetativ ablaufende Prozesse:

- **Sexuelle Prozesse** führen zu Nachkommen, die sich in ihrer Genausstattung von allen anderen Lebewesen unterscheiden. Ein **sexuell erzeugtes Individuum** heißt **Genet** und entwickelt sich aus der befruchteten Eizelle (Zygote).
- **Asexuelle Prozesse** führen zur Bildung genetisch identischer **Replikate**. Dabei bringt der Genet mehrere, physikalisch abgrenzbare Einheiten hervor, die zusammenbleiben (klonales Wachstum; ▶ Abschn. 6.9.2) oder sich abtrennen und dann selbstständig lebens- und anpassungsfähig sind (vegetative Vermehrung). Die **asexuell erzeugten** Kopien heißen **Rameten**. Sie bilden zusammen mit dem Mutterorganismus einen **Klon** (▶ Abschn. 6.9.2).

Sexualität ist ein gemeinsames **Erbe der Eukarya** (▶ Abschn. 3.3.2) und vermutlich als zellulärer Reparaturmechanismus kurz nach der Evolution der Eucyten entstanden (Speijer et al. 2015). Der **Verlust von Sexualität**, der sich mehrfach unabhängig innerhalb der Eukarya zugetragen hat, gilt als abgeleitet (▶ Abschn. 4.7).

4.1.1 Sexualität: Syngamie und Meiose

Sexualität umfasst die Prozesse der **Befruchtung** (Fusion der Gameten: **Syngamie**) und **Meiose** (Reduktionsteilung, dargestellt als *R!*). Bei der **Befruchtung** vereinigen sich haploide Geschlechtszellen (**Gameten**; ■ Abb. 4.1: orange, blau) zur diploiden **Zygote** (rot). Im Verlauf der **Meiose** wird der Chromosomensatz wieder auf den einfachen Satz reduziert (▶ Abschn. 2.3.2 und 2.4.3). Es entstehen vier haploide, **genetisch verschiedene** Zellen.

Die **sexuelle Fortpflanzung** führt zur Bildung **genetisch veränderter Nachkommen**. Die evolutionsbiologische Bedeutung des Sexualvorganges liegt in der Möglichkeit, den **Genpool** einer Population zu **durchmischen**, neue Erbkombinationen auszuprobieren und damit das **Potential zur Anpassung** zu erhöhen (▶ Exkurs 2.5). Die meisten Tiere, Pflanzen und Pilze pflanzen sich sexuell fort.

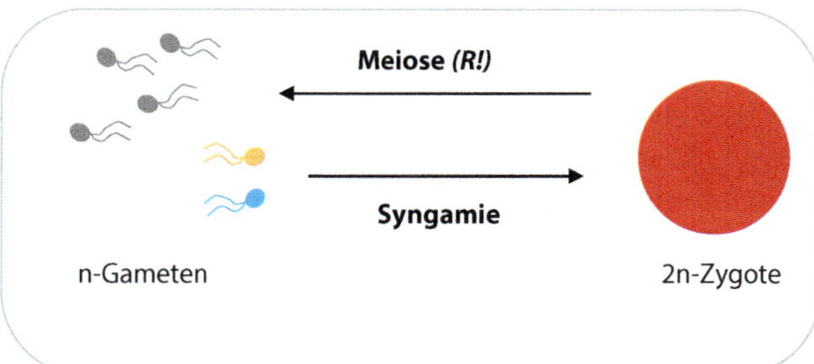

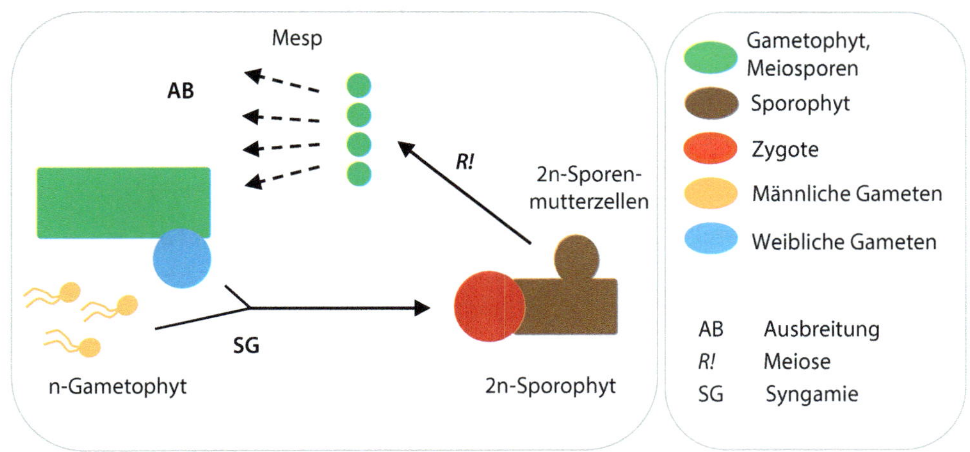

Abb. 4.1 Syngamie und Meiose. Der Sexualzyklus beginnt mit der Fusion (Befruchtung) von zwei haploiden Gameten (orange, blau). Es entsteht die diploide Zygote (2n, rot). Nach der Reduktionsteilung (Meiose, *R!*) liegen vier haploide (n, grau), genetisch verschiedene Zellen vor. Fusionieren sie sofort zur Zygote, sind es Gameten (■ Abb. 4.4); durchlaufen sie zunächst mitotische Teilungen, sind es meiotisch entstandene Sporen (Meiosporen; ■ Abb. 4.3)

4.1.2 Keimzellen: Sporen und Gameten

Sporen und Gameten sind **einzellige Stadien**, die im Sexualzyklus der Pflanze die lebenswichtigen Aufgaben der **vegetativen Ausbreitung** und **sexuellen Fortpflanzung** übernehmen (■ Abb. 4.2). Aus ihnen keimen unmittelbar oder nach Zygotenbildung die Vegetationskörper der Pflanzen aus, weswegen sie auch als **Keimzellen** bezeichnet werden.

Sporen und Ausbreitung

Sporen sind die **primären Ausbreitungseinheiten** (Diasporen) der Pflanzen (■ Abb. 4.2: gestrichelte Pfeile). Bei den Algen werden sie im Wasser, bei den Moosen und Farnen durch den Wind ausgebreitet. Bei den **Samenpflanzen** geht die Ausbreitungsfunktion auf den diploiden **Samen** über (▶ Abschn. 4.6.2 und ▶ 12.3).

Sporen sind begeißelt (Zoosporen der Algen; ■ Abb. 4.5: Mesp) oder unbegeißelt (Landpflanzen). **Mitosesporen** (haploide und diploide) sind untereinander **identisch**. Sie treten **nur bei Algen** auf und dienen der (asexuellen) **Zellvermehrung** (■ Abb. 4.5: Misp). **Meiosporen** sind **genetisch verschieden** voneinander und als Produkte der Reduktionsteilung (Meiose) immer **haploid** (■ Abb. 4.2: Mesp; ▶ Abschn. 2.4.3). Keimen sie zu einem **haploiden Körper** aus, entsteht ein Vegetationskörper, der Gameten bildet und daher **Gametophyt** genannt wird (■ Abb. 4.2: grün). Meiosporen treten bei **Algen** und **allen Landpflanzen** auf.

Die Sporen der **Landpflanzen** sind (mit Ausnahme der Embryosackzelle; ▶ Abschn. 4.6.1) von einer dop-

Abb. 4.2 Gametophyt und Sporophyt. Der vielzellige Vegetationskörper der Pflanzen entwickelt sich durch mitotische Teilungen. Teilt sich die Zygote (rot), wird die Meiose verzögert, und es entsteht ein diploider Vegetationskörper (brauner Kasten). Er ist asexuell, bildet Sporenmutterzellen und bringt Meiosesporen hervor, weswegen er als Sporophyt bezeichnet wird. Teilen sich die Meioseprodukte (Mesp), wird die Gametenbildung und damit die Syngamie hinausgezögert; es entsteht ein haploider Vegetationskörper (grüner Kasten). Dieser ist sexuell, bringt Gameten hervor und heißt Gametophyt. Treten Gametophyt und Sporophyt gemeinsam auf, liegt ein haplo-diplontischer Generationswechsel vor. Er ist für alle Landpflanzen charakteristisch.

Die Farb- und Abkürzungslegende gilt für alle folgende Abbildungen dieses Kapitels. (© Original)

pelten Wand (**Sporoderm**) umgeben. Die innere Wand (**Endospor**, beim Pollen der Samenpflanzen: Intine) ist dünn und entsteht bei der Meiose. Die äußere Wand (**Exospor**, beim Pollen der Samenpflanzen: Exine) wird der Spore von außen aufgelagert. Sie besteht aus **Sporopollenin** und schützt die Zelle vor Austrocknung, UV-Bestrahlung und mechanischer Beschädigung (▶ Abschn. 2.2.4 und 3.3.2).

Gameten und sexuelle Differenzierung

Gameten sind haploide Geschlechtszellen, die paarweise fusionieren und eine diploide **Zygote** bilden (◘ Abb. 4.2: rot). Entwickelt sich aus der Zygote ein mehrzelliger diploider Körper, entsteht ein **Sporophyt**, der Sporenmutterzellen und nach der Meiose Meiosporen bildet.

Für die Entwicklung eines Individuums ist es vorteilhaft, wenn die Zygote viele Nährstoffe enthält. Mit dem höheren Nährstoffvorrat ist jedoch eine geringere Beweglichkeit verbunden. Dieser Konflikt führte im Laufe der Evolution zu einer **sexuellen Differenzierung** der Gameten:

— **Isogamie** (nur bei Algen): Beide Gameten sind gleich groß, begeißelt oder amöboid beweglich (▶ Abschn. 5.2.1) und nur **physiologisch** als (+)- und (−)-Gameten zu unterscheiden (z. B. *Chlamydomonas variabilis*; ◘ Abb. 4.5: *5*).

— **Anisogamie** (nur bei Algen): Beide Gametentypen sind frei beweglich, aber unterschiedlich groß. Die großen (+)-Gameten werden **Megagameten**, die kleineren (−)-Gameten **Mikrogameten** genannt (z. B. *Chlamydomonas braunii*; ◘ Abb. 4.5: *6*).

— **Oogamie**: Die Mikrogameten sind die **männlichen** Geschlechtszellen. Sie sind sehr klein und werden in hoher Anzahl gebildet. Meist tragen sie Geißeln und heißen dann **Spermatozoiden**. Bei einigen Algen und den meisten Samenpflanzen treten unbegeißelte Mikrogameten auf, die **Spermatien** (▶ Abschn. 4.2, 4.2.1 und 4.5.2) oder **Spermakerne** (▶ Abschn. 4.6.2) genannt werden. Die Megagameten (**weibliche** Geschlechtszellen) sind wesentlich **größer** als die Mikrogameten und **unbeweglich**. Sie treten in deutlich geringerer Anzahl auf und heißen **Eizellen**. Oogamie tritt in zahlreichen Algengruppen auf (z. B. *Chlamydomonas coccifera*; ◘ Abb. 4.5: *7*, ◘ Tab. 4.1) und hat sich bei **allen Landpflanzen** durchgesetzt.

Mit der Bildung vieler kleiner Spermatozoiden und weniger unbeweglicher Eizellen setzt eine **sexuelle Differenzierung** ein, die sich im Laufe der Evolution weiter fortsetzt. Ihre Bedeutung liegt darin, dass die **Fitnessanforderungen** der männlichen und weiblichen Funktion eines Individuums **unabhängig** voneinander **gefördert** werden können (▶ Abschn. 9.6.1).

Die **Fitness** des Individuums bemisst sich an der Anzahl seiner **fortpflanzungsfähigen Nachkommen** (Richards 1997):

— Die *male fitness* (männliche Funktion) steigt mit der **Anzahl der Mikrogameten**. Die Ausbildung unzähliger, winzig kleiner, beweglicher Spermatozoiden erhöht die Wahrscheinlichkeit einer Beteiligung an der Befruchtung.

— Die *female fitness* (weibliche Funktion) verbessert sich mit der **Überlebensrate** der Nachkommen. Die Ausbildung weniger großer, mit ausreichenden Nährstoffen versorgten Eizellen steigert den Reproduktionserfolg.

4.1.3 Kernphasen und Kernphasenwechsel

Als Folge der Meiose ist Sexualität immer mit einem Wechsel zwischen haploiden und diploiden Phasen verknüpft. Man spricht von einem **Kernphasenwechsel** und versteht unter einer **Kernphase** die **haploide oder diploide Chromosomenausstattung** einer Zelle. Die Länge der Kernphasen ist bei den einzelnen Organismengruppen verschieden und führt zur Bildung haplontischer, diplontischer und haplo-diplontischer **Sexualzyklen** (◘ Abb. 4.2, 4.3 und 4.4).

Haplonten

Erfolgt die Meiose unmittelbar nach der Zygotenbildung, ist die diploide Kernphase auf das Zygotenstadium beschränkt und damit maximal verkürzt (◘ Abb. 4.3). Die haploiden Meiosporen (grün) werden ausgebreitet und bauen mittels Mitose den Vegetationskörper der Pflanze auf (grüner Kasten). Dessen Zellen sind haploid und von zufälligen Mutationen abgesehen genetisch identisch. Das gilt auch für die Gameten.

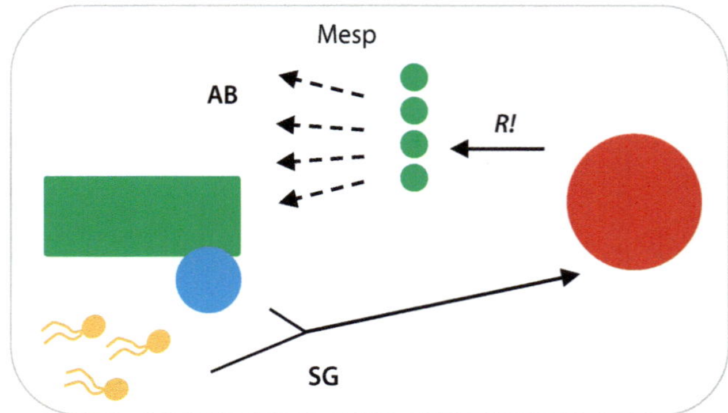

◘ Abb. 4.3 **Haplontisches Sexualsystem (im Beispiel mit Oogamie).** Die diploide Lebensphase ist auf die Zygote (rot) beschränkt. Die Zygote agiert als Sporenmutterzelle und bildet vier haploide Meiosporen (grün), die als Ausbreitungseinheiten (AB, Pfeile) fungieren und den pflanzlichen Vegetationskörper (grün) aufbauen. Die Gameten (orange, blau) entstehen mitotisch. Abkürzungen und Farben s. ◘ Abb. 4.2. (© Original)

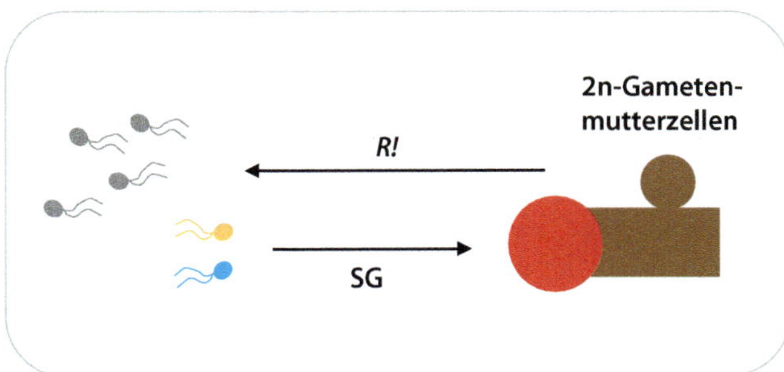

■ Abb. 4.4   Diplontisches Sexualsystem (im Beispiel mit Isogamie). Die haploide Lebensphase ist auf die Gameten beschränkt, der pflanzliche Vegetationskörper ist diploid (braun). Die Sporen treten direkt in das Gametenstadium ein. Die Gameten sind daher genetisch verschieden. Abkürzungen und Farben s. ■ Abb. 4.2. (© Original)

Ein Sexualsystem, in dem nur das haploide Stadium einen Vegetationskörper bildet, wird als **haplontisch** bezeichnet. Er führt zu einer relativ hohen Individuenzahl (vier Haplonten pro Zygote), weist aber eine geringe genetische Diversität der Nachkommen auf (alle Gameten eines Haplonten sind genetisch identisch). Er tritt im Pflanzenreich nur bei Algengruppen auf (z. B. *Chlamydomonas*; ■ Abb. 4.5: 6, Tab. 4.1), die im Wasser vergleichsweise konstante Lebensbedingungen vorfinden.

Diplonten

Erfolgt die Syngamie unmittelbar nach der Meiose, gehen die Sporen direkt zur Gametenbildung über (Gameten; ■ Abb. 4.4). Die haploide Phase ist auf das Gametenstadium beschränkt und somit maximal verkürzt. Die Zygote (rot) keimt mittels mitotischer Teilung zu einem **diploiden Organismus** aus (braun), der aufgrund des doppelten Chromosomensatzes besser an die wechselvollen Bedingungen seiner Umwelt angepasst ist als der Haplont (Reserveallel; ▶ Abschn. 3.4). Die resultierende Individuenzahl ist zwar geringer als beim Haplonten (ein Diplont pro Zygote), aber die genetische Diversität der Nachkommen ist höher, da am diplontischen Vegetationskörper viele Meiosen ablaufen können, die immer wieder genetisch verschiedene Gameten hervorbringen.

Der diplontische Sexualzyklus tritt vor allem im Tierreich (inkl. Mensch) auf. Er kommt bei wenigen sekundären Algen vor (z. B. Diatomeen s. Sy 4:10, *Fucus* ■ Abb. 4.12b), aber **nie** bei den **Landpflanzen**.

Haplo-Diplonten

Das diplontische Sexualsystem ist durch die Bildung diploider Vegetationskörper sehr gut für das Leben an Land geeignet. Dennoch tritt er nicht bei den **Landpflanzen** auf. Der Grund liegt vermutlich in deren **Ortsgebundenheit**. Im Gegensatz zu den mobilen Tieren, die sich ihre Sexualpartner und Lebensräume frei wählen können, sitzt die Landpflanze am Standort fest. Sie ist auf **Befruchtungsvermittler** angewiesen, die die Gameten zweier genetisch verschiedener Pflanzen zusammenführen. Die empfindlichen, haploiden Gameten können nicht ungeschützt der Luft ausgesetzt werden, sondern benötigen eine mehrzellige Hülle, die vom Gametophyten gebildet wird.

Bei allen **Landpflanzen** hat sich der **haplo-diplontische Sexualzyklus** durchgesetzt (■ Abb. 4.2, ■ Tab. 4.2), der sowohl einen **diploiden Sporophyten** umfasst, der **Ausbreitung** ermöglicht, als auch einen **haploiden Gametophyten**, der der **sexuellen Fortpflanzung** dient. Im Laufe der Evolution wurde der Sporophyt zunehmend gefördert und der Gametophyt reduziert. Bei den **Samenpflanzen** ist der Gametophyt nur noch wenige Zellen (Kerne) klein und auf die sexuelle Funktion beschränkt. Alle haploiden Stadien sind von sporophytischen Strukturen umhüllt, sodass die Pflanze trotz ihres Generationswechsels wie ein Diplont in Erscheinung tritt (▶ Abschn. 4.6).

4.1.4   Generation und Organismus

Der haplo-diplontische Sexualzyklus der Landpflanzen wird seit seiner Entdeckung durch Hofmeister (1851) als **Generationswechsel** bezeichnet (▶ Exkurs 4.1). Da sich die Generationen in ihrer Kernphase und in ihrem Aussehen (Morphe) unterscheiden, liegt ein **heterophasischer-heteromorpher Generationswechsel** vor (■ Abb. 4.2).

Das Verständnis des pflanzlichen Sexualzyklus wird durch den Begriff Generationswechsel erschwert, da unter einer **Generation** gewöhnlich ein Organismus verstanden wird, der sich sexuell fortpflanzt. Beim Menschen entspricht z. B. eine Generation dem Glied einer familiären Fortpflanzungsreihe. Eltern und Kinder bilden zwei aufeinanderfolgende Generationen, die jeweils sexuell erzeugt worden sind und sich selbst sexuell fortpflanzen. Bei den Pflanzen sind die Verhältnisse anders. Auf eine **sexuell erzeugte** Generation folgt eine **asexuell erzeugte** Generation. Erst diese zweite Generation bildet Gameten und schließt damit den Sexualzyklus ab. Anders als beim Menschen erstreckt sich somit bei den Pflanzen ein vollständiger Sexualzyklus von der Fusion zweier Gameten bis zur erneuten Gametenbildung über zwei Generationen.

Erschwert wird das Verständnis weiterhin dadurch, dass der Begriff **Generation** gewöhnlich mit dem **Individualleben** eines selbstständig lebenden Organismus gleichgesetzt wird. Bei den Pflanzen meint **Generation** aber eine **Kernphase**, die sich zu einem selbstständigen Individuum entwickeln kann (isospore Farne; ▶ Abschn. 4.5.2) oder auf wenige Zellen begrenzt bleibt. Bei den **Moosgruppen** besteht der Sporophyt (Sporogon; ▶ Abschn. 5.6.2) nur aus einem einzigen Sporenbehälter, der vom Gametophyten ernährt wird (**Gonotrophie**; ▶ Abschn. 4.4.2). Bei den **Blütenpflanzen** ist der Gametophyt auf wenige Zellen reduziert und völlig vom Sporophyten abhängig (▶ Abschn. 4.6.3). Jede dieser stark reduzierten Kernphasen entspricht einer Generation, auch wenn sie **nicht als frei lebender Organismus** in Erscheinung tritt.

Der Begriff **Generation** ist an den Sexualzyklus gebunden. Er kennzeichnet bei den Pflanzen ein **mehrzelliges** Stadium, das entweder als eigenständiges **Individuum** oder als **Lebensphase** auftritt. Jede Generation entsteht aus einer Einzelzelle (n-Spore, 2n-Zygote) und endet mit der Bildung von Einzelzellen (n-Gameten, 2n-Sporenmutterzellen). Der **Gametophyt** ist die **sexuelle Generation**, die aus einer haploiden Spore entsteht und haploide Gameten bildet. Der **Sporophyt** ist die **asexuelle Generation**, die aus der diploiden Zygote entsteht und mit der Bildung diploider Sporenmutterzellen endet.

4.2 Sexualzyklen der Algen

Die meisten Algengruppen leben als **Einzeller** oder in **Kolonien** (▶ Abschn. 5.2.1). Ihre Lebensweise und Fortpflanzung sind unzureichend erforscht. Zahlreiche Arten pflanzen sich **ausschließlich ungeschlechtlich** fort. Andere durchlaufen einen **Sexualzyklus** und leben als Haplonten, Diplonten oder Haplo-Diplonten. **Vielzellige Organismen** treten nur bei Rot- und Grünalgen sowie den zu den sekundären Algen gehörenden Braunalgen auf (▶ Exkurs 3.3). Ihr Vegetationskörper ist ein **Thallus** (▶ Abschn. 5.3.1).

Die **Sexualsysteme** der Algen sind außerordentlich **vielfältig**. Offensichtlich wurden im Laufe von Jahrmillionen ganz unterschiedliche Strukturen und Lebensweisen entwickelt, ausprobiert, wieder verworfen oder weiterentwickelt. Die heute beobachtbare **Diversität** ist Ausdruck **sexueller Evolution** in unterschiedlichen Verwandtschaftskreisen (▶ Exkurs 3.3, Sy 3–5) und von **Anpassungen** an marine (Meerwasser), limnische (Süßwasser) und terrestrische (Land) Lebensräume (▶ Tab. 5.2). Sie zeigt auch, dass sich **typische Landpflanzenmerkmale** wie Oogamie, eingeschlechtliche Gametophyten, Generationswechsel, Förderung des Sporophyten oder Sporenwände mit Sporopollenin **mehrfach unabhängig** innerhalb der Algen entwickelt haben.

Die folgende Übersicht verdeutlicht die Vielfalt der Sexualsysteme bei Algen und erläutert die wichtigsten bei Algen verwendeten Begriffe (überwiegend nach van den Hoek et al. 1995; ◻ Tab. 4.1):

- Bei den Algen treten vor allem **Haplonten**, häufig **Haplo-Diplonten** und selten **Diplonten** oder diplontenähnliche Sexualsysteme auf (Kieselalgen, Xanthophyceae: *Vaucheria*, Braunalgen: *Fucus*). Innerhalb eines **Generationswechsels** ist meist eine Generation, der Gametophyt **oder** der Sporophyt, gegenüber der anderen gefördert.
- Gametophyt und Sporophyt können gleich (**isomorph**, *Ulva*; ◻ Abb. 4.8) oder verschieden gestaltet sein (**heteromorph**, *Derbesia*; ◻ Abb. 4.7).
- Die Sporen und Gameten sind häufig begeißelt. Man spricht in diesen Fällen von **Zoosporen** und **Zoogameten**.
- Die Gameten entstehen gewöhnlich durch **Gonitogonie** (▶ Abschn. 2.4.2) aus einzelnen Zellen. Diese werden als **Gametocyten**, näherhin als Spermatocyten und Oocyten, bezeichnet. Enthalten sie die Gameten in einem einzigen Hohlraum, sind sie **uniloculär**; liegen die Gameten getrennt in Kammern vor, sind sie **pluriloculär**.
- Spermatocyten werden in einzelnen Algengruppen (Rotalgen, Braunalgen) auch als **Spermatogonien** oder, im Falle von Spermatienbildung, als **Spermatangien** bezeichnet. Dieser Begriff ist unglücklich gewählt, weil es sich bei den Spermatangien der Rotalgen um einzelne Zellen (-cyten) und nicht um mehrzellige Behälter handelt, wie der Wortteil ‚angium' andeutet (s. Gametangium; ▶ Abschn. 4.4). Oocyten heißen auch **Oogonien** bzw. **Karpogone** (Rotalgen).
- Entstehen (+)- und (−)-Gameten auf ein und demselben Individuum, ist der Gametophyt **homothallisch**; werden sie von verschiedenen Individuen erzeugt, ist er **heterothallisch**. Über die Geschlechtsdetermination ist wenig bekannt, bei *Ectocarpus* (Braunalgen) erfolgt sie durch **Geschlechtschromosomen** (Luthringer et al. 2011).
- Die **Gametenfusion** ist eine Iso-, **Aniso-** oder **Oogamie**. Begeißelte Mikrogameten heißen **Spermatozoiden**, unbegeißelte **Spermatien**.
- **Dauerzygoten** sind Zygoten, die sich mit einer festen Wand umgeben und ein Ruhestadium durchlaufen (◻ Abb. 4.5: Dz). Sie kommen vor allem bei haplontischen Süßwasseralgen vor. **Planozygoten** sind begeißelte Zygoten (◻ Abb. 4.5: Pz). Die Geißeln stammen von den fusionierten Gameten.

Die folgenden Abschnitte geben einen Einblick in die Vielfalt der Sexualsysteme der Algen. Der Schwerpunkt liegt auf den Grün-, Rot- und Braunalgen, die sehr komplexe Sexualzyklen entwickelt haben. Die Angaben stammen überwiegend aus van den Hoek et al. (1995).

◻ Tab. 4.1 **Sexualsysteme der Algen.** Die Kenntnisse der sexuellen Abläufe bei Algen sind noch lückenhaft. Oft sind nur einzelne Modellorganismen untersucht. Angaben nach van den Hoek et al. 1995, Systematik nach Leliaert et al. 2012

Taxon	Sexualsystem	Befruchtungssystem	He	Sp
Primäre Algen (Sy 4:11–13)				
Glaucophyta	asexuell			
Rotalgen (Rhodophyceae)				
– Bangiales	HD (2 Generationen)	Oogamie	x	
– Florideophycidae	HD (3 Generationen)			
– übrige Gruppen	vermutlich asexuell			
Grünalgen (Chloroplastida)				
– Chlorophyceae	H (mit Dauerzygote)	Iso-, Aniso-, Oogamie	x	x
– Ulvophyceae	H (ohne Dauerzygote)		x	x
	HD			x
– Charophyta	H (mit Dauerzygote)	Iso-, Oogamie	x	x
– übrige Gruppen	vermutlich asexuell			x
Sekundäre Algen (Sy 4:1–10)				
Euglenophyceae	asexuell			
Schlundgeißler (Cryptophyceae)	*, HD	Isogamie		
Kalkalgen (Haptophyta)	*, HD	Isogamie		
Chlorarachniophyta	asexuell			
Panzergeißler (Dinophyta)	H	Anisogamie		x
Goldbraune Algen (Chrysophyceae)	H	Isogamie		
Gelbgrüne Algen (Xanthophyceae)	*, D	Oogamie		
Kieselalgen (Diatomeen)	D	Oogamie		
Braunalgen (Phaeophyceae)	HD, D	Iso-, Aniso-, Oogamie	x	

*Einzelne sexuelle Arten bekannt. D, Diplont. H, Haplont. HD, Haplo-Diplont. He, Heterothallie kommt vor. Sp, Sporenwände mit sporopolleninähnlichen Substanzen kommen vor

4.2.1 Grünalgen

Die Grünalgen gliedern sich in die Chlorophyta und Streptophyta (Sy 5). Innerhalb der **Chlorophyta** finden sich bei den Chlorophyceae und Ulvophyceae sexuell fortpflanzungsfähige Vertreter. Die übrigen Gruppen vermehren sich vermutlich asexuell (◻ Tab. 4.1). Die **Streptophyta** weisen dagegen mit Ausnahme der Glaucophyta durchweg Sexualsysteme auf. Aus den Streptophyta sind die Landpflanzen (**Embryophyta**) hervorgegangen.

Chlorophyta: Chlorophyceae

Innerhalb der Chlorophyceae (Sy 5:23–28) treten ausschließlich **Haplonten mit Dauerzygoten** (◻ Abb. 4.5: Dz) auf. Es handelt sich um **Süßwasserarten**, die mithilfe des diploiden Dauerstadiums gelegentliches **Trockenfallen** überstehen können. *Chlamydomonas* repräsentiert

die Gruppe begeißelter (flagellater; ▶ Abschn. 5.2.1) **Einzeller**, *Volvox* und *Oedogonium* stehen stellvertretend für die mehrzelligen Grünalgen.

Beispiel *Chlamydomonas*

Die einzellige Grünalgengattung *Chlamydomonas* (Chlamydomonadales; Sy 5:26). weist ein breites Spektrum vegetativer Vermehrungs- und sexueller Fortpflanzungsformen auf und eignet sich daher gut zur vergleichenden Darstellung der Sporen- und Gametenbildung (◻ Abb. 4.5).

Die grüne, vegetative Zelle wird **Trophont** genannt, ist begeißelt und schwimmt frei umher (◻ Abb. 4.5: vZ, vegetative Zelle). Sie ist von der namengebenden **Chlamys** (grau) umgeben, einer Zellhülle schleimiger Konsistenz. Zellteilungen finden immer innerhalb der Chlamys statt. Im einfachsten Fall (◻ Abb. 4.5: *1*) teilen sich die Zellen der Länge nach (Cytokinese). Meist laufen aber

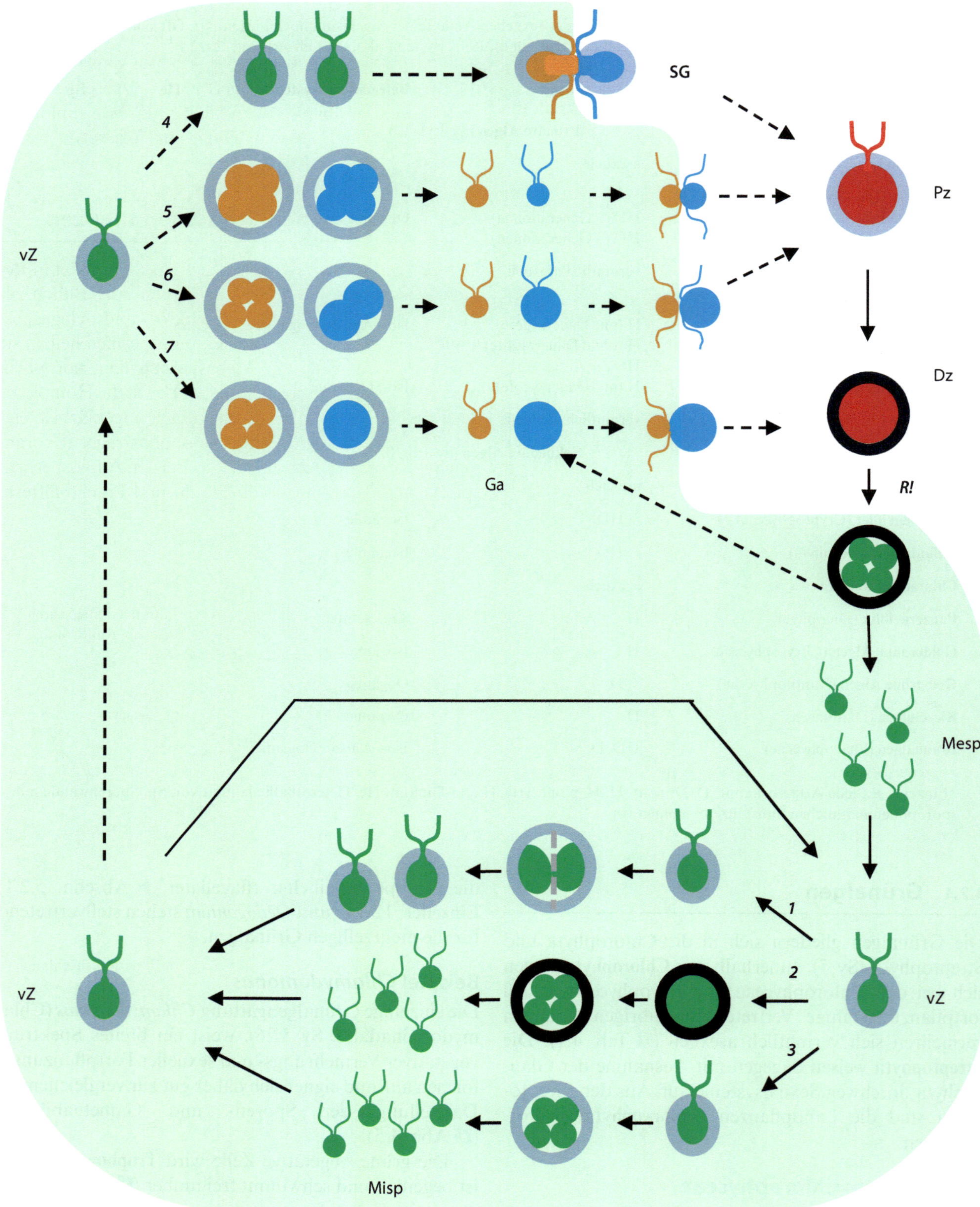

☐ Abb. 4.5 Vegetative Vermehrung und sexuelle Fortpflanzung bei einzelligen Algen. Zusammenstellung der verschiedenen Möglichkeiten von *Chlamydomonas*-Arten (Chlamydomonadales; Sy 5:26). *1–3*, Zellteilung: Zweiteilung (*1*), Gonitogamie mit (*2*) und ohne Schalenbildung (*3*). *4–7*, Gametenbildung: Zellverschmelzung (*4*), Isogamie (*5*, *Chlamydomonas variabilis*), Anisogamie (*6*, *Chlamydomonas braunii*), Oogamie (*7*, *Chlamydomonas coccifera*). Dz, Dauerzygote mit fester Schale (schwarz). Ga, Gameten (orange, blau). Mesp, Meiosporen (grün). Misp, Mitosporen (grün). Pz, Planozygote (rot). *R!* (Reifeteilung), Meiose. SG, Syngamie. vZ, vegetative Zelle (Trophont, grün). Grau: schleimige Zellhülle (Chlamys). Haploide Phase hellgrün unterlegt. (© Original, in Anlehnung an Hagemann 1984)

mehrere Mitosen in der Chlamys ab (Gonitogonie; ▶ Abschn. 2.4.2). Dabei kann die Mutterzelle unverändert bleiben (*3*) oder die Geißeln abwerfen und sich verkapseln (**Cystenbildung**: *2*). Bleiben die Tochterzellen vegetativ, handelt es sich um **Mitosesporen** (Misp), kopulieren sie paarweise miteinander, handelt es sich um mitotisch entstandene **Gameten** (*5–7*).

Die **sexuelle Fortpflanzung** erfolgt entweder durch Fusion zweier Trophonten (*4*), die dadurch zu Gameten werden, oder durch Gametenbildung (Gonitogamie). Die Gameten (orange, blau) sind begeißelt und untereinander gleich (Isogamie: *5*) oder ungleich (Anisogamie: *6*), oder nur der kleinere Mikrogamet (Spermatozoid: orange) ist begeißelt, während der größere Megagamet (Eizelle: blau) unbeweglich ist (Oogamie: *7*).

Die Befruchtung (SG, Syngamie) leitet die diploide Phase ein. Die Zygote (rot) ist meist eine begeißelte **Planozygote** (Pz), bevor sie zur **Dauerzygote** (Dz) wird. Dabei werden die Geißeln eingezogen, die Zelle kugelt sich ab und umgibt sich mit einer derben Schale (schwarz). Nach Ablauf einer Ruhephase setzt die Meiose (*R!*) ein, und es entstehen vier haploide Zellen. Diese Meiosporen (Mesp: grün) entwickeln sich zu begeißelten Trophonten (vZ) oder gehen direkt ins Gametenstadium über (Ga: orange, blau). Der Eintritt in die sexuelle Fortpflanzung erfolgt meist bei einer Verschlechterung der Lebensbedingungen. Die Meioseprodukte von *Chlamydomonas* agieren somit **fakultativ** als Sporen oder Gameten; die Meiogameten sind im Gegensatz zu den mitotisch aus einer vegetativen Zellen (vZ) gebildeten Gameten genetisch verschieden.

Beispiel *Volvox*

Die Gattung *Volvox* (Chlamydomonadales; Sy 5:26) bildet kugelförmige **Zellkomplexe** mit bis zu mehreren Tausend Zellen (▶ Abschn. 5.2.2). Das Innere der Kugel besteht aus Schleim, ihre Oberfläche aus einreihig angeordneten, begeißelten Zellen, deren Geißeln nach

außen gerichtet sind (▶ Abb. 5.2g). Die Kugel ist **polar** organisiert. Das Vorderende weist in die Bewegungsrichtung, das hintere Ende bildet Tochterkolonien (asexuell) und Gameten.

Die Kugeln sind **genetisch determiniert** und bilden entweder Eizellen oder sehr viele Spermatozoiden. In beiden Fällen dehnen sich jeweils einzelne Zellen ins Innere der Kugel hinein aus. Sie gehen in je eine große **unbegeißelte Eizelle** über oder teilen sich oftmals mitotisch und bilden eine nach innen eingestülpte **männliche Tochterkugel**. Diese Kugel stülpt sich nach ihrer Fertigstellung um und entlässt die Spermatozoiden. Nach **oogamer Befruchtung** bilden sich **Dauerzygoten**, die nach einer Ruheperiode die Meiose durchlaufen und je eine neue Zellkugel bilden.

Beispiel *Oedogonium*

Oedogonium (Oedogoniales; Sy 5:23) besteht aus einfachen oder verzweigten Zellfäden (trichale Organisation; ▶ Abschn. 5.3.3). Neben homothallischen Arten (◘ Abb. 4.6a) enthält die Gattung auch **heterothallische** Arten mit ‚**Zwergmännchenbildung**‘ (◘ Abb. 4.6b).

Bei diesen entstehen durch Meiose je zwei männlich und zwei weiblich determinierte Zoosporen, die zu eingeschlechtlichen Haplonten auswachsen. Unter nährstoffarmen Bedingungen bilden die Fäden entweder einzelne ‚Oogonien‘, aus denen später Eizellen hervorgehen, oder zahlreiche kleine Zellen, die je eine begeißelte, als ‚Androspore‘ bezeichnete Zelle entlassen (van den Hoek et al. 1995). Die Androsporen werden **chemotaktisch** vom Oogon angelockt, heften sich zu mehreren an die Zelle und strecken sich zu einzelligen ‚Zwergmännchen‘ (◘ Abb. 4.6b). Durch diese hormonell **stimuliert** teilt sich das Oogon in eine vegetative Zelle und die Eizelle. Gleichzeitig schnürt jedes Zwergmännchen zwei kleine Zellen ab, die je zwei **Spermatozoiden** entlassen. Das Oogonium sondert **Schleim** ab und lockt die Spermatozoiden chemotaktisch an. Diese

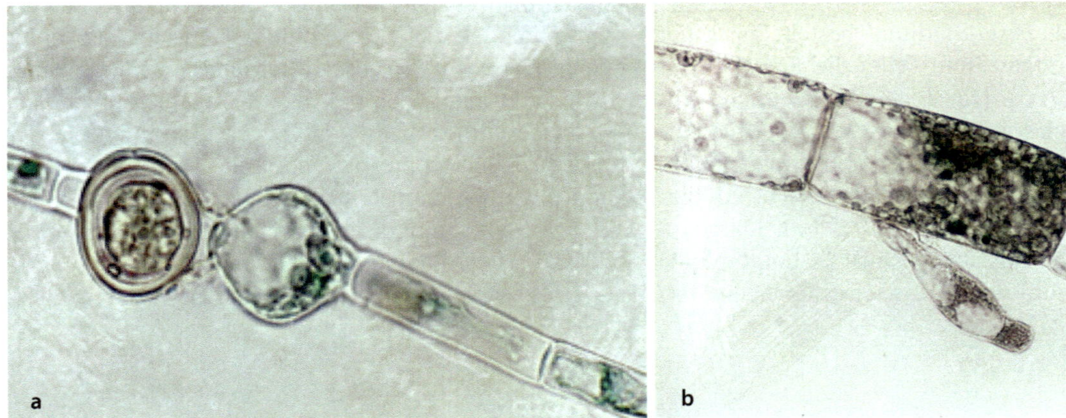

a b

◘ **Abb. 4.6** *Oedogonium.* **a,** Befruchtung einer Eizelle (links) durch Spermatozoiden, die aus einer Spermatocyte (rechts) entlassen werden. **b,** Oogonium mit angeheftetem ‚Zwergmännchen‘. (© Botanische Sammlungen der JGU Mainz)

werden mittels einer **ausgestülpten Plasmapapille** eingefangen und durch Einziehen der Papille in die Eizelle hineingezogen (Oogamie). Die Zygoten bleiben als **Dauerzygoten** im mütterlichen Faden, wo sie lange (bei einer Art bis zu 20 Jahre) überdauern, bevor sie in die Meiose eintreten.

Die Beispiele der Chlorophyceae zeigen, dass das haplontische Sexualsystem nicht auf die Organisationsform des Einzellers beschränkt ist. Mit zunehmender Komplexität nehmen die Möglichkeiten der **funktionellen Differenzierung** zu. **Heterothallische** Gametophyten und **oogame** Befruchtungssysteme haben sich **mehrfach unabhängig** entwickelt. **Äußere Bedingungen** und **Sexuallockstoffe** spielen für die Stimulierung und Durchführung sexueller Prozesse eine bedeutende Rolle.

Chlorophyta: Ulvophyceae

Die Ulvophyceae (Sy 5:14–22) umfassen im Gegensatz zu den Chlorophyceen überwiegend **marine Organismen** (▶ Tab. 5.2):

- Die **einzelligen** Vertreter der Bryopsidales (*Derbesia*) und Dasycladales (*Acetabularia*; ▶ Abb. 5.4, ▶ Abschn. 5.2.1) weisen einen Kernphasenwechsel auf.
- Die **mehrzelligen** Vertreter leben als Haplonten (*Monostroma*) oder isomorphe Haplo-Diplonten (*Ulva*). Generationswechsel treten bei den Cladophorales, Trentepohliales und Ulvales (Sy 5:14, 17, 19) auf. Sie sind mit Iso- oder Anisogamie verbunden, Heterothallie ist häufig (◻ Tab. 4.1).

Beispiel *Derbesia marina*

Derbesia marina (Bryopsidales; Sy 5:16) ist schlauchförmig (**siphonal**; ▶ Abschn. 5.2.1) organisiert, d. h., sie besteht nur aus einer einzigen, **vielkernigen** (polyenergiden) Zelle. Die Pflanze wechselt zwischen zwei einzelligen Phasen, von denen die eine haploid und die andere diploid ist. Da sie keinen **mehrzelligen Vegetationskörper** aufbaut, durchläuft sie einen **Kernphasenwechsel ohne Generationswechsel**.

Das diploide ‚*Derbesia*-Stadium' besteht aus einer aufrechten, fädig aufgeteilten Zelle, die am Substrat festsitzt (◻ Abb. 4.7: *5*). Die Zelle stülpt seitliche Abschnitte aus, die nach lokalen Meiosen Zoosporen entlassen (◻ Abb. 4.7: *6–8*). Die Zoosporen sind **genetisch determiniert** (*9m, 9w*) und entwickeln sich zu eingeschlechtlichen, siphonale Zellen (*1m, 1w*). Das haploide Stadium sieht völlig anders aus als das diploide ‚*Derbesia*-Stadium' und wurde zunächst als eigene Art

(*Halicystis ovalis*) beschrieben. Es ist kugelförmig und wächst auf verkalkten Rotalgenkrusten.

Die begeißelten Anisogameten entstehen aus einem Teil des Plasmas, das sich ohne Wandbildung vom übrigen Plasma absondert. Sie werden bei Tagesanbruch durch Poren ins Meerwasser ausgestoßen, wo sie sich vereinigen (◻ Abb. 4.7: *1–3*). Der Plasmavereinigung (Plasmogamie) folgt jedoch keine Kernverschmelzung (Karyogamie), sondern die Zelle bleibt zweikernig (**dikaryotisch**). Sie wächst ohne Pause unter oftmaliger Kernteilung zum ‚*Derbesia*-Stadium' aus. Erst wenn die Zelle zur Sporenbildung ansetzt, finden in den Zellausstülpungen Kernverschmelzungen statt (◻ Abb. 4.7: *7*). Die diploiden Kerne treten unmittelbar in die Meiose ein.

Beispiel *Monostroma grevillei*

Die marine *Monostroma grevillei* (Ulotrichales; Sy 5:21) gehört zu den mehrzelligen **Haplonten**. Sie bildet verschieden geschlechtliche Vegetationskörper (**Heterothallie**), die gestaltlich denen des Meersalates ähneln (*Ulva*; ◻ Abb. 4.8: *3*). Die zweigeißeligen **Anisogameten** fusionieren zur 2n-Zygote, die sich unregelmäßig vergrößert und in die Kalkschale von Muscheln, Schnecken oder Krebsen einbohrt. Dort überdauert sie (*Codiolum*-Stadium), bis sie unter Kurztagsbedingungen (8 h Licht) und bei niedrigen Temperaturen (5–15 °C) viergeißelige Zoosporen bildet. Die Zoosporen breiten sich aus und wachsen zu eingeschlechtlichen Thalli heran.

Beispiel *Ulva lactuca*

Der Meersalat (*Ulva lactuca*, Ulvales; Sy 5:19) weist einen **isomorphen Generationswechsel** mit eingeschlechtlichen Gametophyten (**Heterothallie**) und nur physiologisch unterschiedlichen Gamten (**Isogameten**) auf (◻ Abb. 4.8).

Aus der 2n-Zygote (*7*) entwickelt sich ein grüner, blattartig flacher **Thallus** (*9*, Sporophyt; ▶ Abb. 5.11g). Er ist diploid und besteht aus miteinander verquollen Einzelzellen (ohne Plasmabrücken; ▶ Abschn. 5.3.3). **Jede Zelle** kann potentiell die Meiose durchlaufen und Zoosporen bilden. Diese sind **genetisch determiniert** (*1*) und keimen entweder zu haploiden (+)- oder (–)-Gametophyten aus (*3*), die gestaltlich nicht vom Sporophyten unterschieden werden können (isomorph). Jede Zelle des Gametophyten kann potentiell Gameten bilden, wobei der (+)-Thallus nur (+)-Gameten und der (–)-Thallus nur (–)-Gameten bildet (*4*, Heterothallie, Isogamie). Eine Befruchtung ist nur zwischen genetisch verschiedenen Gameten möglich.

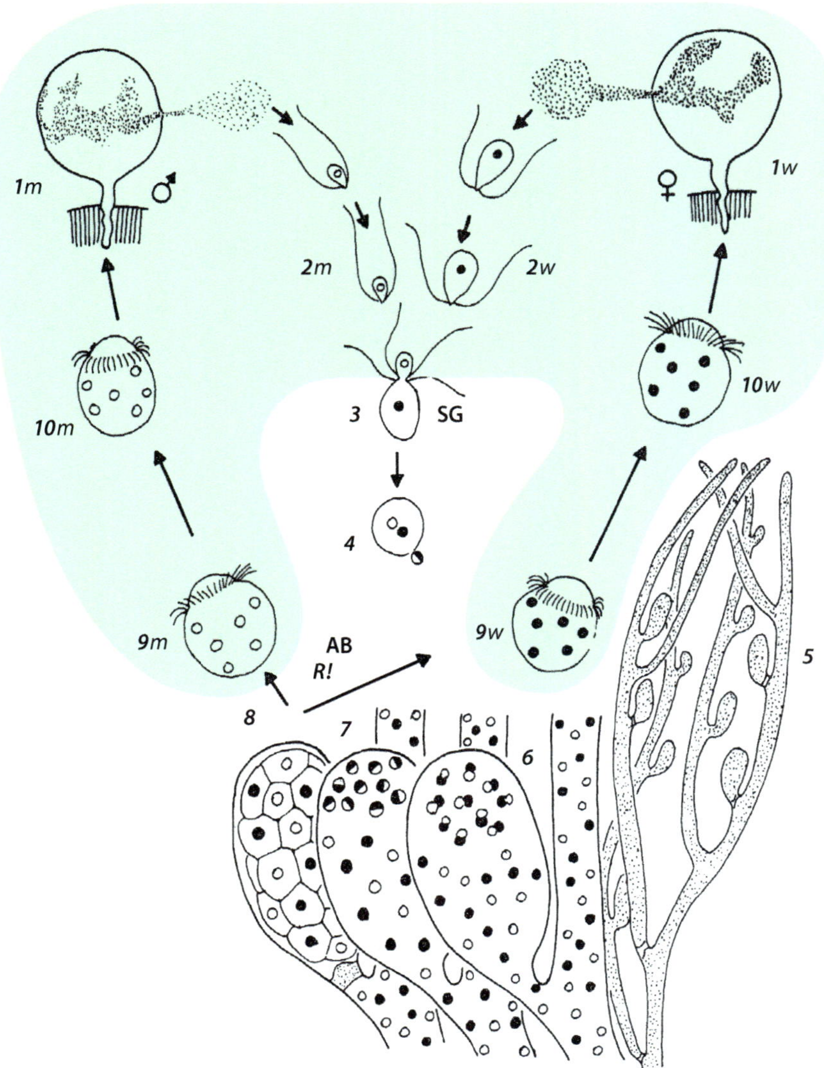

Abb. 4.7 **Haplontisches Sexualsystem von *Derbesia marina* (Bryopsidales).** *1m, 1w,* Haploide, männlich und weiblich determinierte Zellen. *2m, 2w,* Anisogame, begeißelte Gameten. *3,* Syngamie (SG). *4,* Dikaryotische Zelle (Zygotenstadium). *5,* Siphonal organisierte Zelle mit fädiger Aufteilung. *6–8,* Ausschnitt aus *5,* je eine ausgestülpte Zellblase in unterschiedlichen Entwicklungsstadien zeigend. *6,* Beginnende Fusion der Zellkerne. *7,* Diploide Zellkerne. *8,* Reifes Stadium kurz vor der Meiose. *(R!) 9m–10w,* Ausbreitung (AB) von vielkernigen, männlich bzw. weiblich determinierten Zoosporen. Haploide Phase grün unterlegt. (© van den Hoek et al. 1995 (Thieme-Gruppe), verändert)

Streptophyta: Charophyta

Die Charophyta gelten als die nächsten, lebenden **Verwandten** der Embryophyta (Landpflanzen) (▶ Abschn. 3.4 und 5.3.3). Beide Gruppen bilden zusammen die **Streptophyta** (sensu Leliaert et al. 2012), deren namengebendes Merkmal das **schraubig gewundene Spermatozoid** ist (griech. *streptos,* „gedreht"; ▪ Abb. 4.9c).

Die **Charophyta** leben im Süßwasser und sind überwiegend **Haplonten** mit **Dauerzygoten** (Klebsormidiophyceae, Charophyceae, Zygnematophyceae, Coleochaetophyceae; Sy 5:51–55). Die Fähigkeit, mit einem diploiden Stadium Trockenphasen zu **überdauern**, hat vermutlich zum **Landgang** der Algen beigetragen. Bei *Coleochaete* und Jochalgen tritt überdies eine **sporopolleninähnliche** Substanz in der Sporenwand auf

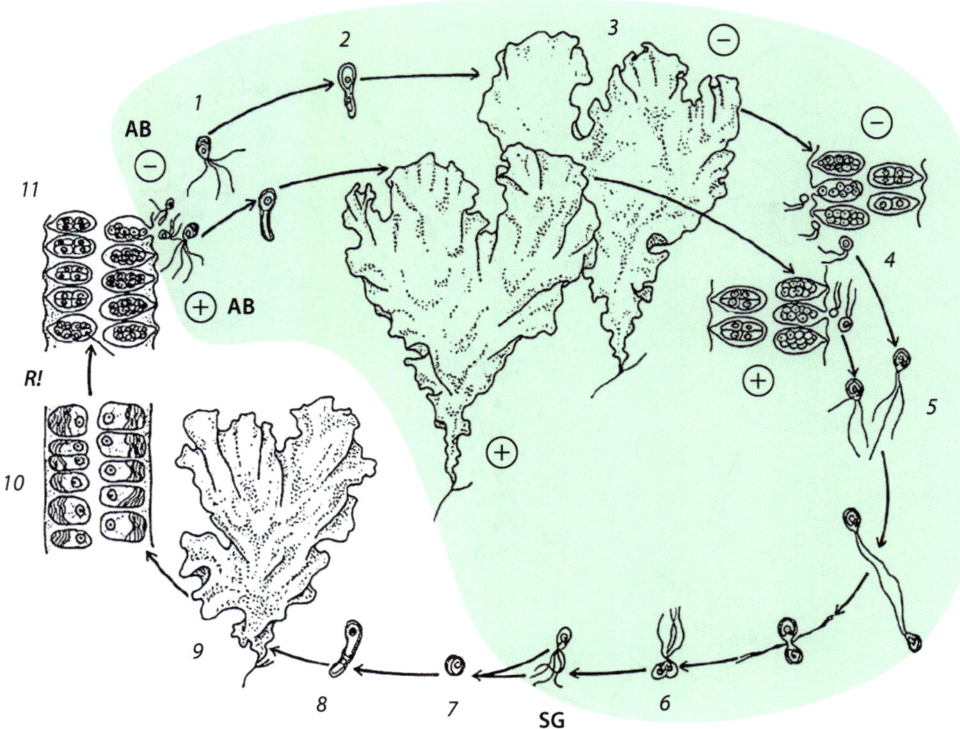

Abb. 4.8 Isomorpher Generationswechsel von *Ulva lactuca*. *1*, Ausbreitung (AB) der haploiden (+)- und (–)-Zoosporen. *2*, Keimung. *3*, Auswachsen der (+)- und (–)-Gametophyten zu grünen Flächenthalli. *4*, Bildung von (+)- und (–)-Gametocyten auf verschiedenen Gametophyten (Heterothallie). *5*, Bildung von begeißelten (+)- und (–)-Isogameten. *6*, Syngamie (SG). *7*, Zygotenbildung. *8*, Keimung. *9*, Auswachsen des Sporophyten zu grünem Flächenthallus. *10*, Bildung von Sporocyten. *R!*, Reduktionsteilung, Meiose. *11*, Sporenentlassung. Hellgrün: Gametophyt. (© Taylor et al. 2009 (nach Tylor und Taylor 1993), verändert)

(**◘** Tab. 4.1, **▶** Abschn. 2.2.4). **Sporopollenin** ist allerdings keine Erfindung der Charophyta. Es tritt auch in anderen Gruppend der **Grünalgen** wie den Chlorellales (*Chlorella*), Trebouxiales (*Trebouxia*, *Myrmecia*) oder Trentepohliales auf (**◘** Tab. 4.1) und findet sich auch bei einigen sekundären Algen (*Ceratium*, **Dinophyta**).

Beispiel *Chara*

Die Armleuchteralgen (Charophyceae; Sy 5:52; **▶** Abb. 5.18) weisen **komplex organisierte Oogonien und Spermatogonien** auf (**◘** Abb. 4.9a, b). Die Oogonien enthalten eine relativ große Eizelle, die reich mit Reservestoffen (Öltröpfchen **◘** Abb. 4.9a: Ö, Stärkekörnern) angefüllt ist. Sie sind im reifen Zustand von **sterilen Thallusfäden** (Hü) umhüllt, die am oberen Ende des Oogoniums ein **Krönchen** (K) bilden, durch das die Spermatozoiden zur Eizelle vordringen. Die Spermatozoiden sind schraubig gewunden und tragen zwei seitlich inserierende Geißeln (**◘** Abb. 4.9c). Sie werden in kugelförmigen Spermatogonien (**◘** Abb. 4.9a, b: Spg) erzeugt. Diese bilden nach einer fest vorgegebenen Zellteilungsfolge eine Wand (Wz) und ein Zentrum aus sterilen und spermatogenen Zellen.

Beispiel *Spirogyra*

Den Schmuckalgen (Zygnematophyceae; Sy 5:53) **fehlen begeißelte Zellen**. Die Gametenfusion erfolgt durch **Konjugation**. Bei der Leiterkonjugation von *Spirogyra* legen sich zwei haploide Fäden nebeneinander (**◘** Abb. 4.9d, e). Sie sind homothallisch oder genetisch in (+)- und (–)-Fäden determiniert (heterothallisch). Nach **hormoneller Stimulierung** durch den Nachbarfaden werden die Zellen zu Gametocyten und bilden in ihrem Inneren (+)- bzw. (–)-Gameten. Gleichzeitig stülpen die Zellen eine Papille nach außen, die mit der Papille der gegenüberliegenden Zellen verschmilzt und eine **Plasmaverbindung** herstellt (**◘** Abb. 4.9d). Die (–)-Gameten bewegen sich amöboid durch den Kanal in die (+)-Zelle, in der Synga-

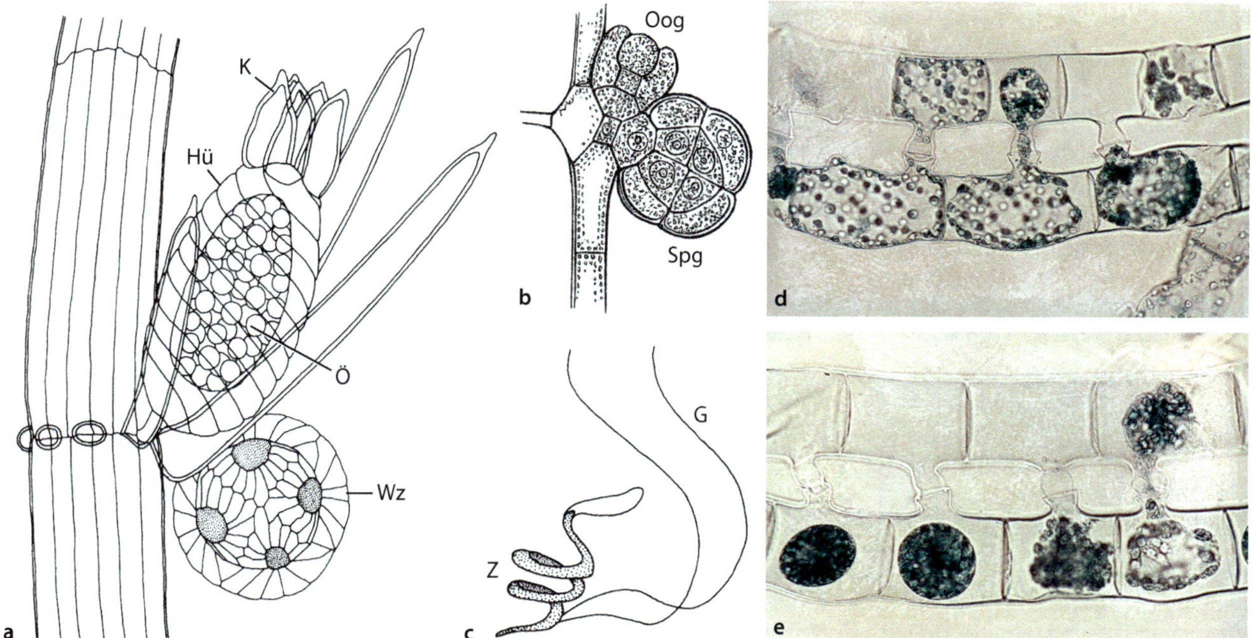

Abb. 4.9 Charophyceae. a–c, Armleuchteralge (*Chara fragilis*; ▶ Abb. 5.18). **a,** Thallusabschnitt mit Oogonium (oben) und Spermatogonium (unten). Das Oogonium bildet nur eine, reich mit Öltropfen (Ö) angefüllte Eizelle. Diese ist von diagonal verlaufenden Hüllfäden (Hü) umgeben, die an der Spitze ein Krönchen (K) als Einlassstelle für die Spermatozoiden bilden. Das Spermatogonium ist in Wandzellen (Wz) und ein kompliziert organisiertes Zentrum aus sterilen und spermatogenen Zellen gegliedert (vgl. ▶ Abb. 5.18b). **b,** Junge Anlagen von Oogonium (Oog) und Spermatogonium (Spg). **c,** Spermatozoid mit zwei Geißeln (G) und der für Streptophyta typischen, schraubig gedrehten Zellform (Z). **d, e,** Schraubenalge (*Spirogyra*, Zygnematophyceae). Zellfäden mit Plasmabrücken. **d,** Konjugation. **e,** Zygotenbildung. (© a, b: nach Sachs 1874. c: nach Strasburger 1900. d, e: Botanische Sammlungen der JGU Mainz)

mie stattfindet (■ Abb. 4.9e). Die **Zygote** umgibt sich mit einer derben Wand, in die **sporopollenin**ähnliche Substanzen eingelagert sind. Sie ist mit Stärke und Fetten ausgestattet und kann bis zu 20 Jahre (!) überdauern. Nach der Meiose gehen drei von vier Meiosporen zugrunde. Die vierte Spore keimt durch eine **Dünnstelle** (Sutur) der Dauerzygotenwand zum haploiden Zellfaden aus.

4.2.2 Rotalgen

Innerhalb der Rotalgen (Sy 4:12) tritt nur bei den Bangiales und den Florideophycidae (Florideen) sexuelle Fortpflanzung auf (■ Tab. 4.1). Die beteiligten Prozesse und Strukturen sind **außerordentlich kompliziert** und werden hier in sehr vereinfachter Form zusammengefasst:

– Die Sexualzyklen der Rotalgen umfassen Generationswechsel mit bis zu **drei Vegetationskörpern** (■ Abb. 4.11a, b). Im häufigsten Fall liegt ein **dreigliedriger** Generationswechsel mit einem haploiden Gametophyten und zwei diploiden Sporophyten (*Polysiphonia*) vor. Von diesem Grundschema gibt es zahlreiche Abwandlungen. Der Generationswechsel kann auf einen diploiden Sporophyten verkürzt (*Porphyra*) oder fakultativ haplontisch bzw. haplo-diplontisch (*Audouinella*) sein.

– Der Generationswechsel der Rotalgen ist immer **heteromorph**. Treten drei Generationen auf, können zwei von ihnen gleich gestaltet sein.

– Die Rotalgen besitzen **keine begeißelten** Zellen. Stattdessen entstehen amöboid bewegliche, asexuelle Sporen, die passiv im Wasser verdriftet werden, und amöboide Spermatien, die die unbewegliche Eizelle im Oogon (Karpogon) befruchten.

– Der Gametophyt ist **homo-** oder **heterothallisch**.

– Gewöhnlich tritt eine **zusätzliche Ausbreitungsphase** durch **2n-Mitosesporen** auf, durch die der alleinige (*Porphyra*) oder zweite Sporophyt (*Polysiphonia*) vom Ort der Zygote entfernt wird (■ Abb. 4.11: Ksp, Karposporen).

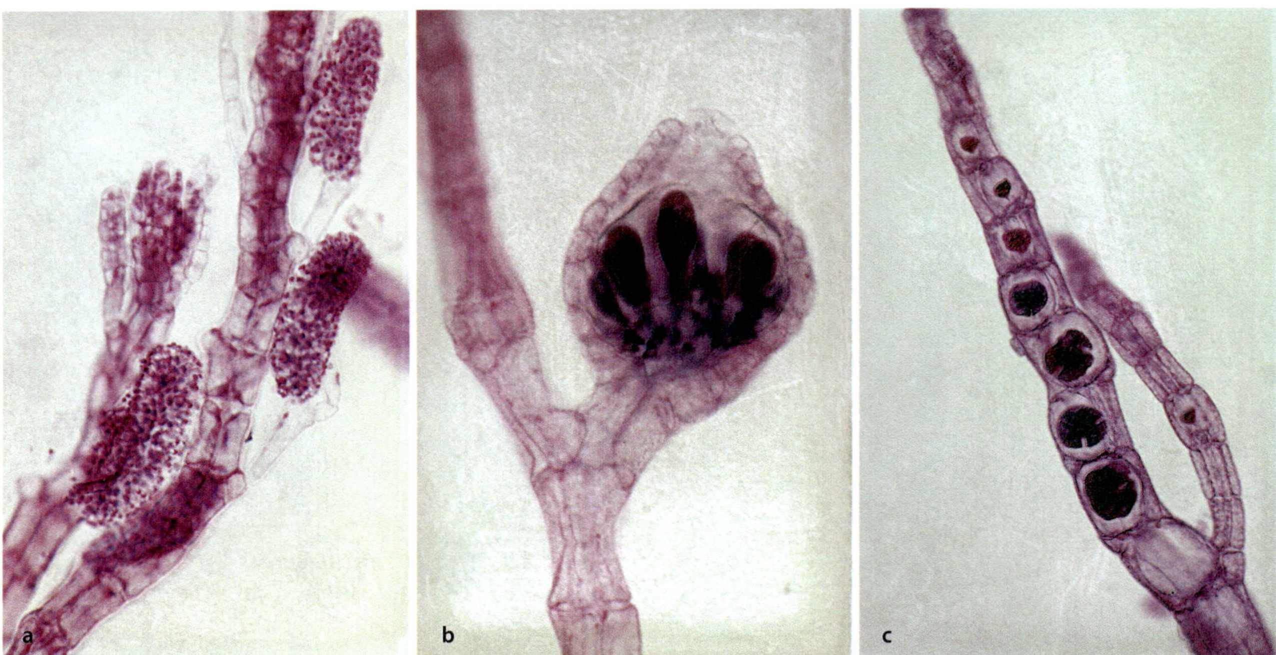

☐ Abb. 4.10 *Polysiphonia* (Rhodophyceae). **a,** Fertiler Thallusfaden mit Spermatien bildenden Zellen (Spermatangien). **b,** Cystokarp nach der Befruchtung. Die befruchteten Eizellen entwickeln sich zu je einem Karposporophyten (dunkel gefärbt). **c,** Tetrasporophyt mit beginnender Tetrasporenbildung. (© Botanische Sammlungen der JGU Mainz)

Beispiel *Porphyra* (Bangiales)

Die Purpurtange repräsentieren den für die Bangiales (Sy 4:12) charakteristischen Generationswechsel mit zwei Vegetationskörpern (☐ Abb. 4.11a). Sie entwickeln **blattartige Gametophyten** (▶ Abb. 5.14g), die homo- oder heterothallisch sind. Regionen am Rand des Thallus agieren als Gameten bildende Gewebe. Vegetative Zellen werden zu **Gametocyten**, die bei den Rotalgen als Spermatangien bzw. Karpogone bezeichnet werden. Sie bilden entweder durch Gonitogonie bis zu 128 amöboid bewegliche Spermatien oder je eine Eizelle und weisen dann eine Papille zum Auffangen der Spermatien auf. Diese werden durch Quellung ausgepresst und passiv mit der Strömung zu den Karpogonien verdriftet. Dort heften sie sich an und injizieren ihren Kern in die Eizelle.

Nach der Kernverschmelzung bleibt die diploide **Zygote** auf dem Gametophyten. Sie bildet **keinen** Karposporophyten, sondern teilt sich in bis zu 32 **diploide Karposporen** (Mitosesporen), die ausgebreitet werden. Jede Karpospore keimt zu einem kleinen, fädigen Sporophyten aus, der sich in die Schale von Muscheln oder Seepocken einbohrt. Dieses Stadium wurde zunächst als eigene Art, *Conchocelis rosea*, beschrieben, weshalb es heute als ***Conchocelis*-Stadium** bezeichnet wird. Der Sporophyt (☐ Abb. 4.11a: Co-S) bildet Conchosporangien, in denen unter Kurztagbedingungen und bei Tem-

peraturen unter 21°C die Meiose abläuft. Die **haploiden Conchosporen** (Meiosporen) wachsen jeweils zu einem großen, gametophytischen Thallus heran.

Beispiel *Polysiphonia* (Florideophycidae)

Polysiphonia repräsentiert den häufigsten Generationswechsel der Rotalgen. Er umfasst **drei Vegetationskörper** und charakterisiert die Florideophycida (Sy 4:12, ☐ Abb. 4.11b).

Aus der diploiden **Zygote** (rot) entwickelt sich ein 2n-Sporophyt, der auf dem Gametophyten verbleibt (parasitiert) und **Karposporophyt** (Ks, braun) genannt wird. Er bildet Karposporangien. Aus ihnen entwickelt sich je eine 2n-Karpospore (Ksp, braun), die passiv ausgebreitet wird. Jede Karpospore keimt zu einem freilebenden 2n-**Tetrasporophyten** (Ts, braun) aus (☐ Abb. 4.10c). Auf ihm werden die Sporenmutterzellen gebildet, die durch Meiose (*R!*) je vier n-**Tetrasporen** (☐ Abb. 4.11a: Mesp, Meiosporen, grün) bilden. Die Tetrasporen werden ausgebreitet und wachsen zu je einem haploiden Thallus (grün) heran. Der Gametophyt ist meist homothallisch und ‚polysiphon‘ (vielschläuchig) gestaltet. Er bildet an fertilen Fäden Gametocyten (Spermatangien ☐ Abb. 4.10a und Karpogone), aus denen sich je ein Spermatium (☐ Abb. 4.11: orange) bzw. eine Eizelle (blau) bildet. Die Karpogone weisen röhrenförmige Fortsätze auf (**Trichogyne**; ◘ Abb. 4.11: Tr), die ins Wasser ragen und die Spermatien einfangen. Bei *Polysiphonia* sind die Karpogone von haploiden Zellfäden umhüllt, die sich zu einer festen Hülle vereinigen und auf diese Weise ein Cystokarp bilden (◘ Abb. 4.10b).

Innerhalb der Florideen treten zahlreiche **Varianten** dieses Grundtyps auf (van den Hoek et al. 1995). Bei einigen Arten teilt sich die Zygote mitotisch und entwickelt aus jeder Tochterzelle diploide Zellfäden (Gonimoblasten). Oder sie fusioniert mit einer haploiden Thalluszelle (Auxiliarzelle), deren Kern dabei vermutlich zugrunde geht. Die ,diploidisierte' Auxiliarzelle teilt sich und fusioniert ihrerseits mit einer haploiden Zelle, die das Verhalten wiederholt. Auf diese Weise wird der 2n-Karposporohyt sehr rasch aufgebaut.

Die Thalli des Tetrasporophyten und des Gametophyten sehen meist ähnlich aus. Eine Ausnahme bildet die Meeresalge *Asparagopsis armata*, deren Tetrasporophyt *Falkenbergia rufonalosa* zunächst als eigene Art beschrieben wurde.

Beispiel *Audouinella* (Florideophycidae)

Die **Plastizität** des dreigliedrigen Generationswechsels wird am Beispiel von *Audouinella gynandra* deutlich (◘ Abb. 4.11c). Innerhalb der Art treten Haplonten (*1*) und Haplo-Diplonten mit einem (*2*) oder zwei (*3*) diploiden Sporophyten auf. Entscheidend ist das **Verhalten der Zygote**. Im Fall des Haplonten (*1*) durchläuft sie unmittelbar nach ihrer Bildung die Meiose (*R!*) und bildet vier Meiosporen (grün), die zu homothallischen Gametophyten auskeimen. In den beiden anderen Fällen bildet die Zygote entweder direkt diploide Mitosesporen (*2*, braun), die den Tetrasporophyten (Ts) aufbauen, oder sie keimt zunächst auf dem Gametophyten zum Karposporophyten aus (*3*). Dieser bildet dann diploide Karposporen und aus ihnen Tetrasporophyten.

Vermutlich regulieren **äußere Bedingungen** den **Zeitpunkt** der Meiose und das Freisetzen der Sporen. Das haplontische Sexualsystem hat den Vorteil einer schnelleren sexuellen **Reproduktion**, das haplo-diplontische ermöglicht über die Mitosesporenbildung eine bessere **Ausbreitung** der Pflanze.

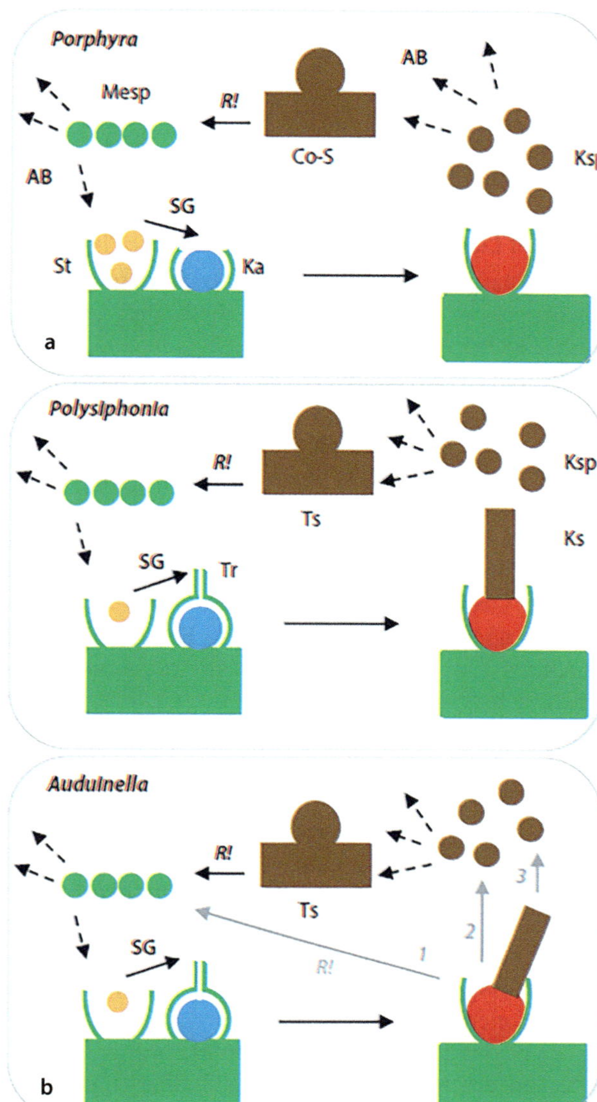

◘ **Abb. 4.11 Generationswechsel bei Rotalgen. a,** *Porphyra*. Der haplo-diplontische Generationswechsel mit zwei Vegetationskörpern ist charakteristisch für die Bangiales. Die Zygote bildet mitotisch 2n-Karposporen (Ksp, braun), die ausgebreitet werden (AB). Die Karposporen wachsen zu je einem Sporophyten, dem Conchocelis-Stadium (Co-S), heran. Die Sporenmutterzellen entstehen in Conchocelis-Sporangien, durchlaufen die Meiose (*R!*) und bilden genetisch verschiedene Meiosesporen (Mesp). Diese keimen zu Gametophyten aus (grüner Kasten), die am Rand des gelappten Thallus Spermatangien (St) und Karpogone (Ka) bilden. Die Spermakerne sind unbegeißelt und werden passiv verdriftet. Die Syngamie findet im Karpogon statt. **b,** *Polysiphonia*. Der dreigliedrige, haplo-diplontische Generationswechsel ist charakteristisch für die Florideophycidae. Im Unterschied zu *Porphyra* treten zwei diploide Sporophyten auf: der Karposporophyt (Ks), der sich aus der Zygote entwickelt, und der Tetrasporophyt (Ts), der aus einer Karpospore entsteht. Als weitere Unterschiede bilden die Spermatangien nur je einen, von einer klebrigen Masse umgebenen Spermakern und die Karpogone einen röhrenförmigen Fortsatz (Tr, Trichogyne), der dem Auffangen der Spermatien dient. Die Karpogone sind von sterilem Gewebe umgeben (Cystokarp, nicht eingezeichnet; ◘ Abb. 4.10b). **c,** *Audouinella*. Fakultativ drei-, zwei- oder einphasiger Sexualzyklus, abhängig vom Verhalten der Zygote. *1*, Haplont. *2, 3*, Haplo-Diplont ohne (*2*) bzw. mit (*3*) Karposporophyt. Abkürzungen und Farben s. ◘ Abb. 4.2. (© Original)

4.2.3 Braunalgen

Die Braunalgen gehören zu den **sekundären Algen** (▶ Exkurs 3.3). Sie sind vermutlich eine der jüngsten Algengruppen und aus einer **sekundären Endosymbiose** zwischen einzelligen Rotalgen und heterotrophen Stramenopiles entstanden (Sy 3, Sy 4:10). Obgleich sie nicht zur Evolutionslinie der Pflanzen gehören, werden sie hier vorgestellt, weil sie mit ihren großen, gegliederten Vegetationskörpern (▶ Abb. 5.16 und 5.17, ▶ Abschn. 5.3.3) und dem **haplo-diplontischen Generationswechsel** interessante Ähnlichkeiten zu den Landpflanzen aufweisen.

Der Generationswechsel ist selten isomorph (*Dictyota*). Meist ist er **heteromorph**, wobei entweder der Gametophyt (*Cutleria*) oder der Sporophyt (*Laminaria*, *Fucus*) gefördert ist (◘ Abb. 4.12). Die Meiosporen sind entweder begeißelt und breiten sich als frei bewegliche **Zoosporen** aus (*Cutleria*; ◘ Abb. 4.12a), oder sie sind unbegeißelt und werden passiv im Wasser verdriftet (*Dictyota*).

Bei *Fucus* fehlen freie Meiosporen (◘ Abb. 4.12b). Der Gametophyt ist homothallisch oder **heterothallisch** (*Cutleria*, *Laminaria*, *Fucus*). Die Gameten entstehen durch Gonitogonie aus Gametocyten (auch, aber missverständlich, als Gametangien bezeichnet), die in sich gekammert sind (pluriloculär). Jede Kammer bildet einen Gameten. Die Gameten sind schwach **anisogam** (*Cutleria*) oder in Spermatozoiden und Eizellen differenziert (**Oogamie**: *Laminaria*, *Fucus*). **Sexuallockstoffe** und eine von Mondphasen **synchronisierte Entlassung** der Gameten spielen beim Auffinden des Fusionspartners eine bedeutende Rolle (*Dictyota*).

Beispiel *Cutleria*

Beim Gabeltang (*Cutleria*; ◘ Abb. 4.12a) ist der **Gametophyt** (grün) die dominante Generation. Er ist **heterothallisch** organisiert und bildet pluriloculäre Spermatocyten (Spermatogonien) und Oocyten (Oogonien). Die anisogamen Zoogameten (orange, blau) fusionieren zur Zygote (rot), die ohne Pause zum Sporophyten (braun) auskeimt. Dieser ist wesentlich kleiner als der Gametophyt. Er bildet blasenförmige Sporenmutterzellen, aus denen Zoosporen (◘ Abb. 4.12.a: grün) entstehen. Diese breiten sich aus und keimen zu neuen, heterothallischen Gametophyten heran.

Beispiel *Laminaria* und *Fucus*

Bei den Blasentangen (*Fucus*; ▶ Abb. 5.16) und Tangen (*Laminaria*; ▶ Abb. 5.17) ist der **Sporophyt** gegenüber dem Gametophyten gefördert. Bei *Laminaria* ist der Gametophyt mikroskopisch klein, ansonsten entspricht der Sexualzyklus dem von *Cutleria*.

Bei *Fucus* ist die **Reduktion des Gametophyten** so weit fortgeschritten, dass die Bildung freier Sporen und mehrzelliger Gametophyten gänzlich unterbleibt (◘ Abb. 4.12b). Der sporophytische Thallus bildet angeschwollene Enden (**Rezeptakel**) mit auffälliger, noppenartiger Oberflächenstruktur. Diese rührt von zahlreichen, nach innen eingestülpten **Konzeptakeln** her (◘ Abb. 4.13a–c). Auf der Innenseite der Konzeptakel bilden sich Sporocyten (Sporenmutterzellen), die entweder an verzweigten Fäden stehen und nach der Meiose zu **Spermatocyten** werden oder kurz gestielt sind und nach der Meiose als **Oocyten** in Erscheinung treten. Die Meiosporen verbleiben in dem Sporocyten, der jetzt als uniloculärer Gametocyt bezeichnet wird. Die Gametocyten sind mikroskopisch klein und durchlaufen eine bzw. vier mitotische Teilungen, wodurch acht Eizellen und 64 Spermatozoiden entstehen. Die Befruchtung findet im Wasser unter Mitwirkung von **Sexuallockstoffen** (Pheromonen) statt.

Die beiden Formen von Konzeptakeln entstehen entweder an ein und demselben 2n-Thallus (monözisch) oder an verschiedenen Individuen (diözisch). In jedem Fall wird die **Geschlechtsbestimmung** auf den **Sporophyten** übertragen (Heterosporie; ▶ Abschn. 4.5.2 und ▶ Abschn. 5.6.3). Mit der vollständigen Reduktion des Gametophyten und dessen Verbleib auf dem Sporophyten erreichen die Blasentange eine **diplontische** Lebensweise.

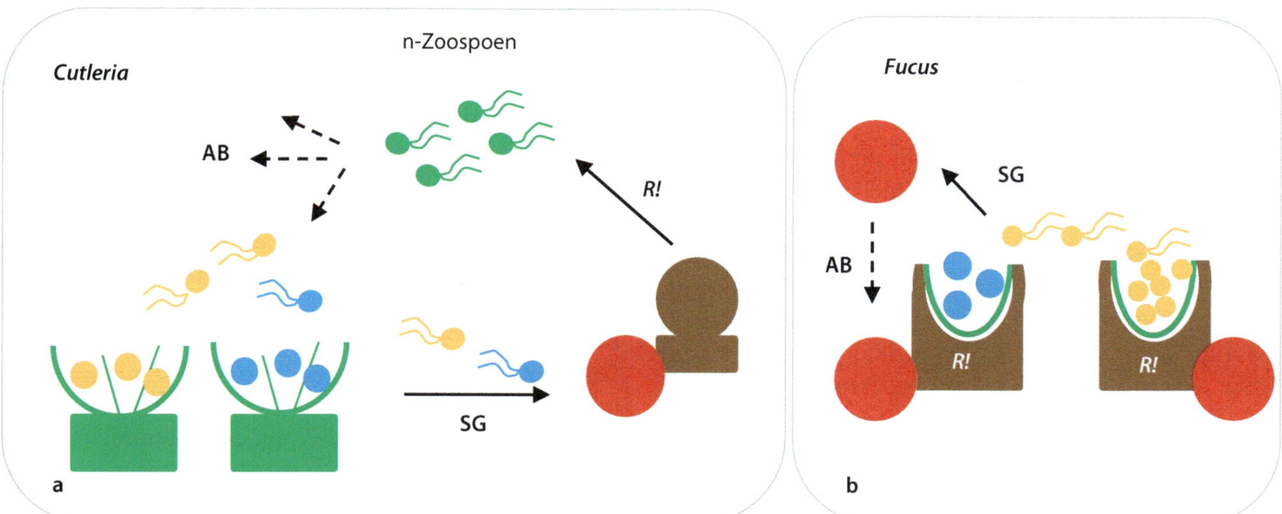

Abb. 4.12 Sexualsysteme von Braunalgen. Mit *Cutleria* und *Fucus* sind zwei Extremformen abgebildet. **a**, Bei *Cutleria* (Haplo-Diplont) ist der Gametophyt (grün) die dominante Generation, der Sporophyt (braun) bildet einen wesentlich kleineren Vegetations-körper (heteromorpher Generationswechsel). Gekammerte (plurilo-culäre) Spermatogonien und Oogonien werden auf verschiedenen Individuen gebildet (Heterothallie). Die Zoogameten sind schwach anisogam (orange, blau), die Sporen begeißelt (Zoosporen, grün). **b**, Bei *Fucus* (Diplont) ist der Gametophyt vollständig reduziert; es tritt nur noch die diploide Generation auf. Die Meiosporen sind Gameto-cyten, die mitotisch entweder 64 Spermatozoiden (orange) oder acht Eizellen (blau) bilden (Oogamie). Die Befruchtung findet im Wasser statt und wird durch Lockstoffe gefördert. Die Zygote wird aus-gebreitet, setzt sich fest und keimt zu einem neuen Sporophyten aus. Abkürzungen und Farben s. ▪ Abb. 4.2. (© Original)

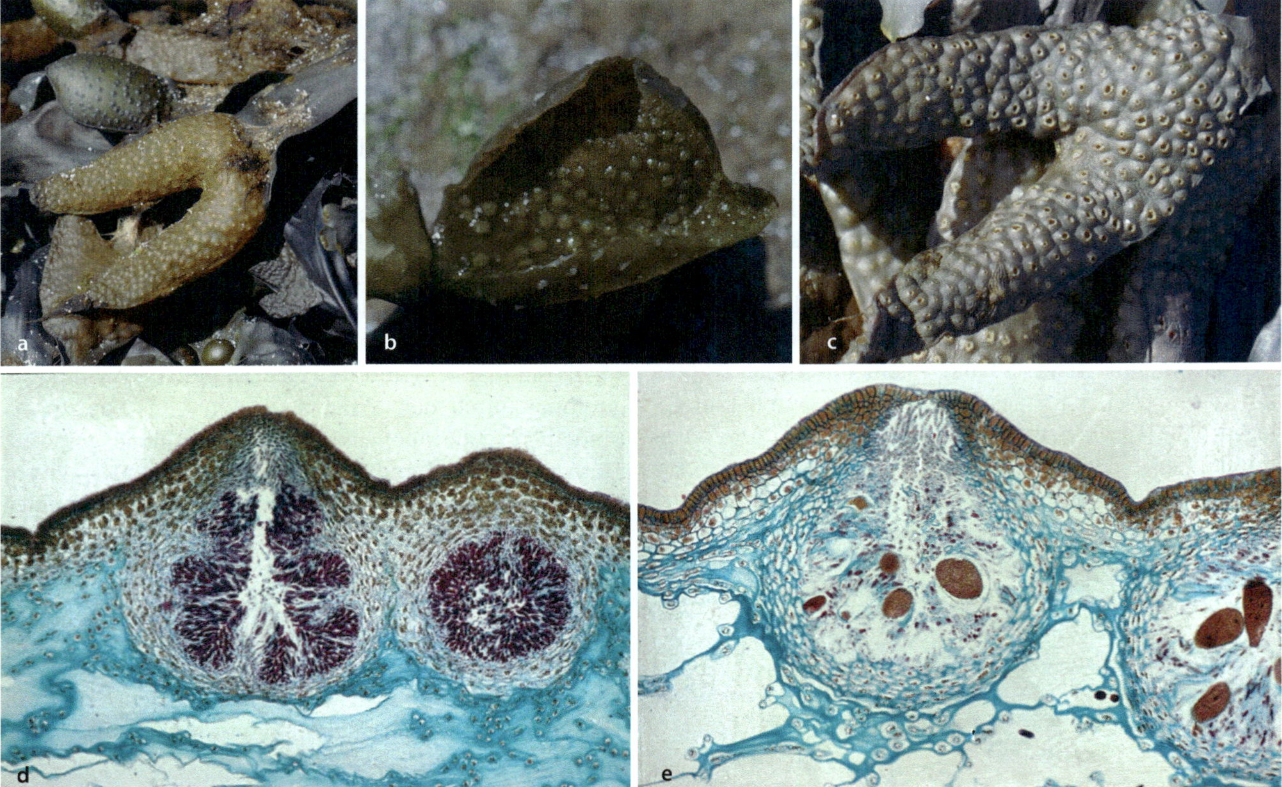

Abb. 4.13 *Fucus vesiculosus* **(Phaeophyceae).** Ausschnitt aus dem Sporophyten mit Rezeptakeln. **a**, Junges Rezeptakel mit noppenarti-ger Oberfläche. **b**, Geöffnetes Rezeptakel mit Konzeptakeln an der Innenseite der Wand. **c**, Altes Rezeptakel mit offenen Konzeptakel-poren, durch die die Gameten entlassen wurden. **d, e**, Längsschnitte durch Konzeptakelgewebe mit männlicher (**d**) und weiblicher (**e**) Ga-metocytenentwicklung. (© a–c: R. Claßen-Bockhoff, Mainz. d, e: Botanische Sammlungen der JGU Mainz)

4.2.4 Evolutionstendenzen im Sexualsystem der Algen

Die Algen sind eine heterogene Gruppe aus nicht näher miteinander verwandten Evolutionslinien. Die Ähnlichkeiten zwischen ihnen sind oft mehrfach unabhängig voneinander entstanden und illustrieren **gleichsinnige Anpassungen** (parallele Evolution) in der Lebensweise und Optimierung des Sexualzyklus.

Algen sind primär zur Sexualität befähigt (◘ Tab. 4.1; Speijer et al. 2015). Nur wenige Gruppen leben asexuell oder weisen nur einzelne sexuelle Arten auf. Die Beispiele zur fakultativen Gameten- und Sporenbildung deuten darauf hin, dass **Umweltbedingungen** (abiotische Faktoren) bei der Bildung von Fortpflanzungszellen eine entscheidende Rolle spielen.

Haplonten, Dauerzygoten und der Landgang der Pflanzen

Viele einzellige, frei im Wasser (planktonisch) lebende Algenarten sind **Haplonten**. Vermutlich haben die relativ konstanten Lebensbedingungen im Wasser und die geringe Gefahr mutagener Veränderungen durch UV-Licht die Etablierung haplontischer Sexualzyklen begünstigt. Das einzige diploide Stadium ist die **Zygote**, die entweder direkt in die Meiose eintritt oder ein **Dauerstadium** bildet. Vor allem bei **Süßwasserarten**, die eine gelegentliche Trockenheit oder Kälteperiode tolerieren müssen, ist ein solches Überdauerungsstadium lebenswichtig. Dies wird bei den Grünalgen besonders deutlich. Während die im **Meer** lebenden Ulvophyceae keine Dauerzygoten bilden, ist deren Auftreten bei den **Süßwasserarten** der Chlorophyceae die Regel (◘ Tab. 4.1).

Für die **Evolution der Landpflanzen** ist von besonderem Interesse, dass die **Charophyta** als nächste, lebende Verwandtschaftsgruppe **Süßwasserbewohner** sind und ein **haplontisches** Sexualsystem mit **Dauerzygoten** aufweisen. Weiter fortgeschrittene Anpassungen an gelegentliche Trockenzeiten sind der Schutz der Oogonien durch sterile Hüllfäden (Charophyceae) und die Erhöhung der Sporenresistenz durch Auflagerung von **sporopollenin**ähnlichen Substanzen auf die Sporenwand. Beide Anpassungen finden sich **obligat** bei den Landpflanzen, wenngleich der Schutz des Gameten bildenden Gewebes auf **analoge** Weise erfolgt (Antheridien, Archegonien; ► Abschn. 4.4.1).

Reproduktionserfolg und genetische Diversität

Der **Reproduktionserfolg** der Algen hängt wesentlich davon ab, wie gut sich die Gameten im Wasser finden. Bei **Iso- und Anisogamie** sind die Gameten gewöhnlich begeißelt und zur aktiven Fortbewegung befähigt. Eine **große Anzahl** von Gameten, **Sexuallockstoffe** und eine von außen gesteuerte **Synchronität** (Tageslänge, Mondphase, Temperatur) erhöhen die Chance auf eine erfolgreiche Befruchtung. Bei der **Oogamie** verbleibt die Eizelle oft auf dem mütterlichen Gametophyten. Nur der männliche Partner ist mobil und kann gezielt durch Lockstoffe zur Eizelle geführt werden. Die Bildung von Zwergmännchen, einem Schleimmantel um die Gameten herum oder einer Trichogyne zum Auffangen männlicher Gameten liefern Beispiele für die vielfältigen Möglichkeiten zur Verbesserung des Befruchtungserfolgs. Bleibt die Zygote nach der Befruchtung auf dem Gametophyten, kann sie überdies von diesem ernährt und geschützt werden.

Die **genetische Diversität** der Nachkommen wird in vielen Algengruppen durch die Bildung eingeschlechtlicher (**heterothallischer**) Gametophyten erhöht. Es liegt dann **obligate Fremdbefruchtung** vor (Dioizie). Beim diplontischen Blasentang (*Fucus vesiculosus*) wird die Geschlechtsbestimmung (wie bei den heterosporen Landpflanzen) auf den Sporophyten übertragen (► Abschn. 4.5.2).

4.3 Generationswechsel der Landpflanzen

Im Unterschied zu den Charophyta weisen die Landpflanzen stets ein **haplo-diplontisches Sexualsystem** auf. Nach der **Interpolationstheorie** (Bower 1935) wird angenommen, dass sich dieses durch **Verzögerung der Meiose** aus dem haplontischen Sexualsystem entwickelt hat. Anstatt gleich in die Reifeteilung einzutreten, baut die Zygote mittels mitotischer Zellteilungen den Sporophyten als **neuen Vegetationskörper** auf.

Die Landpflanzen besitzen einen **heterophasischen**, **heteromorphen** Generationswechsel mit **Oogamie** (◘ Abb. 4.14). Die Bildung des **diploiden Sporophyten** ermöglicht es ihnen, einen **Embryo** zu bilden (► Abschn. 4.4.3) und ihre **Sporen** günstig für die **Ausbreitung** durch den **Wind** zu exponieren. Die Sporen sind durch **Sporopollenin** vor **UV-Strahlung** geschützt (► Abschn. 2.2.4 und 3.4). Als weitere Anpassungen an das Landleben treten Gametenbehälter (**Gametangien**; ► Abschn. 4.4.1) und Sporenbehälter (**Sporangien**; ► Abschn. 5.6.1) mit sterilen **Hüllen** auf.

Der Generationswechsel der Landpflanzen folgt einem einheitlichen Ablauf (◘ Abb. 4.15), der von **Wilhem Hofmeister** entdeckt wurde (► Exkurs 4.1). Aus der diploiden **Zygote** entwickelt sich zunächst ein **Embryo**, der dann zum **Sporophyten** heranwächst. Der Sporophyt bildet **Sporenbehälter (Sporangien)**, in denen sich **Sporenmutterzellen** entwickeln. Diese durchlaufen die **Meiose** und bilden je vier haploide **Meiosporen**. Die Sporen keimen zu je einem **Gametophyten** aus, der **Gametangien** und darin **Gameten** bildet. Durch Fusion der Gameten entsteht die diploide Zygote (◘ Abb. 4.2).

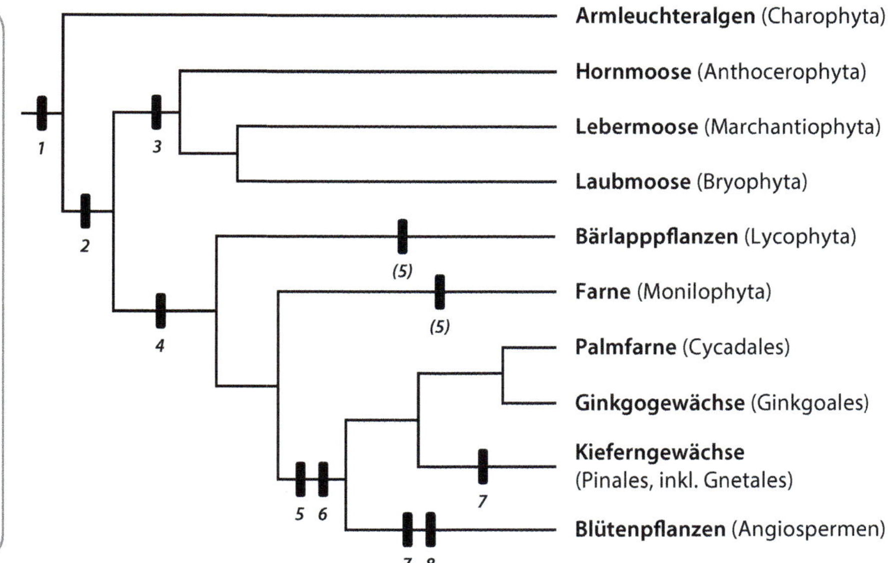

◻ Abb. 4.14 Evolution des Generationswechsels bei Landpflanzen. Erläuterungen folgen in den nächsten Kapiteln. (© Original, Phylogenie siehe Sy 6)

◻ Abb. 4.15 Übereinstimmungen im Generationswechsel der Landpflanzen. Grün: Gametophyt. Braun: Sporophyt. Kasten: dominante bzw. freilebende Generation. Gestrichelter Kasten: Ausbreitungseinheit. Mz, Mutterzelle. *R!*, Reifeteilung (Meiose). *SG*, Syngamie (Befruchtung). Smz, Sporenmutterzelle. *, Bei dioizischen Moosen treten eingeschlechtliche Gametophyten auf. **, Bei den Angiospermen treten Blüten (statt Zapfen) und Spermakerne (statt Spermatozoide) auf, der Embryosack ist auf acht Kerne reduziert (d.h. es werden keine Archegonien mehr gebildet), der Pollenschlauch enthält nur 2–3 Kerne, und es findet eine doppelte (statt einer einfachen) Befruchtung statt (◻ Abb. 4.25 und 4.30)

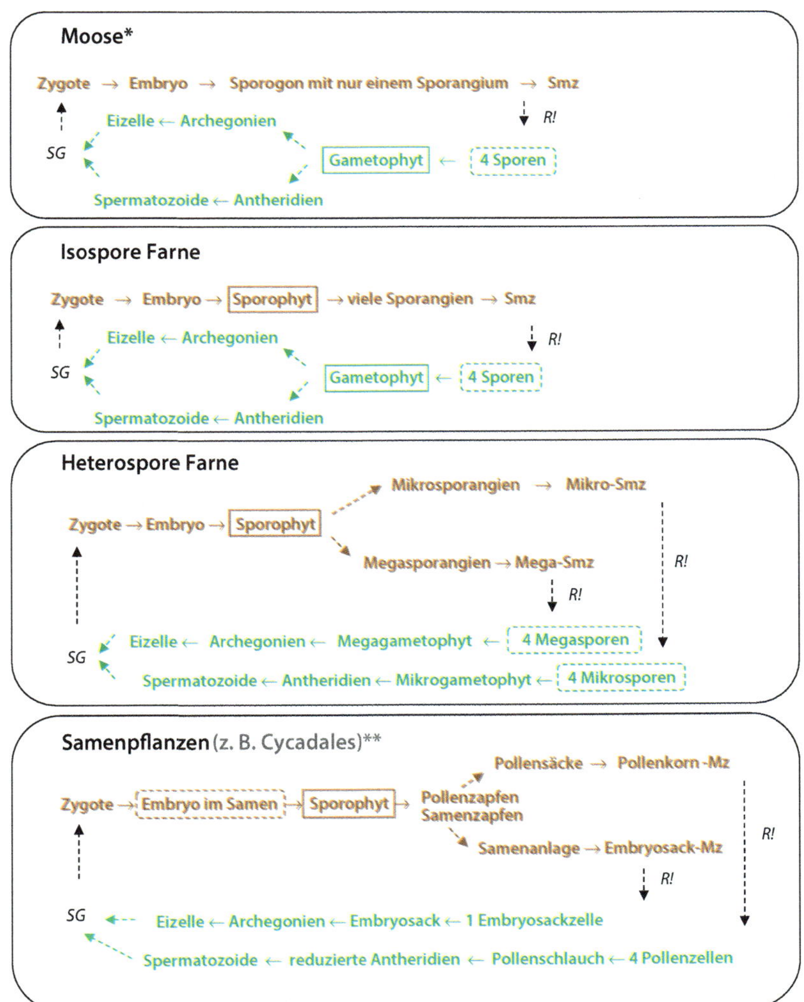

4

Exkurs 4.1 Wilhelm Hofmeister (1824–1877)

Wilhelm Hofmeister war einer der bedeutendsten Wissenschaftler des 19. Jahrhunderts (Kaplan und Cooke 1996; Wagenitz 2001). Ohne je eine Universität besucht zu haben, klärte er mit 27 Jahren den **Generationswechsel der Landpflanzen** auf (Hofmeister 1851) und löste damit eine der strittigsten Fragen seiner Zeit. Vor der Evolutionstheorie (Darwin 1859), Vererbungslehre (Mendel 1866) und Entdeckung der Syngamie (Strasburger 1884) war die Fortpflanzungsbiologie der Pflanzen **völlig unverstanden**. Die Sporangien der Moose wurden für Antheren, die Sporen der Farne für Samen und die Prothallien der Farne für Keimblätter gehalten (zusammengefasst in Mägdefrau 1973).

Die herausragende Leistung von Hofmeister bestand darin, den **Zusammenhang in der Entwicklung der Landpflanzengruppen** aufgedeckt zu haben. Durch präzise Beobachtungen, die er in detailgetreuen Zeichnungen festhielt, und undogmatisches Denken stellte er fest, dass der grüne Vegetationskörper, der bei den Moosen und Farnen die **sexuellen Fortpflanzungsorgane** (Antheridien, Archegonien) erzeugt, von dem grünen, **Sporen erzeugenden Vegetationskörper** der Bärlapp-, Farn- und Samenpflanzen unterschieden werden muss. Er erkannte den Wechsel zwischen **Gametophyten** und **Sporophyten** und verglich konsequenterweise die grüne Moospflanze mit dem Prothallium der Farne und das Moossporogon mit dem Vegetationskörper der Farne. Die Landpflanzengruppen, die zuvor übergangslos nebeneinandergestanden hatten und deren Strukturen mit eigenen Termini belegt worden waren (▶ Abschn. 4.6, ▪ Tab. 4.2), erwiesen sich nun über den **haplo-diplontischen Generationswechsel** aufs engste miteinander verbunden.

Die Entdeckung Hofmeisters war außerordentlich plausibel und ebnete den Weg für die schnelle Anerkennung der wenig später publizierten Evolutionstheorie.

Der Genius von Hofmeister wurde von seinen Zeitgenossen schnell erkannt, die ihn, den Autodidakten, zuerst auf den Lehrstuhl für Botanik nach Heidelberg (1863) und wenig später als Nachfolger von Hugo von Mohl (1876) nach Tübingen beriefen. Dort starb er mit 52 Jahren nach einem Schlaganfall.

Hofmeister hinterließ neben der Entdeckung des Generationswechsels der Pflanze weitere bedeutende Werke zur **Zellbiologie** und **Morphologie**. Er gilt als einer der ersten **Entwicklungsphysiologen**, der sich für die biophysikalischen Aspekte der **pflanzlichen Formbildung** interessierte. Er vertrat die Auffassung, dass die Bildung von Zellen dem allgemeinen Wachstum der Pflanze untergeordnet war (Plasmatheorie; ▶ Exkurs 2.1), und suchte die Bedingungen des Wachstums **kausal** zu ergründen. Das wurde besonders in seinen Ausführungen zur **Blattstellung** (Phyllotaxis) deutlich, mit denen er sich gegen die von Karl Schimper und Alexander Braun (1835) vertretene (idealistische) Spiraltheorie wandte (▶ Exkurs 6.4). Nach Hofmeister (1868) entstehen neue Blattanlagen nicht entlang einer vorgegebenen ‚genetischen Grundspirale‘, sondern **über der weitesten Lücke** zwischen den zuvor angelegten Blattanlagen. Diese Annahme ist als **Hofmeister-Regel** (Kirchoff 2003) in die Literatur eingegangen und wird bis heute als Ausgangspunkt für verschiedene Blattstellungstheorien und Computermodellierungen verwendet (▶ Abschn. 6.6.4; Snow und Snow 1962; Smith et al. 2006).

Bei den **Moosen** ist der **Gametophyt** die dominante Generation. Der Sporophyt, der hier **Sporogon** genannt wird, bildet nur einen einzigen Sporenbehälter, der auf dem Gametophyten **parasitiert**. Der Generationswechsel der ausgestorbenen **Telompflanzen** (▶ Abschn. 5.4) ist nur fragmentarisch bekannt. *Zosterophyllum rhenanum* besaß vermutlich einen heterophasisch-homomorphen Generationswechsel, in dem Gametophyt und Sporophyt gleichberechtigte, freilebende, grüne Vegetationskörper bildeten (▶ Abb. 3.12). Bei den **Gefäßpflanzen** (Bärlapp-, Farn-, Samenpflanzen) ist der **Sporophyt** die dominante Generation, während der Gametophyt zunehmend reduziert wird und bei den Samenpflanzen seine Eigenständigkeit vollends verliert.

4.4 Generationswechsel der Moose

Die dominante Generation im Generationswechsel der Moose ist der **Gametophyt** (▪ Abb. 4.15 und 4.16: grün unterlegt, und ▪ Abb. 4.19a). Er bildet die **grüne Moospflanze**. Deren Vegetationskörper ist ein haploider **Thallus** (▶ Abschn. 5.3.5), der entweder blattartig flach ist (thallos) oder ‚Sprösschen‘ mit ‚Blättchen‘ bildet (folios).

Mit der Keimung der **haploiden Meiospore** beginnt die gametophytische Entwicklung der Moospflanze (▪ Abb. 4.16: *1*). Die Spore keimt an einem feuchten Ort zu einem grünen **Flächenthallus** aus (die meisten thallosen Moose) oder überzieht das Substrat zunächst

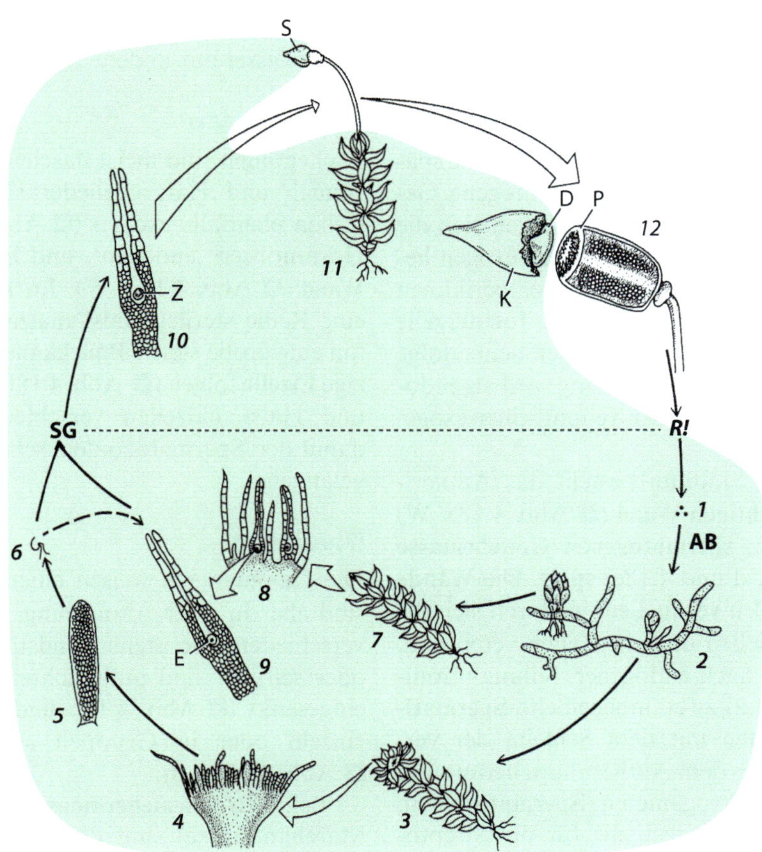

Abb. 4.16 Generationswechsel eines Laubmooses. *1*, Nach Meiose *(R!)*: Ausbreitung der Sporen. (AB) *2*, Protonema mit jungen Sprösschen. *3*, Ästchen mit endständigem Antheridienstand. *4*, Antheridienstand vergrößert. *5*, Antheridium mit steriler Hülle und spermatogenem Gewebe. *6*, Spermatozoid. *7*, Ästchen mit Archegonienstand. *8*, Archegonienstand vergrößert; zwischen den flaschenförmigen Archegonien stehen sterile Safthaare (Paraphysen). *9*, Archegonium mit basaler Eizelle (E) und steriler Hülle (Bauch-kanal- und Halskanalzellen nicht eingezeichnet). *10*, Nach Syngamie (SG): Archegonium mit Zygote (Z). *11*, Ästchen mit aufsitzendem Sporophyten, der nur aus einem gestielten Sporenbehälter (S, Sporogon) besteht. *12*, Sporogon mit reversiblem Öffnungsmechanismus (P, Peristom), der sichtbar wird, sobald die vom Gameteophyten stammenden Haube (K, Kalyptra) und der Deckel (D) abgesprengt sind. Gametophyt grün unterlegt. (© Taylor et al. 2009, verändert)

mit einem fädigen Geflecht, dem **Protonema**, aus dem sich dann ‚Sprösschen' entwickeln (abgeleitete Lebermoose und foliose Moose; ■ Abb. 4.16: *2*). Der gesamte Vegetationskörper wird durch Mitosen aufgebaut und geht schließlich in die Bildung von Gameten über. Diese entstehen in vielzelligen, flaschenförmigen Behältern, den **Gametangien**. Jedes Gametangium besteht aus dem zentral liegenden, **gametogenen Gewebe**, das die Gameten hervorbringt, und einer sterilen **Hülle**, die das Gewebe schützt und ernährt.

4.4.1 Antheridien und Archegonien

Gametangien sind Behälter, in denen Gameten entstehen. Im Unterschied zu den Gametocyten der Algen (▶ Abschn. 4.2) sind die Gametangien der **Landpflanzen** stets **vielzellig** und weisen eine **Wand** aus sterilen Zellen

auf. Diese Wand schützt die Fortpflanzungszellen und trat vermutlich schon bei den ersten Landpflanzen auf. Sie gilt als eine **Schlüsselinnovation** für das Überleben an Land (■ Abb. 4.14: *2*).

Gametangien sind stets **eingeschlechtlich** und setzen damit die **sexuelle Differenzierung** der Gameten fort. Da in ihnen Gameten gebildet werden, stellen sie die **männlichen** und **weiblichen Sexualapparate** der Pflanzen dar. Spermatozoiden bildende Gametangien heißen **Antheridien**, Eizellen bildende **Archegonien**. Die Gametangien werden an der **Oberfläche** des Thallus gebildet. Ihre Entstehung ist zunächst sehr ähnlich. Später unterscheiden sie sich darin, dass ein Antheridium eine sehr große Anzahl kleiner Spermatozoiden hervorbringt, während das Archegonium nur eine einzige, gut mit Nährstoffen ausgestattete Eizelle umschließt (**Oogamie**). Die **Befruchtung** findet **im Archegonium** statt, das diesen Prozess mit der Verschleimung der Halskanalzellen fördert.

Antheridien

Antheridien sind kurz gestielt und keulen- oder kugelförmig (■ Abb. 4.16: *5*, und 4.17b, d). Sie entstehen einzeln oder in Gruppen an der Oberfläche des Thallus. Die Antheridienmutterzelle differenziert sich früh in die spätere Wand und das innen liegende, spermatogene Gewebe. Bei den meisten Hornmoosen entwickelt sich die Antheridienmutterzelle nicht direkt aus der exogen liegenden Initialzelle, sondern erst nach einer periklinen Teilung aus deren weiter innen gelegenen Tochterzelle (Bower 1935). Die reifen Antheridien liegen demzufolge eingesenkt im Thallus. Diese Entwicklung wird als endogen bezeichnet (obwohl sie mit der Teilung einer exogenen Zelle beginnt).

Im ausgewachsenen Stadium besteht das Antheridium aus einer **einschichtigen Wand** (■ Abb. 4.18e: W) und einer kleinzelligen, **spermatogenen Gewebemasse** (■ Abb. 4.16: *5*, 4.17b, d und 4.18e: spG). Die Wände der spermatogenen Zellen verquellen, wodurch sich die Plasmodesmen verschließen und die Zellen vereinzeln. Aus jeder Zelle werden nach endogener Teilung (Gonitogonie; ► Abschn. 2.4.2) zwei unbegeißelte **Spermatiden** freigesetzt. Sie treten mit dem Schleim der verquollenen Wandzellen aus dem Antheridium heraus und werden zu begeißelten Mikrogameten (**Spermatozoiden**; ■ Abb. 4.18a: *3*). Diese besitzen die für die Streptophyta charakteristische verdrillte Form und zwei lange, seitlich ansetzende Geißeln (■ Abb. 4.9c). Sie sind mit einem Zellkern, einer dünnen Plasmahülle (mit oder ohne Plastide) und einem großen Mitochondrium ausgestattet, das die Energie zur Bewegung liefert. Die Spermatozoiden werden mithilfe von Regentropfen oder Spritzwasser auf andere Thalli übertragen.

Archegonien

Archegonien sind meist flaschenförmig gestaltet und in ‚Bauch' und ‚Hals' gegliedert (■ Abb. 4.16: *9*). Sie entstehen ebenfalls exogen (■ Abb. 4.18h), bzw. bei den Hornmoosen ‚endogen', und bilden eine **einschichtige Wand** (■ Abb. 4.17a: W). Im Inneren des Halses liegt eine Reihe steriler **Halskanalzellen**, denen zum Bauch hin eine große sterile **Bauchkanalzelle** und basal die einzige **Eizelle** folgen (■ Abb. 4.18h: Hkz, Bkz, Ez). Bauch- und Halskanalzellen verschleimen und ermöglichen damit den Spermatozoiden, schwimmend zur Eizelle zu gelangen.

Diversität

Die Gametangien weisen einen **einheitlichen Bau** auf, sind aber in ihrer Anordnung, Form und Anzahl sehr verschieden. Sie stehen endständig (■ Abb. 4.16: *3*) oder seitlich, sind aufgerichtet (■ Abb. 4.16: *8*) oder eingesenkt (■ Abb. 4.17b und 4.18a: *2, c*) und treten einzeln oder in Gruppen auf (**Gametangienstände**; ■ Abb. 4.16: *4, 8*).

Beim **Brunnenlebermoos** (*Marchantia polymorpha*, Marchantiaceae) sind die Gametangienstände gestielt und bilden mehrlappige Schirmchen (■ Abb. 4.18b, f). Die eingeschlechtlichen Thalli bilden entweder Antheridienstände, die auf der Oberseite des Schirmes eingesenkt sind (■ Abb. 4.18b, c), oder Archegonienstände auf der Unterseite der Schirmchen (■ Abb. 4.18f, g).

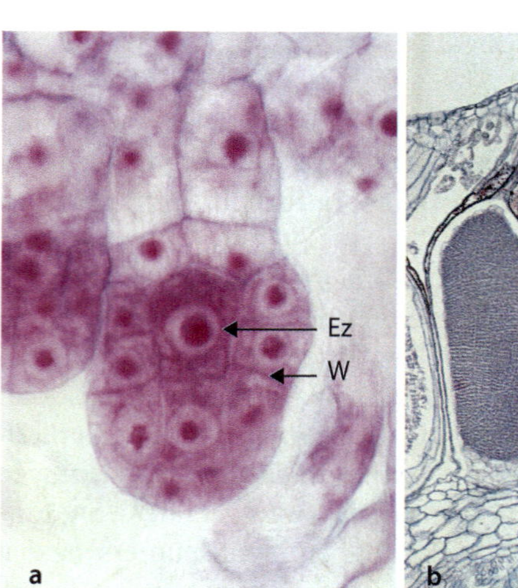

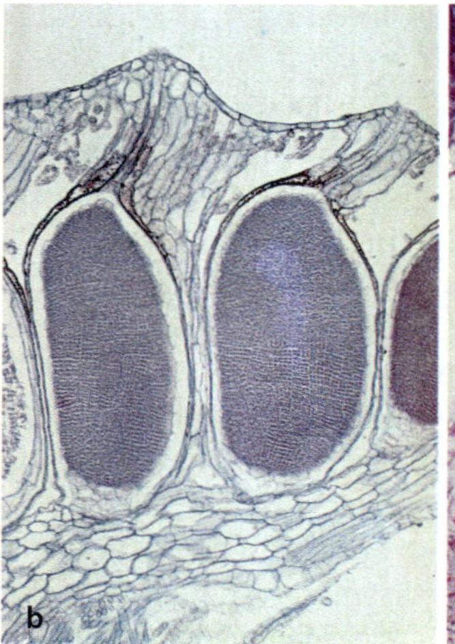

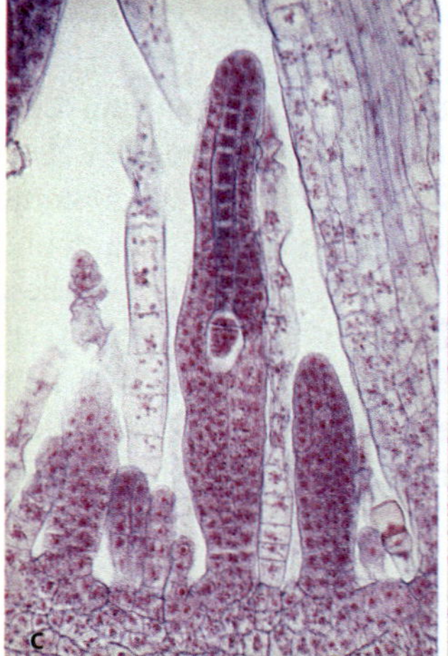

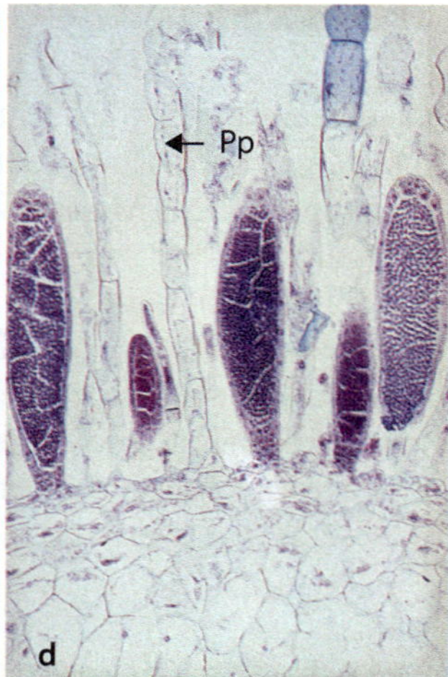

■ **Abb. 4.17 Gametangien bei Moosen. a, b,** *Marchantia* (Lebermoose). **a,** Junges Archegonium auf der Unterseite des schirmförmigen Megagametangienstandes. Differenzierung in Wand (W) und gametogenes Gewebe (Ez, Eizelle). **b,** Antheridien mit spermatogenem Gewebe, eingesenkt auf der Oberseite des Mikrogametangienstandes. **c, d,** *Mnium* (Laubmoose). **c,** Archegonienstand mit Archegonien. **d,** Antheridienstand mit Antheridien und sterilen Paraphysen (Pp). (© Botanische Sammlungen der JGU Mainz)

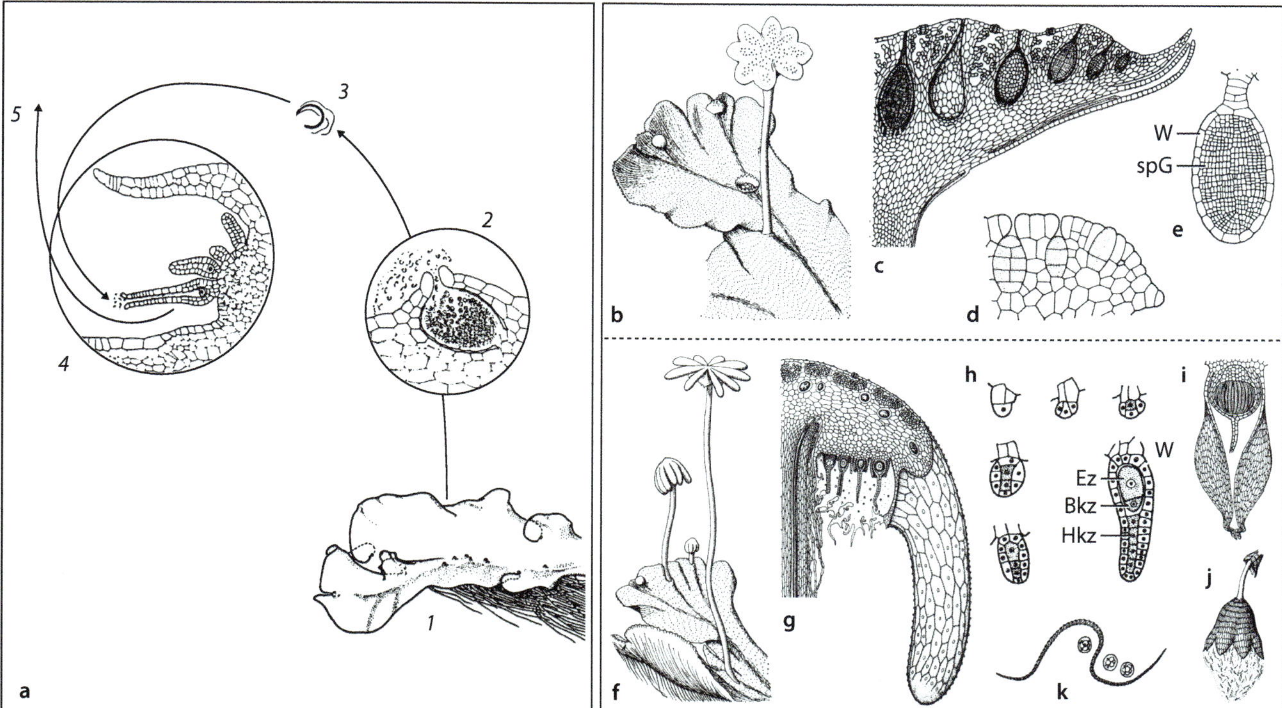

Abb. 4.18 Gametangien bei Lebermoosen. a, *Pellia epiphylla* (Pelliaceae). Lappiger Thallus (*1*) mit einzelnen eingesenkten Antheridien (*2*) und epidermalen Archegonienständen (*4*). Das Antheridium entlässt Spermatozoide (*3*), die mit Spritzwasser auf den Archegonienhals und zur Befruchtung gelangen. Aus der Zygote entwickelt sich das Sporogon (*5*). **b–k,** *Marchantia polymorpha* (Marchantiaceae). **b–e,** Männliche Pflanze. **b,** Schirmförmiger Antheridienstand. **c,** Antheridien, eingesenkt auf der Schirmoberseite. **d,** Entstehung der Antheridien aus epidermalen Zellen. **e,** Reifes Antheridium mit einschichtiger Wand (W) um das innen liegende spermatogene Gewebe (spG). **f–k,** Weibliche Pflanze. **f,** Schirmförmige Gametangienstände. **g,** Archegonien auf der Schirmunterseite. **h,** Die Archegonien entstehen mitotisch aus einer Epidermiszelle. Die Tochterzellen lassen früh eine Differenzierung in die spätere Wand (W) und das innen liegende gametogene Gewebe erkennen. Aus diesem entwickeln sich die Eizelle (Ez), die Bauchkanalzelle (Bkz) und die Halskanalzellen (Hkz). **i,** Nach der Befruchtung wächst die Zygote zum Sporogon aus, das zunächst noch von gametophytischem Gewebe umhüllt ist. **j,** Die unter dem Schirm hängenden Sporogone werden mittels länglicher, quellbarer Zellen (Elateren) geöffnet. **k,** Elatere und Sporen. (© a: Hagemann 1984, verändert. b–k: Mägdefrau 1971)

Die Gametangien der Moose können durch Safthaare (**Paraphysen**) voneinander separiert sein (Abb. 4.16: *8*, und 4.17d: Pp) und von Hüllstrukturen (**Perichaetium**) oder Thallusauswüchsen („Involucrum") geschützt werden.

4.4.2 Befruchtung und Reproduktionssystem

Die Befruchtung der Moose ist an **Wasser** gebunden und **ungerichtet**. Der Befruchtungserfolg ist weitgehend **zufällig**, kann jedoch durch **Wasserfilme** an besonders skulpturierten Oberflächen erhöht werden. Nach dem Eindringen ins Archegonium fusioniert ein Spermatozoid mit der Eizelle (Befruchtung) und bildet die Zygote.

Untersuchungen an einigen Laubmoosen wie dem Silbermoos (*Bryum argenteum*, Bryaceae; Sy 7B:44) oder Purpurmoos (*Ceratodon purpureus*, Ditrichaceae; Sy 7B:41) deuten darauf hin, dass Moose **Tiere** als **Be**fruchtungsvermittler anlocken (Cronberg et al. 2006; Rosenstiel et al. 2012). Sie sondern **geschlechtsspezifische Duftstoffe** ab, die Springschwänze (Collembola), Hornmilben (Acari-Oribatida) und andere, in den Moospolstern lebende Mikroorganismen anlocken. Experimente haben gezeigt, dass der **Befruchtungserfolg** bei Anwesenheit der Tiere signifikant steigt. Rosenstiel et al. (2012) folgern aus den Beobachtungen, dass sich zwischen **Moosen und Mikroarthropoden**, die beide zu den ältesten Linien von Landlebewesen gehören, eine ähnliche symbiontische Beziehung entwickelt hat wie später zwischen **Blütenpflanzen und Bestäubern** (▶ Kap. 11).

Selbstbefruchtung

Werden Spermatozoiden und Eizellen auf ein und demselben Thallus gebildet, ist der Gametophyt **bisexuell**; entstehen die Gameten auf verschiedenen Thalli, ist er **eingeschlechtlich**. Man spricht bei den Landpflanzen nicht von Homo- und Heterothallie (wie bei den Algen; ▶ Abschn. 4.2), sondern von **Monoizie** und **Dioizie**, um die sexuelle Differenzierung des **Gametophyten** zu charakterisieren (Wyatt und Anderson 1984). (Diese Begriffe sollten nicht mit **Monözie** und **Diözie** verwechselt werden, die sich auf den Sporophyten beziehen; ► Exkurs 4.3.)

Bei monoizischen Moosen entstehen die **Gameten** durch **Mitose** und sind (von zufälligen Mutationen abgesehen) **genetisch gleich**. Ihre Fusion ist eine Form der **Klonierung**, die langfristig zur Bildung **homozygoter Sporophyten** führt (Haig 2016). Diese weisen jedoch **kaum Inzuchtdepressionen** auf, weil negative Mutationen sofort zur Ausprägung kommen und ausgemerzt werden.

Fremdbefruchtung

Bei Fremdbefruchtung fusionieren **genetisch verschiedene Gameten** miteinander. Fremdbefruchtung führt zu einer **Durchmischung des Genpools**. Ihre Rate steigt bei monoizischen Thalli mit der räumlichen Entfernung der Gametangien voneinander. Sie wird **obligat**, wenn die Vegetationskörper **dioizisch** sind, also entweder nur Antheridien oder nur Archegonien bilden.

Bei monoizischen Moosen keimen die vier Meiosporen zu je einem bisexuellen Thallus aus, bei dioizischen Arten sind sie genetisch unterschiedlich determiniert (Heterosporie; ► Abschn. 4.5.2). Je zwei Sporen sind ‚weiblich‘ bzw. ‚männlich‘ determiniert und keimen zu weiblichen bzw. männlichen Thalli aus (Bachtrog et al. 2011). Für einige Vertreter der Lebermoose (*Marchantia*, *Sphaerocarpos*, *Frullania*; Sy 7B:10, 12, 14) und Laubmoose (*Ceratodon*; Sy 7B:41) wurden **Geschlechtschromosomen** nachgewiesen (Ming et al. 2011).

Dioizie erhöht die **genetische Diversität** der Nachkommen, verringert aber den **Befruchtungserfolg**. Eine Befruchtung findet nur dann statt, wenn sich zwei verschieden geschlechtliche Thalli in räumlicher Nähe befinden und ein Wasserfilm über die gesamte Distanz vorhanden ist (z. B. feuchter Moosboden, starker Regen). Einen interessanten Weg der Befruchtung hat das **Brunnenlebermoos** (*Marchantia polymorpha*) entwickelt (■ Abb. 4.18b–k). Bei ihm werden die durch Spritzwasser auf die weiblichen Schirme gelangten Spermatozoiden mechanisch zu den Archegonien geleitet. Die Epidermispapillen der Schirmoberseite halten einen dünnen Wasserfilm mit Kapillarkräften fest, in dem die Spermatozoiden zu den Archegonien vordringen können.

‚Dilemma‘ der Landpflanzen

Als ortsfeste (sessile) Lebewesen können die Landpflanzen ihren Geschlechtspartner nicht selbstständig aufsuchen. Die Art ihres Sexualsystems spielt daher für den Befruchtungserfolg eine entscheidende Rolle. Sind die Pflanzen **monoizisch**, ist die Anzahl der Nachkommen durch mögliche Selbstbefruchtung hoch, aber deren genetische Diversität gering. Sind sie **dioizisch**,

sind alle Nachkommen genetisch verschieden, aber ihre Bildung ist unsicher. Dieser Konflikt zwischen **sicherer Befruchtung** auf der einen Seite und **Erhöhung der genetischen Diversität** auf der anderen Seite charakterisiert die Evolution der Sexualsysteme in den Linien der Moose und Gefäßpflanzen bis hin zu den Blütenpflanzen (► Abschn. 9.6.5 und 9.6.6).

4.4.3 Embryobildung und Sporogon

Nach der **Befruchtung** der Eizelle beginnt die asexuelle, diploide Generation der Moose (■ Abb. 4.15). Die Zygote teilt sich und bildet ohne Pause einen **Embryo**. Der Embryo ist das mehrzellige, noch weitgehend undifferenzierte Anfangsstadium des jungen Sporophyten, das vom Gametophyten (Mutterpflanze) ernährt wird.

Die **Bildung des Embryos** ist ein **Neuerwerb** der Landpflanzen (► Exkurs 4.2), die deswegen auch als **Embryophyta** bezeichnet werden (Sy 2). Sie ist eine Folge der Oogamie und des Verbleibs der Zygote auf dem Gametophyten. Dessen Schutz- und Ernährungsfunktionen werden im Laufe der Evolution der Landpflanzen auf den Sporophyten übertragen (Samenbildung; ► Abschn. 4.6.1).

Das diploide Stadium der Moose ist **kurzlebig**. Es bildet keinen freilebenden Vegetationskörper, sondern sitzt dem Gametophyten auf (■ Abb. 4.16: *11*, und 4.19a), von dem es zeitlebens ernährt wird (**Gonotrophie**). Aus diesem Grund wird es als **Sporogon** (wörtl. „Sporenerzeuger") und nicht als Sporophyt (wörtl. „Sporenpflanze") bezeichnet.

Das Sporogon ist embryonaler Herkunft, da es sich direkt aus der Zygote im Archegonium entwickelt. Es besteht aus nur einem einzigen gestielten Sporenbehälter (**Sporangium**), der im Zuge seines Streckungswachstum die Archegonienhülle zerreißt. Reste des Gametophyten bleiben oft an der Basis des Sporogons erhalten (Scheide; ► Abb. 5.52a, e: Sc) und finden sich an seiner Spitze in Form einer gametophytischen Haube (**Kalyptra**), die später abgesprengt wird (■ Abb. 4.16: K, 4.19a und ► Abb. 5.52c, d).

Im Inneren des Sporogons liegt das Sporen bildende Gewebe (**Archespor**), das im einfachsten Fall von einer einschichtigen Wand umhüllt wird (► Abschn. 5.6.2). Aus dem Archespor entstehen nach Auflösung der Mittellamellen (► Abschn. 2.2.4) voneinander getrennte, diploide **Sporenmutterzellen**, die die **Meiose** durchlaufen und je vier **haploide Sporen** bilden.

Die Sporenbehälter der Moose, Bärlapp- und Farnpflanzen werden **Sporangien** genannt. Sie sind wie die Gametangien ein **Neuerwerb** der Landpflanzen

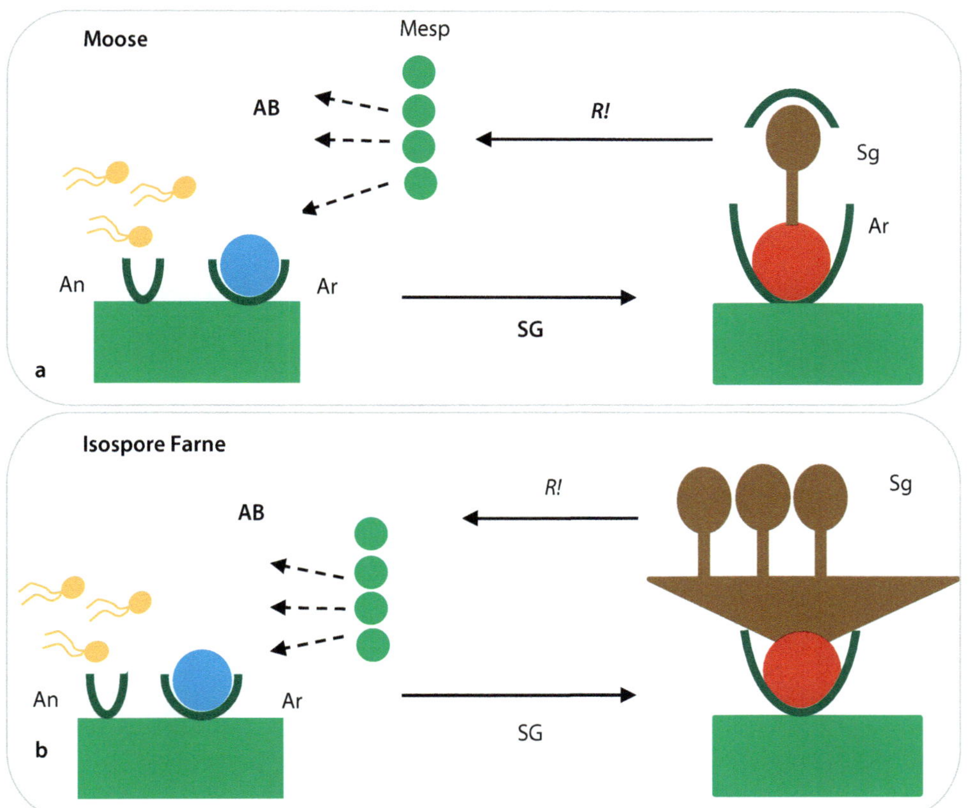

Abb. 4.19 **Vergleich des Generationswechsels der Moose und iso-sporen Farne. a,** Moose mit dominantem Gametophyten (grün). **b,** Isospore Farne mit dominantem Sporophyten (braun). In beiden Zyklen sind die Meiosporen (Mesp) untereinander gleich (isospor). Sie werden ausgebreitet (Pfeile) und keimen zu freilebenden Gametophyten (grün) heran. Der Gametophyt wächst bei den Moosen zur grünen Pflanze aus, bei den isosporen Farnen bildet er einen meist klein bleibenden thallosen Vegetationskörper (Prothallium). Die Gametophyten bilden männliche Antheridien (An) und weibliche Archegonien (Ar). Aus den Antheridien werden zahlreiche begeißelte Spermatozoiden (orange) entlassen, in jedem Archegonium entsteht nur eine Eizelle (blau). Mehrere Spermatozoiden dringen in den Archegonienhals ein, von denen einer mit der Eizelle zur Zygote (rot) fusioniert. Die diploide Phase (braun) entwickelt sich aus der Zygote auf dem Gametophyten. Bei den Moosen bildet sich das Sporogon mit nur einem Sporangium (Sg), das zunächst noch von gametophytischem Gewebe umhüllt ist (dunkelgrün). Bei den Farnen entwickelt sich der Sporophyt zur dominanten Generation, der vom Gametophyten unabhängig wird und eine Vielzahl von Sporangien bildet (Sg). Im Sporangium liegt das sporogene Gewebe, aus dem sich die Sporenmutterzellen und nach der Meiose haploide Sporen entwickeln. Abkürzungen und Farben s. **Abb. 4.2**. (© Original)

(**Abb. 4.14**: *3, 4*) und bestehen aus einer sterilen Wand und dem innen liegenden **sporogenen Gewebe**. Sie dienen der Sporenbildung und deren Ausstreuung, weisen aber über diese Grundfunktionen hinaus erhebliche Unterschiede im Bau und Differenzierungsgrad auf (▶ Abschn. 5.6.1, 5.6.2 und 5.6.3).

4.5 Generationswechsel der Bärlapp- und Farnpflanzen

Die Bärlapp- und Farnpflanzen teilen mit den Moosen den heterophasisch-heteromorphen Generationswechsel. Sie weisen wie diese obligate Oogamie, Gametangien, Sporenbehälter und Embryobildung auf (**Abb. 4.14**).

Die Sporangien der Gefäßpflanzen unterscheiden sich allerdings deutlich vom Sporenbehälter der Moose und sind vermutlich unabhängig von diesen entstanden (▶ Abschn. 5.6.1).

Die wichtigste Neuerung ist die **Stärkung des asexuellen Sporophyten** (**Abb. 4.15**). Er sitzt dem Gametophyten nicht länger als Sporogon auf, sondern bildet einen eigenen **Vegetationskörper**, der zur grünen Pflanze heranwächst (**Abb. 4.19b und 4.20**). Diese ist **diploid** und besitzt einen in Organe differenzierten **Kormus** (▶ Abschn. 5.5). Der Kormus ist besser als der Thallus der Moose an das Leben auf dem Land angepasst. Er tritt bei allen Bärlapp-, Farn- und Samenpflanzen auf, die als **Kormophyten** den Thallophyten (Algen, Moosen) gegenübergestellt werden.

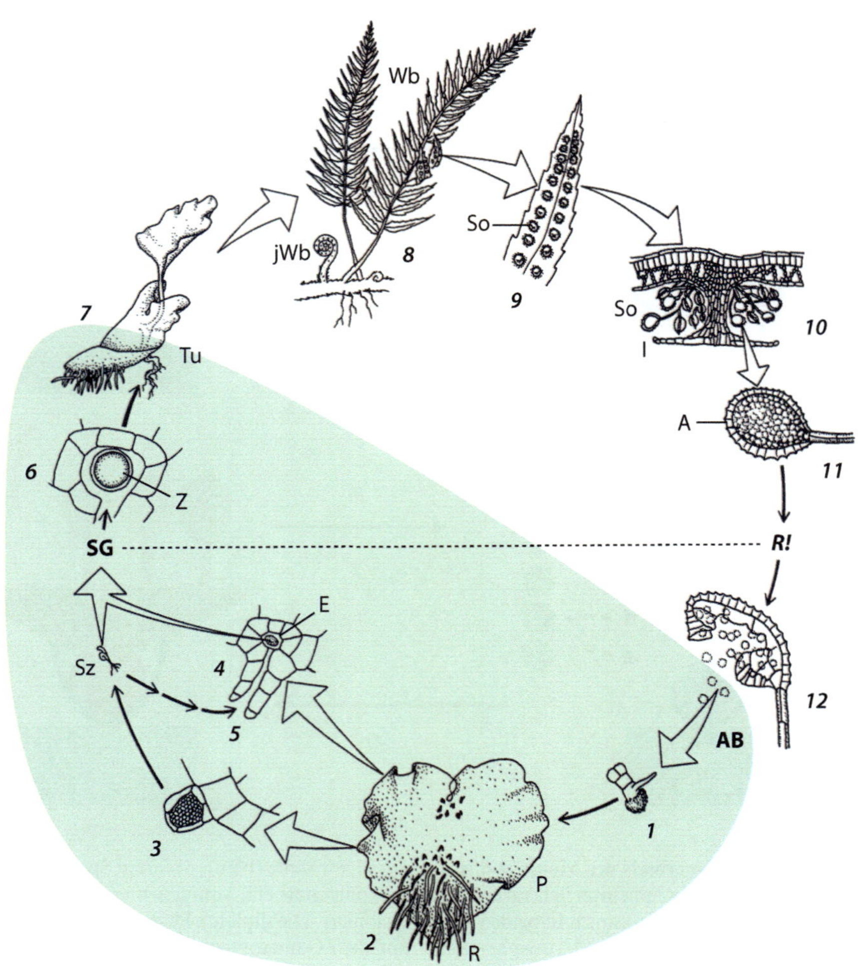

▣ Abb. 4.20   Generationswechsel eines Tüpfelfarns. *1*, Ausbreitung (AB) der Sporen (hier bereits im angekeimten Zustand). *2*, Gametophyt (P, Prothallium) mit wurzelartigen Rhizoiden (R) und Gametangien auf der Thallusunterseite. *3*, Antheridium mit spermatogenem Gewebe. *4*, Archegonium mit Eizelle (E). *5*, Eindringen der Spermatozoiden (Sz) in den Archegoniumhals. *6*, Syngamie (SG) und Zygotenbildung (Z) im Archegonium. *7*, Junger Sporophyt: direkte Bewurzelung durch Auswachsen auf der Thallusunterseite (Tu). *8*, Sporophyt mit Wedelblättern (Wb) und jungen, spitzenwärts eingerollten Wedeln (jWb) an einem kriechenden Erdspross. *9*, Ausschnitt aus Wedel mit Sporangiengruppen (So, Sorus) auf der Unterseite. *10*, Sorus im Längsschnitt mit gestielten Sporangien und bedeckendem Häutchen (I, Indusium). *11*, Sporangium mit besonders gestalteter Zellreihe zur Öffnung des Behälters (A, Anulus). *12*, Nach Meiose (*R!*): Sporenausstreuung aus geöffnetem Sporangium. Gametophyt grün unterlegt. (© Taylor et al. 2009, verändert)

4.5.1 Dominanz des Sporophyten

Bei allen Kormophyten ist der Sporophyt die dominante Generation (▣ Abb. 4.15). Er ist als diploider, freilebender Vegetationskörper eine **Innovation** der Gefäßpflanzen (Sy 5), und alle seine Organe sind mit ihm **neu entstanden** (▶ Abschn. 5.5).

Im Unterschied zu den Moosen liegen die Gametangien der isosporen (▶ Abschn. 4.5.2) Bärlappe und Farne auf der **Unterseite** der dem Boden aufliegenden **Prothallien** oder an unterirdischen Knöllchen. In jedem Fall kommt der junge Sporophyt unmittelbar mit dem Substrat in Kontakt und ist schnell in der Lage, sich selbst mit Wasser und Nährstoffen zu versorgen. Diese Möglichkeit, sich von der Versorgung durch den Gametophyten unabhängig zu machen, könnte die Dominanz des Sporophyten im Laufe der Evolution gefördert haben (Hagemann 1984).

Der Sporophyt bildet den Vegetationskörper, auf dem sich eine große Anzahl **Sporangien** entwickelt (▣ Abb. 4.19b: Sg, braun). Im Gegensatz zum Sporogon der Moose sind die Sporangien nie embryonaler Herkunft, sondern entstehen als Oberflächenstrukturen (**Emergenzen**) auf bereits entwickelten Trägerstrukturen (▶ Abschn. 5.6.3).

Wie bei den Moosen entwickeln sich in den Sporenbehältern diploide **Sporenmutterzellen**, die sich vereinzeln, die Meiose durchlaufen und je vier haploide Sporen bilden (▣ Abb. 4.19b und 4.15). Die Sporen werden mit dem **Wind** ausgebreitet, kommen an feuchte Stellen zur Keimung (▣ Abb. 4.21a) und wachsen zum haploiden **Gametophyten**, dem **Prothallium**, aus. Dieses ist

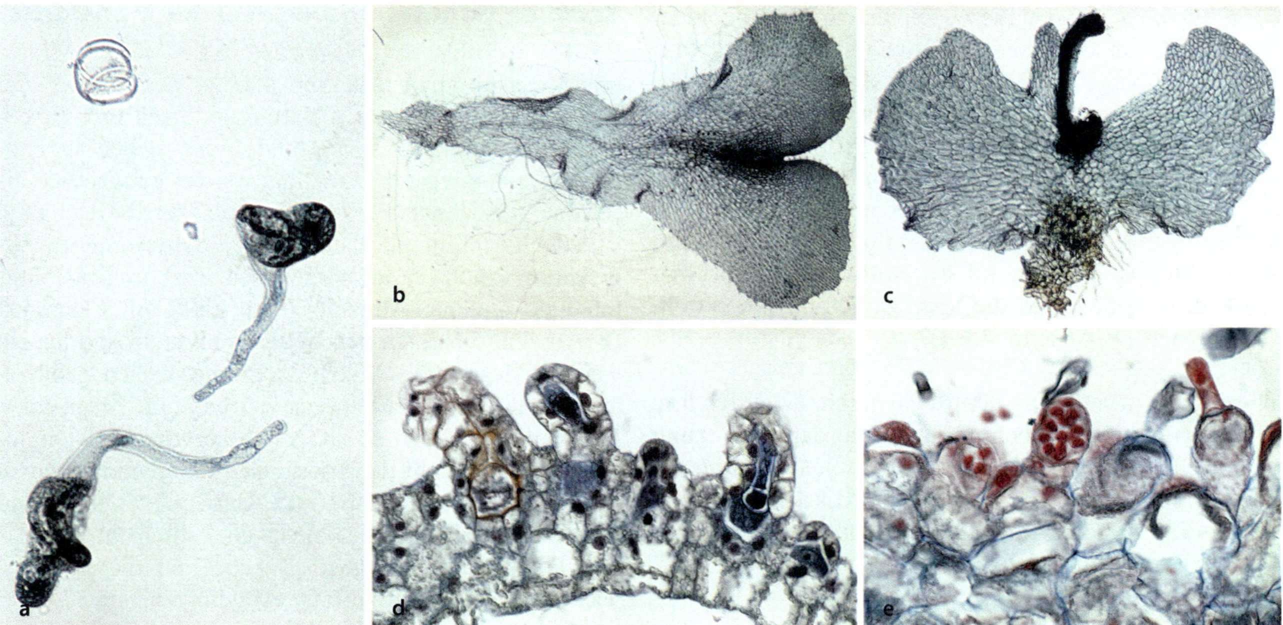

Abb. 4.21 Gametophyten von Farnen. a, *Equisetum* (Equisetaceae). Auskeimende Gametophyten; oben eine von der Sporenwand abgesprengte Haptere. **b–e,** Leptosporangiate Farnprothallien. **b,** Unterseite mit Antheridien, Archegonien und Rhizoiden. **c,** Unterseite mit auswachsendem Sporophyten. **d,** Querschnitt mit Archegonien. **e,** Querschnitt mit Antheridien. (© Botanische Sammlungen der JGU Mainz)

entweder grün, klein und thallos organisiert (Schachtelhalme, leptosporangiate Farne; **Abb.** 4.20: *2*) oder bildet ein unterirdisches, farbloses und heterotrophes **Knöllchen**, das auf Mykorrhizapilzen (► Exkurs 3.4, ► Tab. 5.3) parasitiert (*Lycopodium*, *Ophioglossum*, *Botrychium*, *Psilotum*; Sy 8:1, 5, 6). Das Prothallium (**Abb.** 4.21b) bildet **Antheridien** und **Archegonien**, die in Bau und Funktion weitgehend mit den Moosgametangien übereinstimmen (**Abb.** 4.21d, e). Nach der Befruchtung, die wie bei den Moosen an **Wasser** gebunden ist und mittels **Spermatozoiden** erfolgt, entwickelt sich aus der Zygote die grüne diploide Farnpflanze (**Abb.** 4.21c).

Durch die **Übertragung der Lebensfunktionen auf den Sporophyten** wird der Gametophyt der Bärlapp- und Farnpflanzen zunehmend auf die sexuelle Funktion der Gametenbildung reduziert. Die Verkleinerung des Vegetationskörpers eröffnet dabei in Form von Endosporie und Heterosporie neue **Optionen** für die Evolution des Gametophyten.

4.5.2 Isosporie, Endosporie und Heterosporie

Innerhalb der Kormophyten ist es **mehrfach parallel** zur Entwicklung stark reduzierter Gametophyten und zur Ausbildung genetisch unterschiedlich determinierter Sporen gekommen (**Abb.** 4.14: *5*). Mit diesen **Innova-**

tionen gehen bessere Nährstoffversorgung und besserer Schutz einher:

– **Isosporie:** Die meisten Farngruppen bilden wie die monoizischen Moose nur eine Art von Meiosporen (**Abb.** 4.19). Diese werden als **Isosporen** bezeichnet, sehen gleich aus und sind gleich ausgestattet. Nach der Ausbreitung keimen sie an geeigneter Stelle und wachsen zu freilebenden, grünen Prothallien heran.

– **Endosporie:** Einige nicht näher miteinander verwandte Bärlapp- und Farngruppen wie die Moosfarne (*Selaginella*), Brachsenkräuter (*Isoëtes*) und Wasserfarne (*Marsilea*, *Salvinia*) (Sy 8:2, 3, 12) sowie alle Samenpflanzen weisen keine freilebenden Gametophyten mehr auf. Der Gametophyt ist vielmehr so klein, dass er seine gesamte Entwicklung von der Keimung bis zur Gametenbildung **im Inneren der Sporenwand** durchläuft (**Abb.** 4.22, 4.23 und 4.24). Es liegt **Endosporie** vor.

– **Heterosporie:** Endosporie geht stets mit der Ausbildung **verschiedenartiger Sporen** einher (**Abb.** 4.15). Die **Heterosporen** bringen je einen **eingeschlechtlichen Gametophyten** hervor, der in Anpassung an seine männliche oder weibliche Funktion unterschiedlich ausgestattet ist. **Mikrosporen** (**Abb.** 4.22) werden in großer Anzahl in **Mikrosporangien** (braun) gebildet. Sie sind klein und keimen endospor zu wenigzelligen Prothallien aus (Mikrogametophyt: grün), die früh in die Bildung zahlreicher Spermatien (später Spermatozoiden: orange; bei den meisten Samenpflanzen: Spermakerne) übergehen. **Megasporen** sind deutlich größer und stammen aus großen **Megasporangien**. Sie bilden endospor ein vielzelliges Prothalliumgewebe (Megagametophyt: grün), in dem sich mehrere Archegonien entwickeln, die je eine Eizelle (blau) hervorbringen. Bei den Samenpflanzen verbleiben die Megasporangien auf der Mutterpflanze, bei den Angiospermen sind die Megagametophyten extrem reduziert (▶ Abschn. 4.6.1).

Die bessere Ausstattung der Megasporen, die durch ihre Größenzunahme möglich wird, kommt der Versorgung der Eizelle und Zygote zugute (Steigerung der *female fitness*), während die geringe Größe der Mikrosporen dazu führt, dass diese in hoher Anzahl produziert werden können (Steigerung der *male fitness*; ▶ Abschn. 4.1.2 und ▶ 9.6.1).

Beispiel: Generationswechsel der Moosfarne

Bei den Moosfarnen (*Selaginella*; Sy 8:3) werden Mikro- und Megasporangien (◘ Abb. 4.23: *9*, Misg, Mesp, und ▶ Abb. 5.65b) an der Basis blattartiger Strukturen (Lycophylle; ▶ Abschn. 5.5.4) gebildet. Sie stehen in endständigen Aggregaten (*7*, *8*) und werden gelegentlich als ‚Blüten' bezeichnet (▶ Abb. 5.64a–c). Diese Bezeichnung ist jedoch irreführend, da es sich bei der terminalen Aggregation von Sporangien tragenden Strukturen allenfalls um eine analoge Ähnlichkeit zu einer Blüte handelt (▶ Abschn. 5.6.4). In den Mega- und Mikrosporangien werden Mega- und Mikrosporenmutterzellen gebildet, aus denen nach der Meiose je vier haploide Mega- bzw. Mikrosporen (*11*, *1*, Mesp, Misp) hervorgehen. Die innerste Wandschicht der Sporangien differenziert sich zu einem **Sekretionstapetum** (◘ Abb. 4.24: Sta, und ▶ 5.65b), einer stoffwechselreichen Zellschicht, die das zentral liegende sporogene Gewebe und die sich entwickelnden Sporen ernährt (▶ Abschn. 5.6.3 und 7.6.3):

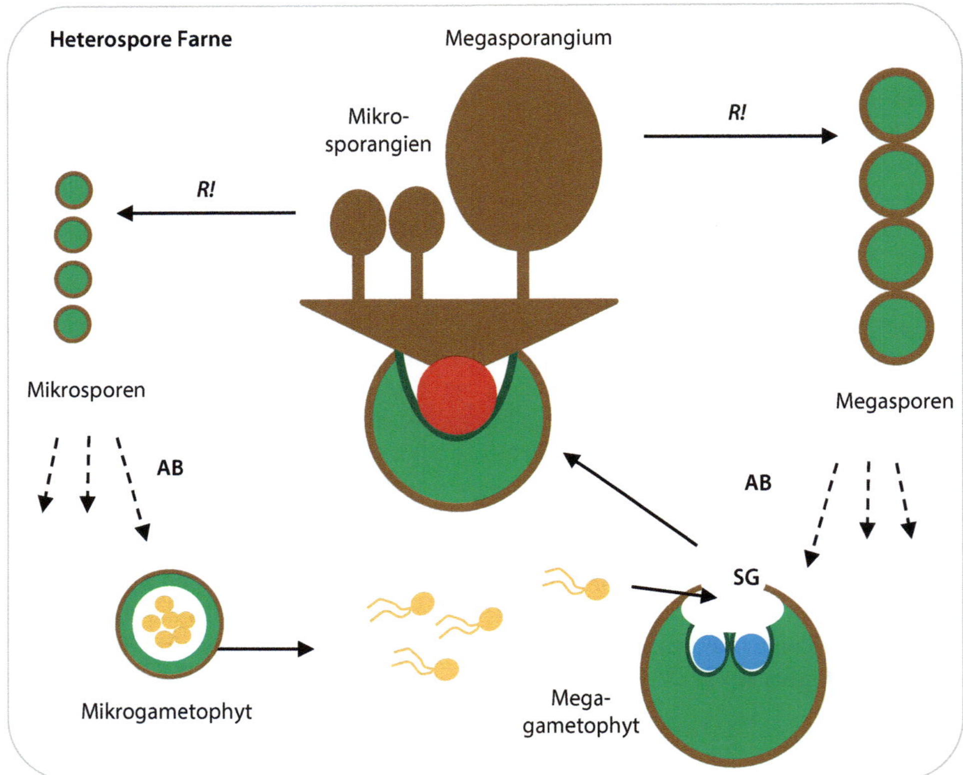

◘ **Abb. 4.22   Der Generationswechsel der heterosporen Farne.** Das große Megasporangium (braun) produziert wenige große Sporenmutterzellen, die nach der Meiose (*R!*) je vier große Megasporen bilden. Die kleinen Mikrosporangien (braun) produzieren viele kleine Sporenmutterzellen, aus denen je vier kleine Mikrosporen entstehen. Alle Sporen werden ausgebreitet (AB, Pfeile) und entwickeln endospor (brauner Rand) Gametophyten (grün). Der Megagametophyt ist mit Prothalliumgewebe (grün) ausgestattet. Dieses bildet einige Archegonien, die je eine Eizelle (blau) umschließen. Die Mikrogametophyten sind wenigzellig und bilden zahlreiche Spermatiden (orange), aus denen nach der Freisetzung aus der Sporenwand die Spermatozoiden entstehen. Diese schwimmen zu einer aufgeplatzten weiblichen Spore, deren Archegonien frei zugänglich sind und mithilfe von Lockstoffen den Befruchtungsprozess fördern. Nach der Syngamie (SG) entwickelt sich im Archegonium die Zygote (rot), die zum Embryo und Sporophyten (braun) heranwächst. Abkürzungen und Farben s. ◘ Abb. 4.2. (© Original)

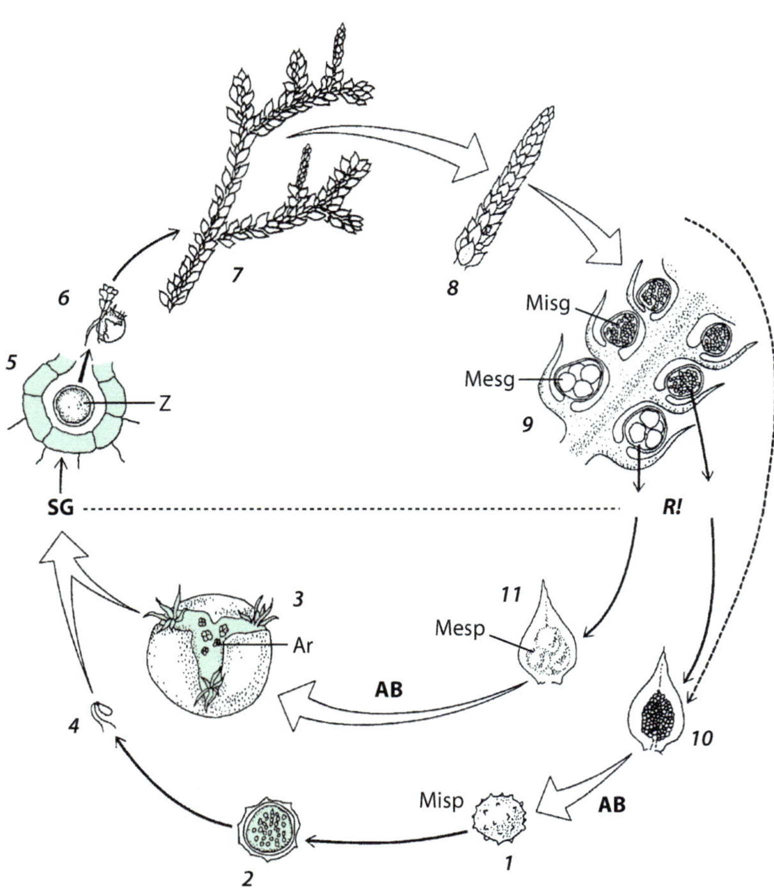

Abb. 4.23   Generationswechsel eines heterosporen Moosfarns (*Selaginella*). *1*, Mikrospore. *2*, Männlicher Gametophyt (Mikrogametophyt), von Mikrosporenwand umgeben. *3*, Weiblicher Gametophyt (Megagametophyt), von Megasporenwand umgeben; Archegonien (Ar) mit je einer Eizelle. *4*, Spermatozoid. *5*, Archegonium mit Zygote (Z). *6*, Junger Sporophyt. *7*, Sporophyt mit endständigen Sporangienträgerständen. *8*, Einzelner Sporangienträgerstand. *9*, Detail aus *8*, Je ein Megasporangium (Mesg) bzw. Mikrosporangium (Misg) sitzt am Grund einer blattartigen (lycophyllen) Trägerstruktur. *10*, Oberes Lycophyll mit Mikrosporangium, aus dem sich viele kleine Mikrosporen (Misp) entwickeln. *11*, Unteres Lycophyll mit Megasporangium, aus dem sich vier große Megasporen (Mesp) entwickeln. AB, Ausbreitung *R!*, Reifeteilung. SG, Syngamie. Gametophyt hellgrün unterlegt. (© Taylor et al. 2009, verändert)

- Das **Mikrosporangium** produziert viele, winzig kleine Sporen, die zu je einem wenigzelligen **Mikrogametophyten** auskeimen (Abb. 4.23: *1, 2*). Dieser besteht nur noch aus einer einzigen Prothalliumzelle (Abb. 4.24b, c: p) und einem sehr stark reduzierten Antheridium. Das Antheridium differenziert sich in eine einschichtige Wand (a) und das spermatogene Gewebe (s), das zahlreiche Mitosen durchläuft. Nach Auflösung der Wandzellen liegen die Spermatiden als Masse im Schleim der aufgelösten Zellen (Abb. 4.24d). Sie separieren sich voneinander, werden freigesetzt und nach Ausbildung der Geißeln zu beweglichen Spermatozoiden (Abb. 4.23: *4*).

- Das **Megasporangium** ist etwa doppelt so groß wie das Mikrosporangium. Es bildet meist nur eine Sporenmutterzelle, aus der vier Megasporen hervorgehen (Abb. 4.24e). Diese sind etwa siebenmal so groß wie die Mikrosporen (ca. 0,22 mm) und keimen endospor zu einem vielzelligen **Megaprothallium** aus. Dessen Wachstum führt zum Platzen der Sporenwand (Abb. 4.23: *3*, und 4.24f). Heraustretende Zellschläuche mit Wurzelfunktion (Rh, Rhizoide) ermöglichen die Wasseraufnahme von außen. Das Megaprothallium bildet mehrere Archegonien (Ar) mit je einer Eizelle, die nach dem Platzen der Sporenwand frei zugänglich sind.

Beide Sporentypen werden mit dem **Wind** ausgebreitet. Eine Befruchtung kommt nur zustande, wenn sich die endosporen Mikro- und Megagametophyten in räumlicher Nähe befinden. Die Spermatozoiden schwimmen aktiv zur Megaspore (Abb. 4.23: *4*). Wie bei den Moosen und isosporen Farnen ist die **Befruchtung an Wasser** gebunden. In der Regel wird nur eine Eizelle befruchtet. Die Zygote keimt auf dem Megaprothallium zur grünen Pflanze, dem Sporophyten, aus (*5–7*). Seltener entwickeln sich zwei oder drei Embryonen zu Keimpflanzen.

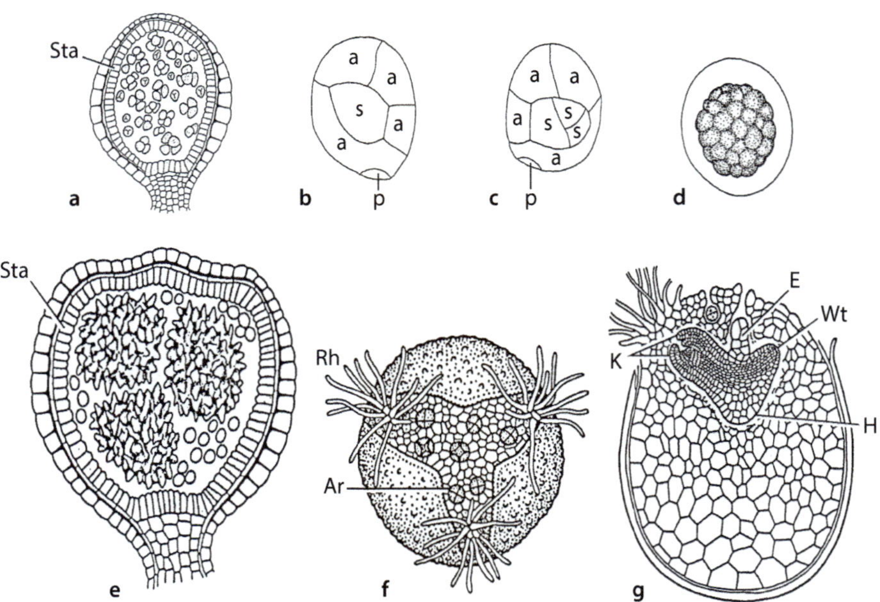

Abb. 4.24 Heterosporie und Endosporie bei *Selaginella*. a, Mikrosporangium (ca. 0,28 mm) nach der Meiose mit zahlreichen Mikrosporentetraden; die innerste Wandschicht ernährt die Sporen (Sta, Sekretionstapetum). **b–d**, Endospore Keimung der sehr kleinen Mikrospore (ca. 0,04 mm). **b**, Junger Mikrogametophyt aus Antheridiumwandzellen (a), spermatogenen Zellen (s) und einer Prothalliumzelle (p). **c**, Älteres Stadium mit größerer Anzahl spermatogener Zellen. **d**, Zentrale Spermatidenmasse (Prothalliumzelle nicht sichtbar). **e**, Megasporangium doppelt so groß wie Mikrosporangium, ca. 0,45 mm) nach der Meiose mit einer einzigen Megasporentetrade (drei Sporen sichtbar) und einigen verkümmerten Megasporenmutterzellen. **f**, Megaspore (ca. 0,28 mm) kurz nach dem Aufplatzen; Prothallium mit Archegonien (Ar) und Rhizoiden (Rh). **g**, Längsschnitt durch Megaspore (ca. 0,23 mm) nach der Befruchtung: Embryo (E) mit zwei Keimblättern (K), Haustorium (H) und Anlage des Wurzelträgers (Wt). (© a, e: Sachs 1874, verändert. b–d, f, g: Mägdefrau 1971 (b, d: nach Belajeff 1885; f, g: nach Bruchmann 1912, Harder 1962))

Evolutive Bedeutung von Endosporie und Heterosporie

Die fortschreitende **Aufgabenteilung** zwischen der gametophytischen (Sexualität) und sporophytischen (vegetative Lebensprozesse, Ausbreitung) Generation macht die enorme **Reduktion des Gametophyten** möglich. Dieser wird auf so wenige Zellen beschränkt, dass er seine gesamte Entwicklung innerhalb der schützenden Sporenwand durchlaufen kann. Damit sind mindestens drei Vorteile verbunden:

1. **Schutz:** Die äußere Schicht der Sporenwand (Exospor) besteht bei allen Landpflanzen aus widerstandsfähigem **Sporopollenin** (▶ Abschn. 2.2.4, Tab. 4.1). Sie schützt das empfindliche haploide Gewebe mechanisch, vor mutagener Strahlung und vor Austrocknung, sodass die Spore lange überdauern kann.

2. **Sexuelle Differenzierung:** Mit der Heterosporie wird die sexuelle Differenzierung der Pflanze, die mit der Oogamie begonnen und sich mit der Bildung eingeschlechtlicher Gametangien fortgesetzt hat, auf den Sporophyten übertragen. Dabei werden nicht nur die Sporen gestaltlich und funktionell differenziert (heterospor), sondern auch die Sporangien. Die **asexuelle** Generation, die bereits alle vegetativen Lebensfunktionen ausübt, übernimmt nun auch noch die **funktionsspezifische Ernährung** der sexuellen Generation.

3. **Dioizie:** Die auf den Sporophyten vorgezogene sexuelle Differenzierung ermöglicht es den heterosporen Farnen, die Sporen unterschiedlich mit Nährstoffen auszustatten. Evolutionsbiologisch ist dabei von Bedeutung, dass Mikro- und Megasporen zu eingeschlechtlichen Gametophyten (**Mikro-/Megaprothallium**) heranwachsen, die nur Antheridien mit Spermatozoiden oder Archegonien mit Eizellen hervorbringen. Da die Gameten stets aus verschiedenen Meiosen stammen, wird **Fremdbefruchtung** erzwungen. Es liegt somit **obligate Dioizie** vor (▶ Exkurs 4.3).

Im Laufe der Evolution sind **immer wieder** einzelne Linien zu Endosporie und Heterosporie übergegangen (Abb. 4.14: *5*), ohne sich allerdings in nennenswerter Weise mit diesem Neuerwerb durchsetzen zu können. Gründe dafür liegen vermutlich in der unzureichenden Anpassung ihrer Vegetationskörper an das Landleben (Bärlapppflanzen) und im Ernährungsengpass der Megasporen. Innerhalb der Sporenwand ist die **Nährstoffversorgung limitiert**, was für die Versorgung der Eizelle und Zygote zu einem Überlebensproblem werden kann. Dieser Versorgungsengpass wird zwar durch die Bildung von Heterosporen gemindert, aber erst bei den Samenpflanzen mit der Evolution der **Endosporangie** und Samenbildung überwunden (▶ Abschn. 4.6.1).

Ähnliche Verhältnisse wie bei den Landpflanzen treten schon bei einzelnen Algen auf. Dazu gehören die sexuelle Differenzierung in eingeschlechtliche Gametophyten (**Heterothallie**), die **Miniaturisierung des Gametophyten** und der Schutz der Sporen durch **sporopolleninartige** Substanzen. Die unabhängig voneinander erfolgte sexuelle Differenzierung macht deutlich, dass es sich bei ihr um eine **taxonübergreifende Optimierung** des Sexualzyklus handelt.

4.6 Generationswechsel der Samenpflanzen

Der Sexualzyklus der Samenpflanzen hat auf den ersten Blick wenig mit dem Generationswechsel der Moose, Bärlapp- und Farnpflanzen gemein. Der Gametophyt wird an keiner Stelle sichtbar, stattdessen treten **Reproduktionsorgane**, **Blüten** (▶ Kap. 10) und **Samen** (▶ Kap. 12) auf.

Tatsächlich wurden die Gemeinsamkeiten im Generationswechsel der Landpflanzen lange Zeit nicht verstanden. Bis ins 19. Jahrhundert hinein verglich man die Samen mit den Sporen der Farne und hielt den Embryo für einen Auswuchs des Pollenschlauches (Mägdefrau 1973). Erst Hofmeister (1851) erkannte, dass der Sexualzyklus der Landpflanzen die **gleichen Phasen** durchläuft (▶ Exkurs 4.1, ◘ Abb. 4.15 und Tab. 4.2).

Beim Generationswechsel der Samenpflanzen (◘ Abb. 4.15) ist der **Sporophyt** die dominante Generation. **Endosporie** und **Heterosporie** sind obligatorisch, die Gametophyten immer **dioizisch** (▶ Exkurs 4.3). Die größte Neuerung ist die **Endosporangie** und die mit ihr verbundene **Samenbildung**. Durch sie wird der Ernährungsengpass der Zygote überwunden und eine diploide Überdauerungs- und Ausbreitungseinheit erzeugt (▶ Abschn. 4.6.1). Eine weitere Neuerung ist die **Pollenschlauchbildung**, durch die die Befruchtung ins Innere des diploiden Sporophyten verlagert wird (▶ Abschn. 4.6.1). Damit sind alle Phasen des Sexualzyklus von diploidem Gewebe geschützt und **unabhängig vom Wasser**.

4.6.1 Innovationen der Samenpflanzen

Der Generationswechsel der Samenpflanzen findet in **Reproduktionsorganen** statt, die in Zapfen oder Blüten zusammenstehen. Diese bilden **Mikro-** und **Megasporangien** (◘ Abb. 4.25). Bei den Gymnospermen heißen sie üblicherweise **Mikro- und Megasporophylle** (Sporophyll; wörtl. „Sporangien tragende Blätter"). Da die Homologie der Reproduktionsorgane aber vielfach ungeklärt ist, eignet sich der neutrale Begriff Sporangienträger (**Sporangiophor**) besser (▶ Abschn. 5.6.4). Bei den Angiospermen spricht man gewöhnlich von **Staub-** und **Fruchtblättern**.

◘ **Tab. 4.2   Strukturen und Stadien im Generationswechsel der Landpflanzen.** Zu Hofmeisters Zeit waren die reproduktiven Strukturen der Samenpflanzen bereits beschrieben und mit einer eigenen Terminologie versehen. Die Tabelle liefert eine ‚Übersetzungshilfe' und macht deutlich, dass die gleichen Stadien bei allen Landpflanzengruppen vorkommen. Cy, Cycadales. Gi, Ginkgoales

	Moose	Bärlapp- und Farnpflanzen		Samenpflanzen		
	isospor		heterospor	gymnosperm		angiosperm
				Cy, Gi	Pinales	
Sporenbehälter	Sporangium		Mikro-Sporangium	Pollensack		
			Mega-Sporangium	Nucellus		
Mutterzellen (Mz)	Sporen-Mz		Mikrosporen-Mz	Pollenkorn-Mz		
			Megasporen-Mz	Embryosack-Mz		
Spore	Spore		Mikrospore	Pollenzelle, einkerniges Pollenkorn		
			Megaspore	Embryosackzelle		
Gametophyt	Thallus	Prothallium	Mikro-Prothallium	Inhalt des mehrkernigen Pollenkorns bzw. Pollenschlauch		
			Mega-Prothallium	Embryosack		
Gameten	Spermatozoide					Spermakerne
	Eizelle					Eikern
Befruchtung	an Wasser gebunden			mittels Pollenschlauchs		
				Zoidiogamie	Siphonogamie	
Sporophyt	Sporogon	Vegetationskörper (Kormus)				

4

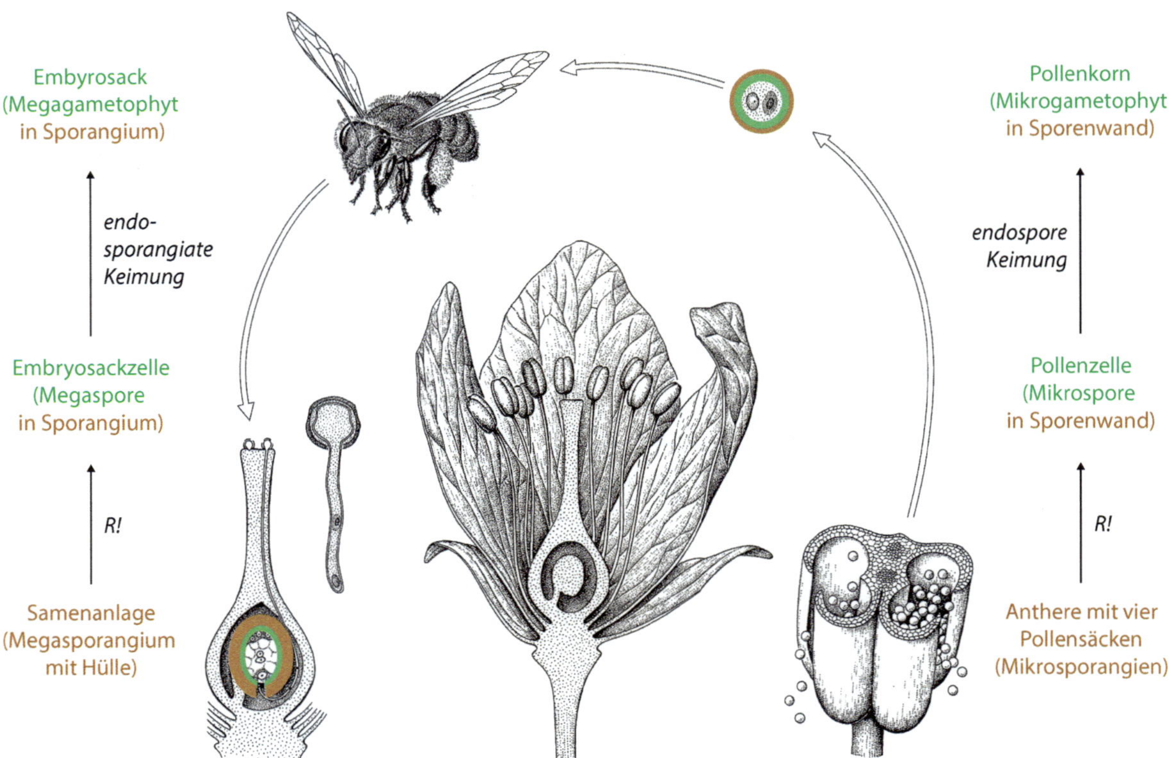

Abb. 4.25   Der Generationswechsel der Samenpflanzen am Beispiel der Blütenpflanzen. Die Blüte bildet Pollensäcke (Mikrosporangien) in den Antheren der Stamina und Samenanlagen (Megasporangien mit Hülle) im Fruchtknoten. Durch Meiose (*R!*) entstehen vier Mikrosporen (einzellige Pollenkörner, Pollenzellen) und vier Megasporen, von denen nur eine, die Embryosackzelle, erhalten bleibt. Die Gametophyten entstehen endospor bzw. endosporangiat. Der Mikrogametophyt wird meist durch Tiere (Zoophilie) als mehrkerniges Pollenkorn auf die Narbe einer Empfängerblüte übertragen. Dort keimt er in Form des Pollenschlauches aus und transportiert zwei Spermakerne zum Embryosack. Diese verschmelzen mit dem Eikern bzw. den beiden Polkernen (Angiospermen: doppelte Befruchtung) und bilden den Embryo bzw. das Nährgewebe des Samens (s. Text). Braun: Sporophyt. Grün: Gametophyt. (© Barth 1982, verändert und erweitert)

Auch hier gehen die Bezeichnungen von der Annahme aus, dass es sich bei den Reproduktionsorganen um blatthomologe Strukturen handelt. Da dies umstritten ist (▶ Abschn. 5.6.1 und Exkurs 10.3), werden hier die Begriffe **Stamina** (Staubträger) und **Karpelle** (Samenanlagenträger) bevorzugt (▶ Abschn. 5.6.6 und 5.6.7).

Megagametogenese und Endosporangie

Das **Megasporangium** der Samenpflanzen heißt **Nucellus** (Tab. 4.2). Es ist von einer Wand umgeben, die als **Integument** bezeichnet wird und zusammen mit dem Megasporangium die **Samenanlage** bildet (Abb. 4.26: *1*, Sa). Das Integument ist eine **Neuentwicklung** der Samenpflanzen und wichtiger Bestandteil der Samenbildung (▶ Abschn. 5.6.5). Es ist bei den Gymnospermen einschichtig (**unitegmisch**) und bei den Angiospermen primär doppelt (**bitegmisch**) angelegt. Das Integument umschließt den Nucellus und lässt nur an seiner Spitze einen Zugang, die **Mikropyle**, offen (My; griech. *mikros*, „klein", *pyle*, „Öffnung").

Im **Nucellus** wird die diploide **Megasporenmutterzelle** gebildet, die bei den Samenpflanzen **Embryosackmutterzelle** heißt (Tab. 4.2, Abb. 4.26: *1*, Esmz). Sie bildet nach der Meiose (*R!*) je vier haploide **Embryosackzellen** (Esz, Megasporen), die oft in einer linearen Tetrade angeordnet sind (*4*). Meist gehen drei Sporen zugrunde, und nur die innerste Spore keimt **endospor** zum **Embryosack** aus (*5*, ES, Megagametophyten: MeP, grün).

Die Megaspore der Samenpflanzen wird im Unterschied zu allen übrigen Sporen der Landpflanzen **nicht frei**, sondern verbleibt im Nucellus. Sie bildet auch **keine derbe Sporenwand** aus. Die Endosporie geht somit bei den Samenpflanzen in eine **Endosporangie** über. Der Begriff der Endosporangie wird hier eingeführt, um der evolutionsbiologischen Bedeutung dieses Entwicklungsschrittes Rechnung zu tragen. Erst der Verbleib der Spore mit dem von ihr umschlossenen Megagametophyten (Embryosack) im Megasporangium (Nucellus) macht die Bildung des **Samens** als diploides Überdauerungs- und Ausbreitungsstadium möglich.

Mit dem Verbleib der Spore im Sporangium sind mindestens vier **Innovationen** verknüpft:

1. Für die Entwicklung des Megagametophyten stehen die **Nährstoffe** des Sporophyten zur Verfügung, d. h., der Versorgungsengpass der Endosporie ist aufgehoben.
2. Der Ort der Eizelle liegt fest, sodass die Pollenübertragung gezielt und die Befruchtung effizient erfolgen kann (▶ Kap. 11). Der Prozess der **Bestäubung** (Pollenübertragung) wird der Befruchtung vorgeschaltet (▶ Exkurs 4.3).
3. Die Strukturen, die den Pollen auffangen (Mikropyle bzw. Narbe; ▶ Abschn. 5.6.5), produzieren ein Keimmedium (Bestäubungstropfen bzw. Narbenschleim), welches eine völlige **Unabhängigkeit der Befruchtung vom Wasser** mit sich bringt.
4. Der junge Sporophyt entwickelt sich im Embryosack (Gametophyt), der im Nucellus (Megasporangium) der vorausgegangenen Sporophytengeneration liegt und von diesem ernährt und geschützt wird. Damit ist der **Samen** entstanden, an dessen Bildung drei aufeinanderfolgende Generationen beteiligt sind. Er dient den Samenpflanzen als **diploide Überdauerungs-** und **Ausbreitungseinheit** (▶ Abschn. 6.4 und 12.3).

Mikrogametogenese und Bestäubung

Die **Mikrosporangien** der Samenpflanzen heißen **Pollensäcke** (◻ Tab. 4.2). In den Pollensäcken entstehen durch Meiose haploide **Mikrosporen**, die **Pollenzellen** oder **einkernige Pollenkörner** genannt werden (◻ Tab. 4.2). Sie sind von einer doppelten Wand, dem **Sporoderm**, umgeben, welches bei Gymnospermen und Angiospermen ähnlich, aber nicht identisch aufgebaut ist (▶ Abschn. 5.6.7):

- **Intine:** Die innere Wand heißt Intine (◻ Abb. 4.29g: In) und entspricht der haploiden Sporenwand, die sich bei der Meiose gebildet hat. Sie ist dünn und besteht aus Pektinen, wenigen Cellulosefibrillen und Proteinen.
- **Exine:** Der Intine wird von der innersten Wandschicht des Pollensackes (Tapetum ▶ Abschn. 10.4.4) eine äußere Schicht, die **Exine** (◻ Abb. 4.29g: Ex; ▶ Abschn. 10.4.5), aufgelagert. Sie besteht zum größten Teil aus **Sporopollenin** und weist Keimporen auf (**Aperturen;** ▶ Abb. 10.28), durch die der Mikrogametophyt bei der Keimung austritt.

Die Pollenzellen keimen **endospor** zu je einem Mikrogametophyten aus (◻ Abb. 4.29d, f). Die so entstehenden, mehrkernigen Pollenkörner werden im Zuge der **Bestäubung** auf die **Empfängerstrukturen** der Samenanlage (Micropyle; Gymnospermen) bzw. des Karpells (Narbe; Angiospermen) übertragen. Die Pollenkörner haben damit die primäre Funktion der Sporen als Ausbreitungseinheiten verloren. Stattdessen transportieren sie den empfindlichen Gametophyten direkt zum **Ort der Keimung**, während die Ausbreitungsfunktion vom diploiden Samen übernommen wird. Der Prozess der Bestäubung gilt als eine **Schlüsselinnovation** in der Evolution der Samenpflanzen. Er erfolgte zunächst ungerichtet durch den **Wind**. Im Laufe der Evolution wurden **Tiere** als Bestäubungsvermittler angelockt, die den Pollen **gerichtet** und effektiv übertragen (▶ Kap. 11).

Pollenschlauchbildung und Befruchtung

Landet das Pollenkorn auf der Empfängerstruktur, wächst der Mikrogametophyt zum **Pollenschlauch** aus. Dazu nimmt er Wasser auf (Quellung) und vergrößert die **Intine**, die nun als Pollenschlauchwand fungiert, während die **Exine** als leere Pollenkornhülle auf der Empfängerstruktur zurückbleibt (◻ Abb. 4.26 und 4.30: 6). Der Pollenschlauch transportiert die Mikrogameten zum Embryosack, wo die Befruchtung der Eizelle im Schutz des sporophytischen Nucellus stattfindet (◻ Abb. 4.28d, 4.29g und 4.30: 7).

Mit der Pollenschlauchbildung ist die Anpassung des Sexualzyklus an das Landleben abgeschlossen. Alle haploiden Stadien von der Ausbreitung und Keimung der Sporen (Endosporie, Endosporangie), der Gametenbildung und Befruchtung (mittels Pollenschlauches) bis hin zur Ausbreitung durch den Samen sind auf **diploide Strukturen** des **Sporophyten** übertragen worden.

4.6.2 Generationswechsel der Gymnospermen

Bei den Nacktsamern sind die **Samenanlagen** frei zugänglich (nackt, gymnosperm ◻ Abb. 4.28b und 4.29b). Sie sind in vielfältiger Weise auf blattartigen Strukturen oder Stielen angeordnet (▶ Abschn. 5.6.6), stehen meist aufrecht (**atrop** ◻ Abb. 4.28c, ▶ Abb. 10.44a) und besitzen ein einfaches, **unitegmisches Integument**.

4

Gymnospermen
My
Int
N
Esmz
Sa
Ps
Pmz
S
R!
R!
Esz
Pz
1
2
4
Ar
MeP
5
Mig
3
BE
S
AB
9
SG
Zy
E
T
pEs
8
6
7

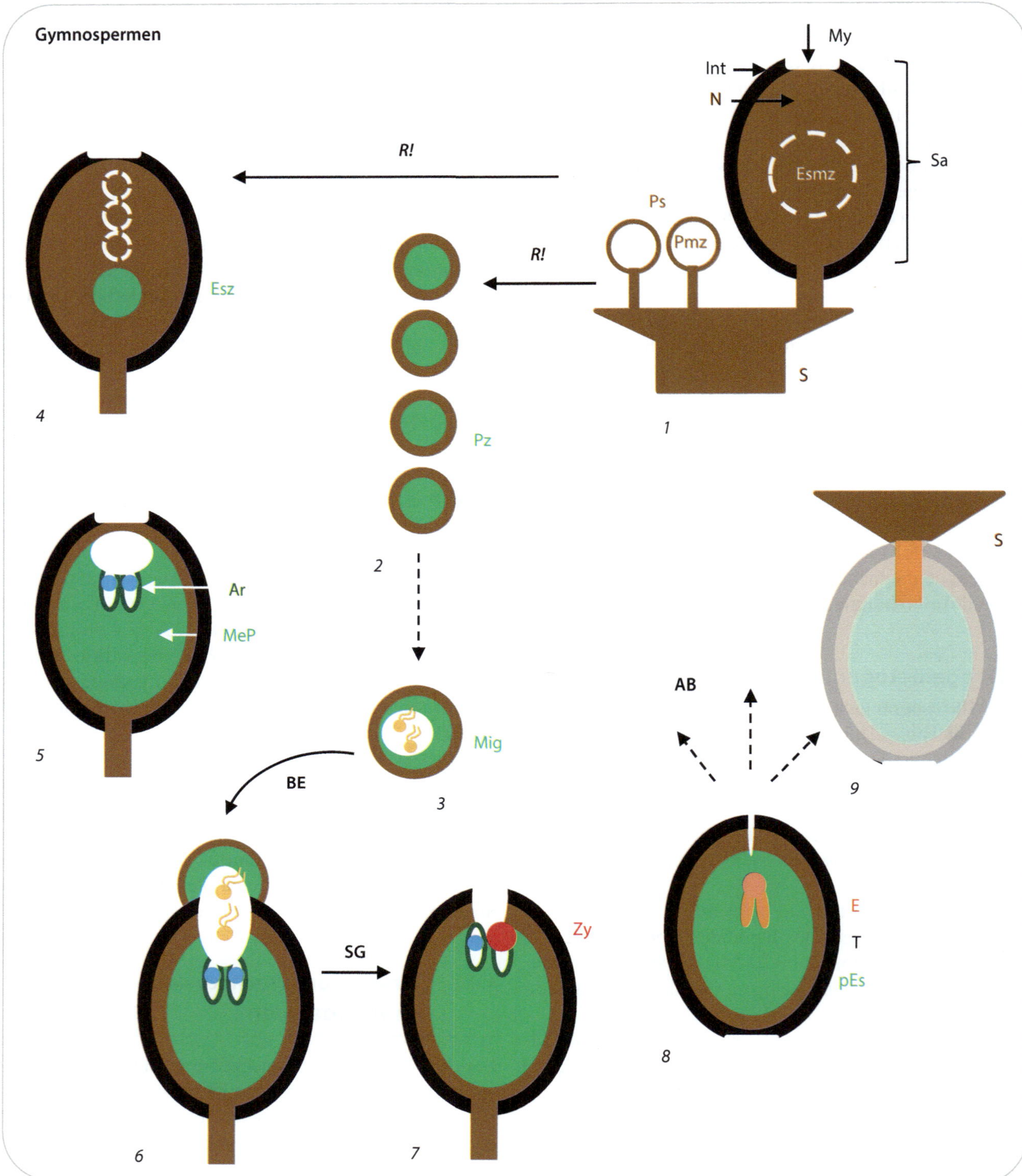

▣ Abb. 4.26   Generationswechsel der Gymnospermen. Beispiel: Cycadales. *1*, Die Gymnospermen bilden Samenanlagen (Sa) und Pollensäcke (Ps). Die Samenanlage ist aufrecht (atrop) und besteht aus dem Nucellus (N, braun) und einem einfachen Integument (Int, schwarz), das im Bereich der Mikropyle (My) offen bleibt. Der Nucellus entspricht dem Megasporangium. In ihm bildet sich die Embryosackmutterzelle (Esmz). *2*, In den Pollensäcken (Mikrosporangien) bilden sich die Pollenmutterzellen (Pmz), die nach Meiose (*R!*) je vier haploide Pollenzellen (Pz, einkernige Pollenkörner, Mikrosporen) entlassen. *3*, Die Pollenzelle keimt endospor (braune Sporenwand) zum mehrzelligen Pollenkorn (Mikrogametophyt: Mig) aus. *4*, Die Esmz bildet durch Meiose (*R!*) vier Embryosackzellen (Esz, Megasporen). Von diesen bleibt in der Regel nur die innerste erhalten. *5*, Die Embryosackzelle bleibt im Sporangium und keimt dort zum Embryosack (Megagametophyt) aus. Dieser bildet ein vielzelliges Megaprothallium (MeP) und mehrere Archegonien (Ar) mit je einem Eikern (blau). *6*, Bestäubung (BE): Die Pollenkörner werden auf die Mikropyle der Samenanlage übertragen. Der Gametophyt tritt als Pollenschlauch aus der Pollenkornwand heraus und führt zwei Spermatozoide (Mikrogameten; in anderen Gymnspermengruppen: Spermakerne) an die Eizellen heran. Es kommt zur Befruchtung (SG, Syngamie). *7, 8*, Nach der Zygotenbildung (Zy) entwickelt sich aus der Samenanlage der Samen als neue Ausbreitungseinheit (AB, gestrichelte Pfeile). Meist kommt nur ein Embryo (orange) zur Entwicklung. Als Nährgewebe steht ihm das haploide Megaprothallium zur Verfügung, das nun als primäres Endosperm (pEs) bezeichnet wird. Aus dem Integument entwickelt sich die Samenschale (T, Testa). *9*, Der Sporophyt entwickelt sich aus dem Samen, der dabei zugrunde geht. Abkürzungen und Farben s. ▣ Abb. 4.2 und 4.30. (© Original)

Megagametophyt

Der **Embryosack** (Megagametophyt) der Gymnospermen ist ein **vielzelliges Prothallium** (▣ Abb. 4.26: *5*). Er kann bis zu 1000 Zellen enthalten (*Cycas*; ▣ Abb. 4.28c). Sein Wachstum beginnt mit freien Kernteilungen, auf die die Bildung dünner Zellwände folgt. Das Megaprothallium bildet meist zahleiche **Archegonien** (≤ 100 bei Cycadales; > 50 bei Kieferartigen; aber nur 2-3 beim *Ginkgo*), in denen je eine Eizelle zur Entwicklung kommt (▣ Abb. 4.26: *5*, 4.28c, d und 4.29b, c: Ar). Die Archegonien besitzen eine variable Anzahl von Halskanalzellen und können eine Bauchkanalzelle oder einen Bauchkanalkern aufweisen. Die Eizelle von *Cycas* ist mit bis zu 6 mm Durchmesser die größte im Pflanzenreich.

Bei *Gnetum* ist der Embryosack **tetraspor**, d. h. an seiner Bildung beteiligen sich alle vier nach der Meiose entstandenen Sporenkerne (Kubitzki 1990). Sie sind genetisch verschieden und bauen das Prothallium auf. Das mikropylare Ende bleibt bis nach der Befruchtung nucleär, während am gegenüberliegenden Ende Zellbildung einsetzt. Eine ähnliche Prothalliumbildung zeigt der monospore Embryosack von *Welwitschia mirabilis* (Kubitzki 1990). Beide Gattungen bilden **keine Archegonien**: Vor der Befruchtung ist nicht erkennbar, welche Zellen als Eizellen fungieren werden.

Mikrogametophyt und Bestäubung

Die **Pollenzelle** (einkerniges Pollenkorn, Mikrospore) der Nacktsamer keimt endospor zum **Mikrogametophyten** aus (▣ Abb. 4.26: *2, 3*). Dieser kann bis zu 40 Prothalliumzellen (z. B. Araucariaceae, Podocarpaceae) umfassen, ist aber in der Regel stark reduziert (► Exkurs 4.2). Meist liegen nur vier bis sechs Zellen vor (▣ Abb. 4.29d). Die letzte Teilung führt zur Bildung der beiden Mikrogameten.

Die Pollenkörner werden direkt auf die Samenanlage übertragen (▣ Abb. 4.26: *6*). Die **Mikropyle** dient als Empfängerstruktur (▣ Abb. 4.28d und 4.29c: My). In Anpassung an diese Funktion weist sie oft zangenartige Fortsätze auf. Sie sondert einen **Bestäubungstropfen** ab, in dessen feuchtem Milieu der Pollen quellen kann. Der Bestäubungstropfen trocknet gewöhnlich ein und zieht die Pollenkörner ins Innere der Samenanlage (Stützel und Röwekamp 1997; ► Abschn. 5.6.5).

Die Pollenkörner werden primär vom **Wind** übertragen; sekundär können auch Insekten den Pollentransfer übernehmen (► Abschn. 5.6.6). Die Windbestäubung ist **ungerichtet** und geht mit einer hohen Anzahl an Pollenkörnern einher. Versuche im **Windkanal** haben gezeigt, dass **Oberflächenstrukturen** den Bestäubungserfolg erheblich steigern können (Niklas 1987). So erzeugen z. B. die Schuppen des Pinienzapfens kleine Wirbel, die den Luftstrom so lenken, dass der Pollen genau zur Mikropyle geführt wird (► Abb. 5.69)

Exkurs 4.2 Entwicklungsverkürzung

Unter Entwicklungsverkürzung versteht man die Abkürzung der Ontogenie eines Individuums im Vergleich zu seinen Vorfahren (**Heterochronie;** ▸ Abschn. 1.2.3). Entwicklungsverkürzungen spielen in der Evolution eine bedeutende Rolle (Takhtajan 1976). Zu ihnen gehören Hemmprozesse, Reduktionen und frühreife Stadien (Neotenie), die zur Vereinfachung, Despezialisierung und Entwicklungsbeschleunigung von Strukturen beitragen. Eindrucksvolle Beispiele liefern die Kräuter im Vergleich zu Holzgewächsen (Abkürzung des Lebenszyklus) oder die Reduktion des Mikrogametophyten bei den Samenpflanzen (◘ Abb. 4.27).

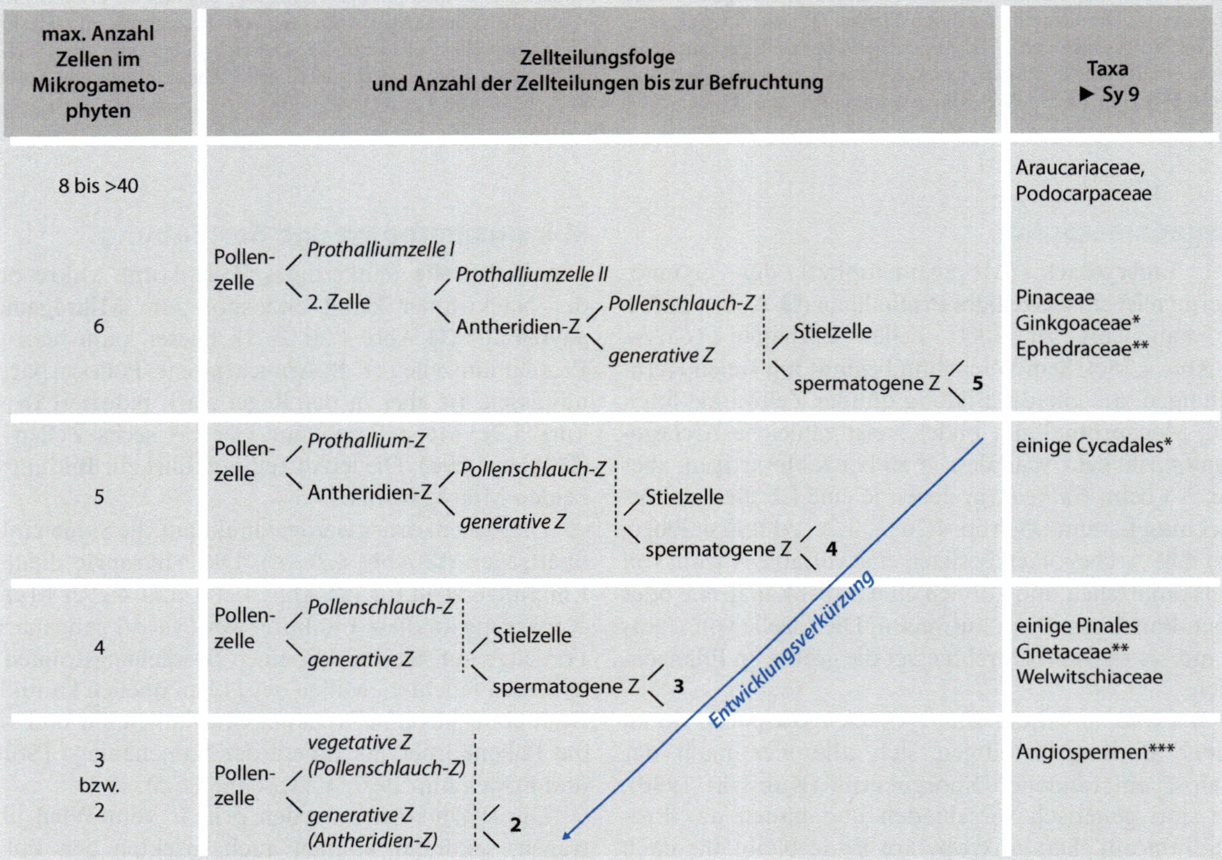

max. Anzahl Zellen im Mikrogametophyten	Zellteilungsfolge und Anzahl der Zellteilungen bis zur Befruchtung	Taxa ▸ Sy 9
8 bis >40		Araucariaceae, Podocarpaceae
6	Pollenzelle ⟨ Prothalliumzelle I / 2. Zelle ⟨ Prothalliumzelle II / Antheridien-Z ⟨ Pollenschlauch-Z ⋮ Stielzelle / spermatogene Z ⟨ **5** ; generative Z	Pinaceae Ginkgoaceae* Ephedraceae**
5	Pollenzelle ⟨ Prothallium-Z / Antheridien-Z ⟨ Pollenschlauch-Z ⋮ Stielzelle / spermatogene Z ⟨ **4** ; generative Z	einige Cycadales*
4	Pollenzelle ⟨ Pollenschlauch-Z ⋮ Stielzelle / spermatogene Z ⟨ **3** ; generative Z	einige Pinales Gnetaceae** Welwitschiaceae
3 bzw. 2	Pollenzelle ⟨ vegetative Z (Pollenschlauch-Z) ⋮ / **2** ; generative Z (Antheridien-Z)	Angiospermen***

◘ **Abb. 4.27   Reduktion des Mikrogametophyten bei den Samenpflanzen.** Nimmt man an, dass der hypothetische Vorfahre vielzellige Gametophyten bildete, so wurde die Anzahl der Mitosen (Zahlen in Fettdruck) bis zur Bildung der Gameten (Spermatozoiden bzw. Spermakerne) in den einzelnen Linien mehrfach parallel reduziert (Pfeil). Bei den Blütenpflanzen finden nur noch zwei Mitosen statt. Z, Zelle,*, Spermatozoiden. **, unvollständige doppelte Befruchtung. ***, doppelte Befruchtung. Senkrechte, gestrichelte Linie: Entlassung des Pollenkorns aus dem Pollensack. (© Original, nach Daten aus Gifford und Foster 1996; Bresinsky und Kadereit 2008)

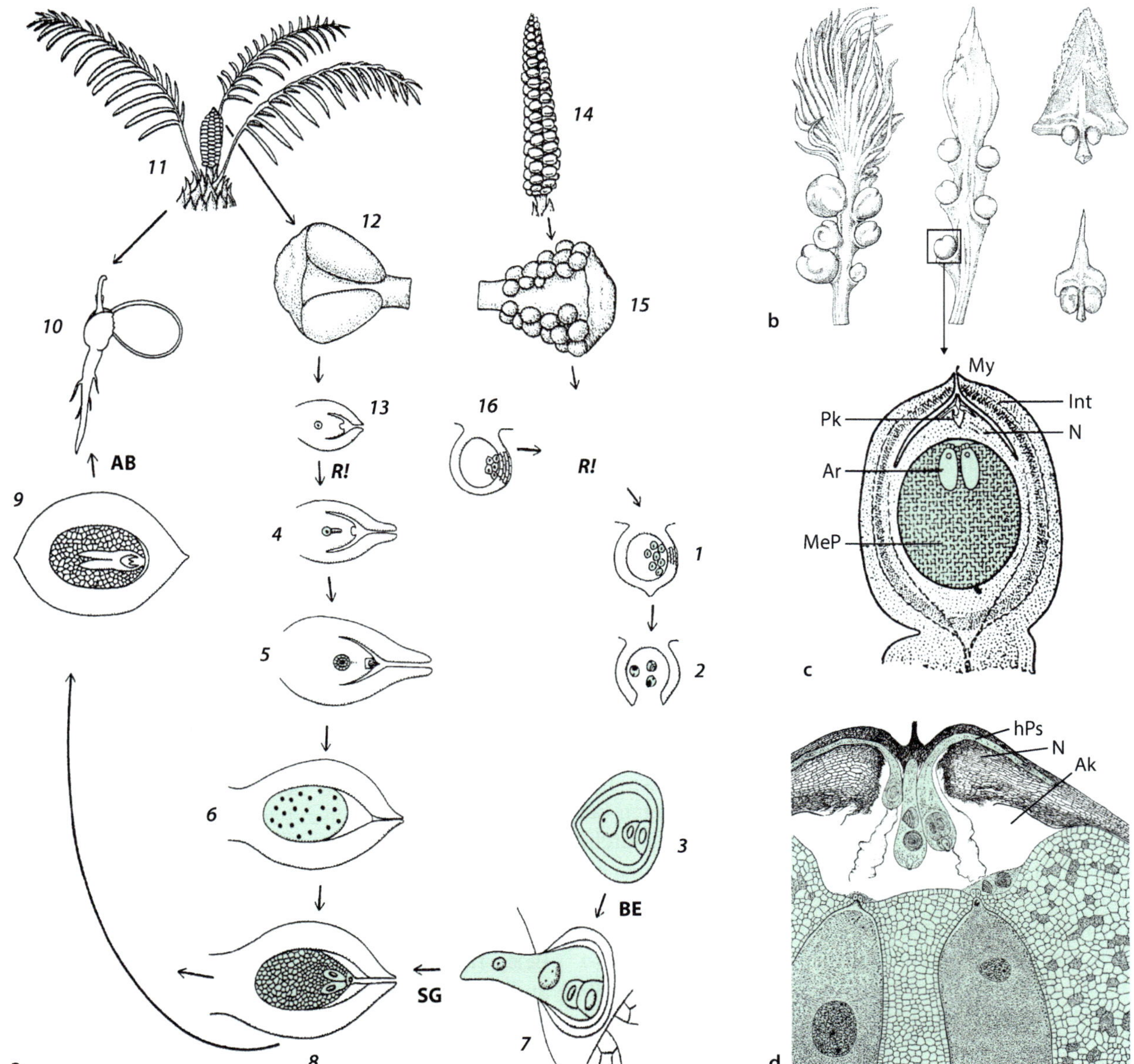

Abb. 4.28 Generationswechsel der Cycadales. a, Sexualzyklus. *1,* Pollensack (Mikrosporangium) nach der Meiose (*R!*) mit Pollenzellen (Mikrosporen). *2,* Mehrzellige Pollenkörner im Pollensack, endospore Bildung des Mikrogametophyten. *3,* Mehrzelliges Pollenkorn. *4,* Nucellus nach der Meiose mit linearer Megasporentetrade. *5,* Embryosackzelle (einzig erhaltene Megaspore) im Nucellus. *6,* Endosporangiate Keimung der Spore zum Megaprothallium. *7,* Bildung eines haustorialen Pollenschlauches nach der Bestäubung (BE). *8,* Eindringen des Pollenschlauches durch die Mikropyle der Samenanlage, Transport der Spermatozoiden zur Archegonienkammer, Befruchtung (SG, Syngamie). *9,* Embryo im primären Endosperm. *10,* Junger Sporophyt, aus der Samenschale austretend. *11,* Pflanze mit Samenzapfen. *12,* Nackte Samenanlagen an blattartiger Trägerstruktur. *13,* Megasporenmutterzelle im Nucellus der Samenanlage. *14,* Pollenzapfen. *15,* Pollensäcke auf der Unterseite blattartiger Trägerstrukturen. *16,* Mikrosporenmutterzellen im Pollensack. **b,** Megasporophylle verschiedener Arten mit nackten Samenanlagen (*Cycas revoluta, C. circinalis, Dioon edule, Macrozamia* spec.). **c,** Längsschnitt durch eine atrope Samenanlage mit vielzelligem Megaprothallium (MeP). Ar, Archegonium mit Eizelle. Int, einfaches Integument. My, Mikropyle. N, Nucellus. Pk, Pollenkammer. **d,** Befruchtung (Zoidiogamie). Haustoriale Pollenschläuche (hPs) im Nucellus (N) verankert, Auflösung des Nucellusgewebes, Eindringen in die Archegonienkammer (Ak) und Entlassung der Spermatozoiden. Gametophyt hellgrün unterlegt. (© a: Taylor et al. 2009, verändert. b, c: nach Firbas 1962. d, nach Chamberlain 1935)

Pollenschlauchbildung und einfache Befruchtung

Bei den Gymnospermen können mehrere Monate (z. B. *Ginkgo*, Cycadales) bzw. bis zu eineinhalb Jahren (*Pinus*; Mundry 2000) zwischen den Vorgängen der Bestäubung und Befruchtung liegen. Die lange Dauer ist durch **Reifungsprozesse** bedingt, die erst **nach der Bestäubung** abgeschlossen werden. Bei den Cycadales setzt beispielsweise erst mit der Bildung des Pollenschlauches die dritte der vier mitotischen Teilungen des Mikrogametophyten ein (Gifford und Foster 1996, ▶ Exkurs 4.2, ▶ Kap. 5). Bei der Kiefer beginnt einen Monat **nach** der Bestäubung die Bildung des weiblichen Gametophyten, die erst nach 15 Monaten mit der Bildung von Archegonien abgeschlossen ist (Raven et al. 2006). Die Verzögerung führt dazu, dass das Megaprothallium und damit das spätere Nährgewebe des Embryos (primäres Endosperm) erst gebildet wird, wenn eine Befruchtung wahrscheinlich wird. Damit erreichen einige Gymnospermen durch **Entwicklungsverzögerung** eine ähnliche Wirkung wie die Angiospermen durch doppelte Befruchtung, bei der das Nährgewebe (sekundäres Endosperm) auch erst bei Bedarf gebildet wird (▶ Abschn. 4.6.3).

Bei den Cycadales und beim *Ginkgo* werden frei bewegliche **Spermatozoiden** gebildet, die anstelle von Geißeln je ein Flagellenband tragen (◘ Abb. 4.29a). Die größten Spermatozoiden des Pflanzenreiches treten bei *Cycas* auf (Chamberlain 1935). Sie erreichen Durchmesser von 300–400 μm und sind mit bloßem Auge erkennbar. Bei den übrigen Nacktsamern (Pinales; Sy 9) und allen Bedecktsamern liegen stets geißellose **Spermazellen** vor. Die Befruchtung mittels Spermatozoiden geht mit **Zoidiogamie**, die mittels Spermien mit **Siphonogamie** einher (◘ Abb. 4.14).

Zoidiogamie

Bei den Gymnospermen mit Spermatozoidbildung übernimmt der Pollenschlauch **Verankerungs-, Transport- und Nährfunktionen.** Er tritt zunächst in einen Hohlraum unter der Mikropyle ein, der als **Pollenkammer** bezeichnet wird (◘ Abb. 4.28c: Pk). Dort verankert er sich im Nucellusgewebe und nimmt haustorial (▶ Abschn. 7.5.2) Nährstoffe auf (◘ Abb. 4.28d: hPS, haustorialer Pollenschlauch). Sein freies Ende löst enzymatisch das Nucellusgewebe auf und dringt in die **Archegonienkammer** oberhalb des Megaprothalliums ein (◘ Abb. 4.28d: Ak). Hier werden die Spermatozoiden freigesetzt. Sie schwimmen in flüssigem Milieu zu den Eizellen und fusionieren mit ihnen.

Siphonogamie

Bei den Gymnospermen mit Siphonogamie hat der Pollenschlauch vor allem **Transportfunktion**. Pollen- und Archegonienkammern fehlen. Der Pollenschlauch dringt zum Nucellus ein und führt die Spermakerne bis zum Embryosack, wo sie zur Befruchtung gelangen (◘ Abb. 4.29c). Die eigenbewegliche Phase der Gameten entfällt.

Werden die Eizellen verschiedener Archegonien gleichzeitig befruchtet, kommt es zur Bildung mehrerer Embryonen (**Polyembryonie**, z. B. bei Gnetales, *Pinus*). Meist bleibt jedoch nur ein Embryo am Leben.

Einfache Befruchtung

Bei der Befruchtung fusioniert ein männlicher Gamet mit einer Eizelle und bildet eine Zygote. Dieser Normalfall der Befruchtung wird bei den Gymnospermen als **einfache Befruchtung** bezeichnet und von der **doppelten Befruchtung** der Angiospermen abgegrenzt (▶ Abschn. 4.6.3).

Ausnahmen finden sich bei einigen Gnetales (*Gnetum, Ephedra*), bei denen beide Spermakerne mit je einer Zelle des Megaprothalliums fusionieren (Friedman 1990). Aus einem Fusionsprodukt entsteht die Zygote, das andere geht zugrunde. Die ,**unvollständige doppelte Befruchtung**' galt eine Zeit lang als morphologischer Beleg für die nahe Verwandtschaft zwischen Gnetales und Blütenpflanzen (▶ Abschn. 5.5.8). Inzwischen hat sich weder die Verwandtschaftshypothese noch die Homologie der doppelten Befruchtung bestätigt; es handelt sich vielmehr um **unabhängig** voneinander entstandene Prozesse.

Die Entwicklung der Zygote zum Embryo findet im **Samen** statt, der sich nach der Befruchtung aus der Samenanlage entwickelt (◘ Abb. 4.26: *8*; ▶ Abb. 12.4a). Das Integument wird zur Samenschale (T, Testa), und das haploide Gewebe des Megaprothalliums dient als Nährgewebe. Es wird als **primäres Endosperm** (pEs) bezeichnet.

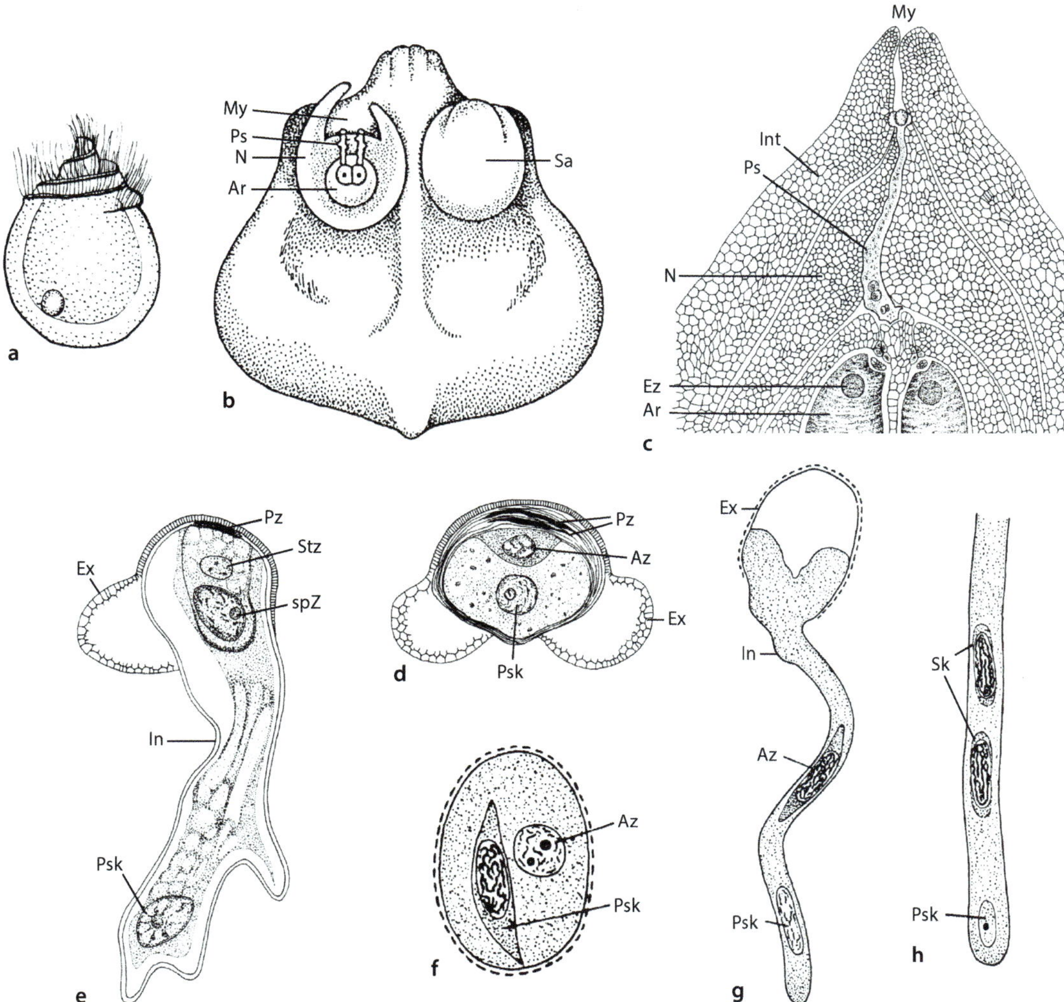

◻ Abb. 4.29   Strukturen der Befruchtung bei Samenpflanzen. a, *Ginkgo biloba*, Spermatozoid mit Flagellenband. **b–e**, Pinaceae. **b,** Fruchtschuppe der Kiefer mit zwei Samenanlagen (Sa). Ar, Archegonium. My, Mikropyle. N, Nucellus. Ps, Pollenschlauch. **c,** Siphonogamie. Der Pollenschlauch (Ps) durchdringt das Nucellusgewebe (N) und führt die unbeweglichen Spermakerne zu den Eizellen (Ez). **d,** Pollenkorn der Kiefer im vierzelligen Stadium, die Exine (Ex) bildet Luftsäcke. Az, Antheridienzelle. Pz, Prothalliumzellen. Psk, Kern der Pollenschlauchzelle. **e,** Pollenschlauch (Mikrogametophyt) im Stadium des Austretens aus der Exine (Ex) und Eindringens in den Nucellus; die Antheridienzelle hat sich in die spermatogene Zelle (spZ) und die Stielzelle (Stz) geteilt (▶ Exkurs 4.2). Int, Intine. **f, g,** Liliaceae. *Lilium.* **f,** Zweikerniges Pollenkorn mit großer Pollenschlauchzelle (Psk: Kern der Zelle) und kleiner Antheridienzelle (Az). **g,** Auskeimen des Pollenschlauches aus der Sporenwand (Zweikernstadium). **h,** Pollenschlauch im Dreikernstadium. Sk, Spermakerne. (© a: Shimamura 1937, verändert. b: Niklas 1987, verändert. c: Ehrendorfer 1971 (nach Strasburger). d, e: nach Coulter und Chamberlain 1901, 1903. f–h: Karsten 1910 (nach Strasburger))

4.6.3   Generationswechsel der Angiospermen

Bei den **Bedecktsamern** (Angiospermen, Blütenpflanzen) liegen die Samenanlagen ‚bedeckt' (angiosperm) im Inneren des Fruchtknotens (**Ovar**; ◻ Abb. 4.30: *1*, Ov). Im typischen Fall folgen oberhalb des Ovars ein Griffel und die Narbe (*6*, Gr, Na). Die angiosperme Hülle, das **Karpell** (▶ Abschn. 10.5), ist ein Neuerwerb **der Blüten-**

pflanzen, das wesentlich zum Erfolg der Blütenpflanzen beigetragen hat (▶ Kap. 10 und 12).

Die Samenanlagen sind meist um 180° gekrümmt, sodass die Mikropyle zur Ovarwand weist (**anatrop**; ◻ Abb. 4.30: *1*, ▶ Abschn. 10.5.2). Im Unterschied zu den Gymnospermen weisen die Angiospermen ein **doppeltes Integument** auf (▶ Abschn. 5.6.5). In einigen abgeleiteten Verwandtschaftskreisen treten sekundär einfache Integumente auf (▶ Abb. 10.44).

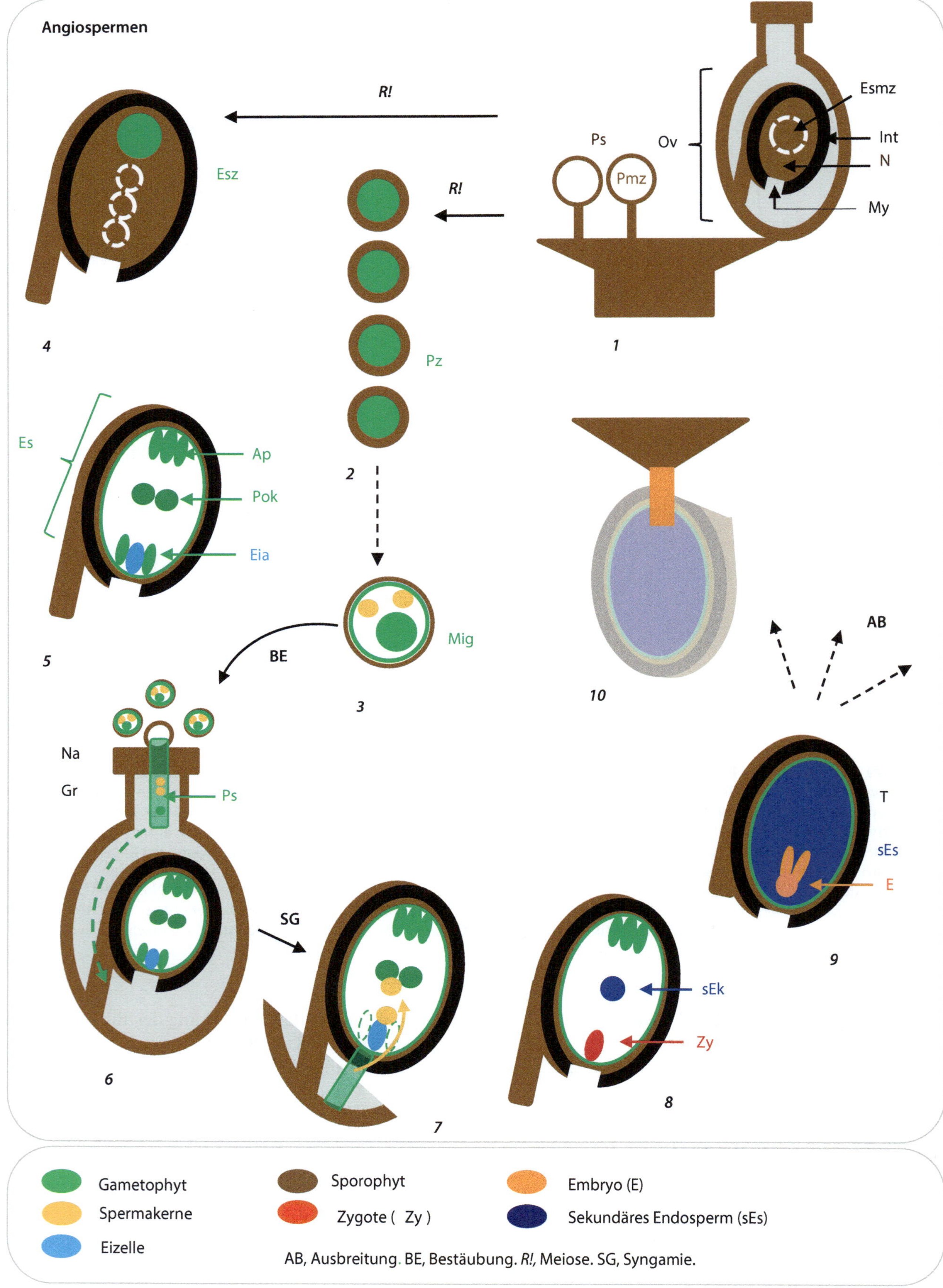
Angiospermen
R!
R!
Esz
Ps
Pmz
Ov
Esmz
Int
N
My
1
Es
Ap
Pok
Eia
Pz
2
4
5
Mig
3
BE
Na
Gr
Ps
SG
AB
10
T
sEs
E
9
sEk
Zy
6
7
8
Gametophyt
Sporophyt
Embryo (E)
Spermakerne
Zygote (Zy)
Sekundäres Endosperm (sEs)
Eizelle
AB, Ausbreitung. BE, Bestäubung. R!, Meiose. SG, Syngamie.

◨ Abb. 4.30 Generationswechsel der Angiospermen. *1*, Bei den Blütenpflanzen liegen die Samenanlagen im Ovar (Ov) des Fruchtblattes. Sie bestehen aus Nucellus (N, braun), Integument (Int, schwarz) und Mikroplye (My). Im ursprünglichen Fall ist das Integument zweischichtig (doppelt) und die Samenanlage um 180° gekrümmt (anatrop). Im Nucellus bildet sich die Embryosackmutterzelle (Esmz). Die Pollensäcke (Ps) entsprechen den Mikrosporangien. In ihnen bilden sich die Pollenmutterzellen (Pmz). *2*, Die Pollenmutterzellen entlassen nach der Meiose (*R!*) je vier haploide Pollenzellen (Pz, einkernige Pollenkörner, grün). *3*, Die Pollenzelle keimt endospor (braune Sporenwand) zum zwei- oder dreikernigen Pollenkorn, dem Mikrogametophyten (Mig, grün), aus. *4*, Die Embryosackmutterzelle bildet durch Meiose (*R!*) vier haploide Zellen. Von diesen bleibt in der Regel nur die innerste als Embryosackzelle (Esz, grün) erhalten. *5*, Die Embryosackzelle bleibt im Sporangium und keimt dort zum Embryosack (Es) der Angiospermen aus. Dieser ist nicht zellulär organisiert, sondern enthält acht Kerne in abgegrenzten Plasmabereichen: drei Antipoden (Ap), zwei Polkerne (Pok) und den Eiapparat (Eia), der den Eikern (blau) und zwei Hilfskerne (Synergiden) umfasst. *6*, Die Pollenkörner werden auf die Narbe (Na) des Fruchtblattes übertragen (BE, Bestäubung). Der Mikrogametophyt tritt als Pollenschlauch (Ps) aus der Pollenkornwand heraus und transportiert die beiden Spermakerne (Mikrogameten) durch den Griffel (Gr) zur Eizelle. (gestrichelte Linie in *6*: Verlauf des Pollenschlauchs durch Karpell- bzw. Pollenschlauchleitgewebe). *7, 8*, Bei der doppelten Befruchtung (SG, gelber Pfeil) fusioniert ein Spermakern mit dem Eikern zur Zygote (Zy) und der andere mit den beiden Polkernen zum triploiden Nährgewebekern (sEk, sekundärer Endospermkern, blau). *9*, Danach entwickelt sich aus der Samenanlage der Samen. Er umfasst den Embryo (E, orange), das neu gebildete Nährgewebe (sEs, sekundäres Endosperm, blau) und die Samenschale (T, Testa). Der Samen fungiert als Ausbreitungseinheit (gestrichelte Pfeile). *10*, Der junge Sporophyt entwickelt sich an einem neuen Standort aus dem Samen, der dabei verbraucht wird und zugrunde geht. (© Original)

Megagametophyt

Bei den Blütenpflanzen entwickelt sich der Megagametophyt nicht zu einem vielzelligen Prothallium, sondern bleibt auf wenige Kerne beschränkt. Im typischen Fall (*Polygonum*-Typ) durchläuft die Embryosackzelle (Megaspore) nur drei Mitosen und baut einen **achtkernigen Embryosack** auf (◨ Abb. 4.30: *5*). Er enthält den **Eiapparat** (Eia) aus **Eikern** und zwei Hilfskernen (**Synergiden**), der der Mikropyle zugewandt ist. Ihm gegenüber liegen **drei Antipoden** (Ap), die als Reste des Megaprothalliums gedeutet werden und vermutlich der Ernährung dienen. In der Mitte liegen **zwei Polkerne** (Pok), die einzeln bestehen bleiben oder zum **2n-sekundären Embryosackkern** verschmelzen. Wie bei den Gymnospermen beginnt die Embryosackbildung mit freien Kernteilungen. Die später einsetzende Zellwandbildung ist mikroskopisch kaum erkennbar und fehlt den Polkernen, die von Plasmafäden in ihrer Position gehalten werden.

Neben dem *Polygonum*-Typ treten weitere Formen des Embryosackes auf. Der Ausfall einer Mitose führt z. B. zu einem vierkernigen Embryosack, in dessen Folge sich nach doppelter Befruchtung (s. unten) ein diploides (anstelle des triploiden) Nährgewebe entwickelt (Williams und Friedman 2002). Da *Nymphaea* und andere Basale Angiospermen einen **vierkernigen Embryosack** besitzen, ist der ursprüngliche Zustand des Nährgewebes der Angiospermen (2n oder 3n) unklar (Endress und Doyle 2015).

Mikrogametophyt und Bestäubung

Bei den Blütenpflanzen befinden sich die Pollensäcke an den Stamina der Blüten (▶ Abschn. 10.4.1). Jeder Staubbeutel (Anthere; ◨ Abb. 4.25) enthält in der Regel vier Pollensäcke, die in zwei Paaren (Theken) angeordnet sind (▶ Abschn. 5.6.7).

Der Mikrogametophyt ist aufs Äußerste reduziert (◨ Abb. 4.30: *3*). Es finden nur noch zwei Mitosen statt (▶ Exkurs 4.2). Die erste Teilung verläuft inäqual und führt zur Bildung einer großen Versorgungszelle (vegetative Zelle, **Pollenschlauchzelle**) und einer deutlich kleineren generativen Zelle (**Antheridienzelle**; ◨ Abb. 4.29f: Psk, Az). Die Zellwände sind sehr dünn, sodass im mikroskopischen Bild vor allem die Kerne mit ihren jeweiligen Plasmamänteln zu sehen sind. Bei der zweiten Mitose (▶ Exkurs 4.2) teilt sich der Antheridienkern in zwei unbegeißte **Spermakerne** (Sk). Erfolgt die zweite Teilung **spät**, d. h. **nach der Bestäubung**, ist die **Transportform** des Pollens zweikernig (**Zweikernpollen**; ◨ Abb. 4.29g); findet sie bereits im Pollensack statt, ist sie dreikernig (**Dreikernpollen**; ◨ Abb. 4.29h).

Die Pollenkörner werden primär von Tieren (Tierbestäubung, **Zoophilie**; ▶ Kap. 11) übertragen. Die ungeheure Vielfalt an Blüten, Blumen und Bestäubungsmechanismen ist Ausdruck einer Millionen Jahre langen Anpassung der Pflanzen an Tiere bzw. ihrer Coevolution mit Tieren. Da die Samenanlagen von Karpellen bedeckt sind, wird der Pollen von der **Narbe** (◨ Abb. 4.30: *6*, Na) an der Spitze des Karpells aufgefangen. Die Narbe fungiert somit als **Pollenfänger** (▶ Exkurs 5.12) und **Ersatzkeimbett**. Sie produziert entweder einen **Narbenschleim**, in dem der Pollen quellen kann (feuchte Narbe), oder der Pollen löst enzymatisch die Narbenpapillen auf und quillt in deren wässrigem Milieu (trockene Narbe; ▶ Abschn. 10.5.5).

Siphonogamie und Pollenselektion

Bei den Angiospermen erfolgt die Befruchtung meist innerhalb weniger Stunden nach der Bestäubung. Der Pollen keimt auf der Narbe oder im Narbengewebe aus. Bei vielen Arten findet hier eine **Erkennungsreaktion** statt, die zur innerartlichen **Pollenselektion** führt (SI-Reaktion; ▶ Abschn. 9.6.4). Nur solche Pollenkörner, die sich in der Allelausprägung bestimmter Gene von der des Empfängersporophyten unterscheiden, kommen zur Keimung, die übrigen werden abgestoßen (▶ Abb. 9.35). Auf diese Weise wird die Befruchtung durch Eigenpollen verhindert. Die innerartliche Pollenselektion ist ein **Neuerwerb** der Angiospermen. Sie ist an die Strukturen von Narbe und Griffel gebunden, die den Gymnospermen fehlen.

Bei den Angiospermen liegt immer **Siphonogamie** mit unbeweglichen **Spermakernen** vor. Der Pollenschlauch wächst durch den Griffel (■ Abb. 4.30: *6*, Ps, Gr) und wird von diesem ernährt (▶ Abschn. 10.5.6). Dabei müssen teilweise beachtliche Distanzen überbrückt werden, z. B. beim Mais bis zu 30 cm (▶ Abb. 9.33e). Die schnellsten und kräftigsten Pollenschläuche erreichen als Erste die Samenanlagen, und ihre Spermakerne haben die beste Chance, eine Eizelle zu befruchten. Die Länge des Griffels und die Vitalität des Mikrogametophyten tragen somit ebenfalls zur **Pollenselektion** dar.

Doppelte Befruchtung und sekundäres Endosperm

Im Unterschied zu den Gymnospermen weisen die **Angiospermen** eine **doppelte Befruchtung** auf (■ Abb. 4.30: *7*). Der Pollenschlauch tritt durch die Mikropyle in die Samenanlage ein und durchwächst das Nucellusgewebe bis zum Eiapparat. Dort dringt er unter Auflösung einer Synergide in den Embryosack ein und entlässt beide Spermakerne. Der eine Spermakern fusioniert mit der Eizelle zur **Zygote** (■ Abb. 4.30: *8*, Zy, rot), die zum **Embryo** heranwächst (■ Abb. 4.30: *9*, orange). Der zweite Spermakern fusioniert mit den beiden haploiden Polkernen (bzw. mit deren Fusionsprodukt, dem 2n-sekundären Embryosackkern) zum **3n-sekundären Endospermkern** (■ Abb. 4.30: *8*, sEk, blau). Dieser Kern teilt sich mitotisch und baut das Nährgewebe des Samens auf (▶ Abschn. 12.1.2), das im Unterschied zu dem der Gymnospermen als **sekundäres Endosperm** (■ Abb. 4.30: *9*, sEs) bezeichnet wird. Es ist aufgrund seines dreifachen Chromosomensatzes viel stoffwechselaktiver als das haploide Nährgewebe der Gymnospermen. Zudem wird es sehr ökonomisch **erst bei Bedarf** erzeugt, d. h. erst dann, wenn tatsächlich eine Befruchtung stattgefunden hat und ein heranwachsender Embryo ernährt werden muss.

Den Orchideen fehlt die doppelte Befruchtung. Sie bauen kein Nährgewebe auf und sind daher obligat auf die Symbiose mit Pilzen angewiesen (Mykorrhiza; ▶ Exkurs 8.11, ▶ Abschn. 12.1.2).

Exkurs 4.3 Sexualsysteme der Pflanzen

Aufgrund der **Heterosporie** liegt bei allen Samenpflanzen **Dioizie** und damit **obligate Fremdbefruchtung** vor (■ Tab. 4.3). Diese Tatsache wird leicht übersehen, wenn nicht klar genug zwischen der gametophytischen und sporophytischen Generation unterschieden wird. Nicht selten werden Selbstbestäubung mit Selbstbefruchtung und Fremdbestäubung mit Fremdbefruchtung gleichgesetzt. In kaum einem Lehrbuch wird zwischen **Dioizie** und **Diözie** unterschieden, und auch die Benennung asexueller Bestäubungsformen (z. B. Selbstbestäubung = Autogamie) mit Begriffen aus der Sexualbiologie („-gamie" bezieht sich auf die Befruchtung) ist sehr unglücklich.

Um Missverständnisse zu vermeiden, werden im Folgenden noch einmal die wichtigsten Begriffe definiert und erläutert (▶ Abschn. 9.6).

Geschlechterverteilung der Pflanzen

Es gibt vier verschiedene Sexualsysteme bei Pflanzen (Wyatt und Anderson 1984; Bateman und DiMichele 1994; Tanurdzic und Banks 2004; Renner 2014):

1. **Monoizie:** Archegonien und Antheridien entstehen auf demselben **Gametophyten** (■ Abb. 4.31: A). Die Gameten sind Mitoseprodukte und als solche genetisch identisch.
2. **Dioizie:** Archegonien und Antheridien entstehen auf **getrennten** Gamteophyten (■ Abb. 4.31: B, C), die aus verschiedenen **Meiosen** stammen. Die Gameten sind genetisch verschieden.
3. **Monözie:** Megasporangien (Embryosack) und Mikrosporangien (Pollensäcke) entstehen auf demselben **Sporophyten** (■ Abb. 4.31: S1); die Gametophyten sind stets dioizisch.
4. **Diözie:** Megasporangien (Embryosack) und Mikrosporangien (Pollensäcke) entstehen auf **getrennten** Sporophyten (■ Abb. 4.31: S1, S2); die Gametophyten sind stets dioizisch.

Bestäubung und Befruchtung bei Samenpflanzen

Bei den **Samenpflanzen** unterscheidet man die Prozesse der Bestäubung und Befruchtung:

— **Befruchtung** ist der Prozess der **Gametenfusion** (Syngamie), der auf dem sexuellen Gametophyten stattfindet. Der Gametophyt der Samenpflanzen ist immer **dioizisch**, Selbstbefruchtung somit ausgeschlossen.
— **Bestäubung** ist der Prozess der **Pollenübertragung** auf eine Samenanlage (Gymnospermen) oder Narbe (Angiospermen). Er findet auf dem asexuellen Sporophyten statt und erfolgt als **Selbst-** oder **Fremdbestäubung**.

Bei der Selbstbestäubung gelangt der Pollen einer Blüte auf die Narbe derselben Blüten (Eigenbestäubung, Autogamie) oder einer anderen Blüte des gleichen Individuums (Nachbarbestäubung, Geitonogamie; ▶ Abb. 9.32). Genetisch sind beide Formen gleich.

Durch die zugrunde liegende Dioizie (Eizellen und Spermakerne stammen aus unterschiedlichen Meiosen) sind die Gameten genetisch verschieden. Es kommt trotz Selbstbestäubung zu einer genetischen Rekombination, die allerdings auf den individueneigenen Genpool beschränkt bleibt.

Bei der Fremdbestäubung (Xenogamie) gelangt der Pollen auf die Narbe eines genetisch anderen Individuums. Der Genpool ist gegenüber der Selbstbestäubung größer; es kommt zur **Durchmischung** des genetischen Materials innerhalb der **Population**.

Die Art der Bestäubung hängt von der räumlichen **Verteilung der Reproduktionsorgane** ab (■ Tab. 4.3):
- Bei den **Angiospermen** sind die Blüten entweder monoklin ('zwittrig') oder diklin ('eingeschlechtlich': staminat oder karpellat) und stehen dann auf dem gleichen Individuum (**Monözie**) oder auf genetisch verschiedenen (**Diözie**). Diözische Pflanzen werden obligat fremdbestäubt (**Xenogamie**). Monözische Arten können zusätzlich Nachbarbestäubung (**Geitonogamie**) und monokline Blüten **Autogamie** durchführen (■ Tab. 4.3).
- Die **Gymnospermen** weisen nur Monözie und Diözie auf. Autogamie ist nicht möglich.

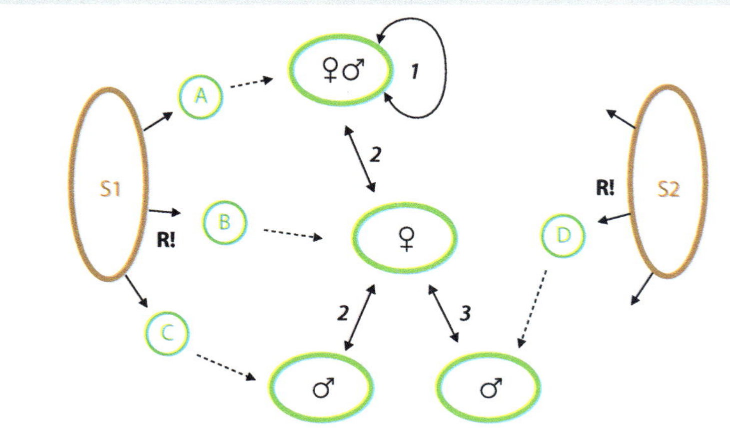

■ **Abb. 4.31 Befruchtungsprozesse.** S1 und S2 sind zwei genetisch verschiedene Sporophyten (braun), die nach der Meiose (*R!*) jeweils genetisch verschiedene Meiosporen (A–D) bilden (grün). Diese keimen zu Gametophyten aus (gestrichelte Linie), die entweder bisexuell (monoizisch: A) oder eingeschlechtlich sind (dioizisch: B–D). Fusionieren genetisch gleiche Gameten miteinander (A), liegt Selbstbefruchtung vor (*1*). Dieser Fall tritt nur bei monoizischen Moosen, Bärlapp- und Farnpflanzen auf. Fusionieren genetisch verschiedene Gameten, liegt Fremdbefruchtung vor (*2, 3*). Sie tritt obligat bei allen dioizischen Gametophyten (B–D) auf. Stammen die Mikro- und Megasporen vom gleichen Sporophyten (S1: B, C), spricht man bei den Samenpflanzen von Selbstbestäubung (*2*, Auto-, Geitonogamie), stammen sie von genetisch verschiedenen Sporophyten (S1, S2: B, D) von Fremdbestäubung (*3*, Xenogamie)

■ **Tab. 4.3   Befruchtung und Bestäubung der Landpflanzen**

Gametophyt: Befruchtung			Selbstbefruchtung	Fremdbefruchtung
Monoizie	Gametophyten	zwittrig	x^1	x
Dioizie		eingeschlechtlich		x
Sporophyt: Bestäubung[2] alle Samenpflanzen sind **obligat dioizisch**			Autogamie	Geitonogamie	Xenogamie
Monoklinie	Stamina und Karpelle in einer Blüte		x	x	x
Diklinie					
• Monözie	Staminate und karpellate Blüten	auf gleichem Sprorophyt		x	x
• Diözie		auf verschiedenen Sporophyten			x

[1]Einige Moos- und isospore Bärlapp- und Farngruppen. [2]Nur Samenpflanzen.

4.7 Verlust von Sexualität: Agamospermie

Samenbildung ohne Befruchtung wird als **Agamospermie** bezeichnet (◘ Abb. 4.32). Sie ist neben der vegetativen Vermehrung (► Abschn. 6.9.2) die zweite Form der asexuellen Vermehrung bei Pflanzen (beide Formen zusammen werden als Apomixis bezeichnet). Bei der Agamospermie entfallen Meiose und Befruchtung, die **Embryonen** entwickeln sich direkt aus **diploiden Zellen**.

Agamospermie kommt in über 30 Pflanzenfamilien vor, darunter vor allem bei Rosengewächsen, Korbblütlern und Süßgräsern. Die Samenbildung erfolgt dabei auf unterschiedliche Weise (nach Jäger et al. 2009):

- **Sporophytische Agamospermie:** Der Embryo entsteht direkt aus einer diploiden Nucellus- oder Integumentzelle. Am häufigsten ist die **Adventivembryonie**, bei der asexuell und sexuell gebildete Samen auftreten. Es kommt dadurch zur **Polyembryonie** (z. B. bei Zitrusfrüchten, Mango).
- **Gametophytische Agamospermie:** Der Embryo entsteht aus einem diploiden Gametophyten, der sich entweder aus dem Nucellus bildet (**Aposporie**) oder direkt unter Auslassung der Meiose aus der Embryosackmutterzelle (**Diplosporie**). Bildet die unbefruchtete, diploide Eizelle den Samen, spricht man von **Parthenogenese**, bilden andere Zellen des Gametophyten den Samen, von **Apogamie**.

Parthenogenese ist die häufigste Form der asexuellen Embryobildung und tritt bei zahlreichen heimischen Pflanzen auf. Sie ist bei einigen Korbblütlern (Löwenzahn, Habichtskräutern der subgen. *Hieracium*) mit **Diplosporie** gekoppelt und bei einigen Rosengewächsen (Brombeere, Mehlbeere, Frauenmantel, Fingerkraut), Hahnenfußgewächsen (*Ranunculus auricomus*-Komplex) und Habichtskräutern (*Hieracium* subgen. *Pilosella*) mit **Aposporie**. Da parthenogenetische Sippen keinen Genaustausch untereinander haben, entwickeln sie sich in **genetischer Isolation**. Das führt dazu, dass sich Mutationen durchsetzen und zu vielfältigen Kleinarten führen.

Die asexuelle Samenbildung kann **autonom** geschehen oder durch Bestäubung **stimuliert** werden. Im zweiten Fall spricht man von **Pseudogamie**, da zwar eine Pollenübertragung, aber keine Befruchtung der Eizelle erfolgt. Die Bestäubung führt zur Befruchtung der Polkerne (bzw. des sekundären Embryosackkerns), wodurch es zur Bildung eines hochwertigen Nährgewebes für den asexuell erzeugten Samen kommt (z. B. *Poa annua, Ranunuclus auricomus*).

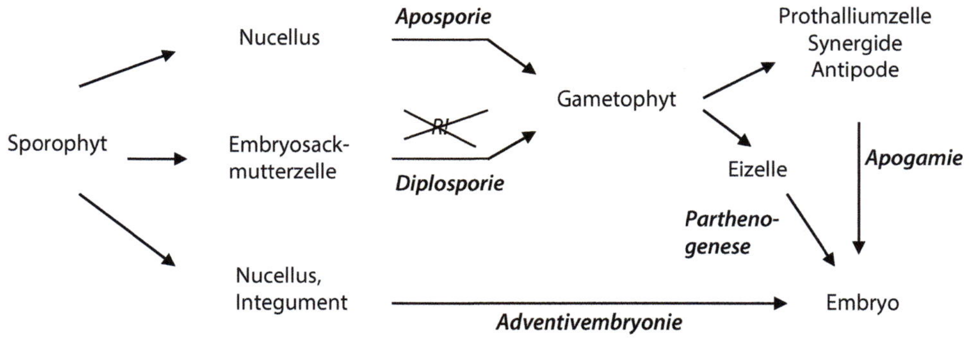

◘ **Abb. 4.32** **Formen asexueller Samenbildung.** Alle Stadien sind diploid. (© Original, nach Jäger et al. 2009)

Zusammenfassung

Sexualität führt zur Fortpflanzung durch **genetisch veränderte** Nachkommen. Die Durchmischung des Genpools einer Population ist eine Grundvoraussetzung für die **Anpassung** von Organismen an sich ändernde Umweltverhältnisse. Alle Landpflanzen besitzen Sexualität, nur selten wird sie umgangen (Agamospermie).

Sexualität umfasst die Prozesse der **Syngamie** (Befruchtung) und **Meiose** (Reduktionsteilung). Sie ist mit einem **Kernphasenwechsel** (haploid/diploid) und der Bildung von **Sporen**, **Gameten** und **Zygoten** verbunden. Bildet jede Kernphase einen Vegetationskörper, liegt ein **Generationswechsel** zwischen dem haploiden **Gametophyten** und dem diploiden **Sporophyten** vor:

- Algen

Die **primären und sekundären Algen** haben eine **Vielzahl** verschiedener, z. T. sehr komplexer Sexualzyklen entwickelt. Sie leben überwiegend als **Haplonten**, häufig als **Haplo-Diplonten** und selten als **Diplonten**. Liegt ein **Generationswechsel** vor, kann der Gametophyt oder der Sporophyt dominant sein. **Befruchtung** und **Ausbreitung** erfolgen im Wasser. Die **Gameten** und **Sporen** sind iso- oder anisomorph und oft begeißelt. Die

Gametenfusion ist eine **Iso-, Aniso-** oder **Oogamie**. In einigen Fällen ist der Gametophyt eingeschlechtlich (**heterothallisch**), woraus obligate Fremdbefruchtung resultiert. Bei Süßwasserarten treten häufig Haplonten mit **Dauerzygoten** auf, die gelegentliches Trockenfallen überstehen. Dies gilt auch für die *Charophyta*, die als die nächsten, lebenden Verwandten der Landpflanzen gelten.

• Landpflanzen

Die Landpflanzen weisen gegenüber den Algen einen einheitlicheren Sexualzyklus auf. Die Gametenfusion ist immer eine **Oogamie**. Viele kleine, bewegliche Spermatozoiden (Moose, Bärlapp-, Farnpflanzen, einige Gymnospermen) bzw. unbegeißelte Spermazellen (die meisten Gymnospermen und alle Angiospermen) erhöhen dabei die *male fitness*, während die Bildung nur einer großen, unbeweglichen Eizelle die *female fitness* fördert.

Die Landpflanzen haben alle einen **heterophasischen, heteromorphen Generationswechsel**. Dabei werden die folgenden **Phasen** durchlaufen: 2n-Zygote, Embryo, Keimung zum Sporophyten, Sporenbehälter (Sporangien), Sporenmutterzellen, Meiose, n-Meiosporen, Keimung zum Gametophyten, Gametangien, Gameten, Befruchtung. Der haploide **Gametophyt** ist die sexuelle, der diploide **Sporophyt** die asexuelle Generation. Im Laufe der Evolution wurde der Gametophyt immer mehr reduziert, während der Sporophyt gefördert wurde. Bei den Samenpflanzen übt er alle vegetativen Lebensfunktionen aus, schützt und ernährt die sexuellen Stadien und ersetzt die haploide Spore als Ausbreitungseinheit durch den diploiden Samen.

Die Landpflanzen umfassen zwei Evolutionslinien: die Moose und die Gefäßpflanzen. Beide weisen **Oogamie**, **Gametangien**, einen **Embryo**, Sporen mit **Sporopollenin** und **Windausbreitung** auf (Sy 6).

— **Moose** zeichnen sich durch einen Generationswechsel mit **dominantem Gametophyten** aus. Das **Sporogon** (diploide Phase) parasitiert auf dem Gametophyten.
— Bei den **Gefäßpflanzen** ist der **Sporophyt** die **dominante** Generation. Er ist mit all seinen Organen eine **Neuentwicklung** der Kormophyten. Er bildet zahlreiche **Sporangien** und fördert damit die genetische Diversität der Nachkommen. Innerhalb einiger Gruppen ist es mehrfach unabhängig zu **Endosporie** und **Heterosporie** (Mikro-, Megasporenbildung) gekommen. Dadurch wird die sexuelle Differenzierung auf den asexuellen Sporophyten übertragen. Schutz und funktionsspezifische Ernährung der **eingeschlechtlichen Gametophyten** nehmen zu.

Die Innovationen der **Samenpflanzen** sind **Endosporangie** mit **Samenbildung** und Befruchtung mittels **Pollenschlauches** (Zoidiogamie, Siphonogamie). Der diploide Samen wird zur neuen **Ausbreitungseinheit** (Wind, Wasser, Tiere), die Befruchtung **von Wasser unabhängig**. Bei den **Blütenpflanzen** tritt mit der **Angiospermie** die Möglichkeit zur **Pollenselektion** und **Fruchtbildung** ein. Durch **doppelte Befruchtung** entsteht ein **triploides Nährgewebe**.

• Evolutionstendenzen

Der Vergleich der Generationswechsel der Landpflanzen zeigt eine zunehmende **Anpassung** der Pflanzen an das Landleben. Wichtige Schritte sind

— die zunehmende Dominanz der **diploiden Generation** durch Funktionserweiterung des Sporophyten und Reduktion des Gametophyten,
— die zunehmende **Unabhängigkeit von Wasser**,
— die zunehmende **Steigerung der geschlechtsspezifischen** Fitness durch sexuelle Differenzierung und
— die Steigerung der **genetischen Diversität** der Nachkommen.

Literatur

Bachtrog D, Kirkpatrick M, Mank JE, McDaniel SF, Pires JC, Rice WR, Valenzuela N (2011) Are all sex chromosomes created equal? Trends Genet 27:350–357

Barth FG (1982) Biologie einer Begegnung. Deutsche Verlags-Anstalt, Stuttgart

Bateman R, DiMichele WA (1994) Heterospory: The most iterative innovation in the evolutionary history of the plant kingdom. Biol Rev Camb Philos Soc 69:345–417

Belajeff W (1885) Antheridien und Spermatozoiden der heterosporen Lycopodiaceen. Botanische Zeitung 43:793–802, 809–819

Bower FO (1935) Primitive land plants. Macmillan, London

Braun ACH (1835) Dr. Carl Schimper's Vorträge über die Möglichkeit eines wissenschaftlichen Verständnisses der Blattstellung, nebst Andeutung der hauptsächlichen Blattstellungsgesetze und insbesondere des neuentdeckten Gesetzes der Aneinanderreihung von Cyclen verschiedener Maasse. Flora 18:145–191

Bresinsky A, Kadereit JW (2008) Systematik und Stammesgeschichte. In: Bresinsky, Körner C, Kadereit JW, Neuhaus G, Sonnewald U (Hrsg) Strasburger. Lehrbuch der Botanik, 36. Aufl. Spektrum, Heidelberg

Bruchmann H (1912) Zur Embryologie der Selaginellaceen. Flora 104:180–224

Chamberlain CJ (1935) Gymnosperms. Structure and evolution. University of Chicago Press, Chicago

Coulter JM, Chamberlain CJ (1901, 1903) Morphology of Spermatophytes. I, II. Appleton, New York

Cronberg N, Natcheva R, Hedlund K (2006) Microarthropods mediate sperm transfer in mosses. Science 313:1255

Darwin C (1859) On the origin of species by means of natural selection, or the preservation of favoured races in the struggle for life. Murray, London

4

Darwin C (1862) On the various contrivances by which British and foreign orchids are fertilized by insects and on the good effects of outcrossing. Murray, London

Darwin C (1876) The effect of cross and self-fertilisation in the vegetative kingdom. Murray, London

Darwin C (1877) On the different forms of flowers on plants of the same species. Murray, London

Ehrendorfer F (1971) Spermatophyta, Samenpflanzen. In: Denffer D v, Schumacher W, Mägdefrau K, Ehrendorfer F (Bearb) Lehrbuch der Botanik für Hochschulen, 30. Aufl. Fische, Stuttgart, 584–745

Endress PK, Doyle JA (2015) Ancestral traits and specializations in the flowers of the basal grade of living angiosperms. Taxon 64:1093–1116

Firbas F (1962) Samenpflanzen. In: Harder R, Firbas F, Schumacher W, Denffer D v. (Bearb) Lehrbuch der Botanik für Hochschulen, 28. Aufl. Fischer, Stuttgart, S 509–650

Friedman WE (1990) Double fertilization in *Ephedra*, a nonflowering seed plant: its bearing on the origin of angiosperms. Science 247;951–954

Gifford EM, Foster AS (1996) Morphology and evolution of vascular plants. 3rd edit. Freeman, New York

Hagemann W (1984) Die Baupläne der Pflanzen. Eine vergleichende Darstellung ihrer Konstruktion. Vorlesungsmanuskript Universität Heidelberg (unveröff.)

Haig D (2016) Living together and living apart: the sexual lives of bryophytes. Philos Trans R Soc B 371:20150535. https://doi.org/10.1098/rstb.2015.0535

Harder R (1962) Niedere Pflanzen. In: Harder R, Firbas F, Schumacher W, Denffer D v. (Bearb) Lehrbuch der Botanik für Hochschulen, 28. Aufl. Fischer, Stuttgart, S 348–508

van den Hoek C, Mann DG, Jahns HM (1995) Algae. An introduction to phycology. Cambridge, Cambridge University Press

Hofmeister W (1851) Vergleichende Untersuchungen der Keimung, Entfaltung und Fruchtbildung höherer Kryptogamen (Moose, Farne, Equisetaceen, Rhizokarpeen und Lykopodiaceen) und der Samenbildung der Coniferen. Hofmeister, Leipzig. [Nachdruck: Hist. Nat. Classica 105. Vaduz: Cramer. 1979]

Hofmeister W (1868) Allgemeine Morphologie der Gewächse. Engelmann, Leipzig

Jäger EJ, Neumann S, Ohmann E (2009) Botanik. Nachdruck der 5. Aufl. 2003. Spektrum, Heidelberg

Jahn I (Hrsg) (2000) Geschichte der Biologe, 3., neubearb. Aufl. Spektrum, Heidelberg

Kaplan DR, Cooke TJ (1996) The genius of Wilhelm Hofmeister: the origin of causal-analytical research in plant development. Am J Bot 83:1647–1660

Karsten G (1910) Phanerogamen. In: Strasburger E, Jost L, Schenck H, Karsten G (Berab) Lehrbuch der Botanik für Hochschulen, 10. Aufl. Fischer, Jena, S 300–603

Kirchoff BK (2003) Shape matters: Hofmeister's rule, primordium shape, and flower orientation. Int J Plant Sci 164:505–517

Kubitzki K (1990) Gnetaceae. In: Kramer KU, Green PS (Hrsg) Pteridophytes and Gymnosperms. Springer, Berlin/Heidelberg/New York, S 383–391

Leliaert F, Smith DR, Moreau H, Herron MD, Verbruggen H, Delwiche CF, De Clerck O (2012) Phylogeny and molecular evolution of the green algae. Crit Rev Plant Sci 31:1–46

Luthringer R, Lipinska AP, Roze D, Cormier A, Macaisne N, Peters AF, Cock JM, Coelho SM (2011) The pseudoautosomal regions of the U/V sex chromosomes of the brown alga *Ectocarpus* exhibit unusual features. Mol Biol Evol 32:2973–2985

Mägdefrau K (1971) Bryophyta, Moospflanzen. In: Denffer D v, Noll F, Schenck H, Mägdefrau K (Bearb) Lehrbuch der Botanik, 30. Aufl. Fischer, Stuttgart, S 525–545

Mägdefrau K (1973) Geschichte der Botanik. Leben und Leistung großer Forscher. Stuttgart, Fischer

Mendel G (1866) Versuche über Pflanzenhybriden. Verhandlungen des Naturforschenden Vereines in Brünn 4:3–47

Ming R, Bendahmane A, Renner SS (2011) Sex chromosomes in land plants. Annu Rev Plant Biol 62:485–514

Mundry I (2000) Morphologische und morphogenetische Untersuchungen zur Evolution der Gymnospermen. Bibliotheca Botancia 152:1–90

Niklas K (1987) Die Aerodynamik der Windbestäubung. Spektr Wissenschaft 9:104–110

Raven PH, Evert RF, Eichhorn SE (2006) Biologie der Pflanzen, 4. Aufl. de Gruyter, Berlin/New York

Renner SS (2014) The relative and absolute frequencies of angiosperm sexual systems: Dioecy, monoecy, gynodioecy, and an updated online database. Am J Bot 101:1588–1596

Richards AJ (1997) Plant breeding systems, 2. Aufl. Chapman & Hall, London

Rosenstiel TN, Shortlidge EE, Melnychenko AN, Pankow JF, Eppley SM (2012) Sex-specific volatile compounds influence microarthropod-mediated fertilization of moss. Nature. https://doi.org/10.1038/nature11330

Sachs J (1874) Lehrbuch der Botanik nach dem gegenwärtigen Stand der Wissenschaft, 4., umgearb. Aufl. Engelmann, Leipzig

Shimamura T (1937) On the spermatozoid of *Ginkgo biloba*. Cytologia 1:416–423

Smith RS, Guyomarc'h S, Mandel T, Reinhardt D, Kuhlemeier C, Prusinkiewicz P (2006) A plausible model of phyllotaxis. Proc Nat Acad Sci USA 103:1301–1306

Snow M, Snow R (1962) A theory of the regulation of phyllotaxis based on *Lupinus Albus*. Philos Trans R Soc Lond Ser B Biol Sci 244:483–513

Speijer D, Lukeš J, Eliáš M (2015) Sex is a ubiquitous, ancient, and inherent attribute of eukaryotic life. Proc Nat Acad Sci USA 112:8827–8834

Strasburger E (1884) Neue Untersuchungen über den Befruchtungsvorgang bei den Phanerogamen als Grundlage für eine Theorie der Zeugung. Fischer, Jena

Strasburger E (1900) Allgemeine Botanik. In: Strasburger E, Noll F, Schenck H, Schimper AFW (Hrsg) Lehrbuch der Botanik für Hochschulen, 4., verbess. Aufl. Fischer, Jena

Stützel T, Röwekamp I (1997) Bestäubungsbiologie bei Nacktsamern. Palmengarten 61(2):100–109

Takhtajan A (1976) Neoteny and the origin of flowering plants. In: Beck CB (Hrsg) Origin and early evolution of angiosperms. Columbia Univbersity Press, New York, S 207–209

Tanurdzic M, Banks JA (2004) Sex-determining mechanisms in land plants. Plant Cell 16:S61–S71

Taylor TN, Taylor EL (1993) The biology and evolution of fossil plants. Prentice Hall, Englewood Cliffs

Taylor TN, Taylor EL, Krings M (2009) Paleobotany. The biology and evolution of fossil plants, 2. Aufl. Elsevier, Oxford

Wagenitz G (2001) Wilhelm Hofmeister (1824–1877). In: Jahn I, Schmitt M (Hrsg) Darwin & Co. Eine Geschichte der Biologie in Portaits, Bd I. Beck, München

Williams JH, Friedman WE (2002) Identification of diploid endosperm in an early angiosperm lineage. Nature 415:522–526

Wyatt R, Anderson LE (1984) Breeding systems in bryophytes. In: Dyer AF, Duckett JH (Hrsg) The experimental biology of bryophytes. Academic, London, S 39–64

Organisationsformen und Evolution des Sporophyten

Inhaltsverzeichnis

5.1   Organisation und Lebensweise der Cyanobakterien – 177

5.2   Einzeller und Zellaggregate – 178
5.2.1   Organisation einzelliger Algen – 178
5.2.2   Vom Einzeller zum Vielzeller – 185

5.3   Thalluspflanzen – 188
5.3.1   Definition des Thallus – 188
5.3.2   Wachstum und Verzweigung – 188
5.3.3   Organisation des Thallus – 192
5.3.4   Algen: Lebensweise und ökologische Bedeutung – 205
5.3.5   Der Thallus der Landpflanzen – 208
5.3.6   Moose: Lebensweise und ökologische Bedeutung – 217

5.4   Fossile Telompflanzen – 222
5.4.1   Telome und Telomsysteme – 222
5.4.2   Lignin und Tracheiden – 223
5.4.3   Höhenwuchs und Festigungsgewebe – 224
5.4.4   Übergipfelung und gestaltlich-funktionale Gliederung – 225

5.5   Kormuspflanzen – 225
5.5.1   Embryogestaltung und apikales Wachstum – 226
5.5.2   Evolution des Leitgewebes – 228
5.5.3   Organbildung im Devon – 232
5.5.4   Der lycophylle Kormus der Bärlapppflanzen – 238
5.5.5   Bärlapppflanzen: Diversität und Lebensweise – 241
5.5.6   Der monilophylle Kormus der Farngruppen – 244
5.5.7   Farne: Diversität und Lebensweise – 252
5.5.8   Der bipolare Kormus der Samenpflanzen – 261
5.5.9   Gymnospermen: Evolution, Diversität und Lebensweise – 267
5.5.10   Evolution der Angiospermen – 280

© Springer-Verlag GmbH Deutschland, ein Teil von Springer Nature 2024
R. Claßen-Bockhoff, *Die Pflanze*, https://doi.org/10.1007/978-3-662-65443-9_5

5.6   **Evolution reproduktiver Strukturen – 281**

5.6.1   Homologie und Analogie im Generationswechsel – 281

5.6.2   Diversität des Moossporogons – 282

5.6.3   Sporangien der Kormophyta – 288

5.6.4   Sporangienträger bei Bärlapp- und Farnpflanzen – 291

5.6.5   Evolution des Samens – 304

5.6.6   Die Reproduktionssysteme der Gymnospermen – 308

5.6.7   Die Blüte der Angiospermen – 324

Literatur – 337

Trailer

Mit der Evolution der Landpflanzen geht eine arbeitsteilige Differenzierung des Vegetationskörpers einher. Während die einzelligen Organismen der Algen alle Lebensfunktionen mit einer einzigen multifunktionalen Zelle ausführen, weisen vielzellige Organismen spezialisierte Zellen auf. Der Prozess zunehmender Arbeitsteilung setzt sich in der Bildung von Geweben und Organen fort, bei der ganze Körperabschnitte einen funktional geprägten Bau annehmen.

Der Vegetationskörper heutiger Landpflanzen ist entweder ein Thallus (Moose) oder ein Kormus (Bärlapp-, Farn- und Samenpflanzen). Der Kormus ist an die Generation des asexuellen Sporophyten gebunden, der im Laufe der Evolution immer mehr Lebensfunktionen übernimmt (▶ Kap. 4).

Im vorliegenden Kapitel wird die Evolution des pflanzlichen Vegetationskörpers vom Einzeller bis zum Kormus der Samenpflanzen nachgezeichnet. Wichtige Etappen sind der Übergang vom Einzeller zum Vielzeller, vom Mehrzeller zum Symplasten und vom Thallus zum Kormus, die Optimierung des Wasserleitsystems, die Festigung des Vegetationskörpers durch den Holzstoff Lignin und die Differenzierung des Kormus in Organe mit Wurzel-, Achsen- und Blattfunktion. Der Sporophyt bildet die Reproduktionsorgane der Pflanze und übernimmt Schutz- und Ernährungsfunktionen für den Gametophyten. Seine arbeitsteilige Differenzierung setzt sich in der Trennung vegetativer und reproduktiver Körperabschnitte fort, die schließlich zur Blütenbildung führt.

Im Laufe der Evolution der Pflanzen ist es mehrfach zum Übergang vom Einzeller zu Zellkolonien und zellig gegliederten Vegetationskörpern gekommen. Während die Einzeller **multifunktional** und durch andauernde Teilungsfähigkeit potentiell **unsterblich** sind, geht mit der Bildung von Zellverbänden meist eine **arbeitsteilige Differenzierung** einher. Es kommt zu einer Spezialisierung, in deren Verlauf Zellen entstehen, die sich nicht mehr fortpflanzen. Der natürliche **Tod von Zellen** ist die Konsequenz dieser Spezialisierung.

Das Leben ist im **Wasser** entstanden. Durch Aufnahme eines Cyanobakteriums in eine eukaryotische Zelle (primäre Endosymbiose; ▶ Abschn. 2.1) entstanden die **photoautotrophen Eukarya**, die sich im Laufe der Evolution zu den Großgruppen der **Algen, Moose, frühen Gefäßpflanzen** (Telompflanzen), **Bärlapp-, Farn-** und **Samenpflanzen** entwickelten. Lange Zeit galten diese Gruppen als natürliche Verwandtschaftskreise. Heute werden einige von ihnen (z. B. Algen, Telompflanzen) als **Sammelgruppen** verstanden, die in Bau und Lebensweise übereinstimmen, **ohne** notwendigerweise eine **monophyletische Gruppe** zu bilden.

Pascher (1914) führte den Begriff der **Organisationsstufen** ein, um die Übereinstimmungen im Körperbau nicht näher verwandter Arten zu charakterisieren. Die Organisationsstufen waren ursprünglich als evolutive Entwicklungsstufen gemeint, die vom Einzeller über fädige und flächige Zellverbände zum Thallus und Kormus führten. Heute spricht man eher von **Organisationsformen** bzw. der **Organisation** eines Organismus, wenn man seine Baueigentümlichkeiten beschreibt.

5.1 Organisation und Lebensweise der Cyanobakterien

Cyanobakterien gehören zu den **ältesten** Lebewesen der Welt (▶ Abschn. 3.3.1). Durch ihre Fähigkeit zur **photosynthetischen Wasserspaltung** (▶ Exkurs 2.2) reicherten sie Sauerstoff in der Atmosphäre an und lieferten die Grundlage für die Entfaltung des Lebens auf der Erde. Im Zuge der **Endocytose** wurden sie zu **Chloroplasten** und leiteten die Evolution der Pflanzen ein (▶ Abb. 2.2). Ohne **Cyanobakterien** gäbe es **weder Tiere noch Pflanzen** auf diesem Planeten.

Cyanobakterien sind **Prokaryoten** (▶ Kap. 2). Sie haben keinen Zellkern und keine Chromosomen, keine Organellen, kein Cytoskelett und meist keine intrazellulären Membransysteme. Ihre Zellwand besteht aus dem Peptidoglykan **Murein**, als Reservestoff dient **Stärke**. Cyanobakterien vermehren sich rein **asexuell**. Sie sind einzellig oder bilden Kolonien oder fädige Zellverbände (▢ Abb. 5.1a–c). Heute sind etwa 2000 Arten bekannt, die sehr **diverse** und **extreme** Habitate besiedeln:

— Im **Meer und Süßwasser** gehören die Cyanobakterien aufgrund ihrer geringen Größe zum Pikoplankton (0,2–2,0 µm; ▶ Abschn. 5.3.4). Einige Formen besitzen **Gasvakuolen** als Schwebehilfen. Das sind kleine Bläschen, deren Wand aus Proteinen besteht und für Gase, aber nicht für Wasser durchlässig (permeabel) ist. Durch Änderung des Turgors (▶ Abschn. 2.2.3) können sich die Zellen aktiv aufwärts und abwärts bewegen.

— Viele Arten leben **terrestrisch** auf Felsen und Gletschern, in Salzseen, Wüsten und heißen Quellen. Cyanobakterien bilden den schaumigen Rand von Gewässern und tragen durch Massenvermehrung zur **Wasserblüte** (Algenblüte) bei (z. B. *Anabaena*). Diese kann für Fische toxisch sein. Sie ist auch für Menschen gefährlich, weswegen betroffene Strandabschnitte oft gesperrt werden.

Einige fädig organisierte Cyanobakterien wie *Anabaena* und *Nostoc* sind in der Lage, elementaren **Stickstoff** zu binden. Die Reduktion des Luftstickstoffs (N_2) zu Am-

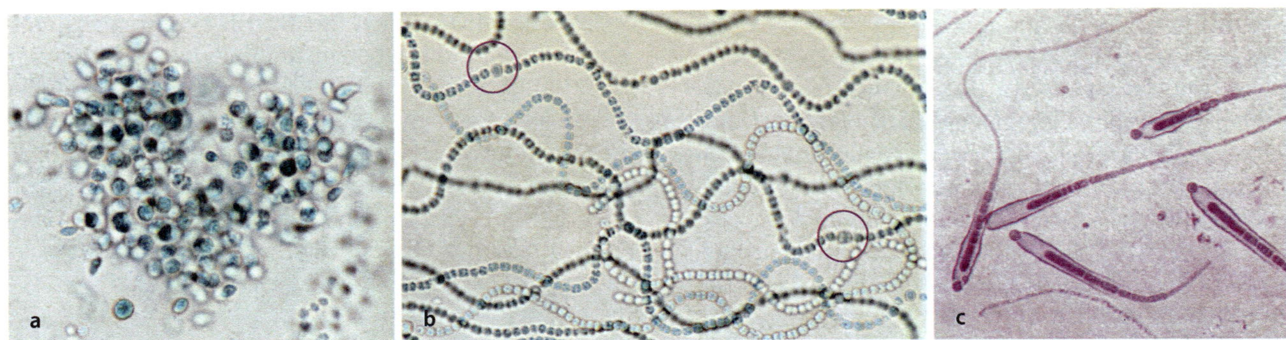

◻ **Abb. 5.1   Cyanobakterien. a**, *Microcystis*. Aggregat aus vielen, in Gallerte liegenden Einzelzellen. **b**, *Nostoc*. Zellfaden mit Heterocysten (violett eingekreist). **c**, *Rivularia*. Zellfaden mit Heterocyste an der Basis und schwanzförmigem Vorderende; die Fäden sind von Gallerte umgeben und in einer büschelförmigen Kolonie angeordnet. (© Botanische Sammlungen der JGU Mainz)

monium (NH_4^+) findet in speziellen Zellen, den **Heterocysten** (◻ Abb. 5.1b: Kreise), statt. Das beteiligte Enzym (Nitrogenase) ist sauerstoffempfindlich. Die Heterocysten beteiligen sich daher nicht an der Photosynthese. Sie sind farblos und schirmen das Enzym nach außen durch eine besonders dicke Zellwand ab.

Einige Cyanobakterien sind **Symbionten** von Flechten (▶ Exkurs 5.1) und Pflanzen. Zu diesen gehören einige Moose (◻ Tab. 5.3), Algenfarne (*Azolla*), Schwimmfarne (Salviniaceae; ◻ Abb. 5.40d, e, ▶ Abschn. 5.5.7), Palmfarne (*Cycas*, Cycadales; ▶ Abschn. 5.5.9) und Angiospermen (*Gunnera*, Gunneraceae; ▶ Abb. 8.45c). Die Cyanobakterien verbessern die **Stickstoffversorgung** der Symbionten und erhalten als Gegenleistung Schutz und Lebensraum.

Die Bedeutung der Cyanobakterien als **Bodenverbesserer** wurde schon vor 1500 Jahren von chinesischen Reisbauern erkannt. Sie setzten den Algenfarn *Azolla*, der mit *Anabaena azollae* in Symbiose lebt, in die Reisfelder und nutzten den gebundenen Stickstoff zur Düngung. Im Schutz der Pflanzen produziert das Cyanobakterium 20-mal mehr Stickstoff als in der freilebenden Form. Der fixierte Stickstoff gelangt zu über 95 % in den Boden (etwa 40 kg Stickstoff pro Hektar und Jahr) und steigert die Reisernte um 50 % (van den Hoek et al. 1995; Tetsch 2016).

Cyanobakterien dienen auch als **Energielieferanten**. Sie werden bei der Produktion von **Bioethanol** eingesetzt und könnten langfristig bei der Herstellung von **Biowasserstoff** als eine umweltfreundliche Alternative zur Wasserstoffgewinnung aus Erdgas genutzt werden (Tetsch 2016).

5.2   Einzeller und Zellaggregate

Die ursprüngliche **Lebensform** aller Organismenreiche ist die des **Einzellers** (▶ Exkurs 3.2). Sie findet sich **innerhalb** der **photoautotrophen** Organsimen bei den Cyanobakterien (▶ Abschn. 5.1) sowie primären und sekundären Algen (◻ Tab. 5.2). Innerhalb der **vielzelligen Vegetationskörper** der Landpflanzen treten regelmäßig einzellige **Stadien** zu Beginn und Ende der gametophytischen (Spore, Gameten) und sporophytischen Generationen (Zygote, Pollenkornmutterzellen) auf (▶ Abschn. 4.1.2, ▶ Tab. 4.2).

Die Ausführungen zu den Algen in den folgenden ▶ Abschn. 5.2.1 bis 5.3.4 basieren überwiegend auf van den Hoek et al. (1995).

5.2.1   Organisation einzelliger Algen

Die Algen sind eine phylogenetisch **heterogene** Gruppe aus primär bis tertiär endosymbiontisch entstandenen Evolutionslinien (▶ Abschn. 2.1, ▶ Exkurs 3.3). Entsprechend vielfältig sind ihre Organisations- und Lebensweisen (▶ Abschn. 5.3.4). Unterschiede im **Aufbau der Zelle** betreffen die Feinstrukturen von Kern, Plastiden und Zellwand, die Pigmentausstattung, die Art der Reservestoffe, die Zellwandsubstanzen (▶ Tab. 2.2) und die Art der Begeißelung (◻ Tab. 5.1).

Flagellaten und Art der Begeißelung

Innerhalb der Algen haben sich **mehrfach parallel** ähnliche Lebensformen (**Organisationsformen**) entwickelt (◻ Tab. 5.2). Am häufigsten treten Einzeller mit fester Zellwand und Geißeln (Flagellen; ▶ Abschn. 2.3.1) auf. Sie werden als **Flagellaten** bezeichnet und gehören der **monadalen Organisationsform** (◻ Abb. 5.2a) an.

Flagellaten leben als Einzeller oder bilden Kolonien (▶ Abschn. 5.2.2, ◻ Tab. 5.2). Bei den **isokont** begeißelten Formen (Chlorophyta) treten meist zwei (selten ≥4) **gleiche Geißeln** auf, die sich höchstens in ihrer Länge unterscheiden. **Heterokont** begeißelte Formen weisen demgegenüber **zwei verschiedene Geißeln** auf, die im typischen Fall in **Flimmer- und Peitschengeißel** differenziert sind. Je nach Ansatzstelle der Geißeln bewegen sich die Zellen geradlinig oder rotierend fort. **Zuggeißeln** setzen am Vorderende (akrokont), **Schubgeißeln** am

▣ Tab. 5.1 Diversität der primären und sekundären Algen (ohne systematischen Rang; Sy 4, 5). Nach van den Hoek et al. 1995; Jäger et al. 2009; Adl et al. 2012

Gruppe _ausgewählte Beispiele_	Pigmente		RS	Begeißelung		
	Chl	akzessorische Pigmente		n	Diff	Ins
Euglenophyceae Augentierchen _Euglena_	a + b	Neoxanthin, Diadinoxantin	P	± 2	i	a
Cryptophyceae Schlundgeißler _Cryptomonas_	a + c	Alloxanthin, Phycobiline	St	2	h	sub-a
Haptophyta Kalkalgen Coccolithales	a + c	Fucoxanthin, Diadinoxantin	C, P	2	i, h	a, p
Chlorarachniophyta	a + b		P?			
Dinophyta Panzergeißler _Gymnodinium, Peridinium, Noctiluca_	a + c	(Fucoxanthin) + Peridinin, Diadinoxantin	St	2	h: F, P	p
Xanthophyceae Gelbgrüne Algen _Botrydium, Vaucheria_	a + c	Heteroxanthin, Neoxanthin, Diadinoxantin	C	2		a
Chrysophyceae Goldbraune Algen _Ochromonas_		Fucoxanthin, Neoxanthin, Diadinoxantin				
Phaeophyceae Braunalgen _Dictyota_, _Laminaria, Fucus_				± 2		p
Bacillariophyceae Kieselalgen, Diatomeen _Gomphonema_				0–1		a
Glaucophyta	a		St			
Rhodophyceae Rotalgen Bangiales Florideophycidae	a	Lutein, Phycobiline	F	0		
Chlorophyta Ulvophyceae Chlorophyceae Trebouxiophyceae ‚Prasinophyta'	a + b	Lutein, Neoxanthin	St	≥2	i: P	a
Streptophyta Charophyta				0–2	i: P	sub-a

Chl, Chlorophylltypen. **RS**, Reservestoffe: C, Chrysolaminarin; F, Florideenstärke; P, Paramylon (Paramylum); St, Stärke.
Begeißelung (von vegetativen Zellen bzw. Zoogameten): n, Anzahl der Geißeln. Diff, Differenzierungsgrad: F, Flimmergeißel; h, heterokont; i, isokont; P, Peitschengeißel. Ins, Insertion (Anheftung): a, akrokont; o, opisthokont; p, pleurokont

◘ Tab. 5.2   Vorkommen und Organisation der primären und sekundären Algen (Tab. 5.1). Nach van den Hoek et al. 1995; Jäger et al. 2009; Adl et al. 2012; Guiry und Guiry 2017

Gruppe Beispiele s. ◘ Tab. 5.1	Artenzahl	Lebensraum			Organisationsform
		marin	lim., terr.	LW	
Euglenophyceae Augentierchen	800–1400	+	++*	Plankton	**Flagellaten** (3)
Cryptophyceae Schlundgeißler	200	+	+*		**Flagellaten** (3), 7
Haptophyta*** Kalkalgen	< 700	+++**	–	Plankton Benthos	**Flagellaten** (2), (3), (4), 6, (7)
Chlorarachniophyta	100	+++		Plankton	**Amöben**
Dinophyta Panzergeißler	2–3,3 x 10^3	+++**	+		**Flagellaten** (2), (3), 4, (7)
Xanthophyceae*** Gelbgrüne Algen	~ 700	+	++		**Kokken** 1, 2, 3, 5, **7**
Chrysophyceae Goldbraune Algen	600–1000	+	++*		**Flagellaten** 2, 3, 4, 6, 7, 12
Phaeophyceae Braunalgen	1,5–2 1× 10^3	+++	(l)	Benthos	**Symplasten** 8, 13
Bacillariophyceae*** Kieselalgen/Diatomeen	11–20 × 10^3	+	+	Plankton	**Kokken**
Glaucophyta	~ 20	-	+++		**Flagellaten**
Rhodophyceae Rotalgen Bangiales Florideophycidae	5–7 × 10^3	++	+	Benthos	4, 7 **Plectenchym**: 8, 11
Chlorophyta Ulvophyceae Chlorophyceae Trebouxiophyceae ‚Prasinophyta‘	< 6400	+++** +	+ +++*	Plankton Benthos	5, 7, 13 1, 3, 4, 5, 6, 7, 8, 9, 12 4 1, 4
Streptophyta Charophyta	~ 4500		+++		4, (10) **Symplasten**: 13

Lebensraum: lim., limnisch; terr., terrestrisch. Kreuzchen: Verteilung der Arten. LW, Lebensweise. * Kontraktile Vakuole. ** Algenblüte/Algenpest. *** Kieselsäure-, Kalkeinlagerung. **Organisationsform** (◘ Abb. 5.2 und 5.10): 1–5, Einzeller. 1, Monadal (Flagellat). 2, Amöboid (Amöbe). 3, Capsal. 4, Coccal (Kokke). 5, Siphonal. 6, Kolonie, Coenobium. 7–8, Zellfaden aus einkernigen Zellen (trichal): 7, Ohne Plasmabrücken. 8, Mit Plasmabrücken. 9–10, Zellfaden aus mehrkernigen Zellen (siphonocladal): 9, Ohne Plasmabrücken. 10, Mit Plasmabrücken. 11, Plectenchym aus Zellfäden mit Plasmabrücken. 12, 13, Gewebethallus (thallos): 12, Ohne Plasmabrücken. 13, Mit Plasmabrücken (Symplast). Fettdruck: häufigste Ausprägung. Zahlen in Klammern: Organisationsform nur in einzelnen Lebensstadien oder Thallusabschnitte (Charophyta)

Hinterende (opisthokont) an. Unterhalb des Vorderendes (subakrokont) und seitlich inserierende Geißeln (pleurokont) führen zu einer **spiraligen** Bewegung.

Unter bestimmten Bedingungen, z. B. beim Übergang in eine Dauerspore (*Chlamydomonas*; ► Abb. 4.5), werden die Geißeln **eingezogen**, und die Zelle geht in die coccale oder capsale Organisationsform über. Auch den umgekehrten Fall gibt es, bei dem ansonsten unbegeißelte Organismen in **bestimmten Entwicklungsstadien** Geißeln ausbilden, z. B. bei der Bildung von **Zoosporen** (► Abschn. 4.2).

Die **Spermatozoiden** (begeißelte Gameten) der **Streptophyta** (Sy 5) gehören ebenfalls der monadalen Organisationsform an. Sie haben (meist zwei) einseitig ansetzende Geißeln, die zu einer schraubenförmigen Bewegung führen.

Die Organisationsform der Flagellaten gilt als **ursprünglich** und findet sich in fast allen einzelligen Algen-

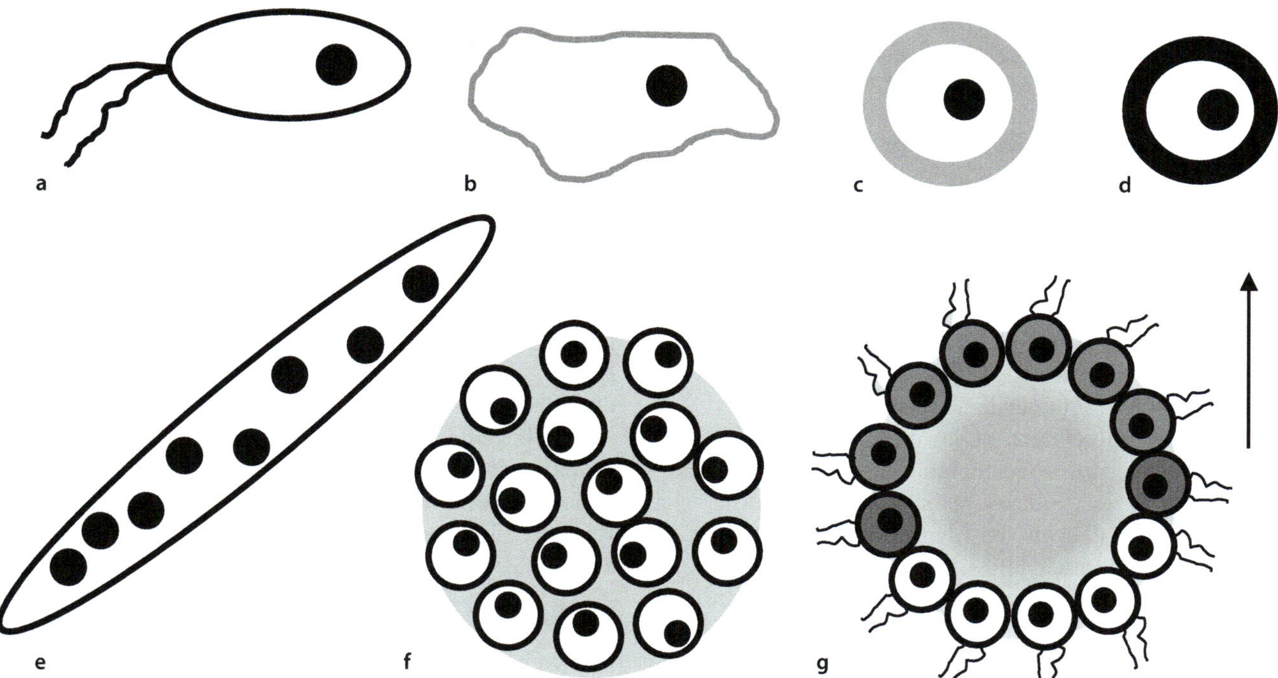

Abb. 5.2   Organisationsformen von Einzellern und Zellverbänden (■ Tab. 5.2). **a**, Monadal. Begeißelter Einzeller (Flagellat). **b**, Amöboid. Einzeller ohne feste Zellwand (Amöbe). **c**, Capsal. Einzeller mit Gallerthülle (grau). **d**, Coccal. Einzeller mit fester Zellwand (schwarz; Kokke). **e**, Siphonal. Großer Einzeller mit vielen Kernen (polyenergid). **f**, Palmelloid. Kolonie aus capsalen Einzelzellen durch Gallerte zusammengehalten. **g**, Coenobial. Zellkugel von *Volvox* mit arbeitsteiliger Differenzierung. Dunkelgrau: vegetativer Pol. Weiß: reproduktiver Pol. Pfeil: Bewegungsrichtung. (© Original)

linien (■ Tab. 5.2). Zu den bekanntesten Beispielen gehört die Grünalge (*Chlamydomonas*; ▶ Abb. 2.6g und ▶ 4.5). Überwiegend flagellat leben einige sekundäre Algen (▶ Abschn. 2.1.2) wie die Augentierchen (*Euglena*) und Schlundgeißler (Cryptophyceae). Beide Gruppen weisen keine Zellwand, sondern eine Pellicula aus Proteinen auf (▶ Tab. 2.2) und umfassen neben photoautotrophen Arten auch heterotrophe Vertreter. Ausschließlich flagellat leben die wenigen Arten der Glaucophyta und die Dinophyta (■ Tab. 5.2).

Amöben und kontraktile Vakuolen

Die Zellen der **Amöben** sind lediglich von einer Membran umgeben. Sie besitzen **keine Zellwand** und **keine Geißeln** und gehören der amöboiden (rhizopodialen) Organisationsform (■ Abb. 5.2b) an.

Amöben bewegen sich unter fortwährender **Gestaltveränderung** durch Plasmaausstülpungen fort. In Medien mit zellgleichem osmotischem Druck (**isotonisches** Milieu), wie z. B. im Meer, können die Zellen problemlos leben. Im Süßwasser ist die Ionenkonzentration im Zellinneren dagegen höher als in der Umgebung (**hypotonisches** Milieu), und die Zellen nehmen ständig Wasser auf (▶ Abschn. 2.2.3). Mithilfe rhythmisch pulsierender Bläschen (**pulsierender** oder **kontraktiler Vakuolen)** pumpen sie das Wasser wieder aktiv aus der Zelle heraus. Dazu werden die Bläschen zunächst mit

Protonen aus dem Cytoplasma angereichert, woraufhin Ionen einströmen. Die höhere Konzentration im Bläschen lässt Wasser hineindiffundieren. Die Vakuole dehnt sich bis zu einer bestimmten Größe aus, fusioniert dann mit der Zellmembran und schleust das Wasser mitsamt der Ionenladung aus der Zelle (**Exocytose**; ▶ Abb. 2.11a). Die rhythmische Wiederholung dieses Vorganges lässt sich gut unter dem Lichtmikroskop beobachten (z. B. beim Augentierchen *Euglena gracilis*).

Die meisten Amöben sind heterotroph. **Photoautotrophe Amöben** finden sich nur vereinzelt bei den sekundären Algen der Chlorarachniophyta, Alveolata (Dinophyta) und Stramenopiles (Chrysophyceae, Xanthophyceae; ■ Tab. 5.2). Innerhalb der Pflanzen (Archaeplastida: primäre Algen, Landpflanzen) fehlen amöboide Formen.

Capsale Algen und Gallerthüllen

Capsale (capsale) Zellen sind von einer **Gallerthülle** umgeben. Sie bilden die capsale (kapsale) Organisationsform (■ Abb. 5.2c).

Capsale Algen sind von einer Membran umgeben. Sie haben **keine Zellwand**, sind meist **unbegeißelt** und neigen zur **Koloniebildung** (■ Abb. 5.2f). Liegen mehrere capsale Zellen in einer gemeinsamen Gallertmasse, spricht man von einem **palmelloiden** Stadium (▶ Abschn. 5.2.2). Wie die Flagellaten treten auch die capsalen Algen in verschiedenen Gruppen auf, z. B. bei den Kalkalgen (*Phaeo-*

cystis), Panzergeißlern (*Gloeodinium*), Goldbraunen Algen (*Chrysocapsa*), Xanthophyceae (*Herterogloea*) und Grünalgen (*Pseudosphaerocystis*; ◘ Tab. 5.2).

Kokken und feste Zellwände

Die coccale Organisationsform ist durch **feste Zellwände** oder andere feste Hüllstrukturen charakterisiert; Geißeln fehlen (◘ Abb. 5.2d). Die Zellwand besteht meist aus **Cellulose** (*Chlorella*) oder aus Celluloseplättchen mit **verkalkten Schuppen** (Haptophyta: Coccolithales). Die Zellwand der **Xanthophyceae** besteht aus Pektinen, Cellulose, Kalk (Calciumcarbonat, $CaCO_3$) und/oder Kieselsäure (Siliciumdioxid, SiO_2).

Bei den **Kieselalgen** (Diatomeen) ist die Zellwand durch Einlagerung von **Siliciumdioxid** verfestigt. Sie besteht aus zwei Silicatscheiben (Theken), die sich schachtelartig decken. Bei der Zellteilung weichen die Theken auseinander, und die jeweils kleinere wird neu gebildet. Dadurch nimmt die Zellgröße mit der Zahl der Zellteilungen kontinuierlich ab. Erreicht sie eine Minimalgröße, werden unbegeißelte Gameten gebildet, die miteinander fusionieren. Die Zygote ist von einer Pektinmembran umgeben, die zunächst Größenzunahme zulässt und nach Erreichen der Adultform durch die starren Theken ersetzt wird.

In den Zellwänden einiger **coccaler Grünalgen** (z. B. *Chlorella, Scenedesmus, Pediastrum*) und Dinophyta sowie der **Dauerzygoten** der Jochalgen (z. B. *Spirogyra, Mougeotia*) tritt eine **sporopollenin**ähnliche Substanz auf. Sporopollenin ist ein chemisch sehr widerstandsfähiger Stoff (► Abschn. 2.2.4), der auch in den Sporen und Pollenkörnern **aller Landpflanzen** vorkommt und vermutlich ein gemeinsames Erbe der Streptophyta ist.

Die coccale Organisationsform ist sehr häufig und tritt z. B. bei den Goldbraunen Algen (*Chrysosphaera*), Panzergeißlern (*Dinococcus*), Rotalgen (*Porphyridium*) und Grünalgen (*Chlorella, Chlorococcus, Trebouxia*) auf. Als unbegeißelte Formen gehören die Kokken dem **Plankton** (► Abschn. 5.3.4) an, in dem sie einzeln oder in Kolonien vorkommen. Die Jochalgen (◘ Abb. 5.3a, b) werden aufgrund ihrer eindrucksvollen Formenfülle auch als Zieralgen bezeichnet.

Schlauchalgen und gestaltliche Gliederung

Die Schlauchalgen haben einen **vielkernigen** Protoplasten (polyenergid, coenocytisch; ► Abschn. 2.4.2) und eine große, schlauchförmige Gestalt. Sie gehören der **siphonalen** Organisationsform (◘ Abb. 5.2e) an und kommen nur bei den **Gelbgrünen Algen** (Xanthophy-

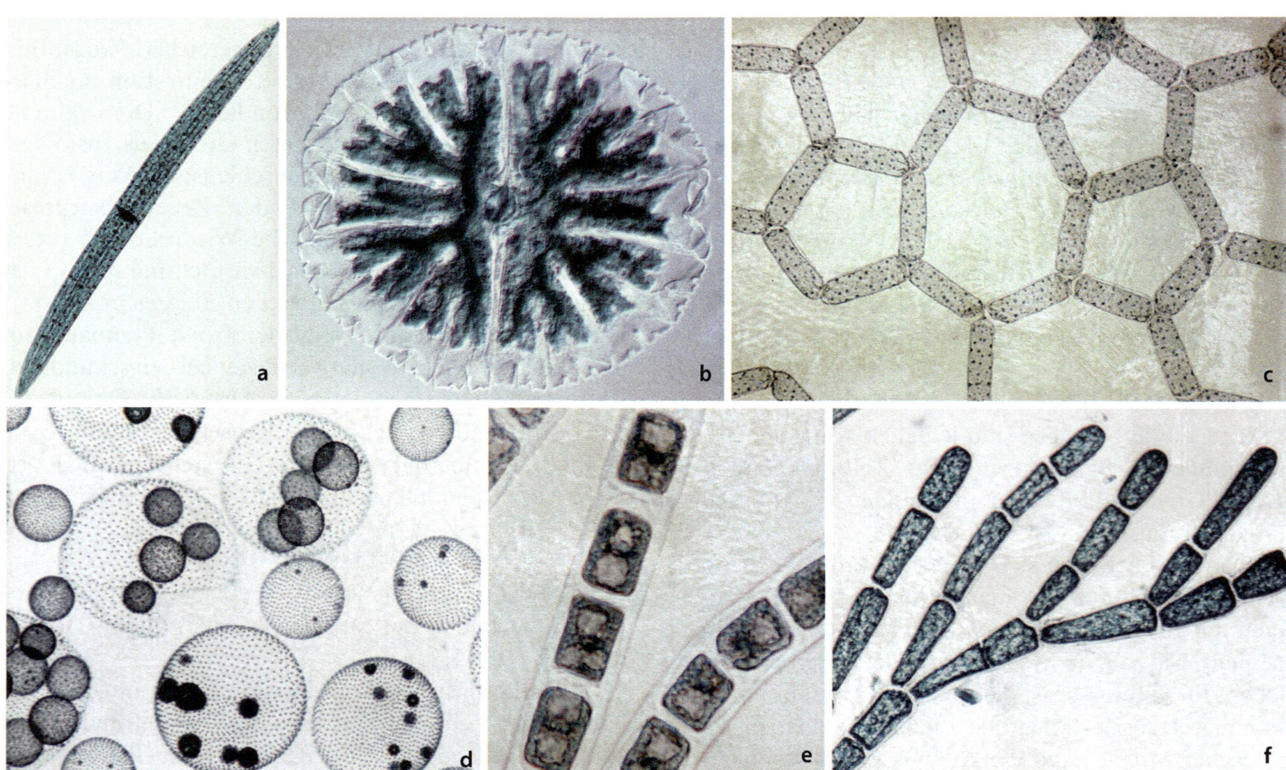

◘ **Abb. 5.3   Einzeller und Zellaggregate bei Grünalgen. a, b,** Joch-, Schmuckalgen (Zygnematophyceae). **a,** *Closterium.* **b,** *Micrasterias.* **c, d,** Chlorophyceae. **c,** Wassernetz (*Hydrodictyon*). **d,** *Volvox.* Coenobium. Zellkugel mit Tochterkugeln. **e, f,** Ulvophyceae. **e,** *Ulo-thrix.* Zellfaden ohne Plasmabrücken (trichaler Mehrzeller). **f,** *Cladophora.* Mehrzeller, siphonocladal verzweigter Zellfaden. (© Botanische Sammlungen der JGU Mainz)

ceae, z. B. *Vaucheria*) und **Grünalgen** (Bryopsidales, Dasycladales) vor (Sy 5).

Bryopsidales

Die Bryopsidales sind **immer siphonal**. Sie weisen gigantische Einzelzellen auf, die mehrere Meter (!) Länge erreichen können (z. B. *Caulerpa prolifera*). Interessanterweise haben die Zellen eine **definierte Gestalt** und weisen eine **funktionale Gliederung** auf, wie sie in **analoger** Weise von vielzelligen Pflanzen bekannt ist (▶ Abb. 2.1).

Caulerpa prolifera bildet einen vielkernigen Protoplasten (■ Abb. 5.15a). An bestimmten Stellen stülpt die Zelle ihre Wände aus und bildet **phylloide** (assimilierende), **cauloide** (stielförmige) oder **rhizoide** (verankernde) Abschnitte (▶ Exkurs 5.2). An den Stellen der Zellwandausstülpung sammeln sich zahlreiche Kerne, die die hohe Stoffwechselaktivität in diesen Zellbereichen gewährleisten. **Stabilität** erhält die Pflanze **primär** durch den Innendruck des Zellinhaltes gegen die Zellwand (**Turgor**; ▶ Abschn. 2.2.3). Als **zusätzliche** Festigungselemente dienen Versteifungen (**Trabeculae**) aus Wandsubstanzen (Xylanen). Wenn der Thallus zerreißt, kann er durch Synthese neuen Zellwandmaterials wieder regeneriert werden (**Wundverschluss**). Durch **Zellfragmentierung** ist **vegetative Vermehrung** möglich.

Caulerpa taxifolia (**Killeralge**) ist mit einem Wachstum von 8 cm pro Tag die am schnellsten wachsende Alge. Sie wurde ins Mittelmeer eingeschleppt, wo sie keine natürlichen Feinde hat, und ist dort zur Plage geworden (invasive Art; ▶ Exkurs 3.10).

Die **Meerestrauben** (*C. lentillifera*) sind ein beliebtes Gericht der indopazifischen Küche (■ Abb. 5.5e, f). Sie werden vor den Küsten der Philippinen, Sabahs (Malaysia) und Okinawas (Japan) in Aquafarmen angebaut und als Salat oder Beilage gegessen.

Weitere Vertreter der Bryopsidales sind z. B. *Derbesia marina* (▶ Abb. 4.7) mit bis zu 10 cm langen Schläuchen und *Codium tomentosum* mit gabelig geformten Schläuchen, die sich miteinander zu einer Art Thallus verflechten (■ Abb. 5.5d). Arten der Gattung *Halimeda*, deren Zellwände verkalkt sind (Inkrustation mit Aragonitkristallen, Calciumcarbonat), gehören zu den **Riffbildnern** tropischer Meere.

Dasycladales

Die Dasycladales sind ebenfalls **immer siphonal** organisiert und gestaltlich gegliedert (Berger und Kaever 1992). Ihr bekanntester Vertreter, die Schirmalge *Acetabularia acetabulum* (syn. *A. mediterranea*), bildet auf einem etwa 5 cm langen Stiel eine hutförmige Struktur (■ Abb. 5.4). Sie ist ein charakteristisches Element flacher Felsküstenbereiche des Mittelmeeres, wo man sie gut mit bloßem Auge beobachten kann (z. B. auf dem roten Porphyrfels Sardiniens). Da die Zellwände mit

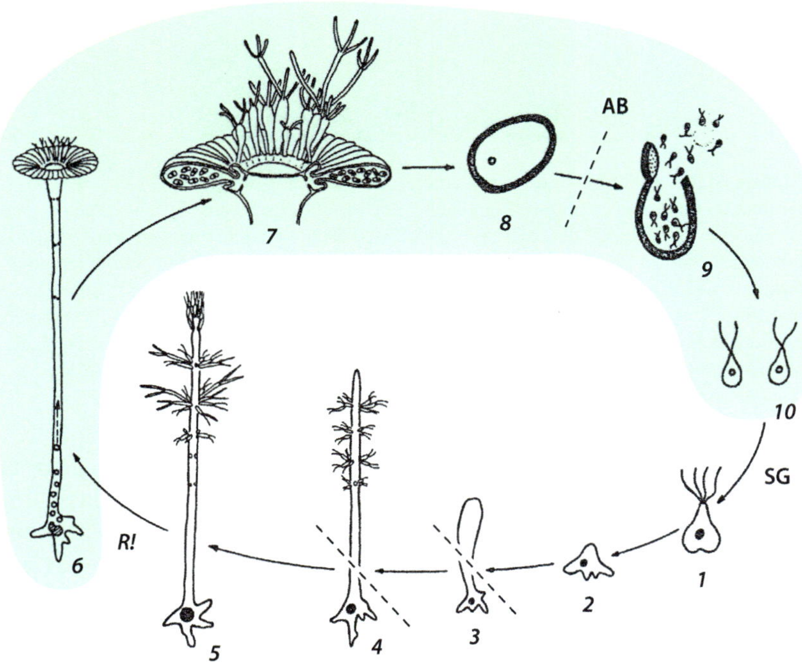

■ **Abb. 5.4 Entwicklungszyklus von *Acetabularia acetabulum* (Dascladaceae).** *1–3*, Erstes Jahr. *1*, Begeißelte Zygote (Zoidiozygote). *2*, *3*, Zellstreckung. Überdauerung des Winters mit dem basalen Teil (gestrichelte Linie). *4*, Zweites Jahr. Erneute Streckung der Zelle und Haarbildung. Überdauerung wie im Vorjahr. *5–8*, Drittes Jahr. *5*, Beginn der Schirmbildung. Meiose (*R!*). *6*, Transport mitotisch entstanener Kerne in die Schirmstrahlen. *7*, Bildung einkerniger Cysten. *8*, Freisetzung der Cysten, Überdauerung (gestrichelte Linie) und Ausbreitung (AB). *9*, *10*, Viertes Jahr, Beginn eines neuen Lebenszyklus. *9*, Freisetzung der Gameten. *10*, Syngamie (SG) und Zygotenbildung (*1*). Hellgrün unterlegt: Gametophyt. (© Hagemann 1984, verändert. Mit freundlicher Genehmigung)

5

◘ **Abb. 5.5   Einzellige und fädige Algen. a,** Riffbildende Algen sind für den Erhalt der Korallenbänke unentbehrlich. Atoll im südjapanischen Meer. **b,** Die intensive Rotfärbung des extrem salzhaltigen Tuz Gülü (Zentralanatolien) beruht auf ß-Carotin, das von der einzelligen Grünalge *Dunaliella salina* in großen Mengen zum Schutz vor hoher Sonneneinstrahlung gebildet wird. **c,** Terrestrische Grünalgen bilden zusammen mit Flechten den einzigen Bewuchs auf nackten Böden. Küstenwüste bei Lima, Peru. **d–g,** Siphonale Grünalgen (Bryopsidales). **d,** *Codium* mit gabelig geteilten Zellaus-stülpungen. Bretagne. **e, f,** *Caulerpa lentillifera*. Die ‚Meerestrauben' (Umi-budō) sind eine Spezialität der japanischen Insel Okinawa, wo sie frisch als Salat gegessen werden; die Zellen werden einige Dezimeter lang und weisen blasenartige Zellausstülpungen auf. **g,** Brunnenwasser mit einem teppichartigen Belag aus Grünalgen (z. B. *Spirogyra*). **h,** In Bächen treten festsitzende, fadenförmige Grünalgen (trichale Organisation) auf. (© d: W. Rühle. Botanische Sammlungen der JGU Mainz. Übrige Bilder: R. Claßen-Bockhoff, Mainz)

Calciumcarbonat (Aragonitkristallen) inkrustiert sind, erscheint sie grünlich-weiß. *Acetabularia*-Arten sind seit der Kreide bekannt und wichtige **Riffbildner**. Sie sind an der Bildung großer Teile der Kalkalpen beteiligt.

Der **Lebenszyklus** von *Acetabularia acetabulum* dauert drei Jahre (Koop 1979; van den Hoek et al. 1995). Nach der Befruchtung verlängert sich die Zygote zu einem schlauchförmigen Einzeller (◘ Abb. 5.4: *1–3*). Dieser formt an der Basis Zellausstülpungen (‚Rhizoide'), die den diploiden Zygotenkern enthalten. Mit dem basalen Teil überdauert die Alge den Winter, erneuert im nächsten Jahr ihren Schlauch (*4*), der im

Herbst wieder zugrunde geht und nur den basalen Überdauerungsteil übrig lässt. Im dritten Jahr tritt die Alge in die reproduktive Phase ein. Sie bildet einen artspezifischen Hut (Schirm) aus Zellausstülpungen. Der diploide Kern vergrößert sich zu einem Riesenkern von 100 µm Durchmesser (*5*) und durchläuft die **Meiose** (*R!*). Anschließende mitotische Kernteilungen führen zu Tausenden kleiner haploider Kerne (Sekundärkerne). Je ein Kern wandert mittels Plasmaströmung in eine der Hutausstülpungen (*6*) und bildet dort eine dickwandige Kokke (*7*). Die Mutterzelle geht zugrunde, und nur die Cysten überdauern den Winter (*8*).

Ihre Kerne teilen sich mehrfach und bilden im Frühjahr Isogameten *(9)*, die durch das Aufplatzen der Cyste freigesetzt werden *(10)* und paarweise zu Zygoten verschmelzen (SG, *1*).

Acetabularia hat eine ähnlich hohe **Regenerationsfähigkeit** wie *Caulerpa*. In den 1930er-Jahren wurde die einzellige Alge als **Modellorganismus** für physiologische Experimente entdeckt (Hämmerling 1934). Kernentnahme, Kernübertragung, Amputations- und Pfropfexperimente lieferten erste Erkenntnisse über die Kern-Plasma-Relation und die Steuerung **morphogenetischer Differenzierungsprozesse** in Zellen.

5.2.2 Vom Einzeller zum Vielzeller

In verschiedenen Algengruppen treten einzellige Algen zu Verbänden zusammen. Diese werden als **Kolonien** oder **Coenobien** bezeichnet. Die beiden Organisationsbezeichnungen sind nicht klar definiert und werden auch synonym verwendet. Tendenziell sind Kolonien eher Zellverbände, die sich sekundär aus frei umherschwimmenden Einzellern bilden (◘ Abb. 5.2f), während Coenobien aus den zusammenbleibenden Tochterzellen einer Mutterzelle entstehen; ihre Zellzahl ist weitgehend festgelegt und konstant (◘ Abb. 5.2g).

Koloniebildung kommt bereits bei den **Cyanobakterien** vor, bei denen einzelne Zellen von Schleim zusammengehalten werden (z. B. *Microcystis*; ◘ Abb. 5.1a). Die Grünalgen *Pediastrum* und *Scenedesmus* (Sphaeropleales) bilden flache, meist wenigzellige Kolonien. Bei der zur gleichen Gruppe gehörenden *Hydrodictyon reticulatum* (Wassernetz; ◘ Abb. 5.3c) bilden bis zu 1000 Zellen ein netzförmiges, bis 20 cm großes Aggregat. In all diesen Fällen lagern sich ungeordnet umherschwimmende **Flagellaten** zu einem geordneten System zusammen. Es tritt **keine Differenzierung** zwischen den Zellen auf, die auch außerhalb des Verbandes als Einzelzellen lebens- und fortpflanzungsfähig sind.

Beispiel Chrysophyceae

Innerhalb der Goldbraunen Algen bildet *Hydrurus foetidus* (capsale Organisationsform) bis zu 20 cm große Gallertlager. Obgleich die darin eingebetteten Zellen voneinander isoliert sind, zeigt das gesamte Lager eine **Polarität** mit spitzenwärts gerichtetem Wachstum.

Beispiel Chlamydomonadales

Die **Volvocaceae** sind Bestandteil des Süßwasserplanktons (▶ Abschn. 5.3.4). Einige Arten bilden Coenobien aus einer **definierten Anzahl** flagellater Zellen,

die durch **Gonitogonie** (▶ Abschn. 2.4.2) aus einer **einzigen Mutterzelle** entstehen. Die Tochterzellen bilden einen durch Gallerte zusammengehaltenen Zellverband, der keine weiteren Zellteilungen durchführt:

- Im einfachsten Fall (***Gonium*, *Pandorina***) lagern sich vier bis 16 begeißelte Zellen vom *Chlamydomonas*-Typ (▶ Abb. 4.5) zu Kolonien zusammen. Sie haben keinen plasmatischen Kontakt untereinander, sondern liegen in einer gemeinsamen **Gallertmasse**. Dennoch ordnen sich die Einzelzellen in einer aufeinander abgestimmten Weise zueinander an und bewegen sich mittels eines **geregelten Geißelschlages** als Ganzes fort.

- Bei *Platydorina* und *Eudorina* bilden meist 32 (16 bis 64) Zellen eine Kolonie, die eine **schwach polare Differenzierung** in ein Vorder- und ein Hinterende aufweist. Die Zellen unterscheiden sich in ihrer Größe und in der Größe ihres Augenflecks (Pigmenteinlagerung zur Raumorientierung durch Licht). Auch hier sind die Einzelzellen nur durch Gallerte verbunden und einzeln fortpflanzungsfähig.

- Die Zellverbände von *Volvox* umfassen bis zu 10.000 Zellen (◘ Abb. 5.3d) und sind **funktional differenziert**. Sie weisen einen vorderen **trophontischen** (vegetativen) Pol auf, der der Ernährung dient (griech. *trophe*, „Ernährung"), und einen hinteren **generativen** Pol für die sexuelle Fortpflanzung. Alle Zellen liegen mit ihren Geißeln nach außen auf der Oberfläche einer Gallertkugel (◘ Abb. 5.2g). Durch **koordinierten Geißelschlag** bewegt sich die Zellkugel gerichtet fort. **Vegetative Vermehrung** ist wesentlich häufiger als Gametenbildung (▶ Abschn. 4.2.1). Sie läuft in ähnlicher Weise ab: Einzelne Zellen vergrößern sich ins Innere der Gallerte hinein, durchlaufen multiple Mitosen, stülpen sich um und entlassen je eine komplette Tochterkolonie (◘ Abb. 5.3d).

Elektronenmikroskopische Untersuchungen haben gezeigt, dass die Zellen von *Volvox* über **Plasmabrücken** in Kontakt stehen. Die **Zellteilung** ist **unvollständig**, und die Plasmastränge bleiben auch nach dem Auseinanderweichen der Zellen durch die Gallerte hindurch erhalten. Dadurch entsteht ein **Symplast**, der sich **unabhängig** vom Symplasten der Landpflanzen entwickelt hat (Bisalputra und Stein 1966).

Mit seiner **arbeitsteiligen Differenzierung** erreicht *Volvox* erstmals innerhalb der Zellverbände ein Stadium, das dem Differenzierungsgrad einer zellulär gegliederten Pflanze entspricht und den **Tod** von **Zellen** mit sich bringt.

Exkurs 5.1 Flechten – Symbiose aus Algen und Pilzen

Flechten (Lichenes) sind **photoautotrophe**, grüne, gelbe oder orange Lebensgemeinschaften aus **Cyanobakterien oder Algen und Pilzen**. Die Farbstoffe (Chlorophylle, Carotinoide; ▶ Exkurs 2.2) stammen von den phototrophen Organismen, mit denen der Pilz in **Symbiose** lebt (▶ Exkurs 3.4):

— Der Pilzpartner ist meist ein **Ascomycet** (Schlauchpilz). Er umgibt die Symbionten mit Zellfäden (Hyphengeflecht) und versorgt sie mit **Wasser und Nährsalzen** aus dem Boden. Der Pilz bestimmt gewöhnlich die Gestalt, den Stoffwechsel und das Wachstum der Flechte.

— Der photoautotrophe Partner ist meist eine **Grünalge**; es können aber auch **Cyanobakterien** oder mehrere autotrophe Arten beteiligt sein. Wichtige Symbionten unter den Algen sind einzellige Vertreter von *Trebouxia*, *Myrmecia* (beide Trebouxiales; Sy 5:32) und *Pleurococcus* (Chaetophorales; Sy 5:24) oder fädige Arten von *Trentepohlia* (◘ Abb. 5.11h; Trentepohliales s. Sy 5:17). Die bedeutendsten Symbionten unter den Cyanobakterien gehören zu *Nostoc* und *Gloeocapsa*. Die photoautotrophen Organismen liefern Assimilate aus der Photosynthese. In Anpassung an die Symbiose produzieren sie statt Zucker **Zuckeralkohole**, die für den Pilz besser verwertbar sind.

Flechten sind **oftmals parallel** entstanden. Darauf deutet die Vielzahl der Pilz- und Algenpartner hin. Bei den Grünalgen finden sich Symbionten in 30 verschiedenen Gattungen und bei den Cyanobakterien in fast allen Entwicklungslinien. Sie treten an unterschiedlichen Standorten und mit verschiedenen Wuchsformen auf:

— **Krustenflechten** findet man auf blankem Felsen, auf Steinen, Baumstämmen oder Ästen (◘ Abb. 5.6b, d, g, i). Sie sind wichtige **Pioniere** und allein in Mitteleuropa mit weit über 1000 Arten vertreten. Krustenflechten wachsen annähernd konstant und sehr langsam in zentrifugaler Richtung. Sie können **sehr alt** und zur **Altersbestimmung** von Kulturdenkmälern herangezogen werden. Eine Landkartenflechte (*Rhizocarpon geographicum*) in Grönland wurde auf 4500 Jahre geschätzt, das Alter der Monumentalfiguren auf den Osterinseln über den Flechtenbewuchs auf 500 Jahre datiert (Marbach und Kainz 2002).

— **Blattflechten** liegen dem Untergrund dicht auf und wachsen etwa 1–5 mm pro Jahr. In der Gattung *Peltigera* bilden Grünalgen mit dem Pilz eine blattähnliche Fläche, auf der *Nostoc*-Kolonien (Cyanobakterien) als schwarze Punkte erkennbar sind (◘ Abb. 5.6e).

— **Strauchflechten** sind dreidimensional organisiert. Zu ihnen gehören die bekannten Bartflechten (*Usnea*; ◘ Abb. 5.6a) feuchter Wälder, die beachtliche Länge erreichen können, und die Rentierflechten (*Cladonia*; ◘ Abb. 5.6h), die wie kleine Bäumchen aussehen. Sie werden zur Landschaftsgestaltung im Modelleisenbahnbau und zur Dekoration von Kränzen verwendet.

Flechten haben sehr **unterschiedliche Ansprüche** an ihren Standort. Am besten gedeihen sie in feuchtem Milieu (z. B Nebelwälder; ◘ Abb. 5.6a). Einige Vertreter kommen als **Pioniere** vor, leben an extremen Standorten im Hochgebirge oder in der Wüste. Dort überleben sie aufgrund ihrer Fähigkeit, vollständig austrocknen (**poikilohydrisch**; ▶ Exkurs 5.3) und jahrelang in diesem Zustand verharren zu können. Flechten nehmen Schadstoffe ungefiltert aus der Luft auf und dienen daher als **Bioindikatoren** für **Luftqualität**. Sie produzieren spezifische **Inhaltsstoffe**, die gegen Husten (Isländisches Moos, *Cetraria islandica*) und Infekte (Usninsäure aus *Usnea*) genutzt werden.

■ **Abb. 5.6** **Flechten. a,** Bartflechte (*Usnea*). Die lang herabhängenden Flechten sind typische Erscheinungsformen in Nebelwäldern. **b,** Blattförmige Flechte der Namib-Wüste. Die Flechten wachsen sehr langsam und können ein hohes Alter erreichen. **c,** Wolfsflechte (*Letharia*). Sehr häufiger Überzug auf Felsen. **d,** *Xanthoria*. Intensiv gelb gefärbte Stauchflechte auf dem Zweig eines Nadelbaums. **e,** *Peltigera*. Blattartige Flechte mit Kolonien von *Nostoc* (Cyanobakterien: schwarze Punkte), vermutlich über 100 Jahre alt. **f,** *Cladonia*. Häufige Flechte mit trompetenförmigen Fruchtkörpern. **g,** Baumstamm mit Flechten und Moosen bewachsen. **h,** Rentierflechte (*Cladonia*). Die Strauchflechten werden im Modelleisenbahnbau verwendet. **i,** *Vulpicida*. Krustenflechte auf toten Ästen. **j,** *Xanthoria* und andere Krustenflechten. (© R. Claßen-Bockhoff, Mainz)

5.3 Thalluspflanzen

Im Laufe der Evolution sind **mehrfach unabhängig** voneinander vielzellige Körperformen entstanden. **Vielzelligkeit** ermöglicht **Größenzunahme**, erhöht den **Fraßschutz** und erlaubt eine stärkere funktionale **Differenzierung**. Sie bringt somit Eigenschaften mit, die die **Überlebensfähigkeit** eines Organismus erhöhen.

Die **Vergrößerung** eines Organismus ist durch die **Kern-Plasma-Relation** begrenzt. Diese besagt, dass sich das Volumen einer Zelle nur in einem bestimmten Verhältnis zur Zellkerngröße ausdehnen kann. Eine überdimensionale Vergrößerung der Zelle ist daher nur bei gleichzeitiger **Vielkernigkeit** des Protoplasten möglich. Sie bringt allerdings **mechanische Probleme** mit sich, wie die Riesenzellen von *Caulerpa prolifera* (◘ Abb. 5.15a) zeigen, die ihre Stabilität nur durch zusätzliche Stützelemente erreichen. Das Bauprinzip der **polyenergiden Riesenzelle** hat sich im Laufe der Evolution nicht durchgesetzt, sondern wurde durch einen Vegetationskörper aus **vielen einkernigen Zellen** ersetzt.

Bei den **Algen**, **Moosen** und **Gametophyten** der Bärlapp- und Farnpflanzen hat sich die Organisationsform des **Thallus**, bei den **Sporophyten** der Gefäßpflanzen die des **Kormus** durchgesetzt (▶ Abschn. 5.5). Der Thallus der **Landpflanzen** entspricht immer dem sexuellen **Gametophyten**. Er ist bei den Moosen die dominante Generation und bestimmt die Formbildung und Lebensweise der Pflanze. Bei **Algengruppen** mit Generationswechsel kommen neben gametophytischen auch sporophytische Thalli vor (*Ulva*; ▶ Abb. 4.8 und 5.11g), oder es entwickelt sich nur ein **sporophytischer Thallus** (*Fucus*; ◘ Abb. 5.16c), auf dem sich der Gametophyt entwickelt (▶ Abb. 4.12).

5.3.1 Definition des Thallus

Eukaryotische Pflanzen ohne **ausgeprägte Festigungselemente** (Tracheiden, Kollenchym, Sklerenchym; ▶ Abschn. 5.4.2 und ▶ 7.3) besitzen einen Thallus. Sie fallen an trockenen Standorten in sich zusammen und bilden **Lager**, die zu ihrer Namensgebung geführt haben (Thallophyten, wörtl. „Lagerpflanzen").

Üblicherweise wird der Thallus als ein Vegetationskörper definiert, der nicht in Organe gegliedert ist. Angesichts der gestaltlich-funktionalen Gliederung zahlreicher Algen und Moose (▶ Exkurs 5.2) und der Unschärfe des Organbegriffs (▶ Exkurs 5.5) ist diese Definition aber unbefriedigend. Aus diesem Grund wird der Thallus hier über das **fehlende** (bzw. geringe) **Festigungsgewebe** definiert.

Der **Thallus** ist ein zellulär gegliederter Vegetationskörper, der als **Mehrzeller** (Zellen ohne Plasmakontakt) oder **Symplast** (Zellen mit Plasmkontakt; ▶ Abschn. 1.1.3, ▶ 2.2.4 und ▶ 5.3.3) organisiert ist. Seine Körperzellen sind **unbeweglich** und über eine feste **Zellwand** miteinander verbunden. Der Thallus ist **wachstumsfähig**, meist **festsitzend** und **polar** organisiert. Er weist eine geringe histologische Differenzierung auf und ist gewöhnlich an ein Leben **im Wasser** oder an **feuchten Standorten** gebunden.

5.3.2 Wachstum und Verzweigung

Die Vegetationskörper der Landpflanzen, Thallus und Kormus, stimmen auf **zellulärer Ebene** in ihren Wachstums- und Verzweigungsprozessen weitgehend überein. Die folgenden Ausführungen beziehen sich daher nicht nur auf die **Thallophyten**, sondern auch auf die Kormophyten (▶ Abschn. 5.5), insbesondere die **Bärlapp-** und **Farnpflanzen**. Die **Samenpflanzen** weisen Besonderheiten auf (▶ Abschn. 5.5.8), die hier nur kurz erläutert werden.

Wachstum ist die **irreversible** Größenzunahme eines Organismus oder seiner Teile. Es erfolgt durch **Zellteilung** (Mitose; ▶ Abschn. 2.4.1) und/oder **Zellstreckung** (Aufnahme von Wasser) und umfasst Volumenzunahme und Formbildung:

- **Volumenzunahme** erfolgt im **Inneren** des Vegetationskörpers. Bei vielzelligen Körpern bestimmt die **Richtung der Zellteilung**, ob eine fädige, flächige oder räumliche Form entsteht. Verläuft die Teilungsrichtung der Zellen senkrecht zur **nächstliegenden Oberfläche**, liegt **antikline** Zellteilung vor, die zur **Umfangserweiterung** beiträgt (◘ Abb. 5.7b, c, g). Verläuft sie parallel (**periklin**), wird der Körper **verlängert** oder **verdickt** (◘ Abb. 5.7d, e, g).
- **Formbildung** findet aufgrund des offenen Wachstums der Pflanzen an der **Oberfläche** statt. Meist handelt es sich um **Spitzenwachstum**, das von einer **Scheitelzelle** oder einer **Zellreihe** ausgeht. Die Samenpflanzen weichen von diesem Verhalten ab; sie haben mehrschichtige Bildungsgewebe, **Meristeme**, entwickelt ▶ Abschn. 5.5.1).

Die **Beschränkung** des Wachstums auf bestimmte Körperzonen erlaubt die Bildung **differenzierter Dauerzellen** mit **Spezialfunktionen**. Diese Zellen teilen sich nicht mehr, sondern sterben mit dem Organismus (Zelltod).

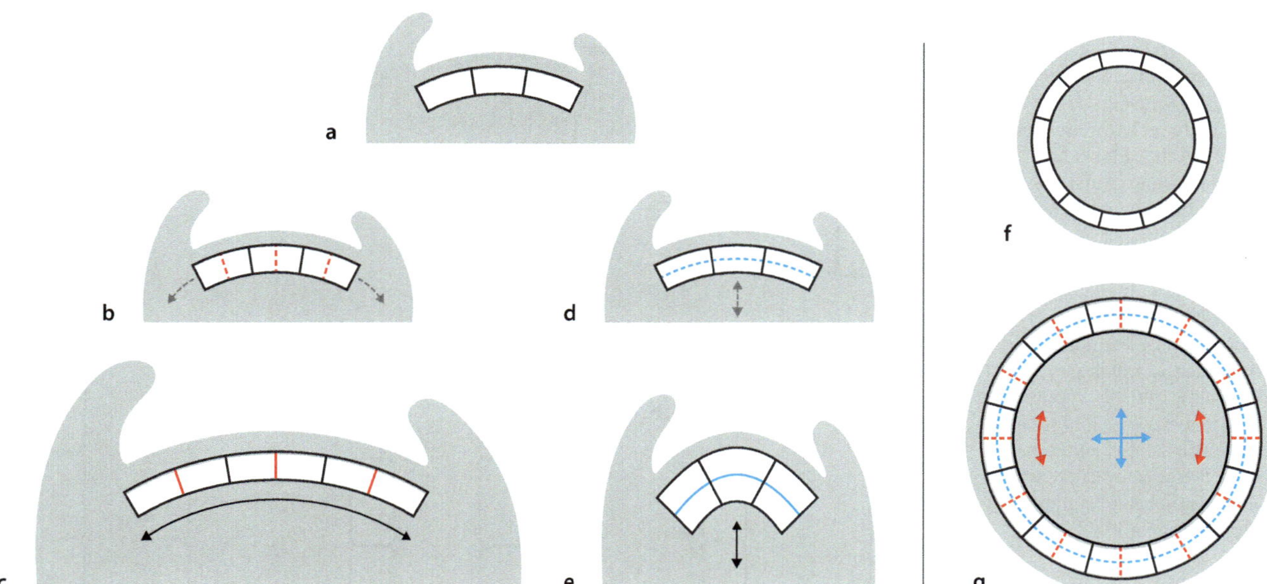

Abb. 5.7 Zellteilungsrichtungen. a, Längsschnitt durch einen Wachstumspol mit Zellreihe als Ausgangssituation. **b, c,** Antikline Zellteilung. Die Zellen teilen sich senkrecht zur nächstgelegenen Oberfläche (rot) und tragen zur Verbreiterung des Körpers bei (Doppelpfeile). **d, e,** Perikline Zellteilung. Die Zellen teilen sich par- allel zur Oberfläche (blau) und führen zur Verlängerung des Körpers (Doppelpfeile). **f,** Querschnitt zu a. **g,** Antikline (rot) und perikline Zellteilungen (blau) führen zur Umfangserweiterung (rot) und Volumenzunahme (blau) eines Körpers. (© Original. Grafik: M. Geyer, Wiesbaden)

Wachstum mit Scheitelzellen

Als **Scheitelzelle** wird eine einzelne Zelle am Wachstumspol der Pflanze bezeichnet, die sich durch **anhaltende Teilungsfähigkeit** auszeichnet. Sie teilt sich **äqual** in zwei gleiche Zellen (**Abb. 5.8d**) oder **inäqual**. In diesem Fall behält nur die Spitzenzelle die unbegrenzte Teilungsfähigkeit bei, während die zweite Zelle sofort oder nach einigen mitotischen Teilungen in eine Dauerzelle übergeht (**Abb. 5.8e**).

Nach der Anzahl der Richtungen, in die Tochterzellen abgegeben werden, unterscheidet man ein- bis vierschneidige Scheitelzellen:

- **Einschneidige** Scheitelzellen (**Abb. 5.8a**) geben nur Zellen in eine Richtung ab. Es entstehen **Zellfäden** wie z. B. bei den trichal organisierten Algen (**Abb. 5.3e**) oder dem Vorkeim (Protonema) der Moose.
- **Zweischneidige** Scheitelzellen (**Abb. 5.8b**) sind keilförmig und gliedern nach zwei Seiten Segmente ab. Es ergeben sich **flächige Strukturen** wie z. B. bei den Thalli der Lebermoose oder Blättchen der Laubmoose (**Abb. 5.22a**).

- **Dreischneidige** Scheitelzellen (**Abb. 5.8c**) gliedern Tochterzellen nach drei Seiten ab. Sie bauen **dreidimensionale Strukturen** auf, z. B. die echten Gewebethalli der Braunalgen, die ‚Sprösschen' der Laubmoose (**Abb. 5.22a′**) oder Vegetationskörper der Farne (**Abb. 5.27h, i**).
- **Vierschneidige** Scheitelzellen haben die Form eines Tetraeders und geben nach allen vier Seiten Segmente ab. Da sie allseitig von Tochterzellen umgeben sind, liegen sie nicht mehr an der Spitze des Wachstumspols (apikal), sondern **subapikal**. Vierschneidige Scheitelzellen treten bei einigen foliosen Lebermoosen (**Tab. 5.3**) und regelmäßig in der Wurzelspitze der Farne auf.

Innerhalb eines Organismus können verschiedene Scheitelzelltypen auftreten. So entwickeln sich die Blättchen der Laubmoose aus zweischneidigen und ihre Stämmchen aus dreischneidigen Scheitelzellen.

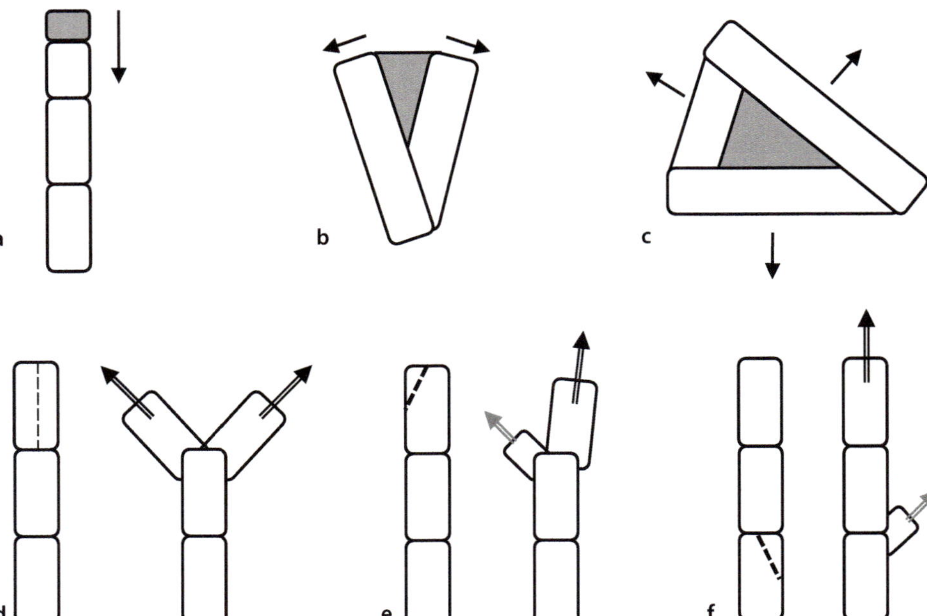

Abb. 5.8   Aktivität und Lage von Scheitelzellen. a–c, Anzahl der Teilungsrichtungen. **a,** Einschneidig (Seitenansicht): Fadenbildung. **b,** Zweischneidig (Seitenansicht): Flächenbildung. **c,** Dreischneidig (Aufsicht): Volumenbildung. **d, e,** Formen der Verzweigung. **d,** Äquale Teilung der Scheitelzelle: Dichotomie. **e,** Inäquale Teilung der Scheitelzelle: Spitzenverzweigung mit Übergipfelung. **f,** Inäquale, scheitelferne Zellteilung: seitliche Verzweigung. Pfeile in **a–c:** Zellteilungsrichtung, in **d–f:** Wachstumsrichtung. Graue Pfeile: schwächere von Führungstrieben übergipfelte Äste (© Original)

Interkalares Wachstum und Reembryonalisierung

Weitere teilungsfähige Zellen liegen entweder direkt **unter der Scheitelzone** und durchlaufen eine oder mehrere Mitosen, bevor sie sich strecken und differenzieren, oder sie treten **zwischen Dauerzellen**, also **interkalar** (wörtl. „dazwischengeschaltet"), auf. Vegetationskörper ohne arbeitsteilige Differenzierung, z. B. Fäden aus gleichartigen Zellen (Abb. 5.3e), wachsen bevorzugt durch **interkalare Zellteilung.** Einzelne Zellen gehen dazu wieder in den **embryonalen Zustand** über.

Die Fähigkeit zur **Reembryonalisierung** von Grundgewebezellen ist bei allen Pflanzen vorhanden und Ausdruck der **Totipotenz** der Pflanzenzelle (▶ Abschn. 1.1.2). Sie trägt maßgeblich zur Abwandlung (**Diversifizierung**) des Vegetationskörpers bei und spielt für die **Evolution der Landpflanzen** eine erhebliche Rolle (▶ Abschn. 5.5).

Interkalares Wachstum erfolgt **diffus** (z. B. *Ulothrix*) oder **lokal** an bestimmten Thallusstellen:

- Teilen sich die Tochterzellen dicht **hinter der Scheitelzelle**, tragen sie zur Formbildung des Thallus bei. So können auch Thalli mit einschneidiger Scheitelzelle einen räumlichen Bau erhalten (z. B. *Chara*; Abb. 5.18).
- Teilen sich Zellen nahe der **Anheftungsstelle** des Thallus **am Substrat**, können sie den Vegetationskörper erneuern, wenn dieser durch Fraß oder mechanische Zerstörung (Wellenschlag) beschädigt

wurde. Bei den **Riesentangen** der Laminariales (Braunalgen) wird am Ende jeder Wachstumsperiode das Phylloid (blattartiger Thallusabschnitt; Abb. 5.15d: Ph) vom Stiel (Ca, Cauloid) abgerissen. An der Wundstelle bildet sich ein einschichtiges Abschlussgewebe, das im Frühjahr teilungsaktiv wird und ein neues Phylloid entwickelt. Es wird als **Meristoderm** (wörtl. „Teilungshaut", „teilungsfähiges Abschlussgewebe") bezeichnet und besteht aus kleinen, lückenlos aneinanderliegenden Zellen, die sich periklin teilen.

Zellreihen und interkalare Meristeme

In einigen Fällen, vor allem bei Algen (z. B. *Dictyopteris polypodioides*, Phaeophyceae; Sy 4:20), Lebermoosen (z. B. *Riccia, Pellia*; Abb. 5.9d, Sy 7B:10, 20) und Farngametophyten mit **lappiger Wuchsform**, wächst der Thallus mit einer **Scheitelzellreihe**. Diese besteht aus mehreren teilungsaktiven Zellen, die sich durch **antikline** Zellteilung vermehren und den Thallus **randlich** vergrößern (Abb. 5.9f: Doppelpfeil). Beim Lebermoos *Pellia epiphylla* (Abb. 5.9d–f) differenziert sich bei einer bestimmten Länge der Zellreihe in deren Mitte ein Gewebelappen, der die Zellreihe in zwei kürzere Abschnitte teilt. Die Prozesse der antiklinen Ausdehnung und Unterteilung wiederholen sich mehrfach und bauen das gabelförmige Verzweigungsmuster des Thallus auf (Abb. 5.9e).

Die **Zellreihe** der Thallophyten weist Ähnlichkeiten zum Bildungsgewebe der Samenpflanzen auf und wird gelegentlich auch als Meristem bezeichnet (vor allem im englischsprachigen Raum). Die Zellreihe gehört aber (meist) dem **Gametophyten** an, ist **einreihig** und besteht aus **gleichartigen Zellen**. In diesen Merkmalen und in der fehlenden Komplexität der Entwicklungsprozesse (▶ Exkurs 8.2) unterscheidet sich die Zellreihe vom **Sprossapikalmeristem** der Samenpflanzen.

Treten teilungsfähige Zellen in bestimmten Zonen im **Inneren** des Thallus auf, spricht man, wie beim Kormus der Landpflanzen, von **interkalaren Meristemen**.

Verzweigung

Durch **Verzweigung** kann der **Thallus** seinen Lebensraum besser nutzen. Er reduziert mechanischen Stress, verteilt Kraft- und Stoffflüsse auf Untereinheiten und schafft Körperabschnitte für spezifische Differenzierungen. Nach der **Lage** des Verzweigungsortes unterscheidet man terminale und seitliche Verzweigung.

Terminale Verzweigung

Die terminale Verzweigung geht gewöhnlich von einer **Scheitelzelle** aus:

- Durch **äquale** Längsteilung der Scheitelzelle entstehen zwei gleichberechtigte neue Scheitelzellen, deren weiteres Wachstum zu einer Aufspaltung des Thallus führt (◘ Abb. 5.8d). Man nennt diese Verzweigung aufgrund ihrer gabeligen Form **Dichotomie** (griech. *dichotomos*, „entzweigeschnitten"). Das klassische Beispiel liefert die Gabelzunge *Dictyota dichotoma* (◘ Abb. 5.9a).
- Bei der **inäqualen** Teilung der Scheitelzelle entstehen zwei unterschiedlich große Tochterzellen (◘ Abb. 5.8e). Die größere setzt den Thallus als terminale Scheitelzelle in der Hauptrichtung fort, während die kleinere zu einem seitlichen, untergeordnet bleibenden Thallusabschnitt heranwächst. Der Prozess führt zu einer **gestaltlichen Gliederung** des Vegetationskörpers in Haupt- und Seitensysteme (◘ Abb. 5.9c).

Seitliche Verzweigung

Die **seitliche Verzweigung** erfolgt bei den meisten Thalli durch die Bildung **neuer Scheitelzellen**. Diese können überall an der Oberfläche entstehen, liegen aber oft in der Nähe des Wachstumspols und führen zur Bildung von Seitensystemen. Diese bleiben gewöhnlich kleiner als das Hauptsystem, das die Wuchsform prägt.

Sehr ähnlich erfolgt die seitliche Verzweigung am **Kormus** der Bärlapp- und Farnpflanzen. Bei den **Samenpflanzen** entstehen die Seitenachsen dagegen immer aus den Blattachselmeristemen der Blattanlagen (**axilläre Verzweigung**); die Blattstellung gibt somit den Ort der Seitenachsen vor (▶ Abschn. 6.6 und ▶ 6.7).

Gabelige Verzweigungsmuster

Die Aufteilung des Vegetationskörpers in zwei gleiche Teile führt zur Erscheinung eines **gabeligen Musters**, das gemeinhin als dichotom bezeichnet wird (Hagemann 1980). Die zugrunde liegende Bildungsweise ist aber **selten echte Dichotomie** in dem Sinne, dass eine Scheitelzelle äqual aufgeteilt wird (*Dictyota*; ◘ Abb. 5.9a, b).

Scheinbar dichotome Verhältnisse entstehen bei der siphonalen Grünalge *Codium* (◘ Abb. 5.5d) durch gabelförmige **Zellausstülpungen**, bei der Rotalge *Gymnogongrus norvegicuss* (◘ Abb. 5.14a) durch **Übergipfelung** von Thalluslappen und beim Lebermoos *Pellia epiphylla* (◘ Abb. 5.9d–f) und einigen Farngametophyten (z. B. *Stenochlaena tenuifolia*; Hagemann 1999) durch die **Aufteilung von Scheitelzellreihen**.

Auch im **Sporophyten** der Gefäßpflanzen tritt gabelförmige Verzweigung auf. Während sich die **Telome** der frühen Gefäßpflanzen (◘ Abb. 5.26) vermutlich dichotom aufgeteilt haben, liegt der gabelförmigen Wuchsform der Bärlappgewächse (*Lycopodium*; ◘ Abb. 5.32b) und Gabelblattgewächse (*Psilotum*; ◘ Abb. 5.38b) die Aufteilung einer **Zellreihe** zugrunde (Siegert 1965). Bei den Samenpflanzen beruht die gabelige Verzweigung auf der Bildung von zwei Seitenästen (**axilläre Verzweigung**; ▶ Abschn. 6.7.1, ▶ Abb. 6.23b, e) unterhalb der Sprossspitze. Im reproduktiven Teil der Blütenpflanzen kommt Meristemspaltung (**Fraktionierung**) als weitere Bildungsform hinzu (z. B. bei *Thalia geniculata*; ▶ Abb. 10.11a).

Die Beispiele verdeutlichen die **vielfältige Entstehung** gabeliger Muster. Werden sie alle als dichotom bezeichnet, wird damit das **allgemeine Bauprinzip** von Vegetationskörpern beschrieben, sich in gleichartige Teile aufzugliedern. Es handelt sich dann um einen **Analogbegriff**, der auf die äußere Ähnlichkeit und nicht die Enstehungsweise Bezug nimmt (▶ Exkurs 5.2).

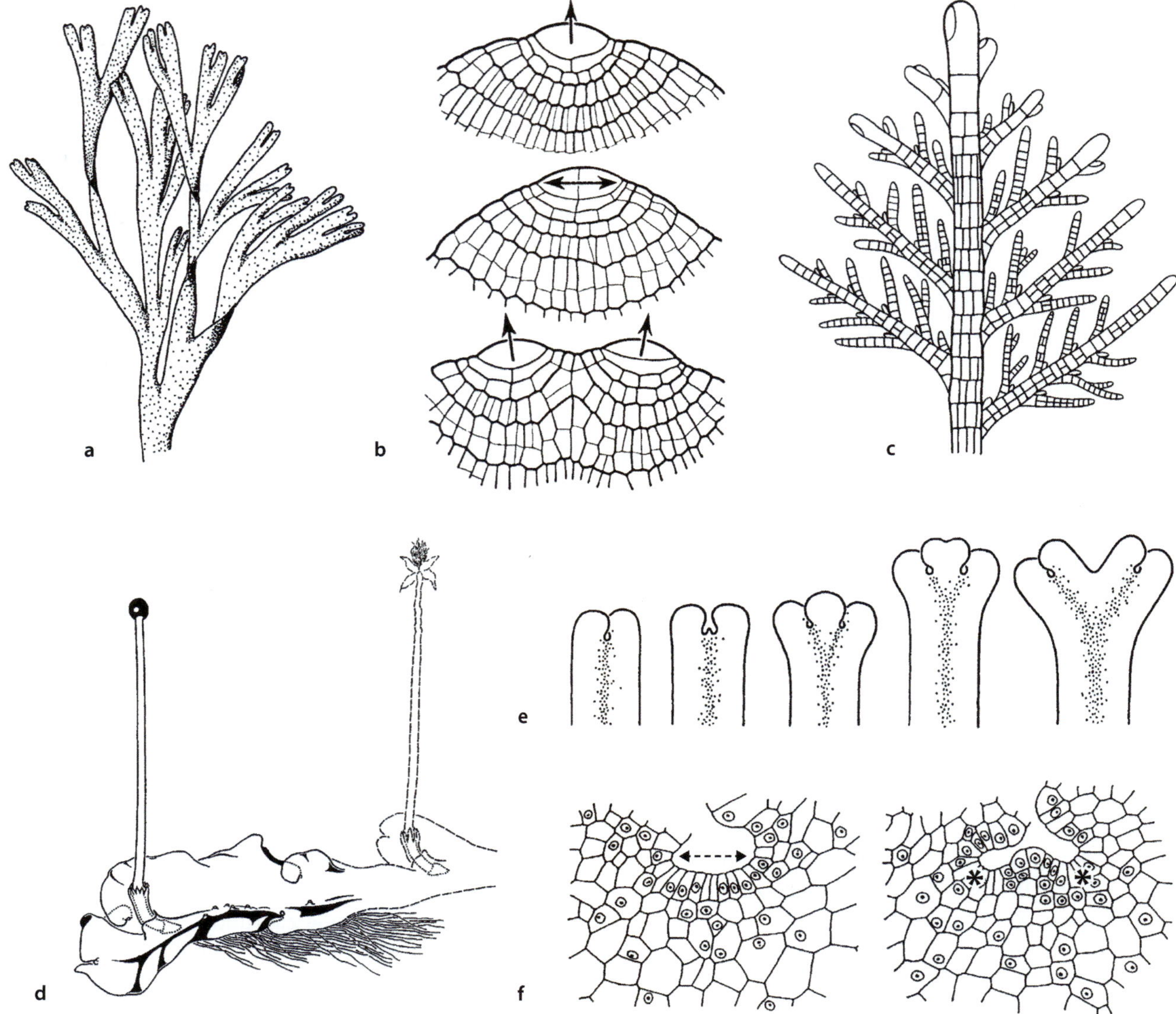

◘ Abb. 5.9   Verzweigung mit Scheitelzellen und Scheitelzellreihen. a, b, *Dictyota dichotoma* (Braunalge). Dichotomie. **a,** Habitus mit gabeliger Thallusaufteilung. **b,** Äquale Teilung der Scheitelzelle und nachfolgende Zellteilungen. **c,** *Halopteris filicina* (Braunalge). Inäquale Teilung der Scheitelzelle mit Übergipfelung. **d–f,** *Pellia epiphylla* (Lebermoos). **d,** Habitus des Thallus mit aufsitzendem Sporogon (letztjähriger Zuwachs gestrichelt). **e, f,** Gabelige Teilung einer Scheitelzellreihe. **e,** Schematische Darstellung der Thallusteilung. **f,** Zelluläre Darstellung der Teilung der Scheitelzellreihe. Links: Verbreiterung der Scheitelzellreihe durch antikline Teilungen (Doppelpfeil). Rechts: Teilung der Scheitelzellreihe in zwei kürzere Reihen (*) durch Bildung eines Mittellappens. (© a: nach Oltmanns 1904. b: Zimmermann 1959. c: Goebel 1930. d: Hagemann 1992. e, f: Hagemann 1999)

5.3.3 Organisation des Thallus

Der Thallus ist die einfachste Organisationsform eines zellulär gegliederten Vegetationskörpers. Bei den meisten Algen und allen Moosen und isosporen Bärlappen und Farnen (▶ Abschn. 4.5) entspricht er dem haploiden **Gametophyten** (▶ Abschn. 4.2). Nach seiner **Gestalt** werden **Faden-**, **Flecht-** und **Gewebethalli** unterschieden:

— Die fädige (**trichale**) Organisationsform umfasst alle interkalar oder mit Scheitelzelle wachsenden **Zellfäden** (◘ Abb. 5.10a–b). Sind die Zellfäden verzweigt, spricht man von einer **heterotrichalen** Organisation.

— Die **siphonocladale** Organisationsform ist ebenfalls meist fadenförmig. Wie bei der siphonalen Organisationsform sind die einzelnen Zellen groß und **vielkernig** (◘ Abb. 5.10c, d).

— Ein Flechtthallus (**Plectenchym**) besteht aus siphonalen Riesenzellen oder Zellfäden, die nicht miteinander verbunden, sondern nur eng verflochten sind und einen gemeinsamen Vegetationskörper bilden (◘ Abb. 5.10e).

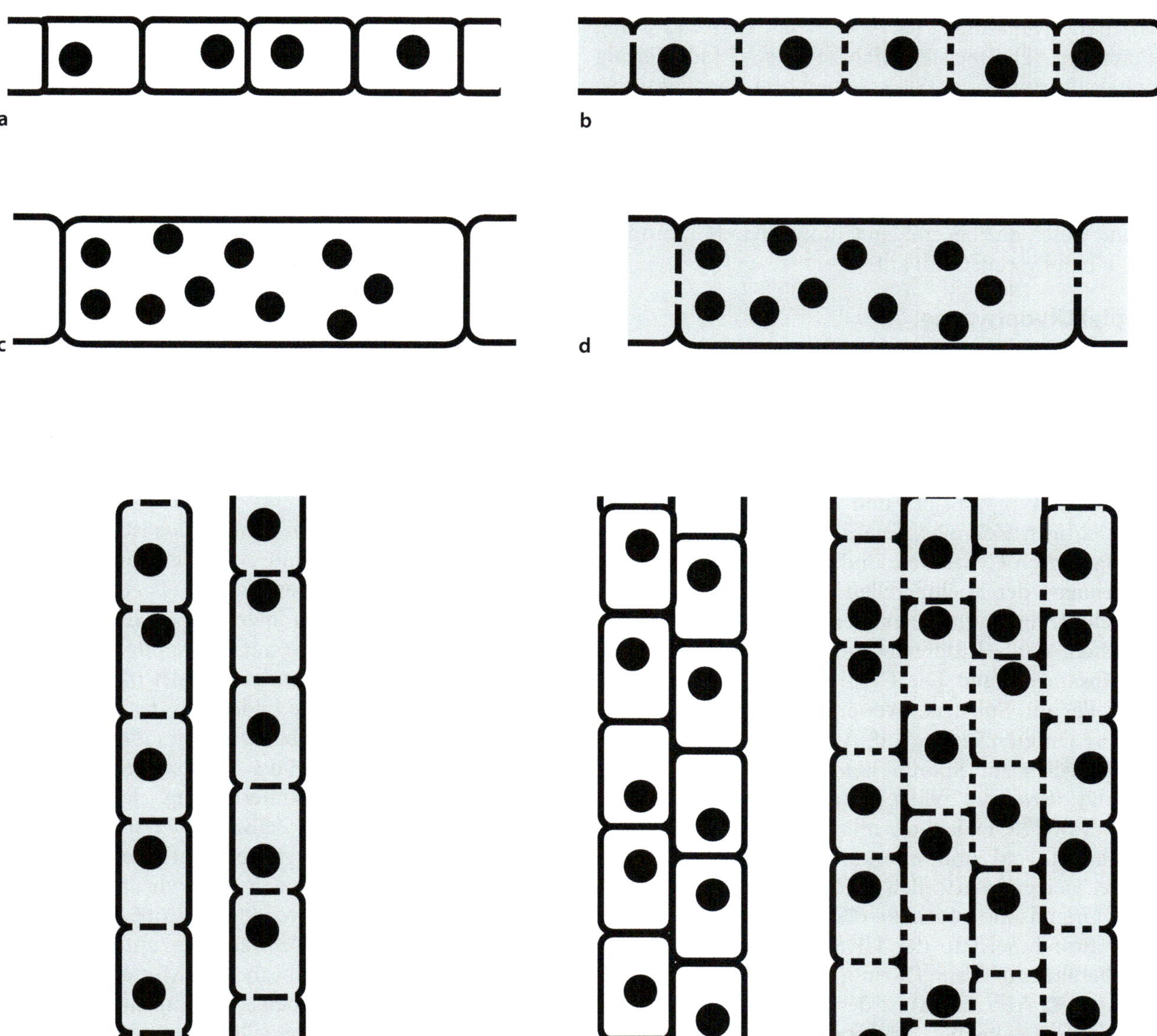

Abb. 5.10   Thallusformen. a, b, Trichale Organisation (Formen können auch verzweigt sein). **a,** Mehrzeller. **b,** Symplast. **c, d,** Siphonocladale Organisation (Formen können verzweigt sein). **c,** Mehrzeller. **d,** Symplast. **e,** Plectenchym. Gewebe mehrfädig, Einzelfäden symplastisch. **f, g,** Gewebethallus. **f,** Mehrzeller. **g,** Symplast. Symplasten sind grau unterlegt. Original

— In einem **Gewebethallus** sind **alle Zellen** durch gemeinsame Zellwände miteinander verbunden (**□** Abb. 5.10f, g).

Die beschriebene Gliederung folgt dem **makroskopisch** sichtbaren Aufbau des Thallus. Licht- und elektronenmikroskopische Untersuchungen haben aber deutlich gezeigt, dass Thalli **gleicher Gestalt unterschiedlich organisiert** sein können (**□** Abb. 5.10; van den Hoek et al. 1995). Die Zellen eines Thallus können ohne plasmatischen Kontakt einen **Verbund** bilden (**Mehrzeller;** ▶ Abschn. 1.1.3) oder über **Plasmabrücken** (▶ Abschn. 2.2.4) in direkten Kontakt zueinander treten (**Symplast**). Da die Zell-Zell-Verbindung **erheblichen** **Einfluss** auf die Kommunikation und den Stoffaustausch innerhalb eines Organismus hat, werden die Thalli in diesem Buch nicht nach ihrer Gestalt, sondern nach dem Grad ihres **Zellkontaktes** als **Mehrzeller** (**□** Abb. 5.10a, c, f), **Plectenchym** (Abb. 5.10e) und **Symplast** (Abb. 5.10b, d, g, grau unterlegt) unterschieden.

Mehrzeller

Vielzellige Thalli treten in Form von Mehrzellern oder Symplasten auf. Bei den **Mehrzellern** sind die Zellen von einer **gemeinsamen Zellwand** umgeben, aber sie stehen **nicht** (wie bei den **Symplasten**) über **Plasmabrücken** miteinander in Kontakt. Sie sind trichal, siphonocladal oder thallos organisiert (■ Abb. 5.10a, c, f) und wenig differenziert. Die meisten Mehrzeller sind **fadenförmig** (trichale Organisation). Sie kommen bei **Cyanobakterien** (*Anabaena*, *Nostoc*) und in fast allen Algengruppen vor (■ Tab. 5.2). Innerhalb der Grünalgen liefern die Ulvophyceae, Chlorophyceae und Charophyta (Jochalgen) zahlreiche Beispiele. **Mehrzellige Gewebethalli** sind selten und treten nur bei einigen Chlorophyta (Chlorophyceen, Ulvophyceen; Sy 5) auf.

Beispiel Ulvophyceae

Die Ulvophyceae (▶ Tab. 4.1 und ■ 5.2) kommen mit über 1700 Arten vor allem im **Meer** vor. Sie sind siphonal, fädig und flächig organisiert und weisen **nie Plasmabrücken** zwischen den Zellen auf:

— **Ulotrichales:** Der Thallus von *Ulothrix* (■ Abb. 5.3e) ist **trichal** organisiert und besteht aus einer einschichtigen Zellreihe. Die Zellteilung erfolgt **interkalar** durch Cytokinese und führt zur **vollständigen Trennung** der Tochterzellen. Bei der Streckung der Tochterzellen verquellen deren Zellwände mit den Resten der Mutterzellwand zu einer neuen **gemeinsamen Wand**. Die Thalli haften mit einer Rhizoidzelle am Substrat, weisen aber darüber hinaus keine Differenzierung auf. Außer der Basalzelle sind **alle Zellen** zur Sporen- oder Gametenbildung befähigt. *Urospora* bildet mehrere Zentimeter lange, unverzweigte **Fäden**, die mit Rhizoiden am Substrat befestigt sind und **interkalar** wachsen. Aufgrund ihrer vielkernigen Zellen gehört sie der **siphonocladalen** Organisationsform an (■ Abb. 5.10c).
— **Ulvales:** Innerhalb der Ulvales treten flächige **Gewebethalli** auf. Beim Darmtang (*Enteromorpha intestinalis*; ■ Abb. 5.11e) ist der Vegetationskörper einschichtig, beim Meersalat (*Ulva lactuca*; ■ Abb. 5.11g und 5.15b) wächst der Thallus durch gleichmäßige Teilung aller Zellen zu einem zweilagigen **Hohlkörper** mit blattartiger ('phylloider') Gestalt aus. Er ist im Gametophyten und Sporophyten gleich gestaltet (▶ Abb. 4.8).

    Als **Meersalat** werden mehrere Arten von *Ulva* (z. B. *Ulva lactuca*, *U. armoricana*) bezeichnet. Sie sind weltweit verbreitet und werden vielerorts als Rohkost verzehrt (Name). Bei **Überdüngung** kann es zu einem massenhaften Auftreten der Algen kommen (Algenblüte). Bekannt ist eine solche '**Algenpest**' von der bretonischen Küste, wo immer wieder Berge von Algen angeschwemmt werden und lebensgefährliche, schwefelwasserstoffhaltige Gase freisetzen.
— **Cladophorales:** Die Cladophorales sind durchweg **trichal-siphonocladal** organisiert (■ Abb. 5.3f). Die Thalli sind fädig verzweigt, bestehen aus großen, **polyenergiden** Zellen und sind mit Haftzellen am Substrat befestigt (■ Abb. 5.11a, b). Eine bekannte Süßwasserart ist *Cladophora vagabunda*. Junge Pflanzen wachsen mit einer einschneidigen, sich inäqual teilenden Scheitelzelle. Durch die Kombination von Übergipfelung und interkalaren Wachstumsprozessen kommt es zu vielfältigen Thallusformen.
— **Trentpohliales:** Die oft gefärbten Arten (■ Abb. 5.11h) sind als **Luftalgen** (▶ Abschn. 5.3.4) weit verbreitet.

Beispiel Chlorophyceae

Die Chlorophyceae (▶ Tab. 4.1) bilden mit über 3500 Arten die größte Gruppe der Chlorophyta. Im Gegensatz zu den Ulvophyceae leben die meisten Arten im **Süßwasser** (■ Tab. 5.2). Sie sind außerordentlich divers und weisen alle Organisationsformen mit Ausnahme amöboider Einzeller auf:

— **Oedogoniales** (Sy 5:23): *Oedogonium* ist fädig organisiert (▶ Abb. 4.6b) und zeigt eine ungewöhnliche Zellteilung mit Kappenbildung (■ Abb. 5.12a–f). Die Zellfäden wachsen **interkalar**. Während der Mitose wird ein Ringwulst aus Zellwandmaterial in der Nähe des oberen Zellendes gebildet (■ Abb. 5.12a: RW). In der Telophase bildet sich die spätere Querwand als ein verschiebbares Septum (■ Abb. 5.12b). Jetzt reißt die Zellwand der Mutterzelle oberhalb des Zellwulstes unter Hinterlassung leistenförmiger Bruchstellen auf. Der Zellwandring streckt sich bis zur Größe der ursprünglichen Mutterzelle (c, d). Das Septum verlagert sich nach oben zur unteren Bruchstelle hin und trennt zwei gleich große Tochterzellen voneinander ab. Die Zellwand der unteren Tochterzelle entspricht der Zellwand der Mutterzelle, die der oberen ist neu entstanden. Gewöhnlich teilt sich nur die jeweils obere Tochterzelle, wodurch es am oberen Ende zu einer Häufung kappenartiger Bruchstellen kommt (■ Abb. 5.12e: K).
— **Chlamydomonadales** (Sy 5:26): Der Zellfaden von *Cylindrocapsa* zeigt eine andere, ebenfalls charakteristische Form der Zellteilung (■ Abb. 5.12f–h). Die Zellwand ist dick, schleimig und mehrschichtig. Die Zellteilung findet innerhalb der Wand der Mutterzelle statt, die erhalten bleibt und die Tochterzelle als zweite, äußere Zellwand umgibt. Der Vorgang wiederholt sich, und mit jeder Zellteilung nimmt die Anzahl der Zellwände zu. Schließlich werden die Tochterzellen durch Fragmentierung des Zellfadens freigesetzt und beginnen mit der Bildung neuer Zellfäden.
— **Sphaeropleales** (Sy 5:27). *Hydrodictyon* weist **siphonocladal** organisierte Fäden auf, die mehrere Zentimeter lang werden können. Die Fäden haben ein hohes Regenerationsvermögen und tendieren zur Fragmentierung (vegetative Vermehrung).

▫ Abb. 5.11 Ulvophyceae. a–g, Marine Grünalgen der Spritz-wasser- und Gezeitenzone. **a, b,** *Chaetomorpha antenina* (Cladophorales). Siphonocladaler Mehrzeller. Südpazifik bei Lima, Peru. **a**, Anheftung am Substrat mittels Haftzellen. **b**, Zellfaden aus vielkernigen Zellen ohne Plasmabrücken. **c, d,** Steinwälle und Buhnen der Nordseeküste mit Grünalgen (*Enteromorpha*) und Braun-algen (*Fucus*). **e, f,** Darmtang (*Enteromorpha*, Ulvales). Thalloser Mehrzeller. **e**, Auf einer Muschelschale aufsitzend. Wattensee bei Spiekeroog. **f**, Dichte Rasen bildend. Irische Westküste bei Galway. **g,** Meersalat (*Ulva lactuca*, Ulvales). Thalloser Mehrzeller. Nordsee-küste bei Renesse, Niederlande. **h**, Luftalge: *Trentepohlia* (Trentepoh-liales) auf dem Stamm einer Esche. (© R. Claßen-Bockhoff, Mainz)

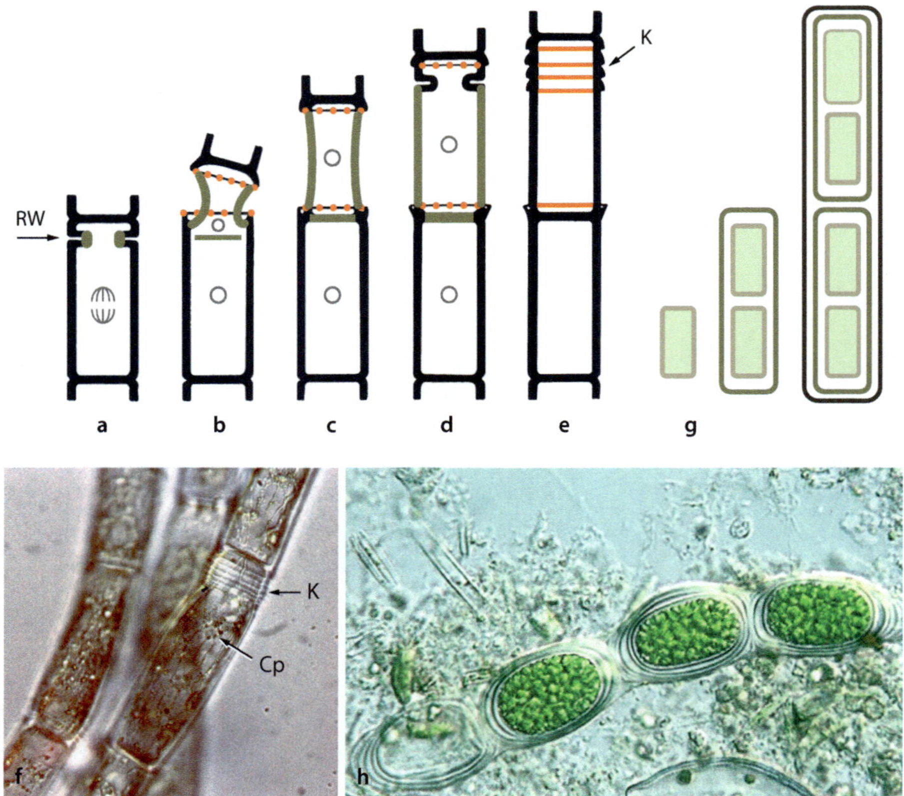

Abb. 5.12 Zellteilungsformen bei Chlorophyceae. a–f, *Oedogonium.* Zellteilung mit Kappenbildung. **a,** Teilungsbereite Zelle mit Kernspindel. Bildung eines Celluloseringes (RW, Ringwulst) in der oberen Region der Zelle. **b,** Aufreißen der Mutterzellwand und Streckung des Ringwulstes unter Bildung neuen Zellwandmaterials (oliv). Nach der Kernteilung bildet sich eine sehr dünne, noch verschiebbaren Querwand (oliv). **c, d,** Verlagerung der Querwand an den unteren Rand des Querrisses und Verbindung mit den Längswänden. Die Zellteilung ist abgeschlossen: die untere Tochterzelle behält die Wand der Mutterzelle, die obere bekommt eine neu gebildete Zellwand. Die Reste der Mutterzellwand sind als Ring bzw. Kappe erkennbar (orange gestrichelt). **e,** Anhäufung von Kappen (K) auf der Wachstumsseite des Zellfadens nach mehrfach erfolgter Zellteilung. **f,** Habitus eines Zellfadens mit Kappen (K). Cp, gitterförmiger Chloroplast. **g, h,** *Cylindrocapsa.* **g,** Schematische Darstellung des Fadenwachstums innerhalb einer Mutterzelle; mit jeder Teilung nimmt die Anzahl der Zellwände zu. **h,** Zellfaden mit mehrfachen Zellwänden. (© **a–e**: Esser 1986, verändert nach van den Hoek et al. 1995 (Thieme Gruppe). **f**: T. Voekler (CC BY-SA 3.0 [▶ https://creativecommons.org/licences/by-sa/3.0]). **g**: in Anlehnung an van den Hoek et al. 1995 (Thieme Gruppe). **h**: Al Baker, New Hampshire. *Cylindrocapsa* images (unh.edu). Mit freundlicher Genehmigung)

Flechtthallus (Plectenchym)

Ein Flechtthallus oder **Plectenchym** besteht aus einem System miteinander verquollener **Zellfäden**. Er kommt fast ausschließlich bei den **Rotalgen** vor (Sy 4:12).

Die Rotalgen umfassen Einzeller (z. B. Cyanidiales, Rhiodellophyceae, Porphyridiophyceae) und fädige oder plectenchymatische Thalli (Bangiales, Florideophycidae).

Bei den **Florideophycidae (Florideen)**, der größten und stärksten differenzierten Gruppe, wachsen die **Zellfäden** mit einer Scheitelzelle. Dabei bleibt die **Zellteilung** zwischen den Abkömmlingen meist **unvollständig**. Die Öffnung in der Wand (*pit connection*) wird zwar im Laufe der Zellreife durch Tüpfelpropfen (*pit plugs*) verstopft, aber der plasmatische Kontakt bleibt nahe dem Plasmalemma erhalten (**●** Abb. 5.13a). Der **Thallus** bildet sich durch Zusammenlagerung zahlreicher Fäden, die durch **Gallerte** zusammengehalten werden. **Innerhalb** der Fäden besteht plasmatischer Kontakt, **zwischen** den Fäden fehlt er. Er kann **sekundär** durch lokale Zellwandauflösung und Bildung neuer Plasmabrücken entstehen.

Die Thalli der Rotalgen sind außerordentlich divers. Sie sind in verschiedene Zelltypen **differenziert** und oft gestaltlich und funktionell gegliedert (**●** Abb. 5.14). Nach dem Differenzierungsgrad werden zwei Hauptformen unterschieden, die allerdings zahlreiche Übergänge aufweisen und oft nur unter der Lupe erkennbar sind:

– Beim **Springbrunnentyp** (multiaxialer Typ; **●** Abb. 5.13b) liegen zahlreiche Zellfäden nebeneinander. Da sie sich spitzenwärts verzweigen, fächert sich der Thallus springbrunnenartig auf. Beispiele liefern die Thalli von *Palmaria, Nemalion* und *Furcellaria fastigiata* (**●** Abb. 5.13b).

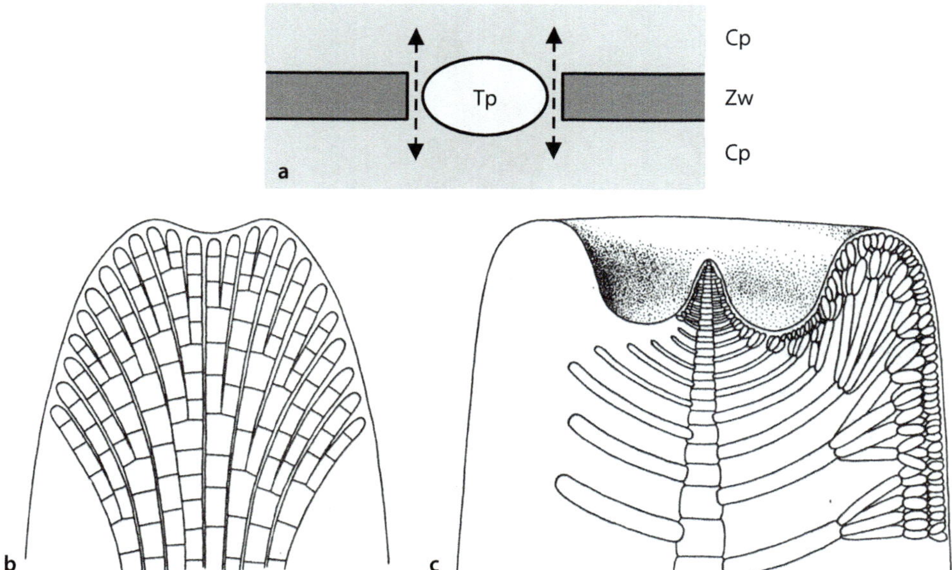

◘ Abb. 5.13　Plectenchym der Rotalgen. a, Zellwandbau (schematisch). Die Öffnung in der Zellwand wird durch einen Tüpfelpfropfen (Tp) unvollständig verschlossen. Cp, Cytoplasma der beiden benachbarten Zellen. Zw, Zellwand mit Plasmalemma (schwarz). Gestrichelte Pfeile: symplastischer Kontakt. **b, c**, Differenzierungsformen des Thallus (schematisch). **b,** Springbrunnentyp (z. B. *Furcellaria fastigiata*). **c**, Zentralfadentyp (z. B. *Chondria tenuissima*). (© **a**: in Anlehnung an van den Hoek et al. 1995 (Thieme Gruppe). **b**: Nägeli und Schwendener 1877. **c**, Oltmanns 1904 (nach Falkenberg 1901))

— Eine höhere **Differenzierung** erreicht der Thallus des **Zentralfadentyps** (uniaxialer Typ; ◘ Abb. 5.13c). Er besteht aus einem Hauptfaden, der sich büschelig verzweigt. Die seitlich abgegebenen Zellen bilden eine mehrschichtige ‚Rinde‘ um den ‚Achsenfaden‘. Beispiele liefern die Froschlaichalge (*Batrachospermum gelatinosum*), die Kämmchenrotalge (*Plocamium cartilagineum*; ◘ Abb. 5.14b) oder Arten von *Corallina* (◘ Abb. 5.14e) und *Ceramium*.

Die Rotalgen gehören zu den Archaeplastida (Sy 4:12). Nach heutiger Kenntnis bilden sie die Schwestergruppe der Grünalgen i.w.S. (Chloroplastida), aus denen die Landpflanzen hervorgegangen sind (Sy 4:13). Sie umfassen über 5000 Arten und sind überwiegend in wärmeren **Meeren** verbreitet (◘ Tab. 5.2). Dort leben sie **festgewachsen** auf Felsen oder Meeresorganismen (Benthos; ▶ Abschn. 5.3.4). Einige Arten sind heterotroph und parasitieren auf andere Rotalgen.

Die **Zellwände** der Rotalgen enthalten **Agar**, ein Galactosepolymer, das Gallerte bildet. Agar (auch als Agar-Agar bezeichnet) hat große **wirtschaftliche** Bedeutung. Es wird als Geliermittel in der Lebensmittelindustrie und zur Herstellung fester Nährböden in der Mikrobiologie verwendet. Die Zellwände der Corallinales (Florideophycidae) sind **verkalkt**. *Corallina mediterranea* (Korallenmoos) bildet steife, sehr regelmäßig verzweigte Büschel von 10 cm Höhe (◘ Abb. 5.14e), *Lithothamnion* (Kalktang) und *Lithophyllum* (◘ Abb. 5.14f) bilden steinharte, meist rosafarbene

Krusten. Viele Rotalgen sind wichtige Riffbildner und Bestandteile tropischer Korallenriffe.

Die Gattung *Porphyra* (Purpurtang, Bangiales; ◘ Abb. 5.14g) gehört zu den essbaren Meeresalgen (‚Nori‘), die vor allem vor Japan in Meeresfarmen angebaut werden. Sie kommen nach ihrer Trocknung in Form von papierartigen Blättern in den Handel, werden als Gemüse gegessen oder zur Herstellung von **Sushi**-Rollen verwendet (◘ Abb. 5.14h, i).

Symplasten

Blattartige Algen gehören wie die Fadenthalli unterschiedlichen Organisationsformen an. Sie können einer Einzelzelle (*Caulerpa*), einem Mehrzeller (*Ulva*), einem Flechtthallus (*Porphyra*) oder einem Symplasten (*Laminaria*) entsprechen (◘ Abb. 5.15a–d).

Bei der **symplastischen Konstruktion** sind alle Zellen (mit Ausnahme der Keimzellen) dauerhaft über **Plasmastränge** miteinander verbunden, sodass der gesamte Vegetationskörper einem einzigen, zellulär gekammerten Protoplasten entspricht (**Symplast**; ▶ Abschn. 1.1.3). Die Kammerwände werden von perforierten Zellwänden gebildet (**Apoplast**), die dem Symplasten Form und Stütze verleihen.

Symplasten sind **mehrfach** parallel bei den Algen entstanden und haben sich bei **allen Landpflanzen** als optimale Organisationsform durchgesetzt. Für das Leben auf dem Land ist die Symplast-Apoplast-Konstruktion insofern **vorteilhaft** als die Zellwände von Wasser durchfeuchtet werden und sich der Sym-

5

◘ Abb. 5.14   Rotalgen. a–f, Florideophycidae. a–d, Algen der Bretagne. **a**, *Gymnogongrus norvegicus*. Gabelig verzweigter Thallus. **b**, Kämmchenrotalge (*Plocamium cartilagineum*). Gestaltlich differenzierter Thallus (Zentralfadentyp). **c**, *Calliblepharis ciliata*. Blattartig flacher Thallus. **d**, Eichblatt (*Phycodrys rubens*). Blattartiger Thallus mit deutlich erkennbaren Zentral- und Seitenfäden. **e**, Korallenmoos (*Corallina officinalis*). Häufige Alge felsiger Buchten im Mittelmeer; der Thallus ist durch Kalkeinlagerung versteift. **f**, *Lithophyllum*. Krustenalge mit korallenähnlicher Kalkstruktur. **g–i, Bangiales**. *Porphyra* (Purpurtange). **g**, *P. linearis* (Bretagne). Einschichtiges Plectenchym. **h, i**, ‚Nori‘. Getrocknete Rotalgen. **h**, Verkaufspackung. **i**, Thalli (links) als Verpackung von Sushi-Rollen (rechts). (© **a–d**, **g**: W. Rühle, Mainz (Botanische Sammlungen der JGU Mainz). **e**, **f**, **h**, **i**: R. Claßen-Bockhoff, Mainz)

plast somit auch im Luftraum in einem **wässrigen Milieu** befindet. Außerdem verleihen die Zellwände der Pflanze **Festigkeit** (Turgor; ▶ Abschn. 2.2.3) und kompensieren damit den fehlenden Auftrieb des Wassers.

Die symplastischen Gewebethalli wachsen meist an ihrer **Spitze**, seltener am Rand (z. B. bei *Coleochaete*). Die Begrenzung des Wachstums auf die Spitzenregion fördert die **Gewebedifferenzierung**, da sich Körperzellen nun zu **Dauerzellen** bestimmter Funktion differenzieren können.

Innerhalb der Algen treten Symplasten nur bei den **Braunalgen** (sekundäre Algen) und in zwei Gruppen der **Grünalgen** (Chlorophyta, Streptophyta) auf. Sie sind funktionsgleich, aber **unabhängig** voneinander entstanden.

Exkurs 5.2 Evolution, Ähnlichkeit und Analogbegriffe

Die **Evolution des pflanzlichen Vegetationskörpers** hat eine **Vielzahl ähnlicher Strukturen** und **Funktionsprinzipien** hervorgebracht. Die Pflanzen haben sich **stammesgeschichtlich** auseinanderentwickelt und verschiedene Landpflanzengruppen gebildet, aber alle mussten sich an ähnliche lokale Standortbedingungen und globale Klimaveränderungen **anpassen**. Im Laufe von Millionen von Jahren wurden die Vegetationskörper immer weiter **optimiert** und erreichten dabei oft eine **phänotypische Ähnlichkeit** zueinander. Besonders interessant sind Ähnlichkeiten zwischen nicht näher verwandten Arten, da sie das Bildungs- und Anpassungspotential der Pflanzen unabhängig von deren jeweiligen phylogenetischen Herkunft zeigen.

Ein Beispiel für analoge Ähnlichkeiten liefert die **Körpergliederung** festsitzender Algen und folioser Moose, die unabhängig von ihrer Organisation und Verwandtschaft eine übereinstimmende **gestaltlich-funktionelle Differenzierung** erfahren haben:

- Zur **Verankerung im Substrat** und **Wasseraufnahme** (bei Landpflanzen) bilden sie Haftstrukturen, die als **Rhizoide** bezeichnet werden.
- Zur Assimilation organischer Verbindungen durch Photosynthese bilden sie **Phylloide**; das sind große, blattartige Oberflächen, in denen Plastiden angereichert sind.
- Die Phylloide werden von Trägersystemen, den **Cauloiden**, möglichst nah an die Wasseroberfläche bzw. ins Licht gestellt.

Phylloid, **Cauloid** und **Rhizoid** sind Bezeichnungen für Strukturen mit Blatt-, Stamm- und Wurzel**funktion**. Sie treten bei **Einzellern**, **Mehrzellern**, **Plectenchymen** und **Symplasten** auf und sind **nicht zwingend homolog** (◉ Abb. 5.15a–d). Begriffe, die **analog** ähnliche **Strukturen** kennzeichnen, werden in diesem Buch als **Analog**ren kennzeichnen, werden in diesem Buch als **Analog**...

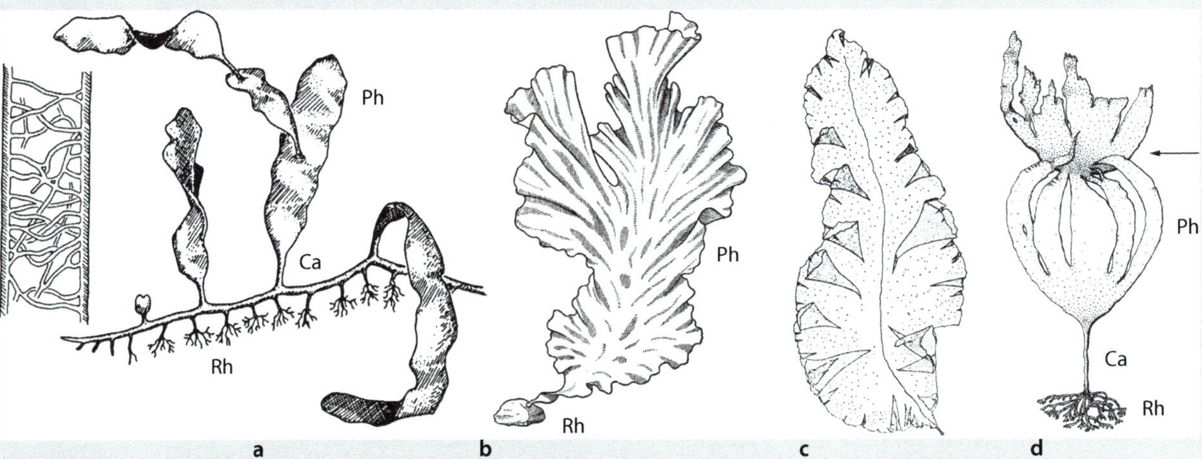

◉ **Abb. 5.15 Blattartige Vegetationskörper. a**, *Caulerpa prolifera* (Bryopsidales). Siphonaler Einzeller mit Rhizoid (Rh), Cauloid (Ca) und Phylloid (Ph). Linkes Bild: Verstärkung der Zelle durch Trabeculae. **b**, Meersalat (*Ulva lactuca*, Ulvales). Mehrzellige Grünalge. Thallus ohne Plasmabrücken. **c**, *Grinnellia americana* (Florideophycidae). Rotalge mit Flechtthallus. **d**, *Laminaria hyperborea* (Phaeophyceae). Braunalgenthallus mit Plasmabrücken (Sympast); oberhalb des Pfeils der Rest des vorjährigen Thallus. (© **a**: Hagemann 1984. Mit freundlicher Genehmigung. **b**: Troll 1973 (nach Thuret 1850). **c**, von Denffer 1971 (nach Tilden). **d**: nach Schenck 1894)

begriffe bezeichnet und den Homologbegriffen gegenübergestellt (▶ Abschn. 1.2.1):

- **Analogbegriffe** kennzeichnen Strukturen, die sich **äußerlich ähnlich** sind. Sie machen keine Aussage über die morphologische und/oder phylogenetische Identität. Beispiele sind Phylloid, Cauloid, Rhizoid, Cyste, Thallus, Kormus, Symplast, Zellwand, Erdspross, Verzweigung, Knolle oder Ranke. Alle diese Strukturen können morphologisch unterschiedlich aufgebaut sein und sind im Laufe der Evolution mehrfach parallel bzw. konvergent entstanden.
- **Homologbegriffe** kennzeichnen Strukturen, die über ihre morphologische **Identität** und phylogenetische Herkunft definiert sind. Sie machen keine Aussage über Aussehen und Funktion der Struktur. Beispiele sind Gamet, Zygote und bei den Blütenpflanzen Internodium, Knoten, Blatt, Sprossachse oder Wurzel.

Problematisch sind Begriffe, von denen man dachte, dass sie homologe Strukturen kennzeichnen würden. Dazu gehören z. B. Begriffe wie Sporophyll, Rhizom und Sporangium. Sie werden in beiderlei Sinn verwendet. Der Begriff **Dichotomie** macht dies besonders deutlich: Er bezieht sich als Homologbegriff auf das Teilungsverhalten der Scheitelzelle (Siegert 1965) und als Analogbegriff auf die Formbildung des Vegetationskörpers (Hagemann 1980). Wenn eine Struktur einfach nur als dichotom bezeichnet wird, ohne den Kontext anzugeben, kommt es zu Missverständnissen und möglicherweise zu Fehlinterpretationen in der Merkmalsphylogenie.

Im vorliegenden Buch wird der Versuch unternommen, die unabhängige Evolution ähnlicher Strukturen auch **sprachlich** zu fassen. Homolog gemeinte Begriffe werden als solche definiert, Analogbegriffe dort, wo es nötig erscheint, in Anführungszeichen gesetzt.

Beispiel Braunalgen

Die Braunalgen weisen als einzige Algengruppe **keine Einzeller** auf. Sie sind innerhalb der **sekundären Algen** die einzige Gruppe mit einem Gewebethallus. Dieser ist entweder trichal (*Ectocarpus*) oder thallos organisiert und **symplastisch** aufgebaut (◻ Abb. 5.10b, g). Die Plasmaverbindungen ergeben sich aus einer **unvollständigen** Zellteilung, bei der das Plasmalemma irisblendenartig nach innen wächst und eine **zentrale Öffnung** freilässt. Die Symplastenbildung erfolgt somit anders als in der Landpflanzenlinie.

Die Gewebethalli der Braunalgen, insbesondere der Tange, sind oft groß und funktional in **Rhizoid** (Haftsystem), **Cauloid** (Trägerelement) und **Phylloid** (Photosynthese) gegliedert (◻ Abb. 5.17f: Rh, Ca, Ph). Der Thallus ist in ein zentrales **markartiges** und ein peripher liegendes **rindenartiges** Gewebe differenziert und von einem einschichtigen Abschlussgewebe umgeben. Die **Zellwand** der Braunalgen ist fest und elastisch. Sie besteht aus netzartig angeordneten Cellulosefibrillen, die in einer amorphen Matrix aus pektinartigen **Schleimstoffen** (Fucoidan) und Salzen der Alginsäure (**Alginate**) liegen. Die **wirtschaftliche Bedeutung** der Braunalgen beruht auf dem hohen Gehalt an **Alginsäure**, die als Geliermittel, Weichmacher, Dünger oder Viehfutter verwendet wird (▶ Abschn. 5.3.4).

Die Braunalgen gehören zu den **sekundären Algen** und sind vermutlich durch sekundäre Endosymbiose unter Beteiligung von Rotalgen entstanden (▶ Abschn. 2.1). Die Geißeln ihrer Spermatozoide sind heterokont, aber im Unterschied zu ihren nächsten Verwandten seitlich inseriert (◻ Tab. 5.1). Sie umfassen etwa 2000 Arten und kommen bevorzugt in kühlen Meeren vor, wo sie vom Spülsaum bis in Tiefen von 20–50 m häufig sind (▶ Abschn. 5.3.4). Die Gruppe umfasst nach aktueller Einteilung 18 Ordnungen (Silberfeld et al. 2014). Zahlreiche Arten kommen in der **Nordsee** und im **Atlantik** vor:

- **Dictyotales:** Einer der bekanntesten Vertreter der Dictyotales ist die **Gabelzunge** *Dictyota dichotoma*. Sie ist leicht an ihrem symmetrischen Thallusaufbau zu erkennen, der das klassische Beispiel für dichotome Verzweigung liefert (◻ Abb. 5.8d und 5.9a, b). Der Thallus wächst mit einer einschneidigen Scheitelzelle, deren Tochterzellen sich weiter teilen und den Körper aufbauen. Der Thallus ist in periphere Assimilations- und zentrale Speicherzellen gegliedert.
- **Ectocarpales:** *Ectocarpus*-Arten (Faseralge**)** bilden fädige, verzweigte Thalli, die der heterotrichalen Organisationsform angehören. Das Wachstum erfolgt durch interkalare Zellteilung.
- **Fucales:** Die Gattung *Fucus* gehört mit mehreren Arten zu den häufigsten Braunalgen der Nordsee (◻ Abb. 5.19). Der Thallus ist **diploid** und entspricht dem **Sporophyten**. Er wächst mit einer Scheitelzelle und bildet im reproduktiven Stadium Konzeptakel, in denen sich die stark reduzierten Gametophyten entwickeln (▶ Abschn. 4.2.3).

  Der **Blasentang** (*Fucus vesiculosus*) ist leicht an den namengebenden Gasblasen zu erkennen, die beiderseits der dicken Mittelrippe angeordnet sind und dem Thallus Auftrieb verleihen (◻ Abb. 5.16c). Der **Sägetang** (*F. serratus*) hat einen gezähnten Thallusrand und der **Spiraltang** (*F. spiralis*) spiralig gewundene Thallusspitzen. Der **Knotentang** (*Ascophyllum nodosum*; ◻ Abb. 5.16e) weist im Unterschied zu den *Fucus*-Arten keine verdickte Mittelrippe auf.

Die Gattung *Sargassum* (**Golftang**) hat der Sargassosee östlich von Florida ihren Namen gegeben. In diesem Teil des Atlantiks bilden frei im Wasser treibende Tange eine **riesige Biomasse**, die das Meer rotbraun färbt und sogar auf Luftbildern zu erkennen ist. Die ‚Sargassowälder' bleiben aufgrund der zirkulären Strömungsverhältnisse auf den zentralen Bereich der Sargassosee beschränkt und bilden dort einen sehr **artenreichen Lebensraum** für Krebse, Würmer und andere Meerestiere. Auch die Aale wandern von der amerikanischen und europäischen Seite zum Sargassomeer, um hier zu laichen.

Der **Japanische Beerentang** (*Sargassum muticum*; ◘ Abb. 5.16g) gehört zu den **invasiven** Arten (▶ Exkurs 3.10). Er stammt ursprünglich aus Ostasien und gelangte mit importierten Zuchtaustern zunächst nach Amerika und von dort nach Europa. Seine rasante Ausreitung verdankt er den Fähigkeiten, Seitenzweige abzuwerfen (vegetative Vermehrung) und sich durch Selbstbefruchtung sexuell fortzupflanzen. Der japanische Beerentang wird meterlang. An einem dünnen Cauloid sitzen seitlich zahllose Phylloide, deren auffallende, beerenähnliche Gasblasen (◘ Abb. 5.16h) der Alge den Namen gegeben haben.

Im subantarktischen Küstenbereich von **Chile** kommt *Durvillaea antarctica* in großen Mengen vor. Ihre Tange werden bis zu 15 m lang und finden in Chile als Grundnahrungsmittel (Cochayuyo) Verwendung (◘ Abb. 5.16i, j).

— **Laminariales:** Zu den Braunalgen gehören auch die **Tange** der Kaltwassermeere, darunter der **Zuckertang** (*Saccharina latissima*; ◘ Abb. 5.17c), **Fingertang** (*Laminaria digitata*; ◘ Abb. 5.17f–h) und **Palmentang** (*L. hyperborea*). Ausgedehnte Bestände dieser Arten finden sich vor der Insel **Helgoland** und in der **Bretagne**, wo der Tang in großen Mengen geerntet und industriell verarbeitet wird (◘ Abb. 5.17a, b). Im Pazifik ist der **Riesentang** *Macrocystis pyrifera* heimisch, der bis 60 m (!) lang wird und die **größte Algenart** überhaupt darstellt. Ähnlich wie *Sargassum* bilden auch die Tange **waldartige Bestände** (**Kelpwälder**), die allerdings aufgrund der festsitzenden Lebensweise auf relativ kleine Areale entlang der Küsten beschränkt sind.

Die Thalli der Laminariales sind in Haftkralle (Rhizoid), Stamm (Cauloid) und Phylloid gegliedert (◘ Abb. 5.17f: Rh, Ca, Ph; ▶ Exkurs 5.2). Bei der nordatlantischen *Laminaria digitata* bestehen die **Haftkrallen** aus mehrfach gabelig verzweigten Thallusabschnitten, die bogenförmig nach unten wachsen und das Substrat umklammern (◘ Abb. 5.17h). Der **Cauloid** hat einen Durchmesser von 2 cm und das **Phylloid** eine Länge von bis zu 2 m.

Die Laminariales weisen einfache **Siebelemente** zur Assimilatleitung auf (▶ Abschn. 7.4.2). Bei *Laminaria*-Arten sind die Wände der Siebzellen perforiert, bei den riesigen *Macrocystis*-Arten regelrecht durchlöchert. Entsprechend unterschiedlich ist die Geschwindigkeit des Assilimattransportes. Sie beträgt bei *Laminaria* 5 cm und bei *Macroystis* 65–78 cm pro Stunde (van den Hoek et al. 1995).

Die Thalli der Laminariales werden zehn bis 20 Jahre alt und **erneuern** im Frühjahr ihre blattartigen Thalluslappen. Dieser Vorgang wird in älteren Lehrbüchern auch als ‚Laubwechsel' bezeichnet (Oltmanns 1904). Zwischen Cauloid und Phylloid liegt eine interkalar tätige Zellzone (**Meristoderm**; ▶ Abschn. 5.3.2), die im Frühjahr ein neues Phylloid aufbaut. Das letztjährige Phylloid bleibt so lange erhalten, bis seine Nährstoffe in den neuen Thallusabschnitt umgelagert worden sind. Dann wird es abgeworfen oder durch Wellenschlag zerrissen. Die Lage des Meristoderms ist bei einigen Arten durch eine deutliche Thalluseinschnürung zwischen dem alten und dem neuen Phylloid erkennbar (◘ Abb. 5.15d: Pfeil).

— **Cutleriales:** Die Gattung *Cutleria* weist einen heteromorphen Generationswechsel mit dominantem Gametophyten auf (▶ Abb. 4.12a). Der Gametophyt ist heterothallisch und bildet krustenförmige, mit einer Zellreihe (‚Randmeristem') wachsende männliche Thalli (Mikrothalli) und deutlich größere, interkalar wachsende weibliche Thalli (Makrothalli).

Mit ihrem großen, symplastisch organisierten, funktionell differenzierten und in einigen Arten diplontisch lebendem Thallus haben die Braunalgen eine Organisationsform erreicht, die erstaunliche Parallelitäten zum Kormus der Gefäßpflanzen aufweist (▶ Abschn. 5.5). Die Ähnlichkeit ist **unabhängig** voneinander entstanden und ein eindrucksvolles Beispiel für gleichsinnig verlaufende Evolution.

Beispiel Chlorophyta

Innerhalb der Chlorophyta treten Plasmabrücken regelmäßig bei den **Chaetophorales** und vereinzelt bei den **Trentepohliales** (*Trentepohlia*, *Cephaleuros*; Chapman et al. 2001) und **Chlamydomonadales** (*Volvox*; Bisalputra und Stein 1966) auf. Jede Gruppe bildet die Plasmaverbindungen auf eine **andere Weise** und verdeutlicht damit die **mehrfach unabhängige Evolution** symplastischer Konstruktionen. So geht die Wandbildung bei *Uronema* (Chaetophorales) von einem **Phycoplasten** (▶ Abschn. 2.4.2) aus, bei *Trentepohlia* dagegen von einem **Phragmoplasten**, der parallel zu dem der Streptophyta entstanden ist. Vermutlich gibt es zahlreiche weitere Beispiele, die noch unbekannt sind, da die Zellwandstrukturen nur mithilfe des Elektronenmikroskops erkannt werden können.

5

◘ Abb. 5.16 Fucales. a–h, Braunalgen der Nordseeküste und des Atlantiks. **a–c,** Blasentang (*Fucus vesiculosus*). **a,** Riesige Bestände an der Küste Westirlands, die bei Ebbe trockenfallen. **b,** Austernbank bei Ebbe in der Wattensee vor Spiekeroog. Die Schalen der Austern werden vom Blasentang als Substrat zur Verankerung benutzt. **c,** Thallusabschnitt mit Gasblasen beiderseits der Mittelrippe. **d,** Riementang (*Himanthalia elongata*). Basaler Trichter, aus dessen Mitte sich der riemenförmige Thallusabschnitt entwickelt. **e,** Knotentang (*Ascophyllum nodosum*). Thallus ohne Mittelrippe, Gasblasen mittig angeordnet. **f,** Trichteralge (*Padina pavonia*) mit konzentrischen Streifen, die durch Kalkeinlagerung entstehen. **g, h,** Japanischer Beerentang (*Sargassum muticum*). Invasive Art aus Ostasien mit meterlangen Cauloiden und seitlichen Phylloiden mit beerenförmigen Gasblasen. **i, j,** *Durvillaea antarctica*. Ernte der angespülten Tange (**i**) und Verkauf (**j**) in Puerto Montt, Chile. **k,** Braunalgen als Suppeneinlage, China. (© R. Claßen-Bockhoff, Mainz)

Abb. 5.17   Laminariales. a–c, Bretagne, Kanalküste. **a, b,** Tangernte. **c,** Zuckertang (*Saccharina latissima*, syn. *Laminaria saccharina*). Mit freundlicher Genehmigung. **d, e,** Südafrika. Vermutlich *Ecklonia maxima* (Lessoniaceae). **d,** Flöte, hergestellt aus dem Cauloid. **e,** Tange im Brandungsbereich der Westküste. **f–h,** Irland. Westküste. Fingertang (*Laminaria digitata*). **f,** Etwa 1,5 m große Pflanze mit Gliederung in Rhizoid (Rh), Cauloid (Ca) und Phylloid (Ph). **g,** Lappenartige Auswüchse oberhalb der Haftkralle. **h,** Haftkralle aus umgebogenen Thalluslappen. (© R. Claßen-Bockhoff, Mainz)

Beispiel Streptophyta

Bei den meisten Streptophyta geht die Wandbildung von einem **Phragmoplasten** aus (▶ Abschn. 2.4.2). Die Wand selbst ist perforiert und weist Plasmodesmen (▶ Abschn. 2.2.4) auf, durch die die plasmatische Verbindung zwischen den Zellen erhalten bleibt. Die einzige Gruppe ohne Plasmastränge sind nach heutigem Wissen die **Joch-** oder **Zieralgen** (Zygnematophyceae). Sie leben als Einzeller (◻ Abb. 5.3a, b) oder bilden unverzweigte, trichale Mehrzeller:

- Zu den **Coleochaetophyceae** gehören nur wenige auf Wasserpflanzen (**epiphytisch**) oder Steinen (**epilithisch**) lebende Süßwasseralgen. Ihr Thallus ist einfach gestaltet und besteht meist aus symplastischen Fäden, die frei oder zu einem Flechtthallus verklebt sind. Bei *Coleochaete soluta* haftet der Thallus mit einer Fußzelle (Sohle) am Substrat und bildet durch regelmäßig dichotome Spitzenteilung gabelförmig verzweigte Fäden. *Coleochaete scutata* weist dagegen einen scheibenförmigen Thallus auf, dessen Form auf der interkalaren Teilungsaktivität der Fußzelle beruht (Hagemann 1999). Das Beispiel verdeutlicht, dass der **Ort der Zellteilungsaktivität** die Gestalt dieser Pflanzen bestimmt.
- Wesentlich komplizierter ist der Thallus der **Armleuchteralgen** aufgebaut (◻ Abb. 5.18a–c). Er

wächst mit einer einschneidigen **Scheitelzelle** und bildet einen Hauptfaden, der in ‚Knoten‘ und ‚Internodien‘ gegliedert ist. Die Scheitelzelle gliedert abwechselnd nodale und internodale Zellen ab. Die **Internodalzellen** sind groß (bei *Nitella* bis 10 cm lang). Sie teilen sich nicht mehr, durchlaufen aber mehrere Kernteilungen und werden **polyenergid**. Die **Nodalzellen** sind klein und mehrfach interkalar teilungsfähig. Sie bilden eine zellulär gegliederte Platte, aus der sich mehrere Seitenfäden begrenzten Wachstums und (bei *Chara*) eine einschichtige Rinde entwickeln, die nach oben und unten fortwächst und die Internodalzelle umhüllt. Die Armleuchteralgen sind mit Rhizoiden im Substrat verankert und kommen sehr häufig im Süßwasser vor, wo sie ausgedehnte Bestände bilden können.

Es gilt heute als sicher, dass sich die **Landpflanzen aus Grünalgen** entwickelt haben und dass die **Charophyten** ihre nächsten lebenden Verwandten sind. Die **symplastische** Organisation mit arbeitsteiliger Differenzierung, eine Zellwand aus **Cellulose**, die Festigkeit verleiht und den Protoplasten auch an Land mit Wasser umspült, und **Dauersporen**, die von einer Wand aus **Sporopollenin** geschützt sind, stellen einige Eigenschaften dar, die den Übergang zum Leben auf dem Land begünstigt haben.

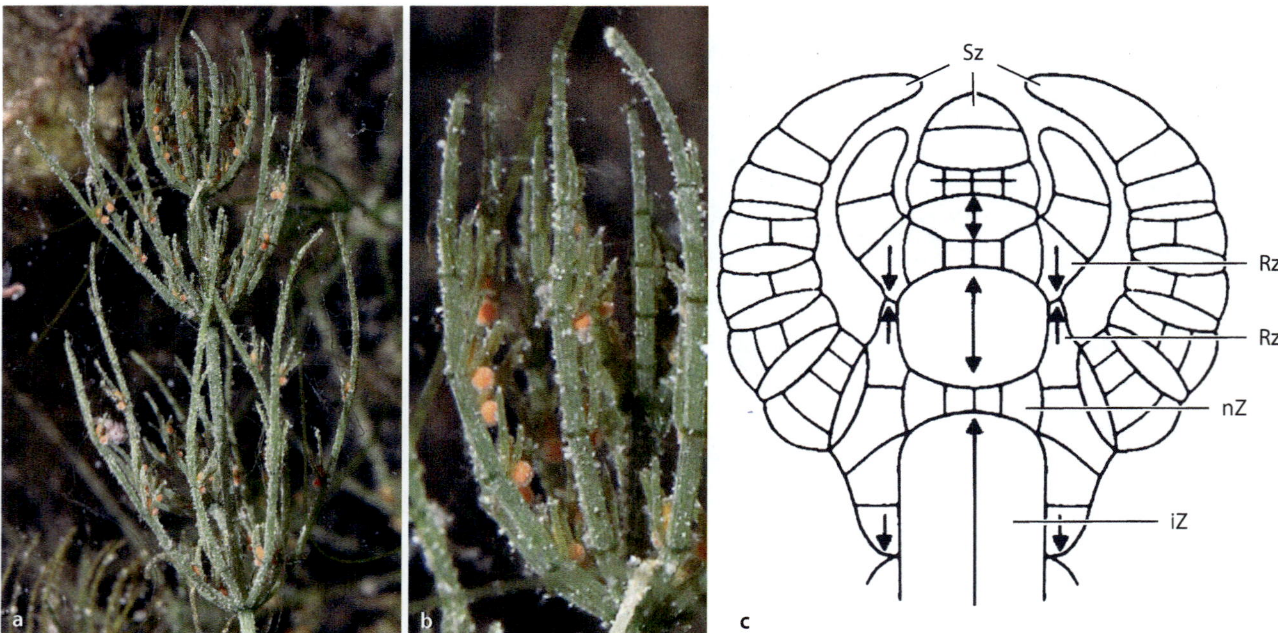

◻ **Abb. 5.18   Thallusbau der Armleuchteralge *Chara vulgaris*. a,** Habitus der Pflanze mit wirteliger Anordnung von Seitenfäden. **b,** Ausschnitt aus a (ca. 20 cm). Die Einschnürungen des Thallus sind gut erkennbar; die orangefarbenen Strukturen sind Spermatangien (vgl. ◻ Abb. 4.9a, b). **c,** Schematische Darstellung der Bildungszonen. Der Thallus wächst mit einer einschneidigen Scheitelzelle (Sz), die abwechselnd nodale (nZ) und internodale Zellen (iZ) abgibt. Die Internodalzellen strecken sich zu vielkernigen Riesenzellen und bilden den Hauptfaden, während sich die kleinen Nodalzellen mehrfach teilen. Von ihnen gehen die Seitenfäden ab, die das Verhalten des Hauptfadens wiederholen, und die Rindenzellen (Rz), die als einschichtiges Gewebe den Hauptfaden umhüllen (‚berinden‘). (© **a, b**: R. Claßen-Bockhoff. **c**: van den Hoek et al. 1995 (Thieme Gruppe), verändert)

5.3.4 Algen: Lebensweise und ökologische Bedeutung

Algen sind für das ökologische Gleichgewicht der Erde von zentraler Bedeutung. Sie sind die wichtigsten **Sauerstofflieferanten** der Erde und die **Primärproduzenten** der Nahrungskette. Darüber hinaus sind sie Bodenverbesserer, Riffbildner und Symbiosepartner.

Heute sind etwa 40.000 Algenarten bekannt (► Abschn. 2.1.2, ► Exkurs 3.3). Die tatsächliche Anzahl existierender Arten dürfte aber bedeutend höher sein. Von vielen Gruppen sind nur einige Modellorganismen bekannt, die sich im Freiland beobachten lassen oder in Meeresfarmen bzw. im Labor gehalten und untersucht werden können. Die unzureichende Kenntnis der Algen schlägt sich in der aktuellen Systematik nieder (Sy 4, 5), die trotz intensiver Forschung noch immer vor zahlreichen offenen Fragen steht (z. B. Adl et al. 2012; Leliaert et al. 2012; Guiry und Guiry 2017).

Die folgende Zusammenfassung der Biologie der Algen beruht überwiegend auf van den Hoek et al. (1995).

Lebensräume

Die Algen sind primär Wasserpflanzen, die im **Meer** und **Süßwasser** verbreitet sind. Dort gehören sie dem **Plankton** der freien Wasserflächen oder dem **Benthos** der Küstenstreifen an.

Plankton

Zum Plankton (griech. *planktos*, „wandern", „driften") zählen alle Organismen, die **im Wasser treiben**. Manche sind begeißelt und können ihre Lage im Wasser regulieren oder kurze Fluchtbewegungen ausführen. Sie sind aber nicht imstande, gegen die Strömung zu schwimmen.

Die planktisch lebenden Algen (**Phytoplankton**) sind meist mikroskopisch kleine Einzeller oder Kolonien. Organismen von 2–20 μm Größe gehören dem **Nanoplankton**, noch kleinere (0,2–2 μm) dem **Pikoplankton** an. Eine extreme Größe erreichen dagegen die mit Schwimmblasen im Thallus treibenden Riesentange der Sargassosee (*Sargassum fluitans*, *S. natans*).

Je nach Wasserqualität, pH-Wert, Temperatur, Lichtverhältnissen und Nährstoffgehalt variiert die **Artenzusammensetzung**. Bei Überdüngung (**Eutrophierung**) kommt es zur Massenvermehrung einzelner Arten (Algenblüte), die sich schädlich auf das gesamte Ökosystem auswirken kann (Algenpest; Tab. 5.2):

- **Marines Phytoplankton** setzt sich vor allem aus Kieselalgen (Diatomeen; Sy 4:10) und Panzergeißlern (Dinophyta; Sy 4:9), im Nano- und Pikoplankton auch aus Kalkalgen (Coccolithales, Haptophyta; Sy 4:6) und anderen einzelligen (sekundären) Algen zusammen (Tab. 5.2). Die **Mineralskelette**

der Algen sinken auf den Meeresgrund und bilden **Kalkbänke** (bis 4000 m Tiefe) bzw. **Kieselgur** (Diatomeenerde: größere Tiefen).

Die **Planktondichte** ist in den oberen, von Licht durchfluteten Wasserschichten am höchsten (bis 10^5 Zellen/l) und nimmt bis zu einer Tiefe von 100 m stark ab. **Kalte Meere** weisen die höchste Dichte auf, da aufgrund der besseren Durchmischung des Wasserkörpers **mehr Nährstoffe** zur Verfügung stehen. Das hohe Planktonvorkommen liefert die Grundlage für die **reichen Fischbestände** in kalten Meeren und Meeresströmungen.

- Im **Süßwasserplankton** herrschen Grünalgen (Chlorophyceae; Sy 5:23–28), Kieselalgen, Euglenophyceae (Sy 4:4), Goldbraune Algen (Chrysophyceae; Sy 4:10) und Zieralgen (Zygnematophyceae; Sy 5:53) vor. Anhand der Artenzusammensetzung der Algen und Bakterien kann die **Wasserqualität** von Binnengewässern bestimmt werden.

Benthos

Wasserpflanzen (inkl. Einzeller), die im Sand verankert oder auf Steinen, Korallen oder anderen Organismen **festgewachsen** sind, gehören dem **Benthos** an (Abb. 5.11e und 5.16b). Zu ihnen zählen innerhalb der Algen die meisten siphonalen Riesenzellen und Thalluspflanzen. Die Organismen bilden basale Thallusabschnitte zu **Haftscheiben** oder **Krallen** um (Abb. 5.17h), mit denen sie sich dem Untergrund andrücken oder am Substrat verankern:

- Im **Meer** dominieren Braun-, Rot- und Grünalgen. Obgleich ihr Lebensraum auf küstennahe Streifen begrenzt ist, sind die Benthosbestände oft groß (Abb. 5.16a und 5.17e) und weisen eine hohe Biomasse auf (Kelpwälder; ► Abschn. 5.3.3). Sie reichen vom Spülsaum in unterschiedliche Meerestiefen hinab, deren Grenze vom Lichtbedarf der Alge und von der Trübung und Turbulenz des Wassers bestimmt wird. Die artspezifischen Standortpräferenzen schlagen sich vielerorts in einer deutlich erkennbaren **Zonierung** von Arten nieder (Abb. 5.19).

  Braunalgen (Phaeophyceae; Sy 4:10) treten vor allem in **kälteren Gewässern** auf, wo sie gewöhnlich bis zu einer Tiefe von 20–50 m vorkommen. Das tiefste Vorkommen zeigen Arten von *Laminaria*, die im Mittelmeer in einer Tiefe **von 120 m** leben, also in einem Lebensraum, in den nur noch 0,6 % des Tageslichtes eindringt (Lüning 1985).

  Die **Rotalgen** (Rhodophyceae; Sy 4:12) bevorzugen **tropische Meere**. Aufgrund ihrer spezifischen Pigmentausstattung (► Exkurs 2.2) können sie auch bei **extrem schwachen Lichtverhältnissen** (0,0001 %) Photosynthese betreiben. Im Mittelmeer treten sie noch in 100 m Tiefe auf; vor den Bahamas wurden

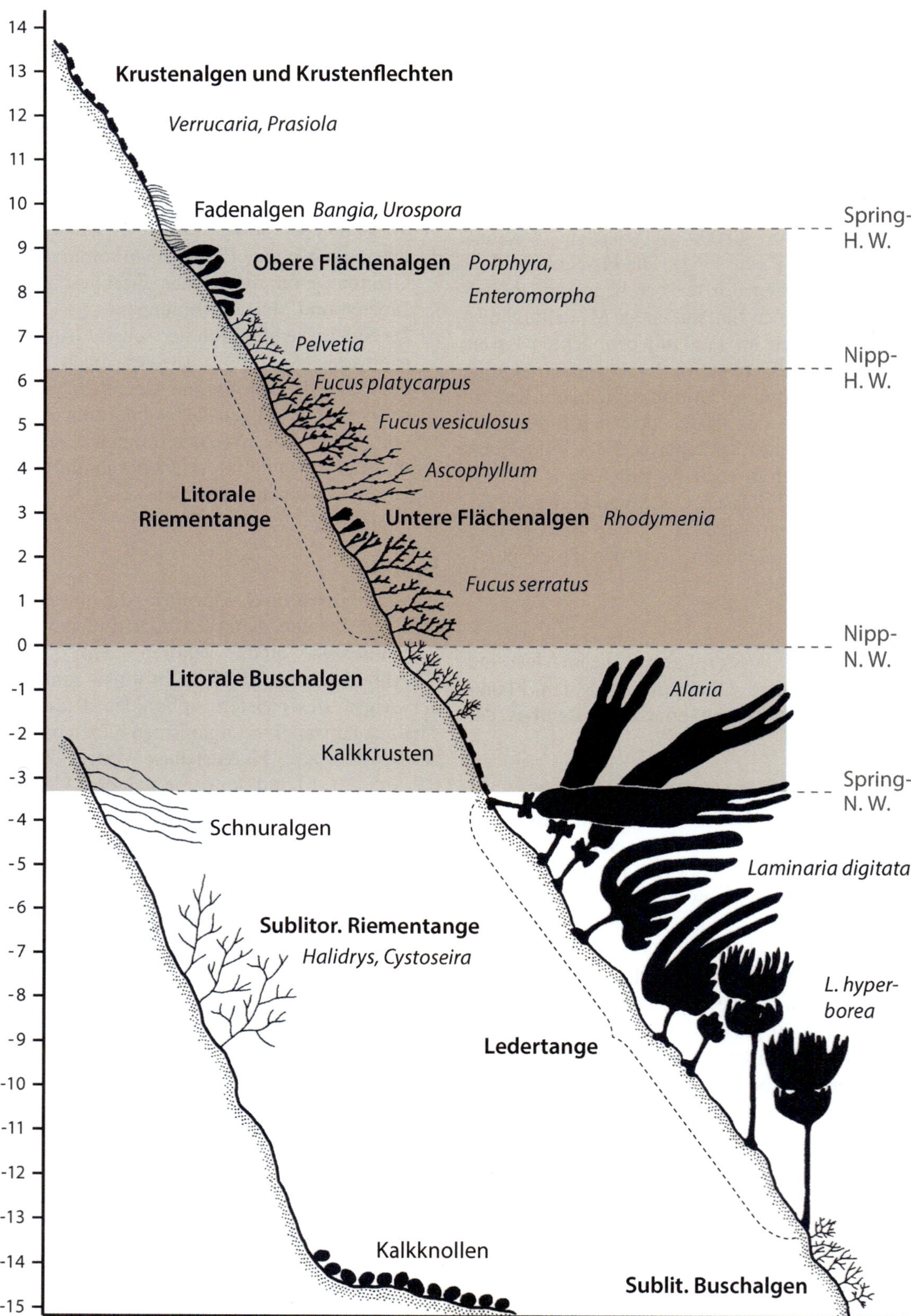

◘ Abb. 5.19 Zonierung der Algen an der Kanalküste. Aufgrund des großen Tidenhubs (6–13 m) weist die Küstenregion eine deutliche Zonierung des Algenbewuchses auf. *Verrucaria* ist eine Flechte, *Prasiola*, *Urospora* und *Enteromorpha* gehören zu den Grünalgen und *Bangia*, *Porphyra*, *Rhodymenia* sowie die Kalkkrusten und Kalkknollen zu den Rotalgen. Alle übrigen Algen sind Braunalgen. *Fucus*-Arten dominieren im Tidenbereich (braun), *Laminaria*-Arten unterhalb der Niedrigwasserlinie. Das linke Bild (Schnuralgen bis Kalkknollen) zeigt den abweichenden Bewuchs geschützter Küstenabschnitte. H.W, Hochwasser, N.W. Niedrigwasser. (© Nienburg 1930, verändert)

Rotalgenkrusten in über 250 m Tiefe entdeckt (Littler et al. 1985). Diese halten den **Tiefenrekord** aller photoautotrophen Organismen.

Grünalgen spielen im Meeresbenthos eine eher untergeordnete Rolle. Vertreter der Gattungen *Ulva* (**Meersalat**) und *Enteromorpha* (**Darmtang**) sind allerdings von den Nordsee- und Atlantikküsten bekannt, wo sie neben Felsblöcken auch die Buhnen für den Küstenschutz besiedeln (◘ Abb. 5.11d). Bei Massenaufkommen (Algenblüte) rufen sie eine ‚**Algenpest**' hervor (▶ Abschn. 5.3.3). Die ebenfalls zu den Grünalgen (Ulvophyceae) gehörende Gattung *Caulerpa* ist wärmeliebend. Sie bildet siphonale Riesenzellen, deren enorme Wachstums- und Regenerationsfähigkeit zu ökologischen Problemen im Mittelmeer führt (‚Killeralge'; ▶ Abschn. 5.2.2).

— Dem **Süßwasserbenthos** gehören nur wenige Algen an, vor allem fädige Grünalgen (Cladophorales, Oedogoniales, Charophyceae; ◘ Abb. 5.5h und 5.18a, b). Die Vegetation wird von Blütenpflanzen bestimmt, die den Uferbereich dominieren, aber auch Wasserpflanzen hervorgebracht haben (▶ Abschn. 11.8.2). Diese treten bis zu einer Tiefe von 20 m, in Einzelfällen auch tiefer auf.

Luftraum und Boden

Die Anzahl terrestrisch lebender Algen wird oft unterschätzt. Tatsächlich leben von den über 9000 Algenarten Mitteleuropas die meisten auf dem Land, wo sie vor allem im **Boden** (**Edaphon**) in hoher Dichte vorkommen. Metting (1990) gibt eine durchschnittliche Algendichte von 10^3 bis 10^5 Zellen pro Gramm Boden an; nach McCann und Cullimore (1979) liegt der Algenanteil an der Biomasse des Bodens bei 4–27 %.

Die meisten edaphisch lebenden Algen gehören zu den Chlorophyceen, Xanthophyceen und Diatomeen (Sy 4:10, Sy 5: 23–28). Zusammen mit Cyanobakterien und Pilzen bilden sie stabile Lebensgemeinschaften auf Roh- und Wüstenböden (◘ Abb. 5.5c). Relativ wenige Arten leben als **Luftalgen**, wie z. B. die rote *Trentepohlia*, die recht häufig auf Baumstämmen zu finden ist (◘ Abb. 5.11h).

Luftalgen nehmen Wasser aus der Luft auf und treten vermehrt in feuchten Tropenwäldern auf, wo sie Stämme, Blätter oder Felsblöcke besiedeln. Andere Algen besiedeln **Extremstandorte** wie heiße Quellen (~50 °C), Salzseen (◘ Abb. 5.5b) oder eiskalte Schmelzwasser. **Schneealgen** kommen in den Polargebieten und im Gebirge vor, wo sie sich in Massen entwickeln und ganze Schneefelder grün (Chlorophyceen), gelb (Goldbraune Algen) oder rot färben (‚Blutschnee': *Chlamydomonas nivalis*, *C. alpina*). Die Pigmentierung (Carotinoide) schützt die Zellen vor der hohen UV-Einstrahlung.

Symbiosen

Cyanobakterien und einzellige **Algen** sind nicht nur an der primären, sekundären und tertiären **Endosymbiose** beteiligt (▶ Abschn. 2.1), sondern gehen auch **Lebensgemeinschaften** mit Pilzen (**Flechten** ▶ Exkurs 5.1) und Tieren ein. Sie verleihen ihren Partnern eine grüne Farbe und die Fähigkeit zur Photosynthese:

— **Süßwasserschwämme** (*Ephydatia fluviatilis*, *Spongilla lacustris*) und **Nesseltiere** (Cnidaria) wie die Grüne Hydra (*Hydra viridissima*; Bosch 2012) oder die Grüne Riesenanemone (*Anthopleura xanthogrammica*) leben in Symbiose mit der einzelligen Grünalge *Chlorella* (Chlorellales; Sy 5:29). Korallen, Anemonen, Riesenmuscheln (Tridacnidae) und Quallen, aber auch viele heterotrophe Einzeller gehen eine Symbiose mit **Zooxanthellen** ein. Dabei handelt es sich meist um **Panzergeißler** (Dinophyta), seltener um Diatomeen, Cryptophyceae und Chrysophyceae.

— Die Steinkorallen tropischer **Korallenriffe** leben in **obligater Symbiose** mit Dinophyta (Fransolet et al. 2012), weswegen sie nur wenige Meter unter dem Meeresspiegel liegen. Sie sterben ab (**Korallenbleiche**), wenn sie ihre Symbionten verlieren. Dies geschieht seit den 1980er-Jahren in einem dramatischen Ausmaß und wird auf die weltweit steigenden Meerestemperaturen zurückgeführt. Betroffen sind alle tropischen Korallenriffe, darunter auch der einzigartige Lebensraum des Great Barrier Reef in Australien. Lokal starben bereits bis zu 75 % der Korallen ab, und die Prognosen sind erschreckend. Ohne intensive Schutzmaßnahmen können sich die Riffe und mit ihnen die Lebenswelt unzähliger Meeresorganismen nicht mehr erholen (Hughes et al. 2017).

— Grüne **Nacktschnecken** (Gastropoda) wie die Samtschnecke (*Elysia chlorotica*) oder Schlundsackschnecke (*Oxynoe olivacea*) fressen Grünalgen und nutzen deren Chloroplasten zur Photosynthese (Trench et al. 1969; Wägele und Johnsen 2001; Wägele und Martin 2014). Die von den Schnecken ‚geraubten' Chloroplasten werden als **Kleptoplastiden** (griech. *kleptein*, „rauben") bezeichnet. Sie dienen als Argument für die Richtigkeit der Endosymbiontentheorie (▶ Abschn. 2.1).

Ökologische und ökonomische Bedeutung der Algen

Das Meeresplankton bildet die **Grundlage des Lebens** auf der Erde. Etwa die Hälfte des weltweit zur Verfügung stehenden Sauerstoffes stammt von Algen, die die **Primärproduzenten** der Nahrungskette sind. Ihr rasches Wachstum führt zu einer ungeheuer großen **Biomasse**, die **Nahrung** und **Rohstoffe** liefert. Darüber hin-

5

aus sind Algen wichtige Bestandteile im **Boden** und an der Bildung von **Korallenriffen** und **Gesteinen** beteiligt.

Neben ihrer ökologischen Bedeutung haben Algen auch einen enorm hohen **wirtschaftlichen** Wert. So werden weltweit (Marktführer China) 21 Mio. t Algen in Aquafarmen oder Photobioreaktoren mit einem Handelswert von 5 Mrd. € produziert (Wüpper 2015). Hauptabsatzmärkte sind die **Tierfutter-, Nahrungsmittel-** und **Kosmetikbranchen**, die den hohen Gehalt an Proteinen (bis zu 50 % des Trockengewichtes), Fettsäuren (darunter Omega-3-Fettsäuren), Vitaminen sowie Iod und Kollagen (beides vor allem in Braunalgen) nutzen.

Während Algen in Europa kaum auf dem Speisezettel stehen, hat ihre Verwendung in **Asien** eine jahrtausendelange Tradition (◨ Abb. 5.5e und 5.16k). Allein in Japan werden 300.000 t, in China sogar 3 Mio. t Algen pro Jahr als Gemüse oder Suppeneinlage verzehrt (ALPAG 2013). **Hijiki** (*Sargassum fusiforme*) ist eine Braunalge, die seit Jahrhunderten fester Bestandteil japanischer Gerichte ist und wegen ihres hohen Mineralgehaltes (Calcium, Eisen, Magnesium) geschätzt wird. Heute ist ihr Konsum umstritten, da auch geringe Mengen von Arsen in den Algen enthalten sein können.

Alginate (Braunalgen), **Agar** (Rotalgen), **Farbstoffe**, **Öle** und **Cellulose** werden als Verdickungs- und Bindemittel, Keimmedien, in der Farbstoffindustrie, als Schmiermittel oder Dämmstoffe genutzt. **Kieselgur** findet als Filter, Füllstoff und Reinigungsmittel Verwendung, während die Kalkablagerungen der Coccolithen früher als **Schreibkreide** genutzt wurden. Im **Abwassersektor** werden Algen zum Binden von ausgeschwemmten Düngemitteln eingesetzt. Aufgrund ihrer antibakteriellen Eigenschaften eignen sie sich auch zur **Trinkwasserdesinfektion** (Naturnahe Abwasserdesinfektion durch nachgeschaltete Algenteiche, Patent DE102006020917).

Insgesamt steckt in den Algen ein hohes und vielseitiges **Nutzungspotential**, das noch nicht ausgeschöpft ist (ALPAG 2013). Angesichts der immensen Biomasse könnten Algen künftig auch als **Energieträger** (Biomethan, Biodiesel, Wasserstoff) genutzt werden. Eine kostengünstige Technik steht allerdings noch nicht zur Verfügung (ALPAG 2013).

Große **ökologische und wirtschaftliche Schäden** treten bei Überdüngung (*Ulva*), Aquafarming oder Verdrängung heimischer Arten durch invasive Pflanzen (*Caulerpa, Sargassum*) auf. Diese Einflüsse wirken sich negativ auf das ökologische Gleichgewicht der Gewässer, die Fischereiwirtschaft, den Tourismus und die Gesundheit des Menschen aus. Ein aktuelles Beispiel liefert die Massenvermehrung der giftigen Goldalge *Prymnesium parvum*, die 2022 zu dem verheerenden Fischsterben in der Oder geführt hat. Außerdem sind zahlreiche Algenarten, insbesondere im Süßwasserbereich, durch vom Menschen (anthropogen) bedingte Verunreinigungen in ihrem Bestand gefährdet (Rote-Liste-Arten).

5.3.5 Der Thallus der Landpflanzen

Innerhalb der Landpflanzen treten thallose Vegetationskörper bei den **Moosen** und **isosporen Farnen** (► Abschn. 5.5.6) auf. Sie gehören immer der **gametophytischen Generation** an, die bei den **Moosen dominant** und bei den meisten isosporen Farnen in Form von **Prothallien** selbstständig lebensfähig ist (◨ Tab. 5.3, ► Abschn. 4.4 und 4.5.1).

Die Thalli besitzen **kein ausgeprägtes** Festigungsgewebe und erhalten **Form** und **Stabilität** allein durch die **Quellung** des Cytoplasmas. Durch Bildung von Hydrathüllen um polare Makromoleküle wie Proteine und Kohenhydrate vergrößert sich das Volumen des Plasmas bis zur **Vollturgeszenz** (► Abschn. 2.2.3). In diesem Zustand ist der Druck des sich ausdehnenden Plasmas auf die Zellwand (Innendruck) so groß wie der Gegendruck, der von der elastischen, wassergesättigten Zellwand und den umgebenden Zellen (Gewebedruck) ausgeübt wird. Festigkeit erhalten die Moose somit vor allem, wenn ausreichend Wasser zur Verfügung steht; sie sind vollkommen **abhängig** vom **Wassergehalt ihrer Umgebung** (**poikilohydrisch**; ► Exkurs 5.3).

Der **Thallus** der Landpflanzen ist entweder morphologisch ungegliedert (**thallose** Organisation) oder in Blättchen und Stämmchen gegliedert (**foliose** Organisation). Die weitaus meisten Moose sind folios organisiert. Zu ihnen gehören alle Laubmoose (Bryophyta; Sy 7A) und Teile der Lebermoose (z. B. Jungermanniidae; Sy 7B:13–15). Die übrigen Lebermoose (z. B. Marchantiidae; Sy 7B:9–12), Hornmoose (Anthocerophyta; Sy 7A) und Farngametophyten sind dagegen thallos organisiert. Die verwandtschaftliche Stellung der Moosgruppen deutet darauf hin, dass der Übergang von der thallosen zur foliosen Organisationsform mehrfach parallel erfolgt ist.

Thallose Vegetationskörper

Morphologisch ungegliederte Thalli haben gewöhnlich eine flache, lappige Gestalt (◨ Abb. 5.21b, c) und wachsen mit zweischneidigen Scheitelzellen oder Scheitelzellreihen.

Die folgenden Beispiele beschreiben mit dem Thallus von *Pellia epiphylla* eine der **einfachsten** und mit dem Thallus von *Marchantia polymorpha* eine der am weitesten **differenzierten** Formen. Beide Arten sind nicht repräsentativ für die thallosen Arten, sondern verdeutlichen das weite **Spektrum der Thallusdifferenzierung**. Hornmoose und Farngametophyten (► Abschn. 4.5.1,

▶ Abb. 4.20a–c) sind eher wie *Pellia* einfach gestaltet, während die Mehrheit der thallosen Moose einen mittleren Differenzierungsgrad aufweist (ausführliche Beschreibung in Frahm 2001).

Beispiel *Pellia epiphylla*

Das gemeine Beckenmoos (Pelliaceae, Lebermoose; ◪ Abb. 5.9d) kommt in Mitteleuropa häufig auf sauren Waldböden vor, auf denen es ausgedehnte Bestände bildet. Sein **einfach gebauter Thallus** ist nur wenige Zelllagen dick, besitzt ein **Vorder-** und **Hinterende** sowie eine **Ober-** und **Unterseite**. Er ist somit **polar** und **dorsiventral** organisiert (◪ Abb. 5.20a; Hagemann 1992).

Der Thallus wächst mit einer **Scheitelzellreihe** (◪ Abb. 5.9f). Auf die **Wachstumszone** (◪ Abb. 5.20a: Wz) folgen die **Differenzierungszone** (Dz), in der sich die Zellen strecken, und die **adulte Zone** (aZ) aus differenzierten Zellen. In dieser Zone findet Photosynthese statt. Die Assimilate werden vorübergehend gespeichert oder direkt zum Ort des Verbrauches befördert. Der **horizontale Stofftransport** erfolgt **aktiv** durch die Zellen des Grundgewebes. Am hinteren Ende stirbt der Thallus ab (Az, Absterbezone). Er ist somit **nicht ortsgebunden** (sessil), sondern **kriecht** zeitlebens fort. Ähnliche Kriechformen (*repens*-Typ sensu Hagemann 1999) treten auch bei siphonalen Einzellern (*Caulerpa*; ◪ Abb. 5.15a) und vielen Farn- und Blütenpflanzen mit Erdsprossen bzw. Rhizomen auf (▶ Abschn. 6.9.1). Sie können aufgrund ihrer ständigen Erneuerung **sehr alt** werden (▶ Abschn. 6.9.3).

Der Thallus ist außen von einer einschichtigen Zellreihe, der **Epidermis** (▶ Abschn. 7.2), bedeckt. Eine dünne Wachsauflage vermindert den Wasserverlust, verhindert ihn aber gewöhnlich nicht. Aus diesem Grund ist der Thallus meist an **feuchte Substrate** gebunden. Die **Zellwand** ist mit **Wasser** getränkt, sodass jedes Kompartiment des Symplasten von Wasser umspült wird. Der Thallus erhält seine **Festigkeit** durch den **Quellungsdruck** (▶ Exkurs 5.10) von Zellwand und Plasma. Weitere Festigungselemente fehlen, sodass das Moos eine **flache**, Rasen bildende Wuchsform zeigt.

Mit der **Unterseite** liegt der Thallus dem Substrat auf. Dort bildet er Schleimhaare (◪ Abb. 5.20a: Sh) und einzellige **Rhizoide** (Rh). Anders als bei den Algen dienen die Rhizoide weniger der Verankerung als der **Wasseraufnahme**. Das Wasser wird kapillar aus dem Boden aufgenommen und **vertikal** durch den Körper gezogen. Antrieb für diesen Wasserstrom ist der Sog, der durch die ständige Verdunstung auf der Oberseite des Thallus entsteht. Er wird als **Transpirationssog** bezeichnet und ist **bei allen Landpflanzen** die **treibende Kraft** für den Wassertransport (▶ Abschn. 3.4 und ▶ 7.4.1).

Der Thallus ist mit einem wenig differenzierten Grundgewebe gefüllt. Die schwach entwickelte Mittelrippe enthält Zellen mit Zellwandverdickungen. Spezielle **Leitelemente fehlen**. Auf der lichtzugewandten Seite ist der Thallus **chloroplastenreich** und **photosynthetisch** aktiv, auf der bodennahen Seite übernimmt er **Speicherfunktion**. Hier treten einzelne, membranumhüllte **Ölkörper** auf. Sie sind für viele Lebermoose charakteristisch und kommen in keiner anderen Moosgruppe vor.

Beispiel *Marchantia polymorpha*

Der Thallus der Marchantiaceae (Lebermoose; Sy B:10) ist gabelig verzweigt (◪ Abb. 5.21b, c) und wächst mit einer zweischneidigen **Scheitelzelle**. Auf seiner assimilierenden Oberseite besitzt er große **Interzellularräume**, die als Luftkammern dem **Gasaustausch** dienen. In ihnen befinden sich kettenförmig angeordnete chloroplastenhaltige Zellen (◪ Abb. 5.20b: As, Assimilatoren). Jede Kammer öffnet sich mit einer **Atempore** (Ap) nach außen, die mit bloßem Auge erkennbar ist (◪ Abb. 5.21b). Die **Luftkammern** ähneln in ihrer Funktion dem Schwammparenchym der Laubblätter (Samenpflanzen; ▶ Abschn. 8.3.6), da sie die innere Oberfläche vergrößern. Eine Regulierung des Gasaustausches fehlt allerdings, da weder die Wachsauflagerung vollständig vor Verdunstung schützt noch die Öffnung der Atemporen verändert werden kann.

Die untere Hälfte des Thallus dient der **Speicherung**. In ihr befinden sich membranumhüllte **Ölkörper** (◪ Abb. 5.20b: Ök) und Zellen mit versteiften Wänden (Wv), die der **Wasserspeicherung** dienen. Auf der Thallusunterseite befinden sich einzellige **Rhizoide**, die teilweise nach innen weisende Wandverdickungen aufweisen und dann **Zäpfchenrhizoide** genannt werden, sowie mehrzellige Bauch- oder **Ventralschuppen**. All diese Strukturen dienen der Aufnahme von **Wasser** und der **Verankerung** des Thallus im Boden.

Foliose Vegetationskörper

Bei den foliosen Moosen geht die funktionale Differenzierung des **Thallus** mit einer **gestaltlichen Gliederung** einher. **Rhizoide** dienen der Wasseraufnahme und Verankerung im Substrat, **Stämmchen** (Cauloide) dem Stofftransport und meist einschichtige **Blättchen** (Phylloide) der Photosynthese (▶ Exkurs 5.2):

- Bei den **foliosen Lebermoosen** stehen die Phylloide in zwei oder drei Zeilen. Zu ihnen gehören die Jungermanniidae, die artenreichste Gruppe (ca. 4300 Arten) der Lebermoose.
- Die **Laubmoose** sind **alle folios** organisiert. Sie enthalten unter anderen die **Torfmoose** (Sphagnopsida; Sy 7A: 22), die **Klaffmoose** (Andreaeopsida; Sy 7A:23) und die große Gruppe der **peristomaten Laubmoose** (**Bryophytina**, 9000 Arten; Sy 7B:25–52).

5

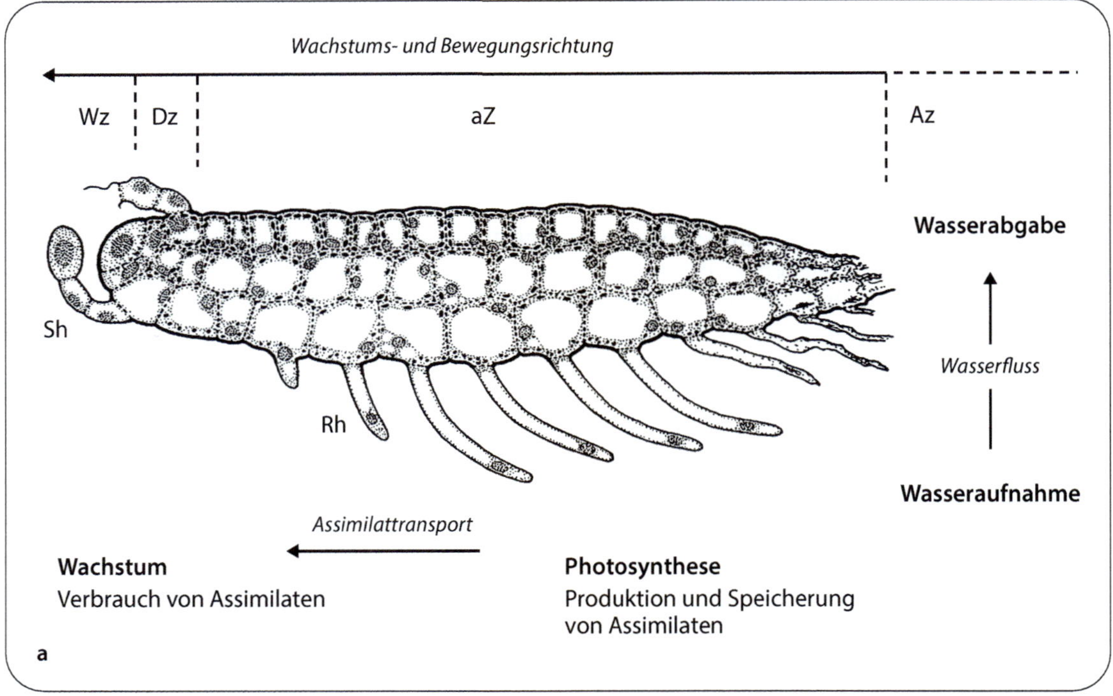

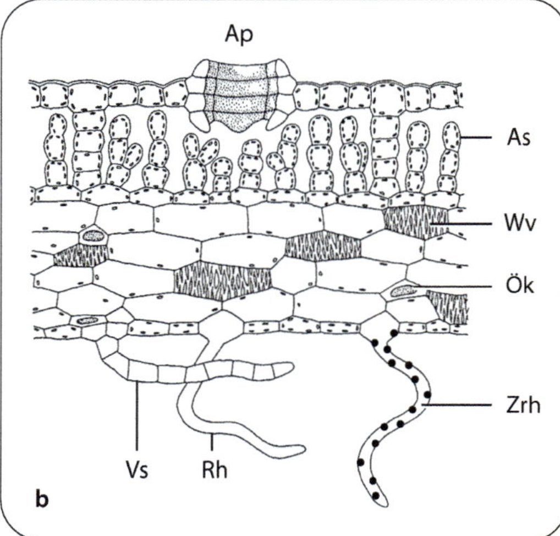

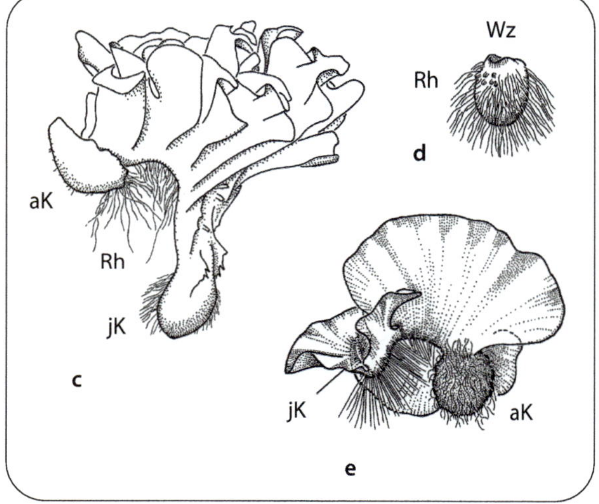

▫ **Abb. 5.20   Thallose Vegetationskörper der Moose und Farne. a–c,** Lebermoose. **a,** Gemeines Beckenmoos (*Pellia epiphylla*, Pelliaceae). Konstruktionsprinzip eines einfachen, polar und dorsiventral organisierten Moosthallus. Der Thallus wird vertikal durch den Transpirationssog mit Wasser durchströmt. Assimilate werden horizontal durch das Grundgewebe zum Ort des Verbrauchs transportiert. aZ, adulte Zone. Dz, Differenzierungszone. Az, Absterbezone. Rh, Rhizoid. Sh, Schleimhaar. Wz, Wachstumszone. **b,** Laubmoose. Brunnenlebermoos (*Marchantia polymorpha*, Marchantiaceae). Querschnitt durch einen stärker differenzierten Thallus. Ap, Atempore. As, Assimilatoren. Ök, Ölkörper. Rh, Rhizoid. Vs, Ventralschuppe. Wv, Wandversteifung von Wasserspeicherzellen. Zrh, Zäpfchenrhizoid. **c–e,** Speicherknöllchen. **c,** *Fossombronia tuberifera* (Fossombroniaceae). Moosthallus mit dem Rest eines alten Speicherknöllchens (aK) und einem endogen gebildeten, jungen Knöllchen (jK). **d, e,** Farngametophyten. Dünnblättriger Nacktfarn (*Anogramma leptophylla*, Pteridaceae). **d,** Überdauerung des Gametophyten als Knöllchen. **e,** Auswachsen des Prothalliums aus dem alten Knöllchen (aK) und endogene Bildung des neuen Knöllchens (jK). (© **a, c–e:** Hagemann 2005, verändert. **b:** Mägdefrau 1971)

▫ Abb. 5.21 Lebermoose und Torfmoose. a–c, Lebermoose. a, Feucht überspülte Klippen gehören zu den typischen Lebensräumen der Lebermoose; sie weisen jedoch auch einen hohen Anteil an Laubmoosen (z. B. *Cratoreuron*, *Eucladium*) auf. Cerro Uambe (3000 müNN) Peru. **b,** Preiss-Lebermoos (*Preissia quadrata*, Marchantiaceae). Flächiger Thallus mit Atemporen auf seiner Oberseite. **c,** Brunnenlebermoos (*Marchantia*). Thallus mit Brutbechern zur vegetativen Vermehrung. **d–g, Torfmoose. d,** Moorauge mit *Sphagnum* (olivgelb). Heiliges Meer, Niedersachsen. **e, f,** Torfmoos (*Sphagnum*). **e,** Habitus. **f,** Wuchsform. Aufrechtes Spitzenwachstum und basale Absterbezone. **g,** Torfabbau in Irland. Nach der Entwässerung des Moores wird der Torf gestochen und in Form von Briketts getrocknet. (© R. Claßen-Bockhoff, Mainz)

Wuchsform und Stellung der Sporogone (die der Anordnung der Archegonien folgt; ▶ Abschn. 4.4.3 und ▶ 5.6.2) variieren. Als Hauptformen unterscheidet man **akrokarpe** Moose mit endständigen Sporogonen an meist aufrechten, kurzlebigen ‚Sprösschen‘ (◘ Abb. 5.24b) und **pleurokarpe** Moose mit Sporogonen an kurzen Seitenästchen und einer meist niederliegenden Wuchsform. **Kladokarpe** Moose kombinieren eine meist niederliegende Wuchsform mit gestreckten aufrechten Seitenästchen, die terminal Sporogome bilden.

Die meisten Laubmoose bilden zunächst einen kurzlebigen Zellfaden, das **Protonema** (Vorkeim). Er enthält viele Chloroplasten (**Chloronema-Stadium**) und überzieht rasenartig das Substrat, auf dem es sich mittels **mehrzelliger Rhizoiden** verankert. Im anschließenden, chloroplastenärmeren **Caulonema-Stadium** entwickeln die Fäden kurze **Seitensysteme**. Diese kommen durch die inäquale Teilung einzelner Zellen zustande und bilden an ihrem Ende je eine **dreischneidige Scheitelzelle** (◘ Abb. 5.22a: Sz). Aus diesen gehen die aufrecht wachsenden **Sprösschen** der Moospflanze hervor. Jedes Segment der Scheitelzelle bildet eine innere primäre Stämmchenzelle (pSz) und eine äußere primäre Blättchenzelle (pBz). Letztere teilt sich in eine Zelle, die im weiteren Verlauf Rindenzellen (Rz) bildet, und eine Zelle, aus der die **zweischneidige** Scheitelzelle des Blättchens hervorgeht (sBz, sekundäre Blättchenzelle).

Der foliose **Thallus** der Laubmoose ist **histologisch stärker differenziert** als der thallose Vegetationskörper der Lebermoose. Neben einer Epidermis mit dünner Cuticula und einem Assimilations- und Speicherparenchym treten bei einigen Bryophytina, wie z. B. den Polytrichaceae, spezialisierte **Transportzellen** (Leptoide) auf.

Beispiel *Polytrichum formosum*

Den **höchsten Differenzierungsgrad** weisen die **Polytrichaceae** (Sy 7B:26) auf, zu denen das Schöne Frauenhaarmoos (*Polytrichum formosum*) gehört. Es ist häufig in mitteleuropäischen Wäldern zu finden, wo es dichte Polster von etwa 10–15 cm Höhe bildet (◘ Abb. 5.24b).

Die Stämmchen weisen spezialisierte Zellen auf, die der Wasserleitung (Hydroiden), Assimilatleitung (Leptoiden) und einer geringen Festigung (Stereiden) dienen:

- **Hydroiden** sind die **toten**, **unverholzten**, mäßig gestreckten Wasserleitzellen der peristomaten Moose (Bryophytina). Sie liegen **in Reihen** hintereinander und bilden einen zentralen Strang im Stämmchen (◘ Abb. 5.22b: Ls). Bei einigen Arten treten **verdickte Zellwände** auf, die ligninähnliche Substanzen enthalten können, aber wenig zur Festigung beitragen (Ligrone et al. 2012; Lucas et al. 2013). Hydroiden finden sich bei manchen Arten auch in der mehrschichtigen Mittelrippe der ansonsten einschichtigen Phylloide.
- **Leptoiden** dienen der Leitung von **Assimilaten**. Sie sind ebenfalls gestreckt und in Reihen angeordnet. Eine **große Zentralvakuole** fehlt den ausgewachsenen Zellen. Die Seitenwände sind verdickt, und die Querwände stehen schräg. Diese sind von **Siebporen** durchbrochen, die auf eine hohe Anzahl von Plasmodesmen zurückgehen. Die Leptoiden sind gewöhnlich mit spezialisierten Parenchymzellen assoziiert und in der Nähe von Hydroiden lokalisiert. Bei *Polytrichum formosum* geht mit der verbesserten Stoffleitung eine Vergrößerung des Assimilationsgewebes einher. Diese wird durch **Assimilationslamellen** auf der Oberseite der ‚Blättchen‘ erreicht (◘ Abb. 5.22c: La).
- **Stereiden** tragen zur mechanischen Festigung des Thallus bei. Es handelt sich um lebende Zellen mit verdickten Zellwänden.

Der **Gametophyt** des Frauenhaarmooses weist ein **Leitsystem** auf, das funktionell an Transportaufgaben angepasst ist. Es ähnelt in der Anordnung und Ausgestaltung der Zellen dem Leitsystem im **Sporophyten** der Gefäßpflanzen (▶ Abschn. 7.4 und ▶ 7.5), ohne allerdings dessen Leistungsfähigkeit zu erreichen.

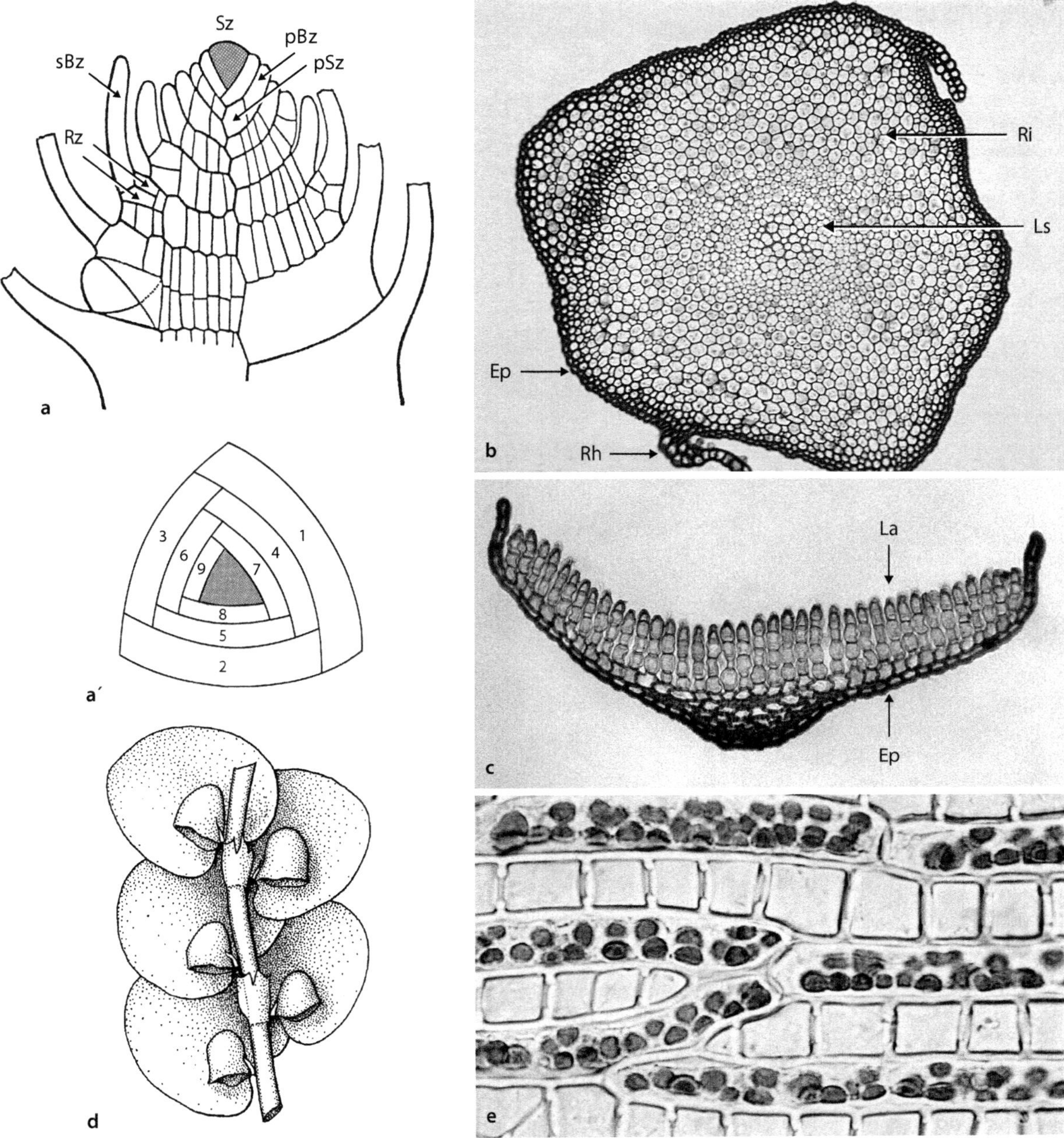

◻ Abb. 5.22 Foliose Thalli. a, a′, Wachstum eines Laubmoossprösschens mit dreischneidiger Scheitelzelle. **a,** Schematischer Längsschnitt einer Sprösschenspitze. pBz, primäre Blättchenzelle. sBz, sekundäre Blättchenzelle. pSz, primäre Stämmchenzelle. Rz, Rindenzelle. Sz, Scheitelzelle. **a′,** Aufsicht auf die Scheitelzelle. Die Zahlen geben die Zellteilungsfolge wieder. **b, c,** Frauenhaarmoos (*Polytrichum*, Polytrichaceae, Laubmoose). **b,** Querschnitt durch das Stämmchen mit schwach ausgebildetem, zentralem Leitstrang (Ls), Rindengewebe (Ri), Epidermis (Ep) und Rhizoiden (Rh). **c,** Querschnitt durch ein Phylloid, dessen Oberfläche durch den dichten Besatz mit Lamellen (La) enorm vergrößert wird. **d,** *Frullania dilatata* (Breites Wassersackmoos, Frullaniaceae, Lebermoose). Teile der Phylloide sind zu Wassersäcken umgebildet. **e,** *Sphagnum* (Torfmoos, Sphagnaceae, Laubmoose). Aufsicht auf ein Phylloid mit chloroplastenreichen Chlorocyten und durchsichtigen, toten Hyalocyten. (© **a:** Sachs 1874, verändert. **d:** Mägdefrau 1971 (nach K. Müller). **b, c, e:** Botanische Sammlungen der JGU Mainz)

◘ Tab. 5.3   Diversität des Thallus der Landpflanzen. Daten aus Frahm 2001; Lucas et al. 2013

Merkmal	Lebermoose (≤6000 Arten)	Laubmoose (~10.000 Arten)	Hornmoose (~200 Arten)	Farnprothallien
Wachstumspol	Scheitelzelle thallos: 2-/3-schneidig folios: 4-schneidig oder Zellreihe	meist Scheitelzelle 3-schneidig	Scheitelzelle 2-schneidig	oft Scheitelzellreihe
Protonema	schwach	kräftig	fehlend	
Thallus	Tr: semifolios[1] Ma: thallos Me: thallos Ju: folios	folios	thallos	
Wuchsform	thallos: liegend folios: aufrecht	aufrecht	liegend	
Wassertransportzellen	perforat	Sp, An, Ta: fehlend Br: Hydroide	fehlend	
Assimilate leitende Zellen	fehlend	fehlend selten Leptoide[2]	fehlend	
Stomata	fehlend	Br: Sporangienbasis[3]	vorhanden[4]	fehlend
Chloroplasten	viele ± ohne Pyrenoid		meist 1(–14) ± mit Pyrenoid[5]	oft ohne Pyrenoid
Ölkörper	oft vorhanden	fehlend		
Rhizoide	einzellig[6]	mehrzellig	einzellig	
Blättchen	thallos: fehlend folios: einschichtig, ohne Mittelrippe	Mittelrippe vorhanden, seltener fehlend[7]	fehlend	
Anordnung der Blättchen	folios: ± 3-zeilig mit Ventralschuppen	schraubig, selten 2- oder 3-zeilig	fehlend	
Stellung des Sporophyten	Oberseite des Thalllus			Unterseite des Thallus
Vegetative Vermehrung	vielfältige Thallusfragmentierung, Brutknospen, klonales Wachstum *Marchantia*: Brutbecher, Brutkörper			
Sonderbildungen	*Marchantia*: Luftkammern Atemporen Ventralschuppen Zäpfchenrhizoide *Fossombronia*: Knöllchen *Frullania*: Wassersäcke	*Sphagnum*: Hyalinzellen *Polytrichum*: Assimilations-lamellen	Schleimspalten auf Unterseite	Ophioglossales, Psilotales: heterotroph Salviniales: endospor
Symbiosen	Mykorrhiza, vereinzelt *Nostoc*	vereinzelt *Nostoc*	*Nostoc*, Pilze	Mykorrhiza (obligat bei Hetero-trophie)

Lebermoose: Ju, Jungermanniidae. Ma, Marchantiidae. Me, Metzgeriidae. Pe, Pelliidae. Tr, Treubiidae. **Laubmoose**: An, Andreaeopsida (Klaffmoose). Br, Bryopsida. Sp, Sphagnopsida (Torfmoose). Ta, Takakiopsida (Sy 7A). [1] Gelappter Thallus mit Dorsalschuppen. [2] Nur Polytrichaceae. [3] Stomata vom *Mnium*-Typ (▶ Abschn. 5.6.2). [4] Stomata einfach, ungleich *Mnium*-Typ. [5] Ähnlich Grünalgen (▶ Abschn. 2.2.1). [6] Fehlen bei *Haplomitrium*. [7] Zum Beispiel bei *Sphagnum*

Wasserhaushalt thalloser Landpflanzen

Das größte Problem der Landpflanzen ist die **kontinuierliche Versorgung mit Wasser**. Das **Konzentrationsgefälle** zwischen Pflanze und Luftraum erzeugt einen Sog, der das Wasser aus dem Boden passiv durch die Pflanze strömen lässt (**Transpirationsstrom**; ▶ Abschn. 3.4). Die **Überlebensfähigkeit** der Landpflanzen hängt wesentlich davon ab, wie effizient das Wasser aufgenommen, geleitet und im Körper gehalten wird.

Moose nehmen Wasser aus der **Atmosphäre** (Luftfeuchte, Regen, Tau) oder mittels Rhizoiden aus dem **Boden** auf. Die **Wasserleitung** erfolgt im **Inneren** und auf der **Außenseite** des Thallus (Frahm 2001).

Äußere Wasserleitung

Moose mit fehlender oder gering entwickelter Cuticula sind in der Lage, Wasser über ihre **gesamte Oberfläche** aufzunehmen. Die Wasserleitung erfolgt **kapillar** und wird durch verschiedene Strukturen gefördert. Bei den Lebermoosen mit Ventralschuppen und den meisten foliosen Moosen wird die Wasserversorgung durch die **Kapillarwirkung** der Schuppen bzw. der dicht stehenden Phylloide gesteigert. **Glashaare** kommen in verschiedenen Laubmoosfamilien vor (z. B. Grimmiaceae, Pottiaceae; ▪ Abb. 5.24e). Sie treten als Verlängerung der Mittelrippe aus den Blättchen heraus und verleihen dem Moospolster einen silbrigen Glanz. Die Glashaare schützen vor intensiver Sonneneinstrahlung, reduzieren die Transpiration und dienen als Kondensationspunkte für die Tauaufnahme aus der Luft. Bei den **Wassersackmoosen** (*Frullania*, foliose Lebermoose) bilden sich Thalluslappen zu wasserspeichernden ‚Wassersäcken‘ um (▪ Abb. 5.22d).

Innere Wasserleitung

Das kapillar zwischen den Rhizoiden und Phylloiden hochsteigende Wasser wird von den Zellwänden aufgenommen und von ihnen **apoplastisch** transportiert. In dünnwandigen Grundgewebezellen tritt auch **symplastische** Wasserleitung auf. Durch die Differenzierung von **Hydroiden** wird die innere Wasserleitung deutlich verbessert. Experimente haben aber gezeigt, dass sie allein nicht ausreicht, um die Wasserversorgung des Thallus sicherzustellen (zusammengefasst in Frahm 2001). Eine weitere Variante der Wasserversorgung demonstrieren die Thalli der **Torfmoose** (*Sphagnum*), die neben lebenden, assimilierenden Zellen (**Chlorocyten**) tote **Hyalocyten** zur Wasserleitung und -speicherung bilden (▶ Abschn. 5.3.6)

Temporäres Trockenfallen

Aufgrund des gering entwickelten Wasserleitsystems und des mäßigen Verdunstungsschutzes sind Moose üblicherweise in ihrer **Größe limitiert** und an **feuchte Standorte** gebunden. Dennoch kommen Moose auch in der Wüste vor – wie ist das möglich?

Moose sind wechselfeucht (**poikilohydrisch**; ▶ Exkurs 5.3). Sie haben die bemerkenswerte Fähigkeit, Trockenzeiten durch **temporäres Austrocknen** zu überstehen. Die geringe Differenzierung der Zellen und das Fehlen ausreichender Festigung erweisen sich dabei als **förderlich**. Trockene Moose mit fehlender oder schwach entwickelter Cuticula nehmen in wenigen Sekunden so viel Wasser auf, dass sie wieder vollturgeszent sind und ihre Stoffwechelaktivitäten aufnehmen können. Moose mit etwas stärker entwickelter Cuticula benötigen dafür eine längere Zeit. Das **Fehlen der Cuticula** ist somit für poikilohydrische Moose von **Vorteil**.

Exkurs 5.3 Wechselfeuchte und eigenfeuchte Pflanzen

Die Organisationsform des **Thallus** ist vor allem für ein Leben an **feuchten** Standorten geeignet. Dennoch überleben zahlreiche **Moose** und **Algen** längeres Austrocknen: Sie sind wechselfeucht (**poikilohydrisch**).

Poikilohydrie

Poikilohydre (poikilohydrische) Pflanzen passen ihren Wassergehalt dem Feuchtigkeitszustand der Umgebung an. In extremen Trockenzeiten schränken sie ihren Stoffwechsel so stark ein, dass sie **wie tot aussehen**. Obwohl die Zellen bis zu 95 % ihres Wassergehaltes verlieren, schrumpft das Plasma aufgrund der **fehlenden Zentralvakuole** nur wenig. Nach Wiedereinsetzen der Wasserversorgung **quellen** die Zellen auf, und die Pflanzen setzen ihre normalen Lebensprozesse fort (‚**Auferstehungspflanzen**‘). Das Trockenfallen von Pflanzen setzt hochspezialisierte Zellvorgänge voraus, durch die beispielsweise Embolien (Ablösen der Zellmembran von der Zellwand) verhindert und Chloroplasten neu gebildet werden können.

Cyanobakterien, terrestrische Algen, verschiedene Moose und Flechten sind **obligat** poikilohydrisch.

Auferstehungspflanzen

Innerhalb der **Farn- und Samenpflanzen** ist nur ein verschwindend kleiner Prozentsatz poikilohydrisch (ca. 330 Arten aus 13 Familien; Porembski und Barthlott 2000). Die ‚Auferstehungspflanzen‘ kommen vor allem an Sonderstandorten vor (Felsen, Klippen, Inselberge; ▪ Abb. 5.23a, f, h). Sie bieten mit der **physiologisch ähnlichen Anpassung** an Trockenheit ein eindrucksvolles Beispiel für ihre **mehrfach unabhängig** erfolgte **Evolution**:

- **Bärlapppflanzen:** Das berühmteste Beispiel für eine Auferstehungspflanze ist die Falsche Rose von Jericho (*Selaginella lepidophylla*, Selginellaceae; Sy 8:3), ein amerikanischer Moosfarn. Im trockenen Zustand rollt sich der Vegetationskörper nach innen ein, bei Wasserzufuhr öffnet er sich wieder und ergrünt (▪ Abb. 5.23b, c). Gelegentlich wird auch die zu den Blütenpflanzen gehörende Echte Rose von Jericho (*Anastatica hierochuntica*, Brassicaceae; ▶ Abb. 12.27d, e) zu den poikilohydren Pflanzen gestellt. Tatsächlich handelt es sich bei ihrer Bewegung aber um einen Prozess zur Samenausbreitung (▶ Exkurs 5.10), der nicht zur erneuten Ergrünung der Pflanze führt.

- **Farngewächse:** Es sind etwa 50 poikilohydre Farngewächse bekannt, darunter Vertreter der Schachtelhalme, Gabelblattgewächse, Marattiales und Tüpfelfarne (z. B. Milzfarn; ◘ Abb. 5.23d, e).
- **Samenpflanzen:** Die **monocotylen** Blütenpflanzen weisen rund 250 austrocknungstolerante Vertreter vor allem in den Familien der Velloziaceae, Süßgräser (Poaceae, 6 Gattungen) und Sauergräser (Cyperaceae, 7 Gattungen) auf.

Bei den **Dicotylen** sind nur etwa 30 poikilohydre Arten bekannt, darunter einige Arten der Gattung *Craterostigma* (Linderniaceae; ▶ Abb. 10.36d), beide Arten der Gattung *Myrothamnus* (Myrothamnaceae; ◘ Abb. 5.23h) und die einzigen europäischen Vertreter

der Gesneriaceen, *Jancaea heldreichii*, *Ramonda pyrenaica* und *Haberlea rhodopensis* (◘ Abb. 5.23f, g). Sie gelten als tertiäre Reliktarten.

Homoiohydrie

Homoiohydre (homoiohydrische) Pflanzen sind **eigenfeucht**, d. h., sie besitzen einen ausreichenden **Verdunstungsschutz**, um den Wasserhaushalt in ihren Zellen konstant zu halten und Trockenzeiten zu überstehen. Zu ihnen zählen die weitaus **meisten Farn- und Samenpflanzen**. Vermutlich waren bereits die ersten Gefäßpflanzen (Telompflanzen; ▶ Abschn. 5.4) homoiohydrisch. Sie entwickelten mit Spaltöffnungen (**Stomata**), Luftkanälen (**Interzellularen**) und wasserdichter **Cuticula**, mit Rhizoiden zur **Wasseraufnahme** und einem effizienten **Wasserleitsystem** die strukturellen und physiologischen **Voraussetzungen** für **Trockenresistenz**. Mit der **Evolution des Kormus** als dem wesentlich robusteren Vegetationskörper im Vergleich zum Thallus setzte sich die Homoiohydrie bei den Landpflanzen durch.

◘ **Abb. 5.23 Poikilohydre Pflanzen. a,** Moose. Moospolster im trockenen Zustand. Maligne Canyon, Kanada. **b, c,** Moosfarne. *Selaginella lepidophylla* (Selaginellaceae). Falsche Rose von Jericho im geschlossenen (**b**) und geöffneten, allmählich ergrünenden Zustand (**c**). **d, e,** Farne. Milzfarn (*Asplenium ceterach*, Aspleniaceae) im ergrünten (**d**) und trockenen Zustand (**e**). **f–h,** Blütenpflanzen. **f, g,** *Haberlea rhodopensis* (Gesneriaceae). Blühende (**f**) und trockene Pflanze (**g**) am natürlichen Standort. Kalksteinklippe im Rhodopa-Gebirge, Bulgarien. **h,** *Myrothamnus flabellifolius* (Myrothamnaceae). Trockene Pflanzen auf dem Tafelbergplateau der Vingerklippe, Namibia. (© **c:** Fabrizio Cortesi (Benutzer:DoDoX)/CC BY-SA (▶ http://creativecommons.org/licences/bysa/3.0/). **f, g:** K. Bogacheva-Milkoteva, Sofia/Mainz. Mit freundlicher Genehmigung. Übrige Bilder: R. Claßen-Bockhoff, Mainz)

Vegetative Vermehrung, Brutkörper und Speicherknöllchen

VegetativeVermehrung (▶ Abschn. 4.1) tritt außerordentlich **häufig** bei Moosen auf (Frey und Kürschner 2011). Sie erfolgt am einfachsten durch Fragmentierung (▶ Abschn. 6.9.2) des Thallus, von Blättchen oder Rhizoiden. **Jede Zelle** ist **regenerationsfähig**; sogar Bruchstücke des diploiden Sporogons können zu einem Thallus austreiben, der dann diploid ist (Frahm 2001). **Brutkörper** werden von zahlreichen Arten an Thalluslappen, Blättchen oder Rhizoiden gebildet. Das bekannteste Beispiel liefert die dioizische Art *Marchantia polymorpha* (▶ Abschn. 4.4.2), bei der die Brutkörper in becherförmigen **Brutbechern** auf der Mittelrippe der Thallusoberseite erzeugt werden (◻ Abb. 5.21c). Sie entstehen an der Oberfläche (**exogen**) durch Teilung einzeler Epidermiszellen. Die Brutkörper sind gestielt und werden durch Wassertropfen ausgeschleudert. Nach der Ausbreitung wachsen sie zu neuen Pflanzen heran.

Correns (1899) stellte in seiner klassischen Arbeit über die Vermehrung heimischer Laubmoose fest, dass etwa 12 % der damals in Deutschland vorkommenden Laubmoosarten Brutkörper bildeten. Die überwiegende Mehrheit (>86 %) von ihnen ist **dioizisch** (▶ Abschn. 4.4.2). Da ihre Thalli ausschließlich männliche oder weibliche Gameten erzeugen, erfolgt die sexuelle Reproduktion nur dann, wenn verschieden geschlechtliche Thalli nah genug für eine Syngamie zusammenstehen (▶ Abschn. 4.1.1). Ist dies nicht gegeben, kommt es zur Bildung **eingeschlechtlicher Klone**, die sich vegetativ ausbreiten und große Flächen bedecken können. Die Ausstreuung von Brutkörpern über die Grenze des Klons hinweg bietet die Möglichkeit, diesen Nachteil der Dioizie zu kompensieren und männliche und weibliche Thalli zusammenzuführen.

Einige Laubmoose (*Grimmia torquata*, Grimmiaceae), thallose Lebermoose (*Fossombronia tuberifera*, Fossombroniaceae) und frei lebende Prothallien isosporer Farne (*Anogramma leptophylla*, Pteridaceae) bilden **Knöllchen** (◻ Abb. 5.20c–e) zur **Überdauerung** von Trockenzeiten und zur **vegetativen Vermehrung**. Diese entstehen im Gegensatz zu den Brutkörpern der Brunnenlebermoose im Inneren des Thallus (**endogen**) durch lokale Verdickung der Mittelrippe. Sie liefern damit ein Beispiel für **endogene Strukturbildung**, die sonst nur von den Wurzeln der Kormophyten (▶ Abschn. 5.5.3) bekannt ist.

Die Knöllchen besitzen einen Wachstumspol, Speicherstoffe und Rhizoide und wachsen zu einem neuen Thallus aus, sobald sich die Wasserverhältnisse des Standortes durch Regen oder Überspülung verbessert haben. Sie sind den **Bulbillen** der Samenpflanzen **vergleichbar**, mit denen sie funktionell, aber nicht morphologisch übereinstimmen (▶ Abschn. 6.9.2).

5.3.6 Moose: Lebensweise und ökologische Bedeutung

Die Ausbildung von Archegonien und Antheridien und der damit gewährleistete Schutz für den vielzelligen Embryo, die Bildung eines Sporenbehälters (Sporangium) und von resistenten Sporen mit Sporopollenin gelten in der Gruppe der Moose als Schlüsselanpassungen an das Landleben. Auch der Besitz von Rhizoiden, die zarte Cuticula, die arbeitsteilige Organisation der Gewebe und die Ausbildung von Hydroiden und Leptoiden bei einigen Moosen erklären den seit dem Ordovizium andauernden Erfolg der Gruppe. Die Moose sind Spezialisten einer Lebensweise nahe der Erdoberfläche und benötigen keine höher entwickelte mechanische Verfestigung, um sich gegen die Schwerkraft zu behaupten (Lignin, Leitbündel). Die Unvollständigkeit ihrer Cuticula sowie die begeißelten Spermatozoiden erklären ihre Gebundenheit an feuchte Standorte wie Wälder und Gebiete mit hohen Niederschlägen, wo sie meist flache, dichte Polster und ‚lappige Beläge' bilden.

Die Moose sind eine **erfolgreiche Gruppe** von Landpflanzen mit etwa 18.000 weltweit verbreiteten Arten. Ihre Phylogenie und Verwandtschaft zu den Gefäßpflanzen war lange Zeit umstritten. Nach derzeitigem Kenntnisstand handelt es sich um eine **monophyletische Gruppe**, die die **Schwestergruppe** der Gefäßpflanzen bildet (Sy 7A, Goffinet und Buck 2018). Sie gliedert sich in die basal stehenden **Hornmoose** (Anthocerophyta; ◻ Tab. 5.3) und einen Ast mit **Lebermoosen** (Marchantiophyta) und **Laubmoosen** (Bryophyta) als Schwestergruppen.

Die Daten der nachfolgenden Zusammenfassung zur Biologie der Moose stammen überwiegend aus Frahm (2001).

Standortökologische Anpassungen

Moose kommen weltweit von der Tundra im Norden über temperate Wälder und Trockengebiete bis in die tropischen Regenwälder hinein vor. Sie besiedeln Schneetälchen (Vertreter der Marchantiaceae), überleben an Salzstandorten (z. B. *Pottia*-Arten, Pottiaceae), schwimmen zusammen mit Wasserlinsen (*Lemna*, Araceae) auf der Oberfläche von Süßgewässern (*Ricciocarpus*, Ricciaceae) oder kommen unter der Oberfläche langsam fließender Bäche (*Fontinalis antipyretica*, Fontinalaceae) vor. An die verschiedenen Standorte haben sie sich physiologisch und strukturell in vielfältiger Weise angepasst (Kürschner und Frey 2012).

Hygrophyten (Feuchtpflanzen)

Viele Moose sind an feuchte Standorte gebunden. Sie leben als Rasen oder Polster bildende, immergrüne Pflanzen an schattigen Waldstandorten und auf wasserüberspülten Felsen (◘ Abb. 5.21a und 5.24a).

Xerophyten (Trockenpflanzen)

Xerophytische Moose kommen bei Lebermoosen (z. B. Marchantiales) und Laubmoosen (z. B. Pottiaceae) vor. Sie wachsen an trockenen und unbeschatteten Standorten (◘ Abb. 5.23a und 5.24d) und haben Strukturen entwickelt, die die Verdunstung einschränken, die Bestrahlung abmildern und den Wasserhaushalt optimieren. Dazu gehören eine etwas dickere Cuticula, tote ‚Blättchen‘, Glashaare (◘ Abb. 5.24e), nach oben umgeklappte Ventrallappen, die den Thallus vor zu hoher Sonneneinstrahlung schützen, Wasserspeicher und eine gut entwickelte, innere Wasserleitung (▶ Abschn. 5.3.5). Mehrjährige (**perenne**) Moose überstehen Trockenzeiten von mehr als zehn Jahren im lufttrockenen Zustand (Poikilohydrie; ▶ Exkurs 5.3), während **annuelle** Moose Trockenperioden als **Sporen überdauern**.

Xerophytische Eigenschaften finden sich auch beim hygrophytischen Brunnenlebermoos (*Marchantia polymorpha*; ▶ Abschn. 5.3.5). Die Moosart stammt aus einem xeromorphen Verwandtschaftskreis (Marchantiidae), dessen hochentwickelte Thalli sich in Anpassung an Trockenstandorte entwickelt haben. Die Bevorzugung feuchter Habitate in der Gattung *Marchantia* gilt als abgeleitet.

Epiphyten und Epiphylle (Aufsitzerpflanzen)

Epiphyten (wörtl. „auf Pflanzen") wachsen nicht auf dem Boden, sondern auf erdfernen Substraten, zumeist auf Bäumen (▶ Abschn. 8.6.1). **Epiphytisch** lebende Moose treten in den **gemäßigten Breiten** auf der Schattenseite feuchter Baumstämme (◘ Abb. 5.24c) oder in den Baumkronen der Nebelstufe von Bergwäldern auf. Sie nehmen Wasser über ihre gesamte Oberfläche auf.

In den **Tropen** finden sich besonders viele epiphytische Moose (3000 bis 4000 Arten), die zusammen mit Flechten (▶ Exkurs 5.1), Farnen und Samenpflanzen eine artenreiche Lebensgemeinschaft bilden (▶ Abb. 8.88a). Dort kommen auch **epiphylle Lebermoose** (wörtl. „auf Blättern") vor, die auf Laubblättern wachsen. Bei den Lejeuneaceae (foliose Lebermoose; Sy 7B:14), die besonders viele epiphylle Moose aufweisen,

haben sich **Saugfüße** an den Rhizoidenden entwickelt, mit denen die Pflanzen am Substrat haften. *Radula flaccida* (Radulaceae), ebenfalls ein foliöses Lebermoos, ist zu einer **hemiparasitischen** Lebensweise übergegangen: Das Moos dringt mit seinen Rhizoiden in das Trägerblatt ein und entzieht ihm Wasser und Nährsalze.

Auch wenn es vereinzelte Hinweise auf paläozoische Epiphyten gibt, tritt die epiphytische Lebensweise doch erst im Känophytikum (seit etwa 66 Mill. Jahren) verstärkt auf (Zotz 2016). Sie gilt wie die Epiphyllie als eine relativ **junge Entwicklung**. Diese Annahme wird durch zahlreiche Sondermerkmale gestützt. So zeichnen sich epiphytische Moose nicht nur durch **wasserspeichernde** Strukturen und die Fähigkeit zur **Nebelauskämmung** aus, sondern haben auch im reproduktiven Bereich beträchtliche Anpassungen entwickelt:

- Einige **dioizische** Arten leben in **bisexuellen Gemeinschaften**. In den weiblichen Moospolstern sitzen kleine männliche Pflanzen (**Zwergmännchen**), die die Befruchtung sichern.
- Andere Moose weisen erstaunliche **Entwicklungsverkürzungen** auf (▶ Abschn. 1.2.3, ▶ Exkurs 4.2): Bei einigen epiphytischen Lebermoosen (Vertretern der Lejeuneaceae) und Laubmoosen (z. B. Arten der Dicranaceae, Orthotrichaceae, Cryphaeaceae; Sy 7B:41, 46, 52) keimen die Sporen bereits im Sporangium zu kleinen Pflanzen aus. Die **verfrühte Keimung** ähnelt funktionell der echten Viviparie der Mangroven (▶ Abschn. 6.4.3) und stellt wie diese einen Vorteil bei der Substratbesiedlung dar.
- **Epiphylle** Moose zeigen weitreichende Reduktionen in der Ausgestaltung ihres Vegetationskörpers. Beim foliosen Lebermoos *Metzgeriopsis* (Lejeuneaceae) unterbleibt die Differenzierung des Thallus zugunsten einer thallosen **Jugendform**. Der Thallus des Laubmooses *Ephemeropsis* (Hookeriaceae; Sy 7B:51) ist auf ein **Dauerprotonema** reduziert, auf dem auch die Gametangien entstehen. Beide Arten liefern damit weitere Beispiele für Entwicklungsverkürzung.

Symbiosen

Einige Moose leben in Symbiose mit dem Stickstoff bindenden Cyanobakterium *Nostoc* (▶ Abschn. 5.1). Bekannte Beispiele sind das thallose **Blasiusmoos** (*Blasia pusilla*, Blasiaceae; Sy 7A, C:8) und Hornmoose der Gattung *Anthoceros* (Sy 7A, B:1). Die Cyanobakterien leben in Thallusfalten (*Blasia*) bzw. Schleimhöhlen auf der Unterseite der Thalli (*Anthoceros*) und sind mit bloßem Auge als schwarze Punkte zu erkennen (s. Flechten ◘ in Abb. 5.6e).

Die Stickstofffixierung findet in besonders gestalteten Zellen, den Heterocyten, statt (◘ Abb. 5.1b). Während diese gewöhnlich 2–5 % der Zellen eines Zell-

● **Abb. 5.24 Laubmoose. a,** Der Boden heimischer Fichtenwälder ist mit Moosrasen bedeckt. **b**, Schönes Frauenhaarmoos (*Polytrichum formosum*, Polytrichaceae). Der Vegetationskörper ist in ‚Stämmchen', ‚Blättchen' und ‚Rhizoide' gegliedert. **c,** Moosbewuchs auf der feuchten Wetterseite eines Baumstammes von *Catalpa bignonioides* (Bignoniaceae). **d, e,** Dach-Drehzahnmoos (*Syntrichia ruralis*, syn. *Tortula ruralis*, Pottiaceae). **d**, Niedrige, Rasen bildende Wuchsform. Graudüne bei Renesse, Holland. **e**, Die Mittelrippen der ‚Blättchen' bilden Glashaare. **f, g,** ‚Wachsender Fels von Usterling', Niederbayern (s. Text). **h**, Moose sind wichtige Gestaltungselemente japanischer Gärten. Sie symbolisieren Land, während die Steine für Gebirge und geharkter Sand für Meerwasser stehen. Mirei-Shigemori-Garten, Kyoto. (© R. Claßen-Bockhoff, Mainz)

fadens ausmachen, bilden symbiontische *Nostoc*-Arten bis zu 60 % Heterocyten. Dadurch wird die Stickstoffassimilation enorm gesteigert, was dem Moos zugutekommt. Im Gegenzug erhalten die Cyanobakterien Kohlenhydrate (Sucrose) von der Pflanze.

Auch Moose, die an **Extremstandorten** leben, sind gelegentlich mit *Nostoc* assoziiert, allerdings sind die Wechselwirkungen zwischen Moos und Cyanobakterium unzureichend untersucht. Lediglich bei den **Torfmoosen** (*Sphagnum*, Sphagnaceae), bei denen die Bakterien über die Poren der Hyalocyten in den Thallus eindringen, konnte die Stickstoffaufnahme durch die Pflanze nachgewiesen werden.

Viel häufiger als die Symbiose mit *Nostoc* ist das Zusammenleben von Moosen und endotrophen **Mykorrhizapilzen** (▶ Exkurs 8.11). Die Pilzhyphen dringen in die Rhizoid- oder Thalluszellen ein und versorgen das Moos mit Wasser und Nährsalzen, während sie ihrerseits Photosyntheseprodukte von der Pflanze erhalten. Das farblose Lebermoos ***Cryptothallus mirabilis*** (Aneuraceae; Sy 7B:16) lebt unter *Sphagnum*-Polstern in 10–20 cm Tiefe. Es erhält Wasser und Nährsalze vom Mykorrhizapilz der Moorbirke (*Betula pubenscens*, Betulaceae) und ernährt sich von abgestorbenen Pilzhyphen. Es ist **heterotroph** und liefert vermutlich das einzige Beispiel einer Moosart, die zur **saprophytischen Lebensweise** (Ernährung von totem organischen Material) übergegangen ist.

Ökologische und ökonomische Bedeutung

Moose spielen eine **bedeutende Rolle** für den globalen Wasserhaushalt und Nährstoffkreislauf der Erde. Sie tragen zur Torf- und Tuffbildung bei und werden als Bioindikatoren genutzt.

Globale Bedeutung der Moosvegetation

Die **Wasserspeicherkapazität** der Moose ist generell sehr hoch. Epiphytische Moose speichern beispielsweise das **2,5- bis 3,5-Fache** ihres **Trockengewichtes**, bei einigen Torfmoosen steigt das Speichervermögen bis auf das 25-Fache des Trockengewichtes an. Der **ökologische Wert** der Moosdecke besteht vor allem darin, das Niederschlagswasser zu halten und die darin befindlichen Nährstoffe dem Ökosystem zufließen zu lassen. So berichten Chapin et al. (1987), dass die Moosdecke eines Schwarzkiefernwaldes (*Picea mariana*) in Alaska zu 75 % an der **Phosphatversorgung** des Waldes beteiligt ist.

Die **Bedeutung der Moosdecke** steigt mit der **Biomasseproduktion**, die in Trockensteppen (Tundren) und Mooren bis zu 30 % der gesamten Vegetation ausmacht.

Da die **Photosyntheserate** der Moose schon bei geringen Lichtstärken gesättigt und bei tiefen Temperaturen noch relativ hoch ist, steigt die Art- und Individuendichte der Moose mit höherem Breitengrad und steigender Meereshöhe an. Dabei wird die **Ausdehnung** der Moosstandorte oft unterschätzt. Tatsächlich bedecken die Moosflächen (vor allem die riesigen Tundragebiete) mit etwa 1 % der Erdoberfläche ein viel größeres Gebiet als die Regenwälder (Frahm 2001), was ihre **Bedeutung für das Ökosystem** Erde deutlich unterstreicht.

Die Fähigkeit der Moose, Nährstoffe aus Niederschlag und Nebel zu filtern, ist eine Begleiterscheinung der Wechselfeuchtigkeit (Poikilohydrie; ▶ Exkurs 5.3). Mit dem Wasser, das sie über die gesamte Oberfläche aufnehmen, dringen nicht nur Nährstoffe, sondern auch **Schadstoffe** ein, die sich in den Moosen anreichern. Aufgrund ihrer Standortspezifität, makroskopischen Größe und ganzjährigen Verfügbarkeit werden Moose daher als **Zeigerpflanzen** und **Bioindikatoren** für Luftverschmutzung genutzt (Frahm 1998). **Mooskartierungen** zeigen, dass die Artenzahl epiphytischer Moose umgekehrt proportional zur Luftverschmutzung ist. Die Akkumulation von Schwermetallen ist auch anhand von **Herbarmaterial** nachweisbar, was Standortvergleiche über viele Jahre hinweg möglich macht. In ähnlicher Weise dienen auch Wassermoose der **Qualitätskontrolle** von Gewässern.

Torfbildner

Torf ist ein wichtiger **biologischer Rohstoff**, der als Brennstoff, Gartentorf und in einigen Ländern (Russland, Finnland, Irland) sogar zur Stromerzeugung genutzt wird. Er entsteht bei der **Hochmoorbildung** durch **Torfmoose** (◘ Abb. 5.21d, e) und ist damit wesentlicher Bestandteil eines **bedrohten Lebensraumes**.

Die Torfmoose umfassen nur eine Gattung, *Sphagnum* (Sphagnaceae; Sy 7B:22), die mit über 300 Arten weltweit verbreitet ist. Aufgrund der ausgedehnten Moorflächen gehören sie zu den häufigsten Pflanzen der Erde.

Der **Thallus** der Torfmoose ist einfach organisiert und weist netzförmig angeordnete, chloroplastenführende Zellen auf (**Chlorocyten**; ◘ Abb. 5.22e). Zwischen diesen liegen lang gestreckte und durch quer verlaufende Cellulosespangen stabilisierte Wasserspeicherzellen (**Hyalocyten**). Sie stehen über große Poren untereinander und mit der Außenwelt in Verbindung und sind in der Lage, große Mengen Wasser aufzunehmen und zu speichern. Mit dieser Ausstattung sind die Torfmoose **vom Grundwasser unabhängig** und nehmen ausschließlich **Niederschlagswasser** mit den in ihm gelösten Nährstoffen auf. Rhizoide und spezialisierte Transportzellen **fehlen**.

Die Torfmoose bilden eine basale Gruppe der Laubmoose und sind in Stämmchen und Blättchen differenziert (◘ Abb. 5.21f). Die Stämmchen wachsen mit einer dreischneidigen **Scheitelzelle** zeitlebens **nach oben** und sterben von unten her ab (**Absterbezone**; ◘ Abb. 5.20a). Dadurch hebt sich der Moorboden und bildet die für Hochmoore typische uhrglasförmige Oberfläche. Torfmoose besiedeln nicht nur **bodensaure Standorte**, sondern säuern den Boden auch selber durch Ionenaustausch an. Das schützt sie vor Bakterien- und Pilzbefall, führt aber auch dazu, dass die abgestorbenen Thallusteile nicht durch Mikroorganismen zersetzt werden. Stattdessen findet eine allmähliche Inkohlung (▶ Abschn. 3.2.1) statt. Unter weitgehendem Sauerstoffausschluss bildet sich **Torf**.

Torfschichten können bis zu 20 m tief werden und weisen eine vertikale Gliederung auf. Die oberen Schichten, in denen die wenig zersetzten Pflanzenreste vorkommen, werden als **Weißtorf** bezeichnet, die untere, stärker zersetzte Zone als **Schwarztorf**. Zum Abbau (‚Stechen‘) des Torfes werden die Moore **entwässert** (◘ Abb. 5.21d), was zur Zerstörung des Hochmoores und zu erheblichen **ökologischen Schäden** führt. Die Moore bieten zahlreichen bedrohten Tier- und Pflanzenarten einen einzigartigen **Lebensraum**, an den diese spezifisch angepasst sind. Darüber hinaus führt die großflächige Entwässerung der Moore zur Zersetzung des Torfes durch Mikroorganismen und zur Umwandlung von Kohlenstoff in klimaschädliches **Kohlendioxid**.

Der **Torfbestand der Erde** wird auf etwa 400 Gt (Gigatonnen) geschätzt. Weitgehend unbekannt ist die Tatsache, dass die Moose etwa **doppelt so viel CO_2** speichern als **alle** Wälder der Erde zusammen. Es handelt sich daher um schützenswerte Ökosysteme globalen Ausmaßes. Ihr Bestand ist allerdings bedroht. Einem Bericht der Bundesregierung (2014) zufolge gelten von der ursprünglich 1,5 Mio. ha großen Moorfläche in Deutschland nur noch 5 % als naturnah. Der überwiegende Teil ist entwässert und wird landwirtschaftlich genutzt. Aus den entwässerten Mooren entweichen jährlich rund 45 Mio. t CO_2. Das entspricht etwa 5 % der jährlichen Gesamtemissionen und fast 40 % der Emissionen der deutschen Landwirtschaft. Betrachtet man die Kosten, die in den Ackerbau auf Moorflächen investiert werden, so übersteigen sie um ein Vielfaches die Gewinne. Schätzungen gehen davon aus, dass sich in Deutschland ein volkswirtschaftlicher Schaden von 217 Mio. € pro Jahr vermeiden ließe, wenn 300.000 ha Moorboden wieder vernässt würden (Bundesregierung 2014).

In Deutschland und anderen Ländern stehen Hochmoore und Torfmoose unter **Naturschutz**. Damit wird versucht, dem massiven **Verlust von Hochmoorflächen** entgegenzusteuern. Allein in Niedersachsen, einem der moorreichsten Bundesländer, gingen in den letzten 100 Jahren durch Bebauung, Trockenlegung und Torfabbau über 70 % der Hochmoorflächen zugrunde. **Dennoch** werden in Deutschland **immer noch** etwa 8 Mio. m^2 Torf pro Jahr abgebaut (Bundesregierung 2014). Der Großteil des Torfes wird zur Bodenverbesserung in Gärten eingesetzt. Der Torf bindet zwar Wasser und lockert den Boden, trägt aber auch zur **Bodenversauerung** bei. Umweltbewusste Verbraucher verzichten auf Torf und verwenden Ersatzstoffe wie Kompost, Rindenhumus, Holz- oder Kokosfasern, die im Handel erhältlich sind.

Tuffbildner

Einige Moose sind an das Leben in Bächen oder Wasserfällen angepasst (◘ Abb. 5.21a). In kalkreichem Wasser tragen sie zur **Tuffbildung** bei.

Ein eindrucksvolles Beispiel liefert der ‚**Wachsende Fels von Usterling**‘ in Niederbayern (◘ Abb. 5.24f, g). Er bildet mit fast 40 m Länge und 5 m Höhe die größte ‚Steinerne Rinne‘ Deutschlands. Der natürliche Prozess der Kalkbildung beruht darauf, dass kalkhaltiges Quellwasser beim Austritt aus der Erde durch Druckentlastung und Erwärmung Kohlendioxid (CO_2) abgibt. Es entsteht das wenig lösliche Calciumcarbonat ($CaCO_3$), das als **Quellkalk** abgeschieden wird. Moose und Algen unterstützen den natürlichen Prozess der Kalkbildung, indem sie dem Wasser zusätzlich CO_2 entziehen. Der Kalk lagert sich auf den Pflanzen ab, deren unterer Teil in eine **Kalkkruste** eingeht, während der obere weiter nach oben wächst. Der Quellbach fließt somit auf dem Scheitel eines Dammes, der durch die Wechselbeziehung von Pflanzenwachstum und Kalkausfällung entstanden ist. Während im Bachbett Cyanobakterien, Grünalgen (Chlorophyceae) und Zieralgen (Zygnematophyceae) vorherrschen, wird der Damm beidseitig der Rinne von **Tuff bildenden Laubmoosen** wie *Palustriella commutata* (syn. *Cratoneuron commutatum*, Amblystegiaceae) und *Eucladium verticillatum* (Pottiaceae) aufgebaut (▶ https://www.lfu.bayern.de/geologie/geotope_schoensten/19/index.htm).

Moose als Nutzpflanzen

Moose haben **keine Bedeutung** als Nutzpflanzen für den Menschen. Sie wurden zwar in der Vergangenheit als Verpackungsmaterial und Füllmittel für Kissen und Matratzen, zur Abdichtung von Ritzen in Blockhütten und Booten, als Wundkompressen, Windelersatz und Kultursubstrat für Orchideen verwendet, doch spielen diese Anwendungen heute **keine wirtschaftliche Rolle** mehr. Da Moose **antimikrobielle Eigenschaften** besitzen, wurden und werden einige Arten wie z. B. das ‚Lebermoos' in der **Volksmedizin** verwendet.

Eine wichtige **kulturelle Bedeutung** haben die Moose in Japan, wo sie neben Wasser, Stein und Baum zu den vier wichtigen Elementen der **Zen-Gärten** gehören (◘ Abb. 5.24h). Die Moose stehen für Alter und Ehre. Einige Gärten werden als Miniaturlandschaften interpretiert, in denen die Moose die Vegetation der ‚Inseln' wiedergeben, die in Form unbehauener Steine aus dem ‚Meer' einer wellenförmig geharkten Kiesfläche ragen.

5.4   Fossile Telompflanzen

Den Thalluspflanzen stehen die **Gefäßpflanzen** (Tracheophyta) gegenüber, zu denen die fossilen Telompflanzen (▶ Abschn. 3.5.1) und die rezenten Kormuspflanzen (Kormophyta) gehören. Die frühen Gefäßpflanzen entwickelten mit dem **diploiden Sporophyten** einen gänzlich **neuen Vegetationskörper**, der erstmals in der Evolution der Landpflanzen als **freilebender Organismus** lebte und sich an die Bedingungen des Landlebens anpasste.

Die **genetische Stabilität**, die durch den doppelten Chromosomensatz erreicht wurde, war ein wichtiger Selektionsvorteil für das Leben auf dem Land (▶ Abschn. 3.4). Darüber hinaus gelang es den Gefäß-pflanzen erstmals, mithilfe des Holzstoffes **Lignin** Zellwände zu versteifen und druckresistente **Wasserleitelemente** zu entwickeln. Gleichzeitig wurde die Verdunstung durch Auflagerung einer Wachsschicht auf die Epidermis (**Cuticula**; ▶ Abschn. 7.2.1) eingeschränkt und der Gasaustausch durch regulierbare Spaltöffnungen (**Stomata**; ▶ Abschn. 7.2.1) kontrolliert. Das Zusammenwirken von Cuticula und Stomata ermöglichte es den Pflanzen, den **Wasserhaushalt** in ihren Zellen unabhängig von den Außenbedingungen **konstant** zu halten. Der damit einhergehende **Übergang** von der Poikilohydrie zur **Homoiohydrie** (▶ Exkurs 5.3) begünstigte das dauerhafte Leben an Land. Die Zellen bildeten eine große **Zentralvakuole**, deren osmotische Wirksamkeit im Zusammenspiel mit der Zellwand eine neue Form von **primärer Festigkeit** hervorbrachte, die die Festigkeit durch **Quellungsdruck** weitgehend ersetzte (▶ Abschn. 2.2.3).

Der früheste Vegetationskörper der Gefäßpflanzen war das relativ gleichförmige **Telomsystem** der **fossilen** Telompflanzen. Aus ihm entwickelte sich **mehrfach parallel** der in Organe gegliederte **Kormus** der **Farn-** und **Samenpflanzen** (▶ Abschn. 5.5).

5.4.1   Telome und Telomsysteme

Die ältesten Landpflanzen, die nicht mit einem gametophytischen Thallus, sondern einem **sporophytischen** Vegetationskörper lebten, waren die **Telompflanzen** (Silur; ▶ Abschn. 3.5.1). Sie stehen an der Basis der Gefäßpflanzen (▶ Abb. 3.10) und haben die grundlegenden **Anpassungen** an das **Landleben entwickelt**, die die weitere Evolution der Gefäßpflanzen möglich machte.

Die **Telompflanzen** (Rhyniophyten, Zosterophyten, Trimerophyten; ▶ Exkurs 3.5) waren die ersten Landpflanzen, die **freilebende Sporophyten** mit **zahlreichen Sporenbehältern** (Sporangien) bildeten (Polysporangiophyta sensu Crane et al. 2004). Ihr anfangs winziger Vegetationskörper war blattlos (‚nackt'), gabelig gegliedert und von niedrigem Wuchs (▶ Abschn. 3.4.1). Er wies einen dreidimensionalen Bau aus radiären, gleichartigen **Elementen** auf, die nach der **Telomtheorie** (▶ Exkurs 5.4) als **Telome** (Endstücke) bzw. Mesome (Mittelstücke) bezeichnet werden (◘ Abb. 5.25a). Neben grünen Telomen (**Phylloiden**; ▶ Exkurs 5.3) traten **Sporangien** tragende Telome auf.

Die Telome waren dünn (Durchmesser 2–10 mm) und bestanden zu über 95 % aus lockerem Grundgewebe (Parenchym; ▶ Abschn. 7.1):

— Der **Stoffleitung** diente ein zentral verlaufener Strang aus Leitelementen, die **Protostele** (◘ Abb. 5.28a, b; ▶ Abschn. 5.5.2). Sie bestand aus Zellen, die als **Vorläufer** der **Siebzellen** und **Tracheiden** (▶ Abschn. 7.4) der Kormophyten gelten.

— Die Protostele war von grünem Rindengewebe (**Assimilationsparenchym**; ▶ Abschn. 7.2.1) umgeben.

— Nach außen folgte die **Epidermis** (▶ Abschn. 7.2.1) als einschichtiges Abschlussgewebe, die von einer **Cuticula** bedeckt wurde und **Spaltöffnungen** besaß.

— Der **Verankerung** und **Wasseraufnahme** aus dem Boden dienten horizontal wachsende Telome (Erdsprosse).

— **Festigkeit** erhielten die Pflanzen primär durch den **Turgor** ihres Gewebes (▶ Abschn. 2.2.3) und die lückenlose Epidermis, die als ‚zugstabile Außenhaut' fungierte (Speck und Vogellehner 1988).

Basierend auf umfassenden Fossilstudien führte Walter Zimmermann (1938, 1965) die **Telomtheorie** ein. Nach dieser Theorie lässt sich der Kormus der Landpflanzen von den Gabelsystemen der Urlandpflanzen ableiten (◼ Abb. 5.25b). Durch Ungleichheit (Anisotomie) der Telome kommt es zur **Übergipfelung** (I) und zu einer Differenzierung des Telomsystems in Haupt- und Seitensysteme. Mit zunehmender Verästelung werden die Elemente immer kleiner und bilden schließlich dreidimensionale ‚Raumwedel‘. Durch Abflachung (**Planation**, II) und Verwachsung (**Fusion**, IIIa) der Telome wird die Entstehung von Gabel- und Fiederblättern erklärt, die sich durch **Einkrümmung** (V) und **Reduktion** (IV) weiter verändern können.

Die Telomtheorie besticht durch **Einfachheit** und **Fülle** an fossilen Belegen. Sie geht davon aus, dass sich die evolutionären Veränderungen mit wenigen **Elementarprozessen**

erklären lassen. Die **Überprüfung** dieser Prozesse durch entwicklungsmorphologische Untersuchungen hat allerdings zu einem kritischen Umgang mit der Telomtheorie und zur Einschränkung ihrer Gültigkeit geführt.

Ontogenetische Studien legen nahe, dass der Elementarprozess der **Fusion** (und damit die Blattbildung) **nicht** im Sinne der Telomtheorie abgelaufen sein kann (Stein und Boyer 2006; Beerling und Fleming 2007). Auch die Entwicklung des Leitbündelringes der Samenpflanzen wird nicht länger durch Fusion von Telomen (IIIb), sondern durch eine Parenchymatisierung der Protostele erklärt (▶ Abschn. 5.5.2). Darüber hinaus sind einige Aussagen der Telomtheorie überholt, z. B. die Interpretation der **Stamina** als Telomsysteme oder die **Ableitung der Moose** von den Telompflanzen (Qiu et al. 2006; Shaw et al. 2011).

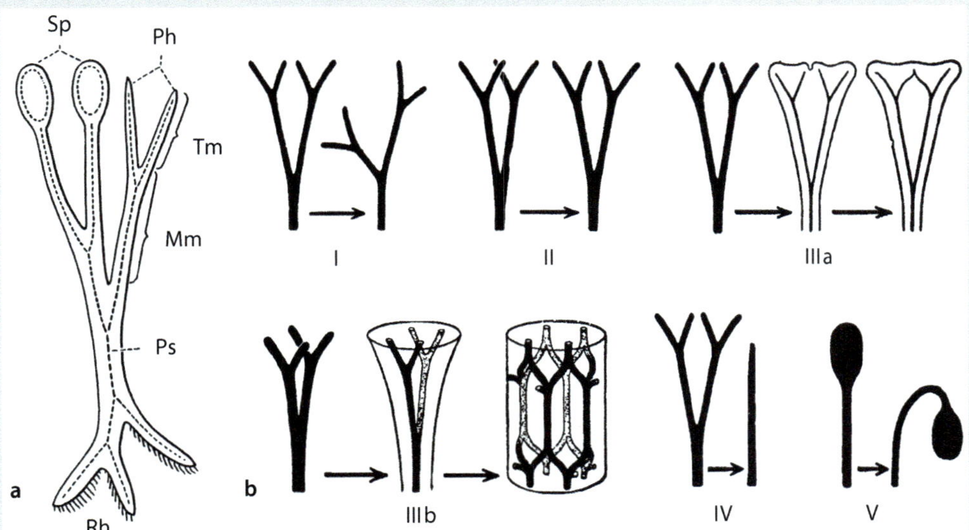

◼ **Abb. 5.25 Telomstand und Elementarprozesse der Telomtheorie. a,** Schematische Darstellung des hypothetischen Telomstandes der Urlandpflanzen. Mm, Mesom. Ph, Phylloid. Ps, Protostele. Rh, Rhizoid. Sp, Sporangium. Tm, Telom. **b,** Elementarprozesse der Telomtheorie: I, Übergipfelung. II, Planation. IIIa, Fusion zum ‚Blatt‘. IIIb, Fusion zum Stamm mit Leitbündelring. IV, Reduktion. V, Einkrümmung. (© Zimmermann 1965, leicht verändert)

5.4.2 Lignin und Tracheiden

Die ersten Telompflanzen waren vermutlich **Protracheophyta**, sehr kleine Pflanzen, die noch nicht über die für die Gefäßpflanzen (Tracheophyten) charakteristischen, versteiften Wasserleitzellen verfügten. Ihre **Wasserversorgung** wurde stattdessen wie bei den Moosen durch **hydroidähnliche Zellen** gewährleistet. Die Hydroiden waren mit nur schwach verdickten Zellwänden ausgestattet und daher in Größe und Leistungsfähigkeit begrenzt. Sie konnten den **Unterdruck**, der durch den **Sog des Verdunstungsstromes** entstand, nicht kompensieren und liefen ab einer bestimmten Zellgröße Gefahr zu kollabieren. Möglicherweise glichen die frühen Landpflanzen das Defizit in der Wasserversorgung durch Symbiose mit endotrophen **Mykorrhizapilzen** (▶ Exkurs 3.4 und ▶ 8.11) aus. Darauf weisen **Pilzhyphen** hin, die im Telomquerschnitt von *Aglaophyton major*, *Rhynia gwynne-vaughanii* und *Asteroxylon mackiei* gefunden wurden (Taylor et al. 2009).

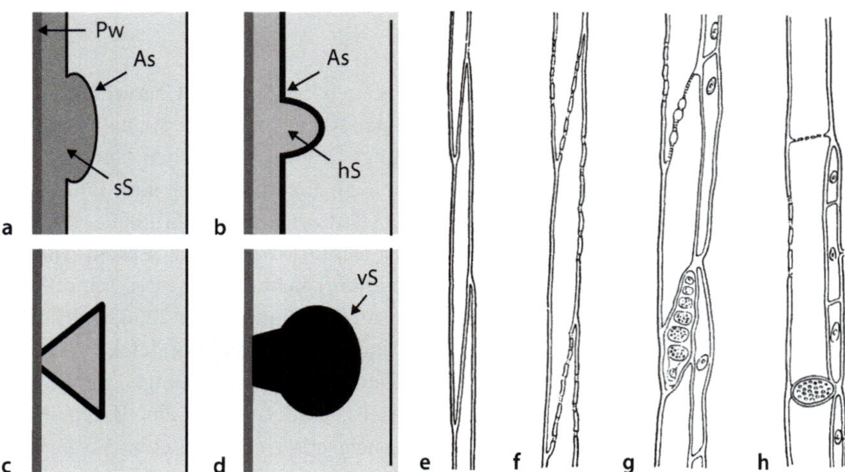

Abb. 5.26 Evolution der Leitelemente. a–d, Vermutete Zellwandverdickungen wasserleitender Zellen. **a,** S-Typ: Rhyniophyta. As, Abschlussschicht. Pw, Primärwand. sS, schwammartige Substanz. **b,** G-Typ: Zosterophyta. hS, feste, haltbare Substanz. **c,** P-Typ: Trimerophyta. **d,** Tracheiden der Samenpflanzen (Sekundärwand nicht eingezeichnet). vS, verholzte Schicht. **e–h,** Assimilatleitende Zellen. **e,** Parenchymzellen mit zugespitzten Enden (*Rhynia*). **f,** Einfache Siebzelle (Bärlapppflanzen). **g,** Siebzellen mit Siebfeldern (Nachtschattengewächse). **h,** Siebplatten mit Siebporen (Kürbisgewächse). (© **a–d:** in Anlehnung an Taylor et al. 2009. **e–h:** Kück und Wolff 2002 (nach Zimmermann 1959))

Die wesentliche **Innovation** der Telompflanzen bestand in der Entwicklung eines hocheffizienten Wasserleitsystems. Es wurden **tote Zellen** als Leitelemente verwendet, die dem Wasser einen millionenfach geringeren Widerstand (Faktor 10^6) entgegensetzen als Parenchymzellen (Speck und Vogellehner 1998). Ihre Zellwände waren lokal versteift und an den dünneren Stellen perforiert. Die ring- oder spiralförmigen Wandverstärkungen wirkten dem **negativen Innendruck** entgegen und verliehen der Zellwand **Druckfestigkeit**. Die **perforierten Zellwände** vernetzten nebeneinanderliegende Wasserleitzellen zu einem komplexen, vertikal und horizontal verbundenen Wasserleitsystem.

Die Versteifung der Zellwände erfolgte auf verschiedene Weise (**Abb. 5.26a–d**). Mindestens sechs verschiedene Zellwandtypen sind fossil belegt (Taylor et al. 2009). Offensichtlich wurden verschiedene Konstruktionen und Materialien **ausprobiert**, bevor der Holzstoff **Lignin** (▶ Abschn. 2.2.4) synthetisiert und in die Zellwand eingelagert wurde. Es entstanden die Vorläufer der **Tracheiden**, die sich als spezialisierte Wasserleitzellen bei allen rezenten Gefäßpflanzengruppen durchgesetzt und zu deren Bezeichnung **Tracheophyta** geführt haben.

Die Wasserleitzellen waren in der **Protostele** lokalisiert, die das Telom als zentraler Gewebestrang durchzog. Sie bildeten das **Wasserleitgewebe** der Pflanze. Es wurde nach außen von wenig differenzierten **Parenchymzellen** (**Abb. 5.26e und 5.29a: Al**) ummantelt, die der Fernleitung der Assimilate und Stoffwechselprodukte dienten. Aufgrund ihres geringen Durchmessers trug die Protostele trotz ihrer verholzten Xylemzellen nicht sonderlich zur **mechanischen Stabilität** der Pflanze bei.

Diese wurde vielmehr durch den **Turgor** des Rindenparenchyms gewährleistet.

Das **Zusammenwirken** eines effizienten Wasserleitsystems, einer ausreichenden Wasseraufnahme aus dem Boden und eines die Wasserabgabe kontrollierenden Abschlussgewebes ermöglichte den Telompflanzen ein **dauerhaftes Leben an Land** und einen **Höhenwuchs** bis zur physikalischen Grenze für **selbsttragende Turgorsysteme** (Speck und Vogellehner 1988).

5.4.3 Höhenwuchs und Festigungsgewebe

Die **ursprüngliche Funktion** des Sporophyten ist die Bildung und Ausbreitung der Sporen. Da die Sporen primär durch den **Wind** ausgebreitet werden, ist eine **Exposition** der Sporenbehälter von Vorteil. Vermutlich war dies zusammen mit der Anhebung der Assimilationsorgane in den Lichtraum der Motor für die Evolution der **aufrechten Wuchsform**.

Die **Größenzunahme** der Telompflanzen von anfänglich 20 cm hohen Individuen (*Rhynia gwynne-vaughanii*, Rhyniophyta) bis später 50 cm hohen Gewächsen (*Asteroxylon*, frühe Bärlapppflanzen) ging mit einer zunehmenden Optimierung des **Wasserhaushaltes** einher. Da die Turgorstabilität nicht mehr ausreichte, um die Pflanzen mechanisch zu festigen, benötigten die Pflanzen eine **zusätzliche Festigung** durch vermehrte Versteifung der Xylemelemente, Vergrößerung der Stele und Aufbau eines peripheren Festigungsgewebes:

- Der erste Schritt in Richtung einer zusätzlichen Festigung bestand vermutlich in der **Vermehrung der Wasserleitzellen**. Ausgehend von den zuerst gebildeten Xylemzellen (**Protoxylem**) differenzierten sich weitere Tracheiden (**Metaxylem**). Diese wiesen ringförmige oder spiralige Wandverstärkungen auf und dienten primär dem Wassertransport.

- Die Vergrößerung der Stele führte von der Grundform der **Protostele** mit rundem Querschnitt (**Haplostele**) zu den Formen der **Aktinostele** und **Plektostele** mit sternförmigem Querschnitt (◘ Abb. 5.28a–d und 5.36a). Diese waren aufgrund des vermehrten Leitgewebes und der größeren Kontaktfläche zum Parenchym effizienter als die Haplostele, trugen aber wenig zur Biegestabilität des Systems bei. Erst mit der **Siphonostele** entwickelte sich ein Stelentyp, in dem die Leitelemente nicht länger in einem zentralen Strang angeordnet waren, sondern **röhrenförmig** ein zentrales Mark umgaben (▶ Abschn. 5.5.2). Durch diese Veränderung stieg die Biegestabilität des Teloms, und die radialen Transportwege verkürzten sich.

- **Stabilität** erhielt die Pflanze weiterhin durch den Aufbau eines Festigungsgewebes, das sich unmittelbar unter der Epidermis entwickelte. Dieses als **hypodermales Stereom** bezeichnete Gewebe verstärkte die Randverspannung der Epidermis. Es war ein bis zwei Zelllagen dick und bestand aus Rindenzellen mit verdickten Zellwänden. Die **Festigungsgewebe**, die auch heute noch in krautigen Pflanzen auftreten, sind erst aus dem mittleren Devon fossil belegt. **Kollenchym** (▶ Abschn. 7.3.1) wurde erstmals bei *Gosslingia breconensis* (vor 375 bis 388 Mio. Jahren) und **Sklerenchym** (▶ Abschn. 7.3.2) bei *Leclerquia complexa* (vor 365 bis 370 Mio. Jahren) nachgewiesen. Bei dieser Art beteiligte sich das Festigungsgewebe bereits zu über 50 % an der Steifheit der Pflanze (Bateman et al. 1998).

5.4.4 Übergipfelung und gestaltlich-funktionale Gliederung

Die Telompflanzen umfassten neben den frühen Rhyniophyta und Zosterophyta (▶ Exkurs 3.5) die Ausgangsformen aller Kormophytenlinien (▶ Exkurs 3.6), die im Devon auftraten und vermehrt trockene Standorte besiedelten. Sie entwickelten eine Vielzahl unterschiedlicher **Wuchsformen** und zeigten eine zunehmende **funktionelle Differenzierung** des Telomsystems:

- Die Gliederung des Telomsystems in vertikal und horizontal wachsende Abschnitte (z. B. *Asteroxylon*; ▶ Abb. 3.14b) hatte weitreichende Konsequenzen. Die bodennahen Telome (auch als ‚Rhizome' bezeichnet) stabilisierten die aufrechten Telome durch Bildung eines tief liegenden **Schwerpunktes**. Sie wiesen eine Oberflächenvergrößerung durch einzellige

Haare (**Rhizoide**) auf und waren nicht von einer Cuticula bedeckt. Beide Eigenschaften charakterisieren ein **Absorptionsgewebe** und treten in vergleichbarer Weise an den Gametophyten der Moose (◘ Abb. 5.20a, b) und als Wurzelhaare an den Sporophyten der Kormophyten auf (▶ Abschn. 7.5.1). Die Förderung des horizontalen Wuchses war Ausgangspunkt für die Entwicklung von **Kriechpflanzen** (z. B. *Hyenia*; ▶ Abb. 3.14c).

- Durch wiederholte inäquale (anisotome) Teilung der Scheitelzelle wurde der Vegetationskörper in **Haupt- und Seitensysteme** gegliedert (**Übergipfelung**; ◘ Abb. 5.25b). Nach der Telomtheorie wird angenommen, dass sich aus den geförderten Hauptsystemen Stämme und aus den stark verzweigten Seitensystemen Organe mit Blattfunktion entwickelt haben (▶ Abschn. 5.5.3).

Im Laufe der Evolution der Gefäßpflanzen setzte sich der **Trend zur Höherwüchsigkeit** fort. Das Wasserleitsystem musste immer weitere Distanzen überbrücken und das Festigungsgewebe verlangte mehr und mehr Platz. Das Telomsystem, das ursprünglich alle Assimilations-, Leit- und Festigkeitsfunktionen ausgeübt hatte, wurde durch einen **arbeitsteilig** in Organe gegliederten **Kormus** ersetzt. Die **Funktionen** der Wasseraufnahme, des Stofftransportes, der Festigung und der Photosynthese wurden auf bestimmte Körperabschnitte **beschränkt**. Es bildeten sich **mehrfach parallel Organe** mit Wurzel-, Stamm- und Blattfunktion, die ihrer Funktion entsprechend ausgestaltet und optimiert wurden.

5.5 Kormuspflanzen

Der Vegetationskörper der Bärlapp-, Farn- und Samenpflanzen ist ein **Kormus** (Strasburger et al. 1894). Er ist symplastisch organisiert und weist eine **Gliederung in Organe** mit Stamm-, Blatt- und Wurzelfunktion auf. Der Kormus ist immer **diploid** (oder polyploid; ▶ Abschn. 2.4.4) und entspricht dem asexuellen **Sporophyten**, der bereits bei den Telompflanzen zu selbstständigem Leben befähigt war und nun zur **dominanten** Generation wird.

Innerhalb der **Kormophyta** (Tracheophyta; Sy 6: *3*) bilden die Bärlapppflanzen (*4*, **Lycophyta**) die Schwestergruppe zu den Farn- und Samenpflanzen (*5*, Euphyllophyta). Die Euphyllophyten gliedern sich ihrerseits in die Farne (*6*, **Monilophyta**; der Name nimmt Bezug auf die halsbandförmige, Anordnung der Protoxylemstränge) und Samenpflanzen (*7*, **Spermatophyta**). Die **frühe Trennung** der Verwandtschaftslinien, die vor etwa 400 Mio. Jahren stattfand (▶ Abb. 3.6) und damit in eine Zeit zurückreicht, in der die Pflanzen noch **nicht in**

Organe gegliedert waren, ging mit der **Bildung unterschiedlicher Kormuskonstruktionen** einher. Nach derzeitigem Kenntnisstand ist der Kormus als Organisationsform mehrfach parallel entstanden (z. B. Gifford und Foster 1996; Tomescu 2011; ◘ Tab. 5.34). Im vorliegenden Buch wird diesem Umstand durch die Unterscheidung von drei Kormuskonstruktionen Rechnung getragen, die als **lycophyller Kormus** der Bärlapppflanzen (▶ Abschn. 5.5.4), **monilophyller Kormus** der Farne (▶ Abschn. 5.5.6) und **bipolarer Kormus** der Samenpflanzen (▶ Tab. 6.4, ▶ Abschn. 5.5.8, ▶ Kap. 6–8) unterschieden werden.

5.5.1 Embryogestaltung und apikales Wachstum

Der **Wachstumspol** der Landpflanzen (Apex) ist **embryonaler Herkunft**. Seine **Lage** wird im Zuge der Polaritätsentwicklung des Embryos in einem sehr frühen Entwicklungsstadium festgelegt. Er entspricht entweder einer teilungsfähigen **Scheitelzelle**, einer **Zellreihe** oder einem **Meristem**.

Differenzierungsprozesse im Embryo

Der Embryo entwickelt sich aus der Zygote. Nach der ersten Zellteilung liegen zwei Zellen vor, von denen eine den künftigen Apex bildet. Weist diese Zelle nach außen, liegt ein **exoskoper** Embryo vor (◘ Abb. 5.27a). Er charakterisiert die Moose, Schachtelhalme, Gabelblattgewächse und einige Vertreter der Ophioglossaceae. Weist die Zelle nach innen, liegt ein **endoskoper** Embryo vor. Er tritt bei Bärlapppflanzen, einigen basalen Farngruppen und allen Samenpflanzen auf (◘ Abb. 5.27b und 6.7a). Interessanterweise ist die Lage des Apex einerseits für die Großgruppen der Landpflanzen charakteristisch, andererseits kommen aber auch beide Formen innerhalb einer einzigen Gattung (*Botrychium*) vor (Gifford und Foster 1996). Bei den meisten **leptosporangiaten Farnen** (Sy 8: hellgrau unterlegt) zeigt der Apex zur Seite (◘ Abb. 5.27d). Die Zygotenteilung erfolgt nicht senkrecht zur Längsachse des Archegoniums, sondern parallel zu ihr, wodurch der Embryo eine andere Lage im Raum erhält. Die evolutionsbiologische Bedeutung dieses Vorganges ist unbekannt.

Der **Embryo** besteht zunächst aus einem sich teilenden Zellhaufen (▶ Abschn. 6.4.1) und tritt dann in die Differenzierung ein. Dabei bilden sich der **Apex**, ein oder zwei (selten mehr) **keimblattartige** Anlagen, eine Struktur mit **Wurzelfunktion** und ein **Fuß** und/oder **Suspensor**. Ursprünglich wurde angenommen, dass sich diese vier Bereiche aus je einem Quadranten der frühen Zygotenteilung entwickeln würden, aber diese Sicht ist heute nicht mehr aktuell. Die Differenzierungsprozesse in den Embryonen der Landpflanzen sind vielmehr sehr

divers und abhängig von **abiotischen Faktoren** wie Licht, Schwerkraft und Nährstoffversorgung (Gifford und Foster 1996; Aichinger et al. 2012; Bayer und Jürgens 2016; ▶ Exkurs 8.9). Besonders variabel ist die Anlegung der endogenen ‚Wurzel' (bezüglich der Anführungszeichen s. ▶ Exkurs 5.2), die stets seitlich, aber an verschiedenen Stellen und in unterschiedlicher Bindung zu einer ‚Blattanlage' erfolgt.

Der **Fuß** ist ein **haustoriales Organ**, das der Ernähung des Embryos dient. Es tritt alleine (z. B. *Isoëtes*, einige basale Farne) oder zusammen mit einem **Suspensor** ebenfalls **haustorialer** Funktion auf (◘ Abb. 5.27e, f). Während der Fuß Bestandteil des Embryos ist, entwickelt sich der Suspensor aus der **Suspensorzelle**, die bei der ersten Teilung der Zygote entsteht (◘ Abb. 5.27c: S). Die Suspensorzelle bildet ein **temporäres**, fadenförmiges Organ **außerhalb** des späteren Embryos, der sich seinerseits aus der **Embryozelle**, der zweiten Tochterzelle der Zygote, entwickelt (◘ Abb. 5.27c: E). Die Suspensorbildung ist mit der **endoskopen Orientierung** des Embryos korreliert und tritt bei Bärlapppflanzen, einigen Marattiales und allen Samenpflanzen auf (Gifford und Foster 1996). Sie ist mehrfach unabhängig entstanden.

Formen apikalen Wachstums und der Verzweigung

Wachstum und Verzweigung des Kormus (Sporophyt) erfolgen gewöhnlich **apikal** und **exogen**. Histologisch gleichen die Prozesse denjenigen des Thallus (▶ Abschn. 5.3.2). Sie beruhen bei den Sporenpflanzen (Bärlapp-, Farnpflanzen) ebenfalls auf der Tätigkeit von **Scheitelzellen** oder **Scheitelzellreihen**. Bei den Samenpflanzen tritt mit der Evolution des **Sprossapikalmeristems** eine weitere Form des Spitzenwachstums hinzu:

- **Scheitelzellen** sind einzelne, teilungsbereit bleibende Zellen der äußeren Zellschicht (▶ Abschn. 5.3.2). Sie traten vermutlich bei allen **Telompflanzen** auf und sind heute bei den **Moosfarnen** (Selaginellales, Lycophyta), **Schachtelhalmen** (Equisetales; ◘ Abb. 5.27h: Sz) und **jüngeren Farngruppen** (Monilophyten) zu finden (◘ Tab. 5.4, 5.5 und 5.6). In der Vergangenheit wurde angenommen, dass Scheitelzellen bei Kormophyten immer **ursprünglich** seien, neuere phylogenetische und molekulargenetische Untersuchungen weisen aber darauf hin, dass sie in einigen rezenten Gruppen abgeleitet und parallel entstanden sind (Frank et al. 2015).
- **Scheitelzellreihen** (◘ Abb. 5.9f) sind für die **Bärlappgewächse** (Lycopodiales; ◘ Abb. 5.27g), die älteren **Farngruppen** (Ophioglossales, Psilotales, Marattiales) und **Wasserfarne** (Salviniales) charakteristisch (◘ Tab. 5.6, Sy 8). Einige Autoren halten das Wachstum mit mehreren teilungsfähigen Zellen für ursprünglich (Frank et al. 2015). Bei den Wasserfarnen

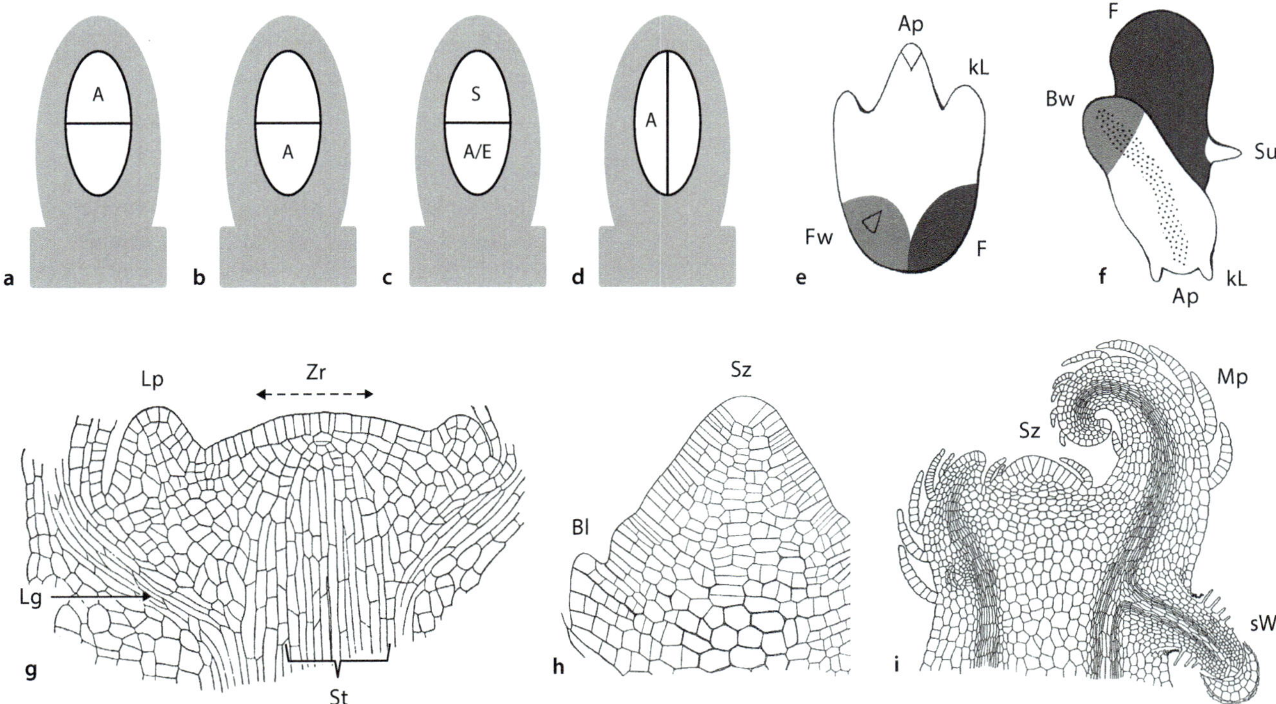

Abb. 5.27 Embryoentwicklung und apikale Wachstumszone bei Bärlapp- und Farnpflanzen. a–d, Polarität der Zygote und Orientierung des Embryos im Archegonium. **a**, Exoskopisch. A, Lage des künftigen Apex. **b**, Endoskopisch. **c**, Exoskopisch mit Suspensor. E, Embryozelle. S, Suspensorzelle. **d**, Lateral. **e, f**, Embryonen von *Equisetum* (**e**, exoskopisch) und *Lycopodium* (**f**, endoskopisch mit Suspensor). Ap, Apex. Bw, Anlage der ersten Bärlappwurzel. F, Fuß. Fw, Anlage der ersten Farnwurzel. kL, Anlage keimblattartiger Lycophylle. Su, Suspensor. **g**, Tannenbärlapp (*Huperzia selago*, Bärlappgewächse). Der Apex ist flach und wächst mit einer Zellreihe (Zr), die Lycophylle (Lp) entstehen als seitliche Höcker, ihre Leitgefäße (Lg) erhalten Kontakt zur Stele (St), die subapikal bis an die Wachstumslinie reicht. **h**, Acker-Schachtelhalm (*Equisetum arvense*, Schachtelhalmgewächse). Der aufgewölbte Apex wächst mit einer dreischneidigen Scheitelzelle (Sz), die ‚Blättchen‘ (Bl) entwickeln sich in einiger Entfernung aus Höckern, die später selbst Scheitelzellen bilden. **i**, Tüpfelfarn (*Polypodium*). Wachstum mit dreiteiliger Scheitelzelle, Wedelanlegung in einiger Entfernung zur Scheitelzelle (Sz). Die Spitze der Wedelblätter (Mp, Monilophylle) ist eingerollt, sprossbürtige Wurzeln (sW) entstehen endogen und sind mit den Monilophyllen assoziiert. (© **a–d**: in Anlehnung an Gifford und Foster 1996. **e–g**: nach Bower 1935. **h**: Sachs 1874. **i**: Hagemann 1984. Mit freundlicher Genehmigung)

dürfte es sich aber um einen abgeleiteten Zustand handeln, der sich durch Unterdrückung der Zelldifferenzierung bei gleichzeitig einsetzender, antikliner Zellteilung aus Scheitelzellen entwickelt haben könnte.

– **Sprossapikalmeristeme** (SAM; ▶ Abschn. 8.1.1) sind eine **Innovation** der **Samenpflanzen**. Ihr phylogenetischer Ursprung ist unbekannt. Das SAM besteht aus mehreren Zelllagen, die über primäre und sekundäre Plasmodesmen in Verbindung stehen und ein komplexes Netzwerk zur Regulation des offenen Wachstums bereitstellen (Stern und Laux 2006; Gaillochet et al. 2015; ▶ Exkurs 8.2).

Möglicherweise hängt der **Zeitpunkt** der Zelldifferenzierung von der Ausgestaltung des Wachstumszentrums als Scheitelzelle (frühe Organbildung) oder Meristem (späte Organbildung; Hagemann 1978) ab. Für die **Farngewächse** ist eine **frühe Organdifferenzierung** wichtig, da sie sich nach der Keimung direkt selbst er-

nähren müssen Bei den **Samenpflanzen** übernimmt dagegen das Nährgewebe im Samen die Erstversorgung und erlaubt dem Embryo zu wachsen und Meristeme zu bilden. Meristeme haben gegenüber einer Scheitelzelle den **Vorteil**, dass mehr Zellen für **molekulare Regulationsprozesse** zur Verfügung stehen, wodurch das **Potential** zur **Differenzierung** steigt (z. B. Van der Schoot und Rinne 1999). Die Plastizität der Meristementwicklung kommt vor allem in der vielfältigen Blatt- und Blütenbildung zum Ausdruck (▶ Abschn. 8.3.2 und 10.2).

Im **Englischen** werden alle drei Formen des apikalen Wachstums als *apical meristems* bezeichnet und in neueren Arbeiten als *monoplex* (Scheitelzelle), *simplex* (Zellreihe) und *duplex* (mehrere Zelllagen) unterschieden (Van der Schoot und Rinne 1999). Um die **Ähnlichkeit der Formbildung** zwischen den Landpflanzengruppen unabhängig von den zellulären Grundlagen zu beschreiben, führten Hagemann und Gleissberg (1996) den Begriff des **Blastozons** ein (Bildungszone, griech. *blastos*, „Keim"). Das Blastozon ist die exogen liegende **Form-**

bildungszone der Pflanze, die **unabhängig** vom Auftreten einer Scheitelzelle, einer Zellreihe oder eines Meristems immer wieder zu einer vergleichbaren morphologischen Gliederung des Vegetationskörpers führt. Es handelt sich somit um einen **Analogbegriff** (▶ Exkurs 5.2).

5.5.2 Evolution des Leitgewebes

Die Telompflanzen bildeten mit der **Protostele** (▶ Abschn. 5.4.2) einen Leitgewebestrang, der bereits getrennte Bahnen für die Wasser- und Assimilatleitung aufwies. Die entsprechenden Zellen waren in **Strängen** angeordnet, die den Vegetationskörper der Länge nach durchzogen.

Evolution von Xylem und Phloem

Im Laufe der Evolution der **Gefäßpflanzen** wuchsen die Anforderungen an das Leitsystem, das immer größere Mengen an Wasser und Nährstoffen transportieren und immer größere Distanzen zwischen dem Wurzelwerk im Boden und den Blättern im Luftraum überbrücken musste. Es setzte eine histologische und funktionale Differenzierung der Protostele ein, die zur Evolution des **Xylems** (Wasserleitgewebe) und **Phloems** (Assimilatleitgewebe) führte (▶ Abschn. 7.4):

- Der **Wassertransport** erfolgte zunächst durch Vorläuferzellen der **Tracheiden** (◻ Abb. 5.26a–d). Im Laufe der Evolution der Kormophyten wurde deren Effizienz zunehmend optimiert. Überdies wurde das Wasserleitgewebe durch längs und quer verlaufende **Parenchymstränge** unterbrochen und versorgt. Die Blütenpflanzen (und einzelne andere Gefäßpflanzen) entwickelten zusätzlich zu den Tracheiden **Tracheen** mit deutlich höherer Transportfähigkeit (▶ Abschn. 7.4.1). Deren Leistungsfähigkeit wurde durch **Arbeitsteilung** gesteigert, indem die Funktion der Festigkeit auf Sklerenchymfasern übertragen wurde und sich die Tracheen zu reinen Wasserleitröhren entwickelten (▶ Abschn. 7.4.1).
- Die **Assimilatleitung** erfolgte zunächst durch Parenchymzellen mit schräg stehenden Querwänden (◻ Abb. 5.26e). Bei den Kormophyten bildeten sich Siebelemente mit **durchbrochenen Querwänden**, deren Bau bei fossilen und rezenten Bärlapp- und Farnpflanzen recht einheitlich ist (◻ Abb. 5.26f). Ihr Durchmesser liegt bei 10–40 μm, ihre Länge beträgt <600 μm. Durch Vergrößerung der **Siebporen** von etwa 1 μm auf bis zu 15 μm in **Siebfeldern** und bis zu 50 μm in **Siebplatten** verbesserte sich der Assimilattransport bei den Samenpflanzen beträchtlich. Überdies wurde die Bindung der Siebelemente an benachbarte **Parenchymzellen** optimiert und führte bei den **Blütenpflanzen** zur Bildung des Siebröhren-

Geleitzellen-Komplexes; ▶ Abschn. 7.4.2). **Sklerenchymfasern** sorgten für die Festigkeit des ansonsten lebenden Gewebes.

Evolution der Stele

Unter einer Stele (griech. *stele*, „Säule") versteht man den gesamten Gewebebereich, der das **primäre Leitgewebe** eines Sprosses oder einer ‚Wurzel' umfasst (bezüglich der Anführungszeichen s. ▶ Exkurs 5.2). Sie besteht aus Xylem- und Phloemelementen und je nach Stelentyp aus Endodermis (▶ Abschn. 7.2.1), Perizykel (▶ Abschn. 8.4.3), Grundgewebe (Parenchym) und Festigungsgewebe (Sklerenchym; ▶ Abschn. 7.4, 8.2.1, 8.2.4 und 8.4.3). Der Begriff Stele geht auf Van Tieghem und Douliot (1886) zurück, die die **Stelärtheorie** begründeten. Danach waren die ursprünglichen ‚Wurzeln' und Sprosse der Tracheophyten in eine zentrale Stele, eine sie umgebende Endodermis und eine Rinde mit abschließender Epidermis gegliedert. Im Laufe der Evolution sollten dann die Stelen aller Tracheophyten **nacheinander** aus einer einfachen Urform entstanden sein.

Die Stelärtheorie nahm großen Einfluss auf die morphologische und paläobotanische Forschung des frühen 20. Jahrhunderts und wurde immer wieder inhaltlich und begrifflich abgewandelt (Beck et al. 1982; Schmid 1982). Heute gilt sie wegen der grundsätzlichen Abgrenzungsproblematik (die Sprossachse vieler Samenpflanzen weist keine Endodermis auf), vor allem aber wegen der evolutionsbiologischen Interpretation als veraltet.

Die folgende Übersicht über die Hauptformen der Stelen basiert auf den Ausführungen von Beck et al. (1982), Schmid (1982) und Gifford und Foster (1996) und gibt die Stelendifferenzierung in stark vereinfachter Form wieder.

Protostelen

Die ursprüngliche Form des Leitsystems weist einen zentralen Xylemstrang auf, der von einem Phloemmantel umgeben ist (ektophloisch). In selteneren Fällen liegt das Phloem innen und wird von Xylem umgeben (endophloisch). Das Xylem selbst differenziert sich in **zentripetaler** Richtung, d. h. die ersten, noch streckungsfähigen Xylemelemente (**Protoxylem**) liegen außen, das ältere **Metaxylem** innen (s. Leitbündelentstehung der Wurzel in ▶ Abb. 8.71).

Die Protostele ist für die frühen Telompflanzen (*Rhynia*, *Zosterophyllum*, *Psilophyton*) fossil belegt, tritt aber auch im Jugendstadium rezenter Farnpflanzen, in den ‚Blättern' einiger Hautfarne und in den Wurzeln der meisten Samenpflanzen auf. Bei den Telompflanzen spricht man von einem **centrarchen Xylem**, bei den

Kormophyten bei gleicher Differenzierungsrichtung von einem **exarchen Xylem**:

- **Haplostele** (■ Abb. 5.28a b): Die Ausgangsform aller Protostelen (griech. *proteros*, „früher") weist einen runden Querschnitt auf und wird als Haplostele (griech. *haplos*, „einfach") bezeichnet oder mit dem Oberbegriff Protostele gleichgesetzt. Sie tritt bei *Rhynia* und als Jugendform bei Farnen auf.
- **Aktinostele** (■ Abb. 5.28a, c): Bei der Aktinostele (griech. *aktinos*, „Strahl") ist das im Zentrum liegende Xylem im Querschnitt sternförmig gelappt. Das Phloem liegt außen zwischen den Strahlen. Die Sternform geht mit einer vermehrten Anzahl von Tracheiden und einem besseren Wasserleitvermögen einher. Sie vergrößert zugleich die Kontaktfläche zwischen Parenchym und Tracheiden. Die Aktinostele ist fossil für *Asteroxylon* belegt (▶ Exkurs 3.6). Sie tritt rezent in den Sprossen der Bärlapp- und Gabelblattpflanzen und im **Zentralzylinder** (▶ Abschn. 8.4.3) vieler Wurzeln von Samenpflanzen auf.
- **Plektostele** (■ Abb. 5.28d): Die Plektostele (griech. *plektos*, „geflochten") ähnelt im Aufbau der Aktinostele, ist jedoch stärker zerklüftet. Das Xylem liegt nicht kompakt in der Mitte, sondern ist von Phloembändern durchsetzt. Die Plektostele trat bei einigen Telompflanzen auf und ist die häufigste Stelenform der rezenten Bärlapppflanzen (■ Abb. 5.36a).

Zwischen den Formen der Protostele gibt es zahlreiche **Übergänge**. Allen gemeinsam ist ihre **geringe Biegeelastizität**, die bei höher wachsenden Pflanzen im Stammbereich zum Bruch führen kann. Im Laufe der Evolution wurde die Protostele der Luftsprosse durch biegefähigere Konstruktionen ersetzt. Im Wurzelbereich blieb sie dagegen erhalten, da sich ihre **Zugstabilität** besonders gut für die Verankerung der Pflanze im Boden eignet.

Siphonostelen

Eine Stele mit deutlich **besserer Biegesteifigkeit** ist die Siphonostele, bei der die Leitelemente nicht mehr im Zentrum, sondern weiter **außen** liegen. Der ursprünglich kompakte Leitgewebestrang wird dadurch zu einer **Leitgeweberöhre** (griech. *siphonos*, „Röhre"), die innen ein **Markparenchym** umschließt.

Siphonostelen sind **mehrfach parallel** entstanden und umfassen **zwei verschiedene Konstruktionen**, die in diesem Buch als Siphonostele mit bzw. ohne Blattlücken unterschieden werden:

- **Siphonostelen ohne Blattlücken** traten bei einigen Telompflanzen auf und sind heute bei Moosfarnen zu finden (Selaginellaceae; ■ Tab. 5.5), bei denen sie **geschlossene Röhren** bilden. Sie entsprechen einer **Protostele mit Mark**, wobei das Mark nicht

durch Parenchymstränge mit dem Rindengewebe verbunden ist. Die Bärlappblätter (Lycophylle; ▶ Abschn. 5.5.3) werden durch Abzweigungen der Siphonostele versorgt.
- Die Siphonostelen im **Stamm der Farngewächse** weisen dagegen eine gänzlich **neue Konstruktion** auf. Oberhalb der Stellen, an denen das Leitgewebe des Farnblattes Kontakt zur Stele des Stammes erhält, bilden sich **Blattlücken** (■ Abb. 5.28e: Bb, Bü). Das sind mit Parenchym ausgestattete Unterbrechungen des verholzten Leitgewebezylinders, die den horizontalen **Stofftransport** zwischen Mark, Rinde und Assimilationsorgan ermöglichen.

Die **Siphonostelen mit Blattlücken** weisen gewöhnlich ein **mesarches Xylem** auf, bei dem das Protoxylem allseitig von Metaxylem umschlossen ist. Die unterschiedliche Differenzierungsrichtung des Xylems unterstützt die Ansicht, dass die äußerlich ähnlichen Siphonostelen ohne und mit Blattlücken **unabhängig** voneinander aus der Protostele entstanden sind.

Die **Siphonostele mit Blattlücken** hat gegenüber der Protostele drei **Vorteile**: Durch die Verlagerung des Leitgewebes verbessern sich die **biegemechanischen Eigenschaften** der Sprosse, die dadurch auch bei höherem Wuchs stabil bleibt. Gleichzeitig verkürzen sich die radialen **Transportwege** und gewährleisten auch bei vergrößertem Stammumfang eine gute Versorgung. Schließlich können aufgrund der verbesserten Stabilität und Leitfähigkeit große Wedelblätter mit **hoher Photosyntheseleistung** entstehen, deren Assimilate im zentralen Mark **gespeichert** werden.

Die Ausgestaltung der Siphonostelen mit Blattlücken ist sehr variabel. Ogura (1972) listet beispielsweise 30 Untertypen auf, Schmid (1982) erkennt neun Untertypen an. Diese unterscheiden sich in der relativen Lage der Xylem- und Phloemelemente zueinander, im Grad der Stelenperforation und in der Anzahl der konzentrischen Leitgeweberöhren. Siphonostelen mit mehr als einem Zylinder werden als **polyzyklisch** bezeichnet. Sie haben gegenüber den monozyklischen Röhren eine verbesserte Biegesteifigkeit (Speck und Vogellehner 1988).

Bei den meisten Siphonostelen mit Blattlücken ist das Xylem auf beiden Seiten von Phloem und Endodermis umgeben (**amphiphloisch**). Sie lassen sich in zwei Gruppen unterteilen:

- **Solenostele:** Die Solenostele weist Blattlücken auf, die sich **nicht überlappen**. Die Blattlücken treten in so großen Abständen auf, dass sich im Stelenquerschnitt nur eine einzige Blattlücke findet (■ Abb. 5.28f: Bü). Der Leitgewebezylinder ist oberhalb und unterhalb der Lücke geschlossen, sodass sich insgesamt eine **perforierte Röhre** ergibt. Solenostelen treten z. B. beim Schachtelhalm (*Equisetum*; ▶ Abschn. 5.5.7) auf.

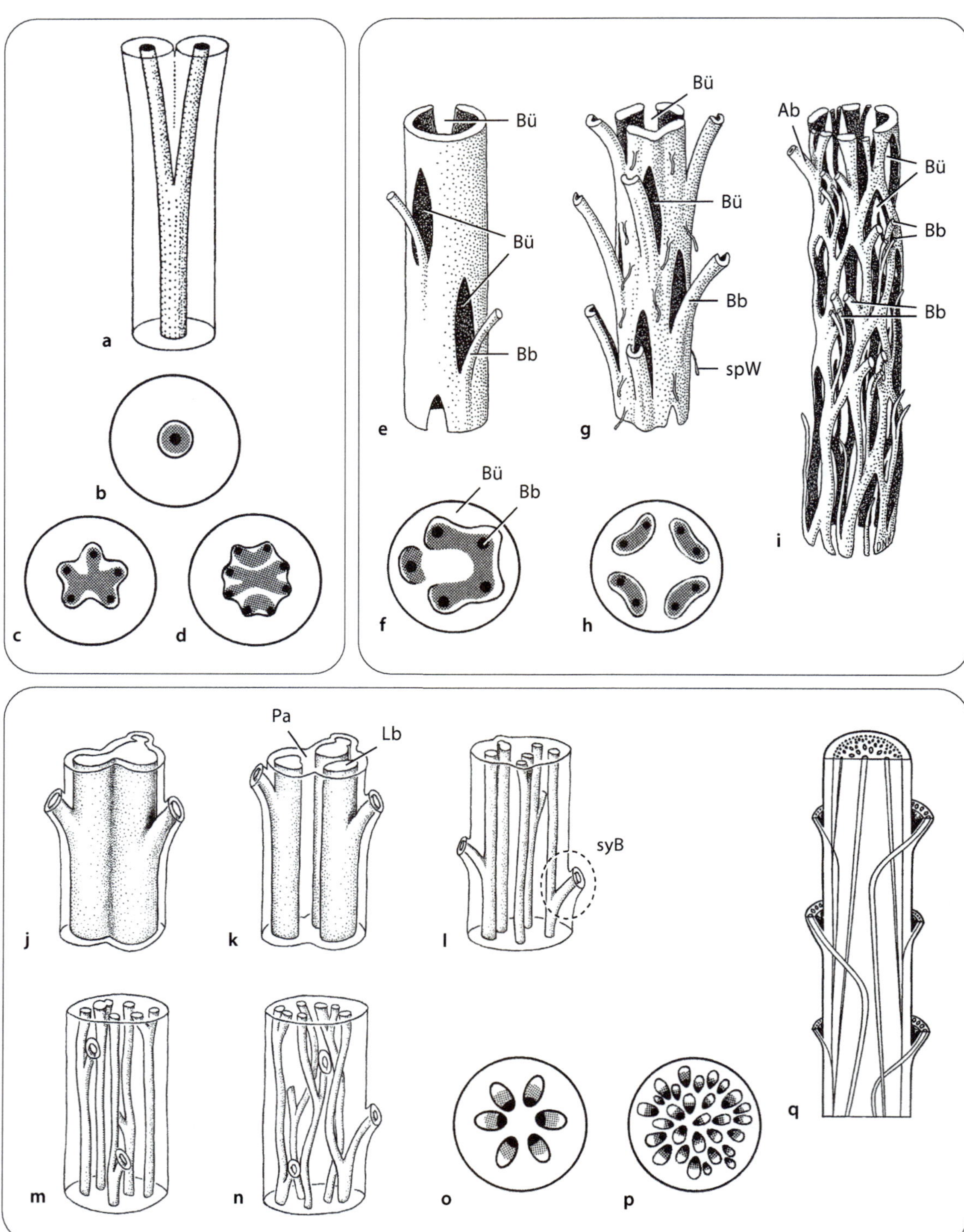

Abb. 5.28 Stelentypen. **a–d**, Protostelen. **a, b**, Haplostele in Seitenansicht (**a**) und im Querschnitt (**b**). **c**, Aktinostele. **d**, Plektostele. **e, f**, Siphonostele mit Blattlücken (Solenostele). Bb, Blattbündel. Bü, Blattlücke. **g–i**, Dictyostelen. **g, h**, *Cheilanthes tenuifolia* (Pteridaceae). spW, sprossbürtige Wurzel. **i**, *Oleandra wallichii* (Oleandraceae). Ab, Astbündel. **j–n**, Ableitung der Eustele (**n**) aus einer Aktinostele (**j**; s. Text). **j**, *Aneurophyton* (Progymnospermen). **k**, *Stenomyelon* (Pteridospermen). Lb, Leitbündel. Pa, Parenchymstrang. **l**, *Archaeopteris*, *Calamopitys* (Progymnospermen, Pteridospermen). syB, sympodiales Bündel. **m**, *Lyginopteris* (Pteridospermen). **n**, Rezente Koniferen (Gymnospermen). **n, o**, Eustele der Gymnospermen und Eudicotylen in Seitenansicht (**n**) und im Querschnitt (**o**). **p, q**, Ataktostele der Monocotylen im Querschnitt (**p**). und in der Seitenansicht (**q**). Alle Abbildungen stark generalisiert. (© **a**: v. Denffer 1971. **b–d, f, h, o, q**: Sitte 1998. **e**: Gifford und Foster 1996. **g**: Nayar 1963. **i**: Nayar et al. 1968. **j–n**: Namboodiri und Beck 1968. **p**: Troll 1973 (nach Rostafinsky))

- **Dictyostele** (■ Abb. 5.28g, i)**:** Die Dictyostele weist Blattlücken auf, die sich **überlappen**. Die Blattlücken können dabei in einer so hohen Anzahl auftreten, dass aus der ursprünglichen Leitgeweberöhre ein **filigranes Netzwerk** wird (griech. *diktyon*, „Netz"). Im Querschnitt erscheinen einzelne Leitgewebebündel mit Innenxylem, die **jeweils** von einer **Endodermis** umgeben sind (■ Abb. 5.28h). Dieses Bild hat zur Bezeichnung **Polystele** geführt, die allerdings irreführend ist, da die Bündel nicht frei voneinander, sondern Teile einer weitgehend aufgelösten Leitgeweberöhre sind (■ Abb. 5.28i). Die Dictyostele ist das typische ‚Bündelrohr' der Farne.

Eustelen

Das Leitgewebe der **Samenpflanzen** besteht aus **einzelnen** Bündeln (**Leitbündeln**), die primär durch radial zwischen Mark und Rinde verlaufende parenchymatische Stränge (**Markstrahlen**) voneinander getrennt sind (▶ Abb. 8.6b). Während man lange Zeit annahm, dass sich die Eustele aus der Siphonostele der Farne entwickelt hat, wird heute die direkte Entstehung der Eustele aus der Protostele der Progymnospermen favorisiert (■ Abb. 5.28j–n).

Nach Namboodiri und Beck (1968) wurde die ursprüngliche Aktinostele durch achsenparallel verlaufende Parenchymstreifen (Markstrahlen) in Einzelbündel zerteilt. Entsprechend weist jedes Bündel nach innen Xylem und nach außen Phloem auf (**collaterales** Leitbündel; ▶ Abschn. 7.4.3). Mit der Evolution der Blätter entstanden gabelige Leitbündelsysteme, sog. Sympodien (■ Abb. 5.28l: syB, nicht zu verwechseln mit der sympodialen Verzweigung; ▶ Abschn. 6.7.1). Zunächst lagen die Blattleitbündel außen und die Stammleitbündel innen. Später, z. B. bei der Progymnosperme *Archaeopteris*, kamen die Blatt- und Stammleitbündel nebeneinander zu liegen.

Bei den **rezenten Samenpflanzen** liegen alle Leitbündel im Querschnitt auf einem Kreis und verlaufen in Längsrichtung wellenförmig (■ Abb. 5.28n, o). Nach aktuellem Kenntnisstand entstehen die Leitbündel an der Basis der Blattanlagen, wo sie vom Wachstumsregulator **Auxin** (▶ Exkurs 6.5) initiiert werden (▶ Abschn. 8.1.2). Sie können **sekundär** durch Querverbindungen miteinander vernetzt werden. Auf diese Weise entsteht ein **netzartiges Leitbündelsystem**, das oberflächlich betrachtet der Dictyostele der Farne ähnelt. Es ist aber auf anderem Wege entstanden. Es weist **keine Blattlücken**, sondern **primäre Markstrahlen** auf (▶ Abschn. 8.2.2), und die Leitbündel sind nicht allseitig von Phloem und Endodermis umgeben, sondern collateral (selten bicollateral) organisiert (■ Abb. 7.20).

Im Unterschied zur Protostele differenziert sich das Xylem der Eustelen in zentrifugaler Richtung (**endarches Xylem**). Die Umkehr der Differenzierungsrichtung kann im **Hypocotyl** der Samenpflanzen nachvollzogen werden (▶ Abb. 8.77a), wo die Protostele der Wurzel (mit exarcher, d. h. zentripetaler Differenzierung; ▶ Abschn. 8.4.4) und die Eustele der Sprossachse ineinander übergehen. Vermutlich erlaubte erst die zentrifugale Xylembildung den Aufbau eines umfangreichen Wasserleitgewebes, das den steigenden Bedarf an Wasserleitzellen im Zuge des Höhen- und Dickenwachstums decken konnte.

Die Eustele mit zyklisch angeordneten Leitbündeln ist für Gymnospermen und dicotyle Pflanzen charakteristisch (▶ Abschn. 8.2.1). Bei den **Monocotylen** sind die Leitbündel dagegen über den gesamten Achsenquerschnitt (bzw. bei hohlen Stängeln am Rand) verstreut (■ Abb. 5.28p, q), weshalb ihr Leitbündelsystem auch als **Ataktostele** (griech. *ataktos*, „ungeordnet") bezeichnet wird. Der phylogenetische Übergang von der Eustele zur Ataktostele ist noch nicht gänzlich verstanden (▶ Abschn. 8.2.4; Claßen-Bockhoff et al. 2020).

Phylogenetische Signifikanz des Stelenbaus

Angesichts der Stelenvielfalt bezüglich der relativen Lage von Xylem und Phloem, des Vorhandenseins oder Fehlens einer Endodermis, der Unterschiede im Stelenbau zwischen ‚Wurzel' und Spross und zwischen jungen und alten Entwicklungsstadien einer Pflanze stellt sich die Frage nach der **phylogenetischen Signifikanz** der Stelen.

Im Gegensatz zur Stelärtheorie wird heute angenommen, dass sich die Stelen der Bärlapp-, Farn- und Samenpflanzen **unabhängig** voneinander aus der **Protostele** der Telompflanzen entwickelt haben. Protostelen und Siphonostelen ohne Blattlücken sind für **Bärlapppflanzen** typisch, Siphonostelen mit Blattlücken und deren Weiterentwicklungen für **Farnpflanzen** und Eustelen für **Samenpflanzen**. Das Auftreten von Protostelen auch bei Farn- und Samenpflanzen verdeutlicht, dass Stelen **Struktur-Funktionskomplexe** sind, die an die unterschiedlichen Anforderungen im **Erd- und Luftreich** angepasst sind und sich mit dem **Erstarkungswachstum** der Pflanze diversifizieren. Die **Protostele als Ausgangsform** aller Stelen kennzeichnet junge Entwicklungsstadien und wurde dort beibehalten, wo sie die geforderte Funktion erfüllen konnte. An anderen Stellen wurde sie durch geeignetere Konstruktionen ersetzt, wobei Farne und Samenpflanzen getrennte Wege beschritten.

5.5.3 Organbildung im Devon

Als die Pflanzen das Land besiedelten, war die CO_2-Konzentration in der Atmosphäre sehr hoch (▶ Abb. 3.8). Der Wasserverlust durch Photosynthese war vergleichsweise gering, und so konnten Pflanzen mit geringem Verdunstungsschutz an Land überleben (Rhyniophyten, Zosterophyten; ▶ Exkurs 3.6, ▶ Abb. 3.10).

Auch die weitere Entfaltung **der Landpflanzen** im Silur und Devon geschah noch zu einem Zeitpunkt, zu dem der Wasserbedarf gering war. Der Vegetationskörper der **Trimerophyten** und **Primofilices** war ein dreidimensionales **Telomsystem**, das durch horizontale und vertikale Orientierung der Telome (Erd-, **Luftsprosse)** und **Übergipfelung** (Haupt-, Nebensysteme) verschiedene Wuchsformen erreichte (▶ Abschn. 3.5.2). Zunehmende Verbesserungen im Leitungssystem der Pflanzen führten zusammen mit dem bereits erworbenen Verdunstungsschutz (Cuticula) und regulierbaren Gasaustausch zu **Höhenwuchs**.

Erst als mit der vermehrten Bindung des atmosphärischen Kohlendioxids durch photosynthetisch aktive Pflanzen der **CO_2-Gehalt** im Devon **rapide abfiel** (▶ Abb. 3.8), wurden **Innovationen** notwendig. Dies war die Zeit, in der sich die Telomsysteme der verschiedenen Kormophytengruppen **unabhängig voneinander** in **Organe** differenzierten (Bateman et al. 1998; Boyce und Knoll 2002; Raven und Edwards 2001; Tomescu 2011). Die Organbildung ging mit **Arbeitsteilung** einher und ermöglichte es den Pflanzen, größer und anpassungsfähiger zu werden.

Die heute wahrscheinlichste Hypothese nimmt an, dass die **parallele Organbildung** und **Radiation der Landpflanzengruppen** im Devon auf **klimatische Verhältnisse** zurückzuführen sind (Kenrick und Strullu-Derrien 2014). Die geringe CO_2-Konzentration führte dazu, dass mehr **Spaltöffnungen** nötig wurden, um ausreichende Photosynthese zu gewährleisten. Die ursprünglich grünen, radiärsymmetrischen Telome bildeten flache **Assimilatoren** („Blätter'), in denen die Diffusionswege für den Gasaustausch verringert wurden. Damit ging eine höhere **Verdunstungsrate** einher, die zwar die notwendige Verdunstungskühle für die ‚Blattflächen' lieferte, aber auch einen kontinuierlichen **Wassernachschub** aus dem Boden erforderte. Dieser wurde vom **Transpirationssog** angetrieben und führte zur Ausbildung **leistungsstarker Stelen** (▶ Abschn. 5.5.2) und von **Organen mit Wurzelfunktion**. Gleichzeitig wurde das Gerüst der Pflanze durch bessere Verankerung im Boden und durch Verholzung der Luftsprosse stabilisiert.

Exkurs 5.5 Terminologische Zwischenbemerkung

Der Kormus ist in **Organe** gegliedert, die üblicherweise mit den Begriffen **Sprossachse**, **Blatt** und **Wurzel** belegt werden. Die Benennung legt nahe, dass die Strukturen der Gefäßpflanzen homolog zueinander seien. Tatsächlich sind die Organe aber **mehrfach unabhängig** voneinander entstanden und somit **homoplastisch** (Boyce 2005; Tomescu 2011).

Organe sind speziell ausgestaltete Teile eines Vegetationskörpers. Sie können nach ihrer **Funktion** (Bärlapp-, Farnpflanzen) oder nach ihrer **Entstehung und Lage** (Samenpflanzen) definiert werden. Im Folgenden werden die **sprachlichen Schwierigkeiten** kurz erläutert, die mit der analogen bzw. homologen Verwendung des Organbegriffs verbunden sind (▶ Exkurs 5.2).

Analoger Organbegriff bei Bärlapp- und Farnpflanzen

Bei den Bärlapp-und Farnpflanzen wird unter einem **Organ** ein Körperabschnitt verstanden, der morphologisch und histologisch an eine bestimmte **Grundfunktion** angepasst ist. Es handelt sich somit um Organe mit **Stamm-**, **Blatt-** und **Wurzelfunktion**. Da die Organe nicht notwendigerweise homolog zueinander sind und auch nicht den Sprossachsen, Blättern und Wurzeln der Samenpflanzen entsprechen, bedarf es neutraler Begriffe:

- **Organe mit Stammfunktion:** Bei baumförmigen Arten eignet sich die Bezeichnung **Stamm** als beschreibender Begriff. Bei krautigen Pflanzen empfehlen sich Bezeichnungen wie **Luftspross**, **Halm** oder **Stängel**, die keine Homologieaussage beinhalten. Der Begriff **Rhizom** ist bei den Samenpflanzen als Sprossachse mit Überdauerungsfunktion definiert (▶ Abschn. 6.9.1). Er wird aber üblicherweise auch für die **Erdsprosse** der Telom-, Bärlapp- und Farnpflanzen verwendet.

- **Organe mit Blattfunktion (Assimilatoren):** Ursprünglich wurden die blattartigen Auswüchse der Bärlapppflanzen als **Mikrophylle** und die großen Wedel der Farne als **Megaphylle** bezeichnet (Bower 1935). Besser eignen sich die Bezeichnungen **Lycophylle** (wörtl. „Bärlappblätter") und **Euphylle** (wörtl. „echte Blätter"), die auf die Evolutionslinien der Bärlapppflanzen und Euphyllophyten (Sy 6) Bezug nehmen (z. B. Nagalingum 2016). Die Euphylle sind **mehrfach unabhängig** voneinander entstanden und daher nicht homolog (Boyce und Knoll 2002; Tomescu 2011). Um dies sprachlich zum Ausdruck zu bringen, werden die Euphylle der Farne (mehrfach entstanden) hier als **Monilophylle** oder **Wedel** (*fronds*) von den **Blättern** der Samenpflanzen unterschieden.

— **Organe mit Wurzelfunktion:** Die Wurzelstrukturen der Kormophyten stimmen in den meisten Merkmalen überein; dennoch sind sie nach heutigem Kenntnisstand mehrfach unabhängig entstanden (Raven und Edwards 2001). Um diesem Umstand Rechnung zu tragen, wird hier von Bärlapp- und Farnwurzeln bzw. Wurzeln (Samenpflanzen) gesprochen.

Die sprachliche Unterscheidung von Homolog- und Analogbegriffen ist ungewohnt und vermutlich nicht dazu geeignet, traditionell eingeführte Begriffe zu ersetzen. Sie kann aber das Bewusstsein dafür schärfen, dass funktionsgleiche Strukturen nicht homolog sein müssen und im Laufe der Evolution **parallel** bzw. **konvergent** entstanden sein können.

Homologer Organbegriff bei Samenpflanzen

Bei den **Samenpflanzen** sind die Grundorgane des Vegetationskörpers über ihre **spezifische Qualität** und **Lage** am Vegetationskörper definiert (▶ Tab. 6.1). Sie werden als **Sprossachse**, **Blatt** und **Wurzel** bezeichnet und sind immer, unabhängig von ihrer Ausgestaltung und Funktion, untereinander **homolog**.

Evolution blattartiger Organe

Alle Gefäßpflanzen stimmen im Besitz seitlicher, **photosynthetisch aktiver Anhangsorgane** (Assimilatoren) überein, die **Leitstränge** aufweisen, **begrenztes Wachstum** zeigen, eine **adaxial-abaxiale** (bifacialer Blattbau) **Symmetrie** besitzen und nach bestimmten Regeln angeordnet sind (Phyllotaxis; ▶ Abschn. 6.6).

Basierend auf Fossilfunden, phylogenetischen Daten und Erkenntnissen der Entwicklungsgenetik (Zusammenfassung in Tomescu 2009) geht man heute davon aus, dass blattartige Organe vor etwa 415 Mio. Jahren auf mindestens zwei verschiedenen Wegen entstanden sind: von den Zosterophyta (▶ Exkurs 3.5) ausgehend in der Linie der Bärlapppflanzen als **Auswüchse der Telomoberfläche** (**Enationstheorie**; Bower 1908) und von den Trimerophyta (▶ Exkurs 3.5) ausgehend in der Linie der Farne und Samenpflanzen als **Umgestaltungen der letzten gabeligen Verzweigungen** des Telomstandes (**Telomtheorie**; Zimmermann 1930; ▶ Exkurs 5.5).

Ursprünglich wurden die Enationen als Mikrophylle und die aus Telomenden hervorgegangenen Assimilatoren als Megaphylle bezeichnet. Danach sind **Mikrophylle** kleine blattartige Strukturen mit einfacher Nervatur (nur Mittelrippe), die mit einer Protostele in Verbindung stehen, während **Megaphylle** größer sind, eine komplexe Nervatur haben und mit Siphonostelen mit Blattlücken assoziiert sind.

Die morphologische Charakterisierung stimmt allerdings nicht mit der Diversität der Strukturen in den einzelnen Stammeslinien überein (Tomescu 2009):

— Die **Mikrophylle** fossiler Bärlappbäume wurden bis zu 1 m lang und waren bei einigen Arten (z. B. *Leclerquia*; ▶ Exkurs 3.6) gegliedert. Innerhalb der Gattung *Selaginella* weisen einige rezente Arten eine komplexe Nervatur auf.

— Die **Megaphylle** einiger fossiler Keilblattgewächse (▶ Exkurs 3.6), der rezenten Schachtelhalme und vieler Gymnospermen sind klein und weisen nur eine Mittelrippe auf.

— Protostelen treten auch bei Farnen (*Lygodium*, *Gleichenia*) und vielen fossilen Landpflanzengruppen auf (z. B. Coenopteridales, Sphenophyta, Progymnospermen, fossile Farne, Samenfarne; ▶ Exkurs 3.7). Blattlücken fehlen den rezenten Schachtelhalmen (*Equisetum*); die Samenpflanzen weisen Eustelen mit Parenchymstrahlen auf (▶ Abschn. 5.5.2 und ▶ 8.2.1).

Da es sich überdies eingebürgert hat, kleine Blätter als Mikrophylle und große als Megaphylle zu bezeichnen, sind die Bezeichnungen missverständlich. In diesem Buch werden daher die blattartigen Organe der Bärlapppflanzen (Lycophyta) als **Lycophylle** und die der übrigen Kormophyten (Euphyllophyta) als **Euphylle** (wörtl. „echte Blätter“) bezeichnet (▶ Exkurs 5.5).

Nach Tomescu (2011) sind Euphylle bis zu **neunmal parallel** entstanden, und zwar zweimal innerhalb der **Altfarne** (Coenopteridales, Cladoxylales; ▶ Exkurs 3.6), zweimal innerhalb der **Progymnospermen** (*Aneurophyton*-, *Archaeopteris*-Gruppe; ▶ Exkurs 3.6), viermal

5

innerhalb der **rezenten Farngruppen** (Equisetales, Ophioglossales/Psilotales, Marattiales, leptosporangiate Gruppen; Sy 8) und einmal bei den **Samenpflanzen**. Die **Euphylle** der Farngruppen werden hier trotz ihrer mehrfachen Entstehung unter der Sammelbezeichnung **Monilophyll** von den **Blättern** der Samenpflanzen unterschieden.

Molekularbiologische Untersuchungen weisen darauf hin, dass die entwicklungsgenetischen Prozesse, die zur Bildung von Lycophyllen und Euphyllen führen, auf den **gleichen Genklassen** beruhen. Das gemeinsame genetische Erbe wurde offensichtlich im Laufe der Evolution von den Landpflanzengruppen **mehrfach unabhängig** voneinander verwendet und durch Duplikation, Funktionsveränderung und/oder Verlust der Duplikate abgewandelt (Vasco et al. 2016). Das Beispiel zeigt, dass **phylogenetisch homoplastische** Strukturen in ihren genetischen Netzwerken **übereinstimmen** können (▶ Exkurs 5.6).

> **Exkurs 5.6 Gene, Homologie und Evolution**
>
> Die **Feststellung von Homologie**, der Herkunfts- und Ursprungsgleichheit von Strukturen (▶ Abschn. 1.2), hängt vom **Bezugssystem** ab. So sind Strukturen verschiedener Arten **morphologisch** homolog, wenn sie den **gleichen Ursprung** innerhalb des Organismus haben (▶ Abschn. 6.2), und **phylogenetisch** homolog, wenn sie auf die homologe Struktur eines **gemeinsamen Vorfahren** zurückgehen (▶ Abb. 1.6 und 1.8).
>
> Der Organismus besteht aus verschiedenen, hierarchischen Ebenen: Organen, Geweben, Zellen und Molekülen. Bei der Frage nach dem Ursprung einer Struktur muss zunächst geklärt werden, welche Ebene betrachtet wird. Der Ursprung einer Struktur kann **organismisch** (Morphogenese), **histologisch** (Histogenese), **physiologisch** (Entstehung von Stoffwechselwegen) oder **molekular** (Genexpression) begründet werden.
>
> Als Beispiel dienen rote Blätter. Sie können durch Vakuolenfarbstoffe (Anthocyane) oder Plastidenfarbstoffe (Carotinoide) gefärbt sein. Sie sind als Blätter auf der organismischen Ebene **homolog** und unterscheiden sich lediglich in der **Merkmalsausprägung** ihrer Farbe. Vergleicht man jedoch nicht die Blätter, sondern die roten Farbstoffe (physiologische Ebene), dann sind diese **analog**. Auch der umgekehrte Fall gilt: Weisen Frucht- und Samenschalen den gleichen roten Farbstoff auf (Homologie auf der physiologischen Ebene), werden sie dadurch nicht zu homologen Organen (Ochoterena et al. 2019).
>
> Die **Homologieaussage** bezieht sich immer auf eine bestimmte Betrachtungsebene. Die untergeordneten Ebenen variieren die Struktur, beeinflussen aber nicht die Homologieaussage.
>
> Ebenso verhält es sich mit der Beziehung zwischen **Genexpression** und **Phänotyp**. Gene evolvieren auf der molekularen Ebene und werden zu unterschiedlichen Zeitpunkten in unterschiedlichen Taxa und Organen exprimiert. Ähnliche Organe, die sich in verwandtschaftlich weit entfernten Evolutionslinien unabhängig voneinander entwickeln, sind nicht homolog zueinander, auch wenn ihrer Bildung die Expression homologer Entwicklungsgene zugrunde liegt. Die Übereinstimmung in der genetischen Regulation weist auf den gleichen Ursprung der **Gene** bzw. der **genregulatorischen Netzwerke** hin, determiniert aber nicht das Organ, in dem die Gene exprimiert werden. Genexpression (molekulare Ebene) ähnelt darin der Zelldifferenzierung (histogenetische Ebene), die auch an der Gestaltung des Phänotyps beteiligt ist, ohne die Homologie des Organs zu bestimmen.
>
> Formbildung durch ähnliche Genexpression hat im Laufe der Evolution der Pflanzen zu einer Fülle **phänotypischer Ähnlichkeiten** geführt. Blattartige Strukturen sind im Devon **mehrfach unabhängig** in bereits voneinander getrennten Landpflanzengruppen entstanden. Dass für ihre Bildung ähnliche Gene verwendet werden, begründet nicht die Homologie dieser Organe, sondern verdeutlicht den gleichgerichteten **Selektionsdruck**, der unter Verwendung gleicher Gennetzwerke die gleiche funktional **optimierte** Form hervorbringt.

Evolution wurzelartiger Organe

Organe mit Wurzelfunktion dienen primär der **Wasseraufnahme** aus dem Boden und der **Verankerung** der Pflanzen im Erdreich. Sie liegen **im Boden**, den sie oberflächennah oder tief durchdringen. An ihrer Oberfläche bilden sie eine Absorptionsschicht, deren Zellen zur Wasseraufnahme befähigt sind. Die Zellen sind haarförmig ausgezogen, **vergrößern** die **Oberfläche** um ein Vielfaches und weisen dünne Zellwände ohne **Cuticula** auf. Das Wasser und die in ihm gelösten Nährsalze werden durch den Transpirationssog (▶ Abschn. 5.3.5) aufgenommen und passieren die **Endodermis**, an der der Übertritt des Wasserstromes in die Leitelemente erfolgt und kontrolliert wird (▶ Abschn. 7.2.4, ▶ Abb. 8.1). Diese **Kontrolle** ist notwendig, um die Ionenzusammensetzung im Xylemsaft zu regulieren und Pathogene und Gifte aus dem Transpirationsstrom herauszufiltern. Vermutlich ist die Endodermis mehrfach parallel entstanden (Raven und Edwards 2001). Die ältesten fossilen Belege stammen aus dem **Karbon**.

Die ersten Gefäßpflanzen besaßen noch keine Organe zur Wasseraufnahme aus dem Boden, sondern bildeten wie die Moose **Rhizoide**, mit denen die Kontaktfläche zwischen Boden und Vegetationskörper vergrößert wurde. Rhizoide sind **epidermale** Zellen, die der **Wasseraufnahme** dienen und sich seit der Besiedlung des Landes fossil nachweisen lassen. Sie wurden gleichermaßen an **Gametophyten** und **Sporophyten** gebildet und wiesen schon früh eine beachtliche **Diversität** hinsichtlich ihrer Anzahl, Verteilung auf der Pflanze, Anbindung an das Leitgewebe und zellulären Struktur auf. Funktionsmorphologisch gelten sie als die **Vorläufer der Wurzelhaare** (▶ Abschn. 7.2.2 und ▶ 8.4.3), die an den später entstandenen Wurzelorganen der Gefäßpflanzen auftreten. Interessanterweise zeigt der Vergleich der Rhizoidentwicklung am Gametophyten des Mooses *Physcomitrella patens* (Funariaceae; Sy 7A, D:33) mit der Wurzelhaarentwicklung des angiospermen Modellorganismus *Arabidopsis thaliana* (Brassicaceae; Sy 10B:39) eine hohe Übereinstimmung in der molekularen Regulation (Menand et al. 2007). Das begründet keine Homologie zwischen diesen Strukturen, sondern deutet darauf hin, dass die Evolution Wasser aufnehmender Zellen durch einen hochkonservierten, molekularen Mechanismus kontrolliert wird (▶ Exkurs 5.6).

Die Wasserversorgung über Rhizoide wurden von Beginn an durch eine enge **Symbiose** der Landpflanzen mit **Pilzen** (▶ Exkurs 3.4) ergänzt. Die Pilze drangen mit ihren Hyphen in die Pflanze ein und trugen maßgeblich zu deren Wasser- und Nährsalzversorgung bei. Im Gegenzug erhielten die Pilze organische Verbindungen von den Pflanzen. Diese Form der endogenen oder **arbusculären Mykorrhiza** gilt als ursprünglich und findet sich auch heute noch in den Wurzeln der meisten Gefäßpflanzen und Thalli zahlreicher Moose und Bärlapppflanzen (▶ Exkurs 8.11).

Im **Devon**, als dramatische Klimaschwankungen **Anpassungen** des Vegetationskörpers an die veränderten Umweltbedingungen erzwangen (Kenrick und Strullu-Derrien 2014), reichten die Rhizoide nicht mehr aus, um den Wasserhaushalt der Gefäßpflanzen aufrechtzuerhalten. Es entwickelten sich **mehrfach unabhängig** voneinander Organe mit Wurzelfunktion, wobei unterschiedliche Konstruktionen ausprobiert wurden. Kenrick und Strullu-Derrien (2014) fassen die Funde des ältesten bekannten, fossilen Waldes (vor 385 Mio. Jahre) nahe Gilboa, New York, zusammen. Danach bildeten bis zu 8 m hoch werdende, baumfarnähnliche **Cladoxylales** (▶ Exkurs 3.6) zahlreiche dünne (1–2 cm), unverzweigte Strukturen, die den vermutlich hohlen Stamm im Boden verankerten und mit Wasser versorgten. Kleine **Bärlappbäume** besaßen große, gabelig verzweigte Systeme mit Wurzelfunktion, die oberflächennah verliefen und den Bäumen ein breites Fundament verliehen,

während vermutlich kletternde Vertreter der **Progymnospermen** (Aneurophytales; ▶ Exkurs 3.6) ‚sprossbürtige Wurzeln' bildeten. Alle diese Formen vergrößerten vermutlich ihre Oberfläche mit wasserabsorbierenden Haaren, aber wie sich diese entwickelten und welche spezifischen Anpassungen sie hatten, bleibt aufgrund der fragmentarischen Fossilfunde offen. Lediglich von *Archaeopteris* (Progymnospermen; ▶ Exkurs 3.6) aus dem späten Devon ist bekannt, dass die bis 20 m hohen Bäume ein **Wurzelsystem** besaßen, das in Haupt- und Nebenwurzeln differenziert war, sich **endogen** verzweigte und sekundäres Dickenwachstum aufwies.

Die **massive Produktion** wurzelartiger Organe, die im Devon einsetzte und sich in den folgenden Millionen Jahren fortsetzte, beeinflusste nachhaltig die **Bodenentwicklung** und den **globalen Kohlenstoffzyklus**. Drangen die ersten wurzelartigen Strukturen nur wenige Zentimeter in den Boden ein, durchwurzelten einige Farne und Progymnospermen den Boden bereits bis zu einer Tiefe von 1 m (Tomescu 2011). **Verwitterungsprozesse** setzten ein, die große Mengen CO_2 verbrauchten. Sie verstärkten den Abfall der CO_2-Konzentration in der Atmosphäre und damit den **Selektionsdruck** auf die Pflanzen, größere Assimilationsorgane und effizientere Leitstrukturen zu entwickeln (Raven und Edwards 2001).

Die heute lebenden Kormophyten weisen eine relativ **einheitliche Wurzelkonstruktion** auf, die mit Wurzelhaube, Rhizodermis, Exodermis, Endodermis, Perizykel und Zentralzylinder (▶ Abschn. 8.4.3) eine nahezu **optimale Anpassung** an ihre vergleichsweise konstante Umwelt erreicht hat. Dennoch sind die Wurzeln wahrscheinlich **unabhängig** voneinander entstanden (▶ Abschn. 5.5.8; Raven und Edwards 2001).

Evolution von Luftsprossen

Luftsprosse sind die **Träger-** und **Transportsysteme** der Kormophyten. Sie wachsen an ihrer Spitze, verzweigen sich und bestimmen die **Wuchsform** der Pflanze. Sie verbinden die blattartigen Organe im Luftraum mit den Wasser aufnehmenden Strukturen im Boden, stützen den Organismus und verleihen ihm die Festigkeit für Höhenwuchs.

Ausgehend von der einfachen Telomkonstruktion mit einem zentralen Strang von Leitelementen (**Strangkonstruktion**; ◼ Abb. 5.29a), entwickelten sich innerhalb der Kormophyten Bäume mit ganz unterschiedlichen **Stammkonstruktionen** (◼ Abb. 5.29b–f).

Sekundäres Dickenwachstum

Sekundäres Dickenwachstum zur Festigung des Stammes trat **dreimal parallel** auf: bei den fossilen Bärlappbäumen, den Riesen-Schachtelhalmen und den Progymnospermen (▶ Abb. 3.10):

— In allen Fällen nahm das Dickenwachstum von einem interkalaren Meristemring (**Cambium**; Abb. 5.29: rot) seinen Ausgang, allerdings war dieses in den beiden ersten Gruppen nur **einseitig** (monopleurisch) aktiv. Es bildete **sekundäres Xylem** (**Holz**) zur Wasserleitung und Festigung, aber **kein** sekundäres Phloem (**Bast**; Abb. 5.29b, c). Dieser Umstand dürfte mit dazu beigetragen haben, dass sich die Bäume nicht ausreichend an den Klimawandel im Perm anpassen konnten und ausstarben. Ihre wenigen Nachkommen weisen keine Holzbildung mehr auf, sondern sind allesamt krautig.

— Ein **zweiseitig** (dipleurisch) tätiges Cambium trat erstmals bei den **Progymnospermen** auf, die Stämme mit einem massiven Holzkörper entwickelten (**Holzkonstruktion**; Abb. 5.29e). Ihre Stammkonstruktion hat sich bis heute bei den Gymnospermen und dicotylen Bäumen erhalten.

Stammkonstruktionen

Der zentrale Strang der Telompflanzen reichte zur Biegesteifigkeit höherwüchsiger Bäume nicht aus. Während die **baumförmigen Bärlapppflanzen** mit einer zentralen Siphonostele ohne Blattlücken und einer mächtigen Rinde ausgestattet waren (**Rindenkonstruktion**; Abb. 5.29b), verlagerten die **Riesen-Schachtelhalme** ihr gesamtes Leitgewebesystem an die Peripherie des Stammes (**Rohrkonstruktion**; Abb. 5.29c) und wurden damit weniger bruchanfällig. Die Verlagerung nach außen wurde durch das **Auftreten von Parenchymlücken** begünstigt, die das Rinden- und Markgewebe miteinander verbanden. Dadurch konnte das Mark als **Speicherparenchym** genutzt und die Mächtigkeit der Rinde reduziert werden.

Die **Baumfarne**, die erstmals im Karbon auftraten (Marattiales), besaßen **kein sekundäres Dickenwachstum** und stabilisierten den Stamm mithilfe peripher liegender Stelenelemente und Sklerenchymeinlagerungen (Abb. 5.37g). Als zusätzliche Festigung fungierte eine **Berindung** aus Wedelbasen und **sprossbürtigen Farnwurzeln**, die einen mächtig entwickelten Mantel um den Stamm bildeten (**Wurzelmantelkonstruktion**; Abb. 5.29d). Die gleiche Konstruktion findet sich bei den **rezenten** Baumfarnen wieder (Abb. 5.37d), deren Baumwuchs sich allerdings **mehrfach parallel** entwickelt hat (► Abschn. 5.5.6).

Eine ähnliche Konstruktion tritt bei den wesentlich jüngeren **Palmen** und anderen **monocotylen Bäumen** ohne sekundäres Dickenwachstum auf (► Abschn. 8.2.4). Bei diesen übernehmen ein peripher liegender **Sklerenchymring** oder die **Sklerenchymscheiden** der peripheren Leitbündel (► Abb. 8.23d, e: Sk) die innere Festigung und Blattbasen und sprossbürtige Wurzeln die äußere Berindung (► Abb. 8.27d). Diese Stammform wird hier als **Sklerenchymkonstruktion** bezeichnet (Abb. 5.29f).

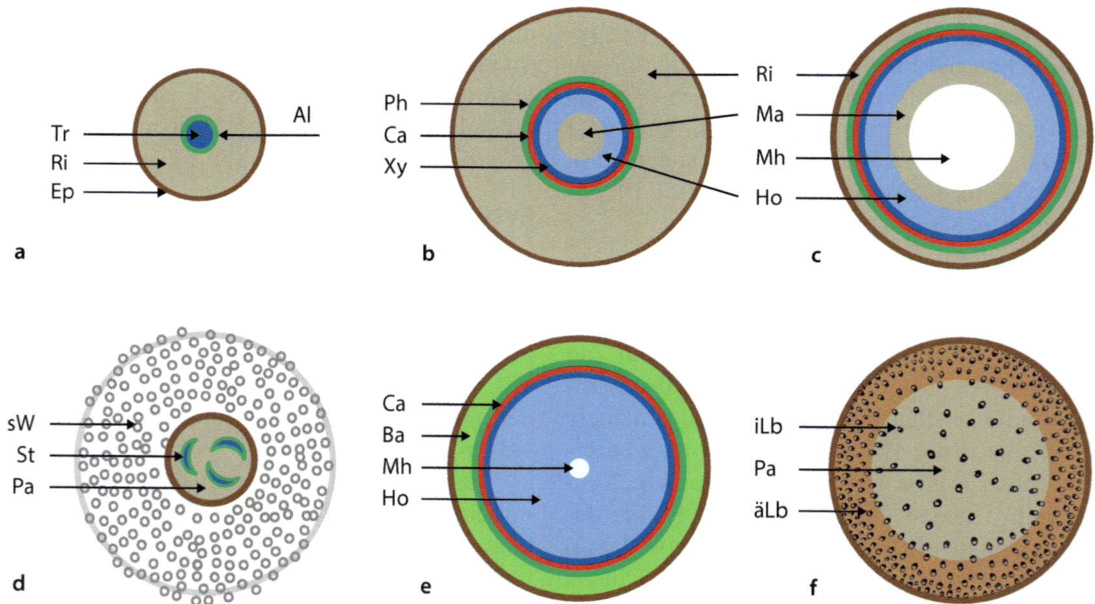

Abb. 5.29 Stammkonstruktionen. Schematische Querschnitte mit Lage und relativer Mächtigkeit der Festigungsgewebe; nicht maßstabsgetreu. **a**, Strangkonstruktion (*Cooksonia*, Telompflanzen). Al, Assimilatleitung (grün). Ep, Epidermis (braun). Ri, Rindenparenchym (beige). Tr, Tracheiden (Wasserleitgewebe, blau). **b**, Rindenkonstruktion (Siegel-, Schuppenbäume, Lycophyta). Ca, Cambium (rot). Ho, Holz (hellblau). Ma, Mark (beige). Ph, Phloem (grün). Xy, Xylem (blau). **c**, Rohrkonstruktion (Riesen-Schachtelhalme, *Calamites*). Parenchymlücken nicht eingezeichnet. Mh, Markhöhle (weiß). **d**, Wurzelmantelkonstruktion (Baumfarne, Monilophyta). Pa, Parenchym (beige). St, Stelenäste (mit innen liegendem Xylem). sW, sprossbürtige Farnwurzeln (grau). **e**, Holzkonstruktion (Progymnospermen, Gymnospermen, Dicotylen). Markstrahlen nicht eingezeichnet. Ba, Bast (hellgrün). **f**, Sklerenchymkonstruktion (Monocotylen). äLb, äußere Leitbündel, stark sklerenchymatisiert (orange unterlegt). iLb, innere Leitbündel. (© Original)

Die Gymnospermen und dicotylen Bäume weisen Holzstämme mit **sekundärem Dickenwachstum** auf (◘ Abb. 5.29e). Sie schaffen damit die Voraussetzung für eine Wuchshöhe von über 100 m Höhe (▶ Abschn. 6.8 und 8.2.3).

Die unterschiedliche Stammbildung der Kormophyten belegt, dass **Baumwuchs mehrfach unabhängig** voneinander entstanden ist. Die einzelnen Stammkonstruktionen waren zur Zeit ihrer Entstehung an die jeweiligen Standortbedingungen angepasst und sehr erfolgreich. Sie konnten aber den folgenden Klimaveränderungen nicht gleichermaßen gut folgen, was zum Aussterben der Rindenkonstruktion und zum Krautigwerden der Rohrkonstruktion geführt hat.

◘ **Tab. 5.4** **Kormuskonstruktion und Organbildung bei Kormophyta.** (Erläuterungen s. ▶ Abschn. 5.5.3 bis 5.5.8). Angaben überwiegend aus Tomescu 2011

Merkmale	Bärlapppflanzen Lycophyta	Farnpflanzen Monilophyta	Samenpflanzen Spermatophyta
Kormuskonstruktion	**Lycophyller Kormus**	**Monilophyller Kormus**	**Bipolarer Kormus**
Polarität des Embryos	unipolar	unipolar	bipolar
Wachstum	Scheitelzellreihe, selten Scheitelzelle[1]	Scheitelzelle, selten Zellreihe[2]	Sprossapikalmeristem (SAM)
Organe mit Blattfunktion	Lycophylle (mit/ohne Ligula)	Euphylle: Monilophylle (mehrfach entstanden)	Euphylle: Blätter
• Entwicklung	aus subepidermalen Zellen	aus seitlich liegendem Gewebehöcker mit Scheitelzelle	aus Flankenmeristem des SAMs
• Wachstum	interkalar	Scheitelzelle und interkalar, immer akropetal	Randmeristem und interkalar, überwiegend basipetal
Organe mit Wurzelfunktion	Rhizoide Stigmarien* Wurzelträger ‚Wurzeln'	‚Wurzeln'[3]	Wurzeln
• Herkunft	Erdsprosse	endogen, sprossbürtig (primäre Homorhizie)	endogen: embryonaler Wurzelpol und sprossbürtig (Allorhizie)
• Verzweigung	terminal dichotom	endogen aus Endodermis[4]	endogen aus Perizykel
Organe mit Stammfunktion • Stammkonstruktion	Rindenstamm*	• Rohrstamm* (Schachtelhalme) • Wurzelmantelstamm (Baumfarne)	• Holzstamm (Gymnospermen, Eudicotylen) • Sklerenchymstamm (Monocotylen)
• Verzweigung	terminal dichotom (Verzweigung gabelförmig)	seitlich extraaxillär	seitlich axillär
• Stele	Proto-, Aktino-, Plektostele, Siphonostele ohne Blattlücke	Siphonostele mit Blattlücken, Soleno-, Dictyostele	• Eustele (Gymnospermen, Eudicotylen) • Ataktostele (Monocotylen)
• Blattlücken	fehlen	vorhanden	fehlen (ersetzt durch primäre Markstrahlen)
• Sekundäres. Dickenwachstum	monopleurisch*	monopleurisch*	dipleurisch

[1]Einige *Selaginella*-Arten (Schulz et al. 2010); *Isoëtes* ohne Wachstumspol (?). [2]Siehe ◘ Tab. 5.6. [3]Fehlen bei Psilotales. [4]Schachtelhalme: Perizykel. * fossile Formen

5.5.4 Der lycophylle Kormus der Bärlapppflanzen

Die Bärlapppflanzen (**Lycophyta**) haben sich früh von den übrigen Gefäßpflanzen getrennt und eine eigenständige Evolution durchlaufen (▶ Abb. 3.10). Dies äußert sich im Bau ihres **lycophyllen Kormus**, der sich in zahlreichen Eigenschaften von den Vegetationskörpern der übrigen Kormophyten unterscheidet (◘ Tab. 5.4). Seine wichtigsten **Erkennungsmerkmale** sind die **terminale Verzweigung**, die **Stele ohne Blattlücken** und die einfach gestalteten, immergrünen **Lycophylle** mit nur einem Mittelnerv (◘ Tab. 5.4).

Evolution der Lycophylle

Lycophylle besitzen **Stomata**, sind meist **ungegliedert**, mit nur einem **einzigen Leitstrang (Mittelrippe)** versehen und stehen mit einer Protostele oder Siphonostele ohne Blattlücken in Verbindung (▶ Abschn. 5.5.2). Die Lycophylle entstanden im Devon und sind heute noch für die rezenten Bärlapppflanzen charakteristisch (▶ Abschn. 5.5.5).

Arbeitsteilige Differenzierung des Vegetationskörpers

Die **Differenzierung** des Telomstandes in Luftsprosse und Lycophylle kann formal anhand von Fossilfunden rekonstruiert werden (Schweitzer 1990; Bell und Hemsley 2000). Vermutlich entstanden die Formen unabhängig voneinander und traten nacheinander oder gleichzeitig auf:

— ***Zosterophyllum rhenanum*** (▶ Abb. 3.14a) war im unteren Devon im Rheinland verbreitet. Die etwa 15 cm hohe Pflanze entwickelte nackte Telomsysteme mit ausgeprägter Differenzierung des Vegetationskörpers in niederliegende und aufrechte, gabelig verzweigte Abschnitte.

— ***Sawdonia spinosissima*** (◘ Abb. 5.31a), ebenfalls im Rheinland gefunden, stammt aus dem mittleren Devon und erreichte durch **Übergipfelung** eine beachtliche gestaltliche Gliederung in Haupt- und Seitentelome. Ihr Vegetationskörper war höher (ca. 30 cm) und reicher verzweigt als der der frühen Zosterophyten und überdies mit epidermalen **Stacheln** bedeckt (◘ Abb. 5.30b). Vermutlich dienten die spitzen Auswüchse der Pflanze als Fraßschutz.

— ***Asteroxylon mackiei*** (◘ Abb. 5.31b) aus dem unteren Devon (Rhynie Chert, Schottland) wurde bereits 50 cm hoch. Die Pflanze bildete etwa 5 mm lange, **oberflächliche Auswüchse**, die mit Stomata bedeckt waren. Ein kurzer Leitgewebestrang zog von der Stele bis an die Basis der Emergenzen (◘ Abb. 5.30c).

— ***Baragwanathia longifolia*** aus dem oberen Silur (Australien, China) war vollständig mit etwa 4 cm langen Auswüchsen bedeckt, die **Stomata** trugen und offensichtlich **Assimilationsfunktion** ausübten. Sie wurden von einem **Leitgewebestrang** der Länge nach durchzogen und standen über ihn mit der Protostele in Verbindung (◘ Abb. 5.30d).

Mit der Differenzierung des Vegetationskörpers in Lycophylle und Luftsprosse war die **arbeitsteilige** Gliederung des Vegetationskörpers erreicht. Die Assimilationsfunktion ging vom Rindengewebe des Teloms auf das Lycophyll über, wodurch der Luftspross die Option erhielt, Leit- und Festigungsfunktionen zu optimieren. Mit dem Erwerb eines ausschließlich der Assimilation dienenden Organs erreichten die Bärlapppflanzen eine Vergrößerung ihrer Oberfläche und damit eine bessere Lichtausnutzung.

Nach derzeitigem Wissensstand sind die Lycophylle aus **Auswüchsen** (Enationen) der Telomoberfläche entstanden. Darauf weisen auch die Lycophylle rezenter Bärlapppflanzen hin, die sich aus wenigen subepidermalen Initialzellen entwickeln (◘ Abb. 5.27g).

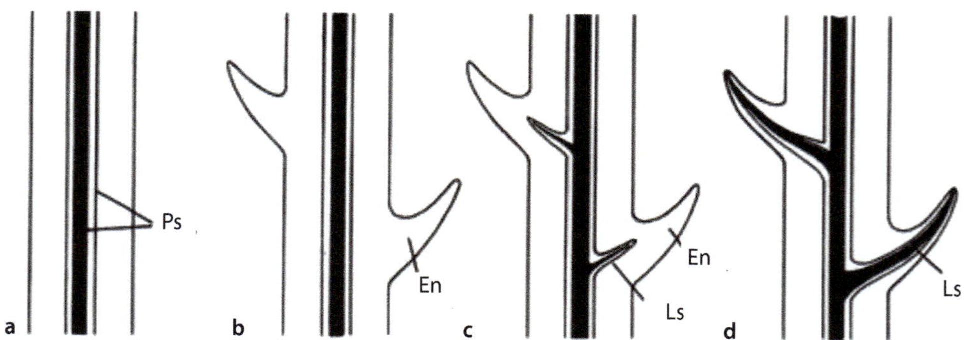

◘ **Abb. 5.30   Ableitung der Lycophylle nach der Enationstheorie. a**, *Rhynia*: Telom mit Protostele (Ps). **b**, *Psilotum nudum*: Telom mit Enation (En). **c**, *Asteroxylon*: Telom mit Enation und Ansatz eines Leitstranges (Ls). **d**, Paläozoische Bärlapppflanzen: Luftspross mit Lycophyllen. (© Lemoigne 1968)

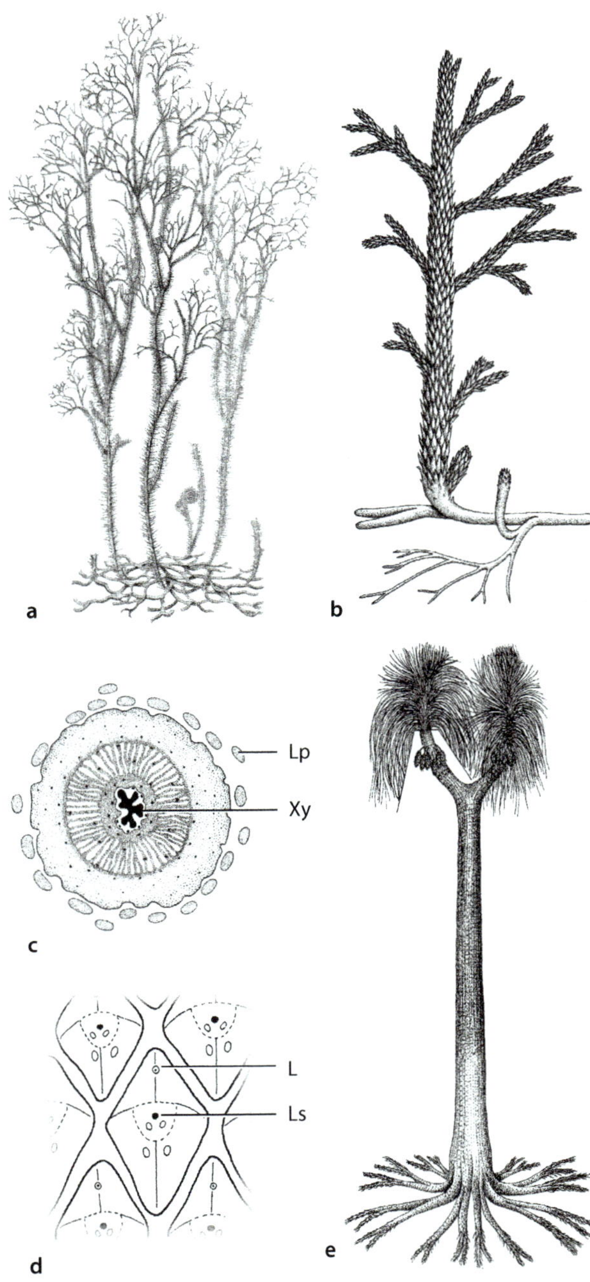

◘ Abb. 5.31   Fossile Vertreter der Bärlapplinie. a, *Sawdonia spino-sissima* (Zosterophyta). Rekonstruktion des mit Stacheln besetzten Telomsystems. **b, c,** *Asteroxylon mackiei* (früher Vertreter der Bärlapplinie). **b,** Rekonstruktion der Pflanze: oberirdischer Pflanzenkörper mit assimilierenden Auswüchsen. **c,** Querschnitt durch einen Luftspross. Lp, Anschnitt eines Lycophylls. Xy, Xylem, von Phloem umgeben (weiß). Rinde mit äußerer Assimilationsschicht (punktiert), mittlerer Durchlüftungsschicht (Interzellularräumen) und innerer Schicht. **d,** *Lepidodendron.* Blattpolster (schematisch). Punktierter Bereich: Narbe des abgefallenen Lycophyllteils. L, Narbe der Ligula. LS, Leitstrang. **e,** *Sigillaria.* Rekonstruktion der Wuchsform. (© **a:** Schweitzer 1990 (▶ http://www.schweizerbart.de). **b, c** Stewart und Rothwell 1993. **d,** Bell und Hemsley 2000. **e,** Hirmer 1927)

Mega-Lycophylle, Polster und Ligula

Im Karbon entwickelten sich aus den devonischen Vorfahren riesige **Schuppen- und Siegelbäume**. Die Pflanzen bildeten kontinuierlich neue, linealische Lycophylle, die bei den gabelig verzweigten Schuppenbäumen (*Lepidodendron*; ▶ Abb. 3.15a) schraubig angeordnet waren und einige Dezimeter lang wurden. Die Mega-Lycophylle der Siegelbäume erreichten sogar eine Länge von 1 m und standen schopfig gehäuft am Ende der schlanken, meist unverzweigten Stämme (◘ Abb. 5.31d).

Die Lycophylle waren an ihrer Basis mit **Polstern** am Stamm angeheftet, die mit Spaltöffnungen bedeckt waren. Nach Abwurf der Lycophylle bedeckten die Polster die gesamte Oberfläche des Stammes, was am Fossilmaterial noch an den **artspezifischen Mustern** erkennbar ist (◘ Abb. 5.31e und ▶ 3.7d). Die Polster betrieben **Photosynthese** und erzeugten Assimilate, die vor Ort verwendet werden konnten und möglicherweise das Fehlen des sekundären Phloems kompensierten.

Der freie Teil des Lycophylls saß dem Rücken des Polsters mittig auf. Oberhalb seiner Abzweigung befand sich eine **epidermale Schuppe**, die **Ligula** (◘ Abb. 5.31e und 5.65b: Li). Sie war chlorophyllfrei und diente offenbar dem Aufsaugen von Niederschlag. Das Wasser wurde direkt über die Rinde dem Xylem zugeführt.

Den **rezenten** Bärlapppflanzen **fehlen Lycophyllpolster**. Eine funktionsgleiche, analoge Berindung tritt erst wieder bei den Samenpflanzen auf (▶ Abschn. 6.7.3). Ligulaartige Strukturen finden sich dagegen heute noch in den Gattungen *Isoëtes* und *Selaginella* (◘ Tab. 5.5).

Wurzelträger und Stigmarien

Die frühen Bärlapppflanzen unterschieden sich von den Zosterophyten durch eine verbesserte **Verankerung** im Substrat bei gleichzeitig verbesserter Wasser- und Nährsalzaufnahme. Dazu bildeten sie meist **unterirdische Organe**, die komplexer gebaut waren als die Rhizoidträger der Telompflanzen.

Die auch als **Wurzelträger** (Rhizophor) oder **Stigmarien** bezeichneten Organe waren nackt (‚blattlos‘), **exogen gabelig** verzweigt und wiesen wie die Stämme einseitiges **sekundäres Dickenwachstum** auf. Mit diesen Eigenschaften ähnelten sie kriechenden, mit Wurzelhaaren (Rhizoiden) besetzten Erdsprossen. Sie waren nach Art eines Flachwurzlers (▶ Abschn. 8.4.1) oberflächenparallel ausgerichtet und verankerten die Bärlappbäume bis etwa 20 cm tief im sumpfigen Boden. Vermutlich konnten die Pflanzen ihren aufrechten Wuchs nur in dichten Beständen halten, in denen sie sich gegenseitig vor Windbruch schützten.

Die Stigmarien trugen **Anhängsel mit Wurzelfunktion**, die unter Hinterlassung von **Narben** (Stigmen) abbrachen. Die Homologie dieser Strukturen ist bis heute nicht vollständig geklärt (Schulz et al. 2010). Die Anhängsel wiesen mit ihrer exogenen Entstehung, der schraubigen Anordnung und einem einzigen Leitstrang **Lycophyllmerkmale** auf. Das bedeutet, dass es sich bei den Stigmarien um Erdsprosse gehandelt haben könnte, deren Lycophylle sich in Anpassung an die Wurzelfunktion extrem stark umgebildet hätten (Stewart und Rothwell 1993). Für diese Annahme spricht die Vermutung, dass die in offene Wasserflächen hineinreichenden Stigmarien photosynthetisch aktiv waren (Junker 2000). (Ein analoger Fall tritt bei einigen Carnivoren auf, deren Blätter Wurzelfunktion übernehmen; ▶ Abb. 8.92.)

Mit den Stigmarien, die vermutlich mit Mykorrhizapilzen (▶ Exkurs 8.11) assoziiert waren, konnten die Bärlappbäume in **Sümpfen** überleben. Erst der **Klimawandel** im Perm, der mit dem Austrocknen der Sümpfe einherging (▶ Abschn. 3.5.4), stellte die Bärlappbäume vor unlösbare Probleme und führte zum Untergang der Steinkohlewälder.

Die **rezenten Bärlapppflanzen** weisen mit wenigen Ausnahmen Bärlappwurzeln auf, die sich **endogen** entwickeln, **gabelig** verzweigen und von einer **Wurzelhaube** bedeckt sind. Mit diesen Merkmalen ähneln sie den ‚Wurzeln' der übrigen Kormophyten (▶ Abschn. 5.5.6 und ▶ 8.4). Wann und wie sie entstanden, liegt völlig im Dunkeln, weil die Bindeglieder ausgestorben sind und die heute existierenden Bärlapppflanzen nur noch drei reliktäre Gruppen umfassen (◘ Tab. 5.5).

Evolution von Rindenbäumen

Die **frühen Bärlapppflanzen** hatten einfach organisierte Luftsprosse mit einer Proto-, Haplo- oder Aktinostele. Die Differenzierung der Stelen diente vor allem der Optimierung der **Wasserleitung** und trug wenig zur Stabilität der Gesamtpflanze bei. Einige fossil erhaltene Bärlapppflanzen wie *Leclerquia complexa* besaßen ein **hypodermales Stereom**, d. h. eine äußere Rinde aus dickwandigem Festigungsgewebe. Den meisten devonischen Bärlapppflanzen fehlte jedoch ein spezialisiertes Festigungsgewebe, sodass zur Aufrechterhaltung der **Stabilität** weiterhin der **Turgor** eine entscheidende Rolle gespielt haben dürfte.

Die Lycophyta besiedelten vor allem **Sumpfgebiete**. In diesen entwickelten sich im **Karbon** die riesigen Schuppen- und Siegelbäume (*Lepidodendron, Sigillaria*), die mit über 200 Arten die Steinkohlewälder des Karbons dominierten (▶ Abschn. 3.5.3). Sie wurden 10–40 m hoch, erreichten eine Dicke von 5 m und stellten die **höchsten Gewächse** der damaligen Zeit dar.

Die Bärlappbäume waren in Stamm und Krone gegliedert. Die **Krone** war mehr oder weniger stark **gabelförmig verzweigt** und trug Lycophylle und Sporophyll-

zapfen (▶ Abschn. 5.6.4). Die Bäume wuchsen mit einer apikalen **Scheitelzellreihe**, die sich nach einer Anzahl von Teilungen erschöpfte. Ob die gabelige Verzweigung der Bärlappbäume auf einer Aufteilung des Initialenfeldes beruhte oder extrem subapikal war (wie bei den Gabelblattgewächsen; Siegert 1965), ist noch nicht abschließend geklärt.

Der **Stamm** wurde von einer **Siphonostele ohne Blattlücken** durchzogen. Der Wassertransport vom Boden bis in die Lycophylle hinein verlangte ein leistungsfähiges Leitsystem, das durch Vermehrung des Xylems erreicht wurde. Erstmals in der Geschichte der Pflanzen trat **sekundäres Dickenwachstum** (▶ Abschn. 8.2.2) auf. Zwischen Phloem und Protoxylem entwickelte sich ein **interkalares Teilungsgewebe** (Cambiumring), das nach innen Xylemelemente abgab. Im Gegensatz zum sekundären Dickenwachstum der Samenpflanzen war das Cambium nur einseitig (**monopleurisch**) tätig und bildete **kein sekundäres Phloem**. Die Aktivität des Cambiumringes war überdies nicht sehr hoch und bildete nur einen dünnen Holzring (◘ Abb. 5.29b). Die einseitige Teilungsaktivität und die geringe Holzbildung weisen darauf hin, dass das sekundäre Dickenwachstum vor allem der **Wasserversorgung** diente.

Festigung erhielt der Stamm durch eine **Rindenkonstruktion**, die sich in dieser Form nur bei den Bärlappbäumen entwickelt hat. Die Stämme bildeten neben dem Cambiumring für die Holzbildung ein weiteres, **peripher liegendes Meristem**. Es war überwiegend nach innen tätig und baute eine mächtige, **sekundäre Rinde** auf. Diese bestand hauptsächlich aus **kollenchymartigem** Gewebe und übernahm die mechanische Festigung des Stammes. Nach außen gab das Meristem Korkzellen ab und bildete ein **Periderm** (▶ Abschn. 7.2.3).

Die Bäume der Bärlapppflanzen waren **keine Holzgewächse**, sondern riesige **krautige Pflanzen**, die hauptsächlich von ihrer dicken Rinde getragen wurden. Diese betrug bei *Lepidodendron* bis zu 99 % des Stammquerschnittes (Speck und Vogellehner 1994). Vermutlich wuchsen die **Rindenbäume** recht schnell und wurden nur durch die limitierte Wasserversorgung in ihrer Größe und Verzweigung begrenzt. Die Siegelbäume (Sigillariaceae) bildeten unverzweigte oder schwach gabelige Stämme, an deren Ende gehäuft breite Lycophylle saßen. Die Schuppenbäume (Lepidodendraceae) waren demgegenüber mehrfach gabelig verzweigt und mit langen, schraubig angeordneten Lycophyllen besetzt.

Mit dem **Klimawechsel im Perm** starben die Bärlappbäume aus. Ihre heute lebenden Nachkommen sind alle krautig, teilen aber mit den frühen Bärlapppflanzen die Plektostele (Lycopodiaceae, Isoëtaceae) bzw. Siphonostele ohne Blattlücken (*Selaginella*; ◘ Tab. 5.5).

5.5.5 Bärlapppflanzen: Diversität und Lebensweise

Die heute lebenden Lycophyten sind **weltweit** mit einem Diversitätszentrum in den **Tropen** verbreitet. Sie umfassen etwa 1250 Arten in drei Hauptgruppen: den isosporen Lycopodiales (Bärlappgewächsen) und den jeweils heterosporen Selaginellales (Moosfarngewächsen) und Isoëtales (Brachsenkräutern; ◘ Abb. 5.32, Sy 8: 1–3). Vergleicht man die rezenten *Lycopodium*- und *Selaginella*-Arten mit dem Wissen über ihre krautigen Vorfahren aus dem Devon/Karbon (*Lycopodites*, *Selaginellites*), wird deutlich, dass sich die Morphologie der Arten in den letzten 300 Mio. Jahren kaum verändert hat (Gifford und Foster 1996; lebende Fossilien; ▸ Exkurs 5.8).

Lycopodiales – Bärlappgewächse

Die Lycopodiales umfassen nur die Familie der Lycopodiaceae mit vier Gattungen, von denen *Lycopodium* (Bärlapp), *Huperzia* und *Lycopodiella* in Europa vorkommen. Die heimischen Arten, wie z. B. der Keulenbärlapp (*Lycopodium clavatum*), Wald-Bärlapp (*L. annotinum*) oder Tannenbärlapp (*Huperzia selago*) treten im **Unterwuchs** bodensaurer Nadelwälder auf. Hier wachsen sie als **ausdauernde Kräuter** mit gabelig verzweigten, kriechenden (*Lycopodium*; ◘ Abb. 5.32a) oder aufrechten (*Huperzia*) Luftsprossen

Die Bärlappe wachsen mit einer **Scheitelzellreihe** und **verzweigen** sich **terminal**. Die resultierenden Gabeläste sind gleich lang (**isotom**) oder durch Übergipfelung **anisotom**. Sekundäres Dickenwachstum fehlt. Die Luftsprosse sind dicht mit **spiralig** angeordneten **Lycophyllen** besetzt (◘ Abb. 5.32c), die histologisch wenig differenziert und nur von einem Leitstrang durchzogen sind. Das Leitsystem der Luftsprosse ist eine reich gegliederte **Plektostele** (◘ Abb. 5.28d und 5.36a), bei der das Protoxylem (wie bei den Telompflanzen) außen und das Metaxylem innen liegt (**exarches Xylem**). Nach außen folgen eine einschichtige Stärkescheide, eine ein- bis zweischichtige Endodermis, die Rinde, deren äußerer Teil stark verholzte Sklerenchymzellen aufweist, und das Abschlussgewebe.

Bärlappwurzeln entstehen **endogen** auf der Unterseite kriechender Erdsprosse. Ihre **gabelige Verzweigung** geht vom Initialenbereich eines **Zentralzylinders** aus, der sich verbreitet und die Teilungsaktivität auf zwei seitliche Zellen überträgt, die zu den Polen der neuen Wurzeläste werden (Troll 1973). Histologisch ähneln die Bärlappwurzeln denen der Euphyllophyten (▸ Abschn. 8.4.3). Allerdings weist ihre **Protostele** ein **endarches Xylem** auf, das ansonsten nur in Stämmen auftritt. Dieses Alleinstellungsmerkmal unterstützt die Ansicht, dass sich die wurzelartigen Strukturen der Lycophyten und Euphyllophyten

parallel entwickelt haben; zur funktionsmorphologischen Bedeutung der unterschiedlichen Differenzierungsrichtung finden sich keine Angaben. Ebenso befremdlich ist die Beobachtung von Damus et al. (1997), dass die Bärlappe als einzige Kormophytengruppe **keine Endodermis** und **keinen Caspary-Streifen** aufweisen.

Die Lycopodiales enthalten giftige **Alkaloide**, wie z. B. **Huperzin A**, das vor allem aus *Huperzia selago* (Tannenbärlapp) und *H. serrata* gewonnen wird. Bei den keltischen Druiden wurde die Pflanze als Zauber- und Heilpflanze verwendet. Heute setzt man Huperzin A zur Behandlung der Alzheimer-Krankheit ein.

Selaginellales – Moosfarne

Die **Moosfarne**, die weder etwas mit Moosen noch mit Farnen zu tun haben, sind rezent nur noch mit der Gattung *Selaginella* (Selaginellaceae) vertreten, die allerdings die größte Gruppe der rezenten Bärlapppflanzen darstellt (◘ Tab. 5.5). Die meisten Arten kommen im **Unterwuchs tropischer Wälder** vor, wo sie flach ausgebreitete Matten **anisotom** verzweigter Pflanzen bilden (◘ Abb. 5.32d). Sehr charakteristisch sind ihre oft bläulich irisierende Oberfläche und ihre dunkelroten Unterseiten (◘ Abb. 5.32e), die der **besseren Lichtausbeute** an den extrem schattigen Standorten dienen. Zwei Arten, der Schweizer Moosfarn (*S. helvetica*) und der Dornige Moosfarn (*S. selaginoides*), sind in Mitteleuropa heimisch.

Nur wenige Arten sind an sehr trockene Standorte angepasst, so z. B. die berühmte **Falsche Rose von Jericho** (*S. lepidophylla*; ◘ Abb. 5.23b, c). Die Pflanze kommt in den nord- und mittelamerikanischen Wüsten vor, kann komplett trockenfallen und wieder ‚auferstehen' (**Poikilohydrie**; ▸ Exkurs 5.3).

Die Gattung *Selaginella* wächst mit einer Scheitelzelle oder Zellreihe. Sie zeichnet sich durch Lycophylle aus, die am Grund der Oberseite eine **Ligula** aufweisen, mit der Feuchtigkeit aus der Luft aufgenommen werden kann. Die Ligula entwickelt sich sehr schnell und beendet ihr Wachstum vor dem Blatt (Schulz et al. 2010). Sie gibt einen **Schleim** ab, der den Apex bedeckt und feucht hält (Bilderback 1987) Die Lycophylle sind entweder gleichgestaltet (**isophyll**) und schraubig angeordnet oder treten in vier Zeilen abwechselnd größerer und kleinerer Elemente am Rand bzw. auf der Oberseite der Luftsprosse auf (**anisophyll**; ◘ Abb. 5.32d–f; zu analogen Formen bei Blütenpflanzen ▸ s. Abb. 6.15c und 8.52f). Die Anisophyllie trägt vermutlich zur besseren Lichtausbeutung bei.

Das Leitungssystem der Luftsprosse ist meist eine **Siphonostele ohne Blattlücken**. An den Gabelungen des Vegetationskörpers entwickeln sich **exogen Wurzelträger** (**Rhizophore**; ◘ Abb. 5.32g, h) **umstrittener Homologie** (Schulz et al. 2010). Sie wachsen als farblose, unverzweigte Strukturen abwärts, verzweigen sich bei Bodenkontakt und **bilden endogen Wurzeln**. So weit be-

◘ **Abb. 5.32 Bärlapppflanzen. a, b,** Bärlappgewächse. **a,** Wald-Bärlapp (*Lycopodium annotinum*). Kriechende Wuchsform der in den Alpen häufigen Art. **b, c,** *Huperzia squarrosa*. Epiphytische Wuchsform (**b**) und dichter Besatz mit Lycophyllen (**c**). **d–h,** Moosfarne (*Selaginella*). **d,** Typische bodendeckende Wuchsform einer tropischen Art. **e,** *S. erytropus*. Viele Arten sind auf der Unterseite in Anpassung an die schwachen Lichtverhältnisse am Waldboden rot oder irisierend blaugrün gefärbt. **f–h,** *S. martensii*. **f,** Verzweigtes Sprosssystem mit anisophyller Stellung der Lycophylle und Wurzelträger. **g, h** Seitenansicht eines Kriechtriebes mit extraaxillären Wurzelträgern (**g**), die bei Bodenkontakt Wurzeln bilden (**h**). **i,** Brachsenkraut (*Isoëtes velata*). Knolle mit langen Lycophyllen, Bärlappwurzeln und Sporangien (Sp) (▶ Abschn. 5.6.2, ◘ Abb. 5.63c). (© R. Claßen-Bockhoff, Mainz)

kannt, bilden *Selaginella*-Arten eine **Wurzelhaube**. Diese entsteht aber nicht bei der Wurzelbildung, sondern im Verlauf des Wachstums oder sogar erst nach Kontakt mit dem Boden (Gifford und Foster 1996). Unter bestimmten, natürlichen oder induzierten Bedingungen bilden die Rhizophore **Lycophylle**, was auf eine mögliche Luftsprossnatur hinweist. Andererseits erfolgt der **Auxintransport akropetal**, so wie es für Wurzeln typisch ist (Wochok und Sussex 1976).

Einige *Selaginella*-Arten weisen ein **Hypoderm** mit **suberinisierten Zellwänden** auf, das funktional der Exodermis der Blütenpflanzen entspricht. Ein solcher Verdunstungsschutz tritt außerhalb der Blütenpflanzen äußerst selten auf und könnte bei den Moosfarnen notwendig sein, da ihre ‚Wurzeln' ein Stück weit durch den Luftraum wachsen.

Isoëtales – Brachsenkräuter

Die Brachsenkräuter sind mit der einzigen Gattung *Isoëtes* an **sumpfigen Standorten** vertreten oder kommen sogar **unter Wasser** vor (in Mitteleuropa heimisch und stark gefährdet: *I. lacustris*, *I. echinospora*). Die Pflanzen weichen in ihrer äußeren Erscheinung stark von den beiden anderen Bärlappgruppen ab. Sie bilden eine Rosette aus bis zu 1 m langen, schmalen Lycophyllen (◙ Abb. 5.32i), die an einer kurzen **Knolle** mit gabelig verzweigten ‚Wurzeln' steht. Die Isoëteswurzeln gleichen denen der Bärlappe, weisen aber **keine Wurzelhaare** auf (Raven und Edwards 2001). Die **Lycophylle** sind von Luftkanälen durchzogen und weisen am Grund der Oberseite eine Vertiefung (Fovea) auf, die von einer dreieckigen **Ligula** bedeckt wird. In der Fovea werden Sporangien erzeugt (▶ Abschn. 5.6.4).

◙ **Tab. 5.5 Kurzcharakteristik rezenter Bärlapppflanzen.** Anzahl Gattungen und Arten (in Klammern) nach PPG I 2016

Ordnung Familie	Lycopodiales Lycopodiaceae (5/~ 300)	Selaginellales Selaginellaceae (1/~700)	Isoëtales Isoëtaceae (1/~ 250)
Gattungen	*Lycopodium*, Bärlapp *Huperzia*, Tannenbärlap	*Selaginella*, Moosfarn	*Isoëtes*, Brachsenkraut
Wachstum	Scheitelzellreihe	Zellreihe oder Scheitelzelle	unklar, Embryo ohne Scheitelzelle
Luftsprosse (ohne sekundäres Dickenwachstum)	gabelig verzweigt (nicht dichotom[1]), aufrecht oder liegend	gabelig verzweigt (nicht dichotom[2]), niederliegend	meist unverzweigt, kurz (15 cm), knollig verdickt
Stele	Plektostele exarches Xylem	Siphonostele ohne Blattlücken	
Lycophyll (immergrün, einfach, nur mit Mittelnerv)	spiralig angeordnet, klein, schmal	isophyll spiralig oder anisophyll in Reihen, mit Ligula	rosettig angeordnet, bis 1 m lang, mit Ligula und Fovea
Bärlappwurzel'	gabelig verzweigt Prototstele mit endarchem Xylem	Wurzelträger (Rhizophore) mit endogenen Wurzeln	gabelig verzweigt
Lebensraum und Wuchsform (ausdauernd krautig)	Epiphyten, Kriechpflanzen	± Bodenbewohner im schattigen Unterwuchs tropischer Wälder	untergetaucht oder auf feuchtem Boden lebende Knollenpflanze
Vegetative Vermehrung	Brutknospen		
fossile Vorfahren	*Lycopodites* (Devon)	*Selaginellites* (Karbon)	*Nathorstiana* (Unterkreide) *Pleuromeia* (Buntsandstein)

[1]Siegert 1965. [2]Siegert 1974

5.5.6 Der monilophylle Kormus der Farngruppen

Die Farne (**Monilophyta**) haben sich aus den Altfarnen (Primofilices) entwickelt und früh in die Vorläufer der Schachtelhalmgewächse (► Exkurs 3.6) und übrigen Farngruppen getrennt (► Exkurs 3.7). Die heutigen Farngruppen sind sehr vielfältig, stimmen aber in den Gemeinsamkeiten des **monilophyllen Kormus** überein. Sie wachsen mit **Scheitelzellen** (wenige Ausnahmen; ▪ Tab. 5.3) und verzweigen sich **seitlich extraaxillär**. Die **Euphylle** entstehen exogen aus Gewebewülsten mit Scheitelzellen und die **Farnwurzeln** endogen aus Erd- und Luftsprossen (▪ Tab. 5.3).

Evolution der Euphylle

Euphylle sind nach derzeitigem Kenntnisstand **mehrfach parallel** aus modifizierten **Endverzweigungen grüner Telomstände** hervorgegangen. Sie stehen bei den Farnen mit einer Stele in Kontakt, die Blattlücken aufweist (Siphonostele; ► Abschn. 5.5.2)

Vom Raumwedel zum Euphyll

Euphylle entstanden vermutlich vor 360 Mio. Jahren an dreidimensionalen Telomsystemen (▪ Abb. 5.33a–d). Diese waren zunächst isotom gabelig verzweigt und dreidimensional im Raum angeordnet (z. B. bei *Rhynia*-ähnlichen Pflanzen; ► Abb. 3.11d). Voraussetzung für die spätere Bildung von blattartigen Strukturen waren

▪ **Abb. 5.33 Evolution der Euphylle nach der Telomtheorie. a–d,** Ausgehend von einem dichotom verzweigten Telomstand (**a**) führen die Prozesse der Übergipfelung (**b**) und Planation (**c**) zur Gliederung der Pflanze in achsenartige Haupt- und abgeflachte Seitensysteme. **d,** Der Übergang von diesem Stadium zur Bildung echter Euphylle (Eu) ist ungeklärt (?). **e–g,** Auswahl rekonstruierter Fossilien als Illustration für die Telomtheorie. **e,** *Psilophyton burnotense* (Trimerophyta, Unterdevon). Dreidimensionales Telomsystem mit ausgeprägter Übergipfelung. **f,** *Cephalopteris keilhauii* (Primofilices, Oberdevon). Die Telomzuwächse werden zunehmend kürzer und nehmen blattähnliche Gestalt an. **g,** *Etapteris* (Primofilices, Karbon). Blattartige Strukturen, die noch keine geschlossene Blattfläche besitzen. (© **a–d**: Smith 1955, leicht verändert. **e–g**: Schweitzer 1990 (► http://www.schweizerbart.de))

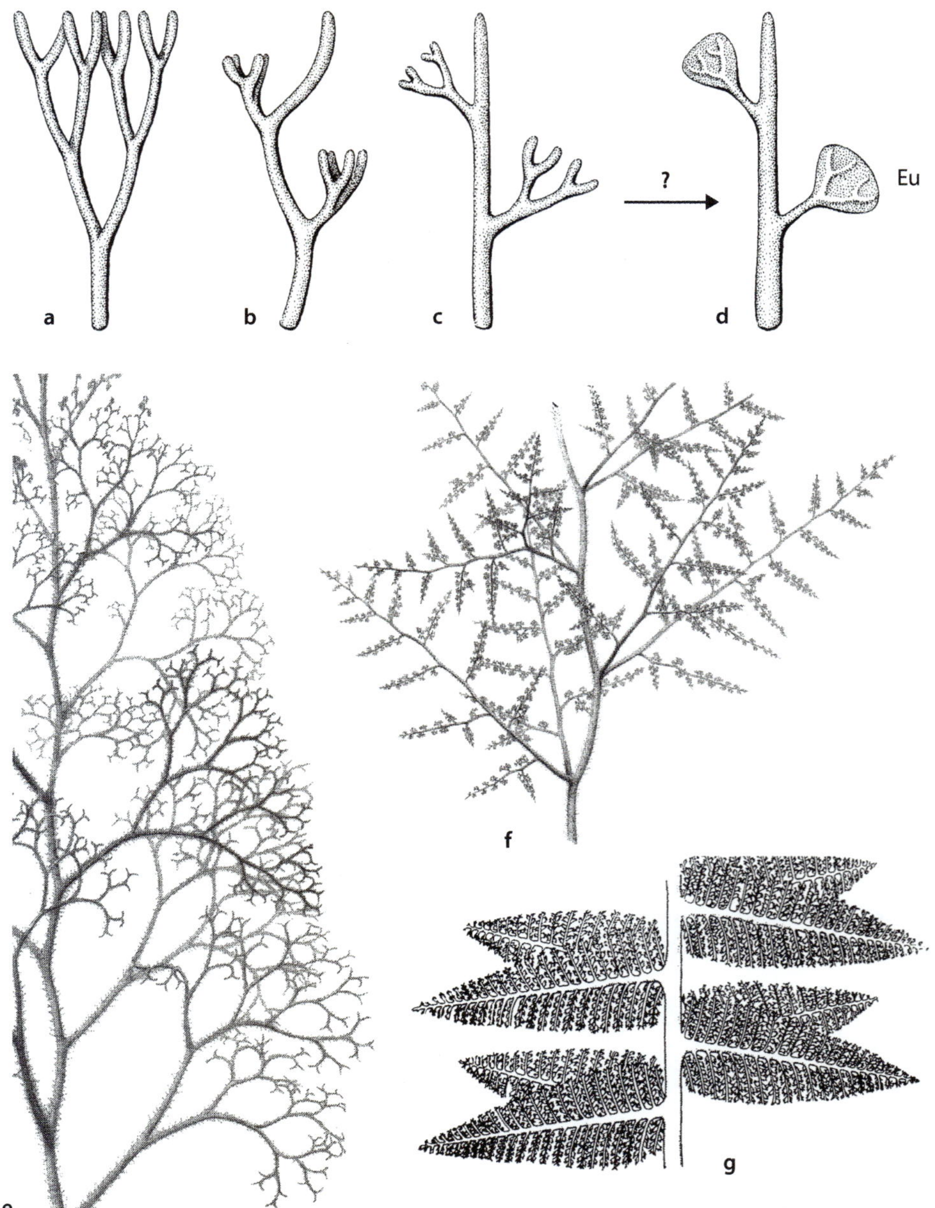

die Prozesse der Übergipfelung, Planation und Verwachsung, die Zimmermann (1930) als Elementarprozesse seiner **Telomtheorie** zugrunde gelegt hat (► Exkurs 5.4):

— **Übergipfelung** führt zur **Differenzierung** eines **Gabelsystems** in kräftige Haupt- und schwächere Seitentriebe (◘ Abb. 5.33b, c, e). Während die Haupttriebe unbegrenzt (**offen**, indeterminat) weiterwachsen, stellen die Seitentriebe ihr Wachstum nach einiger Zeit ein. Die Entstehung **begrenzt** (determiat) wachsender Seitensysteme wird auf das frühe Devon datiert und gilt als **evolutionäre Innovation** der Trimerophyta (z. B. *Psilophyton*; Beerling und Fleming 2007). Entwicklungsgenetische Studien deuten darauf hin, dass die Differenzierung eines Vegetationskörpers in offen und geschlossen wachsende Abschnitte bei **allen Kormophyta** auf der **hochkonservierten** Interaktion von *KNOX-* und *ARP*-Genen beruht. Die verschiedenen Verzweigungsformen ergeben sich dabei durch deren unterschiedliche räumliche und zeitliche Aktivität (► Exkurs 5.7).

— **Planation** führt vom dreidimensionalen Raumwedel zur Flächenbildung und damit zu einer besseren Lichtausbeute. Im mittleren Devon traten neben dreidimensionalen Raumwedeln (einigen Cladoxylales und Progymnospermen) die ersten abgeflachten Verzweigungssysteme auf (z. B. *Cladoxylon scoparium*). Im **späten Devon** wies der zu den frühen Farnen gehörende *Rhacophyton ceratangium* (► Exkurs 3.7) fein verästelte, blattartige Seitensysteme begrenzten Wachstums auf (Abb. 5.33g). Heute sind solche Formen nicht mehr bekannt. Da Auxin bei der Blattgestaltung der Blütenpflanzen eine zentrale Rolle spielt, geht man davon aus, dass **Auxin** auch an der Planation paläophytischer Seitensysteme beteiligt gewesen war (alle Angaben aus Beerling und Fleming 2007).

— **Verwachsung** soll nach Zimmermann (1930) zur Spreitenbildung geführt haben (◘ Abb. 5.33c, d). Der von ihm postulierte Fusionsprozess wird aber durch keinerlei Daten oder Hinweise gestützt (Beerling und Fleming 2007). Auch die gabelige Nervatur mancher Blätter (z. B. *Ginkgo biloba*) stützt die Fusionsannahme nicht, da die Leitbündel erst **nach** der Anlage der Blätter durch Auxin induziert werden (z. B. Runions et al. 2014). Tatsächlich ist noch **unklar** wie sich der Übergang von abgeflachten Telomsystemen zu Euphyllen vollzogen hat. Aus entwicklungsbiologischer Sicht könnte ähnlich wie bei den Thallophyten eine Änderung der Scheitelzellaktivität oder des Zellteilungsverhaltens unterhalb der Scheitelzelle zum Aufbau des flächigen Organs geführt haben (► Abschn. 5.3.2).

Exkurs 5.7 Regulation des begrenzten Wachstums

Entwicklungsgenetische Studien haben an Modellorganismen der Moose, Bärlapp- und Farnpflanzen gezeigt, dass die von *Arabidopsis thaliana* (► Exkurs 6.5) bekannten **Kontrollgene** für indeterminates bzw. determinates Wachstum auch in diesen Gruppen vorhanden sind (Tsiantis und Hay 2003). Bei *Arabidopsis thaliana* verhindert die Expression von *KNOX*-Genen (*KNOTTED*-like homeobox) die Zelldifferenzierung im Apikalmeristem, während die Expression von *ARP* (*ASYMMETRIC LEAVES, ROUGH SHEATH, PHANTASTICA*) zur Zelldifferenzierung führt (► Exkurs 8.3).

Bei *Selaginella* werden beide Gene im Scheitel exprimiert, und man vermutet, dass dieser Zustand die gabelige Verzweigung mit bedingt (Harrison et al. 2005). Durch differentielle Änderung der Genaktivität könnte sich im Laufe der Evolution im Zentrum der Wachstumsspitze ein *KNOX*-on-/*ARP*-off-Zustand gebildet haben, der das indeterminate Wachstum der Luftsprosse beibehält, während sich seitlich davon ein *KNOX*-off-/*ARP*-on-Zustand etablierte, der zur Bildung eines Anhangorgans **begrenzten Wachstums** führt (Beerling und Fleming 2007).

Die evolutionäre Bedeutung der *KNOX/ARP*-Interaktion wird auch im Vergleich der einfachen Blattbildung bei *Arabidopsis thaliana* (Brassicaceae) mit der Fiederblattbildung der nah verwandten *Cardamine hirsuta* deutlich. Letztere beruht auf einer **verzögerten Ausschaltung** der *KNOX*-Genaktivität im Blattbereich (Hay und Tsiantis 2006, ► Exkurs 8.4).

Erste Euphylle traten ab dem mittleren und verstärkt im **späten Devon** auf. Sie entwickelten offenbar schnell eine große Formenfülle und waren in den von *Archaeopteris* (► Abb. 3.15b) dominierten Wäldern bereits häufig (◘ Abb. 5.34).

Die Euphylle wiesen eine meist **reiche**, oft netzadrige **Leitbündelversorgung** auf, die mit der Bildung großer blattartiger Flächen einherging. Im Vergleich zu den Lyophyllen führten die bessere Anbindung an das Leitsystem und die höhere Dichte der Spaltöffnungen zu einer besseren **Photosyntheseleistung**, die wiederum die Evolution der euphyllen Pflanzengruppen begünstigte. Heute dominieren weltweit Pflanzen mit euphyllen Blättern, während Lycophylle auf die wenigen rezenten Bärlapppflanzen beschränkt sind.

Trotz zahlreicher Gemeinsamkeiten und offenbar uralter, konservierter Genexpressionsmuster sind die

Euphylle untereinander **nicht homolog**. Zwar leiten sich vermutlich alle Formen von dreidimensionalen Telomsystemen ab, aber die Entwicklung der Euphylle erfolgte in den einzelnen Evolutionslinien zu unterschiedlichen Zeiten und in unterschiedlicher Weise. Das

genetische Regulationssystem wandelte sich ab und führte zu **neuen Kombinationen**. So folgte z. B. der Prozess des begrenzten Wachstums in der Evolutionslinie der Farne **nach der Planation**, während er bei den Samenpflanzen **vor der Abflachung** auftrat. Solche Be-

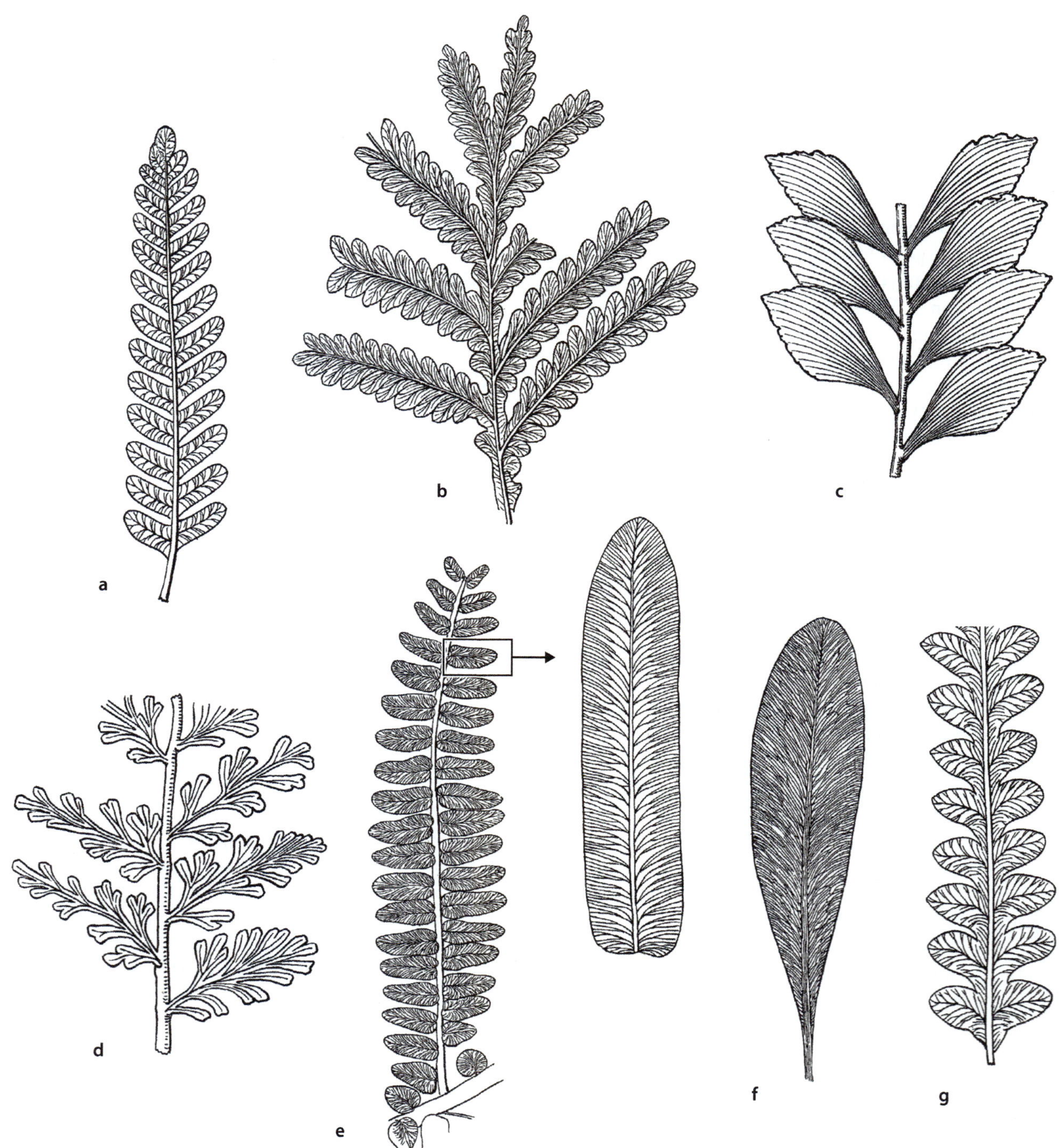

◻ **Abb. 5.34 Diversität paläozoischer Euphylle. a, b,** Fossile Farne (Monilophyta). **a,** *Pecopteris* (Marattiales, Oberkarbon). **b,** *Callipteris* (Monilophyta, Perm). **c,** *Archaeopteris* (Progymnospermen, Oberdevon). **d–g,** Samenfarne (Pteridospermen). **d,** *Sphenopteris* (Oberkarbon). **e,** *Neuropteris* (Oberkarbon). **f, g,** *Alethopteris* (Oberkarbon/Perm). Zur Systematik s. ▶ Exkurse 3.5 und 3.6. (© nach Zimmermann 1930, aktualisiert von V. Wilde, Senckenberg-Museum Frankfurt a.M.)

funde bestätigen die Annahme, dass es **keinen gemeinsamen, beblätterten Vorfahren** aller Kormophyten gegeben hat (Tomescu 2009).

Um den Unterschieden zumindest zwischen den Farnen und Samenpflanzen Rechnung zu tragen, werden die Euphylle der Farne im Folgenden als **Monilophylle** und die der Samenpflanzen als **Blätter** bezeichnet.

Entwicklungspotential monilophyller Farnblätter

Die Monilophylle der Farngruppen unterscheiden sich erheblich voneinander. Sie treten als kleine **Schuppen** auf (Schachtelhalme, Gabelblattgewächse; ◘ Abb. 5.35a, d und 5.38b) oder sind groß und dann meistens ein- bis mehrfach zerteilt (,gefiedert'; ◘ Abb.

5.37a, 5.39 und 5.41). Diese Monilophylle werden auch als **Wedel** (fronds) bezeichnet. Die Monilophylle sind **flach** ausgebreitet oder **dreidimensional** gestaltet (Ophioglossales; ◘ Abb. 5.38a) und dienen ausschließlich der Ernährung (**Trophophylle**) oder weisen Sporangien tragende Abschnitte auf (**Trophosporophylle**; ◘ Abb. 5.39b, ◘ Tab. 5.6: Ts) auf. Bei völliger **Funktionstrennung** treten neben grünen Trophophyllen braune **Sporophylle** auf (z. B. *Matteuccia struthiopteris*; ◘ Abb. 5.64g), die nur noch im Dienst der Sporangienbildung stehen (▶ Abschn. 5.6.4).

Das **Wachstum** der Monilophylle erfolgt bei den meisten Farngruppen mittels einer **dreischneidigen Scheitelzelle**, die sich in einiger Entfernung vom Apex bildet (◘ Abb. 5.27h, i). Eine Ausnahme bildet der

◘ **Abb. 5.35 Schachtelhalme (*Equisetum*). a,** Wald-Schachtelhalm (*E. sylvaticum*). Luftspross mit Sporangien tragendem Zapfen (▶ Abschn. 5.6.2) und einsetzender Verzweigung (St, Seitentriebe); die einfach gestalteten ,Blättchen' sitzen auf einer halmumgreifenden Manschette (Ms), die Seitenäste stehen extraaxillär und wie die ,Blätter' an aufeinanderfolgenden ,Knoten' auf Lücke (gestrichelte Linien). **b–d,** Acker-Schachtelhalm, Zinnkraut (*E. arvense*). **b,** Standort am Rand eines Maisfeldes. **c,** Habitus eines sterilen, reich verzweigten Triebes mit charakteristischer Gliederung in internodiale Segmente und ,Knoten' mit Scheide und quirlförmig angeordneten Seitentrieben. **d,** ,Knoten' mit anliegender Manschette; die ,Blättchen' sind schwarz bespitzt, die grünen Seitentriebe treten zwischen ihnen aus der Basis der Scheide (extraaxillär) heraus. **e–g,** Winter-Schachtelhalm (*E. hyemale*). **e,** Ausschnitt aus einer unverzweigten, bis 1,5 m hoch werdenden Pflanze. **f,** Die Halmabschnitte lassen sich Segment für Segment abzupfen; sie reißen an ihrer nicht verfestigten Wachstumszone ab (Pfeil), die gewöhnlich von der Manschette geschützt und stabilisiert wird. **g,** Die Art verzweigt sich selten, dann aber auch extraaxillär unter Durchbrechung der Manschette. (© **a–g:** R. Claßen-Bockhoff, Mainz)

Adlerfarn (*Pteridium aquilinum*, Polypodiales; ◘ Abb. 5.41e, f), dessen gesamter Vegetationskörper mit einer zweischneidigen Scheitelzelle wächst (Hagemann 1976).

Nach derzeitigem Kenntnisstand beruht die fiederblattartige Gliederung der Monilophylle auf dem Einfluss **lokaler Auxinmaxima** (▶ Exkurs 8.4; Runions et al. 2014). Dort, wo Auxin akkumuliert wird, bilden sich **Scheitelzellen**, deren Teilungsaktivität zur Gewebebildung führt. Vermutlich handet es sich wie bei den **analogen** Fiederblättern der Samenpflanzen um einen **autonomen** Prozess, der unabhängig von der Art des Wachstums mit Scheitelzellen oder Meristemen in gleicher Weise von den **geometrischen Verhältnissen** des wachsenden Gewebes gesteuert wird (▶ Exkurs 8.4).

Die Monilophylle der Farne wachsen **immer** an der Spitze (**akropetale Entwicklung**), die bei Marattiales und leptosporangiaten Farnen (◘ Tab. 5.6) in charakteristischer Weise **eingerollt** ist (◘ Abb. 5.37b, c, 5.39f und 5.41e). Die Krümmung kommt durch eine verstärkte Zellteilungsaktivität auf der Wedelunterseite zustande und wird bei der Entfaltung durch Wachstum auf der Oberseite ausgeglichen. Sie dient vermutlich dem Schutz der Wachstumsspitze.

Die **Schachtelhalme** unterscheiden sich von allen anderen Farngruppen in ihren kleinen, zähnchenförmigen Blattorganen, die als **Reduktionsformen** der ehemals großen Monilophylle der Riesen-Schachtelhalme (▶ Abb. 3.14c) interpretiert werden. Die Blattorgane stehen in alternierend angeordneten **Wirteln** (sie stehen ‚auf Lücke‘) und sind am Grund **manschettenartig** verbunden (◘ Abb. 5.35a, d, e: Ms). Die Bildung dieser Manschette beruht nicht auf Verwachsung frei angelegter Organe, sondern auf der Teilungsaktivität subepidermaler Schichten. Zunächst bildet sich ein Ringwulst, auf dem die Blatthöcker entstehen und der später zur Manschette auswächst (◘ Abb. 5.66b, c, e). Dann erst bilden sich an den Spitzen der Blatthöcker Scheitelzellen, mit denen die Blattzähnchen auswachsen (◘ Abb. 5.66d; Sachs 1874; Frankenhäuser 1988; Gifford und Foster 1996).

Sprossbürtige Wurzeln und primäre Homorhizie

Der monilophylle Kormus der Farne besitzt Farnwurzeln (Ausnahme Psilotales; ▶ Abschn. 5.5.7), mit denen sich die Pflanzen tief im Boden verankern können. Diese entstehen **endogen** im Inneren der Pflanze und verzweigen sich auch **endogen** (▶ Abschn. 8.4).

Vermutlich handelt es sich bei ihnen um eine evolutionäre Neubildung (Organe *sui generis*), da keine Vorläuferstruktur aus dem Verwandtschaftskreis der Telompflanzen bekannt ist.

Die erste Farnwurzel wird im **Inneren des Embryos** angelegt, alle weiteren Farnwurzeln entspringen dem Farnspross, wo sie gewöhnlich in enger Nachbarschaft zu den Monilophyllen (◘ Abb. 5.36d) entstehen. Sie wachsen nach außen und durchdringen das Rindengewebe, bevor sie aus dem Spross hervorbrechen. Alle Farnwurzeln sind somit **sprossbürtig** und **untereinander gleich**, weshalb dieser Bewurzelungstyp als **Homorhizie** (wörtl. „gleichartige Wurzeln“) bezeichnet wird. Da sprossbürtige Bewurzelung auch bei Monocotylen überwiegt, spricht man beim Farnkormus von **primärer Homorhizie** (◘ Abb. 5.36d).

In **Anpassung** an die Funktionen der Wasseraufnahme, Regulation der Nährsalzaufnahme und Wasserleitung entwickeln die Farnwurzeln eine äußere Absorptionsschicht ohne Cuticula (**Rhizodermis**; ▶ Abschn. 7.5.1), deren Oberfläche durch **Haare** (Wurzelhaare) enorm vergrößert wird. Sie weisen eine **Endodermis** (▶ Abschn. 7.2.4) als innerste Schicht des **Rindenparenchyms** und ein zentral liegendes **Leitsystem** in Form einer Protostele mit **exarcher** Xylem bildung auf (▶ Abschn. 5.5.2; s. **Zentralzylinder** ▶ in Abschn. 8.4.3). Das Wachstum erfolgt mit einer **vierschneidigen Scheitelzelle**, die nach innen jeweils die Rhizodermis, das Rindenparenchym und den Zentralzylinder und nach außen die Wurzelhaube (**Kalyptra**) aufbaut. Die Haube, die schon beim Baumfarn *Psaronius* (Marattiales; ▶ Exkurs 3.7) im Karbon auftrat (Stewart und Rothwell 1993), **schützt** die Scheitelzelle und erleichtert das Eindringen in den Boden, da ihre äußeren Zellen absterben und **abschilfern**. Der lebende Teil der Wurzelhaube ist mit **Mykorrhizapilzen** (▶ Exkurs 8.11) assoziiert, übernimmt **Speicherfunktion** und kontrolliert die **positiv geotrope** Wachstumsrichtung der ‚Wurzel‘ mittels Schwerkraft perzipierender Stärkekörner (Statolithenstäke; ▶ Abschn. 2.2.1 und ▶ 8.4.3). Sobald die sprossbürtige Wurzel den Erdboden erreicht, verzweigt sie sich endogen aus der Endodermis (◘ Tab. 5.4).

Eine **Ausnahme** bilden die **Schachtelhalme**, deren Farnwurzel sich wie bei den Samenpflanzen (▶ Abschn. 5.5.8) aus der äußeren Schicht des Zentralzylinders, dem **Perizykel**, verzweigt (▶ Abschn. 8.4.3). Außerdem bilden die Schachtelhalme als derzeit einzig bekannte Farngruppe ein verkorktes Abschlussgewebe (**Exodermis**; Damus et al. 1997).

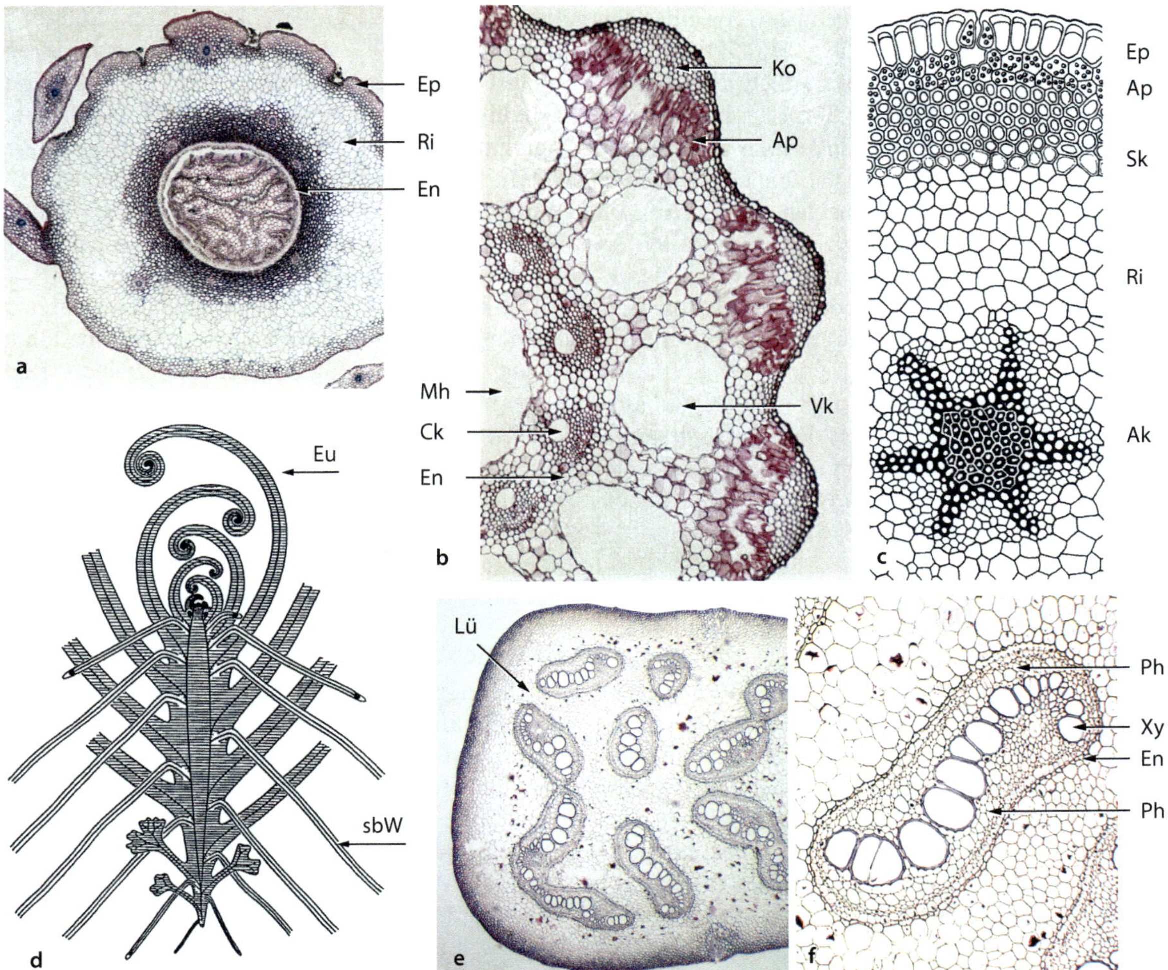

Abb. 5.36 Diversität von Luftsprossen bei Kormophyten. a, Bärlapppflanzen (Lycophyta). Querschnitt durch den Luftspross eines Bärlapps (*Lycopodium*, Lycopodiaceae) mit zentraler Plektostele. En, Endodermis. Ep, Epidermis. Ri, Rindenparenchym. **b–f,** Farne (Monilophyta). **b,** Equisetales. Querschnitt durch den Halm eines Schachtelhalms (*Equisetum*). Ap, Assimilationsparenchym mit Spaltöffnungen. Ck, Carinalkanal. Ko, Kollenchym. Mh, Markhöhle. Vk, Vallecularkanal. **c,** Psilotales. Querschnitt durch den Luftspross eines Gabelblattfarns (*Psilotum nudum*). Ak, Aktinostele. Ep, Epidermis mit Spaltöffnung. Sk, Sklerenchym. **d–f,** Polypodiales.

d, Schema des Farnkormus am Beispiel der Tüpfelfarne. Der Kormus ist unipolar und wächst mit einer Scheitelzelle; er bildet Euphylle (Eu, näherhin Monilophylle) und endogen entstehende, sprossbürtige ,Wurzeln' (sbW; primäre Homorhizie). **e,** Querschnitt durch den Erdspross des Adlerfarns (*Pteridium aquilinum*) mit stark von Blattlücken (Lü) durchbrochener Dictyostele. **f,** Detail aus **e:** Jedes Stelenteil ist von einer Endodermis (En) umgeben und weist innen Xylem (Xy) und ringsum Phloem (Ph) auf. (© **a, b, e, f:** Botanische Sammlungen der JGU Mainz. **c:** Mägdefrau 1971 (nach Pritzel). **d:** Hagemann 1984. Mit freundlicher Genehmigung)

Wuchsformen und Stammkonstruktionen

Die rezenten Farngewächse weisen **vielfältige Wuchsformen** auf (Tab. 5.6: Wf). Die meisten Farne temperater Wälder wachsen mit einem kriechenden **Erdspross** (,Rhizom'), der mit sprossbürtigen Farnwurzeln im Erdreich verankert ist. In den Subtropen und Tropen treten zusätzlich **Baumfarne** (Abb. 5.37a), **Windepflanzen** (*Lygodium*; Abb. 5.39h) und **Epiphyten** (*Platycerium*; Abb. 5.41h, i) auf. *Salvinia* und *Azolla* sind **Wasserpflanzen**, die auf der Oberfläche stehender Gewässer schwimmen (Abb. 5.40a, b, d); die Marsileaceae gehören dem Benthos von Süßgewässern an.

Der Luftspross ist von einer **Siphonostele mit Blattlücken** durchzogen (Ausnahme Psilotales: Aktinostele, Abb. 5.36c), die in unterschiedlichem Ausmaß modifiziert ist (**Solenostele, Dictyostele**; ▶ Abschn. 5.5.2). Meist ist die Stele unizyklisch (z. B. Polypodiaceae), bei den Marattiales (Siphonostele) und Cyatheales (Dictyostele) treten **polyzyklische Stelen** auf. Im Querschnitt sehen die Stelenstränge wie separate Leitbündel aus

(◼ Abb. 5.36e), tatsächlich sind sie aber Teile eines einzigen Bündelrohres (◼ Abb. 5.28g, i). Darauf weist auch die Endodermis hin, die gewöhnlich jedes Stelenteil einzeln umschließt (◼ Abb. 5.36f: En). Im Zentrum der Stele liegt das Markgewebe, außerhalb das Rindenparenchym, das mit der Epidermis abschließt. Üblicherweise treten im Xylem nur **Tracheiden** auf. Bei einigen Farnen wie dem Kleefarn (*Marsilea*) oder Adlerfarn (*Pteridium*) lösen sich die Querwände zwischen aufeinanderfolgenden Zellen auf, wodurch sich **tracheenähnliche Zellröhren** bilden (Zusammenfassung in Carlquist und Schneider 2001).

Die **baumförmigen** Arten der Schachtelhalmgewächse und Marattiales, die seit dem **Paläophytikum** fossil belegt sind, entwickelten **neuartige Stammkonstruktionen**, die als Rohr- und Wurzelmantelstämme bezeichnet werden (◼ Abb. 5.29c, d).

Röhrenstämme der Riesen-Schachtelhalme

Die Halme der **Schachtelhalme** sind deutlich segmentiert. An den ‚Knoten‘ stehen alternierend angeordnete Blattmanschetten, die nur wenig zur Assimilation beitragen. Stattdessen sind die oft stark gerieften **Halme grün** und übernehmen Assimilationsfunktion (◼ Abb. 5.35b, c).

Die dünnen Stämmchen der **Keilblattgewächse** (*Sphenophyllales*; ▶ Exkurs 3.6), der devonischen Vorfahren der Schachtelhalme, besaßen einen kompakten Holzkörper mit großlumigen Leitelementen. Vermutlich handelte es sich um lianenartige Pflanzen, die als Spreizklimmer wuchsen (Schweitzer 1990). Demgegenüber bildeten die **Riesen-Schachtelhalme** (Calamitaceae) im Karbon baumförmige Pflanzen. Sie wurden 18–30 m hoch und gehörten zu den ersten baumförmigen Pflanzen überhaupt. Wie die zeitgleich existierenden Bärlappbäume erreichten sie eine beträchtliche Formenvielfalt und starben im Perm wieder aus. Die heutigen Schachtelhalme, die alle zur einzigen Gattung *Equisetum* gehören, sind krautig, weisen aber noch die charakteristische Rohrkonstruktion der fossilen Riesen-Schachtelhalme auf (◼ Abb. 5.36b).

Die Stämme der Calamitaceae entsprangen meist unterirdischen, waagerecht kriechenden Erdsprossen, die ebenso wie die basalen Abschnitte der Stämme mit ‚Wurzeln‘ besetzt waren (▶ Abb. 3.15c). Ähnlich wie die

Bärlappbäume vergrößerten sie ihren Stammumfang (Durchmesser 0,3–1 m) durch **sekundäres Dickenwachstum**. Sie besaßen wie diese ein nur **einseitig tätiges Cambium**, das sekundäres Xylem (Holz), aber kein sekundäres Phloem bereitstellte (Stewart und Rothwell 1993). Das **Holz** bestand aus **Netztracheiden**, deren durchbrochene Wandverstärkung dem sekundären Xylem eine hohe **Stabilität** verlieh. Es trug somit zunehmend zur **Stützfunktion** des Stammes bei.

Im Unterschied zu den Bärlapppflanzen waren die Kalamiten als **Röhrenbäume** konstruiert. Sie bestanden aus einem mächtigen, ringförmigen Holzzylinder (Siphonostele) mit parenchymatischen Blattlücken, der von einer großen **Markhöhle** ausgefüllt wurde (◼ Abb. 5.29c). Die Kalamiten waren unverzweigt oder wirtelig verzweigt und konnten sich erfolgreich behaupten, weil sie neben effektiven Wasserleitungsbahnen auch eine stabile Gesamtkonstruktion mit einer festen Verankerung durch mächtige Erdsprosse (‚Rhizome‘) aufwiesen.

Die Leichtbauweise rezenter Schachtelhalme

Die **heutigen Schachtelhalmgewächse** weisen **keine Verholzung** auf. Die Pflanzen kriechen mit einem ausdauernden Erdspross, der mit sprossbürtigen Farnwurzeln besetzt ist und an dem die meist einjährigen, aufrechten Luftsprosse stehen. Die Halme sind grün und ersetzen funktional die stark reduzierten Monilophylle (◼ Abb. 5.35b, c). An der Basis jedes Halmgliedes befindet sich ein **interkalares Streckungsmeristem** (▶ Abschn. 5.3.2), das von der **Manschette** aus Blattzähnchen geschützt wird (◼ Abb. 5.35a, d: Ms). Diese Bauweise findet sich in der **funktionsgleichen Konstruktion** der Süßgräser wieder, deren Blattscheiden ebenfalls interkalare Meristeme schützen (▶ Abschn. 8.2.4 und 8.3.3). Da das Gewebe im Meristembereich nicht verfestigt ist, lassen sich die Glieder junger Halme leicht abzupfen (◼ Abb. 5.35f). Diese an ein Steckspiel erinnernde Konstruktion hat zu dem Namen „Schachtelhalm“ geführt.

Die Luftsprosse der Schachtelhalme sind gerippt, wobei jede Rippe unter einem Blattzähnchen endet. Der alternierenden Anordnung der Blattzähnchen entsprechend, wechselt auch die Lage der Rippen und Furchen von Halmglied zu Halmglied. Deren Anzahl variiert und verändert sich mit der Erstarkung und Alterung der Halme (Gifford und Foster 1996). Die Luftsprosse verzweigen sich **extraaxillär** aus dem Bereich der Manschette (Abb. 5.35a, d, g). Die Seitenäste brechen zwischen zwei Blattzähnchen durch und stehen am ausgewachsenen Halm ‚auf Lücke‘ zu den Manschettengliedern (Abb. 5.35a: gestrichelte Linien).

Die Halme werden von drei **Holhraumsystemen** der Länge nach durchzogen (Abb. 5.36b):

1. Im Zentrum liegt die **Markhöhle** (Mh), die von einer stark perforierten, ektophloischen **Siphonostele** (mit Innenxylem ▶ Abschn. 5.5.2) umschlossen wird (Schmid 1982). Interessanterweise liegen die parenchymatischen Unterbrechungen nicht vor den Blattzähnchen, sondern vor den assimilierenden Seitenästen. Die Stele weist also keine ‚Blattlücken‘, sondern ‚Astlücken‘ auf (Gifford und Foster 1996), womit die Übertragung der Assimilationsfunktion auf den Halm auch histologisch zum Ausdruck kommt.

2. Die Siphonostele weist alternierend Parenchymbereiche und Leitstränge mit Innenxylem auf (ektophloische Organisation ▶ Abschn. 5.5.2; Schmid 1982). Die Leitstränge durchziehen die Halmglieder unverzweigt und erscheinen im Querschnittsbild als einzelne Leitbündel (Abb. 5.36b). Tatsächlich wurde das Leitsystem der Schachtelhalme wiederholt als Eustele bezeichnet, obgleich es sich von einer **Siphonostele** ableitet (Beck et al. 1982). Zur Konfusion trägt auch die Lage der **Endodermis** bei, die entweder jeden einzelnen Leitstrang oder die gesamte Stele umgibt, wobei sie dann entweder nur außen (En) oder außen und innen liegt (Gifford und Foster 1996). Die Leitstränge sind relativ arm an Xylem. Beim Streckungsprozess reißen die Protoxylemelemente auf und bilden je eine **Carinalhöhle** pro Leitstrang (Ca).

3. Das dritte Hohlraumsystem umfasst die peripher liegenden Interzellularräume der **Vallecularkanäle**, die alternierend zu den Leitsträngen angeordnet sind (Vk). Die zwischen ihnen liegenden Parenchymstege verbinden das Leitgewebe mit dem peripher liegenden Assimilationsparenchym (Ap) Nach außen folgen Kollenchymstränge, die den Halm festigen und als

Längsriefen erkennbar sind. Die Epidermis weist Spaltöffnungen (Stomata; ▶ Abschn. 7.2.1) auf, besitzt eine dicke Zellwand und wird durch eingelagerte **Silicate** zusätzlich versteift.

Insgesamt ist die Konstruktion des Schachtelhalmes ein hervorragendes Beispiel für eine **biologische Leichtbauweise**, die Stabilität bei **minimalem Materialeinsatz** erreicht. Nach ihrem Vorbild (und dem einiger Süßgräser wie Bambus und Pfahlrohr; ▶ Abb. 8.25f) wurde ein **technischer Pflanzenhalm** konstruiert, der in der Architektur, im Fahrzeugbau und in der Luft- und Raumfahrt Verwendung findet (Milwich et al. 2006; Bionik ▶ Exkurs 7.3).

Wurzelmantelstämme der Baumfarne

Die **baumförmige** Wuchsform der Farne reicht bis ins **Paläophytikum** zurück. So erreichte *Psaronius* (Marattiales) eine Stammhöhe von 8 m (▶ Abb. 3.15d). Fossilfunde weisen darauf hin, dass sprossbürtige Farnwurzeln mit Wurzelhaube in den Boden wuchsen und die Pflanze stützten (s. **Stützwurzeln** in ▶ Abschn. 8.4.5).

Die frühen Baumfarne entwickelten eine **Wurzelmantelkonstruktion** (Abb. 5.29d und ▶ 3.7a, b). Im Zentrum der Stämme lag eine kompliziert gebaute **Dictyostele** mit vielen Stelenelementen, die zur Peripherie hin von Sklerenchymbändern und Blattbündeln umgeben waren. Die Auflösung der Stele in viele peripher angeordnete Leitelemente trug zur **mechanischen Festigung** der Bäume bei. Verstärkt wurde der Stamm weiterhin durch die Basen der Wedelblätter, die nach dem Abwurf am Stamm stehen blieben (Abb. 5.37c, e), und durch ein **dichtes Flechtwerk** aus **sprossbürtigen Farnwurzeln**.

Die Konstruktion der Baumfarne hat sich bis heute erhalten. Interessanterweise treten baumförmige Arten aber nicht bei den heute lebenden Arten der Marattiales auf, sondern bei Vertretern anderer Farngruppen: Cyatheales (Abb. 5.37), Osmundales, Polypodiales (Tab. 5.6). Das deutet darauf hin, dass der ursprüngliche Baumwuchs verloren gegangen ist, sich dessen **Konstruktionsprinzip** aber in verschiedenen rezenten Gruppem **mehrfach parallel** wiederholt hat.

5

□ **Abb. 5.37 Baumfarne (Cyatheales). a,** *Cyathea australis* (Cyatheaceae). Tertiärer Reliktwald, Blue Mountains, Australien. **b,** Entwicklung von Wedelblättern mit eingerollter Spitze. **c,** *Dicksonia antarctica* (Dicksoniaceae). Berindung des Stammes mit Wedelbasen und sprossbürtigen Wurzeln. **d,** Narben abgefallener Wedel. **e,** Querschnitt durch den Stamm eines Baumfarnes die massive Berindung zeigend (vermutlich *Cyathea capensis*). **f, g,** Herstellung dekorativer Gefäße durch Abschälen der Berindung und Entfernen des Markgewebes. Das gesamte Leit- und Festigungsgewebe liegt peripher in einer vergleichsweise schmalen Geweberöhre. Bogor, Indonesien. (© R. Claßen-Bockhoff, Mainz)

5.5.7 Farne: Diversität und Lebensweise

Die Farne sind mit etwa 11.000 Arten **weltweit** verbreitet. Die Verwandtschaftsverhältnisse sind noch nicht vollständig geklärt. Nach der Klassifikation der Pteridophyte Phylogeny Group (PPG I 2016) fallen die Arten in elf sehr unterschiedliche Gruppen (□ Tab. 5.6), die in drei Radiationsphasen entstanden sind (► Exkurs 3.7). Die meisten Arten bevorzugen **schattige und feuchte Plätze** im Wald, in Mauerritzen und Felsspalten, in Schluchten oder an Bachufern, 27 % weisen eine epiphytische Lebensweise auf (Zotz et al. 2021) Der Verbreitungsschwerpunkt liegt in den **Tropen**.

◻ **Tab. 5.6   Kurzcharakteristik rezenter Farngruppen.** Systematik und Artenzahlen nach PPG I (2016). Merkmale nach Gifford und Foster 1996; Simpson 2010

Taxon	F/G/A	V	Wf	W	Merkmale	Beispiele
Paläophytische Farngruppen (eusporangiat)						
Equisetales Schachtelhalme	1/1/15	kos	tk	Sz	S:Rohrkonstruktion gegliedert, assimilierend E: klein, in Wirteln, auf Manschette	*Equisetum*
Ophioglossales Natternzungen	1/10/112	± te	tk	Zr	E: Ts, Raumwedel FW: unverzweigt, ohne Wurzelhaare	*Botrychium, Ophioglossum*
Psilotales Gabelblattfarne	1/2/17	tr oz	tk ep		S: gabelig verzweigt E: T, klein FW: fehlen	*Psilotum, Tmesipteris*
Marattiales	1/6/111	tr	tk		S: kurze Stämme E: Ts, Wedel*, groß, zerteilt, ‚Nebenblätter‘ und ‚Blattgelenke‘	*Angiopteris, Danaea, Marattia*
Mesophytische Farngruppen (leptosporangiat. Osmundales: Übergangsform)						
Osmundales Königsfarne	1/6/18	te tr	tk	Sz	S: aufrecht E: Ts, Wedel* zerteilt, ‚Nebenblätter‘	*Osmunda*
Hymenophyllales Hautfarne	1/9/434	te tr	ep tk		feuchte Standorte Wedel*, E: Ts, oft 1-schichtig, Cuticula reduziert, Stomata fehlen	*Hymenophyllum, Trichomanes*
Gleicheniales	3/10/172	tr	te		E: Ts, Wedel* gabelig zerteilt	*Gleichenia*
Schizaeales	3/4/190	± tr	te		E: Ts, Wedel* zerteilt *Lygodium*: windend	*Anemia, Lygodium*
Neophytische Farngruppen (leptosporangiat)						
Saviniales Schwimmfarne	2/5/82	te tr	a tk	Sz	E: Ts, zerteilt *Salvinia*: ohne ‚Wurzeln‘, hydrophobe Oberfläche	*Azolla, Salvinia, Marsilea, Pilularia*
Cyatheales Baumfarne	8/13/713	tr	± tb tk ep		S: Wurzelmantelstamm E: Ts, Wedel*, groß, zerteilt	*Cyathea, Dicksonia*
Polypodiales Tüpfelfarne	26/253/8714	te tr	te ep		E: T, Ts Wedel* einfach oder zerteilt	
-basale Gruppen	6/73/1731					*Acrostichum, Adiantum, Matteuccia, Pteridium*
-Aspleniineae	11/72/2775					*Asplenium, Athyrium, Blechnum*
-Polypodiineae	9/108/4208					*Dryopteris, Platycerium, Polypodium*

F/G/A, Anzahl der Familien, Gattungen, Arten. **V**, Verbreitung: kos, kosmopolitisch. oz, ozeanisch. te, temperat. tr, tropisch. **Wf**, Wuchs-/Lebensform: a, aquatisch (schwimmend). ep, epiphytisch. tk, terrestrisch, ausdauernd krautig. tb, terrestrisch, baumförmig. **W**, Wachstum: Sz, Scheitelzelle. Zr, Scheitelzellreihe. **Merkmale**: S, Stamm, Halm. E, Euphyll. FW, Farnwurzel. T, Trophophyll. Ts, Trophosporophyll. *, Wedel an der Spitze eingerollt

Schachtelhalme (Equisetales)

Equisetum (Schachtelhalm; ◼ Abb. 5.35) ist mit etwa 15 krautigen Arten die einzige rezente Gattung der ehemals formenreichen Gruppe der Sphenophyten (► Exkurs 3.6). Diese hat sich früh von den übrigen paläophytischen Farngruppen getrennt und eine **eigenständige Entwicklung** durchlaufen (► Abb. 3.10). In Wuchsform und Wurzeleigenschaften unterscheidet sie sich von allen anderen Farngewächsen (► Abschn. 5.5.6).

Equisetum ist vermutlich im **Karbon** entstanden und damit eine der ältesten Pflanzengattungen überhaupt (**lebendes Fossil**; ► Exkurs 5.8). Systematisch steht die Gattung isoliert, morphologisch ist sie an ihrer charakteristischen Wuchsform erkennbar. Diese soll an den Schwanz eines Pferdes erinnern und hat der Gattung ihren wissenschaftlichen (lat. *equus*, „Pferd", *setae*, „Borsten", „Fell") und englischen (*horsetail*) Namen gegeben.

Schachtelhalme bevorzugen **feuchte Standorte**. Bei hoher Luftfeuchte scheiden sie Wasser über Drüsen (**Hydathoden**; ► Abschn. 7.6.1) ab, die sich auf der Oberseite der Blattzähnchen befinden. Sie sind mit Ausnahme der Antarktis und des australopazifischen Raumes **weltweit** verbreitet. In Europa ist der **Acker-Schachtelhalm** (*E. arvense*; ◼ Abb. 5.35b–d) häufig. Sein Wurzelsystem dringt tief ins Erdreich ein, weswegen sich die Pflanze kaum aus Äckern und Gärten entfernen lässt. Sein Trivialname ‚Zinnkraut' deutet darauf hin, dass die Pflanze mit ihrer silicatreichen Epidermis zum Putzen von Metallgefäßen verwendet wurde.

Die Pflanzen erreichen selten eine **Wuchshöhe** von mehr als 1 m. Ausnahmen bilden z. B. der ebenfalls in Mitteleuropa vorkommende Riesen-Schachtelhalm (*E. telmateia*) mit bis zu 2,5 m Höhe oder der amerikanische *E. giganteum*, der 5 m Höhe erreicht. Die meisten temperaten Arten sind **sommergrün** (Ausnahmen, z. B. Winter-Schachtelhalm; ◼ Abb. 5.35e–g), die tropischen Arten dagegen **immergrün**.

Equisetum-Arten können **Toxine** im Halm enthalten. Sie sind für Vieh und Pferde gefährlich, werden aber auch als Heilmittel genutzt. Einige Arten zeigen **Schwermetalle** im Boden an, darunter auch Gold. Die höchste **Goldanreicherung** (4,5 Unzen/Tonne) wurde im Acker-Schachtelhalm gemessen (Benedict 1941), der damit zu einer Zeigerpflanze für Gold avancierte.

Natternzungen (Ophioglossales) und Gabelblattfarne (Psilotales)

Die Entstehung der Schwestergruppen geht auf das **Paläophytikum** zurück. Heute sind die Taxa nur noch mit je einer Familie und etwa 80 (Ophioglossaceae) bzw. zwölf (Psilotaceae) Arten vertreten. Beide Gruppen weisen **heterotrophe Gametophyten** auf (◼ Tab. 5.3) und wachsen mit einer **Zellreihe** (◼ Tab. 5.6: Zr):

— Die **Ophioglossales** bilden **dreidimensionale Wedel**, die an die Raumwedel der Telompflanzen erinnern. Es handelt sich um **Trophosporophylle** (► Abschn. 5.6.4), deren flächiger Teil assimiliert (griech. *tropho*, „Nahrung", „Nährstoffe") und deren davon abstehender Teil Sporangien bildet (sporuliert). Die Farne wachsen mit Erdsprossen, an denen oft lange fleischige Farnwurzeln inserieren. Sie sind mit **Mykorrhizapilzen** (► Exkurs 8.11) assoziiert und bilden pro Jahr nur wenige Wedel. Zu den wenigen mitteleuropäischen Gattungen gehören die Mondraute (*Botrychium*) und Natternzunge (*Ophioglossum*; ◼ Abb. 5.38a).

— Die **Psilotales** weisen mit *Psilotum nudum* (◼ Abb. 5.38b–d) eine Art auf, die lange Zeit als nächste Verwandte der Telompflanzen galt. Wie diese ist die Pflanze **gabelig** verzweigt, von einer **Aktinostele** durchzogen (◼ Abb. 5.36c: Ak), mit **Mykorrhizapilzen** im äußeren Rindengewebe assoziiert und **wurzellos**. Basierend auf molekularen und morphologischen Daten (vor allem von *Tmesipteris*) gilt die systematische Position der Psilotales an der Basis der Farngewächse aber heute als sicher.

Psilotum wächst terrestrisch oder epiphytisch mit horizontalen Sprossen, deren **Rhizoide** der Verankerung und Wasseraufnahme dienen. Die Luftsprosse sind grün und übernehmen die Assimilationsfunktion, während die Monilophylle als kleine, leitbündellose Schuppen gestaltet sind (◼ Abb. 5.38b, c). Da Fossilien fehlen, kann nur angenommen werden, dass es sich bei ihnen wie bei den Schachtelhalmen um **Reduktionsformen** ehemals größerer Monilophylle handelt. Die gabelförmige Verzweigung beruht nicht auf echter Dichotomie (► Abschn. 5.3.2), sondern auf der Teilung einer Zellreihe, deren Bildung von einer Scheitelzelle ausgeht (Siegert 1965; Gifford und Foster 1996).

Die Gattung *Tmesipteris* ist in Australien, Neuseeland und Ozeanien verbeitet. Die bis 20 cm groß werdenden Pflanzen wachsen epiphytisch auf Baumfarnen und bilden deutlich größere, mit einem Leitbündel versehene Monilophylle (◼ Abb. 5.38e, f). Sie weisen ebenfalls **keine Farnwurzeln** auf (Gifford und Foster 1996).

□ **Abb. 5.38 Ophioglossales und Psilotales. a**, Natternzungen-gewächse (Ophioglossales). Mitteleuropäische Arten. Links: Natternzunge (*Ophioglossum vulgatum*). Rechts: Mondraute (*Botrychium lunaria*). **b–f**, Gabelblattfarne (Psilotales). **b–d**, *Psilotum nudum*. Pflanze mit assimilierenden Trieben, in **b** und **c** (Detailbild mit Synangien; ▶ Abschn. 5.6.4). **e, f** *Tmesipteris parva*: Epiphytisch auf Baumfarnen (hier *Cyathea*) lebender Endemit in ostaustralischen Regenwäldern. Blue Mountains, New South Wales, Australien. (© **a**: Thomé 1885. **b**, nach v. Wettstein 1935. **c–f**: R. Claßen-Bockhoff, Mainz)

Marattiales

Die Nachfahren der paläophytischen Baumfarne (z. B. *Psaronius*) sind heute mit etwa 300 Arten in **tropischen Wäldern** vertreten. Die Farne wachsen mit einem fleischigen Erdspross oder bilden einen kurzen knolligen Stamm (*Angiopteris*), an dem bis zu 5 m lange, mehrfach geteilte **Wedel** stehen. Nur wenige Arten besitzen ungeteilte Monilophylle (z. B. *Danaea simplicifolia*).

Die **Wedel** entwickeln sich mit **eingerollter Spitze**, so wie es bei allen folgenden Farngruppen (Ausnahme Schwimmfarne) der Fall ist (◘ Tab. 5.6: hellgrau unterlegt, ◘ Abb. 5.23e, 5.36d und 5.37b, c). Sie sind fleischig und an der Basis verbreitert. Am Wedelstiel und an den Wedelabschnitten befinden sich Blattgelenke (Pulvini; ► Exkurs 8.6).

Der junge Stamm hat eine Protostele. Später, mit zunehmendem **primärem Dickenwachstum**, geht diese in eine Dictyostele bzw. **Polystele** über. Andere Arten weisen polyzyklische Dictyostelen auf (► Abschn. 5.5.2). Da sekundäres Dickenwachstum fehlt, nimmt der Stamm mit zunehmender **Erstarkung** eine verkehrt kegelförmige Gestalt an. Die vergleichsweise dünne Basis wird durch peristierende Blattbasen und **sprossbürtige Farnwurzeln** stabilisiert. Letztere sind groß und fleischig und bilden **mehrzellige Wurzelhaare**. Alle Organe sind von **Schleimkanälen** durchzogen.

Königsfarne (Osmundales)

Die kleine Gruppe der Königsfarne (ca. 20 Arten) ist die Schwestergruppe der leptosporangiaten Farne, zu der alle jüngeren Farngruppen gehören (◘ Tab. 5.6: dunkelgrau hintelegt).

Die Arten leben terrestrisch und kommen in temperaten und tropischen Breiten vor. Der bekannteste mitteleuropäische Vertreter ist der **Königsfarn** (*Osmunda regalis*; ◘ Abb. 5.39a, b) mit großen Wedeln, deren oberer Abschnitt Sporangien trägt (Trophosporophyll; ► Abschn. 5.6.4). Er kommt bevorzugt an schattigen, feuchten bis anmoorigen Standorten vor.

Hautfarne (Hymenophyllales), Gleicheniales, Schizaeales

Die drei vorwiegend in den **Tropen** verbreiteten Farngruppen leben terrestrisch oder epiphytisch. Sie enthalten zusammen etwa 1000 Arten (◘ Tab. 5.6):

— Die **Hautfarne** (Hymenophyllales) umfassen nur die Gattungen *Hymenophyllum* (Hautfarn; *H. tunbrigense* in Westeuropa) und *Trichomanes* (Dünnfarn). Sie haben dünne protostelische Luftsprosse und sehr zarte, **fast durchsichtige Monilophylle**, die mit Ausnahme der Leitstränge einzellschichtig sind (◘ Abb. 5.39c). Sie leben ähnlich den Moosen an feuchten Stellen und nehmen wie diese **Feuchtigkeit über die Zellwand** auf, die eine nur mäßig entwickelte

Cuticula trägt und **keine Stomata** aufweist. Die meisten Arten leben epiphytisch auf Wasser überspülten Felsen oder Baumstämmen (◘ Abb. 5.39d, e). Ihr Verbreitungsschwerpunkt liegt in den **Nebelwäldern** der Südhemisphäre.

— Die **Gleicheniales** sind häufig an gestörten Stellen tropischer Wälder zu finden. Sie leben terrestrisch, bilden **lange Erdsprosse** und tendieren dazu, andere Pflanzen zu **überwuchern**. Ihre Arten sind leicht an den uniformen, **symmetrisch gabelteiligen** Wedeln zu erkennen (◘ Abb. 5.39f, g).

— Die **Schizaeales** leben ebenfalls terrestrisch. Zu ihnen gehören die tropischen **Kletterfarne** der Gattung *Lygodium*, die meterlange, ,gefiederte' Blattorgane mit sehr dünner, **windender Mittelrippe** bilden (◘ Abb. 5.39h). Die Monilophylle entspringen einem **Erdspross** (,Rhizom') und wachsen lange Zeit **unbegrenzt** weiter. *L. japonicum* gehört zu den **invasiven** Arten (► Exkurs 3.10). Vor allem in den Kiefern- und Zypressenwäldern Floridas hat sich der Farn massiv ausgebreitet. Er überwuchert die Bodenflora und richtet großen Schaden an. So lenkt er beispielsweise bei Waldbränden das Feuer in die Kronen der ansonsten weitgehend feuerresistenten Sumpfzypressen.

Schwimmfarne (Salviniales)

Die **Schwimmfarne** gehören zusammen mit den Baumfarnen (Cyatheales) und Tüpfelfarnen (Polypodiales) zu den jüngsten Farngruppen, die sich erst seit der späten Kreide entfaltet haben (► Exkurs 3.7). Sie sind zum **Wasserleben** übergegangen und umfassen die schwimmenden **Salviniaceae** (*Salvinia, Azolla*) und die im Schlamm verankerten **Marsileaceae** (*Marsilea, Pilularia, Regnellidium*). In Deutschland kommen der Schwimmfarn *Salvinia natans* (stark bedroht; ◘ Abb. 5.40a), der Algenfarn *Azolla filiculoides* (aus Amerika eingebürgert; ◘ Abb. 5.40d), der Vierblättrige Kleefarn *Marsilea quadrifolia* (stark bedroht, stellenweise ausgerottet; ◘ Abb. 5.40g) und der Kugel-Pillenfarn (*Pilularia globulifera*) vor.

Salviniaceae

Die Schwimmfarne der Gattung *Salvinia* haben Monilophylle, mit denen die Pflanzen ohne Bodenkontakt auf dem Wasser flottieren können. Einige Arten wie *S. molesta* gehören zu den **invasiven** Pflanzen der Tropen (► Exkurs 3.10), die ihre Biomasse in kürzester Zeit verdoppeln können.

Dabei hilft ihnen vermutlich ihre spezifische **Oberflächenskulptur**, die in jüngerer Zeit als **biologisches Vorbild** für technische Anwendungen (Bionik; ► Abschn. 5.6.4) Aufsehen erregt hat (Barthlott et al. 2016). Der *Salvinia*-Effekt beschreibt eine hydrophobe Oberfläche, die über lange Zeit stabil bleibt. Der Schwimmfarn besitzt eine Unzahl kleiner, Wasser ab-

Abb. 5.39   Aus dem Mesophyticum stammende Farngruppen. a, b, Osmundales. *Osmunda regalis* (Königsfarn), Erdfarn. **a**, Natürlicher Standort im Unterwuchs feuchter Wälder, Irland. **b**, Habitus mit großen, einfach zerteilten, am Ende Sporen bildenden Wedeln (Trophosporophyll). **c–e**, Hymenophyllales, Epiphyten. **c, d,** *Hymenophyllum cruentum* (Hautfarn). **c**, Monilophylle einschichtig, fast durchsichtig. **d**, Natürlicher Standort an einem wasserüberspülten Felsen. Südchile. **e**, *Hymenophyllum caudicultum*. Monilophylle fein zerteilt. Südchile. **f, g,** Gleicheniales. Tropische Erdfarne, vorzugsweise auf Brachflächen. Gleicheniaceae (Gabelfarne) weisen symmetrisch gegabelte Wedel mit eingerollten Spitzen auf. **f**, *Sticherus*. Südchile. **g**, *Gleicheniella pectinatam*. Iriomote, Japan. **h**, Schizaeales. *Lygodium japonicum*, Kletterfarn mit meterlangen, windenden Wedeln (invasiv). Iriomote, Japan. (© R. Claßen-Bockhoff, Mainz)

Abb. 5.40 Schwimmfarne (Salviniales). a–c, Gemeiner Schwimmfarn (*Salvinia natans*). **a,** Habitus. **b,** Unbenetzbarkeit durch spezielle Behaarung (*Salvinia*-Effekt; s. Text). **c,** Dreiteiliges Monilophyll mit funktional differenzierten Abschnitten. **d–e,** Algenfarn (*Azolla filiculoides*). **d,** Blick von oben auf die flottierende Pflanze. **e,** Seitenansicht eines Ästchens mit zweilappigen ‚Blättchen‘. **f–h,** Kleefarn (*Marsilea quadrifolia*). **f,** Erdspross mit etwa 20 cm lang gestieltem, kleeblattförmigem Monilophyll. **g,** Habitus der Farnpflanze. **h,** Entfaltung eines leicht nach vorn eingerollten ‚Kleeblattes‘. (© R. Claßen-Bockhoff, Mainz)

weisender (hydrophober) Härchen, die seine Oberfläche unbenetzbar machen (■ Abb. 5.40b). Wird er unter Wasser gezogen, bilden sich Luftblasen zwischen den Härchen, die die gesamte Struktur mit einer dünnen Lufthülle überziehen (silbriger Glanz) und den Pflanzen weiterhin Gasaustausch ermöglichen. Die dauerhafte Stabilität der Wasserhülle beruht auf den punktuell hydrophilen Spitzen der Härchen, die die Luftblasen festhalten. Ziel der aktuellen Forschung ist es, eine *Salvinia*-ähnliche Beschichtung für Schiffskörper zu entwickeln, mit der diese reibungsreduziert durch das Wasser gleiten und Energie und Emissionen einsparen können.

Das Monilophyll der Schwimmfarne ist auch morphologisch interessant. An jedem ‚Knoten‘ sitzen drei Elemente, von denen zwei grün und eins braun ist (■ Abb. 5.40c). Nach traditioneller Ansicht werden sie für drei einzelne Monilophylle gehalten, von denen zwei der Assimilationsfunktion und eins der Wurzelfunktion und Sporangienbildung dienen (▶ Abschn. 5.6.4). Entwicklungsmorphologische Untersuchungen an *S. oblongifolia* zeigen aber, dass sich die drei Elemente aus einer Anlage entwickeln (Hagemann et al. 2008). Sie gehören somit zu einem einzigen Monilophyll mit funktionell differenzierten Abschnitten (Trophosporophyll; ▶ Abschn 5.6.4). Daraus folgt, dass die Stellung der Monilophylle nicht wirtelig, sondern **distich** ist, so wie es auch bei den übrigen Vertretern der Salviniales der Fall ist.

Die **Algenfarne** (*Azolla*; ◨ Abb. 5.40d, e) sind schwimmende Wasserfarne mit dicht gestellten Monilophyllen und langen, kaum verzweigten Farnwurzeln. Die Monilophylle sind **zweilappig** und **bifunktional**. Sie flottieren auf der Wasseroberfläche, wobei der obere Lappen **assimiliert** und der untere, bleiche Lappen mit seiner breiten Auflagefläche die **Schwimmfähigkeit erhöht**. Der Oberlappen bildet schon früh in seiner Entwicklung eine taschenartige Höhlung, in der das stickstoffbindende Cyanobakterium *Anabaena azollae* als **Symbiont** lebt (▶ Abschn. 5.1).

Marsileaceae

Die Kleefarngewächse (◨ Abb. 5.40f–h) sind im Gegensatz zu den Salviniaceae mit einem sprossbürtig bewurzelten **Erdspross** am Grund befestigt. Die lang gestielten Monilophylle sind kleeblattartig (◨ Abb. 5.40g) oder, beim Pillenfarn (*Pilularia globulifera*), fädig gestaltet.

Baumfarne (Cyatheales)

Die Cyatheales bilden eine große Gruppe tropischer Farne, die vor allem durch **molekulare Daten** gestützt ist (PPG I 2016). Morphologisch sind die Arten sehr **divers**. Die meisten Cyatheales sind baumförmig (◨ Abb. 5.37), aber es treten auch ausdauernde Kräuter mit **Erdsprossen** auf. Der Baumwuchs ist vermutlich **mehrfach parallel** in der Gruppe entstanden und wieder verloren gegangen.

Die Cyatheales traten erstmals im **Jura** auf (▶ Tab. 3.2) und leben heute vorwiegend in den **Bergwäldern der Südhemisphäre** (◨ Abb. 5.37a). Die baumförmigen Arten erreichen eine Höhe von 4–6 bzw. 15 m. Ihre Stämme sind schlank und enden in einer Krone mit langen, großen Wedeln (**Schopfbäume**; ▶ Abschn. 6.10.2). Die Bäume weisen **kein sekundäres Dickenwachstum** auf, sondern festigen den Stamm mittels Sklerenchymscheiden, Blattbasen und sprossbürtiger Farnwurzeln (**Wurzelmantelkonstruktion**; ▶ Abschn. 5.5.6, ◨ Abb. 5.29d).

In **Indonesien** werden aus den Stämmen der Baumfarne dekorative Gefäße hergestellt (◨ Abb. 5.37f, g). Zerkleinerte Stämme werden weltweit als **Kultursubstrat** für Orchideen genutzt. Der Silberfarn (*Cyathea dealbata*)

ist die Nationalpflanze **Neuseelands** und im Landeswappen, in vielen Logos und Emblemen enthalten.

Tüpfelfarne (Polypodiales)

Die meisten **Farne Mitteleuropas** gehören zu den Tüpfelfarnen, der mit Abstand **größten Gruppe** der Farne (◨ Tab. 5.6). Sie wachsen mit einem kriechenden **Erdspross** und tragen **Farnwedel**, die ganzrandig (◨ Abb. 5.41a) oder ein- bis mehrfach ‚gefiedert' sind (◨ Abb. 5.41b–g). Häufige Vertreter sind Streifenfarne (*Asplenium*; ◨ Abb. 5.41b) und Wurmfarne (*Dryopteris*; ◨ Abb. 5.41d). Der **Adlerfarn** (*Pteridium aquilinum*; ◨ Abb. 5.41e) ist der größte mitteleuropäische Farn und leicht an seinen drei- bis vierfach zerteilten Wedeln erkennbar. Er wächst als Spreizklimmer (▶ Abschn. 6.10.2) und kann 4 m Höhe erreichen. Die Pflanze kommt auf sauren Waldböden vor und bildet an besonnten Standorten (Waldrändern, Kahlschlägen) **Massenbestände**. Diese können zu einem Problem für die Waldwirtschaft werden, da sie das Aufkommen von Jungwuchs verhindern. Die **Wüchsigkeit** des Adlerfarns beruht auf seinen bis zu 60 m lang werdenden, verzweigten **Erdsprossen** (‚Rhizomen') und lässt sich durch mechanische Maßnahmen kaum eindämmen.

Die Tüpfelfarne sind **ausdauernde Kräuter** mit sommer- oder immergrünen Wedeln. Die meisten Arten leben als **Kriechpflanzen**; vereinzelt treten **Rhizomkletterer** (*Polypodium*-Arten) und **Windepflanzen** (*Salpichlaena*) auf. **Epiphyten** sind häufig (Zotz 2016). Der tropische **Geweihfarn** (*Platycerium*; ◨ Abb. 5.41h, i) lebt auf Bäumen und bildet in Anpassung an die epiphytische Lebensweise zwei **verschiedene Monilophylle**, große, assimilierende Geweihblätter und flache, dem Substrat aufliegende Mantel- oder Nischenblätter. Letztere bleiben nach ihrem Absterben erhalten, werden braun, schützen die Farnwurzeln vor Austrocknung und führen ihnen Wasser zu.

Wenige Arten sind **trockenresistent** wie *Davallia* mit leicht sukkulenten Monilophyllen. Einige Gattungen sind **poikilohydrisch** (*Notholaena*, *Cheilanthes*, *Asplenium*; ◨ Abb. 5.23d, e). Zur **Überdauerung** und **vegetativen Vermehrung** werden **Brutkörper** (▶ Abschn. 6.9.2 und 8.3.2) **endogen** aus den Leitsträngen des Wedels erzeugt (◨ Abb. 5.41f; Troll 1939).

Wenn die Wedel sehr langsam ergrünen, wie in den temperaten Wäldern der Südhemisphäre, treten **Juvenilfarben** auf (◨ Abb. 5.41c, ▶ Exkurs 8.8). Einen interessanten **Lebenszyklus** weist der **Dünnblättrige Nacktfarn** (*Anogramma leptophylla*) auf, der weltweit an schattigen Plätzen vorkommt. Sein Sporophyt ist **einjährig**. Sein Gametophyt überdauert in Form eines **Knöllchens** (◨ Abb. 5.20d, e) und bildet unter günstigen Be-

Abb. 5.41 Tüpfelfarne (Polypodiales). a, Hirschzunge (*Asplenium scolopendrium*). **b,** Brauner Streifenfarn (*Asplenium trichomanes*). **c,** *Blechnum magellanicum*: Juvenilfärbung. **d,** Wurmfarn (*Dryopteris filix-mas*). **e,** Adlerfarn (*Pteridium aquilinum*). Unterwuchs im Kiefernwald, Mecklenburg-Vorpommern. **f,** *Asplenium bulbiferum*. Überdauerungsknöllchen. **g,** Frauenhaarfarn (*Adiantum raddianum*). **h, i,** Geweihfarn. **h,** *Platycerium vassei*. Braune, wasserspeichernde und grüne, assimilierende ‚Blätter'. **i,** *P. bifurcatum*. Natürlicher Standort, New England NP, New South Wales, Australien. (© R. Claßen-Bockhoff, Mainz)

dingungen ein neues Prothallium und den nächsten Sporophyten (Dostál 1984).

Tüpfelfarne werden als **Zierpflanzen** kultiviert und finden in der Gartengestaltung Verwendung. Darüber hinaus haben sie **keine wirtschaftliche Bedeutung**. Sie wurden früher als Entwurmungsmittel (Wurmfarn, *Dryopteris*), zur Schleimlösung (Tüpfelfarn, auch ‚Engelsüß' genannt), als Schmerzmittel (Umschläge gegen Gicht) und Aphrodisiaka verwendet.

5.5.8 Der bipolare Kormus der Samenpflanzen

Der bipolare Kormus der Samenpflanzen unterscheidet sich in zahlreichen Merkmalen vom monilophyllen Kormus der Farngruppen (◘ Tab. 5.4). Er wächst mit **Meristemen** und weist erstmals in der Evolution der Pflanzen einen embryonalen **Wurzelpol** auf. Der Spross bildet eine **Eustele** mit separaten, von Parenchymstreifen (Marksträngen) getrennten Leitbündeln. Das **Protoxylem** differenziert sich **endarch**, ein **Cambium** kann in Achse und Wurzel auftreten. Es ist **dipleurisch** tätig und ermöglicht **sekundäres Dickenwachstum** und die Bildung eines sekundären/tertiären Abschlussgewebes (**Periderm**; ausführliche Darstellung des Vegetationskörpers der Samenpflanzen in ▶ Kap. 6–8).

Die Samenpflanzen umfassen die **Gymnospermen** (Nacktsamer) mit etwa 1000 rezenten Arten (Simpson 2010) und die **Angiospermen** (Bedecktsamer, Blütenpflanzen) mit etwa 350.000 Arten (Artenzahlen schwanken je nach Quelle). Zu den Blütenpflanzen gehören die **Basalen Angiospermen** (>4 %), die Einkeimblättrigen (**Monocotylen**, ~21 %) und die Tricolpat-Zweikeimblättrigen (**Eudicotylen**, >75 %; Sy 10A). Die Basalen Angiospermen wurden früher mit den Eudicotylen zu den dicotylen Pflanzen gerechnet. Molekulare Daten haben aber gezeigt, dass es sich bei den Dicotylen um eine **paraphyletische** Gruppe handelt, aus der die Monocotylen hervorgegangen sind (Sy 2).

Die **Gymnospermen** waren im Erdmittelalter weit verbreitet und prägende Elemente der **mesophytischen Wälder** (Gymnospermenzeitalter; ▶ Abschn. 3.6.1). Das Massenaussterben am Ende der Kreide überlebten nur wenige Taxa. Einige von ihnen überdauerten bis heute in fast unverändertem Zustand und werden als **lebende Fossilien** bezeichnet (▶ Exkurs 5.8).

Die frei gewordenen Lebensräume wurden von den **anpassungsfähigen Angiospermen** besetzt, die eine rapide Artbildung und Ausbreitung durchliefen. Der **Erfolg der Blütenpflanzen** beruht auf einer Reihe exklusiver Merkmale (**Synapomorphien**; Sy). Im **vegetativen Bereich** sind dies vor allem leistungsfähige **Leitsysteme** für Wasser und Assimilate (▶ Abschn. 7.4), eine kurze Generationszeit und eine Vielfalt von Inhaltsstoffen (**Sekundärmetaboliten**) zur Abwehr von Fressfeinden und Parasiten (Repellents, Gifte; ▶ Exkurs 2.3). Der Reichtum an Inhaltsstoffen geht mit einer Zunahme an spezialisierten Zellen, insbesondere **Drüsenzellen**, einher, die den Blütenpflanzen eine wesentlich bessere Interaktion mit der **Umgebung** erlauben als allen anderen Landpflanzen (▶ Abschn. 7.6). Im **reproduktiven Bereich** zählen die Evolution der monoklinen Blüte (‚Zwitterblüte'; Anführungszeichen s. ▶ Abschn. 9.6.3) mit Angiospermie und Samenbildung (▶ Kap. 10), die Bestäubung durch Tiere (Zoophilie ▶ Kap. 11) und die Fruchtbildung (▶ Kap. 10–12) zu den herausragenden Innovationen.

Organbildung bei Samenpflanzen

Nach derzeitigem Kenntnisstand trennten sich die Vorläufer der Samenpflanzen im späten **Devon** von den Vorläufern der Farnpflanzen (▶ Abb. 3.10). Ausgehend von den Trimerophyten entwickelten sie die **Organisationsformen** der **Progymnospermen** und **Samenfarne** (**Pteridospermen**). Vermutlich handelt es sich in beiden Fällen um nicht näher verwandte Evolutionslinien, die aufgrund morphologischer Übereinstimmungen zu **Sammelgruppen** zusammengefasst werden.

Progymnospermen

Die **Progymnospermen** stellen eine fossile Pflanzengruppe dar, die vom Mittleren Devon (vor ca. 380 Mio. Jahren) bis ins Unterkarbon (vor ca. 340 Mio. Jahren) mit 15 bis 20 bislang bekannten Arten vorkam (▶ Exkurs 3.6). Sie wiesen **Farn- und Gymnospermenmerkmale** auf und wurden ursprünglich als Übergangsglieder zwischen diesen beiden Pflanzengruppen interpretiert. Weitere Fossilfunde, morphologische Merkmale und phylogenetische Daten unterstützen diese Sicht nicht. Vielmehr gilt als sicher, dass sich Farn- und Samenpflanzen unabhängig voneinander entwickelt haben (zusammengefasst in Gifford und Foster 1996) und dass die **Progymnospermen** die **Ausgangsgruppe** der Evolutionslinie der Samenpflanzen bilden (◘ Abb. 5.42). Innerhalb dieser Gruppe setzte die **Organbildung** und damit verbunden der **Übergang** vom **Telomsystem** (*Aneurophyton*; ▶ Abb. 3.14d) zum **Kormus** (*Archaeopteris*; ▶ Abb. 3.15b) ein. Während *Aneurophyton* noch dreidimensionale Telomsysteme besaß, wies *Archaeopteris* bereits einfache, planar gestaltete Blätter auf (◘ Abb. 5.34c). Die Stämme besaßen Stelen mit Übergängen von der Protostele zur Eustele und ein mesarches Protoxylem (allseitig von Metaxylem umschlossen).

Besonders interessant ist *Archaeopteris* (▶ Abb. 3.15b), ein Baum von etwa 20 m Höhe, der **Sporen** produzierende Euphylle trug und erstmals in der Evolution der Landpflanzen einen **Holzstamm** bildete

(◼ Abb. 5.29e). Die **neue Stammkonstruktion** beruhte auf sekundärem Dickenwachstum, das von einem nach zwei Seiten hin aktiven, **dipleurischen** Cambium ausging und **Holz und Bast** bildete (▶ Abschn. 8.2.1). Die Xylemdifferenzierung war **mesarch** (wie bei den Farnen), aber das Holz bestand bereits aus Tracheiden mit Tüpfeln und Holzparenchymstrahlen, so wie es bei den **rezenten Gymnospermen** auftritt (▶ Abschn. 8.2.3).

Samenfarne (Pteridospermen)

Die **Samenfarne (Pteridospermen)** entwickelten sich vermutlich aus den Progymnospermen. Sie waren vom Ende des Oberen Devons (vor ca. 360 Mio. Jahren) bis ins Jura (bzw. in die Kreide) vertreten. Sie bildeten vielfältige, einfache oder wedelartig gestaltete Euphylle, besaßen sekundäres Dickenwachstum, aber **keine Holzstämme**. Ihre Stämme bestanden überwiegend aus Parenchym und dünnwandigen Tracheiden und wurden offenbar (wie bei den Baumfarnen) durch **Sklerenchymbänder** in der Rinde stabilisiert. Die Pteridospermen wurden maximal 10 m hoch (*Medullosa*; ▶ Abb. 3.15e). Im Gegensatz zu den Progymnospermen entwickelten sie eine Vielzahl **samenartiger Strukturen** (▶ Abschn. 5.6.5), die in unterschiedlicher Weise als **Vorläuferstrukturen der Samen** interpretiert werden. Nach derzeitigem Kenntnisstand sind die rezenten Samenpflanzengruppen **mehrfach unabhängig** aus den Pteridospermen hervorgegangen (◼ Abb. 5.42).

Evolution der Samenpflanzen

Die Evolution der Samenpflanzen (Spermatophyta) und ihrer Organe ist bis heute **nicht eindeutig geklärt** (Matthews 2009; Doyle 2013). Hauptgründe sind das fragmentarisch vorliegende Fossilmaterial und dessen strukturelle Diversität. Die **Widersprüche** zwischen molekularen und morphologischen Daten werden insbesondere an der umstrittenen Stellung der *Gnetales* deutlich, die je nach Datenlage näher zu den Koniferen oder Blütenpflanzen gestellt werden (Sy 9).

Chamberlain (1935) unterschied auf der Basis des damals zur Verfügung stehenden Fossilmaterials zwei Evolutionslinien:

- Die **Coniferophyta** (nicht zu verwechseln mit den rezenten Koniferen; ◼ Abb. 5.42) sind durch eine verzweigte Wuchsform, **einfache** nadel- oder schuppenförmige **Blätter**, einen **massiven Holzkörper** mit dicht stehenden Tracheiden und wenig Parenchym charakterisiert. Zu ihnen zählen die fossilen **Cordaitales** und **Voltziales** sowie die fossilen und rezenten **Ginkgoales** und **Pinales** (▶ Abb. 3.6).
- Die **Cycadophyta** (nicht zu verwechseln mit der rezenten Gruppe der Cycadales) weisen gedrungene, schwach verzweigte Stämme, große zerteilte **Wedel**, einen **parenchymatischen Stamm** mit viel Mark und

Rinde und wenig Holz mit locker angeordneten Tracheiden auf. Zu ihnen zählen die fossilen **Glossopteridales** (Pteridospermen), **Bennettitales, Caytoniales** und als einzige rezente Gruppe die **Cycadales**.

Die **Angiospermen** stehen den Cycadophyta nahe, konnten von Chamberlain (1935) aber nicht ohne Widersprüche an sie angeschlossen werden. Auch die Stellung der **Gnetales** blieb offen.

Nach der Entdeckung der Progymnospermen vertrat Beck (1966) die Ansicht, dass die **Samenpflanzen** zweimal unabhängig voneinander (**diphyletisch**) entstanden seien. Die **Cycadophyta** (inkl. Angiospermen) stammten danach von *Aneurophyton*-artigen Progymnospermen ab, während *Archaeopteris*-artige Progymnospermen die Ausgangsgruppe der **Coniferophyta** wären. Die Wedel der Samenfarne hätten sich entsprechend aus verästelten Telomsystemen und die einfachen Blätter der Coniferophyten aus endständigen Telomgliedern entwickelt.

Heute gilt die diphyletische Evolutionshypothese als überholt. Nach dem derzeitigen Kenntnisstand (zusammengefasst in Doyle 2013) sind die **Samenpflanzen** nur einmal entstanden (**monophyletisch**; ◼ Abb. 5.42: *). Ihre nächsten Verwandten sind Pteridospermen (Medullosales, Lyginopteridales, *Elkinsia*) und Progymnospermen (◼ Abb. 5.42):

- Die **heute lebenden Gymnospermen** gelten ebenfalls als **monophyletisch**, d. h. sie stammen vermutlich von einem gemeinsamen Vorfahren ab (◼ Abb. 5.42: **). Ihre Evolution begann mit Vorläufern der Cycadales. Es folgten fossile Samenfarne (*Callistophyton*, *Peltaspermum*) und Cordaitales, die Vorfahren des *Ginkgo*, der auch heute noch vertreten ist, die fossilen Voltziales (*Emporia*) und die übrigen, rezenten Gymnospermen (▶ Abb. 3.10).
- Als nächste Verwandte der **Angiospermen** gelten fossile Samenpflanzengruppen, zu denen die Glossopteridales, *Pentoxylon*, die Bennettitales und Caytoniales gehören (◼ Abb. 5.42). Die gesamte Gruppe wird als **Para-Angiophyten** bezeichnet und damit von den **Anthophyten** unterschieden, zu denen auch die Gnetales gehören. Der Begriff Anthophyten wurde im Zusammenhang mit phylogenetischen Analysen geprägt, die ein Schwestergruppenverhältnis zwischen Gnetales und Angiospermen postulierten (Zusammenfassung in Soltis et al. 2017).

Die derzeitige Auffassung zur Evolution der Samenpflanzen ist nicht gesichert. Molekulare Daten helfen nur bedingt weiter, da die meisten Gruppen in der Evolutionslinie der Samenpflanzen **ausgestorben** sind und die rezenten Linien vermutlich näher mit fossilen Taxa als untereinander verwandt sind (◼ Abb. 5.42; Matthews 2009). Dies gilt insbesondere für die **Gnetales**,

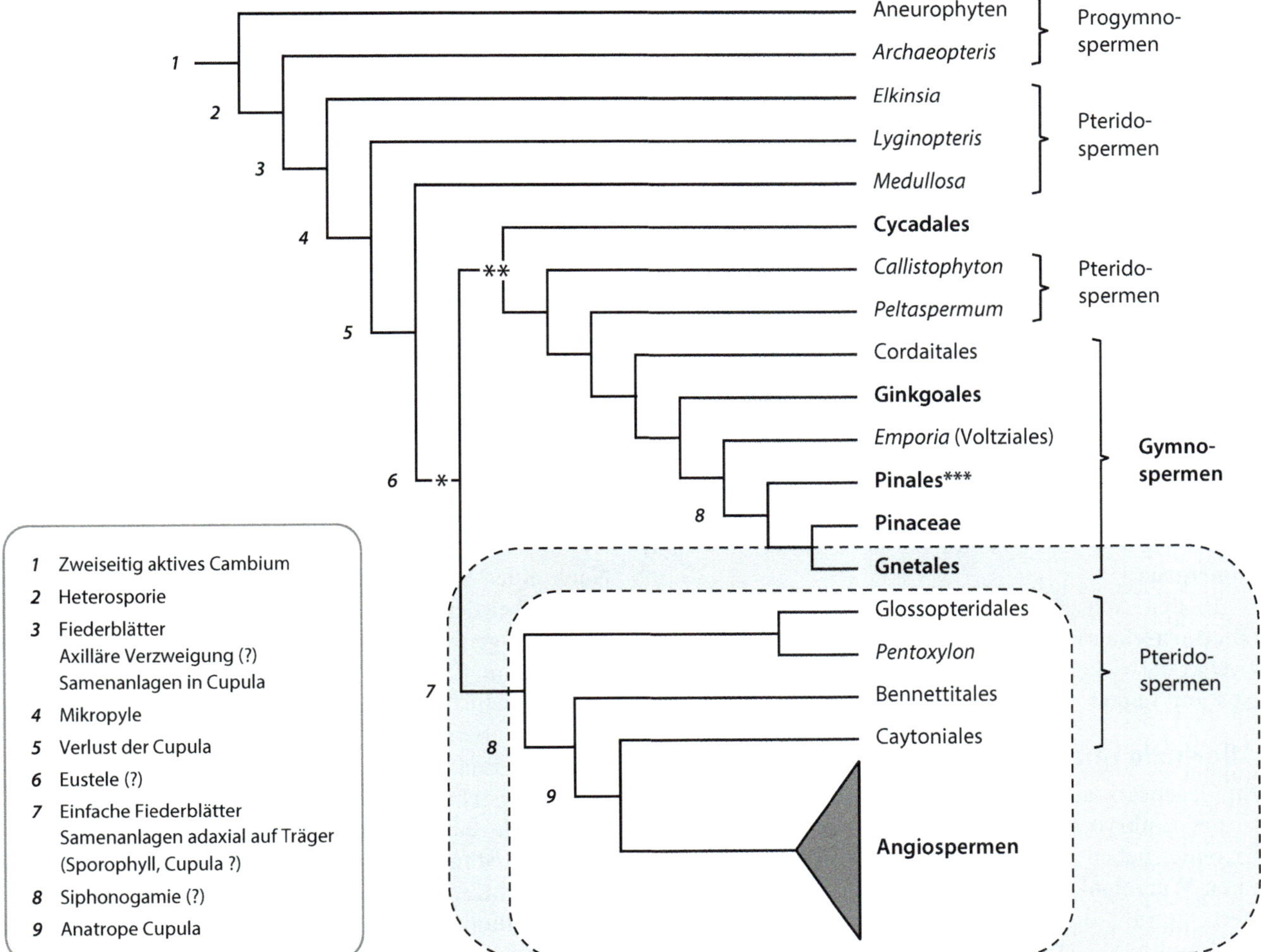

◘ Abb. 5.42　Evolutionstendenzen in der Linie der Samenpflanzen. Es gibt verschiedene Auffassungen zur Evolution der Samenpflanzen und zur Herkunft der Angiospermen. *, Vorfahr der Samenpflanzen. **, Vorfahr der Gymnospermen. ***, Nach anderer Systematik gehören die Pinaceae und Gnetales zu den Pinales. (Sy 9) Kursivdruck: Fossile Gattungen. Fettdruck: rezente Gruppen. Taxonomische Namen ohne einheitlichen Rang. Hellgrau unterlegt: Anthophyta (erweitert um Glossopteriden und *Caytonia*; Soltis et al. 2017). Weißes Feld: Para-Angiophyten. Abbildung basiert auf Doyle (2013).

die in verschiedenen phylogenetischen Analysen an der Basis der Samenpflanzen, als Schwestergruppe zu den Angiospermen (Gymnospermen dann paraphyletisch; Sy 2) oder als Schwestergruppe der Pinales (Gymnospermen dann monophyletisch) erscheinen (Soltis et al. 2017). Die letztere Auffassung wird derzeit favorisiert (z. B. Doyle 2013; ◘ Abb. 5.42, Sy 9).

Die **unklare Herkunft** der Samenpflanzen und die vielen, sehr unterschiedlichen Fossilfunde machen eine eindeutige **Rekonstruktion** der Organbildung zum jetzigen Zeitpunkt **unmöglich**. Anhand **rezenter Arten** lassen sich aber Unterschiede zu den Farngewächsen und zwischen den Samenpflanzengruppen aufzeigen (► Kap. 6–8).

Blattentwicklung und axilläre Verzweigung

Obgleich sich die Euphylle der Farne und Samenpflanzen äußerlich **ähneln**, unterscheiden sie sich doch grundsätzlich in ihrer Entwicklung, Formgestaltung und funktionellen Vielfalt.

Die **Blätter** der Samenpflanzen werden seitlich vom Sprossapikalmeristem abgegliedert (► Abb. 1.2b) und wachsen mit einem **Randmeristem** (► Abschn. 8.3.2). Sie leiten sich vermutlich wie die Monilophylle der Farne von den Raumwedeln der Progymnospermen und Samenfarne ab. Wann allerdings während der Evolution der Samenpflanzen der **Übergang** vom **Scheitelzellwachstum** zum Wachstum mit **Meristemen** erfolgte, ist nicht bekannt.

Die **Fiederung** der Blattspreite erfolgt wie bei den Farnen als Reaktion auf ein **lokales Auxinmaximum**. Dieses führt allerdings nicht zur Bildung von Scheitelzellen, sondern zu einer lokal erhöhten **Zellteilungsaktivität** innerhalb des insgesamt teilungsfähigen Randmeristems (► Exkurs 8.4). Darüber hinaus haben die Blätter der Samenpflanzen mit dem Übergang zur **basipetalen** Entwicklung (► Abschn. 8.3.2) und zu den Prozessen der **Inkorporation** und **Fusion** (► Abschn. 8.3.2) Fähigkeiten erworben, die den Monilophyllen **fehlen** (Hagemann 1970).

Die Blätter der **Angiospermen** sind in ihrer Struktur, Entwicklung und Funktion außerordentlich **divers** (► Abschn. 8.3). Die Blätter der **Gymnospermen** sind dagegen deutlich einfacher gestaltet (► Abschn. 8.3.6). Sie sind **oft nadelförmig** und von wenigen Ausnahmen abgesehen (*Ginkgo*, *Taxodium*: ◘ Abb. 5.44a–c, g–k; *Metasequoia* ◘ Abb. 5.45h, i; *Larix*: ◘ Abb. 5.46j–l) **immergrün**.

In den Achseln der Blätter bleiben Restmeristeme (**Blattachselmeristeme**) erhalten, aus denen sich Seitenzweige: entwickeln. Die **Verzweigung** der Samenpflanzen ist somit **immer axillär** (► Abschn. 6.7.1).

Allorhizie und sekundäre Homorhizie

Im Gegensatz zum unipolaren Embryo des Farnkormus ist der Embryo der Samenpflanzen **bipolar** organisiert. Er bildet neben dem Sprossapikalmeristem einen separaten **Wurzelpol**, der sich **endogen im Embryo** differenziert und die **Radicula** (Keimwurzel) bildet (► Abschn. 8.3.1). Die Keimwurzel entwickelt sich zur Primärwurzel, die sich **endogen** aus dem **Perizykel** verzweigen und ein **umfangreiches Wurzelsystem** aufbauen kann.

Interessanterweise geht die Anlage des Wurzelpols von der obersten **Suspensorzelle** aus (► Exkurs 8.9). Da der Suspensor mit seinen spezifischen Regulationsprozessen (► Abb. 8.70) ein Neuerwerb der Samenpflanzen ist und die Ernährung des Embryos sichert, könnte die **Bipolarität des Embryos** mit der **Evolution des Samens** einhergegangen sein.

Innerhalb der **Samenpflanzen** treten drei verschiedene Bewurzelungsverhältnisse (**Radikationssysteme**) auf:

1. Die **dicotylen Blütenpflanzen** bilden neben dem Hauptwurzelsystem sprossbürtige Wurzeln vielfältiger Funktion (► Abschn. 8.4.4 und 8.4.5). Da sich ihre Bewurzelung aus Wurzeln unterschiedlicher Herkunft zusammensetzt, wird sie **allorhiz** (verschiedenwurzelig) genannt (Troll 1935).

2. Die **Gymnospermen** bilden gewöhnlich **keine sprossbürtigen** Wurzeln. Nur in Ausnahmefällen, wenn z. B. herabhängende Äste mit dem Erdboden in Kontakt kommen (Absenker, z. B. Fichte; ► Abschn. 6.9.2) oder Brutknospen gebildet werden (selten bei *Cycas*; Gifford und Foster 1996), entstehen sprossbürtige Wurzeln. Dennoch wird auch ihre Radikation als **allorhiz** bezeichnet.

3. Bei den **monocotylen** Blütenpflanzen stellt die Primärwurzel ihre Aktivität früh ein und wird funktional von **sprossbürtigen Wurzeln** ersetzt (► Abb. 8.67b). Diese Form der Homorhizie heißt in Abgrenzung zu den Farnen **sekundäre Homorhizie**.

Nach einer Studie von Damus et al. (1997) weist die Wurzel bei den meisten **Blütenpflanzen** ein sekundäres Abschlussgewebe in Form einer **Exodermis** (► Abschn. 7.2.2) auf, während den **Gymnospermen** diese Schicht **fehlt**. Bei ihnen übernehmen weiter innen liegende suberinisierte Zellen oder die suberinisierte **sekundäre Endodermis** (► Abschn. 7.2.4) den Austrocknungsschutz. Die Autoren interpretieren die Exodermis als eine Struktur, die sich in **Anpassung an extreme Standortbedingungen** entwickelt hat. Die Blütenpflanzen haben mit ihr einen höheren Schutz vor Austrocknung und Wurzelschädlingen entwickelt. Die **Evolution der Exodermis** hat möglicherweise die **Besiedlung neuer Habitate** erleichtert und zur **Diversifizierung der Lebensweise** beigetragen, da nun auch sprossbürtige Wurzeln vielfältige Funktionen im **Luftraum** übernehmen konnten.

Die **Evolution der Wurzel** wirft bis heute Fragen auf. Beck (1962) vermutet, dass bereits *Archaeopteris* ein Hauptwurzelsystem besessen hat, dessen Entstehung dann bis ins Erdaltertum zurückreichen würde. Aber wie kam es überhaupt zur Wurzelbildung? Sind die Wurzeln der Samenpflanzen unabhängig von den Farnwurzeln entstanden, oder gehen sie doch auf einen gemeinsamen Vorfahren zurück? Wie lassen sich sonst die Bildung von Wurzelhauben und die hohe morphologische und histologische Übereinstimmung zwischen rezenten Farnen und Samenpflanzen verstehen? Und wie kam es zur

Wurzelbildung der rezenten Bärlapppflanzen, deren Vorfahren gar keine ‚Wurzeln' hatten? Es fällt schwer, die mehrfach unabhängige Entstehung von ‚Wurzeln' nachzuvollziehen, aber unter Berücksichtigung eines gemeinsamen **genetischen Erbes**, einer **Millionen Jahre** umfassenden Zeitspanne und relativ **konstanter Bedingungen** im Erdboden ist es durchaus denkbar, dass sich die heutige Konstruktion der Wurzel als **optimale Anpassung mehrfach unabhängig** voneinander durchgesetzt hat (Raven und Edwards 2001).

Eustelen und sekundäres Dickenwachstum

Die **Sprossachsen** der rezenten Gymnospermen und Dicotylen weisen **Eustelen** mit **offen collateralen Leitbündeln** (▶ Abschn. 7.4.3) auf. Diese sind im Gegensatz zu allen anderen rezenten Kormophyta nicht nur zu **sekundärem Dickenwachstum** befähigt, sondern haben auch ein **zweiseitig aktives** Cambium entwickelt, das **Holz** und **Bast** liefert. Mit dieser Stammkonstruktion sind sie in der Lage, Bäume von 100 m Höhe bis zur physikalischen Grenze des Wassertransportes zu bilden. Das gilt gleichermaßen für Gymnospermen (Riesen-

mammutbaum; ◘ Abb. 5.46d und ▶ 6.52a) und Angiospermen (Riesen-Eukalyptus; ▶ Abb. 6.52b).

Die **Gymnospermen** bilden **ausschließlich Holzgewächse** in Form von hochstämmigen Bäumen (Ginkgoales: ◘ Abb. 5.44a; Koniferen: ◘ Abb. 5.45a und 5.46m, n), kurzstämmigen Bäumen (Cycadales; ◘ Abb. 5.43a, b), unterirdischen Stämmen (*Welwitschia*; ◘ Abb. 5.49g, h), Sträuchern (*Ephedra*; ◘ Abb. 5.49a, c) und Lianen (*Gnetum*). Ihr Holz ist **einfacher gebaut** als das der Angisospermen (▶ Tab. 8.1), die auch in ihrer Wuchsform wesentlich formenreicher sind.

Die **Blütenpflanzen** (Angiospermen) weisen mit Holzgewächsen, perennen und annuellen Kräutern **alle bekannten Wuchsformen** auf (▶ Abschn. 6.10.2). Ihre Sprossachsen übernehmen zudem zahlreiche **Sonderfunktionen**, an die sie morphologisch und histologisch **angepasst** sind (▶ Abschn. 8.2.5). Die Sprossachse der **Monocotylen** weicht erheblich vom Bau der übrigen Blütenpflanzen ab. Sie weist eine **Ataktostele** mit **geschlossen-collateralen Leitbündeln** auf und ist nicht zu cambialem Dickenwachstum befähigt (▶ Abschn. 8.2.4).

◘ **Tab. 5.7 Kurzcharakteristik rezenter Gymnospermen.** Systematik und Artenzahlen nach Simpson 2010. Merkmale s. Gifford und Foster 1996

Taxon	F/G/A	V	Wf	G	Merkmale	Beispiele
Cycadales Palmfarne	2/11/≤ 340	st t	b* (a)	dö	S: aufrecht, niederliegend, oft unverzweigt, selten gabelig oder unregelmäßig B: spiralig, pinnate Fiederblätter W: coralloid, Mykorrhiza	*Cycas Ceratozamia Encephalartus Zamia*
Ginkgoales Gingkogewächse	1/1/1	st: As	b	dö	S: aufrecht B: zweilappig, sommergrün	*Ginkgo biloba*
Pinales (Koniferen) Kieferngewächse	7/72/588	ko	b	mö, dö	S: aufrecht, monopodial, kataleptisch, akroton B: einfach, ungegliedert, ± immergrün, skleromorph W: Atemwurzel**	siehe ◘ Tab. 5.8
Pinales (Gnetales) Gnetumgewächse	1/1/35–40	st	div	± dö	Rutenstrauch***	*Ephedra*
	1/1/ ~ 30	t		dö	Liane****, Lederblätter	*Gnetum*
	1/1/1	st: Af		dö	Kurzstamm, 1 Laubblattpaar	*Welwitschia*

F/G/A, Anzahl der Familien, Gattungen und Arten. **V,** Verbreitung: Af, Afrika. As, Asien. dj, disjunkt. ko, kosmopolitisch. oa, ostasiatisch. st, subtropisch. t, tropisch. **Wf,** Wuchs-/Lebensform: a, ausdauernd. b, baumförmig. div, divers. **G,** ‚Geschlechterverteilung': dö, diözisch. mö, monözisch. **Merkmale:** S, Sprossachse. B, Blatt. W, Wurzel. * Ausgeprägtes primäres Dickenwachstum. ** Sumpfzypresse. *** Ausnahme *Ephedra triandra*: kleiner Baum. **** Ausnahme *Gnetum gnemon*: kleiner Baum

◘ Abb. 5.43 **Cycadales. a,** *Encephalartos transvenosus.* Typischer Habitus eines Palmfarns. **b,** *Cycas elongata.* Etwa 7 m hohe Pflanze. **c,** *Lepidozamia porovskiana.* Natürlicher Standort im New England NP, New South Wales, Australien. **d–f,** *Encephalartos horridus.* **d,** Habitus. **e, f,** Xeromorphes Blatt mit Fiederdornen von oben (**e**) und von der Seite (**f**). **g, h,** *Cycas panzhihuaensis.* Blattentwicklung mit eingekrümmten Fiederanlagen. **i,** *Ceratozamia mexicana.* Braune Schuppenblätter (Pfeil) zwischen den bestachelten Stielen der Laubblätter. **j,** *Stangeria eriopus.* Lederartiges Fiederblatt mit herablaufenden Fiedern. **a, d–f. i. j:** BG Mainz. **b, g, h:** BG Shenzhen, China. (© R. Claßen-Bockhoff, Mainz)

5.5.9 Gymnospermen: Evolution, Diversität und Lebensweise

Die Gymnospermen beinhalten alte Landpflanzengruppen, die seit 300 Mio. Jahre fossil belegt sind. Nach Willis und McElwain (2002) entwickelten sich zunächst die **Cordaitales** (▶ Abb. 3.10), die bis zu 30 m hohe Holzstämme bildeten und in manchen Waldgebieten dominierten. Sie waren vom Ende des Karbons bis zur Mitte des Perms (vor ca. 330–250 Mio. Jahren) artenreich vertreten und starben gegen Ende des Perms aus. Die etwas jüngeren **Voltziales** sind vom Oberkarbon bis ins Unterjura bekannt. Sie zeigten in vegetativen und reproduktiven Strukturen starke Ähnlichkeit mit den Cordaitales und gelten als Ausgangsform der rezenten Gymnospermen.

Im Unterperm (vor ca. 280 Mio. Jahren) entstanden die **Vorläufer der Pinales und Cycadales**. Sie hatten im **Mesophytikum** (spätes Perm bis Mittlere Kreide) ihre stärkste Verbreitung und größte Artenzahl. Die ersten Fossilien, die den **Ginkgogewächsen** zugeordnet werden, datieren ebenfalls ins Unterperm. Im Jura hatten die Ginkgogewächse ihre größte Artenfülle erreicht und machten einen bedeutenden Teil der globalen Vegetation aus. Gegen Ende der Kreide nahmen sowohl die Artenzahl als auch die Verbreitung der Ginkgogewächse stark ab. Rezent wird die Gruppe nur durch eine Art, *Ginkgo biloba*, repräsentiert.

Im späten Perm (vor ca. 260 Mio. Jahren) gehörten über 60 % der bestehenden Arten zu den Gymnospermen. An der Wende vom Perm zur Trias starben jedoch die meisten Arten aufgrund des Klimawandels aus (Stanley 2001). Es entwickelten sich neue Gruppen, zu denen auch die **Bennettitales** zählen. Erste fossile Belege stammen aus der Trias (vor 240 Mio. Jahren). Die Klasse gilt als einer der direkten Vorläufer der Angiospermen und starb in der Kreide aus (vor ca. 140 Mio. Jahren).

Die **rezenten** Gymnospermen umfassen die **Palmfarne** (Cycadales, ca. 140 Arten), **Ginkgogewächse** (Ginkgoales, eine Art) und **Pinales** (inkl. Gnetales, ca. 600 Arten; Sy 9). In früheren molekularen und morphologischen Untersuchungen wurden die Ginkgoales als engste Verwandte der Koniferen und die Gnetales als engste Verwandte der Basalen Angiospermen interpretiert. Nach dieser Einordnung wären die Gymnospermen im Verhältnis zu den Angiospermen eine paraphyletische Gruppe (Sy 2). Nach derzeitigem, nicht unumstrittenem Kenntnisstand (Matthews 2009) sind die Gymnospermen **monophyletisch** und Schwestergruppe zu den Angiospermen (Doyle 2013). Die Cycadales und *Ginkgo* stehen in einem Schwestergruppenverhältnis zu den paraphyletischen Pinales, aus denen die **Gnetales** entstanden sind (Sy 2 und 9).

Cycadales

Die Palmfarne, die außer ihrer äußeren Ähnlichkeit nichts mit Palmen und Farnen zu tun haben, sind eine **monophyletische** Gruppe (Sy 2), die im **Erdmittelalter** weit verbreitet war. Sie gilt als **älteste Gymnospermengruppe** und lieferte vermutlich die Futterpflanzen für pflanzenfressende Dinosaurien. Die rezenten Cycadales gliedern sich in die **Cycadaceae**, die nur die Gattung *Cycas* umfassen, und die **Zamiaceae** mit allen übrigen Gattungen. Die Cycadales wachsen als kleine **Schopfbäume** (▢ Abb. 5.43a, b; Ausnahme *Lepidozamia*: 20 m hoch), mit niederliegenden Stämmen oder als ausdauernde Kräuter. Die Pflanzen sind **diözisch** (▶ Abschn. 9.6.3). Während Pflanzen mit Samenzapfen oft unverzweigt **monopodial** wachsen, sind Pflanzen mit Pollenzapfen auch **sympodial** verzweigt (▶ Abschn. 6.7.1).

Die Cycadales weisen einige **Alleinstellungsmerkmale** innerhalb der Gymnospermen auf:

- Als einzige Gymnospermengruppe bilden die Cycadales große, pinnate **Fiederblätter** (▶ Abschn. 8.3.4), die mit Ausnahme von *Bowenia* (doppelt gefiedert) **einfach gefiedert** sind (▢ Abb. 5.43a, b, d). Die Blätter weisen oft Stacheln an den Blattstielen auf, sind immergrün und sehr hart (▢ Abb. 5.43e, f, i). Ihre Ähnlichkeit zu Farnwedeln und Palmblättern schlägt sich im Trivialnamen ‚Palmfarne' nieder. Bei einigen Arten (z. B. *Cycas*, *Bowenia*) sind die Blattspreiten und/oder Fiedern während der Entwicklung eingekrümmt (▢ Abb. 5.43g, h) und erinnern auch darin entfernt an Farnwedel. Alternierend zu den Laubblättern treten braune, oft behaarte Schuppenblätter auf, die das Apikalmeristem schützen (▢ Abb. 5.43i: Pfeil).
- Die Stämme der Cycadales unterscheiden sich von allen anderen Stämmen der Gymnospermen in ihrem **geringen Holzanteil**. Die Umfangserweiterung der meist gedrungenen Stämme beruht auf einem **primären Verdickungsmeristem**, das schon im Embryo entsteht (Stevenson 1980).
- Die Cycadales leben als einzige Gymnospemengruppe in **Endosymbiose** mit Stickstoff fixierenden **Cyanobakterien** der Gattung *Nostoc* (▶ Abschn. 5.1; Lindblad und Bergman 1990). Die Bakterien bewohnen schleimgefüllte Räume in der Rinde besonders gestalteter Seitenwurzeln (Milindasuta 1975). Diese sind dicht verzweigt, wachsen nach oben und werden aufgrund ihrer korallenähnlichen Gestaltung als **coralloide** Wurzeln bezeichnet. Vermutlich sind die Cycadales durch diese Symbiose und die zusätzlich auftretende arbuskulärer **Mykorrhiza** (▶ Exkurs 8.9) dazu befähigt, auf nährstoffarmen Böden zu wachsen.

Alle Arten der Cycadales stehen international unter **Naturschutz**. Daher beschränkt sich ihre wirtschaftliche Bedeutung heute auf ihre Verwendung als ornamentale

Gestaltungelemente für Parks und Gärten. Aus dem **Mark** von *Cycas revoluta* wurde früher **Sago** gewonnen, ein stärkehaltiges Verdickungsmittel, das Teigwaren zugesetzt wird. Weitere Sagolieferanten sind das Mark der Sagopalme (*Metroxylon sagu*) und die heute überwiegend genutzten Wurzelknollen der Maniokpflanze (*Manihot esculenta*, Euphorbiaceae).

Ginkgoales

Die Ginkgoales umfassen nur eine Familie mit einer Gattung und einer Art. *Ginkgo biloba* zählt zu den lebenden Fossilien (▶ Exkurs 5.8).

Der schnellwüchsige, attraktive Ginkgobaum wird weltweit als **Allee- und Parkbaum** angepflanzt. Seine Häufigkeit verschleiert die Tatsache, dass sein **natürlicher Lebensraum** auf wenige, unzugängliche Bergtäler Südwestchinas beschränkt ist.

In der Kulturgeschichte Ostasiens spielt der *Ginkgo* seit über 1000 Jahren eine hervorragende Rolle. Der Baum wurde im gesamten ostasiatischen Raum als heiliger und wunderkräftiger Baum verehrt, in Tempelanlagen angepflanzt und in zahlreichen Gedichten besungen. Da der *Ginkgo* ‚männliche‘ und ‚weibliche‘ Individuen erzeugt (diözisch; ▶ Abschn. 9.6.3), symbolisiert er das Prinzip von **Yin und Yang**. Nach Europa kam der Baum im 18. Jahrhundert und erlangte Berühmtheit durch das ***Ginkgo-biloba*-Gedicht** von Johann Wolfgang v. Goethe (1815 in 1819). Die zweilappige Form des Blattes war für den Dichter ein Sinnbild der Freundschaft.

Das **Ginkgoblatt** ist weltberühmt und wird als Logo verwendet (z. B. Universität Tokyo) und in vielfältiger Weise vermarktet. Es ist botanisch interessant, weil es an **Lang- und Kurztrieben** gebildet wird (◧ Abb. 5.71a; Kurztrieb-Langtrieb-Dimorphismus s. ▶ Abschn. 6.7.2), **gabelnervig** und **dimorph** ist. Die Verzweigung der Leitbündel wurde lange Zeit als Argument für die Richtigkeit der Telomtheorie verwendet; diese Ansicht ist heute nicht mehr aktuell (▶ Exkurs 5.4). Vielmehr folgt der Leitbündelverlauf der **fächerförmigen Gestalt** des Blattes und dürfte dessen Wachstum widerspiegeln (▶ Exkurs 8.4). Obgleich *Ginkgo* üblicherweise mit dem zweilappigen Blatt assoziiert wird, ist diese Blattform nicht die einzige. Die **Blätter variieren** vielmehr mit dem Alter von einer ungeteilten bis zu einer tief eingeschnittenen Form (**Altersdimorphismus**). Im Herbst färben sie sich kräftig gelb und werden abgeworfen – eine seltene Eigenschaft unter den Gymnospermen (◧ Tab. 5.7).

Ginkgo biloba ist eine alte **Heilpflanze**, die in der traditionellen chinesischen Medizin vielseitig genutzt wird. In der westlichen Medizin werden Blattextrakte als **Antidementiva** bei Gedächtnisstörungen, Konzentrationsschwäche und Demenz genutzt. In **Japan** werden geschälte und gegarte Samen zu verschiedenen Gerichten **gegessen** oder geröstet als ‚Nüsse‘ verzehrt.

Der *Ginkgo* ist auch eine weltweit genutzte **Zierpflanze**. Er ist relativ anspruchslos, resistent gegen Schädlinge und tolerant gegenüber Autoabgasen, weswegen er vermehrt als **Stadt- und Straßenbaum** angepflanzt wird. Da die Samen nach Buttersäure stinken (▶ Abschn. 5.6.6), werden mancherorts nur staminate (männliche) Individuen verwendet, die aus Stecklingen gezogen werden. Es ist erstaunlich, dass ausgerechnet ein ‚lebendes Fossil‘ mit den Schadstoffen der heutigen Zeit so gut zurecht kommt - möglicherweise hat diese Robustheit zum Überleben der Art beigetragen.

Exkurs 5.8 *Ginkgo, Metasequoia* & Co. – lebende Fossilien

Die Kernaussage der Evolutionstheorie besagt, dass **Arten nicht konstant** sind, sondern sich im Laufe der Evolution **abwandeln** (Darwin 1859). Fossilfunde sind hierfür ein wichtiger Beleg, zeigen sie doch oft die **schrittweise Veränderung** von Formen ausgestorbener zu rezenten Arten. Umso erstaunlicher ist es, dass es rezente Arten gibt, die genauso aussehen wie ihre Millionen Jahre älteren Vorfahren. Diese seit Darwin (1859) als **lebende Fossilien** (*living fossils*) bezeichneten Arten scheinen sich **nicht abgewandelt**, sondern den Zustand ihrer Vorfahren **konserviert** zu haben.

Die **Gründe** für den Erhalt der Physiognomie und Lebensweise dieser Arten sind noch immer **rätselhaft**. **Geringer Selektionsdruck** durch konstante Lebensräume, **Fehlen von Konkurrenz** und Fressfeinden sowie **langsame Evolutionsgeschwindigkeit** spielen sicher bei dem Erhalt der Dauerformen eine wesentliche Rolle.

Lebende Fossilien stehen **systematisch isoliert**; ihre nächsten Verwandten sind längst ausgestorben. **Monotypische** Gattungen, die nur eine Art enthalten (z. B. *Ginkgo*), und **monogenerische** Familien mit nur einer Gattung (z. B *Equisetum*) sind relativ häufig. Die meisten

Arten kommen nur an wenigen **reliktären Standorten** vor, wo sich die Lebensbedingungen der Vorzeit erhalten haben. Mit der Erforschung unwegsamer Gebiete werden immer wieder Pflanzen entdeckt, die als ausgestorben galten.

Innerhalb der Kormophyta zählen die **Bärlapp-pflanzen**, **Schachtelhalme**, **Gabelblattfarne** und **Natterzun-gengewächse** zu den lebenden Fossilien (▶ Abschn. 5.5.7, ◘ Abb. 5.32, 5.35 und 5.38). Innerhalb der **Gymno-spermen** liefern die südostasiatischen Arten *Ginkgo biloba* (Ginkgoaceae; ◘ Abb. 5.44a–c), *Cathaya argyrophylla* (Pinaceae), *Xanthocyparis vietnamensis* (Cupressaceae) und *Metasequoia glyptostroboides* (Urwaldmammut-baum, Cupressaceae; ◘ Abb. 5.44g–k), die australische Wollemie (*Wollemia nobilis*, Araucariaceae; ◘ Abb. 5.44d–f) und die südwestafrikanische *Welwitschia mirabilis* (◘ Abb. 5.49f–k) weitere Beispiele.

Ginkgo biloba (◘ Abb. 5.44a–c)

Vermutlich sind die Ginkgoales im ausgehenden Erd-altertum entstanden und entfalteten sich im Erdmittel-alter vor rund 150 Mio. Jahren (▶ Abb. 3.10). Fossil-funde belegen, dass die Ginkgogewächse weltweit mit etlichen Gattungen und vermutlich über 100 Arten ver-treten waren. Die Gattung *Ginkgo* ist anhand ihrer typi-schen Blattform seit 70 Mio. Jahren nachweisbar. Noch vor 5 Mio. Jahren war die Gattung *Ginkgo* Bestandteil europäischer Wälder, bis sie weltweit ausstarb und nur noch mit einer Art, *Ginkgo biloba*, an wenigen ost-asiatischen Reliktstandorten überlebte.

Metasequoia glyptostroboides (◘ Abb. 5.44g–k)

Der **Urweltmammutbaum** wurde erst Mitte des 20. Jahr-hunderts in der chinesischen Provinz Sichuan entdeckt. Der Fund war **spektakulär**, weil es sich bei *Metasequoia* nicht um ein kleines Kraut, sondern um einen über 30 m hohen Baum handelte, der bis dahin unentdeckt geblieben war. Die späte Wiederentdeckung der fossil bekannten Pflanze ist dem unwegsamen Gelände geschuldet, in dem der Baum überlebt hat.

Metasequoia ist wie *Ginkgo* **monotypisch**, **sommergrün** und mit **Lang- und Kurztrieben** ausgestattet. Die Kurz-triebe tragen zweizeilig gestellte, abgeflachte Nadelblätter und sehen wie Fiederblätter aus (◘ Abb. 5.44g, h). Dieser Eindruck wird dadurch verstärkt, dass die ganzen Kurz-triebe im Herbst abfallen.

Der Urwaldmammutbaum ist eine beliebte **Park-pflanze**, die schnell wächst und weltweit kultiviert wird. Er hat einen geraden, an der Basis verdickten Stamm und eine unverkennbare pyramidale Wuchsform (◘ Abb. 5.44i–k).

Wollemia nobilis (◘ Abb. 5.44d–f)

Die Wollemie wurde erst 1994 entdeckt (Jones et al. 1995) und löste eine ähnliche Sensation aus wie die Entdeckung des Urwaldmammutbaumes. Der einzige bekannte Fund-ort liegt im Wollemi-Nationalpark, einem **reliktären Regen-waldgebiet** der Blue Mountains westlich von Sydney, Aust-ralien.

Wollemia nobilis ist die einzige Art der Gattung und bildet zusammen mit *Araucaria* und *Agathis* die Familie der Arau-cariaceae. Diese Familie war im Erdmittelalter weltweit ver-breitet und überlebte das Massenaussterben am Ende der Kreidezeit mit wenigen Gattungen. Die 41 rezenten Arten weisen mit ihrer Verbreitung auf den Südkontinenten ein ty-pisches **Gondwana-Areal** (▶ Abschn. 3.5.3) auf.

Die Wollemie ist ein immergrüner Baum, der 40 m hoch werden kann (◘ Abb. 5.44d). Ihre **Äste** sind kaum verzweigt und wirken aufgrund der eigentümlichen Blattstellung verdrillt. Sie werden nach wenigen Jahre abgeworfen, nachdem sie entweder einen endständigen Zapfen gebildet (*Araucaria*; ◘ Abb. 5.72f) oder ihr Wachstum eingestellt haben. Die **Erneuerung** erfolgt aus ruhenden Knospen am Stamm (**Spätkatalepsis**; ▶ Abschn. 6.7.1). Die **Nadeln** sind flach und werden spi-ralig angelegt. Dann drehen sie sich an ihrer Basis und erscheinen in vier nach oben und unten weisenden Zeilen (◘ Abb. 5.44e, f).

Das **Überleben** der Wollemie gibt den Evolutionsbio-logen **Rätsel** auf, da die etwa 100 bekannten Pflanzen nur zu drei verschiedenen Geneten (▶ Abschn. 4.1) gehören (Peakall et al. 2003). Trotz der **fehlenden genetischen Di-versität** setzen die Pflanzen **keimfähige Samen** an, die welt-weit zum **Erhalt** der stark bedrohten Art genutzt werden. An ihrem natürlichen Standort steht die Pflanze **kurz vor dem Aussterben**. Besonders gefährdet ist sie durch den aus Asien eingeschleppten Erreger der Wurzelfäule *Phytopht-hora cinnamoni*, einem einzelligen Schleimpilz (Peronospo-romycetes, Stramenopiles; Sy 4:10), der in Australien ver-heerende Schäden anrichtet (▶ Exkurs 8.12). Um die Art vor dem Einschleppen des Erregers durch Besucher zu schützen, wird ihr genauer Standort geheim gehalten.

5

● **Abb. 5.44 Lebende Fossilien. a–c**, *Ginkgo biloba*, der einzige Vertreter der Ginkgoales. **a**, Stattliche Bäume. *Ginkgo*-Allee im Ueno Park, Tokyo. **b**, Beblätterter Zweig mit fächerförmigen, nicht immer zweilappigen Blättern. **c**, Typisches Ginkgoblatt. **d–f**, *Wollemia nobilis* (Araucariaceae, Pinales). **d**, Baum im Botanischen Garten von Sydney. **e, f**, Beblätterte Zweige von der Seite (**e**) und von vorn (**f**) mit flächigen, vierzeilig gestellten Na-deln. **g–k**, Urwaldmammutbaum (*Metasequoia glyptostroboides*, Cypressaceae, Pinales). Parkanlage, Deutschland **g**, Kurztrieb mit zweizeilig gestellten Nadelblättern. **h**, Zweig mit beblätterten Kurztrieben, äußerlich einem Fiederblatt ähnlich. **i**, Mächtiger Stamm mit relativ glatter, graubrauner Borke. **j, k**, Charakteristische säulenförmige Wuchsform im Sommer (**j**) und im Winter nach Abwurf der Nadeln (**k**). (© R. Claßen-Bockhoff, Mainz)

Pinales: Koniferen

Die Koniferen wachsen als **Bäume**. Ihr Wachstum ist durch terminale Sprossfortsetzung charakterisiert (**Monopodium**; ▶ Abschn. 6.7.1). Der saisonale Zuwachstrieb ist unverzweigt und trägt Überdauerungsknospen, die in der nächsten Vegetationsperiode (**kataleptisch**; ▶ Abschn. 6.7.1) austreiben. Werden neben der Endknospe nur die obersten Seitenknospen gefördert (**disjunkte Akrotonie**; ▶ Abschn. 6.7.1), entsteht das typische ‚Tannenbaummuster' mit etagenförmig angeordneten, sich nach oben pyramidal verjüngenden Seitentrieben (◘ Abb. 5.46a, 6.24a und 6.33a–e). Viele Arten weisen einen **Kurztrieb-Langtrieb-Dimorphismus** auf. Die Langtriebe bauen das Gerüst der Pflanze auf, während die Kurztriebe Nadeln (▶ Abb. 6.29a) und Reproduktionsorgane (◘ Abb. 5.72i, j) tragen.

Baumwuchs

Mit ihren mächtigen Holzstämmen und dem monopodialen Wuchs erreichen die Koniferen beeindruckende Höhen:

- Die **Mammutbäume** gehören zu den höchsten Bäumen der Welt (▶ Exkurs 6.8). Sie umfassen nur drei Arten: die kalifornischen *redwood*-Arten, *Sequoia sempervirens* (Küstenmammutbaum; ◘ Abb. 5.46d, e) und *Sequoiadendron giganteum* (Riesenmammutbaum; ▶ Abb. 6.52a) sowie das in China wiederentdeckte ‚lebende Fossil' *Metasequoia glyptostroboides* (Urwaldmammutbaum; ◘ Abb. 5.44g–k). Diese drei Arten, die drei verschiedenen **monotypischen** Gattungen angehören und zusammen eine eigene Unterfamilie der Zypressengewächse bilden (Cupressaceae-Sequoioideae), sind die letzten Überlebenden einer vormals reich vertretenen Koniferengruppe. Die Bezeichnung *redwood* nimmt auf die rötliche **Borke** (▶ Abschn. 8.2.2) Bezug, die bis mehrere Dezimeter dick werden kann und von faseriger Beschaffenheit ist (◘ Abb. 5.46e). Sie schützt die Stämme vor dem **Feuer** regelmäßig ausbrechender Waldbrände.
- Eindrucksvolle Riesenbäume weist auch die Patagonische Zypresse (*Fitzroya cupressoides*; ◘ Abb. 5.46m, n) auf, die mit ihrer bizarren, mastartigen Wuchsform über 70 m hoch werden kann. Sie ist ebenfalls die einzige Art ihrer Gattung und im südlichen Grenzgebiet von Chile und Argentinien **endemisch**. Bis ins 20. Jahrhundert hinein wurde sie zur Holzgewinnung genutzt. Die graubraunen Dachschindeln in der Region, die von der feuerabwehrenden Borke der Stämme stammen, legen Zeugnis davon ab. Inzwischen ist die Art streng geschützt und das Abholzen verboten.
- Auch die Steineibengewächse (**Podocarpaceae**) weisen riesige Bäume auf (◘ Abb. 5.47a–c). Sie sind in den Subtropen, vor allem auf der **Südhemisphäre**, vertreten, wo sie im südlichen Südamerika, Südafrika und Australien vorkommen und damit ein typisches **Gondwana-Areal** aufweisen (▶ Abschn. 3.5.3). In Südafrika dominieren sie die **tertiären Reliktwälder** der Südküste (Knysna Forest; ◘ Abb. 5.47a). In Neukaledonien kommt mit *Parasitaxus ustus* die einizge **parasitische** Gymnosperme vor (Schneckenburger 1991). Die Pflanze ist äußerst selten, besitzt keine Wurzeln und nutzt *Fulcatifolium taxoides*, ebenfalls eine Podocarpaceae, als Wasserquelle. Sie bildet keine Haustorien und enthält etwas Chlorophyll, sodass es sich vermutlich um einen **Hemiparasiten** handelt (▶ Abschn. 8.6.2).

Der Baumwuchs einiger Arten geht im **Hochgebirge** in eine **niederliegende Wuchsform** über. Man spricht von der **Krummholzzone**, deren wichtigster Repräsentant in den Alpen die **Latschenkiefer** (Legföhre, Bergkiefer, *Pinus mugo*) ist. Aber auch **Wacholderarten** tendieren zu strauchförmigem **Wuchs** insbesondere in den Hochlagen der Alpen und im Mittelmeerraum, wo sie von Ziegen beweidet und verbissen werden (◘ Abb. 5.46i).

Morphologisch weist der Stamm der Koniferen wenig **Sonderbildungen** auf. Eine Ausnahme ist die Gattung *Phyllocladus* (Podocarpaceae) mit blattartig gestalteten Kurztrieben (**Phyllokladien**; ▶ Exkurs 1.3). Einige Gymnospermenarten eignen sich für Bonsai-Kulturen (▶ Exkurs 5.9).

Beblätterung und Wurzelsystem

Die **Blätter** der Koniferen sind **einfach** und **ungegliedert**, dabei sehr **vielfältig** in ihrer Form, Stellung und Anordnung (◘ Tab. 5.8):

- Mit wenigen Ausnahmen sind sie derb und immergrün (**skleromorph**; ▶ Abschn. 8.3.6, ▶ Abb. 8.60a, b). Ihre Form ist **nadelartig** spitz oder **abgeflacht**. Tannennadeln sind leicht an den zwei weißen **Wachsrinnen** auf der Unterseite zu erkennen, in denen die Spaltöffnungen liegen (◘ Abb. 5.45c). Bei einigen Zypressengewächsen (Cupressaceae) treten sehr kleine **schuppenförmige** Blättchen auf, die der Achse eng anliegen und sie berinden (▶ Abb. 6.38d, ▶ Abschn. 6.7.3).
- Die **Blattstellung** ist **spiralig**, was die Araukarie besonders eindrucksvoll zum Ausdruck bringt (◘ Abb. 5.46b, c). Bei einigen Arten wie der Eibe oder dem Lebensbaum (◘ Abb. 5.46f und 5.47f) werden die Blätter sekundär in eine Ebene gestellt, bei der Wollemie sogar in vier Zeilen angeordnet (◘ Abb. 5.44f).
- Die Blätter stehen entweder **einzeln** an einem Langtrieb oder zu mehreren an **Kurztrieben**. Dies ist z. B. bei den **Kiefern** (*Pinus*; ▶ Abb. 6.29a) der Fall, die eine artspezifische Anzahl an Nadeln pro Kurztrieb

Tab. 5.8 Blattgestaltung ausgewählter Koniferengattungen. Artenzahlen überwiegend nach Simpson (2010)

Taxon (Gattung, Artenzahl)	Anordnung	Stellung	Form	Abb.
Pinaceae (12/225)				
Tanne (*Abies*, 46)	einzeln an Langtrieben	spiralig	flach, Wachsstreifen	5.45c, d
Fichte (*Picea*, 34)			nadelförmig spitz	5.45a, b
Kiefer* (*Pinus*, 110)	beblätterte Kurztriebe			5.45f, g 6.29a
Zeder (*Cedrus*, 2–4)				5.45d, e
Lärche** (*Larix*, 10)			nadelförmig weich	5.45h–k
Araucariaceae (3/32)				
Araucaria (18)	einzeln an Langtrieben	spiralig	flach	5.46a–c
Wollemia (1)		sekundär 4-zeilig		5.44d–f
Cupressaceae (32/130)				
Wacholder (*Juniperus*, ~50)	einzeln an Langtrieben oder gestreckten Kurztrieben	spiralig	nadel-, schuppenförmig	5.46g–i
Zypresse (*Cupressus*, ~12)			schuppenförmig	
Lebensbaum, *Thuja* (5)		sekundär 2-zeilig		5.46f
Riesenmammutbaum (*Sequoiadendron*, 1)				6.52a
Küstenmammutbaum (*Sequoia*, 1)	beblätterte, gestreckte Kurztriebe		flach	5.46d, e
Urwaldmammutbaum** (*Metasequoia*, 1)				5.44g–k
Sumpfzypresse (*Taxodium*, 2)				5.46j–l 8.81i
Podocarpaceae (17/167), Cephalotaxaceae (1/8–12), Taxaceae (5/17–20)				
Steineibe (*Podocarpus*, 94)	einzeln an Langtrieben	sekundär 2-zeilig	flach	5.47a–c
Kopfeibe (*Cephalotaxus*)				5.47d
Eibe (*Taxus*, 9)				5.47e, f

* Artspezifische Anzahl von Nadelblättern pro Kurztrieb. ** Sommergrün

bilden. Die Kurztriebe bleiben entweder gehemmt, sodass die Nadeln **in Büscheln** stehen (Abb. 5.45e, j), oder **gestreckt** (Abb. 5.44g und 5.46k). Wenn die Blätter dann flach abstehen, ähnelt der beblätterte Kurztrieb einem **Fiederblatt**. Dieser Eindruck wird beim Urwaldmammutbaum noch dadurch verschärft, dass der gesamte Kurztrieb am Ende der Saison abgeworfen wird.

Die Blätter der Koniferen sind stets **Assimilationsorgane**. **Sonderfunktionen** wie bei den Blütenpflanzen treten **nicht** auf. Auch das **Wurzelsystem** ist relativ uniform. Es weist eine **dominante Primärwurzel** unterschiedlicher Länge (**Tief-, Flachwurzler**; Abschn. 8.4.1) und ein reich verzweigtes Seitenwurzelsystem auf. **Sprossbürtige Wurzeln** sind selten und Wurzeln mit Sonderfunktion unbekannt.

Ökologischer und ökonomischer Nutzen

Die Koniferen sind eine **ökologisch** äußerst wichtige Pflanzengruppe. Sie bilden mit den **borealen Nadelwäldern** (griech *boreas*, „Norden") die Vegetationszone der **Taiga**, die die größten zusammenhängenden **Waldkomplexe** der Erde umfasst. Diese ziehen sich von Skandinavien über Sibirien nach Alaska und den Norden Kanadas hinein. Die riesige Fläche wird nur von **wenigen Arten** aus vier

◘ Abb. 5.45 Kieferngewächse (Pinaceae). a, Engelmann-Fichte (*Picea engelmannii*). Rocky Mountains, Kanada. **b,** Gemeine Fichte (*Picea abies*). Nadeln an Langtrieben. **c,** Nordmann-Tanne (*Abies nordmanniana*). Nadeln an Langtrieben, auf der Unterseite mit zwei hellen Streifen. **d,** Nordmann-Tanne (links) und Libanon-Zeder (*Cedrus libani*, rechts), Mittlerer Taurus, Passhöhe (~1600 müNN). **e,** Libanon-Zeder. Nadeln an Kurztrieben. **f,** Kalabrische Kiefer (*Pinus brutia*). Westlicher Taurus (250 müNN). **g,** Schwarzkiefer (*Pinus nigra*). Zwei lange Nadelblätter pro Kurztrieb. Mittlerer Taurus, Südseite (~1200 müNN). **h–k,** Europäische Lärche (*Larix decidua*). **h,** Mischwald mit laubwerfenden Lärchen und immergrünen Fichten. Italienische Alpen. **i,** Habitus im Herbst. **j,** Nadeln an Kurztrieben. **k,** Holzstamm quer mit hellem Splint- und rötlichem Kernholz. (© R. Claßen-Bockhoff, Mainz)

◘ Abb. 5.46   Araukarien- und Zypressengewächse. a–c, Araucariaceae: *Araucaria.* **a,** Pflanze mit Weihnachtsschmuck. Albany, Westaustralien. **b, c,** *A. angustifolia.* Spiralige Blattstellung von der Seite (**b**) und von oben (**c**). **d–n,** Cupressaceae. **d, e,** Küstenmammutbaum (*Sequoia sempervivum*). Wuchsform (**d**) und feuerresistente Borke (**e**). **f,** Lebensbaum (*Thuja occidentalis*). Fiederblattähnliche Flachsprosse mit schuppenförmigen Blättern. **g–i,** Wacholder (*Juniperus*). **g,** Stinkender Wacholder (*J. foetidissima*), Nordhang Taurus (~1370 müNN). **h,** Stech-Wacholder (*J. oxycedrus*). **i,** Niederliegende Wuchsform als Reaktion auf Höhe und Verbiss durch Ziegen. Lückiger Waldkieferbestand (*Pinus sylvestris*). Südhang Pontisches Gebirge (~1700 müNN). **j–l,** Sumpfzypresse (*Taxodium distichum*). Gewaltige Bäume (**j**) mit fiederblattartigen Kurztrieben (**k**) und breiter Stammbasis (**l**). BG Guangzhou, China. **m, n,** Patagonische Zypresse (*Fitzroya cupressoides*). Hohe, unverzweigte Stämme mit lockerer Krone. Región de los Lagos, Südchile. (© R. Claßen-Bockhoff, Mainz)

Abb. 5.47 Steineiben-, Kopfeiben- und Eibengewächse (Podocarpaceae, Cephalotaxaceae, Taxaceae). a–c, Steineiben. **a**, *Podocarpus*-Wald bei Knysna, Tertiärrelikt, Südafrika. **b**, *Afrocarpus falcatus* (syn. *Podocarpus falcatus*). „King-Edward-VII-Baum", 39 m hoch, >650 Jahre alt. Knysna, Südafrika. **c**, *Podocarpus latifolius*. Stamm mit Drehwuchs. Mount Kenya NP. **d**, Kopfeibe. *Cephalotaxus sinesis*. Spiralig, sekundär zweizeilig beblätterter Trieb. **e**, **f**, Eibe (*Taxus baccata*). **e**, Habitus der Pflanze mit rötlicher Borke und dichter Verzweigung. **f**, Zweijähriges Zweigsystem (monopodial, kataleptisch, akroton; ▶ Abschn. 6.7). (© R. Claßen-Bockhoff, Mainz)

Gattungen besiedelt (Fichte, Kiefer, Tanne, Lärche). Die borealen Nadelwälder speichern große Mengen an CO_2 und filtern die Luft durch Freisetzung von Sauerstoff. Sie stellen **komplexe Lebensräume** für Tiere, Pilze, Pflanzen und Mikroorganismen dar. **Ökonomisch** sind die Nadelwälder die wichtigsten Lieferanten für **Bau- und Brennholz, Papier, Harze und andere Holzprodukte** (▶ Abschn. 7.6.5, ▶ Tab. 8.3).

Die Nadelwälder **Mitteleuropas**, insbesondere viele **Fichtenforste**, sind demgegenüber das Ergebnis der **preußischen Aufforstung** im 19. Jahrhundert. Der natürliche **Laubmischwald** mit der **Buche** (*Fagus sylvatica*) als dominanter Art war zu dieser Zeit durch unkontrollierte Nutzung im Bestand gefährdet und wurde durch die schnell wachsende Fichte (*Picea abies*) ersetzt. Die Fichte ist zwar heimisch, aber gewöhnlich auf höhere Gebirgslagen beschränkt. Es entstanden ausgedehnte **Monokulturen**, die wirtschaftlich interessant, aber ökologisch **artenarm** sind. Die **Ansäuerung** des Bodens durch die Nadelstreu und die **Dunkelheit** unter den Baumkronen verhindern Unterwuchs und damit die Schaffung eines vielfältigen Lebensraumes. Aufgrund des flachen Wurzelwerkes kommt es immer wieder zu schweren **Sturmschäden**. Besonders gefährdend ist auch der Befall durch **Borkenkäfer** (▶ Abb. 8.20h, i), der mit steigender Trockenheit zunimmt und ganze Wälder in ihrem Bestand bedroht. Heute geht man dazu über, die Fichtenforste durch Laubmischwälder zu ersetzen.

Gymnospermen dominieren die höheren Lagen von **Gebirgen**, wo sie in Abhängigkeit von der Niederschlagsmenge und Frostempfindlichlkeit eine deutliche **Zonierung** zeigen:

— So wird beispielsweise auf der Nordseite der **Alpen** der Laubwald zunächst von der Bergkiefer (Föhre, *Pinus mugo*) durchsetzt. In der montanen Stufe folgen auf die Fichten-Tannen-Bestände (*Picea abies, Abies alba*) ausgedehnte Fichtenwälder, die in der alpinen Stufe von einem Lärchen-Zirbenwald (*Larix decidua, Pinus cembra*) abgelöst werden (◘ Abb. 5.45h). Die Baumgrenze bildet die Legföhre oder Latsche, wie die niederliegende Form der Bergkiefer (*Pinus mugo*) genannt wird (Hegi et al. 1977).

— Eine ähnliche Zonierung findet sich z. B. auch in mediterran geprägten Gebirgen. Das **Taurusgebirge** im Süden der Türkei ist auf der Nordseite zentralanatolisch geprägt, während die Südseite mediterrane Arten aufweist. Auf der Nordseite werden offene Eichenwälder durch die Schwarzkiefer (*Pinus nigra* ssp. *pallasiana*) und Wacholderarten (*Juniperus excelsa, J. foetidissima*) abgelöst, bevor in der niederschlagsreicheren Wolkenzone (oreale Stufe) bis zur Waldgrenze die Kilikische Tanne (*Abies cilicica*) hinzukommt. Diese Zone wird auf der Südseite durch die Libanon-Zeder (*Cedrus libani* ◘ Abb. 5.45d) ergänzt, an die sich weiter abwärts wiederum Schwarzkiefer-Wacholder-Bestände anschließen. Die Kiefernzone wird von der Kalabrischen Kiefer (*Pinus brutia*) gebildet, die in die mediterranen Hartlaubwälder übergeht (Kürschner et al. 1997).

— Berühmt ist der Kiefernwald (**Pinar**) von **Teneriffa**, der in der **Nebelzone** der Passatwolken liegt. Bestandsbildende Art ist die Kanarenkiefer (*Pinus canariensis* ◘ Abb. 5.45f). Sie bildet drei etwa 20 cm lange, spitze Nadeln pro Kurztrieb, an denen die Luftfeuchtigkeit zu Wassertropfen kondensiert (▶ Abb. 8.42e). Zusammen mit anderen nadelblättrigen Arten (z. B. der angiospermen Baumheide *Erica arborea*) trägt die Kanarenkiefer zur **Nebelauskämmung** des Kiefernwaldes bei (Kämmer 1974).

Exkurs 5.9 Bonsai – Harmonie im Miniaturformat

Wie die gesamte ostasiatische Gartenkultur ist auch die Tradition des Bonsais **philosophisch** geprägt. Sie hat das Ziel, die **Harmonie** zwischen der belebten und unbelebten Natur und dem Menschen in Form einer **Miniaturlandschaft** darzustellen. Berge und Wasser werden gewöhnlich durch **Steine** und **Kies** symbolisiert; die belebte Natur wird durch einen **Baum**, und der Mensch durch sein Werk, die **Pflanzschale**, wiedergegeben (◘ Abb. 5.48).

Das Wort Bonsai kommt aus dem **Japanischen** und heißt wörtlich „Anpflanzung in der Schale". Obgleich Japan auf eine 1000 Jahre lange Bonsai-Tradition zurückblickt und auch die heutige Moderichtung vorgibt, stammt die Idee, den Kosmos in Miniaturform nachzuempfinden, aus dem alten **China**, wo der Begriff Penjing („Landschaft in der Schale") geprägt wurde. Vermutlich reicht die Kunst des Penjing bis ins 2. Jahrhundert zurück, als sich der **Taoismus** als die Lehre von der Harmonie und Ordnung im Kosmos durchsetzte (s. ▶ https://de.wikipedia.org/wiki/Bonsai).

Im Laufe der Geschichte wurden verschiedene Richtungen des Penjing bzw. Bonsai entwickelt. Allen gemeinsam ist, dass **kleinblättrige Gehölze** in einer Weise beschnitten werden, dass die **Wuchsform der Pflanze** bei minialer Größenzunahme erhalten bleibt. Neben Ahorn, Buche, Ulme und anderen Laubgehölzen eignen sich vor allem Gymnospermenarten für den Schnitt (◘ Abb. 5.48).

Abb. 5.48 Bonsai. a–e, Bonsai Themengarten. Botanischer Garten Peking. **a,** Gartenanlage. **b,** *Ginkgo biloba* (Ginkgoaceae). **c.** Zypressengewächs (Cupressaceae). **d,** Cycadee (Cycadaceae). **e,** Kiefer (*Pinus*, Pinaceae). **f,** Bonsai-Landschaft mit Feige (*Ficus*, Moraceae). Guangzhou, Tempel der Banyanbäume. **g, h,** Feigen, in **h** mit Luftwurzeln. Cheng Seng Clan House, Guangzhou. (© R. Claßen-Bockhoff)

Pinales: Gnetales

Die Gnetales umfassen nur **drei Gattungen**, die drei verschiedenen Familien zugerechnet werden (■ Tab. 5.7). Die isolierte Stellung der Taxa schlägt sich in deren Morphologie und Lebensweise nieder, die außerordentlich divers sind.

Ephedra (Ephedraceae)

Arten der Gattung *Ephedra* (Meerträubel, >70 Arten) sind in den mediterranen und subtropischen Trockenregionen der Nordhemisphäre und im Westen Südamerikas verbreitet (■ Abb. 5.49a–c). Sie wachsen als **Rutensträucher** (▶ Abschn. 6.10.2), wobei die **Achsen** als **Assimilationsorgane** fungieren. Diese sind grün, sparrig verzweigt und mit Schuppenblättern besetzt.

Gnetum (Gnetaceae)

Die Gattung *Gnetum* (etwa 30 Arten) ist dagegen in **tropischen Wäldern** verbreitet. Die meisten Arten wachsen als verholzte Windepflanzen (Lianen), die oft in botanischen Gärten kultivierte *G. gnemon* dagegen als kleiner Baum. In Anpassung an den feuchtwarmen Lebensraum bilden die Gnetaceae einfache, **lorbeerartige Lederblätter** (▶ Abschn. 8.3.6) mit einer erstaunlich hohen **Ähnlichkeit** zu angiopermen Laubblättern (■ Abb. 5.49d).

Welwitschia (Welwitschiaceae) (■ Abb. 5.49f–j)

Welwitschia mirabilis ist die einzige Art der **monotypischen** Gattung. Sie kommt **endemisch** von der zentralen Namib-Wüste bis in den Süden Angolas vor. Fossilien aus Argentinien weisen darauf hin, dass die Gattung vor der Trennung der Südkontinente (▶ Tab. 3.2) entstanden ist und somit zu den **lebenden Fossilien** gehört (▶ Exkurs 5.8). Die einzelnen Individuen werden sehr alt. Mithilfe der Radiokarbonmethode (▶ Abschn. 3.2.2) wurde das Alter kleiner Individuen auf **500 bis 600 Jahre** geschätzt; größere Individuen dürften bedeutend älter sein.

Ihren Artnamen *mirabilis* (lat. „wunderbar", „erstaunlich") trägt *Welwitschia* zu Recht, zeichnet sie sich doch durch **einzigartige Merkmale** aus (die folgende Zusammenfassung basiert auf Martens 1977; Gifford und Foster 1996; Henschel und Seely 2000).

Besonders bemerkenswert ist ihre **Wuchsform**. Obgleich die Pflanze **Holzstämme** von bis zu 3 m Länge bildet, liegt sie dem Wüstenboden flach auf. Der größte Teil des Stammes liegt **unterirdisch** und wird von den untersten Achsenabschnitten, dem **Hypocotyl** und (in wesentlich geringerem Ausmaß) dem Epicotyl (▶ Abb. 6.3b: Hy, Ec), gebildet. Auf die beiden **Keimblätter**, die mehrere Jahre persistieren und nicht unerheblich zur Photosyntheseleistung junger Pflanzen beitragen, folgen ein **Laubblattpaar** und alternierend zu

ihm ein Paar *scaly bodies*, bevor das Sprossapikalmeristem (SAM) sein **Wachstum einstellt**. Die *scaly bodies* werden von Martens (1977) als **drittes Blattpaar** interpretiert, das im Laufe seiner Entwicklung völlig in den Scheitel der Pflanze eingeht. Die **Zellteilungsaktivität** des SAMs erlischt und geht auf die **Basis der Laubblätter** über. Von hier aus erfolgt ein lebenslang anhaltendes **Wachstum** in **zentrifugaler Richtung**, das zu der charakteristischen zweilappigen und konkav eingesenkten Form des Apex alter Pflanzen führt (■ Abb. 5.49j, k: Pfeile). Der sich weitende Apex ist zunächst grün und verkorkt mit dem Alter ebenfalls in zentrifugaler Richtung. Die noppenartigen Erhebungen auf seiner Oberfläche entsprechen den Narben reproduktiver Strukturen (▶ Abschn. 5.6.6), die sich nahe der Blattbasis entwickeln und dann abfallen.

Die beiden einzigen **Laubblätter** sind zunächst schmal und von wenigen Leitbündeln durchzogen. Deren Zahl nimmt mit der Verbreiterung der Blätter zu, sodass ältere Blätter von vielen, **parallel verlaufenden** Leitbündeln durchzogen werden. Sie sind sekundär durch Querbündel (Anastomosen) miteinander verbunden. Der zunehmenden Umfangserweiterung des Apex können die Blätter nicht folgen. Stattdessen zerreißen sie der Länge nach und erwecken den Eindruck zahlreicher Blätter. Die Blätter wachsen im Durchschnitt 8–15 cm pro Jahr. Sie erneuern sich aus einem interkalaren Meristem an der Basis und sterben am Ende ab, wo Wind und Sand sie mechanisch zersetzen. Die größten Blätter werden über 6 m lang und über 1,5 m breit, wobei etwa die Hälfte des Blattes lebendes Gewebe aufweist (Gifford und Foster 1996). Nur bei extremer Trockenheit schließt die Pflanze die Stomata tagsüber und greift auf Kohlenstoffreserven zurück, die in älterern Blattabschnitten gespeichert sind.

Die Blätter weisen einige typische Anpassungen trockenheitsresistenter (**xeromorpher**) Pflanzen auf (▶ Abschn. 8.3.6). Die Stomata sind leicht eingesenkt und die Cuticula ist dick und robust. Obwohl Welwitschia in der Lage ist, CO_2 nachts zu fixieren (v. Willert et al. 2005), folgt sie überwiegend dem **C_3-Metabolismus** (Henschel und Seely 2000; ▶ Exkurs 8.7). Das hat zur Folge, dass die Stomata **tagsüber offen** sind und der **Wasserverlust** durch Verdunstung sehr hoch ist. Möglicherweise ist die **Verdunstungskälte** notwendig, um die riesigen Blätter am Leben zu erhalten (Gifford und Foster 1996). Messungen zufolge verdunstet eine mittelgroße Pflanze etwa 1000 ml Wasser pro Tag (Henschel und Seely 2000). Bei einem Niederschlag von 0–100 mm pro Jahr stellt sich die Frage, woher die Pflanze ihr Wasser bezieht. **Nebelniederschlag** scheint keine so große Rolle zu spielen wie ursprünglich angenommen. Tatsächlich liegen weniger als 50 % der *Welwitschia*-Standorte in der Nebelzone der Namib-Wüste. Außerdem löst

Abb. 5.49 **Gnetales. a–c,** Meerträubel (*Ephedra*, Ephedraceae). **a, b,** *E. major*. **a,** Rutenstrauch vor Zerreichengebüsch (*Quercus cerris*), Südhang westlicher Taurus (≤1000 müNN). **b,** Assimilierende Zweige mit vertrockneten braunen Blättern. **c,** *Ephedra* (vermutlich *E. viridis*). Buschige Wuchsform. Painted Desert, USA. **d,** *Gnetum gnemon* (Gnetaceae). Zweig mit angiospermenartigen Laubblättern. BG Mainz. **e–k,** *Welwitschia mirabilis* (Welwitschiaceae). **e,** Wegweiser zur berühmtesten Pflanze der Namib-Wüste. **f,** *Welwitschia*-Ebene bei Swakopmund mit verstreut vorkommenden Individuen. **g, h,** Alte Individuen mit verwitterndem Laubblattpaar und tellergroßem Apex. **i–k,** Kultivierte Pflanze im BG Mainz. **i,** Unterhalb des Laubblattpaares bilden Hypocotyl (Hy) und Epicotyl den Stamm. **j,** Das Sprossapikalmeristem (SAM) beendet sein Wachstum, der Bereich oberhalb des Laubblattpaares bleibt kurz. **k,** Weiteres Wachstum erfolgt durch Verbreiterung der Achse oberhalb des Laubblattpaares in zentrifugaler Richtung (Pfeile). (© R. Claßen-Bockhoff, Mainz)

sich der überwiegend nachts auftretende Nebel am frühen Morgen auf und ist nur neun Monate im Jahr vorhanden. Viel entscheidender dürfte das **Grundwasser** sein, das ganzjährig zur Verfügung steht und mit dem reich verzweigten **Pfahlwurzelsystem** erreicht wird.

5.5.10   Evolution der Angiospermen

Die Angiospermen (Blütenpflanzen) entstanden etwa 200 Mio. Jahre nach den Gymnospermen aus bislang unbekannten Vorfahren. Sie traten rasch in großer Formenfülle auf und sind heute mit Abstand die erfolgreichste Pflanzengruppe (▶ Exkurs 3.9). Ihr **Erfolg** beruht auf Verbesserungen im **vegetativen Bereich** (effizientes Leitsystem, variable Lebensdauer, Synthese diverser Wirkstoffe) und im **reproduktiven Bereich** (monokline Blüten, Angiospermie, Zoophilie; ▶ Abschn. 5.6.7). Die Diversität der Blütenpflanzen wird in ▶ Kap. 6–12 ausführlich dargestellt.

Entstehung der Blütenpflanzen: Wann und wo?

Über den **Zeitpunkt** des ersten Auftretens von Angiospermen gibt es unterschiedliche Angaben. Konservative Schätzungen gehen nach der Untersuchung gesicherter Fossilfunde von einem Alter von 130 Mio. Jahren aus (Crane et al. 2004; Willis und McElwain 2002). Es gibt auch ältere Fossilien, wie z. B. Pollenfunde (ca. 220 Mio. Jahre alt), Blütenteilen (ca. 147 Mio. Jahre alt) und Blätter (210 Mio. Jahre alt), deren Zugehörigkeit zu den Angiospermen allerdings umstritten ist (Willis und McElwain 2002). Mittels molekularer Uhr schätzen Cranfill et al. (2004) das Alter der Angiospermen auf 250 Mio. Jahre. Nach Qiu and Palmer (1999) soll die Entwicklung der Angiospermen schon vor 290 Mio. Jahren begonnen haben. Als sicher gilt, dass die **Diversifizierung** der Angiospermen erst **ab Beginn der Kreide** stattgefunden hat.

Anhaltspunkte für den **Entstehungsort** der Angiospermen geben unter anderem die Fundorte von Fossilien. Angiospermenfossilien aus der Unterkreide, darunter insbesondere Pollen, wurden vor allem in niedrigen Breiten gefunden (Takhtajan 1997). Der Ursprung der Angiospermen wird daher in den **Paläotropen** vermutet (Hickey und Doyle 1977). Sicher zu den Angiospermen gehörende **Pollenfunde** (Alter ca. 135 Mio. Jahren) stammen aus Israel und Marokko. Diese Regionen lagen während der Unterkreide zwischen dem Paläoäquator und 25°N (Brenner 1996). Bereits ca. 20–30 Mio. Jahre später sollen die Angiospermen durch Radiation auch in höhere Breitengrade vorgedrungen sein (Hickey und Doyle 1977). Aufsehen erregten die Funde von *Archaefructus* aus Nordwestchina (Sun et al. 2002),

die etwa 125 Mio. Jahre alte, vollständig erhaltene Angiospermen zeigen (▶ Abschn. 5.6.7, ◘ Abb. 5.81). Erst kürzlich (Gomez et al. 2015) wurde mit *Montsechia* ein ähnlich altes Fossil aus den westlichen Pyrenäen beschrieben.

Die Besiedlung unterschiedlicher **Lebensräume** durch frühe Angiospermen ist noch nicht gut verstanden. Weitgehende Einigkeit besteht darüber, dass die ersten Angiospermen **strauchförmig** waren und an feucht-schattigen Standorten **lebten**. Die ältesten, gut erhaltenen Fossilfunde stammen allerdings von **Wasserpflanzen** (*Archaefructus*, *Montsechia*) und deuten zusammen mit einigen Basalen Angiospermen (Nymphaeales), basalen Monocotylen (Alismatales) und den Ceratophyllales (Schwestergruppe der Eudicotylen; Sy 10A) darauf hin, dass die aquatische Lebensweise in der frühen Evolutionsgeschichte der Angiospermen eine bedeutende Rolle gespielt hat.

Systematik der Blütenpflanzen

Die Blütenpflanzen umfassen über 14.000 Gattungen mit vermutlich 350.000 Arten (The Plant List 2013). Nach aktuellem Kenntnisstand gliedern sich die Angiospermen in drei Gruppen: die heterogene Gruppe der Basalen Angiospermen und die jeweils monophyletischen Monocotylen (Einkeimblättrige) und Eudicotylen (Tricolpat-Zweikeimblättrige; Stevens 2001 onwards; Sy 10A).

— An der Basis der **Basalen Angiospermen** stehen die Amborellales, Nymphaeales und Austrobaileyales (ANA-Gruppe). ***Amborella trichopoda***, die einzige Art der Ordnung, gilt als Schwestergruppe zu allen übrigen rezenten Angiospermen (◘ Abb. 5.84a–c). Sie steht systematisch isoliert und kommt nur in Neukaledonien vor. Des Weiteren gehören die Chloranthales und Magnoliiden mit den vier Ordnungen der Canellales, Piperales, Laurales und Magnoliales zu den Basalen Angiospermen.

Die Basalen Angiospermen, zu denen nur etwa 2 % der Angiospermen gehören, sind morphologisch und ökologisch sehr **divers**. Sie sind überwiegend in **tropisch-subtropischen** Gebieten verbreitet, wo sie als Bäume, Sträucher perenne Kräuter oder Wasserpflanzen leben. Bei zahlreichen Vertretern handelt es sich um isoliert stehende **Reliktgruppen**, die sich lokal in wenig veränderten Lebensräumen (z. B. **Tertiärwäldern**) erhalten haben.

— Die **Monocotyle**n enthalten mit 52.000 Arten ca. 24 % aller Angiospermenarten. Orchidaceae (34 %) und Poaceae (17 %) stellen die Hälfte der Arten (Soltis und Soltis 2004). Die ältesten Fossilien, die sich eindeutig den Monocotylen zuordnen lassen, sind ca. 100 Mio. Jahre alt. Mithilfe einer molekularen Uhr wurde das Alter der Linie auf 116–125 Mio. Jahre geschätzt (Cranfill et al. 2004; Soltis und Soltis

2004). Die Gruppe ist ein **gut charakterisierter Verwandtschaftskreis**. Wichtige und leicht erkennbare Merkmale sind **im vegetativen Bereich** das Vorhandensein von nur einem Keimblatt, die Parallelnervigkeit der Blattspreite, das Auftreten zerstreut angeordneter, geschlossener Leitbündel und das Fehlen von sekundärem Dickenwachstum (▶ Kap. 8) sowie **im reproduktiven Bereich** die Trimerie der Blüte, eine überwiegend einfache Blütenhülle (Perigon) und zyklische Anordnung der Blütenorgane (▶ Kap. 10). Ausnahmen mit einzelnen veränderten Merkmalen kommen vor.

— Die **Eudicotylen** umfassen die übrigen 74 % der Angiospermenarten. Sie sind etwas jünger als die basalen Monocotylen (Cranfill et al. 2004) und Schwester der isoliert stehenden Ceratophyllales. Sie gliedern sich in eine Gruppe sukzessiv abspaltender Äste (Ranunculales, Proteales, Trochodendrales, Buxales, Gunnerales) und die Kerneudicotylen. Zu diesen gehören neben den Dilleniales die Großgruppen der Superrosiden und Superasteriden mit 29 % bzw. 35 % aller Angiospermenarten (Sy 10A).

5.6 Evolution reproduktiver Strukturen

Die Hauptfunktion des Sporophyten ist die **Bildung und Ausbreitung** von Sporen. Diese wurde durch den Übergang vom Thallus zum Kormus wesentlich **verbessert**, da der **neu** entwickelte, sporophytische **Vegetationskörper** nicht nur ein einziges Sporangium pro Zygote bildet, sondern **an vielen Stellen** und **immer wieder** Sporangien produzieren kann (▶ Abb. 4.18). Er ist **polysporangiat**. Die Vorteile liegen auf der Hand: Ein einzelner Wurmfarn (*Dryopteris filix-mas*) bildet 50 Mio. Sporen in einer Vegetationsperiode (Gifford und Foster 1996). Da alle Meiosporen (▶ Abschn. 2.4.3 und ▶ 4.1.2) genetisch verschieden sind, steigt mit der Sporenbildung nicht nur die potentielle **Anzahl der Nachkommen**, sondern auch deren **genetische Diversität**. Der polysporangiate Kormus ist daher zu einer **schnellen Anpassung** an das Landleben befähigt.

Anzahl, Lage und Ausgestaltung der Sporangien sind außerordentlich **divers**. Im Laufe der Evolution rückten die Sporenbehälter zu Gruppen zusammen (**Sori, Synangien**; ▶ Abschn. 5.6.3). Es entwickelten sich Trägerstrukturen (**Sporangiophoren, Sporophylle**), die wiederum zusammenrückten (**Sporophyllstände, Strobili, Zapfen**; ▶ Abschn. 5.6.4). Durch Förderung des Vegetationskörpers wurde der **Phase der Sporenbildung** eine **vegetative Aufbauphase** vorgeschaltet, wodurch sich der Lebenszyklus der Pflanze in eine rein **vegetative** und eine **Sporen bildende** (reproduktive) **Phase** gliederte. Mit der **zeitlichen Trennung** ging eine **räum**liche Trennung von vegetativen und reproduktiven Strukturen einher, die schließlich zur Blütenbildung führte (▶ Abschn. 5.6.4 und 5.6.7).

5.6.1 Homologie und Analogie im Generationswechsel

Aufgrund ihrer **gleichen Funktion** und **Stellung im Generationswechsel** gelten die Sporenbehälter (**Sporangien**) der Landpflanzen als **homolog** (▶ Exkurs 4.1). Ob sie sich aber tatsächlich aus einer gemeinsamen Ahnenstruktur ableiten lassen, ist **fraglich**. Die Charophyta als hypothetische Ausgangsgruppe der Landpflanzen sind Haplonten und bilden weder Sporenbehälter noch Sporophyten. Die Sporangien der **Moose und Kormophyten** unterscheiden sich in ihrer ontogenetischen **Herkunft, Lage** und **Organisation** (Homologiekriterien; ▶ Abschn. 1.2) so deutlich voneinander, dass ihre **unabhängige Evolution** naheliegt. Im vorliegenden Buch wird der Begriff Sporangium daher als **Analogbegriff** (▶ Exkurs 5.2) verstanden.

Die Sporangien der Landpflanzen sind **Funktionskomplexe** und erfüllen fünf **Grundfunktionen** (◘ Abb. 5.50):

1. **Sporenbildung:** Im Inneren der Sporangien liegt das Sporen bildende Gewebe (**Archespor**, hellbraun), das zunächst parenchymatisch ist und dann die diploiden

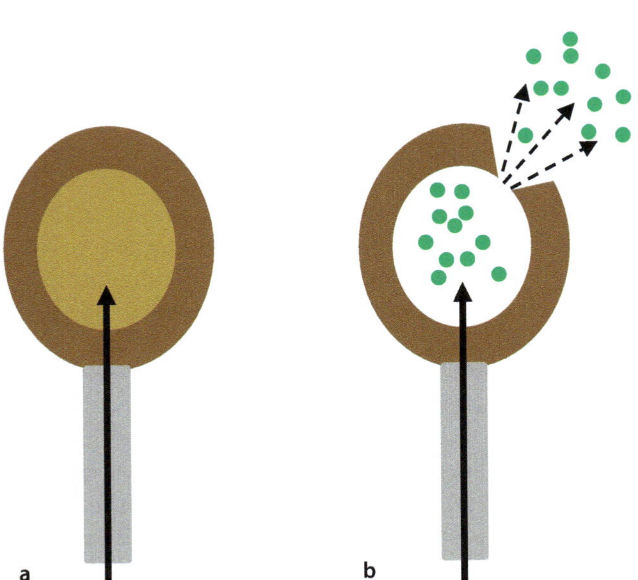

◘ **Abb. 5.50 Sporangien als Funktionseinheiten. a**, Junges Sporangium. **b**, Sporangium im Zustand der Sporenentlassung. Jedes Sporangium besteht aus sporogenem Gewebe (a: hellbraun), das von einer derben Hülle geschützt (dunkelbraun) und vom Gametophyten oder Sporophyten ernährt wird (Pfeil). Es ist exponiert (dunkelgrau) und entlässt nach Öffnung der Wand reife Sporen (b: grün). (© Original)

Sporenmutterzellen bildet. Diese lösen sich aus dem Zellverband (Lyse der Mittellamelle; ▶ Abschn. 2.2.4), durchlaufen die Meiose und bilden je vier haploide Sporen (Meiosporen; ▶ Abschn. 2.4.3 und ▶ 4.1.2).

2. **Schutz:** Zum Schutz vor mechanischen und chemischen Beschädigungen ist das sporogene Gewebe von einer festen **Wand** (**Sporoderm**, dunkelbraun) umgeben. Diese kann ein- oder mehrschichtig und unterschiedlicher Herkunft sein.

3. **Ernährung:** Das Sporen bildende Gewebe und die sich bildenden Sporen werden mit Nährstoffen versehen, die vom Gametophyten (Moose) oder Sporophyten (Gefäßpflanzen) bereitgestellt werden.

4. **Sporenentlassung:** Zur Sporenentlassung **öffnet** sich der Behälter durch Quellungs- oder Austrocknungsvorgänge. Er platzt auf oder öffnet sich entlang besonders gestalteter Zellreihen (präformierte Rissstellen).

5. **Exposition:** Die **Sporenausbreitung** erfolgt primär durch den Wind. In Anpassung daran sind die Sporangien im Luftraum exponiert. Ihre Trägerstrukturen sind bei den Moosen gametophytischer (Pseudopodien) oder embryonaler (Seta) Herkunft. Bei den Gefäßpflanzen entstehen die Sporangien an Organen des Sporophyten (▶ Abschn. 5.6.3).

5.6.2 Diversität des Moossporogons

Bei den Moosen entwickelt sich der Sporophyt auf dem Gametophyten und wird von diesem ernährt. Er weist keinen eigenen Wachstumspol auf und bildet nur ein einziges Sporangium. Aus diesem Grund wird er als **Sporogon** (wörtl. „Sporenerzeuger") und nicht als Sporophyt (wörtl. „Sporenpflanze") bezeichnet (▶ Abschn. 4.4.3).

Das **Sporogon** der Moose besteht aus einem **Fuß**, der die Nährstoffverbindung zum Gametophyten gewährleistet, einem **Stielchen** (Ausnahme Hornmoose) und einem einzigen **Sporangium embryonaler** Herkunft (◨ Abb. 5.51). Im jungen Zustand wird das Sporangium von einer mitwachsenden Hülle aus Archegoniumgewebe (**Embryotheca**) bedeckt (▶ Abschn. 4.4.3). Diese reißt mit zunehmender Streckung des Stieles auf und kann als Scheide und/oder Haube (**Kalyptra**; nicht zu verwechseln mit der Kalyptra der Wurzeln) lange erhalten bleiben (◨ Abb. 5.52a, e: Sc, d, e: K). Die Sporogone, die mehrere Zentimeter in den Luftraum hinein exponiert werden, weisen in einigen Gruppen (z. B. Hornmoose, einige Laubmoose) **Spaltöffnungen** auf (◨ Abb. 5.52g, k). Diese

unterscheiden sich von den **Stomata** der Thallusunterseite (◨ Abb. 5.52i) und von denen der Kormophyta (▶ Abschn. 7.2.1) und sind vermutlich **unabhängig** entstanden. Ihre Evolution und biologische Funktion sind noch nicht hinreichend verstanden.

Innerhalb der Moosgruppen sind die strukturellen **Unterschiede** im Sporogon- und Sporangienbau **erstaunlich** groß. Sie werden im Folgenden als **Beispiel** für die Evolution unterschiedlicher **morphologischer Konstruktionen** zur Erfüllung der gleichen Funktion genauer dargestellt (◨ Abb. 5.51, Daten überwiegend aus Bresinsky und Kadereit 2008).

Sporangienentwicklung

Die Sporangienanlage differenziert sich früh in die spätere Wand und das zentral liegende Archespor. Bei den **Lebermoosen** ist die **Wand einschichtig**, und das gesamte innere Gewebe wird zum Sporen bildenden Gewebe (**Archespor**). Bei den **übrigen Moosgruppen** differenzieren sich zwei Zellschichten mit unterschiedlichem Bildungspotential:

1. Aus dem außen liegenden **Amphithecium** entsteht eine **mehrschichtige Wand**, aus deren innerster Schicht das Archespor der Torfmoose entsteht. Das Interzellularsystem und Peristom (s. unten) einiger Laubmoose stammen ebenfalls aus den inneren Zellschichten des Amphitheciums.

2. Aus dem innen liegenden **Endothecium** entwickelt sich ein mehrschichtiges Gewebe, das die **Columella** bildet, ein steriles Gewebe zur Nährstoffleitung und Wasserspeicherung. Bei den Laubmoosen entwickelt sich aus der äußeren Schicht des Endotheciums das Archespor, das somit innerhalb der Moose **unterschiedlicher Herkunft** ist.

Sporen und Elateren

Das Sporen bildende Gewebe (**Archespor**) durchläuft zahlreiche Mitosen. Das zunächst zusammenhängende Gewebe zerfällt nach enzymatischer Auflösung der Mittellamellen in **diploide Einzelzellen**. Es weist innerhalb der Moosgruppen drei verschiedene Differenzierungsrichtungen auf:

1. Bei den **Laubmoosen** geht das Archespor restlos in die Bildung von **Sporenmutterzellen** (Smz) über. Die Smz teilen sich simultan (Bildung einer Sporentetrade) oder sukzessiv (Bildung von Sporenfäden) und bilden je vier haploide Meiosporen, die sich voneinander trennen und einzeln ausgebreitet werden (s. Monaden ▶ in Abschn. 10.4.6).

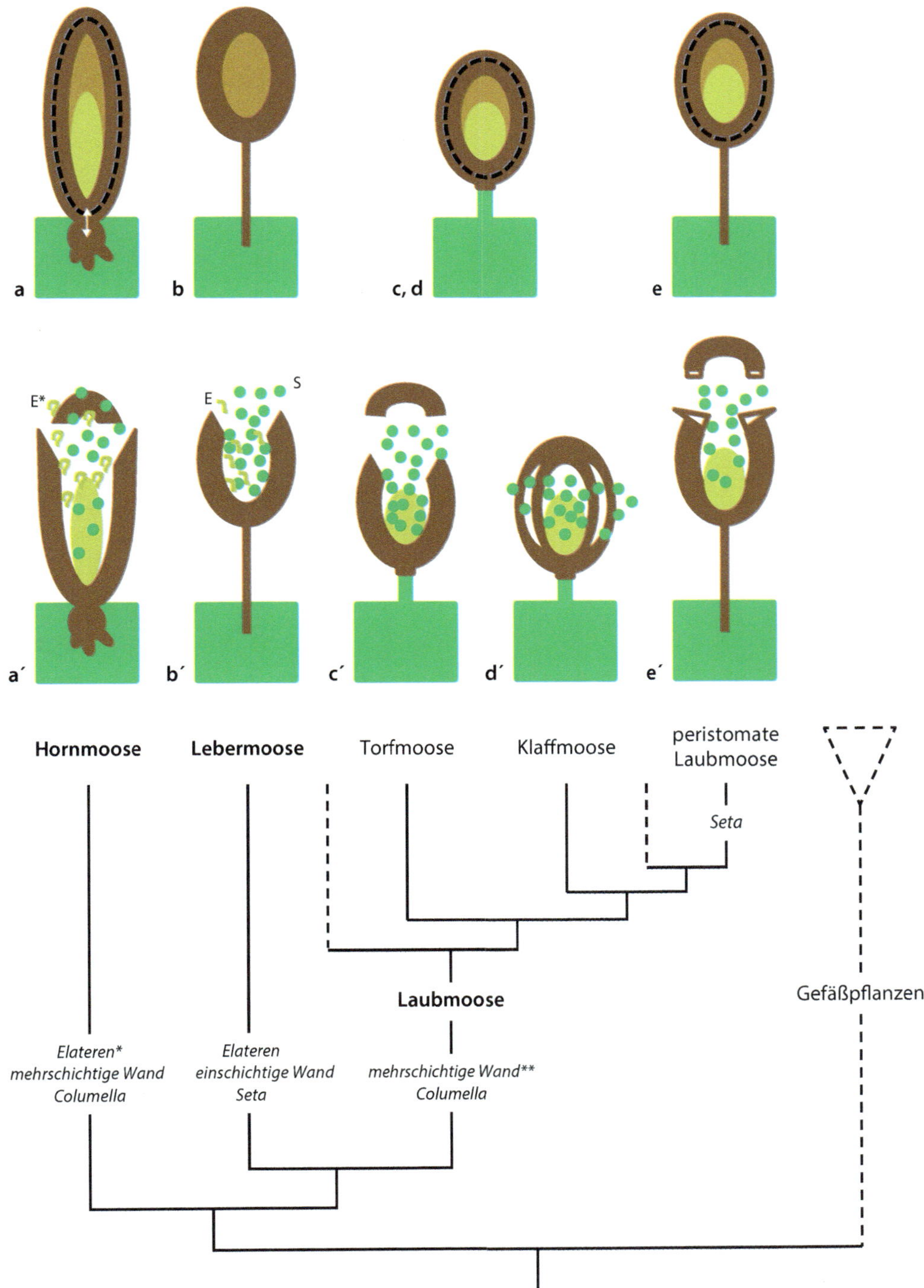

Abb. 5.51   Zusammenfassende Übersicht zur Diversität des Moos-sporogons. Alle Grundfunktionen werden morphologisch unterschied-lich erfüllt. **a–e,** Sporogon im jungen Zustand. Braun: diploides Spo-rogon. Grün: haploider Gametophyt. Hellbraun: spermatogenes Gewebe (Archespor). Oliv: Columella. Schwarze Strichelung: mehr-schichtige Wand. **a´–e´,** Sporogon im geöffneten Zustand (Wand-schichten nicht eingezeichnet). **a, a´,** Hornmoose (Anthocerophyta; Sy 7B:1–5). Sporangium ungestielt, Streckung erfolgt durch interkalares Wachstum (weißer Doppelpfeil). Grün: n-Sporen, Olivfarbene Krin-gel: 2n-Pseudoelateren (E*). **b, b´,** Lebermoose (Marchantiophyta; Sy 7B:6–20). Sporangium einfach organisiert (einschichtige Wand, keine Columella) mit n-Sporen (S) und 2n-Elateren (E). **c–d´,** Torf- und Klaffmoose (Sphagnopsida, Andreaeopsida; Sy 7B:22, 23). Gameto-phytische Stielchen (Pseudopodien, grün) und unterschiedliche Öffnungsmechanismen. **e, e´,** Peristomate Laubmoose (Bryophytina; Sy 7B:25-52). Komplizierte Öffnungsmechanismen. ****,** Wand-differenzierung anders als bei den Hornmoosen (Phylogenie s. Sy 7A). (© Original, Phylogenie s. Sy 7A, Daten nach Angaben von Bresinsky und Kadereit 2008)

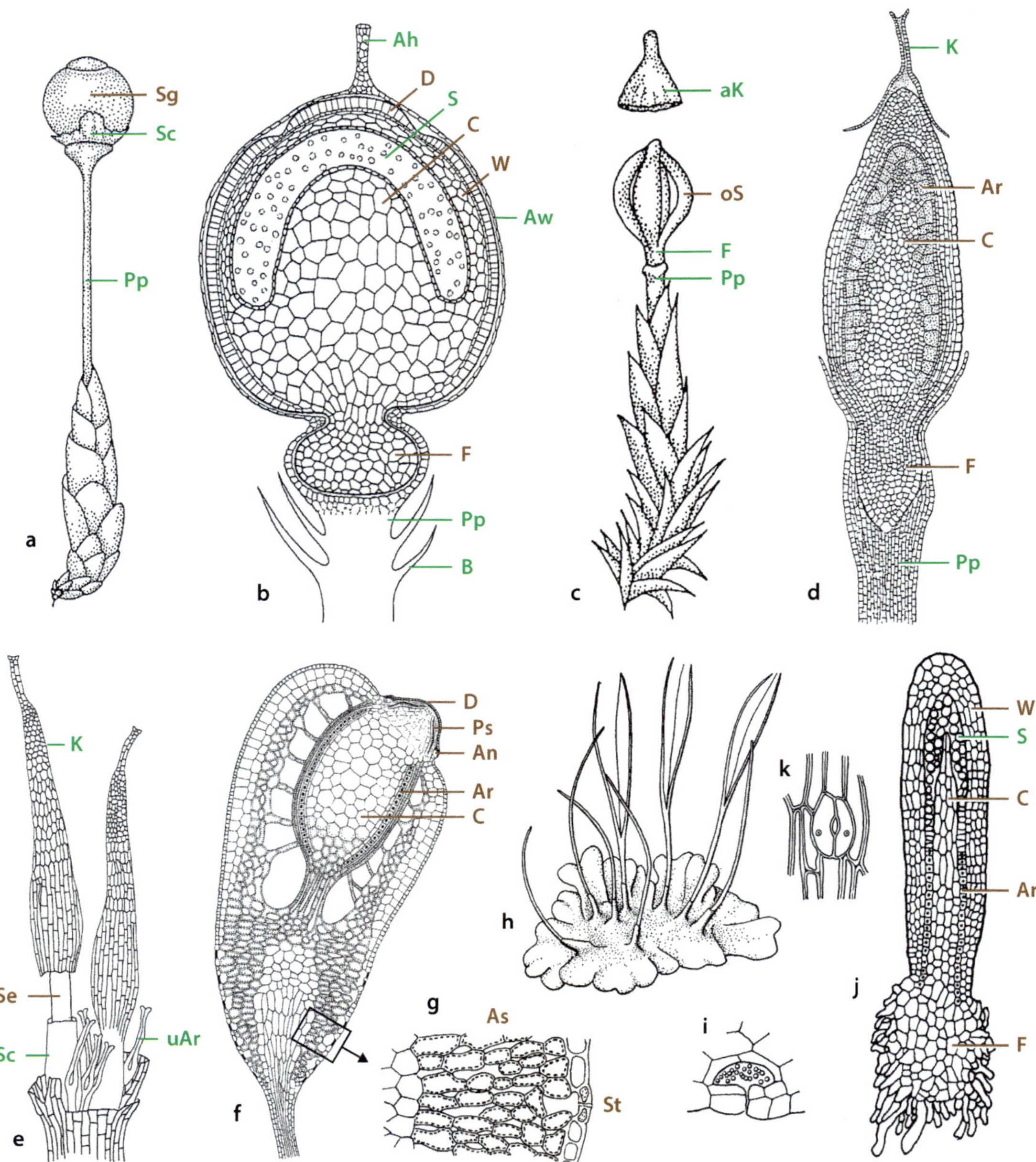

🔲 **Abb. 5.52 Organisation des Sporogons.** Braune Schrift: Strukturen des 2n-Sporogons. Grüne Schrift: n-Gametophyt. Lebermoose s. ▶ Abb. 4.17i–k. **a, b, Torfmoose** (Sphagnopsida). **a,** *Sphagnum squarrosus.* Reifes Sporogon (Sg) am Ende des gametophytischen Pseudopodiums (Pp). Sc, Scheide, entspricht dem Rest der gametophytischen Embryotheca. **b,** *S. acutifolium.* Junges Sporogon im Längsschnitt. Ah, Archegonienhals. Aw, Archegoniumwand. B, ‚Blättchen' des Gametophyten. C, Columella. D, Deckel des Sporangiums. F, Fuß des Sporogons. S, Sporen. W, Wand des Sporangiums. **c, d, Klaffmoose** (Andreaeopsida): *Andreaea rupestris.* **c,** Sprösschen mit terminalem Sporogon. aK, abgesprengte Kalyptra. oS, offenes Sporangium. **d,** Längsschnitt durch junges Sporogon. Ar, Archespor. **e–g, Peristomate Laubmoose** (Bryophytina). **e,** *Pottia lanceolata.* Archegonienstand mit zwei sich entwickelnden Sporogonen, am linken bereits die Seta (Se) erkennbar. uAr, unbefruchtetes Archegonium. **f, g,** *Funaria hygrometrica.* **f,** Längsschnitt durch das hochdifferenzierte Sporogon. An, Anulus. Ps, Peristom. **g,** Ausschnitt aus **f.** Assimilationsgewebe (As) mit Stoma (St) vom *Mnium*-Typ. **h–k, Hornmoose** (Anthocerophyta). **h,** *Phaeoceros laevis.* Gametopyht mit Sporogonen. **i,** *Anthoceros vincentianus.* Spaltöffnung (ungleich *Mnium*-Typ) auf der Thallusunterseite mit symbiontischen Cyanobakterien (*Nostoc*) in der Atemhöhle. **j,** *Dendroceros crispus.* Längsschnitt durch reifendes Sporogon mit Archespor (Ar) und Sporen (S). **k,** *Anthoceros pearsoni.* Spaltöffnung des Sporogons. (© **a, c:** Schenck 1900 (**a,** nach Schimper 1858). **b, d–k:** Mägdefrau 1971 (**b,** nach Schimper 1858. **d,** nach Kühn 1870. **e,** nach Leunis 1847. **f, g,** nach Haberlandt 1886, **i, j,** nach Leitgeb 1879. **k,** nach Campbell 1918))

2. Bei den **Lebermoosen** teilen sich die Archesporzellen in je eine Sporenmutterzelle (Smz) und eine Elatere (◘ Abb. 5.51b′: E, ◘ Tab. 5.9). **Elateren** sind diploide, schlauchförmige Zellen, die zunächst der Ernährung der Smz dienen. Die Smz teilen sich mitotisch, bevor sie nach der Meiose je vier haploide, genetisch verschiedene Meiosporen bilden. Diese bringen durch weitere **Mitosen** jeweils bis zu 128 genetisch gleiche Sporen hervor. Wenn der Zellinhalt der Elateren aufgebraucht ist, bilden sich in deren Zellwänden **schraubenförmig** verlaufende **Versteifungen**, die stark quellbar sind und der Öffnung des Sporangiums dienen (▶ Exkurs 5.10). An der Luft trocknen die Elateren aus, bauen eine Spannung auf und schleudern die Sporen nach Entpannung der Zellwand aus (Kohäsionsmechanismus; ▶ Exkurs 5.11).

3. Bei den Hornmoosen differenziert sich das Archespor ebenfalls in **diploide Smz** und **diploide Elateren** (auch als Pseudoelateren bezeichnet; ◘ Abb. 5.51a′: E*). Letztere teilen sich im Gegensatz zu denen der Lebermoose sehr oft und liegen zuletzt in einer deutlich höheren Anzahl als die Smz vor (◘ Tab. 5.9). Sie weisen **glatte Wände** auf und sind vermutlich **unabhängig** von den Elateren der Lebermoose entstanden.

Die Sporen keimen bei **monoizischen** Moosen zu zwittrigen Thalli, bei **dioizischen** Arten zu eingeschlechtlich männlichen bzw. weiblichen Thalli aus (▶ Abschn. 4.4.2). Sie sind wie bei allen Landpflanzen von einer doppelten Wand umgeben (**Sporoderm**; ▶ Abschn. 4.1.2), dem inneren, dünnwandigen **Endospor** gametophytischer Herkunft und dem äußeren, dickwandigen **Exospor**, das vom Sporophyten aufgelagert wird und überwiegend aus **Sporopollenin** (▶ Abschn. 2.2.4) besteht.

Haustorien und Columella

Die **Ernährung** des Sporophyten erfolgt durch den **Gametophyten** (Gonotrophie; ▶ Abschn. 4.4.3). Da die Zellen der beiden Generationen **nicht über Plasmabrücken** miteinander verbunden sind, erfolgt die Verbindung zwischen dem Gametophyten und Sporophyten (*gamtophyte-sporophyte junction*; Frey et al. 2001) über **Transferzellen** oder **Haustorien** (▶ Abschn. 7.5.2):

‒ Bei **Laub- und Lebermoosen** teilt sich die Zygote quer zum Archegonium. Während die untere Zelle meist zugrunde geht, differenziert sich die **obere Zelle** in Fuß und Sporangium (Frahm 2001). Zwischen Fuß und Gametophyt bildet sich ein **placentaler Spalt**, der mit kollabiertem, gametophytischem Gewebe gefüllt und beiderseits durch Transferzellen ausgekleidet ist.

‒ Bei den **Hornmoosen** teilt sich die Zygote dagegen zunächst längs und dann quer. Aus den beiden oberen Zellen geht das Sporangium, aus den **beiden unteren** der Fuß hervor (Frahm 2001). Dieser dringt mit rhizoidartigen Zellen in den Thallus des Gametophyten ein, wo er sich verankert und haustorial tätig wird (◘ Abb. 5.50a′).

◘ **Tab. 5.9** **Diversität im Bau der Sporangien**. Daten aus Frahm (2001)

Taxon	Ernährung	Wand	Sporenentlassung	Exposition	Archespor
Hornmoose	Gametophyt, 2n-Columella	Mehrschichtig	Aufreißen von Klappen	Interkalare Streckung des Sporogons	Smz, viele Pseudoelateren
Lebermoose	Gametophyt	Einschichtig	Aufreißen: Quellung Ausschleuderung mit Elateren: Kohäsionsmechanismus, irreversibel	2n-Seta (aus Fuß)	viele Smz, Elateren
Torfmoose	Gametophyt, 2n-Columella	Mehrschichtig	Absprengen (Überdruck)	n-Pseudopodium	Smz
Klaffmoose			Längsrisse		
Peristomate Laubmose			Peristom: Quellung, reversibel	2n-Seta (aus Fuß)	

Smz, Sporenmutterzelle

Der Fuß der Moossporogone weist nicht nur **unterschiedliche Entwicklungen** auf, sondern stellt auch die **Verbindung zum Gametopyhten** auf unterschiedliche Weise her. Dabei ähneln die Hornmoose den Kormophyten, deren Sporophyten sich ebenfalls haustorial (Psilotales) ernähren bzw. einen direkten Kontakt zum Gametophyten herstellen (Frey et al. 2001).

Mit Ausnahme der Lebermoose weisen die Sporangien aller Moosgruppen eine **Columella** auf, ein zentral liegendes Gewebe, das der **Nährstoffzufuhr** dient (◘ Abb. 5.51: oliv; ◘ 5.52b, d, f: C). Bei Laubmoosen tragen zusätzlich plasmareiche Zellen der **Sporangienwand** (Amphithecium) zur Ernährung bei. Sie sind den Tapetumzellen der Kormophyten funktionell vergleichbar (► Abschn. 7.6.3). Außerhalb des Sporenraumes entwickeln manche Laubmoosarten ein leistungsfähiges **Assimilationsgewebe** mit einfachen **Spaltöffnungen** (*Mnium*-Typ), das zur Ergrünung des Sporogons führt (◘ Abb. 5.52f, g) und dessen Lebensfunktionen unterstützt. Zum Gasaustausch sind Columella und Sporenraum von Interzellularen umgeben, die ebenfalls vom Amphithecium stammen.

Sporenentlassung

Die Öffnungsweise der Sporangien und die Art der Sporenausstreuung unterscheiden sich deutlich innerhalb der Moosgruppen (◘ Abb. 5.51). Die Bewegungen beruhen dabei stets auf rein physikalischen Quellungs- und Kohäsionsprozessen:

- Bei den **Hornmoosen** springt das Sporogon mit zwei Längsklappen auf.
- Die meisten **Lebermoosen** (Ausnahme Sphaerocarpales; Sy 7C:12) weisen **Elateren** auf, die die Ausbreitung der Sporen fördern. Deren **Zellwand** zeichnet sich durch die Auflagerung von meist zwei **spiralig verdrillten Cellulosestreifen** aus (◘ Abb. 5.56e, f). Zunächst lockern die Elateren den Sporenverband, indem sie sich zwischen die über 100.000 Sporen schieben. Dann reißen sie durch starke **Quellung** die Sporangienwand auf und schleudern die Sporen bis zu 4 cm weit aus. Der **Schleudermechanismus** beruht auf dem Zusammenwirken der spezifisch gestalteten **Zellwandstruktur** und der **Kohäsionskraft** des Zellsaftes (Kavitationseffekt; ► Exkurs 5.11).

- Bei den **Torfmoosen** entwickelt sich dagegen im Inneren des Sporangiums ein **Überdruck**, der zur hörbaren Absprengung des Sporogondeckels führt. Die Sporen werden bis zu 1,5 m weit weggeschleudert (Frahm 2001).
- Bei den **Klaffmoosen** öffnet sich das Sporangium mit vier (seltener 1–6) Längsspalten.
- Den kompliziertesten Mechanismus haben die peristomaten **Laubmoose** entwickelt (Sy 7D). Das junge Sporangium ist von einer Kalyptra (Rest des Archegonimumhalses) bedeckt, die bei der Reife abfällt. Darunter liegt ein Deckel (◘ Abb. 5.53d: D), der am unteren Rand eine Reihe quellbarer Zellen enthält (**Anulus**). Diese sprengen den Deckel ab. Darunter kommt ein Besatz beweglicher ‚Zähne‘ zum Vorschein, der als **Peristom** bezeichnet wird (◘ Abb. 5.53e). Er ist sehr variabel gestaltet. Seine Elemente bestehen meist nur noch aus den verdickten Tangentialwänden aufgelöster Zellreihen (◘ Abb. 5.53f: Pz), die aus den inneren Amphitheciumschichten stammen. Sie können sich wiederholt (**reversibel**) **hygroskopisch** öffnen und schließen (► Exkurs 5.10).

Die Ausbreitungsweite der Sporen ist sehr unterschiedlich und hängt wesentlich von ihrer Größe ab. Kleine Sporen (bis ~ 20 µm) werden von Luftströmungen in großen Höhen (bis 10.000 m) Hunderte oder sogar Tausende Kilometer weit verdriftet, während größere Sporen nur wenige Meter von der Mutterpflanze entfernt keimen (Frahm 2001).

Exposition

Da die Sporen vor allem durch den Wind ausgestreut werden, ist es günstig, wenn die Sporangien exponiert werden. Das geschieht auf drei verschiedenen Wegen:

1. Bei Torf- und Klaffmoosen bildet der **Gametophyt** einen Träger, der **Pseudopodium** genannt wird (◘ Abb. 5.51c, d: grün, und 5.52a: Pp).
2. Bei Leber- und peristomaten Laubmoosen entwickelt der **Fuß des Sporogons** ein Stielchen, die **Seta** (◘ Abb. 5.51b, e: braun, und 5.52e, 5.53c: Se).
3. Bei den Hornmoosen ist das Sporogon ungestielt (◘ Abb. 5.51a). Es streckt sich durch anhaltende **interkalare Teilungsaktivität** an seiner Basis und kann eine Länge von bis zu 7 cm erreichen (◘ Abb. 5.51a: Doppelpfeil, und 5.52h).

◘ **Abb. 5.53   Laubmoose. a–c**, Goldenes Frauenhaarmoos (*Polytrichum commune*). **a**, Gametophyt mit terminal stehendem Mikrogametangienstand, von Hüllblättchen (Perichaetialblättchen) umgeben; diese Struktur wird umgangssprachlich (botanisch irreführend) als ‚Moosblüte' bezeichnet. **b**, Gametophyt mit Sporogonen. **c**, Sporogon aus Fuß (F), Seta (Se) und Sporangium (Sp). Das Sporangium ist zunächst noch von Rest des Archegoniums (K, Kalyptra) umhüllt, der später abgesprengt wird. **d–f**, Wetteranzeigendes Drehmoos (*Funaria hygrometrica*). **d**, Sporangium mit geschlossenem Deckel (D) und Anulus (An). Kalyptra entfernt. **e**, Blick auf das Peristom nach Entfernen des Deckels. **f**, Detail aus **e**: Die Peristomzähne (Pz) bestehen aus den verdickten Zellwänden aufgebrochener Zellen; sie öffnen und schließen sich hygroskopisch. (© **a–c**: R. Claßen-Bockhoff, Mainz. **d–f**: H. Frankenhäuser, Mainz. Mit freundlicher Genehmigung)

Exkurs 5.10 Quellungsbewegungen

Bewegungen, die auf Quellung beruhen, werden auch als **hygroskopische** Bewegungen bezeichnet. Sie spielen bei der Ausbreitung von Sporen (Moose, Schachtelhalme; ▶ Abschn. 5.6.3), Samen und Früchten (▶ Abschn. 12.3.5) eine wichtige Rolle.

Quellung ist ein physikalischer Prozess, bei dem es unter Flüssigkeits- oder Dampfaufnahme zur Volumenvergrößerung der Zellen kommt. Dabei werden Wassermoleküle sowohl an den hydrophilen Gruppen von Makromolekülen im Plasma gebunden als auch in die Zellwand eingelagert. Die Quellbarkeit hängt vom Ladungszustand des Quellkörpers ab.

Hygroskopische Bewegungen sind **reversibel** und laufen bevorzugt in den quellfähigen Zellwänden toter Zellen ab.

Dabei entsteht sowohl eine **Spannung** bei Wasseraufnahme (Ausdehnung) als auch bei Wasserabgabe (Schrumpfung). Diese Spannung wird je nach Verlauf der **Mikrofibrillen** in der Zellwand (▶ Abb. 2.15c) in eine Krümmungsbewegung umgesetzt. Voraussetzung dafür ist ein unterschiedliches Quellverhalten benachbarter Zellschichten:

— Bei den **Peristomzähnen** der Laubmoossporangien liegen zwei Wandschichten mit unterschiedlicher Mikrofibrillentextur aufeinander (◘ Abb. 5.54a). Je nach Anordnung der Cellulosefibrillen erfolgt die Öffnung des Sporangiums bei **Austrocknung** durch Verkürzung der äußeren Lamelle (Entquellung, z. B. *Funaria*) oder bei **Feuchtigkeit** durch Ausdehnung der inneren Lamelle (z. B. *Tortula*).

- Die Sporen der **Schachtelhalme** besitzen quellbare Exosporbänder (**Hapteren**). Im feuchten Zustand liegen sie der Spore eng an, bei Austrocknung entrollen sie sich und dienen der Ausbreitung (◘ Abb. 5.54b und 5.58a).
- Weitere Beispiele für Quellungsbewegungen liefern die Schuppen der **Koniferenzapfen**, die sich bei Aus-

trocknung öffnen und die Samen entlassen (▸ Abschn. 5.6.6), die **Flughaare** des Löwenzahns oder der Waldrebe, die sich bei Trockenheit aufrichten, die **Grannen** des Federgrases (*Stipa*) oder die **Wände** einiger Früchte, die aufreißen und die Samen herausschleudern (*Geranium*; ▸ Abschn. 12.3.5).

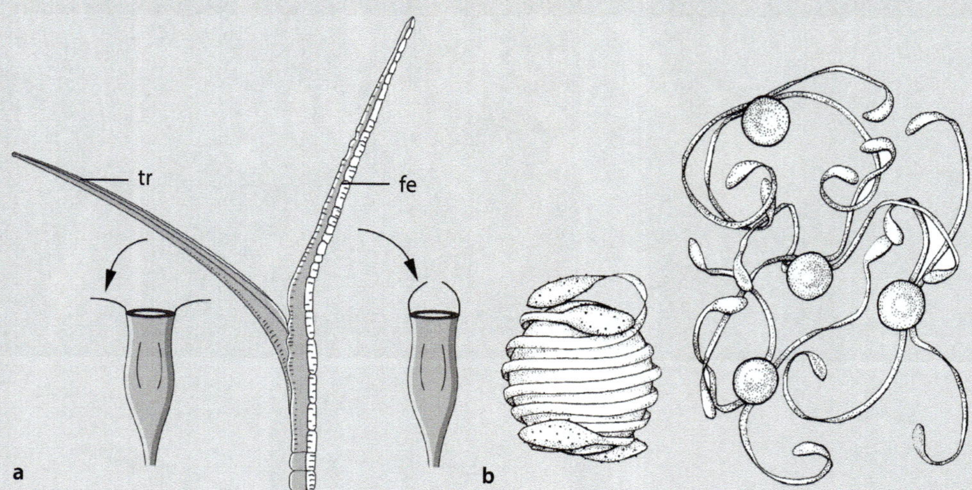

◘ **Abb. 5.54 Quellungsbewegungen. a**, Äußerer Peristomzahn eines Laubmooses, der sich bei Austrocknung öffnet. Die Zellwand besteht aus zwei Schichten. Im trockenen Zustand (tr) entquillt die äußere Wandschicht und krümmt den Peristomzahn nach außen; im feuchten Zustand (fe) bleibt der Zahn geschlossen. **b**, Spore des Schachtelhalms mit Hapteren. Im feuchten Zustand (links) liegen die Hapterenbänder der Spore eng an, bei Trockenheit entrollen sie sich durch Entquellung der Zellwände. (© **a**: Schuhmacher 1971 (nach Steinbrinck). **b**: Schenck 1913)

5.6.3 Sporangien der Kormophyta

Die Sporangien der Kormophyten übernehmen die gleichen **fünf Grundfunktionen** wie die Sporenbehälter der Moose: Sporenbildung, Schutz, Ernährung, Exposition und Freisetzung der Sporen. Allerdings sind sie **nie embryonalen Ursprungs**, sondern entwickeln sich erst spät in der Ontogenese **an der Oberfläche** fertiger oder in Entwicklung begriffener Organe des Sporophyten. Sie treten somit bei den Kormophyten als **Emergenzen** auf ▸ (Abschn. 7.2.1). Da der gemeinsame Vorfahre der Moose und Kormophyten nicht bekannt ist, bleibt offen, ob die Sporangien der Embryophyten einmal oder mehrfach unabhängig entstanden sind. Die Unterschiede in ihrem Bau und ihrer ontogenetischen Entwicklung machen aber Letzteres wahrscheinlich:

- Die Sporangien der Gefäßpflanzen werden stets vom **Sporophyten ernährt**. Die Sporangienwand differenziert ein **Tapetum** aus großen, stoffwechselaktiven Zellen (▸ Abschn. 7.6.3), das die Sporenmasse des reifen Sporangiums als einzellige (selten mehrzellige)

Schicht umgibt. An seiner Bildung sind die innere Wandschicht (z. B. *Lycopodium*, Samenpflanzen) oder die äußere Schicht des Archespors (z. B. *Selaginella*) beteiligt. Das Tapetum dient nicht nur der **Ernährung** der Archesporzellen und der sich entwickelnden Sporen, sondern lagert den haploiden Sporen auch das **Exospor** aus Sporopollenin (und bei den Blütenpflanzen den Pollenkitt; ▸ Abschn. 10.4.4) auf. Es bleibt entweder zellulär erhalten (**Sekretionstapetum**: Bärlapppflanzen, eusporangiate Farne, Samenpflanzen) oder löst die Zellwände auf und wird bei der Sporenbildung völlig verbraucht (**Periplasmodialtapetum**: Schachtelhalme, leptosporangiate Farne, Samenpflanzen).
- Das **Archespor** bildet ausschließlich **Sporenmutterzellen**, die die Meiose durchlaufen und je vier haploide Meiosporen bilden.
- Die **Wand** der Sporangien wird **stets mehrschichtig angelegt**. Bei der Mehrheit der Kormophytea bleibt sie mehrschichtig, wobei die einzelnen Schichten eine unterschiedliche funktionelle Differenzierung er-

fahren (Antherenwand; ▶ Abschn. 10.4.4). Nur bei den **leptosporangiaten Farnen** wird die zunächst zweischichtige Wand nach Auflösung des Tapetums **einschichtig**. Sie kann **Stomata** und **Trichome** aufweisen. Zur **Sporenentlassung** öffnet sich die Wand, die in Anpassung an diese Funktion spezifische Oberflächenstrukturen und Öffnungsmechanismen entwickelt hat.

Eusporangien und Leptosporangien

Innerhalb der Kormophyta treten **zwei Grundformen** von Sporangien auf, die als Eusporangien und Leptosporangien voneinander unterschieden werden (zwischen ihnen gibt es Übergangsformen; z. B. Osmundaceae; Williams 1928):

1. **Eusporangien** traten schon bei den Telompflanzen auf (Stewart und Rothwell 1993) und stellen vermutlich die **Ausgangsform** der Kormophytensporangien dar. Sie haben eine **mehrschichtige Wand** und kommen bei allen Lycophyta, basalen Monilophyta (Sy 8) und Samenpflanzen vor.

2. **Leptosporangien** weisen dagegen bei der Sporenreife eine **einschichtige Wand** auf und gelten als **abgeleitet**. Sie charakterisieren die abgeleiteten Sippen der Farne, die auch als **leptosporangiate Farne** bezeichnet werden (◘ Abb. 5.57: grau unterlegt).

Eusporangien

Eusporangien entstehen aus **mehreren** oberflächlich liegenden **Zellen**, die sich parallel zur Oberfläche (periklin; ◘ Abb. 5.7d–f) teilen (◘ Abb. 5.55a, b). Im häufigsten Fall bilden sie nach außen eine zwei- bis mehrschichtige Wand und nach innen Zellen, aus denen Tapetum und Archespor hervorgehen (◘ Abb. 5.55c, d: W, T, A). Während der Entwicklung und Entlassung der Sporen können innen liegende Teile der Wand zerquetscht werden, wodurch reife Sporangien einschichtig erscheinen.

Meist werden Hunderte oder sogar Tausende **Sporen** produziert. Extrem hohe Zahlen treten bei *Isoëtes* (Isoetaceae) mit bis zu 1 Mio. Mikrosporen pro Sporangium auf (Gifford und Foster 1996).

Die Sporen werden meist durch einen **longitudinalen** Riss aus dem Sporangium entlassen. Besondere Strukturen zur **Ausstreuung** finden sich bei den **Schachtelhalmen**. Deren reife Sporen weisen **bandförmig** um die Sporen gewundene **Hapteren** (Exospor) auf, die sich **hygroskopisch** ein- oder entrollen (▶ Exkurs 5.10, ◘ Abb. 5.58a).

Leptosporangien

Die **Leptosporangien** entstehen aus nur einer Epidermiszelle (◘ Abb. 5.55f: Iz). Diese teilt sich in eine innere Zelle (iZ), die sich entweder am Aufbau des Sporangienstieles beteiligt oder inaktiv bleibt, und eine äußere Zelle

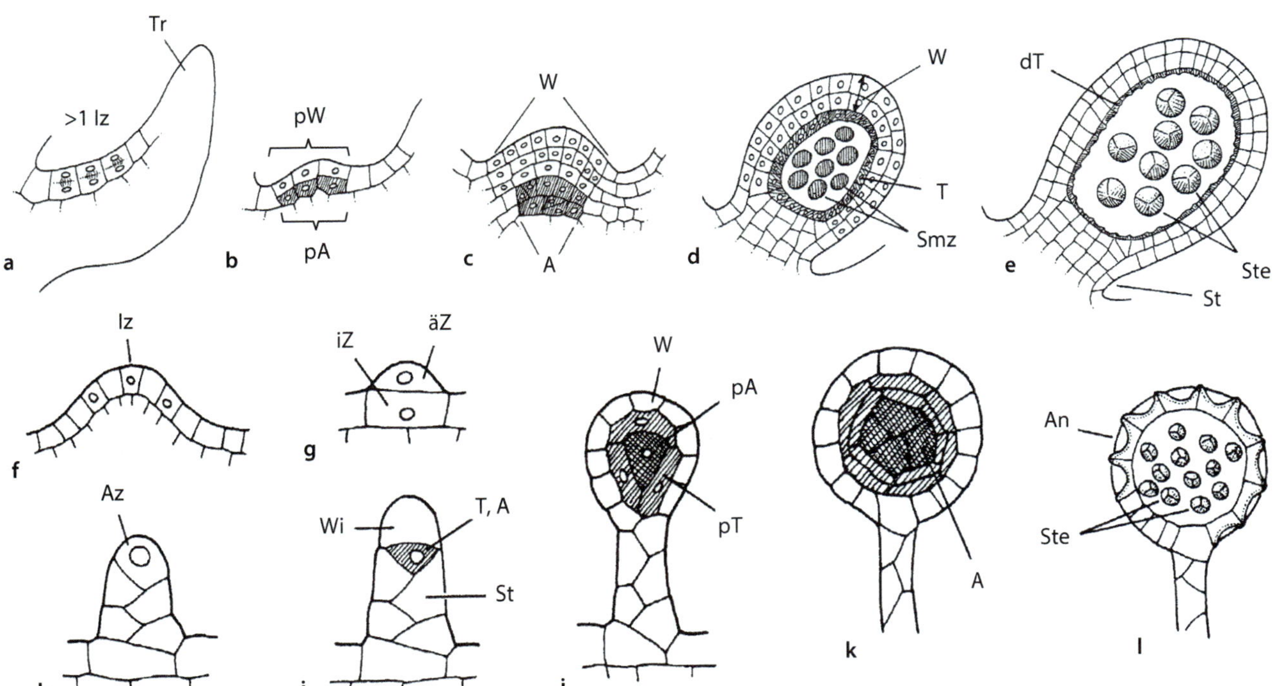

◘ **Abb. 5.55** **Eusporangien und Leptosporangien.** Erläuterungen im Text. Entwicklung eines eusporangiaten (**a–e**) und eines leptosporangiaten Sporangiums (**f–l**). A, Archespor. An, Anulus. Az, Apikalzelle. äZ, äußere Zelle. dT, degeneriertes Tapetum. Iz, Initialzelle. iZ, innere Zelle. pA, primäre Archesporzellen. pT, primäre Tapetumzellen. pW, primäre Wandzellen. Smz, Sporenmutterzellen. Ste, Sporentetraden. St, Stiel. T, Tapetum. Tr, Trägerstruktur. W, Wand. Wi, Wandinitiale. (© Gifford und Foster 1996, verändert)

5

(äZ). Aus dieser geht nach mehreren Teilungen die Apikalzelle (Az) hervor, die ihrerseits die Initialen des Sporangienstieles (St), der einschichtigen Wand (Wi) und des Tapetum-Archespor-Komplexes (T, A) bildet. Durch wiederholte Teilungen entstehen aus letzterer das zweischichtige Tapetum (pT) und das sporogene Gewebe (pA).

Die Sporangienwand ist bei den leptosporangiaten Farnen mit Ausnahme einer Zellreihe dünnwandig. Diese Zellreihe zieht über den Scheitel des Sporangiums hinweg und wird als **Anulus** (auch Annulus; nicht zu verwechseln mit dem Anulus der Moose) bezeichnet (Abb. 5.56a und 5.58d). Sie besitzt stark verdickte Radialwände und Innenwände, die aufgrund ihrer dunkleren Färbung leicht erkennbar sind. Nur an einer Stelle, dem **Stomium** (Sto), sind die Zellwände dünn. Hier reißt das Sporangium auf

und entlässt die Sporen. Die Öffnung des Sporangiums erfolgt mittels eines **Kohäsionsmechanismus** (▶ Exkurs 5.11). Bei Austrocknung verlieren die Zellen des Anulus Wasser. Sie können sich aufgrund der spezifischen Zellwandversteifung nur an der dünnen Außenseite verformen. Es entsteht ein **tangentialer Zug** über den Scheitel hinweg, der schließlich zum Aufreißen des Sporangiums führt. Der Anulus springt auf und schnellt innerhalb von Sekundenbruchteilen wieder zurück, wenn der Wasserfaden in den Zellen reißt und die Kohäsion des Füllwassers überwunden wird. Die Sporen werden erst bei dieser Rückwärtsbewegung ausgeschüttelt (Abb. 5.56a–c).

Bei den leptosporangiaten Farnen ist die Anzahl der Sporen geringer als bei den eusporangiaten Farnen. In der Regel werden nur 64 (16–512) Sporen pro Sporangium gebildet (Bower 1935).

Exkurs 5.11 Kohäsionsbewegungen

Neben Quellungsbewegungen (▶ Exkurs 5.10) führen auch Kohäsionsbewegungen zur Öffnung von Sporangien. Voraussetzung sind **ungleich verdickte Zellwandstrukturen**, die bei **Austrocknung** durch den an ihnen haftenden Wasserfilm (Kohäsionsfilm) zur **Deformation der Zellen** führen und dabei eine **Spannung** aufbauen. Die **Entspannung** erfolgt aufgrund des Kavitationseffektes.

Der **Kavitationseffekt** beschreibt das Wechselspiel plötzlicher Verdampfung und Kondensation von Flüssigkeiten bei einem **kritischen Unterdruck** (Noblin et al. 2012). Bei einem Druck von 1013,25 hPa (Hektopascal; normaler Luftdruck) verdampft Wasser bei 100 °C, bei einem Druck von unter 23,37 hPa bereits bei einer Temperatur von 20 °C. Beim Verdampfen entstehen im Wasser Blasen, die den Kohäsionsfilm des Wassers zerreißen und zur Entspannung der Zellwände führen.

Anulus

Das bekannteste Beispiel für eine Kohäsionsbewegung ist der **Öffnungsmechanismus der Leptosporangien** (Abb. 5.56a–c). Nach der Sporenreife beginnt das Sporangium **auszutrocknen**. Die Zellen verlieren Wasser, wodurch sich im Zellinneren ein starker **Unterdruck** aufbaut. Da das restliche Wasser fest an den Wänden haftet und wegen der hohen **Kohäsionskräfte** nicht abreißt, werden die antiklinen Wände der Anuluszellen unter Eindellung der dünnen Außenwand zusammengezogen. Es entsteht an der Oberfläche ein **tangentialer Zug**, in dessen Folge die Zellen an der präformierten Öffnungsstelle (Stomium) auseinanderweichen. Der inzwischen tote Anulusstrang reißt auf und schlägt zurück, wobei die Zellreihe weiterhin unter Spannung steht. Diese bleibt erhalten, bis der Unterdruck

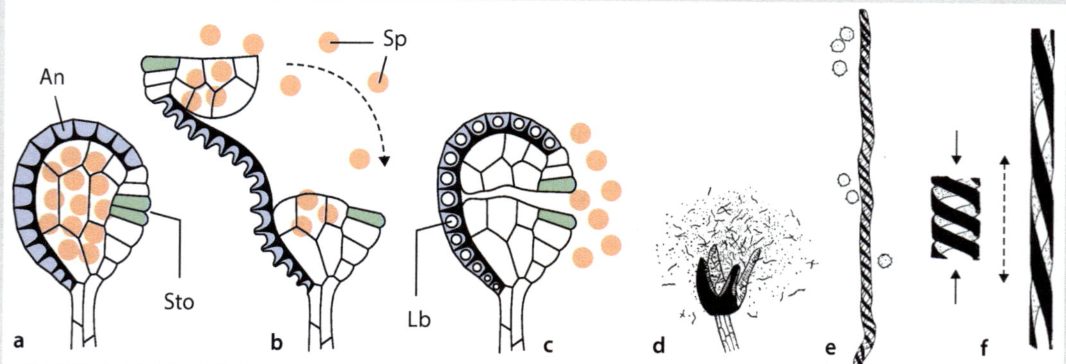

 Abb. 5.56   Kohäsionsbewegungen. a–c, Ausschleudern der Sporen bei leptosporangiaten Farnen. An, Anulus. Lb, Luftblasen. Sp, Sporen. Sto, Stomium. Gestrichelter Pfeil: Zurückschnellen des Anulus und Ausschleudern der Sporen. **d–f,** Funktionsweise von Elateren bei Lebermoosen (*Cephalozia bicuspidata*). **d,** Sporogon zum Zeitpunkt der Sporenausschleuderung. **e,** Elatere mit Sporen. **f,** Links: Spannungsaufbau. Bei Austrocknung hält die Kohäsionskraft des Wassers die spiraligen Wandversteifungen zusammen. Rechts: Spontane Entspiralisierung nach Spannungsabfall. (© **a–c:** Sonnewald 2008 (nach P. Metzner, aus O. Stocker). **d–f:** Schumacher 1971 (nach Ingold))

bei ca. −9 MPa (Megapascal) einen kritischen Punkt erreicht und es zu dramatischen Kavitationseffekten kommt. In Sekundenbruchteilen bilden sich Gasbläschen in den Zellen, die zu einem schlagartigen Volumenzuwachs führen. Die Kohäsion wird überwunden, die Spannung aufgehoben. Der Anulusstrang schnellt innerhalb von etwa 10 μs mit enormer Geschwindigkeit in Richtung seiner ursprünglichen Position zurück. Dabei werden die Sporen, die in den offenen Sporangienhälften liegen, ausgeschleudert. Die mittlere Schleudergeschwindigkeit bei *Adiantum peruvianum* beträgt 2,4 m/s (Poppinga et al. 2015).

Das Prinzip der **katapultartigen** Sporenausschleuderung beruht somit auf einer **Vorspannung** durch Austrocknung (Deformation, Kohäsion) und einer **Entspannung** nach Druckausgleich.

Elateren

Auch die Sporenentlassung der Lebermoose beruht auf einer Kohäsionsbewegung (▶ Abschn. 5.6.2). Trocknen die Elateren an der Luft aus, ziehen sich die Zellwandverdickungen spiralig zusammen und bauen eine **Federspannung** auf. Erreicht der **Unterdruck** die Verdampfungstemperatur des Zellsaftes, kommt es zur Bläschenbildung (Kavitationseffekt). Der Wasserfilm reißt, und die Zellwand entspannt sich in Form einer spontan ablaufenden **Entspiralisierungsbewegung**, durch die die Sporen fortgeschleudert werden (◘ Abb. 5.56f).

Isosporangien und Heterosporangien

Innerhalb der Kormophyten sind die Sporangien einer Pflanze entweder gleich gestaltet (**Isosporangien**) oder in Mikrosporangien und Megasporangien differenziert (**Heterosporangien** ▶ Abschn. 4.5.2). Durch die Ausbildung verschiedener Sporangien, die entweder sehr viele kleine **Mikrosporen** oder wenige große **Megasporen** bilden, wird die **sexuelle Differenzierung** des Gametophyten auf Strukturen des asexuellen Sporophyten übertragen (▶ Abschn. 4.5.2). Anzahl, Größe und Nährstoffversorgung der Sporen können auf diese Weise den geschlechtsspezifisch unterschiedlichen Anforderungen angepasst werden (*male, female fitness*; ▶ Abschn. 4.1.2 und 9.6.1). **Heterosporie** ist ein bedeutender **Neuerwerb** der Kormophyta und gilt als eine der wichtigsten Voraussetzungen für die **Evolution des Samens** (▶ Abschn. 5.6.5). Sie geht mit **Diözie** und obligater **Fremdbefruchtung** einher (▶ Abschn. 4.5.2).

Der erste evolutionäre Schritt auf dem Weg zur Heterosporie war möglicherweise eine Isosporie mit **funktionaler Heterosporie** (Bildung eingeschlechtlicher Gametophyten), so wie dies für *Aglaophyton* aus dem Rhynie Chert angenommen wird (Taylor et al. 2005). Morphologisch verschiedene Heterosporen traten, vermutlich mehrfach unabhängig, seit dem späten Devon auf (Bateman und DiMichele 1994). Da sie mit **Endosporie** (Schutz des Gametophyten durch die Sporenwand; ▶ Abschn. 4.5.2) einhergingen, stellten sie einen bedeutenden Selektionsvorteil für die frühen Landpflanzen dar, die an periodisch trockenen Standorten lebten. So ist nachvollziehbar dass Heterosporie schon im **Karbon** bei den fossilen Schachtelhalmen (*Calamites*), Schuppenbäumen (*Lepidodendron*), Samenbärlappen (*Lepidocarpon*) und Progymnospermen (*Archaeopteris*?) (▶ Exkurs 3.6) vorkam. **Rezente Beispiele** liefern die Moosfarne (*Selaginella*), Brachsenkräuter (*Isoëtes*), Wasserfarne (Salviniales) und Samenpflanzen.

Die **Megasporangien** sind meist größer als die **Mikrosporangien** (◘ Abb. 5.62b). Bei den Bärlapppflanzen öffnen sich die Sporangien mit einem Längs- oder Querriss; bei den Wasserfarnen platzen sie auf. Bei den **Samenpflanzen (obligate Heterosporie)** öffnen sich **nur die Mikrosporangien** (Pollensäcke; ▶ Abschn. 10.4.1), während das **Megasporangium** (Nucellus; ▶ Abschn. 4.6) auf dem mütterlichen Sporophyten verbleibt und in die Samenbildung eingeht. Die Wand des Nucellus geht in das einfache oder doppelte Integument über.

5.6.4 Sporangienträger bei Bärlapp- und Farnpflanzen

Innerhalb der Kormophyten lassen sich die Sporangien von den Sporenbehältern der Telompflanzen ableiten, und vermutlich sind sie untereinander **homolog**. Dafür spricht ihr **Bau**, der abgesehen von der ein- oder mehrschichtigen Wand und deren Öffnungsweise relativ einheitlich ist. Die grundsätzliche **Übereinstimmung** zwischen den Sporangien bedeutet aber nicht, dass auch deren **Trägerstrukturen** homolog sind. Diese haben sich im Laufe der Evolution **sippenspezifisch** herausgebildet und sind **funktionsgleich**, aber **nicht** notwendigerweise **homolog**.

Synangium, Sorus und Sporokarp

Innerhalb der samenlosen Gefäßpflanzen lässt sich mehrfach parallel der Zusammenschluss von Sporangien zu **Sporangienkomplexen** beobachten. Man spricht von einem **Synangium**, wenn mehrere Sporangienfächer aus einer **gemeinsamen Anlage** hervorgehen, und von einem **Sorus**, wenn mehrere **freie** Sporangien einem gemeinsamen, als **Receptaculum** bezeichneten Gewebe aufsitzen. Treten mehrere Sori an einem gemeinsamen Träger auf, liegt ein **Sorusverband** vor, der als **Sporokarp** bezeichnet wird, wenn er von einer Hülle umgeben ist.

Synangium

Sporangien liegen ursprünglich und in den meisten Gruppen **einzeln** vor. Bei den Gabelblattgewächsen (Abb. 5.38b–f) und Marattiales treten dagegen **Synangien** aus mehreren Sporangien auf. Die Sporangienanlage gliedert sich dabei in **mehrere Fächer**, die von sterilem Gewebe umgeben sind und je einem Sporangium entsprechen. Nach der Anzahl der enthaltenen Sporangien unterscheidet man bi- (*Tmesipteris*; Abb. 5.64f), tri- (*Psilotum*; Abb. 5.28c: Detailbild, und 5.58b) oder polysporangiate (Marattiales) Synangien.

Sorus

Die Sporangien eines Sorus entspringen aus einer gemeinsamen Anlage, dem **Receptaculum** (auch als Placenta bezeichnet), das immer **wedelbürtig** ist. Man spricht von **Phyllosporie**, wenn **blattartige** (nicht not-

wendigerweise blatthomologe) Strukturen Sporangien tragen. Der Sorus der Farne ist demnach **phyllospor**.

Die Sporangien sind meist **gestielt** und können von sterilen Haaren (**Paraphysen**) umgeben sein (Abb. 5.58d). Der Sorus liegt entweder nackt vor oder ist von einem Häutchen bedeckt, das als **Indusium** bezeichnet wird (Abb. 5.59e, f). Dieses entspricht einem Auswuchs der obersten Zellschicht (Epidermis; ▶ Abschn. 7.2.1), **schützt** die Sporangien und **kontrolliert** die Sporenfreisetzung. Bei einigen Arten übernimmt der **umgeschlagene Rand** eines Wedels oder Wedellappens diese Funktion (**falsches Indusium**). Treten zwei Indusien (ein oberes und ein unteres; Abb. 5.60d, h) oder selten ein Indusium und ein umgeschlagener Wedelrand zusammen auf (z. B. *Alsophila dicksonioides*; Schölch 2003), sind die Sori von zwei Häutchen bedeckt; selten ist jedes einzelne Sporangium von einem separaten Indusium umhüllt (z. B. *Lygodium japonicum*; Abb. 5.59j).

Das Auftreten bzw. Fehlen eines Indusiums (**indusiat**, z. B. Aspleniaceae bzw. **exindusiat**, z. B. Polypodiaceae) sind wichtige **systematische Merkmale**. Das Glei-

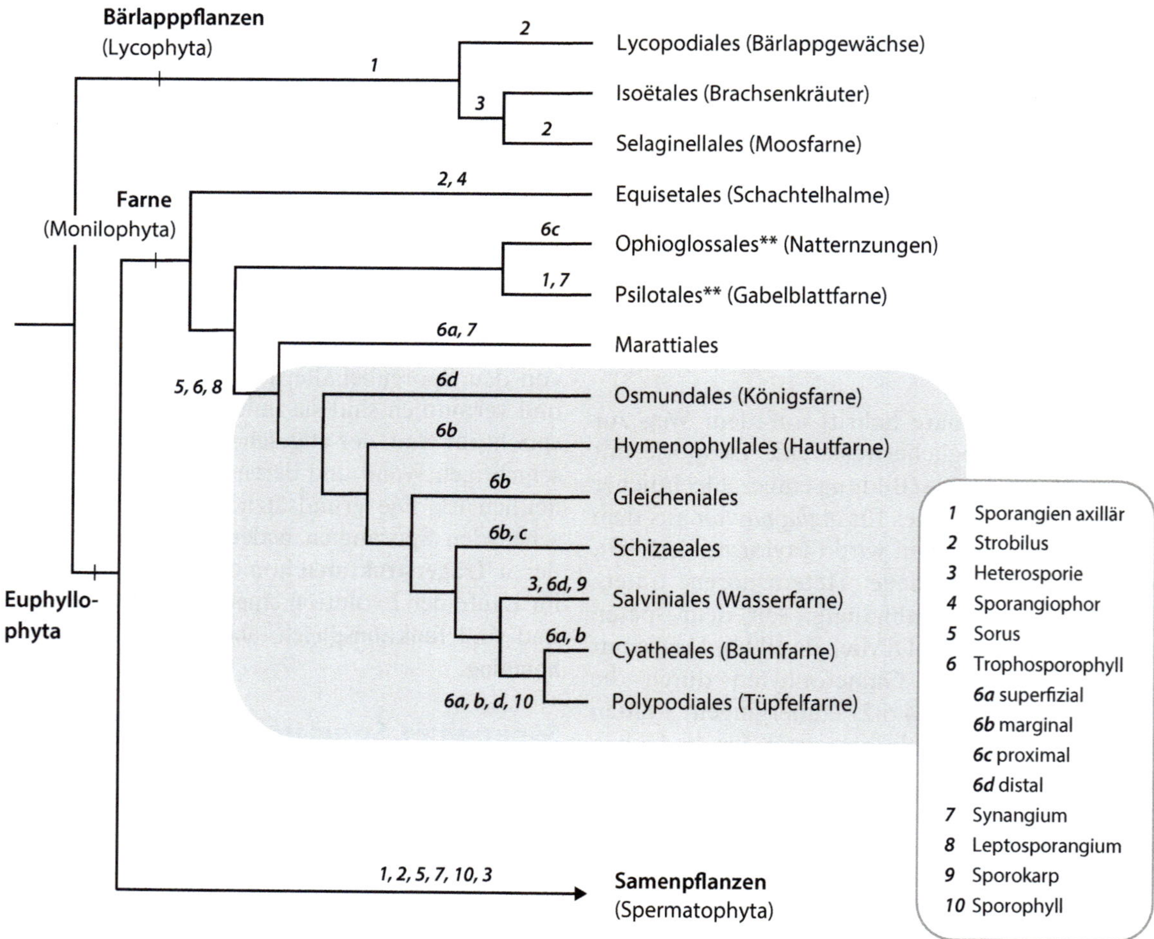

Abb. 5.57   Art und Verteilung der Sporangien bei Bärlapp- und Farnpflanzen. Grau unterlegt: leptosporangiate Farne. **, heterotrophe Gametophyten (▶ Abschn. 4.5.1)

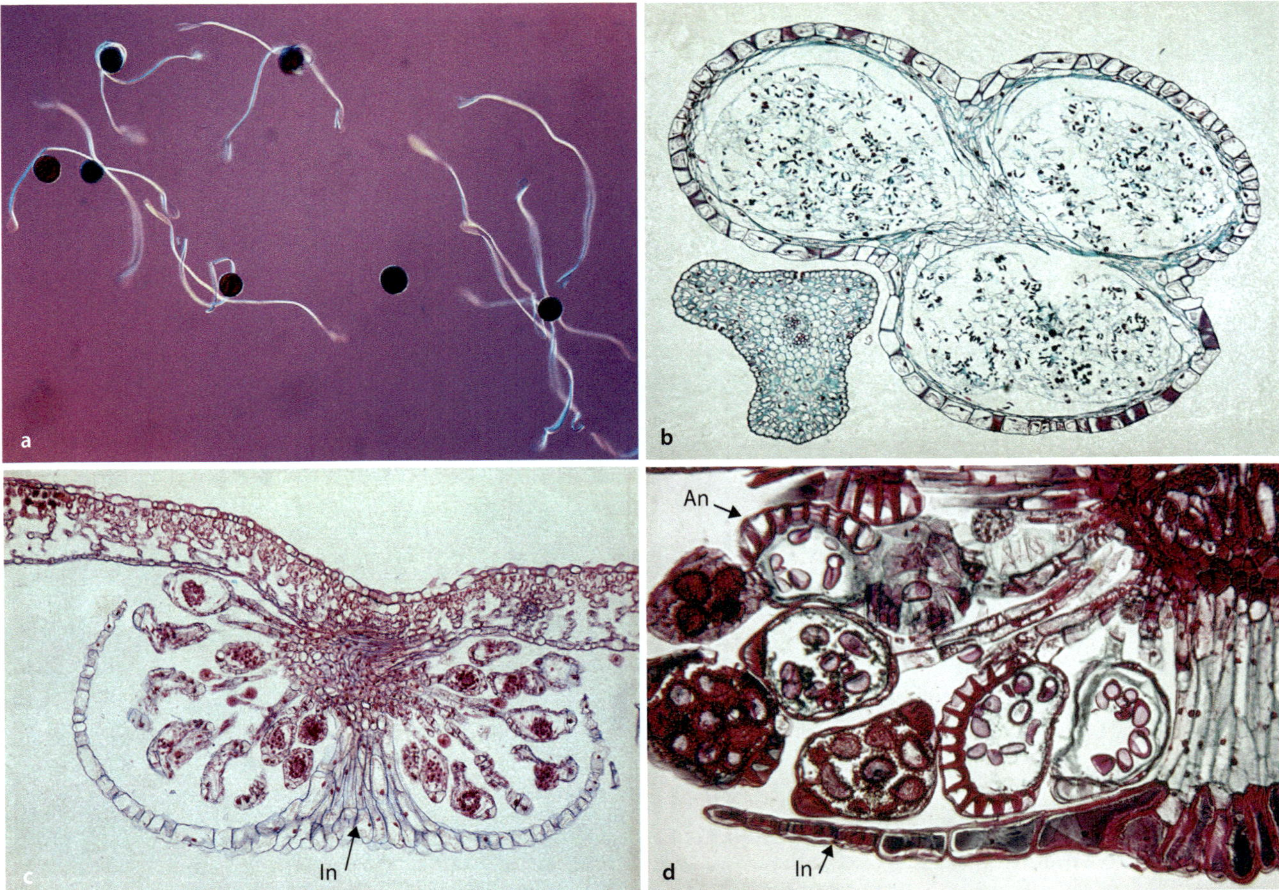

che gilt für die spezifische Form und Anheftungsstelle des Indusiums. Man unterscheidet nierenförmige (reniforme), rundliche und lineare Indusien (■ Abb. 5.59e), die seitlich neben den Sporangien inserieren oder aus der Mitte des Sorus entspringen (zentral, auch als ‚peltat' bezeichnet; ■ Abb. 5.58c: In, ■ und 5.60f).

Sori treten bei den **Marattiales** mit freien Sporangien oder Synangien und bei den **leptosporangiaten Farnen** auf (■ Abb. 5.57: grau unterlegt). In dieser Gruppe sind sie sehr **divers** gestaltet und fehlen nur in einzelnen Taxa mit zerstreut stehenden Sporangien (z. B. *Pityrogramma*, *Anogramma*; ■ Abb. 5.60a, e).

Ort und Zeitpunkt der **Sporangienanlegung** bestimmen die zerstreute oder distinkte Lage der Sori (■ Abb. 5.60). Nach ihrer Stellung und Entwicklung werden superfiziale, submarginale und marginale Sori unterschieden (Schölch 2010 und Literatur darin):

- **Superfiziale Sori** liegen auf der **Unterseite** der Farnwedel (■ Abb. 5.59c und 5.60a, b, e, f). Sie entstehen **gleichzeitig** mit der Bildung der vegetativen Wedelfläche und sind über die **gesamte Wedelunterseite** verteilt. Sie sind indusiat oder exindusiat und haben entweder Kontakt zum Leitgewebe oder werden unabhängig vom Verlauf der Wedelnervatur angelegt.
- **Submarginale Sori** sind ein Spezialfall superfizialer Sori. Sie werden **verzögert** gegenüber den vegetativen Strukturen der Wedelfläche angelegt. Sie liegen auf der Unterseite des Wedels in unmittelbarer Nähe des Randes, von dem sie schützend bedeckt sein können (falsches Indusium; ■ Abb. 5.60c).

■ **Abb. 5.59** **Sporangienstellung an Trophosporophyllen. a–g,** Polypodiales. **a, b,** Sporangien flächig auf der Wedelunterseite. **a,** *Platycerium vassei.* **b,** *Asplenium nidus.* **c, d,** *Polypodium nigrescens.* Superfiziale Sori ohne Indusien. **e, f,** Gemeiner Waldfrauenfarn (*Arthyrium filix-femina*). Superfiziale Sori mit nierenförmigen Indusien. **g,** *Adiantum trapeziforme.* Marginale Sori. **h,** *Osmunda regalis* (Osmundales). Simultaner Marginalsorus. **i, j,** *Lygodium japonicum* (Schizaeales). **i,** Wedel mit windender Mittelrippe und Sporangien tragenden Abschnitten. **j,** Akropetale Marginalsori mit je einem großen Indusium pro Sporangium. (© R. Claßen-Bockhoff, Mainz)

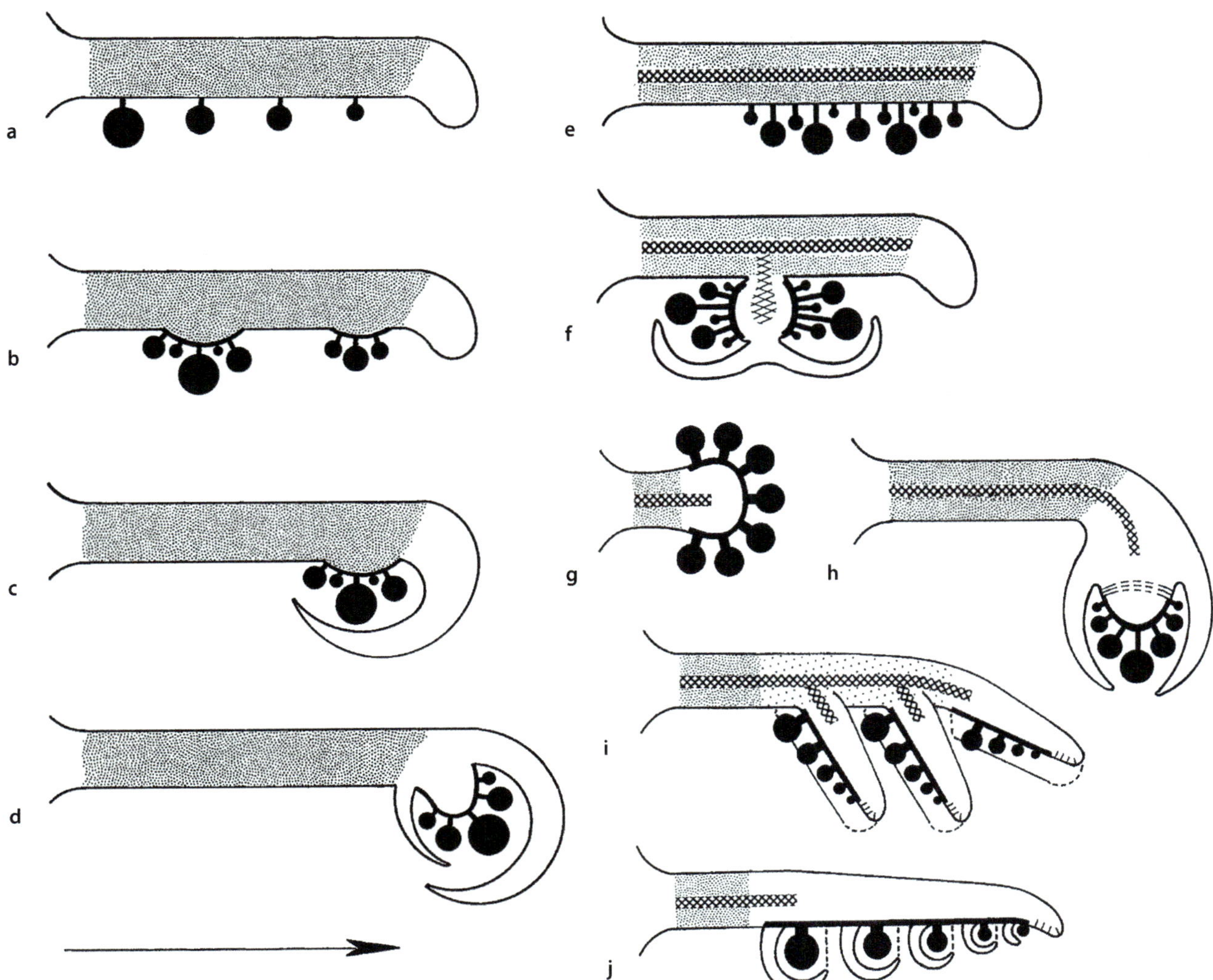

Abb. 5.60 Diversität der Sporangienstellung und Sorusentwicklung bei leptosporangiaten Farnen. a–d, Fortschreitende Phasentrennung zwischen vegetativer Wedelentwicklung und Sporangienbildung (Pfeil); alle Beispiele ohne Leitbündelanbindung. **a,** *Pityrogramma*, Pteridaceae. Superfizial zerstreut stehende Sporangien. **b,** *Polypodium*, Polypodiaceae. Superfiziale Sori. **c,** *Pteris*, Pteridaceae. Submarginale Sori. **d,** *Pteridium*, Dennstaedtiaceae. Basipetale Marginalsori. **e–j,** Mit Leitbündeln assoziierte Sporangien- und Sorientwicklung. **e,** *Anogramma*, Pteridaceae. Superfizial zerstreut stehende Sporangien. **f,** *Polystichum*, Dryopteridaceae. Superfizialer Sorus mit zentral ansetzendem Indusium. **g,** *Osmunda*, Osmundaceae. Simultaner Marginalsorus. **h,** *Dennstaedtia*, Dennstaedtiaceae. Basipetaler Marginalsorus mit zwei Indusien. **i,** *Schizaea*, Schizaleaceae. Akropetaler Marginalsorus mit oberem Indusium. **j,** *Lygodium*, Schizaeaceae. Wie **i,** aber jedes Sporangium mit separatem Indusium. Grau: Wedelfläche. Weiß: Rand bzw. marginaler Sorus. Schraffur: Leitbündel. (© a–c, e, f: Schölch 2003. d, h: Schölch 2000a. g, i, j: Schölch 2007)

– Marginale Sori stehen **am Rand** der Wedel (■ Abb. 5.60d, g–j und 5.61b). Sie werden wie die submarginalen Sori spät angelegt und sind meist mit einem oder mehreren Indusien ausgestattet (■ Abb. 5.60d, h–j); selten sind sie nackt (■ Abb. 5.60g).

Nach Schölch (2010) gelten die marginalen Sori als **abgeleitet** – eine Annahme, die durch molekularphylogenetische Daten weitgehend gestützt wird. Sie widerspricht der Theorie des ‚phylogenetischen Gleitens', bei der eine Verlagerung ursprünglich marginal gelegener Sori auf die Blattunterseite postuliert wird (Gifford und Foster 1996).

Die Sporangien eines Sorus entstehen **simultan** (■ Abb. 5.60g) oder **nacheinander** in gemischter (■ Abb. 5.60b, c, f), aufsteigender (**akropetaler;** ■ Abb. 5.60i, j und 5.61a) oder absteigender (**basipetaler**) Folge (■ Abb. 5.60d und 5.61c). Die **Ausgliederungsrichtung** folgt dem Wachstum des Receptaculums (akropetal) bzw. der interkalaren Streckung seiner Basis (basipetal). In diesem Verhalten ähnelt die Sporangienausgliederung der Farne der zentrifugalen und zentripetalen Fraktionierung von Stamina bei Blütenpflanzen (sekundäre Polyandrie; ▶ Abschn. 10.2.3). Auch deren Anlagefolge geht mit der Richtung des sich ausdehnenden Gewebes einher.

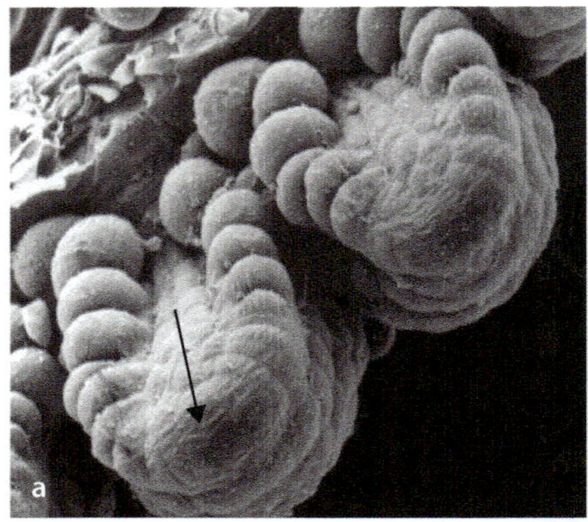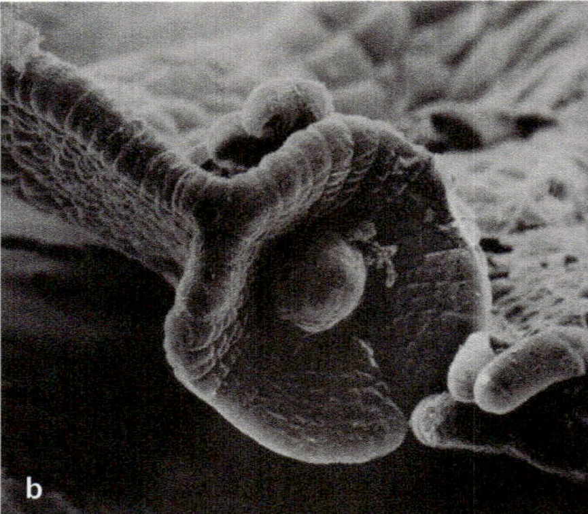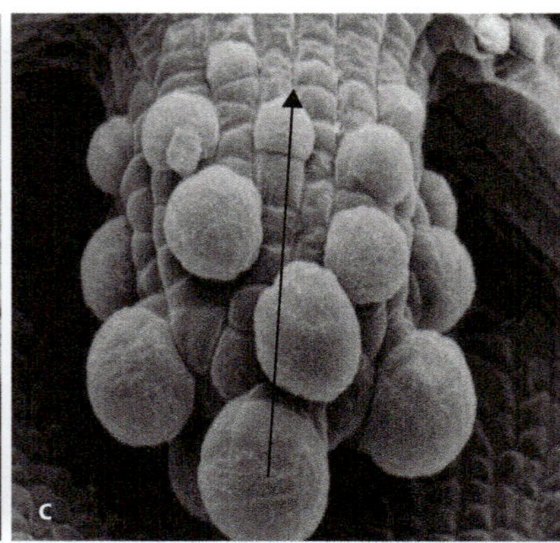

Abb. 5.61   Entwicklung von marginalen Sori. a, *Schizaea fistulosa,* Schizaeaceae. Akropetale Sporangienbildung am Receptaculumrand (Pfeil). **b, c,** *Mecodium rarum,* Hymenophyllaceae. **b,** Sorusbildung am Wedelrand mit Kontakt zum Leitgewebe. **c,** Basipetale Sporangienbildung (Pfeil) nach basipetaler Ausdehnung des stabförmig werdenden Receptaculums. (© **a**: Schölch 2007. **b**: Schölch 2008. **c**: Schölch 2000b)

Sorusverband und Sporokarp

Ein Sporokarp ist ein von einer meist festen **Hülle umschlossener Sorusverband.** Es tritt nur bei den **heterosporen Wasserfarnen** (Salviniales; Sy 8:12) auf und dürfte in Anpassung an deren aquatische Lebensweise entstanden sein:
— Bei *Salvinia natans* (Salviniaceae; ▪ Abb. 5.62a) stehen bis zu 20 Sori am braunen Mittellappen des dreigliedrigen Euphylls (▪ Abb. 5.40c, ▶ Abschn. 5.5.7). Sie sind nicht von einer gemeinsamen Hülle umgeben und stellen daher einen **Sorusverband** und **kein Sporokarp** dar (Nagalingum et al. 2006).
  Der Sorusverband ist **heterosporangiat** (▪ Abb. 5.62b), die Sori selbst sind **isosporangiat.** Sie umfassen entweder Mikro- **oder** Megasporangien, sind von einem **doppelten Indusium** umhüllt und entlang eines **Sorophors** (wörtl. „Sorusträger") aufgereiht (▪ Abb. 5.62a, b: dIn, SoP). Die Sporangien entspringen einem Receptaculum und sind gestielt. Die kleineren Mikrosporangien bilden je 64 kleine **Mikrosporen,** die in einem schaumigen **Perispor** liegen (wörtl. „um die Spore herum"), das vom Zellinhalt des aufgelösten **Periplasmodialtapetums** stammt (▪ Abb. 5.62c, d). Die größeren Megasporangien bilden je 32 Meiosporen, von denen sich aber **nur eine** zu einer großen, mit Nährstoffen ausgestatteten **Megaspore** weiterentwickelt (▪ Abb. 5.62c: Mesp). Auch diese ist von Perispor (Pe) umgeben. Die Sporen keimen **endospor** zu wenigzelligen **Gametophyten** aus, die die Sporangienwand durchbrechen und entweder winzige Antheridien oder Archegonien bilden (▶ Abschn. 4.5.2).
— Der Algenfarn *Azolla nilotica* (Salviniaceae) hat einen sehr ähnlichen Sorusverband wie der Schwimmfarn (▪ Abb. 5.62f). Allerdings ist dieser von einer dünnen, einschichtigen Hülle (Sw, Sporokarpwand) umgeben, die ihn zu einem **Sporokarp** macht (Nagalingum et al. 2006).

— Die Marsileaceae (Kleefarngewächse) umfassen die Gattungen *Marsilea, Pilularia* und *Regnellidium.* Diese stimmen grundsätzlich im Bau ihres **Sorusverbandes** überein, der wesentlich **komplexer** organisiert ist als bei den Salviniaceae. Der gesamte Sorusverband ist von einer mehrschichtigen harten Wand umgeben und bildet ein **Sporokarp.**
  Das Sporokarp des Kleefarns (*Marsilea quadrifolia*) ist bohnenförmig und knapp 1 cm lang (▪ Abb. 5.62h). Es ist **austrocknungsresistent** und kann über 20 Jahre überdauern (Gifford und Foster 1996). Es inseriert an der Basis des ‚Kleeblattes' (▪ Abb. 5.62g: Sk) und ist **vermutlich phyllospor.** Im Inneren des Sporokarps befindet sich ein wandständiger, gallertig ausgebildeter **Sorophor** (Sop), der zahlreiche, kammförmige Receptacula trägt (▪ Abb. 5.62h: gestrichelte Linie, und ▪ 5.62i: Re). Jedes Receptaculum bildet einen **Sorus** und ist von einem **Indusium** bedeckt, wodurch das Sporokarp gekammert wird. Der Sorus ist **heterosporangiat** und besteht aus einer Reihe von **Megasporangien,** die jeweils an der Spitze der Kammzähne stehen, und von **Mikrosporangien,** die seitlich davon in basipetaler Reihung folgen (▪ Abb. 5.62h: *, und ▪ 5.62i). Im Wasser beginnt das Sporokarp zu **quellen** (oft erst nach drei bis vier Jahren). Es öffnet sich längs und entlässt den Sorophor mit den anhängenden Sori (▪ Abb. 5.62j). Der quellfähige Sorophor wird zehn- bis 15-mal so lang wie das Sporokarp und sprengt schließlich Indusium und Sporangienwand auf, wodurch die Sporen entlassen werden (Gifford und Foster 1996).

Das Sporokarp des Kleefarns zeigt den **kompliziertesten Bau** eines Sorusverbandes. Verglichen mit einem solitär stehenden Sporangium treten nicht nur mehrere Sporangien zu einem **Sorus** zusammen und werden von einem **Indusium** geschützt, sondern die Prozesse **wiederholen sich**

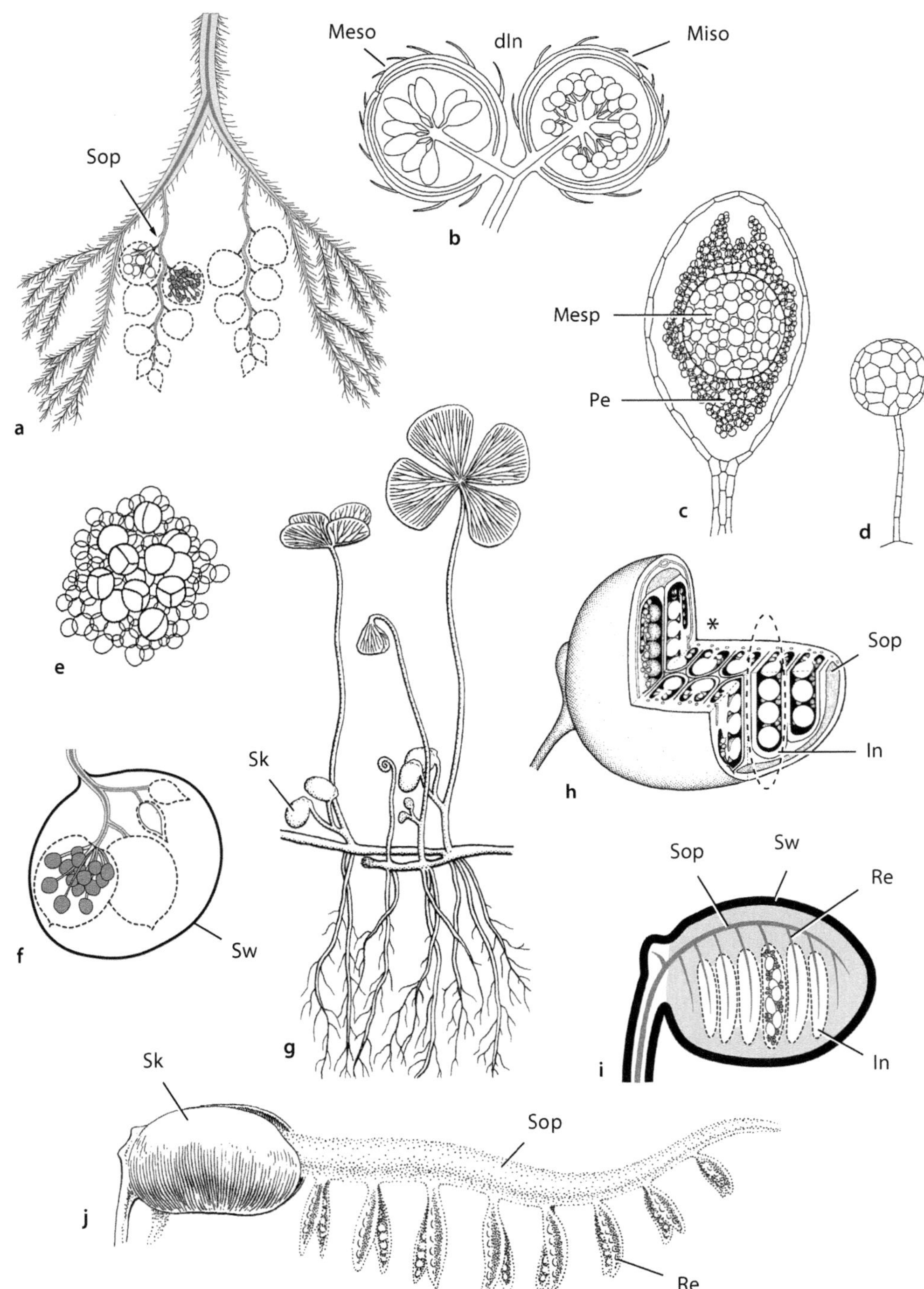

⬠ Abb. 5.62 Sorusverbände bei Wasserfarnen (Salviniales). a–e, Salvinia natans (Salviniaceae). **a,** Sporulierender Teil des Trophosporophylls. Sop, Sorophor mit Mega- und Mikrosori. **b,** Sorophor mit Mega- (Meso) und Mikrosorus (Miso); jeder Sorus mit doppeltem Indusium (dIn). **c,** Gestieltes Megasporangium im Längsschnitt mit einer großen Megaspore mit Nährstoffen (Mesp) und Perispor (Pe). **d,** Gestieltes Mikrosporangium. Gleicher Maßstab wie c. **e,** Mikrosporen im Perispor. **f, Azolla** (Salviniaceae). Sorusverband mit Sporokarpwand (Sw). **g–j Marsilea quadrifolia** (Marsileaceae). **g,** Pflanze mit Sporokarpien (Sk) an der Basis der Monilophylle. **h,** Blockdiagramm eines Sporokarps mit wandständigem Sorophor und parallel angeordneten Sori (gestrichelte Linie). Jeder Sorus ist kammförmig gestaltet und trägt an der Spitze jedes Kammzahns ein Megasporangium und seitlich davon mehrere Mikrosporangien. *, Aufsicht auf einen Kammzahn im Längsschnitt. **i,** Schema zum Aufbau eines Sporokarps mit kammförmig abgehenden Receptacula (Re) und Indusium (gestrichelt) um jeden Sorus. **j,** Sporokarp mit austretendem Sorophor. (© **a, f, i**: Nagalingum et al. 2006, verändert. **b–e**: Bresinsky 1998 (nach GW. Bischoff) **g, h**: Mägdefrau 1971 (g, nach GW. Bischoff). **j**: Eames 1936 (aus Gifford und Foster 1996))

mit der Bildung von **Sorusverbänden** und einer weiteren Schutzhülle (Sporokarpwand). Der komplexe Bau der Sori repräsentiert eindrucksvoll die häufig auftretende **Tendenz** bei Pflanzen, die Komplexität von Strukturen durch Wiederholung und Funktionsübertragung (*transference of function*) zu erhöhen (▶ Abschn. 12.3.7).

Sporophylle und Sporangiophoren

Die **Sporangien** der Kormophyten sind **Oberflächenstrukturen** und können als solche auf ganz unterschiedlichen Trägerstrukturen entstehen. Sitzen sie blattartigen Trägern auf, sind sie **phyllospor** (wörtl. „blattbürtig"), stehen sie an achsenartigen Stielchen, sind sie **stachyospor** (wörtl. „ährenbürtig") (Begriffe nach Lam 1948).

Im Unterschied zu den grünen, assimilierenden Monilophyllen, die auch als **Trophophylle** (griech. *trophe*, „Nahrung") bezeichnet werden, heißen Sporen bildende Blattstrukturen **Sporophylle**. Da Sporophylle nicht notwendigerweise homolog zueinander sind, gehört der Begriff Sporophyll zu den **Analogbegriffen** (▶ Exkurs 5.2). Er wird im vorliegenden Buch nur auf solche Trägerstrukturen bezogen, die sich von **Trophophyllen** ableiten lassen (z. B. *Matteuccia*; ▣ Abb. 5.64g). In allen anderen Fällen, insbesondere in denen strittiger Homologie, wird von Sporangienträgern (**Sporangiophoren**) gesprochen. Trophophylle, die gleichzeitig assimilieren und Sporangien bilden, heißen **Trophosporophylle**.

Sporangienstellung der Telompflanzen

Die Sporangien der **Telompflanzen** (▶ Exkurs 3.5) waren vermutlich alle **eusporangiat**. Sie wiesen eine hohe **Variationsbreite** bezüglich ihrer Stellung (terminal, seitlich) und Anordnung (einzeln, fächer- oder zapfenförmig aggregiert) an der Pflanze auf:

- Bei den **Rhyniophyta** (*Horneophyton*, *Rhynia*) standen sie **terminal an Telomen** (▶ Abb. 3.11d) und besaßen entweder keinen Öffnungsmechanismus (*Rhynia gwynne-vaughanii*), rissen longitudinal auf (*Rhynia major*) oder entließen die Sporen möglicherweise durch eine apikale Pore (*Horneophyton lignieri*; Gifford und Foster 1996).
- Bei den **Zosterophyta**, den vermutlichen Vorfahren der Bärlapppflanzen, standen die Sporangien entweder einzeln **lateral** über den Vegetationskörper verstreut (*Gosslingia*, *Swadonia*) oder in terminal stehenden, ährenartigen Aggregaten (*Zosterophyllum*; ▣ Abb. 5.63a, b).
- Bei den **Trimerophyta** hingen die Sporangien an den Enden mehrfach dichotom verzweigter Telomverästelungen und bildeten Sporangienverbände aus 32 (*Psilophyton dawsonii*) oder mehr (*Psilophyton charientos*) Sporangien (▣ Abb. 5.63c).

Mit der **Organdifferenzierung** im Devon erhielten die Sporangien eine definierte (stachyospore oder phyllospore) Position. **Blattartige Organe** erwiesen sich auf-

grund ihrer oberflächennahen Leitbündelversorgung, hohen Anzahl und exponierten Stellung als **besonders geeignet** für die Bildung von Sporangien. Sie behielten entweder die Assimilationsfunktion bei (**Trophosporophyll**) oder gingen gänzlich zur Sporenbildung über (**Sporophyll**).

Die Sporangienträger der Bärlapppflanzen (Lycophyta)

Die Sporangien der Bärlapppflanzen stehen **stets einzeln** in der Achsel eines Lycophylls oder an dessen Basis (▣ Abb. 5.32i, 5.64b und 5.65). Sie sind kurz gestielt, **eusporangiat** und **isospor** (Lycopodiaceae) oder **heterospor** (*Selaginella*, *Isoëtes*). Das **Tapetum**, das als **Sekretionstapetum** erhalten bleibt und im Schnittbild deutlich erkennbar ist (▣ Abb. 5.65b), geht aus der inneren Wandschicht (Lycopodiaceae) oder aus dem Archespor hervor (übrige Gruppen). Bei *Isoëtes* bildet das Archespor neben den Mikro- bzw. Megasporenmutterzellen als **Trabeculae** bezeichnete Auswüchse, die das Sporangium quer durchziehen, aber nicht kammern (▣ Abb. 5.65c: Tr). Auf diese Weise wird das Tapetum in seiner Oberfläche vergrößert und über den gesamten Sporangienraum verteilt.

- Bei den **Lycopodiaceae** stehen die Sporangien tragenden Lycophylle **terminal gehäuft** und bilden **Sporophyllstände** oder **Strobili** (Strobilus, griech. *strobilos*, „Zapfen"; ▣ Abb. 5.64a). Diese Bezeichnungen sind nicht sehr glücklich gewählt, da auch die Blüten der Angiospermen traditionell als Sporophyllstände und die verholzten Zapfen der Gymnospermen als Strobili bezeichnet wurden (▶ Abschn. 5.6.6 und 5.6.7). Die Benennungen sind historisch bedingt und beruhen auf **analoger Ähnlichkeit**. Sie zeigen, dass Aggregation und terminale Exposition für die Sporenausstreuung **günstig** und mehrfach unabhängig in der Evolution der Landpflanzen entstanden sind (s. *Zosterophyllum* ▣ in Abb. 5.63b, *Selaginella*, *Equisetum*, *Osmunda* ▣ in Abb. 5.64c, d, h).

  Mit der terminal gehäuften Stellung der Sporophylle geht eine **Phasendifferenzierung** des Vegetationskörpers einher. Zuerst werden in der **vegetativen Phase** grüne, assimilierende Trophophylle gebildet, auf die dann in der **reproduktiven Phase** die meist kleineren Sporophylle folgen und der Apex sein Wachstum einstellt. Die Fortsetzung des Systems erfolgt an anderen, vegetativ gebliebenen Trieben. Bei *Lycopodium lucidulum* und *Huperzia selago* fehlt diese Art der vollständigen Phasentrennung (Gifford und Foster 1996). Es werden zwar Strobili gebildet, aber die Luftsprosse kehren nach der Sporangienbildung zum **vegetativen Wachstum** zurück. Die Strobili stehen somit nicht terminal, sondern **alternieren** mit vegetativen Phasen (wie auch bei *Matteuccia*, *Cycas* ▣ in Abb. 5.64g und 5.70g, h).

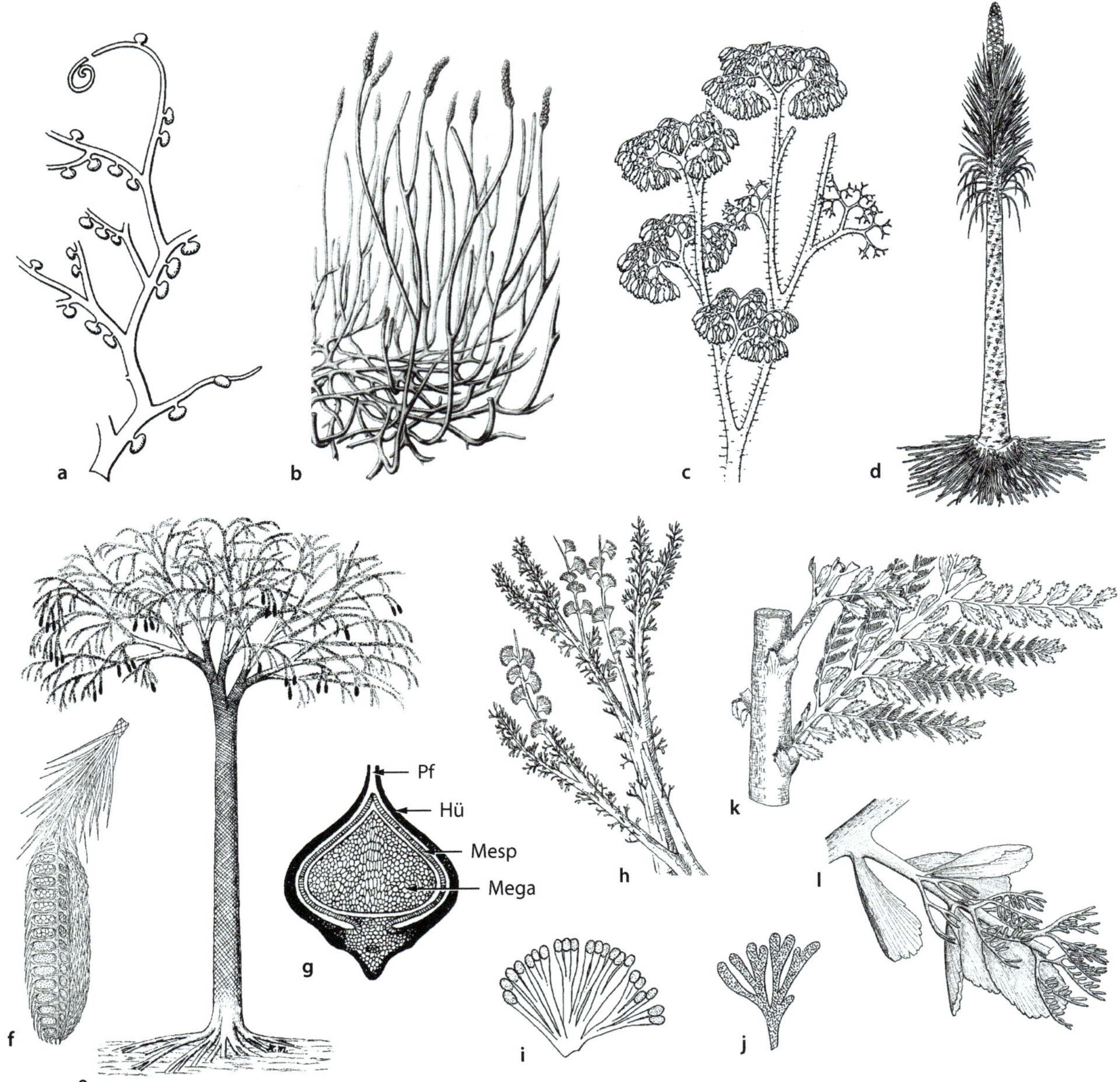

◻ Abb. 5.63 Rekonstruktion der Sporangienstellung früher Tracheophyten (Devon/Karbon). a, **b**, **Zosterophyta. a**, *Gosslingia breconensis* mit zerstreut stehenden Sporangien. **b**, *Zosterophyllum myretonianum* mit ährenartig angeordneten Sporangien. **c**, **Trimerophyta**. *Psilophyton charientos* mit überhängenden fertilen Verästelungen. **d–g**, **Fossile Bärlapppflanzen. d**, *Pleuromeia sternbergii* mit terminalem Sporangienzapfen. **e**, **f**, *Lepidodendron*. **e**, Habitus der Pflanze. **f**, Zapfen mit Heterosporangien. **g**, *Lepidocarpon*. Bildung samenartiger Strukturen. Längsschnitt durch Megasporangium (Mesp) mit innen liegendem Megagametophyten (Mega) und äußerer Hülle (Hü) mit Pollenfänger (Pf). **h–j**, **Primofilices**. *Cladoxylon scoparium*. **h**, Rekonstruktion der Pflanze. **i**, Fertiler Abschnitt mit Sporangien. **j**, Steriler Abschnitt. **k**, **l**, **Progymnospermen**. *Archaeopteris*. Habitus (**k**) und Detail (**l**) eines beblätterten Sprosssystems mit fertilen und sterilen Abschnitten. (© **a**: Andrews 1961. **b**: Schweitzer 1990. **c**: Gensel 1979. **d**: Hirmer 1933. **e**, **f**: Mägdefrau 1971 (**e**, nach Hirmer 1927). **g**, **h**, Arnold 1947. **i–k**, Kräusel und Weyland 1926. **l**: Beck 1962. **m**: Philipps et al. 1972. **b**, **c**, **m**: ▶ http://www.schweizerbart.de)

 Abb. 5.64 Sporangienträger bei Bärlapp- und Farnpflanzen. a, b, Bärlappgewächse (Lycopodiaceae). **a,** *Lycopodium annotinum.* Sporophyllstand aus Isosporangien tragenden Lycophyllen. **b,** Tannenbärlapp (*Huperzia selago*, syn. *Lycopodium selago*). Lycophylle mit axillären Sporangien. **c,** Moosfarn (*Selaginella*, Selaginellaceae). Sporophyllstände mit Heterosporangien. **d, e,** Schachtelhalme (Equisetaceae). **d,** *Equisetum sylvaticum.* Terminaler Stand aus Sporangiophoren. **e,** *E. arvense.* Tischchenförmige Sporangiophoren (hellbraun) mit hängenden Sporangien (weiß). **f,** *Tmesipteris parva* (Psilotaceae). Scheinbar axillär angeordnete, bisporangiate Synangien. **g,** *Matteuccia struthiopteris* (Onocleaceae). Funktionstrennung in grüne Trophophylle und braune Sporophylle. **h–j,** Trophosporophylle mit räumlich getrennten Funktionen. **h,** *Osmunda regalis* (Osmundaceae). Wedelspitze sporulierend. **i,** *Anemia phyllidites* (Schizaeaceae). Zwei basale Wedelabschnitte sporulierend. **j,** *Salvinia natans* (Salviniaceae). Terminaler Abschnitt sporulierend. Sk, Sporokarp. (© R. Claßen-Bockhoff, Mainz)

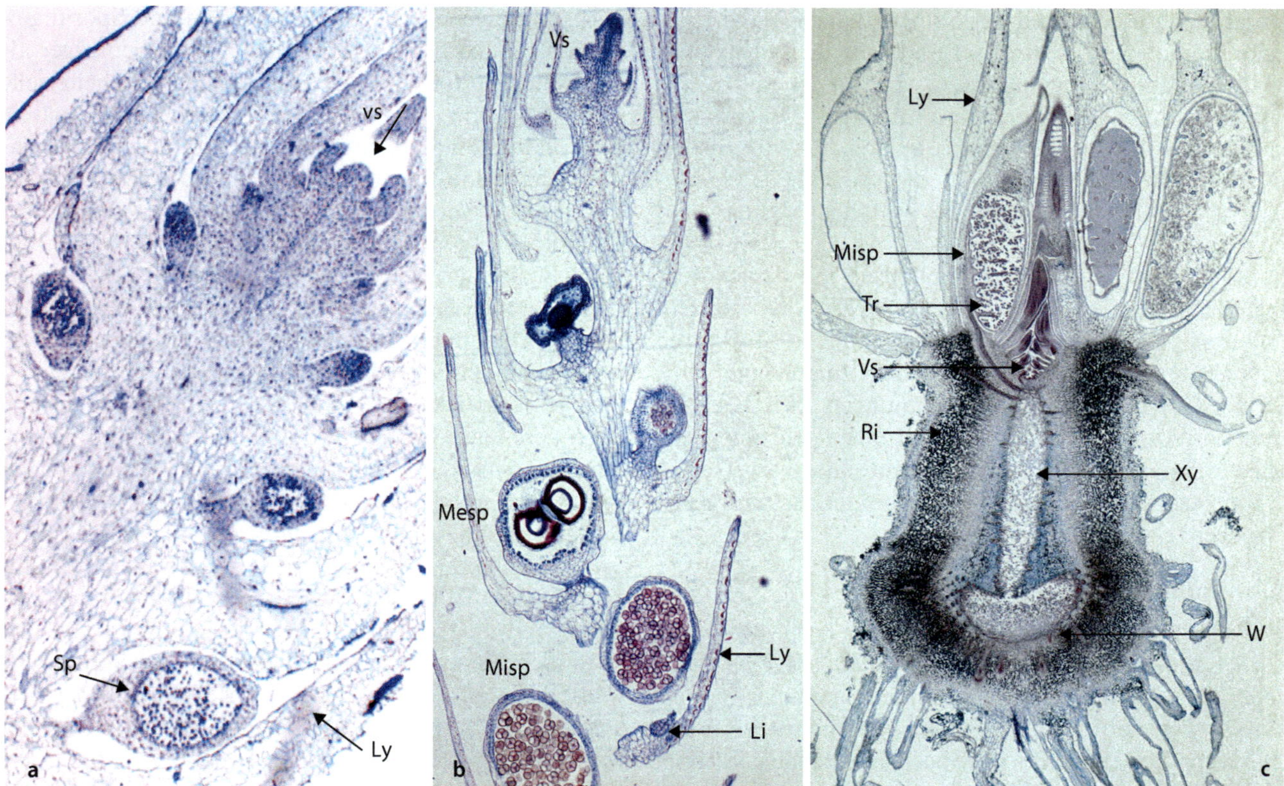

Abb. 5.65 Sporangienstände der Lycophyta. a, *Lycopodium*, Lycopodiaceae. Längsschnitt durch Triebspitze mit Vegetationsscheitel (Vs), Lycophyllen (Ly) und axillär sitzenden, sich in Entwicklung befindlichen Sporangien (Sp). **b**, *Selaginella* (Selaginellaceae). Längsschnitt durch Triebspitze mit Megasporangien (Mesp) und Mikrosporangien (MiSp). Sekretionstapetum jeweils als dunkle Gewebeschicht erkennbar, unten rechts ein Lycophyll (Ly) mit angeschnittener Ligula (Li). **c**, *Isoëtes* (Isoëtaceae). Längsschnitt durch gesamte Pflanze (**Abb. 5.32i). Vegetationsscheitel (Vs) eingesenkt, Lycophylle mit Mikrosporangien an der Basis; innerhalb der Misp Trabeculae (Tr) und Mikrosporen erkennbar. Ri, Rinde. W, ‚Wurzel'-bildungszone. Xy, Xylem. (© a–c: Botanische Sammlungen der JGU Mainz)

— Bei den **Selaginellaceae** tritt ebenfalls ein **Strobilus** mit meist kleinen Sporophyllen auf, die oft in vier Zeilen angeordnet sind (**Abb. 5.64c). Sie tragen **Mikro- und Megasporangien** in unterschiedlicher, meist artspezifischer Anordnung. In der frühen Entwicklung stimmen beide Sporangientypen miteinander überein. Dann werden vermutlich durch Äthyleneinwirkung weitere Mitosen im künftigen Megasporangium unterdrückt, wodurch es zur Entwicklung weniger großer Megasporen statt vieler kleiner Mikrosporen kommt (Gifford und Foster 1996).

— Bei den **Isoëtaceae** treten **keine Strobili** auf. Stattdessen werden die Heterosporangien einzeln an der Basis (Fovea; ▶ Abschn. 5.5.5) laubiger **Lycophylle** gebildet (Ly; **Abb. 5.32i und 5.65c), wo sie von der oft lang gestreckten Ligula bedeckt werden. Die Sporangien öffnen sich nicht, sondern zersetzen sich und geben dadurch die Sporen frei (Gifford und Foster 1996).

Die von den übrigen Bärlapppflanzen abweichende Stellung der Sporangien ist möglicher-

weise auf die **knollenförmige Wuchsform** der Pflanze zurückzuführen. Darauf weist *Pleuromeia* hin, ein Fossil aus der Trias (▶ Tab. 3.2), das in die Nähe von *Isoëtes* gestellt wird (**Abb. 5.63d). Die 10–100 cm hohe, unverzweigte Pflanze bildete einen terminalen Strobilus; die Sporangienstellung bei *Isoëtes* könnte daher abgeleitet sein.

Die **Vorfahren** der Bärlapppflanzen bildeten meist **zapfenförmige Sporophyllstände** (**Abb. 5.63f) und waren vermutlich überwiegend **heterospor**. Besonders interessant ist die Gruppe der **Samenbärlappe** (Lepidocarpaceae), die nur aus dem Oberkarbon bekannt ist und in Konvergenz zu den Samenpflanzen **samenähnliche** Strukturen bildete (**Abb. 5.63g, h). *Lepidocarpon* wies beispielsweise Megasporophyllzapfen mit einsporigen (monosporen) **Megasporangien** (Mesp; vgl. Nucellus der Samenpflanzen; ▶ Abschn. 4.6.1) auf. Die Megaspore mit dem endogenen **Megagametophyten** (Mega, Megaprothallium; ▶ Abschn. 4.5.2) verblieb **im Megasporangium**, das seinerseits von der Mutterpflanze ernährt wurde (wie bei der Samenanlage). Das Megasporangium wurde von Sporphyllauswüchsen **umhüllt** (Hü; analog zu Integument), die nur an der Spitze eine Öffnung zur Aufnahme einstäubender Mikrosporen aussparten (Pf, Pollenfänger; analog zu Mikropyle). Nach der Befruchtung wurden die Sporophylle vermutlich abgeworfen und auf dem wässrigen Untergrund flottierend ausgebreitet.

Der Vergleich der Bärlapppflanzen mit den Blütenpflanzen zeigt in eindrucksvoller Weise, dass ‚Blütenbildung', Heterosporie und samenähnliche Strukturen im Laufe der Evolution **mehrfach unabhängig** entstanden sind. Die Übereinstimmungen zwischen den weit entfernten Verwandtschaftsgruppen sind Ausdruck **gleichsinniger Anpassungen**, die mit einer verbesserten Sporenausstreuung und einem erhöhten Schutz gegen Trockenheit einhergingen.

Der Sporangienträger der Schachtelhalme (Equisetales)

Die rezenten Schachtelhalme (*Equisetum*; ◘ Abb. 5.35) sind alle **isospor** und weisen **terminal aggregierte Sporangienträger** auf (◘ Abb. 5.64d). Ähnlich wie bei den Bärlapppflanzen wird von **Sporophyllständen**, Strobili oder ‚Blüten' gesprochen, obgleich die **Homologie** der Sporangienträger **nicht abschließend geklärt** ist. Im vorliegenden Buch werden die neutralen Bezeichnungen **Sporangienträger** (Sporangiophor) und Sporangienträgerstand vorgezogen.

Die Sporangiophoren sind sehr **eigentümlich** gestaltet (◘ Abb. 5.64e und 5.66g). Einem zentral stehenden Stielchen sitzt eine Platte auf (‚einbeiniges Tischchen'), von der sechs kreisförmig angeordnete Sporangien herabhängen. Deren Öffnung weist nach unten, zum Halm hin.

Die **Entwicklung** der Sporangiophoren beginnt wie die Entwicklung der Monilophylle (◘ Abb. 5.66b, c) mit einem **Ringwulst**, von dem sich allerdings früher als im vegetativen Bereich die Höcker der späteren Sporangiophoren emporheben (◘ Abb. 5.66e: rW, vW). Während die Höcker der Monilophylle eine Scheitelzelle bilden und in die Höhe wachsen (◘ Abb. 5.66d), **unterbleibt die Scheitelzellbildung** bei den Sporangiophoren. Diese zeigen vielmehr ein allseitiges Wachstum (◘ Abb. 5.66h, i). Das **Archespor** der einzelnen Sporangien bildet sich aus den subepidermalen Schichten des Flankengewebes der Anlage und wird über das Leitbündel des Stielchens versorgt (◘ Abb. 5.66j: Lb).

Die Lage und frühen Entwicklungsstadien des Sporangiophors sprechen ebenso wie gelegentliche Übergangsbildungen zwischen Blatthöckern und Sporangiophoren für die Interpretation der Sporangienträger als Sporophylle (Goebel 1930). Das Fehlen der Scheitelzelle wäre dann eine Entwicklungsverkürzung. Die spätere Entwicklung und eigentümliche Gestaltung deuten dagegen auf eine neuartige, rein reproduktive Struktur hin. Fossile Vertreter tragen wenig zur Klärung der Homologie bei. Die **Calamites**, die als Vorläufer der Schachtelhalme gelten, bildeten Strobili, in denen sterile Organe mit einfach gestalteten Sporangienträgern alternierten. Ob letztere stachyospor oder phyllospor waren, ist nicht eindeutig geklärt (Gifford und Foster 1996).

Die **räumliche Trennung** der trophontischen und sporulierenden Funktion durch die Strobilusbildung wird bei den Schachtelhalmen mit der Bildung **steriler** und **fertiler Sprosse fortgesetzt**. Beim Sumpf-Schachtelhalm (*Equisetum palustre*) sind alle Sprosse grün, unabhängig davon, ob sie terminal einen Strobilus bilden oder nicht. Beim Wiesen-Schachtelhalm (*E. pratense*) sind die fertilen Triebe zunächst unverzweigt und bräunlich, verzweigen sich aber nach der Sporenreife und ergrünen. Beim Acker-Schachtelhalm (*E. arvense*) sterben die unverzweigten fertilen Triebe nach der Sporenreife ab und tragen nicht zur Assimilationsfunktion bei.

Die Sporangienträger der Gabelblattgewächse (Psilotales)

Die **Gabelblattfarne** sind **eusporangiat** und **isospor**. Sie bilden kurz gestielte **Synangien**, die einzeln an der Basis blattartiger Träger stehen (◘ Abb. 5.38b und 5.64f) und von einem **Leitbündel** versorgt werden. Ursprünglich hielt man die Psilophyta für die nächsten Verwandten der Telompflanzen und interpretierte die Synangien als stachyospore Strukturen. Molekulare und morphogenetische Daten belegen aber deutlich, dass es sich bei den Gabelblattgewächsen um Farngewächse mit vermutlich phyllosporen Synangien handelt. Da aus der Gruppe der Psilotales keine Fossilien bekannt sind, ist die Frage der Synangienhomologie nicht abschließend geklärt (Gifford und Foster 1996; Doyle 2013).

Trophosporophylle

Bei allen Farngewächsen außer den Schachtelhalm- und Gabelblattgewächsen treten **trophosporophylle Wedel** auf (◘ Abb. 5.57: 6). Die Ausübung der trophontischen bzw. sporulierenden Funktion erfolgt dabei an gleicher Stelle oder räumlich voneinander getrennt:

- Bei den **Marattiales** stehen die Sporangien entweder einzeln oder in polysporangiaten Synangien auf der

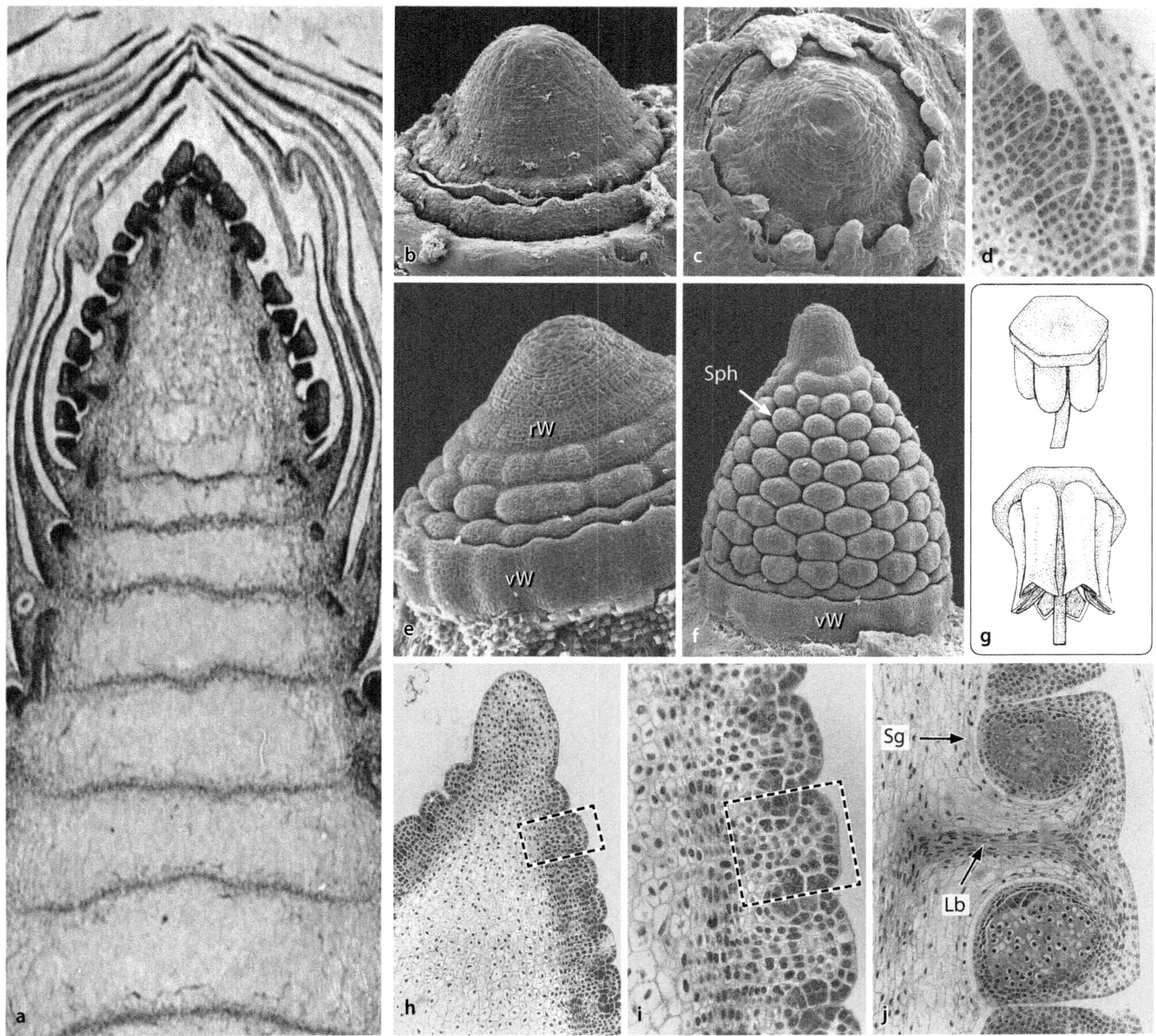

◻ **Abb. 5.66 Schachtelhalme. a–f, h–j,** *Equisetum robustum.* **a,** Längsschnitt durch einen Halm mit terminalem Stand aus Sporangiophoren. **b, c,** Halmspitze, vegetativ, mit sich entwickelnden Blattmanschetten. **d,** Längsschnitt durch einen Blatthöcker. An seiner Spitze entwickelt sich später eine Scheitelzelle. **e, f,** Junger reproduktiver Scheitel. **e,** Bildung der Sporangiophoren aus bandartigen Wülsten. vW, vegetativer Wulst mit relativ spät einsetzender Höckerbildung. rW, reproduktiver Wulst mit früher Höckerbildung. **f,** Älterer, reproduktiver Scheitel mit steriler Spitze. Sph, Anlage eines Sporangiophors. **g,** *Equisetum arvense.* Sporangiophor mit hängenden Isosporangien. Ansicht von oben und unten, die geöffneten Sporangien zeigend. **h, i,** Entwicklung der Sporangiophoren aus rundlichen Anlagen (gestrichelter Kasten). **j,** Differenzierung der Sporangien (Sp). Lb, Leitbündel. Licht- (a, d, h–j) und Rasterelektronenmikroskopische (b, c, e, f) Aufnahmen. (© g: nach Schenck 1913. Übrige Bilder: H. Frankenhäuser, Mainz. Mit freundlicher Genehmigung)

Unterseite assimilierender Wedel. Darin stimmen sie mit einigen **Cyatheales** und Tüpfelfarngewächsen (**Polypodiales**) überein, deren Sporangien in superfizialen Sori angeordnet sind (◘ Abb. 5.59c, d und 5.60b, f). Es liegt **keine arbeitsteilige Differenzierung** vor.

— Eine räumliche und zeitliche **Trennung** erfolgt durch die **randständige** Anordnung von Marginalsori, die erst am Ende der Wedelentwicklung gebildet werden. Sie tritt bei **Hautfarnen** (Hymenophyllales), **Gleicheniales**, **Schizaeales** (◘ Abb. 5.59i, j) und **Tüpfelfarnen** (Polypodiales; ◘ Abb. 5.59g, h) auf.

— Eine **Beschränkung** der sporulierenden Funktion auf ein **basales** (proximales) oder **vorderes Segment** findet sich bei den altertümlich anmutenden, dreidimensionalen Wedeln der **Ophioglossales** (◘ Abb. 5.39a). Innerhalb der **Schizaeales** weist *Anemia phyllitidis* (◘ Abb. 5.64i) eine ähnliche Sporangienstellung auf. In beiden Fällen sind die sporulierenden Abschnitte vollständig mit Sporangien bedeckt. Sie sind zunächst grün, stellen dann aber die Assimilationsfunktion zugunsten der Sporenbildung ein und werden im Alter braun.

— Beim Königsfarn (*Osmunda regalis*, **Osmundales**; ◘ Abb. 5.64h), Schwimmfarn (*Salvinia natans*, **Salviniales**; ◘ Abb. 5.64j) und Geweihfarn (*Platycerium vassei*, **Polypodiales**; ◘ Abb. 5.59a) sind die Sporangien auf den **distalen** bzw. mittleren Wedelabschnitt **beschränkt**.

— Eine **vollständige Funktionstrennung** findet sich beim Straußenfarn (*Matteuccia struthiopteris*, **Polypodiales**; ◘ Abb. 5.64g), bei dem grüne **Trophophylle** und braune **Sporophylle** alternieren. Die Wedel entspringen einem unterirdisch kriechenden Erdspross ('Rhizom'; ► Exkurs 5.5), der somit die gleiche Wuchsrhythmik wie einige *Lycopodium*-Arten (s. oben Bärlappgewächse) aufweist.

Die Beispiele zeigen, dass die einzelnen Farngruppen die trophontische und sporulierende **Funktion** in unterschiedlichem Ausmaß voneinander **getrennt** haben. Eine einheitliche phylogenetische Tendenz ist dabei nicht erkennbar (◘ Abb. 5.57).

5.6.5 Evolution des Samens

Die **Samenanlage** der Samenpflanzen (Spermatophyta) ist das von einer einfachen oder doppelten Hülle (**Integument**) umschlossene, einsporige **Megasporangium**, das von der Mutterpflanze ernährt wird und sich **nicht öffnet** (► Abschn. 4.6.1). Aus ihr entwickelt sich nach der Befruchtung der Samen. Der reife **Samen** besteht aus der Samenschale (Testa), die aus dem Integument hervorgeht, und dem Embryo mit Nährgewebe (► Abschn. 12.1). Seine Evolution ist eng mit **Hetero-**

sporie und **Endosporie** verknüpft (► Abschn. 4.5.2 und 4.6) und stellt eine **Neuerung** dar, die den **Generationswechsel** der Samenpflanzen entscheidend gegenüber dem der Farnpflanzen **verändert**. Während bei allen Sporen bildenden Landpflanzen haploide Sporen als Ausbreitungseinheiten fungieren, geht die **Ausbreitungsfunktion** bei den Samenpflanzen auf den **diploiden Samen** über (► Abb. 4.25 und 4.29). Dieser kann überdauern, ist mit Nährstoffen ausgestattet und an verschiedene Ausbreitungsvektoren angepasst, wodurch **Ausbreitung**, **Keimerfolg** und **Etablierung** der Pflanze an einem neuen Standort wesentlich verbessert werden.

Im Zuge der Evolution des Samens fanden vermutlich zu verschiedenen Zeiten und mehrfach **unabhängig** voneinander zahlreiche funktionelle und strukturelle **Änderungen** des Megasporangiums und Pollenkorns statt (Taylor et al. 2009). **Heterosporie**, **Endosporie** und die Reduktion der Megasporenanzahl auf eine Megaspore sind **mehrfach unabhängig** entstanden. Ein eindrucksvolles Beispiel für **konvergente Samenbildung** liefern die **Samenbärlappe**, die im Karbon gelebt haben (◘ Abb. 5.63g, h). In dieser Epoche haben sich vermutlich auch die **Samenfarne** als Vorfahren der Samenpflanzen entwickelt.

Eine große Anzahl an **Fossilien** ermöglicht zwar die Rekonstruktion von Einzelfällen, erschwert aber auch deren **Interpretation**, da die Überlieferungen sehr **divers** sind und die direkten Vorfahren der Samenpflanzen **nicht bekannt** sind. Diese Situation mündet bis heute in zahlreichen, teils **konkurrierenden Erklärungsansätzen** zur Evolution des Samens, die hier nur kurz zusammengefasst werden. Ausführliche Informationen und Abbildungen finden sich in Taylor et al. (2009), Doyle (2006) und Soltis et al. (2017).

Integument und Cupula

Die Samenanlage der **Gymnospermen** ist von einem einfachen Integument umgeben (**unitegmisch**) und meist aufrecht orientiert, d. h., die Mikropyle liegt der Anheftungsstelle gegenüber (atrop; ► Abb. 10.43a). Die **Angiospermen** bilden primär Samenanlagen mit doppeltem Integumet (**bitegmisch**), die gegenüber ihrem Stiel um 180° gekrümmt sind (**anatrop**; ► Abb. 10.43b, f). Von dieser Form leiten sich anders gestaltete und sekundär unitegmische Samenanlagen ab (► Abschn. 10.5.2, ► Abb. 10.43c–e, g).

Die **Herkunft des Integuments** ist eine viel diskutierte Frage, die bis heute **nicht** abschließend **geklärt** ist. Einigkeit besteht nur darin, dass das innere Integument der Angiospermen dem einfachen Integument der Gymnospermen entspricht, während das **äußere Integument** eine **Neubildung** der Blütenpflanzen ist.

Die Entstehung des **einfachen Integuments** reicht vermutlich in die Zeit der **Telompflanzen** zurück. Es gibt im Wesentlichen zwei Theorien dazu:

1. Nach der **Telomtheorie** (Zimmermann 1938, 1952) entstand die Samenanlage aus einem Telomstand mit sterilen und fertilen Ästen (■ Abb. 5.67a–d). Nach **Reduktion** und **Sterilwerden** der äußeren Megasporangien blieb nur noch ein zentrales Megasporangium übrig, das zum Nucellus wurde. Das Integument soll durch ‚**Fusion**' der äußeren Telome entstanden sein.
2. Nach der **Synangialtheorie** (Benson 1904) entstand die Samenanlage aus einem radiären **Synangium**, dessen Sporangien alle bis auf das zentrale steril wurden. Das zentrale Megaspornagium wurde zum Nucellus, der sterile Mantel zum Integument. Die Synangialtheorie hat gegenüber der Telomtheorie den **Vorteil**, dass sie die **congenitale Entstehung** (▶ Exkurs 10.2) von Nucellus und Integument erklärt.

Aufschluss über die Entstehung des **äußeren Integuments** der Angiospermen geben möglicherweise die **Samenfarne** (Pteridospermen), die vom Karbon bis in die Kreide hinein vorkamen (▶ Abb. 3.10). Viele Arten bildeten eine **Cupula** um die Samenanlagen

(■ Abb. 5.67e, g), unter der man eine mehr oder weniger verwachsene Hülle **unterschiedlicher morphologischer Herkunft** versteht (Doyle 2006). Die Hüllstrukturen könnten Vorläufer des äußeren Integuments und/oder sogar des Karpells gewesen sein. Da die Samenfarne **morphologisch heterogen** und **unzureichend bekannt** sind, wurden und werden ganz unterschiedliche Fossilien als Vorläufer der Angiospermen diskutiert (Doyle 2006). Zwei Gruppen stehen dabei im Vordergrund: die paläophytischen **Glossopteridales** (Zungenfarne), die im Karbon die Vegetation der Südhemisphäre (Gondwana) prägten (▶ Abschn. 3.5.3), und die mesophytischen **Caytoniales** (Trias bis Kreide; ▶ Abb. 3.10):

— Die Samenanlagen der **Zungenfarne** bildeten kugelige oder längliche Verbände und wurden von einer **blattartigen Cupula** umgeben. Der gesamte Komplex war gestielt oder ungestielt und entsprang der adaxialen Seite eines meist laubigen Blattorgans (phyllospor; ■ Abb. 5.68a, b). Innerhalb der Gruppe wurde diese Grundform vielfach **abgewandelt**, indem die

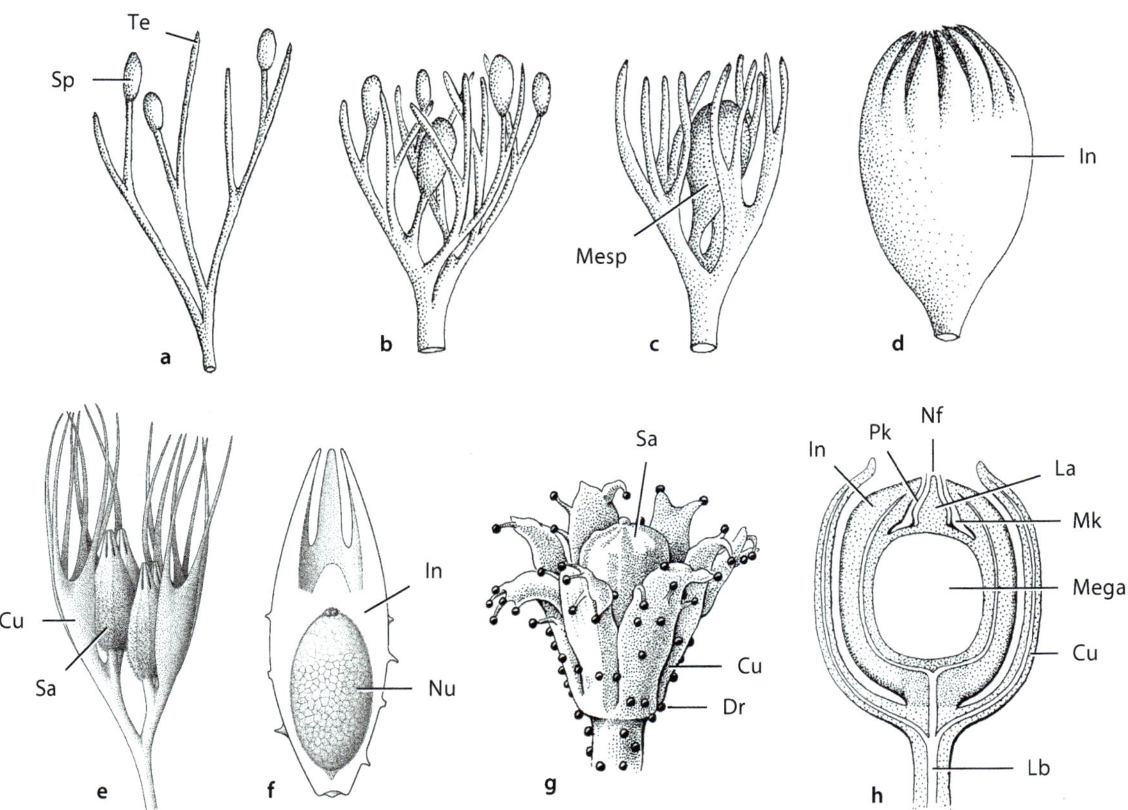

■ **Abb. 5.67 Integument und Cupula. a–d,** Lyginopteridales (frühes Karbon). Nach der Telomtheorie soll aus einem Telomstand mit Sporangien (**a**: Te, Sp) durch periphere Sterilisierung und Übergipfelung eines zentral stehenden Sporangiums (**b, c**: Mesp) und nach Fusion der peripheren Telome eine Samenanlage mit einfachem Integument (**d**: In) entstanden sein. **e, f,** *Archaeosperma arnoldii* (Pteridospermen). Eines der ältesten Samenfossilien, spätes Devon. **e**, Telomstand. Zwei Cupulae (Cu) mit je zwei Samenanlagen (Sa). **f,** Rekonstruktion der Samenanlage. In, Integument. Nu, Nucellus mit Megaspore. **g, h,** *Lagenostoma lomaxii* (Pteridospermen, Lyginopteridales). **g,** Samenanlage mit lappiger und mit Drüsen (Dr) besetzter Cupula. **h,** Rekonstruktion des Samenbaus. La, Lagenostom. Lb, Leitbündel. Mega, Megagametophyt. Mk, Mikropylarkammer. Nf, Nucellusfortsatz. Pk, Pollenkammer. (© **a–d**: Andrews 1961. **e, f**: Pettitt und Beck 1968. **g, h**: nach Oliver 1905)

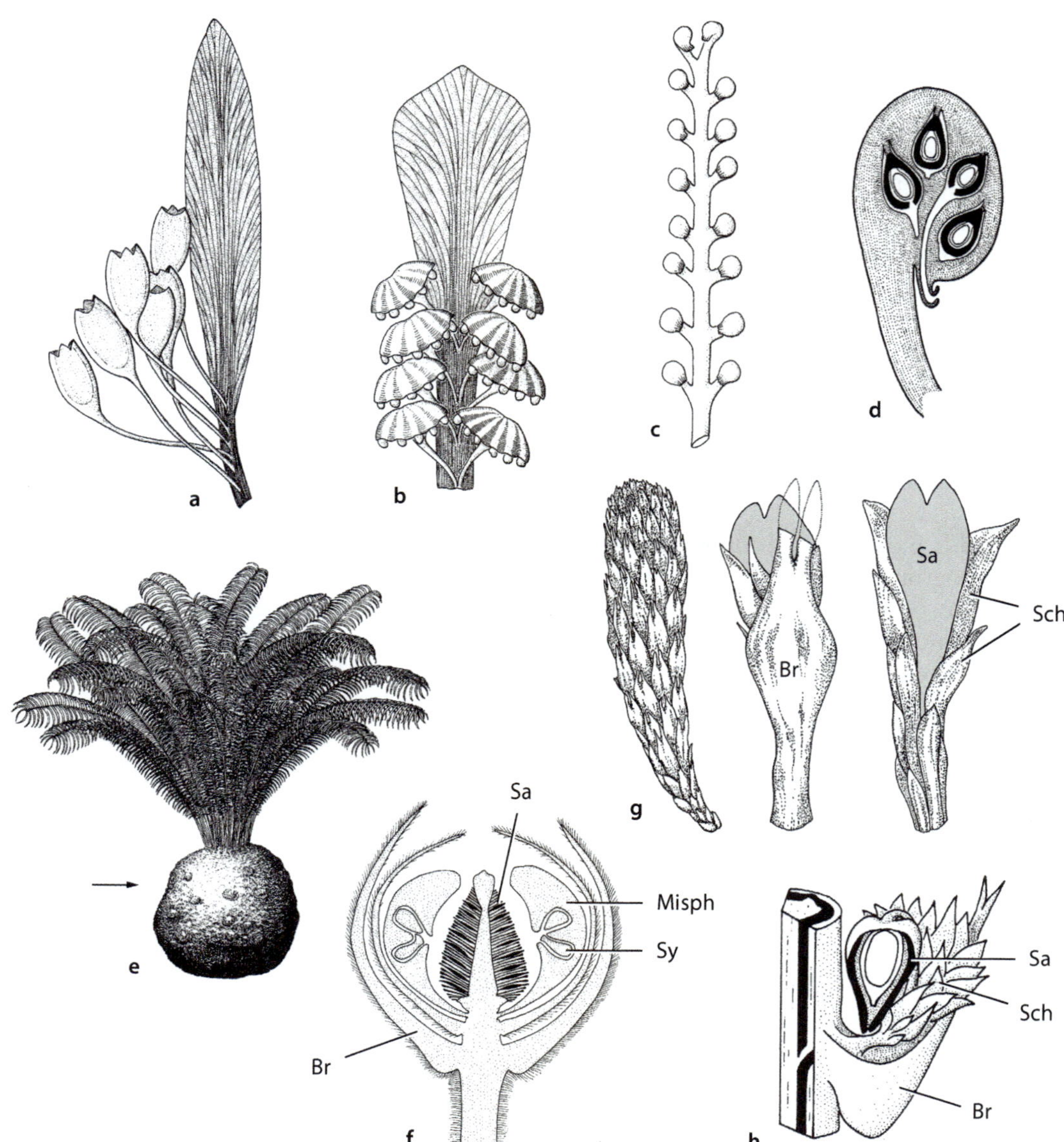

Abb. 5.68 Trägerstrukturen von Samenanlagen bei fossilen Samenpflanzen (Abb. 5.42 und 3.10). **a, Glossopteridales.** *Denkania indica*. Gestielte Cupulae an einem Blattstiel. **b, Peltaspermales.** *Lidgettonia mucronata*. Blatt mit gestielten, Samenanlagen tragenden Cupulae. **c, d, Caytoniales.** *Caytonia*. **c,** Träger mit zwei Reihen von Cupulae. **d,** Längsschnitt durch eine gekrümmte Cupula mit mehreren aufrechten Samenanlagen. Integumente schwarz. **e, f Bennettitales. e,** *Cycadeoidea*. Habitus der Pflanze mit bisporangiaten Strobili, eingesenkt zwischen persistierenden Blattbasen (Pfeil). **f,** *Williamsoniella*. Längsschnitt durch einen bisporangiaten („zwittrigen") Strobilus. Br, Brakteen. Misph, Mikrosporophyll. Sa, gestielte Samenanlagen zwischen sterilen Schuppen. Sy, Synangium aus Mikrosporangien. **g, h, Voltziales. g,** *Lebachia piniformis*. Aufrechter Samenzapfen mit gabelspitzigen Deckschuppen (links). Jede Deckschuppe (Br, Braktee) trägt einen Kurztrieb mit sterilen Schuppen (Sch), der in einer Samenanlage (Sa) endet. Abaxiale (mittig) und adaxiale (rechts) Ansicht. **h,** *Lebachia lockardii*. Axillärer Kurztrieb mit zahlreichen sterilen Schuppen und einer fertilen Schuppe mit gestielter, überhängender Samenanlage. (© **a, b**: Surange und Chandra 1975 (► http://www.schweizerbart.de). **c**, Thomas 1925. **d**, Harris 1933. **e**, Delevoryas 1971. **f**, Harris 1944. **g**, Ehrendorfer 1983 (nach Florin). **h**, Mapes und Rothwell 1984)

Anzahl der Samenanlagen reduziert wurde oder Teile des Cupula-Samenanlagen-Komplexes miteinander ‚fusionierten'.

Die morphologische Natur der Cupula ist bis heute umstritten. Sie wurde als blattbürtiges Sporophyll interpretiert, als Sporophyll einer mit dem Tragblatt ‚verwachsenen' Sprossachse oder als ein ventral abstehender Blattteil ähnlich dem sporulie-renden Segment der Ophioglossales (Doyle 2006). Unabhängig von ihrer morphologischen Natur könnte die Cupula der Vorläufer des äußeren Integuments gewesen sein; das Karpell hätte sich dann aus dem Tragblatt entwickelt.

– *Caytonia* bildete zwei Reihen von Cupulae an einer achsenähnlichen Trägerstruktur (andernorts auch als pinnates Sporophyll bezeichnet), die jeweils zur Ansatzstelle hin gekrümmt waren und mehrere unitegmische Samenanlagen enthielten (◘ Abb. 5.68c, d). Unter den folgenden drei Annahmen lässt sich aus dieser Form ein angiospermes Karpell mit bitegmischen anatropen Samenanlagen ableiten: Reduktion der Samenanlagen pro Cupula auf eine Anlage, Übergang der Cupula in das äußere Integument und Verbreiterung des Trägers zum Karpell (Doyle 2006).

Die beiden Hypothesen schließen sich nicht zwingend aus, sind aber beide **unbefriedigend**, da sie nicht die **karpellbürtige Entstehung** der Integumente erklären. Bei den rezenten Angiospermen entwickeln sich die Integumente als mantelförmige, gemeinsam (congenital) mit dem Nucellus entstehende **Auswüchse** der **Karpelloberfläche**. Der postulierte Übergang von einer cupulaähnlichen Vorläuferstruktur zu einem solchen Auswuchs ist phylogenetisch und morphogenetisch völlig **unklar**. Auch **molekulargenetische** Untersuchungen helfen kaum weiter. Sie zeigen zwar, welche **Gene** an der Entstehung des äußeren Integuments beteiligt sind, tragen aber nicht zur Homologisierung der Struktur bei (► Exkurs 5.6).

Bestäubungstropfen und Pollenfänger

Das **Integument** umgibt den Nucellus bis auf eine freie Stelle, die **Mikropyle**, und bildet mit ihm zusammen die **Samenanlage**. Es übernimmt zwei wichtige **Funktionen**. Zum einen bietet es **Schutz** und bildet die **Samenschale** (Testa; ► Abschn. 12.1.3), zum anderen fungiert sein freies Ende an der Mikropyle als **Pollenfänger**.

Der Verbleib des Megagametophyten im Innern des Megasporangiums führte zur Evolution des Bestäubungsprozesses (► Absch. 4.6.1). Der Mikrogametophyt wird im Schutz der Sporenwand (**endospor**) durch Wind oder Tiere zur Samenanlage transportiert, in die er eindringen muss, um die männlichen Gameten zur Eizelle zu führen. Das Studium fossiler Formen macht deutlich, dass im Laufe der Evolution **verschiedene Pollenfängerkonstruktionen** ausprobiert wurden (◘ Abb. 5.67f, h):

- Die **Lyginopteridales**, eine Gruppe paläophytischer Samenfarne, die nicht zu den direkten Vorfahren der Samenpflanzen zählen (Doyle 2013; ◘ Abb. 5.42: *Lyginopteris*), besaßen noch **keine Mikropyle**. Stattdessen wurde der Pollen vom **Nucellus** aufgefangen (◘ Abb. 5.67h). Dieser bildete an seinem distalen Ende einen Fortsatz (Nf) und eine flaschenförmig ausgezogene Struktur, die als **Lagenostom** (La; Stewart und Rothwell 1993) bezeichnet wird. Das Lagenostom wurde durch die Mikropylarkammer (Mk) vom Integument und durch die Pollenkammer (Pk; ► Abschn. 4.6.2) vom Nucellusfortsatz getrennt. Ähnliche Formen traten in weiteren Samen-

farngruppen auf. Ob diese Formen bereits einen **Bestäubungstropfen** absonderten und ob die Mikrogameten schon einen **Pollenschlauch** bildeten, ist nicht abschließend geklärt (Poort und Veld 1997).

- Bei den frühen **Samenpflanzen** übernahm das **Integument** die Funktion des Pollenfangens, so wie es auch heute noch bei den rezenten **Gymnospermen** der Fall ist (► Abb. 4.28e, f). Es entstand die **Mikropyle**, in deren Bereich ein **Bestäubungstropfen** ausgeschieden wird, der aus kollabierten Zellen des Nucellus entsteht und vor allem Wasser und Zucker enthält. Der Zuckeranteil erhöht die **Viskosität** des Tropfens, der dadurch relativ groß werden kann, lange erhalten bleibt und klebrig wird. Möglicherweise hat er schon früh **Insekten angelockt** und die Evolution der Tierblütigkeit (Zoophilie) mit eingeleitet (► Abschn. 5.6.7).

Der Bestäubungstropfen wird meist **nachts** für nur wenige Stunden exponiert (Stützel und Röwekamp 1997). Seine Wirkung ist umso besser, je größer und je besser er vor Regen geschützt ist. Bei der Berg-Kiefer (*Pinus mugo*) wird er von zangenartig verlängerten Mikropylenarmen festgehalten. Dabei hängt er nach unten und muss gegen die Schwerkraft in die Pollenkammer eindringen. Man vermutet, dass die bei *Pinus* (und den meisten anderen Gymnospermen mit hängenden Mikropylen) ausgebildeten **Luftsäcke** der Exine (► Abb. 4.28g) dem Pollenkorn nicht nur eine bessere Flugfähigkeit, sondern auch **Auftrieb** beim Eindringen in die Pollenkammer verleihen (Bojeneffekt; Doyle und O'Leary 1935 zitiert aus Stützel und Röwekamp 1997).

In der Pollenkammer tritt der Mikrogametophyt als **Pollenschlauch** aus der Pollenkornwandung aus, durchdringt die Nucelluswand und transportiert die Mikrogameten zur Eizelle (► Abschn. 4.6.1). Bei den Palmfarnen (Cycadales) und beim *Ginkgo* hat der Pollenschlauch haustoriale Funktion (► Abschn. 7.5.2) und entlässt **Spermatozoiden**, die zur Eizelle schwimmen (**Zoidiogamie**; ► Abschn. 4.6.2). Bei den Pinales liegt dagegen **Siphonogamie** mit unbeweglichen **Spermakernen** vor – eine Befruchtungsform, die sich **unabhängig** von den Gymnospermen ein zweites Mal bei den Angiospermen entwickelte (Doyle 2006).

Innerhalb der Samenpflanzen ging mit der Evolution der **Angiospermie** die Bedeutung von Integument und Bestäubungstropfen als Pollenfänger zurück. Schutz und Ausbreitung des Samens wurden von den **Karpellen** übernommen, deren Narbenbereich als **sekundärer Pollenfänger** fungiert (► Abschn. 10.5.5). Bei wind- und wasserblühenden Arten (► Abschn. 11.8) fördern Zapfen- und Blütenstandsformen die Pollenaufnahme (► Exkurs 5.12).

Exkurs 5.12 Pollenfang im Windkanal

Bei der Übertragung der Pollenkörner durch den Wind (**Windbestäubung**; ▸ Abschn. 11.8.1) hängt der Befruchtungserfolg von der Art der **Luftströmungen** und möglicherweise von auftretenden **Turbulenzen** ab. Durch Experimente im **Windkanal** konnte gezeigt werden, dass Luftverwirbelungen an **aerodynamisch** geformten Pollenfängern die Effizienz der Bestäubung steigern (Niklas 1987).

Evolution der Samenanlagen

Die **frühen Samenanlagen** wiesen im Vergleich zu den rezenten Formen eine höhere **Diversität** auf (◻ Abb. 5.67; Taylor et al. 2009). Um mehr über ihre **Effizienz** als Pollenfänger zu erfahren, wurden übergroße **Modelle** hergestellt und im Windkanal getestet (Niklas 1987). Die Luftströme wurden durch regelmäßige Lichtblitze auf heliumgefüllte Seifenblasen (Stroboskopbeleuchtung) fotografisch sichtbar gemacht. Es zeigte sich, dass die Formen mit kranzar-

tigen Auswüchsen (Telomen) ungünstiger waren als die Formen mit eng anliegendem Integument, an dessen Mikropyle sich Wirbel bilden, die den Pollen in die Öffnung hineinlenken. Niklas (1987) folgerte aus diesem Experiment, dass im Laufe der Evolution **verschiedene Formen** ausprobiert wurden, von denen die heute bei den Samenpflanzen auftretende **Konstruktion** als die **am besten geeignete** erhalten blieb.

Samenzapfen und Blütenstände als Pollenfänger

Windbestäubung gilt im Vergleich zur Tierbestäubung als weniger effektiv und verschwenderisch. Dennoch hat sie sich bei den **Gymnospermen** erhalten und ist bei den **Angiospermen wiederholt** aus der Tierblütigkeit neu entstanden (▸ Abschn. 11.8.1). In beiden Verwandtschaftskreisen tragen die Strukturen der **Samenzapfen** (◻ Abb. 5.69) und **Blütenstände** zum verbesserten Pollenfang bei.

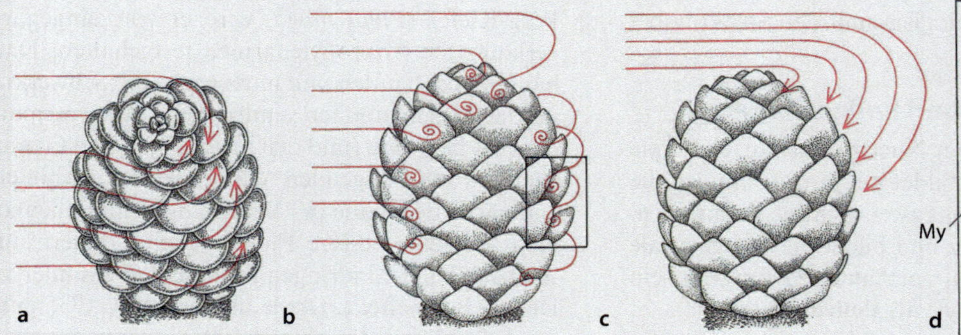
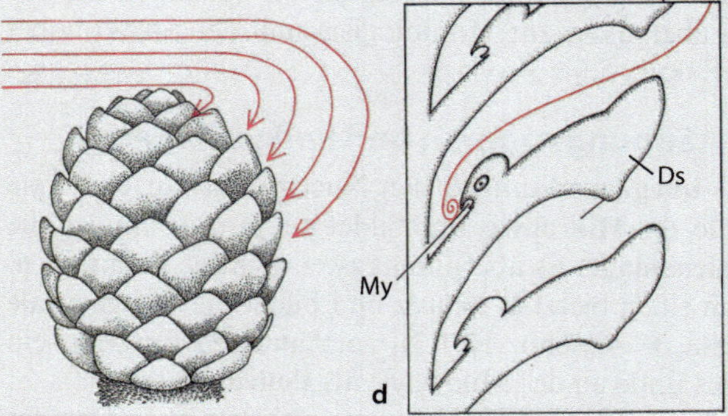

◻ **Abb. 5.69   Windbestäubung an einem Samenzapfen.** Luftströme unterschiedlicher Kontakthöhe (rot) und Wirbelbildung an den Schuppen des Zapfens. Die Turbulenzen (**a–c**) führen den Pollen direkt zur Mikropyle (My) der Samenanlage (**d**), die adaxial auf dem Deck-Samenschuppen-Komplex (Ds) liegt (**d**: Ausschnitt aus Kasten in **b**). (© Niklas 1987, leicht verändert)

5.6.6 Die Reproduktionssysteme der Gymnospermen

Die Gymnospermen sind **diklin** (‚eingeschlechtlich‘) **windbestäubt** und **nacktsamig**. Die Reproduktionsorgane stehen meist in **zapfenartigen Verbänden** zusammen, die verholzen können und dann als **Strobili** (Zapfen, *Singular:* Strobilus) bezeichnet werden. Unverholzte Verbände werden auch als **Blüten** bezeichnet und legen damit eine Homologie zur Blüte der Angiospermen nahe. Tatsächlich unterscheiden sich die Reproduktionsorgane der Gymnospermen aber erheblich von denen der Angiospermen. Da überdies **Blütenhüllen fehlen**, ist auch die Abgrenzung zwischen Blüten und Blütenständen schwierig (Schulz et al. 2014). Um Missverständnisse zu vermeiden, werden in diesem Buch die

Begriffe **Blüte**, **Stamen** (‚Staubblatt‘) und **Karpell** (‚Fruchtblatt‘) auf die Angiospermen (Blütenpflanzen) beschränkt (Endress 2006). Die Strukturen der Gymnospermen werden als **Pollen-** und **Samenzapfen** (bzw. Strobili) und als **Mikro-** und **Megasporophylle** bzw. **Mikro- und Megasporangienträger** bezeichnet. Diese Begriffe sind ungewohnt, aber wissenschaftlich korrekter als die traditionale Übernahme von Begriffen aus dem Bereich der Angiospermen.

Bei Pinaceae, einigen Cupressaceae (◻ Abb. 5.74a) und Araucariaceae stehen die Mikrosporangien und Samenanlagen auf dem gleichen Individuum; die Arten sind **monözisch**. Die übrigen Gymnospermen (Taxaceae, die meisten Araucariaceae, Podocarpaceae) sind **diözisch** und bilden Pollen produzierende (‚männliche‘) und Samen tragende (‚weibliche‘) Individuen

(▶ Abschn. 9.6.3). Bei den Pollen produzierenden Pflanzen von *Gnetum gnemon* (◘ Abb. 5.76d), einigen *Ephedra*-Arten (◘ Abb. 5.77e) und *Welwitschia mirabilis* (◘ Abb. 5.79f–h) werden beiderlei Reproduktionsorgane angelegt, aber nur die Mikrosporangien entwickeln sich zur Reife (Ausnahme *Ephedra*?); sie sind demnach **funktional diözisch**.

Mikro- und Megasporangien

Die **Mikrosporangien** sind **eusporangiat**. Während das **Tapetum** stets der innersten Wandschicht entspricht, liegt die Öffnungsschicht epidermal (**Exothecium**: Cycadales, Pinales) oder subepidermal (**Endothecium**: *Ginkgo*). Deren Zellen weisen eine **Spangenstruktur** (▶ Abb. 10.27) auf, die der Zellverdickung der Anuluszellen leptosporangiater Farne analog ähnelt (◘ Abb. 5.58d). Die Zellverdickung ist aber nicht auf eine Zellreihe beschränkt, sondern charakterisiert die gesamte Oberfläche des Exo- bzw. Endotheciums mit Ausnahme der präformierten Öffnungsstelle (**Stomium**; ▶ Abb. 10.27c).

Bei Verdunstung baut sich eine Spannung in der Wand auf, die zum **Aufreißen** der Theke am Stomium führt (▶ Abb. 10.31). Die Theken bleiben geöffnet und schnellen nicht zurück. Entsprechend werden die Pollenkörner auch nicht ausgeschleudert, sondern an den Thekenwänden präsentiert (primäre Pollenpräsentation; ▶ Abschn. 10.4.6) oder direkt vom Wind verweht.

Die **Pollenkörner** der Gymnospermen besitzen meist nur eine Keimpore am distalen Pol (**sulcate**Apertur; ▶ Abschn. 10.4.5). Ihre Exine ist in die innen liegende, lamellenförmig strukturierte **Endexine** und die außen liegende, robuste und formenreiche **Ektexine** (Sporopollenin; ▶ Abschn. 2.2.4) differenziert.

Das Megasporangium (**Nucellus**) öffnet sich nicht und verbleibt von einem **einfachen Integument** umhüllt auf dem mütterlichen Sporophyten (▶ Abschn. 4.6.2). Die Samenanlage ist aufrecht (**atrop**), die **Mikropyle** weist nach außen oder zur Zapfenspindel hin (▶ Abb. 4.28e).

Bestäubung und Befruchtung

Die Pollenkörner werden als **Monaden** (▶ Abschn. 10.4.6) vom **Wind** (Anemophilie; ▶ Abschn. 11.8.1) verdriftet oder bei einigen Gruppen bereits von **Insekten** übertragen (▶ Exkurs 5.13).

Fossilfunde deuten darauf hin, dass Gymnospermen mindestens seit dem Jura und verstärkt seit der **Kreide** mit **Insekten** assoziiert waren. Fransenflügler (**Thripse**) wurden an frühen Formen des *Ginkgo* aus der Kreide und an Cycadeen aus dem Paläogen nachgewiesen (Peñalver et al. 2012). **Käfer** (Coleoptera; Peris et al. 2017), **Fliegen** (Diptera), **Netzflügler** (Neuroptera) und interessanterweise auch **Skorpionsfliegen** (Mecoptera)

mit verlängerten Mundwerkzeugen und **Urmotten** (Lepidoptera) mit langen Saugrüsseln fanden sich teils in Bernsteinfunden, teils fossil als Pollenübertäger früher Coniferales (Cheirolepidiaceae) und Benettitales (Williamsoniaceae; Ren et al. 2009; Labandeira 2010).

Bestäubung durch **Thrispse** (Terry et al. 2007), **Käfer** (Suinyuy et al. 2009) und **Motten** (Kato und Inoue 1994) wurde auch an **rezenten Cycadales** und *Gnetum*-Arten nachgewiesen. Sie ist in allen Fällen mit einer starken **Duftemission** gekoppelt (▶ Exkurs 5.13).

Die **Bestäubung** erfolgt auf der Samenanlage. Die Pollenkörner mit den **männlichen Gameten** werden vom **Bestäubungstropfen** aufgefangen und in die Pollenkammer verbracht. Der männliche Gametophyt tritt aus der Pollenkornwand aus und dringt mittels eines **Pollenschlauches** in die Archegonienkammer ein. Von hier aus gelangen die männlichen Gameten schwimmend (**Spermatozoiden**: Cycadales, *Ginkgo*) oder mithilfe des Pollenschlauches (**Spermakerne**: Pinales) zu den Archegonien und Eizellen (▶ Abschn. 4.6.2).

Nach der Befruchtung beginnt jede Zygote, sich zu einem Embryo zu entwickeln (polyzygote **Polyembryonie**), aber nur ein Embryo setzt sich gewöhnlich durch. Seine Basis besteht aus einer kräftigen Gewebemasse (Wurzelkalotte), in deren Inneren sich die Anlage der **Keimwurzel** entwickelt. Die meisten Gymnospermen bilden zwei Keimblätter (Ausnahme Kieferngewächse), die Keimung erfolgt meist **hypogäisch** (▶ Abschn. 6.4.3).

Cycadales

Die **Cycadales** bilden meist terminal stehende **Pollen-** und **Samenzapfen** (◘ Abb. 5.70a, i), die über 1 m groß werden können und **verholzen**. Mikro- und Megasporangien stehen an Trägerstrukturen, die **mit Blättern homologisiert** werden (**Phyllosporie**; ▶ Abschn. 5.6.6). Die Mikro- und Megasporophylle liegen während der Entwicklung eng aneinander und verschließen den Zapfen (◘ Abb. 5.70b, j). Zur Blütezeit streckt sich die Zapfenachse und öffnet so den Zugang zu den Samenanlagen.

Pollenzapfen

Die Pollenzapfen tragen an der gestreckten Spindel zahlreiche schuppenförmige **Mikrosporophylle**, die auf der Unterseite **Sporangien** bilden (◘ Abb. 5.70k, l). Die Sporangien, sind einzeln angeordnet oder stehen zu 2–5 in Gruppen (Synangien) zusammen. Entwicklungsmorphologische Studien an *Zamia amblyphyllidia* zeigen, dass die Mikrosporophylle zwei seitliche Lappen bilden, an denen je sechs Synangien in lateraler Richtung entstehen (Mundry und Stützel 2003). Bei anderen Arten, wie z. B. *Macrozamia ridlei* und *Stangeria eriopus*, ist die gesamte Unterseite mit unzähligen Sporangien bedeckt (◘ Abb. 5.70k, l)

■ **Abb. 5.70 Reproduktionsorgane der Palmfarne (Cycadales). a,** *Encephalartos natalensis.* Samenzapfen. **b,** *Ceratozamia* spec. Samenzapfen, die dichte Stellung der Megasporophylle mit je zwei roten Samenanlagen zeigend. **c, d,** *Encephalartos horridus.* Verholzte Megasporophylle zu zweit zusammenhängend (**c**) und einzeln (**d**) mit zwei reifen, adaxial liegenden Samen. *, Lage der Mikropyle. **e–g,** *Cycas revoluta.* **e,** Reproduktive Phase mit Megasporophyllen und roten Samen. **f,** Megasporophyll mit unreifen Samen am Rand. **g,** Erneutes Austreiben von vegetativen Blättern. **h–j,** *Cycas circinalis.* **h,** Pflanze mit alternierenden vegetativen und Samen produzierenden Phasen. **i,** Pollenzapfen. **j,** Detail aus **i,** die dichte, spiralige Anordnung der Mikrosporophylle zeigend. **k,** *Makrozamia ridlei.* Längsschnitt durch Pollenzapfen, Mikrosporophylle mit zahlreichen Mikrosporangien auf der Unterseite (Ausstellungsstück BG Perth, Australien). **l,** *Stangeria eriopus.* Mikrosporophylle mit Mikrosporangien. (© R. Claßen-Bockhoff, Mainz)

Samenzapfen und ‚durchwachsende Blüten'

Die **Megasporophylle** sind nur bei den **Zamiaceae** in Zapfen organisiert (■ Abb. 5.70a, b). Die **Samenzapfen** tragen zahlreiche **verholzte** Schuppen (■ Abb. 5.70c, d) mit je zwei (drei) Megasporangien. Die Schuppen sind so eng gegeneinandergepresst, dass die jungen Samenanlagen wie durch einen Panzer geschützt werden. Nach der Befruchtung zerfällt der Zapfen und gibt die Samen frei. Das einfache **Integument** der Samen differenziert sich zur Samenreife in eine dünne äußere Schicht, die oft fleischig und rot gefärbt ist (Sarkotesta; ■ Abb. 5.70b), und eine innere harte Wandschicht (Sklerotesta; ► Abschn. 12.1.3).

Bei den **Cycadaceae**, die nur die Gattung *Cycas* umfassen, werden dagegen **keine Samenzapfen** gebildet. Hier wechseln vegetative und reproduktive Phasen entlang des Stammes miteinander ab (■ Abb. 5.70g, h) und erinnern damit an einige Bärlapparten (*Lycopodium lucidulum*, *Huperzia selago*; ► Abschn. 5.6.4) und Tüpfelfarngewächse (*Matteuccia struthiopteris*; ■ Abb. 5.64g). Diese Erscheinung, die auch als ‚**durchwachsende Blüte**' bezeichnet wird, kommt innerhalb der Gymnospermen nur bei *Cycas* vor. Sie gilt als **ursprünglich** (Zimmermann 1930), aber nicht als Vorläuferstruktur der Samenzapfen anderer Gattungen (Johnson und Wilson 1990).

Innerhalb der Gattung *Cycas* treten bei *C. revoluta* und *C. circinalis* **Megasporophylle** mit deutlichem **Blattcharakter** auf (■ Abb. 5.70f). Sie tragen an ihrem Rand zwei bis acht große Samenanlagen, die nach der Befruchtung zu attraktiven roten Samen heranwachsen (■ Abb. 5.70e). Andere Arten bilden schuppenförmige Strukturen (mit meist nur zwei Samen; ► Abb. 4.28b), die als reduzierte Megasporophylle interpretiert werden.

Bestäubung durch Insekten

Nachdem schon früh vermutet wurde, dass die Cycadales von **Insekten bestäubt** werden (Pearson 1906), brachten neuere Untersuchungen den experimentellen Nachweis dafür (Suinyuy et al. 2009; ► Exkurs 5.13). Spezifische **Duftstoffe** dienen der Anlockung von Käfern, die die **Pollenzapfen** als **Eiablageplatz** aufsuchen (Suinyuy et al. 2015). Bei gelegentlicher Landung auf einem Samenzapfen übertragen sie Pollen.

Die Beteiligung unterschiedlicher Käfergruppen (vor allem aus den Großgruppen der Cucujoidea und Curculionoidea) und das Auftreten des Bestäubungssyndroms auf unterschiedlichen Kontinenten deuten darauf hin, dass sich die Symbiose zwischen Käfern und Cycadales **mehrfach parallel** entwickelt hat (Suinyuy et al. 2009).

Exkurs 5.13 Repellents – Beginn der Insektenbestäubung?

Die australische Cycadee *Macrozamia lucida* wird von **Thripsen** (Fransenflüglern, Thysanoptera) bestäubt (Terry et al. 2007). **Spezifische Duftemissionen**, die mit einer **Temperaturerhöhung** um bis zu 12 °C gegenüber der Außentemperatur einhergehen (Thermogenese; ► Abschn. 11.3.6), locken die Tiere auf die Pollen- und Samenzapfen. Eier werden bevorzugt auf Pollenzapfen abgelegt, die den Thripsen und ihren Larven Nahrung in Form von **Pollen** bereitstellen. Terry et al. (2007) identifizierten drei Duftkomponenten, die je nach Konzentration eine unterschiedliche Wirkung entfalten. Während der Temperaturerhöhung werden die Thrispe **angelockt**, nach der Thermogenese durch den Anstieg von toxischen Substanzen **abgeschreckt**. Da die Samenzapfen zu dieser Zeit den positiven Duft verströmen, werden diese nun vermehrt von den mit Pollen beladenen Tieren aufgesucht, und die Samenanlagen werden bestäubt. Dieser **Anlockungs-Abschreckungs-Mechanismus** (*push-pull pollination*) ist bemerkenswert und gewinnt noch dadurch an Bedeutung, dass er in einer alten Gymnospermenlinie und mit einem basalen Vertreter der Thripse (*Cycadothrips chadwicki*) auftritt. Möglicherweise repräsentiert die rezente Bestäubung von *Macrozamia* eine sehr **ursprüngliche Form** der Insektenbestäubung. Die Autoren vermuten, dass **Duftstoffe primär** der **Abschreckung** von Fraßfeinden (Herbivoren) dienten, also als **Repellents** fungierten, und erst im Zuge der **Evolution der Insektenbestäubung** zu Anlockungsstoffen wurden (► Abschn. 5.6.7).

Ginkgoales: *Ginkgo biloba*

Der *Ginkgo* (◨ Abb. 5.71) hat sehr eigentümliche Reproduktionsorgane, die stets als **Achselprodukte** von Schuppen- oder Laubblättern an der Basis von Kurztrieben entstehen (**stachyospor**; ◨ Abb. 5.71a, e).

Die **Mikrosporangien** tragenden Strukturen inserieren an kurzen Stielen, die in Analogie zu den Blütenständen der Birken und anderer windblütiger Angiospermen **Kätzchen** genannt werden (◨ Abb. 5.71c, d und 11.62f, g). Die Kätzchen werden gewöhnlich als ‚männliche Blüte' mit ‚Mikrosporophyllen' gedeutet, doch gibt es weder aus der Fossil- noch aus der Entwicklungsgeschichte heraus überzeugende Hinweise darauf, dass es sich bei den Sporangiophoren um Blatthomologe handelt (Taylor et al. 2009; Mundry und Stützel 2004b). Die Mikrosporangienträger sind gestielt und bilden je zwei Sporangien, die sich der Länge nach öffnen (◨ Abb. 5.71f). Die Pollenkörner werden vom **Wind** ausgebreitet.

Die **Samenanlagen** entstehen **paarweise** am Ende etwa 10 cm langer Stiele (◨ Abb. 5.71a). Meist entwickelt sich nur eine von ihnen zu einem reifen Samen, während die andere verkümmert (abortiert; ◨ Abb. 5.71b: *). An der Basis des Samens befindet sich eine ringförmige Struktur (◨ Abb. 5.71b: Pfeil), die verschiedentlich als Megasporophyll, Braktee oder Samenträger interpretiert worden ist (Taylor et al. 2009). Der Samen ist von einem **einfachen Integument** umgeben, das sich bei der Reife in eine innen liegende, harte **Sklerotesta** und eine äußere **Sarkotesta** differenziert. Letztere ist fleischig, kräftg orange gefärbt und verströmt einen intensiven Duft bzw. Gestank nach Buttersäure (▶ Abschn. 5.5.9).

Die Samen des Ginkgobaumes werden von **Tieren** gefressen und mittels Darmpassage **ausgebreitet** (Endozoochorie; ▶ Abschn. 12.3.2). Man vermutet, dass die Samen von *Ginkgo*-Arten schon im Erdmittelalter fleischig waren und von **Dinosauriern** gefressen und aus-

◨ **Abb. 5.71   Reproduktionsorgane des Ginkgobaumes (*Ginkgo biloba*). a,** Die lang gestielten Samenträger entstehen an Kurztrieben, **b,** Reifer Samen, an der Ansatzstelle mit abortierter, zweiter Samenanlage (*). Pfeil: ringförmige Struktur. **c,** Kurztrieb einer staminaten (‚männlichen') Pflanze mit seitlich stehenden Pollenzapfen. **d,** Pollenzapfen mit geöffneten Mikrosporangien nach der Pollenentlassung. (© R. Claßen-Bockhoff, Mainz)

gebreitet wurden. Der Untergang der Dinosaurier könnte somit auch den Rückgang der Ginkgoales mit sich gebracht haben (Taylor et al. 2009).

Pinales: Koniferen

Die Kieferngewächse (Pinaceae) sind die artenreichste Gruppe der Koniferen (wörtl. „Zapfenträger"). Ihre relativ einheitlichen Reproduktionsorgane (‚Tannenzapfen', ‚Kätzchen') werden oft als repräsentativ für alle Gymnospermen angesehen. Tatsächlich sind die Reproduktionsstrukturen der Gymnospermen aber **sehr divers**, und ihre **Homologie** wird bis heute **kontrovers diskutiert**.

‚Kätzchen' und Mikrosporangienträger

Die Mikrosporangiophoren sind in kurzen, **kätzchenartigen Zapfen** organisiert (◘ Abb. 5.73j), die meist einzeln am Ende von Kurztrieben oder, seltener, in verzweigten Zapfenständen (z. B. *Cephalotaxus harringtonia*) stehen. Im ersten Fall werden sie gewöhnlich mit ‚Blüten' im zweiten Fall mit ‚Blütenständen' homologisiert.

Die **Mikrosporangienträger** selbst sind unverholzt, gestielt und schuppenförmig. In den meisten Fällen schließen die Schuppen außen mit einer flächigen Struktur, dem **Scutellum** (Schild), ab und tragen auf der **Unterseite** (abaxial) viele (Araucariaceae: bis 15) bis wenige Mikrosporangien (Cupressaceae: 2–9, Pinaceae: 2).

Bei den **Taxaceae** treten **schuppenförmige** Träger mit wenigen, abaxialen Mikrosporangien auf (◘ Abb. 5.72a, e) oder, wie bei der Eibe (*Taxus baccata*), **schildförmig** gestaltete Träger, die allseitig Sporangien bilden (◘ Abb. 5.72c, d). Diese Strukturen werden traditionell als ‚peltate Sporophylle' bezeichnet. Will man die beiden Trägerstrukturen der Taxaceae voneinander ableiten, bieten sich zwei Interpretationen an:

1. **Reduktionshypothese:** Nach der Reduktionshypothese sind die schildförmigen Strukturen ursprünglich und gehen innerhalb der Familie mit einer Reduktion der adaxialen Sporangien einher

(◘ Abb. 5.72d, e). Die Sporangienträger wären dann untereinander homolog (Dluhosch 1937).

2. **Fusionshypothese:** Die Sporangiophoren der Eibe könnten auch aus mehreren Sporangien bestehen. Diese Ansicht wurde schon von Thomson (1940) und Wilde (1975) verteten und später durch vergleichend-entwicklungsmorphologische Studien unterstützt (Mundry 2000; Mundry und Mundry 2001). Die schuppenförmigen Sporangiophoren der Kalifornischen Nusseibe (*Torreya californica*) entwickeln sich aus einer Anlage, die sich früh in einen apikalen sterilen Teil differenziert, der später das **Scutellum** bildet, und in einen basalen, Sporangien produzierenden Teil (◘ Abb. 5.72a). Gelegentlich entstehen aber auch an der Spitze des Pollenzapfens synangiale Strukturen, in denen mehrere Sporangienanlagen verschmolzen sind (◘ Abb. 5.72b: Sy). Die **Fusionshypothese** besagt, dass der schildförmige Sporangienträger der Eibe ebenfalls durch Fusion mehrerer Sporangien entstanden sein könnte (◘ Abb. 5.72c). Wilde (1975) sowie Mundry und Mundry (2001) fassen den Zapfen der Eibe daher als **zusammengesetztes System** auf, dessen zahlreiche Seitenzapfen im Laufe der Evolution auf je ein terminales Fusionsprodukt reduziert worden sind. Der Mikrosporangienträger der Eibe ist danach ein **Pseudanthium** sensu von Wettstein (▶ Exkurs 5.15).

Die Mikrosporangien der Pinales öffnen sich mit einem Längsriss und entlassen Pollenkörner, die bei den Kieferngewächsen (Pinaceae) **Luftsäcke** ausbilden (▶ Abb. 4.29d). Diese fördern die Ausbreitung durch den Wind und das Eindringen des Pollens in die Pollenkammer (**Bestäubung**; ▶ Abschn. 5.6.5). Die Entwicklung der Pollenzapfen erstreckt sich gewöhnlich über zwei Jahre (z. B. *Pinus*, *Picea*). In dieser Zeit ist der Zapfen nach außen durch die schildförmigen Enden der Schuppen geschlossen. Zur Blütezeit, die etwa eine Woche dauert, streckt sich die Spindel, die Sporangiophoren werden auseinandergezogen, und der Zapfen öffnet sich (Mundry 2000).

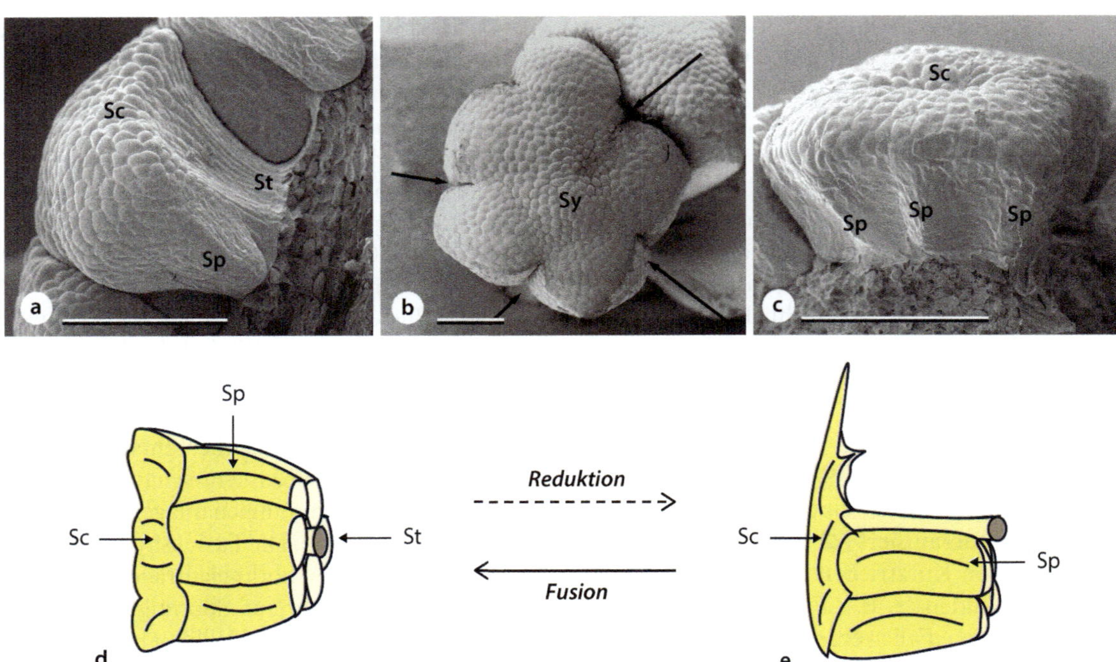

Abb. 5.72 Mikrosporangienträger der Taxaceae. a–c, Entwicklung. **a, b,** Kalifornische Nusseibe (*Torreya californica*). **a,** Junger Mikrosporangienträger mit Sporangien (Sp) nur auf der abaxialen Seite. Sc, Scutellum. St, Stiel. **b,** Gelegentliche Synangienbildung (Sy) an der Spitze eines Zapfens durch gemeinsames Auswachsen von vier Sporangienträgern. Pfeile markieren die Grenzen zwischen den vier Anlagen. **c,** Europäische Eibe (*Taxus baccata*). Junger Mikrosporangienträger mit allseitig entstehenden Sporangien. **d, e,** Hypothesen zur Entstehung des schildförmigen Mikrosporangienträgers der Eibe. **d,** Eibe. **e,** Nusseibe. Die Schildform könnte ursprünglich sein und mit Reduktion adaxialer Sporangien einhergehen, oder sie könnte durch Fusion mehrerer Mikrosporangienträger sekundär entstanden sein. (© Mundry und Mundry 2001, verändert)

Samenzapfen und Deck-Samenschuppen-Komplexe

Die Kieferngewächse (Pinaceae) bilden **Samenzapfen** (‚Tannenzapfen') mit seitlich ansitzenden **Megasporangienträgern** (Abb. 5.73a, e, f, g). Diese bestehen aus zwei übereinanderliegenden Schuppen, der unteren (abaxialen), meist deutlich kürzeren **Deckschuppe** und der oberen (adaxialen) **Samenschuppe** (Abb. 5.73b: DS, SS). Auf der **Oberseite** der Samenschuppen entwickeln sich je zwei Samen (Abb. 5.73c, d), deren Mikropyle zur Zapfenachse weist (▶ Abb. 4.28e).

Der **Deck-Samenschuppen-Komplex** entwickelt sich aus einem **gemeinsamen Primordium** (Mundry 2000) und weist **inverse Leitbündel** auf (Aase 1915). Er wurde in der Vergangenheit sehr **unterschiedlich interpretiert**, bis Florin (1931, 1951) die Samenschuppen rezenter Koniferen von Kurztrieben paläophytischer Voltziales (▶ Abb. 3.10) ableitete. Diese wiesen in der Achsel von Brakteen beblätterte Achsen mit Samenanlagen auf (Abb. 5.68g, h: Br, Sa). Die Braktee könnte im Laufe der Evolution zu einer Deckschuppe und die Seitenachse nach starker Reduktion zu einer Samenschuppen geworden sein. Stimmt diese Annahme, dann wäre die **Samenschuppe** eine **Seitenachse** und der Samenzapfen der Koniferen ein stark reduziertes, zusammengesetztes System (**Pseudanthium** sensu von Wettstein; ▶ Exkurs

5.15). Die **Florin'sche Hypothese** ist zwar nicht unumstritten (Mundry 2000), gilt aber seit vielen Jahren als die beste Interpretation. Neuere Untersuchungen, in denen neben fossilen Befunden auch phylogenetische und entwicklungsmorphologische Daten berücksichtigt wurden, weisen allerdings darauf hin, dass sich die Vielfalt der gymnospermen Samenträger viel einfacher erklären lässt, wenn man den Deck-Samenschuppen-Komplex als **Braktee mit gestielter Samenanlage** interpretiert. Danach wäre die Samenschuppe nicht mit einer reduzierten Seitenachse, sondern mit dem **Funiculus** (Stiel der Samenlagen; ▶ Abschn. 10.5.2) zu homologisieren (Herting und Stützel 2022). Die Samenzapfen wären dann einachsig, die Samenanlagen phyllospor.

Die Samenzapfen sind bemerkenswerte **Konstruktionen**, die durch temporär differentielles Wachstum zahlreiche Funktionen erfüllen. Während der oft **dreijährigen Entwicklung** verholzen sie und gewähren **Schutz**. Wenn die Samenanlagen **bestäubungsbereit** sind, stehen die Zapfen meist aufrecht, öffnen sich durch **Streckungswachstum** und lassen Pollen auf die Bestäubungstropfen gelangen. Dabei fördert die Oberfläche des Zapfens durch Turbulenzbildung die Bestäubung durch den Wind (▶ Exkurs 5.12, Abb. 5.69). Danach schließt sich der Zapfen wieder durch verstärktes **Wachstum der Schuppen** und geht meist in eine

■ **Abb. 5.73 Pollen- und Samenzapfen der Kieferngewächse (Pinaceae). a–c,** Kiefer (*Pinus*). **a,** Samenzapfen nach der Samenentlassung. **b,** Ausschnitt aus **a,** die Deckschuppe (DS) und Samenschuppe (SS) zeigend. **c,** Flugsamen. Der Flügel stammt von der Samenschuppe. **d,** Fichte (*Picea abies*). Samenschuppe mit zwei Samenanlagen auf der Oberseite; die Mikropyle weist jeweils zur Zapfenmitte. **e,** Zeder (*Cedrus libani*). Die Samenzapfen stehen aufrecht und zerfallen auf dem Baum. **f,** Araukarie (*Araucaria*). Terminal stehender Samenzapfen. **g,** Lärche (*Larix*). Samenzapfen an seitlichem Kurztrieb. **h,** Kiefer (*Pinus*). Einzelner Pollenzapfen mit Mikrosporangien. **i–j,** *Pinus vanariensis*. **i,** Austreibender Ast mit zahlreichen, seitlich in der Achsel von Schuppenblättern stehenden Pollenzapfen (PZ). **j,** System aus Pollenzapfen (PZ) nach der Pollenausschüttung. (© R. Claßen-Bockhoff, Mainz)

hängende Position über. Zum Zeitpunkt der Samenreife öffnet sich der Zapfen mittels **hygroskopischer Kräfte** (▶ Exkurs 5.10) und entlässt die Samen durch Spreizung der Schuppen. Bei einigen Arten, wie z. B. der Zeder, zerfällt der Zapfen am Baum (◘ Abb. 5.73e).

Die **Samen** weisen in Anpassung an die Windausbreitung einen **Flügel** auf (◘ Abb. 5.73c), der nicht von der Testa sondern von der **Samenschuppe** gebildet wird (Mundry 2000).

Samenträger anderer Koniferenfamilien

Die Samen tragenden Strukturen der übrigen Familien der Pinales (Sy 9) sind sehr **formenreich**. Deck-Samenschuppen-Komplexe gibt es auch außerhalb der Pinaceae, aber nie bei Taxaceae. Neben Samenzapfen mit wenigen Samen (*Cupressus*, *Thuja*, *Juniperus*; ◘ Abb. 5.74a, c–e), treten solitär stehende Samen (*Taxus*; ◘ Abb. 5.74h, i) oder Gruppen von Samen (*Torreya*; ◘ Abb. 5.74j) auf:

- Die Zypressengewächsen (**Cupressaceae**) bilden kurze Zapfen mit meist wenigen Deck-Samenschuppen-Komplexen. Im Unterschied zu den Pinaceae sind beide Schuppen vollständig miteinander verwachsen (◘ Abb. 5.74c). Auf der Oberseite entwickeln sich zwei Samenanlagen, die zu kleinen, harten Samen heranwachsen (◘ Abb. 5.74e). Diese weisen keine besondere Anpassung an einen Ausbreitungsvektor auf, sondern fallen aus den Zapfen heraus.

  Eine Ausnahme bildet der **Wacholder** (*Juniperus*; ◘ Abb. 5.74f), dessen Samenzapfen als ‚**Wacholderbeere**' bekannt sind. Der Zapfen besteht aus nur wenigen sterilen, unverholzten Schuppenblättern und bildet zwei Samenanlagen, die vermutlich direkt an der Zapfenachse entstehen. Die obersten drei Schuppenblätter werden zur Samenreife hin **fleischig** und bilden einen fruchtartigen Verband. Die **analoge** Ähnlichkeit zu einer Beere darf nicht darüber hinwegtäuschen, dass es sich um einen **nacktsamigen Zapfen** und keine Frucht handelt.

- Bei den Eiben- (**Taxaceae**) und Kopfeibengewächsen (**Cephalotaxaceae**) stehen die Samenträger einzeln oder in wenigzähligen Gruppen in der Achsel von Nadelblättern (◘ Abb. 5.74h–j). Bei der Kalifornischen Nusseibe (*Torreya californica*) enden die Seitenachsen erster Ordnung in Samenanlagen (◘ Abb. 5.75a, b: fS *I*) oder bleiben offen (sS *I*). Die Samenträger besitzen Vorblätter (Tbl *I*; ▶ Abschn. 6.5.2), aus deren Achseln sich ein oder zwei Seitensysteme (fS *II*) entwickeln.

  Die Samen der **Europäischen Eibe** (*Taxus baccata*) stehen stets **solitär** und scheinbar endständig

(◘ Abb. 5.74h, i). Tatsächlich weisen aber Blattstellung (Phyllotaxis; ▶ Abschn. 6.6) und Entwicklung (Stützel und Röwekamp 1997) darauf hin, dass die Samen **seitlich** in der Achsel eines Nadelblattes stehen (◘ Abb. 5.75c: fS *II* in Achsel von Tbl *I*). Unter der Annahme, dass die Seitenachse ihr Wachstum einstellt und nur ein seitlicher statt bis zu drei Samenträger in der Blattachsel zur Entwicklung kommt, entspricht der Samenträger von *Taxus* einem seitlichen Samenträger von *Torreya* (◘ Abb. 5.75a–c: fS *II*).

Die **Samenträger** bilden einige Schuppenblätter unterhalb des Samens, der seinerseits immer von einem harten Integument umgeben ist. Von der Ansatzstelle der Samenanlage ausgehend entwickelt sich eine Samenhülle, die als **Arillus** bezeichnet wird. Bei der Eibe ist dieser Arillus zur Samenreife fleischig und kräftig **rot** gefärbt. Er bildet einen Becher um den **schwarz glänzenden** Samen, mit dem er einen auffälligen **Farbkontrast** bildet (◘ Abb. 5.74h, i). Der Arillus ist der einzige Teil der Pflanze, der frei von giftigen Taxanen ist; er wird von Vögeln gefressen (▶ Exkurs 5.14). Bei *Torreya californica* bleibt der Arillus grün und ist gänzlich mit dem Integument verwachsen (◘ Abb. 5.74j). Seine Funktion ist unklar.

- Die Samenträger der Steineibengewächse (**Podocarpaceae**) bilden einen fleischigen **Wulst** unterhalb ihrer Samen (◘ Abb. 5.74m–o: W), der der Familie ihren Namen gegeben hat (griech *podos*, „Fuß", *karpos*, „Frucht"). Zum Zeitpunkt der Samenreife ist dieser oft leuchtend **rot gefärbt** und lockt **Vögel** zur **Samenausbreitung** an. Morphologisch entwickelt sich der Wulst aus den **Tragblättern** zweier Samenanlagen, die opponiert zueinander an einem Kurztrieb stehen. Da die Spitze des Kurztriebes verkümmert, ergibt sich bei Reife beider Samenanlagen eine Doppelstruktur aus zwei Samen, die einem verwachsenen doppelwulstigen Stiel aufsitzt (◘ Abb. 5.74o). Oftmals entwickelt sich aber nur ein reifer Samen, der dann scheinbar terminal an einer fleischig verdickten Achse sitzt (◘ Abb. 5.74m, n). In diesem Fall ist der **Kurztriebcharakter** des Samenträgers **maskiert**.

  Die **Samen** der Podocarpaceae sind von einem **Epimatium** (◘ Abb. 5.74m: Ep) einseitig umhüllt, das sich wie ein äußeres Integument entwickelt und in der Vergangenheit auch als ein solches gedeutet wurde. Nach aktuellen Kenntnissen entspricht das Epimatium aber eher dem Arillus von *Torreya* (Taxaceae; ◘ Abb. 5.74j), der ebenfalls fest mit dem Integument verbunden ist (Mundry 2000).

◘ Abb. 5.74   Reproduktionsorgane von Gymnospermen. a–g, Zypressengewächse (Cupressaceae). **a, b,** *Cupressus lusitanica.* Monözische Pflanze mit Pollen- und Samenzapfen, in **b** Pollenzapfen vergrößert. **c,** *Cupressus macnabiana.* Samenzapfen mit verholzten, vollständig verwachsenen Deck-Samenschuppen-Komplexen. **d,** *Cupressus sempervirens.* Reifer Samenzapfen. **e,** Morgenländischer Lebensbaum (*Thuja orientalis*). Samenzapfen im geöffneten Zustand mit je zwei Samen pro Schuppe. **f,** Gemeiner Wacholder (*Juniperus communis*). Beerenartiger Zapfen (‚Wacholderbeere'). **g,** Urwaldmammutbaum (*Metasequoia glyptostroboides*) mit Pollenzapfen. **h–j,** Eibengewächse (Taxaceae). **h, i,** Europäische Eibe (*Taxus baccata*). Gestielter Samenträger; schwarzer Samen von rotem Samenmantel (Arillus) umhüllt. **j,** Japanische Nusseibe (*Torreya nucifera*). Zweigende mit Samenträgern, Samen mit grünem Arillus. **k–o,** Steineibengewächse (Podocarpaceae). **k,** *Podocarpus drouynianus.* Sprossabschnitt mit Pollenzapfen. **l, m,** *P. latifolius.* **l,** Pollenzapfen zu dritt in der Achsel eines Nadelblattes. **m,** Gänzlich maskierter Kurztrieb mit nur einem Samen und Wulst (W). Ep, Epimatium. **n,** *P. nivalis.* Doppelnatur des roten Wulstes aus zwei Tragblättern deutlich erkennbar. **o,** *P. milanjianus.* Kurztriebe mit je zwei Samen und fleischigem Wulst aus verwachsenen Tragblättern. (© R. Claßen-Bockhoff, Mainz)

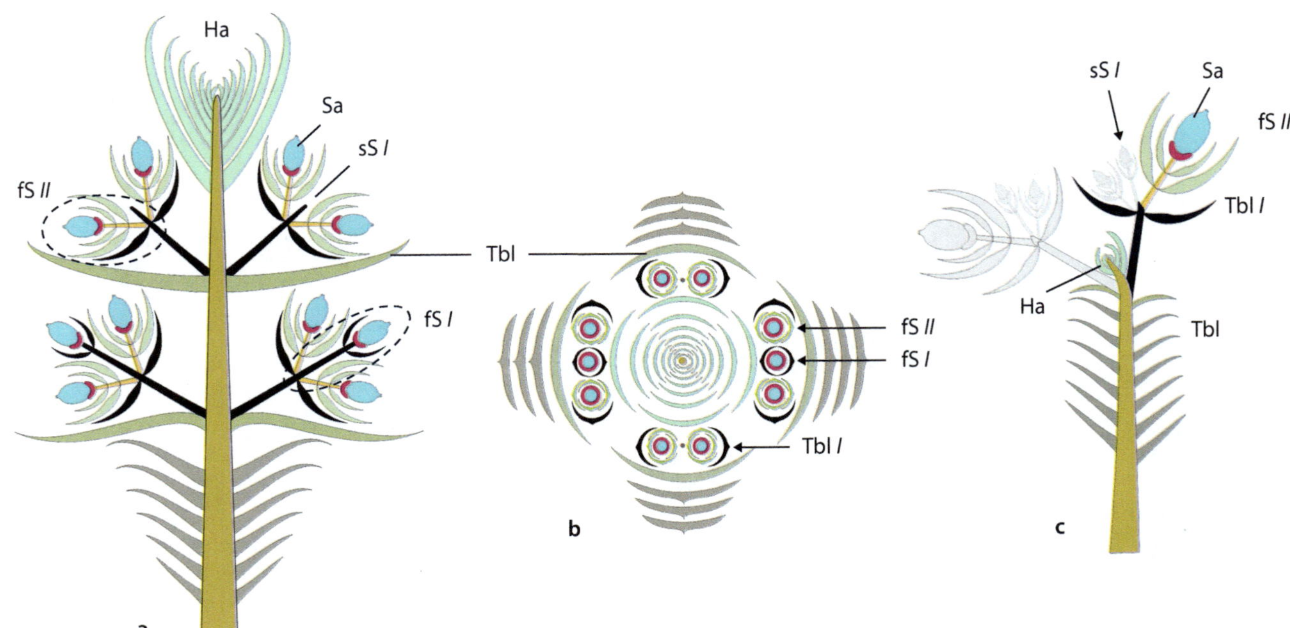

Abb. 5.75 Stellung der Samenanlagen bei Eibengewächsen (Taxaceae). **a, b,** Kalifornische Nusseibe (*Torreya californica.* Aufriss (**a**) und Grundriss (**b**) eines Sprosssystems mit Samenanlagen (Diagrammtechniken ▶ Exkurs 6.2). Ha, vegetativ durchwachsende Hauptachse (ocker). fS, fertile Seitenachse. Sa, terminal stehende, aufrechte Samenanlage (hellblau) mit Arillus (pink; ☐ Abb. 5.74j). sS, sterile Seitenachse. Tbl, Tragblatt. *I, II,* Achsen erster (schwarz) und zweiter Ordnung (orange) (Ordnungsgrade ▶ Abschn. 6.7). **c,** Europäische Eibe (*Taxus baccata.* Aufriss eines Samen tragenden Sprosssystems. Die Samenanlage (Sa, hellblau) steht terminal an einer Seitenachse zweiter Ordnung (fS *II*), die ihrerseits an einer unterdrückten Seitenachse erster Ordnung (sS *I*) in der Achsel eines Tragblattes (Tbl *I*) steht. Sie ist von einem becherförmigen Arillus (pink) umgeben (☐ Abb. 5.74h, i). (© Mundry 2000, verändert (▶ http://www.schweizerbart.de))

Gnetales: *Gnetum*-Gewächse

Die drei zu den Gnetales gehörenden Gattungen ***Ephedra***, ***Gnetum*** und ***Welwitschia*** weisen **komplizierte** und **kontrovers interpretierte** reproduktive Strukturen auf. Diese stehen in Pollen- oder Samenzapfen, die traditionell mit den Termini der **Angiospermen** charakterisiert werden. Die Strobili (Zapfen) sind danach ‚Blütenstände‘, ihre Elemente ‚Blüten‘ mit Perianth, Stamina, Androeceum und Gynoeceum (▶ Abschn. 10.1). Diese Terminologie ist irreführend, da sie zu voreiligen Schlüssen führt. So wurde etwa die Reproduktionseinheit von *Welwitschia mirabilis* als ‚Zwitterblüte‘ interpretiert und in die Nähe der Angiospermenblüte gestellt, obgleich es sich morphologisch um ein Pseudanthium sensu v. Wettstein handelt (▶ Exkurs 5.15).

Um Missverständnisse zu vermeiden, wird hier eine **neutrale Terminologie** verwendet. Die kleinste Einheit ist der **Sporangienträger** (Sporangiophor). Die Megasporangienträger tragen meist nur eine Samenanlage. Die Mikrosporangiophoren enden bei *Gnetum* in ein bis zwei **freien Mikrosporangien** (☐ Abb. 5.76f), während *Ephedra* und *Welwitschia* **Mikrosynangien** mit jeweils zwei oder drei Pollensäcken und ebenso vielen Öffnungen bilden (☐ Abb. 5.77j und 5.79f: Sy).

Die Sporangienträger treten zu Gruppen zusammen (☐ Abb. 5.77i, k und 5.79f–h: gestrichelte Linie), die ihrerseits Bestandteile komplexer Einheiten sein können. Sie bilden **gestaltliche Einheiten**, die üblicherweise Strobilus, Zapfen, Blütenstand oder Blüte genannt und hier einheitlich als **Zapfen** bezeichnet werden (Analogiebegriff; ▶ Exkurs 5.2).

Gnetum

Die **Pollenzapfen** von *Gnetum* sind etagenartig aufgebaut (☐ Abb. 5.76a, b, d). Jede Etage ist am Grund von einem fusionierten Brakteenpaar umgeben (*collar*, „Kragen“), das jeweils axillär zahlreiche Mikrosporangienträger bildet (☐ Abb. 5.76d: Tbl, Mist). Jeder Träger besteht aus einem Stiel mit zwei verwachsenen Brakteen, die die beiden terminal stehenden Mikrosporangien umhüllen (☐ Abb. 5.76f). Anlage und Aufblühfolge der Träger erfolgen basipetal (☐ Abb. 5.76, e).

Bei *Gnetum gnemon* besteht die oberste Reihe jeder Etage aus **sterilen Samenanlagen** (☐ Abb. 5.76b, d, e: Sa). Der Zapfen ist somit nur **funktional** ein Pollenzapfen. Die Samenanlagen sondern Bestäubungstropfen ab, die von **nachtaktiven Motten** konsumiert werden. Die Sekretion wird von einer starken **Duftemission** begleitet, die beim Pollenzapfen intensiver ist als beim Samenzapfen. Kato und Inoue (1994) fanden 13 Mottenarten, die die Zapfen besuchten und dabei Pollen übertrugen. Die Bereitstellung von Bestäubungstropfen im Pollen-

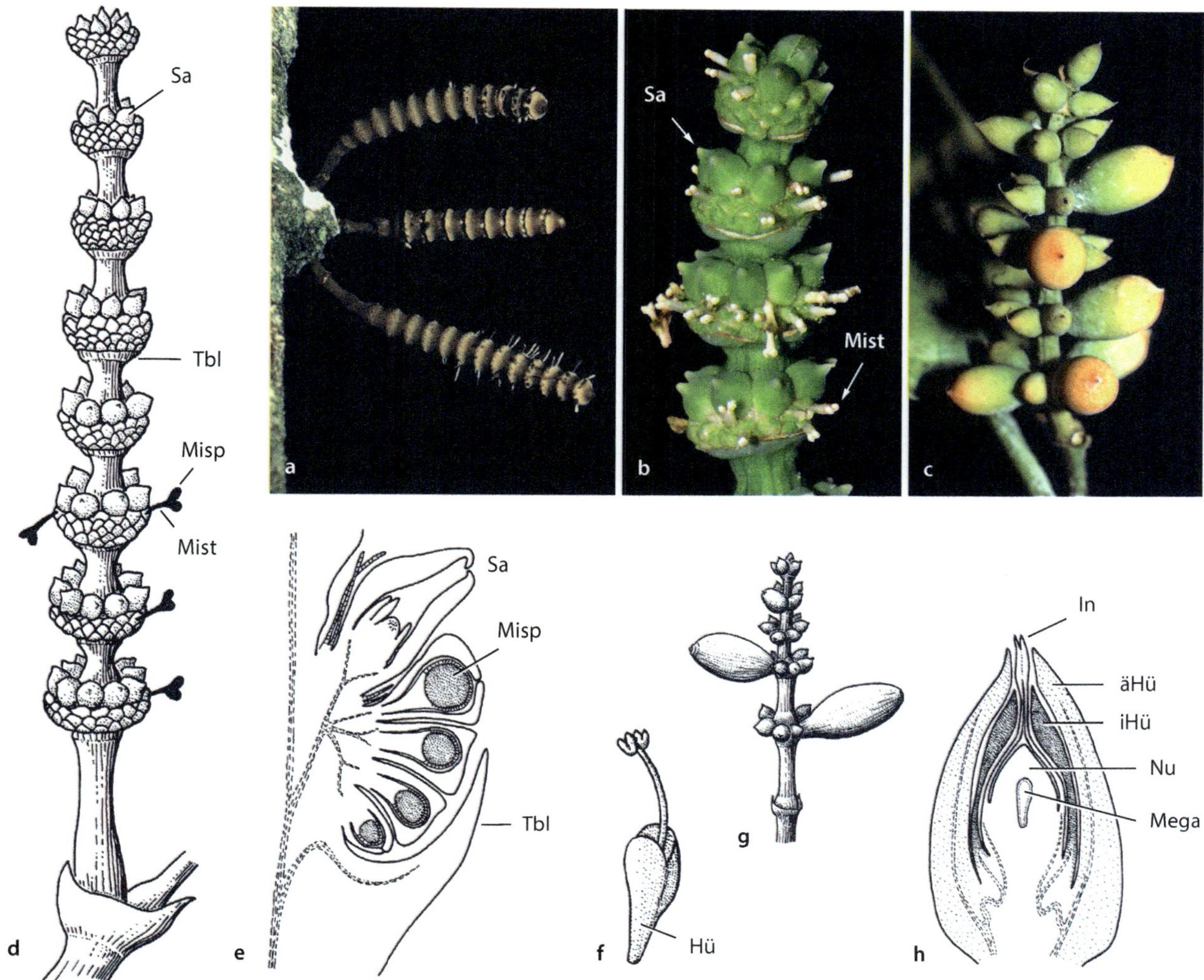

◘ Abb. 5.76 Reproduktive Strukturen von *Gnetum* (Gnetaceae). a, Pollenzapfen einer lianenwüchsigen Art. Gunung Salak, Java, Indonesien. **b–h,** *G. gnemon.* **b,** Pollenzapfen. Mist, Mikrosporangienträger. Sa, Samenanlage. **c,** Samenzapfen. **d,** Pollenzapfen mit etagenförmiger Anordnung von Mikrosporangienträgern und sterilen Samenanlagen. **e,** Längsschnitt durch eine ‚Etage' mit axillärem im Tragblatt sitzenden Sporangienstand; terminal stehen sterilen Samenanlagen, Mikrosporangienträgern folgen in basipetaler Entwicklung. Tbl, kragenartig verwachsenes Paar von Tragblättern. **f,** Mikrosporangiophor mit Hülle aus Brakteenpaar (Hü) und zwei terminal stehenden Mikrosporangien. **g,** Samenzapfen mit ein bis zwei Reihen sitzender Samenanlagen und zwei reifen Samen. **h,** Längsschnitt durch junge Samenanlage. äHü, äußere Hülle. iHü, innere Hülle. In, Integument. Mega, Megagamentophyt. Nu, Nucellus. (© **a–c,** R. Claßen-Bockhoff, Mainz. **d, e, g, h:** Sanwal 1962. **f,** Markgraf et al. 1926)

zapfen fördert die Insektenbestäubung und weist auf die Vorteile hin, die mit der Evolution monokliner (‚zwittriger') Blüten bei den Angiospermen entstanden sind.

Die **Samenträger** von *Gnetum gnemon* sind ähnlich wie die Mikrosporangienträger in Etagen oberhalb eines kragenartigen Brakteenpaares angeordnet (◘ Abb. 5.76c). Meist werden acht bis zehn Samenanlagen pro Etage gebildet. Jede Samenanlage wird von zwei Brakteenpaaren und dem Integument umhüllt (◘ Abb. 5.76h: äHü. iHü, Int). Das äußere Paar kann zur Samenreife rötlich-fleischig oder wie das innere hart werden. Die funktionelle Differenzierung erinnert an die Ausbildung von Sarko- und Sklerotesta bei den Blütenpflanzen (▶ Abschn. 12.1.3), ist aber **analoger** Natur.

Ephedra

Die **Pollenzapfen** (‚Blüten') von *Ephedra* (Meerträubel) stehen zu mehreren an den Knoten des Rutenstrauchs (◘ Abb. 5.77a). In jedem Pollenzapfen (◘ Abb. 5.77h) folgen auf einige sterile Brakteen zahlreiche fertile Brakteen, die je einen Stiel mit zwei bis acht apikal stehenden Synangien tragen (◘ Abb. 5.77i) (als ‚Blüte' oder ‚Sporophyll' bezeichnet). Am Stiel stehen zwei median orientierte, zu einer Hülle (◘ Abb. 5.77i: Hü) fusionierte Brakteen (‚Perianth'). Die Synangien umfassen jeweils zwei (bis vier) Mikrosporangien (◘ Abb. 5.77j: Sy).

Histologische und entwicklungsmorphologische Studien ließen schon früh vermuten, dass es sich bei dem

◘ Abb. 5.77 **Reproduktive Strukturen von *Ephedra* (Ephedraceae).** **a, b,** *E. chilensis.* **a,** Mehrere seitlich an der Sprossachse sitzende Pollenzapfen. **b,** Samenzapfen mit zwei Samenanlagen und Bestäubungstropfen (Pfeil). **c,** *E. major.* Drei seitlich an der Sprossachse sitzende Samenzapfen mit je einem reifenden Samen. **d, e,** *E. foeminea.* **d,** Einsamiger Samenzapfen. **e,** Zapfen mit Mikrosynangienträgern und Samenanlagen. **f,** Megasporangienträger mit scheinbar endständiger Samenanlage (auch als ‚Spross mit terminaler Blüte' bezeichnet). äHü, äußere Hülle. In, Integument (innere Hülle). Tbl, Tragblatt der Samenanlage. **g,** Aufriss eines Megasporangienträgers mit sterilen Brakteenpaaren die seitliche Stellung der Samenanlage zeigend, **h,** *E. altissima.* Pollenzapfen mit Mikrosynan-gienträgern (auch als ‚Teilblütenstand mit männlichen Blüten' bezeichnet) in der Achsel je eines schuppenförmigen Tragblattes (Tbl). Hü, Hülle aus zwei verwachsenen Brakteen. **i, j,** *E. distachya.* **i,** Synangienträgersystem in Seitenansicht (auch als ‚Blüte' bezeichnet). St, gemeinsamer Stiel der beiden Synangiengruppen (als ‚Antherenträger, Antherophor' bezeichnet). Gestrichelter Kreis: Gruppe aus vier einzeln angelegten Synangien. **j,** Diagramm zu i. Ap, Apex der Sporangiengruppe. **k,** Aufriss eines Synangienträgersystems mit sterilen Brakteenpaaren und gemeinsamem Stiel. x, Meristemenden. (© **a–d, g, k**: R. Claßen-Bockhoff, Mainz. **e**: G. Pisanty, GNU Free Document Licence. **f, h**: Stapf 1889. **i, j**: Mundry und Stützel 2004a)

vermeintlichen Synangienträger um ein **zusammen-gesetztes System** aus zwei Sporangiengruppen handelt (Eames 1952; Hufford 1996). Diese Interpretation war zunächst umstritten, konnte aber durch eine wiederholte Untersuchung an *E. distachya* bestätigt werden (Mundry und Stützel 2004a). Danach gehören die Synangien zu **zwei getrennt angelegten** Sporangiengruppen mit je vier seitlich inserierenden, ungestielten Mikrosynangien

(◘ Abb. 5.77i, k: gestrichelter Kreis, ◘ und 5.78b, c). Offene **Meristemenden** sind sowohl zwischen den Gruppen (Apex des Sporangiengruppenträgers) als auch zwischen den Synangien (Apices der Sporangiengruppen) nachweisbar (◘ Abb. 5.77k: x, ◘ und 5.78b: x). Der gemeinsame Stiel der beiden Synangiengruppen (◘ Abb. 5.77i und 5.78c St) entsteht durch **interkalare Streckung** unterhalb der Anlagen. Diese Interpretation wird auch dadurch gestützt, dass die Sporangiengruppen bei einigen Arten nicht verbunden sind, sondern als separate Einheiten auftreten (Gifford und Foster 1996).

Die **Samenzapfen** von *Ephedra* sitzen wie die Pollenzapfen in der Achsel je eines Schuppenblattes (■ Abb. 5.77b, c, g). Sie sind reduziert und tragen oft nur eine (selten bis zu drei) Samenanlage (■ Abb. 5.77b–d). Man spricht dennoch von einem Zapfen, da zunächst zwei bis acht Paare steriler Brakteen gebildet werden, auf die die wenigen fertilen Brakteen mit Samenanlagen folgen (■ Abb. 5.77g). Wird nur eine Samenanlage gebildet, rückt diese in eine vermeintlich terminale Position (■ Abb. 5.77d, f). Jede Samenanlage wird von zwei Gewebeschichten umhüllt. Während diese Schichten ursprünglich als zwei Integumente gedeutet wurden (Zusammenfassung verschiedener Interpretationen in Martens 1971), folgen Gifford und Foster (1996) der

Annahme, dass die **äußere Hülle** einem Paar mit der Samenanlage verwachsener Brakteen und nur die **innere Hülle** dem Integument entspricht. Das Integument ragt aus der Samenanlage heraus (■ Abb. 5.77f), bildet Bestäubungstropfen (■ Abb. 5.77b: Pfeil) und fängt den Pollen auf. Beide Gewebeschichten werden zur Samenreife hart. Die roten, fleischigen Strukturen, die die reifen Samen umgeben und Tiere zur Samenausbreitung anlocken, stammen von den Brakteen des Samenträgers.

Ephedra gilt allgemein als **windbestäubt** (anemophil), Insektenbestäubung kann aber nicht ausgeschlossen werden. Das gilt insbesondere für einige wenige Arten mit ‚**zwittrig‘ angelegten** Pollenzapfen. Bei *E. foeminea* (■ Abb. 5.77e) stehen Mikrosynangien im unteren und Samenanlagen im oberen Abschnitt. Die Samenanlagen sondern wie bei *Gnetum gnemon* je einen Bestäubungstropfen ab.

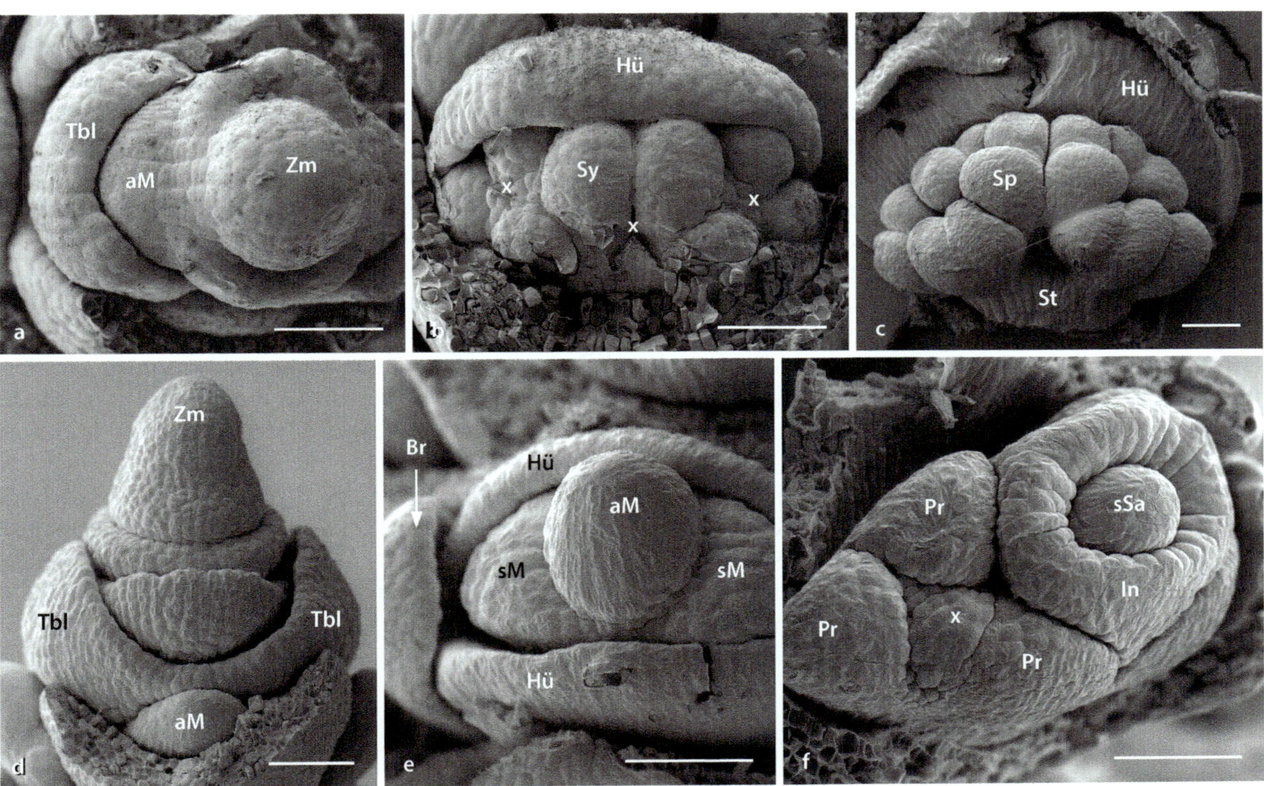

■ **Abb. 5.78** **Entwicklung der Pollenträger bei Gnetales. a–c,** *Ephedra distachya* (Ephedraceae). **a,** Aufsicht auf jungen Zapfen. aM, eins der beiden axilläre Meristeme, aus dem sich die Synangienträgergruppen entwickeln. Tbl, Tragblatt. Zm, Zapfenmeristem. Balken: 50 μm. **b, c,** Entwicklung des Synangienträgerkomplexes: zwei Gruppen mit jeweils vier Synangienträgern, **b,** Junges Stadium mit Synangienanlagen (Sy), zwischen den Anlagen und Gruppen jeweils ein Meristemende (x) erkennbar. Hü, Hülle. Balken: 100 μm. **c,** Älteres Stadium mit Gliederung der Synangienanlagen in je zwei Sporangienfächer. Sp, Sporangiumanlage. St, beginnende Stielbildung unter der gemeinsamen Anlage der beiden Gruppen. Balken: 100 μm. **d–f,** *Welwitschia mirabilis* (Welwitschiaceae). **d,** Seitenansicht eines jungen Zapfens. Balken: 100 μm. **e,** Aufsicht auf sich entwickelndes Achselprodukt. aM, Zentrum des axillären Meristems, aus dem später die sterile Samenanlage entsteht. Br, transversale Braktee. Hü, Hülle aus Brakteenpaar. sM, Meristeme der Seitensysteme, aus denen sich später je drei Synangienträger entwickeln. Balken: 100 μm. **f,** Älteres Entwicklungsstadium eines Achselproduktes mit Primordien (Pr) der drei Synangienträger und Anlage der sterilen Samenanlage (sSa) mit Integument (In). x, Meristemende. Balken: 100 μm. (© Mundry und Stützel 2004a, verändert)

Welwitschia

Evolutionsbiologisch interessant sind auch die Reproduktionsorgane von *Welwitschia mirabilis* (◘ Abb. 5.79). Sie sind in Zapfen angeordnet, die ihrerseits in verzweigten Systemen stehen (◘ Abb. 5.79a, d). Nach Martens (1977) entwickeln sich die ersten Verzweigungssysteme aus vegetativ angelegten Knospen an der Basis der beiden Laubblätter. Inwiefern die jahrzehntelang folgenden Strukturen Beisprosse oder basale Verzweigungen höherer Ordnung sind, geht aus der Literatur nicht hervor.

Die **Pollenzapfen** sind mit 80 bis 100 Schuppenblättern bedeckt (◘ Abb. 5.79b), in deren Achseln sich je eine ‚Zwitterblüte‘ entwickelt. Diese weist von unten nach oben ein freies und ein verwachsenblättriges Brakteenpaar (‚Perianth‘), eine Röhre mit sechs gestielten Mikrosynangienträgern (‚Staubblättern‘) und eine rudimentäre Samenanlage (‚Gynoeceum‘) auf (◘ Abb. 5.79e, f). Jeder Mikrosynangienträger (Abb. 5.79f: Syt) endet in einem dreizähligen Synangium (Sy).

Entwicklungsmorphologische und histologische Untersuchungen zeigen, dass die ‚Zwitterblüte‘ von *Welwitschia* ähnlich wie der Pollenzapfen von *Ephedra* ein **zusammengesetztes** System ist (Mundry und Stützel 2004a). Zusammengesetzt bedeutet, dass sich die Struktur nicht aus einem einzigen Meristem entwickelt, sondern dass neben dem terminalen Meristem weitere **axilläre Meristeme** an der Bildung beteiligt sind (◘ Abb. 5.78e: sM, 5.78f: x).

Die **Entwicklung** des Pollenzapfens beginnt mit einem aufgewölbten Meristem. Dieses bildet Blattanlagen (◘ Abb. 5.78d: Tbl), in deren Achseln sich zunächst zwei dekussiert angeordnete Brakteenpaaren bilden (◘ Abb. 5.78e und 5.79f: Br, Hü). Das untere steht transversal, und das obere bildet eine Hülle. Letztere entsteht aus einem Ringprimordium (▶ Abschn. 10.2.2), das zwei median und zwei transversal liegende Höcker aufweist, sodass nicht ausgeschlossen werden kann, dass sich zwei Blattwirtel in diesem Meristem verbergen.

Zu dieser Vermutung passt, dass sich die medianen Höcker stark entwickeln, während sich vor den transversalen **zwei Seitenmeristeme** (◘ Abb. 5.78e: sM, ◘ und 5.79g, h: x) herausbilden, die je drei gestielten Synangienträger hervorbringen (◘ Abb. 5.79f–h: gestrichelter Kreis). Das **terminale Meristem** geht unterdessen in die Bildung des **Integuments** der sterilen Samenanlage über (◘ Abb. 5.78f: In, sSa). Zuletzt entsteht durch **interkalares Wachstum** die **Röhre** (◘ Abb. 5.79f: Rö), die die beiden Synangiengruppen vereint und in die Höhe schiebt. Dieser Entwicklungsschritt entspricht der Bildung des Synangiengruppenstieles von *Ephedra* mit dem Unterschied, dass dort ein kompaktes Gewebe und hier eine Hülle gebildet wird.

Die **Samenzapfen** (◘ Abb. 5.79c) sind etwas kürzer und spitzer als die Pollenzapfen, aber in ähnlicher Weise angeordnet (◘ Abb. 5.79d). In der Achsel der Schuppenblätter steht je ein Samenträger (auch als ‚weibliche Blüte‘ bezeichnet). Er bildet terminal eine aufrechte Samenanlage, der eine Hülle aus zwei median angelegten Brakteen vorausgeht.

An der **Bestäubung** sind möglicherweise unspezialisierte Insekten (Wespen, Fliegen, Ameisen) beteiligt, die die Bestäubungstropfen der fertilen Samenanlagen bzw. Sekrete der sterilen Samenanlagen auflecken (Henschel und Seely 2000 und Literatur darin); genaue Untersuchungen scheinen aber noch zu fehlen. Zur Zeit der Samenreife wird das Integument hart, während die Hülle zu seitlichen (transversalen) **Flügeln** auswächst.

Nach Bornman et al. (1972) bildet ein durchschnittlich großes Individuum etwa 10.000 Samen pro Jahr, von denen die meisten im Umkreis von 2 m zu Boden gehen und nur ein kleiner Prozentsatz weiter vom Wind verdriftet wird. Bis zu 80 % der Samen sind vom Schimmelpilz *Aspergillus niger* infiziert, wodurch die Keimfähigkeit auf unter 10 % sinkt. Vermutlich werden die Pilzsporen von der Wanze *Probergrothius sexpunctatus* übertragen, die sich vom Phloemsaft der Pflanze ernährt (◘ Abb. 5.79c).

■ **Abb. 5.79 Reproduktive Strukturen von *Welwitschia mirabilis* (Welwitschiaceae). a**, Pflanze mit Pollenzapfen an gestielten Trägersystemen. **b**, Pollenzapfen. **c**, Samenzapfen, häufig besucht von Wanzen (*Probergrothius sexpunctatus*). **d**, Pflanze mit Samenzapfen an gestielten Trägersystemen. **e**, Habitus eines Mikrosynangienkomplexes in der traditionellen Darstellung als ‚Zwitterblüte'. Tbl, Tragblatt. Vbl, Vorblatt (entspricht Braktee in **f**). Pe, Perianth (entspricht Hülle in **f**). An, Anthere eines Staubblattes (entspricht Syangium in **f**). **f**, Wie **e** mit neutraler Terminologie. Br, Braktee. Rö, Röhre. sSa, sterile Samenanlage. Sy, Synangium. Syt, Synangiumträger. Gestrichelter Kreis: Synangienträgergruppe. **g, h** Grundriss (**g**) und Aufriss (**h**) eines Mikrosynangienkomplexes nach der ontogenetischen Interpretation. x, Meristemenden der seitlichen Synangienträgergruppen. (© **a–d, h**: R. Claßen-Bockhoff, Mainz. **e**: Church 1914, verändert. **f, g**: Mundry und Stützel 2004a, verändert)

Exkurs 5.14 Samenausbreitung durch Tiere (Zoochorie)

Mit der **Evolution des Samens** ist eine **neue Ausbreitungseinheit** entstanden, die nicht nur vom Wind, sondern auch von **Tieren** ausgebreitet wird. Letzteres gilt auch für die Gymnospermen, was leicht übersehen wird, da meist nur die große Gruppe der Kieferngewächse (Pinaceae) mit ihren Flugsamen betrachtet wird. Tatsächlich weisen die Samen der Gymnospermen zahlreiche **Anpassungen** an **Tierausbreitung** auf. Vor allem **Vögel** werden von farbigen und fleischigen Strukturen angelockt, fressen die Samen und breiten sie mit ihrem Kot aus (Endozoochorie; ► Abschn. 12.3.2).

Das Integument der Cycadales und des *Ginkgo* weist eine strukturelle Differenzierung in **Sarko- und Sklerotesta** auf. Mit dieser Ähnlichkeit zu den Angiospermen (► Abschn. 12.1.3) belegen die Pflanzen eindrucksvoll, dass die **histologische Differenzierung** der Samenschale unabhängig vom einfachen oder doppelten Bau des Integuments auftritt. Bei allen übrigen Gymnospermen haben sich **Hilfsstrukturen** zur Samenausbreitung außerhalb des Samens entwickelt (■ Tab. 5.10). Deren **morphologische Vielfalt** illustriert, wie formenreich die Gymnospermen die fehlenden Fruchtstrukturen kompensieren.

◘ Tab. 5.10 Morphologische Vielfalt der Samenausbreitung (Sy 9)

Taxon	Morphologische Anpassung	Vektor	Abb.
Cycadales			
Cycas	Sarko- und Sklerotesta	Tiere	◘ 5.70e, f
Ginkgoales			
Ginkgo	Sarko- und Sklerotesta	Tiere	◘ 5.71a, b
Pinales: Koniferen (ohne Pinaceae)			
Podocarpus	Wulst aus Tragblättern	Vögel	◘ 5.74m–o
Juniperus	‚Beere' aus Schuppenblättern	Vögel	◘ 5.74f
Taxus	Arillus: Auswuchs aus Samenstiel	Vögel	◘ 5.74h, i
Pinales: Gnetales und Pinaceae			
Gnetum	fleischige Brakteen	Tiere	◘ 5.76c
Ephedra	fleischige Brakteen	Vögel	◘ 5.77c, d
Welwitschia	Flügel aus Brakteen	Wind	
Pinus	Flügel aus Samenschuppe	Wind	◘ 5.73b, c

5.6.7 Die Blüte der Angiospermen

Die Angiospermen sind etwa 200 Mio. Jahre nach den Gymnospermen aus bislang **unbekannten Vorfahren** entstanden. Sie traten rasch in einer großen Formenfülle auf und unterschieden sich in zahlreichen Merkmalen von allen bekannten fossilen und rezenten Gymnospermen.

Die Blütenpflanzen bilden **monokline Blüten** (‚Zwitterblüten'; s. unten) mit steriler **Blütenhülle**, **Stamina** (Mikrosynangienträgern, ‚Staubblättern') und **Samenanlagen**, die von **Karpellen** (‚Fruchtblättern') umschlossen sind. Die Bedecktsamigkeit (**Angiospermie**) ist ein **Neuerwerb** der nach ihr benannten Angiospermen (Blütenpflanzen) und hat maßgeblich zum **evolutionären Erfolg** der größten Pflanzengruppe beigetragen (► Exkurs 3.9). Die monoklinen Blüten entwickelten sich in enger **Interaktion mit Tieren**, die sie als Bestäubungsvermittler (**Zoophilie**; ► Kap. 11) und Samen-/Fruchtausbreiter (**Zoochorie**; ► Kap. 12) nutzen.

Der Begriff ‚**Blüte'** wird in vielen Lehrbüchern als Sporophyllstand definiert (Zusammenfassung in Bateman et al. 2006) und auch auf die Strobili der Bärlappppflanzen und Schachtelhalmgewächse sowie die Pollen- und Samenzapfen einiger Gymnospermen angewandt. In diesem Buch wird er auf die **Blütenpflanzen beschränkt**, um eine irreführende Homologisierung zu vermeiden (Endress 2006). Der Begriff

,**Zwitterblüte'** wird durch den Term **monokline Blüte** ersetzt. Damit wird der Tatsache Rechnung getragen, dass Begriffe wie zwittrig, eingeschlechtlich, weiblich oder männlich zur sexuellen Generation des Gametophyten gehören und nicht auf sporophytische Strukturen bezogen werden sollten ► (Abschn. 9.6.3). Dort, wo sie sprachlich unverzichtbar sind, werden sie mit Anführungszeichen verwendet.

Innovationen der Angiospermenblüte

Die Angiospermenblüte entwickelt sich aus einem **Blütenmeristem**, das in dieser Form nur bei den Blütenpflanzen auftritt (► Abschn. 10.2). Sie umfasst im typischen Fall die Organformationen der **Blütenhülle**, der Mikrosynangien tragenden **Stamina** und der **Karpelle**, die in dieser Reihenfolge von außen nach innen folgen (► Abb. 10.2).

Evolution des Blütenmeristems

Die Blüte der Angiospermen wird traditionell als Kurzspross mit modifizierten Blättern aufgefasst. Diese Vorstellung lässt jedoch außer Acht, dass sich das Sprossapikalmeristem (► Abschn. 8.1.1, ► Tab. 9.1) beim Übergang in ein Blütenmeristem **völlig verändert** (► Abschn. 9.2.2). Das offene Wachstum geht verloren, die histologische Gliederung wird aufgehoben und die genetische Regulation von Meristem- und Blütenorganidentitätsgenen übernommen (► Exkurs 10.1).

Die **unterschiedliche Qualität** von Sprossapikal- und Blütenmeristemen wirft die Frage nach der **Homologie der Blütenorgane** auf. Da der Vorfahr der Angiospermen unbekannt ist, kann eine phylogenetische Homologieaussage nicht getroffen werden. **Morphologisch** wird traditionell die vegetative Pflanze als Bezugssystem herangezogen. Danach erscheint es plausibel, die Blüte am Ende der Sprossachse als deren Spitzenregion mit unterdrückten Internodien und modifizierten Blättern anzusehen.

Wie verhält es sich aber mit der Homologieaussage, wenn man die Blüte nicht von Strukturen der vegetativen Pflanze ableitet, sondern im Übergang vom vegetativen in den reproduktiven Zustand einen Wandel erkennt, der **qualitativ veränderte Meristeme** und **völlig neue Strukturen und Funktionen** mit sich bringt? Molekulare Studien zeigen, dass die Evolution der Angiospermen mit **Genduplikationen** einhergeht (Panchy et al. 2016) und dass die Evolution der Blüte auf der **genetischen** und **epigenetischen Diversifizierung** von MADS-Box-Genen beruht (▶ Exkurs 10.1). Diese gewaltigen Veränderungen könnten durchaus neue Strukturen hervorgebracht haben, die außer einer äußeren Ähnlichkeit wenig mit den Organen der vegetativen Lebensphase gemein haben. Darüber hinaus zeigen vollparasitisch lebende Pflanzen, dass sich Blüten auch an einem parenchymatischen Vegetationskörper ohne Sprossapikalmeristem bilden können (González et al. 2020).

Folgt man der Ansicht, dass Strukturen nur dann **morphologisch homolog** sind, wenn sie aus einem Meristem gleicher Entwicklungseigenschaften hervorgehen (▶ Abschn. 1.2), dann kann das Sprossapikalmeristem (trotz übereinstimmender Lage) nicht länger als Bezugssystem für die Homologisierung der Blüte herangezogen werden (▶ Tab. 6.2). Vor diesem Hintergrund wird die Blüte hier als eine Blütenorgane tragende Neubildung aufgefasst, die sich an der Sprossspitze entwickelt (▶ Exkurs 10.3).

Evolution der Blütenhülle

Die Blütenhülle (das **Perianth**; ▶ Abschn. 10.3.2) der Angiospermen ist ein **Neuerwerb**, der auf Genduplikation zurückgeht (Airoldi und Davies 2012). Sie entwickelt sich zwischen den Hochblättern und Stamina und wird traditionell von diesen Organen abgeleitet. Die Vielfalt der Blütenhüllen führte allerdings schon früh zu der Erkenntnis, dass das Perianth der Angiospermen auf verschiedenen Wegen entstanden sein könnte (Zusammenfassung in Weberling 1981). Phylogenetische, entwicklungsmorphologische und entwicklungsgenetische Befunde bestätigen diese Auffassung. Die Blütenhülle ist **mehrfach parallel** entstanden, reduziert und wieder neu gebildet worden (Endress 1994). Sie ist innerhalb der Angiospermen weder morphologisch noch phylogenetisch homolog (Theißen et al. 2000; Ronse De Craene 2013).

Das Perianth ist die **jüngste Formation** der Blüte und beruht nach dem ABC-Modell der Blüte unter anderem auf der **Expression** von **A-Funktionsgenen** (▶ Exkurs 10.1). Es gilt als sicher, dass die ursprüngliche Blütenhülle **einfach** war und sich erst im Laufe der Evolution zum **doppelten Perianth** mit grünen Kelchblättern (**Sepalen**) und farbigen Kronblättern (**Petalen**) entwickelt hat (Sauquet et al. 2017). Entwicklungsgenetisch werden dazu zwei Szenarien diskutiert (Theißen et al. 2000). Entweder war die ursprüngliche Blütenhülle **petaloid** (AB-Expression) und der Kelch (A-Expression) wurde später als Schutzstruktur hinzugefügt, oder die ursprüngliche Hülle war **sepaloid** und wurde durch zentrifugale Ausdehnung der B-Funktion im inneren Bereich petaloid. In beiden Fällen stellt sich die Frage, wo das A-Funktionsgen, auf dem die Bildung der Blütenhülle beruht, phylogenetisch herkommt. Untersuchungen an *Arabidopsis thaliana* lassen vermuten, dass sich A-Funktionsgene von Genen ableiten, die an der **Etablierung des Blütenmeristems** beteiligt sind (Theissen et al. 2000). Das deutet darauf hin, dass die Elemente der Blütenhülle Neubildungen sind und direkt aus dem Blütenmeristem stammen (▶ Abschn. 10.2.2); sie müssten dann **weder** von Hochblättern **noch** von Stamina abgeleitet werden.

Stamina – die Pollenträger der Angiospermen

Die Mikrosynangien tragenden Einheiten werden bei den Blütenpflanzen **Stamina** genannt. Sie weisen einen relativ **einheitlichen Bau** aus Filament und Anthere auf. Das **Filament** ist ein Stielchen, dem terminal oder seitlich zwei **Synangien** aus je zwei Sporangien aufsitzen, die über ein steriles Gewebe (**Konnektiv**) miteinander verbunden sind. Die Synangien werden als **Theken** bezeichnet, sie bilden zusammen mit dem Konnektiv die **Anthere** (▶ Abschn. 10.4.1).

Die **Stamina** werden traditionell mit Blättern (,Mikrosporophylle', ,Staubblätter') homologisiert. Diese Interpretation, die auf dem Sprossmodell der Blüte beruht (▶ Exkurs 10.3), ist wenig befriedigend, da Stamina und Blätter weder morphologische noch entwicklungsgenetische Übereinstimmungen aufweisen. Es bietet sich daher an, im Deutschen die neutralen Begriffe **Staub- oder Antherenträger** für Stamina zu verwenden.

Die **Wand** der Theke übernimmt die Aufgabe der Sporenentlassung und weist den gleichen Öffnungsmechanismus wie die Sporangien- oder Synangienwand der Gymnospermen auf (▶ Abschn. 5.6.6). Sie wird immer mehrschichtig angelegt (**eusporangiat**) und ist funktional in Epidermis, **Endothecium** und **Tapetum** differenziert (▶ Abschn. 10.4.4). Im Unterschied zu den Gymnospermen liegt die Öffnungsschicht **primär subepidermal** (daher der Name „Endothecium"). Bei der selten vorkommenden, **sekundären Auflösung** der Epidermis wird das Endothecium zur äußeren Antherenwandschicht (z. B. bei *Ricinus communis*, Euphorbiaceae, Staedtler 1923; Bianchini und Pacini 1996).

Die **Pollenkörner** der Angiospermen weisen ursprünglich wie die Gymnospermen eine Keimpore am distalen Pol auf (**sulcate** Apertur ▸ Abschn. 10.4.5). Die Basalen Angiospermen und Monocotylen besitzen diese Art von Pollenkörnern als Ausgangsform ihrer Entwicklung, die Eudicotylen sind dagegen durch primär **tricolpate Pollenkörner** charakterisiert (▸ Abschn. 10.4.5). Die **Endexine** der angiospermen Pollenkörner ist im Unterschied zu den Gymnospermen **granulär** strukturiert. Sie wird zusammen mit der innersten Schicht der Ektexine (*footlayer*) auch als Nexine bezeichnet. Die **Ektexine** ist wesentlich stärker skulpturiert als bei den Gymnospermen und Ort des **Pollenkitts**. Dieser ist ein **Neuerwerb** der Angiospermen, begünstigt **Tierbestäubung** und die Erkennungsreaktion, die zur **Pollenselektion** führt (▸ Abschn. 9.6.4).

Angiospermie – Schlüsselinnovation der Angiospermen

Die Blütenpflanzen präsentieren ihre Samenanlagen nicht frei (nackt), sondern verbergen sie in der Höhlung des Karpells bzw. Gynoeceums (**bedeckt**). Das **Karpell** wird nach dem Sprossmodell der Blüte als Samenanlagen tragendes Megasporophyll verstanden. Die Bildung von Samenanlagen ohne direkten Bezug zum Karpell hat Sattler (2024) dagegen veranlasst, das Karpell als eine **gynoeceale Hülle** aufzufassen, die Samenanlagen bilden kann, aber nicht bilden muss.

Der Übergang von der Nackt- zur **Bedecktsamigkeit** ist ein **evolutionsbiologisch** wichtiger Schritt, der mit bedeutenden **Vorteilen** einhergeht:

- **Pollenselektion**: Das Karpell besteht aus dem **Ovar**, in dem die Samenanlagen liegen, dem Griffel und der Narbe. Das Ovar **schützt** die Samenanlagen vor Fraß und anderen schädlichen Umwelteinflüssen. Da der Pollen die Mikropyle nicht mehr auf direktem Wege erreichen kann, fängt die **Narbe** den Pollen auf und fungiert als **Ersatzkeimbett** (▸ Abschn. 4.6.3 und 10.5.5). Hier, wie auch im **Griffel**, kann eine **genetische Erkennungsreaktion** stattfinden, die körpereigenen oder genetisch ähnlichen Pollen an der Keimung hindert (**Inkompatibilitätsreaktion**; ▸ Abschn. 9.6.4) und auf diese Weise Fremdbestäubung fördert. **Pollenselektion** führt zu einem besseren Samenansatz und zu einer höheren **genetischen Diversität** der Nachkommen.
- Der Einschluss **mehrerer Samenanlagen** in ein geschlossenes Karpell führt zu einem höheren **Befruchtungserfolg**, da nun die Pollenladung einer einzigen Bestäubung zur Befruchtung mehrerer Samenanlagen führen kann. Die **Effektivität der Bestäubung** wird weiterhin gesteigert, wenn die Karpelle

nicht frei voneinander sind, sondern congenital aus einem gemeinsamen Ringwulst entstehen (coenokarpes Gynoeceum; ▸ Abschn. 10.5.3); die Pollenschläuche können dann über die gemeinsame Griffelzone (**Compitum**; ▸ Abschn. 10.5.6) die Samenanlagen aller Fruchtfächer erreichen (▸ Abb. 10.51).

- Nach der Befruchtung wandelt sich das Karpell bzw. Gynoeceum in eine Frucht um. Die **Fruchtbildung** ist eine Folge der Angiospermie. Sie verleiht den Samen **Schutz** und erhöht die **Vielfalt** an **Ausbreitungseinheiten** und damit die **Anpassungsfähigkeit** an Samen- und Fruchtausbreiter (▸ Kap. 12).

Das **Karpell** ist eine **komplexe, multifunktionale Struktur**. Es hat sich **innerhalb der Angiospermen** schrittweise entwickelt (Endress und Igersheim 2000). Die Karpelle der Basalen Angiospermen sind ursprünglich sackförmig und weisen eine apikale Pore auf, die nach außen durch Schleim verstopft ist. Andere basale Formen sind bereits **postgenital** verklebt (▸ Abschn. 10.5.1) und bilden eine sitzende **Narbe**. Als letzte Struktur ist der **Griffel** durch Streckungswachstum der Karpellspitze entstanden.

Evolution der Angiospermenblüte

Die Evolution der Angiospermenblüte wird bis heute **kontrovers diskutiert** (z. B. Bateman et al. 2006). Grund dafür ist das fehlende Wissen um den nächsten Verwandten der Angiospermen (▸ Abschn. 5.5.8, ▣ Abb. 5.42). Innerhalb der Gymnospermen finden sich mit Ausnahme der fossilen **Bennettitales** nur Pollen **oder** Samen tragende Strukturen in einer Funktionseinheit. Die Angiospermenblüte gilt dagegen als **primär** ‚**zwittrig**‘. Die Kernfrage, ob die Ahnenform der Angiospermenblüte diklin (‚eingeschlechtlich‘) oder monoklin (‚zwittrig‘) war, wurde **je nach phylogenetischer Ableitung** verschieden beantwortet. Im Wesentlichen standen sich zwei Theorien gegenüber, die zu Beginn des 20. Jahrhunderts aufgestellt wurden: die Anthostrobilus-/ Euantheintheorie und die Pseudanthientheroie.

Anthostrobilus-/Euanthientheorie

Im 18. und frühen 19. Jahrhundert war nach Goethes *Der Versuch die Metamorphose der Pflanze zu erklären* (1790) und de Candolles *Théorie élémentaire de la botanique* (1813) die Natur der **Blüte** unumstritten: Sie galt als **Spross mit zu Blütenorganen umgebildeten Blättern**. Bis heute wird diese Interpretation favorisiert. Die **Blütenhülle** wird danach von Hochblättern oder Stamina abgeleitet, die Stamina und Karpelle werden als Blattorgane angesprochen und entsprechend als **Staubblätter** und **Fruchtblätter** bezeichnet.

Im Zuge der **Evolutionstheorie** trat Anfang des 20. Jahrhunderts die Frage nach der **Herkunft** der Angiospermenblüte in den Vordergrund. Arber und Parkin (1907) vertraten die **Anthostrobilustheorie**, nach der sich die Angiospermenblüte von einer mit **Sporophyllen besetzten Achse** eines gymnospermen Vorfahren ableitet (□ Abb. 5.80a, a′). Als ursprüngliche Angiospermen wurden die damals als Polycarpicae zusammengefassten Gruppen mit zahlreichen freien Staub- und Fruchtblättern angesehen (z. B. Magnoliales, Ranunculales), als deren möglicher Vorfahre die **Bennettitales** in Betracht kamen. Diese Gruppe wies schon ‚zwittrige‘ Systeme mit Hüllstrukturen auf, besaß aber gestielte Samenanlagen und keine Megasporophylle (□ Abb. 5.68e, f). Über einige **hypothetische Zwischenschritte** wurde eine Ableitung von der Stachyosporie zur Phyllosporie versucht, die nicht unumstritten blieb und den Nährboden für alternative Blütentheorien lieferte.

Die Strobilustheroie wurde später als **Euanthientheorie** (griech. *eu*, „echt“, *anthos*, „Blüte“, „Blume“) bezeichnet und der **Pseudanthientheorie** (griech. *pseudo*, „falsch“) gegenübergestellt (v. Wettstein 1901–1908). Unter diesem Namen ist sie bis heute bekannt.

Pseudanthientheorie

Während die Euanthientheorie davon ausgeht, dass der gymnosperme Vorfahre der Angiospermen bereits ‚Zwitterblüten‘ hatte, geht die **Pseudanthientheorie** von Vorfahren mit ‚eingeschlechtlichen Blüten‘ aus (v. Wettstein 1901–1908). Die Angiospermenblüte ist danach durch das Zusammentreten mehrerer stachyosporer Mikrosporangien- und Samenträger entstanden und daher ein **mehrachsiges System** (□ Abb. 5.80b, b′). Als mögliche Ahnengruppe der Angiospermen führte v. Wettstein (1901–1908) die **Gnetales** an, deren ‚zwittrige Blütenstände‘ über Reduktion, Modifikation und Aggregation in ‚Zwitterblüten‘ übergegangen wären. Die **Blütenhülle** hätte sich aus den **Tragblättern** einer ‚männ-

lichen Blüte‘ mit zwei Mikrosporangienträgern (ähnlich *Ephedra*) entwickelt, die ihrerseits zu ‚Staubblättern‘ wurden. Die **Karpelle** würden den **Tragblättern** stachyosporer Samenträger (‚weibliche Blüten‘) entsprechen, die ihre Achselprodukte vollständig umhüllten und zu angiospermen ‚Fruchtblättern‘ wurden. Innerhalb der Angiospermen leitete v. Wettstein (1901–1908) die monokline Blüte von den einfachen, diklinen Blüten der ‚kätzchentragenden‘ Amentiferae (z. B. Hasel, Erle) ab, die er für basal hielt.

Die Pseudanthientheorie inspirierte Wissenschaftler bis in die Mitte des 20. Jahrhunderts hinein, weitere pseudanthiale Blütentheorien aufzustellen, z. B. die **Anthokormtheorie** sensu Neumeyer (1924; Meeuse 1965), die **Phyllosporie-/Stachyosporietheorie** (Lam 1950) oder die **Androgynophylltheorie** sensu Melville (1960). Sie alle gehen davon aus, dass sich (zumindest einige) Angiospermenblüten von verzweigten Systemen ableiten.

Heutige Interpretation der Angiospermenblüte

Die ursprünglich formulierten Euanthien- und Pseudanthientheroien, insbesondere die postulierten phylogenetischen Ableitungen, sind inzwischen überholt, aber ihre Namen stehen noch für die zwei alternativen Sichtweisen.

Heute wird allgemein die **modifizierte Euanthientheorie** favorisiert, nach der sich die Angiospermenblüte von *Caytonia*-ähnlichen Samenfarnen ableitet (▶ Abschn. 5.5.8 und 5.6.5) und als ein mit Blütenorganen besetzter Kurztrieb verstanden wird. Morphologische Argumente für diese Auffassung sind die **Lage** der Blüte am Ende von Sprossachsen, die **Anordnung** der Blütenorgane nach den Regeln der Blattstellung,

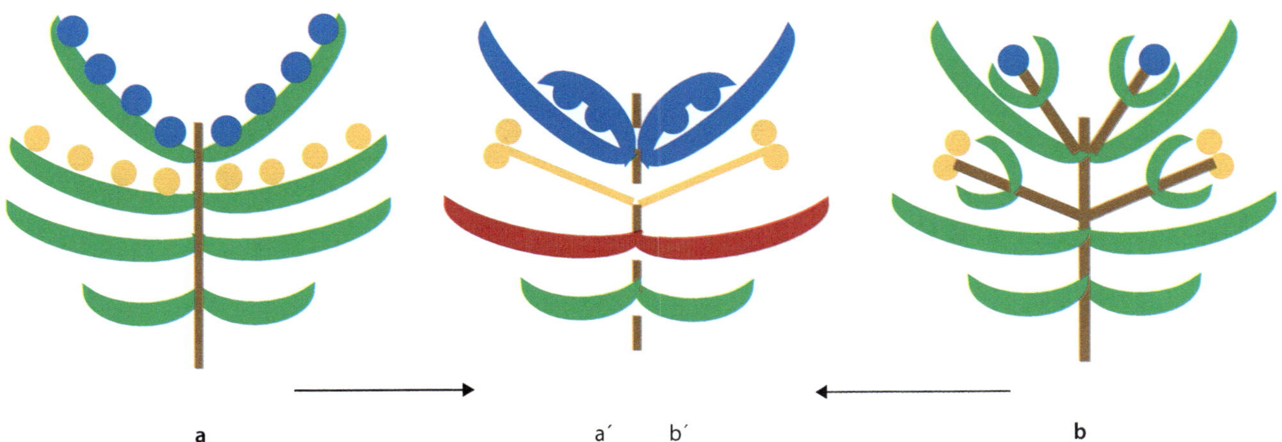

a   a′   b′   b

□ **Abb. 5.80 Euanthien- und Pseudanthientheorie. a, a′,** Euanthium. Entstehung der Angiospermenblüte aus einem einachsigen System mit Mikrosporangien und Samenanlagen tragenden Sporophyllen (Euanthium). **b, b′,** Pseudanthium sensu v. Wettstein. Entstehung der Angiospermenblüte aus einem verzweigten System (‚monözischer Blütenstand‘) mit Mikrosporangienträgern (‚männliche Blüten‘) und Samenanlagenträgern (‚weiblichen Blüten‘). Blau: Samenanlagen (**a, b**) bzw. angiospermes Karpell (**a′, b′**). Braun: Achsen. Gelb: Mikrosporangien (**a, b**) bzw. Stamina (**a′, b′**). Grün: Blätter. (© Original, in Anlehnung an Ehrendorfer 1983)

ihre blattähnliche **Gestaltung** und **Übergangsbildungen** zwischen Blütenhüllelementen und Stamina. Allerdings sind diese Argumente **nicht allgemeingültig**, da es eine Unmenge von Ausnahmen und Sonderbildungen gibt (z. B. Ronse De Craene 2010), die nicht mit dem Sprossmodell der Blüte in Einklang zu bringen sind (Claßen-Bockhoff 2016; ► Exkurs 10.3).

Ein weiteres Argument für die Kurztriebhypothese kommt aus der *Arabidopsis*-Forschung. **Triple-Mutanten**, bei denen die A-, B- und C-Funktionsgene unterdrückt sind, bilden **vegetative Knospen** (Coen and Meyerowitz 1991). Dieser Befund wird als Beweis für die Blattnatur der Blütenorgane angesehen. Tatsächlich weist diese Knospe aber die spiralige Blattstellung einer **vegetativen Blattrosette** und nicht die zyklische einer verlaubten Blüte auf. Dies könnte darauf hinweisen, dass nicht die Blütenorgane zur Blattnatur zurückkehren, sondern das gesamte Meristem wieder vegetativ wird, was automatisch mit der Ausbildung von Laubblättern einhergehen würde.

Nachdem sich die **Euanthientheorie** im 20. Jahrhundert allgemein durchgesetzt hatte, tauchte in den 1990er-Jahren aufgrund molekular-phylogenetischer Daten und neuer Fossilfunde der pseudanthiale Gedanke wieder auf. Er wurde gefördert von der **möglichen Verwandtschaft** zwischen Angiospermen und **Gnetales** (Abb. 5.42: Anthophyta; Doyle 1994) und von *Archaefructus*, einem Fossil, das um die Jahrtausendwende in der Provinz Liaoning im Nordosten Chinas entdeckt wurde (Sun et al. 2002). Die beiden bislang beschriebenen Arten sind **fossil hervorragend erhalten** und schätzungsweise **125 Mio. Jahre** alt (Unterkreide; ► Tab. 3.2). Sie lebten vermutlich als krautige Wasserpflanzen und wiesen an hüllblattlosen, gestreckten Sprossachsen **Stamina** und **angiosperme Karpelle** auf (Abb. 5.81). Mit diesen Strukturen und ihrem hohen Alter gelten sie als die **ältesten Blütenfossilien** und phylogenetisch **nächsten Verwandten** der **Angiospermen**. Der sensationelle Fund warf erneut die Frage auf, ob sich die Angiospermenblüte von ein- oder mehrachsigen Systemen herleitet, da die Stamina paarweise an kurzen Stielchen stehen und auch als reduzierte Seitensysteme gedeutet werden können (Sun et al. 2002).

 Abb. 5.81 *Archaefructus sinensis* (**Archaefructaceae**). Der vermutete Vorfahre der Blütenpflanzen besaß Stamina (oder Staminagruppen, St) an der Basis und angiosperme Karpelle (Ka) an der Spitze gestreckter Sprossachsen (© **a**: R. Claßen-Bockhoff, Mainz. Mit freundlicher Genehmigung des Senckenberg-Museums Frankfurt a. M. **b**: Sun et al. 2002)

Exkurs 5.15 Pseudanthium: Ein Begriff, drei Bedeutungen

Wissenschaftliche **Begriffe** sind **Kurzdefinitionen** komplexer Sachverhalte und sollten daher **eindeutig** sein. Zahlreiche Begriffe gehen jedoch in eine Zeit zurück, in der man die Zusammenhänge der Natur anders deutete als heute. Sie wurden in vielen Fällen beibehalten und auf neue Erkenntnisse angewandt. Das Beispiel des Begriffs ‚**Urpflanze**‘, der von Goethe (in Kuhn 1987, S. 434–438) abstrakt gemeint war und später auf die real existierende ursprüngliche Pflanze bezogen wurde (Zimmermann 1930; ► Exkurs 6.3), zeigt dies in eindrucksvoller Weise (Claßen-Bockhoff 2001).

Der Begriff **Pseudanthium** (Scheinblüte) stammt aus dem 19. Jahrhundert, in dem die Blüte als einachsiger Sprossabschnitt angesehen wurde. Heute bezeichnet er **blütenähnliche Blütenstände**, wobei sich die Ähnlichkeit auf den **Bau** (Pseudanthium sensu Delpino), die **phylogenetische Herkunft** (Pseudanthium sensu von Wettstein) oder die äußere **Gestalt** (Pseudanthium sensu Troll) beziehen kann. Interessanterweise existieren alle drei Bedeutungen nebeneinander (Claßen-Bockhoff 1991; ◘ Abb. 5.82).

Pseudanthium sensu Delpino

Im ausgehenden 19. Jahrhundert stellte der italienische Botaniker Federico Delpino (1890, 1892) fest, dass es Blüten gibt, in denen die Blattstellungsregeln nicht eingehalten werden (z. B. sekundäre Polyandrie, Obdiplostemonie; ► Abschn. 10.4.3). Da er diese Beobachtung nicht mit der damals gültigen Blüteninterpretation in Einklang bringen konnte, vermutete er, dass es sich bei diesen ‚Blüten‘ um **extrem abgeleitete Blütenstände** (*contratti inflorecencia*) handelte und nannte sie *pseudanzia*. Seine Ansicht setzte sich nicht durch, weil die von ihm als Pseudanthien bezeichneten Blüten später als Euanthien erkannt wurden. Studien an Euphorbiaceae (Delpino 1889; Michaelis 1924), Cyperaceae (dort als **Synanthien** bezeichnet; Mattfeld 1938) und anderen Pflanzengruppen weisen aber darauf hin, dass es Pseudanthien im Sinne Delpinos gibt (Rudall 2002; Sokoloff et al. 2007; Prenner et al. 2008; Claßen-Bockhoff und Frankenhäuser 2020). Dabei handelt es sich um stark reduzierte Blütenstände, deren mehrachsige Natur sich erst nach einer genauen entwicklungsmorphologischen

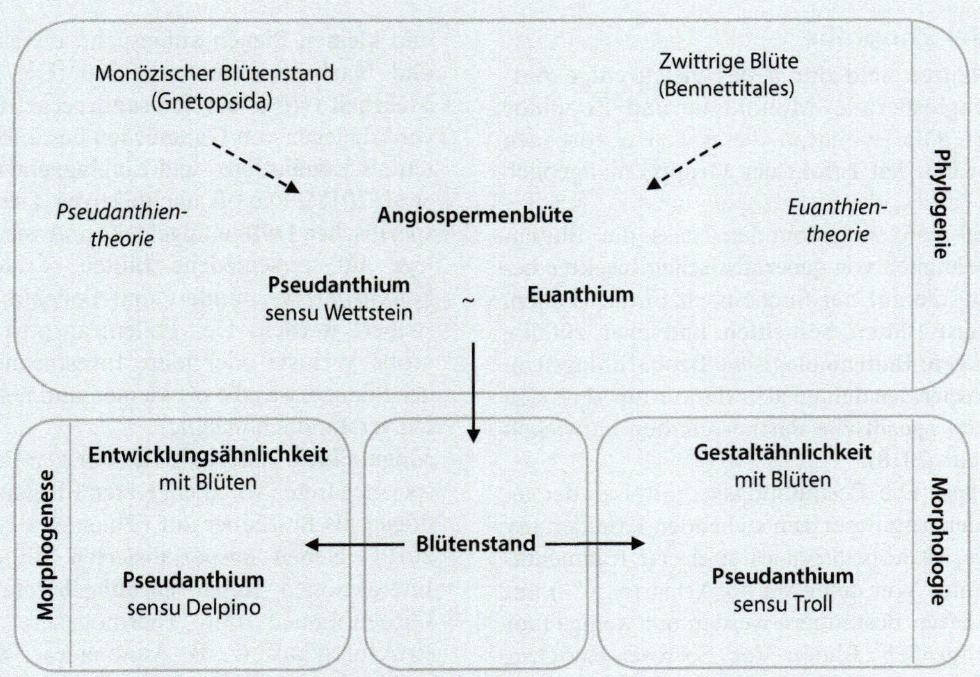

◘ **Abb. 5.82   Bedeutungswandel des Begriffs „Pseudanthium“.** Erläuterungen s. Text. (© Claßen-Bockhoff 1991, verändert)

Analyse erschließt. Sie werden ohne ausdrücklichen Bezug auf Delpino als Pseudanthien bezeichnet.

Pseudanthium sensu v. Wettstein

Zu Beginn des 20. Jahrhunderts griff Richard v. Wettstein (1901–1908) den Gedanken Delpinos auf, um die **phylogenetische Herkunft** der Angiospermenblüte zu beschreiben. Nach der von ihm vertretenden **Pseudanthientheorie** sind alle Angiospermenblüten aus monözischen ,Blütenständen' entstanden. Während die meisten Blüten diese Abstammung morphologisch nicht mehr erkennen lassen, ist die Mehrachsigkeit im Cyathium von *Euphorbia* (Euphorbiaceae; ▶ Abschn. 9.5.2) nachweisbar. Das Cyathium galt daher als ,unvollkommene Zwitterblüte' und ,Vorstufe der Angiospermenblüte' (Michaelis 1924).

Da die Herkunft der Angiospermenblüte nicht geklärt ist, kann die Pseudanthientheorie nicht endgültig verworfen werden. Tatsächlich wird sie im Kontext der **Anthophytentheorie** (Doyle 1994) und der Stameninterpretation von *Archaefructus* (Sun et al. 2002) erneut diskutiert (Zusammenfassung in Rudall und Bateman 2010). **Innerhalb der Gymnospermen** weisen entwicklungs-morphologische Untersuchungen darauf hin, dass Pseudanthien sensu v. Wettstein bei Taxaceae (Mundry und Mundry 2001) und Gnetales (Mundry und Stützel 2004a) auftreten. Ähnliche Reduktionsprozesse wie dort beschrieben könnten auch für einen hypothetischen Übergang von einem ,Blütenstand' zur Angiospermenblüte postuliert werden.

Pseudanthium sensu Troll

Eine zweite Umdeutung erfuhr der Begriff „Pseudanthium" durch Wilhelm Troll (1928), der die **Gestaltähnlichkeit** zwischen einigen Blüten und Blütenständen zum Anlass nahm, blütenähnliche Blütenstände (z. B. die Köpfchen der Asteraceae) als Pseudanthien (Scheinblüten) zu bezeichnen (▶ Abschn. 9.5). Diese Begriffsveränderung führte dazu, dass sich Pseudanthien sensu Troll (Blütenstände) aus Pseudanthien sensu v. Wettstein (Blüten) zusammensetzen (◘ Abb. 5.81). Trotz der Doppeldeutigkeit des Pseudanthienbegriffs wird heute unter einem Pseudanthium vor allem die Definition sensu Troll verstanden (Wagenitz 2002; Baczyński und Claßen-Bockhoff 2023).

Evolution der Zoophilie

Die Blütenpflanzen sind durch das gleichzeitige Auftreten von Angiospermie, Monoklinie und Zoophilie charakterisiert. Die Evolution dieser neu erworbenen Eigenschaften hat den Erfolg der Gruppe maßgeblich mitbestimmt.

Traditionell wird angenommen, dass die Blütenpflanzen ursprünglich von **generalistischen Insekten** bestäubt wurden, die auf der Suche nach Futter (Pollen, Narbensekreten) Blüten besuchten und eher zufällig Pollen übertrugen. **Blütenbiologische Beobachtungen** an **Basalen Angiospermen** deuten aber darauf hin, dass sich schon sehr früh **spezifische** Partnerschaften entwickelt haben (Luo et al. 2018):

- **ANA-Gruppe:** Die Bestäubungsverhältnisse der an der Basis der Angiospermen stehenden Familien (Sy 10A: ANA, ◘ Abb. 5.84a–e) sind erst fragmentarisch bekannt. Von den etwa 40 Arten (~15 %) mit dokumentierten Bestäubern werden nur wenige (vor allem die großen Blüten der Seerosengewächse, Nymphaeaceae; ◘ Abb. 5.84d) von Käfern, Fliegen und kleinen Bienen aufgesucht, die sich von Pollen und Narbensekreten ernähren. Die überwiegende **Mehrheit** (vor allem Schisandraceae; ◘ Abb. 5.84e) wird dagegen von **Gallmücken** bestäubt, die die Blüten als **Kopulations- und Eiablageplatz** nutzen (Luo et al. 2018). Die oft nachtaktiven Tiere werden von **spezifischen Düften** angelockt und verteilen ihre Gelege auf verschiedene Blüten, wodurch Larvenkonkurrenz vermindert und Pollenübertragung gesteigert werden. Der Pollentransport erfolgt ohne große Verluste oder teure Investitionen auf Seiten der Pflanze, was die oft kleinen und nektarlosen Blüten verständlich macht.

- **Magnoliiden**: Innerhalb der übrigen Basalen Angiospermen treten vor allem Käfer, Fliegen und Fransenflügler als Bestäuber auf (Thien et al. 2000; Endress 2010). Neben **unspezialisierten** Blüten-Bestäuber-Interaktionen treten **hochabgeleitete** Käfer- und Fliegenblumen mit Thermogenese und Fallenstrukturen auf (z. B. Annonaceae: ◘ Abb. 5.84j; ▶ Abschn. 11.3.6; Aristolochiaceae: ▶ Abschn.

11.4.1). Sie sind oft mit jüngeren Bestäubergruppen assoziiert und entsprechend spät entstanden. Basal stehende Gruppen repräsentieren daher nicht notwendigerweise ursprüngliche Bestäubungssyndrome, sondern können im Laufe ihrer Evolution auch **neue Eigenschaften** erworben haben.

Der Vergleich zwischen dem **Alter der Bestäubergruppen** und dem der **Blütenpflanzen** zeigt, dass die Insektenfauna zu Beginn der Angiospermenevolution schon sehr reichhaltig vertreten war (◘ Abb. 5.83). Die Rekonstruktion der Evolution zoophiler Blüten von Pellmyr und Thien (1986) beginnt mit den Vorfahren der späteren Bestäuber. Diese ernährten sich vermutlich von Pflanzenmaterial (**phytophag**), bevor sie die Blüte als Futterquelle und Eiablageplatz entdeckten. Die Tiere waren zunächst **Parasiten** und wurden in dem Maße **nützlich** für die Pflanzen, in dem sie **Pollen übertrugen**. Der Nutzen stieg mit dem **Schutz** der Samenanlagen vor Tierfraß und der **Effektivität** der Bestäubung; beides ging mit der Evolution von **Angiospermie** und **Monoklinie** einher. Aus dem anfänglichen Parasitismus wurde allmählich eine **Wechselwirkung** zu beiderseitigem Vorteil (**Mutualismus**; ▶ Abschn. 11.1.3). Die Pflanzen synthetisierten Duftstoffe mit Lockwirkung, die sie auf einfachem, biochemischem Weg aus bereits vorhandenen **Abwehrstoffen** herstellen konnten. Mit **zunehmender Anpassung** an die Tierbestäubung entwickelten sich dann Farben und weitere Reiz- und Lockmittel (▶ Kap. 11).

Während der Diversifizierung der Angiospermen im Paläogen und Neogen (▶ Tab. 3.2) traten **neue Tiergruppen** wie Schmetterlinge, Schwebfliegen und echten Bienen (Apidae; ◘ Abb. 5.83) auf, die sich zu **effizienten Bestäubern** entwickelten. Aufgrund ihrer hochentwickelten Sinnesleistungen und Mundwerkzeuge waren sie in der Lage, dreidimensionale und zygomorphe Blüten zu bestäuben und komplizierte Bestäubungsmechanismen zu bedienen. Mit diesen Fähigkeiten haben sie die Evolution der jüngeren Angiospermensippen mit Stielteller-, Lippen- und Schiffchenblüten maßgeblich beeinflusst (◘ Abb. 5.83).

Die Blüte der Basalen Angiospermen

Lange Jahre galt die **Magnolienblüte** mit ihrer zapfenförmigen Blütenachse und den vielen schraubig gestellten Stamina und Karpellen als Prototyp der basalen Angiospermenblüte (▶ Abb. 10.3a). Mit dem in den letzten 30 Jahren angewachsenen Wissen über die Basalen Angiospermen hat sich diese Vorstellung grundlegend gewandelt (Endress und Doyle 2015).

Die **Diversität** der basalen Angiospermenblüten ist erstaunlich hoch (◘ Abb. 5.84). Neben großen Einzelblüten mit vielen Elementen treten auch winzig kleine Blüten mit wenigen Organen auf. Die Blüten sind monoklin oder (funktional) diklin („eingeschlechtlich'), bieten Eiablageplätze, Pollen, Futterkörper oder Nektar an und sind tag- oder nachtblütig. Die **Blütenhülle** (▶ Abschn. 10.3.2) ist **spiralig** (*Amborella* ◘ Abb. 5.84b) oder **wirtelig** mit einer gleichbleibenden Anzahl von Gliedern (*Laurus*; ◘ Abb. 5.84i) oder einer sich verdoppelnden Anzahl von Organen (*Nuphar*; ◘ Abb. 5.84d). Die Blütenhülle kann auch **fehlen**; der Knospenschutz wird dann von Hochblättern übernommen.

Trotz ihrer Vielfalt lassen sich die Blüten der Basalen Angiospermen durch eine Reihe von **Gemeinsamkeiten** charakterisieren (Endress 2010; Endress und Doyle 2015; Sauquet et al. 2017; ▶ Abschn. 10.6). Sie sind **radiärsymmetrisch** (Ausnahme Aristolochiaceae; ▶ Abb. 11.34) und haben eine einfache Blütenhülle. **Staminodien** treten in verschiedenen Verwandtschaftskreisen auf. Im Gegensatz zu den übrigen Angiospermen entwickeln sie sich bei den basalen Gruppen eher aus inneren als aus äußeren Staminalanlagen (◘ Abb. 5.84k). Die **Karpelle** (▶ Abschn. 10.5.1) sind **frei** voneinander (wenige Ausnahmen) und **sackförmig** (ascidiat). Ihre kleine Öffnung ist meist durch **Schleim** verschlossen, **Griffel fehlen** oder sind sehr kurz. Der Schleim der zwei bis fünf Karpelle einer Blüte bildet häufig ein **gemeinsames Keimbett** für den aufgefangenen Pollen, wodurch der **Befruchtungserfolg** gesteigert wird (funktionale Synkarpie; Endress und Igersheim 2000; ▶ Abschn. 10.5.6). Im ursprünglichen Fall ist nur **eine hängende**, bitegmische und anatrope **Samenanlage** vorhanden (▶ Abschn. 10.5.2). Die aufrechte Samenanlage von *Amborella* wird als abgeleitet interpretiert und beruht vermutlich auf den engen Platzverhältnissen im Ovar, das die Krümmung der Samenanlage nicht zulässt (Endress und Doyle 2015). Karpelle mit mehreren Samenanlagen gelten als abgeleitet (z. B. *Drimys*; ▶ Abb. 10.41h). Die meisten Blüten sind **vorweiblich** (protogyn; ▶ Abschn. 9.6.5), wodurch Selbstbestäubung verhindert oder eingeschränkt wird. **Schließfrüchte** herrschen vor.

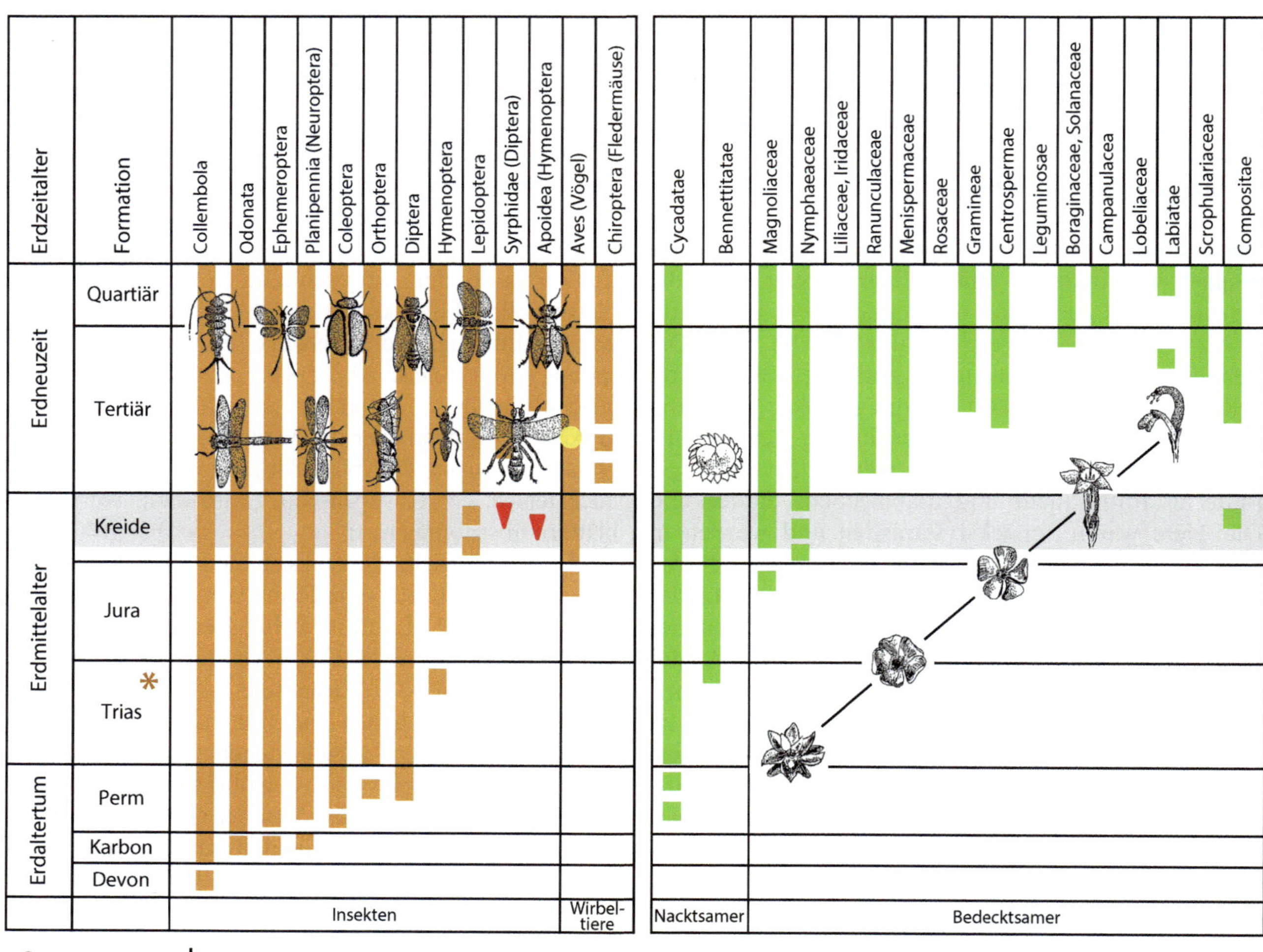

◘ Abb. 5.83 Vereinfachte Illustration zur Evolution von Bestäubergruppen und Blütenformen. a, Erdzeitalter (▶ Tab. 3.1). **b,** Evolution ausgewählter Tiergruppen. Zu Beginn der Radiation der Blütenpflanzen (Kreide: grauer Balken) existierten schon Käfer (Coleoptera), Fransenflügler (Thysanoptera), ursprüngliche Fliegen (Diptera) und Hautflügler (Hautflügler). Schmetterlinge (Lepidoptera), Schwebfliegen (Syrphidae) und Bienen (Apidee) entwickelten sich seit der Kreide zusammen mit den Blütenpflanzen (Bedecktsamer). Innerhalb der Wirbeltiere sind die Vögel (Aves) deutlich älter als die Fledertiere (Chiroptera). Gelber Punkt: Erste Blütenbesuche von Vögeln werden im mittleren Tertiär vermutet (Mayr und Wilde 2014). Stern: Thripse sind seit der späten Trias bekannt (Poinar 1992). Rote Dreiecke: Neuere Funde deuten auf ein höheres Alter der Schwebfliegen (Yeates et al. 2007) und Bienen (Sann et al. 2018) hin. **c,** Evolution der Blütenform von den einfach gebauten Blüten der Basalen Angiospermen (Magnoliaceae, Nymphaeaceae) über zahlenfixierte, radiäre Blüten hin zu dreidimensionalen Stielteller- und Lippenblüten. Die abgeleiteten Blütenformen haben sich in Coevolution mit Faltern und Bienen entwickelt. (© Heß 1983 nach Leppik 1971, verändert und aktualisiert)

○ **Abb. 5.84 Blüten Basaler Angiospermen. a–c,** Amborellaceae: *Amborella trichopoda*. **a,** Ast mit kleinen, staminaten Blüten. **b,** Staminate Blüten mit spiralig gestellten Stamina. **c,** Karpellate Blüten mit schlauchförmigen Karpellen ohne Griffel. **d,** Nymphaeaceae: *Nuphar* (Teichrose). Blüte mit abgeflachten, fleischigen Stamina und zentral aufgewölbtem Blütenboden. **e,** Schisandraceae (*Kadsura japonica*). Staminate Blüte mit aufgewölbtem Receptaculum. **f,** Chloranthaceae (*Sarcandra chloranthoides*). Blütenstand mit stark reduzierten Blüten aus je einem Stamen und einem Karpell. **g,** Winteraceae: *Drimys winteri*. Blüte mit vielen Stamina und apokarpem Gynoeceum. **h,** Saururaceae: Molchschwanz (*Saururus cernuus*). Ähre mit reduzierten, windbestäubten Blüten. **i,** Lauraceae: Lorbeer (*Laurus*). Radiäre Blüte mit Nektarien (gelb) an der Basis der Stamina. **j,** Annonaceae: *Monodora myristica*. Blüte mit Fliegenblumensyndrom (▶ Tab. 11.9). **k,** Eupomatiaceae: *Eupomatia laurina*. Blüte mit peripher stehenden Stamina und innen stehenden, fleischigen Staminodien. (© **a–c**: J. Murata, Tokyo. **d, g–k**: R. Claßen-Bockhoff, Mainz. **e, f**: P. Thaowetsuwan, Edinburgh. Mit freundlicher Genehmigung der Bildautoren)

Zusammenfassung

Der Vegetationskörper der Pflanzen hat im Laufe der Evolution verschiedene **Organisationformen** hervorgebracht. Dabei ist bemerkenswert, wie sich **ähnliche** Körperformen und Lebensweisen immer wieder **unabhängig voneinander** entwickelt haben. Sie weisen auf die gleichsinnige Anpassung der Pflanzen an die global wirkenden Selektionskräfte früherer Erdzeitalter hin.

Die vergleichende Darstellung der Organisation der Pflanzen betont die **Evolutionstendenzen** der Pflanzen jenseits ihrer Abstammungsverhältnisse und sensibilisiert für die enorme Bedeutung von **Analogien** im Zuge der parallelen Evolution der Pflanzen. Um dies auch sprachlich abzubilden und Fehlinterpretationen vorzubeugen, werden in diesem Buch **Homolog-** und **Analogbegriffe** unterschieden.

- Einzeller und Zellverbände

Photoautotrophe Einzeller kommen bei den Cyanobakterien, primären und sekundären Algen vor. Sie gehören der monadalen, amöboiden, capsalen, coccalen oder siphonalen **Organisationsform** an, die sich in der Begeißelung, der Zellabgrenzung durch eine Membran oder feste Hülle und in der Ein- oder Vielkernigkeit der Zelle unterscheiden. Einzeller treten zu gallertigen Kolonien zusammen (palmelloid) oder bilden nicht wachstumsfähige Coenobien aus den zusammenbleibenden Tochterzellen einer Mutterzelle. Bei *Volvox* stehen die Zellen über Plasmabrücken in Kontakt und bilden einen Symplasten. Dessen funktionale Differenzierung führt zu einer Arbeitsteilung und zum natürlichen Tod von Zellen.

Die photoautotrophen Einzeller sind für das ökologische Gleichgewicht der Erde von zentraler Bedeutung. Sie sind die wichtigsten **Sauerstofflieferanten** der Erde und die **Primärproduzenten** der Nahrungskette. Darüber hinaus sind sie Bodenverbesserer, Riffbildner und Symbiosepartner. Zusammen mit Pilzen bilden sie die **Flechten**.

- Organisation des Thallus

Die Algen zeigen auf eindrucksvolle Weise, wie vielfältig sich das pflanzliche Leben im Wasser entwickelt hat. Aus einer Fülle von **Einzellern** sind mehrfach parallel **Vielzeller** entstanden, die mit zunehmender Größe eine immer höhere, **arbeitsteilige Differenzierung** erlangten. Damit stieg das Potential der Organismen, sich anzupassen und zu überleben.

Der erste Gewebekörper war ein **Thallus** ohne Festigungselemente. Er findet sich bei Cynanobakterien (selten), primären und sekundären Algen, Moosen und Farngametophyten. Der Thallus ist ein zellulär gegliederter Vegetationskörper, der als **Mehrzeller** (ohne Plasmakontakt) oder **Symplast** (mit Plasmodesmen) organisiert ist. Seine Körperzellen sind **unbeweglich** und über eine feste **Zellwand** miteinander verbunden. Der Thallus ist apikal und/oder interkalar **wachstumsfähig**, meist **festsitzend** und **polar** organisiert. Er weist eine geringe histologische Differenzierung auf. Festigungselemente fehlen, wodurch er an ein Leben **im Wasser** oder an **feuchten Standorten** gebunden ist. Aufgrund spezifischer, zellulärer und physiologischer Eigenschaften ist der Thallus in der Lage, temporär auszutrocknen (**Poikilohydrie**) und Stresszeiten zu überdauern.

Der thallose Vegetationskörper baut durch Zellstreckung und antikline/perikline Zellteilungen **Volumen** auf. Seine **Form** erhält er in den meisten Fällen durch die Aktivität einer **Scheitelzelle** bzw. apikalen **Zellreihe**. **Äquale** Teilung führt zu einem gabelförmigen (**dichotomen**) Thallus, **inäquale** Teilung zur **Übergipfelung** und **Differenzierung** in Haupt- und Nebensysteme. Interkalares Wachstum kann mit Reembryonalisierung von Zellen einhergehen. Die **Beschränkung** des Wachstums auf bestimmte Körperzonen erlaubt die Bildung differenzierter Dauerzellen mit **Spezialfunktionen**. Diese Zellen teilen sich nicht mehr, sondern sterben mit dem Organismus (Zelltod).

- Thallus der Algen

Der Thallus der Algen ist fädig (**trichal**, bei Vielkernigkeit **siphonocladal**), fädig verzweigt (**heterotrichal**), flächig oder räumlich (**plectenchymatisch, thallos**) organisiert. Er ist **lappig** oder morphologisch in **phylloide**, **cauloide** und **rhizoide** Abschnitte differenziert. Mit der Differenzierung geht eine **Arbeitsteilung** einher, die sich in allen Pflanzengruppen und auf unterschiedlichen Organisationsformen (Einzeller, Vielzeller, Thallus, Kormus) in analoger Weise wiederholt. Die Zellen des Thallus sind entweder nur von einer gemeinsamen Zellwand umgeben (**Mehrzeller**) oder stehen zusätzlich über Plasmabrücken miteinander in Kontakt (**Symplast**). Auch diese Formen sind mehrfach unabhängig voneinander entstanden.

Algen leben als Plankton- oder Benthosorganismen im Meer und Süßwasser sowie als Luft- und Bodenalgen an Land. Neben ihrer herausragenden ökologischen Bedeutung als **Primärproduzenten** der Nahrungskette besitzen Algen auch einen hohen **ökonomischen** Wert, insbesondere in den **Tierfutter-**, **Nahrungsmittel-** und **Kosmetikbranchen**.

- Thallus der Moose

Der Landgang der Pflanzen fand auf der Organisationsstufe des Thallus statt und führte zur Evolution der Moose und frühen Gefäßpflanzen. Es gilt als sicher, dass die **Charophyten** die nächsten lebenden Verwandten der Landpflanzen sind (beide Gruppen bilden zusammen die Streptophyten). Die **symplastische** Organisation mit arbeitsteiliger Differenzierung, eine

Zellwand aus **Cellulose**, die Festigkeit verleiht und den Protoplasten auch an Land mit Wasser umspült, und **Dauerstadien**, die von einer Wand aus **Sporopollenin** geschützt sind, stellen Gemeinsamkeiten der Streptophyta dar, die den Übergang zum Leben auf dem Land begünstigt haben.

Der Thallus der Landpflanzen ist lappig (thallos) oder folios organisiert. Er wächst mit **Scheitelzellen** oder **Zellreihen**. Im einfachsten Fall ist er nur wenige Zelllagen dick und wird passiv von Wasser durchspült (Transpirationsstrom). Im höchst entwickelten Fall bildet er ‚Blättchen‘, ‚Stämmchen‘ und ‚Rhizoide‘, trägt eine dünne **Cuticula** als Verdunstungsschutz und weist spezialisierte Wasser- und Assimilatleitgewebe auf (**Hydroiden, Leptoiden**). Äußere Kapillarsysteme und Spezialstrukturen (Hyalocyten, Wassersäcke, Glashaare) tragen zur besseren Wasseraufnahme bei.

Moose sind **weltweit** verbreitet und kommen sogar in Wüsten vor. Sie sind **poikilophydrisch** und können unter ungünstigen Bedingungen trockenfallen. Sehr häufig leben Moose in Symbiose mit endogenen **Mykorrhizapilzen**. Viele Arten sind dioizisch, was bei fehlendem Sexualpartner zu eingeschlechtlichen **Klonen** führt. **Asexuelle** Fortpflanzungsweisen (Thallusfragmentierung, Brutkörperchen, klonales Wachstum) sind stark ausgeprägt.

Moose spielen eine bedeutende Rolle für den **globalen Wasserhaushalt** und **Nährstoffkreislauf** der Erde. Sie tragen zur Torf- und Kalktuffbildung bei und werden als Bioindikatoren genutzt.

• Telomsystem der frühen Gefäßpflanzen
Die Evolution der Gefäßpflanzen (Kormophyten) begann im Silur, als sich die **frühen Gefäßpflanzen** (Telompflanzen) aus thallophytischen Vorfahren entwickelten. Deren Vegetationskörper war ein morphologisch wenig gegliedertes **Telomsystem**, das mit einer **Scheitelzelle** wuchs und sich **dichotom** verzweigte. Die Gabeläste (Telome) waren grün und steril oder endeten in einem **Sporangium**. Die Pflanzen waren zunächst sehr dünn und klein, entfalteten sich aber im Devon zu sehr vielgestaltigen und höherwüchsigen Gewächsen.

Das Telomsystem wies eine Vielzahl von **Innovationen** auf und erwarb die grundsätzlichen **Anpassungen** der Pflanzen an das Landleben. Mit dem diploiden **Telom** als dem **ersten freilebenden Sporophyten** in der Geschichte der Landpflanzen wurde ein vollkommen **neuer Vegetationskörper** erfunden, der nicht nur **genetisch** (doppelter Chromosomensatz) gut an die wechselvollen Bedingungen des Lebens auf dem Land angepasst war, sondern erstmals auch einen **wirksamen Verdunstungsschutz** (Cuticula, regulierbare Stomata) und **effiziente Wasserleitzellen** (tote tracheidenartige Zellen) besaß. Die Pflanzen wurden **homoiohydrisch**

und damit weitgehend **unabhängig vom Wasser** ihrer Umgebung. Der Holzstoff **Lignin** verlieh den Wasserleitzellen nicht nur **Druckresistenz** gegenüber dem durch den Transpirationssog entstehenden Unterdruck, sondern führte auch zum Aufbau des **Sklerenchyms** als einem Festigungsgewebe, das die primäre Festigkeit der Pflanze durch Turgor mehr und mehr ergänzte. **Höhenwuchs** wurde möglich, der durch inäquale Zellteilung und Übergipfelung zu einer Vielzahl von Wuchsformen führte.

• Kormus
Als die Pflanzen das Land besiedelten, war die CO_2-Konzentration in der Atmosphäre so hoch, dass auch Pflanzen mit geringem Verdunstungsschutz an feuchten Standorten überleben konnten. Erst als der **CO_2-Gehalt** im Devon **rapide abfiel**, wurden **Innovationen** notwendig. Dies war die Zeit, in der sich die Telomsysteme der Landpflanzengruppen **unabhängig voneinander** in **Organe** differenzierten. Die ursprünglich grünen, radiärsymmetrischen Telome bildeten flache **Assimilationsorgane** (‚Blätter‘), in denen die Diffusionswege für den Gasaustausch verringert wurden. Damit ging eine höhere **Verdunstungsrate** einher, die einen kontinuierlichen **Wassernachschub** aus dem Boden erforderte. Dieser wurde vom **Transpirationssog** angetrieben und führte zur Ausbildung **leistungsstarker Stelen** und von **Organen mit Wurzelfunktion**. Gleichzeitig wurde das Gerüst der Pflanze durch bessere Verankerung im Boden und durch Verholzung des Stammes stabilisiert. In allen Verwandtschaftslinien ging das Telomsystem in einen in Organe gegliederten **Kormus** über:

— Der **lycophylle Kor**mus kennzeichnet die Bärlappverwandtschaft (Lycophyta). Er wächst mit einer **Zellreihe** (seltener mit Scheitelzelle), ist gabelig (**dichotom**) verzweigt, von einer **Stele ohne Blattlücken** durchzogen und bildet **Lycophylle** (Bärlappblätter) aus subepidermalen Zellen. Die Lycophylle gehen vermutlich auf **Enationen** des ursprünglichen Telomkörpers zurück. Im Erdaltertum prägten **riesige Bärlappbäume** die Steinkohlewälder. Sie wiesen **einseitiges, sekundäres Dickenwachstum** auf und bildeten wenig stabile **Rindenstämme**. Diese waren mit **exogen gabeligen Erdsprossen (Stigmarien)** im Sumpf verankert, die Anhängsel mit Wurzelfunktion trugen. Von der reichen Bärlappflora der Vergangenheit sind heute nur noch drei reliktäre, krautige Familien mit insgesamt etwa 1250 Arten erhalten. Sie haben unabhängig von den übrigen Tracheophyten echte Wurzeln entwickelt.

— Der **monilophylle Kormus** kennzeichnet die Farngruppen. Er wächst mit **Scheitelzellen** (wenige Ausnahmen), ist **extraaxillär** verzweigt und von einer Stele bzw. einem Bündelrohr **mit Blattlücken** durchzogen. Die Farnblätter sind **euphyll** (näherhin monilophyll) und entwickelten sich vermutlich aus modifizierten **Endverzweigungen grüner Telomstände**. Der Übergang von der Dichotomie zur seitlichen Ausbildung von Farnblättern **begrenzten** Wachstums ging mit einer **lokalen Hemmung des offenen Wachstums** einher. Im Laufe der Evolution entstanden mehrfach **baumförmige Gewächse**, die bei den ausgestorbenen Riesen-Schachtelhalmen eine **Rohrkonstruktion** mit einseitig aktiver **Kambiumtätigkeit** aufwiesen und bei den verschiedenen Baumfarngruppen **Wurzelmantelstämme** hervorbrachten. Beide Konstruktionen haben sich in den krautigen Nachfahren der Schachtelhalme und den rezenten Baumfarnen (beide ohne sekundäres Dickenwachstum) erhalten. Die Farne bilden **sprossbürtige Farnwurzeln** (primäre **Homorhizie**) mit **Wurzelhaube** und **Endodermis** mit Caspary-Streifen, die sich aus einer **vierschneidigen Scheitelzelle** entwickeln. Sie erlebten ihre Blütezeit im Erdmittelalter und sind heute mit elf Verwandtschaftskreisen und etwa 11.000 Arten weltweit verbreitet. Ihre Diversitätszentren liegen in den Tropen.

— Der **bipolare Kormus** kennzeichnet die Samenpflanzen. Er wächst mit **Meristemen**, ist **axillär verzweigt** und von einer **Eustele** aus einzelnen, von Markstrahlen unterbrochenen, **offen collateralen Leitbündeln** durchzogen. Die Blätter sind **euphyll**, wachsen aber nicht mit Scheitelzellen, sondern mit einem **Randmeristem**. Die Samenpflanzen zeichnen sich durch **cambiales Dickenwachstum** mit Holz- und Bastbildung aus (Holzstämme) und bilden einen **bipolaren Embryo**, der neben der **exogenen** Anlage des **Sprossapikalmeristems** einen zweiten, **endogen** liegenden **Wurzelpol** aufweist. Aus ihm entwickelt sich die **Keimwurzel** (Radicula), die das Hauptwurzelsystem aufbaut (**Allorhizie**). Die Wurzeln entsprechen in ihrem histologischen Bau den Farnwurzeln, entwickeln sich aber aus subapikalen Initialzellen. Die monocotylen Pflanzen unterscheiden sich von den übrigen Samenpflanzen im Fehlen eines Cambiums (**geschlossene Leitbündel, kein sekundäres Dickenwachstum**), in der zerstreuten Anordnung der Leitbündel (**Ataktostele**) und in ihrer Bewurzelung (**sekundäre Homorhizie**).

• Evolution der Samenpflanzen

Die Ausgangsgruppen der heutigen Samenpflanzen sind die **Progymnospermen** (Devon/Karbon), die noch Sporen hatten, aber schon Holzstämme wie die rezenten Gymnospermen bildeten, und die **Pteridospermen** (Devon/Jura), die bereits Samen aufwiesen. Die genauen Verwandtschaftsverhältnisse sind wegen der fragmentarischen und sehr diversen Fossilfunde nicht bekannt. Die **Gymnospermen** (ca. 1000 Arten) hatten ihre Blütezeit im Erdmittelalter, aus dem einige Arten als **lebende Fossilien** erhalten sind. Die rezenten Gymnospermen umfassen die Palmfarne (Cycadales), den *Ginkgo*, die Koniferen und die Gnetales, wobei die Stellung der Gnetales umstritten ist. Die **Angiospermen** sind 200 Mio. Jahre jünger als die Gymnospermen und mit ca. 350.000 Arten die **dominante** Pflanzengruppe der Erde. Sie umfassen die Basalen Angiospermen, die monocotylen (einkeimblättrigen) und die eudicotylen (tricolpat-zweikeimblättrigen) Blütenpflanzen.

• Reproduktion

Die Hauptfunktion des Sporophyten ist die **Bildung und Ausstreuung von Sporen**. Diese Funktion wurde durch den Übergang vom Thallus zum Kormus wesentlich **verbessert**, da der **neu entwickelte Vegetationskörper** immer wieder Sporangien hervorbringen kann (**polysporangiat**).

Sporangien sind **Funktionsstrukturen**, die sich wahrscheinlich bei den Moosen und Tracheophyten **unabhängig** voneinander entwickelt haben. Sie sind die Orte der **Sporenbildung**, gewährleisten **Schutz, Ernährung** und **Exposition** und weisen Wände mit spezifischen **Öffnungsmechanismen** zur Sporenentlassung auf. Die meisten Sporangien sind **eusporangiat** (mehrschichtige Wand); nur die abgeleiteten Farngruppen weisen **Leptosporangien** auf, die sich mittels **Anulus** öffnen. Die ursprünglichen Sporangien bildeten nur eine Form von Sporen; sie waren **isospor**. Im Laufe der Evolution entwickelten sich **mehrfach unabhängig** voneinander **heterospore** Systeme, die Mikro- und Megasporen produzierten. Heterosporie ist eine wichtige Voraussetzung für die später erfolgende Samenbildung.

Die vergleichende Darstellung der sporophytischen Reproduktionsstrukturen zeigt, dass sich die **Funktion der Sporenbildung** innerhalb des Vegetationskörpers zunehmend zeitlich und räumlich konzentrierte. Während das **Sporogon** der Moose noch gar keinen eigenen Vegetationskörper besitzt und sich in der einmaligen Sporenbildung erschöpft, bildet der Sporophyt der Kormophyta **ständig neue Sporangien**. Deren Bildung setzt in der **reproduktiven Phase** ein, die im Lebenszyklus der Pflanze auf die **vegetative Aufbauphase** folgt. Mit der **zeitlichen Trennung** geht eine **räumliche Trennung** von vegetativen und reproduktiven Strukturen einher. Die Sporenbehälter rückten im Laufe der Evolution zu Gruppen zusammen (**Sori, Synangien**) und wurden von **phyllosporen** oder **stachyosporen** Trägerstrukturen (**Trophosporophyllen, Sporophyllen, Sporangiophoren**) gestützt, die wiederum zusammenrückten (**Sporophyllstände, Strobili, Zapfen**). Die **Blüte** der

Angiospermen ist eine Neubildung und umfasst Reproduktionsorgane und Blütenhülle.

Die reproduktiven Strukturen der Samenpflanzen haben sich mit dem Übergang von der Sporenbildung zur Samenbildung entwickelt. Auf der Basis von **Heterosporie**, **Endosporie** und **Endosporangie** bildeten sich **Samenanlagen** (Nucellus mit einfachem/doppeltem Integument), **Pollenfängerstrukturen** (Lagenostom, Mikropyle, Narbe) und **Pollenschläuche** (Zoidiogamie, Siphonogamie), die die Abläufe der **Bestäubungs- und Befruchtungsprozesse** tiefgreifend veränderten. Die zugehörigen Strukturen sind außerordentlich divers und morphologisch und phylogenetisch noch nicht hinreichend verstanden. Sie leiten sich vermutlich von **den ausgestorbenen Samenfarnen** ab. Während die rezenten **Gymnospermen** dikline, nacktsamige und überwiegend windbestäubte Zapfen bilden, zeichnen sich die **Angiospermen** durch primär monokline, bedecktsamige und tierbestäubte Blüten aus. Die Evolution von Blüten und Früchten hat maßgeblich zum **Erfolg der Angiospermen** beigetragen.

Literatur

Aase HC (1915) Vascular anatomy of the megasporophylls of conifers. Bot Gaz 60:277–313

Adl SM, Simpson AGB, Lane CE [...21 weitere Autoren...] Spiegel FW (2012) The revised classification of eukaryotes. J Eukaryot Microbiol 59:429–493

Aichinger E, Kornet N, Friedrich T, Laux T (2012) Plant stem cell niches. Annu Rev Plant Biol 63:615–636

Airoldi CA, Davies B (2012) Gene duplication and the evolution of plant MADS-box transcription factors. J Genet Genom 39: 157–165

ALPAG (2013) Marktanalyse Mikroalgenproduktion. Algen-Parks Aktiengesellschaft Berlin. http://www.heckberatung.de/files/Mikroalgenproduktion

Andrews H Jr (1961) Studies in paleobotany. Wiley, New York

Arber EAN, Parkin J (1907) On the origin of angiosperms. J Linn Soc Bot 38:29–80

Arnold CA (1947) An introduction to paleobotany, 1. Aufl. McGraw-Hill, New York

Baczyński J, Claßen-Bockhoff R (2023) Pseudanthia in angiosperms: a review. Ann Bot 132:179–202

Barthlott W, Mail M, Neinhuis C (2016) Superhydrophobic hierarchically structured surfaces in biology: evolution, structural principles and biomimetic applications. Phil Trans R Soc A 374:20160191

Bateman RM, DiMichele WA (1994) Heterospory: the most iterative key innovation in the evolutionary history of the plant kingdom. Biol Rev 69:345–417

Bateman RM, Crane PR, DiMichele WA, Kenrick PR, Rowe NP, Speck T, Stein WE (1998) Early evolution of land plants: phylogeny, physiology, and ecology of the primary terrestrial radiation. Annu Rev Ecol Syst 29:263–292

Bateman RM, Hilton J, Rudall PJ (2006) Morphological and molecular phylogenetic context of the angiosperms: contrasting the ‚top-down' and ‚bottom-up' approaches used to infer the likely characteristics of the first flowers. J Exp Bot 57:3471–3503

Bayer M, Jürgens G (2016) Frühe Embryonalentwicklung von *Arabidopsis*. Jahrbuch Max- Planck-Gesellschaft 2015/2016. https://doi.org/10.17617/1.Z

Beck CB (1962) Reconstructios of *Archaeopteris*, and further consideration of its phylogenetic position. Am J Bot 40:373–382

Beck CB (1966) On the origin of gymnosperms. Taxon 15:337–339

Beck CB, Schmid R, Rothwell GW (1982) Stelar morphology and the primary vascular system of seed plants. Bot Rev 48:691–815

Beerling DJ, Fleming AJ (2007) Zimmermann's telome theory of megaphyll leaf evolution: a molecular and cellular critique. Curr Opin Plant Biol 10:4–12

Bell PR, Hemsley AR (2000) Green plants. Their origin and diversity, 2. Aufl. Cambridge University Press, Cambridge

Benedict RC (1941) The gold rush: a fern ally. Am Fern J 31:127–130

Benson M (1904) *Telangium scotti*, a new species of *Telangium* (*Calymmatotheca*) showing structure. Ann Bot 18:161–176. (zitiert aus Taylor et al. 2009)

Berger S, Kaever M (1992) Dasycladales. An illustrated monograph of a fascinating algal order. Thieme, Stuttgart

Bianchini M, Pacini E (1996) Explosive anther dehiscence in *Ricinus communis* L. Involves cell wall modifications and relative humidity. Int J Plant Sci 157:739–745

Bilderback DE (1987) Association of mucilage with the ligule of several species of *Selaginella*. Am J Bot 74:1116–1121

Bisalputra T, Stein JR (1966) The development of cytoplasmic bridges in *Volvox aureus*. Can J Bot 44:1697–1702

Bornman CH, Elsworthy JA, Butler V, Botha CEJ (1972) *Welwitschia mirabilis*: observations on general habit, seed, seedling and leaf characteristics. Modoqua 1:53–66

Bosch TCG (2012) What *Hydra* has to say about the role and origin of symbiotic interactions. Biol Bull 223:78–84

Bower FO (1908) The origin of a land flora. A theory based upon the facts of alternation. Macmillan, London. (Nachdruck: 1967, Hafner, New York)

Bower FO (1935) Primitive land plants. Macmillan, London

Boyce CK (2005) Patterns of segregation and convergence in the evolution of fern and seed plant leaf morphologies. Paleobiology 31:117–140

Boyce CK, Knoll AH (2002) Evolution of developmental potential and the multiple independent origins of leaves in Paleozoic vascular plants. Paleobiology 28:70–100

Brenner GJ (1996) Evidence for the earliest stage of angiosperm pollen evolution: a paleoequatorial section from Israel. In: Taylor DW, Hickey IJ (Hrsg) Flowering plant, origin, evolution and phylogeny. Chapman & Hall, New York, S 91–115

Bresinsky A (1983) Eukaryota. In: von Denffer D, Ziegler H, Ehrendorfer F, Bresinsky A (Hrsg) Lehrbuch der Botanik für Hochschulen, Bd 32. Fischer, Stuttgart, S 571–915

Bresinsky A (1998) Evolution und Systematik. In: Sitte P, Ziegler H, Ehrendorfer F, Bresinsky A (Hrsg) Strasburger. Lehrbuch der Botanik, 34. Aufl. Fischer, Stuttgart, S 457–819

Bresinsky A, Kadereit JW (2008) Systematik und Stammesgeschichte. In: Bresinsky A, Körner C, Kadereit JW, Neuhaus G, Sonnewald U (Hrsg) Strasburger. Lehrbuch der Botanik, 36. Aufl. Spektrum, Heidelberg, S. 609–945

Bundesregierung (2014) Moore mindern CO_2. https://www.bundesregierung.de/breg-de/aktuelles/moore mindern CO2-435992

Campbell DH (1918) The structure and development of mosses and ferns, 3. Aufl. Macmillan, New York

Candolle AP d (1813) Théorie élémentaire de la botanique. Deterville, Paris

Carlquist S, Schneider EL (2001) Vessels in ferns: structural, ecological, and evolutionary significance. Am J Bot 88:1–13

Chamberlain CJ (1935) Gymnosperms: structure and evolution. University of Chicago Press, Chicago

Chapin FS, Oechel WC, van Cleve K, Lawrence W (1987) The role of mosses in the phosphorus cycling of an Alaskan black spruce forest. Oecologia 74:310–315

Chapman RL, Borkhsenious O, Brown RC, Henk MC, Waters DA (2001) Phragmoplast-mediated cytokinesis in *Trentepohlia*: results of TEM and immunofluorescence cytochemistry. Int J Syst Evol Microbiol 51:759–765

Claßen-Bockhoff R (1991) Anthodien, Pseudanthien und Infloreszenzblumen. Beiträge Biol Pflanzen 66:221–240

Claßen-Bockhoff R (2001) Plant morphology: the historic concept of Wilhelm Troll, Walter Zimmermann and Agnes Arber. Ann Bot 88:1153–1172

Claßen-Bockhoff R (2016) The shoot concept of the flower: still up to date? Flora 221:46–53

Claßen-Bockhoff R, Frankenhäuser H (2020) The ‚male flower' of *Ricinus communis* (Euphorbiaceae) interpreted as a multi-flowered unit. Front Cell Dev Biol 8:313. https://doi.org/10.3389/fcell.2020.00313

Claßen-Bockhoff R, Franke D, Krähmer HJ (2020) Early ontogeny defines the diversification of vascular bundle systems in angiosperms. Bot J Linn Soc 195:281–307

Church AH (1914) On the floral mechanism of *Welwitschia mirabilis* (Hooker). Phil Trans Royal Soc London. Series B 205:313–324

Coen ES, Meyerowitz EM (1991) The war of the whorls: genetic interactions controlling flower development. Nature 353:31–37

Correns C (1899) Untersuchungen über die Vermehrung der Laubmoose durch Brutorgane und Stecklinge. Fischer, Jena

Crane PR, Herenden P, Friis EM (2004) Fossils and plant phylogeny. Am J Bot 91:1683–1699

Cranfill R, Schneider H, Schuettpelz E, Pryer KM, Magallón S, Lupia R (2004) Ferns diversified in the shadow of angiosperms. Nature 428:553–557

Damus M, Peterson RL, Enstone DE, Peterson CA (1997) Modifications of cortical cell walls in roots of seedless vascular plants. Bot Acta 110:190–195

Darwin C (1859) On the origin of species by means of natural selection, or the preservation of favoured races in the struggle for life. Murray, London

Delevoryas T (1971) Biotic provinces and the Jurassic-Cretaceous floral transition. Proc North Amer Paleontol Conven, Part L, S 1660–1674

Delpino F (1889) Teorica della pseudanzia. Preparazione ed inizii nelle Euforbiacee. Memorie della Reale Accademia delle Scienze dell'Istituto di Bologna. Classe Sci Fisiche 10:572–580

Delpino F (1890) Contribuzione alla teoria della pseudanzia. Malpighia 4:302–312

Delpino F (1892) Espositione della teoria della pseudanzia. In: Atti deI Congresso Botanico Internazionale di Genova, 1892. International Botanical Congress, Genua, S 205–213

von Denffer D (1971) Morphologie. In: von Denffer D, Schumacher W, Mägdefrau K, Ehrendorfer F (Hrsg) Lehrbuch der Botanik, Bd 30. Auflage. Fischer, Stuttgart, S 9–202

Dluhosch H (1937) Entwicklungsgeschichtliche Untersuchungen über die Mikrosporophyllgestaltung der Coniferen. Bibliotheca Bot 114:1–24

Dostál J (1984) Anogramma. In: Kramer KU (Hrsg) Hegi. Illustrierte Flora von Mitteleuropa, Bd 1/1, 3. Aufl. Parey, Berlin/Hamburg, S 113–115

Doyle J, O'Leary M (1935) Pollination in *Pinus*. Sci Proc R Dublin Soc 21:181–190. (zitiert aus Stützel und Röwekamp 1997)

Doyle JA (1994) Origin of the angiosperm flower: a phylogenetic perspective. Plant Syst Evol (Suppl) 8:7–29

Doyle JA (2006) Seed ferns and the origin of angiosperms. J Torrey Bot Soc 133:169–209

Doyle JA (2013) Phylogenetic analyses and morphological innovations in land plants. Ann Plant Rev 45:1–50

Eames AJ (1936) Morphology of the vascular plants: lower groups. McGraw Hill, New York

Eames AJ (1952) Relationships of the ephedrales. Phytomorphology 2:79–100

Ehrendorfer F (1983) Spermatophyta, Samenpflanzen. In: von Denffer D, Ziegler H, Ehrendorfer F, Bresinsky A (Hrsg) Strasburger. Lehrbuch der Botanik, Bd 32. Fischer, Stuttgart, S 758–915

Endress PK (1994) Floral structure and evolution of primitive angiosperms: recent advances. Plant Syst Evol 192:79–97

Endress PK (2006) Angiosperm floral evolution: morphological developmental framework. Adv Bot Res 44:1–61

Endress PK (2010) The evolution of floral biology in basal angiosperms. Philos Trans R Soc B 365:411–421

Endress PK, Doyle JA (2015) Ancestral traits and specializations in the flowers of the basal grade of living angiosperms. Taxon 64:1093–1116

Endress PK, Igersheim A (2000) Gynoeceum structure and evolution in basal angiosperms. Int J Plant Sci 161:S211–S223

Esser K (1986) Kryptogamen: Cyanobakterien, Algen, Pilze, Flechten. Praktikum und Lehrbuch, 2. Aufl. Springer, Berlin/Heidelberg

Falkenberg P (1901) Die Rhodomelaceen des Golfes von Neapel und der angrenzenden Meeres-Abschnitte. Fauna und Flora des Golfes von Neapel und der angrenzenden Meeres-Abschnitte 26:1–754

Florin R (1931) Untersuchungen zur Stammesgeschichte der Coniferales und Cordaitales. Almquist & Wiksells Boktryckeri, Stockholm. (nicht im Original gesehen)

Florin R (1951) Evolution in cordaites and conifers. Acta Horti Berginal 15:285–388. (nicht im Original gesehen)

Frahm JP (1998) Moose als Bioindikatoren. Biologische Arbeitsbücher 57. Quelle & Meyer, Wiesbaden

Frahm JP (2001) Biologie der Moose. Springer, Heidelberg/Berlin

Frank MH, Edwards MB, Schultz ER, McKain MR, Fei Z, Sørensen I, Rose JKC, Scanlon MJ (2015) Dissecting the molecular signatures of apical cell-type shoot meristems from two ancient land plant lineages. New Phytol 207:893–904

Frankenhäuser H (1988) Morphogenetische und histogenetische Studien am Vegetationsscheitel der Equiseten. Beitr Biol Pflanzen 62:369–404

Fransolet D, Roberty S, Plumier JC (2012) Establishment of endosymbiosis: the case of cnidarians and *Symbiodinium*. J Exp Mar Biol Ecol 420–421:1–7

Frey W, Kürschner H (2011) Asexual reproduction, habitat colonization and habitat maintenance in bryophytes. Flora 206:173–194

Frey W, Hofmann M, Hilger HH (2001) The gametophyte-sporophyte junction: unequivocal hints for two evolutionary lines of archegoniate land plants. Flora 196:431–445

Gaillochet C, Daum G, Lohmann JU (2015) O cell, where art thou? The mechanisms of shoot meristem patterning. Curr Opin Plant Biol 23:91–97

Gensel PG (1979) Two *Psilophyton* species from the Lower Devonian of eastern Canada with a discussion of morphological variation within the genus. Palaeontographica 168B:81–99

Gifford EM, Foster AS (1996) Morphology and evolution of vascular plants, 3. Aufl. Freeman, New York

Goebel K (1930) Organographie der Pflanzen insbesondere der Archegoniaten und Samenpflanzen. 2. Teil: Bryophyten – Pteridophyten. 3. umgearbeitete Auflage. Fischer, Jena

González AD, Pabón-Mora N, Alzate JF, González F (2020) Meristem genes in the highly reduced endoparasitic *Pilostyles boyacensis* (Apodanthaceae). Front Ecol Evol 8:209. https://doi.org/10.3389/fevo.2020.00209

von Goethe JW (1790) Versuch die Metamorphose der Pflanzen zu erklären. In: Kuhn D (Hrsg) Johann Wolfgang von Goethe: Schriften zur Morphologie. Sämtliche Werke, Briefe, Tagebücher und Gespräche, Bd 24. Deutscher Klassiker, Frankfurt, S 109–152

von Goethe JW (1819) West-Östlicher Divan. Cottaische Buchhandlung, Stuttgart

Goffinet B, Buck WR (2018) Classification of the Bryophyta. http://bryology.uconn.edu/classification/8. Januar 2918)

Gomez B, Daviero-Gomez V, Coiffard C, Martin-Closas C, Dilcher DL (2015) *Montsechia*, an ancient aquatic angiosperm. PNAS 112(35):10985–10988

Guiry MD, Guiry GM (2017) AlgaeBase. National University of Ireland, Galway. http://www.algaebase.org. Zugegriffen am 15.08.2017

Haberlandt G (1886) Beiträge zur Anatomie und Physiologie der Laubmoose. Jahrbuch wissenschaftliche Botanik 17:359–590

Hagemann W (1970) Studien zur Entwicklungsgeschichte der Angiospermenblätter. Ein Beitrag zur Klärung ihres Gestaltungsprinzips. Botanische Jahrbücher 90:297–413

Hagemann W (1976) Sind Farne Kormophyten? Eine Alternative zur Telomtheorie. Plant Syst Evol 124:251–277

Hagemann W (1978) Zur Phylogenie der terminalen Sproßsysteme. Ber Deut Bot Ges 91:699–716

Hagemann W (1980) Über den Verzweigungsvorgang bei *Psilotum* und *Selaginella* mit Anmerkungen zum Begriff der Dichotomie. Plant Syst Evol 133:181–197

Hagemann W (1984) Die Baupläne der Pflanzen. Eine vergleichende Darstellung ihrer Konstruktion. Vorlesungsskript, Universität Heidelberg (unveröff.)

Hagemann W (1992) The relationship of anatomy to morphology in plants: a new theoretical perspective. Int J Plant Sci 153:S38–S48

Hagemann W (1999) Towards an organismic concept of land plants. The marginal blastozone and the development of the vegetation body of selected frondose gametophytes of liverworts and ferns. Plant Syst Evol 216:81–133

Hagemann W (2005) Die typologische Methode: ein Schlüssel zu einer organismischen Botanik. In: Harlan V (Hrsg) Wert und Grenzen des Typus in der botanischen Morphologie. Martina-Galunder-Verlag, Nümbrecht, S 81–125

Hagemann W, Gleissberg S (1996) Organogenetic capacity of leaves: the significance of marginal blastozones in angiosperms. Plant Syst Evol 199:121–152

Hagemann W, de la Sota ER, Greissl RP (2008) Marsileaceae and Salviniaceae – a critical comparison. In: Verma SC, Khullar SP, Cheema HK (Hrsg) Perspectives in Pteridophytes. Bishen Singh Mahendra Pal Singh, Dehradun, S 313–334

Hämmerling J (1934) Entwicklungsphysiologische und genetische Grundlagen der Formbildung bei der Schirmalge *Acetabularia*. Naturwissenschaften 22:829–836

Harris TM (1933) A new member of the Caytoniales. New Phytol 32:97–114

Harris TM (1944) A revision of *Williamsoniella*. Philos Trans R Soc Lond 231B:313–327

Harrison CJ, Corley SB, Moylan EC, Alexander DL, Scotland RW, Langdale JA (2005) Independent recruitment of a conserved developmental mechanism during leaf formation. Nature 434:509–514

Hay A, Tsiantis M (2006) The genetic basis for differences in leaf form between *Arabidopsis thaliana* and its wild relative *Cardamine hirsuta*. Nat Genet 38:942–949

Hegi G, Merxmüller H, Reisigl H (1977) Alpenflora, 25. Aufl. Parey, Berlin/Hamburg

Henschel JR, Seely MK (2000) Long-term growth patterns of *Welwitschia mirabilis*, a long-lived plant of the Namib Desert (including a bibliography). Plant Ecol 150:7–26

Herting J, Stützel T (2022) Evolution of the coniferous seed scale. Ann Bot: 129:753–760

Heß D (1983) Die Blüte. Struktur. Funktion. Ökologie. Evolution. Ulmer, Stuttgart

Hickey LJ, Doyle JA (1977) Early Cretaceous fossil evidence for angiosperm evolution. Bot Rev 43:3–104

Hirmer M (1927) Handbuch der Paläobotanik: Band I. Thallophyta, Bryophyta, Pteridophyta. Oldenbourg, München

Hirmer M (1933) Rekonstruktion von *Pleuromeia Sternbergi* Corda nebst Bemerkungen zur Morphologie der Lycopodiales. Palaeontographica 78B:47–56

van den Hoek C, Mann DG, Jahns HM (1995) Algae. An introduction to phycology. Cambridge University Press, Cambridge

Hufford L (1996) The morphology and evolution of male reproductive structures of Gnetales. Int J Plant Sci 157:S95–S112

Hughes TP, Kerry JT, …43 weitere Autoren… Wilson SK (2017) Global warming and recurrent mass bleaching of corals. Nature 543:373–377

Ingold CT (1965) Spore liberation. Clarendon, Oxford

Jäger EJ, Neumann S, Ohmann E (2009) Botanik. Nachdruck der 5. Auflg. 2003. Spektrum, Heidelberg

Johnson LAS, Wilson KL (1990) Cycadaceae. In: Kramer KU, Green PD (Hrsg) The families and genera of vascular plants. Vol. 1. Pteridophytes and gymnosperms. Springer, Berlin/Heidelberg/New York, S 370

Jones WG, Hill D, Allen JM (1995) *Wollemia nobilis*, a new living Australian genus and species in the Araucariaceae. Telopea 6:173–176

Junker R (2000) Samenfarne, Bärlappbäume, Schachtelhalme: Pflanzenfossilien des Karbons in evolutionstheoretischer Perspektive. Studium Integrale: Paläontologie. Hänssler, Holzgerlingen

Kämmer F (1974) Klima und Vegetation auf Tenerife, besonders im Hinblick auf den Nebelniederschlag. Scr Geobot 7:1–78

Kato M, Inoue T (1994) Origin of insect pollination. Nature 368:195

Kenrick P, Strullu-Derrien C (2014) The origin and early evolution of roots. Plant Physiol 166:570–580

Koop H-U (1979) The life cycle of *Acetabularia* (Dasydadales, Chlorophyceae): a compilation of evidence for meiosis in the primary nucleus. Protoplasma 100:353–366

Kräusel R, Weyland H (1926) Beiträge zur Kenntnis der Devonflora. II. Abh Senckenb Naturforsch Ges 40:115–155

Kück U, Wolff G (2002) Botanisches Grundpraktikum. Springer, Berlin/Heidelberg

Kuhn D (1987) Johann Wolfgang von Goethe: Schriften zur Morphologie. Sämtliche Werke, Briefe, Tagebücher und Gespräche. Deutscher Klassiker, Frankfurt

Kühn E (1870) Zur Entwicklungsgeschichte der Andreaeaceen. Dissertation, Universität Leipzig, Germany

Kürschner H, Frey W (2012) Life strategies in bryophytes – a prime example for the evolution of functional types. Nova Hedwigia 96:83–116

Kürschner H, Raus T, Venter J (1997) Pflanzen der Türkei. Agäis-Taurus-Inneranatolien. 2. verbess. Aufl. Quelle & Meyer, Wiesbaden

Labandeira CC (2010) The polliation of mid Mesozoic seed plants and the early history of long-proboscid insects. Ann Mo Bot Gard 97:469–513

Lam HJ (1948) Classification and the new morphology. Acta Biotheor 8:107–154

Lam HJ (1950) Stachyosporie and phyllosporie as factors in the natural system of the Cormophyta. Sven Bot Tidskr 44:517–534

Leitgeb H (1879) Untersuchungen über die Lebermoose. Heft V. Die Anthoceroteen. Leuschner & Lubensky, Graz

Leliaert F, Smith DR, Moreau H, Herron MD, Verbruggen H, Delwiche CF, De Clerck O (2012) Phylogeny and molecular evolution of the green algae. Crit Rev Plant Sci 31:1–46

Lemoigne Y (1968) L'origine de l'organe foliaire dans le phyllum des Ptéridophytes. Bull mensuel Soc linnéenne Lyon 37:367–376

Leppik EE (1971) Origin and evolution of bilateral symmetry in flowers. Evol Biol 5:49–85

Leunis J (1847) Synopsis der drei Naturreiche. 2. Teil Botanik. Hahn, Hannover

Ligrone R, Duckett JG, Renzaglia KS (2012) Major transitions in the evolution of early land plants: a bryological perspective. Ann Bot 109:851–871

Lindblad P, Bergman B (1990) The cycad-cyanobacterial symbiosis. In: Rai AN (ed) Handbook of symbiotic cyanobacteria. CRC Press, Boca Raton, Fla., S. 137–159

Littler MM, Littler DS, Blair SM, Norris JN (1985) Deepest known plant life discovered on an uncharted seamount. Science 227:57–69

Lucas FWJ, Groover A, Lichtenberger R, Furuta K, Yadav SR, Helariutta Y, He XQ, Fukuda H, Kang J, Brady SB, Patrick JW, Sperry J, Yoshida A, López-Millán AF, Grusak MA, Kachroo P (2013) The plant vascular system: evolution, development and functions. J Integr Plant Biol 55:294–388

Lüning K (1985) Meeresbotanik. Thieme, Stuttgart

Luo S-X, Zhang L-J, Yuan S, Ma Z-H, Zhang D-X, Renner SS (2018) The largest early-diverging angiosperm family is mostly pollinated by ovipositing insects and so are most surviving lineages of early angiosperms. Proc R Soc B 285:20172365. https://doi.org/10.1098/rspb.2017.2365

Mägdefrau K (1971) Bryophyta, Moospflanzen. In: von Denffer D, Noll F, Schenck H, Mägdefrau K (Hrsg) Lehrbuch der Botanik, 30. Aufl. Fischer, Stuttgart, S 525–545

Mapes G, Rothwell GW (1984) Permineralized ovulate cone of Lebachia from late paleozoic limestones of Kansas. Palaeontology 27:69–94

Marbach B, Kainz C (2002) Moose, Farne und Flechten. Häufige und auffällige Arten erkennen und bestimmen. BLV, München

Markgraf F, Engler A, Prantl K (1926) Gnetales. In: Engler A, Prantl K (Hrsg) Die natürlichen pflanzenfamilien, Band 13. Engelmann, Leipzig, S 407–441

Martens P (1971) Les Gnétophytes (Handbuch der Pflanzenanatomie 12/2). Bornträger, Berlin

Martens P (1977) *Welwitschia mirabilis* and neoteny. Am J Bot 64:926–930

Mattfeld J (1938) Das morphologische Wesen und die phylogenetische Bedeutung der Blumenblätter. Ber Deut Bot Ges 56:86–116

Matthews S (2009) Phylogenetic relationships among seed plants: persistent questions and the limits of molecular data. Am J Bot 96:228–236

Mayr G, Wilde V (2014) Eocene fossil is a earliest evidence of flower-visiting by birds. Biol Lett 10:20140223. https://doi.org/10.1098/rsbl.2014.0223

McCann AE, Cullimore DR (1979) Influence of pesticides on the soil algal flora. Residue Rev 72:1–31

Meeuse ADJ (1965) Angiosperms – past and present. Phylogenetic botany and interpretative floral morphology of the flowering plants. Adv Front Plant Sci 11:1–228

Melville R (1960) A new theory of the angiosperm flower. Nature 188:14–18

Menand B, Yi K, Jouannic S, Hoffmann L, Ryan E, Linstead P, Schaefer DG, Dolan L (2007) An ancient mechanism controls the development of cells with a rooting function in land plants. Science 316:1477–1480

Metting B (1990) Soil algae. In: Lunch JM (Hrsg) The Rizosphere. Wiley & Sons, Chichester, S 355–368

Michaelis P (1924) Blütenmorphologische Untersuchungen an den Euphorbiaceen unter besonderer Berücksichtigung der Phylogenie der Angiospermenblüte. Fischer, Jena

Milindasuta BE (1975) Developmental anatomy of coralloid roots in cycads. Amer J Bot 62:468–472

Milwich M, Speck T, Speck O, Stegmaier T, Planck H (2006) Biomimetics and technical textiles: solving engineering problems with the help of nature's wisdom. Am J Bot 93:1455–1465

Mundry I (2000) Morphologische und morphogenetische Untersuchungen zur Evolution der Gymnospermen. Bibliotheca Bot 152:1–90

Mundry I, Mundry M (2001) Male cones in Taxaceae s.l. – an example of Wettstein's pseudanthium concept. Plant Biol 3:405–416

Mundry M, Stützel T (2003) Morphogenesis of male sporangiophores of *Zamia amblyphyllidia* D.W. Stev. Plant Biol 5:297–310

Mundry M, Stützel T (2004a) Morphogenesis of the reproductive shoots of *Welwitschia mirabilis* and *Ephedra distachya* (Gnetales), and its evolutionary implications. Org Divers Evol 4:91–108

Mundry M, Stützel T (2004b) Morphogenesis of leaves and cones of male short-shoots of *Ginkgo biloba* L. Flora 199:437–452

Nagalingum NS (2016) Seedless land plants, evolution and diversification. In: Kliman RM (ed) Encyclopedia of evolutionary biology, Bd 4, Elsevier, Sydney, S 16–22

Nagalingum NS, Schneider H, Pryer KM (2006) Comparative morphology of reproductive structures in heterosporous water ferns and a reevaluation of the sporocarp. Int J Plant Sci 167:805–815

Nägeli C, Schwendener S (1877) Das Mikroskop. Theorie und Anwendung desselben, 2. Aufl. Engelmann, Leipzig

Namboodiri KK, Beck CB (1968) A comparative study of the primary vascular system of conifers. III. Stelar evolution in gymnosperms. Am J Bot 55:464–472

Nayar BK (1963) The morphology of some species of *Cheilanthes*. Bot J Linn Soc 58:449–460

Nayar BK, Bajpai N, Chandra S (1968) Contributions to the morphology of the fern genus *Oleandra*. Bot J Linn Soc 60:265–282

Neumeyer H (1924) Die Geschichte der Blüte. Abhandlungen Zool Bot Ges Wien 14:1–112

Nienburg W (1930) Die festsitzenden Pflanzen der nordeuropäischen Meere. In: Handbuch der Seefischerei Nordeuropas, Bd 1(4). Schweitzersche Verlagsbuchhandlung, Stuttgart, S 1–54

Niklas KJ (1987) Die Aerodynamik der Windbestäubung. Spektrum Wissenschaft 1987:104–110

Noblin X, Rojas NO, Westbrook J, Llorens C, Argentina M, Dumais J (2012) The fern sporangium: a unique catapult. Science 335(6074):1322. https://doi.org/10.1126/science.1215985

Ochoterena H, Vrijdaghs A, Smets E, Claßen-Bockhoff R (2019) The search for common origin: homology revisited. Syst Biol. https://doi.org/10.1093/sysbio/syz013/5364027

Ogura Y (1972) Comparative anatomy of vegetative organs of the pteridophytes. In: Linsbauer K (ed) Encyclopedia of plant anatomy, 2nd revised ed., Bd VII, Teil 3, Borntraeger, Berlin

Oliver FW (1905) Über die neuentdeckten Samen der Steinkohlefarne. Biologisches Zentralblatt 25:401–418

Oltmanns F (1904) Morphologie und Biologie der Algen, Bd 1. Fischer, Jena

Panchy N, Lethi-Shiu M, Shiu S-H (2016) Evolution of gene duplication in plants. Plant Physiol 171:2294–2316

Pascher A (1914) Über Flagellaten und Algen. Ber Deut Bot Ges 32:136–160

Peakall R, Ebert D, Scott LJ, Meagher PF, Offord CA (2003) Comparative genetic study confirms exceptionally low genetic variation in the ancient and endangered relictual conifer, *Wollemia nobilis* (Araucariaceae). Mol Ecol 12:2331–2343

Pearson HHW (1906) Notes on South African cycads. Trans S Afr Philos Soc 16:341–354

Pellmyr O, Thien LB (1986) Insect reproduction and floral fragrances: keys to the evolution of the angiosperms? Taxon 35:76–85

Peñalver E, Labandeira C, Barrón E, Delclós X, Nel P, Tafforeau P, Soriano C (2012) Thrips pollination of Mesozoic gymnosperms. Proc Natl Acad Sci USA 109:8623–8628

Peris D, Pérez-de la Fuente, Peñalver E, Delclós X, Barrón E, Labandeira CC (2017) False blister beetles and the expansion of gymnosperm-insect polliation modes before angiosperm dominance. Curr Biol 27. https://doi.org/10.1016/j.cub.2017.02.009

Pettitt JM, Beck CB (1968) *Archaeosperma arnoldii* – a cupulate seed from the Upper Devonian of North America. Contributions from the Museum of Paleontology. Univ Michigan 22:139–154

Philipps TL, Andrews HG, Gensel PG (1972) Two heterosporous species of *Archaeopteris* from the Upper Devonian of West Virginia. Palaeontogr Abt B 139:47–71

Poinar GO (1992) Life in Amber. Stanford University Proess, Stanford

Poort RJ, Veld H (1997) Aspects of Permian palaeobotany and palynology. XVIII. On the morphology and ultrastructure of *Potonieisporites novicus* (prepollen of Late Carboniferous/Early Permian Walchiaceae). Acta Bot Neerlandica 46:161–173

Poppinga S, HaushahnT WM, Masselter T, Speck T (2015) Sporangium exposure and spore release in the Peruvian Maidenhair Fern (*Adiantum peruvianum*, Pteridaceae). PLoS One 10(10):e0138495. https://doi.org/10.1371/journal.pone.0138495

Porembski S, Barthlott W (2000) Granitic and gneissic outcrops (inselbergs) as centres of diversity for desiccation-tolerant vascular plants. Plant Ecol 151:19–28

PPG I (2016) A community-derived classification for extant lycophytes and ferns. J Syst Evol 54:563–603

Prenner G, Hopper SD, Rudall P (2008) Pseudanthium development in *Calycopeplus* paucifolius, with particular reference to the evolution of the cyathium in Euphorbieae (Euphorbiaceae-Malpighiales). Aust Syst Bot 31:153–161

Qiu Y, Palmer JD (1999) Phylogeny of early land plants: insights from genes and genomes. Trends Plant Sci 4:26–30

Qiu Y-L, Li L, Wang B, Chen Z et al. (2006) The deepest divergence in land plants inferred from phylogenomic evidence. Proc Natl Acad Sci 103:15511–15516

Raven JA, Edwards D (2001) Roots: evolutionary origins and biogeochemical significance. J Exp Bot 52(Roots Special Issue):381–401

Ren D, Labandeira CC, Santiago-Blay JA, Rasnitsyn AP, Shih CK, Bashkuev A, Logan MV, Hotton CI, Dilcher DC (2009) A probable pollination mode before angiosperms by Eurasian, long-proboscid scorpionflies. Science 336:840–848

Ronse De Craene LP (2010) Floral diagrams. An aid to understanding flower morphology and evolution. Cambridge University Press, Cambridge

Ronse De Craene LP (2013) Reevaluation of the perianth and androecium in Caryophyllales: implications for flower evolution. Plant Syst Evol 299:1599–1636

Rudall PJ (2002) Monocot pseudanthia revisited: floral strucxutre of the mycoheterotrophic family Triuridaceae. Int J Plant Sci 164:S307–S320

Rudall PJ, Bateman RM (2010) Defining the limits of flowers: the challenge of distinguishing between the evolutionary products of simple versus compound strobili. Philos Trans R Soc B 365:397–409

Runions A, Smith RS, Prusinkiewicz P (2014) Computational models of auxin-driven development. In: Zažímalová E, Petrášek J, Benková E (Hrsg) Auxin and its role in plant development. Springer, Wien, S 315–357

Sachs J (1874) Lehrbuch der Botanik, 4. umgearb. Aufl. Engelmann, Leipzig

Sann M, Niehuis O, Peters RS, Mayer C, Kozlov A, Podsiadlowski L, Bank S, Meusemann K, Misof B, Bleidorn C, Ohl M (2018) Phylogenomic analysis of Apoidea sheds new light on the sister group of bees. BMC Evol Biol 18:71. https://doi.org/10.1186/s12862-018-1155-8

Sanwal M (1962) Morphology and embryology of *Gnetum gnemon* L. Phytomorphology 12:243–264

Sattler R (2024) Morpho evo-devo of the gynoecium: Heterotopy, redefinition of the carpel, and a topographic approach. Plants 13(5), 599

Sauquet H, von Balthazar M, Magallón S …[32 weitere Autoren]… Schönenberger J (2017) The ancestral flower of angiosperms and its early diversification. Nat Commun 8:16047. https://doi.org/10.1038/ncomms16047

Schenck H (1894) Crtyptogamen. In: Strasburger E, Noll F, Schenck H, Schimper AFW (Hrsg) Lehrbuch der Botanik für Hochschulen. Fischer, Jena, S 258–363

Schenck H (1913) Thallophyta. In: Fitting H, Jost L, Schenck H, Karsten G (Hrsg) Lehrbuch der Botanik für Hochschulen. Fischer, Jena, S 275–398

Schimper PW (1858) Versuch einer Entwicklungsgeschichte der Torfmoose (*Sphagnum*) und einer Monographie der in Europa vorkommenden Arten dieser Gattung. Schweitzerbart, Stuttgart

Schmid R (1982) The terminology and classification of steles: historical perspective and the outlines of a system. Bot Rev 48:817–931

Schneckenburger S (1991) Neukaledonien – Pflanzenwelt einer Pazifikinsel. In: Palmengarten Sonderheft 16. Stadt Frankfurt, Frankfurt am Main

Schölch A (2000a) Relations between submarginal and marginal sori in ferns. I. The sori of selected Hypolepidaceae and Dennstaedtiaceae. Plant Syst Evol 220:161–183

Schölch A (2000b) Relations between submarginal and marginal sori in ferns. II. The sori of selected Dicksoniaceae and Hymenophyllaceae. Plant Syst Evol 220:185–198

Schölch A (2003) Relations between submarginal and marginal sori in ferns. III. Superficial sori with emphasis on Pteridaceae and morphological relations to marginal sori. Plant Syst Evol 240:211–233

Schölch A (2007) Relations between submarginal and marginal sori in ferns. IV. The sori of *Osmunda* and selected Schizaeaceae and their morphological relations. Plant Syst Evol 263:227–251

Schölch A (2008) Morphological relationships of submarginal and marginal sori. In: Verma SC, Khullar SP, Cheema HK (eds) Perspectives in Pteridophytes. Bishen Singh Mahendra Pal Singh Dehradun, India, S. 281–311

Schölch A (2010) Ontogenesis and potential evolutionary pathways of fern sori. Bionature 30:103–130

van der Schoot C, Rinne P (1999) Networks for shoot design. Trends Plant Sci 4:31–37

Schuhmacher W (1971). Physiologie. In Denffer DV, Noll F, Schenck H, Mägdefrau K. (Hrsg) Lehrbuch der Botanik für Hochschulen. 30 525–545. Fischer, Stuttgart.

Schulz C, Little DP, Stevenson DW, Bauer D, Molonea C, Stützel T (2010) An overview of the morphology, anatomy, and life cycle of a new model species: the lycophyte *Selaginella apoda* (L.) Spring. Int J Plant Sci 171:693–712

Schulz C, Klaus KV, Knopf P, Mundry M, Dörken V, Stützel T (2014) Male cone evolution in conifers; not all that simple. Am J Plant Sci 5:2842–2857

Schweitzer HJ (1990) Pflanzen erobern das Land. Kleine Senckenberg-Reihe 18:3–75

Shaw AJ, Szövényi P, Shaw B (2011) Bryophyte diversity and evolution: windows into the early evolution of land plants. Am J Bot 98:352–369

Siegert A (1965) Morphologische, entwicklungsgeschichtliche und systematische Studien an *Psilotum triquetrum* Sw. II. Die Verzweigung (mit einer allgemeinen Erörterung des Begriffes „Dichotomie"). Beiträge Biol Pflanze 41:209–230

Siegert A (1974) Die Verzweigung der Selaginellen unter Berücksichtigung der Keimungsgeschichte. Beiträge Biol Pflanzen 50:21–112

Silberfeld T, Rousseau F, de Reviers B (2014) An updated classification of Brown Algae (Ochrophyta, Phaeophyceae). Cryptogam Algol 35:117–156

Simpson MG (2010) Plant systematics, 2. Aufl. Elsevier, Amsterdam

Sitte P (1998) Morphologie. In: Sitte P, Ziegler H, Ehrendorfer F, Bresinsky A (Hrsg) Strasburger. Lehrbuch der Botanik, 34. Aufl, Fischer, Stuttgart, S 11–214

Smith GM (1955) Cryptogamic botany. Vol. II. Bryophytes and pteridophytes. McGraw-Hill, New York

Sokoloff DD, Oskolski AA, Remizowa MV, Nuraliev MS (2007) Flower structure and development in *Tupidanthus calyptratus* (Araliaceae): an extreme case of polymery among asterids. Plant Syst Evol 268:209–234

Soltis D, Soltis P, Endress OP, Chase M, Manchster S, Judd W, Majure L, Mavrodiev E (2017) Phylogeny and evolution of the angiosperms. Revised and updated edition. Chicago University Press, Chicago

Soltis DE, Soltis PS (2004) The origin and diversification of angiosperms. Am J Bot 91(10):1614–1626

Sonnewald U (2008) Physiologie. In: Bresinsky A, Körner C, Kadereit JW, Neuhaus G, Sonnewald U (Hrsg) Strasburger. Lehrbuch der Botanik, 36. Aufl. Spektrum, Heidelberg, S. 223–553

Speck T, Vogellehner D (1988) Biophysical examinations of the bending stability of various stele types and the upright axes of early „vascular" land plants. Bot Acta 101:262–268

Speck T, Vogellehner D (1994) Devonische Landpflanzen mit und ohne hypodermales Sterom – eine biomechanische Analyse mit Überlegungen zur Frühevolution des Leit- und Festigungssystems. Palaeontogr Abt B 233:157–227

Staedtler G (1923) Über Reduktionserscheinungen im Bau der Antherenwand in Angiospermen-Blüten. Flora 116:85–108

Stanley S (2001) Historische Geologie. Eine Einführung in die Geschichte der Erde und des Lebens. Spektrum, Heidelberg

Stapf O (1889) Die Arten der Gattung *Ephedra*. Mit Karte und 5 Tafeln. Kaiserlich-Königliche Hof- und Staatsdruckerei, Wien

Stein WE, Boyer JS (2006) Evolution of land plant architecture: beyond the telome theory. Paleobiology 32:450–482

Stern D, Laux T (2006) Stammzellen für unbegrenztes Leben. BIOspektrum 12:714–716

Stevens PF (2001 onwards) Angiosperm phylogeny website. Version 14, July 2017. http://www.mobot.org/MOBOT/research/APweb/

Stevenson DW (1980) Radial growth in the cycadales. Am J Bot 67:465–475

Stewart WN, Rothwell GR (1993) Paleobotany and the evolution of plants, 2. Aufl. Cambridge University Press, Cambridge

Strasburger E, Noll F, Schenck H, Schimper AFW (1894) Lehrbuch der Botanik für Hochschulen. 1. Aufl. Fischer, Jena

Stützel T, Röwekamp I (1997) Bestäubungsbiologie bei Nacktsamern. Der Palmengarten 61:100–109

Suinyuy TN, Donaldson JS, Johnson SD (2009) Insect pollination in the African cycad *Encephalartos friderici-guilielmi* Lehm. S Afr J Bot 75:682–688

Suinyuy TN, Donaldson JS, Johnson SD (2015) Geographical matching of volatile signals and pollinator olfactory responses in a cycad brood-site mutualism. Proc R Bot Soc B 282:20152053. https://doi.org/10.1098/rspb.2015.2053

Sun G, Ji Q, Dilcher DL, Zheng S, Nixon KC, Wang X (2002) Archaefructaceae, a new basal angiosperm family. Science 296:899–904

Surange KR, Chandra S (1975) Morphology of the gymnospermous fructifications of the *Glossopteris* flora and their relationships. Palaeontographica 149B:153–180

Takhtajan A (1997) Diversity and classification of flowering plants. Columbia University Press, New York

Taylor TN, Kerp H, Hass H (2005) Life history biology of early land plants: deciphering the gametophyte phase. PNAS 102:5892–5897. https://doi.org/10.1073/pnas.0501985102

Taylor TN, Taylor EL, Krings M (2009) Paleobotany. The biology and evolution of fossil plants, 2. Aufl. Elsevier, Oxford

Terry I, Walter GH, Moore C, Roemer R, Hull C (2007) Odor-mediated push-pull pollination in cycads. Science 318(5847):70. https://doi.org/10.1126/science.1145147

Tetsch L (2016) Cyanobakterien: Symbiont mit globalem Einfluß. Biol Unserer Zeit 5:325–326

The Plant List (2013) Version 1.1. http://www.theplantlist.org/

Theißen G, Becker A, Di Rosa A, Kanno A, Kim JT, Münster T, Winter K-U, Saedler H (2000) A short history of MADS-box genes in plants. Plant Mol Biol 42:115–149

Thien LB, Azuma H, Kawano S (2000) New perspectives on the pollination biology of basal angiosperms. Int J Plant Sci 16:S225–S235

Thomas HH (1925) The Caytoniales, a new group of angiospermous plants from the Jurassic rocks of Yorkshire. Philos Trans R Soc Lond 213B:299–363

Thomé OW (1885) Flora von Deutschland, Österreich und der Schweiz. Gera

Thomson RB (1940) The structure of the cone in the Coniferae. Bot Rev 6:73–84

van Tieghem P, Douliot H (1886) Sur la polystélie. Ann Sci Nat Bot Ser 7(3):275–322

Tomescu AMF (2009) Megaphylls, microphylls and the evolution of leaf development. Trends Plant Sci 14:5–12

Tomescu AMF (2011) The sporophytes of seed-free vascular plants – major vegetative developmental features and molecular genetic pathways. In: Fernández H, Kumar A, Revilla MA (Hrsg) Working with ferns. Issues and applications. Springer, New York, S 67–94

Trench R K, Greene RW, Bystrom BG (1969) Chloroplasts as functional organelles in animal tissues. J Cell Biol 42:404–417

Troll W (1928) Organisation und Gestalt im Bereich der Blüte. Springer, Berlin

Troll W (1935) Vergleichende Morphologie der höheren Pflanzen. Bd I: Vegetationsorgane. Teil 1. Borntraeger, Berlin. (Nachdruck 1967, Koeltz, Königstein)

Troll W (1939) Vergleichende Morphologie der höheren Pflanzen. Bd I: Vegetationsorgane. Teil 2. Borntraeger, Berlin. (Nachdruck 1967, Koeltz, Königstein)

Troll W (1973) Allgemeine Botanik. Ein Lehrbuch auf vergleichend-biologischer Grundlage, 4. Aufl (unter Mitarbeit von K. Höhn). Enke, Stuttgart

Tsiantis M, Hay A (2003) Comparative plant developmet: the time of the leaf? Nat Rev Genet 4:169–180

Vasco A, Smalls TL, Graham SW, Cooper ED, Wong GKS, Stevenson DW, Moran RC, Ambrose BA (2016) Challenging the paradigms of leaf evolution: class III HD-Zips in ferns and lycohytes. New Phytol 212:745–758

Wägele H, Johnsen G (2001) Observations on the histology and photosynthetic performance of „solar-powered" opistho-branchs (Mollusca, Gastropoda, Opisthobranchia) containing symbiotic chloroplasts or zooxanthellae. Org Divers Evol 1:193–210

Wägele H, Martin W (2014) Endosymbioses in Sacoglossan Seaslugs: plastid-bearing animals that keep photosynthetic organelles without borrowing genes. In: Löffelhardt W (Hrsg) Endosymbiosis. Springer, Vienna, S 291–324

Wagenitz G (2002) Wörterbuch der Botanik. Morphologie, Anatomie, Taxonomie, Evolution. Die Termini in ihrem historischen Zusammenhang, 2. Aufl. Fischer, Jena

Weberling F (1981) Morphologie der Blüten und der Blütenstände. Ulmer, Stuttgart

Wettstein R von (1901–1908) Handbuch der systematischen Botanik, Bd 2. Deuticke, Leipzig/Wien

Wettstein R von (1935) Handbuch der systematischen Botanik. 4. umgearb. Aufl. Deuticke, Leipzig/Wien

Wilde MH (1975) A new interpretation of microsporangiate cones in Cephalotaxaceae and Taxaceae. Phytomorphology 25:434–450

Willert DJ von, Armbrüster N, Drees T, Zaborowski M (2005) *Welwitschia mirabilis*: CAM or not CAM - what is the answer? Functional Plant Biology 32:389–395

Williams S (1928) Sporangial variation in the Osmundaceae. Trans Roy Soc Edinb 55:795–805

Willis KJ, Mc Elwain JC (2002) The evolution of land plants. Oxford Press, Oxford

Wochok ZS, Sussex IM (1976) Redetermination of cultured root tips to leafy shoots in *Selaginella willdenovii*. Plant Sci Lett 6:185–192

Wüpper G (2015) Algen, der Superstoff des 21. Jahrhunderts. Die Welt Wirtschaft 1(8):15. https://www.welt.de/wirtschaft/article144702768/Algen-der-Superstoff-des-21-Jahrhunderts.html

Yeates DK, Wiegmann BM, Courtney GW, Meier R, Lambkin C, Pape T (2007) Phylogeny and systematics of Diptera: two decades of progress and prospects. Zootaxa 1668:565–590

Zimmermann W (1930) Die Phylogenie der Pflanzen. Jena

Zimmermann W (1938) Die Telomtheorie. Biologe 7:385–391

Zimmermann W (1952) Main results of the telome theory. Palaeobotanist 1:456–470

Zimmermann W (1959) Die Phylogenie der Pflanzen, 2. Aufl. Fischer, Jena

Zimmermann W (1965) Die Telomtheorie. Fischer, Stuttgart

Zotz G (2016) Plants on plants. The biology of vascular epiphytes. Springer International Publishing Switzerland, Cham

Zotz G, Weigelt P, Kessler M, Kreft H, Taylor A (2021) EpiList 1.0: a global checklist of vascular epiphytes. Ecology e03326. https://doi.org/10.1002/ecy.3326

Vegetationskörper und Lebenszyklus der Samenpflanzen

Die Samenpflanzen, vor allem die Blütenpflanzen, dominieren die Vegetation der Erde. Sie bilden die Grundlage unseres Klimas und unserer Ernährung, liefern unzählige Nutzpflanzen, erweisen sich an Extremstandorten als Überlebenskünstler und haben eine ungeheure Gestalt- und Funktionsvielfalt entwickelt. Was macht diese Gruppe so erfolgreich?

Die Blütenpflanzen traten vor etwa 140 Mio. Jahren als jüngste Landpflanzengruppe auf und durchliefen eine rapide Artbildungs- und Ausbreitungsphase. Zu ihrem hohen Anpassungspotential tragen 'Schlüsselinnovationen' (*key innovations*) bei, zu denen im vegetativen Bereich kurze Generationszeiten, optimierte Leitungsbahnen für Wasser und Nährstoffe sowie die Fähigkeit gehören, chemische Substanzen wie Gifte und Düfte zu bilden.

Die folgenden drei Kapitel erläutern den Bau und die Entwicklung des Vegetationskörpers der Samenpflanzen. Während in ▶ Kap. 5 die Gymnospermen ausführlich behandelt wurden, stehen jetzt die Angiospermen im Mittelpunkt. Der Lebenszyklus beginnt mit der Embryogenese und endet mit dem Tod des Individuums nach wenigen Wochen oder Tausenden von Jahren (▶ Kap. 6). Der Vegetationskörper bildet verschiedene Gewebe (▶ Kap. 7) und Organe (▶ Kap. 8), mit denen er sich an unterschiedliche Standortbedingungen und Lebensaufgaben anpassen kann.

Inhaltsverzeichnis

Kapitel 6   Organisation und Lebenszyklus – 347

Kapitel 7   Dauergewebe und funktionelle Differenzierung – 439

Kapitel 8   Grundorgane und Lebensweise – 485

Organisation und Lebenszyklus

Inhaltsverzeichnis

6.1   Lebenszyklus (Ontogenese) – 349

6.2   Aufbau des Vegetationskörpers – 352
6.2.1   Steckbrief Spross und Sprossachse – 355
6.2.2   Steckbrief Blatt – 355
6.2.3   Steckbrief Wurzel – 356

6.3   Wachstum mit Meristemen – 358
6.3.1   Primäre Meristeme – 358
6.3.2   Sekundäre Meristeme – 359

6.4   Embryogenese und Keimung – 360
6.4.1   Embryogenese – 360
6.4.2   Keimruhe (Dormanz) – 361
6.4.3   Keimung – 362

6.5   Blattfolge – 367
6.5.1   Blattgliederung: Unterblatt, Nebenblatt und Oberblatt – 369
6.5.2   Morphologische Bezeichnung von Blättern – 369

6.6   Blattstellung (Phyllotaxis) – 374
6.6.1   Gegenständige (wirtelige) Blattstellung – 374
6.6.2   Wechselständige (spiralige) Blattstellung – 375
6.6.3   Varianten der Blattstellung – 378
6.6.4   Entstehung von Blattstellungsmustern – 379

6.7   Verzweigung – 382
6.7.1   Grundlagen der Verzweigungslehre – 382
6.7.2   Architektur von Holzgewächsen – 389
6.7.3   Varianten der Verzweigung: Beiknospen und Metatopien – 396

6.8   Blühende Sprosssysteme – 402
6.8.1   Definition und Abgrenzung von Blütenständen – 402
6.8.2   Blühtriebe und Aufblühfolge – 405

6.9   Überdauerung und vegetative Vermehrung – 410
6.9.1   Überdauerungsorgane – 410
6.9.2   Klonbildung und vegetative Vermehrung – 416
6.9.3   Alter von Pflanzen – 420

© Springer-Verlag GmbH Deutschland, ein Teil von Springer Nature 2024
R. Claßen-Bockhoff, *Die Pflanze*, https://doi.org/10.1007/978-3-662-65443-9_6

6.10   Wuchs- und Lebensformen – 424
6.10.1   Definitionen und Bezugssysteme – 424
6.10.2   Übersicht über die Wuchs- und Lebensformen – 425

          Literatur – 435

Trailer

Die grüne Pflanze entspricht im Generationswechsel der Samenpflanzen dem Sporophyten, also der asexuellen Generation. Ihr Individualleben dauert von wenigen Wochen, Monaten oder Jahren bis zu mehreren Tausend Jahren. Es beginnt mit der Bildung des Embryos aus der befruchteten Eizelle, durchläuft ein Keimlingsstadium und ein unterschiedlich langes Jugendstadium, in dem das vegetative Gerüst der Pflanze entsteht. Verzweigung und Blattbildung folgen dabei Gesetzmäßigkeiten, die am Bildungszentrum (Sprossapikalmeristem) des Sprosses festgelegt werden. Sie prägen mit ihrer spezifischen Ausgestaltung den Habitus und das Blattwerk der Pflanze. Mit Eintritt in die reproduktive Phase beginnt die Blüten-, Frucht- und Samenbildung. Diese kann sich ebenfalls über viele Jahre erstrecken, bis der Vegetationskörper schließlich abstirbt. Ausdauernde Kräuter überleben Trocken- oder Kälteperioden mithilfe von Überdauerungsorganen, Holzgewächse reagieren mit Laubabwurf und Winterknospenbildung auf schlechte Witterungsbedingungen. Pflanzen mit vegetativer Vermehrung verjüngen sich immer wieder und können sehr alt werden.

6.1 Lebenszyklus (Ontogenese)

Die **Ontogenese** der sporophytischen Pflanze umfasst die Zeitspanne von der Zygotenbildung bis zum Absterben des Individuums (▶ Abb. 1.7 und 1.8). Sie ist durch **offenes Wachstum** mit andauernder **Organbildung** und **Gestaltveränderung** geprägt (◘ Abb. 6.1).

An die **Keimphase** (◘ Abb. 6.2: *1*) schließen sich **drei Lebensphasen** an: die **vegetative Phase**, in der die Pflanze erstarkt und ihr vegetatives Sprossgerüst aufbaut (*2*), die **reproduktive Phase**, in der Zapfen (Gymnospermen) oder Blüten (Angiospermen, *3*) und Samen bzw. Früchte (*4*) entstehen, und die **Reife-** oder **Seneszenzphase**. Bei einjährigen (**annuellen**) Pflanzen, die nach einer Vegetationsperiode absterben, ist diese durch Frucht- und Samenausbreitung gekennzeichnet (*5a*). Mehrjährige (**perenne**) Pflanzen durchlaufen im Winter oder während der Trockenzeit eine Ruhephase (*5b*), nach der sie ihr Wachstum fortsetzen:

- **Perenne Kräuter** (im gärtnerischen Bereich als Stauden bezeichnet) bilden meist bodennahe oder im Erdboden geschützte Speicherorgane mit Überdauerungsknospen, mit denen sie diese Zeit überstehen (*6a*; ▶ Abschn. 6.9). Sie treiben in der nächsten Vegetationsperiode erneut aus (*7*) und setzen Wachstum und Blütenbildung fort.
- **Holzgewächse** überdauern mit oberirdischen Knospen (*6b*), die meist von derben Knospenschuppen bedeckt sind. Bei Bäumen nimmt der Grad der vegetativen Verzweigung gewöhnlich mit der Zunahme des Blütenreichtums ab. Erneuerungstriebe, die aus älteren Knospen innerhalb der Krone (**Reiterationstriebe**; ◘ Abb. 6.1c, d) oder bodennah (**Stockausschlag**; ◘ Abb. 6.1e) austreiben können, verjüngen die Pflanze und verlängern die Lebensspanne eines Individuums beträchtlich.

Neben der sexuellen Fortpflanzung ist **vegetative Vermehrung** (▶ Abschn. 6.9) weit verbreitet. Sie führt über die Rametenbildung (▶ Abschn. 4.1) zu einer nahezu unbegrenzten Lebensdauer (▶ Abschn. 6.9.3).

In Abhängigkeit von der einmaligen oder mehrfachen Blüten- und Samenbildung unterscheidet man **monokarpe** (hapaxanthe, wörtl. „einmal fruchtend" bzw. „einmal blühend") und **polykarpe** (pollakanthe, wörtl. „mehrfach fruchtend" bzw. „mehrfach blühend") Pflanzen (◘ Abb. 6.2):

- **Monokarpe** Pflanzen sind meist einjährige Kräuter (**Annuelle**). Sie schließen ihre gesamte Entwicklung innerhalb einer Vegetationsperiode ab (◘ Abb. 6.2a). Zweijährige Kräuter (**Bienne**) überwintern als Keim- oder Rosettenpflanze und kommen erst im zweiten Jahr zum Blühen.

  In Ausnahmefällen können monokarpe Pflanzen auch viele Jahre alt werden und verholzen. Dieses Verhalten ist von zahlreichen Bambusarten bekannt, die erst nach zehn, 20 oder sogar 100 Jahren blühen. Besonders spektakulär war die synchrone Massenblüte des **Schirmbambus** (*Fargesia murielae*, Poaceae) Ende der 1990er-Jahre in Europa, als fast sämtliche Bestände in Parks und Gärten innerhalb von zehn Jahren blühten und zugrunde gingen. Grund für dieses Phänomen war die Tatsache, dass die meisten Pflanzen von einem einzigen Individuum stammten, das Anfang des 20. Jahrhunderts eingeführt und über Ableger weitergegeben worden war (Edwards-Widmer 1996).

  Auch die in Südwestasien endemische **Talipot-Palme** (*Corypha umbraculifera*, Arecaceae) wird etwa 60 Jahre alt, bevor sie einen riesigen Blütenstand bildet und abstirbt (▶ Abschn. 6.7.2, ◘ Abb. 6.31a).

  Die *Agave* (Asparagaceae) wird fälschlicherweise für eine langlebige, monokarpe Pflanze gehalten. Der imposante Blütenstand (◘ Abb. 6.49f und 6.57a) bildet sich tatsächlich erst nach einigen Jahren aus einer Rosette, die nach der Samenausbreitung abstirbt, aber seitliche Rosetten setzen den Lebenszyklus der Pflanze fort. Diese kommen erneut zum Blühen und machen die Agave damit zu einer polykarpen Pflanze.
- **Polykarpe** Pflanzen sind **mehrjährig** und kommen wiederholt zum Blühen. Sterben die oberirdischen Teile regelmäßig ab, handelt es sich um **perenne** (ausdauernde) **Kräuter** (Stauden; ◘ Abb. 6.2b), überdauert die Pflanze mit oberirdischen Knospen um **Holzgewächse** (◘ Abb. 6.2c) oder stammsukkulente Pflanzen (▶ Abb. 8.30 und 8.31, ▶ Abschn. 6.10.2).

6

■ **Abb. 6.1   Lebenszyklus der Sommerlinde (*Tilia platyphyllos*, Malvaceae). a,** Jungpflanze, ca. 10 Jahre alt. Nach der Keimung aus dem Samen wächst die junge Pflanze zunächst in die Höhe und baut einen Vegetationskörper aus Sprossachsen, Blättern und Wurzeln auf. **b,** Blühfähiger Baum, ca. 50 Jahre alt. Nach vielen Jahren Wachstum hat der Baum Stamm und Krone gebildet und tritt mit der Blütenbildung in die reproduktive Lebensphase ein. **c,** Baum, ca. 130 Jahre alt. Blitzeinschlag und Astbruch beschädigen die Krone, die sich mithilfe von neuen Austrieben aus dem verbleibenden Geäst (Reiterationstriebe) regeneriert (Pfeil: ‚Baum im Baum'; Abb. 6.25e). **d,** Alter Baum, ca. 300 Jahre. Der Großteil der ursprünglichen Krone wurde durch Reiterationstriebe ersetzt. **e,** Mehrstämmiges Individuum unbekannten Alters. Nach dem Absterben des Hauptstammes entwickeln sich Tochterbäume aus basal liegenden Knospen (Stockausschlag). Durch wiederholte Erneuerung kann das Individuum viele Hundert Jahre alt werden. (© P. Gleißner, Aachen. Mit freundlicher Genehmigung)

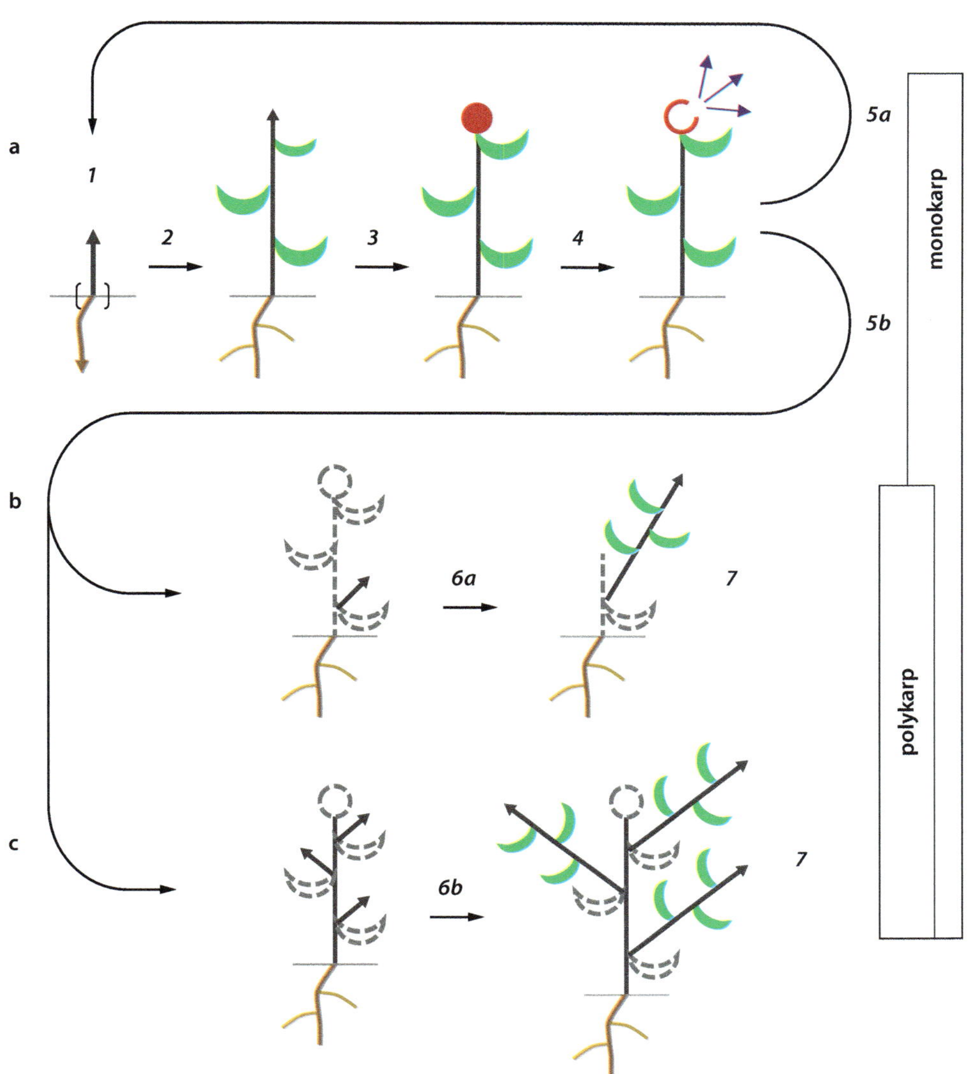

□ **Abb. 6.2 Lebenszyklus der Blütenpflanzen. a**, Ein- und zweijährige Kräuter. **b**, Mehrjährige Kräuter (Stauden). **c**, Holzgewächse. *1*, Keimung. *2*, Wachstum. *3*, Blütenbildung. *4*, Frucht- und Samenbildung. *5*, Ausbreitung (5a) bzw. Eintritt in eine Ruhephase (5b). *6*, Überdauerung. *6a*, Innovationsknospen bodennah oder unterirdisch. *6b*, Innovationsknospen oberirdisch. *7*, Erneuerung (Innovation). Pflanzen sind monokarp, wenn sie nur einmal zum Blühen und Fruchten gelangen, und polykarp, wenn sie wiederholt blühen und fruchten. (© Original)

6.2 Aufbau des Vegetationskörpers

Der Vegetationskörper der Samenpflanzen ist **bipolar** organisiert und **modular** aufgebaut (◘ Abb. 6.3):

- **Bipolarität** besagt, dass der Embryo zwei Wachstumspole hat: den zum Licht hin orientierten Sprosspol (**SAM**, Sprossapikalmeristem) und den in Richtung Erdmittelpunkt wachsenden Wurzelpol (**WM**, Wurzelmeristem; ◘ Abb. 6.3d).
- Als **Modul** (oder Phytomer) bezeichnet man die **Wiederholungseinheit des Sprosses**, die sich aus dem offenen Wachstum am SAM ergibt (◘ Abb. 6.3a, ► Exkurs 8.1). Es besteht aus einem **Knoten** (Kn) mit einem **Blatt** (oder mehreren Blättern), der Anlage einer **Seitenachse** (Sa) in der Blattachsel dem unter dem Knoten befindlichen **Internodium** (In) und gegebenenfalls einer oder mehrerer sprossbürtiger Wurzeln (sW).

Als **Spross** wird der gesamte **oberirdische Pflanzenkörper** aus Sprossachsen und Blättern bezeichnet. Er entwickelt sich aus dem **Sprossapikalmeristem** des Embryos, das zeitlebens Blattanlagen und Sprossabschnitte erzeugt (► Abb. 1.2b). Kennzeichen des offenen Sprosswachstums ist die andauernde Teilung des SAMs in einen oder mehrere seitliche Meristembereiche, aus denen die **Blattanlagen** (Blattprimordien) hervorgehen, und einen terminalen Bereich, der das Verhalten wiederholt und erneut Blattanlagen abteilt (segregiert). Die Orte der Blattanlagen werden zu den **Knoten** des Sprosses, während die Streckungszonen zwischen den Knoten zu **Internodien** werden und die **Sprossachse** verlängern. An den Knoten bleiben adaxial vor den Blattanlagen Restmeristeme (**Blattachselmeristeme**) erhalten, die das Potential von SAMs haben und Seitenachsen entwickeln.

Sprossabschnitte und Blätter gehen zusammen aus dem SAM hervor, das ein gemeinsames Erbe der Samenpflanzen ist. Sie bedingen sich gegenseitig: es gibt keine Sprossachse ohne Blätter und keine Blätter ohne Sprossachse. Aus dieser Beziehung leiten sich **Alleinstellungsmerkmale** ab, die ungeachtet der typischen oder abgewandelten Ausgestaltung der Organe zur **Definition** von Sprossachsen und Blättern herangezogen werden können: Sprossachsen sind in Knoten und Internodien gegliedert, Blätter gehen seitlich aus dem SAM hervor und weisen axilläre Meristeme auf (◘ Tab. 6.1). Das im Boden liegende **Wurzelsystem** gehört nicht zum Spross. Es entwickelt sich aus der Keimwurzel (**Radicula**) des Embryos, die sich **endogen** aus dem Embryonalgewebe differenziert (► Abschn. 8.4.2). Die Keimwurzel wächst

mit dem **Wurzelmeristem**, dessen Alleinstellungsmerkmal (**Spezifität**) in der Fähigkeit zur allseitigen Zellteilungsaktivität liegt. Das Wurzelmeristem liegt daher subapikal, d.h. unter der von ihr gebildeten **Wurzelhaube** (► Abschn. 8.4.3).

Sprossachse, Blatt und Wurzel werden traditionell als Grundorgane der vegetativen Pflanze angesehen und über ihre relative Lage definiert (► Exkurs 6.1, ► Kap. 8). Zahlreiche Beispiele weisen aber darauf hin, dass Sprosse und Wurzeln nicht an ihre embryonale Position gebunden sind (◘ Abb. 6.5). Die Brutpflanze *Kalanchoë daigremontiana* (Crassulaceae) bildet beispielsweise Sprosse am Blattrand (**Bulbillen** ◘ Abb. 6.5: bS. ◘ Abb. 6.50), bei einigen Zwiebelgewächsen (z. B. *Allium*, Amaryllidaceae) entstehen **Brutzwiebeln** im Blütenstand (◘ Abb. 6.49d). Sprosse können sich am Hypocotyl entwickeln und bei Pflanzen mit **Wurzelbrut** (► Abschn. 8.4.4) aus endogenen Meristemen der Wurzel (**wurzelbürtige Sprosse** ◘ Abb. 6.5: wS). Ebenso sind **sprossbürtige Wurzeln**, die meist aus dem Rindengewebe der Sprossachse stammen, außerordentlich häufig (► Abschn. 8.4.4). Das Auftreten von Organen an Positionen, an denen sie ursprünglich nicht vorkommen, wird als **Heterotopie** bezeichnet (Sattler 1988, 2024). Die molekularen Signale, die die Anlage von Spross- und Wurzelmeristemen an diesen ungewöhnlichen Positionen bewirken, sind noch nicht ausreichend verstanden.

Angesichts der variablen Positionen ist das Lagekriterium zur Charakterisierung der Organe unzureichend. Im vorliegenden Buch wird daher die **Spezifität der Organe**, die sich aus dem **Entwicklungspotential** ihrer **Ausgangsmeristeme** ergibt, als Kriterium für Homologie herangezogen (► Abschn 8.4.1). In der Praxis deckt sich die Vorgehensweise weitgehend mit der Verwendung des Lagekriteriums, bezieht aber durch den Fokus auf die Meristemeigenschaften auch Sonderfälle mit ein.

Haare (Trichome) und Auswüchse der Oberfläche (Emergenzen) gelten nicht als Organe, da sie erst **spät** an bereits **differenzierten Organen** entstehen (► Abschn. 7.2.1).

Bedingt durch das offene Wachstum unterliegt die Organbildung der Pflanze einem **ständigen Wandel** (► Abschn. 1.2). Blätter und Seitenachsen werden immer wieder neu am SAM gebildet; ihre Anlagen durchlaufen dabei je nach Alter und Position **unterschiedliche Entwicklungen** (► Abb. 1.7). Um sie eindeutig anzusprechen, haben sie unterschiedliche Bezeichnungen erhalten (◘ Abb. 6.3).

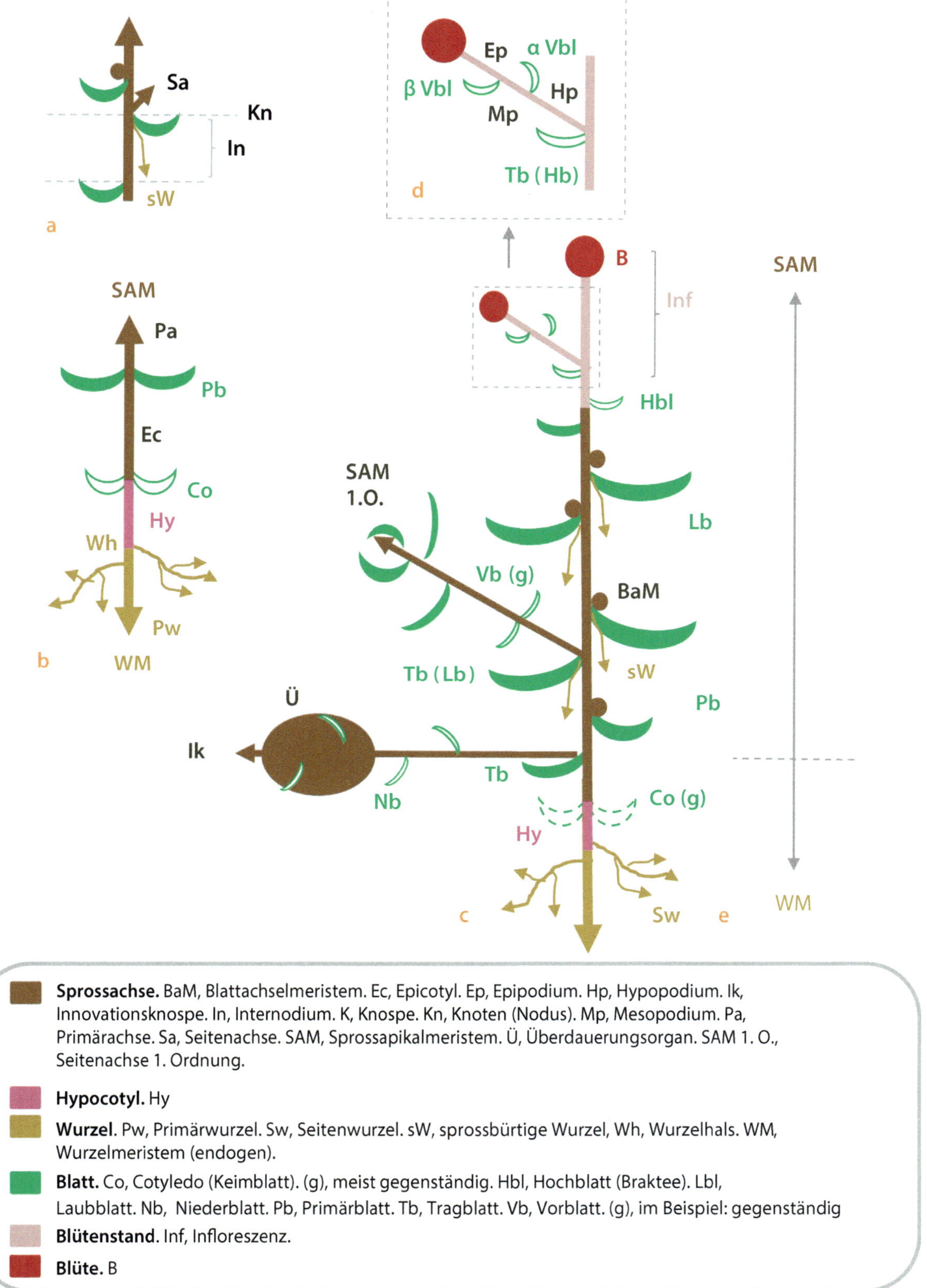

Sprossachse. BaM, Blattachselmeristem. Ec, Epicotyl. Ep, Epipodium. Hp, Hypopodium. Ik, Innovationsknospe. In, Internodium. K, Knospe. Kn, Knoten (Nodus). Mp, Mesopodium. Pa, Primärachse. Sa, Seitenachse. SAM, Sprossapikalmeristem. Ü, Überdauerungsorgan. SAM 1. O., Seitenachse 1. Ordnung.

Hypocotyl. Hy

Wurzel. Pw, Primärwurzel. Sw, Seitenwurzel. sW, sprossbürtige Wurzel, Wh, Wurzelhals. WM, Wurzelmeristem (endogen).

Blatt. Co, Cotyledo (Keimblatt). (g), meist gegenständig. Hbl, Hochblatt (Braktee). Lbl, Laubblatt. Nb, Niederblatt. Pb, Primärblatt. Tb, Tragblatt. Vb, Vorblatt. (g), im Beispiel: gegenständig

Blütenstand. Inf, Infloreszenz.

Blüte. B

Abb. 6.3 Allgemeiner Aufbau einer Blütenpflanze und Bezeichnung ihrer Elemente. Als Beispiel dient ein zweikeimblättriges, ausdauerndes Kraut. **a**, Modul (Phytomer) bestehend aus Internodium (In) und Knoten (Kn) mit Blatt (grün), Seitenachse (Sa) und sprossbürtiger Wurzel (sW). **b,** Bipolare Keimpflanze mit Sprossapikalmeristem (SAM) und Wurzelmeristem (WM). **c**, Verzweigte, blühende Pflanze mit bodennahem Überdauerungsorgan (Ü). **d**, Blüte tragende Seitenachse mit α- und β-Vorblättern (Vbl). **e**, Bipolarität der Samenpflanzen mit SAM und WM. (© Original, in Anlehnung an Troll 1935)

Tab. 6.1   Spezifität der Grundorgane. Die Grundorgane des Vegetationskörpers von Samenpflanzen werden über die Alleinstellungsmerkmale ihrer Meristeme definiert. Einige Sonderfällen und extrem reduzierte Organe weisen Abweichungen auf (▶ Exkurs 6.1)

Organ	Symmetrie, Position	Spezifität
Sprossachse	radiärsymmetrisch	**Sprossapikalmeristem** (SAM): - akropetale **Segregation** von Blättern - Gliederung in Knoten und Internodien
- Primär-/Hauptachse	- exogen, embryonal/terminal	
- Seitenachse	- exogen, axillär: Blattachselmeristem	
- Blattbürtige Sprosse	- exogen: Blattrandmeristem	
- Hypocotylsprosse	- exogen oder endogen	
- Wurzelbürtige Sprosse	- **endogen**: sekundäre Meristeme in der Wurzel	
Blatt	monosymmetrisch (flach, bifacial)	**Blattprimordium**: - Seitliches Segregat des SAMs - axilläres Meristem in Blattachsel - Formbildung mittels Blattrandmeristem
- alle Blätter des vegetativen Sprosssystems	- exogen, lateral: seitlich an den Knoten des Sprosssystems	
Wurzel	radiärsymmetrisch	**Wurzelmeristem** (WM) - allseitige Zellteilungsaktivität - Bildung einer Wurzelhaube
- Primär-/Hauptwurzel	- **endogen**, subapikal	
- Seitenwurzel	- endogen: Meristemoid des Perizykels	
- Sprossbürtige Wurzel	- endogen: sekundäres Meristem in der Sprossachse (oft Rinde)	

Exkurs 6.1 Konzepte der Pflanzenmorphologie

Einige Pflanzen sind so **stark abgeleitet**, dass der Bau ihres Vegetationskörpers nicht ohne Weiteres auf die Grundorgane bezogen werden kann:

— Extreme Beispiele liefern die **Podostemaceae**, eine tropische Pflanzenfamilie, deren Vertreter in schnell fließenden Gewässern und Wasserfällen leben. Ihr Vegetationskörper ist in Anpassung an den Lebensraum ‚thalloid' und ähnelt eher Algen oder Lebermoosen als Blütenpflanzen (z. B. Rutishauser 1995; Jäger-Zürn 2005).

— Weitere Beispiele für eine erstaunlich hohe Abwandlung des Körperbaus finden sich bei den kleinsten Blütenpflanzen, den Wasserlinsengewächsen (**Araceae-Lemnoideae**; ◻ Abb. 6.52 e–h). Sie weisen winzige, ungegliederte Vegetationskörper auf, die als *frons* bezeichnet werden (Lemon und Posluszny 2000).

— Einige Gattungen der **Gesneriaceae** entwickeln zeitlebens nur ein einziges großes Laubblatt, das morphologisch dem Keimblatt entspricht. Bei *Streptocarpus* und *Monophyllaea* wird das SAM in die Entwicklung dieses Keimblattes mit einbezogen. Es bildet zusammen mit dem Blattachselmeristem das sog. Furchenmeristem, aus dem alle weiteren Hochblätter und Blütenstände entspringen (Jong und Burtt 1975; Möller und Cronk 2001).

— Saug- und Penetrationsstrukturen (**Haustorien** ▶ Abschn. 7.5.2) oder die parenchymatischen Vegetationskörper **endoparasitisch** lebender Pflanzen (▶ Abschn. 8.6.2) lassen sich morphologisch ebenfalls kaum fassen.

Die stark abgewandelten Formen stellen die **Gültigkeit des Bezugssystems**, insbesondere die Definition der Grundorgane, infrage. Während man traditionell in der **Morphologie** die Grundorgane Sprossachse, Blatt und Wurzel über ihre **Lage** im Gefüge definiert, stellen **Kontinuumsmorphologen** (▶ Abschn. 1.2.1) den **Prozess** der Formbildung (**Morphogenese**) in den Vordergrund (Sattler 1988, 1992, 1996). Danach repräsentieren die Grundorgane nur die häufigsten Ausprägungen der zugrunde liegenden Entwicklungsprozesse und sind durch **Übergänge** miteinander verbunden. Phyllokladien (▶ Abb. 1.4, ▶ Abschn. 8.2.5), die nach der klassischen Morphologie **blattähnliche Sprossachsen** darstellen, sind nach der Kontinuumsmorphologie **Hybridorgane** aus Sprossachsen- und Blattinformationen (Sattler 1988).

Die Betonung der **Entwicklungsprozesse** war ein wichtiger Anstoß zur **Erneuerung** der Pflanzenmorphologie in der zweiten Hälfte des 20. Jahrhunderts und schlug eine Brücke zu der sich allmählich entwickelnden **Entwicklungsgenetik** (z. B. Rutishauser und Isler 2001; Vergara-Silva 2003; Lacroix et al. 2005). Der Ansatz der Entwicklungsgenetik unterscheidet sich allerdings vom morphologischen Ansatz darin, dass er die Regulation der Organentwicklung auf **molekularer Ebene** zu verstehen sucht. Entsprechend wird Identität von Organen (*organ identity*) anhand von **Genexpressionsmuster** bestimmt (Coen und Meyerowitz 1991) und nicht anhand der auf den **Organismus** bezogenen Homologiekriterien (Ochoterena et al. 2019). Die unterschiedlichen Sichtweisen führen zu **Konflikten**, wenn ihre Begriffe und Bezugssysteme vermischt werden (► Exkurs 5.6).

Betrachtet man die **Entwicklung** eines Organs in seiner Abfolge, so ist das Meristem mit seinem spezifischen Entwicklungspotential das erste Ereignis, auf das die **Entwicklung** der Anlage als zweiter Prozess folgt (► Abb. 1.7). Die **morphologische Homologie** ist somit schon **festgelegt**, **bevor** die Entwicklungsprozesse einsetzen (Claßen-Bockhoff 2005; Ochoterena et al. 2019). Diese bringen typische oder stark abgewandelte Formen hervor, die auch Ähnlichkeiten mit anderen Organen haben können. Die gestaltliche **Abwandlung** eines Organs ist dabei Ausdruck des **offenen Wachstums**, in dessen Verlauf sich Entwicklungsprozesse

verändern. Es besteht daher **keine Notwendigkeit**, von Hybridorganen zu sprechen – es sei denn, man möchte die Ähnlichkeit der Entwicklung (und nicht die Homologie der Organe) zum Ausdruck bringen.

Im vorliegenden Buch wird eine **evolutionsbiologische Morphologie** vertreten, die das Bezugssystem der Grundorgane als **praktisches** Instrument verwendet, Vielfalt überschaubar zu machen. Die Grundorgane werden nicht über ihre Lage, sondern über die Spezifität ihrer Ausgangsmeristeme definiert. Extremformen werden dabei nicht in das Korsett des Bezugssystems eingezwängt, sondern als Ausdruck des **Bildungspotentials** verstanden, das das offene Wachstum bietet und das es zu verstehen gilt. Zu diesem Zweck müssen Kenntnisse der Entwicklungsprozesse (**Entwicklungsmorphologie**) und Funktionseigenschaften einer Struktur (**Funktionsmorphologie**; ► Abschn. 1.2.1) mit phylogenetischen, entwicklungsgenetischen und ökologischen Daten kombiniert werden.

6.2.1 Steckbrief Spross und Sprossachse

Sprossachsen (◘ Tab. 6.1) entwickeln sich aus meist radiärsymmetrischen, an der Oberfläche der Pflanze **(exogen)** liegenden **Sprossapikalmeristemen** (**SAM**; ► Abb. 1.2b). Diese sind **embryonaler** Herkunft (primäre Hauptachse), entwickeln sich aus **Blattachselmeristemen** (◘ Abb. 6.3c: BaM) oder, seltener, an anderer Stelle. Aus den Blattachselmeristemen entstehen die **Seitenachsen** (relative Hauptachsen) des Sprosssystems; die **Verzweigung** ist dementsprechend **axillär**. **Wurzelbürtige Sprosse** entwickeln sich endogen aus der Wurzel (► Abschn. 8.4.4).

Die Sprossapikalmeristeme gliedern fortwährend seitliche Blattanlagen aus. Da das Wachstum stets an der Spitze erfolgt, spricht man von **akropetaler** (spitzenwärts; lat. *akros*, „spitz", *petere*, „streben") Blattausgliederung oder **Segregation** (Abtrennung der Blattanlagen vom SAM).

Der **modulare Aufbau** und die damit einhergehende **Gliederung** in Knoten und Internodien sind charakteristisch für die Sprossachse und treten in keinem anderen Grundorgan auf. Um die Position von Strukturen entlang des Sprosssystems zu benennen, verwendet man die Begriffe **basal** oder **proximal** (nahe am Ursprung; lat. *proximus*, „der Nächste") für unten und **apikal** (lat. *apex*, „Spitze") oder **distal** (vom Ursprung entfernt; lat. *distare*, „sich entfernen") für oben (► Exkurs 6.2; ◘ Abb. 6.4a).

Innerhalb eines Verzweigungssystems weisen die Sprossachsen unterschiedliche Wuchsrichtungen auf. **Hauptachsen** orientieren sich gewöhnlich zum Licht (**positiv phototrop**), während **Seitenachsen** oft horizon-

tal oder bogig aufsteigend wachsen. Sie können auf die einwirkende **Schwerkraft** mit veränderten Förderungsverhältnissen (► Abschn. 6.7.1) und Symmetrieeigenschaften reagieren. Gemeinsam bauen alle Sprossachsen das **Grundgerüst** der Pflanze auf und bestimmen damit deren Erscheinungsform oder **Architektur**.

Einige Sprossabschnitte haben eine eigene Bezeichnung. Das Verbindungsstück zwischen Hauptachse und Hauptwurzel heißt **Hypocotyl** (◘ Abb. 6.3b: Hy; wörtl. „unterhalb der Keimblätter"), das erste Internodium der Hauptachse **Epicotyl** (Ec; wörtl. „oberhalb der Keimblätter"). Tragen die Seitenachsen zwei Vorblätter (α-, β-Vb; ► Abschn. 6.5.2), dann nennt man das erste Glied der Seitenachse **Hypopodium** (◘ Abb. 6.3d: Hp), das Internodium zwischen den Vorblättern (falls vorhanden) **Mesopodium** (Mp) und das Sprossglied oberhalb der Vorblätter **Epipodium** (Ep).

6.2.2 Steckbrief Blatt

Blätter entstehen **seitlich exogen** am SAM (► Abb. 1.2b). Sie weisen nur eine Symmetrieebene auf (monosymmetrisch) und sind primär abgeflacht. Infolgedessen haben sie eine der Sprossachse zugewandte (**adaxiale**) und eine der Sprossachse abgewandte (**abaxiale**) Seite (◘ Abb. 6.4a: ad, ab). Die adaxiale Seite wird als **Oberseite** (seltener: Ventralseite), die abaxiale als **Unterseite** (oder Dorsalseite) bezeichnet. Die meisten Laubblätter weisen auf der Ober- und Unterseite eine unterschiedliche Gewebedifferenzierung auf und werden dann als **bifaciale Blätter** (wörtl. „zweigesichtig") bezeichnet.

Die **Position der Blattanlagen** definiert die Knoten, legt die **Blattstellung** fest und bestimmt die Form der **Verzweigung** der Pflanze (▶ Abschn. 6.6 und 6.7). Diese erfolgt immer aus der **Blattachsel**, also der Fläche zwischen der Blattanlage und der Sprossachse (◻ Abb. 6.4b: Ba). Zur Lagebezeichnung innerhalb einer Blattachsel verwendet man Symmetrieebenen: die **Mediane** verbindet die Mitte der Blattanlage in gerader Linie mit der Sprossachse, die **Transversale** steht senkrecht dazu (◻ Abb. 6.4b: *M, T*).

Blätter haben ein **begrenztes Wachstum** und eine **definierte Gestalt** (wenige Ausnahmen). Ihre **Form** erhalten sie durch differentielle Aktivität des **Blattrandmeristems** (▶ Abschn. 8.3.2). An ihrem Wachstum können zusätzlich diffuse Zellteilungen und **interkalare** Meristeme (vor allem an der Blattbasis) beteiligt sein. Am Ende der Vegetationsperiode werden **sommergrüne** Blätter abgeworfen, während **immergrüne Blätter** mehrere Vegetationsperioden überdauern.

Durch das offene Wachstum am SAM werden ständig neue Blätter produziert. Ihre Entwicklung wird mit dem Alter abgewandelt, wodurch Blätter sehr unterschiedlicher Form, Größe und Funktion entstehen (**Blattfolge**; ▶ Abschn. 6.5).

6.2.3 Steckbrief Wurzel

Anders als Blätter und die meisten Sprossachsen entstehen Wurzeln immer **endogen** (▶ Abschn. 5.5.8). Die Primärwurzel (**Radicula**) entwickelt sich bereits im Embryo aus dem Wurzelpol. Dieser liegt im Inneren des Embryos und bleibt zeitlebens vom Gewebe der späteren Wurzelhaube (**Kalyptra**) bedeckt. Die Hauptwurzel verzweigt sich ebenfalls **endogen** aus einer als **Perizykel** bezeichneten Zellschicht (▶ Abschn. 8.4.2).

Wurzeln unterscheiden sich von Sprossachsen darin, dass sie **nie Blätter** ausbilden. Sie sind dementsprechend auch **nie** in Knoten und Internodien gegliedert.

Sprossbürtige Wurzeln entstehen aus sekundären Meristemen im Inneren der Sprossachse (▶ Abschn. 8.4.3). Die Ausbildung des Wurzelwerks (**Radikation**) kann überwiegend aus der Keimwurzel (**Allorhizie**) oder aus sprossbürtigen Wurzeln (sekundäre **Homorhizie**) erfolgen (▶ Abschn. 5.5.8 und 8.4.1).

Exkurs 6.2 Aufriss und Grundriss

Um den dreidimensionalen Bau des Sprosssystems schematisch darzustellen, bedient man sich der Aufriss- bzw. Grundrisstechnik:

- Beim **Aufriss** (◻ Abb. 6.4c) wird das Sprosssystem von der Seite betrachtet und zweidimensional als Strichzeichnung abgebildet. Dabei verwendet man **standardisierte Symbole**, wie z. B. Pfeile für Sprossachsen mit vegetativem Apikalmeristem und sichelförmige Strukturen für Blätter. Die Anzahl der Knoten und die Länge der Internodien werden genau und **proportionsgetreu** abgebildet. Alle Verzweigungen zeichnet man (ohne Rücksicht auf die tatsächliche Stellung im Raum) auf eine Ebene. Dabei folgt man bei **wechselständiger** Blattstellung (▶ Abschn. 6.6.2) der Konvention, das erste Blatt der Seitenachse zur Abstammungsachse hin zu zeichnen (◻ Abb. 6.4c); die weiteren Blätter folgen dann alternierend. Bei **gegenständiger** Blattstellung trägt man die Anzahl der Blätter aller Knoten in derselben Ebene ein (z. B. ◻ Abb. 6.8c).

- Beim **Grundriss** (◻ Abb. 6.4d) betrachtet man das Sprosssystem von oben. Die vegetativ wachsende Hauptachse wird als Kreis mit einem Kreuz dargestellt, für jeden Knoten zeichnet man als Hilfslinie einen Kreis. Die unterschiedliche Größe der Kreise gibt ihre Entfernung vom Apikalmeristem wieder, d. h., der kleinste Kreis entspricht dem obersten Knoten und der größte Kreis dem untersten Knoten. Die Blätter werden als sichelförmige Strukturen auf die Hilfslinien aufgetragen, wobei Anzahl, Größe und Position genau wiedergegeben werden. Der Raum zwischen einem Blattsymbol und der nächstkleineren Kreislinie entspricht der Blattachsel (◻ Abb. 6.4b). Hier hinein zeichnet man lagegetreu die Seitenachse mit ihren Blättern und weiteren Verzweigungen.

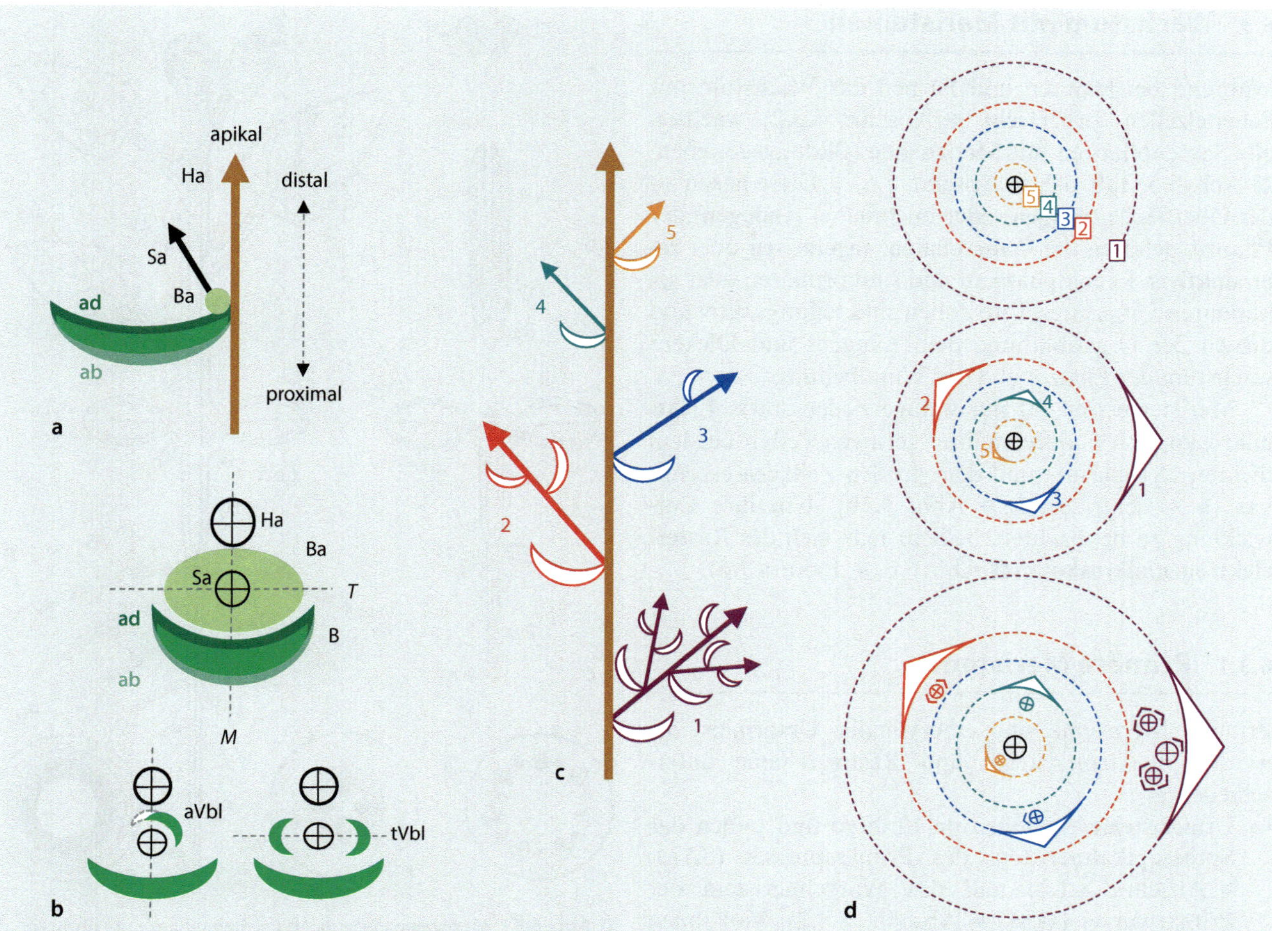

Abb. 6.4 Lagebezeichnungen und diagrammatische Techniken. a, Aufriss (schematische Seitenansicht) eines Sprossabschnittes mit Hauptachse (Ha), Blatt am Knoten (grün), Blattachsel (Ba; hellgrün) und Blattachselprodukt (Sa, Seitenachse). Das Blatt hat eine Oberseite (ad, adaxial) und eine Unterseite (ab, abaxial). Die Hauptachse wächst an ihrer Spitze (apikal, Pfeil). **b,** Grundriss (schematische Aufsicht) einer Blattachsel. Oben: Symmetrieebenen: *M*, Mediane. *T*, Transversale. Unten: Stellung der Vorblätter. aVbl, adossiertes Vorblatt der Monoco-tylen. tVbl, transversale Vorblätter bei Dicotylen. **c,** Aufriss einer Sprossachse mit fünf Knoten, wechselständiger Beblätterung und Seitenachsen, deren Verzweigungsgrad zur Spitze hin abnimmt. **d,** Grundriss zu **c**. Vorgehensweise zur Erstellung eines Grundrisses in drei Schritten. Oben: Hilfslinien geben die Anzahl der Knoten wieder. Mitte: Blätter werden nach Anzahl und Stellung im Raum auf den Knotenlinien verteilt. Unten: Seitensysteme werden ebenfalls positionsgetreu in die Blattachseln eingezeichnet. (© Original)

6.3 Wachstum mit Meristemen

Während bei Moosen und Farnen das Wachstum mit Scheitelzellen vorherrscht (▶ Abschn. 5.3.2), wachsen alle Samenpflanzen mit **Meristemen** (Bildungsgeweben; ◘ Abb. 6.5, Tab. 6.2, ▶ Abschn. 5.5.1). Diese liegen an der Oberfläche (**exogen**) oder im Inneren (**endogen**) der Pflanze, gehören der **embryonalen**, **vegetativen** oder **reproduktiven Lebensphase** an und sind primären oder sekundären Ursprungs. Ihre Zellen sind teilungsaktiv und dienen der Organbildung, dem Längen- und Dickenwachstum der Pflanze und der Wundheilung.

Meristeme sind oft nur wenige Zellen stark. **Lichtmikroskopisch** sind sie an ihrer geringen Zellgröße, dem dichten Cytoplasma und dem großen Zellkern erkennbar (▶ Abschn. 8.1.1, ▶ Abb. 8.3b). Um ihre Entwicklung zu beobachten, bedient man sich des **Rasterelektronenmikroskops** (◘ Abb. 6.6, ▶ Exkurs 7.4).

6.3.1 Primäre Meristeme

Primäre Meristeme sind **embryonalen Ursprungs**. Sie werden in Urmeristeme und Restmeristeme unterschieden:

- **Urmeristeme** entstehen im Embryo und bilden das Sprossapikalmeristem des Primärsprosses (SAM; ▶ Abschn. 8.1.1) und das Wurzelmeristem der Primärwurzel (WM; ▶ Abschn. 8.4.2). Von ihnen geht das **Wachstum des Vegetationskörpers** aus. Sie bleiben teilungsaktiv oder stellen ihre Aktivität ein, indem sie parenchymatisieren oder in eine Dorn-, Ranken oder Blütenbildung eingehen.
- **Vegetative Restmeristeme** bleiben aus den Urmeristemen erhalten. Ihre Zellen gehen in der Differenzierungszone nicht wie die übrigen Zellen in einen Dauerzustand über, sondern bleiben **teilungsaktiv**. Sie finden sich daher als ‚Reste‘ des Urmeristems in oder zwischen Dauergeweben (◘ Tab. 6.2, ▶ Abb. 8.4 und 8.24). Einige Restmeristeme (z. B. Blattachselmeristeme) können jahrzehntelang ruhen, bevor sie aktiv werden (**ruhende Knospen**), andere (z. B. Blattrandmeristeme, interkalare Meristeme) gehen nach einer meristematischen Phase in die Organbildung ein.
- **Reproduktive Meristeme** besitzen die Fähigkeit, Blüten und Blütenorgane zu bilden. Sie gehen aus Sprossapikalmeristemen hervor und werden traditionell auch mit diesen homologisiert (Sprossmodell der Blüte; ▶ Exkurs 10.3). Während die Meristeme der

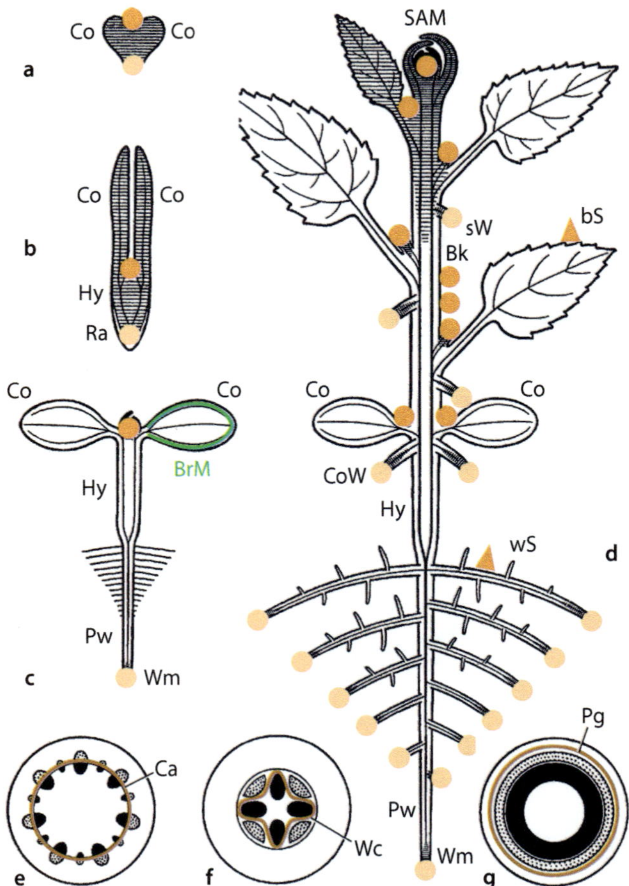

◘ **Abb. 6.5 Meristeme einer dicotylen Keimpflanze. a,** Embryonalstadium. Co, Cotyledo. **b, c,** Junger und alter Keimling. BrM. Blattrandmeristem. Hy, Hypocotyl. Pw, Primärwurzel. Ra, Radicula. **d,** Keimpflanze. Bk, Beiknospe. bS, blattbürtiger Spross. CoW, Cotyledonarwurzel. SAM, Sprossapikalmeristem. sW, sprossbürtige Wurzel. wS, wurzelbürtiger Spross. WM, Wurzelmeristem. **e,** Querschnitt durch eine primäre Sprossachse mit Leitbündelring. Wasserleitgewebe (Xylem, Holz) schwarz. Ca, Cambium. **f,** Querschnitt durch eine junge Wurzel. Wc, Wurzelcambium. **g,** Querschnitt durch eine Sprossachse mit sekundärem Dickenwachstum. Pg, Korkcambium (Phellogen). Sprossmeristeme dunkel orange, Wurzelmeristeme hell orange. Schraffiert: wachsende Pflanzenteile, oft unter Beteiligung von interkalaren Meristemen. (© Troll 1954, verändert)

Blütenstände (Infloreszenzmeristeme) den vegetativen Sprossmeristemen in einigen Eigenschaften ähneln (▶ Abschn. 9.2.1), teilen Blüten- und *floral unit*-Meristeme kaum Eigenschaften mit vegetativen Meristemen (▶ Abschn. 9.2.2, 9.2.3 und 10.2). Sie weichen **morphologisch**, **histologisch** und in ihrer **Genregulation** so stark vom SAM ab, dass sie in diesem Buch als reproduktive Meristeme von den vegetativen Meristemen **unterschieden** werden (▶ Tab. 9.1).

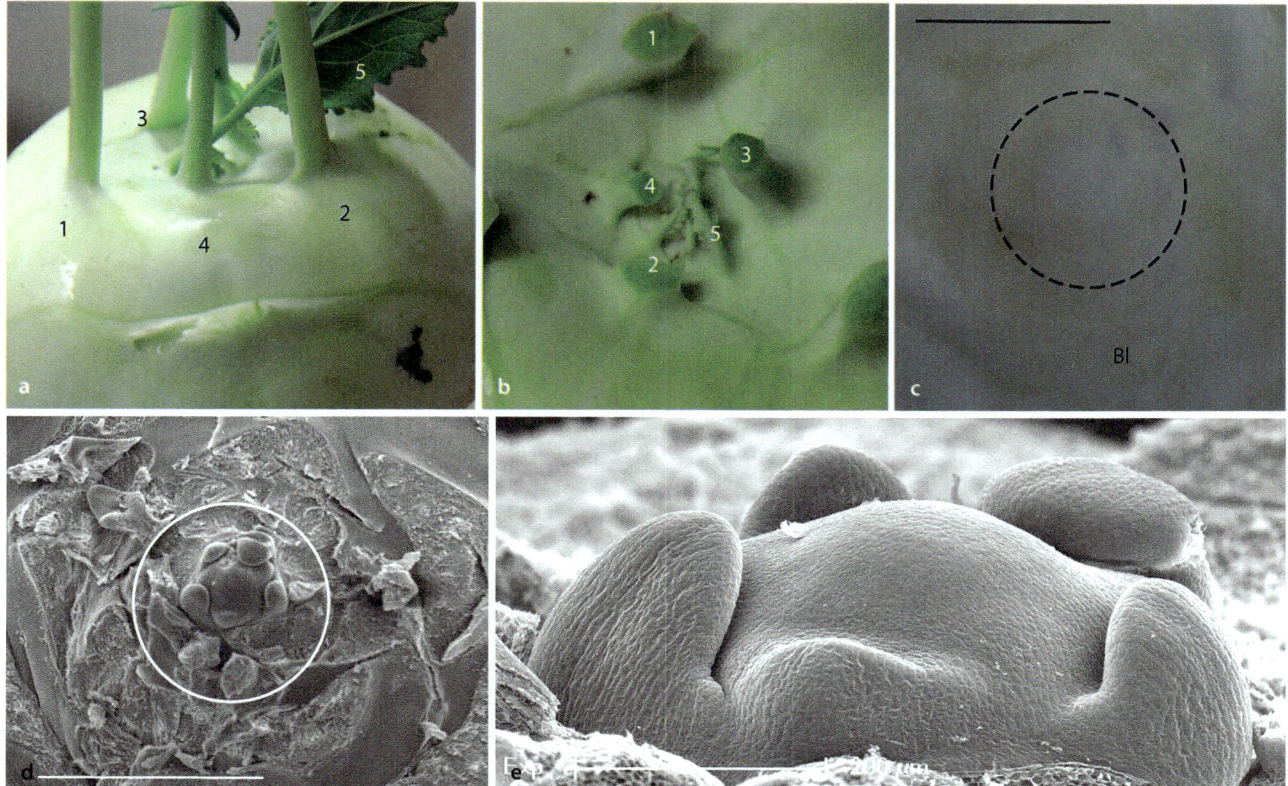

Abb. 6.6　Darstellung des Sprossapikalmeristems (SAMs). Beispiel Kohlrabi (*Brassica oleracea* var. *gongylodes*, Brassicaceae). **a**, Sprossknolle mit jungen Blättern, die am SAM entstehen. Die Zahlen geben die Reihenfolge der makroskopisch erkennbaren Blätter von unten (1: alt) nach oben (5: jung) an. **b**, Aufsicht auf SAM, Blätter abpräpariert. **c, d**, Aufsicht auf das SAM. **c**, Lichtmikroskop, die Blattanlagen (Bl) sind kaum erkennbar. Balken: 1 mm. **d**, Rasterelektronenmikroskop (REM). Kreis: gleicher Ausschnitt wie in **c**. Balken: 1 mm. **e**, Seitenansicht des SAMs in höherer Vergrößerung. Das REM scannt die Oberfläche des Apikalmeristems und erzeugt 3D-Bilder hoher Auflösung. Balken: 200 µm. (© R. Claßen-Bockhoff, Mainz)

6.3.2　Sekundäre Meristeme

Bei vielen Zellen ist mit der Differenzierung zu Dauerzellen ein Verlust ihrer **Teilungsfähigkeit** verbunden. Dies gilt jedoch nicht für das Grundgewebe der Pflanze (▶ Abschn. 7.1). **Parenchymzellen** bilden nur Primärwände und sind in der Lage, durch Teilung einzelner Zellen zu **diffusem Wachstum** überzugehen. Sie tragen damit zu einer lokalen Flächen- und Volumenvergrößerung bei oder bilden den Ausgangspunkt für sekundäre Meristeme und Meristemoiden.

Sekundäre Meristeme (Folgemeristeme) sind Bildungsgewebe, die durch **Remeristematisierung** (Neubildung von Meristemen durch Reembryonalisierung) aus zuvor differenzierten Zellen des Grundgewebes (Parenchyms) entstehen. Die Dauerzellen teilen sich und produzieren Tochterzellen, die sich **nicht differenzieren**, sondern teilungsaktiv bleiben und sekundäre Meristeme aufbauen (▶ Tab. 6.2). Durch diese Fähigkeit kann die Pflanze sehr flexibel auf ihre Umwelt reagieren und nach Verletzung Wunden verschließen. Durch welche Signale die Reembryonalisierung von Parenchymzellen stimuliert und reguliert wird, ist Gegenstand aktueller Forschung.

Meristemoide sind Einzelzellen oder kleine Zellgruppen, die die Teilungsfähigkeit wiedererlangen und dann **spezielle Dauerzellen** bilden. Sie bauen keine sekundären Meristeme auf, sondern sind an der Differenzierung von Idioblasten (▶ Kap. 7), mehrzelligen Haaren und Spaltöffnungsmutterzellen (▶ Abschn. 7.2.1) beteiligt. Auch die **Seitenwurzelbildung** beruht auf lokal remeristematisierten Perizykelzellen (▶ Abschn. 8.4.3).

◘ Tab. 6.2 Übersicht über die Meristeme der Samenpflanzen

Meristemform	Bezeichnung	Funktion mit Verweis auf Kapitel im Buch
Primäre Meristeme		
Urmeristeme	Sprossapikalmeristem (SAM)	Sprossentwicklung ▶ 8.1.1
	Subapikales Wurzelmeristem (WM)	Keimwurzel (Radicula) ▶ 8.4.2
Vegetative Restmeristeme	Blattrandmeristem	Blattentwicklung ▶ 8.3.2
	Blattachselmeristem	Seitenachsenbildung ▶ 6.7.1
	SAM von Seitenachsen	Verzweigung ▶ 6.7.1
	Interkalare Meristeme	Längenwachstum ▶ 8.2.1, ▶ 8.3.2
	Mantelmeristem	Primäres Dickenwachstum ▶ 8.1.2, ▶ 8.2.4
	Provaskuläres Meristem	Leitbündeldifferenzierung ▶ 8.1.2
	Faszikuläres Cambium	Sekundäres Dickenwachstum ▶ 8.2.2
Reproduktive Meristeme	Infloreszenzmeristem (IM)	Gerüstbildung von Blütenständen ▶ 9.2.1
	Blütenmeristem (FM)	Blütenbildung ▶ 9.2.2, ▶ 10.2
	Floral unit-Meristem (FUM)	Bildung von Blütenäquivalenten ▶ 9.2.3
Sekundäre Meristeme (Remeristematisierung)		
Folgemeristem	Interfaszikuläres Cambium	Sekundäres Dickenwachstum ▶ 8.2.2
	Meristemoide im Perizykel	Seitenwurzelbildung ▶ 8.4.3
	Korkcambium (Phellogen)	Kork, Borke ▶ 7.2.3, ▶ 8.2.3
	Wurzelcambium	Sekundäres Dickenwachstum ▶ 8.4.3
	Meristemoide in der Epidermis	Spaltöffnungen ▶ 7.2.1

6.4 Embryogenese und Keimung

Die erste Lebensphase des jungen Sporophyten ist die Entwicklung zum **Embryo** (Embryogenese; ◘ Abb. 6.7) im Samen (▶ Abschn. 4.6.1 und 12.1.1). In ihr werden die Wachstumspole (SAM, WM) und Keimblätter angelegt. Geschützt von der Samenschale (Testa; ▶ Abschn. 12.1.3) kann der Embryo viele Jahre überdauern, bevor er zur Keimung stimuliert wird und zur Keimpflanze auswächst.

6.4.1 Embryogenese

Mit der ersten inäqualen Teilung der Zygote wird die **Polaritätsachse** der künftigen Pflanze festgelegt. Aus der basalen, der Mikropyle zugewandten Suspensorzelle entsteht der **Suspensor** (Embryoträger), der den wachsenden Embryo in das **Nährgewebe** hineinschiebt (◘ Abb. 6.7a: Su). Dieses entwickelt sich **gleichzeitig**

mit dem **Embryo** und bildet das triploide **sekundäre Endosperm** (▶ Abschn. 4.6.3, 12.1.1 und 12.1.2).

Der **Embryo** (Em) geht aus der apikalen, ins Innere des Embryosackes weisenden Embryozelle hervor (endoskope Embryoorientierung; ▶ Abschn. 5.5.1, ▶ Abb. 5.27c). Diese bildet nach einigen Mitosen den kugelförmigen **Proembryo** (◘ Abb. 6.7b: hellgrau). Nach wenigen Zellteilungen lässt die Zellorientierung bereits eine Gliederung in **Spross-** und **Wurzelpol** (bipolarer Embryo) und die Anlage der **Keimblätter** erkennen

- Der **Sprosspol** liegt an der Oberfläche (**exogen**) des Embryos auf der gegenüberliegenden Seite des Suspensors und weist ins Nährgewebe. Er bleibt als **Sprossapikalmeristem** (SAM; ▶ Abschn. 8.1.1) erhalten und baut das Sprosssystem auf.
- Der **Wurzelpol** liegt **endogen**. Er differenziert sich aus der obersten Suspensorzelle (Bayer und Jürgens 2016; ▶ Abb. 8.70, ▶ Exkurs 8.9) und bleibt als Wurzelmeristem (WM) erhalten. Aus ihm geht die

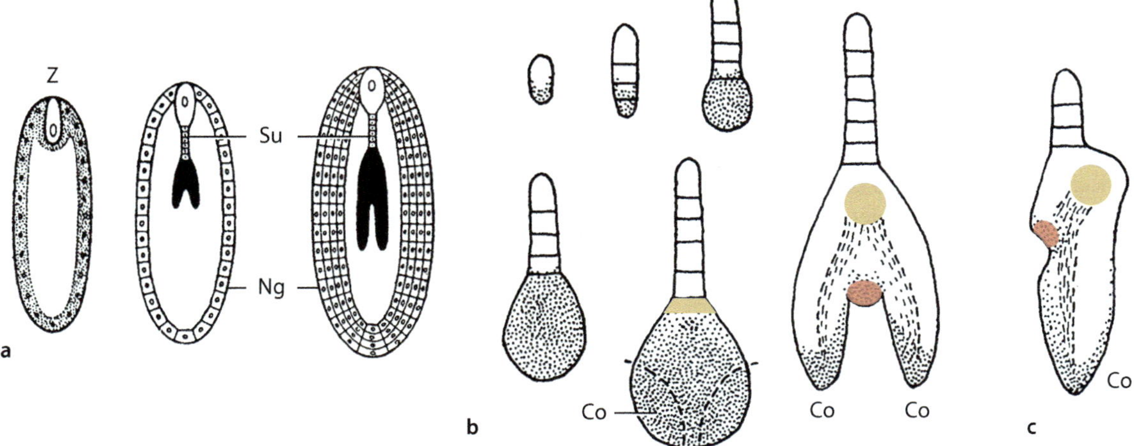

Abb. 6.7 Embryogenese. a, Entwicklung des Embryos (schwarz) aus der Zygote (Z) im Embryosack des Samens (▶ Abschn. 4.6.3). Der Embryo wird von einem Gewebestrang, dem Suspensor (Su), ins Nährgewebe (Ng) geschoben, das sich zusammen mit dem Embryo entwickelt. **b,** Embryonalentwicklung bei Gymnospermen und Dicotylen. Die ersten Teilungen der Zygote führen zur Bildung des kugelförmigen Proembryos (hellgrau) und des fadenförmigen Suspensors. Die beiden Keimblätter (Co, Cotyledo) entstehen seitlich des künftigen Sprossapikalmeristems (rot), das dem Suspensor gegenüberliegt. Das Wurzelmeristem (hellbraun) entsteht endogen aus der obersten Suspensorzelle (▶ Abb. 8.70). **c,** Embryonalentwicklung bei Monocotylen. Es entwickelt sich nur ein Keimblatt; die Radicula liegt schräg zum Suspensor. (© a: Troll 1973. b, c: Hagemann 2005, leicht verändert)

Keimwurzel (**Radicula**, Primärwurzel) hervor (■ Abb. 6.7b, c: hellbraun), die nach der Abstoßung des Suspensors dem SAM gegenüberliegt (▶ Abb. 8.69). Das Wurzelmeristem wird von einer Wurzelhaube (Kalyptra; ▶ Abschn. 8.4.3) bedeckt und liegt dementsprechend **subapikal** (unter der Oberfläche).

— Der Embryo bildet meist ein oder zwei **Keimblätter** (Cotyledonae; ■ Abb. 6.7b, c: Co). Die Zahl der Keimblätter hat eine hohe systematische Relevanz und ist Namensgeber für die einkeimblättrigen (monocotylen) und zweikeimblättrigen (dicotylen) Blütenpflanzen. Die Keimblätter sind **embryonalen Ursprungs** und unterscheiden sich darin von allen anderen, später entstehenden Blättern. Ihre Lage markiert den ersten Knoten, der Hypocotyl und Epicotyl voneinander trennt (■ Abb. 6.3b).

6.4.2 Keimruhe (Dormanz)

Die meisten Pflanzen durchlaufen eine Ruhephase (**Dormanz**) vor der Keimung. Sie beruht auf einer **Keimhemmung**, die den Embryo an der Fortentwicklung hindert. Die Keimruhe ist ein **Schutzmechanismus**, der besonders in Lebensräumen Bedeutung gewinnt, die nicht durchgehend geeignete Keimbedingungen aufweisen. So können die Embryonen im Samen Trocken- und Kälteperioden in einem Zustand geringer Stoffwechselaktivität und erhöhter Widerstandsfähigkeit überstehen.

Die **Keimhemmung** hat verschiedene **Ursachen**. Bei einigen Arten ist der Embryo noch nicht voll entwickelt (Stechpalme: *Ilex*, Aquifoliaceae), bei anderen hindern die harte Samenschale (Palmenarten, Arecaceae) oder keimhemmende Substanzen (Tomate: *Solanum*, Solanaceae) die Samenkeimung. In den gemäßigten Breiten benötigen die Samen vieler Pflanzen eine **Frostperiode** zur Aufhebung der Keimruhe (**Vernalisation**; ▶ Exkurs 9.1). Dadurch wird die Samenkeimung in der ungünstigen Zeit vor Winteranbruch verhindert. Werden Samen künstlich diesen Bedingungen ausgesetzt, spricht man von **Stratifikation** (Brechung der Samenruhe).

Die **Länge** der **Keimruhe** ist bei den einzelnen Arten verschieden. Bei Kulturpflanzen ist sie meist kurz (beim Roggen nur wenige Tage), bei Wüstenpflanzen kann sie viele Jahre oder sogar Jahrzehnte betragen. Sie wird autonom reguliert oder durch Außenfaktoren wie Feuchtigkeit, Temperatur, Licht- und Nährstoffverhältnisse gesteuert. Die **Keimfähigkeit** beträgt wenige Wochen (Salicaceae: Weide, Pappel), einige Jahre (Getreidearten) oder über 100 Jahre (einige Fabaceae). In Seeablagerungen Ostasiens gefundene Samen der Lotosblume (*Nelumbo nucifera*, Nelumbonaceae) sollen bei der Keimung mehrere Hundert Jahre alt gewesen sein.

Die **Samenkeimung** setzt meist unter dem Einfluss bestimmter **Außenreize** wie Feuchtigkeit, Licht/Tageslänge oder Temperatur ein. In mediterranen Gebieten können auch **Feuer** und **kalter Rauch** keimstimulierend wirken. Beides fördert die Keimung zu dem günstigen

Zeitpunkt, an dem der Boden offen, sonnenexponiert und gut durch Asche gedüngt ist (▶ Abschn. 8.6.1).

6.4.3 Keimung

Mit der **Keimung** des Samens setzt der junge Sporophyt sein Wachstum fort. Aus dem Embryo entsteht die Keimpflanze. Der lufttrockene Samen quillt nach ausreichender Wasseraufnahme auf, aktiviert Enzyme, mobilisiert im Samen vorhandene Reservestoffe und beginnt mit Syntheseleistungen und Wachstumsprozessen. Die dabei gebildeten Vitamine machen die Keimpflanzen für die menschliche Ernährung besonders wertvoll (z. B. Sojakeimlinge).

Bis zur Bildung der ersten Photosynthese betreibenden Blätter nutzt der keimende Samen seine Reservestoffe. Eine Ausnahme bilden die Orchideen, die **ohne Nährgewebe** keimen. Ihre winzigen Samen (Staubsamen) verfügen über keine Reservestoffe. Bei ihnen wird der Embryo von **Mykorrhizapilzen** infiziert (▶ Exkurs 3.4 und 8.11). Er erhält Nährstoffe über den Pilz, bis er zur eigenen Photosynthese und zur Wasser- und Nährsalzaufnahme aus dem Substrat fähig ist.

Bei der Keimung streckt sich zunächst die **Keimwurzel** (Radicula), durchbricht die Samenschale im Bereich der Mikropyle (▶ Abschn. 5.6.5, ▶ Abb. 12.2: Mi), verankert die junge Pflanze im Boden und versorgt sie mit Wasser und Mineralstoffen. Dann keimt der **Spross** der Keimpflanze zum Licht hin und entfaltet seine ersten grünen Blätter.

Epigäische und hypogäische Keimung

Nach der Art der Sprossentwicklung und der ersten grünen Blätter unterscheidet man die **epigäische** und die **hypogäische** Keimung. Zwischen beiden Formen gibt es Übergange:

- Bei der **epigäischen Keimung** (wörtl. „über der Erde") fungieren die **Keimblätter** als erste, **Photosynthese** betreibende Blätter (▣ Abb. 6.8f). Sie ist meist mit einem **Nährgewebe im Samen** und der Streckung des **Hypocotyls** verbunden. Epigäische Keimung ist sehr häufig. Sie tritt bei Buche (*Fagus*), Ahorn (*Acer*) und Koriander (▣ *Coriandrum*; Abb. 6.9a–c) ebenso auf wie bei Kartoffel (*Solanum*), Sonnenblume (*Helianthus*), Radieschen (*Raphanus*) oder Wunderbaum (*Ricinus*, ▣ Abb. 6.8a–f).
- Bei der **hypogäischen Keimung** (wörtl. „unter der Erde") stehen die Keimblätter nicht als Assimilationsorgane zur Verfügung, sondern werden als **Speichercotyledonen** ausgebildet. Bei der Feuerbohne (*Phaseolus multiflorus*, Fabaceae) wird beispielsweise der gesamte Samen von den beiden Speichercotyledonen ausgefüllt (▣ Abb. 6.8h). Die Keimblätter sind dick und bleich, verbleiben im bzw. am Boden (wo sie sel-

ten ergrünen) und verrotten nach der Aufzehrung durch den Keimling. Bei der Keimung streckt sich das **Epicotyl** und hebt die Primärblätter ans Licht. Diese werden oft schon im Samen als **Plumula** angelegt (▣ Abb. 6.8k: Pl). Beispiele für hypogäische Keimung liefern die Rosskastanie, die Eiche (▣ Abb. 6.9e) und vor allem die große Gruppe der **Hülsenfrüchtler** (Fabaceae), zu der die Feuerbohne ebenso gehört wie die Dicke Bohne (*Vicia faba*; ▶ Abb. 12.3d), Erbse (*Pisum*), Linse (*Lens*) oder Erdnuss (*Arachis* ▶ Abb. 12.19).

Keimung mit Haustorien

Zahlreiche Embryonen entwickeln Saugstrukturen (Haustorialorgane; ▶ Abschn. 7.5.2), die den Abbau und die Resorption der im Nährgewebe gespeicherten Reservestoffe vermitteln. Die Haustorien entsprechen morphologisch einem Keimblatt oder dem Hypocotyl:

- Bei der Küchenzwiebel (*Allium cepa*, Amaryllidaceae) liegt epigäische Keimung mit einem einzigen, gleichzeitig **assimilierenden** und **haustorial** tätigen **Keimblatt** vor (▣ Abb. 6.10a–c). Bei ihr tritt das Keimblatt (nicht das Hypocotyl) unter Hakenbildung aus dem Samen aus und ergrünt; es bleibt aber mit seiner Spitze im Nährgewebe stecken, wo es als Saugorgan **(Haustorium)** fungiert.
- Hypogäisch keimende Samen mit **haustorialen Keimblättern** kommen vor allem bei monocotylen Pflanzen vor, z. B. bei den Süßgräsern (Poaceae), Dattelpalmen und Kokospalmen (beides Arecaceae).

Die einsamigen Früchte der Süßgräser (▣ Abb. 6.10d, e) sind Karyopsen (▶ Abschn. 12.2.3), d.h. Nüsse, bei denen Samenschale (Testa) und Fruchtwand (Perikarp) eine gemeinsame Schale (Sch) bilden. Der Embryo (Em) liegt mit seinem als **Scutellum** (Sc, Schildchen) bezeichneten Keimblatt dem Nährgewebe (Ng) seitlich an, das aus einem zentralen **Mehlkörper** (Stärke) und einer äußeren Proteinschicht (Al, **Aleuronschicht**) besteht. Aus dem Mehlkörper, den man zuvor von der **Kleie** (Schale, Aleuronschicht) befreit hat, wird das weiße **Weizenmehl** gewonnen.

Bei der Keimung entwickelt sich zuerst die Radicula (Ra), die von einer scheidenartigen Hülle, der **Koleorrhiza** (Kr), umgeben ist. Die Homologie dieser Struktur ist ungeklärt. Danach beginnt das Sprossapikalmeristem (SAM) mit den Anlagen der Primärblätter auszutreiben (Pl, Plumula). Es ist ebenfalls von einer Hülle, der **Koleoptile**, umgeben, die morphologisch dem Unterblatt des Scutellums entspricht (Troll 1973). Diese auch als **Keimscheide** bezeichnete Struktur schützt die Primärblätter (Pl, Plumula), streckt sich und tritt aus dem Boden. Danach durchstößt das Primärblatt die Koleoptilenspitze und beginnt zu assimilieren. Zwischen der Ansatz-

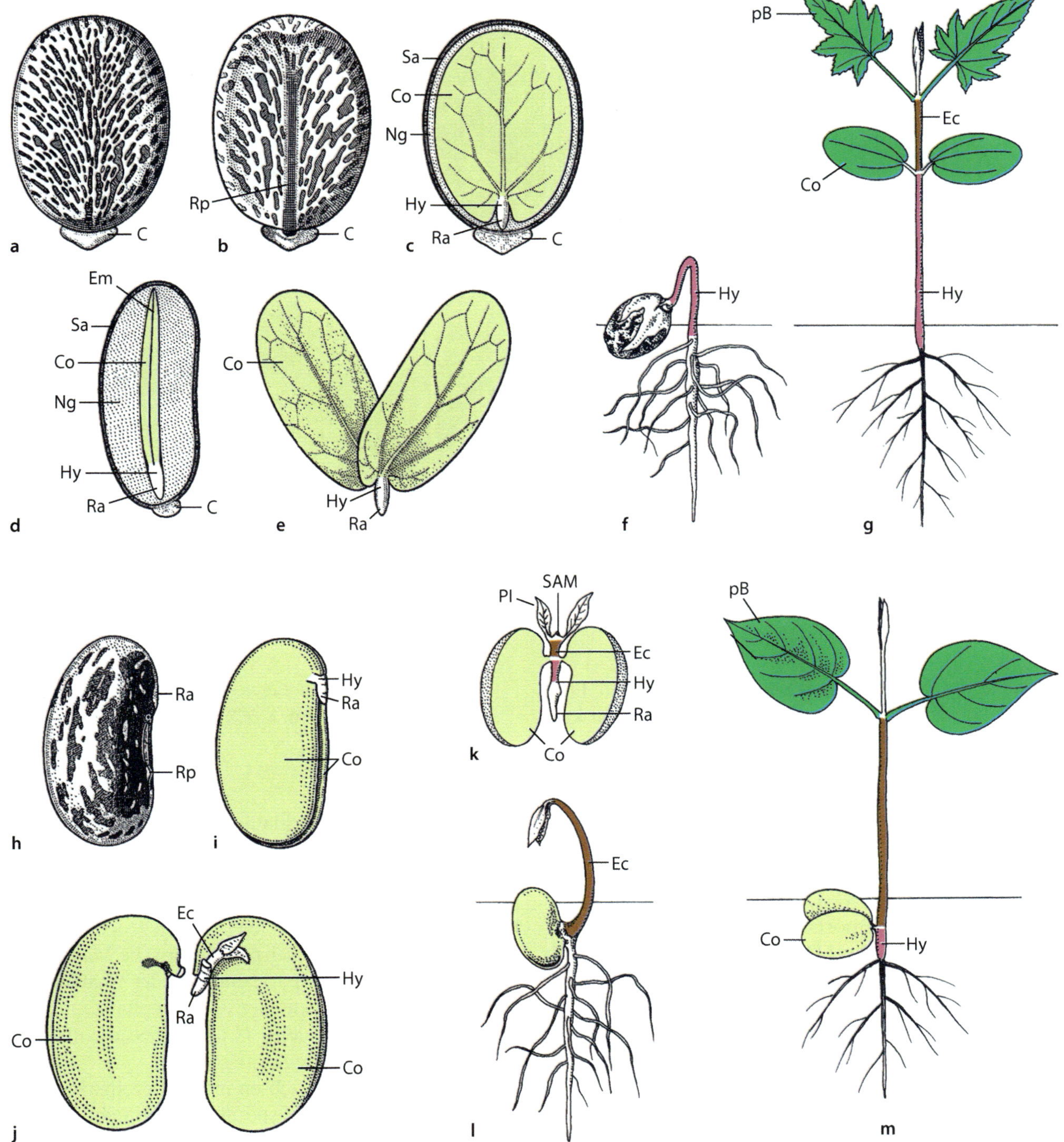

◻ **Abb. 6.8 Epigäische und hypogäische Keimung. a–g,** Epigäische Keimung. Wunderbaum (*Ricinus communis*, Euphorbiaceae). **a, b,** Samen von außen mit Ameisenfraßkörper an der Basis (C, Caruncula) und deutlich ausgeprägter Raphe (Rp) (Samenmorphologie ▶ s. Abschn. 12.1). **c–e,** Längsschnitte durch die Breit- (**c**) und Schmalseite des Samens (**d**) und herauspräparierter Embryo (**e**). Der Embryo (Em; gelbgrün) liegt im Nährgewebe (Ng) und bildet zwei großflächige, dünnhäutige Keimblätter (Co, Cotyledo), die bereits Blattnervatur zeigen. Hypocotyl (Hy) und Keimwurzel (Ra, Radicula) sind gut erkennbar. Sa, Samenschale. **f, g,** Keimung. **f,** Entwicklung des Wurzelsystems, Ergrünung und Streckung des Hypocotyls (rosa) unter Bildung eines Hypocotylhakens. **g,** Herausschieben der Keimblätter über den Erdboden durch weitere Streckung des Hypocotyls. Grün: Assimilationsorgane. **h–m,** Hypogäische Keimung. Feuerbohne (*Pha-* *seolus multiflorus*, Fabaceae). **h,** Nierenförmiger Samen von außen. **i,** Samenschale entfernt, der Embryo füllt mit seinen beiden Speicherkeimblättern den gesamten Innenraum aus. **j, k,** Die Keimblätter des Embryos sind aufgeklappt und zeigen die Anlage der Radicula und des jungen Sprosses, der als Plumula (Pl) vorliegt. Das SAM liegt zwischen den bereits angelegten Primärblättern. Ec, Epicotyl. **l, m,** Keimung. **l,** Entwicklung des Wurzelsystems, Ergrünung und Streckung des Epicotyls (Ec, braun). **m,** Verbleib der Keimblätter im Boden, Entfaltung der Primärblätter (pB) als erste grüne Blätter. Der Vergleich der Keimpflanzen (**g, m**) verdeutlicht die Homologieverhältnisse: Die Keimblätter sind trotz unterschiedlicher Gestalt und Funktion homolog zueinander, die sich streckenden Sprossglieder und die ersten grünen Blätter trotz gleicher Funktion analog. (© a–d, g–i: Troll 1954. e, f, l, k: Jäger et al. 2009, verändert)

◘ Abb. 6.9   Keimlinge. a–c, Epigäische Keimung. Das Hypocotyl streckt sich und schiebt die Keimblätter (Co, Cotyledo) als erste assimilierende Blätter aus dem Boden. **a**, Rotbuche (*Fagus sylvatica*, Fagaceae). **b**, Ahorn (*Acer*, Sapindaceae). **c**, Koriander (*Coriandrum sativum*, Apiaceae). **d**, Epigäische Keimung mit hypocotylem Haustorialorgan. *Tristerix corymbosus* (Loranthaceae) auf *Aristotelia chi-*

lensis (Elaeocarpaceae). Parque Nacional Vicente Pérez Rosales, S-Chile. **e**, Hypogäische Keimung. Das Epicotyl (Ep) streckt sich; die Keimblätter übernehmen Speicherfunktion, die ersten assimilierenden Blätter sind Folgeblätter. Eiche (*Quercus*, Fagaceae). (© R. Claßen-Bockhoff, Mainz)

stelle des Scutellums (Keimblattes) und dem Freiwerden seiner Unterblattscheide bildet sich ein kurzes Gewebestück, das als Mesocotyl bezeichnet wird. Es handelt sich nicht um ein Internodium, sondern um den gestreckten Cotyledonarknoten

Die Koleoptile ist ein wichtiges **Modellorgan** für physiologische Experimente zur Keimung, Licht- und Schwerefeldperzeption der Pflanzen. Das in ihr produzierte **Auxin** wird aktiv in weiter unten liegende Pflanzenteile transportiert, wo es Zellwachstum und Zellstreckung bewirkt (▶ Exkurs 6.5). Dabei werden die Zellen der Licht- und Schattenseite des Keimlings verschieden stark mit Auxin versorgt, sodass die Pflanze zum Licht hinwächst.

— Bei den epiphytisch lebenden Misteln (*Viscum alba*, Santalaceae) und Vertretern der Loranthaceae (*Tristerix corymbosus*) keimen die Samen nicht im Boden, sondern auf Trägerpflanzen aus (▶ Abschn. 8.6.1). Die Beeren werden von Vögeln gefressen und die Samen mit deren Kot ausgeschieden. Sie bleiben mit dem klebrigen Schleim der verdauten Früchte im Geäst der Pflanzen hängen (◘ Abb. 6.9d). Der Keimling bildet **keine Radicula** (wurzellose Pflanzen; ▶ Abschn. 8.4.4), sondern tritt mit einem grün werdenden **Hypocotyl** aus dem Samen aus. Das Hypocotyl bildet bei Kontakt eine Haftscheibe und dringt

enzymatisch in das Gewebe der Wirtspflanze ein (Parasiten; ▶ Abschn. 8.6.2).

Echte Viviparie

In seltenen Fällen durchlaufen die Embryonen **keine Keimruhe**, sondern beginnen schon auf der Mutterpflanze zu keimen. Voraussetzung für diese als **Viviparie** bezeichnete Keimform sind annähernd konstante Keimbedingungen, so wie sie vor allem in den Tropen gegeben sind. Die bekanntesten Beispiele liefern die **Mangrovenpflanzen**, doch tritt Viviparie auch bei der Chayote (*Sechium edule*), einer tropischen Gemüsepflanze aus der Familie der Kürbisgewächse (Cucurbitaceae) auf (Troll 1973).

Mangrovenwälder wachsen in der **Gezeitenzone tropischer Küsten**, an deren spezifische Bedingungen sich die Pflanzen angepasst haben (▶ Abb. 8.81, ▶ Abschn. 8.4.5). Bei verschiedenen Arten, insbesondere Vertretern der Rhizophoraceae (◘ Abb. 6.11), bilden die Früchte nur einen Samen, der bereits **auf der Mutterpflanze auskeimt**. Das Hypocotyl (Hy) durchbricht zunächst die Samenschale (Te, Testa) und dann die Fruchtwand (Pe, Perikarp). Es streckt sich bis zu einer Länge von 50 cm (meist 20–30 cm), während die Keimblätter im Samen verbleiben (◘ Abb. 6.11h). Die

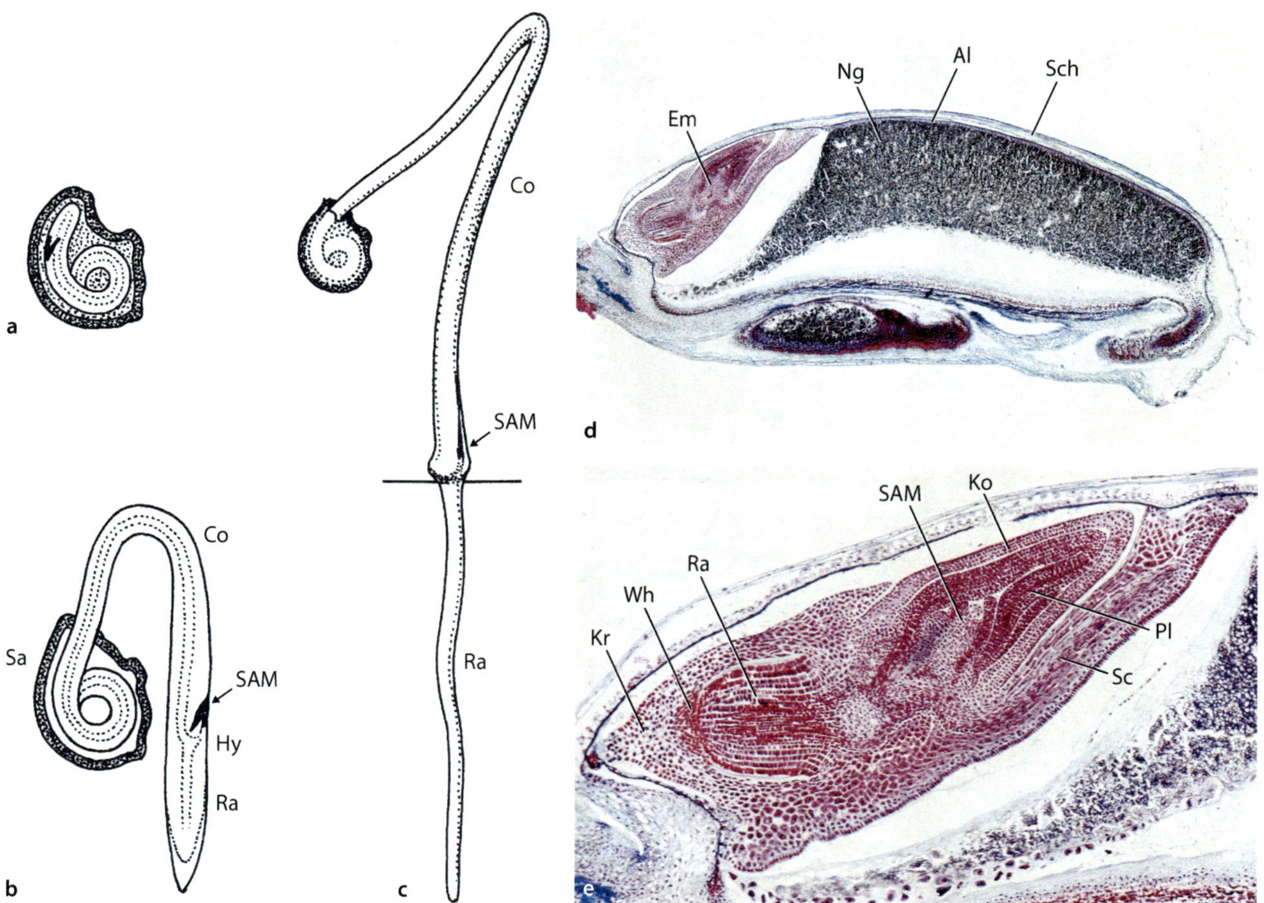

▣ Abb. 6.10   Keimung mit Saugorganen (Haustorien). a–c, Küchenzwiebel (*Allium cepa*, Amaryllidaceae). Epigäische Keimung mit Keimblattspitze als Haustorialorgan. **a,** Embryo im Samen. **b,** Das Keimblatt (Co, Cotyledo) streckt sich unter Hakenbildung aus dem Samen (Sa), schiebt das Sprossapikalmeristem (SAM) aus dem Samen und Hypocotyl (Hy) und Keimwurzel (Ra, Radicula) in den Boden. **c,** Keimpflanze. Der Cotyledo ist grün und ernährt die Keimpflanze über das Nährgewebe des Samens und durch eigene photosynthetische Aktivität. Die Primärblattanlagen am SAM sind von der Scheide des Keimblattes umhüllt. **d, e,** Saatweizen (*Triticum aes-* *tivum,* Poaceae), **d,** Längsschnitt durch ein Weizenkorn mit großem Mehlkörper (Ng, Nährgewebe) und Embryo (Em). Al, Aleuronschicht (▶ Abb. 2.9b). Sch, Schale aus Fruchtwand (Perikarp) und Samenschale (Testa). **e,** Längsschnitt durch den Embryo (Ausschnitt aus **a**). Ko, Koleoptile (Keimblattscheide). Kr, Koleorrhiza (Wurzelscheide unbekannter Homologie). Pl, Plumula (Anlage der ersten Laubblätter). Ra, Radicula. SAM, Sprossapikalmeristem. Sc, Scutellum (schildförmiges Keimblatt). Wh, Wurzelhaube. (© a–c: Troll 1935, verändert. d, e: Botanische Sammlungen der JGU Mainz)

Primärwurzel geht früh zugrunde und wird später durch sprossbürtige Wurzeln ersetzt. Die Frucht fällt entweder ganz ab oder wirft Hypocotyl und SAM ohne Keimblätter ab (▣ Abb. 6.11h).

Keimlinge, die senkrecht im Boden stecken bleiben (Barochorie; ▶ Abschn. 12.3.5), tragen durch **Anreicherung von Schlick** zur Bodenbildung und **Ausdehnung der Wälder** bei. Keimlinge, die **verdriftet** werden, sind schwimmfähig und bleiben über Monate hinweg keimfähig (Hydrochorie; ▶ Abschn. 12.3.4).

Die Auskeimung des Samens auf der Mutterpflanze wird als **echte Viviparie** bezeichnet und von der wesentlich häufigeren **falschen Viviparie** unterschieden (▶ Abschn. 6.9.2). Bei der falschen Viviparie handelt es sich um die Bildung von **Brutknospen** (Bulbillen) im Blütenbereich, wie sie z. B. bei Zwiebelgewächsen (Amaryllidaceae), Knöterichgewächsen (Polygonaceae) oder Süßgräsern (Poaceae) auftritt (▣ Abb. 6.49 und 6.50). Die Brutknospenbildung ist eine Form der **vegetativen Vermehrung** (▶ Abschn. 4.1).

6

■ **Abb. 6.11 Echte Viviparie bei Mangrovengewächsen.** Beispiel: Rhizophoraceae. Der Samen keimt bereits am Baum aus, wobei sich das Hypocotyl sehr lang streckt. **a,** *Rhizophora stylosa* (Rhizophoraceae). Blüte und Frucht mit beginnender Keimung. Iriomote, Japan. **b,** *Rhizophora mangle.* Frucht (Fr) mit herauswachsendem Hypocotyl (Hy). BG Mainz. **c, d,** *Kandelia obovata,* Shenzhen, China. **c,** Junges Stadium. **d,** Älteres Stadium mit entwickeltem Hypocotyl. **e–g,** *Bruguiera gymnorrhiza.* **e,** Hypocotyl des Embryos, vom Kelch (Ke) der Blüte umhüllt. **f,** Älteres Stadium mit ca. 20 cm langem Hypocotyl. Iriomote, Japan. **g,** Längsschnitt durch eine hängende Frucht (schematisch). Co, Cotyledo. Pe, Perikarp. **h,** Schema zur Erläuterung der Viviparie. Im dargestellten Fall löst sich das Hypocotyl des Embryos samt Sprossapikalmeristem (SAM) unter Hinterlassung der Keimblätter (Co) im Samen von der (hängenden) Frucht. Te, Testa. (© a–f: R. Claßen-Bockhoff, Mainz. g, h: Troll 1973, leicht verändert)

6.5 Blattfolge

Die Blattfolge (Metamorphose; ▶ Exkurs 6.3) beschreibt die Abänderung der Blattgestalt während der Ontogenese der Pflanze. Die **Keimblätter** (Cotyledonen) sind sehr einfach gestaltet. Im Laufe der Individualentwicklung **erstarkt** die Pflanze und bildet allmählich oder abrupt voll entwickelte **Laubblätter**. Beim Übergang in blühende Sprossabschnitte nimmt die Blattdifferenzierung wieder ab. Es werden **Hochblätter** gebildet, auf die zuletzt die **Blütenhüllblätter** folgen (die allerdings nicht vom SAM, sondern vom Blütenmeristem erzeugt werden).

Die Stinkende Nieswurz (*Helleborus foetidus*, Ranunculaceae; ◼ Abb. 6.12a) zeigt die Blattfolge sehr deutlich. Auf die ungegliederten Keimblätter folgen wenig differenzierte **Primärblätter** (Pb). Diese sind bereits in Stiel und Spreite gegliedert, aber die Spreite ist noch nicht so stark ausdifferenziert wie bei den voll entwickelten **Laubblättern** (Lb). Zum Blütenstand hin nimmt die Blattgröße wieder ab (Üb, Hb). Interessanterweise bleibt dabei zunächst der **Blattstiel** (Bs) **gehemmt**, bevor die Differenzierung der Spreite (Sp) bei gleichzeitiger Förderung der Blattbasis unterdrückt wird (Blattentwicklung; ▶ Abschn. 8.3.2).

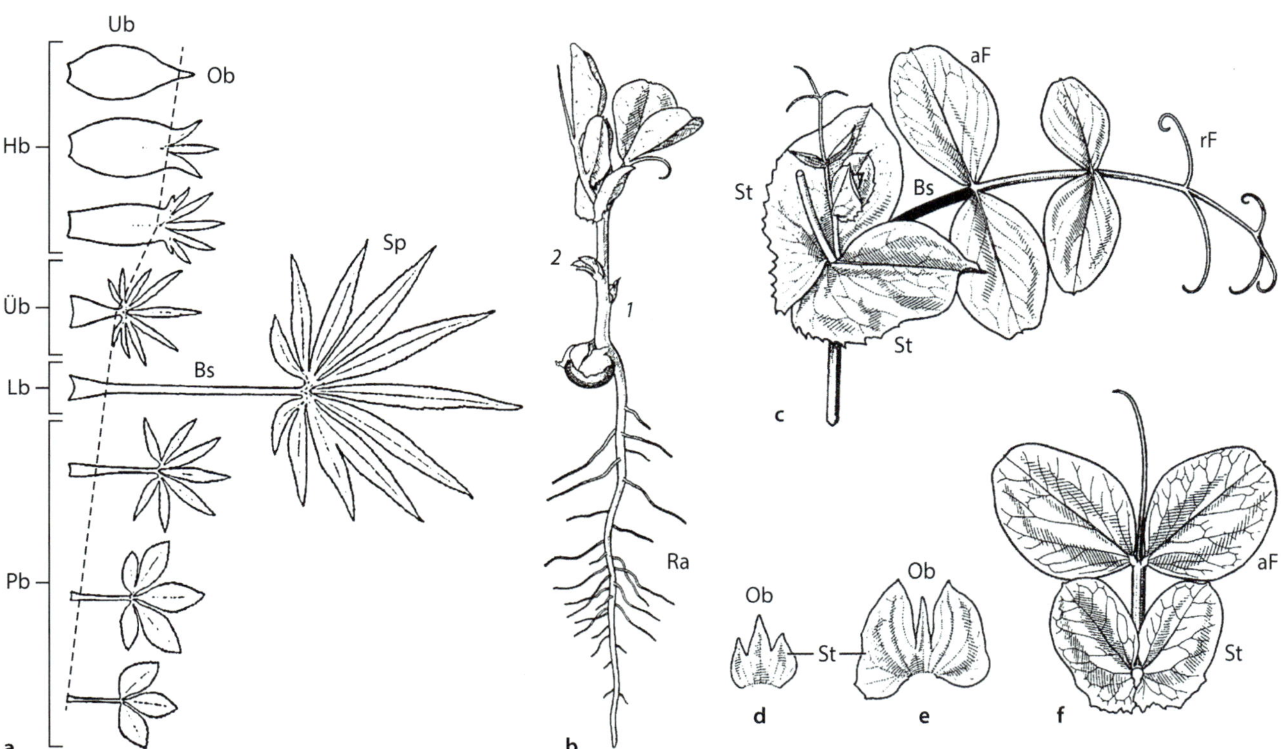

◼ **Abb. 6.12 Blattfolge. a**, Stinkende Nieswurz (*Helleborus foetidus*, Ranunculaceae). Auf die Keimblätter folgen wenig differenzierte Primärblätter (Pb), voll entwickelte Laubblätter (Lb), Übergangsblätter (Üb) mit gehemmt bleibendem Blattstiel und Hochblätter (Hb) mit relativ zum Oberblatt (Ob) vergrößertem Unterblatt (Ub). Man erkennt deutlich die Erstarkung der Blattentwicklung vom Keimblatt zum Laubblatt und die Hemmung der Blattentwicklung vom Laubblatt zum Hochblatt. Die gestrichelte Linie gibt die Grenze zwischen Unter- und Oberblatt an. Bs, Blattstiel. Sp, Spreite. Alle Blätter im gleichen Maßstab. **b–f**, Erbse (*Pisum sativum*, Fabaceae). **b**, Keimpflanze mit Radicula (Ra), zwei Niederblättern (*1, 2*) und ersten Laubblättern (Speichercotyledonen im Samen). **c**, Voll differenziertes Laubblatt mit laubigen Stipeln (St), Blattstiel (Bs; schwarz) und gefiederter Spreite mit assimilierenden (aF) und rankenden Fiedern (rF). **d, e**, Niederblätter *1* und *2* (vgl. **b**) in Unterblatt (St, Stipel) und Oberblatt (Ob) gegliedert. **f**, Primärblatt: noch nicht voll differenziertes Laubblatt. (© a: Troll 1939, verändert. b–f: Troll 1954)

Exkurs 6.3 Goethes Metamorphose der Pflanze

„Die Gestalt ist ein Bewegliches, ein Werdendes, ein Vergehendes. Gestaltenlehre ist Verwandlungslehre. Die Lehre der Metamorphose ist der Schlüssel zu allen Zeichen der Natur." (Goethe, aus Kuhn 1987: 349)

Johann Wolfgang von Goethe (1749–1832) war nicht nur deutscher Dichterfürst, sondern auch vielseitiger Naturforscher. Er war fasziniert von der Formenfülle, die ihm beim Studium der Pflanzen, Tiere, Mineralien, Landschaften, Knochen und menschlichen Gesichtsausdrücke entgegentrat, und begründete die **Morphologie** als eine allgemeine Lehre von der äußeren Gestalt. Dabei fasste er Morphologie als eine **Disziplin** mit **dynamischem Ansatz** auf (Verwandlungslehre) – eine aus heutiger Sicht sehr moderne Ansicht (Sattler 1996; Claßen-Bockhoff 2001a).

Um die Entstehung pflanzlicher Vielfalt zu verstehen, führte Goethe umfangreiche botanische Studien durch. Er erkannte, dass sich hinter der Formenvielfalt eine **Gemeinsamkeit** verbirgt, und folgerte, dass die Vielfalt auf **Veränderung**, *Metamorphose*, eines **einheitlichen Grundprinzips**, des *Typus*, beruhe. In seiner Schrift *Versuch, die Metamorphose der Pflanzen zu erklären* fasste Goethe (1790) seine botanischen Erkenntnisse zusammen.

Der Begriff **Metamorphose** ist eng mit dem der **Blattfolge** verbunden und wird gelegentlich für diese verwendet. Er geht auf Goethes Auffassung zurück, dass das Blatt die **universelle Ausgangsform** der pflanzlichen Formbildung sei (▪ Abb. 6.13):

„Alles ist Blatt und durch diese Einfachheit wird die größte Mannigfaltigkeit möglich." (Goethe, aus Kuhn 1987: 84)

Tatsächlich entstehen alle Blätter seitlich am SAM aus einem uniformen Blattprimordium und erhalten ihre spezifische Gestalt erst aufgrund unterschiedlicher Entwicklungsbedingungen (► Abschn. 1.1.2, ► Abb. 1.6). Betrachtet man das Primordium als das allen Blättern Gemeinsame und sein Entwicklungspotential als Quelle für Vielfalt, dann lässt sich Goethes Auffassung auch heute noch nachvollziehen.

Der Begriff **Typus** hat eine wechselvolle Geschichte durchlaufen. Von **Goethe** als geistige Idealform verstanden, wurde der **Typus der Urpflanze** im Zuge der Evolutionstheorie zur **historischen Urpflanze**, von der sich alle Pflanzen ableiten lassen (**Zimmermann** 1930).

Inspiriert von Goethes Ansicht einer ‚Einheit hinter der Vielfalt' fasste **Troll** (z. B. 1928) den Typus der Pflanze als ein gegebenes, allgemeingültiges **Bezugssystem** auf.

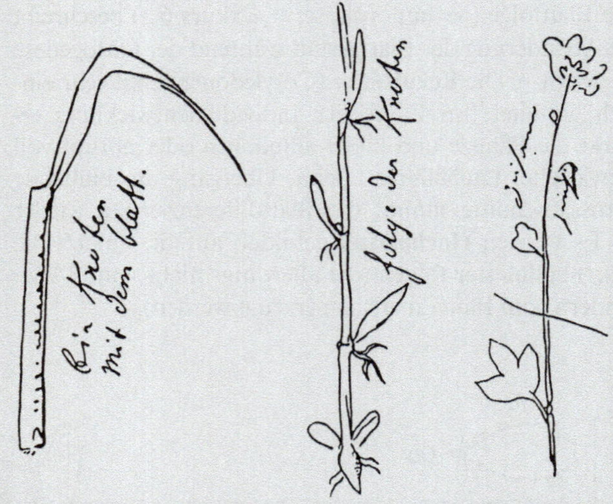

Abb. 6.13 Skizze Goethes zur Metamorphose der Pflanze (undatiert). Ein ‚Knoten mit dem Blatt' als Bauprinzip, die ‚Folge der Knoten' als Abwandlungsreihe und das ‚Zusammenziehen' der Blätter beim Übergang in die Blütenbildung. (© Malsch 1959, verändert)

Nach seiner Ansicht waren die vielfältigen Blätter, Sprosssysteme oder Blütenstände Manifestationen eines **zugrunde liegenden Typus**, der nur in den **Proportionen** seiner Teile variierte. Die Typen waren klar voneinander abgegrenzte **Kategorien** und ließen keine Übergänge zu. Mit dieser **typologischen Sichtweise** prägte Troll (1897–1978) als führender Pflanzenmorphologe seiner Zeit die deutsche Pflanzenmorphologie im 20. Jahrhundert (Claßen-Bockhoff 2001b). Die statische und nicht evolutionsbiologische Ausrichtung der Pflanzenmorphologie wurde **heftig kritisiert** (Zusammenfassung in Nickel 1996). Froebe (1971) relativierte den pflanzenmorphologischen Typusbegriff. Er stellte klar, dass Typen im Sinne von **test- und korrigierbaren Modellvorstellungen** in allen Wissenschaften verwendet werden, und forderte die **Methode der Typisierung** von der Interpretation des Typus im Troll'schen Sinne (Typologie) zu trennen. Heute folgt die Pflanzenmorphologie diesem Ansatz und ist methodisch und inhaltlich **evolutionsbiologisch** ausgerichtet (► Abschn. 1.2.1).

Der Begriff ‚Typus' wird umgangssprachlich im Sinne von **typisch** verwendet. In der **Taxonomie** bezeichnet der Typus einen konkreten, in einem Herbarium hinterlegten **Beleg** derjenigen Pflanze, die zur Erstbeschreibung der Art genutzt wurde (► Exkurs 3.1).

6.5.1 Blattgliederung: Unterblatt, Nebenblatt und Oberblatt

Um die Differenzierung der Laubblätter während der Individualentwicklung der Pflanzen nachvollziehen zu können, ist ein Grundverständnis der **Blattgliederung** notwendig (ausführliche Darstellung ▶ in Abschn. 8.3).

Das **Laubblatt** der Samenpflanzen besteht aus Unterblatt und Oberblatt (▶ Abb. 8.32). Das **Unterblatt** entspricht der **Ansatzstelle** des Blattes und entwickelt sich meist vor dem Oberblatt. Es übernimmt Schutz- und Stützfunktionen, bleibt unscheinbar oder bildet Unterblattstrukturen wie z. B. eine **Scheide** (viele Monoctyle; ▶ Abb. 8.32a) oder seitlich ansitzende **Stipeln** (fast nur Eudicotylen; ▶ Abb. 8.33e). Die auch als Nebenblätter bezeichneten Stipeln sind **Auswüchse des Unterblattes**. Das **Oberblatt** ist ungeteilt oder in **Blattstiel** (Petiolus) und **Blattspreite** (Lamina) differenziert; es ist einfach gestaltet oder in unterschiedlicher Weise aufgeteilt (Fiederblatt; ▶ Abschn. 8.3.4).

Unterblatt, Nebenblatt und Oberblatt sind **keine Blätter**, sondern **Teile eines Blattes**. Die Begriffe beziehen sich auf die ersten Schritte der Blattentwicklung (▶ Abschn. 8.3.2) und können bei der Betrachtung ausgewachsener Blätter durch die Begriffe **Blattgrund**, **Scheide**, **Stipel** (Nebenblatt), **Stiel** und **Spreite** ersetzt werden.

Als **Beispiel** für ein stark gegliedertes Laubblatt dient das Blatt der Erbse (*Pisum sativum*, Fabaceae). An der Basis des Blattes sitzen zwei laubige **Stipeln** (St). Die Spreite oberhalb des Blattstiels (Bs) ist in Teilblättchen (**Fiedern**) aufgegliedert, von denen die unteren assimilieren (◘ Abb. 6.12c: aF) und die oberen zu Fiederranken umgebildet sind (rF; ▶ Abschn. 8.3.4). Das Laubblatt erreicht erst ab dem vierten oder fünften Knoten seine ausdifferenzierte Form. Auf die Keimblätter, die als Speichercotyledonen im Samen verbleiben, folgen zunächst zwei sehr kleine Blätter (◘ Abb. 6.12b: *1, 2*), die leicht übersehen werden. Aufgrund ihrer **Position unterhalb der Laubblätter** und der **geringen Differenzierung** werden sie als **Niederblätter** bezeichnet (s. unten). Das erste Blätt (◘ Abb. 6.12d) lässt bereits eine Gliederung in Unterblatt (St) und Oberblatt (Ob) erkennen. Das zweite Blätt (◘ Abb. 6.12e) ist etwas größer, wobei das Unterblatt gegenüber dem Oberblatt gefördert ist. Das dritte Blatt (◘ Abb. 6.12f) ähnelt bereits dem Laubblatt, weist aber noch eine vergleichsweise wenig differenzierte Spreite auf. Das Beispiel zeigt deutlich, wie sich die **Erstarkung der Keimpflanze** auf den **Differenzierungsgrad der Blätter** auswirkt.

6.5.2 Morphologische Bezeichnung von Blättern

Die Mehrzahl der Blätter gehört der **Laubblattzone** an und geht aus seitlich am SAM entstehenden **Blattprimordien** hervor (▶ Abb. 1.2b). Alle Blätter sind untereinander morphologisch **homolog**, durchlaufen aber **unterschiedliche Entwicklungsprozesse**, die zu der natürlichen Formenfülle führen (▶ Abb. 1.7).

Blätter werden nach ihrer **Position**, **Gestalt** oder **Funktion** voneinander unterschieden. Das hat zur Folge, dass ein konkretes Blatt je nach Betrachtung mehrere Bezeichnungen haben kann (z. B. Tragblatt, Vorblatt; ◘ Abb. 6.17c).

Tragblätter

Tragblätter sind alle Blätter, die ein **Achselprodukt** bilden (‚tragen'). Die Definition bezieht sich allein auf die **Funktion** und betrifft ganz unterschiedliche Blätter. Da jedes Blatt **grundsätzlich in der Lage** ist, eine Seitenachse zu tragen, ist jedes Blatt, ob Keimblatt, Laubblatt, Hochblatt oder Vorblatt, ein Tragblatt, sobald sich das Achselprodukt entwickelt. Die Tragblätter der Blüten werden auch als Deckblätter (*subtending bracts*) bezeichnet.

Blätter der Erstarkungszone

Als Erstarkungszone bezeichnet man die Zone pflanzlichen Wachstums, die sich als Erste aus dem Samen (Keimpflanze) oder einer Innovationsknospe (Austrieb) entwickelt.

Keimblätter

Die zuerst angelegten Blätter einer Pflanze sind die **Keimblätter** (der Cotyledo, die Cotyledonen). Sie unterscheiden sich von allen anderen Blättern darin, dass sie **embryonaler** Herkunft sind.

Bei den **Gymnospermen** und **Dicotylen** (wörtl. „Zweikeimblättrige") treten meist **zwei** Keimblätter auf (◘ Abb. 6.4b und 6.7b). Ausnahmen bilden z. B. die Kiefern (*Pinus*, Pinaceae) mit fünf bis 18 Cotyledonen oder einige Doldengewächse (Apiaceae) mit nur einem Keimblatt (Kljuykov et al. 2020). Die Keimblätter stehen meist an einem Knoten (gegenständig), sind klein, wenig differenziert und hinfällig (◘ Abb. 6.9a–c). Die **Monocotylen** (wörtl. „Einkeimblättrige") bilden nur **ein** Keimblatt (◘ Abb. 6.4b und 6.7c).

Die Cotyledonen dienen der **Ernährung** des Keimlings, indem sie entweder als **Speichercotyledonen**, als **Haustorien** oder als erste **photosynthetisch** aktive Blätter fungieren. Sie sind meist von kurzer Lebensdauer und tragen selten Achselprodukte (Cotyledonarsprosse).

Primärblätter

Mit zunehmender **Erstarkung** des Keimlings oder Sprosses werden die Blätter größer und im Fall von gegliederten Blättern stärker ausgestaltet. Dabei können Übergangsformen zwischen den Keimblättern und Laubblättern auftreten, die als **Primärblätter** (Folgeblätter) bezeichnet werden (◨ Abb. 6.12d–f). Die Primärblätter haben entweder Niederblattcharakter oder unterscheiden sich von den Laubblättern in ihrem geringeren Differenzierungsgrad. Eine Abgrenzung zwischen Primär- und Laubblättern ist bei **graduellen Übergängen** schwierig bis unmöglich (◨ Abb. 6.14a, b).

Niederblätter

Unter einem **Niederblatt** (Kataphyll; ◨ Abb. 6.3: Nb) versteht man ein kleines, wenig oder nicht differenziertes Blatt, das **unterhalb** der voll entwickelten Laubblätter steht. Es ist oft **schuppenförmig** gestaltet, sitzt der Sprossachse mit breiter Basis an und weist überwiegend Unterblattcharakter auf (◨ Abb. 6.11d, e). Niederblätter treten in der Erstarkungszone von Sprossen, aber auch an unterirdischen Speicherorganen (Rhizom; ▶ Abschn. 6.9.1) und bodennahen Ausläufern (▶ Abschn. 6.9.2) auf. Besonders gut erkennbar sind sie bei Süßgräsern (Poaceae, z. B. Weizen, Bambus; ▶ Abb. 8.48c) und Pfeilwurz-

◨ **Abb. 6.14   Zu- und abnehmende Differenzierung im Verlauf der Blattfolge. a**, Gleditschie (*Gleditsia japonica*, Fabaceae). Gradueller Übergang von einfach gefiederten Primärblättern zu doppelt gefiederten Laubblättern. **b**, Himbeere (*Rubus idaeus*, Rosaceae). Primärblätter weisen weniger Fiedern auf als die voll entwickelten Laubblätter. **c**, *Anginon difforme* (Apiaceae). Übergang von Laubblättern zu Hochblättern; in Anpassung an trockene Standorte nehmen Differenzierungsgrad und Spreitenbildung der Laubblätter in akropetaler Richtung ab. (© P. Schubert, Mainz. Mit freundlicher Genehmigung)

gewächsen (Marantaceae; ▸ Abb. 8.48a), die an der Basis der Sprosse zunächst nur Blattscheiden (Unterblatt) mit kurzen Oberblattspitzen bilden. Die Blattscheiden dienen der Stabilität der jungen Sprossachsen (Halmkonstruktion; ▸ Abschn. 8.2.4 und 8.3.3).

Knospenschuppen (Tegmente)

In temperaten Lebensräumen (▸ Abb. 3.18) werfen die meisten Laubbäume im Herbst die Blätter ab, treten in die Winterruhe ein und treiben im Frühjahr erneut aus. **Winterknospen** schützen das SAM und bestehen oft aus besonders derben **Knospenschuppen** (Tegmenten). **Tegmente** sind einfach gestaltet, oft ledrig oder klebrig (z. B. Rosskastanie; ▪ Abb. 6.32b) und fallen beim Austreiben des Erneuerungstriebes unter Hinterlassung von **Narben** ab. Da sie dem neuen Trieb angehören, zählen sie zu den Niederblättern. Besonders auffällig sind die schwarzen Tegmente der Esche (*Fraxinus excelsior*, Oleaceae), an denen man den Baum auch im Winter gut erkennen kann.

Blätter der Laubblattzone

Die Laubblattzone macht den größten Teil der Pflanze aus. Hier entwickeln sich die grünen, **Photosynthese** betreibenden Blätter. Die Laubblätter sind außerordent-lich formenreich (▸ Abb. 8.33) und weisen gewöhnlich den **höchsten Differenzierungsgrad** innerhalb der Blattfolge auf (▪ Abb. 6.12c und 6.14a, b). Ausnahmen finden sich an trockenen Standorten, an denen die Blattfläche zum Schutz vor Wasserverlust mit zunehmender Sprossentwicklung abnimmt (▪ Abb. 6.14c).

Die Blätter der Laubblattzone einer Pflanze können **gleich oder verschieden** voneinander sein. Meist hängt die unterschiedliche Blattgestaltung mit der Übernahme bestimmter Funktionen und/oder der Position an der Pflanze zusammen.

Heterophyllie

Unter Heterophyllie versteht man die **unterschiedliche Ausgestaltung** von Laubblättern entlang des Verzweigungssystems (▪ Abb. 6.15c–g)).

Bekannte Beispiele liefern einige Berberitzen (*Berberis*, Berberidaceae), deren Blätter an der Hauptachse verdornt und an den Seitenachsen laubig (▪ Abb. 6.15c, e) sind. Bei den madegassischen Arten der Gattung *Didierea* (Didiereaceae; ▪ Abb. 6.15d, f) sind die ersten Blätter eines Kurztriebes dornig und die später gebildeten Blätter laubig. Einige Wasserpflanzen wie das Alpen-Laichkraut (*Potamogeton alpinum*, Potamogetonaceae) oder der Wasserhahnenfuß (*Ranunculus aqua-*

▪ **Abb. 6.15 Varianten der Laubblattbildung. a,** Anisophyllie. Olivfarbenes Feld: Richtung der asymmetrischen Achsenförderung (▸ Abb. 8.51d). **b,** Blattasymmetrie. **c–g,** Heterophyllie. **c,** Blattwechsel zwischen Haupt- und Seitenachse. **d,** Blattwechsel entlang einer Sprossachse. **e,** Berberitze (*Berberis*, Berberidaceae). Dreigliedrige Dornblätter an der Hauptachse und einfache Laubblätter an den seitlichen Kurztrieben (vgl. **c**). **f,** *Didierea trollii* (Didiereaceae). Kurztriebe mit persistierenden Dornblättern an der Basis und darauffolgenden, einfachen Laubblättern (vgl. **d**). **g,** Wasserhahnenfuß (*Ranunculus aquatilis*, Ranunculaceae). Zerschlitzte Unterwasserblätter und flächige Schwimmblätter auf der Wasseroberfläche. (© R. Claßen-Bockhoff, Mainz)

tilis, Ranunculaceae; ◨ Abb. 6.15g) weisen stark zerschlitzte Unterwasserblätter und flächig aufliegende Schwimmblätter auf. Die tropische Kletterpflanze *Dischidia rafflesiana* (Apocynaceae; ▶ Abb. 8.54g) bildet flach anliegende und urnenförmige Blätter, in deren Innerem Ameisen leben (▶ Abschn. 8.3.4 und 8.6.2).

Anisophyllie und Blattsymmetrie

Horizontal ausgerichtete Sprosse weisen oft eine durch **Schwerkraft** induzierte Asymmetrie auf. Diese kann sich in einer ungleichen Förderung der Blätter auswirken:

— **Anisophyllie** liegt vor, wenn die nach oben bzw. unten gerichteten Seiten einer Seitenachse **ungleich große** Blätter bilden (◨ Abb. 6.15c). Beispiele liefern der Spitzahorn (*Acer platanoides*, Aceraceae), *Columnea consanguinea* (Gesneriaceae) und die nach diesem Merkmal benannte Gattung *Anisophyllea* (Anisophyllaceae; ▶ Abb. 8.52f).
— Von **Blattsymmetrie** spricht man, wenn jedes einzelne Blatt zwei **ungleich große Hälften** aufweist (◨ Abb. 6.15b; Beispiel: *Ulmus*, Ulmaceae).

Blätter des blühenden Bereichs

Oberhalb der Laubblattzone, im Übergangsbereich zur Blüte, nimmt die Differenzierung der Blattentwicklung in der Regel wieder ab. Es treten einfach gestaltete **Hochblätter** auf, die oft nicht mehr photosynthetisch aktiv sind. Die Hochblätter sind **divers** gestaltet und übernehmen oft **Schutz-** und/oder **Schaufunktion** für die Blüten.

Hochblätter (Brakteen)

In den meisten Fällen sind Hochblätter **klein** und **hinfällig**. Sie ähneln in ihrer unscheinbaren Gestaltung den Niederblättern, von denen sie sich in der **Position** (oberhalb der Laubblattzone) und oft auch in ihren Proportionen unterscheiden (◨ Abb. 6.12a). Die wenig differenzierten Blätter werden auch als **Brakteen** bezeichnet und den **frondosen** Laubblättern (lat. *frondosus*, „laubreich", „belaubt") gegenübergestellt. Der englische Term *bract* wird gelegentlich auf die Tragblätter der Blüten beschränkt und nicht wie hier auf alle Hochblätter bezogen.

Involucralblätter

Hochblätter können auch fehlen oder zu einer grünen oder farbigen **Hochblatthülle** zusammentreten. Solche Hüllen werden allgemein als **Involucrum** und ihre Elemente als **Involucralblätter** bezeichnet.

— In der australischen Gattung *Pimelea* (Thymelaeaceae; ◨ Abb. 6.16a) werden meist **grüne Hochblatthüllen** an der Basis des Blütenköpfchens gebildet. Sie schließen unmittelbar an die Laubblattzone an und entstehen durch Unterdrückung der Internodienstreckung, Übergang in eine spiralige Blattstellung und leichte Form- und Größenveränderung der obersten (distalen) Hochblätter. Durch weitere Größenzunahme und Hemmung der Chlorophyllsynthese entstehen farbige Hochblatthüllen (▶ Abb. 6.16a), die bei *P. physodes* (▶ Abb. 9.21j) zur Bildung einer mehrblütigen Glockenblume (**Pseudanthium;** ▶ Abschn. 9.5) führen. **Farbige**

◨ **Abb. 6.16 Hochblatthüllen. a,** *Pimelea sulphurea* (Thymelaeaceae). Bildung einer petaloiden Hochblatthülle (Involucrum) durch Internodienhemmung, Wechsel der Blattstellung, leichte Formveränderung der obersten Laubblätter und Hemmung der Chlorophyllsynthese. **b,** *Parrotiopsis jacquemontiana* (Hamamelidaceae). Scheinbar sechszähliger Schauapparat aus zwei Hochblättern (*) mit jeweils zwei gleich gestalteten Nebenblättern. **c,** *Euphorbia heterophylla* (Euphorbiaceae). Petaloide Hochblatthülle aus scheinbar roten Hochblättern; tatsächlich liegen ungleich große Laubblätter mit roten Flecken an der Basis der Spreite vor (Pfeil). (© R. Claßen-Bockhoff, Mainz)

Blätter werden aufgrund ihrer äußeren Ähnlichkeit zu den Kronblättern einer Blüte (Petalen; ▶ Abschn. 10.1) als **petaloide** Blätter bezeichnet.

– Viele Pseudanthien sensu Troll (▶ Exkurs 5.15) besitzen **petaloide Hochblatthüllen** nach Art von *Pimelea* (▶ Abb. 9.21). Daneben treten auch morphologisch interessante Abweichungen auf. Bei dem Zaubernussgewächs *Parrotiopsis jacquemontiana* (Hamamelidaceae; ◼ Abb. 6.16b) bildet sich beispielsweise eine scheinbar sechszählige Hochblatthülle aus nur zwei Blättern (*), deren jeweilige Stipeln wie Spreiten gestaltet sind. Beim Weihnachtsstern (*Euphorbia pulcherrima*, Euphorbiaceae) und seiner nahen Verwandten *E. heterophylla* (◼ Abb. 6.16c) reichen die Laubblätter bis an den Blütenstand heran. Die obersten Laubblätter weisen entweder nur an ihrer Basis eine rote Färbung auf (Pfeil) oder gehen mit abnehmender Größe in petaloide Hochblätter über. In beiden Fällen entsteht ein annähernd radiärsymmetrischer Schauapparat.

– Bei den Korbblütlern (**Asteraceae**) und Doldengewächsen (**Apiaceae**) stammen die Involucralblätter nicht aus dem Laubblattbereich, sondern entstehen direkt aus dem reproduktiven Meristem (▶ Abschn. 9.2.3). Das **Involucrum** der **Asteraceae** ist ein systematisches Merkmal von großer Bedeutung. Die Elemente sind meist einfach gestaltet und spiralig um das Köpfchen angeordnet. Bei zahlreichen Arten tragen die verdornten (Flockenblume, *Centaurea*) oder hakenförmig gekrümmten Involucralblattspitzen (Klette, *Arctium*; ▶ Abb. 12.23d) zur Fruchtausbreitung bei.

Das **Involucrum** der **Apiaceae** umgibt die Dolde, während die in ihr enthaltenen Döldchen von je einem **Involucellum** umhüllt werden (▶ Abb. 9.28: In, Inv). Beide Hüllen bilden meist nur wenige Elemente, die grün, weiß berandet oder petaloid sind (▶ Abb. 9.29b–f). Im Gegensatz zu den Asteraceae können die Involucral- und/oder Involucellarblätter bei den Apiaceae auch fehlen.

Vorblätter

Als Vorblätter (*prophylls, bracteoles*) bezeichnet man die beiden ersten Blätter (bei Dicotylen) bzw. das erste Blatt (bei Monocotylen) einer Seitenachse. Der Begriff findet vor allem im **Blütenbereich** Anwendung, wo oft **nur noch Vorblätter** auftreten (◼ Abb. 6.17c). Sie können klein und hinfällig oder petaloid gestaltet sein und bestimmen die **Verzweigung der Blütenstände** (▶ Abb. 9.13).

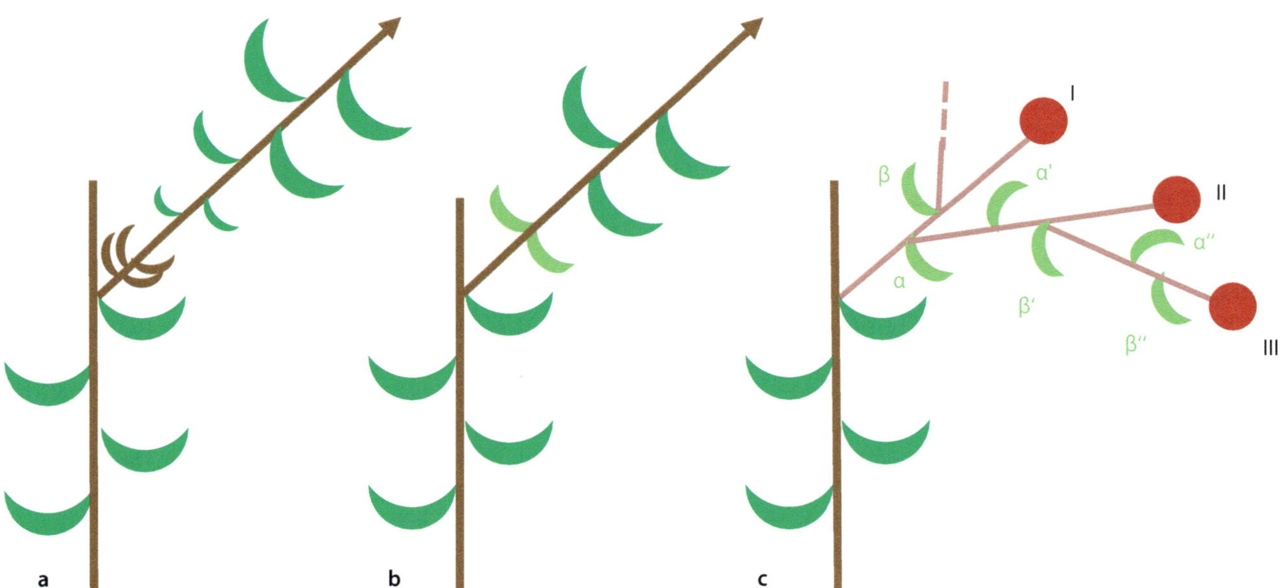

◼ **Abb. 6.17   Vorblätter. a, b,** Vegetative Seitenachsen. **a,** Entwicklung aus einer Innovationsknospe. Auf die Knospenschuppen (braun) folgen graduell größer werdende Blätter, die die Erstarkung des jungen Sprosses anzeigen. Man kann (muss aber nicht) die ersten beiden Blätter als Vorblätter bezeichnen. **b,** Weichen die ersten beiden Blätter einer Seitenachse (hellgrün) deutlich in ihrer Gestalt und/oder Blattstellung von den Laubblättern ab, bezeichnet man sie als Vorblätter. **c,** In einem Blütenstand stehen oft nur zwei Hochblätter unter einer Blüte. Diese werden immer als Vorblätter bezeichnet. Im Beispiel entwickelt sich aus der Achsel des Vorblattes α von Blüte I die Blüte II. Das Vorblatt von I ist somit gleichzeitig das Tragblatt von Blüte II. α, ß - α'', ß'', Vorblätter der Blüten I.- III. Ordnung (© Original)

Bei den Dicotylen stehen die beiden Vorblätter meist transversal an einem Knoten (◉ Abb. 6.4b: tVbl). Sind sie durch ein Internodium getrennt, werden sie als **α- und β-Vorblätter** bezeichnet (◉ Abb. 6.3e). Bei den Monocotylen tritt in der Regel nur ein Vorblatt auf, das schräg adaxial (**adossiert**) steht (◉ Abb. 6.4b: aVbl). In ihrer Anzahl, Stellung und einfachen Blattgestaltung ähneln die Vorblätter den Keimblättern. Es liegt nahe, als Erklärung ähnliche Erstarkungsbedingungen an der Basis der Triebe anzunehmen, doch ist das Phänomen noch nicht ausreichend untersucht.

Der Begriff ‚Vorblatt' wird auch im **vegetativen Bereich** verwendet, wo er allerdings nur Sinn macht, wenn sich die ersten Blätter einer Seitenachse **deutlich** in Gestalt und/oder Blattstellung von den nachfolgenden unterscheiden (◉ Abb. 6.17b: hellgrün). Treibt eine Seitenachse dagegen aus einer Winterknospe aus und bildet zunächst Primärblätter, muss nicht zwingend von Vorblättern gesprochen werden (◉ Abb. 6.17a).

Spezialbezeichnungen für Blätter im Blütenstandsbereich

Innerhalb von Blütenständen verwendet man weitere Blattbezeichnungen, die oft nur für wenige Verwandtschaftskreise relevant sind:

- Auf dem Köpfchenboden zahlreicher Asteraceae treten Haare oder Schuppen auf, die vermutlich die jungen Blütenanlage vor Austrocknung schützen (Stuessy und Spooner 1988). Als **Spreublätter** (receptacular scales, paleae) bezeichnet man Schuppen, die innerviert und eng mit den Blüten assoziiert sind. Nach Jeffrey (2009) handelt es sich bei ihnen nicht um die Tragblätter der Blüten wie üblicherweise angenommen wird.
- **Spelzen** heißen die schuppenartigen Blätter in den Blütenständen **grasartiger Familien** (Poaceae, Cyperaceae, Juncaceae; ▶ Exkurs 11.11).
- **Spathablätter** sind große Hochblätter, die einen ganzen Blütenstand umhüllen. Sie sind meist ungegliedert und weisen **Unterblattcharakter** auf. Spathablätter treten vor allem bei **Monocotylen** auf, z. B. bei Palmen (Arecaceae), Restionaceae oder Aronstabgewächsen (**Araceae**; ▶ Abb. 9.2c). Ihre Hauptfunktion liegt im **Knospenschutz**; darüber hinaus können sie **Schaufunktion** haben und zur Bildung von Kesselfallenblumen beitragen (▶ Abschn. 11.4.1, ▶ Abb. 11.35a).

6.6 Blattstellung (Phyllotaxis)

Das offene Wachstum der Samenpflanzen führt zu einer **kontinuierlichen Ausgliederung** von Blättern am Sprossapikalmeristem (SAM). Die Ausgliederungsrichtung ist immer **akropetal**, das heißt, neue Primordien entstehen oberhalb bereits ausgegliederter Blattanlagen. Das **Zeitintervall** zwischen der Ausgliederung aufeinanderfolgender Blattanlagen, das **Plastochron**, ist meist über lange Zeit konstant.

Blätter stehen nicht beliebig an der Pflanze, sondern folgen bestimmten **Blattstellungsregeln**, die am SAM festgelegt werden. Dabei treten oft leicht erkennbare Muster wie Blattreihen oder Blattspiralen auf (◉ Abb. 6.18b, d und 6.20a, h).

In Abhängigkeit von der gleichzeitigen (simultanen) oder aufeinanderfolgenden (sukzessiven) Ausgliederung von Blättern unterscheidet man die **gegenständige (wirtelige)** von der **wechselständigen (spiraligen)** Blattstellung. Innerhalb der gegenständigen Blattstellung treten **dekussierte** und **verticillate**, innerhalb der wechselständigen **stiche** und **disperse** Blattstellungen auf.

6.6.1 Gegenständige (wirtelige) Blattstellung

Bei der gegenständigen Blattstellung werden **mindestens zwei Blätter** gleichzeitig ausgegliedert (◉ Abb. 6.18d, e). Die Blätter stehen am selben Knoten und werden auch als **Blattwirtel** bezeichnet. Sie haben gewöhnlich den gleichen Abstand zueinander (**Äquidistanzregel**) und stehen zu den Blättern benachbarter Knoten ‚auf Lücke' (**Alternanzregel**; ◉ Abb. 6.19a–c).

Aus der gleichbleibenden Äquidistanz und Alternanz über viele Knoten hinweg ergibt sich, dass die Blätter in Reihen übereinander angeordnet sind. Sie bilden **Geradzeilen** oder **Orthostichen**. Bei der wirteligen Blattstellung treten stets doppelt so viele Orthostichen wie Blätter an einem Knoten auf (◉ Abb. 6.19a–c).

Dekussierte Blattstellung (Dekussation)

Bei der **kreuzgegenständigen** oder dekussierten Blattstellung stehen sich zwei Blätter in einem Winkel von 180° gegenüber (zweizähliger oder **dimerer Wirtel**; ◉ Abb. 6.18d und 6.19a). Da die Blätter des nächstfolgenden Knotens ‚auf Lücke' stehen, also um 90° gegenüber dem ersten Blattwirtel verschoben sind, ergibt sich in Aufsicht das namengebende, kreuzförmige Muster (◉ Abb. 6.18d). Es wiederholt sich längs der Sprossachse und führt zur Bildung von insgesamt **vier Orthostichen** (◉ Abb. 6.20a). Die dekussierte Blattstellung ist sehr **häufig** und tritt z. B. bei Lippenblütlern (Lamiaceae) oder Nelkengewächsen (Caryophyllaceae) als Familienmerkmal auf.

Quirlständige Blattstellung (Verticillaster)

Selten treten mehr als zwei Blätter an einem Wirtel auf. Man spricht von **trimerer** (-mer, „Teil") Blattstellung bei drei Blättern pro Knoten (120°), **tetramerer** Blattstellung bei vier Blättern und **polymerer** Blattstellung bei einer Vielzahl von Blättern pro Knoten (◉ Abb. 6.19b, c). Ein

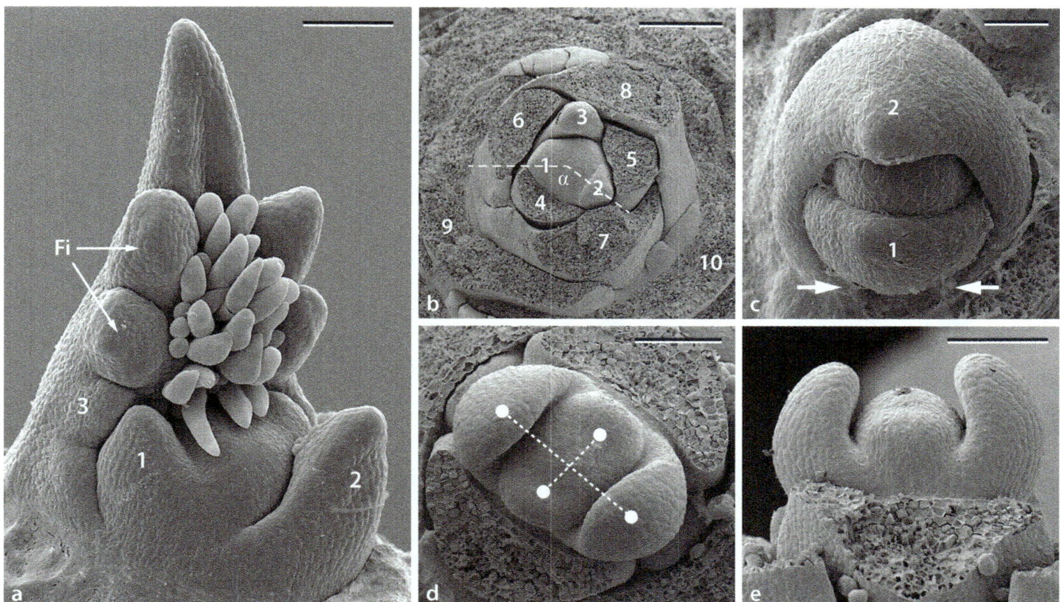

Abb. 6.18   Blattbildung am Sprossapikalmeristem. a, Rose (*Rosa*, Rosaceae). Wechselständige Blattausgliederung. Das älteste Blatt (3, mit Haaren auf der adaxialen Seite) hat bereits mit der Fiederbildung (Fi) begonnen. Balken: 100 µm. **b,** *Mahoberberis* (Berberidaceae). Wechselständige Blattstellung in der Aufsicht, ältere Blätter entfernt; die Zahlen geben die Ausgliederungsfolge (von jung nach alt) wieder. Gestrichelte Linien begrenzen den Divergenzwinkel α, der in diesem Fall 144° beträgt. Balken: 200 µm. **c,** Pfahlrohr (*Arundo donax*, Poaceae). Distiche Blattstellung. Das ältere Blatt (2) ist im Begriff, eine stängelumfassende Scheide zu bilden (Pfeile). Balken: 50 µm. **d, e,** Gilbweiderich (*Lysimachia nummularia*, Primulaceae). Dekussierte Blattstellung in Aufsicht (**d**; Balken: 200 µm) und Seitenansicht (**e**; Balken: 100 µm.). Die Hilfslinien in **d** zeigen das kreuzgegenständige Muster, das bei zwei Blättern pro Knoten vier Orthostichen bildet. (© a, c: H. Frankenhäuser & R. Claßen-Bockhoff, Mainz. b, d, e: K. Bull-Hereñu, Mainz. Mit freundlicher Genehmigung)

Beispiel für einen echten Blattquirl (Verticillaster) liefert der Tannenwedel mit acht bis zwölf Blättern pro Knoten (*Hippuris vulgaris*; Abb. 6.20b); auch hier werden Äquidistanz- und Alternanzregel eingehalten (▶ Abb. 8.47k).

6.6.2 Wechselständige (spiralige) Blattstellung

Bei der wechselständigen Blattstellung werden die Blätter nacheinander am SAM ausgegliedert. Die Blätter folgen in einem konstanten Winkel aufeinander (**Divergenzwinkel**; Abb. 6.18b). Bei Winkeln ungleich 180° ergibt sich eine **spiralige** Anordnung der Blätter (Abb. 6.19e), deren Drehsinn meist zufällig ist, d. h., man findet ebenso häufig rechts- wie linksdrehende Blattspiralen. Eine Änderung der Drehrichtung von der Hauptachse zu einer Seitenachse ist innerhalb eines Individuums möglich.

Wechselständige Blattstellung mit Orthostichen (Stichie)

Lässt sich der Kreisumfang oder ein Vielfaches von ihm (n × 360°) durch den Divergenzwinkel teilen, treten wie bei der wirteligen Blattstellung **Orthostichen** auf. Nach der Anzahl der Orthostichen und Kreisumläufe werden diese ‚stichen‘ Blattstellungen durch Brüche ausgedrückt (z. B. ½, $^2/_5$). Dabei gibt der Zähler die Anzahl der Kreisumläufe (bei 2/5 sind es zwei) und der Nenner die Anzahl der Blätter wieder (bei 2/5 sind es fünf), die bis zur ersten Deckung von zwei Blättern benötigt werden (Abb. 6.19f). Der Winkel beträgt bei der Pentastichie 2 × 360°/5 = 144°.

- **Distichie:** Beträgt der Divergenzwinkel 180°, stehen alle Blätter in zwei opponierten Längszeilen (Abb. 6.18c und 6.19d). Es liegt eine **zweizeilige** Blattstellung vor, die auch 1/2 genannt wird (1 × 360°/2). Distiche Blattstellung ist ein **Familienmerkmal** der Süßgräser (**Poaceae**; Abb. 6.20d), tritt aber auch in anderen Familien auf. Ein eindrucksvolles Beispiel liefert der ‚Baum der Reisenden‘ (*Ravenala*; Abb. 6.20c), der in seinen riesigen Blattscheiden Regenwasser sammelt und so als Wasserquelle dienen kann. Auch dem flächigen Blütenstand von *Calathea crotalifera* (Marantaceae; ▶ Abb. 9.15b) liegt eine distiche Blattstellung zugrunde.
- **Tristichie:** Beträgt der Divergenzwinkel 120°, bilden die Blätter drei Orthostichen (Abb. 6.19e). Der Abstand zwischen zwei Blättern beträgt ein Drittel des Kreisumfangs, die Blattstellung heißt 1/3. Sie tritt typischerweise bei **Sauergräsern** (Cyperaceae) auf.

6

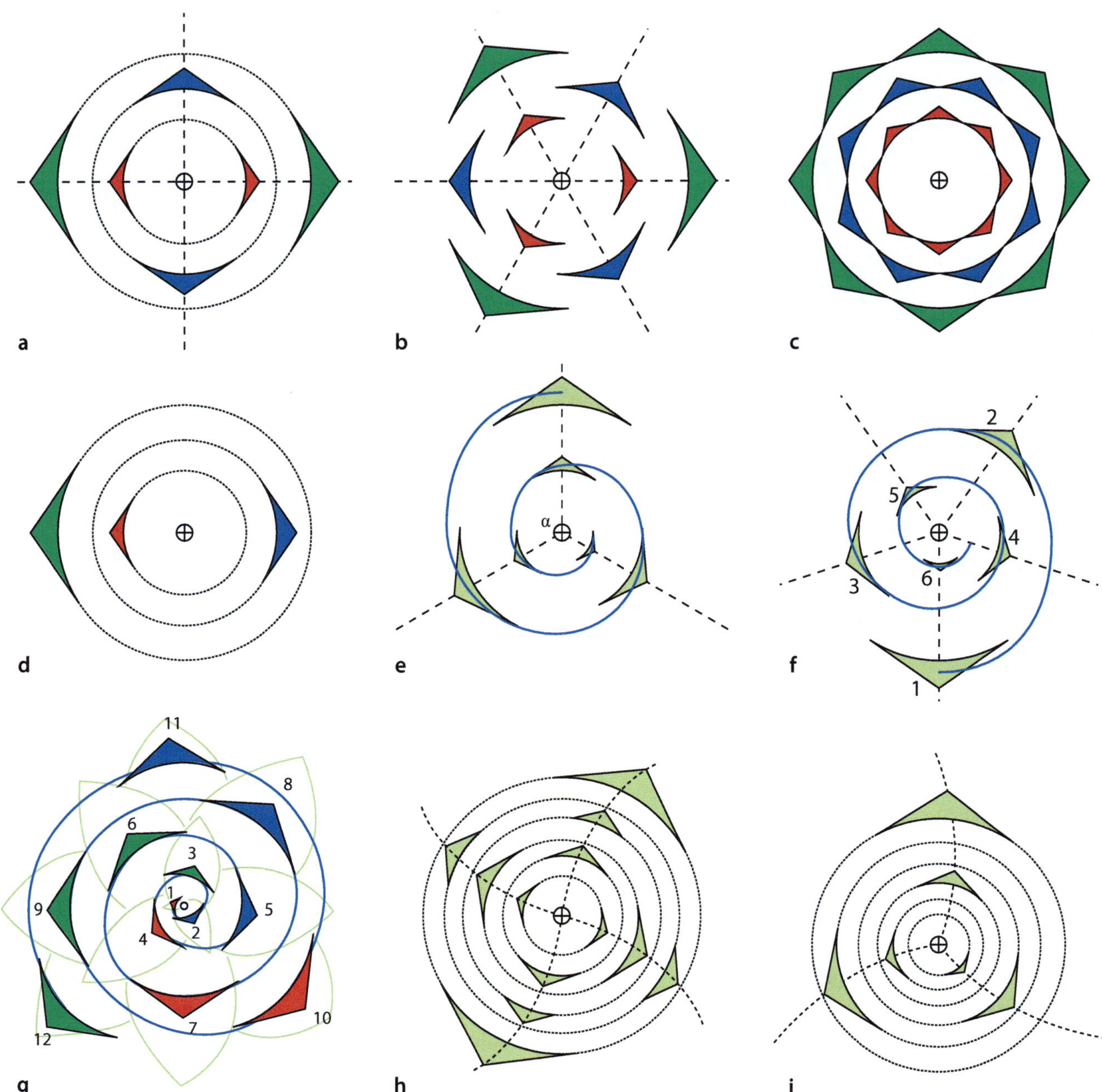

■ **Abb. 6.19   Grundmuster der Blattstellung** (Erläuterung im Text). Grundrisse. **a–c**, Gegenständige Blattstellung. **a**, Dekussation über drei Knoten mit je einem dimeren Wirtel; es ergeben sich vier Orthostichen (gestrichelte Linien). Die Kreise sind Hilfslinien und stellen die Knoten dar; die Blätter eines Knotens sind in derselben Farbe dargestellt. **b**, Trimerie (sechs Orthostichen). **c**, Polymerie. **d–f**, Wechselständige Blattstellung mit Orthostichen. Der Abstand zwischen zwei aufeinanderfolgenden Blättern wird mit dem Divergenzwinkel α angegeben (in e eingezeichnet). **d**, Distichie (α = 360°/2 =180°). Darstellungsweise mit Hilfslinien. **e**, Tristichie (α = 360°/3 = 120°). Darstellungsweise mit Anlegungsspirale. **f**, Pentastichie (α = 2× 360°/5 =144°). **g**, Wechselständige Blattstellung mit Parastichen (α ~135,3°). Halbfigürliche Darstellung; die Zahlen geben die zeitliche Reihenfolge der Blattanlagen von jung (1) nach alt (12) an, die Farben kennzeichnen die drei rechtswindenden Parastichen. **h, i**. Spirostichie. **h**, Spirodekussation. **i**, Spirotristichie. Gestrichelte Linien: Spirostichen (© Original)

Abb. 6.20 Blattstellung. a, b, Wirtelige Blattstellung. a, *Pimelea cracens* (Thymelaeaceae). Dekussation, vier Orthostichen (die hintere verdeckt). **b,** *Hippuris vulgaris* (Plantaginaceae). Verticillaster mit acht bis zehn Blättern pro Knoten; in jeder Blattachsel ein Achselprodukt. Äquidistanz und Alternanz erkennbar (► Abb. 8.47k). **c–i,** Wechselständige Blattstellung. **c–g, Stiche Blattstellung. c,** Baum der Reisenden (*Ravenala madagascariensis*, Strelitziaceae). Distichie, zwei Orthostichen. Singapur. **d,** Schwimmreis (*Hygroryza aristata*, Poaceae). Distichie, Familienmerkmal der Süßgräser. **e,** Schraubenbaum (*Pandanus utilis*, Pandanaceae). Spirotristichie. **f,** *Cheilocostus* (Costaceae). Ungewöhnliche, einreihige Blattstellung (Spiromonostichie). **g,** Saguaro-Kaktus (*Carnegiea gigantea*, Cactaceae). Polystichie; die ‚Rippen' entsprechen den durch Blattpolster gebildeten Blattreihen der Pflanze (► Abschn. 8.2.5). Unregelmäßigkeiten im Muster weisen auf Veränderungen am Sprossapikalmeristem hin. **h, i, Disperse Blattstellung. h,** *Araucaria* (Araucariaceae, Gymnospermen). Seitenansicht der Parastichen. **i,** *Aeonium* (Crassulaceae). Blattrosette mit drei rechtswindenden (farbig gekennzeichnet) und zwei linkswindenden (1, 3, 5… bzw. 2, 4, 6…) Parastichen. (© R. Claßen-Bockhoff, Mainz)

- **Pentastichie:** Fünf Orthostichen ergeben sich bei einem Divergenzwinkel von 144° (2/5 Blattstellung; ◘ Abb. 6.18b und 6.19f). Dieser Winkel ist sehr **häufig** in vegetativen Sprosssystemen.

Wechselständige Blattstellung mit Parastichen (Dispersion)

Die wechselständige Blattstellung mit Parastichen wird auch **zerstreute** oder **disperse Blattstellung** genannt. Bei ihr kommen die Blätter **nie zur Deckung**. Sie stehen vielmehr in einem **konstanten Divergenzwinkel** voneinander entfernt, der etwa 137,3° beträgt (◘ Abb. 6.19g). Dieser Winkel, der den Kreis im Verhältnis des **Goldenen Schnittes** teilt (▶ Exkurs 6.4), verleiht den Blättern den besten **Lichtgenuss**. Dies ist vor allem bei **Blattrosetten** notwendig, in denen die Internodien gehemmt bleiben und alle Blätter dicht gepackt übereinanderliegen (◘ Abb. 6.20i).

Aufgrund des nicht durch n × 360° teilbaren Winkels treten anstelle von Orthostichen Schrägzeilen (**Parastichen**) auf (◘ Abb. 6.20h). Diese laufen rechtswindig und linkswindig um den Achsenmittelpunkt und dienen der Beschreibung der Blattstellung. Das Beispiel von *Aeonium* (Crassulaceae; ◘ Abb. 6.20i) zeigt eine Rosette mit drei rechtsdrehenden (rote, blaue, schwarze Zahlen) und zwei linksdrehenden Parastichen (1, 3, 5, 7 … und 2, 4, 6, 8 …). Die Blattstellung heißt entsprechend 3:2 (sie wird im Gegensatz zur stichen Blattstellung nicht in einem Bruch ausgedrückt).

Parastichenähnliche Muster können auch bei wirteliger Blattstellung auftreten. Die Schrägzeilen verlaufen dann aber in gleicher Anzahl nach links und rechts und nicht, wie bei der zerstreuten Blattstellung, in ungleicher Anzahl (Endress 2006).

6.6.3 Varianten der Blattstellung

Am deutlichsten ist die Blattstellung am SAM zu erkennen, wo die Blätter angelegt werden (◘ Abb. 6.18). Im Zuge des Wachstums von Blättern und Sprossachsen kann es zu Veränderungen kommen, die das Erkennen der zugrunde liegenden Phyllotaxis erschweren:

- **Scheinwirtel:** Durch Internodienhemmung rücken die Blätter verschiedener Knoten in die gleiche Ebene und erwecken den Anschein, am selben Knoten anzusetzen. Solche Scheinwirtel liegen häufig der Bildung von Hochblatthüllen zugrunde (◘ Abb. 6.16a).

- **Torsion:** Die Blattstellung kann durch eine Verdrillung des Stängels so verändert werden, dass die Blattzeilen nicht mehr klar erkennbar sind. Ist der Stängel gerieft, lässt sich die Torsion leicht nachvollziehen.

- **Maskierung der Blattstellung:** Bei *Parrotiopsis jacquemontiana* (Hamamelidaceae; ◘ Abb. 6.16b) und einigen krautigen Rubiaceae (*Cruciata*, *Sherardia*, *Galium*; ▶ Abb. 8.47m, n) sind die Stipeln blattartig gestaltet und täuschen polymere Wirtel vor. In beiden Fällen liegt jedoch eine dekussierte Blattstellung vor (▶ Abschn. 8.3.3; aber s. Rutishauser 1999). Durch Anwendung der Blattstellungsregeln (Alternanz, Äquidistanz) lässt sich die Blattstellung erkennen (▶ Abb. 8.47c, g).

- **Spiro-Blattstellung:** In einigen Fällen lässt sich beobachten, dass Orthostichen nicht gerade verlaufen, sondern schraubig gewunden sind. Diese **Schraubenlinien** heißen **Spirostichen** (◘ Abb. 6.19h, i). Sie kommen dadurch zustande, dass jedes Blatt gegenüber dem vorausgegangenen um einen kleinen Winkel verschoben ist. Bei den **spirodistich** beblätterten Ulmen (Ulmaceae), Buchen (*Fagus*, Fagaceae), Hainbuchen (*Carpinus*, Betuaceae) und Scheinbuchen (*Nothofagus*, Nothofagaceae) und den **spirotristichen** Schraubenbaumgewächsen (Pandanaceae; ◘ Abb. 6.20f) führt die Drehung zu einer deutlich höheren Lichtausbeute.

  Eine Sonderform der Spirostichie ist die **Spiromonostichie** von *Cheilocostus speciosus* (syn. *Costus speciosus*, Costaceae; ◘ Abb. 6.20f). Die in die Ingwerverwandtschaft (Zingiberales) gehörende Monocotyle kommt im Unterwuchs tropischer Wälder vor, wo sie durch ihre Drehsprosse mit einseitiger Beblätterung auffällt. Der geringe Divergenzwinkel von 50°-75° (Snow 1952, Kirchoff und Rutishauser 1990) widerspricht der Hofmeister'schen Regel und deutet auf eine Interaktion zwischen benachbarten Blattanlagen hin, die über die Hemmfeldtheorie hinausgeht (Yonekura und Sugiyama 2024).

- **Blattstellungswechsel:** Die Blattstellung kann sich innerhalb einer Pflanze verändern. Das geschieht vor allem dann, wenn sich die **Platzverhältnisse** am SAM durch Erstarkung oder Verletzung verändern und sich auf die Anzahl der Blätter pro Wirtel oder Umlauf auswirken. Bei Kakteen lassen sich solche Veränderungen des SAMs am Verlauf der Blattrippen (Orthostichen) gut erkennen (◘ Abb. 6.20g).

„Das Buch, das Universum, […] ist in der Sprache der Mathematik geschrieben[…]." (Galilei 1623)

Blattstellungen folgen **geometrischen Regeln**. Bei der **wechselständigen** Phyllotaxis stehen die Blätter auf Spiralen (Parastichen), deren Anzahl Fibonacci-Zahlen entsprechen. **Fibonacci** (Leonardo da Pisa, um 1170–1240) war einer der bedeutendsten Mathematiker des Mittelalters, der mit der nach ihm benannten Zahlenfolge das Wachstum einer Kaninchenpopulation beschrieb. Die **Fibonacci-Folge** ist eine unendliche Folge von Zahlen (den Fibonacci-Zahlen), bei der die Summe aufeinanderfolgender Zahlen die nächste Zahl ergibt: 1, 1, 2, 3, 5, 8, 13, 21 …

Die Winkelabstände zwischen zwei aufeinanderfolgenden Blättern lassen sich durch eine Reihe von Brüchen beschreiben, die als **Braun-Schimper'sche Blattstellungsreihe** bekannt wurde. Setzt man die empirisch gefundene Blattstellungsreihe bei 1/2 beginnend über 1/3 und 2/5 in der Weise fort, dass jeweils die Summe der vorausgegangenen Zähler bzw. Nenner den jeweils nächsten Bruch ergeben, erhält man die Reihe 1/2, 1/3, 2/5, 3/8, 5/13, 8/21, 13/34, 21/55 …, die ausschließlich Fibonacci-Zahlen enthält. Die dazu gehörenden Winkel 180°, 120°, 144°, 135°, 138,46°, 137,14°, 137,65°, 137,45° nähern sich dem **Limitdivergenzwinkel** von 137,3° (oder der irrationalen Zahl Phi, ϕ) an, der den Kreis im Verhältnis des **Goldenen Schnittes** teilt. Dieser Winkel **kennzeichnet die spiralige Blattstellung**.

Der Goldene Schnitt ist eine **geometrische Proportion**, die sehr häufig **in der Natur** zu finden ist (Beutelspacher und Petri 1996). Im Raum gibt er die optimale **Dichtepackung**, in der Zeit die optimale **Wachstumsdynamik** wieder. Dies zeigt sich in der Natur, z. B. im Wachstum von Kaninchenpopulation und Muschelschalen, in den **Parastichenmustern** von Ananas (*Ananas*), Tannenzapfen (*Abies*) oder Sonnenblumen (■ *Helianthus*; Abb. 6.21a) und in der **Symmetrie** platonischer Körper und pentamerer Blüten (■ Abb. 6.21c).

Der Goldene Schnitt (auch als *divina proportio*, „göttliches Verhältnis", bezeichnet) wird vom Menschen als **ästhetisch schön** empfunden und findet sich entsprechend in der Konstruktion griechischer Tempel, in den Darstellungen Dürers und Leonardos und in Musikkompositionen (Beutelspacher und Petri 1996). Nach Eibl-Eibesfeldt (1998) hat der Mensch seinen Sinn für **Ästhetik** im Laufe der Stammesgeschichte in Anpassung an die geometrische **Ordnung der Natur** erworben. Da Ordnung überall präsent ist, hilft ihr Auffinden der Orientierung und dem Überleben – und wird daher als angenehm, ‚schön', empfunden.

■ **Abb. 6.21 Geometrische Proportionen. a, b**, Rechts- und linksdrehende Parastichen. **a**, Sonnenblume (*Helianthus*, Asteraceae). Blütenanordnung im Köpfchen. **b**, *Primula vialii* (Primulaceae). Blütenstand. **c**, Sumpf-Herzblatte (*Parnassia palustris*, Celastraceae). Symmetrieverhältnisse der Blüte (gestrichelt) nach dem Goldenen Schnitt. (© R. Claßen-Bockhoff, Mainz)

6.6.4 Entstehung von Blattstellungsmustern

Die regelmäßigen, mathematisch fassbaren Eigenschaften der spiraligen Phyllotaxis faszinieren Biologen wie Mathematiker seit Jahrhunderten (▶ Exkurs 6.4). Bis heute sind die **zugrunde liegenden Prozesse**, die für das Verständnis des offenen Wachstums der Pflanzen von **grundsätzlicher Bedeutung** sind, **nicht vollständig aufgeklärt**. Sie werden aktuell vonseiten der Molekularbiologie, Physiologie und Ontogenie unter Einbeziehung von Manipulationsexperimenten und Computersimulationen erforscht (Zusammenfassung in Smith et al. 2006).

Die Grundannahme für die Entstehung einer spiraligen Phyllotaxis wurde von Wilhelm Hofmeister (1868) (▶ Exkurs 4.1) formuliert. Sie besagt, dass ein neues Blatt stets **über der größten Lücke** zwischen den beiden nächstälteren Blättern entsteht.

Als Erklärung für diese Beobachtung wurde die **Hemmfeldtheorie** herangezogen, nach der ein neu gebildetes Primordium ein Hemmfeld um sich herum bildet, das die Entstehung neuer Primordien in unmittelbarer Nachbarschaft unterdrückt. Diese Annahme brachte eine Reihe von Modellvorstellungen zur Art des Hemmfeldes hervor. Als mögliche Mechanismen wurde der Einfluss von geometrischen Faktoren (Richards 1951), physikalischen Kräften (Hernandez und Palmer 1988; Green et al. 1996) oder chemischen Signalen (Veen und Lindenmayer 1977; Meinhardt et al. 1998) diskutiert.

Basierend auf molekulargenetischen und physiologischen Erkenntnissen geht man heute davon aus, dass Phyllotaxis ein **selbstregulierender Prozess** ist, bei dem das Pflanzenhormon **Auxin** (▶ Exkurs 6.5) eine zentrale Rolle spielt.

Auxin wird in der Nähe des Sprossapikalmeristems gebildet und ist schwach inhomogen verteilt. Durch **gerichteten Transport** entstehen **lokale Auxinmaxima**, die die **Primordienbildung** stimulieren (◨ Abb. 6.22c: *1*, *2*). Nach Bildung der Blattanlage wird das Auxin in das Innere der Anlage abtrans-

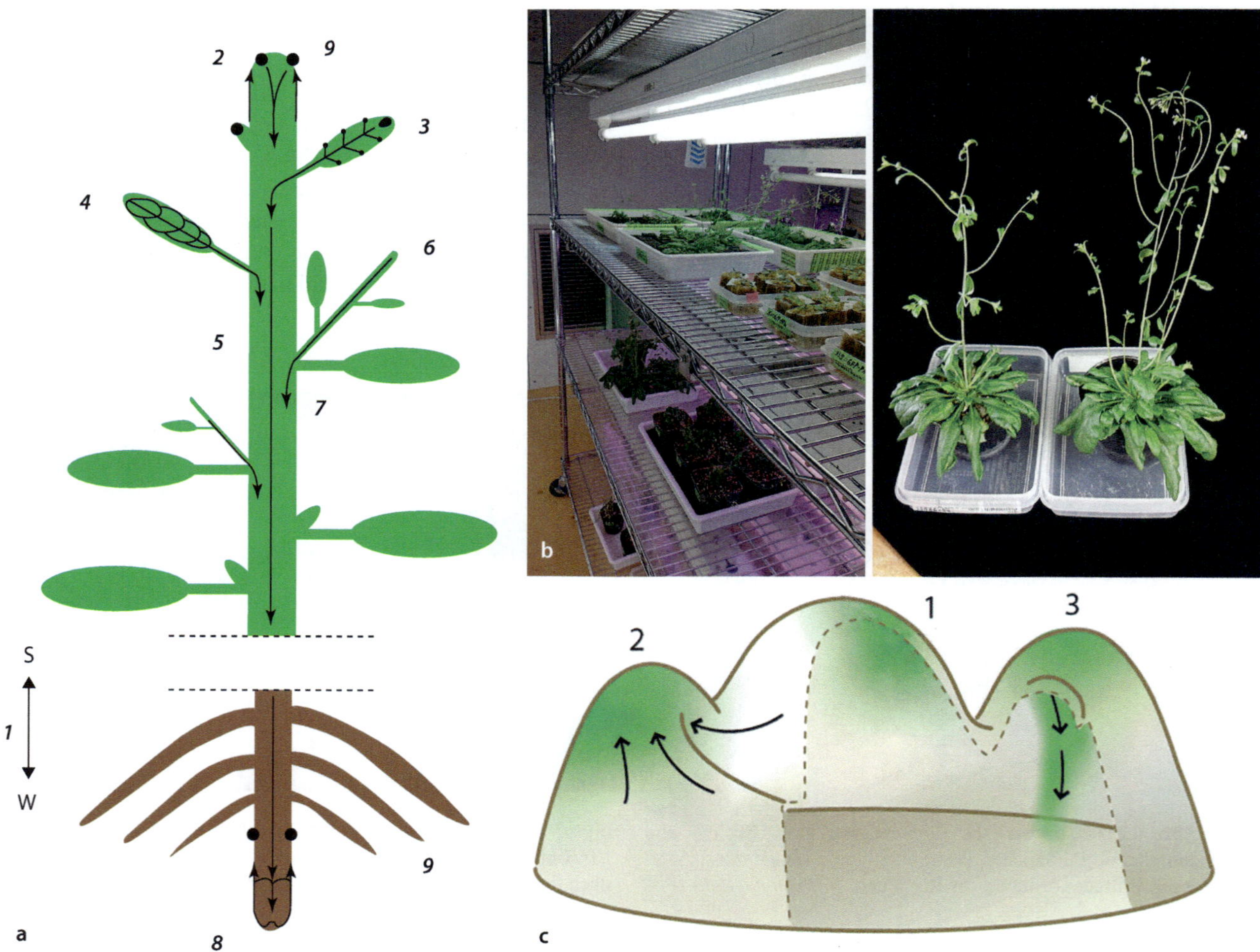

◨ **Abb. 6.22** **Auxin als Wachstumsregulator. a,** Auxin wird in der Nähe von Meristemen gebildet und von Zelle zu Zelle (Nahtransport) oder über den Phloemfluss (Ferntransport) zum Wirkungsort gebracht (Pfeile). *1–10,* Auxinregulierte Entwicklungsprozesse. *1,* Polarität im Embryo. S, Spross. W, Wurzel. *2,* Organanlage am SAM, Blattstellung. *3,* Blattform. *4,* Blattnervatur. *5,* Leitbündelsystem. *6,* Aktivierung von Seitenknospen, Verzweigung. *7,* Induktion sprossbürtiger Wurzeln. *8,* Erhalt des subapikalen Wurzelmeristems. *9,* Induktion von Seitenwurzeln. *10,* Fraktionierung reproduktiver Meristeme (nicht abgebildet). **b,** Blick in ein *Arabidopsis*-Labor mit Testpflanzen. **c,** Modellvorstellung zur Regulation der Blattstellung. SAM mit drei Blattanlagen unterschiedlichen Alters (1-3), vorne aufgeschnitten. Die polare Orientierung von PIN1-Molekülen lenkt den Auxinfluss (grün) im Apikalmeristem (Pfeile) und führt zum Aufbau eines lokalen Auxinmaximums (2). Dieses entsteht je nach Entwicklungsgeschwindigkeit und Größe der Anlagen in einer bestimmten räumlichen Entfernung zum nächstälteren Primordium (3). Am Ort des Auxinmaximums entsteht ein neues Primordium. Nach Ausbildung des Primordiums wird das Auxin aktiv ins Innere der Blattanlage gelenkt (3), wodurch die Auxinkonzentration an der Oberfläche absinkt. (© a: Prusinkiewicz und Runions 2012. b: A. Iwamoto, Kanagawa, Japan. Mit freundlicher Genehmigung. c: Claßen-Bockhoff et al. 2020, verändert (in Anlehnung an Smith et al. 2006))

portiert, wo es den Verlauf der sich später differenzierenden **Leitbündel** markiert (◘ Abb. 6.22c: *3*; Reinhardt et al. 2003). Die Oberfläche des SAMs ist nach dieser Vorstellung durch eine regelmäßige Folge von lokaler Akkumulation und nachfolgendem Abtransport von Auxinmolekülen charakterisiert. Regionen mit angereichertem Auxin erzeugen Primordien, Regionen mit abgesenkter Auxinkonzentration bringen keine Anlagen hervor und treten als ‚Hemmfelder' in Erscheinung. Eine neue Anlage kann nur dort entstehen, wo die Wirkung der bestehenden Primordien und Hemmfelder abgeschwächt ist. Das ist bei einer **spiraligen** Blattfolge die größtmögliche Lücke zwischen den beiden vorangegangenen Primordien, die ungefähr dem Winkel des Goldenen Schnittes von 137,5° entspricht (▶ Exkurs 6.4).

Exkurs 6.5 *Arabidopsis*, Auxin und pflanzliche Entwicklung

Das **SAM** ist der Wachstumspol und Gestaltbildner der Pflanze, an dem Blätter und Seitenachsen angelegt werden und von dem das primäre Längen- und Dickenwachstum ausgeht. Seine Entwicklung und Aktivität wurden und werden vor allem am Modellorganismus *Arabidopsis thaliana* untersucht.

Arabidopsis thaliana – Modellorganismus der Entwicklungsgenetik

Die Acker-Schmalwand (Brassicaceae; ◘ Abb. 6.22b) ist ein unscheinbares Rosettenkraut, das schon früh als geeigneter Organismus für genetische Experimente entdeckt wurde (Laibach 1943). Es hat eine kurze Generationszeit von sechs bis acht Wochen, ist klein (ca. 30 cm hoch), lässt sich einfach und platzsparend kultivieren, ist selbstfertil und setzt viele Samen an. Ihre vorrangige Bedeutung erhielt die Pflanze aber erst in den 1980er-Jahren, als sie zum Modellorganismus der Molekularbiologie avancierte (Koornneef und Meinke 2010).

Heute ist *Arabidopsis thaliana* die mit Abstand am besten bekannte Pflanze. Ihr Genom wurde als erstes pflanzliches Genom vollständig entschlüsselt (Arabidopsis Genome Initiative 2000); es kann einfach und schnell genetisch verändert werden. Zahlreiche Mutanten stehen für Forschungszwecke zur Verfügung und lassen sich in Samenbanken langfristig lagern. Nahezu alle Bereiche der pflanzlichen Entwicklung werden derzeit an diesem Modellorganismus erforscht (▶ Exkurs 5.6, 8.2, 8.3, 8.9, 9.1 und 10.1), der damit einen einzigartigen Einblick in pflanzliche Regulationsprozesse liefert.

Auxin – Wachstumsregulator der Pflanzen

Ziel der **molekularen Entwicklungsbiologie** ist es, die Regulation von Entwicklungsprozessen auf molekularer Basis zu verstehen. Besondere Bedeutung kommt dabei der **Indol-3-essigsäure** (IAA) zu, die zur Hormongruppe der **Auxine** gehört und als zentraler **Wachstumsregulator** fungiert (Brumos et al. 2018). Ihre Aktivität beginnt im Embryo mit der Etablierung der Spross-Wurzel-Polarität (◘ Abb. 6.22a: *1*, ▶ Exkurs 8.9) und beeinflusst in der weiteren Entwicklung Meristemaktivitäten, Streckungswachstum, Primordienbildung, Blattstellung, Entwicklung des Leitbündelsystems, Verzweigung, sekundäres Dickenwachstum, Seitenwurzelbildung, Fraktionierungsprozesse am Blattrand und in reproduktiven Meristemen sowie Samen- und Fruchtentwicklung (◘ Abb. 6.22a: *2–9*). Des Weiteren sind Auxine an gerichteten Wachstumsbewegungen beteiligt, die durch Licht (Phototropismus), Schwerkraft (Gravitropismus) oder Berührungsreize (Thigmotropismus) ausgelöst werden (Abel und Theologis 2010; ▶ Exkurs 8.6).

Wie alle Phytohormone werden Auxine vom Ort ihrer Entstehung zum Ort ihrer Wirkung transportiert. Nach dem *fountain model* (Benková et al. 2003) wird IAA in der Nähe des SAMs produziert und von hier in die periphere Zelllage (*layer* 1) des Apex transportiert.

Der **Nahtransport** ist ein **aktiver**, **gerichteter** Prozess von Zelle zu Zelle, den Runions et al. (2014) wie folgt zusammenfassen: Auxin wird entweder aktiv von einem Auxin-Influx-Carrier (zum Beispiel **AUX1** bei *Arabidopsis*) in die Zelle hineintransportiert oder diffundiert passiv durch die Membran. Aufgrund der unterschiedlichen Ansäuerung der Zellwand (pH etwa 5,5) und dem Cytoplasma (pH etwa 7,0) kann Auxin nur in die Zelle hinein-, aber nicht aus ihr hinausdiffundieren. Das **Ausschleusen** erfolgt **aktiv** durch **PIN-Proteine** in der Zellwand (Adamowski und Friml 2015). Zwei Modelle werden hierzu diskutiert. Nach dem *up the gradient*-Konzept erfolgt der Auxinfluss in Richtung der **Nachbarzelle** mit der **höheren Auxinkonzentration**, nach dem *with the flux*-Konzept fördert der Auxinfluss in Form einer positiven **Rückkopplung** die Schaffung neuer Auxinkanäle durch Einlagerung von PIN-Molekülen und verstärkt dadurch seinen eigenen gerichteten Transport. In beiden Fällen handelt es sich um einen **polaren Transport**, der zur Bildung **lokaler Auxinmaxima** führt.

Im SAM kommt es an den **Orten der Auxinakkumulation** zur Bildung von **Primordien**, die sich zu Blättern entwickeln und die **Blattstellung** bestimmen (Reinhardt et al. 2003). Im wachsenden **Blatt** bilden sich neben dem Auxinmaximum an der **Spitze** weitere Maxima am **Blattrand** und beeinflussen die Formbildung der Spreite (▶ Abschn. 8.3.2). Innerhalb der Blattprimordien sinkt das Auxin in subepidermale Zellschichten ab und wird zunächst im Blatt und dann in der Sprossachse **abwärts** transportiert. Der Transportweg des Auxins markiert die **Lage** der primären **Leitbündel** (► Abschn. 8.2.1 und 8.3.2). Innerhalb der Sprossachse ist Auxin an der Ausbildung des **Leitbündelsystems** und der Aktivierung von **Seitenknospen** beteiligt.

Der **Ferntransport** des Auxins erfolgt in modifizierter, physiologisch inaktiver Form mit dem **Phloemstrom** (Teale et al. 2006). Er verläuft **basipetal** von der Sprossspitze bis zur Wurzelspitze. Nach neueren Befunden werden Auxine auch lokal im Wurzelmeristem produziert (Brumos et al.

2018). Dort sind sie wie im SAM an Streckungs- und Differenzierungsvorgängen beteiligt. Auxin tritt in die äußeren Wurzelschichten ein und wird in ihnen weiter zu seinen Wirkorten transportiert, wo es z. B. die Anlage der Seitenwurzeln beeinflusst.

Die Wirkung des Auxins ist eingebunden in **komplexe zelluläre Prozesse**, an der auch andere Phytohormone (z. B. **Cytokinine**, die das Zellteilungsverhalten beeinflussen) und Zellbestandteile beteiligt sind. Zum tieferen Verständnis wird hier auf entwicklungsphysiologische Literatur verwiesen.

6.7 Verzweigung

Die **Verzweigung** der Samenpflanzen erfolgt stets **axillär** aus den **Blattachselmeristemen**, die als **Restmeristeme** des SAMs erhalten bleiben (◻ Tab. 6.2). Sie wird durch die **Blattstellung** festgelegt.

Aus dem Sprosspol des Embryos entwickelt sich die **Primärachse**, die als **Hauptachse** bezeichnet wird. Der Begriff ‚Hauptachse' wird aber auch im Sinne von **relativer Hauptachse** an anderen Stellen des Sprosssystems benutzt. Um die Relation zwischen den Sprossachsen zu kennzeichnen, verwendet man den **Achsenordnungsgrad**. Die jeweils erste Sprossachse der Betrachtung ist die (relative) Hauptachse. Sie bildet Seitenachsen erster (I.) Ordnung, die sich ihrerseits weiter verzweigen und dann Seitenachsen zweiter (II.) und höherer Ordnung tragen. Mit jeder folgenden Verzweigung steigt der Achsenordnungsgrad (◻ Abb. 6.24f, 6.33g und 6.34d).

6.7.1 Grundlagen der Verzweigungslehre

Der Spross kann nur an zwei Stellen wachsen: **terminal** (SAM) und **axillär** (Blattachselmeristeme). Dennoch gibt es eine Fülle verschiedener Verzweigungsformen – wie kommt sie zustande?

Grundsätzlich hat jede Sprossspitze und jede Blattachsel das **Potential**, das Sprosssystem fortzusetzen. Tatsächlich entwickeln sich aber nur **bestimmte Meristeme** zu **bestimmten Zeitpunkten** (◻ Abb. 6.23):
- In Abhängigkeit vom **Ort der Meristemaktivität** unterscheidet man die Formen der **Sprossverkettung** (**Monopodium**, **Sympodium**) und die **Förderungsverhältnisse** der Seitenachsen.
- Der **Zeitpunkt der Meristemaktivität** wird mit den Begriffen **Syllepsis** und **Katalepsis/Spätkatalepsis** erfasst.
- Je nach **Art der Entwicklung** werden **Lang- oder Kurztriebe** gebildet, die Laubblätter tragen und/oder **Sonderfunktionen** erfüllen (Dorn, Ranke, Knolle).

Die **drei Variablen** Ort, Zeitpunkt und Art der Verzweigung treten in vielfältigen **Kombinationen** auf und prägen gemeinsam das Sprosssystem.

Monopodium und Sympodium

Die terminale bzw. axilläre Sprossfortsetzung führt zu zwei **Grundformen der Verzweigung**.

Monopodium

Dominiert die **Hauptachse**, liegt ein Monopodium vor (◻ Abb. 6.23a, d). Es herrscht **Apikaldominanz**, worunter man die **Unterdrückung der Seitentriebe** unterhalb einer wachsenden Sprossspitze versteht. Sie ist je nach Art und Alter der Pflanze unterschiedlich stark ausgeprägt und basiert auf dem **Konzentrationsverhältnis** antagonistisch wirkender Pflanzenhormone. Das im Apex gebildete **Auxin** (► Exkurs 6.5) wird abwärts transportiert und hemmt das Austreiben der Seitentriebanlagen, während **Cytokinine** deren Entwicklung fördern.

In einem **einjährigen** Monopodium bleiben die Seitenachsen hinter dem Wachstum der Hauptachse zurück, in einem **mehrjährigen** System setzt sich das Sprosssystem terminal fort (◻ Abb. 6.32a: mo, und 6.34a, b). Das kann bei jahrelanger Wiederholung zu **monopodialem Baumwuchs** führen. Monopodien treten obligat bei **Palmen** (Arecaceae; ◻ 6.24d) auf, deren gerade Stämme unverzweigt bleiben und zeitlebens mit dem ersten (embryonalen) SAM wachsen. Monopodialer Wuchs ist auch für viele **Nadelbäume** charakteristisch (Pinales; ► Abb. 5.44, 5.45 und 5.46), an deren etagenartiger Verzweigung sich das Alter des Baumes ablesen lässt (◻ Abb. 6.24a: n-4 bis n, und 6.33a-e). Die geraden, monopodialen Stämme der Rotbuche (*Fagus sylvatica*, Fagaceae) prägen den Aspekt der nach ihnen benannten **Hallenbuchenwälder** (► Abb. 1.1c).

Sympodium

Wird das Wachstum von **Seitenachsen** übernommen, liegt ein Sympodium vor (◻ Abb. 6.23b, c, e, f). Dabei übergipfeln die Seitenzweige gewöhnlich die Haupt-

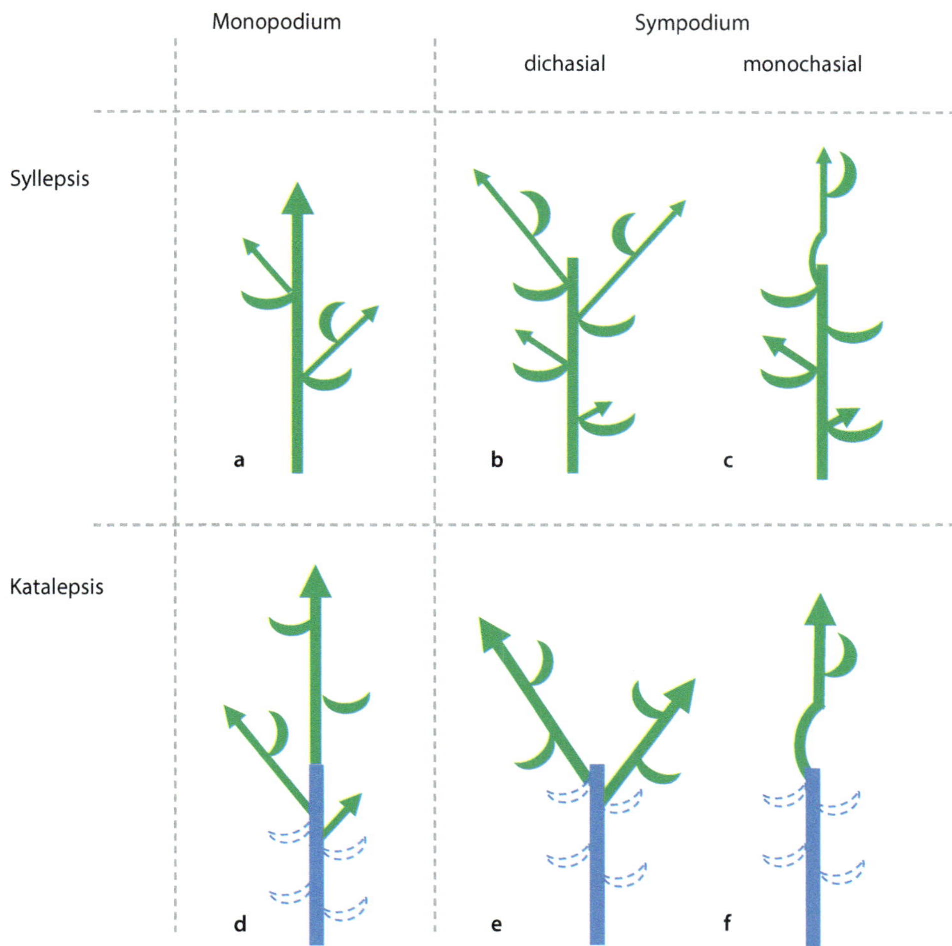

■ **Abb. 6.23 Grundformen der Verzweigung. a–c,** Einjährige Systeme mit sylleptischer Verzweigung. **a,** Monopodium. **b,** Dichasiales Sympodium. **c,** Extrem monochasiales Sympodium. **d–f,** Mehrjährige Systeme mit kataleptischer Sprossverkettung. **d,** Monopodium. **e,** Dichasiales Sympodium. **f,** Extrem monochasiales Sympodium. Grün: diesjährige Sprossachsen mit Blättern. Blau: letztjährige Sprossachsen mit abgefallenen Blättern (gestrichelt). Die Grundformen der Verzweigung sind von der Art der Blattstellung (im Beispiel wechselständig) unabhängig. (© Original)

achse, die ihr Wachstum einstellt (■ Abb. 6.24b und 6.33f). Dies kann durch regelmäßige **Parenchymatisierung** des SAMs (z. B. Linde; ■ Abb. 6.24c: Pfeil), durch **Verdornung** (Sanddorn; ■ Abb. 6.24e und 6.33f) und durch die Bildung einer **terminalen Ranke** (Wein; ■ Abb. 6.24f und 6.33g) oder eines terminalen **Phyllokladiums** (Mäusedorn; ▶ Abb. 1.4a: Pfeil) geschehen. In all diesen Fällen wird das SAM aufgebraucht und steht nicht mehr für weiteres Wachstum zur Verfügung. Geht das SAM in ein **reproduktives Meristem** über, verliert es seine vegetativen Eigenschaften und bildet eine terminale Blüte oder einen terminalen Blütenstand. Auch hier erfolgt die weitere Verzweigung des Sprosssystems sympodial durch Seitentriebe. Erfolgt der Wechsel von der monopodialen zur sympodialen Sprossverkettung **fakultativ,** z. B. aufgrund unregelmäßiger terminaler Blütenbildung (Rosskastanie; ■ Abb. 6.32a: sy) liegt ein **bedingtes Sympodium** vor.

Bei der sympodialen Verzweigung setzen meist die obersten (distalen) Seitenachsen das Wachstum fort. Dabei ist die Anzahl oft festgelegt und prägt den Habitus des Verzweigungssystems:
- Setzen **zwei Seitenachsen** das System fort, erhält das Sprosssystem einen **gabelförmigen** Aufbau (■ Abb. 6.23b, e und 6.24b, g). Man spricht von (sympodial-)**dichasialer** Verzweigung, die zur Bildung eines **Dichasiums** (griech. *dichasis,* „Teilung") führt.
- Setzt nur **eine Seitenachse** das Wachstum fort, entsteht aufgrund der (sympodial-)**monochasialen** Verzweigung ein **Monochasium** (■ Abb. 6.34d: n). Dabei stellt sich der Fortsetzungstrieb oft in die Verlängerung der Hauptachse und erweckt den Eindruck einer durchgehenden Hauptachse (■ Abb. 6.23c, f, 6.24c, f, 6.32f, g und 6.33g). Aus diesem Grund wurde die Verzweigungsform früher

Abb. 6.24 Verzweigung und Wuchsform. a, *Araucaria* (Araucariaceae, Gymnospermen). Fünfjähriges Monopodium (n-4 bis n: Vegetationsperioden). Die ausgeprägt akrotone Förderung (s. Text) führt zu einer Etagenbildung, die für viele Nadelbäume charakteristisch ist. **b**, Köcherbaum (*Aloe dichotoma*, Asphodelaceae). Sympodial-dichasial verzweigte Krone mit charakteristischem, gabelförmigem Wuchsmuster. **c**, Linde (*Tilia*, Tiliaceae). Einjähriger Trieb mit extrem monochasialer Fortsetzung. Im Ausschnitt sieht man das Rudiment der Hauptachse (HA) und die stark entwickelte Knospe der künftigen Seitenachse (SA). **d**, Königspalme (*Roystonea regia*, Arecaceae). Unverzweigtes Monopodium. **e**, Sanddorn (*Hippophaë rhamnoides*, Elaeagnaceae). Zweijähriges Sympodium aus Dorntrieben. Gestrichelte Linie: Vorjahrestrieb mit drei Fortsetzungstrieben (akroton, kataleptisch; s. Text). *, sylleptische Seitentriebe in medianer Position. **f**, Wein (*Vitis vinifera*, Vitaceae). Extremes Monochasium. Jedes Sympodialglied endet in einer Ranke und wird von seiner obersten Seitenachse zur Seite gedrängt. I–IV, Achsenordnungen. **g**, Igelpolster (*Acantholimon*, Plumbaginaceae). Die Kugelform des Dornbusches beruht auf der regelmäßig sympodial-dichasialen Verzweigung (gestrichelt angedeutet). (© R. Claßen-Bockhoff, Mainz)

als Pseudomonopodium bezeichnet. Tatsächlich liegt aber ein **extremes Monochasium** vor.

— Seltener treiben mehr als zwei Seitenachsen aus und setzen das Gerüst der Pflanze fort. Es entsteht ein **Pleiochasium** (Sanddorn ◘ Abb. 6.33f, *Staavia* ◘ Abb. 6.34b).

Syllepsis und Katalepsis

Die Meristeme eines Sprosssystems treiben entweder in der Vegetationsperiode ihrer Anlage aus (Syllepsis), durchlaufen eine Ruheperiode, bevor sie austreiben (Katalepsis), oder bleiben viele Jahre lang (Spätkatalepsis) bzw. auf Dauer gehemmt.

Syllepsis

Verzweigt sich ein Spross **innerhalb einer Vegetationsperiode**, spricht man von **sylleptischer Verzweigung** (◘ Abb. 6.23a–c). Diese ist obligatorisch bei **annuellen Kräutern** und **Blütenständen** (► Kap. 9), die sich in nur einer Vegetationsperiode entwickeln. Bei **mehrjährigen Pflanzen** treten sylleptische Seitentriebe meist in medianer Position von Zuwachseinheiten auf, so wie dies beim Sanddorn zu beobachten ist (◘ Abb. 6.24e: *, und 6.33f).

Katalepsis und Prolepsis

Die meisten mehrjährigen Pflanzen temperater Breiten bilden Innovationsknospen (Überdauerungsknospen), mit denen sie ihre Meristeme vor Frost (Winter), Wasserverlust (Trockenzeiten) und mechanischen Schäden schützen. Sie werfen ihr Laub ab und reduzieren ihre Stoffwechselleistungen. Diese Ruhephase nennt man wie bei den Samen **Dormanz** (► Abschn. 6.4.2). Mit dem Einsetzen des Frühjahrs oder der Regenzeit treiben die Knospen aus und setzen das Sprosssystem fort (◘ Abb. 6.25a, b). Aus diesem Grund werden sie als Erneuerungs- oder **Innovationsknospen** bezeichnet. Die meist **derben Knospenschuppen** (Tegmente; ► Abschn. 6.5.2) fallen beim Austreiben der Sprossachse ab und hinterlassen Blattnarben. Da die Internodien zwischen den Tegmenten im Allgemeinen gehemmt bleiben, bilden sich ‚**Ringelmuster**' aus Blattnarben (◘ Abb. 6.32b, f, g), die auch noch Jahre später sichtbar sind und zur **Altersbestimmung** eines Sprosssystems genutzt werden können (► Abschn. 6.7.2).

Die um eine Vegetationsperiode verspätete Entfaltung von Knospen wird als **Katalepsis** bezeichnet. Der Begriff geht auf Müller-Doblies und Weberling (1984) zurück, die für die komplizierten Zeitmuster bei **Zwiebelpflanzen** die Begriffe „Syllepsis", „Prolepsis" (gegenüber dem Regelfall verfrühtes Austreiben von Knospen) und „Katalepsis" (gegenüber der Abstammungsachse verspätetes Austreiben des Blütenstandes) unterschieden. Der Begriff Katalepsis wird hier übernommen und auf alle Sprossabschnitte erweitert die **nach einer Ruhepause** ihr Wachstum fortsetzen (Claßen-Bockhoff 2000).

Der Begriff **Prolepsis** wird dagegen nicht verwendet, weil er sehr unterschiedlich definiert (Bell 1994, 2008) und daher missverständlich ist. Er wurde im Zusammenhang mit **Frühjahrsblühern** geprägt, die ausnahmsweise schon im Herbst desselben Jahres und nicht erst im nächsten Frühjahr zur Blüte gelangen (Pax 1890). In diesem Sinne wird er auch auf **Johannistriebe** bezogen, worunter man das diesjährige Austreiben von Sprossen versteht, die im Normalverhalten der Art erst im nächsten Jahr zur Entwicklung kommen (z. B. Buche, Ahorn u. a. Laubbäume; Späth 1912). Die vorzeitige Entfaltung ist auf **exogene Faktoren** wie Witterungsbedingungen oder Fraßschäden (z. B. durch Maikäfer) zurückzuführen und wird mit dem hier verwendeten Vokabular als **sylleptischer Austrieb** bezeichnet.

Spätkatalepsis

Wenn Knospen Jahre oder Jahrzehnte ruhen (‚schlafende Augen'), bevor sie austreiben, liegt Spätkatalepsis vor. Beispiele sind die Verjüngungstriebe (**Reiterationstriebe**) in Baumkronen (◘ Abb. 6.2c und 6.25e) oder der **Stockausschlag** aus der Basis eines Baumes.

Die Fähigkeit, nach dem Absterben des Hauptstammes aus bodennahen Knospen auszutreiben, kennzeichnet **regenerationsfähige Gehölze** wie z. B. Hainbuche ◘ (*Carpinus*; Abb. 6.25d), ► Hasel (*Corylus*), Eiche (*Quercus*), Pappel (*Populus*) und Linde ◘ (*Tilia*; Abb. 6.1e). Sie kommen vor allem in Wäldern mit **Niederwaldwirtschaft** vor, aus denen regelmäßig einzelne, zehn bis 30 Jahre alte Stämme entfernt werden. Es resultiert ein lichter Wald von 3–10 m Höhe, der unterschiedliche Stammdicken aufweist. Besonders charakteristisch sind die gruppenweise angeordneten, dünnen Stämme, die aus der Basis der abgeschlagenen Hauptstämme ausgetrieben sind.

Bei der als **Kauliflorie** bezeichneten Stammblütigkeit treiben Knospen ‚am alten Holz' aus und produzieren dort Blüten und Früchte. Sie tritt vor allem bei tropischen Bäumen auf. Zu ihnen gehören Vertreter der Moraceae wie die Feigen (*Ficus*; ► Abb. 11.27a, b) und der Jackfruchtbaum (*Artocarpus heterophyllus*; ◘ Abb. 6.25c), die Kakaopflanze (*Theobroma cacao*, Malvaceae; ► Abb. 12.16g), der Kanonenkugelbaum (*Couroupita guianensis*, Lecythidaceae) und Kalebassenbaum (*Crescentia cujete*, Bignoniaceae). Vertreter der mediterranen Flora sind der Johannisbrotbaum (*Ceratonia siliqua*) und Judasbaum (*Cercis siliquastrum*), die beide zu den Fabaceae gehören.

□ **Abb. 6.25 Innovation und Spätkatalepsis. a**, *Perovskia* (Lamiaceae). Kataleptisch austreibende Innovationsknospe mit Knospenschuppen. **b**, Walnuss (*Juglans regia*, Juglandaceae). Innovationstrieb aus einer Überdauerungsknospe. **c,** Jackfruchtbaum (*Artocarpus heterophyllus*, Moraceae). Kauliflorie (Stammblütigkeit). **d**, Hainbuche (*Carpinus betulus*, Betulaceae). Stockausschlag. **e**, *Tabebuia heterophylla* (Bignoniaceae). Reiterationstriebe. (© R. Claßen-Bockhoff, Mainz)

Förderung

In Abhängigkeit von **Polarität** und **Schwerkraft** werden Knospen **bestimmter Position** gefördert bzw. gehemmt. Die **Förderungsverhältnisse** tragen wesentlich zur Wuchsform einer Pflanze bei.

Polarität (longitudinale Förderung)

Die häufigste Form der Förderung entlang einer Sprossachse ist die **Akrotonie** (Spitzenförderung), bei der die obersten (distalen) Seitenknospen am stärksten gefördert werden (□ Abb. 6.26a, d, h). Sie ermöglicht

Höhenwuchs und dominiert den Baumwuchs. Eine basale oder **basitone Förderung** findet man vor allem bei Sträuchern, die immer wieder aus basal gelegenen Knospen austreiben (□ Abb. 6.26b, e, 6.27a, c und 6.30a) und bei Bäumen mit Stockausschlag (□ Abb. 6.25d). **Mesotone Förderung** tritt vor allem bei sylleptischer Verzweigung auf. Hier werden die mittleren Knospen eines Wachstumsschubes gefördert (□ Abb. 6.26c, f).

Die Förderungsverhältnisse sind **konjunkt** (gleitend), wenn mehrere Seitenachsen mit nach oben ab- oder zunehmender Länge gefördert werden (□ Abb. 6.26a, b

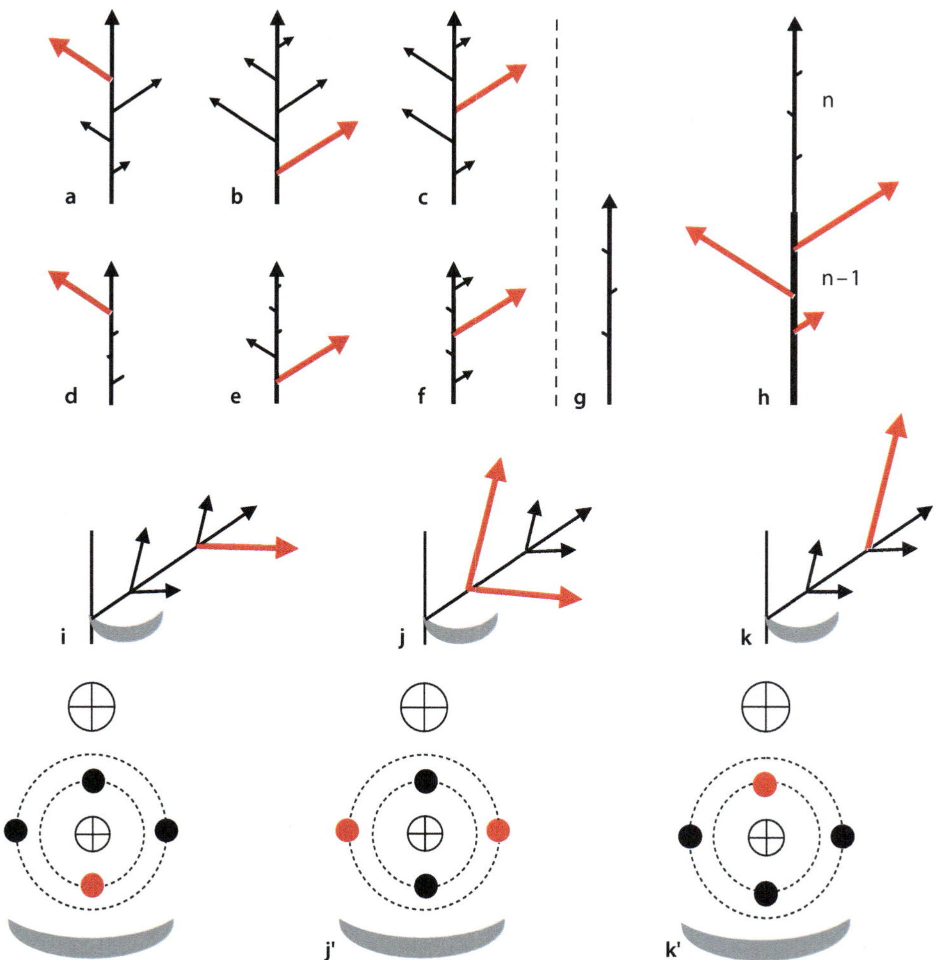

Abb. 6.26 Förderungsverhältnisse. Blätter nicht eingezeichnet. **a–f**, Sylleptische Systeme. **a**, Konjunkte Akrotonie. **b**, Konjunkte Basitonie. **c**, Mesotonie. **d**, Disjunkte Akrotonie. **e**, Disjunkte Basitonie. **f**, Mesotonie. **g, h**, Kataleptisches System. **g**, Jahrestrieb mit ruhenden Knospen. **h**, Austrieb im nächsten Jahr mit konjunkt-akrotoner Förderung. **i–k′**, Einfluss der Schwerkraft auf die Förderung von Seitentrieben. Beispiel mit dekussierter Blattstellung, jeweils in Seitenansicht und im Grundriss. **i, i′**, Hyptonie. **j, j′**, Amphitonie. **k, k′**, Epitonie. (© Original)

und 6.33e). Sie sind **disjunkt** (abrupt), wenn nur Seitenachsen an der jeweils geförderten Position austreiben (■ Abb. 6.26d–f und 6.33c).

Innerhalb einer Pflanze können **gleichzeitig mehrere Förderungsverhältnisse** auftreten. Mesotone Förderung **innerhalb** einer Zuwachseinheit tritt z. B. mit akrotoner Verkettung **zwischen** den Zuwachseinheiten auf (■ Abb. 6.24e und 6.33f). Bei Sträuchern herrscht gewöhnlich eine akrotone Sprossverkettung **innerhalb** des Verzweigungssystems, während sich die Pflanze **am Boden** basiton erneuert (■ Abb. 6.27a, c und 6.30b). Um Missverständnisse zu vermeiden, muss das jeweilige **Bezugssystem** (ganze Pflanze, Zuwachseinheit) genannt werden.

Schwerkraft (laterale Förderung)

Unter dem Einfluss der Schwerkraft erfahren vor allem die Knospen der **Seitenachsen** eine unterschiedliche Förderung:

– **Hypotone** (abaxiale) Förderung liegt vor, wenn verstärkt die nach unten weisenden Knospen auswachsen und das System fortsetzen (■ Abb. 6.26i, i′ und 6.27a). Es ergibt sich eine wiederholt bogenförmige Verzweigung nach außen, die z. B. für die Haselnuss (*Corylus avellana*, Betulaceae), den japanischen Blumen-Hartriegel (*Cornus kousa*; ■ Abb. 6.27b) oder die Rosskastanie (*Aesculus hippocastanum*; ■ Abb. 6.32f, g) typisch ist.

6

Abb. 6.27   Einfluss der Schwerkraft auf die Wuchsform von Sträuchern. a, b, Hypotonie. **a,** Schema. **b,** Blumen-Hartriegel (*Cornus kousa*, Cornaceae). Die nach unten weisenden Seitensystme werden gefördert. **c–f,** Epitonie. **c,** Schema. **d, e,** Schwarzer Holunder (*Sambucus nigra*, Adoxaceae). **d,** Überhängender Trieb mit Förderung der nach oben weisenden Knospen. **e,** Ältere Pflanze, deren Wuchsform von der Epitonie geprägt wird. **f,** Brombeere (*Rubus fruticosus*, Rosaceae) mit charakteristischem Bogenwuchs. (© R. Claßen-Bockhoff, Mainz)

— **Epitone** (adaxiale) Förderung lässt sich dagegen sehr gut am Schwarzen Holunder (*Sambucus nigra*; ▪ Abb. 6.27d, e) beobachten. Hier werden die nach oben weisenden Knospen gefördert, wodurch es zu einer springbrunnenartigen Verzweigungsform kommt (▪ Abb. 6.26k, k′ und 6.27c).

Auch die charakteristische bogenförmige Wuchsform der **Brombeere** (*Rubus*) weist Epitonie auf (▪ Abb. 6.27f). Im Frühjahr entwickeln sich mehrere Meter lange Schossertriebe, die mit ihren rückwärts gerichteten Stacheln andere Pflanzen überwuchern (**Spreizklimmer;** ▸ Abschn. 6.10.2). Von dort aus hängen sie bogenförmig über und bewurzeln sich bei Bodenkontakt (**Absenker**; ▶ Abschn. 6.9.2). Mit ihrer hohen Wüchsigkeit und der Fähigkeit zur vegetativen Vermehrung durch **Ausläufer** (▶ Abschn. 6.9.2) und **wurzelbürtige Sprosse** (▶ Abschn. 8.4.4) trägt die Brombeere zur **Verbuschung** offener Lebensräume bei. Sie wird vielerorts wie die Schlehe und andere aggressive Gehölze von Hand aus Naturschutzgebieten (Wacholderheiden, Trockenrasen) entfernt, um die dortige Artenvielfalt zu erhalten.

— **Amphiton** (seitlich) gefördert (■ Abb. 6.26j, j′) sind die Seitenzweige zahlreicher Nadelbäume, wie z. B. der Eibe (*Taxus baccata*, Taxaceae), die flach ausgebreitet in einer Ebene stehen; ▶ Abb. 5.47f). Diese Förderung dient einer besseren Lichtausbeute durch die Blätter.

Verzweigungseinheit vs. Zuwachs

Die Wuchsform einer Pflanze weist **wiederkehrende Muster** auf, die den **modularen Aufbau** der Pflanzen unterstreichen. Ihre spezifische Ausprägung wird dabei vom **Zeitmuster** des Wachstums geprägt (■ Abb. 6.28):

— Monopodium und Sympodium sind ebenso wie die Förderungsverhältnisse **räumlich** definierte Begriffe, die das **Verzweigungsverhalten** einer Pflanze **ohne Zeitbezug** beschreiben. Die Begriffe beziehen sich je nach Betrachtung auf einjährige oder mehrjährige Sprossabschnitte oder auf die gesamte Pflanze.

— Die **Zuwachseinheit** ist demgegenüber **zeitlich definiert**. Sie charakterisiert den Sprossabschnitt, der sich **in einer Vegetationsperiode** ohne Bezug zur Organisation des Sprosssystems entwickelt (■ Abb. 6.34b, d: gestrichelte Linien). In den temperaten Breiten spricht man traditionell vom **Jahreszuwachs**, da sich die Wachstumspause durch die Winterruhe ergibt. In den Subtropen und Tropen nehmen dagegen **Regen- und Trockenzeiten** Einfluss auf das pflanzliche Wachstum, die auch mehrmals im Jahr auftreten können. Aus diesem Grund wird neutraler vom **saisonalen Zuwachs** (*seasonal growth unit*; Briggs und Johnson 1979; Claßen-Bockhoff 2000), der *unit of extension* (Hallé et al. 1978) oder der Zuwachseinheit (Gleißner 1998) gesprochen.

Verzweigung und Zuwachs sind **komplementäre Bezugssysteme**, die auf den **Bauprinzipien** der Pflanzen und deren **Anpassung** an äußere Gegebenheiten beruhen. Innerhalb von Sympodien entstehen pro Saison entweder ein Sympodialglied, Teile eines Sympodialgliedes oder mehrere Sympodialglieder (■ Abb. 6.28 und 6.34b, d). Im zweiten Fall entwickelt sich das Sympodialglied über mehrere Vegetationsperioden hinweg und umfasst monopodial verkettete Zuwachseinheiten (■ Abb. 6.28b

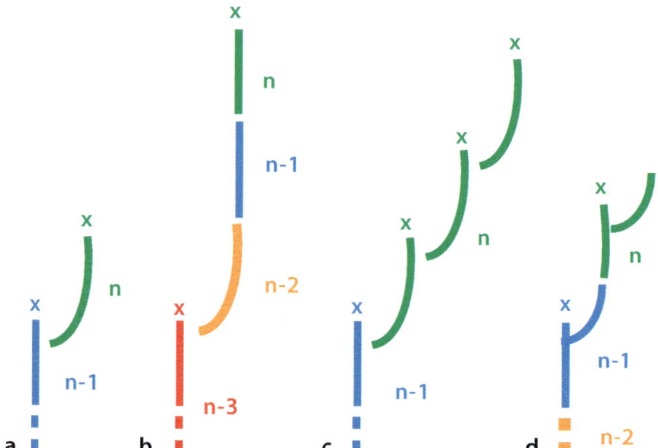

■ **Abb. 6.28**   **Sympodialglied und Zuwachseinheit. a,** Kataleptische Bildung eines Sympodialgliedes. Grün: diesjährig (n). Blau: vorjährig (n-1). **b,** Kataleptische Entwicklung eines Sympodialgliedes, das über mehrere Vegetationsperioden unter Einschaltung monopodial verketteter Zuwachseinheiten wächst. Orange: vor zwei Vegetationsperioden (n-2). Rot, vor drei Vegetationsperioden (n-3). **c,** Kataleptische Entwicklung eines Sympodialgliedes, das sylleptisch mehrere Sympodialglieder in einer Vegetationsperiode bildet. **d,** Sylleptischer Austrieb einer Seitenachse, die erst nach einer Ruhephase das Sympodialglied abschließt. (© Claßen-Bockhoff 2000, verändert)

und 6.34b). Treibt eine Sprossachse sylleptisch aus und durchläuft vor dem Abschluss des Sympodialgliedes eine Ruhepause, kommt es zu einer Verschiebung zwischen Organisations- und Zeiteinheiten (■ Abb. 6.28d und 6.34d).

Die meisten Pflanzen weisen ein **rhythmisches Wachstum** auf, in dessen Verlauf Wachstums- und Ruhephasen miteinander abwechseln. In den temperaten Breiten endet eine Vegetationsperiode gewöhnlich mit der Bildung von Überdauerungsknospen (■ Abb. 6.25a, b und 6.32b); in wärmeren Klimaten sind die saisonalen Zuwächse an frischem Laub und unverkorkten Sprossachsen erkennbar (■ Abb. 6.34a, b). Unter konstanten Bedingungen, z. B. in einem warmfeuchten Tropenwald mit Tagesklima, wachsen viele Pflanzen **kontinuierlich**. Bekannte Beispiele liefern die Palmen (Arecaceae; ■ Abb. 6.31a–c), die ohne Pause Blätter bilden und abwerfen, wobei deren Anzahl mehr oder weniger konstant bleibt. Sie lassen jedoch durch einen regelmäßigen Wechsel von vegetativen und reproduktiven Phasen eine **endogene Rhythmik** erkennen (Hallé et al. 1978; ■ Abb. 6.31).

6.7.2 Architektur von Holzgewächsen

Das auf ihrem Verzweigungssystem basierende **Erscheinungsbild einer Pflanze** wird als **Architektur** bezeichnet (Barthélémy und Caraglio 2007). Es besteht aus **Langtrieben**, die als **Führungstriebe** das vegetative

■ **Abb. 6.29   Kurztrieb-Langtrieb-Dimorphismus. a,** Kiefer (*Pinus*, Pinaceae, Gymnospermen). Zweijähriger Langtrieb mit sylleptischen Kurztrieben; jeder Kurztrieb (Kreis) weist einige Schuppenblättchen an seiner Basis auf (‚Nadelscheide‘, hellbraun) und bildet drei Nadelblätter. **b,** Sanddorn (*Hippophaë rhamnoides*, Elaeagnaceae). Verdornter Langtrieb (Pfeil) mit sylleptischen Kurztriebdornen (*). **c,** Apfel (*Malus*, Rosaceae). Langtrieb mit kataleptisch blühenden Kurztrieben (■ Abb. 6.44c, d). (© R. Claßen-Bockhoff, Mainz)

Grundgerüst der Pflanze aufbauen und aus kürzer bleibenden Trieben, die die **Verzweigung** der Krone bestimmen und den größten Teil der Blätter tragen.

Darüber hinaus bilden einige Pflanzen **Kurztriebe** mit Sonderfunktionen (▶ Abschn. 8.2.5). Kurztriebe stehen meist **seitlich** an Langtrieben. Sie tragen die Nadeln der Kiefern (■ Abb. 6.29a) und Lärchen (▶ Abb. 5.45j), die Blüten am Fruchtholz vieler Obstbäume (z. B. Kirsche, Apfel; ■ Abb. 6.29c) oder gehen zur Dorn-, Ranken- oder Blütenbildung über.

Zwischen **Lang- und Kurztrieben** gibt es zahlreiche Übergänge. Ein Sprosssystem, das regelmäßig deutlich verschiedene Lang- und Kurztriebe bildet, weist einen **Kurztrieb-Langtrieb-Dimorphismus** auf. Dieser ist meist mit arbeitsteiliger Differenzierung verbunden (■ Abb. 6.29).

Bäume und Sträucher

Innerhalb der Holzgewächse unterscheidet man **Bäume**, **Sträucher** und **Lianen** (■ Abschn. 6.10.2). Während letztere leicht an ihrem nicht selbsttragenden Wuchs erkannt werden (■ Abb. 6.55b, ▶ Abb. 3.24c), ist die Unterscheidung von Baum und Strauch nicht immer einfach. Ein **Baum** bildet meist nur **einen einzigen Stamm** mit **Krone** und wird viele Meter hoch. Ein **Strauch** entwickelt demgegenüber **mehrere Haupttriebe** und hat eine eher buschige Form. **Habituell** treten **Übergangsformen** auf; betrachtet man jedoch die **Dynamik** des Wachstums, werden die Unterschiede deutlicher (Gleissner 1998; ■ Abb. 6.30).

Baumwuchs

Ein Baum durchläuft **drei Lebensphasen**, die seinen Habitus prägen:

— Die **Jugendphase** ist durch den Aufbau eines **vegetativen Grundgerüstes** mit Höhenwuchs charakterisiert (■ Abb. 6.1a). Die Pflanze baut ein umfangreiches **Wurzel- und Blattwerk** auf, verankert sich im Boden, wächst zum Licht und sichert ihre Ernährung (■ Abb. 6.1b). Diese Phase geht gewöhnlich mit **monopodialem** Wachstum, langen Internodien und **akroton-kataleptischer** Verzweigung einher (■ Abb. 6.30a: links, und 6.32c).

— In der **Adultphase** geht ein Teil der Meristeme in die **Blütenbildung** über, während der andere vegetativ bleibt und der weiteren Verzweigung dient. Stehen die Blüten oder Blütenstände terminal, setzt sich das System im betroffenen Sprossabschnitt (bedingt) sympodial fort ■ (Abb. 6.32a); stehen sie lateral, kann die Terminalknospe die Verzweigung monopodial fortsetzen. Je nach Verzweigungstyp entstehen unterschiedliche **Kronenformen**, die oft artspezifisch und im blattlosen Zustand gut erkennbar sind (▶ Abb. 5.44k). In der Adultphase bleibt die Architektur weitgehend konstant. Zwar setzt sich die Pflanze noch regelmäßig fort, aber die Zuwachseinheiten werden kürzer, und der Verzweigungsgrad nimmt ab (■ Abb. 6.30a: rechts, und 6.32f, g). Die Energie der Pflanze wird in dieser Lebensphase vermehrt in die **Blütenbildung** und in den **Erhalt der Krone** investiert.

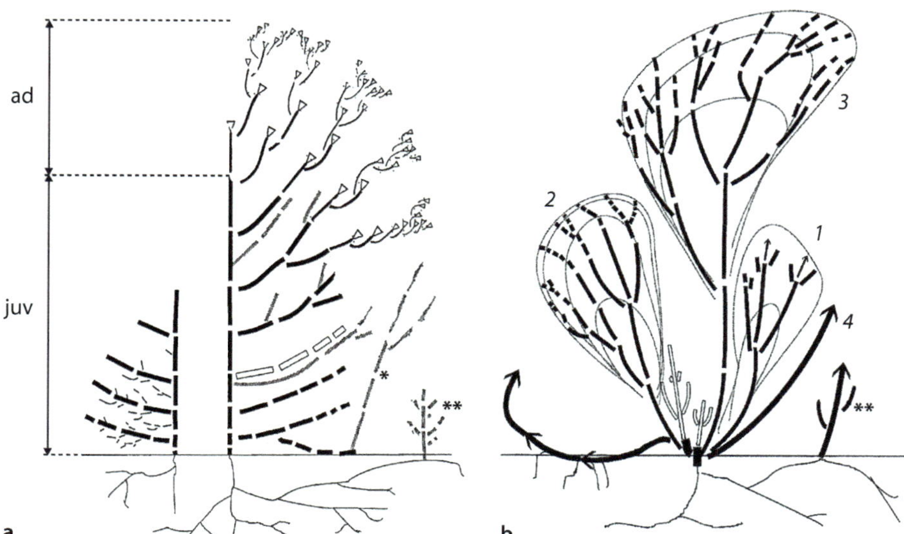

◘ Abb. 6.30 Baum- und Strauchwuchs. a, Baumwuchs, allgemeines Schema. Links: Jugendphase. Rechts: Adultphase. Der Baum durchläuft meist nur einen Zyklus, in dem er Stamm und Krone bildet. Auf die vegetative Juvenilphase (juv), die durch monopodialen Wuchs mit akrotoner Förderung geprägt ist, folgt die adulte Blühphase (ad, Dreiecke: Blüten oder Blütenstände), in der es zu einem Verzweigungswechsel kommen kann. Mit dem Alter werden die Zuwachseinheiten (durch Lücken abgesetzt) kürzer und der Verzweigungsgrad geringer. Schossertriebe aus basalen Knospen (*) oder der Wurzel (**) ver-

jüngen die Pflanze. **b,** Strauchwuchs, allgemeines Schema. Der Strauch wächst stets in mehreren Zyklen (*1–4*), die zunehmende Erstarkung zeigen. Die Triebe der Jungpflanze wachsen meist monopodial und akroton, sind vegetativ und kurzlebig (*1*). Sie werden aus der Basis der Pflanze erneuert. Mit zunehmendem Alter entstehen größere und langlebigere Triebe, die zum Blühen gelangen und sich jeweils wie die Krone eines Baumes verhalten (*2, 3*). Verjüngungstriebe aus der Basis (*4*) und ggf. aus der Wurzel (**) verhelfen der Pflanze zu einem hohen Alter. (© P. Gleissner 1998, leicht verändert)

— Die **Seneszenzphase** (Altersphase) ist durch eine lichte Krone und Zunahme an Totholz gekennzeichnet (◘ Abb. 6.1c, d). Die **Vitalität** der Pflanze hängt nun von ihrer Resistenz gegenüber Schädlingen, der allgemeinen **Regenerationsfähigkeit** (Reiteration, Stockausschlag; ◘ Abb. 6.25d, e) und **Stabilität** ab. Besonders eindrucksvolle Beispiele liefern alte Ölbäume (*Olea europaea*, Oleaceae; ◘ Abb. 6.53g) oder Weiden (*Salix*, Salicaceae) mit hohlen Stämmen (▶ Abb. 8.20c). Sie können viele Jahrzehnte überdauern, sofern genügend Blattwerk produziert wird, die peripher liegenden Leitbahnen funktionstüchtig bleiben und die mechanische Festigkeit gesichert ist.

Die natürliche Altersentwicklung wird durch **Schadeinwirkungen** (z. B. sauren Regen, Bodenverdichtung, Schädlinge) beeinträchtigt. Die Krone wird frühzeitig lichter, der Anteil des Totholzes nimmt zu, und die Astbruchgefahr steigt. Eine regelmäßige **Beurteilung der Baumvitalität** ist daher notwendig, um den Gesundheitszustand eines Baumes zu erfassen, Waldschäden zu vermeiden und die Sicherheit in den Städten zu gewährleisten. Neben der Auswertung von **Infrarotluftbildern**, die mittels einer Farbskala die Menge des Blattgrüns messen, und **Bohrkernen**, die den histologischen Gesundheitszustand eines Baumes dokumentieren, sind

Baumkronenanalysen ein bewährtes Mittel (Roloff 1989, 2001). Sie setzen eine genaue Kenntnis des Baumwachstums und Verzweigungsverhaltens voraus,

Strauchwuchs

Ein Strauch bildet keinen Stamm mit Krone, sondern durchläuft **mehrere Wachstumszyklen** (◘ Abb. 6.30b). Der Keimtrieb ist kurzlebig und wird von einem basal austreibenden Seitentrieb ersetzt. Dieser wächst einige Jahre und wird erneut ersetzt. Die folgenden Triebe nehmen an Größe und Lebensdauer zu, gelangen schließlich zum Blühen, altern und werden wiederum ersetzt. Ein typischer Strauch durchläuft somit viele Zyklen, wobei **innerhalb** des Zyklus **Akrotonie** und **zwischen** den Zyklen **Basitonie** vorherrscht. Die Wuchsform der Sträucher wird in hohem Maße von hypotonen und epitonen Förderungsverhältnissen bestimmt (◘ Abb. 6.27).

Architekturmodelle

Viele **tropische Bäume** unterscheiden sich von Bäumen temperater Breiten darin, dass sie keine Innovationsknospen und deutlich voneinander abgegrenzte Zuwachseinheiten bilden. Ihre Architektur wird vor allem von der **modularen Organisation** des Verzweigungssystems bestimmt.

Um die Vielfalt tropischer Gewächse übersichtlich zu fassen, führten Hallé et al. (1978) 23 **Architekturmodelle** ein. Sie berücksichtigten bei ihrer Konstruktion die monopodiale vs. sympodiale Verzweigung, das rhythmische vs. kontinuierliche Wachstum, die akrotone vs. basitone Fortsetzung, die terminale vs. seitliche Stellung der Blüten, die aufrechte (orthotrope) vs. ausgebreitete (plagiotrope) Orientierung der Sprossachsen und die Gleichartigkeit vs. Heterogenität der Haupt- und Seitenachsen. Die Autoren erstellten einen **Bestimmungsschlüssel** für die Architekturmodelle, lieferten zahlreiche **Beispiele** und stellten die **Dynamik** des pflanzlichen Wachstums durch Bildreihen dar (◘ Abb. 6.31). Sie machten deutlich, dass die Architektur von nah verwandten Arten (z. B. Palmen; ◘ Abb. 6.31a–c) und sogar zwischen Individuen einer diözischen Art (*Cycas circinalis*; ◘ Abb. 6.31d, e) verschieden sein kann.

Die Architekturmodelle lassen sich aufgrund ihrer starken Abstraktion auch auf **einheimische Gehölze** übertragen. In Ungarn (und angrenzenden Gebieten), wo entsprechende Untersuchungen durchgeführt wurden, sind acht der 23 tropischen Architekturmodelle wiedergefunden worden (Dénes 2011).

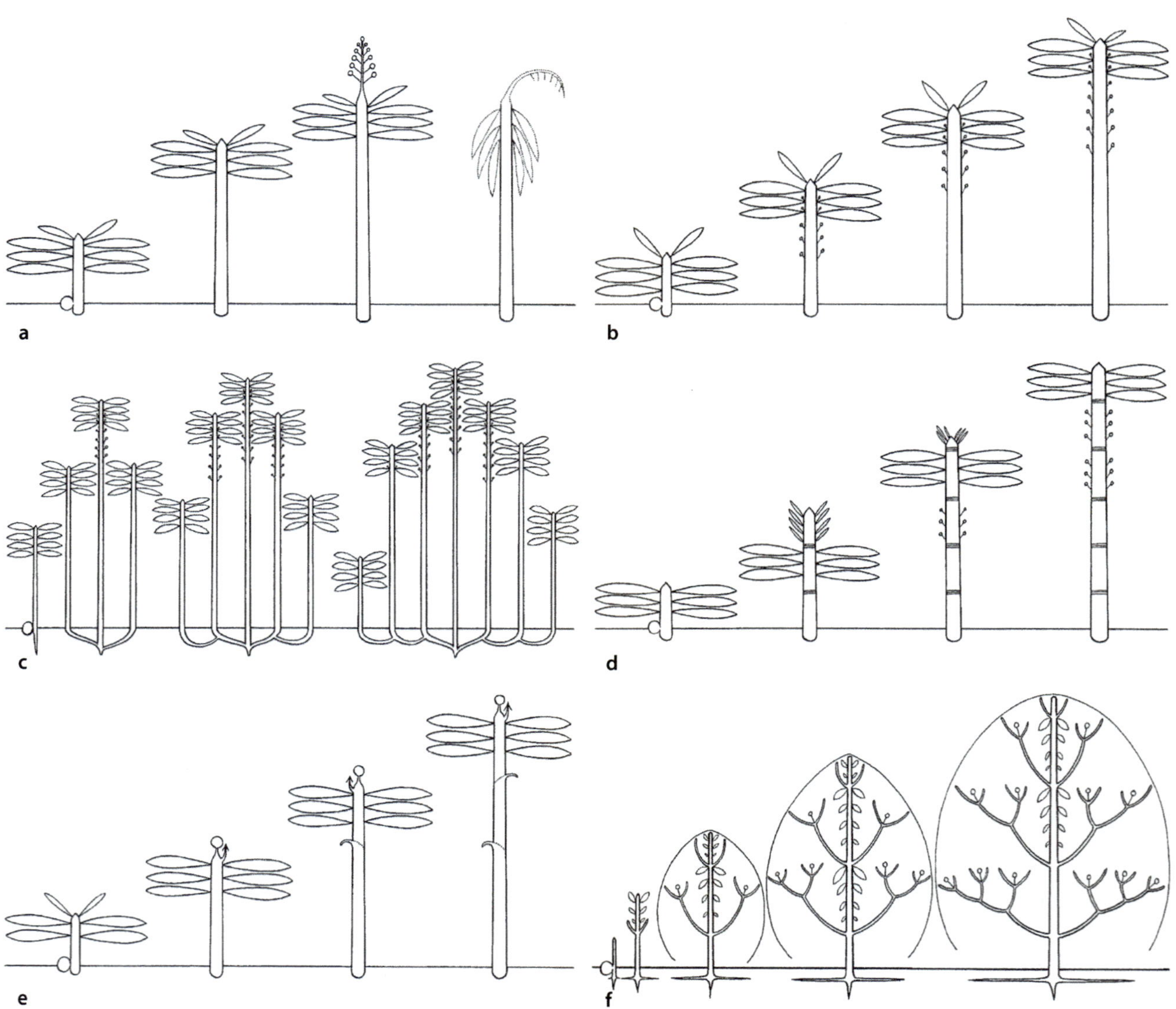

◘ **Abb. 6.31 Architekturmodelle.** Auswahl. **a–c,** Architektur von Palmen (Arecaceae). **a,** Talipot-Palme (*Corypha umbraculifera*). Unverzweigt, kontinuierliches Wachstum, monokarp; Absterben nach terminaler Infloreszenzbildung (*Holttum's model*). **b,** Kokospalme (*Cocos nucifera*). Wie **a,** aber Infloreszenzbildung lateral, polykarp (*Corner's model*). **c,** Dattelpalme (*Phoenix dactylifera*). Wie **b,** aber basiton verzweigt (*Tomlinson's model*). **d, e,** *Cycas circinales* (Cycadaceae). **d,** Megasporophylle bildendes Individuum. Wie **b,** aber rhythmisch wachsend (*Corner's model*). **e,** Pollenzapfen bildendes Individuum. Wie **d,** aber bedingt sympodial-monochasial (*Chamberlain's model*). **f,** Mango (*Mangifera indica*, Anacardiaceae). Rhythmisch monopodial wachsender Stamm mit akroton geförderten Seitenachsen; diese sympodial-dichasial verzweigt und hypoton gefördert (*Fagerlind's model*). (© Hallé et al. 1978)

Verzweigungsanalyse und Altersbestimmung

Die Verzweigungsanalyse ist eine **Technik**, mit der sich **Alter**, **Verzweigung** und **Vitalität** eines Holzgewächses feststellen lässt. Die folgenden Beispiele illustrieren nicht nur die Methode, sondern vermitteln auch weiterführende Details.

Beispiel Rosskastanie

Die Rosskastanie (*Aesculus hippocastanum*, Sapindaceae) eignet sich besonders gut als Studienobjekt, da sie leicht verfügbar ist und viele verschiedene Aspekte der Baumarchitektur zeigt.

Juvenile Sprossachsen und **Schossertriebe** der Krone bilden **lange Internodien** mit meist zwei dekussiert angeordneten Blattpaaren (◘ Abb. 6.32c: *1, 2*), einer apikalen Innovationsknospe (Ik) und Seitenknospen in den Achseln des obersten (distalen) Blattpaares. Es liegt ein **kataleptisch wachsendes Monopodium** mit **akrotoner Förderung** vor. **Ältere Sprossachsen** weisen deutlich kürzere Internodien auf (◘ Abb. 6.32f, g). Bleiben sie vegetativ, setzen sie sich monopodial fort; bilden sie einen terminalen Blütenstand, verzweigen sie sich **bedingt sympodial**. Die Fortsetzung ist dann dichasial oder monochasial und weist eine hypotone Förderung auf.

Bei der **Analyse des Verzweigungssystems** sucht man zunächst nach den Zuwachsgrenzen die an den Narben der Knospenschuppen erkannt werden können (Ringelmuster). Abgefallene Blütenstände hinterlassen eine rundliche Achsennarbe (◘ Abb. 6.32e), während die Narben der Laubblätter schwach sichelförmig sind und die Anschnitte der Leitbündel erkennen lassen (◘ Abb. 6.32d). Mithilfe der **Aufrisstechnik** lässt sich das Verzweigungssystem proportionsgetreu wiedergeben (◘ Abb. 6.32g).

Die Sprossverkettung der Rosskastanie macht deutlich, dass die Verzweigung einer Pflanze **nicht starr** festgelegt ist, sondern **Alterungsprozessen** unterliegt. So nimmt die Länge der Internodien und Zuwächse mit zunehmendem Alter ab, und die dichasiale Fortsetzung geht in die monochasiale über.

Beispiel Tanne und Fichte

Viele **Nadelbäume** wachsen **monopodial**, setzen sich **kataleptisch** fort und weisen eine **akrotone** Förderung auf (◘ Abb. 6.33a–e). Anhand der **Knospenschuppen** lassen sich wie bei der Rosskastanie die Zuwachsgrenzen bestimmen (◘ Abb. 6.33c: Farben). Die Nadeln sind **mehrjährig**. Junge Blätter sind meist heller grün und weicher als ältere Blätter, die aufgrund zunehmender Internodienstreckung auch nicht so eng beieinanderstehen. Im Aufriss kann dies als Zusatzinformation eingezeichnet werden. Da die Seitenäste das Verhalten der Hauptachse wiederholen, ergeben sich oft sehr klare Verzweigungsmuster. Dies gilt vor allem für Arten mit überwiegend **disjunkter** Förderung (z. B. Araukarie: ◘ Abb. 6.24a und ► Abb. 5.46a; Tanne: ◘ Abb. 6.33c), deren etagenartiger Wuchs auf der strengen Akrotonie beruht. Bei Arten mit **konjunkter** Förderung (z. B. Fichte; ◘ Abb. 6.33e und ► Abb. 5.45a) geht die klare Gliederung dagegen verloren.

Beispiel Sanddorn

Der Sanddorn (◘ Abb. 6.24e und 6.33f) wächst als Strauch mit einer sehr **variablen** Wuchs- und Verzweigungsform, die sich überdies mit dem **Alter** ändert. Er ist **diözisch** und bildet Individuen mit entweder staminaten ('männlichen') oder karpellaten ('weiblichen') Blüten (► Abschn. 9.6.3).

Der Strauch setzt sich aus **Lang- und Kurztrieben** zusammen, die jeweils in einer **verdornten Spitze** enden (◘ Abb. 6.24e und 6.29b). Die Sprossverkettung ist **kataleptisch-sympodial**, wobei auch mehr als zwei Seitenachsen die Führung übernehmen können (**pleiochasial**; ◘ Abb. 6.33f). Diesjährige Triebe bilden **sylleptische Seitenachsen** unterschiedlicher Länge, die bevorzugt in medianer Position stehen. In jungen Systemen sind sie relativ lang und verzweigen sich, in älteren Systemen treten sie als **Kurztriebdornen** auf (◘ Abb. 6.33f: *) oder fehlen gänzlich. Die Kurztriebdornen ähneln Stacheln, unterscheiden sich aber von diesen in ihrer axillären Position (Lagekriterium), ihrer Gliederung in Knoten und Internodien (oft nur als winzige Punkte zu erkennen, Qualitätskriterium) und den Übergängen zu deutlich erkennbaren, verdornten Kurz- und Langtrieben (Stetigkeitskriterium; ► Abschn. 1.2).

Außer den akroton liegenden Innovationsknospen werden zahlreiche Knospen entlang der Sprossachse gebildet, die **temperaturabhängig** im Spätwinter oder Frühjahr austreiben und entweder staminate oder karpellate Blüten tragen. Die Blüten sind sehr unscheinbar und werden vom Wind bestäubt. Die Seitenäste stellen ihr Wachstum nach der Blütenbildung unter **Verdornung** ein oder bilden noch einige Blätter, bevor sie vergehen. Selten bleiben sie für ein oder zwei weitere Jahre erhalten.

Beispiel Wein

Die Vitaceae wachsen häufig als Kletterpflanzen. Beim Wein (*Vitis vinifera*; ◘ Abb. 6.24f und 6.33g) und Wilden Wein (*Parthenocissus tricuspidata*; ◘ Abb. 6.55) enden alle Achsenglieder in Ranken bzw. Haftscheibensystemen und setzen sich **extrem sympodial-monochasial** fort. Die Verzweigung erfolgt **sylleptisch** und weist eine ausgeprägt **akrotone** Förderung auf.

Innerhalb einer Vegetationsperiode werden zahlreiche Module gebildet, die sich sylleptisch fortsetzen.

6

Abb. 6.32 **Methodik der Verzweigungsanalyse am Beispiel der Rosskastanie (*Aesculus hippocastanum*, Sapindaceae). a**, Dreijähriges Verzweigungssystem (n-2 bis n) mit bedingt sympodialer (sy) bzw. monopodialer (mo) Sprossverkettung. **b**, Dreijähriges Verzweigungssystem im Winter mit Innovationsknospen. Die gestrichelten Linien geben die Jahresgrenzen an, die sich an Hand der ‚Ringelmuster‘ abgefallener Knospenschuppen erkennen lassen. **c**, Junge Sprossachse oder Schossertrieb mit langen Internodien, zwei dekussierten Blattwirteln (*1, 2*), einer terminalen Innovationsknospe (Ik) und akroton-hypoton geförderten Seitenknospen. **d**, Blattnarbe. **e**, Narbe eines abgeworfenen Blütenstandes. **f**, Älteres Verzweigungssystem mit kürzeren Internodien, ‚Ringelmustern‘ (Zuwachsgrenzen), Blatt- und Blütenstandnarben. **g**, Aufriss zu **f**. Das Verzweigungssystem ist sechs Jahre alt (Farben) und weist monopodiale (mo), sympodial-dichasiale (sydi) und sympodial-monochasiale (symo) Sprossverkettungen auf. Doppelstrich: abgeschnittenes Ende. Kreuze: Blattnarben (im Aufriss ist die Dekussation nicht darstellbar). Bündel von Querstrichen: Narben der Knospenschuppen (Ringelmuster). Einfacher Querstrich: abgefallener Blütenstand. (© a, b: R. Claßen-Bockhoff, Mainz. c–f, Troll 1954. g: Original)

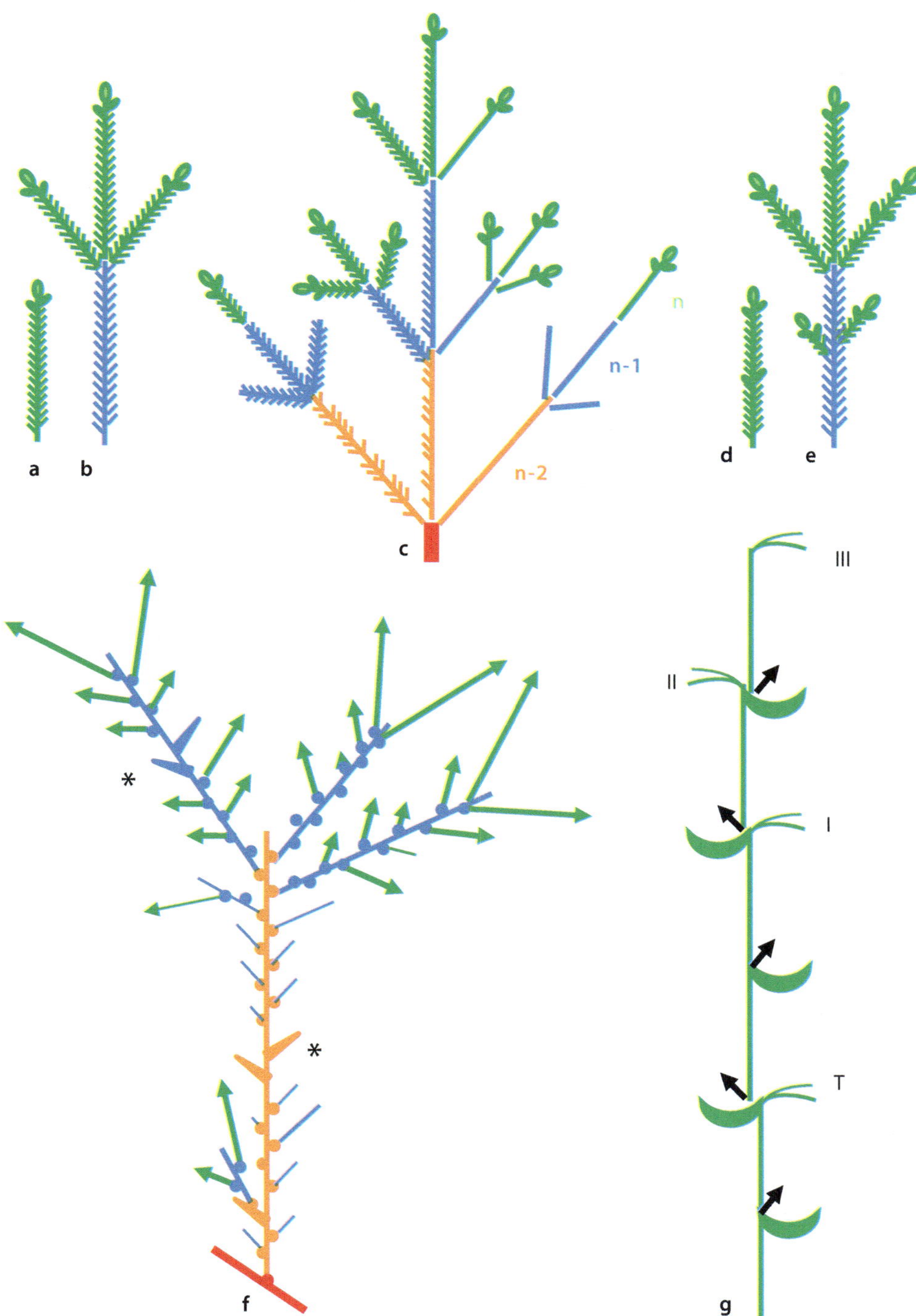

◻ Abb. 6.33 Schematische Darstellung verzweigter Sprosssysteme. Aufrisstechnik. Farben: Vegetationsperioden. **a–c,** Tanne (*Abies alba*, Pinaceae). Kataleptisches, disjunkt-akroton gefördertes Monopodium. **a**, Einjährige Sprossachse mit Endknospe und Seitenknospen. **b,** Zweijähriges System. **c,** Dreijähriges System. Die Seitenachsen wiederholen die Hauptachse, bleiben aber im Wachstum hinter dieser zurück. Nadelblätter (nur links eingezeichnet) persistieren mehrere Jahre. n bis n-2, Vegetationsperioden (s. ◻ Abb. 6.28) **d, e**, Fichte (*Picea abies*, Pinaceae). Wie **a** und **b**, aber mit konjunkt-akrotoner Förderung. **f**, Sanddorn (*Hippophaë rham-*noides, Elaeagnaceae). Dreijähriges Sympodium aus kataleptisch verketteten, akroton geförderten Dorntrieben und sylleptischen Kurztriebdornen (*). Die Punkte geben Überwinterungsknospen wieder, aus denen sich hinfällige Kurztriebe mit Blüten (basal) bzw. Fortsetzungstriebe entwickeln (apikal). Nur die diesjährigen (grünen) Sprossachsen tragen Laubblätter (nicht eingezeichnet). **g,** Wein (*Vitis vinifera*, Vitaceae). Einjähriges, mehrfach extrem monochasial verzweigtes System, in dem alle Sympodialglieder (T–III) in einer Ranke enden. Schwarze Pfeile: Beiknospen. (© Original)

Die ersten Module dienen dem Höhenwuchs. Sie bilden mehrere Knoten und Blätter, bevor sie eine Ranke bilden, die vom Wachstum der Fortsetzungsachse in eine seitliche Position **abgedrängt** wird (■ Abb. 6.33g: T). Die monochasiale Verzweigung lässt sich daran erkennen, dass die scheinbar seitlich stehende Ranke **kein Tragblatt** besitzt, also keiner Seitenachse, sondern dem Ende der Hauptachse entspricht. Ihr oberstes Blatt steht auf der **gegenüberliegenden Seite** des Knotens und bildet **zwei Achselprodukte (Beisprosse;** ▶ Abschn. 6.7.3). Die adaxiale Anlage entwickelt sich zum Fortsetzungstrieb (■ Abb. 6.33g: I), der die Abstammungsachse übergipfelt und eine durchgehende Hauptachse vortäuscht. Die abaxiale Anlage bildet eine Knospe, die meist gehemmt bleibt (■ Abb. 6.33g: schwarze Pfeile). Das Auftreten der Beiknospen erschwert die Verzweigungsanalyse, die aber anhand der Blattstellung und Verzweigung klar erkannt werden kann. Die darauffolgenden Module sind deutlich kürzer und umfassen meist nur einen oder zwei Knoten (■ Abb. 6.33g: II, III).

Beispiel Bruniaceae

Die Bruniaceae (■ Abb. 6.34) sind eine in Südafrika endemische Pflanzenfamilie (▶ Abb. 3.26b). Alle Arten wachsen als **Hartlaubsträucher** und bilden **keine Überdauerungsknospen**. Stattdessen werden die empfindlichen Apikalmeristeme von den obersten Laubblättern geschützt, die an ihrer Spitze ein klebriges **Sekret** ausscheiden. Die Blattspitze verkorkt später und wird schwarz (▶ Abb. 8.42b, c). Die **schwarzen Blattspitzen** sind ein sehr hilfreiches Familienmerkmal, da die Bruniaceen inmitten anderer Hartlaubgewächse mit sehr ähnlichem Habitus im Fynbos vorkommen.

Die Arten der Bruniaceae variieren erheblich in ihrer Wuchsform (Claßen-Bockhoff 1996, 2000). Grundsätzlich herrscht **sympodiale** Verzweigung vor. Bei manchen Arten, wie *Brunia albiflora* (■ Abb. 6.34a, b), wachsen allerdings die Sympodialglieder mehrere Jahre lang monopodial, bevor die Sprossspitze ihr Wachstum einstellt. Andere Arten, wie *Staavia radiata*, bilden dagegen mehrere Sympodialglieder in einer Vegetationsperiode (■ Abb. 6.34c, d). Da die Seitenachsen überdies sylleptisch austreiben und erst nach einer Ruhephase weiterwachsen, sind Verschiebungen zwischen Sympodialgliedern und Zuwachseinheiten die Regel. Dennoch lassen sich die Holzgewächse anhand der **Alterungsprozesse** der Sprossachsen und Blätter analysieren und im Aufriss darstellen (■ Abb. 6.34).

6.7.3 **Varianten der Verzweigung: Beiknospen und Metatopien**

Die Mehrheit der Blütenpflanzen folgt dem beschriebenen Bau der Pflanze, der durch klar erkennbare, axilläre Verzweigung charakterisiert ist. **Abweichungen**

belegen jedoch, dass das Entwicklungspotential der Pflanze über den Normalfall hinausgeht (■ Abb. 6.5).

Beiknospen

Gewöhnlich entwickelt sich aus jedem Blattachselmeristem nur eine Seitenanlage. Bei manchen Pflanzen, vor allem in Blütenständen, kommt es jedoch zu einer **Aufteilung** (Fraktionierung) des **Blattachselmeristems** (▶ Abschn. 9.3.2). Statt eines einzigen Achselproduktes entwickeln sich mehrere Anlagen, die man als **Beiknospen**, Beisprosse oder akzessorische Sprosse bezeichnet. Sie können sich gleich oder unterschiedlich verhalten.

Entwicklung

Beiknospen treten erst an älteren Sprossabschnitten auf, an denen bereits **Erstarkungswachstum** stattgefunden hat. Das Wachstum der Sprossachse wirkt sich passiv auf das Blattachselmeristem aus, das entweder durch Dickenwachstum in die Breite gezogen (vor allem bei Monocotylen) oder mit der Streckung des Internodiums nach innen oder außen verschleppt wird. Im Zuge der räumlichen **Ausdehnung** der Blattachsel teilt sich das Meristem in mehrere Teilmeristeme:

— Im ersten Fall werden Beiknospen **transversal** in der Blattachsel gebildet (■ Abb. 6.4b: *T*, und 6.35c). Man spricht von **collateralen** Beiknospen, deren bekanntestes Beispiel der Knoblauch (*Allium sativum*; ■ Abb. 6.36e) ist. In der ‚Knoblauchknolle' stehen mehrere Seitenzwiebeln (‚Zehen') nebeneinander in der Achsel eines einzigen, häutigen Tragblattes.

— Im zweiten Fall stehen zwei (selten drei oder mehr) Beisprosse in der Medianen der Blattachsel (■ Abb. 6.4b: *M*). Bei serial **absteigenden** Beiknospen (■ Abb. 6.35a, a′) liegt die erste und größte Knospe adaxial, das Meristem dehnt sich zum Tragblatt hin aus. Dies ist bei der Forsythie (*Forsythia*, Oleaceae) und Brombeere (*Rubus fruticosus*, Rosaceae; ■ Abb. 6.36a), beim Wein (*Vitis vinifera*, Vitaceae; ■ Abb. 6.33g) und im Blütenstand des Blauen Wasser-Ehrenpreis (*Veronica anagallis aquatica*, Plantaginaceae; ■ Abb. 6.36b) der Fall. Die Beiknospen der Weinrebe werden Geizen genannt und per Hand entfernt (Ausgeizen), um die Entwicklung der Hauptknospe zu fördern.

Bei serial **aufsteigenden** Beiknospen (■ Abb. 6.35b, b′) liegt die älteste Knospe abaxial. Beispiele liefern die Rote Heckenkirsche (*Lonicera xylosteum*, Caprifoliaceae), der Schwarze Holunder (*Sambucus nigra*, Adoxaceae) oder, im blühenden Bereich, der Bewimperte Felberich (*Lysimachia ciliata*, Primulaceae; ■ Abb. 6.36c).

Oft entwickelt sich nur die zuerst angelegte Knospe, und die übrigen Anlagen bleiben als **Reserveknospen** erhalten. Treiben alle Anlagen aus (wie z. B. beim

Abb. 6.34 Sympodialglied und Zuwachs am Beispiel süd-afrikanischer Bruniaceae. Die Arten bilden keine Innovations-knospen, zeigen aber in ihrem Wuchsverhalten eine deutliche Rhythmik. In beiden Arten treiben die Seitenachsen sylleptisch aus und durchlaufen dann eine Ruhephase (gestrichelte Linien), die an der Blattalterung und Achsenbeschaffenheit kenntlich ist. **a, b,** *Brunia albiflora.* Drei- bzw. vierjähriges Sympodialglied mit mono-podial verketteten Zuwachseinheiten. **a**, Habitus. **b**, Aufriss. Die Zuwachseinheiten (n-3 bis n) bestehen aus einem unteren, vegetati-ven Abschnitt, einer subterminalen Zone mit seitlichen Blüten-ständen (Inf, Infloreszenz) und einer monopodial durchwachsenden Sprossspitze. Der diesjährige Zuwachs wird sich dagegen sympo-dial fortsetzen (Iz, Innovationszone). **c, d,** *Staavia radiata.* Vier-jähriges, sympodial verzweigtes Sprosssystem. **c**, Habitus. **d**, Auf-riss. Das Sympodialglied besteht aus dem vegetativen Teil des Sprosses, einem terminalen Blütenstand und einer subapikalen Innovationszone. Die Fortsetzung erfolgt pleio-, di- oder mono-chasial. Die Zuwachseinheiten umfassen ein (n-1) oder zwei Sym-podialglieder (n) oder die monopodial verketteten Glieder eines mehrjährigen Sympodialgliedes (unten links). T, relative Haupt-achse. I–IV, Achsenordnungsgrade (bezogen auf T). (© Cla-ßen-Bockhoff 2000)

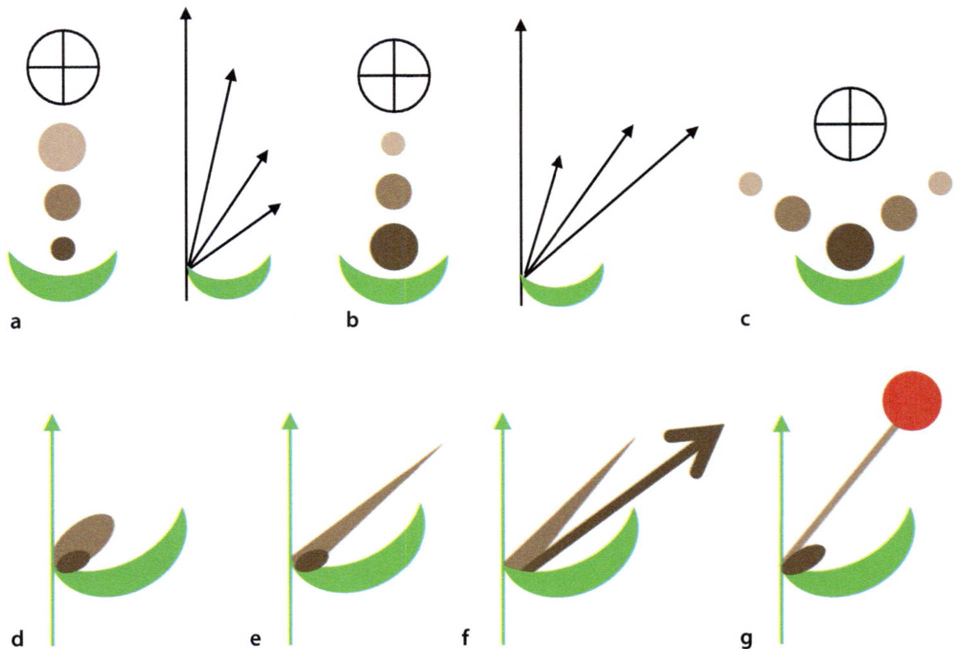

◘ Abb. 6.35   Position und Entwicklungspotential von Beiknospen. a–c, Position von Beiknospen im Grund- und Aufriss. **a,** Serial absteigend. **b,** Serial aufsteigend. **c,** Collateral. Die Größe der Kreise bzw. Länge der Pfeile gibt die Anlegungsfolge der Knospen und damit die Richtung der Meristemausdehnung und Fraktionierung wieder. **d–g,** *Bougainvillea* (Nyctaginaceae). **d,** Blattachsel mit zwei serial absteigenden Knospen. **e,** Junge vegetative Phase. Adaxialer Kurztriebdorn (hellbraun) und abaxiale Knospe (dunkelbraun). **f,** Ältere vegetative Phase. Adaxialer Kurztriebdorn und vegetative Seitenachse. **g,** Blühphase. Blütenstand (rot) an der Position des Kurztriebdorns

Schwarzen Holunder), folgt ihre Entwicklung meist der Reihenfolge ihrer Anlage. Aufgrund dieser sukzessiven Ausgliederung ist es manchmal nicht leicht, Beiknospen von Seitenknospen höherer Ordnung zu unterscheiden. Wichtige Kennzeichen für Beiknospen sind in diesen Fällen das **Fehlen von Tragblättern** und die **gleichsinnige Orientierung** der Knospen in Bezug auf die Abstammungsachse. Beides drückt die Gleichberechtigung der Knospen aus, die innerhalb der Blattachsel durch Teilung (und nicht durch Verzweigung) entstanden sind.

Funktionelle Differenzierung

Beisprosse können sehr unterschiedliche Aufgaben erfüllen:

- In Blütenständen entwickeln sich die Beisprosse oft **verspätet** und verlängern dadurch die Blühzeit der Pflanze (Steinklee, *Melilotus*, Fabaceae: ▶ Abb. 9.16a; Gilbweiderich, *Lysimachia*, Primulaceae).
- Bei der Mimose (*Mimosa pudica*; ◘ Abb. 6.36d) blühen **nur** die Beisprosse, während die Hauptknospe vegetativ bleibt oder verkümmert.
- Bei der oft als Zierpflanze kultivierten Drillingsblume (*Bougainvillea*, Nyctaginaceae) finden sich meist zwei Knospen in einer Laubblattachsel (◘ Abb. 6.35d). Die adaxiale Knospe hat Kurztriebcharakter. In der vegetativen Phase bildet sie einen rückwärts umgebogenen Dorn, der ihr beim Klimmen hilft (◘ Abb. 6.36g; Spreizklimmer; ▶ Abschn. 6.10.2). Gelangt die Pflanze zum Blühen, entwickelt sich an gleicher Position der Blütenstand (◘ Abb. 6.35e, g und 6.36f, g). Die abaxiale Knospe bleibt zunächst gehemmt und treibt an älteren Sprossabschnitten zu einem Langtrieb aus (◘ Abb. 6.35e, f und 6.36f), der in das ausdauernde Verzweigungssystem der Pflanze eingeht.

- Auch bei anderen Arten mit Kurztriebdornen wie *Colletia paradoxa* (Rhamnaceae; ▶ Abb. 8.29b, c) und *Poncirus trifoliata* (Rutaceae; ▶ Abb. 8.29d) treten Beiknospen auf, die das Verzweigungssystem fortsetzen bzw. zum Blühen gelangen.

Metatopien

Metatopien sind **sekundäre Lageverschiebungen**, die sich während der Organentwicklung beobachten lassen. Sie beruhen auf einer **Meristemverschleppung**, die dazu führt, dass z. B. Seitenachsen nicht mehr am Ort ihrer Anlage (Blattachsel) stehen, sondern auf die Abstammungsachse oder ihr Tragblatt verschoben werden. Häufige Metatopien im vegetativen Bereich der Pflanze sind Konkauleszenz, Rekauleszenz, Berindung und Flügelung (◘ Abb. 6.37; für den reproduktiven Bereich s. ▶ Kap. 10).

Abb. 6.36 Beisprosse. a, Brombeere (*Rubus fruticosus*, Rosaceae). Serial absteigende Beiknospen (*1, 2*). Bs, Blattstiel. St, Stachel. **b,** Blauer Wasser-Ehrenpreis (*Veronica anagallis aquatica*, Plantaginaceae). Serial absteigende Beiknospen im Infloreszenzbereich; die abaxiale Knospe bleibt oft gehemmt. **c,** Bewimperter Felberich (*Lysimachia ciliata*, Primulaceae). Serial aufsteigende Anlage von Blüten. **d,** Sinnpflanze (*Mimosa pudica*, Fabaceae). Vegetative Hauptknospe (x) und mehrere, blühende Beisprosse. **e,** Knoblauchknolle (*Allium sativum*, Amaryllidaceae). Halb aufpräparierte ‚Knolle‘ mit collateralen Seitenzwiebeln (‚Zehen‘) in der Achsel eines häutigen Tragblattes. **f–h,** *Bougainvillea* (Nyctaginaceae). Serial absteigende Beiknospen mit Funktionswechsel. **f, g,** Vegetative Sprossachse. Der adaxiale Beispross entwickelt sich zum Achsendorn mit Klimmhakenfunktion, der abaxiale Beispross dient der Verzweigung. Sa, Seitenachse. **h,** Der Blütenstand entsteht aus der adaxialen Dornanlage. (© R. Claßen-Bockhoff, Mainz)

Konkauleszenz

Wird eine Seitenachse weit oberhalb ihres Tragblattes frei, liegt Konkauleszenz vor (■ Abb. 6.38a). Während der Entwicklung wird das Meristem der Seitenachse (■ Abb. 6.37b: hellbraun) von der interkalaren Streckung der Abstammungsachse (braun) erfasst und nach oben verschoben (Konkauleszenz: ‚mit der Achse wachsend‘). Die Blattstellung bleibt dabei erhalten und dient als wichtiges Indiz zur Aufklärung der Lageverhältnisse.

Rekauleszenz

Verschiebungen zwischen Blatt und Achselprodukt werden als Rekauleszenz bezeichnet. Der Begriff umfasst **zwei verschiedene Ausprägungen**, bei denen entweder die Seitenachse oder das Tragblatt räumlich von der Abstammungsachse entfernt werden (Rekauleszenz, von der Achse weg wachsend‘)

- **Blattbürtige Rekauleszenz** (■ Abb. 6.37c)**:** In diesem Fall wird das Achselmeristem (hellbraun) von der Meristemaktivität seines Tragblattes (hellgrün) erfasst und mit dessen Wachstum von der Sprossachse weg auf das Blatt verschleppt. Es scheint der Blattspreite zu entspringen. Beispiele liefern die Linde (*Tilia*, Malvaceae), bei der der Blütenstand scheinbar dem α-Vorblatt entspringt (■ Abb. 6.38c), und *Helwingia chinensis* (Helwingiaceae; ▶ Abb. 8.44g, h), mit Blüten auf der Blattspreite. *Helwingia* und *Ruscus* (▶ Exkurs 1.3) liefern ein schönes Beispiel für **analoge Ähnlichkeit**: Im ersten Fall handelt es sich um ein Blatt mit rekauleszent verschobener Blüte, im zweiten um eine blattartige Sprossachse (Phyllokladium) mit axillärer Blüte.

- **Achsenbürtige Rekauleszenz** (■ Abb. 6.37d)**:** Beim Auswachsen der Seitenknospe wird das Blattmeristem

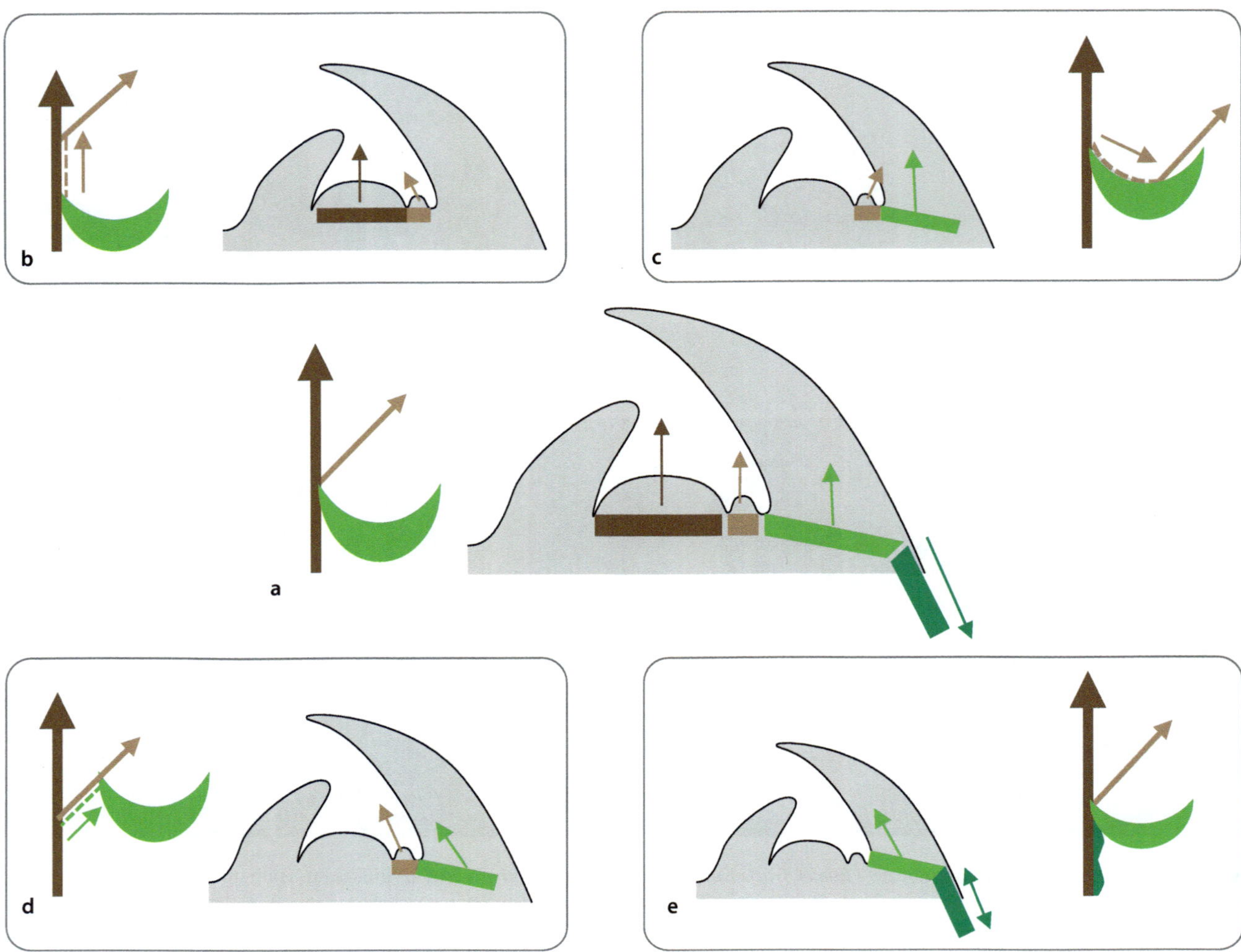

Abb. 6.37 Entstehung sekundärer Lageverschiebungen. Jeweils Aufriss des adulten Stadiums (links) und Schema des SAMs mit Wachstumszonen (rechts). Farbbalken: Wachstumszonen im meristematischen Zustand. Dunkelbraun: SAM. Hellbraun: Blattachselmeristem. Hellgrün: Meristem der Blattbasis. Dunkelgrün: interkalarer Streckungsbereich zwischen den Knoten. **a,** Bezugssystem. Hauptachse (dunkelbraun) mit Blatt (hellgrün) und Blattachselprodukt (hellbraun). **b,** Konkauleszenz. **c,** Blattbürtige Rekauleszenz. **d,** Achsenbürtige Rekauleszenz, **e,** Flügelung/Berindung. Überlappung der Farbbalken in **b–d**: Meristemverschleppung. Pfeile: Wachstumsrichtung. (© Original)

mitgeschleppt. Das Blatt wird oberhalb seiner Ansatzstelle frei und scheint der Seitenachse zu entspringen. Diese Form von Metatopie kommt relativ häufig in Blütenständen vor und ist z. B. für die Gattungen Leinblatt (*Thesium*, Santalaceae; Abb. 6.38b) und *Lasiopetalum* (Malvaceae; ▶ Abb. 9.17g, h) charakteristisch. Rekauleszente Tragblätter führen zu einer **Maskierung** der Verzweigungsverhältnisse und erschweren die Analyse erheblich (▶ Abb. 9.16).

Berindung und Flügelung

Als **Berindung** bezeichnet man die Erscheinung, dass sich die Blattbasen über die Sprossachse erstrecken und diese bedecken (berinden). Sie kommt dadurch zustande, dass die abaxiale Seite des Blattes (Unterseite) vom Streckungswachstum des unter ihm liegenden Internodiums erfasst und mit ihm nach unten verlängert wird (Abb. 6.37e). Man spricht auch von ‚herablaufenden Blättern‘.

Abb. 6.38 Metatopien. a, Konkauleszenz. Beinwell (*Symphytum officinale*, Boraginaceae). Die Seitenachse (Sa) wächst mit der Hauptachse aus (Pfeil) und wird weit oberhalb ihres Tragblattes (Tbl) frei. **b,** Achsenbürtige Rekauleszenz. Leinblatt (*Thesium*, Santalaceae). Das Tragblatt wächst mit der Seitenachse aus (Pfeil) und scheint an dieser zu inserieren. **c,** Blattbürtige Rekauleszenz. Linde (*Tilia*, Malvaceae). Der terminale Blütenstand wächst mit seinem α-Vorblatt aus (schwarzer Pfeil) und scheint diesem zu entspringen; aus der Achsel des β-Vorblattes (abgefallen) setzt sich die sympodiale Verzweigung fort. vK, vegetative Knospe. Das kleine Bild gibt die Verzweigung im Aufriss wieder. *, abgefallenes Tragblatt des neuen Sympodialgliedes. Pfeil: Ende der Hauptachse. **d,** Berindung. Zypresse (*Cupressus sempervirens*, Cupressaceae). Die Blattbasen haben sich mit den Internodien gestreckt. **e, f,** Flügelung. **e,** Strandflieder (*Limonium*, Plumbaginaceae) mit laubiger Flügelung. **f,** Kratzdistel (*Cirsium vulgare*, Asteraceae) mit stacheliger Flügelung. (© R. Claßen-Bockhoff, Mainz)

Bei den **Cupressaceae** (Gymnospermen) tritt Berindung regelmäßig auf. Die Blätter sind schuppenförmig ausgebildet und assimilieren mit ihren Blattbasen (■ Abb. 6.38d). Bei den **Kakteen** (Cactaceae) stehen die Blattbasen polsterförmig ab und bilden die Rippen der stammsukkulenten Arten (■ Abb. 6.20h und ▶ Abb. 8.31i). Bilden die Blattbasen lappige oder stachelige Strukturen, liegt **Flügelung** vor (■ Abb. 6.38e, f).

6.8 Blühende Sprosssysteme

Nach der rein vegetativen **Wachstumsphase**, die wenige Tage bis viele Jahrzehnte andauert, beginnt die **Blühphase** der Pflanze. Meristeme bestimmter Position erhalten einen **Blühimpuls** (▶ Exkurs 9.1) und gehen vom vegetativen in den **reproduktiven Zustand** über.

Reproduktive Meristeme sind größer als die vegetativen Meristeme desselben Individuums und entwickeln sich zu Infloreszenz-, Blüten- oder *floral unit*-Meristemen. Die Entwicklung der resultierenden Blütenständen, Blüten und *Floral Units* wird in ▶ Kap. 9 ausführlich dargestellt. Im vorliegenden Kapitel werden die Abkömmlinge reproduktiver Meristeme summarisch als **Blüheinheiten** bezeichnet, da es hier um deren Stellung im Sprosssystem und nicht um deren Bau und Entwicklung geht.

Die meisten **blühenden Pflanzen** weisen gleichzeitig **vegetative und reproduktive Meristeme** auf. Sie treten nicht in ihrer Gesamtheit in die Blühphase ein, sondern nur an **bestimmten Positionen**. Andere Meristeme **bleiben vegetativ** und setzen das Verzweigungssystem fort, was sich leicht an blühenden Bäumen beobachten lässt.

6.8.1 Definition und Abgrenzung von Blütenständen

Entwickelt das reproduktive Meristem mehr als eine Blüte, entsteht ein **Blütenstand (Infloreszenz)** oder eine *floral unit*. Letztere entwickelt sich aus blütenähnlichen Meristemen und wird in ▶ Abschn. 9.2.3 ausführlich erläutert.

Blütenstände sind **reproduktive Verzweigungssysteme**, die sich aus **Infloreszenzmeristemen** entwickeln,

ausschließlich der Blütenbildung dienen und nach der Samenreife absterben. Vegetative Meristeme und Innovationsknospen treten in ihnen **nicht** auf (▶ Abschn. 9.1).

Vegetative und reproduktive Verzweigungssysteme folgen den **gleichen Entwicklungsprinzipien**. Sie segregieren neue Elemente in akropetaler Richtung (▶ Abschn. 9.2.1), sind frondos oder brakteos beblättert und monopodial oder sympodial verzweigt. Diese äußere **Ähnlichkeit** hat dazu geführt, Blütenstände als 'Verzweigungssysteme mit Blüten' zu definieren und auf vegetative Sprosssysteme zu beziehen (▶ Exkurs 6.6). Dabei wird außer Acht gelassen, dass sich Blütenstände aus **reproduktiven Meristemen** entwickeln, die sich in **Größe**, **Form**, **Qualität** und **genetischer Regulation** von vegetativen Meristemen unterscheiden (▶ Abschn. 9.2, ▶ Tab. 9.1). Darüberhinaus entstehen Blütenstände **innerhalb** vegetativer Sprosssysteme, sind diesen also **hierarchisch untergeordnet**.

Ein Sprosssystem, das Blüheinheiten bildet, wird als **Blühtrieb** bezeichnet (*flowering shoot system*; Claßen-Bockhoff und Bull-Hereñu 2013). Es ist als eine **blühende Zuwachseinheit** (■ Abb. 6.39) definiert und entwickelt sich immer aus einem **vegetativen Meristem**. Dieses entspricht dem embryonalen SAM oder einem Meristem, das nach einer Ruhepause (mit oder ohne Innovationsknospe) sein Wachstum fortsetzt. Innerhalb eines Blühtriebes können ein oder mehrere Blüheinheiten auftreten. Im zweiten Fall sind die einzelnen Blüheinheiten durch sterile Laubblätter oder ausdauernde Sprossabschnitte voneinander getrennt (■ Abb. 6.39b, f).

Einjährige Pflanzen (**Annuelle**; ■ Abb. 6.39a, b) bilden nur einen einzigen Blühtrieb, der zunächst ein **vegetatives Grundgerüst** aufbaut (grün) und dann zum Blühen gelangt (rot). **Perenne** (ausdauernde) Kräuter (■ Abb. 6.39c, d) und **Holzgewächse** (■ Abb. 6.39e–h) können aus jeder Innovationsknospe einen Blühtrieb erzeugen. Das Sprosssystem endet in einer Blüheinheit und setzt sich dann (bedingt) **sympodial** fort (■ Abb. 6.39c, e, f), oder es bildet seitliche Blüheinheiten und wächst **monopodial** weiter (■ Abb. 6.39d, g, h).

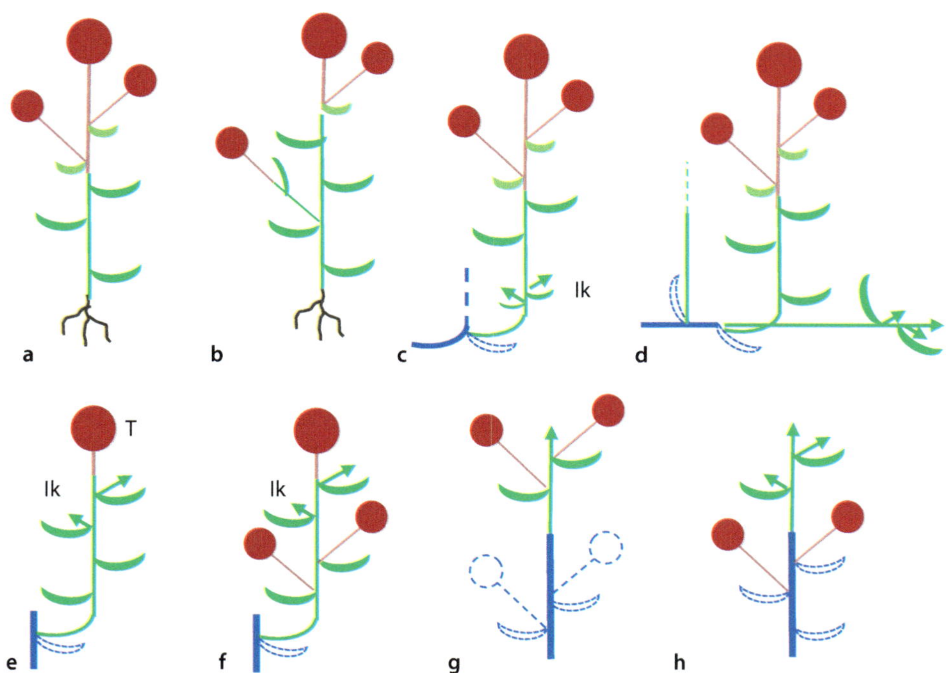

◘ Abb. 6.39 Blühtriebe und Position von Blüheinheiten. a, b, Annuelle Pflanzen. Die gesamte Pflanze bildet einen einzigen Blühtrieb, der nur eine (**a**) oder mehrere (**b**) Blüheinheiten trägt. Im zweiten Fall sind die Blüheinheiten von vegetativen Sprossabschnitten mit sterilen Blättern getrennt. Dunkelgrün: vegetativer Unterbau. Hellgrün: Blätter innerhalb eines Blütenstandes. Rosa: Blütenstiele bzw. reproduktive Verzweigung. Rot: Blüte. **c, d**, Perenne Kräuter. Jeder blühende Zuwachstrieb, der sich aus einer bodennahen oder im Erdboden liegenden Innovationsknospe (Ik) entwickelt, bildet einen separaten Blühtrieb. **c**, Sympodiale Pflanze mit terminal blühender Hauptachse und seitlichen Innovationsknospen. **d**, Monopodiale Pflanzen mit seitlichen Knospen und terminaler Fortsetzung. Grün gestrichelt: weiterer Blühtrieb. **e–h, Holzgewächse. e, f**, Terminale Blüheinheiten erzwingen die seitliche Fortsetzung (bedingtes Sympodium) des Sprosses. Die Innovationsknospen (Ik) liegen akroton im oberirdisch ausdauernden Sprosssystem und grenzen die terminale Blüheinheit (**e**: T) zum vegetativen Sprossabschnitt bzw. zu weiteren, separat induzierten Blüheinheiten (**f**) ab. **g, h**, Die Hauptachse mehrjährig monopodial wachsender Sprosssysteme geht dauerhaft in das Gerüst der Pflanze ein und gehört daher nicht zu einem reproduktiven Verzweigungssystem. Sie weist ausschließlich seitlich stehende Blüheinheiten auf, die sich sylleptisch (**g**) oder kataleptisch entwickeln (**h**). Im zweiten Fall kann den Zuwachseinheiten der vegetative Unterbau fehlen. Blau: vorangegangene Vegetationsperiode. Blau gestrichelt: Organe abgefallen. (© Claßen-Bockhoff 2000, verändert)

Exkurs 6.6 Synfloreszenz und Infloreszenz

Blühende Sprosssysteme gehören aufgrund ihrer **Komplexität** zu den schwierigsten Untersuchungsobjekten der Pflanzenmorphologie. Die Absicht, sie zu klassifizieren und zu benennen, hat eine lange Tradition und zu unterschiedlichen Konzepten und Schulen geführt (Zusammenfassung in Claßen-Bockhoff 2000).

Im 20. Jahrhundert führte Troll (1964, 1969) das **synfloreszenzmorphologische Konzept** ein, das nach ihm vor allem von Weberling (1981) international bekannt gemacht wurde. Es dominierte die Infloreszenzmorphologie in der zweiten Hälfte des 20. Jahrhunderts und fand seinen Niederschlag in Standardwerken (Troll 1964, 1969; Troll und Weberling 1989; Weberling und Troll 1999) und unzähligen morphologischen Originalarbeiten. Allerdings wurde auch heftig **Kritik** an dem typologischen Ansatz des Konzeptes (▶ Exkurs 6.3) und dessen eingeschränkter Gültigkeit für Holzgewächse geübt (Stauffer 1963; van Steenis 1963; Kusnetzova 1988; Kunze 1989; Claßen-Bockhoff 2000; Stützel und Trovó 2013). Heute wird der typologische Hintergrund des Konzeptes allgemein abgelehnt, aber die **Methode** der Infloreszenzanalyse, die **Darstellung** von Blütenständen in Grund- und Aufrissen und einige **Termini** der Synfloreszenzmorphologie sind weiterhin gültig. Aus diesem Grund werden die Grundzüge der Synfloreszenzmorphologie hier kurz zusammengefasst.

Synfloreszenz als Blütenstand

Die **Synfloreszenz** wurde zunächst als ein **Blütenstand** definiert, der sich aus mehreren **Wiederholungseinheiten** (Blüten, Floreszenzen) zusammensetzt (◘ Abb. 6.40a). Sie endet in einer terminalen Einheit (T), die bei **monotelen** Synfloreszenzen einer **Endblüte** (Eb) entspricht und bei **polytelen** Synfloreszenzen einer **Floreszenz** (F) aus seitlichen Blüten (z. B. Traube; ▶ Abschn. 9.3.1). Die Seitentriebe unterhalb des Endsystems, die die terminale Einheit wiederholen, heißen **Parakladien** (Pk, Bereicherungstriebe,

Wiederholungstriebe). Sie bilden die **Bereicherungszone** (Bz), auf die proximal zunächst die **Hemmzone** (Hz) ohne Seitenachsen und dann, bei ausdauernden Pflanzen, die Erneuerungs- oder **Innovationszone** (Iz) folgen. Bereicherungs-, Hemm- und Innovationszone bilden gemeinsam den **vegetativen Unterbau** der Synfloreszenz. Die Ausdehnung der einzelnen Zonen ist variabel. Kümmerformen entwickeln nur die terminale Blüheinheit (Eb oder F), stark blühenden Systemen fehlt die Hemmzone, da alle verfügbaren Knospen mit in die Blütenstandbildung eingehen.

Monotele und polytele Synfloreszenzen können ihr Endsystem verlieren. Der Prozess heißt **Trunkation** und führt zur Bildung von **Rumpfsynfloreszenzen** (◼ Abb. 6.40b). Kehrt das offene Achsenende zum vegetativen Wachstum zurück, entstehen durchwachsende oder **proliferierende Synfloreszenzen** (◼ Abb. 6.40c).

Aus heutiger Sicht sind die Zonierung und die Ableitungen nur **begrenzt gültig**:

- Die **Zonierung** gilt nur für ausdauernde Kräuter, deren Innovationszone bodennah liegt; bei Holzgewächsen treten Innovationszonen dagegen häufig zwischen Blüheinheiten auf (◼ Abb. 6.39f).
- **Offene** Blütenstände sind nicht grundsätzlich abgeleitet, sondern kommen auf unterschiedliche Weise zustande (Bull-Hereñu und Claßen-Bockhoff 2011a, 2011b ▶ Abschn. 9.2).
- Bei den **proliferierenden Synfloreszenzen** handelt es sich vermutlich nur sehr selten um Blütenstände; viel häufiger liegen **blühende Monopodien** vor, also vegetative Sprosssysteme mit seitlichen Blüheinheiten (▶ Abschn. 6.8.2; Claßen-Bockhoff und Bull-Hereñu 2013).

Synfloreszenz als Jahreszuwachs

Um die Blütenstände der Kräuter und Holzgewächse miteinander vergleichen zu können, bezog Troll (1964, 1969) die **Synfloreszenz** auf den **Jahreszuwachs**. Bei einjährigen Kräutern entspräche danach die gesamte Pflanze einer Synfloreszenz (also einem einzigen Blütenstand), bei ausdauernden Pflanzen einem blühenden Zuwachstrieb.

Solange nur eine einzige terminale Blüheinheit vorliegt, die deutlich vom vegetativen Sprossabschnitt getrennt ist (◼ Abb. 6.40a), gibt es keine Konflikte. In verzweigten Jahrestrieben mit mehreren Blüheinheiten (◼ Abb. 6.39b), bei monopodialer Sprossverkettung (◼ Abb. 6.39g, h) und subapikal liegenden Innovationsknospen (◼ Abb. 6.39f) treten dagegen vegetative Sprossabschnitte zwischen den Blüheinheiten auf. Dies widerspricht der Definition eines Blütenstandes als eines **kurzlebigen**, **nur** der Blütenbildung dienenden Sprosssystems.

Das **Dilemma** des synfloreszenzmorphologischen Konzeptes liegt in der gleichzeitigen Verwendung des Begriffs Synfloreszenz für einen Blütenstand und einen blühenden Jahreszuwachs. Die separate Betrachtung von Blütenstand und Blühtrieb löst diesen Konflikt (vgl. van Steenis 1963; Briggs und Johnson 1979; Claßen-Bockhoff 2000; Claßen-Bockhoff und Bull-Hereñu 2013). Sie berücksichtigt die **Hierarchie** der Verzweigungssysteme, nach der das blühende **Sprosssystem** einem saisonalen Zuwachs entspricht, der **Blütenstände** trägt; diese treten in Ein- oder Mehrzahl an den Orten auf, an denen vegetative Meristeme in den reproduktiven Zustand übergehen.

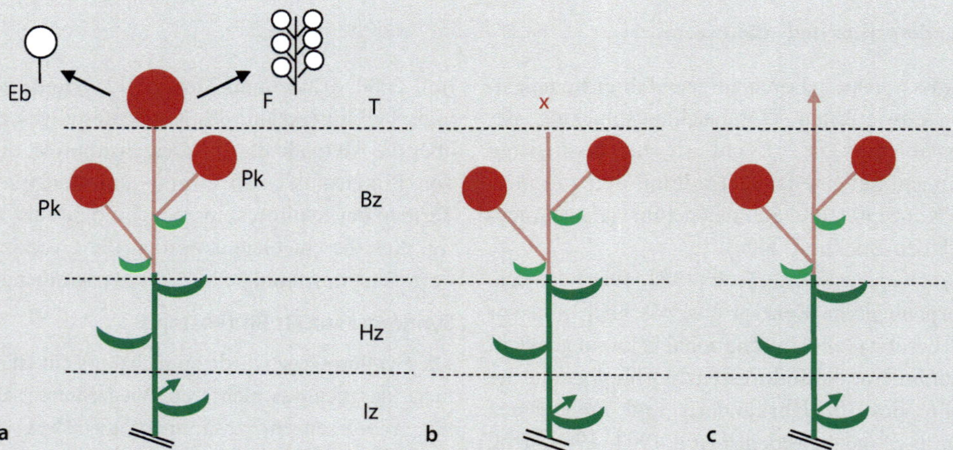

◼ **Abb. 6.40** **Grundbegriffe der Synfloreszenzmorphologie.** Beispiel: perennes Kraut mit terminalem Blütenstand. **a**, Zonierung der Synfloreszenz. Eb, Endblüte einer monotelen Synfloreszenz. Bz, Bereicherungszone mit Parakladien (Pk). F, Floreszenz einer polytelen Synfloreszenz. Hz, Hemmzone. Iz, Innovationszone (fehlt bei Annuellen). T, Terminaleinheit (Blüte oder Floreszenz). **b**, Trunkation: Verlust des Endsystems. **c**, Proliferation: Rückkehr der Infloreszenzachse zum vegetativen Wachstum. Dunkelgrün: Iz und Hz. Hellgrün/Rosa: Bz. Rot: Blüheinheiten. (© Original)

6.8.2 Blühtriebe und Aufblühfolge

Wie im vegetativen Sprosssystem treten auch innerhalb der Blühtriebe Monopodien und Sympodien auf, die wenig oder reich verzweigt sind. Nach dem Fehlen oder Auftreten einer terminalen Blüheinheit lassen sich offene und geschlossene Blühtriebe unterscheiden.

Offene Blühtriebe und ‚proliferierende Synfloreszenzen'

Offene Blühtriebe bilden ausschließlich seitlich stehende Blüheinheiten und setzen sich meist **monopodial** fort. Die Hauptachse **bleibt vegetativ**, bildet **Laubblätter** und **Seitenachsen**. Einige **Blattachselmeristeme** erhalten einen Blühimpuls, gehen in den reproduktiven Zustand über und bilden Blüheinheiten. Diese blühen entsprechend ihrer Anlegungsfolge **akropetal** oder im Fall verzweigter Sprosssysteme mit der **steigenden** Achsenordnungszahl auf (**ordinale** Aufblühfolge).

Die Blüheinheiten setzen sich gewöhnlich vom Laub des Sprosssystems ab und sind deutlich zu erkennen (◘ Abb. 6.41a und 6.42d). Sie werden durch vegetative Strukturen wie sterile Laub- oder Hochblätter (◘ Abb. 6.42d), vegetative Knospen oder vegetative Beisprosse (◘ Abb. 6.35g und 6.36d) voneinander getrennt oder stehen an einer vegetativen Sprossachse, die durch monopodiale Sprossverkettung dauerhaft in die Achitektur der Pflanze eingeht. In einigen Fällen sitzen sie aber auch direkt an der Hauptachse (◘ Abb. 6.41b–d und 6.42b, c) und sehen dann wie Blütenstände aus.

Die bekanntesten Beispiele liefern das **Pfennigkraut** (*Lysimachia nummularia*, Primulaceae) und der **Flaschenbürstenbaum** (*Callistemon*, Myrtaceae). Beide Systeme setzen sich nach der Blütenbildung monopodial fort (◘ Abb. 6.41b, d) und gelten nach dem synfloreszenzmorphologischen Konzept (▶ Exkurs 6.6.) als klassische Beispiele für ‚proliferierende Synfloreszenzen' (Troll 1964; Weberling 1981). Diese Annahme lässt sich testen. Würde es sich tatsächlich um durchwachsende Blütenstände handeln, müsste das SAM in den reproduktiven Zustand übergehen und nach der Blütenbildung wieder in den vegetativen Modus zurückkehren. Tatsächlich belegen aber entwicklungsmorphologische Untersuchungen, dass das SAM **vegetativ bleibt**. Es zeigt keine Vergrößerung und keine unmittelbare Blütenbildung, wie es bei einem Infloreszenzmeristem zu erwarten wäre. Die Blattachselprodukte entwickeln sich erst einige Knoten vom SAM entfernt, wie es für vegetative Sprossspitzen charakteristisch ist (Claßen-Bockhoff und Bull-Hereñu 2013). Es handelt sich somit bei beiden Beispielen nicht um durchwachsende Blütenstände, sondern um Blühtriebe, näherhin um **blühende Monopodien**.

Während die Beblätterung beim Pfennigkraut laubig bleibt, sind die Tragblätter der Blüten bei *Callistemon* braktos gestaltet (◘ Abb. 6.42b, c). Das verstärkt die **analoge Ähnlichkeit** des blühenden Monopodiums zu einem Blütenstand. Untersuchungen an *Arabidopsis thaliana* zeigen jedoch, dass die Laubblattanlagen eines Blühtriebs in ihrer Entwicklung gehemmt bleiben, wenn die reproduktiven Meristeme in ihren Blattachseln sehr groß sind (Hempel und Feldmann 1994). Auch im vegetativen Bereich lässt sich beobachten, dass **große Blattachselprodukte** die Entwicklung ihrer Tragblätter beeinflussen oder sogar die Abstammungsachse zur Seite drängen (z. B. bei extremen Monochasien). Vermutlich kommt es im Knotenbereich zu einem Kompromiss hinsichtlich der **Ressourcenverteilung** (*trade-off*), die in Abhängigkeit von der **relativen Entwicklungsgeschwindigkeit** zu einer Dominanz entweder des Tragblattes oder seines Achselproduktes führt (Endress und Doyle 2009).

Wahrscheinlich stellen die meisten der traditionell als proliferierende Blütenstände bezeichneten Systeme **blühende Monopodien** dar. Das gilt insbesondere für monopodiale Holzgewächse. Allerdings belegen Untersuchungen an der australischen *Actinodium cunninghamii* (Myrtaceae), dass die Rückkehr eines Infloreszenzmeristems in den vegetativen Zustand grundsätzlich möglich ist. Sie geht mit einer **Verkleinerung** des Infloreszenzmeristems auf die Größe des vegetativen Meristems und der Wiederherstellung der **vegetativen Blattstellung** einher (Claßen-Bockhoff et al. 2013). Die physiologischen und entwicklungsgenetischen Prozesse, die einer solchen *inflorescence reversion* zugrunde liegen, werden noch erforscht (z. B. Battey und Lyndon 1990; Tooke et al. 2005).

Die Beispiele verdeutlichen, dass der Übergang vom vegetativen SAM zum reproduktiven Meristem mit einer Vergrößerung des Meristems einhergeht, dass der Ort, an dem dieser Übergang erfolgt, die Blüheinheit vom vegetativen Sprossabschnitt abgrenzt und dass die relative Entwicklungsgeschwindigkeit der Blüten die frondose bzw. brakteose Beschaffenheit der Tragblätter beeinflussen kann. Wie im Blütenbereich ist es hilfreich, in strittigen Fällen ontgenetische Unterschungen durchzuführen.

Geschlossene Blühtriebe und bidirektionale Aufblühfolge

Geschlossene Blühtriebe bilden eine **terminale Blüheinheit** (◘ Abb. 6.41e–i) und sezten sich sympodial fort. Sie können entlang der Hauptachse und an Seitenachsen höherer Ordnung weitere Blüheinheiten bilden.

Eindrucksvolle Beispiele für geschlossene Blühtriebe mit **sympodial-dichasialer Verzweigung** liefern zahlreiche Doldengewächse (Apiaceae; ◘ Abb. 6.41g); die Rizinuspflanze (*Ricinus communis*, Euphorbiaceae) und

Abb. 6.41 Blühende Sprosssysteme. a–d, Offene Blühtriebe. Aufblühfolge akropetal. **a**, Kronwicke (*Securigera varia*, Fabaceae). Köpfchenförmige Trauben an Seitenachsen erster Ordnung. Bs, Beispross. **b**, Pfennigkraut (*Lysimachia nummularia*, Primulaceae). Kriechpflanze. Monopodiales Sprosssystem mit seitlichen Einzelblüten. Pfeil: Aufblühfolge. **c**, *Beaufortia* (Myrtaceae). Monopodial verkettetes Sprosssystem mit seitlichen Einzelblüten, einen durchwachsenden Blütenstand vortäuschend. **d**, Flaschenbürstenbaum (*Callistemon*, Myrtaceae). Wie **c**, im fruchtenden Zustand. **e–i, Geschlossene Blühtriebe**. Aufblühfolge akropetal, ordinal und basipetal. **e**, *Magnolia* (Magnoliaceae). Unverzweigter Jahreszuwachs mit Endblüte. **f**, *Lasiopetalum discolor* (Malvaceae). Extrem monochasial verzweigte Zuwachseinheit. Das terminale Köpfchen (T) wird von der obersten Seitenachse (Sa) zur Seite gedrängt; das Tragblatt (Tbl) der Seitenachse steht dem Köpfchen gegenüber und weist damit auf dessen Endständigkeit hin. **g**, Kerbelrübe (*Chaerophyllum bulbosum*, Apiaceae). Monopodiales Sprosssystem mit terminaler Dolde und Seitendolden erster bis dritter Ordnung (I–III). Aufblühfolge mit steigender Achsenordnung (ordinal). **h**, Strahllose Kamille (*Matricaria discoidea*, Asteraceae). Terminales Köpfchen (T) und basipetal blühende Seitenköpfchen erster Ordnung (Pfeil). **i**, *Lythrum salicaria* (Lythraceae). Bidirektionales Blühen (Pfeile). Terminaler Blütenstand akropetal, Seitenachsen basipetal. (© R. Claßen-Bockhoff, Mainz)

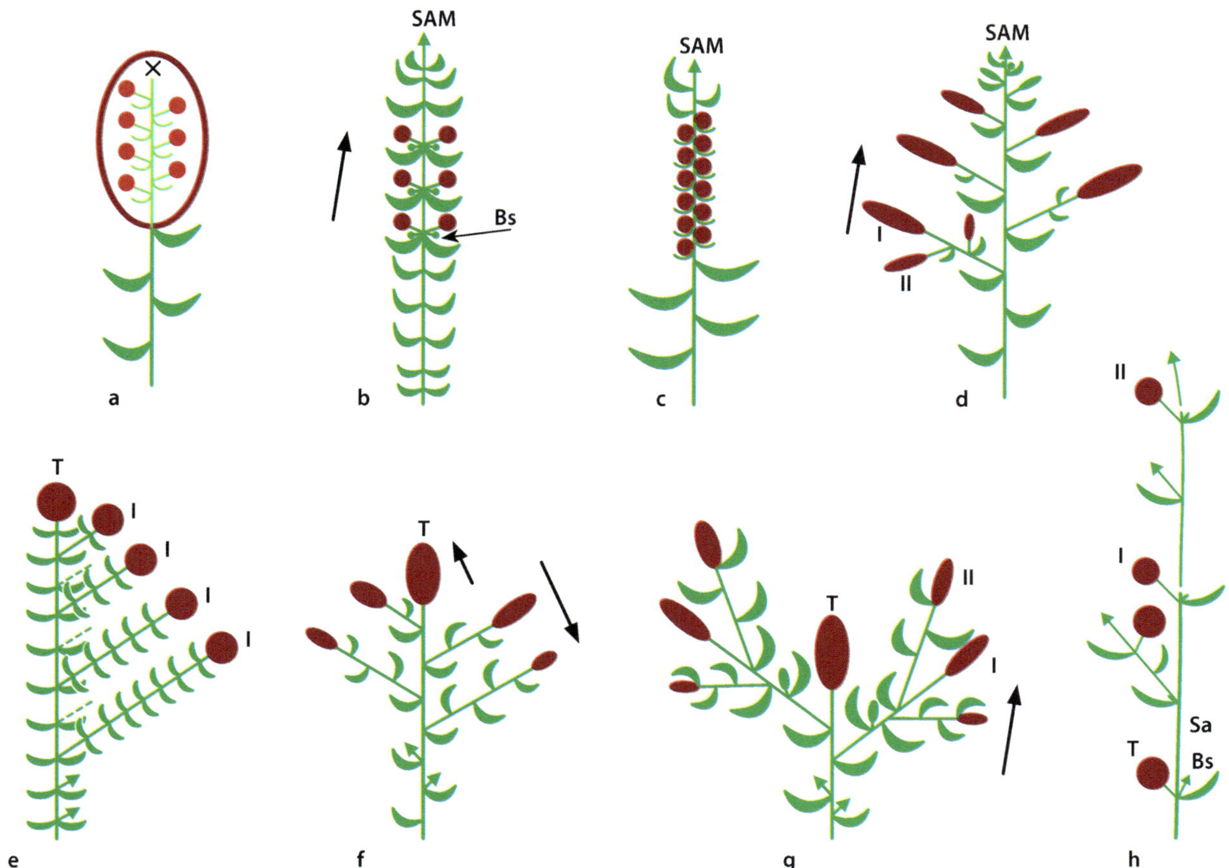

Abb. 6.42 Blühtriebe (▶ Abb. 9.18b). **a,** Blühtrieb mit endständigem Blütenstand. Hellrot: Blüten. Hellgrün: Beblätterung innerhalb des Blütenstandes. Dunkelroter Kreis: Blüheinheit. Dunkelgrün: Blätter des Blühtriebes. **b–d, Offene Blühtriebe.** Pfeile: akropetale Aufblühfolge. SAM, Sprossapikalmeristem **b,** Pfennigkraut (*Lysimachia nummularia*, Primulaceae). Bs, Beispross. **c,** Flaschenbürstenbaum (*Callistemon citrinus*, Myrtaceae). Die Blühzone weist eine analoge Ähnlichkeit mit einem Blütenstand auf. **d,** Kronwicke (*Securigera varia*, Fabaceae). Die Blüheinheiten sind durch Laubblätter unterhalb der Seitensysteme voneinander gerennt. I, II, Achsenordnungsgrade. **e–h, Geschlossene Blühtriebe.** T, terminaler Blütenstand. **e,** Johanniskraut (*Hypericum perfoliatum*, Hypericaceae). Synchrones Blühen. **f,** Blutweiderich (*Lythrum salicaria*, Lythraceae). Bidirektionales Blühen. Bedingt durch die akropetale Anlegungsfolge und die basipetale Ausdehnung des Blühimpulses weisen die unteren (älteren) Seitenachsen einen größeren vegetativen Abschnitt und kleinere Blüheinheiten auf als die oberen (jüngeren) Seitenachsen. **g,** Kermesbeere (*Phytolacca acinos*, Phytolaccaceae). Ordinale Aufblühfolge: erst T, dann I, dann II. **h,** *Lasiopetalum discolor* (Malvaceae). Extrem monochasial verzweigtes Sprosssystem mit endständigem Blütenstand (T) und Übergipfelung durch die Seitenachse (Sa) erster Ordnung (I). Beisprosse (Bs) erschweren die Verzweigungsanalyse, die sich aber durch die Blattstellung zu erkennen gibt. Blühfolge ordinal: T, I, II. (© Claßen-Bockhoff und Bull-Hereñu 2013, verändert)

die Kermesbeere (*Phytolacca*, Phytolaccaceae; ▪ Abb. 6.42g). Die terminale Blüheinheit entwickelt sich zuerst und gelangt als Erste zum Blühen. Dann wird sie von den obersten Seitenachsen **übergipfelt**, die nach einem mehr oder weniger umfangreichen vegetativen Abschnitt zum Blühen gelangen und dann erneut von ihren eigenen Seitenachsen übergipfelt werden. Die Aufblühfolge ist **ordinal** (sie folgt den Ordnungsgraden des Verzweigungssystems) und entspricht damit der Anlegungsfolge der Blüheinheiten.

Das Gleiche gilt auch für **monochasial verzweigte** Blühtriebe. Bei ihnen kann es wie im vegetativen Bereich zur **Maskierung** des Verzweigungssystems kommen. Bei **extrem monochasial** verzweigten Pflanzen wird das blü-

hende Achsenende zur Seite gedrängt und steht dann scheinbar seitlich. Das ist z. B. bei einigen Weingewächsen (Vitaceae) der Fall, bei denen der Blütenstand die Position der terminalen Ranke einnimmt (▪ Abb. 6.24f und 6.33g), oder bei der australischen Gattung *Lasiopetalum* (Malvaceae; ▪ Abb. 6.41f und 6.42h). Hier wird das blühende Achsenende (T) ebenfalls zur Seite gedrängt. Die oberste Seitenachse (Sa) setzt das Sprosssystem in Verlängerung der Hauptachse fort. Ihr Tragblatt (Tbl) steht dem Blütenstand gegenüber und macht damit die relativen Lagebezüge zwischen Haupt- und Seitenachse kenntlich (▶ Abschn. 9.3.5).

Entlang der Hauptachse ist die **Aufblühfolge** akropetal, synchron oder basipetal. Sie ergibt sich aus der spezifischen Kombination von akropetaler **Anlegungsfolge** und terminal einsetzender **Blühinduktion**.

Wächst die Hauptachse noch vegetativ, während die Seitenachsen bereits sukzessive eine Blühinduktion erfahren, blühen die Seitenachsen unter der sich später entwickelnden terminalen Blüheinheit **akropetal** auf (► Abb. 9.18b). Erhalten alle Meristeme gleichzeitig den Blühimpuls, blühen die Einheiten **synchron** auf (◘ Abb. 6.42e). Wird dagegen das SAM als Erstes vom Blühimpuls erfasst, kann es **entgegen der Anlegungsfolge** zu einer **basipetalen** Entwicklung und Blühfolge der seitlichen Blüheinheiten kommen (◘ Abb. 6.41h). Die Aufblühfolge wird **bidirektional**, wenn das Endsystem gleichzeitig akropetal aufblüht (◘ Abb. 6.41i und 6.42g).

Bidirektional blühende Sprosssysteme sind lange bekannt. Sie wurden jedoch im synfloreszenzmorphologischen Konzept nicht sonderlich beachtet, weil die Aufblühfolge für die Typologie der Blütenstände keine Rolle spielte. Dagegen wandte sich Stauffer (1963), der die abwärts blühenden Seitenachsen nicht als Teilinfloreszenzen einer einzigen Synfloreszenz, sondern (wie hier) als **eigenständige** Blüheinheiten auffasste. Sell (1976, 1980) vermutete, dass die basipetal blühenden Seitenachsen Ausdruck eines sich **basipetal ausweitenden Blühimpulses** seien und durch den Prozess der Blühumkehr (Racemisation) Teil eines komplexen Blütenstandes würden. Die zweite Annahme hat sich nicht bestätigt, aber die basipetale Ausweitung des Blühimpulses gilt heute als sicher. Hempel und Feldmann (1994) untersuchten die bidirektionale Aufblühfolge am Beispiel von *Arabidopsis thaliana* und fanden, dass sich die Seitensysteme **nach** der Blühinduktion des Endsystems in absteigender Weise entwickelten.

In Verzweigungssystemen mit basipetaler (oder bidirektionaler) Aufblühfolge weisen die früher angelegten, unteren (proximalen) Seitenachsen fast immer einen größeren vegetativen Abschnitt und eine kleinere Blüheinheit auf als die distalen Seitenachsen (◘ Abb. 6.42g ► Abb. 9.11a, b). Diese **gegenläufige Tendenz** kennzeichnet die Überlagerung der akropetalen Anlegungsfolge (die proximalen Knospen sind älter und daher stärker entwickelt) mit dem basipetal abnehmenden Blühimpuls (die distalen Blüheinheiten sind größer als die proximalen).

Die molekular-physiologische Regulation der absteigenden Blühfolge ist noch wenig verstanden. Sie beruht vermutlich darauf, dass Signale des Blühimpulses (Florigen; ► Exkurs 9.1) nicht nur im SAM, sondern auch **in den Blattachselprodukten wirksam** werden (Hiraoka et al. 2013), und dass nach dem terminalen Blühimpuls **Signalstoffe** mit dem Phloemsaft **abwärts geleitet** werden (Bernier und Périlleux 2005). Gleichzeitig nimmt die **Apikaldominanz** in basipetaler Richtung ab. Das axilläre Meristem der distalen Blattanlage wird aktiviert, treibt aus und gelangt unter dem Einfluss der Signalstoffe zum Blühen. Dabei schwächt sich ihr eigener basipetaler Auxinstrom ab, wodurch die nächstuntere Knospe stimuliert wird. Dieser Prozess wiederholt sich, bis die Auxin- und Florigenwirkungen erlöschen (Prusinkiewicz et al. 2009).

Blühen ohne Laub

In der Regel beginnen die Blühtriebe mit der **Laubblattbildung** und gelangen erst nach ihrer vegetativen **Erstarkung** zum Blühen. Einige Arten, insbesondere Zwiebelpflanzen und Holzgewächse, blühen jedoch im Frühjahr **vor** der Blattentfaltung (◘ Abb. 6.43a, b) oder im Herbst **nach** dem Laubabwurf (◘ Abb. 6.43c). Die zeitlichen Verschiebungen gehen fast immer mit besonderen klimatischen Bedingungen einher. So werden die Blüten vieler mitteleuropäischer Frühjahrsblüher bereits im **Vorjahr** angelegt und kommen erst nach der Winterpause zum Blühen (◘ Abb. 6.44). In wärmeren Klimaten werden die Blüten oft vor der Trockenzeit gebildet. Die Pflanzen ziehen ihre Blätter ein und setzen ihre Entwicklung zu Beginn der nächsten Regenzeit fort (◘ Abb. 6.43d, e). In allen Fällen werden die Prozesse der **Anlage** und **Entfaltung** durch **Entwicklungspausen** unterbrochen:

— Der **Huflattich** (*Tussilago farfara*, Asteraceae; ◘ Abb. 6.43a) blüht im zeitigen Frühjahr, scheinbar vor dem Laub. Tatsächlich blüht er aber nach dem Laub, da die zu seinen Blühtrieben gehörenden Rosetten bereits im Vorjahr gebildet und im Winter eingezogen wurden. Die Blühtriebe sind mit Schuppenblättern bedeckt, die entsprechend als Hochblätter bezeichnet werden. Am Ende der Blühzeit treiben die diesjährigen Blattrosetten aus Innovationsknospen des unterirdischen Sprosssystems (Rhizoms) aus, die im nächsten Jahr blühen. Das Laub, das auf das Köpfchen im Frühjahr folgt, gehört somit zu dessen Seitenachse.

— Bei **sympodial organisierten** Zwiebeln und Knollen sind die Verhältnisse besonders kompliziert (Müller-Doblies und Müller-Doblies 1978). Die terminale Blüheinheit wird diesjährig angelegt, ruht im Winter und blüht im nächsten Jahr kurz vor der Laubblattentfaltung ihrer Seitenachse auf (◘ Abb. 6.44a, b). Bei der Narzisse (*Narcissus lobularis*, Amaryllidaceae) oder dem Winterling (*Eranthis hiemalis*, Ranunculaceae) gehören somit die kurz nacheinander erscheinenden Blüten und Laubblätter ebenfalls zwei verschiedenen Sympodialgliedern an (◘ Abb. 6.44b: I, II).

— Ähnliche Verhältnisse zeigen auch **früh blühende Gehölze** (◘ Abb. 6.44c, d). Bei der Sauerkirsche (*Prunus cerasus*, Rosaceae) ist das Verzweigungssystem in Kurz- und Langtriebe gegliedert (◘ Abb. 6.43b: Lt, Kt). Die Kurztriebe bilden in den Achseln von Laubblättern reproduktive Knospen und enden in einer terminalen, vegetativen Knospe (◘ Abb. 6.43b: Pfeil). Die Knospen überdauern den Winter im

Abb. 6.43 Blühen ohne Laub. a, Huflattich (*Tussilago farfara*, Asteraceae). Die Blühtriebe (Bt) stammen aus der letztjährigen Rosette und sind nur mit schuppigen Hochblättern besetzt. Ik, Die Innovationsknospe steht am Rhizom und bildet die diesjährige Blattrosette. **b,** Sauerkirsche (*Prunus cerasus*, Rosaceae). Kurztrieb-Langtrieb-Dimorphismus (Kt, Lt). Die seitlichen Kurztriebe werden mehrere Jahre alt und setzen sich monopodial-kataleptisch fort (Pfeil). Sie tragen Laubblätter am diesjährigen Austrieb und Blüten bzw. Früchte, die sich kataleptisch aus rein reproduktiven Knospen des Vorjahres entwickelt haben (Abb. 6.44c, d). **c,** Herbstzeitlose (*Colchicum autumnale*, Colchiaceae). Blüten ohne Laub im September. **d, e,** *Haemanthus* (Amaryllidaceae, vermutlich verschiedene Arten). Flach aufliegende Blätter sind sehr charakteristisch für die kapländischen Trockengebiete und gehören Zwiebelpflanzen unterschiedlicher Verwandtschaftskreise an. **d,** Welke Laubblätter ohne Blütenstand im August. **e,** Junger Blütenstand ohne Laub im November. (© R. Claßen-Bockhoff, Mainz)

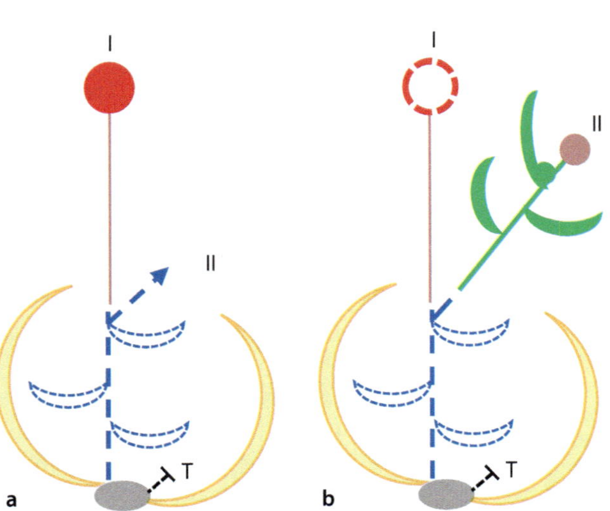

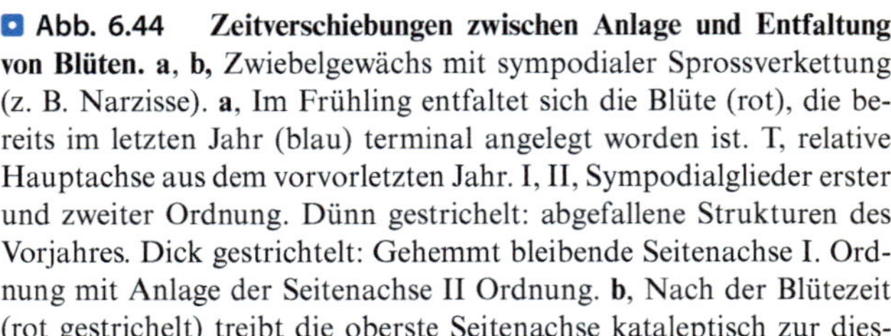

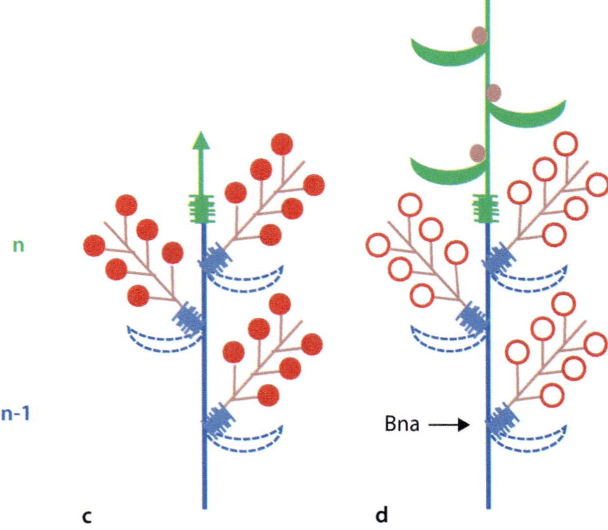

📘 **Abb. 6.44   Zeitverschiebungen zwischen Anlage und Entfaltung von Blüten. a, b,** Zwiebelgewächs mit sympodialer Sprossverkettung (z. B. Narzisse). **a,** Im Frühling entfaltet sich die Blüte (rot), die bereits im letzten Jahr (blau) terminal angelegt worden ist. T, relative Hauptachse aus dem vorvorletzten Jahr. I, II, Sympodialglieder erster und zweiter Ordnung. Dünn gestrichelt: abgefallene Strukturen des Vorjahres. Dick gestrichelt: Gehemmt bleibende Seitenachse I. Ordnung mit Anlage der Seitenachse II Ordnung. **b,** Nach der Blütezeit (rot gestrichelt) treibt die oberste Seitenachse kataleptisch zur dies-

jährigen Sprossachse (grün) aus, bildet Laubblätter und legt die Blüte des nächsten Jahres an. **c, d,** Holzgewächs mit monopodial-kataleptischer Sprossfortsetzung (z. B. Kirsche; 📘 Abb. 6.43b). **c,** Im Frühjahr blühen die im letzten Jahr (blau) angelegten Blütenstände. Sie haben im Schutz von Knospenschuppen den Winter überdauert. **d,** Das Sprosssystem setzt sich am Ende der Blühzeit terminal fort. Es bildet Laubblätter und in deren Blattachseln reproduktive Meristeme (rosa), die im nächsten Jahr zum Blühen gelangen. Bna: Die Blattnarben der Knospenschuppen erscheinen als ‚Ringelmuster'. (© Original)

Schutz von Knospenschuppen und setzen ihr Wachstum katapletisch fort. Zuerst treiben die reproduktiven Kurztriebe aus und gelangen zum Blühen. Ihre laubigen Knospenschuppen fallen früh ab und hinterlassen ein charakteristisches Narbenmuster. Zur Fruchtzeit treibt die Endknospe aus und setzt den Spross monopodial fort. Das diesjährige Laub gehört somit einer anderen Sprossgeneration an als die Blüten.

6.9   Überdauerung und vegetative Vermehrung

Der Lebenszyklus einjähriger Kräuter endet mit der Blüten-, Frucht- und Samenbildung (📘 Abb. 6.2a). **Mehrjährige Pflanzen** setzen dagegen ihr vegetatives Wachstum über Jahre oder Jahrzehnte hinweg fort (📘 Abb. 6.2b, c). Dabei müssen sie Jahreszeiten und extreme Witterungsverhältnisse überdauern:

- **Holzgewächse** überdauern Trockenzeiten mit Nadelblättern, Hartlaub oder ohne Laub. Sie lagern Speicherstoffe im Stamm ein und schützen ihre Meristeme mit derben Tegmenten (Knospenschuppen) und/oder Harzen vor Frostschäden. Zu Beginn der nächsten Vegetationsperiode werden die Reserven mobilisiert, die Knospen springen auf, und das vegetative Wachstum setzt sich fort.

- **Perenne Kräuter** überdauern dagegen mit bodennahen oder unterirdischen Knospen (Geophyten; ▶ Abschn. 6.10.2). Der oberirdische, krautige Teil ihres Vegetationskörpers welkt ab (‚zieht ein'), während **Überdauerungsorgane** das Überleben sichern.

6.9.1   Überdauerungsorgane

Überdauerungsorgane sind im oder am Erdboden liegende **Sprossabschnitte** mit **Speicherfunktion** und **Innovationsknospen**. Die **Stoffspeicherung** (Zucker, Stärke) erfolgt in den Internodien des Sprosses (Rhizomen, Knollen), in Blattbasen (Zwiebeln) oder Wurzeln (Rüben, Knollen). Mit ihren Speicherstoffen liefern die Überdauerunsorgane wertvolle Nahrungs- und Futtermittel (📘 Tab. 6.3).

Sprossknollen und Rhizome

Sprossknollen können nur dann als Überdauerungsorgane wirksam werden, wenn sie bodennah oder im Erdboden liegen. Dabei übernehmen unterschiedliche Sprossabschnitte die Speicherfunktion:

1. Beim Kohlrabi (*Brassica oleracea* var. *gongylodes*; 📘 Abb. 6.6) ist die **Sprossachse** oberhalb des Hypocotyls primär verdickt. Die Knolle liegt dem Boden auf und trägt Laubblätter.

◨ **Tab. 6.3** **Knollen, Zwiebeln, Rüben** – Nahrungsmittel und Futterpflanzen. Daten überwiegend aus Lieberei und Reisdorff (2007)

	Artname	Familie	Morphologie	Verw.
Sprossknollen und Rhizome				
Kohlrabi[1]	*Brassica oleracea* var. *gongylodes*	Brassicaceae	Sprossknolle	Gm
Rote Bete[1] (runde Sorten)	*Beta vulgaris* var. *conditiva*	Amaranthaceae	Hypocotylknolle	
Radieschen[1]	*Raphanus sativus* var. *sativus*	Brassicaceae		
Mai-Stoppelrübe[1]	*Brassica rapa* subsp. *rapa*			
Topinambur[2]	*Helianthus tuberosus*	Asteraceae	Ausläuferknolle	I
Knollenziest[3]	*Stachys affinis*	Lamiaceae		Gm
Kartoffel[6]	*Solanum tuberosum*	Solanaceae		St
Pfeilwurz[5]	*Maranta arundinaceae*	Marantaceae	Rhizom	
Taro[7]	*Colocasia exculenta*	Araceae		
Knolliger Sauerklee[6]	*Oxalis tuberosa*	Oxalidaceae		
Ingwer[4]	*Zingiber officinale*	Zingiberaceae		Gw
Gelbwurz[4]	*Curcuma longa*			
Zwiebeln				
Gemüsefenchel[1]	*Foeniculum vulgare* var. *azoricum*	Apiaceae	Schalenzwiebel	Gm
Porree[1]	*Allium porrum*	Amaryllidaceae		
Küchenzwiebel	*Allium cepa*			Gm, Gw
Knoblauch[3]	*Allium sativum*		Tochterzwiebeln	Gw
Rüben und Wurzelknollen				
Runkelrübe[1]	*Beta vulgaris* var. *rapacea*	Amaranthaceae	Sprossrübe	Fm
Stoppelrübe[1]	*Brassica rapa* subsp. *rapa*	Brassicaceae		
Steck-, Kohlrübe[1]	*Brassica napus* var. *napobrassica*			
Knollensellerie[1]	*Apium graveolens* var. *rapaceum*	Apiaceae	Wurzelrübe	Gm
Kerbelrübe[1]	*Chaerophyllum bulbosum*			
Karotte[1]	*Daucus carota* subsp. *sativus*			
Pastinak[1]	*Pastinaca sativa*			
Rote Beete[1] (lange Sorten)	*Beta vulgaris* var. *conditiva*	Amaranthaceae		
Zuckerrübe[1]	*Beta vulgaris* subsp. *vulgaris*			Z
Speiserettich[1]	*Raphanus sativus* var. *niger*	Brassicaceae		Gm, Gw
Zichorie[1]	*Cichorium intybus*	Asteraceae		Bi, I
Meerettich[1]	*Armoracia rusticana*	Brassicaceae	Wurzel-Dauerrübe	Gw
Schwarzwurzel[1]	*Scorzonera hispanica*	Asteraceae		Gm, I
Süßkartoffel[6]	*Ipomoea batatas*	Convolulaceae	Wurzelknolle*	St
Maniok[6]	*Manihot esculenta*	Euphorbiaceae		
Yamswurz[4]	*Dioscorea* spec.	Dioscoreaceae		

Herkunft: [1]Europa, [2]Nordamerika, [3]Zentral-/Ostasien, [4]Paläotropis, [5]Mittelamerika, [6]Südamerika, [7]Ozeanien. **Verw., Verwendung**. Bi, Bitterstoffe. Fm, Futtermittel. Gm, Gemüse. Gw, Gewürz. I, Inulin. St, Stärkelieferant. Z, Zuckerlieferant. * Nur Speicherorgane, keine Innovationsknospen. Kulturformen von *Beta*, *Brassica* und *Raphanus* weisen unterschiedliche Überdauerungsorgane auf.

2. Beim Radieschen (*Raphanus sativus* var. *sativus*; ◘ Abb. 6.46e) ist nur das **Hypocotyl** verdickt, das an seiner Spitze Laubblätter bildet. Weitere Beispiele für Hypocotylknollen liefern die Rote Bete (*Beta vulgaris* var. *conditiva*, Amaranthaceae), das Alpenveilchen (*Cyclamen*, Primulaceae; ▶ Abb. 1.4b) und die Ameisenpflanze (*Myrmecodia echinata*; ▶ Abb. 8.84e).

3. Die Kartoffel (*Solanum*) ist eine **Ausläuferknolle** (◘ Abb. 6.45a, b). Unterirdische Seitenachsen mit langen Internodien (Ausläufer; ▶ Abschn. 6.9.2) bilden an ihrem Ende Sprossknollen, die deutlich in Knoten und Internodien gegliedert sind. Die Knoten weisen Blattnarben auf, die im Zuge des **primären Dickenwachstums** in die Breite gezogen werden. In ihren Achseln befinden sich Knospen („Augen"), die zu sprossbürtig bewurzelten Seitenachsen austreiben. Bricht die Verbindung zur Mutterpflanze ab, erzeugt die Kartoffelknolle eine neue Pflanze, die als Ramet zur vegetativen Vermehrung der Pflanze beiträgt (▶ Abschn. 6.9.2).

Rhizome sind meist horizontal (**plagiotrop**) im Erdboden wachsende **Sprossachsen**. Sie haben gewöhnlich Speicherfunktion und weisen kurze, dicke Internodien auf (◘ Abb. 6.45c und 6.46a–c):

— Rhizome sind oft **sympodial** verzweigt wie z. B. bei der Schwertlilie (*Iris*), dem Pfahlrohr (*Arundo donax*) oder dem Salomonssiegel (*Polygonatum*; ◘ Abb. 6.45c, d und 6.46 a, b). Der Name „Salomonssiegel" beruht auf den großen, siegelartigen Narben, die nach dem Absterben der oberirdischen Triebe am Rhizom zurückbleiben.

— Seltener sind Rhizome **monopodial** organisiert wie z. B. bei der Einbeere (*Paris quadrifolia*), der Großen Sterndolde (*Astrantia major*) oder dem Sauerklee (*Oxalis articulata*; ◘ Abb. 6.46c).

— Bei einigen Aronstabgewächsen (Araceen) und anderen tropischen Pflanzen dienen Rhizome mehr der Stoffspeicherung als der Überdauerung. Die Rhizome wachsen bei ihnen aufrecht in die Höhe (**orthotrope** Rhizome; ◘ Abb. 6.46d) und sind monopodial organisiert. Oberhalb der Speicherregion setzt mit der Bildung der Blütenstände **bedingt sympodiales** Wachstum ein.

Rhizome tragen **Innovationsknospen**, aus denen sich neue oberirdische Triebe entwickeln. Oft sterben sie am hinteren Ende ab (◘ Abb. 6.46c: *) und verleihen der Pflanze Kriechwuchs (Hagemann 1999; ▶ Abschn. 5.3.5). Eine **Altersbestimmung** ist dann kaum möglich.

Zwiebeln

Zwiebeln sind Überdauerungsorgane mit **Speicherblättern**, die vorzugsweise bei **Monocotylen** vorkommen. Sie bestehen aus einer sehr kurzen, meist scheibenförmigen Sprossachse („Zwiebelscheibe"), an der sprossbürtige Wurzeln und fleischige Blätter inserieren (◘ Abb. 6.45e–g und 6.46f, g). Außen werden sie von trockenhäutigen Blattresten vorjähriger Blätter umgeben:

— Die Blätter der **Küchenzwiebel** (*Allium cepa*, Amaryllidaceae) sind in Unterblatt und Oberblatt gegliedert (◘ Abb. 6.45e: Ob, Ub, ▶ und 8.48e). Das grüne Oberblatt ist rundlich (unifacial; ▶ Exkurs 8.5) und innen durch Gewebeschwund hohl (Troll 1954). Es wird am Ende der Wachstumsphase eingezogen, während das **Unterblatt persistiert** und als Stoff- und Wasserspeicher fungiert (▶ Abb. 8.46i).

Das Unterblatt sitzt der Sprossachse mit einer breiten Basis an und bildet eine **geschlossene Scheide** (▶ Abb. 8.38a, b). Schneidet man die Zwiebel quer (◘ Abb. 6.45f), sieht man nur die konzentrisch angeordneten ‚Zwiebelringe', die den geschlossenen Blattscheiden entsprechen. Schneidet man die Zwiebel dagegen in der Mitte längs durch (◘ Abb. 6.45e, g), erkennt man die kurze Sprossachse, an deren Spitze das SAM mit den jüngsten, seitlich inserierenden Blattanlagen liegt. Aus dem SAM entwickelt sich später der Blütenstand.

In den Achseln der Speicherblätter entstehen **Tochterzwiebeln**, die kataleptisch austreiben (◘ Abb. 6.45e: Tz) und das Verzweigungssystem sympodial fortsetzen. Sie vereinzeln sich nach dem Zerfall der Mutterzwiebel und dienen der **vegetativen Vermehrung** (▶ Abschn. 6.9.2).

— Bei der **Knoblauchpflanze** (*Allium sativum*, Amaryllidaceae) liegen im Prinzip die gleichen Verhältnisse vor. Allerdings besitzt jede Zwiebel nur sehr wenige Blätter. Diese werden beim Austreiben der Sprossachse völlig verbraucht und papierartig dünn. Im Unterschied zur Küchenzwiebel entwickeln sich in ihren Achseln bis zu sieben **Tochterzwiebeln** (**Beisprosse**; ◘ Abb. 6.36e, ▶ Abschn. 6.7.3). Aufgrund ihrer collateralen Anordnung und festen Konsistenz werden sie auch als ‚Zehen' und ihre Gesamtheit als ‚Knolle' bezeichnet. Meist setzt nur die oberste Tochterzwiebel die Verzweigung fort (akrotone Förderung), während sich die übrigen vereinzeln und zur vegetativen Vermehrung beitragen.

— Komplizierter sind die Verhältnisse bei den Narzissen (*Narcissus*, Amaryllidaceae), deren Zwiebeln lange Zeit für monopodial gehalten wurden. Tatsächlich sind sie aber sympodial organisiert (Choob 2020) und enthalten oft mehrere Sprossgenerationen (◘ Abb. 6.44a, b). Die Sympodialglieder entwickeln sich versetzt zur Vegetationsperiode, sodass die Blüten des Vorjahrestriebes erst kurz vor dem Laubaustrieb der diesjährigen Seitenachse blühen (▶ Abschn. 6.8.2).

Im bekanntesten Fall liegen **Schalenzwiebeln** vor, die in den Scheiden von **Laubblättern** speichern (◘ Abb. 6.46f). **Schuppenzwiebeln** speichern demgegenüber in **Nieder-**

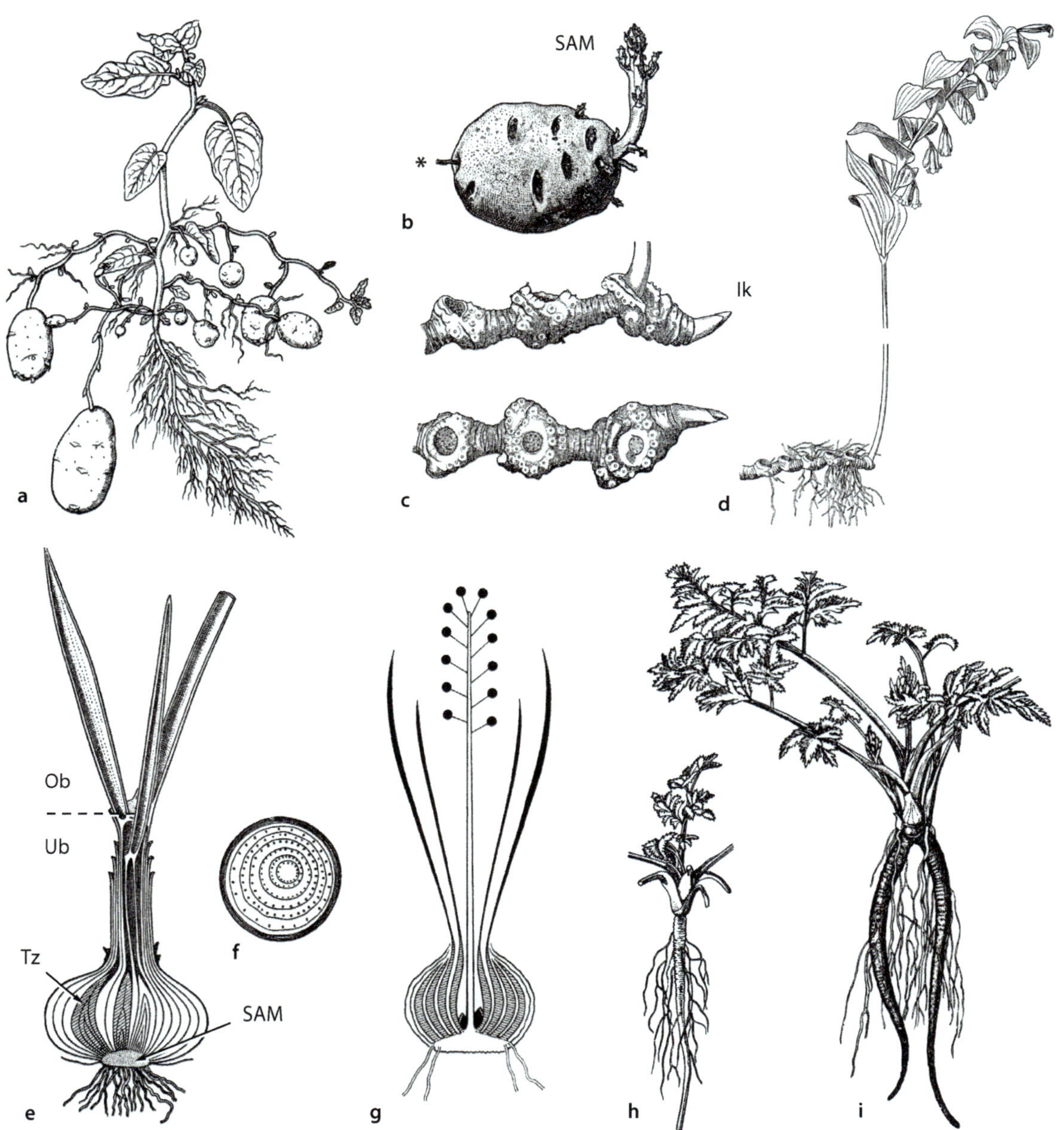

■ **Abb. 6.45   Organisation von Überdauerungsorganen. a, b,** Kartoffelpflanze (*Solanum tuberosum*, Solanaceae). **a,** Bildung von Sprossknollen am Ende von Ausläufern. **b,** Ausläuferknolle mit Sprosspol (SAM), linienförmigen Blattnarben, Seitenknospen („Augen") und der Abbruchstelle des Ausläufers (*). **c, d,** Salomonsiegel (*Polygonatum multiflorum*, Asparagaceae). **c,** Sympodial-monochasial verzweigtes Rhizom in Seitenansicht (oben) und Aufsicht (unten). Die runden Narben stammen von vorjährigen Zuwächsen, die Innovationsknospe (Ik) setzt das Wachstum fort. **d,** Habitus des Rhizomgeophyten. **e–g,** Küchenzwiebel (*Allium cepa*, Amaryllidaceae). **e,** Vegetative Phase. Ältere Zwiebel mit Laubblättern und Innovationsknospen (Tz, Tochterzwiebeln) in den Achseln der Zwiebelschuppen. Gestrichelte Linie: Grenze zwischen Oberblatt (OB) und Unterblatt (UB). SAM, Sprossapikalmeristem. **f,** Querschnitt durch die Zwiebel; die konzentrischen Ringe entsprechen den geschlossenen Blattscheiden. **g,** Blühende Zwiebel. Der Blütenstand entwickelt sich aus dem SAM, das System setzt sich sympodial aus Tochterzwiebeln fort. **h, i,** Wiesenkerbel (*Anthriscus sylvestris*, Apiaceae). **h,** Keimpflanze mit Pfahlwurzel, die zur Rübenbildung übergeht. **i,** Ramet mit sprossbürtigen Speicherwurzeln. (© c: Sachs 1874. f: Troll 1973. alle übrigen: Troll 1954)

■ **Abb. 6.46   Überdauerung mit Knollen, Zwiebeln und Rüben. a–d,** Rhizompflanzen. **a,** Pfahlrohr (*Arundo donax*, Poaceae). Sympodial verzweigtes Rhizom. **b,** Sumpf-Schwertlilie (*Iris pseudacorus*, Iridaceae). Sympodiales Rhizom, Ansicht von unten. **c,** Sauerklee (*Oxalis articulata*, Oxalidaceae). Rhizom (vermutlich monopodial), am hinteren Ende verrottend (*). **d,** *Dracontium* (Araceae). Aufrechtes (orthotropes) Rhizom. **e,** Hypocotylknolle. Radieschen (*Raphanus sativus* var. *sativus*, Brassicaceae). **f, g,** Zwiebelpflanzen. **f,** Küchenzwiebel (*Allium cepa*, Amaryllidaceae). Schalenzwiebel. Außenansicht und Längsschnitt. **g,** Türkenbund (*Lilium martagon*, Liliaceae). Schuppenzwiebel. **h, i,** Rüben. Zuckerrübe (*Beta vulgaris* subsp. *vulgaris*, Amaranthaceae). Zweijährige Rosettenpflanze. **h,** Rübe mit terminaler Blattrosette. **i,** Querschnitt durch die Rübe, die Aktivität mehrerer Cambien zeigend (anomales Dickenwachstum; ► Abschn. 8.4.5). **j,** Wurzelknolle. Affodill (*Asphodelus*, Xanthorrhoeaceae). Sprossbürtige Wurzeln mit Speicherfunktion (ohne Innovationsknospen). (© c, g: HA Froebe, Aachen. Mit freundlicher Genehmigung. Alle übrigen Bilder: R. Claßen-Bockhoff, Mainz)

blättern, die meist keine geschlossenen Scheiden bilden, sondern als dickliche Blätter auftreten. Sie kommen vor allem bei Liliengewächsen, z. B. bei der Madonnenlilie (*Lilium candidum*) und dem Türkenbund (*L. martagon*; ◘ Abb. 6.46g) vor.

Rüben

Als Rüben bezeichnet man Überdauerungsorgane, an deren Bildung die **Hauptwurzel** beteiligt ist (▶ Abschn. 8.4.5). Da die Hauptwurzel einkeimblättriger Pflanzen früh verkümmert (sekundäre Homorhizie; ▶ Abschn. 8.4.1), treten Rüben nur bei **Dicotylen** auf.

Rüben überdauern im Erdboden und tragen an ihrer Spitze eine oder mehrere **Innovationsknospen** (▶ Abschn. 6.7.1). Geht das **Hypocotyl** mit in die Rübenbildung ein, spricht man von **Wurzelrüben** (Karotte; ▶ Abb. 8.78a), ist zusätzlich auch die **Sprossbasis** beteiligt, von **Sprossrüben** (Knollensellerie; ▶ Abb. 1.5g, ◘ Tab. 6.3). Das obere Ende der Rübe mit den Innovationsknospen, nennt man **Rübenkopf** (▶ Abb. 8.78d: Pfeil).

Die genannten Formen gehen ineinander über und treten in unterschiedlicher Ausprägung bei Zuchtlinien auf. Bestes Beispiel dafür ist die **Rübe** *Beta vulgaris* (Amaranthaceae), die in der var. *rapacea* (Futter-, Runkelrübe) eine Sprossrübe, in der var. *conditiva* (Rote Bete) eine Hypocotylknolle und in der var. *altissima* (Zuckerrübe) eine Wurzelrübe bildet. Ähnliche Übergänge finden sich beim **Gartenrettich** (*Raphanus sativus*, Brassicaceae), der in der var. *niger* (Speiserettich) eine Wurzelrübe und in der var. *sativus* (Radieschen; ◘ Abb. 6.46e) eine Hypocotylknolle bildet.

Im Gegensatz zu den primär verdickten Sprossknollen (Kohlrabi, Kartoffeln) beruht die Verdickung der Hauptwurzel auf **sekundärem Dickenwachstum**. Bei **Bastrüben** (Möhre; ▶ Abb. 8.78b) dient der Bast als überwiegender Speicherraum, bei **Holzrüben** (Rettich, Pastinak) das Holz, dessen Zellen parenchymatisch und weich bleiben. Rüben mit **anomalem Dickenwachstum** (▶ Abschn. 8.4.3) weisen konzentrische Ringe aus Bast- und Holzanteilen auf (Zuckerrübe: ◘ Abb. 6.46i; Kermesbeere: ▶ Abb. 8.78c). Im Zuge des sekundären Dickenwachstums bilden einige Arten ein **sekundäres Abschlussgewebe**. So hat z. B. die Schwarzwurzel (*Scorzonera*) ihren deutschen Namen von ihrer schwarzen Korkschicht erhalten.

Rüben kommen vor allem bei monokarpen (hapaxanthen) Rübenpflanzen und polykarpen Rübengeophyten (▶ Abschn. 6.10.2) vor. Sie werden als Gemüsepflanzen (Möhre, Rettich), zur Zuckergewinnung (Zuckerrübe) und als Viehfutter (Runkelrübe) verwendet (◘ Tab. 6.3). Aus den Wurzelrüben der Zichorie (*Cichorium intybus*, Asteraceae) und des Löwenzahns (*Taraxacum officinale*, Asteraceae) wurde früher ein **Kaffeeersatz** hergestellt (Zichorienkaffee).

– Zu den **Rübenpflanzen** gehören die zweijährigen (**biennen**) **Rosettenkräuter**, die nur eine Saison mit der Rübe überdauern. Sie bilden im ersten Jahr eine **Pfahlwurzel**, in die Reservestoffe eingelagert werden. Im zweiten Jahr nutzt die Pflanze die Nährstoffe zum Austreiben des Sprosses, der nach Blütenbildung und Samenausstreuung zugrunde geht. Beispiele liefern die Möhre (*Daucus carota*, Apiaceae; ▶ Abb. 8.78a, b), der Pastinak (*Pastinaca sativa*, Apiaceae), der Löwenzahn (*Taraxacum officinale*, Asteraceae) und der Gartenrettich (*Raphanus sativus*, Brassicaceae).

Der **Wiesenkerbel** (*Anthriscus silvestris*, Apiaceae; ◘ Abb. 6.45h, i) wächst zwei- oder mehrjährig. Im ersten Fall verhält er sich wie eine Rübenpflanze, im zweiten Fall speichert er Reservestoffe in den **sprossbürtigen Wurzeln** seiner Innovationsknospen. Die Erneuerungstriebe bleiben an der Mutterpflanze oder vereinzeln sich und tragen als Rameten (▶ Abschn. 6.9.2) zur vegetativen Vermehrung bei.

– **Rübengeophyten** wie der Meerrettich (*Armorica rusticana*, Brassicaceae), die Schwarzwurzel (*Scorzonera hispanica*, Asteraceae), Zaunrübe (*Bryonia dioica*, Cucurbitaceae) und Arten der Kermesbeere (*Phytolacca*, Phytolaccaceae; ▶ Abb. 8.78c, d) überdauern mehrere bis viele Jahre. Die Rübe ist bei ihnen ein Dauerspeicherorgan (**Dauerrübe**), das nach dem Verbrauch der Speicherstoffe wieder aufgefüllt wird. Zahlreiche Rüben weisen im Alter eine charakteristische **Querrunzelung** auf, die auf **Wurzelkontraktion** beruht (▶ Abschn. 8.4.5).

Gehen frühzeitig **Seitenwurzeln** mit in die Rübenbildung ein, ergeben sich **verzweigte** Formen, die entfernt an eine menschliche Gestalt erinnern. Berühmtestes Beispiel ist die Gemeine **Alraune** (*Mandragora officinarum*, Solanaceae), eine seit der Antike genutzte Gift-, Heil- und Ritualpflanze des Mittelmeerraumes. Ihre Früchte („Liebesäpfel') waren im gesamten antiken Orient als Aphrodisiakum bekannt. Hildegard von Bingen (1098–1179) schreibt in ihrer *Naturkunde*:

» *„Der Alraun ist warm, ein klein wenig wäßrig und stammt aus der Erde, von welcher Adam gemacht ist; die Wurzel ist dem Menschen etwas ähnlich, deswegen gerade ist diese Pflanze den Einflüsterungen und Nachstellungen des Teufels mehr als andere Pflanzen ausgesetzt […]."* (zitiert nach Wilhelmy 1998: 294).

Der ‚menschengestaltigen Zauberwurzel' wurden bis in die Neuzeit hinein magische Kräfte zugesprochen (Rätsch 1990).

6.9.2 Klonbildung und vegetative Vermehrung

Die vegetative Vermehrung der Pflanzen erfolgt **ungeschlechtlich** (▶ Abschn. 4.1). Alle Abkömmlinge der Mutterpflanze sind mit dieser **genetisch identisch** und bilden mit ihr zusammen einen **Klon**. Sie bleiben entweder mit der Abstammungspflanze verbunden und ersetzen diese am gleichen Ort (**klonales Wachstum**, z. B. Tochterrosetten; ◘ Abb. 6.48a), oder sie vereinzeln sich und entwickeln eigenständige Pflanzen (**klonale Ausbreitung**, z. B. Ausläufer; ◘ Abb. 6.47a, b). Diese Pflanzen passen sich individuell den lokalen Gegebenheiten an, gehören aber genetisch zu einem Klon und werden **Rameten** genannt.

Klonbildung ist ein häufiges Phänomen. Sie erschwert die Abgrenzung genetisch verschiedener Individuen innerhalb einer Population und macht die Datierung des Alters einer Pflanze in vielen Fällen unmöglich. Breitet sich ein Klon nach allen Seiten hin gleichmäßig aus, bilden die Rameten einen Kreis, der auch als Hexenring bezeichnet wird (◘ Abb. 6.48b).

Vegetative Vermehrung kommt bei **allen Pflanzengruppen** vor (▶ Tab. 5.3). Sie ist für die Veredelung von Kulturpflanzen, die Vermehrung durch Stecklinge und den Erhalt von Zuchtlinien von großer **wirtschaftlicher Bedeutung**.

Klonales Wachstum

— Ausläufer **(Stolone)** sind **bodennahe Seitenachsen** mit **langen Internodien**, **Niederblättern**, **Knospen** und **sprossbürtiger Bewurzelung** (◘ Abb. 6.47a, b). Ein bekanntes Beispiel liefert die Erdbeerpflanze (*Fragaria vesca*, Rosaceae; ◘ Abb. 6.47b), die sich rasch über weite Bodenbereiche ausbreitet.

In anderen Fällen übernehmen die Ausläufer auch **Speicherfunktion** und bilden eine **Ausläuferknolle** (z. B. Kartoffel; ◘ Abb. 6.45a) oder knollenartig verdickte Knoten (z. B. Scharbockskraut; ◘ Abb. 6.48d). Ausläufer können mehrere Meter **Länge** erreichen und dienen an Pionierstandorten der Bodenfestigung. Nach mechanischer Trennung von der Mutterpflanze dienen sie der klonalen Ausbreitung.

— **Absenker** sind **Äste**, die durch Eigengewicht oder Schneelast auf den Erdboden gedrückt werden, sich sprossbürtig bewurzeln und zu eigenständigen Pflanzen heranwachsen. Sie können mit der Abstammungspflanze in Kontakt bleiben (Brombeere; ◘ Abb. 6.27f) oder sich von ihr lösen. Absenker kommen vor allem bei Bäumen vor und sind bei Lärche (*Larix*, Pinaceae) und Fichte (*Picea*, Pinaceae) besonders häufig. Sie sichern den Bestand und verleihen dem Mutterindividuum ein hohes Alter.

— Die Wurzeln vieler Pflanzen sind in der Lage, **endogen** Sprossachsen zu bilden (**wurzelbürtige Sprosse**;

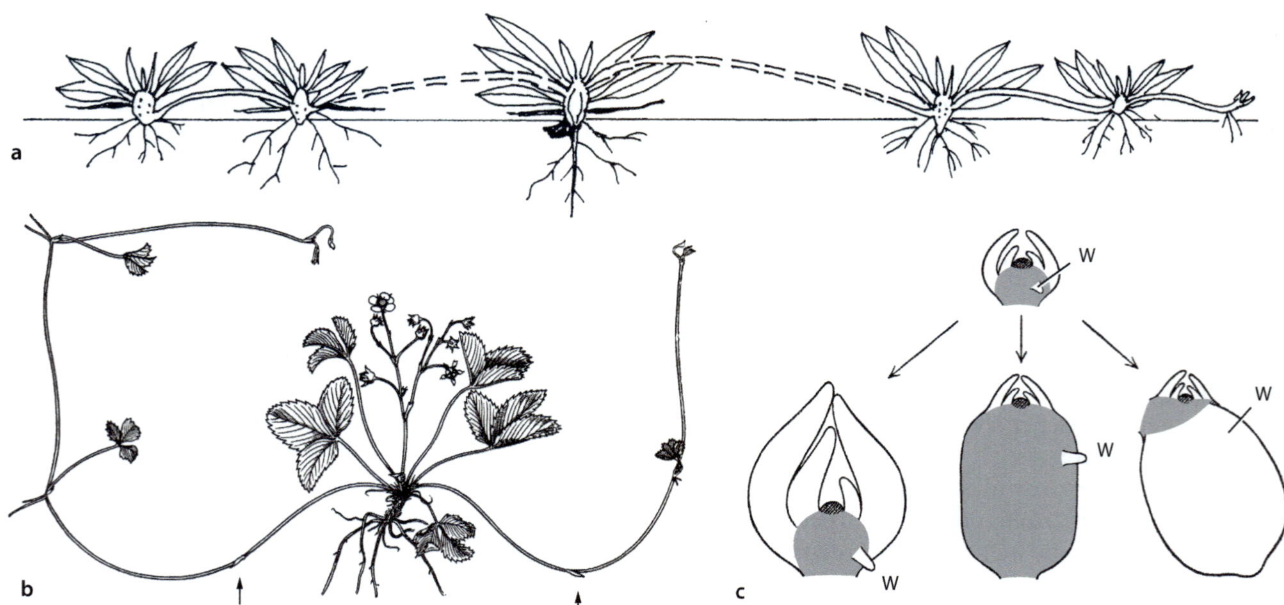

◘ **Abb. 6.47 Rametenbildung. a,** Prinzip der vegetativen Vermehrung am Beispiel der Ausläuferbildung. Die von der Mutterpflanze gebildeten Seitenachsen bewurzeln sich an den Knoten und entwickeln sich nach Abtrennung von der Mutterpflanze zu genetisch identischen, eigenständig lebenden Pflanzen. **b,** Erdbeerpflanze (*Fragaria vesca*, Rosaceae) mit Ausläufern. Pfeile: Niederblätter. **c,** Bulbillenbildung (schematisch). Ausgehend von einer Knospe (oben) entwickeln sich (von links nach rechts) Brutzwiebeln, Achsen- und Wurzelbulbillen. W, Wurzelanlage. Grau: Sprossachse. (© a: Rauh 1988. b, c: Troll 1954)

▶ Abschn. 8.4.4). Bäume, Sträucher und ausdauernde Kräuter bilden auf diese Weise ausgedehnte Bestände. Besonders bekannt für die Bildung von ‚Wurzelbrut' sind Erlen (*Alnus*), Pappeln (*Populus* sect. *Populus*) und Robinien (*Robinia*). Auch die Brombeere (*Rubus fruticosus*, Rosaceae) vermehrt sich vegetativ über wurzelbürtige Sprosse. Sie trägt damit erheblich zur **Verbuschung** von Trockenrasen bei (▶ Abschn. 6.7.1).

Klonale Ausbreitung

— Die einfachste Form der vegetativen Vermehrung ist das **Abbrechen** von bewurzelten oder zur Wurzelbildung fähigen Sprossabschnitten (**Fragmentierung**; ▶ Abschn. 5.3.5). Hierzu zählen vor allem Teile eines Rhizoms (◨ Abb. 6.46a–c) oder eines Ausläufers (◨ Abb. 6.45a und 6.47a, b). Beim Teddybär-Kaktus (*Cylindropuntia bigelovii*, Cactaceae) brechen die mit langen Dornen besetzten Sprossglie-

der ab und werden von vorbeistreifenden Tieren und Menschen verbreitet (◨ Abb. 6.48c). Unter günstigen Bedingungen können sie sich sprossbürtig bewurzeln; ansonsten gehen sie zugrunde.

— **Brutknospen** (**Bulbillen**) sind mit **Speicherstoffen** versehene **Knospen**, die sich sprossbürtig bewurzeln. Sie fallen von der Mutterpflanze ab, werden verbreitet und wachsen an anderer Stelle zu neuen Pflanzen heran. Die Bezeichnungen *bulbifera* (wörtl. „Knöllchenträger") oder *viviparum* (wörtl. „lebendgebärend") im Artnamen weisen auf das Auftreten von Brutknospen hin (◨ Abb. 6.49).

Bulbillen entwickeln sich im **vegetativen** Bereich meist aus den **Blattachselmeristemen** der Laubblättern (◨ Abb. 6.49b, e) und im **reproduktiven** Bereich der Pflanze anstelle von Blüten (◨ Abb. 6.49a, c, d, f, g). Eine Ausnahme bildet die Brutpflanze *Kalanchoë daigremontiana* (Crassulaceae), die Zwiebelbulbillen am **Blattrand** entwickelt (◨ Abb. 6.50, ▶ Exkurs 6.7). Die unterschiedlichen Bildungsorte

◨ **Abb. 6.48 Klonales Wachstum und vegetative Vermehrung. a,** *Aloe* (Agavaceae). Bildung von Tochterindividuen (Rameten). **b,** Erdsegge (*Carex humilis*, Cyperaceae). Kreisförmiger Klon (‚Hexenring'). **c,** Teddybär-Kaktus (*Cylindropuntia bigelovii*, Cactaceae). Vegetative Ausbreitung durch Fragmentierung und Kletthaftung. **d,** Scharbockskraut (*Ficaria verna*, Ranunculaceae). Kriechpflanze mit Ausläuferknollen (Pfeil) und Wurzelbulbillen in den Blattachseln (*). (© R. Claßen-Bockhoff, Mainz)

6

■ **Abb. 6.49 Bulbillen. a,** Achsenbulbillen. Knöllchen-Knöterich (*Polygonum viviparum*, Polygonaceae). Bulbillen anstelle von Blüten im Blütenstand. **b–g,** Zwiebelbulbillen. **b,** Zwiebel-Zahnwurz (*Cardamine bulbifera*, Brassicaceae). **c, d,** *Allium*-Arten mit Brutzwiebeln anstelle von Blüten (Amaryllidaceae). **c,** Schlangen-Lauch (*Allium scorodoprasum*). **d,** Luftzwiebel (*Allium cepa* var. *proliferum*). **e,** Feuerlilie (*Lilium bulbiferum*, Liliaceae). **f,** *Agave vivipara* (Asparagaceae). Mehrere Meter hoher Blütenstand mit Blüten und Zwiebelbulbillen (kleines Bild). **g,** Zwiebel-Rispengras (*Poa bulbosa* var. *vivipara*, Poaceae). Blütenstand mit vegetativen Trieben anstelle von Ährchen. (© a, e: HA Froebe, Aachen. Mit freundlicher Genehmigung. Übrige Bilder: R. Claßen-Bockhoff, Mainz)

Blätter bilden normalerweise keine Sprosse. Die **Brutknospenbildung** am Blattrand der Brutpflanzen (*Kalanchoë*, Crassulaceae) zeigt aber, dass sie prinzipiell aufgrund der Totipotenz ihrer Zellen (▶ Abschn. 1.1.2) dazu in der Lage sind (▶ Abschn. 8.3.2).

Die auch als Zimmerpflanze kultivierte *Kalanchoë daigremontiana* (◻ Abb. 6.50a, g) weist am eingekerbten Blattrand eine Reihe von Brutpflänzchen auf, die von der Mutterpflanze abfallen und der vegetativen Vermehrung dienen. Zunächst bildet sich ein Gewebehöcker, der sich zu einer Sprossanlage mit SAM und einem ersten Blattpaar differenziert (◻ Abb. 6.50e, i). Die Blättchen sind wie die Laubblätter sukkulent, weisen aber keine Blattgliederung auf und besitzen einen ungezähnten Rand. Aus der Basis der Brutknospe entstehen endogen einige sprossbürtige Wurzeln (◻ Abb. 6.50f, j).

◻ **Abb. 6.50 Brutknospenbildung.** *Kalanchoë daigremontiana*, Crassulaceae. **a**, Habitus der Pflanze, Blätter mit Bulbillen am Rand. **b**, Ausschnitt aus dem gezähnten Blattrand. Aus der Mitte des Zahns können sich Brutknospen entwickeln. **c, d**, Entwicklung einer Knospe im eingewölbten Blattrandzahn (Knospenträger) durch Remeristematisierung. **e, f**, Brutpflänzchen. **e**, Zweiblattstadium. **f**, Älteres Stadium mit Bildung sprossbürtiger Wurzeln. **g**, Blattrand von der Seite mit aufgereihten Bulbillen. **h–j**, Entwicklung einer Brutknospe, histologische Längsschnitte durch den Knospenträger. Gleicher Maßstab, Balken jeweils 50 µm. **h**, Entstehung des Brutpflänzchens durch verstärkte Zellteilungsaktivität. **i**, Junge Brutknospe. **j**, Älteres Stadium, SAM und Wurzelanlage deutlich erkennbar. (© R. Bernhard & R. Claßen-Bockhoff, Mainz)

der Brutknospen demonstrieren das große **Potential der Pflanzen**, ganz unterschiedliche Positionen an der Pflanze für die vegetative Vermehrung zu nutzen.

In den meisten Fällen liegen **Zwiebelbulbillen** vor, die die Reservestoffe in Blattanlagen speichern (◘ Abb. 6.49b–g und 6.50h), seltener sind **Wurzel-** (Scharbockskraut; ◘ Abb. 6.48d: *) oder **Achsenbulbillen** (Knöllchen-Knöterich; ◘ Abb. 6.49a). Das Auftreten von Brutknospen in **Blütenständen** bezeichnet man auch als **falsche Viviparie** (▶ Abschn. 6.4.3).

— **Turione** sind die **Überwinterungsknospen** einiger Wasserpflanzen. Sie fallen von der Mutterpflanze ab und überdauern den Winter auf dem Grund des Gewässers. Beispiele liefern die Wasserlinse (*Lemna*, Araceae; ◘ Abb. 6.52e–h, ▶ Abschn. 7.1.2), die Wasserpest (*Elodea*, Hydrocharitaceae; ▶ Abb. 11.66g), das Tausendblatt (*Myriophyllum*, Haloragaceae) oder der Wasserschlauch (*Utricularia*, Lentibulariaceae).

6.9.3 Alter von Pflanzen

Pflanzen können **sehr alt** werden und umfassen die **ältesten bekannten Lebewesen**. Bei der **Altersbestimmung** muss man allerdings zwischen dem Alter eines Individuums ohne vegetative Vermehrung und eines **Klons** unterscheiden (▶ Abschn. 6.9.2). Ein **Individuum** ohne vegetative Vermehrung stirbt am Ende seines Lebens, während ein Organismus mit **vegetativer Vermehrung** in genetisch identischen Abkömmlingen (**Rameten**) weiterleben und **sehr alt** werden kann.

Die **Datierung** lebender Pflanzenteile basiert auf verschiedenen Methoden. Bei der **Dendrochronologie** (▶ Abschn. 3.2.2 und 8.2.3) werden Jahresringe von Bohrkernen ausgezählt. Dabei kann es durch Wachstumsanomalien zu Fehlern kommen. Genauer ist die **Crossdating-Methode**, bei der die Jahresringmuster vieler Bäume übereinandergelegt werden und daraus eine **mittlere Jahresringchronologie** erstellt wird. Weiterhin wird das Alter von Bäumen über den radioaktiven Zerfall natürlicher Isotope (**Radiokarbonmethode**; ▶ Abschn. 3.2.2) und durch Hochrechnungen aufgrund von **Wachstumsraten** bestimmt.

Alter von Individuen

Während Eichen (*Quercus*) oder Linden (*Tilia*) in Mitteleuropa mit 300 bis 600 Jahren als alt gelten, sollen Ölbäume (*Olea*) in Griechenland und auf Sardinien ein Alter von 2000 bis 5000 Jahren erreichen. Vielfach sind solche Schätzungen aber nicht belegt und zu hoch. Der **älteste Baum Europas**, dessen Alter mittels Radiokarbonmethode ermittelt wurde, ist eine **1229 Jahre**

alte Kiefer (*Pinus heldreichii*, Pinaceae; Piovesan et al. 2018); der **älteste Baum Deutschlands** ist vermutlich die Dorflinde in Schenklengsfeld mit 1120 Jahren (Fröhlich 2000).

Die im Intenet verfügbare Old Tree List (Brown 2018) berücksichtigt nur Datierungen, die wissenschaftlich belegt sind (▶ Exkurs 6.8). Danach sind Individuen der kalifornischen Grannenkiefer (*Pinus longaeva*, Pinaceae) mit knapp 5000 Jahren die **ältesten datierten Pflanzen** der Welt. ‚**Prometheus**‘ aus dem Wheeler Park in Nevada (USA) wurde 4900 Jahre alt, ‚**Metuselah**‘ aus den White Mountains in Kalifornien war im Jahr 2018 4850 Jahre alt und das damals älteste Lebewesen der Welt. Die nächstjüngeren Bäume sind mit 3622 Jahren eine Patagonische Zypresse (*Fitzroya cupressioides*, Cupressaceae; ▶ Abb. 5.46m, n) und mit 3033 bis 3266 Jahren einige Riesenmammutbäume (*Sequoiadendron giganteum*, Cupressaceae; ◘ Abb. 6.50a ▶ und 5.46d). Es folgen weiterhin ausschließlich Gymnospermen, vor allem Wacholder- (*Juniperus*, Cupressaceae; ◘ Abb. 6.51b) und Kiefernarten (*Pinus*, Pinaceae) sowie *Welwitschia mirabilis* aus der Namib-Wüste (◘ Abb. 6.51a).

Die älteste **Blütenpflanze** ist ein etwa 1275 Jahre alt gewordener Baobab (*Adansonia digiatata*, Malvaceae) aus Namibia (Patrut et al. 2007; Brown 2018). Offensichtlich erreichen die Angiospermen trotz (oder wegen?) ihrer evolutionären Neuerungen nicht das hohe Lebensalter der Gymnospermen. Sie sind insgesamt auf **kürzere Lebenszeiten** ausgerichtet und haben im Laufe ihrer Evolution neben Bäumen auch kurzlebigere Sträucher, perenne und annuelle Kräuter entwickelt (▶ Abschn. 6.10.2). Mit der kürzeren Generationszeit steigt die genetische Diversität einer Population und damit deren Anpassungsfähigkeit an sich ändernde Standortbedingungen. Die **kürzeste Generationszeit** findet sich bei Pflanzen gestörter oder extremer Standorte (z. B. Ruderalpflanzen, Wüstenannuellen), die innerhalb weniger Wochen den gesamten Lebenszyklus von der Keimung bis zur Samenausbreitung abschließen. Auch der **Modellorganismus** der Entwicklungsgenetik, die Acker-Schmalwand (*Arabidopsis thaliana*, Brassicaceae; ◘ Abb. 6.22b), ist unter anderem deswegen für genetische und physiologische Experimente geeignet, weil er eine Generationszeit von nur etwa acht Wochen hat.

Alter von Klonen

Über vegetative Vermehrung, Stockausschlag und Absenker können Pflanzen ein sehr hohes Alter erreichen. In vielen Fällen lässt es sich **nicht mehr rekonstruieren**. Die Daten, die derzeit vorliegen, sind daher mit Vorsicht zu behandeln:

— ‚**Old Tjikko**‘, eine Gemeine Fichte (*Picea abies*, Pinaceae) aus Mittelschweden, ist nach einer **Radio-**

■ **Abb. 6.51 Uralte Pflanzen. a**, *Welwitschia mirabilis* (Welwitschiaceae). Das älteste Individuum der berühmten Namib-Pflanze ist vermutlich 1500 Jahre alt. **b,** Utah-Wacholder (*Juniperus osteosperma*, Cupressaceae) (1400 müNN). Arches NP, USA. Wacholderpflanzen gehören zu den ältesten Gewächsen der Welt; das Alter der abgebildeten Pflanze ist unbekannt. **c,** Kreosotbusch (*Larrea tridentata*, Zygophyllaceae). Der ‚King Clone‘ aus Kalifornien misst 22 m im Durchmesser und wird aufgrund seiner extrem langsamen Wachstumsrate auf 12.000 Jahre geschätzt. (© R. Claßen-Bockhoff, Mainz)

karbonanalyse vermutlich 9550 Jahre alt (Umeå University 2008*)*. Ihre Stämme werden zwar ‚nur‘ einige Hundert Jahre alt, aber das **Wurzelsystem** dürfte erheblich älter sein. Es wird angenommen, dass es seit knapp 10.000 Jahren die durch Absenker und wurzelbürtige Sprosse immer wieder neu entstehenden Stämme der Pflanze versorgt. Die Datierung ist allerdings umstritten (Mackenthun 2016).

— **‚King Clone‘**, ein Kreosotbusch (Chaparral, *Larrea tridentata*, Zygophyllaceae) der Mojave-Wüste Kaliforniens, wird aufgrund seiner extrem langsamen **Wachstumsrate** auf 12.000 Jahre geschätzt (■ Abb. 6.51c). Die Pflanze bildet einen Ring von 22 m Durchmesser und erneuert sich über **wurzelbürtige Sprosse**, während das alte Gerüst vom Zentrum zur Peripherie hin abstirbt (Vasek 1980).

— Für wesentlich älter wird **Pando** gehalten, ein riesiger Klon der Amerikanischen Zitterpappel (Espe, *Populus tremuloides*, Salicaceae) aus dem Fishlake National Forest, Utah. Er umfasst 47.000 Stämme, die mehr als 40 ha bedecken und nach **molekulargenetischer Analyse** einem einzigen Geneten angehören (DeWoody et al. 2008). Die im Internet angegebene Altersangabe von 80.000 Jahren scheint nicht belegt zu sein.

— Wahrscheinlich gibt es weitere **klonal** wachsende Pflanzen mit enormer Ausdehnung, die noch nicht identifiziert wurden. Kandidaten für riesiege Klone sind vor allem Süßgräser wie Schilf oder Bambus.

Exkurs 6.8 Superlative: Die Größten, Dicksten, Kleinsten

Zu den Pflanzen gehören nicht nur die **ältesten Lebewesen**, sondern auch die höchsten und dicksten Individuen der Welt. Bevor diese Superlative vorgestellt werden, muss allerdings einschränkend festgestellt werden, dass das **flächenmäßig größte Lebewesen** der Erde nicht zu den Pflanzen, sondern zu den **Pilzen** gehört

Halimasch – das flächenmäßig größte Lebenwesen der Welt

Im Jahr 2000 wurde im Malheur National Forest (Oregon, USA) ein rätselhaftes Waldsterben aufgeklärt. Es beruhte auf einem Befall durch den **Dunklen Halimasch** (*Armillaria ostoyae*), einem **Blätterpilz** aus der Verwandtschaft der Champignons. Der Pilz bedeckte eine Fläche von 965 ha (>1200 Fussballfelder), umfasste eine Masse von etwa 600 t und wurde auf mindestens 2400 Jahre datiert (► https://de.wikipedia.org/wiki/Dunkler_Halimasch).

Der größte Halimasch-Klon Europas wurde 2004 in der Schweiz beim Ofenpass entdeckt. Er ist im Durchmesser 500–800 m groß, bedeckt eine Fläche von 35 ha und ist etwa 1000 Jahre alt. Die enorme Ausdehnung der Pilze beruht nicht auf ihren sichtbaren Pilzkörpern, die nur 3–10 cm Durchmesser erreichen, sondern auf ihrem **riesigen Fadengeflecht** (**Mycel**), das im Boden wächst und in die Bäume eindringt. Dort erzeugt der Pilz die Weißfäule, an der die Wirtspflanze zugrunde geht. Der Pilz ernährt sich zunächst parasitisch von der Wirtspflanze und nach deren Absterben saprophytisch von Totholz.

Baumgiganten

Trotz der beeindruckenden Daten wird der Halimasch bis auf die Flächenausdehnung in allen Superlativen von Pflanzen übertroffen (Alle Wikipedia-Daten stammen aus dem Jahr 2019):

— Als **schwerste** Pflanze der Welt gilt der Klon **Pando**, der auf 6000 t geschätzt wird (► https://de.wikipedia.org/wiki/Pando_(Baum).

— Als nächstgrößere Pflanze folgt **The Great Banyan**, eine Banyan-Feige (*Ficus benghalensis*, Moraceae) im Botanischen Garten von Kalkutta, mit etwa 3772 Stämmen aus Luftwurzeln (► Abschn. 8.4.5). Sie weist einen Kronenumfang von 486 m auf und bedeckt knapp 1,9 ha Fläche (► https://en.wikipedia.org/wiki/The_Great_Banyan).

— Den schwersten (2000 t) und volumenmäßig größten Einzelstamm (1489 m^3) weist der **General Sherman Tree** auf, ein Riesenmammutbaum (*Sequoiadendron giganteum*, Cupressaceae) aus dem Sequoia NP in Kalifornien (◘ Abb. 6.52a). Er wird auf ca. 1.900–2.500 Jahre geschätzt. (https://de.wikipedia.org/wiki/General_Sherman_Tree).

— Der derzeit **höchste Baum** der Erde mit 115.85 m ist der Küstenmammutbaum **Hyperion** (*Sequoia sempervirens*, Cupressaceae), der im kalifornischen Redwood-NP wächst. (► https://de.wikipedia.org/wiki/Hyperion_(Baum)).

— Der höchste **Laubbaum** ist der ‚nur' 99,6 m hohe Riesen-Eucalyptus (*Eucalyptus regnans,* Myrtaceae) **Centurion**) aus Tasmanien. Ein im Jahr 1872 gefälltes Exemplar dieser Art soll 132 m hoch gewesen sein. (https://de.wikipedia.org/wiki/Riesen-Eukalyptus). Diese Höhe erreicht fast das physikalische Wuchsmaximum eines Baumes, das bei etwa 138 m liegt.

— Die Mexikanische Sumpfzypresse (*Taxodium mucronatum*, Cupressaceae) **El arbol del Tule** (Oaxaca) ist mit 58 m Stammesumfang der **dickste Baum**. Er ist nur knapp 42 m hoch, aber über 635 t schwer. Sein Alter wird auf 1400 bis 1600 Jahre geschätzt (► https://de.wikipedia.org/wiki/Árbol_del_Tule).

Kleinste Blütenpflanzen

Die kleinsten Blütenpflanzen gehören zu den **Wasserlinsengewächsen** (Araceae-Lemnoideae). Die auch als **Entengrütze** bezeichneten Pflänzchen überziehen die Oberfläche warmer, nährstoffreicher Süßgewässer mit einem grünen Teppich aus vielen Tausend Individuen (◘ Abb. 6.52e, f). Diese sind bei den Wasserlinsen (*Lemna*) 3–5 mm (◘ Abb. 6.52g, h) und bei der kleinsten Pflanze der Welt, der Wurzellosen Zwergwasserlinse *Wolffia arrhiza*, nur 0,5–1,5 mm groß. Der assimilierende Vegetationskörper ist ungegliedert und nur wenige Zellen dick. Er wird neutral als Glied (*frons*) bezeichnet (Lemon und Posluszny 2000). Die Wasserlinsen bilden winzige, stark reduzierte Blüten, bleiben aber in Mitteleuropa **meist steril**. Hier vermehren sie sich vegetativ durch **Sprossung** und werden durch Wasservögel ausgebreitet. Unter guten Bedingungen verdoppelt sich die **Biomasse** des Klons in ein bis zwei Tagen.

◙ **Abb. 6.52 Giganten und Zwerge der Samenpflanzen. a,** Gymnospermen. General Sherman Tree (*Sequoiadendron giganteum*, Cupressaceae). Der 83,8 m hohe Riesenmammutbaum hat den mächtigsten Stamm der Erde. Sequoia NP, Kalifornien. **b–d,** Angiospermen. Die höchsten Bäume der Blütenpflanzen gehören zur Gattung *Eucalyptus*. **b, c,** Dave Evans Bicentennial Tree. Dieser Karribaum (*Eucalyptus diversicolor*, Myrtaceae) wurde als Aussichtsbaum ausgebaut. 130 in den Stamm geschlagene Eisensprosse ermöglichen das waghalsige Erklettern der Aussichtsplattformen in 25 und 75 m Höhe. Warren NP, Westaustralien. **d,** Giant Tingle Tree (*Eucalyptus jacksonii*, Myrtaceae). Die hohle Stammbasis des 30 m hohen und etwa 400 Jahre alten Baumes hat in Brusthöhe einen Durchmesser von etwa 7 m. Walpole-Nornalup NP, Westaustralien. **e–h, Wasserlinsengewächse** (Araceae- Lemnoideae). **e,** Wurzellose Zwergwasserlinse (*Wolffia arrhiza*). Die kleinste Samenpflanze der Welt ist nur 0,5–1,5 mm groß. **f–h,** Gewässeroberfläche mit der Kleinen Wasserlinse (*Lemna minor*, **g**) und der Buckeligen Wasserlinse (*L. gibba*, **h**). In **g** und **h** sieht man sprossende Pflänzchen (ca. 0,5 cm; jeweils von unten) mit einer Wurzel pro Glied. *L. gibba* (**h**) bildet auf der Gliedunterseite luftgefüllte Hohlräume als Schwimmhilfe. (© a: H. Frankenhäuser, Mainz. Mit freundlicher Genehmigung. d: HA Froebe, Aachen. Mit freundlicher Genehmigung. Übrige Bilder: R. Claßen-Bockhoff, Mainz)

6.10 Wuchs- und Lebensformen

Die **äußere Erscheinung** einer Pflanze wird als **Wuchs- oder Lebensform** bezeichnet (Rauh 1988). Sie ist nicht einfach zu fassen, da sie von der **Lebensdauer** (Annuelle vs. Baum) und **Lebensweise** (terrestrisch, flottierend, epiphytisch) der Pflanze sowie den **Standortverhältnissen** (Wüste vs. Hochgebirge) und morphologischen **Bauprinzipien** abhängt. Entsprechend gibt es verschiedene Systeme, die Pflanzenformen zu ordnen und zu benennen.

6.10.1 Definitionen und Bezugssysteme

Die Begriffe ‚Wuchsform' und ‚Lebensform' werden vielfach synonym verwendet, obgleich sie durchaus unterschiedliche Aspekte beschreiben.

Wuchsform

Die **Wuchsform** ist die **morphologische Ausgestaltung** einer Pflanze, die sich aus der Gesetzmäßigkeit der **Verzweigung** ergibt. Darauf nimmt auch die Bezeichnung **Architektur** Bezug, die vor allem in der englischsprachigen Literatur (*architecture*) zu finden ist. Die Architektur einer Pflanze ist der Habitus, der sich aus der Verzweigung ergibt, das vegetative Grundgerüst der Pflanze aufbaut und Erneuerungsknospen (**Innovationsknospen**) trägt.

Klassifikation nach Raunkiaer

Nach der Lage der Innovationsknospen führte Raunkiaer (1905) eine **Klassifikation** der Wuchsformen in **Phanerophyten** (Bäume, Sträucher), **Chamaephyten** (Halbsträucher), **Hemikryptophyten** (perenne Kräuter mit bodennaher Innovation), **Kryptophyten** (**Geophyten**, perenne Kräuter mit im Boden liegenden Überdauerungsorganen) und **Therophyten** (Kräuter ohne Innovation) ein. Diese Klassifikation wurde für die Gewächse **temperater Regionen** erstellt, für die sie auch heute noch verwendet wird. Für **tropische Pflanzen** ist sie dagegen unbefriedigend, da z. B. stammsukkulente, kontinuierlich wachsende oder rhythmisch wachsende Pflanzen ohne Innovationsknospen nicht erfasst sind (▶ Abschn. 6.7.1).

Architekturmodelle nach Hallé et al.

Als Bezugssystem für tropische Holzgewächse bieten sich die **Architekturmodelle** nach Hallé et al. (1978) an, bei denen die Innovationsknospen eine untergeordnete Rolle spielen (▶ Abschn. 6.7.2).

Lebensform

Die **Lebensform** einer Pflanze ist die **Prägung** der zugrunde liegenden Architektur durch die **Lebensweise** der Pflanze (▶ Abschn. 8.5). Sie ist durch **Anpassungen** an die Standortverhältnisse der Pflanzen gekennzeichnet. So treten Sträucher beispielsweise als Dornsträucher, Rutensträucher oder Polstersträucher auf und charakterisieren mit ihrer einheitlichen Gestaltung den **Vegetationsaspekt** einer Landschaft (▶ Exkurs 6.9).

Exkurs 6.9 Alexander von Humboldts Physiognomie der Pflanzen

Auf seinen ausgedehnten Reisen begegnete **Alexander von Humboldt** (1769–1859) Pflanzen und Vegetationseinheiten, die im Europa der damaligen Zeit völlig unbekannt waren. Besonders beeindruckte ihn die **Physiognomie** (das Erscheinungsbild) der Pflanzen, die sich mit dem Wechsel der Klimazonen abwandelt.

In seinen ‚**Ansichten der Natur**' berichtet Humboldt (1849)) anschaulich von Steppen und Wüsten, Urwäldern, Hochgebirgen und der Physiognomik der Gewächse. Die Texte sind in der Absicht verfasst, ‚Naturgemälde' in Sprache umzusetzen, um neben der profunden **Wissensvermittlung** auch die **Fantasie** des Lesers anzuregen und ihn an dem Naturgenuss teilhaben zu lassen, den Humboldt selber empfunden hatte (Meyer-Abich 1969). Dieser forschend-ästhetische Umgang mit der Natur, in der der Mensch stets **Subjekt und Objekt** ist, entspricht Goethes Weltsicht, von der Humboldt stark beeinflusst war.

In seinem Aufsatz ‚**Ideen zu einer Physiognomik der Gewächse**' stellte Humboldt (1849) fest, dass sich Gebiete verschiedener Klimazonen in ihrer Vegetationsdecke unterscheiden. Dabei sind es weniger einzelne Merkmale oder Verwandtschaftskreise, die den Charakter bestimmen, sondern es ist die äußere Erscheinung der Pflanze. Humboldt listete 16 Pflanzenformen auf, die die Vegetation der von ihm bereisten Länder bestimmten, darunter den **Palmen-** und **Bananenwuchs**, die Wuchsform von **Heidekräutern**, **Flaschenbäumen**, **Lianen**, **Stammsukkulenten**, **Grasartigen** und **Nadelhölzern**. Mit der Erkenntnis, dass nicht näher verwandte Pflanzen eine standortbedingt ähnliche Physiognomie besitzen, gilt A. v. Humboldt als **Begründer der Pflanzengeografie**.

6.10.2 Übersicht über die Wuchs- und Lebensformen

Die folgende **Übersicht** gibt einen Einblick in die Wuchs- und Lebensformen. Dabei werden nur Pflanzen berücksichtigt, die **im Boden wurzeln** (zu anderen Lebensweisen z. B. von Epiphyten und Parasiten ▶ s. Abschn. 8.6).

Baumwuchs

Bäume wachsen meist **unizyklisch**, d. h., sie bilden nur einen Stamm und eine Krone (◘ Abb. 6.30a, ▶ Abschn. 6.7.2). Die **Sprossfortsetzung** erfolgt kontinuierlich (Palmen ◘ Abb. 6.53a) oder rhythmisch, wobei **oberirdische Innovationsknospen** auftreten bzw. **oberirdische Meristeme** durch Haare oder Sekrete geschützt werden.

In der Jugend entwickelt sich der Stamm meist monopodial. Während Nadelbäume, Palmen oder Buchen die monopodiale Sprossfortsetzung beibehalten (◘ Abb. 6.24a, d ▶ und 1.1b), wechseln der Köcherbaum (*Aloe*; ◘ Abb. 6.24b) und viele anderen Arten in den sympodialen Modus. Die **Architekturmodelle** (Hallé et al. 1978; ◘ Abb. 6.31) zeigen anschaulich, wie Vielfalt durch die unterschiedliche Kombination von Verzweigungsabläufen entsteht. Einige Bäume wie die Hängebirke (*Betula pendula*, Betulaceae), die Schirmakazie (*Vachellia tortilis*, Fabaceae; ◘ Abb. 6.53b) oder der Schraubenbaum (*Pandanus edulis*, Pandanaceae) haben eine so charakteristische Wuchsform und Beblätterung, dass ihr deutscher Name darauf Bezug nimmt.

Einige Bäume haben eine besonders ausgeprägte, **landschaftsprägende Physiognomie** (▶ Exkurs 6.9). Zu ihnen gehören die **Schirmakazien**, die mit ihrer flach ausgebreiteten Krone das Landschaftsbild der ostafrikanischen Savanne bestimmen (▶ Abb. 3.23g und 6.53b), oder die in Südafrika beheimateten **Köcherbäume** (*Aloe dichotoma*, Xanthorrhoeaceae; ◘ Abb. 6.24b). mit ihren regelmäßig dichasial verzweigten Kronen. Sie stimmen darin mit den **Drachenbäumen** (*Dracaena draco*, Asparagaceae; ▶ Abb. 8.27i) überein, deren berühmtester Vertreter in Icod de los Vinos (Teneriffa) steht und von Alexander von Humboldt (1849) ausführlich beschrieben wurde. **Flaschenbäume** treten vor allem in Trockenregionen auf (◘ Abb. 6.53c ▶ und 8.30a–c). Sie speichern im Bast ihres Stammes Wasser und weisen damit eine sukkulente Lebensform auf (▶ Abschn. 8.2.5). **Schopfbäume** haben wenig- bis unverzweigte Stämme und tragen terminal einen ‚Schopf' großer Blätter, deren Anzahl oft konstant bleibt. Schopfbäume treten bei Monocotylen (Palmen; ◘ Abb. 6.53a), Grasbäumen (◘ Abb. 6.53d), aber auch bei Baumfarnen (▶ Abb. 5.37a) und Cycadeen (▶ Abb. 5.43a, b) auf.

Bäume reagieren auf ihre Umwelt und weisen gelegentlich **bizarre Wuchsformen** auf. Von **Windschur** spricht man, wenn die Wuchsrichtung einer Pflanze in extremer Weise von der Windrichtung geprägt wird (◘ Abb. 6.53h). **Frostschäden** lassen sich im Hochgebirge an abgestorbenen Sprossspitzen oberhalb der schützenden Schneedecke erkennen (◘ Abb. 6.53e). **Infektionen** durch Pilze und Bakterien führen zu einem büscheligen Austreiben ruhender Knospen (Spätkatalepsis; ▶ Abschn. 6.7.2), das als **Hexenbesen** bezeichnet wird (◘ Abb. 6.53f). Krebsartige Geschwüre (▶ Abb. 8.20e) und Verbänderungen (Bischofsstäbe; ▶ Abb. 8.20g) beruhen ebenfalls auf Infektionen und prägen den Habitus einer Pflanze. Eindrucksvoll sind die **knorrigen** Wuchsformen alter Olivenbäume (◘ Abb. 6.53g) und Weiden (▶ Abb. 8.20c), die trotz ihrer weitgehend **hohlen Stämme** weiterleben können (Abschn. 8.2.3).

Strauchwuchs

Sträucher sind verholzte Pflanzen, die in **mehreren Zyklen** wachsen (◘ Abb. 6.30b). Das Sprosssystem setzt sich sowohl **akroton im Luftraum** als auch **aus der Basis** der Pflanze fort (▶ Abschn. 6.7.2). Nach der Höhe der Pflanzen und Lage der Innovationsknospen unterscheidet man hochwüchsige Sträucher (Phanerophyten) und Halbsträucher (Chamaephyten).

Hochwüchsige Sträucher

Hochwüchsige Sträucher (◘ Abb. 6.27) sind charakteristische Elemente von Waldrändern, Heidelandschaften und mediterranen Hartlaubgesellschaften oder Sukkulentenbüschen (◘ Abb. 6.54a ▶ und 3.22b). Sie besitzen ganz unterschiedliche Lebensformen:

- **Dornsträucher** weisen entweder verdornte Lang- und Kurztriebe (Sanddorn; ◘ Abb. 6.24e), nur verdornte Kurztriebe (Schlehe, *Prunus spinosa*, Rosaceae) oder dornige Blätter (Berberitze: ◘ Abb. 6.15e; *Astragalus*: ◘ Abb. 6.54g) auf.

- **Ericoide Sträucher** sind nach den Blättern der Heidekrautgewächse (Ericaceae; ▶ Abb. 3.21c) benannt. Die Blätter sind klein, einfach und mit ihrer oft ledrigen und am Rand umgerollten Beschaffenheit an trockene Standorte angepasst (▶ Abb. 8.61c).

- **Rutensträucher** bilden nur kleine, schuppenförmige Blätter und reduzieren mit der Oberfläche den Grad ihrer Verdunstung. Die Assimilationsfunktion wird auf die Sprossachsen übertragen, die wie grüne blattlose Ruten wirken. Beispiele liefern der heimische Besenginster (*Cytisus scoparius*, Fabaceae), der Pfriemenginster (*Spartium junceum*, Fabaceae) aus dem Mittelraumraum und weitere Arten aus den **mediterranen Strauchgesellschaften**. Diese setzen sich oft aus einer Vielzahl nicht näher verwandter, aber **äußerlich ähnlicher** Arten zusammen (gleiche Physiognomie; ◘ Abb. 6.54b). Auch die Sträucher der Gymnospermengattung *Ephedra* (▶ Abb. 5.49a-c) gehören hierher.

6

◻ **Abb. 6.53   Baumwuchs. a**, Kanarische Dattelpalme (*Phoenix canariensis*, Arecaceae). Palmenwuchs. Teneriffa. **b**, Schirmakazie (*Vachellia tortilis*, Fabaceae). Rift Valley. **c**, Flaschenbaum (*Brachychiton rupestris*, Malvaceae). BG Sydney. **d**, *Black boy* (*Kingia australis*, Dasypogonaceae). Schopfbaum. Südwestaustralien. **e**, Eisschliff. Katára-Pass, Griechenland. **f**, Hexenbesen an einer Lärche (*Larix*, Pinaceae). **g**, Alte Olivenbäumen (*Olea europaea*, Oleaceae) mit hohlen Stämmen. Madonie, Sizilien. **h**, Extreme Wuchsform nach Fremdeinwirkung. Südwestaustralien. (©. f: HA Froebe, Aachen. Mit freundlicher Genehmigung. Übrige Bilder: R. Claßen-Bockhoff, Mainz)

Halb- und Zwergsträucher

Halbsträucher (**Chamaephyten**) sind nur an der Basis verholzt (○ Abb. 6.54c). In jeder Vegetationsperiode werden blühende Triebe gebildet, die 1–2 m Höhe erreichen können. Diese bleiben krautig und brechen nach der Fruchtreife ab. Die Innovationsknospen liegen am basalen, persistierenden Teil der Pflanze. Die Halbsträucher weisen je nach Strandort verschiedene Lebensformen auf. **Zwergsträucher** bleiben meist gedrungen und erreichen selten eine Höhe von über 1 m. Zwischen Halb- und Zwergsträuchern treten Übergänge auf:

- **Polstersträucher** sind mit ihrer Halbkugelform an trockene und windige Standorte angepasst (○ Abb. 6.54d ▶ und 3.22k). Sie sind oft sympodial verzweigt (○ Abb. 6.24g). Die an der Peripherie ständig neu gebildeten Zuwächse tragen Laubblätter und Blüten, während das Innere des Strauches aus blattlosen Ästen besteht. **Vollkugelpolster** (○ Abb. 6.24g) reichern im Inneren Erde und Nährstoffe an, **Halbkugelpolster** bleiben hohl (○ Abb. 6.54d; Rauh 1939).
- **Dornpolstersträucher** kommen vor allem auf Weideflächen vor (○ Abb. 6.54e), wo sie durch die Dornen vor Fressfeinden geschützt werden. Ausgeprägte Dornpolstergesellschaften treten z. B. in der anatolischen Steppe mit Vertretern der Gattungen *Acantholimon* (Plumbaginaceae, Blattspitzendornen; ○ Abb. 6.54f) und *Astragalus* (Fabaceae, Spross- und Rhachisdornen; ○ Abb. 6.54g ▶ und 8.51g) auf.
- **Zwergsträucher** sind typisch für alpine und küstennahe Standorte (▶ Abb. 3.21c). Sie wachsen meist langsam, sind dicht verzweigt und können sehr alt werden. Die Zwergstrauchheiden der Alpen werden von Vertretern der Ericaceae *(Empetrum-, Loiseleuria-* und *Vaccinium*-Arten) dominiert.
- **Felsspaltenkriecher** (○ Abb. 6.54h) weisen oft die Wuchsform eines Zwergstrauches auf. Sie dringen mit ihrer langen Pfahlwurzel in Felsspalten ein und erreichen auf diese Weise Wasseradern im Gestein.
- **Teppichsträucher** wachsen flach auf dem Boden und werden im Winter von Schnee bedeckt. Sie kommen oft zusammen mit Zwergsträuchern im Hochgebirge vor. Bekannte Beispiele sind die Stumpfblättrige Zwergweide (*Salix retusa*, Salicaceae; ○ Abb. 6.54i) und die Weiße Silberwurz (*Dryas octopetala*, Rosaceae; ○ Abb. 6.54j).

Teppichsträucher werden auch als **Spaliersträucher** bezeichnet. Dies ist allerdings missverständlich, da der Begriff „Spalierstrauch" für eine Kultivierungsform im Obst- und Weinbau („Spalierobst') eingeführt wurde, bei der alle Zweige flach in einer Ebene („am Spalier') gezogen werden.

Kletterpflanzen

Kletterpflanzen wachsen zum Licht, indem sie sich mit ihren Sprossachsen, Blättern oder Wurzeln an einer geeigneten Stütze festhalten. Sie sind verholzt oder krautig, winden um eine Stütze oder bilden spezielle Rankenoder Haftstrukturen aus (▶ Tab. 8.9).

Winder und Ranker

Winder umschlingen ihre Stützstruktur mit der Hauptachse (Winder), **Ranker** halten sich mit Sprossachsen, Blättern oder Wurzeln an anderen Pflanzen fest. Gewöhnlich kommt es nach einem mechanischen Kontaktreiz zur Spiralisierung der betroffenen Struktur. Die Befestigung erfolgt durch einseitiges, rechts- oder linksläufiges Wachstum. Wie bei technischen Spiralen ist die **Elastizität** auch bei den natürlichen Ranken sehr hoch und erlaubt der Pflanze, Windbewegungen der Trägerpflanze oder anderen Störungen zu folgen:

- **Krautige Windepflanzen** sind vor allem aus der Familie der Windegewächse (**Convolvulaceae**) bekannt. Häufige Arten sind die Ackerwinde (*Convolvulus arvensis*), die ruderal am Wegrand auftritt und vor allem Grashalme als Träger verwendet, und die höherwüchse Echte Zaunwinde (*Calystegia sepium*), die in Hecken und Sräuchern zu finden ist.
- Verholzte Windepflanzen heißen **Lianen** (nach anderer Sprachregelung werden alle Kletterpflanzen als Lianen bezeichnet). Sie bilden die Schlinggewächse der tropischen Wälder (○ Abb. 6.55c und ▶ Abb. 3.24c), treten aber auch mit einigen Arten wie z.B. der Waldrebe (*Clematis vitalba*, Ranunculaceae; ○ Abb. 6.55b) in Mitteleuropa auf.

Lianen beginnen ihr Wachstum mit einer selbsttragenden Phase, in der sie sehr schnell in die Höhe wachsen. Ihr vergleichsweise geringes Dickenwachstum führt dazu, dass sie sich ab einer gewissen Länge nicht mehr selbst tragen können und auf Bäumen und Sträuchern **abstützen** müssen. Sie überwuchern ihre Trägerpflanzen auf dem Weg zum Licht und bauen eine erhebliche Biomasse auf. Bei überwiegend horizontalem Wuchs können Lianen bei einem mittleren Stammdurchmesser von 20 cm sehr lang werden (über 200 m, Jones 1995). Die enorme Distanz von der Wurzel bis zum Blattwerk wird durch ein Leitgewebe mit besonders weitlumigen Tracheen überbrückt (▶ Abb. 8.14 und ▶ Abschn. 7.4.1), das eine Transportleistung von 150 m pro Stunde (Flindt 2000) aufweist.

- Eine Sonderfom der Lianen sind die **Winkelkletterer** (*branch-angle climbers*) einiger tropischen Euphorbiaceae (*Croton nuntians*) und Marantaceae (*Ischnosiphon centricifolius*; Rowe et al. 2006). Bei den afrikanischen Marantaceengattungen *Haumania, Hypselodelphys* und *Trachyphrynium* winkelt sich die

■ **Abb. 6.54 Strauchwuchs. a,** Sukkulentenbusch mit *Euphorbia regis-jubae* (Euphorbiaceae). Barranco Cerrado de Andrés, Teneriffa. **b,** Rutenstrauchformation. Alle abgebildeten Arten treten zusammen auf (analoge Ähnlichkeit): *Allocasuarina* (Casuarinaceae), *Callitris* (Cupressaceae), *Verticordia* (Myrtaceae), *Hakea, Dryandra* (Proteaceae), *Exocarpos* (Santalaceae). Heide. D'Entrecasteaux NP, Westaustralien. **c,** *Salvia vaseyi* (Lamiaceae). Halbstrauch mit vertockneten Trieben des Vorjahres. Agave Hill, Kalifornien. **d,** *Helichrysum sessilioides* (Asteraceae). Halbkugelpolster. Lesotho (2900 müNN). **e–g,** Dornpolster. Zentralanatolische Steppe. **e,** Landschaftsaspekt. **f,** *Acantholimon* (Plumbaginaceae). Vollkugelpolster. **g,** *Astragalus* (Fabaceae). Strauch ohne frisches Laub, die Rhachisdornen der Vorjahresblätter zeigend. **h,** Sonnenröschen (*Helianthemum*, Cistaceae). Alpiner Zwergstrauch (4 cm). Mittlerer Taurus (2000 müNN). **i, j,** Teppichsträucher. **i,** Stumpfblättrige Zwergweide (*Salix retusa*, Salicaceae). Schober Törl, Kärnten (2355 m). **j,** Weiße Silberwurz (*Dryas octopetala*, Rosaceae). The Burren. Karstlandschaft, Westirland. (© R. Claßen-Bockhoff, Mainz)

■ **Abb. 6.55 Kletterpflanzen. a–c, Windepflanzen**. **a,** *Akebia trifoliata* (Lardizabalaceae). Sprossachse windend. **b,** Waldrebe (*Clematis vitalba*, Ranunculaceae). Mitteleuropäische Liane. **c,** Verholzte Sprossachsen einer tropische Liane. Indonesien. **d–f, Rankenpflanzen**. **d,** Zaunrübe (*Bryonia dioica*, Cucurbitaceaea). Spiralisierte Seitenachsenranke. **e,** *Marah macrocarpus* (Cucurbitaceae). Blühender Sprossabschnitt. Seitenspross im Zustand der Suchbewegung. **f,** *Passiflora* (Passifloraceae). Seitenachsenranke (Beispross). **g, Haft-**scheibenkletterer. Wilder Wein (*Parthenocissus tricuspidata*, Vitaceae). Extrem monochasial verzweigte Sprossachse (■ Abb. 6.33g), deren Spitze zur Seite gedrängt wird, sich stark verzweigt und am Ende jedes Sympodialgliedes (I–VI) eine Haftschebe bildet. **h, Spreizklimmer**. Drillingsblume (*Bougainvillea glabra*, Nyctaginaceae). Zierpflanze aus Südamerika mit rückwärts gerichteten Sprossdornen (■ Abb. 6.36f). (© R. Claßen-Bockhoff, Mainz)

Hauptachse an den Knoten spitz ab und bildet ein elastisch dehnbares System, mit dem sich die Pflanze im Geäst der Trägerpflanzen verankert (Abb. 6.56e, f). Interessanterweise wächst die Sprossachse zunächst gerade (monopodial) und winkelt sich erst später durch einseitige Verkorkung an den Knoten ab (Schönecker und Claßen-Bockhoff 2006).

– **Rankenpflanzen** sind meist krautig. Bei den **Sprossrankenpflanzen** wachsen die jungen Triebe sehr schnell, wobei zunächst die Internodien gefördert werden (Abb. 6.24f und 6.55e). Sie führen kreisende **Suchbewegungen** durch (**Circumnutation**; ▶ Exkurs 8.6), bis sie Kontakt zu einer Stütze bekommen. In den meisten Fällen dienen **seitliche Kurztriebe** als Ranken. Beispiele liefern die Zaunrübe (*Bryonia dioica*, Cucurbitaceae; Abb. 6.55d) oder die Passionsblumen (Passifloraceae; Abb. 6.55f). Bei sympodial organisierten Pflanzen, wie dem Echten Wein (*Vitis vinifera*, Vitaceae; Abb. 6.24f), gehen dagegen die **Achsenenden** in Ranken über, während der oberste Seitenast das Verzweigungssystem fortführt (akrone Förderung).

Bei den **Blatt-** und **Wurzelrankern** führen Blattstiele, Rhachis- oder Fiederranken (▶ Abschn. 8.3.4 und 8.3.5) bzw. sprossbürtige Wurzeln (▶ Abschn. 8.4.5) die Suchbewegungen durch. Bei Kontakt wachsen sie wie die Sprossachsen spiralig um die Stützstruktur.

Spreizklimmer

Spreizklimmer zeichnen sich durch **hakige**, meist **rückwärts gerichtete** Strukturen aus, mit denen sie sich an Trägerpflanzen festhalten und diese überwuchern. Beim Klebkraut (*Galium aparine*, Rubiaceae) handelt es sich um steife **Klimmhaare**, bei *Bougainvillea* (Nyctaginaceae) um **Kurztriebdornen** (Abb. 6.36f und 6.55h) und bei der Brombeere (*Rubus fruticosus*, Rosaceae) um **Stacheln** (▶ Abschn. 6.7.1, ▶ Abb. 7.10a, b).

Besonders vielfältig sind die Klimmstrukturen **kletternder Palmen** (Arecaceae), zu denen auch die Rattanpalmen (Rotangpalmen) der Gattung *Calamus* gehören. Die Gattung *Calamus* repräsentiert mit etwa 370 kletternden Arten die größte Fraktion der über 630 kletternden Palmen (15 Gattungen; Jones 1995). Ihre langen,

biegsamen Sprossachsen werden als Spanisches Rohr oder Peddigrohr für die Herstellung von Korbwaren und Flechtwerk genutzt. **Rattanpalmen** bilden bis zu 4 m lange, aufgeteilte Blätter (scheinbare Fiederblätter; ▶ Abschn. 8.3.4), deren verlängerte Mittelrippe mit widerhakigen Stacheln versehen sind (Abb. 6.56a, d). Interessanterweise bilden andere Arten die gleiche geißelförmige Struktur auf der Basis steriler Blütenstände (Abb. 6.56b, c), womit sie ein eindrucksvolles Beispiel für **analoge** Ähnlichkeit liefern.

Kletterpflanzen mit Haftstrukturen

Haftstrukturen passen sich mit ihrer **Oberfläche** dem Substrat an und sondern ein **Sektet** aus, mit dem sie an der Unterlage festkleben (Melzer et al. 2012):

– **Haftscheiben** treten beim Wilden Wein (*Parthenocissus tricuspidata*, Vitaceae) auf. Wie beim Echten Wein baut sich sein Achsensystem aus extrem monochasialen Sympodialgliedern auf, die terminal abwinkeln und beim Wilden Wein in einer Haftstruktur enden. Diese ist mehrfach monochasial verzweigt (Abb. 6.53i: I-VI) und bildet am Ende jedes Gliedes eine Haftscheibe.

– **Haftwurzelkletterer** bilden sprossbürtige Wurzeln, mit denen sie sich am Substrat anheften. Zu ihnen gehören z. B. Efeu (*Hedera helix*, Araliaceae; ▶ Abb. 8.84a), Kletterhortensie (*Hydrangea petiolaris*, Hydrangeaceae; ▶ Abb. 8.84b) und Arten der tropischen Marcgraviaceae (▶ Abb. 8.84c)

Stammsukkulente

Stammsukkulente Pflanze wie die Kakteen (Cactaceae; ▶ Abb. 3.22h, 3.24g und ▶ 8.31b, c) oder viele Wolfsmilcharten (*Euphorbia*, Euphorbiaceae; ▶ Abb. 3.22j und ▶ 8.30f) setzen ihr Sprosssystem wie Holzgewächse im Luftraum fort. Sie sind aber kaum verholzt und stellen eine **eigene Wuchsformklasse** dar. In Anpassung an trockene Standorte haben sie ihren Vegetationskörper stark abgewandelt. Zu ihren besonderen **Merkmalen** gehören der massive Wasserspeicher, die zu Dornen umgebildeten Blätter oder Stipeln, die grünen, assimilierenden Sprossachsen und die Rippen, die von den Blattbasen gebildet werden (▶ Abschn. 8.2.3).

◧ **Abb. 6.56 Tropische Kletterpflanzen. a–d,** Palmen (Arecaceae). Analoge Klimmkonstruktionen. **a,** Blatt einer kletternden Palme mit klimmender Mittelrippe. Gabun. **b–d,** *Calamus*-Arten. **b,** Verdornte Rispe. **c, d,** Peitschenförmige Klimmstrukturen mit rückwärts gerichteten Widerhaken. **c,** *C. australis.* Sterile Infloreszenz. **d,** *C. holl-* *rungii.* Mittelrippe des Laubblattes. **e, f,** Winkelkletterer. *Haumania danckelmaniana* (Marantaceae). Gabun. **e,** Überhängender Trieb, der in die winkelförmige Wuchsform übergeht. **f,** Extrem winkelförmiges Triebende. (© b-d: Jones 1995, verändert. a, e, f: R. Claßen-Bockhoff, Mainz)

Perenne Kräuter

Ausdauernde (perenne) Kräuter werden auch als **Stauden** bezeichnet (vor allem im Gartenbau). Sie sind **selbsttragend** oder stützen sich als **Winde-** und **Rankenpflanzen** auf Trägerstrukturen ab.

Hemikryptophyten

Hemikryptophyten (griech. *hemi*, „halb", *kryptos*, „verborgen") setzen ihr Sprosssystem aus bodennahen Knospen fort, die im **Schutze einer Laub- oder Schneedecke** überdauern. Übergangsformen zu Halbsträuchern und Kryptophyten treten auf:

- Bei **Rosettenpflanzen** unterbleibt die Streckung der Hauptachse, die Laubblätter sitzen auf einer kurzen Sprossachse und sind spiralig angeordnet (◧ Abb. 6.20i). **Bienne** (zweijährige) Kräuter bilden in der ersten Vegetationsperiode eine Rosette, treiben im zweiten Jahr aus, gelangen zum Blühen und gehen dann zugrunde. Bei **ausdauernden (perennen)** Kräutern kann das Rosettenstadium mehrere (bis viele) Vegetationsperioden dauern, bevor die Hauptachse sich streckt und zum Blühen gelangt (Agave; ◧ Abb. 6.57a). Sie bilden **Tochterrosetten**, die das Wachstum der Pflanze nach dem Absterben der Ausgangsrosette sympodial fortsetzen (◧ Abb. 6.46a; pollakanth ▶ [Abschn. 6.1]).
- Bei einigen Monocotylen wie dem Germer (*Veratrum album*, Melianthaceae) oder der Banane (*Musa*, Musaceae; ▶ Abb. 8.49c, d) bilden die ineinandergeschachtelten Blattscheiden der Rosettenblätter einen **Scheinstamm** (◧ Abb. 6.49a, ▶ Abschn. 8.3.3). Der Bananenwuchs ist nach Alexander von Humboldt (1849) eine der Hauptformen pflanzlicher Physiognomien (▶ Exkurs 6.9).
- **Ausläuferpflanzen** wachsen aufrecht und haben zusätzlich plagiotrop wachsende Seitenachsen mit langen, dünnen Internodien. Diese sind oft mit Niederblättern besetzt und werden als **Stolone** bezeichnet. Stolone wachsen entweder über der Erde (z. B. Erdbeere, *Fragaria vesca*, Rosaceae; ◧ Abb. 6.47b) oder unterirdisch (z. B. Kriech-Quecke, *Elymus repens*, Poaceae) und bilden an ihren Knoten neue Pflanzen. Oft geht dies mit der Bildung eines Speicherorgans (Ausläuferknolle; ◧ Abb. 6.45a, b) und vegetativer Vermehrung einher. Die Bildung von Ausläufern ist nicht auf krautige Pflanze beschränkt, sondern kommt auch bei Sträuchern und (selten) bei Bäumen vor.
- **Horste** sind charakteristisch für den **Graswuchs** (◧ Abb. 6.57e–h). Die Büschelbildung beruht auf der bodennahen Verzweigung mit sehr kurzen Internodien, die sprossbürtig bewurzelt sind.

Kryptophyten

Kryptophyten (wörtl. „im Verborgenen wachsende Pflanzen") werden auch **Geophyten** (Erdpflanzen) genannt. Sie bilden **unterirdische Überdauerungsorgane** (▶ Abschn. 6.9.1, ◧ Abb. 6.45 und 6.46). Bei den **Zwiebel-**, **Rhizom-** und **Rübengeophyten** sitzen die Innovationsknospen dem Speicherorgan direkt an, bei den **Wurzelknollenpflanzen** ist die Speicherfunktion räumlich von der Innovationszone getrennt (◧ Abb. 6.46j und ▶ 8.78e).

Kriechpflanzen sind ausdauernde, waagerecht (**plagiotrop**) auf dem Boden wachsende Pflanzen mit Laubblättern und sprossbürtiger Bewurzelung (◧ Abb. 6.57i und ▶ 8.82d). Die Pflanzen bilden Rhizome oder Ausläufer, die am SAM wachsen und am hinteren Ende absterben (*repens*-Typ sensu Hagemann 1999; ▶ Abschn. 5.3.5). Auf diese Weise sind sie nicht nur in der Lage, sich vom Ort der Keimung **fortzubewegen**, sondern auch **sehr alt** zu werden.

Annuelle Kräuter

Annuelle Kräuter (**Therophyten**) schließen ihren Lebenszyklus in weniger als einer Vegetationsperiode ab. Sie überdauern ausschließlich mit Samen (◧ Abb. 6.2b) und sind immer monokarp (hapaxanth). Ihr bekanntester Vertreter ist die Acker-Schmalwand *Arabidopsis thaliana* (Brassicaceae), die sich wegen ihrer kurzen Generationszeit vorzüglich als Modellorganismus für entwicklungsgenetische Studien eignet (▶ Exkurs 6.5).

Therophytenfluren treten vor allem an **extremen Standorten** mit starken Störungen (Wegrändern, Schuttplätzen) oder kurzer Vegetationsperiode auf. Berühmt sind die blühenden Wüsten des Namaqualandes im Westen Südafrikas (▶ Abb. 3.23k) und der Trockengebiete Westaustraliens (▶ Abb. 3.25n). Blütenteppiche überziehen weite Teile der Landschaft und verleihen ihr für kurze Zeit prächtige Farben.

◧ **Abb. 6.57 Krautwuchs. a–d,** Rosettenpflanzen. Agave (Asparagaceae) mit meterhohem Blütenstand. **b, c,** *Aeonium* (Crassulaceae). **b,** Rosettenstadium. **c,** Austreibender Blütenstand. **d,** Banane (*Musa*, Muaceae). Scheinstamm aus Blattscheiden. **e–h,** Graswuchs. **e,** Strandhafer (*Ammophila arenaria,* Poaceae). Das dichte Geflecht aus Rhizomen und sprossbürtigen Wurzeln eignet sich zum Dünenschutz. **f,** *Merxmuellera macowanii* (Poaceae). Horstwuchs. Hochland von Lesotho (3000 müNN). **g, h,** Binsen (*Juncus*, Juncaceae). **g,** Strandbinse (*J. maritimus*). Halbkugelige Wuchsform. Gran Canaria. **h,** *Juncus* spec. Bodennahe Verzweigung. Südchile. **i,** *Hydrocotyle bonariense* (Apiaceae). Kriechwuchs mit niederliegender und sprossbürtig bewurzelter Sprossachse. **j, k,** Annuelle. Namibia. **j,** *Tribulus terrestris* (Zygophyllaceae). Kriechform, ca. 4 cm hoch. **k,** *Didelta carnosa* subsp. *tomentosa* (Asteraceae). (© R. Claßen-Bockhoff, Mainz)

Zusammenfassung

Der **Lebenszyklus** einer Pflanze reicht von der Zygotenbildung bis zum Absterben des Individuums. Er wird in einer Vegetationsperiode abgeschlossen (Annuelle) oder überdauert viele Jahre. Er umfasst die Embryonal-, Keim-, Jugend-, Blüh- und Seneszenzphasen und bei mehrjährigen Pflanzen die Überdauerungsphase.

· Wachstum und Grundorgane
Das **Wachstum der Samenpflanzen** erfolgt mit embryonalen, vegetativen und reproduktiven **Meristemen**. Sie dienen dem Längen- und Dickenwachstum der Pflanzen. Durch **Remeristematisierung** können Dauerzellen (Parenchymzellen) wieder teilungsaktiv werden und sekundäre Meristeme aufbauen.

Der **Vegetationsköper** der Samenpflanzen ist **bipolar** und **modular** organisiert. Der oberirdische **Spross** (Sprossachsen und Blätter) entwickelt sich aus dem Sprossapikalmeristem **(SAM)**, das unterirdische **Hauptwurzelsystem** aus dem **Wurzelmeristem**. Das SAM erzeugt ständig neue Einheiten **(Module)** aus Sprossgliedern (Knoten, Internodium), Blättern und ggf. sprossbürtigen Wurzeln, die sich kontinuierlich mit dem Lebensalter und unter dem Einfluss von Umweltfaktoren **abwandeln (offenes Wachstum)**.

Der Vegetationskörper besteht, formal gesehen, aus drei **Grundorganen**: der Sprossachse, dem Blatt und der Wurzel. Die Organe entstehen aus Meristemen und sind über deren **Bildungspotential** charakterisiert:

— **Sprossachsen** sind **radiärsymmetrisch** und als einziges Organ in **Knoten und Internodien** gegliedert. Sie stehen **terminal** und **axillär** im Verzweigungssystem oder treten in Form von endogen angelegten, wurzelbürtigen Sprossen oder (selten) blattrandständigen Brutzwiebeln auf.

— **Blätter** entstehen **seitlich exogen** am SAM und sind monosymmetrisch. Sie weisen **bifacialen** Bau mit einer adaxialen Oberseite und einer abaxialen Unterseite auf. Blätter sind durch ein **begrenztes Wachstum** charakterisiert und bilden eine definierte Gestalt, deren Form vor allem von der Aktivität des **Blattrandmeristems** bestimmt wird.

— **Wurzeln** entstehen **stets endogen**. Sie sind **radiärsymmetrisch** und werden nach außen von einer **Kalyptra** bedeckt. Neben dem Hauptwurzelsystem, das sich aus der Radicula entwickelt, treten sprossbürtige Wurzeln auf.

· Embryonal- und Keimphasen
Der **Embryo** entwickelt sich im Schutz der Samenschale. Er weist einen Spross- und einen Wurzelpol auf und bildet meist ein (Monocotyle, wenige Dicotylen) oder zwei Keimblätter (Gymnospermen, Dicotylen, wenige Monocotylen). Die Keimung erfolgt gewöhnlich nach einer **Dormanz** unter Verbrauch der Nährstoffe im Samen, die in Form des **Nährgewebes** oder in den **Speichercotyledonen** des Embryos vorliegen. Im ersten Fall ist die Keimung meist **epigäisch** mit grünen Keimblättern, im zweiten Fall oft **hypogäisch** mit Folgeblättern als ersten assimilierenden Blättern. Viele Monocotylen nutzen ihr Keimblatt als **Haustorium**. Epiphytisch lebende Pflanzen keimen auf Trägerstrukturen, Mangroven mit echter Viviparie bereits auf der Mutterpflanze.

Die **Keimpflanze** durchläuft zunächst eine **Erstarkungsphase**, in der der Vegetationskörper aufgebaut und die Blätter zu **Laubblättern** differenziert werden. Die Ausgestaltung der Blätter wandelt sich im Lauf der Individualentwicklung ab **(Blattfolge)** und führt zu einer Vielfalt verschiedener Blattformen und -funktionen.

· Blattstellung
Die **Blätter** entstehen am SAM in bestimmten Blattstellungen **(Phyllotaxis)**. Bei der **gegenständigen** (wirteligen) Blattstellung werden zwei oder mehr Blätter gleichzeitig ausgegliedert, die zueinander im gleichen Winkel (Äquidistanzregel) und zu den Blättern benachbarter Koten ,auf Lücke‘ stehen (Alternanzregel). Die dekussierte oder kreuzgegenständige Blattstellung ist sehr häufig und durch vier Geradzeilen **(Orthostichen)** charakterisiert. Bei der **wechselständigen** (spiraligen) Blattstellung entstehen die Blätter nacheinander unter Einhaltung eines konstanten Divergenzwinkels am SAM. Es treten Orthostichen oder **Parastichen** (Schrägzeilen) auf, anhand derer die Blattstellung beschrieben wird. Die geometrische Regelmäßigkeit der Blattstellung beruht nach derzeitigem Kenntnisstand auf der Bildung lokaler Auxinmaxima, die durch gerichteten Transport aufgebaut und nach der Primordienbildung wieder abgebaut werden.

· Verzweigung
In der Laubblattzone erfolgt die **Verzweigung** der Pflanze, die stets **axillär** aus dem Blattachselmeristem der Blätter erfolgt. Nach der Lage der Meristemaktivität werden **Monopodien** und **Sympodien** unterschieden. Im ersten Fall ist die **Hauptachse** dominant und setzt das Wachstum fort, im zweiten Fall übernehmen eine (monochasial), zwei (dichasial) oder mehrere **Seitenachsen** (pleiochasial) die Fortsetzung des Sprosssystems. **Sylleptische** Verzweigung erfolgt innerhalb einer Vegetationsperiode, **kataleptische** Verzweigung nach einer Ruhepause. Sie geht meist mit der Bildung von **Innovationsknospen** einher. Zu den **spätkataleptischen** Erscheinungen gehören der Stockausschlag aus der Basis eines Holzgewächses, die Bildung von Reiterationstrieben in Baumkronen und das Blühen am alten Holz (Kauliflorie). **Polarität** und **Schwerkraft** führen zur **Förderung** bestimmter Meristeme. **Kurztrieb-Langtrieb-Dimorphismus, Beisprossbildung**

und **Metatopien** beeinflussen das Sprosssystem in hohem Maße und maskieren nicht selten das zugrunde liegende Verzweigungsverhalten. Durch genaue **Verzweigungsanalysen** lässt sich die komplexe Architektur der Samenpflanzen rekonstruieren und diagrammatisch (Aufriss, Grundriss) darstellen. Auch Alter und Schadbilder von Sprossabschnitten können auf diese Weise erfasst werden.

• **Blühtriebe**

Auf die vegetative Lebensphase, die wenige Tage oder Jahrzehnte dauert, folgt die **reproduktive Phase** der Pflanze, in der einige oder viele Meristeme von einem **Blühimpuls** erfasst werden und zur Blütenbildung übergehen. Die reproduktiv gewordenen Meristeme bilden **Blüheinheiten**, die sich zu Blüten, Blütenstände oder *floral units* entwickeln. Unter einem **Blühtrieb** versteht man ein einjähriges bzw. saisonales vegetatives Verweigungssystem mit Blüheinheiten. **Blütenstände** sind demgegenüber **reproduktive Verzweigungssysteme**, die ausschließlich der Blütenbildung dienen. Sie sind somit Teile eines Blühtriebes und nicht mit ihm identisch. Die **Aufblühfolge** entspricht meist der Anlagefolge der Primordien. Sie ist entlang der Hauptachse **akropetal** und mit steigender Achsenordnung **ordinal**. Eine **basipetale** Blühfolge tritt auf, wenn sich der Blühimpuls der terminalen Blüheinheit in den vegetativen Bereich hinein ausdehnt.

• **Überdauerung**

Während annuelle Kräuter nach einer einmaliger Blüten- und Samenbildung absterben, gelangen die **mehrjährigen Pflanzen** wiederholt zum Blühen. Sie wachsen entweder **oberirdisch** weiter und überdauern ungünstige Zeiten durch Laubabwurf und Knospenbildung (Bäume, Sträucher, Lianen, Stammsukkulente), oder sie ziehen ihren oberirdischen Teil ein (ausdauernde Kräuter) und überdauern mithilfe von bodennahen oder unterirdischen **Überdauerungsorganen**. Am Aufbau dieser Speicherorgane mit Innovationsknospen beteiligen sich Sprossachsen (Sprossknollen, Rhizome), Blätter (Zwiebeln) und Wurzeln (Rüben).

In vielen Fällen tragen Überdauerungsorgane auch zur **vegetativen Vermehrung** der Pflanzen bei, indem sich beispielsweise Ausläuferknollen, Rhizomfragmente oder Tochterzwiebeln von der Mutterpflanze trennen und separate Pflanzen (Rameten) bilden. Sie entsprechen genetisch der Mutterpflanze und bilden mit ihr zusammen einen **Klon**. **Klonales Wachstum** erfolgt durch Ausläufer, Absenker oder wurzelbürtige Sprosse, **klonale Ausbreitung** durch Fragmentierung und Bulbillenbildung. Klonbildung ist sehr häufig und bringt die umfangreichsten und ältesten Lebewesen hervor. Eine Altersbestimmung ist oft nicht möglich.

• Wuchs- und Lebensformen

Das Landschaftsbild der Erde wird von den **Wuchs- und Lebensformen** der Pflanzen geprägt. Die wichtigsten Wuchsformen sind Holzgewächse (Bäume., Sträucher, Lianen), Stammsukkulente, perenne (Hemikryptophyten, Kryptophyten/Geophyten) und annuelle Kräuter (Therophyten). Die Wuchsform (**Architektur**) wird von der Lebensform der Pflanze überprägt, die **Anpassungen** an den Lebensraum zeigt.

Literatur

Abel S, Theologis A (2010) Odyssey of auxin. Cold Spring Harb Perspect Biol. https://doi.org/10.1101/cshperspect.a004572

Adamowski M, Friml J (2015) PIN-dependent auxin transport: action, regulation, and evolution. Plant Cell 27:20–32

Arabidopsis Genome Initiative (2000) Analysis of the genome sequence of the flowering plant *Arabidopsis thaliana*. Nature 408:796–815

Barthélémy D, Caraglio Y (2007) Plant architecture: a dynamic, multilevel and comprehensive approach to plant form, structure and ontogeny. Ann Bot 99:375–407

Battey NH, Lyndon RF (1990) Reversion of flowering. Bot Rev 56:162–189

Bayer M, Jürgens G (2016) Frühe Embryonalentwicklung von *Arabidopsis*. Jahrbuch Max- Planck-Gesellschaft 2015/2016. https://doi.org/10.17617/1.Z

Bell AD (1994) Illustrierte Morphologie der Blütenpflanzen. Ulmer, Stuttgart

Bell AD (2008) Plant form. An illustrated guide to flowering plant morphology. Überarbeitete Auflage. Timber Press, Portland/London

Benková E, Michniewicz M, Sauer M, Teichmann T, Seifertova D, Jurgens G, Friml J (2003) Local, efflux-dependent auxin gradients as a common module for plant organ formation. Cell 115:591–602

Bernier G, Périlleux C (2005) A physiological overview of the genetics of flowering time control. Plant Biotechnol J 3:3–16

Beutelspacher A, Petri B (1996) Der Goldene Schnitt, 2. Aufl. Spektrum, Heidelberg/Berlin/Oxford

Briggs B, Johnson L (1979) Evolution in the Myrtaceae – evidence from inflorescence structure. Proc Linnean Soc NSW 192:157–272

Brown PM (2018) Old tree list. Rocky Mountain Tree-Ring Research. Last update: October 2018. http://www.rmtrr.org/oldlist.htm.

Brumos J, Robles LM, Yun J, Vu TC, Jackson S, Alonso JM, Stepanova AN (2018) Local auxin biosynthesis is a key regulator of plant development. Dev Cell 47:306–318

Bull-Hereñu K, Claßen-Bockhoff R (2011a) Open and closed inflorescences: more than simple opposites. J Exp Bot 62:79–88

Bull-Hereñu K, Claßen-Bockhoff R (2011b) Ontogenetic course and spatial constraints in the appearance and disappearance of the terminal flower in inflorescences. Int J Plant Sci 172:471–498

Choob VV (2020) Sympodial model of bulb growth in Amaryllidaceae: a comparative morphological approach. Contemp Probl Ecol 13:237–247

Claßen-Bockhoff R (1992) (Prä-)Disposition, Variation und Bewährung am Beispiel der Infloreszenzblumenbildung. Mitt Hamb Zool Mus Inst 89:37–72

Claßen-Bockhoff R (1996) Wuchsverhalten und Infloreszenzstruktur in der Gattung *Nebelia* (Bruniaceae). Feddes Repertorium 106:415–437

Claßen-Bockhoff R (2000) Inflorescences in Bruniaceae. With general comments on inflorescences in woody plants. Opera Botanica Belgica 12:3–310

Claßen-Bockhoff R (2001a) Vom Umgang mit der Vielfalt – eine kurze Geschichte der Pflanzenmorphologie. Wulfenia 8:125–144

Claßen-Bockhoff R (2001b) Plant morphology: The historic concepts of Wilhelm Troll, Walter Zimmermann and Agnes Arber. Ann Bot 88:1153–1172

Claßen-Bockhoff R (2005) Aspekte, Typifikationsverfahren und Aussagen der Pflanzenmorphologie. In: Harlan V (Hrsg) Wert und Grenzen des Typus in der botanischen Morphologie. Martina-Galunder-Verlag, Nümbrecht, S 31–52. Neudruck 2006

Claßen-Bockhoff R, Bull-Hereñu K (2013) Towards an ontogenetic understanding of inflorescence diversity. Ann Bot 112:1523–1542

Claßen-Bockhoff R, Franke D, Krähmer H (2021). Early ontogeny defines the diversification of primary vascular bundle systems in angiosperms. Bot J Linn Soc, 195:281–307

Claßen-Bockhoff R, Ruonala R, Bull-Hereñu K, Marchant N, Albert V. 2013. The unique pseudanthium of *Actinodium* (Myrtaceae) – morphological reinvestigation and possible regulation by CYCLOIDEA-like genes. EvoDevo, https://doi.org/10.1186/2041-9139-4-8.

Coen ES, Meyerowitz EM (1991) The war of the whorls: genetic interactions controlling flower development. Nature 353:31–37

Dénes B (2011) Architekturmodelle und -typen von Gehölzen des pannonischen Raumes. Acta Bot Hungar 53:215–224

DeWoody J, Rowe CA, Hipkins VD, Mock KE (2008) „Pando" lives: molecular genetic evidence of a giant aspen clone in central Utah. West North Am Nat 68(4):Article 8. https://scholarsarchive.byu.edu/wnan/vol68/iss4/8

Edwards-Widmer Y (1996) Das Geheimnis der Bambusblüte. Briefe aus dem Botanischen Garten Zürich 30, Nr. 6

Eibl-Eibesfeldt I (1998) Ernst Haeckel – Der Künstler im Wissenschaftler. In: (ohne Angabe eines Herausgebers) Kunstformen der Natur von Ernst Haeckel 1904. Nachdruck 1998. Prestel, München, S 19–30

Endress PK (2006) Angiosperm floral evolution: morphological developmental framework. Adv Bot Res 44:1–61

Endress PK, Doyle JA (2009) Reconstructing the ancestral angiosperm flower and its initial specializations. Am J Bot 96:22–66

Froebe HA (1971) Die wissenschaftstheoretische Stellung der Typologie. Ber Deut Bot Ges 84:119–129

Fröhlich HJ (2000) Alte liebenswerte Bäume in Deutschland. Ahlering, Buchholz

Galilei G (1623) Il Saggiatore. Rom. (Deutsch: Der Prüfer mit der Goldwaage)

Gleissner PF (1998) Das Verzweigungsmuster ausgewählter Laubbaumarten und seine Veränderung durch nicht-pathogene Schädigungen. Palmarum Hortus Francofurtensis 6:3–132

v Goethe JW (1790) Versuch die Metamorphose der Pflanzen zu erklären. In: Kuhn D (Hrsg) 1987. Naturkundliche Schriften II: Schriften zur Morphologie. Johann Wolfgang von Goethe: Schriften zur Morphologie. Sämtliche Werke, Briefe, Tagebücher und Gespräche, Bd 24. Deutscher Klassiker, Frankfurt, S 109–152

Green PB, Steele CS, Rennich SC (1996) Phyllotactic patterns: a biophysical mechanism for their origin. Ann Bot 77:515–527

Hagemann W (1999) Towards an organismic concept of land plants. The marginal blastozone and the development of the vegetation body of selected frondose gametophytes of liverworts and ferns. Plant Syst Evol 216:81–133

Hagemann W (2005) Die typologische Methode: Ein Schlüssel zu einer organismischen Botanik. In Harlan V (Hrsg) Wert und Grenzen des Typus in der botanischen Morphologie. Galunder, Nümbrecht-Elsenroth, S. 81–125

Hallé F, Oldeman RAA, Tomlinson PB (1978) Tropical trees and forests. Springer, Berlin/Heidelberg/New York

Hempel FD, Feldmann LJ (1994) Bi-directional inflorescence development in *Arabidopsis thaliana*: Acropetal initiation of flowers and basipetal initiation of paraclades. Planta 192:276–286

Hernandez LF, Palmer JH (1988) Regeneration of the sunflower capitulum after cylindrical wounding of the receptacle. Am J Bot 75:1253–1261

Hiraoka K, Yamaguchi A, Abe M, Araki T (2013) The florigen genes FT and TSF modulate lateral shoot outgrowth in *Arabidopsis thaliana*. Plant Cell Physiol 54:352–368

Hofmeister W (1868) Allgemeine Morphologie der Gewächse. Engelmann, Leipzig

von Humboldt A (1849) Ansichten der Natur mit wissenschaftlichen Erläuterungen und sechs Farbtafeln nach Skizzen des Autors. Nachdruck 2004. Eichborn, Frankfurt am Main

Jäger EJ, Neumann S, Ohmann E (2009) Botanik. Nachdruck der 5. Auflg. 2003. Spektrum, Heidelberg

Jäger-Zürn I (2005) Morphology and morphogenesis of ensiform leaves, syndesmy of shoots and an understanding of the thalloid plant body in species of *Apinagia*, *Mourera* and *Marathrum* (Podostemonaceae). Bot J Linnean Soc 147:47–71

Jeffrey C (2009) Evolution of Compositae flowers, In Funk VA, Susanna A, Struessy TF, Bayer RJ (eds) Systematics, Evolution, and Biogeography of Cmpositae. IAPT Vienna, S. 131–138

Jones DL (1995) Palms throughout the world. Reed Books, Chatswood

Jong K, Burtt BL (1975) The evolution of morphological novelty exemplified in the growth patterns of some Gesneriaceae. New Phytol 756:297–311

Kirchoff BK, Rutishauser R (1990) The phyllotaxy of *Costus* (Costaceae). Bot Gaz 151:88–105

Kljuykov EV, Petrova SE, Degtjareva GV, Zakharova EA, Samigullin TH, Tilney PM (2020) A taxonomic survey of monocotylar Apiaceae and the implications of their morphological diversity for their systematics and evolution. Bot J Linn Soc 192:449–473

Koornneef M, Meinke D (2010) The development of *Arabidopsis* as a model plant. Plant J 61:909–921

Kuhn D (Hrsg) (1987) Johann Wolfgang von Goethe. Schriften zur Morphologie. Deutscher Klassiker, Frankfurt

Kunze H (1989) Probleme der Synfloreszenztypologie von W. Troll. Pl Syst Evol 163:187–199

Kusnetzova TV (1988) Angiosperm inflorescences and different types of their structural organization. Flora 181:1–17

Lacroix C, Jeune B, Barabé D (2005) Encasement in plant morphology: an integrative approach from genes to organisms. Can J Bot 83:1207–1221

Laibach F (1943) *Arabidopsis thaliana* (L.) Heynh. als Objekt für genetische und entwicklungsphysiologische Untersuchungen. Bot Arch 44:439–455

Lemon GD, Posluszny U (2000) Comparative shoot development and evolution in the Lemnaceae. Int J Plant Sci 161:733–748

Lieberei R, Reisdorff C (2007) Nutzpflanzenkunde. Begr. von W. Franke, 7. Aufl. Thieme, Stuttgart

Mackenthun GL (2016) The world's oldest living tree discovered in Sweden? A critical review. New J Bot 5(3):200–204. https://doi.org/10.1080/20423489.2015.1123967

Malsch W (Hrsg) (1959) Johann Wolfgang von Goethe. Schriften zu Natur und Erfahrung. Schriften zur Morphologie I. Notizen und Fragmente zur Morphologie. Cotta, Stuttgart

Meinhardt H, Koch AJ, Bernasconi G (1998) Models of pattern formation applied to plant development. In: Jean RV, Barabé D (Hrsg) Symmetry in Plants. World Scientific, Singapore, S 723–758

Melzer B, Seidel R, Steinbrecher T, Speck T (2012) Structure, attachment properties, and ecological importance of the attachment system of English ivy (*Hedera helix*). J Exp Bot 63:191–201

Meyer-Abich A (1969) Nachwort. In: Meyer-Abich A (Hrsg) Alexander von Humboldt. Ansichten der Natur. Reclam 2948/49. Stuttgart, S 147–168

Möller M, Cronk QCB (2001) Evolution of morphological novelty: a phylogenetic analysis of growth patterns in *Streptocarpus* (Gesneriaceae). Evolution 55:918–929

Müller-Doblies D, Müller-Doblies U (1978) Zum Bauplan von *Ungernia,* der einzigen endemischen Amaryllidaceen-Gattung Zentralasiens. Bot J Syst 99:249–263

Müller-Doblies D, Weberling F (1984) Über Prolepsis und verwandte Begriffe. Beiträge zur Biologie der Pflanzen 59:121–144

Nickel G (1996) Wilhelm Troll (1897–1978). Eine Biographie. Acta Historica Leopoldina 25:7–240

Ochoterena H, Vrijdaghs A, Smnets E, Claßen-Bockhoff R (2019) The search for common origin: homology revisited. Syst Biol. https://doi.org/10.1093/sysbio/syz013

Patrut A, von Reden KF, Lowy DA, Alberts AH, Pohlman JW, Wittmann R, Gerlach D, Xu L, Mitchell CS (2007) Radiocarbon dating of a very large African baobab. *Tree Physiol* 27:1569–1574

Pax F (1890) Allgemeine Morphologie der Pflanzen mit besonderer Berücksichtigung der Blüthenmorphologie. Enke, Stuttgart

Piovesan G, Biondi F, Baliva M, Presutti Saba E, Calcagnile L, Quarta G, D'Elia, De Vivo M, Schettino G, Di Filippo A (2018) The oldest dated tree of Europe lives in the wild Pollino massif: *Italus*, a strip-bark Heldreich's pine. Ecology 99:1682–1684

Prusinkiewicz P, Runions A (2012) Computational models of plant development. New Phytol 193:549–569

Prusinkiewicz P, Crawford S, Smith RS, Ljung K, Bennett T, Ongaro V, Leyser O (2009) Control of bud activation by an auxin transport switch. Proc Nat Acad Sci USA 106:17431–17436

Rätsch C (1990) Pflanzen der Liebe. Aphrodisiaka in Mythos, Geschichte und Gegenwart. Hallwag, Bern/Stuttgart

Rauh W (1939) Über polsterförmigen Wuchs. Nova Acta Leopoldina NF 7(49):267–508

Rauh W (1988) Tropische Hochgebirgspflanzen. Wuchs- und Lebensformen. Springer, Heidelberg

Raunkiaer C (1905) Types biologiques pour la géographie botanique. Oversigt over det Kongelige Danke Videnskabernes Selskabs Forhandlinger. Bull Royal Danish Acad Sci Lett 5:347–437

Reinhardt D, Pesce ER, Stieger P, Mandel T, Baltensperger K, Bennett M, Traas J, Friml J, Kuhlemeier C (2003) Regulation of phyllotaxis by polar auxin transport. Nature 426:255–260

Richards FJ (1951) Phyllotaxis: its quantitative expression and relation to growth in the apex. Philos Trans Royal Soc London B 235:509–564

Roloff A (1989) Kronenentwicklung und Vitalitätsbeurteilung ausgewählter Baumarten der gemäßigten Breiten. Schriften aus der Forstlichen Fakultät der Universität Göttingen und der Niedersächsischen Forstlichen Versuchsanstalt, Bd 93. Frankfurt am Main

Roloff A (2001) Baumkronen. Verständnis und praktische Bedeutung eines komplexen Naturphänomens. Ulmer, Stuttgart

Rowe NP, Isnard S, Gallenmüller F, Speck T (2006) Diversity of mechanical architectures in climbing plants: an ecological perspective. In: Herrel A, Speck T, Rowe NP (Hrsg) Ecology and biomechanics. A mechanical approach to the ecology of animals and plants. Taylor & Francis, Boca Raton, S 35–59

Runions A, Smith RS, Prusinkiewicz P (2014) Computational models of auxin-driven development. In: Zažímalová E, Petrášek J, Benková E (Hrsg) Auxin and its role in plant development. Springer, Wien, S 315–357

Rutishauser R (1995) Developmental patterns of leaves in Podostemonaceae compared with more typical flowering plants: saltational evolution and fuzzy morphology. Can J Bot 73:1305–1317

Rutishauser R (1999) Polymerous leaf whorls in vascular plants: developmental morphology and fuzziness of organ identities. Int J Plant Sci 160 (Suppl):S81–S103

Rutishauser R, Isler I (2001) Developmental genetics and morphological evolution of flowering plants, especially bladderworts (*Utricularia*): Fuzzy Arberian Morphology complements Classical Morphology. Ann Bot 88:1173–1202

Sachs J (1874) Lehrbuch der Botanik nach dem gegenwärtigen Stand der Wissenschaft, 4. Aufl. Engelmann, Leipzig

Sattler R (1988) Homeosis in plants. Am J Bot 75:1606–1617

Sattler R (1992) Process morphology: structural dynamics in development and evolution. Can J Bot 70:708–716

Sattler R (1996) Classical morphology and continuum morphology: opposition and continuum. Ann Bot 78:577–581

Sattler R (2024) Morpho evo-devo of the gynoecium: Heterotopy, redefinition of the carpel, and a topographic approach. Plants, 13(5), 599

Schönecker S, Claßen-Bockhoff R (2006) Architecture of lianescent Marantaceae in the tropical rainforest of Gabon. In: Berger J, Büdel B, Lakatos M, Laube S, Weber B, Wirth R (eds) Connecting microbes, plants, animals and human impact. TU Kaiserslautern, p. 222. https://www.soctropecol.eu/PDF/GTOE_2006_Kaiserslautern_ohne_Adressen.pdf

Sell Y (1976) Tendances évolutives parmi les complexes inflorescentiels. Revue Générale de Botanique 83:247–267

Sell Y (1980) Physiological and phylogenetic significance of the direction of flowering in inflorescence complexes. Flora 169:282–294

Smith RS, Guyomarc'h S, Mandel T, Reinhardt D, Kuhlemeier C, Prusinkiewicz P (2006) A plausible model of phyllotaxis. Proc Nat Acad Sci USA 103:1301–1306

Snow R (1952) On the shoot apex and phyllotaxis of *Costus*. New Phytologist 51:359–363

Späth HL (1912) Der Johannistrieb. Dissertation. Friedrich-Wilhelms-Universität, Berlin

Stauffer HU (1963) Gestaltwandel bei Blütenständen von Dicotyledonen. Bot J Syst 82:216–251

Stuessy TF, Spooner DM (1988) The adaptive and phylogenetic significance of receptacular bracts in the Compositae. Taxon 37:114–126

Stützel T, Trovó M (2013) Inflorescences in Eriocaulaceae: taxonomic relevance and practical implications. Ann Bot 112:1505–1522

van Steenis CGGJ (1963) Definition of the concept ‚inflorescence' with special reference to ligneous plants. Flora Malesiana Bull 18:1005–1007

Teale WD, Paponov IA, Palme K (2006) Auxin in action: signalling, transport and the control of plant growth and development. Nat Rev Mol Cell Biol 7:847–859

Tooke F, Ordidge M, Chiurugwi T, Battey N (2005) Mechanisms and function of flower and inflorescence reversion. J Exp Bot 56:2587–2599

Troll W (1928) Organisation und Gestalt im Bereich der Blüte. Springer, Berlin

Troll W (1935) Vergleichende Morphologie der höheren Pflanzen. Band I: Vegetationsorgane. Teil 1. Borntraeger, Berlin (Nachdruck 1967. Koeltz, Königstein/Taunus)

Troll W (1939) Vergleichende Morphologie der höheren Pflanzen. Bd. 1, Teil 2. Borntraeger, Berlin. (Nachdruck 1967. Koeltz, Königstein/Taunus)

Troll W (1954) Praktische Einführung in die Pflanzenmorphologie. 1. Teil: Der vegetative Aufbau. Fischer, Jena. (Nachdruck 1973. Koeltz, Königstein/Taunus).

Troll W (1964) Die Infloreszenzen. Typologie und Stellung im Aufbau des Vegetationskörpers, Bd I. Fischer, Jena

Troll W (1969) Die Infloreszenzen. Typologie und Stellung im Aufbau des Vegetationskörpers. Bd II/1. Fischer, Jena

Troll W (1973) Allgemeine Botanik. 4. Verbesserte Aufl., bearbeitet unter Mitwirkung von K. Höhn. Enke, Stuttgart

Troll W, Weberling F (1989) Infloreszenzuntersuchungen an monotelen Familien. Materialien zur Infloreszenzmorphologie. Urban & Fischer, München

Umeå University (2008) World's Oldest Living Tree – 9550 years old – discovered in Sweden. ScienceDaily, 16 April 2008. www.sciencedaily.com/releases/2008/04/080416104320.htm

Vasek FC (1980) Creosote bush: long-lived clones in the Mojave Desert. Am J Bot 67:246–255

Veen AH, Lindenmayer A (1977) Diffusion mechanism for phyllotaxis: theoretical physico-chemical and computer study. Plant Physiol 60:127–139

Vergara-Silva F (2003) Plants and the conceptual articulation of evolutionary developmental biology. Biol Philos 18:249–284

Weberling F (1981) Morphologie der Blüten und der Blütenstände. Ulmer, Stuttgart

Weberling F, Troll W (1999) Die Infloreszenzen. Typologie und Stellung im Aufbau des Vegetationskörpers, Bd II/2. Fischer/Spektrum, Jena/Stuttgart

Wilhelmy W (1998) Hildegards natur- und heilkundliches Schrifttum. In: Kotzur HJ (Hrsg) Hildegard von Bingen 1098–1179. Zabern, Mainz, S 284–303

Yonekura T, Sugiyama M (2024) A new mathematical model of phyllotaxis to solve the genuine puzzle spiromonostichy. JPR 137:143–155

Zimmermann W (1930) Die Phylogenie der Pflanzen. Jena

Dauergewebe und funktionelle Differenzierung

Inhaltsverzeichnis

7.1   Grundgewebe (Parenchyme) – 443
7.1.1   Primäre Festigkeit – 444
7.1.2   Interzellularräume und Durchlüftung – 444
7.1.3   Parenchymtypen – 445

7.2   Abschlussgewebe – 445
7.2.1   Epidermis – 445
7.2.2   Rhizodermis und Exodermis – 454
7.2.3   Korkgewebe und Periderm – 454
7.2.4   Endodermis – 455

7.3   Festigungsgewebe – 456
7.3.1   Kollenchym – 457
7.3.2   Sklerenchym – 458

7.4   Leitgewebe – 461
7.4.1   Xylem und Wassertransport – 461
7.4.2   Phloem und Assimilattransport – 465
7.4.3   Leitbündel – 468

7.5   Absorptionsgewebe – 470
7.5.1   Rhizodermis: Wasseraufnahme aus dem Boden – 471
7.5.2   Haustorien: Stoffaufnahme aus pflanzlichen Geweben – 472

7.6   Ausscheidungsgewebe – 472
7.6.1   Hydathoden (Wasserspalten) – 473
7.6.2   Nektarien, Osmophoren und Elaiophoren – 474
7.6.3   Tapetum – 475
7.6.4   Verdauungsdrüsen – 475
7.6.5   Harzkanäle und Ölbehälter – 475
7.6.6   Milchröhren – 478

Literatur – 482

© Springer-Verlag GmbH Deutschland, ein Teil von Springer Nature 2024
R. Claßen-Bockhoff, *Die Pflanze*, https://doi.org/10.1007/978-3-662-65443-9_7

7

Trailer

Die Gewebe der Landpflanzen sind symplastisch organisiert. Ihre Zellen stehen über primäre Plasmabrücken miteinander in Kontakt und werden von den Zellwänden gestützt und mit Wasser umspült. Die Zellwände toter Zellen bleiben erhalten und beteiligen sich am Aufbau des Vegetationskörpers.

Pflanzenzellen sind totipotent. Sie erfahren eine spezifische Differenzierung, die weitgehend durch Außenfaktoren und Positionseffekte bestimmt wird. Dauerzellen können in den embryonalen Zustand zurückkehren (reembryonalisieren) und neue Gewebe aufbauen. Gewebe können partiell gelockert oder aufgelöst, Plasmabrücken geschlossen oder sekundär gebildet werden.

Die enorme Anpassungsfähigkeit der Samenpflanzen wäre ohne ihre spezifischen Zell- und Gewebeeigenschaften nicht möglich. Die Bildung verschiedener Dauergewebe ist dabei Ausdruck der Arbeitsteilung zwischen den Blättern im Luftraum, den Wurzeln im Erdboden und dem sie verbindenden Sprosssystem.

Ein **Gewebe** ist ein Verband aus Zellen gleichen Baus und gleicher Funktion (■ Tab. 7.1). Bei den **Samenpflanzen** werden nach dem Grad der Differenzierung **Bildungsgewebe** (Meristeme; ■ Tab. 6.2) und **Dauergewebe** (■ Tab. 7.1) unterschieden.

Meristeme sind Verbände embryonaler und damit teilungs- und bildungsfähiger Zellen (▶ Abschn. 6.3). Aus ihnen gehen durch strukturelle und physiologische Differenzierung die verschiedenen Zelltypen der **Dauergewebe** hervor. Deren Wachstum erfolgt bevorzugt durch Wasseraufnahme (**Streckungswachstum**).

Bei den **Blütenpflanzen** sind etwa **70 verschiedene Zelltypen** am Aufbau der Dauergewebe beteiligt (■ Abb. 7.1). Dies ist die höchste Zahl innerhalb der Pflanzengruppen und verdeutlicht die Organisationshöhe der Blütenpflanzen. Besonders vielfältig sind die Abschluss- und Drüsengewebe, die direkt mit der Umwelt kommunizieren. Sie verleihen der Pflanze Verdunstungs-, Brand- und Fraßschutz, machen die Oberflächen klebrig oder stachelig, emittieren Duftstoffe oder sezernieren Nektar.

Sind mehrere unterschiedliche Gewebe zu einer funktionellen Einheit vereinigt, spricht man von einem **Gewebesystem** (z. B. Leitbündel; ▶ Abschn. 7.4.3). Einzelne Zellen innerhalb eines Gewebes mit abweichender Gestalt und Funktion werden als **Idioblasten** (wörtl. „eigenartiges Gewebe") bezeichnet (z. B. Ölbehälter; ■ Abb. 7.23d). Sie entstehen meist aus einzelnen teilungsfähigen Zellen oder Zellnestern (Meristemoiden; ▶ Abschn. 6.3).

Das Studium der Gewebe ist Gegenstand der **Histologie**. In der Praxis dienen Handschnitte oder deutlich dünnere (8–10 μm), mit einem Mikrotom (Schneidegerät für Gewebschnitte) angefertigte Schnitte der Darstellung. Sie werden meist im Durchlichtmikroskop angeschaut (▶ Exkurs 7.4 am Ende des Kapitels). Die **Interpretation** der Schnitte ist nicht immer einfach, da Artefakte oder Verletzungen auftreten und das Bild verfälschen können. Genaue Beobachtung, Vergleiche und Zeichnungen helfen bei der Analyse (▶ Exkurs 7.1).

Exkurs 7.1 Zeichnen – nein danke?

„Was Du mir sagst, das vergesse ich.
Was Du mir zeigst, daran erinnere ich mich.
Was Du mich tun lässt, das verstehe ich."
(Konfuzius, 551–479 v. u. Z.)

In den biologischen Grundkursen werden Zellen, Gewebe, Organe und Organismen gezeichnet oder schematisch dargestellt. Das Zeichnen stößt im Allgemeinen auf wenig Gegenliebe und wird mit ‚Ich kann nicht zeichnen' kommentiert.

Trotz Makrofotografie, 3D-Rekonstruktionen und digitaler Technik ist das Zeichnen in den Biowissenschaften **unerlässlich**. Dabei geht es nicht um das Zeichnenkönnen, sondern um das genaue **Hinschauen** und Erfassen von Strukturen und Zusammenhängen. Das Zeichnen ist die **Technik**, Beobachtungen proportionsgetreu abzubilden. Beschriftet und kommentiert helfen sie dabei, Zusammenhänge zu verstehen.

Nur das, was man selbst macht, prägt sich ein. Lehrbuchabbildungen und Fotos ersetzen nicht die eigene **Anschauung**, da sie nicht zur **Auseinandersetzung** mit dem Objekt zwingen. Beobachten und sich eine **eigene Meinung** bilden, sind die Grundvoraussetzungen für jedes wissenschaftliche Arbeiten. In diesem Sinne ist das Zeichnen in den biologischen Praktika eine **grundständige Übung**, die weit über die jeweilige Thematik hinausgeht.

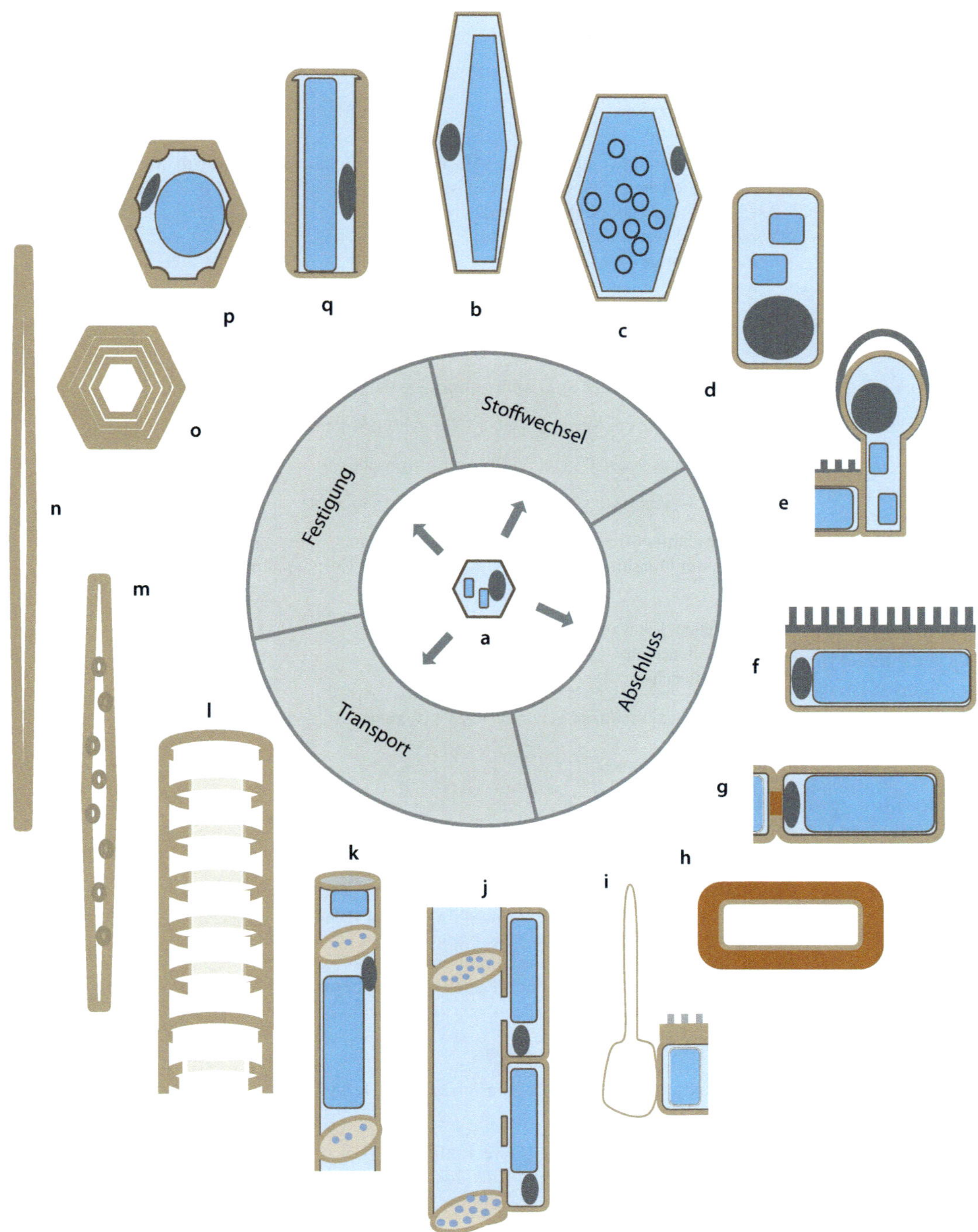

Abb. 7.1 Dauerzellen. Übersicht über die wichtigsten Zelltypen. **a**, Meristemzelle. **b**, Parenchymzelle. **c**, Speicherzelle. **d**, Drüsenzelle. **e**, Drüsenhaar, **f**, Epidermiszelle. **g**, Endodermiszelle. **h**, Peridermzelle. **i**, Tote Haarzelle. **j**, Siebröhre mit Geleitzelle. **k**, Siebzelle. **l**, Trachee. **m**, Tracheide. **n**, Faserzelle. **o**, Sklereid. **p**, Eckenkollenchymzelle. **q**, Kantenkollenchymzelle. Plasmodesmen nicht eingezeichnet, nicht maßstabsgetreu. Zellen (**o–q**) in Aufsicht, alle übrigen in Seitenansicht. Beige: Zellwand. Blau: Vakuole. Dunkelbraun: Plasmalemma bzw. Tonoplast. Dunkelgrau: Kern. Grau: Cuticula (mit Wachsen). Hellblau: Cytoplasma. Orangebraun: Kork (Suberin). Weiß: tote Zelle ohne Plasma. (© Original)

◘ Tab. 7.1 Dauergewebe der Samenpflanzen

Bezeichnung	Vorkommen und Funktion
Grundgewebe – Parenchym	Rinde, Mark, primäre und sekundäre Markstrahlen, Holz-, Bastparenchym, Mesophyll (Palisadenparenchym, Schwammparenchym) – Assimilationsgewebe (**Chlorenchym**) – Wasserspeichergewebe (**Hydrenchym**) – Durchlüftungsgewebe (**Aerenchym**)
Abschlussgewebe – Epidermis	primärer Abschluss des Sprosssystems (Sprossachsen, Blätter), lückenlos, mit **Cuticula** (**Cutin**) und **Spaltöffnungen**
– Periderm: Kork	sekundärer Abschluss der Sprossachse, **Korkgewebe** (Suberin)
– Periderm: Borke	tertiärer Abschluss der Sprossachse und Wurzel (mehrere Korkschichten)
– Rhizodermis	primärer Abschluss der Wurzel (s. Absorptionsgewebe)
– Exodermis	sekundärer Abschluss der Wurzel, Zellen verkorkt (Suberin)
– Endodermis	inneres Abschluss-/Trenngewebe mit Kontrollfunktion, lückenlos, mit Durchlasszellen, im Wurzelbereich mit Caspary-Streifen
Festigungsgewebe – Kollenchym	lebende Zellen, lokal verdickte, primäre Zellwände – **Plattenkollenchym** – **Kantenkollenchym**
– Sklerenchym	meist tote Zellen, verholzte Sekundärwände (**Lignin**) – **Fasern** – **Steinzellen** (Sklereide)
Leitgewebe – Xylem, Holz	**Tracheiden:** tote, verholzte Zellen mit Tüpfeln (oft Hoftüpfel) **Tracheen:** tote Zellröhren mit Wandversteifung und Tüpfeln; überwiegend Angiospermen
– Phloem, Bast	**Siebzellen**: lebende Zellen mit perforierten Wänden (Siebporen, Siebfelder); Kern und Vakuole aufgelöst; überwiegend Gymnospermen **Siebröhren mit Geleitzellen**: aus gemeinsamer Initiale stammend; Siebröhre wie Siebzellen, aber mit optimierter Transportfunktion; Geleitzellen mit Versorgungs- und Beladefunktion; überwiegend Angiospermen
Absorptionsgewebe – Rhizodermis	lückenlos, **Wurzelhaare**, keine Cuticula
– Haustorien	fädige, penetrierende Strukturen unterschiedlicher Herkunft
Ausscheidungsgewebe – Drüsen	einfache oder köpfchenförmige Haare, Epithelien – **Hydathoden:** Wasser-, Salz- und Kalkabscheidung – **Nektarien:** Nektarsekretion – **Osmophoren:** Duftgewebe – **Elaiophoren:** fette Öle absondernde Gewebe – Verdauungsdrüsen (Carnivorie)
– Harzkanäle – Milchröhren	Harze, Balsame: Wundverschluss, Fraßschutz Milchsaft (**Latex**) führende Röhrensysteme – gegliederte Milchröhren: lysigen – ungegliederte Milchröhren: Riesenzellen

7.1 Grundgewebe (Parenchyme)

Der größte Teil des pflanzlichen Vegetationskörpers wird vom **Grundgewebe** ausgefüllt. Es bildet die Rinde und das Mark der Sprossachsen und Wurzeln, die primären und sekundären Markstrahlen, die im Holz und Bast auftretenden Parenchyme und das Mesophyll der Laubblätter (Palisaden-, Schwammparenchym; ▶ Abschn. 8.3.6).

Das Parenchym ist ein **elastisches** Gewebe, das aus lebenden Zellen mit dünner Primärwand (▶ Abschn. 2.2.4) und großen Vakuolen besteht (◉ Abb. 7.2a, ▶ Exkurs 7.2). Aufgrund der dünnen Zellwand und der geringen Differenzierung bleibt die **Teilungsfähigkeit** der Parenchymzellen erhalten. Diese tragen durch diffuse Zellteilung zum Volumenaufbau des Grundgewebes bei und ermöglichen nach **Reembryonalisierung** den Aufbau sekundärer Meristeme oder Meristemoiden (▶ Abschn. 6.3).

Die Zellen des Grundgewebes schließen **primär lückenlos** aneinander. **Sekundär** können **Hohlräume** entstehen, die der Durchlüftung und/oder Sekretion dienen. Man unterscheidet drei verschiedene Entstehungsweisen.

1. **Schizogene Entstehung:** Der häufigste Fall führt zur Bildung von Zellzwischenräumen (**Interzellularen**; ▶ Abschn. 7.1.2). Sie entstehen durch **lokale Auftrennung** (Lyse) der Mittellamelle durch das Enzym **Pektinase**. Dadurch weichen die vormals zusammenhängenden Zellen an bestimmten Stellen auseinander und kugeln sich ab. Sie nehmen die charakteristische runde (**isodiametrische**) Zellform des Parenchymgewebes an (◉ Abb. 7.2a). Schizogen entstehen auch die Spaltöffnungen (Stomata) in der Epidermis (▶ Abschn. 7.2.1).

2. **Lysigene Entstehung:** Die vollständige **Auflösung** von Zellen führt zur Bildung von Hohlräumen, z. B. zu den Ölbehältern der Zitrusfrüchte (◉ Abb. 7.24e), die **partielle** Auflösung von Querwänden benachbarter Zellen zu Röhrensystemen, z. B. zu gegliederten Milchröhren (▶ Abschn. 7.6.6), Tracheen (◉ Abb. 7.17c–g) und Siebröhren (◉ Abb. 7.18a, b).

3. **Rhexigene Entstehung:** Mechanisch bedingtes **Aufreißen** von Geweben führt zu unregelmäßig geformten Hohlräumen, z. B. der Markhöhle von Sprossachsen (◉ Abb. 8.7b und 8.14a).

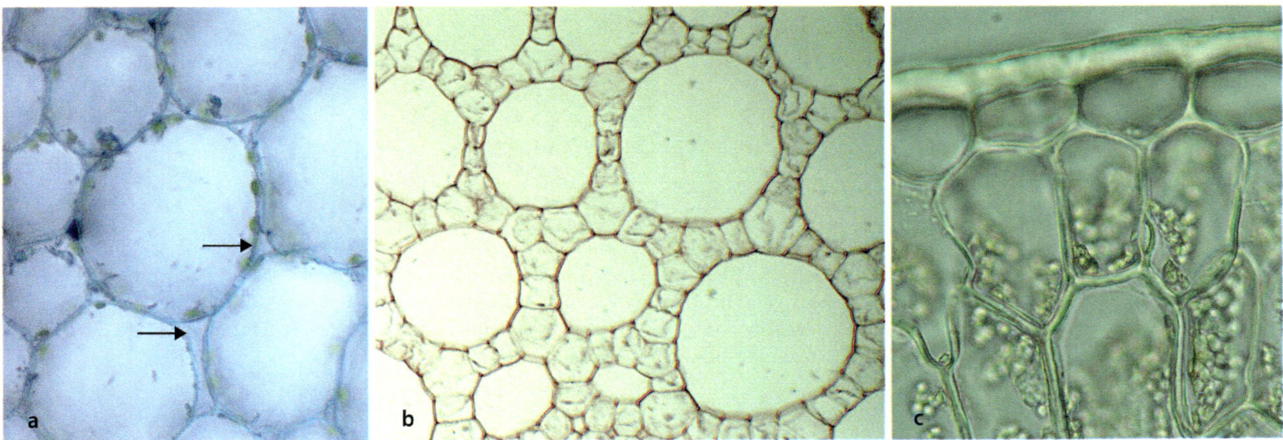

◉ **Abb. 7.2   Grundgewebe. a,** Begonie (*Begonia*, Begoniaceae). Parenchym im Blatt mit isodiametrischen Zellen und Interzellularen (Pfeile); die Zellorganellen (Plastiden) werden von der prall gefüllten Vakuole an die Zellwand gedrängt. Durchmesser der Zellen etwa 50 μm. **b,** Tannenwedel (*Hippuris*, Plantaginaceae). Aerenchym in der Sprossachse mit weiten Lakunen. **c,** Essbare Mittagsblume (*Carpobrotus edulis*, Aizoaceae). Assimilationsparenchym mit Chloroplasten im Blatt; die Epidermis ist lückenlos, pigmentfrei und von einer dicken Cuticula bedeckt. (© Botanische Sammlungen der JGU Mainz)

7

Exkurs 7.2 Papierherstellung im Alten Ägypten

Das Wort **Papier** geht auf die Papyruspflanze (*Cyperus papyrus*) zurück, die vermutlich schon vor 5000 Jahren in Ägypten als Rohstoff für einen Beschreibstoff verwendet wurde (◘ Abb. 7.3a). Die Pflanze gehört zu den Sauergräsern (Cyperaceae; ► Exkurs 11.11) und wird 2–3 m hoch. Sie ist in Afrika und Südwestasien heimisch, wo sie in Feuchtgebieten und an Flussufern vorkommt. Ihre Sprossachse besteht aus einem lockeren Parenchymgewebe mit zerstreut angeordneten Leitbündeln (► Abschn. 8.2.4).

Die Technik der Papierherstellung wurde Ende des 1. Jahrhunderts von Plinius (2007) dem Älteren überliefert (77/78 n. Chr., 13. Buch, Kap. 21–26) und lässt sich leicht nachvollziehen (◘ Abb. 7.3).

◘ **Abb. 7.3   Papier aus der Papyruspflanze. a,** Echter Papyrus (*Cyperus papyrus* subsp. *papyrus*, Cyperaceae). **b,** Die dreikantige Sprossachse besteht überwiegend aus Parenchymgewebe. **c–e,** Sie lässt sich leicht mit einem Messer in dünne Streifen schneiden. Kreuzweise übereinandergelegt, gepresst und getrocknet verkleben die Zellwände und Zellsäfte miteinander zu einem beschreibbaren Papier. (© B. Dittmann & R. Claßen-Bockhoff, Mainz)

7.1.1 Primäre Festigkeit

Das Grundgewebe übernimmt die primäre Festigkeit krautiger Pflanzenteile. Die Zellen sind prall mit Wasser gefüllt (**vollturgeszent**; ► Abschn. 1.1.3 und 2.2.3) und üben einen gegenseitigen Druck aufeinander aus. Dadurch wird eine **Gewebespannung** aufgebaut, die bei Wasserverlust verloren geht und zur Welke führt (Plasmolyse; ► Abschn. 2.2.3, ◘ Abb. 2.8e, f).

Eine zusätzliche Straffung erhält das Grundgewebe, wenn die **Epidermis** oder andere peripher liegende Zellschichten durch innen liegende Gewebe mit stärkerem Streckungsbestreben **passiv gedehnt** werden. Die aufgebaute Spannung wird frei, wenn das Gewebe verletzt wird und an den Wundrändern aufspringt.

7.1.2 Interzellularräume und Durchlüftung

Die Interzellularen sind untereinander zu einem Netz feiner Luftkanäle verbunden und bilden auf diese Weise **Interzellularräume**. Diese dienen dem Gasaustausch und treten besonders in Durchlüftungsgeweben wie dem Schwammparenchym der Blätter auf (◘ Abb. 7.2a, ► Abschn. 8.3.6). Das Interzellularsystem steht durch die Spaltöffnungen (► Abschn. 7.2.1) mit der Außenluft in Verbindung. Sauerstoff und Kohlendioxid treten in das Interzellularsystem ein und diffundieren dem Konzentrationsgefälle folgend zu den Orten ihres Verbrauchs:

— Erweitern sich die Interzellularräume im Verlauf des Wachstums, entstehen Hohlräume beträchtlicher

Größe, sogenannte **Lakunen** (◘ Abb. 7.2b). Sie bilden das charakteristische Durchlüftungsgewebe (**Aerenchym**) in den Stängeln und Blattstielen von Sumpf- und Wasserpflanzen.

— Besonders viele Interzellularen finden sich in den Kronblättern der **Blüten** und anderen schnell wachsenden Strukturen, die wenig Masse aufbauen und bald abgeworfen werden. Einfallendes Sonnenlicht wird an den luftgefüllten Interzellularräumen reflektiert und steigert die **Leuchtkraft** der Farben. Fehlen Pigmente, erscheinen die Blätter durch Totalreflexion weiß (wie beim Schnee). Im Unterschied zu Blättern mit weißen Pigmenten (z. B. Flavone; ▶ Abschn. 11.2.2) werden die pigmentfreien Blätter bei Infiltration mit Wasser glasig. Dies lässt sich leicht experimentell testen.

— Ein interessantes Phänomen zeigen die **Wasserlinsen** (*Lemna*, Araceae; ◘ Abb. 6.52e–h). Die nur wenige Millimeter großen Pflanzen überwintern am Grund der Gewässer und regulieren ihre **Schwimmfähigkeit** über die Größe der Interzellularräume. Während im Frühjahr große Interzellularen gebildet werden, weisen die im Spätsommer erzeugten Organe verengte Interzellularräume auf. Die gleichzeitige Einlagerung von Reservestärke führt zum Absinken der sonst schwimmfähigen Organismen. Ähnlich verhalten sich die Winterknospen (Turionen; ▶ Abschn. 6.9.2) vieler Wasserpflanzen.

7.1.3 Parenchymtypen

Durch spezielle Ausbildungsformen übernimmt das Grundgewebe wichtige Funktionen:

— **Assimilationsparenchym (Chlorenchym)** ist reich an Chloroplasten und Interzellularen (◘ Abb. 7.2c). Als Ort der Photosynthese und des Gasaustausches tritt es vor allem im Mesophyll der Blätter (▶ Abschn. 8.3.6) auf.

— **Speicherparenchym** dient der Speicherung von fetten Ölen, Proteinen und Kohlenhydraten. Es befindet sich in Überdauerungsorganen (▶ Abschn. 6.9.1) wie z. B. Rüben (Karotte, *Daucus carota*, Apiaceae), Ausläuferknollen (Kartoffel, *Solanum tuberosum*, Solanaceae), Blattbasen (Zwiebel, *Allium cepa*, Amaryllidaceae), Samen (Paranuss, *Bertholletia excelsa*, Lecythidaceae) und Früchten (Banane, *Musa*, Musaceae).

— **Wasserspeichergewebe (Hydrenchym)** kennzeichnet die Organe von sukkulenten Pflanzen (▶ Abschn. 8.3.7). Es besitzt große, weitgehend farblose Zellen (◘ Abb. 8.58e).

— **Durchlüftungsgewebe (Aerenchym)** dient besonders in Sumpf- und Wasserpflanzen dem Gasaustausch

und besitzt extrem große Interzellularräume (Lakunen; ◘ Abb. 7.2b und 8.10b). Die großen Lufträume im Gewebe verleihen Auftrieb und tragen zur Schwimmfähigkeit bei.

7.2 Abschlussgewebe

Abschlussgewebe sind **Grenzschichten** (◘ Abb. 7.1e–h):

— Im **Luftraum** schützen sie den Vegetationskörper vor Wasserverlust (Verdunstung), hoher UV-Einstrahlung, mechanischer Beschädigung, Verschmutzung und Parasitenbefall.

— Im **Erdboden** gewährleisten sie die Wasser- und Nährsalzaufnahme.

— Im **Inneren des Vegetationskörpers** isolieren sie benachbarte Gewebe voneinander und übernehmen oft physiologische Kontrollfunktionen.

Die botanische Bezeichnung der Abschlussgewebe endet meist auf ‚derm' oder ‚dermis', was „Haut" bedeutet (griech. *derma*). Beispiele sind die Epidermis (*epi*, „auf"), Hypodermis (*hypo*, „unter"), Endodermis (*endo*, „innen"), Rhizodermis (*rhiza*, „Wurzel"), Exodermis (*exo*, „außen") und das Periderm (*peri*, „um … herum").

Die **primären** Abschlussgewebe der Pflanze sind die **Epidermis** des oberirdischen Sprosssystems, die **Rhizodermis** des Wurzelsystems und die innen liegende **Endodermis**. Die **Epidermis** der Sprossachse wird bei **zunehmendem Dickenwachstum** durch das **Periderm** (Kork und Borke; ▶ Abschn. 7.2.3 und 8.2.3) ersetzt, das aus toten Zellen mit **verkorkten** Zellwänden (Suberin; ▶ Abschn. 2.2.4) besteht. Die **Rhizodermis** der Wurzel gehört funktionell zu den Absorptionsgeweben (▶ Abschn. 7.5.1). Sie trägt die Wurzelhaarzone und wird nach kurzer Zeit von der verkorkten **Exodermis** ersetzt (sekundärer Abschluss; ▶ Abschn. 7.2.2).

7.2.1 Epidermis

Die Epidermis ist die ‚Haut' der Pflanze. Als **primäres Abschlussgewebe** überzieht sie das gesamte Sprosssystem. Sie schützt den Vegetationskörper und trägt zur Regulation des Wasserhaushaltes der Pflanze bei. Als Kontaktfläche zur Umwelt erfüllt die Epidermis folgende lebenswichtige **Funktionen** (◘ Abb. 7.4):

— **Verdunstung** wird durch ihren lückenlosen Bau und den Überzug mit einer Cuticula eingeschränkt.

— **Gasaustausch** wird über verschließbare Spaltöffnungen reguliert.

— **Interaktionen** mit der belebten Umwelt werden durch Oberflächenstrukturen (Haare, Emergenzen, Drüsen) und Farbstoffeinlagerung ermöglicht.

7

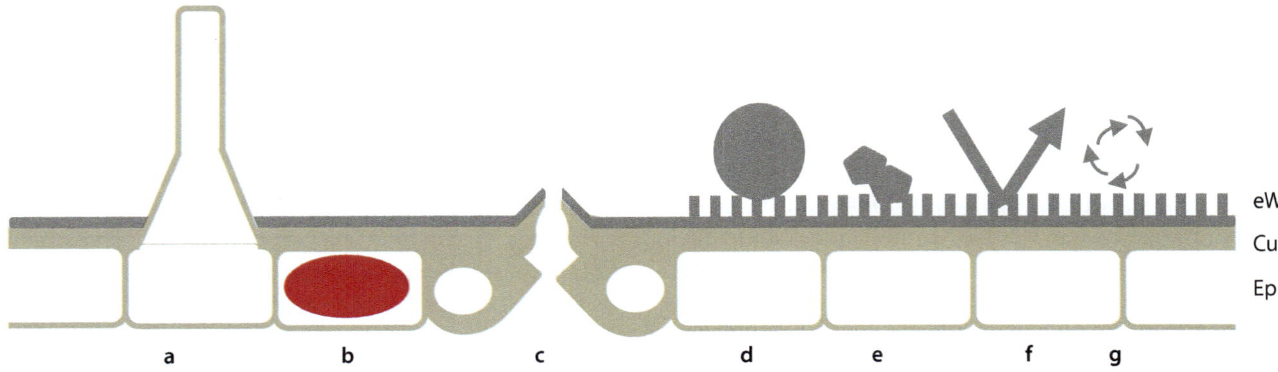

Abb. 7.4   Funktion pflanzlicher Oberflächen. a, b, Interaktion mit der Umwelt durch Haare (**a**) und Farbstoffe (**b**: rot). **c,** Gasaustausch durch regulierbare Spaltöffnungen. **d–g,** Die Ultrastruktur der Oberfläche bestimmt den Grad der Benetzbarkeit (**d**), der Verschmutzung (Kontamination, **e**), des UV- (**f**) und Verdunstungsschutzes (**g**). Cu, Cuticula. Ep, Epidermiszellen. eW, epicuticuläre Wachse (dunkelgrau). (© Original, in Anlehnung an Barthlott 1990)

— **Schutz** vor mechanischen Schäden (z. B. Flugsand, Eis, Tierfraß), starker UV-Bestrahlung, Verschmutzung, dem Eindringen von Krankheitserregern oder der Haftung von Pilzsporen wird durch die physikalische Oberflächenbeschaffenheit (Ultrastruktur) der Epidermis gewährleistet.

Die Epidermis entsteht am Sprossapikalmeristem aus der obersten Zellschicht (L1; ▶ Abschn. 8.1.1), und wird in der Differenzierungszone als **Dermatogen** (wörtl. „Hautbildner") oder **Protoderm** (wörtl. „erste Haut") bezeichnet. Ihre Zellen teilen sich meist nur senkrecht zur Oberfläche (antiklin; ◘ Abb. 5.7), weshalb die Epidermis in der Regel **einschichtig** ist. Sie ist **lückenlos** und außen von einer wasserabweisenden Schicht, der **Cuticula**, überzogen (Cutinisierung; ▶ Abschn. 2.2.4). Epidermiszellen haben typischerweise **kein Chlorophyll**. Sie weisen eine verdickte Außenwand und eine wellige (undulierende) Wandverzahnung auf (◘ Abb. 7.5b), die die mechanische Festigkeit der Oberflächenschicht (wie bei Puzzleteilen) erhöht.

Oft sind Epidermiszellen **papillenartig** aufgewölbt, wodurch die physikalischen Eigenschaften der Oberfläche, z. B. die Lichtstreuung, verändert werden (◘ Abb. 7.4f und 7.5c). Papillöse Epidermen treten besonders häufig im Blütenbereich auf, wo sie an der Bildung optischer (z. B. Samtglanz; ◘ Abb. 7.10h), olfaktorischer (Duftdrüsen; ◘ Abb. 7.23e) und taktiler Signale beteiligt sind (▶ Abschn. 11.2). In Insektenfallen beeinflussen sie die Gangbarkeit des Fluchtweges (▶ Abschn. 11.4.1).

Cuticula und epicuticuläre Wachse

Nach außen ist die Epidermis lückenlos von einer Wasser abweisenden Schicht, der **Cuticula**, überzogen. Sie besteht aus **Cutin** (▶ Abschn. 2.2.4) und verhindert die Verdunstung über die Oberfläche der Pflanze (▶ Abschn. 5.4). Das Cutingerüst wird durch die Einlagerung von (**intracuticulären**) Wachsen **imprägniert**. In zahlreichen Verwandtschaftskreisen ist die Cuticula darüber hinaus von Wachskristallen bedeckt (**epicuticuläre Wachse**), die in Form von flächigen oder dreidimensionalen Ultrastrukturen auftreten (◘ Abb. 7.5g–i). Ihre systematische Erforschung hat zur Entdeckung des ‚Lotus-Effektes' geführt, der zu den bekanntesten Beispielen der **Bionik** gehört (▶ Exkurs 7.3).

Starke **Wachssausscheidungen** führen; zu einem leicht abwischbaren Überzug, der als ‚**Reif**' mit bloßem Auge erkennbar ist (z. B. bei Pflaumen, Kohlarten, *Kalanchoë*; ◘ Abb. 6.50e–g). Die Haltbarmachung von Früchten durch Einwachsen geht auf die konservierende Wirkung der Wachse zurück. Die Carnaubapalme (*Copernica prunifera*, Arecaceae) Brasiliens scheidet so viel Wachs ab, dass es durch einfaches Abbürsten geerntet werden kann. Es wird in der Lebensmittel- und Kosmetikindustrie, aber auch als Bestandteil von Medikamenten und hochwertigen Polituren verwendet.

Die Cuticula ist unterschiedlich dick ausgebildet. Sie kann sehr mächtig und widerstandsfähig entwickelt oder so dünn sein, dass sie für Sekrete durchlässig ist (z. B. in Drüsengewebe; ◘ Abb. 7.23e). Durch unterschiedlich starke Auflagerung entstehen **Cuticularfalten** (◘ Abb. 7.5b). Diese verändern (wie die Epidermispapillen und epicuticulären Wachse) die Ultrastruktur der Oberfläche und beeinflussen den Grad der Benetzbarkeit, die Lichtbrechung und den Verlauf von Luftströmungen (◘ Abb. 7.4).

Sonderformen der Epidermis
Hypodermis und multiple Epidermis

Von einer Hypodermis spricht man, wenn sich eine oder mehrere Zellschichten unterhalb der Epidermis **deutlich** vom Grundgewebe **unterscheiden**. Die Hypodermis entsteht entweder durch Differenzierung subepidermaler Zellen (z. B. Endothecium; ▶ Abschn. 10.4.4) oder

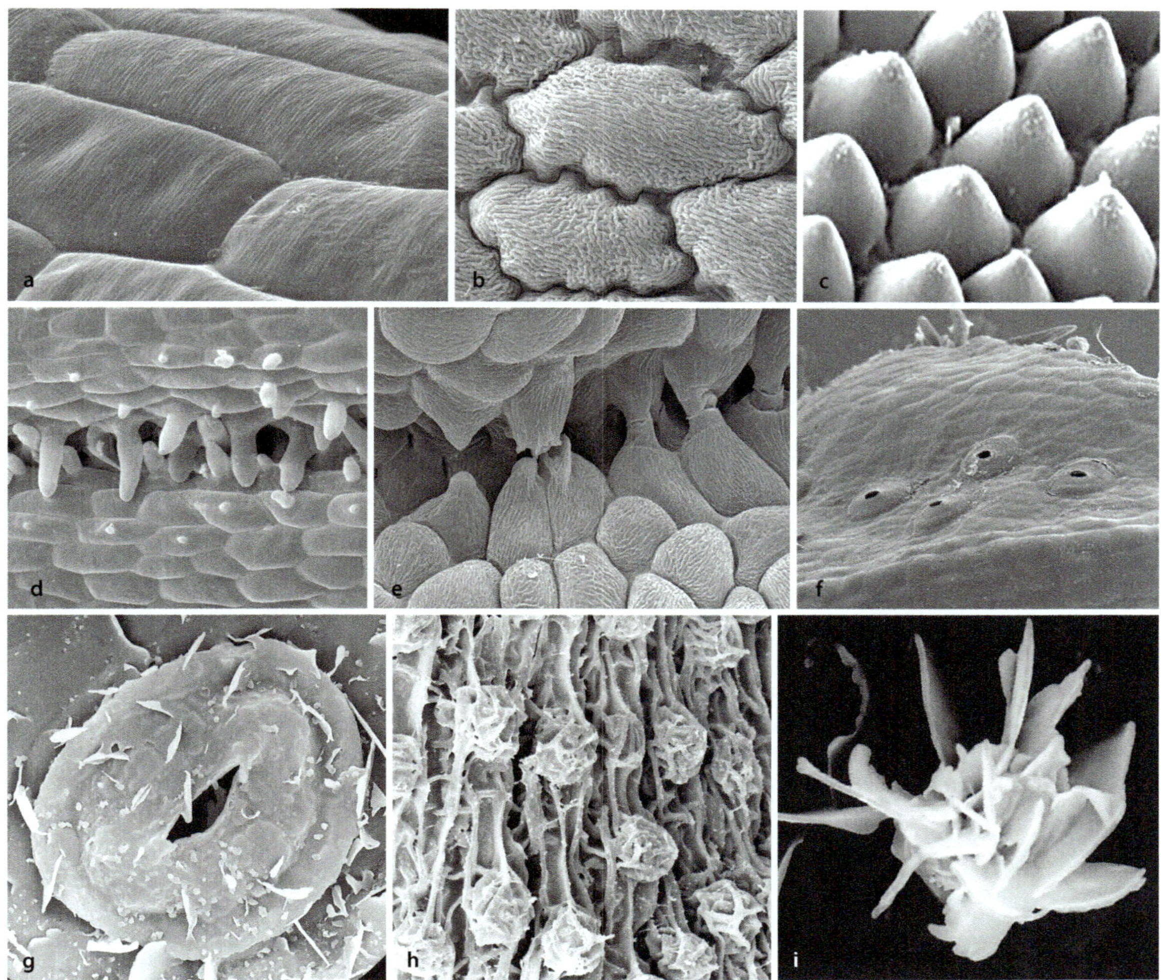

○ **Abb. 7.5 Epidermis. a**, *Salvia uliginosa* (Lamiaceae). Epidermiszellen des Filaments mit schwacher Cuticularfältelung, 1250×. **b**, *Salvia uliginosa*. Stark verzahnte Epidermiszellen der Antherenwand mit deutlichen Cuticularfalten, 1250×. **c**, *Calathea zebrina* (Marantaceae). Papillös vorgewölbte Epidermiszellen auf dem Laubblatt, 300×. **d**, *Salvia uliginosa*. Verklebung von zwei benachbarten Konnektivarmen durch Epidermishaare, 200× (► Abschn. 10.4.7). **e**, *Salvia argentea*. Cuticulaverschmelzung zwischen den sterilen Theken des Staubblatthebels (► Abschn. 10.4.7). 693×. **f–i**, Bruniaceae. **f**, *Thamnea matroosbergensis*. Spaltöffnungen auf der Unterseite des Laubblattes, 100×. **g**, *Audouinia laxa*. Spaltöffnung der Blattunterseite mit cuticulärem Rand und scheibenförmigen Wachskristallen, 1500×. **h**, *Audouinia capitata*. Papillöse Epidermis mit Cuticularfalten auf dem Fruchtknoten, 600×. **i**, *Audouinia esterhuyseniae*. Wachskristall auf der Blattunterseite, 3000×. (© R. Claßen-Bockhoff, Mainz)

durch perikline Teilung (○ Abb. 5.7) der Epidermis (z. B. Oleander; ○ Abb. 8.60c). In diesem Fall ist die Hypodermis ebenfalls lückenlos und wird zusammen mit der Epidermis als mehrschichtige (multiple) Epidermis bezeichnet.

Dauerepidermis

Als Dauerepidermis bezeichnet man eine mitwachsende Epidermis, die in der Lage ist, der Umfangserweiterung des Organs durch diffuse, antikline Zellteilung zu folgen. Sie tritt z. B. bei Kakteen auf (○ Abb. 8.31g). Das Weitenwachstum in tangentialer Richtung wird als **Dilatationswachstum** bezeichnet.

Schleimepidermis

Die Epidermis vieler Samenschalen (Testa; ► Abschn. 12.1.3) besteht aus verschleimenden Zellen. Bei ihnen werden so lange quellfähige Substanzen auf die Innenseite der Zellwand aufgelagert, bis das Lumen der Zelle zugewachsen ist. Bei Wasseraufnahme wird die Zellwand gesprengt, und es bildet sich eine homogene Gallerte als Grenzschicht. Bekannt für eine solche Schleimepidermis (**Myxotesta**; ► Abschn. 12.1.3) sind die Samen einiger Kreuzblütler (Brassicaceae: Hirtentäschelkraut, Senf), der Quitte (*Cydonia oblonga*, Rosaceae), des Leinkrautes (*Linum usitatissimum*, Linaceae) und der Tomate (*Solanum lycopersicum*, Solanaceae; ○ Abb. 12.16b).

7

Bionik ist eine **interdisziplinäre** Forschungsrichtung, die zwischen Biologie, Material- und Ingenieurwissenschaften angesiedelt ist. Ihr Ziel ist es, **Patente der Natur** für den Menschen nutzbar umzusetzen. Anwendungsfelder sind Architektur und Design, Leichtbau und Baumaterialien, Oberflächen und Grenzflächen, Fluiddynamik, Schwimmen und Fliegen, Biomechatronik und Robotik sowie Kommunikation und Sensorik (Speck et al. 2012).

Lotus-Effekt

Das bekannteste Beispiel ist der **Lotus-Effekt**, der die Fähigkeit pflanzlicher Oberflächen zur **Selbstreinigung** beschreibt. Er lässt sich eindrucksvoll an der Indischen Lotospflanze (*Lotos nucifera*, Nymphaeaceae) zeigen, auf deren Blättern das Wasser abperlt und Schmutzpartikel mitnimmt (■ Abb. 7.6a). Das Funktionsprinzip des Lotus-Effektes wurde im Rahmen der **Grundlagenforschung** zur Ultrastruktur von Blättern aufgeklärt (Barthlott und Neinhuis 1997).

Voraussetzung für die Selbstreinigung ist eine Wasser abweisende (**hydrophobe**) Oberfläche mit einer spezifischen Kombination von **Mikrostrukturen (Epidermispapillen)** und **Nanostrukturen (epicuticuläre Wachse)**. Ausgehend

von der Oberflächenspannung eines **Wassertropfens** wurde eine Oberflächenstruktur aus Grobstruktur (10–50 μm) und Feinstruktur (0,2–5 μm) als technisch optimal bestimmt und für mögliche Anwendungen patentiert. Inzwischen bestehen zahlreiche Industriekooperationen, die von der Herstellung selbstreinigender Fassadenfarben bis zu Schmutz abweisenden Textilien reichen (Lotus-Effekt®; Barthlott et al. 2004).

Weitere Beispiele

Historisch bedeutsam ist die Entwicklung des ersten serienmäßig hergestellten Flugzeuges, der **Etrich II Taube** (1910), die nach dem Vorbild des Flugsamens der Zanonie (*Alsomitra macrocarpa*, Cucurbitaceae; ■ Abb. 12.24b) konstruiert wurde. Auch **Klettverschluss** (Modell: Kletthaken von Diasporen; ■ Abb. 12.23b, d), **Motorradhelm** (Modell: Dämmeigenschaften des Mesokarps von Pomelo, *Citrus maxima*-Sorten, Rutaceae; ■ Abb. 12.16i), **Wärmeaustauscher** (Modell: Blattaderung), **Fassadenverschattung** (Modell: Paradiesvogelblume *Strelitzia reginae*, Strelitziaceae) und **Salzstreuer** (Modell: Mohnkapsel, *Papaver*-Arten, Papaveraceae; ■ Abb. 12.13i) haben Vorbilder in der Natur (Speck et al. 2012).

■ **Abb. 7.6 Unbenetzbare Blätter. a**, Indische Lotosblume (*Lotos nucifera*, Nelumbonaceae). Der Selbstreinigungseffekt pflanzlicher Oberflächen wurde an der Lotosblume entdeckt. Als Name hat sich der botanisch nicht korrekte Name ‚Lotus-Effekt' durchgesetzt. **b, c,** *Pistia stratiotes* (Araceae). Blatt mit samtartiger Oberfläche und abperlenden Wassertropfen, siehe auch *Salvinia Effekt* (► Abschn. 5.5.7). (© R. Claßen-Bockhoff, Mainz)

Stomata

Die interzellularenfreie Epidermis ist mit ihrer Cuticula ein wirksamer **Verdunstungsschutz**. Zur Aufrechterhaltung lebenswichtiger Prozesse muss aber ein Gasaustausch mit der Umgebung stattfinden. Er wird über regulierbare Spaltöffnungen (die Stomata, das Stoma) gewährleistet (◘ Abb. 7.8), die bereits bei den frühestens Landpflanzen nachweisbar sind (▶ Abschn. 3.4.1 und 5.4, ◘ Tab. 5.3).

Bei geöffneten Stomata kann das für die Photosynthese benötigte Kohlendioxid (CO_2) einströmen. Gleichzeitig treten Wasserdampf und Sauerstoff aus (◘ Abb. 7.7c). Die Verdunstung (**Transpiration**) führt zu Wasserverlust, aber auch zur **Abkühlung** der Blätter, die dadurch auch bei starker Sonneneinstrahlung nicht überhitzen und das Temperaturoptimum der Enzyme halten können. Durch das Konzentrationsgefälle zwischen dem mit Wasserdampf gesättigten Blattgewebe und der trockeneren Luft wird der Transpirationsstrom erzeugt, der das Wasser von den Wurzeln durch die gesamte Pflanze bis in die Blätter hineinzieht (▶ Abschn. 5.3.5 und 7.4.1, ◘ Abb. 8.1). Bei zu hoher Lufttrockenheit werden die Spaltöffnungen verschlossen, und das Austrocknen der Pflanze wird verhindert.

Spaltöffnungen können grundsätzlich an allen Organen (inkl. Blütenorgane) auftreten. Sie kommen gehäuft an **Laubblättern** vor, wo sie etwa 1–2 % der Blattoberfläche bedecken. Sie liegen meist auf der Blattunterseite (hypostomatisch; ◘ Abb. 7.5f und 8.58a, b), häufig auf beiden Blattseiten (amphistomatisch; ◘ Abb. 8.58d) und selten nur auf der Blattoberseite (epistomatisch), wie z. B. bei den Schwimmblättern der Seerosen (Nymphaeaceae; ◘ Abb. 8.45a). Die Spaltöffnungen sind sehr klein und treten mit einer Anzahl von 100 bis 300 (- 550). pro Quadratmillimeter in großer Dichte auf (Flindt 2000). Für das Laubblatt der Sonnenblume wurde ein Besatz mit etwa 13×10^6 Stomata errechnet.

Dichte und Anordnung der Spaltöffnungen sind artspezifisch und lassen **Anpassungen** an die jeweiligen Umweltbedingungen (Sonneneinstrahlung, Feuchtigkeit) erkennen. Da die Anzahl der Stomata mit zunehmendem Kohlendioxidgehalt in der Atmosphäre sinkt, lassen Vergleiche zwischen fossilen und rezenten Blättern Rückschlüsse auf paläoklimatische Verhältnisse zu (Konrad et al. 2008). Auch **Herbarmaterial** ist in diesem Zusammenhang sehr aufschlussreich (▶ Abschn. 3.9.3), konnte doch der anthropogen bedingte CO_2 Anstieg der letzten 120 Jahre an der Stomatadichte von Eichenblättern abgelesen werden (García-Amorena et al. 2006).

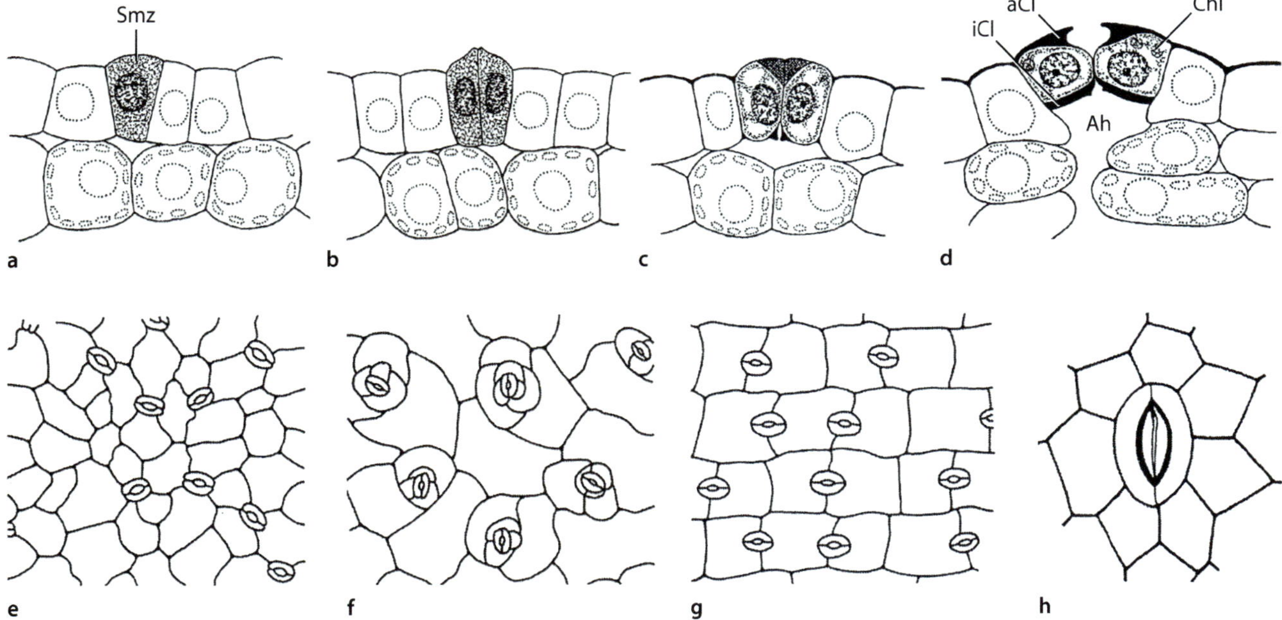

◘ **Abb. 7.7 Spaltöffnungen. a–d,** Tabak (*Nicotiana*, Solanaceae). Entwicklung der Spaltöffnung vom *Helleborus*-Typ im Laubblatt. Die Spaltöffnungsmutterzelle (**a**: SMZ) teilt sich äqual in zwei Zellen (**b**), die sich zu Schließzellen differenzieren (**c, d**). Unterhalb des jungen Schließzellenkomplexes bildet sich die Atemhöhle (Ah). Der Porus ist von inneren (iCl) und äußeren Cuticulaleisten (äCl) begrenzt. Chl, Chloroplasten **e–h,** Auswahl systematisch relevanter Spaltöffnungstypen bei Blütenpflanzen. **e,** Anomocytisch: ohne Nebenzellen (*Citrullus*, Cucurbitaceae). **f,** Anisocytisch: drei bis sechs ungleich große Nebenzellen (*Sedum*, Crassulaceae). **g,** Diacytisch: zwei Nebenzellen, deren gemeinsame Wand quer zum Porus liegt. **h,** Actinocytisch: radial angeordnete Epidermiszellen (*Lannea*, Anacardiaceae). (© **a–d**, Evert 2007, verändert. **e–h**, Esau 1977)

7

Entstehung

Spaltöffnungen entstehen auf vielfältige Weise in der wachsenden und sich allmählich ausdifferenzierenden Epidermis. Als Ausgangszellen dienen einzelne Zellen (**Meristemoiden**; ▶ Abschn. 6.3):

- Im einfachsten Fall, der für viele **Monocotyle** charakteristisch ist, teilen sich die Meristemoidzellen inäqual. Die kleinere Zelle wird zur Spaltöffnungsmutterzelle, die durch äquale Teilung zwei gleich große Schließzellen bildet. Diese verstärken ihre Zellwände in spezifischer Weise, bilden innere und äußere Cuticularleisten und trennen sich durch Lyse der Mittellamelle im späteren Spaltbereich voneinander.
- Bei vielen **Dicotylen** durchläuft die Meristemoidzelle zunächst mehrere Teilungen, bevor sie die Spaltöffnungsmutterzelle bildet, die sich wie oben beschrieben verhält (◘ Abb. 7.7a–d). Die übrigen Abkömmlinge werden zu **Nebenzellen**, die in ihrer Anzahl und Anordnung um die Schließzellen herum variieren (◘ Abb. 7.7e–h).

Bau (Stoma: *Helleborus*-Typ)

Bei Moosen und Farngewächsen finden sich einfache Spaltöffnungen (◘ Abb. 5.52g, i, k). Innerhalb der **Samenpflanzen** unterscheidet man als Haupttypen den ***Helleborus*-Typ** mit bohnenförmigen und den **Gramineentyp** mit hantelförmigen Schließzellen. Zuweilen trennt man noch den **Koniferentyp** (Xerophytentyp) von diesen ab, der an Nadelblättern zu finden ist.

Die Spaltöffnungen des *Helleborus*-Typs bestehen aus zwei bohnenförmigen **Schließzellen** (◘ Abb. 7.8a: SZ), die an beiden Enden aneinanderhaften. Sie sind im mittleren Bereich durch einen schizogen entstandenen Spalt (Po, **Porus**) voneinander getrennt. Dieser stellt eine Verbindung zwischen dem äußeren **Luftraum** und dem **Blattinneren** her. Der Spaltöffnung liegt innen der **Atemhöhle** an (◘ Abb. 7.7c und 7.8b, c: Ah), ein besonders großer Interzellularraum, der mit dem Durchlüftungsgewebe des Schwammparenchyms in Verbindung steht (▶ Abschn. 8.3.6). In unmittelbarer Nachbarschaft der Schließzellen treten meist besonders

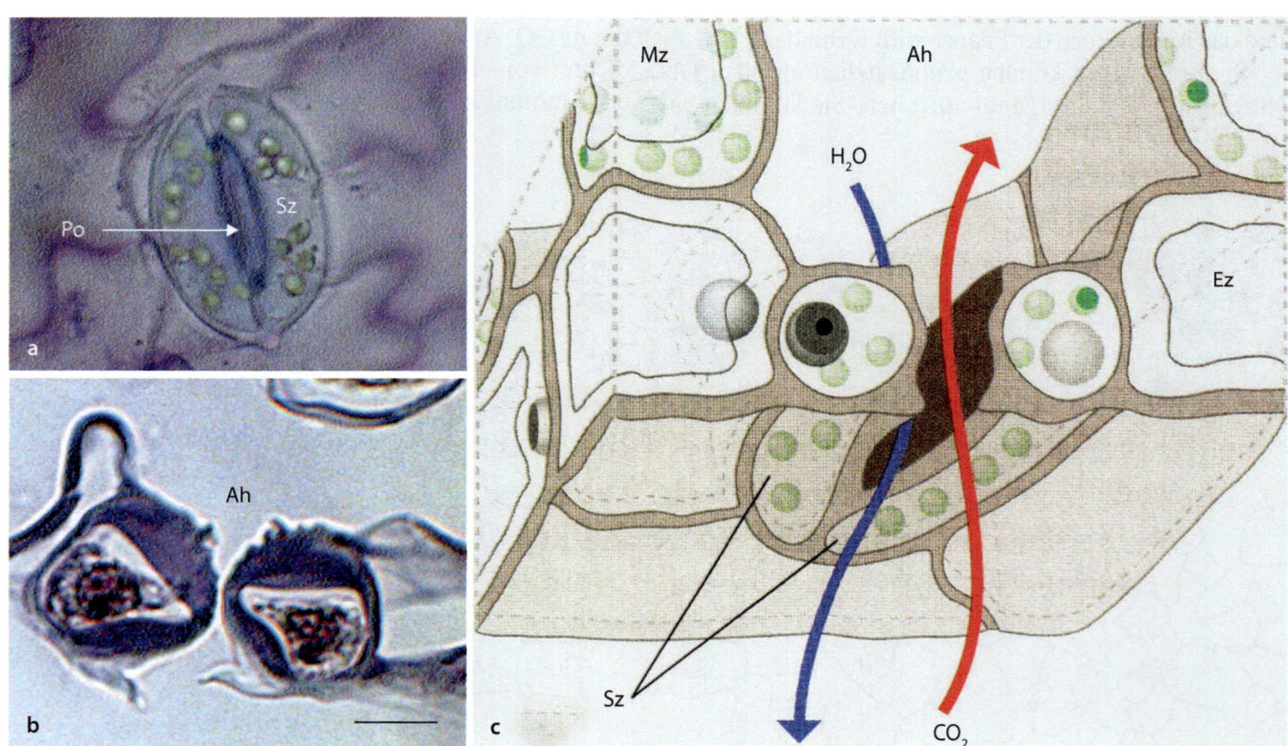

◘ **Abb. 7.8   Bau und Funktion einer Spaltöffnung (*Helleborus*-Typ).** **a,** Engelstrompete (*Brugmansia*, Solanaceae). Aufsicht auf die beiden bohnenförmigen Schließzellen eines Blattes mit Chloroplasten. Po, Porus. Sz, Schließzelle. **b,** Nieswurz (*Helleborus*, Ranunculaceae). Längsschnitt durch die Spaltöffnung eines Blattes. Die Schließzellen haben stark verdickte Zellwände, die nach außen und innen Cuticularleisten bilden; nach innen schließt sich die Atemhöhle (Ah) des Schwammparenchyms an. Balken: 10 µm. **c,** Raummodell einer Spaltöffnung; die zwei bohnenförmigen Schließzellen (Sz) lassen zwischen sich den Porus frei, durch den im geöffneten Zustand Wasserdampf (H_2O) austreten und CO_2 eintreten kann. Ah, Atemhöhle. Ez, Epidermiszelle. Mz, Mesophyllzelle. (© **a, b:** Botanische Sammlungen der JGU Mainz. **c:** Graham et al. 2006 (Grafik: L. Willcox, mit freundlicher Genehmigung), leicht verändert)

gestaltete **Nebenzellen** (Abb. 7.7f, g) auf, die indirekt an Öffnung und Verschluss der Spaltöffnung beteiligt sind. Der Begriff **Spaltöffnungsapparat** kennzeichnet den Funktionskomplex aus Schließ- und Nebenzellen.

Die **Schließzellen** enthalten als einzige Epidermiszellen Chloroplasten (Abb. 7.7d: Chl). Sie unterscheiden sich strukturell von den benachbarten Epidermis- und Nebenzellen durch ihre geringe Größe und abweichende Gestalt. Auffällig und für die Funktionsweise unverzichtbar sind die unterschiedlich stark verdickten **Zellwände**, die vor allem im Längsschnitt deutlich zu erkennen sind (Abb. 7.8b, c). Im geschlossenen Zustand liegen die Schließzellen eng aneinander. Sie sind zu beiden Seiten von leistenförmigen Vorsprüngen überdacht, die von den stark verdickten Zellwänden stammen (Abb. 7.7c, d: äCl, iCl). Die Zellwände sind so mächtig entwickelt, dass keine Verformung möglich ist. Lediglich die dem Porus abgewandte ‚Rückseite' der Schließzelle ist dünnwandig und dehnungsfähig.

Funktionsweise

Trotz baulicher Unterschiede funktionieren die Stomata aller Pflanzen **im Prinzip gleich**. Die zentrale Funktionseinheit besteht aus den zwei **Schließzellen**, die symplastisch von den Nachbarzellen **isoliert** sind (Plasmodesmen fehlen; ▶ Abschn. 2.2.4) und als einzige Epidermiszellen **Chloroplasten** aufweisen (Abb. 7.8a, c). Beide Besonderheiten kennzeichnen die physiologische Sonderrolle der Schließzellen, die sich bei Wasserzufuhr so verformen, dass sich der Spalt zwischen ihnen öffnet:

- *Helleborus*-Typ: Die Regulation der Spaltbreite basiert auf der Gestaltveränderung der Schließzellen, die ihrerseits eine Folge von **Turgoränderungen** ist. Bei niedrigem Innendruck liegen die Schließzellen dicht aneinander, der Porus ist geschlossen. Steigt der Turgor durch das Einfließen von Ionen und nachfolgender Wasseraufnahme (▶ Abschn. 2.2.3), dehnen sich die Schließzellen über ihre unverdickten rückseitigen Wände aus. Dabei sorgen ringförmig verlaufende Zellwandversteifungen aus Cellulosefibrillen dafür, dass sich die Zellen in ihrer Länge ausdehnen. Da die Schließzellen aber an ihren Enden zusammenhaften, strecken sie sich nicht geradeaus, sondern **krümmen sich** zur unverdickten Seite. Die Zellen weichen auseinander, und der Spalt öffnet sich. Der Vorgang ist **reversibel**, d. h. bei sinkendem Turgor wird der Porus wieder geschlossen.
- **Gramineentyp**: Die Spaltöffnungen des Gramineentyps sind hantelförmig gestaltet. Die Schließzellen sind an ihren Enden ampullenförmig erweitert, während ihr Lumen in der Mitte durch dicke Zellwände eingeengt ist. Bei Turgoranstieg schwellen die Enden

an, und die Zellen deformieren sich derart, dass die starren Mittelteile der Schließzellen auseinanderweichen und den Spalt freigeben.

Oberflächenstrukturen

Zu den Oberflächenstrukturen zählen alle Bildungen, die sich aus **epidermalen** oder **subepidermalen** Schichten differenzieren. Beispiele liefern die **Gametangien** und **Sporangien** der meisten Landpflanzen sowie **Haare**, **Emergenzen** und **Nektarien** (▶ Abschn. 7.6.2). Die Oberflächenstrukturen sind divers gestaltet und übernehmen zahlreiche Spezialfunktionen.

Haare (**Trichome**) entstehen aus der **Epidermis**, während an der Bildung von **Emergenzen** (Auswüchse) auch **subepidermale** Schichten beteiligt sind. Die Grenze zwischen Haaren und Emergenzen ist nicht immer eindeutig bestimmbar.

Tote Haare

Ein dichter Besatz mit toten Haaren dient dem **Verdunstungsschutz**, da er oberflächennah windstille Räume schafft. An trockenen Standorten treten oft **wollig behaarte Blätter** (Abb. 7.10d, e) oder, wie bei den Kakteen, filzig behaarte Areolen auf (Abb. 8.31h). Tote Haare dienen weiterhin der Aufnahme von Feuchtigkeit aus der Luft (▶ Abschn. 7.5.2), als starre **Borsten** der Abwehr, als **Kletthaken** der Anheftung (Abb. 7.9f) und als **Flughaare** der Samenausbreitung. Wenn Knospenschuppen fehlen, wie z. B. beim wolligen Schneeball (*Viburnum lanata*, Adoxaceae; *lanata*, wörtl. „wollig"), können Trichome den Schutz der jungen Gewebe übernehmen. Haare können ein- oder mehrzellig sein:

- **Einzellig** sind die wirtschaftlich relevanten **Samenhaare** der Baumwolle (*Gossypium*, Malvaceae; Abb. 12.25f), des Seidenwollbaums (*Bombax ceiba*, Bombaceae: ‚vegetabilische Seide') und der Curaçao-Seidenhaarpflanze (*Asclepias curassavica*, Apocynaceae-Asclepioideae; Abb. 12.25h). Während diese alle von der Samenschale gebildet werden, stammen die Haare beim Kapokbaum (*Ceiba pentrandra*, Bombaceae) von der Innenseite der Fruchtwand. Sie werden vor allem als Stopfmasse (z. B. für Schwimmwesten) und Dämmstoff verwendet.
- **Mehrzellig** sind die **Sternhaare** der Malvengewächse, die **Schildhaare** der Ölbaumgewächse (Abb. 7.9e und 7.21a, b) und die Deckel der **Saughaare** der Bromelien (▶ Abschn. 7.5). Letztere beziehen Feuchtigkeit und Nährstoffe aus Niederschlägen (Regen, Nebel) und ermöglichen epiphytisch lebenden Arten, auch auf Telefondrähten oder Stromleitungen zu leben (Abb. 7.21c). Bei Massenauftreten kann dies zu erheblichen Schäden führen.

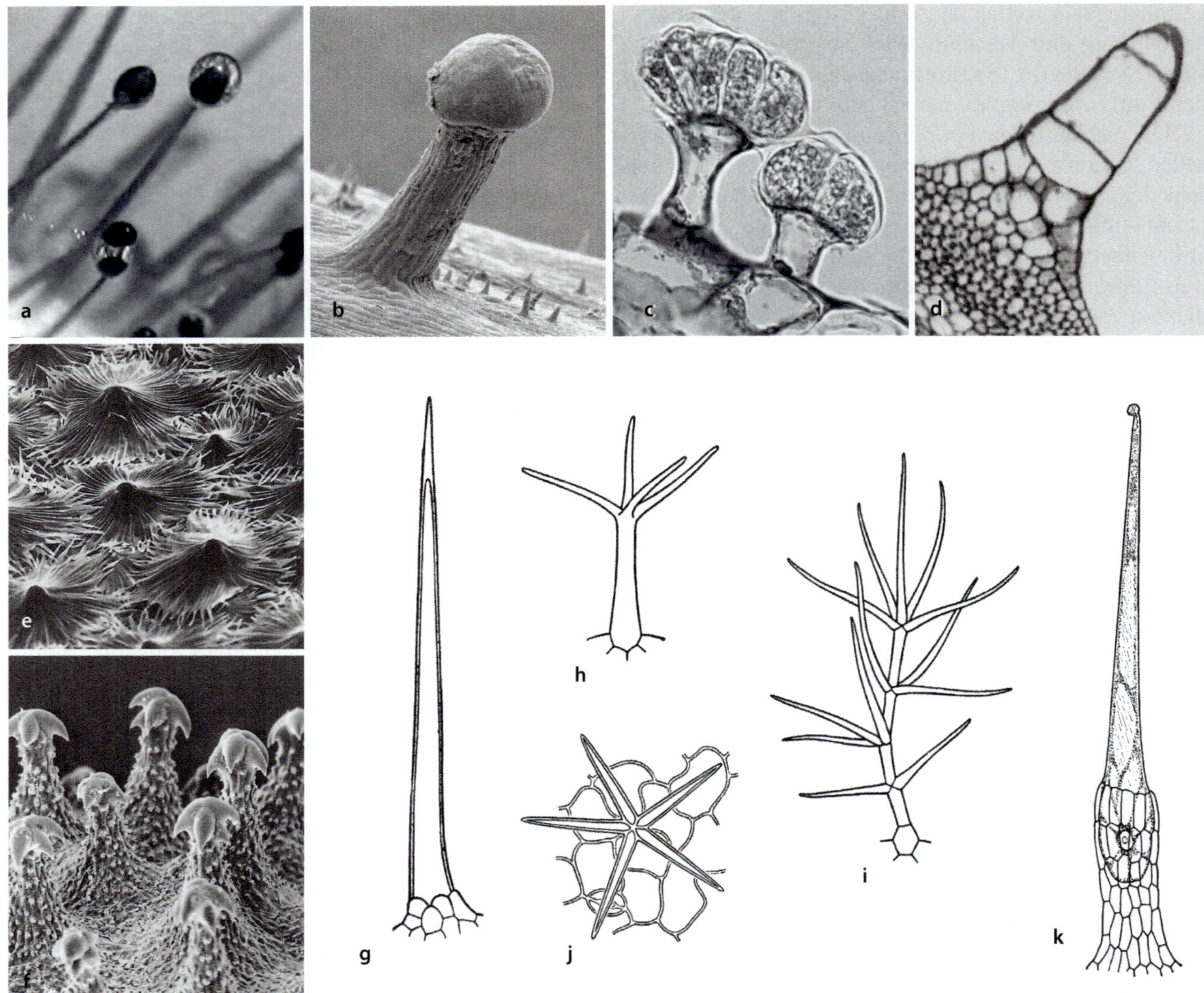

◘ Abb. 7.9 Haare (Trichome). a–c, Drüsenhaare. **a,** Sonnentau (*Drosera*, Droseraceae). Sekretansammlung unter der Cuticula. **b,** *Plumbago capensis* (Plumbaginaceae). **c,** Gilbweiderich (*Lysimachia*, Primulaceae). Mehrzelliges Drüsenhaar. **d,** Gurke (*Cucumis sativus*, Cucurbitaceae). Mehrzelliges Haar. **e,** Sanddorn (*Hippophaë rhamnoides*, Elaeagnaceae). Schildhaare auf dem Blatt. **f,** Hundszunge (*Cynoglossum officinale*, Boraginaceae). Kletthaare auf der Samenschale. **g,** Borretsch (*Borago*, Boraginaceae). Einzelliges Borstenhaar. **h,** Gänsekresse (*Arabis alpina*, Brassicaceae). Verzweigtes Trichom. **i,** Königskerze (*Verbascum*, Scrophulariaceae). Mehrzelliges, verzweigtes Haar. **j,** Malve (*Malva sylvestris*, Malvaceae). Sternhaar. **k,** Brennnessel (*Urtica dioica*, Urticaceae). Brennhaar; das Haar ist in einen subepidermalen Sockel (Emergenz) eingesenkt. **b, e, f,** rasterelektronenmikroskopische, **c, d,** lichtmikroskpische Aufnahmen. (© **a, b**: R. Claßen-Bockhoff, Mainz. **c, d**: Botanische Sammlungen der JGU Mainz. **e, f**: Sitte 1998 (e: Grünfelder, f: Barthlott). **g–j**: Troll 1973. **k**: von Denffer 1971)

Lebende Haare

Lebende Haare dienen der Stoffausscheidung oder Stoffaufnahme. Zu ihnen gehören die Drüsenhaare, Brennhaare und Wurzelhaare (◘ Abb. 7.21d):

— **Drüsenhaare** sind meist vielzellig (◘ Abb. 7.9a–c, j). Die sekretorische Tätigkeit ist in der Regel auf die Endzelle beschränkt, die köpfchenartig anschwillt, plasmareich ist und einen großen Kern besitzt. Das im Protoplasma gebildete Sekret wird zunächst in den Raum zwischen Zellwand und Cuticula ausgeschieden (◘ Abb. 7.9a). Nach Zerreißen der Cuti-

cula kann das Sekret verdampfen oder es bleibt als klebriger Überzug zurück. Bei den Lippenblütlern (z. B. der Pfefferminze) treten Drüsenhaare mit mehreren, sekretorisch tätigen Zellen auf.

Drüsenhaare dienen vor allem der **Duftemission** (ätherische Öle). Der gelbliche Überzug der Mehlprimel stammt von **Mehlhaaren**, die Flavone (▶ Abschn. 11.2.2) in kristalliner Form abscheiden. Die große Basalzelle der **Klebstoffhaare** an den Staubblättern der Zaunrübe (*Bryonia dioica*, Cucurbitaceae) ist **endopolyploid** (▶ Abschn. 2.4), eine

Abb. 7.10 Pflanzliche Oberflächen. a–c, Stacheln. **a,** Brombeere (*Rubus fruticosus*, Rosaceae). Stacheln hinterlassen beim Abbrechen eine oberflächliche Narbe. **b,** *Mimosa* (Fabaceae). Die nach hinten gebogenen Stacheln helfen der Pflanze beim Klimmen. **c,** *Solanum pyracanthos* (Solanaceae). Gesamte Pflanze mit langen Stacheln bedeckt. **d, e,** Haare als Verdunstungsschutz. **d,** Neuseeländisches Edelweiß (*Leucogenes leontopodium*, Asteraceae). Blütenstand mit filzig behaarten Hochblättern. **e,** Wolliges Gliederkraut (*Sideritis dasygraphala*, Lamiaceae). Querschnitt durch ein beidseitig dicht behaartes Laubblatt. **f,** Zebrapflanze (*Tradescantia zebrina*, Commelinaceae). Dunkelrot gefärbte Blattunterseiten. **g–i,** Optische Effekte. **g,** Mittagsblume (*Carpobrotus*, Aizoaceae). Seidenglanz. **h,** Küchenschelle (*Pulsatilla*, Ranunculaceae). Samtglanz. **i,** Hahnenfuß (*Ranunculus illyricus*, Ranunculaceae). Lackglanz. (© R. Claßen-Bockhoff, Mainz)

Eigenschaft, die häufig in stoffwechselaktiven Drüsenhaaren auftritt.

- **Brenn-** oder **Nesselhaare** treten bei den Brennnesselgewächsen (Urticaceae; ◘ Abb. 7.9k) und Blumennesselgewächsen (Loasaceen; ◘ Abb. 11.16l) auf. Bei Berührung bricht die hakenförmig gekrümmte Haarspitze an einer präformierten, durch Kieselsäureeinlagerung brüchigen Stelle ab. Die schräg verlaufende Abbruchkante erinnert an die Spitze einer Injektionsnadel. Wie diese dringt das Haar in die Haut ein und spritzt ein Gemisch aus Natriumformamid, Histamin und Acetylcholin in die Wunde.

Emergenzen

Beispiele für Emergenzen sind die Sockel der *Urtica*-Brennhaare (◘ Abb. 7.9k), zahlreiche Nektarien (▶ Abschn. 11.3.2), Kolleteren (Drüsenzotten) und Stacheln:

- **Kolleteren** scheiden klebrige, harzartige Sekrete ab. Sie treten als kleine Auswüchse bevorzugt an Knospenschuppen, Blattstielen oder Knoten auf (◘ Abb. 7.22i).
- **Stacheln** entspringen den äußeren Gewebeschichten (Epidermis/Subepidermis) eines Organs (Sprossachse, Blatt, Wurzel; ◘ Abb. 7.10c–e). Im Gegensatz zu Dornen können sie leicht abgebrochen werden und hinterlassen lediglich eine oberflächliche Narbe (ähnlich einer Hautabschürfung; ◘ Abb. 7.10a). Auch die legendären Dornen der **Rosen** sind botanisch gesehen Stacheln.

Oberflächeneffekte

Die Epidermis bildet eine Grenzschicht, an der auftreffende Sonnenstrahlen wie an einem Prisma gebrochen, absorbiert und/oder reflektiert werden. Ihre Oberflächenstrukturierung und Pigmentierung schützen vor UV-Licht und vor Verbrennung bei hoher Strahlungsintensität (Lebende Steine; ▶ Abschn. 8.3.7), unterstützen die Lichtausnutzung bei schwacher Beleuchtung und lassen farbige Oberflächeneffekte entstehen, die Interaktionen mit Tieren ermöglichen.

Pigmente

Epidermiszellen weisen in der Regel kein Chlorophyll auf (Ausnahmen: Schließzellen der Spaltöffnungsapparate, einige Feucht- und Wasserpflanzen). Der grüne Eindruck der Blätter resultiert aus dem Blattgrün tiefer liegender Gewebe.

Schattenpflanzen vor allem tropischer Wälder weisen oft eine rot-violette Epidermis auf der Unterseite ihrer Blätter auf. Bekannte Beispiele liefern die Zimmerpflanzen der Gattungen *Calathea* (Marantaceae) oder *Tradescantia* (Commelinaceae; ◘ Abb. 7.10f). Die Färbung kommt durch Vakuolenfarbstoffe (Anthocyane; ▶ Abschn. 2.2 und 11.2.2) zustande. An den Pigmenten werden die Lichtstrahlen zurück ins Blattinnere gebrochen, wodurch die Lichtausbeute erhöht wird. Im **Blütenbereich** liegen die Farbstoffe in der Epidermis und darunterliegenden Schichten. Je nach Art und Anordnung der Pigmente kommt es zu sehr unterschiedlichen Farbwirkungen (▶ Abschn. 11.2.2).

Oberflächenskulptur

Die **physikalische** Beschaffenheit der pflanzlichen Oberfläche beeinflusst ihre optische Erscheinung und stellt besonders im Blütenbereich ein Signal für Blütenbesucher dar:

- **Seidenglanz** (◘ Abb. 7.10g) entsteht durch parallel angeordnete Cuticularfalten auf den Epidermiszellen. Die Glanzwirkung tritt nur auf, wenn die Lichtstrahlen senkrecht zum Streifenverlauf auftreffen, im anderen Fall erscheint die Oberfläche matt. Den gleichen Effekt kennt man von Damaststoffen, welche ihr Muster auch nur bei senkrecht auftreffendem Licht zeigen. Beispiele: Mittagsblumen (*Carpobrotus*), Alpenveilchen (*Cyclamen*).
- **Samtglanz** (◘ Abb. 7.10h) entsteht durch papillöse Oberflächen, die das Licht unterschiedlich brechen. Total reflektiertes Licht erscheint weiß. Strahlen, die mehrmals an den Seitenwänden der Papillen reflektiert werden, erscheinen farbig, satt und samtig. Beispiele: Küchenschelle (*Pulsatilla*), Stiefmütterchen (*Viola*).
- **Lackglanz** (◘ Abb. 7.10i) ist für die leuchtend gelben Nektarblätter vieler Hahnenfußarten (*Ranunculus*, Ranunculaceae) charakteristisch. An der Wirkung sind gelbe Öltropfen in der Epidermis und Stärkekörner im subepidermalen Gewebe beteiligt. Die Lichtstrahlen gehen durch die Farbschicht der Epidermis hindurch, erfahren an den Stärkekörnern eine Totalreflexion und werden wieder durch die Epidermiszellen zurückgeworfen. Hierdurch kommt eine starke Leuchtkraft bei hoher Farbsättigung zustande.

7.2.2 Rhizodermis und Exodermis

Die **Rhizodermis** (wörtl. „Wurzelhaut") ist das primäre Abschlussgewebe der Wurzel (▶ Abschn. 7.5.1). Sie ist einschichtig und ermöglicht durch ihre dünnen Zellwände **ohne Cuticula** die Wasser- und Nährstoffaufnahme. Die Rhizodermis gehört somit funktionell zu den **Absorptionsgeweben** (▶ Abschn. 7.5.1). Sie tritt nur in der Nähe der wachsenden Wurzelspitzen auf. Sehr bald, nach dem Absterben der Wurzelhaare, wird sie durch die **Exodermis** als sekundäres Abschlussgewebe ersetzt. Die Exodermis entspricht der Hypodermis, ist meist einschichtig und besteht aus toten, **verkorkten** Zellen (▶ Abschn. 2.2.4, 5.5.8, und 8.4.3).

7.2.3 Korkgewebe und Periderm

Als **Periderm** werden die Abschlussgewebe der Sprossachse und Wurzel bezeichnet, die **infolge von sekundärem Dickenwachstum** gebildet werden. Sie sind durch tote Zellen mit **wasserundurchlässigen**, **verkorkten** Zellwänden (▶ Abschn. 2.2.4) charakterisiert und schützen die Pflanze vor Wasserverlust.

Das Korkgewebe entsteht aus einem **Folgemeristem** (▶ Abschn. 6.3), dem Korkcambium oder **Phellogen**. Es wird in der Subepidermis oder in der Rinde durch

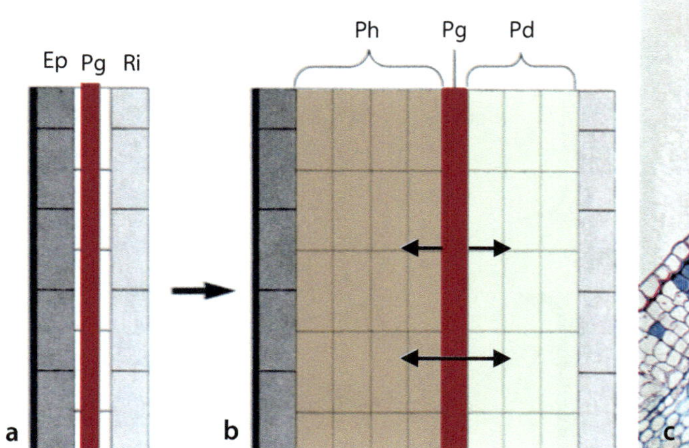

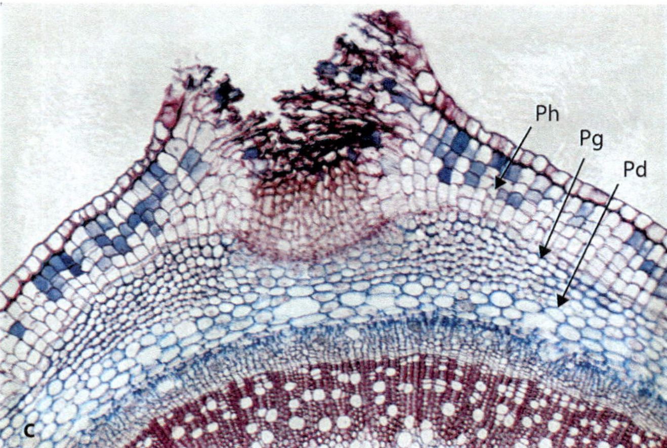

Abb. 7.11 Periderm. a, b, Bildung des Korkgewebes vor dem Aufreißen der Epidermis (Ep) (schematisch). **a,** Remeristematisierung der Subepidermis (oder einer Schicht des Rindenparenchyms, Ri) und Bildung des Korkcambiums (Pg, Phellogen: rot). **b,** Das Meristem gibt nach innen Zellen ab, die die lebende Korkrinde (Pd, Phelloderm: hellgrün) bilden, und nach außen Zellen, die durch Auflagerung von Suberinlamellen auf die Zellwand verkorken und ab-sterben (Ph, Phellem: hellbraun). **c,** Schwarzer Holunder (*Sambucus nigra*, Adoxaceae). Längsschnitt durch eine ältere Lenticelle. Die Epidermis ist abgesprengt und durch eine mehrschichtige Korkschicht ersetzt. Im Bereich der Korkwarze liegen die Korkzellen nach Auflösung der Mittellamellen vereinzelt vor. (© **a, b**: Original. **c**: Botanische Sammlungen der JGU Mainz)

Remeristematisierung von Parenchymzellen angelegt (■ Abb. 7.11a: Pg).

Das Periderm der **Sprossachse** umfasst den **Kork** als sekundäres und die **Borke** als tertiäres Abschlussgewebe (▶ Abschn. 8.2.3, ■ Abb. 8.6). Beide ersetzen funktionell die Epidermis, die dem Dickenwachstum nicht mehr durch Dilatationswachstum folgen kann (▶ Abschn. 7.2.1). In der **Wurzel** ersetzt das Periderm die Exodermis (▶ Abschn. 7.2.2) und entspricht damit einem tertiären Abschlussgewebe (▶ Abschn. 8.4.3, ■ Abb. 8.71). Es entwickelt sich aus Abkömmlingen des **Perizykels** (sekundäre Rinde), die nach **Remeristematisierung** zum **Phellogen** werden (▶ Abschn. 8.3.3).

Der Prozess der **Korkbildung** setzt stets **vor dem Absprengen** der Epidermis bzw. Exodermis ein. Das Phellogen ist ringförmig geschlossen, meist einschichtig und nach zwei Seiten hin tätig (dipleurisch; ■ Abb. 7.11b: Pg, Doppelpfeile). Nach innen entsteht neues Parenchymgewebe, das das Rindengewebe funktional ersetzt und daher als Korkrinde (Pd: **Phelloderm**) bezeichnet wird. Nach außen entsteht das **Phellem** (Ph). Es bildet im ausgewachsenen Zustand das **tote Korkgewebe**, das durch regelmäßig angeordnete Zellreihen (■ Abb. 7.11b), komplett verkorkte Zellwände und fehlende Interzellularen charakterisiert ist. Die persistierenden Zellwände sind wasser- und luftundurchlässig und können durch die Imprägnierung mit braunen **Phlobaphenen** (▶ Abschn. 2.2.4) antiseptische Eigenschaften erhalten. Phellogen, Phelloderm und Phellem bilden zusammen das **Periderm**, das somit das gesamte vom Korkcambium erzeugte Gewebe umfasst.

Das luftundurchlässige Korkgewebe der Sprossachse und Wurzel wird bei einigen Arten durch Korkwarzen (**Lenticellen**) unterbrochen (■ Abb. 7.11c und 8.21c, d), die der Durchlüftung des innen liegenden Grundgewebes dienen. Im Bereich der Korkwarzen löst sich der lückenlose Zellverband durch Lyse der Mittellamellen vollständig auf. Dadurch werden die Zellen vereinzelt. Sie liegen nun in einem lockeren Verband und treten aus dem Korkgewebe heraus (■ Abb. 7.11c).

Die Begriffe Periderm, Kork und Borke werden oft synonym gebraucht, vor allem dann, wenn die Entstehung des Abschlussgewebes nicht genau bekannt ist. Im Sprossbereich wird der Begriff **Periderm** als Oberbegriff über **Kork** (einmalige Erneuerung) und **Borke** (mehrfache Erneuerung) verwendet (▶ Abschn. 8.2.3), im Wurzelbereich meist nur auf das tertiäre Abschlussgewebe bezogen. In der **Umgangssprache** wird die Borke der Bäume als **Rinde** bezeichnet. Das ist botanisch irreführend, da die Rinde zum Grundgewebe (Parenchym) gehört und kein Abschlussgewebe ist (▶ Abschn. 8.2.1).

7.2.4 Endodermis

Die **Endodermis** ist eine **innen** liegende Grenzschicht, die den Stofftransport kontrolliert (▶ Abschn. 5.5.8 und 8.4.3). In einigen **Sprossachsen** tritt sie als **Leitbündelscheide** auf und reguliert den Übergang gelöster Teile in die Transportbahn der Pflanze (▶ Abschn. 7.4.2). Besondere Bedeutung kommt ihr in der **Wurzel** (und einigen monocotylen Rhizomen; ▶ Abschn. 8.2.4) zu, wo sie als **physiologische Scheide**

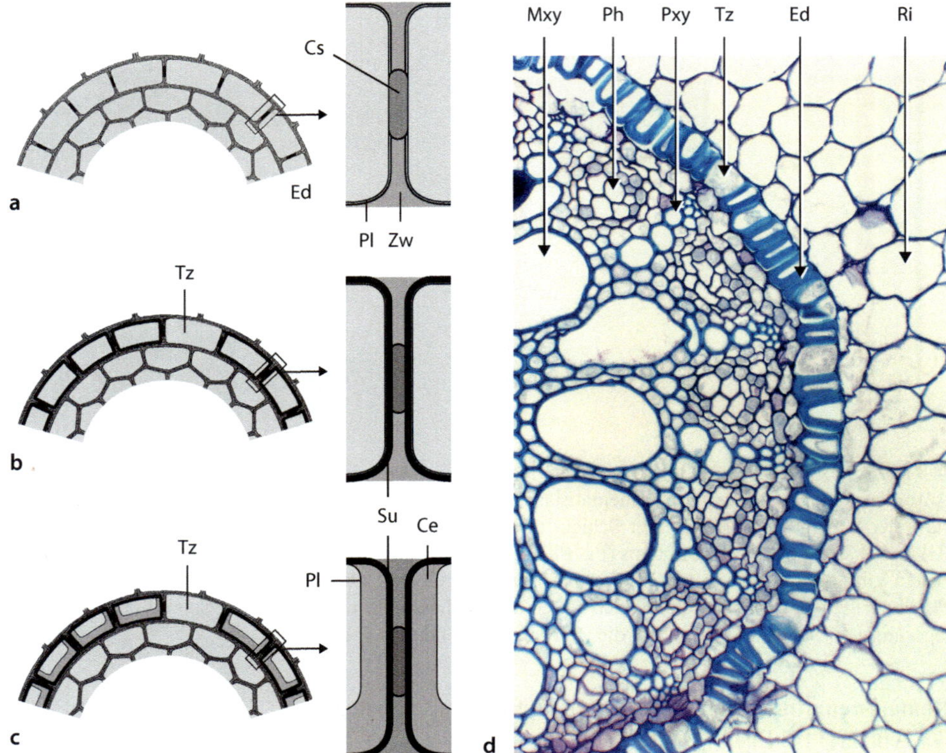

◘ Abb. 7.12 Endodermis. **a–c,** Entwicklung der Wurzelendodermis (schematisch). Links: Ausschnitt aus einem Wurzelquerschnitt. Rechts: Radialwand vergrößert. **a,** Primäre Endodermis (Ed). Imprägnierung der radialen Zellwände mit Suberin. Cs, Caspary-Streifen. Pl, Plasmalemma. Zw, Zellwand. **b,** Sekundäre Endodermis. Auflagerung von Suberinlamellen (Su) auf die Zellwände; einzelne Transferzellen (Tz) bleiben unverdickt. **c,** Tertiäre Endodermis. Auflagerung von Cellulose (Ce). **d,** Schwertlilie (*Iris*, Iridaceae). Tertiäre Endodermis in der Wurzel; die verdickten Zellwände sind im lichtmikroskopischen Bild deutlich erkennbar. Mxy, Metaxylemzelle. Ph, Phloem. Pxy, Protoxylem. Ri, Rindenparenchym. (© **a–c:** Lüttge et al. 1999, leicht verändert. **d:** Botanische Sammlungen der JGU Mainz)

den Übertritt der im Wasser gelösten Salze in den Symplasten kontrolliert (▶ Abschn. 7.4.1).

Die Endodermis der Wurzel ist **einschichtig** und weist **keine Interzellularen** auf. Ihre **Radialwände** sind durch Einlagerung **lipophiler Substanzen** (Suberin, Lignin) Wasser abweisend. Wasser und Nährsalze können daher nur bis zur Endodermis im Apoplasten transportiert werden. Dort kontrolliert das **Plasmalemma** (▶ Abschn. 2.2.2) aktiv die Zufuhr von Wasser und Salzen in den Symplasten.

Nach Art und **Ausmaß der Suberinisierung** werden drei Ausprägungen der Endodermis unterschieden:

1. **Primäre Endodermis** (◘ Abb. 7.12a): Die primäre Endodermis findet sich vor allem bei den **Dicotylen**. Die lipophilen Wände erscheinen im lichtmikroskopischen Bild nach Sudan-III-Färbung rot und bilden einen Streifen, der nach seinem Entdecker **Caspary-Streifen** heißt. Die Endodermis ist nur in der Wurzelhaarzone aktiv und wird im Zuge des sekundären Dickenwachstums abgesprengt.
2. **Sekundäre Endodermis** (◘ Abb. 7.12b): Bei den **Gymnospermen** wird der Zellwand zusätzlich eine Suberinschicht aufgelagert. Jetzt sind nur noch einzelne Transferzellen (Durchlasszellen) passierbar, die von dieser Beschichtung ausgenommen sind. Die stärkere Kontrolle des Wasserstromes kompensiert möglicherweise das Fehlen einer Exodermis (▶ Abschn. 5.5.8).
3. **Tertiäre Endodermis** (◘ Abb. 7.12c, d): Bei vielen **Monocotylen** wird die Zellwand der Endodermiszellen durch Auflagerung von Cellulose noch weiter verstärkt. Da die Wurzeln der Monocotylen kein sekundäres Dickenwachstum aufweisen, bleibt die Endodermis erhalten. Sie trägt ebenso wie die oft verholzenden Rinden- und Perizykelzellen (▶ Abschn. 8.4.3) zur allgemeinen Festigkeit der Wurzel bei.

7.3 Festigungsgewebe

Die **primäre Festigkeit** pflanzlicher Gewebe durch den Turgor reicht nicht aus, um der Pflanze aufrechten Wuchs und Halt zu verleihen (▶ Abschn. 5.4.3). Dies

Abb. 7.13 Nicht selbsttragende Pflanzen und Pflanzenteile. a, *Marah macrocarpus* (Cucurbitaceae). Die Pflanze überwuchert mittels Sprossranken die benachbarten Pflanzen. **b,** *Brownea coccinea* (Fabaceae). Laubschüttung. Die jungen Blätter haben noch keine Festigungselemente und erscheinen aufgrund der verzögerten Chlorophyllsynthese weiß. **c,** *Salvia nutans* (Lamiaceae). Der Blütenstand hängt zur Blütezeit über und richtet sich erst zur Fruchtzeit auf, wenn das Festigungsgewebe der Sprossachse voll entwickelt ist. (© R. Claßen-Bockhoff, Mainz)

wird erst durch Ausbildung spezieller **Festigungsgewebe** erreicht, deren Zellwände durch **Cellulose** verstärkt werden und ggf. zusätzlich **Lignin** einlagern. Dabei erhöht Cellulose die **Zugfestigkeit** und Lignin die **Druckfestigkeit** der Zellen und Gewebe (► Abschn. 2.2.4). Interzellularen fehlen in den meist Festigungsgeweben (aber Abb. 7.14h: Os).

Pflanzen **ohne Festigungsgewebe** (Abb. 7.13a) sind auf eine Stützstruktur angewiesen, um in die Höhe zu gelangen. Solche **nicht selbsttragenden** Pflanzen sind die Winde-, Klimm- und Kletterpflanzen (► Abschn. 6.10.2):

- Bei den im Alter verholzenden **Lianen** sind die Jugendstadien oft selbsttragend, während die älteren Stadien umstehende Bäume als Stütze verwenden (Abb. 6.55b, d).
- Die **Laubschüttung** tropischer Bäume (Abb. 7.13b) beruht darauf, dass die jungen Triebe und Blätter sehr schnell wachsen. Da Festigung und Chlorophyllsynthese erst später einsetzen, hängen die bleichen Triebe herab und richten sich erst nach ein bis zwei Wochen auf (s. Juvenilrot in ► Exkurs 8.8).

- Das Gleiche gilt für einige **überhängende** Blütenstände, die sich erst nach der Bildung von Festigungsgewebe zur Fruchtzeit aufrichten (z. B. Nickender Salbei, *Salvia nutans*, Lamiaceae; Abb. 7.13c).

7.3.1 Kollenchym

Kollenchyme sind die Festigungsgewebe **wachsender Pflanzenteile**. Sie bestehen aus **lebenden**, mäßig gestreckten Zellen mit **Primärwänden**, die **lokal** Wandverdickungen aufweisen:

- Beim **Ecken-** oder **Kantenkollenchym** (Abb. 7.14a, d) sind die Zellen allseitig durch vier bis sechs längs verlaufende Cellulosestränge verdickt. Im Querschnitt erscheinen sie vieleckig mit verdickten Zellwänden in den ‚Ecken'.
- Beim **Plattenkollenchym** (Abb. 7.14b) sind nur die Tangentialwände verdickt, d. h. die zur Oberfläche des Organs parallel liegenden Wände. Der Querschnitt erscheint annähernd rechteckig.

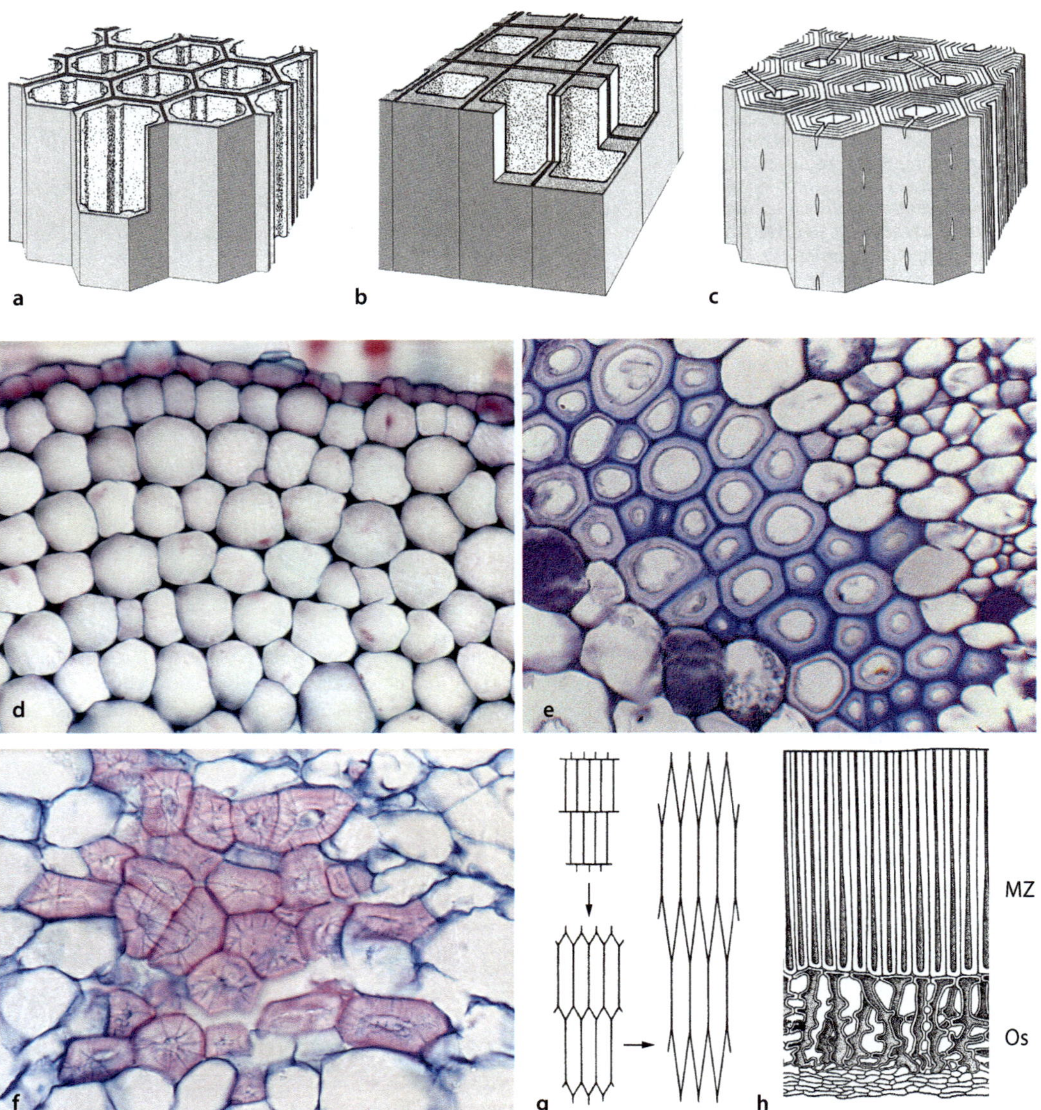

Abb. 7.14 Festigungsgewebe. a–c, Festigungsgewebe (schematisch). **a,** Eckenkollenchym. **b,** Plattenkollenchym. **c,** Sklerenchymfasern. **d,** Buntnessel (*Solenostemon*, Lamiaceae). Eckenkollenchym in der Sprossachse. **e,** Primel (*Primula*, Primulaceae). Ausschnitt aus der Leitbündelscheide mit Sklerenchymzellen. **f,** Birne (*Pyrus*, Rosaceae). Steinzellen (Sklereiden) im Fruchtgewebe mit deutlich erkennbaren Tüpfelkanälen in den verdickten Zellwänden. **g,** Entwicklung von Sklerenchymfasern. Durch Wachstum an ihren Enden nehmen die Zellen unter wechselseitiger Verzahnung Fasergestalt an (intrusives Wachstum). **h,** Paternostererbse (*Abrus precatorius*, Fabaceae; ■ Abb. 12.6a). Stark verholzte Malpighische Zellen (MZ) in der Samenschale; die subepidermale Schicht besteht aus ‚Knochenzellen' (Os, Osteoskleriden), besonders gestalteten Skleriden, die von Interzelluaren durchbrochen sind und ein insgesamt knochenartiges Gewebe erzeugen. (© **a–c:** Nultsch 2001 (Thieme Gruppe). **d–f:** Botanische Sammlungen der JGU Mainz. **g, h:** Troll 1973)

Die Wände der Kollenchymzellen bleiben meist **unverholzt**. Aufgrund ihres hohen Pektinanteils sind sie stark quellbar (griech. *kolla*, „Leim"). Dadurch besitzen die Zellen trotz ihrer Festigkeit eine bedeutende **Elastizität** und **Dehnbarkeit**. Kollenchym kommt vor allem in den peripheren Schichten krautiger Sprossachsen vor (■ Abb. 8.14a, c). Ein bekanntes Beispiel ist der vierkantige Stängel der Lippenblütler (Lamiaceae), der durch vier gleichmäßig verteilte Eckenkollenchyme im Querschnitt quadratisch wird.

7.3.2 Sklerenchym

Sklerenchymzellen treten als Faserstränge oder Einzelzellen auf. Sie sind mit ihren verdickten und meist **verholzten** Sekundärwänden (griech. *skleros*, „trocken", „hart") wesentlich festere Elemente als die Kollenchymzellen, nicht mehr dehnbar und im funktionellen Zustand meistens **tot**. Zwischen Kollenchym- und Sklerenchymzellen gibt es **Übergänge**, da Zellwandverdickung und Verholzung Prozesse sind, die graduell ablaufen.

Pflanzenfasern

Sklerenchymfasern sind meist spindelförmig (**prosenchymatisch**) und erreichen eine bedeutende Länge durch **Spitzenwachstum**. Oft liegen die Zellen in **Fasersträngen (Faserbündeln)** zusammen (◘ Abb. 7.14c). Deren Festigkeit wird durch Verzahnung der zugespitzten Zellenden und fehlende Interzellularen gesteigert (◘ Abb. 7.14g). Die Faserstränge können mehrere Meter lang werden (◘ Tab. 7.2), während die einzelnen Faserzellen oft nur 1–2 mm lang und 20 µm dick sind. In der Literatur wird oft nicht zwischen Bündel- und Zelllänge unterschieden, sodass der Eindruck entsteht, Faserzellen seien grundsätzlich sehr lang. Tatsächlich treten lange Zellen aber nur vereinzelt auf, z. B. beim Lein (*Linum usitatissimum*, Linacerae: 2–6 cm), bei der Brennnessel (*Urtica dioica*, Urticaceae: bis 8 cm) oder beim Manila-Hanf (*Musa textilis*, Musaceae: bis 35 cm; ◘ Abb. 7.15d, ◘ Tab. 7.2).

Fasern kommen in gesonderten Festigungsgewebe (**Sklerenchym**; ◘ Abb. 7.14e) und als **Holz-** und **Bastfasern** in den Leitbündeln der Pflanzen vor (◘ Abb. 7.16f, g, ► Abschn. 8.2.3). Holzfasern haben stets verholzte Wände, Bastfasern können auch unverholzt bleiben (viele Monocotylen). Während Holzfasern nur im Holz von Dicotylen auftreten, sind Bastfasern bei allen Gefäßpflanzen zu finden (◘ Tab. 8.2).

Pflanzenfasern spielen im **Alltagsleben** eine bedeutende Rolle (◘ Abb. 7.15). Aufgrund ihrer spezifischen Eigenschaften wie Zugfestigkeit, Spinnbarkeit und Anfärbbarkeit sind sie der natürliche Rohstoff für **Gewebe** und **Seile** aller Art. Ihre **Qualität** und **technische Verwertbarkeit** hängen dabei von der Faserlänge, Zellwandtextur und Zellwandverholzung ab:

- **Weichfasern** (z. B. Flachs, Lein, Hanf, Ramie; ◘ Tab. 7.2) sind **biegefest** und **elastisch**. Sie sind wenig verholzt, haben oft eine **Ring-** oder **Schraubentextur** (◘ Abb. 2.15c) und sind daher in ihrer Längsrichtung **dehnbar**. Aus ihnen werden bevorzugt Gewebe hergestellt. Auch die Brennnessel lässt sich verspinnen. Das resultierende **Nesseltuch** ist aber aufgrund der mangelnden Reinheit der Fasern relativ rau und hat eine minderwertige Qualität.

◘ **Tab. 7.2 Technisch genutzte Faserpflanzen.** Sortiert nach Art der Faser, Familie und Zelllänge. Daten aus Bredemann und Garber 1959; Flindt 2000; Bismarck et al. 2005; Lieberei und Reisdorff 2012; Renz-Rathfelder 1992

Deutscher Name	Lateinischer Name	Familie	Art der Faser	Länge Zelle [cm]	Länge Bündel [cm]	RF [N/mm²]
Baumwolle[4a,4b,5,6]	*Gossypium herbaceum* *G. hirsutum* *G. arboreum* *G. barbadense*	Malvaceae	Samenhaare	1,8–2,2 2–3 3–4	entfällt	432
Kapok[5,6]	*Ceiba pentandra*		Fruchthaare	1–3,5	entfällt	
Jute[4a]	*Corchorus capsularis* *C. olitorius*	Tiliaceae	Bastfasern (Sprossachse)	0,02	100–350	402
Hanf[3]	*Cannabis sativa* ssp. *sativa*	Cannabaceae		0,05–0,55	≥ 200	824
Lein, Flachs[1]	*Linum usitassimum*	Linaceae		2–6	15-92	746
Ramie[3]	*Boehmeria nivea*	Urtiaceae		20–30	≥ 200	932
Brennnessel[1]	*Urtica dioica*			bis 8	70–210	
Bengalischer Hanf[4a]	*Crotalaria juncea*	Fabaceae				
Sisalagave[5]	*Agave sisalana*	Agavaceae	Blattfasern	0,3	100–200	392
Manilahanf[4a]	*Musa textilis*	Musaceae		bis 35	150–350	399
Neuseeländischer Flachs[7]	*Phormium tenax*	Asphodelaceae		0,7	≥ 300	
Zwergpalme[1]	*Chamaerops humilis*	Arecaceae				
Bastpalme[4b]	*Raphia farinifera*				≥ 150	
Kokospalme[7]	*Cocos nucifera*		Fruchtfasern	0,05	21	175

RF, Reißfestigkeit, umgerechnet in N/mm². Herkunft: [1]Europa, [2]Nordamerika, [3]Zentral-/Ostasien, [4a] Paläotropis: Asien, [4b] Paläotropis: Afrika, [5]Mittelamerika, [6]Südamerika, [7]Ozeanien

◘ **Abb. 7.15 Pflanzenfasern. a–c,** Sisalagave (*Agave sisalana*, Agavaceae). **a,** Pflanze mit steifen, sukkulenten Blättern. **b,** Hartfasern in den Blättern **c,** Sisalfasern. **d,** Manilahanf (*Musa textilis*, Musaceae). Bindematerial aus Blattfasern. **e–f,** Linde (*Tilia*, Malvaceae). Bast (**e**) und Kordel aus Bastfasern (**f**). **g,** Seile aus verschiedenen Pflanzenfasern. **h,** Kokospalme (*Cocos nucifera*, Arecaceae). Fasern der Fruchtwand (Mesokarp; ▶ Abschn. 12.2.3). **i,** Wollbaum (*Bombax*, Malvaceae). Puppe aus Bastfasern. Tropisches Afrika. **j,** Schwammkürbis oder vegetabilischer Schwamm (*Luffa*, Cucurbitaceae). Frucht nach Entfernen der äußeren Fruchtwand. Die Sklerenchymscheiden der dicht vernetzten Leitbündel sind quellbar und verleihen der Frucht im nassen Zustand schwammartige Eigenschaften. (© R. Claßen-Bockhoff, Mainz)

- **Hartfasern** sind **zugfest** und **stärker verholzt**. Die Cellulosefibrillen sind der Zellwand meist in Längsrichtung aufgelagert (**Längstextur**). Aus Hartfasern werden bevorzugt Seile und Taue hergestellt. Beispiele liefern die Sisalagave (⬛ Abb. 7.15a–c), der Manilahanf (⬛ Abb. 7.15d) und Neuseeländische Flachs (⬛ Tab. 7.2).

Sklerenchymzellen (Sklereide)

Kürzere, oft **isodiametrische** (▶ Abschn. 7.1) und stumpf endende Festigungszellen werden **Sklereide** genannt. Ihre sehr dicken, geschichteten Wände lassen nur ein kleines Lumen im Inneren frei, in das verzweigte **Tüpfelkanäle** als Verbindung zu den Nachbarzellen münden (⬛ Abb. 7.14f). Sklereide bilden als **Steinzellen** die druckfesten Hüllen von Steinfrüchten und Nüssen, kommen aber auch in Rinden und Borken, im Mark von Sprossachsen und im Fruchtfleisch von Quitten (*Cydonia*, Rosaceae) und Kirschen (*Prunus*, Rosaceae) vor. Im Fruchtfleisch der Birne (*Pyrus*, Rosaceae) liegen die Steinzellen in Gruppen zusammen und sind als Körnchen wahrnehmbar (⬛ Abb. 7.14f).

Längere, oft **säulenförmige Sklerenchymzellen** (Malpighische Zellen) sind in den Wänden von Kapselfrüchten oder als dickwandige, gestreckte Epidermiszellen von Samen zu finden (⬛ Abb. 7.14h). Als **Idioblasten** kommen Sklereide vereinzelt als Festigungszellen in Blättern immergrüner Pflanzen vor (z. B. in Teeblättern, *Camellia sinesis*, Theaceae).

7.4 Leitgewebe

Über kurze Strecken ermöglichen Diffusion und aktive Transportvorgänge eine Stoffverteilung von ausreichender Geschwindigkeit. Über größere Entfernungen, z. B. zwischen den Wurzeln im Boden und den Blättern im Luftraum, erfolgt der Transport in besonderen Leitgeweben (Xylem, Phloem), die in **Leitbündeln** angeordnet sind (▶ Abschn. 7.4.3, 5.5.2, 8.2.1 und 8.2.4).

Xylem (griech. *Xýlon*, „Holz") und **Phloem** (gesprochen Phloëm, griech. *phloios*, „Bast", „Siebteil") sind **Gewebesysteme**, deren Elemente in **Längsreihen** angeordnet sind. Durch Auflösung oder Durchbrechung der Querwände entstehen **Röhrensysteme**, die besonders gut für Wasser- und Stoffleitung geeignet sind.

7.4.1 Xylem und Wassertransport

Wasser wird von den Wurzeln aus dem Boden aufgenommen und über die **Endodermis** (▶ Abschn. 7.2.4) in die **Xylembahnen** transportiert (⬛ Abb. 8.1). Aufgrund des **Transpirationssogs** strömt es **passiv** durch die Pflanze bis zu den Blättern, wo ein Großteil des Wassers bei geöffneten **Stomata** als Wasserdampf abgegeben wird (⬛ Abb. 7.8, ▶ Abschn. 7.2.1). Der ständige Wasserverlust durch Transpiration ist der **Motor des Wassertransportes** (▶ Abschn. 5.3.5). Er erzeugt den Sog, durch den das Wasser in Form eines **kapillaren Wasserfadens** vom Boden bis zum Blatt geleitet wird. Reißt der Faden, z. B. durch das Eindringen von Luft (Embolie), ist die Wasserzufuhr unterbrochen.

Um den Wassertransport zu gewährleisten, müssen bestimmte **Anforderungen** erfüllt sein. Angesichts der enormen **Distanzen** (Bäume können 100 m hoch werden; ▶ Exkurs 6.8) müssen **Reibungswiderstände** möglichst klein gehalten werden, der **Unterdruck**, der sich durch die Sogwirkung in den Leitbahnen entwickelt, durch Festigungselemente kompensiert und das Leitgewebe vor **Embolien** (Eindringen von Luft) geschützt werden. Das **Xylem** erfüllt alle diese Funktionen. Es stellt ein **Gewebesystem** dar, in dem Parenchymzellen (Holzparenchym), Sklerenchymfasern (Holzfasern: nur Angiospermen) und Wasserleitelemente (Tracheiden, Tracheen) effektiv zusammenwirken:

- Das **Holzparenchym** übernimmt als das einzig lebende Gewebe im Xylem Transportaufgaben, kontrolliert die Abgabe von Ionen und anderen gelösten Stoffen in das Lumen der Leitelemente und dient der Speicherung organischer Substanzen (z. B. Stärke, Öle). Es kann bei Pflanzen ohne Kernholzbildung (▶ Abschn. 8.2.3). über 100 Jahre lang aktiv bleiben.
- Die spindelförmigen **Holzfasern** dienen der Festigung und weisen dementsprechend dicke, stark verholzte Zellwände auf. Sie fehlen bei den Gymnospermen, bei denen die stark verholzten Tracheiden die Doppelfunktion des Wassertransportes und der Festigung erfüllen (⬛ Tab. 8.2).
- Zu den Wasserleitzellen zählen die phylogenetisch älteren **Tracheiden** (▶ Abschn. 5.4.2), die bei allen Bärlapp-, Farn- und Samenpflanzen zu finden sind, und die wesentlich effizienteren **Tracheen** (Gefäße), die bei den Blütenpflanzen **zusätzlich** zu den Tracheiden auftreten (⬛ Tab. 8.2). Einzelne Vertreter der Moos-

7

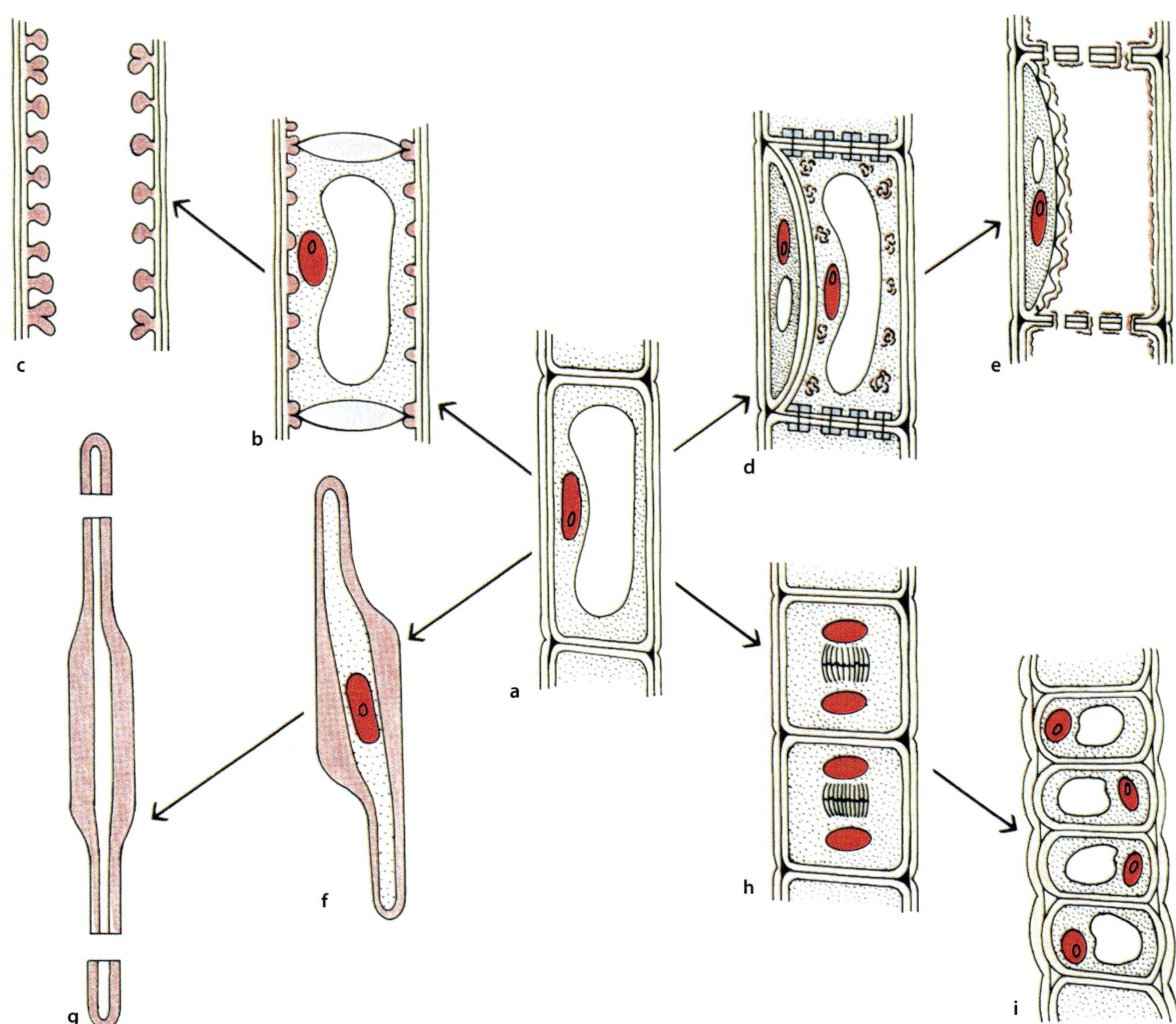

□ **Abb. 7.16 Zelldifferenzierung im Xylem und Phloem. a**, Cambiumzelle (▶ Abschn. 8.1.2). **b**, Differenzierung zur Trachee. **c**, Trachee (tot) mit Zellwandverdickungen und aufgelösten Querwänden. **d**, Junger Siebröhren-Geleitzellen-Komplex nach inäqualer Zellteilung. **e**, Lebende Siebröhrenzelle (ohne Zellkern, Vakuole auf- gelöst) mit siebartig durchbrochenen Querwänden und Geleitzelle. **f**, Differenzierung zur Faserzelle. **g**, Tote Holz- oder Bastfaser mit ver- holzten Zellwänden. **h**, Teilungsfähige Zellen. **i**, Lebende Holz- bzw. Bastparenchymzellen. (© Raven et al. 2006)

farne (*Selaginella*, Lycophyta), Farne (*Equisetum*, Schachtelhalme; *Pteridium aquilnum*, Adlerfarn; *Marsilea*, Kleefarn) und Gymnospermen (Gnetales) weisen ebenfalls tracheenähnliche Röhrensysteme auf, die vermutlich **mehrfach unabhängig** voneinander entstanden sind (▶ Abschn. 5.5.2 und 5.5.6).

Tracheiden und Tracheen

Wasserleitzellen sind **tote Zellen** mit **Zellwandver- stärkungen** und **Tüpfeln**. Das Absterben des Protoplasten führt zu einer Verbesserung des **Ferntransportes**, da tote Zellen dem Wasserstrom einen wesentlich geringeren **Widerstand** entgegensetzen als lebende Zellen (▶ Abschn. 5.4.2). Ausgeprägte Zellwandversteifungen halten dem Unterdruck stand und schützen die Zellen vor dem **Kollabieren**. Die dichte Anordnung der Wasser- leitelemente in längs verlaufenden **Strängen** und deren **allseitige Verbindung** über stark getüpfelte Zellwände (▶ Abschn. 2.2.4) führen zu einem **effizienten Wasserleit- system**. Es kann über einen relativ großen Querschnitt Wasser leiten und ist gleichzeitig durch spezifisch ge- staltete **Hoftüpfel** vor der Ausbreitung von Luftblasen im System geschützt.

Tracheiden

Tracheiden (gesprochen Trachëiden; ▶ Abschn. 5.4.2) sind 0,3–10 mm lang gestreckte, **spindelförmige** Zellen (◘ Abb. 7.17a, b) mit einem Durchmesser von 20–40 μm. Sie liegen in eng verzahnten Strängen zusammen und besitzen schräg verlaufende Querwände, durch die die Kontaktfläche zwischen zwei aneinandergrenzenden Zellen vergrößert wird:

- Bei den **Gymnospermen** (◘ Abb. 7.17a) sind die Wände oft komplett **verholzt** und lassen nur die zahlreichen Tüpfelkanäle frei. Damit tragen die Tracheiden zur **Festigung** des Gewebes bei.
- Bei den **Angiospermen** (◘ Abb. 7.17b) treten weniger versteifte Tracheiden mit Ring-, Schrauben- und Netztextur auf. Die Festigung des Gewebes wird durch **Holzfasern** gewährleistet. Die Beschränkung

der Tracheiden auf die Wasserleitfunktion erlaubt den Zellen, die Verholzung auf **lokal verdickte** Leisten zu reduzieren und damit eine höhere Elastizität zu erhalten.

Tracheen

Tracheen (**Gefäße**) leiten das Wasser um ein Vielfaches **besser** als Tracheiden. Sie weisen nicht nur einen deutlich weiteren **Durchmesser** auf, sondern bilden durch Auflösung ihrer Querwände auch durchgehende **Röhrensysteme**.

Junge Tracheenzellen strecken sich und beginnen dann, ihre **Querwände** enzymatisch aufzulösen (◘ Abb. 7.17c–e). Der Prozess schreitet bis zur völligen **Auflösung** fort, wodurch die übereinanderliegenden Zel-

◘ **Abb. 7.17   Wasserleitzellen.** **a, b,** Tracheiden. **a,** Tüpfeltracheide in der Seitenansicht. **b,** Ringtracheide im Längsschnitt. **c–j,** Tracheen. **c–g,** Differenzierung einer Trachee: Zellstreckung (**c–e**), Tüpfelbildung und Auflösung der Querwände (**e, f**), Absterben des Protoplasten (**f, g**). **h–j,** Von links nach rechts: Ring-, Spiral- und Netztracheen. **k,** Thyllenbildung. Längs aufgeschnittene Ringtrachee (Rta) (schematisch). Ausstülpungen von Holzparenchymzellen (HoPa) führen zur Verstopfung der Trachee (Th, Thylle). Tü, Tüpfel. V, Vakuole einer Parenchymzelle. **l–n,** Hoftüpfel. **l,** Funktionsweise. Links: Normalzustand. Rechts: Im Falle einer Embolie drückt die eingetretene Luft den Torus (schwarz) gegen den Porus (Pfeil) und verschließt den Hoftüpfel. **m, n,** Kiefer (*Pinus sylvestris*, Pinaceae). **m,** Hoftüpfel im rasterelektronenmikroskopischen Bild. Balken: 50 μm. **n,** Blick auf einen Tüpfel. Die Schließhaut (Sh) ist im Tüpfelbereich bis auf den elastisch an Fibrillen aufgehängten Torus (To) aufgelöst. Balken: 5 μm. (© **a, b, k**: Kück und Wolff 2009. **c–j**: Nultsch 2001 (Thieme Gruppe). **m, n**: B. Dittmann & R. Claßen-Bockhoff, Mainz)

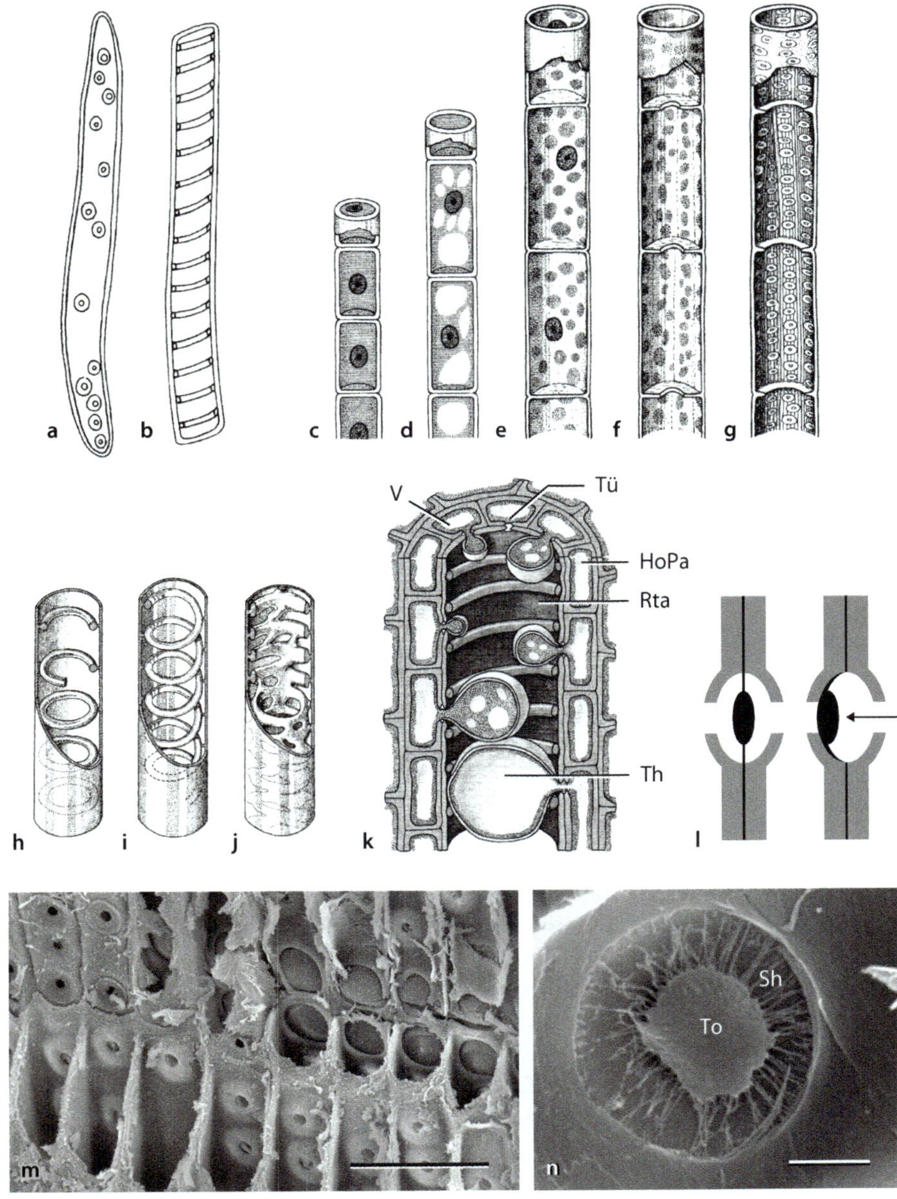

len miteinander verbunden werden. Gleichzeitig sterben die Protoplasten ab (◘ Abb. 7.17e–g). Den Zellwänden werden ring-, schrauben- oder netzförmige Verdickungsleisten aufgelagert (◘ Abb. 7.17h–j), die die Zellen stabilisieren, ohne sie starr werden zu lassen.

Tracheen erreichen eine **Weite** von etwa 30–300 μm. Extremwerte von bis zu 700 μm (Flindt 2000) finden sich bei Lianen (► Abschn. 6.10.2), die bei einem relativ geringen Stammdurchmesser ein umfangreiches Laubwerk zu versorgen haben. Die **Länge** der Gefäßröhren reicht von einigen Zentimetern bis zu mehreren Metern (Eiche: bis 5 m; Lianen: bis 10 m!). Lange Röhren sind im Abstand von einigen Dezimetern durch Querwände unterbrochen, die vermutlich die Gefahr der Luftembolie mindern.

Tracheen sind über mehrere Jahre hinweg aktiv oder werden am Ende der Vegetationsperiode irreversibel durch **Thyllen** verstopft. Thyllen sind blasige Aussackungen benachbarter Holzparenchymzellen, die durch die Tüpfel in den Tracheenraum hineinwachsen (◘ Abb. 7.17k).

Hoftüpfel

In Zellen mit sehr starker Zellwandversteifung (also vor allem bei Nadelhölzern) treten spezielle Tüpfel auf, die wegen ihrer Gestaltung als **Hoftüpfel** bezeichnet werden. Sie ermöglichen trotz der hohen Wandfestigkeit einen **effizienten Wassertransport** und verhindern gleichzeitig den Eintritt von Luftblasen (**Embolie**) in die Wasserleitbahn.

Tüpfel weisen eine **Schließhaut** auf, die aus der von Plasmodesmenfeldern durchsetzten Mittellamelle und deren dünner Primärwandauflagerung besteht (► Abschn. 2.2.4). Bei den Hoftüpfeln (◘ Abb. 7.17l–n) ist der mittlere Teil der Schließhaut zum **Torus** (◘ Abb. 7.17n: To) verdickt, während die übrige Schließhaut (Sh) bis auf einzelne Fibrillen, an denen der Torus elastisch aufgehängt ist, aufgelöst ist. Es entsteht somit ein ringförmiges Loch in der Zellwand, durch das Wasser ungehindert fließen kann. Die Sekundärwand, die üblicherweise über einem Tüpfel ausgespart bleibt, überwallt den Tüpfel und bildet über ihm einen Hof mit einer kreisrunden Öffnung, den **Porus**. Mit dieser Konstruktion kann der Tüpfelkanal bei Eintritt von Luftblasen verschlossen und die Pflanze vor Embolie geschützt werden. Der Hoftüpfel funktioniert dabei nach dem Prinzip eines **Klappenventils**. Bei einseitigem Druck legt sich der Torus dem Porus an und verschließt den Tüpfel (◘ Abb. 7.17l: Pfeil). Damit wird die Tracheide gegenüber den Nachbarzellen isoliert, und die in ihr enthaltenen Luftblasen können sich nicht innerhalb des Tracheidensystems ausdehnen. **Zweiseitig behöfte** Tüpfel finden sich innerhalb eines Stranges toter Trachei-

den, **einseitig behöfte** Tüpfel dort, wo eine Tracheide an eine lebende Parenchymzelle grenzt.

Wasserleitung

Transpiration, Wassertransport und Wasseraufnahme sind untrennbar miteinander gekoppelte Prozesse.

Wasseraufnahme

Die Wasseraufnahme der Pflanze erfolgt überwiegend aus dem Boden. Dabei spielt weniger das freie Wasser im Boden eine Rolle als vielmehr das **Haftwasser**, das an Bodenpartikel oder als **Hydratationswasser** an Bodenkolloide und Ionen gebunden ist. Das **Wasser** und die in ihm **gelösten Ionen** und **Nährsalze** werden von den **Wurzelhaaren** der Rhizodermis aufgenommen (► Abschn. 7.5.1):

- Beim **apoplastischen Transport** diffundiert das Wasser durch die Zellwand bis zur **Endodermis**, wo der Übertritt in den Symplasten erzwungen wird (Caspary-Streifen; ► Abschn. 7.2.4). Das **Plasmalemma** ist **semipermeabel** (► Abschn. 2.2.2). Es lässt Wasser dem Konzentrationsgefälle folgend durchströmen, kontrolliert aber aktiv die Aufnahme der Ionen und Nährsalze. Durch Spannungsänderungen der Membran (Protonenpumpe; ► Abschn. 2.2.2) können Ionen und Salze selektiv auch gegen das Konzentrationsgefälle transportiert werden. Nach Überwindung der ‚physiologischen Scheide' kann das Wasser mitsamt Ionen und Salzen wieder in den Apoplasten eintreten und dort bis zu den Xylemelementen geführt werden, oder es wird symplastisch weitergeleitet.
- Beim **symplastischen Transport** erfolgt der Übertritt des Wasserstromes in den Symplasten bereits im Bereich der Wurzelhaare und der Wassertransport setzt sich über die **Plasmodesmen** von Zelle zu Zelle fort.

Wassertransport

Angetrieben durch den Transpirationssog wird das Wasser ohne zusätzlichen Energieaufwand von der Wurzel in die Blätter transportiert. In ihm sind Ionen und Nährstoffe gelöst, selten auch Zucker (z. B. bei Bäumen im Frühjahr, wenn Speicherstoffe mobilisiert werden) oder Aminosäuren (z. B. beim Export organischen Stickstoffs aus Wurzelknöllchen (► Exkurs 8.11)).

Die hohe **Reißfestigkeit** der kapillaren Wasserfäden ergibt sich aus der Fähigkeit der Wassermoleküle zur **Wasserstoffbrückenbindung**. Unter dem Einfluss von Schwerkraft und Reibungswiderständen wird ein Transportweg von maximal 122–130 m bei aufrecht wachsenden Bäumen (Koch et al. 2004) bzw. bis zu 300 m Länge bei horizontal aufliegenden **Lianen** erreicht.

Die **Transportgeschwindigkeit** variiert erheblich. Sie beträgt bei Nadelhölzern etwa 1,5 m pro Stunde und liegt bei Laubbäumen meist höher (1–10 m pro Stunde). Gehölze wie die Robinie oder Eiche erreichen Werte von 30–40 m pro Stunde und Lianen mit ihren großlumigen Tracheen Spitzenwerte von 150 m pro Stunde (Flindt 2000).

Transpiration, Guttation und Wurzeldruck

Die durch Transpiration abgegebene Wassermenge variiert mit dem Klima und der Art der Beblätterung. In Mitteleuropa verdunstet ein mittelgroßer Laubbaum 4–5 l/m^2 pro Tag. Bei einem Apfelbaum mit 31 m^2 Blattfläche sind es etwa 150 l, bei einer Buche mit 400 m^2 Blattfläche bis zu 2000 l pro Tag (Flindt 2000; Körner 2014). Die Wasserdampfabgabe ist die Triebkraft für den Wassertransport und schützt die Blattoberfläche durch die einsetzende Verdunstungskälte vor Überhitzung.

Ist die Atmosphäre mit Wasserdampf gesättigt oder bleiben die Stomata eine Weile geschlossen (z. B. nachts), kommt der Transpirationssog zum Erliegen. In diesem Fall wird Wasser **aktiv** durch einen von der Wurzel erzeugten Druck durch die Pflanze transportiert. Zellen des Holzparenchyms geben unter ATP-Verbrauch anorganische Ionen in die Tracheiden und Tracheen ab. Die Konzentrationserhöhung im Inneren der Wasserleitzellen bewirkt einen **passiven Einstrom** von Wasser aus dem Boden in den Apoplasten. Nach Überwindung der Endodermis strömt das Wasser im Symplasten weiter zu den Wasserleitzellen, in denen sich durch ständig nachströmendes Wasser ein hydrostatischer Druck, der **Wurzeldruck**, aufbaut. Wasser, das nicht verdunsten kann, wird in flüssiger Form abgeschieden und lässt sich z. B. an den gekerbten Blatträndern des Frauenmantels (*Alchemilla*; ◘ Abb. 7.22c) beobachten. Der Prozess der Wasserabscheidung in Tropfenform heißt **Guttation** und erfolgt durch Drüsenzellen am Blattrand (Hydathoden; ▶ Abschn. 7.6.1).

7.4.2 Phloem und Assimilattransport

Als **Assimilate** bezeichnet man die **organischen Substanzen**, die im Zuge der Photosynthese von den Pflanzen selbst synthetisiert werden. Ihr Bildungsort (*source*) ist das Mesophyll der Blätter (▶ Abschn. 8.3.6). Die organischen Substanzen (überwiegend Kohlenhydrate) werden **passiv** durch Diffusion oder unter **Energieverbrauch** in die stoffleitenden Zellen (**Siebelemente**) des Phloems überführt (**Phloembeladung**) und zu den Orten ihres Verbrauchs (wachsende Pflanzenteile) oder ihrer Speicherung transportiert (*sinks*). Nach der **Phloementladung** stehen sie als Nähr- oder Speicherstoffe zur Verfügung.

Das Phloem besteht aus **Siebelementen** (Siebzellen, Siebröhre mit Geleitzelle), Parenchymzellen (**Bastparenchym**) und meist toten, verholzten oder unverholzten **Bastfasern** (◘ Tab. 8.2). Wie das Xylem stellt das Phloem ein **Gewebesystem** dar, in dem unterschiedlich differenzierte Dauerzellen eine funktionelle Einheit bilden:

— Zu den Siebelementen zählen die evolutiv älteren **Siebzellen**, die bei Bärlapp- und Farnpflanzen, Gymnospermen und einigen Basalen Angiospermen auftreten (◘ Abb. 5.26e–h), sowie die wesentlich effektiveren **Siebröhren** der Angiospermen.
— Das **Bastparenchym** (◘ Abb. 7.16i) ist an der Be- und Entladung der Siebelemente beteiligt.
— Die **Bastfasern** (◘ Abb. 7.16g) wirken dem Gewebedruck entgegen und schützen die Parenchymzellen vor dem Kollabieren.

Siebzellen und Siebröhrengeleitzellen

Wie im Xylem liegen die Siebelemente in Längsreihen vor und bilden **Leitbahnen**. Der Name ‚Siebelemente‘ nimmt auf die **Durchbrechung der Querwände** Bezug, durch die die Symplasten aufeinanderfolgender Siebzellen miteinander in Kontakt stehen (◘ Abb. 7.1j, k).

Siebelemente sind **lebende** Zellen. Sie stellen allerdings einen besonderen und im Pflanzenreich **einzigartigen** Zelltyp dar, da sie ihren **Zellkern reduzieren** und während des Differenzierungsprozesses auch Dictyosomen, Ribosomen, Tonoplast und Vakuole **auflösen** (◘ Abb. 7.16d). Im ausgewachsenen Zustand weisen die Siebelemente nur noch **Plasmalemma** und **Assimilatsaft** auf. Ihr Stoffwechsel ist auf ein Minimum beschränkt (◘ Abb. 7.16e und 7.18b); ihre Lebensfunktionen werden von parenchymatischen **Nachbarzellen** aufrechterhalten.

Die Siebelemente haben eine **kurze Lebensdauer** und werden bei Gymnospermen und Dicotylen zu Beginn jeder Vegetationsperiode vom Cambium (▶ Abschn. 7.4.3) erneuert. Die letztjährigen Zellen kollabieren, und die Siebporen werden mit **Callose** verschlossen. Bei den Monocotylen, denen das Cambium fehlt, können Siebröhren dagegen sehr lange funktionsfähig bleiben (z. B. bei Palmen bis zu 30 Jahre).

In den Siebelementen treten **Leukoplasten** auf, deren Funktion weitgehend ungeklärt ist. Sie enthalten charakteristische Inhaltsstoffe (Stärke, Proteine) und sind daher für die Systematik von Bedeutung. Die **Siebröhrenplastiden** der Gymnospermen haben keine

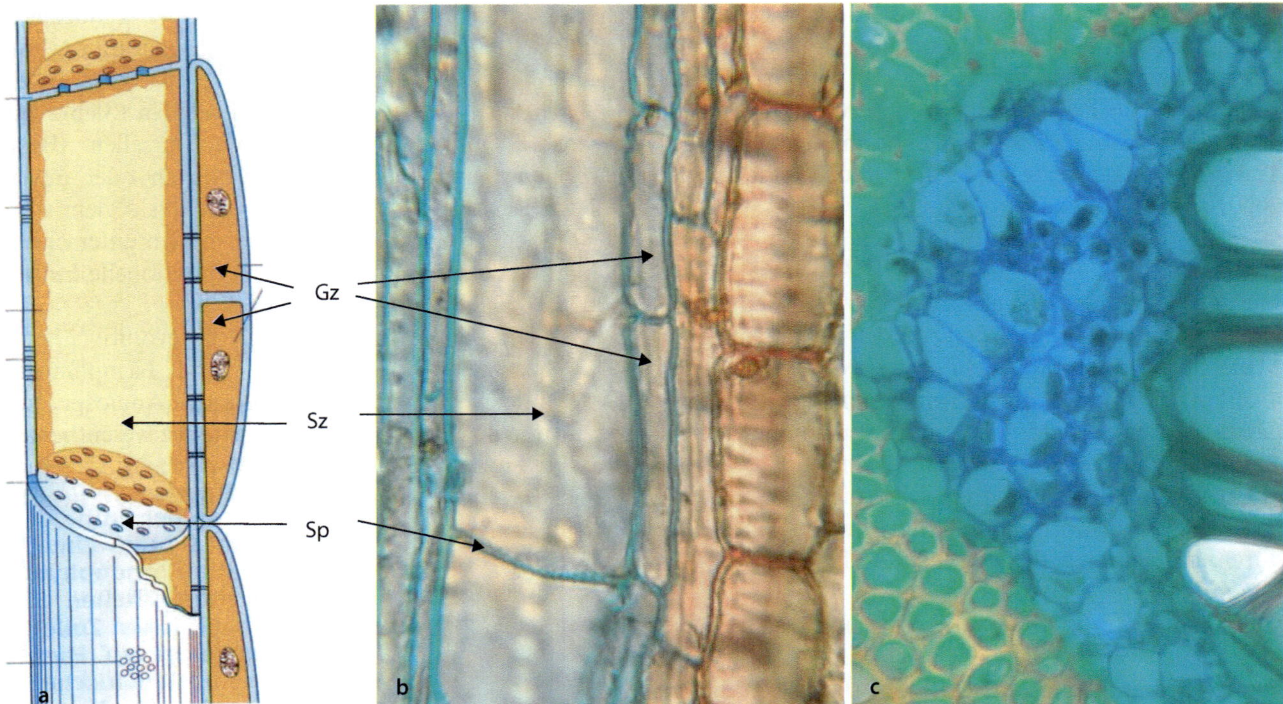

◘ Abb. 7.18 Siebelemente. a, Schema eines Siebröhren-Geleitzellen-Komplexes. Die Assimilate werden im Lumen lebender Siebröhrenzellen (Sz) transportiert, die ihren Stoffwechsel zugunsten der Transportfunktion reduziert haben. Die Siebröhren weisen Siebplatten (Sp) in den Querwänden auf und stehen über Plasmabrücken mit den wesentlich kleineren Geleitzellen (Gz) in Kontakt, über die sie versorgt werden. **b, c,** *Haumania danckelmanniana* (Marantaceae). **b,** Längsschnitt durch die Sprossachse. **c,** Querschnitt durch den Phloembereich (blau) eines geschlossenen Leitbündels. Siebzellen (großlumig) mit Geleitzellen. (© **a**: Raven et al. 2006. **b, c**: HJ Krähmer, Hofheim. Mit freundlicher Genehmigung)

Proteinstrukturen (S-Typ, Ausnahme: Pinaceae), während die der Angiospermen meist Proteine enthalten (P-Typ). In einigen Gruppen kommen beide Plastidenformen vor (Behnke und Sjolund 1990).

Siebzellen

Siebzellen sind lang gestreckt (bei Kiefernartigen bis 5 mm), englumig und untereinander durch schräge Querwände mit **Siebporen** verbunden. Die Siebporen entsprechen vergrößerten Plasmodesmen, die zu Plasmodesmenfeldern (**Siebfeldern**) zusammentreten. Die Durchbrechung der Zellwand ist dabei weit genug, um den Transport auch größerer Moleküle (inkl. Viren) zu gewährleisten. Die **Transportgeschwindigkeit** beträgt einige Dezimeter pro Stunde.

Die Siebzellen sind relativ einheitlich gestaltet. Bei den Kiefernartigen (Pinales) bleibt ein Rest vom Kern erhalten. Die Seitenwände weisen ebenfalls Siebporen auf. Sie stehen beim *Ginkgo* und bei den Nadelhölzern mit proteinreichen Parenchymzellen (**Strasburgerzellen**) in Kontakt, die die Siebzellen versorgen und mit Assimilaten beladen.

Siebröhren

Siebröhren sind wesentlich effizienter als Siebzellen. Sie sind weitlumig (10–70 μm), lang gestreckt (100–500 μm) und wie die Tracheen zu **Röhrensystemen** verbunden (◘ Abb. 7.18a, b). Bei Palmen werden Extremwerte von 5 mm Länge und 400 μm Weite gefunden. Die **Transportgeschwindigkeit** erreicht Spitzenwerte von 5 m pro Stunde (Rarthasarathy 1975).

Die Querwände der Siebröhrenglieder sind je nach Art unterschiedlich stark schräg gestellt. Ihre **Siebporen** sind meist größer als bei den Siebzellen und erreichen beim Kürbis (*Cucurbita*) einen Durchmesser von 5 μm. Die Querwände weisen je ein einziges Siebfeld oder mehrere Siebfelder auf, die entsprechend als einfache oder zusammengesetzte **Siebplatten** bezeichnet werden. Im Gegensatz zu den Siebzellen weisen die Längs- und Querwände der Siebröhren unterschiedlich große Siebfelder auf.

Ein weiteres Charakteristikum der Siebröhrenzellen ist das Auftreten eines schleimartigen Phloemproteins (**P-Protein**), das die Siebporen auskleidet und sich in verletzten Zellen als **Schleimkörper** ablagert. Seine

Funktion ist möglicherweise der schnelle Verschluss von Siebporen bei Verletzung, da der natürliche Verschluss mittels Callose ein langsam ablaufender Prozess ist.

Jedes Siebröhrenglied wird von einer oder mehreren **Geleitzellen** flankiert (Abb. 7.18a, b: Gz). Beide Zellformen entstehen durch inäquale Teilung aus einer gemeinsamen **Siebröhrenmutterzelle** (Abb. 7.16d) und bilden als Siebröhren-Geleitzellen-Komplex eine **physiologische Einheit**. Die Geleitzelle ist klein, plasmareich und stoffwechselaktiv (viele Mitochondrien). Sie steht über viele Plasmodesmen mit dem Siebröhrenglied in Verbindung, versorgt dieses und kontrolliert das Be- und Entladen der Siebröhren. Die **arbeitsteilige Differenzierung** zwischen Stoffwechsel und Transportaufgabe im Leitgewebe des Phloems ist somit bei den Angiospermen weiter fortgeschritten als bei den Gymnospermen.

Siebröhrensaft

Der Siebröhrensaft (auch als **Phloemsaft** bezeichnet) besteht zu über 90 % seines Trockengewichtes aus **Kohlenhydraten**, insbesondere aus **Saccharose** (z. B. Gymnospermen, Monocotylen, Fabaceae) oder Zuckern der **Raffinosegruppe** (viele Familien der Dicotylen wie Cu-

curbitaceae, Lamiaceae). Einfache Zucker fehlen. Des Weiteren finden sich:

- **Organische Stoffe:** Zuckeralkohole (z. B. D-Mannitol beim Flieder, Sorbitol bei einheimischen Kernobstarten), Aminosäuren, Amide, Nucleotide, Enzyme, Vitamine und Phytohormone in den Siebelementen.
- **Mineralische Nährstoffe**: Schwefel, Stickstoff, Kalium und Magnesium, aber auch Phosphor, Chlor und weitere Elemente (diese werden vor dem herbstlichen Laubfall über das Phloem aus dem Blatt abtransportiert).
- **Fremdsubstanzen:** Insektizide, Herbizide und manche Viren.

Der **Phloemsaft** verschiedener Arten wird zur Herstellung von Zucker und alkoholischen Getränken genutzt:
- Zu den wichtigsten **Zuckerlieferanten** gehören die Zuckerpalme (*Arenga sacchifera*, Arecaceae), der Zuckerahorn (Ahornsirup, *Acer saccharum*, Aceraceae) und der Rohrzucker (*Saccharum officinarum*, Poaceae; Abb. 7.19). Aus dem Phloemsaft der Süßholzwurzel (*Glycorrhiza glabra*, Fabaceae) wird **Lakritz** hergestellt.

 Abb. 7.19 Rohrzuckergewinnung aus Phloemsaft. Jaris, Costa Rica. **a–c**, Die Sprossachsen der Rohrzuckerpflanzen (*Saccharum officinarum*, Poaceae; **a**) werden geerntet (**c**) und mechanisch ausgepresst (**b**). **d–f**, Der Phloemsaft fließt in einen Kessel (**f**), in dem er durch Ko- chen eingedickt wird. Das Stroh dient zum Anfeuern der Öfen (**d**). Der Zellsaft wird mehrfach gesiebt und schließlich in Formen gefüllt. Nach dem Erkalten wird der Rohrzucker aus der Form genommen (**e**) und auf dem Markt verkauft. (© R. Claßen-Bockhoff, Mainz)

— **Palmwein** wird überall in den Tropen aus dem Phloemsaft der Palmen gewonnen, der nach Verletzung in großen Mengen gebildet wird (Dattelpalme: 19 l/Tag). Der zu den ältesten Spirituosen der Welt gehörende **Arrak** wurde vermutlich schon vor 3000 Jahren in Indien aus dem Saft der Dattelpalme (*Phoenix*, Arecaceae) hergestellt. Im Mexiko der vorkolumbischen Zeit wurde der Phloemsaft von **Agaven** (häufig *Agave salmiana*, Asparagaceae) durch Anritzen der Leitbahnen abgezapft und zu **Pulque** vergoren. **Tequila**, der heute wichtigste Agavenbrand Mexikos, wird aus der Blauen Agave (*A. tequilana*) in industriellen Verfahren gewonnen.

Assimilatleitung

Im Gegensatz zum Transpirationsstrom, der von der Wurzel zu den Blättern fließt, werden Assimilate meist gegenläufig, d. h. abwärts transportiert. Außerdem erfolgt der Transport nicht in toten Zellen, sondern im Symplasten der Leitelemente. Die Beladung der Siebelemente mit Assimilaten erfolgt im **Sammelphloem**, das in den kleinen, fein verzweigten Leitbündeln photosynthetisch aktiver Blätter liegt. Das **Transportphloem** in den Hauptleitbündel des Blattes übernimmt den Ferntransport und das **Abgabephloem** die Aufgabe, die transportierten Substanzen an benachbarte Zellen abzugeben.

Phloembeladung

Die Überführung der Assimilate aus den Mesophyllzellen in die Siebelemente ist noch nicht restlos verstanden. Sie ist offensichtlich stark abhängig von Standortbedingungen und verläuft bei Gymnospermen anders als bei Angiospermen und bei Bäumen anders als bei Kräutern. Derzeit werden **drei Mechanismen** der Phloembeladung diskutiert, die sich im Energieaufwand für den Transport, in der Art des transportierten Zuckers, der Beteiligung spezifischer Saccharose-Transporter und der histologischen Beschaffenheit der Geleitzellen unterscheiden. Die folgende Zusammenfassung beruht auf De Schepper et al. (2013), Liesche (2017) und Fink et al. (2018):

1. Der einfachste und vermutlich ursprüngliche Weg der Phloembeladung erfolgt **passiv durch Diffusion**. Zwischen den Mesophyllzellen, in denen Saccharose synthetisiert wird, und den Siebelementen besteht ein Konzentrationsgefälle, entlang dessen die Assimilate **symplastisch** über Plasmodesmen in die Geleitzellen und Siebelemente fließen. Die passive Phloembeladung tritt vor allem bei gymnospermen und angiospermen Bäumen auf.

2. Arten mit **symplastischer Phloembeladung** transportieren vor allem **Raffinose** und deren Derivate. Sie weisen spezielle Geleitzellen auf, die als **Intermediär-** zellen bezeichnet werden. Die in den Mesophyllzellen synthetisierte Saccharose diffundiert durch Plasmodesmen in die Intermediärzellen, wo sie zu Raffinose oder noch höhermolekularen Zuckern umgebaut wird. Dadurch wird ein Konzentrationsgradient zwischen dem Mesophyll und dem Leitgewebe erzeugt, der die Assimilate in die Siebelemente diffundieren lässt. Wie beim passiven Transport erfolgt die Phloembeladung durch Diffusion im Symplasten; sie benötigt aber Energie, für die Schaffung des Konzentrationsgradienten und wird daher zu den aktiven Belademechansimen gezählt.

3. Arten mit **apoplastischer Phloembeladung** (z. B. Kartoffel, Tabak, Zuckerrübe) besitzen meist wenige bis keine Plasmodesmen zwischen Mesophyll- und Geleitzellen. Die Assimilate (Saccharose) treten daher zunächst unter Mithilfe spezieller Transportproteine in den Apoplasten ein, bevor sie in einem zweiten Schritt **aktiv** in den Symplasten transportiert werden. Die Energie für den aktiven Transport wird von membrangebundenen H+ATP-asen der Geleitzellen bereitgestellt, die einen **Protonengradienten** aufbauen. Die Protonen fließen zusammen mit der Saccharose (gegen das Konzentrationsgefälle) über einen Saccharose-Transporter (Membranprotein) in die Geleitzelle. Von hier aus diffundiert die Saccharose weiter in die Siebelemente.

   Der durch den aktiven Transport erzeugte **Saccharosegradient** ist wesentlich höher als der Zuckergradient bei der symplastischen Beladung. Er bewirkt einen Wassereinstrom in den Siebröhren/Geleitzellen-Komplex, der durch Aquaporine erleichtert wird.

Phloementladung

Die Phloementladung findet an den Orten des Verbrauchs statt. In diesem Phloembereich sind die Geleitzellen wesentlich kleiner als im Sammelphloem oder fehlen ganz. Die Entladung dürfte aufgrund des stets hohen Konzentrationsgradienten zwischen Siebröhre und Parenchym überwiegend symplastisch erfolgen.

7.4.3 Leitbündel

Xylem und Phloem liegen in unterschiedlichen Anteilen und unterschiedlicher Anordnung in **Leitbündeln** (Sprossachsen, Blättern) oder **Leitgewebesystemen** (Wurzeln) vor. Sie sind in der Regel von einer mehr oder weniger stark geschlossenen, interzellularenfreien **Leitbündelscheide** umgeben, die Transferfunktionen übernimmt (**Endodermis**) oder als **Sklerenchymscheide** (◘ Abb. 7.20b) der Festigung dient.

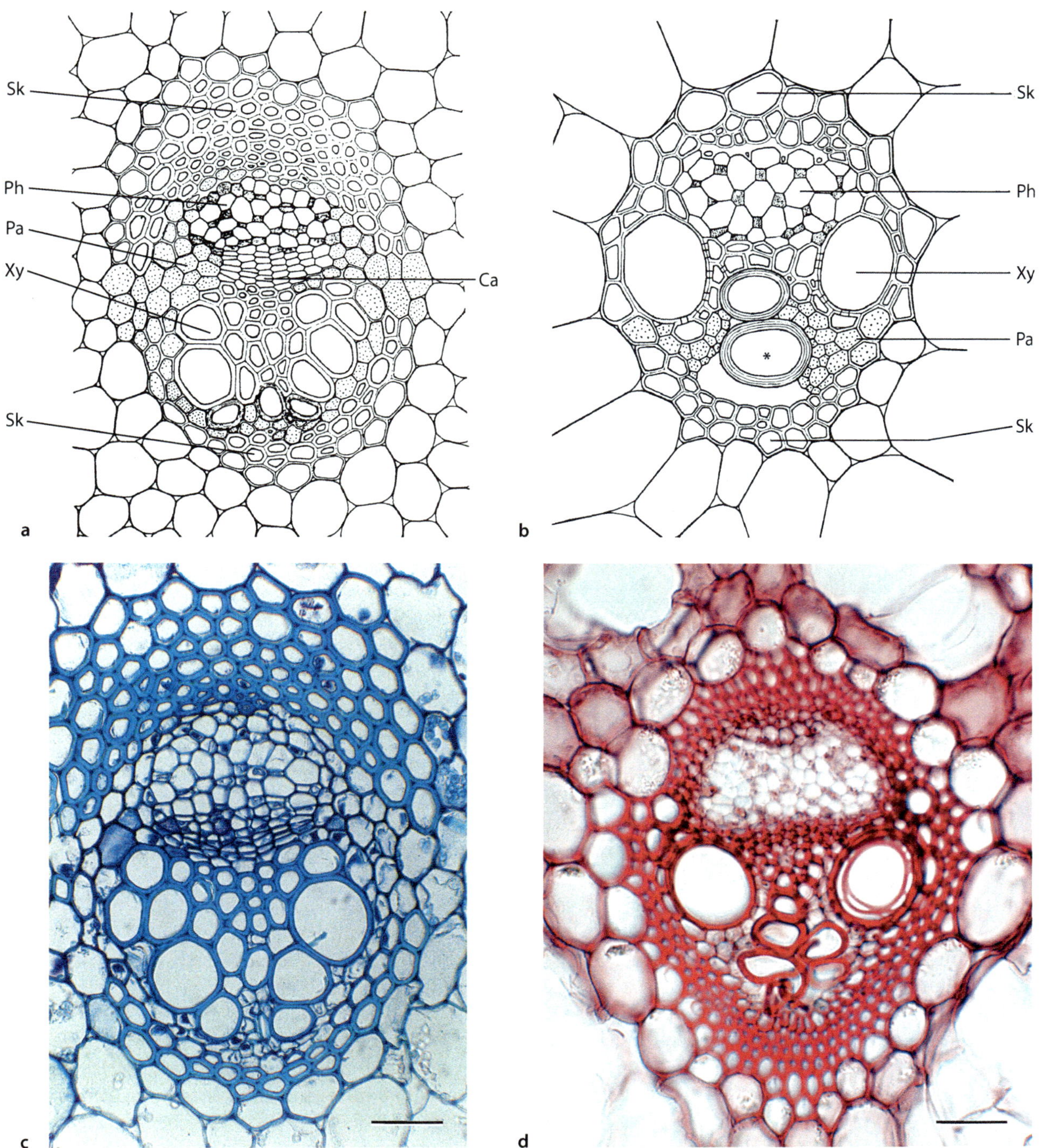

Abb. 7.20 Collaterale Leitbündel. a, Offenes Leitbündel (schematisch). Ca, Cambium, Pa, Parenchym, Ph, Phloem, Sk, Sklerenchym, Xy, Xylem. **b,** Geschlossenes Leitbündel (schematisch). *, Protoxylemelement. **c,** *Ranunculus* (Ranunculaceae). Offenes Leitbündel. Balken: 20 µm. **d,** *Juncus* (Juncaceae). Geschlossenes Leitbündel. Balken: 20 µm. (© **a, b**: von Denffer 1971. **c, d**: Botanische Sammlungen der JGU Mainz)

Leitbündel der Sprossachse

In den Sprossachsen der Samenpflanzen treten meist **collaterale** Leitbündel auf, in denen das Xylem zur Achsenmitte hin orientiert ist, während das Phloem nach außen weist:

- **Gymnospermen** und **Dicotylen** weisen **offen-collaterale** Leitbündel auf (■ Abb. 7.20a, c). **Offen**

bedeutet, dass zwischen Phloem und Xylem ein **Cambium** als Restmeristem erhalten bleibt, von dem das sekundäre Dickenwachstum ausgeht (▶ Abschn. 8.2.2). Die Leitbündelscheide umschließt das Leitbündel nicht völlig, sondern bleibt im Bereich des Cambiums offen (■ Abb. 7.20a: Sk, Ca).

Als **Sonderform** treten bei einigen dicotylen Kräutern, vor allem bei Kürbis- (Cucurbitaceae) und Nachtschattengewächsen (Solanaceae), **offen-bicollaterale** Leitbündel auf. Sie weisen von außen nach innen Phloem, Cambium, Xylem und ein zweites Phloem auf (◨ Abb. 8.10c). Bei den Cucurbitaceae treten außerdem einzelne Phloemstränge außerhalb der bicollateralen Leitbündel auf. Zhang et al. (2010) konnten experimentell zeigen, dass die Phloembereiche funktionell voneinander isoliert sind. Während das Bündelphloem primär Assimilate transportiert, dient das extrafaszikuläre Phloem vermutlich dem Transport von Signalstoffen und anderen Metaboliten.

- **Monocotylen** weisen **geschlossen-collaterale Leitbündel** auf. Diesen fehlt das Cambium, weswegen sie nicht in der Lage sind, sekundäres Dickenwachstum durchzuführen (▶ Abschn. 8.2.4). Die Bündelscheide ist offen oder geschlossen und überwiegend **sklerenchymatisch**. In einigen Gruppen ist sie in den peripher liegenden Bündeln am stärksten entwickelt und nimmt in ihrer Mächtigkeit nach innen hin ab (◨ Abb. 8.22d und 8.23e).

Als Sonderform treten bei vielen Monocotylen (und einzelnen Dicotylen) **konzentrische** Leitbündel mit Innenphloem und Außenxylem auf (**amphivasale** oder leptozentrische Leitbündel). Ein bekanntes Beispiel liefert das Rhizom des Maiglöckchens (*Convallaria majalis*, Asparagaceae; ◨ Abb. 8.22g). Aber auch die Rhizome anderer Verwandtschaftskreise und die Knoten der Süßgräser und Marantaceae weisen amphivasale Leibündel auf (Krähmer 2019; Krähmer et al. 2021). Besonders interessant ist die Tatsache, dass auch die sekundär aus dem **Dickenmeristem** entstandenen Leitbündel einiger Agavaceae, z. B. *Yucca whipplei* (Diggle und DeMason 1983) und, *Beaucarnea recurvata* (Stevenson 1980; ▶ Abschn. 8.2.4), amphivasal organisiert sind. Die physiologische Bedeutung und Evolution dieser Leitbündelform sind noch nicht ausreichend verstanden.

Leitbündel der Blätter

Die Leitbündel der **Blätter** und der zu ihnen gehörenden **Blattspuren** sind **geschlossen** und meist collateral (▶ Abschn. 8.3.6). Sie bestehen aus Xylem, Phloem und Transferzellen (Beck 2010). Eine interessante Ausnahme bilden die langlebigen Nadelblätter einiger Kiefernarten, die ein einseitig tätiges **Cambium** aufweisen und damit neue Phloemelemente produzieren (Ewers 1982).

Das Bündel der Mittelrippe ist gewöhnlich das größte, die Bündel der Blattfläche werden in der Reihenfolge ihrer Entstehung kleiner (▶ Abschn. 8.2.1 und 8.2.4). Durch Quervernetzungen entstehen die charakteristischen Muster aus Bündeln (‚Blattadern') und Intercostalfeldern (◨ Abb. 8.44d: Ik, 8.44e).

Leitgewebe der Wurzel

In den Wurzeln der Samenpflanzen liegen die Leitbündel nicht in einzelnen Bündeln vor, sondern Xylem- und Phloemstränge sind alternierend im Zentralzylinder angeordnet (◨ Abb. 8.71a). Ein primäres **Cambium** (Restmeristem) für sekundäres Dickenwachstum **fehlt**.

Während die alternierende Anordnung bei den **Monocotylen** erhalten bleibt (◨ Abb. 7.21f und 8.72d), verändert sie sich bei vielen **Gymnospermen** und **Dicotylen** im Zuge des sekundären Dickenwachstums. Dieses beginnt mit der Bildung eines **sekundären Wurzelcambiums** durch **Remeristematisierung** von Parenchymzellen im Zentralzylinder (◨ Abb. 8.71b: rote, sternförmige Linie). Es resultiert ein zentrales Leitgewebe mit **Innenxylem** (◨ Abb. 8.71c, ▶ Abschn. 8.4.3).

7.5 Absorptionsgewebe

Absorptionsgewebe dienen der **Wasser- und Nährstoffaufnahme** aus dem **Boden** (Rhizodermis) und aus **Geweben** (Haustorien). Die Wasseraufnahme aus der **Luft** (Regen, Nebel, Tau) erfolgt überwiegend durch absorbierende Haare, selten über spezifische Gewebe (Velamen radicum; ▶ Abschn. 7.5.1).

Saughaare weisen die **Ölweidengewächse** (Elaeagnaceae; ◨ Abb. 7.21a, b) und **Bromeliengewächse** (Bromeliaceae) auf. Viele Bromelien leben **epiphytisch** (◨ Abb. 8.88a, c, ▶ Abschn. 8.6.1), d. h., sie haben keinen Kontakt zum Boden, sondern sitzen einer anderen Pflanze auf. Einige Arten wie das **Feenhaar** (*Tillandsia usneoides*; ◨ Abb. 7.21c) decken ihren gesamten Wasser- und Nährstoffbedarf über ihre Saughaare, die den Vegetationskörper überziehen und im trockenen Zustand grau erscheinen lassen (◨ Abb. 8.88a, b). Die Pflanze bildet nach dem Absterben der Primärwurzeln keine weiteren Wurzeln mehr. Sie ähnelt in ihrer fädig-hängenden Wuchsform der Bartflechte *Usnea* (◨ Abb. 5.6a), auf die der Artname hinweist.

Andere Bromelien fangen **Niederschlagswasser** in Blattrosetten auf (Tank-Bromelien). Auf der Blattfläche befinden sich je nach systematischer Gruppe einfache oder kompliziert gebaute **Saugschuppen** aus toten und lebenden Zellen. Die oberen, einen Schild bildenden Zellen sind abgestorben und dienen als Verdunstungs- und Einstrahlungsschutz. Die unteren, lebenden Zellen sind in die Epidermis eingesenkt und stellen den Kontakt zum Blattgewebe her. Bei Anwesenheit von Wasser hebt sich der Schild wie ein Ventil vom Blatt ab und führt das Wasser den lebenden Zellen zu. Viele Tank-Bromelien absorbieren Wasser und Nährstoffe allein über die Blätter und nutzen die Wurzeln nur zur Verankerung (Benzing 2000).

Hydropoten sind drüsenartige Epidermiszellen von Wasserpflanzen (z. B. Nymphaeaceae), die in besonderem Maße zur Wasser- und **Ionenaufnahme** befähigt sind.

◘ Abb. 7.21 Absorptionsgewebe. a, b, Saughaare bei Ölweidengewächsen (Elaeagnaceae). **a,** *Elaeagnus viridis* var. *delavayi.* Blattunterseite mit Saughaaren. **b,** *E. angustifolia.* Saughaar mit großer absorbierender Oberfläche. **c,** Feenhaar (*Tillandsia usneoides,* Bromeliaceae). Epiphytisch lebende, wurzellose Pflanze. Die Pflanze kann auf Telefonleitungen wachsen, da sie ihren gesamten Wasser und Nährstoffbedarf über Saughaare aus Regen, Nebel oder Tau abdeckt. **d,** Gurke (*Cucumis sativus,* Cucurbitaceae). Keimwurzel mit Wurzelhaarzone. **e, f,** Velamen radicum bei Orchideen (Orchidaceae). **e,** *Phalaenopsis.* Luftwurzel, an der Spitze grün, dahinter von Velamen radicum (Vr) aus toten Haaren (weiß) bedeckt. **f,** *Dendrobium.* Luftwurzel im histologischen Querschnitt mit Velamen radicum (Vr), Exodermis (Ex), Rindengewebe (Ri) und zentralem Leitstrang mit Endodermis, Perizykel und ausgedehntem Markparenchym. (© **a, c, e:** R. Claßen-Bockhoff, Mainz. **b, d, f:** Botanische Sammlungen der JGU Mainz)

7.5.1 Rhizodermis: Wasseraufnahme aus dem Boden

Die **Rhizodermis** dient vorrangig der **Aufnahme** von Wasser und darin gelösten Salzen. Dieser Funktion entsprechen die **Dünnwandigkeit** der Zellwände, das **Fehlen einer Cuticula** und eine extreme **Vergrößerung** der **Oberfläche** durch das Auftreten von Wurzelhaaren.

Wurzelhaare sind einzellige, schlauchförmige Auswüchse der Rhizodermiszellen (◘ Abb. 7.21d). Ihre Länge variiert zwischen 0,1 und 8 mm, ihre Anzahl beträgt häufig mehrere Hundert pro Quadratmillimeter (▶ Abschn. 8.4.1). Die Zellwände sind dünn und verschleimen, wodurch die Wurzelhaare effizient Wasser aufnehmen und leicht in den Boden eindringen können. Wurzelhaare haben eine Lebensdauer von nur wenigen Tagen und sterben danach ab.

Bei vielen Verwandtschaftskreisen bildet sich aus jeder Rhizodermiszelle ein Wurzelhaar, bei anderen (z. B. Monocotylen, Brassicaceae) teilen sich die Rhizodermiszellen regelmäßig inäqual in eine kleinere, plasmareiche **Trichoblastenzelle** (Haarbildner) und eine größere Atrichoblastenzelle. Eine erneute Teilung der Trichoblastenzelle führt zu Wurzelhaargruppen.

Epiphytisch lebende Orchideen und einige Araceae (*Anthurium*) bilden ein **Velamen radicum** an ihren Luftwurzeln aus (◘ Abb. 7.21e, f). Dabei handelt es sich um ein vielschichtiges Abschlussgewebe aus abgestorbenen Zellen, das nach innen an eine einschichtige Exodermis mit Transferzellen grenzt. Die toten Zellen nehmen wie ein Schwamm Regen-, Nebel- oder Tauwasser auf und leiten es über die Exodermis an die darunterliegenden lebenden Zellen der Wurzelrinde weiter.

7.5.2 Haustorien: Stoffaufnahme aus pflanzlichen Geweben

Haustorien sind **Penetrations-** und **Saugstrukturen**, die ein Gewebe durchdringen (penetrieren) und Wasser und/oder Nährstoffe aus dem Wirtsgewebe aufnehmen (absorbieren):

- Haustorien treten **innerhalb eines Individuums** zwischen Geweben unterschiedlicher Generationen auf, zwischen denen keine Plasmaverbindungen zum direkten Stoffaustausch bestehen. Beispiele sind die Verbindung des Sporogons (2n) mit dem Gametophyten (n) der Moose (▶ Abschn. 4.4.2), der Suspensor, der den Embryo der Samenpflanzen mit dem Nährgewebe des Samens verbindet (▶ Abschn. 6.4.1 und 12.1.2), das Keimblatt, das als Saugorgan in das Nährgewebe des Samens eindringt (▶ Abschn. 6.4.3), oder der Pollenschlauch der zoidiogamen Gymnospermen (▶ Abschn. 4.6.2), der Nährstoffe aus dem Nucellus bezieht.
- Haustorien, die in das Gewebe **eines anderen Individuums** eindringen, finden sich bei **parasitär** lebenden Pflanzen (▶ Abschn. 8.6.2). Sie entwickeln sich meist aus dem Wurzelsystem, können aber auch embryonaler, sprossbürtiger oder (selten) blattbürtiger Herkunft sein (Weber 1993).

Bei Haustorien handelt sich stets um histologisch und physiologisch abgeleitete Strukturen. Sie sind **mehrfach unabhängig** voneinander entstanden und entsprechend divers, folgen aber alle einem ähnlichen **Funktionsprinzip**. Nach **Kontakt** mit dem Wirtsorgan dringt das Haustorium unter **enzymatischer Auflösung** und **Verschleimung** von Zellen in das Wirtsgewebe ein und durchdringt es bis zum Leitgewebe (◘ Abb. 6.9d). Zur **Wasseraufnahme** differenzieren sich Haustorialzellen zu **Xylemzellen** und verbinden auf diese Weise das Leitgewebe des Wirtes mit dem des Parasiten. Im Fall einer Nährstoffaufnahme entsteht entweder auf ähnliche Weise eine **Phloembrücke** oder **Parenchymzellen** sind am Beladevorgang beteiligt.

7.6 Ausscheidungsgewebe

Stoffe, die ausgeschieden werden, sind entweder Exkrete oder Sekrete. Da Sekrete aus Exkreten hervorgehen können, ist eine scharfe Grenzziehung schwierig:

- **Exkrete** sind **Endprodukte** des Stoffwechsels, die regelmäßig anfallen und aus dem Symplasten der Pflanze entfernt werden. Sie werden entweder irreversibel in der **Vakuole** gespeichert (▶ Abschn. 2.2.3), in den **Apoplasten** abgegeben, über **Drüsen** oder **Exkretionsbehälter** nach außen befördert oder durch **Abwurf** eines Organs entfernt. Letzteres lässt sich auch an **Salz- und Schwermetallpflanzen** beobachten, die Schadstoffe in Blättern anreichern. Diese vergilben allmählich und werden schließlich abgeworfen (◘ Abb. 7.22a).

  Exkrete stammen vor allem aus der Gruppe der **Terpene**, zu denen ätherische Öle, Harzöle, Milchsäfte und Polyterpene (Kautschuk, Guttapercha) gehören. Der Name „Terpen" leitet sich von **Terpentin** ab, dem Balsamöl der Nadelhölzer, aus dem das erste Terpen isoliert wurde (▶ Abschn. 7.6.5; Buchanan et al. 2000). Exkrete haben im Laufe der Evolution vielfach neue Funktionen als Fraßschutz, Wundverschluss oder Lockstoffe erhalten und spielen als **sekundäre Pflanzenstoffe** eine wichtige Rolle in der Kommunikation der Pflanze mit ihrer Umwelt (▶ Exkurs 2.2).
- **Sekrete** sind Stoffe, die eine **bestimmte Funktion** erfüllen. Zu ihnen gehören z. B. die Schleime und Enzyme ‚fleischfressender' Pflanzen (Carnivorie; ▶ Abschn. 8.6.2) und die fetten Öle der **Ölblumen** (▶ Abschn. 11.3.3).

Die **Art der Ausscheidung** aus den Zellen ist verschieden:
- Eine direkte Ausscheidung der Substanzen über das **Plasmalemma**, wie sie z. B. bei Hydathoden, Salzdrüsen, Nektarien und vielen Verdauungsdrüsen vorliegt, wird als **ekkrine Ausscheidung** bezeichnet. Dabei können **Transferzellen** mit vergrößerten inneren Oberflächen den Prozess erleichtern.
- Bei der **granulokrinen Ausscheidung** werden die Substanzen in Vesikel eingeschlossen, zum Plasmalemma transportiert und durch **Exocytose** (▶ Abschn. 2.2.4) nach außen abgegeben. Dies gilt z. B. für den Fangschleim insektivorer Pflanzen.
- Werden Substanzen nach der Auflösung von Zellen **in lysigene Räume** abgegeben (z. B. ätherische Öle in Zitrusfruchtschalen), spricht man von **holokriner Ausscheidung**.

Im Grundgewebe von Wasserpflanzen, z. B. bei der Seerose (*Nymphaea alba*, Nymphaeaceae) finden sich sog. **innere Haare** (⬤ Abb. 7.23f). Es handelt sich um fädig gestaltete Idioblasten mit verkalkten Zellwänden, die vermutlich der Calciumabscheidung dienen.

7.6.1   Hydathoden (Wasserspalten)

Die Abgabe flüssigen Wassers (**Guttation**; ► Abschn. 7.4.1) erfolgt an **Hydathoden**. Durch sie kann bei schwachem Transpirationssog der Wasser- und Nährsalztransport aktiv aufrechterhalten werden.

Hydathoden sind **Wasser abscheidende Drüsen**, die als einzellige **Haare** (Trichomhydathoden) oder mehrzellige **Epithelien** vorliegen. Sie sind bevorzugt an den Spitzen von Blättern oder Blattzähnchen zu finden. Bei den komplizierter gebauten **Wasserspalten** befindet sich unterhalb einer runden, nicht verschließbaren Öffnung ein als **Epithem** bezeichnetes Gewebe, das Anschluss an das Wasserleitsystem hat (Epithemhydathoden).

Die Wasserabgabe kann aktiv oder passiv erfolgen. Bei **passiven** Hydathoden erfolgt die Guttation über den Wurzeldruck (► Abschn. 7.4.1), bei **aktiven** unter Energieverbrauch. Zu letzteren gehören die **Kalkdrüsen** der Saxifragaceen, die mit dem Wasser Kalk abscheiden. Nach Eintrocknen des kalkreichen Wassers bleiben kleine Kalkschuppen auf der Blattoberfläche zurück (z. B. bei *Saxifraga paniculata*). Auch **Salzdrüsen** scheiden ihre Lösung mit hohem Gehalt an Natriumchlorid (NaCl) aktiv aus. Sie finden sich bei zahlreichen Salzpflanzen (Halophyten), z. B. dem Strandflieder (*Limonium*) und der Strandnelke (*Armeria*) aus der Familie der Bleiwurzgewächse (Plumbaginaceen), Vertretern der Mangroven (*Avicennia*, Acanthaceae; ▶ Abschn. 8.4.5) oder der Salzwiesen (*Glaux maritima*; ◘ Abb. 7.22b).

7.6.2 Nektarien, Osmophoren und Elaiophoren

Im Laufe der Evolution der Blütenpflanzen haben sich Nektar, Duft oder fette Öle abscheidende Drüsen entwickelt. Dienen sie im Blütenbereich der Anlockung von Bestäubern, spricht man von **nuptialen** Drüsen (wörtl. „hochzeitlich"), haben sie eine andere Funktion von **extranuptialen** Drüsen.

Nektarien

Nektarien scheiden zuckerhaltige Sekrete aus und kommen im Blütenbereich als **florale Nektarien** (▶ Abschn. 11.3.2), an vegetativen Organen als **extraflorale Nektarien** vor (◘ Abb. 7.22d, e: eN). Sie können aus einem ein- bis mehrschichtigen Epithel (**Epithelnektarium**) oder aus Gruppen von ein- bis mehrzelligen Drüsenhaaren (**Trichomnektarium**) bestehen. Neben gestalteten Nektarien treten Nektar sezernierende Gewebe ohne morphologische Strukturbildung auf (◘ Abb. 7.23a). Sie liegen meist unter der Epidermis und scheiden den Nektar über **Saftspalten** (Ssp) aus.

Elaiophoren

Elaiophoren sind fette Öle sezernierende Gewebe, die in den Blüten der **Ölblumen** auftreten (▶ Abschn. 11.3.3). Bei der Pantoffelblume (*Calceolaria*, Scrophulariaceae; ◘ Abb. 11.21d–f) liegen sie als **Epithel-Elaiophoren** im Inneren der schuhförmigen Unterlippe, beim Gilbweiderich (*Lysimachia*, Primulaceae; ◘ Abb. 7.9c und 7.22f) und der südafrikanischen *Diascia* (Scrophulariaceae; ◘ Abb. 11.22g) in Form von Haaren als **Trichom-Elaiophoren** vor.

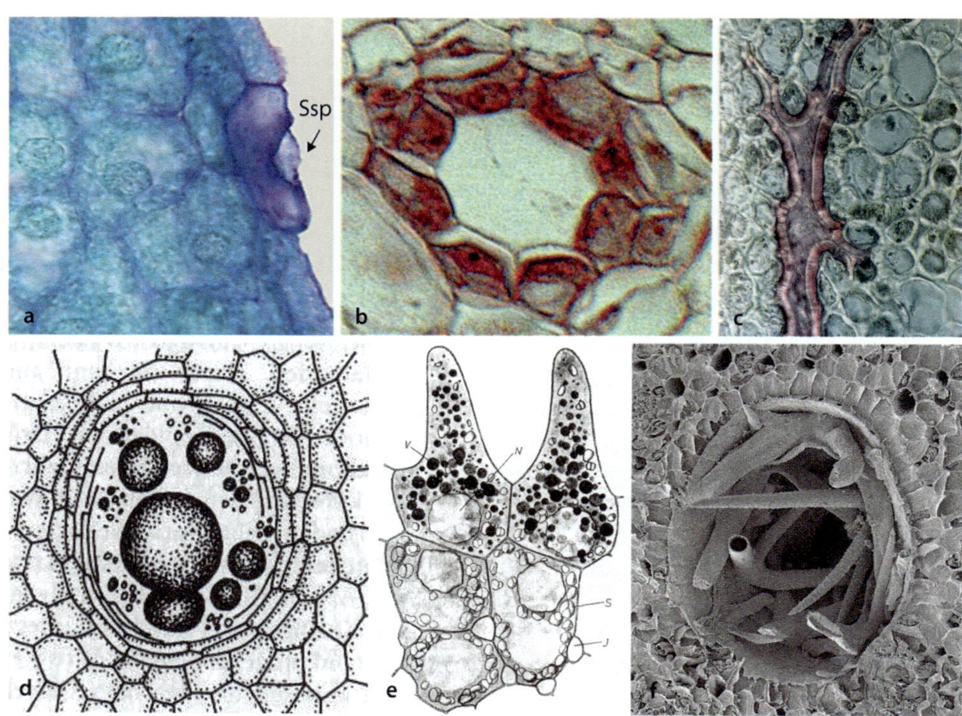

◘ **Abb. 7.23** **Sekretionsgewebe. a**, *Berzelia galpinii* (Bruniaceae). Nektar produzierendes und sezernierendes Gewebe am Fruchtknoten; Drüsenzellen mit viel Plasma und großem Zellkern. Ssp, Saftspalte. **b**, Efeu (*Hedera helix*, Araliaceae). Harzkanal im Blatt. **c**, *Euphorbia splendens* (Euphorbiaceae). Ungegliederte Milchröhre im Spross. **d**, Johanniskraut (*Hypericum*, Hypericaceae). Schizogener Ölbehälter im Blatt. **e**, Aronstab (*Arum maculatum*, Araceae). Osmophor auf der Kolbenoberfläche mit papillenartiger Vorwölbung der Epidermiszellen, dünner Cuticula und großen Zellkernen. **f**, Seerose (*Nymphaea alba*, Nymphaeaceae). ‚Innere Haare' in einer Lakune des Blattstielparenchyms. (© **a**: Quint und Claßen-Bockhoff 2006. **b, c**: Botanische Sammlungen der JGU Mainz. **d**: Jäger et al. 2009. **e**: Vogel 1963. **f**: Krähmer et al. 2023)

Osmophoren

Osmophoren (wörtl. „Duftträger") sind Duftstoffe absondernde Gewebe, die vor allem in Blüten flächige Duftfelder bilden können. Sie zeichnen sich durch vorgewölbte Epidermispapillen (Oberflächenvergrößerung), eine dünne Cuticula (Duftemission), plasmareiche Epidermiszellen mit großen Kernen (Drüsengewebe) und stärkehaltige Leukoplasten (Energielieferant) in den subepidermalen Schichten aus (◘ Abb. 7.23e, ► Abschn. 11.2.1). Osmophoren finden sich z. B. in den Duftkolben der Araceen (► Abschn. 11.4.1), der Innencorona von Narzissen (◘ Abb. 10.9g: Co) und den Staminodien der Cyclanthaceae (◘ Abb. 7.22g).

7.6.3 Tapetum

Das Tapetum ist ein ein- oder mehrschichtiges Drüsengewebe in der **Wand der Mikrosporangien** der Bärlapp- und Farnpflanzen bzw. der Pollensäcke der Samenpflanzen (► Abschn. 10.4.4). Es versorgt das Archespor, umgibt die Mikrosporen mit einer derben Wand und produziert bei den Blütenpflanzen den Pollenkitt. Im mikroskopischen Bild ist das Tapetum an seinen großen, **plasmareichen, polyploiden Zellen** leicht erkennbar (► Abschn. 10.4.4). Bei einem **Sekretionstapetum** (z. B. Bärlapppflanzen; ◘ Abb. 4.24a.e:Sta, und 5.65b) erfolgt die Ernährung der Mikrosporen durch Sekretion, bei einem **Periplasmodialtapetum** (z. B. Schachtelhalme) lösen sich die Zellwände auf, und das Plasma der Zellen umfließt die Mikrosporen. Bei den Blütenpflanzen treten beide Formen auf (► Abschn. 10.4.4).

Die dunkel pigmentierte Innenseite (‚Tapete') von **Kesselfallenblumen** wird ebenfalls als Tapetum bezeichnet (► Abschn. 11.4.1).

7.6.4 Verdauungsdrüsen

Die ‚fleischfressenden' Pflanzen besitzen Verdauungsdrüsen. Diese sezernieren Gifte und Enzyme, mit denen die tierische Beute gefangen und aufgelöst wird (**Carnivorie**; Abschn. 8.6.2). Verdauungsdrüsen sind **vielgestaltig** und liegen in Form von Düsenhaaren oder Epithelien vor:

— In die Kannenblätter von *Nepenthes* (◘ Abb. 8.53d und 8.91a-c) wird ein proteolytisches Enzym von mehrzelligen Köpfchendrüsen abgeschieden (◘ Abb. 7.22h).

— Bei den Kleb- und Klappfallen (*Drosera*, *Dionaea*, *Roridula*; ◘ Abb. 8.56g, h, 8.90a-d, f, g, 8.91j) erfolgt die Sekretion von Verdauungsenzymen erst nach dem Beutefang. Wie bei der oft gleichzeitig stattfindenden Absonderung von Fangschleimen dürfte es sich dabei um **Exocytose** (► Abschn. 2.2.4) handeln.

7.6.5 Harzkanäle und Ölbehälter

Harze, **Balsame**, **ätherische Öle** und **Schleime** sind **Gemische** verschiedener chemischer Substanzen, deren Hauptbestandteile **Terpene** sind. Sie werden im Inneren von Pflanzengeweben in interzellularen Exkretbehältern abgelagert, die schizogen oder lysigen entstehen (► Abschn. 7.1).

Harzkanäle

Harze liegen in der Pflanze in zähflüssiger Form vor, da sie mit ätherischen Ölen (Harzöle, auch **Balsame** genannt) gemischt auftreten. Sie erstarren, sobald sie an der Luft sind, und dienen dem Wundverschluss und Fraßschutz. Nach einer **Verletzung** wird die Harzproduktion angeregt. Dies macht man sich bei der **Harzgewinnung** zunutze. In den ausgedehnten Kiefernwäldern Mecklenburg-Vorpommerns wurde noch bis in die 1970er-Jahre hinein Harz durch Anritzen der Kiefernstämme gewonnen (◘ Abb. 7.24a).

Harze werden über **Harzkanäle** (Harzgänge) ausgeschieden. Bei vielen Nadelhölzern und Blütenpflanzen entstehen diese Gänge schizogen (◘ Abb. 7.23b, ► Abschn. 7.1). Es bildet sich zunächst ein Interzellularraum, dessen angrenzende Zellen zu Harz abscheidenden Drüsenzellen differenziert werden. Diese kleiden den Harzkanal aus und geben ihre Exkrete in ihn ab.

Zahlreiche Harze werden lokal oder weltweit verwendet (◘ Tab. 7.3; Liebereich und Reisdorff 2012):

— Von industrieller Bedeutung ist das **Terpentin** (Balsamöl, Kiefernöl) der Nadelhölzer, insbesondere der Kiefer (*Pinus*). Durch Destillation wird aus ihm **Terpentinöl** gewonnen, der Destillationsrückstand heißt **Kolophonium**. Beide Produkte werden in vielerlei Weise genutzt, z. B. als Weichmacher für Harze, Zusatz zu Salben und Hufkitt, Binde- und Verdünnungsmittel in der Ölmalerei, Kanadabalsam zur Herstellung von Dauerpräparaten in der Mikroskopie oder Geigenharz für die Geschmeidigkeit der Bögen. Beide Stoffe sind **gesundheitsschädlich** und **umweltgefährdend**.

— Weitere bekannte Harze sind das **Guajakharz** aus dem harten Kernholz des Pockholzbaumes (◘ Tab. 8.3) und die **Kopale**, bernsteinartige Harze, die z. B. aus dem neuseeländischen Kauribaum (*Agathis australis*) gewonnen werden. Die Kopale sind deutlich jünger als Bernstein und weisen Eigenschaften auf, die sich besonders für die Farben- und Lackherstellung eignen. Der **Japan-** oder **Chinalack** wird aus dem Harz des Lacksumach (*Rhus*) gewonnen (◘ Abb. 7.24b). Er zeichnet sich durch große Härte und Beständigkeit aus und erhält durch Zusatz von Zinnober und Ruß die typischen Lackfarben Rot und Schwarz. Die Lackarbeiten (*Urushi*-Technik) zierten die Paläste der chinesischen und japanischen Kaiser und wurden im 17. Jahrhundert auch in Europa bekannt.

◘ **Abb. 7.24   Harze, Öle, Milchsäfte. a**, Kiefer (*Pinus sylvestris*, Pinaceae). Harzgewinnung. Mecklenburg-Vorpommern. **b**, Tasse mit Japanlack verziert. Burg Shuri, Okinawa. **c**, Räucherwerk aus Weihrauch, Myrrhe und anderen Harzen. **d**, Bernstein: fossiles Harz. **e**, Zitrone (*Citrus × limon*, Rutaceae). Lysigene Ölbehälter (dunkle Flecke) in der Fruchtwand. **f**, Kautschukbaum (*Hevea brasiliensis*, Euphorbiaceae), Latexgewinnung. Sumatra. **g**, Ammoniakpflanze (*Dorema aucheri*, Apiaceae). Gewinnung des Milchsaftes durch Anritzen der Infloreszenzachse. Iran. **h**, Schlafmohn (*Papaver somniferum*, Papaveraceae). Morphinhaltiger Milchsaft in der Wand der Kapsel (◘ Abb. 2.10a, ► Exkurs 2.3). **i, j,** Schöllkraut (*Chelidonium majus*, Papaveraceae). Traditionelle Anwendung des orangefarbenen Milchsaftes als Antiwarzenmittel. **k**, *Euphorbia canariensis* (Euphorbiaceae). Spontaner Austritt von Milchsaft nach Verletzung. (© **a–f, h–k**: © R. Claßen-Bockhoff, Mainz. **g**: Y. Ajani, Mainz/Teheran. Mit freundlicher Genehmigung)

— Viele Harze strömen bei Erhitzung wohlriechende **Düfte** aus und werden als **Räuchermittel** genutzt (▶ Exkurs 11.2). Diese dienten in der Vergangenheit und in einigen Kulturkreisen auch heute noch der Beschwörung und dem Austreiben von Geistern sowie der Reinigung und Weihe bei kultischen Handlungen. Zu den bekanntesten Räuchermitteln gehören Weihrauch und Myrrhe (◘ Abb. 7.24c, ◘ Tab. 7.3), die meist als Gemisch aus verschiedenen *Boswellia*- und *Commiphora*-Arten (beides Burseraceae) im Handel erhältlich sind.

— **Bernstein** (Brennstein; ◘ Abb. 7.24d) ist ein **fossiles Harz** (▶ Abschn. 3.2.1), das seit Jahrtausenden als Schmuckstein verwendet wird. Es wurde bereits in der Bronzezeit über die **Bernsteinstraße** gehandelt und gelangte von der Ostsee bis nach Ägypten. Bernstein stammt von unterschiedlichen **Nadelhölzern** (z. B. Kiefer, Fichte, Lärche) und ist 300 Mio. bis wenige Millionen Jahre alt. Bedeutende **Lagerstätten** finden sich im Baltikum, auf Madagaskar, in der Dominikanischen Republik, im Libanon und in Myanmar.

◘ **Tab. 7.3   Nutzbare Harze und Milchsäfte.** Auswahl nach Lieberei und Reisdorff 2012

Deutscher Name	Lateinischer Name	Familie	Produkt
Harze und Balsame			
Kaurifichte[7]	*Agathis australis*	Araucariaceae	Kopal
Balsamtanne[2]	*Abies balsamea*	Pinaceae	Kanadabalsam
Kiefer[1] u. a. Nadelhölzer	*Pinus sylvestris*		Terpentin, Kolophonium
Lacksumach[3]	*Rhus verniciflua*	Anacardiaceae	Chinalack
Pockholzbaum[5,6]	*Guaiacum officinale*	Zygophyllaceae	Guajakharz
Japanischer Sternanis[3]	*Illicium anisatum*	Illiciaceae	Räuchermittel
Perubalsam[5,6]	*Myroxylon balsamum*	Fabaceae	
Myrrhe[4b]	*Commiphora habessinica, C. myrrha*	Burseraceae	
Weihrauch[4b]	*Boswellia sacra*		
Milchsäfte			
Kautschukbaum[6]	*Hevea brasiliensis*	Euphorbiaceae	Kautschuk
Gummibaum[4a]	*Ficus elastica*	Moraceae	
Panamakautschuk	*Castilla elastica*		
Guayule[5]	*Parthenium argentatum*	Asteraceae	
Guttaperchabaum[4a]	*Palaquium gutta*	Sapotaceae	Guttapercha
Breiapfelbaum[5]	*Manilkara zapota*		Chicle (Kaugummi)
Ammoniakpflanze[3]	*Dorema ammoniacum D. aucheri*	Apiaceae	Ammoniakgummi
Schlafmohn[3]	*Papaver somniferum*	Papaveraceae	Morphium, Opium
Schöllkraut[1]	*Chelidonium majus*		Antiwarzenmittel
Namibische Giftwolfsmilch	*Euphorbia virosa*	Euphorbiaceae	Pfeilgiftzusatz

Herkunft: [1]Europa, [2]Nordamerika, [3]Zentral-/Ostasien, [4a]Paläotropis: Asien, [4b]Paläotropis: Afrika, [5]Mittelamerika, [6]Südamerika, [7]Ozeanien

Ölbehälter und Ölzellen

Ätherische Öle sind sehr flüchtig und die wichtigsten **Duftstoffe** der Blüten und Früchte (▶ Abschn. 11.2.1). Sie liegen als Tröpfchen im Cytoplasma, in Ölbehältern oder Ölvakuolen vor.

Ölbehälter sind Interzellularräume, in denen sich Öltröpfchen anreichern. Sie entstehen in den Blättern des Johanniskrautes (*Hypericum*, Hypericaceae) **schizogen** (wie die Harzkanäle) und weisen am Rand Öle sezernierende Drüsenzellen auf (◻ Abb. 7.23d). Die Ölbehälter in den Schalen der Zitrusfrüchte (◻ Abb. 7.24e) entstehen dagegen **lysigen**. Die Zellwände und Protoplasten der beteiligten Zellen lösen sich auf, und die in ihnen enthaltenen Öltröpfchen fließen im Hohlraum zusammen.

Im Gegensatz zu den Ölbehältern und Harzkanälen speichern **Ölzellen** die ätherischen Öle im **Inneren** der Zelle. Hier werden sie getrennt vom Plasma in **Ölvakuolen** aufbewahrt. Sie finden sich bei verschiedenen Familien der Blütenpflanzen wie z. B. den Baldrian-, Lorbeer-, Ingwer- oder Pfeffergewächsen. Das Öl aus dem Samen des Niembaumes (*Azadirachta indica*, Meliaceae) enthält Azadirachtin. Dessen insektizide Wirkung beruht auf der Hemmung der Chitinsynthese, sodass sich Insektenlarven nicht häuten und weiterentwickeln können. Das Niemöl wir traditionell als Heil- und Pflegemittel in der ayurvedischen Medizin verwendet.

7.6.6 Milchröhren

Latex (Milchsaft) ist eine Emulsion aus wasserunlöslichen Stoffen wie Fetten und Wachsen, denen Kautschuk oder (seltener) Guttapercha beigemischt sein kann. Beide Stoffe sind Polymerisationsprodukte des Isoprens, wobei **Kautschuk elastisch** dehnbar und weich, **Guttapercha** dagegen hart und bei Erwärmung **plastisch formbar** ist. Sie treten emulgiert als Tröpfchen im Plasma oder in der Vakuole auf.

Milchsaft wird in **Milchröhren** produziert, die immer **vielkernig** (polyenergid) sind und das Gewebe über weite Strecken durchziehen. Nach ihrer Entstehung werden ungegliederte und gegliederte Milchröhren unterschieden:

— **Ungegliederte Milchröhren** (**Milchzellen**; ◻ Abb. 7.23c) können **mehrere Meter** lang werden und bilden damit die **längsten Pflanzenzellen** überhaupt. Sie gehen aus einer einzelnen Zelle hervor, die durch anhaltendes Spitzenwachstum mit dem umliegenden Gewebe mitwächst und es in Form verästelter Schläuche durchzieht. Obgleich die Cellulosewände sehr dick werden können, handelt es sich bei den Milchröhren immer um lebende Zellen.

Milchzellen treten bei Euphorbiaceen (Wolfsmilchgewächsen), Moraceen (Gummibaum, *Ficus elastica*) und Apocynaceen (*Asclepias*) auf.

— **Gegliederte Milchröhren** (**Milchgefäße**) kommen durch Fusion von Zellen zustande, der wie bei den Tracheen (▶ Abschn. 7.4.1) eine Auflösung der Zellwand vorausgeht. Sie bilden ein Netz kommunizierender Röhren. Milchgefäße kommen im Phloem des Kautschuklieferanten *Hevea brasiliensis* (Euphorbiaceen; ◻ Abb. 7.24f), bei ligulifloren Asteraceen (z. B. Löwenzahn) und bei Papaveraceen (◻ Abb. 7.24h–j) vor.

Milchsäfte treten in ca. 900 Gattungen der Angiospermen auf. Sie dienen wie die Harze dem Wundverschluss und Fraßschutz und werden nach Verletzung vermehrt gebildet (◻ Abb. 7.24k). Sie enthalten neben anderen Stoffen **Glykoside** und **Alkaloide** (z. B. **Morphin** im Schlafmohn; ◻ Tab. 2.2, ◻ Abb. 2.10a) und können eine ätzende bis **sehr giftige** Wirkung entfalten. Milchsaft wird wie Harz durch Einkerben der Borke bzw. bei krautigen Pflanzen durch **Einschneiden** der Epidermis gewonnen (◻ Abb. 7.24a, f, g). Dabei muss die Verletzung für die Pflanze **verträglich** sein, um den Bestand zu halten.

In einigen Fällen wie z. B. der mexikanischen Kautschukpflanze Guayule (◻ Tab. 7.3) wird der Milchsaft in isolierten Milchsaftzellen produziert, die nicht untereinander in Verbindung stehen (Artschwager 1943). Er kann nicht durch Ritzen gewonnen werden, sondern wird nach dem Zermahlen der gesamten Pflanze ausgewaschen.

Kautschuk und Gummi

Zu den wichtigsten technisch genutzten Pflanzen gehören zweifellos die **Kautschuk-** und **Gummilieferanten**. Es gibt etwa 2000 Arten, die Kautschuk bilden, darunter zahlreiche mit wirtschaftlich verwertbaren Mengen (◻ Tab. 7.3). Kommerziell genutzt wird aber vor allem der Kautschukbaum (*Hevea brasiliensis*, Euphorbiaceae), der ursprünglich aus Brasilien stammt und heute weltweit in den Tropen kultiviert wird. Die Anlegung ausgedehnter Kautschukplantagen (*rubber trees*; ◻ Abb. 7.24f) führt vor allen in Südostasien zur weiträumigen Abholzung von Urwäldern und damit zu einem erheblichen Schwund an Biodiversität und natürlichen Ressourcen:

— Die Eigenschaften des **Naturkautschuks** waren den Bewohnern Amazoniens schon seit Urzeiten bekannt. In **vorkolumbianischer** Zeit wurden auch andere Milchsaft produzierende Pflanzen, wie z. B. der Panamakautschukbaum *Castilla elastica* (Moraceae) auf vielfältige Weise genutzt. Berühmt wurde sein Milchsaft als Ausgangsstoff des **Vollgummi-balls**, mit dem in Mesoamerika **rituelle Ballspiele** durchgeführt wurden. Weltwirtschaftliche Bedeutung erhielt *Hevea brasiliensis* erst Anfang des 19. Jahrhunderts, als es Charles Goodyear gelang, die langkettigen Kautschukmoleküle durch Schwefelbrücken zu vernetzen (Vulkanisation) und so **elastisches Gummi** herzustellen. Zunächst zählte Brasilien zu den bedeutendsten Kautschukproduzenten bis Ende des 19. Jahrhunderts Samen nach Europa geschmuggelt und von hier aus in die Kolonien Südostasiens verbracht wurden.

– **Guttapercha** ist der natürliche Rohstoff des **Kaugummis** und wird aus dem Breiapfelbaum (*Manilkara*) gewonnen (⬛ Tab. 7.3). Es wurde bereits bei den Maya als **Chicle** gekaut. Heute wird Kaugummi meist synthetisch aus Polyvinylester hergestellt.

– Die in den zentralasiatischen Steppengebieten vorkommenden **Ammoniakpflanzen** *Dorema ammoniacum* und *D. aucheri* (Apiacee) liefern einen Milchsaft, der traditionell als Heilmittel genutzt wird (Ajani und Claßen-Bockhoff 2018). Lokal wird er auch als Biopestizid in Reisfeldern eingesetzt. Die Pflanze gehört zu den monokarpen Rosettenpflanzen (▶ Abschn. 6.1) und bildet nach etwa vier Jahren einen 2–3 m hohen Blütenstand. Wurzeln und Blütenstandschäfte werden zur Gewinnung des Gummiharzes eingeritzt, was die Pflanze stark schädigt (⬛ Abb. 7.24g). Das Gummiharz wird über den Eigenbedarf hinaus für den Export gesammelt, da es sich als Isolations- und Klebstoff (vor allen im Schiffsbau) eignet. Durch Übernutzung sind die Arten in ihrem Bestand gefährdet

Gifte und Opiate

Milchsäfte können außerordentlich **giftig** sein und Rauschzustände hervorrufen. Das berühmteste Beispiel ist der Schlafmohn (*Papaver somniferum*, Papaveraceae; ⬛ Abb. 7.24h und 2.10a), aus dessen Milchsaft Betäubungsmittel und Opiate gewonnen werden (▶ Exkurs 2.2). Der orange Milchsaft des heimischen Schöllkrautes (*Chelidonium majus*, Papaveraceae) wird traditionell zur äußeren Anwendung gegen Warzen verwendet (⬛ Abb. 7.24i, j).

Der Milchsaft der meisten *Euphorbia*-Arten ist giftig (⬛ Abb. 7.24k). Er steht unter Druck und tritt bei Verletzung spontan aus. Zu den giftigsten Wolfsmilcharten gehören *Euphorbia damarana* und *E. virosa* aus Namibia. Der eingetrocknete Saft wurde von den Herero und Buschmännern als Pfeilgiftzusatz verwendet (Neuwinger 1994). Er ist absolut tödlich für Mensch und Tier. Nur Nashörner sind unempfindlich gegen das Gift und nutzen die Pflanzen sogar als Hauptnahrungsquelle (Loulit et al. 1987).

Exkurs 7.4 Mikroskopie – Blick in den Mikrokosmos

Die ersten Mikroskope aus zusammengesetzten Linsen entstanden vermutlich um 1600 u.Z. in den Niederlanden. Antoni van **Leeuwenhoek** (1632–1723) gelang es, Linsen von hoher Qualität zu schleifen und Geräte zu entwickeln, die eine 270-fache Auflösung erreichten. Mit ihnen konnten erstmals Blutzellen, Bakterien und Gewebe studiert werden.

Im 19. Jahrhundert folgten die großen Entdeckungen der Zellbiologie, die die Kenntnisse der Medizin und Biologie revolutionierten (▶ Exkurs 2.1; Mägdefrau 1973; Jahn 2000). Heute stehen neben der klassischen Lichtmikroskopie neue Verfahren zur Verfügung, die auch Elektronen- und Röntgenstrahlen zur Bildgebung nutzen (⬛ Tab. 7.4).

Die einfachsten Geräte sind die **Stereolupen** (Binokulare), die eine Vergrößerung um das 10- bis 100-Fache ermöglichen. Sie zählen nicht zu den Mikroskopen im engeren Sine, leisten aber unverzichtbare Dienste im Bereich der morphologisch-ontogenetischen Analyse makroskopischer Strukturen (⬛ Abb. 7.25e, m). Sie erlauben die Beobachtung von **lebendem** Material und dessen Dokumentation mittels Makrofotografie.

7

◘ Tab. 7.4   Mikroskopische Verfahren in der Biologie

Mikroskoptyp	Funktionsweise und Anwendung
Lichtmikroskopie Verwendung von Lichtwellen und optischen Linsen, Auflösung bis 200 nm, Vergrößerung bis 1000-fach, bei digitalen Mikroskopen bis 5000-fach	
Durchlichtmikroskopie	Durchleuchtung des Objektes von unten
– Hellfeldmikroskopie	– Durchleuchtung von Quetschpräparaten und Schnitten (~5–30 μm Dicke) – histologisch-cytologische Analysen
– Dunkelfeldmikroskopie	Kontrastverstärkung durch Ausnutzung von Streulicht
– Interferenzmikroskopie	Kontrastverstärkung durch Ausnutzung der Phasenverschiebung zwischen den Licht- strahlen der Beleuchtung und dem vom Präparat gebeugten Licht
– Phasenkontrastmikroskopie	Ringblende am Kondensor, Phasenring am Objektiv
– Differentialinterferenzmikroskopie (DIC)	Doppelbrechendes Prisma
Auflichtmikroskopie	Beleuchtung von oben
– Epilumineszenzmikroskopie (ELM)	– Sichtbarmachung der Oberfläche von Mikrostrukturen (z. B. lebende Meristemen), bei Stapelaufnahmen ausreichende Tiefenschärfe zur 3D-Rekonstruktion, – Beobachtung von Wachstumsprozessen (z. B. von Meristemen)
– Polarisationsmikroskopie	Nutzung von Unterschieden im Polarisationsverhalten des Präparats
– Fluoreszenzmikroskopie	Sichtbarmachung von Mikrostrukturen auf oder in lichtdurchlässigen Geweben nach Anfärbung mit fluoreszierenden Farbstoffen, z. B. Pollenschlauchwachstum
– Konfokale Laser-Scanning-Mikroskopie	– Abrastern des Objekts mittels punktueller, durch Laserstrahlen verstärkter Be- leuchtung; Anregung von Farbstoffen auf oder innerhalb von Strukturen. – 3D-Rekonstruktion von Strukturen im lebenden Zustand
Digitalmikroskopie	Digitale Kamera anstelle eines Okulars; Betrachtung erfolgt über einen Bildschirm.
Elektronenmikroskopie (EM) Verwendung von Elektronenstrahlen	
Rasterelektronenmikroskopie (REM; *scanning electron micro-scopy*, SEM)	Beobachtung von fixiertem Material, Auflösung bis 0,1 nm, Vergrößerung bis 20.000-fach – Abrastern (Scannen) der Oberfläche eines Objekts, 3D-Darstellung von Mikro- strukturen (z. B. Pollenkörnern, Meristemen, 100- bis 3000-fach) – Analyse pflanzlicher Oberflächen, Entwicklungsstadien
Transmissionselektronenmikro-skopie (TEM)	Auflösung bis 0,045 nm (atomarer Bereich) Magnetische oder elektrische Felder, die die Elektronenbahnen ähnlich wie Licht beim Durchgang durch lichtoptische Sammellinsen ablenken – Beobachtung von fixiertem Material – Durchstrahlung von Strukturen in Ultradünnschnitten – Zellbiologische Untersuchungen
Mikro-Computertomografie (μCT) Verwendung von Röntgenstrahlen	
– Durchleuchtung bei gleichzeitiger Drehung des Objektes – Verrechnung der Kontrastunterschiede an jedem Punkt – Zerstörungsfreie Analyse von innen liegenden Geweben – Darstellung als 2D-Röntgenbild oder 3D-Computertomogramm	

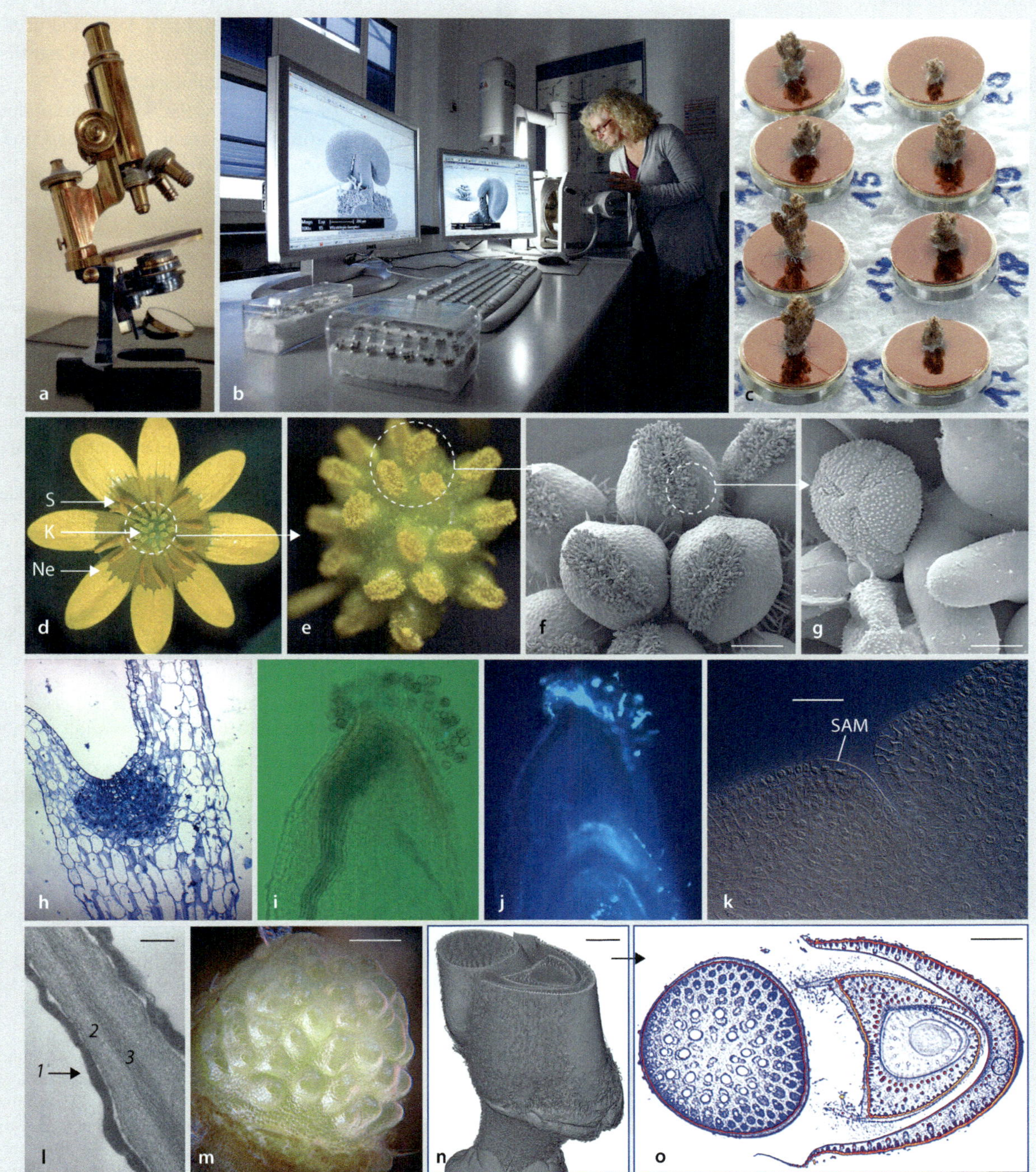

■ **Abb. 7.25 Mikroskopische Techniken. a,** Monokulares Labormikroskop um 1920. **b,** Rasterelektronenmikroskop (REM) (mit freundlicher Genehmigung). **c,** Goldbedampfte Präparate für die Untersuchung am REM. **d–j.** Scharbockskraut (*Ficaria verna,* Ranunculaceae). Blütenstrukturen mit unterschiedlichen mikroskopischen Techniken untersucht. **d,** Makrofotografie. Blüte. K, Karpell. Ne, Nektarblatt. S, Stamen. **e,** Stereolupe. Narben rezeptiv. Kreis: s. Bild **f. f, g,** REM. **f,** Karpelle mit Narbenpapillen. Kreis: s. Bild **g.** Maßstab: 500 µm (×200). **g,** Narbenpapillen mit Pollenkorn. Maßstab: 20 µm (×565). **h,** Durchlichtmikroskopie. Histologischer Längsschnitt durch ein Nektarblatt mit stark angefärbtem Drüsengewebe. **i, j,** Quetschpräparate zum Nachweis der Pollenkeimung auf der Narbe. **i,** Durchlichtmikroskopie. **j,** Fluoreszenzmikroskopie. **k,** DIC. *Pinellia tripartita* (Araceae). SAM, Sprossapikalmeristem, daneben eine angeschnittene Blattanlage. **l,** TEM. *Maranta leuconeura* (Marantaceae). Griffelgewebe; Längsschnitt durch Zellwand. *1,* Cytoplasmabelag. *2,* Primärwand. *3,* Mittellamelle. Maßstab: 30 µm (×1800). **m,** ELM. *Davidia incolucrata* (Nyssaceae). Köpfchenmeristem. Einzelbild eines Videos zur Dokumentation der Meristementwicklung. Maßstab: 500 µm (× 24,8). **n, o,** µCT. *Haumania liebrechtsiana* (Marantaceae). **n,** 3D-Rekonstruktion eines Knotens. Maßstab: 1 mm (×4,5). **o,** Querschnitt (etwa in Pfeilhöhe). Maßstab 1 mm (×9). (© **a–c:** R. Claßen-Bockhoff, Mainz. **d–j:** I. Brasack & R. Claßen-Bockhoff, Mainz. **k:** A. Böhm, Mainz. Mit freundlicher Genehmigung. **l:** Pischtschan und Claßen-Bockhoff 2010. **m:** Jerominek et al. 2014. **n, o:** Krähmer et al. 2021)

Zusammenfassung

Die Blütenpflanzen weisen etwa 70 verschiedene Formen differenzierter Zellen (**Dauerzellen**) auf. Diese hohe histologische Vielfalt trägt wesentlich zur **funktionellen Differenzierung** des Vegetationskörpers bei und ermöglicht standortökologische Anpassungen und biotische Interaktionen, die den übrigen Pflanzengruppen nicht möglich sind.

Der Großteil des Vegetationskörpers ist von Grundgewebe (**Parenchym**) erfüllt, das der Durchlüftung und primären Festigkeit dient. Es enthält Chloroplasten (**Assimilationsparenchym**) oder erfüllt Festigungs- und Speicherfunktionen.

Sprossachsen und Blätter sind von einer ‚Haut' (**Epidermis**) überzogen. Sie gewährleistet Verdunstungsschutz (**Cuticula**), ermöglicht Gasaustausch (**Stomata**) und lässt den pflanzlichen Vegetationskörper mit seiner Umgebung interagieren. Die Epidermis kann der Umfangserweiterung des Stammes folgen (**Dauerepidermis**) oder wird durch Korkgewebe (**Periderm: Kork, Borke**) ersetzt. Die primäre Oberfläche von Wurzeln ist dagegen wasserdurchlässig und durch Haarbildung vergrößert (**Rhizodermis**). Die Rhizodermis wird nach kurzer Zeit durch die verkorkte **Exodermis** und nach sekundärem Dickenwachstum durch **Borke** ersetzt.

Der Pflanzenkörper wird von **Leitgewebe** durchzogen, das Wasser und Assimilate an die Orte ihres Verbrauchs transportiert:

- Der **Wasserleitung** dienen tote Zellen (**Tracheiden, Tracheen**), die **versteifte** (Schutz vor Kollabieren) und stark **getüpfelte** Zellwände (Wassertransport) besitzen. Tracheiden (Gymnospermen und Angiospermen) sind stark verholzt und weisen oft **Hoftüpfel** auf, Tracheen (überwiegend Angiospermen) bilden durch Auflösung (Lyse) von Querwänden lange **Röhren**.
- Die lebenden Zellen des Assimilattransportes (**Siebzellen, Siebröhren**) stehen durch große Plasmodesmen (**Siebporen**) miteinander in symplastischem Kontakt. Sie lösen im funktionsfähigen Alter Zellkern und Vakuole auf und werden von benachbarten Parenchymzellen (Gymnospermen) bzw. **Geleitzellen** (Angiospermen) versorgt und mit Assimilaten be- und entladen. Siebröhrenzelle und Geleitzelle entstehen durch inäquale Teilung aus der **Siebröhrenmutterzelle** und bilden eine physiologische Einheit.

Sekundäre Festigkeit erhält die Pflanze durch spezifische Festigungsgewebe, die durch verdickte Zellwände (**Kollenchym**) und Einlagerung des Holzstoffes Lignin (**Sklerenchym**) für Stabilität sorgen.

Drüsen übernehmen zahlreiche Sonderfunktionen (**Sekretion, Exkretion**) und tragen zur **Anpassungsfähigkeit** der Pflanzen bei.

Literatur

Ajani Y, Claßen-Bockhoff R (2018) Ethnobotanical interviews on *Dorema aucheri* Boiss. (Apiaceae), a medicinal species in Southern Iran. Int J Environ Sci Nat Resour 12(1):555827. https://doi.org/10.19080/IJESNR.2018.12.555827

Artschwager E (1943) Contribution to the morphology and anatomy of guayule (*Parthenium argentatum* Gray). Technical bulletin, 842. Washington, DC, United States Department of Agriculture, S 1–33

Barthlott W (1990) Scanning electron microscopy of the epidermal surface in plants. In: Claugher D (Hrsg) Scanning electron microscopy in taxonomy and functional morphology. Clarendon Press, Oxford, S 69–94

Barthlott W, Neinhuis C (1997) Purity of the sacred lotus, or escape from contamination in biological surfaces. Planta 202:1–8

Barthlott W, Cerman Z, Stosch AK (2004) Der Lotus-Effekt: Selbstreinigende Oberflächen und ihre Übertragung in die Technik. Biol unserer Zeit 34:290–296

Beck C (2010) An introduction to plant structure and development. Plant anatomy for the twenty-first century, 2. Aufl. Cambridge University Press, Cambridge

Behnke HD, Sjolund RD (1990) Sieve elements. Comparative structure, induction and development. Springer, Berlin/Heidelberg

Benzing DH (2000) Bromeliaceae - profile of an adaptive radiation. Cambridge University Press, Cambridge

Bismarck A, Mishra S, Lampke T (2005) Plant fibers as reinforcement for green composites. In: Mohanty AK, Misra M, Drzal LT (Hrsg) Natural fibers, biopolymers, and biocomposites. Taylor & Francis, Boca Raton

Bredemann G, Garber K (1959) Die Große Brennessel: *Urtica dioica* L. Forschungen über ihren Anbau zur Fasergewinnung. Mit Anhang über ihre Nutzung für Arznei- und Futtermittel sowie technische Zwecke. Akademie-Verlag, Berlin

Buchanan BB, Gruissem W, Jones RL (2000) Biochemistry & molecular biology of plants. American Society of Plant Physiologists, Rockville

von Denffer D (1971) Morphologie. In: von Denffer D, Schumacher W, Mägdefrau K, Ehrendorfer F (Bearb.) Lehrbuch der Botanik für Hochschulen, 30. Aufl. Fischer, Stuttgart, S 9–202

De Schepper V, De Swaef T, Bauweraerts I, Steppe K (2013) Phloem transport: a review of mechanisms and controls. J Exp Bot 64:4839–4850

Diggle PK, DeMason DA (1983) The relationship between the primary thickening meristem and the secondary thickening meristem in *Yucca whipplei* Torr. I. Histology of the mature vegetative stem. Am J Bot 70:1195–1204

Esau K (1977) Anatomy of seed plants. 2. Aufl. Wiley, New York

Evert RF (2007) Esau's plant anatomy. Meristems, cells, and tissues of the plant body – their structure, function and development, 3. Aufl. Wiley, Hoboken

Ewers FW (1982) Secondary growth in needle leaves of Pinus longaeva (bristlecone pine) and other conifers: quantitative data. Am J Bot 69:1552–1559

Fink D, Dobbelstein E, Barbian A, Lohaus G (2018) Ratio of sugar concentrations in the phloem sap and the cytosol of mesophyll cells in different tree species as an indicator of the phloem loading mechanism. Planta 248: 661–673

Flindt R (2000) Biologie in Zahlen. Eine Datensammlung in Tabellen mit über 10.000 Einzelwerten, 5. Aufl. Spektrum, Heidelberg/Berlin

García-Amorena I, Wagner F, van Hoof TB, Gómez Manzaneque F (2006) Stomatal responses in deciduous oaks from southern Europe to the anthropogenic atmospheric CO_2 increase; refining the stomatal-based CO_2 proxy. Rev Palaeobot Palynol 141:303–312

Graham LE, Graham JM, Wilcox LW (2006) Plant biology, 2. Aufl. Pearson, Upper Saddle River

Jäger EJ, Neumann S, Ohmann E (2009) Botanik. Nachdruck, 5. Aufl. 2003. Spektrum, Heidelberg

Jahn I (Hrsg) (2000) Geschichte der Biologie, 3. Neu bearb. Aufl. Spektrum, Heidelberg/Berlin

Jerominek M, Bull-Hereñu K, Arndt M, Claßen-Bockhoff R (2014) Live imaging of developmental processes in a living meristem of *Davidia involucrata* (Nyssaceae). Front Plant Sci 5:613. https://doi.org/10.3389/fpls.2014.00613.

Koch GW, Sillett SC, Jennings GM, Davis SD (2004) The limits to tree height. Nature 428, 851–854

Konrad W, Roth-Nebelsick A, Grein M (2008) Modelling of stomatal density response to atmospheric CO_2. J Theor Biol 253:638–658

Körner C (2014) Pflanzen im Lebensraum. In: Kadereit JW, Körner C, Kost B, Sonnewald U (Hrsg) Strasburger. Lehrbuch der Pflanzenwissenschaften, 37. Aufl. Springer Spektrum, Heidelberg

Krähmer H (2019) Grasses: Crops, competitors, and ornamentals. Wiley, Hoboken

Krähmer H, Bonsels-Klein K, Claßen-Bockhoff R (2023) Rhizome architecture, development and vascularization in the water lily *Nymphaea alba*. Ann Bot, 131:851–866

Krähmer H, Hesse L, Krüger F, Speck T, Claßen-Bockhoff R (2021) Vascular bundle modifications in nodes and internodes of climbing Marantaceae. Bot J Linn Soc 195:308–326

Kück U, Wolff G (2009) Botanisches Grundpraktikum, 2. Aufl. Springer, Heidelberg

Lieberei R, Reisdorff C (2012) Nutzpflanzenkunde. Begr. von W. Franke, 8. Aufl. Thieme, Stuttgart

Liesche J (2017) Sucrose transporters and plasmodesmal regulation in passive phloem loading. JIPB 59:311–321

Loulit BD, Louw GN, Seely MK (1987) First approximation of food preferences and the chemical composition of the diet of the desert-dwelling rhinoceros *Diceros bicornis* L. Madoqua 15:35–54

Lüttge U, Kluge M, Bauer G (1999) Botanik, 3. Aufl. Wiley-VCH, Weinheim

Mägdefrau K (1973) Geschichte der Botanik. Leben und Leistung großer Forscher. Fischer, Stuttgart

Neuwinger HD (1994) Afrikanische Arzneipflanzen und Jagdgifte. Chemie, Pharmakologie, Toxikologie. Wissenschaftliche Verlagsgesellschaft, Stuttgart

Nultsch W (2001) Allgemeine Botanik, 11. Aufl. Thieme, Stuttgart

Pischtschan E, Claßen-Bockhoff R (2010) Anatomic insights into the thigmonastic style tissue in Marantaceae. Plant Syst Evol 286:91–102

Plinius C Secundus d Ä(2007) (vermutlich 77/78 n. Chr.). Verwendete Ausgabe: Möller L, Vogel M. (Hrsg) Die Naturgeschichte des Caius Plinius Secundus. Überarbeitete und kommentierte Version der Übersetzung von Wittstein GC.1881. Marix, Wiesbaden

Quint M, Claßen-Bockhoff R (2006) Floral ontogeny, petal diversity and nectary uniformity in Bruniaceae. Bot J Linn Soc 150:459–477

Rarthasarathy MV (1975) Sieve-element structure. Encycl Plant Physiol New Ser 1:3–38

Raven PH, Evert RF, Eichhorn SE (2006) Biologie der Pflanzen, 4. Aufl. De Gruyter, Berlin/New York

Renz-Rathfelder S (1992) Faserpflanzen. Palmengarten Sonderheft 18. Stadt, Frankfurt am Main

Sitte P (1998) Morphologie. In: Sitte P, Ziegler H, Ehrendorfer F, Bresinsky A. Weiler (Bearb.) Strasburger. Lehrbuch der Botanik, 34. Aufl. Spektrum, Heidelberg, S 11–214

Speck T, Speck O, Neinhuis C, Bargel H (2012) Bionik. Faszinierende Lösungen der Natur für die Technik der Zukunft. Lavori, Freiburg

Stevenson DW (1980) Radial growth in *Beaucarnea recurvata*. Am J Bot 67:476–489

Troll W (1973) Allgemeine Botanik. Ein Lehrbuch auf vergleichend-biologischer Grundlage, 4. verbesserte Aufl. unter Mitwirkung von K. Höhn. Enke, Stuttgart

Vogel S (1963) Duftdrüsen im Dienste der Bestäubung. Über Bau und Funktion von Osmophoren. Akademie der Wissenschaften und der Literatur Mainz, Abhandlungen der Mathematisch-Naturwissenschaftlichen Klasse. 1962, S 599–763

Weber HC (1993) Parasitismus von Blütenpflanzen. Wissenschaftliche Buchgesellschaft, Darmstadt

Zhang B, Tolstikov V, Turnbull C, Hicks LM, Fiehn O (2010) Divergent metabolome and proteome suggest functional independence of dual phloem transport systems in cucurbits. Proc Natl Acad Sci USA 107(30):13532–13537. https://doi.org/10.1073/pnas.0910558107

Grundorgane und Lebensweise

Inhaltsverzeichnis

8.1   Entwicklung des Sprosses – 489
8.1.1   Organisation des Sprossapikalmeristems – 489
8.1.2   Zonierung der Sprossspitze – 493

8.2   Bau, Entwicklung und Diversität von Sprossachsen – 497
8.2.1   Primäre Sprossachse der Dicotylen und Gymnospermen – 497
8.2.2   Sekundäres Dickenwachstum – 503
8.2.3   Holz und Borke – 506
8.2.4   Sprossgestaltung der Monocotylen – 518
8.2.5   Funktionelle Vielfalt von Sprossachsen – 529

8.3   Bau, Entwicklung und Diversität von Blättern – 534
8.3.1   Bau des Laubblattes – 534
8.3.2   Entwicklung des Laubblattes – 536
8.3.3   Diversität des Unterblattes – 553
8.3.4   Diversität der Blattspreite – 560
8.3.5   Diversität des Blattstieles – 566
8.3.6   Histologische Gliederung des Blattes – 570
8.3.7   Standortökologische Anpassungen von Blättern – 575

8.4   Bau, Entwicklung und Diversität von Wurzeln – 586
8.4.1   Wurzelsysteme – 587
8.4.2   Wurzelmeristem und Keimwurzelbildung – 589
8.4.3   Gewebedifferenzierung der Wurzel – 591
8.4.4   Beziehungen zwischen Wurzel und Spross – 597
8.4.5   Funktionelle Vielfalt von Wurzeln – 603

8.5   Gestalt- und Funktionswandel der Grundorgane – 619

8.6   Lebensweisen und Anpassungsfähigkeit – 623
8.6.1   Standortökologische Anpassungen – 623
8.6.2   Biotische Interaktionen – 629

Literatur – 657

© Springer-Verlag GmbH Deutschland, ein Teil von Springer Nature 2024
R. Claßen-Bockhoff, *Die Pflanze*, https://doi.org/10.1007/978-3-662-65443-9_8

Trailer

Der Vegetationskörper der Samenpflanzen wird traditionell in drei Grundorgane gegliedert: Sprossachse, Blatt und Wurzel. Diese sind über Alleinstellungsmerkmale charakterisiert und arbeitsteilig organisiert. Da Sprossachse und Blatt gemeinsam aus dem Sprossapikalmeristem hervorgehen, sind sie schwer voneinander abzugrenzen. Dies hat zu unterschiedlichen Auffassungen über die Organisation des Sprosses geführt.

Sprossachse und Wurzel zeigen offenes Wachstum. Sie vergrößern die Oberfläche der Pflanze durch Längen- und Dickenwachstum und sind morphologisch und histologisch an ihre Grundfunktionen der Exposition, Stabilität, Stoffleitung, Wasseraufnahme und Verankerung angepasst. Blätter sind demgegenüber Organe begrenzten Wachstums. Als Orte der Photosynthese sind sie primär flach, grün und hinfällig.

Innerhalb der Samenpflanzen stimmen Gymnospermen und dicotyle Blütenpflanzen im Aufbau des Sprosses weitgehend überein, während sich die Einkeimblättrigen in zahlreichen Merkmalen von ihnen unterscheiden. Die abweichende Organisation setzt bereits in der Differenzierungsphase des Sprossapikalmeristems ein und betrifft den gesamten Vegetationskörper von der Blattentwicklung über das Leitbündel- und Wurzelsystem bis hin zur Verzweigung und Wuchsform.

Im vorliegenden Kapitel werden die Organe der Samenpflanzen in ihrer Entwicklung und Diversität dargestellt. Alle Grundorgane können Sonderfunktionen übernehmen und von ihrem typischen Bau abweichen. Sie bilden Ranken, Speicher oder Dornen und liefern damit eindrucksvolle Beispiele für analoge Ähnlichkeit. Die Anpassungsfähigkeit der Organe erlaubt es den Pflanzen, an ganz unterschiedlichen Standorten zu überleben, und spezielle, biotische Interaktionen einzugehen. Sie gibt damit einen einzigartigen Blick in die Evolution der Samenpflanzen.

Der Vegetationskörper der Samenpflanzen ist symplastisch organisiert (▶ Abschn. 1.1.3 und 2.2.4) und arbeitsteilig differenziert (▶ Abschn. 5.5.8). Er umfasst den oberirdischen **Spross**, zu dem Sprossachsen, Blätter und sprossbürtige Wurzeln gehören (▶ Exkurs 8.1), und das unterirdische **Primärwurzelsystem** (▶ Abschn. 8.4 und 6.2).

Traditionell wird der Vegetationskörper der Samenpflanzen in die **drei Grundorgane** Sprossachse, Blatt und Wurzel gegliedert (aber siehe ▶ Abschn. 6.2, und ▶ Exkurs 8.1). Anders als bei den Algen, Moosen und Farnen, bei denen die Organe nach ihrer **Funktion** unterschieden werden (▶ Exkurs 5.5), sind die **Organe** der **Samenpflanze**n über das Entwicklungspotential ihrer Ausgangsmeristeme charakterisiert (◘ Tab. 6.1). Strukturen gleichen meristematischen Ursprungs sind unabhängig von ihrem Aussehen **morphologisch homolog**, während Strukturen unterschiedlichen Ursprungs auch bei gleichem Aussehen **analog** sind (▶ Abschn. 1.2, ▶ Exkurs 5.5).

Die Organe sind im typischen Fall auf bestimmte Aufgaben **spezialisiert** und morphologisch und histologisch an diese angepasst (▶ Kap. 7, ◘ Abb. 8.1):

- Die **Sprossachsen** (▶ Abschn. 8.2) bauen den Vegetationskörper der Pflanzen auf, verleihen Festigkeit und stellen über die Leitbahnen den Kontakt zwischen Blatt- und Wurzelwerk her.
- In den **Laubblättern** (▶ Abschn. 8.3) finden Gasaustausch und Photosynthese statt. Die Assimilate werden aktiv zum Ort ihres Verbrauchs transportiert oder gespeichert.
- Die **Wurzeln** (▶ Abschn. 8.4) nehmen Wasser und Nährsalze aus dem Boden auf und leiten sie in die Wasserleitbahnen der Pflanze. Durch den Transpirationssog (▶ Abschn. 5.3.5 und 7.4.1) gelangt der Wasserstrom in den gesamten Pflanzenkörper.

Neben ihrer primären Funktion können die Organe der Blütenpflanzen auch die Aufgaben der jeweils anderen Organe übernehmen (z. B. assimilierende Sprossachsen, Wasser absorbierende Blätter, Scheinstämme) oder weitere Funktionen erfüllen (z. B. Verankerung, Abwehr, Wasser- und Stoffspeicherung ▶ Abschn. 8.5). Diese **Plastizität** verleiht den Blütenpflanzen ein enormes **Anpassungspotential** und führt zu einer Fülle analog ähnlicher Strukturen.

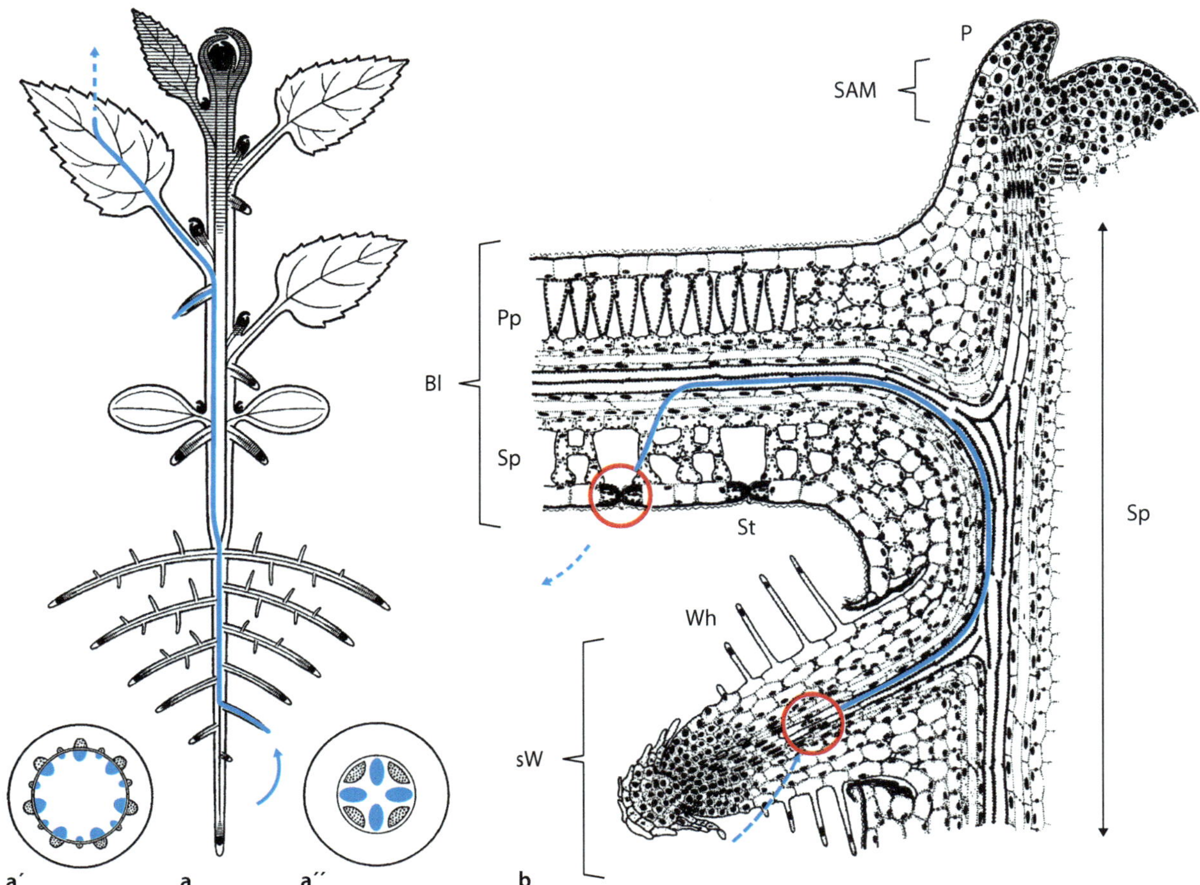

Abb. 8.1 Arbeitsteilige Differenzierung. Das Beispiel des Wasserhaushaltes einer dicotylen Pflanze zeigt die Anpassung der Organe an unterschiedliche Funktionen. **a,** Schema einer zweikeimblättrigen Keimpflanze. Blau: Wasserleitung von der Wurzel zum Blatt. **a′,** Querschnitt durch die Sprossachse mit dem Leitbündelring. **a″,** Querschnitt durch die Hauptwurzel mit Zentralzylinder. Blau: Wasser leitendes Gewebe (Xylem). **b,** Histologischer Längsschnitt (schematisch) durch einen Spross. Am Sprossapikalmeristem (SAM) entstehen seitlich Blattanlagen (P, Primordium), aus dem Rindengewebe können sprossbürtige Wurzeln (sW) entstehen. Die Wurzel besitzt ein Absorptionsgewebe mit Wurzelhaaren (Wh), mit denen Wasser und Nährsalze aus dem Boden aufgenommen werden (blauer Pfeil). Im Inneren kontrolliert die einschichtige Endodermis (unterer roter Kreis) den Eintritt von Wasser und Salzen in die Leitungsbahnen der Pflanze. Das Laubblatt (Bl) bildet ein Assimilationsparenchym mit Chloroplasten (Pp, Palisadenparenchym), ein Schwammparenchym (Sp) zur Durchlüftung und Spaltöffnungen in der Epidermis (St, Stoma: oberer roter Kreis), über die der Wasser- und Gasaustausch der Pflanze mit ihrer Umgebung reguliert wird. Die Sprossachse (Sp) bildet das Leitgewebe, das den Stofffluss zwischen Wurzel und Blatt gewährleistet (blaue Linie). (© **a**: Troll 1935, leicht verändert. **b**: Hagemann 1984, leicht verändert)

Der oberirdische Teil der Pflanze stellt eine **Entwicklungseinheit** dar und wird als **Spross** bezeichnet. Während sich Sprossachsen und Blätter im ausgewachsenen Zustand meist klar voneinander unterscheiden, sind sie in ihrer Entstehung nicht voneinander abgrenzbar, da sie **gemeinsam aus dem SAM** hervorgehen (▶ Abschn. 6.2). Die Blattanlagen entstehen durch eine seitliche Gewebeabtrennung (**Segregation**) aus dem SAM. Sie sind adaxial von der Sprossachse abgesetzt, gehen aber abaxial **kontinuierlich** in den Sprosskörper über (▪ Abb. 8.3b). Stellen die Blätter demnach nur Anhangsorgane der Sprossachse dar, oder sind Sprossachse und Blatt getrennte Organe des Vegetationskörpers?

Diese Fragen werden seit Goethes (1790) ‚Metamorphose der Pflanze‘ (▶ Exkurs 6.3) diskutiert und haben zu **alternativen Sprosskonzepten** geführt (Zusammenfassung in Rutishauser und Sattler 1985 und Literatur darin):

- **Klassisches Sprossmodell** (▪ Abb. 8.2a)**:** Das klassische Sprossmodell ist das **populärste** Modell und wird in den meisten Lehrbüchern als einziges dargestellt. Es beruht auf der Annahme, dass Sprossachsen und Blätter verschiedene **Grundorgane** sind und an ihrer relativen Lage im Vegetationskörper der Pflanze erkannt werden können (klassische Homologiekriterien; ▶ Abschn. 1.2.1). Das Modell, das z. B. von Sachs (1874), Goebel (1928) und Troll (1935) vertreten wurde, ist in der Anwendung **praktisch** und wird vor allem in der **Systematik** verwendet. Es berücksichtigt jedoch **kaum Entwicklungsprozesse** und wird von manchen Autoren als zu statisch und formal abgelehnt (Sattler 1996).

— **Wachstumsmodelle** (◧ Abb. 8.2b): Nach den ebenfalls häufig verwendeten Wachstumsmodellen setzt sich der Spross aus **Einheiten** zusammen, die jeweils aus einem Blatt und mindestens einem Internodium bestehen. Nach der **Metamertheorie** (White 1979) besteht die elementare, sich ständig wiederholende Baueinheit (**Modul**) der Samenpflanze aus einem Knoten, dem zugehörigen Blatt und Achselprodukt sowie dem unter dem Knoten liegenden Internodium (◧ Abb. 6.3a), nach der **Phytontheorie** (Gaudichaud 1841; Gray 1849) aus einem Sprosssegment, das je nach Blattstellung mehrere Knoten umfassen kann. Beide Modelle stellen das **offene Wachstum** und den **modularen Bau** der Pflanzen in den Vordergrund und erweitern damit das klassische Konzept um die Entwicklungsdynamik. Sie eignen sich besonders gut für die **Modellierung** pflanzlicher **Entwicklungsprozesse**.

— *Fertile leaf model* (◧ Abb. 8.2c): In diesem auf Warming (1872) zurückgehenden Modell wird die Seitenachse als **Abkömmling der Blattanlage** angesehen. Diese Auffassung beruht auf den **Entwicklungsprozessen** im Blattachselbereich und erklärt die enge Lagebeziehung zwischen den beiden Organen. Das Modell hat in der jüngeren Vergangenheit wenig Anerkennung erfahren, gewinnt aber durch Befunde der Entwicklungsgenetik erneut an Bedeutung (Naz et al. 2013).

— *Leaf skin model* (◧ Abb. 8.2d): Das *leaf skin model*, das mit **Berindungsmodell** übersetzt werden kann, nimmt Bezug auf die **grundsätzliche Schwierigkeit**, die abaxiale Seite einer Blattanlage vom Sprosskörper **abzugrenzen** (◧ Abb. 6.37e). Es folgt der Annahme, dass die gesamte ‚Haut' (*skin*) des Sprosses von Blatt überzogen ist und die Grenze zur Sprossachse im Inneren, etwa in der Region des Rindenparenchyms zu finden ist (Saunders 1922). Die Begriffe ‚Blatt' und ‚Sprossachse' werden aus praktischen Gründen beibehalten, kennzeichnen aber nicht die Organabgrenzung. Gestützt wird diese Ansicht durch Flügelungserscheinungen und andere Berindungsphäno-

mene (▶ Abschn. 6.7.3). Das Modell spielt heute kaum noch eine Rolle, ist aber aus theoretischen Gründen wichtig, da es auf die **grundsätzliche Problematik** der Organabgrenzung und auf die **Relativität von Begriffen** hinweist.

— *Partial shoot theory* (◧ Abb. 8.2e): In der von Arber (1950) begründeten Theorie sind ‚Blätter' und ‚Sprossachsen' theoretische Vorstellungen (**Konstrukte**), die für beschreibende Zwecke hilfreich sind, aber **keine** fundamental verschiedenen Einheiten darstellen (Zusammenfassung in Claßen-Bockhoff 2001). Die Theorie geht vom **offenen Wachstum** der Pflanzen aus (▶ Abschn. 1.1.2) und fasst das aus dem Embryo stammende Sprossapikalmeristem als **alleiniges Bezugssystem** für das Wachstum des Sprosses auf. Im Laufe der Entwicklung differenzieren sich unter dem Einfluss von Erstarkung, Polarität und Gravitation Strukturen, die verschieden aussehen (Sprossachsen und Blätter), sich in ihrer Entwicklung aber **nur partiell** voneinander **unterscheiden**. Blätter sind der Theorie zufolge **Anhangsorgane** der Sprossachse (*partial shoots*), die aufgrund der seitlichen Entstehung und Spitzenhemmung die radiale Symmetrie und das offene Wachstum verlieren. Die laterale Bildung von Nebenblättern, runde Blattstiele, verzweigungsähnliche Aderungen und die (seltene) Fähigkeit zur Bildung von Brutknospen (◧ Abb. 6.50) weisen auf den **partiellen Achsencharakter** hin. Ähnlich wie die *fertile leaf*-Hypothese geht auch Arber (1950) davon aus, dass die Achselknospe der Blattanlage entstammt. Durch sekundäre Prozesse erreicht diese Radiärsymmetrie und volle Sprossachsenbeschaffenheit.

Die *partial shoot theory* war eine Zeitlang in Vergessenheit geraten und wurde im Zuge **entwicklungsgenetischer Studien** wiederentdeckt, als ähnliche Genexpressionsmuster in Sprossachsen und Blättern gefunden wurden (Hofer et al. 1997; Sattler 2001).

Die Darlegung der unterschiedlichen Konzepte zur Interpretation des Sprosses mag im Rahmen des vorliegenden Buches als zu speziell erscheinen. Sie weist aber beispielhaft auf **grundsätzliche wissenschaftliche Probleme** hin, z. B. auf die Abhängigkeit einer **Interpretation** vom zugrundeliegenden **Konzept**, auf die Relevanz unterschiedlicher **Perspektiven**, die sich in scheinbar widersprüchlichen (**komplementären**) Interpretationen niederschlagen (▶ Exkurs 2.1), und auf den Konflikt zwischen natürlich ablaufenden **Prozessen** und deren Beschreibung mit statischen **Begriffen** (vgl. Rutishauser und Sattler 1985).

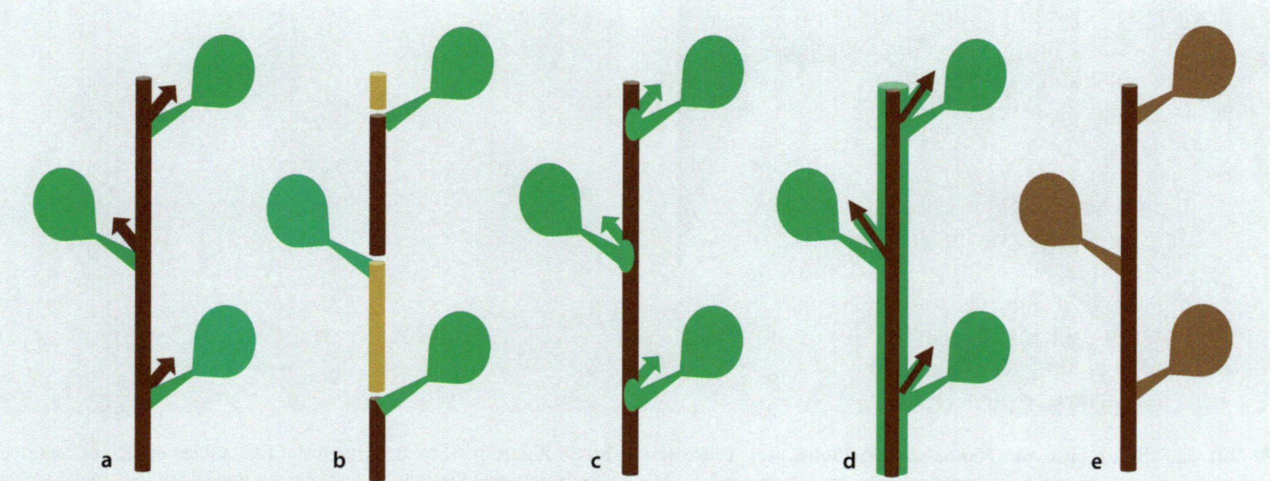

Abb. 8.2 Komplementäre Interpretationen des Sprosses. Erläuterungen s. Text. **a,** Klassisches Sprossmodell. Sprossachse (braun) und Blatt (grün) sind getrennte Organe, die Seitenachsen entstehen aus Blattachselmeristemen (Pfeile). **b,** Metameres Modell (Phytonmodell). Achse und Blatt bilden sich wiederholende Wachstumseinheiten (Module; braun bzw. ocker). **c,** *Fertile leaf model.* Die Seitenachsen entstehen aus der Blattanlage (grün). **d,** *Leaf skin model* (Berindungsmodell). Der gesamte Spross ist von Blattmaterial überzogen, die Grenze zum Sprossachsengewebe verläuft im Inneren des Sprosses. **e,** *Partial shoot model.* Sprossachse und Blatt sind keine getrennten Organe, sondern unterschiedliche Ausprägungen des Sprosses (dunkel-/hellbraun). (© Original, in Anlehnung an Rutishauser und Sattler 1985)

8.1 Entwicklung des Sprosses

Das **Wachstum** des Sprosses geht vom Sprossapikalmeristem (SAM) aus. In diesem liegen die **Initialzellen**, die das offene Wachstum der Pflanze aufrechterhalten. Auf das SAM folgen die **morphogenetische** und die **histogenetische** Zone, in der **Blätter** angelegt werden und die Zelldifferenzierung einsetzt (■ Abb. 8.4a). In der **Differenzierungszone** erfolgen Streckung und Differenzierung der Zellen zu Dauerzellen (▶ Abschn. 8.1.2). **Internodien** entstehen, und das **Leitbündelsystem** wird in seinem Grundaufbau fertig gestellt. Anhaltende Zellteilung und Zellstreckung führen zur **Erstarkung** der Sprossspitze und zum **Gewebeaufbau**. Während dieser Phase wird der **primäre Bau** des krautigen Sprosses abgeschlossen (▶ Abschn. 8.2).

8.1.1 Organisation des Sprossapikalmeristems

Die Sprossspitze hat meist die Form eines radiärsymmetrischen Kegels (■ Abb. 8.3) und wird dann **Vegetationskegel** genannt. Sie kann aber auch flach oder so stark eingesenkt sein, dass sich eine **Scheitelgrube** bildet (■ Abb. 8.24a).

Das Sprossapikalmeristem (**SAM**) liegt außen (**exogen**) an der Spitze des Sprosses (**apikal**; ■ Abb. 6.6e und 8.3a). Form und Größe sind sehr variabel und ändern sich innerhalb eines Individuums mit dem Alter, vor allem während der Erstarkungsphase (▶ Abschn. 8.1.2) und beim Übergang vom vegetativen in den reproduktiven Zustand (▶ Abschn. 9.2). Während der Blattausgliederung verlagert sich der Mittelpunkt des SAMs in regelmäßigem Wechsel (■ Abb. 8.3b).

Die Zellen des SAMs sind **alle teilungsaktiv** und entsprechend klein und plasmareich. Sie besitzen einen großen Kern, dünne Primärwände und kleine Vakuolen. Auf diesen Eigenschaften beruht ihre starke Anfärbbarkeit im histologischen Bild (■ Abb. 8.3b). Die **Oberfläche** des SAMs ist glatt und unstrukturiert. Sie ist noch nicht mit Epidermis und Cuticula (▶ Abschn. 7.2.1) überzogen und daher **schutzlos**. Das empfindliche Gewebe wird von jungen Blattanlagen oder derben Knospenschuppen bedeckt, die mit Haaren, Schleim oder Harz zusätzlichen Schutz gewährleisten.

Initialzellen

Die Initialzellen des SAMs werden auch als Stammzellen (*stem cells*) bezeichnet. Tatsächlich unterscheiden sie sich aber von den Stammzellen der Tiere darin, dass sie **teilungsaktiv bleiben** (totipotent; ▶ Abschn. 1.1.2) und nicht genetisch determiniert werden (▶ Exkurs 8.2). Mit diesen Eigenschaften ermöglichen sie das **offene Wachstum** und die damit verbundene **Anpassungsfähigkeit** der Pflanzen.

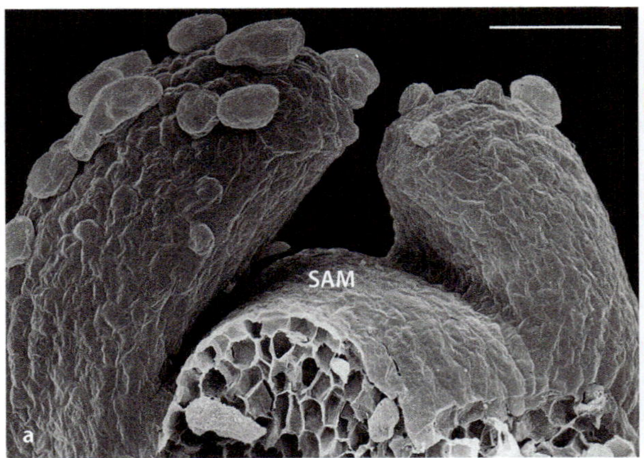
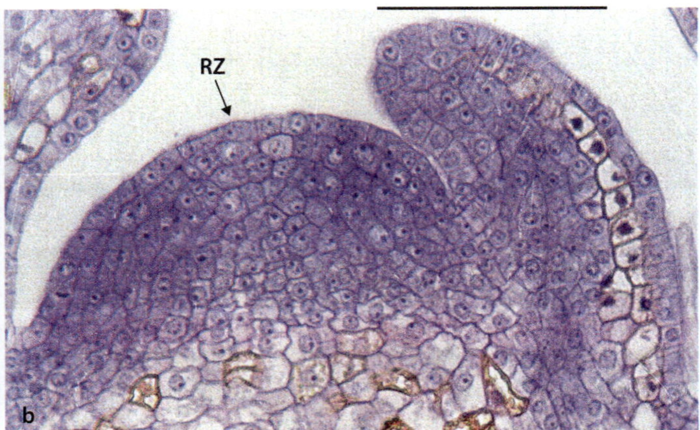

Abb. 8.3   Sprossspitze von *Hakea sericea* **(Proteaceae). a,** Rasterelektronenmikroskopische Aufnahme des Sprossapikalmeristems (SAM) und der ersten beiden Blattanlagen. Die Haare auf der Blattspitze und der abaxialen Seite der älteren Blattanlage zeigen die beginnende Zelldifferenzierung an. Balken: 40 μm. **b,** Histologischer Längsschnitt durch die Sprossspitze. Die obersten, etwas größeren Zellen bilden das Ruhende Zentrum (RZ), das durch die Blattanlage etwas zur Seite verschoben wurde. Die stärker angefärbten Zellen gehören zum Flankenmeristem. Die vakuolisierten Zellen im unteren Bildabschnitt befinden sich ebenso wie die Zellen auf der abaxialen Seite der Blattanlage in der Differenzierungsphase. bzw. sind bereits in Dauerzellen übergegangen Balken: 50 μm. (© P. Schubert, Mainz. Mit freundlicher Genehmigung)

Innerhalb der Samenpflanzen treten **Initialzellen** in einer oder mehreren **Zellschichten** auf. Ihre Existenz wurde schon früh mithilfe von **Colchicinexperimenten** (► Abschn. 2.3.2) nachgewiesen. Durch induzierte Fehler bei der Mitose konnten einzelne **polyploide** Zellen (► Abschn. 2.4.4) erzeugt werden, deren Abkömmlinge sich im Gewebe nachverfolgen ließen (Dermen und Bain 1944).

Die Zahl der Initialzellen ist variabel (Evert 2006). Jede Initialzelle baut eine Zellschicht (Lage, *layer*) auf, die zunächst symplastisch isoliert vorliegt (► Exkurs 8.2). Bei den meisten **Gymnospermen** ist nur eine Lage vorhanden, aus der letztlich alle Zellen des Sprosses hervorgehen. Bei den **Angiospermen** sind es meist zwei (manchmal auch mehrere) Lagen (■ Abb. 8.4b: L1, L2). Durch die Bildung **sekundärer Plasmodesmen** treten einige oder alle Zellen der verschiedenen Lagen in Verbindung und führen komplexe Regulationsprozesse durch (van der Schoot und Rinne 1999; ► Exkurs 8.2).

Das SAM weist eine histologische und funktionale Zonierung auf, die zu unterschiedlichen, aber weitgehend komplementären Beschreibungen seines Aufbaus geführt haben.

Tunica und Corpus

Das **Tunica-Corpus-Konzept** gehört zu den ältesten Vorstellungen über den Bau des SAMs. Es beschreibt dessen histologische Gliederung nach der vorherrschenden **Zellteilungsrichtung** (Schmidt 1924). Das SAM der Blütenpflanzen besteht danach aus einem äußeren Mantel (Tunica; ■ Abb. 8.4b: T) und einem innen liegenden Körper (Corpus; ■ Abb. 8.4b: C):

— Die **Tunica** umfasst die außen liegenden Zellschichten, in denen sich die Zellen nur **antiklin**, d. h. senkrecht zur Meristemoberfläche teilen (■ Abb. 5.7). Dadurch wird die **Oberfläche** vergrößert. Die Tunicaschichten entsprechen den Lagen 1 und 2 (■ Abb. 8.4b: L1, L2), die aus den entsprechenden Initialzellen entstehen.

— Die Zellen im Inneren des Apikalmeristems bilden das **Corpusgewebe** (Körper). Sie teilen sich in alle Richtungen und bauen das **Volumen** des Meristems auf. Wie die Tunicaschichten entsteht auch das Corpus aus einer eigenen Initialen, die unter der Tunica liegt und die Lage 3 (■ Abb. 8.4b: L3) hervorbringt (Evert 2006).

Die Lagen (L1, L2, L3) enthalten die Proteine und Hormone, die an der Ausgliederung der Primordien beteiligt sind (► Exkurs 8.2, ► Abschn. 6.6.4). Sie sind somit der **Ort** der **primären Organogenese** (Organbildung) der Pflanze. Im Allgemeinen gehen Epidermis, Blatt- und Blütenanlagen aus L1 hervor, während das Grundgewebe und das Leitbündelsystem aus L2 und/oder L3 stammen (Fletcher und Meyerowitz 2000).

Funktionelle Gliederung des Sprossapikalmeristems

Histologische Studien führten in der Mitte des letzten Jahrhunderts zu der Erkenntnis, dass das SAM in Zonen unterschiedlich hoher **Zellteilungsaktivität** gegliedert ist (Buvat 1955; Hagemann 1960). Die Zonen haben **verschiedene Funktionen** und werden als Ruhendes Zentrum, Flanken- und Rippenmeristem unterschieden (■ Abb. 8.4b, c).

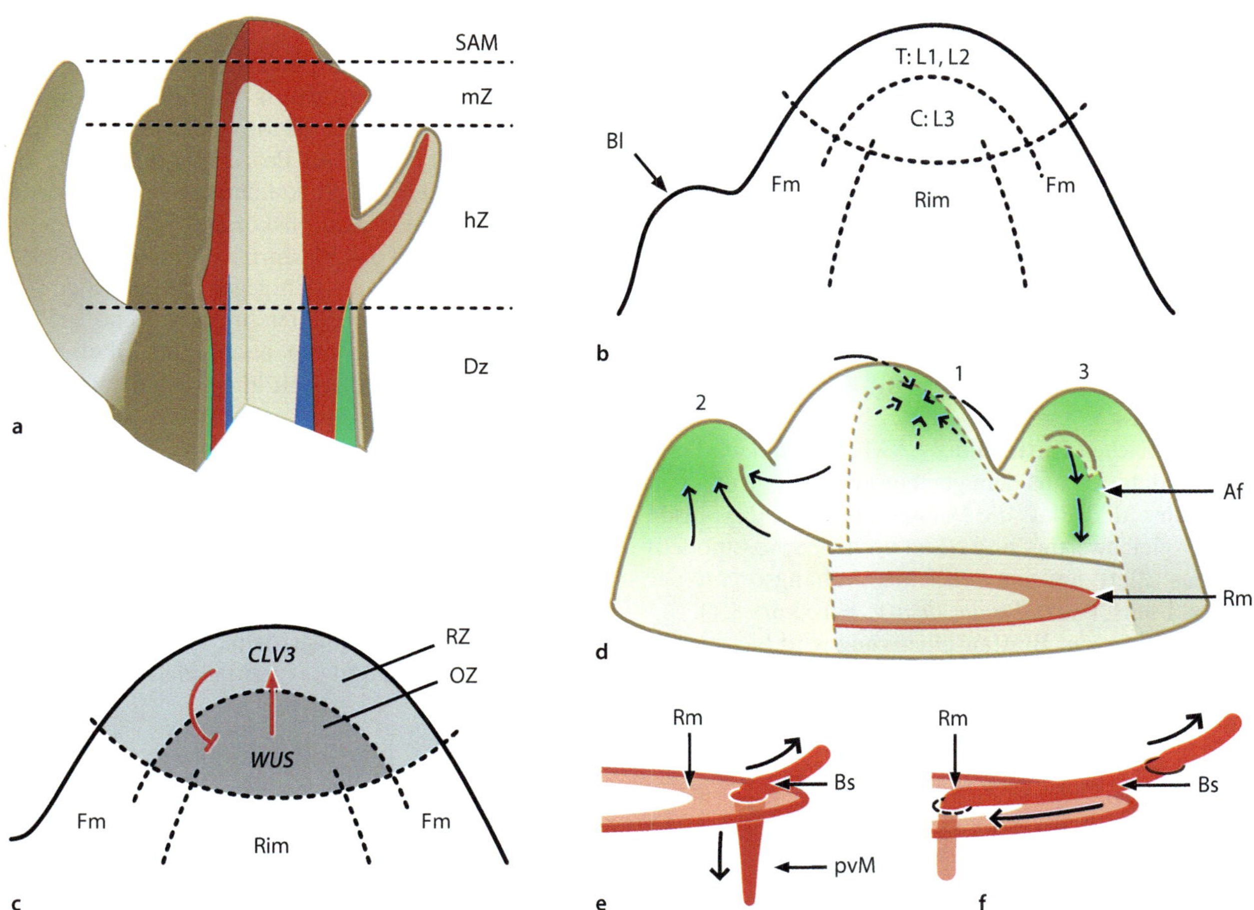

Abb. 8.4 Organisation des Sprossapikalmeristems. a, Zonierung der Sprossspitze am Beispiel einer dicotylen Pflanze. Auf das Sprossapikalmeristem (SAM) folgt die morphogenetische Zone (mZ), in der die Blattanlagen entstehen. Sie geht in die histogenetische Zone (hZ) über, in der die Gewebeanlage erfolgt. Die Differenzierungszone (Dz) schließt sich an. Beige: Parenchym. Blau: Wasserleitgewebe (Xylem). Grün: Assimilate leitendes Gewebe (Phloem). Rot: SAM und Restmeristeme. **b, c, Schematische Längsschnitte durch das SAM einer dicotylen Pflanze. b,** Die Oberfläche des SAMs ist von der Tunica (T) bedeckt, die sich nur antiklin teilt und meist zweischichtig ist (L1, L2). Das Volumen des SAMs wird vom Corpus (C) aufgebaut, dessen Initialzelle die äußere Corpusschicht (L3) bildet. Das Meristem gliedert sich in den zentralen Spitzenbereich, das mantelförmige Flankenmeristem (Fm), aus dem die Blattanlage (Bl) hervorgeht, und das Rippenmeristem (Rim). **c,** Der Spitzenbereich besteht aus dem außen liegenden Ruhenden Zentrum (RZ) und dem darunterliegenden Organisationszentrum (OZ). Hier liegt der genetische Regulationsmechanismus des Sprosswachstums, an dem beim Modellorganismus *Arabidopsis thaliana* unter anderen

die Genprodukte von *WUSCHEL* (*WUS*) und *CLAVATA3* (*CLV3*) beteiligt sind. **d–f, Leitbündelentwicklung. d,** Nach derzeitigem Kenntnisstand stimuliert der aus der Blattanlage absinkende Auxinflux (Af) die Bildung des provaskulären Gewebes. 1–3, Blattanlagen. Grün: Auxinakkumulation. Rm, Lage des später erhalten bleibenden Restmeristems (► Exkurs 6.5). **e,** Bei den Dicotylen liegt das provaskuläre Gewebe (rot) im Restmeristemring (Rm, hellrot) und differenziert sich in zwei Richtungen zum Leitgewebe des Blattes bzw. der Sprossachse (Pfeile). Bs, Blattspur. pvM, provaskuläres Meristem. **f,** Bei den Monocotylen liegt das provaskuläre Gewebe außerhalb des Restmeristemringes und differenziert sich ebenfalls bidirektional zum Leitgewebe des Blattes und der Sprossachse. Aufgrund des früh einsetzenden, primären Dickenwachstums wird die Leitbündelanlage zunächst im Knoten nach innen verlagert (langer Pfeil), bevor es sich im Zuge der Internodienstreckung longitudinal verlängert. (© a: in Anlehnung an Lüttge et al. 1999. b, c; Original nach verschiedenen Vorlagen. d–f: Claßen-Bockhoff et al. 2021, leicht verändert. Grafik: D. Franke, Mainz)

Ruhendes Zentrum

Im oberen Teil des SAMs liegen einige Zellen, die etwas größer als die benachbarten Zellen sind und eine **geringere Teilungsaktivität** als diese haben. In angefärbten histologischen Schnitten sind sie an ihrer helleren Färbung erkennbar (☐ Abb. 8.3b). Diese Zone des SAMs ist für das Wachstum der Pflanze von **zentraler Be-**

deutung, da in ihr die **Initialzellen gebildet** werden und die **genetische Regulation** des **offenen Wachstums** stattfindet (► Exkurs 8.2). Sie wurde ursprünglich ,wartendes Meristem' (*méristème d'attente*) genannt, da sie erst dann teilungsaktiv wird, wenn der Übergang vom vegetativen Meristem in den reproduktiven Zustand vollzogen wird (Evert 2006; ► Abschn. 9.2). Heute wird es allgemein als **Ruhendes Zentrum** (Rz, engl. cz: *central zone*) bezeichnet.

Peripheres oder Flankenmeristem

Das Ruhende Zentrum wird allseitig von einem **sehr teilungsaktiven Meristemmantel**, dem **Flankenmeristem**, umgeben (◘ Abb. 8.4b, c: Fm).

Die Zellen dieses Meristems sind im histologischen Schnitt an der geringeren Zellgröße, den großen Zellkernen und den fehlenden Zentralvakuolen erkennbar (◘ Abb. 8.3b). Sie bilden **seitlich-exogene** Gewebehöcker (**Primordien**), aus denen sich die **Blätter** entwickeln (◘ Abb. 8.3a und 8.4b: Bl). Die Organbildung (**Organogenese**) setzt somit bereits im **vollmeristematischen Zustand** des SAMs ein. Je nach Perspektive leiten sich aus dem gemeinsamen Ursprung von Sprossachse und Blatt die Vorstellungen ab, dass beide Organe gleichwertig sind (klassisches Sprossmodell) bzw. das Blatt nur ein seitliches Anhangsorgan der Sprossachse ist (*partial shoot theory*; ▶ Exkurs 8.1).

Der Prozess der **Blattausgliederung** wird hier als **Segregation** bezeichnet und vom Prozess der Fraktionierung unterschieden (▶ Abschn. 9.2; Claßen-Bockhoff und Arndt 2018). Der Begriff bedeutet, dass ein **seitlicher Teil** des SAMs **abgegliedert** (segregiert) wird und in den Differenzierungsprozess eintritt, während das **SAM** selbst **teilungsaktiv** bleibt und weitere Blattprimordien ausgliedert. Dieser Prozess ist **typisch** für den **vegetativen Zustand** des Apikalmeristems, der zum **offenen Wachstum** des Vegetationskörpers führt.

Der Ort, an dem das Blattprimordium entsteht, entwickelt sich zum **Knoten**. Entgegen der üblichen Vorstellung ‚entstehen‘ die Blätter ‚nicht an Knoten‘ (was suggeriert, dass die Knoten auch ohne Blattanlagen existieren würden), sondern sie **bilden** die Knoten.

Rippenmeristem

Unterhalb des Ruhenden Zentrums liegt ein meristematisch aktives Gewebe, das sich bevorzugt in **longitudinaler Richtung** teilt. Aufgrund der dadurch entstehenden Zellreihen wird es **Rippenmeristem** genannt (◘ Abb. 8.4b: Rim). Seine Zellen sind weniger teilungsaktiv als die des Flankenmeristems. Aus ihm gehen das innere Grundgewebe und das Leitbündelsystem hervor.

Exkurs 8.2 Regulation des offenen Wachstums

Die Regulationsvorgänge am SAM sind von **grundsätzlicher Bedeutung** für das Verständnis des offenen Wachstums der Pflanzen. Erste histologische Untersuchung des SAMs gehen ins 19. Jahrhundert zurück (Hanstein 1868), aber erst moderne molekulare und optische Techniken führten zu einem tieferen Verständnis der komplexen Entwicklungsvorgänge (Steeves 2006).

Anlegung des SAMs im Embryonalstadium

Die Anlage des SAMs erfolgt im globulären Stadium des Embryos (Proembryo; ▶ Abschn. 6.4.1) durch die Expression des Gens *SHOOTMERISTEMLESS* (*STM*; Long et al. 1996). Der Funktionsverlust von *STM* führt zu Keimlingen, die Keimblätter, Hypocotyl und Hauptwurzel, aber kein SAM ausbilden (Barton und Poethig 1993). Zur **Aufrechterhaltung** des SAMs ist die Aktivität des Homeobox-Gens *WUSCHEL* (*WUS*) notwendig (Laux et al. 1996). Die *WUS*-Expression beginnt im 16-Zell-Stadium und ist auf eine kleine Region unterhalb von L3 beschränkt (Mayer et al. 1998). Diese Region ist das Organisationszentrum (◘ Abb. 8.4c: OZ), von dem die Bildung der Initialzellen ausgeht (Bäurle und Laux 2003).

Initialzellbildung und symplastischer Kontakt

Die Regulationsvorgänge im SAM sind sehr komplex und erst ansatzweise verstanden. Die folgende, stark vereinfachte Zusammenfassung beruht auf den Arbeiten von van der Schoot und Rinne (1999), Fletcher und Meyerowitz (2000) und Gaillochet et al. (2015), die sich alle auf den Modellorganismus *Arabidopsis thaliana* beziehen (▶ Exkurs 6.5).

Die **Initialzellen** teilen sich entweder **nur antiklin** und bilden die Lagen L1 und L2 oder in alle Richtungen (L3) und bauen das Corpus des SAMs auf. Die Zellen innerhalb einer Lage stehen untereinander über **primäre Plasmodesmen** in Kontakt, die Lagen selbst sind symplastisch voneinander isoliert. **Zellkommunikation** zwischen ihnen wird erst durch lokal auftretende, **sekundäre Plasmodesmen** erreicht, die Bereiche des SAMs zu einer symplastischen Zone verbinden. Die sekundären Zellverbindungen erlauben die Übermittlung von elektrischen Strömen und die Diffusion von Metaboliten, Hormonen, Botenstoffen (*messenger*), kleinen Signalmolekülen und Ionen.

Möglicherweise besitzen primäre und sekundäre Plasmodesmen **unterschiedliche Fähigkeiten**, Makromoleküle zu transportieren. Darauf deuten abgegrenzte Domänen für Oberflächenwachstum, Volumenzunahme und Primordienausgliederung im SAM hin (van der Schoot und Rinne 1999). Man geht davon aus, dass die Entstehung sekundärer Plasmodesmen für die **Evolution des SAMs** von essentieller Bedeutung war, da durch sie physiologisch abgegrenzte Kompartimente für radial bzw. bidirektional wirkende Signale und Signalnetzwerke entstehen konnten.

Antagonistische Wirkung von *WUS* und *CLV3*
Das WUS-Protein entsteht im Organisationszentrum und wandert zu den Initialzellen des SAMs, wahrscheinlich vermittelt durch Plasmodesmen. Dort fungiert es als **zentraler Meristemorganisator** und verleiht Zellen bestimmter Position die Identität von Initialzellen. **Manipulationsexperimente** haben gezeigt, dass sich das SAM nach Verletzung **autonom** regenerieren kann. Die Identität einer Initialzelle ist somit nicht genetisch determiniert, sondern wird über **Positionssignale** bestimmt.

WUS aktiviert die Produktion von CLAVATA3-(CLV3-)Peptiden in den Initialzellen, die ein Signal zurück ins Organisationszentrum senden und die Expression von *WUS* hemmen (■ Abb. 8.4c). Durch diese **negative Rückkopplung** schaltet *WUS* seinen eigenen Repressor an, wodurch die Anzahl der Initialzellen und damit die **Größe des SAMs** bei andauerndem Wachstum weitgehend konstant bleiben (Fletcher 2004).

Die **Identität des gesamten SAMs** wird von *KNOX*-Genen (*KNOTTED-like homeobox*-Genen) aufrechterhalten, zu denen auch *STM* gehört. Sie **verhindern die Zelldifferenzierung** im Zentrum des SAMs. An der Peripherie sind sie nicht mehr aktiv, weshalb sich dort die Blattanlagen zu Blättern differenzieren können (▶ Exkurs 8.3).

Insgesamt verlangt die Aufrechterhaltung des offenen Wachstums eine enge Interaktion zwischen Phytohormonsignalen, lokal agierenden Regulationsnetzwerken mit Rückkopplungsmechanismen und symplastischen Transportbewegungen. Das Wachstum am SAM erlischt, wenn dieses Regulationssystem zusammenbricht. Das ist bei der **Blütenbildung** der Fall. Das Ruhende Zentrum verschwindet, das Meristem verliert seine Zonierung und geht in einen homogenen Zustand über (▶ Abschn. 9.2.2).

8.1.2 Zonierung der Sprossspitze

Auf die meristematische Zone des SAMs folgen sprossabwärts die **histogenetische Zone** in der die Gewebedomänen angelegt werden, und die **Differenzierungs-** und **Streckungszonen**, in denen der **primäre Bau** der Sprossachse abgeschlossen wird (■ Abb. 8.4a).

Innerhalb der Blütenpflanzen weicht der Bau des **Monocotylensprosses** erheblich von der Sprossorganisation der Dicotylen ab (■ Tab. 8.1). Die ersten Unterschiede setzen schon in der histogenetischen Zone ein (Zusammenfassung in Claßen-Bockhoff et al. 2021), weshalb die Entwicklung des Sprosses im Folgenden für die **Dicotylen** und Monocotylen separat erläutert wird. Die **Gymnospermen** sind insgesamt einfacher organisiert als die Dicotylen (Beck 2010), stimmen aber in den grundsätzlichen Entwicklungsschritten mit diesen überein.

Histogenese und Differenzierung bei Dicotylen

In der **histogenetischen Zone** erfolgt die Anlage der Gewebedomänen. Nach außen wird der junge Spross von einem **Protoderm** abgeschlossen, aus dem später die Epidermis hervorgeht. Im Inneren bildet sich das **Grundgewebe** (Parenchym; ▶ Abschn. 7.1), das später das Rinden- bzw. Markparenchym bildet. Dazwischen bleibt ein **Restmeristem** erhalten (■ Tab. 6.2).

Restmeristem und provaskuläre Domänen

Das Restmeristem ist im Querschnitt als Ring kleiner, embryonaler Zellen erkennbar (■ Abb. 8.4d: Rm, und 8.5a). Im weiteren Verlauf der Entwicklung differenzieren sich innerhalb des Meristemringes teilungsaktiv bleibende Gewebedomänen, aus denen später die Leitbündel hervorgehen. Das übrige Meristem geht allmählich in den Dauerzustand über und bildet meist Parenchym, seltener Sklerenchym (■ Abb. 8.5d: Pfeile). Die meristematischen Gewebedomänen bleiben erhalten, ziehen als Längsstränge durch die Sprossspitze und differenzieren offene Leitbündel (■ Abb. 8.4e: pvM).

Die Gewebedomänen werden üblicherweise als **Procambium** bezeichnet, also wörtlich als das „Gewebe, aus dem das Cambium hervorgeht" (▶ Abschn. 7.4.3). Tatsächlich wird der Begriff aber auf alle Gewebe bezogen, aus denen sich **Leitbündel** differenzieren, und zwar **unabhängig** davon, ob diese ein Cambium bilden (Sprossachse der Dicotylen) oder nicht (Sprossachse der Monocotylen, Blätter). Um Missverständnisse zu vermeiden, wird der Begriff Procambium im vorliegenden Buch durch die Bezeichnung **provaskuläres Gewebe** ersetzt (*provascular tissue* sensu Clay und Nelson 2002; Evert 2006; Beck 2010).

Auxin – Signalgeber für die Leitbündelanlage

Die Leitbündeldifferenzierung ist aufs engste mit der **Blattbildung** verknüpft. Darauf weisen molekulare Daten hin, nach denen die **Signale** zur Leitbündeldifferenzierung **aus den Blattanlagen** stammen (Aloni 2001; Taiz et al. 2015; ▶ Abschn. 6.6.4, ▶ Exkurs 6.5). In den Blattprimordien wird Auxin **abwärts** (basipetal) transportiert, wobei die **Transportbahn** die **Position** des künftigen Leitbündelverlaufs festlegt (*canalization hypothesis*; Sachs 1981). Höchstwahrscheinlich erfolgt die **Anlage des provaskulären Meristems** an der **Blattbasis** (Sharman und Hitch 1967), von wo aus es sich **bi-**

Tab. 8.1   Unterschiede im Bau des SAMs und der Leitbündelsysteme bei Samenpflanzen. Generalisiert. Erläuterungen ▶ s. Abschn. 8.2.1 und 8.2.4

	Gymnospermen	Dicotyle	Monocotyle
SAM-Form	aufgewölbt (Vegetationskegel) oder eingesenkt (Scheitelgrube)		
Tunicalagen	meist nur L1	meist L1 und L2	
Restmeristem	ringförmig		mantelförmig
Charakteristika des Restmeristems	Aufteilung in provaskuläre Domänen und parenchymatisierende Bereiche		diffus aktiv, Beteiligung an Leitbündelbildung und primärem Dickenwachstum
Provaskuläre Domäne	an der Basis der Blattanlage		
	innerhalb des Restmeristems		außerhalb des Restmeristems
Internodienbündel	offen, mit Cambium		geschlossen, ohne Cambium
Blattspuren	geschlossen*		
Blattansatz	überwiegend schmal		breit, oft stängelumfassend
Bündel pro Blatt	meist 1	1–3 (und mehr)	sehr viele
Primäres Dickenwachstum	schwach ausgeprägt, ohne Einfluss auf Leitbündelsystem		früh einsetzend, Einfluss auf relative Lage der Leitbündel
Leitbündelverteilung	kreisförmig		zerstreut
Leitbündelsystem	einzelsträngig (offen) oder vernetzt (geschlossen)		einzelsträngig, Hauptbündel mit älteren Blattspuren verbunden
Vernetzung	longitudinal im Internodium		horizontal im Knoten
Sekundäres Dickenwachstum	cambial		fehlend oder peripher
Festigkeit der Sprossachse	Holzkonstruktion		Sklerenchymkonstruktion

*Ausnahme *Pinus longaeva* (▶ Abschn. 8.3.7; Ewers 1982)

direktional in Blatt und Sprossachse hinein fortsetzt (■ Abb. 8.4e). In der Sprossachse **fusionieren** die neu entstehenden Leitbündel mit **bereits vorhandenem** Leitgewebe (Bayer et al. 2009). Die genaue Umsetzung der hormonellen Signale in zelluläre Differenzierungsprozesse ist erst unzureichend verstanden (Beck 2010; Taiz et al. 2015). So ist beispielsweise die **Richtung der Zelldifferenzierung** während der Leitbündelentwicklung sehr **divers** und von der Richtung des Auxinflusses unabhängig. Sie wird vermutlich durch das Zusammenwirken von bereits vorhandenem Leitgewebe, von hormonellen Signalen und der Entwicklungsdynamik der Blattanlagen und Internodien artspezifisch bestimmt.

Bei den **Dicotylen** tritt das provaskuläre Gewebe **innerhalb des Restmeristemringes** in Erscheinung. Es bildet sich an den Stellen, an denen die **Blattanlagen** inserieren. Dieser histologische Befund lässt den Schluss zu, dass der basipetal verlaufende Auxinfluss an der Basis der Blattprimordien die Bildung lokaler Domänen provaskulären Gewebes anregt (■ Abb. 8.4d: Af). Diese liegen in dem später erhalten bleibenden Restmeristem und entwickeln sich zu ringförmig angeordneten Leitbündeln.

Differenzierung offener Leitbündel

Der collateralen Gliederung der Leitbündel entsprechend (▶ Abschn. 7.4.3) beginnt die Differenzierung der Zellen an zwei gegenüberliegenden Polen und schreitet **bündeleinwärts** fort (■ Abb. 8.5c). Die Initialzellen an den Polen werden als Phloem- und Xylemprimanen oder als **Protophloem** und **Protoxylem** bezeichnet. Die **Protoxylemelemente** sind aufgrund ihrer **schraubigen Wandversteifung** dehnungsfähig. Sie gewährleisten die ersten Transportvorgänge und gehen bei fortschreitender Differenzierung zugrunde. Ihre Funktion wird auf die weiter innen liegenden **Metaxylembereiche** übertragen. Das Phloem entwickelt sich etwas

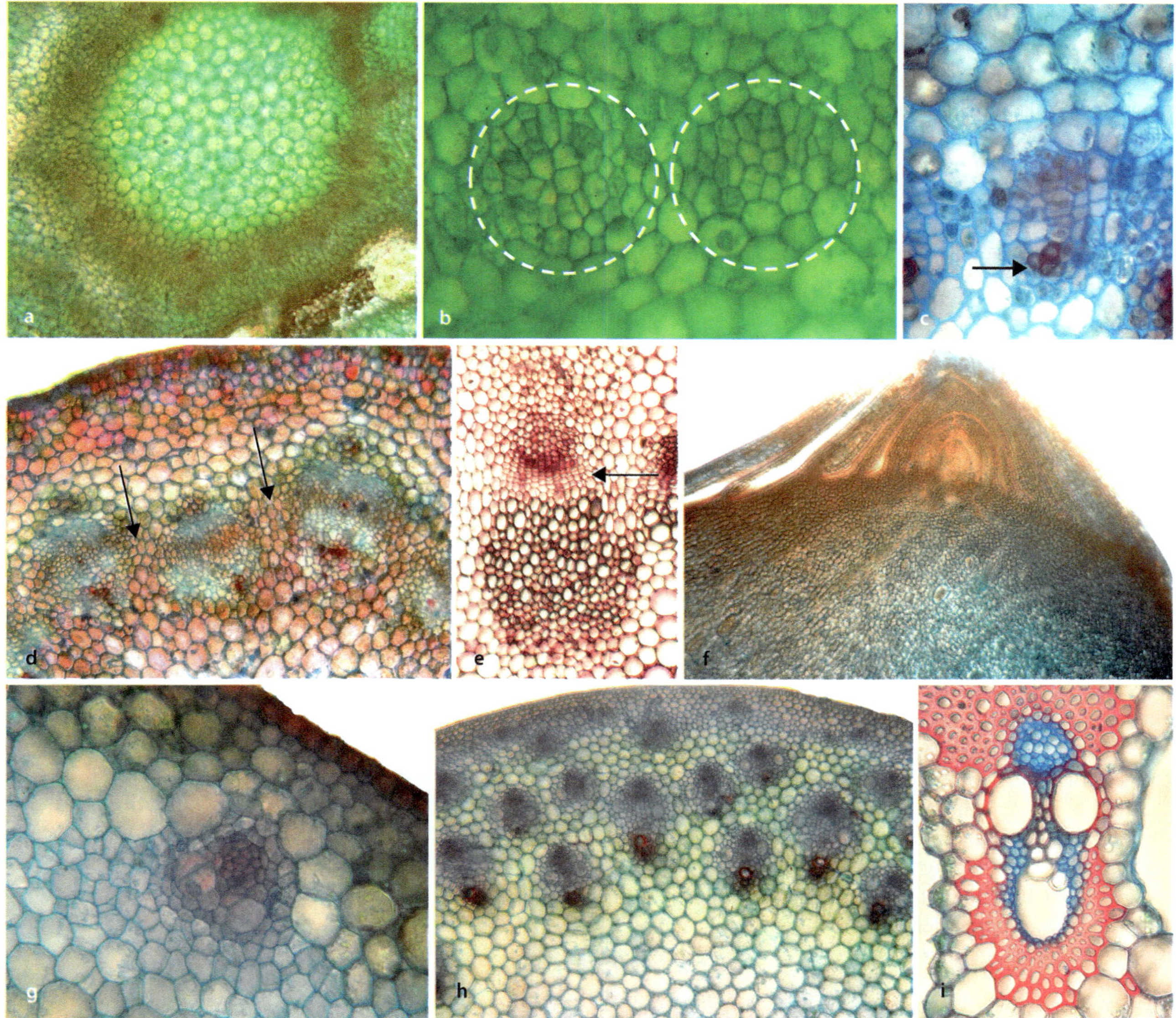

schneller als das Xylem. Im Metaphloem teilen sich die Siebröhrenmutterzellen inäqual in die kleineren Geleitzellen und großen Siebröhrenzellen (◘ Abb. 7.16d und 7.18).

Zwischen Xylem und Phloem bleibt bei den Gymnospermen und Dicotylen eine teilungsfähige Zellreihe, das **Cambium**, erhalten (**offene Leitbündel**; ◘ Abb. 8.5:

Pfeil, und 7.20: Ca). Die Zellen des **Cambiums** unterscheiden sich von anderen restmeristematischen Zellen darin, dass sie **größer** als embryonale Zellen sind, bereits eine **geringe Differenzierung** aufweisen (Vorhandensein einer zentralen Vakuole; ◘ Abb. 7.16a) und sich in einer bestimmten Art und Weise teilen (cambiales Dickenwachstum; ▶ Abschn. 8.2.2).

Histogenese und Differenzierung bei Monocotylen

Bei den Monocotylen findet sich ebenfalls ein Restmeristem, das im Querschnitt kreisförmig aussieht (◘ Abb. 8.5h). Es liegt aber nicht im Grundgewebe, sondern an der Peripherie der Sprossspitze. Im Längsschnitt erkennt man, dass es sich unterhalb der Blattanlagen über viele Knoten hinweg erstreckt (◘ Abb. 8.5f). Aufgrund dieser Form wird es als **Mantelmeristem** (Troll 1935) oder *meristem cap* (Zimmermann und Tomlinson 1967) bezeichnet.

Die **Funktion** dieses Meristems wurde in der Vergangenheit kontrovers diskutiert. Während einige Autoren meinten, es diente vor allem dem Aufbau eines Leitbündelnetzwerkes (Zimmermann und Tomlinson 1967), hielten andere es für ein primäres Verdickungsgewebe und nannten es entsprechend *primary thickening meristem* (Esau 1969; Rudall 1991, 2007). Vermutlich stimmen beide Annahmen, und das Meristem trägt in unterschiedlichen Anteilen zur Leitbündelbildung und zum primären Dickenwachstum bei.

Anders als bei den Dicotylen bilden sich die provaskulären Domänen nicht innerhalb, sondern **außerhalb des Restmeristems** an der **Basis der Blattanlagen** (Sharman und Hitch 1967 ◘ Abb. 8.24g: blaue Punkte). Von hier aus schreitet die Differenzierung in zwei Richtungen fort. Auf Seiten der Sprossachse kommt der provaskuläre Strang mit dem Mantelmeristem in Kontakt, das zur Differenzierung von Leitgewebe angeregt wird. Gleichzeitig wird er durch früh einsetzendes, primäres Dickenwachstum nach innen verschoben. Die **zerstreute Leitbündelanordnung** der Monocotylen beruht zum Teil auf der **Überlagerung** dieser **Entwicklungsprozesse** (▶ Abschn. 8.2.4).

Die Leitbündel differenzieren sich in der gleichen Weise wie bei den Dicotylen mit dem **wichtigen Unterschied**, dass **kein Cambium** erhalten bleibt. Die provaskuläre Domäne wird vollständig in Xylem- und Phloembereiche ausdifferenziert (**geschlossenes Leitbündel**; ◘ Abb. 8.5i und 7.20b).

Erstarkung und Internodienbildung bei Samenpflanzen

Als **primäre Erstarkung** bezeichnet man das Wachstum unterhalb der Sprossspitze durch **Zellstreckung und Zellteilung**. Sie umfasst das primäre Dickenwachstum und die Internodienbildung des neuen Sprossabschnittes.

Primäres Dickenwachstum

Das primäre Dickenwachstum umfasst Wachstumsprozesse, die **ohne** Beteiligung eines **Cambiums** zur Umfangserweiterung der Sprossachse führen:

- Bei den **Dicotylen** und **Gymnospermen** ist es im Allgemeinen schwach ausgeprägt und wird früh vom cambialen Dickenwachstum ersetzt (▶ Abschn. 8.2.2). Eine Ausnahme bilden die **Überdauerungsorgane**, deren Verdickung primär erfolgt (▶ Abschn. 6.9.1). Das Dickenwachstum setzt aber erst **nach** der Erstarkung der primären Sprossachse ein, wenn Stoffe in Mark oder Rinde gespeichert werden (▶ Abschn. 8.2.1).
- Bei den **Monocotylen** beginnt das primäre Dickenwachstum dagegen sehr **früh** und trägt **wesentlich** zur Umfangserweiterung des Sprosses bei (▶ Abschn. 8.2.4). Ähnliche, aber **analoge** Verhältnisse finden sich innerhalb der Gymnospermen bei den Cycadeen (▶ Abschn. 5.5.9).

Internodienbildung

An der **Sprossspitze** folgen die Blattanlagen und die von ihnen generierten Knoten zunächst dicht aufeinander (◘ Abb. 8.5f und 8.10a). Signale zur Differenzierung der Leitbündel können somit über die Knotengrenze hinweg ausgetauscht werden und zu einer **Vernetzung von Leitbündeln** beitragen.

Die **Internodien**, die die Knoten voneinander trennen, strecken sich erst im Zuge der Erstarkung. Ihre Bildung erfolgt **diffus** oder mithilfe eines **interkalaren Meristems** (▶ Abschn. 6.3). Im ersten Fall **teilen und strecken** sich die allmählich in den Dauerzustand übergehenden Zellen im **gesamten Internodium**; im zweiten Fall bleibt nach anfänglich diffuser Zellteilung ein **Restmeristem** übrig, von dem die Zellvermehrung ausgeht. Oft liegen die interkalaren Meristeme an der Basis des jungen Internodiums, das sich entsprechend akropetal streckt (z. B. Süßgräser; ▶ Abschn. 8.2.4).

Die **interkalaren Meristeme** der Internodien unterscheiden sich in zwei Eigenarten von anderen Restmeristemen. Zum einen gehen sie mit zunehmendem Alter in **Dauerzellen** über, zum anderen sind sie **nicht vollmeristematisch**. Sie weisen einfach gestaltete Leitbündel auf, die die **Kontinuität der Transportbahnen** aufrechterhalten. Im Xylembereich handelt es sich entweder um **dehnungsfähige Protoxylemelemente** mit schwacher, ring- oder schraubenförmiger Versteifung, die der Streckung folgen können, oder um großlumige, lysigen entstandene **Lakunen**, die die Wasserleitung vorübergehend übernehmen (◘ Abb. 7.21f: Ig).

Die **Differenzierung der Leitelemente** im Internodium erfolgt mit unterschiedlicher **Geschwindigkeit** in **akropetaler** und/oder **basipetaler** Richtung (Jacobs und Morrow 1957; Eschrich 1995; Beck 2010). Sie folgt einerseits der Richtung der Internodienstreckung (akropetal) und gewährleistet andererseits die rasche Anbindung der neuen Leitstränge an das bereits vorhandene Leitgewebe (basipetal; Taiz et al. 2015).

Bei der Erstarkung der Sprossspitze entsteht **neues Gewebe**, in dem sich die **Leitbündel** entwickeln. Die Bündel, die zum Blatt ziehen, werden als **Blattspuren** bezeichnet. Sie sind gewöhnlich **collateral geschlossen**. Die Bündel, die die Sprossachse longitudinal durchziehen (**Internodienbündel**), sind bei den Dicotylen und Gymnospermen **offen**, bei den Monocotylen **geschlossen** (◘ Tab. 8.1).

8.2 Bau, Entwicklung und Diversität von Sprossachsen

Die Sprossachse baut das **Gerüst** der Pflanze auf. Höhenwuchs und Verzweigung prägen die **Gestalt der Pflanze** und **exponieren die Blätter** zum Licht. Sprossachsen dienen dem **Stofftransport** zwischen Blättern und Wurzeln, der **Stabilität** des Sprosses und in ihren älteren Teilen der Speicherung von **Reservestoffen**. Darüber hinaus können sie zahlreiche Sonderfunktionen übernehmen (▶ Abschn. 8.2.5).

8.2.1 Primäre Sprossachse der Dicotylen und Gymnospermen

Mit der **Differenzierung** der Gewebedomänen wird die Bildung der primären Sprossachse abgeschlossen (◘ Abb. 8.6a, b). Das **Protoderm** geht in die **Epidermis** über (▶ Abschn. 7.2.1). Das **äußere Grundgewebe** wird zum **Rindenparenchym** (**Cortex**) und das **innere Grundgewebe** zum **Markparenchym** (**Medulla**). Das **Restmeristem** differenziert die provaskulären Bereiche, die nach der Internodienstreckung als **provaskuläre Meristemstränge** („Procambiumstränge") in Erscheinung treten und im Zuge der weiteren Entwicklung in offene Leitbündel übergehen. Das Gewebe zwischen ihnen differenziert sich meist zu Parenchym und wird als **primärer Markstrahl** bezeichnet. Es verbindet das Rinden- und Markgewebe und gewährleistet den horizontalen Stofftransport.

Leitbündelsystem

Die Sprossachsen der **Dicotylen** haben meist **collateral-offene Leitbündel** (◘ Abb. 8.5e und 7.20a, c), die im Achsenquerschnitt **ringförmig** angeordnet sind und durch mehr oder weniger breite Parenchymstreifen (primäre Markstrahlen) voneinander getrennt sind (◘ Abb. 8.6b und 8.7b). Sie stehen über **Blattspuren** mit den Blättern in Verbindung.

Die **Blattanlagen** der Dicotylen inserieren seitlich am SAM, bleiben meist schmal und weisen dann nur wenige Leitbündel auf. Im einfachsten Fall ist nur ein Leitbündel pro Blattanlage vorhanden (**einspurig**), meist verbinden aber drei Leitbündelstränge (**dreispurig**) Blatt und Leitbündelring (◘ Abb. 8.12e–i). Je nach Breite der Blattbasis treten diese eng nebeneinander (◘ Abb. 8.7c) oder weit voneinander entfernt in die Sprossachse ein (◘ Abb. 8.9: Farben, und 8.12b: Pfeile). Das **mittlere Bündel** (die spätere Mittelrippe des Blattes) tritt meist vor den seitlichen Bündeln in den Knoten ein (◘ Abb. 8.12d).

Die Leitbündel einer Blattanlage **fädeln sich** zwischen den bereits bestehenden Leitbündeln älterer Blätter ein (◘ Abb. 8.9). Kurz oberhalb des Knotens sind sie noch als freie Bündel außerhalb des Bündelringes erkennbar (◘ Abb. 8.12b: Pfeile). Im Zuge der Internodienbildung differenziert sich das provaskuläre Gewebe oberhalb der Blattspur zu Parenchym und tritt im Längsschnitt als **Parenchymlücke** auf (◘ Abb. 8.7a: Pal).

Die **Internodienstränge** ziehen entweder als **Einzelstränge** in Wellenlinien durch die Sprossachse (**offene Leitbündelsysteme**; ◘ Abb. 8.7a und 8.8a–c) oder sind in unterschiedlichem Maße **miteinander vernetzt** (◘ Abb. 8.7d und 8.8d–g). Im Folgenden werden die komplizierten Verhältnisse stark **vereinfacht** dargestellt; die einmündenden Bündel von Seitentrieben und sprossbürtigen Wurzeln bleiben dabei unbeachtet (Claßen-Bockhoff et al. 2021).

Offene Leitbündelsysteme

Offene Systeme umfassen **mehrere unabhängige** Leitbündelstränge. Als Beispiel dient ein sehr einfaches System mit tristicher Blattstellung und nur einem Leitbündel pro Blattanlage (◘ Abb. 8.8b).

Das SAM ist vollmeristematisch (◘ Abb. 8.8a: rot). In der morphogenetischen Zone werden die Blattprimordien angelegt, in der Differenzierungszone gehen die zentralen und peripheren Bereiche der Sprossspitze in Parenchym über und lassen zwischen sich ein ringförmiges **Restmeristem** übrig (roter Kreis). Dort, wo der Auxinfluss aus der Blattanlage auf den Meristemring trifft (Knoten 2), werden provaskuläre Domänen angelegt, die sich bidirektional ins Blatt und Internodium hinein differenzieren. An Knoten 3 und 4 stehen die nächstälteren Blattanlagen, deren Leitbündel sich bereits mit der Internodienbildung in longitudinaler Richtung gestreckt und in Xylem (grün), Phloem (blau) und Cambium differenziert haben (◘ Abb. 8.8a, c). Das Blatt an Knoten 5 steht auf der gleichen Orthostiche wie die Blattanlage an Knoten 2, Blatt 6 unterhalb von Blatt 3 (◘ Abb. 8.8b). Alle drei Bündelstränge (verschiedene Farben) sind durch Parenchym voneinander getrennt. Oberhalb von Knoten 6 ver-

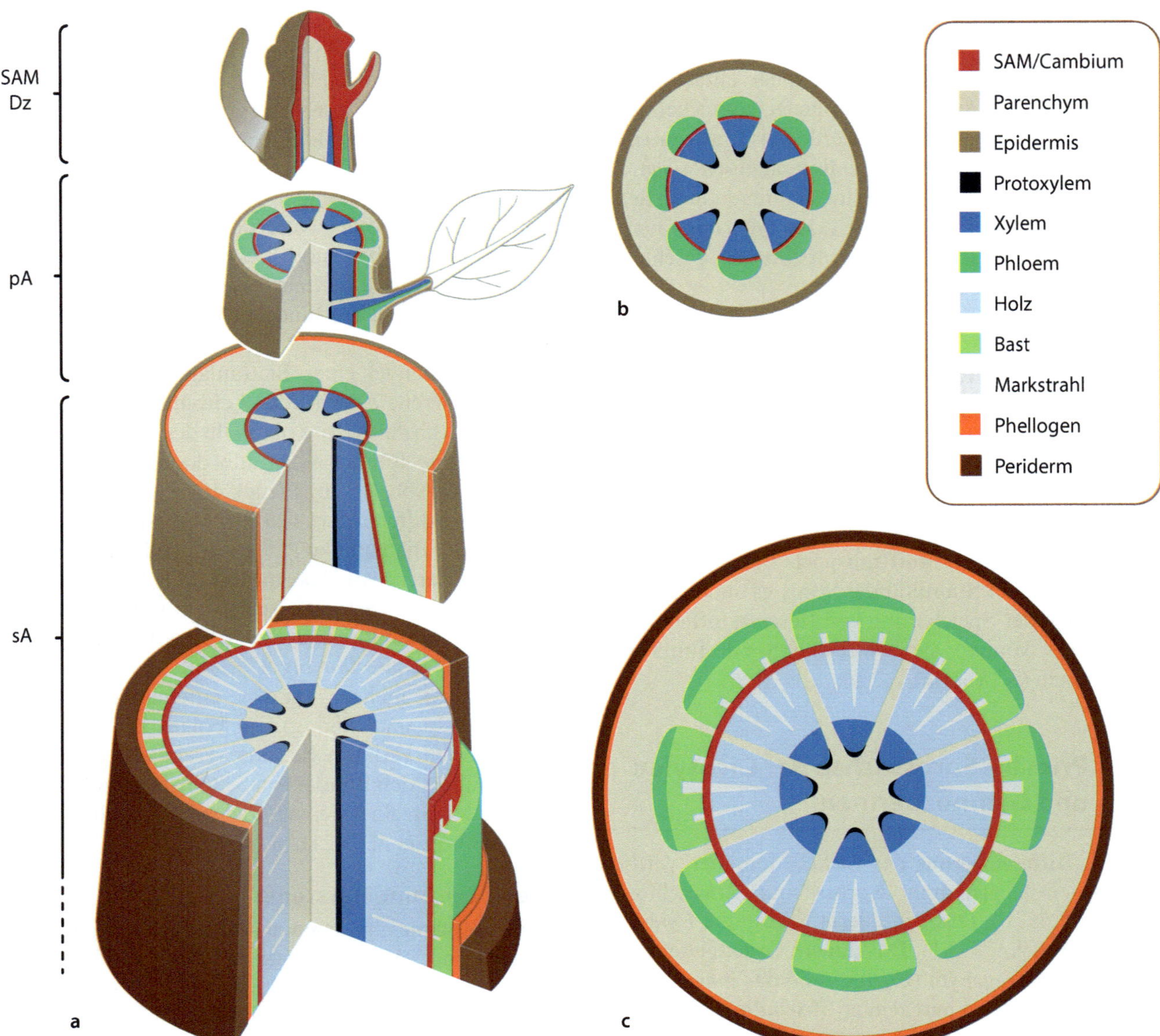

**Abb. 8.6   Histologische Differenzierung einer mehrjährigen dicoty-
len Sprossachse. a**, Blockdiagramm, von oben nach unten: Sprossapikalmeristem (SAM) mit Differenzierungszone (Dz), primäre (pA) und
sekundäre Sprossachse (sA). Der longitudinale Leitbündelverlauf der
Übersicht halber vereinfacht (Abb. 8.8 und 8.9). **b**, Querschnitt
durch eine primäre Achse mit Abschlussgewebe (Epidermis), Grundgewebe (innen Mark, primäre Markstrahlen zwischen den Leitbündeln, außen Rinde) und Leitbündeln mit jeweils Phloem, Cambium und Xylem bzw. Protoxylem. **c**, Querschnitt durch eine sekundär
verdickte Sprossachse mit Phellogen und sekundärem bzw. tertiärem
Abschlussgewebe (Periderm). Leitbündel mit Cambium, Bast und
Holz sowie Parenchymstrahlen innerhalb der Holz- und Bastkörper.
(© Original, in Anlehnung an Troll und Rauh 1950; Lüttge et al. 1999
(**a**), Braune et al. 1983 (**b, c**). Grafik: D. Franke, Mainz)

schiebt sich der Leitbündelstrang (blau) etwas zur Seite,
wodurch die **Parenchymlücke** entsteht (Abb. 8.8c: gestrichelte Linien). Beide Bündel liegen nebeneinander in
Knoten 6, vereinigen sich in Höhe von Knoten 7 und erscheinen als ein einziges Bündel in Knoten 8 (Abb. 8.8b,
c). Die anderen Stränge wiederholen dieses Verhalten, das
in drei isolierten, wellenartig durch die Sprossachse zie-
henden Leitbündelsträngen mündet. Treten mehrspurige

Blattanlagen oder komplexere Blattstellungen auf, werden die Verhältnisse schnell unübersichtlich (Abb. 8.9;
Esau 1969; Beck 2010).

Offene Leitbündelsysteme repräsentieren den **häufigsten Fall** und gelten als **phylogenetisch ursprünglich**
(Beck et al. 1982). Sie kommen bei sehr vielen **Gymnospermen** vor und finden sich bei den **Angiospermen** vor
allem bei **wechselständiger** Blattstellung.

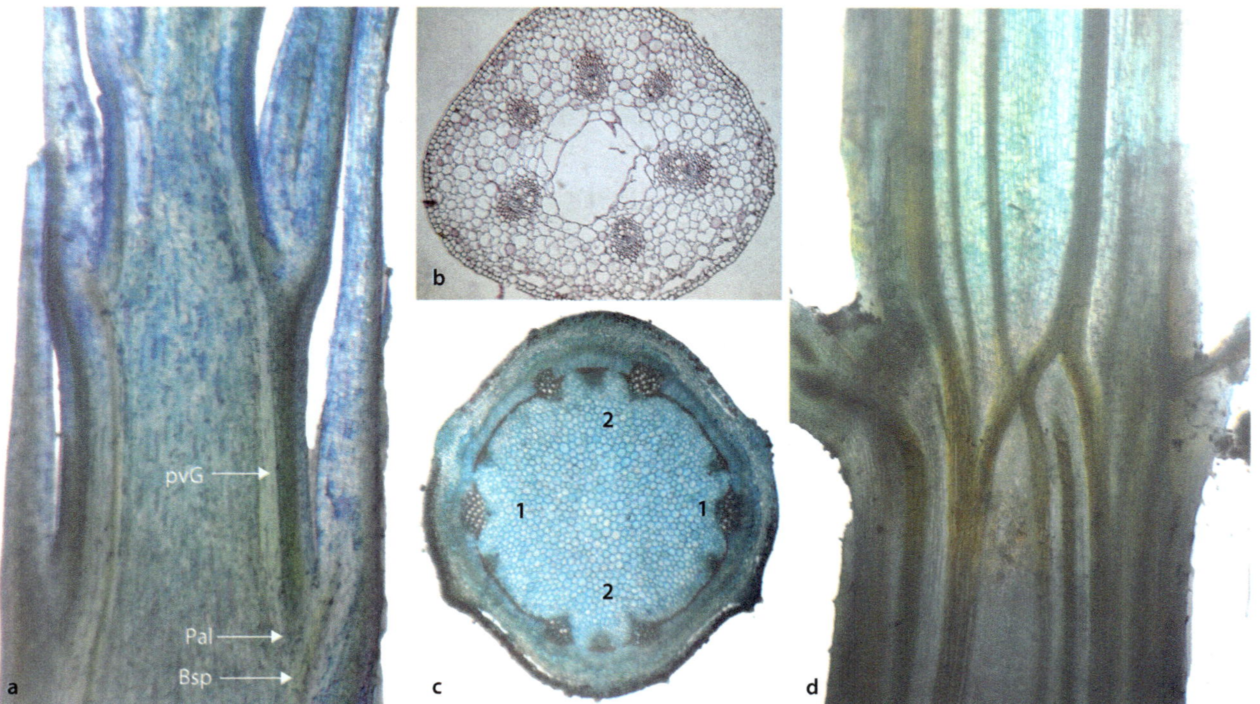

◙ Abb. 8.7 Leitbündelsysteme von Dicotylen. a, Rose (*Rosa*, Rosaceae). Längsschnitt durch einen jungen Sprossabschnitt mit provaskulären Gewebesträngen (pvG) und Parenchymlücke (Pal) oberhalb der Blattspur (Bsp). **b,** Kriechender Hahnenfuß (*Ranunculus repens*, Ranunculaceae). Wenig differenzierte Sprossachse: Epidermis mit Cuticula, Rindenparenchym, Leitbündelring und Markhöhle. **c, d,** Große Brennnessel (*Urtica dioica*, Urticaceae). **c,** Querschnitt durch eine Sprossachse mit dekussierter Blattstellung und jeweils drei Blattspuren pro Blatt. 1, Blattpaar mit Hauptleitbündel, das sich vor den seitlichen Bündeln differenziert. 2, Älteres Blattpaar (tiefer liegender Knoten) mit ausdifferenzierten Seitenbündeln. **d,** Tangentialer Längsschnitt. Geschlossenes Leitbündelsystem mit sich aufspaltenden Leitbündelsträngen oberhalb des Knotens (◙ Abb. 8.8f). (© **a, c, d**: HJ Krähmer, Hofheim. Mit freundlicher Genehmigung. **b**: Botanische Sammlungen der JGU Mainz)

Geschlossene Leitbündelsysteme

Geschlossene Systeme bilden ein **Netzwerk** von Leitbündeln und finden sich vor allem bei Angiospermen mit **gegenständiger** Beblätterung (◙ Abb. 8.7d).

Im Beispiel hat jede Blattanlage nur ein Bündel (◙ Abb. 8.8d–g). Die Initialstadien der Leitbündelanlegung entsprechen denen des offenen Systems (◙ Abb. 8.8a) mit dem Unterschied, dass zwei Blätter gleichzeitig ausgegliedert werden. Knoten 2 und 3 zeigen dementsprechend je zwei Blattspuren (◙ Abb. 8.8g: rot, orange). In Knoten 4 treten neben den Blattspuren der älteren Blattanlagen (◙ Abb. 8.8f: grün) vier weitere Bündel auf, die mit den Orthostichen alternieren (grau). Sie entstehen aus den Blattspuren von Knoten 3 (orange), die sich oberhalb von Knoten 4 in je zwei Äste aufspalten (◙ Abb. 8.8e). In Knoten 5 finden sich wieder sechs Bündel: die beiden Blattspuren des an diesem Knoten stehenden Blattpaares (orange) und die vier alterniert stehenden Bündel (grau). Letztere verlaufen mehr oder weniger gerade durch die Sprossachse (◙ Abb. 8.8g), da an jedem Knoten die Äste der jüngeren Leitbündel in diese bereits bestehenden Stränge einmünden (◙ Abb. 8.8f: gestrichelter Kasten). Das Leitbündelsystem besteht insgesamt aus quervernetzten Leitbündelsträngen, die zusammen einen netzförmigen Zylinder bilden (◙ Abb. 8.7d).

Die Komplexität des Leitbündelsystems nimmt mit der Anzahl der Leitbündel pro Blattanlage zu (Eschrich 1995). Da Fusionen nur im noch nicht ausdifferenzierten Zustand der Leitbündel möglich sind, erfolgen sie vermutlich im **jungen Knotenbereich**. Im Zuge der Internodienstreckung und der unterschiedlichen Richtung und Geschwindigkeit der Leitbündeldifferenzierung entsteht dann das Netzwerk, in dem alle Leitbündel miteinander in Verbindung stehen.

Rinde und Mark

Die primäre Sprossachse ist meist grün und im Querschnitt rund. Ihre Oberfläche ist glatt oder gefurcht und kann Haare, Drüsen oder Stacheln tragen.

Die **Rinde** ist oft durch ein **Festigungsgewebe** (Kollenchym, Sklerenchym; ▸ Abschn. 7.3) **versteift** (◙ Abb. 8.14b, c) und durch Einlagerung von Idioblasten (z. B. Kristallen), Milchröhren oder Harzkanälen (▸ Abschn. 7.6.5 und 7.6.6) vielfältig **differenziert**. Das **Mark** bleibt entweder als Grundgewebe erhalten und übernimmt dann oft Speicherfunktion, oder es löst sich schizogen oder rhexigen auf (▸ Abschn. 7.1),

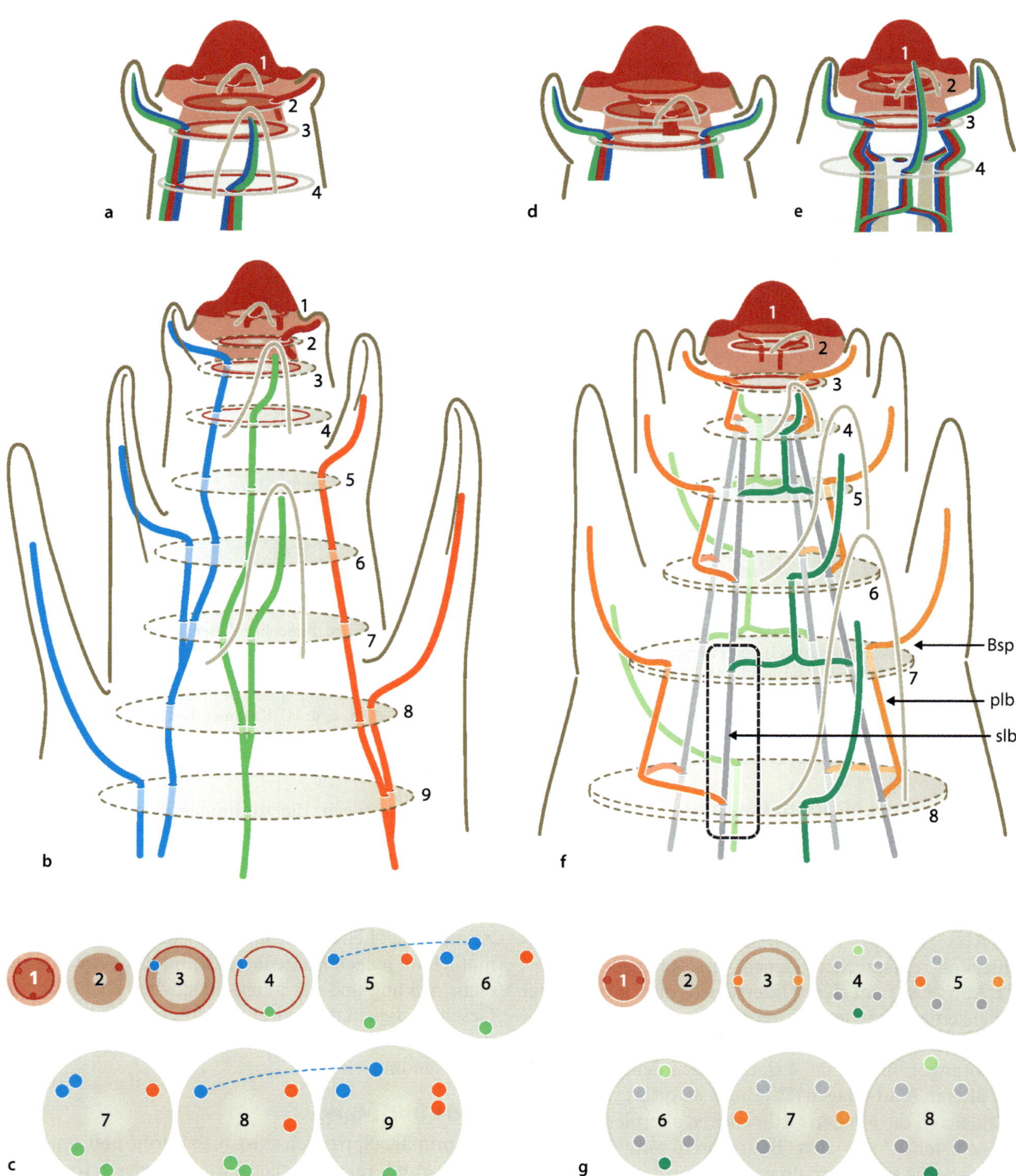

◻ Abb. 8.8 Rekonstruktion des Leitbündelsystems bei Dicotylen. a–c, Offenes System mit tristicher Blattstellung. **a,** Sprossspitze mit SAM und vier Knoten (1–4). Anlage des provaskulären Stranges in Knoten 2, Differenzierung des Leitbündels in Knoten 3. Rot: Meristeme (SAM, ringförmiges Restmeristem, provaskulärer Strang, Cambium). Grün: Phloem. Blau: Xylem. **b,** Aufbau des Leitbündelsystems in den obersten neun Knoten. Jede Farbe gibt einen vertikal verketteten Leitbündelstrang wieder. **c,** Querschnittserie durch die Knoten 1–9. Das Restmeristem (rot) wird zunehmend ausdifferenziert. Die blauen Linien geben die Lageverschiebung des jüngeren gegenüber dem bereits vorhandenen, älteren Leitbündel an. **d–g, Geschlossenes System mit dekussierter Blattstellung**.

d, Sprossspitze wie a. **e,** Etwas ältere Sprossspitze. Oberhalb von Knoten 4 teilen sich die von Knoten 3 kommenden Bündel und bilden Leitbündelstränge zwischen den Blattanlagen. **f,** Aufbau des Leitbündelsystems in den obersten acht Knoten. Übereinanderliegende Blattpaare in der gleichen Farbe. Die grauen Stränge kommen durch die Vereinigung der Äste der jeweils aufspaltenden Leitbündel zustande (gestrichelter Kasten). Bsp, Blattspur. pIb, primäres Internodienbündel, Verlängerung der Blattspur. sIb, sekundäres Internodienbündel, durch Fusion entstanden. **g,** wie c. Die Blattspuren stehen der Blattstellung entsprechend alternierend, die grauen Bündel treten immer an der gleichen Position auf. (© Claßen-Bockhoff et al. 2021, verändert. Grafik: D. Franke, Mainz)

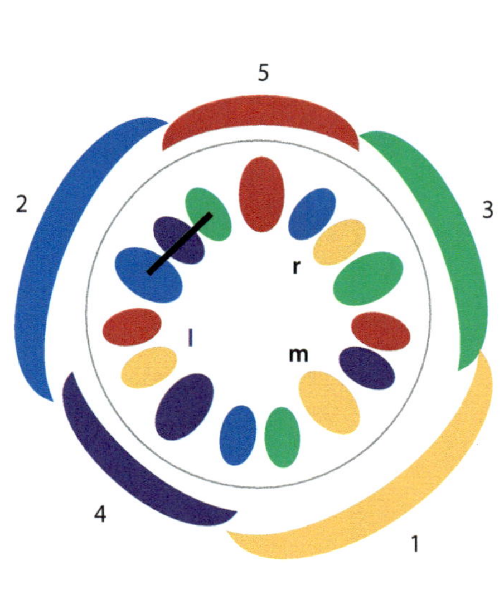

Abb. 8.9   Leitbündelanordnung bei mehrspurigen Blattanlagen. a, Das Beispiel zeigt den schematischen Querschnitt einer Sprossachse mit Blättern in 2/5-Stellung und drei Blattspursträngen pro Blatt (gleiche Farbe). Gelb: ältestes Blatt mit mittlerer (m), linker (l) und rechter (r) Blattspur. Man sieht, wie sich die Leitbündel der jüngeren Blätter zwischen die bestehenden Leitbündel einfädeln. **b,** In longitudinaler Richtung durchziehen fünf Bündelstränge die Sprossachse (offenes System). Jedem Strang gehören Blattspuren von drei verschiedenen Blättern an. Der komplizierte Bau wird am Beispiel der in **a** mit einem Balken markierten Blattspuren dargestellt. (© Original)

wodurch die Sprossachse bis auf die Region der Knoten **hohl** wird (■ Abb. 8.7b und 8.10c):

- Der charakteristische **vierkantige Stängel der Lippenblütler** (Lamiaceae) kommt durch vier längs verlaufende Kollenchymstränge zustande, die sich im Rindengewebe differenzieren.
- Der **Tannenwedel** (*Hippuris*, Plantaginaceae; ■ Abb. 8.10a, b) ist eine Süßwasserpflanze. In Anpassung an den Lebensraum entwickelt sich das Rindenparenchym wie bei vielen Wasserpflanzen zu einem mächtigen Aerenchym mit großen Lakunen (■ Abb. 8.10b: La, ▸ Abschn. 7.1.3).
- Der Stängel der **Kürbispflanze** (*Cucurbita*, Cucurbitaceae) ist gefurcht und weist eine große Markhöhle auf (■ Abb. 8.10c). Die Leitbündel sind bicollateral (▸ Abschn. 7.4.3), d. h., sie weisen zwei Phloembereiche auf (Pfeile). In der Peripherie der Rinde befindet sich ein Sklerenchymring (Sk) zur Festigung.

An der Verdickung der **Überdauerungsorgane** (▸ Abschn. 6.9.1) sind Rinde und/oder Mark beteiligt. Die Sprossachse baut dabei durch diffus erfolgendes, **primäres Dickenwachstum** ein **Speichergewebe** auf. Bei **medullärem Dickenwachstum** liegt das Speichergewebe im **Mark** (Medulla). Das ist z. B. bei der Ausläuferknolle der Kartoffel (■ Abb. 8.11a, d) und den Sprossknollen des Kohlrabis (*Brassica oleracea* var. *gongylodes*, Brassicaceae; ■ Abb. 1.5e und 6.6a) und Knollenselleries (*Apium graveolens* var. *rapaceum*, Apiaceae) der Fall. Bei den Kakteen (Cactaceae) fungiert dagegen die **Rinde** (Cortex) als Wasserspeicher (**corticales Dickenwachstum**; ■ Abb. 8.11b, e). Bei ihnen und zahlreichen anderen Überdauerungsorganen folgt die Epidermis der Umfangserweiterung durch antikline Teilung (**Dilatationswachstum**) und bleibt als **Dauerepidermis** erhalten (▸ Abschn. 7.2.1). Bei der Kartoffel wandelt sich die Epidermis in ein Phellogen (▸ Abschn. 7.2.3) um, das nach außen dünne Korkschichten bildet.

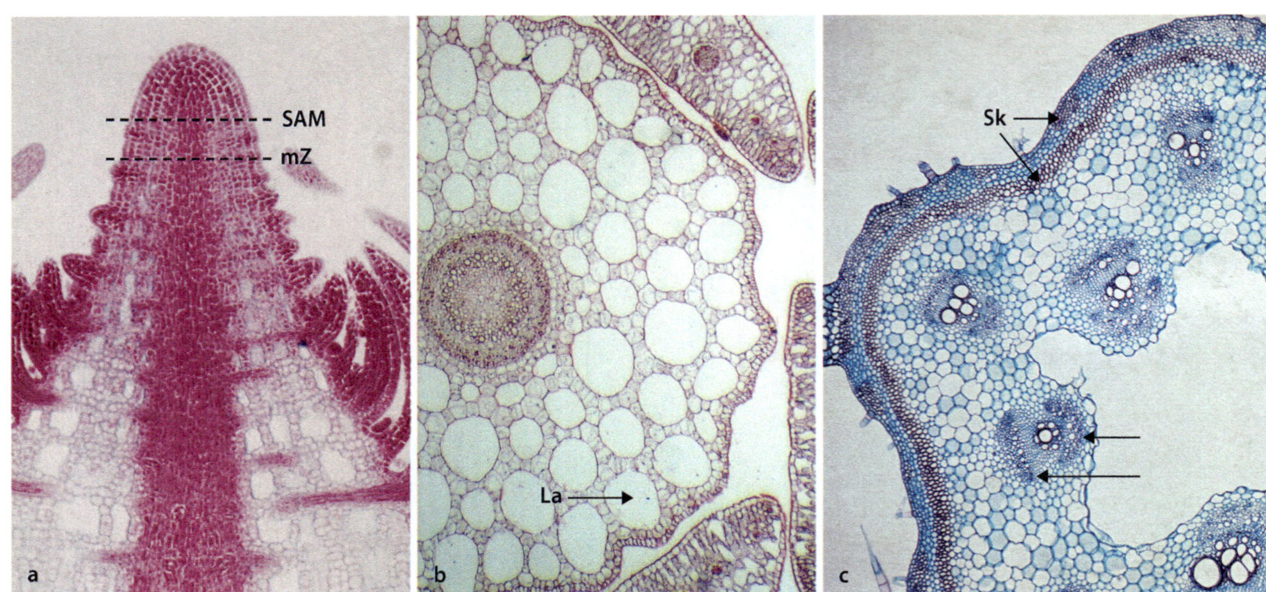

◘ Abb. 8.10 Primäre Sprossachsen von Dicotylen. a, b, Tannenwedel (*Hippuris vulgaris*, Plantaginaceae). Wasserpflanze. **a,** Sprossspitze im Längsschnitt. Auf das Sprossapikalmeristem (SAM) folgen die morphogenetische Zone (mZ) mit der Ausgliederung der Blattprimordien und die Differenzierungszone mit Internodienstreckung und Differenzierung des Rindenparenchyms. **b,** Querschnitt durch die Sprossachse. Das Rindenparenchym bildet ein ausladendes Aerenchym mit großen Lakunen (La). Das ringförmige Leitgewebe und das Markparenchym liegen im Zentrum. **c,** Kürbis (*Cucurbita*, Cucurbitaceae). Bicollaterale Leitbündel mit jeweils zwei Phloembereichen (Pfeile am Leitbündel). Sklerenchymring (Sk) außen, Markhöhle im Zentrum. (© Botanische Sammlungen der JGU Mainz)

◘ Abb. 8.11 Dickenwachstum dicotyler Überdauerungsorgane. a–c, Formen des Dickenwachstums (schematisch). **a,** Medulläres Dickenwachstum. Ca, Cambium. Ma, Mark. Ri, Rinde. **b,** Corticales Dickenwachstum. **c,** Anomales Dickenwachstum mit mehreren Cambiumringen. **d,** Kartoffel (*Solanum tuberosum*, Solanaceae). Ausläuferknolle mit Dauerepidermis und medullärem Dickenwachstum. **e,** Säulenkaktee (Cactaceae). Stammsukkulente Pflanze mit Wasserspeicher im Rindengewebe (corticales Dickenwachstum). **f,** Rote Bete (*Beta vulgaris* var. *conditiva*, Amaranthaceae). Hypocotylknolle mit anomalem Dickenwachstum. (© R. Claßen-Bockhoff, Mainz)

8.2.2 Sekundäres Dickenwachstum

Bei den Gymnospermen und Dicotylen erfolgt die Umfangserweiterung des Stammes durch sekundäres Dickenwachstum. Es tritt bei **Kräutern** und **Holzgewächsen** auf und geht vom **Cambium** aus, das als **Restmeristem** seine Teilungsfähigkeit beibehalten hat.

Cambiumzylinder und Parenchymlücken

Das sekundäre Dickenwachstum ist gewöhnlich mit der Bildung eines geschlossenen **Cambiumzylinders** verbunden. Dazu werden die Cambiumbereiche der einzelnen Leitbündel (Faszien) miteinander verbunden:

- Im **häufigsten** Fall (*Ricinus*-Form) werden die in den Leitbündeln liegenden Cambien durch **Remeristematisierung** (▶ Abschn. 6.3 und 7.1) der zwischen ihnen liegenden Parenchymzellen zu einem Ring vereint (◘ Abb. 8.6a: innerer roter Ring). Es bildet sich ein einschichtiges **Folgemeristem** (◘ Tab. 6.2), das im Unterschied zu den **faszikulären** Cambien innerhalb

der Bündel als **interfaszikuläres Cambium** (wörtl. „zwischen den Bündeln") bezeichnet wird. Der Cambiumring setzt sich in diesem Fall aus Rest- und Folgemeristemen zusammen (◘ Abb. 8.12a: fCa, iCa).

- Bei der *Tilia*-Form sind die primären Markstrahlen so schmal, dass schon **vor Beginn** des sekundären Dickenwachstums ein fast geschlossener Cambiumring vorliegt. Dieser besteht fast gänzlich aus Restmeristem.

- Bei einigen Windepflanzen (*Aristolochia*-Form) sind die Leitbündel von breiten Parenchymsträngen voneinander getrennt, die auch beim sekundären Dickenwachstum erhalten bleiben und zur Elastizität der Sprossachse beitragen (◘ Abb. 8.14c, d). In diesem relativ seltenen Fall fehlt ein geschlossener Cambiumring.

Bei der Bildung des Cambiumzylinders bleiben Stellen **oberhalb der Blattspuren** ausgespart. Sie treten im Querschnitt als Parenchymlücke auf (◘ Abb. 8.12c).

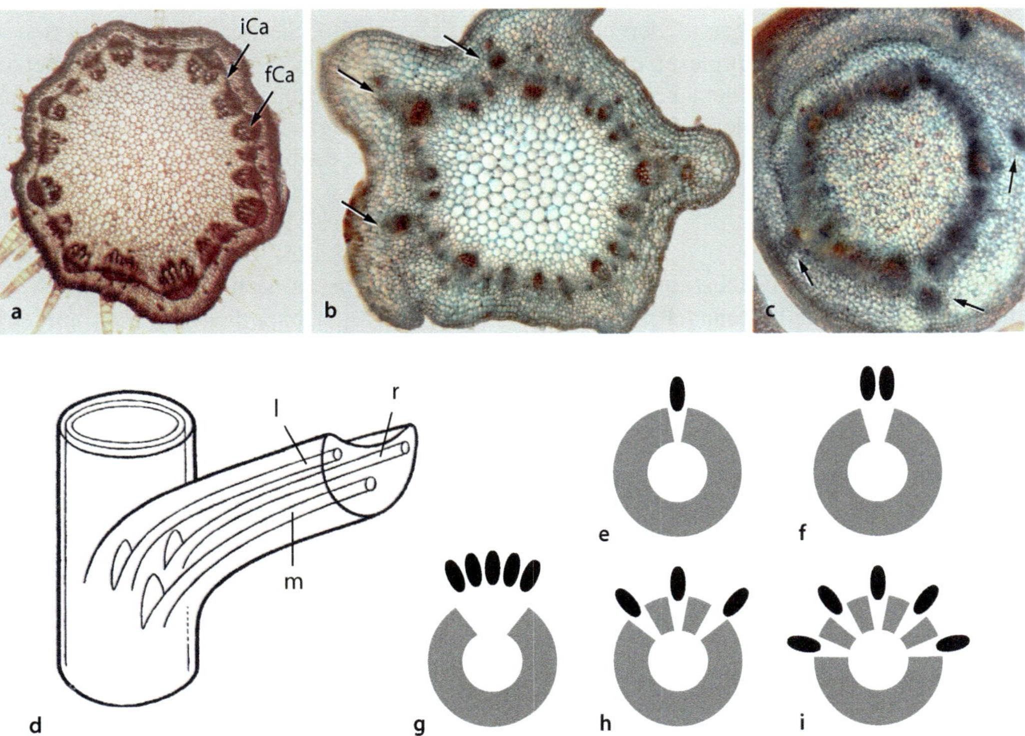

◘ **Abb. 8.12 Knotenformen dicotyler Sprossachsen. a–c,** Querschnitte durch Sprossachsen. Beifußblättriges Traubenkraut (*Ambrosia artemisiifolia*, Asteraceae). Geschlossener Cambiumring aus faszikulärem (fCa) und interfaszikulärem Cambium (iCa). **b,** Schmalblättriges Greiskraut (*Senecio inaequidens*, Asteraceae). Die drei Blattspuren eines Blattes fädeln sich zwischen den Leitbündeln ein (Pfeile). **c,** Schlehe (*Prunus spinosa*, Rosaceae). Parenchymlücke im Cambiumring kurz oberhalb des Knotens vor der mittleren Blattspur einer Blattanlage mit drei Leitbündelanlagen (Pfeile). **d,** Schematische Darstellung einer Blattanlage mit drei Blattspuren. Das mittlere Bündel (m) entwickelt sich etwas früher als die seitlichen Leitbündel (l, links; r, rechts) und tritt auch früher (tiefer) in den Knoten ein. Der Leitbündelzylinder weist Parenchymlücken oberhalb der Blattspuren auf. **e–i,** Knotenformen schematisch, Leitbündelzylinder als Ring dargestellt. **e–g,** Parenchymlücke (unilacunar) mit einer (**e,** einspurig), zwei (**f,** zweispurig) und fünf Blattspuren (**g,** vielspurig). **h,** Drei Parenchymlücken (trilacunar), jeweils einspurig. **i,** Fünf Parenchymlücken (pentalacunar). Jeweils einspurig (© **a–c:** HJ Krähmer, Hofheim. Mit freundlicher Genehmigung. **d:** Troll 1939. **e–i,** in Alehnung an Gifford und Foster 1996)

Die **Parenchymlücken** werden traditionell als Blattlücken (lat. *lacuna*, „Lücke") bezeichnet. Dieser Ausdruck ist allerdings irreführend, da er für die Lücken im primär geschlossenen Bündelrohr der Farne (Siphonostele mit Blattlücken; ▶ Abschn. 5.5.2, ◘ Abb. 5.28e, f) geprägt wurde. Blattlücken und Parenchymlücken sind funktionsgleich, da sie die horizontale Verbindung zwischen Rinde und Mark herstellen, beruhen aber auf einer gänzlich anderen Entstehung – sie sind **analog** (Beck et al. 1982; Gifford und Foster 1996; Beck 2010).

Die Knoten sekundär verdickter Sprossachsen unterscheiden sich in der **Anzahl** der Parenchymlücken und Blattspuren (◘ Abb. 8.12e–i):

- In einem **unilacunaren** Knoten sind ein oder mehrere Leitbündel mit einer Parenchymlücke assoziiert (◘ Abb. 8.12e–g). Im **einfachsten Fall**, der bei vielen **Gymnospermen** realisiert ist, liegt ein **unilacunar-einspuriger** Knoten mit nur einem Leitbündel pro Blattanlage vor (◘ Abb. 8.12e).
- Im **häufigsten Fall** der Eudicotylen treten **drei Leitbündel** pro Blattanlage mit drei Parenchymlücken auf (**trilacunar-einspuriger** Koten; ◘ Abb. 8.12b–d, h).
- **Multilacunare** Knoten sind aufgrund der höheren Anzahl an Blattspuren noch komplexer organisiert (◘ Abb. 8.12i). Sie treten vor allem bei Dicotylen mit breiten, stängelumfassenden Blättern auf (z. B. Apiaceae) und gelten als abgeleitet.

Cambiales Dickenwachstum

Im Zuge des sekundären Dickenwachstums mit Cambium entstehen im Bereich der **Leitbündel** nach außen Phloemelemente, die als **Bast** bezeichnet werden, und nach innen Xylemelemente, die unabhängig vom tatsächlichen Verholzungsgrad der Zellen zum **Holz** der sekundären Sprossachse zählen (◘ Tab. 8.2, ▶ Abschn. 7.4.1). Im interfaszikulären Bereich differenzieren sich neben Bast- und Holzzellen auch **Parenchymzellen**, sodass der horizontale Transportweg der **primären Markstrahlen erhalten** bleibt. Innerhalb des Holz-Bastkörpers entstehen weitere, radial verlaufende Parenchymstränge, die blind im Holz (**Holzstrahlen**) bzw. Bast (**Baststrahlen**) enden und nicht ganz korrekt (weil sie nicht zum Mark führen) als sekundäre Markstrahlen bezeichnet werden (◘ Abb. 8.6c).

Das Cambium ist im histologischen Bild leicht an seinem **mauersteinartigen Muster** zu erkennen (◘ Abb. 8.13). Das Muster kommt durch die sehr regelmäßig ablaufende Zellteilung zustande, die nach zwei Seiten hin aktiv ist (**dipleurisch**; ▶ Abschn. 5.5.3). Nach der **periklinen** Teilung einer Cambiumzelle differenziert sich die innen liegende Zelle in eine Xylemzelle. Die andere Tochterzelle bleibt meristematisch und teilt sich erneut. Nun differenziert sich die außen liegende Tochter-

zelle zu einem Phloemelement, während die innen liegende undifferenziert bleib und den Teilungsprozess fortsetzt.

Die Cambiumzellen sind alle meristematisch, unterscheiden sich aber von den Zellen des SAMs durch eine leichte Differenzierung. Während lang gestreckte Zellen mit zugespitzten Enden (**Fusiforminitialen**) die vertikal verlaufenden Röhrensysteme des sekundären Xylems und Phloems bilden (▶ Abschn. 7.4), gehen aus isodiametrischen Initialen (**Markstrahlinitialen**) die Parenchymzellen der horizontal verlaufenden Markstrahlen hervor.

Dilatation und Selbstheilung

Sekundäres Dickenwachstum tritt nicht nur bei Holzgewächsen auf, sondern findet sich auch bei krautigen Pflanzen. In allen Fällen führt es zur **Umfangserweiterung** der Sprossachse. Der Cambiumring und das Rindenparenchym folgen dieser Ausdehnung durch antikline Teilung (**Dilatation**; ▶ Abschn. 7.2.1). Weiter außen liegendes Festigungsgewebe und die Epidermis halten die dabei entstehende mechanische Belastung oft nicht aus und platzen auf. Sie werden durch ein neues Abschlussgewebe (**Periderm**; ▶ Abschn. 7.2.3) ersetzt. Den Übergang von der primären zur sekundär verdickten Sprossachse illustrieren die Waldrebe und die Amerikanische Pfeifenwinde, die beide zu den **Lianen** zählen:

- **Waldrebe** (*Clematis vitalba*, Ranunculaceae; ◘ Abb. 6.55b): Die primäre Sprossachse (◘ Abb. 8.14a) besitzt ein umfangreiches Markparenchym, das sich zentral zu einer Markhöhle weitet. Der peripher liegende Leitbündelring umfasst unterschiedlich große Bündel, die zu Blättern verschiedener Knoten gehören. Die Leitbündel weisen ausgeprägte Sklerenchymkappen (Skk) im Phloem auf, die Rinde ist durch Kollenchymfelder (Ko) verstärkt. In der sekundär verdickten Sprossachse (◘ Abb. 8.14b) bilden die Leitbündel die für Lianen typischen, großlumigen Tracheen (Ta; ▶ Abschn. 7.4.1). Die Sklerenchymkappen der Phloembereiche verbinden sich zu einem Sklerenchymring (Sk), außerhalb dessen Rinde und Epidermis aufreißen und durch ein Periderm ersetzt werden (▶ Abschn. 7.2.3).
- **Amerikanische Pfeifenwinde** (*Aristolochia macrophylla, syn. A. sipho, Aristolochiaceae*): Die junge Sprossachse (◘ Abb. 8.14c) ist durch einen subepidermalen Kollenchymring (Ko) und einen nach innen folgenden Sklerenchymring (Sk) versteift. Die Leitbündel sind durch primäre Markstrahlen getrennt, die Rinde und Mark miteinander verbinden. Wie die Waldrebe bildet *Aristolochia* große Tracheen (◘ Abb. 8.14c, d). Im Zuge des sekundären Dickenwachstums reißt der Sklerenchymring auf

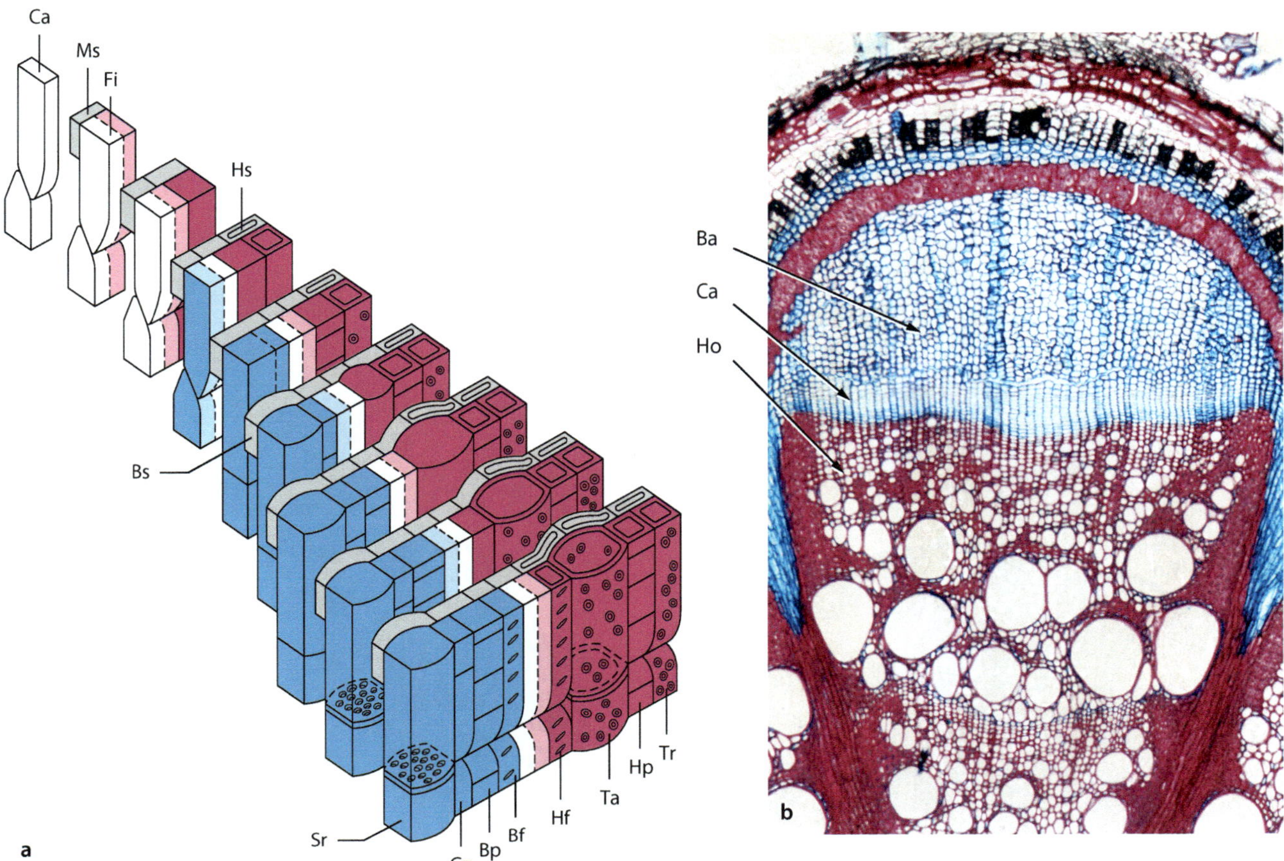

Abb. 8.13 Cambiales Dickenwachstum. a, Zellteilungsverhalten des Cambiums (schematisch). Das Cambium (weiß) gibt abwechselnd nach innen Zellen des Holzkörpers (rot) und nach außen Zellen des Bastkörpers (blau) ab. Bf, Bastfaser. Bp, Bastparenchym. Bs, Baststrahl. Ca, Cambium. Fi, Fusiforminitiale. Gz, Geleitzelle. Hf, Holzfaser. Hp, Holzparenchym. Hs, Holzstrahl. Ms, Markstrahlinitiale. Sr, Siebröhre. Ta, Trachee. Tr, Tracheide. **b,** Waldrebe (*Clematis vitalba*, Ranunculaceae). Ausschnitt aus einem Leitbündel mit sekundärem Dickenwachstum (cambiale Zellreihen). Ba, Bast. Ca, Cambium. Ho, Holz. (© **a**: nach Ray 1967, verändert. **b**: Botanische Sammlungen der JGU Mainz)

(**▣** Abb. 8.14d: Pfeil) und wird durch Parenchym ersetzt. Da dessen Zellen anschließend verholzen, wird die Funktion des Festigungsringes wiederhergestellt (**Selbstheilungseffekt**; Busch et al. 2010). Die Epidermis wird infolge der Tätigkeit eines Korkcambiums durch eine **Borke** mit **Lenticellen** (**▣** Abb. 8.14d: *, ▶ Abschn. 7.2.3) **ersetzt**.

Anomales Dickenwachstum

Bei einigen Dicotylen tritt ein **anomales Dickenwachstum** auf. Dabei werden außerhalb des Cambiumringes weitere Folgemeristeme angelegt, die ebenfalls zum Dickenwachstum befähigt sind. Im Querschnitt erkennt man mehrere Cambiumringe mit einer abwechselnden Schichtung von Phloem- und Xylemelementen (**▣** Abb. 8.11c).

Beispiele für anomales Dickenwachstum finden sich vor allem bei den Caryophyllales (Sy 10B:47; Gibson 1994), zu denen z. B. die Phytolaccaceae (*Phytolacca*; **▣** Abb. 8.15a), Aizoaceae, Amaranthaceae (*Beta*; **▣** Abb. 8.11c) und Nyctaginaceae gehören.

Juveniles Holz und Sekundärholzbildung

Ein junger, im Aufbau befindlicher Holzkörper ist durch relativ breite Markstrahlen und lange, dünnwandige Gefäße mit leiterförmigen (scalariformen) Wandversteifungen charakterisiert. Bei einigen Arten bleiben diese **juvenilen Merkmale** zeitlebens erhalten – ein Verhalten, das Carlquist (1962) als persistierendes Jugendstadium (**Paedomorphose**; ▶ Abschn. 1.2.3) bezeichnet hat. Beispiele für paedomorphes Holz liefern einige basal verholzte Kräuter und Stammsukkulente (**▣** Abb. 8.15b), aber auch Pflanzen von isoliert liegenden ‚**Inselstandorten**'. Bekannte Beispiele finden sich im ostafrikanischen Hochgebirge (*Dendrosenecio keniodendron*, Asteraceae; **▣** Abb. 8.15c) oder auf den Kanarischen Inseln (*Sonchus leptocephalus*, Asteraceae). Da viele Arten mit juvenilem Holz aus **krautigen Verwandtschaftskreisen** stammen und ihre **Verholzung sekundär** erfolgt ist, wurde angenommen, dass das Auftreten von juvenilem Holz ein Kennzeichen für sekundäre Verholzung sei. Diese Ansicht ist heute nicht mehr aktuell (Dulin und Kirchoff 2010).

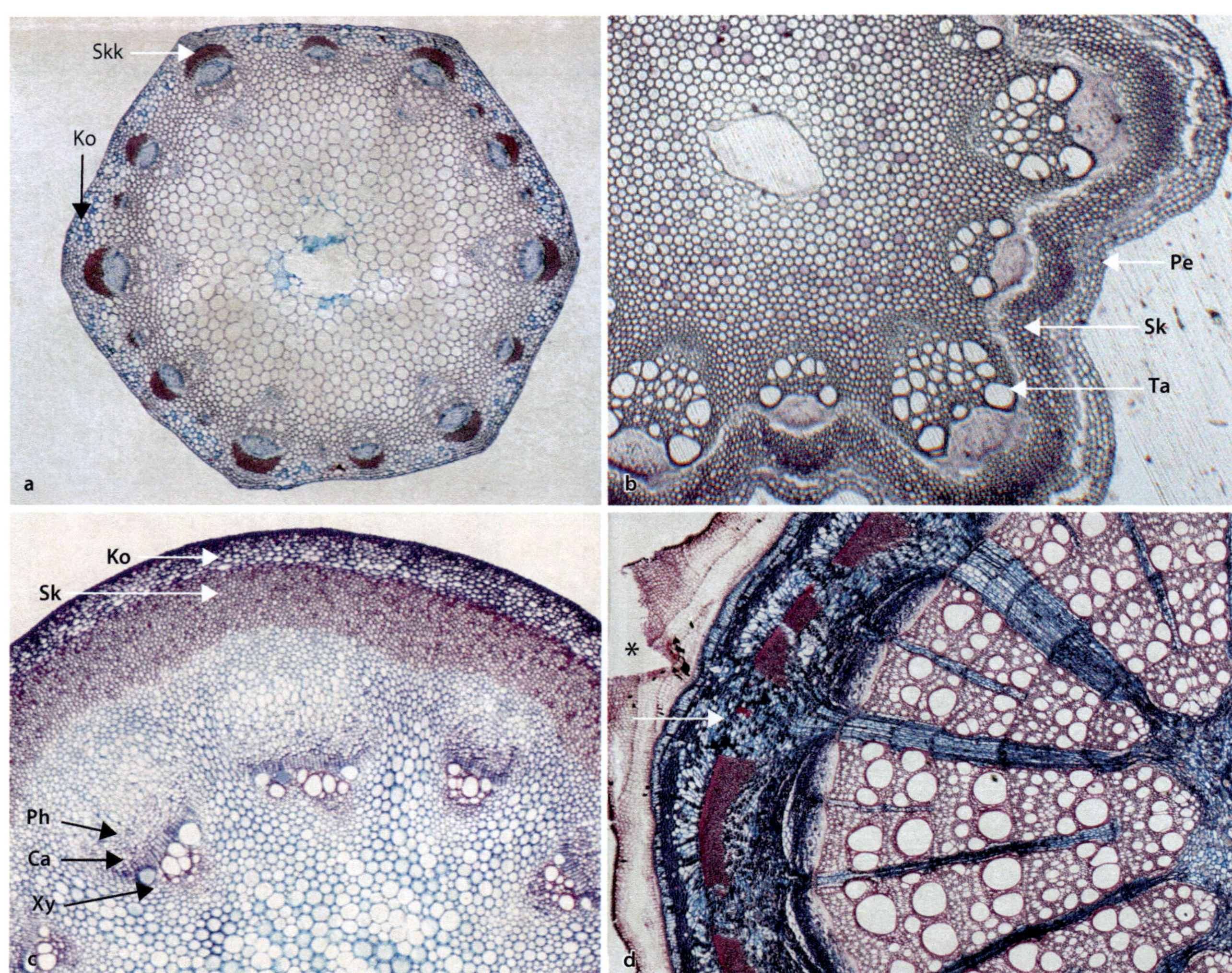

Abb. 8.14 Übergang vom primären zum sekundären Bau der Sprossachse bei Lianen. a, b, Waldrebe (*Clematis vitalba*, Ranunculaceae). **a,** Junge Achse mit Sklerenchymkappen (Skk) und Rindenkollenchym (Ko). **b,** Ältere Achse mit weitlumigen Tracheen (Ta). Pe, Periderm. Sk, Sklerenchym. **c, d,** Pfeifenwinde (*Aristolochia macrophylla*, Aristolochiaceae). **c,** Junge Achse mit geschlossenen Skleren-chym- (Sk) und Kollenchymringen (Ko) in der Rinde. Ca, Cambium. Ph, Phloem. Xy, Xylem. **d,** Ältere Achse mit breiten, primären Markstrahlen (blau) und schmalen, blind endenden Parenchymstrahlen (sekundären Markstrahlen, blau), aufgerissenem Sklerenchymring (Pfeil) und Borke mit Lenticellen (*). (© Botanische Sammlungen der JGU Mainz)

8.2.3 Holz und Borke

Holz (sekundäres Xylem) ist die Gesamtheit der vom Cambium nach innen abgegebenen Zellen (■ Abb. 8.13). Es umfasst überwiegend **tote** Tracheiden und Tracheen, die der **Wasserleitung** und Festigung dienen. Darüber hinaus besteht es aus toten (und lebenden) Holzfasern sowie lebendem Holz- und Holzstrahlparenchym, in denen organische Substanzen transportiert und gespeichert werden (■ Tab. 8.2, ▶ Abschn. 7.4.1).

Der Holzkörper einer mehrjährigen Sprossachse zeigt im Querschnitt häufig konzentrische **Jahresringe** (temperate Gebiete) oder **Zuwachszonen** (Subtropen, Tropen). Sie sind Ausdruck der **periodisch wechselnden** Aktivität des Cambiums, das bei Vegetationsbeginn weitlumige Zellen (**Frühholz**) und gegen Ende der Zuwachsperiode englumigere Zellen (**Spätholz**) bildet. Das Wiedereinsetzen der cambialen Zellteilungsaktivität führt zur Bildung der **Jahres-** bzw. **Zuwachsgrenze** (■ Abb. 8.16a, b, 8.17a, b und 8.18b).

Hölzer, die Zuwachszonen zeigen, werden zur Datierung archäologischer Funde herangezogen (**Dendrochronologie**; ▶ Abschn. 3.2.2 und 6.9.3). Da die Stärke der Zuwächse von Temperatur und Feuchtigkeit im Jahresverlauf abhängt, kann sie auch zur Rekonstruktion historischer Klimaverhältnisse genutzt werden.

◘ Abb. 8.15 Pflanzen mit Sonderformen der Verholzung. a, *Phytolacca dioica* (Phytolaccaceae). Pflanze mit mächtig entwickelter Basis und anomalem Dickenwachstum. **b,** *Euphorbia candelabrum* (Euphorbiaceae). Stammsukkulente Pflanze mit juvenilem Holz. **c,** *Den-* *drosenecio keniodendron* (Asteraceae). Hochgebirgspflanze mit juvenilem Holz und Sekundärholzbildung. Aberdare NP, Kenia (ca. 3000 müNN). (© **a, b**: R. Claßen-Bockhoff, Mainz. **c**: I. Hagemann, Berlin. Mit freundlicher Genehmigung)

Holzkörper der Gymnospermen und Dicotylen

Cambiales Dickenwachstum tritt bei Gymnospermen und Dicotylen (Angiospermen) auf. Der Holzkörper der beiden Gruppen unterscheidet sich im Gewebeaufbau und dem Grad der **arbeitsteiligen Differenzierung** (◘ Tab. 8.2).

Gymnospermenholz

Das Holz der Gymnospermen ist einfach und relativ gleichförmig gebaut (◘ Abb. 8.16a). Es umfasst nur zwei Zelltypen: tote Tracheiden und lebende Parenchymzellen (◘ Tab. 8.2). Die **Tracheiden** verlaufen überwiegend längs im Achsenkörper (◘ Abb. 8.16a: Ltr, Längstracheide). Aufgrund ihrer **Doppelfunktion** als Wasserleitungs- und Festigungselemente (▶ Abschn. 7.4.1) ist ihre zelluläre Ausdehnung und damit ihre Leistungsfähigkeit begrenzt.

Dennoch ist das Holz der Gymnospermen ein **effizientes Wasserleitungssystem**, wie die Küstenmammutbäume (*Sequoia sempervirens*, Cupressaceae) Nordkaliforniens belegen, zu denen die weltweit höchsten Bäume gehören (▶ Exkurs 6.8). Die Wuchshöhe ist möglich, weil die einzelnen Tracheiden über **Hoftüpfel** (▶ Abschn. 7.4.1) miteinander **vernetzt** sind und die Wasserleitung im Holzzuwachs von zehn oder mehr Jahren erfolgt. Die vergleichsweise geringe Leitungsgeschwindigkeit von etwa 1,5 m/h (Flindt 2000) wird durch die große leitende Querschnittsfläche **kompensiert**.

Der Holzkörper wird vom **Holzparenchym** (primäre und sekundäre Markstrahlen) durchzogen, dessen Zellen überwiegend **radial** verlaufen. Die Holzstrahlen sind meist nur eine Zellschicht breit, jedoch mehrere Zellschichten hoch (◘ Abb. 8.16e). Sie werden von einzelnen Quertracheiden (Qtr) begleitet und übernehmen Transport- und Speicherfunktionen. Das Holzparenchym ist unterschiedlich stark entwickelt. Bei Kiefer (*Pinus*), Fichte (*Picea*) und Lärche (*Larix*) tritt es vor allem als Auskleidung der schizogen entstandenen **Harzkanäle** (▶ Abschn. 7.6.5) auf. Solche Harzkanäle fehlen Tannen (*Abies*) und Eiben (*Taxus*).

◘ Tab. 8.2 Zelluläre Zusammensetzung von Holz und Bast bei Samenpflanzen. Erläuterungen s. ▶ Abschn. 7.5; Kursiv: lebende Zellen

Holz		Bast	
Gymnospermen	**Angiospermen**	**Gymnospermen**	**Angiospermen**
Tracheiden	Tracheiden, Tracheen	*Siebzellen*	*Siebröhren mit Geleitzellen*
Holzparenchym		*Bastparenchym*	
–	Holzfasern		Bastfasern

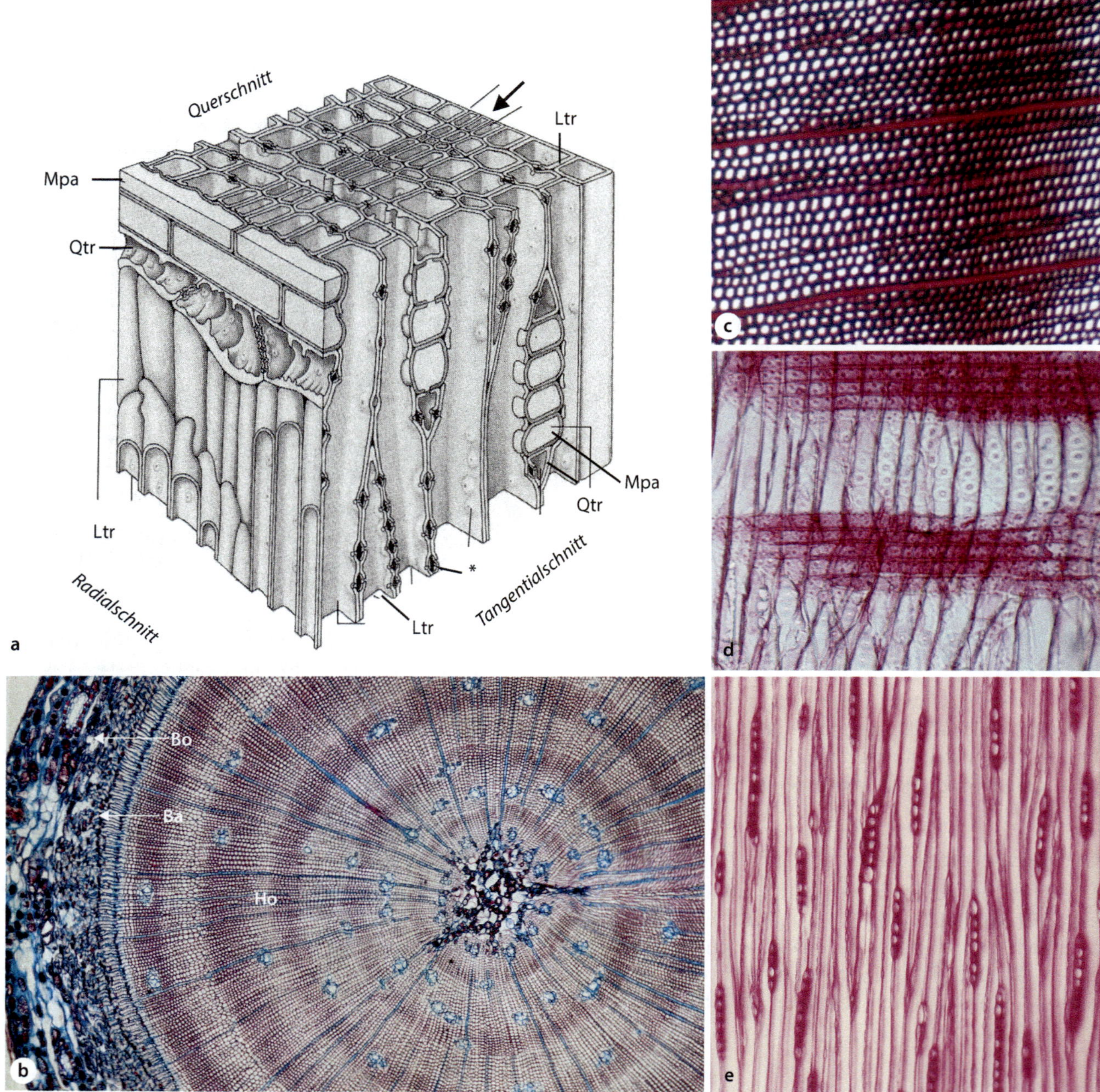

◘ Abb. 8.16 **Holzkörper der Kieferngewächse (Pinaceae). a, b,** Kiefer (*Pinus*). **a,** Blockdiagramm. Holz aus toten Tracheiden und lebenden Markstrahlen. Ltr, Längstracheide. Mpa, Markstrahlparenchym. Qtr, Quertracheide. Pfeil: Jahresgrenze. *, Hoftüpfel. **b,** Querschnitt eines Stammes mit Borke (Bo), Bast (Ba) und mächtigem Holzkörper (Ho) mit Jahresringen und primären und sekundären Markstrahlen (hell-blau). **c–e,** Fichte (*Picea abies*). Ansichten verschiedener, histologischer Schnittebenen. **c,** Querschnitt: Tracheiden angeschnitten. **d,** Radialer Längsschnitt: längs verlaufende Tracheiden und quer verlaufende Markstrahlen. **e,** Tangentialer Längsschnitt (Fladerschnitt): Markstrahlen angeschnitten. (© **a**: Braune et al. 1979, leicht verändert. **b–e**: Botanische Sammlungen der JGU Mainz)

Dicotylenholz

Das Holz der Dicotylen ist **komplexer** aufgebaut als das der Gymnospermen. Zusätzlich zu den Tracheiden und Holzparenchymzellen treten Gefäße (**Tracheen**) und **Holzfasern** auf (◘ Abb. 8.17a).

Die **Holzfasern** sind morphologisch heterogen. Einige ähneln toten Tracheiden (von denen sie sich vermutlich ableiten; Esau 1969), andere stehen lebenden Parenchymzellen näher:

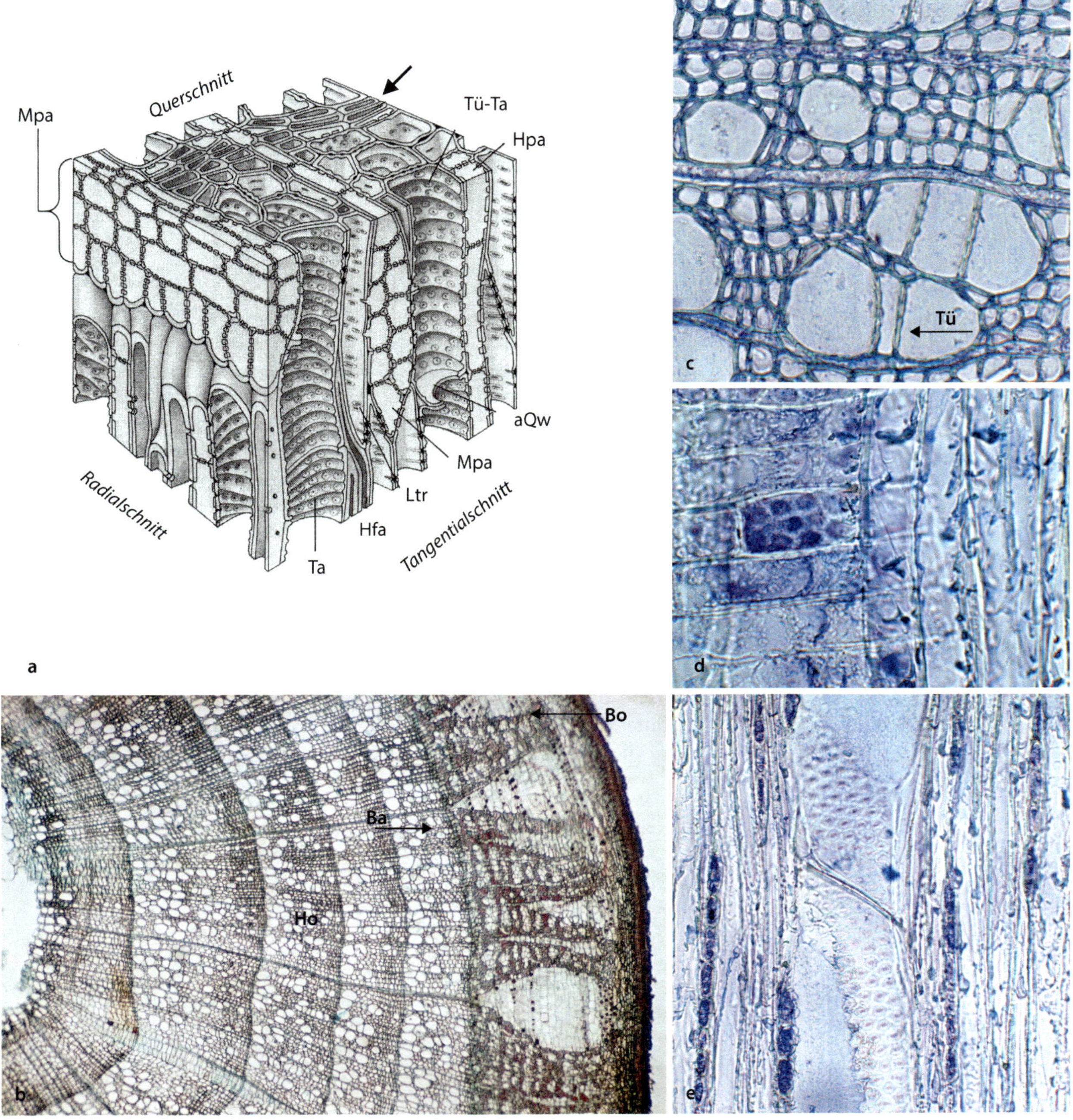

◘ **Abb. 8.17 Holzkörper dicotyler Bäume. a, b,** Linde (*Tilia*, Malvaceae). **a**, Blockdiagramm. Holz aus toten Tracheiden, Tracheen und Holzfasern und lebenden Markstrahlen. aQw, aufgelöste Querwand einer Trachee. Hfa, Holzfaser. Ltr, Längstracheide. Mpa, Markparenchym. Qtr, Quertracheide. Ta Trachee. Tü-Tr, Tüpfeltracheide. *, Hoftüpfel. Pfeil: Jahresgrenze. **b**, Querschnitt eines Stammes mit Borke (Bo), Bast (Ba) und mächtigem Holzkörper (Ho) mit Jahresringen und primären und sekundären Markstrahlen (dunkle Linien). **c–e**, Pappel (*Populus*, Salicaceae). Ansichten verschiedener, histologischer Schnittebenen. **c**, Querschnitt: weitlumige Tracheen mit Tüpfeln (Tü) in den Längswänden, Markstrahlen längs verlaufend. **d**, Radialer Längsschnitt: längs verlaufende Tracheen und Tracheiden und quer verlaufende Markstrahlen. **e**, Tangentialer Längsschnitt: Trachee längs mit Tüpfeln in den Wänden, deutlich schmalere Tracheiden längs und angeschnittene Markstrahlen (dunkelblau). (© **a**: Braune et al. 1979, leicht verändert. **b–e**: Botanische Sammlungen der JGU Mainz)

- Tote Holzfasern sind lang gestreckte, an den Enden zugespitzte Zellen von 0,1–5 mm Länge. Sie übernehmen zusammen mit den Tracheiden die **Stützfunktion**, sodass die Zellwände der Tracheen entlastet werden (▶ Abschn. 7.4.1). Diese sind entsprechend weniger dick und weisen nur lokale, ringförmige, spiralig verlaufende oder netzartige **Zellwandversteifungen** auf.
- Lebende Holzfasern sind vor allem bei Tropenbäumen weit verbreitet und übernehmen Transportfunktionen (Wolkinger 1971).

Tracheen sind wesentlich weitlumiger und **leistungsfähiger** als Tracheiden. Ihre Querwände sind weitgehend aufgelöst, sodass sie **meterlange Röhren** bilden (■ Abb. 7.17g), in denen der Wasserfluss kaum einen Widerstand erfährt. Überdies stehen sie wie die Tracheiden über **Tüpfel** miteinander in Verbindung. Die Wasserleitung erfolgt überwiegend oder ausschließlich (z. B. Ahorn, *Acer*, Aceraceae) in den Tracheen. Diese ermöglichen einen **schnellen Wassertransport**. Sie sind aber in der Regel nur eine Saison funktionstüchtig und damit deutlich kürzer aktiv als die englumigen Tracheiden der Gymnospermen. Der Funktionsverlust erfolgt durch das Eindringen von Luft (Verletzung, Embolie) oder durch die Ausbildung von **Thyllen** (aktiver Verschluss; ▶ Abschn. 7.4.1).

Nach Anordnung und Weite der Tracheen lassen sich zerstreutporige und ringporige Hölzer unterscheiden:
- Die Tracheen der **zerstreutporigen** Hölzer, wie z. B. Ahorn (*Acer*, Aceraceae), Buche (*Fagus*, Fagaceae), Pappel (*Populus*, Salicaceae) und Linde (*Tilia*, Malvaceae; ■ Abb. 8.17b), zeigen während des gesamten Jahreszuwachses kaum Größenunterschiede. Ihr Durchmesser ist kleiner als 100 µm, die Länge

einer Zellröhre beträgt 1–2 m. Die Wasserleitung erfolgt im **Holzzuwachs mehrerer Jahre** mit einer Geschwindigkeit von 1–4 m/h (Flindt 2000).
- Bei **ringporigen** Hölzern, wie z. B. Esche (*Fraxinus*, Oleaceae), Eiche (*Quercus*, Fagaceae), Robinie (*Robinia*, Fabaceae) und Ulme (*Ulmus*, Ulmaceae), werden im **Frühholz** sehr weite Gefäße gebildet, während das **Spätholz** vorwiegend aus englumigen Tracheiden und Holzfasern besteht. Die Tracheen erreichen einen Durchmesser von mehr als 100 µm und die Zellröhre eine Länge von mehr als 10 m. Die Wasserleitung erfolgt mit Geschwindigkeiten von 25 bis über 40 m/h sehr schnell, allerdings nur im Holzzuwachs **weniger Jahre** oder des letzten Jahres (Flindt 2000).

Kernholz und Splintholz

Der Holzkörper, der im Querschnitt den größten Teil des Stammes ausmacht, liegt im Inneren des Cambiumringes (■ Abb. 8.18b):
- Dem Cambium liegt das **Splintholz** an, zu dem die wasserleitenden Zellen und das lebende Parenchym gehören. Es ist meist hell, weich und feucht und umfasst nur wenige Zuwachszonen (aHo).
- Der wesentlich umfangreichere, gesamte innere Teil des Holzkörpers ist **inaktiv** und wird als **Reifholz** bezeichnet (iHo). Er besteht aus toten, luftgefüllten Zellen und dient primär der Festigung des Stammes. Aufgrund seiner höheren Dichte erscheint er meist etwas dunkler als das Splintholz.
- Das Reifholz geht in **Kernholz** über, wenn seine Zellwände durch Einlagerung von Gerbstoffderivaten, Farbstoffen, Harzen und anderen, vorrangig aromatischen Verbindungen **imprägniert** werden. Die

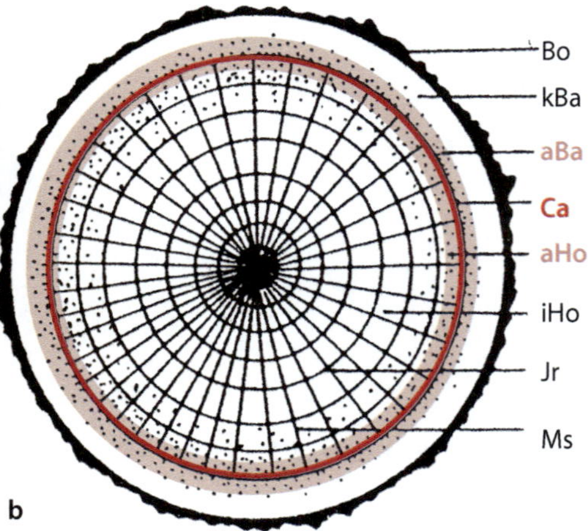

■ **Abb. 8.18 Holz. a,** Baumscheiben bestehen größtenteils aus toten Zellen. **b,** Histologische Gliederung einer Baumscheibe. Nur das Cambium (Ca, roter Kreis) und die ihm benachbarten, aktiven Bast- und Holzteile (aBa, aHo, rötlich unterlegt) sind funktionstüchtig; alle übrigen Zellen sind tot oder kollabiert. Bo, Borke, iHo, inaktive Holzzellen. Jr, Jahresring. kBa, kollabierte Bastzellen, Ms, Markstrahlen. (© **a**: R. Claßen-Bockhoff, Mainz)

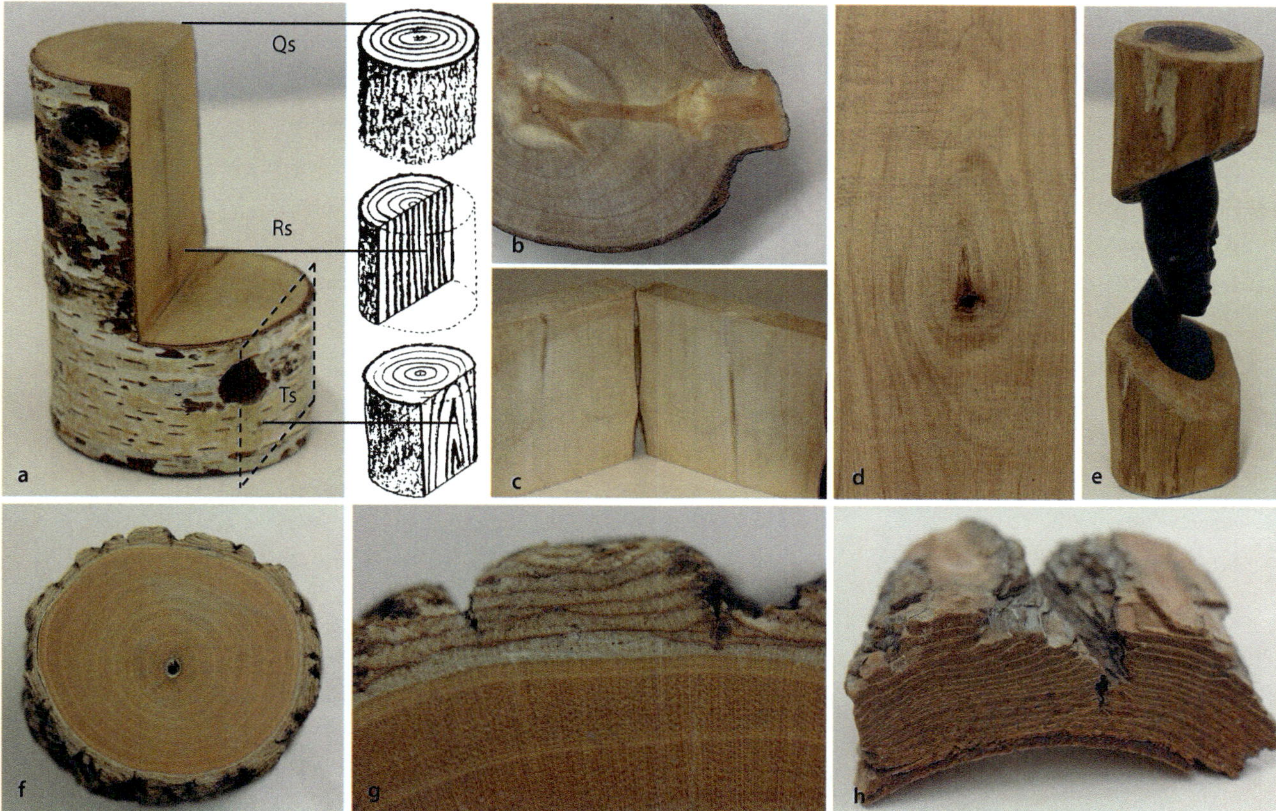

◙ **Abb. 8.19   Holz und Borke. a,** Birke (*Betula*, Betulaceae). Die Schnittrichtung bestimmt die Maserung des Holzes. Qs, Querschnitt. Rs, Radialschnitt. Ts, Tangentialschnitt (Fladerschnitt). **b,** Pappel (*Populus*, Salicaceae). Querschnitt im Bereich einer Seitenastabzweigung. **c, d,** Ahorn (*Acer*, Aceraceae). **c,** Radialschnitt. **d,** Fladerschnitt. **e,** Figur aus Südafrika, ‚falsches Ebenholz' (vermutlich Grenadillholz, *Dalbergia melanoxylon*, Fabaceae) mit schwarzem Kernholz. **f, g,** Schwarzer Holunder (*Sambucus nigra*, Adoxaceae). **f,** Querschnitt. **g,** Detail der mehrschichtigen Borke. **h,** Kiefer (*Pinus*, Pinaceae), Schuppenborke. (© R. Claßen-Bockhoff, Mainz. Objekte: Botanische Sammlungen der JGU Mainz)

Stoffe entstehen als Stoffwechselprodukte der absterbenden Parenchymzellen und führen zur dunkel bis schwarz gefärbten **Verkernung** des Holzstammes (◙ Abb. 8.19e). Das Kernholz besitzt im Vergleich zum Splintholz eine höhere mechanische Festigkeit und ist widerstandsfähiger gegen Fäulnis. Dazu kann auch die gelegentliche Einlagerung von Calciumcarbonat oder Kieselsäure (Teakholz, *Tectona grandis*, Lamiaceae) beitragen.

Bäume, deren Holzteil nicht zoniert ist, sondern nur aus aktivem, wasserführendem Holz besteht, nennt man **Splintholzbäume**. Ihr Holz ist meist hell und relativ ebenmäßig aufgebaut (Beispiele: Ahorn, Birke). Bäume mit totem Holzkörper heißen je nach Imprägnierungsgrad **Reifholzbäume**, **Kernholzbäume** oder als Übergangsform **Reifkernholzbäume** (◙ Tab. 8.3).

Holzschäden und Holznutzung

Holz wird **weltweit** als Bau- und Werkstoff, als Brennholz (etwa 50 %), Faserlieferant, Chemierohstoff (Holzkohle) und zur Papier- und Zellstoffherstellung verwendet. Seine Häufigkeit und Vielseitigkeit machen ihn zum wichtigsten **nachwachsenden Rohstoff**, der vermutlich seit Beginn der menschlichen Zivilisation genutzt wird. Der historische Kahlschlag des Mittelmeerraumes, die steigende Erosionsgefahr im Gebirge und die vom Aussterben bedrohten Tropenhölzer weisen auf die Gefahren unkontrollierter Nutzung hin.

Holznutzung

Holz ist ein **Verbundwerkstoff**. Seine Eigenschaften hängen von seiner **Reißfestigkeit**, **Feuchte** und **Dichte** ab (Informationen über Holzarten z. B. in Porter 2011):
- Hölzer neigen je nach ihrer Gewebezusammensetzung in unterschiedlichem Maße zum Reißen. Die **Rissbildung** kommt beim Trocknen zustande, wenn die Gewebe in tangentialer, radialer und horizontaler Richtung unterschiedlich viel Wasser verlieren. Sie kann durch technische Trocknung und sachgerechte Lagerung weitgehend vermieden werden.
- **Lufttrockenes Holz** enthält immer einen Anteil **molekular gebundenen Wassers**. Dieser Anteil hängt von der Umgebungstemperatur und Luftfeuchte ab und

◻ Tab. 8.3 Nutzhölzer Angiospermen. Auswahl. Daten überwiegend aus Geldhauser 1986; Lieberei und Reisdorff 2012; diverse Internetquellen. ▶ https://de.wikipedia.org/wiki/Liste_der_Holzarten

Art	Familie	T	Di	Eigenschaften	Verwendung
Europäische Laubbäume					
Silberpappel *Populus alba*	Salicaceae	S	450	gelbbraun	G, Sch, W, Holzschuhe, Zündhölzer
Sommerlinde *Tilia platyphyllos*	Malvaceae	R	490	weiß-gelblich	D, G, Sch, Holzschuhe, Orgelbau
Schwarzerle *Alnus glutinosa*	Betulaceae	S	530	rötlich-weiß	B (Wasserbau), P, W
Hängebirke *Betula pendula*	Betulaceae	S	650	gelblich/rötlich-weiß, mäßig dauerhaft	Mö, Sch, W Blasinstrumente
Kirsche *Prunus avium*	Rosaceae	K	660	gelb/rötlich-braun	D, In, Mö, Mu schöne Maserung
Bergahorn *Acer pseudoplatanus*	Aceraceae	S	670	gelblich-weiß	D, In, Mö, Mu, W
Walnuss *Juglans regia*	Juglandaceae	K	680	(schwarz-)braun	D, Mö, Sch, Wagenbau
Bergulme, Rüster *Ulmus glabra*	Ulmaceae	Rk	690	hellbraun	D, Mö, W
Rotbuche *Fagus sylvatica*	Fagaceae	R	740	rötlich-weiß	Mö, In, W, Klavierbau, Gewehrschäfte gut bearbeitbar
Esche *Fraxinus excelsior*	Oleaceae	K	750	hellbraun wetterfest	B (Wagen-, Bootsbau), D, In, Mö, W, Weinpressen, Ruder, Werkzeugteile
Stieleiche *Quercus robur*	Fagaceae	K	860	gelblich-braun, sehr robust, wetterfest, elastisch	B (Brücken-, Bootsbau), In, Mo, bestes Fassholz
Tropenhölzer					
Balsa *Ochroma pyramidale*	Malvaceae	S	180	fast weiß extrem leicht, elastisch	Floßbau, Modellbau, Isoliermaterial
Echtes Mahagoni *Swietenia mahagoni*	Meliaceae	K	550	hell- bis dunkelbraun, Seidenglanz	B (Schiffs-, Bootsbau), D, In, Mö, Mu, Sch gut polierbar
Teakbaum *Tectona grandis*	Lamiaceae	K	640	gelbbraun, aromatisch schwer bearbeitbar wetterfest, dauerhaft	B (Schiffs-, Waggonbau) In, Mö
Ebenholz *Diospyros*-Arten	Ebenaceae	K	1100	schwarz gut bearbeitbar	D, Klaviertasten, Pfeifen
Pockholz *Guaiacum officinale*	Zygophyllaceae	K	1230	dunkelbraun-violett dauerhaft	D, Flaschenzüge, Kegelkugeln, Zahnräder

T, Typ: K, Kernholzbaum. R, Reifholzbaum. Rk, Reifkernholzbaum. S, Splintholzbaum. **Di, Dichte** [kg/m³]. **Eigenschaften:** Die Farbangaben beziehen sich auf Holz bzw. Kernholz (Splintholz ist meist hell). **Verwendung: B,** Bauholz: Haus-, Schiffs-, Brücken-, Waggonbau. **D,** Drechslerholz. **G,** Gebrauchsholz: Sperrholz, Blindholz, Pressholz). **In,** Innenausbau: Fenster, Türen, Parkett. **Mö,** Möbelholz: Bretter, Furniere. **Mu,** Musikinstrumente. **P,** Papierherstellung. **Sch,** Schnitzholz. **W,** Werkholz: Pfosten, Zäune, Kisten, Leisten

◼ Tab. 8.4   Nutzhölzer Gymnospermen. Auswahl. Siehe Tab. 8.3

Art	Familie	T	Di	Eigenschaften	Verwendung
Weißtanne *Abies alba*	Pinaceae	R	410	gelblich, ziemlich dauerhaft	B, Mö, In, P
Virginischer Wachlder *Juniperus virginiana*	Cupressaceae	K	440	dunkelrot, dauerhaft, aromatisch	D, In, Bleistifte, ätherische Öle gut bearbeitbar
Douglasie *Pseudotsuga menziesii*	Pinaceae	K	440	rötlich-braun	B, In, Dachstühle schwer zu bearbeiten
Fichte *Picea excelsa*		R	450	gelblich, wenig dauerhaft	B, G, In, Mö, P vielseitig, gut bearbeitbar
Kiefer *Pinus sylvestris*	Pinaceae	K	490	bräunlich-rot, sehr dauerhaft	B, G, Mö, P, Sch, Grubenholz, Zündhölzer, Böttcherwaren
Lärche *Larix decidua*		K	550	rotbraun, sehr dauerhaft	B (Wasser-, Schiffsbau), In, G, Mö, Schindeln
Eibe *Taxus baccata*	Taxaceae	K	840	(orange-)braun, extrem dauerhaft, elastisch	D, Mö, Bogenwaffen gutes Holz

liegt bei **12–15 %** Feuchtigkeit. Das **Gewicht** von Hölzern bezieht sich auf lufttrockene Hölzer und hängt damit vom Wassergehalt des Holzes ab.

— Die Porosität des Holzes bestimmt seine durchschnittliche Rohdichte, die auch als **Darrdichte** bezeichnet und bei 0 % Holzfeuchte gemessen wird. Die Rohdichte liegt bei **mitteleuropäischen Holzarten** etwa zwischen 410 (Tanne) und 860 kg/m^3 (Eibe, Eiche; ◼ Tab. 8.3 und 8.4) und korrespondiert in der Praxis weitgehend mit dem Gewicht des Holzes. Nach der Darrdichte werden Weich- und Harthölzer unterschieden.

Die **Verwendung** der Hölzer richtet sich nach ihrer Bearbeitungsfähigkeit, Elastizität (Verformbarkeit) und Bruchfestigkeit, nach der Maserung (◼ Abb. 8.19a–d) und Ebenmäßigkeit des Holzes und nach dessen Wetterbeständigkeit und Resistenz gegen Pilz- und Insektenbefall. Unebenheiten im Holz wie Astlöcher oder Wuchsfehler beeinträchtigen die Holzqualität:

— **Weichhölzer** weisen eine Dichte von weniger als 550 kg/m^3 auf. Zu ihnen gehören die als Schnitzhölzer bekannten Pappel- und Lindenhölzer, das Balsaholz (◼ Tab. 8.3) und die Hölzer der meisten mitteleuropäischen Gymnospermen (Lieberei und Reisdorff 2012; ◼ Tab. 8.4).

Das Holz des neotropischen **Balsabaumes** (*Ochroma pyramidale*, Malvaceae) ist das weltweit leichteste Holz. Seine mittlere Dichte von 180 kg/m^3 entspricht etwa einem Polystyrol-Hartschaum. Das Holz ist fast weiß und lässt sich leicht bearbeiten. Es eignet sich zur Herstellung von **Flößen** und wurde 1947 beim Bau der *Kon-Tiki* von Thor Heyerdahl (1949) verwendet. Mit dem Balsafloß gelang es Heyerdahl und seiner Mannschaft, von Peru aus zum knapp 7000 km entfernt liegenden Tuamoti-Archipel zu segeln und damit die Hypothese zu stützen, dass die Kultur Polynesiens aus Südamerika stammen könnte. Balsaholz wird heute vor allem im Modellbau und als Isoliermaterial im Flugzeugbau verwendet.

Einige **Gymnospermenhölzer**, insbesondere der Zypressengewächse (Cupressaceae), haben einen intensiven **aromatischen Geruch**. Ihre Destillate sind als **Zedernöl** im Handel und stammen überwiegend von Wacholderarten (z. B. *Juniperus virginiana*; ◼ Tab. 8.4). Ebenso werden die angeblich aus Zedernholz gefertigten Waren zum größten Teil aus dem Holz des Lebensbaumes (*Thuja plicata*) hergestellt. Das Holz der Libanon-Zeder (*Cedrus libani*) selbst, die zu den Kieferngewächsen (Pinaceae) gehört, duftet kaum. Es wurde in der Antike zum Schiffsbau verwendet und galt auch im Mittelalter als hochwertiges Holz. Heute steht die Libanon-Zeder unter Naturschutz und wird kaum noch wirtschaftlich genutzt.

— **Harthölzer** weisen eine Darrdichte von über 550 kg/m^3 auf. Zu ihnen gehören die hochwertigen Hölzer der Eibe (◼ Tab. 8.4), Buche und Eiche sowie die schweren ‚Eisenhölzer‘ der Tropen (Ebenholz, Pockholz; ◼ Tab. 8.3).

Das Kernholz der tropischen **Ebenholzpflanzen** (verschiedene *Diospyros*-Arten, Ebenaceae) gehört zu den wertvollsten Holzarten. Es ist sehr hart, schwer (> 1000 kg/m^3) und im Kernholz tiefschwarz gefärbt. Aufgrund der eingelagerten Fungizide ist es dauerhaft haltbar. Ebenholz wird beim Bau von Musikinstrumenten (Klaviertasten), bei Intarsienarbeiten und im Kunsthandwerk verwendet. Im Souvenirhandel wird es oft durch das Kernholz anderer Arten ersetzt ('falsches Ebenholz') oder sogar durch Beizung imitiert (■ Abb. 8.19e).

Das **Pockholz** (*Guaiacum officinale*, Zygophyllaceae) ist mit 1230 kg/m^3 das schwerste Holz. Sein Kernholz ist fast schwarz und außerordentlich dauerhaft.

Tropische Holzgewächse haben oft schwere, dauerhafte Hölzer. Sie haben sich im Laufe der Evolution an ihren feuchtwarmen, artenreichen Lebensraum angepasst und **Resistenzen** gegen Feuchtigkeit, Insekten und Pilze entwickelt. Aufgrund ihrer **geraden Stämme** und sehr guten **mechanischen Eigenschaften** liefern einige Arten begehrte Bau- und Möbelhölzer. **Massiver Holzeinschlag** führt allerdings dazu, dass die Tropenhölzer immer **seltener** werden. Mit wenigen Ausnahmen (Teak- und Mahagoniholz aus Plantagenanbau) stammen alle Tropenhölzer aus **natürlichen Wäldern**, wo sie relativ **vereinzelt** auftreten. Um die Stämme abzutransportieren, müssen **Waldschneisen** angelegt werden, was verheerende Folgen haben kann. Die **Fragmentierung** von Waldbeständen führt zu einer genetischen Verarmung, weil Populationen voneinander getrennt werden (▶ Abschn. 3.1.1). Das immer tiefere Eindringen des Menschen in unberührte Lebensräume fördert **Wilderei** (Jagd auf Affen) bis hin zur Ausrottung seltener Tierarten. Überdies steigt das Risiko für neue **Krankheiten**, wenn es zu einem Kontakt mit bislang unbekannten Erregern kommt.

Holzschäden

Die Holznutzung wird durch **Holzschäden** beeinträchtigt. So treten beispielsweise **unregelmäßig** geformte Verfärbungen (durch Gerbsäuren, Phlobaphene; ▶ Abschn. 2.2.4) bei Splint- und Reifholzbäumen auf. Sie werden als **Scheinkerne** bezeichnet und stellen eine Abwehrreaktion gegenüber Pilzbefall dar (■ Abb. 8.20a).

Besteht kein Schutz gegen Infektionen, kann der tote Holzkörper durch **Pilze** zersetzt werden (■ Abb. 8.20b). Als Resultat entstehen hohle Baumstämme, die so lange lebenstüchtig sind, wie ihr Splintholzbereich aktiv und die mechanische Belastung nicht zu hoch sind. Besonders eindrucksvolle Beispiele bieten die Stämme einiger *Eucalyptus*-Arten (■ Abb. 6.52d), alter Olivenbäume (■ Abb. 6.53g) oder Kopfweiden (■ Abb. 8.20c). Die traditionell hergestellten **Didgeridoos** der australischen Aborigines bestehen aus Eukalyptusholz, das von Termiten ausgehöhlt wurde (■ Abb. 8.20d). Die Unebenheiten im Inneren erzeugen einen spezifischen Klang, der bei jedem Instrument unterschiedlich ist.

Werden Stämme verletzt oder stehen sie zu dicht beieinander, kann als Antwort auf den mechanischen Außenreiz **Reaktionsholz** gebildet werden. Es nimmt tumorartige Formen an, überwallt die verletzte Stelle (■ Abb. 8.20e, f) und dient der Wundheilung. An der vermehrten Zellteilung ist oft das **Korkcambium** als teilungsaktive Schicht beteiligt. Reaktionsholz gilt im Holzhandel als minderwertiges Holz.

Einige Arten wie die Forsythie (*Forsythia*, Oleaceae) oder Robinie (*Robinia*, Fabaceae) neigen zur Bildung von **Bischofsstäben** (■ Abb. 8.20h). Die abgeflachte, eingekrümmte Wuchsform ist eine **Verbänderung** (▶ Exkurs 9.3) und wird durch mechanische Beschädigung oder Infektion des Apikalmeristems verursacht.

Der Befall mit **Borkenkäfern** führt zur Schwächung und bei Massenbefall zum Absterben des Baumes. Der Buchdrucker (*Ips typographus*) befällt vor allem Nadelbäume wie die Fichte (*Picea abies*, Pinaceae; ■ Abb. 8.20h, i), in denen er seine Brutplätze anlegt. Die Larven ernähren sich vom Bastgewebe und unterbrechen damit den Assimilatstrom im Phloem. Bei **anhaltendem Befall** kommt es zum **Fichtensterben** und großflächigen Schäden an Waldbeständen. Diese Gefahr besteht vor allem in **trockenen Jahren**, in denen der Waldboden unzureichend mit Wasser versorgt ist. Die Bäume werden anfällig für eine Infektion, produzieren nicht genug Harz zum Verschließen der Fraßlöcher und verlieren ihren Schutz durch Rinde und Borke. Mit der zunehmenden **Klimaerwärmung** steigt die Gefahr des Waldsterbens; um ihr zu begegnen müssen die mitteleuropäischen Wälder mit trockenheitsresistenteren Arten aufgeforstet werden.

Bast und ,sekundäre Rinde'

Bast (**sekundäres Phloem**) ist die Gesamtheit der vom Cambium nach außen abgegebenen Gewebebereiche (■ Tab. 8.2). Durch die Differenzierung neuer **Siebröhren** werden sowohl ältere, funktionslos gewordene Zellen ersetzt als auch die Gesamtkapazität der Assimilatleitung erhöht. **Bastfasern** dienen der Festigung, **Bastparenchymzellen** dem Stoffaustausch. Nach der Verteilung der Zelltypen unterscheidet man den **Hartbast** aus toten Bastfasern und den **Weichbast** aus vitalen Siebröhren, Geleitzellen und Bastparenchymzellen.

Mit zunehmendem Dickenwachstum erhöht sich die **tangentiale Zugspannung** der Gewebe, die außerhalb des Cambiums liegen. Die lebenden Zellen des Bastes wer-

◘ **Abb. 8.20** **Holzschäden. a, b,** Eiche (*Quercus*, Fagaceae). **a,** Scheinkern. **b,** Zersetzer Kern, von Ameisen bewohnt. **c,** Kopfweide (vermutlich *Salix viminalis*, Salicaceae). Hohler Stamm. **d,** Didgeridoo. Australisches Blasintrument aus Eucalyptusholz, von Termiten (Isoptera) ausgefressen. **e,** *Eucalyptus* (Myrtaceae). Tumorartiges Reaktionsholz nach Verletzung. **f,** Kiefer (*Pinus sylvestris*). Reaktionsholz nach Harzgewinnung (◘ Abb. 8.24a). **g,** Robinie (*Robinia pseudoacacia*, Fabaceae). Verbänderung („Bischofsstab'), hervorgerufen durch Verletzung des Apikalmeristems. **h, i,** Fichte (*Picea abies*, Pinaceae). **h,** Borkenstück mit Larvengängen des Buchdruckers (*Ips typographus*, Curculionidae). **i,** Stark geschädigter Baum nach Befall mit Borkenkäfern. (© R. Claßen-Bockhoff, Mainz)

den mechanisch zusammengedrückt. Das Rindenparenchym und die Epidermis folgen der Umfangserweiterung durch antikline Teilungen (**Dilatationswachstum**) oder reißen auf und werden durch ein neues **Abschlussgewebe** (Kork, Borke) ersetzt.

Bast, **Kork** und **Borke** werden in der Umgangssprache auch als **Rinde** bezeichnet. In der Nutzpflanzenkunde ist von **sekundärer Rinde** die Rede (Rauh 1950; Lieberei und Reisdorff 2012). Im Englischen wird oft der gesamte Bereich außerhalb des Cambiums als *bark* (Borke) bezeichnet. Tatsächlich lassen sich die betroffenen Gewebe nicht einfach voneinander abgrenzen, sodass die Bezeichnung sekundäre Rinde (oder *bark*) durchaus **praktische Bedeutung** hat. Botanisch sollte aber die Rinde (äußeres Parenchymgewebe der primären Sprossachse) von Bast, Kork und Borke unterschieden werden, die erst infolge des sekundären Dickenwachstums entstehen.

Von **wirtschaftlicher Bedeutung** sind die **Alkaloide** des Chinarindenbaumes (*Cinchona*-Arten, Rubiaceae, Borke) und die **ätherischen Öle** der Zimtrinde (*Cinnamomum aromaticum*, Lauraceae, Bast). Die ‚Rinden‘ der Weiden, Eichen und Birken eignen sich aufgrund ihres hohen **Gerbstoffanteils** zum Gerben von Leder. Die **Saponine** des Seifenrindenbaumes (*Quillaja saponaria*, Rosaceae) liegen im Bast der Sprossachsen ebenso wie die **Milchröhren** der Kautschukpflanze *Hevea brasiliensis* (Euphorbiaceae) und des Gummibaumes *Ficus elastica* (Moraceae; ◘ Tab. 7.3). **Bastfasern** spielen eine bedeutende Rolle in der Textilherstellung (◘ Tab. 7.2.).

Kork und Borke

Reißt die Epidermis bei Gymnospermen und Dicotylen auf, wird sie vom **Periderm** (▶ Abschn. 7.2.3) ersetzt. Dieses besteht aus toten, **verkorkten** Zellen, die dem Phellogen entstammen. Alle außen liegenden Zellen werden von der Nährstoff- und Wasserversorgung abgeschnitten und sterben ab. Im Periderm sind Sekundärstoffe, wie **Gerbstoffe** (**Tannine**) und deren Oxidationsprodukte (**Phlobaphene**) enthalten. Sie stellen einen Schutz gegen Fäulnis und Schaderreger dar.

Kork

Als **Kork** wird das **sekundäre** Abschlussgewebe bezeichnet, das aus der Aktivität einer einzigen Phellogenlage entsteht. Dieses liegt meist in einer äußeren Rindenschicht und gibt nach zwei Seiten Zellen ab (◘ Abb. 7.11a, b). Dem Gasaustausch zwischen Bast und Außenwelt dienen Korkporen (Korkwarzen, **Lenticellen**; ▶ Abschn. 7.2.3), die den geschlossenen Korkmantel an den Stellen, an denen die frühere Epidermis Spaltöffnungen hatte, unterbrechen. Sie treten äußerlich als warzenförmige Erhebungen in Erscheinung (◘ Abb. 8.21c, d).

Abweichungen vom häufigsten Fall der Korkbildung betreffen den Ort der Phellogenbildung und dessen Aktivität:

— Die **Kartoffelknolle** (◘ Abb. 8.11d) ist von einer dünnen Korkschicht umgeben. Das Phellogen ist **epidermalen** Ursprungs und gibt nur Zellen nach außen ab. Durch die einseitige (**monopleurische**) Teilungsaktivität unterbleibt die Bildung des Phelloderms.

— Die in Südafrika heimische **Buschmannskerze** (*Sarcocaulon patersonii*, Geraniaceae) scheidet mit dem Korkstoff (Suberin) reichlich **Wachs** ab. Die Triebe können angezündet und als Kerzen verwendet werden.

— Ist das Phellogen nicht überall gleichmäßig aktiv, entstehen **Korkleisten** (Korkflügel). Die relativ seltene Erscheinung tritt z. B. bei der Feldulme (*Ulmus minor* var. *suberosa*, Ulmaceae; ◘ Abb. 8.21b) und dem Flügel-Spindelstrauch (*Euonymus alatus*, Celastraceae) auf.

Borke

Nur selten ist Kork das dauerhafte Abschlussgewebe. Meist wird das erste Phellogen durch weiter innen liegende Korkcambien ersetzt, und es kommt zur Bildung des tertiären Abschlussgewebes. Es wird **Borke** genannt und kann jeder Umfangserweiterung durch **wiederholte Phellogenbildung** folgen.

Die Art der Anlegung neuer Peridermschichten und die Ausbildung von Trennungsgeweben bestimmen die **Form der Borke**:

— **Schuppenborke** entsteht durch die wiederholte Anlegung von schuppenförmigen Peridermflächen. Bleiben die Peridermschichten miteinander und mit dem Rindengewebe fest verbunden, so wird die Borke sehr dick und tief rissig, wie bei einigen Eichen (*Quercus*, Fagaceae). Bilden sich dagegen Korklagen aus dünnwandigen Zellen, wie bei der Kiefer (*Pinus*, Pinaceae) und Platane (*Platanus*, Platanaceae), führt das Dickenwachstum zur Ablösung von Schuppen (◘ Abb. 8.19h).

— **Ringelborken** kommen bei der Kirsche (*Prunus avium*, Rosaceae) und Birke (*Betula*, Betulaceae; ◘ Abb. 8.19a) vor. Sie entstehen durch röhrenförmig aufeinander folgende geschlossene Peridermschichten. Bei der Birke trennen sich papierdünne Korkschichten vom Stamm, die aufgrund von Totalreflexion weiß erscheinen und als Papierersatz dienen können (◘ Abb. 8.21h, j).

— **Streifenborken** lösen sich in Längsstreifen ab wie z. B. beim Wein (*Vitis vinifera*, Vitaceae) und der Waldrebe (*Clematis vitalba*, Ranunculaceae; ◘ Abb. 8.21e).

◘ Abb. 8.21   Kork und Borke. a, Korkeiche (*Quercus suber*, Fagaceae) mit abgeernteter äußerer Korkschicht. Plantage bei Olbia, Sardinien. **b**, Korkleisten der Feldulme (*Ulmus minor* var. *suberosa*, Ulmaceae), gebildet durch sektorielle Tätigkeit des Korkcambiums (Phellogen). **c, d,** Lenticellen am Stamm. **c**, Kirsche (*Prunus avium*, Rosaceae). **d**, Schwarzer Holunder (*Sambucus nigra*, Adoxaceae). **e**, Waldrebe (*Clematis vitalba*, Ranunculaceae). Streifenborke. **f**, *Eucalytpus* (Myrtaceae). Feuerborke mit hellen Streifen der nach dem Feuer gebildeten Gewebe. **g**, Köcherbaum (*Aloe dichotoma*, Asphodelaceae). Papierborke (*paper bark*) mit darunterliegender, chlorophyllführender Gewebeschicht. **h**, Feldpost 1942 mit folgendem Text: *„Liebe Anneliese, wozu soll man Holz erst in Papier umwandeln? Wir gehen einfach an die nächste Birke und schneiden uns unsere Postkarte aus. So kann ich Dir heute mitteilen, daß es mir gut geht, daß ich oft an Dich denke und daß ich Dich herzlich grüße. Paul."* **i**, Borkenhäuschen, 1778 als Einsiedelei erbaut. Park-an-der-Ilm, Weimar. **j**, *Amatl*, traditionelles ‚Papier' Mittelamerikas aus der ‚sekundären Rinde' verschiedener Feigen- und Maulbeerarten, heute als Malunterlage für Kunsthandwerk verwendet. Mexiko. (© R. Claßen-Bockhoff, Mainz)

Als Abschlussgewebe übernimmt die Borke wichtige **Funktionen**. Dies wird an Standorten mit besonderen ökologischen Bedingungen deutlich:

- **Feuerborken** sind dick und reich an Harzen. Sie wirken wie eine **Isolierschicht** und schützen das lebende Gewebe vor Feuer (◘ Abb. 8.21f). Die verkohlten Stellen geben den Umfang der Pflanze zur Zeit des Brandes wieder, die hellen Streifen die anschließende Umfangserweiterung.

- **Papierborken** treten vor allem in trockenen Regionen auf, in denen die Bäume monatelang ohne Blätter sind. Unter den dünnen Borkenlagen liegt ein **Assimilationsparenchym**, das es der Pflanze erlaubt, mit dem Stamm zu assimilieren. Typische Beispiele hierfür sind zahlreiche *Eucalyptus*- und *Melaleuca*-Arten (*paper bark trees*, Myrtaceae), deren Stämme unter der fast transparenten Borke hellgrün schimmern (◘ Abb. 8.21g).

Die **Korkeiche** (*Quercus suber*; ◘ Abb. 8.21a) weist eine Borke auf, die für ihre mächtige Korkproduktion berühmt ist. Sie besitzt ein Phellogen, das lange aktiv ist und eine Dicke von 17 cm erreichen kann. Nach Rauh (1950) wird der Kork erstmals nach etwa 15 Jahren abgeschält. Er ist von minderer Qualität und wird meist zu Korkmehl verarbeitet. Von nun an kann alle acht bis zwölf Jahre geerntet werden. Dabei wird das Phellem vorsichtig abgeschält, ohne das innen liegende, lebende Gewebe zu verletzen. In diesem wird ein **neues Phellogen** angelegt, das wiederum nach außen eine dicke Schicht hochwertigen Korks bildet. Ein einzelner Baum liefert bei dieser Behandlung 100–200 kg Kork. Die Korkgewinnung wird seit der Antike im Mittelmeerraum (Spanien, Portugal, Sardinien) betrieben, wo **Korkeichenwälder** natürlicherweise auf **kalkfreien** Böden vorkommen. Kork wird zur Herstellung von Flaschenkork, Korkmatten und schwimmfähigen Gegenständen genutzt.

8.2.4   Sprossgestaltung der Monocotylen

Die jungen Sprossachsen der Monocotylen sind ebenfalls in **Epidermis**, **Grundgewebe** und **Leitgewebe** gegliedert. Aufgrund des peripher liegenden **Mantelmeristems** fehlt jedoch eine primäre Differenzierung in Rinde und Mark (◘ Abb. 8.22c).

Die Leitbündel sind meist **collateral-geschlossen** (◘ Abb. 8.5i und 7.20b, d) und entweder über den gesamten Querschnitt **verstreut** (◘ Abb. 8.22c und 8.23d), nur an der Peripherie angeordnet (z. B. hohle oder parenchymatische Stängel; ◘ Abb. 8.22b, e) oder im Zentrum konzentriert (z. B. Rhizome; ◘ Abb. 8.22f). Die **Stabilität** der Sprossachse beruht auf **Sklerenchymgewebe**, das eine peripher liegende Versteifung gewähr-

leistet (Sklerenchymkonstruktion; ▶ Abschn. 5.5.3). Dabei liegt entweder ein **geschlossener Sklerenchymring** vor (◘ Abb. 8.23d: Sk), der möglicherweise aus dem Mantelmeristem hervorgeht (Rudall 1991), oder die **massiven Leitbündelscheiden** der zahlreichen, in der Peripherie angeordneten Leitbündel bilden gemeinsam eine Verstärkung (◘ Abb. 8.22d und 8.23e: Sk).

Die **Leitbündel** unterscheiden sich meist deutlich in Größe und histologischem Aufbau voneinander. Bei einigen Familien (z. B. Marantaceae; ◘ Abb. 8.22d und 8.23e) treten von außen nach innen **verschiedene Leitbündelformen** auf. Die äußeren sind klein und mit einer sehr starken **Sklerenchymscheide** versehen. Nach innen nehmen die Sklerenchymbereiche der Leitbündel ab und die Xylemelemente an Größe zu. Entgegen der üblichen Auffassung sind die Sklerenchymscheiden monocotyler Leitbündel nicht immer geschlossen, sondern können wie bei den Dicotylen offen sein (◘ Abb. 8.22d; Krähmer et al. 2021).

Bei den Monocotylen bleibt das Knotengewebe **über mehrere Internodien** hinweg meristematisch und baut Querverbindungen (**Anastomosen**) zwischen den Leitbündeln auf (Krähmer 2017; ◘ Abb. 8.23h). Im histologischen Bild heben sich die Knoten daher deutlich vom Internodiengewebe ab (◘ Abb. 8.23a–c). Bei hohlen Stängeln bilden die Knoten **Septen**, in denen das Anastomosengeflecht die Leitbündelversorgung aufrechterhält (◘ Abb. 8.23a, b und 8.25d, f). Unregelmäßig geformte Leitbündel mit stark vermehrten Xylemelementen und separierten Phloembereichen (◘ Abb. 8.23i), amphivasale Bündel (konzentrisch mit Außenxylem) und stark vergrößerte Phloembereiche (Phloemglomeruli) deuten darauf hin, dass der **Knoten der Monocotylen** ein komplex organisierter **Ort der Umstrukturierung** und Neubildung von Leitbündeln ist (Krähmer et al. 2021).

Aufgrund der fehlenden Verholzung gehören fast alle ausdauernden Monocotylen zu den **Zwiebel- und Rhizompflanzen**:

- Viele Zwiebelpflanzen zählen weltweit zu wichtigen Nutz- und Zierpflanzen. Die Überdauerungsorgane tragen die **Innovationsknospen** und haben **Speicher- und Festigungsfunktion** (◘ Abb. 6.46a). Ihre Sprossachsen sind oft reduziert und beschränken sich auf die Funktion, Blüten und Blütenstände zu tragen (z. B. Küchenzwiebel, *Allium*, Amaryllidaceae; ◘ Abb. 6.45e–g und 6.46f).

- Die meisten **Rhizome** durchziehen horizontal den Boden und sind mit vielen sprossbürtigen Wurzeln besetzt. Einige Arten wie z. B. der Strandhafer (*Ammophila arenaria*, Poaceae) eignen sich besonders gut zur **Dünenbefestigung** (◘ Abb. 6.57e). Sie verankern sich nicht nur im Sand und halten den Boden fest, sondern sind auch salz- und sturmtolerant

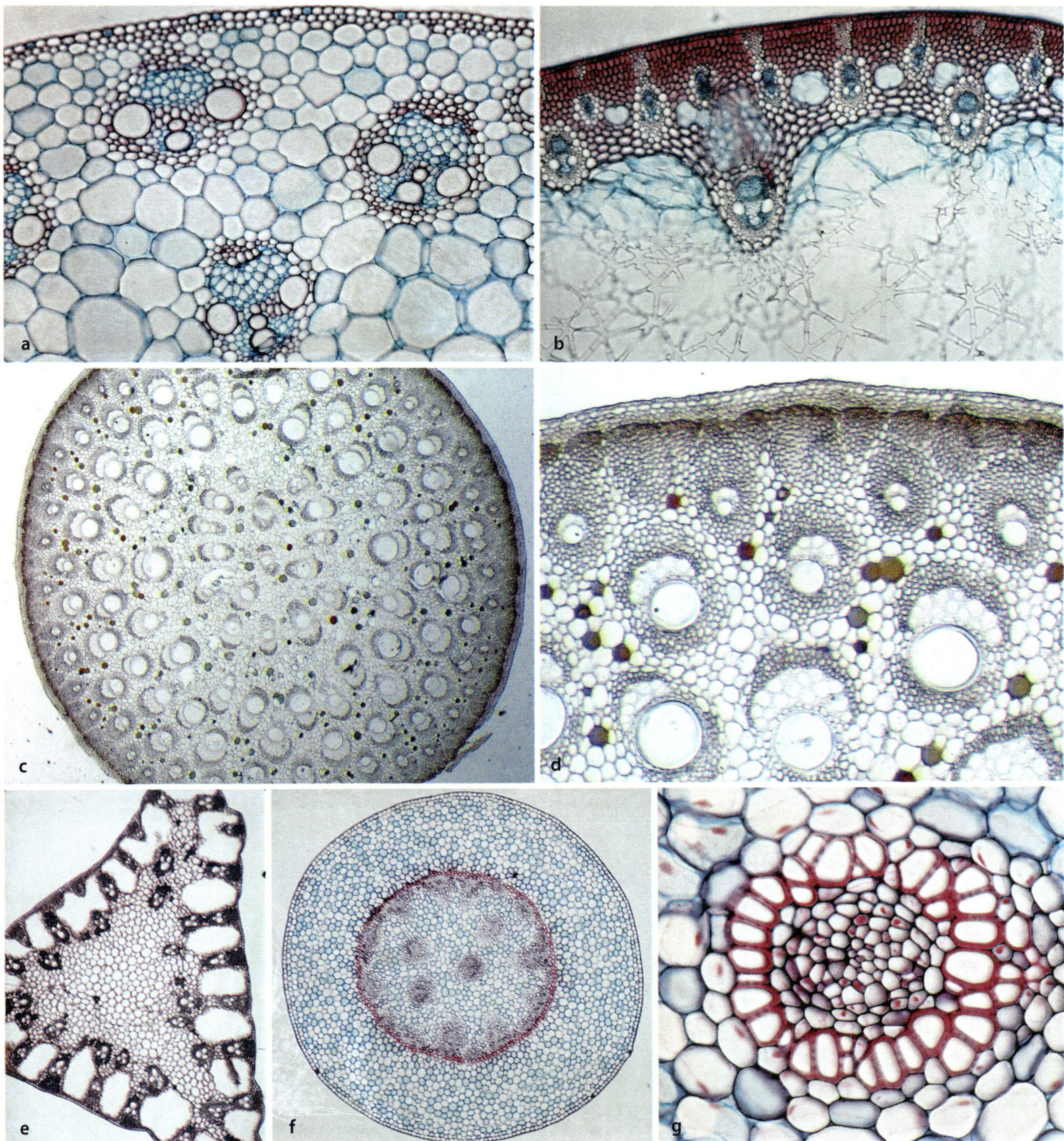

◘ Abb. 8.22 Sprossquerschnitte von Monocotylen. a, Mais (*Zea mays*, Poaceae). Geschlossene Leitbündel mit einschichtiger Scheide, in Parenchym eingebettet. **b**, Flatterbinse (*Juncus effusus*, Juncaceae). Halm, mit Leitbündeln und Lakunen am Rand und einem lockeren Aerenchym im Zentrum. **c, d**, *Hypselodelphys* (Marantaceae). **c**, Zerstreute Leitbündelanordnung. **d**, In zentripetaler Richtung ändern sich Bau und Größe der Leitbündel. **e**, Segge (*Carex*, Cyperaceae). Familientypischer, dreikantiger Stängel mit großen Lakunen und Leitbündeln an der Peripherie des Grundgewebes. **f, g**, Maiglöckchen (*Convallaria majalis*, Asparagaceae). **f**, Querschnitt durch ein Rhizom, von außen nach innen: Epidermis, Speicherparenchym (hellblau), Sklerenchymring (rot), Grundgewebe mit zerstreut liegenden Leitbündeln. **g**, Konzentrisches Leitbündel mit Außenxylm (rot). (© Botanische Sammlungen der JGU Mainz)

Interessanterweise unterscheiden sich die **Rhizome** zahlreicher Monocotylen in ihrem histologischen Bau von den aufrecht wachsenden Sprossachsen. Sie weisen zentral liegende Bündel auf, die von einer **endodermisähnlichen** Scheide aus Sklerenchym- und/oder Parenchymzellen umgeben sind (Krähmer 2019). Beim Maiglöckchen (*Convallaria majalis*, Asparagaceae-Nolinoideae; ◘ Abb. 8.22g) tritt eine stark verholzte, **ter-**

■ **Abb. 8.23 Sprossspitze und Knotenstruktur bei Monocotylen. a,** Pfahlrohr (*Arundo donax*, Poaceae). Sprossspitze längs. Primäres Dickenwachstum, Knoten und erste Leitbündeldifferenzierung (Pfeil) erkennbar. **b,** Weichweizen (*Triticum aestivum*, Poaceae). Sprossspitze längs. Terminale Infloreszenzanlage, drei Leitbündelstränge (rot) und hohle Internodien. **c,** Mais (*Zea mays*, Poaceae). Sprossabschnitt längs. Zahlreiche Leitbündelstränge. **d,** Wirtel-Spargel (*Asparagus verticillatus*, Asparagaceae). Sprossachse quer, mit Sklerenchymring (Sk) und assimilierendem Randparenchym (Ch, Chlorenchym). **e,** *Hypselodelphys violacea* (Marantaceae). Sprossachse quer, mit stark sklerenchymatischen Leitbündeln am Rand. **f,** Grünlilie (*Chlorophytum comosum*, Asparagaceae). Knoten längs, mit Internodienbündel (Ib) und seitlich einmündenden Blattspuren (Bs). Sk, Sklerechymscheide. **g,** Japanischer Pfeilbambus (*Pseudosasa japonica*, Poaceae). Knoten quer, mit zahlreichen Anastomosen. **h,** *Canna × generalis* (Cannaceae). Knoten längs mit dichtem Anastomosengeflecht. **i,** *Haumania danckelmaniana* (Marantaceae). Querschnitt eines Leitbündels im Knotenbereich. (© HJ Krähmer, Hofheim. Mit freundlicher Genehmigung)

tiäre **Endodermis** mit Caspary-Streifen auf (▶ Abschn. 7.2.4), der nach außen ein breites Grundparenchym und die Epidermis folgen (◨ Abb. 8.22f.). Die Ähnlichkeit der histologischen Gliederung einiger Rhizome mit der von Wurzeln (▶ Abschn. 8.4.3) lässt vermuten, dass das Rhizom der Monocotylen Funktionen der **fehlenden Primärwurzel** übernimmt und an der Regulation des Wasser- und Nährsalzzustroms beteiligt sein könnte.

Leitbündelsystem

Der Leitbündelverlauf der Monocotylen ist noch nicht vollständig verstanden (Zimmermann und Tomlinson 1972; Troll 1973; Rudall 2007; Krähmer 2019; Claßen-Bockhoff et al. 2021 und Literatur darin). Das liegt vor allem daran, dass die Zahl der Leitbündel immens hoch werden kann. Zimmermann und Tomlinson (1972) geben für die Kokospalme (*Cocos nucifera*, Arecaceae) 20.000 zentrale und Zehntausende periphere Leitbündel an; von einem einzigen Blatt der Bambuspalme (*Rhaphia*, Arecaceae; ◨ Abb. 8.27a) sollen 100 zentrale und 1000 peripherere Leitbündel in den Stamm ziehen. Eine **Rekonstruktion** des dreidimensionalen Verlaufes dieser vielen Leitbündel ist mit den klassischen Methoden der Histologie kaum möglich. Allerdings steht mit der **Mikro-Computertomografie** ein Verfahren zur Verfügung, das künftig zur Aufklärung komplexer Leitbündelverläufe beitragen kann (Hesse et al. 2018; ◨ Abb. 7.25n, o).

Ausdehnung der Blattbasis und anhaltende Bündelanlegung

Die **hohe Zahl** der Leitbündel ist das Ergebnis der monocotylenspezifischen Blattinsertion. Im Gegensatz zu den Eudicotylen ist die **Blattanlage** der Monocotylen von Anfang an relativ **breit**, dehnt sich während der Leitbündelentwicklung aus und formt oftmals eine stängelumfassende **Blattscheide** (▶ Abschn. 8.3.2, ◨ Abb. 8.38a–c).

Der Verlauf des Hauptleitbündels wird wie bei den Dicotylen durch den abwärts gerichteten Auxinstrom festgelegt. Mit zunehmender Ausdehnung der Blattbasis wird Auxin in die seitlichen Bereiche der Blattanlage transportiert und induziert dort weitere provaskuläre Domänen (Johnston et al. 2015). Diese liegen nebeneinander an der Blattinsertionslinie, differenzieren je ein Leitbündel und führen schließlich zur parallelen Nervatur der Blattanlage (◨ Abb. 8.24d).

Die Leitbündel entwickeln sich wie die Bündel der Dicotylen aus dem provaskulären Gewebe. Allerdings bleibt bei den Monocotylen kein Cambium erhalten, welches sie zu sekundärem, cambialem Dickenwachstum befähigt. Vielmehr wird das gesamte provaskuläre Gewebe **ohne Rest** ausdifferenziert (**geschlossene** Leitbündelbildung; ◨ Abb. 7.20e).

Leitbündelentwicklung und primäres Dickenwachstum bei Palmen

Die **zerstreute Anordnung** der Leitbündel ist höchstwahrscheinlich die Folge des früh einsetzenden **primären Dickenwachstums**. Die Prozesse der kontinuierlichen Bündelbildung und radialen Ausdehnung der Sprossspitze überlagern sich, wodurch die Lage der Leitbündel passiv verändert wird. Dieses Szenario wurde zuerst am **Beispiel der Palmen** diskutiert (◨ Abb. 8.24a–c; Zimmermann und Tomlinson 1972; Tomlinson 1995; Tomlinson und Spangler 2002).

Die Palmen (Arecaceae) weisen sehr früh ein ausgeprägtes, primäres Dickenwachstum auf, das die Blattansatzstellen dicht unter dem SAM emporhebt und zur Bildung einer Scheitelgrube führt (◨ Abb. 8.24a). Das zuerst gebildete **Hauptleitbündel** (der spätere Mittelnerv) eines Blattes beschreibt einen **sigmoiden Verlauf** (◨ Abb. 8.24c: orange). Da es **vor dem** Einsetzen des primären **Dickenwachstums** gebildet wird, liegt es im Zentrum der Sprossachse und zieht von hier als **einzelner Strang** über etliche Knoten hinweg durch die Sprossachse. Bei *Rhaphia* wurden mindestens 15 Internodien gezählt, bei anderen Monocotylen sind es deutlich weniger. Das Bündel nähert sich in seinem Verlauf der Peripherie der Sprossachse und erhält Anschluss an die Blattspur eines älteren Blattes (◨ Abb. 8.24c: *).

Während der weiteren Blattentwicklung setzt das **primäre Dickenwachstum** ein und schiebt die Blattansatzstelle nach außen (◨ Abb. 8.24a: Doppelpfeil). Die zahllosen **seitlichen Bündel**, die nacheinander mit der Ausdehnung der Blattbasis entstehen, treten daher immer weiter peripher in den Achsenkörper ein, wo sie sich nach unten krümmen (◨ Abb. 8.24c: grün). Sie ziehen zunächst als Einzelstränge (Blattspuren) durch die Sprossachse, erhalten aber schon nach wenigen Knoten Kontakt zu den Blattspuren älterer Blattanlagen. Im Längsschnitt entsteht auf diese Weise eine **stufenartige Verbindung** zwischen den peripheren Bündeln. Die **zuletzt differenzierten** Leitbündel (◨ Abb. 8.24c: blau) stehen so weit in der Peripherie der Sprossachse, dass sie keinen Anschluss mehr an das Leitbündelsystem erhalten und blind enden.

Rekonstruktion des Leitbündelsystems bei Monocotylen

Die am Beispiel der Palmen geschilderte **Überlagerung von Entwicklungsprozessen** tritt höchstwahrscheinlich auch bei anderen Monocotylen mit zerstreuter Bündelanordnung auf und erlaubt folgende Generalisierung

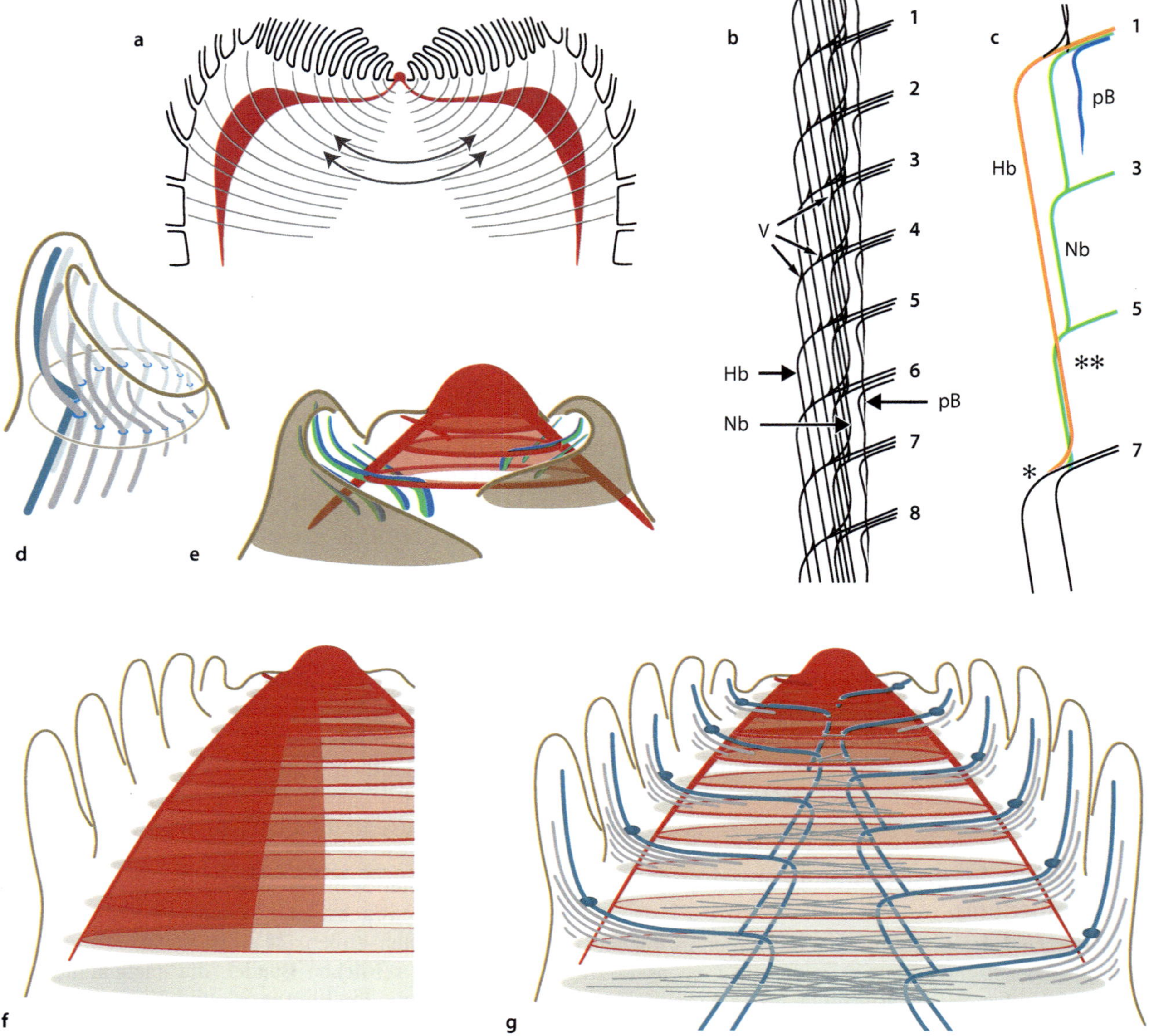

Abb. 8.24 Illustration des Leitbündelsystems bei Monocotylen. a–c, Palmen (Arecaceae). **a,** Sprossspitze mit Scheitelgrube. Rot: Meristem. Pfeile: primäres Dickenwachstum. **b,** Schematische Darstellung des Leitbündelverlaufs in einem Längsschnitt durch die Sprossachse mit acht Blättern (1–8). Von jeder Blattbasis ziehen im stark vereinfachten Beispiel nur ein Hauptbündel (Hb), ein Nebenbündel (Nb) und ein peripheres Bündel (pB) in die Achse. V, Verbindung zwischen Blattspuren. **c,** Drei Bündel in Einzelansicht, im Vergleich zu **b** nur jeder zweite Knoten gezeichnet. Das Hauptbündel (orange) verbindet sich nach sechs (*), das Nebenbündel (grün) bereits nach zwei (**) Internodien mit Blattspuren älterer Blätter. Das periphere Bündel (blau) endet blind. **d, Monocotylenblatt.** Stark schematisierte Darstellung des parallelen Leitbündelverlaufs in einer älteren Blattanlage. Blau: Hauptleitbündel. Grau: seitliche Leitbündel. **e–g, Rekonstruktion der Entstehung des Leitbündelsystems. e,** Leitbündelanlage am SAM. Die Blattanlagen (im Beispiel distiche Blattstellung) inserieren mit breiter Basis und stimulieren die Bildung seitlicher Leitbündel. Durch anhaltende Ausdehnung der Blattbasis bei gleichzeitig einsetzendem, primärem Dickenwachstum gelangen die jüngeren Leitbündel an die Peripherie der Sprossachse. **f,** Mantelmeristem (Leitbündel nicht eingezeichnet) an der Sprossspitze. Das Meristem bleibt über mehrere Knoten hinweg erhalten, baut die Vernetzung des Leitbündelsystems auf und trägt zum primären Dickenwachstum bei. **g,** An der Basis der Blattanlagen entstehen provaskuläre Domänen (blaue Punkte), von denen die Leitbündelbildung nach zwei Seiten hin ausgeht. Jede Blattanlage induziert zahlreiche Leitbündel, die unterschiedlich weit ins Zentrum der Achse reichen, dann umbiegen und als gerade Internodienbündel durch die Sprossachse laufen (nur Hauptleitbündel eingezeichnet). Die Hauptbündel (blau) geraten nach einigen Internodien in Kontakt mit weiter unten liegenden Blattspuren, die ganz peripher stehenden enden blind. In den Knoten entstehen dichte Leitbündelgeflechte (angedeutet). Die grauen Doppelpfeile geben die Umfangserweiterung durch primäres Dickenwachstum an. (© **a**: DeMason 1983, verändert. **b, c**: Zimmermann und Tomlinson 1972, verändert. **d–g**: Claßen-Bockhoff et al. 2021, verändert. Grafik: D. Franke, Mainz)

der Leitbündelentstehung (■ Abb. 8.24d–g; Claßen-Bockhoff et al. 2021).

Der **Apex** des Monocotylensprosses ist wie bei den Dicotylen **meristematisch** (■ Abb. 8.24e: rot). Im Zuge der schrittweisen Differenzierung bleibt das **Mantelmeristem** als Restmeristem erhalten (■ Abb. 8.24f). Die **provaskulären Domänen** an der Blattbasis (▶ Abschn. 8.1.2) verlängern sich, erreichen das Mantelmeristem und regen es zur Leitbündelbildung an. Vermutlich entsteht ein Großteil des vaskulären **Netzwerkes** aus Querverbindungen (Anastomosen) und longitudinaler Verknüpfung hier im **Knotenbereich** und wird später mit der Internodienstreckung auseinandergezogen (Zimmermann und Tomlinson 1972).

Der Verlauf der Bündel ist zunächst horizontal und setzt sich dann vertikal fort. Der Biegebereich gibt möglicherweise die Stelle wieder, an der der provaskuläre Strang auf das Mantelmeristem gestoßen ist, während der horizontale Teil das Bündel mit zunehmendem Dickenwachstum zum Blatt hin verlängert. Die Blattspuren sind als horizontale Bündel im Querschnitt erkennbar (■ Abb. 8.23g, h). Die Notwendigkeit, sie aufgrund des primären Dickenwachstums andauernd zu verlängern, macht die **anhaltende Zellteilungsaktivität im Knoten** verständlich. Diese ist im histologischen Schnitt deutlich an den Querbändern erkennbar (■ Abb. 8.23a–c) und ermöglicht die Bildung von Anastomosen, die die Transportvorgänge in hohlen Stängeln aufrechterhalten. Die Internodienbündel verlaufen mehr oder weniger gerade durch die Sprossachse (■ Abb. 8.23b, c), wobei sie sich der Peripherie nähern und nach einigen Knoten auf eine ältere Blattspur treffen, mit der sie sich vereinen (■ Abb. 8.24g: blaue Bündel).

Das **primäre Dickenwachstum** geht vermutlich ebenfalls vom Mantelmeristem aus und beruht auf **diffuser Zellteilung** innerhalb oder außerhalb des Meristems (■ Abb. 8.24g: graue Doppelpfeile). Die radiale Ausdehnung der Sprossachse außerhalb des Meristems führt zur Gliederung in einen Bereich mit Rindenfunktion und ein Zentrum mit Leitbündeln (■ Abb. 8.23d). Aus dem Meristem kann durch Lignifizierung ein geschlossener Sklerenchymring entstehen, der diese Sprossgliederung noch unterstützt.

Tatsächlich sind die Verhältnisse viel komplexer als hier skizziert. Weitere Bündel aus Seitenknospen, sprossbürtigen Wurzeln und Blättern machen den Leitbündelverlauf sehr unübersichtlich. Die Beschränkung auf die zentralen **Prozesse** der Leitbündelbildung ist daher hilfreich. Zu diesen zählen die extreme **Ausdehnung der Blattbasen**, die Bildung **vieler Leitbündel** pro Blatt, deren **zeitlich gestaffelte** Bildung in unterschiedlichem Maße vom **primären Dickenwachstum** erfasst wird und zur charakteristischen **zerstreuten Leitbündelanordnung**

mit wenigen großen Bündeln im Zentrum und vielen, graduell zur Peripherie hin kleiner werdenden Bündeln führt.

Evolution der Ataktostele

Innerhalb der Samenpflanzen gilt das Leitbündelsystem der **Monocotylen** als **abgeleitet**. Angesichts der erheblichen Abweichungen vom System der Gymnospermen und Dicotylen stellt sich die Frage, wie sich die Ataktostele der Monocotylen aus einer ancestralen Eustele entwickelt haben könnte (▶ Abschn. 5.5.2).

Die Eustele ist durch **offene Leitbündel** und die Fähigkeit zu cambialem Dickenwachstum charakterisiert. Man nimmt an, dass das **Cambium** innerhalb der Samenpflanzen mehrfach parallel verloren ging. Povilus et al. (2020) vermuten den Übergang von der terrestrischen zur **aquatischen Lebensweise** als evolutionären Grund dafür. Tatsächlich handelt es sich bei allen bekannten Beispielen ohne Cambium entweder um Wasserpflanzen (Nymphaeales, *Ceratophyllum*, *Nelumbo*, Podostemaceae) oder, im Fall der Monocotylen, um eine Gruppe, die sich vermutlich aus semiaquatischen Vorfahren entwickelt hat (Givnish et al. 2018). Da Wasserpflanzen weder eine ausgeprägte mechanische Stütze noch ein besonders leistungsstarkes Wassertransportsystem benötigen, könnte das Cambium zu einem frühen Zeitpunkt der Evolution der Monocotylen reduziert worden sein. Die Rückkehr zur terrestrischen Lebensweise hätte dann **neue Eigenschaften** erfordert, mit denen mechanische Festigkeit und ausreichende Wasserversorgung wiederhergestellt werden konnten (Givnish et al. 2018).

Das spezifische Zusammenwirken von Mantelmeristem, breiten Blattbasen, primärem Dickenwachstum und massiven Sklerenchymscheiden zeigt, dass den Monocotylen dieser alternative Weg gelungen ist. Dabei sind diese Merkmale nicht neu, sondern nur in einem neuen Raum-Zeit-Gefüge kombiniert. Die Cycadeen (**Cycadales**; ▶ Abschn. 5.5.9) zeigen bereits, dass primäres Dickenwachstum eine alternative Möglichkeit der Stammbildung ist. Obgleich sie als Gymnospermen zu cambialem Dickenwachstum befähigt sind, bilden die gedrungenen Stämme nur einen geringen Holzteil. Die Umfangserweiterung beruht hauptsächlich auf einem **primären Verdickungsmeristem**, das aus dem **Embryo** stammt und sekundär mit dem SAM in Kontakt gerät (Stevenson 1980a). Es ist **analog** zum Mantelmeristem der Monocotylen und eher mit dem sekundären Verdickungsmeristem baumartiger Monocotylen vergleichbar (s. unten; Stevenson 1980b).

Die unterschiedliche Entwicklung der Leitbündelsysteme von Dicotylen und Monocotylen setzt bereits in der Differenzierungsphase des SAMs ein:

- Die länger **andauernde Aktivität** des Restmeristems in Form eines **Mantelmeristems** kompensiert das Fehlen des Cambiums, da sich das Meristem am Dickenwachstum und an der Leitbündelbildung beteiligt.
- Die **andauernde Ausdehnung der Blattbasen** führt zur Bildung **vieler, nacheinander** initiierter **Leitbündel**, deren **Sklerenchymscheiden** zur Festigung der Sprossachse beitragen.
- Durch das früh einsetzende **primäre Dickenwachstum** werden die Leitbündel so in ihrer **Lage verschoben**, dass genügend Platz für eine große Anzahl **von Leitbündeln** und damit für ein **ausreichend gutes Wassertransportsystem** zur Verfügung steht.

Insgesamt lässt sich die Ataktostele der Monocotylen durch **sehr frühe** Änderungen am **SAM** von der ancestralen Eustele der Samenpflanzen ableiten (Claßen-Bockhoff et al. 2021). Die **Blätter** haben dabei einen erheblich größeren Einfluss auf das Leitbündelsystem des Sprosses als bei den übrigen Gruppen.

Süßgräser – Halmkonstruktion mit stabilisierenden Blattscheiden

Die Halme der Süßgräser (Poaceae) weisen einige Besonderheiten auf, die ihre **Stabilität** und **Elastizität** verständlich machen.

Knotenstrukturen

Die Halme sind oft bis auf die Knoten **hohl** und weisen dementsprechend nur Leitbündel in der Peripherie auf (◨ Abb. 8.25d, f). Der Hohlraum entsteht **rhexigen** während der Internodienstreckung; das Knotengewebe bleibt mit seinem Leitbündelgeflecht als **Septum** erhalten (◨ Abb. 8.23a, b, h). An der Basis der Internodien befinden sich **interkalare Meristeme**, mit denen der Halm in die Länge wächst. Hier bleiben die Leitbündel in einem juvenilen Entwicklungsstadium und bestehen überwiegend aus Protoxylem- und Protophloemelementen (Krähmer 2019). Das Gewebe ist an diesen Stellen weich und nicht selbsttragend. Stabilität erlangt die Sprossachse durch die Blattscheiden der Blätter, die den Knoten fest umschließen (◨ Abb. 8.25c: Sch, und 8.48b–d). Entfernt man die Blattscheiden junger Grashalme, knickt der Halm oberhalb des Knotens um. Die manschettenartige Stabilisierung des Halmes durch Blattscheiden ist eine Konstruktion, die auch bei anderen Monocotylen vorkommt (z. B. Marantaceae; ◨ Abb. 8.48a) und sich in **analoger** Weise bei Schachtelhalmen (*Equisetum*; ▶ Abschn. 5.5.6) wiederfindet.

An den Knoten vieler Süßgräser befindet sich ein Gelenk, das als **Pulvinus** bezeichnet wird (◨ Abb. 8.25d: PuA). Es tritt als Verdickung hervor und verleiht einem niedergedrückten Halm die Fähigkeit, sich aufzurichten. Die Aufkrümmung erfolgt durch **Wachstumsbewegungen** (Zellteilung und Zellstreckung; ▶ Exkurs 8.4). Die Aktivität des Pulvinus ist begrenzt und geht mit dem Alter verloren.

Bambusgewächse

Eine Sonderrolle kommt den Bambusgewächsen zu, die 40 m hoch werden können und an ihren natürlichen Standorten in den (Sub-)Tropen ausgedehnte Wälder bilden. Ihre Sprosse (◨ Abb. 8.25e) entspringen einem Rhizom und wachsen außerordentlich schnell (bis zu 1 m pro Tag!). In ein bis zwei Monaten erreichen sie 20 m Höhe, ohne ihren Stammdurchmesser, der bereits früh im Zuge des primären Dickenwachstums festgelegt wird, wesentlich zu vergrößern. Die älteren Achsen sind verholzt, wobei die Verholzung nicht auf sekundärem Dickenwachstum, sondern auf der Lignifizierung des **Sklerenchymringes** beruht. Die Sprossachse ist bei den meisten Arten bis auf die Knoten **hohl** (◨ Abb. 8.25f und 8.26a).

Bambusrohre sind leicht, stabil und biegeelastisch. Diese günstigen **Materialeigenschaften** machen sie zu einem begehrten **nachwachsenden** Rohstoff. In den Tropen wird Bambus in Plantagen angebaut (◨ Abb. 8.25a). Bambusrohre dienen als Bau- und Gerüstmaterial (◨ Abb. 8.26a–c) und zur Herstellung von Möbeln, Matten, Kunsthandwerk oder Flöten (◨ Abb. 8.26d–i).

Palmen – Stammkonstruktion ohne Dickenwachstum

Aufgrund des fehlenden sekundären Dickenwachstums bleibt die Mehrheit der Monocotylen **krautig**. Dennoch finden sich einige **wenige Verwandtschaftskreise** mit **Baumwuchs**. Der Übergang zur Baumform gilt innerhalb der Monocotylen als abgeleitet und ist **mehrfach parallel** erfolgt.

Baumwuchs **ohne sekundäres Dickenwachstum** ist von verschiedenen monocotylen Verwandtschaftskreisen bekannt. Neben den Palmen sind dies vor allem die Schraubenbäume (Pandanaceae), die verzweigte Stämme mit Stelzwurzeln ausbilden (◨ Abb. 8.27e und 8.82c). Der Name der Familie leitet sich von der spirotristichen Blattstellung ab, die der Beblätterung ein schraubiges Aussehen verleiht (◨ Abb. 6.20e).

Palmen (Arecaceae; ◨ Abb. 8.27a–d) sind weltweit die bekanntesten monocotylen Pflanzen mit **Baumwuchs**. Sie kommen mit über 2500 Arten vor allem in den Tropen und Subtropen vor. Ihre Wuchsform ist so unverwechselbar, dass bereits Alexander von Humboldt (1806) in seiner ‚Physiognomik der Gewächse' die **Palmenform** als eine der 19 Grundformen pflanzlicher Gestaltbildung auflistete (▶ Exkurs 6.9). Sie beruht auf geraden, schlanken und unverzweigten Stämmen, die an der Spitze ausladende Blätter, die Palmwedel, tragen. Abwurf und Neubildung von Blättern halten sich die Waage, sodass die Anzahl der Wedel mehr oder weniger

■ **Abb. 8.25 Halmkonstruktion von Süßgräsern (Poaceae). a,** Moso-Bambus (*Phyllostachys edulis*). Pflanzen bis 30 m hoch. Plantage bei Kyoto, Japan. **b,** Zuckerrohr (*Saccharum officinarum*). Plantage mit bis 6 m hohen Pflanzen. Bahia, Brasilien. **c,** Trauben-Trespe (*Bromus racemosus*). Halmabschnitt mit dem für Süßgräser charakteristischen, angeschwollenen Knoten (Kn, Blatt entfernt). Die Blattspreite (Sp) im Hintergrund stammt von einem Blatt, das am tiefer stehenden Knoten inseriert; dessen Scheide (Sch) stabilisiert den Halm. Li, Ligula (Blatthäutchen; ▶ Abschn. 8.3.3). **d,** Schilf-rohr (*Phragmites australis*). Längsschnitt durch Knotenbereich mit Gelenken (Pulvini) der Achse (PuA) und des Blattes (PuB). **e, f,** Bambussprosse. **e,** Sprossspitze, von breiten Blattscheiden umhüllt. **f,** Längsschnitt durch Sprossspitze. Die Linien geben die Knoten wieder, das Sternchen die Lage des SAMs. Mit zunehmendem Alter verlängern sich die Internodien durch interkalare Meristemaktivität, und es bilden sich Hohlräume in ihrem Inneren. (© **a, b, e, f**: R. Claßen-Bockhoff, Mainz. **c, d**: HJ Krähmer, Hofheim. Mit freundlicher Genehmigung)

◘ **Abb. 8.26   Werkstoff Bambus (Poaceae). a–c,** Bambus als nachwachsender Rohstoff für die Bauindustrie. **a,** *Phyllostachys edulis* (Poaceae). Bambusrohre: leicht, stabil und elastisch. **b,** Bambusgerüst in Hongkong. **c,** Gerüst an einem Wohnhaus bei Guandong, China. **d,** Körbe aus Bambusgeflecht. Südwestchina. **e,** Mundstück einer vietnamesischen Wasserpfeife aus einem Bambussegment; die Drachenverzierung deutet auf den Rauschzustand hin. **f,** Schnitzerei aus Bambus. Cheung Chau, Hongkong. **g,** Gefäß aus einem Bambussegment mit Schriftzeichen. Nepal. **h,** Panflöte aus Bambusrohr. Bolivien. **i,** Volkstümliche Krippendarstellung in einem Bambusrohr. Anden. (© R. Claßen-Bockhoff, Mainz)

konstant bleibt. Neben diesen typischen, einstämmigen Palmen treten auch mehrstämmige Arten, verzweigte Wuchsformen, stammlose Arten oder monopodiale Kriechformen mit seitlicher Verzweigung auf.

Die Palmen weisen wie die meisten baumförmigen Vertreter der Monocotylen in unmittelbarer Nähe des Apikalmeristems ein sehr starkes **primäres Dickenwachstum** auf (◘ Abb. 8.24a). Durch die frühe Um-

■ **Abb. 8.27 Baumwuchs bei Monocotylen. a–d,** Palmen (Arecaceae). **a,** Zur Gattung *Raphia* gehören Arten mit bis zu 25 m langen Blättern. BG Kirstenbosch, Südafrika. **b,** Kanarische Dattelpalme (*Phoenix canariensis*). Teneriffa. **c,** Ölpalme (*Elaeis guineensis*). Ökonomisch wichtige, aber ökologisch problematische Plantagenpflanzung auf Sumatra. **d,** Hanfpalme (*Trachycarpus fortunei*). Stamm mit Ummantelung aus Blattscheiden und sprossbürtigen Wurzeln. **e,** *Pandanus tectorius* subsp. *australiensis* (Pandanaceae). Schraubenbäume haben wie Palmen kein sekundäres Dickenwachstum. Ostküste Australien. **f–i,** Baumförmige Monocotyle mit Dickenwachstum aus einem peripher liegenden Verdickungsmeristem. **f,** Grasbaum (*Xanthorrhoea*, Asphodelaceae-Xanthorrhoeoideae). Ostaustralien. **g,** Köcherbaum (*Aloë dichotoma*, Asphodelaceae-Asphodeloideae). Namibia. **h,** *Yucca brevifolia* (Asparagaceae). Joshua Tree NP, Kalifornien. **i,** Drachenbaum von Icod (*Dracaena draco*, Asparagaceae). Teneriffa. (© R. Claßen-Bockhoff, Mainz)

fangserweiterung gerät das SAM in eine **Scheitelgrube** beachtlichen Durchmessers. Mit zunehmender Erstarkung der Sprossspitze nimmt deren Umfang weiter zu, so dass bereits in diesem frühen Stadium der Durchmesser des späteren Stammes erreicht und festgelegt wird. Die schlanke Wuchsform der Palme bleibt durch das fehlende cambiale Dickenwachstum erhalten.

Da der Stamm **nicht verholzt**, muss er anderweitig verfestigt werden. Im Innern übernehmen die Sklerenchymscheiden der Leitbündel (Sklrerenchymkonstruktion ▶ Abschn. 5.5.3 die Festigung. Nach außen ist der Stamm von **toten Blattbasen**, und einem dichten Geflecht **sprossbürtiger Wurzeln** umgeben (◨ Abb. 8.27d). Gemeinsam bilden diese Strukturen einen festen Abschluss nach außen, der überdies das innen liegende, lebende Gewebe vor Wasserverlust, Feuer und mechanischer Beschädigung schützt.

Palmen werden in vielseitiger Weise **verwendet**. Sie liefern **Früchte** (Datteln, Kokosnüsse), **Palmwein** (aus dem zuckerhaltigen Phloemsaft) und **Sago** (Stärke, aus dem Grundgewebe). Das nährstoffreiche sekundäre Endosperm einiger Samen ist Bestandteil des alkaloidhaltigen **Betelbissens** (Samen der Betelnusspalme; ▶ Abschn. 3.8.2) oder wird als ‚vegetabilisches Elfenbein‘ (*Phytelephas*; ▶ Exkurs 12.1) genutzt. ‚**Palmenherzen**‘ (Palmito) werden als Gemüse gegessen. Sie entsprechen den Sprossspitzen der Palmen. Einstämmige Arten verlieren bei dieser Nutzung ihren einzigen Wachstumspol und gehen ein; mehrstämmige Arten, z. B. aus der Gattung *Bactris*, können dagegen wiederholt abgeerntet werden. Das ökonomisch wichtigste Palmenprodukt ist das **Palmöl**, das überwiegend von der Ölpalme (*Elaeis guineensis*) stammt. Die Pflanze ist ursprünglich in Afrika heimisch und wird heute in den gesamten Tropen kultiviert. Für die Anlage der Plantagen werden riesige Flächen Tropenwald gerodet und wertvolle Lebensräume vernichtet.

Die **Stämme** der Palmen werden zum Hausbau genutzt, die **Blätter** als Bedachung und zur Herstellung von Matten und Körben. Die meisten Rotang- oder Rattanpalmen (*Calamus*) wachsen als Spreizklimmer (▶ Abschn. 6.10.2) und bilden über 60 m lange, biegeelastische Sprossachsen (Jones 1995). Aus diesen werden Rattanmöbel, Körbe und anderes Flechtwerk hergestellt.

Monocotyle Bäume mit peripherem Verdickungswachstum

Einige Vertreter krautiger Verwandtschaftskreise sind zum Baumwuchs übergegangen und haben eine **monocotylenspezifische** Form der sekundären Verdickung entwickelt. Bei ihnen befindet sich in der Peripherie der Sprossachse ein ringförmiges **sekundäres Verdickungsmeristem** (*secondary thickening meristem*), das in der Verlängerung des Mantelmeristems steht. Über seine Herkunft und Interpretation gibt es unterschiedliche Ansichten. Einige Autoren nehmen an, dass das sekundäre Verdickungsmeristem auf eine Verlängerung des **Mantelmeristems** zurückgeht und den Charakter eines Restmeristems hat, andere halten es für ein **Folgemeristem**, das neu aus dem peripheren Parenchym entsteht (Zusammenfassung in Rudall 1991, 2007). Bei *Beaucarnea recurvata* (Asparagaceae-Nolinoideae) wurde eine dritte Möglichkeit aufgezeigt (Stevenson 1980b). Bei dieser Art entsteht das sekundäre Verdickungsmeristem sehr früh in der Region des Hypocotyls. Von hier aus weitet es sich zum Apex (akropetal) aus und verbindet sich schließlich mit dem Mantelmeristem. Das sekundäre Verdickungsmeristem ist dementsprechend ein **interkalares Restmeristem** embryonaler Herkunft. Es bildet Leitbündel in **centripetaler** Richtung, die **amphivasal** organisiert sind (außen Xylem, innen Phloem; ▶ Abschn. 7.4.3) und durch Übergangsformen mit den kollateralen Bündeln des Stamms verbunden sind (Diggle and Mason 1983).

Die sekundär gebildeten Leitbündel haben ihren **Ursprung in der Sprossachse** und stehen in **keiner** morphogenetischen Beziehung zu den Blättern. Sie bilden ein Netzwerk aus vielen kleinen über Anastomosen verbundenen Stränge, deren **Sklerenchymscheiden** verholzen und einen festen Zylinder um das innen liegende Gewebe bilden.

Zu den baumförmigen Monocotylen mit peripherem Dickenwachstum gehören z. B. die Grasbäume Australiens (*Xanthorrhoea*, Asphodelaceae-Xanthorrhoeoideae; ◨ Abb. 8.27f und 6.53d), die Köcherbäume Südafrikas (*Aloë dichotoma*, Asphodelaceae-Asphodeloideae; ◨ Abb. 8.27g) und Arten der Spargelgewächse (Asparagaceae). In der letztgenannten Familie tritt peripheres Dickenwachstum in mehreren Unterfamilien auf, was auf **parallele Evolution** hinweist. Neben den Palmlilien Nordamerikas (*Yucca*, Agavoideae; ◨ Abb. 8.27h) und den von Asien bis Neuseeland verbreiteten Keulenlilien (*Cordyline*, Lomandroideae) ist hier vor allem der Drachenbaum (*Dracaena*, Nolinoideae) zu nennen. Der **Drachenbaum von Icod** auf Teneriffa (◨ Abb. 8.27i) erlangte durch die Beschreibung Alexander von Humboldts (1806) besondere Berühmtheit. Da Jahresringe fehlen, kann das Alter der Pflanze nur an der Anzahl bzw. Geschwindigkeit der Verzweigung abgeschätzt werden. Es liegt im Gegensatz zu früheren Annahmen (3000 Jahre) zwar ‚nur‘ bei etwa 400 bis 600 Jahren, zeigt mit diesem Alter aber, dass das periphere Verdickungsmeristem über Jahrhunderte hinweg aktiv sein kann. Der Name Drachenbaum stammt vom sagenumrankten ‚Drachenblut‘, dem rotbraunen Harz des Drachenblutbaumes (*Dracaena cinnabari*), das schon in der Antike verwendet und gehandelt wurde.

8.2.5 Funktionelle Vielfalt von Sprossachsen

Sprossachsen sind sehr **formenreich**. Neben ihren Hauptaufgaben übernehmen sie **weitere Funktionen** wie **Assimilation** (grüne Sprossachsen; ◘ Abb. 8.28), **Verankerung** (Winde-, Kletterpflanzen; ◘ Abb. 6.55), **Abwehr** (verdornte/bestachelte Sprossachsen; ◘ Abb. 8.29) oder **Stoff- und Wasserspeicherung** (Überdauerungsorgane ◘ Abb. 6.46), Stammsukkulenz (◘ Abb. 8.30 und 8.31). Die Anpassung an diese Funktionen kann die **Gestalt** der Sprossachsen so stark verändern, dass die Homologiefeststellung nur mittels genauer morphologischer Analyse möglich ist (▶ Abschn. 1.2.1). Die folgenden Beispiele illustrieren einige Aspekte der funktionellen Vielfalt von Sprossachsen.

Platykladium und Phyllokladium

Sprossachsen sind oft grün und betreiben **Photosynthese**. In **Trockengebieten**, in denen die Pflanzen ihre Blätter früh abwerfen oder nur winzig kleine Blättchen bilden, übernehmen die Sprossachsen den Hauptanteil der Assimilation (Rutensträucher; ▶ Abschn. 6.10.2):

— Flachen sie dabei ab, nennt man sie **Platykladien** (Flachsprosse; ◘ Abb. 8.28a, b). Beispiele liefern Vertreter der **Fabaceae** (*Mundulea phylloxylon*, Arten von *Carmichaelia, Bossiaea, Jacksonia, Tephrosia*), **Polygonaceae** (*Muehlenbeckia platyclada*; ◘ Abb. 8.28a, b), **Cactaceae** (*Epiphyllum, Opuntia* ◘ Abb. 8.31g, *Schlumbergera*), **Santalaceae** (Arten von *Exocarpos, Korthalsella*, früher zu Loranthaceae bzw. Viscaceae gehörend), **Euphorbiaceae** (*Euphorbia xylophylloides*) und mehrere Arten von *Phyllanthus* (**Phyllanthaceae**; Santiago et al. 2008; Orlandini et al. 2023).

  Der Begriff Platykladium wurde von Troll (1935) eingeführt und wird im Englischen nicht verwendet. Dort spricht man nur von Phyllokladien.

— Nehmen die Sprossachsen die Gestalt von Blättern an, liegen **Phyllokladien** vor (Blattsprosse; ◘ Abb. 8.28c–e). In diesem Fall handelt es sich um Kurztriebe mit begrenztem Wachstum. Die Ähnlichkeit mit Blättern wird dadurch erhöht, dass die Platykladien wie Blätter an einer normal ausgebildeten Sprossachse stehen. Allerdings weisen kleine Tragblätter unter den Blattsprossen und die Gliederung der Phyllokladien in Knoten und Internodien deutlich auf den **Sprossachsencharakter** hin (◘ Abb. 1.5, aber: ▶ Exkurs 6.1).

  Die bekanntesten Beispiele finden sich bei den Spargelgewächsen (**Asparagaceae**) in den Unterfamilien der Asparagoideae (*Asparagus*-Arten) und Nolinoideae (vormals Ruscaceae: *Danae, Ruscus, Semele* ◘ Abb. 8.28c–e und 1.5). *Colletia*-Arten (Rhamnaceae) weisen dornblattartige Kurztriebe

auf (◘ Abb. 8.29b, c). Die Gattung *Phyllocladus* (**Podocarpaceae** inkl. Phyllocladaceae) bildet als einzige Gymnospermengruppe (▶ Abschn. 5.5.9) die namengebenden Phyllokladien.

Sprossdornen

Sprossachsen können in einer verdornten Spitze auslaufen oder gänzlich verdornen und dann als Sprossdornen auftreten.

Im ersten Fall tragen die Sprossachsen Blätter und sind deutlich als solche erkennbar. Beispiele liefern die **Dornsträucher** der Rosengewächse, z. B. die Schlehe (*Prunus spinosa*), der Weißdorn (*Crataegus monogyna*) oder der Feuerdorn (*Pyracantha coccinea*), der Sparrige Bocksdorn der Kanarischen Inseln (*Lycium intricatum*, Solanaceae; ◘ Abb. 8.29a) oder der Sanddorn (*Hippophaë rhamnoides*, Elaeagnaceae; ▶ Abschn. 6.7.2).

Im zweiten Fall liegen immer **Kurztriebe** vor. Die Sprossnatur kann dabei so stark abgewandelt sein, dass man die Homologiekriterien zur Feststellung der Organidentität anwenden muss (▶ Abschn. 1.2):

— So treten bei der südamerikanischen Gattung *Colletia* (Rhamnaceae) abgeflachte Kurztriebdornen auf, die zugleich Assimilationsfunktion haben und zunächst für verdornte Blätter gehalten werden könnten (◘ Abb. 8.29b, c). Allerdings stehen sie in der Achsel kleiner Laubblätter (◘ Abb. 8.29b: Tbl), die unterhalb des verdornten Kurztriebes noch einen weiteren, Blüten bildenden Kurztrieb entwickeln (serialer Beispross; ▶ Abschn. 6.7.3). Entsprechend stehen die Früchte unter den Kurztriebdornen (◘ Abb. 8.29c).

— Auch bei der subtropischen Zierpflanze *Bougainvillea* (Nyctaginaceae; ◘ Abb. 6.35d–g und 6.36f) und der ostasiatischen Rutaceae *Poncirus trifoliata* (◘ Abb. 8.29d) treten neben den Kurztriebdornen weitere Beiknospen auf. Sie dienen der vegetativen Verzweigung oder Blütenbildung und liefern ein eindrucksvolles Beispiel für die arbeitsteilige Differenzierung innerhalb einer Blattachsel.

Verdornte Kurztriebsysteme führen zu sehr effizienten und dauerhaften Abwehrapparaten. Die südafrikanische Natal-Pflaume (*Carissa macrocarpa*, Apocynaceae; ◘ Abb. 8.29e) bildet etwa dichasial verzweigte Kurztriebsysteme, die sich aus den Achseln kleiner, dekussiert stehender Blätter entwickeln. Die Chinesische Gleditschie (*Gleditsia sinensis*, Fabaceae; ◘ Abb. 8.29f) bildet axilläre Dornsysteme aus verzweigten Kurztrieben, deren Zahl durch **Beisprossbildung** noch gesteigert wird (◘ Abb. 8.29g: Kreis). Die Dornsysteme bilden sich bevorzugt am Stamm unterhalb der Krone (◘ Abb. 8.29g), bleiben nach dem Laubfall erhalten und bilden ein umfangreiches, stacheldrahtähnliches Abwehrsystem (◘ Abb. 8.29f).

Abb. 8.28   Assilimierende Achsen. a, b, Bandbusch (*Muehlenbeckia platyclada*, syn. *Homalocladium platycladum*, Polygonaceae). Platykladien mit linienförmigen Knoten und wechselständig angeordneten Blütenständen. **c–e**, Phyllokladien der Asparagaceae. **c**, Klettermäusedorn (*Semele androgyna*). Blütenstände seitlich an den Phyllokladien. **d**, *Ruscus colchicus*. Blütenstände auf der Phyllokladienfläche. **e**, Traubendorn (*Danae racemosa*). Blütenstände endständig. (© R. Claßen-Bockhoff, Mainz)

Stammsukkulenz

Das Speichern von Wasser wird als **Sukkulenz** bezeichnet. Sukkulente Pflanzen treten vor allem in **Trockengebieten** und an **Salzstandorten** auf und speichern Wasser in ihren Sprossachsen (Stammsukkulenz), Blättern (Blattsukkulenz; ▶ Abschn. 8.3.6) oder Wurzeln (selten; Abb. 8.80e).

Bei den **krautigen** Stammsukkulenten sind die Sprossachsen oft grün und kompensieren den frühen Abwurf der Blätter mit ihrer Assimilationstätigkeit. Zu ihnen gehören die Kakteen (Cactaceae; Abb. 8.31), die stammsukkulenten Euphorbien (Euphorbiaceae; Abb. 8.30d–i), einige Asteraceae und Apocynaceae (Abb. 8.30d, e). Sukkulente **Bäume** wie der Baobab (*Adansonia digitata*) oder die Flaschenbäume (z. B. *Ceiba*, beides Malvaceae) weisen massige Stämme mit oft bizarren Wuchsformen auf (Abb. 8.30a–c).

Die Ähnlichkeit zwischen stammsukkulenten **Kakteen** (Cactaceae) und **Euphorbien** gehört zu den klassischen Beispielen für **Konvergenz** (unabhängig entstandene Abwandlung homologer Strukturen; ▶ Abschn. 1.2.3). Beide Gruppen bilden meterhohe grüne, wasserspeichernde Stämme, die wenig verzweigt, blattlos und mit Dornen besetzt sind:

– Die charakteristische, kugelige oder säulenförmige **Wuchsform** der **Kakteen** beruht auf dem ausgedehnten **Wasserspeichergewebe** in der Rinde, das von einer **Dauerepidermis** (▶ Abschn. 7.2.1) bedeckt ist (Abb. 8.31g). Es steht mit einem dichten Geflecht aus Leitbündeln in Verbindung, das den Wassertransport gewährleistet und die Sprossachse stabilisiert (Abb. 8.31d). Von den Blättern der Hauptachse bleiben nur die **Blattbasen** erhalten (Abb. 8.31a: Bp), die sprialig angeordnet sind und

■ **Abb. 8.29 Sprossdornen. a**, Sparriger Bocksdorn (*Lycium intricatum*, Solanaceae). Verdornte Seitenachsen mit Blättern und Blüten. Teneriffa. **b, c,** *Colletia paradoxa* (Rhamnaceae). **b**, Flächig verdornte Seitenachsen in der Achsel kleiner Tragblätter (Tbl). **c**, Die Blüten- und Fruchtbildung erfolgt an Beisprossen. **d**, Dreiblättrige Orange (*Poncirus trifoliata*, Rutaceae). Verdornte, unbeblätterte Kurztriebe. Verzweigung und Blütenbildung erfolgt an Beisprossen **e**, Natal-Pflaume (*Carissa macrocarpa*, Apocynaceae). Dichasial verzweigte Kurztriebdornen. Port Elizabeth, Südafrika. **f, g**, Chinesische Gleditschie (*Gleditsia sinensis*, Fabaceae). Xi-An, China. **f,** Blick in die Baumkrone mit zahlreichen verzweigten Dornsystemen. **g**, Mehrere verzweigte Kurztriebsysteme in einer Blattachsel (Kreis: Beisprosse). (© R. Claßen-Bockhoff, Mainz)

8

■ **Abb. 8.30 Wasserspeichernde Stämme. a–c,** Sukkulente Bäume. *Cyphostemma currorii* (Vitaceae). Namibia. **b,** Kapokbaum (*Ceiba pentandra*, Malvaceae). BG Palermo. **c,** *Moringa ovalifolia* (Moringaceae). Etoscha-Pfanne, Namibia. **d–i,** Stammsukkulenz. **d,** *Kleinia deflersii* (Asteraceae). **e,** *Ceropegia dichotoma* (Apocynaceae). Tene-riffa. **f,** *Euphorbia virosa* (Euphorbiace). Zentrale Namib-Wüste. **g,** *E. fimbriata*. Blattpolster mit abfallenden Oberblättern. **h,** *E. royleana*. Blattrippen mit Stipulardornen. **i,** *E. heptagona*. Blattrippen mit Achsendornen. (© R. Claßen-Bockhoff, Mainz)

Abb. 8.31 Wuchsform von Kakteen (Cactaceae). a, Schematische Ableitung des Kakteenwuchses vom Wuchs einer dicotylen Pflanze. Die Blätter der Hauptachse bilden Blattpolster (Bp), die Seitenachsen bleiben unterdrückt und bilden Areolen (Ar), die Blätter der Seitenachsen sind zu Dornen umgestaltet, das Rindengewebe dient als Wasserspeicher, und die Epidermis folgt der Umfangserweiterung mit einer Dauerepidermis. **b,** Orgelpfeifenkaktus (*Stenocereus thurberi*). Organ Pipe NP, USA. **c, d,** Saguaro (*Carnegiea gigantea*). Saguaro NP, USA. **c,** Über 5 m hohe Pflanze. **d,** Leitbündelgeflecht eines verwitterten Stammes mit ehemals spiraliger Blattstellung und zahlreichen Parenchymlücken. **e, f,** *Echinocactus grusonii*. BG Shenzen, China. **e,** Kugelförmige Wichsform. **f,** Blick auf die breite, wollig behaarte Sprossspitze. **g,** *Opuntia*. Angeschnittenes Platykladium mit Wasserspeichergewebe und Dauerepidermis. Sardinien. **h,** *Stenocereus pruinosus*. Areole (Kurztrieb) mit verdornten Blättern. **i,** *Cylindropuntia whipplei*. Blattpolster (Bp) treten einzeln hervor. **j,** *Echinocereus triglochidiatus*. Blattpolster bilden Längsrippen; Areolen mit Dornblättern und Blütenknospen. **h–j:** BG Mainz. (© **a:** Troll 1935, verändert. **b–j:** R. Claßen-Bockhoff, Mainz)

die Sprossachse berinden (▶ Abschn. 6.7.3). Sie treten entweder als einzelne **sukkulente Blattpolster** (Mamillen) in Erscheinung (◘ Abb. 8.31i) oder verschmelzen zu den charakteristischen longitudinalen Rippen des Kakteenkörpers (◘ Abb. 8.31f, j und 6.20g). Die Rippenbildung vergrößert die photosynthetisch aktive Oberfläche, vermehrt das Speichergewebe und stabilisiert die Sprossachse. Die Seitenachsen bleiben gehemmt und bilden meist borstig behaarte Polster, die man **Areolen** nennt (◘ Abb. 8.31h). Auf ihnen sitzen **Dornen**, die den verdornten Blättern der Seitenachse entsprechen.

— Die **stammsukkulenten Euphorbien** weisen ebenfalls Blattpolster und Blattrippen auf (◘ Abb. 8.30g–i), unterscheiden sich aber von den Kakteen im Fehlen der Areolen. Bei einigen Arten finden sich an der Sprossspitze noch Blätter mit kleinem Oberblatt, das später abfällt (◘ Abb. 8.30g). Außerdem handelt es sich bei den Dornen um verdornte Nebenblätter (**Stipulardornen;** ▶ Abschn. 8.3.3) oder Sprossachsen und nicht um ungegliederte Blattdornen (◘ Abb. 8.30h, i).

8.3 Bau, Entwicklung und Diversität von Blättern

Das Blatt ist eine **Abgliederung** des SAMs, das im Gegensatz zu diesem ein **begrenztes Wachstum** und eine **definierte Gestalt** aufweist (▶ Abschn. 6.2.2). Die flächige Ausbildung und der Besitz von Spaltöffnungen und Chlorophyll kennzeichnen es als ein Organ, dessen primäre Funktionen Photosynthese, Gasaustausch und Transpiration sind (▶ Exkurs 2.2, ▶ Abschn. 5.5.3). Das Blatt ist jedoch außerordentlich **abwandlungsfähig** und kann viele verschiedene Formen ausbilden und Funktionen übernehmen.

8.3.1 Bau des Laubblattes

Das **Laubblatt** der Blütenpflanzen sitzt seitlich an der Sprossachse. Es ist **primär flächig (bifacial)** organisiert und weist eine zur Sprossachse hinweisende **Oberseite (adaxiale** Seite) und eine von der Sprossachse fortweisende **Unterseite (abaxiale** Seite) auf (◘ Abb. 8.32c: ab, ad). Ober- und Unterseite werden durch den **Blattrand** voneinander getrennt, der in der jungen Blattanlage als **Blattrandmeristem** (meristematische Vegetationslinie) in Erscheinung tritt.

Im einfachsten Fall sind die Blätter **ungegliedert** (◘ Abb. 8.33a: dunkelgrün). Sie haben **keinen Blattstiel**, sondern sitzen dem Knoten unmittelbar an. Zahlreiche Keimblätter, Nieder- und Hochblätter, Knospenschuppen oder Blütenhüllblätter sind einfach gestaltet (▶ Abschn. 6.5.2). Die meisten **Laubblätter** der Blütenpflanzen sind demgegenüber in Unterblatt (**Blattgrund**) und Oberblatt (**Spreite**) gegliedert (◘ Abb. 8.32a, b: Ub, Ob, ▶ Abschn. 6.5). **Oberblatt** und **Unterblatt** kennzeichnen die **longitudinale Gliederung** des Blattes und sollten nicht mit der Ober- bzw. Unterseite des Blattes verwechselt werden.

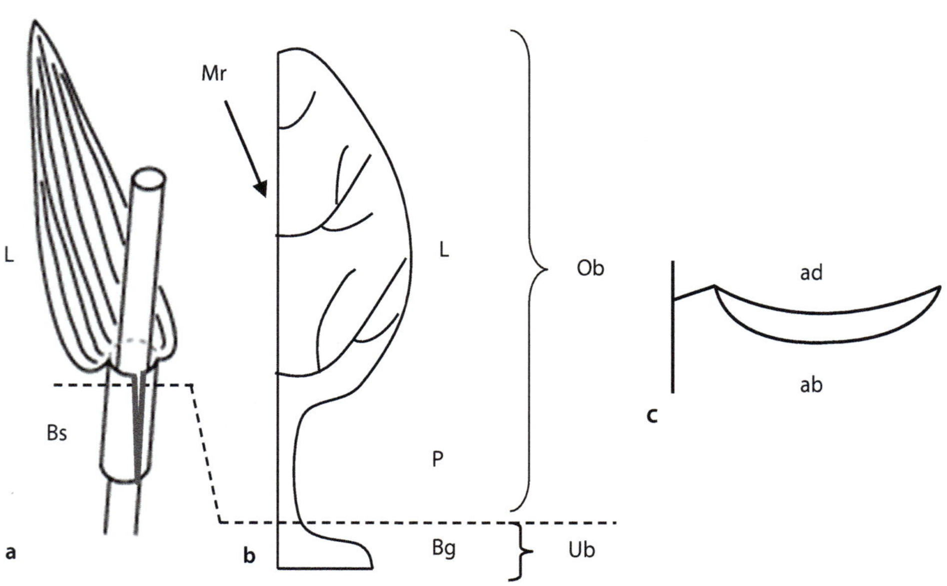

◘ **Abb. 8.32 Generalisierte Gliederung von Blättern. a,** Blatt einer monocotylen Pflanze mit stängelumfassender Blattscheide (Bs) und sitzender, parallelnerviger Spreite (L, Lamina). **b,** (Halbes) Blatt einer Dicotlyen mit Gliederung in Blattgrund (Bg), Blattstiel (P, Petiolus) und einfacher, netznerviger Blattspreite. Mr, Mittelrippe. Ob, Oberblatt. Ub, Unterblatt. **c,** Stellung des Blattes am Knoten mit adaxialer Seite (ad, Oberseite) und abaxialer Seite (ab, Unterseite). (© Original)

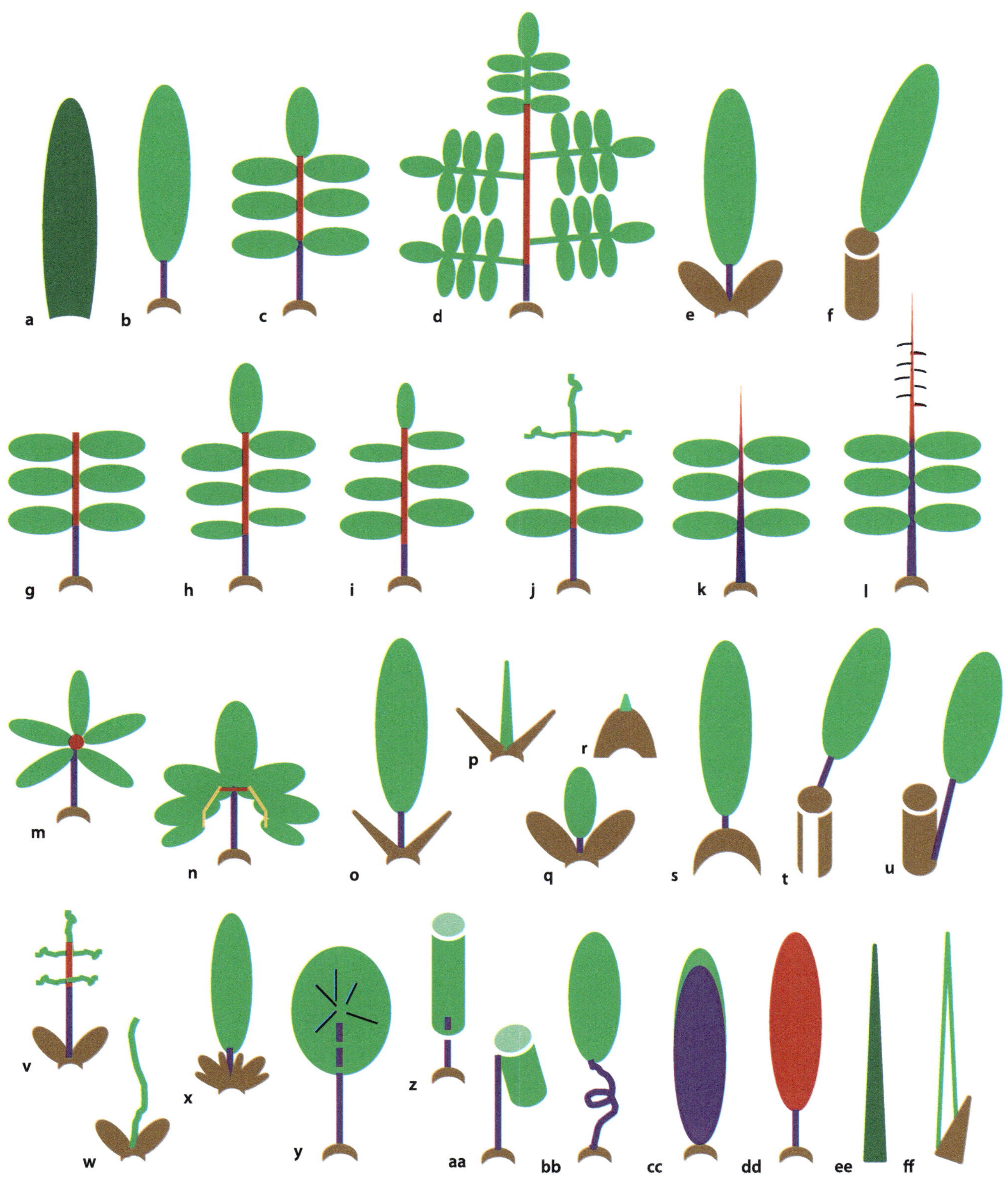

◨ **Abb. 8.33 Diversität von Laubblättern. a–f, Grundformen**. **a**, Ungegliedertes Blatt. **b**, Gegliedertes Blatt. **c**, Unpaar-pinnates Fiederblatt. **d**, Doppelt gefiedertes Blatt. **e**, Blatt mit Stipeln. **f**, Blatt mit geschlossener Unterblattscheide. **g–n, Fiederblätter**. **g**, Paarig. **h–n**, Unpaarig. **h**, Basipetal. **i**, Akropetal. **j**, Mit Fiederranken. **k**, Mit verdornter Rhachis. **l**, Mit geißelartiger Rhachis. **m**, Digitat. **n**, Pedat. Orange: seitliche Abgliederung von Fiedern höherer Ordnung. **o–x, Unterblattstrukturen**. **o**, Verdornte Stipeln. **p, q**, Stipeln wie Spreite verdornt (**p**) bzw. laubig (**q**). **r**, Unterblatt mit aufsitzender Oberblattspitze. **s**, Medianstipel. **t**, Offene Scheide. **u**, Ochrea. **v, w**, Laubige Stipeln mit Fiederranken bzw. Oberblattranke. **x**, Gefiederte Stipeln. **y, z**, **Peltate Spreiten**. **y**, Schildblatt. **z**, Schlauchblatt. **aa**, Apeltates Schlauchblatt. **bb**, Blattstielranke. **cc**, Phyllodium (mit Spreitenrest). **dd**, Rhachisblatt. **ee**, Ungegliederter Blattdorn. **ff**, Schwertblatt mit unifacialem Oberblatt (ungefüllt). Dunkelgrün: ungegliedertes Blatt. Braun: Blattbasis/Unterblatt. Violett: Blattstiel. Hellgrün: Spreite. Rot: Mittelrippe/Rhachis. (© Original)

Das **Unterblatt** beschränkt sich entweder auf die Ansatzstelle des Blattes (**Blattgrund**) an der Sprossachse oder gibt sich durch Sonderbildungen (**Blattscheide, Nebenblätter/Stipeln**) zu erkennen (◨ Abb. 8.33: braun). Das **Oberblatt** (◨ Abb. 8.33: hellgrün) bildet einfache oder gegliederte Blattflächen (Spreite, **Lamina**) und den **Blattstiel** (**Petiolus**; ◨ Abb. 8.33: violett), der Unterblatt und Spreite voneinander trennt. Die **Proportionen** zwischen den Blattteilen variieren beträchtlich und verlangen in einigen Fällen eine genaue Analyse des Blattbaus.

Die Gesamtheit der **Leitbündel** eines Blattes ist seine **Nervatur** oder **Aderung**. Beide Begriffe stammen aus der Zoologie und sind historisch bedingt. Der **Leitbündelverlauf** im Laubblatt ist oft für eine größere Verwandtschaftsgruppe charakteristisch und stellt ein wichtiges Bestimmungsmerkmal dar. Dies gilt insbesondere für die Großgruppen der Blütenpflanzen:

— **Dicotyle** Pflanzen besitzen meist **netznervige** (reticulate) Spreiten, bei denen der Mittelnerv dominiert, Seitennerven von diesem auszweigen und die Stärke der Leitbündel mit zunehmender Aufteilung abnimmt (◨ Abb. 8.32b und 8.44d, e). Treten parallelnervige Blätter auf, handelt es sich möglicherweise um flächige Blattstiele (Phyllodien; ▶ Abschn. 8.3.5).

— **Monocotyle** Pflanzen haben in der Regel **parallel-** oder **bogennervige** Blätter (◨ Abb. 8.32a und 8.44a–c). Ausnahmen kommen vor und finden sich z. B. bei Araceae, Taccaceae oder Orchidaceae. Der **Mittelnerv** ist gewöhnlich am stärksten ausgeprägt, während die Seitennerven mit der Entfernung von der Mitte schwächer werden.

8.3.2 Entwicklung des Laubblattes

Das Blatt ist über seinen **seitlich exogenen Ursprung** am SAM definiert (▶ Abschn. 6.2.2). Seine Entwicklung beruht auf **zeitlich** und **räumlich unterschiedlich** einsetzenden Prozessen, ist enorm plastisch und führt zu der bekannten **phänotypischen Vielfalt** von Blättern.

Das **Blattprimordium** ist **vollmeristematisch**. Als **seitliches** Segregat des SAMs (▶ Exkurs 8.3) ist es von Beginn an flächig (◨ Abb. 8.34d). Schon früh entwickelt sich die abaxiale Unterseite stärker als die adaxiale Oberseite, wodurch sich die junge Blattanlage einkrümmt und schützend über das Apikalmeristem wölbt (◨ Abb. 8.3b). Auch die histologische Differenzierung beginnt auf der abaxialen Seite (◨ Abb. 8.3b: helle Zellreihe) und schreitet dann über die gesamte Blattanlage hinweg fort. Dabei bleiben **Restmeristeme** (insbesondere das **Blattrandmeristem**) erhalten, die die Formbildung und das weitere Wachstum der Blattanlage bestimmen (▶ Exkurs 8.3).

Exkurs 8.3 Regulation der Blattentwicklung

Blätter entwickeln sich als seitliche Segregate des Sprossapikalmeristems (SAMs). Während das SAM sein akropetales Wachstum fortsetzt, differenzieren sich die seitlichen Primordien zu Blattanlagen und Blättern. Die molekularen Grundlagen der Blattentwicklung sind in den letzten Jahren vor allem am Modellorganismus *Arabidopsis thaliana* (▶ Exkurs 6.5) erforscht worden. Die folgende Zusammenfassung basiert auf den Arbeiten von Nicotra et al. (2011) und Machida et al. (2015).

Im SAM verhindern Transkriptionsfaktoren der **KNOX-Genfamilie** (*KNOTTED-like homeobox*, z. B. *KNAT1*, *KNAT2*, *STM*) die Differenzierung der Zellen. *STM* (*SHOOTMERISTEMLESS*) unterdrückt im Zentrum des Meristems die Aktivität von *AS1/2*-Genen (*ASYMMETRIC LEAVES 1* und *2*), die daher nur an der Peripherie exprimiert werden (◨ Abb. 8.34a). In einem negativen Rückkopplungsprozess unterdrücken die *AS1/2*-Gene die Expression der *KNAT*-Gene in der Peripherie und liefern damit die Voraussetzung für Zelldifferenzierung und Blattentwicklung.

Die Blattanlage ist primär **bifacial**. Ihre Entwicklung beginnt mit einer adaxial-abaxialen **Polarisierung** der Anlage, die durch die Expression **antagonistisch** wirkender Gene etabliert wird (◨ Abb. 8.34b). Die Identität der **adaxialen** Seite wird durch die Aktivität von *AS1/2*-Genen und Genen der *HD-ZIPIII*-Genfamilie erzeugt (z. B. PHABULOSA, PHAVOLUTA, REVOLUTA), während auf der **abaxialen** Seite Gene der *KANADI* (*KAN*)- und *YABBY* (*YAB*)-Genfamilien und *ARF3/ETT*, *ARF4* (*AUXIN RESPONSE FACTORS3/ETTIN, AUXIN RESPONSE FACTOR 4*) exprimiert werden. Unter Mitwirkung von **Mikro-RNAs** werden die Gene der jeweils anderen Seite gehemmt, wodurch sich die Genprodukte **seitenspezifisch** anreichern. In der Mitte zwischen den beiden Domänen liegt das **Blattrandmeristem**, dessen Aktivität eine Zeit lang erhalten bleibt und Flächenwachstum und **Formbildung** ermöglicht.

Wird die adaxiale Seite **unterdrückt**, entstehen **unpolare Blattabschnitte**. Sie sind unifacial und besitzen kein Blattrandmeristem (Nicotra et al. 2011; ▶ Exkurs 8.5).

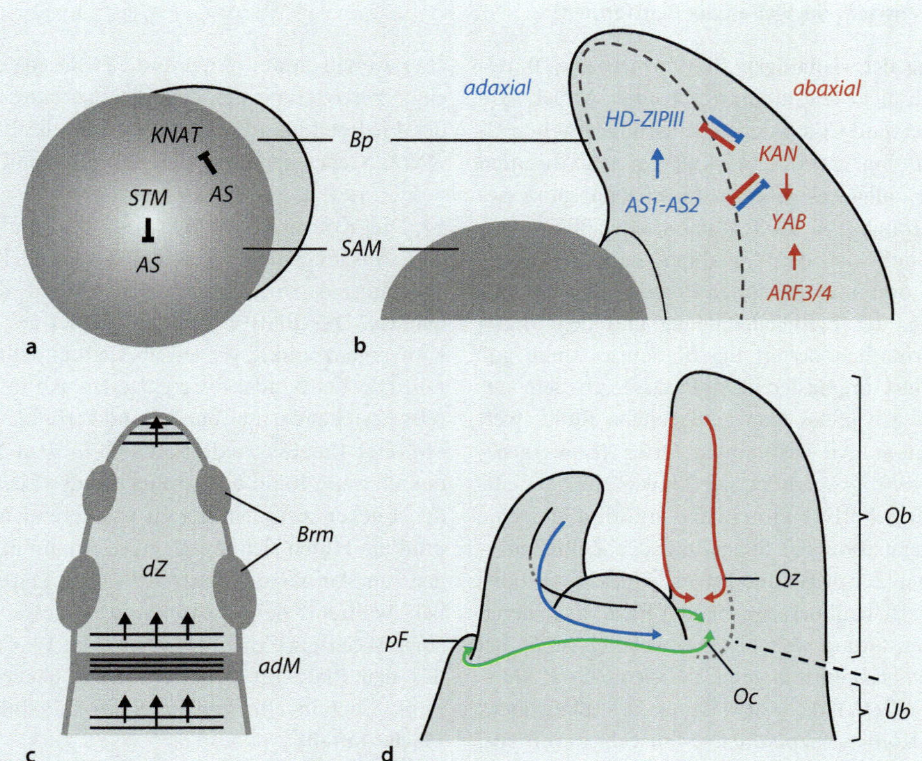

⬛ Abb. 8.34   Blattentwicklung. a, b, Molekulare Regulation der Blattbildung (schematisch, stark vereinfacht). **a,** Aufsicht auf ein Sprossapikalmeristem (SAM) mit seitlich abgegliedertem Blattprimordium (Bp). Im Zentrum unterdrückt *STM* die Aktivität von *AS* und verhindert damit die Zelldifferenzierung. Im Flankenmeristem kommen *AS1/2*-Gene zur Wirkung, hemmen die *KNAT*-Genaktivität und leiten die Organbildung ein. **b,** Die Blattanlage erhält eine adaxial-abaxiale Polarität durch die spezifische Expression antagonistisch wirkender Gene (s. Text). **c, d, Morphogenetische Prozesse der Blattentwicklung. c,** Wachstumszonen einer Blattanlage. Das Blattrandmeristem (Brm, dunkelgrau) ist an der Formbildung des Blattes beteiligt; besonders teilungsaktive Abschnitte bilden Blattzähne oder Fiedern. Spitzenwachstum und interkalare Meristeme (Balken und Pfeile) fördern das Längenwachstum, diffuse Zellteilungen (dZ) tragen zum Dickenwachstum bei. Adaxiale Meristeme (adM, dunkelgrau) können zu unifacialen Blattabschnitten führen (▶ Exkurs 8.5). **d,** Schematische Darstellung eines Knotens mit zwei jungen Blattanlagen einer dicotylen Pflanze. Die ältere Blattanlage (rechts) ist durch Fraktionierung in Unterblatt (Ub) und Oberblatt (Ob) gegliedert (gestrichelte Linie). Im Beispiel bildet sie im Unterblattbereich eine Ochrea (Oc, grün) und im Oberblattbereich (Ob) eine Querzone (Qz, rot). Beide Strukturen beruhen auf der Anregung meristematischen Gewebes zu verstärkter Zellteilung und postgenitaler Fusion (pF). Die jüngere Blattanlage bildet durch Inkorporation eine Unterblattscheide (blau). (© **a**: Original, in Anlehnung an Tsiantis und Hay 2003; Machida et al. 2015. **b**: nach Moon und Hake 2011, verändert. **c**, Original, in Anlehung an Laetsch in Lüttge et al. 1999. **d**: Hagemann und Gleissberg 1996, verändert)

Fraktionierung: Blattgliederung und Formbildung

Die **Formbildung** des Blattes erfolgt durch **Fraktionierung** des **Blattrandmeristems** (Hagemann 1970). Dieses Meristem bildet die primäre **Wachstumslinie** des Blattes (Blastozon sensu Hagemann und Gleissberg 1996; ▶ Abschn. 5.5.1), die bei der histologischen Differenzierung der Blattanlage in Ober- und Unterseite als **Restmeristem** erhalten bleibt (▶ Exkurs 8.3). Im Gegensatz zum SAM ist seine Aktivität **begrenzt** (wenige Ausnahmen). Blätter haben daher ein **begrenztes Wachstum** (▶ Abschn. 1.1.2 und 6.2.2) und eine **definierte Gestalt** (⬛ Abb. 8.33).

Das Blattrandmeristem weist Bereiche **erhöhter Zellteilungsaktivität** auf (▶ Exkurs 8.4), die je nach Intensität **Randserraturen** (z. B. Blattzähne; ⬛ Abb. 8.36a), Blattlappen oder **Fiedern** (Fi; ⬛ Abb. 8.35a) hervorbringen. Dabei wird das Meristem **gänzlich aufgebraucht**. Der Prozess der **Fraktionierung** läuft vermutlich **autonom** ab und wird durch unterschiedliche Auxinkonzentrationen hervorgerufen (▶ Exkurs 8.4, ▶ Abschn. 9.2.2).

Exkurs 8.4 Wie entsteht die Vielfalt der Blattformen?

Die **Entstehung der vielfältigen** Blattformen und Randmuster ist noch nicht vollständig verstanden. Molekulare Untersuchungen und Computermodellierungen weisen allerdings darauf hin, dass die Vielfalt auf der **Variation** eines einzigen, **allgemeingültigen Entwicklungsprozesses** beruht (Bilsborough et al. 2011; Runions et al. 2017).

Ausgangspunkt ist die Annahme, dass die Blattgestaltung auf drei interagierenden Prozessen beruht: der **Randgestaltung**, der **Leitbündelbildung** und dem **Blattwachstum**. Vermutlich beruht die Blattentwicklung auf einem **sich selbst organisierenden Prozess**, an dem der PIN1-gelenkte Auxinfluss eine maßgebliche Rolle spielt (▶ Abschn. 6.6.4). An bestimmten Orten (**Konvergenzpunkte**, *convergence points*) der sich entwickelnden Blattanlage sammelt sich PIN1-Protein und induziert über eine hormonelle Regulation die Steigerung der **Zellteilungsaktivität**. Je nach Zeitpunkt und Intensität des Wachstums entwickeln sich Blattzähne, Lappen oder Fiedern, an deren spezifischen Gestaltung weitere Gene beteiligt sind. Bei *Arabidopsis thaliana* kontrollieren *CUC*-Gene (*CUP-SHAPED COTYLEDON*) die Entwicklung des Blattrandes zwischen den Konvergenzpunkten. Man geht davon aus, dass das Blattrandmuster der morphologische Ausdruck eines Regulationsmechanismus zwischen Auxin und CUC2-Transskriptionsfaktoren ist. CUC2 fördert die Bildung der Auxinmaxima, die ihrerseits seine Wirkung hemmen. Diese negative **Rückkopplung** führt zu **stabilen Randmustern**. Untersuchungen an *Cardamine hirsuta* (Brassicaceae) weisen darauf hin, dass die **Fiederung** der Blätter auf einer Verzögerung der Zelldifferenzierung an den Orten der Fiederbildung beruht, die durch die Expression von *KNOX*-Genen hervorgerufen wird (Hay und Tsiantis 2006; ▶ Exkurs 5.7).

Die Konvergenzpunkte am Blattrand bilden auch den Ausgangspunkt für die Leitbündelbildung. Absinkendes Auxin markiert den Verlauf des **Hauptleitbündels**. Das Blatt wächst und bildet am Rand **weitere** Konvergenzpunkte, die jeweils Leitbündelbildung initiieren. Die Leitbündel differenzieren sich in Richtung bereits bestehender Leitbündel und verbinden sich mit diesen. Der Prozess wiederholt sich in dem Maße, in dem das Blatt am Rand oder diffus auf der Fläche wächst. In den Lücken zwischen bereits existierenden Konvergenzpunkten bilden sich jeweils neue Auxinmaxima und tragen zum Aufbau des blattspezifischen Leitbündelmusters bei. Während der Entwicklungsprozesse kommt es zu einer **Wechselwirkung** zwischen dem Flächenwachstum, das den Platz für die Entstehung neuer Konvergenzpunkte bereitstellt, und der Leitbündelbildung, die die **Fläche aufteilt**.

Basierend auf entwicklungsgenetischen Daten zeigen **Modellierungen**, dass sich mit kleinen Änderungen des Programmes vielfältige Blattformen erzeugen lassen. Es ist daher plausibel anzunehmen, dass die **Formbildung** des Blattes **autonom** in Abhängigkeit von **Blattwachstum** und **Leitbündelbildung** abläuft.

Blattgliederung

Die Fraktionierung des Blattrandmeristems ist der wichtigste **gestaltbildende Prozess** der Blattentwicklung. Auf ihm beruhen die Gliederung des Blattes und die Form der Blattfläche:

- **Gegliederte** Blätter entstehen durch die erste Fraktionierung der Blattanlage, die zur Unterteilung in eine Oberblatt- und eine Unterblattanlage führt. (◗ Abb. 8.34b und 8.35d: Ub, Ob). Die unterschiedliche **Benennung** des basalen (proximalen) und apikalen (distalen) Blattabschnittes ist **praktisch**, da die beiden Zonen in der anschließenden Entwicklung meist deutlich voneinander abweichen. Der **Blattstiel** entwickelt sich erst **spät** und exponiert die Spreite zum Licht. Er wird traditionell zum Oberblatt gerechnet (Troll 1939). Da er aber **interkalar** aus der **Übergangszone** zwischen Blattgrund und Spreite entsteht, ist diese Zuordnung künstlich (Hagemann 1970; Rudall und Buzgo 2002). Entwickelt sich kein Blattstiel, sitzt die Blattfläche direkt dem Unterblatt auf (◗ Abb. 8.33q und 8.46g′).

- Bei **ungegliederten** Blättern fehlt die Fraktionierung der Blattanlage; das Blattprimordium wächst ohne nennenswerte Randbildungen zu einer einfachen, adulten Form heran. Das ist vor allem bei Nieder- und Hochblättern der Fall, deren Entwicklung noch nicht erstarkt ist bzw. im Übergang zur Blütenbildung gehemmt bleibt (◗ Abb. 8.37g: Hb).

Nach der ersten Gliederung des Blattes kann sich die Fraktionierung des Blattrandes in beiden Blattabschnitten fortsetzen. Im **Unterblattbereich** entstehen fraktionierte Stipeln (z. B. *Galium*; ◗ Abb. 8.47n). Dieser Prozess ist **selten** und führt in manchen Fällen zu Interpretationsschwierigkeiten (▶ Abschn. 8.3.3). Im Oberblattbereich führt andauernde Fraktionierung zu Randserraturen und Fiederspreiten.

Das **Unterblatt** entwickelt sich gewöhnlich **vor** dem Oberblatt. Die vorauseilende (präkursive) Entwicklung wird besonders deutlich, wenn das Unterblatt Nebenblätter (**Stipeln;** ◗ Abb. 8.38d, e) oder eine **Scheide** (◗ Abb. 8.40e) bildet. Beide Strukturen sitzen mit **breiter Basis** am Sprossscheitel an und übernehmen Schutzfunktion.

Abb. 8.35 Entwicklung eines Fiederblattes. Beispiel Rose (*Rosa*, Rosaceae). **a,** Unpaares Fiederblatt mit absteigender Seitenfiedergröße (gestrichelter Pfeil); dem kurzen Blattstiel (P) liegen häutige Nebenblätter an (aSt, adnate Stipeln). L, Lamina mit Fiedern (Fi) und Rhachis (Rh). **b,** Junge Blattanlage, der spätere Rhachisbereich bereits mit Haaranlagen. Balken: 200 μm. **c,** Absteigende (basipetale) Seitenfiederbildung (Pfeil). Gleicher Maßstab wie **b. d,** Etwas älteres Stadium mit deutlicher Gliederung in Unterblattanlage (Ub) und Oberblattanlage (Ob); der Stiel streckt sich erst spät und verschleppt dann die Nebenblätter nach oben. Gleicher Maßstab wie **b.** (© H. Frankenhäuser & R. Claßen-Bockhoff, Mainz)

Blattrandserraturen und Fiederbildung

Die Fraktionierung im **Oberblattbereich** führt je nach Ausprägungsgrad von zahnartigen **Blattrandserraturen** über mäßig bis tief eingeschnittene oder gelappte Blätter bis hin zur **Fiederbildung**. Obgleich die Spreiten im adulten Zustand sehr unterschiedlich aussehen, beruht ihre Formbildung immer auf der zeitlichen Korrelation von **Flächenwachstum** und **Blattrandfraktionierung** (▶ Exkurs 8.4):

- **Fiederblätter** haben eine Spreite, die bis auf die Mittelrippe geteilt ist. Man bezeichnet die Mittelrippe, in der das Hauptleitbündel verläuft, als **Rhachis** und die Spreitenabschnitte als **Fiedern** (● Abb. 8.35a). Die Entwicklung des Rosenblattes zeigt, dass das Flächenwachstum des Oberblattes früh eingestellt und vom Blattrand übernommen wird (● Abb. 8.35b–d).

- **Blattzähne** entstehen, wenn das **Flächenwachstum dominiert**. Oft setzt die Randserratur erst relativ **spät** ein, wenn die Entwicklung der Spreite schon fortgeschritten ist (● Abb. 8.36).

- **Eingeschnittene** und **gelappte Blätter** nehmen eine Mittelstellung zwischen den beiden beschriebenen Extremformen ein. Entweder entwickeln sich Fläche und Randstrukturen in gleichem Maße, oder die Spreite wird mit Fiedern angelegt und später durch einsetzendes Flächenwachstum **maskiert**. Dies ist z. B. bei den Blättern von *Tropaeolum* (Tropaeolaceae; ● Abb. 8.39e) und *Ricinus* (Euphorbiaceae; ● Abb. 8.40a) der Fall, deren Spreiten im ausgewachsenen Zustand nur leicht gelappt bzw. fiederschnittig sind. Im Extremfall treten maskierte Fiedern als Blattzähne in Erscheinung (*Plantago*; ● Abb. 8.51b– e). In diesen Fällen lässt sich die Formbildung am ausgewachsenen Blatt kaum noch erkennen.

□ Abb. 8.36 Entwicklung eines gezähnten Blattrandes. Beispiel Brutpflanze (*Kalanchoë daigremontiana*, Crassulaceae). **a,** Gestieltes Blatt mit stark gezähnter Spreite und Querzonenauswuchs (Qz) an deren Basis. **b, c,** Blattanlagen (1,3 und 1,6 mm lang) mit weit unten sitzender Querzone (Qz) und einfacher Spreite. Die interkalare Streckung der Blattanlage oberhalb der Querzone (**c**: kurze Pfeile) generiert den Platz für die basipetal fortschreitende Blattrandfraktionierung (langer Pfeil). **d, e,** Oberer Teil eines jungen Blattes (3,5 mm) mit andauernder Zahnbildung am Blattrand. **d,** Adaxiale Sicht. **e,** Seitenansicht. Balken in **b**: 200 μm. **b–e** im gleichen Maßstab. (© R. Bernhard & R. Claßen-Bockhoff, Mainz)

Akropetale und basipetale Fraktionierung

Während des Blattwachstums vergrößert sich der Blattrand und schafft Platz für **weitere Fraktionierungen** (► Exkurs 8.4). Wächst das Blatt an seiner Spitze, wird **oberhalb** bereits fraktionierter Abschnitte neuer Blattrand erzeugt. Entsprechend erfolgt auch die Fraktionierung in **akropetaler** Richtung (spitzenwärts; □ Abb. 8.37e, f: Pfeile). Die unten stehenden (proximalen) Fiedern sind die ältesten und meist auch die größten, sodass man die Entwicklungsrichtung am ausgewachsenen Blatt erkennen kann (□ Abb. 8.33i).

Viel **häufiger** streckt sich das Blatt jedoch **interkalar** an seiner **Basis**. Dadurch entsteht neuer Blattrand **unterhalb** bereits fraktionierter Abschnitte, und die weitere Fraktionierung erfolgt in **basipetaler** Richtung (□ Abb. 8.33h, 8.35d und 8.36d, e). Während der Blattentwicklung tritt die Endfieder als Erste in Erscheinung, und die Seitenfiedern schließen sich in **absteigender Richtung** an. Im Gegensatz zur akropetalen Entwicklung sind hier die Seitenfiedern umso jünger und kleiner, je näher sie an der Blattbasis stehen (□ Abb. 8.33h).

Die basipetale Blattentwicklung ist auf die **Samenpflanzen** beschränkt (die äußerlich ähnlichen ‚Fiederblätter' der Farne entwickeln sich immer akropetal; ► Abschn. 5.5.6). Neben der akro- und basipetalen Fraktionierung treten weitere Entwicklungsmöglichkeiten auf. Bei der **periplasten** Entwicklung entwickeln sich die Fiedern gleichmäßig nach allen Richtungen (z. B *Aquilegia*, *Thalictrum*, Ranunculaceae; □ Abb. 8.50e), bei der **divergenten** Entwicklung verläuft die Blattentwicklung gleichzeitig akro- und basipetal (z. B. *Achillea millefolium*, Asteraceae). Die unterschiedlichen Blattformen geben jeweils das Aktivitätsmuster des Blattrandes wieder und sind durch **Übergänge** miteinander verbunden.

Entwicklung mehrfach gefiederter Fiederblätter

In Abhängigkeit von der **Aktivität des Randmeristems** entwickeln sich einfache (□ Abb. 8.33c und 8.35) oder mehrfach gefiederte Blätter (□ Abb. 8.33d), wobei die Ausgliederungsrichtung akropetal oder basipetal erfolgen kann.

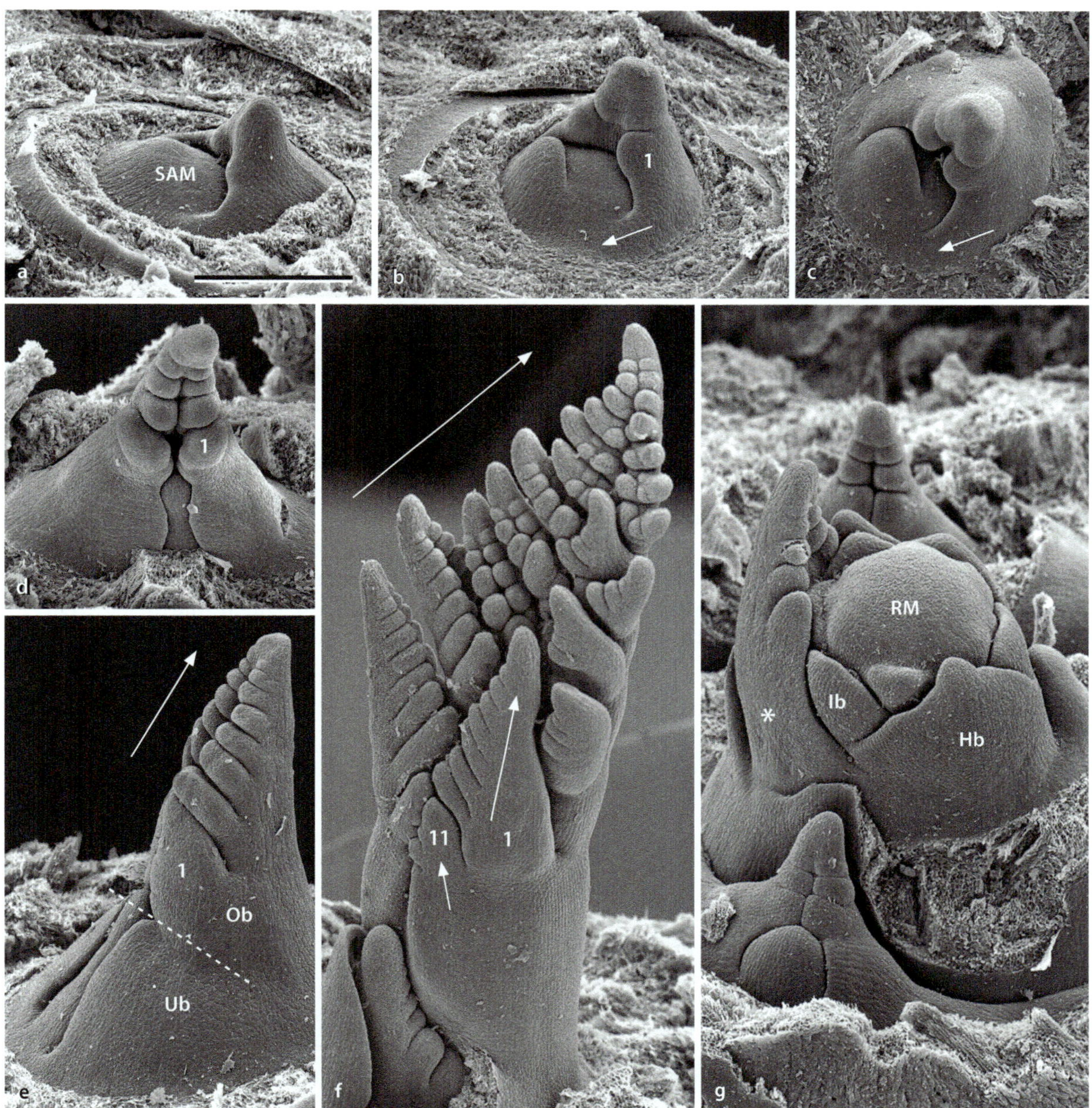

◘ Abb. 8.37   Akropetale Entwicklung eines mehrfach gefiederten Blattes. Beispiel *Ferulago galbanifera* (Apiaceae). **a–c**, Blattanlagen werden spiralig am Sprossapikalmeristem (SAM) ausgegliedert; zusammen mit der Ausdehnung des Blattgrundes (Pfeile) erscheinen die ersten Fiederanlagen (1). **d, e**, Durch andauerndes Spitzenwachstum wird Platz für weitere Fiedern geschaffen (Pfeil); die Unterblattanlage (Ub) bildet eine offene Scheide. Ob, Oberblattanlage. **f**, Die unterste (älteste) Fieder (1) wiederholt (mehrfach) den Prozess der akropetalen Fiederbildung (11); das voll entwickelte Laubblatt ist daher an der Spreitenbasis stärker aufgeteilt als an der Spitze. **g**, Oberhalb der Laubblattzone entstehen Hochblätter (Hb) ohne Unterblattscheide (*) und mit reduziertem Oberblattanteil; am reproduktiven Meristem (RM) erscheinen die ersten Involucralblattanlagen (Ib). Balken in **a**: 400 μm. Alle Bilder im gleichen Maßstab. (© G. Degtjareva & R. Claßen-Bockhoff, Mainz)

Die **Doldengewächse** (Apiaceae) weisen oft mehrfach geteilte, **akropetale Fiederblätter** auf. Bekannte Beispiele liefern der Wiesenkerbel (*Anthriscus sylvestris*), die Wilde Möhre (*Daucus carota*) oder der Fenchel (*Foeniculum vulgare*; ◘ Abb. 8.50a). Die Blätter sind gewöhnlich groß, gestielt und mit einer Blattscheide ausgestattet, die den Knospenschutz der seitlichen Anlagen übernehmen kann (*Angelica*; ◘ Abb. 8.46a).

Schon früh weist die junge Blattanlage von *Ferulago galbanifera* (◘ Abb. 8.37) eine breite Basis auf (◘ Abb. 8.37a), die sich in der weiteren Entwicklung um das SAM herum ausdehnt (◘ Abb. 8.37b, c: Pfeil) und eine offene **Blattscheide** bildet (◘ Abb. 8.37d). Die Oberblattanlage teilt sich zunächst in drei Abschnitte (◘ Abb. 8.37b, c), von denen die beiden seitlichen die ersten Fiederanlagen bilden (◘ Abb. 8.37b, d: 1) und der Endabschnitt sein Wachstum unter kontinuierlicher, **akropetaler Fiederbildung** fortsetzt (Abb. 8.37d–f: Pfeile). Etwas verzögert beginnen auch die Seitenfiedern mit der Fraktionierung, die zur Bildung von Fiedern zweiter und dritter Ordnung führt (Abb. 8.37f). Beim Übergang des SAMs in ein reproduktives Meristem (Abb. 8.37g: RM) nimmt der Differenzierungsgrad der Blattentwicklung ab. Zunächst entfällt die Bildung der Unterblattscheide (Abb. 8.37g: *), dann bleibt die Oberblattentwicklung zurück (Hb), bis die Involucralblätter (Ib) schließlich einfach gestaltet sind.

Inkorporation und postgenitale Fusion

Neben der Fraktionierung weisen die Blätter der **Blütenpflanzen** zwei weitere, nur bei ihnen auftretende **Entwicklungsprozesse** auf, die zu ihrer gestaltlichen und funktionellen Vielfalt beitragen:

— Unter **Inkorporation** versteht man die **Ausdehnung der Aktivität des Blattrandmeristems** über den primären Blattrand hinaus (Hagemann (1970). Diese Ausdehnung betrifft meist die noch meristematische **Basis** der Blattanlage und führt zu deren **seitlichen Vergrößerung** (Abb. 8.34d: blau).

— Meristembereiche, die sich während der Entwicklung räumlich nähern, können zu einer Einheit **verschmelzen** und **gemeinsam auswachsen**. Da sich dieser Vorgang **beobachten** lässt, handelt es sich um eine **postgenitale Fusion**, die im meristematischen Stadium abläuft und keine Naht hinterlässt (▶ Exkurs 10.2).

Bildung offener und geschlossener Blattscheiden

Blattscheiden entstehen aus dem **Unterblatt**, umfassen die Abstammungsachse und dienen dem Knospenschutz und der Stabilisierung der Knoten (Abb. 8.33f, 8.46a und 8.48b).

Eine günstige Voraussetzung für ihre Bildung ist eine **breite Blattansatzstelle**, so wie sie für viele **Monocotylen** charakteristisch ist (▶ Abschn. 8.2.4). Im Zuge der Blattentwicklung greifen die Blattbasen immer stärker um das SAM herum, bis sie es vollständig umschließen (Abb. 8.34: blau, 8.37a, b und 8.38a). Die so entstehenden **Blattscheiden** sind **geschlossen**, wenn die Blattränder auf der gegenüberliegenden Seite in Kon-

 Abb. 8.38 **Entwicklung des Unterblattes. a, b**, Pfahlrohr (*Arundo donax*, Poaceae). Entwicklung der Blattscheide. **a**, Sprossapikalmeristem (SAM) mit zwei distich angeordneten Blattanlagen. Das jüngere (1) inseriert mit breiter Blattbasis, das ältere (2) umgreift bereits das SAM. Pfeile: Richtung der Ausdehnung (Inkorporation) der Blattbasis. Balken: 200 μm. **b**, Bildung einer geschlossenen Unterblattscheide (*) nach postgenitaler Fusion der Blattränder. Das Oberblatt ist noch wenig entwickelt, die Grenze zum Unterblatt kaum erkennbar. Gleicher Maßstabe wie **a**. **c**, Mais (*Zea mays*, Poaceae). Offene Unter-

blattscheide. **d–f**, *Parrotiopsis jacquemontiana* (Hamamelidaceae). Vorauseilende Entwicklung von Stipeln, **d**, Nach der ersten Fraktionierung gliedert sich die Blattanlage in Unterblatt (S2: Stipeln) und Oberblatt (2). Balken: 200 μm. **e**, Die Stipeln (S1, wie in **d** abpräpariert) entwickeln sich schneller als das Oberblatt (1). Gleicher Maßstab wie **d**. **f**, Im Adultstadium treten die Stipeln als unscheinbare Strukturen an der Basis des Blattstieles auf. (© **a, b**: M. Arndt & R. Claßen-Bockhoff; Mainz. **d, e**: H. Frankenhäuser & R. Claßen-Bockhoff, Mainz. **c, f**: R. Claßen-Bockhoff, Mainz) takt geraten und miteinander fusionieren (■ Abb. 8.34d: pF, und 8.38b: *), und **offen**, wenn diese Fusion unterbleibt (■ Abb. 8.37e: Ub, und 8.38c). Zwischen den beiden Ausprägungsformen gibt es zahlreiche Übergänge. Bei den Süßgräsern (Poaceae), Pfeilwurzgewächsen (Marantaceae) und anderen Familien mit röhrenförmig verlängerten Unterblattscheiden (■ Abb. 8.48) lassen sich alle Übergänge zwischen offenen, teilweise und gänzlich geschlossenen Blattscheiden beobachten.

Medianstipel und Ochrea

Verstärkte Zellteilungsaktivität kann auch entlang der adaxialen Basis des Unterblattes auftreten und zur Bildung einer **Medianstipel** führen. Diese ist flächig und bildet einen abstehenden oder mit dem Blattstiel fusionierten Blattauswuchs (■ Abb. 8.33s). Beispiele liefern die Seerose (*Nymphaea*, Nymphaeaceae; ■ Abb. 8.43e: Ms), deren Medianstipel verschleimen, und der süafrikanische Honigstrauch (*Melianthus major*, Melianthaceae; ■ Abb. 8.46b). Bei beiden dient die Medianstipel dem Knospenschutz.

Als **Ochrea** (lat. *ocrea*, „Beinschiene") bezeichnet man eine **Unterblattmanschette**, die röhrenförmig die Abstammungsachse umgibt und frei vor dem Blattstiel steht (■ Abb. 8.33u). Sie entsteht aus der Kombination von Scheiden- und Medianstipelbildung. Von der Blattanlage ausgehend, breitet sich die verstärkte Zellteilungsaktivität rund um das SAM herum aus und bildet eine geschlossene Röhre (■ Abb. 8.34d: grün). Die Bildung einer Ochrea ist **selten**. Sie kommt z. B. bei den Knöterichgewächsen (Polygonaceae; ■ Abb. 8.46h), der Sumpfdotterblume (*Caltha palustris*, Ranunculaceae) und der Platane (*Platanus occidentalis*, Platanaceae) vor.

Peltation und Schlauchblattbildung

Der Prozess der Peltation führt zur Bildung von Schild- und Schlauchblättern. Bei diesen sitzt der **Blattstiel** der (abaxialen) **Unterseite der Spreite** an (■ Abb. 8.33y, 8.39e und 8.40a).

Peltation und Unifacialität

Der **zugrunde liegende** Entwicklungsprozess beruht auf der Bildung einer **Querzone** und wird als **Peltation** (lat. *peltatus*, „mit einem Schild ausgestattet") bezeichnet. Die Querzone liegt gewöhnlich **adaxial** im Bereich zwischen Unter- und Oberblatt.

Molekulare Daten haben gezeigt, dass die Bildung der Querzone mit einem **Verlust der Blattpolarität** einhergeht (Gleissberg et al. 2005; Nicotra et al. 2011). Die Übergangszone zwischen Unter- und Oberblattanlage wird **unpolar** und die primär flächige (bifacialer Blattbau) Blattanlage geht in einen **unifacialen**, abaxial geprägten Abschnitt über (► Exkurs 8.3). Dieser **Ab**schnitt wächst **interkalar**, bildet häufig den **Blattstiel** (■ Abb. 8.43e: P) oder beteiligt sich an der Bildung **schild-** und **schlauchförmiger Spreiten** (■ Abb. 8.39 und 8.40). Bei einigen Monocotylenblättern bildet er den **Hauptanteil** des Blattes (► Exkurs 8.5).

Aus morphogenetischer Sicht wurden **drei Entwicklungswege** für die Bildung der Querzone diskutiert:

1. Ausgehend von **Rundblättern**, deren Unterseite so stark entwickelt ist, dass die Oberseite auf einen schmalen Streifen beschränkt bleibt (■ Abb. 8.43a–c), postulierte Troll (1939), dass eine noch weitere **Ausdehnung der Unterseite** zum gänzlichen Verlust der Oberseite führen könnte. Daraus würde ein unifacialer Blattabschnitt mit inverser Anordnung der Leitbündel resultieren (■ Abb. 8.41g). Troll (1955) nahm weiterhin an, dass dieser Prozess congenital ablaufen könnte, es also Blätter gebe, die von Beginn an unifacial seien. Diese Annahme gilt inzwischen als überholt, da sich alle Laubblätter nach dem derzeitigen Kenntnisstand aus einer **bifacialen Anlage** entwickeln (Hagemann 1970).

2. Hagemann (1970) vertrat die Ansicht, dass das Blattrandmeristem der flächigen Blattanlage im Bereich der Querzonenbildung unterbrochen wird und sich die **freien Enden** über die adaxiale Seite der Blattanlage hinweg ausdehnen, bis sie in der Mitte zur Fusion kommen (**Inkorporation**; ■ Abb. 8.34d: Qz, rot). Auf diese Weise soll eine **geschlossene Meristemlinie** entstehen, die zu Wachstum und Formbildung befähigt ist. Tatsächlich sieht es bei einigen Arten so aus, als ob sich die Blattentwicklung über die adaxiale Seite hinweg ausdehnen würde (*Tropaeolum*, Tropaeolaceae ■ Abb. 8.39b, c, *Ricinus*, Euphorbiaceae ■ Abb. 8.40d). Da es sich bei ihnen aber um **basipetale** Fiederbildung handelt, bleibt offen, ob die graduelle Entwicklung auf Basipetalität oder Inkorporation beruht.

   Insgesamt ist die Vorstellung eines Aufeinanderzuwachsens von Teilungsaktivität **schwer nachvollziehbar**. Zum einen finden die Vorgänge zu einem Zeitpunkt statt, zu dem das Gewebe ohnehin noch **meristematisch** ist, zum anderen erscheint die Querzone in den meisten Fällen als **adaxialer Wulst**, ohne eine erkennbare graduelle Ausdehnung der Zellteilungsaktivität vom Rand zum Zentrum hin (■ Abb. 8.36b, c). Aus diesen Gründen wurde die Inkorporationshypothese von Kaplan (1975) abgelehnt.

3. Die heute überwiegend akzeptierte Annahme geht davon aus, dass die Querzonenbildung von einem **adaxialen Meristem** (Ventralmeristem sensu Troll 1939, *adaxial meristem*; Rudall und Buzgo 2002) ausgeht, welches im Übergangsbereich von Unter- und Oberblattanlage liegt und durch Unterdrückung

◘ **Abb. 8.39 Entwicklung eines Schildblattes.** Kapuzinerkresse (*Tropaeolum majus*, Tropaeolaceae). **a,** Sprossapikalmeristem mit drei Blattanlagen (1–3), die älteste bereits in Oberblatt (Ob) und Unterblatt (Ub) gegliedert (gestrichelte Linie). **b,** Basipetale Entwicklung des Oberblattes (Pfeil) mit deutlicher Blattrandfraktionierung; aufgrund des stärkeren Wachstums der Blattunterseite (Rückseite) geraten die jüngsten Blattlappen (*) in räumliche Nähe. **c,** Querzone (Qz). Die Blattränder gehen in den adaxialen Meristemwulst ein. **d,** Die geschlossene Wachstumslinie (gestrichelt angedeutet) wächst allseitig aus und bildet eine Spreite, die aus Oberblatt und Querzonenauswuchs besteht. Os, Oberseite. Us, Unterseite. **e,** Am adulten Blatt setzt der Blattstiel auf der Rückseite der Spreite (abaxial) an; die Fiederbildung wird durch starkes Flächenwachstum maskiert. Balken in **a** 200 μm. **a–d,** Bilder im gleichen Maßstab. (© H. Westphal, C. Rummel & R. Claßen-Bockhoff, Mainz)

adaxialer Polaritätsgene unifaciale Blattabschnitte mit inverser Leitbündelanordnung hervorbringt. Es ist sehr plastisch und an der Bildung unifacialer Blattstiele, peltater Spreiten, Medianstipel und Ligulabildungen beteiligt (Rudall und Buzgo 2002; ▸ Exkurs 8.5).

Schild- und Schlauchblattbildung

Bei der Bildung von peltaten Schild- und Schlauchblättern wächst die Spreite entlang der durch die Querzonenbildung entstandenen, **geschlossenen Meristemlinie** aus (◘ Abb. 8.39c: Qz, 8.39d: gestrichelte Linie). Sie ist bifacial organisiert und differenziert eine Ober- und eine Unterseite (◘ Abb. 8.39d und 8.40a, b: Os, Us). Wachsen Ober- und Unterseite gleichmäßig, entstehen flach ausgebreitete **Schildblätter** (◘ Abb. 8.39e, 8.40a und 8.53a); wächst die Unterseite **überproportional**, bilden sich **Schlauchblätter** (◘ Abb. 8.53d). Ihre Innenseite entspricht der Blattoberseite und ihre Außenseite der Blattunterseite (Os, Us).

Die **bifaciale Differenzierung** der auswachsenden Querzone weist darauf hin, dass sich nach der Querzonenbildung eine **Meristembrücke mit Blattrandeigenschaften** gebildet hat Der Querzonenauswuchs bildet mit der ursprünglichen Spreite eine **morphogenetische Einheit** und geht mit in die Bildung der **kreisrunden Blattfläche** ein.

◘ Abb. 8.40 **Entwicklung eines peltaten, maskierten Fiederblattes.** Wunderbaum (*Ricinus communis*, Euphorbiaceae). **a**, Laubblatt mit rückseitig (abaxial) ansetzendem Blattstiel und Querzonenauswuchs (rechts der gestrichelten Linie). Os, Oberseite. **b**, Auf der Unterseite der Querzone (Us) befindet sich ein extraflorales Nektarium (eN). **c**, Sprossapikalmeristem mit zwei Blattanlagen. Die jüngere (1) ist in Oberblatt- und stängelumfassende Unterblattanlage gegliedert, die Spreite des älteren (2) befindet sich im Prozess der Querzonenbildung (Pfeil; Unterblatt abpräpariert). Balken: 200 µm. **d**, Junges Oberblatt mit basipetaler Fiederbildung (Pfeil). Die jüngsten, deutlich kleineren Fiederanlagen (*) liegen im Bereich der Querzone. Gleicher Maßstab wie **c**. **e**, Zwei Blattanlagen, das SAM zwischen ihnen von Anlage 1 verdeckt. Die jüngere Blattanlage (1) weist eine geschlossene Unterblattscheide und eine kleine, in Fiederbildung begriffene Oberblattanlage auf. Von der älteren (2) ist die Unterblattscheide abpräpariert (2, unterhalb der Blattanlage 1). Die Oberblattanlage weist drei große Fiederanlagen (erster Ordnung) mit Fiedern zweiter Ordnung und drei kleinere Fiederanlagen auf, die der Querzone entstammen. Gleicher Maßstab wie **c**. **f**, Ausdifferenzierte Blattanlage mit Unterblattscheide (abpräpariert), Blattstiel (P, Petiolus) und peltat gefiederter Spreite. Starkes Wachstum im zentralen Blattbereich führt zur Maskierung des Fiederblattes; die Spreite erscheint lediglich tief gelappt, und die Fiedern zweiter Ordnung bilden die Zähne des Blattrandes. eN, extraflorales Nektarium. Balken: 500 µm. (© H. Frankenhäuser & R. Claßen-Bockhoff, Mainz)

Der **Blattstiel** entsteht meist durch Streckung der Querzone und ist dann stielrund und unpolar. Er setzt scheinbar an der Unterseite der Spreite an (◘ Abb. 8.40b). Tatsächlich hat sich seine ursprüngliche Position zwischen Unter- und Oberblattanlage aber nicht verändert. Die abaxiale Lage kommt durch den Querzonenauswuchs zustande, der die Blattspreite nach adaxial auswachsen lässt und die Stielansatzstelle dabei scheinbar nach hinten drängt.

Eine besonders interessante Blattentwicklung zeigt der **Wunderbaum** (*Ricinus communis*, Euphorbiaceae), der ein gestieltes **Schildblatt mit maskierter Fiederbildung** aufweist (◘ Abb. 8.40a). Das Blatt besitzt im adulten Zustand eine tief eingeschnittene Spreite, deren zwei bis drei adaxiale Lappen aus der Querzone stammen. Auf der Unterseite des Querzonenauswuchses befindet sich ein extraflorales Nektarium (■ Abb. 8.40b, f: eN, ▶ Abschn. 11.3.2). Das Unterblatt bildet eine geschlossene Blattscheide, die in ihrer Entwicklung der Spreite vorauseilt (■ Abb. 8.40e: 1). Die Anlage des Oberblattes weist eine Endfieder auf, der basipetal je zwei Seitenfiedern folgen (■ Abb. 8.40d, e). Etwas verzögert entwickeln sich weitere Fiedern aus der Querzone (*), die wie die übrigen Fiedern erneut aufgeteilt werden (Fiederbildung zweiter Ordnung). Bei der nun einsetzenden Blattvergrößerung bleibt das Wachstum der Fiedern gegenüber dem Flächenwachstum zurück. Die Fiedern erscheinen im ausgewachsenen Zustand nur noch als Blattlappen einer einfachen Spreite und die Fiedern zweiter Ordnung als gezähnter Blattrand.

Exkurs 8.5 Unifacialität bei Monocotylenblättern

Die Entwicklung **einiger** Monocotylenblätter weicht erheblich von der hier beschriebenen Blattentwicklung ab. Die Blätter zeichnen sich durch abgerundete, **unifaciale Blattabschnitte** aus, die auf die **Blattspitze** beschränkt sein können (■ Abb. 8.41h) oder fast das **gesamte Blatt** erfassen (■ Abb. 8.41f). Beispiele dafür liefern die Rundblätter der Binse (*Juncus*, Juncaceae; ■ Abb. 8.43d) und Küchenzwiebel (*Allium*, Amaryllidaceae-Allioideae; ■ Abb. 8.48e). Der **basale, bifaciale Abschnitt** dieser Blätter weist eine Reihe collateral geschlossener Leitbündel auf, die mit dem Xylem nach adaxial weisen (■ Abb. 8.41g). Im Übergang zum unifacialen Abschnitt rundet sich das Blatt ab und zeigt eine halbkreisförmige Leitbündelanordnung. Im unifacialen Abschnitt fehlt die Oberseite, und die Leitbündel schließen sich zu einem Kreis zusammen. Sie sind nun **invers** zueinander angeordnet (■ Abb. 8.41g) und weisen damit ein Muster auf, das für viele **Blattstiele** charakteristisch ist.

Die unifaciale Prägung der Monocotylenblätter hat zu einer **Vielzahl** unterschiedlicher **Interpretationen** der **Blattentwicklung** und **Homologie** von Monocotylen- und Dicotylenblättern geführt. Die folgende kurze Zusammenfassung zeigt, in welchem Ausmaß wissenschaftliche Schlussfolgerungen von **Äußerlichkeiten** (Gestaltähnlichkeit), dem Wunsch nach **klarer Zuordnung** (typologisches Bezugssystem), **bildhaften Vorstellungen** (formale Reihen) und der jeweils angewandten **Methodik** beeinflusst werden.

Phyllodientheorie

Die **äußere Ähnlichkeit** der unifacialen Blattabschnitte einiger Monocotylenblätter mit den als verbreitete Blattstiele (**Phyllodien**) interpretierten **Blättern** australischer Akazien (■ Abb. 8.55a–c) veranlasste de Candolle (1827) zur Homologisierung der unifacialen Blattabschnitte mit Blattstielen.

Arber (1918) folgte dieser **Phyllodientheorie** und nahm an, dass die Monocotylen zu Beginn ihrer Evolution die Blattspreite reduziert haben. Das heutige Blatt würde danach nur **aus Blattscheide und Stiel** oder sogar **nur aus Unterblatt** bestehen. Dies würde auch die parallele Nervatur der Blätter erklären, die auch bei Dicotylen oft im Unterblatt und Blattstiel auftritt. Nach dieser Annahme hat bei den unifacialen Rundblättern der **Blattstiel** die **Spreitenfunktion** übernommen, was durch das Auftreten inverser Leitbündel gestützt wird (■ Abb. 8.41j). Bei den bifacialen Blättern mit unifacialer Blattspitze zeigt diese das Rudiment des Blattstieles an, während das gesamte übrige Blatt unterblatthomolog ist (■ Abb. 8.41m).

Die Phyllodientheorie wurde schon bald infrage gestellt (zusammengefasst in Kaplan 1975). Zum einen ist die inverse Leitbündelbildung **kein Alleinstellungsmerkmal** für Blattstiele (Troll 1939), zum anderen wurde auf die fehlende **Blattgliederung** hingewiesen. Wenn es keine Gliederung im Oberblattbereich gibt, kann man auch nicht von Stiel und Spreite sprechen. Kaplan (1975) wies daher zu Recht darauf hin, dass bei fehlender Gliederung ein **ungegliedertes Oberblatt** und kein ‚Stiel ohne Spreite' vorliegt. Er revidierte auch die gängige Ansicht, dass es sich bei den parallelnervigen Akazienblättern immer um Phyllodien handelt. Diese Interpretation liegt zwar angesichts der **Formenreihe** vom Fiederblatt mit leicht verbreitertem Blattstiel zum ungegliederten Blatt nahe (■ Abb. 8.55a), berücksichtigt aber nicht die Möglichkeit, dass das Oberblatt im letzten Fall überhaupt nicht gegliedert ist. Kaplan (1975) argumentierte, dass nur dann von einem Phyllodium gesprochen werden kann, wenn eine Oberblattspitze vorhanden ist. In allen anderen Fällen ist die Blattfläche nicht blattstiel-, sondern oberblatthomolog.

Die Phyllodientheorie liefert ein eindrucksvolles Beispiel für das in der ersten Hälfte des 20. Jahrhunderts verbreitete **typologische Denken**. Darunter versteht man, grob vereinfacht, das Festhalten an einem vorgegebenen, **kategorialen** Bezugssystem z. B. der Gliederung des Oberblattes, auch wenn keine Blattgliederung in Stiel und Spreite vorliegt. Arber (1950) wies später im Kontext ihrer *partial shoot theory* (► Exkurs 8.1) die typologische Methode entschieden zurück und argumentierte, dass aus **ontogenetischer Sicht** ein ungegliedertes Blatt niemals dem Teil eines gegliederten Blattes (z. B. dem Unterblatt) entsprechen könne (s. Claßen-Bockhoff 2001).

Theorie der sekundären Blattspitze

Roth (1949) führte wie Arber (1918) umfangreiche histologische Arbeiten durch und stellte fest, dass sich der schwertförmige, unifaciale Blattabschnitt des *Iris*-Blattes (■ Abb. 8.43f) auf eine erhöhte Zellteilungsaktivität auf der Dorsalseite der Blattanlage unterhalb der Blattspitze zurückführen lässt (■ Abb. 8.41k). Sie folgerte daraus, dass die primäre Blattspitze ihr Wachstum früh einstellt und das weitere Blattwachstum aus dem Dorsalauswuchs erfolgt. Das als Blattspitze erscheinende Ende des adulten Blattes wäre danach eine **sekundäre Blattspitze**.

Auch diese Theorie fand früh Kritik, die sich vor allem aus zwei Quellen speiste. Zum einen bestand ein tiefes **Misstrauen** von morphologischer Seite gegenüber histologischen Ergebnissen, die angeblich schnell überinterpretiert würden (Kaplan 1975). Zum anderen entwickelte sich die Überzeugung, dass die Betrachtung adulter Strukturen nicht ausreicht, um Homologien zu erfassen (Eckardt 1964).

Oberblatttheorie

Tatsächlich erwiesen sich **entwicklungsmorphologische Studien** als äußerst fruchtbar (Hagemann 1970). Während der Blattentwicklung lassen sich die Prozesse der **Blattgliederung** und des **interkalaren Wachstums** nachverfolgen und der jeweilige Anteil eines Blattabschnittes an der adulten Form bestimmen.

Hagemann (1970) vertrat die Ansicht, dass alle Blätter **bifacial** angelegt und im ersten Schritt in Unterblatt und Oberblatt gegliedert werden. Kaplan (1975) deutete die Blattscheide der monocotylen Rundblätter entsprechend als Unterblatt. Alle Blattabschnitte oberhalb der Scheide, die nicht in Stiel und Spreite gegliedert sind, fasste er als **oberblatthomolog** auf, und zwar unabhängig von ihrer bifacialen oder unifacialen Ausgestaltung. Das gilt für die monocotylen Rundblätter (■ Abb. 8.41l) ebenso wie für die dicotylen ,Phyllodien' (*Acacia*, Fabaceae) und ,Rhachisblättern' (*Oxypolis*, Apiaceae).

Theorie der Übergangszone

Die Unterscheidung von Blattscheide, Stiel und Spreite ist **praktisch**, wenn eine entsprechende Blattgliederung vorliegt. Fehlt sie dagegen, ist die starre Vorgabe einer Blattentwicklung eher hinderlich und führt zu formalen, oft wenig überzeugenden Erklärungen.

Knoll (1948) schlug daher vor, das **Blatt** als eine **Entwicklungseinheit** mit einem proximalen (Blattbasis) und einem distalen Ende (Blattspitze) aufzufassen. Zwischen den Enden entwickelt sich die Blattanlage in sehr variabler Weise, wobei die Tätigkeit eines adaxiales Dickenmeristems zur Bildung unifacialer Abschnitte führt.

Das *transition zone*-Konzept von Rudall und Buzgo (2002) geht in die gleiche Richtung (■ Abb. 8.41d, o–r). Die Autoren unterscheiden die **Blattbasis** (Bb, hellgrau), aus der die Blattscheide hervorgeht, die **Blattspitze** (Bs, schwarz), die sich bei vorauseilender Differenzierung als *precursor tip* (**Vorläuferspitze**; ■ Abb. 8.41f und 8.42a) zu erkennen gibt, und die sehr plastisch formbare **Übergangszone** (Üz, dunkelgrau). Diese ist weitgehend der Oberblattanlage homolog. Sie bildet unifaciale Blattabschnitte, aus denen der Blattstiel, die Querzone peltater Spreiten oder der unifaciale Abschnitt der Rundblätter hervorgehen (■ Abb. 8.41o–r). Da sich alle Oberblattformen aus dem gleichen Primordienabschnitt entwickeln, sind sie zueinander **homolog** und unterscheiden sich nur in ihren relativen **Proportionen**.

Das Konzept der Übergangszone setzt sich mit seinem **dynamischen Ansatz** von den **typologischen Konzepten** ab. Allerdings lassen die Beispiele offen, wie und wodurch sich genau die Blattspitze von der Übergangszone abgrenzen lässt. Vor diesem Hintergrund ist die **Oberblatttheorie** überzeugender. Ob das Oberblatt ungegliedert ist oder Stiel und Spreite bildet, teilweise oder gänzlich unifacialen Bau aufweist oder eine Vorläuferspitze ausbildet, hängt dabei von Wachstumsprozessen ab, die das Blatt gestalten, sich aber nicht zur Homologisierung der Teile eignen.

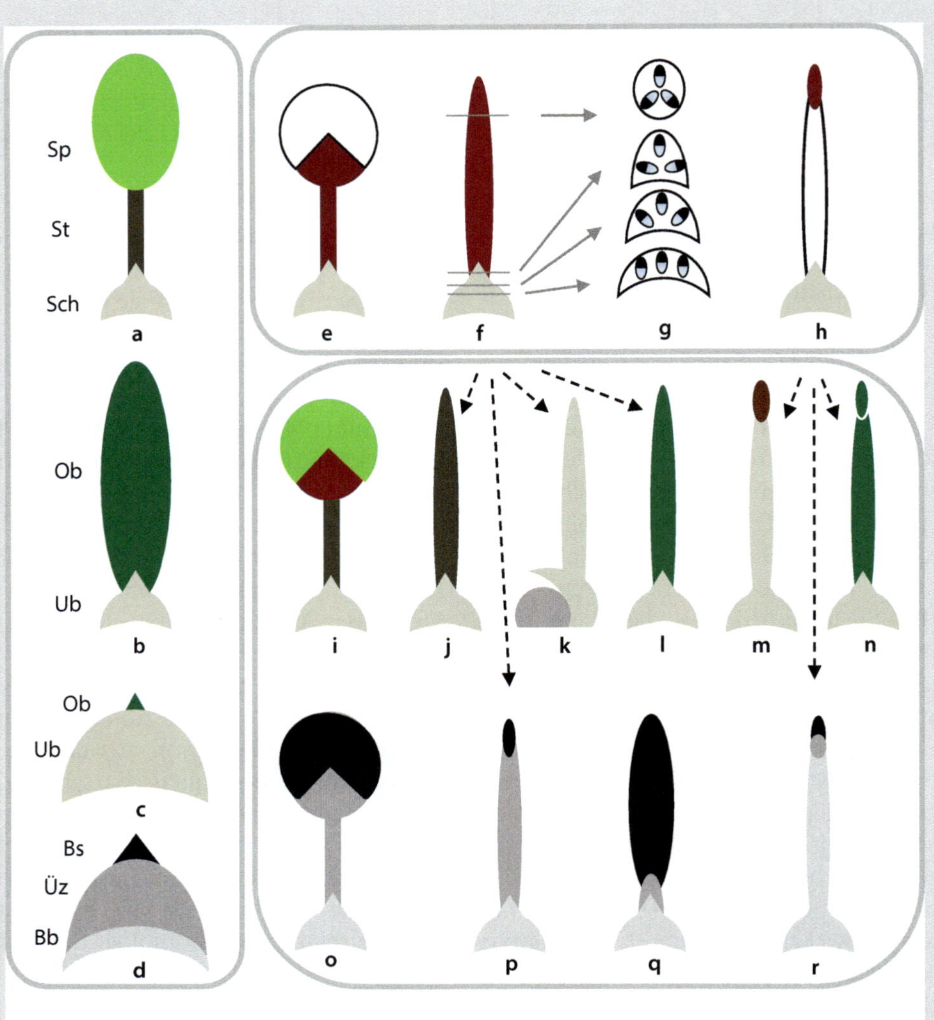

⬛ Abb. 8.41 Hypothesen zur Homologie unifacialer Blatt-abschnitte. a–d, Referenzsysteme. **a,** Gegliedertes Blatt. Sch, Blattscheide (beige). Sp, Spreite (hellgrün). St, Stiel (braun). **b,** Blatt mit ungegliedertem Oberblatt (Ob, dunkelgrün), der Blattscheide aufsitzend (Ub, Unterblatt). **c,** Blattprimordium, gegliedert in Unter- und Oberblatt. **d,** Blattprimordium mit Zonierung (sensu Knoll 1948) in Blattbasis (Bb), Blattspitze (Bs) und Übergangszone (Üz). **e–h,** Unifaciale Blattabschnitte (rot). **e,** Unifacialer Blattstiel mit peltater Spreite. **f,** Unifacialer Blattabschnitt umstrittener Homologie. **g,** Schematisierte Querschnittsreihe durch das Blatt von **f,** die inverse Stellung der Leitbündel im unifacialen Abschnitt zeigend. Hell: Xylem. Schwarz: Phloem. **h** Unifaciale Blattspitze. **i–n** Interpretationen auf der Basis der Blattgliederung von **c. i,** Pel- tation durch Querzonenbildung (rot, sensu Hagemann 1970). **j,** Phyllodium (sensu Arber 1918). **k,** Dorsalauswuchs des Unter- blattes (sensu Roth 1949). Seitenansicht mit SAM (grau) **l,** Ober- blatt (sensu Kaplan 1975). **m,** Unterblatt mit stielhomologer Vor- läuferspitze (sensu Arber 1918). **n,** Oberblatt mit Vorläuferspitze. **o–r,** Interpretationen auf der Basis der Primordienzonierung von **d.** Die Basis bildet die Scheide, die Spitze den apikalen Bereich und die Übergangszone den gesamten mittleren Blattteil. Beispiele aus Rudall und Buzgo (2002). **o,** Peltates Blatt (z. B. *Caladium*, Ara- ceae). **p,** Rundblatt aus unifacialer Übergangszone (z. B. *Allium*, Amaryllidaceae). **q,** Blatt mit bifacialem Spitzenabschnitt (z. B. *Bambusa*, Poaceae). **r,** bifacial angelegtes Blatt mit Vorläuferspitze (z. B. *Agave*, Asparagaceae). Erläuterungen im Text. (© Original)

Wachstumszonen des Blattes

Während der Entwicklung wächst die Blattanlage in die **Länge**, **Fläche** und **Dicke**. An diesem Wachstum sind die **Blattspitze** (Spitzenwachstum), der **Blattrand** (Breiten- wachstum), **adaxiale Dickenmeristeme** (Ventralmeristem, Querzone), **interkalare Meristeme** (Längen-, Dicken- wachstum) und **diffuse Zellteilungsprozesse** (Flächenent- wicklung) beteiligt (⬛ Abb. 8.34c). Die Vielfalt der Blät- ter lässt sich durch **differentielle Zellteilungsaktivität** in den einzelnen Abschnitten der Blattanlage erklären.

Spitzenwachstum und Blattspitze

Die Entwicklungsrichtung einer Blattanlage ist zunächst **akropetal** (spitzenwärts). **Anhaltendes Spitzenwachstum** ist aber selten. Es tritt in wenigen Verwandtschaftskreisen der Gymnospermen (z. B. *Ginkgo biloba*, *Agathis alba*, *Podocarpus*-Arten) und Dicotylen (z. B. Drosophyllaceae, Apiaceae; ◘ Abb. 8.37) auf. Die meisten Blätter der Samenpflanzen (darunter alle Monocotylenblätter) stellen das Spitzenwachstum früh ein (Troll 1939).

Die abnehmende Aktivität der Blattspitze drückt sich bei einigen Arten in der Bildung von **Vorläuferspitzen** aus. Die zuerst gebildete Blattspitze bleibt im Wachstum zurück und verdornt oder vertrocknet. Bei den südafrikanischen Bruniaceae sind die schwarzen Blattspitzchen ein Familienmerkmal (◘ Abb. 8.42b, c). Sie scheiden im Knospenstadium ein Sekret zum Schutz des Apikalmeristems aus und verkorken später. Bei zahlreichen Agaven (*Agave*, Asparagaceae-Agavoideae) ist die verdornte **Vorläuferspitze** unifacial (◘ Abb. 8.42a) und äußerst wehrhaft. Bei wieder anderen Arten, wie der Pappelfeige (*Ficus religiosa*, Moraceae; ◘ Abb. 8.44d), bildet das Blatt eine lang ausgezogene **Träufelspitze**. An luftfeuchten Standorten kondensiert an der Blattspitze die Feuchtigkeit und wird dem Boden in Form von Wassertropfen zugeführt. Eine funktionsgleiche, aber blattmorphologisch **analoge Konstruktion** weisen die **Nadelblätter** vieler Gymnospermen auf, die ebenfalls in der Lage sind, Nebel auszukämmen (◘ Abb. 8.42e).

Basales Wachstum

Das Längenwachstum erfolgt vor allem durch **interkalare** Zellteilungsaktivität, zu der **nur die** Blätter der **Samenpflanzen** befähigt sind (► Abschn. 5.5.8). Es erfolgt meist an der **Basis** der Blätter bzw. Spreiten (◘ Abb. 8.34c). Die Blattspitze geht bereits in die Differenzierung über, während die Zellen an der Basis

◘ **Abb. 8.42   Blattspitzen. a**, *Agave sisalana*, Asparagaceae-Agavoideae. Verdornte unifaciale Vorläuferspitze. **b**, *Staavia dregeana*, Bruniaceae. Familientypische schwarze Blattspitzen mit Knospenschutzfunktion. **c**, *Staavia radiata*, Bruniaceae. Blattspitze mit Schleimüberzug. Balken: 100 µm. **d**, *Ficus religiosa*, Moraceae. Träufelspitze zum Auskämmen von Luftfeuchtigkeit. **e**, *Pinus contorta* (Pinaceae). Nadelblätter. Funktionsgleiche, aber analoge Konstruktion zur Nebelauskämmung. (© R. Claßen-Bockhoff, Mainz)

noch in Teilung begriffen sind. Die **Differenzierungsrichtung** der Blattanlage ist somit **basipetal** (absteigend; ◘ Abb. 8.35 und 8.36).

Das basale Wachstum repräsentiert den **häufigsten Fall des Längenwachstums** bei Blättern. Den Extremfall illustriert die Gymnosperme *Welwitschia mirabilis* (Welwitschiaceae) aus der Namib-Wüste (◘ Abb. 5.49g, h), die nach den Keimblättern nur ein einziges Paar derber, meterlanger Laubblätter bildet. Deren Spitzen werden vom Wüstensand zerrieben, verwittern und sterben ab, während das Blatt an seiner Basis **Hunderte von Jahren** weiterwächst (► Abschn. 5.5.9).

Dickenwachstum

Das Dickenwachstum erfolgt gewöhnlich **diffus** in der Blattfläche (◘ Abb. 8.34c: dZ). Es führt zu einer **Abrundung** des Gewebes und schafft das notwendige **Volumen** für den Wasserspeicher sukkulenter Blätter (► Abschn. 8.3.7). Bei **überproportionalem** Wachstum der abaxialen Seite dehnt sich die **Unterseite** so stark gegenüber der Oberseite aus, dass diese auf einen schmalen adaxialen Bereich beschränkt wird (◘ Abb. 8.43a–c: Os, Us).

Blattflächen und Leitbündelbildung

Die Fähigkeit der Laubblätter, ihre **Fläche** durch diffuse Zellteilung zu vergrößern, führt zu einer großen **Formenvielfalt**. Sie ist direkt mit der **Leitbündelbildung** verknüpft und wird von dieser beeinflusst (► Exkurs 8.4).

Leitbündel entstehen überall dort, wo Gewebe wächst und versorgt werden muss. Die Ausdehnung der Spreite geht daher mit andauernder **Leitbündelbildung** einher, wobei das Abzweigungsmuster kleinerer Bündel von größeren Bündeln die **Wachstumsrichtung** widerspiegelt (Runions et al. 2017). Die Leitbündel sind gewöhnlich über Querverbindungen (**Kommissuren, Anastomosen**) miteinander verbunden und umschließen wenigzellige Blattareale, die als **Intercostalfelder** bezeichnet werden (◘ Abb. 8.44d: Ik).

Das Flächenwachstum führt zu einer hohen **Dichte** an Leitbündeln, die in den Blättern der Angiospermen vierbis zehnmal höher ist als in allen anderen Pflanzengruppen (Nicotra et al. 2011). Die hohe Anzahl, die gleichmäßige Verteilung über die gesamte Blattfläche und die kurzen Wege führen zu einer erheblichen Verbesserung der Transportvorgänge (► Abschn. 7.4 und 8.3.6).

Brutknospenbildung auf der Blattfläche

Die Fähigkeit, blattbürtige (phyllogene) **Brutknospen** zu bilden, ist nicht auf den Blattrand beschränkt (*Kalanchoë*, Crassulaceae; ◘ Abb. 6.50), sondern findet sich auch auf der Blattfläche (wie bei einigen Farnen; ► Abschn. 5.5.7). Die Fälle sind selten, verdeutlichen aber einmal mehr das **Potential** der Pflanze, überall wachsen zu können (► Abschn. 6.3).

Nach Troll (1939) entwickeln sich die Knospen bevorzugt in den Blattregionen, die am längsten **meristematisch** bleiben und gut an das **Leitbündelsystem** angebunden sind. Bei basipetal wachsenden Blättern sind das die Basen der Blattspreite (*Tolmiea menziesii*, Saxifragaceae; *Nymphaea stellata* var. *bulbillifera*, Nymphaeaceae; *Amorphophallus bulbifer*, Araceae) bzw. der Blattfiedern (*Cardamine pratensis*, Brassicaceae). Ein weiteres Beispiel für die Teilungsaktivität im Leitbündelbereich liefern einige *Begonia*-Arten (Begoniaceae), die auf der Blattoberseite **blättchenartige Auswüchse** bilden (◘ Abb. 8.44f).

Die Brutknospen der genannten Pflanzen lassen sich, z. B. bei *Nymphaea stellata* var. *bulbillifera*, durch **Verletzung** des Blattes **induzieren**. Vermutlich dienen sie immer der **vegetativen Vermehrung** (► Abschn. 6.9.2).

Nicht alle Knospen, die auf der Blattspreite stehen, sind blattbürtig. Dies demonstriert die kleine ostasiatische Gattung *Helwingia* (Helwingiaceae), die ihre Blütenstände auf dem Hauptleitbündel der Blätter präsentiert (◘ Abb. 8.44g, h). Es handelt sich um eine Form von **Rekauleszenz** (► Abschn. 6.7.3), das heißt, der Blütenstand wird axillär angelegt und dann mit dem Auswachsen der Blattanlage auf die Spreite verschleppt (Troll 1935; Dickinson und Sattler 1975). Die Blütenpräsentation ähnelt in verblüffender Weise der des Mäusedorns (*Ruscus aculeatus*, Asparagaceae-Nolinoideae), bei dem die Blüten allerdings axillär an einem Phyllokladium inserieren (◘ Abb. 8.28d und 1.5).

Blattflächen als technische Konstruktionen

Die Leitbündel treten in vielen Fällen durch **lokales Dickenwachstum** des sie umgebenden Gewebes aus der Blattfläche hervor. Besonders ausgeprägt ist diese Erscheinung bei der Riesenseerose *Victoria amazonica* (◘ Abb. 8.45a). Deren **Schwimmblätter** stellen beachtliche **technische Konstruktionen** dar (► Exkurs 7.3). Sie entspringen einem Rhizom, bilden bis zu 8 m lange, unifaciale Blattstiele (vgl. die nah verwandte *Nymphaea alba*; ◘ Abb. 8.45a) und liegen mit einer schildförmigen, 2–3 m messenden Spreite der Wasseroberfläche auf. Der **Rand** der Spreite ist nach oben gebogen, **stabilisiert** die Blattfläche und schützt vor Überspülung. Er weist zwei Unte Eigenschaften. Die rbrechungen auf, durch die das Regenwasser ablaufen kann. Die Unterseite der Spreite weist eine **Luftkissenbeschaffenheit** auf (◘ Abb. 8.45b). Entlang der Leitbündel verlaufen **leistenartige Vorsprünge**, zwischen denen sich Luft ansammelt, wodurch die Schwimmfähigkeit erhöht wird. Die Leisten sind zudem mit **Stacheln** versehen, die das Blatt vor Fressfeinden schützen. Die ähnliche Konstruktion des Laubblattes von *Gunnera* (Gunneraceae; ◘ Abb. 8.45c) dürfte ebenfalls der Stabilität, dem Verdunstungs- und Fraßschutz dienen.

Wölben sich dagegen die **Intercostalflächen** zwischen den Leitbündeln polsterartig empor, erlangt die Blatt-

□ Abb. 8.43 Rundblätter und unifaciale Blattabschnitte. a–c, Überproportionale Ausdehnung der Blattunterseite (Us) gegenüber der Oberseite (Os). **a,** Bogenhanf (*Sansevieria*, Asparagaceae). **b,** Essbare Mittagsblume (*Carpobrotus edulis*, Aizoaceae). **c,** *Argyroderma delaetii* (Aizoaceae). **d–f,** Unifaciale Spreiten. **d,** Binse (*Juncus*, Juncaceae). Terminaler Blütenstand mit stielrundem Laubblatt (Rb, Rundblatt), das den Blütenstand zur Seite drückt und die runde Sprossachse (Pfeil) geradlinig fortführt. **e,** Seerose (*Nymphaea alba*, Nymphaeaceae). Jugendstadien der Blattentwicklung mit scheidenförmiger Medianstipel (Ms), rundem, unifacialem Blattstiel (P, Petiolus) und juvenil gefalteter Spreite (Sp). **f,** Schwertlilie (*Iris*, Iridaceae). Schwertblatt. *, je nach Interpretation liegt an dieser Stelle entweder die Blattspitze oder das distale Ende des Unterblattes. (© e: Krähmer et al. 2023. Übrige Bilder: R. Claßen-Bockhoff, Mainz)

fläche **schallschluckende** Eigenschaften. Die Blätter des Runzelblättrigen Schnellballs (*Viburnum rhytidophyllum*, Adoxaceae) sind auf der Oberseite stark strukturiert und auf der Unterseite dicht behaart (□ Abb. 8.45d–f). Da sie relativ groß und winterhart sind, bietet sich die Pflanze als natürlicher Lärmschutz z. B. entlang von Autobahnen an.

8

□ Abb. 8.44   Blattnervatur. a–c, Monocotyle. **a,** Neuseelandflachs (*Phormium tenax*, Asphodelaceae-Hemerocalloideae): parallelnervig. **b,** Schwarzer Germer (*Veratrum nigrum*, Melanthiaceae): bogennervig. **c,** Zierbanane (*Ensete ventricosum*, Musaceae): quer verlaufende Parallelnervatur. **d, f,** Dicotyle. **d,** Fittonie (*Fittonia albivenis*, Acanthaceae): netznervig. Ik, Intercostalfeld. **e, f,** Pappelfeige, Bodhibaum (*Ficus religiosa*, Moraceae). **e,** Mazeriertes Blatt mit Leitbündeln und Kommissuren. **f,** Mazerierte Bodhiblätter werden traditionell mit religiösen Motiven bemalt. Das Bodhiblatt ist ein bedeutendes buddhistisches Symbol, da Siddharta Gautama unter einem Bodhibaum sitzend zur Erleuchtung gelangt sein soll. **g–i,** Sonderbildungen unter Beteiligung von Leitbündeln. **g,** *Begonia* (Begoniaceae). Entwicklung kleiner Blattspreiten auf den Leitbahnen des Blattes. **h, i,** *Helwingia chinensis* (Helwingiaceae). Blüten entlang des Hauptleitbündels, als blattbürtige Rekauleszenz gedeutet (▶ Abschn. 6.7.3). (© **a–g**: R. Claßen-Bockhoff, Mainz. **h, i**: P. Thaowetsuwan, Edinburgh. Mit freundlicher Genehmigung)

◘ Abb. 8.45 Blattflächen als technische Konstruktionen. a, b, Riesenseerose (*Victoria amazonica*, Nymphaeaceae). **a,** Schildförmiges Schwimmblatt mit aufgebogenem Rand und seitlichen Ablaufrinnen. **b,** Luftkissenkonstruktion: Blattunterseite mit Leisten und Stacheln. **c,** *Gunnera* (Gunneraceae). Unterseite eines noch nicht entfalteten Blattes mit hervortretenden, bestachelten Blattrippen. **d–f,** Runzelblättriger Schneeball (*Viburnum rhytidophyllum*, Adoxaceae). Große, wintergrüne Blätter mit schallschluckender Oberfäche. **d,** Strauch. **e,** Oberseite des Blattes mit polsterförmig hervortretenden Intercostalfeldern. **f,** Blattunterseite mit dichter Behaarung. (© R. Claßen-Bockhoff, Mainz)

8.3.3 Diversität des Unterblattes

Das Unterblatt beschränkt sich entweder auf die Ansatzstelle des Blattes an der Sprossachse (**Blattgrund**) oder bildet eine **Blattscheide** oder **Stipeln**. Es ist sehr formenreich und übernimmt zahlreiche Funktionen (◘ Abb. 8.46).

Funktionelle Vielfalt von Stipeln

Stipeln (lat. *stipula*, „Stoppel") sind seitliche **Auswüchse** des Unterblattes, die meist **paarig** an der Blattbasis stehen (◘ Abb. 8.33: braun, und 8.38d–f). Sie werden auch als **Nebenblätter** bezeichnet, was irreführend ist, da es sich bei ihnen **nicht** um eigenständige Blätter, sondern um Bildungen des Unterblattes handelt (► Abschn. 6.5.1).

Stipeln kommen überwiegend bei **dicotylen** Arten vor, bei denen sie ein wichtiges **Bestimmungsmerkmal** sind (z. B. Fabaceae, Rosaceae). Gymnospermen scheinen nicht zur Stipelbildung befähigt zu sein. Innerhalb der Monocotylen fehlen sie fast durchgängig. Als Ausnahmen führen Rudall und Buzgo (2002) einige *Dioscorea*- (Dioscoreaceae) und *Smilax*-Arten (Smilacaceae) an. Die beiden seitlichen Auswüchse der Stechwinde

◘ Abb. 8.46 Strukturen am Blattgrund. a–g, Unterblattstrukturen. **a,** Arznei-Engelwurz (*Angelica archangelica*, Apiaceae). Blattscheide (Sch), Knospenschutz. **b,** Honigstrauch (*Melianthus major*, Melianthaceae). Medianstipel (*), Knospenschutz. **c,** *Azara lanceolata* (Salicaceae). Laubblätter mit jeweils nur einer Stipel. **d, e,** Laubige Stipeln bei Platterbsen (*Lathyrus*, Fabaceae). **d,** Ranken-Platterbse (*L. aphaca*). Die Stipeln (St) sind flächig und photosynthetisch aktiv, während die Spreite zu einer einfachen Ranke (R) umgebildet ist. **e,** Breitblättrige Platterbse (*L. latifolius*). Die Stipeln und das unterste Fiederpaar der Spreite sind grün, während die übrigen Fiedern Ranken (R) bilden. gP, geflügelterPetiolus. **f,** Küchenzwiebel (*Allium cepa*, Amaryllidaceae). Unterblattscheiden mit Speicherfunktion. Bräunliche Spitze: Reste des Oberblattes. **g,** Ampfer-Knöterich (*Polygonum lapathifolium*, Polygonaceae). Ochrea (Oc). **h, i,** Stipelähnliche Bildungen. **h,** Stechwinde (*Smilax aspera*, Smilacaceae). Blattstiel mit stipelähnlichen Ranken. **i,** Dornige Spitzklette (*Xanthium spinosum*, Asteraceae). Verzweigte Stacheln am Knoten, Stipulardornen vortäuschend. (© R. Claßen-Bockhoff, Mainz)

(*Smilax*; ◘ Abb. 8.46h) inserieren allerdings oberhalb der Blattansatzstelle. Ob es sich trotzdem um Stipeln handelt, ist umstritten.

Stipeln sind meist **klein** und **häutig**. Ihre wichtigste Funktion ist der **Schutz** von Meristemen (SAM, Blattachselmeristem; ◘ Abb. 8.38a, b). Ist diese Aufgabe erfüllt, werden die Stipeln oft abgeworfen; an älteren Blättern sind dann nur noch ihre Narben zu erkennen. Werden Nebenblätter angelegt und in ihrer weiteren Entwicklung gehemmt, treten scheinbar stipellose Blätter auf. In diesem Fall ist die Untersuchung junger Entwicklungsstadien zu ihrem Nachweis notwendig.

Stipeln stehen meist seitlich an der Blattbasis, können aber auch durch **differentielles Wachstum** etwas nach adaxial oder abaxial verschoben sein (◻ Abb. 6.12f und 6.16b). Bei *Azara lanceolata* (Salicaceae) entwickelt sich nur **eine Stipel pro Blatt**, die deutlich vor dem Oberblatt steht (◻ Abb. 8.46c). In den meisten Fällen stehen die Stipeln **frei** vom Blattstiel ab. Werden sie bei der Streckung des Blattstieles mit nach oben verschleppt (Metatopie; ▶ Abschn. 6.7.3), entstehen **adnate Stipeln** (wörtl. „angewachsen"; ◻ Abb. 8.35a: aSt). **Medianstipeln** sind **adaxiale** Unterblattauswüchse, die vor dem Blattstiel stehen und mehr oder weniger weit mit ihm verwachsen sind (▶ Abschn. 8.3.2, ◻ Abb. 8.43e: Ms, und 8.46b: *). Sie sind durch **Übergänge** mit den adnaten Stipeln verbunden (Troll 1939).

Laubige und petaloide Stipeln

In manchen Fällen **persistieren** die Stipeln und unterstützen die **Photosynthesefunktion** des Blattes. Sie sind dann grün, relativ groß und flächig (laubig) gestaltet. Sie können tief eingeschnitten oder sogar gefiedert sein, wodurch sich die assimilierende Oberfläche vergrößert.

Laubige Stipeln treten in verschiedenen Verwandtschaftskreisen auf und kommen in der mitteleuropäischen Flora z. B. bei den Schmetterlingsblütlern (Fabaceae), Rosen- (Rosaceae) und Rötegewächsen (Rubiaceae; ◻ Abb. 8.47m, n) vor. Bei einige Fabaceen wie Platterbsen (*Lathyrus*; ◻ Abb. 8.46e) und Erbsen (*Pisum*; ◻ Abb. 6.12c) bildet die Lamina nur ein oder zwei Paare laubiger Fiedern und geht dann in die **Rankenbildung** über. Die laubigen Stipeln, die bei der Ranken-Platterbse (*L. aphaca*; ◻ Abb. 8.46d) als alleinige Assimilationsflächen zur Verfügung stehen, kompensieren den **Funktionswechsel** der Spreite zu einer Kletterhilfe. Interessanterweise tritt bei Fabaceen auch der **umgekehrte Fall** auf, bei dem Fiedern Stipelfunktion übernehmen. Einige Hornkleearten wie *Lotus corniculatus* oder *L. uliginosa* bilden unpaare Fiederblätter mit fünf Fiedern, von denen zwei an der Blattbasis sitzen und den Knospenschutz übernehmen („Pseudostipeln"). Der Blattstiel bleibt gehemmt, und die Stipeln treten nur als kleine, braune Spitzchen in Erscheinung (Troll 1939).

In seltenen Fällen erhöhen die Stipeln die **Schaufunktion** eines Blütenstandes. Die Blume von *Parrotiopsis jacquemontiana* (Hamamelidaceae) besitzt eine sechsteilige, weiße Hülle, die aus zwei Spreiten und vier Stipeln besteht (◻ Abb. 6.16b). Bei der zentralafrikanischen Rubiacee *Ecpoma gigantostipula* stehen die dicht aggregierten Blütenstände in den Achseln gestielter Laubblätter und werden von deren großen, rötlichen Stipeln umhüllt (Claßen-Bockhoff 1996).

Stipulardornen und -ranken

Stipulardornen sind **verholzte Stipeln**, die vor allem an Pflanzen trockener Standorte zu finden sind. Berühmt sind die knapp 10 cm langen Stipulardornen der **Schrecklichen Akazie** (*Vachellia horrida*, syn. *Acacia horrida*, Fabaceae), die wie die Dornen vieler anderer afrikanischer Akazien dem **Fraßschutz** dienen und/oder mit **Ameisen** assoziiert sind (◻ Abb. 8.89h, i, ▶ Abschn. 8.6.2). **Stipulardornen** sind relativ häufig und treten auch bei einigen *Pelargonium*-Arten (*P. echinatum*, Geraniacee), Zygophyllaceae, Euphorbiaceae (*Jatropha podagrica*, viele sukkulente *Euphorbia*-Arten; ◻ Abb. 8.30h) und der Robinie (*Robinia pseudoacacia*, Fabaceae) auf. Bei *Paliurus spina-christi* (Rhamnaceae) sind die Nebenblattdornen ungleich groß.

Verdornte Pseudostipeln finden sich bei der Berberitze (*Berberis*, Berberidaceae), bei der die Dornbildung mit **Heterophyllie** (▶ Abschn. 6.5.2) einhergeht. Die Spreite der Blätter an den Langtrieben ist verdornt und tritt oft nur noch als fünf-, drei- oder einspitziges Dornblatt auf. Da der Stiel unterdrückt bleibt, können die seitlichen Dornen leicht für Stipeln gehalten werden (◻ Abb. 6.15e). Verzweigte Stipulardornen scheinen bei der Dornigen Spitzklette (*Xanthium*, Asteraceae; ◻ Abb. 8.46i) aufzutreten. Tatsächlich handelt es sich aber um **stipelähnliche Stacheln**, die am Stängel beiderseits des Blattstielansatzes stehen.

Rankende Stipeln sind nicht bekannt. Bei der Stechwinde (*Smilax*, Smilacaceae; ◻ Abb. 8.46h) treten zwar rankende Strukturen am Blattstiel auf, aber deren Stipelhomologie ist umstritten.

Gamophyllie und Interfoliarstipeln

Sind die Blattbasen benachbarter Blattanlagen miteinander verbunden, spricht man von **Gamophyllie** (Troll 1939; ◻ Abb. 8.47a, b, i, j). Meist erfolgt die **Fusion postgenital**. Entwicklungsmorphologisch lässt sich dann gut beobachten, dass die Blattprimordien zunächst frei angelegt werden und dann gemeinsam auswachsen.

Die **Stipeln** können in den Prozess der Gamophyllie einbezogen werden. Dabei lassen sich graduelle Unterschiede beobachten, die von einer leichten Verbindung an der Blattbasis bis hin zu zweizipfeligen (*Humulus*; ◻ Abb. 8.47f, l) und ungeteilten Strukturen reichen (◻ Abb. 8.47g). Stehen die Stipeln zwischen (*inter*) zwei Blättern mit Blattstiel (Petiolus), spricht man von **Interpetiolarstipeln** (*Humulus*; ◻ Abb. 8.47l), fehlen Blattstiele, von **Interfoliarstipeln** (*Galium*; ◻ Abb. 8.47n).

Abb. 8.47   Gamophyllie und Maskierung der Blattstellung durch Stipeln. a–h, Wirtelige Blattstellung. Grundrisse. Grün: Blätter bzw. Blattspreiten. Grau: Stipeln. Braun: Knospen. **a**, Gamophyllie an einem dimeren Knoten. **b**, Gamophyllie bei pentamerer Blattstellung. **c,** Tetramere Wirtel in alternierender Anordnung. **d**, Polymerer Wirtel mit Knospen in jeder Blattachsel. **e–h, Dimere Blattstellung mit Stipeln. e**, Freie Stipeln. **f**, Fusionierte Stipeln. **g**, Scheinbare Tetramerie durch Interfoliarstipeln. **h**, Scheinbare Polymerie durch aufgeteilte Interfoliarstipeln. **i–n, Beispiele. i**, Wilde Karde (*Dipsacus fullonum*, Caprifoliaceae-Dipsacoideae). Dimere Gamophyllie. Die fusionierten Blätter bilden eine Zisterne, in der sich Wasser und Nährstoffe anreichern (vgl. **a**). **j**, *Pedicularis rex* (Orobanchaceae). Pentame Gamophyllie. Funktion wie **i** (vgl. **b**). **k**, Tannenwedel (*Hippuris vulgaris*, Plantaginaceae). Aufsicht auf polymeren Blattwirtel mit Achselprodukten (Sprossachse oberhalb des Knotens entfernt; vgl. **d**). **l**, Hopfen (*Humulus lupulus*, Cannabaceae). Zweispitzige Interpetiolarstipel (vgl. **f**). P, Petiolus. Sa, Seitenachse. **m**, Kletten-Krapp (*Rubia peregrina*, Rubiaceae). Scheinbar polymere Wirtel. Die kreuzgegenständige Anordnung der Seitenachsen deutet auf die zugrunde liegende Dekussation hin (vgl. **g**). **n**, Waldmeister (*Galium odoratum*, Rubiaceae). Scheinbar polymerer Blattwirtel aus zwei Blättern (*) mit aufgeteilten, spreitenähnlichen Stipeln (vgl. **h**). (© R. Claßen-Bockhoff, Mainz)

Bei einigen krautigen Vertretern der Rubiaceae wie den mitteleuropäischen Labkräutern (*Galium*), Kreuzlabkräutern (*Cruciata*) oder Färberröten (*Rubia*) stehen vier bis zahlreiche, **gleich gestaltete** Blattelemente an einem Knoten. Sie vermitteln den Eindruck eines polymeren Wirtels (◼ Abb. 8.47m, n). Interessanterweise tragen aber immer nur ein bis zwei opponiert stehende Blätter Achselprodukte (◼ Abb. 8.47m). Verfolgt man die Stellung der Seitenprodukte über mehrere Knoten hinweg, erkennt man das Muster einer **dekussierten Blattstellung** (◼ Abb. 8.47g). Die Beobachtung wird durch die **Alternanzregel** gestützt (▶ Abschn. 6.6.1). Während bei einem polymeren Wirtel die Blätter aufeinanderfolgender Knoten alternieren (◼ Abb. 8.47c), ist dies bei den genannten Rubiaceen nicht der Fall (◼ Abb. 8.47g). Tatsächlich bilden diese dimere Wirtel aus zwei ungestielten Blättern, deren fusionierte oder sogar aufgeteilte Interfoliarstipeln wie Spreiten aussehen. Die **Maskierung der Blattstellung** beruht auf der **gestaltlichen Übereinstimmung** von Spreiten und Stipeln.

Diese Interpretation wird nicht von allen Autoren geteilt. Rutishauser (1999) hält die zwischen den Blättern eingeschobenen Strukturen für blatthomologe Zusatzbildungen. Danach würde es sich um einen polymeren Blattquirl handeln, der sich allerdings hinsichtlich seiner Verzweigung wie ein dimerer Wirtel verhält.

Funktionelle Vielfalt von Blattscheiden

In manchen Verwandtschaftskreisen bildet das Unterblatt offene oder geschlossene **Blattscheiden** (◼ Abb. 8.33f, t), die dem Knospenschutz (z. B. Doldengewächse; ◼ Abb. 8.46a: Sch) und der Stabilität der Sprossachse dienen (z. B. Süßgräser; ◼ Abb. 8.48b, c: Sch). Auch die Speicherorgane der Küchenzwiebel (◼ Abb. 8.46f und 8.48e; ▶ Abschn. 6.9.1) werden vom Unterblatt gebildet (◼ Abb. 8.33r). Ein Familienmerkmal der Knöterichgewächse (Polygonaceae) ist die **Ochrea**, eine röhrenförmige Unterblattbildung, die den **gesamten** Stängel **umfasst** (◼ Abb. 8.33u und 8.46g, ▶ Abschn. 8.3.2).

Blattscheide und Ligula bei Süßgräsern (Poaceae)

Bei den **Süßgräsern** und einigen anderen monocotylen Familien (z. B. **Marantaceae**) tritt die Blattscheide als **Familienmerkmal** auf. Sie umfasst den Stängel röhrenförmig und **stabilisiert** das **interkalare Meristem** oberhalb der Knoten (▶ Abschn. 8.2.4). Das lässt sich leicht nachweisen, indem man die Blattscheide junger Blätter entfernt und damit den Halm zum Umknicken bringt. Eine weitere wichtige Funktion der Blattscheiden ist der Schutz der Sprossspitze. Die **Blattscheiden** der jüngsten Blätter folgen aufgrund der noch nicht gestreckten Internodien dicht aufeinander und überragen das SAM (◼ Abb. 8.48c).

Im Zuge der Blattfolge (▶ Abschn. 6.5) erstarken die Blätter. Junge Triebe bilden zunächst **Niederblätter**, die aus einer großen Blattscheide und einem sehr kleinen Oberblatt bestehen (◼ Abb. 8.25e und 8.48d: Sch). Ältere Blätter entwickeln zusätzlich ein assimilierendes Oberblatt. Das **Vorauseilen der Unterblattentwicklung** gewährleistet sehr früh die **Stützfunktion**. Im voll entwickelten Sprosssystem wird die Stabilität der Halme noch dadurch erhöht, dass die Blattscheiden sehr lang sind und **mehrere Knoten überdecken**. Um die Ansatzstelle eines Blattes zu finden, muss man die Blattscheiden älterer Blätter entfernen (◼ Abb. 8.25c).

Die Süßgräser weisen am Übergang von der Unterblattscheide zum Oberblatt artspezifische Strukturen auf, die wichtige **Bestimmungsmerkmale** darstellen. **Öhrchen** sind paarige, sehr formenreiche Auswüchse des Oberblattes, die auch stängelumfassend auftreten können (z. B. Gerste, *Hordeum vulgare*). Als **Ligula** (nicht zu verwechseln mit der Ligula der Bärlapppflanzen; ▶ Abschn. 5.5.4) wird eine ebenfalls formenreiche Struktur bezeichnet, die der adaxialen Seite entspringt. Sie tritt meist als **weißes Blatthäutchen** auf (◼ Abb. 8.25c und 8.48b: Li), kann aber auch in Form eines **Haarkranzes** erscheinen oder stark reduziert sein. Die Ligula der Süßgräser ist epidermaler Herkunft, ihre Funktion nicht eindeutig geklärt.

Der Scheinstamm der Banane

Bei Süßgräsern, Ingwergewächsen (Zingiberaceae), Bromelien (Bromeliaceae) und anderen Verwandtschaftskreisen der Monocotylen treten hochwüchsige Gewächse mit ausgeprägten Unterblattscheiden auf (◼ Abb. 8.49). Diese stabilisieren die Sprossachsen oder bilden sogar **Scheinstämme** wie bei der Banane.

Bananenpflanzen (Musaceae; ◼ Abb. 8.49, Sy 10B:12) weisen eine Wuchshöhe von 3–10 m auf, wobei die Blätter einem Stamm zu entspringen scheinen. Tatsächlich handelt es sich aber um **Stauden** (▶ Abschn. 6.10.2), also unverholzte, **mehrjährige Kräuter** mit **Scheinstämmen** aus **Blattbasen**. Ähnlich wie bei den Süßgräsern haben die Blätter große, das SAM gänzlich umfassende Blattbasen, die sich zu festen, aufrechten Scheiden (▶ Abschn. 8.3.2) entwickeln. Erst im Querschnitt erkennt man, dass der vermeintliche Stamm hohl ist und sich aus röhrenförmig ineinandergeschachtelten Blattbasen zusammensetzt (◼ Abb. 8.49c). Erst kurz vor der Blühzeit wächst die Sprossachse aus und präsentiert an ihrem Ende den überhängenden Blütenstand, aus dem sich die charakteristischen mehrstöckigen Fruchtstände entwickeln (◼ Abb. 8.49d).

8

◘ Abb. 8.48   Blattscheide von Monocotylen. a, *Haumania danckel-maniana* (Marantaceae). Beblätterte Seitenachse mit grasartiger Halmkonstruktion. Auf ein scheidenförmiges Niederblatt (Nb) folgen Laubblätter (1–3, schwarze Zahlen), deren Blattscheiden (1–3, weiße Zahlen) ineinanderstecken und die Sprossachse vollständig bedecken. **b,** Gewöhnliches Schilfrohr (*Phragmites australis*, Poaceae). Sprosssystem mit zwei Blättern. Die Unterblattscheiden (Sch 1, 2) umhüllen die Sprossachse (Sch 1 halb vom Halm abgezogen, um Sch 2 zu zeigen), die Spreiten (Sp 1, 2) winkeln weit oberhalb des Knotens ab. Li, Ligula. **c,** Schematische Darstellung des räumlichen Verhältnisses zwischen der Lage der Knoten (Kn 2, 3) und dem Ab-winkeln der Spreiten der zu diesen Knoten gehörenden Blätter. Das Sprossapikalmeristem (SAM) wird von den Unterblattscheiden der obersten (distalen) Blätter umhüllt. Jede Farbe kennzeichnet ein Blatt. **d,** Bambusart (Poaceae) mit riesigen Unterblattscheiden (Sch), aus denen Matten hergestellt werden können. **e,** Küchenzwiebel (*Allium cepa*, Amaryllidaceae). Geöffnete Zwiebel, den Übergang von den innen (links) stehenden Laubblättern zu den außen stehenden Zwiebelschuppen zeigend; die Unterblattscheiden fungieren als Speicherorgane. Gestrichelte Linie: Übergang der bifacialen Blattscheide zum unifacialen Oberblatt. (© **a–d**: R. Claßen-Bockhoff, Mainz. **e**: M. Junginger & Claßen-Bockhoff, Mainz)

Abb. 8.49 Scheinstämme. a, Germer (*Veratrum*, Melanthiaceae). Schema zur Konstruktion eines Scheinstammes aus steifen, stängelumfassenden Blattscheiden. SAM: Lage der Sprossspitze. **b–e,** Bananen (Obstbanane, *Musa × paradisiaca*, Musaceae). **b–d,** Plantagenpflanzen. Teneriffa. **b,** Staude mit Scheinstamm aus Blattscheiden. **c,** Abgeschlagene Staude mit hohlem Stamm und ineinandergeschachtelten Blattbasen. **d,** Hauptachse mit Fruchtstand. **e,** Verwilderte Pflanze mit großen ganzrandigen Blättern und vom Wind zerzausten Blättern. Iriomote, Japan. (© **a**: Troll 1954. **b–e**: R. Claßen-Bockhoff, Mainz)

Die **gleiche Konstruktion** tritt auch bei anderen Monocotylen auf (z. B. Germer, *Veratrum*, Melanthiaceae; ◘ Abb. 8.49a) und liegt der Bildung von **Schalenzwiebeln** zugrunde (▶ Abschn. 6.9.1, ◘ Abb. 6.46f und 8.48e). Allerdings erfüllen die Blattscheiden der Zwiebel Speicher- statt Stützfunktion. Analoge Scheinstämme aus sprossbürtigen **Wurzelgeflechten** treten bei Würgefeigen auf (▶ Exkurs 8.10).

8.3.4 Diversität der Blattspreite

Die Blattspreite (**Lamina**; ◘ Abb. 8.33: hellgrün) variiert in Form, Größe und Beschaffenheit des Blattrandes, kann einfach oder zusammengesetzt, bifacial oder peltat gestaltet sein.

Fiederblätter

Als **Fiederblätter** bezeichnet man Blätter, deren Spreite bis auf die Mittelrippe geteilt ist. Die Mittelrippe wird bei ihnen als **Rhachis** (griech. „Rückgrat"; ◘ Abb. 8.33: rot) bezeichnet, die an ihr stehenden Teilblättchen als **Fiedern** (◘ Abb. 8.35a: Fi, Rh). Zwischen leicht gezähnten und fiederig aufgeteilten Blattflächen gibt es eine Vielzahl von **Übergängen**. Tatsächlich zeigen morphogenetische Untersuchungen, dass sich alle Formen von Blattrandgestaltungen auf das **zeitliche Zusammenspiel** einiger **weniger Entwicklungsprozesse** zurückführen lässt. Es bestehen somit keine grundsätzlichen, sondern nur **graduelle Unterschiede** zwischen Randserraturen und Fiedern (▶ Abschn. 8.3.2, ▶ Exkurs 8.4):

— Je nach Ausbildung der Spreite unterscheidet man **paarige** Fiederblätter ohne Endfieder und **unpaare Fiederblätter** mit Endfieder (◘ Abb. 8.33g, h).

— Ist die Rhachis gestreckt, liegt ein **pinnates** (federförmiges) Fiederblatt vor (◘ Abb. 8.33g–l und 8.35a), bleibt sie gehemmt, ein **digitates** (handförmiges; ◘ Abb. 8.33m und 8.50f). Selten treten **pedate** (fußförmige) Fiederblätter auf, bei denen die Rhachis unterdrückt ist und sich die Seitenfiedern wiederholt einseitig aufteilen. Dadurch entstehen Fiedern erster, zweiter und höherer Ordnung (z. B. Nieswurz, *Helleborus*, Ranunculaceae; ◘ Abb. 8.33n und 8.50i, j).

— Sind die Fiedern entlang der Rhachis einfach gestaltet, liegt ein **einfaches Fiederblatt** (mit Fiedern erster Ordnung; ◘ Abb. 8.33c) vor, sind die Fiedern ihrerseits gefiedert, entstehen **mehrfach gefiederte Fiederblätter** (mit Fiedern zweiter bis höherer Ordnung; ◘ Abb. 8.33d und 8.50a).

— Einfache und gefiederte Spreiten können schild- oder kannenförmig gestaltet sein; der Blattstiel setzt in diesen Fällen (scheinbar) auf der Unterseite der Spreite an (◘ Abb. 8.33y und 8.50g).

Fiederverschleppung und Rhachisblätter

Bei vielen Fiederblättern sind die Seitenfiedern nicht **symmetrisch**, sondern zur Blattbasis (basiskop), selten auch zur Blattspitze hin (akroskop), gefördert. Die geförderten Seiten laufen dann oft an der Rhachis entlang bis zur nächsten Fiederabteilung und **flügeln** die Rhachis, so wie das z. B. beim Honigstrauch (*Melianthus major*, Melianthaceae; ◘ Abb. 8.50c) der Fall ist. Dieser Erscheinung liegt eine **Verschleppung** der Fiederansatzstelle bei der Streckung der Rhachis zugrunde – ein Prozess, der in ähnlicher Weise zur Flügelung der Sprossachse führt (▶ Abschn. 6.7.3).

Die **späte Streckung** der Rhachis ist auch an der Bildung von Zwischenfiedern und Stipellen beteiligt:

— Von **Zwischenfiedern** (oder unterbrochenen Fiedern) spricht man, wenn zwischen großen Seitenfiedern deutlich kleinere Fiedern ähnlichen Aussehens auftreten. Beispiele finden sich z. B. unter den Rosengewächsen in den Gattungen Mädesüß (*Filipendula*), Nelkenwurz (*Geum*) und Wiesenknopf (*Sanguisorba*; ◘ Abb. 8.50b) oder bei einigen Solanaceen und Scrophulariaceen. Troll (1939) interpretiert die Zwischenfieder als eine bei der Rhachisstreckung verschleppte Seitenfieder höherer Ordnung, was insofern zutreffend ist, als Zwischenfiedern vor allem bei Fiederblättern mit basiskop herablaufenden Fiedern auftreten.

— **Stipellen** sind kleine, an der Basis von Fiedern auftretende Teilblättchen. Ihr Name beruht auf der äußerlichen Ähnlichkeit zu Stipeln; tatsächlich dürfte es sich aber um den Grenzfall einer unterbrochenen Fiederbildung handeln, bei der nur eine basiskope Seitenfieder gebildet und geringfügig verschleppt wird.

Rhachisblätter sind Fiederblätter mit rudimentär ausgebildeten Fiedern, deren Fläche durch **Verbreiterung der Mittelrippe** entsteht (◘ Abb. 8.51a–e). Die Flächenbildung geht mit einer Vermehrung der longitudinal verlaufenden Leitbündel einher, sodass Rhachisblätter im typischen Fall eine **bogenförmige oder parallele Nervatur** aufweisen. Die Ähnlichkeit zwischen Rhachis- und Monocotylenblättern ist nur äußerlich, da die Blattfläche im ersten Fall der Rhachis, im zweiten Fall dem Oberblatt bzw. der Spreite entspricht.

Rhachisblätter treten bei einigen binsenartig beblätterten Araliengewächsen (*Hydrocotyle linearis*) und Doldenblütlern (*Lilaeopsis chinensis, Ottoa oenanthoides, Tiedemannia filiformis, T. canbyi*), einigen Asteraceengattungen (z. B. *Scorzonera, Tragopogon*) und vor allem in der Gattung *Plantago* (Wegerich, Plantaginaceae) auf. Während Arten wie *P. coronopus* (◘ Abb. 8.51a, f) schmale Fiederblätter besitzen, haben andere Arten (*P. lanceolata, P. media, P. major*; ◘ Abb. 8.51c–e) breite und scheinbar einfache Blätter

Abb. 8.50 Diversität von Blattspreiten. a, Fenchel (*Foeniculum vulgare*, Apiaceae). Mehrfach gefiedertes Fiederblatt, akropetal, pinnat. **b–d,** Pinnate Fiederblätter mit Fiederverschleppung an der Rhachis. **b,** Kleiner Wiesenknopf (*Sanguisorba minor*, Rosaceae). Basiskope Zwischenfiedern (Pfeil). **c,** *Melianthus major* (Melianthaceae). Rhachisflügelung. **d,** Schöllkraut (*Chelidonium majus*, Papveraceae). Basiskope Fiederung und Rhachisflügelung. **e,** Akelei (*Aquilegia*, Ranunculaceae). Doppelt dreizählig gefiedertes Blatt, periplast. E, dreizählige Endfieder. S, dreizählige Seitenfiedern. **f, g,** Digitate Fiederblätter. **f,** Rosskastanie (*Aesculus hippocastanum*, Sapindaceae). Basipetale Fiederbildung. **g,** *Musanga cecropioides* (Urticaceae). Baumkrone mit großen, stark zerteilten Blättern. Gabun. **h,** *Trevesia burckii* (Araliaceae). Fiederblatt mit zentralem Flächenwachstum. **i, j,** Orientalische Nieswurz (*Helleborus orientalis*, Ranunculaceae). Pedates Fiederblatt, basipetal. Aufsicht (**i**) und Ausschnitt von abaxial (**j**). E, Endfieder. 1- 4 bzw. 5, Seitenfiedern erster bis vierter bzw. fünfter Ordnung. (© R. Claßen-Bockhoff, Mainz)

◘ Abb. 8.51   Funktionelle Vielfalt der Rhachis. a–f, Wegericharten (*Plantago*, Plantaginaceae). **a,** *P. coronopus.* Fiederblatt mit relativ breiter Rhachis. **b,** *P. maritima.* Lineares Blatt, Fiedern nur noch als Zähnchen erkennbar. **c–e,** Rhachisblätter. Flächig verbreiterte, bogennervige Rhachis mit Fiederzähnchen. **c,** *P. lanceolata.* **d,** *P. media.* **e,** *P. major.* **f,** *P. coronopus.* Blattrosette. **g,** Knollen-Platterbse (*Lathyrus tuberosus,* Fabaceae). Laubblatt mit lanzettlichen Stipeln (St), Blattstiel, einem Fiederpaar (Fi) und rankender Rhachis. **h,** *Astragalus* (Fabaceae). Die Rhachis der paarig gefiederten Spreite läuft in eine Spitze aus (Pfeil), verdornt und persistiert nach dem Abwurf der Fiedern als Rhachisdorn (Rd). (© **a–e:** P. Schubert, Mainz. Mit freundlicher Genehmigung. **f–h:** R. Claßen-Bockhoff, Mainz)

mit parallel- oder bogenförmiger Nervatur. Nur bei genauer Betrachtung kann man Zähnchen am Blattrand erkennen. Tatsächlich handelt es sich bei diesen Formen um Fiederspreiten mit stark verbreiterter Rhachis und zur Unkenntlichkeit reduzierten Fiedern. Dies gilt auch für die linealen Blätter von *P. maritima* (◘ Abb. 8.51b), die ebenfalls einen gezähnten Blattrand aufweisen.

Weitere Funktionen der Rhachis sind **Ranken- und Dornbildung**:

- Bei verschiedenen Fabaceen geht das gesamte Oberblatt (◘ Abb. 8.46d) oder dessen distaler Teil in die Rankenbildung über (◘ Abb. 8.46e und 8.51g), während die Assimilationsfunktion von den Stipeln und proximalen Fiedern erfüllt wird. Der rankende Abschnitt kann unverzweigt (**Rhachisranke**) oder verzweigt sein (Spreite mit **Fiederranken**).
- Die große Gattung *Astragalus* (Fabaceae), die ein charakteristisches Element eurasiatischer Steppen und Hochgebirge darstellt, bildet **Rhachisdornen**. Das Laubblatt ist gefiedert und endet mit einer Rhachisspitze (◘ Abb. 8.51h: Pfeil). Ältere Blätter werfen die laubigen Fiedern einzeln ab; die Rhachis persistiert, verholzt und bildet einen Fraßschutz gegen Weidetiere.

Scheinbare Fiederblätter

Scheinbare Fiederblätter sind Blätter oder Sprossabschnitte, die wie Fiederblätter aussehen, aber **analog** zu diesen sind:

- Das erstaunlichste Beispiel betrifft die Familie der **Palmen** (Arecaceae), deren oft riesige Spreiten in vielfältiger Weise pinnat oder digital gefiedert erscheinen (■ Abb. 8.27a–c). Tatsächlich handelt es sich aber um Blätter mit **einfachen Spreiten**, die me-

chanisch aufreißen. Die junge Blattspreite ist regelmäßig **scharf gefaltet** (■ Abb. 8.52a) und bildet an den Faltkanten **präformierte Aufrissstellen**. Der **Blattrand** wird bei der Blattentfaltung abgesprengt und ist an jungen Blättern noch erkennbar (■ Abb. 8.41b: Pfeile).

- Die ganzrandigen Spreiten einiger Marantaceen tragen **Blattmuster**, die Fiederblättern ähneln (■ Abb. 8.52c und 8.64b). Sie kommen durch eine

■ **Abb. 8.52** **Scheinbare Fiederblätter. a, b,** Palmwedel werden als einfache Spreiten angelegt und reißen dann an präformierten Längsfalten auf. **a,** Junge, stark gefaltete Spreite. **b,** Palmwedel während der Entfaltung mit Resten des Blattrandes (Pfeile). **c,** *Goeppertia makoyana* (Marantaceae). Fiederblattartige Blattzeichnung. **d, e,** *Phyllanthus urinaria* (Phyllanthaceae). **d** Das täuschend echte ‚Fiederblatt' ist tatsächlich ein Kurztrieb mit einfachen, zweizeilig (distich) gestellten Blättern. **e,** Von der Unterseite betrachtet wird die Organisation deutlich: Das ‚Fiederblatt' ist in Knoten gegliedert, an denen Blüten bzw. Früchte sitzen. **f,** *Anisophyllea disticha* (Anisophylleaceae). Blattartig abgeflachtes Sprosssystem mit ungleich großen Laubblättern. gB, großes Blatt. kB, kleines Blatt. (© R. Claßen-Bockhoff, Mainz)

lokal unterschiedliche Chlorophylldichte zustande. Über ihre biologische Bedeutung ist wenig bekannt. Möglicherweise dienen die vielfältigen Blattmuster der **Tarnung**, da die Blätter nicht mehr wie typische Blätter aussehen. Das gelegentliche Vortäuschen von **Fraßspuren** (■ Abb. 8.64c) deutet ebenfalls auf einen Schutzmechanismus hin (**Mimese** ■ Abb. 8.63).

— Das Sprosssystem einiger *Phyllanthus*-Arten (Phyllanthaceae) täuscht pinnate Fiederblätter vor (■ Abb. 8.52d, e). Tatsächlich erkennt man das zugrunde liegende Sprosssystem erst, wenn man die vermeintlichen Blätter umdreht und auf ihrer Unterseite die Blüten und Früchte der Pflanze vorfindet. Die Ähnlichkeit zu einem Fiederblatt beruht auf der Größe, Form und dicht-zweizeiligen (distichen) Anordnung der einfachen und zarten Blätter.

— Ähnliche, scheinbare Fiederblätter treten auch in anderen Gruppen auf, so z. B. bei *Anisophyllea disticha* (Anisophylleaceae; ■ Abb. 8.52f) oder einigen Gymnospermen wie dem Urweltmammutbaum (*Metasequoia glyptostroboides*, Cupressaceae; ■ Abb. 5.44g) oder der Sumpfzypresse (*Taxodium distichum*, Cupressaceae; ■ Abb. 5.46k), bei denen die einfachen Blätter bzw. Nadeln fiederblattartig an der Sprossachse angeordnet sind.

Schild- und Schlauchblätter

Bei den **peltaten** Schild- und Schlauchblättern setzt der **Blattstiel** (scheinbar) auf der **abaxialen** Seite der Spreite an (■ Abb. 8.33y, z; ■ Abschn. 8.3.2). Bekannte Bei-

spiele für **Schildblätter** liefern die Lotosblume (*Nelumbo nucifera*, Nelumbonaceae; ■ Abb. 7.6a), die Kapuzinerkresse (*Tropaeolum majus*, Tropaeolaceae; ■ Abb. 8.39e), die Riesenseerose (*Victoria amazonica*, Nymphaeaceae; ■ Abb. 8.45a) oder der Wassernabel (*Hydrocotyle*, Apiaceae; ■ Abb. 8.53a). Bei ihnen ist die Spreite flach ausgebreitet, während sie bei den **Schlauchblättern** hohlkörperförmig (**ascidiat**) gestaltet ist. Schlauchblätter finden sich fast ausschließlich bei carnivoren Pflanzen mit Fallgruben (► Abschn. 8.6.2) wie z. B. bei der Kannenpflanze *Nepenthes* (Nepenthaceae; ■ Abb. 8.53b–d), dem Zwergkrug *Cephalotus* (Cephalotaceae; ■ Abb. 8.91f, g) und Vertretern der Sarraceniaceae wie Sumpfkrug (*Heliamphora*; ■ Abb. 8.91d), Schlauchpflanze (*Sarracenia*; ■ Abb. 8.91e) und Kobralilie (*Darlingtonia*).

Diplophyllie

In den Kontext peltater Blätter gehört die **Diplophyllie** (Doppelspreitigkeit), die ihren Namen von der südamerikanischen *Lachemilla diplophylla* (Rosaceae) erhalten hat. Die Laubblätter dieser Pflanze weisen zwei längs verlaufende Auswüchse auf der adaxialen Seite der Spreite auf, deren Bildung auf einem der Querzonenbildung ähnlichen Prozess beruhen dürfte (Troll 1939). Solche Doppelspreiten treten natürlicherweise selten auf (z. B. in der Gattung *Caltha*, Sumpfdotterblume, Ranunculaceae), kommen aber immer wieder als aberrante Formen vor (Teratologien; ► Exkurs 9.3), z. B. bei *Bergenia crassifolia* (Saxifragaceae; ■ Abb. 8.54a, b). Bedeutung erhielt die Diplophyllie

■ **Abb. 8.53   Schild- und Kannenblätter. a,** Wassernabel (*Hydrocotyle*, Araliaceae). Schildblatt. Blick auf die Unterseite (Us) mit ansitzendem Blattstiel. Os, Oberseite. **b–d,** Kannenpflanze (*Nepenthes kampotiana*, Nepenthaceae). Das carnivore Laubblatt ist arbeitsteilig in ein assimilierendes Unterblatt (Ub), einen rankenden Blattstiel (Pe) und eine schlauchförmige (peltat-ascidiate) Blattspreite differenziert. **b,** Unterblatt und Blattstiel entwickeln sich vor der Spreite, die je nach Ernährungszustand auch unentwickelt bleiben kann. **c,** Junge, in Entwicklung begriffene Kanne. **d,** Die Kanne bildet am Grund ein Sekret mit Verdauungsenzymen (► Abschn. 8.6.2). (© R. Claßen-Bockhoff, Mainz)

◘ **Abb. 8.54 Diplophyllie und apeltate Schlauchblätter. a, b,** *Bergenia crassifolia* (Saxifragaceae). Ungewöhnlich gestaltetes, diplophylles Laubblatt. **a,** Blatt mit ausgeprägter Unterblattscheide (Sch) und gestielter Spreite. **b,** Diplophylle Spreite. **c,** *Dischidia major* (Apocynaceae). Die Aussackung der Blattunterseite (Us) führt zur Schlauchbildung, die Blattoberseite liegt innen. Im Inneren des Urnenblattes leben Ameisen (▶ Abschn. 8.6.2). Borneo. **d–h,** Marcgraviaceae. Bildung krugförmiger Blätter durch Aussackung der Blattoberseite (Os). **d,** *Norantea guianensis*. Das Schlauchblatt fungiert als Nektarbecher. Die Nektarien liegen auf der Unterseite (Us) der Blattspreite. Sie gelangen durch die Einstülpung (*E*) der Spreite ins Innere des Schlauches und nach dessen Drehung um 180° (*R*, Resupination; ▶ Exkurs 11.9) in ihre Endposition. **e, f,** *Schwartzia brasiliensis*. Vogelblütige Art mit resupinierten, nach oben offenen Nektarbechern. **g, h,** *Marcgravia umbellata*. Habitus (**g**) und Aufriss (**h**) einer Infloreszenz mit Nektarbechern am sterilen, distalen Ende (Schopfblume; ▶ Abschn. 9.5.1); aufgrund der hängenden Lage entfällt die Resupination. (© **a, b, g**: R. Claßen-Bockhoff, Mainz. **c**: A. Weber, Wien. **e, f**, JF Toni, Jena/Dornach. **d, h**: Original. Mit freundlicher Genehmigung der Bildautoren)

durch die **Diplophyllietheorie** des Angiospermenstaubblattes, nach der sich die vier Pollensäcke der Anthere an den vier Blatträndern einer diplophyllen Spreite entwickeln sollten (Baum und Leinfellner 1953). Diese Auffassung, die lange Jahre dominierte (Weberling 1981), ist seit den 1980er-Jahren nicht mehr aktuell (Leins und Boecker 1981).

Apeltate Schlauchblätter

Schlauchförmige Hohlräume können auch ohne Querzonenbildung durch Aussackung der Blattober- oder -unterseite entstehen:

- Bei einigen Arten der Gattung *Dischidia* (Apocynaceae-Asclepioideae) treten **Urnenblätter** (◘ Abb. 8.54c) auf. Sie entstehen durch verstärktes Wachstum der Blattunterseite, wodurch die Blattoberseite zur Innenseite der krugförmigen Aussackung wird (**Epiascidium** sensu Troll 1939). Die Arten kommen in Südostasien vor, wo sie als kletternde Epiphyten wachsen, sprossbürtige Wurzeln in den Blatthohlraum hinein ausbilden und mit Ameisen in Symbiose leben (▶ Abschn. 8.6.2).
- In umgekehrter Richtung bilden sich bei den neotropischen **Marcgraviaceae** schlauchförmige Blätter. Die Tragblätter der Blüten fungieren als extraflorale, nuptialeNektarien (▶ Abschn. 11.3.2; Gilg und Werdermann 1925). Sie tragen auf der Unterseite Nektardrüsen, die durch verstärktes Wachstum der Oberseite auf die **Innenseite** des krugförmig eingestülpten Blattes zu liegen kommen (**Hypoascidium** sensu Troll 1939). Bei *Norantea guianensis* und *Schwartzia brasiliensis* dreht sich der Stiel der auf die Blütenachse verschobenen Tragblätter (achsenbürtige Rekauleszenz; ◘ Abb. 6.37d) um 180° (Resupination; ▶ Exkurs 11.9), sodass der Nektartrog nach oben weist (◘ Abb. 8.54d: *E, R*, und 8.54e, f). Er ist leuchtend rot gefärbt und lockt Kolibris zum Blütenbesuch an. Bei *Marcgravia umbellata* (◘ Abb. 8.54g, h) entfällt die Resupination, da der Blütenstand an einem langen Stiel (flagelliflor) aus dem Laubwerk der Pflanze herabhängt. Die krugförmig gestalteten Brakteen stehen an blütenlosen Stielen oberhalb des Blütenstandes, der damit formal zu einer Schopfblume wird (▶ Abschn. 9.5.1).

8.3.5 Diversität des Blattstieles

Der **Blattstiel (Petiolus;** ◘ Abb. 8.33: violett) bildet sich am Ende der Blattentwicklung durch **interkalare** Streckung zwischen Unterblatt und Spreite. Er ist entweder bifacial und weist dann oft eine stärker entwickelte Unterseite und einen parallelen Leitbündelverlauf auf

(◘ Abb. 8.59a), oder er ist unifacial, stielrund (◘ Abb. 8.43e: P) und durch inverse Leitbündelanordnung charakterisiert (◘ Abb. 8.57g).

Funktionelle Vielfalt des Blattstieles

Der Blattstiel hat die primäre **Funktion**, die Spreite zur Sonne hin zu exponieren. Besonders auffällig ist diese Funktion bei den Palmen (Arecaceae), bei denen die längsten und stabilsten Blattstiele auftreten. Gelegentlich übernimmt der Blattstiel aber auch Sonderfunktionen:

- Bei der Waldrebe (*Clematis vitalba*, Ranunculaceae) und den Kannenpflanzen (*Nepenthes*, Nepenthaceae; ◘ Abb. 8.53b, c) fungiert der Blattstiel als **Ranke**.
- Bei der kalifornischen *Fouquieria splendens* (Fouquieriaceae; ◘ Abb. 8.55d, e) und dem südafrikanischen Dornstrauch *Sarcocaulon crassicaule* (Geraniaceae; ◘ Abb. 8.55g, h) treten **Blattstieldornen** auf. Die Spreite der Laubblätter wird in beiden Fällen abgeworfen, während der Petiolus verdornt und persistiert. Bei *Fouquieria splendes* verdornen nur die Blattstiele der Langtriebblätter, in deren Achseln sich Kurztriebe mit einfach gestalteten Laubblättern entwickeln (◘ Abb. 8.55e; Heterophyllie ▶ Abschn. 6.5.2).
- Bei *Kalanchoë delagoensis* (Crassulaceae; ◘ Abb. 8.55f) übernehmen die Blattstiele **Spreitenfunktion**. Sie sind **sukkulent**, **assimilieren** und tragen an der Spitze eine kurze Spreite.
- Entwickelt der Blattstiel eine Fläche und übernimmt **Assimilationsfunktion**, liegt ein **Phyllodium** (Blattstielblatt) vor. Phyllodien treten vor allem bei den australischen Akazien auf und sind darüber hinaus selten. Nach Troll (1939) finden sich weitere Beispiele bei den Crassulaceae (*Kalanchoë verticillata*), Apiaceae (*Rhyticarpus difformis*) und Oxalidaceae (*Oxalis bupleurifolia*).
- Der Blattstiel ist an verschiedenen **Blattbewegungen** wie Schlafbewegung, Resupination und Profilstellung beteiligt (▶ Exkurs 8.6).

Phyllodien australischer Akazien

Die Gattung *Acacia* ist mit knapp 1000 Arten neben der ebenfalls großen Gattung *Eucalyptus* eines der wichtigsten Florenelemente **Australiens** (▶ Abschn. 3.8.2, ◘ Abb. 3.25). Die meisten Arten wachsen als Sträucher oder kleine Bäume und kommen an **Trockenstandorten** vor. Sie sind durch einfach gestaltete, ledrige Blätter gekennzeichnet, deren Fläche oft vertikal von der Sprossachse absteht (◘ Abb. 8.55b, c). **Heterophylle Arten**, wie z. B. *A. heterophylla* und *A. melanoxylon* (◘ Abb. 8.55a), bilden je nach Umweltbedingungen

■ **Abb. 8.55 Funktionelle Vielfalt des Blattstiels. a–c,** Phyllodien australischer Akazien (*Acacia*, Fabaceae). **a,** *A. melanoxylon.* Gradueller Übergang vom Fiederblatt zum Phyllodium. *, mit winzigem Spreitenrudiment. **b, c,** Arten aus den Trockengebieten Australiens. **b,** Phyllodien extrem asymmetrisch, durch transversale Ausdehnung senkrecht zur Achse gestellt. **c,** Phyllodien mit der Achse verschleppt (Flügelung; ▸ Abschn. 6.7.3). **d, e,** *Fouquieria splendens* (Fouquieriaceae). Kalifornien. **d,** Habitus der Pflanze. **e,** Blattstieldorn mit beblättertem Kurztrieb in der Blattachsel. **f,** *Kalanchoë delagoensis* (Crassulaceae). Blätter mit fleckigem, sukkulentem Blattstiel und sehr kurzer Spreite. **g, h,** *Sarcocaulon crassicaule* (Geraniaceae). Dornstrauch der Knersvlakte. Südafrika. **g,** Pflanze zur Blütezeit mit gegliederten Blättern, Blattstiel leicht sukkulent. **h,** Pflanze zur Trockenzeit mit persistierenden, verdornten Blattstielen. (© **a**: P. Schubert, Mainz. Mit freundlicher Genehmigung. **b–h**: R. Claßen-Bockhoff, Mainz)

entweder doppelt gefiederte Laubblätter oder **Phyllodien**. Dazwischen treten **Übergangsformen** auf, z. B. Blätter mit gehemmter Spreite und verbreitertem Blattstiel. Die Übergänge haben dazu geführt, dass alle ungefiederten Blätter als Blattstielblätter bezeichnet werden. Tatsächlich trifft diese Interpretation aber nur auf Blätter zu, die ein **Oberblattrudiment** aufweisen (◘ Abb. 8.55a, b: *) und damit eine Gliederung in Stiel und Spreite anzeigen; fehlt die Gliederung, ist die Fläche dem Oberblatt homolog (▸ Exkurs 8.5).

Phyllodien ähneln Rhachisblättern (◘ Abb. 8.51c und 8.55a), da sie ebenso einfach gestaltet sind und parallel verlaufende Leitbündel aufweisen. Sie unterscheiden sich von ihnen darin, dass sie an der Spitze eine **rudimentäre Spreite** tragen und **niemals am Rand gezähnt** sind. **Morphologisch** handelt es sich bei beiden Formen um **Blätter** (im Gegensatz zu Plyllokladien;

▸ Exkurs 1.3, ▸ Abschn. 8.2.5), deren Blattflächen jedoch nicht der Spreite, sondern der verbreiterten Rhachis bzw. dem verbreiterten Blattstiel entsprechen.

Die **senkrechte Stellung** vieler Phyllodien zur Sprossachse beruht auf der Richtung des **Dickenwachstums**. Sie schützt vor direkter Sonneneinstrahlung und stellt zusammen mit der ledrigen Beschaffenheit des Blattes eine Anpassung an den trockenen Standort der Pflanze dar. Interessanterweise stehen auch die Blätter vieler *Eucalyptus*-Arten senkrecht zur Sprossachse, wobei diese Position auf der **Drehung des kurzen Blattstiels** beruht (◘ Abb. 8.61a, ▸ Exkurs 8.6). Das Beispiel zeigt ebenso wie die Rhachisblätter, Phyllodien und Phyllokladien, dass gleiche Formen und Funktionen auf verschiedenen strukturellen Wegen erreicht werden (analog).

Exkurs 8.6 Blattbewegungen

Die Blätter mancher Arten falten sich zusammen, wenn es dunkel wird (**Schlafbewegung**), drehen die Spreite senkrecht zum Licht, wenn die Sonneneinstrahlung zu hoch ist (**Profilstellung**), sind berührungsempfindlich (‚mimosenhaft') oder klappen beim Beutefang zusammen (*Dionaea*, Venusfliegenfalle, Droseraceae; ◘ Abb. 8.56e–h).

Die meisten dieser Bewegungen werden durch einen oder mehrere **äußere Reize** wie Licht (Photo-), Temperatur (Thermo-), Schwerkraft (Gravito-), Erschütterung (Seismo-) oder Berührung (Thigmonastie) induziert. Man spricht von **Nastien**, wenn die Bewegungsrichtung eines Organs durch die **Struktur der Pflanze** vorgegeben wird (z. B. Krümmung von Ranken: Thigmonastie), und von **Tropismen**, wenn sie sich im positiven oder negativen Sinne nach dem **Ort der Reizquelle** richtet (z. B. Wachstum zum Licht: Phototropismus).

Blattbewegungen beruhen auf Wachstum und/oder Turgoränderungen der Zellen und Gewebe. **Wachstumsbewegungen** sind langsam und irreversibel. Bei Ranken kommt es beispielsweise zur Spiralisierung, wenn eine Seite stärker wächst als die andere. **Turgoränderungen** sind demgegenüber meist schnell und reversibel. Sie gehen mit der Bildung eines **Schwellgewebes** (Pulvinus) einher, das sich bei Wasseraufnahme ausdehnt und z. B. das Aufklappen einer Blattspreite bewirkt (◘ Abb. 8.56a–d). Bei den **Süßgräsern** (Poaceae) treten Pulvini am Blattansatz und am Knoten (◘ Abb. 8.25d: PuA, PuB) auf und dienen der

Blattbewegung und dem Aufrichten des Halmes (▸ Abschn. 8.2.4).

Reaktion auf Licht und Dunkelheit

Blätter reagieren auf Licht und Dunkelheit. Sie richten sich zum Licht hin aus (Phototropismus) und stellen ihre Blattfläche bei Belichtung entweder voll ins Licht (positiv phototrop) oder in eine **Profilstellung** (negativ phototrop):

- Profilstellung ist besonders häufig an trockenen, strahlungsexponierten Standorten zu beobachten, an denen die Stomata zeitweise geschlossen bleiben (z. B. *Eucalyptus*; ◘ Abb. 8.61a). Durch einseitiges Wachstum dreht sich der Blattstiel vom Licht weg und vermeidet eine Überhitzung der Blattfläche.

- Einige Pflanzen wie der Stachellattich (*Lactuca serriola*, Asteraceae) sind als **Kompasspflanzen** bekannt. An sonnigen Standorten stellen sie die Spreite in Ost-West-Richtung. Auf diese Weise gelangt nur das weniger intensive Morgen- und Abendlicht auf die Blattfläche.

- Drehen sich die Blätter um 180° (z. B. Bärlauch, *Allium ursinum*, Amaryllidaceae), spricht man wie im Blütenbereich von **Resupination** (▸ Exkurs 11.9).

Die periodisch auftretende **Schlafbewegung** von Blättern beruht auf einer überwiegend lichtinduzierten Turgorveränderung und wird als **Nyktinastie** (griech. *nýx, nyk-*

tós, „Nacht") bezeichnet. Sie tritt z. B. bei Bohnen- (*Phaseolus*, Fabaceae) und Sauerkleearten (*Oxalis*, Oxalidaceae) auf und ist für die Blätter zahlreicher Pfeilwurzgewächse (Marantaceae) charakteristisch. Deren Blattstiele weisen im oberen Abschnitt ein Blattgelenk (**Pulvinus**) auf (◼ Abb. 8.56d: Pu), das als Schwellung erkennbar ist. Es besteht aus einem **parenchymatischen Schwellgewebe**, das rings um den Blattstiel verläuft (◼ Abb. 8.56c) und vermutlich antagonistisch arbeitet. Einseitige Wasseraufnahme führt zur Expansion der betroffenen Seite und zu einer Krümmungsbewegung auf der gegenüberliegenden Seite.

Bei einigen Fabaceae wie der Feuerbohne (*Phaseolus coccineus*, syn. *P. multiflorus*, Fabaceae-Faboideae) und Sinnpflanze (*Mimosa pudica*, Fabaceae-Mimosoideae; ◼ Abb. 8.56e, f) treten Blattgelenke an der Basis des Blattstieles und der Fiedern auf, sodass sich die Fiedern mit dem Blattstiel absenken (Troll 1939).

Reaktion auf Erschütterung und Berührung

Bei der **Sinnpflanze** (*Mimosa pudica*, Fabaceae) ist nicht das Licht der Auslöser für die Blattbewegung, sondern Erschütterung (**Seismonastie**). Die Blätter reagieren damit auf vorbeistreichende Tiere und schützen sich vor Fressfeinden, indem sie ihre grünen Teile vorübergehend ‚verschwinden lassen'. Der Mechanismus der **reversiblen Turgorbewegung** beruht auf antagonistisch wirksamem Parenchymgewebe. Im offenen Zustand sind die Pulvini **vollturgeszent**, bei Erschütterung tritt **schlagartig** Wasser aus und verursacht die schnelle Absenkbewegung. Die Wiederherstellung der ursprünglichen Turgorverhältnisse geschieht durch einen **aktiven Transport** und dauert bis zu einer halben Stunde (Sibaoka 1962; Braam 2005).

Auch die Fangbewegung der Blätter der **Venusfliegenfalle** (*Dionaea muscipula*, Droseraceae) beruht auf einer schnellen **Turgoränderung**. Die Blätter weisen einen geflügelten, assimilierenden Blattstiel und eine starre, leicht nach innen gefaltete Spreite auf. Auf dieser befinden sich einige **Fühlborsten**, die mit Rezeptorzellen in Verbindung stehen (◼ Abb. 8.56g). Werden sie von einem Beutetier **mehrfach berührt**, wird ein **Aktionspotential** (schlagartige Änderung der Membranspannung) ausgelöst, das sich über die Blattfläche ausbreitet und zum Zusammenklappen der Spreite führt. Die Fangbewegung gehört mit 100 ms zu den **schnellsten Bewegungen** im Pflanzenreich (Skotheim und Mahadevan 2005; weitere Beispiele in ▶ Abschn. 8.6.2, 11.7.4 und 11.7.5). Sie wird durch eine **mechanische Vorspannung** der Blattspreite **verstärkt**, die mit der Turgoränderung schlagartig abfällt und zum Zusammenschnellen der Blatthälften führt (*snap-buckling*; Forterre et al. 2005). Ein ähnliches ‚Umschnappen' kennt man von Haarclips oder historischem Blechspielzeug (‚Knackente'). Die Bewegung erfolgt so schnell, weil die Spannung bereits im Vorfeld aufgebaut wird und der Reiz zu einer **spontanen Entspannung** führt. Wie bei der Mimose ist die Bewegung **reversibel**. Der erneute Aufbau der Spannung benötigt Energie und Zeit.

Auf **Wachstum** beruht demgegenüber die **irreversible Krümmung** von **Ranken** nach einem Brührungsreiz (**Thigmonastie**). Zunächst führen die Ranken (wie Windesprosse; ▶ Abschn. 6.10.2, Abb. 6.55c) kreisende Suchbewegungen (**Nutationsbewegungen**; lat. *nutatio*, „Schwanken") aus, die **endogen** gesteuert werden und auf abwechselndem Wachstum der Rankenseiten beruhen. Bei Berührung einer Stütze wächst die außen liegende Seite schneller als die innere, wodurch es zur spiraligen Umwicklung der Stütze kommt (◼ Abb. 6.55g, h).

Reaktion auf Lufttrockenheit und Feuchtigkeit

Öffnen sich Blätter in **luftfeuchter Umgebung** spricht man von **Hygronastie** (Hydronastie), öffnen sie sich bei **Trockenheit"** von **Xeronastie**:

- **Hygronastie** ist bei **Süßgräsern** (Poaceae) weit verbreitet. Beim Knäuelgras (*Dactylis glomerata*) befindet sich nahe des Mittelnervs ein Schwellgewebe aus glasigen Epidermiszellen (◼ Abb. 8.56a, b); beim Maisblatt liegen solche Epidermiszellen beidseitig auf der gesamten Spreite verteilt vor (◼ Abb. 8.60d).
- **Xeronastie** tritt bei den **Strohblumen** (*Helichrysum*-Verwandtschaft, Asteraceae; ▶ Abschn. 9.5.2) auf. Die trockenen Involucralblätter der Köpfchen sind bei voller Sonne geöffnet und schließen sich bei Regen. Die Bewegung beruht auf der Quellung der Blattunterseite, deren Epidermis stark verdickte, quellbare Zellwände besitzt.

□ **Abb. 8.56   Blattbewegungen. a, b,** Grasblatt (Poaceae). **a,** Gefaltete Spreite bei Trockenheit. **b,** Ausschnitt mit Hauptleitbündel und großen, adaxialen Epidermiszellen. Feuchtigkeit führt zur Quellung und Auffaltung der Spreite. **c, d,** Blattstielgelenk (Pulvinus) bei Marantaceae. **c,** *Haumania danckelmaniana.* Querschnitt durch unifacialen Blattstiel im Pulvinusbereich. Peripher liegen zwei unterschiedlich gestaltete Schwellgewebe, in der Mitte die Leitbündel in zerstreuter, zueinander invers ausgerichteter Anordnung, **d,** *Ctenanthe setosa.* Blattstiel mit Pulvinus (Pu). **e, f,** Sinnpflanze (*Mimosa pudica*, Fabaceae). Doppelt gefiederte Laubblätter im ausgebreiteten Zustand (**e**) und nach Berührung (**f**). **g, h,** Venusfliegenfalle (*Dionaea muscipula*, Droseraceae). **g,** Blattspreite mit Fühlborsten auf der adaxialen Fläche und steifen Borsten am Blattrand. **h,** Geschlossene Blattfalle nach wiederholter Berührung eines Sinneshaares (▶ Abschn. 8.6.2). (© **a, b**: Botanische Sammlungen der JGU Mainz. **c**: HJ Krähmer, Hofheim. Mit freundlicher Genehmigung. **d–h**: R. Claßen-Bockhoff, Mainz)

8.3.6   Histologische Gliederung des Blattes

Die Laubblätter sind die **photosynthetisch** aktiven Organe der Pflanze (▶ Exkurs 2.2). Um erfolgreich Photosynthese betreiben zu können, muss das einfallende **Licht** optimal genutzt werden, ausreichend **Kohlendi-**oxid zur Verfügung stehen und eine gute Anbindung an das **Leitgewebe** der Pflanze zur Sicherstellung der Wasserversorgung und des zügigen Abtransportes der Assimilate vorhanden sein. In **Anpassung** an diese Aufgaben weisen alle Blätter vergleichbare **Gewebetypen** auf (□ Abb. 8.57).

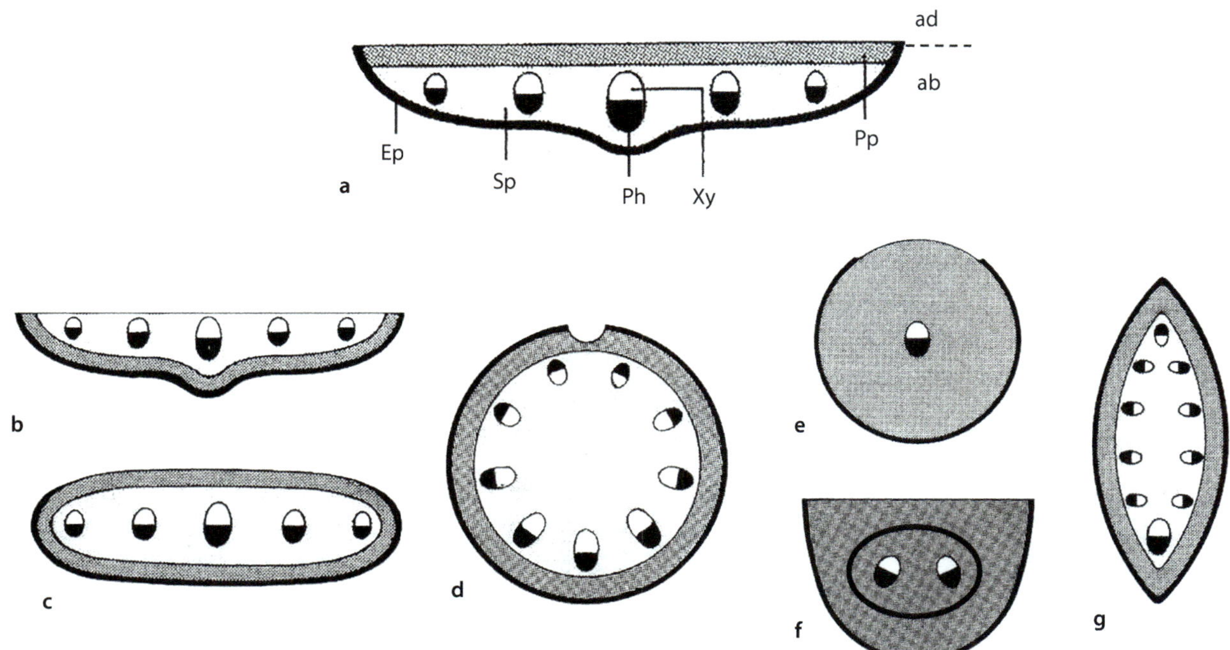

Abb. 8.57 **Histologischer Bau von Laubblättern. a**, Bifaciales Flachblatt. ab, abaxiale Epidermis (schwarz). ad, adaxiale Epidermis (grau). Ep, Epidermis. Ph, Phloem. Pp, Palisadenparenchym. Sp, Schwammparenchym. Xy, Xylem. Schwarze Umgrenzung: Blattunterseite. **b**, Invers bifaciales Flachblatt. **c**, Äquifaciales Flachblatt. **d**, Extrem einseitiges Rundblatt (oder Blattstiel): abaxiale Seite ausgedehnt, adaxiale Seite schmal. **e, f**, Äquifaciales Rundblatt (**e**) und äquifaciales Nadelblatt (**f**) mit homogenem Mesophyll (hellgrau). **g**, Unifacialer Auswuchs (oder Blattstiel) eines bifacial angelegten Blattes; adaxiale Blattseite fehlt. (© Sitte 1998, nach Troll und Rauh 1950, verändert)

Abschlussgewebe

Blätter sind allseitig von einer **Epidermis** mit **Cuticula** und **Stomata** umgeben, die in ihrer Ausprägung und ihren Eigenschaften außerordentlich **vielfältig** ist (▶ Abschn. 7.2.1). Die Epidermis ist meist einschichtig oder durch eine **Hypodermis** (▶ Abschn. 7.2.1, ◘ Abb. 8.60c) verstärkt. Meist liegen die Stomata auf der Blattunterseite (**hypostomatisch**; ◘ Abb. 8.58a, b) oder beidseitig (**amphistomatisch**; ◘ Abb. 8.58d), selten sind sie auf die Blattoberseite (**epistomatisch**) beschränkt. Letzteres ist z. B. bei den Seerosen (Nymphaeaceae) der Fall, deren Blätter flach auf der Wasseroberfläche liegen (◘ Abb. 8.45a).

Mesophyll

Das **Blattinnere** wird fast gänzlich vom Blattparenchym (Mesophyll) ausgefüllt, das **homogen** vorliegt oder funktionell in **Assimilations-** und **Transpirationsgewebe** differenziert ist.

Palisadenparenchym

Das Palisadenparenchym ist mit seinem hohen Gehalt an Chloroplasten (bis zu 80 %) das eigentliche **Assimilationsparenchym** des Blattes. Es liegt meist adaxial in einschichtiger Form vor (◘ Abb. 8.57a, 8.58a und 8.60b, c) und wird auf diese Weise dem Licht präsentiert. Seinen Namen hat es von den **länglichen Zellen**, die palisadenartig angeordnet sind. Die gestreckte Zellform hat zwei **Vorteile**: Zum einen können die im cytoplasmatischen Wandbelag liegenden Chloroplasten entlang der großen Oberfläche effizient angeordnet werden und das Licht optimal ausnutzen. Zum anderen ist die Kontaktfläche zum **Interzellularsystem** größer als bei abgerundeten Zellen, wodurch der Gasaustausch schneller erfolgen kann.

Schwammparenchym

Das **Schwammparenchym** dient primär der **Durchlüftung** und dem **Gasaustausch**. Es ist als lockeres Füllgewebe mit großen Interzellularen ausgebildet, die bis zu 90 % des Mesophyllvolumens einnehmen (◘ Abb. 8.58a). Es entsteht auf diese Weise ein inneres Durchlüftungssystem (lacunarer Raum), dessen Oberfläche zehn- bis 20-mal größer ist als die Blattoberfläche. Der innere Luftraum steht über die Atemhöhle (▶ Abschn. 7.2.1) mit den Stomata und der Außenluft in Verbindung (◘ Abb. 8.58a, b, d: Kreise).

Leitbündel und Leitbündelscheide

In der Mitte des Blattes liegen die **geschlossenen, collateralen Leitbündel** (▶ Abschn. 7.4.3), deren Xyleme gewöhnlich nach adaxial und Phloeme nach abaxial orientiert sind (◘ Abb. 8.57a: Xy, Ph). Die Leitbündel sind oft von Sklerenchymscheiden (▶ Abschn. 7.3.2) um-

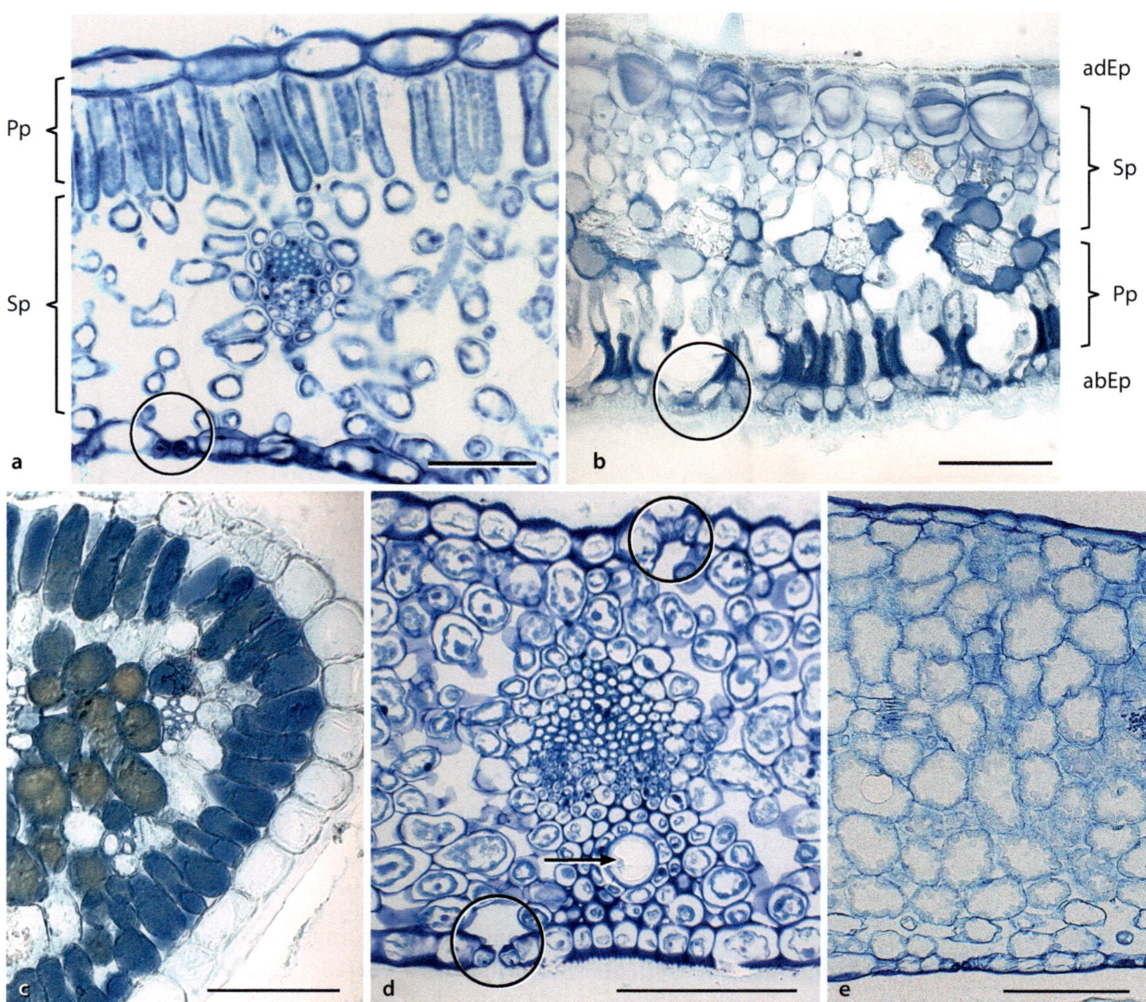

Abb. 8.58 Grundformen der Blattdifferenzierung. a, b, Bifacialer Bau. **a,** Hahnenfuß (*Ranunculus*, Ranunculaceae). Mesomorph, hypostomatisch. Schwammparenchym (Sp) mit ausgedehntem Interzellularraum. Pp, Palisadenparenchym. Kreis: Spaltöffnung. Balken: 100 µm. **b,** *Euchaetis longibractea* (Rutaceae). Skleromorph, invers bifacial, hypostomatisch. abEp, abaxiale Epidermis. adEP, adaxiale Epidermis. Balken: 100 µm. **c–e,** Äquifacialer Bau. **c,** *Staavia glutinosa* (Bruniaceae). Skleromorph, großzellige Epidermis, ausgeprägtes Palisadenparenchym. Balken: 100 µm. **d,** *Alepidea thodei* (Apiaceae). Skleromorph, amphistomatisch. Mesophyll homogen. Pfeil: Harzkanal. Kreise: Spaltöffnungen. Balken: 100 µm. **e,** *Kalanchoë daigremontiana* (Crassulaceae). Sukkulent, Mesophyll homogen, wasserspeichernd. Balken: 20 µm. (© **a**: Botanische Sammlungen der JGU Mainz. **b–e**: R. Bernhard & R. Claßen-Bockhoff, Mainz)

geben, die dem Blatt zusammen mit dem Turgor und der Epidermis bzw. Hypodermis Festigkeit verleihen (▶ Abschn. 2.2.3 und 7.1.1).

Die **Leitbündel** folgen in ihrem Verlauf dem Flächenwachstum und der Formbildung des Blattes (▶ Exkurs 8.4). Im Querschnitt sind sie meist nebeneinander angeordnet (■ Abb. 8.57a–c). Das mittlere Bündel ist gewöhnlich das stärkste und bildet die Mittelrippe des Blattes (■ Abb. 8.57a und 8.60d). Die Leitbündelanordnung variiert in vielerlei Hinsicht. Besonders interessant ist das Auftreten kleiner, vorzugsweise adaxial gelegener Leitbündel mit einer **inversen** Orientierung von Xylem und Phloem. Nach Troll (1939) handelt es sich dabei um seitliche Abzweigungen primärer Leitbündel, die während ihrer Entwicklung eine Drehung erfahren. Wie das genau geschehen soll, ist noch unklar.

Die Leitbündel werden in der Regel von einer lückenlosen **Bündelscheide** aus **Parenchymzellen** umschlossen, die den Wassertransport und den Beladevorgang des Phloems kontrollieren (▶ Abschn. 7.4.2). Die Leitbündelscheide hat somit die Funktion einer **physiologischen Grenzschicht**. Bei größeren Leitbündeln sind die Bündelscheiden durch Kollenchym- oder Sklerenchymzellen verfestigt und von Transferzellen durchbrochen.

In Blättern mit **Kranzanatomie** ist das Mesophyll nicht in Palisaden- und Schwammparenchym differenziert, sondern umgibt kreisförmig die großlumigen Zellen der parenchymatischen Leitbündelscheiden (■ Abb. 8.60d: Bs; Muhaidat et al. 2007). Die Kranzanatomie ist für viele **C₄-Pflanzen** typisch (▶ Exkurs 8.7) und geht mit einem **Chloroplastendimorphismus** einher. Im Mesophyll finden sich kleine Chloroplasten mit Grana- und Stromathylakoiden (▶ Abschn. 2.2.1), in der Bündelscheide dagegen große Chloroplasten, die ausschließlich Stromathylakoide aufweisen und Primärstärke enthalten (Stärkescheide). Zwischen den Parenchymkränzen liegen große Interzellularräume, die mit den Stomata in Verbindung stehen.

Symmetrie und Gewebeverteilung

Aussagen zur Symmetrie des Blattes beziehen sich auf seine **Anlage** am SAM (◘ Abb. 8.32c) und auf seine histologische **Differenzierung**:

- Nach der Anlage sind alle Blätter **bifacial** und weisen einen **Blattrand** auf. Wird der Blattrand während der Entwicklung unterdrückt, liegen **unifaciale Blattabschnitte** innerhalb eines bifacialen Blattes vor (▶ Abschn. 8.3.2, ▶ Exkurs 8.5).
- Die Polarität des Blattes in Form einer adaxialen und abaxialen Seite findet sich gewöhnlich auch in der **histologischen Differenzierung** wieder. Weisen beide Seiten die gleiche histologische **Differenzierung** auf, liegt ein **äquifaciales** Blatt vor.

Bifaciale und invers bifaciale Blätter

Ein bifaciales Laubblatt bildet unterschiedliche Gewebe auf der Ober- bzw. Unterseite aus (◘ Abb. 8.57a, b). Gewöhnlich liegt das Palisadenparenchym auf der adaxialen und das Schwammparenchym auf der abaxialen Seite (*Ranunculus*; ◘ Abb. 8.58a). Im umgekehrten Fall spricht man von **invers bifacialen** Blättern (*Euchaetis*, Rutaceae; ◘ Abb. 8.58b). Meist handelt es sich um Blätter, die dem Stängel dicht anliegen oder eine stark behaarte Oberseite aufweisen, sodass nur die Unterseite dem Licht zugekehrt ist. Einen Sonderfall stellt das invers bifaciale Blatt des Bärlauchs dar (*Allium ursinum*, Amaryllidaceae). Es dreht sich bei der Entfaltung um 180° (Resupination; ▶ Exkurs 11.9) und wendet seine assimilierende Unterseite nach oben, wodurch es **funktional** einem bifacialen Laubblatt entspricht (Troll 1939).

Äquifaciale Blätter

Äquifaciale Blätter (◘ Abb. 8.58c–e) weisen keine histologische Differenzierung in Ober- und Unterseite auf. Sie bilden entweder rundum ein ein- oder mehrschichtiges Palisadenparenchym (◘ Abb. 8.58c) oder besitzen ein homogenes Mesophyll aus mittelgroßen, annähernd runden (isodiametrischen) Parenchymzellen (◘ Abb. 8.58d, e). Den gleichartigen Blattseiten entsprechend liegen auch die Stomata meist am gesamten Blattrand (**amphistomatisch**).

Beispiele mit **Palisadenparenchym** liefern die Bruniaceae (◘ Abb. 8.42b und 8.58c), Apiaceae (◘ Abb. 8.58d), Asteraceae (*Chrysocoma* mit zweireihigem Palisadenparenchym, *Arctotheca populifera*), Myrtaceae (*Tryptomene*, *Eucalyptus*; ◘ Abb. 8.61a), Proteaceae (*Isopogon*) oder Rutaceae (*Agathosma*). Beispiele mit **homogenem Mesophyll** finden sich vor allem bei den blattsukkulenten **Rundblättern** der CAM-Pflanzen (Aizoaceae, Crassulaceae; ◘ Abb. 8.58e und 8.62i–k, ▶ Exkurs 8.7).

Bifaciale und unifaciale Blattstiele

In **bifacialen Blattstielen** liegen die Leitbündel entweder im Zentrum und sind von Parenchym (◘ Abb. 8.59b, c) und Festigungsgewebe umgeben, oder sie liegen auf einem oder mehreren Bögen, wobei das Xylem wie in der Spreite zur adaxialen Seite weist (◘ Abb. 8.59a). Ist die Krümmung sehr stark, schließen sich die Leitbündel zu einem Kreis zusammen (◘ Abb. 8.57d) und stehen sich invers gegenüber. In **unifacialen Blattstielen** liegen die Leitbündel immer invers zueinander (◘ Abb. 8.56c und 8.57g).

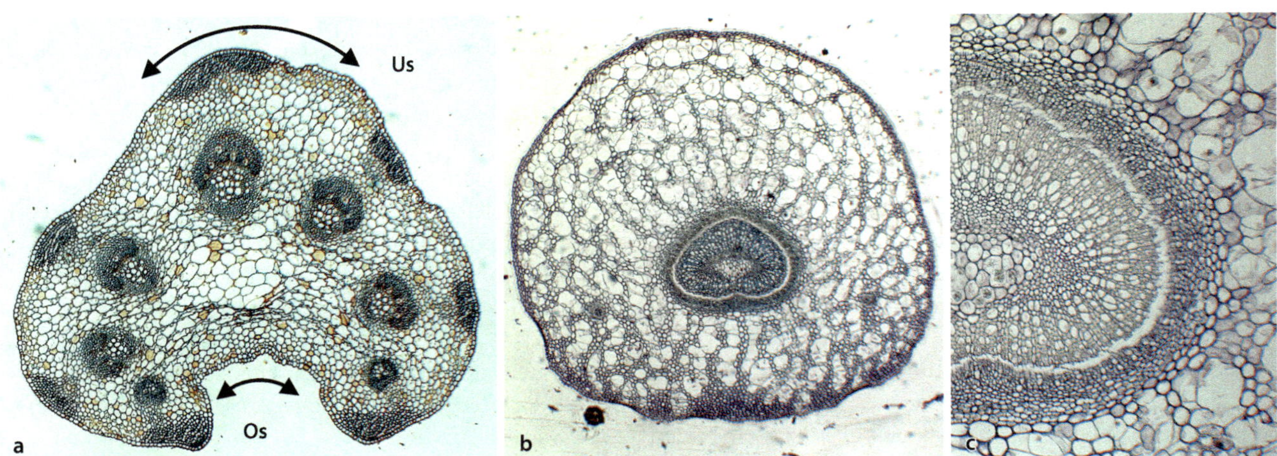

◘ **Abb. 8.59 Histologie des Blattstiels.** Blattstiele quer. **a,** Petersilie (*Petroselinum*, Apiaceae). Bifacialer Blattstiel, Unterseite (Us) gegenüber Oberseite (Os) stark gefördert. Leitbündel collateral, bogenförmig angeordnet. Festigungsgewebe am Rand (dunkel). **b, c,** *Rhododendron* (Ericaceae). **b,** Übersicht. Mesophyll als Aerenchym ausgebildet. **c,** Zentrales, konzentrisches Leitbündel mit Außenxylem und mächtiger Scheide. (© Botanische Sammlungen der JGU Mainz)

Exkurs 8.7 Extremstandorte: C_4- und CAM-Pflanzen

Pflanzen heißer und trockener Standorte benötigen einen besonderen **Verdunstungsschutz**. Um Wasserverlust zu vermeiden, halten sie die Stomata tagsüber geschlossen. Dadurch sinkt die Verfügbarkeit atmosphärischen Kohlendioxids im Mesophyll und steigt die Gefahr der Photorespiration (► Exkurs 2.2). Um effektiv Photosynthese betreiben zu können, haben C_4- und CAM-Pflanzen **besondere Stoffwechselwege** entwickelt. Diese treten jeweils obligat oder fakultativ auf und weisen Übergänge auf.

C_4-Pflanzen: Räumliche Trennung von Co_2-Fixierung und Assimilation

Bei den C_4-Pflanzen wird der Gefahr der Photorespiration durch die Schaffung zweier **räumlich getrennter Reaktionsräume** mit unterschiedlicher Enzymausstattung begegnet. Der **Calvin-Zyklus** (► Exkurs 2.2) wird in die Bündelscheide verlagert und RuBisCo (Ribulose-1,5-diphosphat-Carboxylase) aus dem Mesophyll entfernt. CO_2 wird zunächst im Mesophyll mittels PEP (Phosphoenolpyruvat)-Carboxylase in Form einer **C_4-Verbindung vorfixiert** und dann unter Energieverbrauch in die Bündelscheide transportiert, dort angereichert (etwa zehnmal höhere Konzentration als in der Außenluft) und nach oxidativer Decarboxylierung dem Calvin-Zyklus zugeführt.

Der **Ursprung** der C_4-Photosynthese liegt vermutlich im Oligozän vor etwa 25 Mio. Jahren (Sage et al. 2018). Als treibende Kraft wird die sinkende CO_2-Konzentration im Vergleich zur ansteigenden O_2-Konzentration gesehen, wodurch das sensible **Gleichgewicht** zwischen CO_2-Fixierung und Photorespiration der C_3-Pflanzen bedroht wurde. Der C_4-Metabolismus hat sich mindestens 60-mal **unabhängig voneinander** in 19 Familien und über 8000 Arten der Angiospermen entwickelt (Sage 2016):

- Mit mehr als 5000 C_4-Arten (62 % aller bekannten C_4-Arten) stellen die **Süßgräser** (Poaceae; ► Exkurs 11.11) die mit Abstand dominierende C_4-Familie dar (wichtige C_4-Vertreter z. B. Mais, Zuckerrohr). Vor etwa 2–8 Mio. Jahren (Pliozän/Miozän) begannen sie, ausgedehnte Graslandschaften zu bilden und Baumlandschaften zu verdrängen (► Abschn. 3.6.1). Steigende Trockenheit, Coevolution mit Weidetieren und regelmäßige Buschbrände verhinderten die Wiederbewaldung.
- Die zweitgrößte Gruppe der C_4-Pflanzen bilden die **Sauergräser** (Cyperaceae, ca. 16 %).
- Innerhalb der Dicotylen (mit ca. 22 % der bekannten C_4-Arten) treten C_4-Pflanzen in wenigen, nicht näher verwandten Linien der **Eudicotylen** auf. Familien semiarider und salzhaltiger Standorte wie z. B. **Amaranthaceae** (inkl. Chenopodiaceae; Kadereit et al. 2014), **Aizoaceen** oder **Zygophyllaceae** sind dabei überproportional vertreten (Muhaidat et al. 2007).

CAM-Pflanzen: Zeitliche Trennung von CO_2-Fixierung und Assimilation

Im Unterschied zu C_4-Pflanzen findet bei den CAM-Pflanzen keine räumliche, sondern eine **zeitliche Trennung** von CO_2-Fixierung und Assimilation statt. Morphologisch weisen sie ein gut entwickeltes, oft homogenes Mesophyll und große Vakuolen auf.

Der Stoffwechselweg der CAM-Pflanzen wurde an den Dickblattgewächsen entdeckt und nach ihnen Crassulaceen-Säurestoffwechsel genannt (*Crassulacean acid metabolism*, CAM). Er entspricht dem C_4-Metabolismus insofern, als CO_2 ebenfalls in einer C_4-Verbindung (Malat) vorfixiert wird. Allerdings findet dieser Prozess nicht tagsüber, sondern **nachts** bei geöffneten Stomata statt. Malat wird in Form von Äpfelsäure in den **Vakuolen** der Mesophyllzellen gespeichert. Am Tag wird die deponierte Säure decarboxyliert, und das freigesetzte CO_2 treibt den Calvin-Zyklus an. Wegen des täglichen Auf- und Abbaus der Äpfelsäure wird dieser Stoffwechsel auch als **diurnaler Säurerhythmus** bezeichnet (lat. *diurnus*, „täglich").

Der CAM kommt in über 30 monocotylen und dicotylen Familien sowie vereinzelt bei Brachsenkräutern (*Isoëtes*; Sy 8:2), Tüpfelfarnen (Polypodiales; Sy 8:14) und Gymnospermen (*Dioon*, Zamiaceae Sy 9:1, Welwitschiaceae Sy 9:3) vor (Silvera et al. 2010). *Welwitschia mirabilis* nutzt den CAM nur im südhemisphärischen Sommer, wenn die Nächte kurz sind und die Pflanze blüht. Die Gründe dafür sind unbekannt (v. Willert et al. 2005). Insgesamt gehören mit 16.800 Vertretern über 6 % aller Blütenpflanzen (≥340 Gattungen) zu den CAM-Pflanzen, die damit **doppelt so häufig** wie die C_4-Pflanzen sind. Die Orchideen stellen allein mit 9000 Arten über 50 % der CAM-Pflanzen. Innerhalb der Eudicotylen treten CAM-Pflanzen außer bei den Crassulaceae (◘ Abb. 8.55f und 8.62i–k) vor allem bei den Caryophyllales auf (z. B. Aizoaceae, Cactaceae, Portulacaceae; Sy 10B:47). Neben obligaten CAM-Pflanzen finden sich hier auch **fakultative** Arten wie die Eisblume (*Mesembryanthemum crystallinum*, Aizoaceae; ◘ Abb. 8.62g, h), die je nach Luftfeuchtigkeit als C_3- oder CAM-Pflanze agieren (Adams et al. 1998).

8.3.7 Standortökologische Anpassungen von Blättern

Blätter können winzig klein und riesig groß sein. Die kleinsten sind nur wenigen Millimeter groß (Schuppenblätter einiger Ericaceae, Bruniaceae, Tamaricaceae), die größten erreichen eine Länge von mehr als 20 (!) m (Bambuspalme, *Raphia*; ◘ Abb. 8.27a; Jones 1995).

Blätter sind ungegliedert oder gegliedert, einfach oder zusammengesetzt, ganzrandig oder gelappt, mit Zähnchen versehen oder bis zur Mittelrippe geteilt (◘ Abb. 8.33). Die Fülle an Formen ist kaum zu überblicken und erscheint auf den ersten Blick als ein freies Spiel der Natur. Tatsächlich weisen aber physiologische Studien darauf hin, dass die Vielfalt in enger **Anpassung** an den **Lebensraum** und die **Lebensweise** der Pflanzen entstanden ist (Nicotra et al. 2011).

Physiologische Konsequenzen der Blattform

Morphometrische Untersuchungen zeigen, dass sich Stamm- und Blattmasse **proportional** zueinander verhalten (Niklas 2004). **Wuchsform**, **Verzweigungsgrad** und **Phyllotaxis** nehmen daher unmittelbaren Einfluss darauf, ob die Pflanze **wenige große** oder **viele kleine** Blätter bildet. **Physikalische Faktoren** wie Lichtintensität, Feuchtigkeit, Temperatur und Wind spielen dabei eine zentrale Rolle. Pflanzen passen sich den standortökologischen Gegebenheiten an, wobei die unterschiedlichen Blattfunktionen (z. B. Thermoregulation, Verdunstungsschutz, Photosynthese) **Kompromisse** notwendig machen:

- **Große Blätter** erbringen eine hohe **Photosyntheseleistung**, beschatten aber darunterliegende Blätter, zerreißen im Sturm (◘ Abb. 8.49e) und haben eine schlechtere Thermoregulation als kleine Blätter.
- **Zerteilte Blätter** lassen Licht durch, haben einen **großen Randbereich**, an dem Konvektionsströme entstehen können, und leiten Assimilate vergleichsweise schneller als geschlossene Spreiten, weil sie nur die leistungsfähigen Hauptleitbündel ausbilden.
- **Kleine Blätter** können schnell ersetzt werden, fördern die **Anpassungsfähigkeit** der Pflanze und finden sich daher auch an extremen Standorten.
- **Blattzähne** treten eher bei Pflanzen kühlerer Klimazonen auf. Diese schon lange bekannte Korrelation wurde in einer globalen Studie bestätigt, in der die Beziehungen zwischen Blattgestaltung und **Klima** ermittelt wurde (Peppe et al. 2011). Danach treten große, stark gegliederte und gezähnte Blätter überwiegend in kühlen Klimazonen auf. Der große Blattrand steigert die Photoyntheseleistung, was insbesondere zu Beginn der Vegetationsperiode von Vorteil sein könnte (Royer und Wilf, 2006).

Neben den physiologischen und klimatischen Korrelationen beeinflussen auch **biotische Interaktionen** die Diversifizierung von Blättern (◘ Abb. 8.64). Der Schutz vor **Fressfeinden** dürfte die Entstehung von **Blattmustern** gefördert haben (▶ Exkurs 8.8). Der biologische Zusammenhang ist zwar kaum erforscht, aber die erstaunlich hohe **Ähnlichkeit** von natürlichen Mustern mit Fraßspuren oder Krankheitsbildern auf Blättern legen **Schutzanpassung** (Mimikry ▶ Exkurs 11.5) oder **Tarnung** (Mimese) nahe.

Blattformen und Vegetationseinheiten

Die Vegetationszonen der Erde unterscheiden sich in ihren **klimatischen Bedingungen** (▶ Abschn. 3.8.1). Das Laub der Pflanzen passt sich den großräumigen **Bedingungen** an und lässt sich grob einigen Vegetationszonen zuordnen (◘ Tab. 8.5; s. Physiognomie der Gewächse ▶ in Exkurs 6.9):

- **Temperate Breiten** weisen zwei dominierende Blattformen auf: die sommergrünen, **mesomorphen** (griech. *mesos*, „mittlere") Laubblätter der Angiospermen, die an moderate Feuchtigkeit angepasst sind, und die immergrünen, **skleromorphen** (griech. *skleros*, „hart") Blätter der Gymnospermen. Die **Laubblätter** der Gymnospermen werden oft als **Nadelblätter** bezeichnet – eine Benennung, die sich auch in der Unterscheidung von Laub- und Nadelbäumen bzw. Laub- und Nadelwäldern niederschlägt.
- **Mediterrane und subtropische Trockengebiete** lassen sich durch drei Hauptblattformen kennzeichnen: **skleromorphe** Blätter (mediterrane Hartlaubgesellschaften), **xeromorphe** (griech. *xeros*, „trocken") Blätter (Halbwüsten und Wüsten) und **sukkulente** (lat. *succulentus*, „saftreich") Blätter, die Wasser speichern.

◘ **Tab. 8.5** **Blattbeschaffenheit in unterschiedlichen Vegetationszonen der Erde.** Stark generalisiert

Vegetationseinheit	Blattbeschaffenheit	
Temperate Breiten – Laubwälder	sommergrün	mesomorph
– Nadelwälder (Gymnospermen)	immergrün	skleromorph
Mediterrane Hartlaubgehölze	immergrün	skleromorph
Subtropische Halbwüsten und Wüsten	saisonal	xeromorph sukkulent
Subtropische und tropische Wälder	immergrün	laurophyll, hygromorph

– **Subtropische und tropische Wälder** bilden je nach Luftfeuchtigkeit und Temperatur vor allem zwei Blattformen aus: **laurophylle** Lederblätter und **hygromorphe** (griech. *hygros*, „nass") Blätter mit Einrichtungen zur Förderung der Transpiration.

Die Blattformen sind nicht streng gegeneinander abgegrenzt, sondern durch **Übergänge** miteinander verbunden. Sie repräsentieren **Merkmalssyndrome**, deren einzelne Merkmale (z. B. Epidermisbeschaffenheit, Dicke des Palisadenparenchyms, randständige oder eingesenkte Lage der Stomata) in unterschiedlich starkem Maße ausgeprägt sein können.

Mesomorphe Laubblätter

Die mesomorphen Laubblätter der Samenpflanzen repräsentieren den **häufigsten Blatttyp** der **gemäßigten Breiten** und sind für die Laubwälder, Grasländer und Krautfluren der Nordhemisphäre charakteristisch. Sie sind **sommergrün** und werden am Ende der Vegetationsperiode abgeworfen, da sie nicht ausreichend gegen Frost und Trockenheit geschützt sind. Laubbäume vermeiden mit dem **Abwurf des Blattwerks** Astbruch durch Wind und Schneelast; andere Pflanzen schützen sich durch Blattabwurf gegen Insektenfraß oder eine übermäßige Anreicherung mit Schwermetallen (◘ Abb. 7.22a).

Die sommergrünen Laubblätter sind meist **flächig, bifacial** differenziert und in Unterblatt, Stiel und Spreite **gegliedert**. Sie weisen die größte morphologische **Vielfalt** unter allen Blattformen auf. Es ist daher nicht verwunderlich, dass die meisten der bisher vorgestellten Blätter zu dieser Gruppe gehören.

Im **häufigsten Fall** ist die Epidermis einschichtig, mit einer mäßig dicken Cuticula ausgestattet und mit Stomata auf der Blattunterseite versehen (hypostomatisch; ◘ Abb. 8.58a). Das Palisadenparenchym ist einschichtig und deutlich vom Schwammparenchym abgegrenzt.

Entwickeln sich die Blätter unter guten Lichtverhältnissen (**Sonnenblätter**), ist das Palisadenparenchym oft stärker entwickelt als in **Schattenblättern.** Es bildet größere Zellen mit vielen Chloroplasten und liegt gelegentlich in zwei oder mehr Schichten vor. Je nach Standortverhältnissen treten unterschiedlich differenzierte Blätter an ein und derselben Pflanze auf. Bekanntes Beispiel hierfür ist die Rotbuche (*Fagus sylvatica*, Fagaceae).

Skleromorphe Blätter der Gymnospermen

Die Gymnospermen weisen überwiegend skleromorphe, nadelförmige Blätter auf (Ausnahmen: z. B. Cycadales, *Ginkgo*; ▶ Abschn. 5.5.9). Sie prägen die ausgedehnten Nadelwälder der Nordhemisphäre und die Gymnospermenbestände der Südhalbkugel. Die Blätter sind **immergrün** (Ausnahmen: *Ginkgo, Metasequoia, Larix, Taxodium*; ◘ Abb. 5.44e, g, 5.45j und 5.46k) und im Winter der **Frosttrocknis** ausgesetzt. Da die Wurzeln aus dem gefrorenen Boden kein Wasser ziehen können, muss der Verdunstungsschutz der Blätter besonders gut ausgeprägt sein. Als Anpassung daran ist die **Nadelblattform** mit ihrer relativ zum Volumen **kleinen Oberfläche**, der **dicken Cuticula** und den oft in die Epidermis **eingesenkten Spaltöffnungen** (◘ Abb. 8.60a: St) entstanden.

Die Blätter sind meist **äquifacial** differenziert. Ein gut untersuchter Repräsentant dieser Gruppe ist die **Kiefernnadel** (*Pinus*; ◘ Abb. 8.60a; Esau 1969):

Die **Epidermis** (Ep) besteht aus dickwandigen Zellen und ist von einer **derben Cuticula** bedeckt. Ihre Zellen weisen aufgrund der **starken Zellwandbildung** nur kleine Lumina auf, die über schmale Verbindungskanäle mit den Nachbarzellen in Kontakt stehen. Nach innen folgt eine ein- bis zweischichtige **Hypodermis** (Hy) aus toten Sklerenchymzellen mit extrem dicken Zellwänden. Sie erhöht die mechanische Festigkeit des Blattes, schützt zusätzlich vor Wasserverlust und ist nur im Bereich der **Spaltöffnungen** unterbrochen. Diese liegen hauptsächlich auf der Blattunterseite und sind tief eingesenkt.

Das **Mesophyll** ist wenig differenziert und fungiert als **Assimilationsparenchym** (Ap). Seine Zellen sind durch leistenförmige Wandeinstülpungen vergrößert (Armpalisadenparenchym). Im Parenchym befinden sich **Harzkanäle** (Hk), die von einer festen **Sklerenchymscheide** gestützt werden und von dünnwandigen Drüsenzellen (Sekretzellen) ausgekleidet sind (▶ Abschn. 7.6.5).

Im Zentrum des Blattquerschnitts liegen **zwei collaterale Leitbündel** (Ph: Phloem, Xy: Xylem), die zusammen mit dem sie umgebenden **Transfusionsgewebe** (Tg) von einer dickwandigen **Leitbündelscheide** (Ed: Endodermis) umgeben werden. Das Transfusionsgewebe ist ein chloroplastenfreies **Parenchym**, das dem Stofftransport zwischen Leitbündeln und Mesophyll dient. Es enthält neben den Parenchymzellen **Strasburgerzellen** mit großen Zellkernen, die der Beladung des Phloems dienen (▶ Abschn. 7.4.2), und dünnwandige verholzte **Tracheiden** mit Hoftüpfeln. Die Leitbündel können ausnahmsweise **offen** sein. Bei zahlreichen *Pinus*-Arten erneuert das Cambium die kurzlebigen Siebzellen und zeigt damit ein für Blätter völlig unübliches **sekundäres Dickenwachstum** (Ewers 1982), das offensichtlich mit der **Langlebigkeit** der Nadelblätter in funktionalem Zusammenhang steht.

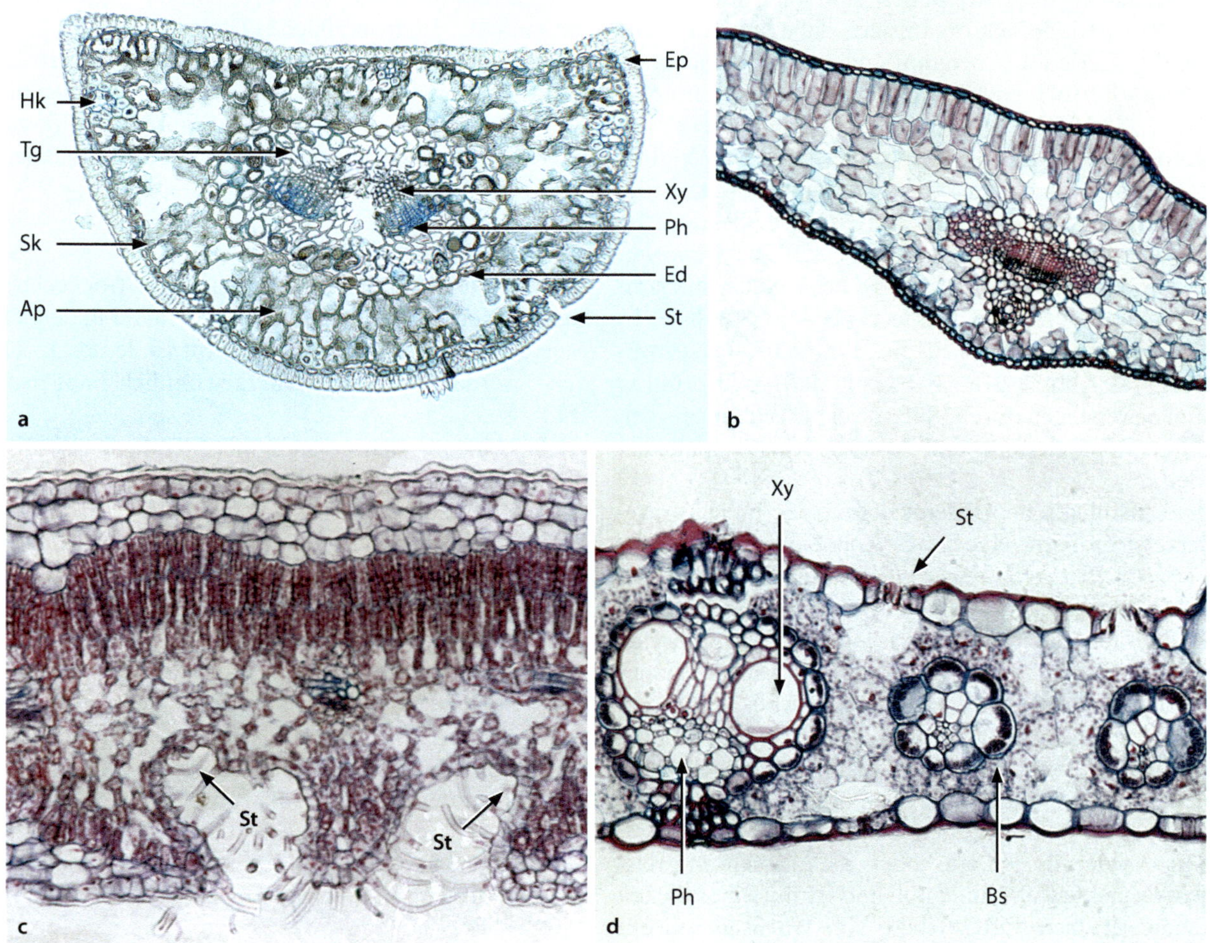

◘ Abb. 8.60 Histologischer Bau von skleromorphen Blättern und Kranzanatomie. a, Kiefer (*Pinus* spec., Pinaceae). Äquifacial, im Zentrum zwei Leitbündel mit Transfusionsgewebe, von Endodermis umschlossen. Ap, Assimilationsparenchym. Ed, Endodermis, Ep, Epidermis. Hk, Harzkanal. Ph, Phloem. Sk, sklerenchymatische Hypodermis. St, Stoma. Tg, Transfusionsgewebe. Xy, Xylem. **b**, Tanne (*Abies alba*, Pinaceae). Bifacial, mit nur einem zentralen Leitbündel. **c**, Oleander (*Nerium oleander*, Apocynaceae). Xeromorph, bifacial, hypostomatisch. Von oben nach unten: adaxiale Epidermis, Hypodermis, zweireihiges Palisadenparenchym, Schwammparenchym mit ausgedehntem Interzellularraum und Leitbündeln, extrem eingesenkte Stomata (St) mit dicht behaarten Vorhöfen, einschichtige, abaxiale Epidermis. **d**, Mais (*Zea mays*, Poaceae). C$_4$-Pflanze. Äquifacial. Mesophyll mit kranzförmigen Bündelscheiden (Bs), darin große Choroplasten (rot). Leitbündel collateral mit adaxialem Xylem (Xy) und abaxialem Phloem (Ph). (© Botanische Sammlungen der JGU Mainz)

Neben den bifacial-äquifacialen Blättern treten auch Nadelblätter mit deutlicher **Differenzierung des Mesophylls** in Palisaden- und Schwammparenchym auf:

— **Bifacial** differenziert sind die Nadeln der Weißtanne (*Abies alba*, Pinaceae; ◘ Abb. 8.60b), die leicht an ihren beiden weißen Wachsstreifen auf der Nadelunterseite erkannt werden können (◘ Abb. 5.45c). Diese Streifen markieren die Lage der in Reihen angeordneten Stomata.

— **Invers bifacial** sind die Nadeln einiger Cupressaceae (z. B. *Thujopsis*). Für diese Familie sind anliegende Schuppenblätter charakteristisch, die nur ihre Unterseite dem Licht zuwenden (◘ Abb. 6.38d).

Skleromorphe und xeromorphe Hartlaubblätter der Angiospermen

Skleromorphe Blätter sind für die **mediterranen Hartlaubgesellschaften** des Mittelmeerraumes (Macchie), Kaliforniens (Chaparral), Australiens oder Südafrikas (Fynbos) typisch (◘ Abb. 3.22b, i, 3.25g und 3.26a, b). Sie sind an **hohe Sonneneinstrahlung** und **lange Trockenzeiten** adaptiert und stimmen in ihren Anpassungsmerkmalen mit den **xeromorphen** Blättern von Pflanzen wüstenähnlicher Standorte überein. Tatsächlich unterscheiden sich skleromorphe und xeromorphe Blätter eher im **Ausprägungsgrad** ihrer Anpassungen als in den Anpassungen selbst:

Trockenheitsresistente Blätter sind im typischen Fall **klein**, **derb** und **einfach** organisiert, dabei am Rand oft eingerollt (,ericoid', benannt nach den Ericaceae; ◘ Abb. 8.61c), nadel- oder schuppenförmig (◘ Abb. 8.61f–h). Wie bei den Nadelblättern der Gymnospermen wirkt die kleine Oberfläche dem Verlust von Wasser entgegen. Im Extremfall geht die Assimilationsfunktion auf die Sprossachse über, und die Blätter werden auf Schuppen reduziert, früh abgeworfen oder zu Dornen umgebildet, z. B. bei Rutensträuchern ► (Abschn. 6.10.2) und Kakteen (◘ Abb. 8.31h–j). In anderen Fällen drehen sich die Blätter in eine **Profilstellung** (◘ Abb. 8.61a, ► Exkurs 8.6) oder führen **Schließbewegungen** durch (Süßgräser; ◘ Abb. 8.56a, b), wodurch Überhitzung und Wasserverlust vermieden werden.

Die **histologische Differenzierung** ist bifacial (*Nerium oleander*, Apocynaceae; ◘ Abb. 8.60c), invers bifacial (*Euchaetis longibracteata*, Rutaceae; ◘ Abb. 8.58b und 8.61g) oder äquifacial. In diesem Fall ist entweder ein Palisadenparenchym ausgebildet (Bruniaceae; ◘ Abb. 8.58c), oder das Mesophyll liegt wenig differenziert vor (*Alepidea thodei*, Apiaceae; ◘ Abb. 8.58d). Bei einigen Myrtaceae (*Eucalyptus*, *Callistemon*) sind die Jugendblätter bifacial differenziert und flach ausgebreitet, während die älteren Blätter äquifacial und durch Torsion vertikal gestellt sind.

Die **Epidermis** ist ein- oder mehrschichtig, weist außen verdickte Zellwände auf und ist mit einer dicken Cuticula versehen. Oft ist diese von **Wachsen** bedeckt (*Rhododendron campanulatum*; ◘ Abb. 8.61i) oder **wollig-filzig behaart** (*Rhododendron* sp.; ◘ Abb. 8.61c), wodurch die Intensität der Sonneneinstrahlung und mögliche Konvektionsströme über den Stomata abgemildert werden. Die **Stomata** liegen oft **eingesenkt** in windstillen, ebenfalls behaarten Räumen (◘ Abb. 8.60c) und bleiben bei CAM-Pflanzen tagsüber geschlossen (► Exkurs 8.7).

Das **Palisadenparenchym** ist, sofern vorhanden, gut entwickelt und liegt oft mehrreihig vor (Phyllodien einiger *Acacia*-Arten ◘ Abb. 8.55b, Oleander ◘ Abb. 8.60c und 8.61h). Die Fläche des inneren Durchlüftungssystems ist dann deutlich größer als bei den sommer-

grünen Laubblättern und erreicht die 30-fache Ausdehnung der Blattoberfläche (Turrell 1936).

Festigungsgewebe in Form von Sklerenchymsträngen ist fast immer vorhanden. Es dient dem **Verdunstungs-** und **Fraßschutz**. Letzterer wird durch häufig anzutreffende **Stacheln**, **Dornen** oder spitze **Blattzähne** verstärkt (◘ Abb. 8.61b, e).

Sukkulente Blätter

Blattsukkulente Pflanzen überleben an trockenen (oft salzhaltigen) Standorten, indem sie Wasser in den Vakuolen des Mesophylls speichern. Am Ende der Trockenzeit werden die Blätter gewöhnlich abgeworfen (◘ Abb. 7.22a).

Sukkulente Blätter sind meist **einfach** organisiert, **dickfleischig** bis **rund** und von einer glatten, oft **wachsigen Cuticula** überzogen (◘ Abb. 8.62i).

Crassulaceae

Zu den bekanntesten Vertretern gehören Arten der **Dickblattgewächse** (Crassulaceae; ◘ Abb. 8.62i–k) wie Mauerpfeffer (*Sedum*) oder Hauswurz (*Sempervivum*), die in Steingärten kultiviert und zur Dachbegrünung genutzt werden. Ihre Blätter sind meist **äquifacial** und **amphistomatisch**, weisen ein **homogenes Mesophyll** auf und folgen dem **CAM**-Stoffwechsel. Stehen die Blätter allerdings so dicht, dass ihre Oberseiten gänzlich bedeckt sind (◘ Abb. 8.62j, k), treten auch **invers bifaciale** Blätter auf (z. B. *Crassula columnaris*, *C. teres*; Troll 1939).

Aizoaceae: Lebende Steine und Fensterblätter

Die **Mittagsblumengewächse** (Aizoaceae) haben ihr Hauptverbreitungsgebiet in den Trockengebieten Südafrikas. Berühmt sind die ,Lebenden Steine' der **Knersvlakte** (◘ Abb. 8.62a, b), einem einzigartigen Lebensraum, der mit seinem hohen Artenreichtum zu den Hotspots pflanzlicher **Biodiversität** gehört (► Exkurs 3.11). Über die Bedeutung des Namens wird gestritten, aber eine mögliche Übersetzung lautet ,Knirschfeld'. Sie trifft die Verhältnisse sehr gut, denn das wüstenartige Gelände ist von **Quarzitsteinen** bedeckt, die beim Betreten ein knirschendes Geräusch machen.

◘ **Abb. 8.61   Hartlaub. a–h, Skleromorphe Blätter** mit standortökologischen Anpassungen. **a**, *Eucalaptus* (Myrtaceae). Äquifaciales Blatt. Profilstellung. **b**, Flockenblume (*Centaurea*, Asteraceae). Involucralblätter mit verdorntem Oberblatt. Fraßschutz. **c**, *Rhododendron* (Ericaceae). Filzig behaarte Unterseite, zurückgerollte Blattränder (ericoide Rollblätter). **d**, Christusdorn (*Paliurus spina-christi*, Rhamnaceae). Charakteristischer Vertreter der mediterranen Hartlaubvegetation. **e**, *Hakea* (Proteaceae). Starres Fiederblatt mit verdornten Fiederspitzen. **f**, *Staavia glutinosa* (Bruniaceae). Nadelförmiges Blatt, äquifacial. **g**, *Euchaetis longibracteata* (Rutaceae). Blätter ≥5 mm, invers bifacial. **h** Oleander (*Nerium oleander*, Apocynaceae). Bifacial, mehrschichtiges Palisadenparenchym, eingesenkte Stomata. **i–l, Laurophylle Blätter** (ledrig). **i**, *Rhododendron campanulatum* (Ericaceae). Lederblatt mit dickem Wachsüberzug. **j**, *Ardisia crenata* (Primulaceae). Lederblatt mit symbiontischen Bakterien in Blattrandkerben (s. Text). **k**, Lorbeerblätter (Lauraceae). Teneriffa. Von links nach rechts: *Persea indica*, *Laurus novocanariensis*, *Ocotea foetens*, *Apollonias canariensis*. **l**, *Morinda jasminoides* (Rubiaceae). Kletterpflanze australischer Tertiärwälder. (© R. Claßen-Bockhoff, Mainz)

□ **Abb. 8.62 Sukkulente Blätter. a–f,** Knersvlakte, Südwestafrika. **a,** Blütezeit im August (südhemisphärischer Winter). **b,** Trockenzeit im November. **c–e,** Mittagsblumengewächse (Aizoaceae). **c,** *Monilaria scutata*. Sukkulente Rundblätter. **d, e,** ‚Lebende Steine‘ (*Lithops gesinae*). **d,** Sukkulente Blätter mit unpigmentierten ‚Fenstern‘. **e,** Längsschnitt durch Laubblatt mit Fenster (Fe, braun), Chloroplasten führendem Wandbelag (Wa, grün) und wasserspeicherndem Mesophyll (Me, glasig). **f,** Grünalgen auf der Unterseite eines lichtstreuenden Kieselsteines. Analogie zu den Fensterblättern der Aizoaceae. **g, h,** Eisblume (*Mesembryanthemum crystallinum*, Aizoaceae). **g,** Blüte. **h,** Sukkulente Blätter mit Wasser speichernden Epidermispapillen (Glaszellen). **i–k,** Dickblattgewächse (Crassulaceae). **i,** *Cotyledon orbiculata*. Sukkulente Flachblätter mit Wachsauflagerung. **j, k,** *Crassula*-Arten mit sich dicht deckenden Blättern. **j,** *C. plegmatoides*. **k,** *C. rupestris*. (© R. Claßen-Bockhoff, Mainz)

Zwischen den Steinen, oft in den Boden **eingesenkt**, wachsen kleine, blattsukkulente Pflanzen (■ Abb. 8.62d, e), die sich äußerlich kaum vom Kies unterscheiden und seit der Beschreibung durch Burchell (1822) als ‚**Lebende Steine**‘ nichts von ihrer Faszination verloren haben. Sie sind die bekanntesten Beispiele für **Mimese** im Pflanzenreich, der **Tarnung** eines Individuums durch Anpassung an die Umgebung (■ Abb. 8.63).

Zu den Aizoaceae gehören 177 Arten aus 16 Gattungen (Smith et al. 1998), von denen die Gattungen *Conophytum* (88 Arten) und *Lithops* (36) die größten sind (■ Abb. 8.62d, e). Die Pflanzen bilden jedes Jahr ein Blattpaar, das an der Basis mehr oder weniger stark verbunden ist. Während der Trockenzeit dient es als Wasserreservoir und schützt das nächste Blattpaar. In einigen Gattungen (*Conophytum*, *Fenestraria*, *Lithops*) hat die extrem hohe **Sonneneinstrahlung** zur Evolution von **Fensterblättern** geführt, deren Funktion erstmals von Marloth (1909) beschrieben wurde. Die nach oben weisenden Blattflächen der stark sukkulenten Blätter besitzen **pigmentfreie** Regionen (‚Fenster‘). durch die das Licht in den Innenraum des Blattes eintritt (■ Abb. 8.62f und 8.63c). Das Mesophyll weist nur im wandständigen Bereich Chlorophyll auf, sodass sein zentral liegender Teil wie ein Glaskörper wirkt und das Licht bricht. Auf diese Weise gelangt **Streulicht** mit einer um über 75 % gedämpften Lichtintensität auf das Assimilationsgewebe und schützt es vor Überstrahlung.

Fensterblätter treten **nicht nur** bei den Aizoaceae, sondern auch bei sukkulenten Arten anderer Verwandtschaftskreise auf. Die kugeligen Blätter der ebenfalls aus Südafrika stammenden und als Zierpflanze bekannten Erbsenpflanze *Senecio rowleyanus* (Astraceae) und die schildförmig gestalteten Blätter des peruanischen Zwergpfeffers *Peperomia columella* (Piperaceae) sind **funktional** mit den lebenden Steinen vergleichbar, aber in ihrer Entwicklung unterschiedlich (Hillson 1979). Sie zeigen einmal mehr, dass das **gleiche Funktionsprinzip** der Oberflächenverkleinerung und maximalen Lichtausnutzung auf analogen Wegen erreicht werden kann. Noch spektakulärer ist der von Vogel (1955) beschriebene Fall aus der Knersvlakte. Verschiedene Arten von Cyanobakterien, Flechten, Grünalgen und Lebermoosen siedeln auf der Unterseite der lichtdurchscheinenden **Quarzitkiesel** und nutzen den Stein als Prisma (■ Abb. 8.63d). Der **Effekt der Lichtbrechung** wiederholt sich in gänzlich unterschiedlichen Systemen.

Weitere **bekannte Aizoaceen** sind die **Essbare Mittagsblume** (*Carpobrotus edulis*) und die **Eisblume** (*Mesembryanthemum crystallinum*):

— *Carpobrotus edulis* ist eine **invasive Art** (► Exkurs 3.10), die ursprünglich aus Südafrika stammt und inzwischen an den Küsten des Mittelmeerraumes, Kaliforniens und Australiens auftritt. Die Pflanze hat attraktive violette, seidenglänzende Blüten (■ Abb. 7.10g) und dreikantige sukkulente Blätter (■ Abb. 8.43b). Ihre Früchte werden zur Herstellung von Marmelade (*sour fig jam*) verwendet.

— Die Eisblume (■ Abb. 8.62g) kommt in Südafrika, im Mittelmeerraum und auf den Kanarischen Inseln vor. Sie ist leicht an ihren auffälligen **Glaszellen** am Blattrand zu erkennen (■ Abb. 8.62h). Die Eisblumen sind salztolerant (**Halophyten**; Abschn. 8.5.1) und fakultative CAM-Pflanzen (► Exkurs 8.7).

Laurophylle Blätter

Laurophylle Blätter werden auch als **Lorbeerblätter** bezeichnet (■ Abb. 8.61i–l). Sie sind im typischen Fall mittelgroß, länglich oval und dunkelgrün. Ihre Spreite ist ungeteilt und endet oft in einer **Träufelspitze**. Die Blätter sind nur teilweise durch Sklerenchym versteift und wirken daher **ledrig**. Der Wachsüberzug der Epidermis verleiht ihnen **Glanz**. Ein besonderer Schutz vor Kälte oder Austrocknung ist nicht ausgebildet.

Laurophylle Pflanzen sind an ein **feuchtwarmes Klima** angepasst. Sie kommen in den immergrünen Wäldern der feuchten (Sub-)Tropen vor (**Lorbeerwälder**), wo sie schattige Standorte bevorzugen:

— Ein typischer Vertreter südhemispärischer Wälder ist die Südbuche (Scheinbuche, *Nothofagus*, Fagaceae), deren disjunktes, überwiegend antarktisches Areal (Chile, Australien, Pazifikinseln) sie als Nachfahren der Gondwana-Flora ausweist (► Abschn. 3.5.3, ■ Abb. 3.25b).

— Die Gattung *Ardisia* (Primulaceae-Myrsinoideae) ist von Süd- und Südostasien über Australien und die Pazifischen Inseln bis ins tropische und subtropische Amerika hinein verbreitet (■ Abb. 8.61j). Der Blattrand ist gekerbt und beherbergt **endosymbiontisch** lebende Bakterien (z. B. *Phyllobacterium myrsinacearum*). Die Symbionten sind für die Pflanze **lebenswichtig** und werden **mit vererbt**. Dazu gelangen die Bakterien zunächst in den Embryosack und nach der Befruchtung in den Embryo (Miller 1990). Diese **außergewöhnliche** Form einer **Symbiose zwischen Bakterien und Pflanzen** (Blättern) ist nur von wenigen Gattungen der Rubiaceae und Primulaceae-Myrsinoideae bekannt (Lemaire et al. 2011). Die Symbiose ist vermutlich nur einmal in den jeweiligen Gruppen entstanden und hat sich im Rahmen gemeinsamer Artbildung (*co-speciation*) entfaltet.

▪ **Abb. 8.63 Tarnung (Mimese). a, b,** Tarnung durch Anpassung an Kieselsteine. Knersvlakte, Südwestafrika. **a,** ‚Lebende Steine'. Aizoaceae. **b,** Krötenschrecke (*Trachypetrella*, Pamphagidae) mit kieselsteinartigem Halsschild. **c–g,** Tarnung von Tieren durch Imitation pflanzlicher Strukturen. **c,** Stabschrecke (Phasmatodea) mit astförmigem Körperbau. Yunnan, China. **d,** Birkenspanner (*Biston betularia*, Geometridae). Nachahmung des Borkenmusters. Spiekeroog. **e,** Krabbenspinne (vermutlich *Thomisus onustus*) auf der Dolde von *Artedia squamata* (Apiaceae). Die Lauerspinne tarnt sich durch farbliche Anpassung (weiß oder gelb) an den Hintergrund. **f,** Dornteufel (*Moloch horridus*, Agamidae). Die Echsen passen sich farblich dem jeweiligen Untergrund an. Hier ähneln sie den trockenen Ästen der Strauchvegetation. Zentralaustralien. **g,** Gottesanbeterin (*Mantis*, Mantidae). Blattähnliche Flügel. Xishuangbanna, China. (© R. Claßen-Bockhoff, Mainz)

Hygromorphe Blätter

Hygromorphe Blätter treten an sehr **luftfeuchten Standorten** im Unterwuchs tropischer Regenwälder auf (z. B. *Ruellia portellae*, Acanthaceae). Sie müssen den Transpirationsstrom trotz der hohen Luftfeuchtigkeit aufrechterhalten und weisen dementsprechend Anpassungen zur **Förderung von Transpiration** auf. Dazu gehören eine dünne Cuticula, zartwandige Epidermiszellen, die häufig Chloroplasten führen, und vorgestülpte Stomata. Bei einigen Arten wird Wasser aktiv über Stomata oder Hydathoden ausgeschieden (**Guttation**; ▸ Abschn. 7.6.1). Hygromorphe Blätter ähneln mesomorphen Laubblättern in ihrer bifacialen Differenzierung mit einschichtigem Palisadenparenchym und dem Fehlen ausgeprägten Festigungsgewebes.

Exkurs 8.8 Juvenilrot und Herbstlaubfärbung

Laubblätter sind gewöhnlich grün, da ihr reichlich vorhandenes **Chlorophyll** die anderen Pigmente (Chromoplasten- und Vakuolenfarbstoffe) überdeckt. Setzt die Chlorophyllsynthese jedoch im Vergleich zur Blattentwicklung verspätet ein (Laubschüttung; ◻ Abb. 7.13), können diese Farbstoffe als **Juvenilrot** in Erscheinung treten (◻ Abb. 8.65a–c). Ebenso führen sie zur **Herbstlaubfärbung**, wenn das Chlorophyll am Ende der Vegetationsperiode abgebaut wird (◻ Abb. 8.65d, e).

Juvenilrot

Juvenilrot ist weit verbreitet und kommt auch bei Gymnospermen und Farnen vor (◻ Abb. 5.41c). Es tritt in mediterranen Gebieten der Südhemisphäre (z. B. Neukaledonien; Schneckenburger 1991) und in tropischen Wäldern gehäuft auf. Das derzeitige **Wissen** über Juvenilfärbung ist äußerst **fragmentarisch**. Eine zusammenfassende Darstellung über ihr Vorkommen, ihre Funktion und etwaige Korrelationen zu Taxa, Wuchsformen oder Standorten scheint zu fehlen.

In einigen Fällen wie der südamerikanischen Ericacee *Ceratostema callistum* (◻ Abb. 8.65c) erhöht die Juvenilfärbung der jungen Triebe die **Fernwirkung** der gleichzeitig blühenden Zweige. In anderen Fällen, beispielsweise bei südafrikanischen Proteaceen (◻ Abb. 8.65a, b), wirken die Triebspitzen aus der Ferne wie Blumen, die sich allerdings nicht zeitgleich mit dem Laubaustrieb entwickeln.

Die meisten juvenilroten Blätter vergrünen mit zunehmendem Alter, aber es gibt auch Arten, bei denen das **Jugendstadium persistiert** (Neotenie; ▸ Abschn. 1.2.3) und die Blätter **dauerhaft** farbig bleiben. Es ist gut möglich, dass die Evolution von extrafloralen Schaublättern im Blütenstandsbereich (▸ Abschn. 9.5.1) auf solch einer erbfesten **Hemmung der Chlorophyllsynthese** beruht (Claßen-Bockhoff 1992).

Transitorische Blattfärbung

Transitorische Blattfärbung liegt vor, wenn sich grüne Blätter während der Blütezeit bunt färben und anschließend wieder ergrünen. Beispiele liefern die Doldengewächse mit *Smyrnium perfoliatum* (transitorische Gelbfärbung; ◻ Abb. 9.29a) und verschiedenen *Eryngium*-Arten (transitorische Blaufärbung; ◻ Abb. 12.26e).

Panaschierte (variegate) Blätter

Bei einigen Laubblättern erfolgt die Chlorophyllsynthese nicht flächendeckend, sondern spart bestimmte Bereiche aus, die je nach vorhandener oder fehlender Pigmentierung weiß (Totalreflexion) oder farbig (rote und gelbe Epidermispigmente) erscheinen. Solche Blätter werden als **panaschierte** (frz. *panaché*, „gefleckt") oder variegate Blätter bezeichnet. Sie sind im Handel beliebt und werden durch **Züchtung** oder Veredelung vermehrt auf den Markt gebracht.

In vielen Fällen sind die Blattmuster **genetisch** bedingt. Sie sind entweder **erbfest** wie bei den Marantaceae (◻ Abb. 8.52c, 8.64b, c und 8.65j) oder beruhen auf einer **zufällig** mutierten Zelle, deren Abkömmlinge alle die gleiche Genveränderung aufweisen. Individuen, deren Körperzellen durch eine solche **somatische Mutation** genetisch verschieden geworden sind, werden als **Mosaike** bezeichnet (◻ Abb. 11.9c) und von **Chimären** abgegrenzt, bei denen die genetisch unterschiedlichen Zellen aus verschiedenen Genomen stammen (z. B. nach Pfropfung; ◻ Abb. 11.9f).

In anderen Fällen treten Farbmuster zufällig und unregelmäßig auf. Sie beruhen auf einer äußeren Schädigung, z. B. einer Pilzinfektion (◻ Abb. 8.64i, j) oder Tierfraß (◻ Abb. 8.84d–f). Interessanterweise treten **ähnliche Muster** auch natürlicherweise auf (◻ Abb. 8.64a–c, g, h). Sie legen die Annahme einer Schutzmimikry nahe (▸ Exkurs 11.5; Solzau et al. 2009), doch gibt es nur wenige zuverlässige Studien zur biologischen Bedeutung von Blattmustern (Lunau 2011).

Die bekannteste von ihnen betrifft den **Schutz** vor **Schmetterlingsraupen**, deren Fraß enorme Schäden anrichten können. Die Weibchen der neotropischen Passionsblumenfalter (*Heliconius* und verwandte Gattungen, Nymphalidae-Heliconiinae) legen ihre Eier auf den Blättern einiger Passionsblumen ab (*Passiflora*, Passifloraceae). Angefressene Blätter werden dabei ebenso gemieden wie Blätter mit bereits vorhandenen Gelegen. Einige Arten wie z. B. *Passiflora helleri* imitieren durch chlorophyllfreie, gelbliche Flecken Schmetterlingseier auf ihrer Blattfläche und halten damit die Schmetterlingsweibchen fern. Am Beispiel von *P. cyanea*, die Eiimitationen an den Stipeln bildet, konnten Williams und Gilbert (1981) die Schutzwirkung dieser Attrappen **experimentell** nachweisen.

Herbstlaubfärbung

Die **Herbstlaubfärbung** sommergrüner Pflanzen (■ Abb. 8.65d, e) ist ein globales Naturschauspiel, das die Wälder der Nordhemisphäre für einige Wochen in bunte Farben hüllt (*Indian Summer*). Sie beruht auf dem **Abbau des Chlorophylls** und der sukzessiven Rückverlagerung von Bau- und Nährstoffen aus dem Blatt in die Sprossachse. Chloroplasten gehen dabei in Chromoplasten über, die zusammen mit den Vakuolenfarbstoffen die Herbstfarben bedingen (■ Abb. 2.4).

■ **Abb. 8.64 Blattmuster. a–c,** Natürliche Muster. **a,** *Monstera* (Araceae). **b,** *Ctenanthe burle-marxii* (Marantaceae). **c,** *Maranta leuconeura* var. *kerchoveana* (Marantaceae). **d–e,** Blätter im Unterwuchs tropischer Wälder. Danxiahan NP, China. **d,** Fraßmuster. **e,** Beginnende Nekrose nach Befall. **f,** Natürliches Fleckenmuster mit analoger Ähnlichkeit zu **e. g, h,** *Polygonum lapathifolium* (Polygonaceae). Natürliche schwarze Flecken auf der Blattspreite. **i, j,** Bergahorn (*Acer pseudo platanus*, Aceraceae). Teerfleckenkrankheit, hervorgerufen durch Befall mit dem Ahorn-Runzelschorf (*Rhytisma acerinum*, Ascomycota). (© R. Claßen-Bockhoff, Mainz)

○ **Abb. 8.65** **Farbige Laubblätter. a–c,** Juvenilrot. **a, b,** Proteaceae. Die leuchtend roten Blätter gehören einer Laubknospe an und vergrünen mit zunehmendem Alter. Tafelberg, Südafrika. **c,** *Ceratostema callistum,* Ericaceae. Das rötliche Laub erhöht die Fernwirkung der Blüten. **d, e,** Herbstlaub. **d,** Wilder Wein (*Parthenocissus quinquefolia,* Vitaceae). **e,** Laubbaum in Herbsttracht. **f, g,** Bromelienblätter. **f,** *Neoregelia princeps* (Bromeliaceae) mit großflächig gefärbter Blattbasis. **g,** *N. spectabilis* mit gefärbten Blattspitzen. **h,** Verzögerte Chlorphyllbildung. *Actinidia kolomikta* (Actinidiaceae). Die Laubblätter weisen in der Jugend weiße und rosa Spitzen auf. **i, j,** Dauerhaft bunte Laubblätter. **i,** *Maranta leuconeura* var. *erythroneura* (Marantaceae). **j,** *Codiaeum variegatum* (Euphorbiaceae). (© R. Claßen-Bockhoff, Mainz)

8.4   Bau, Entwicklung und Diversität von Wurzeln

Die Wurzel ist neben der Sprossachse und dem Blatt das dritte **Grundorgan** des Vegetationskörpers der Samenpflanzen (▶ Abschn. 6.2.3, ◘ Tab. 6.1). **Wurzelspezifische Merkmale** sind die **endogene Entstehung** der Wurzeln, die Ausbildung einer **Wurzelhaube** (**Kalyptra**; ▶ Abschn. 8.4.3), die Bildung einer **Wurzelhaarzone**, das Auftreten **endogener Seitenwurzeln** und das zentral liegende, radial angeordnete Leitgewebe (**Zentralzylinder**; ◘ Abb. 8.66a, b).

Wurzeln haben meist eine **zylindrische Gestalt**. Sie teilen mit der Sprossachse den **primär radiärsymmetrischen Bau** und das **offene Wachstum**. Im Gegensatz zur Sprossachse teilen sich die Zellen des Wurzelmeristems aber in **alle Richtungen**, sodass die Initialen in eine **subapikale** Position geraten (◘ Abb. 8.66b). Die Tochterzellen gehen mehr oder weniger früh in **Dauerzellen** über, sodass **kein Restmeristem** in älteren Wurzelabschnitten erhalten bleibt (McCully 1975; ▶ Exkurs 8.9). Wurzeln sind **nie** in Knoten und Internodien **gegliedert**, tragen **keine Blätter** und wachsen vom Licht weg ins Erdreich hinein (**negativ phototrop**).

Der **primäre Lebensraum** der Wurzeln ist der **Erdboden**, den sie in vielfältiger Weise durchdringen (◘ Abb. 8.68a, b). Hier erfüllen sie als **Nährwurzeln** die Aufgabe der **Wasser- und Nährsalzaufnahme** und sorgen als **Ankerwurzeln** für die **Befestigung** der Pflanze im Boden. An diese beiden Hauptfunktionen haben sich die Wurzeln im Laufe der Evolution morphologisch und histologisch **angepasst** und aufgrund der relativ **konstanten** Lebensbedingungen kaum abgewandelt (▶ Abschn. 5.5.3 und 5.5.8).

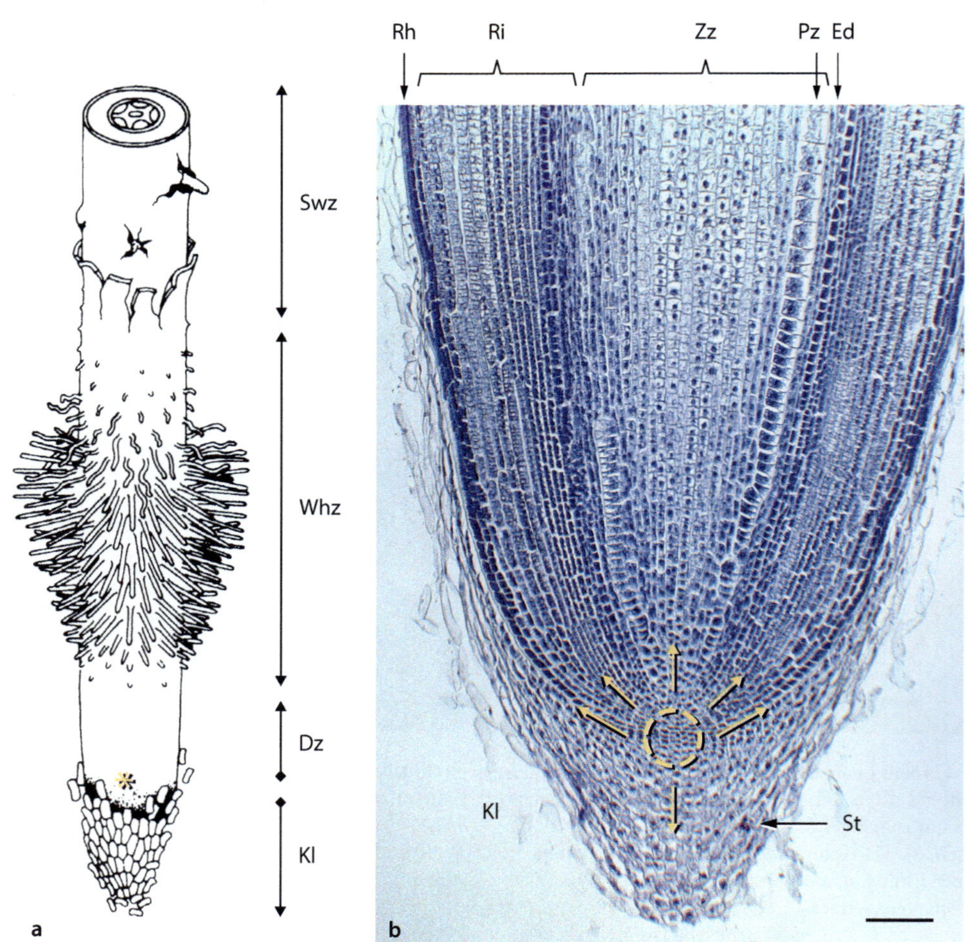

◘ **Abb. 8.66   Organisation der primären Wurzel. a**, Zonierung (schematisch). Von unten nach oben: Wurzelhaube (Kl, Kalyptra), innen liegendes, subapikales Wurzelmeristem (*, gelb), Differenzierungszone (Dz), Wurzelhaarzone (Whz), Seitenwurzelzone (Swz). **b**, Mais (*Zea mays*, Poaceae). Histologischer Längsschnitt durch die Wurzelspitze. Kreis: subapikales Wurzelmeristem. Pfeile: Initialen für die Kalyptra, die Rhizodermis (Rh), das Rindengewebe (Ri) mit innen liegender Endodermis (Ed) und das zentrale Leitgewebe (Zz, Zentralzylinder) mit dem außen liegenden Perizykel (Pz). St, Stärkekörner in den Kalyptrazellen. Balken: 100 μm. (© **a**: Braune et al. 1983, verändert nach Lüttge et al. 1999. **b**: Botanische Sammlungen der JGU Mainz)

Dennoch sind Wurzeln **nicht uniform**. Sie können **zahlreiche Sonderaufgaben** übernehmen und daran morphologisch angepasst sein (▶ Abschn. 8.4.5). Wurzeln sind wichtige **Syntheseorte** von Pflanzenhormonen und Alkaloiden (z. B. Nicotin) und dienen der Stoffspeicherung (**Speicherwurzeln**), der Regulation der Tiefenlage (**Zugwurzeln**) oder dem Gasaustausch (**Atemwurzeln**). Im Luftraum übernehmen sie vor allem Stütz- (**Stelz-**, **Brettwurzeln**) und Befestigungsfunktionen (**Haftwurzeln**) oder unterstützen (selten) die Photosynthese der Pflanze (**assimilierende Wurzeln**).

8.4.1 Wurzelsysteme

Das Wurzelsystem der Samenpflanzen umfasst das **Hauptwurzelsystem** und zusätzlich (Dicotylen) oder fast ausschließlich (Monocotylen) **sprossbürtige Wurzeln**.

Das Hauptwurzelsystem wird im **Embryo** mit der Keimwurzel (**Radicula**; ▶ Abschn. 5.5.8 und 6.2) angelegt. Diese wächst zur **Primärwurzel** aus und baut durch Bildung von endogen entstehenden **Seitenwurzeln** das Hauptwurzelsystem auf. Zu diesem können sprossbürtige Wurzeln hinzutreten, die im Erdboden verankert sind oder im Luftraum zahlreiche Sonderfunktionen übernehmen (▶ Abschn. 5.5.8 und 6.2.3).

Allorhizie und sekundäre Homorhizie

Nach dem Anteil der embryonalen bzw. sprossbürtigen Wurzeln am gesamten Bewurzelungssystem der Pflanze unterscheidet man zwei Hauptformen (◘ Abb. 8.67):

1. Die **Gymnospermen** und die meisten **Dicotylen** bauen ein umfangreiches **Wurzelsystem** aus der embryonal angelegten Keimwurzel (**Radicula**) auf (◘ Abb. 8.67a und 8.68a, b). Diese wächst zur **Primär- oder Hauptwurzel** aus und verzweigt sich. Das Verhalten, ein

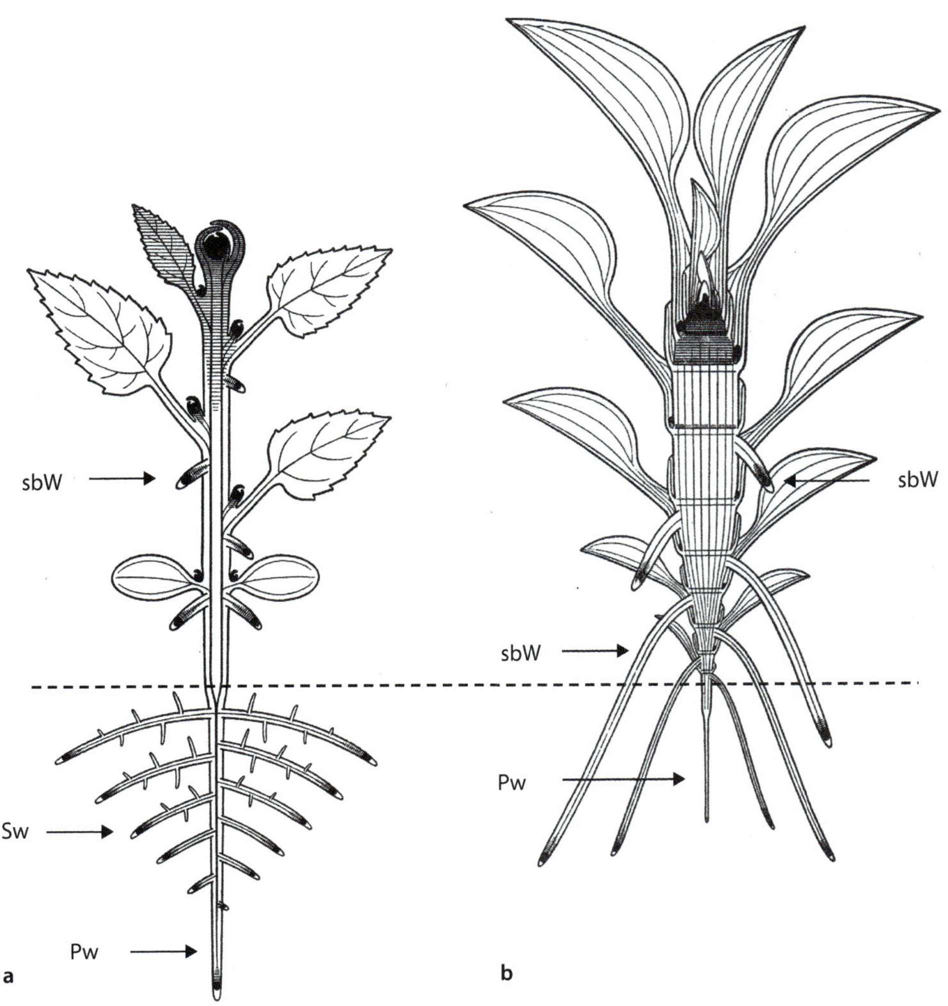

◘ **Abb. 8.67 Wurzelsysteme der Samenpflanzen. a**, Allorhizie (Gymnospermen, Dicotylen). Die Primärwurzel (Pw) baut ein umfangreiches Wurzelwerk mit Seitenwurzeln (Sw) auf, das durch sprossbürtige Wurzeln (sbW) bereichert werden kann. **b**, Sekundäre Homorhizie (Monocotylen). Nach Verkümmerung der Primärwurzel besteht das gesamte Wurzelwerk nur noch aus sprossbürtigen Wurzeln. (© Troll 1973, leicht verändert)

◻ Abb. 8.68 Durchwurzelung des Bodens. a, Verzweigtes Wurzelwerk mit großer Kontaktfläche zum Boden. **b,** Weichweizen (*Triticum aestivum*, Poaceae). Wurzelspitze mit Wurzelhaarzone. **c, d,** Allorhizie. **c,** Durch Straßenarbeiten freigelegte Felsspalte mit über 4 m langem Hauptwurzelsystem (Tiefwurzler). **d,** Umgestürzte Fichte (*Picea abies*, Pinaceae) mit flachem Wurzelsystem. Fichten ent-wickeln je nach Bodenverhältnissen flache oder tief reichende Wurzelsysteme. **e,** Sekundäre Homorhizie. Saathafer (*Avena sativa*, Poaceae). Die Primärwurzel (Pw) bleibt klein und wird durch sprossbürtige Wurzeln ersetzt. (© **a–d:** R. Claßen-Bockhoff, Mainz. **e:** H.A. Froebe, Aachen. Mit freundlicher Genehmigung)

embryonales Hauptwurzelsystem zu entwickeln, wird als **Allorhizie** bezeichnet. Bilden die Dicotylen **zusätzlich sprossbürtige** Wurzeln, stammen ihre Wurzeln aus Meristemen unterschiedlicher Position. Dennoch sind sie alle **homolog** zueinander, da für die Homologisierung nicht die Position, sondern das **Entwicklungspotential** des Meristems herangezogen wird (▸ Abschn. 1.2 und 6.2).

2. Bei den **Monocotylen** geht die Primärwurzel gewöhnlich früh zugrunde und baut **kein Hauptwurzelsystem** auf (◻ Abb. 8.67b und 8.68c). Die Bewurzelung adulter Pflanzen besteht daher ausschließlich aus gleichartigen (homorhizen) **sprossbürtigen** Wurzeln. In dieser Eigenschaft ähneln die Monocotylen den primär homorhiz bewurzelten Farnen, die allerdings einen unipolaren

Embryo und Scheitelzellwachstum aufweisen (► Abschn. 5.5.6). Um die Andersartigkeit der Bewurzelung bei den Monocotylen zu betonen, wird diese als **sekundär homorhiz** bezeichnet.

Ausdehnung unterirdischer Wurzelsysteme

Das Wurzelsystem im Boden ist meist reich **verzweigt**. Es entwickelt entweder eine dominante, oft tief reichende Pfahlwurzel (**Tiefwurzler**; ◘ Abb. 8.68c) oder ein flaches, bodennahes Wurzelsystem (**Flachwurzler**; ◘ Abb. 8.68d), deren Hauptwurzel im Wachstum hinter den Seitenwurzeln zurückbleibt. Zwischen diesen Extremen treten vielfältige Übergangsformen auf.

Die **Wurzeltiefe** hängt von der **Bodenbeschaffenheit** (z. B. Körnung, Feuchtigkeit, Grundwasserspiegel) und **Wuchsform** der Pflanze ab. Nach Körner (2014) erreichen Bäume eine maximale mittlere Tiefe von 7 m, Sträucher von 5 m und krautige Pflanzen von 2,6 m. Extreme Tiefen wurden in heißen **Wüsten** (bis 53 m) und tropischen **Savannen** (bis 68 m) gemessen, während die Wurzeltiefe **alpiner Pflanzen** (>1 m) vergleichsweise gering ist. Wüstenpflanzen, die auch Feuchtigkeit aus bodennahem Nebel beziehen, weisen neben einer kräftigen und extrem langen Pfahlwurzel ein weitreichendes Flachwurzelsystem auf.

Die **Ausdehnung** des unterirdischen Wurzelsystems wird oftmals **unterschätzt**. Die **ungeheure Dimension** der absorbierenden Oberfläche im Wurzelbereich wurde eindrucksvoll von Dittmer (1937) dargestellt. Nach seiner Hochrechnung weist eine vier Monate alte **Roggenpflanze** (*Secale cereale*, Poaceae) knapp 14 Mio., äußerst dünne Wurzeln (Durchmesser 100–700 µm) mit einer Gesamtlänge von über 600 km und einer Oberfläche von etwa 200 m² auf. Das Wurzelsystem trägt über 14 Mrd. lebende Wurzelhaare (◘ Abb. 8.68b und 7.21d) mit einer absorbierenden Oberfläche von 400 m². Pro Tag bildet die Pflanze über 100.000 neue Wurzeln mit über 100 Mio. neuen Wurzelhaaren, die die Kontaktfläche des Wurzelwerkes mit dem Boden um knapp 5 km pro Tag vergrößern.

Diesen immensen Ausmaßen im unterirdischen Bereich steht ein oberirdisches Sprosssystem aus etwa 80 Halmen mit durchschnittlich je sechs Blättern gegenüber. Deren gesamte äußere Oberfläche beläuft sich auf knapp 5 m², das heißt, die absorbierende Wurzeloberfläche ist um ein Vielfaches größer als die Sprossoberfläche. Auch wenn man die innere Oberfläche im Mesophyll der Blätter mit berücksichtigt (nach Turrell 1936), ist die Wurzeloberfläche noch deutlich größer als die Sprossoberfläche.

8.4.2 Wurzelmeristem und Keimwurzelbildung

Die Samenpflanzen weisen im Gegensatz zu allen anderen Landpflanzen einen **bipolaren Embryo** auf, der neben dem Sprossapikalmeristem (SAM) das subapikale **Wurzelmeristem** (WM; *root apical meristem*, RAM) als **zweiten Wachstumspol** bildet. Molekuarbiologische Untersuchungen am **Modellorganismus** *Arabidopsis thaliana* (Brassicaceae; ► Exkurs 6.5) haben in den letzten Jahren wesentlich zum Verständis der Entwicklung des Wurzelmeristems beigetragen (Bayer und Jürgens 2016 und Literatur darin). **Evolutionsbiologisch** besonders interessant ist die Erkenntnis, dass die Bildung des **Wurzelpols** aus der proximalen **Suspensorzelle** (**Hypophyse**) und nicht aus dem Proembryo stammt (► Exkurs 8.9). Da die Bildung des Suspensors eng mit der Samenbildung verbunden ist, könnte die Evolution des **biploaren Embryos** mit der **Evolution des Samens** einhergegangen sein.

Organisation des Wurzelmeristems

Das **Wurzelmeristem** umfasst wie das Sprossapikalmeristem (SAM) teilungsfähige **Initialzellen** (*stem cells*; ► Exkurs 8.2). Es unterscheidet sich jedoch vom SAM in seinem Aufbau, dem Teilungsverhalten seiner Zellen und den an seiner Regulation beteiligten Genen (Aichinger et al. 2012 und Literatur darin).

Im Unterschied zum SAM wird das Zellschicksal der Gewebezellen früh festgelegt. Ausgehend vom Ruhezentrum (► Exkurs 8.9) differenzieren sich nach außen die Wurzelhaube und nach innen das primäre Abschlussgewebe, die Rinde und der Zentralzylinder mit den Leitelementen (◘ Abb. 8.66b: Pfeile). Die Initialen dieser Gewebe gehören entweder einer gemeinsamen Initialengruppe an (**offener Typ** sensu von Guttenberg 1968) oder liegen mehr oder weniger unabhängig voneinander vor (**geschlossener Typ**). In diesem Fall werden die Anlagen der Wurzelhaube als **Kalyptrogen**, der Rhizodermis als **Dermatogen**, der Rinde als **Periblem** und des Zentralzylinders als **Plerom** bezeichnet (◘ Abb. 8.73: Pb, Pl).

Embryonale Wurzeln folgen gewöhnlich dem offenen Entwicklungstyp, der während der Streckungsphase in einen geschlossenen Modus übergehen kann (Esau 1969). Diese Beobachtung und das Auftreten des offenen Typs bei Gymnospermen, basalen Angiospermen und nur wenigen abgeleiteten Gruppen (z. B. einigen Apiaceae, Asteraceae) lassen die offene Entwicklung als **urprünglich** erscheinen (Groot et al. 2004). Tatsächlich ist die Ontogenese des Wurzelpols aber **außerordentlich variabel**, lässt verschiedene Kombinationen zu (z. B. auch die Entstehung von Kalyptra und Rhizodermis aus einem Dermatokalyptrogen; ◘ Abb. 8.73: Dc) und unter-

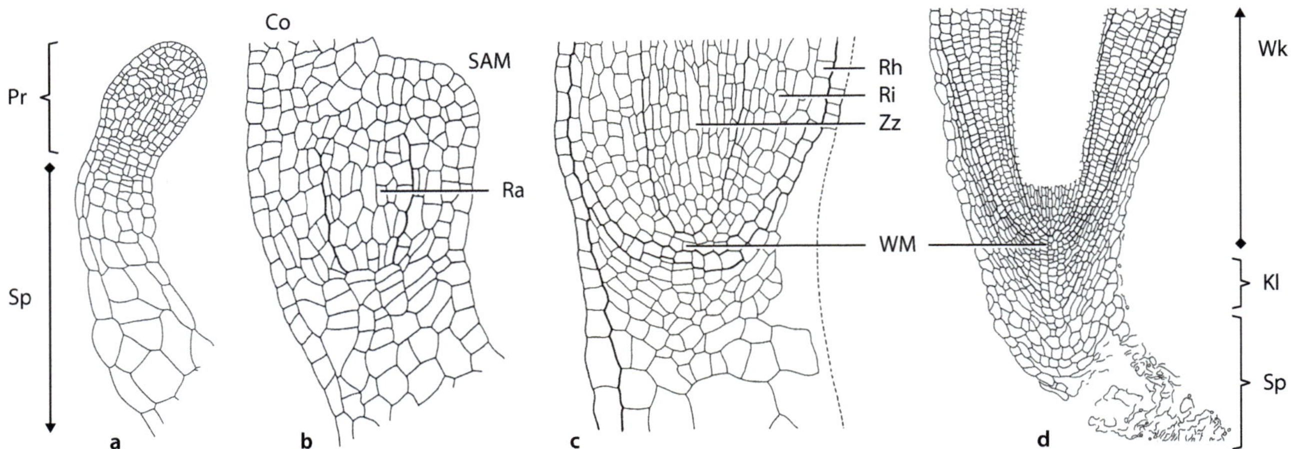

▣ Abb. 8.69   Entwicklung der Keimwurzel (Radicula). Beispiel *Geranium* (Geraniaceae). **a, d,** *G. sanguineum*. **b, c,** *G. sylvaticum*. **a,** Proembryo (Pr) und Suspensor (Sp). **b,** Anlegung der Radicula. Längsschnitt durch den Proembryo mit Sprossapikalmeristem (SAM), endogener Keimwurzelanlage (Ra, Radicula) und angeschnittenem Keimblatt (Co, Cotyledo). **c,** Gewebedifferenzierung der Keimwurzelanlage Rh, Rhizodermis. Ri, Rinde. WM, Wurzelmeristem. Zz, Zentralzylinder. **d,** Abstoßung des Suspensors (Sp). Kl, Kalyptra (Wurzelhaube). Wk, Wurzelkörper. Verschiedene Maßstäbe. (© W. Hertel 2002. Mit freundlicher Genehmigung)

scheidet sich innerhalb und zwischen Verwandtschaftsgruppen. Das Wurzelmeristem stellt damit eine **phylogenetisch plastische Struktur** dar, deren Vielfalt molekularbiologisch, funktionsökologisch und evolutionsbiologisch noch nicht hinreichend verstanden ist (► Exkurs 8.9).

Entwicklung der Radicula

Die Keimwurzel (Radicula) entwickelt sich aus der proximalen Zelle des fadenförmigen **Suspensors**, der den Embryo ins Nährgewebe schiebt (▣ Abb. 6.7b). Histologisch beginnt ihre Bildung mit einer spezifischen Ausrichtung der Zellen, die sich alsbald in die künftigen Wurzelgewebe (Rhizodermis, Rinde, Zentralzylider) differenzieren (▣ Abb. 8.69a–c). Das Wurzelmeristem bildet nach außen die Wurzelhaube (▣ Abb. 8.69d: Kl, Kalyptra), die zunächst vom Suspensor bedeckt und nach dessen Abstoßung frei wird (▣ Abb. 8.69c, d).

Exkurs 8.9 Endogene Entstehung des Wurzelpols

Die Entstehung des Wurzelmeristems (Wurzelpol) ist eingehend am **Modellorganismus** *Arabidopsis thaliana* (► Exkurs 6.5) untersucht worden. Bayer und Jürgens (2016) geben einen Einblick in den aktuellen Stand des Wissens:

Die **polar** organisierte **Zygote** teilt sich inäqual in eine kleine **apikale Zelle**, aus der sich der kugelförmige **Proembryo** entwickelt, und eine lang gestreckte **basale Zelle**, die den fädigen **Suspensor** bildet (▣ Abb. 8.70a und 6.7b, ► Abschn. 6.4.1). Dessen innerste (proximale) Zelle, die **Hypophyse**, initiiert das Wurzelmeristem. An diesem Vorgang sind das Pflanzenhormon **Auxin** und dessen Transportproteine aus der PIN-Familie (PIN1, PIN7) beteiligt.

Auxin wird in der **basalen Zelle** gebildet und durch den PIN7-vermittelten **gerichteten Transport** in die **apikale Zelle** überführt (▣ Abb. 8.70f–h). Hier wird der Transkriptionsfaktor **MP** (MONOPTEROS) exprimiert, der bei Anwesenheit von Auxin Gene für die Sprossachsen- und Leitbündelbildung während der frühen **Embryoentwicklung** aktiviert. In Abwesenheit von Auxin werden diese vom MP-Inhibitor **BDL** (BODENLOS) gehemmt. Unter dem Einfluss von PIN1 reichert sich **Auxin** im Proembryo an, wodurch BDL abgebaut und **MP freigesetzt** wird. Im 32-Zell-Stadium des Embryos kommt es zu einer **Neusynthese von Auxin** im oberen Teil des Embryos und zu einer **Verlagerung** der PIN-Proteine an die basalen Wände der Zellen. Auxin wird daraufhin **abwärts** in die Hypophyse transportiert (▣ Abb. 8.70h: H, Pfeile). Gleichzeitig unterstützt MP die Expression des Transkriptionsfaktors **TMO7**, der sich aus dem unteren Bereich des Proembryos in die Hypophyse bewegt und zusammen mit **Auxin** die **Anlegung des embryonalen Wurzelgewebes** beeinflusst. Im 32-Zell-Stadium wird erstmals **WOX5** (WUS-like homeobox transcription factor 5) exprimiert (Oshchepkova et al. 2017), das eine ähnliche Funktion wie WUS im SAM innehat (► Exkurs 8.2).

Der Wurzelpol weist ein **Ruhezentrum** (QC: *quiescent center*) mit Zellen geringer Teilungsaktivität auf (Clowes 1958). Dieses ist (im Gegensatz zur *central zone* des SAMs; ◻ Abb. 8.4, ▸ Exkurs 8.2) **allseitig** von Initialzellen umgeben, wodurch es eine **subapikale Lage** erhält (◻ Abb. 8.66b: Kreis, und 8.69c).

Die **Organisation des Wurzelmeristems** weicht in wesentlichen Punkten von der Organisation des SAMs ab (zusammengefasst in Aichinger et al. 2012). Im Ruhezentrum befindet sich das Kontrollprotein **WOX5**, das die Zellteilungsaktivität der Initialen aufrechterhält. Bei *Arabidopsis* liegen die Initialzellen ('Stammzellen') dem QC unmittelbar an und teilen sich inäqual in eine Tochterzelle, die teilungsaktiv bleibt, und eine zweite Zelle, die in die Differenzierung zur **Dauerzelle** eingeht. Dabei entsteht **pro Initialengruppe** nur **ein Gewebetyp**, das heißt, Zentralzylinder, Grundgewebe (Endodermis und Rinde), Exodermis, seitliche und zentrale Teile der Wurzelhaube gehen aus Zelllinien hervor. Die Zellen sind aber **nicht genetisch determiniert**, sondern differenzieren sich aufgrund von **positionsabhängigen Signalen**, die sie aus älteren, bereits differenzierten Zellen erhalten.

Das Wurzelmeristem von *Arabidopsis* ist **einfach organisiert** und daher für die Erforschung von Regulationsvorgängen geeignet. Andere Wurzelspitzen sind deutlich variabler und komplexer aufgebaut. So umfasst z. B. das Ruhezentrum einer Maiswurzel bis zu 1000 Zellen unterschiedlicher Teilungsaktivität (Clowes 1971). Die Initialen können auch mehrere Zellteilungen durchführen, bevor sie Tochterzellen ausdifferenzieren (Aichinger et al. 2012). Offensichtlich bleibt aber **kein Restmeristem** wie im Sprosspol erhalten; alle Prozesse des sekundären Dickenwachstums beruhen daher auf der Tätigkeit von Folgemeristemen.

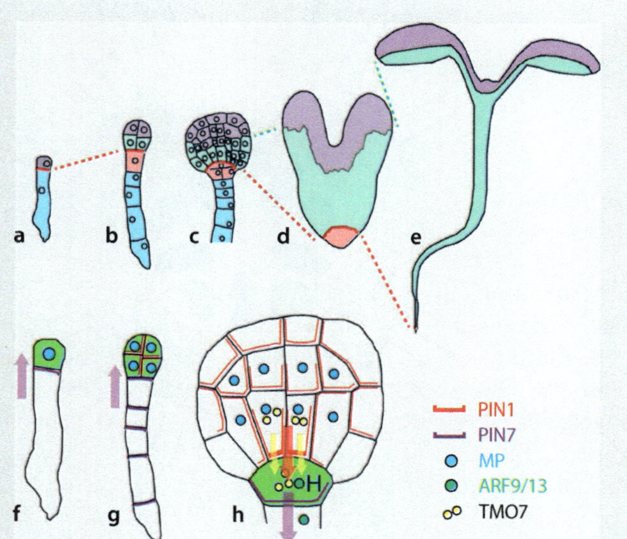

◻ **Abb. 8.70 Entstehung und Organisation des subapikalen Wurzelmeristems.** *Arabidopsis thaliana* (Brassicaceae). **a–e**, Embryonalentwicklung. **a**, Bildung von apikaler (violett) und basaler Zelle (blau) nach Teilung der Zygote. **b**, Bildung des dreidimensionalen Proembryos (violett, grün) und des fädigen Suspensors (blau); aus dessen oberster Zelle (Hypophyse, rot) entwickeln sich Teile des Wurzelpols. **c–e**, Entwicklungsstadien zum Embryo. Farben kennzeichnen verschiedene Expressionsdomänen und machen deutlich, wie sich die Polarität des Embryos in der Organbildung fortsetzt. **f–h**, Auxintransport. **f**, Auxin wird mithilfe des PIN7-Proteins von der basalen in die apikale Zelle transportiert (violetter Pfeil). **g**, Auxinakkumulation im Proembryo unter Beteiligung von PIN1 (rote Linien). **h**, Verlagerung der Membranproteine an die basalen Seiten der Zellen und gerichteter Auxintransport (roter, violetter Pfeil) in die proximale Suspensorzelle (H, Hypophyse, grün), aus der sich der Wurzelpol entwickelt. MP, ARF9/13, TMO7: beteiligte Transkriptionsfaktoren. (© Bayer und Jürgens 2016, leicht verändert. Mit freundlicher Genehmigung des Max-Planck-Instituts für Entwicklungsbiologie, Tübingen)

8.4.3 Gewebedifferenzierung der Wurzel

Die Wurzel wird **endogen** angelegt und weist fünf **Entwicklungs- und Funktionszonen** auf (◻ Abb. 8.66a). Exogen liegt die **Wurzelhaube** (Kl, **Kalyptra**), mit der die Wurzel in das Erdreich eindringt Darauf folgen das **subapikale Wurzelmeristem** (*), die **Differenzierungszone** (Dz), die **Wurzelhaarzone** (Whz), die der Wasser- und Nährsalzaufnahme dient, und die **Seitenwurzelzone**, in der endogen die Seitenwurzeln (Swz) gebildet werden und sekundäres Dickenwachstum stattfinden kann. Im **Querschnitt** weist die **primäre Wurzel** von außen nach innen ein Abschlussgewebe, die Rinde und den Zentralzylinder auf (◻ Abb. 8.71a, b und 8.72).

Kalyptra

Die Wurzelhaube unterstützt das **Eindringen** der Wurzel in den Boden und bietet der Wurzelspitze **mechanischen Schutz**. Ihre ältesten, außen liegenden Zellen sterben regelmäßig unter **Verschleimung** ab, werden **abgeschilfert** und bilden auf diese Weise ein **Gleitmittel**.

Der mittlere Strang der Wurzelhaube wird als Columella bezeichnet. Hier enthalten die Zellen farblose **Amyloplasten** mit Stärkekörnern (▸ Abschn. 2.2.1), die als **Statolithenstärke** (griech. *statos*, „Stellung", „Platzierung, *lithos*, „Stein") der **Schwerkraftperzeption** dienen. Stößt die Wurzel im Boden gegen ein Hindernis, das zur **Verlagerung** der Amyloplasten führt, werden **wachstumsregulierende Substanzen** gebildet, die die Wur-

8

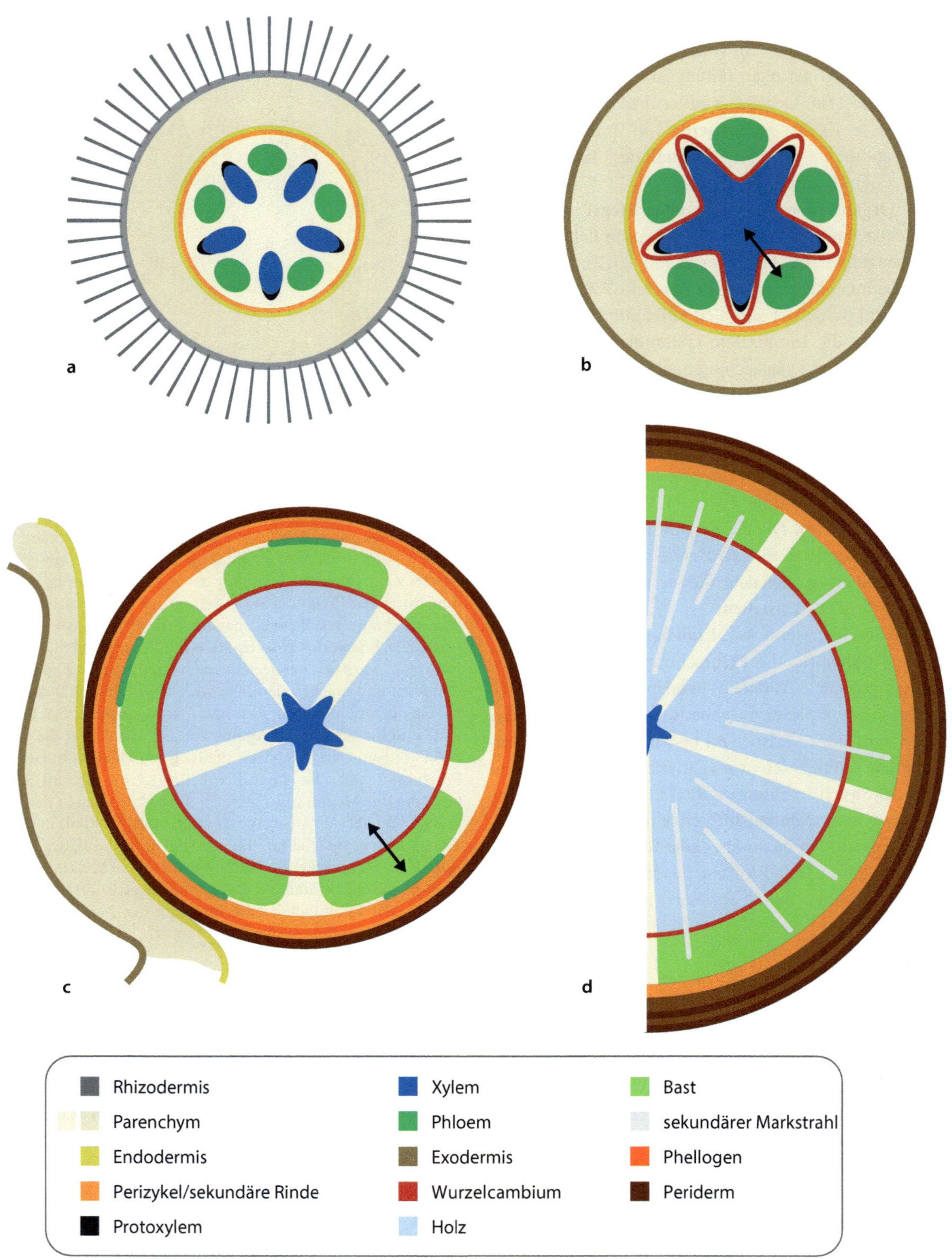

◘ Abb. 8.71   Histologische Entwicklung einer dicotylen Wurzel. Schematische Querschnitte; Seitenwurzelbildung nicht berücksichtigt. **a,** Wurzelhaarzone. Von außen nach innen: Rhizodermis mit Wurzelhaaren (grau), Rinde (dunkelbeige), Endodermis (gelb), Perizykel (orange), Zentralzylinder (hellbeige) mit alternierenden Xylem- (blau) und Phloemsträngen (grün). **b,** Ältere Wurzel vor Beginn des sekundären Dickenwachstums. Rhizodermis durch Exodermis (hellbraun) ersetzt, Xylemstrahlen im Zentrum verbunden (häufiger Fall), Bildung eines sternförmigen Folgemeristems (Wurzelcambium, rot) im Zentralzylinder. Doppelpfeil: Richtung der höchsten Zellteilungsaktivität. **c,** Wurzel nach sekundärem Dickenwachstum. Bast (hellgrün) und Holz (hellblau) aus dem nun kreisförmig vorliegenden Wurzelcambium (rot) entstanden, dazwischen Parenchymstreifen. Exodermis, Rinde und Endodermis abgesprengt. Sekundäre Rinde (orange) mit Potential zur Phellogenbildung (dunkeloranger Ring) aus Perizykel entstanden. Phellogentätigkeit führt zur Bildung des Periderms (braun) als tertiäres Abschlussgewebe. **d,** Wurzel mit stark entwickeltem Holzkörper, radial von primären und sekundären Parenchymstrahlen (hellgelb) durchzogen. Erläuterungen s. Text. (© Original. Grafik: D. Franke, Mainz. b–d: nach verschiedenen Vorlagen zusammengestellt)

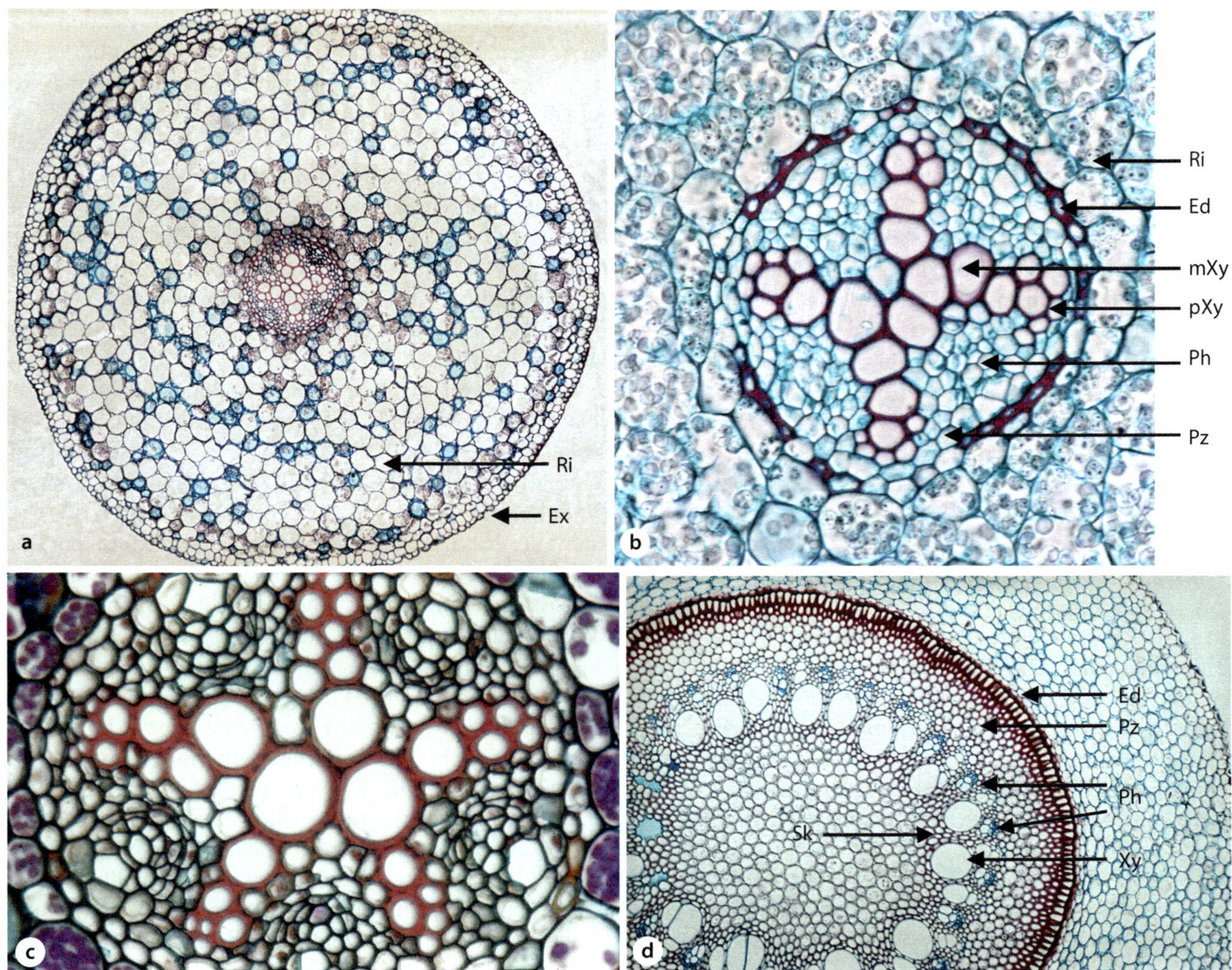

▣ Abb. 8.72 Histologische Differenzierung der primären Wurzel. a, b, Hahnenfuß (*Ranunculus*, Ranunculaceae). Querschnitt durch primäre Wurzel oberhalb der Wurzelhaarzone. **a,** Übersicht. Ex, Exodermis. Ri, Rindengewebe. **b,** Zentralzylinder mit tetrarcher Leitgewebeorganisation. Ed, Endodermis. mXy, Metaxylem. Ph, Phloem. Pz, Perizykel. pXy, Protxylem. **c,** Pentarch organisierter Zentralzylinder (Art nicht näher bestimmt). **d,** Stechwinde (*Smilax*, Smilacaceae). Gewebefolge einer Monocotylenwurzel von außen nach innen: Exodermis, Rinde, tertiäre Endodermis (Ed), mehrschichtiger sklerenchymatischer Perizykel (Pz), polyarche Leitgewebeanordnung mit Sklerenchymstreifen (Sk) zwischen den Xylem- und Phloemsträngen und zentralem Markparenchym. Xy, Xylem. (© Botanische Sammlungen der JGU Mainz)

zel wieder im Schwerefeld ausrichten. Vermutlich sind an der Wechselwirkung zwischen mechanischem Reiz und physiologischer Antwort Cytoskelettelemente (▶ Abschn. 2.3.1) und Auxine beteiligt; der genaue Mechanismus ist noch nicht vollständig verstanden.

Bei den **Dicotylen** entstehen Kalyptra und Rhizodermis meist aus der gleichen Initialschicht, während die Haube der **Monocotylen** von einem separaten **Kalyptrogen** gebildet wird. Da sich dessen Tochterzellen vorzugsweise periklin teilen, kommt eine regelmäßige Schichtung des Gewebes zustande. Diese Schichtung ist augenfällig bei den Luftwurzeln der Palmen (Arecaceae), deren Wurzelhauben **verkorken** und schichtweise abblättern (▣ Abb. 8.82d).

Differenzierungszone

Auf die Kalyptra folgt das subapikale **Wurzelmeristem**, dessen Tochterzellen in die wenige Millimeter lange Streckungs- und **Differenzierungszone** übergehen (▣ Abb. 8.66a: Dz). In dieser Zone bildet sich die Endodermis, die bereits fertig ist, bevor die **Leitelemente** angelegt werden. Wie am SAM differenzieren sich zunächst die Siebelemente und dann die Wasserleitelemente. Das **primäre Dickenwachstum** wird bereits wenige Millimeter unter dem Wurzelmeristem abgeschlossen und legt den Durchmesser der Wurzel fest.

Wurzelhaarzone

In der Wurzelhaarzone ist die Differenzierung der Gewebe abgeschlossen (◻ Abb. 8.71a). Auf die Rhizodermis mit Wurzelhaaren folgen nach innen die Rinde mit der Endodermis und der Zentralzylinder mit dem Perizykel und den Leitelementen.

Rhizodermis mit Wurzelhaaren

Die Rhizodermis ist die **primäre Abschlussschicht** der Wurzel und hat **Absorptionsfunktion** (▶ Abschn. 7.5.1). Aus diesem Grund **fehlt** eine **Cuticula**, und die Zelloberfläche ist durch **Wurzelhaare** vergrößert (◻ Abb. 8.68b und 8.71a). Im Englischen spricht man auch bei der Wurzel von einer *epidermis*. Aufgrund der unterschiedlichen Zelldifferenzierung und Funktion ist der Begriff Rhizodermis aber sinnvoll und sollte beibehalten werden.

Wurzelhaare haben eine dünne Zellwand und dringen leicht in kleinste Lücken zwischen Bodenpartikeln ein, wobei ihnen ein Pektinschleim auf der Oberfläche das Gleiten erleichtert. Ihre Lebensdauer ist auf **wenige Tage** begrenzt. Die Bildung von Wurzelhaaren wird durch Außenreize, insbesondere durch Trockenheit, induziert. Entsprechend fehlen Wurzelhaare bei zahlreichen Sumpf- und Wasserpflanzen, aber auch bei Mykorrhizapflanzen (z. B. Orchideen), die mittels Pilzhyphen Wasser und Salze aufnehmen (▶ Abschn. 8.4.5).

Rindenparenchym mit Endodermis

Auf die Rhizodermis folgt nach innen das interzellularenreiche **Rindenparenchym**, das oft mächtig entwickelt ist (◻ Abb. 8.72a, d). Es bleibt in Wurzeln mit sekundärem Dickenwachstum parenchymatisch und wird im Zuge der Verdickung abgestoßen (◻ Abb. 8.71c). Bei den **Monocotylen**, die kein sekundäres Dickenwachstum der Wurzel zeigen, bleibt das Rindengewebe dagegen erhalten und kann sogar verholzen.

Die innerste Zellschicht der Wurzelrinde ist die **interzellularenfreie Endodermis** (◻ Abb. 8.71a: gelb), die als **physiologische Scheide** fungiert (▶ Abschn. 7.2.4 und 7.4.1). Wird sie im Zuge des sekundären Dickenwachstums abgestoßen (◻ Abb. 8.71c), bleibt sie bis auf den Caspary-Streifen unverdickt; andernfalls wird sie mit Ausnahme einiger Durchlasszellen (Transferzellen) vollständig suberinisiert und lignifiziert (tertiärer Zustand; ◻ Abb. 8.72d und 7.12d).

Zentralzylinder mit Perizykel und Leitgewebe

Nach innen folgt der **Zentralzylinder**, dessen äußerer Teil der **Perizykel** ist.

Der Perizykel besteht aus **dünnwandigen**, längs gestreckten **Parenchymzellen**, ist **meist einschichtg** und weist lückenlos aneinandergrenzende Zellen auf. Für Gymnospermen ist ein **mehrschichtiger Perizykel** typisch, der aber auch bei einigen Monocotylen (z. B. *Smi-*

lax; ◻ Abb. 8.72d) und Dicotylen auftritt. Bei den Monocotylen ohne sekundäres Dickenwachstum bildet der Perizykel oft das Festigungsgewebe (Kollenchym, Sklerenchym) älterer Wurzeln.

Aus dem Perizykel entwickeln sich durch **lokale Zellteilungsaktivität** die **Seitenwurzeln** und später, im Zuge des sekundären Dickenwachstums (Gymnospermen, Dicotylen), die außerhalb des Bastes liegende **sekundäre Rinde** (◻ Abb. 8.71c: orange). Diese ist in der Lage, durch Remeristematisierung **Phellogene** zu erzeugen, aus denen die Borke (**Periderm**) als tertiäres Abschlussgewebe hervorgeht.

Die Literatur zeichnet ein unscharfes Bild von der Natur des Perizykels. Die Teilungsfähigkeit des Perizykels, die erst mit dem sekundären Dickenwachstum einsetzt, hat zu der Bezeichnung „Pericambium" (Nägeli und Leitgeb 1868) geführt. Durch diesen Begriff entsteht der Eindruck, dass der Perizykel ein Meristem und möglicherweise mit dem cambialen Restmeristem der Sprossachse vergleichbar sei. Tatsächlich bleiben bei der Wurzelentwicklung aber nach heutigem Kenntnisstand **keine Restmeristeme** erhalten, beruht das sekundäre Dickenwachstum der Wurzel auf einem **neu gebildeten Folgemeristem** (s. unten) und weist die Aktivität des Perizykels **nicht das typische Zellteilungsmuster** eines Cambiums auf. Die Zellteilung erfolgt vermutlich zunächst **diffus** und baut eine mehrschichtige, sekundäre Rinde auf. Innerhalb dieses Parenchymgewebes entsteht durch **Remeristematisierung** das erste **Phellogen**, das das typische Zellteilungmuster eines Korkcambiums zeigt. Die wiederholte Phellogenbildung führt zum Aufbau der Wurzelborke.

Das **Leitgewebe** der Wurzel liegt in Form einer Aktinostele oder Siphonstele ohne Blattlücke (▶ Abschn. 5.5.2) im Zentrum der Wurzel. Dadurch erhält die Wurzel **Zugfestigkeit** und kann die Biegebewegungen der oberirdischen Pflanzenteile abfangen. Ihre Konstruktion wird gerne mit einem **mehradrigen Kabel** verglichen, dessen Festigungselemente in den zentralen Bereich verlagert sind.

Die Leitgewebe liegen in isolierten **Xylem- und Phloemsträngen** vor (◻ Abb. 8.71b). Diese verlaufen **radial** und alternieren miteinander. Die **Xylemelemente** lassen entweder einen zentralen Parenchymbereich bestehen (◻ Abb. 8.72a, d) oder bilden einen in der Mitte zusammenlaufenden Stern, zwischen dessen Winkeln **Phloemnester** liegen (◻ Abb. 8.72b, c). Diese Anordnung erinnert an eine Aktinostele (▶ Abschn. 5.5.2), von der sich der Zentralzylinder der dicotylen Wurzel ableiten soll. Nach der **Anzahl der Xylemstränge** unterscheidet man vielstrahlige (**polyarche**, vor allem bei Monocotylen; ◻ Abb. 8.72d) von wenigstrahligen Zentralzylindern, die dann nach der Anzahl der Stränge als **diarch** (zwei: *Nigella damascena*), **triach** (drei: *Ranunculus bulbosus*), **tetrarch** (vier: häufig bei Dicotylen;

Abb. 8.72b) oder **pentarch** (fünf; Abb. 8.72c) bezeichnet werden. Im Gegensatz zum Spross (Abb. 8.6b: schwarz) differenzieren sich die Xylemelemente in **zentripetaler Richtung** (exarches Xylem), d. h. die Protoxylemelemente liegen außen (Abb. 8.71a: schwarz, und 8.72b: pXy).

Seitenwurzelzone

Die Seitenwurzelzone folgt auf die Wurzelhaarzone. Sie repräsentiert das Endstadium einer primären Wurzel und dient vor allem der **Vergrößerung des Wurzelsystems** durch **Seitenwurzelbildung**.

Mit den Wurzelhaaren stirbt auch die Rhizodermis ab. An ihre Stelle tritt die **Exodermis** als sekundäres Abschlussgewebe (▸ Abschn. 7.2.3). Sie entspricht der äußersten Schicht des subepidermalen Gewebes, die verkorkt und dadurch wasserundurchlässig wird (Abb. 8.71b: braun).

Die Anlage der **Seitenwurzeln** erfolgt **endogen** aus dem Perizykel. Dessen Zellen bilden lokal teilungsfähige **Zellnester** (McCully 1975), die man als **Meristemoide** bezeichnen kann (▸ Abschn. 6.3). Zuerst dehnen sich einige Zellen in radialer Richtung aus und teilen sich periklin (Abb. 8.73a, b). Dann setzt allseitige Zellteilung mit einer **Orientierung** ein, die die künftigen Gewebe bereits andeutet (Abb. 8.73c, d). Die **Endodermis** folgt der radialen Erweiterung durch antikline Teilungen und bildet eine **Wurzeltasche** (Wt) um die auswachsende Seitenwurzelanlage.

Beim Wiesen-Storchschnabel (*Geranium pratense*, Geraniaceae) weist die junge Anlage eine zelluläre Gliederung in drei Bereiche auf, von denen die beiden inneren dem künftigen Zentralzylinder (Abb. 8.73d, e: Pl, Plerom) und der künftigen Rinde (Pb, Periblem) zugeordnet werden können, während aus der äußeren Schicht (Abb. 8.73d: mZs, multigenetische Zellschicht) das Protoderm (Abb. 8.73e: Pd, Anlage der Rhizodermis) und eine **Übergangshaube** (Abb. 8.73e: ÜHb; fehlt bei anderen Familien) entstehen, die der Kalyptra vorausgeht (Hertel 2002). Mit der Etablierung des Wurzelmeristems (Abb. 8.73f: *) geht die Anlage in eine junge Wurzel mit Initialzellen über. Jetzt bildet sich auch das **Dermatokalyptrogen** (Dk), aus dem die Wurzelhaube und das primäre Abschlussgewebe (Pd, Protoderm) entstehen. Der **Anschluss** der Seitenwurzel an das Leitgewebe der Abstammungswurzel erfolgt durch **Perizykelzellen**, die sich zu Xylem- und Siebelementen differenzieren. Die Seitenwurzel durchbricht schließlich (meist mechanisch) die Endodermis, Wurzelrinde und Exodermis und tritt ins Freie (Abb. 8.73f).

Die Seitenwurzeln folgen grundsätzlich **akropetal** aufeinander, das heißt, die jüngsten Seitenwurzeln stehen dem Wurzelmeristem am nächsten (Abb. 8.67a: Sw, und 8.81d). Allerdings können nachträglich zwischen bereits bestehenden Seitenwurzeln neue Wurzeln angelegt werden, die von Troll (1973) als **Adventivwurzeln** bezeichnet wurden. Dieser Ausdruck ist missverständlich, da er auch für sprossbürtige Wurzeln (insbesondere im Englischen: *adventitious roots*) verwendet wird.

Bei vielen Dicotylen entstehen die Seitenwurzeln über den Xylemstrahlen, was dazu führt, dass sie in Längsreihen übereinanderstehen. Sie bilden mehr oder weniger deutlich ausgebildete **Rhizostichen** (Wurzelzeilen; s. Orthostichen der Blattstellung ▸ Abschn. 6.6.2).

Während die Hauptwurzel ins Erdreich hinein wächst (positiv geotrop), wird die Wachstumsrichtung der Seitenwurzeln meist nicht durch die Schwerkraft gesteuert, sondern durch das **Feuchtigkeitsgefälle** (hydrotrop) oder den **Nährstoffgehalt** (chemotrop) im Boden.

Sekundäres Dickenwachstum

Mit zunehmender Größe der Pflanze steigt der Bedarf an Wurzeln, die die Anforderungen an die Wasser- und Mineralsalzversorgung mehrjähriger Pflanzen erfüllen. Die Monocotylen lösen das Problem durch andauernde Bildung neuer, sprossbürtiger Wurzeln, während bei Gymnospermen und Dicotylen neben der Neubildung von Wurzeln **sekundäres Dickenwachstum** im **Hauptwurzelsystem** einsetzt.

Voraussetzung für sekundäres Dickenwachstum ist wie beim Spross ein **cambiales Gewebe**. In der Wurzel handelt es sich dabei um ein **Folgemeristem**, das durch **Remeristematisierung** von Zellen im Zentralzylinder entsteht. Parenchymatische Zellen zwischen den Phloem- und Xylembereichen werden teilungsaktiv und bilden unter Einbeziehung einiger Perizykelzellen oberhalb der Xylemelemente ein geschlossenes, sternförmiges **Wurzelcambium** (Abb. 8.71b: rot). Dieses gibt nach innen Holz (sekundäres Xylem) und nach außen Bast ab (sekundäres Phloem; Abb. 8.71c). Dabei schließt der **Bast** (hellgrün) an die primären Phloemelemente (grün) an, während das **Holz** (hellblau) zwischen den ursprünglichen Xylemsträngen (blau) gebildet wird (Abb. 8.71b: Doppelpfeil). Da das Holz erhalten bleibt und der Bast mit der Zeit kollabiert, verliert das Wurzelcambium seine Sternform und geht in eine **Ringform** über (Abb. 8.71c: rot). Die ursprünglich alternierende Stellung der Xylem- und Phloemelemente geht in eine **collaterale Anordnung** über, wodurch die sekundär verdickte Wurzel eine hohe Ähnlichkeit zu einer sekundär verdickten Sprossachse erreicht (Abb. 8.74).

Gleichzeitig entstehen zwischen den Leitbündel Parenchymstreifen, die ähnlich den Markstrahlen des Sprosses **radiale Transportvorgänge** ermöglichen (Abb. 8.74b: Ps). Holz und Bast sind durch blind en-

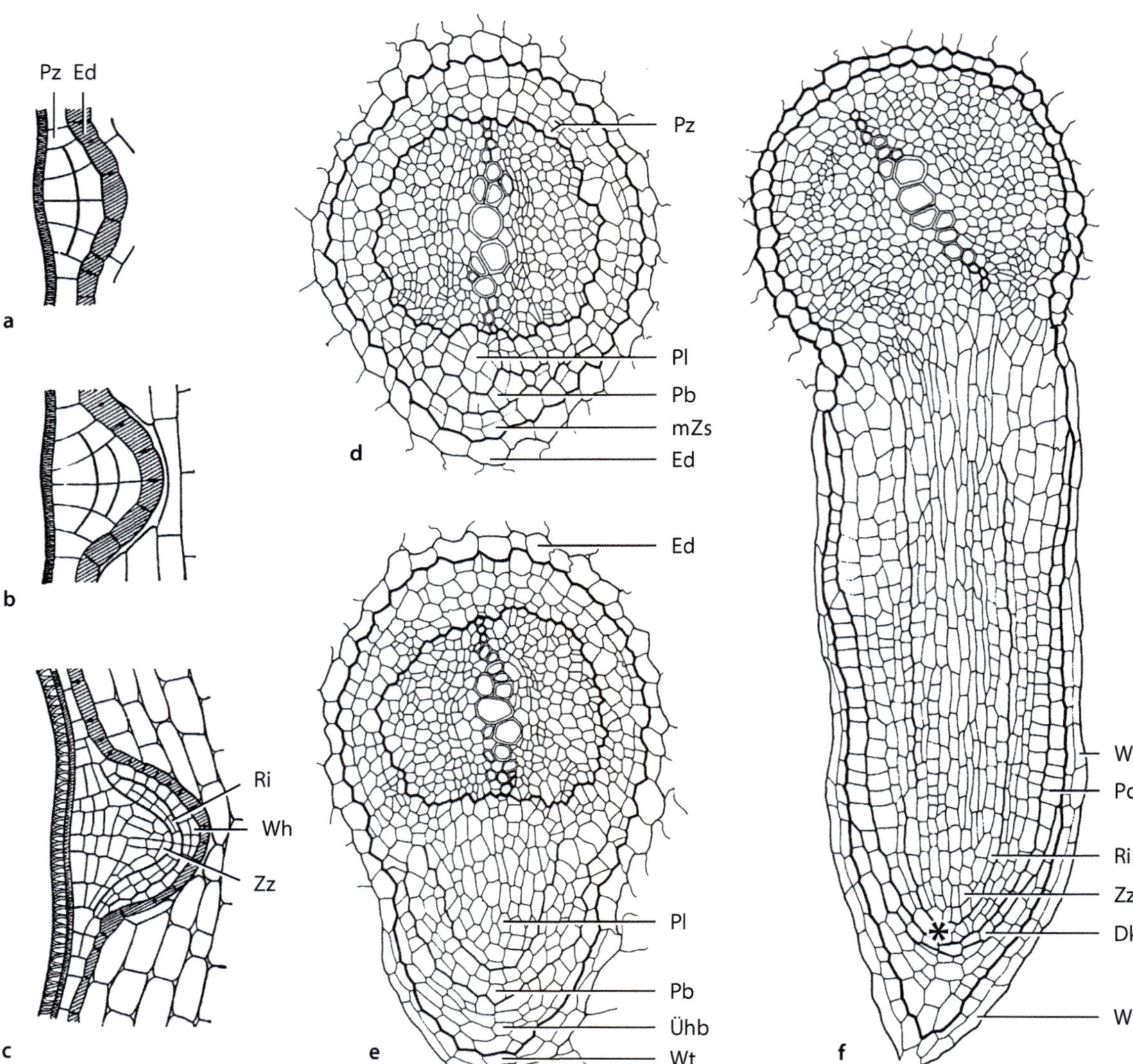

dende, sekundäre Strahlen miteinander verbunden (◘ Abb. 8.71d: hellbeige Streifen, und 8.74c: hellblaue Streifen). Der **Perizykel** vergrößert sich durch **diffuse Zellteilung** und baut außerhalb des Leitgewebes eine meist dünne, sekundäre Rinde auf (◘ Abb. 8.71c: orange).

Das sekundäre Dickenwachstum setzt sich zeitlebens fort und führt zu Wurzeln mit beachtlichem **Umfang** (◘ Abb. 8.83). Wie bei der Sprossachse folgen die außen liegenden Gewebe nur begrenzt der Umfangs-erweiterung. Meist reißen Exodermis, Rinde und Endodermis auf und werden durch ein **tertiäres Abschlussgewebe** (**Periderm**; ▶ Abschn. 7.2.3) ersetzt (◘ Abb. 8.71c, d: dunkelbraun, und 8.74b, c: Pd). Die **Phellogene** stammen aus der **sekundären Rinde**. Sie bilden nach außen Phellem (Kork, Borke) und nach innen Phelloderm (Korkrinde; ▶ Abschn. 8.2.2).

Wie in der Sprossachse (▶ Abschn. 8.2.2) tritt auch in der Wurzel einiger Verwandtschaftsgruppen **anomales sekundäres Dickenwachstum** auf. Bekannte Beispiele

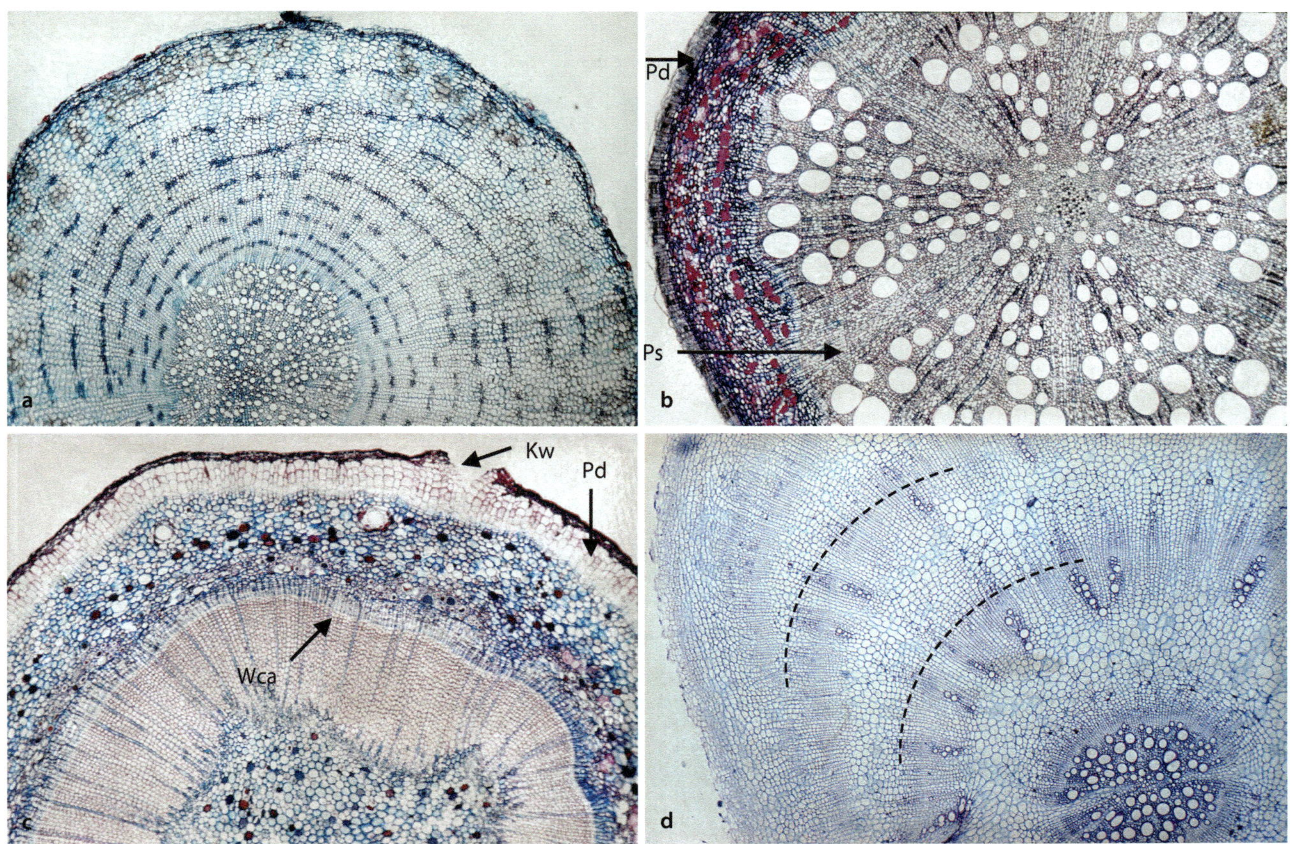

▢ Abb. 8.74 Sekundäres Dickenwachstum im Wurzelbereich. a, Löwenzahn (*Taraxacum*, Asteraceae). Bastrübe, gegliederte Milchröhren im Bast (dunkelblau). **b**, Luzerne (*Medicago sativa*, Fabaceae). Pfahlwurzel mit stark entwickeltem Holzkörper. Pd, Periderm. Ps, Parenchymstrahlen. **c**, Eiche (*Quercus*, Fagaceae). Verdickte Wurzel mit tertiärem Abschlussgewebe (Pd) und Korkwarzen (Kw); im Holz Parenchymstrahlen (hellblau) erkennbar. Wca, Wurzelcambium **d**, Zuckerrübe (*Beta*, Amaranthaceae). Anomales Dickenwachstum: Konzentrische Anlage neuer Wurzelcambien (gestrichelte Bögen); jede Zuwachsschicht mit Xylem, Phloem und Speicherparenchym. (© Botanische Sammlungen der JGU Mainz)

liefern die Zuckerrübe (*Beta vulgaris*, Amaranthaceae; ▢ Abb. 8.74d, ▶ Abb. 6.46h, j) und die Kermesbeere (*Phytolacca americana*, Phytolaccaceae; ▢ Abb. 8.78c, d). Die Aktivität des ersten Wurzelcambiums hält bei ihnen nur kurz an und wird durch die Tätigkeit eines neuen, weiter außen gebildeten Wurzelcambiums ersetzt. Auch dieses wird wieder ersetzt und trägt zur Bildung konzentrisch angeordneter Zuwachszonen mit einem regelmäßigen Wechsel von Holz-, Bast- und Parenchymanteilen bei.

8.4.4 Beziehungen zwischen Wurzel und Spross

Wurzel und Sprossachse zeigen beide offenes Wachstum und bauen die unbegrenzten Wurzelwerke und Verzweigungssysteme der Pflanze auf. Im Bereich des Hypocotyls gehen sie ineinander über und lassen sich nicht klar voneinander abgrenzen. Interessant ist, dass beide Organe trotz ihrer Verschiedenheit das **Potential** haben, das jeweils andere Organ zu erzeugen (▢ Tab. 8.6). Wurzeln können am Spross entstehen (**sprossbürtige Wurzeln**) und Sprossachsen aus der Wurzel (**wurzelbürtige Sprosse**). In beiden Fällen erfolgt die Anlegung **endogen**. Im Extremfall kommt es zum völligen Erliegen des Wurzelpols und, sehr selten, sogar zur Unterdrückung des Sprosspols.

Sprossbürtige Wurzeln und wurzellose Pflanzen

Sprossbürtige Wurzeln entstehen **endogen** aus teilungsfähig gewordenen Parenchymzellen in der Nähe des Leitgewebes (▢ Abb. 8.75a, b). In wenigen Ausnahmefällen (z. B. Brassicaceae) können sie auch aus remeristematisierten Epidermiszellen hervorgehen (Hertel 2002). Ihre **Entwicklung** entspricht der von Seitenwurzeln. Es entsteht zunächst ein teilungsfähiges Zellnest, das sich früh in die späteren Gewebeschichten differenziert (▢ Abb. 8.75c, ▶ Abschn. 8.4.3). Zuletzt durchbricht die junge Wurzel mit der Kalyptra voran die Rinde und die Epidermis der Sprossachse (▢ Abb. 8.75d).

Tab. 8.6   Aufbau und Funktion von Wurzeln und Sprossachsen

Merkmal	Wurzel	Sprossachse
Lage des Meristems	subapikal	apikal
Gewebespezifische Initialen	meist einzelne Initialzellen	meist 2–3 Zelllagen
Restmeristeme	fehlend	immer vorhanden
Primäres Abschlussgewebe	Rhizodermis mit Wurzelhaaren Wasser- und Salzaufnahme	Epidermis mit Cuticula und Spaltöffnungen Transpirationsschutz und Gasaustausch
Gliederung des Organs	fehlt	Knoten und Internodien
Seitensysteme	endogene Seitenwurzeln	exogene Blätter und axilläre Seitenachsen
Leitgewebe	zentral, radial Kabelkonstruktion gegen Zugbeanspruchung	Bündel, meist collateral Rohrkonstruktion gegen Biegebelastung
Entstehung des Leitgewebes	aus Wurzelinitialen	aus provaskulären Domänen an der Blattbasis
Xylemdifferenzierung	zentripetal (exarches Xylem)	zentrifugal (endarches Xylem)
Endodermis	meist vorhanden	selten vorhanden
sekundäres Dickenwachstum	aus Folgemeristem (Wurzelcambium)	aus Rest- und Folgemeristem (faszikuläres und interfaszikuläres Cambium)
Phellogen	aus sekundärer Rinde (Folgemeristem)	aus primärer Rinde (Folgemeristem)
Bildungspotential	wurzelbürtige Sprosse	sprossbürtige Wurzeln

Funktionell und histologisch sind **alle Wurzeln gleich**, unabhängig davon, ob sie wurzel- oder sprossbürtiger Herkunft sind. Sie weisen die gleichen **Alleinstellungsmerkmale** auf (▸ Abschn. 6.2) und sind daher trotz unterschiedlicher Lage homolog.

Sprossbürtige Wurzeln

Obgleich es keine strengen Lageprinzipien für sprossbürtige Wurzeln gibt, treten sie doch gehäuft im Bereich der **Knoten** auf, in dem besonders viel Leitgewebe zur Verfügung steht. Dabei entspringen sie entweder unterhalb des Knotens (**Unterknotenwurzler**; ▣ Abb. 8.75e) oder oberhalb des Knoten (**Überknotenwurzler**; ▣ Abb. 8.75f). Weiterhin treten sprossbürtige Wurzeln an Internodien (z. B. **Haftwurzelfelder**; ▣ Abb. 8.84a–c) und am Hypocotyl auf (▣ Abb. 8.84e). Als (endogene) Seitenorgane des Sprosses unterliegen sie wie die Seitenachsen der **Polarität** und **Symmetrie** des Sprosssystems (▸ Abschn. 6.7.3; Troll 1943).

Die **Anzahl** der sprossbürtigen Wurzeln ist hoch und unbestimmt (z. B. beim Mais) oder auf wenige bis eine Wurzel pro Knoten beschränkt (▣ Abb. 8.75e, f). Während der **Ort** ihrer Entstehung artspezifisch festgelegt

ist, bestimmen **Außenfaktoren** (z. B. Feuchtigkeit, Licht), ob sprossbürtige Wurzeln überhaupt zur Ausbildung kommen. Die fakultative **Bewurzelungsfähigkeit** von Pflanzen macht man sich zunutze, um Pflanzen über **Stecklinge** zu vermehren.

Sprossbürtige Wurzeln kommen innerhalb der Samenpflanzen bis auf einzelne Ausnahmen (▸ Abschn. 5.5.8) nur bei den **Blütenpflanzen** (Angiospermen) vor:

- Bei den **Monocotylen**, deren Hauptwurzel früh verkümmert, bauen sie das gesamte unter- und oberirdische Wurzelsystem der Pflanzen auf (**sekundäre Homorhizie**; ▣ Abb. 8.67b).
- Bei den **Dicotylen** fehlen sie häufig. Sie treten aber regelmäßig bei **Kriechpflanzen** (▸ Abschn. 6.10.2) und an **Überdauerungsorganen** (z. B. Rhizomen, Zwiebeln; ▣ Abb. 6.46b, f, g) auf, bei denen sie als Nähr- und Ankerwurzeln agieren.

Über die Grundfunktionen hinaus übernehmen sprossbürtige Wurzeln bei allen Blütenpflanzen eine Vielzahl von **Sonderfunktionen** und erlangen dabei eine **analoge Ähnlichkeit** zu den funktionsgleichen Strukturen anderer Grundorgane (▸ Abschn. 8.4.5).

Abb. 8.75 Sprossbürtige Wurzeln. a, b, Efeu (*Hedera helix*, Araliaceae). **a,** Querschnitt durch eine Sprossachse mit umfangreichem Mark, Leitbündelring und endogener Anlegung sprossbürtiger Wurzelfelder (violett). **b,** Endogene Wurzelbildung. **c, d,** Seerose (*Nymphaea alba*, Nymphaeaceae). **c,** Endogene Wurzelanlagen in unterschiedlichen Entwicklungsstadien. Kl, Kalyptra. Zz, Zentralzylinder. **d,** Akropetale Anlage sprossbürtiger Wurzeln (Pfeil) am Rhizomhöcker unterhalb eines jungen Blattes. **e,** *Philodendron bipin-* *natifidum* (Araceae). Unterknotenwurzler. Bildung einer einzigen fleischigen Wurzel pro Knoten. **f,** *Dischidia collyris* (Apocynaceae). Überknotenwurzler. Bei einigen Arten der Gattung gelangen die Wurzeln ins Innere von schlauchförmigen Urnenblättern (Abb. 8.54c, ► Abschn. 8.3.3). (© a, b: Botanische Sammlungen der JGU Mainz. c: K. Bonsels-Klein & R. Claßen-Bockhoff, Mainz. d–f: R. Claßen-Bockhoff, Mainz)

Wurzellose Pflanzen

Bleiben neben der Hauptwurzel auch alle sprossbürtigen Wurzeln unterdrückt, ist die Pflanze **wurzellos**. Zu den wenigen bekannten Beispielen (Troll 1943) gehören das untergetaucht lebende Hornblatt (*Ceratophyllum*, Ceratophyllaceae; Abb. 11.66h), einige Vertreter der carnivoren Lentibulariaceae (*Utricularia*, *Genlisea*; Abb. 8.91i–l) und Droseraceae (*Aldrovanda*), bei denen **Blätter** die **Wurzelfunktion** übernehmen (► Abschn. 8.6.2), sowie einige Orchideen (*Epipogium*, *Corallorhiza*), deren unterirdische Sprosse mit **Absorptionshaaren** besetzt sind. Auch parasitische Pflanzen, die sich mithilfe von **Haustorien** Zugang zur Wasserversorgung verschaffen (z. B. *Viscum*, Santalaceae Abb. 8.90c, *Tristerix*, Loranthaceae Abb. 6.9d)

bilden kein Wurzelsystem Das berühmte Feenhaar oder Spanisches Moos (*Tillandsia usneoides*, Bromeliaceae), das allgemein als wurzellose Pflanze gilt, gehört dagegen nicht in diese Gruppe. Die Pflanze nimmt zwar zeitlebens Wasser- und Nährsalze über **Saugschuppen** aus dem Luftraum auf (Abb. 7.21c und 8.88a, b), bildet aber in der Jugend einige sprossbürtige Wurzeln mit Haftfunktion (Troll 1943).

Wurzelbürtige Sprosse und sprosslose Pflanzen

Wurzeln können nicht nur an Sprossen entspringen, sondern auch Sprosse erzeugen. Diese bilden sich meist aus dem Perizykel oder der Rinde und stimmen in ihrem **endogenen** Ursprung und ihrer Anordnung mit **Seiten-**

wurzeln überein. Die regulatorischen Hintergründe, die zur Bildung von Sprossapikalmeristemen an diesen Positionen führen, sind noch nicht genau verstanden.

Wurzelbürtige Sprosse (auch als **Wurzelbrut** bezeichnet) treten bei **heimischen Bäumen** natürlicherweise (z. B. Weide, Erle, Robinie, einigen Pappelarten) oder nach Verwundung auf (z. B. Hasel, Linde, Ulme, Rosskastanie). In diesem Fall bildet sich zunächst ein unspezifisches Gewebe (**Kallusgewebe**), aus dem sich der neue Spross differenziert (Troll 1943).

Wurzelsprosse finden sich weiterhin bei Sträuchern (Brombeere) und **ausdauernden Kräutern**. Bei letzteren wird der Primärspross nachhaltig von der Wurzelbrut beeinflusst (Rauh 1937). Beim Kleinen Sauerampfer (*Rumex acetosella*, Polygonaceae) blüht der Hauptspross und geht dann zugrunde. Die Pflanze bildet alle weiteren Blühtriebe aus wurzelbürtigen Knospen. Beim Schmalblättrigen Weidenröschen (*Epilobium angustifolium*, Onagraceae) kommt der Primärspross nur noch unter günstigen Bedingungen zum Blühen und bei der Zypressen-Wolfsmilch (*Euphorbia cyparissias*, Euphorbiaceae) bleibt er unscheinbar und vegetativ. Alle weiteren vegetativen und alle blühenden Sprosse stammen aus dem Wurzelsystem (◘ Abb. 8.76c). Im Extremfall wird überhaupt **kein SAM** mehr im Embryo angelegt. Da auch die Keimblätter fehlen, kommt **allein das Wurzelsystem** mit seiner Fähigkeit zur Sprossbildung zur Entwicklung. Beispiele für solche vollständig **sprosslosen Pflanzen** liefern einige wenige Ericaceae mit dem Wintergrün (*Pyrola minor*; ◘ Abb. 8.76d) und dem mykoheterotrophen (▶ Exkurs 8.11) Fichtenspargel (*Monotropa hypopitys*; Troll 1943).

Pflanzen mit wurzelbürtigen Sprossen bilden gewöhnlich weit ausladende **Klone** (▶ Abschn. 6.9.2). Sie sind ausgesprochen **standorttreu**, da sie auch nach Vernichtung der oberirdischen Triebe und Fragmentierung des Wurzelkörpers ihre Fähigkeit zum Austreiben beibehalten.

Hypocotyl – Übergangszone zwischen Wurzel und Sprossachse

Im bipolaren Embryo liegen sich der exogene Sprosspol und der endogene Wurzelpol gegenüber. Beide beginnen früh mit der **Differenzierung von Leitgewebe**, das in der Sprossachse zur Bildung einzelner, collateraler Leitbündel und in der Wurzel zu einem zentralen, radial organisierten Leitgewebe führt. Der **Übergang** von der einen in die andere Form erfolgt im **Hypocotyl**. Das Hypocotyl liegt zwischen dem ältesten, mit Seitenwurzeln versehenen Abschnitt der Wurzel und den Keimblättern, die den ersten Knoten des Sprosssystems bilden (◘ Abb. 8.77b: Hy, CoKn). Es wird traditionell zur Sprossachse gerechnet, weil es von einer Epidermis umgeben ist und nur selten Seitenwurzeln bildet. Histologisch lassen sich Wurzel und Sprossachse aber **nicht** klar **abgrenzen**.

Übergang der Leitelemente zwischen Primärwurzel und Sprossachse

Die **Verbindung der Leitelemente** wird im **Embryo** angelegt. Sie ist sehr komplex und hängt unter anderem von der Art der Keimung (epigäisch, hypogäisch; ▶ Abschn. 6.4.3) und der Geschwindigkeit der Epicotylentwicklung ab (Esau 1969). Im Bereich des **Hypocotyls** treffen der **Leitgewebestrang der Wurzel** und die **Blattspuren der Cotyledonen** aufeinander. Letztere stellen die Verbindung zum Leitgewebe der Sprossachse her und **unterscheiden** sich von allen anderen Blattspuren darin, dass sie mit einem kompakten, radial organisierten Leitgewebe in Verbindung stehen.

Im Embryo bilden sich provasculäre Domänen, aus denen sich die Leitgewebe des Spross- und Wurzelsystems entwickeln. Die ersten Leitbündel des Sprosses differenzieren sich in den **Keimblättern** (◘ Abb. 8.77a, 6: Co) und weisen eine kollateral geschlossene Organisation auf. Die Xylemdifferenzierung erfolgt in **zentrifugaler** Richtung (endarch, Pfeil). In der Wurzel differenziert sich das Xylem dagegen **zentripetal** (exarch, *1*: Pfeile) und geht in einen zentralen Leitgewebestrang ein. Im Hypocotyl erfolgt die **Verbindung** der gegensätzlich orientierten Leitgewebe durch **Auseinanderweichen** und **Reorientierung** der Xylem- und Phloemstränge (*2–5*). Im Hypocotyl werden die Protoxylemelemente beidseitig von Metaxylem und Phloem flankiert (*3, 4*: pXy) und vermitteln mit dieser Position zwischen ihrer adaxialen Lage in den Keimblättern und peripheren Lage in der Wurzel. Die Blattspuren der Primärblätter (BsPb, *2–7*: graue Stränge) durchziehen das Hypocotyl und stehen mit dem Xylemkörper und je einem Phloemstrang der Wurzel in Kontakt (*2*).

◼ Abb. 8.76 Wurzelbürtige Sprosse. a, Sanddorn (*Hippophaë rhamnoides*, Elaeagnaceae). Holzgewächs mit oberirdischer Verzweigung und unterirdischer Wurzelbrut. **b,** Echtes Leinkraut (*Linaria vulgaris*, Plantaginaceae). Der Hauptspross geht früh zugrunde; alle Sprossachsen entstehen endogen aus dem Hypocotyl oder der Primärwurzel. **c,** Zypressen-Wolfsmilch (*Euphorbia cyparissias*, Euphorbiaceae). Das Sprosssystem bleibt klein und vegetativ. Alle Blühtriebe sind wurzelbürtiger Herkunft. **d,** Kleines Wintergrün (*Pyrola minor*, Ericaceae). Pflanze ohne Sprossapikalmeristem. Die gesamte Pflanze entsteht aus der Keimwurzel (!). (© **a, c, d:** R. Claßen-Bockhoff, Mainz. **b:** H.A. Froebe, Aachen. Mit freundlicher Genehmigung)

Hypocotylknospen

Das Hypocotyl weist nicht nur histologische Übergänge zwischen Wurzel und Spross auf, sondern ist auch in der Lage, **Sprossknospen** zu bilden (Troll 1935; Rauh 1937). Dabei handelt es sich nicht um Beiknospen, die aus einem axillären Meristem stammen (◼ Abb. 6.5d: Bs), sondern um eine charakteristische **Eigenart des Hypocotyls**.

Hypocotylknospen treten vor allem bei Dicotylen auf, z. B. bei *Prunus*-Arten (Rosaceae), Haselnuss (*Corylus avellana*, Betulaceae), Flieder (*Syringa vulgaris*, Oleaceae), Robinie (*Robinia pseudoacacia*, Fabaceae) und Götterbaum (*Ailanthus altissima*, Simaroubaceae). Die Knospen werden gewöhnlich **exogen** in **zerstreuter Anordnung** gebildet, können aber auch, vor allem wenn sie spät auftreten, wie wurzelbürtige Sprosse **endogenen** Ursprungs sein (◼ Abb. 8.77d: enKn, exKn).

Das Verhältnis zwischen Hauptspross und Hypocotylsprossen am Bau der Pflanze schwankt beträchtlich. Während beim Löwenmäulchen (*Antirrhinum majus*, Plantaginaceae) der Hauptspross zum Blühen gelangt und erst die weitere Verzweigung aus Hypocotylknospen erfolgt, geht der Primärspross beim Leinkraut (*Linaria vulgaris*, Plantaginaceae) früh zugrunde. Vegetative und reproduktive Funktionen gehen auf Hypocotylsprosse und wurzelbürtige

8

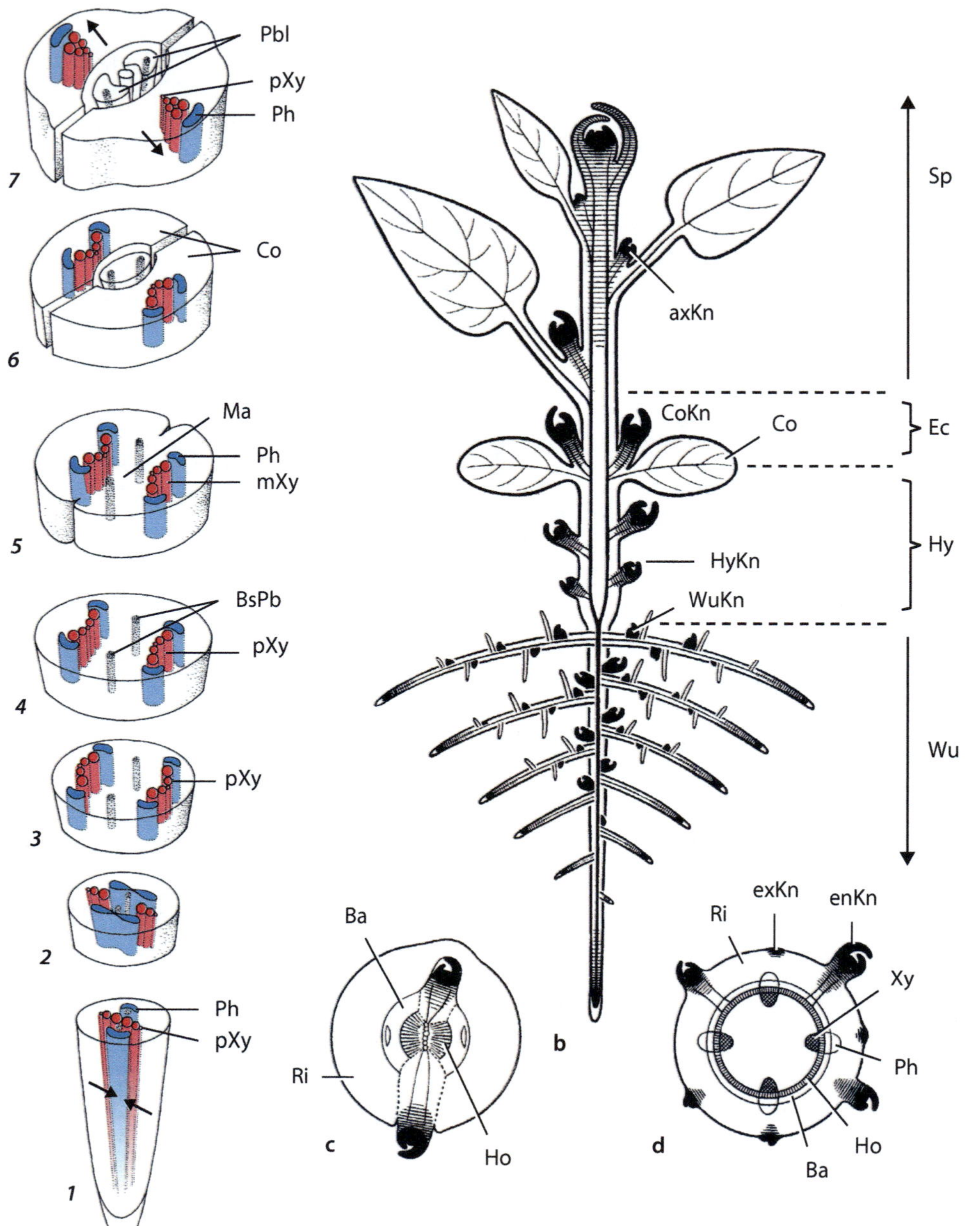

◘ **Abb. 8.77** **Hypocotyl. a,** *Beta vulgaris* (Amaranthaceae). Schnittserie durch einen Keimling, den Leitbündelübergang zwischen Wurzel und Hypocotyl zeigend. *1,* Diarch organisierte Wurzel. Ph, Phloem. pXy, Protoxylem (ganz außen, schwarz). *2–5,* Hypocotyl. BsPb, Blattspuren der Primärblätter. Ma, Mark. mXy, Metaylem (rot). *6, 7,* Cotyledonarknoten mit zwei Keimblättern und Epicotyl. Co, Cotyledo. Erläuterungen s. Text. **b,** Schema einer dicotylen Keimpflanze mit Hypocotylknospen (HyKn) und wurzelbürtigen Sprossanlagen (WuKn, Wurzelknospen). axKn, axilläre Knospe. Co, Cotyledo (Keimblatt). CoKn, Cotyledonarknospe. Ec, Epicotyl. Hy, Hypocotyl. Sp, Sprossachse. Wu, Wurzelsystem. **c,** Schematischer Querschnitt durch diarche Wurzel mit zwei wurzelbürtigen Sprossanlagen. Ba, Bast. Ho, Holz. Ri, Rinde. **d,** Schematischer Querschnitt durch Hypocotyl mit endogenen und exogenen Knospenanlagen. enKn, endogene Knospe. exKN, exogene Knospe. Xy, Xylem. (© **a:** Esau 1969; Raven et al. 2006, leicht verändert. **b–d:** Troll 1935, leicht verändert)

Sprosse über (Abb. 8.76b), die die gesamte oberirdische Pflanze bilden (Troll 1935, 1973).

8.4.5 Funktionelle Vielfalt von Wurzeln

Während alle Samenpflanzen relativ gleichförmige **Nähr- und Ankerwurzeln** bilden, treten bei den Angiospermen zusätzlich Wurzeln auf, die **weitere Funktionen** übernehmen oder sogar einen vollständigen **Funktionswechsel** vollziehen:

- Im oder am **Boden** finden sich Speicher-, Zug- und Atemwurzeln. Sie gehören dem **Hauptwurzelsystem** an (nur bei Dicotylen) oder entstehen aus sprossbürtigen Wurzeln.
- Im **Luftraum** treten **sprossbürtige Wurzeln** als Stütz-, Stelz- und Haftwurzeln auf, selten auch als Wurzelranken, Wurzeldornen oder assimilierende Wurzeln. Sie finden sich bei Monocotylen und Dicotylen.

In ihrer **Anpassungsfähigkeit** sind die Wurzeln den Sprossachsen und Blättern durchaus vergleichbar, wenngleich sie nicht die **Formenfülle** der oberirdischen Organe erreichen (Tab. 8.8, 8.9, 8.10 und 8.11). Ähnliche Anpassung führt aber auch hier zu **analoger Ähnlichkeit.**

Speicherwurzeln – Überdauern mit Reservestoffen

Wurzeln sind wichtige Speicherorgane für die Pflanze. In den meisten Fällen werden **Kohlenhydrate** (vor allem Stärke) gespeichert, wesentlich seltener treten **sukkulente** Wurzeln als **Wasserspeicher** (Abb. 8.80e) auf.

Speicherwurzeln sind charakteristisch für **Geophyten** (▶ Abschn. 6.10.2), also krautige Pflanzen, die mittels Speicherorganen schlechte Witterungsverhältnisse (Winter, Trockenzeit) überdauern. Neben fleischigen, sprossbürtigen Wurzeln (Abb. 8.78f, g) treten Wurzelknollen und Rüben auf.

Rüben gehen immer aus einem **Hauptwurzelsystem** mit dominanter Primärwurzel hervor und tragen Innovationsknospen. Damit gehören sie neben Sprossknollen, Rhizomen und Zwiebeln zu den **Überdauerungsorganen** der Pflanze (▶ Abschn. 6.9.1). Sie weisen **sekundäres Dickenwachstum** auf und speichern entweder im Bast (**Bastrübe**, z. B. Karotte; Abb. 8.78a, b) oder im Holz (**Holzrübe**, z. B. Rettich). Bei einigen Familien, z. B. den Amaranthaceae (*Beta*, Zuckerrübe; Abb. 6.46i) und Phytolaccaceae (Kermesbeere; Abb. 8.78c) tritt wie im Sprossachsenbereich **anomales** sekundäres Dickenwachstum auf.

Wurzelknollen

Wurzelknollen entstehen meist aus **sprossbürtigen Wurzeln.** Sie geben das offene Wachstum zugunsten der Speicherfunktion auf und weisen eine runde oder ovale Form auf (Abb. 8.78e und 6.46j). Im Unterschied zu den Rüben beruht die Verdickung meist auf **primärem Dickenwachstum**, wobei das **Rindenparenchym** als Speichergewebe fungiert.

Wurzelknollen haben als **Stärke liefernde Nahrungsmittel** eine wichtige Bedeutung für die Ernährung des Menschen. Zu den Grundnahrungsmitteln der Tropen gehören **Maniok** (Yuka, Kassave, *Manihot esculenta*, Euphorbiaceae), **Yamswurzel** (*Dioscorea*-Arten, Dioscoreaceae) und **Süßkartoffel** (*Ipomoea batatas*, Convolvulaceae; Abb. 8.78h–j).

Der ursprüngliche Name der aus Südamerika stammenden Süßkartoffel ist **Batate**, ein Wort, das in die präkolumbianische Zeit zurückreicht. Die Süßkartoffel gelangte im 16. Jahrhundert nach Europa und erhielt in England den Namen *Potato* (Lieberei und Reisdorff 2012). Dieser Name wurde auf die später eingeführte Kartoffel (*Solanum tuberosum*) übertragen, die im Gegensatz zur Süßkartoffel zu den Nachtschattengewächsen (Solanaceae) gehört. Sie bildet auch keine Wurzelknollen, sondern Ausläuferknollen (▶ Abschn. 6.9.2).

Wurzelstöcke – Wurzel oder Sprossachse?

Während Rüben und Wurzelknollen eindeutig Wurzeln darstellen, sind andere Begriffe verwirrend und irreführend. Dies gilt vor allem für den Ausdruck **Wurzelstock** der ursprünglich als Synonym für **Rhizom** eingeführt wurde (Wagenitz 2003). Beide Bezeichnungen stammen aus der Zeit, in der Wurzeln und Rhizome noch nicht voneinander unterschieden wurden, was auch den griechischen Wortstamm *rhiza* (Wurzel) für Rhizom erklärt. Der Begriff Wurzelstock wird aber auch im Sinne von **Lignotuber** verwendet. Darunter versteht man die oft massig verdickte, **verholzte Sprossbasis** von Pflanzen, aus der sie, z. B. nach einem Buschfeuer, wieder austreiben können (▶ Abschn. 8.6.1).

Ebenso verwirrend sind manche **Trivialnamen**. Die Kohlrübe (*Brassica*) besitzt beispielsweise keine Rübe, sondern eine Hypocotylknolle. Von Engelwurz (*Angelica archangelica*) und Meisterwurz (*Peucedanum ostruthium*) – beides Apiaceae –, werden nicht die Wurzeln, sondern die Rhizome ("Wurzelstöcke") zur Herstellung von Salben, Räuchermitteln oder Kräuterschnaps verwendet.

Zugwurzeln – Bewegungen im Boden

Zugwurzeln sind **kontraktionsfähige** Wurzeln, die bei **Geophyten** (▶ Abschn. 6.10.2) auftreten. Ihre Hauptfunktionen sind die **Regulation der Tiefenlage** von Überdauerungsorganen und die **Etablierung von Keimlingen** im Boden. Darüber hinaus können sie auch zur vegetativen Vermehrung beitragen (*Oxalis*, Oxalidaceae; Abb. 8.80h).

Abb. 8.78 Wurzeln als Speicherorgane. a–d, Rüben. a, b, Möhre, Karotte (*Daucus carota* subsp. *sativus*, Apiaceae). **a,** Monokarpe Rübenpflanze. **b,** Querschnitt durch Bastrübe. Zz, Zentralzylinder. **c, d,** Kermesbeere (*Phytolacca*, Phytolaccaceae). **c,** Querschnitt durch anomal sekundär verdickte Rübe mit mehreren Wurzelcambiumringen. **d,** Rübengeophyt mit verdickter, kontraktiler Hauptwurzel (Querrunzelung) und verdickter Sprossbasis. Pfeil: Rübenkopf. **e–j, Sprossbürtige Speicherwurzeln. e,** Dahlie (*Dahlia*, Asteraceae). Wurzelknolle. **f, g,** Steppenkerze (*Eremurus* cf. *stenophyllus*, Asphodelaceae-Asphodeloideae). **f,** Kranz fleischiger Speicherwurzeln. **g,** Neubildung der Speicherwurzeln in der nächsten Vegetationsperiode. **h–j,** Wurzelknollen als Nahrungsmittel. **h,** Süßkartoffel (*Ipomoea batatas*, Convolvulaceae). **i,** Yamswurzel (*Dioscorea*, Dioscoreaceae). **j,** Maniok (*Manihot esculenta*, Euphorbiaceae). (© **a–e, h–j**: R. Claßen-Bockhoff, Mainz. **f, g**: H.A. Froebe, Aachen. Mit freundlicher Genehmigung)

Regulation der Tiefenlage

Rüben-, Rhizom-, Knollen- und Zwiebelpflanzen überdauern ungünstige Jahreszeiten mit **Speicherorganen**. Diese liegen im Erdboden und tragen Erneuerungsknospen (**Innovationsknospen**; ▶ Abschn. 6.9.1), die während des Winters oder der Trockenperiode ruhen und in der nächsten Vegetationsperiode austreiben (◘ Abb. 8.79). Die Knospen liegen meist auf der Oberseite des Überdauerungsorgans und würden mit der Zeit aus dem Boden herauswachsen, wenn sie nicht durch regulierende **Wachstumsbewegungen** bzw. **kontraktile Wurzeln** in der artspezifisch günstigen Tiefenlage gehalten würden. Diese wird vermutlich über das Gefälle der Bodentemperatur von der Pflanze erkannt (Galil 1958).

Der **Mechanismus** der Wurzelkontraktion ist auf histologischer Ebene noch nicht gänzlich verstanden (Pütz 2002 und Literatur darin). Es gilt jedoch als sicher, dass das **äußere Rindenparenchym** das aktive Gewebe ist – eine Annahme, die bereits de Vries (1880) geäußert hat. Durch **radiale Ausdehnung** und **Volumenzunahme** erzeugen die Zellen des Rindengewebes eine **Gewebespannung**, die sich **passiv** auf den Zentralzylinder und die Exodermis überträgt. Deren Gewebe folgen der Spannung durch Verkürzung, sodass sich der gesamte Wurzelabschnitt kontrahiert.

Im Einzelfall erfolgt der Prozess der Wurzelkontraktion sehr **unterschiedlich**. Er geht mit Turgoränderungen, dem Kollabieren von Zellen, dem Zusammenpressen vormals gedehnter Metaxylemelemente und einer Schlängelung des Zentralzylinders einher. Da die Wurzel fest im Boden verankert ist, übt die Wurzelkontraktion in allen Fällen eine **Zugwirkung** auf das Überdauerungsorgan aus und zieht es in den Boden.

Die **Zugtiefe** beträgt meist wenige Zentimeter. Größere Tiefen werden erreicht, wenn die Zugwurzel sehr fleischig ist (◘ Abb. 8.80e) und nach Schrumpfung einen **Kanal** hinterlässt, durch den das Überdauerungsorgan hinabgleiten kann (Kanaleffekt; Pütz 2002). Schon Rimbach (1898) zeigte experimentell, dass sich Zugwurzeln um bis zu 70 % **verkürzen** können. Dabei entwickeln sie eine **Kraft** von bis zu 2 N (Newton) (das entspricht der Kraft des Wadenmuskels einer Ratte; Pütz 2002).

Zugwurzeln sind eine **häufige** Erscheinung bei krautigen **Blütenpflanzen**. Sie sind oft fleischig und weisen nach der Kontraktion eine **Querrunzelung** ihrer Oberfläche auf, die durch die passive Auffaltung der Exodermis zustande kommt (◘ Abb. 8.80b, d). Bei den **Rübengeophyten** kontrahiert die **Hauptwurzel** um etwa 10–25 % (Troll 1943) und bezieht häufig das Hypocotyl und die unteren Internodien mit in den Kontraktionsprozess ein (◘ Abb. 8.80d). Bei allen übrigen **Geophyten** verkürzen sich **sprossbürtige Wurzeln**, die an den jeweils neu gebildeten Überdauerungsorganen stehen. Sie übernehmen entweder Nähr- und Kontraktionsfunktion (*Hemerocallis*, Asphodelaceae-Hemerocalloideae; ◘ Abb. 8.80a) oder treten zusätzlich zu dünnen, stärker verzweigten Nährwurzeln auf und liefern dann ein Beispiel für **Heterorhizie** (Verschiedenwurzeligkeit; ◘ Abb. 8.80c).

Etablierung von Keimlingen

Mit der Evolution von Zugwurzeln haben die Blütenpflanzen auch eine Möglichkeit gefunden, die überlebenswichtige Aufgabe der Etablierung von Keimlingen im Boden zu erfüllen. Bei vielen Dicotylen (z. B. Apiaceae) ist die **Primärwurzel** kontraktil, bei Monocotylen treten früh **sprossbürtige Wurzeln** an deren Stelle.

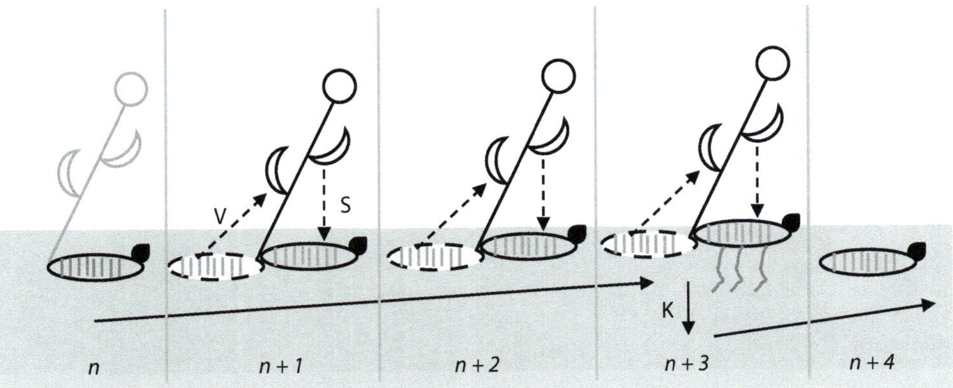

◘ **Abb. 8.79 Schema zur Funktion von Zugwurzeln.** Das Überdauerungsorgan liegt im Winter des Jahres *n* im Boden (grauer Kasten) und trägt eine Innovationsknospe (schwarz). Es wurde vom Zuwachs des Jahres *n* gebildet, dessen oberirdischer Teil am Ende der Vegetationsperiode abstirbt (graue Pflanze). Im nächsten Frühjahr (*n+1*) werden die Reservestoffe des Überdauerungsorgans zum erneuten Austreiben der Pflanze genutzt (V, Verbrauch). Die Pflanze baut eine neues Überdauerungsorgan in einer basalen Blattachsel auf, in das sie die durch Photosynthese erzeugten Assimilate speichert (S, Speicherung). Dessen Innovationsknospe liegt höher als die des Vorjahres. Würde sich der Prozess wiederholen, würde die Innovationsknospe ohne aktive Zugwurzeln über die Erdoberfläche gelangen (*n+3*) und nicht mehr geschützt sein. Tatsächlich regulieren aber Zugwurzeln die Tiefenlage. Sie sind im Boden fest verankert und in der Lage, sich zu verkürzen (K, Kontraktion), wodurch die artspezifisch geeignete Bodenlage der Innovationsknospe erhalten bleibt. (© Original)

◘ Abb. 8.80   Zugwurzeln. a, b, Taglilie (*Hemerocallis*, Asphodelaceae-Hemerocallidoideae). **a,** Sprossbürtige Nähr- und Zugwurzeln. **b,** Nahansicht: ältere Zugwurzeln mit charakteristischer Querrunzelung. **c,** *Tacca plantaginea* (Dioscoreaceae). Knolle mit heterorhizer Bewurzelung. Zugwurzeln noch nicht kontrahiert. **d,** Wiesenkerbel (*Anthriscus sylvestris*, Apiaceae). Das Hypocotyl (Hy) geht mit Hypocotyl- und Seitenwurzeln in die Kontraktion der Hauptwurzel ein. **e–h,** Nickender Sauerklee (*Oxalis pes-caprae*, Oxalidaceae). Sizilien. (invasive Art, Heimat Südafrika). **e,** Vor der Kontraktion: Zwiebel mit zahlreichen Tochterzwiebeln oberhalb der Saftwurzel. Balken: 2 cm. **f,** Vor der Internodienstreckung: Loslösung der Tochterzwiebeln von den Zwiebelschalen der Mutterzwiebel. **g,** Während des Wurzelzugs: Kontraktion der mit Nähr- und Ankerwurzeln versehenen Zugwurzel und Separierung der Tochterzwiebeln durch Internodienstreckung. **h,** Nach der Kontraktion: Etwa 80 cm langes Tochterzwiebelsystem; vegetative Vermehrung durch Vereinzelung der Tochterzwiebeln. (© R. Claßen-Bockhoff, Mainz)

Bildsequenzen, die fünf Monate lang an Keimlingen des Fenchels (*Foeniculum vulgare*, Apiaceae) aufgezeichnet wurden, illustrieren eindrucksvoll die Etablierung der Keimpflanze und den Aufbau der Rübe (Pütz 2002). Nach der Keimung streckt sich das Hypocotyl und hebt die Keimblätter über den Boden (epigäische Keimung). Die Hauptwurzel verdickt sich und weist bereits nach drei Wochen eine deutliche Querrunzelung auf. Sie zieht zunächst das Hypocotyl und dann den gesamten Rübenkopf mit der ansitzenden Blattrosette in den Boden. Die Abwärtsbewegung beträgt 65 mm und liegt damit im Bereich von 2–5 mm Zugbewegung pro Monat, der auch bei anderen Monocotylen gemessen wurde (Pütz 2002).

Vegetative Vermehrung

Einen interessanten Fall von **vegetativer Vermehrung** mittels Zugwurzeln weist der Nickende Sauerklee (*Oxalis pes-caprae*, Oxalidaceae) auf (Abb. 8.80e–h). Er stammt ursprünglich aus Südafrika und gehört zu den **invasiven** Arten (▶ Exkurs 3.10), die sich innerhalb weniger Jahrzehnte im Mittelmeergebiet und auf den Atlantikinseln (insbesondere den Kanaren) ausgebreitet haben.

Die Pflanze ist mehrjährig und überdauert mit **Zwiebeln**, die zahlreiche Tochterzwiebeln (Abb. 8.80f) bilden. Unter der Zwiebel bilden sich fadenförmige Wurzeln, von denen meist eine zu einer dicken, **sukkulenten Zugwurzel** anschwillt (Abb. 8.80e). Wenn deren Aktivität beginnt, zerfällt die Mutterzwiebel und setzt die Tochterzwiebeln frei (Abb. 8.80f: Mz). Durch parallel einsetzende Internodienstreckung werden die Tochterzwiebeln vertikal voneinander separiert (Abb. 8.80g, h; Pütz 1994).

Atemwurzeln – Überleben im Schlick

Das Wurzelsystem einer Pflanze nimmt gewöhnlich den im Boden befindlichen **Sauerstoff** über die Wurzelhaarzone auf. Die Wurzeln von **Auwaldpflanzen**, wie z. B. der Schwarzerle (*Alnus glutinosa*, Betulaceae), die sich ganzjährig in wassergesättigten, nahezu **sauerstofffreien** Böden befinden, werden über Korkwarzen (**Lenticellen**; ▶ Abschn. 7.2.3) im Stamm mit Sauerstoff versorgt. Die Wurzeln weisen dabei große, luftgefüllte **Interzellularen** (Aerenchym; ▶ Abschn. 7.1.3) auf, in denen der Sauerstoff transportiert wird.

Bei vielen Sumpfpflanzen wird der **Gasaustausch** im Wurzelbereich von **Atemwurzeln** übernommen, die sich in den Luftraum erheben. Ihr eigenartiges Wachstum prägt die **Physiognomie** ganzer Vegetationseinheiten, was vor allem für die Mangrovenwälder und einige (sub-)tropische Süßwassersümpfe gilt.

Mangroven

Als **Mangroven** bezeichnet man eine Gruppe **nicht näher verwandter** Pflanzen, die sich an das Leben in der **Gezeitenzone (sub-)tropischer Meere** angepasst hat (Tab. 8.7). Der Lebensraum wird von **Salz- und Brackwasser** geprägt, das mit der Flut in die Mangrovenwälder hineinfließt und

Tab. 8.7 Mangrovenvegtation und Wurzelanpassungen. Auswahl charakteristischer Gattungen. (Nach Troll 1943)

Gattung	Arten	Familie	Wurzeln	Grobe Verbreitung
Osbornia	1	Myrtaceae	Stelzwurzeln	Tropisches Asien
Kandelia	2	Rhizophoraceae		
Rhizophora	6			Pantropen
Bruguiera	>30		Stelzwurzeln und Wurzelknie	Tropisches Asien, Ostafrika
Ceriops	5			Tropisches Asien, Südafrika
*Aegiceras**	10	Primulaceae-Myrsinoideae	Wurzelknie	Tropisches Asien
Lumnitzera	3	Combretaceae		
Laguncularia	5		nadelförmige Atemwurzel	Tropisches Westafrika, Neotropen
Sonneratia	~ 7	Lythraceae		Tropisches Asien, Ostafrika
*Avicennia**	8–14	Acanthaceae		Pantropen
Xylocarpus	2–3	Meliaceae	Wurzelknorren	Tropisches Asien
Camptostemon	3	Malvaceae		
*Aegialitis**	2	Plumbaginaceae	ohne Spezialanpassung	
Nipa	1	Arecaceae		

* Blätter mit Salzdrüsen

bei Ebbe einen **schlammigen**, wasserdurchtränkten Boden hinterlässt (◘ Abb. 8.81c). Der Boden ist **sauerstoffarm** (oder sauerstofffrei) und wird kontinuierlich durch angeschwemmte Sedimente angereichert. Die Pflanzen halten die Sedimentpartikel mit ihren oberirdischen Wurzeln fest, wodurch sie zur Landgewinnung und Vergrößerung ihres Lebensraumes beitragen.

Die Pflanzen der Mangrovenwälder sind ausgesprochen **salztolerant**. Sie speichern Salz in den Vakuolen der Zellen oder scheiden es über Salzdrüsen aus. Dem **Sauerstoffmangel** im Boden begegnen sie durch die Ausbildung von **Atemwurzeln (Pneumatophoren)**, oberirdisch liegenden Wurzelteilen, die mit Lenticellen besetzt sind und den **Gasaustausch** gewährleisten. Die erschwerten Keimungsbedingungen im Schlick lösen einige Arten durch **Viviparie** (▶ Abschn. 6.4.3, ◘ Abb. 6.11). Bei ihnen keimen die Samen bereits an der Mutterpflanze und fallen als junge, schwimmfähige Keimpflanzen ab. Das Hypocotyl ist lang gestreckt, weist einen tief liegenden Schwerpunkt auf (wie ein Wurfpfeil) und wird außen von einer schützenden Korkschicht umgeben. Fällt der Keimling bei Ebbe senkrecht nach unten, bleibt er im Schlick stecken und kann sich dort verankern. Bei Flut wird er fortgespült und kommt bei Anlandung an einer anderen Stelle zur Entwicklung.

Mangroven sind weltweit in den Tropen verbreitet und bilden dichte, immergrüne Wälder. Im Hinblick auf die Artendiversität gibt es ein markantes Ost-West-Gefälle (◘ Tab. 8.7). Den südostasiatischen Mangroven gehören über 100 Pflanzenarten an, wovon etwa die Hälfte ausschließlich in diesem Lebensraum vorkommen. Die ostafrikanischen Mangroven sind deutlich artenärmer; noch weniger Arten treten in Westafrika auf. Die Mangroven der Neotropis umfassen schließlich nur noch vier charakteristische Arten: *Rhizophora mangle* (Rhizophoraceae), *Avicennia germinans* (Acanthaceae), *Laguncularia racemosa* und *Conocarpus erectus* (beide Combretaceae). Trotz gleicher Funktion, unterscheiden sich die Atemwurzeln beträchtlich voneinander:

- *Rhizophora*-Arten sind durch sprossbürtige **Stelzwurzeln** (◘ Abb. 8.81a) charakterisiert. Vom Stamm gehen Wurzeln ab, die bogenförmig nach unten wachsen. Die Bogenwurzeln sind unverzweigt oder selten verzweigt, wenn die Wurzelspitze durch die Tätigkeit von Rüsselkäfern beschädigt wird. Sie tragen Lenticellen und dienen dem Gasaustausch. Wenn sie in Kontakt mit dem Schlickboden kommen, verzweigen sie sich und bilden Wurzeln, die der Verankerung sowie der Wasser- und Nährsalzaufnahme dienen (◘ Abb. 8.81b).

- Bei den ebenfalls zu den Rhizophoraceae gehörenden Mangroven der Gattung *Bruguiera* wachsen die Wurzeln bogenförmig und werden **Wurzelknie** genannt (◘ Abb. 8.81g, h). Zunächst wachsen von der Stammbasis abgehende, unterirdische Wurzeln schräg nach oben. Sobald sie in Kontakt mit der Luft kommen, machen sie einen Knick (Knie) und wachsen wieder in den Boden hinein. Die Knickstelle bildet einen Auswuchs nach oben, der im Laufe der Jahre immer länger wird. Hier findet der Gasaustausch statt.

- *Avicennia*- (Acanthaceae; ◘ Abb. 8.81c–e) und *Sonneratia*-Arten (Lythraceae; ◘ Abb. 8.81f) bilden ein komplexes Wurzelsystem aus horizontal verlaufenden Strängen, aus denen senkrecht nach oben (**negativ gravitrop**) Atemwurzeln auswachsen. Diese ragen wie **Nadeln** aus dem Schlick und sind bei *Avicennia* bis zu 50 cm hoch, dünn und elastisch. Ihre Oberfläche ist mit warzenartigen Lenticellen übersät, die den Gasaustausch ermöglichen (◘ Abb. 8.81e). Die Pneumatophoren von *Sonneratia* sind hingegen hart, pfahlartig und bis zu 1 m lang. Der Gasaustausch wird durch abblätternde Korkschichten gewährleistet. Im unterirdischen Bereich tragen die Atemwurzeln Ankerwurzeln sowie unmittelbar unter dem Bodenniveau dichte Büschel von feinen Nährwurzeln. Die Atemwurzeln von *Sonneratia* üben somit drei Funktionen aus: Atmung (Gasaustausch), Verankerung der Pflanze im weichen Schlickboden und Aufnahme von Wasser und Nährstoffen.

Süßwassersümpfe

Die Sumpfzypresse Nordamerikas (*Taxodium distichum*, Cupressaceae; ◘ Abb. 8.81i und 5.46j–l) liefert das einzige Beispiel einer Gymnospermen mit Pneumatophoren. Sie bildet ausgedehnte Sumpfwälder, in denen ähnliche Standortbedingungen herrschen wie in den Mangrovenwäldern. Aus dem Sumpf ragen mehr oder weniger hohe **Wurzelknorren** hervor, die den Wurzelknien der *Bruguiera*-Arten ähnlich sind und wie diese die Atemfunktion übernehmen.

Stütz- und Verankerungswurzeln – Stabilität im oberirdischen Raum

Sprossbürtige Wurzeln tragen in unterschiedlicher Weise zur Verankerung von Kletterpflanzen und zur Abstützung von Bäumen bei.

Abstützung durch Brett- und Stelzwurzeln

Brettwurzeln erhöhen die Standfestigkeit **großer Bäume**. Sie sind **verholzt** und bleiben mit dem Stamm verbunden (congenitale Entwicklung; ▶ Exkurs 10.2). Auf diese Weise entstehen massive, brettartige Auswüchse an der Stammbasis, die bei tropischen Feigenarten (*Ficus*, Moraceae; ◘ Abb. 8.82a) mehrere Meter hoch werden können. Eine spektakuläre Wuchsform hat der Flügelwurzelbaum *Heritiera littoralis* (Malvaceae), der an den

Abb. 8.81 Bewurzelung von Mangroven und Sumpfzypressen. a, b, Stelzwurzeln. *Rhizophora stylosa* (Rhizophoraceae). **a,** Habitus. **b,** Bildung sprossbürtiger Wurzeln mit Nähr- (unten) und Stützfunktion (oben). **c–f,** Atemwurzeln. **c–e,** *Avicennia marina* (Acanthaceae). **c,** Habitus der Pflanze. Die reihenförmig angeordneten Atemwurzeln ragen aus dem Schlickboden heraus. **d,** Auswachsen der Atemwurzeln aus horizontal verlaufenden Trägerwurzeln. **e,** Atemwurzel mit Korkwarzen zur Durchlüftung. **f,** *Sonneratia* cf. *alba* (Lythraceae). **g, h,** Wurzelknie. **g,** *Bruguiera gymnorrhiza* (Rhizophoraceae). Stattlicher Baum mit verdickten Wurzelknien. **h,** *Bruguiera sexangula* (Rhizophoraceae). Junge, bogenförmig wachsende Wurzeln. **i,** Wurzelknorren. Sumpfzypresse (*Taxodium distichum*, Cupressaceae). **a–e, g:** Iriomote, Japan. **f:** Java, Indonesien. **h, i:** BG München bzw. BG Mainz. (© R. Claßen-Bockhoff, Mainz)

Abb. 8.82 Brett- und Stelzwurzeln. a, Feige (*Ficus*). Brettwurzeln, bis 4 m hoch. BG Bogor, Java. **b**, *Heritiera littoralis* (Malvaceae). Brettwurzeln, über 2 m hoch. Iriomote, Japan. **c**, **d**, Schraubenbaum (*Pandanus*, Pandanaceae). **c**, *P. utilis*. Luftwurzel als Stützstrukturen. BG Teneriffa. **d**, Luftwurzel mit verkorkter Kalyptra. Gabun. **e**, *Hornstedtia scyphifera* (Zingiberaceae). Oberirdisches Rhizom mit sprossbürtigen Wurzeln. Die Pflanze wächst in horizontaler Richtung und entfernt sich dabei ‚wie auf Stelzen' von ihrem Keimort. Malaysia. (© **a–d**: R. Claßen-Bockhoff. Mainz. e: A. Weber, Wien. Mit freundlicher Genehmigung)

ostasiatischen Mangrovenküsten verbreitet ist (◨ Abb. 8.82b). Sein Stamm wird von über 3 m hohen, sehr dünnen Brettwurzeln gestützt, die am Boden auslaufen.

Stelzwurzeln entwickeln sich demgegenüber **frei** an der **Basis** des Stammes. Sie sehen wie Stativbeine aus und stützen den meist dünnstämmigen Baum nach allen Seiten hin ab. Mangroven (Rhizophoraceae) finden durch sie Halt im Schlick (◨ Abb. 8.81a), und monocotyle Bäume kompensieren mit ihnen das fehlende sekundäre Dickenwachstum. Stelzwurzeln finden sich z. B. bei Schraubenbäumen (Pandanaceae; ◨ Abb. 8.82e) und zahlreichen Palmenarten (Arecaceae).

Als **Wanderpalmen** bezeichnet man Palmen, die sich bei Schieflage durch einseitige Wurzelbildung abstützen. Dieses Phänomen ist z. B. von den neotropischen Palmen *Socratea exorrhiza* und *Iriartea deltoides* bekannt. Wenn die Pflanzen aufrecht wachsen, bilden sie gerade Stämme mit einem basalen Kegel aus dicken Stelzwurzeln. Stehen sie aber am Hang oder auf instabilem Grund, entstehen Stelzwurzeln nur auf der abgesunkenen Seite. Wenn sich der Prozess der Wurzelbildung mit zunehmender Neigung fortsetzt, kann sich die Palme im Extremfall auf den Stützwurzeln vom Keimort fortbewegen.

Ein imposantes Beispiel für eine solche **Wanderbewegung** liefern auch andere Pflanzen wie z. B. die malayische *Hornstedtia scyphifera*, die zu den Ingwergewächsen (Zingiberaceae) gehört (◨ Abb. 8.82d). Sie bildet ein horizontales, oberirdisches Rhizom, das mit langen sprossbürtigen **Stelzwurzeln** besetzt ist. Auf diesen ,schreitet' die Pflanze wie auf Stelzen durch den Wald und liefert ein eindrucksvolles Beispiel für die Fortbewegung von Pflanzen durch Kriechwuchs (*repens*-Typ; Abschn. 5.3.5 und 6.10.2).

Stützwurzeln entstehen ebenfalls frei vom Stamm, aber nicht an seiner Basis. Sie treten vor allem bei Feigenbäumen auf (*Ficus*, Moraceae), denen sie spektakuläre Wuchsformen verleihen:

– **Berühmte Feigenbäume** stehen in den Botanischen Gärten von Palermo (*F. macrophylla*), Teneriffa und Kalkutta (*F. benghalensis*). Die Bäume haben gigantische Ausmaße und scheinen aus unzähligen Stämmen zu bestehen (◨ Abb. 8.83a). Tatsächlich handelt es sich bei den Stämmen aber um sprossbürtige Wurzeln, die an den ausladenden Seitenästen des Feigenbaumes entspringen und sich zu stammdicken, unverzweigten Luftwurzeln entwickeln. Wie Sprossachsen sind sie sekundär verdickt und außen von Kork umgeben. Erreichen sie den Boden, verzweigen sie sich, bilden eine Wurzelhaarzone und dienen der Wasser- und Nährsalzaufnahme. Eine einzige Pflanze bildet auf diese Weise einen ganzen ,Wald'. Der zu den umfangreichsten Bäumen gehörende Banyanbaum (*Ficus benghalensis*) im Botanischen Garten von Kalkutta hat über 3700 ,Stämme' aus Luftwurzeln und bedeckt eine Fläche von knapp 2 ha (▶ Exkurs 6.8).

– **Würgefeigen** keimen in der Krone eines Trägerbaumes zu Jungpflanzen aus und leben zunächst **epiphytisch**. Sie bilden Luftwurzeln, die Kontakt zum Boden herstellen und die Pflanze mit Wasser und Nährsalzen versorgen. Im Zuge des weiteren Wachstums vernetzen sich die dicht am Stamm des Trägerbaumes verlaufenden Luftwurzeln zu einem verholzten Geflecht (Symphysenbildung; ▶ Exkurs 8.10), das den Trägerbaum stranguliert und mit der Zeit absterben lässt. Die Feige steht nun auf einem Gerüst aus Luftwurzeln, das den Hohlraum des abgestorbenen Trägerbaumes umgibt (◨ Abb. 8.83b–f).

Exkurs 8.10 Symphysen

Sprossachsen und Wurzeln können im adulten Zustand miteinander verwachsen (postgenital; ▶ Exkurs 10.2). Man spricht von einer **Symphyse**, wenn die Leitgewebe der ursprünglich getrennten Organe miteinander in Verbindung treten (Troll 1943). Dies geschieht z. B. durch Reibung, wenn Sprossachsen oder Wurzeln dicht aneinanderliegen und die äußeren Gewebeschichten abschilfern. Gerät ihr Cambium bzw. Wurzelcambium in Kontakt, können die Gewebe miteinander verschmelzen und eine **physiologische Einheit** bilden. Besonders häufig treten Symphysen beim Efeu (*Hedera helix*, Araliaceae; ◨ Abb. 8.84a) auf und bei Buchen (*Fagus sylvatica*, Fagaceae), deren Stämme zu ,lebenden Hecken' verwachsen. Spektakulär und für die Stützfunktion unentbehrlich sind sie bei den **Würgefeigen**. Die sprossbürtigen Wurzeln bilden Symphysen und umwachsen den Wirtsstamm mit einem netzartigen Geflecht (◨ Abb. 8.83d–f). Dieses Geflecht bleibt nach dem Absterben des Trägerbaumes erhalten und trägt den gesamten, bis 60 m hoch werdenden Baum (◨ Abb. 8.83c)

8

■ **Abb. 8.83 Feigen (*Ficus*, Moraceae). a**, *Ficus macrophylla* (syn. *F. magnolioides*). Berühmter Feigenbaum im BG Palermo mit stammdicken Stützwurzeln. **b, c**, Würgefeigen im Xishuangbanna Tropical BG, China. Umgestürzter (**b**) und aufrechter Baum (**c**), jeweils mit hohlem Ersatzstamm aus sprossbürtigen, symphytisch verwachsenen Wurzeln. **d–f,** Begehbarer *Ficus* im Guangzhou BG, China. **d**, Hohler Scheinstamm mit etwa 2 m Durchmesser (mit freundlicher Genehmigung). **e,** Blick ins Innere. Die sprossbürtigen Wurzeln der Feige sind miteinander zu einer stabilen Stütze verwachsen. **f,** Blick von innen in die Krone des ‚stammlosen Baumes‘. (© R. Claßen-Bockhoff, Mainz)

Verankerung von Kletterpflanzen

Haftwurzeln entwickeln sich auf der lichtabgewandten Seite von Internodien. Meist stehen sie in dichten **Wurzelfeldern** zusammen, bleiben sehr kurz und sezernieren ein **Sekret**, mit dem sie am Substrat haften. Ihre primäre Funktion als Wurzel geht dabei verloren.

Das bekannteste Beispiel ist der Efeu (*Hedera helix*, Araliaceae), der an Baumstämmen, Mauern und anderen Trägerstrukturen hinaufklettern kann. Die Anhaftung ist so fest, dass sich ältere, bereits verholzte Sprosssysteme kaum noch von der Unterlage lösen lassen (◘ Abb. 8.84a). Der enge Kontakt beruht auf einer physikalischen Formanpassung des Wurzelfeldes an sein jeweiliges Substrat und einer chemischen Verklebung (Melzer et al. 2010). Weitere Beispiele liefern die Kletterhortensie (*Hydrangea petiolaris*, Hydrangeaceae; ◘ Abb. 8.84b) oder die tropische Kletterpflanze *Marcgravia pedunculosa* (Marcgraviaceae; ◘ Abb. 8.84c).

Wurzelranken sind selten. Sie treten in ausgeprägter Form bei der Vanille (Orchidaceae; ◘ Abb. 8.84f, g), einigen *Dissochaeta*-Arten (Melastomataceae) und *Heptapleurum ellipticum* (Araliacae) auf (Troll 1943). Häufiger sind **windende Wurzeln**, die bei zahlreichen tropischen Kletterpflanzen, vor allem aber bei Araceeen, auftreten. *Monstera*- und *Philodendron*-Arten (◘ Abb. 8.75e) bilden beispielsweise wenige sprossbürtige Wurzeln pro Knoten, die sich um die Stämme benachbarter Pflanzen schlingen und auf diese Weise Halt erfahren.

Seltene Wurzelfunktionen

Wurzeln können noch weitere Funktionen übernehmen, die aber selten sind:

- **Wurzeldornen** treten innerhalb der Dicotylen vermutlich nur an den Hypocotylknollen der Ameisenpflanzen aus der Gattung *Myrmecodia* (Rubiaceae) auf. Besonders eindrucksvolle Beispiele liefern dagegen einige Monocotylen mit Vertretern von *Pandanus* (Pandanaceae), *Moraea* (Iridaceae) und *Dioscorea* (Dioscoreaceae; Troll 1943).

    Palmen weisen in vielfältiger Weise Stacheln und Dornen auf Stämmen und Blattbasen auf. Bei *Acant-*

horhiza aculeata (griech. *acanthos*, „Dorn", *rhiza*, „Wurzel") und *Cryosophila* ist die Wurzelnatur der Dornen belegt (Troll 1943), bei anderen Arten sind dazu kaum Angaben zu finden. Die Arten der kleinen Gattung *Oncosperma* tragen am Stamm unzählige, lange und spitze Nadeln (◘ Abb. 8.84d). Aufgrund ihrer unregelmäßigen Anordnung kann es sich nur um Stacheln oder Wurzeldornen handeln. Da die Nadeln nicht oberflächlich abbrechen, sondern aus dem Stamm hervorbrechen, dürfte es sich um Wurzeldornen handeln.

- **Assimilierende Wurzeln** treten bei zahlreichen blattlosen epiphytischen Orchideen auf. Bei der Kubanischen Geisterorchidee (*Dendrophylax lindenii*) sind die Wurzeln grün und rund, bei *Taeniophyllum* (griech. *tainia*, „Band", *phyllos*, „Blatt") grün und abgeflacht. Weitere Beispiele finden sich bei einigen **Wasserpflanzen**. Bei *Scheuchzeria palustris* (Scheuchzeriaceae; ◘ Abb. 8.84i) assimilieren die kräftigsten, sprossbürtigen Wurzeln, während ihre Seitenwurzeln Nährfunktion haben. Der südostasiatische Schwimmreis (*Hygroryza aristata*, Poaceae) flottiert frei an der Wasseroberfläche, wobei das luftgefüllte Gewebe der Blattscheide als Schwimmhilfe dient. Oberhalb der Knoten entspringen stark verzweigte, grüne Wurzeln, die Nähr- und Assimilationsfunktionen ausüben (◘ Abb. 8.84h).

- **Proteoidwurzeln** treten bei Vertretern der namengebenden Proteaceae, der Casuarinaceae, Betulaceae, Eleagnaceae und anderer Verwandtschaftskreise auf, die auf phosphatarmen Böden wachsen (Watt und Evans 1999). Sie bilden Aggregate aus kurzen, dicht gedrängten und reich verzweigten Wurzeln, deren **Exudate** die Rhizosphäre ansäuern und dadurch die Löslichkeit von Phosphaten und anderen Mineralstoffen erhöhen. Die meisten Arten weisen keine Mykorrhiza (▶ Exkurs 8.11) auf und bilden nur bei Phosphatmangel proteoide Wurzeln. Möglicherweise wird deren Bildung (wie bei Rhizothamnien ▶ Exkurs 8.11) von Bodenbakterien induziert (Malajczuk und Bowen 1974).

○ **Abb. 8.84 Funktionelle Vielfalt von Wurzeln. a–c,** Haftwurzeln. **a,** Efeu (*Hedera helix*, Araliaceae). Verholzte Äste haften an einem Trägerstamm. Die sprossbürtigen Wurzelfelder (kleines Bild) entstehen nur an der Kontaktseite. **b,** Kletterhortensie (*Hydrangea petiolaris*, Hydrangeaceae). **c,** *Marcgravia pedunculosa* (Marcgraviaceae). **d, e,** Wurzeldornen. **d,** *Oncosperma tigillarium* (Arecaceae). Äußerst wehrhafte Palme, Stamm mit Wurzeldornen besetzt. **e,** *Myrmecodia platytyrea* (Rubiaceae). Wurzeldornen auf der Hypocotyl-knolle. **f, g,** Wurzelranken. Vanille (*Vanilla planifolia*, Orchidaceae). Multifunktionale, sprossbürtige Luftwurzeln mit Velamen radicum (weiße Beschichtung), Wurzelhaarfeldern zum Anhaften (**f**) und Rankenfunktion (**g**). **h, i,** Assimilierende Wurzeln. **h,** Schwimmreis (*Hygroryza aristata*, Poaceae). Grüne, sprossbürtige Wurzeln mit Oberflächenvergrößerung durch feine Verzweigungen. **i,** Blumenbinse (*Scheuchzeria palustris*, Scheuchzeriaceae). (© R. Claßen-Bockhoff, Mainz)

Exkurs 8.11 Symbiosen im Wurzelbereich

Der **Boden** ist die wichtigste **Wasser- und Nährsalzquelle** für die Pflanzen. Die Gewächse durchdringen ihn mit ihrem Wurzelwerk und **konkurrieren** mit anderen Pflanzen um seine Ressourcen. Eine Fülle von **Bakterien**, **Pilzen**, **Mikroben** und anderen **Bodenorganismen** bilden zusammen mit den Wurzeln eine biotisch interaktive Lebensgemeinschaft, die von lebenswichtigen **Symbiosen** über **Stoff- und Signalaustausch** (z. B. Allelopathie; ► Exkurs 2.3) bis hin zum **Parasitismus** führt (z. B. Halimasch, *Armillaria mellea*, Agaricales; ► Exkurs 6.8). Die wichtigsten Symbiosen sind die Wechselwirkungen mit **Pilzen** und mit **Stickstoff fixierenden Bakterien**.

Mykorrhiza

Die Symbiose von Wurzeln und Pilzen wird als **Mykorrhiza** bezeichnet. Streng genommen meint der Begriff eine von Pilzen besiedelte Wurzel, doch wird er üblicherweise auf die gesamte Wechselwirkung bezogen.

Pilze durchsetzen den Boden mit einem ausladenden Hyphengeflecht (Mycel) und bilden dabei eine riesige **Kontaktzone** mit dem Boden. Sie dringen zwischen Bodenpartikel ein, die für die pflanzlichen Wurzeln nicht erreichbar sind, und stellen damit für die Pflanzen einen **idealen Symbiosepartner** dar. Die Pilze ergänzen und steigern die Wurzeltätigkeit der Pflanzen und erhalten im Gegenzug **Photosyntheseprodukte**.

Die Mykorrhiza ist aus evolutionsbiologischer Sicht eine der **wichtigsten** Symbiosen überhaupt (► Exkurs 3.4). Sie tritt bei **über 80 %** der **Gefäßpflanzen** auf. Bei der **Endomykorrhiza** dringen Pilzhyphen in das Wurzelgewebe ein und bilden ein intrazelluläres Mycel (◘ Abb. 8.85a), bei der **Ektomykorrhiza** umhüllen die Pilzhyphen die jungen Wurzeln mit einem dichten Hyphengeflecht (◘ Abb. 8.85b; Werner 1987; Wang et al. 2010).

Arbusculäre Endomykorrhiza

Bei der **arbusculären Mykorrhiza** (AM) bilden die Pilze **im Wurzelgewebe** die namengebenden, bäumchenförmigen Mycelien (lat. *arbusculus*, „Bäumchen"). Sie kommt bei ca. 86 % der Landpflanzen und ca. 75 % der Angiospermen vor (Brundrett 2009) und ist damit die **mit Abstand häufigste** und weltweit am weitesten verbreitete Mykorrhizaform. Die symbiontischen Pilze (ca. 200 Arten) stammen alle aus der Gruppe der **Glomeromycota**, die eine eigene Abteilung innerhalb der Pilze bildet.

Die AM ist auch die **älteste** Form der Mykorrhiza. Man geht heute davon aus, dass sie die **Besiedlung des Landes** durch die ersten terrestrischen Pflanzen ermöglichte. Vermutlich gingen **Pilze und Cyanobakterien** schon lange vor der Evolution der Landpflanzen eine Symbiose ein und bereiteten den Boden für den Landgang der Pflanzen auf (Brundrett und Tedersoo 2018). Die frühen Landpflanzen nutzten die Pilze als Ersatz für die noch fehlenden Wurzeln und konnten wahrscheinlich nur mit ihrer Hilfe überleben (► Abschn. 3.5.1). Für diese Annahme sprechen **fossile Pilzhyphen**, die im Rindengewebe früher Telompflanzen gefunden wurden (*Rhyni*; ► Abschn. 5.4.2). **Molekulare Daten** deuten darauf hin, dass die AM nur einmal im gemeinsamen Vorfahren der Landpflanzen entstanden ist und die Funktionen der an ihr beteiligten Gene im Laufe der Evolution weitgehend konserviert wurden (Wang et al. 2010).

Aus der ursprünglichen, arbusculären Endomykorrhiza haben sich **oftmals parallel** weitere Endo- und Ektomykorrhizaformen entwickelt. Nach Brundrett und Tedersoo (2018) wurde deren **Evolution** seit der Kreide durch die zunehmende **Diversität der Angiospermen** gefördert. Einerseits traten immer mehr **Ernährungsspezialisten** auf (z. B. Parasiten, Carnivore, Symbionten mit N_2-fixierenden Bakterien), die Einfluss auf die Mykorrhiza nahmen. Andererseits entwickelten sich vielfältige Wurzelsysteme, die die Bodenbeschaffenheiten und Konkurrenzverhältnisse im Boden veränderten. Die Mykorrhiza wurde immer spezifischer, veränderte sich (wobei auch eine Rückkehr zur AM möglich war) oder ging gänzlich verloren. Mykorrhizafreie Landpflanzen sind oft carnivor (► Abschn. 8.6.2) oder besitzen Proteoidwurzeln, die die Aufnahme von Nährstoffen aus dem Boden fördern.

Endomykorrhiza der Ericales und Orchideen

Innerhalb der Ericales und Orchideen treten spezifische **Formen** von Endomykorrhiza auf (◘ Abb. 8.85a). Sie haben sich vermutlich am Ende der Kreide mit der Radiation der Angiospermen unabhängig voneinander aus der AM entwickelt und gehen nicht mit arbusculären Pilzen, sondern mit **anderen** Pilzgruppen als **Symbiosepartnern** einher. Die **ericoide Mykorrhiza** charakterisiert etwa 1,5 % und die **Orchideenmykorrhiza** 10 % der Gefäßpflanzen (Wang et al. 2010; Brundrett und Tedersoo 2018).

Ektomykorrhiza

Die Ektomykorrhiza wird auf ein Alter von 220–150 Mio. Jahre geschätzt und ist damit deutlich **jünger** als die Endomykorrhiza. Sie kommt besonders häufig in **kühleren Regionen** der Erde vor und tritt bei etwa 2 % der Gefäßpflanzen auf.

Die **symbiontischen Pilze** umfassen ca. 6000 Arten, die vor allem zu den Schlauchpilzen (**Ascomycota**) und Ständerpilzen (**Basidiomycota**; ◘ Abb. 8.85b) gehören. Vermutlich sind Pilze 66-mal unabhängig voneinander eine Wechselwirkung mit 5600 Angiospermen- und 285 Gymnospermenarten eingegangen (Brundrett 2009). Bei den **pflanzlichen Partnern** handelt es sich überwiegend um **Bäume** der Nordhemisphäre, z. B. Kiefern- (Pinaceae), Birken- (Betulaceae) und Buchengewächse (Fagaceae).

Die Symbiose ist **nicht spezifisch**, sondern hängt von den jeweiligen Bodenverhältnissen und verfügbaren Symbionten ab. Die Kiefer (*Pinus sylvestris*, Pinaceae) ist beispielsweise mit über 25 Pilzarten assoziiert, und der Fliegenpilz (*Amanita muscaria*) versorgt gleichermaßen Birken, Fichten, Douglasien und *Eucalyptus*-Arten mit Wasser und Nährsalzen. Durch die **gleichzeitige Interaktion** mit mehreren Pflanzenarten bilden die Pilze ein **unterirdisches Netzwerk**, über das Nährstoffe, Wachstumssignale und andere Informationen transportiert und ausgetauscht werden können.

Symbiose und Parasitismus

Symbiosen gehen leicht in Parasitismus über, wenn ein Partner Vorteile ohne Gegenleistung nutzt. Neben **parasitierenden Pilzen** gibt es auch Pflanzen, die **auf Pilzen parasitieren**.

Besonders interessant sind die Fälle von **Mykoheterotrophie**, bei denen eine parasitische Pflanze **über einen Pilz** von einer photoautotrophen Pflanze ernährt wird. Eine solche Dreierbeziehung wurde zuerst am Beispiel des **Fichtenspargels** (*Monotropa hypopitys*, Ericaceae; ◘ Abb. 8.85h) beschrieben (Bjorkman 1960). Die chlorophyllfreie Pflanze ist mit **ektomykorrhizen** Ständerpilzen der Gattung *Tricholoma* (Ritterlinge) assoziiert, die ihrerseits in Symbiose mit verschiedenen Bäumen leben. Die Pflanze ernährt sich somit nicht, wie vielfach angenommen wurde, von totem Material (saprophytisch), sondern wird **von Pilzen ernährt**.

Auch die in Neuguinea heimische *Corsia* (Corsiaceae) und viele Orchideen (z. B. Vogel-Nestwurz, *Neottia nidus-avis*; ◘ Abb. 8.85h) ernähren sich über das Hyphennetzwerk eines Mykorrhizapilzes von photoautotrophen Pflanzen. Das spektakulärste Beispiel liefert die australische Erdorchidee **Rhizanthella gardneri**. Die Pflanze lebt vollständig unterirdisch und ist vermutlich die einzige Pflanze, die auch unterirdisch blüht (Dixon 1990). Die Köpfchen brechen den Boden auf, sodass bodenlebende Tiere (es wurden Termiten und Ameisen beobachtet) zu den Blüten vordringen können und wahrscheinlich die Bestäubung vollziehen. Die chlororphyllfreie Orchidee **parasitiert** auf einem **endogen** in ihren Wurzeln lebenden Ständerpilz der *Ceratobasidium*-Verwandtschaft, der seinerseits in einer symbiontischen **Ektomykorrhizabeziehung** mit den Wurzeln bestimmter Myrtenheiden (*Melaleuca uncinata*-Gruppe, Myrtaceae) steht (Warcup 1985; Bourgoure et al. 2009).

Symbiose mit N_2-fixierenden Bakterien

Pflanzen sind nicht in der Lage, den für sie essentiellen Stickstoff aus der Luft zu binden. Sie nehmen ihn entweder in Form von Nitrat und Ammonium aus dem Boden und Grundwasser auf oder gehen eine Symbiose mit N_2-fixierenden Bakterien ein.

Knöllchenbakterien und Leguminosen

Die bekannteste und wirtschaftlich bedeutsamste Symbiose ist die Interaktion zwischen den Wurzeln der **Fabaceae** (Leguminosae, Hülsenfrüchtler) und den N_2-fixierenden Bakterien der **Rhizobiengruppe**. Da die Symbiose mit knöllchenartigen Verdickungen an den Wurzeln einhergeht, werden die Bakterien auch als **Knöllchenbakterien** bezeichnet.

Im Rahmen der Symbiose versorgen die pflanzlichen Partner die Bakterien mit Photosynthesprodukten, stellen ihnen einen Lebensraum zur Verfügung und ermöglichen die Stickstofffixierung, die nur im Inneren der Knöllchen stattfinden kann. Man geht heute davon aus, dass über 90 % der Fabaceae eine Symbiose mit Rhizobien eingehen (Werner 1987), die vermutlich **oftmals parallel** entstanden ist (Stepkowski et al. 2018). Die Bakterien versorgen die Pflanzen im Gegenzug mit Stickstoff. Einer der wichtigsten Symbionten ist *Rhizobium leguminosarum*, aber auch andere Arten und Gattungen (z. B. *Bradyrhizobium*) sind an mehr oder weniger spezifischen Symbiosen beteiligt (Werner 1987).

Infektionsverlauf

Die unmittelbare Umgebung der Fabaceenwurzel, die **Rhizosphäre** (Wurzelraum), ist reich an Wurzelausscheidungen (**Exudaten**) und bildet einen geeigneten Lebensraum für Bakterien, Pilze und andere Mikroorganismen. Rhizobien werden **chemotaktisch angelockt** und dringen nach einer molekularen **Erkennungsreaktion** in die **Wurzelhaare** oder andere Rhizodermiszellen ein. Die Wurzelexudate aktivieren die Expression bakterieneigener *NOD*-Gene (**Nodulation**: Knöllchenbildung), woraufhin sich die Wirtszellen teilen und von außen erkennbare **Knöllchen** bilden (◘ Abb. 8.85c). Die Bakterien vermehren sich in den Knöllchen und wandeln sich dann in **teilungsunfähige Bakterioide** um, die die Funktion von **Stickstoff fixierenden Zellorganellen** annehmen.

Rhizobien können **elementaren Stickstoff** aus der Luft binden, zu Ammoniak (NH_3) bzw. Ammonium (NH_4^+) reduzieren und damit für die Pflanze verfügbar machen. Dieser Prozess läuft allerdings **nur in Symbiose** mit Pflanzen ab, da das notwendige Enzym (**Nitrogenase**) sauerstoffempfindlich und gewöhnlich inaktiv ist. In den Knöllchen wird mittels **Leghämoglobin**, eines **von der Pflanze** synthetisierten Proteins, ein Milieu geschaffen, das genügend Sauerstoff für die aeroben Bakterien zur Verfügung stellt und gleichzeitig überschüssigen Sauerstoff bindet, sodass die Nitrogenasereaktion stattfinden kann. Das eisenhaltige Leghämoglobin führt zu einer rötlichen Färbung der Knöllchen.

Bedeutung der Symbiose

Die Lebensgemeinschaft zwischen Rhizobien und Fabaceen ist äußerst eng und auf beiden Seiten mit erheblichen strukturellen Veränderungen und physiologischen Anpassungen verbunden. Keiner der Partner ist außerhalb der Symbiose fähig, Luftstickstoff zu binden.

Ein großer Teil der **weltweiten Stickstofffixierung** ist auf die Symbiose mit Knöllchenbakterien zurückzuführen. Schätzungen gehen davon aus, dass jährlich über 120 Mio. t Stickstoff fixiert werden und die Böden mit Stickstoffverbindungen anreichern (Werner 1987).

Neben der hohen biologischen Bedeutung für die Pflanzen spielt die **Stickstoffanreicherung** im Boden für die **Landwirtschaft** eine wichtige Rolle. Schon Theophrast von Eresos wies im 4. Jahrhundert v. Chr. auf die Bodenverbesserung durch Aussaat von Hülsenfrüchtlern hin. Heute ist die **Gründüngung** mit Klee (*Trifolium*), Luzerne (*Medicago*), Erbsen (*Pisum*) und Wicken (*Vicia*) oder, in den Tropen, mit Sojabohnen (*Glycine*) und Erdnüssen (*Arachis*) eine weltweit übliche landwirtschaftliche Praxis und Notwendigkeit. Je nach Art und Sorte, Boden- und Klimaverhältnissen liegen die Werte der N_2-Fixierung zwischen 50 bis über 600 kg pro Hektar und Jahr (Werner 1987).

Rhizothamienbildung durch Actinomyceten

Als **Rhizothamnien** bezeichnet man **korallen-** oder **knöllchenförmige Bildungen** an Wurzeln, die sich besonders gut beim Sanddorn (*Hippophaë rhamnoides*, Elaeagnaceae; ◘ Abb. 8.85d, e) oder bei Schwarzerlen (*Alnus glutinosa*, Betulaceae; ◘ Abb. 8.85f) beobachten lassen. Sie gehen auf die Symbiose mit dem Stickstoff fixierenden Bakterium *Frankia alni* zurück, das zu den *Actinomyceten* gehört. Die Symbiose wird auch als **Actinorrhiza** bezeichnet. Sie läuft ähnlich ab wie die Symbiose von Knöllchenbakterien und Leguminosen (Werner 1987).

Frankia weist auf der Ebene der Wirtsfamilien ein breiteres Spektrum als die Rhizobien auf. So sind insgesamt 19 Gattungen aus den Familien Casuarinaceae (◘ Abb. 3.25l), Coriariaceae, Betulaceae (*Alnus*), Datiscaceae, Myricaceae (*Myrica*, Gagelstrauch), Rosaceae (*Rubus*, Brombeere; *Dryas*, Silberwurz; ◘ Abb. 6.54j), Elaeagnaceae (*Hippophaë*, Sanddorn) und Rhamnaceae (*Ceanothus*, Säckelblume, *Colletia*; ◘ Abb. 8.29b, c) als pflanzliche Symbionten bekannt (Werner 1987). Durch die Symbiose mit *Frankia* können die Pflanzen an nährstoffarmen Standorten leben. Viele gehören zu den Pionierpflanzen und bereiten den Boden für den nachfolgenden Bewuchs auf.

◘ Abb. 8.85   Biotische Interaktionen der Wurzel. a–f, Symbiosen. **a,** Endomykorrhiza. Wurzel von *Neottia* (Orchidaceae) mit fädigen Pilzhyphen. **b,** Ektomykorrhiza. Dickröhrlingmycel (*Xerocomus*, *Boletus*) an der Wurzel einer Fichte (*Picea*, Pinaceae). **c,** Wurzelsystem mit Wurzelknöllchen einer Fabacee. **d–f,** Rhizothamnien. **d, e,** Sanddorn (*Hippophaë rhamnoides*, Elaeagnaceae). **d,** Wurzelsystem mit Rhizothamnien (Pfeil). **e,** Rhizothamnie vergrößert. **f,** Schwarzerle (*Alnus glutinosa*, Betulaceae). **g, h,** Mykoheterotrophie. **g,** Fichtenspargel (*Monotropa uniflora*, Ericaceae). **h,** Vogel-Nestwurz (*Neottia nidus-avis*, Orchidaceae). Der Blütenstand wird über den Pilz von der Buche (*Fagus sylvatica*, Fagaceae) ernährt. Buchenwald. Gargano, Italien. (© **a**: Botanische Sammlungen der Universität Mainz. **b**: U. Schirkonyer, Mainz. **c, f, g**: HA. Froebe, Aachen. Mit freundlicher Genehmigung der Bildautoren. **d, e, h**: R. Claßen-Bockhoff, Mainz)

8.5 Gestalt- und Funktionswandel der Grundorgane

Auch wenn die Grundorgane primär an bestimmte Grundfunktionen angepasst sind, erfüllen sie doch eine Vielzahl anderer oder weiterer Funktionen. Dabei wird die Grundfunktion entweder auf einen Teil des Organs beschränkt (**arbeitsteilige Differenzierung**, z. B. Rankenblatt mit assimilierenden Stipeln), geht im Anschluss an seine Erfüllung in eine andere Funktion über (**Funktionserweiterung**, z. B. Fiederblätter mit persistierendem Rhachisdorn) oder geht gänzlich verloren (**Funktionswechsel**, z. B. Haftwurzel).

Umgekehrt kann auch eine bestimmte Funktion von ganz unterschiedlichen Organen erfüllt werden. Um diese Unabhängigkeit zwischen Organisation und Funktionsweise einer Struktur hervorzuheben, hat Ritterbusch (1977) ein **Homolog-Analog-Modell** erstellt (◪ Abb. 8.86). **Assimilatoren** sind danach alle Strukturen, die Photosynthese betreiben, **Akkumulatoren** alle, die speichern, und **Adduktoren** alle, die Wasser aufnehmen. Ritterbusch (1977) verwendet somit Analogbegriffe, um die morphologische Vielfalt hinter den Grundfunktionen zu zeigen.

In den vorausgegangenen Kapiteln (▶ Abschn. 8.2, 8.3, 8.4) wurde die strukturelle Vielfalt unter organisationsmorphologischen Gesichtspunkten vorgestellt. Die folgenden Tabellen (◪ Tab. 8.8, 8.9, 8.10 und 8.11) fassen die gleichen Beispiele noch einmal unter funktionsmorphologischen Aspekten zusammen.

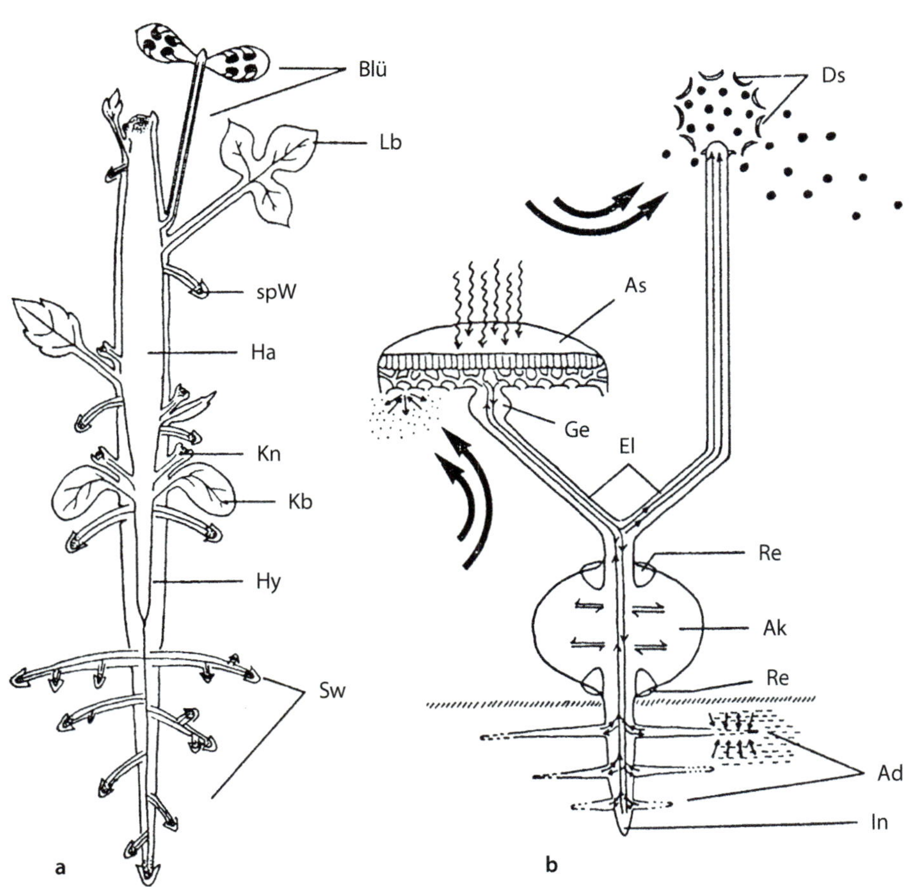

◪ **Abb. 8.86   Homolog- und Analogmodell am Beispiel einer dicotylen Pflanze. a,** Grundorgane und Blüte (Blü). Ha, Hauptachse. Hy, Hypocotyl. Kb, Keimblatt. Kn, Knospe. Lb, Laubblatt. spW, sprossbürtige Wurzel. Sw, Seitenwurzeln. **b,** Grundfunktionen. Ad, Aduktor (Wasseraufnahme). As, Assimilator (Synthese organischer Substanzen). Ak, Akkumulator (Speicher). Ds, Dispersor (Ausbreiter). El, Elevator (Exposition im Raum). Ge, Gelenk (Verstellung des As). Re, Regenerator (Erneuerung). In, Initor (Verankerung). (© Ritterbusch 1977 (▶ http://www.schweizerbart.de), leicht verändert)

■ **Tab. 8.8** **Diversität von Assimilatoren.** Ausgewählte Beispiele

Organisation	Art, Gattung	Familie, Sy 10B/…	Abb.
SPROSS			
Platykladium	*Muehlenbeckia platyclada*	Polygonaceae /47	■ 8.28a–c
	Opuntia und verwandte Gattungen	Cactaceae /47	■ 8.31g
Phyllokladium	*Asparagus* (Spargel)	Asparagaceae /13	
	Ruscus (Mäusedorn) und Verwandte		■ 1.4, 8.28d, e
BLATT			
Unterblatt	*Nepenthes* (Kannenpflanze)	Nepenthaceae /47	■ 8.53d
	Dionaea muscipula (Venusfliegenfalle)	Droseraceae /47	■ 8.91a
Stipeln	*Lathyrus* (Platterbsen), zahlreiche Arten	Fabaceae /26	■ 8.46d
	Azara lanceolata	Salicaceae /31	■ 8.46c
Medianstipeln	*Melianthus* (Honigstrauch)	Melianthaceae /34	■ 8.46b
Phyllodium	*Acacia*-Arten (Akazien)	Fabaceae /25	■ 8.55a–c
Rhachis	*Plantago*-Arten (Wegerich)	Plantaginaceae /58	■ 8.51a–e
WURZEL			
Sprossbürtige Wurzeln	*Vanilla* (Vanille) und andere Orchideen	Orchidaceae /13	■ 8.84f
	Hygroryza (Schwimmreis)	Poaceae /10	■ 8.84h
	Scheuchzeria (Blumenbinse)	Scheuchzeriaceae /18	■ 8.84i

■ **Tab. 8.9** **Diversität von Stütz- und Verankerungshilfen.** Ausgewählte Beispiele

Organisation	Art, Gattung	Familie, Ordnung Sy 10B/…	Abb.
SPROSS (E, Haare, Emergenzen)			
Winder	*Akebia*	Lardizabalaceae /21	■ 6.55a
	Clematis (Waldrebe)	Ranunculaceae /21	■ 6.55b
Spreizklimmer			
• **Stacheln** (E)	*Rubus* sect. *Rubus* (Brombeere)	Rosaceae /27	■ 6.27f, 7.10b
	Mimosa	Fabaceae /25	■ Abb. 7.10b
• **Borsten** (E)	*Galium aparine* (Klebkraut)	Rubiaceae /60	
• **Kurztriebdornen**	*Bougainvillea*	Nyctaginaceae /47	■ 6.36g, 6.55h
• **Infloreszenzachse**	*Calamus* (Rattan)	Arecaceae /9	■ 6.56b, c
Winkelkletterer	*Haumania* und Verwandte	Marantaceae /12	■ 6.56e, f
Seitenachsenranke	*Passiflora* (Passionsblume)	Passifloraceae /31	■ 6.55f
	Bryonia (Zaunrübe), *Marah*	Cucurbitaceae /29	■ 6.55d, e
Hauptachsenranke	*Vitis* (Wein)	Vitaceae /42	■ 6.24f
Haftscheiben	*Parthenocissus* (Wilder Wein)	Vitaceae /42	■ 6.55g

◧ Tab. 8.9 (Fortsetzung)

Organisation	Art, Gattung	Familie, Ordnung Sy 10B/…	Abb.
BLATT			
Blattstielranke	*Clematis* (Waldrebe)	Ranunculaceae /21	◧ 6.55b
	Nepenthes (Kannenpflanze)	Nepenthaceae /47	◧ 8.53b, c
Rhachis-, Fiederranker	*Lathyrus* (Platterbse)	Fabaceae /26	◧ 8.46e, 8.51g
	Pisum (Erbse)		◧ 6.12c
Oberblattranker	*Lathyrus aphaca* (Ranken-Platterbse)	Fabaceae /26	◧ 8.46d
Mittelrippenklimmer	*Calamus* (Rattan)	Arecaceae /9	◧ 6.56a, d
Blattscheide	alle Süßgräser	Poaceae /10	◧ 8.48b–d
	alle Marantaceae	Marantaceae /12	◧ 8.48a
	Angelica (Engelwurz)	Apiaceae /54	◧ 8.46a
	und andere Gattungen		
Scheinstämme	*Musa* (Banane)	Musaceae /12	◧ 6.57d, 8.49b–d
	Veratrum (Germer)	Melanthiaceae /14	◧ 8.49a
Ochrea (Manschette)	*Polygonum* (Knöterich)	Polygonaceae /58	◧ 8.46g
WURZEL			
Brettwurzeln	*Ficus*	Moraceae /27	◧ 8.82a
	Heritiera	Malvaceae /38	◧ 8.82b
Stelzwurzeln	*Pandanus*	Pandanaceae /16	◧ 8.27e, 8.82c
	Rhizophora	Rhizophoraceae /31	◧ 8.81a
	Hornstedtia	Zingiberaceae /12	◧ 8.82d
Luftwurzeln			
• Abstützung, Scheinstämme	*Ficus* (Würgefeigen)	Moraceae /27	◧ 8.83
• Winder	*Philodendron*	Araceae /18	◧ 8.75e
Haftwurzler	*Hedera* (Efeu)	Araliaceae /54	◧ 8.84a–c
	Hydrangea (Hortensie)	Hydrangeaceae /48	
	Marcgravia	Marcgraviaceae /48	
Wurzelranker	*Vanilla*	Orchidaceae /13	◧ 8.84f, g
Zugwurzeln	*Hemerocallis*	Asphodelaceae /13	◧ 8.80a–c
	Tacca	Dioscoreaceae /15	

◧ Tab. 8.10 Diversität von Stoff- und Wasserspeichern. Ausgewählte Beispiele

Organisation	Art, Gattung	Familie, Ordnung Sy 10B/…	Abb.
SPROSS			
Hypocotyl	*Bertholletia excelsa* (Paranuss)	Lecythidaceae /49	◧ 12.3g, h
Hypocotylknolle	*Cyclamen* (Alpenveilchen)	Primulaceae /49	◧ 1.5f
	Raphanus sativus var. *sativus* (Radieschen)	Brassicaceae /39	◧ 6.46e
	Beta vulgaris var. *conditiva* (Rote Bete)	Amaranthaceae /47	◧ 8.11f
Rhizom	*Arundo donax* (Pfahlrohr)	Poaceae /10	◧ 6.46a
	Iris (Schwertlilie)	Iridaceae /13	◧ 6.46b
	Polygonatum (Salomonsiegel)	Asparagaceae /13	◧ 6.45c, d

(Fortsetzung)

Tab. 8.10 (Fortsetzung)

Organisation	Art, Gattung	Familie, Ordnung Sy 10B/…	Abb.
Sprossknolle	*Brassica oleracea* var. *gongylodes* (Kohlrabi)	Brassicaceae /39	1.5e, 6.6a
Ausläuferknolle	*Solanum tuberosum* (Kartoffel)	Solanaceae /57	6.45a, b, 8.11d
	Ficaria verna (Scharbockskraut)	Ranunculaceae /21	6.48d
Stammsukkulenz	*Euphorbia* (Wolfsmilch)	Euphorbiaceae /31	8.15b, 8.30f–i
	Carnegiea gigantea (Saguaro) und andere Säulenkakteen	Cactaceae /47	6.20g, 8.11e, 8.31
	Kleinia deflersii	Asteraceae /51	8.30d
	Ceropegia dichotoma	Apocynaceae /60	8.30e
Achsenbulbille (vegetative Vermehrung)	*Polygonum viviparum* (Knöllchen-Knöterich)	Polygonaceae /58	6.49a
BLATT			
Speichercotyledonen	*Quercus* (Eiche)	Fagaceae /28	6.9e
	Arachis hypogaea (Erdnuss)	Fabaceae /26	12.19d
	Anacardium occidentale (Cashewnuss)	Anacardiaceae/ 41	12.3e
	Juglans regia (Walnuss)		12.3f
Blattsukkulenz	*Lithops* (Lebende Steine)	Aizoaceae /47	8.62c–f, 8.63e
	Carpobrotus edulis (Essfeige)	Aizoaceae /47	8.43b
	Crassula (Dickblatt) und andere Gattungen	Crassulaceae /43	8.62j, k
	Sansevieria (Bogenhanf)	Asparagaceae /13	8.43a
Blattstielsukkulenz	*Kalanchoë* (Brutblatt)	Crassulaceae /43	8.55f
Schalenzwiebel	*Allium cepa* (Küchenzwiebel)	Amaryllidaceae /13	6.45e–g, 6.46f, 8.46f
	Allium sativum (Knoblauch)		6.36e
Schuppenzwiebel	*Lilium martagon* (Türkenbund)	Liliaceae /14	6.46g
	Haemanthus	Amaryllidaceae /13	6.43e
Blattbulbille (vegetative Vermehrung)	*Kalanchoë daigremontiana* (Brutblatt)	Crassulaceae /43	6.50
	Lilium bulbiferum (Feuerlilie)	Liliaceae /14	6.49e
	Cardamine bulbifera (Zwiebel-Zahnwurz)	Brassicaceae /39	6.49b
	Allium-Arten	Amaryllidaceae /13	6.49c, d
	Agave vivipara	Asparagaceae /13	6.49f
	Poa bulbosa var. *vivipara*, (Zwiebel-Rispengras)	Poaceae /10	6.49g
WURZEL			
Wurzelrübe	*Daucus carota* (Möhre)	Apiaceae /54	8.78a, b
Sprossrübe	*Apium graveolens* var *rapaceum* (Knollensellerie)	Apiaceae /54	1.5g
Dauerrübe (Rübengeophyten)	*Phytolacca* (Kermesbeere)	Phytolaccaceae /47	8.78c, d
Wurzelknolle (sprossbürtig)	*Asphodelus* (Affodil)	Asphodelaceae /13	6.46j
	Dahlia (Dahlie)	Asteraceae /51	8.78e
	Dioscorea (Yamswurz)	Dioscoreaceae /15	8.78i
	Ipomoea batatas (Süßkartoffel)	Convolvulaceae /57	8.78h
	Manihot esculenta (Maniok)	Euphorbiaceae /31	8.78j
Wurzelsukkulenz	*Oxalis pes-caprae*	Oxalidaceae /30	8.80e
Wurzelbulbille (vegetative Vermehrung)	*Ficaria verna* (Scharbockskraut)	Ranunuculaceae /21	6.48d

◼ Tab. 8.11 Diversität von Schutzstrukturen. Ausgewählte Beispiele

Organisation	Art, Gattung	Familie, Ordnung Sy 10B/…	Abb.
SPROSS (E, Haare, Emergenzen)			
Kurztriebdornen	*Hippophaë rhamnoides* (Sanddorn)	Elaeagnaceae /27	◼ 6.24e, 6.29b
	Bougainvillea (Drillingablume)	Nyctaginaceae /47	◼ 6.36f
	Lycium intricatum (Bocksdorn)	Solanaceae /57	◼ 8.29a
	Colletia paradoxa	Rhamnaceae /27	◼ 8.29b, c
	Poncirus trifoliata	Rutaceae /41	◼ 8.29d
Verzweigte Kurztriebdornen	*Carissa macrocarpa*	Apocynaceae /60	◼ 8.29e
	Gleditsia sinensis	Fabaceae /26	◼ 8.29f, g
Langtriebdornen	*Hippophaëe rhamnoides* (Sanddorn)	Elaeagnaceae /27	◼ 6.24e, 6.29b
Stacheln (E)	*Rubus* sect. *Rubus* (Brombeere)	Rosaceae /27	◼ 7.10a, b
Verzweigte Stacheln (E)	*Xanthium spinosum* (Spitzklette)	Asteraceae /51	◼ 8.46i
BLATT (E, Haare, Emergenzen)			
Blattdornen	Kakteen	Cactaceae /47	◼ 8.31h–j
	Berberis (Berberitze)	Berberidaceae /21	◼ 6.15e
	Didierea trollii	Didiereaceae /47	◼ 6.15f
Stipulardornen	*Vachellia*	Fabaceae /26	◼ 8.89h, i
Blattstieldornen	*Fouquieria splendens*	Fouquieriaceae /49	◼ 8.55d, e
	Sarcocaulon crassicaule	Geraniaceae /34	◼ 8.55g, h
Rhachisdornen	*Astragalus*	Fabaceae /26	◼ 8.51h
Blattspitzendornen	*Hakea*	Proteaceae /22	◼ 8.61e
Involucralblattdornen	*Centaurea* (Flockenblume)	Asteraceae /51	◼ 8.61b
Stacheln (E)	*Solanum pyracanthos*	Solanaceae /57	◼ 7.10c
WURZEL			
Wurzeldornen	*Oncosperma tigillarium*	Arecaceae /9	◼ 8.84d
	Myrmecodia platytyrea	Rubiaceae /60	◼ 8.84e

8.6 Lebensweisen und Anpassungsfähigkeit

Samenpflanzen sind mit Ausnahme weniger Extremstandorte **weltweit** verbreitet: Die **standortökologischen Bedingungen** bestimmen dabei ihre **abiotische** Umwelt. Diese wird vor allem von den Temperatur- und Lichtverhältnissen, der Tageslänge, Höhenstufe und Bodenbeschaffenheit bestimmt. Die **Wechselwirkungen** der Pflanzen mit anderen Lebewesen, sei es mit Bodenorganismen, Symbionten, Konkurrenten oder Parasiten charakterisieren ihre **biotische Umwelt**.

Die Pflanzen haben sich im Laufe ihrer **Evolution** strukturell und physiologisch an ihre abiotische und biotische Umwelt **angepasst** und sind in der Lage, auf **Umweltänderungen** zu reagieren. Als **ortsgebundene** Organismen sind sie in besonderem Maße auf hohe **Anpassungsfähigkeit** angewiesen, die strukturell durch **offenes Wachstum** und **physiologisch** durch komplexe **Sekundärstoffwechselwege** (▶ Exkurs 2.3) unterstützt wird.

8.6.1 Standortökologische Anpassungen

Die weitaus meisten Pflanzen leben **terrestrisch**. Sie gedeihen auf humusreichen Waldböden, nährstoffarmen Sandböden (Wüstenpflanzen) und nackten Felsen (**Lithophyten**). Sie sind an trockene (**Xerophyten**) und sehr feuchte Standorte (**Hygrophyten**) angepasst, bevorzugen kalkhaltige (**Kalkpflanzen**) oder silicatreiche Böden (**Silicatpflanzen**) und tolerieren Schwermetalle (**Chalkophyten**) und einen hohen Salzgehalt im Boden (**Halophyten**).

Felsspaltenkriecher sind krautige Pflanzen (Zimbelkraut, *Cymbalaria muralis*, Plantaginaceae) oder Zwergsträucher (◘ Abb. 5.23g, 6.54h), die auf nacktem Fels (oder Mauern) wachsen. Sie schieben lange Wurzeln in die Ritzen des Gesteins und erreichen mit ihnen tief im Gestein liegende Wasserläufe. Im **Hochgebirge** sind die Pflanzen an extreme Temperaturschwankungen und starke Sonneneinstrahlung angepasst und reagieren darauf mit **Zwergwuchs** oder **Gigantismus** (Tropen). Auf **Grasländern** entwickeln sie **Schutzvorrichtungen** gegen Beweidung (Stacheln, Dornen, Gifte), in mediterranen Gebieten passen sie sich an die wiederholt auftretenden **Buschbrände** an, und an **Nebelstandorten** sind sie in der Lage, Feuchtigkeit aus der Luft auszukämmen. Bei den **Aerophyten** erfolgt die gesamte Wasser- und Nähstoffaufnahme über die Blätter; das Wurzelsystem ist stark oder gänzlich reduziert (s. Epiphyten).

Andere Pflanzen wurzeln nicht im Boden, sondern besiedeln als Aufsitzerpflanzen (**Epiphyten**) bodenferne Baumstämme und Baumkronen, gelegentlich auch Hausdächer und Telefondrähte (◘ Abb. 7.21c). **Wasserpflanzen** (Hydrophyten; ▶ Abschn. 11.8.2) leben in Süßgewässern oder seltener im Meer. Sie wurzeln im Schlamm oder leben freischwimmend an der Wasseroberfläche. Als Schwimmhilfe dienen große Interzellularräume in Sprossachsen und Blattstielen; überdies liegen die Blätter oft flächig auf und verringern so die Sinkgeschwindigkeit (Riesenseerose, *Victoria regia*, Nymphaeaceae).

Von den zahlreichen Anpassungen der Pflanzen an ihren Lebensraum werden hier zwei Beispiele näher ausgeführt: die Anpassung der Pflanzen an **Feuer** und an bodenferne Standorte (**Epiphyten**).

Feuer – Anpassungen an Buschbrände

In vielen Gebieten der Erde treten **natürlicherweise Feuer** auf, die meist durch **Blitzeinschläge** ausgelöst werden. Im Laufe der Evolution haben sich dort Ökosysteme entwickelt, die nicht nur an Buschbrände angepasst sind, sondern sogar in ihrem **Bestand** durch Feuer **aufrechterhalten** werden.

Zu den feueradaptierten Pflanzengesellschaften gehören **Heiden, Trockenwälder** (◘ Abb. 8.87a) und **Hartlaubgesellschaften**, die vor allem in den Mittelmeerländern (**Macchie**), in Südafrika (**Fynbos**), Kalifornien (**Chaparral**) und Australien (**Kwongan**) auftreten. Die jeweiligen Standorte zeichnen sich durch **hohe Luft**temperatur, **geringe Luftfeuchtigkeit** und reichlich vorhandenes, **brennbares Material** aus. Die Pflanzen haben sich auf vielerlei Weise an die wiederkehrenden Feuer angepasst und profitieren nach dem Brand von guten Keimbedingungen.

Weitere Standorte mit regelmäßigen Bränden sind auch **trockengefallene Moore** (◘ Abb. 8.87b), die in ihrer Bedeutung oft unterschätzt werden. In Sibirien halten die Feuer nicht selten monatelang an, tauen die Böden auf und setzen riesige Mengen Methan frei.

Feuerintensität und Feuerintervalle

Die **Intensität** von **Bränden** ist sehr unterschiedlich. Bei **Bodenfeuern** oder Glutnestern ohne Flammen ist sie meist gering. **Oberflächenfeuer** erfassen die Kraut- und Strauchschicht, aber nicht die Krone der Bäume. Sie erreichen am Boden etwa 100 °C und in 1 m Höhe 400 °C. **Kronenfeuer** ziehen über die gesamte Vegetation hinweg und werden bis zu 1000 °C heiß. Sie sind charakteristisch für die Buschbrände Australiens, die durch die **ätherischen Öle** der Eukalytusbäume (Gaswolken) zusätzlich angefacht werden (Cowling und Holmes 1992).

Unter natürlichen Verhältnissen finden die Feuer in **unregelmäßigen Intervallen** statt. Im **Fynbos** Südafrikas betragen diese durchschnittlich 15 bis 25 Jahre, mit Ausreißern von fünf bzw. 50 Jahren (Mucina und Rutherford 2006). Da die Arten unterschiedlich viele Jahre bis zum Frucht- und Samenansatz benötigen, ist die **Unregelmäßigkeit** der Feuer für den Erhalt der Artenvielfalt wichtig. Das Feuerintervall hängt von der Wachstumsrate der Pflanzen und der Anreicherung brennbaren Materials, vom Standort und von der Jahreszeit ab; normalerweise treten Feuer am Ende der Trockenzeit, also im Mittelmeerraum im Spätsommer bzw. Frühherbst, auf.

Feuer sind **zerstörerisch** und zugleich Ausgangspunkt für **Regeneration**. Ein Feuerzyklus besteht aus Zerstörung, Regeneration, Reifung und erneuter Zerstörung – daran sind die Pflanzen angepasst.

Austreiber (resprouter) *und Aussamer* (reseeder)

Pflanzen begegnen Feuer auf zweierlei Weise: Entweder sie sind so gut geschützt, dass sie das Feuer überleben und nach dem Brand wieder austreiben (**Austreiber**, *resprouter*), oder sie sterben ab und regenerieren sich über Samen (**Aussamer**, *reseeder*). Beide Lebensweisen kom-

---

◘ **Abb. 8.87 Anpassungen an Feuer. a,** Buschbrand. Zentralaustralien. **b,** Verbrannte Moorlandschaft. Hohes Venn, Belgien. **c,** *Watsonia* (Iridaceae). Geophyten treiben nach dem Feuer aus. Kapprovinz, Südafrika. **d,** *Dasypogon bromeliifolius* (Dasypogonaceae). Unterirdische Organe werden durch faserige Blattscheiden geschützt. Westaustralien. **e,** *Xanthorrhoea preissii* (Asphodelaceae-Xanthorrhoideae). Nach dem Feuer sind die Stämme der *black* *boys* völlig verkohlt. Das innen liegende, lebende Gewebe wird durch die dicht gestellten, verharzten Blattbasen wirksam geschützt. Westaustralien. **f,** *Protea glabra* (Proteaceae). Verholzter Fruchtstand (Serotinie). Fynbos, Südafrika. **g,** *Brunia macrocephala* (Bruniaceae). Stockausschlag nach dem Feuer. Fynbos, Südafrika. (© R. Claßen-Bockhoff, Mainz)

men nebeneinander in engen Verwandtschaftsgruppen vor. So gehören beispielsweise die südafrikanischen Arten *Protea repens* (Proteaceae) und *Berzelia lanuginosa* (Bruniaceae) zu den *reseedern*, während *Protea nitida* und *Berzelia abrotanoides* zu den *resproutern* zählen (Carlquist 1978; Mucina und Rutherford 2006):

- *Resprouter* sind ausdauernde Pflanzen, die regelmäßig aus Rhizomen und Zwiebeln austreiben (Geophyten, z. B. Orchideen, Liliengewächse, grasartige Familien; ◻ Abb. 8.87c, d) oder verholzt sind, oberirdisch verbrennen und sich durch **Stockausschlag** verjüngen (◻ Abb. 8.87g). Ihre Basis besteht dann oft aus einem umfangreichen Holzkörper mit Innovationsknospen, der als **Lignotuber** bezeichnet wird. Australische *Eucalyptus*- und Proteaceenarten weisen solche Lignotuber ebenso auf wie südafrikanische, mediterrane und kalifornische Hartlaubgewächse. Der Selektionsdruck durch Feuer hat überall auf der Erde gleichartige Anpassungen hervorgebracht (Cowling und Holmes 1992; Cody und Mooney 1978).

  Um die Feuersbrunst zu überleben, müssen Austreiber mit besonderen **Schutzeinrichtungen** versehen sein. Dazu gehört die Isolation durch eine **dicke, faserige Borke**, die den lebenden Teil der Sprossachse vor dem Feuer schützt. Beispiele für mehrere Zentimeter bis Dezimeter dick werdende Borken liefern die **Feuerborken** australischer ***Eucalyptus*-Arten** (◻ Abb. 8.21f), die graubraune Borke der **Patagonischen Zypresse** (*Fitzroya cupressoides*, Cupressaceae; ◻ Abb. 5.46m, n) oder die rötliche Borke der kalifornischen **Mammutbäume** (*Sequoia sempervirens*, Cupressaceae; ◻ Abb. 5.46d, e). Bei **Monocotylen** ohne Borkenbildung dienen dicht sitzende, harzige **Blattbasen** der Isolation (◻ Abb. 8.87e). Einige Grasbäume Australiens (*Xanthorrhoea*, Xantorrhoeaceae) werden *black boys* genannt, weil die Stämme an der Oberfläche verkohlen, ohne dass die lebende Sprossachse Schaden nimmt.

- *Reseeder* werden durch das Feuer vernichtet. Sie zeichnen sich durch eine **kurze Generationszeit** und hohe **Samenproduktion** aus. Im südafrikanischen Fynbos gehören die meisten Arten der dominanten Familien der Ericaceae (> 90 %), Proteaceae (>80) und Restionaceae zu den *reseedern* (Mucina und Rutherford 2006).

Die beste Zeit für die **Samenkeimung** ist **nach einem Feuer**. Der Standort ist nahezu frei von Konkurrenten, anorganische Nährstoffe sind aus der Asche verfügbar, Licht und Regen gelangen auf den Boden und Samen fressende Insekten sind weitgehend vernichtet.

Eine Anpassung, die das Auskeimen zur Unzeit verhindert, ist die **Serotinie** (Samenrückhaltung; ◻ Abb. 8.87f). Darunter versteht man die Fähigkeit der Pflanzen, Samen zu produzieren, die erst **durch Feuer keimfähig** werden. Über Jahre hinweg werden die Samen vor Fressfeinden und Verwitterung geschützt. Dies geschieht vor allem dadurch, dass sie in **stark verholzten Früchten** an der Mutterpflanze verbleiben. Die **Fruchtwände** springen erst unter **Einwirkung großer Hitze** auf und setzen die Samen frei (◻ Abb. 12.11g–i). Serotinie ist in feuergefährdeten Gebieten sehr häufig. Alternativ werden Früchte in die Erde verlagert, wo sie bis zum nächsten Feuer überdauern.

Keimung und Regeneration

Neben der Hitze stimuliert auch der **Rauch** des Feuers die **Samenkeimung**. Obgleich dieses Wissen in der traditionellen Landwirtschaft schon lange bekannt war, gelang erst De Lange und Boucher (1990) der Nachweis, dass aus brennenden Fynbos-Pflanzen **chemische Substanzen** mit keimfördernder Wirkung entweichen. Interessanterweise wirken die Rauchextrakte auch in anderen, feueradaptierten Regionen (z. B. Kalifornien) und steigern den Keimerfolg auf Ascheböden. Inzwischen ist die keimfördernde Wirkung durch Rauch bei über 1200 Arten aus 80 Gattungen und verschiedenen Ökosystemen nachgewiesen worden (Brown und Botha 2004; Kulkarni et al. 2011).

Die **Regeneration** erfolgt nach einem wiederkehrenden Muster. Zuerst blühen die Rhizom- und Zwiebelpflanzen (◻ Abb. 8.87c), dann treiben die *resprouter* aus (◻ Abb. 8.87g). Die Samenkeimung beginnt oft erst nach einer Kälteperiode (Mucina und Rutherford 2006), sodass nach zwei bis drei Jahren vermehrt Keimlinge und nach vier bis fünf Jahren junge Holzgewächse auftreten. Nach 30 bis 40 Jahren ohne Feuer sind die Hartlaubgesellschaften zu undurchdringbaren Dickichten geworden.

Mensch und Feuer

Der Umgang des Menschen mit dem Feuer reicht in die frühe Menschheitsgeschichte zurück. Man geht heute davon aus, dass die australischen Ureinwohner schon vor 40.000 Jahren Feuer zur Rodung und Jagd genutzt und dadurch die Vegetation Australiens verändert haben (Clarke 2007).

Brandrodung ist auch heute noch eine übliche Praxis. Die Dimensionen der Zerstörung artenreicher Lebensräume, die dabei z. B. in Brasilien, Sumatra oder China in Kauf genommen werden, übersteigen jedoch jedes ökologisch verträgliche Maß. Hinzu kommt die **Bedrohung** durch **natürliche Buschfeuer**, die in den letzten Jahren durch die vom Menschen angetriebene Klimaveränderung deutlich häufiger und heftiger auftreten. Das **verheerende Ausmaß** unkontrollierter Buschbrände wurde 2019/2020 gleich mehrfach in Australien, Kalifornien und Sibirien deutlich. Dort wüteten monatelang Feuer und breiteten sich über riesige Flächen aus. Menschen und Milliarden Tiere starben, unvorstellbar große Vegetationsflächen wurden vernichtet, und die Zerstörung ging mit Luftverschmutzung und einer gigantischen Freisetzung von Methan einher. Die langfristigen ökologischen, ökonomischen und politischen Folgen sind nicht absehbar.

Eine sinnvolle **Naturschutzmaßnahme** stellen **kontrollierte Feuer** dar. Diese Praxis wird schon seit Jahrzehnten in den mediterranen Lebensräumen angewendet. Das gezielte Auslegen von Bränden dämmt die Anreicherung brennbaren Materials ein und macht natürliche Feuer **beherrschbar**. Außerdem fördert es die Artenvielfalt durch das Abbrennen in unterschiedlichen Zeitintervallen und unterstützt die Ausrottung invasiver Arten.

Epiphyten – Anpassungen an ein Leben in Baumkronen

Epiphyten sind **Aufsitzerpflanzen**, die auf anderen Pflanzen keimen und leben (zur Abgrenzung der Epiphyten von anderen Lebensformen s. Zotz 2016). In den temperaten Breiten gehören sie überwiegend zu den Moosen und Flechten (◻ Abb. 5.6a), in den **Tropen** treten dagegen zahlreiche epiphytische Blütenpflanzen (◻ Abb. 8.88), Farne (◻ Abb. 5.38e, f, 5.39c–e und 5.41i) und Bärlapppflanzen (◻ Abb. 5.32b) auf. Bei ihnen lassen sich zwei Lebensweisen unterscheiden:

1. **Hemiepiphyten** erlangen durch die Entwicklung von **Luftwurzeln** im Laufe ihres Lebens **Kontakt zum Boden**, wodurch Engpässe in der Wasserversorgung behoben werden. Sie können, wie das Beispiel der **Würgefeigen** zeigt, zu riesengroßen **Bäumen** heranwachsen (◻ Abb. 8.83). Zahlreiche Beispiele für Hemiepiphyten liefern die Gattungen *Ficus* (Moraceae) und *Clusia* (Clusiaceae) mit jeweils über 100 Arten sowie Vertreter der Araceae, Araliaceae, Gentianaceae, Malvaceae, Rubiaceae und Urticaceae (Zotz et al. 2021b).
2. **Holoepiphyten** erreichen demgegenüber **nie** den Boden. Sie bleiben **krautig** oder verholzen (viele Ericaceae, Rubiaceae). und nehmen ausschließlich **Wasser** aus erdfernen Humusanhäufungen, Moospolstern und Blattzisternen (◻ Abb. 8.65f, g) oder direkt aus der Luft (Nebel, Regen, Tau) auf. Die bekanntesten Vertreter gehören zu den Orchideen (z. B. *Bulbophyllum*, *Vanda*), Bromelien (z. B. *Vriesea*, *Tillandsia*; ◻ Abb. 7.21c und ◻ Abb. 8.88a, b) und Farnen (z. B. *Asplenium*, *Platycerium*; ◻ Abb. 5.41h, i).

Als **Epiphylle** bezeichnet man Pflanzen, die auf den **Blättern** anderer Pflanzen wachsen. Meist handelt es sich um Algen und Moose. Epiphylle kommen besonders häufig in den tropischen Regen- und Nebelwäldern vor, wo sie beachtlich zur Biodiversität beitragen.

Evolution und Vorkommen der Epiphyten

Epiphyten sind **mehrfach unabhängig** aus terrestrisch lebenden Verwandtschaftskreisen entstanden. Nach der globalen Epiphyten-Checkliste (Zotz et al. 2021a) leben etwa **10 % der Gefäßpflanzen** epiphytisch (über 31.300 Arten, 918 Gattungen, 79 Familien). Sie kommen ähnlich häufig in den neuweltlichen und altweltlichen Tropen vor, wobei sie in Afrika leicht unterrepräsentiert sind.

Die Anzahl der Familien täuscht eine höhere Diversität vor, als tatsächlich vorhanden ist. Nach Zotz et al. (2021a) gehören 88,4 % aller Arten zu nur sieben Verwandtschaftskreisen, den Farnen mit 2942 in 18 Familien, den Monocotylengruppen der Orchidaceae (20956 Arten), Bromeliaceae (1943) und Araceae (685) sowie den Dicotyelengruppen der Piperaceae (509), Ericaceae (531) und Gesnericaceae (616). Die übrigen 11,6 % verteilen sich auf 53 Angiospermenfamilien sowie Zamiaceae (Gymnospermen, 2 Arten) und Bärlapppflanzen (142 Arten). Offensichtlich haben die epiphytischen Linien innerhalb dieser Familien nicht wesentlich zur Artbildung beigetragen und spielen daher für die Evolution der Sippen eine untergeordnete Rolle (Gentry und Dodson 1987).

Eine Ausnahme bilden die **Orchidaceae**, die **überwiegend** (> 75 %) **epiphytisch** leben (◻ Abb. 8.87c). Sie stellen knapp 67 % aller Epiphyten, während die Monocotylen ohne Orchideen 13 %, die Dicotylen 11 % und die Farne 9 % beitragen (Zotz et al. 2021a). Die Orchideen und Farne teilen eine wichtige Voraussetzung für die epiphytische Lebensweise: Sie produzieren Unmengen winzig kleiner **Staubsamen** (▶ Abschn. 12.3.3) bzw. **Sporen**, die durch den **Wind** ausgebreitet werden.

Innerhalb der **Dicotylen** stellen die Pfeffergewächse (Piperaceae) mit ***Peperomia*** und Moraceae mit ***Ficus*** artenreiche holo- bzw. hemiepiphytische Gattungen. Weitere epiphytenreiche Familien sind die Ericaceae, Gesneriaceae, Melastomataceae und Rubiaceae.

Morphologische Anpassungen an die epiphytische Lebensweise

Epiphyten besiedeln auf ihren Trägerpflanzen unbesetzte Nischen und sind in unterschiedlicher Weise Licht-, Temperatur- und Feuchtigkeitsgradienten ausgesetzt. Die Nährstoffversorgung hängt überdies von der Substratbeschaffenheit, der Baumarchitektur und Borkenstruktur ab (Zotz 2016). Die Pflanzen verlieren durch den mangelnden Bodenkontakt die **kontinuierliche Versorgung** mit **Wasser und Nährstoffen**. Die Wurzelfunktionen der Verankerung und Wasserversorgung müssen auf morphologisch andere Weise erfüllt werden:

8

■ **Abb. 8.88 Epiphyten. a–c,** Bromeliaceae. **a,** Bromelienreicher Epiphytenbewuchs auf einem abgestorbenen Trägerbaum: Blühende *Tillandsia*- und *Vriesea*-Arten. Feenhaar (*Tillandsia usneoides*) grau herabhängend. Anden, Nordperu. **b,** *T. usneoides.* Die Pflanze er- nährt sich über ihre behaarten Blätter. **c,** Bromelie, Südchile. **d,** *Sarcochilus* (Orchidaceae). Epiphyt auf *Cyathea* (Baumfarn). Blue Mountains, New South Wales, Australien. (© R. Claßen-Bockhoff, Mainz)

Landen die Diasporen auf der **Borke** ihrer Trägerpflanzen, müssen sie sich dort verankern, eine erste Wurzel-Substrat-Verbindung aufbauen und diese dauerhaft erhalten. Der genaue Mechanismus der Verankerung ist noch nicht ausreichend erforscht, aber die **Oberflächenbeschaffenheit** der Borke, Schleime (■ Abb. 6.9d) oder andere **Haftsubstanzen** und **Wurzelhaare** spielen sicherlich eine wichtige Rolle (Zotz et al. 2021c; Tay et al. 2023). Adulte Pflanzen bilden **Wurzelgeflechte**, mit denen sie sich am Träger festhalten (■ Abb. 8.88d) und Wasser aus Moospolstern oder anderen Quellen aufnehmen.

— Die **Luftwurzeln** der Orchidaceae und einiger Anthurien (*Anthurium*, Araceae) nehmen Wassertropfen aus Regen, Tau oder Nebel auf und speichern es im **Velamen radicum** (totes mehrschichtiges Gewebe; ► Abschn. 7.5.1), das ihre Oberfläche überzieht und diese im trockenen Zustand weiß erscheinen lässt (■ Abb. 7.21e, f). Im Rindenparenchym unterhalb des Velamens können Chloroplasten auftreten, wodurch die Luftwurzeln ergrünen und photosynthetisch aktiv werden.

— Bei den **Bromeliengewächsen** (Bromeliaceae) übernehmen speziell gebaute Absorptionshaare (**Saughaare**; ► Abschn. 7.5) die Wasser- und Nährstoffaufnahme. Sie liegen auf der Fläche der Blätter, die gewöhnlich in Rosetten angeordnet sind und **Zisternen** (*tanks*) bilden. In ihnen bilden sich durch aufgefangenen Niederschlag kleine Tümpel, die zahlreichen Baumkronenbewohnern einen Lebensraum bieten. Bekannt sind die kleinen, oft sehr giftigen **Baumfrösche** (Dendrobatidae), die in einer hohen Artenzahl in der Kronenregion neotropischer Wälder leben und in den Zisternen ablaichen. Totes organisches Material, das sich in den Zisternen ansammelt, wird von Mikroorganismen zersetzt und den Pflanzen als Nährstoffquelle zur Verfügung gestellt.

Das Wurzelsystem vieler Bromeliaceen dient nur noch der Befestigung oder ist stark reduziert. Seine **Ernährungsfunktion** wird von Blättern übernommen. Das Feenhaar (Spanisches Moos, *Tillandsia usneoides*; ■ Abb. 8.88a, b und 7.21c) ist der bekannteste Vertreter dieser Gruppe.

— Viele **epiphytische Farne** sammeln ebenfalls Regenwasser. Während *Tmesipteris* (Psilotales; ■ Abb. 5.38e, f) und Vertreter der Hautfarne (Hymenophyllaceae; ■ Abb. 5.39c–e) vermutlich mit **Mykorrhizapilzen** in Symbiose leben, bilden die **Nestfarne** (z. B. *Asplenium nidus*) mit ihren Farnblättern **trichterförmige Rosetten**, in denen sich Regenwasser und Humus ansammeln. Die **Geweihfarne** (*Platycerium*; ■ Abb. 5.41h, i) und die **Korb-**

farne (*Drynaria*, *Aglaomorpha*) sind **heterophyll**. Sie weisen grüne Trophosporophylle und braune Mantelblätter auf, in denen sich Wasser und organisches Material (Detritus) ansammelt. Beides wird über die Farnwurzeln aufgenommen.

Die Epiphyten weisen eine Reihe weiterer **Spezialanpassungen** auf, die das Überleben in der Baumkrone erleichtern (Zotz 2016; Zotz et al. 2021c). Dazu gehören die Verdickungen der Sprossachsen von Orchideen (Scheinzwiebeln, Pseudobulben), die der Wasser- und Stoffspeicherung dienen, und zahlreiche biotische Interaktionen, z. B. mit Ameisen (► Abschn. 8.6.2).

8.6.2 Biotische Interaktionen

Biotische Interaktionen dienen dem **Schutz** der Pflanze (Warnsignale), steigern den **Reproduktionserfolg** (Anlockung von Bestäubern und Ausbreitern) oder sind mit einer spezifischen **Ernährungsweise** verbunden (z. B. Carnivorie). Sie umfassen verschiedene Formen des Zusammenlebens von engen **Symbiosen** (Pflanzen und Ameisen) bis hin zu **Parasitismus**.

Pflanzen und Ameisen

Als **Ameisenpflanzen** (**Myrmekophyten**) bezeichnet man Pflanzen, die mit Ameisen in **Symbiose** leben. Die Pflanzen bieten den Ameisen **Nistplätze** in Form von **Domatien** und meist auch **Nahrung** (Fraßkörper, extrafloraler Nektar). Sie erhalten im Gegenzug von ihnen **Schutz** vor Pflanzenfressern (Herbivoren), Krankheitskeimen (Pathogenen) und überwuchernder Vegetation sowie in vielen Fällen auch Zugang zu **Nährstoffen** aus den Abfällen der Ameisenkolonie. Ameisen, die Pflanzen bestäuben (selten; ► Abschn. 11.6.5) oder Diasporen ausbreiten (► Abschn. 12.3.2), zählen nicht zu den Ameisenpflanzen nach der obigen Definition. Blattschneider- und Ernteameisen (■ Abb. 8.89a) leben nicht in Symbiose mit Pflanzen, sondern sind **Schädlinge**, die ungeheure Mengen an Pflanzenmaterial vernichten (► Exkurs 8.12).

Myrmekophyten kommen fast ausschließlich in den **Tropen** vor. Mit Ausnahme weniger **Farngewächse** (z. B. *Lecanopteris*, *Solanopteris*, beide Polypodiaceae) treten Ameisenpflanzen nur bei **Blütenpflanzen** auf. Auf Seiten der Ameisen sind ca. 110 Arten als fakultative oder obligate Symbionten bekannt, auf Seiten der Pflanze sind es über 680 Arten (159 Gattungen, 50 Familien; Chomicki und Renner 2015). Die meisten Ameisenpflanzen treten innerhalb der **Rubiaceae** und **Melastomataceae** auf. Phylogenetische Stammbäume deuten darauf hin, dass Domatien mindestens 158-mal

🔵 **Abb. 8.89   Pflanzen und Ameisen. a,** Blattschneiderameisen richten erhebliche Schäden in einem Pflanzenbestand an. Costa Rica. **b,** *Tococa guianensis* (Melastomataceae). Domatium am Blattstiel (aufgeschnitten). **c–f,** Ameisenbaum (*Cecropia*, Urticaceae). Costa Rica. **c, d,** Haarpolster (*Trichilium*) am Blattstiel mit Müller'schen Körperchen (Pfeil). **e,** *C. palmata.* Hohler Stängel als Wohnplatz für Ameisen. **f,** *C. obtusifolia.* Charakteristisches Laubdach eines Ameisenbaumes. **g,** *Hydnophytum formicarum* (Rubiaceae). Blick in den Ameisenbau. (angeschnitten). Borneo. **h–j,** *Vachellia* (Fabaceae). **h,** *V. drepanolobium.* Ameisenbau in einer gallenartigen Schwellung an der Basis der verholzten Stipeln. Rift Valley, Kenia. **i, j,** *V. sphaerocephala.* Costa Rica. **i,** Verholzte Stipeln als Wohnplatz für Ameisen. **j,** Belt'sche Körperchen (gelb) am Ende der Blattfiedern. Pfeil: extraflorale Nektarien auf der Rhachis. **k,** *Hylaeanthe hoffmannii* (Marantaceae). Ameisennest im Blütenstand. Costa Rica. (© **a, c, f, h–k:** R. Claßen-Bockhoff, Mainz. **b, e:** HA Froebe, Aachen. **d, g:** A. Weber, Wien. Mit freundlicher Genehmigung der Bildautoren)

unabhängig voneinander entstanden und über 43-mal wieder **verloren** gegangen sind. Ihre **Datierung** (molekulare Uhr) weist auf einen Ursprung der Pflanzen-Ameisen-Symbiose im **Miozän** (vor 19 Mio. Jahren) hin. Nelsen et al. (2018) kommen dagegen zu dem Schluss, dass Ameisen-Pflanzen-Interaktionen schon in der **Kreidezeit** (100 Mio. Jahre vor heute) entstanden sind.

Domatien – Wohnraum für Ameisen

Domatien (griech. *domation*, „Schlafzimmer") sind **Hohlräume**, die den Ameisen von der Wirtspflanze als **Wohnraum** zur Verfügung gestellt werden. Ihre Besiedlung erfolgt durch die Königin, die in den Hohlraum eindringt und Eier ablegt. Das Volk entwickelt sich und baut ein Nest auf, das einfach gestaltet ist (◘ Abb. 8.89e) oder ein System aus Kammern und Gängen aufweist (◘ Abb. 8.89g). Die **Ameisen profitieren** von den Wirtspflanzen, da ihre Nester im Inneren der Pflanze vor Witterungseinflüssen und Fressfeinden geschützt sind.

Als **Domatien** fungieren Hohlräume, die meist auch ohne Ameisensymbiose vorhanden sind. Dazu gehören hohle **Sprossachsen** (◘ Abb. 8.89e), Hypocotylknollen (◘ Abb. 8.84e und 8.89g) und Rhizome, **Stipulardornen** (◘ Abb. 8.89h, i) und **Schwellungen am Blattstiel** (◘ Abb. 8.89b), an der Blattbasis oder der **Wurzel** (*Pachycentria*, Melastomataceae; ◘ Tab. 8.12). Die Domatien sind wenige Millimeter bis über 30 cm groß (◘ Abb. 8.89g); in hohlen Stämmen können sie sich auch über mehrere Meter erstrecken (z. B. *Triplaris*, *Cecropia* oder *Macaranga*; ◘ Tab. 8.12).

Die Ameisenkolonien halten sich selten dauerhaft in einem Domatium auf. In den meisten Fällen wandern sie mit der Sprossentwicklung in die Nähe der jeweils neu gebildeten Blätter. Alte, verlassene Domatien dienen als Abfallbehälter oder werden von nichtsymbiontischen Ameisen besiedelt.

Ernährung der Ameisen

Die Diversifizierung der Ameisen setzte vermutlich am Ende der Kreidezeit ein. Mit der Evolution der Angiospermen entstanden vielfältige Nischen für neuen Lebensraum, und das Nahrungsangebot verbesserte sich durch die Möglichkeit, Nährstoffe über Pflanzen zu beziehen (Mayer et al. 2014). Dazu gehörten vor allem der **Honigtau** von Pflanzensaugern, das zuckerhaltige Sekret **extrafloraler Nektarien** (▶ Abschn. 11.3.2) und fettreiche **Futterkörper**. Mit dem Übergang von der carnivoren zur weitgehend herbivoren Ernährung entstanden die mutualistischen Interaktionen zwischen Ameisen und Pflanzen, die heute die tropischen Ökosysteme prägen.

Honigtau

Als **Honigtau** bezeichnet man die zuckerhaltigen Ausscheidungen von **Schild- und Blattläusen** (Coccoidea, Aphidoidea). Die Pflanzensauger stechen die Phloembahn junger Pflanzenteile an, filtern die Aminosäuren aus dem Phloemsaft heraus und scheiden den überschüssigen Zucker als **Honigtau** aus. Dieser ist für die Ameisen eine wichtige Energiequelle. Die Ameisen stimulieren mit ihren Fühlern die Exkretabgabe und bieten als Gegenleistung **Transport** zu geeigneten Futterstellen und **Schutz** vor Räubern und Parasiten.

Manche Arten halten **Läuse** in ihrem Nest, so wie das z. B. bei der Melastomataceengattung *Tococa* der Fall ist. Die Domatien sitzen paarig am Blattstiel (◘ Abb. 8.89b) oder an der Basis der Lamina. Die beiden Kammern werden getrennt als Nist- und Wohnraum der Ameisen bzw. zur Haltung der Läuse (oder als Abfallkammern) genutzt. Die **Symbiose** umfasst somit drei Partner (Zizka et al. 1990).

Nektar

Nektar wird an **extrafloralen Drüsen** abgeschieden, und zwar unabhängig vom Vorliegen einer Pflanzen-Ameisen-Symbiose. Da der Nektar meist offen dargeboten wird, stellt sich die Frage, wie **Nektardiebstahl** und **mikrobieller Befall** verringert werden. Einzelne Studien deuten darauf hin, dass der Nektar myrmekophyter Pflanzen Enzyme (Invertasen) enthält, die Saccharose sofort aufspalten. Symbiontische Ameisen bevorzugen diesen Nektar, während andere Gruppen ihn eher meiden (Kautz et al. 2009). Außerdem wurde im Nektar einzelner Ameisenpflanzen ein hoher Prozentsatz an Proteinen gefunden, die das Wachstum von Bakterien und Pilzen hemmen (Gonzalez-Teubner et al. 2010). Diese Eigenschaften verhindern zwar nicht gänzlich den Verlust des Nektars, fördern aber dessen Erhalt und damit die gezielte Anlockung symbiontischer Partner (Mayer et al. 2014).

Futterkörper

Als weitere Nahrungsquelle stellen manche Ameisenpflanzen den Symbionten **fett- und proteinreiche Futterkörper** zur Verfügung. Diese werden nach ihren jeweiligen Entdeckern als Beccari'sche, Müller'sche oder Belt'sche Körperchen bzw. nach ihrer Form als Perlkörperchen bezeichnet:

- **Beccari'sche Körperchen** treten in der Gattung *Macaranga* (Euphorbiaceae) auf (Fiala et al. 1999). Meist handelt es sich um unscheinbare Knötchen

◘ Tab. 8.12 Pflanzen und Ameisen. Auswahl, zusammengestellt nach der zitierten Literatur. Siehe ◘ Abb. 8.54c, 8.84e und 8.89

Pflanzen	Ameisen (Formicidae)	Verbreitung	Domatium	Nahrung
Sprossachsendomatien				
Macaranga spp. Euphorbiaceae	*Crematogaster borneensis-*Gruppe (M)	Paläotropis	Hohlräume im Stamm (Internodien)	eNe Beccari'sche Kö Schildläuse
Leonardoxa africana Fabaceae	*Petalomyrmex phylax* (F) *Cataulacus mckeyi* (M)	Afrika		eNe
Cecropia spp. Ameisenbaum Urticaceae	*Azteca*-Arten (D)	Neotropis		Müller'sche Kö Schildläuse
Duroia hirsuta Rubiaceae	*Myrmelachista schumanni* (F)			
Triplaris Polygonaceae				
Hypocotylknollendomatien				
Myrmecodia spp. Rubiaceae	*Philidris*-Arten (D)	Südostasien, tropisches Australien, Ozeanien	gekammerte Hypocotylknolle	eNe Elaiosom
Hydnophytum spp. Rubiaceae				
Blattdomatien				
Dischidia. major (syn. *D. rafflesiana*) Apocynaceae	*Philidris*-Arten (D)	Südostasien	Schlauchblätter (apeltat)	eNe Elaiosom
Vachellia spp. Büffelhornakazien Fabaceae	*Crematogaster*-Arten (M), *Tetraponera penzigi* (P)	Afrika	Hohlräume in Stipulardornen	eNe Belt'sche Kö
	Pseudomyrmex ferrugineus- Gruppe (P)	Neotropis		
Tococa guianensis Melastomataceae	*Azteca, Pheidole, Crematogaster, Allomerus*-Arten		paarige Domatien am Blattstiel	Schildläuse
Tillandsia caput-butzii *T. medusae* Bromeliaceae	*Camponotus*-Arten (F), *Crematogaster, Pheidole*-Arten (M)		eingefaltete Blattscheiden	Elaiosom
Piper spp. Piperaceae	*Pheidole bicornis* (M)			Perl-Kö
Wurzeldomatien				
Pachycentria glauca *P. constricta* Melastomataceae		Südostasien	hohle Schwellungen	Perl-Kö Elaiosom

Ameisen: D, Dolichoderinae. F, Formicinae. M, Myrmicinae. P, Pseudomyrmicinae. **Nahrung:** eNe, extraflorale Nektarien. Kö, Futterkörper auf der Blattunterseite oder an der Basis der Blattspreite. *Macaranga*-Arten sind in Südostasien weit verbreitet. Ein großer Teil der Arten lebt ohne Ameisensymbiose, der andere ist mehr oder weniger eng mit Ameisen (vor allem der Gattung *Crematogaster*) assoziiert (◘ Tab. 8.12). *Macaranga triloba* ist die bekannteste Ameisenpflanze der Gattung. Die Beccari'schen Körperchen sitzen auf der Unterseite der braunroten Stipeln, die nach unten geschlagen sind und eine Kammer bilden.

— **Müller'sche Körperchen** sind für die Ameisenbäume der neotropischen Gattung *Cecropia* (Urticaceae) charakteristisch, die mit Ameisen der Gattung *Azteca* in Symbiose leben (Müller 1876; Janzen 1973). Die Bäume mit ihren markanten, handförmig zerteilten Blättern bieten wie *Macaranga* hohle Sprossachsen als Wohnraum an (◘ Abb. 8.89e, f). Die Müller'schen Körperchen werden aus Trichomen in filzigen Haarpolstern (Trichilien) gebildet, die an der Basis der Blattstiele sitzen (◘ Abb. 8.89c, d: Pfeil). Eine Besonderheit der Müller'schen Körperchen ist ihre Fähigkeit, Phytoglykogen als Reservestärke zu akkumulieren (Bischof et al. 2013).

— **Belt'sche Körperchen** heißen die kräftig gelb gefärbten Futterkörper an den Spitzen der Blattfiedern von *Vachellia*-Arten (◘ Abb. 8.89j). Sie kommen vor allem bei den Büffelhornakazien vor, die ihren Namen aufgrund der großen, verholzten Stipeln erhalten haben und mit *Pseudomyrmex*-Arten (Neotropen) bzw. *Crematogaster*-Arten (Afrika) assoziiert sind.

— **Perlkörperchen** (*pearl bodies*) sind kugelförmige, ein- oder mehrzellige Haare bzw. Emergenzen, die reich an Lipiden, Proteinen und Karbohydraten sind (O'Dowd 1982). Sie treten häufig auf den Sprossachsen und Blättern dicotyler Pflanzen auf, wo sie gemeinsam mit Domatien und/oder extrafloralen Nektarien zu finden sind. Schätzungen gehen von etwa 90 Gattungen aus 34 Angiospermenfamilien mit Perlkörperchen aus (Mayer et al. 2014). Allerdings konnte erst für ein Drittel der Arten nachgewiesen werden, dass die Körperchen tatsächlich von Ameisen gesammelt und ins Nest transportiert werden (z. B. Clausing 1998; Tepe et al. 2007). Ihre allgemeine Bedeutung als Futterkörper ist daher nicht gesichert

Pilzkulturen

Die Auskleidung von Domatien mit einem dichten Belag aus **schwarzen Pilzhyphen** führte schon früh zu der Vermutung, dass Pflanzenameisen (ähnlich wie Blattschneiderameisen) Pilze kultivieren (Mayer et al. 2014). Der Nachweis einer **Dreifachsymbiose** zwischen *Leonardoxa africana* (Fabaceae), *Petalomyrmex phylax* (Formicinae) und ‚schwarzen Hefen' (Chaetothyriales, Ascomycota) gelang aber erst Defossez et al. (2009).

Die Ameisen ernähren sich und ihre Brut von dem Pilz, den sie ihrerseits schützen und mit Nährstoffen versorgen.

Die **Kultivierung von Pilzen** in Domatien scheint ein weitverbreitetes Phänomen zu sein. Inzwischen liegen Beobachtungen aus allen Teilen der Tropen vor, die mindestens 19 Gattungen aus acht Angiospermenfamilien und sechs Ameisengattungen betreffen (Mayer et al. 2014). Der **Pilzpartner** stammt nach derzeitigem Kenntnisstand aus dem Verwandtschaftskreis der **Chaetothyriales**, einer kleinen Gruppe von Schlauchpilzen, die aufgrund ihrer schwarzen Mycelien als schwarze Hefe (*black yeasts*) bezeichnet wird. Die genauen ernährungsphysiologischen und symbiontischen Wechselwirkungen zwischen den Partnern sind noch wenig erforscht (Mayer et al. 2014).

Schutz durch Ameisen (Myrmekophylaxis)

Pflanzen müssen als ortsgebundene (sessile) Organismen wehrhaft sein. Sie schützen sich mithilfe chemischer (Duftstoffe, Gifte) und mechanischer Errungenschaften (Dornen, Stacheln) und, im Falle der Ameisenpflanzen, durch symbiontische Ameisen.

Die **Pflanzen profitieren** von der hohen **Individuenanzahl** und **Aggressivität** mancher Ameisenarten, die sie durch die Bereitstellung eines **Nistplatzes** und von Futter an sich binden. Die Ameisen verteidigen ihre Nester und mit ihnen auch die Pflanze. Sie reinigen deren Oberfläche von Pilzsporen und Gelegen, beißen Schlingpflanzen weg, die die Pflanze überwuchern könnten, und vertreiben oder töten Raupen und andere Fressfeinde (Zizka et al. 1990).

Untersuchungen in der ostafrikanischen Savanne haben gezeigt, dass Ameisen nicht nur einzelne Pflanzen vor Fressfeinden schützen, sondern maßgeblichen Anteil am **Baumbestand der Vegetation** haben können (Goheen und Palmer 2010). Die dominierenden *Vachellia*-Arten (früher *Acacia*) schützen sich mit Dornen und Tanninen vor einem übermäßigen Verbiss durch Elefanten (*Loxodonta africana*), leiden aber dennoch erheblich unter den angerichteten Schäden. Interessanterweise kann sich *V. drepanolobium*, die in **Symbiose** mit verschiedenen Ameisenarten lebt, gegenüber den Elefanten behaupten. In Fütterungsexperimenten wurde nachgewiesen, dass Pflanzen mit Ameisen deutlich weniger gefressen wurden als solche ohne Symbionten. In einem Ausschlussexperiment haben Palmer et al. (2008) aber auch nachgewiesen, dass sich ohne Beweidung durch Elefanten die Mortalität von *V. drepanolobium* durch verstärkten Bockkäferbefall verdoppelt. Die Studie verdeutlicht eindrucksvoll die **ökologischen Konsequenzen**, die drohen, wenn ein Organismus aus dem **Netzwerk** herausgenommen wird. *V. drepanolobium* braucht sowohl Elefanten als auch Ameisen, die in einem **ausbalancierten** Verhältnis den Bestand erhalten.

Ein Ameisenschutz, der auf Kosten anderer Arten geht und damit eine artenreiche Vegetation verhindert, wurde aus dem **Amazonasgebiet** beschrieben (Frederickson et al. 2005). Der ‚Teufelsgarten' (*devil's garden*) besteht fast ausschließlich aus einer einzigen Baumart, *Duroia hirsuta* (Rubiaceae), die in Symbiose mit *Myrmelachista schumanni* lebt. Die Ameise vernichtet den Aufwuchs anderer Pflanzenarten, indem sie Ameisensäure in deren junge Blätter injiziert. Durch die Vergiftung aller Pflanzenarten außer ihrer Wirtspflanze fördert die Ameise das Wachstum von *Duroia hirsuta* und sichert der Kolonie langfristig ihren Nistraum.

Ernährung durch Ameisen (Myrmekotrophie)

Während die Symbiose mit Ameisen bei **terrestrisch** lebenden Pflanzen vorrangig dem **Schutz** der Pflanze dient, ziehen **epiphytisch** lebende Pflanzen darüber hinaus auch **Nährstoffe** aus der Interaktion mit Ameisen. Dabei unterscheidet man Symbiosen **mit** und **ohne Domatienbildung**:

- Im ersten Fall stellen die Pflanzen Nist- und Wohnraum sowie Nahrung zur Verfügung. Bei den Symbiosepartnern handelt es sich um Arten, die in den Domatien **Nährstoffe anreichern**. Diese werden bei *Caularthron bilamellatum* (Orchidaceae) von **Pilzen**, die im Gewebe der Pseudobulben leben, zersetzt und den Pflanzen in Form von organischem und anorganischem **Stickstoff** zur Verfügung gestellt (Gegenbauer et al. 2023).

    Viele Arten der überwiegend in SO-Asien beheimateten Gattung *Dischidia* (Apocynaceae-Asclepiadoideae; ◘ Tab. 8.12) leben in Symbiose mit *Philidris*-Ameisen. Sie bilden entweder einfache, leicht fleischige Blätter, die dem Stamm flach aufliegen, oder sind **heterophyll** (► Abschn. 6.5.2) und bilden zusätzlich **Urnenblätter** (► Abschn. 8.3.4). Beide Blattformen bieten Ameisen Wohnraum, die ihrerseits stickstoffhaltigen Humus eintragen und die CO_2-Konzentration erhöhen (Treseder et al. 1995). Von der Blattansatzstelle wachsen sprossbürtige Wurzeln in den Hohlraum hinein, mit denen die Pflanze Wasser und Nährsalze aufnimmt. Die Schlauchbildung vergrößert den Platz für die Ameisen und bildet einen feuchten, CO_2-angereicherten, windstillen Raum, der gute Bedingungen für Photosynthese liefert. Dazu passt die Beobachtung, dass die Anzahl der Stomata auf der Innenseite der Urne von *D. major* (syn. *D. rafflesiana*; ◘ Abb. 8.54g) wesentlich höher ist als auf der Außenseite (Troll 1939).

    Bei den Epiphyten der Rubiaceengattungen *Myrmecodia* und *Hydnophytum* fungiert die Hypocotylknolle als Domatium (◘ Abb. 8.84e und 8.89g). Die Ameisen reichern Abfall in Kammern mit warzigen Wänden an. Die Nährstoffe aus den Ameisenabfällen werden vermutlich über die Warzenstrukturen von der Pflanze absorbiert (Huxley 1978).

- Im zweiten Fall entstehen **Ameisengärten**. Baumbewohnende Ameisen bauen ein Nest aus Pflanzenfasern und anderen organischen Zersetzungsprodukten (Detritus) und transportieren die Samen epiphytischer Blütenpflanzen (z. B. *Dischidia, Tillandsia, Myrmecodia*) hinein. Die Jungpflanzen entwickeln sich auf diesem Substrat und verankern sich. Ihre Wurzeln festigen das Erdmaterial, das schließlich von den Ameisen besiedelt wird. Es entsteht ein ‚Garten' aus Epiphyten, der beiden Partnern zugutekommt (Kleinfeldt 1978). Die Pflanzen profitieren von der sicheren Samenausbreitung und Versorgung mit Nährstoffen. Die Ameisen erhalten ein stabiles Nest und werden mit extrafloralen Nektarien versorgt oder fressen die Futterkörper (Elaiosomen; ► Abschn. 12.1.3) der Samen, die sie in den Luftraum transportieren.

Carnivorie: ‚Fleischfressende' Pflanzen

Die Vorstellung, dass Pflanzen **Tiere fangen** und als zusätzliche Nahrung **verdauen**, ist abenteuerlich und beflügelt die Fantasie (Oz 1986). Tatsächlich wurden selbst Darwins (1875) umfangreiche Pionierarbeiten zur Carnivorie nicht von allen Zeitgenossen ernst genommen (Breimhorst 1988). Erst mit zunehmender Erforschung der Carnivorie mussten selbst Skeptiker die Existenz ‚fleischfressender' Pflanzen anerkennen.

Heute wird die Zahl carnivorer Pflanzen auf über 800 Arten in 19 Gattungen aus zehn Verwandtschaftskreisen geschätzt, die **mehrfach unabhängig** zur carnivoren Lebensweise übergegangen sind (Ellison und Adamec 2018). Mit Ausnahme der großen Gattungen *Utricularia*, *Drosera*, *Nepenthes* mit jeweils über 100 Arten und *Pinguicula* mit 96 Arten (◘ Tab. 8.13) handelt es sich um artenarme, oft systematisch isoliert stehende Taxa.

Das Interesse an carnivoren Pflanzen war immer und ist auch heute noch sehr hoch. Ständig werden neue Arten mit carnivorer Lebensweise entdeckt. Aktuelle Forschungsprojekte beziehen sich auf phylogenetische, ökologische (Anpassung. Energiebilanz), physiologische (Enzymausstattung und -wirkung), funktionsmorphologische (Biomechanik, Reizphysiologie) und evolutionsbiologische Aspekte. Die folgende Zusammenfassung gibt einen kleinen Einblick in die Diversität carnivorer Pflanzen (weitergehende Informationen in Juniper et al. 1989; Barthlott et al. 2004; Ellison und Adamec 2018 und Literatur darin).

Lebensbedingungen carnivorer Pflanzen

Carnivore Pflanzen sind meist krautige, **photoautotrophe** Pflanzen, die an **nährstoffarmen, hellen, (luft-) feuchten Standorten** wachsen und mit **modifizierten Blättern** Kleinlebewesen fangen und verdauen:

- Hochmoore (◘ Abb. 8.90h und 5.21d, e), tropische Tafelberge, Sand-, Schwermetall- und Felsstandorte gehören zu den häufigsten Lebensräumen carnivorer

◻ Tab. 8.13 Carnivore Pflanzen. Auswahl, zusammengestellt nach der im Text zitierten Literatur. Artenzahlen nach Fleischmann et al. 2018

Gattung/Art Anzahl carnivorer Arten	Familie, Ordnung		Fallenkonstruktion	Vorkommen Lebensweise
Klebfallen				
Drosera Sonnentau >250	Droseraceae	Car	bewegliche oder unbewegliche Tentakel und bewegliche Blattspreiten	kosmopolitisch, Hochmoore
Drosophyllum lusitanicum Taublatt 1	Drosophyllaceae (monogenerisch)		unbewegliche Tentakel und bewegliche Blattspreiten	Spanien, Portugal, Pionierpflanze
Triphyophyllum peltatus Hakenblatt 1	Dioncophyllaceae			Westafrika, Regenwald; temporär carnivor
Philcoxia 7	Plantaginaceae	Lam	Schildblätter mit klebrigen Drüsen, unbeweglich	Ostbrasilien, Tepuis
Pinguicula Fettkraut ~100	Lentibulariaceae		Fangdrüsen und sitzende Verdauungsdrüsen an Blattspreiten, teilweise beweglich	nordhemisphärisch-temperat, feuchte Standorte
Byblis Regenbogenpflanze ~8	Byblidaceae (monogenerisch)		Sprossachse und Blätter klebrig bewegliche Klebhaare	Australien, Sandböden
Roridula Wanzenpflanze 2	Roridulaceae (monogenerisch)	Eri	Sprossachse und Blätter klebrig, unbewegliche Tentakel und Blattspreiten	Südafrika, feuchter Fynbos, Wanzensymbiose
Fallgruben				
Nepenthes Kannenpflanze ~130–160	Nepenthaceae (monogenerisch)	Car	assimilierender Blattgrund, Blattstiel rankend, Spreite peltat	paläotropisch, besonders Südostasien, Bergland, bis 4200 m
Darlingtonia californica Kobralilie 1	Sarraceniaceae	Eri	peltate Schlauchblätter, 10 cm bis 1 m lang	Nordwestkalifornien, 300–2000 m
Heliamphora Sumpfkrug 23				Guyana, Venezuela, Tepuis
Sarracenia Schlauchpflanze 11				südliches und östliches Nordamerika, feuchtes Grasland
Cephalotus follicularis Zwergkrug 1	Cephalotaceae (monogenerisch)	Oxa	apeltate Schlauchblätter	Südwestaustralien, nasse Torfböden
Brocchinia reducta *B. hechtioides* 2	Bromeliaceae	Poa	Zisternenblätter	Guyana, Venezuela
Paepalanthus bromelioides 1	Eriocaulaceae			Brasilien, Cerrado
Klappfallen				
Dionaea muscipula Venusfliegenfalle 1	Droseraceae	Car	Blattgrund assimilierend, Spreite zweiklappig, Losen von Vorspannung; Turgor-mechanismus	USA: Carolina Moore, offene Flächen *resprouter* nach Feuer
Aldrovanda vesiculosa Wasserfalle 1				Europa, Afrika, Asien, stehende Gewässer

(Fortsetzung)

▣ Tab. 8.13   (Fortsetzung)

Gattung/Art Anzahl carnivorer Arten	Familie, Ordnung		Fallenkonstruktion	Vorkommen Lebensweise
Reusenfalle				
Genlisea Reusenfalle ~30	Lentibulariaceae	Lam	peltates Schlauchblatt (Rhizophyll), Fortsätze mit Reusenhaaren	Südamerika, Südafrika, feuchte Standorte, Inselberge
Saugfalle				
Utricularia Wasserschlauch ~250	Lentibulariaceae	Lam	peltate Blattzipfel mit beweglicher Klappe, Sog durch Unterdruck	fast kosmopolitisch, terrestrisch, aquatisch

Ordnungen: Ast, Asterales (Sy 10B:51). Car, Caryophyllales (Sy 10B:47). Eri, Ericales (Sy 10B:49). Lam, Lamiales (Sy 10B:58). Oxa, Oxalidales (Sy 10B:30). Poa, Poales (Sy 10B:10)

Pflanzen. Die **Böden** sind aufgrund ihres geringen **Stickstoff- und Phosphatgehaltes** für die meisten Pflanzen lebensfeindlich. Carnivore Pflanzen können jedoch relativ konkurrenzfrei an solchen Standorten leben, da sie **zusätzliche Nährstoffe** aus Tierkörpern beziehen (Ellison 2006).

- **Sonnenlicht** und eine hohe **Boden- oder Luftfeuchte** sind notwendig, um ausreichend Photosynthese betreiben zu können (Givnish et al. 1984). Viel Energie ist für die Stoffwechselleistungen nötig, die mit der Ausbildung von Fangorganen, den Bewegungsabläufen und Verdauungsprozessen verbunden sind.
- Fast immer sind **Blätter** die einzigen oder überwiegenden Fangorgane. Sie weisen eine deutlich geringere Photosyntheseleistung als ausschließlich assimilierende Blätter auf, was sich in einem allgemein langsamen Wachstum carnivorer Pflanzen niederschlägt. Andererseits werden Blätter immer wieder **ersetzt**. Das ist von Vorteil, weil sich die **unverdaulichen Chitinpanzer** der Beutetiere auf den Blättern anhäufen und den Zugang zu den Verdauungsenzymen blockieren.

Aufnahme zusätzlicher Nährstoffe aus Tieren

Der **Ablauf** der carnivoren Lebensweise folgt einem einheitlichen Schema. Beutetiere, überwiegend Insekten, aber auch Spinnen, Bodenorganismen und andere Kleinlebewesen, werden optisch durch Farbe und glänzende Tentakelköpfchen (Kleb-, Gleitfallen), durch Nektar (Gleitfallen) oder chemische Substanzen **angelockt** (Boden-, Wasserfallen) (Horner et al. 2018). Sie werden gefangen und ausgesaugt; ihre Nährstoffe werden von der Pflanze aufgenommen.

Pflanzen gelten als carnivor, wenn sie **Nährstoffe aus Tierkörpern** beziehen. Die meisten Carnivoren besitzen **Drüsen**, die Proteasen, Phosphatasen und andere **Verdauungsenzyme** ausscheiden (Heslop-Harrison 1975). Anderen fehlt eine solche Enzymausstattung (z. B. *Heli-*

amphora, Sarracenia purprura, Sarraceniaceae). Sie sind auf **Bakterien** angewiesen, die die toten Tiere vorverdauen und den Pflanzen auf diese Weise Nährstoffe verfügbar machen. Carnivore Pflanzen nehmen die Tiere nie völlig auf (sie ‚fressen' sie nicht), sondern dringen mit ihren Verdauungssäften in die Körper ein und absorbieren dann die gelösten Nährstoffe der Beute an deren Oberfläche. Die toten Körper bleiben am Fangorgan haften oder fallen später ab.

Nach der **Morphologie und Funktionsweise** des Fangblattes unterscheidet man fünf carnivore Fallentypen: die Klebfallen, Fallgruben, Klapp-, Reusen- und Saugfallen (▣ Tab. 8.13). Die Fallen sind beweglich oder unbeweglich und gehen mit aktiven und passiven Fangprozesen einher (Poppinga et al. 2018).

Klebfallen

Pflanzen mit Klebfallen besitzen **Blätter**, die mit **Drüsenhaaren** (Trichomen, z. B. *Byblis*) bzw. drüsigen **Emergenzen** (Tentakeln, z. B. *Drosera*) bedeckt sind (▣ Abb. 8.90). Kleine Beutetiere werden optisch und vermutlich auch durch Duft angelockt und bleiben an den **Drüsensekreten** haften. Klebfallen sind vor allem vom **Sonnentau** (*Drosera*; ▣ Abb. 8.90a–d) und **Fettkraut** (*Pinguicula*) bekannt (▣ Tab. 8.13). Sie bilden zugleich die größten Gattungen dieser Gruppe:

- ***Drosera*-Arten** sind fast weltweit verbreitet, erreichen ihre Formenvielfalt aber im australisch-neuseeländischen Raum und in Südafrika. In der nördlich-temperaten Zone kommt die Gattung mit dem Rundblättrigen, Langblättrigen und Mittleren Sonnentau (*D. rotundifolia, D. anglica, D. intermedia*) vor allem in Hochmooren vor (▣ Abb. 8.90h).

  Die Blätter sind mit **klebrigen Tentakeln** bedeckt (▣ Abb. 8.90b–d und 7.9a). Die Drüsenköpfchen glänzen in der Sonne und täuschen möglicherweise Nektartropfen vor. Bei Berührung beginnen sich die Tentakel vieler Arten zur Beute hin einzukrümmen. Die Befreiungsversuche des Insektes stimulieren die

◘ Abb. 8.90 **Carnivore Pflanzen mit Klebfallen. a–d,** Sonnentau (*Drosera*, Droseraceae). Beispiele aus Südafrika (**a, b**) und Westaustralien (**c, d**). **a,** Blühende Pflanzen. Anmooriger Standort auf Tafelbergsandstein. Kaphalbinsel. **b,** Drüsenhaare einer Art aus dem Jonkershoek NR. **c,** Rosettenpflanze. Wave Rock. **d,** Aufrechte Wuchsform. Stirling Range. **e,** Taublatt (*Drosophyllum lusitanicum*, Drosophyllaceae). Sehr lange, zarte Blätter mit Klebdrüsen. **f, g,** Taupflanze (*Roridula gorgonias*, Roridulaceae). **f,** Blühende Pflanze. **g,** Blätter mit Klebdrüsen und gefangenen Insekten. Kogelberg Nature Reserve, Südafrika. **h,** Typische Hochmoorvergesellschaftung mit Wollgras (*Eriophorum*, Cyperaceae) und Sonnentau (*Drosera*, Droseraceae); im Vordergrund Rosetten des Fettkrautes *Pinguicula vulgaris* (Lentibulariaceae). Zentralirland. (© R. Claßen-Bockhoff, Mainz)

Bildung von weiterem Sekret und lösen eine **Erregungsleitung** zu den Nachbartentakeln aus. Bei einigen Arten krümmt sich das gesamte Blatt zur Beute hin – ein Prozess von einigen Minuten Dauer. Viel schneller geht der Fangprozess bei der australischen *D. glanduligera*, die neben den **Klebtentakeln** auf der Blattfläche weitere lange, drüsenlose **Schleudertentakel** am Blattrand aufweist. Bei Berührung durch ein Insekt schlagen diese nach innen und schleudern die Beute innerhalb von 75 ms auf die Klebtentakel (*catapult flypaper-trap*; Poppinga et al. 2012).

— Das **Taublatt** (*Drosophyllum lusitanicum*) ist die einzige Art der Familie der Drosophyllaceae und kommt nur auf der Iberischen Halbinsel vor. Es ähnelt äußerlich *Drosera*-Arten, aber seine gestielten Schleimdrüsen sind **nicht beweglich**. Das Gleiche gilt für die *Philcoxia*-Arten, die klebrige Schildblätter besitzen (Pereira et al. 2012).

— Die meisten *Pinguicula*-Arten weisen lang gestielte und sitzende Drüsen auf. Erstere scheiden das Fangsekret aus, das die Blätter fettig glänzend macht, und letztere die Verdauungsenzyme.

— Die beiden in Südafrika verbreiteten Arten der Wanzenpflanze *Roridula* (◻ Abb. 8.90f, g) weisen den **Sonderfall** einer indirekten Carnivorie auf (Ellis und Midgley 1996). Die Pflanzen leben mit Wanzen (*Pameridea marlothii*, *P. roridulae*) und Webspinnen (*Synaema marlothii*) in einer **Symbiose**. Die Symbionten sind gegen die Klebdrüsen der Pflanze resistent und saugen die Insekten aus, die von *Roridula* mit ihren über den ganzen Spross verteilten Klebtentakeln festgehalten werden. Als Gegenleistung erhält die Pflanze die stickstoffreichen Ausscheidungen der Symbionten.

— Das **Hakenblatt** (*Triphyophyllum peltatum*, Dioncophyllaceae), eine mit gegabelten Haken an der Blattspitze kletternde Liane Westafrikas, ist **fakultativ** carnivor. Sie bildet bis zu 25 cm lange, tentakelbesetzte Fangblätter mit sehr großen Sekrettropfen. Die zusätzlichen Nährstoffe benötigt sie, wenn sie von der juvenilen Phase in die kletternde Adultphase übergeht. Sind genügend Nährstoffe vorhanden, bleibt die carnivore Phase aus (Green et al. 1979).

Fallgruben

Die größte Gruppe der Carnivoren mit Fallgruben bilden die **Kannenpflanzen** (*Nepenthes*). Ihre Fangblätter sind **arbeitsteilig differenziert**:

— Der **Blattgrund**, der über 20 cm lang werden kann, ist grün und flächig verbreitert; er dient vor allem der **Assimilation** (◻ Abb. 8.53b).

— Die rankenden **Blattstiele** funktionieren als **Kletterhilfen**, mit denen die Pflanze bis zu 40 m hoch ans Licht gelangen kann (◻ Abb. 8.53c). Der Blattstiel

von *N. bicalcarata* (◻ Abb. 8.91a) ist teilweise hohl und bietet Ameisen einen Wohnraum. Diese Art produziert reichlich Nektar am gesamten Blatt und ist die einzige **Ameisenpflanze** der Gattung (Zizka et al. 1990).

— Die **Spreite** der Kannenpflanzen ist peltat und bildet sehr formenreiche Kessel (◻ Abb. 8.53d und 8.91a), die in allen Strukturen (Rand, Deckel, Leisten, Innenrand, Drüsengewebe) an die carnivore Lebensweise angepasst sind.

Die Fallen von *Nepenthes* werden bis zu 50 cm lang und können bis zu 2 l Flüssigkeit enthalten. Die Verdauungsdrüsen befinden sich am tiefsten Punkt der Kanne (◻ Abb. 7.22h) und zersetzen alle Lebewesen, die in den Kessel fallen (◻ Abb. 8.91c). Neben Insekten, Milben, Tausendfüßlern, Spinnen und anderen Kleinlebewesen können das auch gelegentlich Eidechsen, Frösche, junge Vögel und Mäuse sein. Zahlreiche Arten weisen einen **Fallendimorphismus** zwischen Boden- und Luftfallen auf, mit denen das Spektrum der Beutetiere erweitert werden kann.

Ein interessanter **Verlust von Carnivorie** wurde aus Borneo beschrieben (Clarke et al. 2009). *Nepenthes lowii* bildet als Jungpflanze carnivore Fallen, mit denen Arthropoden gefangen werden, während die Blätter älterer Pflanzen **nicht carnivor** sind. Sie werden von **Spitzhörnchen** (*Tupaia*) aufgesucht, die sich von den in der Kanne angereicherten Säften toter Insekten ernähren. Die Spitzhörnchen hinterlassen ihre **Exkremente** in der Kanne, die von den Blättern aufgenommen werden und für die Pflanze eine wichtige Stickstoffquelle bedeuten. Die Interaktion zwischen *Nepenthes lowii* und den Spitzhörnchen ist somit eine **Symbiose**, die auf dem Austausch von Nährstoffen beruht.

Fallgruben treten in weiteren fünf, überwiegend kleinen oder monotypischen Gattungen auf (◻ Tab. 8.13). Mit Ausnahme einiger Bromeliaceen (z. B. *Brocchinia*-Arten) und *Paepalanthus bromelioides* (Eriocaulaceae; Nishi et al. 2013), die ihre Beute am Grund sehr eng gestellter **Zisternenblätter** fangen, bilden alle Arten schlauchförmige Blätter. Der Hohlraum entspricht dem gesamten Blatt (Sarraceniaceae) oder nur der Spreite (*Nepenthes*, *Cephalotus*). Er entsteht üblicherweise durch den Prozess der **Peltation** (▶ Abschn. 8.3.2); nur bei *Cephalotus* liegt ein apeltates Schlauchblatt (◻ Abb. 8.91g) vor (Troll 1939). Froebe und Baur (1988) deuten den Schlauch als Rhachis eines Fiederblattes, dessen Fiedern in die Bildung des Deckels und der Leisten eingehen.

Die Fallen weisen oft längs oder schräg verlaufende **Flügelleisten** auf (◻ Abb. 8.91a, b, g), die der **Verstärkung** und zusätzlichen **Photosynthese** dienen. Der obere Rand des Kessels ist oft eingerollt und besonders rutschig. Bei *Nepenthes*-Arten und *Cephalotus follicularis* bildet er einen wulstigen, gerippten, glänzenden Kragen (**Peristom**; ◻ Abb. 8.91b, g).

● **Abb. 8.91** **Carnivore Pflanzen. a–g, Fallgrubenfallen. a–c**, Kannenpflanzen (*Nepenthes*, Nepenthaceae). **a**, *N. bicalcarata*. Etwa 12 cm große Bodenkanne mit gefransten Flügelleisten und zwei Nektar sezernierende Dornfortsätze oberhalb der Kannenöffnung. **b, c**, *N. × mixta*. **b**, Oberer Rand der Kanne mit glatten Rillen. **c**, Aufgeschnitte Kanne mit gefangenen Insekten. **d**, Sumpfkrug (*Heliamphora nutans*, Sarraceniaceae). **e**, Schlauchpflanze (*Sarracenia*, Sarraceniaceae). **f, g**, Zwergkrug (*Cephalotus follicularis*, Cephalotaceae). **f**, Pflanze am natürlichen Standort. Walpole NP, Südwestaustralien. **g**, Laubblatt (oben) und Fallenblatt mit Deckel, gerilltem Kragen und Flügelleisten. **h, i, Saugfalle.** Wasserschlauch (*Utricularia*, Lentibulariaceae). **h**, *U. multifida*. Unterirdischer Pflanzenteil mit Fangblasen. D'Entrecasteux NP, Westaustralien. **i**, Durchlichtaufnahme einer Saugfalle. **j, Klappfalle.** Venusfliegenfalle (*Dionaea musciopula*, Droseraceae; s. auch ● Abb. 8.56g, h). (© **a, d**: HA Froebe, Aachen. Mit freundlicher Genehmigung. **i**: Botanische Sammlungen der JGU Mainz. **b, c, e–h, j**: R. Claßen-Bockhoff, Mainz)

In der Jugendphase sind die Fallenblätter durch einen **Deckel** verschlossen, der den Kessel **wasser-** und **bakteriendicht** abschließt. Bei den Sarraceniaceae entsteht er aus der verlängerten Rückwand des Schlauchblattes und bildet am ausgewachsenen Blatt einen löffelförmigen Fortsatz mit Nektardrüsen (*Heliamphora*; ◘ Abb. 8.91d), eine nach oben weisende Fahne mit pigmentfreien Flecken (*Sarracenia*; ◘ Abb. 8.91e) oder einen ebenfalls gefleckten Helm (*Darlingtonia*), der den Eingang überdacht. *Nepenthes* und *Cephalotus* besitzen Deckel, die den Eingang mehr oder weniger weit überdecken. Beide entstehen aus einem ventralen Querwulst, der bei *Cephalotus* an der Grenze zwischen Blattstiel und Kessel (◘ Abb. 8.91g) und bei *Nepenthes* unmittelbar unter der Blattspitze liegt (◘ Abb. 8.91a).

Die carnivoren Pflanzen mit Fallgruben gehören vier Verwandtschaftskreisen aus vier verschiedenen Ordnungen an (◘ Tab. 8.13). Trotz ihrer **unabhängigen Entstehung** und **abweichenden Morphologie** ist das **Funktionsprinzip** immer gleich:

- Die **Anlockung** möglicher Beutetiere erfolgt über Farben, Duft und **Nektar**, der im oberen Bereich der Falle, am Deckel oder Kesselrand produziert wird.
- Das **Abrutschen** vom Rand in den Kessel erfolgt auf verschiedene Weisen, die sich nicht gegenseitig ausschließen. Die meisten Fallen- und Zisternenblätter sind mit speziell strukturierten, nicht begehbaren **Epidermisoberflächen** ausgestattet, die zu aquaplaningähnlichen Effekten führen (Bohn und Federle 2004). Oft treten zusätzlich **epicuticuläre Wachse** (▶ Abschn. 7.2.1) auf, die sich ablösen und die tierischen Haftorgane verschmutzen und verkleben. So halten sich etwa Ameisen nur mit Mühe auf der Deckelunterseite von *Nepenthes gracilis* und werden durch Regentropfen in die Falle gespült (Bauer et al. 2012). Bei *Darlingtonia* gelangen die Beutetiere unter den Helm, dessen pigmentfreie Flecken wie **Fenster** wirken. Die Tiere versuchen bis zur Erschöpfung, durch die vermeintlichen Fenster aus dem Helm zu entfliehen, und fallen schließlich in den Kessel. Bei manchen *Sarracenia*-Arten (z. B. *S. minor*) und *Cephalotus follicularis* dürften die gefensterten Deckel eine ähnliche Funktion haben. **Innerhalb der Fallen** bzw. längs des Zisternenblattes setzt sich das Abrutschen mit Zonen unterschiedlicher Oberflächenbeschaffenheiten und Drüsenbesatz fort.
- Die **Verdauung** erfolgt in einer Zone mit **Verdauungsdrüsen**, die meist am tiefsten Punkt der Fallen liegt (◘ Abb. 8.91c). Diese Zone fehlt bei *Sarracenia purpurea* und den *Heliamphora*-Arten, weswegen diese Pflanzen auf die Vorverdauung der Tiere durch **Bakterien** angewiesen sind.

Die Fallgruben ähneln in ihren Anpassungen zum Insektenfang den **Kesselfallenblumen** (▶ Abschn. 11.4.1), die ihre Bestäuber temporär gefangen halten. Beide Systeme zeigen eindrucksvoll, auf welche Weise der **gleiche Funktionsdruck** zu **analog ähnlichen** Strukturen führen kann.

Klappfallen

Die **Venusfliegenfalle** (*Dionaea muscipula*) ist mit ihrer spektakulären Insektenfangmethode eine der bekanntesten Carnivoren. Die Blätter besitzen einen verbreiterten, assimilierenden Blattstiel, dem eine kurz gestielte, **zweiklappige Spreite** aufsitzt (◘ Abb. 8.91j). Die beiden Klappen sind jeweils nach außen **gewölbt** und bilden zwischen sich einen stumpfen Winkel. Am Rand tragen sie lange **Blattzähne**. Auf der Blattoberseite (Falleninnenseite) stehen einzelne **Fühlborsten** (◘ Abb. 8.56g), die bei **wiederholter Reizung** zum schlagartigen Schließen der Falle führen. Größere Insekten bleiben in der Falle gefangen, da sie nicht zwischen den Blattzähnen entweichen können (◘ Abb. 8.56h).

Die Pflanze **registriert** die mechanischen und chemischen Reize eines Beutetieres. Ist dieses für eine Verdauung geeignet, werden Hormone und Wachstumsprozesse in Gang gesetzt, die zur **vollständigen Verengung** der Falle und zur Produkion von **Verdauungsenzymen** führen (Böhm et al. 2016). Das Schließen der Falle verhindert, dass Flüssigkeit während des einsetzenden Verdauungsvorganges ausläuft. Kann die Beute vor der Verdauung durch die randlichen Zähne entkommen, öffnet sich die Falle wieder. Der Fangvorgang ist **reversibel** und **turgorabhängig** (▶ Abschn. 2.2.3). Allerdings läuft er so schnell ab, dass Diffusion allein nicht zur Erklärung des Fangvorganges ausreicht.

Die Venusfliegenfalle ist zusammen mit der Sinnpflanze (*Mimosa pudica*, Fabaceae; ◘ Abb. 8.56e, f) der bekannteste **Modellorganismus** zur Erforschung **elektrophysiologischer Reizleitung** bei Pflanzen. Vor dem Fang sind die beiden Spreitenklappen **mechanisch vorgespannt** (Sachse et al. 2020). Die mechanische Reizung des Fühlhaares führt zur Depolarisation des Membranpotentials und bei Überschreiten eines Schwellenwertes zur Bildung von **Aktionspotentialen**. Diese breiten sich über die ganze Blattfläche aus und lösen Turgoränderungen aus, welche wiederum zur Einkrümmung der Blattränder führen. Dadurch kommt es zu einer **Formveränderung** der **gewölbten Klappen**, wodurch weitere **elastische Energie** generiert, gespeichert und schließlich durch das schlagartige Umschlagen der Klappen freigesetzt wird. Die Bewegung erreicht erst durch diesen *snap-buckling*-Effekt ihre **Geschwindigkeit** von **100–300 ms** (Forterre et al. 2005).

Klappfallen kommen außer bei *Dionaea muscipula* nur noch bei ihrer Schwesterart ***Aldrovanda vesiculosa*** (**Wasserfalle**) vor (■ Tab. 8.13). Deren Fallen sind kleiner und funktionieren aufgrund eines abgewandelten Mechanismus unter Wasser (Poppinga und Joyeux 2011). Auch bei dieser Falle wurde eine Vorspannung nachgewiesen (Westermeier et al. 2020).

Reusenfalle

Die Gattung *Genlisea* kommt überwiegend auf Feuchtwiesen und in Sümpfen Afrikas, Mittel- und Südamerikas vor (■ Abb. 8.92a). Sie bildet **wurzellose** Blattrosetten mit grünen, oberdirischen, **bifacialen Laubblättern** (■ Abb. 8.92b, d) und chlorophyllfreien, **unterirdischen Schlauchblättern**, die durch Spitzenwachstum in den Schlamm eindringen (■ Abb. 8.91b).

Die Schlauchblätter übernehmen die **Wurzelfunktionen** der Pflanzen und werden daher als **Rhizophylle** bezeichnet (Troll 1939). Sie verankern die Pflanze und nehmen Wasser und Nährstoffe auf. Diese beziehen sie aus **Bodenorganismen** wie Bakterien, Protozoen, Nematoden und Rädertierchen, die durch Schleim angelockt werden.

Die Rhizophylle fundieren als **Fang-** und **Verdauungsorgane** und sind dementsprechend gestaltet: Sie bestehen aus einem peltat entstandenen Stiel, der im unteren Abschnitt einen blasenförmigen Kessel mit Verdauungsdrüsen trägt (■ Abb. 8.92b: Ke). An seinem Ende geht der Schlauch in zwei verdrillte Fangarme über (Fa), die wie der Schlauch auf ihren Innenseiten mit rückwärts gerichteten **Reusenhaaren** bedeckt sind (■ Abb. 8.92i; Troll 1939; Fleischmann 2012). Bodenorganismen, die in die Falle geraten, können sich nur in Richtung Kessel bewegen, wo sie enzymatisch aufgeschlossen werden.

Obwohl die Rhizophylle wenig Ähnlichkeit mit den Laubblättern der Pflanze haben, sind beide Strukturen **homolog**. Ein Blick auf ihre Entwicklung zeigt, dass die Rhizophylle schon früh eine **Querzone** bilden und die Schlauchbildung einleiten (■ Abb. 8.92c: Pfeil). Durch anhaltende Streckung des Schlauches wird der Blattrand nach oben geschoben und erscheint in etwas älteren Entwicklungsstadien als quer verlaufender Schlitz (■ Abb. 8.92e–g). Er bildet im ausgewachsenen Fangblatt die **Schlundöffnung** (■ Abb. 8.92h: Sö) der Falle, von der die Fangarme ausgehen. Diese entwickeln sich aus dem seitlichen Blattrand, sind bifacial organisiert und durch Verdrillung röhrenförmig gestaltet.

Saugfallen

Utricularia ist die Schwestergattung von *Genlisea* und besitzt wie diese wurzellose Rosetten. Neben assimilierenden Blättern treten zwei weitere Blattformen auf: **peltate Fangblätter** (Fiedern) und Blätter mit Wurzelfunktion (**Rhizophylle**; Troll 1939). Beide Blattformen befinden sich im Boden und weisen Übergänge auf (■ Abb. 8.91h).

Obgleich es innerhalb der Gattung viel Variation bezüglich Lebensraum, Wuchsform und Blattgestaltung gibt, stimmen vermutlich alle Arten in ihrem einzigartigen, carnivoren **Fangmechanismus** überein. Die fein zerteilten Blätter bilden an einigen oder allen **Fiederenden** etwa 0,5 mm große, peltat entstandene Bläschen (■ Abb. 8.91i). Jedes Bläschen besteht aus einem wassergefüllten Hohlraum, der von einer flexiblen Wand umgeben ist. Die Öffnung ist durch eine gewölbte **Klappe** geschlossen, die vom Rand des Schlauches stammt und lange Fortsätze mit **Triggerfunktion** trägt. Durch **aktives Herauspumpen** von Wasser entsteht im Inneren des Bläschens ein **Unterdruck**, durch den die Wände nach innen gezogen werden (**Vorspannung**). Wird der Trigger berührt, kehrt sich die Krümmung der Klappe schlagartig um (***snap-buckling***). Die Wände entspannen sich, und mit dem resultierenden **Sog** werden Wasser- und Bodenorganismen (Rädertierchen, Mückenlarven, Ruderfußkrebse) sowie Algen (Koller-Peroutka et al. 2015) in die Falle gesaugt. Lässt der Saugstrom nach, schließt sich die Klappe wieder; die Tiere bleiben gefangen und werden verdaut.

Der Fangprozess dauert lediglich 9 ms und gehört damit zu den schnellsten Bewegungen im Pflanzenreich (Skotheim und Mahadevan 2005; Poppinga et al. 2017).

Parasitische Pflanzen

Blütenpflanzen sind **Parasiten**, wenn sie mithilfe von **Haustorien** (▶ Abschn. 7.5.2) in lebendes Wirtsgewebe eindringen und diesem Nahrung entziehen (Weber 1993). Mit dieser Definition werden sie von Carnivoren und Mykoheterotrophen (▶ Exkurs 8.11, ■ Abb. 8.85g, h) abgegrenzt, die ebenfalls einseitigen Nutzen aus anderen Organismen ziehen. Die Schäden, die parasitische Pflanzen ihren Wirtspflanzen zufügen, reichen von einer Schwächung des Wirtes bis hin zu krankhaften oder sogar lebensbedrohlichen Veränderungen (▶ Exkurs 8.12).

Gewöhnlich werden die Parasiten nach dem **Ausprägungsgrad des Parasitismus** in fakultative Parasiten, Halb- und Vollparasiten unterschieden. Aufgrund großer Kenntnislücken und Übergangsformen ist diese Gruppierung aber nicht unproblematisch (Weber 1993). Andere Einteilungen berücksichtigen die Herkunft der Haustorien (spross-, blatt-, wurzelbürtig; Weber 1993) oder die Lebensweise der Parasiten, die terrestrisch, epiphytisch oder endoparasitisch sein kann (■ Tab. 8.14).

◘ Abb. 8.92 *Genlisea.* Reusenfalle. **a–h,** *G. hispidula.* **a,** Anmooriger Standort nahe Pretoria, Südafrika. **b,** Rosettenpflanze mit spatelförmigen Laubblättern und horizontal im Boden verlaufenden Schlauchblättern (Rhizophyllen). Fa, Fangarme. Ke, Kessel mit Verdauungsdrüsen. **c,** SAM mit Anlage der Schlauchblätter. Die Querzone (Pfeil) ist früh erkennbar. Balken: 200 µm. **d,** Spatelförmiges Laubblatt. Balken: 500 µm. **e–g,** Entwicklung des Rhizophylls. Die seitlichen Blattrandbereiche neben der schlitzförmigen Schlundöffnung (Sö) wachsen zu den Fangarmen aus. Balken: 100 µm. **h,** Fangarme von außen mit deutlicher Verdrillung. Balken: 1 mm. **i,** *Genlisea africana.* Fangarm von innen mit Reusenhaaren. (© **a–h:** R. Claßen-Bockhoff, Mainz. **i:** W. Barthlott (*Genlisea africana* _11081595054_a1903a1b6f_o). Mit freundlicher Genehmigung)

◘ Tab. 8.14   Parasitisch lebende Angiospermen. Zusammengestellt nach Westwood et al. 2010 und Parasitic Plant Connection.
► http://www.parasiticplants.siu.edu

Ordnung (Sy10B/…)	Familie	Form des Parasitismus	Lebensweise	Beispiele (Artenzahl)
Piperales/6	Aristolochiaceae	ho	te	*Hydnora* (7)
Laurales/5	Lauraceae	he	te	*Cassytha* (16)
Saxifragales/43	Cynomoriaceae	ho	te	*Cynomorium* (2)
Zygophyllales/33	Krameriaceae	fa, he	te	*Krameria* (18)
Malpighiales/31	Rafflesiaceae	ho	en	*Rafflesia* (15)
Cucurbitales/29	Apodanthaceae	ho	en	
Malvales/38	Cytinaceae	ho	te	*Cytinus* (6–8)
Santalales/46	Loranthaceae	he	ep	*Amyema* (93)
		he	te	*Nuytsia floribunda*
		ho	en	*Tristerix aphyllus*
	Santalaceae (inkl. Thesiaceae)	fa, he	te	*Thesium* (~350)
		he	ep	*Viscum* (130)
		ho	en	*V. minimum*
	+ 15 Familien	~ he	~ ep	
	Balanophoraceae	ho	en	*Balanophora* (15) *Thonningia* (1)
Ericales/49	Mitrastemonaceae	ho	te	*Mitrastema* (2)
Solanales/57	Convolvulaceae	ho	ep	*Cuscuta* (~200)
Lamiales/58	Orobanchaceae	fa	te	*Lindenbergia* (12)
		he	te	*Castilleja* (~200) *Euphrasia* (~260) *Pedicularis* (~600)
		ho	te	*Hyobanche* (10) *Lathraea* (4) *Orobanche* (117)
Boraginales/61	Boraginaceae-Lennooideae	ho	te	*Lennoa madreporoides*

Parasitismus: fa, fakultativ. he, hemiparasitisch. ho, holoparasitisch. **Lebensweise:** en, endoparasitisch. ep, epiphytisch. tr, terrestrisch.
*, einzige parasitische Gattung der Familie

Evolution parasitischer Pflanzen

Parasitische Pflanzen kommen mit etwa 4000 Arten in zwölf Verwandtschaftskreisen der **Dicotylen** vor (◘ Tab. 8.14). Monocotyle Parasiten sind nicht bekannt. Die seltene Podocarpacee *Parasitaxus ustus* (endemisch in Neukaledonien) ist vermutlich die einzige, parasitisch lebende Gymnospermenart (Schneckenburger 1991; Weber 1993; Woltz et al. 1994).

Die mit Abstand größten Gruppen parasitischer Pflanzen sind die Sommerwurzgewächse (**Orobanchaceae**, Lamiales), die allein knapp 2000 parasitische Arten stellen, und die **Santalales** (ca. 1000 Arten), zu denen als bedeutende Familien die Sandelholzgewächse (**Santalaceae**), Riemenblumengewächse (**Loranthaceae**) und **Balanophoraceae** gehören. Die übrigen Parasiten verteilen sich auf 25 weitere Familien, deren parasitische Gattungen meist artenarm sind (Ausnahme *Cuscuta*; ◘ Tab. 8.14). Die systematische Verteilung der parasitischen Pflanzen zeigt deutlich, dass sich die parasitische Lebensform mindestens zwölfmal **unabhängig** voneinander entwickelt hat (Westwood et al. 2020).

Obgleich pflanzliche Parasiten schon lange bekannt sind, ist ihre Lebensweise noch **wenig erforscht**. Um sie zu erfassen, müssen der Parasit, der Wirt, die Keimlingsentwicklung und der Infektionsverlauf bekannt sein. Große Kenntnislücken bestehen insbesondere bei tropischen, epiphytisch und endoparasitisch lebenden Arten.

Fakultative Parasiten und Sekundärhaustorien

Fakultative Parasiten sind photoautotroph und können auch ohne Wirt leben. Wenn sie Haustorien bilden, entstehen diese erst spät durch **lokale Remeristematisierung** von Sprossachsen- oder Wurzelgewebe, weswegen sie auch als **Sekundärhaustorien** bezeichnet werden.

Fakultative Parasiten kommen bei den Santalales, Orobanchaceae und der Gattung *Krameria* (Krameriaceae) vor. Vermutlich sind sie viel häufiger als bekannt ist, da man ihnen die fakultativ parasitische Lebensweise nicht ansieht.

Halbparasiten und Primärhaustorien

Halbparasiten (Hemiparasiten) sind ebenfalls grün und **photosynthetisch aktiv**, benötigen aber **obligat** eine Wirtswurzel zur **Wasserversorgung** (▣ Abb. 8.93). Sie bilden entweder zahlreiche Sekundärhaustorien an Seitenwurzeln oder sprossbürtigen Wurzeln, oder sie infizieren den Wirt über ein **Primärhaustorium**. Dieses bildet sich schon bei der **Keimung** am Ende des Hypocotyls und ersetzt die Keimwurzel, die nicht mehr zur Ausbildung kommt (▣ Abb. 6.9d). Es schwillt zu einer **Haftscheibe** an und penetriert die Wurzel oder Sprossachse des Wirtes (Weber 1993).

Zu den hemiparasitisch lebenden Parasiten gehören die Gattung *Cassytha* (Lauraceae, 16 Arten), Arten der Gattung *Krameria* (Krameriaceae, 18 Arten), die meisten Orobanchaceae und alle Santalales (Ausnahme: *Tristerix aphyllus*, die einzige vollparasitische Art der Loranthacee; ▣ Tab. 8.14, ▣ Abb. 8.94e).

Vollparasiten und Endoparasitismus

Die Bildung von Primärhaustorien leitet zu den **Vollparasiten** (Holoparasiten) über, die vollständig von ihren Wirten ernährt werden. Sie bilden **kein Chlorophyll** und beziehen sowohl Wasser als auch Assimilate über die Xylem- und Phloembahnen des Wirtes. Holoparasiten weisen meist einen **reduzierten Vegetationskörper** auf.

Die Seide (***Cuscuta***, Convolvulaceae) überzieht ihren Wirt mit einem Gespinst aus dünnen, schlingenden Sprossachsen (▣ Abb. 8.94a, b), auf die die Trivialnamen Teufelszwirn und Hexenseide Bezug nehmen. Die Pflanzen sind **wurzellos** und leben epiphytisch auf ihren Wirten, deren Sprossachsen sie infizieren. Im Extremfall führt der Parasit zur Erstickung der Trägerpflanze. *Cuscuta* ist die einzige parasitische Gattung der Convolvulaceae, tritt mit etwa 200 Arten weltweit auf und umfasst auch **invasive** Arten.

Oft werden alle vegetativen Lebensfunktionen von die Wirtspflanze übernommen und der Parasit entwickelt nur noch Blüten bzw. Blütenstände. Bekannte Beispiele in Mitteleuropa liefern die Sommerwurzarten (*Orobanche*, Orobanchaceae;), die ein reduziertes. bleiches Sprosssystem mit relativ großen Blütenstände bilden (▣ Abb. 8.94d). Sie leiten zu den **endophytischen** Parasiten über, die vollständig im Wirtsgewebe leben und überhaupt keinen eigenen Vegetationskörper mehr bilden. Solche extremen Parasiten kommen vereinzelt bei Loranthaceae (*Tristerix aphyllus* ▣ Abb. 8.94e, *Viscum minimum*) und generell bei Cynomoriaceae, Cytinaceae, Apodanthaceae, Rafflesiaceae (▣ Abb. 11.36b, c), Balanophoraceae (▣ Abb. 8.94f), Mitrastemonaceae und Boraginaceae-Lennooideae mit insgesamt etwa 30 Gattungen und 125 Arten vor. Ihr Vegetationskörper besteht nur noch aus feinen, hyphenartigen Gewebesträngen, die das Gewebe der Wirtspflanze wie ein Pilzmycel durchziehen. Dennoch sind die Endoparasiten in der Lage, Blüten zu bilden. Am Beispiel von *Pilostyles boyacensis* (Apodanthaceae) wurde die Bildung eines Blütenmeristems aus dem parenchymatischen Gewebe des Parasiten nachgewiesen und entwicklungsgenetisch untersucht (González et al. 2020).

Terrestrisch lebende Parasiten

Terrestrisch lebende Parasiten sind meist **Holoparasiten**, die in die Wurzel des Wirtes eindringen (Weber 1993; Westwood et al. 2010). Die Cynomoriaceae, die Gattung *Hydnora* (Aristolochiaceae) und einige weitere kleine Gruppen gehören hierhin (Westwood 2010).

Eine **Ausnahme** bilden die **Orobanchaceae**, bei denen die **große Mehrheit** der Gattungen und Arten **hemiparasitisch** lebt. Zahlreiche Vertreter davon kommen in der mitteleuropäischen Flora vor wie z. B. Klappertopf (*Rhinanthus*), Augentrost (*Euphrasia*), Zahntrost (*Odontites*), Wachtelweizen (*Melampyrum*), Alpenhelm (*Bartsia*) oder Läusekraut (*Pedicularis*). Da sie zu grünen Pflanzen heranwachsen, ist ihnen die parasitische Lebensweise nicht anzusehen. Die einzigen **holoparasitisch** lebenden Orobanchaceae Mitteleuropas sind die chlorophyllfreien Schuppenwurze (*Lathraea*) und Sommerwurze (*Orobanche*).

Die mediterran und westasiatisch verbreiteten *Orobanche*-Arten richten erhebliche Ernteschäden an Gemüsepflanzen (Hülsenfrüchtlern, Tomaten, Möhren) an; die in Afrika und Südostasien verbreiteten Arten der Gattung *Striga* vernichten ganze Mais-, Hirse- und Reisernten (Westwood et al. 2010). Die Orobanchaceae stehen daher mit ihren vielen Arten und verschiedenen parasitischen Lebensformen im Zentrum der aktuellen Erforschung parasitischer Lebensweisen bei Pflanzen.

Abb. 8.93 Halbparasiten. a, b, Orobanchaceae. **a,** Augentrost (*Euphrasia*). Alpen. **b,** *Castilleja*. Kalifornien. **c, d,** Santalaceae. Mistel (*Viscum album*). Mainz, Deutschland. **c,** Wirtsbaum mit Mistelbefall. **d,** Epiphytisch wachsende Pflanze. **e, f,** Loranthaceae. **e,** *Amyema*. Epiphytischer Halbparasit auf *Eucalyptus*. Südwestaustralien. **f,** Western Australian Christmas Tree (*Nuytsia floribunda*) mit leuchtend orangen Blütenständen. Südwestaustralien. **g, h,** Formen von Primärhaustorien. **g,** Mistel (*Viscum*). Befestigung am Trägerast durch Verholzung. **h,** Geschnitzte Eidechse aus dem Holz eines tropischen Epiphyten mit flächig ausgebildeten Holzrosen. (© R. Claßen-Bockhoff, Mainz)

◘ Abb. 8.94 Vollparasiten (Holoparasiten). a, b, Teufelszwirn, Seide (*Cuscuta*, Convolvulaceae). Südkalifornien. **a**, Völlige Umspinnung der Wirtspflanze *Eriogonum parvifolium* (Polygonaceae). **b**, Vegetationskörper mit Blüte. **c**, Gelber Zistrosenwürger (*Cytinus hypocistis*, Cytinaceae). Italien. **d**, *Orobanche laserpitii-sileris* (Orobanchaceae). Der Artname gibt die Wirtspflanze *Laserpitium siler* (Apiaceae) an. **e–g**, Endophytisch lebende Holoparasiten. **e**, *Tristerix aphyllus* (Loranthaceae). Fruchtstand auf *Echinopsis chiloensis* (Cactaceae). Reserva Nacional Río Clarillo, Chile. **f**, *Thonningia sanguinea* (Balanophoraceae). Tropischer Regenwald, Zentralgabun. Staminater Blütenstand. **g**, *Hyobanche rubra* (Orobanchaceae). Goegap NR, Südafrika. (© R. Claßen-Bockhoff, Mainz)

Epiphytisch lebende Parasiten

Epiphytisch lebende Parasiten keimen auf ihrem Wirt und dringen mittels **Haustorien** (▶ Abschn. 7.5.2) in sein Gewebe ein. Mit diesem Verhalten unterscheiden sie sich von Epiphyten, die ihrem Wirt lediglich aufsitzen. Epiphytisch lebende Parasiten teilen sich den Lebensraum mit Epiphyten, unterscheiden sich aber ökologisch so stark von ihnen, dass sie nicht zu ihnen gezählt werden (Zotz 2016; Zotz et al. 2021c). Sie kommen außer bei *Cuscuta* nur bei den **Santalales** vor (🔲 Tab. 8.14).

Die artenreichsten Familien der Santalales sind die **Loranthaceae** und **Santalaceae**. Sie leben überwiegend als **epiphytische Hemiparasiten** (🔲 Tab. 8.14):

– Die berühmteste Vertreterin der Gruppe ist die **Weißbeerige Mistel** (*Viscum album*, Santalaceae; 🔲 Abb. 8.93c, d, g), die als Heil- und ehemalige Druidenpflanze bis heute im traditionellen Brauchtum verankert ist. Sie bildet die charakteristischen Aufsitzer der Pappeln (*Populus*, Salicaceae), Birken (*Betula*, Betulaceae) oder Eichen (*Quercus*, Fagaceae). Die Unterarten *V. album* subsp. *abietis* (Tannenmistel) und *V. album* subsp. *laxum* (Kiefernmistel) parasitieren auf Nadelbäumen. Wie bei den meisten Epiphyten werden die Früchte der Mistel von Tieren ausgebreitet und haften mit einem klebrigen Schleim am Substrat. Das Hypocotyl bildet eine **Haftscheibe**, aus der sich das **Primärhaustorium** entwickelt. Dieses dringt mit enzymatischer Hilfe in den befallenen Ast ein und bildet im Wirtskörper ein umfangriches **Haustorialgewebe**. Es stellt nicht nur den Kontakt mit dem **Xylem** des Wirtes her, sondern penetriert das Wirtsgewebe und kann sogar **Knospen bilden**, die an anderer Stelle als neue Mistelpflanzen aus dem Spross des Wirtes austreten. Mit diesem Verhalten leitet die Weißbeerige Mistel zu der endoparasitischen Lebensweise der südafrikanischen Zwergmistel (*Viscum minimum*) über, die als einzige Art der Familie überwiegend holoparasitisch wächst (Weber 1978).

– Die zahlreichen Vertreter der hemiparasitisch lebenden **Loranthaceae** sind überwiegend auf der **Südhalbkugel** verbreitet. Von ihnen stammen die **Holzrosen**, die nach dem Absterben der Parasiten erhalten bleiben (🔲 Abb. 8.93h). Sie entstehen als **Wundreaktion** des Wirtes nach der Infektion und nutzen dem Parasiten, der dadurch eine sehr **stabile Verbindung** zum Wirt erhält. Die gute Befestigung ermöglicht es den Parasiten, relativ große Verzweigungssysteme aufzubauen. Diese sind besonders gut bei *Amyema*-Arten zu erkennen, die leuchtend gelbe, orangefarbene oder rote Blüten bilden (🔲 Abb. 8.93e). Innerhalb der Loranthaceae weichen zwei Arten von der epiphytisch hemiparasitischen Lebensweise ab. *Nuytsia floribunda* (Australian Christmas Tree) ist ein **terrestrisch** lebender Halbparasit, der als kleiner Baum wächst und durch seine großen, intensiv orangefarbenen Blütenstände auffällt (🔲 Abb. 8.93f). *Tristerix aphyllus* ist ein **Vollparasit**, der in Chile endemisch ist und auf zwei Kakteenarten, *Echinopsis chiloensis* (🔲 Abb. 8.94e) und *Eulychnia acida*, **endophytisch** parasitiert.

– Mit *Thesium* (Leinkraut, Santalaceae) kommt neben der Mistel eine weitere hemiparasitische Gattung der Santalales in Mitteleuropa vor. Diese artenreiche Gattung (>350 Arten) lebt **terrestrisch** und bildet hellgrüne Kräuter mit lanzettlichen Blättern und kleinen, weißlichen Blüten. Im Gelände ist die Gattung leicht an den rekauleszent verschobenen Blättern des Blütenstandes zu erkennen (🔲 Abb. 6.38b).

Molekulare Forschung an parasitischen Pflanzen

Die weitreichenden, physiologischen und morphologischen Veränderungen, die mit dem Übergang der Pflanzen zur parasitären Lebensweise einhergehen, werfen grundsätzliche **evolutionsbiologische Fragen** auf. Welchen Einfluss hat der Parasitismus auf die Evolution der Genome, welche Bedeutung kommt möglicherweise einem horizontalen Gentransfer zu, und welche Erkennungsreaktionen laufen zwischen Wirt und Parasit ab (Westwood et al. 2010; Bromham et al. 2013; Wicke et al. 2016)?

Für photoautotrophe Pflanzen ist die Bildung des Chlorophylls von essentieller Bedeutung und steht unter hohem Selektionsdruck. Dieser Selektionsdruck verschwindet mit dem Übergang zur holoparasitischen Lebensweise. Da die **Orobanchaceae** als einzige Pflanzenfamilie alle drei Formen des Parasitismus (fakultativer, Hemi- und Holoparasitismus) aufweisen, eignen sie sich in besonderer Weise zu Studien über die **Evolution des Plastidengenoms**. Tatsächlich konnte gezeigt werden, dass mit dem Übergang zur holoparasitischen Lebensweise Genverluste einhergehen, die die Evolutionsrate und die Genomstruktur verändern (Westwood et al. 2010; Wicke et al. 2016).

Eine **angiospermenweite Studie**, die die Evolutionsrate bei parasitischen Pflanzen mit denen ihrer nächstverwandten, nichtparasitischen Pflanzen vergleicht, zeigt, dass die Genome von Parasiten schneller evoluieren (Bromham et al. 2013).

Horizontaler Gentransfer zwischen Wirt und Parasit hat offensichtlich in vielen parasitischen Evolutionslinien stattgefunden (Übersicht in Westwood et al. 2010). Bisher ist allerdings noch nicht bekannt, in welchem phylogenetischen Zeitrahmen diese Wechselwirkungen stattfinden und mit welchen biologischen Auswirkungen sie einhergehen.

Obligate Parasiten weisen oft eine hohe **Wirtsspezifität** auf. Es ist für sie lebensnotwendig, ihre Wirtspflanze zu erkennen und am richtigen Ort auszukeimen. Die **Erkennungsreaktion** erfolgt bei einigen (vielen?) Arten über **chemische Signale**, die von der Wirtspflanze ausgesendet werden. Intensive Forschungen, vor allem an Orobanchaceae, haben das Ziel, den Erkennungsprozess zu verstehen und mit dieser Kenntnis den Befall von Getreide- und Gemüsepflanzen einzudämmen oder zu verhindern (Westwood et al. 2010).

Exkurs 8.12 Viren, Gallen und Schädlinge

Auf Spaziergängen kann man sie immer wieder beobachten: krebsartige Wucherungen an Blättern und Stämmen (◻ Abb. 8.20e), schwarze Flecken (◻ Abb. 8.64i, j), Fraßspuren (◻ Abb. 8.64d–f) oder durch Schädlinge verursachte Anomalien (◻ Abb. 8.19g). Die meisten Erscheinungen basieren auf einem Befall durch **Viren, Bakterien, Pilze, Fadenwürmer** (Nematoden) und **Insekten**.

Die Erforschung und Bekämpfung von Pflanzenkrankheiten spielt ökologisch und ökonomisch eine sehr wichtige Rolle. Die **Phytopathologie** befasst sich mit den Auswirkungen des Befalls auf die Pflanze, dem zugrunde liegenden Stoffwechsel (Metabolismus) und der Strukturaufklärung der beteiligten Substanzen.

Im Rahmen dieses Buches werden nur einige häufig zu beobachtende Beispiele erläutert. Für nähere Informationen wird auf Spezialliteratur verwiesen.

Gallen

Gallen sind lokale, zeitlich begrenzte **Wachstumsherde** einer Pflanze, die durch einen artfremden Organismus hervorgerufen werden. Es handelt sich um eine **hormonell** gesteuerte Antwort der Pflanze auf den Befall, die erstaunlicherweise nicht diffus erfolgt (wie ein Krebsgeschwür), sondern eine definierte, **artspezifische Gestalt** besitzt. Der zugrunde liegende Mechanismus ist noch nicht verstanden.

Die Erforschung der Pflanzengallen geht auf Marcello Malpighi (1675) zurück, der bereits 60 Gallbildungen detailliert beschrieben und die ernährungsphysiologische Beziehung zwischen **Pflanze und Gallinsekten** erkannt hatte. Gallmücken und Gallwespen legen ihre Eier in das Wirtsgewebe, das nach der Infektion zur Galle auswächst. Von dem **Gallengewebe** ernähren sich die Larven (◻ Abb. 8.95i, l).

Heute sind **weltweit** mehr als 15.000 Pflanzengallen bekannt (Beiderbeck und Koevoet 1979). **Erreger** sind Bakterien, Pilze, Fadenwürmer (Nematoden), Milben (Acari) und Insekten, vor allem Pflanzensauger (Hemiptera), Zweiflügler (Diptera) und Hautflügler (Hymenoptera). Darunter sind auch **invasive Arten** (▶ Exkurs 3.10) wie z. B. die Japanische Esskastanien-Gallwespe, die weltweit zu den bedeutendsten Esskastanienschädlingen gehört (Schumacher 2013). Sie ist vermutlich erst seit 2002 in Europa und wurde 2013 in Deutschland bei Mannheim nachgewiesen (◻ Abb. 8.95c).

Gallen treten in einer erstaunlichen **Formenvielfalt** auf. Sie entwickeln sich auf oder an Blättern (◻ Abb. 8.95a, c, f, k, l), Sprossachsen, Knospen (◻ Abb. 8.95g) und Früchten. Letzteres ist z. B. bei der Stieleiche (*Quercus robur*, Fagaceae) der Fall, deren Knopperngallen (◻ Abb. 8.95b) die Fruchtbarkeit des Baumes erheblich beeinträchtigen können. Besonders spektakulär sind die rot gefärbten Rosenäpfel (◻ Abb. 8.95d), die Ananasgallen einiger Nadelbäume (Pinaceae; ◻ Abb. 8.95e) oder Gallen, die mit Blüten verwechselt werden können (◻ Abb. 8.95g).

Pflanzenfamilien, die besonders zur Gallbildung neigen, sind die Buchengewächse (Fagaceae; ◻ Abb. 8.95a, b), Korbblütler (Asteraceae; ◻ Abb. 8.95j), Weidengewächse (Salicaceae; ◻ Abb. 8.95f) und Rosengewächse (Rosaceae; ◻ Abb. 8.95d). Warum bestimmte Pflanzen zu Gallbildung neigen und andere nicht, ist noch nicht ausreichend untersucht

■ **Abb. 8.95** **Gallen. a–e,** Häufige Gallen mitteleuropäischer Holzgewächse. **a,** Rotbuche (*Fagus sylvatica*, Fagaceae) mit tropfenförmigen Gallen der Buchengallmücke (*Mikiola fagi*). **b,** Stieleiche (*Quercus robur*, Fagaceae) mit verholzter Galle der Knopperngallwespe (*Andricus quercuscalicis*). **c,** Esskastanie (*Castanea sativa*, Fagaceae) mit Blattgalle der Japanischen Esskastanien-Gallwespe (*Dryocosmus kuriphilus*). **d,** Rose (*Rosa*, Rosaceae). Charakteristisch geformter Rosenapfel, induziert durch die Gemeine Rosengallwespe (*Diplolepis rosae*). **e,** Fichte (*Picea excelsa*, Pinaceae) mit verlassener Ananasgalle. Erreger: Grüne Fichtengallenlaus (*Sacchiphantes viridis*). **f,** Kalifornische Weidenart (*Salix* spec., Salicaceae) mit Blattgalle, vermutlich induziert von einer *Pontania*-Art (Blattwespe). **g–j,** Gallen aus Chile. **g,** Blütenähnliche Galle auf einer Ericacee. **h, i,** Scheinbuche (*Nothofagus dombeyi*, Nothofagaceae). Gallapfel von außen und aufgeschnitten mit Larve des Erregers. **j,** *Baccharis* spec. (Asteraceae). Aufgebrochene Schaumgalle mit Erreger. **k, l,** *Echinophora trichophylla* (Apiaceae). Blattstielgalle von außen und aufgeschnitten. Nordwestanatolien. (© **k, l:** Claßen-Bockhoff et al. 2023. Übrige Bilder: R. Claßen-Bockhoff, Mainz)

Insekten als Schädlinge

Insekten sind die wichtigsten **Symbionten** der Blütenpflanzen, wenn man an ihre Leistung als Blütenbestäuber denkt. Sie weisen aber auch eine Unmenge von **Schädlingen** auf, gegen die sich die Pflanze behaupten muss:

- **Ameisen: Blattschneiderameisen** (*Atta*; ◘ Abb. 8.89a) gehören zu den bedeutendsten Pflanzenschädlingen der neuweltlichen Tropen (Hölldobler und Wilson 1990). Sie tragen ausgeschnittene Blattstückchen bestimmter Pflanzenarten in ihre unterirdischen Nester, zerkauen sie und ziehen auf ihnen Pilzkulturen, von denen sie sich ernähren. Die ungeheuer große Zahl der Ameisen führt dazu, dass die Pflanzen stark geschädigt und teilweise komplett entlaubt werden. Andererseits trägt die Aktivität der Ameisen auch dazu bei, den Boden zu belüften und mit Nährstoffen anzureichern, was anderen Organismen zugutekommt. **Ernteameisen** (z. B. *Messor*) ernähren sich hauptsächlich von Getreidesamen. Sie sammeln die Samen und lagern sie als Vorrat für schlechte Zeiten in ihren unterirdischen Nestern.

- **Miniermotten (Gracillariidae): Blattminierer** können zu einer großen Plage werden und Pflanzen so stark schädigen, dass sie eingehen. Zu ihnen zählen Motten und Kleinschmetterlinge, deren **Larven** Gänge ins Innere der Blätter fressen. Die Wirtsspezifität ist bei einigen Arten sehr hoch. So ist der Kahlfraß ganzer Buchsbaumbestände (*Buxus sempervirens*, Buxaceae; ◘ Abb. 8.96a) auf die Raupen des Buchsbaumzünslers (*Cydalima perspectalis*) zurückzuführen, einer **invasiven** Art aus Ostasien, die vor etwa 15 Jahren nach Mitteleuropa eingeschleppt wurde und sich rasch ausgebreitet hat.

  Die **Rosskastanienminiermotte** (*Cameraria ohridella*) stammt aus dem Balkan und trat erstmals in den 1980er-Jahren in Mitteleuropa auf. Ihre Raupen sind auf die Blätter der Rosskastanie (*Aesculus hippocastanum*, Sapindaceae) spezialisiert, die aufgrund der Fraßschäden bereits im Sommer absterben (◘ Abb. 8.96b, c). Bei wiederholtem Massenbefall beginnt der Baum zu verkümmern.

- **Käfer:** Auch Käfer legen ihre Eier an Blättern ab. Die **Blattroller** (Attelabidae) gehören in die Verwandtschaft der **Rüsselkäfer** (Curculionidae) und wickeln die Blätter von vorzugsweise Rosen- (Rosaceae: Apfelfruchtstecher), Buchen- (Fagaceae: Eichenwickler) und Birkengewächsen (Betulaceae: Pappel-, Birkenwickler) in charakteristischer Weise ein. Die Weibchen legen ihre Eier in die Rolle bzw. das kompliziert gebaute Behältnis, die sich darin geschützt entwickeln (◘ Abb. 8.96d). Käfer und Larven ernähren sich von den Blättern ihrer Wirtspflanze; die Mehrheit der Arten ist auf eine Pflanzenart spezialisiert (**monophag**). Den größten Schaden richten die **Borkenkäfer** (*Ips typographus*, Curculionidae) an, die nicht die Blätter, sondern die Stämme von Bäumen befallen und die Phloembahnen zerstören (▶ Abschn. 8.2.3, ◘ Abb. 8.20h, i). Sie können ganze Fichtenbestände vernichten.

Pilzkrankheiten

Unzählige Pflanzenkrankheiten werden durch Viren, Bakterien und Pilze hervorgerufen. An dieser Stelle werden nur wenige Beispiele von Pilzkrankheiten genannt, die entweder leicht erkennbar oder von großer wirtschaftlicher Bedeutung sind. Sie werden von Vertretern verschiedener Verwandtschsftskreise hervorgerufen:

- **Peronosporomycetes** (syn. Oomycetes: Schleim-, Eipilze; es handelt sich nicht um Pilze, sondern um Stramenopiles Sy 4:10)**:** Zu den weltweit **gefährlichsten Pflanzenschädlingen** gehören die einzelligen Vertreter der Gattung *Phytophtora* (griech. *phyton*, „Pflanze", *phthora*, „Vernichtung"). Zu ihnen gehört *P. cinnamomi*, der ein außerordentlich breites Wirtsspektrum besitzt und Moose, Farne, Gymnospermen und Angiospermen befällt. Er wirkt sich vor allem in Australien verheerend auf die endemische Pflanzenwelt aus. In den 1970er-Jahren führte der Pilzbefall zu einem weitflächigen **Eukalyptussterben**; heute wird intensiv an der Eindämmung der Pilzausbreitung geforscht. Naturschutzgebiete werden abgesperrt oder dürfen nur mit sauberer Kleidung und nach einer Desinfektion der Schuhe betreten werden (◘ Abb. 8.96e).

  Eine Art mit engerem Wirtsspektrum ist *P. infestans*, der Erreger der **Kraut- und Knollenfäule** der Kartoffel (*Solanum tuberosum*, Solanaceae). Er bedingte Mitte des 19. Jahrhunderts den Totalausfall der Kartoffelernte und führte zur großen Hungersnot in Irland. Andere Arten verursachen die **Wurzelfäule** an Laubbäumen (z. B. Erle, Eiche, Rotbuche, Kakaobaum, Kokospalme), Obst- und Ziergehölzen (z. B. Zitrusgewächse, Brombeere, Himbeere, Azalee) und krautigen Nutzpflanzen (z. B. Kürbisgewächse, Sojabohne).

Ebenfalls zu den Peronosporomycetes gehören die **Falschen Mehltaupilze**, die an einem weißen Belag auf der **Unterseite** der Laubblätter zu erkennen sind. Schädlinge von erheblicher wirtschaftlicher Bedeutung sind der Falsche Mehltau des Weines (*Plasmopara viticola*) und der Blauschimmel der Tabakpflanzen (*Peronospora tabacina*).

– **Schlauchpilze (Ascomycota):** Die **Echten Mehltaupilze** (Erysiphales) gehören zu den Schlauchpilzen. Sie lassen sich daran erkennen, dass die Pilze ihre weißen Mycelien auf der **Oberseite** der Blätter bilden (◘ Abb. 8.96f). Die Pilze haben eine große wirtschaftliche Bedeutung, da sie ein **breites Wirtsspektrum** haben und zahlreiche **Obst- und Gemüsesorten**, Getreidearten, Zuckerrüben, Hopfen und Zierpflanzen (*Rhododendron*) befallen.

Hoch toxisch sind die Alkaloide in den schwarz-violetten **Mutterkörnern**, die an den Ähren des Roggens, aber auch vieler anderer **Getreidearten** und **Süßgräser** (Poaceae) auftreten. Bei ihnen handelt es sich um die **Dauerformen** (Sklerotien) des **Purpurbraunen Mutterkornpilzes** (*Claviceps purpurea*). Der Name ‚Mutterkorn' geht vermutlich auf die Wehen auslösende Wirkung des Giftes zurück, das in geringen Dosen in der traditionellen Medizin verwendet wurde.

Sehr auffällig ist die **Teerfleckenkrankheit**, die an Ahornarten auftritt und vom **Ahorn-Runzelschorf** (*Rhytisma acerinum*) ausgelöst wird. Der Pilz bildet auf der Blattfläche Sammelfruchtkörper (Stromata) in Form von tiefschwarzen Flecken (◘ Abb. 8.64i, j). Solche Flecken werden auch natürlicherweise von Blättern erzeugt und könnten auf Schutzmimikry (▶ Exkurs 11.5) hinweisen, wenn befallene Blätter seltener gefressen oder von anderen Scghädlingn befallen werden als gesunde (◘ Abb. 8.64i, j).

In **Südafrika** macht man sich die tödliche Wirkung eines parasitischen Schlauchpilzes (*Uromycladium tep-*

perianum) zunutze, um invasive Akazien (*Acacia longifolia*, *A. saligna*) aus Australien zu bekämpfen (▶ Exkurs 3.10). Gesunde Pflanze werden mit dem Pilz beimpft, der zur Gallenbildung und zum Absterben der Pflanze führt (◘ Abb. 8.96g, h).

– **Ständerpilze (Basidiomycota):** Innerhalb der Ständerpilze gehören die **Rost-** (Pucciniomycotina) und **Brandpilze** (Ustilaginomycotina) zu den bedeutendsten Pflanzenschädlingen.

Die **Rostpilze** befallen Sprossachsen und Blätter und durchlaufen einen komplizierten Lebenszyklus, der bei einigen Arten mit einem **Wirtswechsel** verbunden ist. Dies gilt z. B. für den **Getreideschwarzrost** (*Puccinia graminis*), der Getreidearten und andere Süßgräser befällt und die Berberitze (*Berberis*, Berberidaceae) als Zwischenwirt nutzt. Durch Unterbrechung des Entwicklungszyklus, z. B. durch kontrollierte Dezimierung der Berberitzenbestände, lassen sich Ernteausfälle vermeiden.

Sehr spannend sind die Veränderungen, die die mitteleuropäische **Zypressen-Wolfsmilch** (*Euphorbia cyparissias*, Euphorbiaceae) nach dem Befall mit Rostpilzen der Gattung *Uromyces* aufweist. Diese Pilze sind heterothallisch und bilden ihre Gameten auf getrennten Mycelien. Sie verändern nicht nur den **Habitus der Wirtspflanze** (◘ Abb. 8.96i, j), sondern stellen diese auch in den Dienst, **Befruchtungsvermittler** anzulocken. Befallene Pflanzen bilden keine Blütenstände, sondern an deren Position sterile gelbe Blätter (◘ Abb. 8.96j: Pfeil), die Nektar absondern. Der Pilz präsentiert hier seine Spermatien, die von den **angelockten Insekten** zu Empfängnishyphen gebracht werden (Pfunder und Roy 2000) – ein Vorgang, der an die Bestäubung der Blütenpflanzen erinnert.

Die **Brandpilze** (Ustilaginomycotina) sind obligate Parasiten und richten wirtschaftlich bedeutende Schäden an Getreidepflanzen an. Sie lösen Krankheiten wie z. B. den Maisbeulenbrand (*Ustilago maydis*), Gerstenflugbrand (*Ustilago hordei*) oder Weizenflugbrand (*Ustilago tritici*) aus.

■ **Abb. 8.96 Pflanzenschädlinge. a–d,** Insekten als Schädlinge. **a,** Buchsbaum (*Buxus sempervirens*, Buxaceae). Starker Befall durch die Raupen des Buchsbaumzünslers (*Cydalima perspectalis*). **b, c,** Rosskastanie (*Aesculus hippocastanum*, Sapindaceae). Baum im Sommer, mit stark zerfressenen Blättern durch die Rosskastanienminiermotte (*Cameraria ohridella*). **d,** Von einem Wickler befallenes Weidenblatt (*Salix*, Salicaceae). **e,** Desinfektion der Schuhe als Schutzmaßnahme gegen die Ausbreitung von *Phytophtora*. Blue Mountains, New South Wales. **f–j, Pilzkranheiten. f,** Stieleiche (*Quercus robur*, Fagaceae). Infektion durch den Eichenmehltau (*Erysiphe alphitoides*). **g, h,** *Acacia saligna* (Fabaceae). Bekämpfung der invasiven australischen Art in Südafrika durch Infektion mit dem Rostpilz *Uromycladium tepperianum*. **g,** Gallbildung an gesunder Pflanze. **h,** Schädigung bis zum Absterben der Pflanze. **i, j,** Zypressen-Wolfsmilch (*Euphorbia cyparissias*, Euphorbiaceae). **i,** Gesunde Pflanze. **j,** Wuchsformveränderung nach der Infektion mit einem Rostpilz (*Uromyces*). Pfeil: Bildung einer gelben, nektarführenden Blattrosette anstelle eines Blütenstandes. (© R. Claßen-Bockhoff, Mainz)

Zusammenfassung

Die **Grundorgane** der Samenpflanzen erfüllen in einer **arbeitsteiligen Aufgabenverteilung** die **Grundfunktionen** der Pflanzen: Assimilation und Gasaustausch (Blatt), Wasser-, Nährsalzaufnahme und Verankerung (Wurzel) sowie Festigung und Stofftransport (Sprossachse). Im Laufe der Evolution haben Merkmalsveränderungen stattgefunden, die die funktionelle, morphologische und physiologische Vielfalt der Organe erhöht und oftmals zu **Funktionswechseln** und **analogen Ähnlichkeiten** geführt haben.

Während der Entwicklung gehen Sprossachse und Blatt **gemeinsam** aus dem Sprossapikalmeristem (SAM) hervor. Die Schwierigkeit, die Organe voneinander **abzugrenzen**, hat zur Entwicklung unterschiedlicher **Sprossmodelle** geführt.

• Entwicklung des Sprosses

Die Entwicklung des Sprosses findet am SAM statt. Sie umfasst die Regulation zur **Aufrechterhaltung des offenen Wachstums** und die kontinuierliche Zellteilungsaktivität und Primordienausgliederung:

— Die **Oberfläche** des SAMs ist von einer **Tunica** aus meist zwei Zellschichten (Lagen, *layer* 1, 2) überzogen, die sich durch antikline Zellteilung vergrößern. Nach innen schließt die Lage 3 an, die zum **Corpus** des SAMs gehört, in dem sich die Zellen allseitig teilen. Jede Lage entstammt einer einzigen Zelle, die durch **Positionssignale** zur Teilung angeregt und dadurch zu einer **Initialzelle** (Stammzelle) wird. Sie entwickelt **symplastisch isolierte** Zellbereiche, die durch die Bildung **sekundärer Plasmodesmen** miteinander in Kontakt kommen. Diese Entwicklung ermöglicht die Schaffung von Kompartimenten für spezifische molekulare Regulationsvorgänge und gewährleistet gleichzeitig eine kontrollierte Kommunikation zwischen ihnen.

— An der Spitze des SAMs liegt ein Bereich weniger intensiver Zellteilung, der das genetische Regulationssystem der *WUS/CLV3*-**Aktivität** erhält. Dieses oft nur wenige Zellen umfassende **Ruhende Zentrum** wird vom zellteilungsaktiven **Flankenmeristem** umgeben, aus dem die **Primordien** der Blätter als **seitliche Segregate** entstehen. Diese Zone, in der die Organbildung einsetzt, wird als **morphogenetische Zone** bezeichnet und von der an sie anschließenden, **histogenetischen** Zone unterschieden, in der die Gewebebildung beginnt. Die erste Gliederung führt zur Bildung eines primären Abschlussgewebes (Protoderm) und eines Grundgewebes (Parenchym), in dem restmeristematische Bereiche von der Zelldifferenzierung ausgespart werden. In der weiteren Entwicklung **unterscheiden sich** die **Monocotylen** von den **übrigen Samenpflanzen**.

— Im Übergangsbereich zwischen SAM und primärer Sprossachse liegt die **Differenzierungszone** (Streckungszone), in der sich die Zellen strecken und differenzieren. Hier entstehen die Internodien, deren Längen- und Breitenwachstum zur **primären Erstarkung** des Sprosses führen. Sie können mittels **interkalarer Meristeme** ihr Wachstum über mehrere Knoten hinweg aufrechterhalten; die **Gefäße** verharren im meristematischen Bereich in einem juvenilen, noch **streckungsfähigen** Zustand, und behalten ihre Transportfunktion bei.

— Bei den **Gymnospermen und Dicotylen** bleibt ein **ringförmiges Restmeristem** erhalten, aus dem die Leitbündel hervorgehen. Stimuliert durch den **basipetalen Auxinfluss** der jungen Primordien entwickelt es an der **Basis jeder Blattanlage** eine **provaskuläre Domäne** (Procambium). Während das außerhalb dieser Domänen liegende Meristem allmählich in einen parenchymalen Dauerzustand übergeht, bleiben die provaskulären Gewebe als längs verlaufende Stränge in der jungen Sprossachse erhalten. Sie differenzieren sich zu **offenen Leitbündeln** mit Xylem (innen), Phloem (außen) und Cambium, die aufgrund ihrer Entstehung aus dem Ringmeristem kreisförmig angeordnet und von Parenchymstreifen (primären Markstrahlen) getrennt sind.

— Bei den **Monocotylen** bleibt ein **mantelförmiges Meristem** erhalten, das nicht in der Bildung von Leitbündeln aufgeht, sondern lange erhalten bleibt. Die provaskulären Domänen bilden sich ebenfalls an den Blattbasen, liegen aber **außerhalb** des Meristems und differenzieren **geschlossene Leitbündel**. Der Prozess der Leitbündelbildung erfasst das Mantelmeristem und wird vom früh einsetzenden, primären Dickenwachstum **überlagert**. Dadurch kommt es zu einer **Lageverschiebung** und **zerstreuten Anordnung** der Leitbündel.

• Bau und Entwicklung von Sprossachsen

Die **primäre Sprossachse** der Dicotylen gliedert sich von außen nach innen in Epidermis, Rinde, Leitbündelring und Mark. Die **Epidermis** ist als Kontaktzone nach außen sehr vielgestaltig. Die **Rinde** ist primär parenchymatisch, wird aber häufig durch **Festigungsgewebe** (Kollenchym, Sklerenchym) versteift. Zwischen den collateral-offenen Leitbündeln verlaufen Parenchymstreifen, die **primären Markstrahlen**. Das **Mark** ist parenchymatisch oder wird aufgelöst. Die Leitbündel, die sich an jeder Blattanlage neu bilden, erhalten als **Blattspuren** Anschluss an das Leitgewebe. In Längsrichtung verbinden sie sich zu **offenen** oder **geschlossenen Leitbündelsystemen**. Der

Aufbau der primären Sprossachse ist sehr variabel; so treten z. B. auch **bicollateral** organisierte Leitbündel oder **zusätzliche Leitbündel** außerhalb des Leitbündelzylinders auf.

• Sekundäres Dickenwachstum, Holz und Borke
Die **sekundäre Sprossachse** bildet sich bei den Dicotylen durch die Tätigkeit der Bündelcambien (faszikuläre Cambien), die sich durch **Remeristematisierung** der zwischen ihnen liegenden Parenchyme (interfaszikuläre Cambien) zu einem Ring verbinden und nach innen **Holz** und nach außen **Bast** bilden. Beide Bereiche stehen über parenchymatische, **sekundäre Markstrahlen** in Verbindung. Die **Umfangserweiterung** wird von Epidermis und Rinde durch die Bildung einer **Dauerepidermis** bzw. durch **Dilatationswachstum** (Rinde) kompensiert, oder beide Gewebe zerreißen und werden durch ein neues Abschlussgewebe (**Periderm**) ersetzt. **Selbstheilung** zerrissenen Sklerenchymgewebes durch Einschub von Parenchymgewebe, **anomales Dickenwachstum** mit mehreren Cambialringen und persitierendes **Juvenilholz** sind Varianten des allgemeinen Bauprinzips.

Der **Holzkörper** der Gymnospermen ist einfacher gebaut als der der Dicotylen. Er besteht überwiegend aus Tracheiden, die über **Hoftüpfel** zu einem umfangreichen Wasserleitsystem verbunden sind. Die meterlangen, weitlumigen **Tracheenröhren** der Dicotylen sind wesentlich **effizienter** als die Tracheiden, aber auch anfälliger gegenüber Embolien. Der **tote Holzkörper** bildet die zentrale **Stützstruktur** von Bäumen und ist ein wichtiger **Wasserspeicher**. Er kann von Pilzen zerstört oder durch Gerbsäureeinlagerung (dunkles Kernholz) resistent werden. Holz ist einer der wichtigsten **nachwachsenden Rohstoffe**, der in Abhängigkeit von seiner Dichte, Reißfestigkeit und Anfälligkeit sehr unterschiedlich verwendet wird.

Der **Bast** besteht überwiegend aus **lebenden Zellen** und wird mit zunehmendem Dickenwachstum zerdrückt. Die Dicotylen zeichnen sich durch die Bildung langer, assimilatleitender **Siebröhren** aus, die von **Geleitzellen** ernährt werden. Diese arbeiten effizienter als die Siebzellen der Gymnospermen.

Das **Periderm** besteht aus Korkzellen, die von einem Folgemeristem (Phellogen) in der Rinde erzeugt werden. Es bildet den **Kork** als sekundäres und die **Borke** als tertiäres Abschlussgewebe. Beide weisen standortökologische Anpassungen auf.

• Sprossachse der Monocotylen
Die **primäre Sprossachse** der Monocotylen besteht aus Epidermis und **Grundgewebe**, in das **zahlreiche Leitbündel verstreut** eingebettet sind. Festigung erhält die Sprossachse durch peripher liegendes **Sklerenchym**, das sich entweder aus den **massiven Scheiden** der peripheren Leitbündel zusammensetzt oder in Form eines **Sklerenchymringes** vorliegt. Am primären Dickenwachstum der Sprossachse sind das **Mantelmeristem** und das **Parenchym** (diffuse Zellteilung) beteiligt.

Leitbündel werden in großer Zahl an der Basis der Blätter gebildet, die sich stängelumgreifend ausdehnen. Die ersten Leitbündel (die späteren Mittelrippen) sind die stärksten. Sie verlaufen als einzelne Bündel durch die Sprossachse und verbinden sich nach einigen Knoten mit einer älteren Blattspur. Die späteren, kleineren Bündel liegen mehr peripher und enden teilweise blind. In vielen Fällen löst sich das zentral liegende Gewebe auf; die Transportfunktion wird dann auf die Peripherie beschränkt und im Knotenbereich über ein dichtes Leibündelgeflecht (Anastomosen) aufrechterhalten.

Die Monocotylen sind nicht zu cambialem Dickenwachstum befähigt. Anstelle von Holzkörpern haben sie die **Halmkonstruktion** mit stützenden Blattscheiden und zwei Formen von Baumwuchs entwickelt. Bei den **Palmen** entsteht durch primäres Dickenwachstum eine immense Scheitelgrube, die den Stammumfang festlegt. Sklerenchymelemente und persistierende Blattscheiden stützen die Pflanze. Andere Verwandtschaftskreise haben ein **sekundäres Dickenwachstum** entwickelt. Es geht von einem **peripheren Verdickungsmeristem** aus, das nach innen amphivasale Leitbündel differenziert.

• Bau und Entwicklung der Blätter
Laubblätter entstehen als seitliche Segregate am SAM und sind primär **bifacial** organisiert. Sie differenzieren eine **adaxiale Oberseite** und eine **abaxiale Unterseite**, zwischen denen das **Blattrandmeristem** als primäre Wachstumslinie erhalten bleibt.

• Gliederung des Blattes
Die meisten Blätter sind longitudinal in **Unterblatt**, **Blattstiel** und **Oberblatt** gegliedert:
- Das **Unterblatt** entspricht entweder nur der Ansatzstelle des Blattes an der Sprossachse, bildet **seitliche Auswüchse**, die als paarige Nebenblätter oder **Stipeln** in Erscheinung treten (Eudicotylen), oder entwickelt sich zu einer stängelumfassenden **Scheide**, die beachtliche Ausmaße erreichen kann (vor allem Monocotylen).
- Das **Oberblatt** bildet die Spreite des Blattes (**Lamina**). Diese ist sehr **formenreich** und bestimmt gewöhnlich Größe und Gestalt des Blattes. Sie wird

von einem engmaschigen Leitbündelsystem durchzogen, das bei den Dicotylen überwiegend **netznervig** und bei den Monocotylen **parallelnervig** verläuft. Die Spreite ist **ganzrandig**, trägt **Randserraturen** (z. B. Zähnchen), ist mehr oder weniger tief eingeschnitten oder bis zur Mittelrippe (bei Fiederblättern: **Rhachis**) in Teilblättchen (**Fiedern**) aufgeteilt. Blätter mit gefiederten Spreiten heißen **Fiederblätter**; wiederholte Fiederung führt zu **mehrfach gefiederten** Fiederblättern.

— Der **Blattstiel** entsteht zwischen Unter- und Oberblatt; er wird traditionell dem Oberblatt zugerechnet. Er setzt an der Basis bzw. bei **Schild- und Schlauchblättern** (scheinbar) auf der Unterseite der Spreite an. Der Blattstiel ist oft rund und **unifacial**. Das damit verbundene Verschwinden der Oberseite hat zu verschiedenen morphologischen Erklärungen der Blattentwicklung geführt. Molekulare Befunde deuten auf eine Aufhebung der Blattpolarität in Blattstielbereich hin, die mit einer Unterdrückung der adaxialen Identitätsgene einhergeht.

• Blattentwicklung
Blätter wachsen an der Spitze (selten), an der **Basis** (häufig), auf der Fläche (Dickenwachstum) und am **Rand** (Formbildung).

Der **Blattrand** weist Bereiche unterschiedlicher Zellteilungsaktivität auf. Der Prozess der Blattrandgliederung heißt **Fraktionierung** und wird vermutlich **autonom** von **auxininduzierten** Prozessen reguliert. Die **erste Fraktionierung** führt zur Blattgliederung, die folgenden formen die Spreite. In Abhängigkeit vom Zeitpunkt und Ausmaß des Blattrandwachstums entstehen an der Spreite **Blattrandserraturen, Fiedern** oder alle Übergangsformen zwischen ihnen. In Abhängigkeit von der Richtung und Dauer der Blattrandaktivität entstehen akropetal, basipetal, divergent oder allseitig wachsende Blätter und Blätter, die einfach oder doppelt bis mehrfach gefiedert sind. Durch Fraktionierung des Unterblattrandes entstehen **gefiederte Stipeln**. Unterschiedlich proportionales Wachstum zwischen Rhachis und Fiedern kann die Fiederbildung maskieren und/oder zu **Rhachisblättern** führen. Flächig auswachsende Blattstiele bilden **Phyllodien**.

Die Blattanlagen der Blütenpflanzen zeichnen sich durch drei nur bei ihnen vorkommende Entwicklungsprozesse aus:

1. **Inkorporation** bezeichnet die Fähigkeit des Blattrandes, benachbarte meristematische Zellen zu **verstärkter Zellteilung** anzuregen. Sie ist eine Voraussetzung für die Bildung **offener Unterblattscheiden** und **Medianstipeln**.

2. **Postgenitale Fusion** von Blatträndern führt zur Bildung **geschlossener Unterblattscheiden**, von **Unterblattmanschetten (Ochrea)** und **gamophyllen** Nebenblättern.

3. **Peltation** ist mit der Bildung einer adaxial über die Blattanlage verlaufenden **Querzone** verbunden. Diese Querzone ist an der Bildung von unifacialen Blattstielen, **Schild- und Schlauchblättern** beteiligt.

• Histologische Differenzierung von Blättern
Die grüne Farbe der Blätter beruht auf dem Chlorophyll, das in den **Chloroplasten** der Blätter vorliegt. Die flache Ausgestaltung der Blätter führt zu einer großen Oberfläche und kurzen Diffusionswegen. Mit beiden Eigenschaften sind Blätter an ihre primären Funktionen Photosynthese und Gasaustausch angepasst.

Die **Epidermis** der Blätter ist einschichtig und mit **Stomata** in unterschiedlicher Verteilung ausgestattet. Bei **xeromorphen** (trockenheitsresistenten) Blättern sind die Cuticula dick, die Epidermis mehrschichtig, und die Stomata eingesenkt. Das Blattinnere (**Mesophyll**) enthält das **chloroplastenreiche Palisadenparenchym** (Photosynthese), das **interzellularenreiche Schwammparenchym** (Gasaustausch) und die **geschlossenen Leitbündel**. Die Lage (adaxial, abaxial, allseitig) und Mächtigkeit der Gewebe variiert mit den **standortökologischen Bedingungen**. Wasserspeichernde (**sukkulente**) **Blätter** haben oft ein homogenes Mesophyll, Blätter mit **C4-Stoffwechsel** eine **Kranzanatomie**.

• Bau und Entwicklung von Wurzeln
Wurzeln entstehen **endogen**. Sie dienen primär der **Wasser- und Nährsalzaufnahme** aus dem Boden und der **Verankerung** im Boden. Bei den Gymnospermen und Dicotylen baut die **Keimwurzel** (Radicula) des Embryos ein umfangreiches **Hauptwurzelsystem** im Boden auf (**Allorhizie**). Bei den Monocotylen verkümmert die Primärwurzel, und das Wurzelsystem besteht ausschließlich aus **sprossbürtigen** Wurzeln (**sekundäre Homorhizie**). Alle Wurzeln weisen den gleichen Bau auf.

Das **Wurzelmeristem** besteht aus einem Ruhenden Zentrum, das nach allen Seiten von **Initialen** umgeben ist. Diese bilden nach außen die **Wurzelhaube** (Kalyptra), die mit ihrer Spitze aus verschleimenden und abschilfernden Zellen **in den Boden eindringt** und im mittleren Abschnitt **Statolithenstärke** zur Regulation der Wuchsrichtung enthält. Nach innen bilden die Initialen den **Wurzelkörper** aus Abschlussgewebe, Rinde und Zentralzylinder.

- **Primärer Bau der Wurzel**

Auf eine kurze Differenzierungszone folgen die **Wurzelhaarzone** und die **Seitenwurzelzone**:

- Die **Wurzelhaarzone** dient der **Wasseraufnahme** und ist durch eine **cuticulafreie Rhizodermis** gekennzeichnet. Diese weist eine immense **Oberflächenvergrößerung** durch **Wurzelhaarbildung** auf und lässt Wasser passiv mit dem Transpirationssog der Pflanze in die subepidermale **Wurzelrinde** einströmen. Der Wasserstrom endet an der **Endodermis**, der innersten Schicht der **Wurzelrinde**, die den Wassereintritt ins Xylem kontrolliert. Im Zentrum der Wurzel liegt der **Zentralzylinder**, der vom **Perizykel** umgeben ist und Xylem- und Phloembereiche in alternierender Anordnung enthält. Die Wurzelhaare haben eine kurze Lebensdauer; die Rhizodermis wird durch eine subepidermal liegende Exodermis mit verkorkten Zellen ersetzt.
- Die **Seitenwurzelzone** dient der **Verankerung** des Wurzelsystems. Zellnester des Perizykels remeristematisieren und bilden **Seitenwurzeln**, die die Endodermis, Rinde und Exodermis durchbrechen und nach außen treten. Bei Pflanzen ohne sekundäres Dickenwachstum (Monocotylen) ist damit die Wurzelentwicklung abgeschlossen. Der Perizykel wird oft mehrreihig und baut allein oder mit Rindenschichten ein Sklerenchym zur Festigung auf.

- **Sekundäres Dickenwachstum der Wurzel**

Die Wurzel der Gymnospermen und Dicotylen sind zu einem cambialen sekundären Dickenwachstum befähigt. Das **Wurzelcambium** entsteht zwischen den Phloem- und Xylemelementen und bildet nach innen **Holz** und nach außen **Bast**. Es ist zunächst sternförmig, rundet sich aber im Zuge der verstärkten Zellteilungsaktivität vor den Phloemelementen ab. Exodermis, Rinde und Endodermis werden **abgesprengt** und durch eine vom Perizykel gebildete **sekundäre Rinde** und **Periderm** ersetzt.

- **Funktionelle Diversität der Grundorgane**

Alle drei Grundorgane können zusätzlich oder ersatzweise eine Vielzahl von Funktionen übernehmen und sich daran morphologisch, histologisch und physiologisch anpassen:

- **Sprossachsen** übernehmen Assimilationsfunktion (**Platykladien**, **Phyllokladien**), speichern Kohlenhydrate (**Rhizome**, **Ausläuferknollen**, **Achsenknollen**) und Wasser (**Stammsukkulenz**), verhelfen der Pflanze mit **Ranken** und anderen **Kletterhilfen** zu besserem Lichtgenuss und wehren mit **Stacheln** und **Dornen** Fressfeinde ab.
- **Blätter** speichern ebenfalls Wasser (**Blattsukkulenz**) und bilden vielerlei **Ranken**, wobei eine **arbeitsteilige Differenzierung** zwischen Unter- und Oberblatt auftreten kann. Sie sind morphologisch und histologisch an unterschiedliche Standorte angepasst.
- **Wurzeln** weisen neben **Verankerungs-** und **Speicherfunktionen** auch Anpassungen an Schlickböden (**Atemwurzeln**) auf, verlagern Überdauerungsorgane in den Boden (**Zugwurzeln**). oder übernehmen als Brett- und Stelzwurzeln **Stützfunktionen**.

Alle drei **Grundorgane** sind in der Lage, **Knospen** zu bilden und sich gegenseitig in ihrer Funktion zu ersetzen. **Wurzellose Pflanzen** nehmen Wasser und Nährsalze über die Blätter auf, **sprosslose Pflanzen** entwickeln ihren Vegetationskörper aus wurzelbürtigen Sprossen, und **Pflanzen** mit reduzierten Blättern assimilieren mit Sprossachsen und/oder (selten) Wurzeln.

- **Standortökologische Anpassungen und biotische Interaktionen**

Pflanzen passen sich strukturell (Vegetationskörper) und physiologisch (Stoffwechsel) an die jeweiligen **Standortbedingungen** an und sind in der Lage, im und am Wasser (Wasserpflanzen), auf bodenfernen Substraten (Epiphyten) und auf Salz- und Schwermetallböden zu leben. Sie trotzen Buschbränden, Frost- und Hitzeperioden, verteidigen sich gegen Parasiten und Fressfeinden und haben sich zu **Ernährungsspezialisten** entwickelt. Viele Anpassungen sind durch **biotische Interaktionen** geprägt, die von überlebenswichtigen **Symbiosen** (Ameisenpflanzen, Mykorrhiza) bis hin zum **Parasitismus** reichen. **Carnivore** Pflanzen entwickeln aktive und passive Fangmethoden, die oft mit einer komplizierten Blattmorphologie einhergehen. **Endophytischer Parasitismus** führt zur völligen Reduktion und Aufgabe eines selbstständig lebenden Vegetationskörpers.

Literatur

Adams P, Nelson DE, Yamada S, Chmara W, Jensen RG, Bohnert HJ, Griffith H (1998) Growth and development of *Mesembryanthemum crystallinum* (Aizoaceae). New Phytol 138:171–190

Aichinger E, Kornet N, Friedrich T, Laux T (2012) Plant stem cell niches. Annu Rev Plant Biol 63:615–636

Aloni R (2001) Foliar and axial aspects of vascular differentiation: hypotheses and evidence. J Plant Growth Regul 20:22–34

Arber A (1918) The phyllode theory of the monocotyledonous leaf, with special reference to anatomical evidence. Ann Bot 32:465–501

Arber A (1950) The natural philosophy of plant form. Cambridge University Press, Cambridge

Barthlott W, Porembski S, Seine R, Theisen I (2004) Karnivoren. Biologie und Kultur fleischfressender Pflanzen. Ulmer, Stuttgart

Barton MK, Poethig RS (1993) Formation of the shoot apical meristem in *Arabidopsis thaliana*: analysis of development in the wild type and in the shoot meristemless mutant. Development 119:823–831

Bauer U, Di Giusto B, Skepper J, Grafe TU, Federle W (2012) With a flick of the lid: a novel trapping mechanism in *Nepenthes gracilis* pitcher plants. PLoS One 7:e38951. https://doi.org/10.1371/journal.pone.0038951

Baum H, Leinfellner W (1953) Die ontogenetischen Abänderungen des diplophyllen Grundbaues der Staubblätter. Österr Bot Z 100:91–135

Bäurle I, Laux T (2003) Apical meristems: the plant's fountain of youth. Bioessays 25:961–970

Bayer L, Smith RS, Mandel T, Nakayama N, Sauer M, Prusinkiewicz P, Kuhlemeier C (2009) Integration of transport-based models for phyllotaxis and midvein formation. Genes Dev 23:373–384

Bayer M, Jürgens G (2016) Frühe Embryonalentwicklung von *Arabidopsis*. Jahrbuch Max- Planck-Gesellschaft 2015/2016. https://doi.org/10.17617/1.Z

Beck CB (2010) An introduction to plant structure and development. Plant anatomy for the twenty-first century. Cambridge University Press, Cambridge

Beck CB, Schmid R, Rothwell GW (1982) Stelar morphology and the primary vascular system of seed plants. Bot Rev 48:691–816, 913–931

Beiderbeck R, Koevoet I (1979) Pflanzengallen am Wegesrand. Entstehung und Bestimmung. Franckh'sche Verlagshandlung, Stuttgart

Bilsborough G, Runions A, Barkoulas M, Jenkins H, Hasson A, Galinha C, Laufs P, Hay A, Prusinkiewicz P, Tsiantis M (2011) Model for the regulation of *Arabidopsis thaliana* leaf margin development. Proc Natl Acad Sci U S A 108:3424–3429

Bischof S, Umhang M, Eicke S, Streb S, Qi W, Zeeman S (2013) *Cecropia peltata* accumulates starch or soluble glycogen by differentially regulating starch biosynthetic genes. Plant Cell Online 25:1400–1415

Bjorkman E (1960) *Monotropa hypopitys* L., an epiparasite on tree roots. Physiol Plant 13:308–329

Böhm J, Scherzer S, Krol E, Kreuzer I, Meyer KV, Lorey C, Mueller TD, Shabala L, Monte I, Solano R, Al-Rasheid KAS, Rennenberg H, Shabala S, Neher E, Hedrich R (2016) The Venus Flytrap *Dionaea muscipula* counts prey-induced action potentials induce sodium uptake. Curr Biol 26:286–295

Bohn HF, Federle W (2004) Insect aquaplaning: *Nepenthes* pitcher plants capture prey with the peristome, a fully wettable water-lubricated anisotropic surface. Proc Natl Acad Sci U S A 101:14138–14143

Bourgoure J, Ludwig M, Brundrett M, Grierson P (2009) Identity and specificity of the fungi forming mycorrhizas with the rare mycoheterotrophic orchid *Rhizanthella gardneri*. Mycol Res 113(2009):1097–1106

Braam J (2005) In touch: plant responses to mechanical stimuli. New Phytol 165:373–389

Braune W, Lehmann A, Taubert H (1983) Pflanzenanatomisches Praktikum, 4., bearbeitete. Aufl. Fischer, Stuttgart

Breimhorst D (1988) Tierfangende Pflanzen. Palmengarten, Frankfurt am Main

Bromham L, Cowman PF, Lanfear R (2013) Parasitic plants have increased rates of molecular evolution across all three genomes. BMC Evol Biol 13:126. https://doi.org/10.1186/1471-2148-13-126. ISSN 1471-2148

Brown NAC, Botha PA (2004) Smoke seed germination studies and a guide to seed propagation of plants from the major families of the Cape Floristic Region, South Africa. S Afr J Bot 70:559–581

Brundrett MC (2009) Mycorrhizal associations and other means of nutrition of vascular plants: understanding the global diversity of host plants by resolving conflicting information and developing reliable means of diagnosis. Plant Soil 320:37–77

Brundrett MC, Tedersoo L (2018) Evolutionary history of mycorrhizal symbioses and global host plant diversity. New Phytol 220:1108–1115

Burchell WJ (1822) Travels in the interior of southern Africa, Bd 1. Longman, Hurst, Rees, Orme & Brown, London

Busch S, Seidel R, Speck O, Speck T (2010) Morphological aspects of self-repair of lesions caused by internal growth stresses in stems of *Aristolochia macrophylla* and *Aristolochia ringens*. Proc Royal Bot Soc B 277:2113–2120

Buvat R (1955) Le méristème apical de la tige. Ann Biol 31:595–656

de Candolle AP (1827) Organographie végétale. Deterville, Paris

Carlquist S (1962) A theory of paedomorphosis in dicotyledonous woods. Phytomorphology 12:30–45

Carlquist S (1978) Wood anatomy of Bruniaceae: correlations with eclogy, phenology and organography. Aliso 9:323–364

Chomicki G, Renner SS (2015) Phylogenetics and molecular clocks reveal the repeated evolution of ant-plants after the late Miocene in Africa and the early Miocene in Australasia and the Neotropics. New Phytol 207:411–424

Clarke CM, Bauer U, Lee CC, Tuen AA, Rembold K, Moran JA (2009) Tree shrew lavatories: a novel nitrogen sequestration strategy in a tropical pitcher plant. Biol Lett. https://doi.org/10.1098/rsbl.2009.0311

Clarke PA (2007) Aboriginal people and their plants. Rosenberg Publishing, Dural

Claßen-Bockhoff R (1992) (Prä-)Disposition, Variation und Bewährung am Beispiel der Infloreszenzblumenbildung. Mitteilungen des hamburgischen zoologischen Museums und Instituts 89(Ergbd 1):37–72

Claßen-Bockhoff R (1996) A survey of flower-like inflorescences in the Rubiaceae. Opera Bot Belgica 7:329–367

Claßen-Bockhoff R (2001) Plant morphology: the historic concepts of Wilhelm Troll, Walter Zimmermann and Agnes Arber. Ann Bot 88:1153–1172

Claßen-Bockhoff R, Arndt M (2018) Flower-like heads from flower-like meristems: pseudanthium development in *Davidia involucrata* (Nyssaceae). J Plant Res 131:443–458

Claßen-Bockhoff R, Celep F, Ajani Y, Frenken L, Reuther K, Doğan M (2023) Dark-centred umbels in Apiaceae: diversity, development and evolution. AoB Plants, 15(5), plad065

Claßen-Bockhoff R, Franke D, Krähmer HJ (2021) Early ontogeny defines the diversification of vascular bundle systems in angiosperms. Bot J Linn Soc 195:281–307

Clausing G (1998) Observations on ant-plant interactions in *Pachycentria* and other genera of the Dissochaeteae (Melastomataceae) in Sabah and Sarawak. Flora 193:361–368

Clay NK, Nelson T (2002) VH1, a provascular cell-specific receptor kinase that influences leaf cell patterns in *Arabidopsis*. Plant Cell. https://doi.org/10.1105/tpc.005884

Clowes FAL (1958) Development of quiescent centres in root meristems. New Phytol 57:85–88

Clowes FAL (1971) The proportion of cells that divide in root meristems of *Zea mays* L. Ann Bot 35:249–261

Cody ML, Mooney HA (1978) Convergence versus nonconvergence in Mediterranean- climate ecosystems. Annu Rev Ecol Syst 9:265–321

Cowling RM, Holmes PM (1992) Flora and vegetation. In: Cowling M (Hrsg) The ecology of Fynbos-nutrients, fire and diversity. Oxford University Press, Oxford

Darwin C (1875) Insectivorous plants. Murray, London

De Lange JH, Boucher C (1990) Autecological studies on *Audouinia capitata* (Bruniaceae). I. Plant-derived smoked as a seed gerimination cue. S Afr J Bot 56:700–703

Defossez E, Selosse MA, Dubois MP, Mondolot L, Faccio A, Djiéto-Lordon C, McKey D, Blatrix R (2009) Ant-plants and fungi: a new threeway symbiosis. New Phytol 182:942–949

DeMason DA (1983) The primary meristem: definition and function in Monocotyledons. Am J Bot 70:955–962

Dermen H, Bain HF (1944) A general cytohistological study of colchicine polyploidy in cranberry. Am J Bot 31:451–463

Dickinson TA, Sattler R (1975) Development of the epiphyllous inflorescence of *Helwinga japonica* (Helwingiaceae). Am J Bot 62:962–973

Diggle PK, DeMason DA (1983) The relationship between the primary thickening meristem and the secondary thickening meristem in *Yucca whipplei* Torr. I. Histology of the mature vegetative stem. Am J Bot 70:1195–1204

Dittmer HJ (1937) A quantitative study of the roots and root hairs of a winter fye plant (*Secale cereale*). Am J Bot 24:417–420

Dixon KW (1990) The Western Australian fully subterranean orchid *Rhizanthella gardneri*. Orchid Biol Rev Perspect 5:37–63

Dulin MW, Kirchoff BK (2010) Paedomorphosis, secondary woodiness, and insular woodiness in plants. Bot Rev 76:405–490

Eckardt T (1964) Das Homologieproblem und Fälle strittiger Homologien. Phytomorphology 14:79–92

Ellis AG, Midgley JJ (1996) A new plant-animal mutualism involving a plant with sticky leaves and a resident hemipteran insect. Oecologia 106:478–481

Ellison AM (2006) Nutrient limitation and stoichiometry of carnivorous plants. Plant Biol 8:740–747

Ellison AM, Adamec L (2018) Carnivorous plants: physiology, ecology and evolution. Oxford University Press, Oxford

Esau K (1969) Pflanzenanatomie. Fischer, Stuttgart

Eschrich W (1995) Funktionelle Pflanzenanatomie. Springer, Berlin/ Heidelberg

Evert RF (2006) Esau's plant anatomy. Meristems, cells, and tissues of the plant body – their structure. In: function and development, 3. Aufl. Wiley, Hoboken

Ewers FW (1982) Secondary growth in needle leaves of *Pinus longaeva* (Bristlecone Pine) and other conifers: quantitative data. Am J Bot 69:1552–1559

Fiala B, Jakob A, Maschwitz U, Linsenmair KE (1999) Diversity, evolutionary specialization and geographic distribution of a mutualistic ant-plant complex: *Macaranga* and *Crematogaster* in South East Asia. Biol J Linn Soc 66:305–331

Fleischmann A (2012) Monograph of the genus *Genlisea*. Redfern Natural History Productions, Poole

Fleischmann A, Schlauer J, Smith SA, Givnish TJ (2018) Evolution of carnivory in angiosperms. In Ellison AM, Adamec L (Hrsg) Carnivorous plants: physiology, ecology, and evolution. Oxford University Press. https://doi.org/10.1093/oso/9780198779841.003.0003

Fletcher JC (2004) Stem cell maintenance in higher plants. In: Lanza R, Blau H, Melton D, Moore M, Thomas ED, Verfaille C, Weissman I, West M (Hrsg) Handbook of stem cells. Vol. 2. Adult and fetal. Elsevier, Amsterdam, S 631–641

Fletcher JC, Meyerowitz EM (2000) Cell signaling within the shoot meristem. Curr Opin Plant Biol 3:23–30

Flindt R (2000) Biologie in Zahlen. Eine Datensammlung in Tabellen mit über 10.000 Einzelwerten, 5. Aufl. Spektrum, Heidelberg/ Berlin

Forterre Y, Skotheim JM, Dumais J, Mahadevan L (2005) How the Venus flytrap snaps. Nature 433:421–425

Frederickson ME, Greene MJ, Gordon DM (2005) ‚Devil's gardens‘ bedevilled by ants. Nature 437:495–496

Froebe HA, Baur N (1988) Die Morphogenese der Kannenblätter von Cephalotus follicularis Labill (No. 3). Akad Wiss Lit. Mainz. Abh math-naturwiss Kl 3:3–17

Gaillochet C, Daum G, Lohmann JU (2015) O cell, where art thou? The mechanisms of shoot meristem patterning. Curr Opin Plant Biol 23:91–97

Galil J (1958) Physiological studies on the development of contractile roots in geophytes. Bull Res Counc Isr 6:223–236

Gaudichaud CG (1841) Recherches générales sur l'organographie, la physiologie et l'organogénie des végétaux. Fortin et Masson, Paris

Gegenbauer C, Bellaire A, Schintlmeister A, Schmid MC, Kubicek M, Voglmayr H, Zotz G, Richter A, Mayer VE (2023) Exo- and endophytic fungi enable rapid transfer of nutrients from ant waste to orchid tissue. New Phytologist 238:2210–2223. https://doi.org/10.1111/nph.18761

Geldhauser J (1986) Holz-Kompaß. Einheimische und exotische Holzarten erkennen lernen. Gräfe und Unzer, München

Gentry AH, Dodson CH (1987) Diversity and biogeography of neotropical vascular epiphytes. Ann Mo Bot Gard 24:205–233

Gibson AC (1994) Vascular tissue. In: Behnke HD, Mabry TJ (Hrsg) Caryophyllales. Evolution and systematics. Springer, Heidelberg, S 45–74

Gifford EM, Foster AS (1996) Morphology and evolution of vascular plants, 3. Aufl. Freeman, New York

Gilg E, Werdermann E (1925) Marcgraviaceae. In: Engler A, Prantl K (Hrsg) Die natürlichen Pflanzenfamilien, Bd 21, 2. Aufl. Engelmann, Leipzig, S 94–106

Givnish TJ, Burkhardt EL, Happel RE, Weintraub JD (1984) Carnivory in the bromeliad *Brocchinia reducta*, with a cost/benefit model for the general restriction of carnivorous plants to sunny, moist, nutrient-poor habitats. Am Nat 124:479–497

Givnish TJ, Zuluaga A, Spalink D, Soto Gomez M, Lam VKY et al. (2018) Monocot plastid phylogenomics, timeline, net rates of species diversification, the power of multi-gene analyses, and a functional model for the origin of monocots. Am J Bot 105:1888–1910

Gleissberg S, Groot EP, Schmalz M, Eichert M, Kölsch A, Hutter S (2005) Developmental events leading to peltate leaf structure in *Tropaeolum majus* (Tropaeolaceae) are associated with expression domain changes of a YABBY gene. Dev Genes Evol 215:313–319

Goebel K (1928) Organographie der Pflanzen insbesondere der Archegoniaten und Samenpflanzen, 3. Aufl. 1. Teil: Allgemeine Organographie, Jena

von Goethe JW (1790) Versuch, die Metamorphose der Pflanze zu erklären. Ettringer, Gotha

Goheen JR, Palmer TM (2010) Defensive plant-ants stabilize mega-herbivore-driven landscape change in an African savanna. Curr Biol 20:1768–1772

González AD, Pabón-Mora N, Alzate JF, González F (2020) Meristem genes in the highly reduced endoparasitic *Pilostyles boyacensis* (Apodanthaceae). Front Ecol Evol 8:209. https://doi.org/10.3389/fevo.2020.00209

Gonzalez-Teuber M, Pozo MJ, Muck A, Svatos A, Adame-Alvarez RM, Heil M (2010) Glucanases and chitinases as causal agents in the protection of acacia extrafloral nectar from infestation by phytopathogens. Plant Physiol 152:1705–1715

Gray A (1849) On the composition of the plant by phytons and some applications of phyllotaxis. Proc Am Assoc Adv Sci 2:438–444

Green S, Green TL, Heslop-Harrison Y (1979) Seasonal heterophylly and leaf gland features in *Triphyophyllum* (Dioncophyllaceae), a new carnivorous plant genus. Bot J Linn Soc 78:99–116

Groot EP, Doyle JA, Nichol SA, Rost TL (2004) Phylogenetic distribution and evolution of root apical meristem organization in dicotyledonous angiosperms. Int J Plant Sci 165:97–105

Guttenberg H von (1968) Der primäre Bau der Angiospermenwurzel. In: Zimmermann W, Ozenda PG, Wulff HD (Hrsg) Handbuch der Pflanzenanatomie, Bd VIII, Teil 3. Borntraeger, Berlin

Hagemann W (1960) Kritische Untersuchungen über die Organisation des Sprossscheitels dikoytler Pflanzen. Österr Bot Z 107:366–402

Hagemann W (1970) Studien zur Entwicklungsgeschichte der Angiospermenblätter. Bot Jahrb 90:297–413

Hagemann W (1984) Die Baupläne der Pflanzen. Eine vergleichende Darstellung ihrer Konstruktion. Vorlesungsskript, Universität Heidelberg (unveröff.)

Hagemann W, Gleissberg S (1996) Organogenetic capacity of leaves: the significance of marginal blastozones in angiosperms. Plant Syst Evol 199:121–152

Hanstein J (1868) Die Scheitelzellgruppe im Vegetationspunkt der Phanerogamen. Abhandlungen aus dem Gebiete der Naturwissenschaften, Mathematik und Medicin. Gratulationsschrift der Niederrheinischen Gesellschaft für Natur- und Heilkunde 1868:109–134

Hay A, Tsiantis M (2006) The genetic basis for differences in leaf form between *Arabidopsis thaliana* and its wild relative *Cardamine hirsuta*. Nat Genet 38:942–947

Hertel V (2002) Vergleichende Untersuchungen zur Wurzelbildung. Die Entwicklung von Radikula, Seitenwurzeln und sprossbürtigen Wurzeln bei *Geranium pratense* (L.), *Tropaeolum majus* (L.), *Impatiens walleriana* (Hook. F.) und *Cucurbita maxima* (Duch.). Dissertation Johannes Gutenberg-Universität, Mainz

Heslop-Harrison Y (1975) Enzyme release in carnivorous plants. Front Biol 43:525–578

Hesse L, Leupold J, Speck T, Masselter T (2018) A qualitative analysis of the bud ontogeny of *Dracaena marginata* using high-resolution magnetic resonance imaging. Sci Rep 8:9881. https://doi.org/10.1038/s41598-018-27823-1

Heyerdahl T (1949) Kon-Tiki. Ein Floß treibt über den Pazifik. Ullstein, Frankfurt am Main

Hillson CJ (1979) Leaf development in *Senecio rowleyanus* (Compositae). Am J Bot 66:59–63

Hofer J, Turner L, Hellens R, Ambrose M, Matthews P, Michael A, Ellis N (1997) UNIFOLIATA regulates leaf and flower morphogenesis in pea. Curr Biol 7:581–587

Hölldobler B, Wilson EO (1990) The ants. Harvard University Press, Cambridge, MA

Horner JD, Płachno BJ, Bauer U, Di Giusto B (2018) Attraction of prey. In: Ellison AM, Adamec L (Hrsg) Carnivorous plants: physiology, ecology, and evolution. Oxford University Press, S 157–166. https://doi.org/10.1093/oso/9780198779841.003.0012

von Humboldt A (1806) Ideen zu einer Physiognomik der Gewächse. In: Hauff H (Hrsg) 1859–60, Reise in die Aequinoctial-Gegenden des neuen Continents. Autorisierte Übersetzung aus dem Französischen. Cotta, Stuttgart

Huxley CR (1978) The ant-plants *Myrmecodia* and *Hydnophytum* (Rubiaceae) and the relationships between their morphology, ant occupants, physiology, and ecology. New Phytol 80:231–268

Jacobs WP, Morrow IB (1957) A quantitative study of xylem development in the vegetative shoot apex of *Coleus*. Am J Bot 44:823–842

Janzen DH (1973) Dissolution of mutualism between *Cecropia* and its *Azteca* ants. Biotropica 5:15–28

Johnston R, Leiboff S, Scanlon MJ (2015) Ontogeny of the sheathing leaf base in maize (*Zea mays*). New Phytol 205:316–315

Jones DL (1995) Palms throughout the world. Struik, Cape Town

Juniper BE, Robins RJ, Joel DM (1989) The carnivorous plants. Academic, London

Kadereit G, Lauterbach M, Pirie MD, Arafeh R, Freitag H (2014) When do different C_4 leaf anatomies indicate independent C_4 origins? Parallel evolution of C_4 leaf types in Camphorosmeae (Chenopodiaceae). J Exp Bot 65:3499–3511

Kaplan DR (1975) Comparative developmental evaluation of the morphology of unifacial leaves in the monocotyledons. Bot Jahrb Syst 95:1–105

Kautz S, Lumbsch HT, Ward PS, Heil M (2009) How to prevent cheating: a digestive specialization ties mutualistic plant-ants to their ant-plant partners. Evolution 63:839–853

Kleinfeldt SE (1978) Ant-gardens: the interaction of *Codonanthe crassifolia* (Gesneriaceae) and *Crematogaster longispina* (Formicidae). Ecology, 59:449–456

Knoll F (1948) Bau, Entwicklung und morphologische Bedeutung unifazialer Vorläuferspitzen an Monokotylenblättern. Österr Bot Z 95:163–193

Koller-Peroutka M, Lendl T, Watzka M, Adlassnig W (2015) Capture of algae promotes growth and propagation in aquatic *Utricularia*. Ann Bot 115:227–236

Körner C (2014) Pflanzen im Lebensraum. In: Kadereit JW, Körner C, Kost B, Sonnewald U (Hrsg) Strasburger. Lehrbuch der Pflanzenwissenschaften, 37. Aufl. Springer Spektrum, Heidelberg

Krähmer HJ (2017) On vascular bundle modifications in nodes and internodes of selected grass species. Sci Agric Bohem 48:112–121

Krähmer HJ (Hrsg) (2019) Grasses. Crops, competitors, and ornamentals. Wiley, Hoboken

Krähmer HJ, Bonsels-Klein K, Claßen-Bockhoff R (2023) Rhizome architecture, development and vascularization in the water lily *Nymphaea alba*. Ann Bot 131: 851–866

Krähmer HJ, Hesse L, Krüger F, Speck T, Claßen-Bockhoff R (2021) Vascular bundle modifications in nodes and internodes of selected African Marantaceae species. Bot J Linn Soc 195:308–326

Kulkarni MG, Light ME, van Staden J (2011) Plant-derived smoke: old technology with possibilities for economic applications in agriculture and horticulture. S Afr J Bot 77:972–979

Laux T, Mayer KFX, Berger J, Jürgens G (1996) The *WUSCHEL* gene is required for shoot and floral meristem integrity in *Arabidopsis*. Development 122:87–96

Leins P, Boecker K (1981) Entwickeln sich Staubgefäße wie Schildblätter? Beitr Biol Pflanz 56:317–327

Lemaire B, Smets E, Dessein S (2011) Bacterial leaf symbiosis in *Ardisia* (Myrsinoideae, Primulaceae): molecular evidence for host specificity. Res Microbiol 162:528–534

Lieberei R, Reisdorff C (2012) Nutzpflanzen. Begründet von W. Franke, 8. Aufl. Thieme, Stuttgart

Long JA, Moan EI, Medford JI, Barton MK (1996) A member of the KNOTTED class of homeodomain proteins encoded by the *STM* gene of *Arabidopsis*. Nature 379:66–69

Lunau K (2011) Warnen, Tarnen, Täuschen. Mimikry und Nachahmung bei Pflanze, Tier und Mensch. Wissenschaftliche Buchgesellschaft, Darmstadt

Lüttge U, Kluge M, Bauer G (1999) Botanik, 3. Aufl. Wiley-VCH, Weinheim

Machida C, Nakagawa A, Kojima S, Takahashi H, Machida Y (2015) The complex of ASYMMETRIC LEAVES (AS) proteins plays a central role in antagonistic interactions of genes for leaf polarity specification in *Arabidopsis*. WIREs Dev Biol 2015(4):655–671. https://doi.org/10.1002/wdev.196

Malajczuk N, Bowen G (1974) Proteoid roots are microbially induced. Nature 251: 316–317 https://doi.org/10.1038/251316a0

Malpighi M (1675) Anatome plantarum. London. Nachdruck 1979. Saikon, Tokio

Marloth R (1909) Die Schutzmittel der Pflanzen gegen übermäßige Insolation. Ber Deut Bot Ges 27:362–371

Mayer KF, Schoof H, Haecker A, Lenhard M, Jürgens G, Laux T (1998) The role of WUSCHEL in regulating stem cell fate in the *Arabidopsis* shoot meristem. Cell 95:805–815

Mayer VE, Frederickson ME, McKey D, Blatrix R (2014) Current issues in the evolutionary ecology of ant-plant symbioses. New Phytol. https://doi.org/10.1111/nph.12690

McCully ME (1975) The development of lateral roots. In: Torrey JG, Clarkson DT (Hrsg) The development and function of roots. Academic, New York, S 105–124

Melzer B, Steinbrecher T, Seidel R, Kraft O, Schwaiger R, Speck T (2010) The attachment strategy of English ivy: a complex mechanism acting on several hierarchical levels. J R Soc Interface 7:1383–1389

Miller IM (1990) Bacterial leaf nodule symbiosis. Adv Bot Res 17:163–243

Moon J, Hake S (2011) How a leaf gets its shape. Curr Opin Plant Biol 14:24–30

Mucina L, Rutherford MC (Hrsg) (2006) The vegetation of South Africa, Lesotho and Swaziland. Strelitzia 19:3–807

Muhaidat R, Sage RF, Dengler NG (2007) Diversity of Kranz anatmy and biochemistry in C4 eudicots. Am J Bot 94:362–381

Müller F (1876) Über das Haarkissen am Blattstiel der Imbauba (*Cecropia*), das Gemüsebeet der Imbauba-Ameise. Jena Z Med Naturwiss 10:281–286

Naz AA, Raman S, Martinez CC, Sinha NR, Schmitz G, Theres K (2013) Trifoliate encodes an MYB transcription factor that modulates leaf and shoot architecture in tomato. PNAS 110:2401–2406

Nelsen MP, Ree RH, Moreau CS (2018) Ant-plant interactions evolved through increasing interdependence. Proc Natl Acad Sci 115:12253–12258

Nicotra AB, Leigh A, Boyce CK, Jones CS, Nikas KJ, Royer DL, Tsukaya H (2011) The evolution and functional significance of leaf shape in the angiosperms. Funct Plant Biol 38:535–552

Niklas K (2004) Plant allometry: is there a grand unifying theory? Biol Rev Camb Philos Soc 79:871–990

Nishi AH, Vasconcellos-Neto J, Romero GQ (2013) The role of multiple partners in a digestive mutualism with a protocarnivorous plant. Ann Bot 111:143–150

O'Dowd DJ (1982) Pearl bodies as ant food: an ecological role for some leaf emergences of tropical plants. Biotropica 14:40–49

Orlandini P, da Silva OLM, Cordeiro I, Souza VC (2023) Phylogenetics of phyllocladiferous *Phyllanthus* (Phyllanthaceae): a new section exclusive from the Atlantic Rain Forest, with morphological and molecular support. Plant Syst Evol 309, 36 (2023). https://doi.org/10.1007/s00606-023-01871-1

Oshchepkova EA, Omelyanchuk NA, Savina MS, Pasternak T, Kolanchov NA, Zemlyanskaya EV (2017) Systems biology analysis of the *WOX5* gene and its fuctions in the root stem cell niche. Russ J Genet Appl Res 7:404–420

Oz F (1986) Little shop of horrors. USA. https://de.wikipedia.org/wiki/Der_kleine_Horrorladen_%281986%29

Palmer TM, Stanton ML, Young TP, Goheen JR, Pringle RM, Karban R (2008) Breakdown of an ant-plant mutualism follows the loss of large herbivores from an African Savanna. Science 319:192–195

Peppe DJ, Royer DL, Cariglino B, Oliver SY, Newman S, Leight E, Enikolopov G et al. (2011) Sensitivity of leaf size and shape to climate: global patterns and paleoclimatic applications. New Phytol 190:724–739. https://doi.org/10.1111/j.1469-8137.2010.03615.x

Pereira CG, Almenara DP, Winter CE, Fritsch PW, Lambers H, Oliveira O (2012) Underground leaves of *Philcoxia* trap and digest nematodes. Proc Natl Acad Sci U S A 109:1154–1158

Pfunder M, Roy BA (2000) Pollinator-mediated interactions between a pathogenic fungus, *Uromyces pisi* (Pucciniaceae), and its host plant, *Euphorbia cyparissias* (Euphorbiaceae). Am J Bot 87:48–55

Poppinga S, Joyeux M (2011) Different mechanics of snap-trapping in the two closely related carnivorous plants *Dionaea muscipula* and *Aldrovanda vesiculosa*. Phys Rev E 84:041928

Poppinga S, Hartmeyer SRH, Seidel R, Masselter T, Hartmeyer I, Speck T (2012) Catapulting tentacles in a sticky carnivorous plant. PLoS One 7:245735

Poppinga S, Daber LE, Westermeier AS, Kruppert S, Horstmann M, Tollrian R, Speck T (2017) Biomechanical analysis of prey capture in the carnivorous Southern bladderwort (*Utricularia australis*). Sci Rep 7:1776. https://doi.org/10.1038/s41598-017-01954-3

Poppinga S, Bauer U, Speck T, Volkov AG (2018) Motile traps. In: Ellison AM, Adamec L (Hrsg) Carnivorous plants: physiology, ecology, and evolution. Oxford University Press, S 180–193. https://doi.org/10.1093/oso/9780198779841.003.0014

Porter T (2011) Holz. Erkennen und benutzen, 2. Aufl. Vincentz, Hannover

Povilus RA, DaCosta JM, Grassa C, Satyaki PRV, Moeglein M, Jaenisch J, Xi Z, Mathews S, Gehring M, Davis CC, Friedman WE (2020) Water lily (*Nymphaea thermarum*) genome reveals variable genomic signatures of ancient vascular cambium losses. Proc Natl Acad Sci U S A 117:8649–8656. https://doi.org/10.1073/pnas.1922873117

Pütz N (1994) Underground plant movement. II. Vegetative spreading of *Oxalis pes-caprae*. Plant Syst Evol 191:57–67

Pütz N (2002) Contractile roots. In: Waisel Y, Eshel A, Kafkali U (Hrsg) Plant roots. The hidden half, 2. Aufl. Dekker, New York/Basel/Hongkong, S 975–987

Rauh W (1937) Die Bildung von Hypookotyl- und Wurzelsprossen und ihre Bedeutung für die Wuchsformen der Pflanzen. Nova Acta Leopoldina N F 4:393–553

Rauh W (1950) Morphologie der Nutzpflanzen. Quelle & Meyer, Heidelberg

Raven PH, Evert R, Eichhorn SE (2006) Biologie der Pflanzen, 4. Aufl. De Gruyter, Berlin/New York

Ray PM (1967) Die Pflanze. BLV, München,

Rimbach (1898) Die kontraktilen Wurzen und ihre Thätigkeit. Beitr Wiss Bot 2:1–26

Ritterbusch A (1977) Homolog- und Analog-Modell einer spermatophyten und einer terrestren Pflanze. Ber Deut Bot Ges 90:363–368

Roth I (1949) Zur Entwicklungsgeschichte des Blattes, mit besonderer Berücksichtigung von Stipular- und Ligularbildungen. Planta 37:299–336

Royer DL, Wilf P (2006) Why do toothed leaves correlate with cold climate? Gas exchange at leaf margins provides new insights into classic paleotemperature proxy. Int J Plant Sci 167:11–18. https://doi.org/10.1086/497995

Rudall PJ (1991) Lateral meristems and stem thickening growth in monocotyledons. Bot Rev 57:150–163

Rudall PJ (2007) Anatomy of flowering plants. An introduction to structure and development. Cambridge University Press, Cambridge

Rudall PJ, Buzgo M (2002) Evolutionary history of the monocot leaf. In: Cronk QBC, Bateman RM, Hawkins JA (Hrsg) Developmental genetics and plant evolution. Taylor & Francis, Boca Raton/London/New York, S 431–458

Runions A, Tsiantis M, Prusinkiewicz P (2017) A common developmental program can produce diverse leaf shapes. New Phytol 216:401–418

Rutishauser R (1999) Polymerous leaf whorls in vascular plants: developmental morphology and fuzziness of organ identities. Int J Plant Sci 160(Suppl):S81–S103

Rutishauser R, Sattler R (1985) Complementary and heuristic value of contrasting models in structural botany, I. General considerations. Bot Jahrb 107:415–455

Sachs J (1874) Lehrbuch der Botanik nach dem gegenwärtigen Stand der Wissenschaft. 4, umgearbeitete Aufl. Engelmann, Leipzig

Sachs T (1981) The control of the patterned differentiation of vascular tissues. Adv Bot Res 9:152–262

Sachse R., Westermeier A., Mylo M., Nadasdi J., Bischoff M., Speck T., Poppinga S. 2020 Snapping mechanics of the Venus flytrap (Dionaea muscipula). Proc Natl Acad Sci 117(27), 16035-16042. (doi:10.1073/pnas.2002707117).

Sage RF (2016) A portrait of the C_4 photosynthetic family on the 50th anniversary of its discovery: species number, evolutionary lineages, and Hall of Fame. J Exp Bot 67:4039–4056

Sage RF, Monson RK, Ehleringer JR, Adachi S, Pearcy RW (2018) Some like it hot: the physiological ecology of C4 plant evolution. Oecologia 187:941–966

Santiago LJM, Louro RP, Emmerich M (2008) Phylloclade anatomy in Phyllanthus section Choretropsis (Phyllanthaceae). Botl J Linn Soc 157:91–102

Sattler R (1988) Homeosis in plants. Am J Bot 75:1606–1617

Sattler R (1996) Classical morphology and continuum morphology: opposition and continuum. Ann Bot 78:577–581

Sattler R (2001) Some comments on the morphological, scientific, philosophical and spiritual significance of Agnes Arber's life and work. Ann Bot 88:1215–1217

Saunders ER (1922) The leaf-skin theory of the stem. Ann Bot 36:135–165

Schmidt A (1924) Histologische Studien an phanerogamen Vegetationspunkten. Bot Arch 8:345–404

Schneckenburger S (1991) Neukaledonien. Pflanzenwelt einer Pazifikinsel. Palmengarten Sonderh 16:9–78

van der Schoot C, Rinne P (1999) Networks for shoot design. Trends Plant Sci 4:31–37

Schumacher J (2013) Japanische Esskastanien-Gallwespe (Dryocosmus kuriphilus Yasumatsu). FVA Waldschutz-Info 1/2013.

Sharman BC, Hitch PA (1967) Initiation of procambial strands in leaf primordia of bread wheat, Triticum aestivum L. Ann Bot 31:229–243

Sibaoka T (1962) Excitable cells in Mimosa. Science 137:226

Silvera K, Neubig KM, Whitten WM, Williams NH, Winter K, Cushman JC (2010) Evolution along the crassulacean acid metabolism continuum. Funct Plant Biol 37: 995–1010

Sitte P (1998) Morphologie. In Sitte P, Ziegler H, Ehrendorfer F, Bresinsky A. Weiler (Bearb.), Strasburger. Lehrbuch der Botanik. 34. Auflage: 11–214. Fischer, Stuttgart

Skotheim JM, Mahadevan L (2005) Physical limits and design principles for plant and fungal movements. Science 308:1308–1310

Smith GF, Chesselet P, van Jaarsveld EJ, Hartmann H, Hammer S, van Wyk BE, Burgoyne P, Klakl C, Kurzweil H (1998) Mesembs of the world. Illustrated guide to a remarkable succulent group. Briza, Pretoria

Solzau U, Dötterl S, Liede-Schumann S (2009) Leaf variegation in Caladium steudneriifolium (Aracae): a case of mimicry? Evol Ecol 23:503–512

Steeves TA (2006) The shoot apical meristem: an historical perspective. Can J Bot 84:1629–1633

Stepkowski T, Banasiewicz J, Granada CE, Andrews M, Passaglia LMP (2018) Phylogeny and phylogeography of rhizobial symbionts nodulating legumes of the Tribe Genisteae. Gene 9:163. https://doi.org/10.3390/genes9030163

Stevenson DW (1980a) Radial growth in the Cycadales. Am J Bot 67:465–475

Stevenson DW (1980b) Radial growth in Beaucarnea recurvata. Am J Bot 67:476–489

Taiz L, Zeiger E, Møller IM, Murphy A (2015) Plant physiology and development, 6. Aufl. Sinauer, Sunderland

Tay JYL, Zotz G, Einzmann HJR (2023) Smoothing out the misconceptions of the role of bark roughness in vascular epiphyte attachment. New Phytologist 238:983–994. https://doi.org/10.1111/nph.18811

Tepe EJ, Vincent MA, Watson LE (2007) The importance of petiole structure on inhabitability by ants in Piper sect. Macrostachys (Piperaceae). Bot J Linn Soc 153:181–191

Tomlinson PB (1995) Non-homology of vascular organisation in monocotyledons and dicotyledons. In: Rudall PJ, Cribb PJ, Cutler DF, Humphries CJ (Hrsg) Monocotyledons: systematics and evolution. Royal Botanic Gardens, Kew, S 589–622

Tomlinson PB, Spangler R (2002) Developmental features of the discontinuous stem vasculature system in the rattan palm Calamus (Arecaceae-Calamoideae-Calamineae). Am J Bot 89:1128–1141

Treseder KK, Davidson DW, Ehleringer JR (1995) Absorption of ant-provided carbon dioxide and nitrogen by a tropical epiphyte. Nature, 375(6527):137–139

Troll W (1935) Vergleichende Morphologie der Höheren Pflanzen. Band I: Vegetationsorgane. Teil 1. Borntraeger, Berlin (Nachdruck 1967, Koeltz, Königstein)

Troll W (1939) Vergleichende Morphologie der Höheren Pflanzen. Band I: Vegetationsorgane. Teil 2. Borntraeger, Berlin (Nachdruck 1967, Koeltz, Königstein)

Troll W (1943) Vergleichende Morphologie der Höheren Pflanzen. Band I: Vegetationsorgane. Teil 3. Borntraeger, Berlin (Nachdruck 1967, Koeltz, Königstein)

Troll W (1954) Praktische Einführung in die Pflanzenmorphologie. 1. Teil: Der vegetative Aufbau. Fischer, Jena. (Nachdruck 1973. Koeltz, Königstein/Taunus)

Troll W (1955) Über den morphologischen Wert der sogenannten Vorläuferspitzen von Monokotylenblättern. Ein Beitrag zur Typologie des Monokotylenblattes. Beitr Biol Pflanz 31:525–558

Troll W (1973) Allgemeine Botanik. Ein Lehrbuch auf vergleichend-biologischer Grundlage. 4. verbesserte Auflage unter Mitwirkung von K. Höhn. Enke, Stuttgart

Troll W, Rauh W (1950) Das Erstarkungswachstum der krautigen Dikotylen, mit besonderer Berücksichtigung der primären Verdickungsvorgänge. I. Typologischer Teil. Sitzungsberichte der Heidelberger Akademie der Wissenschaften, mathematisch-naturwissenschaftliche Klasse. 1950: 1–86

Tsiantis M, Hay A (2003) Comparative plant development: the time of the leaf?. Nature Rev Gen 4:169–180

Turrell FM (1936) The area of the internal exposed surface of dicotyledon leaves. Am J Bot 23:255–264

Vogel S (1955) Niedere ‚Fensterpflanzen' in der südafrikanischen Wüste. Eine ökologische Schilderung. Beitr Biol Pflanz 31:45–135

de Vries H (1880) Ueber die Kontraktion der Wurzeln. Landwirtsch Jahrb 9:37–80

Wagenitz G (2003) Wörterbuch der Botanik. 2. Auflg. Spektrum, Heidelberg

Wang B, Yeun LH, Xue JY, Liu Y, Ané JM, Qiu YL (2010) Presence of three mycorrhizal genes in the common ancestor of land plants suggests a key role of mycorrhizas in the colonization of land by plants. New Phytol 186:514–525

Warcup JH (1985) *Rhizanthella gardneri* (Orchidaceae), its Rhizoctonia endophyte and close association with Melaleuca uncinata (Myrtaceae) in Western Australia. New Phytol 99:273–280

Warming E (1872) Om Forskjellen mellem trichomer og epiblastemer af höjere rang. Vidensk Medd Dan Naturhist Foren Kjøbenhavn 16–27:159–205

Watt M, Evans JR (1999) Proteoid roots. Physiol Dev Plant Physiol 121:317–323

Weber HC (1978) Schmarotzer. Pflanzen, die von anderen leben. Belser, Stuttgart

Weber HC (1993) Parasitismus von Blütenpflanzen. Wissenschaftliche Buchgesellschaft, Darmstadt

Weberling F (1981) Morphologie der Blüten und der Blütenstände. Ulmer, Stuttgart

Werner D (1987) Pflanzliche und mikrobielle Symbiosen. Thieme, Stuttgart

Westermeier AS, Hiss N, Speck T, Poppinga S (2020) Functional-morphological analyses of the delicate snap-traps of the aquatic carnivorous waterwheel plant (*Aldrovanda vesiculosa*) with 2D and 3D imaging techniques. Ann Bot 126:1099–1107

Westwood JH, Yoder JI, Timlo MP, de Pamphilis CW (2010) The evolution of parasitism in plants. Trends Plant Sci 15:227–235

White J (1979) The plant as a metapopulation. Ann Rev Ecol Syst 10:109–145

Wicke S, Müller KF, de Pamphilis CW, Quandt D, Bellot S, Schneeweiß GM (2016) Mechanistic model of evolutionary rate variation en route to a nonphotosynthetic lifestyle in plants. Proc Natl Acad Sci U S A 113:9045–9050

Williams KS, Gilbert LE (1981) Insects as selective agents on plant vegetative morphology: egg mimicry reduces egg laying by butterflies. Nature 212:467–469

von Willert DJ, Armbrüster N, Drees T, Zaborowski M (2005) Welwitschia mirabilis: CAM or not CAM—what is the answer?. Functional Plant Biology 32:389–395

Wolkinger F (1971) Morphologie und systematische Verbreitung der lebenden Holzfasern bei Sträuchern und Bäumen. III. Systematische Verbreitung. Holzforschung Int J Biol Chem Phys Technol Wood 25:29–30

Woltz P, Stockey RA, Gondran M, Cherrier JF, Bernard J (1994) Interspecific parasitism in the Gymnosperms: unpublished data on two endemic New Caledonian Podocarpaceae using scanning electron microscopy. Acta Bot Gall 141:731–746

Zimmermann MH, Tomlinson PB (1967) Anatomy of the palm *Rhapis excelsa*. IV. Vascular development in apex of vegetative aerial axis and rhizome. J Arnold Arboretum 48:122–142

Zimmermann MH, Tomlinson PB (1972) The vascular system of monocotyledonous stems. Bot Gaz 133:141–155

Zizka G, Maschwitz U, Fiala B (1990) Pflanzen und Ameisen. Partnerschaft fürs Überleben. Palmengarten 15:7–126

Zotz G (2016) Plants on plants. The biology of vascular epiphytes. Springer International Publishing Switzerland, Cham

Zotz G, Almeda F, Bautista-Bello AP, Eskov A, Giraldo-Cañas D, et al. (2021b) Hemiepiphytes revisited. PPEES 51, 125620

Zotz G, Hietz P, Einzmann HJR (2021c) Functional ecology of vascular epiphytes. Ann Pl Rev 4:869–906

Zotz G, Weigelt P, Kessler M, Kreft H, Taylor A (2021a) EpiList 1.0: a global checklist of vascular epiphytes. Ecology e03326. https://doi.org/10.1002/ecy.3326

Reproduktive Lebensphase der Blütenpflanzen

Der Erfolg der Blütenpflanzen beruht vor allem auf den Neuerungen im reproduktiven Bereich: Zwitterblütigkeit, Angiospermie und Interaktion mit Tieren.

Zwitterblütigkeit und Anordnung der Blüten in Blütenständen beeinflussen das Reproduktionssystem der Pflanzen, indem sie Selbstbestäubung ermöglichen und Fremdbestäubung fördern. ▶ Kap. 9 erläutert die Diversität der Blütenstände und führt in die Reproduktionsbiologie der Blütenpflanzen ein. ▶ Kap. 10 beschreibt das außergewöhnliche Bildungspotential des Blütenmeristems, das die Vielfalt der Blütenorgane hervorbringt. Die Bedecktsamigkeit geht mit einem verbesserten Schutz der Samenanlagen und mit den bedeutenden Neuentwicklungen der Pollenselektion und Fruchtbildung einher. Bestäubung und Samen- bzw. Fruchtausbreitung erfolgen mit Wind, Wasser und Tieren. ▶ Kap. 11 gibt eine Übersicht über die Anpassung der Blumen an ihre Bestäuber und die zahlreichen, zum Teil spektakulären Bestäubungsmechanismen. ▶ Kap. 12 befasst sich anhand zahlreicher Beispiele mit der Fruchtmorphologie und Ausbreitungsbiologie der Blütenpflanzen.

Inhaltsverzeichnis

Kapitel 9   Blütenstände und Reproduktionssysteme – 665

Kapitel 10   Entwicklung und Diversität der Blüte – 735

Kapitel 11   Blumenstile und Bestäubungsmechanismen – 811

Kapitel 12   Samen, Früchte und Ausbreitung – 959

Blütenstände und Reproduktionssysteme

Inhaltsverzeichnis

9.1 Charakteristika von Blütenständen – 666

9.2 Reproduktive Meristeme – 669
9.2.1 Infloreszenzmeristeme: Blütenbildung durch Segregation – 671
9.2.2 Blütenmeristeme – 671
9.2.3 *Floral unit*-Meristeme: Blütenbildung durch Fraktionierung – 671
9.2.4 Meristeme mit Cymenbildung – 673

9.3 Klassifikation und Benennung von Blütenständen – 676
9.3.1 Offene und geschlossene Blütenstände – 676
9.3.2 Gerüst und Peripherie – 680
9.3.3 Grundformen reproduktiver Verzweigung – 682
9.3.4 Thyrsus: Blütenstand mit Cymen – 685
9.3.5 Maskierung von Blütenständen – 692
9.3.6 Drei Schritte zur Blütenstandsanalyse – 693

9.4 Evolution der Blütenstände – 695

9.5 Blütenstände als Blumen – 695
9.5.1 Blumenbildung – 696
9.5.2 Beispiele: Cyathien, Dolden mit Döldchen und Köpfchen – 702

9.6 Die Pflanze als reproduktive Einheit – 708
9.6.1 Reproduktionserfolg (*fitness*) – 709
9.6.2 Reproduktionssysteme – 709
9.6.3 Blütendimorphismus – 710
9.6.4 Genetische Selbstinkompatibilität – 716
9.6.5 Selbstbestäubung: Autogamie und Geitonogamie – 718
9.6.6 Förderung von Fremdbestäubung – 719
9.6.7 Architektur und Aufblühfolge – 727

Literatur – 731

© Springer-Verlag GmbH Deutschland, ein Teil von Springer Nature 2024
R. Claßen-Bockhoff, *Die Pflanze*, https://doi.org/10.1007/978-3-662-65443-9_9

Trailer

Blütenstände präsentieren die Blüten einer Pflanze in Raum und Zeit und nehmen damit direkt Einfluss auf deren Reproduktionserfolg. Sie sind außerordentlich vielfältig und wurden in der Vergangenheit in unterschiedlicher Weise klassifiziert. Die rein formale Betrachtungsweise führt allerdings zu künstlichen Gruppen, wie aktuelle Entwicklungsstudien zeigen.

In den ersten vier Abschnitten dieses Kapitels werden die Blütenstände in ihrer Entwicklung und Vielfalt vorgestellt. Mit dem Eintritt der Pflanze ins blühfähige Alter gehen Meristeme vom vegetativen in den reproduktiven Zustand über. Dabei verlieren sie das Potential zum offenen Wachstum und gewinnen die Fähigkeit zur Blütenbildung. Blütenstände entwickeln sich aus reproduktiven Meristemen, die Blüten entweder durch seitliche Abgliederung (Segregation) oder durch Aufgliederung des Meristems (Fraktionierung) bilden. Blütenstände gleichen Aussehens sind daher nicht zwangsläufig morphologisch homolog.

Die Übersicht über die Grundformen der Blütenstände und ihrer Benennung hilft, die Vielfalt der Blütenstände überschaubar zu machen. Dabei wird zwischen dem Gerüst (Verzweigungssystem) und der Peripherie (Blüten, Blütenäquivalente, Cymen) eines Blütenstandes unterschieden. Praktische Tipps helfen beim Erkennen der verschiedenen Formen.

Im Mittelpunkt des fünften Abschnittes stehen Pseudanthien (Infloreszenzblumen), Blütenstände mit gestaltlicher Ähnlichkeit zu Einzelblüten. Die Ähnlichkeit wird durch kleine, dicht gestellte Blüten, farbige Hochblätter oder auffällige Randblüten erreicht. Pseudanthien gehören zu den faszinierendsten Erscheinungen der Blütenpflanzen und werfen zahlreiche Fragen zur Evolution und Regulation analoger Muster auf.

Der sechste Abschnitt widmet sich der Reproduktionsbiologie der Pflanze. Funktionell stehen die Blütenstände im Dienst von Bestäubung, Befruchtung und Ausbreitung. Sie prägen mit ihrer Größe, Architektur, Blütengestaltung und Aufblühfolge das Reproduktionssystem einer Pflanze. Der reproduktive Erfolg eines Individuums steigt dabei mit der Anzahl genetisch diverser Nachkommen. Dabei gehen Selbstbestäubung vs. Fremdbestäubung, ‚zwittrige‘ vs. ‚eingeschlechtliche‘ Blüten und sukzessives vs. synchrones Blühen in eine ‚Kosten-Nutzen-Rechnung‘ ein, die zum jeweils artspezifischen Reproduktionssystem führt.

Im Gegensatz zum Tier besitzen **Pflanzen keine Keimbahn** und keine bereits embryonal angelegten Geschlechtsorgane. Der pflanzliche Vegetationskörper ist in der Jugend **rein vegetativ**: Seine gesamte Energie fließt in den Aufbau und die Versorgung des Sprosssystems. Erst in einem artspezifisch festgelegten Alter tritt die Pflanze in die **reproduktive Lebensphase** ein, in der es zur **Bildung von Blüten** kommt. Dabei gehen **Meristeme** bestimmter **Position** vom vegetativen in den reproduktiven Zustand über (▶ Abschn. 6.8).

Die reproduktive Phase im Lebenszyklus der **Blütenpflanzen** ist durch die Ausbildung von Blüten charakterisiert. Diese sind wie die Sprossachsen, Blätter und Wurzeln Teil des **diploiden, asexuellen Sporophyten**. Erst mit der Meiose, die im **Inneren** der Pollensäcke und Samenanlagen der Blüte abläuft (◘ Abb. 4.25, ▶ Abschn. 4.6.2 und 4.6.3), beginnt die Entwicklung des **sexuellen Gametophyten**. Die reproduktive Phase einer Pflanze (Sporophyt) ist somit **nicht identisch** mit der sexuellen (generativen) Phase (Gametophyt).

9.1 Charakteristika von Blütenständen

Blütenstände (Infloreszenzen) werden oft als Blüten tragende Verzweigungssysteme bezeichnet. Diese Charakterisierung ist **keine Definition**, denn sie trägt nicht dazu bei, einen Blütenstand vom vegetativen Teil der Pflanze abzugrenzen. Erst die Unterscheidung von blühenden Sprosssystemen (**Blühtrieben**) (▶ Abschn. 6.8) und **Blütenständen** macht es möglich, morphologisch homologe Einheiten zu identifizieren (◘ Abb. 6.39).

Das Sprosssystem ist zunächst vegetativ und dient der Aufrechterhaltung und Versorgung des pflanzlichen **Vegetationskörpers** (◘ Abb. 9.1a). Es trägt Laubblätter und Seitenachsen. Gehen einzelne (selten alle) Meristeme in den reproduktiven Zustand über (▶ Abschn. 9.2), wird das vegetative Sprosssystem zu einem Blüten tragenden oder **blühenden Sprosssystem**. Blüten und Blütenstände sind **Teile** dieses weiterhin vegetativen Systems (◘ Abb. 9.1b). Sie entstehen aus Meristemen, die einen **Blühimpuls** erhalten haben (▶ Exkurs 9.1) und daraufhin vom vegetativen in den reproduktiven Zustand übergegangen sind. In **Abgrenzung** zum vegetativen Sporsssystem werden Blütenstände hier als **reproduktive Verzweigungssysteme** bezeichnet.

In der Vergangenheit blieb das **hierarchische Verhältnis** zwischen den beiden Verzweigungsebenen meist unberücksichtigt. Blütenstände wurden vielmehr über ihr adultes Verzweigungsmuster klassifiziert und benannt (▶ Abschn. 9.3). Dieses Verfahren eignet sich zu Bestimmungszwecken, kann aber zu falschen Schlussfolgerungen führen, wenn Blütenstände in evolutionsbiologische, systematische oder entwicklungsgenetische Zusammenhänge eingebunden werden. Da Sprosssysteme und Blütenstände den **gleichen Verzweigungsregeln** folgen, kommt es zwangsläufig zu **analogen Ähnlichkeiten** (▶ Abschn. 6.8.1). Diese gilt es zu unterscheiden:

- **Blühtriebe** sind **vegetative Sprosssysteme**, die reproduktive Verzweigungssysteme (Blütenstände) tragen (▶ Abschn. 6.8). Sie entwickeln sich aus Sprossapikalmeristemen.

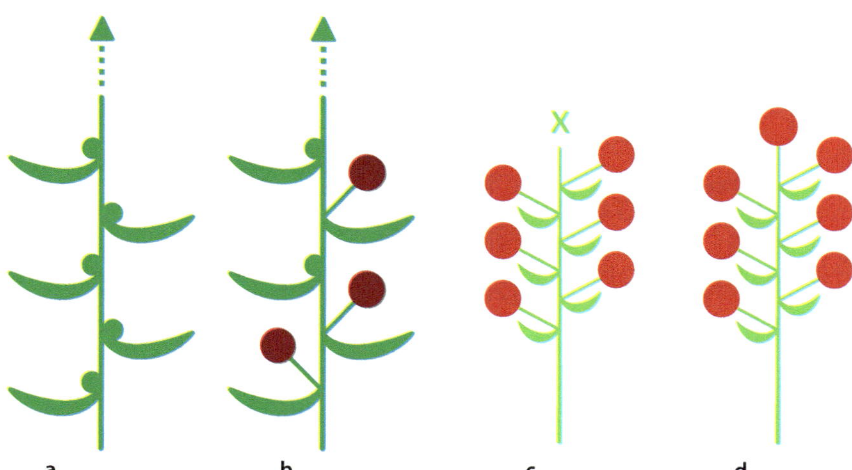

Abb. 9.1 **Vegetative und reproduktive Verzweigungssysteme. a, b,** Vegetative Sprosssysteme (dunkelgrün). **a,** Sprossachse mit Laubblättern, Blattachselprodukten und offenem Wachstum (Pfeil). **b,** Blühendes Monopodium mit einzelnen, seitlich stehenden Blüheinheiten (dunkelrot). **c, d,** Grundformen einfacher Blütenstände (hellgrün). **c,** Traube. Die Achse stellt ihr Wachstum nach Ende der Blütenbildung (hellrot) ein (Kreuz). **d,** Botryoid. Der Blütenstand bildet eine Endblüte. Der folgende Farbcode gilt auch für die Abb. 9.2, 9.5, 9.11 und 9.15: Dunkelgrün: vegetatives Sprosssystem. Hellgrün: reproduktives Verzweigungssystem (Blütenstand). Dunkelrot: Blüheinheit (Blüte, Blütenstand, *floral unit*). Rot: Blüte. (© Original)

— **Blütenstände** sind **reproduktive Einheiten**, die innerhalb von Blühtrieben auftreten und sich in ihrer hormonellen und genetischen Regulation von diesen unterscheiden (▶ Abschn. 9.2). Sie entwickeln sich aus Infloreszenzmeristemen.

Blütenstände weisen ein **begrenztes Wachstum auf**. Sie bestehen aus wenigstens zwei Blüten, oft aus zehn bis 50, aber auch aus mehreren Hundert oder Tausend Blüten. Bei einigen Palmen (z. B. ▶ *Corypha*-Arten, Arecaceae) sollen Blütenstände bis zu 10 Mio. Blüten bilden (Stevens 2001 onwards).

Die **Gestalt** der Blütenstände wird durch den Verzweigungsgrad, die Länge und Dicke der Internodien und die brakteose, laubige oder farbige (**petaloide**; ▶ Abschn. 9.4) Beblätterung bestimmt. Darüber hinaus beeinflussen die **Anzahl** der Blüten, sekundäre **Lageverschiebungen** (Metatopien; Abb. 6.37 und 6.38, ▶ Abschn. 6.7.6) und **Beisprosse** (Abb. 6.35 und 6.36, ▶ Abschn. 6.7.3) die Gestalt eines Blütenstandes.

Blütenstände sind oft direkt erkennbar (Abb. 9.2). Das gilt vor allem, wenn sie sich durch lange Stiele (**Schaftbildung**) oder sprunghaft veränderte Beblätterung vom vegetativen Teil der Pflanze absetzen. In anderen Fällen kann ihre Abgrenzung schwierig sein. Folgende Kriterien sind dann hilfreich:

— Blütenstände dienen **ausschließlich der Blütenbildung** (Abb. 9.1c, d). Blühende Systeme, die von sterilen Laubblättern, vegetativen Knospen oder vegetativen Seitenachsen unterbrochen werden, sind **keine Blütenstände** (Abb. 9.1b). Ebenso weisen persistierende Sprossachsen (blühende Monopodien; ▶ Abschn. 6.8.2), Innovationsknospen und vegetative Beiknospen (*Mimosa* Abb. 6.36d, *Bougainvillea* Abb. 6.36f) zwischen den Blüten darauf hin, dass es sich nicht um Blütenstände handelt.

— Blütenstände haben wie Blätter und Blüten ein **begrenztes Wachstum** (▶ Abschn. 1.2) und eine **definierte Gestalt**. Sie sind in der Regel **einjährig**, entwickeln sich **sylleptisch** (▶ Abschn. 6.7.2), fruchten in der Vegetationsperiode ihrer Bildung und werden nach der Samenreife **abgeworfen**. Bei einjährigen oder mehrjährig-monokarpen Pflanzen (▶ Abschn. 6.1) gehen sie mit der Pflanze zugrunde.

— Blütenstände sind oft **brakteos** beblättert. In einigen Fällen treten jedoch laubige Blätter auf, die die Blüten mit Photosyntheseprodukten versorgen. Diese Blätter tragen **stets reproduktive Meristeme**, die sich **ohne Pause** zu Blüten oder Teilblütenständen entwickeln. Darin unterscheiden sie sich von den Laubblättern vegetativer Sprosssysteme, die entweder vegetative Anlagen tragen (Abb. 9.1) oder reproduktive Meristeme bilden, die **mit deutlicher Verzögerung** zur Entwicklung kommen.

— Blütenstände stehen in **terminaler** und/oder **seitlicher Position**. Sie treten einzeln oder zu mehreren innerhalb eines Blühtriebes auf und blühen ihrer Anlage entsprechend **akropetal** (entlang der Hauptachse) oder **ordinal** (mit steigendem Achsenordnungsgrad) auf. Das **basipetale** Aufblühen von seitlichen Blütenständen deutet auf das Vorliegen eines Blühtriebs hin (▶ Abschn. 6.8.2).

9

Abb. 9.2 Diversität der Blütenstände. a, Traube: Raps (*Brassica napus*, Brassicaceae). Pfeil: akropetale Aufblühfolge. **b**, Ähre: *Hebenstreitia* (Scrophulariaceae). **c**, Kolben (Ko) mit Hochblatt (Sp, Spatha): Anthurie (*Anthurium*, Araceae). **d**, Mehrfachtraube mit Endtraube (Et): Wald-Geißbart (*Aruncus dioicus*, Rosaceae). **e**, Pelorie (P): Roter Fingerhut (*Digitalis purpurea*, Scrophulariaceae). **f**, Thyrsus (Ähre mit sitzenden Cymen): Schopfsalbei (*Salvia viridis*, Lamiaceae) mit farbigen Hochblättern. **g**, Thyrsus mit fünfzähliger Endblüte (tB, terminale Blüte) und vierzähligen Seitenblüten: Weinraute (*Ruta graveolens*, Rutaceae). **h**, Botryoid mit vorauseilender terminaler Blüte (tB): Glockenblume (*Campanula*, Campanulaceae). **i**, Rispe mit typisch pyramidaler Form: Liguster (*Ligustrum vulgare*, Oleaceae). **j**, Boragoid mit schneckenförmig eingerollten Blüten: Lotwurz (*Onosma*, Boraginaceae). **k**, Botryoid mit Köpfchen; terminales Köpfchen (tKö) blüht vor den obersten Seitenköpfchen: *Ligularia sibirica* (Asteraceae). **l**, Corymbus mit Köpfchen: Schafgarbe (*Achillea millefolium*, Asteraceae). **m**, Cymoid (florales Dichasium): Breitblättrige Lichtnelke (*Silene latifolia*, Caryophyllaceae). (© **f**, **g**, **h**: Claßen-Bockhoff und Bull-Hereñu 2013. Übrige Bilder: R. Claßen-Bockhoff, Mainz)

9.2 Reproduktive Meristeme

Ontogenetische, histologische und entwicklungsgenetische Untersuchungen zeigen, dass sich die **Meristeme** einer Pflanze beim Übergang vom vegetativen in den **reproduktiven Zustand** verändern (◘ Tab. 9.1). Der Übergang ist gewöhnlich mit einer **Vergrößerung** des Meristems verbunden (◘ Abb. 9.5a, b). Dabei wandeln sich oft die Form des Meristems und die Blattstellung ab. Vor allem ändert sich jedoch das **Entwicklungspotential** des Meristems, das nur noch über eine **begrenzte Aktivität** verfügt. Reproduktive Meristeme weisen dementsprechend ein **begrenztes Wachstum** auf

(▶ Kap. 1). Nach ihren Eigenschaften lassen sich **drei verschiedene Formen** unterscheiden: **Infloreszenzmeristeme (IM)**, **Blütenmeristeme (BM)** und *floral unit*-**Meristeme** (**FUMe**; ◘ Abb. 9.3, ◘ Tab. 9.1).

Der physiologische Übergang vom vegetativen in den reproduktiven Zustand pflanzlicher Meristeme war jahrzehntelang ein Rätsel. Man suchte nach dem ‚**Florigen**‘, dem Stoff, der die Pflanze zum Blühen bringt, und vermutete ein Hormon oder ein spezifisches Hormongemisch. Untersuchungen an Modellorganismen, insbesondere an *Arabidopsis thaliana* (▶ Exkurs 6.5), gewähren heute einen tieferen Einblick in die komplexen molekularen Regulationsprozesse (▶ Exkurs 9.1).

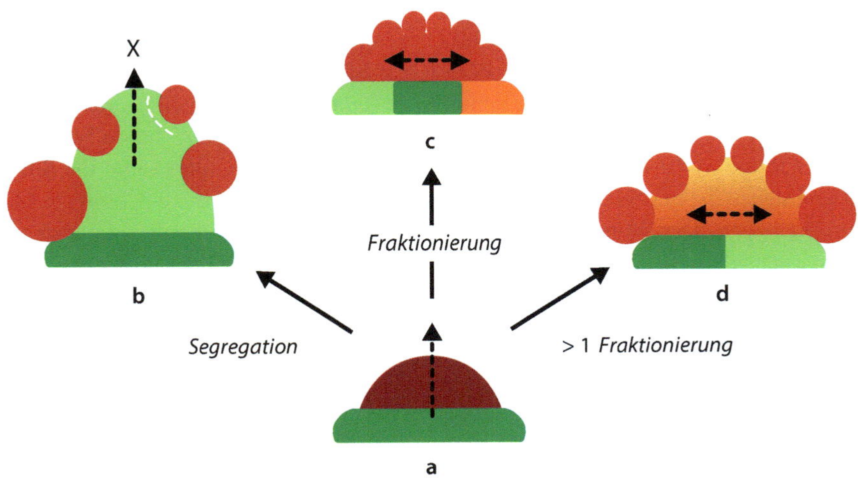

◘ **Abb. 9.3 Reproduktive Meristeme und Blütenbildung** (◘ Tab. 9.2). **a**, Reproduktives Ausgangsmeristem (dunkelrot) an der Spitze eines vegetativen Triebes (dunkelgrün). **b**, Infloreszenzmeristem (hellgrün) mit begrenztem Spitzenwachstum (Pfeil, Kreuz). Die Blütenmeristeme (hellrot) werden entlang der Blütenstandachse (hellgrün) seitlich abgeteilt (Segregation: weiß gestrichelt Linie; ◘ Abb. 9.5c). **c**, Blütenmeristem (rot), das restlos in der Bildung von Blütenorganen aufgeht (Fraktionierung; ◘ Abb. 9.5e: tB). Es entsteht am Ende einer vegetativen Achse (dunkelgrün), innerhalb eines Blütenstandes (hellgrün) oder einer *floral unit* (orange). Blütenmeristeme besitzen kein Spitzenwachstum, können sich aber durch subapikale Teilungsaktivität ausdehnen (gestrichelter Doppelpfeil). **d**, Meristem einer *floral unit* (FUM, orange), das wie ein Blütenmeristem kein Spitzenwachstum zeigt, aber vor der Blütenbildung in Teilmeristeme fraktioniert. Es besitzt die Fähigkeit zur allseitigen Ausdehnung (◘ Abb. 9.6b). In beiden Eigenschaften unterscheidet es sich von Infloreszenzmeristemen (**b**). Farbcode s. ◘ Abb. 9.1 und 9.8. (© Original)

Exkurs 9.1 Blühimpuls bei *Arabidopsis thaliana* [Unter Mitwirkung von A. Becker, Gießen]

Nach derzeitigem Kenntnisstand wird der Blühimpuls bei *Arabidopsis thaliana* und anderen Pflanzen temperater Breitengrade hauptsächlich über **Vernalisierung** (► Abschn. 6.4.3) und **Tageslänge** gesteuert. Stark vereinfacht lässt sich das Geschehen wie folgt zusammenfassen (nach Turck et al. 2008; Zeevaart 2008; Fornara et al. 2010; ◘ Abb. 9.4).

A. thaliana keimt gewöhnlich gegen Ende des Sommers, überwintert und blüht im nächsten Jahr. Die Blühinduktion erfolgt erst dann, wenn die Aktivität des zentralen **Repressors der Blühinduktion**, eines Gens namens *FLOWERING LOCUS C* (*FLC*), inaktiviert wird. Im Herbst reprimiert *FLC* die für die Blühinduktion wichtigen Gene *FLOWERING LOCUS T* (*FT*), *FLOWERING LOCUS D* (*FD*) und *SUPPRESSOR OF OVEREXPRESSING OF CONSTANS* (*SOC1*). Durch **Chromatinveränderungen am *FLC*-Gen**, die sich langsam während der Kälteperiode im Winter einstellen, wird die **Aktivität von *FLC* beendet** (Searle et al. 2006). Somit sind *FT*, *FD* und *SOC1* nicht mehr unter der Kontrolle von *FLC* und stehen für eine Steuerung durch die **Tageslichtlänge** zur Verfügung. Der Transkriptionsfaktor CONSTANS (CO) ist essentiell für die **Messung der Tages- bzw. Nachtlänge**: CO wird täglich in geringen Mengen in Blättern unterhalb des SAMs exprimiert und im Dunkeln wieder abgebaut. Werden die Nächte im Frühjahr kürzer,

erfolgt der CO-Abbau nicht vollständig, und Nacht für Nacht akkumuliert mehr Protein. Ist ein **Schwellenwert** erreicht, aktiviert CO die Transkription des Proteins FT, das mit dem **Phloemstrom** in die Sprossspitze transportiert wird. Hier interagiert es mit dem Peptid FD und bewirkt zusammen mit Pflanzenhormonen aus der Gruppe der Gibberelline die Expression des **Blühaktivators SOC1**. Infolge der Blühinduktion geht das Sprossapikalmeristem (SAM) in den Zustand eines reproduktiven Meristems (RM) über.

Die Interaktion von *LEAFY* (*LFY*), *APETALA 1* (*AP1*) und *TERMINAL FLOWER* (*TFL*) legt fest, ob das reproduktive Meristem in ein Blüten- oder Infloreszenzmeristem übergeht:

- FT/FD führt unter Beteiligung von LFY zur Expression von *AP1* und zur Aktivierung der übrigen **Blütenorganidentitätsgene** (► Exkurs 10.1). Das reproduktive Meristem tritt in die **Blütenbildung** ein.
- *TFL* hemmt *LFY*, unterdrückt die Expression von *AP1* und verhindert somit die Blütenbildung. Das reproduktive Meristem geht in ein **Infloreszenzmeristem** (IM) über, das seitlich Teilmeristeme abgliedert (**segregiert**). Diese bilden Blüten bzw. Blütenäquivalente (einfache Infloreszenz) oder wiederholen das Verhalten des IMs (verzweigte Infloreszenz).

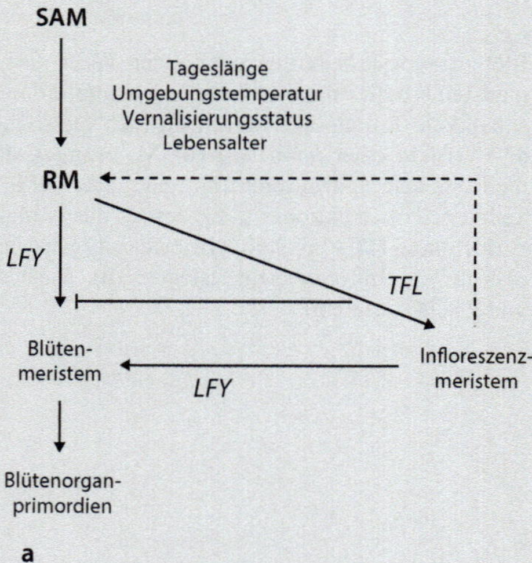

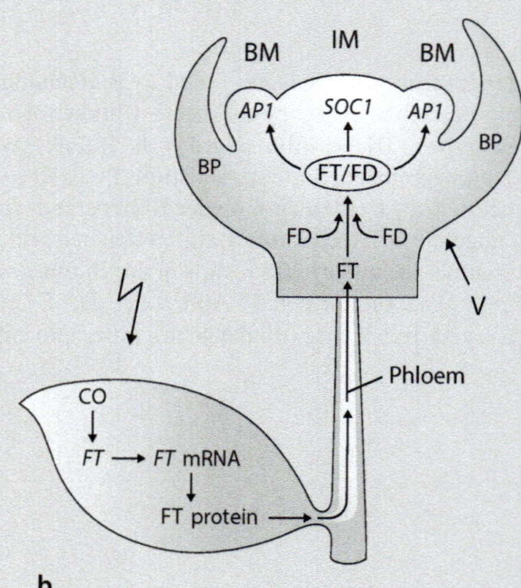

◘ **Abb. 9.4 Blühimpuls.** Infloreszenz- und Blütenbildung bei *Arabidopsis thaliana*. **a**, Durch interne und externe Stimuli wird der Prozess des Blühens in Gang gesetzt. Es entsteht ein reproduktives Meristem (RM), das sich unter dem Einfluss von *LEAFY* (*LFY*) zu einem Blütenmeristem entwickelt. Wird die Expression von *LFY* durch *TERMINAL FLOWER* (*TFL*) gehemmt, geht das RM in ein Infloreszenzmeristem über. Die Wiedergabe ist extrem vereinfacht; tatsächlich sind die Vorgänge am SAM außerordentlich komplex und Gegenstand aktueller Forschung. **b**, Signaltransduktion vom Blatt ins Sprossapikalmeristem und genetische Regulation des Blühimpulses. BM, Blütenmeristem. IM, Infloreszenzmeristem. BP, Blattprimordien. V, Vernalisierung. Blitzsymbol: Einfluss der Photoperiode. Abkürzungen und Erläuterungen s. Text. (© **b**: Zeevaart 2008, leicht verändert)

9.2.1 Infloreszenzmeristeme: Blütenbildung durch Segregation

Blütenstände sind **Infloreszenzen** (wörtl. „im Blühen befindliche" Einheiten). Dieser Terminus betont die **Dynamik** der Blütenstände, die bei der üblichen, statischen **Klassifikation** unberücksichtigt bleibt. Bei dieser gilt ein übereinstimmendes Verzweigungsmuster als homolog. Der Vergleich des blühenden Monopodiums mit einer Traube (◼ Abb. 9.1b, c) zeigt jedoch, dass gleiche Verzweigungsmuster aus unterschiedlichen Meristemen entstehen können und dann **analog** sind. Bezieht man die **Entwicklung** von Blütenständen mit in die Betrachtung ein, ergibt sich eine dynamische Sichtweise, die zu einem tieferen Verständnis ihrer Vielfalt führt.

Bleibt das reproduktive Meristem an seiner **Spitze zunächst aktiv**, handelt es sich um ein **Infloreszenzmeristem**, aus dem sich ein **Blütenstand** entwickelt (◼ Abb. 9.3b, ◼ Tab. 9.1). Es ähnelt in seiner Aktivität dem vegetativen SAM (◼ Tab. 9.1, ▶ Abschn. 8.1.1), aus dem es hervorgegangen ist. Wie dieses ist es in der Lage, Organanlagen in **akropetaler** Richtung (von unten nach oben) auszugliedern (◼ Abb. 9.5c, d, h). Dabei werden stets seitliche Meristembereiche vom Hauptmeristem **abgetrennt** (segregiert), weswegen dieser Vorgang hier, wie im vegetativen Bereich, **Segregation** (▶ Abschn. 8.1) genannt wird.

Infloreszenzmeristeme sind gewöhnlich **größer** als die vegetativen Meristeme derselben Pflanze (◼ Abb. 9.5a, b), haben im Gegensatz zu diesen eine **begrenzte Aktivität** und zeigen eine **unmittelbare** Entwicklung ihrer **Blattachselmeristeme** (◼ Abb. 9.5c, f). Offensichtlich beeinflusst deren schnelle Entwicklung die Entfaltung der Blätter, die gewöhnlich nicht mehr die volle Differenzierung der Laubblätter zeigen, sondern in Gestalt einfacher Hochblätter (**Brakteen**) auftreten (▶ Abschn. 6.8.2).

Blütenstandmeristeme bauen das **Gerüst** des Blütenstandes auf (▶ Abschn. 9.3.2). Dieses besteht entweder nur aus der Blüten tragenden Hauptachse (**einfache** Blütenstände) oder ist in unterschiedlicher Weise verzweigt (**verzweigte** Blütenstände). Das Gerüst trägt die **Peripherie** (▶ Abschn. 9.3.2), die aus **Blüten** oder **Blütenäquivalenten** (▶ Abschn. 9.2.3) besteht. In **geschlossenen Blütenständen** gehen alle Meristeme in die **Blütenbildung** ein, in **offenen Blütenständen** gehen die Apikalmeristeme der Haupt- und Seitenachsen in Dauergewebe (Parenchym) über.

9.2.2 Blütenmeristeme

Blütenmeristeme (◼ Tab. 9.1; ▶ Abschn. 10.2) sind nicht zu Spitzenwachstum befähigt. Sie sind **voll meristematisch**, d. h. ihre gesamte Oberfläche ist von einer einheitlichen **Meristemkappe** überzogen. Histologisch ist kein Ruhendes Zentrum mehr nachweisbar, physiologisch ist das WUS/CLA3-Regulationssystem zur Aufrechterhaltung der Initialzellen aufgehoben (▶ Exkurs 8.2). In der Meristemkappe werden **Blütenidentitätsgene** exprimiert (▶ Exkurs 10.1), die zur Bildung der **Blütenorgane** führen. Das Meristem wird dabei völlig aufgebraucht (◼ Abb. 9.5e: tB und 9.7d, e: BM).

Der Prozess der Organbildung beruht auf **Fraktionierung** (s. Blattrandmeristem in ▶ Abschn. 8.3.2). Er unterscheidet sich vom Prozess der Segregation darin, dass das gesamte **Meristem** ohne Rest **aufgeteilt** (fraktioniert) wird. Die Fraktionierung schreitet häufig von außen nach innen fort (**zentripetal**), doch sind auch zentrifugale, divergente, simultane oder unregelmäßige Primordienbildungen bekannt (▶ Abschn. 10.2.3; Ronse De Craene 2010; Rudall 2010).

Blütenmeristeme gehen entweder direkt aus einem reproduktiv gewordenen Meristem hervor (**solitäre Einzelblüten**; ◼ Abb. 9.3c: dunkelgrüner Sockel) oder sind Teile eines Blütenstandes bzw. einer *floral unit* (hellgrüner bzw. oranger Sockel). In sehr seltenen Fällen, wie z. B. bei Endoparasiten **ohne Sprossapikalmeristem**, geht das Blütenmeristem direkt aus dem parenchymatischen Gewebe des Parasiten hervor (González et al. 2020).

9.2.3 *Floral unit*-Meristeme: Blütenbildung durch Fraktionierung

Meristeme mit den oben genannten Blütenmeristemeigenschaften gehen nicht immer direkt in die Blütenorganbildung über (▶ Exkurs 9.2). In einigen Fällen untergliedern sie sich zunächst in **Teilmeristeme**, die erst **in einem weiteren Fraktionierungsschritt** Blütenorgane bilden (◼ Abb. 9.4d, ◼ Tab. 9.1). Auf diese Weise entstehen mehrblütige Systeme, die als *floral units* bezeichnet werden (Claßen-Bockhoff und Bull-Hereñu 2013). Um keine neuen Begriffe einzuführen, wird der englische Terminus im Deutschen beibehalten.

Floral unit-Meristeme (**FUMe**) besitzen wie Blütenmeristeme eine homogene **Meristemkappe**, die vollständig aufgeteilt (fraktioniert) wird. Sie sind oft groß,

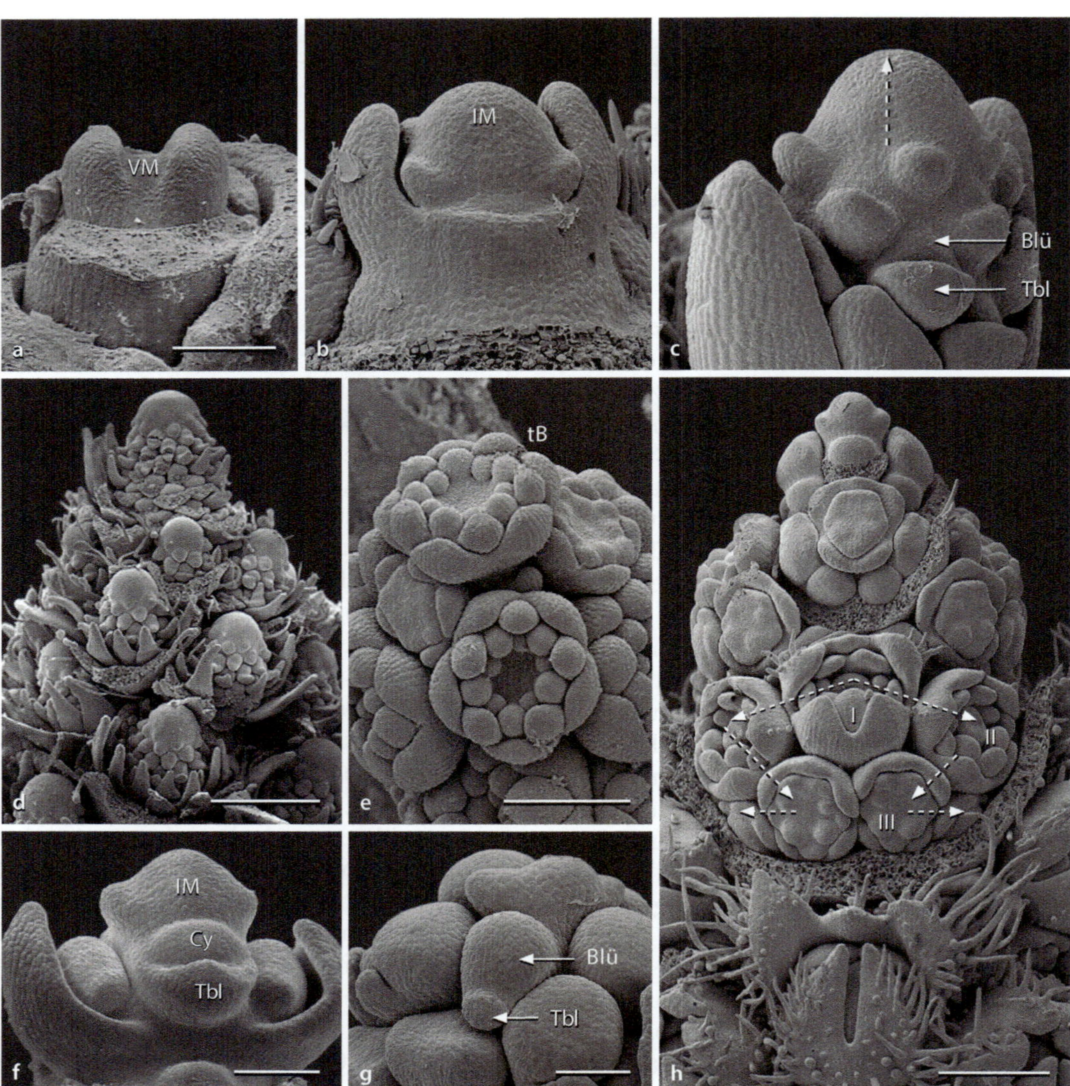

◘ Abb. 9.5 Entwicklung von Blütenständen. a–c, *Veronica albicans*, Plantaginaceae. Gleicher Maßstab. **a,** Vegetatives Meristem (VM) zwischen zwei dekussiert stehenden Laubblattanlagen. Balken: 100 µm. **b,** Junges Traubenmeristem (IM, Infloreszenzmeristem). Das reproduktive Meristem ist viel größer als das vegetative Meristem. **c,** Älteres Traubenmeristem. Tragblätter (Tbl) und Blüten (Blü) werden akropetal (Pfeil) ausgegliedert (segregiert). **d,** Wald-Geißbart (*Aruncus dioicus*, Rosaceae). Entwicklung der Mehrfachtraube. Balken: 500 µm. **e,** Zierliche Deutzie (*Deutzia gracilis*, Hydrangeaceae). Botryoid mit vorauseilender Entwicklung der Endblüte (tB, terminale Blüte). Balken: 200 µm. **f,** Johanniskraut (*Hypericum*, Clusiaceae). Das Infloreszenzmeristem (IM) segregiert seitliche Anlagen (Tbl, Tragblatt), die sich weiter teilen und Cymen (Cy) hervorbringen. Balken: 100 µm. **g,** Spierstrauch (*Spiraea*, Rosaceae). Die Rispe weist im adulten Zustand eine achsenbürtig rekauleszente Verschiebung der Tragblätter auf die Blütenstile auf (◘ Abb. 6.37). Vermutlich trägt die enorme Größe der Blütenanlage dazu bei, dass das Tragblatt mit dem Auswachsen des Blütenstieles verschleppt wird. Balken: 100 µm. **h,** Quirlblütiger Salbei (*Salvia verticillata*, Lamiaceae). Entwicklung des offenen Thyrsus mit sitzenden Cymen. Die Pfeile geben die Abfolge der Blüten mit steigendem Ordnungsgrad (I–III) wieder. Balken: 200 µm. (© a–c: K. Bull-Hereñu, Mainz. Mit freundlicher Genehmigung d: Bull-Hereñu und Claßen-Bockhoff 2013. e, f, g: Claßen-Bockhoff und Bull-Hereñu 2013. h: S. Czarny & R. Claßen-Bockhoff, Mainz)

◻ Tab. 9.1   Vegetative und reproduktive Meristeme. Claßen-Bockhoff 2016, verändert

Meristem - Typ	Vegetatives Meristem (VM) ◻ Abb. 9.5 ◻ Abb. 1.2, 6.6, 6.18, 8.3	Reproduktives Meristem (RM)		
		Infloreszenzmeristem (IM) ◻ Abb. 9.5	*Floral Unit*- Meristem (FUM) ◻ Abb. 9.6, 9.7	Blütenmeristem (BM) ◻ Abb. 9.6
- Aktivität	andauernd (indeterminat)	begrenzt (determinat)		
- Wachstum	an der Spitze (apikal)	kein Spitzenwachstum, allseitige Ausdehnung		
- Histologie	Ruhendes Zentrum	Meristemkappe		
- Entwicklungsprozess	Segregation	Fraktionierung		
- Größe	variabel	größer als VM	deutlich größer als VM	variabel
- Form	oft flach, auch eingesenkt oder gewölbt	meist aufgewölbt	teller- oder kugelförmig, ‚nackt'	
- Bildungspotential	Laubblätter mit vegetativen Achselprodukten	Hochblätter mit reproduktiven Achselprodukten	Teilmeristeme mit Anlage von Blüten oder Blütengruppen; mit oder ohne Hochblätter	Blütenorgane
- Entwicklung der Achselprodukte bzw. Teilmeristeme	verzögert	unmittelbar	unmittelbar (oft simultan)	
- Entwicklungsrichtung	akropetal, ordinal		meist zentripetal, auch zentrifugal oder divergent	

gewölbt und ‚nackt', d. h. sie vergrößern sich durch **subapikale** Zellteilungsaktivität, **bevor** sie fraktionieren (◻ Abb. 9.6b: Pfeile, und 9.7b). Die FUMe behalten die **Fähigkeit zur Ausdehnung** bei und können eine beträchtliche Größe erreichen. Große Meristeme tendieren dazu, **mehrfach** zu fraktionieren und komplex organisierte *floral units* zu bilden (Kopf mit Köpfchen ◻ Abb. 9.6e–g, Dolde mit Döldchen ◻ Abb. 9.7).

Floral units nehmen im Sprosssystem die **Position von Blüten** ein. Sie sind **Blütenäquivalente**, die wie Blüten entweder **solitär** stehen (und dann direkt aus einem reproduktiv gewordenen Meristem hervorgehen; ◻ Abb. 9.3d: dunkelgrüner Sockel) oder Teil eines Blütenstandes sind (hellgrüner Sockel).

Besonders interessant ist das häufige Fehlen von **Tragblättern** innerhalb der *floral units*. Das gilt für zahlreiche Köpfchen der Asteraceae und Dolden der Apiaceae ebenso wie für Vertreter von Euphorbiaceae, Poaceae oder *Davidia involucrata* (Nyssaceae; Claßen-Bockhoff und Arndt 2018). Das Fehlen kann auf einer extremen Förderung der Blüte gegenüber ihrem Tragblatt beruhen (◻ Abb. 9.5g und 9.6f, ▶ Abschn. 6.8.2), stellt aber wahrscheinlich eine **neue**, für FUMe charakteristische Eigenschaft dar.

Im ausgewachsenen Zustand lassen sich *floral units* kaum von Blütenständen unterscheiden. Hinweise auf ihr Vorliegen liefert das folgende **Merkmalssyndrom**:

schnelle, oft **simultane Aufblühfolge**, die auch zentrifugal oder divergent ausgerichtet sein kann, **Fehlen von Tragblättern**, Bildung stark **aggregierter** Einheiten mit **sekundären Receptacula** und **Pseudanthienbildung** mit vergrößerten **Randblüten**. Je mehr dieser Merkmale auftreten, umso eher dürfte es sich um eine *floral unit* handeln. Wie im Blütenbereich sind **im Zweifelsfall ontogenetische Untersuchungen** notwendig, um Homologien aufzudecken.

9.2.4 Meristeme mit Cymenbildung

Eine **Sonderform** von Blütenständen liegt vor, wenn axilläre Meristeme nicht Blüten, sondern **Blüten mit Vorblättern** hervorbringen (◻ Abb. 9.5f: Cy). Das axilläre Meristem bildet eine terminale Blüte, dehnt sich aus und generiert neuen Platz in den Vorblattachseln. Aus diesen entstehen wieder Blüten mit Vorblättern, die ihrerseits den Prozess wiederholen. Seitensysteme, die aus einer Verkettung gleichartiger **Module** aus je einer Blüte mit Vorblättern bestehen, heißen **Cymen** (◻ Abb. 9.5h: I–III, ▶ Abschn. 9.3.4). Sie sind immer ordinal verzweigt (▶ Abschn. 6.8.2), da sie mit jeder Blütenbildung den Achsenordnungsgrad erhöhen. Cymen sind **Äquivalente** von Seitenblüten; Blütenstände mit Cymen heißen **Thyrsen** (▶ Abschn. 9.3.4).

■ **Abb. 9.6 Fraktionierung reproduktiver Meristeme. a,** Blütenmeristem. Buschwindröschen (*Anemone*, Ranunculaceae). Durch Fraktionierung entstehen die Blütenorgane. Balken: 200 µm. **b–d,** Köpfchenentwicklung. Echte Kamille (*Matricaria chamomilla*, Asteraceae). Der gleiche Maßstab verdeutlicht die enorme Vergrößerung während der Entwicklung. **b,** Nacktes *floral unit*-Meristem (FUM) mit allseitigem Ausdehnungspotential (Pfeile). Balken: 100 µm. **c,** Erster Fraktionierungsschritt: Anlage von Blütenmeristemen, Spreublätter fehlen **d,** Zweiter Fraktionsschritt: Bildung der Blütenorgananlagen. Pfeile: vierzählige Blütenanlagen, möglicherweise durch enge Platzverhältnisse bedingt. **e–g,** Entwicklung komplex organisierter Köpfchen. *Pycnosorus pleiocephalus* (Asteraceae). Gleicher Maßstab. Balken in **e**: 200 µm. **e, f,** Erste Fraktionierung: Anlage von gemeinsamen Brakteen-Köpfchenmeristemen. **g,** Zweite Fraktionierung: Vergrößerung der Anlage und Bildung von Blütenmeristemen. Die dritte Fraktionierung führt zur Bildung der Blütenorgananlagen (nicht abgebildet). (© **a**: Claßen-Bockhoff und Bull Hereñu 2013. **b–d**: N. Werner & R. Claßen-Bockhoff, Mainz. **e–g**: N. Ferdinand & R. Claßen-Bockhoff, Mainz)

Abb. 9.7 Entwicklung einer Dolde mit Döldchen. *Orlaya grandiflora* (Apiaceae). **a–e:** Gleicher Maßstab. **a**, Vegetatives Meristem (VM) mit zwei Blattanlagen. Balken: 100 µm. **b**, Doldenmeristem (DoM), gegenüber dem vegetativen Meristem stark vergrößert. **c**, Fraktionierung des Doldenmeristems in Döldchenmeristeme (DöM). In, Involucralblatt (Tragblatt des Döldchens). **d**, Ausdehnung der Döldchenanlagen bis zur Größe des ursprünglichen Doldenmeristems und Fraktionierung in Blütenmeristeme (BM). Inv, Involucellarblatt (Tragblatt der Blüte). **e**, Ausdehnung der Blütenmeristeme und Fraktionierung in Organanlagen. **f**, Dolde im blühenden Zustand. Die äußeren Döldchen tragen vergrößerte Randblüten. (© P. Kunz & R. Claßen-Bockhoff, Mainz)

Exkurs 9.2 *Floral unit*-Meristeme – fraktionierende Blütenmeristeme?

Floral units wurden erst vor wenigen Jahren beschrieben und sind noch **unzureichend bekannt** (Claßen-Bockhoff und Bull-Hereñu 2013). Bisher sind sie für etwa zehn Verwandtschaftskreise dokumentiert. Die bekanntesten Beispiele liefern die **Köpfchen** der Asteraceae (Harris 1995) und die **Dolden** der Apiaceae (Abb. 9.6 und 9.7; Baczyński et al. 2022). Aber auch die Köpfchen der **Wilden Karde** (*Dipsacus fullonum*, Caprifoliaceae; Naghiloo und Claßen-Bockhoff 2017) und des **Taschentuchbaumes** (*Davidia involucrata*, Nyssaceae; Claßen-Bockhoff und Arndt 2018), die **Blütenpärchen** der **Marantaceae** (Abb. 9.15e und 10.11; Dworaczek und Claßen-Bockhoff 2016) und sogar die ‚staminate Blüte' von *Ricinus communis* (Euphorbiaceae; Claßen-Bockhoff und Frankenhäuser 2020) haben sich als *floral units* erwiesen. Die **Cyathien** der **Euphorbiaceae** (Abschn. 9.5.2; Prenner und Rudall 2007) und die

Köpfchen der **Eriocaulaceae** (Stützel und Trovó 2013) liefern weitere Beispiele.

Molekulare Untersuchungen an Asteraceae (Teeri et al. 2006; Broholm et al. 2014) belegen, dass die Entwicklung des FUMs von *Gerbera* von einem spezifischen *Gerbera*-Regulator kontrolliert wird und sich darin vom Infloreszenzmeristem (IM) des Modellorganismus *Arabidopsis thaliana* (Exkurs 6.5) unterscheidet (Ma 1998; Parcy et al. 2002; Sablowski 2007). Tatsächlich stimmen die beiden Meristeme weder **morphogenetisch** (Segregation vs. Fraktionierung) noch **histologisch** (Ruhendes Zentrums vs. Meristemkappe; Kwiatkowska 2008) noch in ihrer **genetischen Regulation** überein (Tab. 9.1).

Während das IM zahlreiche Entwicklungsähnlichkeiten mit dem vegetativen SAM aufweist (Tab. 9.1), entstehen *floral units* aus **blütenähnlichen Meristemen**, bilden oft **blütenähnliche Muster** (Pseudanthien;   Abschn. 9.5) und nehmen im Blütenstand die **Position von Blüten** ein (❑ Abb. 9.2k, l und 9.8b). Die Ähnlichkeit zwischen Blütenmeristem und FUM wird dadurch gestützt, dass das Köpfchenmeristem durch die Expression von *Gerbera-LFY* determiniert wird und wie ein Blütenmeristem unter dem Einfluss von *LFY* eine Meristemkappe bildet (Zhao et al. 2016). Offensichtlich teilen die Köpfchen nicht nur phänotypische Ähnlichkeit mit Blüten, sondern auch Meristemeigenschaften und molekulare Regulationsprozesse (Elomaa et al. 2018).

Obgleich die vorliegenden Daten noch **keine generelle Aussage** erlauben, deuten die bisherigen Kenntnisse darauf hin, dass sich FUMe durch einen zusätzlichen Fraktionierungsschritt **aus Blütenmeristemen** entwickelt haben könnten (Claßen-Bockhoff 2016; Claßen-Bockhoff und Frankenhäuser 2020). Das bedeutet, dass die Köpfchen der Asteraceae keine ‚gestauchten Trauben' sind, sondern einen gänzlich anderen Evolutionsprozess durchlaufen haben als bisher angenommen.

9.3 Klassifikation und Benennung von Blütenständen

In der zweiten Hälfte des 20. Jahrhunderts dominierte im deutschsprachigen Bereich das **synfloreszenzmorphologische Konzept** (Troll 1964, 1969; Weberling 1981, 1989; Troll und Weberling 1989; Weberling und Troll 1998; ► Exkurs 6.6). Trotz seiner allgemeinen Verbreitung wurde es immer wieder kritisiert (van Steenis 1963; Stauffer 1963; Kusnetzova 1988; Claßen-Bockhoff 2000; Stützel und Trovó 2013). Haupteinwände waren und sind der **deskriptiv-typologische** Ansatz, die **fehlende Abgrenzung** der Blütenstände vom vegetativen Teil der Pflanze und die komplizierte **Terminologie**. Im vorliegenden Buch wird anstelle dieses Konzepts ein entwicklungsmorphologisch basiertes Bezugssystem verwendet. Es macht die Vielfalt der Blütenstände überschaubar, behält die üblichen Bezeichnungen bei und zeigt die verborgenen Analogien auf.

Blütenstände werden traditionell nach dem Auftreten oder Fehlen einer **Endblüte** (► Abschn. 9.3.1), nach ihrem **Verzweigungsgrad** (► Abschn. 9.3.3) und nach der Art ihrer **Seitenverzweigung** (► Abschn. 9.3.4) klassifiziert. Diese Einteilung gibt eine **formale Übersicht** über die Vielfalt der Blütenstände und liegt auch der taxonomischen Beschreibung von Arten und der Bestimmungsliteratur zugrunde. Die hier vorgestellte Benennung der Blütenstände folgt den **in Deutschland üblichen**, von Troll (1964) und Weberling (1981) verwendeten Bezeichnungen (❑ Tab. 9.2, ❑ Abb. 9.8). Aufgrund der langen morphologischen Tradition mit unterschiedlichen Schulen im In- und Ausland weichen die Begriffe zwischen Konzepten und Sprachräumen ab. Darauf näher einzugehen, würde den Rahmen dieses Buches sprengen.

9.3.1 Offene und geschlossene Blütenstände

Seit Roeper (1826) wird dem Vorhandensein bzw. Fehlen einer Endblüte eine vorrangige Bedeutung beigemessen.

Offene Blütenstände

In offenen Blütenständen bildet die Hauptachse keine Endblüte, sondern endet blind (❑ Abb. 9.1c: Kreuz). Die Spitze geht gewöhnlich in einen **Parenchymzustand** über.

In einigen Fällen bleibt das Infloreszenzmeristem jedoch aktiv und bildet oberhalb der Blüten farbige Hochblätter (**Schopfblumen**; ❑ Abb. 9.2f und 9.23). Sehr **selten** geht es wieder in den vegetativen Zustand über und setzt das Verzweigungssystem fort. Dies wurde bislang nur an *Ananas comosus* (Bromeliaceae, ❑ Abb. 12.16m; Bartholomew 1977) und *Actinodium cunninghamii* (Myrtaceae, ❑ Abb. 9.21ii; Claßen-Bockhoff et al. 2013) entwicklungsmorphologisch bestätigt. Viel häufiger als solche **proliferierenden** (durchwachsenden) Blütenstände dürften **blühende Monopodien** (❑ Abb. 9.1b, ► Abschn. 6.8.2) sein, wie sie z. B. beim Gilbweiderich (*Lysimachia nummularia*, Primulaceae; ❑ Abb. 6.41b) oder Flaschenbürstenbaum (*Callistemon*, Myrtaceae; ❑ Abb. 6.41d) auftreten. Deren Apikalmeristem geht nicht in den reproduktiven Zustand über, sondern bleibt auch während der Blütenausgliederung vegetativ (Claßen-Bockhoff und Bull-Hereñu 2013).

Durch natürliche oder experimentell induzierte Mutationen (Shannon und Meeks-Wagner 1991: *Arabidopsis*; Bradley et al. 1996: *Antirrhinum*; Singer et al. 1999: *Pisum*) können in offenen Blütenständen endblütenähnliche Strukturen erzeugt werden. Diese sind oft größer

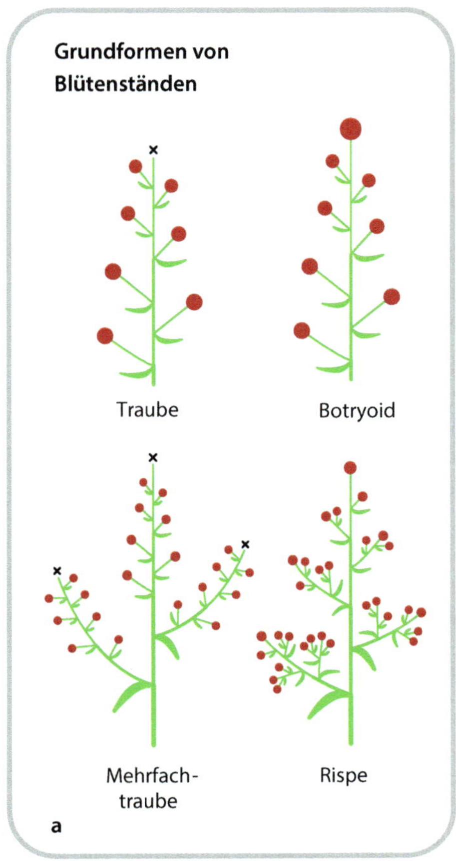

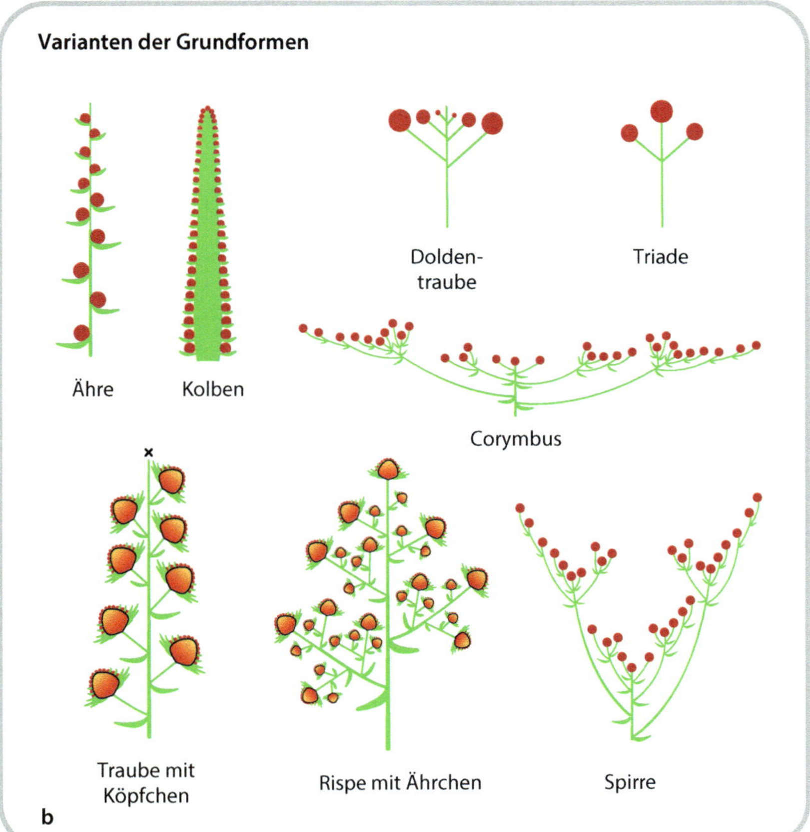

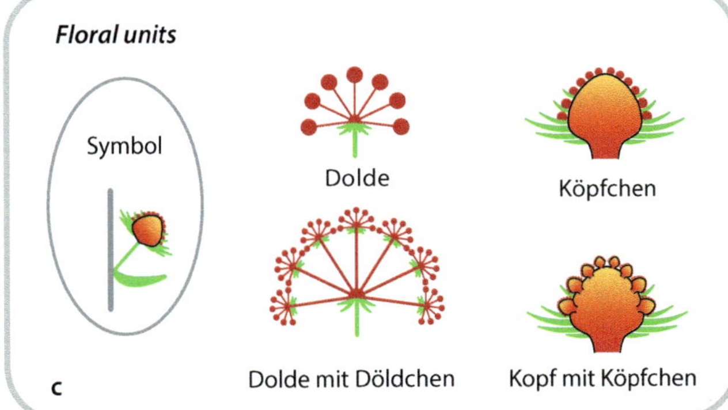

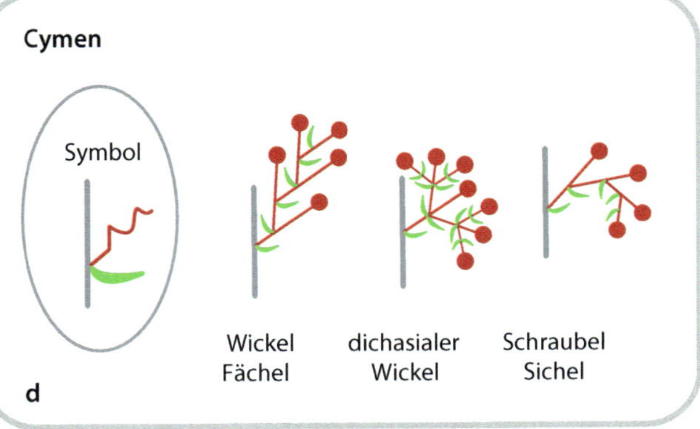

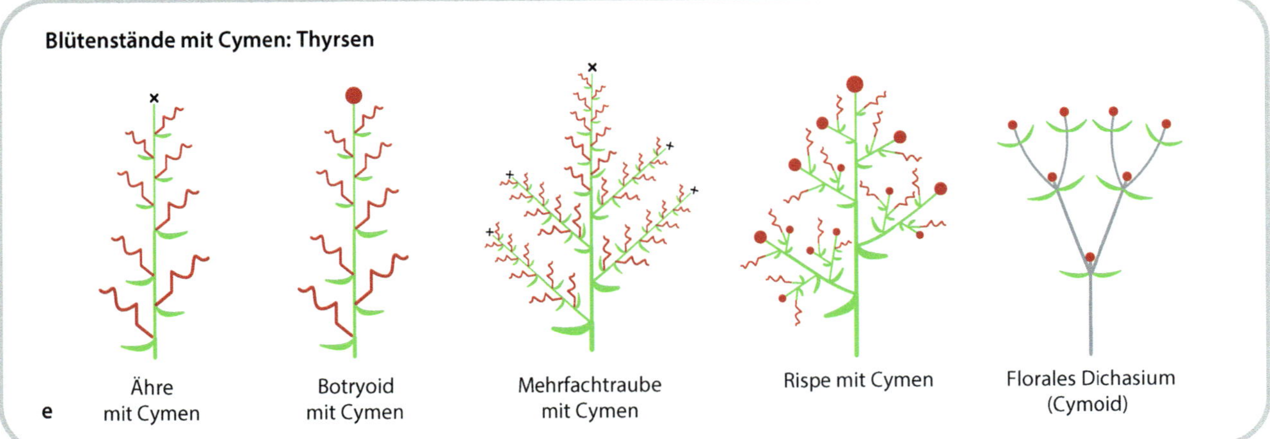

Abb. 9.8 Übersicht über die wichtigsten Blütenstandsformen. a, Grundformen. **b,** Varianten, die sich in relativen Proportionen bzw. Elementen der Peripherie unterscheiden. **c,** *Floral units* (▶ Abschn. 9.2.3). Symbol steht für alle Formen. **d,** Cymen (nur seitliche Positionen; ▶ Abschn. 9.3.4). Symbol steht für alle Formen. **e,** Thyrsen: Blütenstände mit Cymen. Farbcode s. ◩ Abb. 9.1, 9.4 und 9.18. Alle Formen variieren in ihren Proportionen. **b–e,** Ausgewählte Beispiele. (© Original. Grafik: D. Franke, Mainz)

und vielzähliger als die Wildform der Blüten und fallen unter den Begriff der **Pelorie** (griech. „ungeheuer", „monströs"; ▶ Exkurs 9.3). In zahlreichen Arten wie dem Roten Fingerhut (*Digitalis purpurea*, Plantagina-ceae; ◘ Abb. 9.2e), *Salvia candelabrum* (Lamiaceae), *Houttuynia cordata* (Saururaceae) und *Euphorbia euge-niae* (Euphorbiaceae; ◘ Abb. 9.9b) treten Pelorien natürlicherweise auf.

Exkurs 9.3 Anomalien (Terata)

Störungen im Entwicklungsprozess von Meristemen führen zu Anomalien die seit der Antike die Aufmerksamkeit der Menschen auf sich gezogen haben. Im Barock war das Interesse an bizarren Formen besonders groß. Man bezeichnete die unerklärlichen Formen als **Terata** (griech. *teras*, „Wunder") oder **Monstrositäten** (lat. *monstrum*, „Ungeheuer").

Teratologische Bildungen umfassen eine Vielzahl **verschiedener Erscheinungen**, die vor allem im Blüten- und Blütenstandbereich zu ungewöhnlichen Formen führen (Napp-Zinn 1959):

- **Pelorie:** Dieser Begriff geht auf Linné (1744, zitiert nach Wagenitz 2008) zurück, der eine Anomalie des Echten Leinkrautes (*Linaria vulgaris*, Plantagina-ceae) mit fünfspornigen statt einspornigen Blüten als eigene Gattung *Peloria* beschrieb (◘ Abb. 9.9a). Heute wird der Begriff vor allem auf **monströse Endsysteme** (◘ Abb. 9.2e) angewandt, die natürlich oder durch mutagene Stoffe entstehen (▶ Abschn. 9.3.1). Die meisten Beispiele sind von den **Lippenblütlern** bekannt (Lamiaceae; Peyritsch 1869), aber auch andere Pflanzenfamilien weisen Pelorien auf. Bei einigen *Euphorbia*-Arten (*E. eugeniae*, Euphorbiaceae; ◘ Abb. 9.9b) gibt es beispielsweise Individuen mit riesigen terminalen Cyathiengruppen, die steril sind und eine erhöhte Anzahl an extrafloralen Nektarien aufweisen (zur Organisation von Cyathien s. ▶ Abschn. 9.5.2).
- **Durchwachsung:** Goethes ‚durchwachsende Rose' (Abbildung in Kuhn 1987) ist das berühmteste Beispiel für die seltene Rückkehr eines Blütenmeristems zum vegetativen Wachstum (◘ Abb. 9.9c). Eine ähnliche Durchwachsung lässt sich auch bei *floral unit*s, z. B. bei Köpfchen (◘ Abb. 9.9d), oder Cymen (◘ Abb. 9.12) beobachten. Sie führt allerdings nur zur Bildung weniger Blättchen und setzt nicht das Verzweigungssystem der Pflanze fort. Proliferierende Blütenstände, bei denen das Infloreszenzmeristem wieder vegetativ wird, werden auch als durchwachsende Blütenstände bezeichnet.
- **Blütenstände statt Blüten:** Von großer Bedeutung für das Verständnis pflanzlichen Bildungspotentials ist die Beobachtung, dass sich Köpfchen anstelle von Blüten (und umgekehrt) bilden können (◘ Abb. 9.9e). Offensichtlich führen nur kleine Änderungen in der Regulation der Entwicklungsprozesse zu den unterschiedlichen Formen (Zhao et al. 2016). Das belegen auch molekulare Untersuchungen an künstlich erzeugten Mutanten der Modellorganismen *Arabidopsis* und *Antirrhinum*, die Blütenstände anstelle von Blüten bilden (Ma 1998). Ein bekanntes Beispiel aus der Alltagswelt liefert der Blumenkohl mit seinen Varianten. Während es sich beim **Blumenkohl** (*B. oleracea* var. *botrytis*) um eine Zuchtform des Gemüsekohls handelt, bei der die Infloreszenzentwicklung gehemmt bleibt, entstehen beim **Romanesco** Blütenstände anstelle von Blüten (Azpeitia et al. 2021). Dadurch kommt es zu der charakteristischen, mehrfach-spitzkegeligen Form des Kohls.
- **Verbänderung (Fasziation):** Eine Verbänderung kommt meist durch eine mechanische Beschädigung des Meristems zustande. Dieses flacht ab und bildet viele Primordien, die entlang der verbreiterten Spross- und Infloreszenzachse angeordnet sind (◘ Abb. 9.9g–i). Im vegetativen Bereich entstehen die berühmten ‚Bischofsstäbe' (z. B. Robinie; ◘ Abb. 8.20g), im reproduktiven Bereich die fächerförmigen Blütenstände des Hahnenkamms (*Celosia cristata*, Amaranthaceae; ◘ Abb. 9.9g), der als Zierpflanze gezüchtet wird. Verbänderte Blütenstände formen Zwillingsstrukturen (◘ Abb. 9.9f) oder gänzlich verbildete Blütenaggregate (◘ Abb. 9.9h, i). Verbänderungen treten allgemein eher zufällig auf und sind selten erbfest (z. B. *Oenanthe prolifera*; ◘ Abb. 9.9h).
- **Gefüllte Blüte:** Die Vermehrung von Blütenorganen führt oft zur Sterilität der Blüte. Sie tritt spontan auf, kann aber auch experimentell induziert werden. Gefüllte Sorten sind im Zierpflanzenhandel beliebt und werden gezielt gezüchtet. Beispiele liefern gefüllte Rosen, Pfingstrosen, Tulpen, Narzissen oder Akeleiblüten (◘ Abb. 9.9j–l). Da sie weder Pollen noch Nektar produzieren, sind sie für Insekten uninteressant und für Naturgärten ungeeignet.

■ **Abb. 9.9** **Anomalien. a, b,** Pelorienbildung. **a,** Leinkraut (*Linaria vulgaris*, Plantaginaceae). Fünfspornige statt einspornige Seitenblüten (erbfest). Linné beschrieb diese Form als eigene Gattung *Peloria*. **b,** *Euphorbia eugeniae* (Euphorbiaceae). Terminaler Komplex aus sterilen Cyathien und zahlenmäßig vermehrten Nektarien. **c, d,** Durchwachsung. **c,** Rose (*Rosa*, Rosaceae). **d,** Sonnenblume (*Helianthus*, Asteraceae). **e,** Köpfchen statt Blüten. Gänseblümchen (*Bellis perennis*, Asteraceae). **f–i,** Verbänderung. **f,** Zwillingsköpfchen auf verbändertem Schaft (Asteraceae). **g,** *Celosia cristata* (Amaranthaceae). Fächerförmig verbreiterter Blütenstand, als Kulturform im Handel. **h,** *Oenanthe prolifera* (Apiaceae). Verbänderte Döldchenstiele (erbfest). **i,** *Artedia squamata* (Apiaceae). Verbänderte Seitenachse mit sekundärer Dolde. **j–l,** Gefüllte Blüten. **j,** Tulpe (*Tulipa*, Liliaceae). **k,** Narzisse (*Narcissus*, Amaryllidaceae). **l,** Akelei (*Aquilegia*, Ranunculaceae). (© **a**: W. Schadt, Witten-Herdecke. **c**: B. Dittmann, Mainz. **d**: P. Wester, Düsseldorf. **b, e–l**: R. Claßen-Bockhoff, Mainz. Mit freundlicher Genehmigung des Bildautors und der Bildautorinnen)

Geschlossene Blütenstände

Geschlossene Blütenstände besitzen eine **Endblüte** (◘ Abb. 9.1d). Diese steht an der (relativen) Hauptachse und hat per Definition **nie** ein **Tragblatt** oder **Vorblätter** (► Abschn. 6.5.2). Am Fehlen dieser Blätter kann die Endblüte leicht erkannt werden, auch wenn ihre Position durch sekundäre Lageverschiebungen maskiert ist (◘ Abb. 9.17: T, ◘ Abb. 9.10, ► Exkurs 9.4).

In der Regel entwickelt sich die Endblüte früher als die obersten Seitenblüten (◘ Abb. 9.2h und 9.5e). An dieser **vorauseilenden Entwicklung** lassen sich geschlossene Blütenstände meist gut von offenen unterscheiden.

Endblüten können in **Größe**, **Bau** oder **Zähligkeit** von den Seitenblüten abweichen. So ist z. B. bei der Stacheldolde (*Echinophora*, Apiaceae) nur die Endblüte der Döldchen monoklin (‚zwittrig‘), während die übrigen Blüten funktional staminat sind (◘ Abb. 9.34c und 12.23l). Beim Moschuskraut (*Adoxa moschatellina*, Adoxaceae) ist die Terminalblüte vierzählig, während die Seitenblüten fünfzählig sind; bei der Weinraute (*Ruta graveolens*, Rutaceae) ist es umgekehrt (◘ Abb. 9.2g). Die unterschiedliche Ausbildung von Blüten innerhalb eines Individuums (Blütendimorphismus) wirft interessante Fragen zur **differentiellen Genexpression** und deren Regulation auf.

Geschlossene Blütenstände sind wie die offenen Infloreszenzen einfach oder mehrfach monopodial oder sympodial verzweigt. Sie werden terminologisch durch die Endung -oid gekennzeichnet (z. B. Botryoid, Cymoid; ◘ Tab. 9.2).

Fakultative Endblütenbildung

Kommt es bei Arten mit geschlossenen Blütenständen gelegentlich zum Fehlen einer Endblüte, spricht man von **fakultativer** Endblütenbildung. Das Infloreszenzmeristem erschöpft sich dann, bevor die Endblüte angelegt wird. Dies ist z. B. bei dem relativ langen Blütenstand des Odermennigs (*Agrimonia eupatoria*, Rosaceae) zu beobachten, der alle Übergänge von einer gut entwickelten Endblüte über Hemmformen bis hin zum gänzlichen Fehlen einer Terminalblüte zeigt. Durch Betrachtung mehrerer Individuen bzw. durch entwicklungsmorphologische Untersuchungen lässt sich der ursprünglich geschlossene Charakter der Blütenstände erkennen (Bull-Hereñu und Claßen-Bockhoff 2011).

Das Auftreten **fakultativ offener** Blütenstände hat in der Vergangenheit dazu geführt, offene Blütenstände von geschlossenen Blütenständen durch **Trunkation** (Verlust der Endblüte) abzuleiten (► Exkurs 6.6). Quantitative entwicklungsmorphologische Studien weisen aber darauf hin, dass offene Blütenstände nicht einfach ‚Blütenstände ohne Endblüte‘ sind, sondern sich schon vor der Blütenbildung in der relativen Größe und Wölbung ihrer Meristeme unterscheiden (Bull-Hereñu und Claßen-Bockhoff 2011). Das heißt, das **Potential zur Endblütenbildung** könnte schon im Infloreszenzmeristem angelegt sein. Es kommt in geschlossenen Blütenständen zum Ausdruck und wird in fakultativ geschlossenen Blütenständen unterdrückt. **Offenen** Blütenständen **fehlt** dieses **Potential**. Der **Übergang** von geschlossenen zu offenen Blütenständen, der in manchen Verwandtschaftskreisen zu beobachten ist, beruht daher vermutlich auf einer **Änderung der Meristemeigenschaften**.

Nach derzeitiger Kenntnis entstehen **offene Blütenstände** auf dreierlei Weise: aus einem **offenen Infloreszenzmeristem**, fakultativ bei Erschöpfung aus einem **geschlossenen Infloreszenzmeristem** und bei fehlendem Platz für eine Endblütenbildung aus einem *floral unit*-Meristem (Bull-Hereñu und Claßen-Bockhoff 2010a, b).

9.3.2 Gerüst und Peripherie

Um die Vielfalt der Blütenstandsformen zu reduzieren, empfiehlt es sich, den Blütenstand in Gerüst (*scaffold*) und Peripherie (*canopy*) zu gliedern (vgl. Harder und Prusinkiewicz 2013). Dieser Ansatz hat sich in studentischen Praktika bewährt und wird deshalb hier verwendet:

- Das **Gerüst** des Blütenstandes entspricht dem zugrunde liegenden Verzweigungssystem. Es umfasst die **vier Grundformen** Traube, Botryoid, Mehrfachtraube und Rispe (◘ Abb. 9.8a und 9.18c) in allen ihren Varianten und ist **monopodial** oder **sympodial** organisiert.
- Die **Peripherie** umfasst die letzten Glieder des Blütenstandes. Dabei handelt es sich um Blüten oder Blütenäquivalente (*floral units* und Cymen).

Die Vorgehensweise ähnelt der Darstellung chemischer Strukturformeln mit variablen funktionellen Gruppen. Im Fall der Blütenstände entspricht das Gerüst der Grundkonfiguration, die durch **Kombination** mit verschiedenen Blütenäquivalenten zu vielfältigen Formen führt. Beispiele sind etwa Botryoide mit Köpfchen, Trauben mit Cymen oder Rispen mit Ährchen. Die Vorgehensweise führt nicht nur zu einer **überschaubaren** Formenvielfalt und Benennung, sondern folgt auch der **Entwicklung** von Blütenständen, in der sich zunächst das Verzweigungssystem (Gerüst) aus einem Infloreszenzmeristem und dann, **nach Änderung der Meristemeigenschaften**, die Elemente der Peripherie bilden.

◨ Tab. 9.2 Terminologie der Blütenstände (◨ Abb. 9.2 und 9.8). Auswahl. Die Endung -oid kennzeichnet Blütenstände mit Endblüte. *, **, analoge Formen, die aus Infloreszenz- bzw. *Floral Unit* Meristemen entstehen. **Gerüst**: Verzweigung (Architektur) der Blütenstände. **Peripherie**: Blütenäquivalente

Deutsche Bezeichnung	Wissenschaftliche Bezeichnung	Erläuterungen	Zugehörigkeit
Einfache Blütenstände			
Traube	**Racema**, Botrys	Beide Begriffe werden auch als **Oberbegriffe** über alle einfachen Blütenstände verwendet	Gerüst
Geschlossene Traube	**Botryoid**		
Doldentraube		Varianten einfacher Blütenstände, die sich nur in ihren Proportionen unterscheiden	
Ähre	Spica, Spicoid		
Kolben	Spadix, Spadicoid		
Dolde	Umbella, Sciadium, Sciadioid		
Köpfchen *	Cephalium, Cephaloid		
–	Diade, Triade	beschreibender Teminus für zwei- oder dreiblütige Einheiten, die aufgrund ihrer **Armblütigkeit** keiner Infloreszenzform zugeordnet werden können	
Köpfchen *	bei Asteraceae: Capitulum	Blütenäquivalente aus FU-Meristemen	Peripherie
Ährchen	engl. *spikelet*		
Verzweigte Blütenstände			
Mehrfachtraube		Mehrfachtraube wird auch als **Oberbegriff** über alle aus Trauben zusammengesetzten Blütenstände verwendet	Gerüst
z. B. Mehrfachähre, Mehrfachdolde, …			
Mehrfachköpfchen	Syncephalium **		
Rispe	Panicula	entspricht einem verzweigten Botryoid	
Trichterrispe	Spirre	Blütenstände unterscheiden sich nur in variablen Proportionen; oft thyrsopaniculat	
Schirmrispe	Corymbus		
	Thyrsopanicula	beschreibender Teminus für Blütenstände, die aufgrund ihrer **Reichblütigkeit** weder Thyrsus noch Rispe zugeordnet werden können	
Dolde aus Döldchen		auch als Doppeldolde bzw. Doppelköpfchen bezeichnet; da diese Begriffe auch für Mehrfachtrauben verwendet werden, sind sie missverständlich	Peripherie
Kopf aus Köpfchen	Syncephalium **		
Blütenstände mit Cymen: Thyrsen			
Thyrsus			Gerüst
z. B. Traube mit Cymen, Rispe mit Cymen, …			
Florales Monochasium oder Dichasium	Cymoid	Thyrsus mit Ähnlichkeit zu einer Cyme (im Unterschied zu vegetativen Mono- und Dichasien immer cymös verzweigt)	
Cyme (Zyme) - Doppelwickel		Äquivalente von Seitenblüten	Peripherie
- Wickel	- Cincinnus		
- Fächel	- Rhipidium		
- Sichel	- Drepanium		
- Schraubel	- Bostryx		
	Cyathium	nur bei Euphorbiaceae	

Exkurs 9.4 Aufriss und Grundriss

Die Analyse von Blütenständen verlangt eine **genaue Betrachtung** des Pflanzenmaterials. Die diagrammatische Darstellung hilft dabei, die Verzweigungsverhältnisse eindeutig darzustellen. Die Symbole entsprechen der **Aufriss- und Grundrisstechnik** (▶ Exkurs 6.2). Blüten werden als Kreise dargestellt und inaktive, offene Infloreszenzachsen mit Kreuzen gekennzeichnet. Neben den reinen Verzweigungsverhältnissen lassen sich auch gestaltliche (relative Proportionen, Symmetrien), funktionale (Blütendimorphismus) und zeitliche Aspekte (Aufblühfolge) darstellen (z. B. ▪ Abb. 9.11, 9.26, 9.34). Stark verzweigte Systeme können in der Darstellung durch Verwendung von Symbolen didaktisch reduziert werden (▪ Abb. 9.15). Alle Sonderzeichen müssen in der Legende erläutert sein.

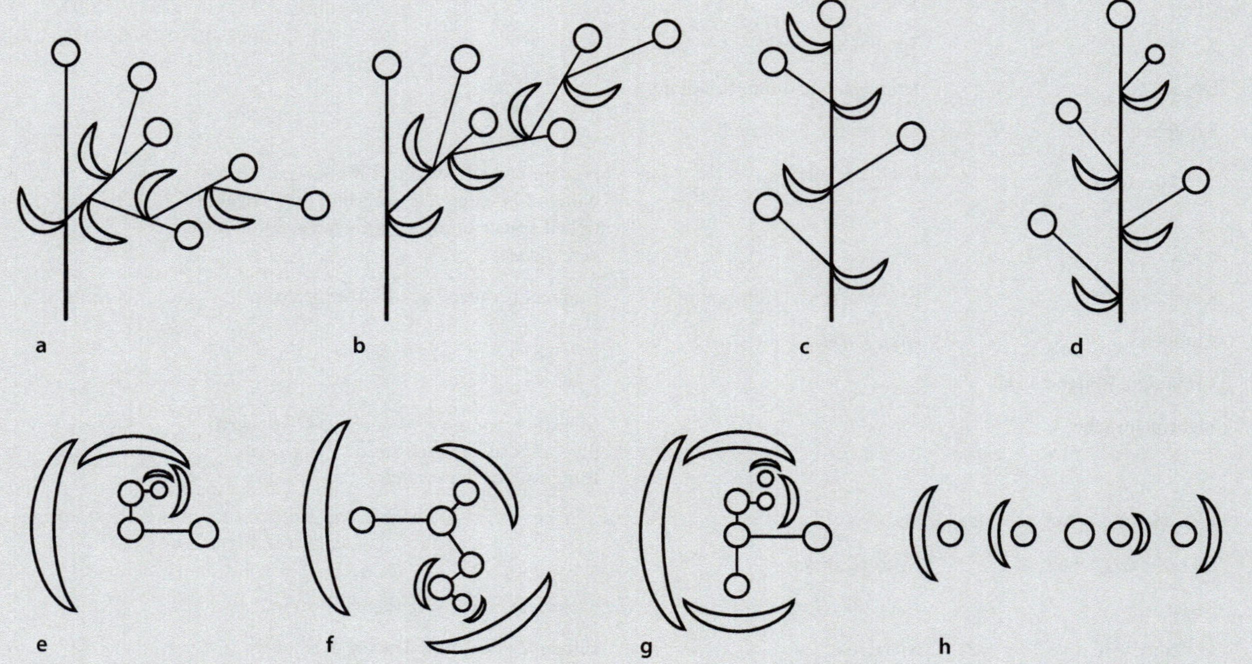

a   b   c   d

e   f   g   h

▪ **Abb. 9.10 Aufriss und Grundriss.** Abgebildet sind vier geschlossene Blütenstände. Wo liegen deren Endblüten? Bis in welche Achsenordnung sind die Blütenstände verzweigt? Welcher Grundriss gehört zu welchem Aufriss? Bei der Zuordnung der Grundrisse **e–h** zu den Aufrissen **a–d** sollte beachtet werden, dass Endblüten nie ein Tragblatt haben und daran auch dann erkannt werden können, wenn sie von Seitenblüten übergipfelt werden. Auflösung am Ende des Kapitels in ▪ Abb. 9.43. (© Original)

9.3.3 Grundformen reproduktiver Verzweigung

Nach dem **Grad der reproduktiven Verzweigung** werden einfache und verzweigte Blütenstände unterschieden.

Einfache Blütenstände

Einfache Blütenstände sind in ihrem Gerüst **unverzweigt**. Sie bestehen nur aus der Hauptachse (mit/ohne Endblüte) und Seitenblüten erster Ordnung (▪ Abb. 9.1c, d; Achsenordnung s. ▶ Abschn. 6.7). Die Seitenblüten besitzen gewöhnlich ein Tragblatt; Vorblätter können vorhanden sein oder fehlen (▶ Abschn. 6.5.2).

Traube und Botryoid

Die **Grundformen** einfacher Blütenstände sind die **Traube** und das **Botryoid** (▪ Abb. 9.8a):

- Die **Traube** (Botrys, Racema; *raceme*) hat eine gestreckte Hauptachse und gestielte Seitenblüten, die oft in großer Anzahl in **akropetaler** (spitzenwärtiger) Folge ausgegliedert werden. Die Blütenstände blühen entsprechend von unten nach oben auf (▪ Abb. 9.2a: Pfeil).

  Trauben sind **sehr häufig** und kommen z. B. bei vielen Fabaceen und Monocotylen (vor allem Asparagales; ▪ Abb. 10.6i) vor. Sie charakterisieren die **Kreuzblütler** (Brassicaceae), bei denen die Traube ein

Familienmerkmal ist. Als **Besonderheit fehlen** dieser Gruppe die **Tragblätter** der Blüten (◉ Abb. 9.2a), die sich auch nicht unter dem Rasterelektronenmikroskop nachweisen lassen. In entwicklungsgenetischen Studien an *Arabidopsis thaliana* konnten allerdings **Genexpressionsmuster** nachgewiesen werden, die auf die Anlage von Tragblättern und deren extrem frühe Entwicklungshemmung hinweisen (Long und Barton 2000).

– Das **Botryoid** (◉ Abb. 9.1d) wird auch als geschlossene Traube bezeichnet, weil es sich formal nur durch den Besitz einer **Endblüte** von der Traube unterscheidet (◉ Abb. 9.2h). Tatsächlich unterscheiden sich die beiden Blütenstände aber in ihrer Entwicklung, da Botryoide von Anfang an als geschlossene Systeme angelegt werden (Bull-Hereñu und Claßen-Bockhoff 2010a).

Botryoide treten beispielsweise bei Hahnenfußgewächsen (Ranunculaceae) und Rosengewächsen (Rosaceae) auf, zu denen auch der Odermennig (*Agrimonia eupatoria*) mit fakultativer Endblütenbildung gehört.

Varianten einfacher Blütenstände

Von Trauben und Botryoiden werden alle übrigen einfachen Blütenstände formal nach dem **Prinzip der variablen Proportionen** abgeleitet (◉ Abb. 9.8b). Das bedeutet, dass die Internodien lang oder kurz, dick oder dünn sein können:

– **Ähre** (Spica, *spike*; ◉ Abb. 9.2b und 9.8b)**:** Unterbleibt die Bildung von Blütenstielen, ‚sitzen‘ die Blüten an der gestreckten Hauptachse. Der Blütenstand wird Ähre genannt. Ähren sind meist offen und für die Ährengräser typisch (▶ Exkurs 11.11). Bei diesen weisen die Ähren allerdings keine Blüten, sondern **Ährchen** als **Blütenäquivalente** auf.

– **Kolben** (Spadix, *spadix*; ◉ Abb. 9.2c und 9.8b)**:** Ähren mit verdickter Hauptachse und eingesenkten Blüten heißen Kolben. Sie sind in der Regel offen und treten nur in wenigen, meist monocotylen Familien auf. Neben den Acoraceae und Cyclanthaceae liefern vor allem die **Aronstabgewächse** (Araceae) bekannte Beispiele. Oft ist der Kolben von einem Hochblatt, der **Spatha**, umgeben (◉ Abb. 9.2c: Ko, Sp, ▶ Abschn. 11.4.1). Bei einigen Kolben dürfte es sich um *floral units* handeln, aber genauere Untersuchungen stehen noch aus.

– **Doldentraube** (◉ Abb. 9.8b)**:** Besitzen die Blüten einer Traube ungleich lange Blütenstiele und werden dadurch in einer Ebene angeordnet, spricht man von einer Doldentraube. Sie tritt beispielsweise in den jungen Blütenständen der Schleifenblume (*Iberis*) auf, bevor diese sich zur Traube strecken.

– **Dolde** (Umbella, *umbel*)**:** Die Dolde kann offen oder geschlossen sein (Sciadioid). Ihre Hauptachse ist nicht gestreckt, was dazu führt, dass alle Blütenstiele von einem Punkt auszugehen scheinen. Je nach Förderung der Blütenstiele besitzen Dolden eine konkave, flache oder konvexe Form. Dolden entstehen oft aus Infloreszenzmeristemen (*Lantana*; ◉ Abb. 11.10d–f). Die Dolden der **Doldengewächse** (Apiaceae, früher Umbelliferae, wörtl. „Doldenträger“; ◉ Abb. 9.29) entwickeln sich dagegen aus *floral unit* Meristemen (Claßen-Bockhoff und Bull-Hereñu 2013; Baczyński et al. 2022). Das ist insofern erstaunlich, als die Döldchen und Blüten wie in einem Blütenstand gestielt sind.

– **Köpfchen** (*head*, bei Asteraceae: Capitulum)**:** Das Köpfchen ist meist offen, kann aber auch eine Endblüte aufweisen (Cephaloid, z. B. *Berzelia*, Bruniaceae). In ihm stehen zahlreiche, meist kleine Blüten dicht gedrängt zusammen. Köpfchen entwickeln sich aus Infloreszenz- und aus *floral unit* Meristemen. Im zweiten Fall weisen die Köpfchen einen verdickten Boden auf, der wie der Blütenboden als **Receptaculum** bezeichnet wird (◉ Abb. 9.30: Rc). Sie kommen in verschiedenen Familien vor, von denen die Familie der **Korbblütler** (Asteraceae) die bekannteste und größte ist (◉ Abb. 9.31).

Während früher angenommen wurde, dass alle Blütenstände gleicher Verzweigung, homolog zueinander seien (Troll 1964, 1969), weisen ontogenetische Studien darauf hin, dass Blütenstände gleichen Aussehens **analog** sein können (▶ Abschn. 9.2). Ein gut untersuchtes Beispiel dafür liefern die ähnlich aussehenden Köpfchen des australischen Sumpfgänseblümchens (*Actinodium cunninghamii*, Myrtaceae; ◉ Abb. 9.21ii) und des europäischen Gänseblümchens (*Bellis perennis*, Asteraceae; Claßen-Bockhoff et al. 2013): Das Köpfchen des **Sumpfgänseblümchens** entsteht durch **Segregation** aus einem Infloreszenzmeristem, dessen Internodien gehemmt bleiben. Das Köpfchen des **Gänseblümchens** entsteht wie das der Echten Kamille (◉ Abb. 9.6b–d) durch Fraktionierung eines *floral unit*-Meristems.

Die Köpfchen der Asteraceae sind ein Familienmerkmal; sie werden traditionell als ‚gestauchte Ähren‘ bezeichnet (Harris 1999; Pozner et al. 2012). Beides ist irreführend: Der Begriff **Stauchung** stammt aus der Zeit rein formaler Betrachtung, in der die Vielfalt der Formen von einem adulten Typus abgeleitet wurde. Das pflanzliche Wachstum kennt aber keinen Prozess der Stauchung, sondern nur den der Hemmung. Außerdem sind die Köpfchen keine Blütenstände (Ähren), sondern *floral units*, die sich aus blütenähnlichen Meristemen entwickeln.

Verzweigte Blütenstände

Verzweigte Infloreszenzen bilden Blüten an höheren Achsenordnungen. Man unterscheidet verzweigte Trauben (**Mehrfachtrauben**) und verzweigte Botryoide (**Rispen**; ◻ Tab. 9.2). Beide können monopodial oder sympodial verzweigt sein (◻ Abb. 9.8a und 9.15c).

Mehrfachtrauben (◻ Abb. 9.8a) bestehen aus Trauben bzw. deren Varianten (◻ Abb. 9.8b). Je nach Höhe des Verzweigungsgrades werden die Mehrfachtrauben auch als Zweifach-, Doppel- oder Dreifachtraube bezeichnet (◻ Abb. 9.2d und 9.8e). Besitzen sie eine Endtraube, ist der Blütenstand **geschlossen**, auch wenn die einzelne Traube offen ist; es liegt dann ein Botryoid mit Trauben vor. Stehen alle Trauben seitlich, ist der gesamte Blütenstand offen (Traube mit Trauben). Die einzelnen Trauben einer Mehrfachtraube werden als **Teilblütenstände** bezeichnet. Sie tragen an ihrer **Peripherie** Blüten oder *floral units*; Mehrfachtrauben mit Cymen gehören zu den Thyrsen.

Mehrfachtrauben sind nicht immer leicht von blühenden Sprosssystemen und *floral units* abzugrenzen. Das veranschaulichen die folgenden beiden Beispiele.

Mehrfachtraube vs. Blühtrieb mit Trauben

Die Kreuzblütler (Brassicaceae) bilden als Familienmerkmal Trauben und Mehrfachtrauben. An ihrem Beispiel lässt sich die **Abgrenzung** eines **Blütenstandes** vom vegetativen Teil des Sprosssystems besonders gut erläutern.

Der Schmalblättrige Doppelsame (*Diplotaxis tenuifolia*) bildet eine terminale Traube (◻ Abb. 9.11a), das Lauch-Scheibenschötchen (*Peltaria alliacea*) eine terminale Mehrfachtraube (◻ Abb. 9.11b). Alle Trauben blühen akropetal auf (hellgrüner Pfeil).

Aus den axillären Meristemen von Blättern **unterhalb des Blütenstandes** (dunkelgrün) entwickeln sich bei beiden Arten seitliche Trauben. Sie blühen entlang der Hauptachse in absteigender (**basipetaler**) Folge auf (dunkelgrüner Pfeil). In gleicher Richtung verkleinern sich die Trauben und vergrößern sich die vegetativen Abschnitte der Seitenachsen (▶ Abschn. 6.8.2). Diese Merkmale kennzeichnen die Seitenachsen als separate Trauben (Blütenstände). Sie entstehen aus axillären Laubblattmeristemen, erhalten einen eigenen Blühimpuls und gehören **nicht** zum terminalen Blütenstand (Stauffer 1963; Hempel und Feldmann 1994). Ein **Aggregat aus Trauben** kann somit einer Mehrfachtraube (◻ Abb. 9.11b: Endsystem), einem Verband aus mehreren Einzeltrauben (◻ Abb. 9.11a) oder einem Mischsystem aus Mehrfachtrauben und Trauben entsprechen (◻ Abb. 9.11b).

Kombinationen aus **terminalen** und **seitlichen Blütenständen** innerhalb eines Sprosssystems sind auch außerhalb der Brassicaceae häufig. Sie täuschen komplexe Blütenstände vor, geben sich aber anhand der **bi**direktionalen **Aufblühfolge** und des zunehmend starken vegetativen Unterbaus als blühende Sprosssysteme zu erkennen (◻ Abb. 6.41i und 6.42g).

Mehrfachtraube vs. Dolde mit Döldchen

Die **Doldengewächse** (Apiaceae ◻ Abb. 9.7f) bilden in der Unterfamilie der Apioideae Dolden mit Döldchen. Obgleich der Blütenstand wie eine Zweifachdolde (oder Doppeldolde) aussieht (◻ Abb. 9.11c), handelt es sich seiner **Entwicklung** nach um eine *floral unit* (Baczyński et al. 2022; Claßen-Bockhoff et al. 2023). Diese entsteht aus einem großen **nackten** Doldenmeristem, das sich in Teilmeristeme, die Döldchenmeristeme, aufteilt (◻ Abb. 9.7b: DoM, c: DöM). Die Teilmeristeme dehnen sich aus, bevor sie erneut fraktionieren und in einem zweiten Schritt Blütenmeristeme (◻ Abb. 9.7d: BM) bilden. Diese weiten sich wieder aus und bilden schließlich die Blütenorgane (◻ Abb. 9.7e). Die Prozesse der **Meristemausdehnung** und **Fraktionierung** wiederholen sich somit dreimal und belegen sehr deutlich, dass es sich bei der ‚Doppeldolde‘ **nicht** um eine **Mehrfachtraube**, sondern um eine *floral unit* handelt. Die **Streckung** der Döldchen und Blütenstiele **maskiert** diese Entwicklung, sodass sich die Dolde im blühenden Zustand nicht von einer Mehrfachtraube unterscheidet. Das Beispiel zeigt, dass ähnliche Blütenstände analog sein können.

Sind bei den Apiaceae Dolde und Döldchen von einer Hülle bzw. einem Hüllchen umgeben, spricht man von einem **Involucrum** (In, Tragblätter der Döldchen) bzw. **Involucellum** (Inv, Tragblätter der Blüten). Die Dolde der Apiaceae besitzt gewöhnlich kein Enddöldchen, die Döldchen können aber Endblüten aufweisen (Kerbelrübe, *Chaerophyllum bulbosum*), fakultativ geschlossen (Wilde Möhre, *Daucus carota*) oder offen sein (Wiesenkerbel, *Anthriscus sylvestris*; ◻ Abb. 9.34a–e). Ontogenetische Studien an *Daucus carota* weisen darauf hin, dass das fakultative Auftreten einer Endblüte im Döldchen von der Meristemgröße kontrolliert wird (Bull-Hereñu und Claßen-Bockhoff 2010a).

Rispen

Die Rispe (*panicle*) entspricht einem mehrfach verzweigten Botryoid und ist entsprechend **geschlossen**; sie endet an allen Achsen in Blüten bzw. Blütenäquivalenten.

Die unteren Rispenäste sind meist stärker verzweigt als die oberen, wodurch sich eine **pyramidale** Gestalt ergibt (◻ Abb. 9.2i). Beispiele für **Rispen** liefern der Flieder (*Syringa vulgaris*, Oleaceae) und Liguster (*Ligustrum vulgaris*, Oleaceen; ◻ Abb. 9.2i), die allerdings beide sehr variabel sind und zur Reduktion der Rispen neigen. Die Blütenstände der Rispengräser weisen als Gerüst eine Rispe und in der Peripherie Ährchen auf

◻ Abb. 9.11 Blühtriebe mit Trauben, Mehrfachtrauben und Dolden mit Döldchen. a, b, Blühende Sprosssysteme von Brassicaceae. **a,** *Diplotaxis tenuifolia*. Spross mit einzelnen, akropetal aufblühenden Trauben; das Endsystem blüht als Erstes (hellgrüner Pfeil); die Trauben am Ende der vegetativen Seitenachsen (dunkelgrün) folgen in basipetaler Folge (dunkelgrüner Pfeil). **b,** *Peltaria alliacea*. Wie **a,** aber mit akropetal aufblühender Zweifachtraube (hellgrün) als Endsystem. **c,** *Chaerophyllum bulbosum* (Apiaceae). Blühendes Sprosssystem mit zwei Dolden mit Döldchen (Dö). In, Involucrum. Inv, Involucellum. Die Dolde der Apiaceae ist eine *floral unit* (▶ Abschn. 9.3.3.); dies ist durch die Farbgebung wiedergegeben. Dunkelgrün: vegetatives Verzweigungssystem (Sprosssystem). Hellgrün: reproduktives Verzweigungssystem (Blütenstand). Rote Achsen: Internodienstreckung innerhalb der *floral unit*. Rote Kreise: Blüten (◻ Abb. 9.1 und 9.18). (© Original)

(◻ Abb. 9.8b und 11.64l). Die Wein**traube** (*Vitis*, Vitaceae) besitzt (im Unterschied zu ihrem Namen) keine Trauben, sondern Rispen bzw. thyrsopaniculate Systeme (◻ Tab. 9.2).

Nach der **Gestalt** unterscheidet man neben der pyramidalen Rispe die **Schirm-** und **Trichterrispen:**

- Bei der Schirmrispe (Ebenstrauß, **Corymbus;** ◻ Abb. 9.8b) sind die unteren Seitenachsen länger gestielt als die oberen, sodass alle Blüten in einer Ebene angeordnet sind. Bekannte Beispiele finden sich bei den Hortensien (*Hydrangea*, Hydrangeaceae; ◻ Abb. 9.25c–g), dem Schneeball (*Viburnum opulus*, Adoxaceae; ◻ Abb. 9.25a, b) oder dem Schwarzen Holunder (*Sambucus nigra*, Adoxaceae).
- Bei der Trichterrispe (**Spirre;** ◻ Abb. 9.8b) übergipfeln die unteren Seitenachsen den zentralen Teil des Blütenstandes. Die Infloreszenzform kommt z. B. beim Mädesüß (*Filipendula ulmaria*, Rosaceae, oft thyrsopaniculat, s. unten) und bei den Binsengewächsen (Juncaceae) vor.

9.3.4 Thyrsus: Blütenstand mit Cymen

Die **Grundverzweigung** eines Blütenstandes bildet sein **Gerüst,** die **Blüten** bzw. **Blütenäquivalente** seine **Peripherie.** An der Position von Seitenblüten können **Cymen** auftreten. **Blütenstände mit Cymen** heißen **Thyrsen** (◻ Abb. 9.8e).

Cymen

Cymen (◻ Abb. 9.8d) sind seitliche Blütenverbände, die sich **modular** aus Blüten mit Vorblättern aufbauen (◻ Abb. 9.14b, ▶ Exkurs 9.5). Da Vorblätter nur an Seitenachsen stehen (▶ Abschn. 6.5.2), sind Cymen **nie Blütenständen,** sondern immer **Teilblütenständen** homolog. Die zugrunde liegende, ausschließlich aus den Vorblättern erfolgende Verzweigung heißt **cymöse Verzweigung.**

Racemöse und cymöse Verzweigung

Liegt eine **monopodiale** Infloreszenz vor, spricht man in der Infloreszenzmorphologie von einer **racemösen** Verzweigung (◻ Abb. 9.11a und 9.16a). Der Begriff

,racemös' leitet sich von Racema (Traube) ab und beschreibt ein Verzweigungsverhalten, das mehrere bis viele Blüten bzw. Teilblütenstände entlang einer Hauptachse segregiert. Diese haben alle den gleichen **Ordnungsgrad** und folgen in **akropetaler** (von unten nach oben) Anordnung aufeinander.

Im Falle eines **Sympodiums** spricht man dagegen traditionell von einer **cymösen** Verzweigung, die entsprechend in einem cymösen Blütenstand mündet. Das ist aber missverständlich, weil die Verzweigung innerhalb einer Cyme immer nur aus den Vorblättern erfolgt, während ein sympodialer Ast racemös organisiert sein kann und sich lediglich sympodial fortsetzt (z. B. Marantaceae, ◘ Abb. 9.15). Man sollte daher die **sympodiale Verzweigung der Blütenstände** und die **cymöse Verzweigung der Cymen** auseinanderhalten.

Racemöse und cymöse Verzweigungen werden oft **quantitativ** unterschieden. Seitensysteme mit mehr als zwei Seitenblüten pro Ordnung sind danach racemös, solche mit maximal zwei Seitenblüten pro Ordnung cymös. Diese Vorgehensweise ist im Alltag **praktisch**, verschleiert aber die Tatsache, dass den beiden Verzweigungssystemen **völlig unterschiedliche Entwicklungsprozesse** zugrunde liegen. Bei der racemösen Verzweigung bleibt das Infloreszenzmeristem aktiv und **segregiert** Seitenblüten; bei der cymösen Verzweigung geht das Meristem **unmittelbar** in die **Blütenbildung** ein und bildet die weiteren Blüten aus den axillären Meristemen der Vorblätter (◘ Abb. 9.5f, h).

In seltenen Fällen treiben abgeblühte Cymen **erneut vegetativ** aus. Beobachtet wurde dieses Phänomen an *Salvia candelabrum* (Lamiaceae) und *Kalanchoë daigremontiana* (Crassulaceae; ◘ Abb. 9.12). In beiden Fällen werden

◘ **Abb. 9.12   Durchwachsende Cymen.** In seltenen Fällen treiben die axillären Meristeme der letzten Cymenglieder vegetativ aus. **a, b,** *Salvia candelabrum* (Lamiaceae, abgeblüht), eine der wenigen Salbeiarten mit gestielten Blüten. **c,** *Kalanchoë daigremontiana* (Crassulaceae). Endständiges Cymoid (florales Dichasium). **d,** Schematische Darstellung eines durchwachsenden Cymoids. Dunkelgrün: vegetative Blätter. (© R. Claßen-Bockhoff, Mainz)

kleine Sprosssysteme gebildet, die möglicherweise der vegetativen Vermehrung dienen. Untersuchungen an den durchwachsenden Blütenständen von *Actinodium cunninghamii* (Myrtaceae; Claßen-Bockhoff et al. 2013) und *Salvia viridis* (Lamiaceae; unveröff.) deuten darauf hin, dass die **Meristemgröße** eine bedeutende Rolle bei der Rückkehr des Infloreszenzmeristems in den vegetativen Zustand spielt. Das könnte auch für Cymenmeristeme gelten.

Grundformen von Cymen

Cymen unterscheiden sich hinsichtlich ihrer Symmetrie und Blattstellung:

Dichasiale Cymen (■ Abb. 9.13a, a′) bilden zu Beginn zwei Blüten pro Achsenordnung. Sie setzen dieses Muster fort oder gehen mit zunehmender Verzweigung in den monochasialen Modus über. **Doppelwickel** (■ Abb. 9.13b) bilden zwei Seitenblüten, die sich sofort monochasial fortsetzen. Sie sind z. B. für die Raublattgewächse (**Boraginaceae**) charakteristisch, deren Cymen schneckenförmig eingerollt sind und sich während des Aufblühens strecken (entrollen; ■ Abb. 9.2j). Diese eigentümliche Blütenstandsform, an der man die Familie leicht im Gelände erkennt, heißt Boragoid.

Monochasiale Cymen verzweigen sich nur aus einem Vorblatt. Das zweite Vorblatt fehlt oder bleibt steril.

— Bei **alternierender** Fortsetzung werden die Blüten abwechselnd nach rechts oder links gebildet. Man bezeichnet Cymen als **Wickel** (Cincinnus; ■ Abb. 9.13c, c″), wenn die Vorblätter transversal (■ Abb. 9.13c″: Tr) stehen (viele Dicotyle) und als **Fächel** (Rhipidium; ■ Abb. 9.13c, c′), wenn das Vorblatt median (■ Abb. 9.13c′: Me) steht (viele Monocotylen). Die unterschiedliche Vorblattstellung zeigt sich nur im Grundriss, der Aufriss ist für beide Formationen gleich (■ Abb. 9.13c).

— Bei **einseitswendiger** Blütenbildung unterscheidet man die **Schraubel** (Bostryx; ■ Abb. 9.13d, d″) mit transversalen Vorblättern und die **Sichel** (Drepanium; ■ Abb. 9.13d, d′) mit medianem Vorblatt. Für beide Cymenformen ist der Aufriss wiederum gleich (■ Abb. 9.13d).

Möglicherweise hängt die dichasiale bzw. monochasiale Fortsetzung von den **Platzverhältnissen** in der Blattachsel ab. Liegt die Blütenanlage in der Mediane, ist eine dichasiale Blütenbildung wahrscheinlicher als bei einer exzentrischen

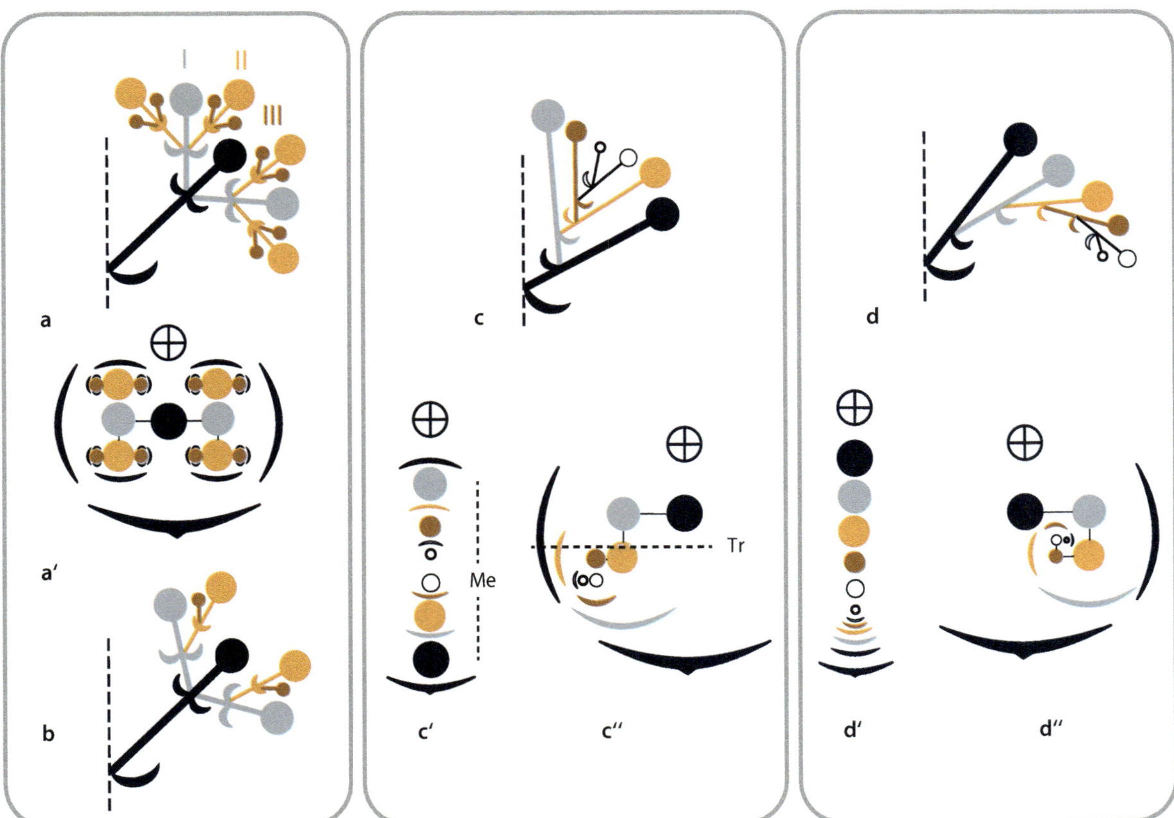

■ **Abb. 9.13 Diversität von Cymen.** Anzahl und Stellung der Vorblätter bestimmen die Verzweigung. **a, a′,** Dichasiale Cyme, Aufriss und Grundriss. **b,** Doppelwickel, Aufriss. **c–c″,** Monochasiale Cymen mit alternierender Verzweigung. **c,** Aufriss. **c′,** Fächel im Grundriss. **c″,** Wickel im Grundriss. Me, Mediane. Tr, Transversale. **d–d″,** Monochasiale Cymen mit einseitswendiger Verzweigung. **d,** Aufriss. **d′,** Sichel im Grundriss. **d″,** Schraubel im Grundriss. Farben kennzeichnen unterschiedliche Achsenordnungen. (© Original, nach Weberling 1981)

Exkurs 9.5 Chaos pur: Was ist eine Cyme?

Der Begriff der **Cyme** ist einer der schillerndsten Begriffe der Pflanzenmorphologie. Er hat eine wechselvolle Geschichte durchlaufen und wird bis heute für **verschiedene, analog ähnliche Blütenverbände** verwendet (◨ Abb. 9.14).

Schon früh wurde das besondere Verzweigungsverhalten von Cymen als Einteilungskriterium für Blütenstände verwendet. Roeper (1826) unterschied **racemöse und cymöse Blütenstände** und definierte die **Cyme** als **seitlichen Teilblütenstand**. De Candolle (1827) bezog den Begriff ‚Cyme‘ wenig später auf den **gesamten Blütenstand** und veränderte damit das Bezugssystem (◨ Abb. 9.14a). Racemöse Blütenstände mit cymösen Seitensystemen waren ihm zufolge Mischformen zwischen Racemen und Cymen, die er Strauß (**Thyrsus**) nannte.

In der Folgezeit entwickelten sich im französischen, deutschen und englischen Sprachraum **verschiedene Konzepte**, die sich teils auf die Definition Roepers und teils auf die Erweiterung durch de Candolle bezogen. Es kam zu einer bis heute andauernden **Konfusion**, da gleiche Begriffe für verschiedene Strukturen und verschiedene Begriffe für gleiche Strukturen verwendet wurden (◨ Abb. 9.14; Endress 2010a).

Roeper (1826) charakterisierte die Cymen nach ihrem Verzweigungsverhalten als **Wickel** (Cincinnus) und **Schraubel** (Bostryx); später wurden noch **Sichel** (Drepanium) und **Fächel** (Rhipidium) unterschieden (z. B. Velenovsky 1910; Schoute 1935; ◨ Abb. 9.13). Obgleich ursprünglich auf **seitliche Cymen** bezogen, wurden auch diese Begriffe bald auf den **gesamten Blütenstand** übertragen, wodurch es erneut zu einer Vermischung von Bezugssystemen kam:

- Im **deutschen Sprachraum** entwickelte Troll (1964, 1969) das synfloreszenzmorphologische Konzept (▶ Exkurs 6.6), in dessen Rahmen er die Begriffe ‚Cyme‘ und ‚Thyrsus‘ eindeutig definierte. Ein **Thyrsus** ist danach ein racemöser **Blütenstand mit Cymen**, eine **Cyme** die **seitliche Verzweigungseinheit des Thyrsus**, die sich nur aus Vorblättern bereichert (◨ Abb. 9.14). Den Begriff des **cymösen Blütenstandes** lehnte Troll ab, da er ihn als Reduktionsform des Thyrsus erkannte. Blütenstände mit einer äußeren Ähnlichkeit zu einer Cyme nannte er **Cymoid** (◨ Abb. 9.13b). Andere Autoren hatten diesen Blütenstand bereits vor ihm als **Dichasium** bezeichnet, ohne den Begriff von einem vegetati-

ven Sympodium zu unterscheiden. Im vorliegenden Buch werden Thyrsus und Cyme im Sinne von Troll (1964, 1969) verwendet. Der Thyrsus wird allerdings nicht als eine Grundform der Blütenstände verstanden, sondern leitet sich von **allen Grundformen** ab (◨ Abb. 9.18c′). Diese Vorgehensweise, die sich auf die Entwicklung der Blütenstände stützt, reduziert die Vielfalt und lässt Übergänge zwischen Rispen und Tyrsen zu (▶ Abschn. 9.3.5).

- Im **englischen Sprachraum** werden teilweise völlig andere Bezeichnungen und Bezugssysteme verwendet (z. B. Judd et al. 1999; Castel et al. 2010). Dies gilt vor allem für die **entwicklungsgenetische** Literatur, die sich zwar auf Troll (1964/1969) und Weberling (1989) bezieht, aber dessen ungeachtet *racemes* (Trauben), *panicles* (Rispen) und *cymes* als Grundformen von Blütenständen unterscheidet (Benlloch et al. 2007; Prusinkiewicz et al. 2007; Rebocho et al. 2008). Diese Grundformen entsprechen den drei grundsätzlich möglichen Verzweigungsformen mit **dominanter Hauptachse** (*raceme*), **Seitentrieben**, die die Führung übernehmen (*cymes*), und **Mischformen** (*panicles*). Bei den molekularen Untersuchungen an *Arabidopsis thaliana* (Brassicaceae) steht ebenso wie bei den Studien an den sympodial bzw. cymös verzweigten Modellorganismen *Solanum* und *Petunia* (beides Solanaceae) die **Regulation der Verzweigungsformen** im Fokus und nicht die Frage, ob es sich um ein vegetatives oder reproduktives Verzweigungssystem handelt (Souer et al. 2008; Rebocho et al. 2008; Park et al. 2014). Dass in diesen Studien infloreszenzmorphologische Termini verwendet werden, ist eine weitere Quelle für Missverständnisse und mögliche Fehlinterpretationen.

Die **Entwicklungsgenetik** wird oft als die moderne Weiterentwicklung der Pflanzenmorphologie angesehen. Tatsächlich stellt sie ähnliche Fragen und ist für ein molekulares Verständnis der pflanzlichen Formbildung unverzichtbar. Sie **ersetzt** aber **nicht** die morphologische Forschung (die am Phänotyp ansetzt), sondern **ergänzt** sie. Das wird besonders deutlich im Bereich der Blütenstände, deren Vielfalt und Evolution sich erst erschließen, wenn man **alle Aspekte** von der **Morphologie** bis zu den **molekularen Prozessen** betrachtet.

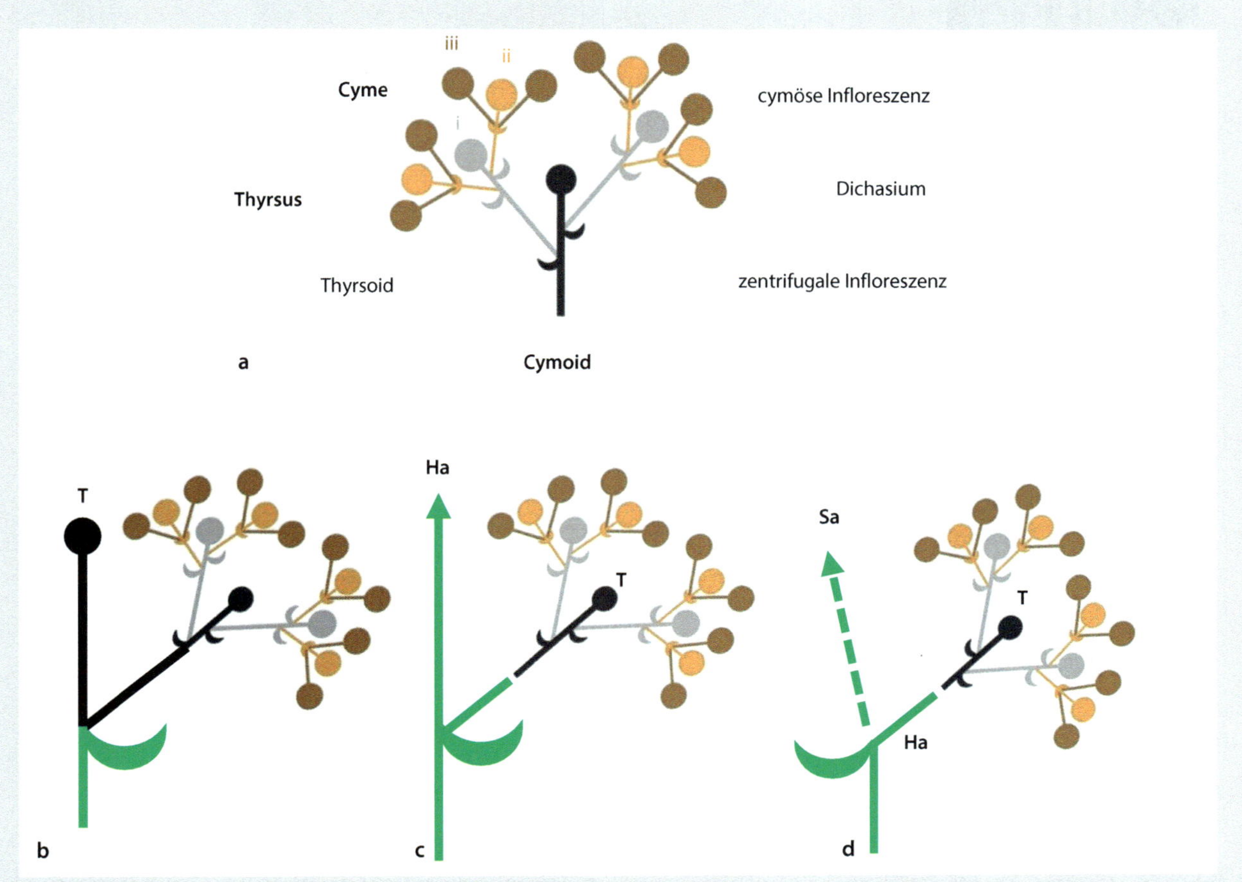

Abb. 9.14 Cyme, Thyrsus, Cymoid. a, Auswahl unterschiedlicher, in der Literatur verwendeter Bezeichnungen für den abgebildeten Blütenverband. I–III. Ordnungsgrade der Blüten. Fettdruck: hier verwendete Termini. Der Thyrsus ist ein Blütenstand mit Cymen, seine Sonderform mit ein oder zwei Cymen heißt Cymoid. **b,** Cyme. Die Cyme ist das cymös verzweigte Seitensystem eines Thyrsus. Schwarz: zum Blütenstand gehörende Infloreszenzachsen. T, Terminalblüte. **c, d,** Thyrsen mit nur ein oder zwei Seitensystemen ähneln Cymen; daher der Name Cymoid. Grün: monopodiales **(c)** bzw. sympodial verzweigtes **(d)** Sprosssystem mit Cymoiden in seitlicher **(c)** und terminaler Position **(d).** Ha, Hauptachse. Sa, Seitenachse. In der entwicklungsgenetischen, englischsprachigen Literatur werden alle Systeme als *cymes* bezeichnet. (© Original)

Lage der Blüte, bei der sich die Seitenblüte bevorzugt in Richtung des größeren Platzangebotes entwickelt.

Thyrsus

Alle **Blütenstände mit Cymen** werden in der folgenden Darstellung unter dem Oberbegriff des **Thyrsus** zusammengefasst (Abb. 9.18c′). Ihr Gerüst entspricht einer der Grundformen der Blütenstände (bzw. einer ihrer Varianten; Abb. 9.8b), ihre Peripherie trägt **Cymen** anstelle von **Seitenblüten** (Abb. 9.8d).

Einfache und mehrfach verzweigte Thyrsen

Einfache Thyrsen bilden ihre Cymen direkt an der Hauptachse (Abb. 9.16b–d). Sie entsprechen somit Trauben oder Botryoiden mit Cymen (Abb. 9.8e). Beispiele liefern die Lippenblütler (Lamiaceae), deren Blütenstände Ähren mit Cymen sind. Man spricht von

sitzenden Cymen (Abb. 9.2f, 9.5h und 9.8e), wenn die Blütenstiele unterdrückt bleiben.

Verzweigte Thyrsen sind in ihren ersten Ordnungen oft racemös (Abb. 9.8e und 9.25l, o). Sie enden aber immer in Cymen und unterscheiden sich darin von Mehrfachtrauben und Rispen (Abb. 9.16e, f). Thyrsen können wie Rispen Schirm- oder Trichterform annehmen.

Das Gerüst der Thyrsen ist meist monopodial, seltener sympodial verzweigt. Ein solcher Fall tritt bei einigen **Marantaceae** auf, deren Blütenstände außerordentlich komplex sind und alle Verzweigungsformen in sich vereinen (Abb. 9.15). Bei *Calathea crotalifera* enden die **Sympodialglieder** in **racemösen** Ähren (Abb. 9.15c), die ihrerseits **Cymen** mit Blütenpärchen tragen (Claßen-Bockhoff und Deobald 2024). Letztere entstehen durch Spaltung eines reproduktiven Meristems (Abb. 10.11a) und werden als *floral units* interpretiert (Dworaczek und Claßen-Bockhoff 2016).

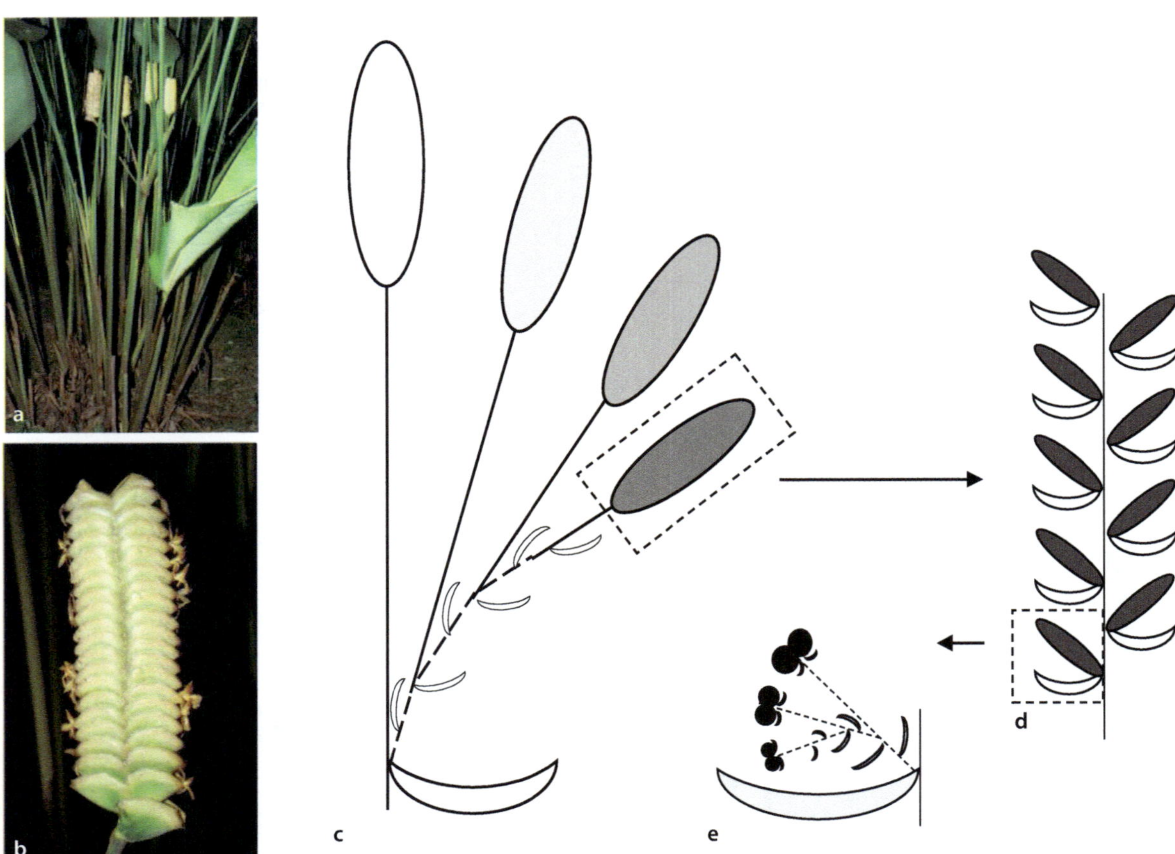

In der Literatur wird der Begriff ‚Thyrsus‘ gelegentlich in einer engeren Definition, z. B. nur für offene oder nur für gegenständig beblätterte Blütenstände verwendet. In dem hier präsentierten Konzept sind Thyrsen einfach oder komplex, offen oder geschlossen und weisen alle Arten von Blattstellung auf. Die einzige zu erfüllende Bedingung ist die Bildung von **Cymen**. Will man die Blütenstände näher charakterisieren, kann man das Grundgerüst (z. B. Ähre, Mehrfachtraube oder Corymbus mit Cymen) und die Cymen näher benennen (z. B. dichasial, monochasial auslaufend, wickelig).

Da sich der Thyrsus nur in seiner ‚funktionellen Gruppe‘ von anderen Blütenständen unterscheidet, treten in vielen Verwandtschaftsgruppen **Übergänge** zwischen Trauben, Rispen und Thyrsen auf. Unterbleibt z. B. die Bereicherung einer Cyme aus ihren Vorblättern, wird sie zu einer Blüte und der Thyrsus entsprechend zu einer Traube, Rispe oder anderen Infloreszenz.

Thyrsopaniculate Systeme, Di- und Triaden

Innerhalb der einfachen und komplexen Blütenstände treten Formen auf, die sich nicht eindeutig zuordnen lassen:

- In **reich verzweigten** Blütenständen konvergieren Rispe und Thyrsus. Das liegt daran, dass der Verzweigungsgrad der Rispen zur Spitze hin abnimmt, sodass die letzten Glieder armblütige Di- oder Triaden sind und wie Cymen aussehen (■ Abb. 9.16e, f). Troll (1964) führte für diese Blütenstände den praktischen Begriff des **thyrsopaniculaten Systems** (Thyrsopanicula) ein (■ Tab. 9.2).

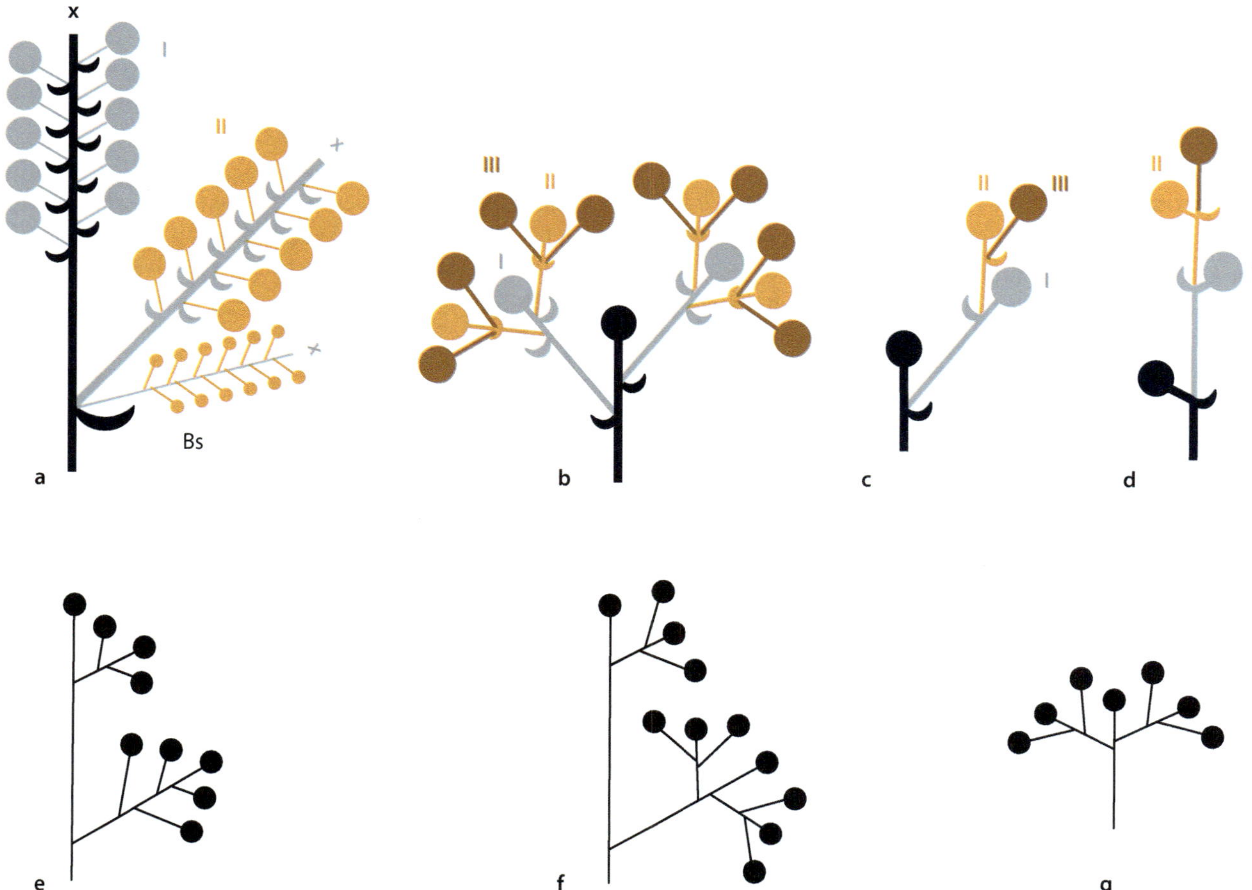

Abb. 9.16 Probleme bei der Identifizierung von Blütenständen. I–III, Ordnungsgrade der reproduktiven Verzweigung **a**, Racemöser, offener (x) Blütenstand. Steinklee (*Melilotus albus*, Fabaceae). Zweifachtraube mit verzögert blühendem Beispross (Bs). Der Beispross gehört zum Blütenstand, geht aber nicht in die Benennung mit ein. **b–d**, Cymoide, Grundformen. **b**, Thyrsus mit zwei dichasialen Cymen (florales Dichasium). **c, d**, Thyrsus mit einer monochasial verzweigten Cyme (florales Monochasium); in **d** mit extremer Übergip-felung. **e, f,** Rispe und Thyrsus. Im distalen Bereich stimmen Rispe und Thyrsus oft überein; im proximalen Bereich unterscheiden sie sich in der racemösen (**e**: Rispe) bzw. cymösen (**f**: Thyrsus) Verzweigung. Ist die Unterscheidung nicht möglich, spricht man von einem thyrsopaniculaten System. **g**, Armblütige Triade. Es ist nicht entscheidbar, ob es sich um ein Cymoid oder eine reduzierte Rispe handelt. (© Original)

Zur Klärung der Blütenstandform empfiehlt es sich immer, **zahlreiche Pflanzen** anzuschauen. Gibt die natürliche Variation keine Klarheit, kann der **Verwandtschaftskreis** weiterhelfen. So wird die thyrsopaniculate Spirre des Mädesüß (*Filipendula ulmaria*) als Rispe bezeichnet, da bei den Rosaceae racemöse Blütenstände (Botryoide, Rispen) vorherrschen.

– Für Blütenstände (und Teilblütenstände), die nur aus **wenigen** Blüten bestehen und deren Herkunft aus einem rispigen oder cymösen Verzweigungssystem unklar ist (▪ Abb. 9.16g), bieten sich die neutralen Bezeichnungen **Di-** bzw. **Triade** an (▪ Abb. 9.8b).

Dichasium vs. Cymoid

Eine **Sonderform des Thyrsus** liegt vor, wenn nur eine oder zwei Cymen gebildet werden (▪ Abb. 9.2m und 9.8e). Sie wird traditionell als **Mono-** oder **Dichasium** bezeichnet. Da diese Begriffe auch im vegetativen Bereich der Pflanze verwendet werden (▶ Abschn. 6.7.1), sind sie missverständlich. Sie werden hier als **florale Mono-/Dichasien** bzw. **Cymoide** (sensu Troll 1964) bezeichnet. Der Begriff Cymoid (wörtl. „einer Cyme ähnlich") ist insofern treffend, als er auf die Ähnlichkeit des Blütenstandes mit einer Cyme Bezug nimmt und damit die konsequent cymöse Verzweigung der Seitensysteme impliziert.

9.3.5 Maskierung von Blütenständen

Wie die vegetativen Verzweigungssysteme weisen auch Blütenstände **Beisprosse** und **Metatopien** auf (▶ Abschn. 6.7.3.).

Beisprosse

Blühende Beisprosse treten in blühenden Sprosssystemen und in Blütenständen auf:

— Im ersten Fall sind sie Ausdruck einer **arbeitsteiligen Differenzierung**. Während der Blühtrieb vegetativ bleibt, geht **ein Teil** des axillären Meristems in den reproduktiven Zustand über. Nur dieser Teil erhält den Blühimpuls und geht in den reproduktiven Zustand über. Beispiels sind *Bougainvillea*, Nytaginaceae ▶ (Abb. 6.35d–g und 6.36f, g) und *Lasiopetalum*, Malvaceae (◘ Abb. 9.17a).

— Im zweiten Fall sind die blühenden Beisprosse **Teilblütenstände**, die sich meist **später** als das Hauptachselprodukt entwickeln und damit die **Blühzeit** des Gesamtsystems **verlängern**. Beispiele liefern *Veronica* (Plantaginaceae; ◘ Abb. 6.36b), *Lysimachia* (Primulaceae; ◘ Abb. 6.36c) oder *Melilotus* (Fabaceae; ◘ Abb. 9.16a).

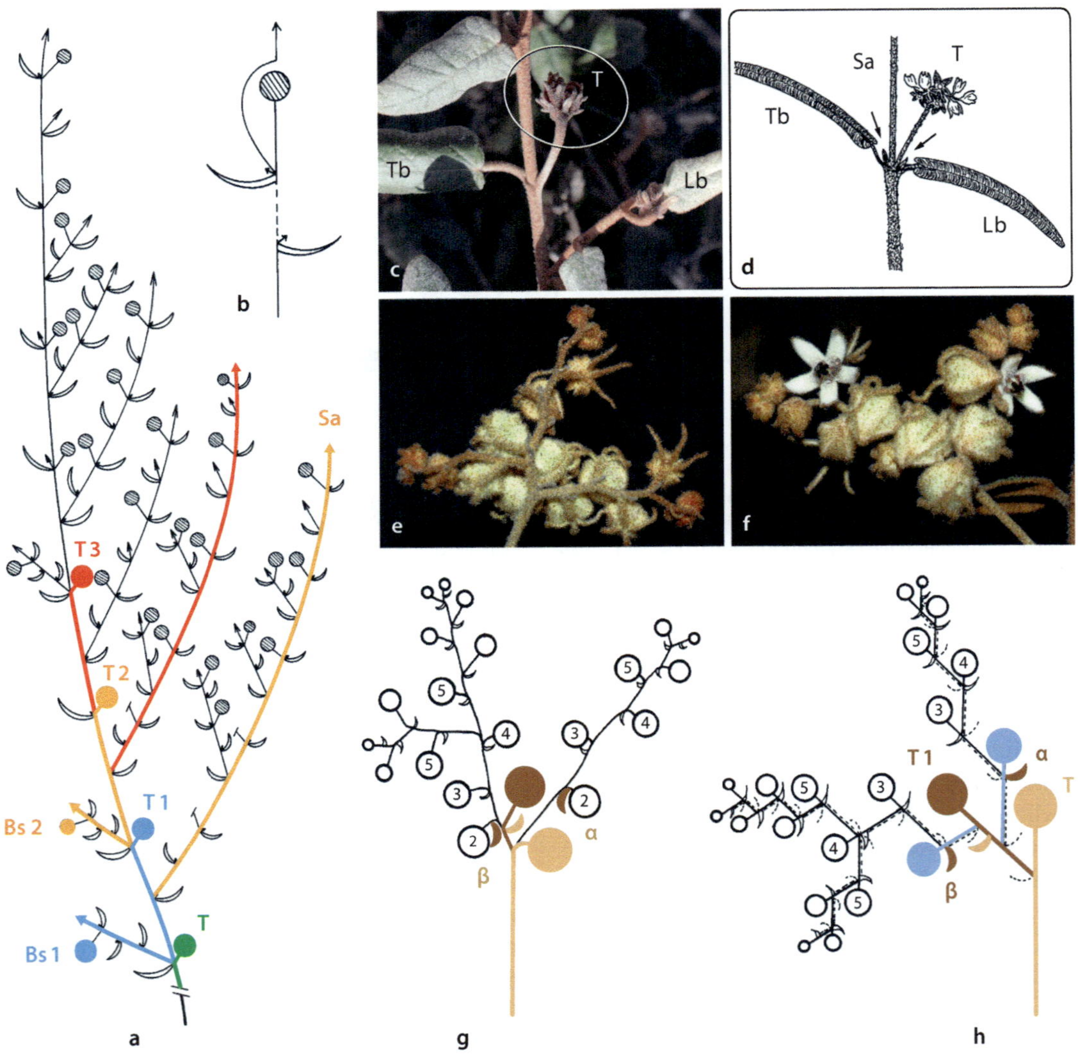

◘ **Abb. 9.17** **Metatopien und Beisprosse in Blütenständen.** *Lasiopetalum* (Malvaceae). **a–d,** Verzweigung des Sprosssystems. **a,** *L. behrii.* Aufriss. Extrem monochasiale Verzweigung mit Cymoiden (farbige bzw. schraffierte Kreise), die jeweils durch die oberste Seitenachse zur Seite abgedrängt werden. Beisprosse erschweren das Verständnis. T, terminales Cymoid. T1–T3: Cymoide aufeinander folgender Sympodialglieder. Bs1, 2: Beisprosse erster bzw. zweiter Achsenordnung. Sa, Seitenachse. Farben markieren unterschiedliche Ordnungsgrade. **b,** Modul im Aufriss, die Übergipfelung durch die Seitenachse zeigend. **c,** *L. discolor.* Der Blütenstand (Kreis) steht opponiert zum Tragblatt der Seitenachse (Tb). Lb, Laubblatt innerhalb des Moduls. **d,** *L. oppositifolium.* Schematische Darstellung des Verzeigungssystems von **c.** Bei dieser Art bleibt das Internodium oberhalb von Lb allerdings gehemmt, sodass eine dekussierte Blattstellung vorgetäuscht wird. Pfeile weisen auf Beiknospen hin. **e–h,** Verzweigung innerhalb des Cymoids. *L. cordifolium.* Habitus von unten (**e**) und oben (**f**). **g, h,** Habitueller (**g**) und schematischer Aufriss (**h**). Die Kreise entsprechen Blüten, die Farben kennzeichnen verschiedene Achsenordnungsgrade, die Vorblätter (α, β) sind achsenbürtig rekauleszent verschoben (**h:** gestrichelte Linien). (© **a, b, d, g, h:** Claßen 1988. **c, e, f:** R. Claßen-Bockhoff, Mainz)

Metatopien

Metatopien in Form von Konkauleszenz (*Symphytum*, Boraginaceae; ◘ Abb. 6.38a) oder achsenbürtiger Rekauleszenz (*Thesium*, Santalaceae; ◘ Abb. 6.38b) treten häufig in Sprosssystemen, Blütenständen und Cymen auf. Sie beruhen auf **engen Platzverhältnissen** während der Entwicklung (► Abschn. 10.2.3) oder auf der **Förderung** der Blütenprimodien gegenüber den Tragblattanlagen (*Spiraea*, Rosaceae; ◘ Abb. 9.5g). Beides fördert die Meristemverschleppung.

Das Beispiel von *Lasiopetalum* (Malvaceae) zeigt, wie sehr Blühtriebe und Blütenstände durch Beisprosse und Metatopien **maskiert** sein können (◘ Abb. 9.17e–h):

– Auf den ersten Blick weist die blühende Pflanze laubig beblätterte Langtriebe (◘ Abb. 9.17a) mit seitlichen Blütenständen (◘ Abb. 9.17c, d) auf. Tatsächlich liegt aber ein **extremes Monochasium** mit **Beisprossen** vor (◘ Abb. 9.17a: Farben). Es kann an der opponierten Stellung von Laubblatt und Blütenstand erkannt werden (◘ Abb. 9.17c). Bei *L. oppositifolium* (◘ Abb. 9.17d) wird die spiralige Blattstellung durch **Internodienhemmung** scheinbar gegenständig und maskiert noch zusätzlich die Lageverhältnisse.

– Die Blüten scheinen mit je einem Tragblatt racemös angeordnet zu sein (◘ Abb. 9.17e, g). Tatsächlich handelt es sich aber um **Cymoide** mit **achsenbürtig rekauleszent** verschobenen Tragblättern (◘ Abb. 9.17h).

Die Abgrenzung der Blütenstände vom vegetativen Teil der Pflanze ist schwierig, da *Lasiopetalum*-Arten kontinuierlich wachsen und **keine Zuwachseinheiten** erkennen lassen. In solchen Fällen wird das **Sympodialglied** als Bezugssystem zur Charakterisierung des Blütenstandes herangezogen (Briggs und Johnson 1979; Claßen 1988; Claßen-Bockhoff 2000).

9.3.6 Drei Schritte zur Blütenstandsanalyse

Die Vielfalt der Blütenstände wird überschaubarer, wenn man nicht jede einzelne Form benennt, sondern den drei aufeinanderfolgenden **Entwicklungsschritten** folgt: der **Bildung reproduktiver Meristeme**, der Entwicklung des **Blütenstandgerüstes** und seiner **Peripherie**:

– Blütenstände entwickeln sich immer aus **reproduktiven Meristemen**. Diese werden im monopdial oder sympodial verzweigten **Sprosssystem** (◘ Abb. 9.18a) in axillärer, terminaler oder axillärer und terminaler **Position** angelegt (◘ Abb. 9.18b: dunkelrot, und ◘ Abb. 6.42). Die reproduktiven Meristeme entwickeln sich ihrer Anlagefolge entsprechend akropetal oder ordinal und blühen meist auch in dieser Folge auf (Aufwärtspfeil). Blühen die Seitensysteme von oben nach unten auf, deutet dies auf die basipetale Ausdehnung des Blühimpulses auf den vegetativen Unterbau des Sprosssystems hin (Abwärtspfeil; ► Abschn. 6.8.2).

– Das reprodukvie Meristem geht in ein Blütenstands-, Blüten- oder *floral unit*-Meristem über (◘ Abb. 9.18: graue Pfeile). Im ersten Fall baut das Infloreszenzmeristem ein Blütenstandgerüst auf (◘ Abb. 9.18c). In den beiden letzten Fällen liegt **kein Blütenstand** vor, sondern eine Einzelblüte oder eine solitär stehende *floral unit* (◘ Abb. 9.18d, e). Das **Gerüst** entspricht einer der **vier Grundformen** der Blütenstände: Traube, Botryoid, Mehrfachtraube und Rispe (◘ Abb. 9.8a und 9.18c). Die **spezifische Ausgestaltung** beruht auf der monopodialen oder sympodialen Verzweigung des Blütenstandes, der Anzahl und Form seiner Blüten, der Beschaffenheit und Stellung der Blätter, den Förderungsverhältnissen des Verzweigungssystems und den variablen Proportionen der Internodien.

– Die **Peripherie** besteht meist aus **Blüten**. Diese können durch *floral units* ersetzt werden und z. B. Blütenstände mit Köpfchen (◘ Abb. 9.2k, l) bilden. Werden Seitenblüten durch **Cymen** ersetzt, liegt ein **Thyrsus** vor.

Bei der **praktischen Analyse** folgt man am besten den folgenden drei Fragen:

1. **Welche Einheit ist überhaupt ein Blütenstand** (◘ Abb. 9.18b)? Zur Beantwortung dieser Frage muss die Grenze zwischen dem vegetativen und reproduktiven Sprossabschnitt gefunden werden (► Abschn. 9.1, ◘ Abb. 6.39). Hinweise zur Abgrenzung eines Blütenstandes vom vegetativen Bereich des Sprosssystems sind die **basipetale Aufblühfolge** innerhalb des Blühtriebes, das Auftreten von Innovationsknospen, Laubblättern, vegetativen Seitenachsen oder Beisprossen zwischen den Blüten und die vegetative Fortsetzung des Sprosssystems oberhalb der Blüten (► Abschn. 6.8.2). Es kann sein, dass ein vermeintlicher Blütenstand aus mehreren solitär stehenden Einzelblüten, Blütenständen oder *floral units* besteht.

2. **Wie sieht das Gerüst aus** (◘ Abb. 9.18c)? Ist es einfach oder verzweigt? Wie sind die Internodien gestaltet? Gibt es Förderungsverhältnisse (variable Proportionen), die die Gestalt des Blütenstandes beeinflussen? Hat der Blütenstand eine Endblüte, eine Endtraube oder eine terminal stehende *floral unit*?

Das Verzweigungssystem kann durch Internodienhemmung, Beisprosse, Metatopien und Übergipfelung **maskiert** sein (► Exkurs 9.4). Um dies zu erkennen, ist gegebenenfalls eine Lupe erforderlich.

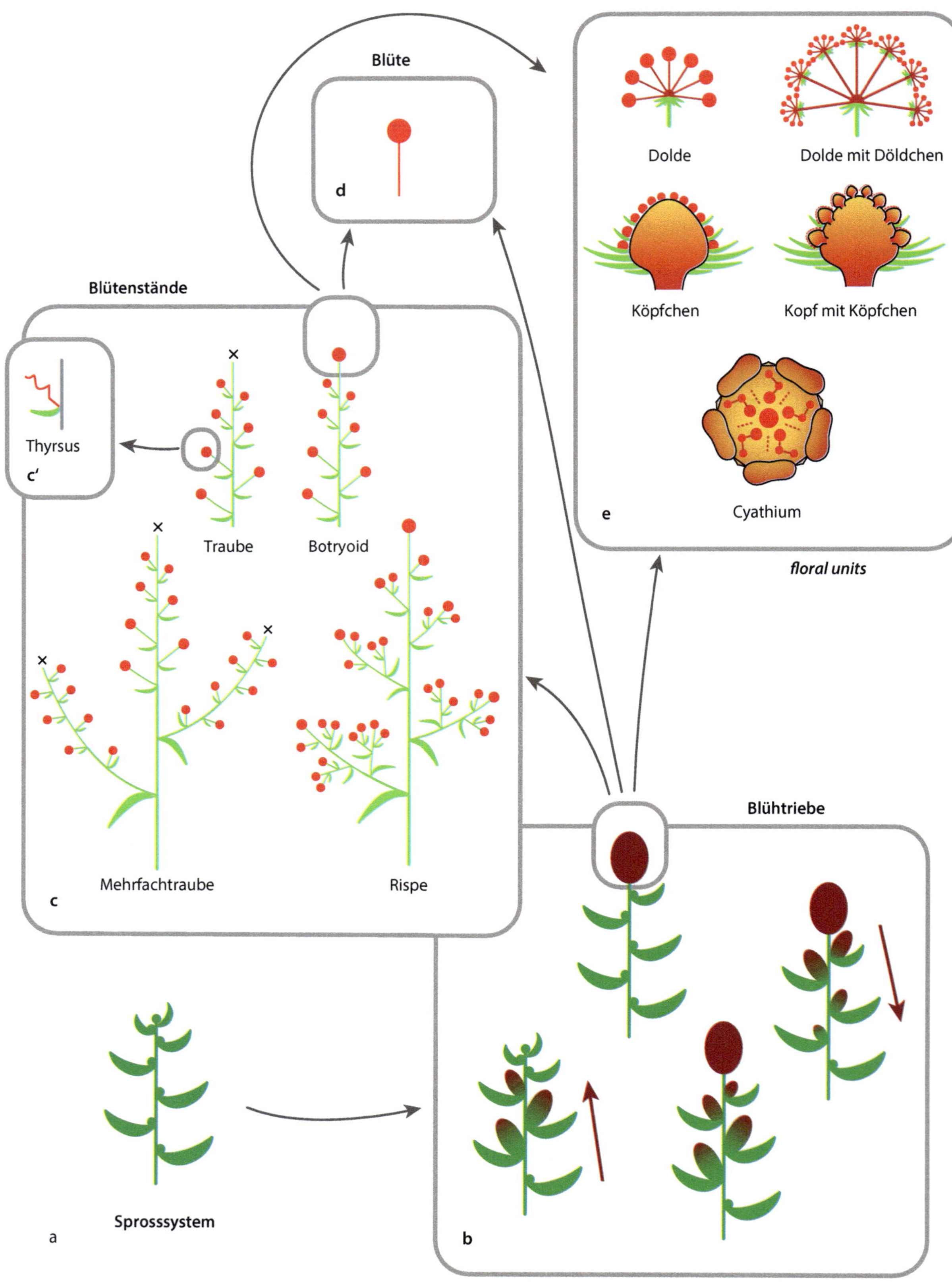

◘ **Abb. 9.18   Blütenstandsanalyse. a**, Ausgangspunkt ist das vegetative Sprosssystem (dunkelgrün). **b**, Es ist monopodial oder sympodial verzweigt (Beispiele ▶ s. Abb. 6.42) und kann reproduktive Meristeme bilden (dunkelrot). Diese Meristeme bilden Blütenstände (**c**), Blüten (**d**) oder *floral units* (**e**). Pfeile: Aufblühfolge. **c**, Nach der Verzweigung des Gerüstes (hellgrün) werden vier Grundformen von Blütenständen unterschieden, die in ihren Proportionen variieren (◘ Abb. 9.2b). Aus ihnen entstehen Thyrsen (**c'**), wenn Seitenblüten durch Cymen ersetzt werden. (© Claßen-Bockhoff und Bull-Hereñu 2013, verändert. Grafik: D. Franke, Mainz)

Da Seitensysteme gewöhnlich ein Tragblatt, Endsysteme aber weder Trag- noch Vorblätter besitzen, liefert die Blattstellung weitere wichtige Hinweise für eine erfolgreiche Analyse des Blütenstandes.

3. **Welche Elemente bilden die Peripherie** (Abb. 9.18d, e)? Enden die Achsen in Blüten oder *floral units*? Werden Seitenblüten durch Cymen ersetzt (Abb. 9.18d, c′)?

In den meisten Fällen führt diese Vorgehensweise zum Erfolg. In schwierigen Fällen muss auf ontogenetische Untersuchungen und auf die Analyse nah verwandter Arten zurückgegriffen werden.

9.4 Evolution der Blütenstände

In der Vergangenheit wurden vor allem zwei Ansichten zur Evolution der Blütenstände diskutiert. Die erste ging von einer **Einzelblüte** aus, die sich im Laufe der Evolution zu diversen Blütenständen bereicherte (z. B. Parkin 1914; Maresquelle 1970), die andere von einer komplexen Infloreszenz, aus der sich die Einzelblüte durch Reduktion ableitete (Čelakovský 1893; Stebbins 1974; Zimmermann 1965). Beide Szenarien sind nach heutigem Kenntnisstand unzutreffend.

Endress und Doyle (2009) rekonstruierten die Evolution der Blütenstände anhand einer molekularen Phylogenie der Blütenpflanzen mit besonderer Berücksichtigung der Basalen Angiospermen. Danach sind Botryoid (*Amborella*) und Traube (z. B. Nymphaeales, Chloranthaceae) gleich wahrscheinliche Ausgangssysteme, aus denen sich Einzelblüten und reicher verzweigte Blütenstände entwickelt haben.

Während die meisten infloreszenzmorphologischen Konzepte davon ausgehen, dass offene Blütenstände im Laufe der Evolution aus geschlossenen entstanden sind (Zusammenfassung in Claßen-Bockhoff 2000), weisen ontogenetische Studien auf eine **vielfältigere Evolution** der Blütenstände hin. Sie machen **Merkmalsänderungen** in **verschiedene Richtungen** und **Übergänge** zwischen den reproduktiven Meristemen wahrscheinlich (Claßen-Bockhoff und Bull-Hereñu 2013). Damit stellen sie die von Maresquelle (1970) und Sell (1976) postulierte Ableitung infrage, nach der komplexe Blütenstände durch Bereicherung, Angleichung von Seitensystemen (Homogenisation), Verlust des Endsystems (Trunkation) und Blühumkehr (Racemisation) entstanden sind.

Die **Diversität** der Blütenstände innerhalb und zwischen Verwandtschaftskreisen und der hohe **Selektionsdruck**, unter dem die Blütenstände als Blütenpräsenter (▶ Abschn. 9.6) stehen, machen eine lineare Evolution der Blütenstände unwahrscheinlich. Viel eher haben sich Blütenstände in **Anpassung** an biotische (Tiere) und abiotische **Bestäubungsvermittler** (Wind, Wasser) und **reproduktionsbiologische Zwänge** (▶ Abschn. 9.6) in den einzelnen Verwandtschaftskreisen unterschiedlich entwickelt. Die Evolution der Blütenstände wird daher eher aus deren **Funktion** als aus einem phylogenetischen Kontext heraus verständlich.

9.5 Blütenstände als Blumen

Zu einem der spannendsten Kapitel der Pflanzenmorphologie gehört die **analoge Ähnlichkeit** (▶ Abschn. 1.2.1) zwischen Blüten und Blütenständen. Sie entsteht durch **Kleinheit** und **Dichte** der Einzelblüten, die nicht länger **individuell** zur Wirkung kommen, sondern zu einer **mehr-** bis **vielblütigen Einheit** zusammentreten. Die Blüten werden Teil einer neuen, komplexer organisierten Funktionseinheit und bilden eine **Infloreszenzblume** (**Pseudanthium** sensu Troll 1928; ▶ Exkurs 5.15).

Unter einer **Blume** versteht man im wissenschaftlichen Sinn eine **bestäubungsbiologische Funktionseinheit**. Sie kann einer Blüte, einem Blütenstand oder einer *floral unit* entsprechen. In Anpassung an die wichtigsten Bestäubungsvermittler haben sich windblütige (anemophile) und tierblütige (zoophile) Blumen entwickelt (Abb. 9.19):

– **Anemophile** Blumen (Abb. 9.19a) weisen **stark reduzierte** (oder keine) **Hüllorgane** auf und lassen die Luftströme ungehindert an die Reproduktionsorgane gelangen. Die Pollensäcke sind **weit exponiert**, und die Narben weisen **große** Oberflächen mit **klebriger** Beschaffenheit auf (▶ Abschn. 11.8.1).

– **Zoophile** Blumen bestehen aus Reproduktionsorganen, Reizmitteln und Lockmitteln (Abb. 9.19b). Sie sind meist in eine attraktive **Blumenhülle** und ein zentrales Feld gegliedert, das entweder aus den Reproduktionsorganen einer Blüte oder aus zahlreichen Einzelblüten besteht. Reiz-

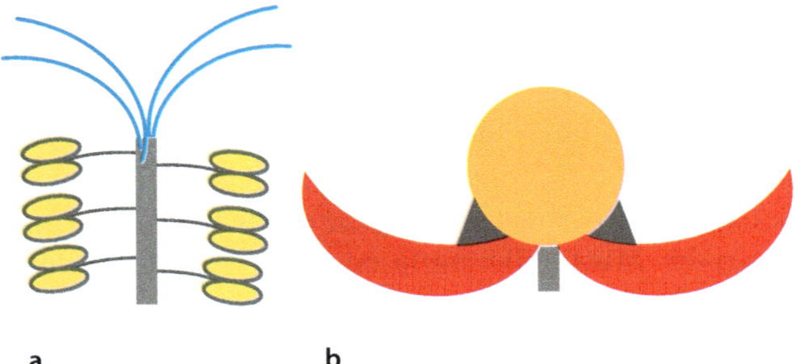

 Abb. 9.19 Bestäubungsbiologische Funktionseinheiten. a, Anemophile Blume mit exponierten Antheren (gelb) und Narben (blau). **b,** Zoophile Blume mit Reizmitteln (rot), Lockmitteln (braun) und Reproduktionsfeld (orange). Blumen können einblütig oder mehrblütig sein. (© Original)

Abb. 9.20 Pinselblumen. a, *Neviusia alabamensis* (Rosaceae). Blüte mit vielen Stamina. **b, c,** Blütenstände aus vielen entindividualisierten Blüten. **b,** *Mimosa pudica* (Fabaceae). Köpfchen aus etwa 100 Blüten mit je vier langen Stamina und einem fädigen Griffel. **c,** *Cephalanthus occidentalis* (Rubiaceae). Thyrsus: jede Einzelblüte mit einem fädigen Griffel, der sekundär Pollen präsentiert (▶ Exkurs 9.7). (© a, b: Claßen-Bockhoff 1990. c: R. Claßen-Bockhoff, Mainz)

mittel wie Farbe und Duft sind **Signale**, die die Aufmerksamkeit von Tieren wecken, diese zum Besuch animieren und das Wiedererkennen erleichtern. **Lockmittel** (z. B. Pollen, Nektar) sind der Grund dafür, dass Tiere die Blumen besuchen. Sie dienen deren Triebbefriedigung und motivieren zur Wiederkehr (▶ Abschn. 11.1.1).

Infloreszenzblumen kommen in mindestens 40 Familien der Blütenpflanzen vor (Claßen-Bockhoff 1990; Baczyński und Claßen-Bockhoff 2023). In manchen Gruppen treten nur **einzelne Arten** mit Pseudanthien auf (z. B. Rutaceae; Abb. 9.21k), in anderen ist Blumenbildung **häufig** (z. B. Araceae Abb. 9.21e, Euphorbiaceae-Euphorbieae Abb. 9.27, Rubiaceae Abb. 9.21p und 9.25i–o, Apiaceae Abb. 9.29) oder sogar ein **Familienmerkmal** (Asteraceae; Abb. 9.30).

Evolution, Funktion und Entwicklung der Pseudanthien sind noch wenig erforscht. **Entwicklungsverkürzungen** (ontogenetische Abbreviation; ▶ Abschn. 1.2.3) und adaptive **Funktionswechsel** spielen vermutlich eine wichtige Rolle (Claßen-Bockhoff 1992a). Aktuelle molekulare Untersuchungen gehen der Frage nach, inwieweit Blütenidentitätsgene (▶ Exkurs 10.1) an der Bildung von Pseudanthien beteiligt sind (Albert et al. 1998; Vekemans et al. 2012; Broholm et al. 2014; Baczyński et al. 2022). Die Modellierung von Entwicklungswegen hat zum Ziel, die geometrischen Grundlagen der Musterbildung in reproduktiven Meristemen besser zu verstehen (Owens et al. 2016).

9.5.1 Blumenbildung

Blütenähnlichkeit wird morphologisch auf verschiedenen Wegen erreicht: durch **Entindividualisierung** der Einzel-

blüten (z. B. **Pinselblumen;** Abb. 9.20), durch Bildung **extrafloraler Schauapparate** (Abb. 9.21) oder durch auffällige **Randblüten** (Abb. 9.24 und 9.25).

Extraflorale Schauapparate

Extraflorale Schauapparate (Abb. 9.21) zeichnen sich durch meist **farbige Blattorgane** aus, die aufgrund ihrer Ähnlichkeit zu den Petalen der Blüte (Kronblätter) als **petaloide** Blätter bezeichnet werden (▶ Abschn. 10.3.2). In einigen Fällen sind die Schaublätter nicht farbig, sondern weiß (Abb. 9.21a) oder dicht filzig behaart (Abb. 9.31a).

Die extrafloralen **Bauelemente**, die zur Bildung eines Schauapparates herangezogen werden, sind außerordentlich vielfältig (Abb. 9.22). Sie reichen von Laubblättern (Weihnachtsstern; Abb. 9.27a), über Hochblätter, Tragblätter (*Bougainvillea*; Abb. 9.21l) und Vorblätter (Christusdorn; Abb. 9.27e) bis hin zu Nebenblättern (*Parrotiopsis jacquesmontiana*; Abb. 6.16b) und Auswüchsen von Involucralblättern (*Euphiorbia fulgens*; Abb. 9.27e). Besonders spektakulär ist die Blume des australischen Sumpfgänseblümchens *Actinodium cunninghamii* (Abb. 9.21ii), das seinen Trivialnamen aufgrund der Ähnlichkeit zu einem Asterceenköpfchen mit Randblüten erhalten hat. Die Ähnlichkeiten sind jedoch **analog** und **konvergent** entstanden: *Actinodium* gehört zu den Myrtengewächsen (Myrtaceae), das Köpfchen ist ein Blütenstand und keine *floral unit* und wird von extrafloralen Elementen (sterilen Seitenachsen mit weißen Trag- und Vorblättern) umgeben (Claßen-Bockhoff et al. 2013).

Die Schaublätter stehen gewöhnlich **unter** den Blüten und bilden eine **radiärsymmetrische Hülle**. Einige offene Blütenstände neigen dagegen zur **Schopfbildung**. In diesen Fällen stehen die farbigen Blätter **oberhalb** der Blüten (Abb. 9.23 und 8.54e) und bilden einen dauerhaften **Schauapparat**. Bekannte Beispiele liefern medi-

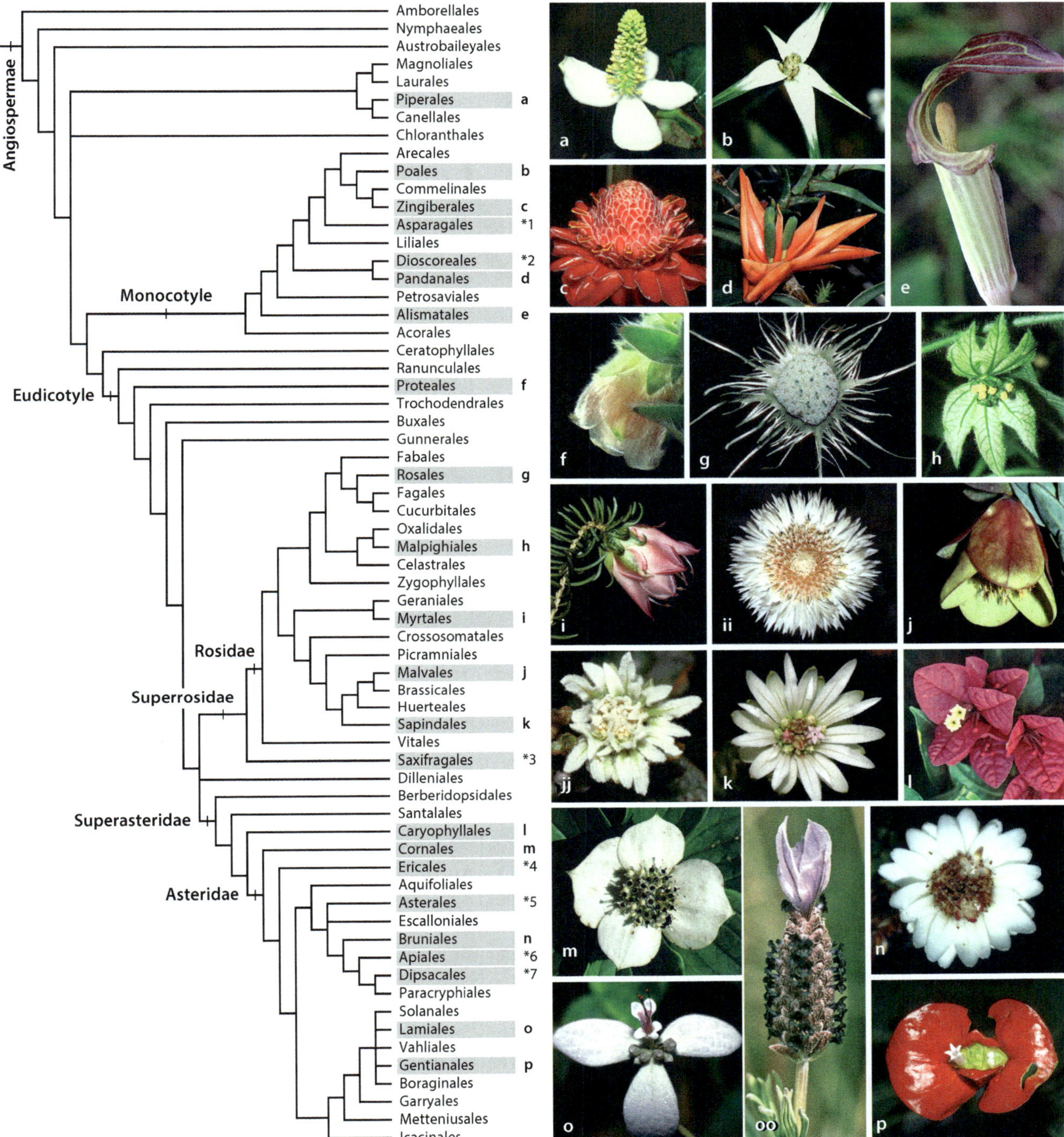

Abb. 9.21 Infloreszenzblumen mit extrafloralen Schauapparaten. Die Ordnungen mit Pseudanthien sind grau markiert. **a**, *Houttuynia cordata*, Saururaceae. **b**, *Dichromena ciliata*, Cyperaceae. **c**, *Elettaria elatior*, Zingiberaceae. **d**, *Freycinetia arborea*, Pandanaceae. **e**, *Arisaema concinnum*, Araceae. **f**, *Orothamnus zeyheri*, Proteaceae. **g**, *Dorstenia yambuayensis*, Moraceae. **h**, *Dalechampia scandens*, Euphorbiaceae (s. auch *Euphorbia* in ▣ Abb. 9.24). **i**, *Darwinia leiostyla*, Myrtaceae. **ii**, *Actinodium cunninghamii*, Myrtaceae. **j**, *Pimelea physodes*, Thymelaeaceae. **jj**, *Lasiopetalum discolor*, Malvaceae. **k**, *Euchaetis longibracteata*, Rutaceae. **l**, *Bougainvillea glabra*, Nyctaginaceae. **m**, *Cornus canadensis*, Cornaceae. **n**, *Staavia dodii*, Bruniaceae. **o**, *Congea tomentosa*, Lamiaceae. **oo**, *Lavandula stoechas*, Lamiaceae. **p**, *Cephaëlis elata*, Rubiaceae. *1, Amaryllidaceae (*Haemanthus*; ▣ Abb. 6.43e). *2, Taccaceae (*Tacca*; ▣ Abb. 10.34f). *3, Hamamelidaceae (*Parrotiopsis jaquemontiana*; ▣ Abb. 6.16b). *4, Marcgraviaceae (*Marcgravia*; ▣ Abb. 8.54g). *5, Asteraceae (▣ Abb. 9.28). *6, Apiaceae (▣ Abb. 9.26). (© **a**: Phylogenie nach APG IV 2016. **i**: Claßen-Bockhoff 1992a. **j**: Claßen-Bockhoff 1990. **p**: Claßen-Bockhoff 1996b. **n**: Claßen-Bockhoff 2000. Übrige Bilder: R. Claßen-Bockhoff, Mainz)

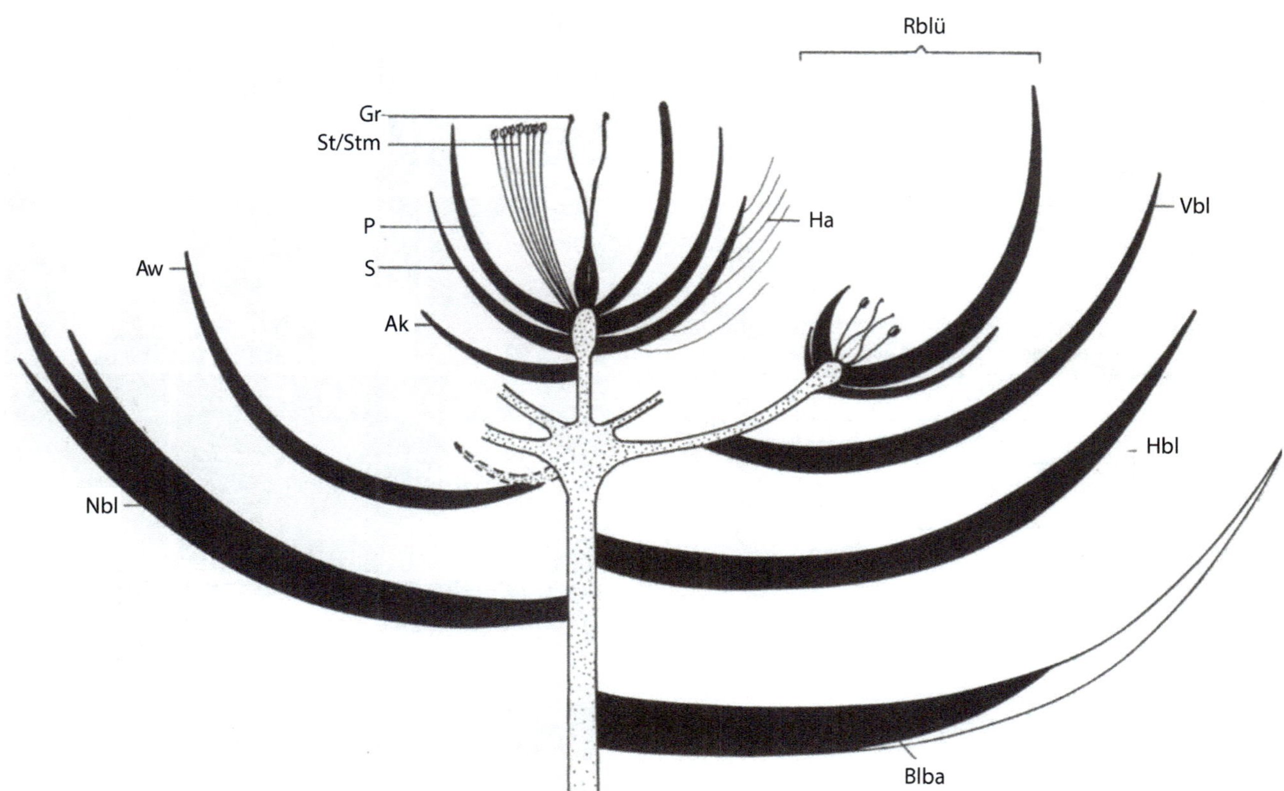

Abb. 9.22 Baulemente, die die Blütenähnlichkeit von Pseudanthien bewirken. Dargestellt ist ein schematischer Längsschnitt durch einen Blütenstand mit Endblüte (ausgezeichnet) und sterilen Seitenblüten (eine Randblüte eingezeichnet). Ak, Außenkelch. Aw, Auswuchs. Blba, Blattbasis. Gr, Griffel. Ha, Haare. Hbl, Hochblatt. Nbl, Nebenblatt. P, Petalum. S, Sepalum. St/Stm, Stamen/Staminodium. Rblü, Randblüte. Vbl, Vorblatt. (© Claßen-Bockhoff 1990, leicht verändert)

terrane Lamiaceae (*Salvia viridis* ◘ Abb. 9.2f. *Lavandula dentata* und *L. stoechas* ◘ Abb. 9.21oo und 9.23c) und heimische Orobanchaceae (*Melampyrum arvense, M. nemorosa* ◘ Abb. 9.23a).

Extraflorale Schauapparate sind **oft** und **unabhängig** voneinander entstanden. Sie führen allerdings nicht immer zur Blütenähnlichkeit. Bei Bromelien, Heliconien (◘ Abb. 11.39b) und anderen Gruppen sind die Tragblätter der Blüten oder Teilblütenstände farbig und erhöhen die Schauwirkung des gesamten Blütenstandes, ohne eine blütenähnliche Gestalt zu entwickeln.

Innerhalb der Infloreszenzblumen treten verblüffend ähnliche Formen in nicht näher verwandten Gruppen auf. Radiäre Blumen mit einer vielzähligen weißen Hochblatthülle treten z. B. bei Malvaceae (◘ Abb. 9.21jj), Rutaceae (◘ Abb. 9.21k), Myrtaceae (◘ Abb. 9.21ii), Bruniaceae (◘ Abb. 9.21n), Apiaceae (◘ Abb. 9.29b, c) und Asteraceae auf (◘ Abb. 9.31d–g). Noch eindrucksvoller ist die unabhängige Evolution mehrblütiger Glockenblumen, die bei Proteaceae, Thymelaeaceae und Myrtaceae (◘ Abb. 9.21f, i, j) vorkommen.

Randblüten

Der Ausbildung von **Randblüten** (◘ Abb. 9.24 und 9.25) liegt ein **Blütendimorphismus** zugrunde (◘ Abb. 9.24b). Neben kleinen, innen stehenden Blüten treten am Rand der Blume stark vergrößerte Blüten auf, die dem gesamten System ein blütenähnliches Aussehen verleihen.

Obgleich nur wenige Verwandtschaftskreise mit Randblüten bekannt sind (◘ Abb. 9.24a), ist die **Diversität** floral differenzierter Infloreszenzen sehr hoch. Die zugrunde liegenden Blütenstände sind thyrsopaniculate Corymben (◘ Abb. 9.25a–g), Thyrsen (◘ Abb. 9.25l, o) oder *floral units* (Dolden mit Döldchen ◘ Abb. 9.29g–i, Köpfchen ◘ Abb. 9.31j–o).

Interessanterweise treten Taxa mit deutlich ausgeprägten Randblüten nur im Verwandtschaftskreis der **Asteridae** auf (◘ Abb. 9.24a). Innerhalb der Cornales und Lamiidae vergrößern sich **Kelchblätter** oder Kelchloben, innerhalb der Campanulidae **Kronblätter** oder Kronloben. Die besondere Neigung der Asteriden zur Randblütenbildung ist eng mit der Evolution der *CYCLOIDEA*-Gene verbunden, aber noch nicht ausreichend verstanden (Baczyński und Claßen-Bockhoff 2023).

Analoge Ähnlichkeit in thyrsopanicluaten Blütenständen

Die Randblüten der drei Familien mit thryrsopaniculaten Blütenständen sind radiär oder monosymmetrisch und bestehen aus vergrößerten Kelch- oder Kronblättern, die freiblättrig oder verwachsen sind (■ Abb. 9.24b). Die **Position** der Randblüten innerhalb der komplexen Blütenstände ist weitgehend festgelegt (Claßen-Bockhoff 1992a, 1996b), wobei noch nicht bekannt ist, ob sie genetisch oder epigenetisch (Platzver-hältnisse während der Entwicklung, Altersgradient) reguliert wird. Vergleichende Entwicklungsstudien an Wildformen und **gefüllten Sorten** (■ Abb. 9.25f, n) könnten Aufschluss darüber geben:

Eine hohe **analoge Ähnlichkeit** weisen die Blütenstände einiger Hortensien (***Hydrangea***, Hydrangeaceae) mit denen der Gattung Schneeball (***Viburnum***, Adoxaceae) auf (■ Abb. 9.25a–f). Sie sind flach und tragen am Rand annährend radiäre Blüten mit vergrößerten, freien Kelch- bzw. Kronblättern (■ Abb. 9.24b).

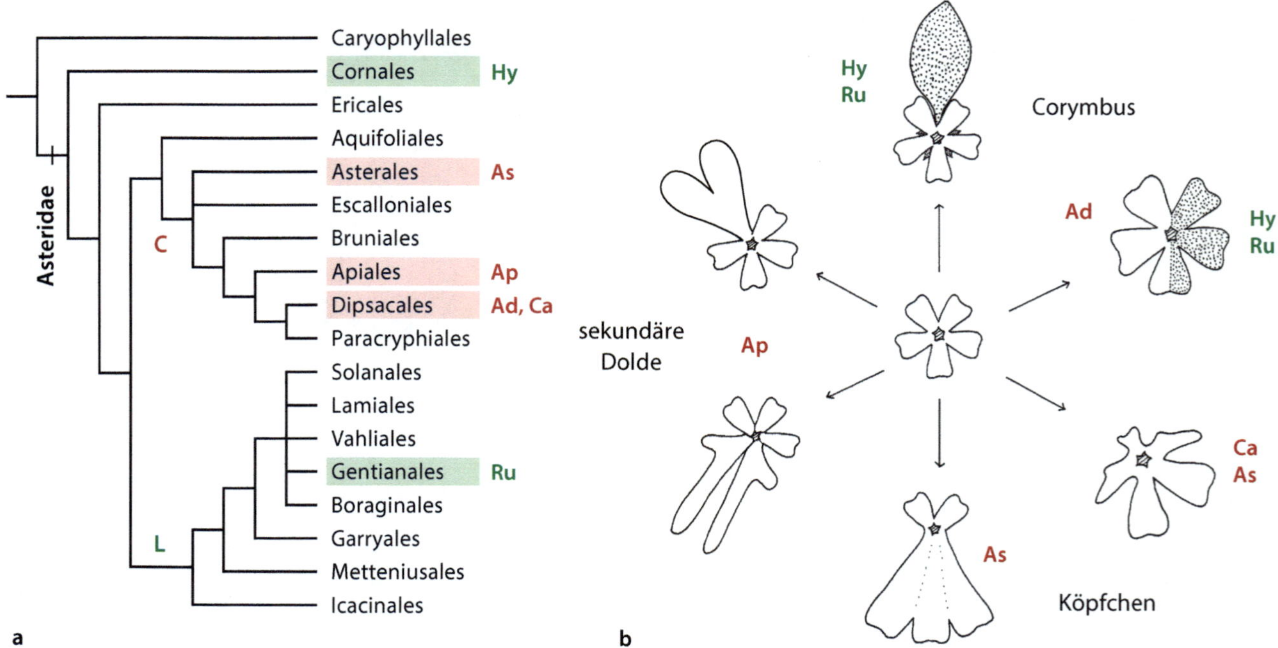

Abb. 9.24   Infloreszenzblumen mit Randblüten. a, Phylogenie der Asteriden. Ordnungen mit Blütendimorphismus farbig unterlegt. C, Campanulidae. L, Lamiidae. **b**, Diversität der Randblüten. Ad, Adoxaceae: 4–5 Kronblätter, radiär. Ap, Apiaceae: 1–3 Kronblätter, zygomorph. As, Asteraceae: 3–5 Kronloben, zygomorph. Ca, Caprifoliaceae-Dipsacoideae: 3 Kronloben, zygomorph. Hy, Hydrangeaceae: 1–4 Kelchblätter (grau), radiär bis zygomorph. Ru, Rubiaceae: 1–5 Kelchloben (grau), zygomorph. (© **a**: Phylogenie nach APG IV 2016. **b**: Claßen 1992a, leicht verändert)

Schizophragma (Hydrangeaceae) unterscheidet sich von *Hydrangea* darin, dass nur ein Kelchblatt pro Randblüte, und zwar das nach außen weisende, zu einem großen Schauorgan heranwächst. Was zunächst wie ein Blattstiel aussieht, erweist sich als der **Blütenstiel** (■ Abb. 9.25h: Bs) der bis auf das Kelchblatt völlig reduzierten Blüte (Claßen-Bockhoff 1992a).

Interessanterweise ähnelt *Schizophragma intergrifolia* in starkem Maße einigen ***Mussaenda***-Arten, die ebenfalls nur das nach außen weisende Kelchblatt vergrößern (■ Abb. 9.25i). *Mussaenda* gehört zu der nicht näher mit den Hydrangeaceae verwandten Familie der Rubiaceae. Hier ist der Kelch verwachsen, und nur ein Kelchzipfel vergrößert sich. Dementsprechend ist der Stiel, der das Schauorgan nach außen stellt, nicht der Blütenstiel, sondern der **Stiel des Kelchblattlappens**.

Calycophylle Rubiaceae

Innerhalb der **Rubiaceae** gibt es eine Reihe von Gattungen aus unterschiedlichen Unterfamilien, die vergrößerte Kelchloben aufweisen und als **calycophylle** (wörtl. „kelchblättrige") Rubiaceae zusammengefasst werden (■ Abb. 9.25i–o; Claßen-Bockhoff 1996b). Die Schauorgane sind in einigen Arten lang gestielt und wurden ursprünglich für Brakteen gehalten. Aus der Distanz ähneln sie Schmetterlingen (■ Abb. 9.25j), die durch die farbigen Kelchloben angelockt werden (■ Abb. 9.25k, m). Die neotropische *Warscewiczia coccinea* (■ Abb. 9.25o) ist vogelblütig. Ihr lang gestreckter, waagerecht orientierter Thyrsus dient den Kolibris, die von den petaloiden Kelchloben angelockt werden, als Sitzstange.

Abb. 9.25   Randblüten an thyrsopaniculaten Blütenständen. a, b, Adoxaceae. Vergrößerung von Kronblättern. **a**, Gewöhnlicher Schneeball (*Viburnum opulus*). **b**, Japanischer Schneeball (*V. plicatum*, ‚Waranabe‘). **c–h**, Hydrangeaceae. Vergrößerung von Kelchblättern. **c**, Kletterhortensie (*Hydrangea petiolaris*). **d–f**, Bauernhortensie (*H. macrophylla*) mit fast radiären Randblüten (**e**), die sich erst spät entfalten (**d**). **f**, Gefüllte Zuchtform. **g, h**, *Schizophragma integrifolia*. Zygomorphe Randblüten (**g**), gestielt (**h**, Bs: Blütenstiel), nur das peripher stehende Kelchblatt vergrößert. **i–o**, Calycophylle Rubiaceae. Zygomorphe Randblüten mit je einem gestielten Kelchblattzipfel (Ks, Stiel des Kelchlappens, analog zu **h**: Bs). **i–k**, *Mussaenda pubescens*. **i**, Randblüte. **j**, Habitus. Die Kelchloben sehen von Weitem wie Schmetterlinge aus. **k**, Bestäuber: Kleiner Mormon (*Papilio polytes*). **l**, *Mussaenda frondosa*. **m**, *Mussaenda erythrophylla* mit Roter Helene (*Papilio helenus*). **n**, *Mussaenda* „Queen Sirikit“. Zuchtform mit fünf vergrößerten Kelchlappen pro Blüte. **o**, *Warscewiczia coccinea*. Kolibriblume. Der etwa 1 m lang gestreckte, horizontal ausgerichtete Thyrsus dient als Landeplatz. (© **l**, **o**: Claßen-Bockhoff 1992a. Übrige Bilder: R. Claßen-Bockhoff, Mainz)

9.5.2 Beispiele: Cyathien, Dolden mit Döldchen und Köpfchen

Die Vielfalt der Pseudanthien hat schon früh Anlass zu vergleichenden Studien gegeben (Johow 1884; Troll 1928) und evolutionsbiologische Fragen aufgeworfen (Good 1956; Leppik 1969). Im Folgenden werden drei Familien exemplarisch vorgestellt, die in der mitteleuropäischen Flora weit verbreitet sind.

Cyathium von *Euphorbia*

Die mit über 2000 Arten sehr große Gattung *Euphorbia* (Wolfsmilch) bildet **Cyathien** (■ Abb. 9.26). Das sind *floral units* mit so hoher Blütenähnlichkeit (z. B. ■ Abb. 9.27e), dass der mehrblütige Charakter der Blumen bis ins 19. Jahrhundert hinein nicht bemerkt wurde. Erst genaue morphologische und vergleichend systematische Untersuchungen deckten den komplizierten Bau der Blume auf (Michaelis 1924).

Die Wolfsmilchgewächse bilden stets **dikline** (‚eingeschlechtliche') **Blüten**. In der Gattung *Euphorbia* stehen beide Morphen auf ein und demselben Individuum (**Monözie**; ▶ Abschn. 9.6.3). Die staminaten (‚männlichen') Blüten sind auf je ein Stamen (‚Staubblatt'; ▶ Abschn. 10.4.1) reduziert, die karpellaten (‚weiblichen') auf je einen dreizähligen (trimeren) Fruchtknoten (▶ Abschn. 10.5.3).

Die karpellate Blüte steht terminal und ist von fünf Wickeln aus meist zwei bis fünf staminaten Blüten umgeben (■ Abb. 9.26a, b). Sie blüht als Erste auf, wodurch das Cyathium mit der rezeptiven Blühphase beginnt (**Protogynie**; ▶ Abschn. 9.6.6). Nach der Befruchtung schwillt der Fruchtknoten an und neigt sich bei vielen Arten zur Seite. Dadurch wird Platz für die sich nun entwickelnden, staminaten Blüten geschaffen (■ Abb. 9.41a: kB).

Die Tragblätter der Wickel bilden einen Becher (Involucrum), auf dessen Rand meist vier bis fünf Nektardrüsen sitzen (■ Abb. 9.26e: N, extraflorale Nektarien; ▶ Abschn. 11.3.2). Die gesamte Einheit aus diklinen Blüten, Involucrum und extrafloralen Nektarien nennt man **Cyathium**. Sie kommt innerhalb der Wolfsmilchgewächse (Euphorbiaceae) nur in der Tribus Euphorbieae (Unterfamilie Euphorbioideae) vor. Seitlich angeordnete Cyathien weisen in der Regel zwei Vorblätter (■ Abb. 9.26b: Vbl) auf, aus denen sich Cyathien höherer Achsenordnung entwickeln (■ Abb. 9.26b: Cy I, Cy II).

Die Cyathien messen meist nur 3–5 mm (!) im Durchmesser. Kleinheit und extreme Reduktion der Blüten führen zusammen mit der blütenähnlichen Anordnung

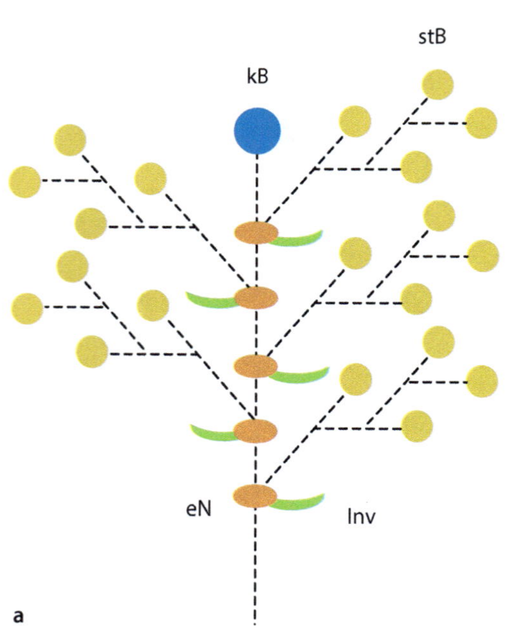

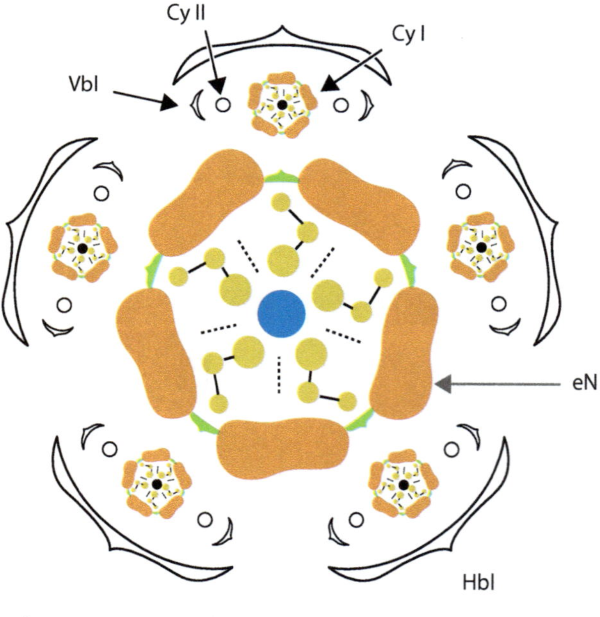

■ **Abb. 9.26   Das Cyathium der Gattung *Euphorbia*. a,** Aufriss eines Cyathiums. Die Tragblätter der fünf Wickel sind zu einem Becher verwachsen (Inv, Involucrum; grün). Zwischen ihnen stehen extraflorale Nektarien (eN, orange). stB, staminate Blüten (gelb). kB, karpellate Endblüte (blau). **b,** Grundriss eines Cyathiums mit Seitencyathien. Innerhalb des Cyanthiums finden sich oft rudimentäre Strukturen (gestrichelt), die als Reste der Blütentragblätter gedeutet werden. Das terminale Cyathium ist von fünf Hochblättern (Hbl) umgeben, in deren Achseln sich je ein Cyathium erster Ordnung entwickelt (Cy I). Dieses Cyathium besitzt zwei Vorblätter (Vbl), die jeweils Cyathienanlagen zweiter Ordnung tragen (Cy II). (© **b:** Schardt und Claßen-Bockhoff 2013, verändert. Grafische Gestaltung: D. Franke, Mainz)

Abb. 9.27 Blumenbildung in der Gattung *Euphorbia*. a, Weihnachtsstern (*E. pulcherrima*). Die großen, extrafloralen Nektarien (eN, gelb) tragen neben den petaloiden Hochblättern zur Schauwirkung des gesamten Blütenstandes bei. Kreis: einzelnes Cyathium. **b**, *E. marginata*. Die wenige Millimeter großen Cyathien tragen weiße Nektarien und sind von weißrandigen Trag- und Vorblättern (Vbl) umhüllt. **c**, Christusdorn (*E. milii*). Rote Vorblätter (Vbl). Kreis: Blüten des Cyathiums. **d**, *E. tuberculata*. Attraktive, weiße Nektarien. **e**, *E. fulgens*. Fünf rote Involucralauswüchse (*) täuschen Kronblätter einer pentameren Blüte vor. **f**, *E. tithymaloides* (syn. *Pedilanthus*). Vogelblume in der frühen Phase der Pollenpräsentation. kB, karpellate Blüte. Nk, Nektarkammer. stB, staminate Blüten. (© **c, e**: Claßen-Bockhoff 1990. **d**: D. Bastian & R. Claßen-Bockhoff, Mainz. Übrige Fotos: R. Claßen-Bockhoff, Mainz)

der diklinen Blüten zu einer verblüffend hohen Blütenähnlichkeit. Extraflorale Nektarien und unterschiedliche extraflorale Schauelemente tragen zu dieser Ähnlichkeit bei (■ Abb. 9.27).

Dolde der Apiaceae

Die Doldengewächse weisen sowohl Pseudanthien mit extrafloralem Schauapparat als auch solche mit Randblüten auf (■ Abb. 9.28; Froebe und Ulrich 1978; Froebe 1980). Aufgrund der Doppelstruktur ihrer Dolde (■ Abb. 9.7) ergeben sich für die Symmetrie der Blume zwei unterschiedliche Bezugssysteme: das Zentrum der Dolde und das des Döldchens (■ Abb. 9.28)

Extraflorale Schauapparate

Extraflorale Schauapparate finden sich in relativ wenigen Gattungen der Unterfamilien der **Mackinlayoideae** (z. B. *Actinotus*, *Xanthosia*), **Sanuculoideae** (z. B. *Astrantia*, *Alepidea*) und **Apioideae** (*Bupleurum*). Bei *Actinotus*, *Astrantia* und *Alepidea* (■ Abb. 9.29b–d) entwickeln sich die Tragblätter der äußeren Blütengruppen (Involucralblätter; ■ Abb. 9.28a: In, und 9.28b) zu farbigen oder strohblattartigen Hüllen. In den Gattungen *Xanthosia* und *Bupleurum* sind es die Tragblätter der äußeren Blüten (Hüllchenblätter, Involucellarblätter; ■ Abb. 9.28a: Inv, und 9.28c, d). Sie sind entweder gleich gestaltet und bilden um jedes Döldchen eine radiäre Hülle (viele *Bupleurum*-Arten), oder die seitlichen Involucellarblätter sind asymmetrisch nach außen gerichtet (*Xanthosia rotundifolia*, *Bupleurum croceum*; ■ Abb. 9.29e, f). Dadurch werden die Randdöldchen zygomorph und bilden um das Zentrum der Dolde einen Kranz farbiger Hochblätter.

Die Beispiele illustrieren die mehrfach unabhängig erfolgte Bildung **döldchen- und doldenzentrierter** Schauapparate. Die unterschiedliche Förderung ist ein Familienmerkmal und zeigt sich auch bei der Randblütenbildung (■ Abb. 9.29g–i) und Anordnung von monoklinen und staminaten Blütenmorphen (■ Abb. 9.34).

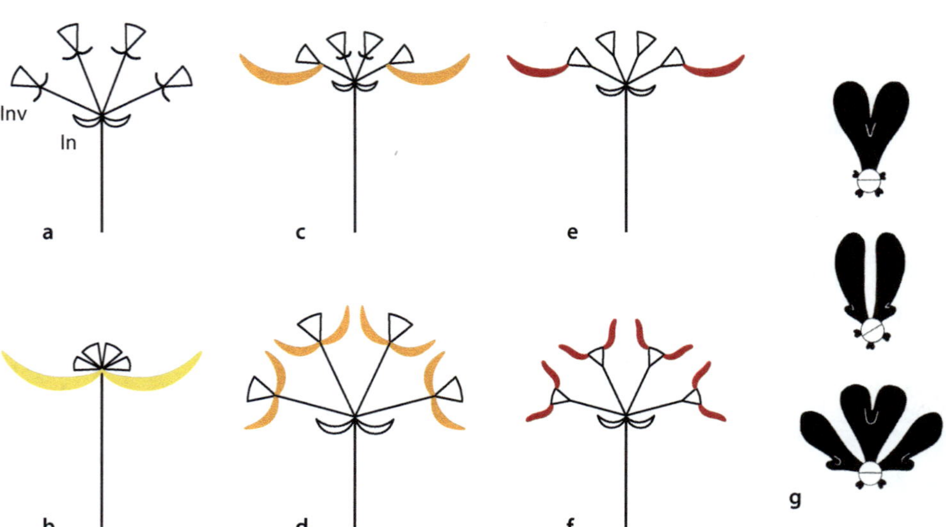

Abb. 9.28   Blumenbildung bei Apiaceae. a, Dolde mit Döldchen. In, Involucrum. Inv, Involucellum. **b,** Schauapparat aus vergrößerten Involucralblättern (gelb). **c, d,** Schauapparat aus vergrößerten Involucellarblättern (orange). **c,** Doldenzentriert. **d,** Döldchenzentriert. **e, f,** Schauapparat aus vergrößerten Randblüten (rot). **e,** Doldenzentriert. **f,** Döldchenzentriert. **g,** Randblüten (von oben nach unten): *Orlaya*-Typ, *Artedia*-Typ, *Coriandrum*-Typ. (© **a–f**: in Anlehnung an Froebe 1979. **g**: Froebe 1980)

Die Involucellarblätter einiger *Bupleurum*-Arten sind kräftig gelb gefärbt. Sie können vor und nach der Blühzeit ergrünen (**transitorische Färbung**) – ein Verhalten, das auch die Laub- und Hochblätter anderer Arten zeigen (*Smyrnium perfoliatum*: gelb Abb. 9.29a; verschiedene *Eryngium*-Arten: bläulich).

Randblütenbildung

Die Vergrößerung peripher stehender Blüten ist wesentlich häufiger als die Bildung petaloider Hochblätter. Sie tritt nur in der Unterfamilie der **Apioideae** auf, bei denen sich Randblüten an der Peripherie jedes einzelnen **Döldchens** (döldchenzentrierte Förderung; Abb. 9.29h), am Rand der **Dolde** (doldenzentrierte Förderung; Abb. 9.29i) oder an beiden Organisationsebenen finden (Abb. 9.29g).

Die **Kronblätter** der Apiaceae sind **zweiflügelig**, da die Kronblattspitze in der Entwicklung gehemmt und nach vorn eingekrümmt bleibt. Diese eigentümliche Kronblattform (*Lobulum inflexum*; Froebe et al. 1982) wird vor allem an Randblüten deutlich, die nur ein Kronblatt pro Blüte fördern (*Orlaya grandiflora*; Abb. 9.28g und 9.29g). Werden zwei Kronblätter vergrößert, sind diese einflügelig und zueinander spiegelsymmetrisch, wodurch wiederum ein zweiflügeliges Randmuster erreicht wird (*Tordylium officinalis*; Abb. 9.28g). Bei drei vergrößerten Kronblättern pro Blüte ist das mittlere zweiflügelig, und die beiden äußeren sind je einflügelig und spiegelsymmetrisch zueinander angeordnet (Abb. 9.28g). Alle **drei Kronblattformen** treten in der Gattung *Tordylium* auf, womit sich das Randmuster als ein phylogenetisch nicht relevantes Merkmal erweist. Neuere Untersuchungen deuten vielmehr darauf hin, dass **epigenetische** Faktoren wie mechanischer Druck durch Nachbarprimordien die Ausrichtung der Blüte im Raum und die Genexpression beeinflussen (Baczyński et al. 2022).

Zentrale Male

In sieben nicht näher verwandten Gattungen der Doldengewächse treten dunkle Male in den Dolden der Apiaceae auf (Abb. 9.29j–n; Claßen-Bockhoff et al. 2023).

Das bekannteste Beispiel ist die **Wilde Möhre** (*Daucus carota*), deren Doldenzentrum aus ein bis wenigen dunkel gefärbten Blüten besteht (Abb. 9.29k). Vermutlich ahmen die dunklen Blüten Fliegen und Käfern nach (Mimikry ▶ Exkurs 11.5) und erhöhen damit die Attraktion des Blütenstandes für unspezialisierte Bestäuber (Lamborn und Ollerton 2000; Goulson et al. 2009).

Andere *Daucus*-Arten haben wesentlich größere dunkle Zentren. *D. bicolor* weist z. B. mehrere, aufgewölbte Döldchen mit fast schwarzen Blüten auf (Abb. 9.29l). *Eremodaucus lehmannii* hat ein großes, auffällig rotes Doldenzentrum, das dem Zentrum einer infizierten Dolde von *Daucus carota* gleicht (Abb. 9.29j). Bei *Artedia squamata* ragt eine blauschwarze Pinselstruktur aus dem Doldenzentrum hervor und bei *Echinophora trichophylla* ein ebenso dunkler Pfropf (Abb. 9.29m, n). Diese Strukturen sind nicht blüten- oder döldchenhomolg, sondern entwickeln sich direkt aus dem Receptaculum der Dolde (Claßen-Bockhoff

Abb. 9.29 Diversität blühender Apiaceen. a, *Smyrnium perfoliatum.* Hochblätter färben sich zur Blütezeit transitorisch gelb. **b–f, Pseudanthien mit extrafloralem Schauapparat** aus Involucralblättern (**b–d**) bzw. Involucellarblättern (**e, f**). **b,** *Actinotus leucocephalus.* **c,** *Alepidea dodii.* **d,** *Astrantia major.* **e,** *Xanthosia rotundifolia.* **f,** *Bupleurum croceum.* **g–i, Pseudanthien mit Randblüten. g,** *Orlaya grandiflora.* Döldchen- und doldenzentrierte Förderung. **h,** *Lisaea strigosa.* Döldchenzentrierte Randblüten. **i,** *Tordylium officinalis.* Doldenzentrierte Randblüten; in der Mitte ein Käfer. **j,** *Daucus carota* mit Infektion in der Doldenmitte (rotes Polster). **k–n, Zentrale Male. k** *Daucus carota* subsp. *maxima.* Die dunklen Blüten im Zentrum sind für Käfer attraktiv. **l,** *Daucus bicolor.* Zentrale Döldchen dunkel gefärbt und halbplastisch aufgewölbt. **m,** *Artedia squamata.* Blauschwarze Pinselstruktur in der Mitte der sekundären Dolde. **n,** *Echinophora trichophylla.* Dunkler Pfropf im Zentrum der sekundären Dolde. (© **b, e, h, i:** Claßen-Bockhoff 1990. **g:** Claßen-Bockhoff 1992a. **j–n:** Claßen-Bockhoff et al. 2023. **a, c, d, f:** R. Claßen-Bockhoff, Mainz)

et al. 2023). Vermutlich handelt es sich um erbfeste Mutationen. Da alle Arten (außer *Daucus carota*) auf Anatolien und angrenzende Gebiete beschränkt sind und vor allem von Käfern besucht werden, stellen die schwarzen Male möglicherweise Käfermale (*beetle marks*) dar (▶ Abschn. 11.6.2).

Köpfchen der Asteraceae

Die Familie der **Korbblütler** (Asteraceae) ist durch den Besitz von Köpfchen charakterisiert (■ Abb. 9.30 und 9.31), die durchweg eine hohe **analoge Ähnlichkeit** zu Einzelblüten aufweisen. Ray (1682) führte für den aus vielen Einzelblüten zusammengesetzten Blüten-

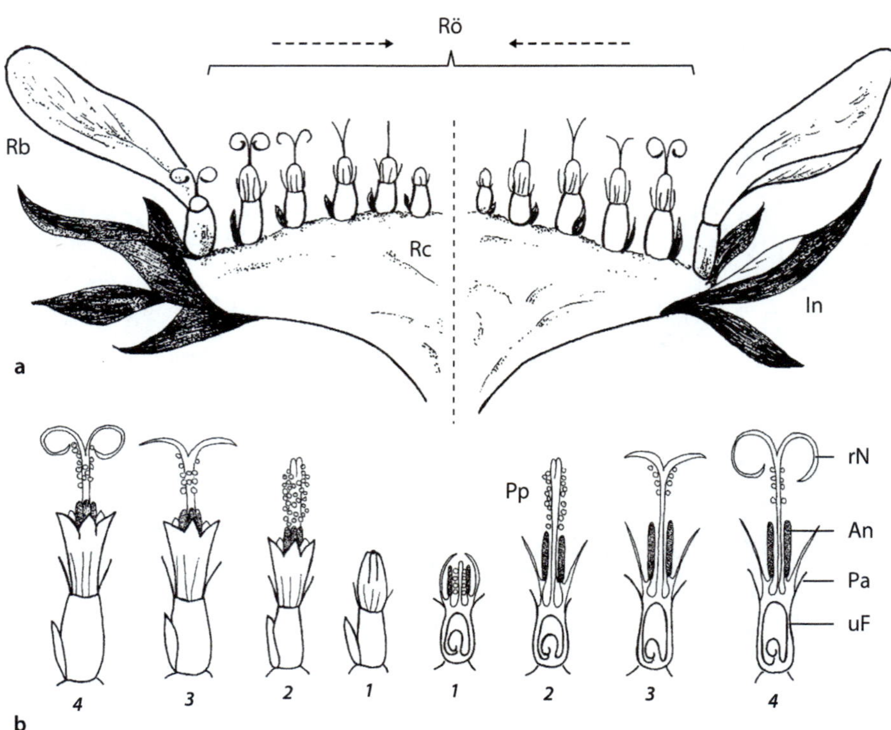

◘ Abb. 9.30 Heteromorphes Köpfchen der Asteraceae. a, Zwei halbe, figürliche Längsschnitte. Im Beispiel haben die Einzelblüten ein Spreublatt und einen Pappus (beides kann fehlen). In, Involucrum. Rb, Randblüte: links karpellat, rechts steril. Rc, Receptaculum (Köpfchenboden). Rö, Röhrenblüte. Pfeile: zentripetale Aufblühfolge. **b**, Organisation der monoklinen Röhrenblüten und ihre Aufblühfolge. Linke Bildreihe: Seitenansichten. Rechte Bildreihe: Längsschnitte. *1*, Knospenstadium: Pollenübertragung auf Haare des unreifen Griffels (im Beispiel: Bürstmechanismus; ▶ Exkurs 9.7). *2*, Sekundäre Pollenpräsentation durch den Griffel. *3*, Übergangsphase. *4*, Rezeptive Blühphase. An, Antheren der freien Stamina zu einer Röhre verklebt. Pa, Pappus (kelchhomolog). Pp, sekundäre Pollenpräsentation. rN, rezeptive Narben. uF, unterständiger Fruchtknoten. (© nach Heß 1983, verändert)

stand die Bezeichnung ‚flos compositus' ein. Linné (Linnaeus 1753) übernahm den Namen für die gesamte Familie der Compositae (wörtl. „die Zusammengesetzten"). Dem stellte Ehrhart (1788) den Begriff **Anthodium** mit folgender Begründung gegenüber:

» *„Anthodium heiße ich den Linneischen Florem compositum. Diese Infloreszenz einen Florem compositum zu heißen, kommt mir eben so vor, als wenn man eine Gesellschaft von Menschen, z. B. eine Compagnie Soldaten, wollte einen Hominem compositum nennen."* (Ehrhart 1788, S. 64)

Der Begriff Anthodium hat sich nicht durchgesetzt. Das Beispiel verdeutlicht aber, in welcher Weise Begriffe eine **analytische** (das Köpfchen besteht aus Blüten) oder **synthetische** Sichtweise (das Köpfchen ist eine neue Funktionseinheit) betonen und damit eine Interpretation vorgeben können.

Bau des Köpfchens

Die Blüten der Asteraceenköpfchen sind meist klein und dicht auf dem Köpfchenboden (Receptaculum) angeordnet. Sie sind mit **Spreublättern** (▶ Abschn. 6.5.2) assoziiert oder werden nackt am Kopfchenmeristem fraktioniert (◘ Abb. 9.6c). Endblüten fehlen, die Aufblühfolge erfolgt von außen nach innen (zentripetal). Unterhalb der Blüten treten stets Hüllblätter (Involucralblätter) zu einem becherförmigen **Involucrum** zusammen. Das Involucrum ist meist grün und ähnelt in **analoger** Weise dem Kelch einer Blüte. Es übernimmt wie dieser den **Knospenschutz** des Köpfchens und dient je nach Ausgestaltung zusätzlich als Fraßschutz (◘ Abb. 8.61b), Ausbreitungshilfe (◘ Abb. 12.23e) oder Schauapparat (◘ Abb. 9.31g).

Während der Bau des Köpfchens ein **Familienmerkmal** der Asteraceae ist, tritt Blütenähnlichkeit nur bei solchen Blumen auf, die wie Blüten in ein zentrales Reproduktionsfeld und einen peripheren Schauapparat gegliedert sind (heteromorphes Köpfchen). Der Schauapparat besteht meist aus **Randblüten** (◘ Abb. 9.31i–o), doch liefern das Edelweiß (◘ Abb. 9.31a) und die Silberdistel auch Beispiele für **extraflorale Hüllen**. In trockenen Regionen, z. B. den Halbwüsten Westaustraliens, herrschen Strohblumen vor (◘ Abb. 9.31d–g). Bei ihnen ist das Involucrum trockenhäutig und schneeweiß oder kräftig gelb (manchmal auch rosa) gefärbt.

Abb. 9.31 Pseudanthien bei Asteraceae. a, Edelweiß (*Leontopodium*). Die weiß behaarten Tragblätter der Seitenköpfchen bilden einen extrafloralen Schauapparat um das Aggregat aus Köpfchen. **b**, *Pycnosorus pleiocephalus*. Komplexes Köpfchen im Knospenzustand. Zur Blühzeit sind die Einzelköpfchen nicht mehr erkennbar (sie sind entindividualisiert). **c**, *Helipterum craspedioides*. Pleiochasialer Thyrsus mit Köpfchen. Rechts: Köpfchenstand von unten die cymöse Verzweigung zeigend. **d–g, Strohblumen. d, e,** *Polycalymma stuartii*. Pleiochasium. Zu Beginn des zentrifugalen Aufblühens (**d**) ist die komplexe Struktur gut erkennbar. **f, g**, Musterwiederholung. **f**, *Myriocephalus helichrysoides*. Kopf mit Köpfchen und zentrifugaler Aufblühfolge (Pfeil). **g**, *Ammobium alatum*. Einfaches Köpfchen mit zentripetaler Aufblühfolge (Pfeil). **h**, Schwefelköpfchen (*Urospermum*). Köpfchen mit Zungenblüten (Zichorientyp). Das dunkle Zentrum wird durch Blütenknospen gebildet und verschwindet in voll erblühten Köpfchen. **i–o, Florale Pseudanthien** mit Blütendimorphismus. **i**, Gewöhnliche Flockenblume (*Centaurea cyanus*). Köpfchen mit vergrößerten Röhrenblüten am Rand (Flockenblumentyp). **j, k**, Köpfchen mit zentralen Röhrenblüten und zygomorphen Strahlenblüten (Asterntyp). **j**, *Gazania rigens*. Käfermale. **k**, *Gaillardia*. Strukturübergreifendes Mal (Kokardenmuster). **l**, *Thymophylla tenuifolia* (syn. *Dyssodia tenuifolia*). Einzelköpfchen mit Randblüten. **m–o, Syncephalien mit Randblüten. m**, *Dyssodia decipiens*. **n, o**, *Oedera capensis* (syn. *Eroeda capensis*). Komplexer Aufbau erst nach dem Auseinanderziehen der Seitenköpfchen erkennbar (**o**). (© **c, f**: Claßen-Bockhoff 1996a. **m–o**: Claßen-Bockhoff 1992b. Übrige Bilder: R. Claßen-Bockhoff, Mainz)

Strohblumen

Strohblumen treten vor allem im Verwandtschaftskreis der australischen Gnaphalieae-Angianthinae auf (Funk et al. 2009; Claßen-Bockhoff 1996a). Die Strohblume (*Helichrysum*), die als Zierpflanze (Trockensträuße) vielfach kultiviert wird, ist Namenspatronin einer ganzen Gruppe von Gattungen mit trockenhäutigen Involucren. Interessant ist dieser Verwandtschaftskreis wegen seiner mehrfach parallel entstandenen, **verzweigten Blütenstände** und **Sekundärköpfchen**, die ebenfalls Blütenähnlichkeit erlangen können (◨ Abb. 9.31d–f):

- *Pycnosorus pleiocephalus* (◨ Abb. 9.31b) bildet Köpfe aus zahlreichen kleinen, blütenarmen Köpfchen (◨ Abb. 9.6e–g), die jeweils von einem trockenhäutigen Involucrum umgeben sind. Eine Blütenähnlichkeit tritt nicht auf.
- *Helipterum craspedioides* und *Polycalymma stuartii* (◨ Abb. 9.31c–e) besitzen flache, pleiochasiale Thyrsen mit **cymös verzweigten Köpfchensystemen**. Die Tragblätter der Köpfchen sind unscheinbar oder groß und weiß und umgeben das Köpfchensystem mit einem petaloiden Schauapparat.
- *Myriocephalus helichrysoides* (◨ Abb. 9.31f) bildet **komplexe Köpfchen** aus armblütigen Köpfchen, die einem gemeinsamen **Receptaculum** (höherer Ordnung) aufsitzen. An dessen Rand befinden sich weiße Strohblätter, die ein mehrreihiges Involucrum (höherer Ordnung) bilden. Die **analoge Ähnlichkeit** zum einfachen Köpfchen von *Ammobium alatum* (◨ Abb. 9.31g) ist erstaunlich. Bei flüchtiger Betrachtung verrät allein die zentrifugale Aufblühfolge den komplexen Bau der Blume von *Myriocepahalus*.

Florale Pseudanthien

Florale Pseudanthien sind weitaus häufiger als extraflorale. Sie unterscheiden sich in der Stellung und Form ihrer Randblüten, der Komplexität der Blume und ihrer farblichen Gestaltung:

- Der **Zichorientyp** (◨ Abb. 9.31h), zu dem auch Löwenzahn (*Taraxacum*), Huflattich (*Tussilago*) und Habichtskraut (*Hieracium*) zählen, weist ausschließlich monosymmetrische (zygomorphe) Zungenblüten auf. Ein echter, struktureller Blütendimorphismus fehlt. Dennoch entsteht bei einigen Arten ein blütenähnliches Muster, da die Blüten radiär angeordnet sind und zentripetal aufblühen.
- Der **Flockenblumentyp** (◨ Abb. 9.31i) tritt bei der Kornblume (*Centaurea*), der Milchfleckdistel (*Galactites*) und deren Verwandten auf. Bei ihm sind alle Blüten röhrenförmig. Die Randblüten sind jedoch deutlich größer als die innen stehenden und horizontal ausgebreitet, wodurch eine blütenähnliche Gliederung in Zentrum und Peripherie entsteht.

- Beim **Asterntyp** (◨ Abb. 9.31j–o) sind radiäre Röhrenblüten im Zentrum von großen, zygomorphen Randblüten (Strahlenblüten) umgeben. Die Strahlenblüten unterscheiden sich von den Zungenblüten des Zichorientyps durch die Anzahl der Kronblattzipfel, die in die Vergrößerung eingehen (Zichorientyp: meist fünf; Asterntyp: meist drei). Der **Blütendimorphismus** betrifft Größe, Symmetrie und Ausgestaltung der Blüten. Während die Röhrenblüten meist **monoklin** (,zwittrig') sind, treten am Rand sterile oder karpellate Blüten auf (Gynomonözie; ▶ Abschn. 9.6.3).

Wie bei den Strohblumen treten auch bei den Pseudanthien mit Randblüten komplex organisierte **Köpfchensysteme** (Syncephalien) auf. Allerding sind nur zwei Arten bekannt, die tatsächlich Blumenähnlichkeit erlangen: die in Mexiko beheimatete *Dyssodia decipiens* und die südafrikanische *Oedera capensis* (Claßen-Bockhoff 1992b, 1996a). Beide Arten bilden Randblüten am äußeren Rand der peripheren Köpfchen, die dadurch zygomoph werden (◨ Abb. 9.31l–n). Die Blüten im Inneren bleiben vermutlich durch die engen Platzverhältnisse während der Entwicklung gehemmt. Darauf deuten Varianten hin: Bei beiden Arten wurden Formen mit gestielten Endköpfchen gefunden, die einen vollständigen Kreis vergrößerter Randblüten aufwiesen.

Blumenmale

Die Blütenähnlichkeit wird bei vielen Asteraceae durch die Bildung von Blumenmalen erhöht. Flecken an der Basis der Randblüten bilden ein **strukturübergreifendes** Muster (Kokardenblumen; ◨ Abb. 9.31j, k), das in ähnlicher Weise auch in Einzelblüten auftritt (◨ Abb. 11.7h). Es verstärkt die radiäre Symmetrie der Blumen und weist Insekten den Weg zu den Blüten. Bei der südafrikanischen *Gorteria diffusa* treten zwei oder drei einzelne Blütenmale auf, die wie Blütenbesucher aussehen (◨ Abb. 11.37g, h) und von männlichen Fliegen für Weibchen gehalten werden (**Sexualtäuschblume**; ▶ Abschn. 11.4.2).

9.6 Die Pflanze als reproduktive Einheit

Blütenstände spielen im Leben einer Pflanze eine bedeutende Rolle. Sie **präsentieren** die Blüten und Früchte **in Raum und Zeit** und nehmen damit unmittelbar Einfluss auf **Bestäubung**, **Befruchtung** und **Ausbreitung**. Anzahl, Anordnung und Aufblühfolge der Blüten bestimmen die **Attraktivität** eines Blütenstandes für Bestäubertiere. Die räumliche Verteilung und zeitliche Abstimmung zwischen staminaten (,männlichen') und rezeptiven (,weiblichen') Blüten und Blühphasen nehmen

Einfluss auf den **Reproduktionserfolg** der Pflanze. Die Vielfalt der Blütenstände spiegelt somit Anpassungen an die biotischen und abiotischen Standortfaktoren der Pflanzen wieder.

Das vorliegende Kapitel gibt eine Einführung in die **Reproduktionsbiologie** der Blütenpflanzen. Zentrale Begriffe sind hierbei Bestäubung und Befruchtung (▶ Exkurs 4.3). **Bestäubung** ist der Prozess der **Pollenübertragung**, der an Strukturen des Sporophyten abläuft (▶ Abschn. 4.6.1), während **Befruchtung** die Fusion der haploiden Gameten in der sexuellen (gametophytischen) Generation meint (Syngamie; ▶ Abschn. 4.1.1, ◘ Abb. 4.23).

9.6.1 Reproduktionserfolg (*fitness*)

Darwin (1876, 1877) beschäftigte sich intensiv mit der Selbst- und Kreuzbestäubung von Pflanzen und erkannte in der Reproduktionsbiologie einen wichtigen Schlüssel zum Verständnis der **Veränderung von Arten**: an die Umwelt angepasste Individuen setzen sich eher durch als weniger ‚fitte‘ Individuen, und diese Anpassung wird durch die **genetische Rekombination** während der **sexuellen Fortpflanzung** ermöglicht (▶ Exkurs 2.5).

Ein Individuum ist sexuell erfolgreich, wenn es möglichst viele (**quantitativer Erfolg**), genetisch diverse (**qualitativer Erfolg**) Nachkommen zu möglichst niedrigen Kosten (Investition) erzeugt (▶ Abschn. 4.1.2). Seine Überlebensfähigkeit (*fitness*) wird relativ zu der Fitness anderer Individuen innerhalb einer Population bestimmt.

Eine ‚zwittrige‘ Pflanze kann als Vater (*male fitness*) und als Mutter (*female fitness*) sexuell erfolgreich sein. Die **male fitness** steigt mit der Anzahl produzierter Pollenkörner und mit der Optimierung des Pollentransfers, d. h. bei tierbestäubten Blüten mit der Investition in Bestäuberanlockung und Präzision der Pollenübertragung. Die **female fitness** steigt mit der Anzahl der befruchteten Samenanlagen und deren Ausstattung mit Nährgewebe. Unter idealen Bedingungen sollte eine Zwitterblüte daher viel Pollen in großen auffälligen Blüten und viele, gut ausgestattete Samen produzieren. Tatsächlich liegen aber Nährstoffengpässe vor, die einen **Kompromiss** (*trade-off*) zwischen den beiden Funktionen notwendig machen. Wird eine Funktion zu teuer oder werden die Gesamtkosten (*investment*) zu hoch, neigt das System zur ‚**Geschlechtertrennung**‘. **Diklinie** (‚Eingeschlechtlichkeit‘) ist bei den Blütenpflanzen (im Gegensatz zu den Gymnospermen) abgeleitet.

9.6.2 Reproduktionssysteme

Das **Reproduktionssystem** (*breeding* oder *mating system*) einer Pflanze ist durch das Verhältnis von Selbstbestäubung zu Fremdbestäubung charakterisiert (◘ Abb. 9.32):

— Bei der **Selbstbestäubung** gehören Pollen und Empfängernarbe dem gleichen Individuum an. Sie tritt in Form von **Autogamie** (Eigenbestäubung: Pollen gelangt auf blüteneigene Narbe) und **Geitonogamie** (Nachbarbestäubung: Pollen gelangt auf Narbe einer benachbarten, individueneigenen Blüte) auf. In beiden Fällen kommt es zur Befruchtung durch Eigenpollen (*selfing*). Aufgrund der **Dioizie** (▶ Exkurs 4.3) kommt es auch in diesen Fällen zu einer **genetischen Rekombination**, die sich allerdings auf den **individueneigenen Genpool** beschränkt. Mit jeder dieser Rekombinationen reduziert sich der Grad der Heterozygotie (Verschiedenartigkeit der Allele) im Genpool um 50 %, wird jedoch niemals null.

— Bei der **Fremdbestäubung** stammt der Pollen von einem genetisch anderen Individuum der gleichen Art (**Xenogamie**, *outcrossing*). Durch den Austausch von genetischem Material zwischen Individuen kommt es zur **Durchmischung des Genpools** der **Population**. Mit steigender Fremdbestäubung steigt die genetische Diversität der Nachkommen und damit das **Potential** zur Anpassung an Veränderungen der Umwelt.

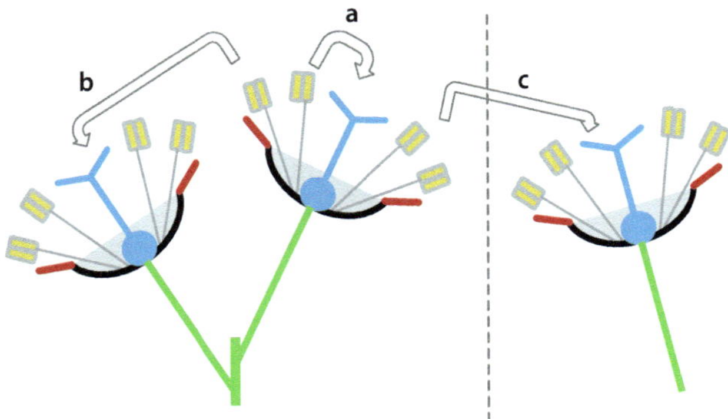

◘ **Abb. 9.32 Selbst- und Fremdbestäubung.** Schematische Darstellung eines Blütenstandes (links) und einer Blüte von einem genetisch anderen Individuum (gestrichelte Linie). **a,** Autogamie: Selbstbestäubung mit Pollen der eigenen Blüte. **b,** Geitonogamie (Nachbarbestäubung): Selbstbestäubung mit Pollen einer Nachbarblüte des gleichen Individuums/Klons. **c,** Xenogamie: Fremdbestäubung mit Pollen eines genetisch verschiedenen Individuums. (© Original)

Fremdbestäubung (**Xenogamie**) ist vergleichsweise teuer und riskant. Es müssen mindestens zwei genetisch verschiedene Pflanze vorhanden und der Pollenaustausch zwischen ihnen gewährleistet sein. Oft liegen daher Mischsysteme (*mixed mating systems*) vor, die Fremdbestäubung fördern, aber Selbstbestäubung unter bestimmten Bedingungen zulassen.

Obligate Fremdbestäubung liegt bei **Diözie** vor (▶ Abschn. 9.6.3). **Geschwisterbestäubung** ist jedoch möglich und sicher auch häufig, da die Nachkommen eines pflanzlichen Individuums oft dicht beieinander wachsen. Genetische Unverträglichkeit (**Selbstinkompatibilität**; ▶ Abschn. 9.6.4) führt ebenfalls zur obligaten Fremdbestäubung, unterbindet aber **darüber hinaus** auch die Syngamie zwischen genetisch ähnlichen Partnern. Sie garantiert den höchsten Grad an **Xenogamie**.

9.6.3 Blütendimorphismus

Die Begriffe **zwittrig**, **eingeschlechtlich**, **männlich** und **weiblich** gehören inhaltlich zur **sexuellen**, gametophytischen Generation. Obgleich es sich bei Blütenorganen und Blühstadien um asexuelle, **sporophytische** Strukturen und Phasen handelt, hat es sich eingebürgert, diese Begriffe auch in der Blüten- und Reproduktionsbiologie zu verwenden. Tatsächlich fehlt eine komplementäre, den Sporophyten betreffende Terminologie fast gänzlich. Davon gibt es nur wenige Ausnahmen:

- Werden beide Reproduktionsorgane angelegt, ist die Blüte **monoklin** (‚zwittrig‘, *perfect flower*).
- Wird nur eine Form von Reproduktionsorganen gebildet, spricht man von **diklinen** Blüten, die entweder **staminat** (nur Stamina, ‚männlich‘) oder **karpellat** (nur Fruchtblätter, ‚weiblich‘) sind. Im Englischen spricht man bei Letzteren von *pistillate flowers*.

Für monokline Blüten, in denen nur eine Form von Reproduktionsorganen zur Reife kommt, gibt es keinen sporophytischen Begriff. Man spricht traditionell von ‚männlich-sterilen‘ oder ‚**funktional weiblichen Blüten**‘, wenn die Stamina gehemmt bleiben oder steril sind (Staminodien; ▶ Abschn. 10.4.7), und von ‚weiblich-sterilen‘ oder ‚**funktional männlichen Blüten**‘, wenn das Gynoeceum nur rudimentär entwickelt ist.

In diesem Kapitel werden die Begriffe durch **funktional karpellat** und **funktional staminat** ersetzt und auf Blüten, Blütenstände und Pflanzen bezogen. Können die gametophytischen Begriffe nicht sinnvoll ersetzt werden, stehen sie in Anführungszeichen (z. B. ‚Geschlechtertrennung‘).

Monokline und dikline Blüten

Die überwiegende Mehrheit aller Blüten ist monoklin (◘ Tab. 9.3). Treten dikline Blüten auf, stehen die beiden Morphen entweder an derselben Pflanze (**Monözie**) oder sind auf zwei genetisch verschiedene Individuen verteilt (**Diözie**; ▶ Exkurs 4.3).

Die Geschlechtsbestimmung erfolgt **meist modifikatorisch** (phänotypisch), d. h., sie wird durch innere (z. B. Alter der Pflanze) und äußere Faktoren (z. B. Verfügbarkeit von Ressourcen) bedingt. Nur selten treten mikroskopisch erkennbare **Geschlechtschromosomen** wie bei einigen sekundären Algen, Moo-

◘ **Tab. 9.3   Monokline und dikline Blüte bei Blütenpflanzen.** Nach Richards 1997

Blütenmorphen	[%]
Individuum ‚zwittrig‘	**81,5**
- **monoklin**: alle Blüten mit Stamina und Karpellen (‚Zwitterblüten‘)	72,0
- **monözisch** (einhäusig): Blüten **diklin** (staminat oder karpellat)	5,0
- **gynomonözisch**: Individuum mit karpellaten und monoklinen Blüten	2,8
- **andromonözisch**: Individuum mit staminaten und monoklinen Blüten	1,7
Individuum ‚eingeschlechtlich‘, Blüten diklin	**11,0**
- Population **diözisch** (zweihäusig): Individuen staminat oder karpellat	4,0*
- Population **gynodiözisch** Individuen karpellat oder monoklin	7,0
- Population **polygam** Individuen mit verschiedenen Morphen	**7,5**

*, 5–6 % nach Renner (2014)

sen (▶ Abschn. 4.2 und 4.4.2) und Tieren auf. Sie sind bislang nur von 39 Arten bekannt (Renner 2014 und Literatur darin):

- Bei 19 Arten liegen **heteromorphe Geschlechtschromosomen** vor. Diese Arten sind ausnahmslos diözisch und gehören zu den vier Familien der Cannabaceae (*Cannabis*, *Humulus*), Caryophyllaceae (*Silene*), Cucurbitaceae (*Coccinia*) und Polygonaceae (*Rumex*). Die beiden verschiedenen Chromosomen (XY) treten entweder bei den staminaten Pflanzen auf, z. B. bei der Weißen Lichtnelke (*Silene latifolia*, Caryophyllaceae) und der Großen Brennnessel (*Urtica dioica*, Urticaceae), oder bei karpellaten Pflanzen, z. B. bei *Silene otitis* und Arten von *Potentilla* (Rosaceae) und *Cotula* (Asteraceae; Richards 1997). **Umwelteinflüsse** können das genetisch determinierte Geschlecht **überprägen**. So bilden z. B. karpellate Pflanzen der Lichtnelke bei Befall durch Brandpilze Stamina.
- Die übrigen 20 Arten (aus 13 Familien) haben gleichgestaltete, **homomorphe Geschlechtschromosomen**. Beispiele liefern die Erdbeere (*Fragaria vesca*, Rosaceae), Papaya (*Carica papaya*, Caricaceae) und Dattelpalme (*Phoenix dactylifera*, Arecaceae).

Monözie

Bei der ‚Geschlechtertrennung' **innerhalb** eines Individuums beeinflussen die relative Anzahl und Position der verschiedenen Blütenformen den Reproduktionserfolg. Gewöhnlich liegen **mehr staminate** als karpellate Blüten vor, die zudem so angeordnet sind, dass Selbstbestäubung minimiert wird.

Im häufigsten Fall sind alle Blüten diklin (◘ Abb. 9.33a–f). Treten dagegen staminate Blüten neben monoklinen auf, spricht man von **Andromonözie**. Diese tritt bei weniger als 2 % der Blütenpflanzen auf (◘ Tab. 9.3), ist aber häufig bei *Solanum*-Arten (Solanaceae; Diggle 1994) und vielen Doldengewächsen (Apiaceae; Schlessman 2010; ▶ Exkurs 9.6). Finden sich karpellate Blüten neben monoklinen, liegt **Gynomonözie** vor, z. B. bei Asteraceae mit karpellaten Randblüten (▶ Abschn. 9.5.2).

Aufgrund der **modifikatorischen Geschlechtsbestimmung** kann das Blütenverhältnis in einem Individuum variieren. So produzieren viele monözische Bäume in der Jugend mehr staminate Blüten als im Alter (*plasticity in sex expression*; Charnov und Bull 1977; Korpelainen 1998). Bei vielen **Kletterpflanzen** und einigen *Euphorbia*-Arten werden zunächst staminate Blüten bzw. Cyathien gebildet und erst in höheren Achsenordnungen karpellate Blüten bzw. Cyathien. Die späte Bildung karpellater Strukturen kann in der **Erstarkung** der Pflanze begründet sein (*E. ledenii*; ◘ Abb. 9.41c, d), die erst genügend Ressourcen sammeln muss, bevor sie sich die teure Investition der Frucht- und Samenbildung leisten kann. Gleichzeitig dient sie der **Sicherung der Bestäubung** durch frühzeitig bereitgestellten Pollen (▶ Abschn. 9.6.6, ◘ Abb. 9.41d).

■ **Abb. 9.33   Monözie und Diözie. a,** Eiche (*Quercus*, Fagaceae): monözisch, windblütig. **b, c,** Begonie (*Begonia*, Begoniaceae): monözisch, tierblütig. Staminate Blüten (**b**) präsentieren Pollen, karpellate Blüten (mit geflügeltem unterständigem Fruchtknoten) imitieren Antherensignal mit Narbenästen. **d,** Kleiner Wiesenknopf (*Sanguisorba minor*, Rosaceae): andro-gynomonözisch (von oben nach unten: karpellate, monokline und staminate Blüten), windblütig. Endköpfchen in staminater, Seitenköpfchen in rezeptiver Blühphase (Protogynie). **e, f,** Mais (*Zea mays*, Poaceae): monözisch, windblütig. **e,** Karpellate Blüten des späteren Maiskolbens mit bis zu 30 cm langen Griffeln. **f,** Staminate Blüten in endständigen Blütenständen. **g, h,** Acker-Witwenblume (*Knautia arvensis*, Caprifoliaceae): gynodiözisch, tierblütig. **g,** Monokline Köpfchen mit vergrößerten Randblüten und kräftiger Färbung. **h,** Funktional karpellate Köpfchen, meist kleiner und heller als monokline Köpfchen; Randblüten sehr klein oder fehlend. **i, j** Große Brennnessel (*Urtica dioica*, Urticaceae): diözisch, windblütig. Staminate (**i**) und karpellate (**j**) Individuen. **k, l,** Zaunrübe (*Bryonia dioica*, Cucurbitaceae): diözisch, tierblütig. Staminate Blüten präsentieren Pollen (**k**), karpellate ein ähnliches Signal (**l**). (© R. Claßen-Bockhoff, Mainz)

Exkurs 9.6 Andromonözie bei Doldengewächsen

Die Doldengewächse (**Apiaceae**) weisen in ihrer größten Unterfamilie, den Apioideae, **Dolden mit Döldchen** auf. Diese stehen oft solitär am Ende der Hauptachse (Hauptdolde) und der Seitenachsen I bis III oder höherer Ordnung. Sie entwickeln sich ihrer Anlage entsprechend in akropetaler und ordinaler Folge.

Die meisten mitteleuropäischen Arten sind **andromonözisch**: Sie besitzen monokline und (funktional) staminate Blüten. Ihr Reproduktionssystem wird hier näher erläutert, weil es in eindrucksvoller Weise das Zusammenwirken von Andromonözie, Architektur, Aufblühfolge (▶ Abschn. 9.6.7) und Plastizität in einem Reproduktionssystem zeigt.

Verteilung der Blütenmorphen

Die **Blütenmorphen** treten in **bestimmten Positionen** auf. Dabei lassen sich fünf verschiedene Muster unterscheiden (◘ Abb. 9.34a–e; Reuther und Claßen-Bockhoff 2010, erweitert).

1. *Anthriscus sylvestris:* Der Wiesenkerbel repräsentiert den häufigsten Fall. Die monoklinen Blüten (blau) stehen am Rand der Döldchen, zur Mitte hin folgen (funktional) staminate Blüten (gelb). Endblüten fehlen.
2. *Chaerophyllum bulbosum:* Die Kerbelrübe weist wie zahlreiche andere Arten eine Endblüte im Döldchen auf. Diese ist wie die randlichen Blüten monoklin, die übrigen sind (funktional) staminat.
3. *Echinophora spinosa:* Die Döldchen sind bis auf die monokline Endblüte staminat (gelb). Diese Form der Blütenverteilung kommt in der Untergruppe der Echinophoreae vor.
4. *Oenanthe lachenalii:* In der Gattung *Oenanthe* kehrt sich die Verteilung der Blütenmorphen um: Die staminaten Blüten stehen außen, die monoklinen innen. Diese Morphenverteilung ist selten und bislang nur von *Oenanthe*-Arten bekannt.

5. *Artedia squamata:* Die Art zeigt eine ähnliche Blütenverteilung wie *Anthriscus sylvestris* mit randlich stehenden, monoklinen Blüten. Allerdings erfolgt die Förderung doldenzentriert, sodass nur die äußeren Blüten der äußeren Döldchen monoklin sind. Diese extreme randliche Förderung tritt nach derzeitigem Wissen nur in der monotypischen Gattung *Artedia* auf (Claßen-Bockhoff et al. 2023).

Bei zahlreichen Arten, wie z. B. auch bei *Daucus carota* und *Pastinaca sativa* (beide *Chaerophyllum*-Typ), treten Dolden mit verkümmerten Antheren auf, die dadurch **funktional karpellat** werden.

Architektur und Entwicklungsgradienten

Die Verteilung der Blütenmorphen unterliegt innerhalb des Blühtriebes drei verschiedenen **Entwicklungsgradienten**: dem **horizontalen** Gradienten innerhalb der Dolden (◘ Abb. 9.34a–e), dem **longitudinalen** Gradienten entlang der Hauptachse und dem **ordinalen** Gradienten zwischen Haupt- und Seitenachsen (◘ Abb. 9.34g).

Die meisten Arten sind **protandrisch** (‚vormännlich‘; ▶ Abschn. 9.6.6). Sie präsentieren zuerst Pollen, bevor sie in die rezeptive Phase eintreten (◘ Abb. 9.34f). Damit wird gesichert, dass genügend Pollen in der Population vorhanden ist, wenn die Narben der Blüten rezeptiv werden.

Protandrische Arten tendieren dazu, entlang der horizontalen und ordinalen Gradienten zu ‚vermännlichen‘. Die innen stehenden Döldchen einer Dolde weisen mehr staminate Blüten auf als die randlichen (◘ Abb. 9.34a–e) und die Dolden höherer Achsenordnung mehr als die zuerst gebildeten. Die **Hauptdolde** bildet die relativ meisten monoklinen Blüten und setzt entsprechend viele Früchte an. Mit zunehmender Achsenordnung werden aufgrund des **Verzweigungsverhaltens** der Pflanze immer mehr Dolden höherer Ordnung und damit mehr funktional staminate Blüten gebildet (bis zu 100 %;

◘ Abb. 9.34g). Ein einziges Individuum agiert somit zunächst als **Pollenrezeptor** und dann als **Pollendonator** (Reuther und Claßen-Bockhoff 2010).

Protogyne (‚vorweiblich'; ▶ Abschn. 9.6.6) Arten sind deutlich seltener. Bei ihnen kehrt sich die Blütenverteilung um, und die Pflanzen ‚**verweiblichen**' mit dem Alter (Schlessman und Barrie 2004). Da Pollen später präsentiert wird, ist die Wahrscheinlichkeit einer erfolgreichen Befruchtung zu einem späteren Zeitpunkt höher.

P/O-Ratio

Doldengewächse werden von unspezialisierten Insekten, vor allem Fliegen und Käfern, besucht. Der **Pollenverlust** ist immens und wird durch hohe Pollenproduktion kompensiert.

Die **Anzahl der Pollenkörner** pro Pflanze ist nicht beliebig, sondern eng mit den Bestäubungs- und Befruchtungsverhältnissen verknüpft. Grundsätzlich gilt: Je unsicherer die Bestäubung durch unspezialisierte Bestäuber oder Bestäubermangel ist, umso mehr Pollen muss produziert werden. Das Verhältnis von Pollenkörnern zu Samenanalgen wird als **P/O-Ratio** (*pollen-ovule ratio*) bezeichnet und dient als grobes (nicht unumstrittenes) Maß für die Einschätzung eines Reproduktionssystems (Cruden 1977).

Die Kerbelrübe (*Chaerophyllum bulbosum*) weist im Schnitt 20 % monokline Blüten mit je fünf Antheren und zwei Samenanlagen auf. Die übrigen 80 % Blüten sind (funktional) staminat mit je fünf Antheren. Eine einzelne Anthere produziert etwa 4000 Pollenkörner, eine Blüte entsprechend 20.000. Bei der vereinfachten Annahme von nur 100 Blüten pro Pflanze ergibt sich eine Gesamtmenge von 2.000.000 Pollenkörnern pro Pflanze. Diesen stehen 40 Samenanlagen gegenüber, was eine P/O-Ratio von 50.000 Pollenkörnern pro Samenanlage ergibt. Unter der Annahme, dass die Pflanze keinen verschwenderischen Überschuss produziert, sind somit 50.000 Pollenkörner notwendig, um eine einzige Samenanlage erfolgreich zu bestäuben und befruchten.

Architectural effect und Plastizität

Experimente mit der Kerbelrübe belegen, dass Andromonözie **genetisch fixiert** ist (*architectural effect*; Reuther und Claßen-Bockhoff 2013) und nicht, wie etwa bei *Solanum*, durch den Fruchtansatz der zuerst gebildeten Blüten induziert wird (*fruit set effect*; Diggle 1995).

Fraßschäden an den zuerst gebildeten Dolden können allerdings im Verlauf der Entwicklung **kompensiert** werden. Die Dolden höherer Ordnung werden deutlich **später angelegt** als die ersten Systeme und können auf deren hormonelle Signale reagieren. Sie bilden vermehrt **monokline** Blüten und einen höheren Fruchtansatz als unbeschädigte Vergleichspflanzen. Diese **plastische Reaktion** ist möglich, weil sich die Entwicklung staminater Blüten nur in der Hemmung des Gynoeceums unterscheidet (Ajani et al. 2016). Diese Hemmung kann offensichtlich leicht aufgehoben werden.

Das Beispiel illustriert eindrucksvoll, dass das gesamte Individuum und nicht die einzelne Dolde als reproduktionsbiologische Einheit fungiert.

Während gelegentliche Selbstbestäubung zu einem höheren Samenansatz führt, kann andauernde Selbstbestäubung zur **Inzuchtdepression** führen. Der Genpool verarmt, und die Nachkommenschaft wird zunehmend reinerbig (homozygot) und anfällig für negative Mutationseffekte. Man nimmt daher an, dass ein **natürlicher Selektionsdruck** auf der Förderung von **Fremdbestäubung** und der Verhinderung von Selbstbestäubung liegt.

Autogamie

Bei der **Autogamie** (Eigenbestäubung) stammen Pollen und Narbe von **derselben Blüte**. Dies ist für die Pflanze zwar billig, da wenig Pollen notwendig ist und kaum Kosten für Bestäuberanlockung und Transport anfallen, aber die genetische Diversität der Nachkommen ist gering. Sie beruht ausschließlich auf der genetischen Rekombination durch Meiose; eine Durchmischung des Genpools innerhalb der Population findet nicht statt.

Nutzpflanzen sind besonders häufig Selbstbestäuber. Linien, die ohne Bestäubungsvermittler und unabhängig vom Wetter zur Samenbildung gelangen, wurden im Laufe der Kulturgeschichte vom Menschen bevorzugt. So unterscheidet sich etwa der Saatweizen von der Wildform dadurch, dass die Filamente sehr kurz bleiben, wodurch der Pollen nicht aus der Blüte geschüttet wird, sondern auf die eigene Narbe fällt (◘ Abb. 11.63e). Viele kultivierte Schmetterlingsblütler (Fabaceae) wie Erbse (*Pisum*), Erdnuss (*Arachis*), Kichererbse (*Cicer*), Saatwicke (*Vicia*), Sojabohne (*Glycine*) oder Gartenbohne (*Phaseolus*) weisen **Knospenbestäubung** und damit **obligate** Selbstbestäubung auf. Ein Vorteil solcher Zuchtlinien ist der **Sortenerhalt**, der mit der Bewahrung von Resistenzeigenschaften und Ertragsreichtum einhergeht. Allerdings bringt er auch eine **Verarmung des Genpools** mit sich, die vor allem in **Monokulturen** katastrophale Folgen haben kann. Als Gegenmaßnahme werden in Instituten für Pflanzenzüchtung, Botanischen Gärten und Samenbanken (▶ Abschn. 3.9.3) **Wildarten** kultiviert bzw. aufbewahrt, die als **genetisches Reservoir** für Einkreuzungen zur Verfügung stehen.

Unter **Kleistogamie** versteht man die Extremform der Autogamie, bei der die Blüten unter natürlichen Bedingungen geschlossen bleiben (Gegenbegriff **Chasmogamie**: Blüten öffnen sich zur Bestäubung). Sie tritt meist nur bei **einigen Blüten** einer Pflanze auf und ist oft **saison- oder standortbedingt** (Schoen und Lloyd 1984). So bilden einige Frühjahrsblüher wie der Sauerklee (*Oxalis acetosella*, Adoxaceae) oder das Wunderveilchen (*Viola mirabilis*, Violaceae) nur im **Sommer** und einige Flachlandpflanzen wie das Rühr-mich-nicht-an (*Impatiens noli-tangere*, Balsaminaceae) nur im **Gebirge** kleistogame Blüten. Diese **Plastizität** in der Blütenentwicklung bietet der Pflanze die Möglichkeit, je nach standortökologischen Bedingungen Selbst- bzw. Fremdbestäubung zu fördern. Offensichtlich ist dies ein erfolgreicher Weg, denn nach derzeitigem Wissen kommt Kleistogamie in knapp 700 Arten aus 50 Familien vor und ist etwa 40-mal innerhalb der Angiospermen entstanden (Culley und Klooster 2007).

Geitonogamie

Bei der **Geitonogamie** (Nachbarbestäubung) stammen Pollen und Narbe von verschiedenen Blüten desselben Individuums. Sie gilt als **ungünstiges** Reproduktionssystem, da sie trotz der hohen Kosten für die Anlockung von Bestäubern die Nachteile der Selbstbestäubung in Form von geringer, genetischer Rekombination und Inzucht (*inbreeding*) mit sich bringt.

Dennoch tritt Geitonogamie häufig auf. Möglicherweise ist sie ein negativer **Begleiteffekt** des *floral display*. Darunter versteht man die **Anzahl gleichzeitig offener** Blüten in einem Blütenstand, die von dessen Größe und Aufblühfolge abhängt. Je höher das *floral display*, umso größer ist der Attraktionswert des Blütenstandes als Futterquelle (*male fitness*); dies führt zu einem vermehrten Anflug von Bestäubern und einer Förderung von **Fremdbestäubung**. Gleichzeitig steigt durch das simultane Blühen bei selbstfertilen Arten aber auch die Wahrscheinlichkeit von **Nachbarbestäubung**.

Die Größe des *floral display* stellt somit einen **Kompromiss** zwischen der Steigerung von Fremdbestäubung durch erhöhte Bestäuberanlockung und der dadurch bedingten Zunahme von Geitonogamie dar (*plant's dilemma hypothesis*; de Jong et al. 1999; Klinkhamer und de Jong 1993).

9.6.6 Förderung von Fremdbestäubung

Mit der Evolution monokliner Pflanzen ist die **grundsätzliche Option** verbunden, unter ungünstigen Bedingungen auch ohne eine zweite Pflanze Samen bilden zu können. Sie ist für **Pionierpflanzen** von **überlebenswichtiger** Bedeutung, aber auch für Pflanzen **extremer Standorte** (Wüste, Hochgebirge), an denen eine Fremdbestäubung durch Insekten oder Wind nicht sicher ist. Gleichzeitig haben sich im Laufe der Evolution Mechanismen entwickelt, Selbstbestäubung so gering wie möglich zu halten. Das Reproduktionssystem einer Pflanze stellt somit einen spezifischen **Kompromiss** zwischen notwendiger Selbstbestäubung (**Notselbstung**, *delayed selfing*) und möglichst **hoher Fremdbestäubungsrate** dar (Lloyd 1992; Lloyd und Schoen 1992).

Die wichtigsten Einrichtungen zur Sicherung von Fremdbestäubung innerhalb selbstfertiler Systeme sind die **räumliche Trennung** von Narbe und Anthere (**Herkogamie, Heteromorphie**) und die **zeitliche Trennung** von Pollenpräsentation und Narbenrezeptivität (**Dichogamie**). Bei selbststerilen Arten führt Selbstbestäubung zwar nicht zur Befruchtung, verzeichnet aber dennoch einen **Fitnessverlust**. Zum einen wird die Menge an übertragbarem Pollen durch die Belegung der eigenen Narben reduziert (***pollen discounting***), zum anderen blockiert der Eigenpollen auf den Narben das Keimbett für Fremdpollen (***stigma clogging***). Daher treten Herkogamie und Dichogamie auch in selbststerilen Systemen auf (Barrett 2002).

Herkogamie

Bei der häufigsten Form der Herkogamie überragt die Narbe die Pollensäcke und wird bereits beim Anflug eines Bestäubers mit Fremdpollen belegt (***approach herkogamy***; Webb und Lloyd 1986). Dabei liegt entweder ein sehr langer Griffel vor (◘ Abb. 9.36a), oder der Fruchtknoten wird durch Streckung eines Gynophors (▶ Abschn. 10.2.2) aus der Blüte herausgeschoben (◘ Abb. 9.36b: Pfeile).

Andere Blüten besitzen aufwendige Vorrichtungen, um die Narbe vor Eigenpollen zu schützen:

- Beim **Kleinen Immergrün** (*Vinca minor*; ◘ Abb. 9.36c, d) liegt die Narbe (Na) unter einem Vorsprung des Griffelkopfes, während der Eigenpollen (Po) oberhalb des Griffels präsentiert wird. Eine dichte Behaarung (H) schützt die Narbe vor der Kontamination mit Eigenpollen. Dringt ein pollenbeladenes Insekt mit seinem Saugrüssel in die Blütenröhre ein, schabt es beim Herausziehen des Rüssels den Fremdpollen an der Narbe ab. Dabei wird der Rüssel durch den Narbenschleim (▶ Abschn. 10.5.5) klebrig und kann bei der Rückwärtsbewegung Eigenpollen aufnehmen (Schick 1980, 1982)
- Die Blüte der **Iris** (◘ Abb. 9.36e, f) besteht aus drei lippenblütenähnlichen Teilen (Teilblüten, Meranthien), an deren Bildung jeweils ein Perigonblatt (Unterlippe), ein Stamen und ein Griffellappen (Oberlippe) beteiligt sind. Jeder Griffelarm trägt unter seiner Spitze eine schmale Narbe, die von einem dünnen Häutchen (Hä) bedeckt und somit vor Eigenpollen geschützt ist (◘ Abb. 10.50l). Beim Anflug eines Nektar suchenden Insekts wird das Häutchen zurückgeklappt, und die Narbe kann mit Fremdpollen belegt werden. Beim Abflug drückt das mit Eigenpollen beladene Insekt das Häutchen wie ein Ventil gegen die Narbe und verschließt diese.

Heteromorphie

Als **heteromorph** bezeichnet man verschieden gestaltete Blüten einer Art, die sich z. B. in der räumlichen Anordnung ihrer Reproduktionsorgane voneinander unterscheiden. Die Morphen sind meist **komplementär** zueinander, sodass eine Bestäubung nur **zwischen verschiedenen Morphen** möglich ist.

Enantiostylie (Schiefgriffeligkeit)

Bei der **Schiefgriffeligkeit** (◘ Abb. 9.36g–i) steht der Griffel entweder rechts oder links in der Blüte. Die einseitige Anordnung führt zur Förderung von Fremdbestäubung, da ein rechts auf dem Tierkörper abgelegter Pollen nur auf einer rechts befindlichen Narbe abgestreift werden kann.

Enantiostylie ist von 25 Gattungen in zehn Familien bekannt (Jesson et al. 2003; Jesson und Barrett 2003 und Literatur darin). Bei den meisten Arten, wie z. B. dem Stachel-Nachtschatten (*Solanum rostratum*) oder Weißen Salbei (*Salvia apiana*; ◘ Abb. 9.36i), kommen die beiden Morphen auf derselben Pflanze vor. Dadurch wird Geitonogamie eingeschränkt, aber nicht verhindert. In den monocotylen Familien der Haemodoraceae (◘ Abb. 9.36g), Tecophilaceae (◘ Abb. 9.36h) und Pontederiaceae treten dagegen Arten auf, bei denen jedes Individuum nur eine Blütenmorphe aufweist und die damit **obligat xenogam** sind (Barrett 2002).

Heterostylie

Bei der Heterostylie treten lang- (*pin*) und kurzgriffelige (*thrum*) Blüten auf, die jeweils in **komplementärer** Weise kurz oder lang gestielte Antheren aufweisen (Darwin 1877; Barrett et al. 2000). Heterostylie kommt bei einigen Hundert Arten in 28 Familien vor (Barrett und Shore 2008; Renner 2014).

Jedes Individuum bildet nur einen Blütentyp. Bei Primelarten (*Primula*, Primulaceae) mit zwei (**Distylie**; ◘ Abb. 9.37) und beim Blutweiderich (*Lythrum salicaria*, Lythraceae) mit drei Morphen (**Tristylie**) ist die Heteromorphie an das genetische Unverträglichkeitssystem gekoppelt (Selbstinkompatibilität; ▶ Abschn. 9.6.4). Die Arten sind selbststeril und vermeiden durch Heterostylie Pollenverlust. Andere Arten, wie z. B. Vertreter der Gattung *Linum* (Linaceae) oder *Salvia brandegei* (Lamiaceae), sind selbstfertil und fördern mit Heterostylie die Fremdbestäubungsrate.

Dichogamie

Die **zeitliche Trennung** der Pollen- und Narbenreife fördert wie die räumliche Trennung bei selbstfertilen Pflanzen die **Fremdbestäubung** und reduziert bei selbststerilen Arten Pollenverlust. In beiden Fällen führt der funktionsspezifische Einsatz von Ressourcen (Pollenproduktion vs. Fruchtentwicklung) zu einem **Fitnessgewinn** (Lloyd und Webb 1986). Erfolgreicher Pollentransfer erfordert allerdings immer **zwei Blütenbesuche** und damit ausreichend vorhandene Bestäuber.

□ Abb. 9.36 Herkogamie und Enantiostylie. a, b, *Approach herkogamy*. a, Kleine Taglilie (*Hemerocallis minor*, Asphodelaceae). Lang aus der Blüte herausragender Griffel. **b,** *Cleome hassleriana* (Cleomaceae). Gestieltes Gynoeceum (Pfeile; ▶ Abschn. 10.2.2). **c–f, Herkogamie. c, d,** Kleines Immergrün (*Vinca minor*, Apocynaceae). **c,** Blüte von oben. Blüteneingang durch Haare verengt. **d,** Längsschnitt durch oberen Teil der Blütenröhre. Die Narbe (Na) liegt unter einem Vorsprung verborgen und ist durch einen dichten Haarfilz (H) vom Eigenpollen (Po) getrennt; am Grund der Blüte wird Nektar sezerniert (Ne). **e, f,** Holländische Schwertlilie (*Iris × hollandica*, Iridaceae). **e,** Blick auf eine Teilblüte aus Perigonblatt (P) und Griffellappen (Gl). Die Narbe liegt verborgen hinter einem Häutchen (Hä). **f,** Längsschnitt durch eine Teilblüte. Je ein Perigonblatt, ein Stamen (An, Anthere) und ein Griffellappen bilden eine funktionelle Einheit (Meranthium). Der Zugang zur Narbe ist durch das Häutchen (Hä) vor Eigenpollen geschützt. uF, unterständiger Fruchtknoten. **g–i, Enantiostylie.** Der Pfeil weist jeweils auf den schief liegenden Griffel hin. **g,** *Wachendorffia paniculata* (Haemodoraceae). **h,** *Cyanella alba* ssp. *flavescens* (Tecophilaeaceae). **i,** *Salvia apiana* (Lamiaceae). (© **a–h**: R. Claßen-Bockhoff, Mainz. **i**: Ott et al. 2016)

9

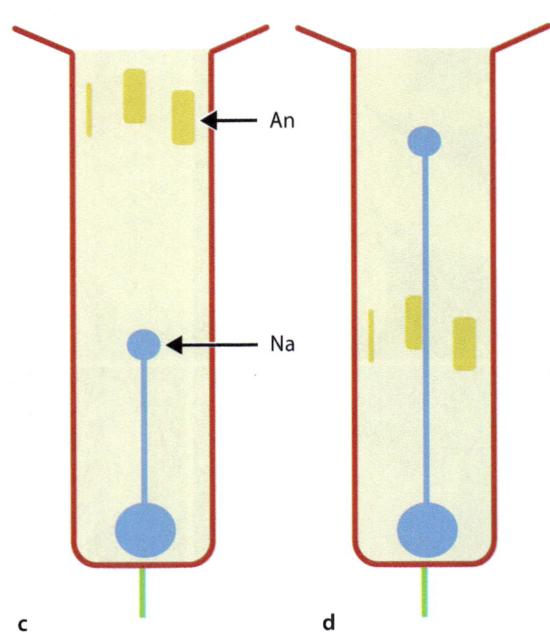

◘ **Abb. 9.37 Heterostylie bei Primeln. a, b,** Frühlingsprimel (*Primula veris*, Primulaceae). **a,** *Thrum*-Morphe mit kurzem Griffel und am Blüteneingang inserierenden Antheren. **b,** *Pin*-Morphe mit langem Griffel und in der Kronröhre ansetzenden Antheren. Die Pfeile geben die komplementäre Position der Reproduktionsorgane in den beiden Morphen an. **c, d,** Schematische Darstellung der Distylie. An, Anthere. Na, Narbe. (© **a, b**: R. Claßen-Bockhoff, Mainz)

Die **Länge** der Blühphasen in einer monoklinen Blüte ist sehr unterschiedlich. Meist ist die Phase der Pollenabgabe deutlich länger als die Phase der Narbenrezeptivität. Die portionierte Abgabe des Pollens über einen langen Zeitraum hinweg (**Pollenportionierung**) erhöht die *male fitness*. Sie basiert auf der sequentiellen Öffnung der Antheren (z. B. viele Apiaceae) oder einem Pumpmechanismus (► Exkurs 9.7). In einem **Blütenstand** sorgt die sukzessive Aufblühfolge der Blüten für eine lang andauernde Pollenpräsentation.

Die **rezeptive Phase** der Narbe ist meist kurz. Bei Anwesenheit von ausreichend vielen Bestäubern führt die kurze Dauer bereits zu ausreichendem Samenansatz. Bleibt die Bestäubung aus, kann sich die rezeptive Phase, vermutlich unter **hormoneller Kontrolle**, um mehrere Tage verlängern (z. B. *Chaerophyllum bulbosum*, Apiaceae, *Spartium junceum*, Fabaceae).

Dichogamie tritt oft **zusammen mit Herkogamie** auf. Meist bewegen sich dabei die Blütenorgane und nehmen nacheinander dieselbe Position innerhalb der Blüte ein (z. B. *Teucrium fruticans*; ◘ Abb. 9.38d). Dadurch wird die Präzision der Pollenübertragung gesteigert.

Protandrie

‚Vormännlichkeit' (**Protandrie**, auch: Proterandrie) liegt vor, wenn die Antheren vor der Narbe reifen. Dabei sind die Phasen meist deutlich voneinander getrennt (◘ Abb. 9.42a).

Bei einigen Arten (vielen Apiaceae) wird eine mehrstündige **sterile Phase** nach Ende der Pollenabgabe eingeschoben, in der der Griffel auswächst und heranreift. Bei anderen Arten (vielen Lamiaceae, Campanulaceae und Asteraceae) klappen die Narbenäste erst nach der Pollenabgabe auf und signalisieren damit den Beginn der rezeptiven Phase (◘ Abb. 9.39i, j, ► Abschn. 10.5.5). Beim Drüsigen Springkraut (◘ Abb. 9.38a–c) wird die Narbe während der Pollenabgabe von den Antheren bedeckt und erst durch deren Abwurf in der rezeptiven Phase freigelegt.

Innerhalb von **Blütenständen** fördert Protandrie Fremdbestäubung, ohne Selbstbestäubung vollständig zu verhindern. Das jeweilige Ausmaß hängt von der **Aufblühfolge** und vom **Futtersuchverhalten** (*forging behaviour*) der Bestäuber ab (► Abschn. 9.6.7). Protandrie verbunden mit **akropetaler Aufblühfolge** erhöht beispielsweise die Fremdbestäubungsrate, wenn Bienen zunächst auf den unteren, schon rezeptiven Blüten Fremdpollen abladen und dann erst Eigenpollen von den jüngeren Blüten aufnehmen (Harder et al. 2004; ◘ Abb. 9.38d). Ist Protandrie dagegen mit einer **Überlappung von Blühphasen** verbunden, wie sie z. B. in Cymen oder Köpfchen auftreten kann, wird sie weitgehend wirkungslos und Selbstbestäubung kann nicht verhindert werden.

Extreme Protandrie liegt vor, wenn der Pollen bereits im Knospenstadium freigesetzt wird. Sie ist oft mit **sekundärer Pollenpräsentation** (► Exkurs 9.7) verbunden.

🔲 **Abb. 9.38 Dichogamie. a–e, Protandrie. a–c,** Drüsiges Springkraut (*Impatiens glandulifera*, Balsaminaceae). **a, b,** Blüte in der Phase der Pollenabgabe. Die Antheren bedecken die Griffelspitze. **c,** In der rezeptiven Blühphase sind die Antheren abgefallen, und die Narbe liegt frei. **d,** Strauchiger Gamander (*Teucrium fruticans*, Lamiaceae). Blüten sind protandrisch und blühen von unten nach oben auf (Pfeil). Wird Pollen abgegeben (oben), stehen die Antheren (An) im Blüteneingang; wird er aufgenommen (unten), hat sich der Griffel (Gr) in diese Position abgesenkt. Bienen fliegen meist von unten nach oben, übertagen also zuerst Fremdpollen, bevor sie mit Eigenpollen beladen werden. **e,** *Swertia* (Gentianaceae). Links: Pollenpräsentation. Rechts: rezeptive Blühphase mit zurückgeschlagenen Stamina. **f–h, Protogynie. f, g,** *Helleborus orientalis* (Ranunculaceae). **f,** Die Griffel überragen die noch geschlossenen Antheren. **g,** Die Narben sind zu diesem Zeitpunkt rezeptiv. **h,** Spitzwegerich (*Plantago lanceolata*, Pantaginaceae). Die windbestäubten Blüten sind protogyn und blühen von unten nach oben auf (Pfeil). In der rezeptiven Phase (oben) sind die Griffel (Gr) der Einzelblüten zu sehen. Die Stamina (St) strecken sich erst später (unten). Bei windblütigen Arten wird auf die Weise Selbstbestäubung durch herabrieselnden Pollen reduziert. (© R. Claßen-Bockhoff, Mainz)

9

Exkurs 9.7 Sekundäre Pollenpräsentation

Pollen wird in den Antheren produziert und von diesen **primär** präsentiert (▶ Abschn. 10.4.6). Bei **extremer Protandrie** sind die Stamina zur Blütezeit bereits verwelkt, und der Pollen wird von einem anderen Organ **sekundär** präsentiert (Yeo 1993). Das hat den Vorteil, dass der Pollen präzise auf die Narbe einer anderen Blüte übertragen werden kann. Meist dient der **Griffel** als Pollenträger (◘ Abb. 9.38), dessen Narbe räumlich (und meist auch zeitlich) vom Eigenpollen getrennt ist. Seltener sind es andere Blütenorgane wie z. B. die Schiffchenspitze bei Fabaceae (▶ Abschn. 11.7.2, ◘ Abb. 11.52j).

Sekundäre Pollenpräsentation hat sich **mehrfach parallel** in mindestens 24 Familien der Dicotylen (darunter acht aus dem Verwandtschaftskreis der Asteridae) und fünf Familien der Monocotylen entwickelt (El Ottra et al. 2024). Die Pollenübertragung wird durch Protandrie und eine **enge Nachbarschaft** der Antheren zum sekundär präsentierenden Organ begünstigt (◘ Abb. 9.38g und 11.58).

Die Art der Pollenpräsentation ist sehr verschieden (Leins und Erbar 1990; Howell et al. 1993; Yeo 1993). Meist werden drei Mechanismen unterschieden:

Ablademechanismus

Im häufigsten Fall wird der Eigenpollen im Knospenstadium oder in der frühen Blühphase aus der Anthere entlassen und auf einem anderen Blütenorgan abgelegt. Haare oder klebrige Oberflächen begünstigen das Anhaften der Pollenkörner. Bei **Rubiaceae** (◘ Abb. 9.20c) und **Myrtaceae** (◘ Abb. 9.39a–d und 10.52) unterstützen Haare am Griffel die Pollenaufnahme, bei **Cannaceae** (◘ Abb. 9.3f) und **Marantaceae** (▶ Abschn. 11.7.2) wird der Pollen durch die Wachstumsbewegung des Griffels aus der Anthere gequetscht und dann dem Griffel aufgeklebt (Glinos und Cocucci 2011; Claßen-Bockhoff und Heller 2008). Bei einigen **Proteaceae** wird er durch eine explosive Antherenöffnung oder durch Vibration aus der Anthere geschleudert (Ladd & Bowen 2020).

Eine besondere Form der Pollenübertragung findet sich bei einigen Glockenblumengewächsen (**Campanulaceae**). Bei *Michauxia campanuloides* (◘ Abb. 9.39g–j) sind die Antheren in der Knospe ebenso lang wie der vollständig behaarte Griffel (◘ Abb. 9.39g). Eigenpollen wird in der Knospe auf die langen Haare deponiert (◘ Abb. 9.39h) und nach der Streckung des Griffels zur Blütezeit präsentiert (◘ Abb. 9.39i). Der Pollen haftet fest an den Haaren und wird von Bienen abgesammelt. Später spreizen die Griffeläste, und die rezeptive Phase beginnt. Bei *Campanula*-Arten konnte gezeigt werden, dass die Abnahme des Pollens durch einen **Lockerungsprozess** gefördert wird. Die Griffelhaare verkleinern ihr Volumen durch Wasserverlust, schrumpfen und ziehen sich aufgrund ihres speziellen Baus in das Griffelgewebe zurück. Da dieser Prozess schrittweise erfolgt, wird der Pollen portionsweise auf die Bestäuber abgelegt (Erbar und Leins 1989).

Bürstmechanismus

Der **Bürstmechanismus** kommt vor allem bei Asteraceae vor, deren spezifische Blütenkonstruktion die sekundäre Pollenpräsentation begünstigt. Der Griffel ist behaart und wächst durch die Röhre der miteinander verklebten und bereits in der Knospe geöffneten Antheren (◘ Abb. 9.30b). Im Zuge der Griffelstreckung wird der gesamte Pollen abgebürstet und **portionsweise** präsentiert. Da zu dieser Zeit die Narbenlappen noch aneinanderliegen, ergibt sich optisch ein lang aus der Blüte herausragender ,Pseudostamen' (Westerkamp 1989; ◘ Abb. 9.39k, l). In ähnlicher Weise wird der Pollen bei *Phyteuma*-Arten (Campanulaceae) und *Brunonia australia* (Goodeniaceae) auf den Griffel übertragen, bei denen die sympetale Krone als Führungsröhre fungiert (Leins und Erbar 1990).

Pumpmechanismus

Beim Pumpmechanismus, der beispielsweise bei einigen Lobeliaceae (Campanulaceae), Fabaceae und Asteraceae vorkommt, schiebt der Griffel einen Pollenklumpen vor sich her, der bereits in der Knospe über ihm deponiert wurde. Der Pollen wird durch andauernde Wachstumsbewegung (Asteraceae) oder Deformation der Blüte (Fabaceae; ▶ Abschn. 11.7.2) aus der Blüte gepumpt (◘ Abb. 9.39m, n, ▶ Abschn. 11.7.1).

Abb. 9.39 Sekundäre Pollenpräsentation. a–d, *Darwinia leiostyla* (Myrtaceae). Glockenförmiges Köpfchen mit etwa zehn Blüten. **a,** Blick auf die gerade geöffneten Blüten. **b,** Ausschnitt aus **a,** eine Einzelblüte mit Pollenpfropf auf dem Griffel zeigend. **c, d,** Blühphase. **c,** Die lang gestreckten Griffel präsentieren sekundär den Pollen. **d,** Ausschnitt aus **c. e, f,** Blumenrohr (*Canna indica,* Cannaceae). **e,** Übertragung von Eigenpollen auf die flache Seite des Griffels. **f,** Blütenstand mit Pollen präsentierenden Blüten. Pfeile: welke Antheren. *, Eigenpollen, vom Griffel präsentiert. **g–j,** *Michauxia campanuloides* (Campanulaceae). Nicht maßstabsgetreu. **g,** Geöffnete Knospe mit noch geschlossenen Antheren (An) in unmittelbarere Nachbarschaft des jungen stark behaarten Griffels. (zwei Antheren nach vorne geklappt). **h,** Alte Knospe. Eigenpollen auf dem Griffel abgeladen, Antheren welk. **i,** Blühphase: hängende Blüte mit Pollenpräsentation auf dem Griffel, Filamente aufgerollt. **j,** Rezeptive Blühphase mit aufspreizten Narbenlappen und eingezogenen Griffelhaaren. **k, l,** Kratzdistel (*Cirsium,* Asteraceae). Bürstmechanismus. **k,** Lang herausgestreckte Griffel in der staminaten Blühphase. **l,** Die Griffel schieben sich pollenbeladen aus den braunen Antherenröhren. **m, n,** Sonnenblume (*Helianthus,* Asteraceae). Pumpmechanismus (© R. Claßen-Bockhoff, Mainz)

Protogynie

‚Vorweiblichkeit' (**Protogynie**, auch: Proterogynie) liegt vor, wenn die Narbe vor der Öffnung der Pollensäcke rezeptiv ist (◘ Abb. 9.38f–h). Bleibt die Bestäubung mit Fremdpollen aus, kann bei anhaltender Rezeptivität in der später folgenden Phase der Pollenpräsentation eine Selbsbestäubung (*delayed selfing*) erfolgen (◘ Abb. 9.42c). Damit ist die Protogynie ein sehr effizienter Mechanismus, gleichzeitig Fremdbestäubung zu fördern und die Möglichkeit zur Selbstbestäubung zu bewahren.

Protogynie ist weit verbreitet. Sie tritt vor allem bei **Frühjahrsblühern** auf und sichert deren Bestäubung, wenn Insekten fehlen. Vermutlich ist sie sehr früh im Laufe der Blütenevolution entstanden (▸ Abschn. 5.6.7); darauf weist die hohe Anzahl protogyner Blüten bei **Basalen Angiospermen** hin (Endress 2010b). Die komplizierten Bestäubungsmechanismen einiger Annonaceae (▸ Abschn. 11.3.6) und die Fallenblumen der Araceae und Aristolochiaceae (▸ Abschn. 11.4.1) gehen mit obligater Protogynie einher. Bei den Feigen (*Ficus*, Moraceae) liegt **extreme Protogynie** vor: Zwischen der rezeptiven und Pollen abgebenden Phase vergehen etwa drei Wochen (▸ Abschn. 11.3.5).

Wie bei der Protandrie hängt auch die Wirkung der Protogynie von der Art der Bestäubung und Aufblühfolge ab. Der Blütenstand des protogynen, **windblütigen** Spitzwegerichs (*Plantago lanceolata*; ◘ Abb. 9.38h) blüht **akropetal** auf, wodurch die rezeptiven Narben der jüngeren Blüten über den älteren, Pollen präsentierenden Blüten stehen. Durch diese Anordnung wird verhindert, dass eigene Pollenkörner auf die Narben rieseln. Beim Kleinen Wiesenknopf (*Sanguisorba minor*, Rosaceae; ◘ Abb. 9.33d) folgen im Köpfchen von unten nach oben staminate, monokline und karpellate Blüten. Protogynie wird hier durch **basipetale Blühfolge** erreicht.

Heterodichogamie

Unter Heterodichogamie versteht man das gleichzeitige Auftreten von **protogynen und protandrischen Morphen** in einer Population. Beispiele sind aus zwölf Familien (ca. 50 Arten in 20 Gattungen) bekannt (Renner 2001, 2014).

Bei den Blüten der chinesischen *Alpinia mutica* (Zingiberaceae; ◘ Abb. 9.40) ist die Heterodichogamie mit einer Positionsänderung des Griffels verbunden, die als **Flexistylie** bezeichnet wird (Li et al. 2001). Die protandrische Form beginnt morgens mit der Antherenöffnung. Zu diesem Zeitpunkt weist die Narbe gegen die Oberlippe. Am Nachmittag, wenn der Pollen abgegeben ist, senkt sie sich ab, nimmt die Position der Antheren ein und wird rezeptiv. Die protogyne Form verhält sich zeitgleich **komplementär**, sodass es in der Population zu gesicherter Fremdbestäubung kommt.

Aufblühfolge vs. Anlagefolge

Das Gynoeceum wird fast immer als letzte Formation der Blüte angelegt (▸ Abschn. 10.2.1). Die Aufblühfolge protogyner Blüten folgt daher nicht der Anlagefolge der Blütenorgane, sondern wird **hormonell** gesteuert. Das zeigen die **europäischen Ranunculaceae** in eindrucksvoller Weise. Obgleich die Blütenentwicklung zentripetal verläuft, treten protandrische (z. B. *Trollius europaea*, *Consolida hispanica*, *Delphinum elatum*) und protogyne Arten (z. B *Anemone nemorosa*, *Caltha palustris*, *Pulsatilla patens*) auf.

Ähnliche Diskrepanzen zwischen Anlage- und Aufblühfolge treten in einigen Dolden der **Apiaceen** auf, in denen sich die Blühphase **blütenüberschreitend** ausdehnt. Bei der Kerbelrübe (*Chaerophyllum bulbosum*) bestehen die **Döldchen** aus monoklinen Randblüten, staminaten Blüten und je einer monoklinen Endblüte. Als Erste präsentieren die Randblüten ihren Pollen (etwa einen Tag; ◘ Abb. 9.34f: gelb), dann folgen die terminale Blüte und die staminaten Blüten. Nach Ende der Pollenabgabe (insgesamt etwa eine Woche) setzt eine kurze sterile Phase ein, nach der die Narben aller monoklinen Blüten **gleichzeitig** rezeptiv werden (◘ Abb. 9.34f: blau). Die **Synchronisierung** der rezeptiven Phase erfordert eine unterschiedlich lange **Entwicklungspause** der monoklinen Blüten (*delayed femaleness*; Thomson und Barrett 1981; Reuther und Claßen-Bockhoff 2010), die nicht mit der Anlagefolge erklärt werden kann.

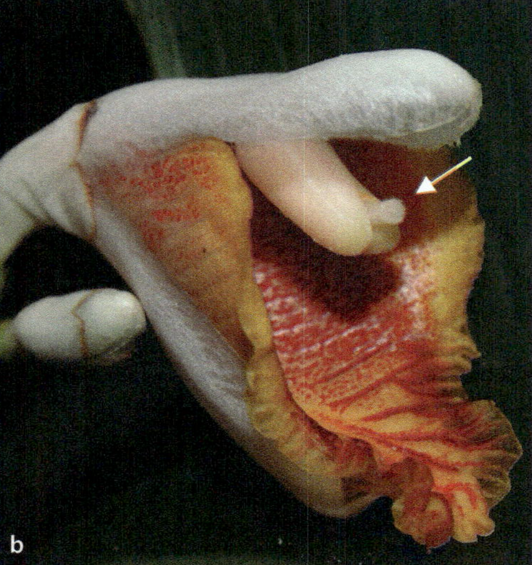

Abb. 9.40   Flexistylie (*Alpinia mutica*, Zingiberaceae). a, Blütenstand. **b**, In der Phase der Pollenpräsentation weist die Narbe nach oben (Pfeil). **c**, Während der rezeptiven Blühphase weist die Narbe nach unten. Xishuangbanna Tropical BG, China. (© R. Claßen-Bockhoff, Mainz)

9.6.7   Architektur und Aufblühfolge

Während die Aufmerksamkeit in der Blütenbiologie vor allem auf der Blüten-Bestäuber-Interaktion liegt, betrachtet man in der **Reproduktionsbiologie** das gesamte genetisch definierte Individuum. Dieses Individuum (**Genet**; ▶ Abschn. 4.1) bildet die **reproduktive Einheit** der Pflanze und nicht die Einzelblüte oder ein einzelner Blütenstand. Daher spielen **Architektur** und **Aufblühfolge** des Gesamtsystems für das Reproduktionssystem der Pflanzen eine entscheidende Rolle (Harder et al. 2004). Wesentlichen Einfluss haben weiterhin die **Populationsstruktur** sowie die Häufigkeit und das Futtersuchverhalten der **Bestäubertiere**.

Multizyklische Dichogamie

Blüten und Blütenstände verschiedener Achsenordnungen blühen in der Regel **nacheinander** (ordinal) auf, d. h. zuerst die terminale Blüheinheit, dann sukzessive die Einheiten erster, zweiter und höherer Achsenordnung. Bei der **multizyklischen Dichogamie** wird Selbstbestäubung durch **rhythmisches Blühen** eingeschränkt oder sogar verhindert (Lloyd und Webb 1986; Schlessman und Barrie 2004).

Bei den meisten **Doldengewächsen** (Apiaceae) ist die Einzelblüte **protandrisch**. Bei zahlreichen Arten wie der Kerbelrübe (▶ Abb. 9.34 und 6.41g), dem Wiesenkerbel (*Anthriscus sylvestris*) oder dem Pastinak (*Pastinaca sativa*) blühen alle Döldchen einer Dolde und alle Dolden gleicher Ordnung simultan auf. Dadurch überträgt sich die **Protandrie** der Einzelblüte auf die **ganze Achsenordnung**. Die Blühfolge beginnt mit der Pollenabgabe in der Hauptdolde die nach dem Ende der Pollenabgabe in die rezeptive Phase übergeht. Selbstbestäubung ist durch strikte Phasentrennung ausgeschlossen. Dann wachsen die Seitenachsen erster Ordnung aus, übergipfeln das Hauptsystem, präsentieren ihren Pollen, gehen in die rezeptive Blühphase über und beginnen zu fruchten, während sich die nächste Achsengeneration anschickt, den Vorgang zu wiederholen. Die Pflanze fungiert auf diese Weise abwechselnd als Pollendonator und Pollenrezeptor. Es resultiert **multizyklische Protandrie**. Obgleich die Pflanzen **selbstfertil** sind, ein großes *floral display* (▶ Abschn. 9.6.5) besitzen und von vielen unspezialisierten Insekten besucht wird, ist **Geitonogamie** durch die spezifische Aufblühfolge innerhalb des **Individuums ausgeschlossen**.

Die strikte Phasentrennung tritt allerdings nur unter **guten Bedingungen** auf. Bleibt die Bestäubung aus, weil es keinen Pollenlieferanten in der Nähe gibt oder witterungsbedingt die Bestäuber fehlen, **verlängert** sich die **rezeptive Blühphase**. Es kommt zu einer Überlappung zwischen der rezeptiven Phase der älteren Doldenordnung und der Pollenpräsentation der nächstjüngeren Ordnung. Auf diese Weise ist eine späte Selbstbestäubung (*delayed selfing*) auf Blütenstandsebene möglich (▶ Abb. 9.42b).

Multizyklisch dichogame Pflanzen werden auch als **temporär diözisch** bezeichnet (Cruden und Herrmann-Parker 1977). Sie **sparen** wie die diözischen Pflanzen **Ressourcen**, indem sie die staminate und karpellate Funktion zeitlich trennen, besitzen ihnen gegenüber aber den Vorteil einer möglichen Selbstbestäubung. Multizyklische Dichogamie ist somit ein sehr **anpassungsfähige Aufblühfolge**, die das Verhältnis von Fremd- vs. Selbstbestäubung innerhalb eines Individuums reguliert. Sie ist mit Protandrie (Apiaceae) oder Protogynie (Euphorbiaceae) gekoppelt. Zur Sicherung der Fremdbestäubung müssen die Pflanzen wie bei der Diözie (▶ Abschn. 9.6.3) in ausreichend **großen, bestäuberreichen Populationen** auftreten.

Umkehr der Blühphasen

Die Dichogamie der Blüten bestimmt nicht zwingend die Aufblühfolge der gesamten Pflanze. Die beiden folgenden Beispiele zeigen, wie durch Veränderung einzelner Blüten die Dichogamie im Gesamtsystem umgekehrt wird. Sie illustrieren damit den **evolutionären Vorteil**, den die Pflanze zur Optimierung ihres Reproduktionssystems aus der **Plastizität des Blütenstandes** ziehen kann.

Protogynie bei protandrischen Asteraceae

Die monokline Blüte der Asteraceen ist **protandrisch** (◘ Abb. 9.30b). Trotz der strikten Phasentrennung innerhalb der Blüte kommt es innerhalb des Köpfchens durch die dichte Stellung der Blüten, die graduell fortschreitende, zentripetale Aufblühfolge und das ungerichtete Verhalten der Bestäubertiere zu einer **Phasenüberlappung**. Sie führt bei selbstfertilen Arten zu Geitonogamie und bei selbststerilen Arten zu Pollenverlust (*pollen discounting*).

In Köpfchen des Asterntyps (▶ Abschn. 9.5.2) treten Randblüten auf, die steril oder karpellat sind. Im ersten Fall blüht das Köpfchen mit den ersten Röhrenblüten **protandrisch**, im zweiten mit den Randblüten **protogyn** auf. Die **Umkehr der Blühphase** fördert die Fremdbestäubung, da die zuerst aufblühenden Randblüten **obligat** mit Pollen eines anderen, möglicherweise genetisch verschiedenen Köpfchens bestäubt werden.

Protandrie bei protogynen *Euphorbia*-Arten

Das Cyathium der Euphorbien (▶ Abschn. 9.5.2) ist aus diklinen Blüten aufgebaut und somit **monözisch** (▶ Abschn. 9.6.3). Es entspricht einem Blütenäquivalent und agiert wie eine monokline Blüte. Da die terminale Blüte karpellat ist und zuerst aufblüht (◘ Abb. 9.26a: kB, und 9.41a), beginnt das Cyathium **protogyn** zu blühen. Es folgt die staminate Blühphase. Danach blühen alle Cyathien höherer Ordnung **synchron** auf: Zuerst sind sie rezeptiv, dann präsentieren sie Pollen. Wiederholt sich dieser Vorgang, liegt **multizyklische Protogynie** vor (Narbona et al. 2002; Schardt und Claßen-Bockhoff 2013).

Protogynie birgt bei strikter Phasentrennung das Risiko, dass kein Pollen für die Bestäubung zur Verfügung

◘ **Abb. 9.41   Cyathien. a, b**, *Euphorbia mauritanica*. **a**, Endcyathium verkümmert, alle Seitencyathien mit Endblüte. Aufblühfolge protogyn: Die karpellaten Blüten (kB) sind abgeblüht und neigen sich zur Seite, die staminaten Blüten präsentieren Pollen. eN, extraflorales Nektarium. **b**, Terminales Cyathium (tCy) staminat. Aufblühfolge protandrisch: der Pollen von tCy ist abgegeben, die seitlichen Cyathien sind rezeptiv. **c, d**, *E. ledienii*. **c**, Ausschließlich Cyathien zweiter Ordnung. Individuum staminat. **d**, Staminate Cyathien zweiter Ordnung (Cy II) und Cyathien dritter Ordnung (Cy III) mit karpellaten Endblüten. Individuum auf Cyathienebene andromonözisch. (© **a**: P. Wester, Mainz. **b**: M. Will, Mainz. Mit freundlicher Genehmigung der Bildautorinnen. **c, d**: R. Claßen-Bockhoff, Mainz)

steht und die teure Investition in Samenanlagen erfolglos bleibt. Unter bestimmten Bedingungen ist es daher vorteilhaft, wenn das terminale Cyathium **keine Endblüte** bildet (■ Abb. 9.41b). Es wird dadurch staminat, und die Pflanze beginnt mit der Pollenpräsentation. Die Unterdrückung der Endblüte im terminalen Cyathium führt zu einem Cyathiendimorphismus, der mit **multizyklischer Protandrie** einhergeht (■ Abb. 9.42d).

Die **fakultative Endblütenbildung**, die bei vielen *Euphorbia*-Arten zu beobachten ist, wird vermutlich durch **Temperaturschwankungen** reguliert, die die Größe des Cyathienmeristems mitbestimmen. Kleine Meristeme bleiben staminat, größere bilden eine karpellate Endblüte. Treten beide Cyathienformen innerhalb eines Individuums auf, liegt **Andromonözie** auf Cyathienebene vor.

Der Einfluss der **Architektur** der Pflanze auf das Reproduktionssystem wird auch bei einigen stammsukkulenten Arten deutlich. Bei *Euphorbia ledenii* (■ Abb. 9.41c, d) spielt die **Erstarkung** der Individuen eine entscheidende Rolle. Die Pflanzen bilden zunächst staminate Cyathien zweiter Ordnung (■ Abb. 9.41d: Cy II), die zu dritt an einer unterdrückten Seitenachse erster Ordnung stehen. Die nächstfolgende Cyathienordnung bildet karpellate Endblüten (■ Abb. 9.41d: Cy III), wodurch die Aufblühfolge **duodichogam** wird. Das bedeutet, dass auf eine Phase der Pollenpräsentation (Cy II) eine rezeptive Phase (Cy III) und dann erneut eine staminate Phase folgen (Cy III). Die Pflanze ist auf Cyathienebene **andromonözisch**. Schwache Pflanzen bilden demgegenüber nur Cyathien zweiter Ordnung und bleiben **staminat** (■ Abb. 9.41c). Sie begründen **Androdiözie** auf **Populationsebene**.

Phasentrennung und *delayed selfing*

Selbstbestäubung wird durch vielerlei Mechanismen eingeschränkt. Im Notfall ist sie aber besser als gar kein Fruchtansatz. So ist zu verstehen, dass sowohl protandrische als auch protogyne Systeme **Selbstbestäubung ermöglichen**. Da diese erst erfolgt, wenn keine Fremdbestäubung eingetreten ist, wird sie als **verspätete Selbstbestäubung** (*delayed selfing*; Lloyd und Schoen 1992) bezeichnet:

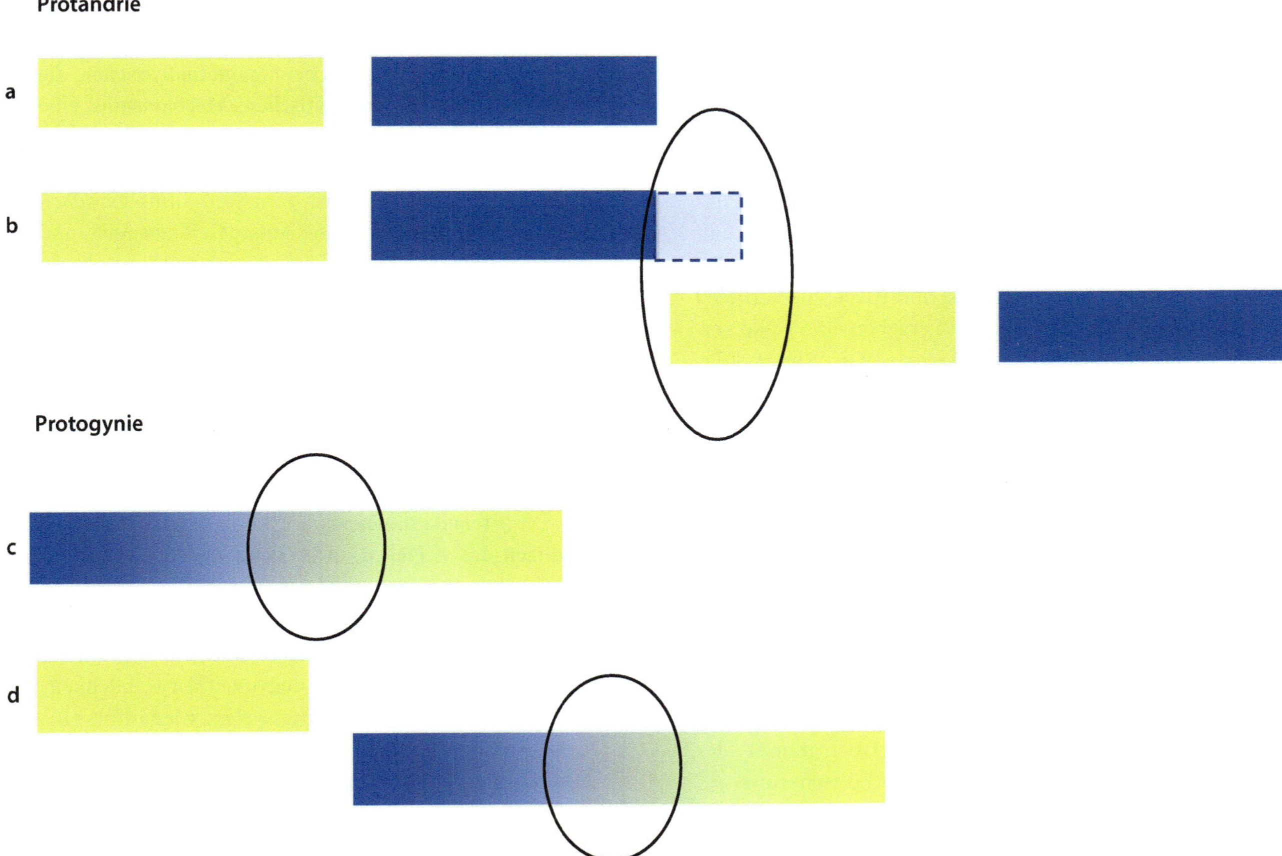

■ **Abb. 9.42 Phasentrennung und *delayed selfing*. a, b,** Protandrie. **a,** Bei protandrischen Blüten sind die Blühphasen oft deutlich getrennt; Selbstbestäubung wird dadurch verhindert. Gelb: Phase der Pollenabgabe. Blau: rezeptive Blühphase. **b,** Innerhalb eines Blütenstandes kann es bei Phasenüberlappung (Oval) zu einer späten Selbstbestäubung in Form von Geitonogamie kommen. **c, d,** Protogynie. **c,** Protogyne. Blüten weisen meist keine scharfe Phasentrennung auf, wodurch *delayed selfing* (Oval) möglich ist. **d,** Ist die erste Blüte einer protogynen Pflanze staminat, erhöht sich die Fremdbestäubungsrate im Individuum. (© Original)

- **Protandrische Blüten** weisen gewöhnlich eine **deutliche Phasentrennung** auf und verhindern damit Autogamie (□ Abb. 9.42a). Eine Möglichkeit zur Selbstbestäubung ist bei solitären Blüten ausgeschlossen. Stehen die Blüten dagegen in einem **Blütenstand**, kann es bei sukzessiver Aufblühfolge zu einer **Phasenüberlappung** und zu **Geitonogamie** kommen (□ Abb. 9.42b: Oval). Dieses Blühmuster ist sehr **häufig** und verleiht der Pflanze genügend **Flexibilität**, je nach Umweltbedingungen Fremd- oder Selbstbestäubung herbeizuführen.
- **Protogyne Blüten** weisen meist **keine** deutliche **Phasentrennung** auf (□ Abb. 9.42c). Die Blüte ist zunächst in der rezeptiven Phase und empfängt Fremdpollen. Bleibt dieser aus, kann der **später** zur Verfügung stehende Eigenpollen zu **Autogamie** führen. Stehen protogyne Blüten in einem **Blütenstand**, können sie die Autogamie durch Phasentrennung verhindern und damit die Zeitspanne für Fremdbestäubung erhöhen. Selbstbestäubung ist dann immer noch durch **Geitonogamie** möglich.

Zusammenfassung

- **Blütenstände** sind Blütenverbände begrenzten Wachstums. Sie entwickeln sich aus reproduktiven Meristemen mit Spitzenwachstum (**Infloreszenzmeristemen**) und gliedern seitlich Teilmeristeme ab (**Segregation**). Blütenstände bauen ein **reproduktives Verzweigungssystem (Gerüst)** auf, das in seiner **Peripherie** Blüten bildet. Das Gerüst umfasst die **Grundtypen** der Blütenstände: **Traube, Botryoid, Mehrfachtraube** und **Rispe**. Sie variieren in ihren Proportionen und ergeben eine Fülle verschiedener Blütenstandsformen. Die Blüten können durch *floral units* oder, im Fall von Seitenblüten, durch Cymen ersetzt werden.
- *Floral units* sind mehr- oder vielblütige Einheiten, die sich aus nackten, blütenähnlichen Meristemen entwickeln (**FUMe**, *floral unit meristems*). Diese werden vollständig aufgeteilt (**Fraktionierung**). Beispiele sind die **Köpfchen** der Asteraceae und **Dolden** der Apiaceae.
- **Cymen** sind modular organisiert und bestehen nur aus Blüten mit Vorblättern. Sie stehen an der Stelle von Seitenblüten und verzweigen sich ausschließlich aus ihren Vorblättern. Dabei nimmt der **Achsenordnungsgrad** mit jeder Bereicherung zu. Jeder Blütenstand, der Cymen anstelle von Blüten trägt, ist ein **Thyrsus**.
- **Blumen** sind bestäubungsbiologische **Funktionseinheiten**. Sie bestehen aus einer Blüte, einem Blütenstand oder einer *floral unit* und liefern zahlreiche Beispiele für **analoge Ähnlichkeit**. **Anemophile** Blumen (windblütig) besitzen lang herausragende Antheren und klebrige Narben, **zoophile** Blumen (tierblütig) weisen neben dem Sexualfeld **Reiz-** und **Lockmittel** auf. Der **Schauapparat** besteht meist aus farbigen Kronblättern, Randblüten oder Hochblättern. Mehrblütige Systeme mit Blütenähnlichkeit heißen **Pseudanthien**.

• Reproduktionerfolg

Der **Reproduktionserfolg** (*fitness*) einer Pflanze wird an der Zahl und genetischen Diversität seiner Nachkommen gemessen. Der Erfolg als Vater (*male fitness*) erfordert andere Anpassungen als der Erfolg als Mutter (*female fitness*). Die ‚Zwitterblüte‘ ist immer ein **Kompromiss** und neigt unter bestimmten Umständen zur ‚Eingeschlechtlichkeit‘.

Die meisten Blüten der Angiospermen sind **monoklin** (‚zwittrig‘). Weisen Blüten nur Stamina (staminate Blüten) oder Karpelle (karpellate Blüten) auf, spricht man von **Diklinie**. Dikline Blüten kommen auf demselben Individuum (**monözisch**) vor oder sind auf verschiedenen Individuen (**diözisch**) verteilt.

Obligate Fremdbestäubung liegt bei diözischen und selbstinkompatiblen Pflanzen vor. Die **genetische Selbstinkompatibilitätsreaktion** erfolgt nach der Pollenübertragung auf der Narbe oder im Griffel. Die **Proteine** der **Intine** spielen beim **gametophytischen**, die der **Exine** beim **sporophytischen Mechanismus** eine entscheidende Rolle.

Das sexuelle Fortpflanzungssystem (**Reproduktionssystem**) einer Pflanze wird vom Verhältnis zwischen **Selbstbestäubung** (*inbreeding*: **Auto-, Geitonogamie**) und **Fremdbestäubung** (*outcrossing*: **Xenogamie**) bestimmt. Selbstbestäubung ist ‚billig‘ und garantiert Fruchtansatz unter ungünstigen Bedingungen, Fremdbestäubung ist ‚teuer‘, führt aber zu einer Durchmischung des Genpools der Population und damit zu einem potentiell besseren Anpassungsvermögen. Sehr häufig liegt ein artspezifisches **Gleichgewicht** zwischen Selbst- und Fremdbestäubung vor (*mixed mating pattern*).

Die **Fremdbestäubungsrate** kann bei selbstfertilen Pflanzen durch **Herkogamie (räumliche Trennung** von Antheren und Narben), **Heteromorphie** und **Dichogamie (zeitliche Trennung** der Pollenausschüttung und Narbenrezeptivität) gesteigert werden. **Protandrie** (Vormännlichkeit) und **Protogynie** (Vorweiblichkeit) können in einem Verzweigungssystem wiederholt auftreten (**multizyklisch**). In vielen Fällen ist eine Selbstbestäubung (*delayed selfing*) möglich, wenn Fremdpollen ausbleibt.

Die Blütenstände (*floral units*) der Doldengewächse, das Cyathium von *Euphorbia* und die Asteraceenköpfchen zeigen exemplarisch, wie die ‚Geschlechterverteilung‘ und die räumliche und zeitliche Anordnung von Blüten das Reproduktionssystem einer Pflanze beeinflussen.

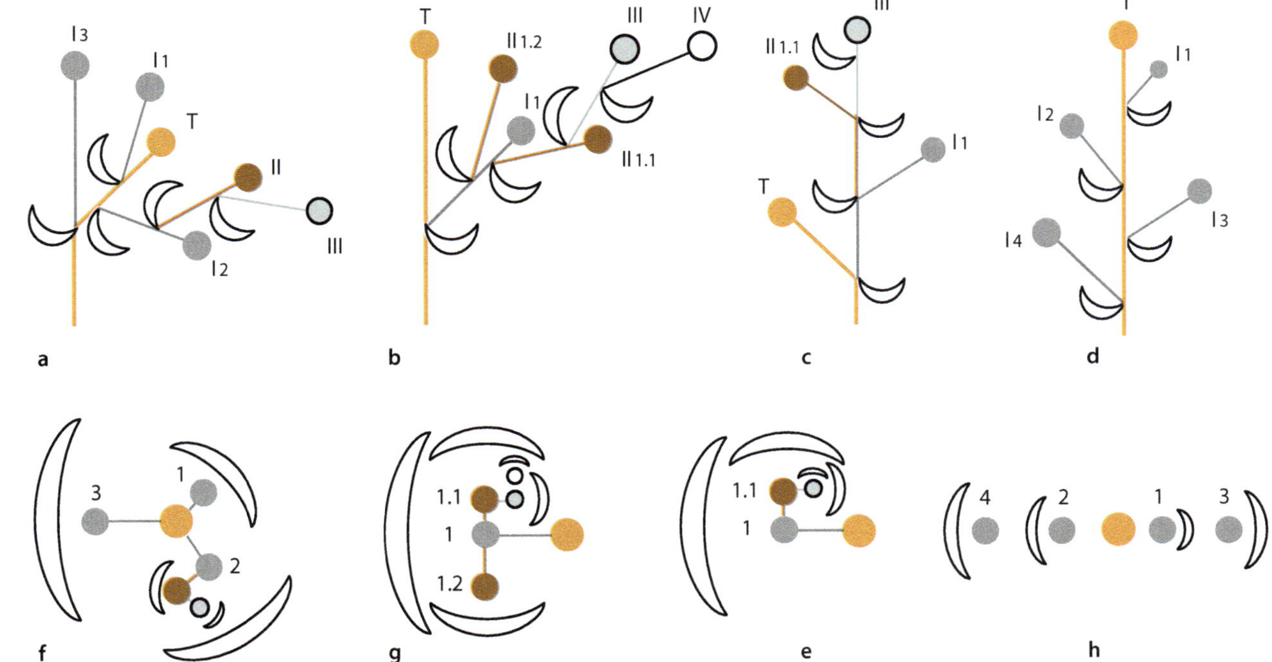

■ Abb. 9.43 Auflösung von ■ Abb. 9.10. Die Beispiele in der unteren Reihe wurden so verschoben, dass sie zu der oberen Reihe passen. T, Terminalblüte. I-IV, Achsenordnungen. 1–3, Blüten

Literatur

Ajani Y, Bull-Hereñu K, Claßen-Bockhoff R (2016) Patterns of flower development in Aoiaceae-Apioideae. Flora 221:38–45

Albert VA, Gustafson MHG, Di Laurenzio L (1998) Ontogenetic systematics, molecular developmental genetics, and the angiosperm petal. In: Soltis DE, Soltis PS, Doyle JJ (Hrsg) Molecular systematics of plants. II. DNA sequencing. Kluwer, Boston, S 1–25

APG IV (2016) An update of the Angiosperm Phylogeny Group classification for the orders and families of flowering plants: APG IV. Bot J Linn Soc 181:1–20

Azpeitia E, Tichtinsky G, Le Masson M, Serrano-Mislata A, Lucas J, Gregis V, Gimenez C, Prunet N, Farcot E, Kater MM, Bradley D, Madueño F, Godin C, Parcy F (2021) Cauliflower fractal forms arise from perturbations of floral gene networks. Science 373(6551). https://doi.org/10.1126/science.abg599

Baczyński J, Celep F, Spalik K, Claßen-Bockhoff R (2022) Floral pseudanthia in Apiaceae: the unique interplay of meristem conditions, gene expression and morphogenetic gradients. EvoDevo, 13(1):19. https://doi.org/10.1186/s13227-022-00204-6

Baczyński J, Claßen-Bockhoff R (2023) Pseudanthia in angiosperms: a review. AoB, mcad103. https://doi.org/10.1093/aob/mcad103

Barrett SCH (2002) The evolution of plant sexual diversity. Nat Rev Genet 3:274–284

Barrett SCH, Shore JS (2008) New insights on heterostyly: comparative biology, ecology and genetics. In: Franklin-Tong V (Hrsg) Self-incompatibility in flowering plants: evolution, diversity and mechanisms. Springer, Berlin, S 3–32

Barrett SCH, Jesson LK, Baker AM (2000) The evolution and function of stylar polymorphism in flowering plants. Ann Bot 85(Suppl A):253–265

Bartholomew DP (1977) Inflorescence development of pineapple (*Ananas comosus* [L.] Merr.) induced to flower with ethephon. Bot Gaz 138:312–320

Benlloch R, Berbel A, Serrano-Mislata A, Madueño F (2007) Floral initiation and inflorescence architecture: a comparative view. Ann Bot 100:659–676

Bradley D, Carpenter R, Copsey L, Vincent C, Rothstein S, Coen E. 1996. Control of inflorescence architecture in *Antirrhinum*. Nature 379: 791–797

Briggs BG, Johnson LAS (1979) Evolution in the Myrtaceae–evidence from inflorescence structure. Proc Linn Soc NSW 102:157–264

Broholm SK, Teeri TH, Elomaa P (2014) Molecular control of inflorescence development in Asteraceae. In: Fornara F (Hrsg) The molecular genetics of floral transition and flower development. Academic/Elsevier, Amsterdam, S 297–334

Bull-Hereñu K, Claßen-Bockhoff R (2010a) Developmental conditions for terminal flower production in apioid umbellets. Plant Divers Evol 128(1–2):221–232

Bull-Hereñu K, Claßen-Bockhoff R (2010b) Open and closed inflorescences: more than simple opposites. J Exp Bot 62:79–88

Bull-Hereñu K, Claßen-Bockhoff R (2011) Ontogenetic course and spatial constraints in the appearance and disappearance of the terminal flower in inflorescences. Int J Plant Sci 172:471–498

Bull-Herenu K, Claßen-Bockhoff R (2013) Testing the ontogenetic base for the transient model of inflorescence development. AoB 112:1543–1551

de Candolle AP (1827) Organographie végétale. Detebville, Paris

Caruso CM, Eisen K, Case AL, Mazer SJ (2016) An angiosperm-wide analysis of the correlates of gynodioecy. Int J Plant Sci 177:115–121

Castel R, Kusters E, Koes R (2010) Inflorescence development in petunia: through the maze of botanical terminology. J Exp Bot 61:2235–2246

Čelakovský LJ (1893) Gedanken über eine zeitgemäße Reform der Theorie der Blütenstände. Bot Jahrb Syst 16:32–51

Charnov EL, Bull J (1977) When is sex environmentally determined. Nature 266:828–830

Claßen R (1988) Beiträge zur Kenntnis der Gattung *Lasiopetalum* (Sterculiaceae). Bot Jahrb Syst 109:501–527

Claßen-Bockhoff R (1990) Pattern analysis in pseudanthia. Plant Syst Evol 171:57–88

Claßen-Bockhoff R (1992a) (Prä-)Disposition, Variation und Bewährung am Beispiel der Infloreszenzblumenbildung. Mitt Hamb Zool Mus Inst 89, Suppl.1:37–72

Claßen-Bockhoff R (1992b) Florale Differenzierung in komplex organisierten Asteraceenköpfen. Flora 186:1–22

Claßen-Bockhoff R (1996a) Functional units beyond the level of the capitulum and cypsela in compositae. In: Caligari PDS, Hind DJN (Hrsg) Compositae: biology & utilization. Proceedings of the international compositae conference, Kew, 1994, Bd 2. Royal Botanic Gardens, Kew, S 129–160

Claßen-Bockhoff R (1996b) A survey of flower-like inflorescences in the Rubiaceae. Opera Bot Belg 7:329–367

Claßen-Bockhoff R (2000) Inflorescences in Bruniaceae. With general comments on inflorescences in woody plants. Opera Bot Belg 12:5–310

Claßen-Bockhoff R (2016) The shoot concept of the flower – still up to date? Flora 221:46–53

Claßen-Bockhoff R, Arndt M (2018) Flower-like heads from flower-like meristems: pseudanthium development in *Davidia involucrata* (Nyssaceae). J Plant Res 131:443–458

Claßen-Bockhoff R, Bull-Hereñu K (2013) Towards an ontogenetic understanding of inflorescence diversity. Ann Bot 112:1523–1542

Claßen-Bockhoff R, Celep F, Ajani Y, Frenken L, Reuther K, Doğan M (2023) Dark-centered umbels in Apiaceae: diversity, development, and evolution. AoB Plants, 15(5), plad065

Claßen-Bockhoff R, Deobald S (2024) Inflorescence development in Marantaceae: The enigma of the flower pairs. MONOCOTS VII, San José, Costa Rica, 11.–14. März 2024

Claßen-Bockhoff R, Frankenhäuser H (2020) The ‚male flower‘ of *Ricinus communis* (Euphorbiaceae) interpreted as a multiflowered unit. Front Cell Dev Biol 8:313. https://doi.org/10.3389/fcell.2020.00313

Claßen-Bockhoff R, Heller A (2008) Floral synorganization and secondary pollen presentation in four Marantaceae from Costa Rica. Int J Plant Sci 169:745–760

Claßen-Bockhoff R, Ruonala R, Bull-Hereñu Marchant N, Albert V (2013) The unique pseudanthium of *Actinodium* (Myrtaceae) – morphological reinvestigation and possible regulation by CYCLOIDEA-like genes. EvoDevo. https://doi.org/10.1186/2041-9139-4-8

Cruden RW (1977) Pollen-ovule ratios: a conservative indicator of breeding systems in flowering plants. Evolution 31:32–48

Cruden RW, Herrmann-Parker SM (1977) Temporal dioecism: an alternative to dioecism? Evolution 31:863–866

Culley TM, Klooster MR (2007) The cleistogamous breeding system: a review of its frequency, evolution, and ecology in angiosperms. Bot Rev 73:1–30

Darwin C (1876) The effects of cross and self-fertilisation in the vegetable kingdom. Murray, London

Darwin C (1877) The different forms of flowers on plants of the same species. Murray, London

Diggle PK (1994) The expression of andromonoecy in *Solanum hirtum* (Solanaceae): phenotypic plasticity and ontogenetic contingency. Am J Bot 81:1354–1365

Diggle PK (1995) Architectural effects and the interpretation of patterns of fruit and seed development. Ann Rev Ecol Syst 26:531–552

Dudle DA, Mutikainen P, Delph LF (2001) Genetics of sex determination in the gynodioecious species *Lobelia siphilitica*: evidence from two populations. Heredity 86:265–276

Dufay M, Billard E (2012) How much better are females? The occurrence of female advantage, its proximal causes and its variation within and among gynodioecious species. Ann Bot 109:505–519

Dworaczek E, Claßen-Bockhoff R (2016) ‚False resupination‘ in the flower-pairs of *Thalia* (Marantaceae). Flora 221:65–74

Ehrhart F (1788) Beiträge zur Naturkunde, und den damit verwandten Wissenschaften, besonders der Botanik, Chemie, Haus- und Landwirtschaft, Arzneigelahrtheit und Apothekerkunst, Bd 3. Schmidtsche Buchhandlung, Hannover/Osnabrück

Elomaa P, Zhao Y, Zhang T (2018) Flower heads in Asteraceae – recruitment of conserved developmetal regulators to control the flower-like inflorescence architecture. Hortic Res 5:36. https://doi.org/10.1038/s41438-018-0056-8

El Ottra JHL, Toni JFG. Thaowetsuwan P, Dos Santos P, Jeiter J, Ronse De Craene L, Bull-Hereñu K, Claßen-Bockhoff R (2024) Pollen transfer within flowers: how pollen is secondarily presented. IJPS 185:15–31

Endress PK (2010a) Disentangling confusions in inflorescence morphology: patterns and diversity of reproductive shoot ramification in angiosperms. J Syst Evol 48:225–239

Endress PK (2010b) The evolution of floral biology in basal angiosperms. Philos Trans R Soc B 365:411–421

Endress PK, Doyle JA (2009) Reconstructing the ancestral angiosperm flower and its initial specializations. Am J Bot 96:22–66

Erbar C, Leins P (1989) On the early floral development and the mechanisms of secondary pollen presentation in *Campanula*, *Jasione* and *Lobelia*. Bot Jahrb Syst 111:29–55

Fornara F, de Montaigu A, Coupland G (2010) SnapShot: control of flowering in *Arabidopsis*. Cell 141:550. https://doi.org/10.1016/j.cell.2010.04.024

Froebe HA (1979) Die Infloreszenzen der Hydrocotyloideen (Apiaceen). Trop Subtrop Pflanzenwelt 29:462–658

Froebe HA (1980) Randmusterbildung und Synorganisation bei strahlenden Apiaceendolden. Plant Syst Evol 133:223–237

Froebe HA, Ulrich G (1978) Pseudanthien bei Umbelliferen. Beitr Biol Pflanzen 54:175–206

Froebe HA, Adolf G, Jahnke C (1982) Das Lobulum inflexum – ein vernachlässigtes Merkmal der Apiaceen-Blüten. Beitr Biol Pflanzen 56:243–274

Funk VA, Susanna A, Stuessy TF, Bayer RJ (Hrsg) (2009) Systematics, evolution, and biogeography of compositae. International Association for Plant Taxonmy (IAPT), Wien

Glinos E, Cocucci AA (2011) Pollination biology of *Canna indica* (Cannaceaea) with particular reference to the functional morphology of the style. Plant Syst Evol 291:49–58

González AD, Pabón-Mora N, Alzate JF, González F (2020) Meristem genes in the highly reduced endoparasitic *Pilostyles boyacensis* (Apodanthaceae). Front Ecol Evol 8:209. https://doi.org/10.3389/fevo.2020.00209

Good R (1956) Features of evolution in the flowering plants. Longmans, London

Goulson D, McGuire K, Munro EE, Adamson S, Colliar L, Park KJ, Tinsley MC, Gilburn AS (2009) Functional significance of the dark central floret of *Daucus carota* (Apiaceae) L.; is it an insect mimic? Plant Species Biology 24:77–82

Harder LD, Jordan CY, Gross WE, Routley MB (2004) Beyond floricentrism: the pollination function of inflorescences. Plant Species Biol 19:137–148

Harder LD, Prusinkiewicz P (2013) The interplay between inflorescence development and function as the crucible of architectural diversity. AoB 112:1477–1493

Harris EM (1995) Inflorescence and floral ontogeny in Asteraceae: A synthesis of historical and current concepts. The Botanical Review 61:93–278

Harris EM (1999) Capitula in the Asteridae: a widespread and varied phenomenon. Bot Rev 65:348–369

Hempel FD, Feldman LJ (1994) Bi-directional inflorescence development in Arabidopsis thaliana: acropetal initiation of flowers and basipetal initiation of paraclades. Planta 192:276–286

Heß D (1983) Die Blüte. Ulmer, Stuttgart

Howell G, Skater AT, Knox RB (1993) Secondary pollen presentation in angiosperms and its biological significance. Aust J Bot 41:417–438

Jesson LK, Barrett SCH (2003) The comparative biology of mirror-image flowers. Int J Plant Sci 164:S237–S249

Jesson LK, Kang J, Wagner SL, Barrett SCH, Dengler NG (2003) The development of enantiostyly. Am J Bot 90:183–195

Johow F (1884) Zur Biologie der floralen und extrafloralen Schauapparate. Jahrb Königl Bot Gart Berlin 3:47–68

de Jong TJ, Klinkhamer PGL, Rademaker MCJ (1999) How geitonogamous selfing affects sex allocation in hermaphrodite plants. J Evol Biol 12:166–176

Judd WS, Campbell CS, Kellogg EA, Stevens PF (1999) Plant systematics, a phylogenetic approach. Sinauer, Sunderland, MA

Klinkhamer PGL, de Jong TJ (1993) Attractiveness to pollinators: a plant's dilemma. Oikos 66:180–184

Korpelainen H (1998) Labile sex expression in plants. Biol Rev Camb Philos Soc 73:157–180

Kuhn D (Hrsg) (1987) Johann Wolfgang von Goethe. Schriften zur Morphologie. Deutscher Klassiker, Frankfurt

Kusnetzova TV (1988) Angiosperm inflorescences and different types of their structural organization. Flora 181:1–17

Kwiatkowska D (2008) Flowering and apical meristem growth dynamics. Journal of Experimental Botany 59:187–201

Ladd PG (1994) Pollen presenters in the flowering plants-form and function. Botanical Journal of the Linnean Society 115:165–195

Ladd PG, Bowen BJ (2020) Pollen release in the Proteaceae. Plant Systematics and Evolution 306:81. https://doi.org/10.1007/s00606-020-01707-2

Lamborn E, Ollerton J (2000) Experimental assessment of the functional morphology of inflorescences of Daucus carota (Apiaceae): testing the ‚fly catcher effect‘. Funct Ecol 14:445–454

Leins P, Erbar C (1990) On the mechanisms of secondary pollen presentation in the Campanulales-Asteracles-Complex. Bot Acta 103:87–92

Leppik EE (1969) Morphogenetic classification of flower types. Phytomorphology 18:451–466

Li Q-J, Xu Z-F, Kress WJ, Xia Y-M, Zhang L, Deng X-B, Gao J-Y, Bai Z-L (2001) Flexible style that encourages outcrossing. Nature 410:432

Lieberei R, Reisdorff C (2007) Nutzpflanzenkunde. Begr. von W. Franke, 7. Aufl. Thieme, Stuttgart

Linnaeus C (1744) Dissertatio botanico de Peloria. Nachdruck 1749: Amoenitates academicae 1:55–73. (zitiert nach Wagenitz 2008)

Linnaeus C (1753) Species plantarum, exhibentes plantas rite cognitas ad genera relatas, cum differentiis specificis, nominibus trivialibus, synonymis selectis, locis natalibus, secundum systema sexuale digestas. Stockholm. (Nachdruck 1957/59. Ray Society 140/142, London)

Lloyd DG (1992) Self- and cross-fertilization in plants. II. The selection of self-fertilization. Int J Plant Sci 153:370–380

Lloyd DG, Schoen DJ (1992) Self- and cross-fertilization in plants. I. Functional dimensions. Int J Plant Sci 153:358–369

Lloyd DG, Webb CJ (1986) The avoidance of interference between the presentation of pollen and stigmas in angiosperms. I. Dichogamy. N Z J Bot 24:135–162

Long J, Barton MK (2000) Initiation of axillary and floral meristems in Arabidopsis. Dev Biol 218:341–353

Ma H (1998) To be, ot not to be, a flower – control of floral meristem identity. Trends Genet 14:26–32

Maresquelle HJ (1970) Le thème évolutif des complexes d'inflorescences. Son aptitude à susciter des problems noveaux. Bull Soc Bot France 117:1–4

Michaelis P (1924) Blütenmorphologische Untersuchungen an den Euphorbiaceen unter besonderer Berücksichtigung der Phylogenie der Angiospermenblüte. Fischer, Jena

Naghiloo S, Claßen-Bockhoff R (2017) Understanding the unique flowering sequence in Dipsacus fullonum: evidence from geometrical changes during head development. PLoS One 12(3). https://doi.org/10.1371/journal.pone.0174091

Napp-Zinn K (1959) Mißbildungen im Pflanzenreich. Kosmos Bibliothek Bd. 222. Franckh'sche Verlagsbuchhandlung, Stuttgart

Narbona E, Ortiz PL, Arista M (2002) Functional andromonoecy in Euphorbia (Euphorbiaceae). Ann Bot 89:571–577

Ott D, Hühn P, Claßen-Bockhoff R (2016) Salvia apiana—A carpenter bee flower? Flora, 221:82–91

Owens A, Cieslak M, Hart J, Claßen-Bockhoff R, Prusinkiewicz P (2016) Modeling dense inflorescences. ACM Trans Graph 35(4):136. https://doi.org/10.1145/2897824.2925982

Parcy F, Bomblies K, Weigel D (2002) Interaction of LEAFY, AGAMOUS and TERMINAL FLOWER1 in maintaining floral meristem identity in Arabidopsis. Development 129:2519–2527

Park SJ, Eshed Y, Lippman ZB (2014) Meristem maturation and inflorescence architecture-lessons from the Solanaceae. Curr Opin Plant Biol 17:70–77

Parkin J (1914) The evolution of the inflorescence. J Linn Soc Bot 42:511–563

Peyritsch J (1869) Über Pelorienbildung bei Labiaten. Sitzungsberichte der Akademie der Wissenschaften zu Wien, Mathematisch-Naturwissenschaftliche Classe LX. 1. Abt

Pozner R, Zanotti C, Johnson LA (2012) Evolutionary origin of the Asteraceae capitulum: insights from Calyceraceae. Am J Bot 99:1–13

Prenner G, Rudall PJ (2007) Comparative ontogeny of the cyathium in Euphorbia (Euphorbiaceae) and its allies: exploring the organ-flower-inflorescence boundary. Am J Bot 94:1612–1629

Prusinkiewicz P, Erasmus Y, Lane B, Harder LD, Coen E (2007) Evolution and development in inflorescence architecture. Science 316:1452–1456

Ray J (1682) Methodus plantarum nova, brevitatis & perspicutatis causa synoptice in tabulis exhibita. London. (Nachdruck 1962 Hist. Nat. Class 26, Cramer, Weinheim)

Rebocho AB, Bliek M, Kusters E, Castel R, Procissi A, Roobeek I, Souer E, Koes R (2008) Role of EVERGREEN in the development of the cymose Petunia inflorescence. Dev Cell 15:437–447

Renner SS (2001) How common is heterodichogamy? Trends Ecol Evol 16:595–597

Renner SS (2014) The relative and absolute frequencies of angiosperm sexual systems: dioecy, monoecy, gynodioecy, and an updated online database. Am J Bot 101:1588–1596

Renner SS, Feil JP (1993) Pollinators of tropical dioecious angiosperms. Am J Bot 80:1100–1107

Renner SS, Ricklefs RE (1995) Dioecy and its correlates in the flowering plants. Am J Bot 82:596–606

Reuther K, Claßen-Bockhoff R (2010) Diversity behind uniformity – inflorescence architecture and flowering sequence in Apiaceae-Apioideae. Plant Divers Evol 128(1–2):181–220

Reuther K, Claßen-Bockhoff R (2013) Andromonoecy and developmental plasticity in Chaerophyllum bulbosum (Apiaceae-Apioideae). Ann Bot 112:1495–1503

Richards AJ (1997) Plant breeding systems, 2. Aufl. Chapman & Hall, London

Rivkin LR, Case AL, Caruso CM (2016) Why is gynodioecy a rare but widely distributed sexual system? Lessons from the Lamiaceae. New Phytol 211:688–696

Roeper JA (1826) Observations sur la nature des fleurs et des inflorescences. Mél. Bot. 2:71–114

Ronse De Craene LP (2010) Floral diagrams. An aid to understanding flower morphology and evolution. Cambridge University Press, Cambridge

Rudall PJ (2010) All in a spin: centrifugal organ formation and floral patterning. Curr Opin Plant Biol 13:108–114

Sablowski R (2007) Flowering and determinacy in *Arabidopsis*. J Exp Bot 58:899–907

Schardt L, Claßen-Bockhoff R (2013) Blütenökologische Untersuchungen an *Euphorbia palustris* und *Euphorbia helioscopia*. Mainz Naturwiss Arch 50:211–232

Schick B (1980) Untersuchungen über die Biotechnik der Apocynaceenblüte I. Morphologie und Funktion des Narbenkopfes. Flora 170:394–432

Schick B (1982) Untersuchungen über die Biotechnik der Apocynaceenblüte II. Bau und Funktion des Bestäubungsapparates. Flora 172:347–371

Schlessman MA (2010) Major events in the evolution of sexual systems in Apiales: ancestral andromonoecy abandoned. Plant Divers Evol 128(1–2):233–245

Schlessman MA, Barrie FR (2004) Protogyny in Apiaceae, subfamily Apioideae: systematic and geographic distributions, associated traits, and evolutionary hypotheses. S Afr J Bot 70:475–487

Schmitz T, Claßen-Bockhoff R (2001) Patterns of sex distribution in andromonoecious Apiaceae-Apioideae. In: Stützel T (Hrsg) 15. Internationales Symposium Biodiversität und Evolutionsbiologie, Bochum, S. 90

Schoen DJ, Lloyd DG (1984) The selection of cleistogamy and heteromorphic diaspores. Biol J Linn Soc 23:303–322

Schoute JC (1935) On the definition of the four types of monochasial. Recueil Travaux Bot Néerlandais 32:425–429

Searle I, He Y, Turck F, Vincent C, Fornara F, Kröber S, Amasino RA, Coupland G (2006) The transcription factor FLC confers a flowering response to vernalization by repressing meristem competence and systemic signaling in *Arabidopsis*. Genes Dev 20:898–912

Sell Y (1976) Tendances évolutives parmi les complexes inflorescentiels. Rev Gen Bot 83:247–267

Shannon S, Meeks-Wagner DR (1991) A mutation in the *Arabidopsis TFL1* gene affects inflorescence meristem development. Plant Cell 3:877–892

Singer S, Sollinger J, Maki S, Fishbach Short B, Reinke C, Fick J, Cox L, McCall A, Mullen H (1999) Inflorescence architecture: a developmental genetics approach. Bot Rev 65:385–410

Souer E, Rebocho AB, Bliek M, Kusters E, de Bruin RAM, Koes R (2008) Patterning of inflorescence and flowers by the F-box protein DOUBLE TOP and the LEAFY homolog ABERRANT LEAF AND FLOWER of petunia. Plant Cell 20:2033–2048

Stauffer HU (1963) Gestaltwandel bei Blütenständen von Dikotyledonen. Bot Jahrb Syst 82:216–251

Stebbins GL (1974) Flowering plants. Evolution above the species level. Arnold, London

van Steenis CGGJ (1963) Definition of the concept ‚inflorescence‘ with special reference to ligneous plants. Flora Malesiana Bull 18:1005–1007

Stevens PF (2001 onwards) Angiosperm phylogeny website. Version 14, July 2017. http://www.mobot.org/MOBOT/research/APweb/. Version 14.07.2017

Stützel T, Trovó M (2013) Inflorescences in Eriocaulaceae: taxonomic relevance and practical implications. Ann Bot 112:1505–1522

Teeri TH, Uimari A, Kotilainen M, Laitinen R, Help H, Elomaa P, Albert VA (2006) Reproductive meristem fates in *Gerbera*. J Exp Bot 57:3445–3455

Thomson JD, Barrett SCH (1981) Temporal variation of gender in *Aralia hispida* Vent. (Araliaceae). Evolution 35:1094–1107

Troll W (1928) Organisation und Gestalt im Bereich der Blüte. Springer, Berlin

Troll W (1964, 1969) Die Infloreszenzen. Typologie und Stellung im Aufbau des Vegetationskörpers. Bd I, II/1. Fischer, Jena

Troll W, Weberling F (1989) Infloreszenzuntersuchungen an monotelen Familien. Materialien zur Infloreszenzmorphologie. Fischer, Stuttgart

Turck F, Fornara F, Coupland G (2008) Regulation and identity of florigen: FLOWERING LOCUS T moves the centre stage. Annu Rev Plant Biol 59:573–594

Vekemans D, Viaene T, Caris P, Geuten K (2012) Transference of function shapes organ identity in the dove tree inflorescence. New Phytol 193:216–228

Velenovsky J (1910) Vergleichende Morphologie der Pflanzen. Teil 3. Řivnáč, Prag

Wagenitz G (2008) Wörterbuch der Botanik. Morphologie, Anatomie, Taxonomie, Evolution. Die Termini in ihrem historischen Zusammenhang. 2., erw. Aufl. Nikol, Hamburg

Webb CJ, Lloyd DG (1986) The avoidance of interference between the presentation of pollen and stigmas in angiosperms. II. Herkogamy. N Z J Bot 24:163–178

Weberling F (1981) Morphologie der Blüten und Blütenstände. Ulmer, Stuttgart

Weberling F (1989) Morphology of flowers and inflorescences. Cambridge University Press, Cambridge

Weberling F, Troll W (1998) Die Infloreszenzen. Typologie und Sellung im Aufbau des Vegetationskörpers, Bd. II/2. Fischer, Jena

Westerkamp C (1989) Von Pollenhaufen, Nudelspritzen und Pseudo-Staubblättern: Blütenstaub aus zweiter Hand. Palmengarten 53:146–149

Yeo PF (1993) Secondary pollen presentation. Form, function and evolution. Plant Syst Evol Suppl 6. Springer, Wien

Zeevaart JAD (2008) Leaf-produced floral signals. Curr Opin Plant Biol 11:541–554

Zhang B, Claßen-Bockhoff R (2019) Sex-differential reproduction success and selection on floral traits in gynodioecious *Salvia pratensis*. BMC Plant Biol 19:375. https://doi.org/10.1186/s12870-019-1972-y

Zhao Y, Zhang T, Broholm SK, Tähtiharju S, Mouhu K, Albert VA, Teeri TH, Elomaa P (2016) Evolutionary co-option of floral meristem identity genes for patterning of the flower-like Asteraceae inflorescence. Plant Physiol 172:284–296. https://doi.org/10.1104/pp.16.00779

Zimmermann W (1965) Die Blütenstände, ihr System und ihre Phylogenie. Ber Deut Bot Ges 78:3–132

Entwicklung und Diversität der Blüte

Inhaltsverzeichnis

10.1 Organisation der Blüte – 737
10.1.1 Organstellung – 737
10.1.2 Zähligkeit – 738
10.1.3 Symmetrie – 740

10.2 Blütenmeristem und Entwicklung – 741
10.2.1 Entwicklung der Blüte – 741
10.2.2 Differentielle Meristemaktivität – 745
10.2.3 Platzprobleme und Meristemausdehnung – 750

10.3 Blütenboden und Blütenhülle – 757
10.3.1 Blütenboden (Receptaculum) – 757
10.3.2 Blütenhülle – 757

10.4 Androeceum und Stamina – 764
10.4.1 Bau des Stamens – 764
10.4.2 Entwicklung des Stamens – 765
10.4.3 Stellungsverhältnisse im Androeceum – 766
10.4.4 Bau der Antherenwand – 768
10.4.5 Entwicklung des Archespors und der Pollenkörner – 769
10.4.6 Antherenöffnung und Transportformen des Pollens – 772
10.4.7 Diversität des Stamens und des Androeceums – 772

10.5 Gynoeceum und Karpelle – 785
10.5.1 Bau und Entwicklung des Karpells – 785
10.5.2 Placentation und Samenanlagen – 788
10.5.3 Formen des Gynoeceums – 790
10.5.4 Ständigkeit – 795
10.5.5 Narbe und Pollenkeimung – 796
10.5.6 Griffel und Compitum – 799

10.6 Evolutionstendenzen im Bereich der Blüte – 805
10.6.1 Ursprüngliche Merkmale – 805
10.6.2 Bedeutende Innovationen – 805

Literatur – 807

© Springer-Verlag GmbH Deutschland, ein Teil von Springer Nature 2024
R. Claßen-Bockhoff, *Die Pflanze*, https://doi.org/10.1007/978-3-662-65443-9_10

Trailer

Jahrtausendealte Grabbeilagen und Zeugnisse antiker Hochkulturen weisen darauf hin, dass Blüten seit jeher eine besondere Bedeutung für den Menschen hatten. Sie wurden für rituelle Handlungen, als Heilmittel und Schmuck verwendet und dienen bis heute als Symbole für ästhetische Schönheit, Reinheit und Liebe. Was fasziniert uns an Blüten? Ihre schier unendliche Vielfalt an Formen, Farben, Düften und Funktionsweisen spielt sicherlich eine Rolle. Doch wie entsteht diese Vielfalt, und wie wirkt sie sich auf die Funktionen der Blüte aus?

Die Blüte ist der Ort, an dem die Reproduktionsorgane der Blütenpflanze gebildet werden und die Prozesse der Bestäubung (Pollenübertragung) und Befruchtung (Syngamie) ablaufen. Die zugehörigen Strukturen und Prozesse sind überlebenswichtig und werden im Laufe der Evolution immer wieder abgewandelt und optimiert. Ihre spezifische Ausgestaltung beruht auf dem Zusammenwirken von phylogenetischem Erbe, funktionellen Zwängen und entwicklungsmorphologischer Plastizität.

In diesem Kapitel wird zunächst die allgemeine Organisation der Angiospermenblüte vorgestellt. Der erste Schwerpunkt liegt auf dem Blütenmeristem, das wie kein anderes Bildungszentrum der Pflanze in der Lage ist, Vielfalt hervorzubringen. Ohne ein tieferes Verständnis der Entwicklungsvorgänge ist die Blüte in der Fülle ihrer Formen nicht zu begreifen. Im zweiten Teil werden die Blütenorgane in ihrem grundsätzlichen Aufbau dargestellt. Dabei geht der funktionsmorphologische Ansatz über die bloße Beschreibung und Benennung von Strukturen hinaus und weist auf die evolutionsbiologische Bedeutung bestimmter Anpassungsformen hin. Die Vielfalt der Strukturen wird an ausgewählten Beispielen dargestellt.

Die Entwicklungsverhältnisse der Blüte sind sehr komplex, und die Diversität ihrer Strukturen ist hoch. Im Rahmen dieses Buches werden nur Grundlagen vermittelt; für eine Vertiefung des Stoffes wird auf Weberling (1981), Endress (1994). Glover (2007), Leins und Erbar (2008), Ronse De Craene (2010) sowie Originalliteratur verwiesen.

Die Blüte der **Angiospermen** ist im Gegensatz zu den reproduktiven Strukturen der Gymnospermen (▶ Abschn. 5.6.6) primär **monoklin** (‚zwittrig‘; ▶ Abschn. 9.6.3). Sie steht am Ende einer Sprossachse und trägt **Reproduktionsorgane** (◘ Abb. 10.1). Die Reproduktionsorgane sind die **Sporangienträger** der Pflanze (Sporangiophor; ▶ Abschn. 5.6.6) und heißen bei den Blütenpflanzen **Stamina** und **Karpelle**. Ein kurzer Blick auf den Generationswechsel der Blüten-

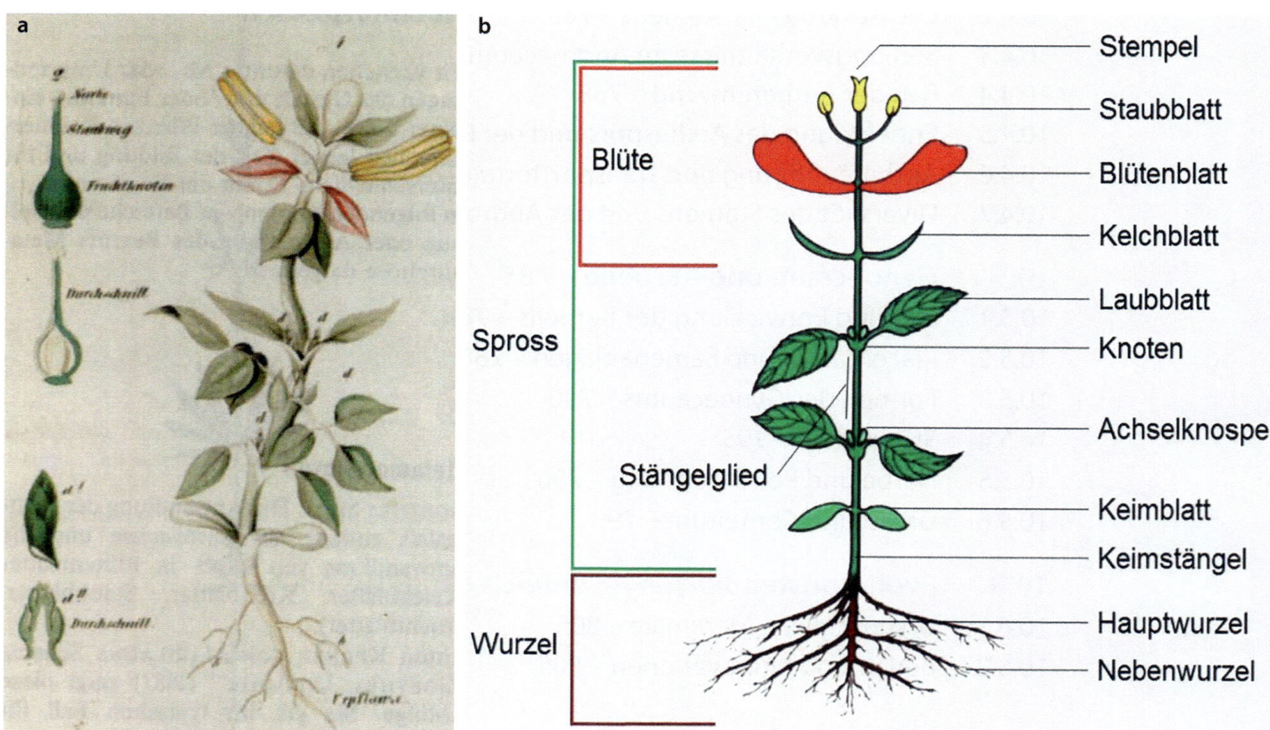

◘ **Abb. 10.1 Was ist eine Blüte?** Die Interpretation der Blüte als ein Sprossabschnitt begrenzten Wachstums geht auf Goethes Metamorphosenlehre zurück. Sie wird bis heute gelehrt - aber ist sie noch **zeitgemäß**? (▶ Exkurs 10.3). **a**, Darstellung einer Blüte von Schleiden (1850), die die Auffassung Goethes (‚alles ist Blatt‘) illustriert (▶ Exkurs 6.3). **b**, Ausschnitt aus einem aktuellen Arbeitsblatt für die Grundschule. (© **a**: überarbeitete Version aus Leistikow und Kockel 1990. **b**: https://www.jungemedienwerkstatt.de/aufbau-einer-blueten-pflanze-arbeitsblatt-grundschule/)

pflanzen (▶ Abschn. 4.6.3) zeigt, dass die Blütenorgane dem **Sporophyten** angehören und **asexuell** sind. Sie schützen den Gametophyten, dessen gesamte Entwicklung im **Inneren** der Pollenkörner bzw. Samenanlagen abläuft. Die Blüte ist somit nicht der Sexualapparat der Pflanze (wie vielfach angenommen), sondern der **Ort**, an dem sich **nach der Meiose** die sexuelle Generation **im Schutz der sporophytischen Blütenorgane** entwickelt. Die männlichen und weiblichen Gametophyten der Blütenpflanzen bleiben auf wenige Zellkerne beschränkt; Sexualorgane (Antheridien, Archegonien) werden nicht mehr ausgebildet (▶ Abschn. 4.6.3).

Die Blüte ist der **formenreichste Organkomplex** der Blütenpflanzen. Ihre Fähigkeit zur strukturellen und funktionellen Abwandlung (**Diversifizierung**) hat im Laufe der Evolution wesentlich zu bestäubungsbiologischen **Anpassungen** (▶ Kap. 11) und zur **Artbildung** (▶ Abschn. 3.1) beigetragen. Gleichzeitig bietet die Blüte eine Fülle spezifischer Merkmale, die für die **Systematik** und **Merkmalsevolution** von Bedeutung ist.

10.1 Organisation der Blüte

Die Blüte ist der Ort der **Pollenpräsentation**, Pollenübertragung (**Bestäubung**; ▶ Abb. 4.23, ▶ Kap. 11) und **Befruchtung** (▶ Abschn. 4.6.3). Sie bildet Stamina mit **Pollensäcken** (Mikrosporangien) und geschlossene Karpelle, in deren **Innerem** die **Samenanlagen** (umhüllte Megasporangien) liegen (Angiospermie; ▶ Abschn. 4.6.1). Die reproduktiven Strukturen sind von **Blütenhüllblättern** umgeben, die den **Schutz** der Reproduktionsanlagen und die **Schaufunktion** der Blüte übernehmen. Die Elemente der Blüte werden als **Blütenorgane** bezeichnet.

Trotz der hohen Vielfalt an Blütenformen ist der **Grundaufbau** der Blüte überraschend konstant (◘ Abb. 10.2). Die Blüte setzt sich aus maximal vier verschiedenen Blütenorgangruppen (**Formationen**) zusammen: dem **Kelch** (Calyx) mit den Kelchblättern (*Singular:* das Sepalum, *Plural:* die Sepala; eingedeutscht: die Sepalen), der **Krone** (Corolla) mit den Kronblättern (*Singular:* das Petalum, *Plural:* die Petala bzw. Petalen), dem **Androeceum** (auch Androecium) mit den Stamina (*Singular:* das Stamen) und dem **Gynoeceum** (auch Gynoecium) mit den Karpellen (*Singular:* das Karpell). Stamina und Karpelle werden gewöhnlich als ‚Staubblätter' und ‚Fruchtblätter' bezeichnet. Da jedoch deren Homologie mit Blattorganen nicht gesichert ist (▶ Exkurs 10.3; Endress 2006), wären die Bezeichnungen **‚Staubträger'** und **‚Samenanlagenbedecker'** zutreffender. Vor allem letztere ist aber so unhandlich, dass im Folgenden auf eine deutsche Bezeichnung für Karpell verzichtet wird. Die Blütenorgane sitzen dem Blütenboden (**Receptaculum**) an und folgen gewöhnlich in der genannten Reihenfolge von außen nach innen (◘ Abb. 10.2: Pfeil).

10.1.1 Organstellung

Die **Stellung der Blütenorgane** in einer Blüte folgt den gleichen Regeln der **optimalen Raumnutzung** wie die Blattstellung im vegetativen Bereich (▶ Abschn. 6.6). Als Grundformen treten spiralige und zyklische Anordnungen auf. Übergänge und Ausnahmen sind nicht selten.

Spiralige Organstellung

Die Anordnung der Blütenorgane ist **spiralig**, wenn die **Winkel** (Divergenzwinkel) und **Zeitintervalle** (Plastochron) zwischen den aufeinanderfolgenden Organanlagen konstant sind.

Spiralige Organstellung kommt vor allem in Blüten mit einer **hohen Organzahl** vor. Dabei tritt sie allerdings selten in **allen Formationen** der Blüten auf (z. B. Calycanthaceae; Staedler et al. 2007) Oft sind nur die Elemente des **Androeceums** und **Gynoeceums** spiralig gestellt, während die Blütenhülle einer bestimmten Zähligkeit folgt (z. B. *Magnolia*-Arten; Xu und Rudall 2006) oder Übergänge zur Spiralität zeigt (◘ Abb. 10.3a, e).

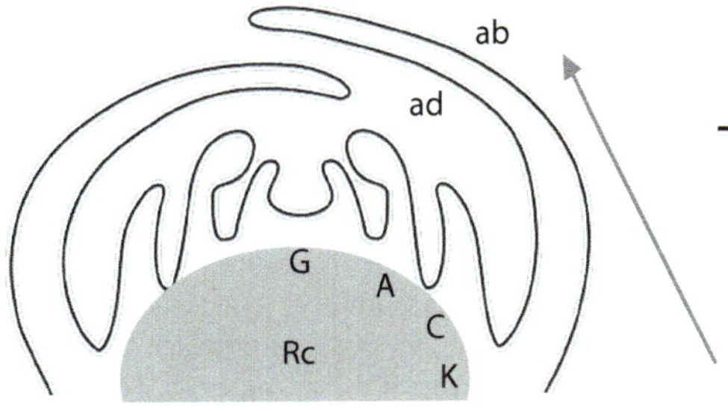

Formation	Elemente	Hauptfunktion
G: Gynoeceum	Karpelle	Samenbildung
A: Androeceum	Stamina	Pollenbildung
C: Krone (Corolla)	Petala	Anlockung
K: Kelch (Calyx)	Sepala	Knospenschutz

◘ **Abb. 10.2** **Aufbau der Angiospermenblüte.** Das Beispiel zeigt eine Blüte mit doppelter Blütenhülle. In Blüten mit einfacher Blütenhülle finden sich anstelle der Kelch- und Kronblätter gleichartig gestaltete Perigonblätter (▶ Abschn. 10.3.2). ab, abaxial. ad, adaxial. Rc, Receptaculum (Blütenboden). Pfeil: Häufige Entwicklungsrichtung der Blütenformationen von außen nach innen (zentripetal). (© Original)

Eine hohe Anzahl von Stamina weist **nicht zwangsläufig** auf spiralige Organausgliederung hin. Sie kann auch auf der Fraktionierung weniger Superprimordien beruhen, die zyklisch angeordnet sind (sekundäre Polyandrie; ▶ Abschn. 10.2.3 und 10.4.3).

Spiralige Organstellung findet sich überwiegend bei den **Magnoliales** (z. B. Himantandraceae, Degeneriaceae, Eupomatiaceae; ▶ Abb. 5.84k). Die unbestimmte Anzahl an Hüllblättern, Stamina und freien Karpellen bietet **wenig Optionen** für Anpassungen an Bestäubertiere und ist im Laufe der Evolution mehrfach und auf unterschiedliche Weise in eine zyklische Organstellung übergegangen (Ronse De Craene 2010).

Zyklische Organstellung

Die Stellung ist **zyklisch** (oder **wirtelig**), wenn die Blütenorgane in Kreisen stehen. Dabei **alternieren** die Organe aufeinanderfolgender Kreise (sie stehen ‚auf Lücke‘; ▶ Abb. 10.3b) oder stehen sich gegenüber (**opponiert**; ▶ Abb. 10.3g).

Die **Monocotylen** (▶ Abb. 10.3b) und Kerneudicotylen (▶ Abb. 10.25b, Sy 10B:26–64) haben primär fünfkreisige (**pentazyklische**) Blüten mit einer zweikreisigen Blütenhülle (Perigon bzw. Kelch und Krone; ▶ Abschn. 10.3.2), einem dizyklischen Androeceum (▶ Abb. 10.25b) und einem Kreis von Karpellen. Von diesem Grundbau gibt es zahlreiche **Abweichungen**. Dikline Blüten bilden nur Stamina (**staminate** Blüten) oder nur Karpelle (**karpellate** Blüten; ▶ Abschn. 9.6.3). Sie sind häufig an Wind- oder Wasserbestäubung angepasst (▶ Abschn. 11.8), steigern die Fitness des Individuums (▶ Abschn. 9.6.1) oder stehen in einem vielblütigen Funktionsverband (▶ Abschn. 9.5).

Mit der Anordnung der Blütenorgane in Kreisen gehen **neue Optionen** für die Evolution der Blüte einher (▶ Exkurs 11.10). So treten **Ringprimordien** als Voraussetzung für **Blütenröhren** (Hülle, Androeceum; ▶ Abschn. 10.2.2) und **coenokarpe** Gynoeceen (▶ Abschn. 10.5.3) ebenso wie **zygomorphe** Blüten und komplexe **Bestäubungsmechanismen** (Synorganisation; ▶ Abschn. 11.7) überwiegend bei zyklischer Organstellung auf (Endress 2016).

Zyklische Blüten gelten allgemein als **abgeleitet** (phylogenetisch jünger). Die Rekonstruktion der ursprünglichen Angiospermenblüte, die auf der Verrechnung des bislang umfangreichsten Datensatzes von Blütenmerkmalen beruht, deutet jedoch darauf hin, dass die frühen Angiospermenblüten **polyzyklisch** gewesen sein könnten (Sauquet et al. 2017; ▶ Abschn. 10.6). Tatsächlich sind noch viele Fragen zur Evolution der Angiospermenblüte offen (▶ Abschn. 5.6.7).

10.1.2 Zähligkeit

Die zyklische Anordnung der Blütenorgane geht mit einer bestimmten **Zähligkeit** einher (*merism*). Diese benennt die Anzahl der **Elemente pro Kreis** (nicht zu verwechseln mit der Anzahl der Kreise). Ein Kreis mit drei Organen ist **trimer** (dreiteilig; griech. *meros*, „Teil"), mit vier Elementen **tetramer** und mit fünf Organen **pentamer**.

Die Kreise einer Blüte sind entweder alle gleichzählig (z. B. alle Kreise trimer ▶ Abb. 10.3b oder tetramer ▶ Abb. 10.3g, h) oder unterscheiden sich in der Anzahl ihrer Elemente. In diesem Fall ist meist die Anzahl der Fruchtblätter geringer als die der anderen Formationen.

Die Zähligkeit kann innerhalb eines Verwandtschaftskreises konstant (Monocotylen) oder verschieden sein. Bei den Fingerkräutern (*Potentilla*) treten vier- und fünfzählige Arten innerhalb einer Gattung auf. Besonders interessant sind die Fälle, in denen ein einziges Individuum unterschiedliche Blüten trägt (Moschuskraut, Weinraute; ▶ Abschn. 9.2.1). Der **Wechsel der Zähligkeit** erfolgt dabei oft in Abhängigkeit von den verfügbaren Platzverhältnissen während der Entwicklung (▶ Abschn. 10.2.3).

Die häufigsten Zähligkeiten sind die Trimerie und die Pentamerie. Die Zahlen sind oft für umfangreiche Verwandtschaftsgruppen konstant und daher eine große diagnostische Hilfe:

- **Trimerie:** Dreizähligkeit tritt bei vielen **Basalen Angiospermen** auf. Diese Gruppe ist insgesamt sehr variabel und weist auch **dimere** oder spiralig organisierte Blüten auf. Dagegen ist Trimerie für die **Monocotylen charakteristisch**. So unterschiedliche Blüten wie die der Liliengewächse (Liliaceae; ▶ Abb. 10.3b, c), Orchideen (▶ Abb. 11.24c–f und 11.26) oder Süßgräser (▶ Abb. 11.63n, o und 11.64e) lassen sich alle auf die **Grundzahl 3** zurückführen.

◻ Abb. 10.3 Blütenhülle. a–d, Perigon. a, *Magnolia* (Magnoliaceae). Blütenhülle spiralig, choritepal. Receptaculum zapfenförmig. **b, c,** Tulpe (*Tulipa*, Liliaceae). Perigon zweikreisig (dizyklisch), choritepal. Blüte trimer, pentazyklisch. **d,** *Tulbaghia natalensis* (Amaryllidaceae). Perigon dizyklisch, syntepal, trimer. **e,** Einfache Blütenhülle. *Anemone* (Ranunculaceae). Perigon spiralig, freiblättrig. als Kelch gedeutet (◻ Abb. 10.21). **f–k, Doppeltes Perianth. f,** Rose (*Rosa*, Rosaceae). Blütenhülle spiralig, chorisepal, choripetal. **g, h,** *Kalanchoë blossfeldiana* (Crassulaceae). Blüte tetramer, Kelch chorisepal, Stamen-Petalum-Röhre. Die äußeren Stamina stehen den Kronblättern gegenüber (Obdiplostemonie; ▶ Abschn. 10.4.3). Blüte in g geöffnet, um die Stellungsverhältnisse der Organe zu verdeutlichen. **i,** Glockenblume (*Campanula*, Campanulaceae). Perianth chorisepal, sympetal, pentamer. **j,** Galmeiveilchen (*Viola calaminaria*, Violaceae). Blüte zygomorph, Hülle chorisepal, choripetal, pentamer. **k,** Kleiner Klappertopf (*Rhinanthus minor*, Orobanchaceae). Blüte zygomorph, Perianth synsepal, sympetal, pentamer. (© **d**: P. Wester, Pietermaritzburg. Mit freundlicher Genehmigung. Übrige Bilder: R. Claßen-Bockhoff, Mainz)

- **Pentamerie:** Die Blüten der artenreichsten Gruppe der Angiospermen, der **Kerneudicotylen** (Sy 10B:26–64), sind primär **fünfzählig (pentamer;** ◘ Abb. 10.3i, j), doch kommen auch vierzählige (◘ Abb. 10.3h) oder anderszählige Blüten vor. Der Siebenstern (*Trientalis europaea*, Primulaceae) hat seinen deutschen Namen von seiner seltenen, siebenzähligen Blütenhülle; Hauswurzarten (*Sempervivum*, Crassulaceae) weisen elf- bis zwölfzählige, in einigen Arten bis zu 32-zählige Blütenhüllen auf.

  Die Pentamerie ist innerhalb der Angiospermen mindestens fünfmal **unabhängig entstanden:** einmal innerhalb der Basalen Angiospermen (Canellaceae; Sy 10B:7), dreimal innerhalb der Eudicotylen (Ranunculaceae Sy 10B:21, Sabiaceae Sy 10B:22, Kerneudicotylen) und einmal innerhalb der Monocotylen (*Pentastemona*, Pandanales; Sy 10B:16; Ronse De Craene 2010).

10.1.3 Symmetrie

Die ästhetische Erscheinung der Blüten beruht vor allem auf ihrer Symmetrie. Diese prägt die **Gestalt** der Blüte und sendet damit ein wichtiges **Signal** an mögliche Bestäubertiere. Besonders interessant aus evolutions- und entwicklungsbiologischer Sicht ist der **Übergang** von der **Radiärsymmetrie** zur **Monosymmetrie (Zygomorphie)**, der oftmals parallel innerhalb der Angiospermen erfolgt ist.

Die Symmetrie einer Blüte wird meist durch die **Blütenhülle** bestimmt. Es gibt aber zahlreiche Fälle, in denen die Hülle radiärsymmetrisch und das Androeceum zygomorph ist. Schiefgriffelige (**enantiostyl;** ▸ Abb. 9.36g–i) Blüten werden gelegentlich als asymmetrisch bezeichnet, obgleich die Blütenhülle radiär oder zygomorph ist. In anderen Fällen bleibt die Blütenhülle unscheinbar, und das Androeceum übernimmt die Gestaltbildung der Blüte, z. B. Marantaceae ◘ (Abb. 10.11h und 11.59a, b) und einige Myrtaceae ◘ (Abb. 10.26g).

Symmetrieformen

In Abhängigkeit von der **Art der Symmetrie** werden Spiegel- und Drehsymmetrie unterschieden (◘ Abb. 10.20). Bei der **Spiegelsymmetrie** lässt sich eine Blüte an einer, zwei oder mehr Ebenen spiegeln (Mono-, Di-, Polysymmetrie); bei der **Drehsymmetrie** (Rotationssymmetrie) sind die Elemente der Blüte asymmetrisch und können nur durch Drehung um einen Mittelpunkt (wie bei einem Windrad) zur Deckung gebracht werden (◘ Abb. 10.20b):
- **Radiäre** (aktinomorphe, polysymmetrische) Blüten sind dadurch charakterisiert, dass alle Elemente

einer Blütenformation gleichmäßig auswachsen und Bestäuber von allen Seiten Zugang zu den Lockstoffen haben. Sie sind sehr **häufig** und gelten als **ursprünglich** (◘ Abb. 10.3a–i; Sauquet et al. 2017). Dennoch stehen sie nicht immer basal, sondern treten auch **sekundär** in monosymmetrischen Verwandtschaftskreisen auf (*reversal*: Rückkehr eines Merkmals in den ursprünglichen Zustand). So treten z. B. innerhalb der durchweg zygomorphen Lamiales bei den Plantaginaceae (z. B. *Plantago*), Scrophulariaceae (z. B. *Buddleja*) und Lamiaceae (z. B. *Callicarpa*) radiäre Blüten auf (Endress 1999; Hileman 2014).
- **Zygomorphe** (monosymmetrische) Blüten weisen nur **eine Spiegelebene** auf (◘ Abb. 10.3j, k). Ihre Anlagen werden früh von einem **entwicklungsgenetischen Gradienten** erfasst, der die Elemente der Blütenformationen, insbesondere der Blütenhülle, unterschiedlich auswachsen lässt. Zygomorphe Blüten sind sehr **häufig** und zwingen ihre Bestäuber in eine bestimmte Position, durch die Pollen gespart und präzise übertragen wird (▸ Abschn. 11.3.1 und 11.2.3).
- Selten treten **disymmetrische** Blüten mit zwei Spiegelebenen auf (z. B. *Dicentra*; ◘ Abb. 10.20d). Sie werden auch als bilateralsymmetrisch bezeichnet. Dieser Begriff stiftet allerdings Verwirrung, da er in der Zoologie anders verwendet wird: Bilateralsymmetrische Tiere sind monosymmetrisch, bilaterale Blüten disymmetrisch.
- Die **Drehsymmetrie** ist selten und tritt vor allem in der Familie der Hundsgiftgewächse auf (Apocynaceae; ▸ Abb. 9.36c).
- **Asymmetrische** Blüten sind außerordentlich selten. Bei den Cannaceae und Marantaceae bilden sie jedoch ein Familienmerkmal. Bei den Marantaceae stehen je zwei zueinander spiegelsymmetrische Blüten in einem **Pärchen** zusammen, das bei gleichzeitiger Entwicklung der Blüten eine insgesamt zygomorphe Symmetrie erhalten kann (◘ Abb. 10.11h).

Eine der häufigsten **Evolutionstendenzen** der Angiospermenblüte ist der Übergang von der Radiärsymmetrie zur Zygomorphie (Endress 2012). Der Übergang geht mit einer **funktionellen Differenzierung** einher, die sich beispielsweise in der Ausbildung von Ober- und Unterlippe (Lamiaceae) oder Fahne und Schiffchen (Fabaceae) niederschlägt (▸ Abschn. 11.7.1 und 11.7.2). In vielen Fällen sind zygomorphe Blüten auf Bienen oder Vögel als Bestäuber **spezialisiert** (▸ Tab. 11.13). Sie tendieren zur **Synorganisation** (*floral intergration*; ▸ Exkurs 11.10), das heißt, ihre Teile entwickeln sich in Korrelation zueinander, wodurch **spezifische Bestäubungsapparate** entstehen.

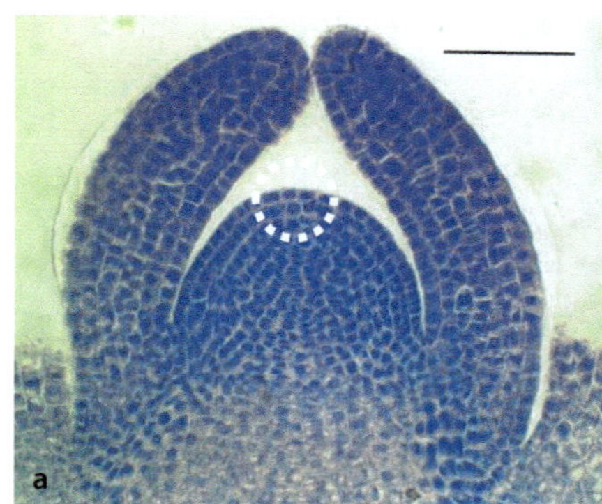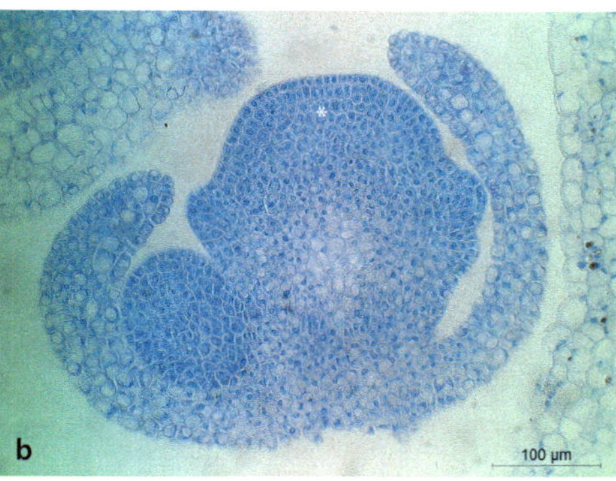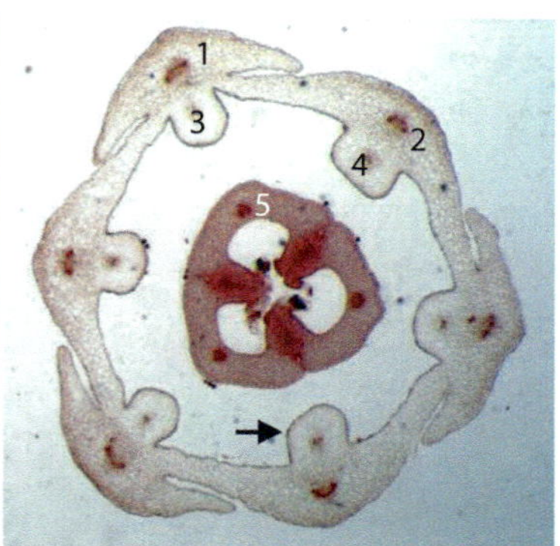

◻ **Abb. 10.4 Meristeme und Blütenbau. a, b,** *Silene nutans* (Caryophyllaceae). **a,** Vegetatives Meristem (SAM; ▶ Abschn. 8.1.1) mit Ruhendem Zentrum (weißer Kreis) und Laubblattanlagen. Balken: 100 µm. **b,** Blütenmeristem mit zwei Vorblättern (eins mit Achselprodukt), Meristemkappe (*) und ersten Anlagen von Blütenorganen. Gleicher Maßstab wie **a**: Das Blütenmeristem ist deutlich größer als das SAM. **c,** *Asparagus* (Asparagaceae). Querschnitt durch die Blüte in Höhe des Gynoeceums (hemisymplicate Zone; ▶ Abschn. 10.5.3). Man erkennt den charakteristischen Bau der Monocotylenblüte mit fünf dreizähligen Kreisen (trimer-pentazyklische Organisation) in alternierender Anordnung (1–5), die Stamen-Tepalum-Röhre (Pfeil: Filament) und das synkarpe Gynoeceum. 1, 2, Äußeres und inneres Perigonblatt. 3, 4, Äußeres und inneres Stamen. 5, Karpell. (© **a, b**: N. Daichent & R. Claßen-Bockhoff, Mainz. **c**: Botanische Sammlungen der JGU Mainz)

10.2 Blütenmeristem und Entwicklung

Die strukturelle **Vielfalt** der Blüten beruht auf der ungeheuer großen **Plastizität** der **Blütenmeristeme**. Kleine Zeitverschiebungen (**Heterochronie** ▶ Abschn. 1.2.3), relative **Größenveränderungen** und mechanischer **Druck** während der Entwicklung der Blütenorgane führen zu erheblichen Unterschieden in der **Ausgestaltung** von Blüten und deren **Anpassungen** an Blütenbestäuber (▶ Kap. 11).

10.2.1 Entwicklung der Blüte

Blütenmeristeme gehen aus vegetativen Meristemen (SAMs), Infloreszenzmeristemen oder *floral unit*-Meristemen hervor (▶ Tab. 9.1). Bei endogen lebenden Parasiten, die kein SAM besitzen, entstehen sie direkt aus dem parenchymatischen Körper des Parasiten (González et al. 2020). Sie haben die Fähigkeit zum Spitzenwachstum verloren und weisen im histologischen Bild eine durchgehende **Meristemkappe** auf (◻ Abb. 10.4b). Die Blütenorgane entstehen durch **Fraktionierung** des Meristems (▶ Abschn. 9.2.2), das am Ende der Blütenentwicklung restlos aufgebraucht ist. Blüten besitzen somit ein **begrenztes** Wachstum und eine **definierte Gestalt**. Selten treten Abweichungen auf wie z.B die bereits von Goethe (1798) beschriebene ,durchwachsende Rose' (▶ Abb. 9.9e).

Im jungen Stadium sind die Blütenmeristeme flach (◻ Abb. 10.12a) oder kugelig aufgewölbt (◻ Abb. 10.6a).

Sie durchlaufen ein **nacktes** Stadium, während dessen sie zu einer bestimmten Größe heranwachsen, **bevor** die Fraktionierung beginnt. Die Blütenorgane entstehen gewöhnlich von außen nach innen (**zentripetal**; ◻ Abb. 10.6 und 10.13). Zentrifugale (Rudall 2010) oder divergente Ausgliederungen (◻ Abb. 10.11) kommen jedoch ebenfalls vor.

Spiralige Fraktionierung

Die spiralige Ausgliederung von Blütenorganen wird am Beispiel der Blütenentwicklung des **Zungen-Hahnenfußes** (*Ranunculus lingua*, Ranunculaceae) dargestellt (◻ Abb. 10.5). Die Blüte ist radiärsymmetrisch und weist eine pentamere Blütenhülle aus fünf unscheinbaren Elementen und fünf lackglänzenden Nektarblättern auf (◻ Abb. 7.10c und 10.21b). Im Inneren stehen zahlreiche, spiralig gestellte Stamina und Karpelle.

Das Blütenmeristem ist halbkugelig aufgewölbt (◻ Abb. 10.5a). Als Erstes werden die Hüllblätter angelegt, die schnell an Größe zunehmen und den Knospenschutz übernehmen. Das Meristem dehnt sich durch subapikale Zellteilungsaktivität aus und vergrößert damit die meristematisch aktive Oberfläche (◻ Abb. 10.5b). Es folgen in zentripetaler Folge zahlreiche Staminalanlagen, die sich von außen nach innen differenzieren (◻ Abb. 10.5b, c). Zuletzt entstehen die freien Karpelle, die das Zentrum der Blüten ausfüllen (◻ Abb. 10.5d). Die Nektarblätter (Abb. 10.5c: Ne) treten erst spät in Erscheinung. Sie werden früh angelegt, bleiben dann aber in ihrer Entwicklung zurück (Hiepko 1965; Endress 1995).

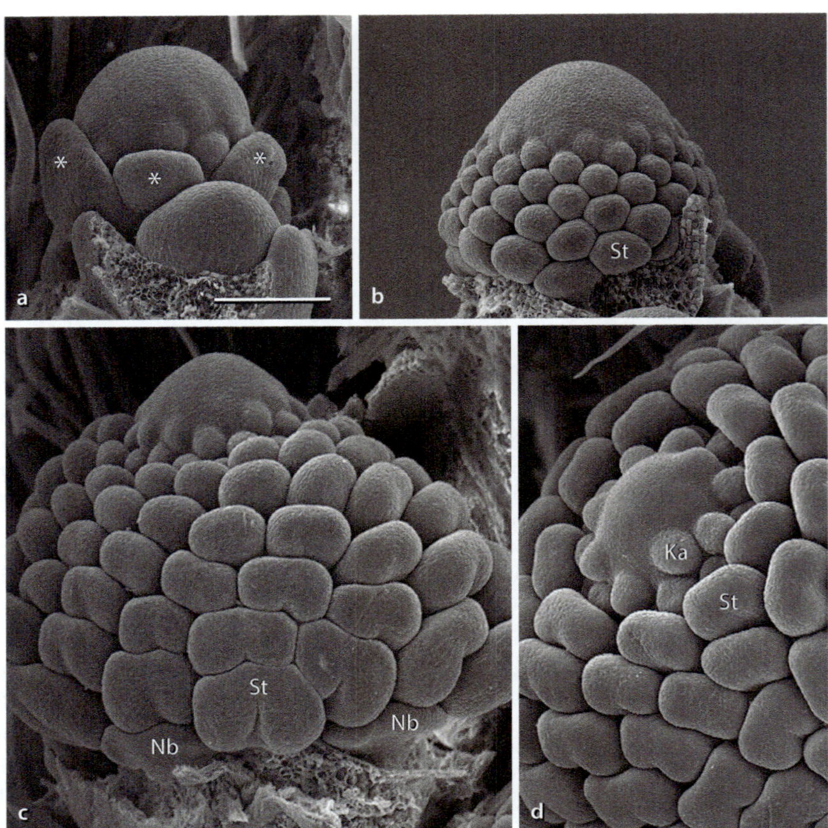

Abb. 10.5 Blütenentwicklung von *Ranunculus lingua* (► Abb. 7.10i). **a,** Blütenanlage mit Blütenhülle (*) und zentripetaler Fraktionierung von Staminalanlagen. Im Vordergrund eine halb entfernte Blattanlage mit Achselprodukt. Balken: 200 µm. **b,** Das Blütenmeristem hat sich vergrößert, die spiralige Ausgliederung der Stamina (St) setzt sich fort. **c,** Differenzierung der Staminalanlagen in zentripetaler Richtung, Beginn der Fraktionierung von Karpellen. Nektarblätter (Nb) werden nach Entfernen der Blütenhülle sichtbar. **d,** Blick auf das Zentrum des Blütenmeristems mit ersten Karpellen (Ka). **a–d**: Gleicher Maßstab. (© A. Ganz-Meyer & R. Claßen-Bockhoff, Mainz)

Zyklische Fraktionierung

Die zyklische Fraktionierung von Blütenorganen unterscheidet sich von der spiraligen im Wechsel von **kurzen und langen Zeitintervallen** (Plastochronen). Dadurch kommt es zu **Stellungsveränderungen** in der Blüte und zu einer besseren **Raumnutzung** der Organen (Ronse De Craene 2010). Die zyklische Fraktionierung geht gewöhnlich mit einer Reduktion und Fixierung der Organzahl einher. Sie ist sehr häufig und wird hier am Beispiel der Liliaceenblüte als einem typischen Vertreter der Monocotylen erläutert (■ Abb. 10.6).

In ihrer Grundform sind die Blüten der Einkeimblättrigen radiärsymmetrisch, trimer und pentazyklisch, wobei die einzelnen Kreise auf Lücke stehen (■ Abb. 10.3c, d). Das Blütenmeristem der Rispigen Graslilie (*Anthericum ramosum*) ist zunächst aufgewölbt und nackt (■ Abb. 10.6a). Es fraktioniert in zentripetaler Folge zwei Perigonkreise (■ Abb. 10.6b, c), zwei Androecealkreise (■ Abb. 10.6c, d) und zuletzt ein trimeres Gynoeceum (■ Abb. 10.6e, f). Die Formationen folgen nach einem längeren Zeitintervall aufeinander, während die Elemente innerhalb einer Formation fast gleichzeitig erscheinen

Die Frage, wie die Reihenfolge der Blütenformationen zustande kommt, wird seit den 1990er-Jahren mithilfe **entwicklungsgenetischer Methoden** untersucht. Ein Meilenstein für das Verständnis der Blütenentwicklung war das sogenannte **ABC-Modell der Blüte** (Coen und Meyerowitz 1991), das ursprünglich am Modellorganismus *Arabidopsis thaliana* (► Exkurs 6.5) entwickelt und inzwischen auf zahlreiche andere Verwandtschaftskreise ausgeweitet wurde (► Exkurs 10.1).

□ **Abb. 10.6 Blütenentwicklung bei Monocotylen.** *Anthericum ramosum* (Asparagaceae). Die Monocotylen sind dreizählig (trimer) und fünfkreisig (pentazyklisch) organisiert. Die Organe entstehen meist von außen nach innen (zentripetal) und sind alternierend (‚auf Lücke') angeordnet. **a–f** Gleicher Maßstab. **a,** Gewölbtes Meristem einer Seitenblüte, Tragblatt (Tbl) teilweise entfernt. Balken: 100 µm. **b–d,** Als Erstes bilden sich die äußeren (äP), dann die inneren Perigonblätter (iP). Darauf folgen die äußeren (äSt) und inneren Staminalanlagen (iSt). **e, f,** Zuletzt entstehen die Karpelle (K) aus einem gemeinsamen Ringprimordium. Gestrichelte Linien (in e): Karpell- grenzen. Die Septen (**f**: *) des Fruchtknotens entstehen durch ver- stärkte Zellteilungsaktiviät an den Karpellrändern. **g,** Auf- präparierter Blütenstand (Traube) mit unterschiedlich weit ent- wickelten Blütenanlagen in akropetaler Folge (von unten nach oben). Balken: 500 µm. **h,** Weit entwickelte Blütenknospe, Blüten- hülle abpräpariert. Die sechs Stamina (in zwei Kreisen) weisen eine Differenzierung in Filament (Fi) und Anthere mit breitem Konnek- tiv (K) und zwei Theken (*) auf. Balken: 300 µm. **i,** Blütenstand der Rispigen Graslilie mit offenen Blüten. (© **a–h**: A. Ganz-Meyer & R. Claßen-Bockhoff, Mainz. **i**: R. Claßen-Bockhoff, Mainz)

Exkurs 10.1 Das ABC-Modell der Blütenentwicklung

In ihrem epochalen Beitrag ‚The war of the whorls' stellten Coen und Meyerowitz (1991) das ABC-Modell der Blütenentwicklung am Beispiel der Acker-Schmalwand (*Arabidopsis thaliana*; ▶ Exkurs 6.5) vor. Das Modell wurde an Mutanten entwickelt und beruht, stark vereinfacht, auf der differentiellen Aktivität der drei Genklassen A, B und C. Diese codieren Transkriptionsfaktoren (Proteine mit Bindungsfähigkeit an spezifische Sequenzmotive der DNA), die die Entwicklung der Blütenorgane kontrollieren und deren Identität (*organ identity*) festlegen. Werden Gene der A-Klasse exprimiert, entstehen Kelchblätter, die gemeinsame Aktivität von A- und B-Genen führt zu Kronblättern, die von B- und C-Genen zu Stamina und die der C-Klasse zu Karpellen (Meyerowitz 1995).

In den letzten 25 Jahren wurden erhebliche Fortschritte im Verständnis der genetischen und molekularen Regulation der Blütenentwicklung gemacht. Wichtige Modellorganismen sind neben *Arabidopsis thaliana* (Brassicaceae) auch Löwenmaul (*Antirrhinum majus*, Plantaginaceae), Petunie (*Petunia hybrida*, Solanaceae) und Mais (*Zea mays*, Poaceae). Das ABC-Modell wurde durch das *floral quartet model* (Theißen und Saedler 2001) um Gene der D-Klasse, die die Bildung von Samenanlagen codieren, und der E-Klasse erweitert, deren Expression an der Bildung aller Blütenorganidentitäten beteiligt ist (◘ Abb. 10.7; z. B. Cheng et al. 2017; Suárez-Baron et al. 2017). Insgesamt sind jeweils vier Proteine an der Expression einer Blütenorganidentität beteiligt, die in zwei Dimeren an die Zielgen-DNA binden, z. B. B (AP3) + B (PI) + E+C für Stamina und C+C+E+E für Karpelle.

Die meisten ABC-Gene gehören der MADS-Box-Genfamilie an (▶ Abschn. 1.2.3). Bei deren Genprodukten handelt es sich um Transkriptionsfaktoren, die im Laufe der Evolution konserviert wurden. Sie treten in allen eukaryotischen Organismengruppen auf und beteiligen sich an der Regulation von Entwicklungsprozessen. **Duplikation** (Verdopplung) von Genen und anschließende funktionale Diversifizierung sind Schlüsselprozesse der Blütenevolution (Airoldi und Davies 2012).

Bei *Arabidopsis* sind folgende Gene an der Festlegungen der Blütenorganidentität beteiligt:

- A-Klasse: *APETALA 1* (*AP1*), *APETALA 2* (*AP2*)
- B-Klasse: *APETALA 3* (*AP3*), *PISTILLATA* (*PI*)
- C-Klasse: *AGAMOUS* (*AG*)
- D-Klasse: *SEEDSTICK* (*STK*), *SHATTERPROOF1* und *2* (*SHP1* und *2*)
- E-Klasse: *SEPALLATA 1–4* (*SEP1–4*)

Generell werden die Blütenorganidentitätsgene dort exprimiert, wo sie wirken, z. B. *AP3* und *PI* in Stamina und *SEP* überall in der gesamten Blüte. Die Gene der A- und C-Klasse hemmen sich gegenseitig. Sie sind zusätzlich

an der Aufrechterhaltung der Teilungsaktivität des Blütenmeristems (*AP1*) und an deren Beendigung (*AG*) beteiligt. Werden alle Organidentitätsgene oder nur die *SEP*-Gene unterdrückt (Mehrfachmutante), entstehen anstelle von Blüten Laubknospen. Wie die Blütenidentitätsgene die Organidentität genau steuern, ist erst ansatzweise bekannt.

Das ABC-Modell wurde an eudicotylen Pflanzen entwickelt, lässt sich aber unter Annahme variabler Grenzen zwischen den Genexpressionsmustern (*shifting boundaries*; ◘ Abb. 10.7b) und gradueller Übergänge zwischen Organformationen (*fading borders*; ◘ Abb. 10.7c) auch auf Blüten der Monocotylen und Basalen Angiospermen anwenden (Kanno et al. 2003; Theißen und Melzer 2007; Becker 2016).

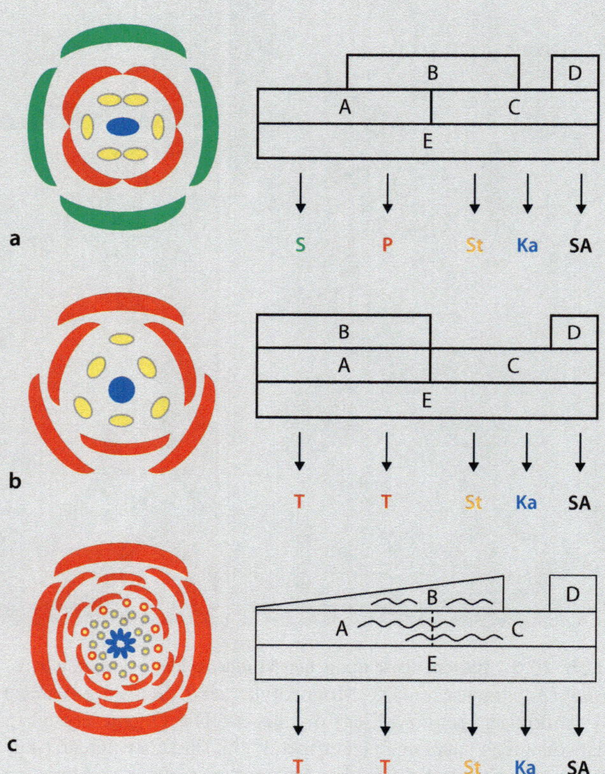

◘ **Abb. 10.7   ABC-Modell der Blütenentwicklung. a**, *Arabidopsis thaliana* (Brassicaceae). Modellorganismus für die Eudicotylen. **b**, *Tulipa gesneriana* (Liliaceae). Beispiel für die Monocotylen: B wird an gleicher Position wie A exprimiert (*shifting boundaries*). **c**, *Nymphaea alba* (Nymphaeaceae). Beispiel für die Basale Angiospermen: Die Expressionsdomänen gehen ineinander über (Wellenlinien: *fading borders*). Ka, Karpell. P, Petalum. S, Sepalum. SA, Samenanlage. St, Stamen. T, Tepalum. (© Original, in Anlehnung an Erbar 2007; Becker 2016)

10.2.2 Differentielle Meristemaktivität

Blütenmeristeme sind zu **differentiellem Wachstum** befähigt. Das bedeutet, dass die Zellteilungsaktivität **lokal** unterschiedlich ist. Je nachdem, welcher Bereich erfasst wird, ergeben sich **Streckungen** bestimmter Blütenzonen, bilden sich **Röhren** oder verändern sich **relative Lagebezüge**. Die Teilungsaktivität kann gleichmäßig oder sprunghaft sein, früh oder spät einsetzen. Räumliche und zeitliche Aktivitäten (Heterochronie; ▶ Abschn. 1.2.3) wirken in unterschiedlicher Kombination zusammen und ergeben die Diversität der Blüte.

Blütenstiel, Anthophor, Androgynophor und Gynophor

Zellteilungsaktivität im **gesamten Querschnitt** des Blütenmeristems führt zur **Anhebung** aller darüberliegenden Teile. Es entsteht ein

- **Blütenstiel** (Pedicellus), wenn die aktive Zone unter der Blütenanlage liegt (◘ Abb. 10.8a),

- **Anthophor**, wenn das Gewebe zwischen Kelch und Krone angehoben wird (z. B. *Lychnis flos-cuculi*),

- **Androgynophor**, wenn das Gewebe zwischen Blütenhülle und Androeceum betroffen ist (z. B. Passionsblume; ◘ Abb. 10.8b: grau, und 10.9b: Pfeil),

- **Gynophor**, wenn sich das Gewebe zwischen Androeceum und Gynoeceum streckt (z. B. Kaperngewächse; ◘ Abb. 10.8b: schwarz, 10.9a und ▶ 9.36b).

Die Streckungsprozesse treten meist in einem **späten** Stadium der Blütenentwicklung auf und tragen zur Optimierung des Bestäubungsprozesses bei. Während der Blütenstiel allein oder zusammen mit dem Infloreszenzstiel (Pedunculus) die Blüte im Raum exponiert und damit für Bestäubertiere besser zugänglich macht, vergrößert die Anhebung der Reproduktionsorgane den Abstand zwischen dem Nektar am Blütengrund und den reproduktiven Oberflächen (▶ Abschn. 11.3.2, ▶ Abb. 11.17i).

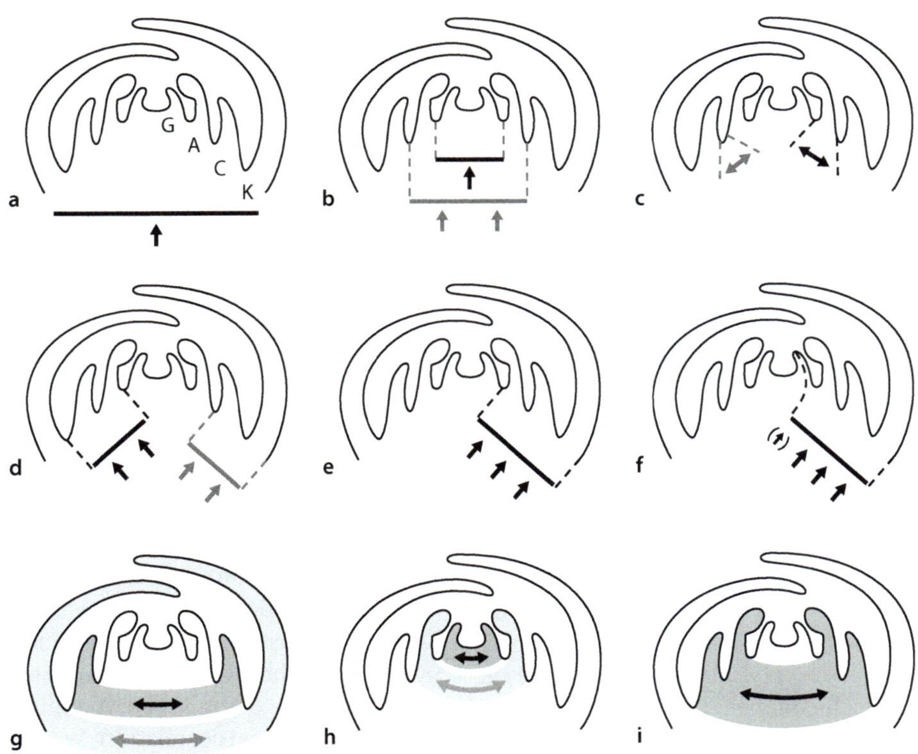

◘ **Abb. 10.8 Differentielle Meristemaktivität.** Dargestellt sind schematische Längsschnitte durch je ein Blütenmeristem mit den Anlagen von Kelch (K), Krone (C), Androeceum (A) und Gynoeceum (G). Die Pfeile geben jeweils Ort und Richtung erhöhter Zellteilungsaktivität an. Erläuterungen s. Text. **a–b, Anhebung ganzer Blütenformationen. a,** Blütenstiel (Pedicellus). **b,** Grau: Androgynophor (Androeceum und Gynoeceum gestielt). Schwarz: Gynophor (Gynoeceum gestielt). **c, Meristemerweiterung.** Grau: zwischen bestehenden Formationen (z. B. Coronabildung). Schwarz: innerhalb einer Anlage (Superprimordium, sekundäre Polyandrie). **d–f Hypanthienbildung. d,** Grau: Anhebung von Kelch und Krone. Schwarz: Anhebung von Krone und Androeceum. **e,** Anhebung von Kelch, Krone und Androeceum. **f,** Unterständiges Gynoeceum. Die Rückseite der Karpellanlagen wird in die Überwallung miteinbezogen. **g–i, Ringprimordien. g,** Grau: Kelchröhre. Schwarz: Kronröhre. **h,** Grau: Staminalröhre. Schwarz: coenokarpes Gynoeceum. **i,** Stamen-Petalum-Röhre. (© Original, in Anlehnung an Leins und Erbar 2008; Ronse De Craene 2010)

Hypanthienbildung und unterständiges Gynoeceum

Durch **ringförmige** Meristemaktivität im Blütenmeristem entstehen freie Blütenbecher (**Hypanthien**; ◘ Abb. 10.8d, e) und **unterständige** Gynoeceen (◘ Abb. 10.8f).

Hypanthium

Hypanthien sind Blütenbecher. Sie entstehen durch ringförmige Anhebung bestimmter Blütenformationen, die dadurch über die nicht involvierten Strukturen emporgehoben werden. Das Auswachsen des Hypanthiums schafft **Platz** für weitere Blütenorgane oder Strukturen (Corona, Nektarien) und ist an der Bildung von Blütenröhren beteiligt:

— Durch Zellteilungsaktivität unterhalb der Ansatzstelle von **Kelch- und Krone** (◘ Abb. 10.8d: grau) werden beide Formationen gegenüber dem Blütenboden emporgehoben. Dieser Hypanthientyp ist relativ selten und tritt bei einigen Passionsblumen auf Der auffällige Strahlenkranz einiger *Passiflora*-Blüte entsteht auf der Innenseite des Hypanthiums (◘ Abb. 10.15).

— Sehr häufig ist ein Blütenbecher, der **Kelch**, **Krone** und **Androeceum** über die Ansatzstelle des Gynoeceums hinausschiebt (◘ Abb. 10.8e). Dadurch werden diese Formationen erst am oberen Rand des Blütenbechers frei, an dessen Grund das Gynoeceum in **mittelständiger** Position (▶ Abschn. 10.5.4) steht. Diese Form des freien, das Gynoeceum umgebenden Blütenbechers wird als **perigynes** Hypanthium bezeichnet (griech. *peri*, „um … herum"; Leins und Erbar 2008). Beispiele finden sich in den Gattungen *Rubus* (Brombeere; ◘ Abb. 10.9c), *Eschscholtzia* (◘ Abb. 10.9d) und *Rosa* (Hagebutte; ▶ Abb. 12.19m).

Hypanthien treten relativ häufig bei den **Basalen Angiospermen** auf, so z. B. bei Amborellales, Nymphaeales und Laurales (Sy 10B:1, 2, 5; Endress 2010). Besonders interessant ist die Bildung bei der Seerose (*Nymphaea*), bei der zusätzlich zum Hypanthium ein ausgeprägter Gewebepfropf im Zentrum der Blüte auftritt (◘ Abb. 10.43b). Die Lage der Karpelle zwischen der Innenseite des Hypanthiums und diesem Pfropf hat zu unterschiedlichen Interpretationen des Gynoeceums geführt (Leins und Erbar 2008, Endress und Doyle 2015).

Unterständiges Gynoeceum

Zur Bildung eines **unterständigen Gynoeceums** (▶ Abschn. 10.5.4) kommt es, wenn die Zellteilungsaktivität im Meristem nicht nur die Anlagen von Kelch, Krone und Androeceum, sondern auch die Rückseite der Karpellanlagen erfasst (◘ Abb. 10.8f). Dadurch wird die Außenseite des Gynoeceums mit in den Überwallungsprozess einbezogen. Die Ovarhöhle mit den Samenanlagen bleibt an der ursprünglichen Stelle und befindet sich schließlich im Inneren der Blüte **unterhalb** aller übrigen Blütenorgane (◘ Abb. 10.9f, j und 10.10d). Durch diesen Bildungsprozess ist die **Wand** des nun unterständigen Gynoeceums nicht mehr mit der eines oberständigen Gynoeceums homolog (▶ Abb. 12.8c) – eine Konsequenz, die für die **Fruchtmorphologie** von Bedeutung ist (▶ Abschn. 12.2.1 und 12.2.3).

Ringprimordien und Röhrenbildung

Bei zyklischer Organausgliederung entwickeln sich die Organe entweder frei voneinander aus **Einzelmeristemen**, oder sie entstehen aus einer **gemeinsamen** Anlage (**congenital**; ▶ Exkurs 10.2). Dabei kann es auf zweierlei Weise zur **Röhrenbildung** kommen:

1. Die Organe werden frei angelegt und dann durch Zellteilung der **unter ihnen** liegenden Zone des Receptaculums gemeinsam angehoben (◘ Abb. 10.10a). Dieser Prozess entspricht dem der **Hypanthienbildung**.

2. Es bildet sich zunächst ein Wulst, der als **Ringprimordium** bezeichnet wird (◘ Abb. 10.11b). Aus ihm differenzieren sich die Organanlagen, die nach der **Streckung des Ringprimordiums** oberhalb der Röhre frei werden.

Auch Elemente aufeinanderfolgender Blütenkreise können aus einer gemeinsamen Anlage entstehen. Bei einigen Monocotylen, z. B. *Freesia* (Iridaceae; ◘ Abb. 10.9f) oder *Tulbaghia* (Amaryllidaceae; ◘ Abb. 10.9e) bilden **zwei Tepalenkreise** zusammen mit ihren ein oder zwei Staminalkreisen eine gemeinsame **Stamen-Tepalum-Röhre** (◘ Abb. 10.8i). Dieser Prozess führt dazu, dass die Antheren der Blütenröhre innen anhaften (◘ Abb. 10.9e, f). Die sie versorgenden Leitbündel sind häufig von außen sichtbar (◘ Abb. 10.4c). Die konkrete Ausgestaltung der Röhre hängt jeweils vom Zeitpunkt der Anlagendifferenzierung und der relativen Wachstumsgeschwindigkeit ihrer Teile ab (Sattler 1962).

◻ Abb. 10.9   Auswirkungen der differentiellen Meristemaktivität auf die Blütengestaltung. a, *Steriphoma aurantiaca* (Capparaceae). Gynophor (Pfeil). **b,** *Passiflora coriacea* (Passifloraceae). Androgynophor (Ag) und Corona (Co). **c,** *Rubus fruticosus*-Gruppe (Rosaceae). Längsschnitt einer Blüte mit Hypanthium (Hy). **d,** *Eschscholtzia californica* (Papaveraceae). Längsschnitt einer Blüte mit Hypanthium (Hy). **e,** *Tulbaghia violacea* (Amaryllidaceae). Stamen-Petalum-Röhre (STR) und Corona (Co). **f,** *Freesia* (Iridaceae). Syntepales Perigon (Pe), unterständiger Fruchtknoten (Gy, Gynoeceum), Stamen-Tepalum-Röhre (STR). **g,** *Narcissus* (Amaryllidaceae). Syntepales Perigon (Pe), Corona (Co). **h,** *Butomus umbellatus* (Butomaceae). Verdopplung der Stamenzahl im äußeren Androecealkreis. **i, j,** *Oenothera biennis* (Onagraceae). unterständiger Fruchtknoten (Gy) und perigynes Hypanthium (Hy). (© R. Claßen-Bockhoff, Mainz)

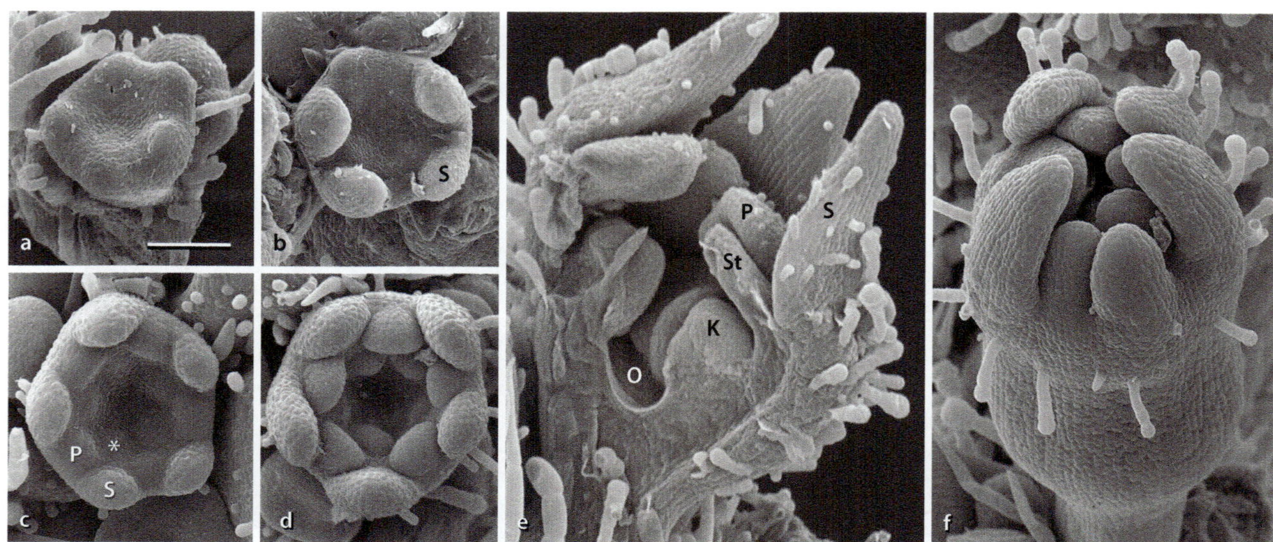

◻ Abb. 10.10   Entwicklung eines unterständigen Fruchtknotens.
Zaunrübe (*Bryonia dioica*, Cucurbitaceae; ◻ Abb. 10.48f). **a,** Leicht
eingewölbtes Blütenmeristem mit beginnender Bildung von Kelchblättern am Rand. Balken: 100 μm. **b,** Der Rand wächst in die Höhe,
wodurch das Meristem becherförmig wird. Die Kelchblätter (S, Sepalum) entstehen am oberen Innenrand des Bechers (Hypanthium). **c, d,**
Der Prozess der Hypanthienbildung schreitet fort. Kronblatt- (P, Petalum) und Stamenanlagen (*) entstehen innen am Becher. **e, f,** Die Bildung des unterständigen Fruchtknotens beruht darauf, dass alle
Blütenorgane, d. h. Sepalen (S), Petalen (P), Stamina (St) und die
Rückseite des Gynoeceums (K, Karpell) angehoben werden. Das
Ovar (O) befindet sich am ursprünglichen Blütenboden. **a–f:** gleicher
Maßstab. (© L. Birkmann, T. Schmidt & R. Claßen-Bockhoff, Mainz)

An der fertigen Blüte kann nicht immer entschieden
werden, ob die Röhrenbildung auf der Bildung eines
Hypanthiums oder eines Ringprimordiums erfolgt.
Auch ontogenetisch ist es zuweilen schwierig, zwischen
den beiden Prozessen zu unterscheiden. So kann ein
Wulst sowohl einem Ringprimordium entsprechen als
auch den Beginn einer unterständigen Fruchtknotenbildung anzeigen (◻ Abb.10.10a). In der Praxis spricht
man daher von **Kelch-**, **Kron-** und **Filamentröhren**, ohne
Bezug auf die Bildungsweise zu nehmen. Ist die Entwicklung der Röhre dagegen bekannt, kann ihre
Bildungsweise als systematisches Merkmal verwendet
werden, so wie das bei den Asteridae mit der Unterscheidung von **früher** und **später Sympetalie** getan wird
(Erbar und Leins 1996).

Heterochronie und Positionsverschiebungen

Bei der Blütenentwicklung spielt nicht nur der **Ort** verstärkter Meristemaktivität eine wichtige Rolle, sondern
auch der **Zeitpunkt**. Werden z. B. bestimmte Organanlagen (oft sind es die Stamina) gegenüber anderen gefördert, kann es zu einer divergenten Ausgliederungsfolge der Blütenformationen kommen (◻ Abb. 10.12b).
Sekundäre Lageverschiebungen (**Metatopien;**
► Abschn. 6.7.3) können durch **ungleich starkes Wachstum** der Organanlagen entstehen. Werden beispielsweise
zwei Staminalkreise zentripetal und alternierend (‚auf
Lücke') angelegt, und der innere wächst schneller als der

äußere, kann er sich nach außen schieben und den äußeren nach innen abdrängen (Ronse De Craene and
Bull-Hereñu 2016). In der fertigen Blüte stehen dann die
inneren Stamina ‚als äußerer Kreis' vor den Kronblättern, wodurch die Alternanzregel (► Abschn. 6.6.1)
scheinbar durchbrochen wird.

Stellungsabweichungen in der Blüte beruhen häufig
auf solchen beobachtbaren, **sekundären** Positionsver-
schiebungen. Daneben gibt es allerdings auch Fälle, bei
denen die Alternanzregel von Beginn an (congenital)
durchbrochen ist (z. B. *Kalanchoë blossfeldiana;*
◻ Abb. 10.3g). Ist die Veränderung erbfest, spricht man
von **Heterochronie** als dem Prozess, der die **Zeitverschiebung** in der Anlegung und Entwicklung von Organen zwischen dem hypothetischen Vorfahren und seinem Nachkommen beschreibt. Er gilt als einer der wichtigsten **Evolutionsprozesse** zur Diversifizierung der
Blüten (Ronse de Craene 2024; ► Abschn. 1.2.3).

Die Blüten der **Marantaceae** weisen den grund-
ständigen, trimeren Bau der Monocotylenblüten auf
und sollten sich demensprechend zentripetal entwickeln (◻ Abb. 10.6a–f). Tatsächlich zeigen sie aber
eine sehr **ungewöhnliche Anlagefolge**, die mit der Bildung eines ringförmigen Wulstes, der vorauseilenden
Entwicklung des Androeceums und einer Meristemerweiterung während der Fraktionierung einhergeht
(◻ Abb. 10.11). In Marantaceenblüten liegt immer
eine **Stamen-Petalum-Röhre** vor. Dabei fraktioniert der

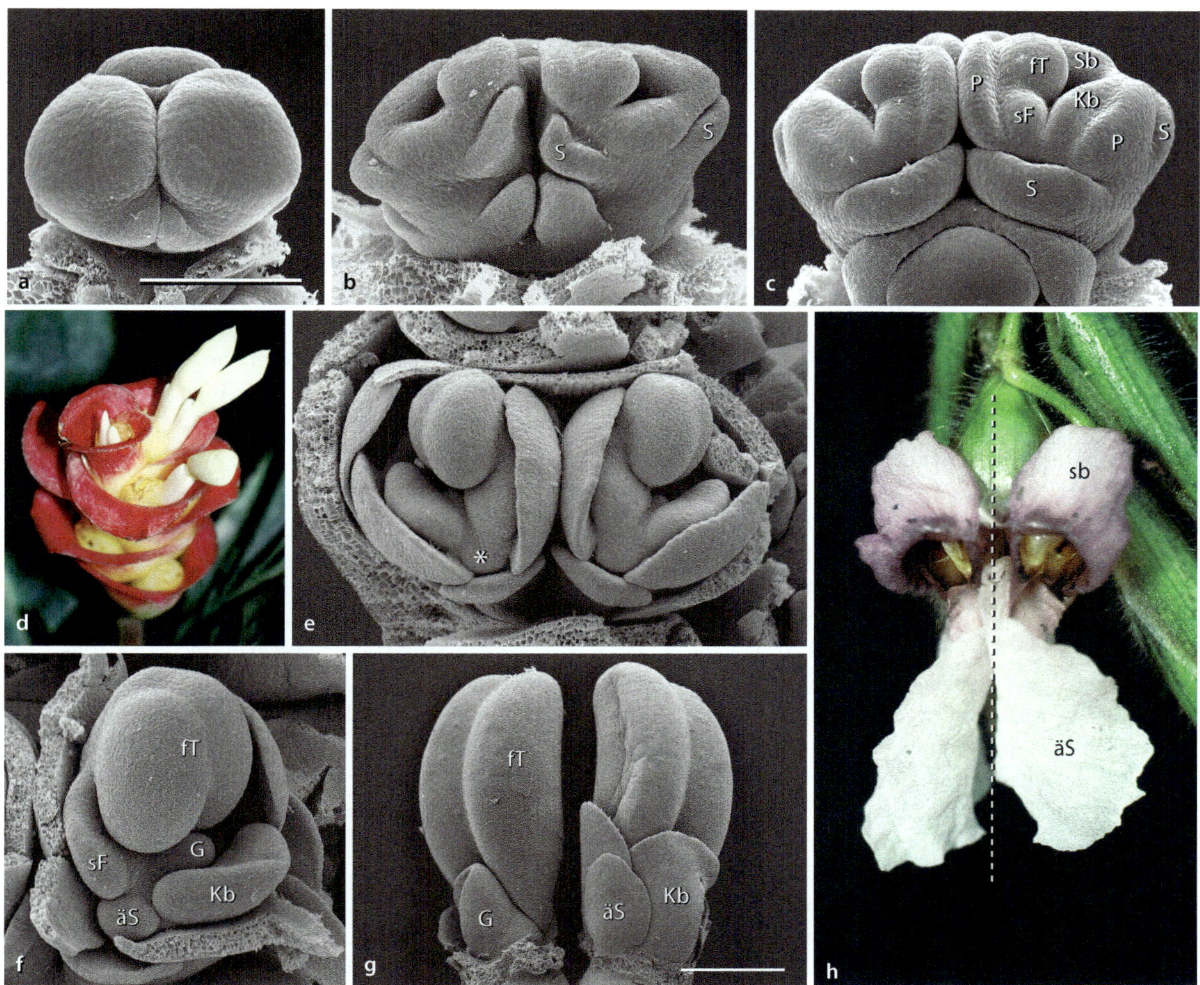

Abb. 10.11 Blütenentwicklung bei Marantaceae. Die Blüten der Marantaceae sind gegenüber einer typischen Monocotylenblüte abgeleitet (► Abb. 11.59a, b). Sie sind asymmetrisch und stehen in spiegelsymmetrischen Paaren. Ihre Hülle ist in Kelch und Krone gegliedert, der äußere Androecealkreis auf ein bis zwei Staminodien reduziert. Der innere Androecealkreis besteht aus einem halbfertilen Stamen und zwei Staminodien mit Sonderfunktionen (► Abschn. 11.7.5). **a–d,** *Goeppertia warzcewiczii*. **a–c:** Bilder im gleichen Maßstab. Balken in a: 200 µm. **a,** Anlage eines Blütenpärchens (adaxiale Ansicht). Die Blütenmeristeme sind durch Fraktionierung eines FUM entstanden (► Abschn. 9.2.3). **b,** Die Blütenmeristeme differenzieren sich in Kelchblattanlagen (S, Sepalum) und einen zentralen Ringwulst (adaxiale Ansicht). **c,** Aus diesem entstehen (abaxiale Ansicht) die Anlagen der Krone (P, Petalum) und des inneren Androecealkreises: Stamen mit fertiler Theke (fT) und sterilem Fortsatz (sF), staminodiales Kapuzenblatt (Kb), staminodiales Schwielenblatt (Sb). Das Gynoeceum entsteht als Letztes (nicht sichtbar). **d,** Blütenstand mit Blütenpärchen in den Achseln farbiger (petaloider) Tragblätter (► Abb. 9.15). **e–h,** *Thalia geniculata*. REM-Bilder im gleichen Maßstab. Balken in g: 500 µm. **a, e,** Nach der Anlage aller Kronblätter und innerer Staminalorgane entstehen im äußeren Androecealkreis zwei Staminodien (*, zweite Anlage nicht sichtbar). **f,** Als letzte Formation entwickelt sich das trimere Gynoeceum (G). Die fertile Theke (fT) und das äußere Staminodium (äS) wachsen heran (Kelch und Krone entfernt). **g,** In der Knospe liegt die fertile Theke oberhalb des Griffelkopfes (links: alle übrigen Organe entfernt). Die Staminodien bleiben hinter dem Thekenwachstum zurück (rechts: Blütenhülle entfernt). **h,** Habitus eines blühenden Blütenpärchens. Die beiden Blüten sind zueinander spiegelsymmetrisch (gestrichelte Linie) und bilden gemeinsam ein zygomorphes Pseudanthium sensu Troll (► Abschn. 9.5.1). (© **a–c:** S. Deobald & R. Claßen-Bockhoff, Mainz. **e–g:** E. Dworaczek & R. Claßen-Bockhoff, Mainz. d, h: R. Claßen-Bockhoff, Mainz)

Ringwulst nach außen Kronblattanlagen und nach innen die vor diesen stehenden Androecealanlagen des inneren Kreises (■ Abb. 10.11c). Erst wenn durch **Meristemerweiterung** (■ Abb. 10.8c: grau) **Platz** für neue Organe geschaffen wird, entstehen die Staminodien des äußeren Androecealkreises (■ Abb. 10.11f: äS). Nummeriert man die Blütenkreise von den Sepalen (1) zum Gynoeceum (5) von außen nach innen durch, wird die ungewöhnliche Anlagefolge deutlich: 1, 2+4, 4, 2, 3, 5.

Exkurs 10.2 Congenitale Entstehung und postgenitale Prozesse

Sympetale Kronen oder coenokarpe Gynoeceen werden gewöhnlich als **verwachsene (fusionierte)** Hüllen bzw. Fruchtknoten bezeichnet. Lässt sich die Verwachsung nicht beobachten, spricht man von **congenitaler Fusion**, ist sie empirisch nachweisbar, von **postgenitaler Fusion**.

Der Begriff ‚congenitale Fusion' ist irreführend und wird hier durch die Bezeichnung **congenitale Entstehung** ersetzt.

Congenitale Entstehung von Organen

Der Begriff **Fusion** (Verwachsung) beschreibt einen **Prozess**, durch den sich ursprünglich freie Anlagen zusammenfügen und einen gemeinsamen Strukturkomplex bilden. **Congenital** bedeutet ‚von Anfang an' (lat. *congenitus*, „angeboren") und besagt, dass mehrere Organe aus einer **gemeinsamen Anlage** entstehen. Dies kann ein **Hypanthium** (◘ Abb. 10.8d–f), ein **Ringprimordium** (◘ Abb. 10.8h–i) oder ein **Superprimordium** (sekundäre Polyandrie; ◘ Abb. 10.14b, h, l) sein. In jedem Fall handelt es sich **nicht** um eine Fusion, sondern, im Gegenteil, um die **Trennung von Organen** aus einer gemeinsamen Anlage.

Dem Begriff ‚congenitale Fusion' liegt die Annahme zugrunde, dass die gemeinsame Entstehung der Organe stammesgeschichtlich abgeleitet ist. Hatte der hypothetische Vorfahre freie Organanlagen, so sind diese bei seinem Nachkommen ‚verwachsen'. Die Problematik der Bezeichnung liegt darin, dass eine **phylogenetische Annahme** mit einem **beobachtbaren Entwicklungsprozess** kombiniert wird. Es entsteht dadurch die Vorstellung, dass im Laufe der Evolution freie Organe miteinander verwachsen wären. Tatsächlich beruht die ‚Verwachsung' aber auf einer **veränderten Meristemaktivität** des Nachkommen, durch die es zu einer **späteren Trennung** der Organe kommt.

Das Beispiel zeigt, wie Begriffe die Vorstellung von pflanzlichen Entwicklungsprozessen prägen und sogar in eine irrige Richtung führen können. Das gilt auch für den Begriff **Internodienstauchung** (▶ Abschn. 9.3.3), der suggeriert, dass vorhandene Internodien zusammengedrückt würden. Tatsächlich handelt es sich um Hemmprozesse, die die Streckung der Internodien verhindern.

Viele traditionell verwendete Begriffe und Konzepte der Pflanzenmorphologie stammen aus einer Zeit, in der man sich an adulten Strukturen und formalen Ableitungsreihen orientierte. Das ist nicht mehr zeitgemäß und kann durch die Verwendung prozessorientierter Begriffe (congenitale Entstehung, Internodienhemmung) geändert werden.

Postgenitale Fusion und Verklebung

Bei **postgenitalen Prozessen** (wörtl. „**nach** der Bildung") handelt es sich um **beobachtbare** Vorgänge, bei der frei angelegte Organe oder Organteile während ihrer Entwicklung zu einem festen Funktionsverband zusammentreten:

- Dies geschieht bei der **Fusion** in einem **sehr frühen Entwicklungsstadium**, in dem die Anlagen noch meristematisch sind und ‚ohne Naht' miteinander verschmelzen. Ein Beispiel für diesen Fall liefert die Bildung geschlossener Blattscheiden (▶ Abb. 8.38a, b).
- Bei der **Verklebung** haften benachbarter Organe durch Haare, Epidermispapillen oder Sekrete aneinander (▶ Abb. 7.4d, e). Selten verschmelzen Cuticulastrukturen zu einem festen Verbund (▶ Abb. 7.4e), viel häufiger sind die ursprünglich freien Teile noch durch eine **Naht** getrennt und können ohne Verletzung voneinander getrennt werden. Beispiele für postgenitale Fusion liefern die Schiffchen der Schmetterlingsblüten (▶ Abb. 11.53b: Ha), die Antherenröhre der Asteraceae (▶ Abb. 9.30b und 9.39l) und die Ventralnaht der Karpelle (◘ Abb. 10.40c: Vn).

10.2.3 Platzprobleme und Meristemausdehnung

Aufgrund des fehlenden Spitzenwachstums der Blüte ist der **Platz** für die Blütenorgane **begrenzt**. Dies äußert sich in **Konkurrenz**, wobei die zuerst fraktionierten bzw. am schnellsten wachsenden Organe die anderen dominieren. Bei der häufigen, **zentripetalen** Fraktionierung trifft dies vor allem das **Gynoeceum**, das meist weniger Elemente (Karpelle) aufweist als die übrigen Blütenformationen (Ronse De Craene 2016). Auch **Ringprimordien**, relative **Lageverschiebungen** (Metatopien; ▶ Abb. 6.37) und **Unterdrückung** einzelner Elemente oder ganzer Formationen (z. B. Androecealkreise; ▶ Abschn. 10.4.2) können die Folge von Platzproblemen sein.

Einen **Ausweg** aus den engen Platzverhältnissen liefert das Blütenmeristem selbst, das die Fähigkeit besitzt, sich während der Fraktionierung zu weiten und damit die meristematische Oberfläche zu vergrößern (◘ Abb. 10.5a, b). Die **Ausdehnung** beruht auf einer subapikalen Zellteilungsaktivität des Meristems, die vermutlich diffus erfolgt. Die Entwicklung der Blüte ist somit **räumlich** von den sich ändernden **Platzverhältnissen** bestimmt und **zeitlich** von der **Überlagerung** zweier Prozesse: der **Fraktionierung** von Organanlagen und der **Ausdehnung** des Meristems. Diese Prozesse setzen zu unterschiedlichen Zeitpunkten (früh, spät) ein, unterscheiden sich in ihrer Geschwindigkeit (langsam, schnell) und in ihrem Ablauf (kontinuierlich, sprunghaft). Die Folge ist eine Vielfalt an Kombinationsmöglichkeiten, die letztendlich zur Diversität der Blüten beiträgt.

Mechanischer Druck

Neben den Entwicklungszwängen **innerhalb** der Blütenanlage wirken auch mechanische **Kräfte von außen** auf
das Blütenmeristem (Bull–Hereñu et al. 2022). Dies gilt
insbesondere für Seitenblüten, die sich in der **Blattachsel**
zwischen Tragblatt und Abstammungsachse befinden,
oder für Blütenmeristeme, die sich in enger Nachbarschaft zueinander entwickeln (▶ Abb. 9.6d). Oft sind
solche Blütenmeristeme zu Beginn ihrer Entwicklung
deformiert und erreichen erst später ihre symmetrische
Form (◻ Abb. 10.12), wenn sich die Platzverhältnisse
durch allgemeines Wachstum entspannt haben (Naghiloo 2020). Auch Abdrücke auf jungen Organanlagen
deuten auf mechanischen Druck der sie umhüllenden
Organe hin (◻ Abb. 10.30d).

Veränderung der Zähligkeit

Gewöhnlich bestimmt das **Größenverhältnis** zwischen
den Organprimordien und dem Blütenmeristem die
Zähligkeit einer Blüte. Es ist sehr **flexibel** und führt
durch kleine **Änderungen** zu deutlichen, phänotypischen
Unterschieden. So führt die Vergrößerung der Organanlagen in einem Blütenkreis beim Überschreiten eines
bestimmten Grenzwertes zur Bildung von zwei Kreisen,
auf denen sich die Anlagen alternierend verteilen (Ronse
De Craene 2010). Verkleinert sich dagegen ein Meristem
bei gleichbleibender Primordiengröße, kann es zum Verlust einer Anlage, z. B. zum Übergang von der Pentamerie zur Tetramerie, kommen. Ein quantitativ überprüftes
Beispiel für die platzabhängige Änderung der Zähligkeit liefern die Blüten der Caprifoliaceae-Dipsacoideae.
Ausgehend von einer ursprünglichen (ancestralen) Tetramerie sind die pentameren Blüten vermutlich auf
zweierlei Weise entstanden: durch Vergrößerung des

Blütenmeristems bei gleichbleibender Primordiengröße
(*Pterocephalus*) bzw. durch Verkleinerung der Organ-
anlagen bei gleichbleibender Meristemgröße (*Scabiosa*;
Naghiloo und Claßen-Bockhoff 2017).

Zygomorphie und Unterdrückung von Anlagen

Die Reduktion von Blütenorganen beruht häufig auf
Hemmprozessen, die auf räumliche Engpässe folgen. So
geht beispielsweise bei der Zaunrübe (*Bryonia dioca*, Cucurbitaceae) die Reduktion des tetrameren Andro-
ceums auf drei Stamina (▶ Abb. 9.33k) mit Platzproblemen einher (Ronse De Craene 2016).

Zygomorphe Blüten weisen oft ein reduziertes Androeceum auf. Dies gilt z. B. für die pentameren **Lippenblüten** der Lamiaceae, die nur vier Stamina ausbilden; die
median-adaxiale Anlage wird stets unterdrückt. Die Stamina werden zyklisch angelegt und während der weiteren
Blütenentwicklung durch unterschiedliche Wachstumsprozesse unter die Oberlippe der zygomorphen Blüte gestellt. Beim Salbei (*Salvia*) bleiben zusätzlich die beiden
seitlichen Anlagen gehemmt, sodass nur die beiden abaxialen Stamina zur vollen Entwicklung kommen
(◻ Abb. 10.13e, f) und die bekannte Hebelform bilden
(◻ Abb. 10.37b, ▶ Abschn. 11.5.2). Interessanterweise
verlaufen die Hemmprozesse bei Arten der in Australien
beheimateten Lamiaceae-Prothantheroideae in umgekehrter Richtung (◻ Abb. 10.13h–j): Bei ihnen wachsen die beiden lateralen Stamina aus, während die abaxialen gehemmt bleiben.

Die zur Verfügung stehenden **Platzverhältnisse** werden vermutlich von **Polaritätsgenen** kontrolliert. Das
derzeitige Wissen zur **entwicklungsgenetischen Regulation** monosymmetrischer Blüten basiert auf Studien am

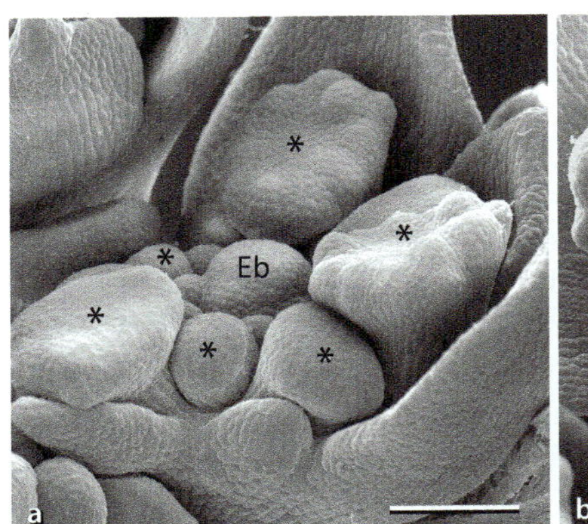
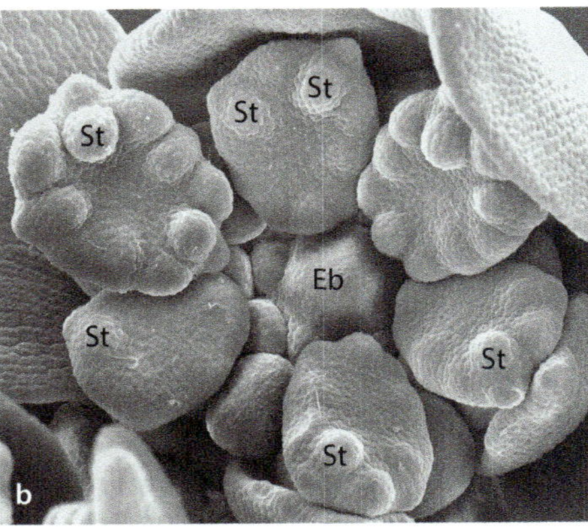
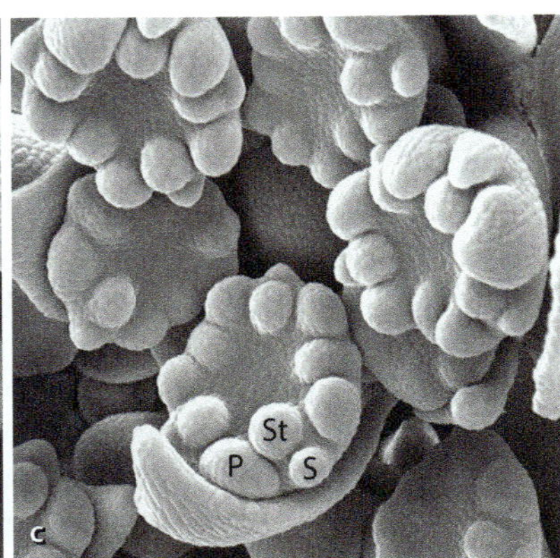

◻ **Abb. 10.12** **Blütenentwicklung von *Orlaya grandiflora* (Apiaceae)**
▶ Abb. 9.7f und 9.29g. **a,** Die jungen Blütenmeristeme (*) sind flach
und nackt. Sie entstehen durch Fraktionierung aus einem Döldchenmeristem (FUM; ▶ Abschn. 9.2.3). Die Ausgliederung erfolgt
zentripetal, die inneren Blütenmeristeme haben weniger Platz als die
äußeren. In der Mitte entwickelt sich die leicht geförderte Endblüte
(Eb). Balken: 100 µm. **b,** Die randlichen Blüten beginnen mit der
Blütenorganbildung; diese erfolgt unregelmäßig spiralig und zeigt
eine deutliche Förderung der peripher liegenden Staminalanlagen
(St). **c,** Mit zunehmender Meristemerweiterung runden sich die
Blütenanlagen ab. Sepalen (S), Petalen (P) und Stamina (St) sind an-
gelegt, das unterständige Gynoeceum bildet sich später. Gleicher
Maßstab. (© P. Kunz & R. Claßen-Bockhoff, Mainz)

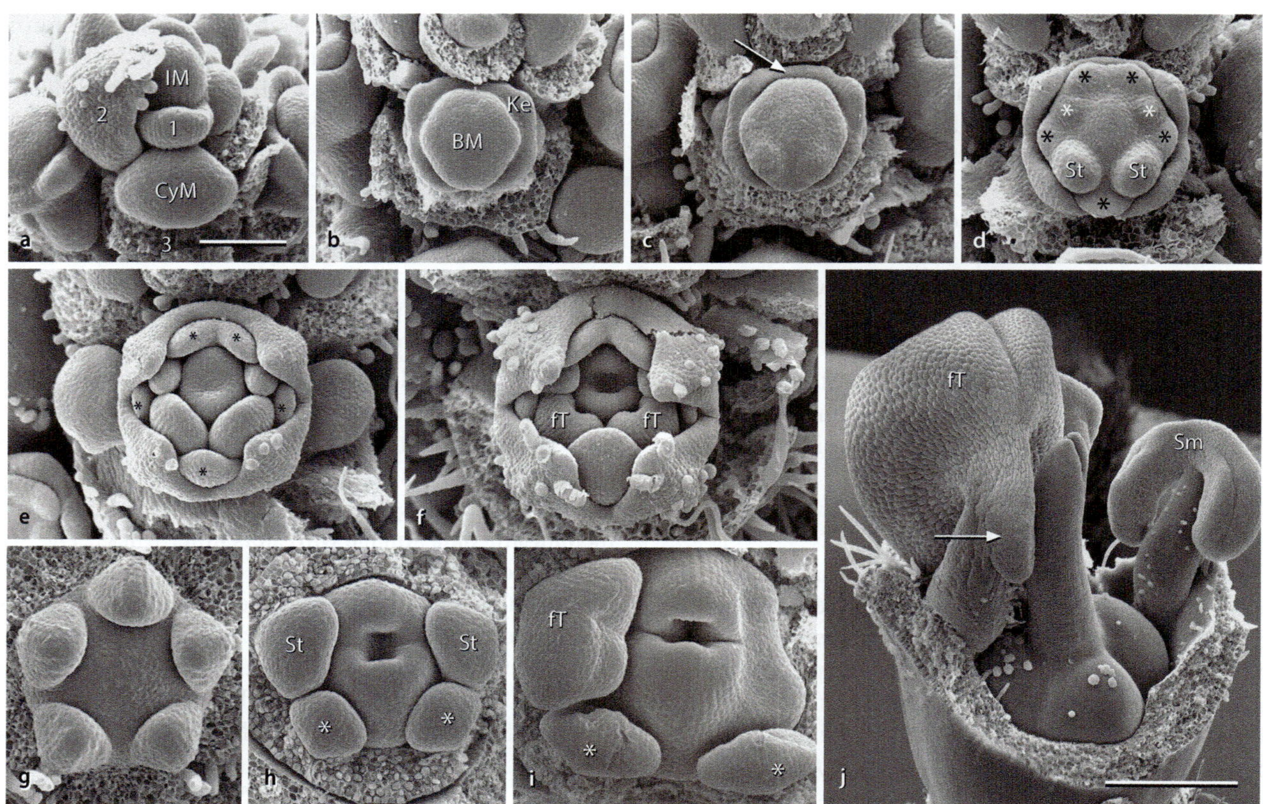

● **Abb. 10.13   Blütenentwicklung von Lamiaceae.** Die Lippenblüten sind zygomorph, pentamer und tetrazyklisch. Der Androecealkreis bildet gewöhnlich vier Stamina. Bei den hier vorgestellten Beispielen sind es zwei Stamina (mit je nur einer fertilen Theke) und zwei Staminodien. Bei *Salvia* liegen die fertilen Stamina abaxial, bei *Westringia* adaxial. **a–f,** *Salvia viridis* (▶ Abb. 9.2f). **a,** Die Blüten stehen in seitlichen Cymen (▶ Abb. 9.5h). IM, Infloreszenzmeristem. CyM, Cymenmeristem. 1–3, Blätter von drei aufeinanderfolgenden Knoten (dekussierte Blattstellung; ▶ Abb. 9.5h). Balken: 100 μm. **a–i:** gleicher Maßstab. **b,** Blütenmeristem (BM). Der Kelch (Ke) bildet sich als erste Formation aus einem Ringprimordium. **c,** Der Übergang zur Zygomorphie der Blütenanlage beginnt mit der Förderung der beiden abaxial liegenden Staminalanlagen. Die median-adaxiale Kelchblattanlage (Pfeil) bleibt gehemmt. **d, e,** Die Kronblattanlagen (schwarze *) lassen bereits die spätere, zweiteilige Oberlippe und dreiteilige Unterlippe erkennen. Die beiden Staminodien werden sichtbar (weiße *). **f,** Der Kelch umschließt schützend die jungen Blütenorgane. Die fertilen Theken (fT) und das Gynoeceum entwickeln sich. **g–j,** *Westringia dampieri.* **g,** Radiäres Blütenmeristem mit fünf Kronblattanlagen. **h,** Das Androeceum bildet zwei adaxiale Stamina (St) und zwei abaxiale Staminodien (*). **i,** Die fertile Theke der Staminalanlagen entwickelt sich (rechte Anlage entfernt), die beiden Karpelle schließen sich über dem Ovar. **j,** Die beiden Stamina (eine Anlage entfernt) bilden jeweils nur eine fertile Theke, die zweite Theke fehlt (Pfeil: rudimentärer Konnektivarm). Das Gynoeceum zeigt die für Lamiaceae charakteristischen, aufgewölbten Ovarfächer (s. Klause; ▶ Abschn. 12.2.4). Sm, Staminodium. Balken: 500 μm. (© **a–f:** N. Daichent & R. Claßen-Bockhoff, Mainz. **g–j:** E. Dworaczek & R. Claßen-Bockhoff, Mainz)

Löwenmaul (*Antirrhinum majus*, Scrophulariceae), das neben *Arabidopsis thaliana* ein weiterer wichtiger **Modellorganismus** der Entwicklungsgenetik ist (▶ Exkurs 10.1).

Antirrhinum besitzt eine zygomorphe Blüte, deren Anlage schon früh von einem adaxial-abaxialen Gradienten geprägt wird. Dieser beruht auf der differentiellen Expression von Symmetriegenen (Luo et al. 1996; Hileman 2014). Die **adaxiale** Identität wird von *CYC*-*LOIDEA* (*CYC*) und *DICHOTOMA* (*DICH*) festgelegt, wobei *CYC* das **adaxiale Stamen unterdrückt** und *DICH* das Auswachsen des adaxialen Petalums fördert. Die Aktivierung weiterer Gene (*RADIALIS*, *RAD*; *DIVA-RICATA*, *DIV*) ist für die Identität der **abaxialen** Petalen wichtig. Die Genaktivität bleibt auf die jeweilige Blütenseite **beschränkt** und während der gesamten Entwicklung **erhalten**. Die Unterdrückung von *CYC* and *DICH* führt zu polysymmetrischen Pelorien. Deren **Me-**

risteme sind **größer** als die der zygomorphen Blüten und weisen entsprechend **Platz** für mehr Organe auf (▶ Exkurs 9.3). Die wiederholte **Rückkehr** (*reversal*) **zur Radiärsymmetrie** innerhalb der Lamiales beruht auf **verschiedenen** Mechanismen, zu denen nach derzeitigem Wissen Änderungen der *CYC*-Genaktivität (Zhong et al. 2017) und möglicherweise auch der räumlichen Gegebenheiten gehören.

Meristemausdehnung

Die Fähigkeit zur andauernden Meristemvergrößerung führt zur Schaffung von Platz **zwischen bereits bestehenden** Organen. Dieser **zusätzlich generierte Platz** fraktioniert weitere Blütenstrukturen. Je nach Ort und Zeitpunkt führt dies zu sekundärer Polyandrie oder zur Bildung einer Corona.

Sekundäre Polyandrie

Eine hohe Anzahl von Stamina in einer Blüte wird auf zweierlei Wegen erreicht. In Blüten mit **primärer Polyandrie** werden zahlreiche Staminalanlagen in meist spiraliger Anordnung fraktioniert, die jede für sich ein Stamen bilden. In Blüten mit **sekundärer Polyandrie** (▶ Abschn. 10.4.3) stehen **zahlreiche Stamina** in **Bündeln** (*fascicles*) oder **vielzähligen Kreisen** zusammen. Sie gehen aus wenigen Anlagen oder einem Ringwulst hervor, die durch Meristemvergrößerung (▶ Abschn. 10.2.3) ausgedehnt werden (◘ Abb. 10.8c: schwarz):

- Im Fall der **Bündelbildung** werden zunächst wenige Primordien zyklisch fraktioniert (◘ Abb. 10.14a). Diese differenzieren nicht sofort Stamina, sondern agieren als **Superprimordien**, aus denen sich in einem zweiten Fraktionierungsschritt Stamina in **lateraler**, **zentripetaler** oder **zentrifugaler** Richtung entwickeln (◘ Abb. 10.14b–d, i, m). Die **Richtung** der Staminalbildung folgt dabei der **Meristemausdehnung**.

- Im Fall des **Ringwulstes** bilden sich durch Weitung des Meristems **mehrere Reihen** von Stamina in zentripetaler oder zentrifugaler Richtung. Durch interkalare Streckung kann eine **Staminalröhre** entstehen, an der die einzelnen Filamente auf unterschiedlicher Höhe frei werden (▶ Abschn. 10.4.3).

Die sekundäre Polyandrie wirft die Frage nach der **Homologie des Stamens** auf. Je nachdem, ob man die Struktur (Filament und Anthere) oder das Primordium (einfach, komplex) betrachtet, ergeben sich unterschiedliche Homologiehypothesen. Im ersten Fall wären alle Stamina untereinander homolog, entstünden aber aus unterschiedlichen Primordien, im zweiten Fall wären sie analog. Beide Alternativen sind unbefriedigend (▶ Exkurs 10.3).

Coronabildung

Unter dem Begriff **Corona** (Innenkrone) werden Strukturen zusammengefasst, die zwischen Blütenhülle und Androeceum stehen und oft (wie die Krone) zur Schauwirkung der Blüte beitragen.

Bei einigen Amaryllidaceae (*Pancratium*) ist die Corona **staminaler Herkunft** (◘ Abb. 10.34d); bei der Passionsblume (◘ Abb. 10.9b) handelt es sich eher um eine **Neubildung** (Claßen-Bockhoff und Meyer 2016). Durch die Ausdehnung des Blütenmeristems im Zuge einer Hypanthienbildung entsteht Platz zwischen der Krone und dem Androeceum (◘ Abb. 10.8.c: grau), der für die Bildung neuer Strukturen genutzt werden kann (◘ Abb. 10.15).

Die Corona übernimmt in den meisten Fällen **Schaufunktion**. Dabei kann sie durch Farbkontrast zur Blütenhülle die Attraktivität der Blüte zusätzlich steigern (◘ Abb. 10.34e). Bei der Narzisse (◘ Abb. 10.9g) fungiert die Corona zusätzlich als **Duftorgan** (Osmophor; ▶ Abschn. 11.2.1).

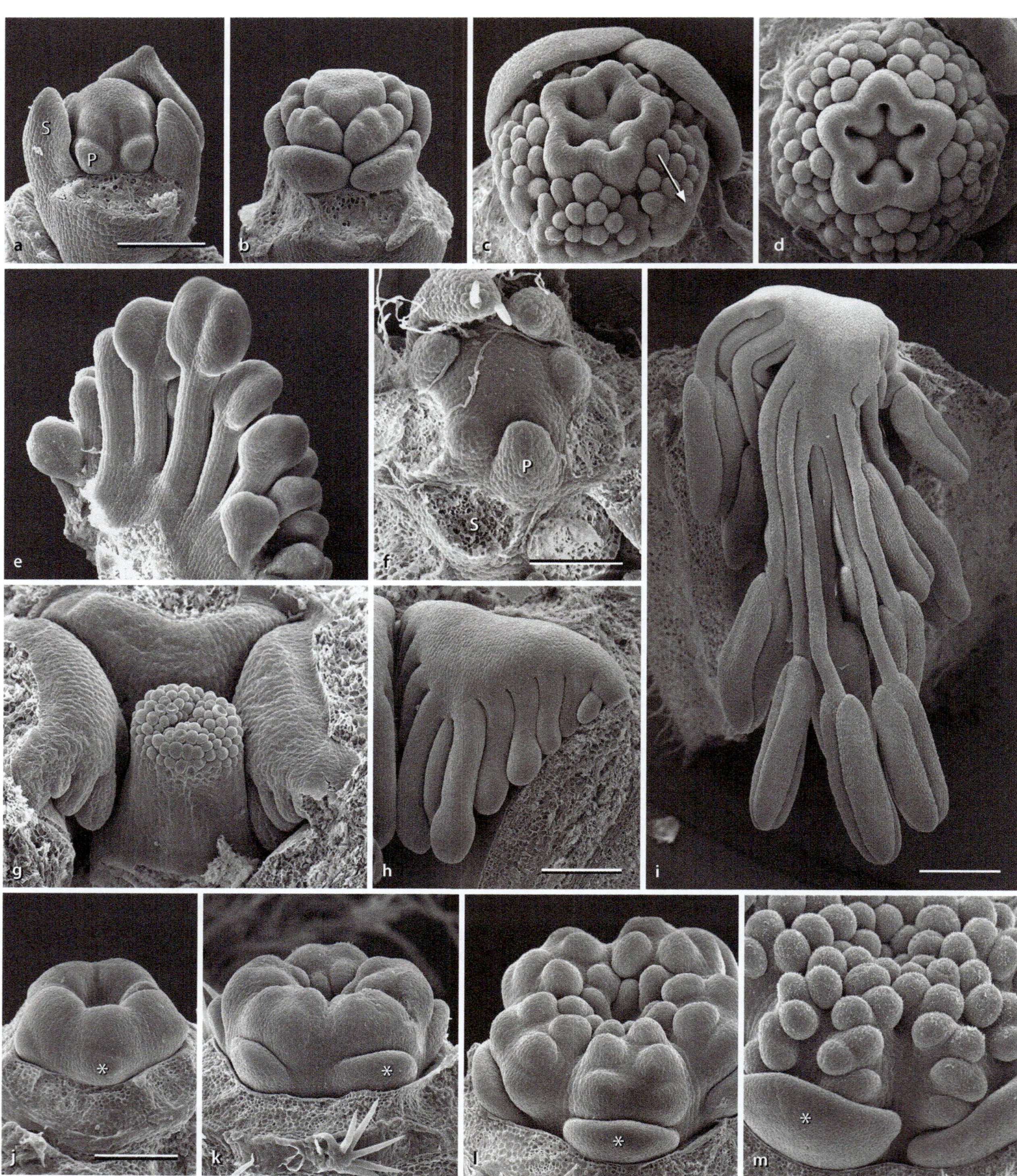

Abb. 10.14 Sekundäre Polyandrie. a–e, Zentrifugale Polyandrie. *Hypericum perforatum* (Hypericaceae; Abb. 10.26d). Gleicher Maßstab. Balken in **a**: 200 μm. **a,** Pentamere Blütenanlage mit Kelch (S, Sepalum, ein Kelchblatt vorn entfernt), Kronblattanlagen (P, Petalum) und opponiert dazu staminalen Superprimordien. **b–d,** Meristemausdehnung und zentrifugale Fraktionierung (Pfeil in **c**) von Staminalanlagen. In der Mitte entwickelt sich das septierte Gynoeceum. **e,** Adelphie. Die Stamina sind jeweils in Filament und Anthere gegliedert. Sie stehen in fünf Bündeln (Adelphien) in der Blüte, die sich aus je einem Superprimordium entwickelt haben. **f–i, Zentripetale Polyandrie.** *Calothamnus asper* (Myrtaceae; Abb. 10.26g, h). **f,** Radiäre Blütenanlage. Kelch abpräpariert. Balken: 100 μm. **g,** Das Blütenmeristem weitet sich

und wird becherförmig. Gleicher Maßstab wie **f**. **h,** Alternierend zu den Kronblättern (entfernt) entwickeln sich fünf Superprimordien (nur eins abgebildet), die fingerförmige Auswüchse in den Blütenbecher schieben. Balken: 200 μm. **i,** Diese differenzieren sich später zu Antheren und Filamenten. Balken: 500 μm. **j–m,** Zentrifugal fraktionierender **Ringwulst.** *Pavonia multiflora* (Malvaceae; Abb. 10.16b). Gleicher Maßstab. Balken in **j**: 150 μm. **j,** Ringwulst, aus dem sich abaxial fünf Kronblattanlagen (*) abteilen. Kelchanlage entfernt. **k,** An der Spitze des Wustes beginnt die Fraktionierung von Staminalanlagen in zentrifugaler Richtung. **l, m,** Nach Ausdehnung des Wulstes spalten sich die Staminalanlagen mehrfach auf. Jede Teilanlage bildet später ein Stamen. (© H. Frankenhäuser & R. Claßen-Bockhoff, Mainz)

Abb. 10.15 Blütenentwicklung von *Passiflora foetida* var. *hispida*. a, Die Blüten stehen seitlich an einer monopodialen Sprossachse, die Kelchblätter (weiße *) werden spiralig ausgegliedert. Schwarzes *, Sprossapikalmeristem (SAM). Balken: 200 µm. **b–e,** Nach innen folgen die Petalen (P), die Stamina (St) und das Gynoeceum (Gy) (Organe teilweise abpräpariert). Androeceum und Gynoeceum sind zyklisch organisiert, das Gynoeceum ist unseptiert (▶ Abschn. 10.5.3). Gleicher Maßstab wie **a**. **f–i,** Zwischen Krone und Androeceum (entfernt) bildet sich ein Hypanthium (Hy), auf dessen Innenseite mit zunehmender Ausdehnung (**g, h:** Doppelpfeile) Platz für die Elemente der Corona (Co) entsteht. **j,** An der Innenseite der Ovarhöhle entwickeln sich bitegmische, anatrope Samenanlagen (Pfeil; ▶ Abschn. 10.5.2). A, Anthere. Balken: 500 µm. **k,** Älteres Stadium mit zahlreichen Samenanlagen im Ovar. Balken: 500 µm. **l,** Ausschnitt aus **k**, die Entwicklung des doppelten Integuments zeigend. Sa, Samenanlage. Balken: 200 µm. **m,** Blüte mit mehrreihiger Corona. (© **f–i, m:** Claßen-Bockhoff und Meyer 2016; übrige Bilder: C. Meyer & R. Claßen-Bockhoff, Mainz)

Exkurs 10.3 Ist das Sprossmodell der Blüte noch zeitgemäß?

Nach der Euanthientheorie (▶ Abschn. 5.6.7) gilt die Blüte als ein mit Sporophyllen (▶ Abschn. 5.6.4 und 5.6.7) besetzter Spross begrenzten Wachstums (Wagenitz 2003). Die Blütenorgane werden infolgedessen mit Blättern homologisiert (Ronse De Craene 2010 und Literatur darin). Viele Argumente sprechen für diese Annahme, z. B. die Anordnung nach den Regeln der Blattstellung, das Auftreten von Übergangsformen zwischen Laub- und Blütenblättern (◘ Abb. 10.16c, g) und Blütenmutanten, die Laubknospen bilden (Coen und Meyerowitz 1991).

Wenn Blüten mit Blättern besetzte Kurztriebe sind, sollten sie sich auch wie diese entwickeln. Tatsächlich hat das Blütenmeristem aber wenig mit dem SAM der vegetativen Pflanze gemein (▶ Tab. 9.1, ▶ Abschn. 9.2.2 ▶ und 10.2.1). Die Blüte besitzt **kein offenes Wachstum** und bildet dementsprechend auch keine Knoten und Internodien durch akropetale Ausgliederung (Segregation). Stattdessen entwickeln sich ihre Organe durch **Fraktionierung** (Aufteilung) des Blütenmeristems, das **wesentlich plastischer** ist als das SAM (Endress 1994; Leins und Erbar 2008; Ronse De Craene 2010). Es kann sich beispielsweise **ausdehnen** und damit Platz zwischen bereits bestehenden Anlagen für **zusätzliche Organe** schaffen – ein Prozess, der im vegetativen Bereich der Pflanze nicht beobachtet wird.

Besonders problematisch ist die Interpretation der **Stamina** als Blattorgane. Traditionell gelten die Stellungsverhältnisse in der Blüte und die blattartig flachen Stamina einiger basaler Angiospermen (Magnoliales, Laurales, Nymphaeales; ◘ Abb. 10.22c) als Argumente für die Interpretation des Stamens als Blatt. Diese Argumente verlieren aber angesichts der häufig auftretenden Blattstellungsbrüche in der Blüte und der Deutung flacher Stamina als abgeleitete Strukturen (Anpassung an Käferbestäubung; ▶ Abschn. 11.6.2; Endress 1992) an Bedeutung. Außerdem entstehen die Stamina nicht seitlich am SAM, sondern durch Fraktionierung am Blütenmeristem. Bei **sekundärer Polyandrie** folgt die Staminabil-

dung sogar erst nach der Fraktionierung des Superprimordiums. Interpretiert man das Stamen als Blatt, sollte sich seine Entwicklung auf die eines Laubblattes beziehen lassen. So wie die Spreite eines Fiederblattes durch Fraktionierung des Blattrandes zahlreiche Fiedern bildet (▶ Abschn. 8.3.2, ▶ Abb. 8.37), könnte das ‚Staubblatt‘ zahlreiche ‚Staubblättchen‘ bilden. Tatsächlich erfolgt die Fraktionierung des Superprimordiums aber **nicht** (wie die Fiederung) **am Blattrand**, sondern über die Fläche der Anlage (Claßen-Bockhoff und Frankenhäuser 2020). Ein vergleichbarer Prozess ist aus dem vegetativen Bereich der Pflanze nicht bekannt, d. h., die Laubblattentwicklung kann **nicht** zur Erklärung der sekundären Polyandrie herangezogen werden.

Was sind also Stamina? Die Antwort könnte lauten: **gestielte**, Sporangien tragende **Emergenzen**, die in Ein- oder Mehrzahl einem Stamenprimordium aufsitzen, das in seiner weiteren Entwicklung gehemmt bleibt (Hagemann 1984). In diesem Fall würde die Bildung von einfachen Stamina bzw. Staminalbündeln lediglich auf einem quantitativen Unterschied beruhen und die Homologisierung aller Stamina erlauben. Die Interpretation ist insofern reizvoll, als dann das Filament der Anthere mit dem Funiculus der Samenanlage vergleichbar wäre: Beide sind Sporangienträger.

Die kurze Reflexion über die Natur der Stamina stellt die gängige Interpretation der Blüte infrage. Sind Blüten tatsächlich Kurztriebe mit modifizierten Blättern oder nicht eher Sporangien bildende Struktur-Funktionskomplexe, die beim Übergang in den reproduktiven Zustand **neu** entstehen (◘ Abschn. 5.6.7)? Sie entwickeln sich zwar aus dem Sprossapikalmeristem, aber dessen Bildungspotential wandelt sich mit dem Übergang zur Blütenbildung so stark ab, dass das Meristem seine Identität verliert (◘ Tab. 6.1). Es geht in ein **neuartiges Meristem** mit neuen, blütenspezifischen Eigenschaften über und eignet sich daher kaum als Bezugssystem für die Homologisierung der Blüte (Claßen-Bockhoff 2016).

10.3 Blütenboden und Blütenhülle

Die **Blütenhülle** ist die optisch auffälligste Formation der Blüte. Sie ist ein **Neuerwerb** der Angiospermen und mit der Monoklinie („Zwitterblütigkeit") und Angiospermie entstanden (▶ Abschn. 5.6.7). Sie übernimmt den **Schutz** der jungen Organanlagen und bestimmt mit ihrer Gestalt und Farbigkeit die **optische Wirkung** der Blüte (▶ Abschn. 11.2). Der **Blütenboden** ist dagegen meist unscheinbar. Er geht unmittelbar aus dem Blütenmeristem hervor (▶ Abschn. 10.2).

10.3.1 Blütenboden (Receptaculum)

In den meisten Blüten ist der Boden flach oder napfförmig. In anderen Fällen kann er Sonderfunktionen übernehmen:

- Bei Arten mit spiraliger Organstellung und vielen freien Fruchtblättern kann das Receptaculum **zapfenartig** verlängert sein (*Magnolia*; ◘ Abb. 10.3a). Beim Kleinen Mäuseschwanz (*Myosurus minimus*; Ranunculaceae) streckt es sich zur Fruchtzeit um mehr als das Zehnfache seiner ursprünglichen Länge auf mehrere Zentimeter Länge und präsentiert auf diese Weise die Nüsschen für eine geeignete Ausbreitung.
- Bei der Kapuzinerkresse (*Tropaeolum*; ▶ Abb. 11.17a, b.) wächst das Receptaculum zu einem **Nektarsporn** aus; bei vielen anderen Arten geht aus dem **Blütenboden** ein Nektarium hervor (▶ Abschn. 11.3.2), das als **Diskus** (Kurzform für Diskusnektarium) bezeichnet wird.
- Bei der Erdbeere (*Fragaria*) schwillt der Blütenboden an und liefert den essbaren Teil der Sammelfrucht (▶ Abb. 12.19j–l); bei der Hagebutte (*Rosa*), beim Sanddorn (*Hippophaë*) und bei der Lotosblume (*Nelumbo*) ist er ebenfalls an der **Diasporenbildung** beteiligt (▶ Abschn. 12.2.3, ▶ Abb. 12.19e–i, m).

Der Blütenboden wird traditionell als Blütenachse bezeichnet. Diese Bezeichnung nimmt Bezug auf die Kurztriebtheorie der Blüte und ist daher nicht neutral (▶ Exkurs 10.3). In diesem Buch werden die Begriffe Blütenboden und Receptaculum vorgezogen.

10.3.2 Blütenhülle

Die Blütenhülle wird als **Perianth** (griech. *peri*, „um … herum", *anthos*, „Blüte", „Blume") bezeichnet und liegt als Perigon oder doppeltes Perianth vor.

Das **einfache** Perianth mit gleichartigen Elementen (**Perigon**) gilt als ursprünglich. Im Laufe der Evolution hat sich das doppelte Perianth mit äußeren, grünen Kelchblättern und inneren, farbigen Kronblättern entwickelt. **Fehlende Blütenhüllen** gelten bei den Blütenpflanzen als abgeleitet und treten vor allem bei windblütigen Arten auf (▶ Abb. 9.19, ▶ Abschn. 11.8.1). Man spricht von **asepalen** oder **apetalen** Blüten, wenn Kelch oder Krone fehlen, und von **perianthlosen** Blüten, wenn die Blütenhülle gänzlich fehlt.

Freiblättrige Formationen werden mit der Vorsilbe ‚chori' charakterisiert und heißen **chori**petal, **chori**sepal bzw. **chori**tepal. Bilden die Elemente der **Blütenhülle** eine Blütenröhre, sind der Kelch, die Krone bzw. das Perigon **syn**sepal, **sym**petal bzw. **syn**tepal organisiert. Congenitale Blütenhüllen sind mehrfach **parallel** entstanden und treten vor allem im Verwandtschaftskreis der Asteriden auf, deren alter Name ‚Sympetalae' darauf Bezug nimmt.

Perigon

Das **Perigon** (griech. *gone*, „Nachkomme") besteht aus gleichartigen Elementen, die oft in ein oder zwei Kreisen (◘ Abb. 10.3b–d) angeordnet sind. Seine Elemente heißen **Tepalen** (bzw. Tepala; *Singular:* das Tepalum). Blüten mit Perigon werden als monochlamydeisch (griech. *chlamys*, „Mantel") bezeichnet. Sie treten vor allem bei **Basalen Angiospermen** und **Monocotylen** auf.

Doppeltes Perianth

Das **doppelte Perianth** ist in Kelch und Krone gegliedert (◘ Abb. 10.3f–k). Die Blüten sind entsprechend heterochlamydeisch. Der Kelch (der **Calyx**) besteht aus Kelchblättern, den **Sepalen**, und übernimmt gewöhnlich den **Schutz** der Blüte (◘ Abb. 10.16d, h). Die Krone (die **Corolla**) besteht meist aus bunten Kronblättern, den **Petalen**, die die **Gestalt**, **Symmetrie** und **Attraktivität** der Blüte bestimmen. Die Farbigkeit der Petalen ist so charakteristisch, dass auch farbige Hochblätter (▶ Abb. 9.21), Staminodien (◘ Abb. 10.11h) oder Griffeläste (▶ Abb. 9.36e, f) als **petaloid** bezeichnet werden.

In einigen Verwandtschaftskreisen wird das doppelte Perianth reduziert und bildet nur noch Kelch oder Krone. Die Zuordnung der Blütenhülle zu der einen oder anderen Formation geschieht aufgrund der relativen Stellung der Blütenorgane zu den Stamina bzw. auf vergleichend systematischem Wege. So wird beispielsweise die einfache Blütenhülle der Thymelaeaceae mit dem Kelch, die einiger Rubiaceae mit der Krone homologisiert (Ronse De Crane 2010).

Kelch, Außenkelch und Stellung der Vorblätter

Mit der Differenzierung in Kelch und Krone erfährt das Perianth eine **arbeitsteilige Differenzierung.**

Der **Kelch** ist meist klein, grün und derb. Seine Elemente setzen mit breitem Blattgrund an, entwickeln sich **vor** den übrigen Blütenorganen und übernehmen deren

🔹 **Abb. 10.16 Kelch und Außenkelch. a,** *Passiflora foetida* (Passifloraceae). Außenkelch aus Tragblatt und zwei Vorblättern, drüsig behaart. **b,** *Pavonia multiflora* (Malvaceae). Tiefroter Außenkelch aus einem Kreis von Hochblättern. **c,** Hundsrose (*Rosa canina*, Rosaceae). Grüne, am Rand aufgeteilte Kelchblätter, Kronblätter bereits abgefallen. **d,** Klatschmohn (*Papaver rhoeas*, Papaveraceae). Der Kelch wird bei der Blütenöffnung abgesprengt. **e,** *Eucalyptus macrocarpa* (Myrtaceae). Die Blütenhülle bildet einen Deckel, der zur Blütezeit abgesprengt wird. **f,** Geflügelter Strandflieder (*Limonium arborescens*, Plumbaginaceae). Violetter, strohblattartiger Kelch. **g,** Orientalische Nieswurz (*Helleborus orientalis*, Ranunculaceae). Einfache, grünlich überlaufene Blütenhülle. **h,** Kamelie (*Camellia japonica.* Theaceae). Doppelte Blütenhülle aus grünem Kelch und roter Krone. **i,** *Salvia sessei* (Lamiaceae). Synsepaler Kelch, aufgeblasen und petaloid gefärbt. **j,** *Alberta magna* (Rubiaceae). Von links nach rechts: Blüten mit roter Corolla (P, Petalen) und unscheinbaren Kelchblattzipfeln. Junge Früchte mit je zwei vergrößerten und petaloid gefärbten Kelchzipfeln (S, Sepalum) pro Blüte. Ältere Früchte mit zu trockenhäutigen Flughilfen umgewandelten Kelchloben. **k,** Spornblume (*Centranthus longiflorus*, Caprifoliaceae). Rechts: Blüte mit langem Kronblattsporn. Links: Postflorale Entfaltung des Kelches als Ausbreitungshilfe. (© i: P. Wester, Mainz. Mit freundlicher Genehmigung. Übrige Fotos: R. Claßen-Bockhoff, Mainz)

Schutz (◼ Abb. 10.13e, f und 10.16d). Zur Blütezeit fallen sie ab (**hinfällige** Kelchblätter) oder **persistieren**, wobei sie nicht selten dicht behaart oder mit Drüsenhaaren bedeckt sind (◼ Abb. 10.16a). Das Produkt aus Kelch und Krone bildet bei *Eucalyptus*-Arten eine deckelförmige Haube (**Kalyptra**; ◼ Abb. 10.16e) und wird als Ganzes abgesprengt.

In einigen Gruppen übernehmen der Kelch (◼ Abb. 10.16f) oder einzelne Kelchblätter (Hydrangeaceae; ▶ Abb. 9.25c–o) **Schaufunktion**, in anderen ist der Kelch ‚aufgeblasen' (◼ Abb. 10.16i) oder haarig (Asteraceae ▶ Abb. 12.25a, b, Baldriangewächse ◼ Abb. 10.16k) und trägt zur Fruchtausbreitung bei (▶ Tab. 12.8).

Innerhalb der **Rubiaceae** finden sich zahlreiche Arten mit Kelchblattvergrößerung, die als **calycophylle** (wörtl. „kelchblättrige") Rubiaceae zusammengefasst werden. Der Kelch ist synsepal und endet in fünf Zipfeln. Meist sind nur die zur Peripherie des Blütenstandes weisenden Kelchblattzipfel vergrößert. Sie sind in Stiel und Spreite gegliedert und wirken wie farbige Hochblätter (▶ Abb. 9.25h). Bei manchen Arten vergrößern sie sich erst zur Fruchtreife, verlieren ihr Chlorophyll, werden dadurch farbig und/oder trockenhäutig und agieren als Flughilfe bei der Windausbreitung (*Alberta magna*; ◼ Abb. 10.16j). Ähnliche Verhältnisse finden sich auch in anderen Verwandtschaftskreisen, z. B. bei den Verbenaceae (*Petrea volubilis*; ▶ Abb. 12.24s) oder Caprifoliaceae (*Heptacodium miconioides*, Caprifoliaceae; ▶ Abb. 12.24c), bei denen sich die Kelchblätter ebenfalls zur Fruchtreife vergrößern und als Flughilfe dienen.

Treten **Vorblätter** (▶ Abschn. 6.5.2 und 9.3.4) unter der Blüte auf, steht das erste Kelchblatt gewöhnlich in größtmöglichem Abstand zu diesen Blättern; fehlen Vorblätter, nehmen die ersten Kelchblätter oft deren transversale (Dicotyle) oder adaxiale (Monocotyle)

Position ein. Abweichende Stellungsverhältnisse sind häufig und müssen im Einzelfall untersucht werden. Gelegentlich treten unter dem Kelch Strukturen auf, die unabhängig von ihrer morphologischen Identität als **Außenkelch** bezeichnet werden. Es kann sich um eine Reihe von Hochblättern handeln, die z. B. bei *Pavonia* (◼ Abb. 10.16b) attraktiv rot gefärbt sind, um an die Blüte herangerückte Trag- und Vorblätter (z. B. *Passiflora*; ◼ Abb. 10.16a) oder um stipelähnliche Bildungen (einige Rosengewächse).

Krone

Die Kronblätter (Petalen) sind meist zart, groß und auffällig gefärbt. Sie übernehmen die **Schaufunktion** der zoophilen Blüte.

Die Petalen sind wesentlich plastischer als Kelch- und Perigonblätter. Sie sind **genagelt**, wenn sie mit einer schmalen Basis beginnen und sich nach oben hin flächig erweitern (◼ Abb. 10.18d), und **geflügelt**, wenn die Kronblattspitze von seitlichen Petalenlappen überragt wird (◼ Abb. 10.18e ▶ und 9.28g). Kronblätter können **ventrale Wülste** tragen, die den Zugang zum Nektar verengen (◼ Abb. 10.30d), **Sporne** bilden (◼ Abb. 10.16k) oder zu extrem langen **Fäden** ausgezogen sein (*Strophantus preussii*, Apocynaceae; ▶ Abb. 11.32d).

Die Kronblätter liegen in der Knospe in einer charakteristischen Knospenlage (Vernation), die von systematischer Bedeutung ist. So weisen beispielsweise die Blütenblätter von Klatschmohn und Zistrose (◼ Abb. 10.16d und 10.18a) eine **korrugative** Knospenlage auf. Bei dieser sind die zarten Kronblätter bereits in der Knospe voll entwickelt und weisen in der offenen Blüte eine knittrige Konsistenz auf.

Von systematischer Bedeutung ist weiterhin der **Deckungsgrad** (Aestivation; ◼ Abb. 10.17) der Kronblätter, der nicht zwingend mit der Anlage der Elemente übereinstimmt. Das muss bei der Anfertigung von

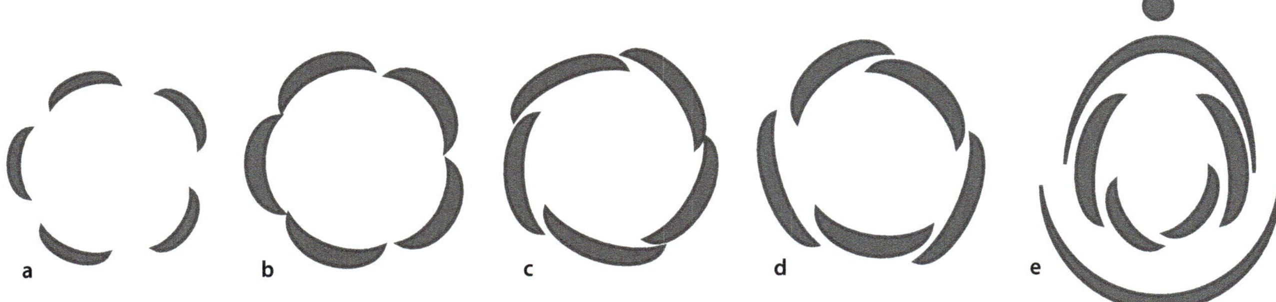

◼ **Abb. 10.17 Knospendeckung (Aestivation).** Grundformen am Beispiel einer pentameren Blüte. **a**, Apert (offen): Die Organe berühren sich nicht, z. B. Rhamnaceae. **b**, Valvat (klappig): Die Organe berühren sich, z. B. Cornaceae. **c–e**, Imbrikat (dachziegelig): Die Organe überdecken sich. **c**, Contort (gedreht). Linksgedreht (hier abgebildet; ◼ Abb. 10.18b). Rechtsgedreht (nicht abgebildet), z. B. Convolvulaceae. **d**, Quincuncial: Die zwei äußeren Organe decken ihre jeweils benachbarten Blätter, die zwei inneren werden völlig und das mittlere halb gedeckt. **e**, Cochlear (löffelartig): Ein Organ liegt innen, eins außen, alle übrigen decken sich. Beispiel: cochlear absteigend, z. B. Fabaceae-Faboideae. Seitenblüte mit Abstammungsachse (oben) und Tragblatt (unten). (© in Anlehnung an Weberling 1981)

◼ **Abb. 10.18   Ausprägungen der Blütenkrone. a**, Zistrose (*Cistus albidus*, Cistaceae). Korrugative Knospenlage. **b**, *Hermannia denudata* (Malvaceae). Contorte Knospenlage. **c**, *Helleborus orientalis* (Ranunculaceae). Quincunx. Die Zahlen geben die Anlagefolge der Blütenhüllblätter wieder. **d**, *Lagerstroemia tomentosa* (Lythraceae). Genagelte Kronblätter. **e**, *Lechenaultia hirsuta* (Goodeniaceae). Geflügelte Kronblätter. *, Blattspitze. **f**, *Nymphoides humboldtiana* (Menyanthaceae). Gefranste Kronblätter. (© **b**: P. Wester, Mainz. Mit freundlicher Genehmigung. **a, c–f**: R. Claßen-Bockhoff, Mainz)

Blütendiagrammen berücksichtigt werden (▶ Exkurs 10.4). Berühren sich die Ränder der Kronblätter nicht, ist die Deckung offen (**apert**), andernfalls klappig (**valvat**). Bei der **imbrikaten** Knospendeckung decken sich die Blattorgane gegenseitig. Man unterscheidet die **quincunciale** Deckung, die der 2/5-Blattstellung des vegetativen Bereichs ähnelt (**Quincunx**; ◼ Abb. 10.17d und 10.18c), von der **contorten** (gedrehten) Deckung, bei der jedes Blatt gleichzeitig deckt und gedeckt wird (◼ Abb. 10.17c und 10.18b). Bei der **cochlearen** Deckung liegt jeweils ein Blatt ganz außen und ganz innen, während sich die übrigen Blätter auf je einer Seite decken. Innerhalb der Fabaceae ist die Deckung (von der Abstammungsachse aus gesehen) in der Unterfamilie der Faboideae cochlear-absteigend (◼ Abb. 10.17e und ▶ 11.52g) und in der der Caesalpinioideae cochlear-aufsteigend.

Exkurs 10.4 Blütendiagramm und Blütenformel

Die schematische und formelhafte Darstellung der Blüten dient der **Reduktion von Vielfalt**. Die Beschränkung auf den **reinen Aufbau** der Blüte ohne Berücksichtigung artspezifischer Ausgestaltungen macht die Blütendiagramme und Blütenformeln innerhalb eines Verwandtschaftskreises sehr **stabil** und erlaubt eine schnelle Identifikation und Zuordnung von Blüten. Die Darstellungen ersetzen lange Beschreibungen und unterstützen die schnelle Information über wichtige Blütenstrukturen. Die erste umfangreiche Zusammenstellung geht auf Eichler (1875, 1878) zurück; eine Neufassung wurde von Ronse De Craene (2010) vorgelegt.

Blütendiagramme sind nur dann nützlich, wenn allgemeiner **Konsens** über den Gegenstand und die Verwendung von Symbolen und Abkürzungen besteht. Für ein allgemeines Grundverständnis reichen die hier dargestellten **Kurzformen** aus. Für systematische Zwecke kann es hilfreich sein, Zusatzinformationen in die Diagramme und Formeln einzufügen (Prenner et al. 2010; Ronse De Craene et al. 2014).

Blütendiagramm

Das Blütendiagramm stellt schematisch den Aufbau einer Blüte dar und gibt die Anzahl, den Bau und die relative Lage ihrer Organe genau wieder. Es ist dem Grundriss im vegetativen Bereich vergleichbar (▶ Exkurs 6.3). Seine Anfertigung zwingt zur genauen Beobachtung.

Ähnlich einer **geometrischen Zeichnung** enthält jede Linie, Position und Proportion eine spezifische Information. Dabei liegt dem Diagramm der **primäre Bau** der Blüte zugrunde, das heißt, **congenital** entstandene Strukturen werden durch Verbindungslinien dargestellt, während postgenitale Verklebungen, Deckungsverhältnisse, die nicht der Anlage entsprechen, oder Nektarien unberücksichtigt bleiben. Möchte man sie im Blütendiagramm berücksichtigen, muss eine entsprechende **Legende** hinzugefügt werden.

Es gibt einige **Grundsymbole**, die meist Verwendung finden, so z. B. das sichelförmige Symbol für ein Blütenblatt oder der Doppelkreis für ein Stamen. Als **Farben** werden meist Grün für den Kelch, Rot für die Krone, Gelb für das Androeceum und Blau für das Gynoeceum gewählt.

Von einem **empirischen** Diagramm spricht man, wenn der Grundriss nach dem Objekt angefertigt wurde, von einem **theoretischen** Diagramm, wenn es **allgemeingültigen** Charakter hat. Ist ein Organ unterdrückt, kann es als systematische Zusatzinformation im theoretischen Blütendiagramm angedeutet werden (◻ Abb. 10.19).

Blütenformel

Die Blütenformel beginnt mit der Symmetrieangabe und gibt dann die Blütenformationen (von außen nach innen), die Anzahl und congenitale Vereinigung der Organe sowie die Ständigkeit des Gynoeceums wieder. Folgende Symbole und Abkürzungen werden dazu verwendet (weiterführende Details s. ▶ https://de.wikipedia.org/wiki/Blütenformel; ◻ Abb. 10.20):

- **Symmetrieangabe:** * radiär, ↺ drehsymmetrisch, ↓ zygomorph, + disymmetrisch
- **Formationen:** P, Perigon *oder* K, Kelch und C, Krone; A, Androeceum, G, Gynoeceum; [...] Formationen congenital vereint
- **Elemente:** 1, 2, … ∞, Anzahl der Organe; (..) Organe innerhalb einer Formation congenital vereint
- **Ständigkeit** des Gynoeceums: G … oberständig, G̶ ̶. ̶. ̶. , mittelständig, G̲ ̲… unterständig

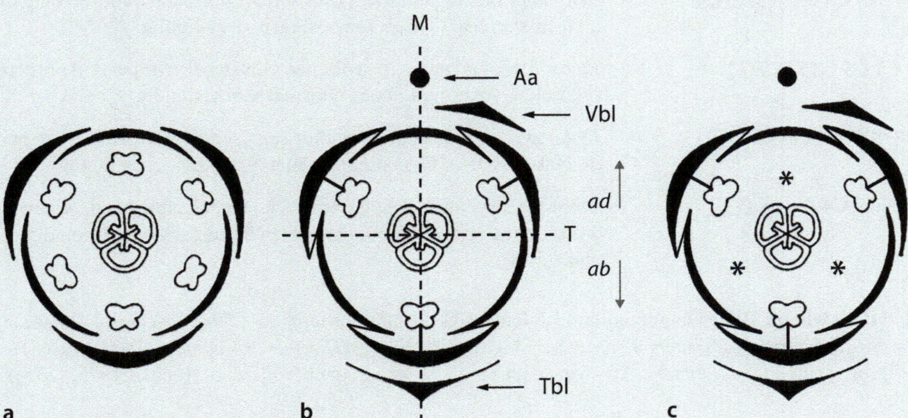

◻ **Abb. 10.19　Empirisches und theoretisches Diagramm. a,** Diagramm der Monocotylenblüte: trimer, pentazyklisch, choritepal. Von dieser Grundform lassen sich alle Blüten der Monocotylen ableiten. **b,** *Freesia* (Iridaceae): trimer, tetrazyklisch, syntepal, Stamen-Petalum-Röhre. Die Syntepalie wird durch seitliche Verbindungslinien im Perigon, die congenitale Entstehung von Perigon und Stamina durch senkechte Verbindungslinien dargestellt. Aa, Abstammungsachse. ab, abaxial. ad, adaxial. M, Mediane. T, Transversale. Tbl, Tragblatt. Vbl, Vorblatt. **c,** Theoretisches Diagramm der *Freesia*-Blüte. Die Sternchen (*) nehmen Bezug auf das Monocotylendiagramm und deuten das Fehlen des inneren Staminalkreises an. (© in Anlehnung an Weberling 1981)

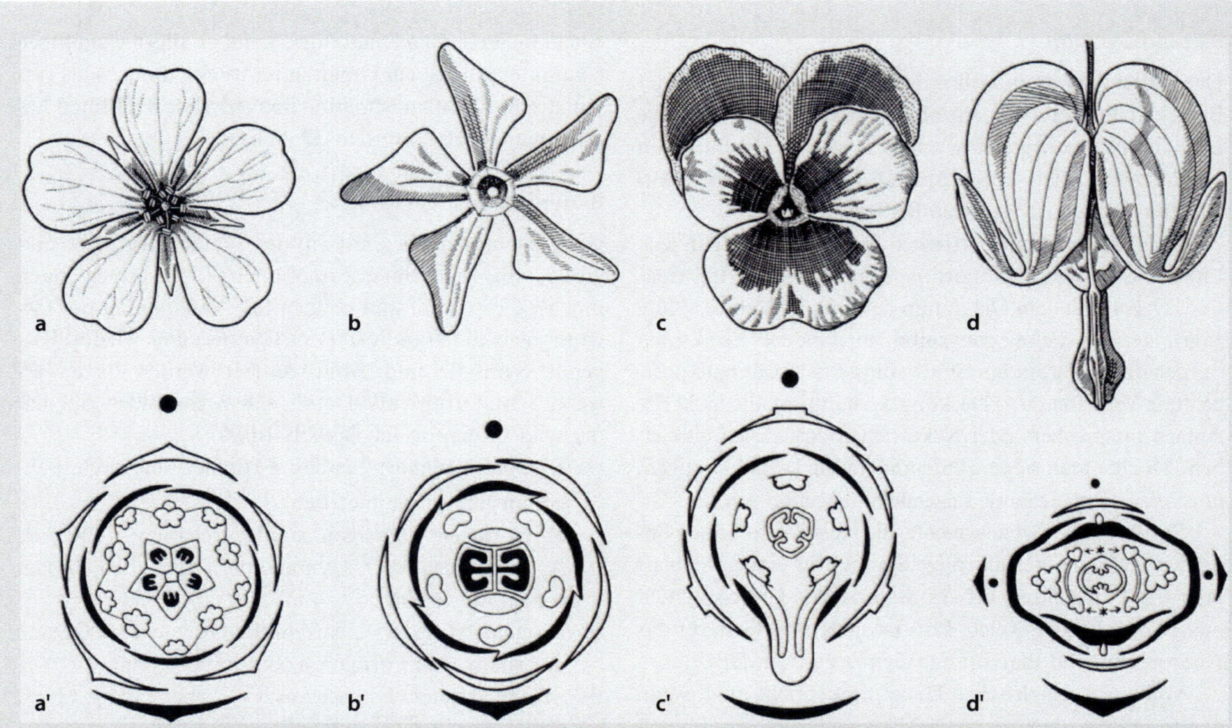

	Formel	Bemerkungen
a″	* K5 C5 A (5+5) <u>G (5)</u>	*Geranium:* radiär, pentamer, chorisepal, choripetal, Androeceum dizyklisch, congenital entstanden, Gynoeceum synkarp, oberständig
b″	↻ K5 C (5) A5 <u>G2</u>	*Vinca:* drehsymmetrisch, pentamer, chorisepal, sympetal, Androeceum monozyklisch, Gynoeceum dimer, chorikarp, oberständig
c″	↓ K5 C5 A3 + 2n 5 <u>G (3)</u>	*Viola:* zygomorph, pentamer, chorisepal, choripetal, Androeceum monozyklisch (n, Nektarsporn), Gynoeceum trimer, parakarp, oberständig
d″	+ K2 C4 A 2+4 <u>G (2)</u>	*Dicentra:* disymmetrisch, tetramer, chorisepal, choripetal, Androeceum mit zwei dithecischen und vier monothecischen Stamina, Gynoeceum dimer, parakarp, oberständig

◨ **Abb. 10.20   Beispiele für Blütendiagramm und Blütenformel.** **a–a″**, Wiesen-Storchschnabel (*Geranium pratense*, Geraniaceae). **b–b″**, Immergrün (*Vinca minor*, Apocynaceae). **c–c″**, Stiefmütterchen (*Viola tricolor*, Violaceae). **d–d″**, Tränendes Herz (*Dicentra spectabilis*, Papaveraceae). (© Weberling 1981 (a–d: Troll 1973. a′–d′: Eichler 1875, 1878))

Übung

Wie heißt die Blütenformel der folgenden Blüte (Lamiaceae): Die Blüte ist zygomorph und tetrazyklisch, weist ein pentameres, synsepales und sympetales Perianth sowie ein tetrameres Androeceum auf, das mit der Krone congenital verbunden ist. Das Gynoeceum ist oberständig und dimer-synkarp organisiert. (Auflösung am Ende des Kapitels)

Evolution der Blütenhülle

In der Vergangenheit wurde angenommen, dass Kelchblätter mit **Laubblatteigenschaften** (■ Abb. 10.16c, g) aus dem Hochblattbereich entstanden sein könnten. Demgegenüber sollten sich **Übergangsstrukturen** zwischen Blütenhülle und **Androeceum** (■ Abb. 10.22c), petaloide Staminodien (■ Abb. 10.11h) und Nektarblätter (z. B. Ranunculaceae; ▶ Abb. 11.15 und 11.16) aus **Staminalanlagen** entwickelt haben. Je nach Verwandtschaftskreis wurden unterschiedliche Herkünfte diskutiert (Endress 1994). Heute wird die Evolution des Perianths mit dem ABC-Modell der Blüte erklärt (Theißen et al. 2000; Soltis et al. 2010). Die Blütenhülle ist ein Neuerwerb der Angiospermen und entsteht aus dem Blütenmeristem (▶ Abschn. 5.6.7).

Die Blüten der **Hahnenfußgewächse** (Ranunculaceae) weisen petaloide Hüllen und unterschiedlich gestaltete Nektarblätter auf. Da es **kein Merkmal** gibt, das Blütenhüllelemente eindeutig als Kelch oder Krone identifiziert (Eichler 1875, 1878; Endress 1994), gibt es zwei Möglichkeiten, die Blütenhülle zu interpretieren (■ Abb. 10.21c–e):

1. Folgt man der Ansicht, dass es sich bei den Nektarblättern um **Staminodien**, also sterile Anlagen des Androeceums handelt (▶ Abschn. 10.4.7), dann haben die Blüten ein **Perigon** (Erbar et al. 1998; Leins und Erbar 2008), das beim Winterling petaloid und beim Hahnenfuß unscheinbar ist (■ Abb. 10.21a, b: Hü).
2. Folgt man vergleichend-systematischen Studien, dann haben die Ranunculaceae ein **doppeltes Peri-**

■ **Abb. 10.21** **Interpretation der Blütenhülle bei Ranunculaceae. a,** Winterling (*Eranthis hyemalis*). Gelbe Blütenhülle (Hü) und napfförmige Nektarien (Ne). Grüne Hochblätter stehen unmittelbar unter der Blüte. **b,** Illyrischer Hahnenfuß (*Ranunculus illyricus*). Unscheinbare Hülle und gelbe Nektarblätter. Die Doppelpfeile geben jeweils homologe Strukturen wieder. **c–e,** Homologiehypothesen zur Blütenhülle. **c,** Bezugssystem. Dunkelgrün: Hochblätter. Hellgrün: Kelchblätter. Rot: Kronblätter. Gelb: Androeceum. Blau: Gynoeceum. **d,** *Eranthis*. Links: Die Hülle wird als Perigon (orange) interpretiert, die Nektarien als Staminodien (gelb). Rechts: doppeltes Perianth mit petaloidem Kelch und zu Nektarbechern umgestalteten Kronblättern. **e,** *Ranunculus*. Links: Perigon und petaloide Staminodien. Rechts: doppeltes Perianth mit nektarführenden Kronblättern. Die Interpretation als doppeltes Perianth (**d, e:** jeweils rechte Hälfte) wird aus systematischer Sicht favorisiert. (© Original)

anth (Eichler 1875, 1878; Hiepko 1965; Endress und Matthews 2006; Ronse De Craene 2010). Die Kronblätter sind nektarführend und teilweise extrem modifiziert. Beim Winterling bilden sie napfförmige Nektarien, während der Kelch die Schaufunktion übernimmt. Beim Hahnenfuß sind die Nektarblätter petaloid, und der Kelch bleibt unscheinbar (◘ Abb. 10.21a, b: Ne).

10.4 Androeceum und Stamina

Das Androeceum ist wörtlich das ‚Haus des Mannes‘ (griech. *andro*, „Mann", *oikos*, „Haus"). Es umfasst die Gesamtheit aller **Stamina** (Staubträger; *Singular:* das Stamen).

10.4.1 Bau des Stamens

Das Stamen besteht aus einem **Filament** (Staubfaden) und einer **Anthere** (Staubbeutel) mit zwei **Theken**, die vom **Konnektiv** getrennt werden (◘ Abb. 10.22a). Durch das Konnektiv verläuft das Leitbündel, das die Theken versorgt. Jede Theke umfasst gewöhnlich zwei congenital entstandene **Pollensäcke** (Mikrosporangien) und stellt somit ein **Synangium** dar (▶ Abschn. 5.6.3).

Trotz des relativ einheitlichen Grundbaus unterscheiden sich die Stamina der Blütenpflanzen erheblich. Sie variieren in zahlreichen Merkmalen, die systematisch und blütenbiologisch relevant sind (◘ Abb. 10.23).

Anzahl von Theken und Pollensäcken

Im häufigsten Fall haben die Antheren der Blütenpflanzen zwei Theken (**dithecisch**) und vier Pollensäcke (**tetrasporangiat**; ◘ Abb. 10.22a und 10.23a):

— Abweichungen von diesem Grundmuster führen zu **monothecischen** Antheren mit nur einer voll entwickelten Theke (z. B. *Canna* ◘ Abb. 10.22b, *Salvia* ◘ Abb. 10.37f–h) oder (selten) zu **polythecischen** Antheren mit mehr als zwei Theken.

— Werden nur zwei Pollensäcke gebildet, liegen **disporangiate** Theken vor, bei mehr als vier Pollensäcken spricht man von **polysporangiaten** Theken. Bei disporangiaten Antheren liegen die beiden Pollensäcke entweder in einer Theke (monothecisch) oder in zwei monosporangiaten Theken. Dieser Fall trifft auf die Seidenpflanzen zu (▶ Abschn. 11.7.6), die in beiden Theken nur den jeweils adaxialen (ventralen) Pollensack ausbilden. Eine **Vermehrung** der Pollensäcke geschieht meist durch das Einziehen von Septen, die die Pollensäcke kammern. Beispiele liefern die polysporangiaten Antheren einiger Melastomataceae.

◘ **Abb. 10.22** **Bau des Stamens. a**, Tulpe (*Tulipa*; Liliaceae). Links: abaxiale Ansicht. Rechts: adaxiale Ansicht. Das Stamen gliedert sich in Filament (Fi) und Anthere (An). Die Anthere trägt zwei Theken (Th), die über das Konnektiv (Ko) miteinander verbunden sind. Jede Theke besteht aus zwei Pollensäcken und öffnet sich der Länge nach. Der Pollen beider Pollensäcke wird gemeinsam durch diese Öffnung entlassen. **b**, *Canna indica* (Cannaceae). Monothecisches Stamen: Die fertile Theke (fT) bildet zwei Pollensäcke, der sterile Teil (sT) einen petaloiden Anhang. Gr, Griffel. **c**, *Nymphaea caerulea* (Nymphaeaceae). Die Stamina haben sterile, farbige Spitzen und vermitteln gestaltlich zu den Perigonblättern. (© R. Claßen-Bockhoff, Mainz)

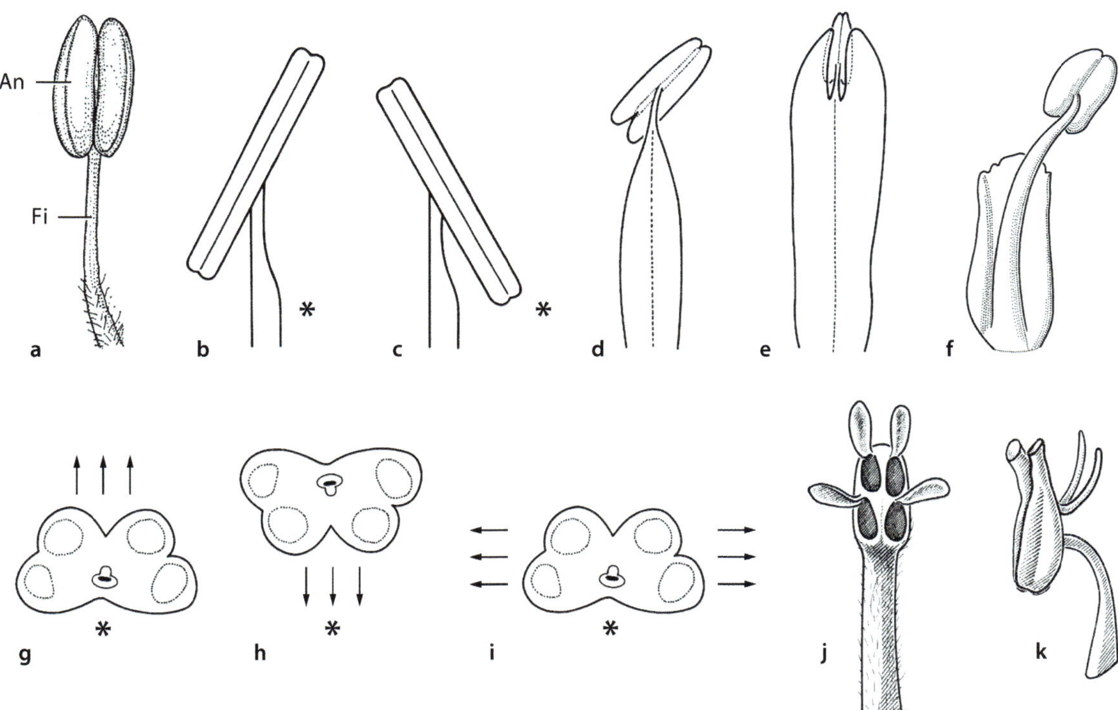

Abb. 10.23 Varianten des Stamenbaus. a–c, Anheftung der Anthere (An) am Filament (Fi). **a,** Basifix. **b,** Ventrifix. **c,** Dorsifix. Das Sternchen (*) markiert jeweils das Zentrum der Blüte. **d,** *Ornithogalum caudatum* (Liliaceae). Versatile Anthere mit Dünnstelle (Gelenk) zwischen Filament und Konnektiv. **e,** *Ornithogalum nutans* (Liliaceae). Blattartig verbreitertes Filament. **f,** *Zygophyllum album* (Zygophyllaceae). Basaler Filamentauswuchs. **g–i,** Öffnungsrichtung der Anthere (▶ Abschn. 10.4.6). *, Zentrum der Blüte. **g,** Extrors. **h,** Intrors. **i,** Latrors **j,** *Cinnamomum zeylanicum* (Lauraceae). Valvate Öffnung der Anthere durch Klappen. **k,** *Vaccinium uliginosum* (Ericaceae). Porizide Anthere mit sparrigen Anhängseln. (© **a:** Schimper 1894. **b, c, g–k:** Weberling 1981, verändert. **d, e:** Schaeppi 1939. **f:** Baum und Leinfellner 1953)

Antherenform und -anheftung

Die beiden Theken einer Anthere stehen in der Regel seitlich am Konnektiv (■ Abb. 10.22a). Das freie Ende des Konnektivs endet stumpf oder in einem Auswuchs (Konnektivprotrusion; ■ Abb. 10.33h). In seltenen Fällen sind die Theken über die Konnektivspitze hinweg miteinander verbunden (synthecische Anthere; Trapp 1956).

Nach dem **Ort der Antherenanheftung** am Filament sind die Stamina **basifix** (Anthere steht in der Verlängerung des Filamentes, z. B. Tulpe; ■ Abb. 10.22a), **ventrifix** (Filament inseriert an der adaxialen Seite der Anthere; ■ Abb. 10.23b) oder **dorsifix** (Filament inseriert an der abaxialen Seite der Anthere; ■ Abb. 10.23c). Ist die Anthere über ein dünnes Gewebeband mit dem Filament verbunden, ist sie **versatil** (beweglich; ■ Abb. 10.23d).

Die basifixe Anheftung gilt als ursprünglich. Die übrigen Formen der Antherenanheftung haben sich mehrfach parallel entwickelt und stehen in engem funktionalen Bezug zum Prozess der Bestäubung. So können versatile Antheren der **Bewegungsrichtung** des Bestäubers folgen und den Pollen mit größerer Sicherheit übertragen.

10.4.2 Entwicklung des Stamens

Die Stamina folgen in der Blütenentwicklung entweder auf die Anlagen der Blütenhülle, von denen sie in der Regel bedeckt und geschützt werden, oder entwickeln sich vorzeitig (viele Apiaceae, Lamiaceae, Marantaceae; ■ Abb. 10.11, 10.12 und 10.13). Das einzelne Stamen erscheint zunächst als rundlicher

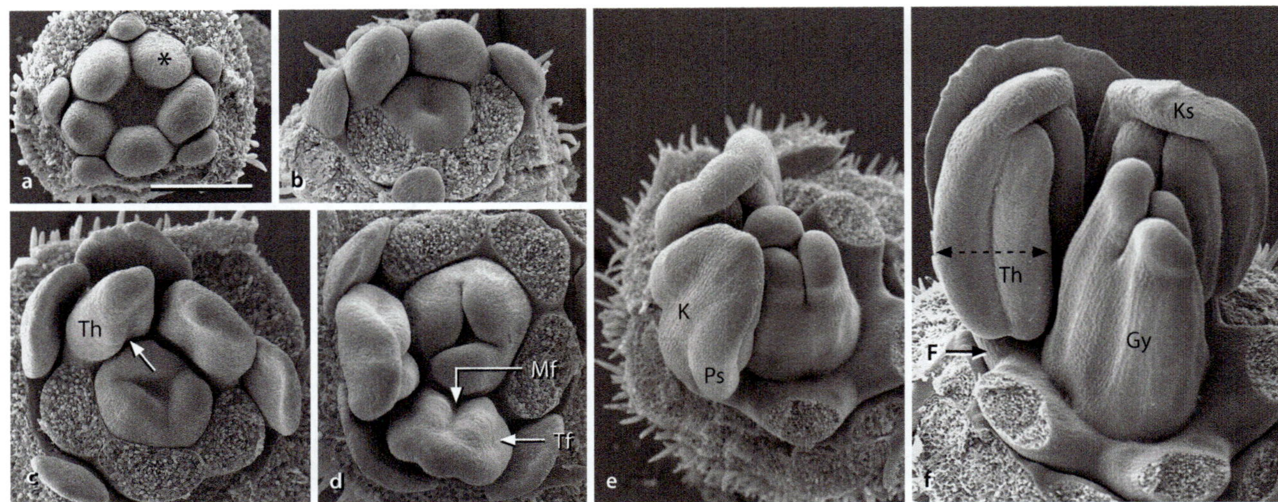

Abb. 10.24 Entwicklung des Stamens von *Passiflora standleyi* (Passifloraceae). a, Fünf Stamina erscheinen als rundliche Primordien (*) und werden schnell größer als die Petalenanlagen. Kelch abpräpariert. Balken: 200 μm. **b,** Die Stamina vergrößern sich, flachen ab und neigen sich nach vorn. Das trimere Gynoeceum entwickelt sich. **c, d,** Die Staminalanlagen differenzieren sich in zwei Theken (Th), die durch die längs verlaufende Medianfurche (Pfeil; Mf) geteilt werden. Dann bilden sich je zwei Pollensäcke pro Theke, die von der Transversalfurche (Tf) voneinander getrennt werden. **e, f,** Die Anthere ist in zwei Theken (Th) und vier Pollensäcke (Ps) gegliedert. Das Konnektiv (K) ist deutlich erkennbar und endet in einer sterilen Konnektivspitze (Ks). Als Letztes streckt sich das Filament (F). Gy, Gynoeceum. Alle Bilder im gleichen Maßstab. (© C. Meyer & R. Claßen-Bockhoff, Mainz)

Höcker (■ Abb. 10.24a: *). Dieser flacht sich ab und beginnt mit der **Differenzierung der Anthere**. Im ersten Schritt werden die späteren Theken angelegt (Th). Sie heben sich als **Randwulst** von einer **Medianfurche** (Mf) ab, die dem frühen Stadium des Konnektivs entspricht. Etwas später teilt die **Transversalfurche** (Tf) jede Theke in **zwei Pollensäcke** (Ps), die somit von Beginn an eine Einheit bilden (Synangium; ▶ Abschn. 5.6.3). Das Filament (■ Abb. 10.24f: F) streckt sich zuletzt und exponiert die Anthere im Raum. Dieser Prozess kann sehr schnell erfolgen und dauert bei Gräsern z. B. nur wenige Minuten.

10.4.3 Stellungsverhältnisse im Androeceum

Die Staubblätter werden spiralig, zyklisch, in Bündeln oder auf einem Ring angelegt (■ Abb. 10.25).

Spiralige Stellung: Primäre Polyandrie

Bei der **primären Polyandrie** (wörtl. „Vielmännigkeit") ist die Anzahl der Stamina hoch und unbestimmt (■ Abb. 10.25a). Die Stamina werden meist spiralig und zentripetal gebildet. Beispiele liefern einige Magnolien- und Hahnenfußgewächse (■ Abb. 10.5a–c und 10.3a, e).

Zyklische Stellung der Stamina

Bei zyklischen Androeceen ist die Anzahl der Stamina meist gering und zahlenfixiert. Die Stamina stehen in zwei Kreisen (**diplostemon**; griech. *diplos*, „doppelt", *stemon*, „Faden"; ■ Abb. 10.3b) oder auf einem Kreis (**haplostemon**; griech. *haploeidḗs*, „einfach"). Dabei sind sie meist alternierend angeordnet (■ Abb. 10.26a).

In einigen Fällen stehen die Stamina nicht ‚auf Lücke' zu den inneren Elementen der Blütenhülle, sondern diesen direkt gegenüber (opponiert). Man spricht dann von **Obhaplostemonie** (ein Kreis: *Lysimachia*; ■ Abb. 10.26b) bzw. **Obdiplostemonie** (zwei Kreise: *Kalanchoë blossfeldiana* ■ Abb. 10.3g, h, *Dudleya caespitosa* ■ Abb. 10.26c).

Abb. 10.26 Stellungsverhältnisse im Androeceum. a, *Fremontodendron mexicanum* (Malvaceae). Haplostemones Androeceum: Stamina stehen alternierend zu den Kronblättern, die Theken der Stamina sind mehrfach verdreht. **b,** *Lysimachia nummularia* (Primulaceae). Obhaplostemones Androeceum: Stamina stehen vor den Kronblättern. **c,** *Dudleya caespitosa* (Crassulaceae). Dizyklisches, obdiplostemones Androeceum: Äußerer Staminalkreis steht vor den Kronblättern. **d–h,** Sekundäre Polyandrie. **d,** Johanniskraut (*Hypericum*, Hypericaceae). Blüte mit fünf Staminalbündeln in opponierter Position zu den fünf Kronblättern. Die inneren Stamina sind die längsten (zentrifugale Ausgliederung). **e,** Hundsrose (*Rosa canina*, Rosaceae). Die Stamina, die auf Lücke zu den Kronblättern stehen, sind die längsten (laterale Polyandrie). **f,** *Hibiscus schizopetalus* (Malvaceae). Blüte mit Staminalröhre; zentrifugale Ausgliederung. **g,** *Calothamnus sanguineus* (Myrtaceae). Kelch und Krone sind unscheinbar. Die zygomorphe Staminalröhre bildet die Oberlippe einer Vogelblume. Die äußeren Stamina sind die längsten (zentripetale Ausgliederung). **h,** *Calothamnus homalophyllus* (Myrtaceae). Jede Blüte bildet fünf rote Adelphien (zentripetale Ausgliederung). (© R. Claßen-Bockhoff, Mainz)

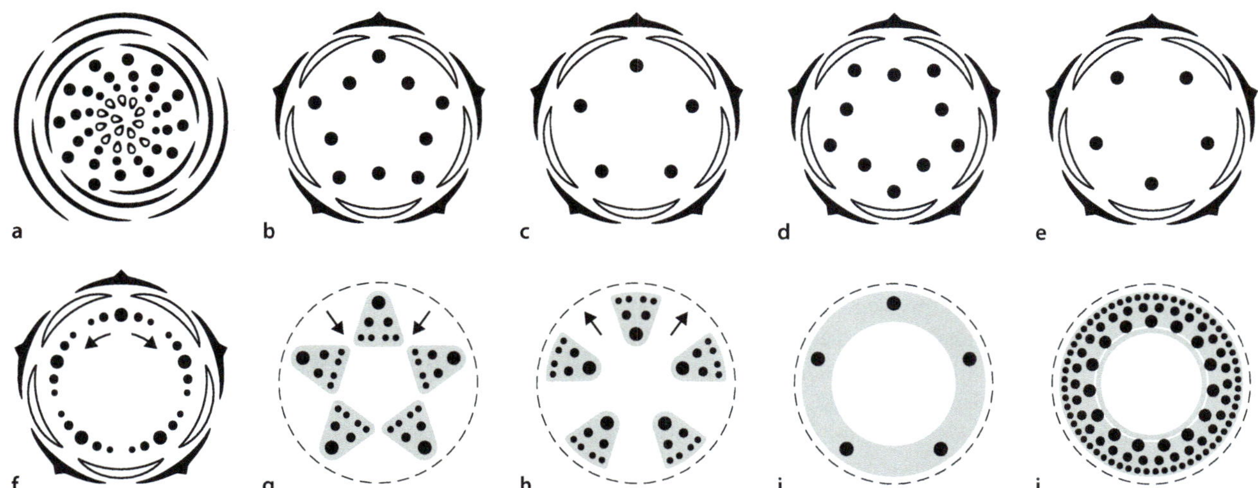

Abb. 10.25 Stellungsverhältnisse im Androeceum, schematisch. Blütenhülle teilweise, Gynoeceum immer unberücksichtigt. **a,** Spiralig. Primäre Polyandrie. **b–e,** Zyklisch. **b,** Diplostemonie. **c,** Haplostemonie. **d,** Obdiplostemonie. **e,** Obhaplostemonie. **f–h,** Sekundäre Polyandrie (▶ Abschn. 10.2.3). **f,** Laterale Polyandrie. **g–h,** Radiale Polyandrie. Die Blütenhülle ist nicht eingezeichnet, da die zyklisch angeordneten Superprimordien opponiert oder alternierend zur Blütenhülle stehen können. **g,** Zentripetale Polyandrie. **h,** Zentrifugale Polyandrie. **i–j,** Ringmeristem. **i,** Monozyklisch. **j,** Zentrifugale, sekundäre Polyandrie. (© Original)

Die Stellung der Stamina entspricht entweder dem Ort der primären Anlage oder ändert sich während der Blütenentwicklung (**Metatopie**; ▶ Abschn. 10.2.3). Die Entstehung einkreisiger Androeceen kann auf der Unterdrückung des inneren (haplostemon) oder äußeren Kreises (obhaplostemon) beruhen.

Sekundäre Polyandrie

Bei der sekundären Polyandrie werden wie bei der primären Polyandrie zahlreiche Stamina gebildet, die sich allerdings aus wenigen, zyklisch angelegten **Superprimordien** (▶ Abschn. 10.2.3) entwickeln. Oft bleiben die Stamina einer Anlage als Staminalbüschel (*fascicles*) zusammen und werden dann **Adelphien** genannt (◘ Abb. 10.26d, h).

Sekundäre Polyandrie ist sehr häufig und für einige Verwandtschaftskreise charakteristisch. Nach der Fraktionierungsrichtung unterscheidet man **zentripetale** (z. B. Myrtaceen; ◘ Abb. 10.14f–i), **zentrifugale** (z. B. Hypericaceae, Malvaceae; ◘ Abb. 10.14a–e, j–m) und **laterale** sekundäre Polyandrie (z. B. einige Rosengewächse). Da die zuerst fraktionierten Antheren meist die längsten Filamente besitzen, lässt sich die Ausgliederungsrichtung auch in offenen Blüten erkennen. Bei *Hypericum* und *Hibiscus* stehen die längsten Stamina innen und deuten auf die zentrifugale Entstehung des Androeceums hin (◘ Abb. 10.26d, f); bei *Calothamnus* ist es umgekehrt (◘ Abb. 10.26g, h). Bei *Rosa* stehen die längsten Stamina auf Lücke zu den Kronblättern und markieren den Ausgangspunkt der lateralen Fraktionierung (◘ Abb. 10.26e).

10.4.4 Bau der Antherenwand

Die Anthere ist der Ort der Pollenbildung. Die **Pollensäcke** entsprechen Mikrosporangien und müssen zahlreiche Funktionen erfüllen, um erfolgreich Sporen bilden und ausstreuen zu können (▶ Abschn. 5.6.1).

Die Anthere besteht zunächst aus embryonalem Gewebe, das sich zu Beginn der Entwicklung in Epidermis und Parenchym differenziert. Im Konnektiv bildet sich das zentrale Leitbündel. Die Theken differenzieren sich im weiteren Verlauf in eine spezifisch gestaltete **Antherenwand** und ein **Archespor**, aus dem sich die Pollenkornmutterzellen entwickeln.

Die Wand der Anthere ist **mehrschichtig** (◘ Abb. 10.27a). Von außen nach innen folgen die Epidermis, das Endothecium, mehrere Schwundschichten und das Tapetum.

Epidermis und Endothecium

Die Theken der Blütenpflanzen öffnen sich mit einer **Faserschicht**, die unter der Epidermis (subepidermal) liegt und **Endothecium** genannt wird (◘ Abb. 10.27a: En). Das Endothecium weist charakteristische, einseitig **versteiften Zellwände** und eine Dünnstelle (**Stomium**) auf. Trocknet die Antherenwand aus, reißt die Theke mittels **Kohäsionsmechanismus** auf (▶ Exkurs 5.8) und entlässt die mehrkernigen Pollenkörner.

Das Endothecium ist trotz gleichbleibender Funktion **divers** gestaltet. Es ist meist einschichtig, selten mehrschichtig. Die Art der Zellwandverdickung sowie die Form und Lage des Stomiums variieren stark (Manning 1996; ▶ Abschn. 10.4.6).

Die spangenartige Zellverdickung des Endotheciums erinnert an den Anulus der leptosporangiaten Farne. Im Unterschied zum Farnsporangium (▶ Abschn. 5.6.3) ist bei den Samenpflanzen das gesamte Endothecium mit Ausnahme der präformierten Öffnungsstellen (Stomium) mit verdickten Zellwänden ausgestattet. Bei Verdunstung baut sich eine Spannung in der Wand auf, die zum Aufreißen der Theke am Stomium führt (◘ Abb. 10.31). Im Gegensatz zum Farnsporangium bleiben die Theken geöffnet. Die Pollenkörner haften meist an den Theken-

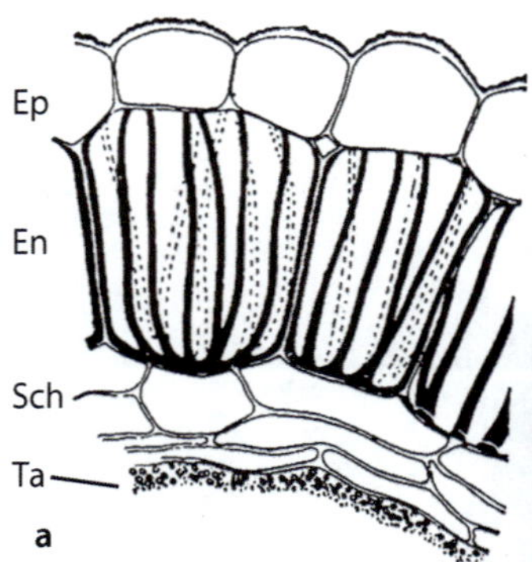

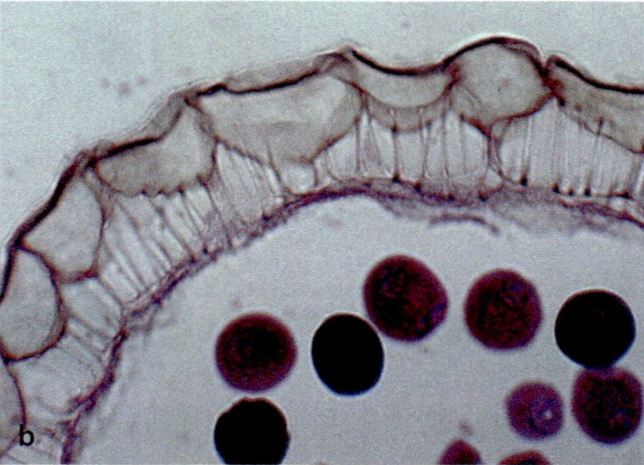

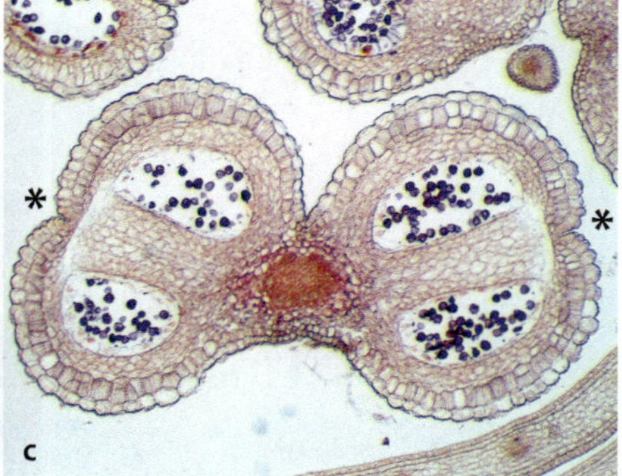

◘ Abb. 10.27 Antherenwand. a, Bau der Antherenwand (schematisch). Ep, Epidermis. En, Endothecium. Sch, Schwundschichten. Ta, Tapetum. **b,** Haselnussstrauch (*Corylus avellana*, Betulaceae). Ausschnitt aus einer reifen Theke. Die Wand besteht aus Epidermis und Endothecium, Schwundschichten und Tapetum sind aufgelöst. Im Inneren des Pollensackes liegen Pollenkörner. **c,** Apfel (*Malus communis*, Rosaceae). Anthere mit reifen Pollenkörnern vor dem Aufspringen der Thekenwände. Die Trennwand zwischen den Pollensäcken einer Theke beginnt sich vom Rand her aufzulösen. Das subepidermale Endothecium und seine Dünnstelle (Stomium: *) sind deutlich erkennbar. (© a: Firbas 1962. b, c: Botanische Sammlungen der JGU Mainz)

wänden, wo sie präsentiert und von Tieren abgenommen werden (primäre Pollenpräsentation).

Eine Ausnahme bilden die Pollensäcke von *Ricinus communis* (Euphorbiaceae), die zurückschnellen und die Pollenkörner ausschleudern (Bianchini und Pacini 1996). Interessanterweise wird hier die Epidermis vor der Antherenreife abgebaut, sodass das Endothecium außen liegt. Möglicherweise trägt diese Veränderung der Wandstruktur zur ungewöhnlichen Antherenöffnung bei.

Schwundschichten und Tapetum

Nach innen folgen mehrere Zellschichten, die im Zuge der Archesporentwicklung kollabieren und mehr oder weniger aufgelöst werden. Sie werden als **Schwundschichten** bezeichnet.

Das **Tapetum** (▶ Abschn. 5.6.3 und 7.6.3) besteht aus großen Zellen mit großen Zellkernen und ist im histologischen Bild gut erkennbar. Es erfüllt drei wichtige Funktionen:

1. Es ist aufgrund seiner **Polyploidie** (▶ Abschn. 2.4.4) sehr stoffwechselaktiv und **ernährt** das Archespor und die sich daraus entwickelnden Pollenkörner. Dabei bleibt es entweder als Zellreihe erhalten (**Sekretionstapetum**, z. B. *Sambucus*) oder löst seine Zellwände auf (**Periplasmodialtapetum**, z. B. *Lonicera*, *Butomus*).

2. Das Tapetum umgibt die Pollenkörner mit einer äußeren Wand (**Exine**) aus **Sporopollenin** (▶ Abschn. 2.2.4) und schützt damit die männlichen Gametophyten im Inneren der Spore.

3. Außerdem lagert das Tapetum den Pollenkörnern **Pollenkitt** auf. Pollenkitt ist ein **Neuerwerb** der Blütenpflanzen, der sich vermutlich im Zuge der Zoophilie entwickelt hat. Er enthält meist gelbe, UV-absorbierende Farbstoffe (**Carotinoide**), Fette (**Lipide**), und **Proteine**. Die Proteine auf der Pollenoberfläche sind sehr spezifisch und all denen bekannt, die unter **Heuschnupfen** leiden. Sie spielen bei der genetischen Selbstinkompatibilität (▶ Abschn. 9.6.4) eine zentrale Rolle.

10.4.5 Entwicklung des Archespors und der Pollenkörner

Das Parenchym der jungen Anthere entwickelt an den vier Positionen der künftigen Pollensäcke je eine Archespormutterzelle. Diese baut durch Mitosen das Sporen bildende Gewebe (**Archespor**) des Mikrosporangiums auf (◪ Abb. 10.28a–c). Die außen liegenden Schwundzellen werden dabei zusammengedrückt und zur Auflösung gebracht. Durch Lyse der Mittellamellen (▶ Abschn. 2.2.4) vereinzeln sich die Zellen des Archespors zu **Pollenkorn-**

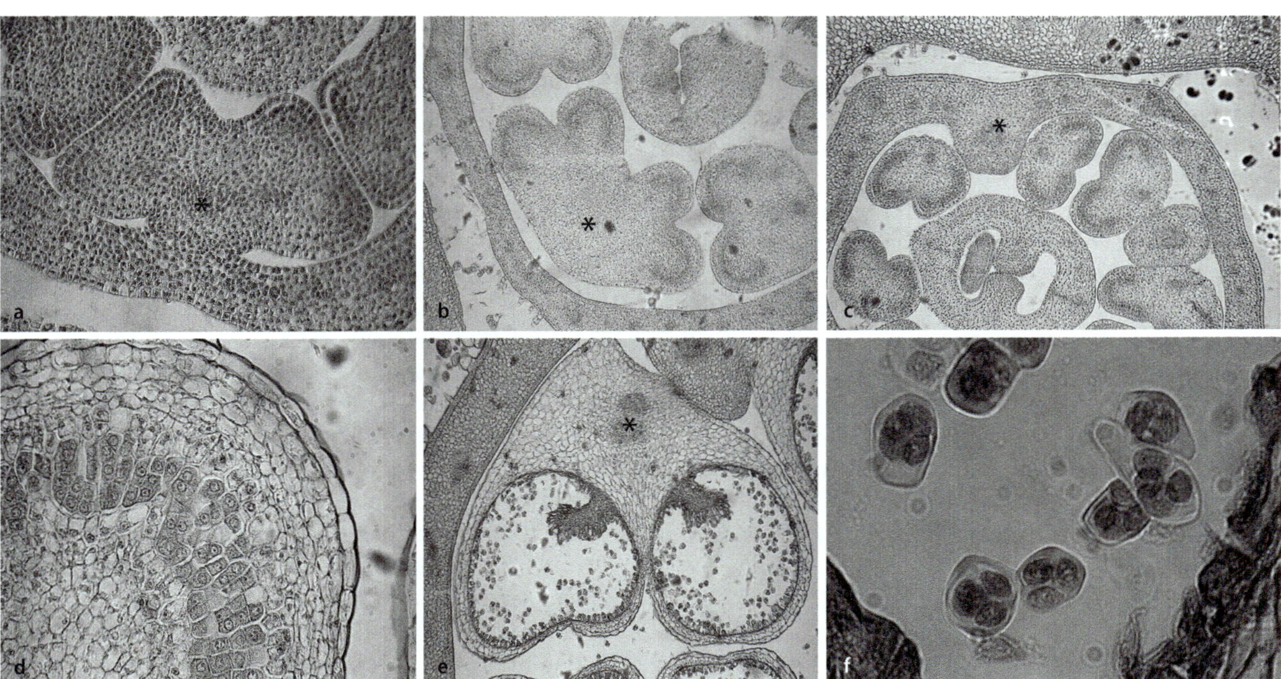

◪ **Abb. 10.28 Entwicklung von Archespor und Pollenkörnern.** *Paulownia tomentosa* (Paulowniaceae). Histologische Querschnitte. **a**, Junge, parenchymatische Anthere. *, Lage des Konnektivs. **b**, Anthere mit vier in der Entwicklung befindlichen Pollensäcken; die mitotische Aktivität, die von den vier Archespormutterzellen ausgeht, ist deutlich an der dunklen Färbung erkennbar. **c**, Das Lumen der Pollensäcke (dunkelgrau) ist mit Archesporgewebe gefüllt. **d**, Detail aus **c**: Die Archesporzellen trennen sich voneinander und bilden die Pollenkornmutterzellen. Rechts: Antherenwand. Links unten: Konnektivgewebe. **e**, Anthere kurz vor der Öffnung. Die Gewebebrücke zwischen den zwei benachbarten Pollensäcken einer Theke hat sich bereits aufgelöst. **f**, Detail aus **e**: Pollentetraden im Thekenraum. (© Botanische Sammlungen der JGU Mainz)

mutterzellen (■ Abb. 10.28d) und durchlaufen die Meiose. Bei den zweikeimblättrigen Pflanzen entstehen die Mikrosporen meist durch **simultane** Teilung und liegen zunächst in Form eines Tetraeders vor (■ Abb. 10.28f); dieser zerfällt in vier Pollenkörner oder bleibt als Tetrade erhalten (■ Abb. 10.32b). Bei vielen Einkeimblättrigen entstehen die Mikrosporen dagegen nacheinander (**sukzedan**) und bleiben bei einigen Arten in einer linearen Tetrade erhalten (■ Abb. 10.32c). Nach der Meiose beginnt die Entwicklung des Mikrogametophyten (▶ Abschn. 4.6.3).

Die Wand des Pollenkorns (**Sporoderm**) ist zweischichtig und besteht aus der innen liegenden **Intine** (Sporenwand) und der ihr aufgelagerten **Exine** (▶ Abschn. 4.6.3). Die Exine weist eine **spezifische Oberflächenskulptur** auf, die aus Warzen, Säulchen und/oder Leisten besteht (■ Abb. 10.29). Bei **intectaten** Pollenkörnern liegen diese Strukturen offen vor (■ Abb. 10.29d: Sm), bei **tectaten** sind sie mit dachartigen Querstreben bedeckt (■ Abb. 10.29d: La). Zwischen den Exinestrukturen bleiben Dünnstellen (Keimöffnungen, **Aperturen**) frei, durch die der Pollenschlauch bei der Keimung des Pollenkorns austreten kann (■ Abb. 10.32a).

Die Exine beeinflusst in entscheidendem Maße die Prozesse des **Pollentransfers**, der **Bestäubung** und der **Pollenkeimung**:
- Sie **schützt** den haploiden Mikrogametophyten während des Transportes vor mutagener Strahlung und mechanischer Schädigung.
- Der an ihr haftende Pollenkitt sorgt für die **Klebfähigkeit** der Pollenkörner untereinander und am Bestäuber. Bei **klebrigem** Pollen liegt der Pollenkitt meist frei zugänglich auf der Oberseite des Pollenkorns, bei **staubigem** Pollen ist er tiefer in der Exine verborgen.
- Passt die Skulpturierung der Pollenkornoberfläche zur Oberflächenbeschaffenheit der Empfängernarbe (Schlüssel-Schloss-Prinzip), wird die Anheftung der Pollenkörner mechanisch unterstützt (■ Abb. 10.49).
- Eine hohe Anzahl an Aperturen erleichtert die **Keimung** des Pollenkorns auf der Narbe.
- Auf den Proteinen der Intine und Exine beruhen die Erkennungsreaktionen der gametophytischen und sporophytischen **Selbstinkompatibilität** (▶ Abschn. 9.6.4) und mit ihnen der evolutionär wichtige Prozess der **Pollenselektion** (▶ Abschn. 10.5.6).

Pollensystematik

Nach der Anzahl, Lage und Form der Aperturen werden Pollenkörner systematisch erfasst und benannt. Dabei bezeichnet man den Pol des Pollenkorns, der dem Mittelpunkt des Tetraeders gegenüberliegt, als **distal**

und den senkrecht dazu stehenden Umfang der Pollenkorns als **Äquator** (■ Abb. 10.29b: dP, pP, Ä).

Die Aperturen befinden sich primär am distalen Pol oder in der Äquatorebene. Sie liegen als **Keimfalten** (distal: Sulcus; äquatorial: Colpus) oder **Keimporen** (distal: Ulcus; äquatorial: Porus) vor:
- Die Gymnospermen, **Basalen Angiospermen** und **Monocotylen** haben primär **sulcate** Pollenkörner (eine distale Falte; ■ Abb. 10.29d: La). Als abgeleitet gilt der **ulcerate** Pollen der Süßgräser (eine distale Pore).
- Die **Eudicotylen** besitzen primär **tricolpate** Pollenkörner (drei äquatoriale Falten; ■ Abb. 10.29c). Diese Pollenkornmorphlologie liefert das wichtigste diagnostische Merkmal der Eudicotylen, die daher im Deutschen auch **Dreifurchen-Zweikeimblättrige** heißen. Die tricolpate Grundform ist im Laufe der Evolution stark abgewandelt worden. **Pantoporate** Pollenkörner mit Aperturen auf der gesamten Oberfläche (griech. *pan, pantos*, „alles") gelten als abgeleitet (■ Abb. 10.29d: Ip).
- **Inaperturate** Pollenkörner haben keine Öffnung. Sie sind bei den Blütenpflanzen abgeleitet, haben oft keinen Zellkern und dienen, beispielsweise in Pollenblumen, als minderwertiges Futter für Pollen sammelnde Bienen (Bernhard 1996; ▶ Abschn. 11.3.1).

Die Kenntnis der Pollenkornsystematik hat mehrfach **praktische Bedeutung**:
- Aufgrund der chemischen Robustheit der Exine bleiben Pollenkörner Millionen Jahre lang erhalten. Die Pollenanalyse (**Palynologie**) spielt daher in der Geologie, Paläobiologie und Klimaforschung eine zentrale Rolle. Mit ihrer Hilfe können Fund- und Lagerstätten datiert und frühere Lebensgemeinschaften und Klimabedingungen rekonstruiert werden (▶ Abschn. 3.2.2).
- In der **Blütenbiologie** lässt sich anhand der Pollentracht eines Bestäubers feststellen, welche Futterpflanzen aufgesucht wurden. Umgekehrt gibt der auf einer Narbe deponierte Pollen darüber Auskunft, mit welchen Konkurrenzarten sich eine Pflanze ihre Bestäuber teilt. Beide Datensätze helfen, das ökologische Netzwerk zwischen Bestäubertieren und Futterpflanzen zu verstehen, und sind für **Natur- und Artenschutz** von Bedeutung.
- Auch in der **Forensik** spielen Pollenkörner eine wichtige Rolle. Oft lassen sich Pollenfunde an einem Tatort analysieren, wobei kleinste Mengen an Schuhen oder Kleidung ausreichen. Zur Identifizierung der Pollenkörner dient die Palynological Database (https://www. ▶ paldat.org/).

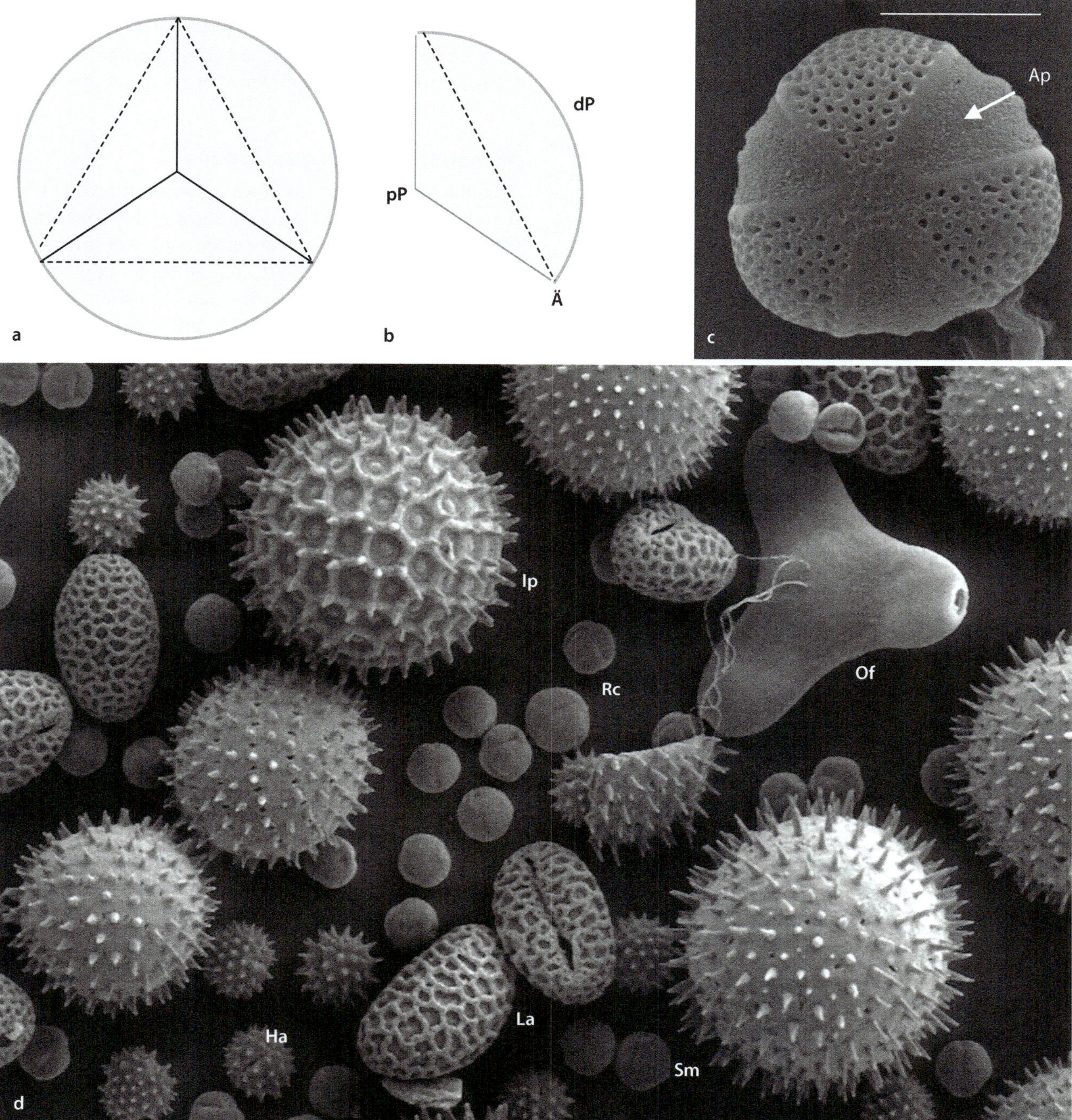

Abb. 10.29 Pollenkörner. a, b, Pollenkornbildung (schematisch). **a,** Blick in eine Pollentetrade. Vordere Zelle entfernt, durch gestrichelte Linie angedeutet. **b,** Pollenkorn nach Auflösung der Tetrade. Man unterscheidet den proximalen Pol (pP: zum Mittelpunkt der Tetrade hin), den gegenüberliegenden distalen Pol (dP) und senkrecht zu den Polen den Äquator (Ä). **c,** *Caesalpinia* (Fabaceae). Tricolpater Pollen: drei breite, längs verlaufende Aperturen. Balken: 20 μm. **d,** Pollenkörner unterschiedlicher Größe, Form und Oberfläche. Ha, Sonnenblume (*Helianthus annuus*, Asteraceae). Ip, Prunkwinde (*Ipomoea purpurea*, Convolvulaceae). La, *Lilium auratum* (Liliaceae). Of, Nachtkerze (*Oenothera fruticosa*, Onagraceae). Sm, *Sildalcea malviflora* (Malvaceae). Rc, *Ricinus communis* (Euphorbiaceae). (© **a, b**; Original. **c,** J. Bernd & Claßen-Bockhoff, Mainz. **d:** ▶ https://commons.wikimedia.org/wiki/File:Misc_pollen.jpg. Dartmouth College Electron Microscope Facility/Public domain)

10.4.6 Antherenöffnung und Transportformen des Pollens

Nach der Meiose bilden sich in jedem Pollensack Pollenkörner. Dann löst sich die Trennwand zwischen den zwei benachbarten Fächern einer Theke auf, und es entsteht ein einziger zusammenhängender Raum mit Pollenkörnern ([■] Abb. 10.28e). Dieser Thekenraum öffnet sich je nach Lage und Form des Stomiums in unterschiedlicher Weise ([■] Abb. 10.30) und entlässt den gesamten Polleninhalt einer Theke durch diese eine Öffnung.

Während staubige Pollenkörner meist ungerichtet ausgestreut werden, bleibt klebriger Pollen nach der Antherenöffnung an der Thekenwand haften. Man spricht in diesem Fall von **primärer Pollenpräsentation** und unterscheidet sie von der **sekundären Pollenpräsentation**, bei der der blüteneigene Pollen von einem anderen Blütenorgan als der Anthere präsentiert wird (▶ Exkurs 9.7).

Antherenöffnung

Die **Lage des Stomiums** bestimmt die Öffnungsweise der Anthere. Nach der **Richtung der Antherenöffnung** unterscheidet man folgende Grundformen ([■] Abb. 10.23g–i):
- **Extrorse** Antheren, die den Pollen nach außen abgeben und dadurch Fremdbestäubung fördern
- **Introrse** Antheren, die sich zur Blütenmitte hin öffnen und Selbstbestäubung (Autogamie) zulassen
- **Latrorse** Antheren mit seitlich liegenden Öffnungen

Die **Öffnungsweise** ist longizid, porizid oder valvat:
- Im häufigsten Fall öffnet sich die Theke **longizid** mit einem **Längsriss** zwischen den benachbarten Pollensäcken ([■] Abb. 10.30d, e). Dabei öffnen sich die Thekenfächer und entlassen den Pollen in Richtung der Antherenöffnung (z. B. Tulpe; [■] Abb. 10.22a und 10.31b), oder die Thekenwände schlagen vollständig zurück, sodass der Pollen senkrecht zur Öffnungsrichtung der Anthere präsentiert wird (z. B. *Geranium*; [■] Abb. 10.31c).
- Die Öffnung der Theken mittels einer apikal gelegenen **Pore** führt zur Einstäubung der Bestäuber durch **Rüttelbewegung** ([■] Abb. 10.30f–k). Ähnlich einem Salzstreuer wird der meist staubige Pollen dabei aus der Theke ausgestreut. Dieser Prozess kann durch sparrige **Antherenfortsätze** ([■] Abb. 10.23k [■] und 10.30f) oder durch die Vibration der Flugmuskulatur Pollen suchender Bienen (*buzz pollination*; ▶ Abschn. 11.3.1) verstärkt werden. Die Poren können klein sein oder sehr große Löcher bilden. Gelegentlich vereinigen sich die Poren der beiden Theken zu einer einzigen großen Öffnung, so wie es bei *Tococa guianensis* der Fall ist ([■] Abb. 10.30i–k).

- Die Antherenöffnung mittels **Klappen** (**valvat**) ist relativ selten ([■] Abb. 10.23j und 10.30a–c). Sie kommt z. B. bei Lorbeergewächsen (Lauraceae) und Berberitzen (Berberidaceae) vor.

Transportformen des Pollens

Trennen sich die vier aus einer Sporenmutterzelle stammenden Pollenzellen, liegen sie einzeln als **Monaden** vor ([■] Abb. 10.32a). Diese erweisen sich bei der Windbestäubung als vorteilhaft, da einzelne Pollenkörner leichte und kleine Transportformen darstellen. Bei **Tierbestäubung** ist die Einstäubung mit staubigem Pollen meist ungerichtet und geht mit Pollenverlust einher. Innerhalb der tierbestäubten (zoophilen) Blütenpflanzen haben sich daher **vielfach parallel** komplexe Transportformen entwickelt. Monaden werden mittels klebriger Fäden (sog. **Viscinfäden**) zu langen Ketten verbunden (z. B. Onagraceae; [■] Abb. 10.32e), oder die Pollenkörner bleiben in der **Tetrade** ihrer Entstehung zusammen und werden als solche ausgebreitet ([■] Abb. 10.32b, c). **Dyaden** aus zwei Pollenkörnern sind bislang nur von *Scheuchzeria palustris* (Scheuchzeriaceae; Sy 10B:18) bekannt (Volkova et al. 2016). Bei den Mimosengewächsen (Fabaceae-Mimosoideae) teilen sich die Pollenzellen mehrfach mitotisch, wodurch **Massulae** aus 16, 32 oder mehr Pollenkörnern entstehen ([■] Abb. 10.32d; Greissl 2006). Bei den Orchideen und Seidenpflanzen (Apocynaceae-Asclepiadoideae) werden Pollenpakete oder sogar alle Pollenzellen nach der Meiose mit einer gemeinsamen Exine umgeben und bleiben auf diese Weise als **Pollinien** (*Singular:* Pollinium, Inhalt eines Pollensackes) zusammen ([■] Abb. 10.32f, g). Ihre Transportform heißt **Pollinarium** und besteht aus den Pollensäcken und Hilfsstrukturen (▶ Exkurs 11.4, ▶ Abschn. 11.7.6).

10.4.7 Diversität des Stamens und des Androeceums

Obgleich die Blütenhülle die auffälligste Formation der Blüte ist, ist sie nicht die formenreichste. Dieses Attribut gebührt dem Androeceum, das in seiner **strukturellen und funktionellen Vielfalt** alle übrigen Formationen übertrifft ([■] Abb. 10.33). Die Elemente des Androeceums können **Filament-** und/oder **Konnektivauswüchse** tragen, sich in ihrer Gestalt und Funktion voneinander unterscheiden (**Heterantherie**) oder gänzlich steril bleiben und Sonderaufgaben übernehmen (**Staminodien**).

Filament- und Konnektivauswüchse treten in zahlreichen Verwandtschaftskreisen auf. Sie haben sich **mehrfach parallel** entwickelt und weisen auf das hohe Bildungspotential der Stamina hin. Ihre Vielfalt wird im

Abb. 10.30 Antherenöffnung. a–c, Valvate Öffnung. a, b, *Laurus* (Lauraceae). **a,** Blüte mit zahlreichen Stamina. An der Basis jedes Filaments befinden sich zwei paarig angeordnete Nektarien (hellgelb). **b,** Anthere mit noch geschlossenen Klappen. **c,** *Berberis gagnepainii* (Berberidaceae). Anthere mit geöffneten Klappen. **d, e, Longizide Öffnung. d,** *Berzelia abrotanoides* (Bruniaceae). Stamen zwischen zwei Kronblättern (Kb). Die Anthere öffnet sich mit einem Längsriss (IÖ, longizide Öffnung), die Kronblätter weisen ventrale Auswüchse (Aw) und deutliche Abdrücke der Antheren auf. Balken: 500 μm. **e,** Trollblume (*Trollius*, Ranunculaceae). Stamina mit ersten, sich öffnenden Antheren: längs (longizid) und seitlich (latrors). **f–k, Porizide Öffnung. f,** *Erica vestita* (Ericaceae). Blick von unten in die hängende Blüte. Die poriziden Antheren tragen sparrige Anhänge, die in den Blüteneingang ragen. Der Pollen wird bei Berührung durch Bestäubertiere ausgestreut. **g,** *Chironia* (Gentianaceae). Anthere mit zwei poriziden Theken. Balken: 500 μm. **h–k,** Melastomataceae. **h,** Blüte (einer asiatischen Art) mit poriziden Antheren. Bienen suchen vergeblich nach Pollen. **i–k,** *Tococa guianensis*. Bildung einer gemeinsamen Pore für beide Theken. Gleicher Maßstab. **i,** Junge Anthere mit präformierter Porenöffnung. Balken: 200 μm. **j,** Aufreißen des Stomiums. **k,** Offene Pore, den Zugang zu den beiden Theken zeigend. (© a–c, f, h: R. Claßen-Bockhoff, Mainz. d: Quint und Claßen-Bockhoff 2006. e: I. Brasack & R. Claßen-Bockhoff, Mainz. i–k, M. Betz & R. Claßen-Bockhoff, Mainz)

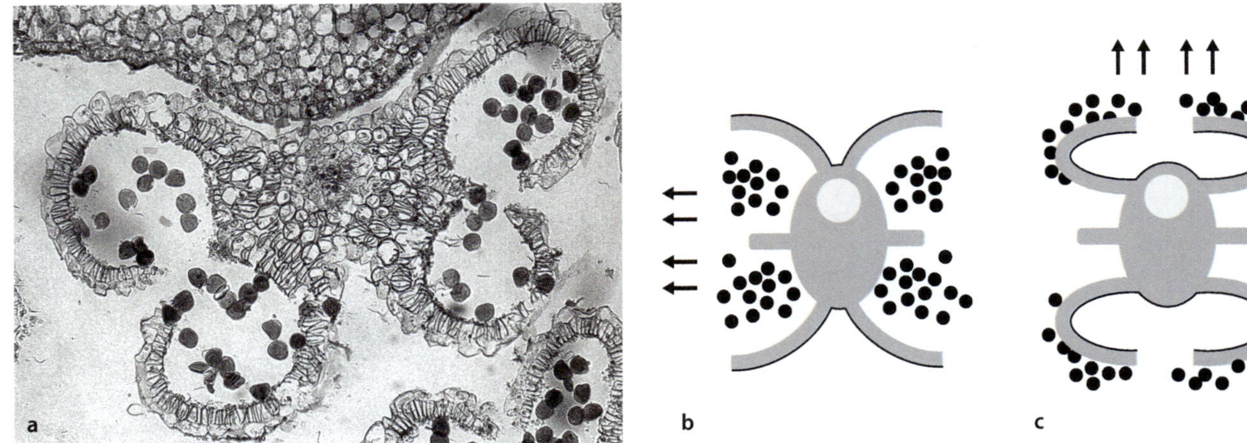

Abb. 10.31   Öffnungsweise longizider Theken. a, *Tulbaghia ludwgiana* (Amaryllidaceae). Querschnitt durch eine Anthere. Der Inhalt zweier benachbarter Thekenfächer wird durch eine gemeinsame Öffnung entlassen. **b, c,** Schematische Darstellungen der Pollenfreisetzung aus einer Anthere mit vier Pollensäcken; in der Mitte das Konnektiv mit dem Leitbündel. **b,** Seitliche (latrorse) Entlassung (Pfeile) der Pollenkörner. **c,** Völliges Umschlagen der Thekenwände nach außen. (© a: I. Pinnells & R. Claßen-Bockhoff, Mainz)

Abb. 10.32   Transportformen des Pollens. a, *Alloplectus tetragonoides* (Gesneriaceae). Monade. Auf der Narbe keimt das tricolpate Pollenkorn unter Pollenschlauchbildung aus. Balken: 30 μm. **b,** *Ledum palustre* (Ericaceae). Tetraedrische Pollentetrade. **c,** *Typha* (Typhaceae). Seriale Pollentetrade. **d,** *Acacia platensis* (Fabaceae). Polyade aus 16 Pollenkörnern. Balken: 10 μm. **e,** *Camissonia clavaeformis* (Onagraceae). Blüten mit offenen Antheren. Der Zusammenhalt der Monaden beruht auf Viscinfäden (s. Detail). **f,** *Oncidium* (Orchidaceae). Pollinarium mit zwei Pollinien und Hilfsstrukturen (► Exkurs 11.4). **g,** *Vincetoxicum hirundinacea* (Apocynaceae). Pollinarium mit Pollinien aus zwei benachbarten Antheren und Hilfsstrukturen. Es hat sich mit dem Klemmkörper an einen Fliegenrüssel geheftet (► Abschn. 11.7.6). (© **a:** Hübenthal & Claßen-Bockhoff, Mainz. **d:** J. Berns & R. Claßen-Bockhoff, Mainz; **g:** M. Auras & R. Claßen-Bockhoff, Mainz. Übrige Bilder: R. Claßen-Bockhoff, Mainz)

■ **Abb. 10.33 Diversität des Stamens. a,** Bezugssystem. Stamen mit Filament (orange) und Anthere aus Theken (gelb) und Konnektiv (rot). **b–g, Filamentauswüchse. b,** Filamentröhre mit Auswüchsen, *Hymenocallis* (Amaryllidaceae). **c,** Filamentknie, *Torenia* (Linderniaceae). **d,** Filamenthaare, *Arthropodium* (Asparagaceae). **e,** Filamentschuppen, *Tetraena* (Zygophyllaceae) **f,** Filament mit Nektarien, *Laurus* (Lauraceae). **g,** Filamentschwellung unterhalb der Anthere, *Dianella* (Asphodelaceae). **h–m, Konnektivauswüchse. h,** Auswuchs der Konnektivspitze, *Euchaetis* (Rutaceae). **i,** fädiger Konnektivauswuchs, *Prostanthera* (Lamiaceae). **j,** Konnektivverbreiterung, *Dorystoechas* (Lamiaceae). **k,** Konnektivhebel, *Salvia* (Lamiaceae). **l,** flächiger Konnektivauswuchs, *Aframomum* (Zingiberaceae). **m,** Staminalhut aus Filament- und Konnektivanteilen, *Tacca* (Dioscoreaceae). (© Original)

Folgenden an zwei Verwandtschaftskreisen exemplarisch dargestellt: den Monocotylen und den Lamiales. Die Funktion der bemerkenswerten Sonderstrukturen ist in vielen Fällen unbekannt oder noch nicht hinreichend experimentell überprüft.

Diversität des Stamens bei Monocotylen

Bei den Monocotylen sind die Staminalanlagen wesentlich plastischer als die relativ einheitlichen Perigonblätter. Das zeigt sich insbesondere bei den Pfeilwurzgewächsen (Marantaceae), bei denen sterile Staminalanlagen (Staminodien) nicht nur die Schaufunktion der Blütenhülle übernehmen (◘ Abb. 10.11h), sondern auch extrem abgewandelte Schwielen- und Kapuzenblätter bilden (▶ Abschn. 11.7.5).

Antherenattrappen

Im einfachsten Fall tragen die Stamina optisch attraktive **Filamentknoten** (◘ Abb. 10.34a) oder farbige **Haare** (◘ Abb. 10.34b) am Filament. Diese Strukturen werden als **Antherenattrappen** interpretiert (Osche 1979; ▶ Abschn. 11.3.1). Bei *Arthropodium cirrhatum* (Anthericaceae) täuschen die Filamenthaare eine zweifarbige Riesenanthere vor (◘ Abb. 10.34c).

Corona

Eine **Corona staminaler Herkunft** findet sich bei der Strandlilie *Pancratium maritimum*, die an den Küsten des Mittelmeeres weit verbreitet ist, oder bei der ebenfalls zu den **Amaryllidaceae** gehörenden *Hymenocallis* (◘ Abb. 10.33b und 10.34d). In einigen Arten der südafrikanischen Gattung *Tulbaghia* (Amaryllidaceae) ist die Corona auffällig gefärbt (◘ Abb. 10.34e) und dient der Bestäuberanlockung (◘ Abb. 10.9e). Ob sie einen staminalen Ursprung hat oder eine Neubildung darstellt (▶ Abschn. 10.2.3), ist noch nicht abschließend geklärt.

Hutförmige Stamina von *Tacca*

In der Gattung *Tacca* treten kompliziert gebaute, **hutförmige Stamina** mit verborgenen Pollensäcken auf (◘ Abb. 10.34f–h). Der Hut wird gemeinsam von Konnektiv und Filament gebildet. Beide Teile bilden etliche Leisten und lappenartige Anhängsel, die das Blüteninnere kammern. Die **Blütenkonstruktion** legt nahe, dass Fremdbestäubung nur von winzigen Insekten durchgeführt werden kann, die auf dem Dach des pilzförmigen Gynoeceums landen, unter die Narbenlappen kriechen und dort den mitgebrachten Pollen ablegen (Claßen-Bockhoff et al. 2005). Von Leisten und anderen Oberflächenstrukturen geführt, können die Bestäuber unter den Staminalhut gelangen, mit

pulverigem Pollen eingestäubt werden und durch die Öffnungen seitlich der Stamina das Labyrinth der Blüte wieder verlassen. Tatsächlich wurden 1–3 mm große Mücken aus der Gruppe der Gnitzen (Ceratopogonidae) als Bestäuber nachgewiesen (Chua et al. 2020).

Reduktion des Androeceums in der Ingwerverwandtschaft

Die Ingwergewächse (**Zingiberaceae**) weisen bei insgesamt sechs Staminalanlagen nur ein fertiles Stamen auf, zwischen dessen Theken der Narbenkopf des Griffels gehalten wird (◘ Abb. 10.34j: NK. Th). Das Stamen ist steif und weist verschiedenartige **Konnektivauswüchse** auf. Bei *Aframomum giganteum* stehen diese zu drei Seiten hin ab und verengen den Blüteneingang (◘ Abb. 10.34i, j). Bei *Camptandra* und *Roscoea* (◘ Abb. 10.34k) bildet die beweglich aufgehängte (versatile) **Anthere** einen **Hebel**. Der obere Teil der beiden Theken ist jeweils fertil, während die schräg nach vorn abgewinkelten, unteren Teile steril sind und den Blüteneingang verengen. Wird die Barriere durch ein Bestäubertier nach hinten gedrückt, senken sich die fertilen Thekenabschnite ab und stäuben das Tier dorsal (nototrib) mit Pollen ein (Troll 1929).

Bei den nah verwandten **Cannaceae** (▶ Abb. 9.39e, f) und **Marantaceae** (▶ Abschn. 11.7.5) geht die Reduktion des Androeceums noch einen Schritt weiter. Das einzige Stamen ist **monothecisch**, d. h., es bildet nur eine fertile Theke, während sich am Ort der zweiten Theke ein steriler, petaloider Fortsatz entwickelt (◘ Abb. 10.11c: sF, ◘ und 10.22b).

Filament- und Konnektivauswüchse bei Lippenblütigen (Lamiales)

Besonders zahlreich treten Konnektiv- und Filamentauswüchse im Verwandtschaftskreis der Lamiales auf, zu denen neben den Lippenblütlern (Lamiaceae) auch die Scrophulariaceae, Gesneriaceae, Bignoniaceae und weitere Familien gehören (Sy 10B:58). Die meisten Arten weisen fünfzählige (pentamere), **zygomorphe Lippenblüten** mit vier (statt fünf) Stamina auf.

Die Blüten werden im typischen Fall **radiär** angelegt (◘ Abb. 10.13b, c) und verlagern im Laufe ihrer Entwicklung die Antheren unter die Oberlippe der Blüte. Die Antheren der abaxialen Stamina **drehen sich** dabei um 180° und geben den Pollen wie die adaxialen Antheren nach unten in Richtung Blüteneingang ab (◘ Abb. 10.35a–h; **nototribe** Bestäubung s. ▶ Abschn. 11.7.1). Die **Drehung** geht meist mit einer **Konnektivverbreiterung** (◘ Abb. 10.35c: *, g) einher.

Abb. 10.34 Staminalstrukturen bei Monocotylen. a, *Dianella* (Asphodelaceae). Leuchtend gelbe Filamentknoten. **b**, *Cyanotis vaga* (Commelinaceae). Behaarte, knotig verdickte Filamente (weiß) mit Ähnlichkeit zum weißen, angeschwollenen Griffel (ohne orange Anthere). **c**, *Arthropodium cirrhatum* (Asparagaceae). Antheren durch behaarte Filamente optisch vergrößert. Pfeil: Anthere. **d**, *Hymenocallis × festalis* (Amaryllidaceae). Staminale Corona. **e**, *Tulbaghia montana* (Amaryllidaceae). Leuchtend rote Corona, Vogelblume. **f, g**, *Tacca cristata* (Dioscoreaceae). **f**, Blütenstand mit petaloiden-Hochblättern und fadenförmigen Brakteen („Bartfäden'). **g**, Blüte mit sechs hutförmigen Stamina (violett) und zentralem Gynoeceum (weiß). **h**, *T. chantrieri.* Geöffnete Blüte (schematisch), den labyrinthartigen Aufbau im Inneren zeigend. **i, j**, *Aframomum giganteum* (Zingiberaceae). **i**, Blüte. Oberlippe angehoben, um verschlossenen Blüteneingang zu zeigen. **j**, Stamen-Griffel-Komplex. Der Narbenkopf (Nk) ist zwischen den Theken (Th) eingeklemmt, das Konnektiv bildet spangenförmig Auswüchse. **k**, *Roscoea cautleoides* (Zingiberaceae). Blüte von der Seite. Pfeile: Griffel (unten), Narbenkopf (oben). Weiß: fertiler Antherenabschnitt mit Pollen. Gelb: steriler Antherenfortsatz. (© e: P. Wester, Düsseldorf. **h**: Claßen-Bockhoff et al. 2005. Zeichnung: V. Lehmann, Aachen. Mit freundlicher Genehmigung der Bildautorinnen. Übrige Fotos: R. Claßen-Bockhoff, Mainz)

Antherenstellung

Die vier Antheren liegen entweder **nebeneinander** unter der Oberlippe (*Prunella grandiflora*; ◘ Abb. 10.35a, b) oder in zwei Paaren übereinander (**didynamisch**; *Lamium* [◘ Abb. 10.35d, e]). Diese Anordnung bietet die **Option**, mittels **postgenitaler** Verklebung durch Epidermispapillen (▶ Abb. 7.5e), Haare oder Sekrete (◘ Abb. 10.35n) **Funktionseinheiten** aus mehreren Antheren (**Synantheren**) zu bilden, die die **Präzision** der Pollenübertragung **steigern**. Im Extremfall liegen alle acht Theken dicht nebeneinander und bilden eine durchgehende Pollenplatte (◘ Abb. 10.35g, h). Die Verklebung löst sich in der rezeptiven Blühphase. Die Filamente spreizen dann zur Seite und geben den Weg zur Narbe frei. Bei *Monechma cleomoides* (Acanthaceae ◘ Abb. 10.35k, l) rollen sich die Filamente spiralig auf – ein Verhalten, das auch von anderen Lamiales (z. B. Gesneriaceae) bekannt ist.

Filamentauswüchse – Beispiel Linderniaceae

Filamentauswüchse finden sich bei Lamiaceae z. B. in den Gattungen *Ocimum* und *Prunella* (◘ Abb. 10.35i), bei Acanthaceae in den Gattungen *Blepharis* und *Monechma* (◘ Abb. 10.35f) und bei Orobanchaceae in der Gattung *Sopubia* (◘ Abb. 10.35j). Über ihre Funkion ist wenig bekannt. Sie könnten als Abstandshalter zur Stabilisierung der Stamenposition beitragen (*Prunella*), als Trigger das Ausschütteln der Pollensäcke fördern (*Monechma*) oder der optischen Ablenkung vom Pollen dienen (*Sopubia*).

Ein besonders eindrucksvolles Beispiel für die Einbindung der Stamina in **verschiedene blütenbiologische Funktionen** liefern die kleinen Blüten der Linderniaceae (◘ Abb. 10.36), die früher zu den Braunwurzgewächsen (Scrophulariaceae) gehörten. Bei den **Linderniaceae** bilden die Filamente der abaxialen Stamina **Führungshilfen** und **Antherenattrappen**:

— In der Gattung *Torenia* biegen die **abaxialen** Stamina von der Unterlippe nach oben und verkleben ihre Pollensäcke mit den Antheren der adaxialen Stamina zu einer Synanthere. *T. fournieri* zeichnet sich durch ein flächiges gelbes Saftmal auf der Unterlippe aus. Bei *T. polygonoides* bilden die Filamente zusätzlich an der Biegestelle **Filamentknie** (◘ Abb. 10.36c: Fk). Das Leitbündel wird in das stark einseitige Wachstum mit einbezogen und folgt dem Verlauf der Kniebildung (Magin et al. 1989), die sich somit von einem oberflächlichen Auswuchs unterscheidet. Die Filamentknie flankieren den Blüteneingang und dienen als **Leitschienen**. Bei anderen *Torenia*-Arten sind die Leitschienen vertikal gestellt und an der Spitze weiß gefärbt (◘ Abb. 10.36b: Ls); Saftmale im sichtbaren Spektralbereich können fehlen (◘ Abb. 10.36b′).

— Bei *Craterostigma plantaginea* (◘ Abb. 10.36d) entwickeln die abaxialen Stamina wie bei *Torenia* Filamentknie, allerdings mit dem Unterschied, dass diese congenital mit der Unterlippe verbunden sind (◘ Abb. 10.36d′). Im Vergleich zu *Torenia* setzt die Kniebildung in einem früheren Entwicklungsstadium ein (Heterochronie; ▶ Abschn. 1.2.3) und erfasst daher den congenitalen und nicht den freien Abschnitt des Filamentes (Magin et al. 1989). Die auf der Unterlippe festsitzenden Filamentknie bilden zwei **Wülste**, die an ihrer Spitze leuchtend gelb gefärbt sind und wie eine übergroße **Antherenattrappe** wirken. Der Eindruck wird dadurch verstärkt, dass die Wülste mit gelben Haaren besetzt sind, die die körnige Erscheinung von frei präsentiertem Pollen imitieren (Peckham'sche Mimikry; ▶ Exkurs 11.5). Sie lassen zwischen sich eine schmale Rinne frei, die mit zweierlei gelben Haaren besetzt ist und in die Blüte hineinführt. Die einfachen, längeren Haare dürften Leitfunktion haben, da Bienen in der Lage sind, unterschiedliche Oberflächen mit ihren Fußgliedern zu ertasten (Kevan und Lane 1985). Die sitzenden Drüsenhaaren emittieren möglicherweise **Duftstoffe**

◘ **Abb. 10.35 Staminalstrukturen bei Lamiales. a–d, Antherenstellung** bei Lamiaceae. **a–c,** *Prunella grandiflora* (Lamiaceae). **a,** Blüte von der Seite. **b,** Blick unter die Oberlippe. Vier Antheren sind nebeneinander angeordnet und öffnen sich nach unten. **c,** Anthere mit Konnektivverbreiterung (*). **d,** *Lamium purpureum* (Lamiaceae). Blüte mit didynamischer Antherenstellung. **e,** *Thunbergia myosuroides* (Acanthaceae). Blüte von der Seite mit vier behaarten, postgenital verklebten Antheren. Zwischen ihnen wird der Griffel geführt (Pfeil). **f–h, Synantheren** bei Gesneriaceae. **f,** *Kohleria.* Blick in die Blüte mit dachförmig angeordneten Synantheren. **g,** *Nematanthus.* Androeceum von der Seite, Blütenhülle entfernt. **h,** *Columnea tessmannii.* Blick auf Pollenplatte aus acht postgenital verklebten Theken von vier Antheren. **i, j, Filamentauswüchse. i,** *Prunella vulgaris* (Lamiaceae). Stamen mit Filamentfortsatz (Pfeil), daneben Griffel mit zwei gespreizten Narbenästen. **j,** *Sopubia cana* (Orobanchaceae). Blick in die Blüte. Die beiden längeren Stamina mit je einem orangefarbenen Filamentauswuchs. **k, l,** *Monechma cleomoides* (Acanthaceae). **Antherenfortsätze. k,** Blüte in der Phase der Pollenabgabe. Antheren unter der Oberlippe mit fädigen Fortsätzen. Pfeil: Position der Narbe. **l,** Blüte in der rezeptiven Blühphase. Filamente spiralig aufgedreht, Narbe auf die ursprüngliche Antherenposition abgesenkt (Pfeil). **m–p, Konnektivfortsätze** bei australischen Lamiaceae (Prostantheroideae-Westringieae). **m–o,** *Prostanthera cuneata.* **m,** Blüte in der Phase der Pollenabgabe mit didynamischer Antherenstellung. Antheren (An) postgenital verklebt. Fi, Filament. **n,** Detailansicht des Androeceums, die langen, steifen Konnektivanhänge (*) zeigend. **o,** Blüte in der rezeptiven Blühphase mit abgewelkten Stamina und frei exponiertem Griffel (Gr). **p,** *Hemigenia conferta.* Antherenstellung wie in **m,** aber Antheren monothecisch mit hebelförmig verlängertem Konnektiv (Ko). (© **a–c:** Claßen-Bockhoff 2017. **d–g, k–o:** R. Claßen-Bockhoff, Mainz. **h:** L. Nauheimer, Mainz. **i:** S. von der Gönna & R. Claßen-Bockhoff, Mainz. **j:** P. Wester, Stellenbosch. **p:** G. Guerin, Adelaide. Mit freundlicher Genehmigung aller Bildautorinnen und Bildautoren)

a
b
c
*
d
e
f
g
h
i
j
k
l
An
Fi
m
*
n
Gr
o
Ko
p

◘ Abb. 10.36   Saftmale und staminale Führungshilfen bei bienenblütigen Linderniaceae. Jeweils Fotos (a–h) und schematischer Längsschnitt (ohne Gynoeceum; a´–g´). Saftmale schwarz hervorgehoben. **a, a´,** *Torenia fournieri.* Flächiges Saftmal auf der Unterlippe. **b, b´,** *Torenia* spec. Ohne Saftmal (im sichtbaren Bereich), Filamentleitschienen (Ls). **c, c´,** *Torenia polygonoides.* Flächiges Saftmal auf der Unterlippe, Filamentknie (Fk) als Führungshilfe. **d, d´,** *Craterostigma plantaginea.* Blüte mit zwei congenital mit der Unterlippe verbundenen Filamentknien. Auf den Wülsten gelbe Saftmale, zwischen ihnen eine gelb behaarte Rinne (bR). **e, e´, f,** *Lindernia ruellioides.* Blüte mit abaxialen Staminodien (St), deren Basis gelb und wulstförmig; mit Leit- und Signalfunktion. **g, g´, h,** *Lindernia* spec. Wie e, aber abaxiale Staminodien violett und seitlich aus der Blüte ragend. (© **d**, Magin et al. 1989. Übrige Bilder und Zeichnungen: R. Claßen-Bockhoff, Mainz)

— Bei *Lindernia ruellioides* (◘ Abb. 10.36e, e´, f) treten ebenfalls zwei gelbe Wülste im Blüteneingang auf. Sie entsprechen jedoch den freien, vorderen Abschnitten der abaxialen Stamina, die zu sterilen **Staminodien** modifiziert sind. Andere *Lindernia*Arten weisen weitere Sonderbildungen auf (Fischer 1992), wie z. B. violett gefärbte und aus der Blüte herausgestreckte Staminodien (◘ Abb. 10.36g, h).

Die kleine Artenauswahl zeigt bereits, welche bedeutende Rolle die Filamente bei der Übernahme blütenbiologischer Funktionen haben können. Die Verlagerung der abaxialen Antheren unter die Oberlippe fördert die Bildung von **Filamentknien und Leitschienen**. Die Knie eignen sich zur Übernahme der **Anlockungsfunktion** und bilden **halbplastische Antherenattrappen**. Die Filamente der abaxialen Stamina von *Craterostigma* übernehmen insgesamt drei Funktionen: Positionierung der Anthere unter der Oberlippe, Leitschienen- und Anlockungsfunktion. Die Funktionsvielfalt geht in einen **Funktionswechsel** über, wenn die Stamina zu sterilen Staminodien werden, die an ihren distalen Enden anschwellen und antherenähnlich präsentiert werden.

Konnektivauswüchse – Beispiel *Salvia*

Konnektivauswüchse treten innerhalb der Lamiaceae bei Vetretern der australischen Gattung *Prostanthera* auf (Lamiaceae; ◘ Abb. 10.35m–o). Die vier steifen Filamente der Stamina bilden einen doppelten Bogen, durch den der Weg zum Nektar führt. Die **herabhängenden Konnektivfortsätze** (◘ Abb. 10.35n: *) verengen den Zugang zum Nektar und könnten, ähnlich wie die Thekenfortsätze porizider Antheren (◘ Abb. 10.23k), als ‚Pollenrüttler' fungieren.

Die Tendenz der Lamiales, das Konnektiv zu weiten, führt in einigen Gattungen der Lamiaceae (*Hemigenia*, *Microcorys*, *Salvia*) und bei *Calceolaria*-Arten (Calceolariaceae) zur Bildung **hebelförmiger Stamina**. Die Antheren sind in diesen Fällen beweglich (**versatil**) am Filament befestigt und die Theken durch Konnektivstreckung voneinander separiert

Das bekannteste Beispiel liefert die Gattung Salbei (*Salvia*), deren **Hebelmechanismus** (Schlagbaummechanismus) als klassisches Beispiel für dorsale (**nototribe**) Polleneinstäubung gilt (◘ Abb. 10.37a–b, ▶ Abschn. 11.7.1). Das **Konnektiv** bildet die beiden **Hebelarme**, von denen der obere immer eine fertile Theke mit zwei Pollensäcken trägt und meist unter der **Oberlippe** liegt. Der untere Ast ist selten fertil (dithecische Anthere; ◘ Abb. 10.37d). Meist ist die Anthere **monothecisch** und bildet mit dem sterilen unteren Hebelarm eine Barriere im Blüteneingang (◘ Abb. 10.37c: Ba). Der sterile Arm ist außerordentlich divers gestaltet und ein wichtiges systematisches Merkmal. Er bildet farbige Keulen (*S. glutinosa*; ◘ Abb. 10.36e), Schaufeln (*S. candidissima*; ◘ Abb. 10.37f), gerade Platten (*S. involucrata*; ◘ Abb. 10.37h) oder ist in anderer Weise besonders gestaltet (Claßen-Bockhoff 2017).

In jeder Blüte entwickeln sich nur die beiden **abaxialen** Staminalanlagen zu reifen Stamina; die beiden lateralen verkümmern oder bilden kleine Staminodien (◘ Abb. 10.13d–f). Die abaxialen Antheren sind von Beginn an **asymmetrisch** (◘ Abb. 10.37j). Sie entwickeln früh ihre fertile Theke, die durch Streckung und Umbiegung des oberen Konnektivarmes in die Längsrichtung der Knospe verlagert wird. Erst jetzt streckt sich das Filament (◘ Abb. 10.37k). Das **Gelenk** entsteht an der Dünnstelle zwischen Filament und Konnektiv, die beim allgemeinen Dickenwachstum der Strukturen ausgespart bleibt (◘ Abb. 10.37l, m). Auf beiden Seiten des Gelenks entwickeln sich **Auswüchse**, die die Dünnstelle im adulten Zustand vollständig verdecken (◘ Abb. 10.37n–p) und die freie Beweglichkeit einschränken. Die Gelenkkonstruktion gewährleistet somit **Leichtgängigkeit** und verhindert gleichzeitig ein Schlackern des Hebels (Claßen-Bockhoff et al. 2004a).

Durch den Hebelmechanismus werden die Pollenkörner wie bei den Zingiberaceen (*Roscoea*; ◘ Abb. 10.34k) auf den Kopf oder Rücken des Bestäubers abgelegt (▶ Abschn. 11.5.2). Die **analoge Ähnlichkeit** der Pollenübertragung zwischen nichtverwandten Arten und auf unterschiedlicher morphologischer Grundlage ist ein eindrucksvolles Beispiel für **Konvergenz** (▶ Exkurs 5.2).

Heterantherie

Von Heterantherie spricht man, wenn eine Blüte zweierlei Arten von Antheren produziert (◘ Abb. 10.38). Dabei übernehmen auffällig gefärbte Fraßantheren (**Trophantheren**) die Anlockung der Bestäuber. Sie enthalten vollwertigen Pollen (z. B. *Solanum*, *Cyanella*, *Melastoma*) oder bieten den Bestäubern minderwertigen Pollen an (z. B. *Commelina*; Vogel 1978). Die **Gonantheren** enthalten **stets hochwertigen** Pollen, der der blüteneigenen, sexuellen Forpflanzung dient. Sie sind oft unscheinbar (kryptisch) gefärbt und werden vermutlich von den Bestäubern kaum wahrgenommen (Velloso et al. 2018).

Heterantherie hat sich **mehrfach parallel** entwickelt und tritt bei Monocotylen (z. B. Commelinaceae; ◘ Abb. 10.38d, e ▶ und 11.13c–k) und Dicotylen (z. B. Solanaceae ◘ Abb. 10.38c, Melastomataceae ◘ Abb. 10.38b) auf. Ihr Vorteil liegt in der **Einsparung von Pollen**. Der Bestäuber wird durch attraktive gelbe Strukturen abgelenkt und dabei von den Gonantheren eingestäubt. Das Prinzip der Ablenkung findet sich bei den Melastomataceen nicht nur zwischen verschiedenen Stamina einer Blüte, sondern auch innerhalb eines Stamens. In diesem Fall lenken **Konnektivauswüchse** von der Anthere ab (◘ Abb. 10.38a).

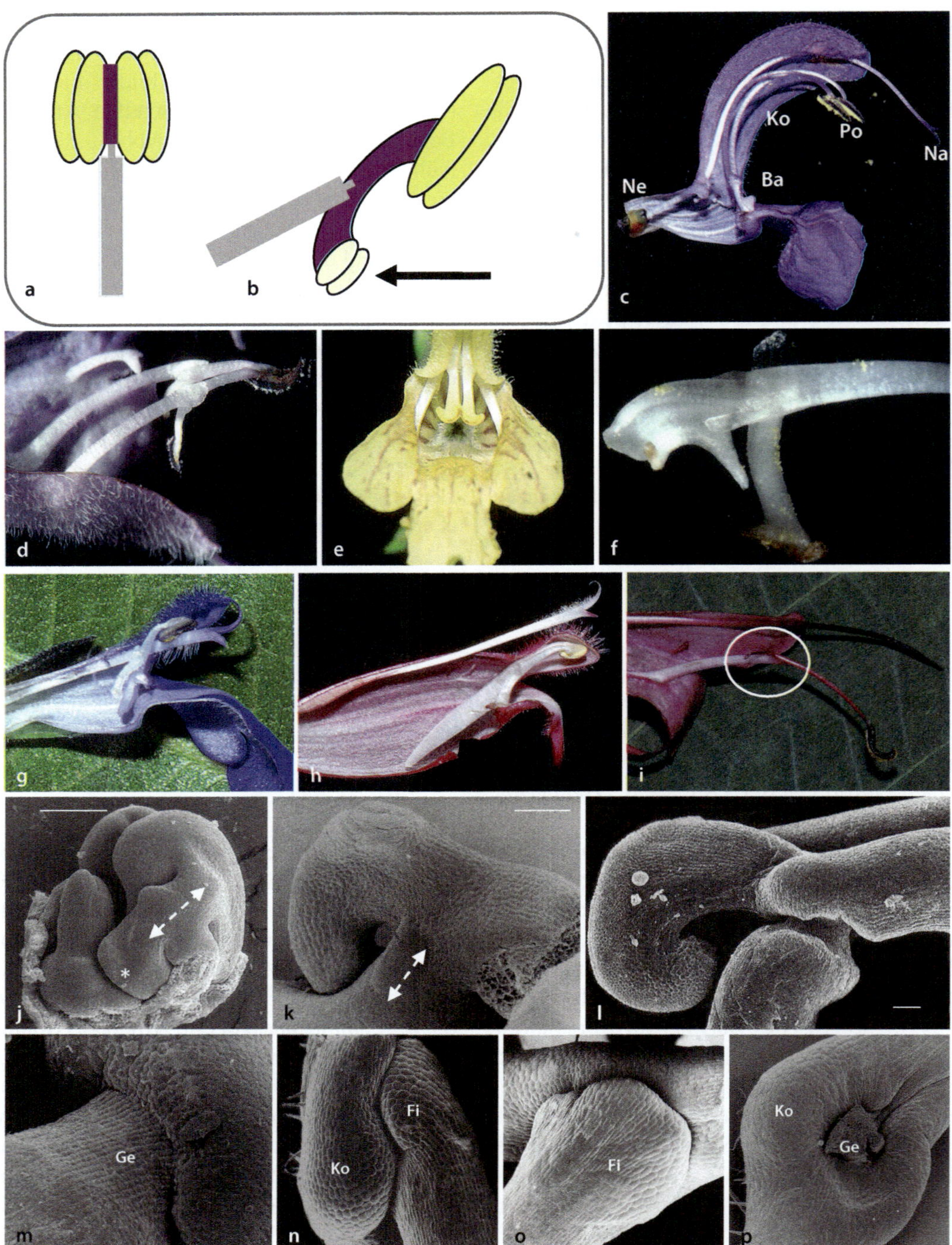

■ **Abb. 10.37   Konstruktion des staminalen Hebelmechanismus in der Gattung _Salvia_. a, b, Stamenmorphologie. a,** Bezugssystem: Stamen mit beweglicher (versatiler) Anthere aus zwei Theken (gelb), Konnektiv (violett) und Filament (grau). **b,** Staminalhebel von _Salvia_. Durch Konnektivverbreiterung werden die Theken getrennt. Die obere Theke ist fertil, die untere oft steril; sie bildet gewöhnlich eine Barriere im Blüteneingang , die vom Bestäuber nach hinten gedrückt werden muss (Pfeil). **c,** _S. pratensis_. Längsschnitt durch die Lippenblüte. Ba, Barriere. Ko, Konnektivarm der fertilen Theke. Na, Narbe. Ne, Nektar. Po, Pollen. **d–i, Diversität des unteren Hebelarmes. d,** _S. scabra_. Dithecische Anthere. **e,** _S. glutinosa_. Kräftig gelb gefärbte Thekenrudimente. **f,** _S. argentea_. Schaufelförmiger, gespornter Hebelast mit rudimentärer Theke (gelb). **g,** _S. sophrona_. Unterer Konnektivarm mit Ventralauswuchs. **h,** _S. involucrata_. Gerader Hebel mit plattenförmiger Barriere im Blüteneingang. **i,** _S. spathacea_. Unterer Hebelast stark reduziert (eingekreist). **j–p, Stamenentwicklung . j,** _S. uliginosa_. Junge Stamenanlage mit beginnender Konnektiverweiterung (Pfeil), adaxiale Theke (*) deutlich gehemmt. Balken: 200 μm. **k–p,** _S. glutinosa_. **k,** Junge Anthere mit steriler Theke (fertile Theke entfernt) und beginnender Filamentstreckung (Pfeil). Balken: 200 μm. **l, m,** Überwallung der Dünnstelle (Ge, Gelenk) durch Filament- (Fi) und Konnektivauswüchse (Ko). Balken in **l**: 200 μm. **n–p,** Passgenaue Ausrichtung der Auswüchse im fertig entwickelten Stamen. **n,** Seitenansicht. **o,** Aufsicht auf das Filament. **p,** Blick auf die Innenseite des Konnektivs nach Entfernen des Filaments. (© **a, b**: Original. **c, h**: Claßen-Bockhoff et al. 2003. **d**: Claßen-Bockhoff et al. 2004b. **e, f, j–p**: Claßen-Bockhoff 2004a. **g**: Claßen-Bockhoff 2017. **i**: P. Wester, Mainz. Mit freundlicher Genehmigung)

○ **Abb. 10.38 Arbeitsteilung und Heterantherie. a, b,** Melastomataceae. **a,** *Medinilla venosa*. Alle Stamina gleich gestaltet; jedes mit kryptisch gefärbter, porizider Anthere und zweiteiligem, kräftig gelb gefärbtem Auswuchs. **b,** *Dissotis rotundifolia*. Heterantherie. Kryptisch gefärbte Gonantheren (unten) und gelbe Futterantheren (oben, Trophantheren). **c,** *Solanum citrullifolium* (Solanaceae). Blüte mit vier gelben Trophantheren und einer kryptisch gefärbten Gonanthere. **d, e,** Commelinaceae. **d,** *Commelina coelestis*. Androeceum mit drei dunkelblauen Gonantheren und drei Trophantheren mit plastischen gelben Auswüchsen. **e,** *Tinantia erecta*. Gleiche Konstruktion wie in **d,** aber Trophantheren auffällig behaart. (© R. Claßen-Bockhoff, Mainz)

Staminodien

Innerhalb des Androeceums treten häufig **sterile Elemente** auf, die keinen Pollen produzieren. Sie werden **Staminodien** genannt und stehen entweder als kleine Rudimente in der Blüte oder entwickeln sich zu großen Strukturen mit **Spezialfunktionen**. Das Androeceum monokliner Blüten ist dann wie bei der Heteranthherie **arbeitsteilig differenziert**.

Staminodien können die **Schauwirkung** der Blüten erhöhen (*Eupomatia*; ▶ Abb. 5.84k) oder gänzlich übernehmen (z. B. Marantaceen; ◘ Abb. 10.11h ▶ und 11.59a, b, ▶ Abschn. 11.7.5). In den Blüten-

ständen von *Ludovia* (Cyclanthaceae; ◘ Abb. 10.39a) und *Dichrostachys* (Fabaceae; ◘ Abb. 10.39b) treten funktional karpellate Blüten auf, deren Staminodien zu fädigen Duftorganen (**Osmophoren**; ▶ Abschn. 11.2.1) umgestaltet sind. Die zentalen Blüten der Pinselblume von *Calliandra medellinensis* (Fabaceae; ◘ Abb. 10.39c) sind **steril** und weisen verlängerte Filamentröhren auf, die der gesamten Blume als **Nektarsafthalter** dienen.

Die Staminodien von *Parnassia* (Celastraceae) weisen den Weg zum Nektar und erhöhen mit ihren wie Nektartropfen glänzenden Verdickungen (**Scheinnektarien**) den Anlockungsreiz (*P. palustris*

◘ **Abb. 10.39 Staminodien. a, b** Staminodien als Duftorgane (Osmophoren). **a,** *Ludovia lancifolia* (Cyclanthaceae). Monözischer Blütenstand, funktional karpellate Blüten mit je vier, bis zu 40 cm langen staminodialen Duftfäden. **b,** *Dichrostachys cinerea* (Fabaceae). Traube mit gelben monoklinen Blüten (‚Zwitterblüten') und rosafarbenen sterilen Blüten. Staminoiden der sterilen Blüten mit Duft- und Schauwirkung. **c,** Staminodiale Blüten als Safthalter. *Calliandra medellinensis* (Fabaceae). Köpfchen mit randlichen monoklinen und zentralen sterilen Blüten. Staminalröhren der sterilen Blüten zu stark verlängerten Safthaltern entwickelt. **d–f,** Stamino-

dien als Anlockungshilfen. **d,** *Parnassia mysorensis* (Celastraceae). Scheinnektarien. Fünf Gruppen mit je drei Staminodien weisen den Weg zum Nektar. **e,** Zimmerlinde (*Sparmannia africana*, Malvaceae). Scheinantheren. Sekundär polyandrisches Androeceum mit Stamina (innen) und Staminodien (außen). Die Filamente der Staminodien sind mit zahlreichen antherenähnlichen Knötchen besetzt. **f,** *Pentstemon* (Plantaginacee). Das fünfte Stamen der Lippenblüte ist steril und zu einem attraktiven, behaarten Staminodium geworden. (© R. Claßen-Bockhoff, Mainz)

▶ Abb. 6.21c, *P. mysorensis* ◘ Abb. 10.39d). Bei der Zimmerlinde (*Sparmannia*, Malvaceae; ◘ Abb. 10.39e) treten **reizbare Staminodien** auf (Brustkern 1977). Am Rand des polyandrischen Androeceums stehen attraktive Staminodien mit knötchenförmigen Verdickungen, die eine große Zahl von **Antheren vortäuschen**. Nach Berührung neigen sie sich nach außen und geben den Weg zum Pollen frei. Das gelb behaarte Staminodium einiger *Pentstemon*-Arten (Plantaginaceae) übt vermutlich ebenfalls eine Reizwirkung aus (◘ Abb. 10.39f).

10.5 Gynoeceum und Karpelle

Mit dem Übergang von der Gymnospermie zur Angiospermie ist die **Neubildung** von Griffel und Narbe verbunden. Die Narbe fungiert als **Keimbett** für den Pollen (Mikrospore) und der Griffel als Leitgewebe für den **Pollenschlauch** (Mikrogametophyt; ▶ Abschn. 4.6.3

und 5.6.7). In ihm findet auch die Selektion des ‚fittesten' Pollens statt (**Pollenselektion**; ▶ Abschn. 10.5.6). Durch den Einschluss der Samenanlagen ins Innere des Karpells (**Angiospermie**) werden **Befruchtungserfolg** und **Schutz** der Samenanlagen erhöht und neue Ausbreitungsmöglichkeiten durch **Fruchtbildung** geschaffen (▶ Abschn. 12.2).

10.5.1 Bau und Entwicklung des Karpells

Karpelle sind in Narbe (**Stigma**), Griffel (**Stylus**) und Fruchtknoten (**Ovar**) gegliedert (◘ Abb. 10.40a). Der von der Karpellwand umschlossene Hohlraum wird Ovarhöhle oder **Loculament** genannt.

Plicate und ascidiate Zone
Die meisten Karpelle weisen eine untere, schlauchförmige (**ascidiate**) und eine obere, gefaltete (**plicate**) Zone auf:

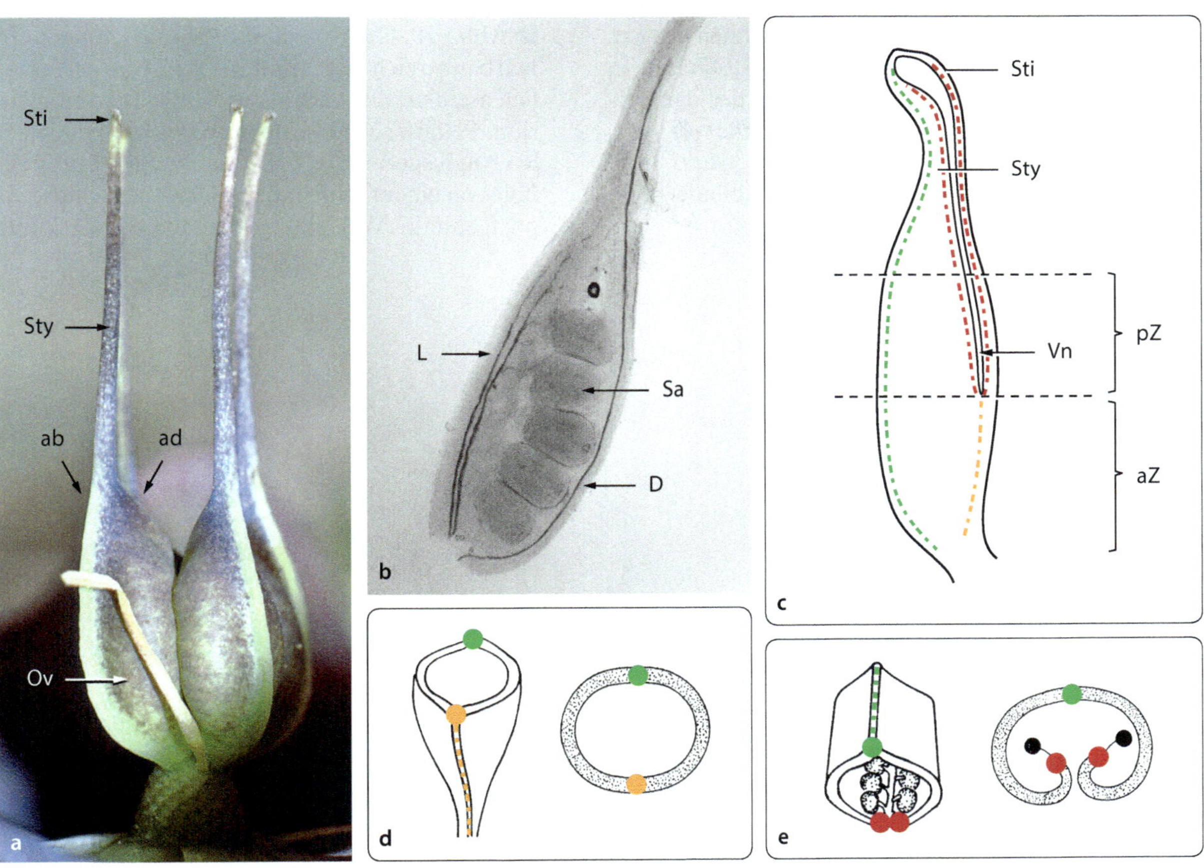

◘ **Abb. 10.40 Bau des Karpells. a,** Nieswurz (*Helleborus*, Ranunculaceae). Gynoeceum aus vier freien Fruchtblättern, deren jeweilige adaxiale Seite (ad, Ventralseite) zum Blütenzentrum und abaxiale Seite (ab, Dorsalseite) nach außen weisen (im Vordergrund ein abgewelktes Stamen). Jedes Karpell gliedert sich in Ovar (Ov), Griffel (Sty, Stylus) und Narbe (Sti, Stigma). **b,** Winterling (*Eranthis hyemalis*, Ranunculaceae). Lichtmikroskopische Durchlichtaufnahme des plicaten Karpells. Man erkennt den Dorsalis (D), die beiden Laterales (L) und die Samenanlagen (Sa) im Inneren der Ovarhöhle. **c,** Schematische Darstellung eines Karpells mit ascidiater (aZ) und plicater Zone (pZ; diese setzt sich im Grffel bis zur Narbe fort). Die Samenanlagen inserieren meist im Inneren des Ovars entlang der Ventralnaht (Vn). Gestrichelte Linien: Verlauf der Leitbündel. Grün: Dorsalis. Orange: Ventralis. Rot: Laterales. **d, e,** Schrägansicht und Querschnitt der plicaten (**d**) und der ascidiaten (**e**) Zone. Farben wie in c. (© **a, c-e**: R. Claßen-Bockhoff, Mainz. **b**: I. Brasack & R. Claßen-Bockhoff, Mainz)

- Die **plicate Zone** (lat. *plicatus*, „gefaltet") ist durch die deutlich erkennbare **Ventralnaht** (■ Abb. 10.40c: Vn) charakterisiert. Diese setzt sich distal in den Griffel hinein fort und bildet schließlich unter leichtem Auseinanderweichen der Ränder die **Narbe**. Im Querschnitt durch die plicate Zone eines Ovars erkennt man das Karpellgewebe und das von ihm umschlossene Loculament (■ Abb. 10.40e und 10.41c–e). Auf der dorsalen Seite verläuft das stärkste Leitbündel des Karpells, der **Dorsalis** oder **Dorsalmedianus** (■ Abb. 10.40b: D). Entlang der Karpellränder, also beiderseits der Ventralnaht, verlaufen laterale Leitbündel (**Laterales**; ■ Abb. 10.40b: L). Sie versorgen das **Pollenschlauchleitgewebe** (■ Abb. 10.41d: Pslg, ▶ Abschn. 10.5.6) und das **Placentargewebe**, aus dem sich die **Samenanlagen** entwickeln. Dieses Gewebe kann unscheinbar bleiben oder sich massiv entwickeln (z. B. bei der Tomate; ▶ Abb. 12.16b). Weitere Leitbündel können das Karpellgewebe durchziehen (■ Abb. 10.41d: Fb).
- Die **ascidiate Zone** (lat. *ascus*, „Schlauch") ist **primär schlauchförmig** (■ Abb. 10.40d). Ihr fehlen Karpellränder, Laterales, Placentargewebe und Samenanlagen. Im Querschnitt erkennt man einen leeren Hohlraum, in dem allenfalls zentral stehende oder aus der darüberliegenden, plicaten Zone hinabhängende (■ Abb. 10.41g) Samenanlagen auftreten. Die Wand wird vom Dorsalis und einem ventralen Leitbündel, dem **Ventralis**, durchzogen.

Die Zonierung der Karpelle beruht auf vier Entwicklungsprozessen: **asymmetrischem Wachstum, Querzonenbildung, Schlauchbildung** und **postgenitaler Verklebung** (■ Abb. 10.42):

Die Bildung der **geschlossenen Ovarhöhle** beruht auf der u-förmig **nach innen gekrümmten** Karpellanlage, deren Ränder früh durch eine Meristembrücke (**Querzone**) miteinander fusionieren (■ Abb. 10.42a, b, i). Erfolgt die anschließende Streckung **in** der Querzone, entsteht die **ascidiate** Zone als nahtloser Schlauch (■ Abb. 10.42f). Streckt sich die Karpellanlage **oberhalb** der Querzone, entsteht die **plicate** Zone (■ Abb. 10.42d). In ihr verkleben die freien Karpellränder **postgenital** und bilden die **Ventralnaht**.

Epeltate und peltate Karpelle

Die Prozesse der Verklebung und Querzonenbildung können gleichzeitig oder nacheinander ablaufen und in unterschiedlichem Maße an der Karpellbildung beteiligt sein. Im Extremfall dominiert eine Zone, und es kommt zu peltaten oder epeltaten Karpellen:

- Bei **peltaten Karpellen** (z. B. *Drimys winteri*; ■ Abb. 10.42g, h) ist die plicate Zone auf den Narbenbereich beschränkt. Das Ovar ist fast gänzlich ascidiat, die Anzahl der Samenanlagen meist gering. Peltate Karpelle treten vor allem bei den **Basalen Angiospermen** auf. Sie werden im ursprünglichen Fall von einem schleimigen **Sekret** verschlossen. Die postgenitale Verklebung der Blattränder und die

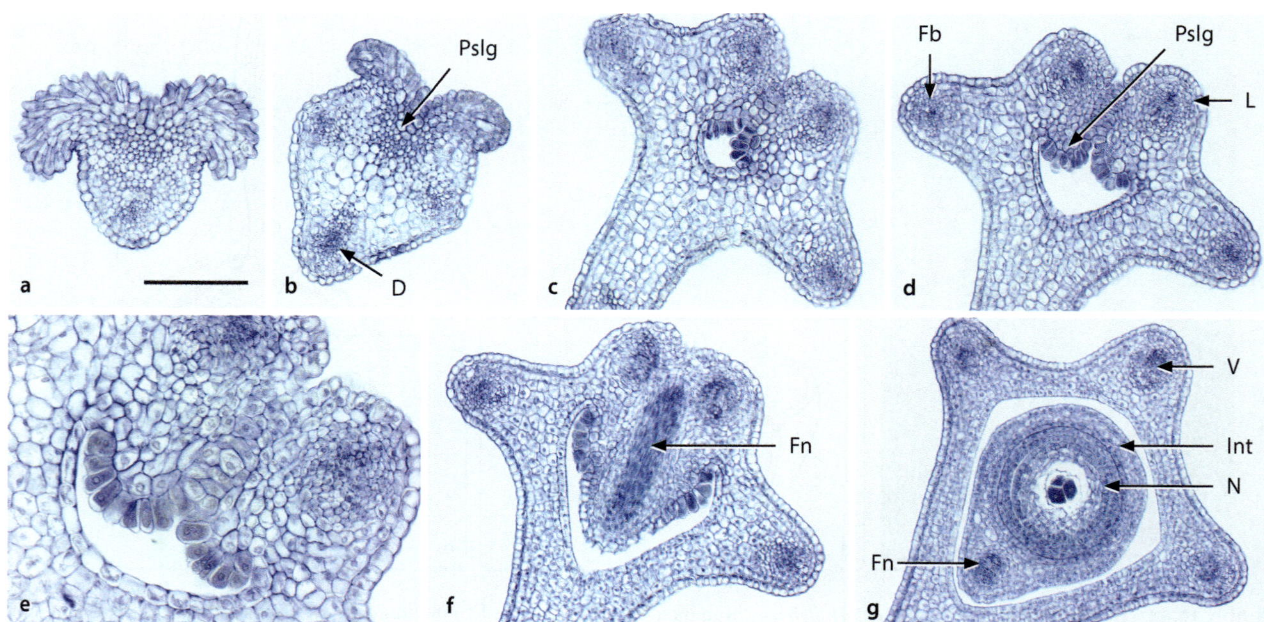

■ **Abb. 10.41 Bau des Karpells von** *Thalictrum* **(Ranunculaceae).** Querschnittserie. **a–b**, Narbenbereich. D, Dorsalis. Pslg, Pollenschlauchleitgewebe. **c–e**, Plicate Zone mit deutlich erkennbarem Pollenschlauchleitgewebe am inneren Karpellrand. Fb, Flügelbündel. L, Lateralis. **f**, Übergang von der plicaten zur ascidiaten Zone mit angeschnittenem Funikularnerv (Fn; ▶ Abschn. 10.5.2). **g**, Ascidiate Zone mit von der plicaten Zone hinunterhängender Samenanlage. V, Ventralis. Int, doppeltes Integument. N, Nucellus. **a–d, f, g**: Gleicher Maßstab. Balken in a: 100 μm. e: Ausschnitt aus d. (© Botanische Sammlungen der JGU Mainz)

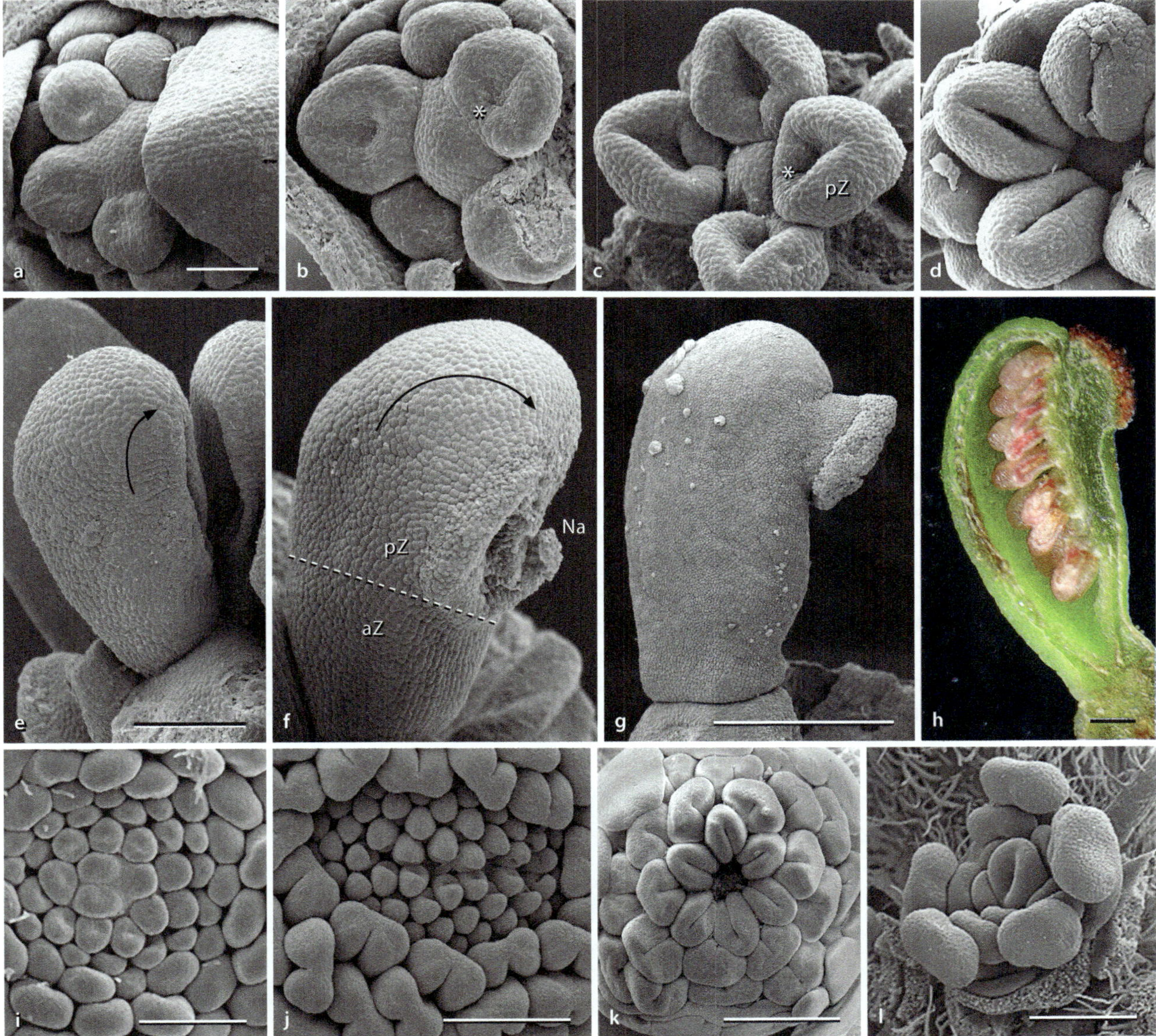

◘ Abb. 10.42 Karpellentwicklung. a–h, *Drimys winteri* (Winteraceae; ◘ Abb. 10.51e). **a,** Im Zentrum der Blüte werden einige Karpelle spiralig angelegt (rechts von einem Blütenhüllblatt verdeckt). Sie sind höckerförmig und lassen früh einen Randwulst erkennen. Balken in **a:** 100 μm. **a–d:** Gleicher Maßstab. **b,** Die Querzone (*) bildet eine Gewebebrücke. **c,** Oberhalb der Querzone entsteht die plicate Zone (pZ) durch verstärktes Rücken- und Flankenwachstum. **d,** Der Ventralspalt bleibt zwischen den Karpellrändern bestehen. **e, f,** Die Querzone wächst zur ascidiaten Zone aus (aZ). Anhaltendes Rückenwachstum (schwarze Pfeile) verlagert die Narbe nach unten. Balken in **e:** 200 μm. Beide Bilder im gleichen Maßstab. **g,** Das rezeptive Narbengewebe ist an der Papillenstruktur deutlich erkennbar. Balken: 1 mm. **h,** Längsschnitt durch ein reifes Karpell. Das Auftreten von Samenanlagen in der ascidiaten Zone deutet darauf hin, dass der Karpellrand in die interkalare Streckung der Querzone mit einbezogen (,verschleppt') worden ist. Balken: 1 mm. **i–l, Ranunculaceae. i,** *Clematis vitalba.* Blick in eine Blütenknospe mit zahlreichen, spiralig gestellten Stamen- und Karpellanlagen. Fruchtblätter im Stadium der Querzonenbildung. Balken: 300 μm. **j,** *Ranunculus lingua.* Etwas älteres Stadium als in **a,** Karpellrücken und Querzonen weiter ausgewachsen, Ovarhöhle noch offen. Balken: 500 μm. **k,** *Eranthis hyemalis.* Blick auf die plicate Zone der Karpellanlagen. Postgenital geschlossene Ventralnaht deutlich erkennbar. Balken: 500 μm. **l,** *Consolida regalis.* Blüte mit nur einem Karpell. Filamente der Stamina strecken sich. Balken: 300 μm. (© **a–h:** H. Frankenhäuser & R. Claßen-Bockhoff, Mainz. **i–l:** A. Ganz-Meyer & R. Claßen-Bockhoff, Mainz)

Griffelbildung sind erst später im Laufe der Evolution angiospermer Karpelle entstanden (Endress und Igersheim 2000).

— Bei **epeltaten Karpellen** (z. B. *Eranthis hyemalis*; ◘ Abb. 10.40b und 10.42k) bleibt die ascidiate (peltate) Zone auf den Karpellgrund reduziert oder fehlt. Die plicate Zone ist lang gestreckt und kann zahlreiche bis viele Samenanlagen bilden. Längs des gesamten Karpells ist die **Ventralnaht** deutlich erkennbar. Sie zieht vom Ovar über den Griffel bis in die Narbe hinein.

10.5.2 Placentation und Samenanlagen

Als Samenanlage bezeichnet man das von einer Hülle (einfaches bzw. doppeltes **Integument**) umgebene Megasporangium (**Nucellus**) der Samenpflanzen (▸ Abschn. 4.6.1). Das Integument ist ein **Neuerwerb der Samenpflanzen** und als spätere Samenschale (**Testa**) maßgeblich an der Samenbildung beteiligt (▸ Abschn. 5.6.5). Bei den **Angiospermen** ist es **ursprünglich doppelt** (**bitegmisch**; lat. *tegumentum*, „Decke", „Überzug"); ◘ Abb. 10.44b–d). In abgeleiteten Gruppen kann es sekundär einfach werden (**sekundär unitegmisch**; ◘ Abb. 10.44e).

Die Samenanlagen entstehen fast immer als **Emergenzen** auf der Innenwand des Karpells (◘ Abb. 10.43d–f, aber s. Zentralplacenta) und werden über ein Stielchen, den **Funiculus** (◘ Abb. 10.43e: Fu), vom Karpell ernährt. Ihr Bildungsort wird als **Placenta** bezeichnet, ihre Anordnung als **Placentation**. In den meisten Fällen stehen die Samenanlagen am Karpellrand (randlich: **marginal**), d. h. zu beiden Seiten der Ventralnaht in der plicaten Zone. Dort werden sie von den beiden Laterales versorgt (**marginale** Placentation; ◘ Abb. 10.40b, e und 10.45b–f). In seltenen, als ursprünglich angesehenen Fällen dehnt sich das Placentargewebe über die gesamte Innenfläche des Karpells aus (**laminale Placentation**,; z. B. *Nymphaea*, *Butomus* ◘ Abb.10.43c und 10.45a). Wird nur eine Samenanlage gebildet, steht sie oft **basal** am Übergang der plicaten zur ascidiaten Zone (**basale Placentation**). In der ascidiaten Zone werden gewöhnlich keine Samenanlagen gebildet.

Die junge Samenanlage besteht zunächst aus dem Gewebekern des **Nucellus** (◘ Abb. 10.43d). Dieser wird schon früh von zwei **congenital** entstehenden Hüllen, dem inneren und äußeren **Integument**, umgeben (◘ Abb. 10.43e–g). Das Integument umwallt den Nucellus vollständig. Es setzt am Grunde der Samenanlage (Chalaza; ◘ Abb. 10.44: *) an und lässt am distalen

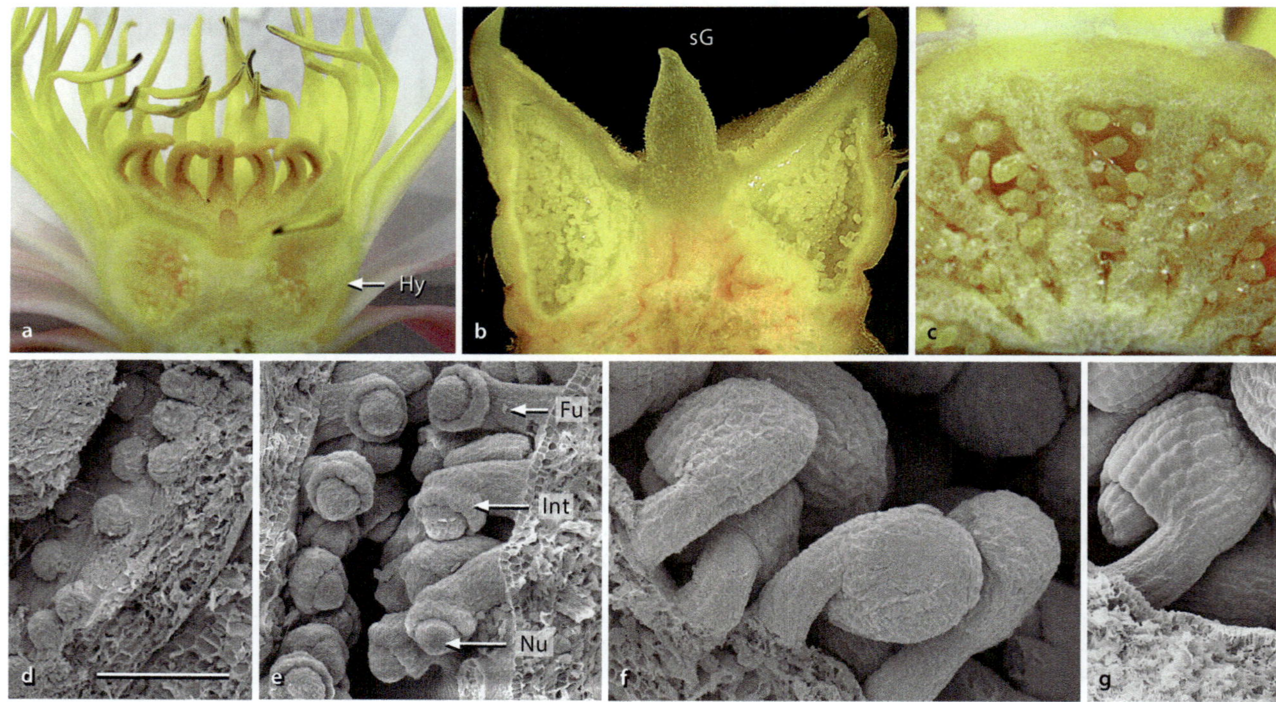

◘ **Abb. 10.43** *Nymphaea × daubenyana* (**Nymphaeaceae**). **a,** Längsschnitt durch das Zentrum einer Blüte mit Stamina und einem Kreis von Griffeln. Hy, Hypanthium mit ansitzenden Perigonblättern und Stamina. **b,** Detail aus dem Zentrum mit sterilem Gewebepfropf (sG) in der Mitte und angeschnittenen Fruchtfächern. **c,** Querschnitt durch einige Karpelle mit laminaler Placentation. **d–g,** Entwicklung anatroper Samenanlagen. **d,** Bildung von Gewebehöckern auf der Innenseite der Karpellwand. **e,** Differenzierung und Einkrümmung der Anlagen. Fu, Funiculus. Int, Integument. Nu, Nucellus. **f, g,** Samenanlage deutlich gestielt und anatrop zum Karpell hin eingekrümmt; doppelte Anlage des Integuments (in g) erkennbar. **d–g**: Gleicher Maßstab. Balken in d: 100 μm (© E. Wackermann, D. Wilms & R. Claßen-Bockhoff, Mainz)

Ende nur eine kleine Öffnung, die **Mikropyle**, frei (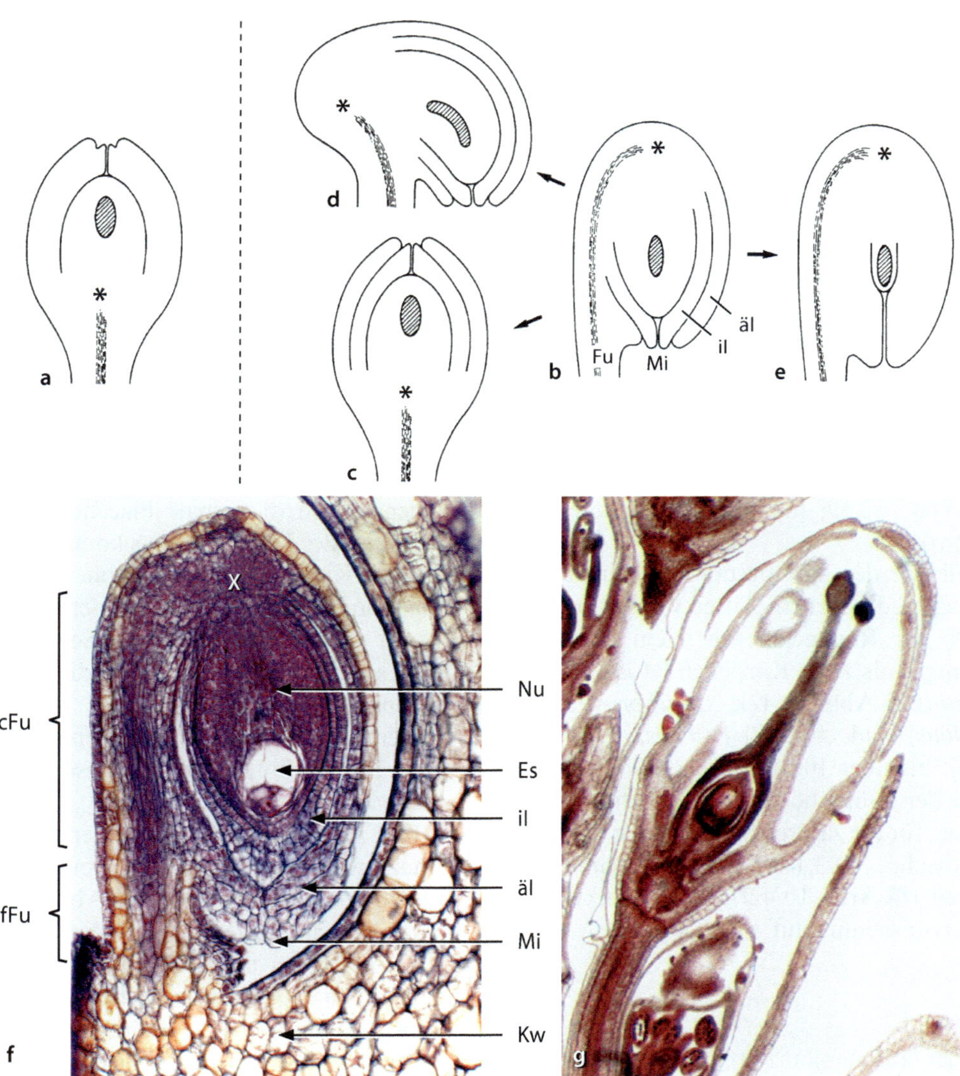 Abb. 10.44b, f). Durch sie dringt der Pollenschlauch in die Samenanlage ein. Das seltene Eindringen des Pollenschlauches durch die Chalaza (Chalazogamie, z. B. Casurinaceae) wird als abgeleitet angesehen.

Während die Samenanlagen der Gymnospermen primär unitegmisch sind und aufrecht (atrop) stehen (Abb. 10.44a), weisen die Angiospermen eine Vielzahl verschiedener Samenanlagen auf. Man unterscheidet folgende **Grundformen**:

- Bei den primären, um 180° eingekrümmten, **anatropen** Samenanlagen (Abb. 10.44b, f) weist die Mikropyle zur Placenta, von wo der Pollenschlauch direkt in die Samenanlage eindringen kann.

- In kleinen Ovarien findet man auch bei den Angiospermen aufrechte (**atrope**) Samenanlagen (Abb. 10.44c, g). Die Mikropyle liegt dann so nah am Griffelgewebe, dass der Pollenschlauch zur Mikropyle gelangen kann, ohne den Weg über den Funiculus beschreiten zu müssen.

- In einigen Verwandtschaftskreisen wie z. B. den Kreuzblütlern und Hülsenfrüchtlern liegen die Samenanlagen nierenförmig gekrümmt vor (**campylotrope** Samenanlage; Abb. 10.44d ► und 12.3d). Wie bei den anatropen Samenanlagen ist auch bei ihnen der **Funiculus** congenital mit dem Integument verbunden.

Abb. 10.44 **Samenanlagen. a,** Gymnospermen: atrop unitegmisch. *, Chalaza. **b–e,** Angiospermen. **b,** Anatrop bitegmisch (ursprüngliche Form). äI, äußeres Integument. Fu, Funiculus. iI, inneres Integument.Mi, Micropyle. **c,** Atrop bitegmisch. **d,** Campylotrop bitegmisch. **e,** Anatrop unitegmisch. **f,** *Ribes* (Grossulariaceae). Längsschnitt durch anatrop bitegmische Samenanlage. cFu, congenital mit dem Integument verbundener Abschnitt des Funiculus. Es, Embryosack. fFu, freier Abschnitt des Funiculus. Kw, Karpellwand. Nu, Nucellus. **g,** *Polygonum* (Polygonaceae). Längsschnitt durch eine Blütenknospe mit atrop bitegmischer Samenanlage im Gynoeceum. (© **a–e**: Leins und Erbar 2008, leicht verändert. **f, g**: Botanische Sammlungen der JGU Mainz)

Innerhalb des Nucellus entwickelt sich der Embryosack (Megagametophyt; ▸ Abschn. 4.6.3). Nach der Mächtigkeit des Nucellus zwischen Embryosack und Mikropyle werden **crassinucellate** Samenanlagen mit mehrzellschichtigem Nucellus von **tenuinucellaten** Samenanlagen unterschieden, in denen der Nucellus über dem Embryosack einzellschichtig oder weitgehend reduziert ist. Tenuinucellate Samenanlagen kommen vor allem in abgeleiteten Verwandtschaftskreisen vor (z. B. Asteriden).

10.5.3 Formen des Gynoeceums

Das **Gynoeceum** (auch Gynaeceum, Gynoecium) ist die Formation der Karpelle. Es besteht bei etwa 10 % der Blütenpflanzen aus nur einem Karpell (z. B. bei den Hülsenfrüchtlern: Bohnen, Linsen, Erbsen, Erdnüsse) und ist dann **monokarpellat**. Meist weist es mehrere Karpelle auf, die frei voneinander (**chorikarpes** oder apokarpes **Gynoeceum**) sind oder congenital einen mehrblättrigen Fruchtknoten bilden (**coenokarpes Gynoeceum**).

Chorikarpie (Apokarpie)

Chorikarpe Gynoeceen treten bei etwa 10 % der Blütenpflanzen auf und gelten als ursprünglich (◘ Abb. 10.47a). Sie kommen bei Basalen Angiospermen (z. B. *Drimys*; ◘ Abb. 10.42a–c und 10.51e), Monocotylen (z. B. Butomaceae; ◘ Abb. 10.9h und 10.45a) und Eudicotylen (z. B. Hahnenfußgewächse ◘ Abb. 10.18c, einige Rosaceae ◘ Abb. 12.19j–m und Dickblattgewächse ◘ Abb. 10.3g) vor.

Die Karpelle werden spiralig oder auf einem Kreis angelegt. Die Zahl der Fruchtblätter variiert beträchtlich. Innerhalb der **Ranunculaceae** reicht die Spannbreite von weniger als zehn Karpellen (*Aquilegia, Delphinium, Eranthis* ◘ Abb. 10.42k, *Helleborus, Nigella*) über 20 (*Trollius*) und etwa 50 (*Adonis, Ranunculus*; ◘ Abb. 10.42j) bis über 100 Karpelle (*Pulsatilla, Anemone*). Oft ist der Blütenboden zylindrisch verlängert und schafft Platz für die zahlreichen Karpelle (*Myosurus minimus*; ▸ Abschn. 10.3.1). *Consolida regalis* bildet nur ein Karpell (◘ Abb. 10.42l). Die Reduktion des chorikarpen Gynoeceums auf ein Karpell gilt als abgeleitet.

Coenokarpie

Etwa 80 % der Blütenpflanzen besitzen **coenokarpe** Fruchtknoten (◘ Abb. 10.45c–h und 10.46). Die evolutionsbiologische Bedeutung der Coenokarpie liegt in der **zentralen Pollenselektion** und **gesteigerten Befruchtungseffizienz** (▸ Abschn. 10.5.6).

In einem coenokarpen Gynoeceum entwickeln sich alle Karpelle aus einem **Ringprimordium** (▸ Abschn. 10.2.2). Ihre Anzahl ist gering und liegt meist bei zwei bis fünf Karpellen pro Fruchtknoten. Sind mehr Karpelle vorhanden, kann es zu Unregelmäßigkeiten in ihrer Anordnung und zu Beeinträchtigungen ihrer Funktion kommen. In wenigen Fällen treten zwei Gynoecealkreise auf, z. B. bei der Navelorange (*Citrus sinensis*, Rutaceae), dem Granatapfel (*Punica granatum*, Lythraceae) und *Gyrostemon ramulosus* (Gyrostemonaceae; Endress 2014).

Gewöhnlich wird das Zentrum des Blütenmeristems in die Gynoecealbildung mit einbezogen, aber es gibt auch Blüten, in denen es ein steriles, parenchymatisiertes Gewebe bildet. So ragt z. B. bei der Seeose (*Nymphaea*; ◘ Abb. 10.43a, b) ein steriler Pfropf aus der Blütenmitte, der von einem Kreis zahlreicher Karpellspitzen umgeben wird (Endress 2014). Die Karpelle sind von einem Hypanthium umwallt, wodurch das Gynoeceum unterständig und synkarp wird (Endress und Doyle 2015).

Nach **Bau und Entwicklung** unterscheidet man synkarpe und parakarpe (nach anderer Terminologie: coeno-synkarpe und coeno-parakarpe) Fruchtknoten.

Synkarpes Gynoeceum

Ein synkarpes Gynoeceum ist durch Wände (**Septen**) in mehrere Fruchtfächer (**Loculamente**) unterteilt (◘ Abb. 10.45e–g und 10.46c, e).

Die Karpelle entwickeln sich ähnlich wie die Einzelkarpelle eines chorikarpen Gynoeceums. Sie sind uförmig nach ventral gekrümmt, weisen jeweils eine ascidiate und eine plicate Zone auf und bilden am Rand Samenanlagen (marginale Placentation). Der synkarpe Charakter des Fruchtknotens kommt dadurch zustande, dass die Karpelle nicht frei voneinander, sondern mit ihren Flanken **congenital** verbunden sind (◘ Abb. 10.14e, d). Auf diese Weise bilden sich Septen und die Ränder der Karpellanlagen geraten in die Mitte des Fruchtknotens.

Dem Bau der Einzelkarpelle entsprechend ist der gesamte Fruchtknoten in eine **synascidiate** und eine **symplicate** Zone gegliedert:

- Der synascidiaten Zone fehlen gewöhnlich Placentargewebe und Samenanlagen. Die Loculamente sind im Querschnitt leer (◘ Abb. 10.46a).
- In der symplicaten Zone finden sich die Ränder der Karpelle. Bei unvollständiger Septenbildung lassen sie einen Hohlraum zwischen sich frei (**hemisymplicat**; ◘ Abb. 10.45f, 10.46b und 10.47b), bei vollständiger Septierung grenzen sie im Zentrum des Fruchtknotens lückenlos aneinander (◘ Abb. 10.45g, 10.46c und 10.47c). In der Regel werden nur in der (hemi-)symplicaten Zone Samenanlagen gebildet. Sie stehen bezogen auf das einzelne Karpell **marginal** und bezogen auf das gesamte Gynoeceum **zentralwinkelständig** (◘ Abb. 10.45e).

Abb. 10.45 Gynoeceum und Placentation. Handschnitte, die leicht anzufertigen sind und bereits eine gute Orientierung geben. **a**, *Butomus umbellatus* (Butomaceae). Chorikarpes Gynoeceum, Fruchtblätter mit laminaler Placentation. **b**, *Helleborus orientalis* (Ranunculaceae). Einzelnes Karpell an der Ventralnaht geöffnet, anatrope Samenanlagen mit Funiculus am Karpellrand ansetzend (marginale Placentation). **c**, *Cymbidium* (Orchidaceae). Unterständiges, trimer parakarpes Gynoeceum mit parietaler Placentation. Durchgezogene Linien: Karpellgrenzen. Hier liegen die Leitbündel des inneren Stamens und Petalums (gestrichelter Bereich). D, Dorsalis. Hier liegen auch die Leitbündel des äußeren Stamens und Tepalums. **d**, *Eschscholtzia californica* (Papaveraceae). Dimer parakarpes Gynoeceum mit parietaler Placentation. **e**, *Tulipa* (Liliaceae). Trimer synkarpes Gynoeceum mit marginaler Placentation bezogen auf ein einzelnes Karpell (kleiner Kreis) und zentralwinkelständiger Placentation bezogen auf das ganze Gynoeceum (großer Kreis). **f**, *Hypericum calycinum* (Hypericaceae). Querschnitt durch die hemisymplicate Zone des trimer synkarpen Gynoeceums, zentralwinkelständige Placentation (■ Abb. 10.46b). **g**, *Agrostemma githago* (Caryophyllaceae). Pentamer synkarper Fruchtknoten mit beginnendem Septenschwund. Pfeile: postgenitale Lyse. **h**, *Lysimachia nummularia* (Primulaceae). Längsschnitt durch den Fruchtknoten mit Zentralplacenta. Pfeil: Obturator. (© R. Claßen-Bockhoff, Mainz)

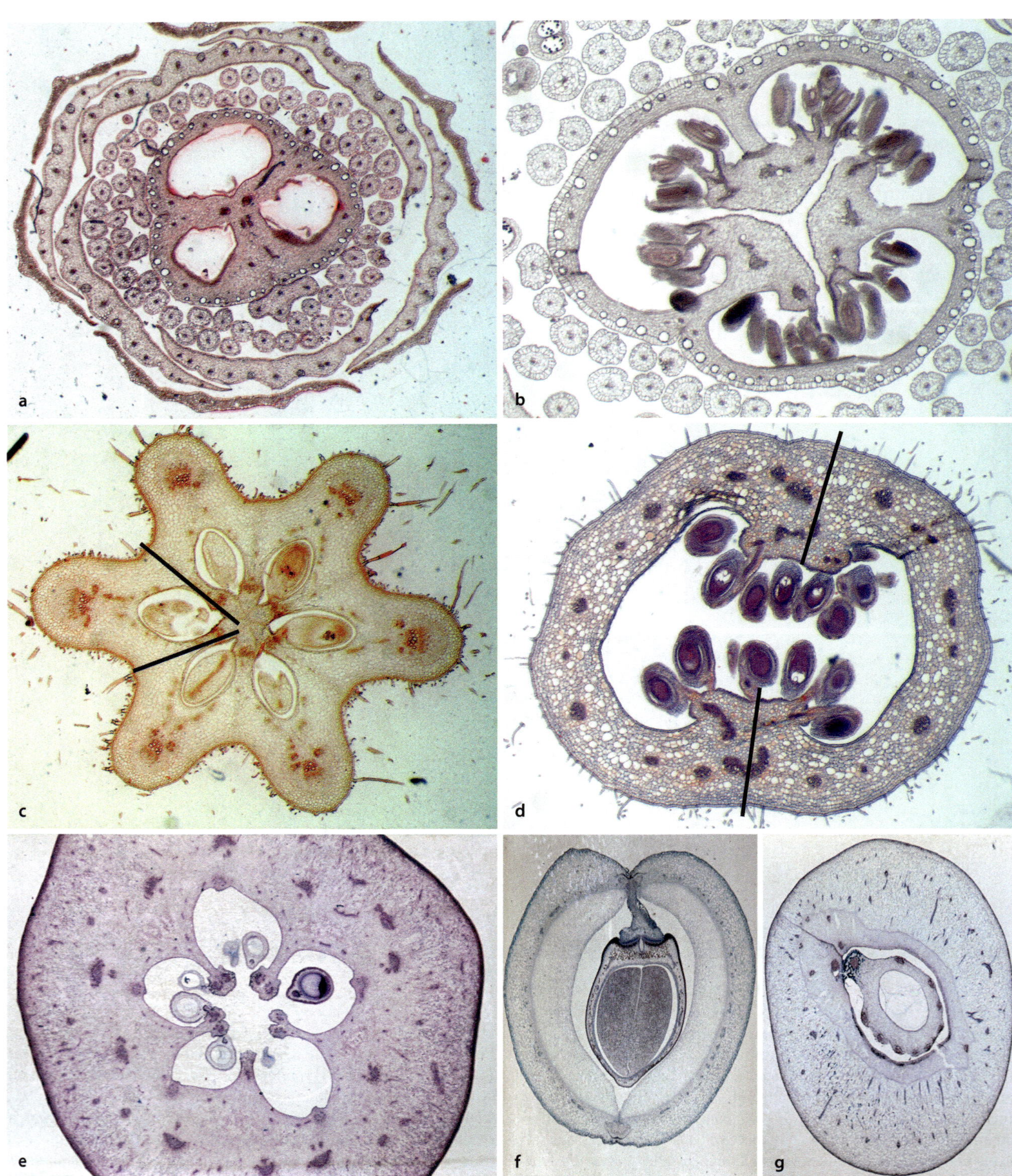

○ **Abb. 10.46   Fruchtknoten.** Histologische Dünnschnitte. **a, b,** *Hypericum salicynum* (Hypericaceae). Trimer synkarpes Gynoeceum. **a,** Synascidiate Zone. **b,** Hemisymplicate Zone mit Samenanlagen am Karpellrand, zentralwinkelständige Placentation. **c,** *Aristolochia macrophylla* (Aristolochiaceae). Hexamer synkarpes, unterständiges Gynoeceum. Symplicate Zone mit anatropen Samenanlagen (ein Karpell markiert). **d,** Johannisbeere (*Ribes*, Grossulariaceae). Dimer parakarpes Gynoeceum mit parietaler Placentation (Karpellgrenzen markiert). **e,** Apfel (*Malus*, Rosaceae). Pentamer unterständiges Gynoeceum. Querschnitt durch hemisymplicate Zone (zur Interpretation der Apfelfrucht s. ▶ Abschn. 12.2.3). **f, g,** Einblattfrüchte mit Samenanlage am Karpellrand (marginale Placentation). **f,** Bohne (*Phaseolus*, Fabaceae). Querschnitt durch eine vielsamige Hülse, eine Samenanlage im Längsschnitt zeigend. **g,** Kirsche (*Prunus*, Rosaceae). Querschnitt durch einsamigen Fruchtknoten mit anfänglicher Verholzung des Endokarps (dunkle Linie). (© Botanische Sammlungen der JGU Mainz)

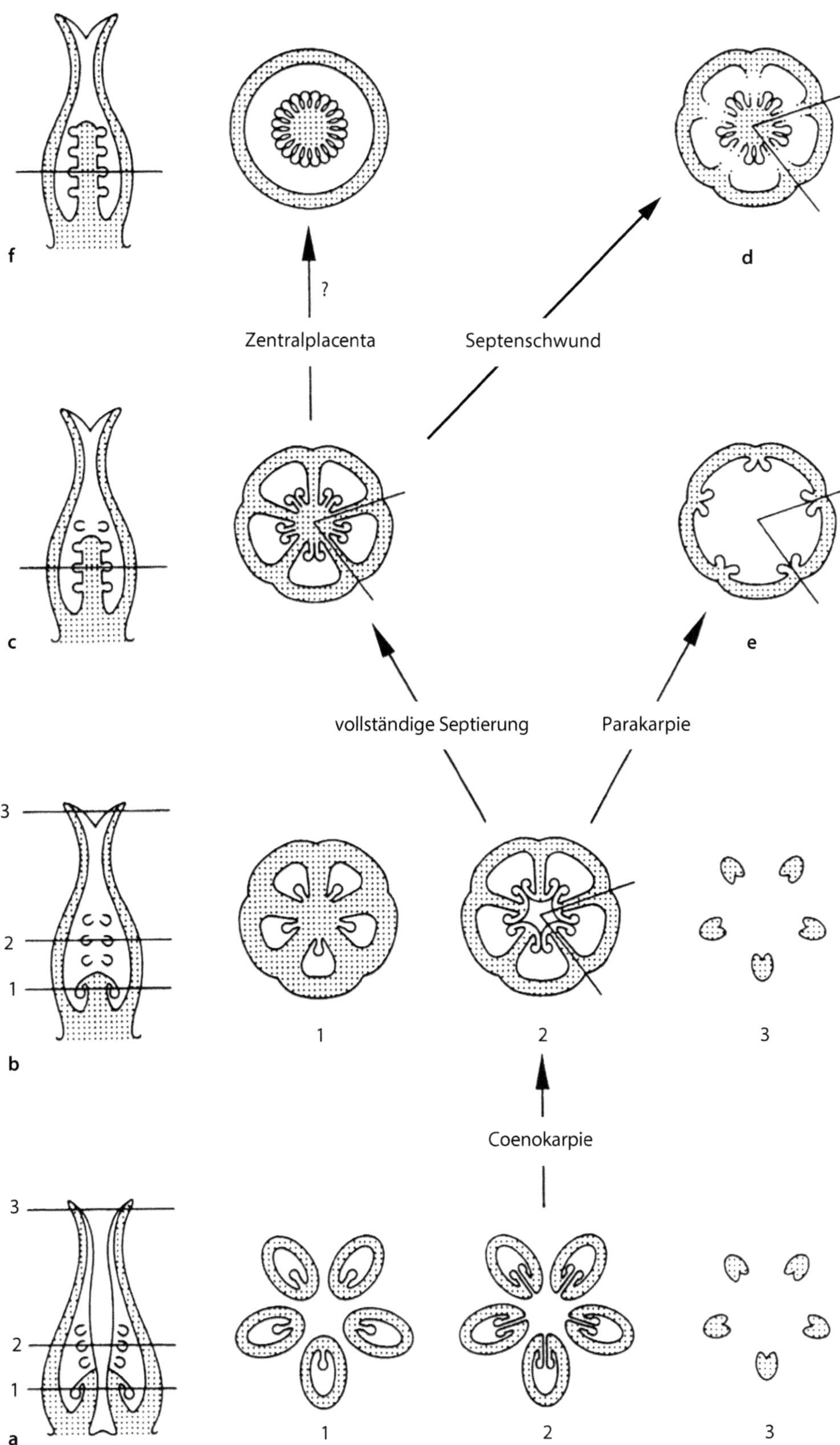

Abb. 10.47 Evolution des Gynoeceums. a, Chorikarpes Gynoeceum mit fünf freien Karpellen. Längsschnitt und drei Querschnittsebenen (1–3). 1, Ascidiate Zone. 2, Plicate Zone mit marginaler Placentation. 3, Narben. **b–d,** Synkarpes, pentameres Gynoeceen mit zentralwinkelständiger Placentation. **b,** Unvollständig septiertes Gynoeceum. 1, Synascidiate Zone. 2, Hemisymplicate Zone, die Grenzen eines Karpells durch Linien angegeben. 3, Narben. **c,** Vollständig septiertes Gynoeceum. Querschnitt zeigt symplicate Zone. **d,** Septenschwund. **e,** Parakarpes Gynoeceum mit parietaler Placentation. **f,** Gynoeceum mit Zentralplacenta. ?, Die Ableitung der Zentralplacenta ist ungeklärt. (© Leins und Erbar 2008, leicht verändert)

Parakarpes Gynoeceum

Der Fruchtknoten parakarper Gynoeceen ist **unseptiert**. Er weist nur eine einzige Ovarhöhle (ein Loculament) auf (◘ Abb. 10.45c, d und 10.46d).

Das Fehlen der Septen beruht darauf, dass die Karpellanlagen nicht so stark nach innen gekrümmt sind. Sie sind seitlich miteinander verbunden, ohne dass die Karpellränder ins Zentrum des Fruchtknotens verlagert werden (◘ Abb. 10.15c–e). Auf diese Weise bilden sie einen einzigen, **congenital entstandenen Hohlraum**. Ascidiate und plicate Zonen fehlen den Fruchtblättern ebenso wie Ventralnähte. Die Samenanlagen liegen auf das Einzelkarpell bezogen **marginal**, auf das gesamte Gynoeceum bezogen an der Wand des Fruchtknotens (**parietale Placentation**; ◘ Abb. 10.45d und 10.46d). Morphogenetisch stellt das parakarpe Gynoeceum eine **Entwicklungsverkürzung** (▶ Abschn. 1.2.3) gegenüber dem synkarpen Gynoeceum dar; es gilt als abgeleitet (◘ Abb. 10.47e).

Zentralplacenta

In einigen Verwandtschaftskreisen tritt eine zentrale Placenta auf. Sie bildet sich auf zweierlei Weise:

1. **Postgenitale Lysikarpie**: Im ersten Fall, der beispielsweise bei den Nelkengewächsen (Caryophyllaceae) vorkommt, werden Septen angelegt. Diese lösen sich **während der Ovarentwicklung** zunehmend von außen nach innen auf (Lysikarpie; ◘ Abb. 10.45g: Pfeile, und 10.47d) und sind zuletzt nur noch in Resten erhalten. Der Septenschwund lässt sich **beobachten**; er ist **postgenital**.
2. **Echte Zentralplacenta**: Eine echte Zentralplacenta tritt beispielsweise bei den Primelgewächsen (Primulaceae) auf (◘ Abb. 10.45h). Die zahlreichen Samenanlagen liegen hier dicht gedrängt auf einem zentralen **Gewebepfropf**, der zum Griffel hin verlängert ist. Diese als **Obturator** bezeichnete Struktur nimmt die Pollenschläuche auf und verkürzt deren Weg zu den Samenanlagen.

Die Entstehung der Zentralplacenta wurde in der Vergangenheit kontrovers diskutiert. Zum einen diente sie als Argument für eine **achsenständige Samenanlage** (**Stachyosporie**; ▶ Abschn. 5.5.6 und 5.6.7). Zum anderen wurde sie mit **congenitaler Lysikarpie** erklärt. Dabei nimmt man an, dass im Laufe der Evolution der Prozess der Septenauflösung durch ontogenetische Abbreviation zeitlich so weit vorverlagert wurde, dass er heute nicht mehr beobachtbar ist (Sattler 1962, ▶ Exkurs 10.2).

Nach Sattler und Lacroix (1988) schließen sich die beiden Bildungswege nicht aus. Die Autoren führen zahlreiche Verwandtschaftskreise an, in denen sich Samenanlagen zentral entwickeln. Sie argumentieren, dass diese Position nicht zwingend von einem Karpell abgeleitet werden muss, sondern schon früh in der Evolution der Angiospermen als Alternative zur karpellbündigen Stellung entstanden sein könnte. Vor diesem Hintergrund, schlägt Sattler (2024) eine neue Definition für das Karpell vor. Danach handelt es sich um ein Anhangsorgan (*gynoecial appendage*) das Samenanlagen umschließt, aber nicht zwingend bildet. Tatsächlich ist die Evolution der zentral stehenden Samenanlagen bis heute nicht abschließend verstanden (◘ Abb. 10.47f).

Falsche Scheidewände und Pseudomonomerie

Die Anzahl der Loculamente gibt in der Regel die Anzahl der Karpelle wieder, aus denen der Fruchtknoten besteht. Falsche Scheidewände oder Reduktionsvorgänge können die Anzahl allerdings verfälschen.

Falsche Scheidewände

Falsche Scheidewände werden vom Karpellgewebe gebildet. Sie finden sich in einzelnen Fruchtblättern, in synkarpen und parakarpen Gynoeceen:

- Scheidewände innerhalb eines einzelnen **Karpells** treten beispielsweise bei den Schmetterlingsblütlern (Fabaceae) auf. Beim Johannisbrotbaum (*Ceratonia*) oder der *Cassia* (▶ Abb. 12.12g) trennen sie die Samenanlagen voneinander, werden fleischig und führen zur Bildung von Beeren oder Bruchfrüchten (▶ Abschn. 12.2.3).
- Das Gynoeceum der Kreuzblütler (Brassicaceae) ist nach gängiger Meinung aus zwei Fruchtblättern **parakarp** aufgebaut (vgl. ◘ Abb. 10.46d) und bildet zur Fruchtzeit eine **Schote** (▶ Abb. 12.14f–h und 12.15d–f). Nach dieser nicht unumstrittenen Interpretation (s. Diskussion bei Brückner 2000) fehlt eine echte Scheidewand und die Samenanlagen liegen an der Fruchtwand (parietal). Ausgehend von den Karpellrändern bildet sich eine falsche Scheidewand, die das Ovar in zwei Fächer teilt. Auf diese Weise entsteht ein scheinbar synkarpes Gynoeceum, das sich aber leicht anhand der parietalen Placentationsverhältnisse enttarnen lässt.
- Die **Klausen** (▶ Abb. 12.14k, l) der Lamiaceae und Boraginaceae entstehen ebenfalls unter Beteiligung einer falschen Scheidewand. Das Gynoeceum besteht aus einem synkarpen Gynoeceum mit zwei Fruchtfächern, denen der Griffel seitlich basal ansitzt (**gynobasischer Griffel**; ◘ Abb. 10.51g, h). Ausgehend vom jeweiligen Dorsalis bildet sich in jedem Fruchtfach eine falsche Scheidewand; es resultieren vier geschlossene Fächer mit je einer Samenanlage. Die Fächer wölben sich über die Ansatzstelle des Griffels nach außen, lösen sich zur Fruchtreife ab

Abb. 10.48 Ständigkeit des Gynoeceums (▶ Abb. 12.8). **a,** Oberständig (Blüte hypogyn): Die äußeren Blütenorgane setzen unterhalb des Fruchtknotens an. **b,** Mittelständig (Blüte perigyn): Der Fruchtknoten steht frei in einem Blütenbecher (grau). **c,** Unterständig (Blüte epigyn): Blütenbecher und Fruchtknoten bilden eine congeni-tale Einheit. **d,** Küchenschelle (*Pulsatilla*, Ranunculaceae. Oberständig. **e,** *Passiflora foetida* var. *hispida* (Passifloraceae). Mittelständig. **f,** Zaunrübe (*Bryonia dioica*, Cucurbitaceae). Unterständige, karpellate Blüte. (© a–c: Troll 1973. d–f: R. Claßen-Bockhoff, Mainz)

und werden einzeln als Klausen ausgebreitet (▶ Abb. 12.20f, g).

– Die Walnuss besitzt einen dimeren, synkarpen Fruchtknoten mit nur einer basalen Samenanlage. Er weist eine unvollständige, echte Septe und eine unvollständige, falsche Scheidewand auf. Beide Septen bilden später die pergamentartigen Wände zwischen den stark gewellten Keimblättern des Embryos, der zusammen mit seiner eng anliegenden Samenschale den gesamten Raum der Frucht einnimmt (▶ Abb. 12.3).

Pseudomonomerie

Durch unvollständige Reduktion eines mehrzähligen Gynoeceums auf ein Karpell entstehen scheinbar einzählige, **pseudomonomere** Gynoeceen. Sie geben in ihrer Entwicklung oder anhand des Leitbündelverlaufes zu erkennen, dass sie mehrzählig (meist dimer) angelegt werden (Eckardt 1937). Beispiele finden sich bei den Brennnesselgewächsen (Urticaceae, z. B. *Urtica*), Feigengewächsen (Moraceae, z. B. *Dorstenia*) oder Seidelbastgewächsen (Thymelaeaceae, z. B. *Daphne*).

10.5.4 Ständigkeit

Nach der Stellung des Fruchtknotens relativ zu den anderen Blütenorganen (Perianth, Androeceum) unterscheidet man folgende Ständigkeiten (▶ Abschn. 10.2.2):

– **Oberständig** (▣ Abb. 10.48a, d): Der Fruchtknoten wird von den übrigen Blütenorganen umschlossen, die unterhalb seiner Ansatzstelle inserieren. Die Blüte ist somit **hypogyn** (wörtl. „unter dem Gynoeceum"), der Fruchtknoten oberständig.

— **Mittelständig** (◘ Abb. 10.48b, e): Das Ovar steht frei in einem Blütenbecher (perigynes Hypanthium; ▶ Abschn. 10.2.2, ◘ Abb. 10.8e), an dessen oberem Rand die übrigen Blütenorgane entspringen. Sie stehen somit um den **freien Fruchtkonten** herum (**perigyn**). Beispiele finden sich bei den Rosaceae (z. B. Hagebutte) oder Melastomataceen.

— **Unterständig** (◘ Abb. 10.48c, f): Der Fruchtknoten steht unterhalb der Blütenorgane und ist von außen sichtbar. Er bildet congenital mit dem Receptaculum eine unterständige Fruchtwand, an dessen Spitze die Blütenorgane ansetzen (◘ Abb. 10.8f und 10.10). Die Blüte ist **epigyn** (wörtl. „über dem Gynoeceum"), der Fruchtknoten unterständig. Durch seine Wand verlaufen die Leitbündel aller Blütenorgane (◘ Abb. 10.45c).

Unterständige Fruchtknoten gelten als **abgeleitet** (Sauquet et al. 2017). Sie sind **vorteilhaft**, weil sie die Samenanlagen vor Fressfeinden und dem möglicherweise zerstörerischen Verhalten von Blütenbesuchern schützen.

Zwischen den Grundformen gibt es **Übergänge**, z. B. halb- oder dreiviertel-unterständige Fruchtknoten, bei denen die Blütenorgane auf unterschiedlicher Höhe des Gynoeceums ansetzen.

Monomere und coenokarpe Gynoeceen können in allen Positionen auftreten. **Chorikarpe** Gynoeceen sind dagegen **stets ober- oder mittelständig**, da der Prozess der unterständigen Fruchtknotenbildung alle Anlagen rückenwärts überwallt und dadurch zu einer coenokarpen Einheit verbindet (▶ Abschn. 10.2.2 ▶ und 12.2.1).

10.5.5 Narbe und Pollenkeimung

Die Narbe ist ein **Neuerwerb** der Blütenpflanzen. Sie fungiert als **Ersatzkeimbett** für den Pollen, der aufgrund der Angiospermie nicht mehr unmittelbar auf die Mikropyle gelangen kann (▶ Abschn. 4.6.3 und 5.6.7).

Morphologie und Diversität der Narbe

Die Narbe weist meist eine spezifische **Oberflächenstruktur** (◘ Abb. 10.49a, d) auf, durch die sie sich vom Griffelgewebe unterscheidet. Während der Griffel oft lang gestreckte Epidermiszellen aufweist (◘ Abb. 10.49l, m), besitzt die Narbe kleinere Zellen mit glatter (◘ Abb. 10.49d) oder papillöser Oberfläche (◘ Abb. 10.49i, k):

— Narben sind meist klein und unscheinbar. In manchen Arten treten aber größere **Narbenäste**, Narbenlappen oder **Narbenköpfe** auf. Dabei kann die Zahl der Narben der Zahl der Fruchtblätter bzw. Griffel entsprechen oder vermehrt oder reduziert sein. Bei-

spiele liefern die Iridaceae (◘ Abb. 10.9f und 10.51a) oder *Euphorbia*-Arten (◘ Abb. 10.49c), deren drei Griffel insgesamt sechs Narbenäste aufweisen. Durch Verästelung der Narbe wird die **Auffangfläche** für den Pollen vergrößert.

— Bei den karpellaten Blüten der Begonie (▶ Abb. 9.33c) imitieren die kräftig gelb gefärbten und knotig verdickten Narbenäste Antheren und dienen vermutlich der Anlockung von Bestäubern.

— Reizbare Narben führen reversible Turgorbewegungen durch (Brustkern 1977). So klappen die beiden **Narbenlappen** der Gauklerblume (*Mimulus*, Phrymaceae) nach einem Berührungsreiz (Seismonastie; ▶ Exkurs 8.6) zusammen. Nach 30–60 min öffnen sie sich wieder. Nur wenn Fremdpollen auf die Narbe gelangt, bleiben sie irreversibel verschlossen. Ähnlich agierende reizbare Narben sind auch von Scrophulariaceae, Pedaliaceae, Acanthaceae, Bignoniaceae, Capparaceae und Zingiberaceae bekannt.

— Die Narbenäste der Safranpflanze (*Crocus sativus*, Colchicaceae) liefern den Safran, ein Gewürz, das schon in der Antike verwendet und gehandelt wurde (◘ Abb. 10.51b, c). Die gelbe Farbe rührt von dem Carotinoid Crocin her, das Textilien und Gerichte gelb färbt. Safran gehört zu den teuersten Gewürzen der Welt und stammt überwiegend aus dem Iran. Er wird zum Würzen, Färben, für medizinische Zwecke und als Duftöl verwendet.

Die Position der Narbe und der Zeitpunkt ihrer Rezeptivität sind wichtige Blütenmerkmale, die sich auf die **Bestäubung** auswirken. Die zeitliche Trennung der Blühphasen (**Dichogamie**) fördert Fremdbestäubung. Fehlt sie, kann Eigenbestäubung (Autogamie) durch räumliche Trennung (Herkogamie) eingeschränkt werden (▶ Abschn. 9.6.6). Die Narbe liegt dann entweder **frei zugänglich** am Ende des Griffels und berührt als erste Blütenstruktur den Bestäuber (*approach herkogamy*; ▶ Abschn. 9.6.6), oder sie liegt geschützt z. B. unter einem Griffellappen (▶ Abb. 9.36d, f ◘ und 10.34g, h).

Oberflächenvergrößerung und rezeptive Phase

Mit dem Beginn der rezeptiven Phase wird die **Auffangfläche** für den Pollen häufig erweitert. Die Narbenäste spreizen (viele Lamiaceae; ◘ Abb. 10.49e, f) oder öffnen sich sternförmig (*Michauxia*; ▶ Abb. 9.39j). Die späte Öffnung der Narbe dient in protandrischen Blüten dem Schutz vor Selbstbestäubung. Zusätzlich zur Verästelung oder lappigen Verbreiterung der Narbe vergrößern auch Haare die Auffangfläche. Dies ist insbesondere bei windblütigen Arten (▶ Abschn. 11.8.1) der Fall.

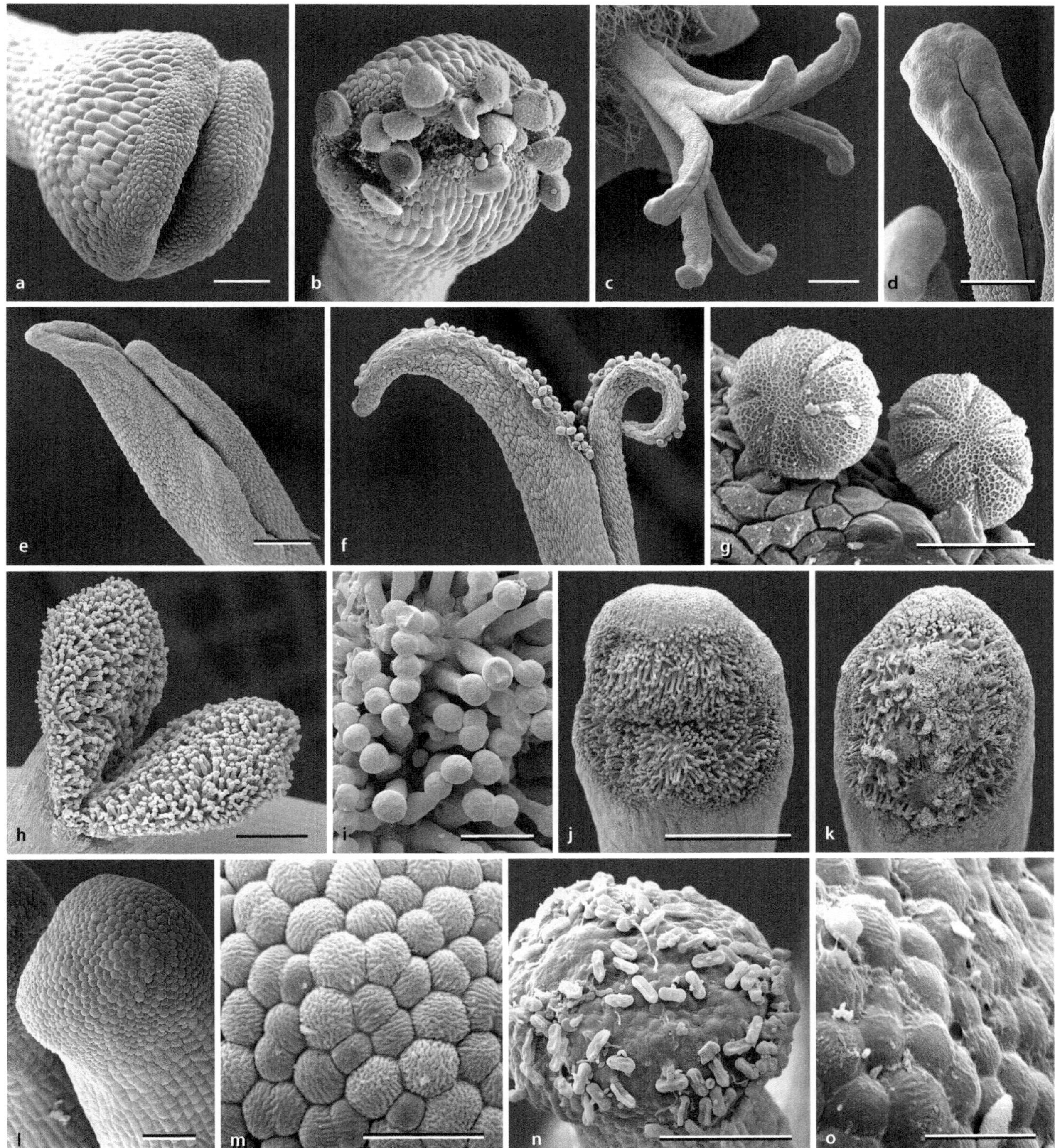

◘ Abb. 10.49 Narbenoberflächen und Pollenkeimung. a, b, *Knautia arvensis* (Caprifoliaceae). **a,** Zweilappige Narbe im nichtrezeptiven Zustand, die kleineren Zellen der Narbenoberfläche deutlich erkennbar. Balken: 100 μm. **b,** Rezeptive Phase mit Pollenkörnern. Gleicher Maßstab wie **a. c, d,** *Euphorbia characias* (Euphorbiaceae). **c,** Karpellate Blüte mit drei Griffeln und je zwei Narbenästen. Balken: 500 μm. **d,** Glatte Narbenoberfläche. Balken: 200 μm. **e–g,** *Salvia pomifera* (Lamiaceae). **e,** Phase der Pollenabgabe: Narbenäste einander anliegend. Balken: 300 μm. **f,** Rezeptive Phase: Narbenäste gespreizt mit Pollenkörnern. Gleicher Maßstab wie **e. g,** Pollenkörner auf der Narbe. Der Pollenschlauch tritt aus einer Apertur aus und dringt in das Narbengewebe ein. Balken: 30 μm. **h–k,** *Alloplectus* (Gesneriaceae). **h, i,** *A. dodsonii.* Narbe im nichtrezeptiven Zustand (**h**; Balken: 500 μm) mit langen Narbenpapillen (**i**; Balken: 100 μm). **j, k,** *A. tetragonoides.* Narbe im nichtrezeptiven Zustand (**j**; Balken: 1 mm) und rezeptiv (**k**; gleicher Maßstab wie **j**) mit deutlich erkennbarem Narbenschleim. **l–o,** *Coriandrum sativum* (Apiaceae). **l, m,** Narbe im nichtrezeptiven Zustand (**l**; Balken: 50 μm) mit deutlich erkennbaren Epidermiszellen (**m**; Balken: 20 μm). **n, o,** Rezeptive Phase mit Pollenkörnern (**n**; Balken: 100 μm), die auf der feuchten Narbe keimen (**o**; Balken: 20 μm). (© **a, b:** S. Glaser, C. Hewel & R. Claßen-Bockhoff, Mainz. **c, d:** R. Will & R. Claßen-Bockhoff, Mainz. **e–g:** A. Ganz-Meier, J. Falk & R. Claßen-Bockhoff, Mainz. **h–k,** A. Hübenthal & R. Claßen-Bockhoff, Mainz. **l–o,** M. Grawert & R. Claßen-Bockhoff, Mainz)

Die Spreizung der Narben wird in der Blütenbiologie als morphologisches Zeichen für den Beginn der rezeptiven Blühphase angesehen (▶ Abschn. 9.6.6). Tatsächlich kann die Narbe aber auch schon **vorher rezeptiv** sein und sich lediglich zur **Vergrößerung** der Auffangfläche spreizen.

Zeitpunkt und Dauer der **Narbenrezeptivität** lassen sich experimentell bestimmen. Chemische Nachweismethoden nutzen die Tatsache, dass während der rezeptiven Phase eine verstärkte enzymatische Aktivität auf der Narbenoberfläche zu beobachten ist. Bei Zugabe von **Wasserstoffperoxid** (H_2O_2) reagieren rezeptive Narben mit Bläschenbildung, bei Zugabe von **Kaliumpermanganat** ($KMnO_4$) mit Rotfärbung. Auch Teststreifen verschiedener Hersteller weisen durch Farbumschläge auf rezeptive Narben hin. Allerdings zeigt die Praxis, dass die Narben verschiedener Arten unterschiedlich gut auf die einzelnen Tests reagieren. Meist sind daher mehrere Nachweise erforderlich, um ein sicheres Ergebnis zu erhalten.

Pollen-Narben-Interaktion

Die Interaktion zwischen Pollenkörnern und Narbe verläuft in mehreren Schritten. Details sind oft noch unbekannt.

Pollenanheftung

Ein Pollenkorn haftet umso besser an einer Narbe, je klebriger die Oberfläche und je besser seine Passform relativ zur Narbenoberfläche ist:

— Die **Klebrigkeit** wird auf Seiten des Pollens durch Pollenkitt (▶ Abschn. 10.4.4), Viscinfäden (◻ Abb. 10.32e) oder Klebkörper (Orchideen) erreicht. Auf Seiten der Narbe unterstützen sekrethaltige **Schleime** (z. B. Lipide, Proteine, Polysaccharide) die Pollenanheftung.

— Die **Passform** wird von der **Oberflächenskulpturierung** der Exine und der Narbenoberfläche bestimmt. Glatte Pollenkörner haften besser an glatten Narben und stark strukturierte Pollenkörner an papillösen Narben. Auf diese Weise kann **mechanisch** die Belegung der Narbe mit artfremdem Pollen eingeschränkt werden.

Bei der Strandnelke (*Armeria maritima*, Plumbaginaceae) treten zwei verschiedene, genetisch fixierte Blütenmorphen innerhalb einer Art auf. Manche Individuen produzieren Blüten mit papillösen Narben und glatten Pollenkörnern und andere solche mit glatten Narben und skulpturierten Pollenkörnern (◻ Abb. 10.50). Die Pollenkörner keimen nur auf der Narbe der **komplementären Morphe**, wodurch Selbstbestäubung ausgeschlossen wird. Die unterschiedlichen Blütenformen entstehen unter dem Einfluss des Genblocks S (▶ Abschn. 9.6.4), der die Pollenerkennungsreaktion kontrolliert (Richards 1997).

Quellung

Nach der Anheftung nimmt das Pollenkorn Wasser auf (**Pollenhydratation**). Die Wasseraufnahme **aktiviert** unterschiedliche Enzymsysteme, die die Keimung des Pollenkorns einleiten, und führt zur Verlagerung des Pollenschlauchkerns in die Spitze des auskeimenden Pollenschlauches. Bei **sporophytischer Selbstinkompatibilität** (▶ Abschn. 9.6.4) findet jetzt die Erkennungsreaktion statt, die je nach Allelausstattung zum Abbruch des Keimvorganges führt. Bei der Gauklerblume (*Mimulus*) geht die Erkennungsreaktion mit der **Schließbewegung** reizbarer Narbenlappen (▶ Abschn. 9.6.6) einher.

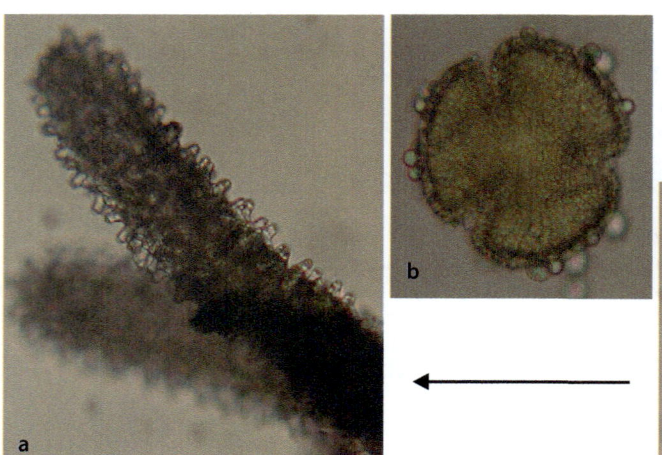

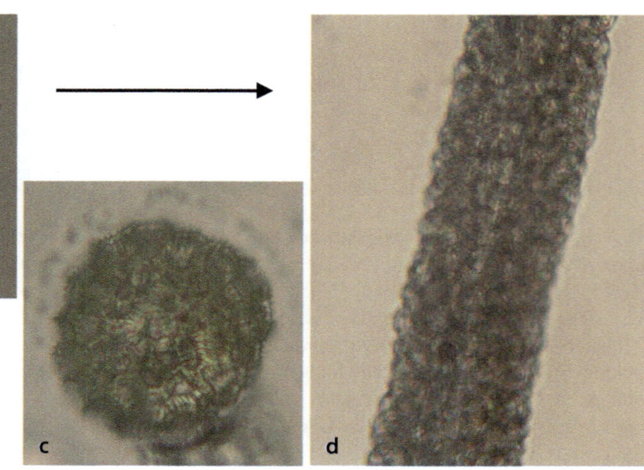

◻ **Abb. 10.50   Dimorphismus im Pollen- und Narbenbereich.** Strandnelke (*Armeria maritima*, Plumbaginaceae). Zwei genetisch fixierte Blütenmorphen. **a, b,** Morphe mit deutlichen Narbenpapillen und flacher Exine. **c, d,** Morphe mit skulpturierter Exine und flacher Narbenoberfläche. Die Pfeile geben die jeweilige Passung wieder. (© Arbeitsgruppe Claßen-Bockhoff, Mainz)

Keimung

Pollen kann nur keimen, wenn die Narbe **rezeptiv** (empfängnisbereit) ist. Man unterscheidet feuchte und trockene Narben, deren Auftreten häufig, aber nicht zwingend mit dem genetischen Selbstinkompatibilitätssystem gekoppelt ist (▶ Abschn. 9.6.4):

- **Feuchte** Narben produzieren einen **Narbenschleim**, der die epidermale Oberfläche wie einen Film überzieht (◨ Abb. 10.49o). Der Narbenschleim lässt den Pollen haften und trägt zur enzymatischen Auflösung der Narbenzellen bei. Er kann mit bloßem Auge als glänzender Narbenüberzug erkannt und mithilfe des Rasterelektronenmikroskops dokumentiert werden. Damit steht ein wertvolles Hilfsmittel zur Identifizierung und Abgrenzung der rezeptiven Blühphase zur Verfügung.
- **Trockene** Narben weisen dagegen deutlich erkennbare Epidermiszellen auf. Ihre rezeptive Phase kann an festhaftenden Pollenkörnern und eindringenden Pollenschläuchen erkannt (◨ Abb. 10.49g) oder mittels Rezeptivitätstest bestimmt werden.

Die erfolgreiche Keimung ist am **Austreten des Pollenschlauches** aus der **Apertur**, die der Narbenoberfläche am nächsten liegt, zu erkennen (◨ Abb. 10.32a und 10.49g). Die Keimung wird durch Stoffe (z. B. Zucker, Borsäure, Calcium) gefördert, die als Bestandteile des **Narbensekrets** freigesetzt werden. Weitere keimungsfördernde Substanzen diffundieren aus dem Pollenkorn. Je mehr Pollenkörner mit der Narbe in Kontakt treten, umso höher ist die Konzentration dieser Stoffe. Die Belegung der Narbe mit größeren Pollenpaketen (▶ Abschn. 10.4.6) ist daher förderlich, auch wenn nicht alle Pollenkörner keimen oder zur Befruchtung beitragen.

Die Keimung des Pollenschlauches kann in vitro durchgeführt werden. Dazu müssen einzelne, keimungsfördernde Faktoren in verschiedenen Konzentrationen ausprobiert werden. Die Testreihe beginnt meist mit einer 15–30 %igen Zuckerlösung (mit oder ohne Borsäure) und wird dann hinsichtlich der Zuckerkonzentration und Einwirkzeit variiert (Dafni 1992).

Sekundäre Narben und Hyperstigmen

Beim Übergang von der Gymnospermie zur Angiospermie wurde die Mikropyle als primärer Keimort für den Pollen durch die Narbe ersetzt. In seltenen Fällen wird auch die **Narbe** durch eine andere Struktur **ersetzt**, auf der der Pollen auskeimt und sekundär zur Narbe geleitet wird.

Hyperstigma bei Monimiaceae

Innerhalb der **Monimiaceae** (Laurales; Sy 10B:5) treten kugelförmige, dikline Blüten mit stark reduziertem Perianth auf, deren Stamina bzw. Karpelle fast vollständig im Inneren eines Blütenbechers liegen (Endress 1980). Dieser weist eine kleine porenförmige Öffnung auf, durch die Fransenflügler (Thysanoptera) in die Blüten eindringen und Pollen übertragen. Bei *Tambourissa religiosa* ist der Eingang der **karpellaten Blüte** durch einen **Schleimpfropf** blockiert. Der Pollen wird auf dem Schleim abgelegt und kommt hier zur Keimung. Der Schleim setzt sich auf der Innenseite des Bechers fort, stellt eine lückenlose Verbindung zum Griffelgewebe her und fungiert als **sekundäres Pollenschlauchleitgewebe**. Der Schleimpfropf übernimmt somit Narbenfunktion. Er stellt ein gemeinsames **Hyperstigma** für alle in der Blüte liegenden Karpelle dar. Innerhalb der Monimiaceae hat sich ein solches **Hyperstigma** mindestens fünfmal parallel entwickelt (Endress 1994). Es dient vermutlich dem Schutz der Samenanlagen vor einer Zerstörung durch Bestäuber.

Sekundäre Narbe bei *Albuca*

Die drei inneren Perigonblätter der Blüte von *Albuca* (Asparagaceae; ◨ Abb. 10.51d) tragen an ihrer Spitze je eine Drüse, die als **sekundäre** Narbe fungiert (Johnson et al. 2012). Bienen, die sich zwischen Perigon und Gynoeceum in die Blüte hineinzwängen, streifen mitgebrachten Pollen an den Tepalenspitzen ab und werden anschließend, wenn sie tiefer in die Blüte eingedrungen sind, auf ihrem Rücken mit blüteneigenem Pollen belegt. Ähnlich einer Narbe bilden die Perigonblattdrüsen einen **Schleim**, in dem die Pollenkörner quellen und keimen können. Wenn die Blüte welkt, gelangen die Pollenschläuche auf die Karpelle des Gynoeceums, durchwachsen diese und dringen zu den Samenanlagen vor.

Die Beispiele zeigen, wie eine blütenbiologisch relevante Funktion auf eine neue Struktur übertragen werden kann (*transference of function*; ▶ Abschn. 12.3.7) und dass selbst eine so essentielle Struktur wie die Narbe nicht davon ausgenommen ist.

10.5.6 Griffel und Compitum

Der Griffel (**Stylus**) ist wie die Narbe ein **Neuerwerb** der Blütenpflanzen. Seine Hauptfunktionen sind die **Exposition** der Narbe, die Bereitstellung eines **Pollenschlauchleitgewebes** und die **Selektion** des ‚fittesten‘ Pollenschlauches. Er ist morphologisch weniger divers als die Stamina, weist aber histologisch und biochemisch eine hohe **Spezifität** auf.

Diversität des Griffels

Der Griffel ist meist länger als die Stamina und exponiert die Narbe. Er kann eine Länge von über 30 cm erreichen (z. B. beim Mais; ▶ Abb. 9.33e) oder völlig fehlen. Dies ist z. B. bei einigen basalen Angiospermen

10

(■ Abb. 10.51e) oder der Tulpe (■ Abb. 10.51f) der Fall, bei denen der Narbenbereich dem Fruchtknoten unmittelbar aufsitzt:

- Coenokarpe Gynoeceen besitzen entweder einen Stempel (**Pistill**), in den alle Karpelle eingehen, oder die Griffel werden oberhalb des Fruchtknotens frei und treten als Griffeläste (**Stylodien**) in Erscheinung.
- Der Griffel sitzt dem Fruchtknoten gewöhnlich **terminal** auf. Wölben sich die Karpellwände jedoch dorsal hoch, scheint der Griffel an deren Basis anzusetzen (**gynobasisch**). Beispiele liefern Boraginaceae, Lamiaceae (Klausen; ▶ Abschn. 10.5.3) und Ochnaceae (■ Abb. 10.51g–i).
- Die Griffel sind meist dünn, relativ unscheinbar und wenig variabel. Bei der Schwertlilie (*Iris*; ▶ Abb. 9.36e, f ■ und 10.51j) und anderen Iridaceae sind die drei Griffellappen allerdings **petaloid** und fungieren als Oberlippe der Teilblüten (Meranthien); bei *Tacca* (Dioscoreaceae; ■ Abb. 10.34g, h) und *Sarracenia* (Sarraceniaceae) bilden die verklebten Griffellappen eine **pilzförmige Struktur** im Zentrum der Blüte.
- Die Griffel mancher Arten sind **behaart** (Küchenschelle, Waldrebe; ▶ Abb. 12.25k) oder **verholzen** zur Fruchtzeit (Echte Nelkenwurz; ▶ Abb. 12.9 und 12.23a, d). Sie tragen zur Wind- oder Klettausbreitung der Früchtchen bei (▶ Abschn. 12.3.2 und 12.3.3).
- Bei den Doldengewächsen (Apiaceae) bilden die verdickten Basen der beiden Griffel das familientypische **Stylopodium** (Griffelpolster; ▶ Abb. 11.14c, d), das dem unterständigen Ovar aufsitzt und Nektar produziert.
- Eine besonders auffällige Griffelgestaltung weisen einige Proteusgewächse (**Proteaceae**) auf, deren Griffel **henkelförmig** aus der Blütenknospe hervorragt (■ Abb. 10.51k, l). Im Knospenstadium wächst der Griffel schneller als die Blütenhülle, die an der Spitze postgenital verklebt ist und den Griffel an der Streckung hindert. Dieser weicht seitlich aus und bildet den ‚Henkel‘, während der Griffelkopf in der Spitze

eingeklemmt bleibt. Dort wird er noch in der Knospe mit Eigenpollen belegt (extreme Protandrie; ▶ Abschn. 9.6.6). Zur Blütezeit rollen sich die Blütenhüllblätter mit den welken Antheren zurück, und der Griffel präsentiert sekundär das Pollenpaket (▶ Exkurs 9.7).

- Bei sekundärer Pollenpräsentation (▶ Exkurs 9.7) finden sich häufig **Fegehaare** unterhalb der Narbe, die den Eigenpollen aufnehmen und präsentieren. Arten der australischen Myrtaceengattung *Darwinia* liefern dafür ein Beispiel (■ Abb. 10.52). Der Griffel ist unterhalb der Narbe mit langen oder keulenförmigen Haaren besetzt. Zehn Stamina, die mit zehn fädigen Staminodien (■ Abb. 10.52 a: Sm) unbekannter Funktion abwechseln, inserieren am **Hypanthium** der Blüte. Ihre Antheren (■ Abb. 10.52b: An) sind porizid und zunächst nach unten eingeschlagen. Die ersten fünf Antheren richten sich auf und laden ihren Pollen als ölige Masse auf den **Fegehaaren** ab. In einem zweiten Schritt richten sich die übrigen fünf Antheren auf und deponieren den Pollen weiter unten am Griffel, der inzwischen ein Stück weit ausgewachsen ist. Die **Synchronisation** von Griffelstreckung und portionierter Pollenabgabe erlaubt den Übertrag einer beachtlichen Pollenmenge. Diese wird zur Blütezeit vom vollends gestreckten Griffel präsentiert.
- In einigen Verwandtschaftsgruppen bilden Androeceum und Gynoeceum eine funktionelle Einheit in Form einer **Säule**. Sind die Formationen congenital entstanden, spricht man von einem **Gynostemium** (z. B. Orchidaceae ▶ Exkurs 11.4, Stylidiaceae, Aristolochiaceae ▶ Abschn. 11.4.1), sind die postgenital verklebt, von einem **Gynostegium** (Apocynaceae-Asclepiadoideae; ▶ Abschn. 11.7.6). Bei *Stylidium* ist die Säule berührungsempfindlich und führt eine reversible **Schlagbewegung** aus, durch die der Pollen übertragen wird (▶ Abschn. 11.7.3).
- Bei Fabaceae und Marantaceae treten Griffel auf, die **unter Spannung** wachsen. Sie schnellen bei Auslösung der Spannung durch einen Bestäuber

---

■ **Abb. 10.51 Diversität von Griffel und Narbe. a**, Freesie (*Freesia*, Iriodaceae). Drei Griffel, aufgespalten in sechs Griffelarme und zwölf Narbenäste. **b, c**, Krokus (*Crocus*, Colchicaceae). **b**, Gartenform. Blüte mit kräftig orange gefärbten Narbenästen. **c**, Die Narbenäste von *C. sativus* werden als Safran gehandelt. **d**, *Albuca* (Asparagaceae). Blüte in der Phase der Pollenübertragung von den Perigondrüsen (weiß) auf den Griffel (die drei äußeren Perigonblätter und ein inneres sind zurückgeschlagen, im Vordergrund zwei Filamente (Antheren abgefallen)). **e**, *Drimys winteri* (Winteraceae). Freie Karpelle ohne Griffel (■ Abb. 10.42). **f**, Tulpe (*Tulipa*, Liliaceae). Stempel (Pistill) aus drei Karpellen mit sitzenden Narben. **g–i**, *Ochna integerrima* (Ochnaceae). **g**, Blüte. **h**, Detail aus **g**, den gynobasischen Griffelansatz zeigend. **i**, Zur Fruchtzeit wölbt sich die Fruchtwand über den reifenden Samen auf (▶ Abschn. 12.2.4). **j**, Schwertlilie (*Iris*, Iridaceae). Petaloider Griffellappen von unten. Die Narbe befindet sich hinter dem weißen Häutchen. **k, l**, *Petrophile brevifolia* (Proteaceae). **k**, Köpfchen. Die Griffel präsentieren den Pollen unterhalb der Narbe an einem kräftig gelb gefärbten Knoten. **l**, Von links nach rechts: Knospe und junge Blüte mit typisch henkelförmigem Griffelabschnitt sowie offene Blüte mit gestrecktem Griffel. (© R. Claßen-Bockhoff, Mainz)

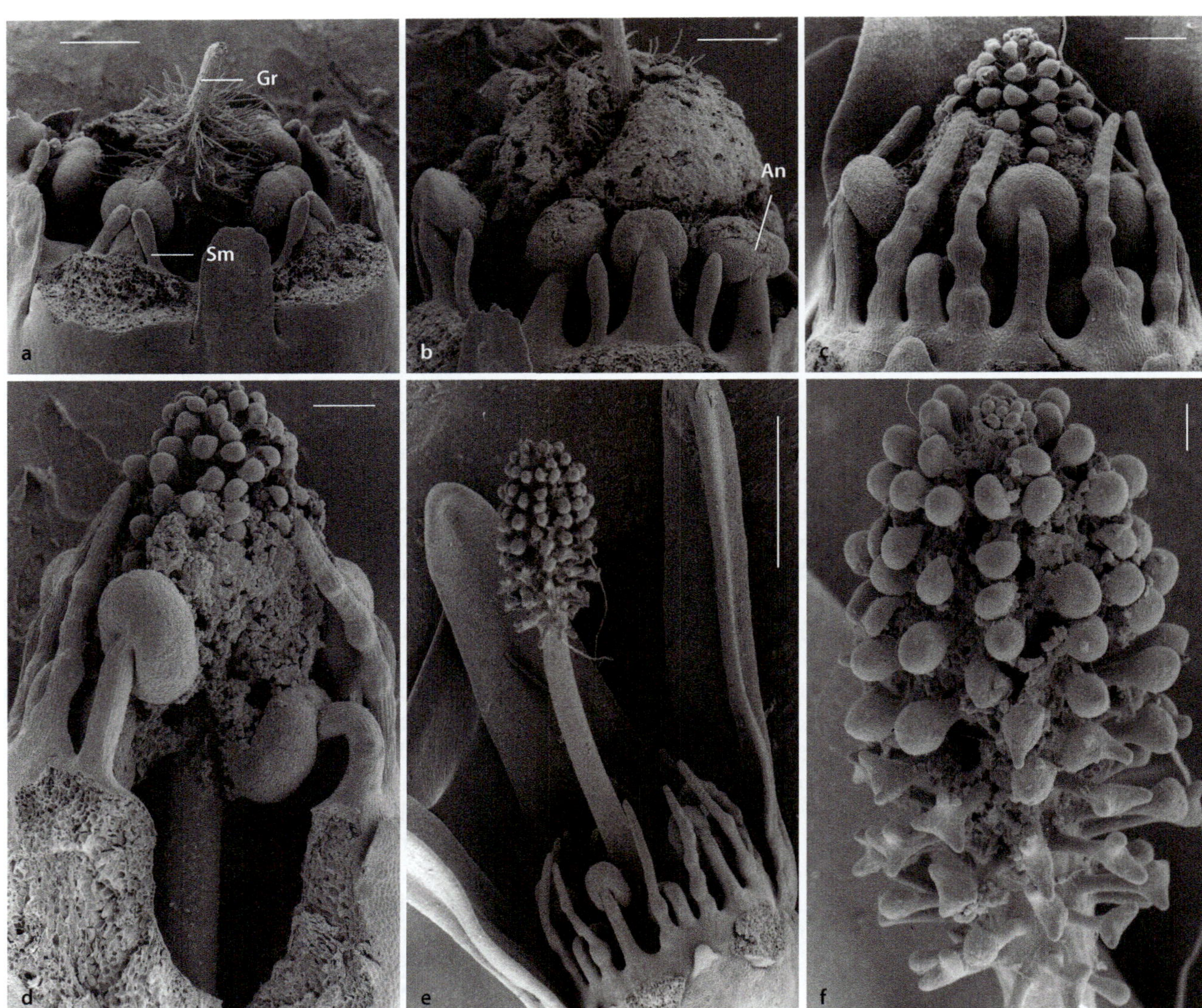

□ **Abb. 10.52   Fegehaare und sekundäre Pollenpräsentation bei** *Darwinia* **(Myrtaceae). a, b,** *Darwinia leiostyla* (▶ Abb. 9.39a–d). **a,** Aufpräparierte Knospe. Zehn Stamina (davon fünf nach innen eingekrümmt) und zehn fädige Staminodien (Sm) inserieren am Rand des Hypanthiums. Der Griffel (Gr) trägt lange Haare zur Pollenaufnahme. Balken: 50 μm. **b,** Älteres Knospenstadium. Alle Stamina sind aufgerichtet. Die Antheren (An) laden den Pollen als ölige Masse auf die Griffelhaare ab. Balken: 50 μm. **c–f,** *Darwinia vestita.* **c, d,** Pollenübertragung im Knospenstadium. Balken: 200 μm. **e, f,** In der offenen Blüte sind die Antheren leer. Der Griffel hat sich gestreckt und präsentiert sekundär den Pollen. Balken: 100 μm. (© R. Claßen-Bockhoff, Mainz)

nach vorn und übertragen den Pollen mittels einer einzigen, irreversiblen ‚**Explosionsbewegung**‘ (▶ Abschn. 11.7.2 und 11.7.5).

Pollenschlauchleitgewebe und Griffelkanal

Der auskeimende Pollenschlauch wird zunächst von den Reservestoffen des Pollenkorns und während seines weiteren Wachstums vom **Pollenschlauchleitgewebe** (**Transmissionsgewebe**) des Griffels ernährt. Dieses besonders stoffwechselaktive Gewebe liegt entweder **kompakt** vor (□ Abb. 10.53a) oder kleidet die Wand eines **Griffelkanals** (□ Abb. 10.53j) aus. Es entspricht der **sekretorisch** tätigen Innenfläche der Karpelle und umfasst entweder nur die Epidermis oder auch subepidermale Schichten. Die **Epidermiszellen** sind oft zottig vergrößert, weisen gequollene Zellwände auf oder verschleimen.

Die Pollenschläuche bahnen sich ihren Weg **zwischen den Zellen** hindurch zur Samenanlage, dringen unter Auflösung von Mittellamellen **in das Pollenschlauchleitgewebe** ein oder wachsen **in der Schleimschicht** des Griffelkanals. Sie verlängern sich an ihrer Spitze mit dem vegetativen Pollenschlauchkern voran. Dorthin werden mittels zellulärer Bläschen (Vesikel) Baustoffe transportiert. Gleichzeitig werden die älteren Abschnitte des Pollenschlauches durch Callosepfropfen verschlossen und anschließend resorbiert. Der Pollenschlauch ist somit nur in einem kurzen Zeitfenster mikroskopisch nachweisbar (▶ Abb. 7.25j).

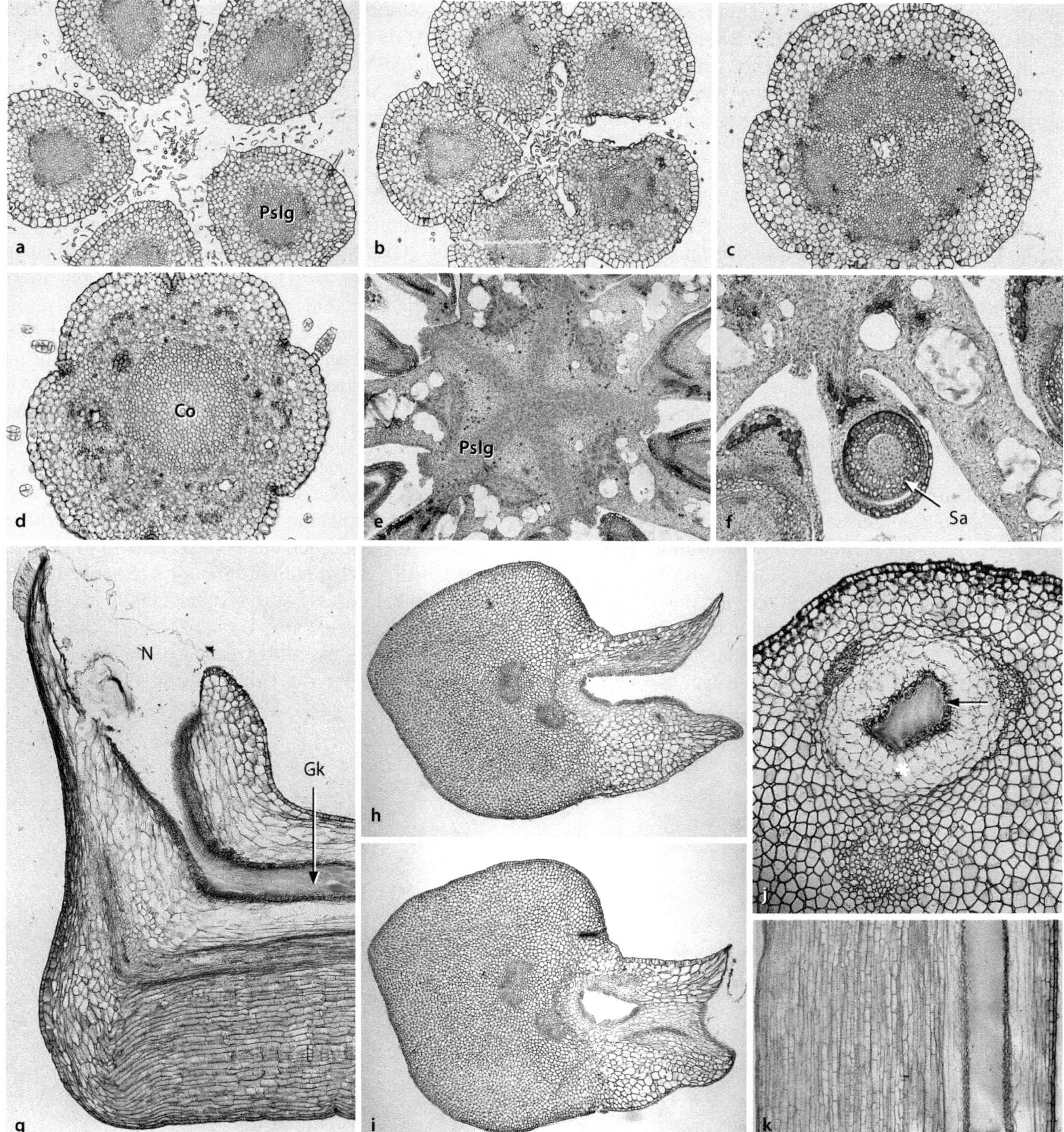

Abb. 10.53 Pollenschlauchleitgewebe. a–f, *Hibiscus rosa-sinensis* (Malvaceae). Querschnittserie durch das pentamer synkarpe Gynoeceum von der Griffelregion zum Ovar. Gleicher Maßstab. **a,** Griffeläste mit je einem zentralen Pollenschlauchleitgewebe (Pslg). **b,** Vereinigung der Griffeläste. **c,** Symplicate Zone. **d, e,** Compitum (Co). **f,** Samenanlagen (Sa) in Kontakt zum Compitum. **g–k,** *Goeppertia bachemiana* (Marantaceae). **g,** Längsschnitt durch den Griffelkopf des trimer synkarpen Gynoeceums. Gk, Griffelkanal. N, Narbe. **h,** Querschnitt durch den Narbenbereich. **i,** Querschnitt durch den Griffel. **j, k,** Quer- und Längsschnitt durch den Griffelkanal. Der Griffelkanal ist von einem Epithel (Pfeil) ausgekleidet und von einem schleimigen Zellmantel (*) umgeben. Die Leitbündel gehören zu den drei Fruchtblättern. (© **a–f**: B. Dittmann & R. Claßen-Bockhoff, Mainz. **g–k**: M. Jerominek, Mainz. Mit freundlicher Genehmigung)

Die **Geschwindigkeit** des Pollenschlauchwachstums ist sehr unterschiedlich (Richards 1997). Beim Löwenzahn (*Taraxacum*) beträgt sie >5 cm, beim Mais (*Zea*) >1,4 cm und beim Roggen (*Secale*) nur 0,8 mm pro Stunde. Der Pollenschlauch der Kirsche (*Prunus sativus*) benötigt zwei bis drei Tage für 5 mm, und bei der Hasel (*Corylus*) ‚wartet' er so lange im Griffel, bis das Ovar ausdifferenziert ist. Auch bei Kakteen und Orchideen können Wochen oder sogar Monate nach der Bestäubung vergehen, bevor es zur Befruchtung kommt. Nach Erreichen der Samenanlage dringt der Pollenschlauch meist auf dem **kürzesten Weg** durch die Mikropyle in den Embryosack ein; nur selten erfolgt der Eintritt durch die Integumente.

Compitum und Pollenschlauchselektion

Etwa 80 % aller Blütenpflanzen besitzen ein coenokarpes Gynoeceum, mit dessen Bildung offensichtliche Vorteile verbunden sind. Diese liegen in der **Steigerung der Befruchtungseffizienz** und **Pollenschlauchselektion** (Endress 1982).

Im Vergleich zur Gymnospermie, bei der jede Samenanlage einzeln bestäubt wird (► Abb. 4.29b), ist die **Angiospermie** effizienter. Die Narbe kann bei einem einzigen Bestäubungsereignis ein ganzes **Pollenpaket** aufnehmen, das **zahlreiche Pollenschläuche** bildet und zur Befruchtung vieler Eizellen führt (◘ Abb. 10.54a). Ist die Pollenmenge größer als die Zahl der Samenanlagen, erreichen nur die schnellsten Pollenschläuche ihr Ziel, während langsam wachsende, schlecht ausgestattete Pollenschläuche zurückbleiben. Es findet somit entlang des Griffels eine **Selektion** der ‚fittesten‘ Pollenschläuche statt.

Während im chorikarpen Gynoeceum (◘ Abb. 10.54a) jedes Karpell separat bestäubt werden muss und bei schlechter Bestäuberlage einige Narben unbestäubt bleiben, bietet das **coenokarpe** Gynoeceum den Pollenschläuchen die Möglichkeit, zu allen Samenanlagen vorzudringen (◘ Abb. 10.54b). Im Stempelbereich, in dem die Fruchtblätter miteinander in Kontakt stehen, können die Pollenschläuche zwischen den Karpellen **wechseln**. Das hat den doppelten Vorteil, dass nicht nur **alle Samenanlagen** erreicht werden, sondern dass auch die Pollenschlauchkonkurrenz noch einmal gesteigert wird. Die gemeinsame Griffelregion, in der die **Pollenschlauchselektion** stattfindet, wird **Compitum** (wörtl. „Kreuzweg“, „Scheideweg“) genannt.

Man nimmt an, dass das Compitum für die **Evolution der Blütenpflanzen** eine ähnlich hohe Bedeutung hat wie die Angiospermie (Endress 1994). Diese Annahme wird durch die Bildung **extragynoecealer Compita** gestützt (◘ Abb. 10.54c):

- Bei einigen **Basalen Angiospermen** mit apokarpem Gynoeceum stehen die Narben der Fruchtblätter über eine Schleimschicht in Verbindung. In diesem **Schleim** können die Pollenschläuche auskeimen und in jedes der beteiligten Fruchtblätter eindringen (**funktionelle Synkarpie**; Endress und Igersheim 2000).
- In einigen abgeleiteten Verwandtschaftskreisen der **Eudicotylen** (z. B. Malvaceae, Apocynaceae) treten vergleichbare externe Compita auf, die die Narben

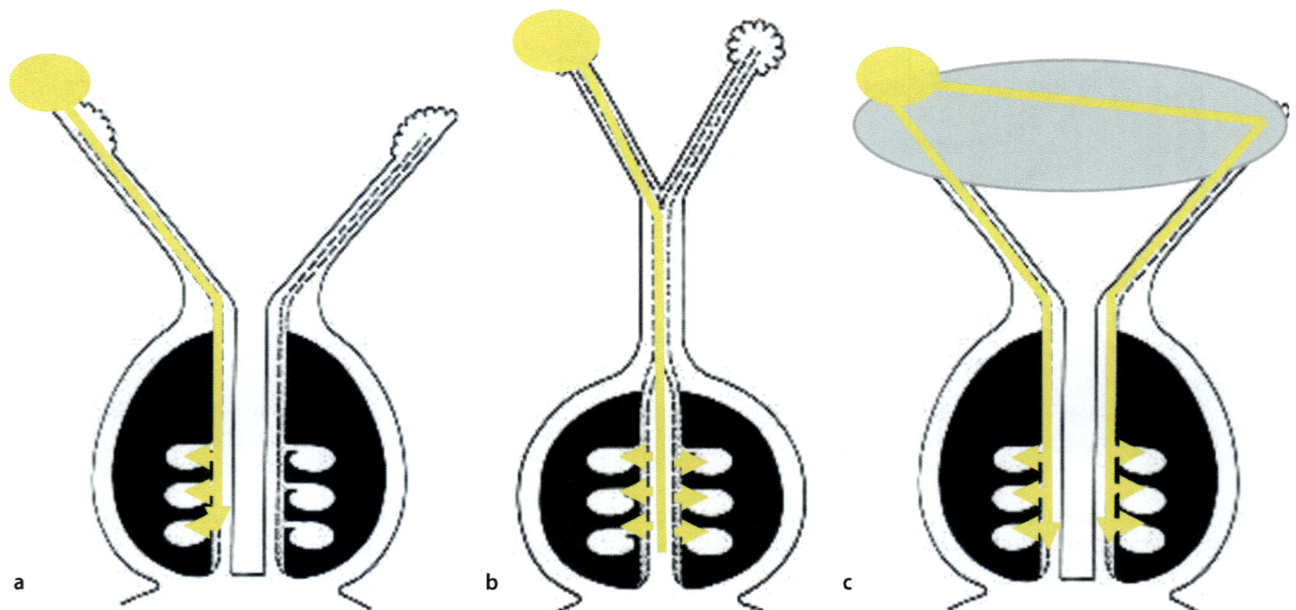

◘ **Abb. 10.54   Pollenselektion und Compitum.** Gelb: Pollenpaket. **a,** Chorikarpes Gynoeceum. Die Pollenkörner erreichen nur die Samenanlagen des zugehörigen Karpells. Im Griffel findet Pollenschlauchselektion statt. **b,** Synkarpes Gynoeceum. Trotz ungleicher Pollenbeladung der Griffeläste können alle Samenanlagen des Fruchtknotens befruchtet werden, da die Pollenschläuche in der gemeinsamen Griffelregion (Compitum) in andere Fruchtfächer überwechseln können. Im Compitum findet Pollenschlauchselektion statt. **c,** Chorikarpes Gynoeceum mit extragynoecealem Compitum. Die Pollenschläuche gelangen über einen Schleimpfropfen auf die Narben aller Griffel. (© Leins und Erbar 2008, verändert und erweitert)

der freien Karpelle in Form dicker Sekretpfropfen funktionell vereinen (Endress et al. 1983).

- Das **Synstigma** der Feigen (*Ficus*; ▶ Abb. 11.27k) wiederholt den Prozess auf einer höheren Organisationsstufe, da hier die Narben mehrerer benachbarter Blüten eine Funktionseinheit bilden (◙ Abb. 10.54).

10.6 Evolutionstendenzen im Bereich der Blüte

Die Evolution der Blüte muss in jedem Verwandtschaftskreis **separat** rekonstruiert werden, da **sippenspezifische Merkmale** in unterschiedlicher Weise mit **Anpassungsmerkmalen** kombiniert auftreten. Dennoch lassen sich auf einer sehr allgemeinen Ebene einige Evolutionstendenzen aufzeigen (▶ Abschn. 5.6.7).

10.6.1 Ursprüngliche Merkmale

Da weder der nächste Verwandte der Angiospermen bekannt ist, noch ausreichend Fossilmaterial zur Verfügung steht, bleibt der Ursprung der Angiospermenblüte weiterhin im Dunkeln. Eine Möglichkeit, dennoch die ursprüngliche Angiospermenblüte zu rekonstruieren, beruht auf **Wahrscheinlichkeitsrechnungen**, die anhand von **datierten Phylogenien** auf die **ursprünglichen Merkmalsausprägungen** der Angiospermenblüte schließen lassen (*ancestral character analysis*). Eine solche Analyse wurde von Sauquet et al. (2017) mit einem repräsentativen Datensatz durchgeführt. Danach war die ursprüngliche Angiospermenblüte wahrscheinlich **monoklin**, **radiärsymmetrisch** und **polyzyklisch**. Sie hatte ein **choritepales Perigon** aus mehr als zwei trimeren Kreisen, ein Androeceum aus mehr als zwei trimeren Kreisen und ein **oberständiges**, **chorikarpes Gynoeceum** mit mehr als fünf **spiralig** angeordneten Karpellen.

Bemerkenswert an dieser Rekonstruktion sind die **wirtelige** (statt spiralige) Organstellung in den äußeren Blütenkreisen und die **spiralige Stellung der Karpelle** (Sokoloff et al. 2018). Die hohe Anzahl an Blütenkreisen lässt vermuten, dass die ursprüngliche Blüte **labil** war und erst durch den Übergang zu einer spiraligen Organstellung bzw. durch Reduktion auf wenige Blütenkreise Stabilität gewann.

Allgemein gelten Merkmale als **ursprünglich** (plesiomorph), wenn sie in basalen Verwandtschaftsgruppen auftreten, allgemein häufig sind und eine einfache Entwicklung zeigen (Endress und Doyle 2015). Sie lassen sich für die Angiospermenblüte wie folgt zusammenfassen:

- **Blüte:** Offene und flache Schalenform; monoklin; Blütenhülle einfach (Perigon), radiär; Elemente zahlreich, zahlenfixiert in Zyklen angeordnet oder spiralig freiblättrig
- **Androeceum:** Primär polyandrisch; Antheren basifix, bithecisch, tetrasporangiat, intrors; Pollenkorn sulcat, als Monade vorliegend
- **Gynoeceum:** Chorikarp, oberständig; Karpell ascidiat; Narbe sitzend (ohne Griffel), mit Schleim verschlossen; Samenanlage bitegmisch, anatrop, crassinucellat; hohe Anzahl von Samenanlagen pro Karpell

10.6.2 Bedeutende Innovationen

Abgeleitete Merkmale finden sich vermehrt in jüngeren Verwandtschaftskreisen. Sie weisen oft komplexe Morphogenesen auf, die congenitale Prozesse, differentielle Meristemaktivität und sekundäre Bildungsprozesse umfassen. Die **Plastizität des Blütenmeristems** spielt dabei eine bedeutende Rolle:

- **Blüte:** Die unterschiedliche Ausgestaltung der Blütenhüllelemente in Kelch- und Kronblätter (**doppeltes Perianth**) geht mit einer arbeitsteiligen Differenzierung der Blütenhülle einher. **Zahlenkonstanz** führt zu einer Musterbildung, die von Bestäubertieren erkannt und wiedererkannt werden kann. Die zyklische Anordnung von Elementen erlaubt deren congenitale Entwicklung und resultiert in Röhrenbildung. **Sympetalie** gilt als eine Schlüsselerfindung (*key innovation*) der Blütenevolution, da der Übergang von der flachen Schalenblüte zur tubulären Blüte mit einer Spezialisierung auf bestimmte Bestäubergruppen einhergeht. Das Gleiche gilt für die **Zygomorphie**, an deren Entwicklung hormonelle Signale, Symmetriegene und differentielle Meristemaktivität beteiligt sind.
- **Androeceum:** Innerhalb der zyklischen Androeceen der Monocotylen und Kerneudicotylen gilt das dizyklische Androeceum als primäre Ausprägungsform. Reduktion von Staminalanlagen, Fraktionierung von Superprimordien, heteromorphe Ausgestaltung von Stamina, Röhrenbildung und Sterilität von Antherenteilen oder ganzen Anlagen (Staminodien) führen zu der ungeheuer großen strukturellen und funktionellen Vielfalt des Androeceums. Abgeleitete Pollenkörner weisen viele Aperturen und einen gesteigerten Keimerfolg auf, und zunehmend komplexe Exinen tragen zu einer spezifischen Passform und Anheftung an einen Bestäuber bzw. der Narbe bei.

— **Gynoeceum: Synkarpie** steigert aufgrund des **Compitums** die Pollenschlauchselektion und Befruchtungseffizienz. Parakarpe Gynoeceen gelten als abgeleitet (◻ Abb. 10.47). Die Anzahl an Samenanlagen pro Gynoeceum verringert sich bis zur **Einsamigkeit**; in diesem Fall ist die Stellung der Samenanlage oft **basal**. **Unterständigkeit** schützt den Fruchtknoten vor Zerstörung durch Bestäubertiere. **Griffelbildung** vergrößert den Abstand zwischen Narbe und Samenanlage und verlängert damit den Weg, auf dem **Pollenselektion** stattfinden kann. Darüber hinaus trägt die Abstandsvergrößerung zu einer **Spezialisierung** auf bestimmte Bestäubertiere und einer **präzisen Pollenübertragung** bei (▶ Abschn. 11.3.2 und 11.6.4).

Zusammenfassung

Die **Blüte der Angiospermen** ist primär **monoklin** und **zoophil**. Auf dem Blütenboden (**Receptaculum**) sind die Blütenorgane in vier Formationen angeordnet. Von außen nach innen folgen der Kelch (**Calyx**) mit den Kelchblättern (Sepalen), die Krone (**Corolla**) mit den Kronblättern (Petalen), das **Androeceum** mit den **Stamina** und das **Gynoeceum** mit den **Karpellen**. Die Reihenfolge ist relativ starr festgelegt und wird nach dem **ABC-Modell** der Blüte durch die Expression von **Organidentitätsgenen** kontrolliert.

- Blütenbau

Kelch und Krone bilden die **sterile Blütenhülle** (doppeltes Perianth) und sind funktional als Schutz- bzw. Schauorgane differenziert. Einfache Blütenhüllen (**Perigone**) aus gleichartigen Organen (Tepalen) sind für viele Monocotylen charakteristisch. Die Blütenhülle bestimmt gewöhnlich die Form, Größe und Symmetrie der Blüte. Die Stamina und Karpelle sind die **Reproduktionsorgane** der Blüte. Sie tragen die Pollensäcke, in denen die Pollenkörner gebildet werden, und umhüllen die Samenanlagen, die sich nach der Befruchtung zu Samen entwickeln.

Die **Elemente der Blüte** sind frei voneinander oder entstehen congenital aus einer gemeinsamen Anlage. Sie sind spiralig oder zyklisch angeordnet, stehen auf Lücke zueinander oder opponiert und entwickeln sich zentripetal, zentrifugal oder divergent. Die meisten Blüten weisen vier oder fünf Kreise auf, in denen die Organe in fester Anzahl und Position angeordnet sind. Diese Organisation bietet eine Reihe von **Entwicklungsoptionen**, zu denen die Bildung monosymmetrischer (**zygomorpher**) Blüten als Voraussetzung für die Evolution spezialisierter Bestäubungsmechanismen gehört.

- Blütenentwicklung

Die Vielfalt der Blüte beruht auf dem enormen **Entwicklungspotential** des Blütenmeristems. Das **Blütenmeristem** besitzt ein **begrenztes (determinates) Wachstum** und geht vollständig in der **Fraktionierung** von Blütenorganen auf. Seine **Zellteilungsaktivität** ist lokal unterschiedlich, was zur Anhebung ganzer Organformationen (**Gynophor, Andropgynopor**), zur Bildung von **Hypanthien** (Blütenbechern, unterständigen Fruchtknoten) und zu **Ringprimordien** führt, aus denen sich z. B. Kronröhren oder coenokarpe Gynoeceen entwickeln. Das Blütenmeristem kann sich **während der Organbildung ausdehnen** und neuen Platz generieren, der entweder Engpässe zwischen bestehenden Organanlagen aufhebt oder spontan weiter fraktioniert. Auf diese Weise entstehen sekundär polyandrische Staminalbüschel oder Coronaelemente.

- Androeceum

Das **Androeceum** ist der Ort der Mikrosporangienbildung. Es besteht aus **Stamina**, die jeweils in **Filament** und **Anthere** gegliedert sind. Die Antheren bestehen meist aus zwei Theken, die von einem sterilen Zwischenstück (**Konnektiv**) getrennt sind und je ein Synangium aus zwei congenital entstandenen **Pollensäcken (Mikrosporangien)** tragen. Von dieser **dithecischen**, **tetrasporangiaten** Grundform gibt es zahlreiche Abweichungen.

Im Inneren der Antheren liegt das **sporogene Gewebe**, das Pollenkornmutterzellen und nach der Meiose die haploiden Pollenzellen bildet. Die mehrschichtige, funktional gegliederte Antherenwand öffnet sich mithilfe des subepidermal liegenden **Endotheciums**. Dieses weist spangenartig verstärkte Zellwände auf, die bei Austrocknung aufreißen (Kohäsionsmechanismus) und den Pollen durch Schlitze, Poren oder geöffnete Klappen entlassen.

Die innerste Antherenwand besteht aus (meist polyploiden) **Tapetumzellen**, die Ernährungsfunktion haben, die Pollenzellen mit einer äußeren Wand (**Exine**) aus **Sporopollenin** umgeben und mit **Pollenkitt** ausstatten. Der Pollenkitt ist ein **Neuerwerb** der Blütenpflanzen, der neben Farbstoffen (UV-Schutz) und Lipiden (Klebwirkung) auch die Proteine (Heuschnupfen!) der **Erkennungsreaktionen** zwischen Narbe und Pollenkorn enthält (Selbstinkompatibiltätssystem). Die mehrkernigen Pollenkörner werden primär oder sekundär präsentiert und einzeln (Monaden) oder in Pollenpaketen (Tetraden, Polyaden, Pollinien) transportiert.

Das Androeceum ist die **formen- und funktionsreichste Formation** der Blüte. Es kann **Nektarien** und Duftdrüsen (**Osmophoren**) tragen, in **Gon- und Trophantheren** (Heterantherie) differenziert sein oder sterile

Staminodien mit Schau-, Safthalter- oder Attrappenfunktion bilden. Die Stamina können **Filament-** und **Konnektivauswüchse** tragen, die an speziellen Bestäubungsmechanismen beteiligt sind.

• Gynoeceum

Das Gynoeceum ist der Ort, an dem **Samenanlagen** gebildet werden. Bei den Blütenpflanzen liegen diese im Inneren des Fruchtknotens (**angiosperm**).

Ein **Karpell** ist gewöhnlich in **Ovar**, **Griffel** und **Narbe** gegliedert. Oft ist es in seinem unteren Abschnitt schlauchförmig (**ascidiat**) und in seinem oberen Abschnitt gefaltet (**plicat**). In der plicaten Zone tritt die **Ventralnaht** auf, die durch den postgenitalen Zusammenschluss der eingefalteten Karpellränder entsteht und oben in der Narbe mündet. Die Samenanlagen stehen fast immer am Karpellrand (**marginale Placentation**), wo sie von seitlichen Leitbündeln (Laterales) ernährt werden.

Die **Samenanlagen** entsprechen dem **Nucellus** (Megasporangium), der von einem **doppelten** Integument umgeben ist. Im ursprünglichen Fall ist die Samenanlage der Angiospermen zur Karpellwand hin gekrümmt (**anatrop**), wodurch die **Mikropyle** einfach vom Pollenschlauch erreicht werden kann. Es kommen auch nierenförmige (**kamplyotrope**), aufrechte (**atrope**) und **unitegmische** Samenanlagen vor.

Auf der **Narbe** kommt der Pollen zur Keimung und bildet einen **Pollenschlauch**, der durch das **Pollenschlauchleitgewebe** des Griffels zum Ovar wandert und die Spermakerne zur **doppelten Befruchtung** führt. Die Narbe ist feucht oder trocken und mit ihrer Oberfläche an die Aufnahme des Pollens angepasst. Liegt ein genetisches **Selbstinkompatibilitätssystem** vor, kommt es hier oder im Griffelgewebe zu einer **Erkennungsreaktion**, die Eigenpollen und genetisch ähnlichen Pollen der gleichen Art abstößt.

Die **Karpelle** stehen einzeln in der Blüte (**monokarpellates** Gynoeceum) oder zu mehreren zusammen; sie bilden **chorikarpe** Gynoeceen, wenn sie frei voneinander sind, und **coenekarpe** Gynoeceen, wenn sie congenital aus einem **Ringprimordium** hervorgehen. Dabei kann jedes Karpell ein eigenes, durch **Septen** begrenztes Fruchtfach (**Loculament**) bilden (**synkarpes** Gynoeceum), oder das ganze Gynoeceum weist nur einen Hohlraum auf (**parakarpes** Gynoeceum). Da die Samenanlagen gewöhnlich am Rand der beteiligten Karpelle stehen, ergibt sich je nach Gynoecealtyp eine **zentralwinkelständige** bzw. wandständige (**parietale**) Placentation. In seltenen Fällen tritt eine **zentrale Placentation** auf, die entweder durch postgenitalen Septenschwund (**Lysikarpie**) zustande kommt oder auf der Bildung eines zentral stehenden Gewebepflockes beruht, auf dem Samenanlagen entstehen.

Etwa 80 % der Angiospermen besitzen ein coenokarpes Gynoeceum. Sein evolutionsbiologischer Vorteil liegt in der Möglichkeit der besseren Pollenverteilung und höheren **Pollenselektion**. In der gemeinsamen Griffelregion, dem **Compitum**, können die Pollenschläuche in andere Karpelle überwechseln und alle Samenanlagen erreichen. Dabei sind die schnellsten Pollenschläuche die erfolgreichsten.

Auflösung der Übung von ▶ Exkurs 10.4
Die Blütenformel der Lamiaceae lautet:
↓ K (5) [C (5) A4] G̲ ̲(̲2̲)̲

Literatur

Airoldi CA, Davies B (2012) Gene duplication and the evolution of plant MADS-box transcription factors. J Genetics Genomics 39:157e165

Bateman RM, Hilton J, Rudall PJ (2006) Morphological and molecular phylogenetic context of the angiosperms: contrasting the ‚top-down' and ‚bottom-up' approaches used to infer the likely characteristics of the first flowers. J Exp Bot 57:3471–350

Baum H, Leinfellner W (1953) Die ontogenetischen Abänderungen des diplophyllen Grundbaus der Staubblätter. Österr Bot Z 100:91–135

Becker A (2016) Tinkering with transcription factor networks for developmental robustness of Ranunculales flowers. Ann Bot 117:845–858

Bernhard P (1996) Anther adaptation in animal pollination. In: D'Arcy WG, Keating RC (Hrsg) The anther. Form, function and phylogeny. Cambridge University Press, Cambridge, S 192–220

Bianchini M, Pacini E (1996) Explosive anther dehiscence in *Ricinus communis* L. involves cell wall modifications and relative humidity. Int J Plant Sci 157:739–745

Brückner C (2000) Clarification of the Carpel Number in Papaverales, Capparales, and Berberidaceae. Bot Rev 66:155–307

Brustkern P (1977) Reizbewegungen bei Blütenorganen. IWF, Göttingen. https://doi.org/10.3203/IWF/D-1251

Bull–Hereñu K, dos Santos P, Toni JFG, El Ottra JHL, Thaowetsuwan P, Jeiter J, Ronse De Craene LP, Iwamoto A (2022) Mechanical forces in floral development. Plants. https://doi.org/10.3390/plants11050661

Cheng Z, Ge W, Li L, Hou D, Ma Y, Liu J, Bai Q, Li X, Mu S, Gao J (2017) Analysis of MADS-box gene family reveals conservation in floral organ ABCDE model of Moso Bamboo (*Phyllostachys edulis*). Front Plant Sci 8:656. https://doi.org/10.3389/fpls.2017.00656

Chua KS, Borkent A, Wong SY (2020) Floral biology and pollination strategy of seven *Tacca* species (Taccaceae). Nordic J Bot 2020:e02594. https://doi.org/10.1111/njb.02594

Claßen-Bockhoff R (2016) The shoot concept of the flower: Still up to date? Flora 221:46–53

Claßen-Bockhoff R (2017) Stamen construction, development and evolution in *Salvia* s.l. Nat Volatiles Essential Oils 2017:28–48

Claßen-Bockhoff R, Crone M, Baikova E (2004a) Stamen development in *Salvia* L.: Homology reinvestigated. Int J Plant Sci 165:475–498

Claßen-Bockhoff R, Frankenhäuser H (2020) The 'male flower' of *Ricinus communis* (Euphorbiaceae) interpreted as a multiflowered unit. Front Cell Dev Biol 8:313. https://doi.org/10.3389/fcell.2020.00313

Claßen-Bockhoff R, Kreis I, Aretz V, Hirsch S (2005) Floral development and presumed mycetomyiophily in *Tacca chantrieri*. Abstracts XVII. IBC 2005, Vienna: 304

Claßen-Bockhoff R, Meyer C (2016) Space matters: meristem expansion triggers corona formation in *Passiflora*. Ann Bot 117:227–290

Claßen-Bockhoff R, Speck T, Tweraser E, Wester P, Thimm S, Reith M (2004b) The staminal lever mechanism in *Salvia* L.(Lamiaceae): a key innovation for adaptive radiation?. ODE 4:189–205

Claßen-Bockhoff R, Wester P, Tweraser E (2003) The staminal lever mechanism in *Salvia* L.(Lamiaceae) – a review. Plant Biol 5:33–41

Coen ES, Meyerowitz EM (1991) The war of the whorls: genetic interactions controlling flower development. Nature 353:31–37

Dafni A (1992) Pollination ecology. A practical approach. Oxford University Press, New York

Eckardt T (1937) Untersuchungen über Morphologie, Entwicklungsgeschichte und systematische Bedeutung des pseudomonomeren Gynoeceums. Nove Acta Leopoldina NF 5:1–112

Eichler AW (1875, 1878) Blüthendiagramme, Bd. 1 & 2. Engelmann, Leipzig. [Nachdruck 1954. Koeltz, Eppenheim]

Endress PK (1980) Ontogeny, function and evolution of extreme floral construction in Monimiaceae. Plant Syst Evol 134:79–120

Endress PK (1982) Syncarpy and alternative modes of escaping disadvantages of apocarpy in primitive angiosperms. Taxon 31:48–52

Endress PK (1992) Primitive Blüten: Sind Magnolien noch zeitgemäß? Stapfia 28:1–10

Endress PK (1994) Diversity and evolutionary biology of tropical flowers. Cambridge University Press, Cambridge

Endress PK (1995) Floral structure and evolution in *Ranunculanae*. Plant Syst Evol S9:47–61

Endress PK (1999) Symmetry in flowers: diversity and evolution. Int J Plant Sci 160:S3–S23

Endress PK (2006) Angiosperm floral evolution: morphological developmental framework. Adv Bot Res 44:1–61

Endress PK (2010) The evolution of floral biology in basal angiosperms. Philos Trans R Soc B 365:411–421

Endress PK (2012) The immense diversity of floral monosymmetry and asymmetry across angiosperms. Bot Rev 78:345–397

Endress PK (2014) Multicarpellate gynoecia in angiosperms: occurrence, development, organization and architectural constraints. Bot J Linn Soc 174:1–43

Endress PK (2016) Development and evolution of extreme synorganization in angiosperm flowers and diversity: a comparison of Apocynaceae and Orchidaceae. Ann Bot 117:749–767

Endress PK, Doyle JA (2015) Ancestral traits and specializations in the flowers of the basal grade of living angiosperms. Taxon 64:1093–1116

Endress PK, Igersheim A (2000) Gynoeceum structure and evolution in basal angiosperms. Int J Plant Sci 161:S211–S223

Endress PK, Jenny M, Fallen M (1983) Convergent elaboration of apocarpous gynoecia in higher advanced dicotyledons. Nord J Bot 3:293–300

Endress PK, Matthews ML (2006) Elaborate petals and staminodes in eudicots: diversity, function, and evolution. ODE 6: 257–293

Erbar C (2007) Current opinions in flower development and the evo-devo approach in plant phylogeny. Plant Syst Evol 269:107–132

Erbar C, Leins P (1996) Distribution of the character states "Early Sympetaly" and "Late Sympetaly" within the "Sympetalae Tetracyclicae" and presumably allied groups. Bot Acta 109:427–440

Erbar C, Kusma S, Leins P (1998) Development and interpretation of nectary organs in Ranunculaceae. Flora 194:317–332

Firbas F (1962) Samenpflanzen. In: Harder R, Firbas F, Schumacher W, Denffer D v (Bearb), Lehrbuch der Botanik, 28. Aufl. Fischer, Stuttgart, S 509–650

Fischer E (1992) Systematik der afrikanischen Lindernieae (Scorphulariaceae). Tropische und subtropische Pflanzenwelt 81:7–365

Glover B (2007) Understanding Flowers and Flowering. An integrated approach. Oxford University Press, Oxford

von Goethe JW (1798) Die Metamorphose der Pflanzen. In: *Goethes Werke*. Hamburger Ausgabe, Band XIII, Naturwissenschaftliche Schriften I. C.H. Beck, München. 1998

González AD, Pabón-Mora N, Alzate JF, González F (2020) Meristem genes in the highly reduced endoparasitic *Pilostyles boyacensis* (Apodanthaceae). Front Ecol Evol 8:209. https://doi.org/10.3389/fevo.2020.00209

Greissl R (2006) Ontogeny of the *Calliandra*-massulae (Mimosaceae: Ingeae), and the associated viscin body. Flora 201:570–587

Hagemann (1984) Die Baupläne der Pflanzen – eine vergleichende Darstellung ihrer Konstruktion. Heidelberg (nicht publiziertes Vorlesungsskript)

Hiepko P (1965) Vergleichend-morphologische und entwicklungsgeschichtliche Untersuchungen über das Perianth bei den Polycarpicae. Botanische Jahrbücher Syst 84:359–508

Hileman LC (2014) Trends in flower symmetry evolution revealed through phylogenetic and developmental genetic advances. Philos Trans R Soc B 369:20130348

Johnson SD, Jürgens A, Kuhlmann M (2012) Pollination function transferred: modified tepals of *Albuca* (Hyacinthaceae) serve as secondary stigmas. Ann Bot 110:565–572

Kanno A, Saeki H, Kameya T, Saedler H, Theißen G (2003) Heterotopic expression of class B floral homeotic genes supports a modified ABC model for tulip (*Tulipa gesneriana*). Plant Mol Biol 52:831–841

Kevan PG, Lane MA (1985) Flower petal mictrotexture as a tactile cue for bees. Proc Nat Acad Sci USA 82:4750–4752

Leins P, Erbar C (2008) Blüte und Frucht. Aspekte der Morphologie, Entwicklungsgeschichte, Phylogenie, Funktion und Ökologie, 2. Aufl. Schweitzbart'sche Verlagsbuchhandlung, Stuttgart

Leistikow KU, Kockel F (1990) Zur Entwicklungsgeschichte der Pflanzen. Ein didaktisches Modell. Palmarum Hortus Francofortensis (PHF) 2:7–74

Luo D, Carpenter R, Vincent C, Copsey L, Coen E (1996) Origin of floral asymmetry in *Antirrhinum*. Nature 383:794–799

Magin N, Classen R, Gack C (1989) The morphology of false anthers in *Craterostigma plantagineum* and *Torenia polygonoides* (Scrophulariaceae). Can J Bot 67:1981–1937

Manning JC (1996) Diversity of endothecial patterns in the angiosperms. In: D'Arcy WG, Keating RC (Hrsg) The anther – Form, function and phylogeny. Cambridge University Press, Cambridge, S 136–158

Meyerowitz EM (1995) Die Genetik der Blütenentwicklung. Spektrum der Wissenschaft 1(1995):42–49

Naghiloo S (2020) Patterns of symmetry expression in angiosperms: Developmental and evolutionary lability. Front Ecol Evol. 8:104. https://doi.org/10.3389/fevo.2020.00104

Naghiloo S, Claßen-Bockhoff R (2017) Developmental changes in time and space promote evolutionary diversification of flowers: a case study in Dipsacoideae. Front Plant Sci 8:1665. https://doi.org/10.3389/fpls.2017.01665

Osche G (1979) Zur Evolution optischer Signale bei Blütenpflanzen. Biol Unserer Zeit 9:161–170

Prenner G, Bateman R, Rudall PJ (2010) Floral formulae updated for routine inclusion in formal taxonomic descriptions. Taxon 59:241–250

Quint M, Claßen-Bockhoff R (2006). Floral ontogeny, petal diversity and nectary uniformityin Bruniaceae. Bot J Linn Soc 150:459–477

Richards AJ (1997) Plant Breeding Systems, 2. Aufl. Chapman & Hall, London

Ronse De Craene LP (2010) Floral diagrams. An aid to understanding flower morphology and evolution. Cambridge University Press, Cambridge

Ronse De Craene LP (2016) Meristic changes in flowering plants: how flowers play with numbers. Flora 221:22–37

Ronse De Craene LP (2024) The interaction between heterochrony and mechanical forces as main driver of floral evolution. J Plant Res (2024). https://doi.org/10.1007/s10265-024-01526-3

Ronse De Craene LP, Bull-Hereñu K (2016) Obdiplostemony: the occurrence of a transitional stage linking robust flower configurations. Ann Bot 117:709–724

Ronse De Craene L, Iwamoto A, Bull-Hereñu K, Farrar J (2014) Understanding the structure of flowers – The wonderful tool of floral formulae: a response to Prenner & al. *Taxon* 63:1103–1111

Rudall PJ (2010) All in a spin: centrifugal organ formation and floral patterning. Curr Opin Plant Biol 13:108–114

Sattler R (1962) Zur frühen Infloreszenz- und Blütenentwicklung der Primulales sensu lato mit besonderer Berücksichtigung der Stamen-Petalum-Entwicklung. Bot Jahrb Syst 81:358–396

Sattler R (2024) Morpho evo-devo of the gynoecium: Heterotopy, redefinition of the carpel, and a topographic approach. Plants 13(5):599

Sattler R, Lacroix C (1988) Development and evolution of basal cauline placentation: *Basella rubra*. Amer J Bot. 75: 918–927

Sauquet H, von Balthazar M, Magallón S [32 weitere Autoren] … Schönenberger J. (2017) The ancestral flower of angiosperms and its early diversification. Nat Commun 8:16047. https://doi.org/10.1038/ncomms16047.

Schaeppi H (1939) Vergleichend-morphologische Untersuchungen an den Staubblättern der Monokotyledonen. Nova Acta Leopoldina N-F 6:389–447

Schimper AFW (1894) Phanerogamen. In: Strasburger E, Noll F, Schenck H, Schimper AFW (Bearb.) Lehrbuch der Botanik für Hochschulen. Fischer, Jena, S 364–512

Schleiden MJ (1850) Die Pflanze und ihr Leben, 2. Auflg. Engelmann, Leipzig

Sokoloff DD, Remizowa MV, Bateman RM, Rudall PJ (2018) Was the ancestral angiosperm flower whorled throughout? Am J Bot 105:5–15

Soltis PS, Burleigh JG, Chanderbali AS, Yoo MJ, Soltis DE (2010) Gene and genome duplications in plants. In: Dittmar K, Liberles D (Hrsg) Evolution after gene duplication. Wiley Online Library, S 269–298

Staedler YM, Weston PH, Endress PK (2007) Floral phyllotaxis and floral architecture in Calcanthaceae (Laurales). Int J Plant Sci 168:285–306

Suárez-Baron H, Pérez-Mesa P, Ambrose BA, González F, Pabón-Mora N (2017) Deep into the *Aristolochia* flower: Expression of C, D, and E-class genes in *Aristolochia fimbriata* (Aristolochiaceae). J Exp Zool 328B:55–71. https://doi.org/10.1002/jez.b.22686

Theißen G, Melzer R (2007) Molecular mechanisms underlying origin and diversification of the angiosperm flower. Ann Bot 100:603–619

Theißen G, Saedler H (2001) Floral quartets. Nature 409:469–471

Theißen G, Becker A, Di Rosa A, Kanno A, Kim JT, Münster T, Winter KU, Saedler H (2000) A short history of MADS-box genes in plants. Plant Mol Biol 42:115–149

Trapp A (1956) Entwicklungsgeschichtliche Untersuchungen über die Antherengestaltung sympetaler Blüten. Beiträge zur Biologie der Pflanzen 32:279–312

Troll W (1929) *Roscoea purpurea* Sm., eine Zingiberacee mit Hebelmechanismus in den Blüten. Mit Bemerkungen über die Entfaltung der fertilen Staubblätter von *Salvia*. Planta 7:1–28

Troll W (1973) Allgemeine Botanik. Ein Lehrbuch auf vergleichend-biologischer Grundlage. 4. verbesserte Auflage unter Mitwirkung von K. Höhn. Enke, Stuttgart

Velloso MDSC, Brito VLGD, Caetano APS, Romero R (2018) Anther specializations related to the division of labor in *Microlicia cordata* (Spreng.) Cham.(Melastomataceae). Acta Bot Bras 32:349–358

Vogel S (1978) Evolutionary shifts from reward to deception in pollen flowers. In: Richards AJ (Hrsg) The pollination of flowers by insects. Linnean Society Symposium, Ser. 6, S 89–96

Volkova OA, Remizowa MV, Sokoloff DD, Severova EE (2016) A developmental study of pollen dyads and notes on floral development in *Scheuchzeria* (Alismatales: Scheuchzeriaceae). Bot J Linn Soc 182:791–810

Wagenitz G (2003) Wörterbuch der Botanik, 2. Aufl. Spektrum, Heidelberg

Weberling F (1981) Morphologie der Blüten und Blütenstände. Ulmer, Stuttgart

Xu FX, Rudall PJ (2006) Comparative floral anatomy and ontogeny in Magnoliaceae. Plant Syst Evol 258:1–15

Zhong J, Preston JC, Hileman LC, Kellogg EA (2017) Repeated and diverse losses of corolla bilateral symmetry in the Lamiaceae. Ann Bot 119:1211–1223

Blumenstile und Bestäubungsmechanismen

Inhaltsverzeichnis

11.1 Bestäubung durch Tiere (Zoophilie) – 814
11.1.1 Reiz- und Lockmittel – 814
11.1.2 Blumenstile und Coevolution – 814
11.1.3 Kooperation und Betrug – 815
11.1.4 Generalisten und Spezialisten – 816

11.2 Blütensignale (Reizmittel) – 817
11.2.1 Duft – 817
11.2.2 Farbe – 821
11.2.3 Form – 827

11.3 Lockmittel – 831
11.3.1 Pollen – 831
11.3.2 Nektar – 835
11.3.3 Fettes Öl – 847
11.3.4 Parfüm – 851
11.3.5 Eiablageplatz – 858
11.3.6 Weitere Lockmittel – 861

11.4 Täuschblumen – 865
11.4.1 Kesselfallen-, Aas- und Pilzmückenblumen – 868
11.4.2 Sexualtäuschblumen – 876

11.5 Phänologie und blütenbiologische Rhythmen – 878
11.5.1 Phänologie – 878
11.5.2 Zeitkorrelationen – 881

11.6 Blumenstile und Bestäubergruppen – 881
11.6.1 Blumen und Bestäuber – 881
11.6.2 Cantharophilie: Käfer und Käferblumen – 886
11.6.3 Myiophilie: Fliegen und Fliegenblumen – 887
11.6.4 Lepidopterophilie: Falter und Falterblumen – 889
11.6.5 Melittophilie: Bienen und Bienenblumen – 889
11.6.6 Ornithophilie: Blumenvögel und Vogelblumen – 896
11.6.7 Chiropterophilie: Fledertiere und Fledertierblumen – 904
11.6.8 Bestäubung durch nichtfliegende Säuger – 906

© Springer-Verlag GmbH Deutschland, ein Teil von Springer Nature 2024
R. Claßen-Bockhoff, *Die Pflanze*, https://doi.org/10.1007/978-3-662-65443-9_11

11.7 Ausgewählte Bestäubungsmechanismen – 907
11.7.1 Staminaler Hebelmechanismus von *Salvia* – 910
11.7.2 Schiffchenblumen bei Polygalaceae und Fabaceae – 913
11.7.3 Turgormechanismus von *Stylidium* – 919
11.7.4 Irreversible Schleuderbewegungen – 920
11.7.5 Explosive Griffelbewegung der Marantaceae – 922
11.7.6 Klemmfallenmechanismus von *Asclepias* – 927

11.8 Bestäubung durch Wind und Wasser – 932
11.8.1 Windbestäubung (Anemophilie) – 932
11.8.2 Wasserbestäubung (Hydrophilie) – 943

Literatur – 951

Trailer

Formen, Farben und Düfte von Blumen sind nicht an den Menschen gerichtet, sondern an Tiere, die auf vielfältige und erstaunliche Weise als Pollenüberträger genutzt werden. Weltweit werden über 75 % aller Blütenpflanzen von Tieren bestäubt. Nach Daten der FAO (Food and Agriculture Organization of the United Nations) sind 35 % aller Nutzpflanzen auf die Bestäubung durch Tiere angewiesen, darunter 87 der wichtigsten Nahrungspflanzen (◘ Abb. 11.1). Ohne Zweifel hängt das Wohlergehen des Menschen von der Beziehung zwischen Blüten und Bestäubern und deren intakter Umwelt ab.

Als ortsfeste Organismen benötigen die Blütenpflanzen eine Transporthilfe zum Auffinden genetisch unterschiedlicher Sexualpartner. Sie nutzen primär Tiere, die sie mit Reiz- und Lockmitteln zu Blütenbesuch und Wiederkehr animieren. Im Laufe der Evolution haben sich die Blüten an ihre Bestäuber angepasst und Mechanismen entwickelt, die den Bestäuber genau an den Platz einer erfolgreichen Pollenübertragung führen. Im Rahmen der Coevolution haben sich auch Tiere an ihre Futterpflanzen angepasst und z. B. Saugrüssel und Pollensammelapparate entwickelt. Blüten und Bestäuber sind Partner einer für beide vorteilhaften Interaktion (Symbiose). Dabei haben sie nichts zu verschenken. Sie sind gleichzeitig Konkurrenten um Ressourcen und müssen ihr jeweiliges Ziel mit möglichst geringem Energieaufwand erreichen. Dieser Selektionsdruck hat auf beiden Seiten zur Ausnutzung des Partners in Form von Täuschblumen bzw. Nektar- und Pollendieben geführt.

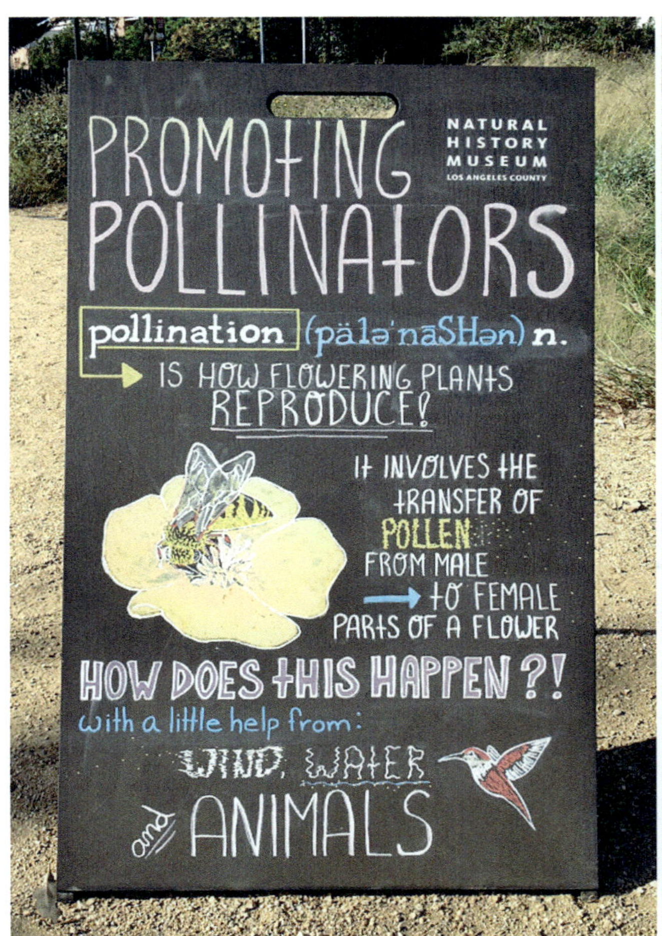

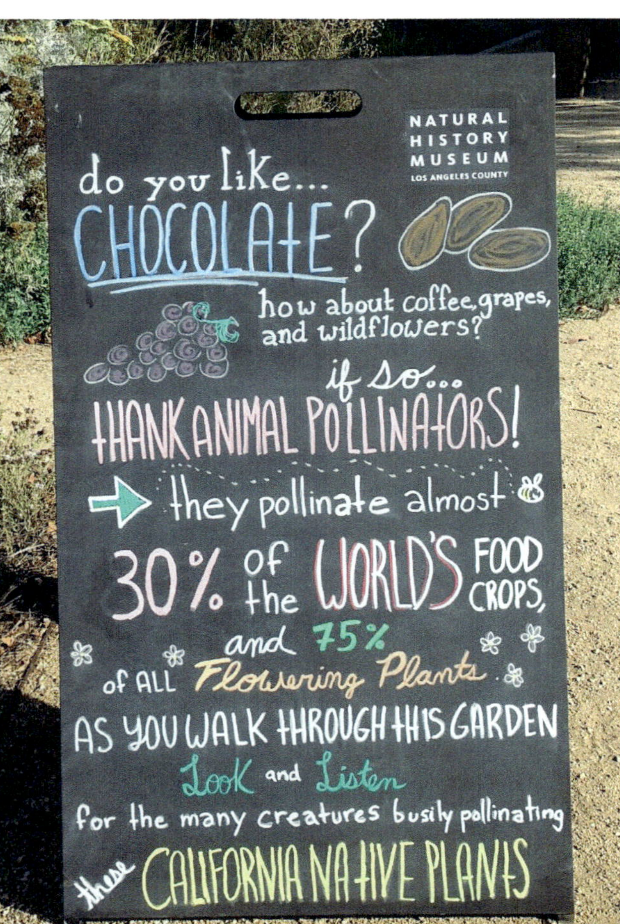

◘ **Abb. 11.1** „**Do you like chocolate?** If so, thank animal pollinators! They pollinate almost 30 % of the world's food crops and 75 % of all flowering plants.“ Die Bedeutung der Bestäubung für das Überleben der Menschen wird eindrucksvoll auf den Tafeln des Pollinator Garden im Naturhistorischen Museum Los Angeles dargestellt. (© National History Museum, Los Angeles. Mit freundlicher Genehmigung)

11.1 Bestäubung durch Tiere (Zoophilie)

Die Bestäubung durch Tiere gehört zu den faszinierendsten Kapiteln der Biologie. Die ortsgebundenen Pflanzen schaffen es nicht nur, **Tiere anzulocken**, sondern lenken (‚gängeln') sie auch so, dass sie **Pollen übertragen**. Obgleich die Tiere die aktiveren Partner sind, übernehmen doch die Pflanzen die **Regie** des Bestäubungsablaufs. Der Mikrogametophyt mit den Geschlechtszellen, der geschützt im Inneren der Pollenkornwand liegt (▶ Abschn. 4.6.3), wird bei diesem Vorgang auf eine Narbe übertragen (**Bestäubung**), wo er keimen und die männlichen Gameten zur Eizelle führen kann (**doppelte Befruchtung**; ▶ Abschn. 4.6.3).

Bei den Blütenpflanzen wird der Pollen **primär** durch Tiere auf die Narbe übertragen. Man spricht von **Zoophilie** (griech. *zoon*, „Tier", *philos*, „Freund"). **Sekundär** haben sich in verschiedenen Verwandtschaftskreisen mehrfach parallel Pflanzen entwickelt, die durch Wind (**Anemophilie**; ▶ Abschn. 11.8.1) oder Wasser (**Hydrophilie**; ▶ Abschn. 11.8.2) bestäubt werden.

Die Interaktion zwischen Tieren und Blüten gehört neben der Endosymbiose (▶ Abschn. 2.1.1) und der Symbiose mit Mykorrhizapilzen (▶ Exkurs 3.4 und 8.11) zu den wichtigsten **Schlüsselereignissen** (*key innovations*) der Evolution der Pflanzen. Sie unterliegt einem hohen **Selektionsdruck** und ist eine der wesentlichen evolutionären Antriebskräfte zur **Diversifizierung** (Abwandlung) der Blütenpflanzen (▶ Exkurs 11.1).

11.1.1 Reiz- und Lockmittel

Zoophile Blüten sind bestäubungsbiologische Einheiten (**Blumen**; ◘ Abb. 9.19, ▶ Abschn. 9.5). Sie machen Tiere auf sich aufmerksam und veranlassen sie zur Wiederkehr (◘ Abb. 11.2):

- Die Anlockung erfolgt durch **Signale** (Reizmittel; ▶ Abschn. 11.2), die vor allem an den Sehsinn (**Farbe**, **Form**) und Geruchssinn (**Duft**) der Tiere gerichtet sind. Die Tiere werden durch die ausgesendeten Signale auf die Blüten aufmerksam.
- Die Befriedigung der Tiere erfolgt durch **Lockmittel** (▶ Abschn. 11.3), in erster Linie durch **Nahrungsangebote** (Pollen, Nektar, fettes Öl), aber auch durch Bereitstellung von Nestbaumaterial, Kopulationshilfen (Rendezvous-Plätze, Parfüm) oder Eiablagestellen.
- Die **artspezifische Kombination** von Farben, Düften und Angeboten ermöglicht es den Tieren, ihre bevorzugte Pflanze wiederzufinden.

11.1.2 Blumenstile und Coevolution

Unter einem **Blumenstil** (*flower class*, *floral syndrome*) versteht man die spezifische Kombination von Blüteneigenschaften (**Merkmalssyndrom**), die sich im Laufe der Evolution in Anpassung an eine bestimmte Tiergruppe entwickelt hat (Vogel 1954; ▶ Abschn. 11.5). Man unterscheidet z. B. Bienenblütigkeit (Melittophilie)

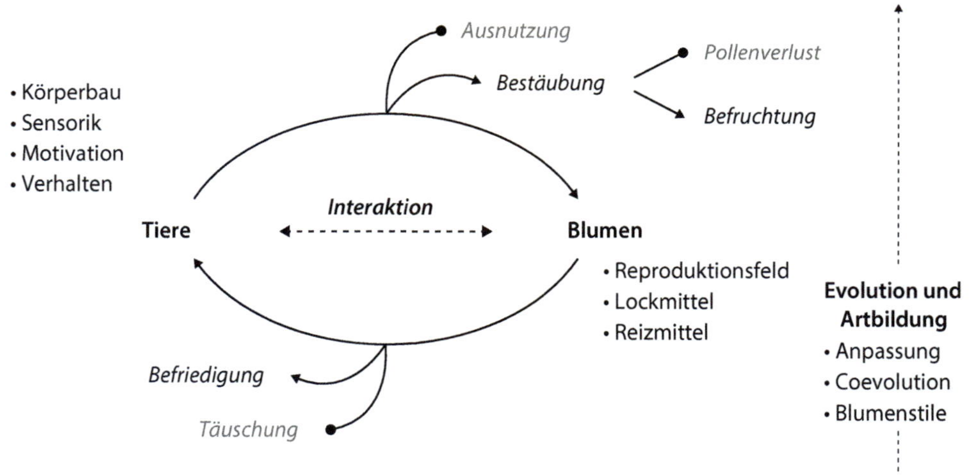

◘ **Abb. 11.2 Interaktion zwischen Tieren und Blumen**. Zoophile Blumen (Blüten, Blütenstände, *floral units*) besitzen ein Reproduktionsfeld, Lock- und Reizmittel (◘ Abb. 9.19). Die Blütenbesucher unterscheiden sich in Körperbau, Sinnesleistungen (Sensorik), Motivation für den Blütenbesuch und Verhalten an den Blumen. Im Laufe der Evolution haben sich Blumen und Tiere einseitig oder gegenseitig (Coevolution) aneinander angepasst, was auf Seiten der Pflanzen zur Ausbildung von Blumenstilen geführt hat. Blumen locken Tiere an und lenken deren Verhalten so, dass mitgebrachter Pollen auf der Narbe platziert wird (Bestäubung). Die Bestäubung der Blüte führt zur Befruchtung oder, z. B. bei Unverträglichkeiten (▶ Abschn. 9.6.4), zu Pollenverlust. Die Tiere finden Befriedigung an den Blüten und fliegen sie wiederholt an. Der wechselseitige Nutzen (Symbiose) geht in Parasitismus über, wenn Tiere durch Täuschung angelockt werden oder ihrerseits Pollen und/oder Nektar rauben, ohne zur Bestäubung beizutragen. (© Original)

von Käfer- oder Vogelblütigkeit (Cantharo-, Ornithophilie; ■ Tab. 11.9). Die Namen der Blumenstile setzen sich aus dem Namen der Tiergruppe (z. B. griech. *cantharos*, „Käfer") und der Endung -philae (griech. *philia*, „Freundschaft") zusammen. Insektenbestäubte Blüten werden entsprechend als **Entomophilae** (griech. *entomon*, „Insekt") bezeichnet.

Die ursprünglichen Angiospermen wurden wahrscheinlich von verschiedenen kleinen Insektengruppen besucht (► Abschn. 5.6.7). Im Laufe der Evolution entwickelten sich Blütenmerkmale (*flower attributes*, *floral traits*), die an eine **spezifische Bestäubergruppe** adressiert waren (■ Abb. 11.2). Vermutlich handelte es sich zunächst um eine **einseitige Anpassung** der Blumen an die Lebensweise, Sinnesleistungen und morphologischen Proportionen der Bestäuber. Später traten infolge von **Coevolution wechselseitige Anpassungen** zwischen Blumen und Bestäubern auf (► Abschn. 11.6). Die Analyse der Blumenstile erlaubt in vielen Fällen eine Voraussage über mögliche Bestäuber, ersetzt aber nicht die Beobachtung im Gelände.

11.1.3 Kooperation und Betrug

Die Beziehung zwischen Blüten und Tieren wird als **Partnerschaft**, **Symbiose** (► Exkurs 3.4) oder **Mutualismus** bezeichnet. Diese Begriffe haben eine sehr ähnliche Bedeutung und kennzeichnen eine Wechselwirkung mit beiderseitigem Vorteil. Beide Partner ziehen aus der Interaktion Nutzen und geraten nicht selten in eine enge Abhängigkeit (**Spezialisierung**). Gleichzeitig machen weder Tiere noch Pflanzen unnötige Kompromisse. Sie unterliegen dem Selektionsdruck, möglichst **effizient** Nutzen aus der Symbiose zu ziehen, das heißt mit möglichst **wenig Energie** (Investition, *investment*) größtmöglichen **Gewinn** zu erzielen. Im Extremfall entwickelt sich aus der Symbiose **Parasitismus**: Blüten locken Tiere ohne Gegenleistung an (**Täuschblumen**; ■ Abb. 11.3: T), und Tiere bedienen sich an Pollen und Nektar, ohne die Blüten zu bestäuben (**Pollen-/Nektardiebe**).

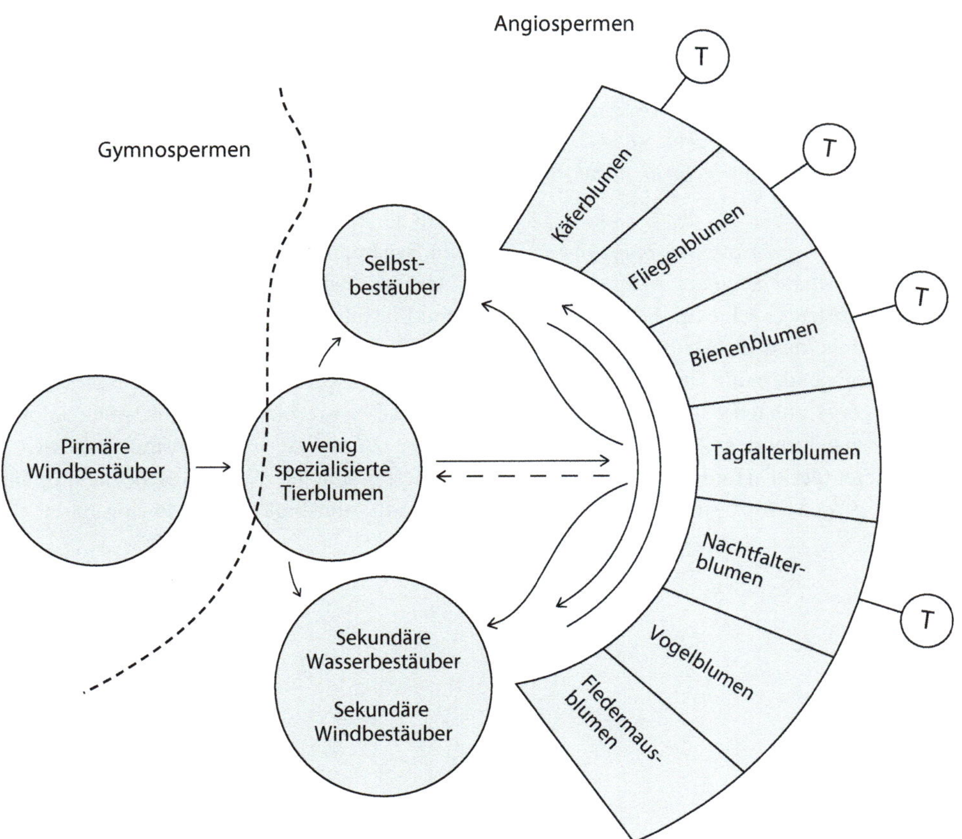

■ **Abb. 11.3 Vermutete Evolution der Blumenstile** (► Abschn. 11.6). Die Gymnospermen sind primär windblütig und weisen nur einzelne Arten auf, die mit Tieren assoziiert sind (► Abschn. 5.6.6 und 5.6.7). Die Angiospermen sind primär tierblütig. Im Laufe der Evolution haben sich Generalisten und Spezialisten, Täuschblumen (T) und sekundär wind- und wasserblütige Arten entwickelt. Die Spezialisten zeigen Anpassungen an bestimmte Bestäubergruppen, die als Merkmale in die Beschreibung der Blumenstile eingehen (■ Tab. 11.9). (© Original in Anlehnung an Heß 1983, aktualisiert)

11.1.4 Generalisten und Spezialisten

Zoophile Blüten sind auf Tiere als Bestäubungsvermittler **angewiesen**. Im Laufe der Evolution haben sich vielfältige Interaktionen entwickelt, die das gesamte Spektrum von der generalistischen bis zur spezialisierten Bestäubung umfassen.

— **Generalisten** bilden Blüten und Blütenstände, die ein großes Spektrum an Bestäubertieren anlocken. Sie leiden selten unter Bestäubermangel, müssen aber Energie in die **Pollenproduktion** investieren, da viel Pollen durch ungerichteten Transfer verloren geht (► Exkurs 9.6).

— **Spezialisten** lassen nur bestimmte Tiergruppen als Bestäuber zu, an die sie sich strukturell und physiologisch **angepasst** haben. Dadurch wird der Pollentransfer zwar präziser (► Abschn. 11.7), aber gleichzeitig steigt das Risiko eines **Bestäubermangels**.

Die Auswirkung der **Vor- und Nachteile** hängt von den jeweiligen **standörtlichen Gegebenheiten** ab. Wuchsform, Populationsgröße, Blühzeit, Konkurrenz und Bestäuberpräsenz spielen dabei eine wichtige Rolle. Ändern sich die Lebensbedingungen, müssen sich die Pflanzen anpassen. Dabei kommt es neben spezifischen **Anpassungen** auch zur **Despezialisierung**, die wieder neue Optionen beinhaltet (► Abschn. 1.2.3).

Exkurs 11.1 Geschichte der Blütenbiologie

Die Geschichte der Blütenbiologie beginnt mit dem Namen des Spandauer Naturkundlers **Christian Konrad Sprengel** (1750–1816), der als Erster den funktionellen Zusammenhang zwischen Tieren und Pflanzen formulierte. Er beobachtete, dass der gelbe Schlundring des Vergissmeinnichts (◘ Abb. 11.4b) die Insekten zum Nektar leitet und folgerte:

» *„[…] wenn die Krone der Insekten wegen an einer besonderen Stelle besonders gefärbt ist, so ist sie überhaupt der Insekten wegen gefärbt."* (Sprengel 1793, S. 1).

In seinem Lehrbuch *Das entdeckte Geheimnis der Natur im Bau und in der Befruchtung der Blumen* (Sprengel 1793; ◘ Abb. 11.4a) untermauerte er seine für die damalige Zeit revolutionäre Erkenntnis, dass die Schönheit der Blüten nicht an den Menschen, sondern an Tiere gerichtet ist.

Sprengels Werk geriet zunächst in Vergessenheit und wurde erst 100 Jahre später mit dem Aufkommen der Evolutionstheorie wiederentdeckt (Endress 1992). **Charles Darwin** (1876) fand in den Anpassungen der Blüten an ihre Bestäuber einen Beleg für die Selektionstheorie und erkannte, dass Fremdbestäubung für die Entstehung und den Erhalt der Arten notwendig ist.

Um die **Vielfalt** überschaubar zu machen, führte der italienische Botaniker **Frederico Delpino** (1867, 1868–1875) zwei Klassifikationssysteme ein. Das eine ordnete die Blüten nach ihrer **Gestalt** (z. B. Napf-, Lippen-, Rachenblüten; ► Abschn. 11.2.3), das andere nach ihren **Bestäubergruppen** (z. B. Fliegen-, Bienen-, Vogelblumen). **Stefan Vogel** (1954) führte die beiden komplementären Ansätze zusammen. In seinem Konzept der **Blumenstile** (*flower classes*) wird die Beziehung zwischen Blüten und Bestäubern durch ein **Syndrom** miteinander **korrelierter**, **statistisch** fassbarer **Merkmale** beschrieben (◘ Tab. 11.9); es lässt Anpassung und Flexibilität auf beiden Seiten der Partnerschaft zu.

Die **Blütenbiologie** ist eine **fächerübergreifende**, ökologisch und evolutionsbiologisch ausgerichtete Disziplin der Biologie. Sie verbindet Botanik und Zoologie und steht in engem Bezug zu Funktionsmorphologie, Biomechanik, Sinnesphysiologie, Naturstoffchemie, Populationsgenetik, Reproduktionsbiologie und Phylogenie.

◘ Abb. 11.4 Entdeckung der Beziehung zwischen Blüten und Tieren. a, Reich verziertes Titelblatt des berühmten Lehrbuches von Sprengel (1793). **b,** Am gelben Schlundring des Vergissmeinnichts (*Myosotis*, Boraginaceae) entdeckte Sprengel die Beziehung zwischen Blütenfärbung und Insekten. (© **a**: https://www.deutschestextarchiv.de/sprengel_blumen_1793/7. **b,** R. Claßen-Bockhoff, Mainz)

11.2 Blütensignale (Reizmittel)

Tiere werden durch **Signale**, die die Pflanzen aussenden, auf mögliche Futterpflanzen aufmerksam. **Olfaktorische** Reize (lat. *olfacere*, „riechen") sprechen den **Geruchssinn**, **optische** Reize (Farbe, Form) den **Sehsinn** der Bestäuber an. Im Nahbereich spielen **taktile** Reize eine Rolle, da vermutlich viele Insektengruppen in der Lage sind, Oberflächenstrukturen wie Epidermispapillen, Haarfelder oder Leitschienen zu ertasten (Kevan und Lane 1985).

11.2.1 Duft

Duftstoffe treten in Blüten (Rosen, Orchideen), Früchten (Zitrusfrüchten), Blättern (Thymian, Pfefferminze), im Holzkörper (Sandelholz) und in Rhizomen (Ingwer, Kalmus) auf (◘ Tab. 11.1 und ► Exkurs 11.2). Vermutlich entwickelten sie sich zunächst als Abwehrstoffe (**Repellents**) zur Abschreckung von Fressfeinden (► Exkurs 2.3) und wurden erst sekundär für andere Funktionen genutzt (► Exkurs 5.13). Dazu gehören die **Abkühlung** der Blätter durch Verdunstung des emittierten Stoffes (**Verdunstungskälte**) und vor allem die **Anlockung** von Bestäubern und Fruchtausbreitern im Laufe der Evolution der Blütenpflanzen.

Duft ist vermutlich ein sehr **altes Signal**, das je nach Adressat eine unterschiedliche Bedeutung hat. Bei Fallen- und Aasblumen, Parfümblumen, Sexualtäuschblumen sowie nachtblühenden Schwärmer- und Säugerblumen erfolgt die Anlockung **primär** über den Duft, bei Vogelblumen tritt selten bis gar kein Duft auf (◘ Tab. 11.9).

Duftstoffe

Pflanzendüfte lassen sich grob in **wohlriechende Düfte** und **Stinkstoffe** einteilen (◘ Tab. 11.1). Diese Unterscheidung erfolgt nach dem **Riechsinn des Menschen** und hat nur bedingt blütenbiologische Bedeutung. Die meisten Geruchsstoffe liegen in **Gemischen** von bis zu 100 oder mehr Komponenten vor. Dabei bestimmen nur wenige Bestandteile die **Duftnote**, der Rest dient der **Nuancierung**. Blütendüfte sind daher sehr vielfältig und **spezifisch**:

◻ Tab. 11.1   Duftstoffe in Pflanzen. Auswahl. Es handelt sich bei den genannten Duftstoffen nur um die Hauptbestandteile der Düfte, die tatsächlich aus Gemischen verschiedener Substanzen bestehen. Zum Weiterlesen empfohlen: Renz-Rathfelder (1968), Leins und Erbar (2007), Lieberei und Reisdorf (2012)

Duftstoff	Beispiele	Pflanzenteil
Wohlriechende, ätherische Öle*		
Monoterpene – 1,8 Cineol	Rosmarin (*Rosmarinus officinalis*, Lamiaceae) Eukalyptus (*Eucalyptus globulus*, Myrtaceae) Parfümduft vieler Orchidaceae	Blüte, Blätter
– Limonen	Zitrone (*Citrus*, Rutaceae) Bergamotte (*Citrus × limon*, Rutaceae)	Blüte, Fruchtschale
– Geraniol	*Pelargonium, Geranium* (Geraniaceae) Rose: *Rosa damascena* (Rosaceae)	Blüte, Blätter
– Menthol	Pfefferminze (*Mentha*, Lamiaceae)	Blätter
– Thymol	Thymian (*Thymus*, Lamiaceae)	Blätter
– Citronella	Zitronengras (*Cymbopogon citratus*)	Blätter
– Licareol	Lavendel (*Lavandula angustifolia*, Lamiaceae)	Blätter
– Santanol	Sandelholz (*Santalum*-Arten, Santalaceae)	Holz
– Campher	Kampferbaum (*Cinnamomum camphora*, Lauraceae)	Holz, Blätter
Sesquiterpene – Farnesol	Schneeglöckchen (*Galanthus nivalis*, Amaryllidaceae) Linde (*Tilia*, Tiliaceae)	Blüte
– Cadinen	Ragwurz (*Ophrys*, Orchidaceae)	Labellum
Phenylpropanderivate – Eugenol	*Catasetum, Stanhopea* (Parfümduft vieler Orchidaceae)	Labellum
– Nelkenöl	Gewürznelke (*Syzygium aromaticum*, Myrtaceae)	Knospe
– Vanillin	Vanille (*Vanilla*, Orchidaceae)	Frucht
– Gingerol	Ingwer (*Zingiber officinalis*, Zingiberaceae)	Rhizom
Stinkstoffe*		
Ammoniak, Amine – Methylamin	Aronstab (*Arum*, Araceae)	Kolben
– Trimethylamin	Weißdorn (*Crataegus*, Rosaceae)	Blüten, Blätter
Indolkörper – Skatol	Aronstab (*Arum*, Araceae)	Kolben
Carbonsäuren – Valeriansäure	Baldrian (*Valeriana*, Caprifoliaceae-Valerianoideae)	Wurzel

* Menschliche Wahrnehmung

— Die **wohlriechenden** Blütendüfte zählen zu den **ätherische Ölen** (griech. *aithér*, „Himmel"). Bei diesen handelt es sich um eine chemisch heterogene Gruppe flüchtiger Substanzen. Die meisten Blütendüfte gehören zu den **Terpenen**, also zu Kohlenwasserstoffen, die als offene Ketten oder Ringsysteme vorliegen. **Monoterpene** (10 C-Atome) sind flüchtiger und daher als Blütendüfte häufiger zu finden als Sesquiterpene (15 C-Atome). Andere ätherische Öle gehören zu den **Phenylpropanderivaten** (Eugenol, Nelkenöl, Vanillin).

— Zu den **unangenehm riechenden Gestankstoffen** gehören Ammoniak, Amine, Indole und Carbonsäuren. Sie treten vor allem in Aasblumen auf (▶ Abschn. 11.4.1).

Duftdrüsen (Osmophoren)

Düfte werden von **Duftdrüsen** (Osmophoren; ▶ Abschn. 7.6.2) gebildet, die oft große Flächen der Blütenblätter überziehen (Vogel 1963a). Die Energie für die Duftemission steht meist in Form von Stärke in den Leukoplasten (▶ Abschn. 2.2.1) subepidermaler Schichten zur Verfügung. Seltener werden Fette veratmet.

Osmophoren können überall in der Blüte auftreten. Beispiele liefern die Kronblattspitzen der Gattung *Ceropegia* (◘ Abb. 11.5), die Corona der Narzissenblüte (◘ Abb. 10.9g, ▶ Abschn. 10.2.3), die staminodialen Fäden von *Dichrostachys cinerea* (◘ Abb. 10.39b) und *Ludovia lancifolia* (◘ Abb. 10.39a) oder die fädigen Hochblätter von *Tacca* (◘ Abb. 10.34f) und *Dorstenia*-Arten (◘ Abb. 9.21g).

Blütendüfte

Der Blütenduft stammt meist von den **Kronblättern**. Er wird ergänzt und modifiziert vom Duft des **Pollens**, der vermutlich von Stoffen im Pollenkitt stammt. Pollenduft kann von der Honigbiene vom übrigen Blütenduft unterschieden werden und ihr staminate Blüten oder Pollen präsentierende Blühphasen anzeigen (Kugler 1970). Auch **Nektar**, der lange Zeit als duftlos galt, produziert bei manchen Arten blütenbiologisch relevante Duftstoffe (Raguso 2004; Wester et al. 2019).

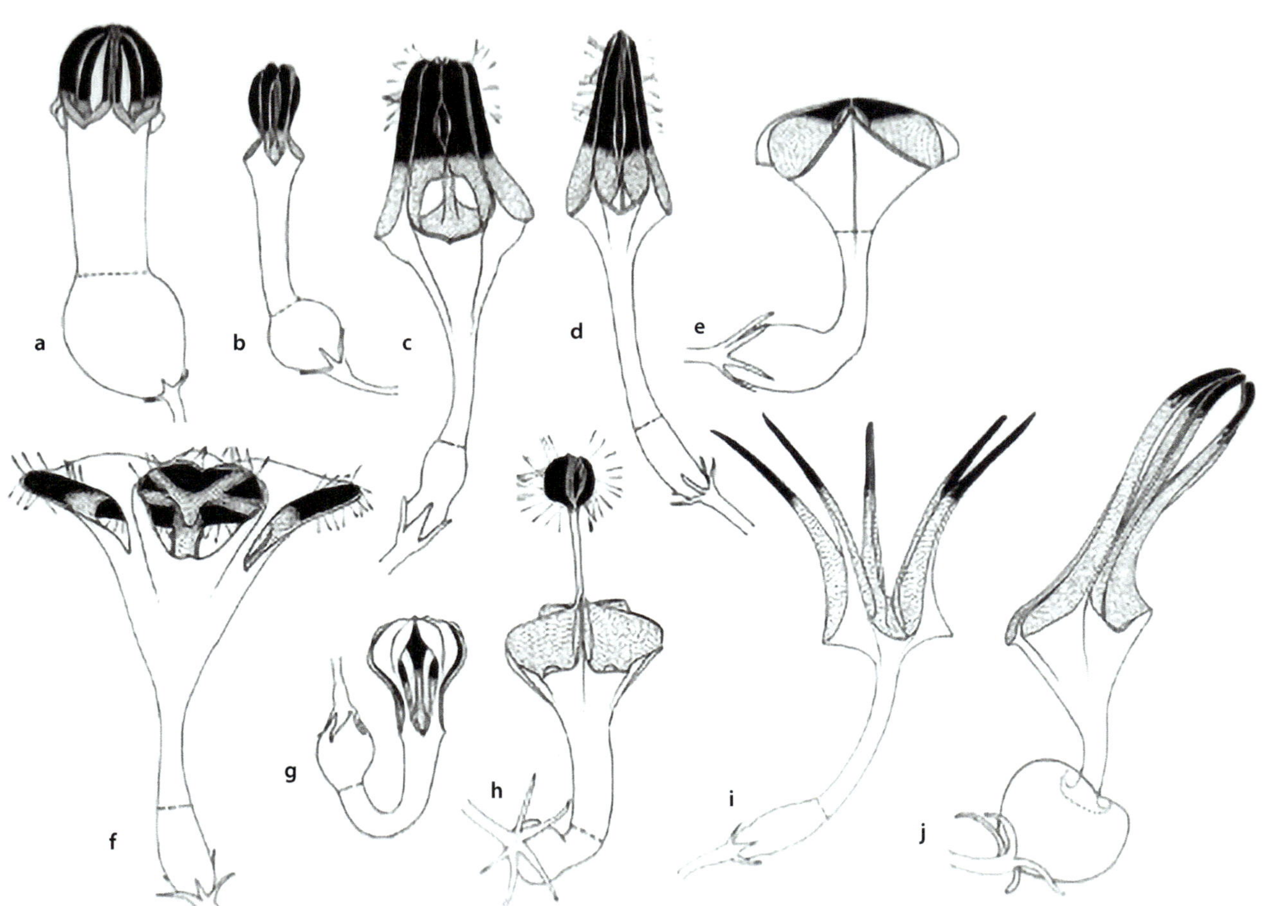

◘ **Abb. 11.5 Osmophoren in der Gattung *Ceropegia* (Apocynaceae).** Schwarz: Lage der Duftfelder, mit Neutralrot sichtbar gemacht. Punktiert: Gleitzonen (▶ Abschn. 11.4.1). **a**, *C. ampliana.* **b**, *C. linearis* (syn. *C. woodii*). **c**, *C. sandersonii* × *C. nilotica.* **d**, *C. radicans.* **e**, *C. elegans.* **f**, *C. sandersonii.* **g**, *C. euryacme.* **h**, *C. distincta* var. *haygarthii* (syn. *C. haygarthii*). **i**, *C. stapeliiformis.* **k**, *C. robynsiana.* (© Vogel 1961 (Duncker & Humblot))

Innerhalb einer Blüte können unterschiedliche Düfte auftreten und den Bestäubern bei der Orientierung im **Nahbereich** helfen. Nach Kugler (1970) duften die Nektarblätter einiger Ranunculaceae (z. B. *Helleborus niger*) qualitativ und quantitativ anders als die Blütenhülle. Bei *Lamium maculatum* (Lamiaceae) duften die Ober- und Unterlippe gleich, aber anders als die Kronröhre, wobei die Unterlippe mit dem Saftmal am intensivsten duftet. Bei der Rosskastanie fallen die Duftfelder mit den Farb- und UV-Malen (▶ Abschn. 11.2.2, ◘ Abb. 11.10b) zusammen und ändern ihren Duft mit der Umfärbung.

Duftanalyse

Aktuelle Arbeiten der Blütenbiologie befassen sich mit der Analyse von Duftstoffen und deren **evolutionsbiologischer** Bedeutung (z. B. Schiestl 2015). Duftstoffe werden mit einer Pumpe von den Blüten abgesaugt (*headspace*; ◘ Abb. 11.20e), mittels **Gaschromatografie** (GC) und **Massenspektrometrie** (MC) analysiert und mit Daten aus einer Duftdatenbank verglichen. Dabei werden fortwährend neue Duftstoffe mithilfe von aufwendigen strukturchemischen Verfahren beschrieben. Die Attraktivität eines Duftstoffes für **Bestäuber** wird mithilfe von Wahlversuchen und elektroantennografischen Ableitungen ermittelt (Ayasse et al. 2011).

Um den Ort der Duftproduktion zu lokalisieren, eignet sich die **Vitalfärbung mit Neutralrot**. Aufgrund der Durchlässigkeit der Duft absondernden Gewebe färben sich die Osmophoren nach Einlegen in eine Neutralrotlösung rot (◘ Abb. 11.5 schwarze Male). Verletzungen und andere durchlässige Gewebe wie Narben und Antheren werden ebenfalls angefärbt.

Geruchssinn der Bestäubertiere

Düfte lassen sich schlecht charakterisieren, da die menschliche Duftwahrnehmung subjektiv ist und allgemeingültige Begriffe zur Duftbeschreibung fehlen. Sie werden daher nur näherungsweise als kohlartig, aasartig, fruchtig, süß oder schwer beschrieben (Vogel 1963a).

Die meisten der Blüten besuchenden Tiergruppen haben dagegen einen stark ausgeprägten Geruchssinn, der sie zur Nahrungs-, Paarungs- oder Eiablageplätzen führt:

- **Insekten** orientieren sich im **Nah-** und **Fernbereich** an Duftstoffen. Ihr **Geruchssinn** ist hochempfindlich. Mit den beweglichen Fühlern (Antennen) kann der Ort der Duftemission exakt **lokalisiert** werden. Düfte sind **erlernbar**; für die Honigbiene (*Apis mellifera*) wurde dies experimentell nachgewiesen (Wright und Schiestl 2009).
- Der Geruchssinn der **Vögel** gilt allgemein als schlecht entwickelt. Bei Kolibris wurden allerdings über 50 Riechrezeptoren gefunden (Steiger et al. 2008), und im Experiment konnte gezeigt werden, dass sich Kolibris nach Duftmarken orientieren (Goldsmith und Goldsmith 1982).
- **Fledertiere** verfügen als nachtaktive Tiere über einen ausgezeichneten Geruchssinn.

Exkurs 11.2 Blütenpflanzen – eine Welt voller Düfte!

Duftstoffe wie Weihrauch, Kalmus, Styrax und Myrrhe (▶ Abschn. 7.6.5, ◘ Tab. 7.3) wurden schon vor Tausenden von Jahren im Rahmen von Opferzeremonien und Totenkulten verwendet. Aus Ägypten ist das **Kyphi** bekannt, eine Räuchermischung aus über zehn Pflanzendüften, die weit verbreitet war und in abgewandelter Form auch noch von den Römern genutzt wurde.

Die **Duftstoffe des Orients** wurden durch Kreuzzüge und Handelsreisen im Abendland bekannt. Pflanzenextrakte wie z. B. das Lavendelöl wurden zwar auch schon vorher zu medizinischen und reinigenden Zwecken verwendet, doch **Wohlgeruch** als Zeichen von Gesundheit und gesellschaftlichem Stand entwickelte sich erst im späten Mittelalter. Im 16. Jahrhundert entstand rund um die französische Stadt **Grasse** das damalige Zentrum der Parfümindustrie. Die Düfte wurden ausgepresst, extrahiert oder mittels Wasserdampfdestillation (◘ Abb. 11.6b) oder Fettabsorption (Enfleurage) gewonnen.

Obgleich viele Substanzen synthetisch hergestellt werden (naturidentische Stoffe), liefern Pflanzen immer noch die Grundlage der weltweiten **Parfümindustrie**. Nur vier natürliche Düfte stammen aus tierischen Produkten (Moschus, Zibet, Amber und Castoreum), **alle übrigen** sind **pflanzlicher Herkunft** (natürliche Öle), darunter Rosen-, Jasmin- und Nelkenöl, die Duftstoffe der Zitrusgewächse (z. B. Bergamotteöl) oder Lippenblütler (z. B. Lavendelöl, Rosmarinwasser; ◘ Tab. 11.1).

Duftöle sind in **Gewürzpflanzen** enthalten (Lamiaceae: Thymian, Pfefferminze; Apiaceae: Anis, Cardamon), werden als Badezusätze und Inhalationsmittel (Eukalyptus, Thymol, Menthol) oder Repellents gegen Motten (Lavendelsäckchen) und Moskitos (Gewürznelkenextrakt, Zitronengras) eingesetzt.

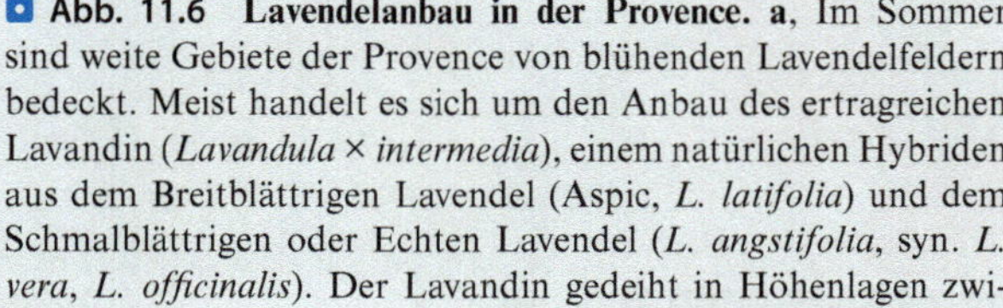

Abb. 11.6 Lavendelanbau in der Provence. a, Im Sommer sind weite Gebiete der Provence von blühenden Lavendelfeldern bedeckt. Meist handelt es sich um den Anbau des ertragreichen Lavandin (*Lavandula × intermedia*), einem natürlichen Hybriden aus dem Breitblättrigen Lavendel (Aspic, *L. latifolia*) und dem Schmalblättrigen oder Echten Lavendel (*L. angstifolia*, syn. *L. vera*, *L. officinalis*). Der Lavandin gedeiht in Höhenlagen zwischen 200 und 800 m. Der Echte Lavendel bevorzugt dagegen kältere Standorte in Höhen von 1200 m und mehr. Er ist wesentlich ertragsärmer und sehr teuer in der Bewirtschaftung; echtes Lavendöl ist ein Luxusartikel. **b**, Das Öl wird in kleinen Destillierbetrieben gewonnen und erfüllt die gesamte Region mit intensivem Lavendelduft. (© R. Claßen-Bockhoff, Mainz)

11.2.2 Farbe

Das für den Menschen sichtbare Licht setzt sich aus Wellen unterschiedlicher Länge zusammen und reicht vom kurzwelligen Violett bis zum langwelligen Rot (**380–780 nm**). Ultraviolettes Licht (UV, <380 nm) und Infrarot (>780 nm) sind für das menschliche Auge nicht wahrnehmbar. Viele Blütenbestäuber können dagegen UV-Licht sehen.

Farbstoffmoleküle weisen konjugierte **Doppelbindungen** auf, die mit den Lichtquanten in Wechselwirkung treten. Sie sind in der Lage, bestimmte Wellen aus dem Lichtspektrum herauszufiltern (**Absorption**), wodurch das reflektierte Restlicht in der **Komplementärfarbe** erscheint. Da Farbstoffmoleküle UV-Licht absorbieren, liefern sie den Pflanzen einen **natürlichen UV-Schutz**. Dieser Funktion entsprechend liegen sie meist in der **Epidermis** oberirdischer Pflanzenteile (▶ Abschn. 7.2.1).

Farbstoffe in Blüten

Die Farbstoffe (**Pigmente**) der Blüten befinden sich als wasserlösliche Stoffe in der **Vakuole** der Zelle (▶ Abschn. 2.2.3) oder als wasserunlösliche Stoffe in **Öltröpfchen** oder **Chromoplasten** (▶ Abschn. 2.2.1). Selten treten sie membrangebunden auf.

Wasserlösliche Farbstoffe

Zu den wasserlöslichen Farbstoffen zählen die Flavonoide, Betalaine und Melanine:
- **Flavonoide** sind sekundäre Pflanzenstoffe (▶ Exkurs 2.3), die aus zwei aromatischen Ringen bestehen,

von denen einer **sauerstoffhaltig** ist. Meist liegen sie an Zucker gebunden vor (Glykosidbildung). Durch unterschiedliche Oxidationsstufen oder Substitutionen am Ring entstehen verschiedene Farbstoffe. Zu den Flavonoiden zählen die Anthocyane und Flavone/Flavonole.

Anthocyane bzw. deren glykosidierte Form (**Anthocyanidine**) sind je nach pH-Wert des Zellsaftes rot (pH < 7, Zellsaft sauer) oder blau (pH > 7, Zellsaft alkalisch; ▶ Abb. 11.10a). Da der Zellsaft meist sauer ist (pH ca. 4,5), treten Blautöne nur in Verbindung mit stabilisierenden **Copigmenten** (z. B. Flavonole/Flavone; ▶ Abb. 11.7a) oder mehrwertigen Metallionen (Chelatbildung, z. B. *Salvia patens* ▶ Abb. 11.7b, *Commelina coelestis* ▶ Abb. 10.38d) auf. Zu den Anthocyanen gehören mehr als 150 Farbstoffe, die oft nach Pflanzengattungen benannt sind, z. B. das Malvidin (Malve, rosa), Pelargonidin (Pelargonie, lachsfarben), Cyanidin (rot), Delphinidin (Rittersporn, blau), Päonidin (Pfingstrose, rosa) und Petunidin (Petunie, blau).

Die **Flavone und Flavonole** sind gelb oder weiß. Zu den gelben Farbstoffen gehören Genistin (Ginster) und Luteolin (Färberwau; ▶ Tab. 11.2). Weiß pigmentierte Blüten (u. B. Randblüten der Kamille, Asteraceae) lassen sich leicht von unpigmentierten Geweben unterscheiden, die aufgrund von **Totalreflexion** weiß erscheinen. Während die **weiße Farbe** nach Eintauchen in Wasser erhalten bleibt, werden unpigmentierte Gewebe nach Wassereintritt transparent (▶ Abschn. 7.2.1).

Abb. 11.7 Blütenfarben und Blütenmale. a–c, Vakuolenfarbstoffe (Anthocyane) in *Salvia*-Blüten (Lamiaceae). **a,** *S. albimaculata.* Blaufärbung durch Stabilisierung mit Copigmenten (Flavonen); weißes Saftmal. Bienenblume. **b,** *S. patens.* Blaufärbung nach Metallkomplexbildung. Vogelblume. **c,** *S. tubiflora.* Rote Vogelblüte ohne Blau- und UV-Anteile (bienenschwarz). **d,** *Papaver rhoeas* (Papaveraceae). Rote Blüte mit UV-Anteilen und schwarzen Käfermalen (Farbsubstraktion). **e,** *Viola cornuta*-Sorte (Violaceae), Hornveilchen. Die violette Farbe beruht auf Farbaddition, das schwarze Mal auf Farbsubstraktion. **f,** *Galeopsis speciosa.* (Lamiaceae). Bienenblüten mit Saftmalen. **g,** *Lapeirousia jacquinii* (Iridaceae). Das Saftmal markiert den Eingang in die enge Perigonröhre. **h,** *Sparaxis elegans* (Iridaceae). Napfblume mit buntem Farbmal (*painted bowl*; ▶ Abschn. 11.6.2). **i,** *Gazania tenuifolia* (Asteraceae). Köpfchen mit halbplastischem Mal. **j, k,** UV-Male (jeweils links sichtbares Licht, rechts UV-Foto). **j,** *Bulbophyllum* (Orchidaceae). **k,** *Gazania* (Asteraceae). (© **a–i**: R. Claßen-Bockhoff, Mainz. **j, k**: W. Barthlott, Bonn. Mit freundlicher Genehmigung)

Tab. 11.2 Pflanzenfarben und Färbepflanzen. Auswahl. Pflanzenfarben werden zur Färbung von Textilien und Lebensmitteln, zur Körperpflege (Körperbemalung, Haarfärbung, Sonnenschutz), als Malerfarbe und zum Anfärben mikroskopischer Präparate verwendet. Meist stammen die Farbstoffe aus dem vegetativen Bereich der Pflanze. Die Blütenblätter eignen sich weniger zur Farbstoffgewinnung, da die Pigmentkonzentrationen gering und die wasserlöslichen Farbstoffe nicht waschecht sind. Zum Weiterlesen empfohlen: Renz-Rathfelder 1990 und Lieberei und Reisdorf 2012

Farbstoff	Pflanzenart	Pflanzenteil	Verwendung
Rot (rötlich, braunrot)			
‚Türkischrot' Alizarin (Chinon)	Färberröte, Krapp *Rubia tinctoria*, Rubiaceae	Rhizom	Textilfärbung
Henna, Alkanna	Hennastrauch, Alkannastrauch *Lawsonia inermis*, Lythraceae	Spross Wurzel	Körperpflege Haarfärbung
Alkannin (Anchusin)	Schminkwurz, Falsche Alkanna *Alkanna tuberculata*, Boraginaceae	Wurzel	Lebensmittel Mikroskopie
‚Saflorrot' Carthamin (Chalcon)	Färberdistel *Carthamus tinctorius*, Asteraceae	Blütenhülle	Textilfärbung
‚Phytolaccarot' Betaycan (Betalain)	Kermesbeere *Phytolacca americana*, Phytolaccaceae	Früchte	Getränkefärbung
Bixin (Carotinoid)	Anattostrauch *Bixa orellana*, Bixaceae	Samen	Lebensmittel Hautschutz
Gelb (olive, ocker)			
Cucurmin (unlöslich)	Gelbwurzel *Curcuma longa*, Zingiberaceae	Rhizom	Textilfärbung Lebensmittel
Luteolin (Flavon)	Färberwau, Gilbkraut *Reseda luteola*, Resedaceae	Spross	Färbemittel
Quercetin (Flavon)	Färbereiche *Quercus velutina*, Fagaceae	innere Rinde des Stammes	Lederfärbung Malerei
Lutein (Carotinoid)	Studentenblume *Tagetes*-Arten, Asteraceae	Blüten	Lebensmittel
Luteolin, Quercetin (Polyphenol)	Färberhundskamille *Anthemis tinctoria*, Asteraceae	Blüten	Wollfärbung, Textilfärbung
Crocin (Carotinoid)	Safran-Krokus *Crocus sativus*, Iridaceae	Narben	Textilfärbung Lebensmittel
Blau (blauschwarz)			
Indigo	Indigostrauch *Indigofera tinctoria*, Fabaceae	Blätter	Textilfärbung
	Färberwaid *Isatis tinctoria*, Brassicaceae	Blätter	Textilfärbung
Haematoxylin (Polyphenol)	Blauholz, Campechbaum *Haematoxylum campechianum*, Fabaceae	Kernholz	Mikroskopie

- **Betalaine** weisen ebenfalls Ringmoleküle auf. Sie sind **stickstoffhaltig**, zählen somit zu den Alkaloiden (▶ Exkurs 2.3) und geben Blüten eine rote (**Betacyane**) oder gelbe (**Betaxanthine**) Färbung. Betalaine kommen nur bei Vertretern der Caryophyllales vor (Sy 10B:47), z. B. bei Kakteen oder Nyctaginaceae (*Mirabilis jalapa* ▣ Abb. 11.9c, Hochblätter der *Bougainvillea* ▣ Abb. 11.9a und 9.20m). Sie fehlen allerdings der namengebenden Familie der Caryophyllaceae (Nelkengewächse), deren Blütenfärbung auf Anthocyanen beruht.
- **Melanine** sind recht selten. Sie färben die Zelle braun bis fast schwarz. Ein Beispiel liefern die schwarzen Flecken auf den Petalen der Saubohne (*Vicia faba*, Fabaceae).

Wasserunlösliche Farbstoffe

Zu den **wasserunlöslichen** Farbstoffen gehören die Chlorophylle und Carotinoide:

- Die **Chlorophylle** sind in den Chloroplasten (▶ Abschn. 2.2.1) der Zelle lokalisiert und bilden die Lichtsammelkomplexe der Photosynthese (▶ Exkurs 2.2). Sie tragen nur selten zur Blütenfarbe bei (z. B. Grüne Nieswurz, *Helleborus viridis*, Ranunculaceae).
- **Carotinoide** sind fettlösliche Terpenoide (meist 40 C-Atome), die in Öltröpfchen oder Chromoplasten auftreten. Der Name leitet sich von der Karotte (Möhre, *Daucus carota*, Apiaceae) ab, die in ihrer Rübe das orangefarbene β-Carotin (Vorstufe des Vitamin A) enthält (▣ Abb. 8.78a, b). Man unterscheidet die sauerstofffreien **Carotine**, die die Zelle rot bis orange färben, und die gelben, sauerstoffhaltigen **Xanthophylle**.

  Carotinoide sind sehr häufig (▣ Tab. 11.2). Sie sind im Pollenkitt (▶ Abschn. 10.4.5), in zahlreichen Asteraceenköpfchen (Ringelblume, Sonnenblume) und Blüten (Hahnenfuß; ▣ Abb. 7.10i) enthalten. Auch an der Herbstlaubfärbung sind Carotinoide beteiligt, die nach Abbau des Chlorophylls (▣ Abb. 2.4) zum Vorschein kommen (▣ Abb. 8.65d, e).

Farbensehen und UV-Wahrnehmung

Der **Mensch** nimmt die elektromagnetische Strahlung im Bereich von **380–780 nm** als **sichtbares Licht** wahr. **Farbeindrücke** entstehen, wenn einzelne Wellenlängenbereiche aus dem ‚weißen' Licht herausgefiltert werden. Die meisten Blütenfarben sind für den Menschen sichtbar. Ausgenommen ist hiervon der **UV-Anteil** (300–380 nm), den viele Bestäubertiere wahrnehmen:

- Die wichtigste Bestäubergruppe stellen die **Bienen** (Apoidea; ▣ Tab. 11.10) dar, von denen der Sehsinn der Honigbiene und Hummel am besten untersucht

ist. Das Bienenauge hat wie das menschliche Auge drei Farbrezeptoren (**trichromatisches Sehen**), die allerdings nicht im Rot-, Grün- und Blau-Violett-Bereich, sondern im Grün- (540 nm), Blau- (430 nm) und UV-Bereich (340 nm) liegen (▣ Abb. 11.8; Chittka und Menzel 1992; Dyer et al. 2015). Damit verschiebt sich das **Bienenspektrum** gegenüber dem sichtbaren Bereich des Menschen in den ultravioletten Bereich. Es liegt zwischen **300 und 650 nm** und schließt UV-Licht auf Kosten des Rotbereiches ein. Rein rote Blüten erscheinen den Bienen vermutlich farblos und unattraktiv, während rote Blüten mit einer Reflexion im Blau- (Wiesenklee) oder UV-Bereich (Klatschmohn; ▣ Abb. 11.7d) für das Bienenauge farbig (aber nicht rot) erscheinen (Heß 1983). Mithilfe der Falschfarbenfotografie wird versucht, Blütenfarben für das menschliche Auge so darzustellen, wie sie vermutlich von den Bienen wahrgenommen werden (Verhoeven et al. 2018).

- **Fliegen** (Dipteren) werden vor allem von **weißen** und **gelben** Blüten angelockt. Sie können UV-Licht wahrnehmen und haben vier Photorezeptoren, die ver-

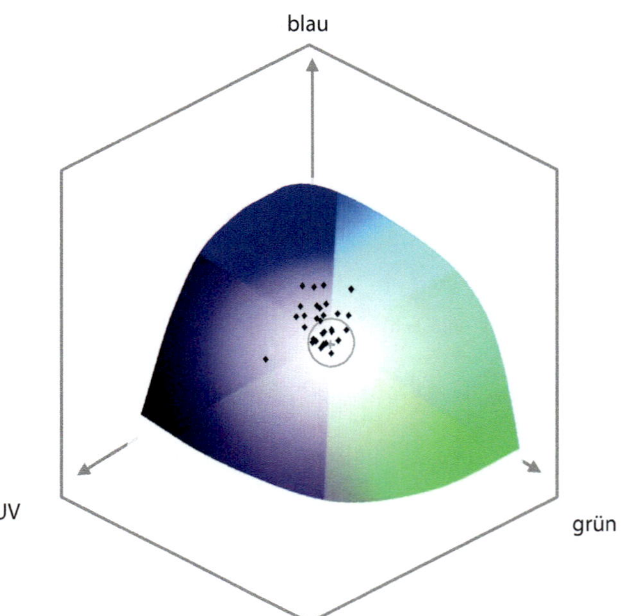

▣ **Abb. 11.8   Blütenfarben aus Sicht der Honigbiene.** Das Bienenauge hat drei Farbrezeptoren: einen im UV- (350 nm), einen im Blau- (450 nm) und einen im Grünbereich (530 nm). Das farbige Feld gibt den für die Biene sichtbaren Bereich mit den für das Bienenauge rekonstruierten Farbwerten wieder. Am Rand des Feldes ist die Farbwahrnehmung am deutlichsten, zum Zentrum hin nimmt sie ab. Dargestellt sind die Farbwerte von Salbeiblüten. Die im Blau- und UV-Bereich liegenden Blüten sind für die Biene gut sichtbar und erscheinen auch dem menschlichen Auge blau. Die im Zentrum liegenden Blüten sind für das menschliche Auge kräftig rot gefärbt und für das Bienenauge schlecht erkennbar und unattraktiv. (© Cairampoma et al. 2017. Hexagon nach Chittka 1992. Farbwerte aus Wester et al. 2020)

mutlich Farbensehen ermöglichen (Lunau 2014). Das Fliegenauge ist anders aufgebaut als das Bienenauge und seine Eignung zum Farbensehen wenig untersucht. Von Schwebfliegen (Syrphidae) weiß man, dass sie sich an Farben orientieren und häufig eine Gelbpräferenz zeigen, die zumindest bei einigen Arten (*Eristalis pertinax*) angeboren ist (Lunau 1988).

- **Käfer** (Coleoptera) haben je nach Gruppe zwei bis vier Photorezeptoren. Alle haben einen UV- und Grünrezeptor. Bei den tri- und tetrachromatisch sehenden Blütenbesuchern treten ein Rotrezeptor bzw. je ein Rot- und Blaurezeptor hinzu. Die unterschiedliche Ausstattung der Käfer mit Photorezeptoren spiegelt eine interessante Evolutionsgeschichte wider, in deren Verlauf die Blauempfindlichkeit verloren gegangen ist und durch Genduplikationen mehrfach parallel wiederentwickelt wurde (Sharkey et al. 2017).

  Die Kenntnis vom Farbensinn der Käfer ist noch recht jung. Allerdings berichteten Dafni et al. (1990) bereits von der engen Interaktion zwischen **roten Napfblumen** und Käfern der **Glaphyridae** im südost-mediterranen Raum. Untersuchungen zur spektralen Empfindlichkeit der Augen bestätigten inzwischen das Vorhandensein eines **Rotrezeptors** in dieser Käfergruppe (Martinez-Harms et al. 2012).

- Bei **Schmetterlingen** (Lepidoptera) wurden tri-, tetra- und pentachromatische Rezeptorsysteme nachgewiesen, die auf eine ausgezeichnete Farbwahrnehmung (sichtbares und UV-Licht) hinweisen. Tatsächlich treten Tagfalterblumen in allen Farben auf. Auch Nachtfalter haben einen UV-Rezeptor; darüber hinaus ist wenig zum Farbensehen der Gruppe bekannt.

- **Vögel** (Aves) haben einen sehr guten Sehsinn. Sie besitzen vier Rezeptoren (tetrachromatisches Sehen) und nehmen im gesamten Spektralbereich von UV bis Rot Farben wahr (Ödeen und Håstad 2013). Die Farbwahrnehmung wird durch Öltröpfchen in den Sinneszellen (Zapfen) der Retina gesteigert, die eine Filterwirkung besitzen und es den Vögeln ermöglichen, auch kleinste Farbunterschiede wahrzunehmen (Vorobyev 2003).

- Demgegenüber scheinen **nachtaktive Fledertiere** (Chiroptera) und **Nager** (Rodentia) farbenblind zu sein (Jacobs et al. 2001; Müller et al. 2009). Sie weisen allerdings neben den dominanten Stäbchen auch zwei Zapfentypen (Empfindlichkeit im UV/Blau- und Grünbereich) auf der Retina auf, die ihnen eine begrenzte Farbwahrnehmung während der Dämmerung ermöglichen.

Zustandekommen der Blütenfärbung

Lichtwellen, die auf eine Blüte treffen, werden entweder **reflektiert**, **absorbiert** oder durch das Gewebe **hindurchgelassen**:

- Im Zellsaft gelöste Farbstoffe verhalten sich physikalisch wie **durchsichtige Körper**, die bestimmte Spektralfarben hindurchlassen, während die übrigen absorbiert werden. Die Blüte erscheint in der Mischfarbe der durchgelassenen Spektralfarben.

- Ungelöste Farbstoffe verhalten sich physikalisch wie **undurchsichtige Körper**. Sie absorbieren einen Teil des Spektrallichtes und reflektieren den Rest. Dabei kann die gleiche Blütenfarbe, z. B. Rot, auf zweierlei Weise entstehen. Entweder werden alle Komponenten außer dem Rotanteil absorbiert, und die Spektralfarbe Rot wird reflektiert, oder Grün wird absorbiert und die Mischfarbe Rot reflektiert.

- Auch die physikalischen Eigenschaften der **Oberfläche** wie Epidermispapillen oder Cuticularfalten tragen durch Lichtbrechung und Reflexion zur Farbwirkung von Blüten bei (▶ Abschn. 7.2.1).

Je nach Art und Lage der Pigmente kommt es zu unterschiedlichen Farbwirkungen:

- **Subtraktive Farbmischung:** Sind verschiedene **gelöste** Farbstoffe in **untereinander**liegenden Zellschichten lokalisiert (etwa in der Epidermis und in subepidermalen Schichten), kommt es zu einer subtraktiven Farbmischung. In jeder Schicht werden einige Wellenlängen absorbiert, die übrigen durchgelassen. Sind die absorbierenden Farbstoffe komplementär zueinander, wird die gesamte Strahlung absorbiert, und das Gewebe erscheint schwarz (schwarze Flecken bei der Tulpe und beim Klatschmohn ◘ Abb. 11.7d, schwarze Striche beim Hornveilchen ◘ Abb. 11.7e). Sind sie nicht komplementär, erscheint die Mischfarbe des Restlichtes. Der gleiche Effekt kann auch innerhalb einer Zelle auftreten, wenn z. B. Anthocyane in der Vakuole und Carotinoide in den Chromoplasten zusammenwirken (Türkenbundlilie, *Lilium martagon*).

- **Additive Farbmischung:** Liegen die Farbstoffe direkt **nebeneinander**, kann das (menschliche) Auge die Farbpunkte (Zellen, Zellgruppen) nicht mehr auflösen. Das Gewebe erscheint dann (wie bei Gemälden des Pointilismus) in der **Additionsfarbe**. Dies ist z. B. bei den violetten Blütenblättern des Hornveilchens (◘ Abb. 11.7e) der Fall, in denen sich rote und blaue Farbstoffe addieren.

In seltenen Fällen treten **irreguläre Farbmuster** auf (◘ Abb. 11.9a–c):

Abb. 11.9   Farbvarianten. a–c, Sektorielle Färbungen. **a,** *Bougainvillea mirabilis* (Nyctaginaceae). Hochblätter mit partieller Pigmentveränderung. **b,** Zweifarbiges Köpfchen einer gefüllten Chrysanthemensorte (Asteraceae). **c,** Wunderblüte (*Mirabilis jalapa*, Nyctaginaceae). Stieltellerblüte mit Mosaikfärbung. **d, e,** Albinoblüten mit persistierendem Saftmal. **d,** Sumpf-Vergissmeinnicht (*Myosotis scorpioides*, Boraginaceae). **e,** Alpen-Leinkraut (*Linaria alpina*, Plantaginaceae). **f,** Zweifarbiger Baum. Zierkirsche (*Prunus*) mit sterilen rötlichen Blüten und einem unterhalb der Pfropfungsstelle ausgetriebenen, weiß blühenden Wildkirschenzweig. (© R. Claßen-Bockhoff, Mainz)

- Sie können genetisch vererbt werden oder auf einer somatischen **Mutation** einer Meristemzelle beruhen. Alle Tochterzellen der mutierten Zelle weisen dann die veränderte Pigmentierung auf (Mosaikfärbung; ► Exkurs 8.8).
- Bei vielen **Albinoblüten** (■ Abb. 11.9d, e) erscheint die Blütenhülle weiß, während die Saftmale farbig erhalten bleiben. Das weist darauf hin, dass die Pigmente unterschiedlichen Farbklassen angehören und nur eine von ihnen von der Mutation betroffen ist.
- **Zweifarbige Bäume** können auf **Pfropfung** beruhen (Chimäre; ► Exkurs 8.8). So wird die rosa blühende Zierkirsche meist auf eine weiß blühende Wildkirsche gepfropft. Treibt ein Ast der Unterlage aus, blüht der Baum in zwei Farben (■ Abb. 11.9f).

Farbmale und Farbwechsel

In vielen Blüten sind bestimmte Bezirke anders gefärbt als die übrige Blüte. Oft weisen diese **Blütenmale** auf die Blütenmitte oder den Zugang zum Nektar hin. Aus diesem Grund wurden sie von Sprengel als **Saftmale**

(► Exkurs 11.1) bezeichnet. Sie treten besonders häufig bei Bienenblumen auf (■ Abb. 11.7a, f), finden sich aber auch bei Falter- und langrüsseligen Fliegenblumen (■ Abb. 11.7g), bei denen sie den Eingang in die enge Kronröhre markieren. Schwarze Blütenmale finden sich in offenen Napfblumen des Mittelmeerraumes und Südafrikas, wo Blüten besuchende Käfer besonders häufig sind. Diese auch als *beetle marks* bezeichneten Flecken (■ Abb. 11.7d, h) werden als Käferattrappen gedeutet und sollen Käfer anlocken (► Abschn. 11.6.2).

An der Bildung von Farbkontrasten und Farbmalen sind auch **UV-Reflexion** und **UV-Absorption** beteiligt (■ Abb. 11.7j, k). UV-Male lassen sich mit einer Spezialoptik dokumentieren. UV-reflektierende Blütenteile erscheinen im Schwarzweißbild hell, UV-absorbierende schwarz (Biedinger und Barthlott 1993). Das Köpfchen von *Gazania uniflora* (Asteraceae) ist für das menschliche Auge einheitlich gelb, weist aber für das Bienenauge ein kontrastreiches **Kokardenmuster** auf (■ Abb. 11.7k). An dessen Bildung sind unterschiedliche Pigmente beteiligt: Gelbe Carotinoide reflektieren und gelbe Flavonole absorbieren UV.

UV-Reflexion ist sehr **häufig** und tritt in Kombination mit verschiedenen Farbstoffen auf. Schon eine geringe Beimischung von UV, z.B. zum Gelbton einer Blume, erhöht für Bienen den Anreiz, die Blume, zu besuchen. Das Bienenauge nimmt den Farbunterschied zwischen reinem Gelb und UV-Gelb wahr und kann die Blüte deutlicher vor grünem Hintergrund erkennen (Menzel 1987).

Farbe und Zeichnung einer Blüte können sich während der Blühphase ändern. Ein **altersabhängiger Farbwechsel** kann von Bienen, Tagfaltern und Vögeln wahrgenommen werden und fördert die Effizienz des Futtersuchverhaltens. Ein bekanntes Beispiel ist das Wandelröschen (*Lantana camara*; Abb. 11.10d–f), das von Tagfaltern bestäubt wird. Die Blüten stehen in einer Dolde, blühen von außen nach innen auf und färben sich mit dem Alter von Gelb über Orange nach Rot um. Nur die gelben Blüten weisen Nektar auf. Experimente mit dem Edelfalter *Agraulis vanillae* (Nymphali-

dae) an manipulierten Dolden haben gezeigt, dass die älteren, roten Blüten die Fernwirkung erhöhen, während der Falter im Nahbereich nur die gelben Blüten beachtet (Weiss 1991). Blüten mit Farbwechsel beeinflussen somit das Verhalten der Bestäubertiere und machen die Signalfunktion von Farben und Mustern besonders deutlich. Sie treten in mindestens 77 Pflanzenfamilien auf (Weiss 1995), darunter bei der Rosskastanie (*Aesculus hippocastanum*; Abb. 11.10b), der Heckenkirsche (Abb. 11.10c) und zahlreichen Raublattgewächsen (Abb. 11.10a).

11.2.3 Form

Der italienische Blütenbiologie Federico Delpino (1868–1875) war vermutlich der Erste, der Blüten systematisch nach ihrer Gestalt gruppierte und die noch heute gebräuchlichen Bezeichnungen wie Schalen-, Glocken-

Abb. 11.10 Farbwechsel. a, Schmalblättriges Lungenkraut (*Pulmonaria angustifolia*, Boraginaceae). pH-abhängige Blütenfärbung: junge Blüte rot (Zellsaft sauer), ältere Blüte blau (alkalisches Milieu). **b**, Rosskastanie (*Aesculus hippocastanus*, Hippocastaneaceae). Farbmal und Duftfeld (Osmophor) fallen zusammen und verändern sich mit dem Alter. **c**, Japanische Heckenkirsche (*Lonicera japonica*, Caprifoliaceae). Altersabhängiger Farbumschlag. **d–f**, Wandelröschen (*Lantana camara*, Verbenaceae). Junge (**d**), mittlere (**e**) und alte Dolde (**f**). Nur die frisch aufgeblühten (gelben) Blüten bieten Nektar, die älteren Blüten (orange-rot) dienen der Fernanlockung. (© R. Claßen-Bockhoff, Mainz)

oder Lippenblüten verwendete. Meist ist die **Blütenhülle** die gestaltbestimmende Formation der Blüte. Ihre Form und Kontur beruhen auf der Anzahl, Anordnung, relativen Größe und Symmetrie ihrer Teile (▶ Abschn. 10.1, 10.2 und 10.3). Gelegentlich wird die Blütenkrone funktional durch den Kelch oder das Androeceum ersetzt, oder es treten gestaltbildende Sporne unterschiedlicher morphologischer Herkunft auf (◘ Abb. 11.17).

Evolution der Blütenform

Die Gestalt zoophiler Blumen (Blütenstände; ▶ Abschn. 9.5) steht in einem engen **Funktionsbezug** zum Bestäubungsgeschehen und zum sexuellen Reproduktionserfolg der Pflanze. Sie hat sich in Anpassung an die Bestäuber entwickelt:

- Die **ursprüngliche** Blütenform war vermutlich eine **offene Schalen-** oder **Napfform** (◘ Abb. 11.11a, Tab. 11.3), so wie sie bei zahlreichen basal stehenden Angiospermen anzutreffen ist (◘ Abb. 5.84 und 10.3a). Da Pollen und Nektar offen dargeboten werden, lockt diese Blütenform viele **unspezialisierte** Insekten mit kurzen Mundwerkzeugen an. Napfblumen sind in sehr vielen Verwandtschaftskreisen zu finden und treten in der mitteleuropäischen Flora z. B. bei Hahnenfuß- und Rosengewächsen auf.

- Als **abgeleitet** gelten dreidimensionale Blüten, die Nektar **am Grund** der Blütenröhre oder eines Sporns anbieten (◘ Abb. 11.11: stereomorph). **Trichter- und Glockenblumen** (◘ Abb. 11.10a) weisen einen relativ breiten Blüteneingang auf. Sie finden sich bei vielen Lilien- (Liliaceae), Winde- (Convolvulaceae), Enzian- (Gentianaceae) und Glockenblumengewächsen (Campanulaceae). **Stieltellerblüten** (◘ Abb. 11.9c) sind T-förmig und auf langrüsselige Insekten (Falter, Fliegen) spezialisiert. Die Plattform dient als Landeplatz, die lange, dünne Kronröhre dem Ausschluss kurzrüsseliger Konkurrenten. **Röhrenblumen** bieten keinen ausgeprägten Sitzplatz an. Sie locken vor allem schwirrende Insekten (z. B. Wollschweber, Schwärmer) und Vögel an (▶ Abschn. 11.3.2).

- **Zygomorphe** Blüten haben sich im Laufe der **Coevolution** mit **Bienen** (Anthophila) entwickelt, der jüngsten und am stärksten auf Blütennahrung spezialisierten Insektengruppe (◘ Abb. 5.83, ▶ Abschn. 11.6.5, ◘ Tab. 11.10). Sie sind meist stereomorph und zeichnen sich gegenüber den radiärsymmetrischen Blüten durch eine **präzisere Pollenübertragung** aus. **Lippenblumen** (◘ Abb. 11.7a, b) verbergen ihre Reproduktionsorgane unter der Oberlippe und stäuben die Tiere dorsal ein (**nototrib**; lat. *notum*, „Rücken"). Bei den **Maskenblumen** wölbt

sich die Unterlippe so stark auf, dass sie den Blüteneingang gänzlich versperrt (◘ Abb. 11.12f). **Schiffchenblüten** umschließen ihre Reproduktionsorgane mit einem kahnförmig gestalteten Teil der Blütenhülle, der als Schiffchen bezeichnet wird und aus einem (Polygalaceae; ◘ Abb. 11.12d und 11.51b) oder zwei Kronblättern (Fabaceae; ◘ Abb. 11.52c und 11.53j) bestehen kann. Sie stäuben ihre Besucher ventral ein (**sternotrib**; lat. *ventrum*, „Bauch". Sternum: Brust-, Bauchseite eines Insekts).

Die stereomorphen und zygomorphen Formen sind vermutlich erst mit dem Auftreten der **jüngeren Bestäubergruppen** im Paläogen und Neogen entstanden (◘ Abb. 5.83: Tertiär). Die Pflanzen haben ihre Blütenkonstruktion im Lauf der Evolution an die **Sinnesleistungen** und **Mundwerkzeuge** der Bestäuber angepasst und sich auf bestimmte Bestäubergruppen **spezialisiert** (▶ Abschn. 11.1). Dieser Anpassungsprozess ist **oftmals parallel** erfolgt, sodass heute ähnliche Blütengestalten in nicht näher verwandten Angiospermengruppen auftreten (◘ Abb. 11.11).

Neben der allgemeinen Zunahme von **Spezialisierung** lässt sich in einigen Verwandtschaftskreisen auch eine **Despezialisierung** erkennen, die mit Formänderung, Kleinheit und Entindividualisierung der Blüten einhergeht (▶ Abschn. 9.5; Good 1956). Dabei entstehen Blumenformen auf der Basis von Blütenständen (◘ Tab. 11.3), die das **Potential** zu **neuen Anpassungen** haben:

- **Pinsel-** und **Bürstenblumen** bestehen aus einer oder zahlreichen Blüten, deren Schauwirkung auf den Stamina oder Griffeln liegt (◘ Abb. 9.20). Sie werden von unterschiedlichen Tieren besucht, z. B. von Pollen fressenden Käfern, Nektar suchenden Tagfaltern und Vögeln oder nachtaktiven Fledertieren.

- **Punktmusterblumen** werden von flachen Blütenständen (Dolden, Schirmrispen; ◘ Abb. 9.8b) mit kleinen weißen Blüten oder Köpfchen gebildet. Beispiele liefern die Apiaceae (◘ Abb. 9.28g, h), der Schwarze Holunder (*Sambucus nigra*, Adoxaceae) oder die Schafgarbe (Asteraceae). Der Hell-Dunkel-Kontrast verursacht einen **Flimmereffekt**, der vor allem von Fliegen und Mücken wahrgenommen wird (Vogel 1954).

- **Kesselfallenblumen** weisen einen weiten Eingang, aber einen versperrten oder nur auf Umwegen erreichbaren Ausgang auf. Sie halten ihre Bestäuber im Kessel gefangen (▶ Abschn. 11.4.1) oder lenken ihren Weg so aus der Blüte, dass sie an die reproduktiven Oberflächen stoßen (*Cypripedium*; ◘ Abb. 11.30).

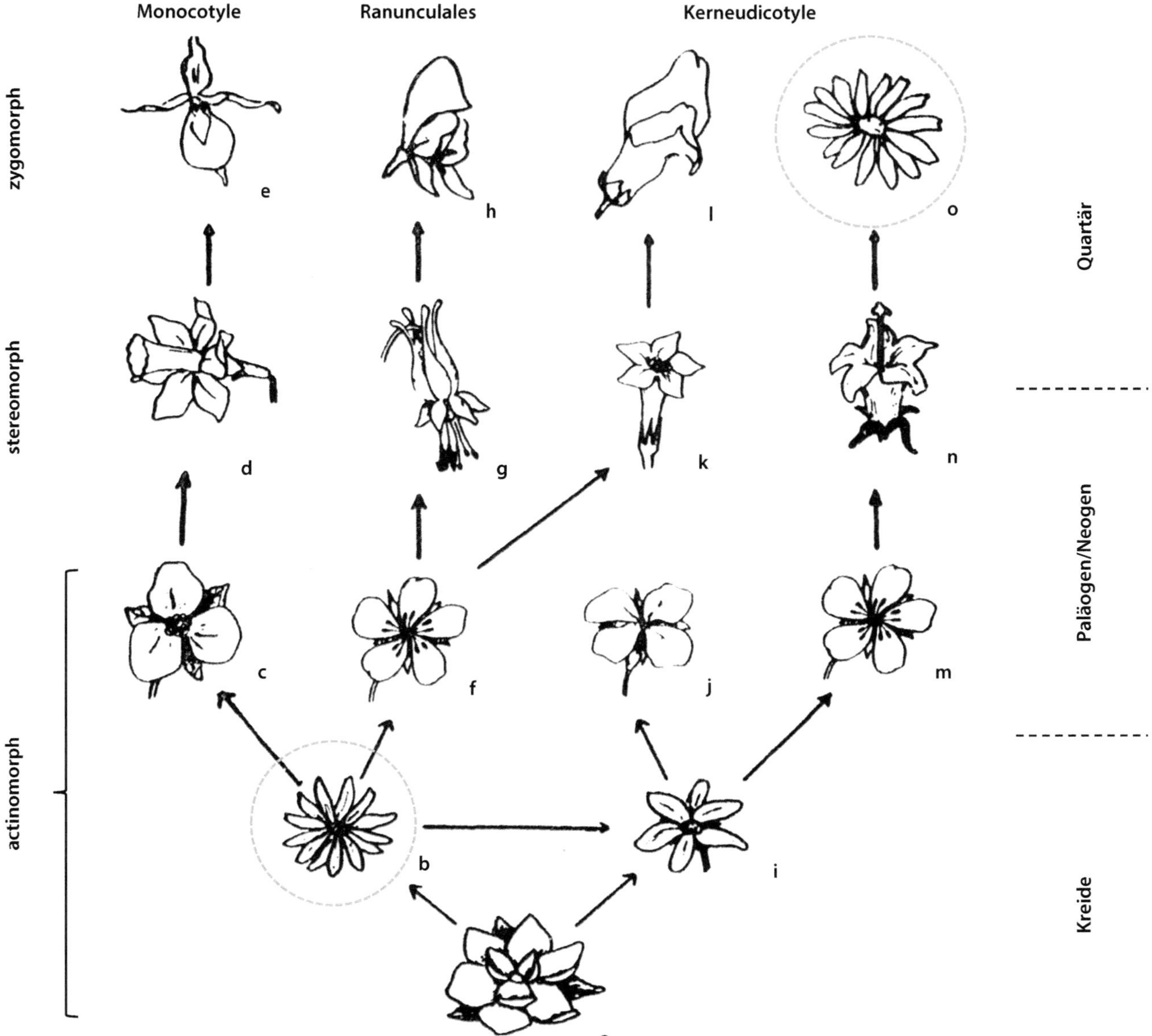

Abb. 11.11 Evolution der Blütenform. Von einer einfachen, radiären, offenen Blüte ausgehend haben sich vermutlich mehrfach parallel zahlenfixierte, stereomorphe und zygomorphe Blüten entwickelt. Mit der Formänderung geht eine zunehmende Spezialisierung auf bestimmte Bestäubergruppen einher. Die Spezialisierung der zygomorphen Blüten geht beim Übergang in ein actinomorphes Köpfchen wieder verloren (Kreise). **a**, *Magnolia* (Magnoliaceae). **b**, *Illicium* (Illiciacee). **c**, *Tradescantia* (Commelinaceae). **d**, *Narcissus* (Narzisse, Amaryllidaceae). **e**, *Cypripedium* (Orchidaceae). **f–h** Hahnenfußgewächse. **f**, *Ranunculus* (Hahnenfuß). **g**, *Aquilegia* (Akelei). **h**, *Aconitum* (Eisenhut). **i**, *Molinia* (Monimiaceae). **j**, *Brassica* (Brassicaceae). **k**, *Gentiana* (Enzian, Gentianaceae). **l**, *Antirrhinum* (Löwenmaul, Scrophulariaceae). **m**, *Geranium* (Geraniaceae). **n**, *Campanula* (Glockenblume, Campanulaceae). **o**, *Aster* (Asteraceae). (© Leppik 1969, leicht verändert)

◻ Tab. 11.3   Gestalt von Blumen. Beispiele und Eigenschaften. Abbildungsverweise in Klammern

Gestalt	Beispiele		Bemerkungen
	Blüten	**Infloreszenzen**	
Napfblume	*Anemone* (◻ Abb. 10.3e) Ranunculaceae *Rosa* (◻ Abb. 10.26e) Rosaceae *Asclepias* (◻ Abb. 11.60b) Apocynaceae	*Euphorbia* (◻ Abb. 9.27e) Euphorbiaceae *Actinotus* (◻ Abb. 9.29b) Apiaceae *Gazania* (◻ Abb. 11.7j) Asteraceae	meist unspezialisiert, kurzrüsselige Insekten selten Umwanderungs-, (◻ Abb. 11.16e) oder Klemmfallen-mechanismus (◻ Abb. 11.61)
Glocken-, Becher-, Trichterblume	*Campanula* (◻ Abb. 9.2h) Campanulaceae *Hemerocallis* (◻ Abb. 9.36a) Liliaceae *Pulmonaria* (◻ Abb. 11.10a) Boraginaceae	*Orothamnus* (◻ Abb. 9.21f) Proteaceae *Pimelea* (◻ Abb. 9.21j) Thymelaeaceae *Darwinia* (◻ Abb. 9.21i) Myrtaceae	oft Streueinrichtungen (◻ Abb. 10.30f) oder sekundäre Pollenpräsentation (◻ Abb. 9.38a–d)
Röhren-, Stieltellerblume	*Primula* (◻ Abb. 9.37a) Primulaceae *Oenothera* (◻ Abb. 11.17i) Onagraceae *Brunfelsia* (◻ Abb. 11.39e) Solanaceae	*Euphorbia* (syn. *Pedilanthus*; ◻ Abb. 9.27) Euphorbiaceae	Tagfalter, Schwärmer und langrüsse-lige Fliegen (◻ Abb. 9.25k, m, 11.18 und 11.41)
Lippen-, Maskenblume	*Salvia* (◻ Abb. 11.49) Lamiaceae *Nemesia* (◻ Abb. 11.12f) Scrophulariaceae	*Mimetes* (◻ Abb. 11.39c) Proteaceae	zygomorph, **nototrib**, meist Bienenblumen, oft Kraftaufwand nötig (► Abschn. 11.7.1)
Schiffchenblume	*Cytisus* (◻ Abb. 11.53i, j) Fabaceae *Polygala* (◻ Abb. 11.51b) Polygalaceae	*Thalia* (◻ Abb. 10.11h) Marantaceae	zygomorph, **sternotrib**, meist Bienenblumen, oft Kraftaufwand nötig (► Abschn. 11.7.2)
Pinsel-, Bürstenblume	*Neviusia* (◻ Abb. 9.20a) Rosaceae	*Mimosa* (◻ Abb. 9.20b) Fabaceae *Cephalanthus* (◻ Abb. 9.20c) Rubiaceae	oft Pollenblumen oder sekundäre Pollenpräsentation
Punktmusterblume	*Saxifraga* (◻ Abb. 11.31f) Saxifragaceae	*Viburnum* (◻ Abb. 9.25a) Adoxaceae *Daucus* (◻ Abb. 9.29j) Apiaceae	oft scheibenförmig, unspezialisiert, Flimmereffekte
Kesselfallenblume	*Aristolochia* (◻ Abb. 11.34b) Aristolochiaceae *Ceropegia* (◻ Abb. 11.32a) Apocynaceae	*Arum* (◻ Abb. 11.35a–c) Araceae	Fallenblumen für Käfer und Fliegen, Täuschblumen (► Abschn. 11.4.1)

11

11.3 Lockmittel

Die **häufigsten** Lockmittel der Blütenpflanzen sind **Pollen** und **Nektar**. Sie dienen der Ernährung der Bestäubertiere und der Brutfürsorge.

11.3.1 Pollen

Die Evolution zoophiler Blumen, insbesondere der von Bienen bestäubten Blüten, unterliegt zwei **gegenläufigen Selektionszwängen**. Zum einen muss ausreichend Pollen für die **sexuelle Fortpflanzung** der Pflanze vorhanden sein, zum anderen wird Pollen als **Lockstoff** für die Tierbestäubung zur Verfügung gestellt. Es resultiert eine harte **Konkurrenz** zwischen Bestäubern und Blüten um den für beide Partner **lebenswichtigen Pollen** (Harder und Thomson 1989).

Pollen ist ein sehr **nahrhaftes** Futter für Tiere, da neben Fetten (Lipiden) und Kohlenhydraten (Zucker, Stärke) auch **Proteine**, Vitamine, Mineralien und freie Aminosäuren enthalten sind (◘ Tab. 11.4). Im Vergleich zum Nektar (▶ Abschn. 11.3.2) stellt Pollen eine ,Vollwertkost' dar. Die prozentuale Zusammensetzung der Inhaltsstoffe ist variabel und hängt von der systematischen Stellung der Pflanze und der Bestäubergruppe ab. Bei Fledermausblumen (▶ Abschn. 11.6.7) ist der Proteingehalt besonders hoch (bis 45 %).

Pollenfressen und Pollensammeln

Pollen wird gefressen (Eigenbedarf) und gesammelt (Brutfürsorge; ◘ Tab. 11.7). In beiden Fällen geht er für die sexuelle Reproduktion der Pflanze verloren. Dieses ,Pollendilemma' wird dadurch verstärkt, dass Pollen für die Pflanze teuer in der Herstellung ist (Proteingehalt) und innerhalb einer Blüte **nicht nachproduziert** werden kann:

◘ **Tab. 11.4** **Zusammensetzung lufttrockenen Pollens.** Durchschnittswerte (nach Heß 1983)

Anteil [%]	
16–30	Proteine
0–15	Zucker: Fructose, Glucose, Sucrose
1–7	Stärke
3–10	Lipide (Plasma + Pollenkitt)
1–9	Mineralien
>1	Vitamine
>1	freie Aminosäuren

— Vor allem Tiergruppen mit **kauend-beißenden** Mundwerkzeugen (Käfer; ◘ Abb. 11.19a) **fressen** Pollen, wobei die unzersetzbare Exine ausgeschieden wird. Darüber hinaus zählen Urmotten (▶ Abschn. 11.6.4), Pinselzungenpapageien (▶ Abschn. 11.6.6) und Fledertiere (▶ Abschn. 11.6.7) zu den Pollenfressern.

— Bienen und Wespen **sammeln** dagegen Pollen, den sie zusammen mit Nektar als **Larvenbrot** für die Aufzucht ihrer Brut verwenden (▶ Abschn. 11.6.1). Das **systematische** Absammeln des Pollens kann erhebliche Nachteile für die Futterpflanzen mit sich bringen (Westerkamp 1996) und hat vermutlich die **Evolution zygomorpher Blüten** (mit verborgenem Pollen) und spezialisierter Bestäubungsmechanismen gefördert (▶ Abschn. 11.7).

Pollensparen

Pollenblumen bieten ausschließlich Pollen als Lockstoff an. Sie müssen so viel Pollen produzieren, dass der Verlust durch Fraß und Absammeln kompensiert werden kann. Zahlreiche Arten, z. B. Vertreter der Rosen- (Rosaceae; ◘ Abb. 10.26e), Mohn- (Papaveraceae; ◘ Abb. 11.7d) und Zistrosengewächse (Cistaceae; ◘ Abb. 10.18a) folgen diesem Weg. Andere Arten haben dagegen im Laufe der Evolution Mechanismen entwickelt, Pollen einzusparen.

Pollen- und Antherenattrappen

Pollen kann durch **Vortäuschen** einer größeren Menge von Pollenkörnern eingespart werden. Tatsächlich gibt es eine Vielzahl eindrucksvoller Beispiele gelber Muster und (halb-)plastischer Strukturen, die Pollenkörnern und Antheren ähnlich sehen (◘ Abb. 11.12; Vogel 1975; Osche 1979). Es wird vermutet, dass diese Male (auch als **Antherenattrappen** bezeichnet) von den bestäubenden Bienen für Pollenangebote gehalten werden. Allerdings ist es schwierig, einen Nachweis dafür zu erbringen.

Bei einigen Steinbrecharten (*Saxifraga*, Saxifragaceae) wird der optische Reiz der Antheren durch **Punktmuster** (◘ Abb. 11.12a) erhöht. *Romulea sabicea* (Iridaceae) trägt antherenähnliche Zeichnungen auf den Perigonblättern (◘ Abb. 11.12b). **Knotige Verdickungen** an Filamenten (◘ Abb. 10.34a) oder Staminodien (◘ Abb. 10.38e), **Haare** am Filament (◘ Abb. 11.12c und 10.34b) oder auf der Unterlippe (◘ Abb. 11.12d), **gelbe Auswüchse** (◘ Abb. 11.12f) und eine **körnige Oberflächenstruktur**, die an Pollenkörner erinnert, tragen ebenfalls zu einer höheren Attraktivität der Blüten bei. Der optische Eindruck von **Riesenantheren** entsteht bei *Arthropodium cirrhatum* (Anthericaceae;

◘ Abb. 10.34c) durch Filamentbehaarung und weiß-gelbe Färbung. Die Blütenpaare von *Witsonia maura* (Iridaceae; ◘ Abb. 11.12e) sehen wie eine überdimensionale, gelb eingestäubte Anthere aus.

Manche Blüten bilden gelbe **Wülste** auf der Unterlippe (◘ Abb. 10.36d) oder wölben die **Unterlippe** antherenartig auf (*Nemesia*; ◘ Abb. 11.12g). Arten der Gattung *Orobanche* (Sommerwurz, Orobanchaceae) weisen Unterlippenwülste und **knotige Narbenlappen** auf (◘ Abb. 11.12g). Letztere sind bei der Blutroten Sommerwurz (*Orobanche gracilis*; ◘ Abb. 11.12h) kräftig gelb gefärbt und sehen einer Anthere zum Verwechseln ähnlich. Beim Prärie-Enzian (*Eustoma russellianum*, Gentianaceae) werden die beiden zunächst grünen Narbenlappen beim Aufklappen in der rezeptiven Blühphase kräftig gelb und bilden eine antherenähnliche Struktur (◘ Abb. 11.12j, k).

Heterantherie

Eine weitere Möglichkeit des Pollensparens bietet die **Heterantherie**, bei der den Bestäubern **minderwertiger Pollen** angeboten wird (▶ Abschn. 10.4.7, ◘ Abb. 10.38). Dieser wird in optisch attraktiven Futter- oder **Trophantheren** angeboten, während der Reproduktionspollen den Tieren von kryptisch gefärbten **Gonantheren** aufgeladen wird.

Buzz pollination

Pollen wird auch durch **Vibrationsbestäubung** eingespart (▶ Abschn. 10.4.6). Blüten besuchende **Bienen** (verschiedene Gruppen, aber nicht die Honigbiene) erzeugen mit ihrer **Flugmuskulatur** eine Vibration, deren **Frequenz** die Anthere zum Schwingen bringt und zum Ausstreuen der Pollenkörner führt. Aufgrund des dabei entstehenden Brummtones spricht man von *buzz pollination*. Diese lässt sich einfach mit einer Stimmgabel nachweisen (vorgeführt im Film von Attenborough 2005).

Vibrationsbestäubung ist mehrfach parallel bei **Bienenblumen** entstanden und kommt in 65 Pflanzenfamilien vor (Buchmann 1983; de Luca und Vallejo-Marin 2013). Darunter sind die Nachtschattengewächse mit wichtigen Kulturpflanzen wie Tomate und Kartoffel (*Solanum*; ◘ Abb. 11.13a), Enziangewächse (*Orphium*;

◘ Abb. 11.13b) und Melastomataceae (◘ Abb. 10.30h). Da die Bienen nicht abschätzen können, ob noch Pollen in der Anthere vorhanden ist oder nicht, suchen sie auch in der rezeptiven Blühphase nach Pollen und bestäuben dabei die Narbe. Die Antheren liefern somit ein **dauerhaftes Signal**, das wirksam und kostensparend ist.

Voraussetzung für die Vibrationsbestäubung ist eine **porizide Öffnung**, durch die der Pollen herausgeschüttelt wird. Im häufigsten Fall handelt es sich um porizide Antheren (◘ Abb. 11.13a), aber das Beispiel der gedrehten Antheren von *Orphium frutescens* (◘ Abb. 11.13b) zeigt, dass auch longizide Antheren **funktional porizid** sein können.

Bei der Commelinaceae *Cochliostema odoratissima* (◘ Abb. 11.13c–k) hat sich eine morphologisch sehr komplexe Form der Vibrationsbestäubung entwickelt (Hardy und Stevenson 2000). Die zu den Monocotylen gehörende Art bildet sechs Staminalanlagen, von denen drei zu fertilen Stamina werden (ein Stamen im äußeren, zwei Stamina im inneren Kreis; ◘ Abb. 11.13g, h). Die übrigen Anlagen bleiben steril und bilden zwei auffällige, mit blauen Haarbüscheln versehene Staminodien (äußerer Kreis) und ein stark reduziertes, unscheinbares Staminodium (innerer Kreis). Die drei fertilen Stamina bilden zusammen einen **poriziden Funktionskomplex**. Die Pollensäcke sind spiralig aufgedreht und produzieren eine Menge staubigen Pollens. Die Filamente der beiden seitlichen Stamina überwallen die Antheren und bilden eine postgenital verklebte Röhre, aus deren Öffnung bei Vibration der Pollen herausgeschüttelt wird. Orangefarbene Haare an der Basis des mittleren Stamens lenken die Bienen (wie bei der Heterantherie; ▶ Abschn. 10.4.7) vom Pollen ab.

Ersatzlockstoff und Ablenken von Pollen

Die effektivste Methode des Pollensparens ist die Bereitstellung von **Nektar** oder eines anderen **Lockstoffes** (▶ Abschn. 11.3.2, 11.3.3, 11.3.4, 11.3.5 und 11.3.6). Nektarblumen weisen deutlich weniger Stamina und eine geringere Pollenproduktion als Pollenblumen auf. Viele **verbergen** ihre Antheren im Inneren der Blüte und weisen eine große Zahl **präziser Bestäubungsmechanismen** auf (▶ Abschn. 11.7).

● **Abb. 11.12 Polleneinsparung. a,** *Saxifraga paniculata* (Saxifragaceae). Punktmuster. **b**, *Romulea sabulosa* (Iridaceae). Antherenähnliche Male auf den Perigonblättern. **c**, *Narthecium ossifragum* (Nartheciaceae). Haare am Filament. **d**, *Iris germanica* (Iridaceae). Haare auf der Unterlippe; Ähnlichkeit zu Stamina durch weiß-gelbe Färbung erhöht. **e**, *Witsonia maura* (Iridaceae). ‚Riesenanthere', gebildet durch zwei gelbe Blüten mit pollenkornähnlicher Behaarung auf der Perigonaußenseite. **f,** *Polygala chamabuxus* (Polygalaceae). Plastische Auswüchse an der Schiffchenspitze. **g,** *Nemesia ligulata* (Scrophulariaceae). Maskenblüte mit halbplastischem Saftmal auf der Unterlippe. **h,** *Orobanche minor* (Orobanchaceae). Weißer Unterlippenwulst und zweispaltige, rötliche Narbe. **i**, *Orobache gracilis*. Zweispaltige Narbe kräftig gelb gefärbt. **j, k**, Prärie-Enzian (*Eustoma russellianum*, Gentianaceae). **j**, Narbenlappen während der Pollenpräsentation unscheinbar und geschlossen. **k**, Aufgeklappte Narbenlappen in der rezeptiven Phase wirken wie eine überdimensionierte Anthere. (© R. Claßen-Bockhoff, Mainz)

a
b
c
Gr
iS
äS
Gr
d
äS
e
f
g
*
*
*
h
*
*
*
j
k
iS
iS
äS

◘ Abb. 11.13   Einrichtungen zur Vibrationsbestäubung. a, *Solanum* (Solanaceae). Porizide Anthere. **b,** *Orphium frutescens* (Gentianaceae). Funktional porizide Anthere durch Verdrillung longizider Theken. **c–j,** *Cochliostema odoratissima* (Commelinaceae). Funktional porizider Antherenkomplex. **c,** Blick auf die drei fertilen Stamina der Blüte. Das Stamen des äußeren Androecealkreises (äS) ist klein und weist ein orangefarbenes Haarbüschel an seiner Basis auf. Die beiden Stamina des inneren Kreises (iS) bilden röhrenförmig verlängerte und postgenital miteinander verklebte Filamentauswüchse (hellviolett), zwischen denen eine Öffnung erkennbar ist. Gr, Griffel. **d,** Funktionskomplex aus drei Stamina, aufpräpariert. Links: der Griffel (Gr), rechts die beiden Stamina des inneren Kreises mit zueinander spiegelsymmetrischen Filamentauswüchsen (rosa). **e,** Seitliches Stamen mit Filamentauswuchs (blau). Orange Haare stammen vom mittleren Stamen (entfernt). **f,** Spiralig aufgedrehte Anthere im Inneren der Filamentröhre. Der staubige Pollen wird durch Vibration ausgeschleudert. **g–k,** Entwicklung des Funktionskomplexes. **g, h,** Monocotyle Blütenanlage, die drei fertilen Stamina (*) leicht vergrößert. Gleicher Maßstab, Balken in g: 200 μm. **i–j,** Einrollen der Antheren, Übergipfelung des mittleren Stamens durch die beiden seitlichen. **k,** Beginn der Filamentröhrenbildung durch seitliches Überwachsen der Antheren. Maßstäbe in **i–k** gleich, Balken in **i:** 500 μm). (© **a, c–f:** R. Claßen-Bockhoff, Mainz. **b:** P. Wester, Stellenbosch. Mit freundlicher Genehmigung. **g–k,** H. Frankenhäuser & R. Claßen-Bockhoff, Mainz)

11.3.2   Nektar

Nektar ist die wichtigste **Energiequelle** für Blüten besuchende Insekten, Vögel und Säugetiere. Er ist vermutlich aus **überschüssigem Phloemsaft** (► Abschn. 7.6.2) entstanden, der nach Absonderung der Aminosäuren ausgeschieden wird. Darauf weisen extraflorale Nektardrüsen an den jungen Blättern des Adlerfarns (*Pteridium aquilinum*, Dennstaedtiaceae; ► Abschn. 5.5.7), den Nebenblättern (Stipeln) der Zaunwicke (*Vicia sepium*, Fabaceae) und den Blattstielen der Passionsblume und Kirsche hin (◘ Abb. 11.16a, b).

Nektar ist **leicht herstellbar**, **mengenregulierbar** und kann bei Bedarf **nachproduziert** werden. Er stellt somit eine **billige** Alternative zum Pollen dar. Tatsächlich sind die meisten Blüten **Nektarblumen**. Die Besucher **trinken** Nektar zur Eigenversorgung (alle Tiergruppen) oder **sammeln** Nektar zur Ernährung der Nachkommen (Bienen), zur Befeuchtung von Brutzellen (Bienen) oder als Wintervorrat (Honigbiene; ◘ Tab. 11.7). Je nach Blütenkonstruktion können die Tiere gleichzeitig mit der Nektaraufnahme Pollen sammeln, was Nektarblüten für Bienen besonders interessant macht.

Zusammensetzung des Nektars

Nektar ist **kein Zuckerwasser**, sondern ein Gemisch verschiedener Substanzen. Er enthält zwar überwiegend Zucker in Form von **Rohrzucker** (Saccharose) oder dessen Spaltprodukten **Glucose** und **Fructose**, aber auch in kleinen Mengen Fette, Proteine, Vitamine, Aminosäuren, organische Säuren, Phosphate, Kationen, Enzyme, Duftstoffe und sogar Gifte.

Historisch interessant ist der **Tollhonig** (*bitter honey*) aus *Rhododendron ponticum* (Ericaceae), einer Pflanze, die in großen Beständen an der türkischen Schwarzmeerküste vorkommt. Antiken Berichten zufolge soll das römische Heer den 3. Krieg gegen Mithridates VI. verloren haben, weil die Soldaten durch den Genuss des Honigs besinnungslos, betrunken und kampfunfähig wurden. Rhododendronhonig wird auch heute noch konsumiert, obwohl vor den giftigen Diterpenen gewarnt wird.

Nektarien

Nektar wird in **Drüsengeweben** produziert (Nektarien; ► Abschn. 7.6.2), die **diffus** vorliegen (**Epithelnektarien**) oder **plastisch** gestaltet sind. In diesem Fall stellen sie **Emergenzen** (► Abschn. 7.2.1) dar.

Der Nektar tritt meist durch modifizierte, nicht schließbare Stomata aus (**Saftspalten**, Nektarostomata; ◘ Abb. 11.14b, d). In anderen Fällen wird er durch die Wand der Epidermiszellen transportiert, unter der Cuticula angereichert und nach deren Aufreißen nach außen abgegeben. Selten wird Nektar durch die dünne Zellwand von Haaren sezerniert.

Nach der **Lage** werden **extraflorale** (außerhalb der Blüte) und **florale** (innerhalb der Blüte) Nektarien unterschieden, nach ihrer **Funktion** als Lockstoff oder Exkret **nuptiale** (lat. *nuptieae*, „Hochzeit") und **extranuptiale** Nektarien.

Die meisten Nektardrüsen sind floral und nuptial (Vogel 1977). Ausnahmen finden sich z. B. bei *Euphorbia* (Euphorbiaceae; am Rand des Cyathiums: extrafloralnuptial; ◘ Abb. 9.26 und 9.27: eN), *Iris* (Irdidaceae; auf der Unterseite der Perigonblätter: floral, extranuptial) oder *Prunus* (Rosaceae; Blattstiel: extrafloral, extranuptial; ◘ Abb. 11.16b). In den Tropen haben extraflorale Nektarien eine besondere Bedeutung als Nahrungsangebot für **Ameisen** (► Abschn. 8.6.2).

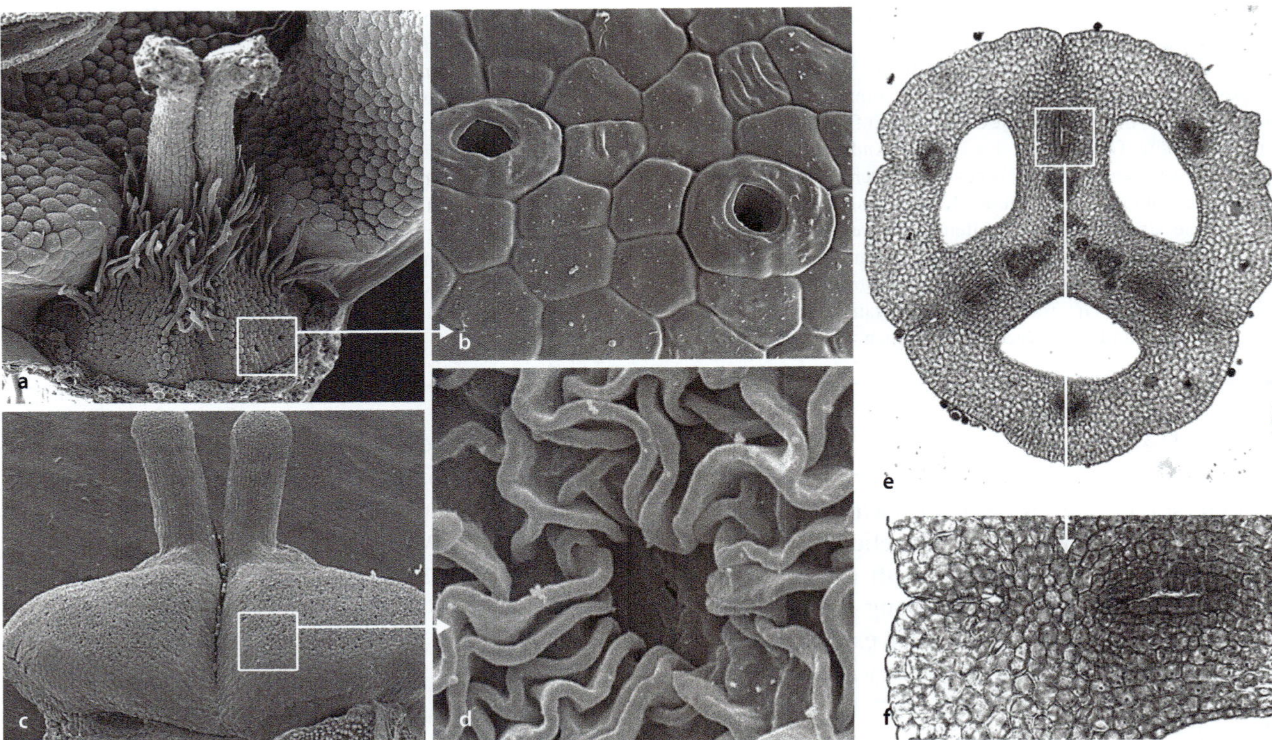

□ Abb. 11.14   Epithelnektarien. a, b, *Staavia verticillata* (Bruniaceae). Saftspalten (**b**) an den Flanken des Gynoeceums (**a**). **c, d**, *Chaerophyllum bulbosum* (Apiaceae). Griffelpolster (Stylopodium) (**c**) mit Saftspalten und Cuticularleisten (**d**). **e, f**, *Asparagus* (Asparagaceae). Querschnitt durch das trimer-synkarpe Gynoeceum (**e**) mit Septalnektarien (**f**). (© **a, b**: Quint und Claßen-Bockhoff 2006. **c, d**: R. Claßen-Bockhoff, Mainz. **e, f**: Botanische Sammlungen der JGU Mainz)

Nektarien sind sehr **vielgestaltig** und finden sich auf fast **allen Blütenstrukturen** (□ Tab. 11.5). Einige Formen haben eine eigene Bezeichnung:

- **Diskus:** Entwickelt sich ein Nektarium aus dem Blütenboden (Receptaculum), wird es als Diskusnektarium oder kurz als Diskus bezeichnet. Es kann offen präsentiert werden (*Saxifraga*; □ Abb. 11.16c, d) oder am Blütengrund liegen. Oft umschließt es ringförmig das Gynoeceum oder ist, wie bei vielen zygomorphen Blüten, einseitig ausgebildet.
- **Nektarblätter:** Bei den Hahnenfußgewächsen wird der Nektar von Nektarblättern bereitgestellt, die als Kronblätter interpretiert werden (□ Abb. 10.21). In der Gattung Hahnenfuß (Butterblume, *Ranunculus*) sind die Nektarblätter petaloid und leuchtend gelb gefärbt (□ Abb. 7.10i). Das Drüsengewebe befindet sich nur an ihrer Basis und ist von einer kleinen Schuppe bedeckt (□ Abb. 11.15a). In anderen Gattungen sind die Nektarien napf- oder spornförmig gestaltet (□ Abb. 11.15b, c, 11.16e und 10.17h). Im Fall der Spornbildung sacken die außen stehenden Perigonblätter ebenfalls aus und schaffen auf diese Weise Platz für die Nektarsporne (□ Abb. 11.15f, g; **Synorganisation ▶** Exkurs 11.10).
- **Stylopodium** (□ Abb. 11.14c, d)**:** Das Griffelpolster auf dem unterständigen Gynoeceum der Apiaceae heißt Stylopodium. Es besteht aus Drüsengewebe und weist auf der Oberfläche eine charakteristische Cuticularstruktur auf, in die **Saftspalten** eingebettet sind.
- **Septalnektarium** (□ Abb. 11.14e, f)**:** Bilden sich **in den Septen** synkarper Fruchtknoten mit Drüsenepithel ausgekleidete Nektargänge, spricht man von Septalnektarien. Sie treten besonders häufig in unterständigen Gynoeceen der Monocotylen auf.

Tab. 11.5 Diversität floraler Nektarien. Ausgewählte Beispiele

Blütenstruktur	Form Darbietung		Beispiel	Abb.
Receptaculum				
Diskus	Ep, N	o	Steinbrech, *Saxifraga*, Saxifragaceae	11.16c, d
	Ep	o	Ahorn, *Acer*, Aceraceae	
Sporn	N	v	Kapuzinerkresse, *Tropaeolum*, Tropaeolaceae	11.17a, b
Perigon				
Rinne auf Tepalum	Ep	o	Lilie, *Lilium*, Liliaceae	11.16h
Labellum	Ep	o	Stendelwurz, *Epipactis*, Orchidaceae	11.26j
Sporn	N	v	Waldhyanzinthe, *Plathanthera*, Orchidaceae	11.17f
Calyx				
Basis	Ep	o	Linde, *Tilia*, Tiliaceae	
	Ep	o	Malve, *Malva*, Malvaceae	
Sporn	N	v	Springkraut, *Impatiens*, Balsaminaceae	11.17c
Corolla				
Grübchen	N	o	Sumpfenzian, *Swertia*, Gentianaceae	11.16i
Sporn	N	v	Leinkraut, *Linaria*, Plantaginaceae	11.17e
Corona				
Basaler Wulst	Ep	v	Passionsblume, *Passiflora*, Passifloraceae	11.16f
Nektarblätter				
Schuppe	N	o	Hahnenfuß, *Ranunculus*, Ranunculaceae	11.15a
Schuppe mit Deckel	N	v	Jungfer im Grünen, *Nigella*, Ranunculaceae	11.16e
Napf	N	o	Nieswurz, *Helleborus*, Ranunculaceae	▶ 10.18c
Sporn	N	v	Rittersporn, *Delphinium*, Ranunculaceae	11.15
	N	v	Akelei, *Aquilegia*, Ranunculaceae	11.17d
	N	v	Feldrittersporn, *Consolida*, Ranunculaceae	11.17h
Staminodien				
Schuppe mit Nektarattrappe	N	o, v	Herzblatt, *Parnassia*, Celastraceae	▶ 6.21 ▶ 10.39d
Schuppe	N	v	*Loasa*, Loasaceae	
Stamina				
Innencorona	N	v	Seidenpflanze, *Asclepias*, Apocynaceae	11.60b
Filamentanhängsel	N	o	Lorbeer, *Laurus*, Lauraceae	11.16j
Androeceum				
Becher	N	o	*Verticordia*, Myrtaceae	11.16k
Röhre	N	v	*Calliandra*, Fabaceae *	▶ 10.39c
Gynoeceum				
Griffelpolster (Stylopodium)	N	o	Kerbelrübe, *Chaerophyllum*, Apiacee	11.14c, d
Flanken, Basis	Ep	v	*Staavia*, Bruniaceae	11.14a, b
	Ep	v	Liguster, *Ligustrum*, Oleaceae	
Septen	Ep	v	Spargel, *Asparagus*, Asparagaceae	11.14e, f

Form: Ep, Epithelnektarium. N, Nektarium mit definierter Gestalt. **Darbietung:** o, offen. v, verborgen. * Köpfchen mit Blütendimorphismus

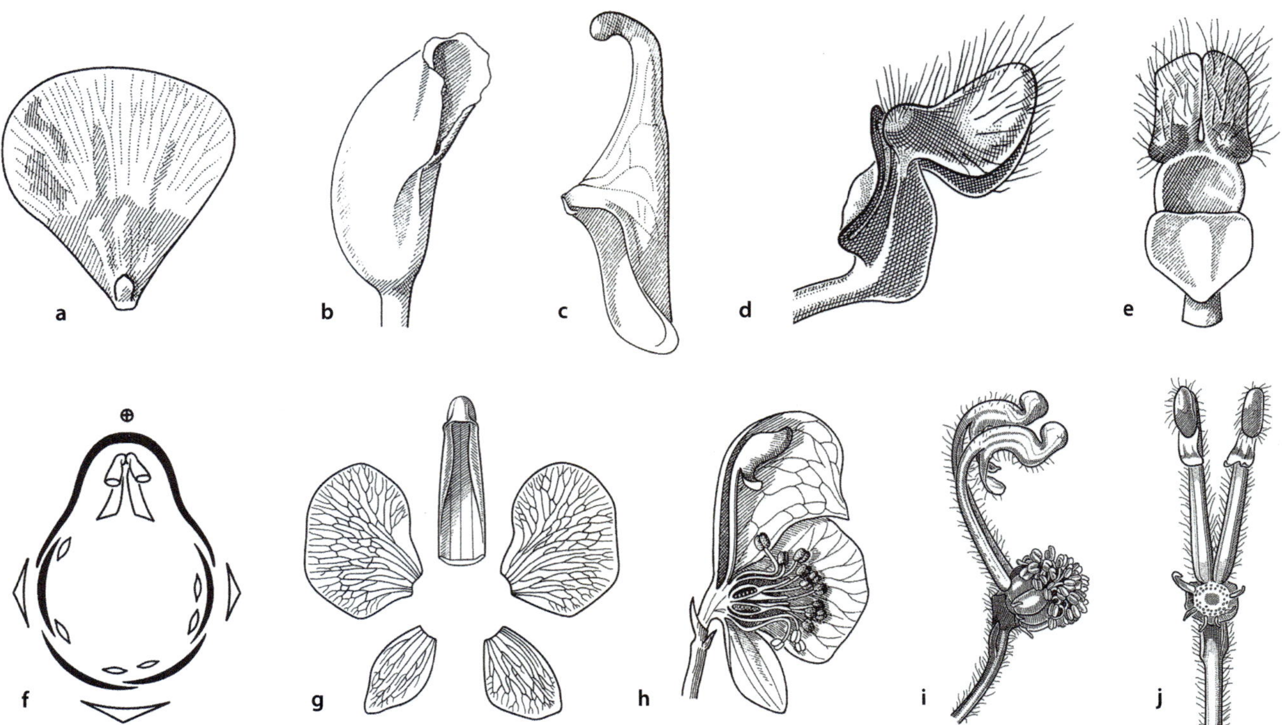

Abb. 11.15 Diversität der Nektarblätter bei Ranunculaceae. a, Scharbockskraut (*Ranunculus ficaria*). Petaloides Nektarblatt. Nektarium an der Basis unter der Schuppe. **b,** Purpur-Nieswurz (*Helleborus purpurascens*). Nektarblatt napfförmig. **c,** Gemeine Akelei (*Aquilegia vulgaris*). Nektarsporn. **d, e,** Jungfer im Grünen (*Nigella damascena*). Nektarblatt von der Seite (**d**) und mit geöffnetem Deckel von vorn (**e**). Oberseite des Nektariums mit zwei glänzenden Nektar-attrappen besetzt. **f–j,** Blauer Eisenhut (*Aconitum napellus*). **f,** Diagramm der Blütenhülle und der Nektarblätter. Das adaxiale Perigonblatt wie die adaxialen Nektarblätter ausgesackt. **g,** Blütenhülle. **h,** Medianer Längsschnitt durch die Blüte. **i,** Blüte in Seitenansicht (ohne Perigon). **j,** Nektarblätter in natürlicher Anordnung. (© **a, c–g, i, j:** Troll 1957. **b:** Weberling 1981. **h:** Warming und Möbius 1911)

Offen dargebotener Nektar und Umwanderungsblüten

Wird der Nektar offen präsentiert, kann er von **unspezialisierten** Insekten mit **leckenden** Mundwerkzeugen aufgenommen werden (Fliegen, Mücken, basalen Bienengruppen). Er lockt die Blütenbesucher vor allem **optisch** an.

Liegt der Nektar **ungeschützt** vor, dickt er bei hohen Temperaturen ein und verwässert bei Regen. Die Verschmutzung durch Hefen führt zudem zur enzymatischen Aufspaltung der Saccharose in Fructose und Glucose. Häufig sind frei zugängliche Nektarien daher von Haaren (**Abb. 11.16h**) oder Geweben (**Abb. 11.16f**) bedeckt, die vor Verdunstung, Verwässerung und Fressfeinden **schützen**. Besonders eindrucksvoll sind die Nektarien des Echten Schwarzkümmels (*Nigella sativa*, Ranunculaceae), die durch einen Deckel verschlossen sind. Bestäuber müssen den Deckel anheben, um an den Nektar zu gelangen (**Abb. 11.16e**; Weber 1992).

Die Anordnung der Nektarien in der Blüte ist radiär oder einseitig (**Abb. 11.16c, d**). Im ersten Fall können Umwanderungs- und Revolverblüten entstehen:

- Bei den **Umwanderungsblüten**, zu denen *Nigella* (Ranunculaceae) und *Passiflora* (Passifloraceae;

Abb. 11.16 Nektarien. a, b, Extraflorale Nektarien an Blattstielen. **a,** Passionsblume (*Passiflora*, Passifloraceae). **b,** Kirsche (*Prunus avium*, Rosaceae). **c, d,** Diskusnektarien bei Steinbrecharten (*Saxifraga*, Saxifragaceae). **c,** *S. aizoides*. Radiärsymmetrisch **d,** *S. stolonifera*. Zygomorph. **e–f,** Umwanderungsblüten. **e,** Schwarzkümmel (*Nigella*, Raunuculaceae). Nektarien verschlossen mit glänzenden Nektarattrappen. **f,** Passionsblume (*Passiflora*, Passifloraceae) mit Honigbiene (*Apis mellifera*). Nektarsekretion unter dem Randwulst der Corona. **g,** Nymphendolde (*Astydamia latifolia*, Apiaceae). Auffällige, gelb glänzende Stylopodien. **h, i,** Schutz des Nektars durch Haare. **h,** Lilie (*Lilium*, Liliaceae). Nektarproduktion in behaarter Rinne der Perigonblätter. **i,** Sumpfenzian (*Swertia*, Gentianaceae). Paarige Nektargrübchen auf den Petalen. **j,** Lorbeer (*Laurus*, Lauraceae). Paarige Nektardrüsen (orange) am Filament. **k,** *Verticordia* (Myrtaceae). Kurzer Androecealbecher als Safthalter. **l,** *Loasa tricolor* (Loasaceae). Hängende Blüte. Stamina von gelben, mit Brennhaaren bedeckten Kronblättern umhüllt. Nektar führende Staminodien (weiß mit roten Punkten) um das Blütenzentrum angeordnet. (© R. Claßen-Bockhoff, Mainz)

◘ Abb. 11.16e, f) gehören, wird Nektar in einem Kreis um das Blütenzentrum herum sezerniert. Während die Bestäuber diesen Kreis ablaufen (umwandern), beladen sie ihren Rücken in der frühen Blühphase mit Pollen (**nototribe** Einstäubung). In der späteren, rezeptiven Blühphase streifen sie den Pollen an den nun abgesenkten Narbenästen ab. Der **Abstand** zwischen den reproduktiven Oberflächen und dem Nektar ist für die Pollenübertragung auf den Tierkörper von entscheidender Bedeutung. Er beruht bei *Nigella* auf der Länge der Filamente und Karpelle und bei *Passiflora* auf der Bildung eines Androgynophors (▶ Abschn. 10.2.2). In beiden Fällen sind **Protandrie** (▶ Abschn. 9.6.6) und das **Absenken der Griffeläste** notwendige Voraussetzungen für erfolgreichen Pollentransfer.

— Bei den **Revolverblüten** (z. B. *Asclepias*; ◘ Abb. 11.60b) liegen die Nektarien in Kompartimenten vor (wie in einem Magazin), die **einzeln** von den Bestäubern aufgesucht werden. Mit dem notwendigen Abflug des Bestäubers nach dem Besuch eines Nektariums ist die Option verbunden, dass für die erneute Nektaraufnahme die Blüte eines anderen Individuums angeflogen wird, wodurch die Wahrscheinlichkeit einer Fremdbestäubung steigt.

Röhrenbildung und Coevolution

Vermutlich waren die Nektarien ursprünglich leicht zugänglich. Im Laufe der Evolution wurden sie vielfach parallel **in die Tiefe** verlagert – ein Prozess, der mit **Spezialisierung** und **Anpassung** bei beiden Partnern einherging (**Coevolution**):

— Auf Seiten der **Blüten** finden sich **stereomorphe Formen** wie Trichter-, Stielteller- und Röhrenblüten (◘ Abb. 11.11) oder spornartige Aussackungen einzelner Blütenorgane (◘ Abb. 11.17), die nur noch von Bestäubern mit entsprechend langen **Mundwerkzeugen** ausgebeutet werden können. Im **Pinselköpfchen** von *Calliandra surinamensis* (Fabaceae; ◘ Abb. 10.39c) liegt eine **arbeitsteilige Differenzierung** zwischen monoklinen Blüten mit kurzer Filamentröhre und **sterilen Nektarblüten** mit langer Filamentröhre vor. Die trichterförmigen Nektarblüten stehen in der Mitte, enthalten viel Nektar (Safthalterfunktion) und locken Bestäuber für den gesamten Blütenstand an.

— Auf Seiten der Bestäubertiere treten komplex gebaute **Saugrohre** (Saug-, Rollrüssel; ▶ Exkurs 11.3) oder **Pinselzungen** (Vögel, Fledertiere; ▶ Abschn. 11.6.6 und 11.6.7) auf, mit deren Hilfe tief geborgener Nektar erreichbar ist.

Coevolution von Blütenröhre und Saugrüssel

Die gegenseitige Anpassung von langröhrigen bzw. langspornigen Blüten und langrüsseligen Bestäubern gilt als **klassisches Beispiel** für Coevolution:

— Je tiefer der Nektar verborgen ist, umso attraktiver wird die Futterquelle für langrüsselige Bestäuber, da sie **ohne Konkurrenz** durch kurzrüsselige Besucher die Blüten alleine ausbeuten können.

— Je blütensteter und spezialisierter ein Bestäuber ist, umso **präziser** erfolgt die Pollenübertragung und damit der Nutzen, den die Blüte aus dem Blütenbesuch zieht.

Ist der Saugrüssel deutlich länger als die Blütenröhre, kann es zur Ausbeutung des Nektars kommen, ohne dass die reproduktiven Oberflächen berührt werden. Es liegt dann ein **Selektionsdruck** auf der Blüte, die **Röhre zu verlängern**. Wird der **Abstand zum Nektar** dabei für den ursprünglichen Bestäuber zu groß, muss dieser seine Futterpflanze wechseln oder seine **Rüssellänge** an die Röhrenverlängerung anpassen, um die Nahrungspflanze weiterhin nutzen zu können. Im Laufe der Coevolution könnten sich auf diese Weise die Körperproportionen von Blüten und Bestäubern immer wieder gegenseitig aufeinander **abgestimmt** haben (Nilsson 1988).

Möglicherweise üben **Krabbenspinnen** (◘ Abb. 8.63e), die auf der Blüte sitzen und auf Beute lauern, einen weiteren Selektionsdruck auf die Verlängerung der Saugrüssel aus. Schwärmer, die die Blüte im **Schwirrflug** ausbeuten und sich nicht auf die Krone setzen müssen, sind für die Räuber schlechter zu orten und daher vor deren Angriffen sicherer (Wasserthal 1997).

Darwins Vorhersage

Die längsten Saugrüssel besitzen die **Schwärmer**, die durch die legendäre Voraussage Darwins populär geworden sind. Als Darwin (1862) erstmals den etwa 30 cm langen Sporn der madegassischen Orchidee *Anagraecum sesquipedale* sah, der für alle damals bekannten Falter Madagaskars viel zu lang war, sagte er die Existenz eines Schwärmers mit einer Rüssellänge von etwa 25 cm voraus. Tatsächlich wurde knapp 40 Jahre später ein passender Nachtfalter gefunden, der neben seinem Artnamen *Xanthopan morgani* den Beinamen *praedicta*, der „Vorhergesagte", erhielt. Mit einer Rüssellänge von über 22 cm kommt er als Bestäuber infrage. Dies wurde im Labor nachgewiesen (Wasserthal 1997), aber noch nicht im Freiland beobachtet.

Beispiel *Lapeirousia* und langrüsselige Fliegen

Ein eindrucksvolles Beispiel für die gegenseitige Anpassung von Blüten und Bestäubern liefert die Gattung *Lapeirousia* (**Iridaceae**), die mit über 40 Arten in Süd-

◘ Abb. 11.17 **Morphologische Diversität von Nektarspornen und langröhrigen Blüten. a, b,** Kapuzinerkresse (Tropaeolaceae). **a,** *Tropaeolum majus.* Seitenansicht der Blüte. **b,** *T. bicolor.* Längsschnitt durch die Blüte mit Receptacularsporn. **c,** Rühr-mich-nicht-an (*Impatiens niamniamensis*, Balsaminaceae). Kelchsporn. **d,** Akelei (*Aquilegia*, Ranunculaceae). Vogelblütige Art mit spornförmigen Nektarblättern. **e,** Echtes Leinkraut (*Linaria vulgaris*, Plantaginaceae). Corollasporn. Maskenblüte mit ‚Antherenattrappe' auf der aufgewölbten Unterlippe. **f,** Grüne Waldhyazinthe (*Platanthera bifolia*, Orchidaceae). Perigonsporn (*), etwa doppelt so lang wie der gedrehte Fruchtknoten (Pfeil). **g,** Knabenkraut (*Orchis*, Orchidaceae). Perigonsporn ohne Nektar (Täuschblume). **h,** Gewöhnlicher Feldrittersporn (*Consolida regalis*, Ranunculaceae). Spornförmiges Nektarblatt. Zygomorphe Blüte mit Ähnlichkeit zu einer Orchidee. **i,** *Oenothera*-Arten (Onagraceae) mit unterschiedlich langen Hypanthialröhren. Links: *O. macrocarpa* (Röhre: 10 cm). Rechts: *O. biennis* (4 cm). (© R. Claßen-Bockhoff, Mainz)

afrika vorkommt (Goldblatt et al. 1995). Die meisten Arten sind kurzröhrig und werden von kurzrüsseligen Bienen bestäubt (◘ Abb. 11.18: orange). Sechzehn Arten weisen jedoch Blütenröhren von über 17 mm auf und werden je nach Länge von mittel- bis **langrüsseligen Fliegen** bestäubt.

Goldblatt et al. (1995) rekonstruierten die Evolution fliegenbestäubter Arten und fanden verschiedene **Merkmalssyndrome**, die sich in Blütenfarbe, Duft, Röhrenlänge und Bestäubertaxa unterschieden (◘ Abb. 11.18). Ausgehend vom ursprünglichen ***Lapeirousia divaricata*-Typ** (acht Arten; orange), dessen Vertreter von kleinen

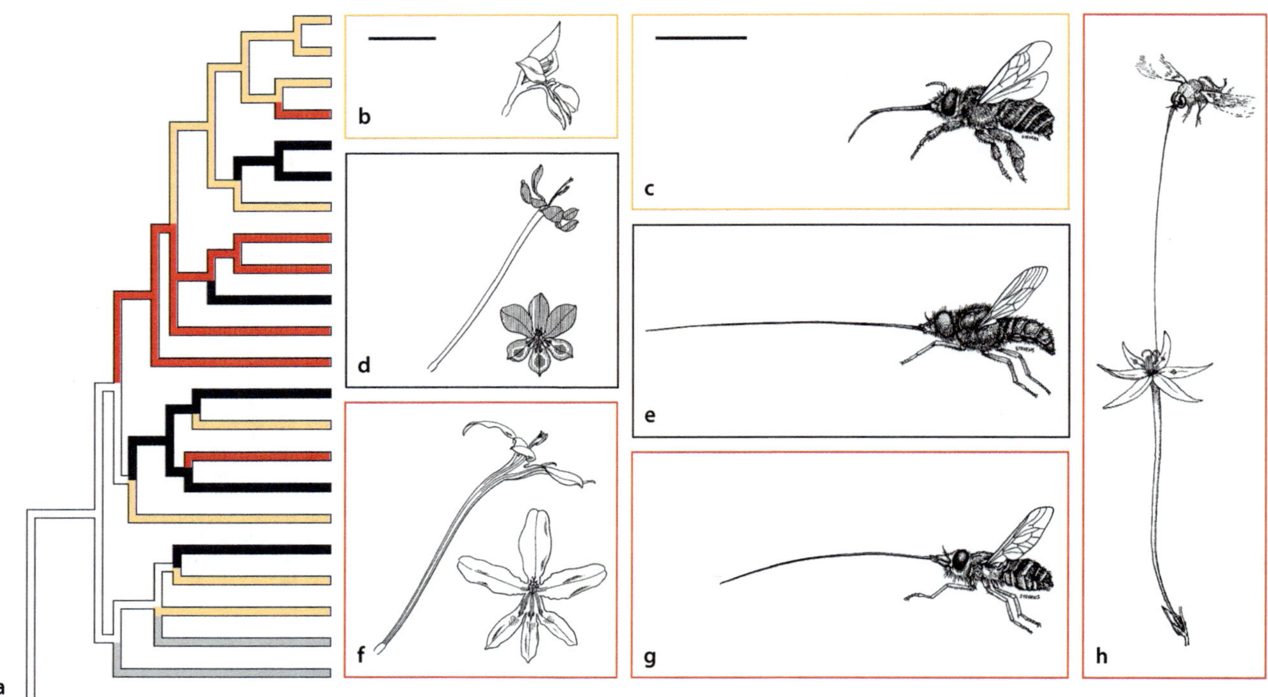

Abb. 11.18 Bestäuberdivergenz bei *Lapeirousia* (Iridaceae). **a**, Phylogenie mit farblich gekennzeichneten Blüten- bzw. Bestäubergruppen. Weiß: keine eindeutige Zuordnung. Orange: *L. divaricata*-Typ. Schwarz: *L. silenoides*-Typ. Rot: *S. fabricii*-Typ. Grau: Schwärmerblumen. **b, c,** *L. divaricata* und *Anthophora diversipes* (Apidae). **d, e,** *L. silenoides* und *Prosoeca peringueyi* (Nemestrinidae). **f–h,** *L. fabricii* und *Philoliche gulosa* (Tabanidae: **g**) bzw. *Megistorhynchus longirostris* (Nemestrinidae: **h**). Maßstab Blüten: 2 cm. Maßstab Insekten: 1 cm. (© **h**: Vogel 1954. **a–g**: zusammengestellt nach Goldblatt et al. 1995)

Bienen, Fliegen und Motten bestäubt werden, haben sich **mehrfach parallel** langröhrige Blüten entwickelt. Vertreter des *L. silenoides*-Typ (sechs Arten; schwarz) werden ausschließlich von langrüsseligen Fliegen (3–4 cm Rüssellänge) der Gattung *Prosoeca* (Nemestrinidae) bestäubt, die des *L. fabricii*-Typs (sechs Arten; rot) sind dagegen eng mit *Megistorhynchus* (Nemestrinidae) und *Philoliche* (Tabanidae) assoziiert. Die Fliegen haben Mundwerkzeuge von mindestens 30 mm Länge.

Den längsten Rüssel von 60–70 mm (!) hat die Netzfliege *Megistorhynchus longirostris* (Nemestrinidae), die *Lapeirousia anceps* (76 mm Röhrenlänge) bestäubt (Abb. 11.18g und 11.19h). Da die Rüssel nicht eingeklappt werden können, beuten die Fliegen ihre Futterpflanzen im Schwirrflug aus. Male am Blüteneingang unterstützen das Einfädeln des langen Rüssels in die enge Röhre (Abb. 11.7g und 11.18h).

Exkurs 11.3 Mundwerkzeuge Blüten besuchender Insekten

Die Mundwerkzeuge der **Insekten** bestehen aus der **Oberlippe** (Labrum) und drei **paarig angelegten Gliedmaßen**. Die folgenden Informationen stammen überwiegend aus Kugler (1970) und Barth (1982):

- Die beiden **Mandibeln** bilden den **Oberkiefer** (Abb. 11.19a: Ok). Sie sind primär **zangenartig** gestaltet und ermöglichen eine **kauend-beißende** Nahrungsaufnahme (Käfer). Bei Insekten, die überwiegend Flüssigkeiten aufnehmen, sind die Mandibeln stark rückgebildet (Schmetterlinge) oder fehlen gänzlich (Schwebfliegen).

- Die beiden **Maxillen** bilden den **Unterkiefer** (Uk). Jede Maxille besteht aus einem Hauptglied, das seitlich einen fühlerartigen Kiefertaster (Kt) und an der Spitze zwei als Laden bezeichnete Fortsätze (Ld) trägt. Bei den Schmetterlingen bilden die äußeren Laden (Abb. 11.19d: äL) einen langen Rollrüssel, während die Innenladen reduziert sind.

- Das **Labium** bildet die **Unterlippe** (Abb. 11.19a: Ul). Es ist paarig angelegt, aber an der Basis verwachsen, sodass nur die letzten Segmente paarig vorliegen. Es besteht von außen nach innen aus den beiden Lippentastern (Lt), den zwei Nebenzungen (Nz, Paraglossen) und der zweiteiligen Zunge (Zu, **Glossa**).

Ausgehend von dem grundsätzlich einheitlichen Bau der Mundwerkzeuge, haben sich in **Anpassung an die Blütennahrung** sehr unterschiedliche Beißwerkzeuge, Leck- und Saugrüssel entwickelt:

- Blüten besuchende Käfer, Schwebfliegen und basale Bienengruppen besitzen meist **kurze Mundwerkzeuge**. Bei den **Blüten besuchenden Käfern** sind die Mandibeln meist **zangenartig** gestaltet und die Paraglossen und Glossen mit **Haarbüscheln** versehen, die dem Aufschaufeln von Pollen (und, selten, der kapillaren Aufnahme von Nektar) dienen. Bei kleinen Fliegen und einigen **Schwebfliegen** (Syrphidae) bilden Maxillen und Labium zusammen einen kurzen **Leck-Saugrüssel** von etwa 1 mm Länge, mit dem Nektar abgetupft werden kann (Abb. 11.19b). Bei Pflanzenwespen und Stechimmen (Tab. 11.10) sind die Glossen verwachsen und dienen zusammen mit den Paraglossen dem Auflecken von Nektar.
- **Größere** und langrüsselige Fliegen (einige Schwebfliegen, Wollschweber, Bombyliidae; Abb. 11.41b) bilden Saugrüssel von 6–12 mm Länge, mit denen auch tiefer liegender Nektar ausgebeutet werden kann. Vertreter der Bremsen (Tabanidae) und Netzfliegen (Nemestrinidae) erreichen **Saugrüssel** von erheblicher Länge mit Maximalwerten von bis zu 47 mm (*Philoliche rostrata*, Tabanidae) oder sogar 70 mm (*Megistorhynchus longirostris*, Nemestrinidae; Abb. 11.19h; Kugler 1970; Vogel 1954). Der Rüssel bildet sich vor allem aus der stark gestreckten Unterlippe (Labium) und den ebenfalls verlängerten Lippentastern. Die meisten langrüsseligen Fliegen beuten die Blüten im **Schwirrflug** aus. Auf diese Weise kann der lange Rüssel, der bei Bombyliden und Tabaniden nicht einklappbar ist, gerade in die Blüte eingeführt werden (Abb. 11.18h und 11.41a–c).
- Im Laufe der Evolution der **Hautflügler** (Hymenoptera) ist Nektar zu einem immer wichtigeren Nahrungsmittel geworden. Entsprechend haben sich die Mundwerkzeuge **angepasst** und bei den höchstentwickelten Gruppen, den **Bienen** (Apoidea), einen **Saugrüssel** (**Proboscis**) beachtlicher Länge entwickelt (Abb. 11.19c). Dieser besteht im Wesentlichen aus einer Schiene aus Unterkiefer- und Unterlippenelementen, in der die Zunge (Glossa) geführt wird. Die Zunge wird beim Nektartrinken **herausgestreckt** und verkürzt damit den **Abstand** zwischen Nektarquelle und Kopf. Der Nektar wird kapillar von **Haaren** aufgeleckt und dann mittels einer ‚Saugpumpe' hochgezogen.

Der Saugrüssel misst bei der Furchenbiene (*Halictus*) 1,5–6 mm, bei der Honigbiene (*Apis mellifera*) 6,5 mm und bei Pelzbienen (*Anthophora*) 19–21 mm. Innerhalb der Gattung *Bombus* (Hummeln) variiert seine Länge von knapp 8–9 mm (Erdhummel, *Bombus terrestris*) bis 14–16 mm (Gartenhummel, *B. hortorum*; alle Angaben nach Barth 1982). Die längsten Saugrüssel unter den Bienen haben die südamerikanischen **Prachtbienen** (Euglossini), die 20–30 mm erreichen und in Ruhestellung unter den Körper geklappt werden (Abb. 11.19f, k).

Insgesamt sind die Unterschiede in der Rüssellänge verschiedener Bienenarten beträchtlich und spielen bei der **Spezialisierung** auf bestimmte Futterpflanzen eine bedeutende Rolle.

- Der **Rollrüssel** der **Falter und Schwärmer** ist ein Saugapparat, der im Wesentlichen aus den beiden Laden des Unterkiefers besteht (Abb. 11.19d). Er wird **aktiv** durch Einpressen von Hämolymphe in die schräg gestellte Muskulatur entrollt und **passiv** durch Aufhebung der elastischen Verformung wieder eingerollt (Prinzip der Stahlfeder). Er ist bei einheimischen Tagfaltern bis 20 mm und bei einheimischen Schwärmern bis 80 mm lang. Wesentlich längere Saugapparate treten bei tropischen Schwärmern auf, z. B. bei *Cocytius clentius* mit bis zu 250 mm langen Rüsseln (Abb. 11.19g).
- Bei **Käfern** treten sehr selten verlängerte Mundwerkzeuge oder sogar Saugrüssel auf (Abb. 11.19e). Diese ähneln morphologisch dem Rollrüssel der Falter, können aber nicht ein- und ausgerollt werden.

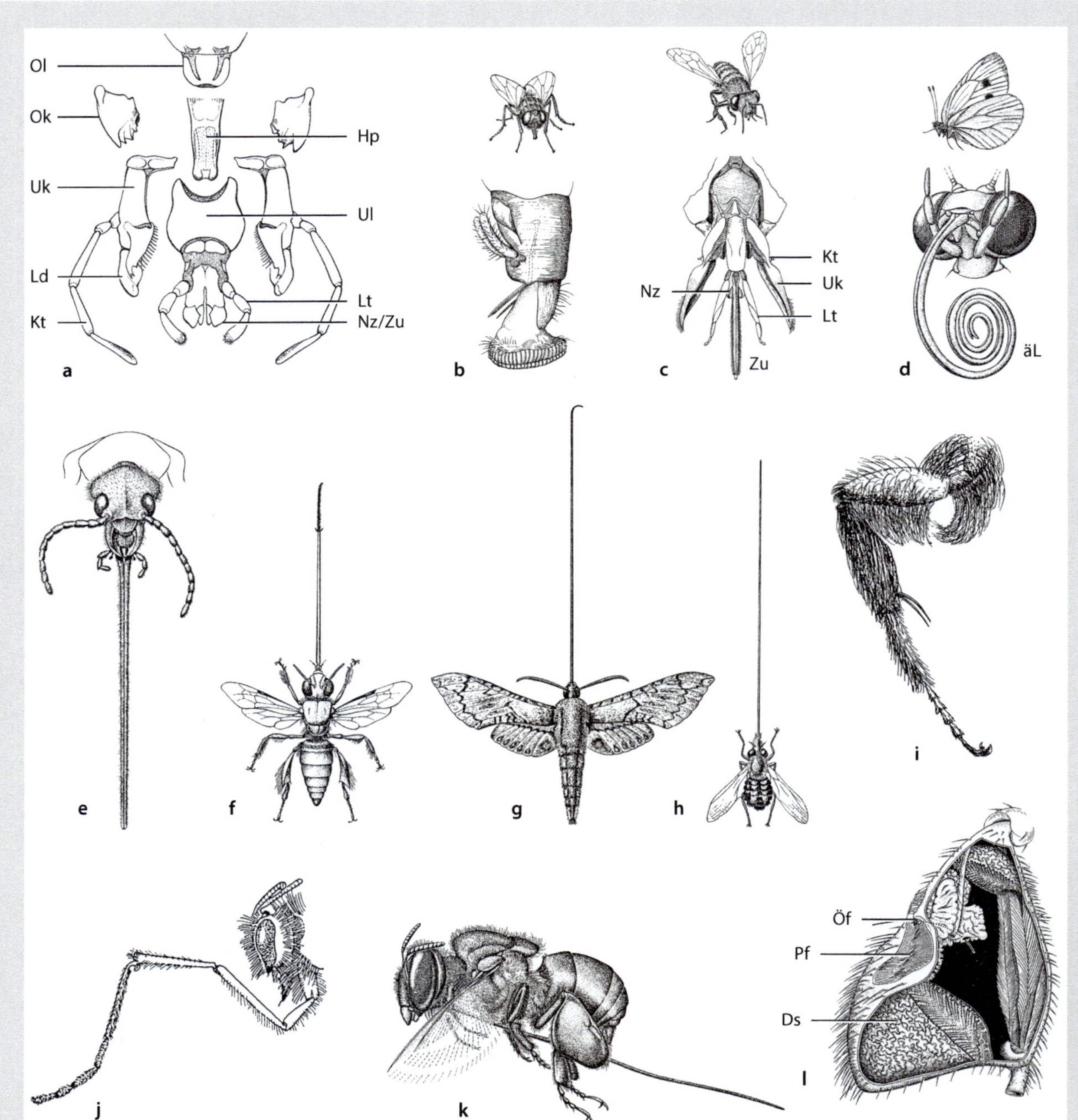

Abb. 11.19 Mundwerkzeuge und Sammelbeine von Blüten bestäubenden Insekten. a–h, Mundwerkzeuge. a, Ursprünglicher kauend-beißender Bau (Beispiel Küchenschabe). Hp, Hypopharynx. Kt, Kiefertaster. Ld, äußere und innere Lade. Lt, Lippentaster. Nz, Nebenzunge (Paraglossa). Ok, Oberkiefer (Mandibel). Ol, Oberlippe (Labrum). Uk, Unterkiefer (Maxille). Ul, Unterlippe (Labium). Zu, Zunge. **b,** Leckrüssel. Stubenfliege (*Musca domestica*). **c,** Saugrüssel. Honigbiene (*Apis mellifera*). **d,** Rollrüssel. Kohlweißling (*Pieris brassicae*). äL, äußere Lade. **e–h,** Besonders lange Saugrüssel. **e,** *Nemognatha* (Ölkafer, Meloidae). **f,** Prachtbiene (*Euglossa cordata*, Euglossini). **g,** Schwärmer (*Cocytius antaceus*, Sphingidae). **h,** Netzfliege (*Megistorhynchus longirostris*). **i–l, Sammelbeine. i,** Sandbiene (*Andrena fulva*). Hinterbein mit Borsten und dichter Behaarung zum Pollentragen. **j,** *Rediviva embeorum*. Stark verlängerte Vorderbeine zum Ölsammeln. **k,** Männliche Prachtbiene (Euglossini) mit vergrößerter Hinterschiene zum Parfümsammeln (Saugrüssel im Flug nach hinten geklappt). **l,** Längsschnitt durch Hinterschiene mit dicht behaartem Duftschwamm (Ds, teilweise entfernt). Öf, Öffnung. Pf, Pfanne zur Aufnahme des Duftstoffes. (© **a–h, k, l:** aus Barth 1982 (a–d, nach Jacobs und Renner 1974; Kükenthal und Renner 1980. **e,** nach Meeuse 1961. f–h, nach Schremmer 1969. k, nach Heinrich 1979. l, nach Vogel 1966). **i:** Kugler 1970. **j:** Vogel 1984)

Volumen und Zuckerkonzentration des Nektars

Der **Energiegehalt** (Nährwert) des Nektars ergibt sich aus der **Menge** des Nektars in einer Blüte und dessen **Zuckerkonzentration**. Er wird in Milligramm Saccharose (Sucrose) angegeben, wobei 1 mg etwa 3,75 Kalorien liefert (Bolten et al. 1979; McKenna und Thomson 1988). Die Nektarproduktion pro Tag und Blüte **variiert** erheblich. Eine Lindenblüte (*Tilia*, Malvaceae) bildet knapp 2 mg Nektar pro Blüte und Tag, eine Blüte von *Asclepias cornuti* (Apocynaceae) über 5 mg. Demgegenüber erzeugt eine Einzelblüte des etwa 1000 Blüten umfassenden Köpfchens der Goldrute (*Solidago canadensis*) weniger als 1 µg Nektar/Tag.

Nektarvolumen

Das Nektarvolumen einer Blüte kann mit skalierten Mikrokapillaren gemessen werden. Je nach Fragestellung misst man die *standing crop*, das ist die durchschnittliche Menge an Nektar in einer Population, die den Bestäubern zu einer bestimmten Zeit zur Verfügung steht, oder man führt **Einzelmessungen** durch. Zu diesem Zweck werden alte Knospen oder zuvor entleerte Blüten mit einem Säckchen abgebunden, sodass kein Bestäuber an den Nektar gelangen kann (◾ Abb. 11.20d). Dann werden Nektarvolumen und Zuckerkonzentration zu einer bestimmten Tageszeit oder nach festgelegten Zeitintervallen gemessen.

Die Nektarproduktion kann einem bestimmten **Sekretionsrhythmus** folgen, der mit der **Blühphase** oder Position der Blüte im Blütenstand korreliert (▶ Abschn. 11.5.2). Bienen **erlernen** den Rhythmus ihrer Futterpflanze und richten ihr Verhalten danach aus (▶ Abschn. 9.6.6). Die Pflanze kann durch Ort und Zeitpunkt der Nektarproduktion ihre Bestäuber so lenken, dass sie die Blüten einer Infloreszenz in der für Fremdbestäubung geeigneten Reihenfolge anfliegen.

Nektar wird **nur einmal** sezerniert oder bei Bedarf **nachproduziert**. Die Fähigkeit, Nektar nachzuliefern, ist besonders für solche Blüten wichtig, deren Nektar durch seitliches Anstechen der Kronröhre von **Nektardieben** geraubt wird (◾ Abb. 11.42k). Andauernde Nektarproduktion schwächt die Pflanze, und häufiger Nektarraub kann die Fitness der Pflanze negativ beeinträchtigen (Surina et al. 2024). Studien belegen jedoch auch, dass Nektarraub keinen oder sogar einen positiven Effekt auf das Reproduktionssystem der Pflanze haben kann (Maloof und Inouye 2000, Irwin et al. 2010).

Zuckerkonzentration

Die Zuckerkonzentration des Nektars wird im Gelände mit einem **Handrefraktometer** bestimmt, mit dem die Dichte der Nektarlösung gemessen wird (◾ Abb. 11.20a). Diese unterscheidet sich je nach Bestäubergruppe und wird von äußeren Gegebenheiten, vor allem der Temperatur, beeinflusst:

- **Bienenblumen** weisen durchschnittlich 30–50 % Zucker im Nektar auf. Bei höherer Konzentration (z. B. bei der Rosskastanie ≤ 70 %) ist der Nektar so zähflüssig, dass er mit Speichel verdünnt werden muss.
- **Motten** und **Schmetterlinge** beuten nur Blüten mit einer Zuckerkonzentration von 15–25 % im Nektar aus. Mit ihren Rollrüsseln können sie keinen zähflüssigen Nektar aufnehmen.
- Noch wässriger ist der Nektar der meisten **Vogelblumen**, der nur 5–25 % Zucker aufweist (Johnson und Nicolson 2008). Er wird meist in großen Mengen (> 10 µl bis Milliliterbereich) produziert und dient den Vögeln nicht nur als Energielieferant, sondern auch als **Durstlöscher**. Da die Vögel außer Nektar auch Insekten, Spinnen, Pollen und Früchte aufnehmen, sind sie nicht so stark vom Energiegehalt des Nektars abhängig wie manche Insekten (▶ Abschn. 11.6.6).

Konzentration und **Menge** des Nektars beeinflussen unmittelbar das **Futtersuchverhalten** der Bestäubertiere und tragen zum Verhältnis von **Selbst-** und **Fremdbestäubung** bei (▶ Abschn. 9.6.6). Bietet die Blüte wenig Nektar an, ist sie nicht attraktiv, und Bestäuber bleiben aus. Bietet sie reichlich Energie an, trinkt der Besucher lange an der Blüte und fliegt dann zum Nest, ohne weitere Blüten aufzusuchen. Im günstigsten Fall produziert die Pflanze **gerade so viel** Nektar, dass Bestäuber angelockt, aber nicht vollständig befriedigt werden. Das ist bei zahlreichen Bienenblumen der Fall, die hochkonzentrierten Nektar in kleinen Mengen (0,1 µl-Bereich) anbieten und den Bestäuber dazu bringen, zahlreiche Blüten hintereinander anzufliegen. **Architektur** und **Aufblühfolge** des Blütenstandes unterstützen dabei das Verhältnis von Selbst- und Fremdbestäubung (▶ Abschn. 9.6.5).

■ **Abb. 11.20 Blütenbiologische Arbeit im Gelände. a–c,** Nektarmessungen mit einem Handrefraktometer. **a,** Ablesen und protokollieren des Zuckergehaltes im Nektar. **b,** Handrefraktometer mit Messprisma. **c,** Anzeige von knapp 7 % Sucrose. **d,** Abbindeexperimente an *Chaerophyllum bulbosum*, Apiaceae. **e,** Duftaufsammlung zur späteren Analyse an *Salvia viridis*. Türkei. **f,** Fotografische Dokumentation. (© **a–e**: R. Claßen-Bockhoff, Mainz. **f**: Zhang-Bo, Mainz/Lanzhou. Mit freundlicher Genehmigung)

11.3.3 Fettes Öl

Fette Öle wurden erst Mitte der 1970er-Jahre als hochwertiges Brutfutter bestimmter Bienenarten entdeckt (Vogel 1974, 1986, 1990). Die Öle werden meist mit Pollen vermischt, zu Klumpen geformt und mit je einem Ei belegt. Das so entstandene **Larvenbrot** ist proteinreich und achtmal kalorienreicher als Nektar. Darüber hinaus werden Öle dazu verwendet, erdnahe Brutzellen vor Feuchtigkeit zu schützen.

Ölblumen und **Öl sammelnde Bienen** repräsentieren ein eindrucksvolles Beispiel für mehrfach **parallel** erfolgte **Coevolution**. Die mutualistische Beziehung zwischen den beiden Partnern hat sich unabhängig voneinander in Südamerika, Südafrika und der Holarktis (Nordamerika-Eurasien) entwickelt. In nicht näher verwandten Pflanzenfamilien und Bienengruppen sind dabei gleichartige Lockstoffe und Sammelstrukturen entstanden.

Öl sammelnde Bienen

Fette Öle werden im Unterschied zum Nektar mit den **Beinen** gesammelt. Entsprechend bieten die Blüten oft **paarige Ölgewebe** an. Diese werden mit kapillarenSaugquasten aus Chitinhaaren (Ölkollektoren) ausgebeutet, die je nach Bienengruppe an verschiedenen Beinpaaren liegen. Das Ölsammeln leitet sich vermutlich vom **Pollensammeln** ab. Fette Öle werden nur von **weiblichen Solitärbienen** weniger Gattungen gesammelt und in speziellen Ölsammelbehältern an den Hinterbeinen transportiert. Die Männchen besitzen keine Ölkollektoren. Beide Geschlechter ernähren sich von Nektar und Pollen; Öl wird ausschließlich für die Brut genutzt.

Bislang sind ca. 400 Bienenarten aus elf Gattungen und zwei Bienenfamilien als Ölsammlerinnen bekannt (■ Tab. 11.6; Zusammenfassung nach Weber et al. 2019). Innerhalb der **Melittidae** (16 Gattungen, ca. 200 Arten) haben sich zwei Gattungen auf das Sammeln von Öl spezialisiert: die holarktisch verbreiteten Schenkelbienen (*Macropis*, 16 Arten), die das Öl mit den Vorder- und Mittelbeinen sammeln, und die auf Südafrika beschränkte Gattung *Rediviva* (26 Arten), die nur mit den Vorderbeinen sammelt. Innerhalb der **Apidae** gehören die Öl sammelnden Bienen verschiedenen Triben der Unterfamilie Apinae an (■ Tab. 11.10). Mit Ausnahme der Gattung *Ctenoplectra* (16 Arten) sind alle Öl sammelnden Apiden in der Neotropis heimisch. Die wichtigste Bestäubergruppe ist mit etwa 230 Arten die Gattung *Centris*.

Ölblumen

Alle Ölblumen stimmen darin überein, dass sie fette Öle als Lockmittel anbieten, die vermutlich ursprünglich **Ausscheidungsprodukte** darstellten. Bei den Ölen handelt es sich nicht um ätherische Öle (▶ Abschn. 11.2.1), sondern um chemisch heterogene **Mono- und Diglyceride** mit schlechter Wasserlöslichkeit. Die Öle werden in speziellen **Drüsengeweben**, den **Elaiophoren** (▶ Abschn. 7.6.2), produziert und in **Tröpfchenform** abgeschieden. Man unterscheidet Epithel- und Trichom-Elaiophoren:

- Bei den **Epithel**-Elaiophoren sezerniert die **Epidermis** Öle und reichert diese unter der Cuticula an. Die Cuticula zerreißt und die Öle werden auf der Geweboberfläche präsentiert oder sie wird durch die Abstreifbewegung der Bienenbeine aufgebrochen (z. B. Malpighiaceae, Orchidaceae).
- Bei den **Trichom**-Elaiophoren wird das Öl von einem Polster aus **Drüsenhaaren** sezerniert (z. B. Iridaceae, Plantaginaceae, Scrophulariaceae ■ Abb. 11.22g, Solanaceae ■ Abb. 11.21g: Pfeil).

Ölblumen sind von ca. 1800 überwiegend neotropischen Arten aus elf Familien und 75 bis 80 Gattungen bekannt (■ Tab. 11.6). Phylogenetische Daten deuten darauf hin, dass Ölblumen mindestens 28-mal **unabhängig** voneinander **entstanden** sind (Renner und Schaefer 2010). Interessanterweise produzieren Ölblumen trotz fehlender Verwandtschaft **chemisch ähnliche Öle** und locken ihre Bestäuber auch mit dem **gleichen Duftstoff** an (Diacetin; Schäffler et al. 2015). Elektrophysiologische Messungen haben gezeigt, dass **nur Öl sammelnde Bienen** auf diesen Lockstoff reagieren, der damit zu einem sehr **spezifischen** Merkmal der **Kommunikation** zwischen Ölblumen und Ölsammlerinnen wird.

Ölblumen sind häufig entstanden, aber auch bis zu 40-mal **wieder verloren** gegangen (Renner und Schaefer 2010). Letzteres deutet darauf hin, dass eine zu enge Abhängigkeit der Pflanzen von Öl sammelnden Bienen eine Bürde sein kann, die schnell evoluierende Sippen daran hindert, neue Lebensräume zu erschließen. Selektion gegen Öl als Lockstoff (**Despezialisierung**) könnte diesen Engpass beheben.

Beispiel Südamerika: Malpighiaceae und *Centris*

Die überwiegende Mehrheit aller Ölblumen (ca. 1450 Arten) kommt in den Neotropen vor und ist mit der Bienengattung *Centris* assoziiert. Die größte Gruppe (≥ 800 Öl produzierende Arten) bilden die **Malpighiaceae**

◘ Tab. 11.6   Ölblumen und Öl sammelnde Bienen. Zusammengestellt nach Weber et al. (2019 und Literatur darin). Videos zum Thema: Vogel 2002

Pflanzenfamilie	Pflanzengattung (Auswahl)	Bienengattung (Auswahl)	Bienenfamilie
Neotropis			
Calceolariaceae	*Calceolaria*	*Centris, Chalepogenus, Tapinotaspis*	Apidae-Apinae-Centridini
Krameriaceae	*Krameria*	*Centris*	
Malpighiaceae	*Stigmaphyllon*	*Centris*	
Plantaginaceae	*Angelonia* *Basistemon* *Monopera*	*Centris* *Paratetrapedia* *Caenonomada*	
Solanaceae	*Nierembergia*	*Centris, Tapinotaspis*	
Iridaceae	*Cypella*	*Centris*	
Orchidaceae	*Oncidium*	?	
Palöäotropis			
Cucurbitaceae	*Momordica*	*Ctenoplectra*	Apidae-Apinae-Ctenoplectrini
Holarktis			
Primulaceae	*Lysimachia*	*Macropis*	Melittidae
Südafrika			
Iridaceae	*Tritoniopsis*	*Rediviva*	Melittidae
Orchidaceae	*Pterygodium*		
Scrophulariaceae	*Diascia*		
Stilbaceae	*Ixianthes*		

(◘ Abb. 11.21a–c). Die Blüten produzieren Öl, das meist in vier paarigen Epithel-Elaiophoren auf der Unterseite der Kelchblätter angeboten wird (◘ Abb. 11.21c). Die Bienen landen auf der Blüte und halten sich mit ihren Mandibeln am Nagel des kräftigsten Blütenblattes fest. Das Öl sammeln sie mit ihren Vorder- und Mittelbeinen, die mit spatelförmigen Chitinborsten ausgerüstet sind und das Öl aus den Cuticularblasen herausquetschen und abschaben. Von hier wird das Öl zu den Hinterextremitäten transportiert, die mit kapillar wirksamen Haaren ausgestattet sind, und als Ölballen ('Höschen') ins Nest geschafft. Während des Ölsammelns werden die Bienen mit Pollen eingestäubt, den sie auf die Narbe der nächsten Blüte übertragen.

Die **Pantoffelblumen** (*Calceolaria*; ◘ Abb. 11.21d–f) stellen mit knapp 200 Arten die zweitgrößte Gruppe. Sie werden von *Centris*-Arten der Untergattung *Paracentris* bestäubt, die nur an den Vorderbeinen Ölkollektoren aufweisen. Die Beschränkung der Sammelaktivität auf die Vorderbeine passt zur Blütenkonstruktion, die ein Polster von Öl sezernierenden Haaren (Trichom-Elaiophoren) auf der Innenseite der charakteristisch eingewölbten Unterlippe besitzt (◘ Abb. 11.21d). Die Bienen tasten das Polster mit ihren Vordertarsen ab und werden dorsal mit Pollen belegt.

Ebenfalls nur mit den Vorderbeinen werden die Blüten der Gattung **Angelonia** (Plantaginaceae) ausgebeutet. Sie weisen Elaiophoren in zwei schalenförmigen Ausbuchtungen auf der Unterseite der Blütenröhre auf (◘ Abb. 11.21h). Bei *A. tomentosa* wird der Zugang zum Öl (◘ Abb. 11.2g: Pfeil) von einem auffälligen weißen Unterlippenauswuchs markiert, der mit gelb glänzenden Drüsenhaaren bedeckt ist. Die Funktion dieser Struktur als Leitschiene oder Duftemittor ist unbekannt.

Beispiel Europa: *Lysimachia* und *Macropis*

Das einzige Beispiel für Ölblumen in Europa liefert die holarktisch verbreitete Gattung **Lysimachia** (Gilbweiderich), deren Arten (*L. nummularia, L. punctata, L. vulgaris*; ◘ Abb. 11.22a–c) von Schenkelbienen der Gattung **Macropis** (◘ Tab. 11.10) bestäubt werden. Die Bienen landen auf der zentralen Staubblattröhre und bestäuben

■ **Abb. 11.21   Ölblumen der Neotropis. a–c,** Malpighiacee. **a, b,** *Malpighia coccigera.* Paarige Elaiophoren (hellgrün) an den Kelchblättern, Kronblätter genagelt. **a,** Ansicht von oben. **b,** Unterseite. **c,** *Centris trigonoides* an *Stigmaphyllon littorale.* Festhalten mit den Mandibeln, Ausquetschen des Öls mit Vorder- und Mittelbeinen, kapillare Haare an Hinterschienen. **d–f,** Pantoffelblumen (*Calceolaria,* Calceolariaceae). **d,** *Centris autrani* an *C. schickendanziana.* Absammeln des Öles mit den Vorderbeinen und Einstäubung auf der Dorsalseite (Pfeil). **e,** *Calceolaria*-Art mit charakteristischen, pantoffelförmigen Blüten. Tunari NP, Bolivien. **f,** *C. glandulosa.* Rio Carillo NR, Chile. **g, h,** *Angelonia tomentosa* (Plantaginaceae). Chiapada Diamantina, Brasilien. **g,** Blick in die offene Blüte mit zwei grünlichen Drüsenfeldern am Grund (Pfeil) und gelber Behaarung im Eingangsbereich. **h,** Blüte von unten, die paarigen Aussackungen erkennbar. **i,** *Cypella herbertii* (Iridaceae). Ölführende Furche an den umgeschlagenen inneren Perigonblättern (Pfeil). (© **c, d:** Vogel 1974. **e,** P. Wester, Mainz. Alle übrigen Fotos: R. Claßen-Bockhoff, Mainz)

die innen liegende Narbe mit Fremdpollen, der an ihrer Bauchseite haftet. Sich ringsum drehend tupfen sie mit vier Beinen das Drüsenhaarpolster auf der Außenseite der Staubblattröhre ab. Dabei werden sie ventral mit Pollen beladen, den sie sogleich mit dem Öl zu einer Larvenpaste vermischen. Pollen, der nicht abgesammelt wird, steht für die Bestäubung der Blüten zur Verfügung.

Beispiel Südafrika: *Diascia* und *Rediviva*

Das berühmteste Beispiel südafrikanischer Ölblumen liefert die Gattung **Diascia** (ca. 50 Arten, Scrophulariaceae; ■ Abb. 11.22e–g), die auch als Zierpflanze (Elfensporn) in Europa kultiviert wird. Die zygomorphen Blüten besitzen **zwei Sporne**, an deren Grund sich die Ölfelder befinden. Bestäuber sind Bienen der Gattung *Rediviva* (■ Tab. 11.6), die sich mit allen Arten (ca. 20) auf das Ölsammeln spezialisiert hat. Die Tiere beuten das Öl mit ihren Vorderbeinen aus, die sie bereits im Anflug nach vorn ausstrecken und dann der Länge nach in die Sporne einführen.

Die Sporne variieren beträchtlich in ihrer Länge und reichen von etwa 5 mm (*D. rigenscens*) bis 25 mm (*D. longicornis*). Ähnlich wie bei *Lapeirousia* (■ Abb. 11.18) sind kurzspornige *Diascia*-Blüten mit kurzbeinigen Bienen und langspornige Blüten mit langbeinigen Bienen assoziiert (Steiner und Whitehead 1990; Hollens et al. 2017). Die längsten Beine (15 mm) weist *R. embeorum*, der Bestäuber von *Diascia longicornus*, auf (■ Abb. 11.19j; Vogel 1984; Vogel und Michener 1985).

Rediviva ist die einzige südafrikanische Bienengattung, die fette Öle sammelt. Sie bestäubt neben *Diascia* auch Ölblumen anderer Familien, z. B. der Orchideen (■ Abb. 11.22d, ■ Tab. 11.6). Pauw (2006) zeigte, dass allein *R. peringueyi* 15 verschiedene Orchideenarten bestäubt. Da die Pollinarien (▶ Exkurs 11.4) der einzelnen Arten an artspezifisch verschiedenen Stellen am Insektenkörper angeheftet werden, kann die Biene mehrere Arten nacheinander bestäuben, ohne dass Pollen vermischt würde (mechanische Isolation; ▶ Exkurs 11.9).

11.3.4 Parfüm

Parfüm als Lockstoff von Blüten ist erst seit den 1960er-Jahren bekannt. Wie bei den Ölblumen war es Stefan Vogel (1963b, 1966), der den Zusammenhang zwischen Parfümblumen und Parfüm sammelnden Bienen entdeckte und als Erster beschrieb. Das **Spektakuläre** an seiner Entdeckung war, dass **Bienenmännchen** (und nicht wie üblich Bienenweibchen) die Sammeltätigkeit übernehmen und Pollen übertragen. Bei den Bestäubern handelt es sich um die Männchen der ausschließlich in Südamerika lebenden **Prachtbienen** (Euglossini; ■ Tab. 11.10), weswegen das Vorkommen von Parfümblumen ebenfalls auf **Südamerika** beschränkt ist.

Die **Euglossinae** (wörtl. „die mit der wahren Zunge") umfassen etwa 200 Arten und sind nah verwandt mit den Hummeln. Sie leben **solitär** und zeichnen sich durch die namengebende, sehr **lange Zunge** aus (■ Abb. 11.19f, k). Die Männchen haben einen metallisch glänzenden Körper (Prachtbienen; ■ Abb. 11.23a, f). Während die Weibchen Pollen, Nektar und Nistmaterial sammeln, nehmen die männlichen Tiere Nektar für den Eigenbedarf und darüber hinaus schwere, parfümartige **Duftstoffe** auf. Diese finden sie in Blüten, aber auch in Pilzen, Blättern und sich zersetzender Vegetation (Ramírez et al. 2011).

Wozu benötigen die Tiere das Parfüm, das zudem eine rauschartige Wirkung auf sie ausübt? Dies ist eine bis heute diskutierte Frage.

Parfüm und Parfümsammeln

Parfümblumen produzieren ein Gemisch aus **ätherischen Ölen** (▶ Abschn. 11.2.1) und nutzen dies anstelle von Nektar als **Lockstoff**. Die Duftstoffe entstehen in **Osmophoren** (▶ Abschn. 7.6.2) und werden in Form von Tröpfchen ausgeschieden. Darwin (1862) deutete die Zotten und Tröpfchen auf der Lippe (Labellum) einiger Orchideen als Futtergewebe. Erst Vogel (1963b, 1966) erkannte die blütenbiologische Funktion des Gewebes als Ort der Duftproduktion.

Das **Duftgemisch** besteht aus wenigen Hauptkomponenten (Dodson et al. 1969). Zu den wichtigsten Stoffen gehören **1,8-Cineol** und **Eugenol** (■ Tab. 11.1), mit denen sich Euglossinenmännchen auch künstlich anlocken lassen (Vogel 1963b; ■ Abb. 11.23a). Die Duftstoffe liegen in unterschiedlicher Konzentration vor, wodurch sehr **spezifische** Duftnoten entstehen (Zimmermann et al. 2009).

Die **Männchen** nehmen die Dufttropfen mit **Quasten an den Vorderfüßen** auf, streifen sie an einer Kerbe des Mittelbeines ab und verlagern sie **im Flug** in die Sammelbehälter der Hinterbeine. Dabei bleibt der Rüssel, der zum Duftsammeln nicht benötigt wird, nach hinten unter den Körper geklappt (■ Abb. 11.19k). Der Vorgang ähnelt dem **Höseln** der Hummeln, aus dem er auch hervorgegangen sein dürfte. Die Schiene der Hinterbeine ist gewaltig aufgetrieben (bei *Eulaema* beträgt ihr Volumen 30 mm^3; Vogel 1966) und innen dicht mit Haaren ausgekleidet (■ Abb. 11.19l). Die Duftstoffe werden kapillar aufgesogen und mit fetten Ölen vermischt, die die Flüchtigkeit der ätherischen Öle herabsetzen. Das Innere der Hinterschienen fungiert insgesamt wie ein Schwamm, in dem die Duftstoffe gespeichert werden.

Bis heute ist noch nicht vollständig verstanden, welche **Funktion** der Duft hat. Es gilt aber als sicher, dass das Parfüm eine zentrale Rolle bei der **Paarung** spielt (Zimmermann et al. 2009). Neuere Untersuchungen weisen darauf hin, dass die Männchen die Duftbehälter **aktiv entleeren** (Eltz et al. 2005) und damit ihre Flugbahn markieren. Sie bilden zusammen mit anderen Männchen einen **prächtig glänzenden Schwarm**, der die Weibchen optisch (möglicherweise auch olfaktorisch) anlockt und möglicherweise zur Paarung stimuliert (Mitko et al. 2016).

■ **Abb. 11.23 Parfümblumen und Prachtbienen. a,** Anlockung von männlichen Prachtbienen mit 1,8-Cineol. Costa Rica. **b,** *Dalechampia spathulata* (Euphorbiaceae). Blütenstand mit gelbem, Parfüm abscheidendem Polster. **c,** *Gloxinia perennis* (Gesneriaceae) mit *Eulaema meriana.* Costa Rica. **d–h,** Orchidaceae. **d,** *Stanhopea embreei.* Blüte mit steifem, rutschig-glattem Labellum. Duftfeld im Inneren des Labellums. Pfeil: Säule. Ort der Pollinienübertragung. **e,** *Coryanthes albertinae.* Blüte mit wannenförmigem Labellum. Venezuela. **f,** *Gongora powellii.* Blüte mit Duft sammelnder Prachtbiene am Labellum. Costa Rica. Man beachte das Pollinarium auf dem Rücken der Biene. **g, h,** Bestäubungsmechanismen. **g,** *Coryanthes speciosa. 1,* Duftquelle. *2,* Abrutschen in die flüssigkeitsgefüllte Wanne. *3,* Einzig möglicher Ausgang zwischen Säule und Labellumspitze. **h,** *Gongora maculata* und *Euglossa cordata. 1,* Abrutschen vom Labellum und Sturz auf die zu einer Rutschbahn gekrümmten Säule. *2,* Aufsuchen einer anderen Blüte nach Beladung mit einem Pollinarium. *3,* Übertragung des Pollinariums auf Narbe nach erneutem Absturz. (© **a, b, d**: R. Claßen-Bockhoff, Mainz. **g, h**: nach Arditti 1966. **c, f**: A. Weber, Wien. **e**: G. Gerlach, München. Mit freundlicher Genehmigung der Bildautoren)

Parfümblumen und Bestäubungsmechanismen

Das **Parfüm sammelnde Verhalten** der Euglossinenmännchen ist vermutlich vor 34–38 Mio. Jahren entstanden (Ramírez et al. 2011). Seitdem hat sich eine große Anzahl neotropischer Pflanzenarten an die Bestäubung durch männliche Euglossinen angepasst. Während die **Parfümblumen eng** an ihre Bestäuber **gebunden** sind, sammeln Bienenmännchen die Düfte **auch außerhalb** von Blüten. Ob es sich bei der Beziehung zwischen Parfümblumen und Euglossinenmännchen um **Coevolution** handelt oder ob sich die Blumen **einseitig** an die Lebensgewohnheiten der Männchen angepasst haben, ist eine offene Frage (Ramírez et al. 2011).

Die überwiegende Mehrheit aller Parfümblumen gehört in die Familie der **Orchidaceae**, von denen etwa **10 %** aller Arten (vor allem der Catasetinae und Stanhopeinae) von Euglossinenmännchen bestäubt werden (► Exkurs 11.4). Die enge Assoziation der Prachtbienengattungen *Eulaema*, *Euglossa* und *Euplusia* zu Orchideen äußerst sich im englischen Trivialnamen *orchid bees*. Weitere Parfümblumen treten eher vereinzelt bei den Araceae (*Spathiphyllum*, *Anthurium*), Gesneriaceae (*Gloxinia perennis*; ◘ Abb. 11.23c), Euphorbiaceae (*Dalechampia spathulata*; ◘ Abb. 11.23b), Bignoniaceae, Fabaceae-Mimosoideae, Myrtaceae und Solanaceae auf (Armbruster und Webster 1979).

Bei den **Orchideen** (► Exkurs 11.4) haben sich komplizierte Blütenkonstruktionen entwickelt, die die Männchen in die richtige Position zur Pollenentnahme und Bestäubung bringen. Bei *Catasetum* werden ihnen dabei die Pollinarien auf den Rücken geschleudert (► Abschn. 11.7.4, ◘ Abb. 11.55b); bei *Coryanthes* und *Gongora* rutschen die Bienen auf dem glatten Labellum aus:

- *Coryanthes speciosa* (◘ Abb. 11.23g)**:** Das Labellum der Blüte bildet eine Wanne, die mit Wasser gefüllt ist. Beim Sammeln der Duftstoffe (1) stürzen die Prachtbienen in diese Wanne (2), die nur einen Ausgang hat. Dieser führt an den Pollinien bzw. der Narbe vorbei (3) ins Freie. Wenig später wird erneut eine *Coryanthes*-Blüte angeflogen.

- *Gongora maculata* (◘ Abb. 11.23h)**:** Die Blüte weist ein steifes Labellum auf, das dem ebenfalls steifen Säulchen gegenübersteht. Die Duftstoffe, die der Lippe entströmen, locken Männchen von *Euglossa cordata* an. Beim Versuch, die Tröpfchen mit den Vorderbeinen abzusammeln, rutschen die Tiere ab und bleiben in Höhe der Pollinien stecken (*1*). Im Zuge ihrer Befreiungsbewegungen werden ihnen die Pollinien auf die Rückseite des Abdomens geklebt. Die Tiere fliegen sofort zur nächsten Blüte (*2*), wo der Pollen an der klebrigen Narbe hängenbleibt (*3*). Sehr ähnlich funktioniert der Bestäubungsmechanimus bei *Stanhopea*-Blüten, die eine vergleichbare Blütenkonstruktion aufweisen (◘ Abb. 11.23d).

Exkurs 11.4 Faszinierende Vielfalt der Orchideenblüten

Die **Orchidaceae** (ca. 27.800 Arten) sind neben den **Asteraceae** die artenreichste Familie der Angiospermen. Während die Asteraceae oftmals unspeziliasierte Köpfchen besitzen (▶ Abschn. 9.5.2), kaum unter Bestäubermangel leiden und wenige Ansprüche an ihren Keimort stellen, sind die meisten Orchidaceae durch kompliziert gebaute Einzelblüten, spezialisierte Bestäuber und spezifische Keimbedingungen charakterisiert. Die beiden Familien zeigen, dass gegensätzliche Lebensweisen gleichermaßen zu hohem Artenreichtum führen können.

Blütenbau

Die Blüten der Orchideen folgen dem typischen Bau der **Monocotylenblüte** (■ Abb. 10.6). Sie weisen drei Kelch- und drei Kronblätter in zwei alternierenden Kreisen auf, meist nur ein Stamen und ein trimeres, unterständiges Gynoeceum. Letzteres ist ursprünglich synkarp, aber meist parakarp organisiert (▶ Abschn. 10.5.3). In einigen basalen Gattungen treten zwei bis drei Stamina auf, die dann auf zwei Kreisen in abaxialer Position angelegt werden (■ Abb. 11.24c, d).

Labellum und Resupination

Das adaxial-median angelegte Kronblatt ist oft auffällig gestaltet und wird als **Labellum** bezeichnet. In den meisten Fällen dreht sich die Blüte um 180° (**Resupination**;

▶ Exkurs 11.9), sodass das Labellum als Unterlippe der zygomorphen Blüte fungiert (■ Abb. 11.24e, f). Die Drehung ist **schwerkraftabhängig und** erfolgt im Bereich des unterständigen Fruchtknotens (■ Abb. 11.17f: Pfeil) oder durch Abwinkeln des Blütenstieles. In hängenden Blütenständen kann sie unterbleiben, wodurch das Labellum wiederum als Unterlippe fungieren kann (Dressler 1981).

Pollinarien und Gynostemium

Die Antheren der Orchideen sind primär mit vier Pollensäcken in zwei Theken ausgestattet (tetrasporangiat, dithecisch; ▶ Abschn. 10.4.1). In zahlreichen Fällen werden die Pollensäcke sekundär unterteilt und bilden acht oder mehr Kammern. In anderen Fällen werden Trennwände unterdrückt oder Pollensäcke reduziert, sodass nur zwei Pollensäcke vorliegen. In **basalen Gruppen** treten Monaden oder Tetraden auf, in den übrigen Gruppen üblicherweise **Pollinien**, die die gesamte Pollenmasse eines Faches umfassen (■ Abb. 11.25h, ▶ Abschn. 10.4.6). Jedes Pollinium bildet ein Stielchen (**Caudicula**), mit dem es am **Rostellum**, einem sterilen, klebrigen Narbenlappen, befestigt ist (■ Abb. 11.25: Ca, Ro). Im Laufe der Evolution hat die Pollentransporteinheit viele Abwandlungen erfahren. So sind in **abgeleiteten Gruppen** oft beide Pollinien über eine Klebscheibe (Viscidium; Abb. 11.25: Vi) zu einem Komplex, dem **Pollinarium**, verbunden. Ein zusätzliches

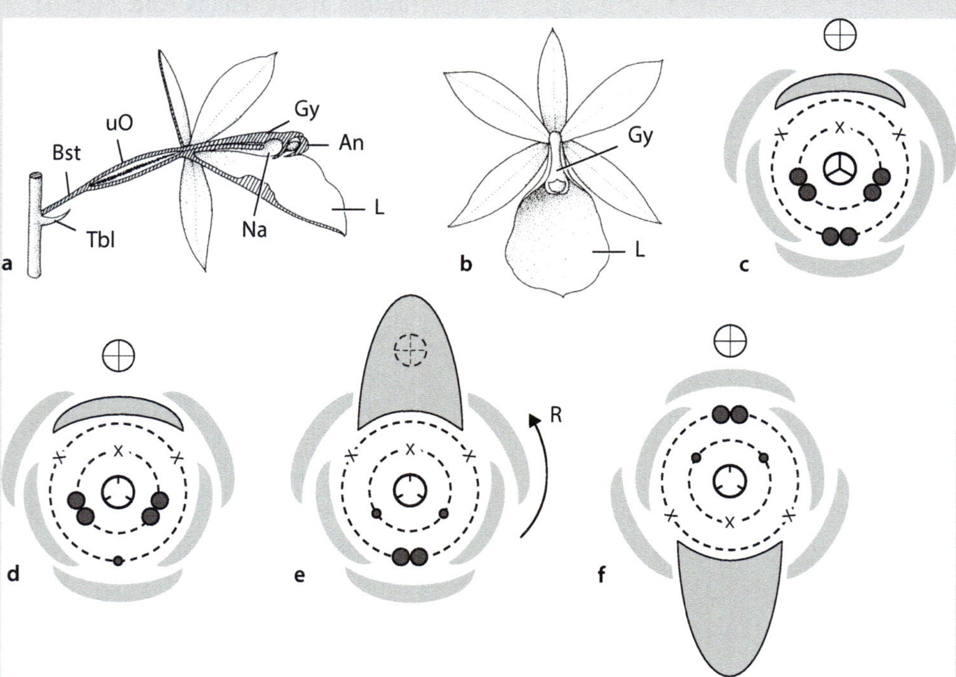

■ **Abb. 11.24 Organisation der Orchideenblüte. a,** Schematischer Längsschnitt. An, Anthere. Bst, Blütenstiel. Gy, Gynostemium (Säulchen). L, Labellum. Na, Narbe. Tbl, Tragblatt. uO, unterständiges Ovar. **b,** Ansicht einer resupinierten Blüte von vorn. **c–e,** Blütendiagramme (generalisiert, die Anlage der Blütenorgane zeigend). **c,** Apostasioideae mit drei Stamina und synkarpem Gynoeceum. Kreuzchen markieren die Positionen der im Vergleich zur vollständigen Monocotylenblüte nicht entwickelten Organe. **d,** Cypripedioideae mit zwei Stamina und einem Staminodium (kleiner dunkler Punkt). **e,** Vanilloideae, Orchidoideae, Epidendroideae mit einem Stamen und überwiegend parakarpem Gynoeceum. **f,** Blüte von e nach Resupination (R). (© **a, b**: Dressler 1981. **c–f**: Original)

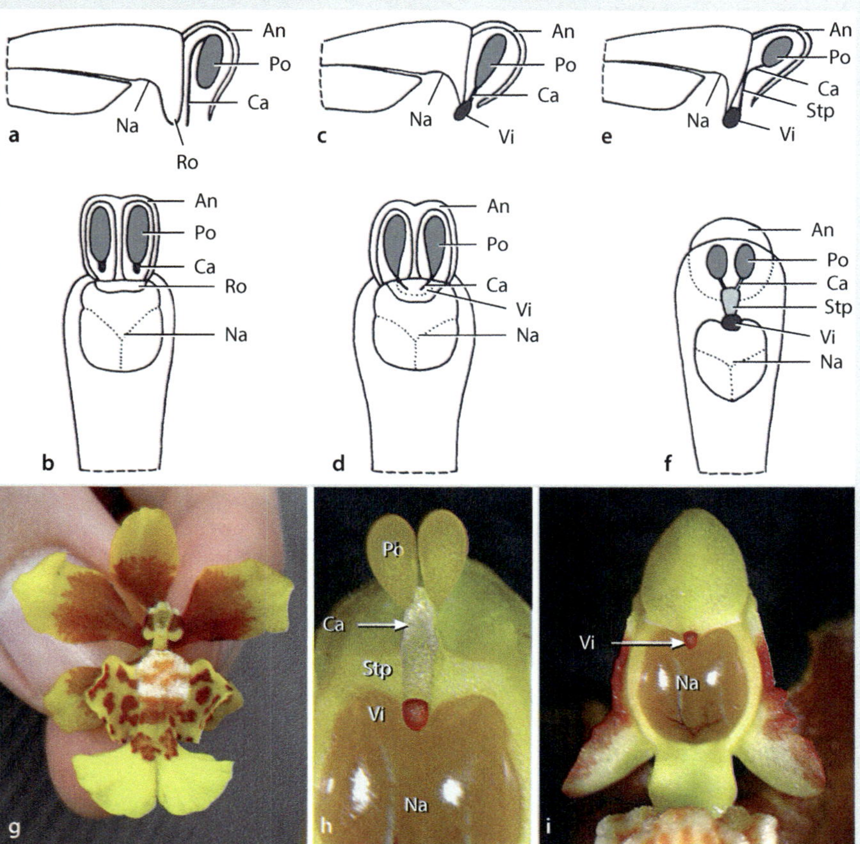

Abb. 11.25 Progressionen im Bau des Gynostemiums. a–f, Schematische Darstellung des Gynostemiums jeweils in Seitenansicht und Aufsicht: **a, b,** Einfache Form. An, Anthere. Ca, Caudicula. Na, Narbe. Po, Pollinium. Ro, Rostellum. **c, d,** Bildung eines Viscidiums (Vi). **e, f,** Pollinarium mit Caudiculae, Stipes (Stp) und Viscidium. **g–i,** *Oncidium sphacelatum* (Orchidaceae-Epidendroideae). **g,** Vorderansicht der Blüte mit auffälliger Pantherung. **h,** Pollinarium (Antherendeckel entfernt). **i,** Narbe unterhalb der Anthere. (© **a–f:** Dressler 1981. **g–i:** R. Claßen-Bockhoff, Mainz)

Band (**Stipes**; Abb. 11.25: Stp) zwischen Stielchen und Klebscheibe, das wie das Viscidium vom Rostellum stammt, verlängert den Abstand zwischen Anthere und Rostellum.

Nur in einigen basalen Gruppen sind die Stamina mehr oder weniger frei vom Gynoeceum. In der Mehrzahl aller Arten sind die beiden Organformationen congenital in einer Säule vereint, die **Gynostemium** genannt wird. Von den drei **Narbenlappen** sind die beiden seitlichen fertil, während der mediane das Rostellum bildet.

Blütenbiologische Diversifizierung der Orchideen

Die Orchideen sind durchweg tierblütig (zoophil) und weisen **spezialisierte** Bestäubungssysteme auf. Die **Vielfalt** ihrer blütenbiologischen Differenzierung hängt möglicherweise damit zusammen, dass die Gruppe ursprünglich keinen Nektar hatte (Renner 2006). Darauf weisen die basalen, nektarlosen Orchideengruppen und das durchgängige Fehlen der bei Monocotylen charakteristischen Septalnektarien hin (▶ Abschn. 11.3.2).

Im Laufe der Evolution haben knapp 40 % der Orchideen **unabhängig voneinander Nektarien** gebildet, die meist in **Spornen** oder flächig auf dem Labellum angeordnet sind. Etwa 10.000 Arten haben **keinen Nektar**. Sie bieten fette Öle, Parfüm oder Harze zum Sammeln an oder gehören zu den Täuschblumen.

Die Orchideen umfassen etwa **90 %** aller Täuschblumen (Renner 2006). Zigtausend Arten täuschen Nektar, Pollen, Öl, einen Eiablageplatz oder Sexualpartner vor. So ist auch die Bildung eines Sporns kein Garant für Nektarproduktion, wie z.B. die Knabenkräuter (*Orchis*) zeigen, die zu den **Scheinsaftblumen** (Sprengel 1793) zählen. **Duft** spielt bei der Täuschung eine überragende Rolle (Schiestl 2005). Hinzu kommen Form, Farbe (inkl. UV-Male; Abb. 11.7j), Zeichnung, Behaarung und Oberfläche des Labellums als **optische** und **taktile Signale**. Bei Parfüm- und Sexualtäuschblumen sind die Düfte so **spezifisch**, dass nur einzelne Bestäuberarten angelockt werden. Dies fördert Artbildung durch **ethologische Isolation** (▶ Abschn. 3.1.2), vor allem wenn postzygotische Barrieren fehlen (Cozzolino und Widmer 2006).

Das Spektrum der **Bestäuber** reicht von Aasfliegen und Pilzmücken, die oft Opfer von Täuschblumen werden, über Pollen, Nektar und Harz suchende Bienenweibchen, Parfüm sammelnde Prachtbienenmännchen, paarungsbereite Männchen verschiedener Solitärbienen, Wespen und Fliegen bis hin zu langrüsseligen Fliegen, Tagfaltern, Schwärmern und Vögeln. **Stildivergenz** in einem engen Verwandtschaftsbereich ist häufig. So werden Arten der zweispornigen Gattung *Satyrium* in Südafrika von Bienen, Käfern, Faltern, Schwärmern, Motten und langrüsseligen Fliegen bestäubt (Johnson et al. 2011).

Ausgewählte Gattungen

Die folgende Übersicht gibt exemplarisch die Vielfalt der Orchideenblüten und ihrer Bestäubungssyndrome wieder. Für jede der fünf Unterfamilien wird die Gattungs- und Artenzahl in Klammern angegeben (nach Chase et al. 2015). Es folgen die Verbreitung und einige Informationen zur Blütenmorphologie und Bestäubungsbiologie. Die aufgeführten Gattungen (mit Artenzahl) repräsentieren ausgewählte Beispiele, die in allen oder nur einzelnen Arten die genannten, blütenbiologischen Besonderheiten aufweisen. Die Daten stammen überwiegend aus Stevens (2001 onwards) und der im Text zitierten Originalliteratur.

Apostasioideae (2/15), SO-Asien. 2–3 ± freie Stamina, Monaden. ± Pollenblumen

Vanilloideae (14/245), Pantropen. 1 Stamen, Tetraden, Gynostemium. viele Täuschblumen (Pollenmimikry)
- *Vanilla* (195)

Cypripedioideae (5/170), warm-temperate N-Hemisphäre, SO-Asien, Neotropis. 2 Stamina, Monaden, Gynostemium, Labellum sackförmig
- *Paphiopedium* (Venusschuh: 86). Selbstbestäubung möglich (◘ Abb. 11.26a)
- *Cypripedium* (Frauenschuh: 51). Fallenblume ◘ Abb. 11.30

Orchioideae (208/3755), weltweite Verbreitung. 1 Stamen, Pollinien, Gynostemium
- *Caladenia* (207). Scheinsaftblumen ◘ Abb. 11.26c
- *Platanthera* (Waldhyazinthe: 136). Nektar ◘ Abb. 11.17f
- *Disa* (182). Vogelblumen ◘ Abb. 11.26g
- *Corybas* (132). Pilzmückenblume

- *Satyrium* (85). Stildivergenz, Schlafplatz-Täuschblume, Mottenblume ◘ Abb. 11.26h
- *Dactylorhiza* (Knabenkraut: 40)
- *Ophrys* (Ragwurz: 10 bis > 250). Sexualtäuschblumen ◘ Abb. 11.37a–e
- *Orchis* (Knabenkraut: ca. 22). Scheinsaftblumen (Sporne nektarlos) ◘ Abb. 11.17g
- *Drakaea* (Hammerorchidee, 10), Australien. Sexualtäuschblumen ◘ Abb. 11.37f
- *Rhizanthella* (3), Australien. Termitenbestäubung?
- *Pterygodium* (20) Südafrika. Ölblumen (◘ Abb. 11.22d)

Epidendroideae (650/21-200), weltweite Verbreitung. 1 Stamen, Pollinien, Gynostemium
- *Bulbophyllum* (1870), Aasfliegenblumen
- *Dendrobium* (1515), Scheinsaftblumen ◘ Abb. 11.26k
- *Epidendron* (1425), Fliegenblumen
- *Masdevallia* (625), Pilzmückenblumen
- *Oncidium* (315), Parfümblumen
- *Anagraecum* (225). Schwärmerblumen (Darwins Vorhersage; ▸ Abschn. 11.3.2)
- *Coelogyne* (200). Wespenbestäubung? ◘ Abb. 11.26m
- *Taeniophyllum* (190)
- *Catasetum* (180). explosive Parfümblume ◘ Abb. 11.55
- *Cattleya* (115). beliebte Zierpflanze, viele Hybridformen
- *Gongora* (75). Parfümblume ◘ Abb. 11.23e, g
- *Cymbidium* (Kahnorchis: 70). Beliebte Zierpflanze, viele Hybridformen
- *Phalaeopsis* (Schmetterlingsorchidee: 70). Beliebte Zierpflanze, viele Hybridformen
- *Neottia* (Nestwurz: 65)
- *Coryanthes* (60). Parfümblumen ◘ Abb. 11.23f, h
- *Stanhopea* (60). Parfümblumen ◘ Abb. 11.23d
- *Epipactis* (Stendelwurz: 50). ◘ Abb. 11.26j

◘ Abb. 11.26 Diversität der Orchideen. a, Cypripedioideae. Venusschuh (*Paphiopedium gratvixianum*). Kesselfallenblume. **b–g,** Orchidoideae. **b,** *Diuris.* **c,** *Caladenia* cf. *dilatata.* Ähnlichkeit mit dem Kopf einer Gottesanbeterin. **d,** *Caladenia* cf. *cairnsiana.* Imitation eines Eigeleges. **e,** *Brassia verrucosa.* Schwänzung. **f,** *Huttonaea* (evtl. *grandiflora*). Flimmerstrukturen. **g,** *Disa uniflora.* Vogelblume (nicht resupiniert). **h,** *Satyrium bicorne.* Blüten mit je zwei Spornen, mottenblütig. **i,** Pelzbiene (*Anthophora plumipes*) mit Pollinarium einer *Ophrys*-Art. **j–m,** Epidendrioideae. **j,** Breitblättrige Stendelwurz (*Epipactis helleborine*). Nektarblume. **k,** *Dendrobium brymerianum.* Labellum mit auffälliger gelber Fransung (Antherenattrappe?). **l,** *Renanthera monachica.* Fliegenblume mit Pantherung. **m,** *Coelogyne mayerianum.* Lamellenstrukturen (Wespenbestäubung?). (© **a–g, j–m**: R. Claßen-Bockhoff, Mainz. (**k-m,** Orchideensammlung des Komarov Botanical Institute, St. Petersburg. Mit freundlicher Genehmigung). **h**: P. Wester, Stellenbosch. **i**: C. Gack, Freiburg. Mit freundlicher Genehmigung der Bildautorinnen)

11.3.5 Eiablageplatz

Käfer, Fliegen und Motten legen Eier auf Blüten ab und bestäuben sie dabei. Vermutlich ist diese Form der Symbiose eine der **ältesten** biotischen Interaktionen im Blütenbereich, da sie auch bei einigen Gymnospermen und bei vielen Basalen Angiospermen auftritt (▶ Abschn. 5.6.7, ▶ Exkurs 5.12). Die Larven ernähren sich entweder von Blütenteilen, die für die pflanzliche Fortpflanzung entbehrlich sind, oder fressen Teile der Karpelle und Samenanlagen. In diesem Fall muss das Verhältnis zwischen befruchteten und gefressenen Samenanlagen ausgeglichen sein, damit sich beide Partner erfolgreich fortpflanzen können.

Der Grad der gegenseitigen Abhängigkeit variiert erheblich. Die **Trollblume** (*Trollius europaeus*) wird von Fliegen der Gattung *Chiastochaeta* aufgesucht und im Zuge der Eiablage bestäubt (Kugler 1970). Sie ist aber nicht von den Fliegen abhängig, da auch andere kleine Insekten in die Blüten eindringen und sie bei der Pollen- oder Nektaraufnahme bestäuben. Die Palmlilien (*Yucca*) und Feigen (*Ficus*) haben dagegen **obligate Symbiosen** entwickelt. Beide Partner sind in ihrer sexuellen Fortpflanzung eng aufeinander angewiesen. Sie liefern Beispiele für komplexe Bestäubungsabläufe und die einzigen Beispiele für **aktive Pollenübertragung**.

Beispiel Yucca und Yuccamotten

Die enge Partnerschaft zwischen Palmlilienarten (*Yucca*, Asparagaceae-Agaveae) und Yuccamotten (Lepidoptera) gehört zu den klassischen Beispielen für **Coevolution**. Sie wurde bereits im 19. Jahrhundert beschrieben (Engelmann 1872), doch sind bis heute noch zahlreiche Fragen offen (Pellmyr 2003):

- Die **Blüten** von *Yucca* (ca. 50 Arten, westliches Nordamerika/Mexiko) zeigen den typischen Bau einer Monocotylenblüte (▶ Abschn. 10.2.1) mit Perigon, sechs fleischigen Stamina und einem trimeren oberständigen Fruchtknoten mit sitzenden Narben (◻ Abb. 11.28b). Sie strömen am Abend einen intensiven Duft aus, der Motten als Bestäuber anlockt.
- Die Tiere gehören zu den Prodoxidae, einer basalen Familie der Schmetterlinge (Lepidoptera). Die meisten der etwa 78 Arten legen ihre Eier auf Pflanzen oder Blüten ab, einige von ihnen agieren dabei auch als Bestäuber (z. B. *Greya*-Arten an Blüten von Saxifragaceae; Zusammenfassung in Lunau 2004). Eine enge Bindung an *Yucca* zeigen nur die beiden Gattungen ***Parategeticula*** (vier Arten) und ***Tegeticula*** (≥ 13 Arten). Deren Arten haben meist eine **hohe Wirtsspezifität**.

Die Mottenweibchen sind etwa so groß wie die Stamina. Sie nehmen während ihres kurzen Lebens **keine Nahrung** zu sich, weswegen sich ihre **Mundwerkzeuge** zu einzigartigen Tentakeln umbilden konnten. Die Tiere sammeln mit ihnen **aktiv Pollen** von den Antheren verschiedener Blüten ab, formen einen vergleichsweise riesigen **Pollenklumpen** (bei *Tegeticula yuccasella*: ca. 10.000 Pollenkörner, 10 % des Körpergewichtes der Motte; Pellmyr 2003) und klemmen diesen unter ihren Kopf. Dann suchen sie eine Blüte für die Eiablage. Da die Motten ihr Gelege mit **Pheromonen** (Sexualdüfte) markieren, kann ein Weibchen am Duft feststellen, ob ein Fruchtknoten schon belegt ist oder nicht. Nach der Eiablage klettert die Motte zur Narbe und legt einen Teil des Pollens **aktiv** auf ihr ab. Sie wiederholt den Vorgang mehrmals und begibt sich dann zur nächsten Blüte desselben Blütenstandes oder eines anderen Individuums. Auf diese Wiese trägt sie zur Nachbar- (**Geitonogamie**) und Fremdbestäubung (**Xenogamie**; ▶ Abschn. 9.6.5 und 9.6.6) ihrer Wirtspflanze bei. Die Eier entwickeln sich innerhalb weniger Tage. Die Larven ernähren sich vom Gewebe der Samenanlagen, verlassen dann den Fruchtknoten durch einen selbst geschaffenen Gang und verpuppen sich im Boden.

Die Symbiose beruht auf dem sensiblen **Gleichgewicht** zwischen der Anzahl gefressener und ausreifender Samen und auf einer genauen Abstimmung des **Aktivitätsmusters** beider Partner. Tatsächlich kann es durch eine zeitliche Verschiebung der Blühzeit zum Parasitismus kommen. So legen *Tegeticula intermedia* und *T. corruptrix* ihre Eier beispielsweise in die Früchte der Yuccapflanze ab, ohne die Blüten zu bestäuben. Die parasitischen Arten sind aus symbiontischen Partnern hervorgegangen und haben unabhängig voneinander die Fähigkeit zum Pollensammeln verloren (Pellmyr 2003).

Yucca-Blüten bieten am Grund **Nektar** an, der von kleinen Insekten aufgenommen wird. Ob es sich bei ihnen um Nektardiebe oder gelegentliche Bestäuber handelt, wird seit vielen Jahren diskutiert. Da aber auch bei Anwesenheit zahlreicher Insekten der meist geringe Fruchtansatz der *Yucca*-Pflanzen **nicht ansteigt**, geht man von einer **obligaten Symbiose** mit den Motten aus (Pellmyr 2003).

Enge wechselseitige Abhängigkeiten werden oft als **evolutionäre Sackgassen** gedeutet. Das Beispiel von *Yucca* zeigt aber, dass die Partnerschaft komplexer und **flexibler** ist als ursprünglich angenommen. Die Motten können sich durch Aufsuchen neuer Brutplätze aus der engen Symbiose befreien und die *Yucca*-Pflanzen durch Verschiebung ihrer Blühzeit an neue Partner anpassen.

Beispiel Feigen und Feigenwespen

Zu den Feigen (*Ficus*, ~750 Arten; ◼ Abb. 8.82a und 8.83) gehören der Gummibaum (*F. elastica*), Banyanbaum (*F. bengalensis*), Pipalbaum (*F. religiosa*) und die Essfeige (*F. carica*) des Mittelmeerraumes. Die Pflanzen haben scheinbar keine Blüten, bilden aber Früchte am Stamm (◼ Abb. 11.27a, b; Kauliflorie ► Abschn. 6.7.1). Tatsächlich sehen ‚Blüte' und ‚Frucht' gleich aus. Die Begriffe stehen in Anführungszeichen, weil es sich bei den Feigen um **krugförmige Blütenstände** handelt, die in **krugförmige Fruchtverbände** übergehen (► Abschn. 12.2.3).

Öffnet man eine Wildfeige wenige Tage vor der Reife, kann man zahlreiche, nur wenige Millimeter große **Feigengallwespen** (Agaonidae) verschiedener Arten in ihr finden. Heute weiß man, dass alle wilden Feigen Feigenwespen zur Bestäubung brauchen und dass die Bindung zwischen Wirtspflanze und Wespe so eng ist, dass **keine Art ohne die andere** existieren kann (Wang et al. 2019). Es liegt eine **extrem enge Symbiose** vor, die den gesamten **Lebenszyklus der Insekten** und die **Fruchtreife der Feige** bestimmt.

Der komplizierte Bestäubungsablauf ist am besten bei der **Sykomore** (*Ficus sycomorus*, auch Adamsfeige, Eselsfeige) untersucht, die aus Äthiopien stammt und schon vor 5000 Jahren in Ägypten kultiviert wurde (◼ Abb. 11.27m). In ihrer Heimat tragen die Bäume das **ganze Jahr über Früchte**, die sechs bis sieben Wochen zur Reife benötigen. In Ägypten wurden sie dagegen durch Stecklinge vermehrt, da sie keine Früchte produzierten. Theophrast von Eresos (ca. 399 v. Chr.; ► Abschn. 1.1) bemerkte, ‚dass die Früchte nicht reifen, wenn sie nicht angekratzt werden', und Plinius der Ältere (ca. 50 n. Chr.) berichtete, dass ‚frische Luft Feigen reifen lässt' (zitiert aus Bertsch 1975).

Was hat es mit dem Kratzen auf sich, und wer bestäubt die Feigen? Diesen Fragen gingen Galil und Eisikowitch (1968, 1974) in Kenia und Israel nach (Zusammenfassung nach Barth 1982). Der Blütenstand der Feige ist bis auf eine kleine Öffnung, das **Ostiolum** (◼ Abb. 11.27h: Os), geschlossen. Die Blüten (mehrere Hundert) sind winzig klein, diklin und **monözisch** angeordnet (► Abschn. 9.6.3). Sie kleiden die Innenseite der Feige aus, wobei die staminaten Blüten nahe der Öffnung und die karpellaten Blüten am Grund der Feige stehen (◼ Abb. 11.27m: 2, 3). Die karpellaten Blüten sind entweder **langgriffelig** (◼ Abb. 11.27f) und setzen nach der Befruchtung **Samen** an, oder sie sind gestielt und **kurzgriffelig** (Abb. 11.27e) und dienen der Gallwespe als **Brutstätte**. Die Bestäubung der Feige erfolgt in drei Schritten:

- **Bestäubung und Eiablage:** Durch Duft angelockt, dringen mit Pollen beladene Weibchen der **Gallwespe** *Ceratosolen arabicus* in eine junge Feige ein (◼ Abb. 11.27m: *1*), die sich in der **rezeptiven Blüh-** phase befindet. Die Tiere verlieren ihre Flügel, testen mit ihrem Legestachel die Länge der Blütengriffel und legen je ein Ei in das Ovar einer kurzgriffeligen Blüte (*4*). Dabei bestäuben sie die Narben **mehrerer** karpellater Blüten, deren Narben aufgrund der reziproken Stiel- und Griffelläge ein **Synstigma** bilden (◼ Abb. 11.27k, ► Abschn. 10.5.6). Aus den befruchteten Samenanlagen der langgriffeligen Blüten gehen winzig kleine Steinfrüchte hervor. Nach der Eiablage sterben die Gallwespenweibchen.

- **Wespenentwicklung:** Die Fruchtknoten der kurzgriffeligen Blüten entwickeln sich zu **Gallen** (► Exkurs 8.12), die durch ein Drüsensekret der Gallwespe zur Gewebebildung angeregt werden. In ihnen durchlaufen die Larven ihre Entwicklung und verpuppen sich nach etwa drei Wochen. Kurze Zeit später schlüpfen die ersten **Männchen** (◼ Abb. 11.27m: *5*). Sie sind flügellos, blind und mit großen Mandibeln ausgestattet (◼ Abb. 11.27j). Sie begatten die noch nicht geschlüpften Wespenweibchen **durch die Wand** des Fruchtknotens hindurch (◼ Abb. 11.27d, l, m: *6*) und sammeln sich dann oberhalb der männlichen Blüten. Dort beißen sie gemeinsam ein Loch in die Feigenwand (*7*) und sterben.

- **Pollenbeladung und Fruchtreife:** Bedingt durch den Einstrom von **Frischluft** in die Feige sinkt der CO_2-**Partialdruck** in ihrem Inneren. Dadurch stimuliert schlüpfen die weiblichen Tiere. Gleichzeitig **steigt der Äthylengehalt**, und der Fruchtverband beginnt zu reifen. Die Antheren öffnen sich (*8*) und präsentieren Pollen (**extreme Protogynie**; ► Abschn. 9.6.6). Die Weibchen beladen sich **aktiv** mit Pollen und verlassen die Feige durch das von den Männchen gebohrte Loch. Durch Duft angelockt fliegen sie zu einer rezeptiven Feige (*9*), und der Zyklus beginnt von neuem.

Der hohen Artenzahl der Feigen entsprechend finden sich zahlreiche **Abweichungen** von diesem Schema (Ramírez 1974). So liegt die Anzahl der Blüten zwischen 50 und 7000, beträgt die Länge der sterilen Zwischenphase zwischen 15 und 100 Tagen, variiert die Morphologie des Ostiolums und kann der von den Männchen geschaffene Gang fehlen. In diesem Fall wird entweder das Ostiolum gangbar, oder die Feige bricht auf. Neben den monözischen Feigen haben sich auch mindestens zweimal parallel **diözische** Arten entwickelt (Herre et al. 2008), deren Morphen nicht von den Gallwespen unterschieden werden können. Die karpellaten Feigen dienen der Fortpflanzung der Feige und die staminaten Feigen der Fortpflanzung der Gallwespen. Auch die im Mittelmeerraum kultivierte Essfeige (*Ficus carica*) ist diözisch. Sie reift allerdings ohne Bestäubung heran (Parthenogenese; ► Abschn. 4.7), sodass man unbedenklich in sie hineinbeißen kann.

11

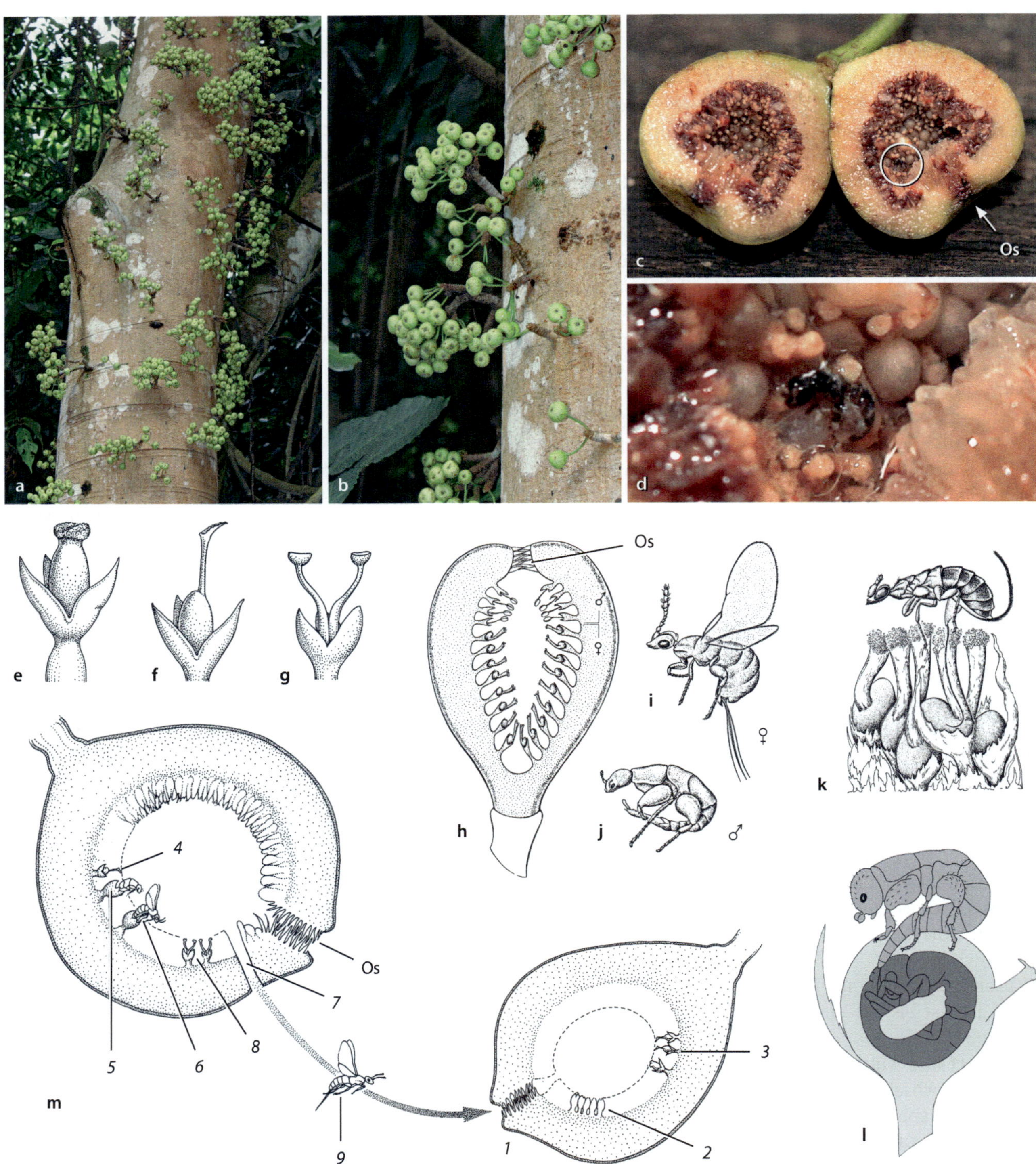

Abb. 11.27   Feigen und Feigenwespen. a–d, *Ficus variegata.* **a, b,** Stamm mit Feigen (Kauliflorie). BG Singapur. **c,** Längsschnitt durch eine Feige mit Ostiolum (Os), befruchteten Blüten und Gallen. Im Kreis befindet sich ein etw 2 mm großes Feigenwespenmännchen. **d,** Detail aus **c,** Männchen bei der Begattung. **e–g,** Blütenformen: kurzgriffelig (**e**), langgriffelig (**f**) und staminat (**g**). Die kurzgriffeligen Blüten sind gestielt, die langgriffeligen sitzen: die Narben beider Morphen liegen auf der gleichen Höhe. **h,** Schematischer Längsschnitt durch den monözischen Blütenstand einer Feige. Die karpellaten Blüten sitzen unten, die staminate oben. **i, j,** Geflügeltes Weibchen (**i**) und ungeflügeltes Männchen (**j**) der Feigenwespe *Blastophaga quadraticeps* (Cynipidae). **k** Weibchen bei der Eiablage. **l,** Männchen bei der Begattung. **m,** Bestäubung der Adamsfeige (s. Text). (© **a–d**: R. Claßen-Bockhoff, Mainz. **e–g, h, m**: aus Barth 1982 (nach Meeuse und Morris 1984). **i–k**: Galil 1977. **l**: Bertsch 1975)

Die hochspezialisierte Bestäubung der Feige ist Ausdruck der Millionen Jahre langen **Coevolution** zwischen Feigen und Feigenwespen. Nach aktueller Kenntnis wird jede Feigenart **von nur einer** Feigengallwespenart aus der Gruppe der Agaonidae bestäubt. Phylogenetische Untersuchungen zeigen, dass **Feigen und Bestäuber** gemeinsam evoluiert sind und in paralleler Weise Artbildungsprozesse durchlaufen haben (Cospeziation; Wang et al. 2019).

Außer den Bestäubern befinden sich auch andere Wespenarten in der Feige (Herre et al. 2008). Sie tragen nicht zur Bestäubung bei, da ihr Legestachel nicht zur Griffellänge der langgriffeligen Blütenmorphe der Feige passt. Stattdessen leben sie **parasitisch** und legen ihre Eier in Samenanlagen, andere Gallen oder sich entwickelnde Samen. Der Parasitismus ist **mehrfach parallel** entstanden und schließt auch Wespen anderer Verwandtschaftsgruppen als der Agaonidae ein. Da Bestäuber und Parasiten um die gleiche Ressource (Samenanlage) **konkurrieren**, funktioniert das Zusammenleben nur, wenn die Bestäuber in der Überzahl sind. Insgesamt erweist sich die Feige als ein **Mikrokosmos**, in dem Hunderte von Gallwespen als enge **Symbionten**, **Parasiten** und **Konkurrenten** leben (Wang et al. 2019). Sie bietet damit ein einzigartiges Modellsystem zur Erforschung evolutionsökologischer Fragen.

11.3.6 Weitere Lockmittel

Blüten **locken** Tiere auf vielfältige Weise an (Tab. 11.7). Sie bieten Nahrung, Schutz und Wärme, stellen Nestbaumaterial und Eiablageplätze zur Verfügung und fördern mit der Bereitstellung von Rendezvous-Plätzen und Parfüm die Partnersuche der Tiere. Blüten **täuschen** aber auch mit optischen Attrappen und Duftimitaten Angebote vor und nutzen damit lernunfähige oder naive Tiere ohne Gegenleistung aus (Parasitismus; ▸ Abschn. 11.1.3).

Bedürfnisse und Befriedigung

Die Interaktion zwischen Blumen und Bestäubern beruht auf der Befriedigung bestimmter Bedürfnisse der Bestäuber. Die folgenden Beispiele betreffen unspezialisierte Bestäuber oder kommen selten vor:

- **Futtergewebe:** Selten werden **dickfleischige Futtergewebe** angeboten, die von **Käfern** (Perigonblätter von Annonaceae; Abb. 11.28c und 11.29a, b), **Vögeln** (Stamenanhängsel bei *Axinaea*, Melastomataceae; Dellinger et al. 2014) und **Fledertieren** (fleischige Hochblätter von *Freycinetia*, Pandanaceae) gefressen werden.
- **Schlafplätze: Käfer** und **Bienenmännchen** suchen nachts Blüten auf und übernachten im Schutz der

 Tab. 11.7 Lockmittel und ihre Adressaten

Lockmittel	Adressat	Motivation für Blütenbesuch
Pollen (-fressen)	Vertreter aller Tiergruppen (T)	Nahrungssuche
Nektar (-trinken)		
Futtergewebe	Käfer, Wirbeltiere	
Schlafplatz	Käfer, Bienenmännchen (T)	Schutz, Regulation der Körpertemperatur
Wärme	diverse Insektengruppen (vor allem: Arktis, Hochgebirge)	
Rendezvous-Platz	diverse Insektengruppen (T)	Fortpflanzung – Paarung
Parfüm	Bienenmännchen (Euglossini, Neotropis) (T)	
Weibchenattrappe	Bienenmännchen, T (vor allem Orchideen)	
Nestbaumaterial, Harz	Bienen	– Nestbau
Eiablageplatz	Käfer, Fliegen, Pilzmücken, überwiegend T, oft Fallenblumen	– Eiablage
Pollen (-sammeln)	Bienen (T)	– Brutfürsorge
Nektar (-sammeln)	Bienen (T)	
Fettes Öl (-sammeln)	Bienen	

(T), Täuschung möglich. T, Täuschblumen

Blütenhülle (Abb. 11.28d). Die nektarlosen Blüten einiger *Serapias*-Arten (Orchidaceae) dienen als Schlafröhre für Langhornbienenmännchen (*Eucera*). Nachts werden die Pollinien aufgeklebt und in der nächsten Nacht auf eine andere Blüte übertragen. In **Glockenblumen** (*Campanula*) übernachten mehrere Bienen der Art *Chelostoma campanularum* (Artname!) gemeinsam. *Ophrys heleniae* (Orchidaceae) ahmt mit ihrer Lippe eine Schlafhöhle nach. Bienenmännchen versuchen vergeblich einzudringen und bestäuben dabei die Blüte. Schließlich schlafen sie erschöpft auf dem Labellum ein (Vogel 1975).

- **Wärme:** An kalten Orten, vor allem in **alpinen** und **arktischen** Regionen, finden Insekten Wärme in Blü-

□ **Abb. 11.28 Alternative Lockmittel. a, b**, *Yucca* (Agavaceae). Fruchtknoten als Eiablageplatz für Yuccamotten. **a**, Stattliche Pflanze im Joshua Tree NP, Kalifornien. **b**, Offene Blüte mit sechs fleischigen Stamina und zentralem Gynoeceum. **c**, *Duguetia furfuracea* (Annonaceae). Fleischige Blütenblätter als Futtergewebe für Käfer. Brasilien. **d**, *Echium*-Blüte (Boragniaceae) als Schlafplatz für Käfer (*Oxythyrea*). **e**, *Chaerophyllum bulbosum* (Apiaceae). Rendezvous-Platz für den Roten Weichkäfer (*Rhagonycha fulva*). Mainz. **f, g**, Gelber Lein (*Linum flavum*, Linaceae). Blütenblätter als Nestbaumaterial. **f**, Blütenblätter mit Bissspuren. **g** Mocsary-Mauerbienen (*Osmia mocsaryi*): Auskleidung der Nester mit Blütenblättern der Leinpflanze. Eichkogel bei Wien. (© R. Claßen-Bockhoff, Mainz)

ten und Blütenständen. Flache Napfblüten mit großen weißen Hüllblättern bündeln das Licht und erhöhen die Innentemperatur. In der Blüte des Arktischen Mohns (*Papaver radicatum*) wurden 10 °C mehr gemessen als in der Außenluft (Heß 1983). Die Blüte von *Dryas octopetala* (Silberwurz, Rosaceae; □ Abb. 6.54j) wirkt wie ein **Parabolspiegel**. Sie ist nicht nur gewölbt, sondern folgt auch dem Lauf der Sonne (Heliotropie). Die Insekten wärmen sich in den Blüten auf, bis ihre Stoffwechselaktivität so weit angestiegen ist, dass sie weiterfliegen können.

— **Rendezvous-Plätze:** Große flache Blütenstände, wie z. B. die sekundären Dolden der Apiaceae, fungieren oft als Rendezvous-Platz für Käfer, Fliegen und andere Insekten (□ Abb. 11.28e). Die Tiere sammeln sich auf den Blüten, kopulieren, fressen und bestäuben dabei die Blüten. Während Fliegen häufig von einer Pflanze zur anderen wechseln, bleiben Käfer oft stundenlang auf den Blüten sitzen und tragen entsprechend wenig zur Fremdbestäubung bei.

— **Nestbaumaterial:** Einige Solitärbienen sammeln **Harze** oder andere wasserdichte Substanzen wie Öle und kleiden damit ihre Nester aus. Während das Material gewöhnlich von **vegetativen Pflanzenteilen** stammt, haben sich in den Tropen Blüten entwickelt, die **Harze** als Lockstoff bereitstellen. Sie werden von

Meliponinae (*Trigona*, *Melipona*), Euglossini und Megachilidae bestäubt (◘ Tab. 11.10). Das bekannteste Beispiel liefert die Gattung *Dalechampia* (Euphorbiaceae; ◘ Abb. 9.21h; Armbruster und Webster 1979), doch treten auch bei Clusiaceae und Orchidaceae **Harzblumen** auf (Armbruster 1984).

In den gemäßigten Breiten lassen sich Blattschneider- und Mörtelbienen (Megachiliden) beobachten, die **Blütenblätter** zum Auskleiden ihrer Nester verwenden (◘ Abb. 11.28f, g).

Bestäubungsbiologie der Annonaceae

Gleich mehrere Lockstoffe wie Schutz, Wärme, Nahrung und die Möglichkeit, Kopulationspartner zu treffen, finden sich in den Blüten der tropischen Annonaceae und einigen Blütenständen der Araceae (▶ Abschn. 11.4.1). Beiden Gruppen ist bei aller systematischen und morphologischen Verschiedenheit gemeinsam, dass sie **Käfer** (Fliegen, Mücken) durch **Duft** anlocken, diese in einer **Kammer** mit **Pollen** beköstigen und nach der Bestäubung wieder entlassen.

Thermogenese

Besonders interessant ist die **Duftemission**, die nur zu **bestimmten Tageszeiten** erfolgt und auf den Aktivitätsrhythmus der Insekten **abgestimmt** ist (▶ Abschn. 11.5.2). Die Duftemission geht von einem Duftdrüsengewebe (**Osmophor**; ▶ Abschn. 11.2.1) aus, unter dem stärkereiche Zellschichten liegen (◘ Abb. 7.23e). Durch plötzlich einsetzende, sehr starke **Veratmung der Stärke** entsteht **Wärme**, die die Duftstoffe flüchtiger macht und ausströmen lässt (Vogel 1963a). Die **Erwärmung** (Thermogenese) erreicht erstaunlich hohe Temperaturen und heizt beispielsweise den Kolben von *Philodendron selloum* (Araceae) um über 45 °C gegenüber der Außentemperatur auf (Nagy et al. 1972; Gottsberger 1984). Bei anderen Araceenarten wurden 15–25 °C Temperaturanstieg gemessen.

Auch die fädigen Staminodien von *Ludovia lancifolia* (Cyclanthaceae; ◘ Abb. 10.39b), die rezeptive Narbe der Indischen Lotosblume (*Nelumbo nucifera*, Nelumbonaceae; ◘ Abb. 7.6a) und weitere von Käfern oder Fliegen bestäubte Pflanzen weisen Thermogenese auf (▶ Abschn. 11.4.1). Am besten untersucht ist sie bei den Annonaceae (Gottsberger 1989).

Käferbestäubung von *Annona coriacea*

Die Annonaceae (Schuppenapfelgewächse) sind eine **pantropisch** verbreitete Pflanzenfamilie aus dem Verwandtschaftskreis der **Magnoliales** (Basale Angiospermen Sy 10B:4). Ihre nach unten **hängenden**, radiären Blüten sind trimer organisiert und weisen **derb-fleischige Kronblätter** auf (◘ Abb. 11.28c und 11.29a–d). Diese bleiben während der Blühzeit (Anthese) geschlossen und bedecken die zahllosen, schraubig gestellten Stamina und freien Fruchtblätter. Zunächst reifen die Karpelle (**Protogynie**; ▶ Abschn. 9.6.6), deren Narben eng aneinanderliegen und ein klebriges Sekret ausscheiden. Möglicherweise fungiert die Schleimmasse als **extragynoeceales Compitum** (▶ Abschn. 10.5.6) und fördert die Befruchtung möglichst vieler Samenanlagen (van Heusden 1992). Mit deutlicher Verzögerung öffnen sich die Pollensäcke und entlassen den Pollen. Beide Phasen sind mit **Duftemission** verbunden.

Hauptbestäuber der in der brasilianischen Strauchsavanne (Cerrado) vorkommenden *Annona coriacea* sind große, **nachtaktive Käfer** (Dynastinae) der Gattung *Cyclocephala* (Fotos und Literaturübersicht in Gottsberger und Silberbauer-Gottsberger 2006). Der Bestäubungsprozess zieht sich über zwei Nächte hin. Am ersten Abend beginnt gegen 18.30 Uhr die Duftemission und erreicht um 21 Uhr ihren Höhepunkt. Dabei erwärmt sich die Blüte um 10 °C auf 34 °C (◘ Abb. 11.29f: *1*, blau). Vom Duft angelockt fliegen pollenbeladene Käfer zu den Blüten, dringen in die Blütenkammer ein und bestäuben die **rezeptiven Narben** (*2*). Im Inneren der Kammer finden sie **Kopulationspartner**, **Futter** in Form der fleischigen Petalen (◘ Abb. 11.29b) und **Schutz** vor Fressfeinden (Tukane). Die Wärme nimmt nach der Hauptaktivitätszeit der Käfer wieder ab, und die Blüte kühlt allmählich wieder auf die Außentemperatur ab. Gegen Mitternacht endet die **rezeptive Blühphase**, und es beginnt eine **sterile Phase**, die bis zum nächsten Abend andauert. Die Käfer bleiben in der Blütenkammer oder verlassen diese (◘ Abb. 11.29f: *3*). Am zweiten Abend erwärmt sich die Blüte früher als am ersten Tag und strömt entsprechend auch früher Duft aus (*4*, orange). Jetzt setzt die **Phase der Pollenabgabe** ein, und die noch verbliebenen bzw. neu eingedrungenen Käfer werden mit Pollen beladen (*5*, *6*). Zum Pollenfressen bleibt ihnen wenig Zeit, da die Krone samt Käfer gegen 20.30 Uhr abfällt und die Käfer freisetzt (*7*). Zu dieser Zeit haben Duftemission und Aufwärmphase anderer, in der rezeptive Phase befindlicher Blüten eingesetzt und locken die mit Pollen beladenen Käfer an (*1*, *2*). Der Bestäubungszyklus ist abgeschlossen.

Die Annonaceae weisen trotz ihrer basalen Stellung eine **komplexe Bestäubungsbiologie** auf, an der florale **Strukturen** (fleischige Petalen, Bildung einer Bestäubungskammer), hormonell gesteuerte **Prozesse** (Duftemission, sexuelle Blühphasentrennung) und synchronisierte **Zeitabläufe** beteiligt sind. Sie zeigen, auch, dass komplexe Bestäubungsmechanismen nicht auf Coevolution beruhen müssen, da von Seiten der Käfer kaum Anpassungen an die Annonaceenblüte zu erkennen sind. Vermutlich haben sich die Blüten **einseitig** an den Lebenszyklus der Käfer angepasst.

11

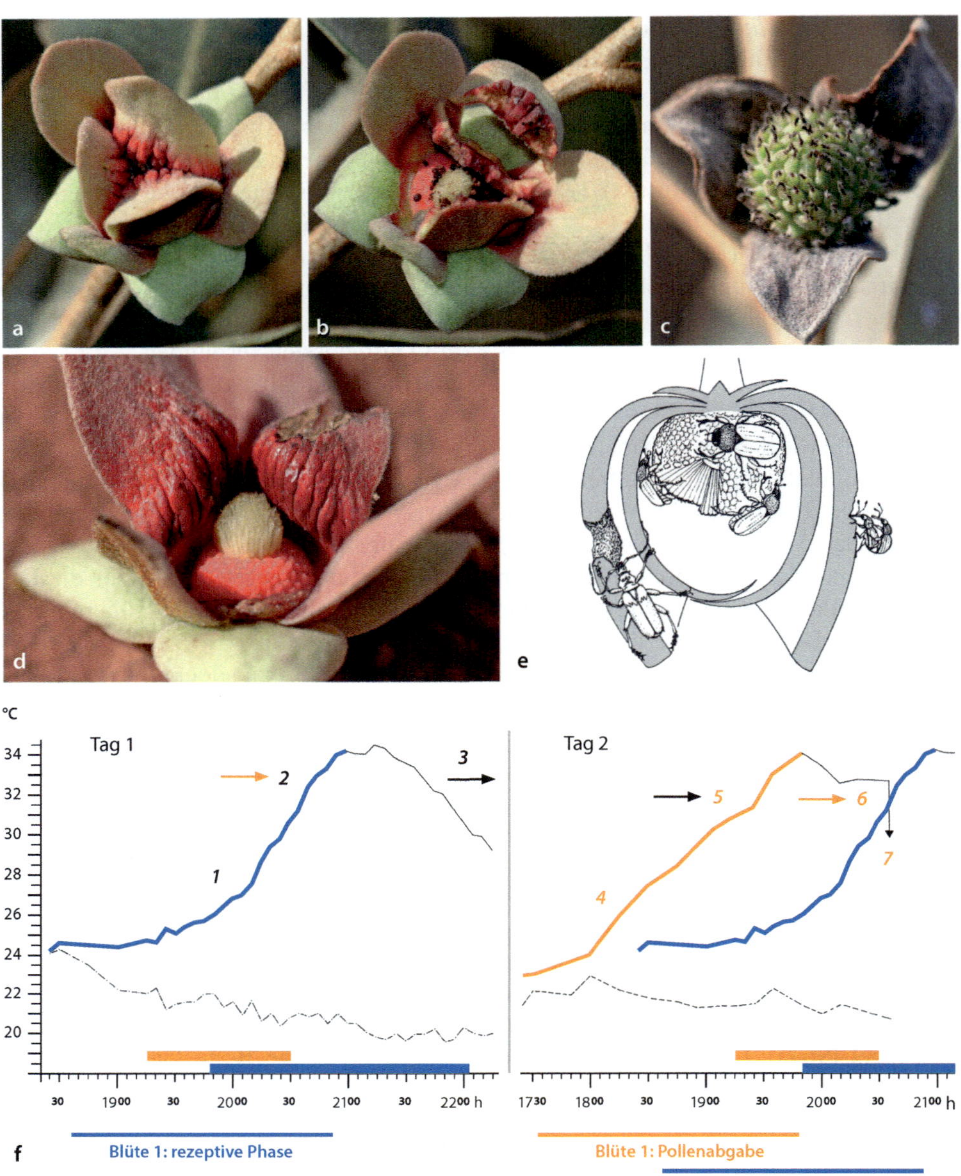

Abb. 11.29   Bestäubung der Annonaceenblüte. a–d, *Annona* cf. *coriacea.* Chapada Diamantina, Brasilien. **a,** Beginn der rezeptiven Blühphase; fleischige Petalen als Futtergewebe. **b,** Fraßspuren an einer Blüte. **c,** Entwicklung des chorikarpen Gynoeceums zur Sammelbeere (**□** Abb. 12.16k). **d,** Blick in die geöffnete Blüte mit fleischigen Petalen, noch geschlossenen Antheren (rot) und chorikarpem Gynoeceum zu Beginn der Narbenrezeptivität. **e,** *A. coriacea* mit Käfern. Innen: bestäubende *Cyclocephala*-Käfer. **f,** Thermogenese von *Annona coriacea*. Veränderung der Temperatur in der Blüte während der Bestäueranlockung. Graue Linie (unten): Lufttemperatur.

Blau: rezeptive Phase. Orange: Pollenpräsentation. Blau bzw. orange markierte Uhrzeiten: Ankunft der Käfer. *1–7*, Phasen des Bestäubungsverlaufse: *1*, Erwärmung der Blüte in der rezeptiven Phase (blau). *2*, Anflug pollenbeladener Käfer (oranger Pfeil) und Bestäubung. *3*, Käfer bleiben in der Blüte oder verlassen sie. *4*, Erwärmung der Blüte am zweiten Tag: Pollenpräsentation. *5*, Anflug der Käfer. *6*, Käfer wird mit Pollen beladen und verlässt die Blüte (orange Pfeil). *7*, Blütenhülle fällt ab. (© **a–d**: R. Claßen-Bockhoff, Mainz. **e**: Gottsberger 1992, **f**: Daten nach Gottsberger 1992, Abb. verändert)

11.4 Täuschblumen

Täuschblumen sind **keine Symbionten**, sondern nutzen ihrer Bestäuber **ohne Gegenleistung** aus. Sie locken mit Signalen, die Nahrung, Brutplätze oder Sexualpartner versprechen. Tatsächlich sind diese Signale aber **Attrappen**, die dem Original so ähnlich sind, dass die Tiere nicht zwischen Vorbild und Kopie unterscheiden können. Täuschblumen sind somit klassische Beispiele für **Peckham'sche Mimikry** (▶ Exkurs 11.5).

Die Täuschung der Bestäuber funktioniert nur unter **zwei Bedingungen**: Erstens muss sich der Adressat **täuschen** lassen, weil er **lernunfähig** (Fliegen, Käfer) ist oder der Reiz so stark wirkt, dass **er nicht kontrolliert** werden kann (paarungsbereite Bienenmännchen). Zweitens müssen die Täuschblumen im Vergleich zum Original in der **Minderzahl** auftreten, da sonst die Bestäuberpopulation im Bestand gefährdet ist.

Nektar- und Pollentäuschblumen kommen in etwa 20 Familien vor (▶ Abschn. 11.3.1 und 11.3.2; Renner 2006). Neben permanenten Täuschblumen kommen auch partielle oder vorübergehende Täuschungen vor:

- **Partielle** Täuschblumen liegen z. B. bei **Pollenblumen** vor, die nur in der staminaten Blühphase bzw. in staminaten Blüten Pollen aufweisen (*Begonia*-Arten; ◻ Abb. 9.32b, c). Die rezeptiven Blühphasen bzw. Blüten senden das gleiche Signal aus, bieten aber keinen Pollen.
- **Vorübergehende** Täuschung beruht auf dem natürlichen Prozess der Bestäubung, bei dem Blüten in unterschiedlichem Maße besucht werden. Dadurch treten innerhalb eines Blütenstandes immer wieder Blüten ohne Nektar auf. Solange diese Blüten in der Minderzahl sind, lernen die Bienen, dass nur in einigen Blüten Nektar fehlt und bleiben der Futterpflanze treu.

Dieses Verhalten kann von **permanent** nektarlosen Blüten innerhalb eines nektarführenden Blütenstandes oder einer Population ausgenutzt werden. Der experimentelle Nachweis dieser Täuschung ist extrem schwierig.

Spitzenreiter unter den Nektartäuschblumen (**Scheinsaftblumen** sensu Sprengel 1793) sind die **Orchideen** (Renner 2006; ▶ Exkurs 11.4). Einige Tausend Arten gehören zu den **permanenten** Täuschblumen, die **nie Nektar** produzieren. Die Knabenkräuter (*Orchis*) sind das bekannteste Beispiel. Sie besitzen zwar einen Blütensporn, sind aber durchweg nektarlos (Dressler 1981). Die Blütenstände ähneln entweder denen anderer, nektarführender Pflanzen, die am gleichen Standort blühen, oder sind in Form und Färbung so variabel, dass sie den Blütenbesuchern verschiedene Futterpflanzen vortäuschen (*O. boryi*; Kunze und Gumbert 2001). Haben die Tiere eine Farbmorphe als Täuschung erkannt, fliegen sie die andere als vermeintlich neue Futterpflanze an. Auf diese Weise wird die **Besuchsfrequenz** an der Orchidee erhöht, bevor die Art gemieden wird. Lernfähige Blütenbesucher benötigen stets mehrere Anflüge, um den Negativerfolg zu lernen, während der Orchidee wenige Anflüge zum Reproduktionserfolg ausreichen, da ihr gesamter Pollen in Form des Pollinariums übertragen wird (▶ Exkurs 11.4, ▶ Abschn. 10.4.6). Sie kann es sich somit ‚leisten‘, enttarnt zu werden, solange sie sich gegenüber den Nektarblumen in der Minderzahl befindet.

Einen ausgefallenen **Fallenmechanismus** haben die Cypripedioideae mit den Gattungen Frauenschuh (*Cypripedium*) und Venusschuh (*Paphiopedium*) entwickelt (◻ Abb. 11.26a und 11.30). Bei ihnen formt die Unterlippe (Labellum) eine sackartige Tasche, die mit glatten Wänden ausgestattet ist. Kleine Blütenbesucher stürzen in den Kessel und suchen zu ent-

◻ **Abb. 11.30** Frauenschuh (*Cypripedium calcecolus*, **Orchidaceae**). **a,** Blüte mit sackförmiger Unterlippe. Pfeil: Ausflugsöffnung für Bestäuber. **b,** Längsschnitt. Pfeile: 1, Absturz des Bestäubers in den Kessel. 2, Ausweg markiert durch Fensterung und Haarleiste. **c,** Detail aus der Blüte: Narbe flankiert von zwei seitlichen Stamina. (© R. Claßen-Bockhoff, Mainz)

kommen (■ Abb. 11.30b: 1). Es gibt zwei Auswege, die durch Haarleisten gangbar sind und auf die pigmentfreie ‚Fenster' in der Fallenwand hinweisen (2). Beide führen rechts und links des Säulchens an je einer Anthere vorbei ins Freie (■ Abb. 11.30a: Pfeil). Beim Durchzwängen durch die schmale Öffnung werden die Pollenkörner, die hier noch als Monaden vorliegen, dem Tier aufgedrückt (junge Blüte) bzw. von dem mit Pollen beladenen Tier auf die klebrige Narbe übertragen (ältere Blüte). Nilsson (1979) fand als Hauptbestäuber Sandbienen (*Andrena*) und *Nomada*-Bienen.

Exkurs 11.5 Mimikry – Täuschung durch Signalfälschung

Unter **Mimikry** (griech. *minos*, „Nachahmer", „Imitator") versteht man die **Nachahmung** von Signalen, durch die Signalempfänger gewarnt oder angelockt werden, unter **Mimese** die **Tarnung** eines Individuums durch Anpassung an die Umgebung (■ Abb. 8.63).

Ein **Mimikrysystem** besteht immer aus drei Komponenten: dem **Modell**, dem **Mimeten** (Imitator) und dem Adressaten (**Operator**; ■ Abb. 11.31g). Das Modell kann im Fall der Blütenbiologie eine Futterquelle (Pollen/Nektar), ein Eiablageplatz (Aas, Pilz) oder ein Sexualpartner (Weibchen) sein. Der Mimet ist die Täuschblume, die Pollen- und Nektarattrappen bildet (■ Abb. 11.12), einen Brutplatz vortäuscht (■ Abb. 11.32–11.36) oder die optischen und olfaktorischen Signale eines Weibchens aussendet (■ Abb. 11.37). Der Adressat ist der Bestäuber, der nicht zwischen Original und Kopie unterscheiden kann. Der Mimet zieht auf Kosten des Operators einen **evolutionären Vorteil** aus der Täuschung.

Nach der Art des Signals unterscheidet man zwei Hauptformen von Mimikry: die Bates'sche und die Peckham'sche Mimikry:

1. Die **Bates'sche** oder **Schutzmimikry** ist vor allem im Tierreich verbreitet, wo beispielsweise wehrlose und ungiftige Tiere stechende oder giftige Arten **nachahmen** und sich so vor Angreifern und Fraßfeinden schützen (Wespenbock; ■ Abb. 11.31a; Wickler 1968; Lunau 2011). Bei den **Pflanzen** tritt sie im vegetativen und reproduktiven Bereich auf. **Gefleckte Stängel** (■ Abb. 11.31b) täuschen den Befall von Ameisen oder Blattläusen vor und werden signifikant weniger von Herbivoren befallen als andere Arten (Wimp und Whitham 2001). **Früchte mit Fleckenmustern** täuschen Raupenbefall (Lev-Yadun und Inbar 2002) oder Eigelege vor (■ Abb. 11.31c–e). Auch gelöcherte und **gemusterte Blätter** können Fraßschäden vortäuschen und damit mögliche Fressfeinde abschrecken (■ Abb. 8.64a–c). Einige Passionsblumenarten imitieren auf ihren Laubblättern die Gelege von Schmetterlingen der Gattung *Heliconius* und bleiben vor echten Gelegen verschont.

Die **Mertens'sche** Mimikry ist ein Spezialfall der Schutzmimikry, aus der sie vermutlich hervorgegangen ist (Lunau 2011). Sie bezieht sich auf die (sub-)tropischen **Korallenschlangen** Amerikas, bei denen sich hochgiftige, mäßig giftige und ungiftige Arten zum Verwechseln ähneln.

2. Die **aggressive** oder **Peckham'sche** Mimikry lockt Tiere unter Vortäuschung eines **positiven Signals** (Futter, Beute, Geschlechtspartner) an (■ Abb. 11.31f, g). Sie ist sehr häufig in blütenbiologischen Systemen zu finden und wird auf Seiten der Pflanzen durch die **Täuschblumen** repräsentiert (► Abschn. 11.4; Vogel 1993). Auch ungenießbare **Samen** und Früchte können nahrhafte Formen vortäuschen (Barthlott 1995). So teilen die schwarz-roten Samen der Paternostererbse (*Abrus*; ■ Abb. 12.6a und 12.21e) das gleiche Signal mit Samen, die einen fleischigen Arillus besitzen und Vögel als Ausbreiter anlocken (■ Abb. 12.5 und 12.21b).

Die **Müller'sche** und die **Vavilov'sche** Mimikry stellen entgegen ihrer Bezeichnung **keine** Mimikrysysteme dar:

– Bei der Müller'schen Mimikry handelt es sich um **Reizverstärkung** durch **Signalnormierung** (Lunau 2011), die **allen Partnern Vorteile** bringt. Kolibris haben zum Beispiel einen sehr guten Gesichtssinn und beuten Blüten ganz unterschiedlicher Farben aus. Dennoch sind überdurchschnittlich viele Kolibriblumen rot. Die Farbe stellt ein **Fernsignal** für Vögel dar, die gelernt haben, die rote Farbe mit einer Futterpflanze zu assoziieren. Gleichzeitig schließt die rote Farbe Bienen weitgehend aus (► Abschn. 11.6.6), wodurch rote Futterpflanzen für Vögel noch attraktiver werden.

Die **Reizverstärkung** durch **Farbmale** und **Attrappen** bei Bienenblumen (■ Abb. 11.7 und 11.12) lässt sich hier anschließen (Osche 1979). In den meisten Fällen handelt es sich **nicht um Täuschblumen**, sondern um überdimensionierte Signale, die der Anlockung oder ‚Gängelung' der Bienen auf der Blüte dienen.

– Vavilov'sche Mimikry liegt vor, wenn die Diasporen (Samen, Früchte; ► Abschn. 12.2) von **Ackerunkräutern** den Diasporen von **Feldkulturen** so sehr in Größe und Gewicht entsprechen, dass sie beim Dreschen nicht getrennt werden (Barrett 1983). Erstmals festgestellt wurde diese ‚Kulturpflanzen-Mimikry' am Leindotter (*Camelina sativa* var. *linicola*), der in Leinfeldern (*Linum usitatissimum*) als ‚Unkraut' verbreitet ist und aufgrund der ähnlichen Samengröße immer wieder mit ausgesät wird (Barthlott 1995).

Die **biologische Bedeutung von äußeren Ähnlichkeiten** ist in den wenigsten Fällen experimentell untersucht. Oft wird vorschnell auf Mimikry geschlossen. **Mimikry** liegt aber **nur dann** vor, wenn der **Vorteil des Mimeten** erwiesen ist und eine zufällige Ähnlichkeit aufgrund gleicher Entwicklungsprozesse oder standortökologischer Anpassungen ausgeschlossen werden kann.

■ **Abb. 11.31 Mimikry. a–e,** Schutzmimikry (Bates'sche Mimikry). **a,** Wespenbock (*Plagionotus arcuatus*, Cerambycidae). Wespenähnliche Warntracht. **b,** Kerbelrübe (*Chaerophyllum bulbosum*, Apiaceae). Fleckenmuster auf der Sprossachse mit Ameisen- bzw. Blattlausähnlichkeit. **c,** Raupe des Nachtfalters *Eutricha capensis*. **d,** Hülsen einer Fabaceenart mit raupenähnlichem Fleckenmuster. **e,** *Psorothamnus schottii* (Fabaceae). Frucht mit auffälligen milbenähnlichen Drüsen. **f,** Müller'sche Mimkry. Rundblättriger Steinbrech (*Saxifraga rotundifolia*, Saxifragaceae). Blüte mit Punktmuster als Reizverstärkung zur Anlockung von Bienen (▶ Abschn. 11.3.1). **g,** Prinzip der Peckham'sche Mimikry, dargestellt am Beispiel der Aasblumen. Die Aasblume (Mimet) imitiert den Eiablageplatz (Aas) einer Aasfliege. Der Adressat (Operator) kann den Unterschied nicht erkennen und sucht die Blume als Brutplatz auf. Dabei bestäubt er die Pflanze, während sein Gelege zugrunde geht. (© R. Claßen-Bockhoff, Mainz)

11.4.1 Kesselfallen-, Aas- und Pilzmückenblumen

Viele Arten von **Fliegen** (z. B. Dung-, Schmeiß-, Waffenfliegen), **Mücken** (z. B. Schmetterlings-, Zuck-, Pilzmücken) und **Käfern** (z. B. Kurzflügler, Blatthornkäfer) legen ihre Eier in **Dung**, **Aas** oder **Pilzen** ab, in deren feuchtem Milieu sie sich gut entwickeln. Mit Ausnahme der Pilze, die nur einen schwachen, pilzartigen Duft haben, strömen die Substrate einen **intensiven Duft** bzw. **Gestank** (▶ Abschn. 11.2.1) aus, der verschiedene **Aasfliegengruppen** und **Aaskäfer** (Silphidae) aus Distanzen von über 100 m anlockt.

Aufgrund ihres instinktgebundenen Verhaltens werden die lernunfähigen Insekten leicht Opfer von Täuschblumen, die die **Schlüsselreize** der Eiablageplätze nachahmen. Dabei senden die Pflanzen **spezifische Signale** für Aas, verrottendes Pflanzenmaterial, Kot von Pflanzenfressern und andere Fäkalien aus (Jürgens et al. 2013).

Im Laufe der Evolution haben sich **Aasblumen** mit einem spezifischen **Merkmalssyndrom** entwickelt (▪ Tab. 11.9; Vogel 1954, 1963a): starker Duft (Gestank), bräunlich rote Farbe mit Hell-Dunkel-Kontrasten, Schwänzung, Pantherung, glatte Wände, Reusenhaare, pigmentfreie Fenster (▪ Abb. 11.32–11.36). Neben offen zugänglichen Blumen herrschen **Kesselfallenblumen** vor. Die Tiere rutschen in einen Kessel, aus dem sie erst nach erfolgreicher Pollenübertragung entlassen werden. Sollte es zur Eiablage gekommen sein, gehen die Gelege zugrunde. Interessanterweise treten mit **Protogynie** und obligater **Fremdbestäubung** auch Übereinstimmungen im Reproduktionssystem der Aasblumen auf.

Kesselfallenblumen sind aus sechs Verwandtschaftskreisen der Angiospermen bekannt (Renner 2006). Sie finden sich innerhalb der basalen Magnoliiden (Aristolochiaceae, inkl. Hydnoraceae; Sy 10B:6), Monocotylen (Arecaceae, Orchidaceae, Burmanniaceae, Araceae; Sy 10B:9,13,15,18) und Eudicotylen (Apocynaceae; Sy 10B:60). **Morphologisch** entsprechen die Fallen **Blüten** (Apocynaceae, Aristolochiaceae) oder **Blütenständen** (Araceae, Arecaceae).

Das Prinzip der Kesselfallenblume

Trotz ihrer unterschiedlichen phylogenetischen und morphologischen Entstehung stimmen alle Kesselfallenblumen im **Prinzip** des **Bestäubungsmechanismus** miteinander überein. Sie liefern damit ein eindrucksvolles Beispiel für **analoge Ähnlichkeit** und Prinzip-**Konvergenz** (Vogel 1965; Jürgens et al. 2013):

- **Fernanlockung:** Bei der Leuchterblume (*Ceropegia*, Apocynaceae; ▪ Abb. 11.32a–c) werden die Tiere vom **Duft** der Täuschblumen angelockt (▪ Abb. 11.33a: gestrichelte Linie), der in den Osmophoren der Kronblattspitzen (Os, schwarz) erzeugt wird (▪ Abb. 11.5). Sie folgen dem Duft **spontan**, da sie ihn nicht vom Duft ihres Brutplatzes unterscheiden können. Die **Spezifität** des Duftstoffes und der **Zeitpunkt** seiner Emission sind von entscheidender Bedeutung für den Erfolg der Täuschblumen.

- **Nahanlockung:** Im Nahbereich orientieren sich die Blütenbesucher vor allem **optisch**. Auch wenn ihr Sehsinn nicht besonders gut entwickelt ist, können sie Hell-Dunkel-Kontraste, Glanz und Flimmerbewegungen wahrnehmen. Täuschblumen sind meist **dunkelbraun-rot**, oft gesprenkelt und **feuchtglänzend**. Mit Haaren, fädigen Fortsätzen und **Flimmerkörpern** ahmen sie bereits auf dem Köder sitzende Artgenossen nach und sprechen damit den Herdentrieb der Tiere an (Vogel 1961).

- **Landung und Absturz:** Die Insekten landen auf dem vermeintlichen Substrat und suchen nach einer geeigneten Stelle für die Eiablage. Dabei wird ihnen ihre Neigung, in **dunkle Löcher** zu schlüpfen, zum Verhängnis. Sie nähern sich der Fallenöffnung (▪ Abb. 11.33a: Fö) und stürzen in den Kessel (Ke). Der **Absturz** wird durch Sekrete der inneren Fallenepidermis gefördert, die die Gehpolster (Pulvillen) der Fliegen verkleben. Steife, nach unten gerichtete Reusenhaare (Re) versperren zusätzlich den Rückweg aus dem Kessel.

- **Arretierung und Fluchtverhalten:** Bei den Tieren setzt nun der **Fluchtreflex** ein. Sie streben zum Licht und finden einen vermeintlichen Ausgang aus der Falle am Grund der Blüte. Dort befindet sich ein Ring pigmentfreien Gewebes (Fe, Fenster), der die

▪ **Abb. 11.32** **Fallen- und Aasfliegenblumen. a–c,** Kesselfallenblumen von *Ceropegia* (Apocynaceae). Merkmale: Duftanlockung, Flimmereffekte, Kesselfallen, glatte Innenwände, versperrter Ausgang. **a,** *C. linearis* (syn. *C.woddii*). **b,** *C. distincta* var. *haygarthii*. **c,** *C. stapeliiformis*. **d–f,** Aasfliegenblumen. Merkmale: braunrote Färbung, Pantherung (Hell-Dunkel-Kontraste), Schwänzung, Flimmereffekte, Nachahmung von Kadavern und Gestank. **d,** *Strophanthus preussii* (Apocynaceae) mit 30 cm langen Kronblattfäden. **e,** *Stapelia asterias* (Apocynaceae) mit Stubenfliege (*Musca domestica*). Vortäuschung eines Kadavers durch Gestank, Haare und fleischig-glänzende Oberfläche. **f,** *Ferraria crispa* (Iridaceae). Kräuselung und Pantherung (Flimmereffekt). (© R. Claßen-Bockhoff, Mainz)

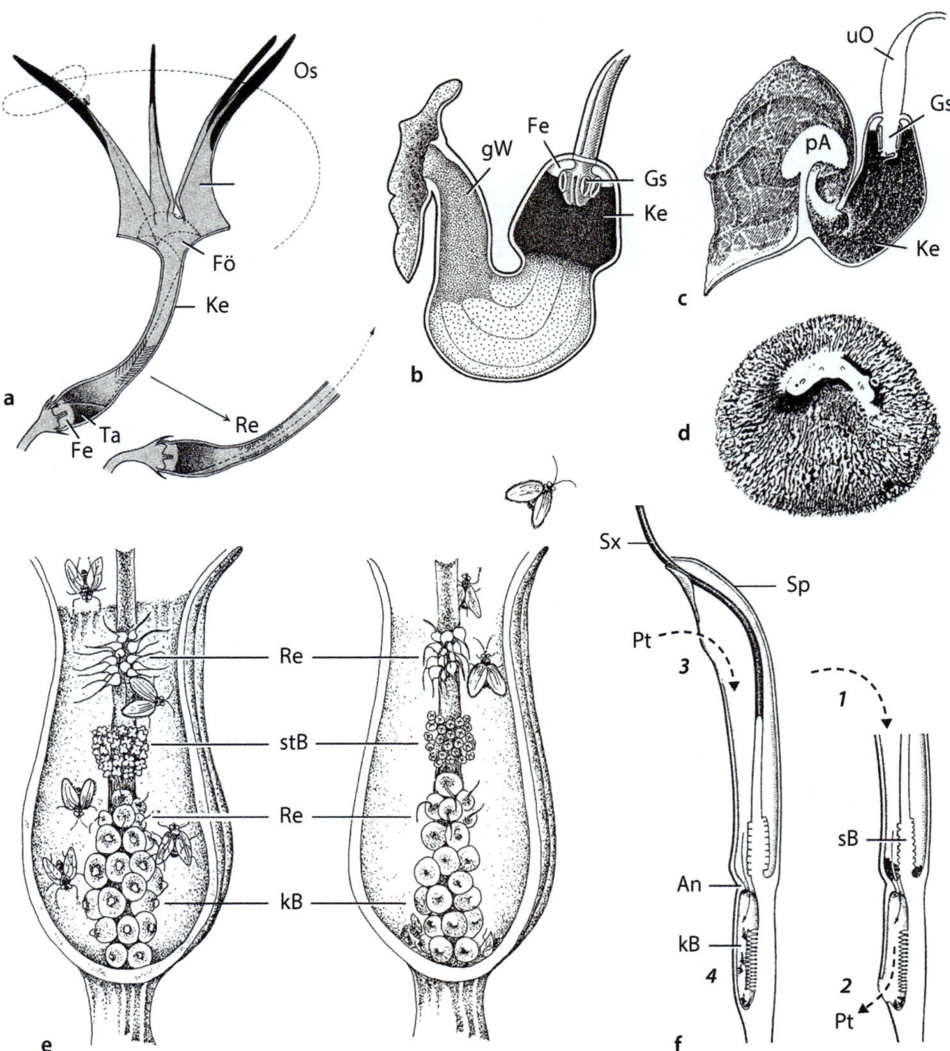

● **Abb. 11.33   Funktionsweise von Fallenblumen. a,** *Ceropegia stape-liiformis* (Apocynaceae). Schematischer Längsschnitt durch eine Blüte (links vor, rechts nach der Bestäubung). Fe, Fenster. Fö, Fallen-öffnung. Ke, Kessel. Os, Osmophoren (schwarz). Re, Reusenhaare. Ta, Tapetum. **b,** Pfeifenwinde (*Aristolochia macrophylla*, Aristolo-chiaceae). Schematischer Längsschnitt. Kessel mit dunkler Ausklei-dung (Tapetum) und pigmentfreiem Fenster am Grund. gW, glatte Wand. Gs, Gynostemium. **c, d,** *Aristolochia arborea*, Pilzmücken-blume. **c,** Schematischer Längsschnitt. pA, pilzförmiger Auswuchs, uO, unterständiges Ovar. **d,** Unterseite des ‚Hutes' mit Lamellen-struktur. **e,** Aronstab (*Arum maculatum*, Araceae). Links: Anlo-ckungsphase. Rechts: Entlassungsphase. kB, karpellate Blüten. stB, staminate Blüten (s. Text). **f,** *Pinellia tripartita* (Araceae). Todesfalle. *1–4,* Ablauf des Pollentransfers. Links: junge Blüte in rezeptiver Blühphase. Pollenbeladene Bestäuber (Pt, Pollentransfer) gelangen in die Falle (*3*), bestäuben die Blüten und verenden (*4*). Rechts: ältere Blüte in der staminaten Blühphase. Bestäuber werden angelockt (*1*), nehmen Pollen auf und gelangen durch das zwischenzeitlich entstan-dene Ausflugloch ins Freie (*2*). An, Anulus. Sp, Spatha. Sx, Spadix. (© **a**: Vogel 1961 (Duncker & Humblot). **b, f**: Vogel 1965. **c, d**: Vogel 1978. **e**: Steinbach 1981 (aus Heß 1983))

Bestäuber zu den Reproduktionsorganen führt. Der Lichteffekt wird durch die dunkle Pigmentierung der Kesselinnenwand (Ta, Tapetum; ▶ Abschn. 7.6.3) verstärkt.

- **Pollenabgabe und Beladung:** Die meisten Kesselfallenblumen sind vorweiblich (**protogyn**; ▶ Abschn. 9.6.6). In der rezeptiven Blühphase wird von den Tieren mitgebrachter Pollen auf der Narbe abgestreift. Bis zur staminaten Blühphase vergehen 20–100 h, während derer die Tiere im Kessel verbleiben und mit Nektartröpfchen oder Narbensekreten am Leben erhalten werden. **Fremdbestäubung** ist somit die Regel.
- **Entlassung:** Nach erfolgreicher Einstäubung mit Pollen neigt sich die *Ceropegia*-Blüte zur Seite (◘ Abb. 11.33a), die Reusenhaare welken, und die Tiere werden aus der Blüte entlassen.

Beispiel Aristolochiaceae

Die Osterluzeigewächse (Aristolochiaceae) gehören zu den bekanntesten Beispielen für Kesselfallenblüten. Sie sind mit etwa 600 Arten weltweit verbreitet. Die größte Gattung (~500 Arten) ist die namengebende Gattung *Aristolochia*, die zweitgrößte (~85 Arten) die Gattung *Asarum* (Haselwurz). Beide Gattungen sind mit der Aufrechten Osterluzei (*Aristolochia clematitis*; ◘ Abb. 11.34a) und der Gewöhnlichen Haselwurz (*Asarum europaeum*) in der mitteleuropäischen Vegetation vertreten. Die als Schlingpflanze beliebte Pfeifenwinde (*A. macrophylla*; ◘ Abb. 11.34b, c) stammt aus Amerika.

Die Blüten haben eine einfache, dreizählige, synsepale Hülle und weisen eine für die Gattung charakteristische **S-förmige Gestalt** auf (◘ Abb. 11.33b und 11.34c, g). Hinter dem oft dunklen Blüteneingang (◘ Abb. 11.34b, f) stürzen die Tiere in die Tiefe. **Glatte Wände** und bei einigen Arten auftretende Reusenhaare oder Engstellen (◘ Abb. 11.34g: An) versperren den Rückweg. Die Tiere suchen einen Ausweg aus der **Falle**, den sie vermeintlich am Blütengrund finden. Dort befindet sich wie bei *Ceropegia* ein **Fenster** (◘ Abb. 11.33b und 11.34c: Fe), dessen Wirkung durch ein dunkles **Tapetum** (Ta) verstärkt wird. Die Tiere gelangen zum Reproduktionssystem der Blüte, das wie bei den Orchideen als **Gynostemium** (▶ Abschn. 10.5.3) bezeichnet wird. Es besteht aus meist vier bis sechs Stamina, die congenital mit vier bis sechs Karpellen vereint sind. Die Blüte ist **protogyn** (▶ Abschn. 9.6.6), das heißt, die Narben sind zuerst rezeptiv, und erst später öffnen sich die Pollensäcke (◘ Abb. 11.34d, e). Nach der Bestäubung

welken entweder die Reusenhaare und geben den Tieren Halt zum Hochklettern, oder die Wand wird gangbar (z. B. *A. macrophylla*). In diesem Fall ist die Innenwand nicht mit Wachs überzogen, sondern mit Gleitsekreten, die erstarren und unwirksam werden. Die Bestäuber der Aristolochien sind Zuckmücken, Fliegen, Aasfliegen oder Pilzmücken.

Aasblumen

Die Aasblumen (◘ Abb. 11.34b–h) der Aristolochiaceae locken ihre Bestäuber mit einem intensiven, oft widerlichen **Gestank** an. *Aristolochia grandiflora* wächst als Schlingpflanze in den Neotropen. Ihre großen kesselförmigen Blüten hängen aus einer Höhe von 5–20 m herab. Sie haben einen etwa 30 cm großen Durchmesser und einen ~40 cm langen, fadenförmigen Fortsatz (◘ Abb. 11.34f). Der Duft entströmt einem **Osmophor** rund um den Blüteneingang. Die **Exposition** der Blüte und das großflächige Drüsengewebe tragen zu einer **Duftwolke** bei, die Tiere aus großen Distanzen anlockt. Schwänzung, Pantherung, Hell-Dunkel-(Rotbraun-) Kontraste und fleischig-glänzende Oberflächen (Kadavermimese) wirken im Nahbereich.

Pilzmückenblumen

Zur Gruppe der Pilzmückenartigen gehören neben den Mycetophylidae (Pilzmücken) auch die Trauermücken (Lycoriidae) und andere Gruppen kleiner Mücken. Sie ist dadurch charakterisiert, dass ihre Vertreter zerfallende Pilze als Eiablageplätze aufsuchen. Bereits Ende des 19. Jahrhunderts vermutete der italienische Botaniker **Arcangeli** (1883), dass sie als Bestäuber dienen könnten. Der experimentelle Nachweis und die Beschreibung des zugehörenden **Merkmalssyndroms** gelangen aber erst Vogel (1978) am Beispiel von *Asarum caudatum* (Aristolochiaceae).

Pilzmückenblumen (~75 Arten) sind meist **niedrige Waldpflanzen**, die einen schwachen **Pilzgeruch** ausströmen oder für den Menschen **geruchlos** sind. Sie sind gewöhnlich **dunkelpurpurn** oder braun und weisen helle durchscheinende Muster auf. **Lamellenartige Gewebeauswüchse** und oberflächliche **Feuchtigkeit** durch hohe Transpiration während der Anthese täuschen die Unterseite von Hutpilzen vor. Dieses Merkmalssyndrom tritt nach Vogel (1978) bei Aristolochiaceae (◘ Abb. 11.34i), Araceae (◘ Abb. 11.35h–j), Orchidaceae (*Masdevallia*-, *Cypripedium*- und *Corybas*-Arten) und Corsiaceae (*Arachnites uniflora*) auf. Vermutlich gehört auch die Gattung *Tacca* (Dioscoreaceae) hierher (◘ Abb. 10.34f–h).

▣ Abb. 11.34   Kesselfallenblüten der Aristolochiaceae. a. *Aristolochia clematitis*. Heimische Pflanze, von Zuckmücken bestäubt. **b–c,** Pfeifenwinde (*A. macrophylla*). **b,** Blüte von vorn mit dunklem Einflugloch. **c,** Umgestülpte Blüte, die Innenseite mit dunklem Tapetum (Ta), pigmentfreiem Fenster (Fe) und Gynostemium (Gs) zeigend. **d, e,** *A. gigantea*. Gynostemium in der karpellaten (**d**) und staminaten (**e**) Blühphase. **f, g,** *A. grandiflora*. **f,** Riesenblüte von vorn mit dunklem Einflugloch, gepantherter Blütenhülle (ca. 30 cm Durchmesser) und fädigem Fortsatz (Fs, bis 40 cm lang). **g,** Blüte im Längsschnitt. An, Anulus. Gs, Gynostemium. Ke, Kessel. Re, Reuse. **h,** *A. tricaudata*. Blüte (insgesamt 5–7 cm groß) mit fädigen Fortsätzen an der Blütenhülle. **i,** *A. arborea*. Pilzmückenblume mit Pilzattrappe im Blüteneingang. (© R. Claßen-Bockhoff, Mainz)

Eine sehr ungewöhnliche Blüte weist *Aristolochia arborea* auf, die den Eingang ihrer Blüte mit einem pilzförmigen Auswuchs verschließt (▣ Abb. 11.33c, d: pA, ▣ und 11.34i). Für das menschliche Auge ist die Ähnlichkeit mit einem Hutpilz verblüffend, für das Mückenauge spielt sie vermutlich keine oder nur eine untergeordnete Rolle. Die Bestäuber dieser Art sind noch nicht bekannt; die Merkmale deuten mit großer Sicherheit auf Pilzmücken hin.

Beispiel Araceae

Die große, überwiegend in den Tropen beheimatete Familie der Aronstabgewächse (Araceae, > 3000 Arten) weist **Kesselfallenblumen** auf der Basis von **Blütenständen** auf. Sie funktionieren im Prinzip wie die Blüten von *Ceropegia* und *Aristolochia* und demonstrieren (wie auch die Kannenblätter der Kannenpflanzen; ▣ Abb. 8.53d und 8.91f–i), dass die **Fallenkonstruktion** nicht an die Organisationsstufe der Blüte gebunden ist.

Die Aronstabgewächse blühen in der **Krautschicht** von Wäldern oder leben epiphytisch auf Bäumen (Tropen). Bestäuber sind meist **Fliegen, Mücken** und **Käfer** (◘ Abb. 11.35d, f). Der heimische **Aronstab** (*Arum maculatum*) wird von wenigen Millimeter großen Insekten, zumeist Schmetterlingsmücken (*Psychoda*), bestäubt. Der im tropischen Asien beheimatete Wasserkelch (*Cryptocoryne*) ist als Aquarienpflanze beliebt. Er schiebt seinen Kessel über die Wasseroberfläche und lockt damit Fruchtfliegen (*Drosophila*) und andere kleine Insekten an. *Biarum*-Arten bilden Bodenfallen, deren stark riechende Kolben aus der Erde herausragen (◘ Abb. 11.35e).

Fallenblumen treten vor allem in der Unterfamilie der **Aroideae** (> 2000 Arten) auf, z. B. in den Gattungen *Arum*, *Biarum*, *Sauromatum*, *Pinellia* oder *Arisaema* (◘ Abb. 11.35). Der Blütenstand dieser Gattungen entspricht einem **monözischen** (selten diözischen) **Spadix** (Kolben; ◘ Abb. 9.2c und 9.8b), der an seiner Basis karpellate und darüber staminate Blüten trägt (◘ Abb. 11.35b: kB, stB). Die Blüten sind sehr klein, auf die Reproduktionsorgane reduziert und in Gruppen angeordnet. Oft versperren starre **Reusenhaare** (◘ Abb. 11.35b: Re) zwischen den Blütengruppen den Weg. Bei einigen Arten treten zusätzliche Reusenhaare oberhalb der staminaten Blüten auf, bei *Biarum ditschianum* (◘ Abb. 11.35e) sind sie nur dort zu finden. Der Kolben ist von einem Hochblatt (**Spatha** ◘ Abb. 11.35a: Sp) umgeben, welches die Blüten völlig einhüllt.

Die Bestäubertiere werden von intensivem Duft angelockt, der dem sterilen, oberen Teil des Kolbens entströmt. Die Duftstoffe gehören zur Gruppe der ‚Stinkstoffe‘ (Ammoniak, Amine, Indole; ◘ Tab. 11.1) und täuschen den Insekten einen **Eiablageplatz** vor. Sie werden durch die Verbrennung der im Kolben gespeicherten Stärke zu einem ganz bestimmten **Zeitpunkt** flüchtig, wobei sich der Kolben erheblich erwärmt (**Thermogenese**; ► Abschn. 11.3.6). Die Insekten fliegen gegen den ausgebreiteten Teil der Spatha, an dessen **rutschiger Oberfläche** sie abgleiten und in den Kessel stürzen. Abwärts gerichtete Epidermispapillen, Öltropfen und Reusenhaare erlauben kein Entkommen. Zu Beginn der Anthese sind die Narben der karpellaten Blüten rezeptiv. Sind die Bestäuber bereits mit **Fremdpollen** beladen, kommt es zur Bestäubung (◘ Abb. 11.35b). Die Insekten bleiben über Stunden im Kessel gefangen (◘ Abb. 11.35d), bevor sich die Pollensäcke der staminaten Blüten öffnen und die Tiere mit Pollen einstäuben (◘ Abb. 11.35c). Erst danach wird die Spatha gangbar, welken die Reusenhaare und verlassen die Insekten den Kessel, um, vom Duft eines benachbarten Blütenstandes angelockt, in die nächste Falle zu fliegen.

In einigen Fällen werden die Bestäuber allerdings nicht mehr entlassen, sondern verenden in den zu **Todesfallen** gewordenen Blumen:

- *Pinellia tripartita* bildet monözische Blütenstände, die ohne Spadix etwa 3 cm hoch sind und von Gnitzen (Ceratopogonidae) bestäubt werden (◘ Abb. 11.35g). Sie stehen nah am Boden und überragen mit der Spitze ihres über 20 cm (!) langen, sterilen Kolbenabschnittes das Blätterdach (◘ Abb. 11.35g). Vom Duft des Kolbens angelockt, stürzen die Bestäuber in den Kessel (◘ Abb. 11.33f: *1, 3*). Die Spatha weist unterhalb der staminaten Blüten einen Wulst auf (An, Anulus), der den Zugang zu der darunterliegenden Kammer mit den karpellaten Blüten verengt. In der zuerst einsetzenden, rezeptiven Blühphase können die Bestäuber diese Kammer nicht mehr verlassen und verenden dort (*4*). Mit zunehmendem Alter der Fallenblume weichen die Spatharänder am Kesselboden auseinander und bilden ein **Ausflugloch** (*5*). In der später einsetzenden staminaten Phase rieselt der Pollen auf den wulstigen Anulus und stäubt die Tiere beim Absturz in die karpellate Kammer ein. Durch das Loch gelangen die Bestäuber nach außen (*2*). Fliegen sie anschließend in eine junge, rezeptiv blühende Falle (*3*), rutschen sie in die noch geschlossene Kammer, bestäuben die Pflanze mit Fremdpollen und verenden
- Die meisten Arten der asiatischen Gattung *Arisaema* (~150 Arten) sind zweihäusig (**diözisch**). Bei ihnen bildet die **Spatha** (und nicht der Kolben) einen 20–30 cm langen, fadenförmigen Fortsatz (Flagellum; ◘ Abb. 11.35h). In den staminaten Fallen öffnet sich nach der Pollenausschüttung ein Flugloch, während die karpellaten Fallen zu **Todesfallen** werden (Vogel und Martens 2000).

Abb. 11.35   Kesselfallenblumen der Araceae. a, *Arum italicum.* Helle Spatha (Sp) und gelber Kolben (Ko, Spadix). Sizilien. **b, c,** *Arum* cf. *conophalloides.* Ermenek, mittlerer Taurus, Türkei. **b,** Rezeptive Blühphase. die karpellaten Blüten (kB) sondern ein Narbensekret ab, die Pollensäcke der staminaten Blüten (stB) sind noch geschlossen, die Reusenhaare (Re) versperren den Ausgang. **c,** Staminate Blühphase. Der Pollen ist auf den Infloreszenzboden gerieselt, die staminaten Blüten und Reusenhaare sind welk, die karpellaten Blüten bilden Früchte. **d,** *Helicodiceros muscivorus.* Rezeptive Blühphase mit gefangenen Fliegen. **e,** *Biarum ditschia-* num. Bodenfalle mit gelbem, kräftig stinkendem Spadix und weit voneinander getrennten Blütenzonen. Reusenhaare (Re) oberhalb der staminaten Blüten. Gestrichelte Linie: Erdniveau. Bei Kumluca, SW-Türkei. **f,** *Sauromatum guttatum.* Extremer Gestank und Pantherung weisen auf Aasfliegenbestäubung hin. **g,** *Pinellia tripartita.* Der Spadix ist dreimal so lang wie die Spatha und ragt aus dem dichten Blattwerk hervor. **h, i,** *Arisaema concinnum.* Pilzmückenblume mit extremer Schwänzung (**h**) und auffallendem, Hell-Dunkel-Kontrast der Spatha (**i**). **j,** *Arisarum vulgare.* Pilzmückenblume. Mallorca. (© R. Claßen-Bockhoff, Mainz)

Beispiel *Rafflesia* und Titanenwurz – Sumatras Riesentäuschblumen

Neben sehr kleinen, knapp 2 cm großen Kesselfallen (z. B. *Ceropegia linearis* ◘ Abb. 11.32a, *Arisarum vulgare* ◘ Abb. 11.35j) und einer Reihe mittelgroßer Blumen gehören auch die größten Blumen der Angiospermen zu den Aasblumen:

– Die **größte Blüte** mit einem Durchmesser von fast 1 m ist die Riesenrafflesie (***Rafflesia arnoldii***, Rafflesiaceae), die nur auf Sumatra vorkommt (◘ Abb. 11.36b, c). Die Pflanze bildet kein eigenes Sprosssystem, sondern **parasitiert** auf Weinrebengewächsen (Vitaceae; Abschn. 8.6.2). Die Riesenblüten liegen meist auf dem Erdboden und locken mit einem intensiven Gestank Insekten zur Eiablage an.

Nach wenigen Tagen zerfällt die Blüte zu einer schleimartigen Masse.

– Die **größte Blume** mit einer Höhe von bis zu 3 m besitzt die Titanenwurz (*Amorphophallus titanum*; ◘ Abb. 11.36a). Sie gehört zu den Araceae und weist wie die anderen Vertreter der Familie Kolben und Spatha auf. Der Kolben ist monözisch und 1–3 m lang. Die Spatha ist riesig und umhüllt den unteren Teil des Kolbens wie ein Trichter. Der **Gestank** der ebenfalls nur auf Sumatra beheimateten Pflanze ist spektakulär und lockt Insekten aus weiten Distanzen an. Dies ist notwendig, weil die Pflanze selten ist und nur alle paar Jahre zum Blühen kommt. Die **Blühzeit** (Anthese) dauert nur zwei Tage. Es müssen also sofort Bestäuber bereitstehen,

◘ **Abb. 11.36 Giganten des Blühens. a**, Titanenwurz (*Amorphophallus titanum*, Araceae), die größte Blume (Blütenstand) der Welt. BG Edinburgh (mit freundlicher Genehmigung). **b, c**, Rafflesien (Rafflesiaceae), die größten Blüten der Welt. **b**, *Rafflesia arnoldii*. **c**, *R. kelantanesis*. (© **a**: P. Thaowetsuwan, Edinburgh. **b**: H. Ishihara. Creative Commons 3.0, ▶ https://commons.wikimedia.org/wiki/File:09_rafflesia.png. **c**: M. Teubner. Creative Commons 3.0, ▶ https://commons.wikimedia.org/wiki/File:Rafflesia-Kelantanesis-Gan.jpg)

wenn die rezeptive Blühphase beginnt. Dies dürfte der Grund dafür sein, dass die Pflanze ein **generalistisches** Bestäuberspektrum aufweist. Neben verschiedenen Käfergruppen, die Schutz, Kopulationspartner, Eiablageplätze oder Beute suchen, tragen offensichtlich auch weitere Insektengruppen wie stachellose Bienen (Meliponini), Fruchtfliegen (*Drosophila*) oder Ameisen (Formicidae) zum Pollentransfer bei (Claudel 2021).

11.4.2 Sexualtäuschblumen

Während Aas- und Pilzmückenblumen den **Eiablagetrieb lernunfähiger Insekten** ausnutzen, locken Sexualtäuschblumen paarungsbereite Fliegen-, Bienen- und Wespenmännchen an. Sie nutzen den **Sexualtrieb der Männchen** aus, die gewöhnlich **vor** den Weibchen schlüpfen und auf die Schlüsselreize eines vermeintlichen Weibchens mit **Kopulationsversuchen** reagieren.

Sexualtäuschblumen kommen fast ausschließlich bei **Orchideen** vor. Die bekanntesten Beispiele finden sich in der mediterran verbreiteten Gattung ***Ophrys*** (Ragwurz) und einigen australischen Gattungen.

Beispiel *Ophrys*

Die **Ragwurzen** sind terrestrisch lebende, ausdauernde Orchideen, die meist von **Solitärbienen** (z. B. *Eucera, Anthophora, Andrena*; ◘ Abb. 11.37d), aber auch von Grabwespen (*O. insectifera*), Dolchwespen (*O. speculum*; ◘ Abb. 11.37b) oder Fliegen (*O. fuciflora*) bestäubt werden (Paulus und Gack 1990).

Bei allen Arten ahmt die Unterlippe (**Labellum**) das Weibchen des jeweiligen Bestäubers in Größe, Form, Farbe und Behaarung nach (Kullenberg 1961; Paulus 2019). Bei der Spiegelragwurz trägt die Unterlippe sogar ein metallisch glänzendes Mal, das den zusammengelegten Flügeldecken eines Dolchwespenweibchens ähnelt (◘ Abb. 11.37a). Die **Fernanlockung** erfolgt durch einen sehr **spezifischen Duft**, der dem Sexuallockstoff (**Pheromon**) der jeweiligen Bestäuberart entspricht (Schiestl 2005). Im **Nahbereich** reizen **optische** und **taktile Signale**. Bienenmännchen stürzen sich einzeln oder zu mehreren auf das Labellum und versuchen, mit ihm zu **kopulieren**. Dabei orientieren sie sich an der Form und Behaarung des Labellums, um in die richtige Kopulationsposition zu geraten. In den meisten Fällen setzen sich die Insektenmännchen mit dem Kopf zum Gynostemium gewandt auf das Labellum, und das Pollinarium wird am **Kopf** angeheftet (◘ Abb. 11.26i und 11.37b). Die Sandbiene (*Andrena cineraria*), die die Gelbe Ragwurz (*Ophrys lutea*) bestäubt, setzt sich andersherum

auf die Lippe (◘ Abb. 11.37d) und transportiert das Pollinarium auf dem **Abdomen**.

Obgleich die Bienenmännchen **lernfähig** sind, ist der Paarungstrieb zu stark, um die Attrappen zu meiden. Erst wenn die Weibchen schlüpfen, lassen die Bienenmännchen von den Blüten ab. Die **genaue Zeitabstimmung** zwischen der Blühzeit der *Ophrys*-Arten und dem Lebenszyklus der Bestäuberart ist essentiell wichtig für den Erfolg der Täuschblume (▶ Abschn. 11.5.2).

Die Arten der Gattung *Ophrys* werden aufgrund des **artspezifischen Sexuallockstoffes** sehr spezifisch bestäubt und liefern damit ein eindrucksvolles Beispiel für **ethologische Isolation** (▶ Abschn. 3.1.2). Tatsächlich werden die Artgrenzen **sympatrischer** (am gleichen Ort vorkommender) Arten überwiegend **präzygotisch** (▶ Abschn. 3.1.2) aufrechterhalten, während sich die Arten genetisch und karyologisch kaum unterscheiden (Cozzolino und Widmer 2006). Je nach Bezugssystem umfasst die Gattung daher zehn bis > 250 Arten. Da sich die Duftstoffe nicht grundsätzlich, sondern nur in ihren **Hauptkomponenten** (der Duftnote) voneinander unterscheiden, können sich die Ragwurzarten vermutlich schnell an neue Bestäuber anpassen. Ihr Hauptverbreitungsgebiet liegt im Mittelmeerraum, dessen Inselwelt die Artbildung durch geografische Isolation zusätzlich fördert.

Beispiel *Drakaea*

In **Australien** haben sich Sexualtäuschblumen mehrfach parallel in verschiedenen Gattungen entwickelt. Spektakuläre Beispiele liefern die Hasenorchidee ***Leporella fimbriata***, die von Männchen der **Ameisenart** *Myrmecia urens* (Formicidae) bestäubt wird (Peakall et al. 1987), und die **Hammerorchideen** der Gattung ***Drakaea*** (> 17 Arten), deren Pollinarienübertragung über einen **reversiblen Schwingmechanismus** erfolgt (Peakall 1990).

Die Blüten von *Drakaea livida* (◘ Abb. 11.37f) werden von **Rollwespen** (Tiphiidae) bestäubt, deren **flügellose Weibchen** an Halmen oder Blütenstielen hochklettern und von dort Männchen mit spezifischen **Pheromonen** anlocken. Die Männchen ergreifen die Weibchen und begatten sie im Flug. Das Labellum (La) der Orchidee **ahmt** das Wespenweibchen in Form, Farbe, Duft und Position nach und besitzt eine **Dünnstelle**, über die die Weibchenattrappe **gelenkartig** mit der übrigen Blüte verbunden ist (Ge). Versucht ein Männchen, das vermeintliche Weibchen zu ergreifen und mit ihm davonzufliegen (*1, 2*), schwingt es mitsamt der Attrappe gegen das Gynostemium (Gy, *3*). Dort wird es dorsal auf dem Thorax mit einem Pollinarium beladen oder gibt mitgebrachten Pollen auf die Narbe ab.

■ **Abb. 11.37 Sexualtäuschblumen. a–f,** Orchidaceae. **a, b,** Spiegelragwurz (*Ophrys speculum*). **a,** Blüte mit ‚Spiegelfläche' auf dem Labellum. **b,** Männliche Dolchwespe (*Dasyscolia ciliata*) beim Kopulationsversuch. Kopfbestäubung. **c, d,** Gelbe Ragwurz (*Ophrys lutea*). **c,** Blüte. **d,** Männliche Sandbiene (*Andrena cinerarea*) beim Kopulationsversuch. Abdomenbestäubung. **e,** Fliegenragwurz (*O. insectifera*). Labellum der Blüte mit entfernter Ähnlichkeit zu einer Fliege. **f,** Schematische Darstellung der Bestäubung von *Drakaea livida* (syn. *D. fitzgeraldii*) durch eine Rollwespe (Tiphiidae). *1–4,* Phasen des Bestäubungsablaufs (s. Text). **g, h,** Asteraceae. *Gorteria diffusa.* **g,** Zwei Köpfchen mit drei bzw. zwei halbplastischen Malen. **h,** Ähnlichkeit zwischen Bestäuber (*Megapalpus nitidus*, Bombyliidae) und Blumenmal. (© **a, c, e, g**: R. Claßen-Bockhoff, Mainz. **b, d**: C. Gack, Freiburg. Mit freundlicher Genehmigung. **h**: P. Wester, Stellenbosch. Mit freundlicher Genehmigung. **f**: Meeuse und Morris 1984)

Beispiel *Gorteria diffusa*

Das einzige bisher nachgewiesene Beispiel für Sexualtäuschblumen außerhalb der Orchideen ist die südafrikanische **Asteracee *Gorteria diffusa*** (◘ Abb. 11.37g). Deren Köpfchen weisen eine **variable Anzahl** von **halbplastischen**, schwarz glänzenden Malen auf, die eine hohe **Ähnlichkeit** zu Insekten haben (◘ Abb. 11.37h). Der englische Trivialname der Pflanze, *beetle daisy*, geht auf die ursprüngliche Annahme zurück, dass die Flecken Käfer imitieren könnten. Tatsächlich haben Feldstudien aber gezeigt, dass der **Wollschweber** *Megapalpus nitidus* (Bombyliidae) Hauptbestäuber der Blüten ist (Johnson und Midgley 1997). Weibliche Tiere suchen die Köpfchen zur Nahrungsaufnahme und Übernachtung auf, männliche Tiere zur Nahrungsaufnahme und Kopulation mit den Weibchen. Die Ähnlichkeit der Male mit weiblichen Tieren und ihre unregelmäßige Verteilung verleiten die Männchen offensichtlich dazu, auch die Flecken gezielt anzufliegen und **Kopulationsversuche** mit ihnen durchzuführen (Ellis und Johnson 2010).

Die Ähnlichkeit der Attrappen mit Fliegenweibchen beruht auf der Färbung, UV-Reflexion und **halbplastischen** Form der Male. An ihrer Bildung sind drei verschiedene Zelltypen und unterschiedliche Oberflächenstrukturen beteiligt. Thomas et al. (2009) zeigten, dass die zunächst zufällig anmutende Anzahl und Verteilung der Flecken darauf beruhen, dass Flecken nur in einem bestimmten **Entwicklungszeitraum** des Köpfchens angelegt werden. Die Länge dieser Phase bestimmt die Anzahl der Flecken, die sequentielle Anlegung der Randblüten im Winkel von etwa 137,5° deren Lage. Das variable Auftreten ähnelt dem zufälligen Besuch von Fliegen auf einem Köpfchen, was vermutlich die Attraktivität der Blume erhöht.

11.5 Phänologie und blütenbiologische Rhythmen

Das gesamte organische Leben der Erde unterliegt periodisch wiederkehrenden Ereignissen (Zyklen), von denen der Tag-Nacht-Rhythmus (**circadianer** Rhythmus) und der Wechsel der Jahreszeiten (**saisonaler** Rhythmus) die offensichtlichsten sind. Sie nehmen Einfluss auf die **Licht-** und **Temperaturverhältnisse** der Lebensräume und bestimmen das Einsetzen und die Länge der pflanzlichen **Lebensphasen** (Gametenentlassung bei Algen; ▶ Abschn. 4.2.3) und **Stoffwechselprozesse.**

Alle Lebewesen sind an die globalen Zyklen angepasst und weisen **biologische Rhythmen** auf. Darunter versteht man regelmäßig auftretende Wachstums- und Stoffwechselprozesse, die als **Antwort** auf die exogenen

Bedingungen **endogen** vom Organismus gesteuert werden (auch als **innere Uhr** bezeichnet). Bei den **Blütenpflanzen** folgen beispielsweise die **Blühzeiten** und die **Öffnungs- und Schließbewegungen** von Blättern und Blüten (▶ Exkurs 8.6) solchen Rhythmen. Sie bleiben auch erhalten, wenn die Synchronisation mit dem exogenen Taktgeber ausbleibt. Gleichzeitig ist die Reaktionsnorm der inneren Uhr aber so plastisch, dass sie **Anpassungen** an wechselnde Tageslängen ermöglicht.

11.5.1 Phänologie

Das **Aufblühmuster** einer Pflanze wird als **Phänologie** bezeichnet. Der Begriff ist unterschiedlich definiert und wird hier im **weiteren Sinne** verwendet. Danach bezieht sich die Phänologie auf das Blühen einer **Art** im Tages- und Jahresverlauf und auf die Blühfolge innerhalb einer **Population** (z. B. Diözie; ▶ Abschn. 9.6.3), eines **Individuums** (z. B. multizyklische Dichogamie; ▶ Abschn. 9.6.6) oder **Blütenstandes** (z. B. Blühphasenüberlappung; ▶ Abschn. 9.6.6). Sie hat **direkten Einfluss** auf die **Artbildung** (phänologische Isolation; ▶ Abschn. 3.1.2) und den **Reproduktionerfolg** einer Art (Verhältnis Fremd- zu Selbstbestäubung; ▶ Abschn. 9.6.6).

Aufblühfolge im Jahresverlauf – Photoperiodismus

Es gibt Frühjahrsgeophyten, Sommerblumen und Herbstblüher. Die unterschiedliche Blühzeit im Jahresverlauf ist genetisch bedingt und wird von der **Tageslänge** (Photoperiode) und **Temperatur** gesteuert. Gewöhnlich werden **tagneutrale Pflanzen** von **Kurztags-** und **Langtagspflanzen** unterschieden. Tatsächlich ist aber nicht die Dauer des Tageslichtes, sondern die Dauer anhaltender **Dunkelheit** für den Blühimpuls entscheidend.

Die Blühzeit der Pflanzen ist an die **Bedürfnisse** der Bestäuber angepasst. **Synchrones** Blühen von verschiedenen Arten steigert die Attraktivität eines Standortes als Futterquelle (Müller'sche Mimikry; ▶ Exkurs 11.5); das **zeitlich versetzte** Aufblühen blütenbiologisch ähnlicher Arten bietet den Bestäubern dagegen eine **permanente** Futterquelle.

Die unterschiedlichen Blühzeiten der Pflanzen sind für Forschung, Wirtschaft und Alltag interessant und schlagen sich in Pollenflugkalendern, Aussaatplänen oder Bauernregeln nieder. Besonders wichtig sind Erhebungen zum **Blühbeginn von Zeigerpflanzen**, die als Maß für den Beginn der Jahreszeiten herangezogen werden. Eine Langzeitstudie des Bayerischen Landesamtes für Umwelt (2014) hat gezeigt, dass sich der Beginn von Frühjahr, Sommer und Herbst innerhalb von 50 Jahren (1961–2010) mit dem Anstieg der mittleren Jahrestemperatur um 1,5 °C um zwei bis drei Wochen nach vorne verschoben hat und der Winter immer kürzer wird. Diese Verschiebung hat fatale Folgen für die Natur. Sie bringt nicht nur **Frostschäden** an zu früh blühenden Holzgewächsen mit sich, sondern kann auch dazu führen, dass Pflanzen **vor dem Schlupf ihrer Bestäuber** blühen bzw. Bestäuber **nach der Blühzeit ihrer Futterpflanzen** schlüpfen.

Aufblühfolge im Tagesverlauf – Chronobiologie

Die **tageszeitlichen Blühzeiten** sind Gegenstand der Chronobiologie. Sie werden als **Anpassung** der Blüten an das **Aktivitätsmuster** der jeweiligen Bestäubertiere und als Möglichkeit der **Konkurrenzvermeidung** gedeutet. Die **Blühzeiten** sind oft so **aufeinander abgestimmt**, dass den Bestäubern den ganzen Tag über Nahrung angeboten wird. Dadurch sparen beide Partner Energie, die sonst im Wettkampf um Futterpflanzen und Bestäuber investiert werden müsste. Die unterschiedlichen Rhythmen erlauben zudem eine **artspezifische Spezialisierung** auf bestimmte Bestäuber, wodurch der

Reproduktionserfolg gesteigert wird. Ein offensichtliches Beispiel für einen Bestäuberausschluss durch die Blühzeit sind die **Nachtblüher**, die sich in Coevolution mit Nachtfaltern und Fledertieren entwickelt haben (▶ Abschn. 11.6.4 und 11.6.7).

Die **Mittagsblumen** (Aizoaceae) blühen nur wenige Stunden während des Sonnenhöchststandes (Name), die Wunderblume *Mirabilis jalapa* (Nyctaginaceae), die auch als **Vieruhrblume** bezeichnet wird, öffnet sich gegen 16 Uhr, und die berühmte **Königin der Nacht** (*Selenicereus grandiflorus*, Cactaceae) blüht in der ersten Nachthälfte. In der mitteleuropäischen Flora gehören der Klatschmohn (*Papaver rhoeas*, Papaveraceae), die Wegwarte (*Cichorium intybus*, Asteraceae) und die Zaunwinde (*Calystegia sepium*, Convolvulaceae) zu den sich **früh am Morgen** öffnenden Blüten, während die Acker-Lichtnelke (*Silene noctiflora*, Caryophyllaceae) und die Nachtkerzen (*Oenothera*-Arten, Onagraceae) erst abends oder nach Sonnenuntergang blühen (▶ Exkurs 11.6, ◘ Tab. 11.8). Sie werden entsprechend von **nachtaktiven Schwärmern** bestäubt.

Exkurs 11.6 Linnés Blumenuhr

Eine der frühesten Beobachtungen zur Rhythmik bei Pflanzen geht auf den schwedischen Botaniker **Carl von Linné** zurück. Er beobachtete, dass viele Pflanzen ihre Blüten zu einer bestimmten **Tageszeit** öffneten und schlossen (Linnaeus 1751; Kerner von Marilaun 1891). Die Blühzeit war dabei weder von Wetterbedingungen noch von der Tageslänge abhängig, sondern folgte einer **inneren Uhr**. Linné ließ daraufhin ein Beet mit zwölf Abschnitten so bepflanzen, dass jede Stunde eine andere Art ihre Blüten öffnete bzw. schloss (◘ Abb. 11.38a). So faszinierend die Idee der lebendigen **Blumenuhr** war, setzte sie sich in der Folgezeit doch nicht durch, weil die ständige Neubepflanzung der Beete im Jahresverlauf sehr aufwendig war. Künstler und Gartenarchitekten lassen sich aber bis heute von der Blumenuhr inspirieren (◘ Abb. 11.38b und 11.30c).

◘ **Abb. 11.38** **Blumenuhr nach Linné. a**, Ausschnitt aus einer angepflanzten Blumenuhr auf der Insel Mainau: In jedem Beet stehen Pflanzen, die sich zu der entsprechenden Tageszeit öffnen oder schließen. **b**, Inspiriert von der Idee, ein Beet als Uhr anzulegen: Blumenuhr mit Uhrwerk in Zittau. (© **a**: R. Claßen-Bockhoff, Mainz. **b**: Jwaller/CC BY-SA (▶ https://creativecommons.org/licence/bv-sa/3.0))

◧ **Tab. 11.8   Blühzeiten mitteleuropäischer Pflanzen (MEZ).** A–Q, exemplarisch ausgewählte Pflanzenarten. Angaben aus Wikipedia (► https://de.wikipedia.org/wiki/Blumenuhr)

	1	2	3	4	5	6	7	8	9	10	11	12	13	14	15	16	17	18	19	20	21	22	23	24
A			D	D	D	H	H	H	H	H	H	H												
B				D	D	H	H	H	H	H	H	H	H	H	H									
C				D	D	H	H	H	H	H	H	H	H	H	H									
D					D	H	H	H	H	H	H	H	H	H	H	H								
E											H	H	H	H	H	H								
F						H	H	H	H	H	H	H	H	H	H	H								
G						H	H	H	H	H	H	H	H	H	H	H								
H						H	H	H	H	H	H	H	H	H	H	H	H							
I							H	H	H	H	H	H	H	H	H	H	H							
J							H	H	H	H	H	H	H	H	H	H								
K								H	H	H	H	H	H	H	H	H	H	H	D	D	D			
L									H	H	H	H	H	H	H	H								
M										H	H	H	H	H	H	H								
N																			D	D	D	D	D	
O																				D	D	D	D	D
P																				D	D	D	D	D
Q	D	D	D	D	D	H																D	D	D

1–24, Uhrzeit. Hell unterlegt: Aktivitätszeit tagaktiver Bestäuber. Dunkel unterlegt: Aktivitätszeit dämmerungs- und nachtaktiver Bestäuber. A, Wiesenbocksbart (*Tragopogon*). B, Kürbis (*Cucurbita*). C, Klatschmohn (*Papaver*). D, Wegwarte (*Cichorium*). E, Kohl-Gänsedistel (*Sonchus*). F, Zaunwinde (*Calystegia*). G, Huflattich (*Tussilago*). H, Seerose (*Nymphaea*). I, Ringelblume (*Calendula*). J, Gauchheil (*Anagallis*). K, Sumpfdotterblume (*Caltha*). L, Waldsauerklee (*Oxalis*). M, Mittagsblume (*Cleretum*). N, Acker-Lichtnelke (*Silene*). O, Geißblatt (*Lonicera*). P, Königin der Nacht (*Selenicereus*). Q, Nachtkerze (*Oenothera*)

11

Aufblühfolge in Populationen

Während die unterschiedliche Aufblühfolge **zwischen Populationen** einer Art zur phänologischen Isolation und Artbildung führen kann (► Abschn. 3.1.2), nimmt die **Aufblühfolge innerhalb** einer Population direkten Einfluss auf den Reproduktionserfolg der Pflanzen (► Abschn. 9.6).

Bei **diözischen** Arten ist die **synchrone Aufblühfolge** Voraussetzung für eine erfolgreiche Bestäubung, bei **temporär diözischen** Arten müssen die Individuen dagegen **versetzt** zueinander aufblühen, damit die Blühphasenüberlappung gewährleistet ist (► Abschn. 9.6.6).

Blühen alle Individuen einer Population gemeinsam auf, kommt es zu einer kurzen **Massenblüte**, die viele Bestäuber anlockt und an die Population bindet; blühen sie nacheinander auf, **verlängert** sich die Blühzeit der Population und steigt die *male fitness* (► Abschn. 9.6.1).

Aufblühfolge innerhalb eines Individuums

Die Aufblühfolge innerhalb eines Individuums trägt dazu bei, das Verhältnis von Selbst- und Fremdbestäubung zu regulieren (► Abschn. 9.6.7). Sie wird vom Verhalten innerhalb der Blütenstände (z. B. akropetal) und zwischen ihnen (z. B. sukzessiv) bestimmt. Beide Blühfolgen interagieren mit den **Blühphasen** innerhalb der Blüten (Dichogamie; ► Abschn. 9.6.6), wodurch sich insgesamt **komplexe Blühmuster** ergeben können.

Die **Anzahl gleichzeitig** offener Blüten (***floral display***; ► Abschn. 9.6.5) stellt vermutlich einen artspezifischen Kompromiss zwischen der Anlockung von möglichst vielen Bestäubern und der Verhinderung von Selbstbestäubung in Form von Geitonogamie dar (***plant's dilemma***; Klinkhamer und de Jong 1993). Die **Richtung** der Aufblühfolge folgt bei Bienenblumen dem **Anflugverhalten** der Bestäuber von unten nach oben (Harder et al. 2004) und kann bei gleichzeitig auftretender Protandrie zur Förderung von Fremdbestäubung beitragen (► Abschn. 9.6.6).

11.5.2 Zeitkorrelationen

Eine erfolgreiche Bestäubung verlangt die ein- oder beidseitige Anpassung von Pflanzen und Tieren. Vor der offensichtlichen, strukturellen und physiologischen **Passung** von Tieren und Pflanzen treten die **zeitlichen Bezüge** oft in den Hintergrund. Dabei ist die **Synchronisation** zwischen den Prozessen in der Blüte und dem Verhalten der Bestäuber von essentieller Bedeutung für beide Partner. Der Zeitpunkt, wann eine Blüte blüht, Nektar sezerniert oder duftet, ist nicht zufällig oder beliebig, sondern unterliegt der natürlichen **Selektion**.

Beispiele, die die Rolle zeitlich abgestimmter Prozesse für eine erfolgreiche Blütenbestäubung illustrieren, finden sich in ▶ Abschn. 9.6 und an verschiedenen Stellen des vorliegenden Kapitels. Auf ihre **zentrale Bedeutung** wird hier noch einmal zusammenfassend hingewiesen:

- Die **Blühzeit** der Pflanzen ist auf die **Aktivitäts- und Bewegungsrhythmen** der Bestäuber abgestimmt. Sie entscheidet z. B. darüber, ob Yuccamotten als Bestäuber oder Parasiten agieren (▶ Abschn. 11.3.5) und ob Bienenmännchen vor dem Schlupf ihrer Weibchen als Bestäuber von Sexualtäuschblumen zur Verfügung stehen oder nicht (▶ Abschn. 11.4.2).
- Länge und Synchronisation der **Blühphasen** tragen wesentlich zum Bestäubungs- und Reproduktionserfolg einer Pflanze bei. Sie bestimmen die Dauer der Pollenpräsentation, den Grad der Phasenüberlappung (Protandrie, Protogynie, multizyklische Dichogamie) und die Möglichkeit eines *delayed selfings* (◘ Abb. 9.41). Bei den Annonaceen und einigen Kesselfallenblumen liegen zwischen der rezeptiven und staminaten Blühphase 20 oder mehr Stunden, bei der protogynen Feige sogar annähernd drei Wochen, in denen sich die Feigengallwespen entwickeln (▶ Abschn. 11.3.5, ◘ Abb. 11.27).
- Altersabhängige **Farbveränderungen** von Blüten und Blütenständen signalisieren den Bestäubern, in welchen Blüten sie Nektar finden (▶ Abschn. 11.2.2), Rhythmen der **Nektarsekretion** sind auf die tageszeitliche Aktivität spezifischer Bestäuber abgestimmt (▶ Abschn. 11.3.2), und die **Duftemission** (▶ Abschn. 11.2.1, 11.3.6 und 11.4), oft verbunden mit **Thermogenese** (▶ Abschn. 11.3.6), lockt die Tiere zu einem für die Pflanze günstigen Zeitpunkt an.
- **Welkerscheinungen** und Veränderungen der Gangbarkeit pflanzlicher Oberflächen tragen maßgeblich dazu bei, dass die Bestäuber von Fallenblumen wieder entlassen werden; umgekehrt zeigt die Fallenblume von *Pinellia* auch, dass der **Zeitpunkt** einsetzender Wachstumsprozesse über Leben und Tod der Bestäuber entscheidet (▶ Abschn. 11.4.1).

- Die **Positionsänderung** von Antheren und Narben während der Anthese unterstützt die Bestäubung von Umwanderungsblüten (▶ Abschn. 11.3.2) und dichogamen Blüten (▶ Abschn. 9.6.6). **Explosive Bestäubungsmechanismen** laufen in einem Bruchteil von Sekunden ab und verlangen ein Höchstmaß an Synchronisation (▶ Abschn. 11.7.4 und 11.7.5).

Die wenigen Beispiele verdeutlichen, dass **zeitlich gesteuerte Signale** den Bestäubern dabei helfen, ihre Futterpflanzen **ohne Zeitverlust** aufzusuchen, und den Blüten ermöglichen, die Bestäuber **zum richtigen Zeitpunkt** anzulocken.

11.6 Blumenstile und Bestäubergruppen

Im Laufe der Evolution haben sich Pflanzen und Tiere in unterschiedlichem Ausmaß aneinander angepasst. Die sessilen Blüten locken mobile Tiere zur **Pollenübertragung** an. Dabei richten sie sich mit einer spezifischen Kombination von **Signalen** (Reizmitteln) und **Lockmitteln** an unterschiedliche Bestäubergruppen.

11.6.1 Blumen und Bestäuber

Blumen werden von unterschiedlichen Tiergruppen bestäubt, an deren Verhaltensweise, Körperproportionen und Sinnesleistungen sie sich im Laufe der Evolution angepasst haben (◘ Abb. 11.2). Aufgrund von **gleichsinniger Anpassung** haben sie **ähnliche Merkmale** erworben, die **korreliert** auftreten und zusammen einen **Blumenstil** (*flower class* sensu Faegri und van der Pijl 1980) beschreiben. Blumenstile sind somit spezifische **Merkmalskombinationen** (*floral syndromes*; Fenster et al. 2004), die sich statistisch erfassen lassen und Rückschlüsse auf die Spezialisierung einer Blüte zulassen (Vogel 1954, 2006 ; ▶ Exkurs 11.7).

Jeder **Blumenstil** ist nach einer Bestäubergruppe benannt und umfasst **Informationen** zur Gestalt und Symmetrie von Blumen, zu Reiz- und Lockmitteln und zur Blühzeit am Tag oder in der Nacht (◘ Tab. 11.9). Blumenstile sind **keine starren Kategorien**, sondern weisen auf beiden Seiten der Partnerschaft **Dynamik** und **Flexibilität** auf. Auf Seiten der **Bestäuber** nutzen beispielsweise nicht nur Bienen die blütenökologische Nische melittophiler Blüten, sondern auch bienenähnliche („melittoide') Fliegen (◘ Abb. 11.41a–c). Auf Seiten der **Pflanzen** bilden einige Blumen eindeutige Merkmalssyndrome aus (◘ Abb. 11.39), während andere schwer einzuordnen sind. Vogel (1954) charakterisierte daher einen Blumenstil als die **typische Ausprägung** eines Merkmalssyndroms, ohne dessen Ränder zu defi-

□ Tab. 11.9   Merkmalssyndrome von Blumenstilen. Auswahl der häufigsten, spezialisierten Bestäubergruppen und wichtigsten Merkmale. Zusammengestellt nach Vogel 1954; Bernhardt 2000; Goldblatt und Manning 2000 und weiterer Originalliteratur (s. Text)

Bestäuber-gruppe	Lockmittel	Bevorzugte Formen	Färbung und Muster	Besonder-heiten	Duft	Bz
Käferblütigkeit (Cantharophilie)						
Mediterrane **Blumenkäfer**	Pollen (Nektar)	napfförmig *painted bowls*	oft rot ‚Käfermale'	Käfer behaart	variabel	t
verschiedene (oft tropische) **Käfergruppen**	Pollen, Blütenorgane Futterkörper Paarungsplatz Wärme	meist große, geschlossene Blumen *chamber blossoms*	überwiegend matte Farben (gelblich, rötlich)	Thermogenese Osmophoren häufig protogyn	intensiv, oft fruchtig, spezifisch	oft a/n
Fliegenblütigkeit (Myiophilie)						
langrüsselige Fliegen	Nektar (20–30 %)	oft zygomorph, lange und dünne Röhre	farbig, oft sternförmige Saftmale			t
Aas-, Kotfliegen (Käfer) Sapromyio-philie	Eiablageplatz (T)	offene Blumen oder Kesselfallen	braun(-rot), hell-dunkel-Kontraste	Pantherung Flimmerkörper	intensiv, Aas-, Kotgeruch	24h
Pilzmücken Mycetomyio-philie	Eiablageplatz (T)	oft Kesselform		feuchte Lamellen	pilzartig	24h
Falterblütigkeit (Lepidopterophilie)						
Tagfalter Psychophilie	Nektar	meist radiäre Stieltellerform	bunt: rot, purpur, blau, gelb, weiß	Blütenröhre eng, Saftmale Landeplatz	angenehm, honigartig	t
Eulen, Motten Falenophilie		meist radiär, klein, offen	meist weiß, cremefarben, trübviolett			a/n
Schwärmer Sphingophilie		sehr langröhrige Stieltellerblüten, Pinselblumen		Blütenröhre sehr eng und lang	intensiv, betäubend	
Bienenblütigkeit (Melittophilie)						
Bienen	Nektar (hochkonzentriert), fette Öle, Parfüm, Harz Sexualpartner (T)	zygomorph (Schmetter-lingsblüten, Lippenblüten), oft mit Sporn	farbig: blau, violett, gelb, Saftmale, manchmal Farbwechsel	3D-Blüten Landeplatz Pollen oft verborgen	angenehm, honigartig	t
Vogelblütigkeit (Ornithophilie)						
Vögel	sehr viel dünnflüssi-ger Nektar, oft tief geborgen	variabel: oft Lippen- oder Röhrenform	kräftige Farben: rot, gelb, weiß, stahlblau	exponiert, mit oder ohne Sitzplatz	fehlend (oder schwach)	t
Säugerblütigkeit (Mammaliophylie)						
Fledertiere Chiroptero-philie	Fraßkörper, Pollen, viel schleimiger Nektar	meist radiäre, weit offene Blüten oder Pinselblumen	(creme)weiß, grünlich oder rötlich	groß, derb, exponiert, oft flagelli-/kauliflor	intensiv, muffiger Frucht-Rüben-duft	a/n
Nichtfliegende Säugetiere	meist viel Nektar	napfförmig	meist grünlich, bräunlich	meist bodennah	z. B. hefig, modrig	t und a/n

T, Täuschblume. Bz, Blühzeit: t, tagaktiv, a/n, abend- bzw. nachtaktiv

○ **Abb. 11.39 Ausgewählte Blumenstile. a–c, Vogelblumen** (Ornithophile). Radiäre oder zygomorphe, oft robuste Blüten und Blütenstände, ‚Papageienfarben', tagblühend. **a,** *Correa reflexa* (Rutaceae). Blüte. Bestäuber: Honigfresser (Meliphagidae). Südostaustralien. **b,** *Heliconia rostrata* (Heliconiaceae). Blütenstand mit farbigen Hochblättern. Bestäuber: Kolibris (Trochilidae), Schwirrflug. Costa Rica. **c,** *Mimetes hirtus* (Proteaceae). Pseudanthium aus etwa zehn Blüten. Bestäuber: Nektarvögel (Nectariniidae). Südafrika. **d–g, Nachtfalterblumen** (Sphingophile). Radiäre Stieltellerblüten mit langer, enger Kronröhre, hell, nachtblühend. **d,** *Hippobroma longifolia* (syn. *Laurentia longifolia*, Campanulaceae). **e,** *Brunfelsia jamaicensis* (Solanaceae). **f,** *Phaleria capitata* (Thymelaeaceae). **g,** *Mirabilis longifolia* (Nyctaginaceae). (© R. Claßen-Bockhoff, Mainz)

nieren. **Übergänge** zwischen Blumenstilen sind evolutionsbiologisch zu erwarten.

In vielen Verwandtschaftskreisen ist es im Laufe der Evolution zu einem **Wechsel der Bestäubergruppe** gekommen. Man spricht von **Stildivergenz**, wenn sich innerhalb einer Sippe verschiedene Bestäubungssyndrome entwickelt haben, und von *pollinator driven diversification*, wenn die Anpassung an neue Bestäubergruppen mit **Artbildung** einhergeht (adaptive Radiation; ▶ Exkurs 3.11). Das klassische **Beispiel** für Stildivergenz liefert die Verwandtschaft des *Phlox* (Polemoniaceae), in der fast alle Blumenstile auftreten (Grant und Grant 1965). Ähnlich divers ist das Bestäuberspektrum der überwiegend südafrikanischen Orchideengattung *Satyrium* (Johnson et al. 2011). Phylogenetische Stammbäume helfen in diesen Fällen, die **Richtung des Stilwechsels** zu rekonstruieren (van der Niet und Johnson 2012).

Exkurs 11.7 Blumenstile – in ihrer Bedeutung überschätzt?

Die Beobachtung, dass Blüten durch ein blütenbiologisches **Merkmalssyndrom** charakterisiert werden können (Vogel 1954; ▶ Exkurs 11.1), führt zu der Möglichkeit, die wahrscheinliche Bestäubergruppe einer Blume **vorherzusagen**. So sind rote, duftlose Blüten mit enger Kronröhre und viel wässrigem Nektar mit hoher Wahrscheinlichkeit vogelblütig (◘ Abb. 11.39a–c) oder nachtblühende Stieltellerblüten schwärmerblütig (◘ Abb. 11.39d–g). Die Wahrscheinlichkeitsaussagen mögen stimmen, gelten aber erst als richtig, wenn sie durch blütenbiologische Untersuchungen am **natürlichen Standort überprüft** wurden. Gründe für **falsche Vorhersagen** können das lokale Aussterben von Bestäuberarten (*Roscoea*, Zingiberaceae; Zhang et al. 2011), Konkurrenzverhältnisse durch die Honigbiene (Ott et al. 2016) oder die **allgemeine Überschätzung** der Spezialisierung von Blüten sein (Waser et al. 1996).

Eine der ersten **vergleichend-funktionsmorphologischen** Untersuchungen zur Spezialisierung von Blüten auf bestimmte Bestäubergruppen wurde von Vogel (1954) anhand der **südafrikanischen Flora** durchgeführt und mündete in dem von ihm neu formulierten Konzept der **Blumenstile**. Vogel (1954) machte damals Aussagen über 810 Blütenpflanzen, von denen Johnson und Wester (2017) 272 Arten über 60 Jahre später anhand publizierter Bestäuberdaten überprüften. Sie stellten nicht nur fest, dass über 99 % dieser Arten ein spezialisiertes Bestäubersyndrom aufwiesen, sondern auch, dass fast 82 % der **Vorhersagen richtig** waren.

Die Studie belegt eindrucksvoll, dass das Konzept der Blumenstile hilfreich ist und Prognosen erlaubt. Sie sollte aber nicht überbewertet werden, da die südafrikanische Flora überdurchschnittlich reich an spezialisierten Bestäubungssystemen ist (Johnson 2010), die sich relativ einfach vorhersagen lassen. Ollerton et al. (2009) fanden in einer **globalen** Studie große Unterschiede im Prozentsatz spezialisierter Blüten (z. B. Venezuela 7 % vs. Südafrika 50 %) und wiesen auf die Problematik einer zu frühen Generalisierung einzelner Studien hin.

Besucher und Bestäuber

Blütenbesucher sind alle Tiere, die sich auf Blüten und Blütenständen aufhalten. Dazu gehören auch **Pollen- und Nektardiebe**, die für den Lockstoff keine Gegenleistung erbringen. **Bestäuber** sind dagegen nur solche Tiere, die regelmäßig mit den **reproduktiven Oberflächen** der Blüte (offene Pollensäcke, rezeptive Narben) in Kontakt geraten und Pollen übertragen. Zwischen diesen Extremen treten alle Übergänge auf, z. B. Besucher, die **gelegentlich** Pollen übertragen (zufällige Bestäuber), oder Bestäuber, die **nicht regelmäßig** Pollen übertragen (fakultative Bestäuber).

Für das **evolutionsbiologische Verständnis** der Bestäuber-Blüten-Interaktion, vor allem aber auch für **Naturschutzmaßnahmen** und **agrarwirtschaftliche Planungen**, ist es wichtig, die **Bedeutung** einzelner Bestäuberarten für den Reproduktionserfolg einer Pflanze zu kennen. Häufig wird in diesem Zusammenhang von effektiven und effizienten Bestäubern gesprochen, obgleich diese Bezeichnungen nicht einheitlich definiert sind (Ne'eman et al. 2010).

Effektive Pollenübertragung beschreibt die **qualitative Fähigkeit** eines Bestäubers, Pollen auf eine artgleiche Narbe zu übertragen, während die **effiziente Pollenübertragung** den **quantitativen Anteil** eines Bestäubers am Reproduktionserfolg (Samenproduktion) einer Pflanze meint. Wenn z. B. mehrere Bestäuberarten eine Blüte besuchen, aber eine von ihnen deutlich mehr Pollen auf der Narbe ablädt als die anderen, dann tragen alle Bestäuber zu einer effektiven, aber nur eine Art zu einer effizienten Pollenübertragung bei.

Während der **Samenansatz** leicht im Gelände beobachtet werden kann, ist der Prozentsatz übertragener **Pollenkörner** auf eine artgleiche Narbe schwerer zu bestimmen. Man kann zwar die Pollenbelegung einer Narbe nach einem einzelnen Bestäuberbesuch ermitteln (*single visit experiments*), aber kaum den **Pollenverlust** während des Transportes zur Narbe quantitativ erfassen.

Die ***pollen presentation theory*** (Thomson et al. 2000) geht zur Einschätzung des Pollenverlustes vom Verhalten der Tiere aus. Sie charakterisiert Bienen als Bestäuber, die viel Pollen abnehmen, aber nur wenig auf eine Narbe übertragen (HRLD, *high removal, low deposition*), während Vögel, die ja keinen Pollen sammeln, wenig Pollen abnehmen und viel davon übertragen (LRHD, *low removal, high deposition*). Im direkten Vergleich sind Vögel effizientere Bestäuber als Bienen (▶ Abschn. 11.6.6), weil weniger Pollen verloren geht. Dies dürfte bei dem vielfach parallel erfolgten Wechsel von der **Bienen- zur Vogelbestäubung** eine wichtige Triebkraft gewesen sein (▶ Abschn. 11.7.1).

Generalisten

Flache Infloreszenzen und napfförmige Blüten mit **offen** dargebotenem Pollen und/oder Nektar locken eine große Anzahl **Käfer**, **Fliegen** und andere eher **unspezialisierte Insekten** an (◻ Abb. 11.40). Beispiele liefern die Blüten der Hahnenfuß- (Ranunculaceae) und Rosengewächse (Rosaceae) oder die Blütenstände (bzw. *floral units*) der Wolfsmilch- (Euphorbiaceae)

◻ **Abb. 11.40 Generalisten. a,** Gewöhnliches Pfaffenhütchen (Spindelstrauch, *Euonymus europaeus*, Celastraceae) mit Schmeißfliege (*Lucilia*, Calliphoridae). **b,** Doldenblütler (Apiaceae) mit Schwebfliege (Syrphidae). **c,** Thripse (Thysanoptera) auf dem Köpfchen einer Asteracaee. Südafrika. **d,** Rainfarn (*Tanacetum vulgare*, Asteraceae) mit kopulierenden Roten Weichkäfern (*Rhagonycha fulva*, Cantharidae). **e,** Brombeere (*Rubus* sect. *Rubus*, Rosaceae) mit Rosenkäfer (*Cetonia aurata*, Scarabaeidae). **f,** Schafgarbe (*Achillea millefolium*, Asteraceae) mit Pinselkäfer (*Trichius fasciatus*, Scarabaeidae). **g,** Kretische Zistrose (*Cistus cretensis*, Cistaceae) mit kopulierenden Scarabaeiden (*Oxythyrea*) und Schmalbock (*Strangalia*, Cerambycidae). Kroatien. **h,** *Dietes bicolor* (Iridaceae). Blüte mit Käfermalen und Ölkäfer (*Ceroctis capensis*, Meloidae). Südafrika. **i,** *Arctotis fastuosa* (Asteraceae) mit gleichfarbigem Blatthornkäfer (Scarabaeidae). Südafrika. (© R. Claßen-Bockhoff, Mainz)

und Doldengewächse (Apiaceae; ◘ Abb. 11.28e). Quantitative Untersuchungen zum Pollentransfer bei Apiaceae haben gezeigt, dass nur ein Bruchteil der Besucher tatsächlich Pollen überträgt (Lindsey 1984; Zych 2007); die meisten Arten fressen Pollen, trinken Nektar, warten auf Kopulationspartner oder suchen Schutz, **ohne** wesentlich zur Bestäubung beizutragen. Sie sind fakultative Bestäuber oder Pollen- und Nektardiebe (▶ Abschn. 11.1.3).

Auch wenn Generalisten nicht an eine bestimmte Bestäubergruppe angepasst sind, weisen sie doch **gemeinsame Merkmale** auf. Neben der **flachen Form** und offenen Darbietung der Lockstoffe sind sie oft in Anpassung an die heterogenen Besucher und den immensen Pollenverlust **robust** gebaut und **reich an Pollen**.

11.6.2 Cantharophilie: Käfer und Käferblumen

Käfer (Coleoptera) sind **häufig an Blüten** anzutreffen. Sie fressen Pollen und suchen Blüten zur Eiablage, Kopulation und/oder als Schlafplatz auf (◘ Tab. 11.7). Dabei weisen sie **kaum Anpassungen** an den Blütenbesuch auf, sondern richten im Gegenteil mit ihren **kauend-beißenden** Mundwerkzeugen oft Schaden an (◘ Abb. 11.29b). Käfer bevorzugen fruchtig-aromatische Gerüche (▶ Abschn. 11.2.1) und sehen Farben (▶ Abschn. 11.2.2).

Käfer als Blütenbesucher

Käfer sind **weltweit** verbreitet. Sie bilden die artenreichste Gruppe unter den Bestäubern, was weniger an ihrer Eignung als Pollenüberträger als an ihrer schieren Anzahl (> 350.000 Arten) liegt. Vermutlich sind sie zusammen mit Thripsen (Thysanoptera; ◘ Abb. 11.40c), Fliegen und Urmotten die **älteste** Bestäubergruppe (▶ Abschn. 5.6.6 und 5.6.7).

Zu den **häufigen Blütenbesuchern** gehören Vertreter der Blatthornkäfer (Scarabaeidae; ◘ Abb. 11.40e–g, i), Bockkäfer (Cerambycidae; ◘ Abb. 11.40g), Buntkäfer (Cleridae), Glanzkäfer (Nitidulidae), Glaphyridae, Kurzflügler (Staphylinidae), Ölkäfer (Meloidae; ◘ Abb. 11.40h), Prachtkäfer (Buprestidae), Rüsselkäfer (Curculionidae), Scheinbockkäfer (Oedemeridae), Schnellkäfer (Elateridae), Stachelkäfer (Mordellidae), Weichkäfer (Cantharidae; ◘ Abb. 11.40d) und Zipfelkäfer (Malachiidae). Einige Arten, wie z. B. die Rosenkäfer (*Cetonia*, Scarabaeidae; ◘ Abb. 11.40e) und Schmalböcke (*Strangalia*, Cerambycidae; ◘ Abb. 11.40g), weisen **Anpassungen** an die **Blütennahrung** in Form von **behaarten Mundwerkzeugen** auf; andere, wie z. B. einige Ölkäfer (*Leptopalpus, Nemog-*

natha; ◘ Abb. 11.19e) besitzen **verlängerte Unterkiefer** (Maxillen; Kugler 1970). **Behaarte** Körper fördern den Pollentransport.

Käferblumen

Lange Zeit wurde angenommen, dass Käfer nur unspezialisierte Blütenbesucher seien, die gelegentlich zur Bestäubung beitragen (Kugler 1970). Dieses Bild hat sich vor allem durch Studien an **Basalen Angiospermen** (Gottsberger 1992) und **tropischen Blütenpflanzen** (Beach 1982; Gottsberger 1984, 1989) gewandelt. Heute sind über 180 Arten aus 85 Gattungen und 34 Familien bekannt, die **fast ausschließlich** käferblütig (**cantharophil**) sind (Bernhardt 2000). Zu ihnen gehören Vertreter aller Großgruppen der Angiospermen, vor allem aber der Basalen Angiospermen (Sy 10B:1–7; z. B. Nymphaeaceae, Winteraceae, Lauraceae, Annonaceae, Eupomatiaceae, Magnoliacae ◘ Abb. 5.84 und ◘ 11.29) und Monocotylen (Sy 10B:9–19; z. B. Araceae, Arecaceae, Cyclanthaceae, Iridaceae). Innerhalb der Eudicotylen (z. B. Papaveraceae, Cornaceae, Ranunculaceae, Malvaceae) sind Käferblumen mindestens 14-mal parallel entstanden (Bernhardt 2000).

Die **Käferblumen** haben sich meist **einseitig** an ihre Bestäuber angepasst. Neben generalistischen Beziehungen zwischen Blumen und Käfern unterscheidet man zwei Gruppen mit moderater bzw. enger Anpassung an Käfer:

– Im **östlichen Mittelmeerraum** und in **Südafrika** treten besonders viele mittelgroße (ca. 4 cm) **Napfblumen** mit **bunter Zeichnung** oder **schwarzen Flecken** auf (Dafni et al. 1990; Steiner 1998), die als *painted bowls* bezeichnet werden (Bernhardt 2000; ◘ Abb. 11.7d, h, i und 11.40h). Sie locken Käfer verschiedener Familien an (z. B. Ölkäfer, Prachtkäfer, Blatthornkäfer), die auf ihnen Nahrung, Kopulationspartner und Schutz finden. Einige Käfer vor allem der Scarabaeidae und Glaphyridae sind **behaart** und eignen sich gut als Pollenüberträger (◘ Abb. 11.40f). An *Pygopleurus israelitus* (Glaphyridae) wurde trichromatisches Sehen mit Empfindlichkeitsbereichen im UV-, Grün- und Rotbereich nachgewiesen (Martinez-Harms et al. 2012).

Tatsächlich sind viele Käferblumen **rot** oder **orange** wie z. B. *Anemone coronaria, Ranunculus asiaticus* (beides Ranunculaceae), *Papaver*-Arten (Mohn, Papaveraceae; ◘ Abb. 11.7d), *Tulipa agenensis* (Liliaceae) oder *Romulea sabulosa* (Iridaceae). Darüber hinaus weisen viele Blüten **dunkle Flecken** auf, die als **Käfermale** (*beetle marks*) interpretiert werden (◘ Abb. 11.7d und 11.40h). Da diese den Blütenbesuchern oft ähneln (z. B. ◘ Abb. 11.40h), könnten sie den Käfer Schutz durch Tarnung (Mimese; ▶ Exkurs 11.5, ◘ Abb. 8.63) gewähren oder die Attraktivität der Blumen durch Vortäuschen von Artgenossen steigern.

Auch Blütenstände, z. B. der Asteraceae (◪ Abb. 9.30h, ◪ Abb. 11.7i und 11.40i) und Apiaceae (◪ Abb. 9.28k–n) weisen schwarze Male auf (Claßen-Bockhoff et al. 2023) und liefern damit ein eindrucksvolles Beispiel für **Musterwiederholung** und **Funktionsübertragung** auf ein höheres Organisationsniveau (*transference of function*; ▶ Abschn. 12.3.7).

- Eng an Käferbestäubung angepasste Blumen haben sich vor allem in den **Tropen** entwickelt. Sie bieten den Tieren Rendezvous-Plätze, Schutz, Nahrung und/oder Eiablageplätze an (Araceae, Gottsberger 1984, Annonaceae ▶ Abschn. 11.3.6) oder locken sie ohne Gegenleistung in Fallen (Täuschblumen). Meist handelt es sich um braun-rote **Kesselfallenblumen** mit starker, temporärer Duftemission (**Aasblumen**; ▶ Abschn. 11.4.1).

11.6.3 Myiophilie: Fliegen und Fliegenblumen

Fliegen (Diptera) sind blütenbiologisch gesehen eine wesentlich **heterogenere** Gruppe als Käfer. Das liegt vor allem an der sehr **variablen Länge der Mundwerkzeuge** (▶ Exkurs 11.3) und der unterschiedlichen **Motivation** der Tiere, Blumen aufzusuchen:

- **Blumenfliegen** sind oft unspezialisiert und an offenen Blüten und Blütenständen anzutreffen. Zu den häufigen, mittelgroßen Fliegen gehören die **Schwebfliegen** (Syrphidae; ◪ Abb. 11.40b), die eine bienenähnliche Schwarzgelbbänderung aufweisen, und die **Dickkopffliegen** (Conopidae), die ausschließlich Nektar aufnehmen.

Fliegen, die in ihren Körperproportionen Bienen entsprechen und **Bienenblumen** erfolgreich bestäuben, werden als **melittoide Fliegen** bezeichnet (Vogel 1954). Zu ihnen gehören einige pelzig behaarte **Wollschweber** (Bombyliidae), längerrüsselige **Bremsen** (**Tabanidae**, z. B. *Pangonius*; ◪ Abb. 11.41a) und Netzfliegen (**Nemestrinidae**; Celep et al. 2014). Da sie ihren langen Rüssel nicht einklappen können, beuten sie die Blüten oft im Schwirrflug aus (◪ Abb. 11.41b, c).

Langrüsselige Arten bestäuben dagegen **Tagfalterblüten** (z. B. *Lapeirousia*; ◪ Abb. 11.7g). Tabanidae und Nemestrinidae haben einen Verbreitungsschwerpunkt in Südafrika, wo sie sich in Coevolution mit langröhrigen bzw. langspornigen Blüten vor allem der Iridaceae, Orchidaceae und Geraniaceae entwickelt haben (◪ Abb. 11.18; Goldblatt und Manning 2000).

- Aas- und Kotfliegen legen ihre Eier in Dung oder Kadavern ab und werden von entsprechenden **Düften** angelockt (**Aasblumen**; ◪ Abb. 11.32e). Hell-Dunkel-Kontraste, **Flimmerkörper** wie Haare, Fäden oder wellige Ränder (◪ Abb. 11.32 und ▶ 5.84i) und Fleckenmuster (Pantherung ◪ Abb. 11.35f, Punktmusterblumen ◪ Abb. 11.40a, b) täuschen vermutlich die Anwesenheit von Artgenossen vor und wirken anziehend. Die Aasblumen gehören zu den **Täuschblumen**; die Gelege der Fliegen gehen zugrunde (▶ Abschn. 11.4.1).

- Weniger auffällig sind die kleinen Fliegengruppen, die ebenfalls wichtige Bestäuber sein können. Beispiele liefern die **Pilzmücken** (Mycetophilidae; ▶ Abschn. 11.4.1), die **Schmetterlingsmücken** (Psychodidae, Bestäuber von *Arum maculatum*; ◪ Abb. 11.33e), **Taufliegen** (Drosophilidae), Gnitzen (Ceratopogonidae) und **Kriebelmücken** (Simuliidae).

Die Diversität der Fliegengruppen führt dazu, dass es **kaum Merkmale** gibt, die ein **Fliegenblumensyndrom** (**Myiophilie**) beschreiben könnten. Tatsächlich werden heute die langrüsseligen Fliegen-, Aas- und Pilzmückenblumen mit jeweils eigenen Merkmalssyndromen beschrieben (◪ Tab. 11.9).

◪ Abb. 11.41 **Bestäubung durch Langrüsselige Fliegen und Schmetterlinge. a–c,** Langrüsselige Fliegen. **a, b,** Quirlblütiger Salbei (*Salvia verticillata,* Lamiaceae) mit *Pangonius pyritosus* (Tabanidae, **a**) und *Bombylius fulvescens* (Bombyliidae, **b**), letzterer im Schwirrflug. Türkei. **c,** *Silene aegyptiaca* (Caryophyllaceae) mit Wollschweber. Blüte mit Schlundschuppen am Eingang der Röhre. **d–k,** Tagaktive Falter. **d,** Knollige Kratzdistel (*Cirsium tuberosum,* Asteraceae) mit Blutströpfchen (Sechsfleck-Widderchen, *Zygaena filipendulae,* Zygaenidae). Deutschland. **e,** *Artedia squamata* (Apiaceae) mit Glasflügler (*Synanthedon myopaeformis,* Sesiidae). Türkei. **f,** Wollige Färberdistel (*Carthamus dentatus,* Asteraceae) mit Bläulingen (Lycaenidae). Sardinien. **g,** Skabiose (*Scabiosa,* Caprifoliaceae) mit *Melanargia* cf. *larissa* (Nymphalidae). Türkei. **h,** Wandelröschen (*Lantana camara,* Verbenaceae) mit *Heliconius clysonimus* (Nymphalidae). Peru. **i,** Kapernstrauch (*Capparis spinosa,* Capparaceae). Pinselblüte mit Gynophor, von Nachtschwärmern bestäubt. **j, k,** Taubenschwänzchen (*Macroglossum stellatarum,* Sphingidae). Tagaktiver Schwärmer. **j,** Entrollen des Rüssels im Anflug. **k,** Nektardiebstahl im Schwirrflug aus Blüten des Wiesensalbeis (*Salvia pratensis,* Lamiaceae). BG Mainz. (© **a, c–k:** R. Claßen-Bockhoff, Mainz. **b:** F. Celep, Ankara, Mit freundlicher Genehmigung)

11.6.4 Lepidopterophilie: Falter und Falterblumen

Mit Ausnahme einiger ursprünglicher Gruppen wie der **Urmotten** (Micropterygidae), die noch **Kaumandibel** haben und sich von **Pollen** ernähren (z. B. an der Sumpfdotterblume *Caltha palustris*, Ranunculaceae), weisen alle Schmetterlinge (Lepidoptera) einen **Rollrüssel** auf (▶ Exkurs 11.3, ◘ Abb. 11.19d) und ernähren sich als Imagines ausschließlich von Flüssigkeiten. **Falterblumen** sind daher **Nektarblumen**. Sie haben oft eine radiärsymmetrische **Stieltellerform** (◘ Abb. 11.9c), die den Faltern einen **Sitzplatz** bietet, und eine **lange, enge Röhre**, die kurzrüsselige Konkurrenten ausschließt. Die richtige **Passung von Röhren- und Rüssellängen** ist für beide Partner vorteilhaft (▶ Abschn. 11.3.2).

Nach der **Aktivität** der Tiere werden **Tag-** und **Nachtfalter** und in Anpassung an diese **Tag- und Nachtfalterblumen** unterschieden. Die Gruppierung spiegelt keine Verwandtschaftsverhältnisse wider.

Psychophilie: Tagfalterblumen

Tagfalterblumen treten dem Sehsinn der Schmetterlinge entsprechend in vielen verschiedenen **Farben** auf (▶ Abschn. 11.2.2). Sie bieten einen Sitzplatz und variieren erheblich in der Röhrenlänge. Der **enge Röhreneingang** ist oft durch **Farbmale** oder **Schlundschuppen** markiert, die den **Faltern** das Einfädeln in die Röhre erleichtern (◘ Abb. 11.7g).

Zu den häufig an Blüten anzutreffenden Tagfaltern gehören Vertreter der Bläulinge (Lycaenidae; ◘ Abb. 11.41f), Weißlinge (Pieridae), Widderchen (Zygaenidae; ◘ Abb. 11.41d), Ritterfalter (Papilionidae, z. B. Apollofalter, Schwalbenschwanz) und Fleckenfalter (Nymphaeidae, z. B. Admiral, Distelfalter; ◘ Abb. 11.41g, h). Das wie ein kleiner Kolibri im Schwirrflug vor den Blüten stehende Taubenschwänzchen (auch Kolibrischwärmer genannt; ◘ Abb. 11.41j, k) ist einer der wenigen tagaktiven Schwärmer (Sphingidae).

Tagfalter besuchen nicht nur Stieltellerblüten, sondern auch Trichter- oder Lippenblüten. Wenn ihr dünner Rüssel nicht mit den reproduktiven Oberflächen in Kontakt kommt, werden sie zu Nektardieben (z. B. an *Salvia*-Arten; ◘ Abb. 11.41k).

Faleno- und Sphingophilie: Nachtfalterblumen

Nachtfalterblumen sind meist hell, cremefarben oder trübviolett. Sie locken ihre Bestäuber vor allem mit **Duft** an, der sehr intensiv, schwer und betörend sein kann:

— Die **Falenophilae** (ital. *falena*, „Nachtfalter", „Eule"; Westerkamp 1999) werden von Eulen (Noctuidae), Motten (Tineidae) und weiteren Kleinschmetterlingen besucht. Sie weisen meist einen Landeplatz und kurze Röhren auf.

— Die **Sphingophilae** sind an **Nachtschwärmer** angepasst, die oft sehr lange Rüssel besitzen und die Blüten im Schwirrflug ausbeuten. Neben **Stieltellerblüten** (◘ Abb. 11.39d–g) treten auch **Pinselblumen** auf (◘ Abb. 11.41i). Der **Abstand** zwischen dem Nektar am Blütenboden und den exponierten reproduktiven Oberflächen entspricht im günstigsten Fall der **Rüssellänge** des Tieres, sodass der Pollen auf dessen Stirn abgelegt werden kann. Bei den Kaperngewächsen (Capparaceae) wird dieser Abstand durch einen **Gynophor** (▶ Abschn. 10.2.2) erreicht.

11.6.5 Melittophilie: Bienen und Bienenblumen

Bienen (Anthophila ◘ Tab. 11.10) sind **weltweit** die **wichtigsten** und **häufigsten** Bestäuber (▶ Exkurs 11.8). Sie umfassen über 20.000 Arten, von denen mehr als 2200 in Europa und über 600 in Deutschland vorkommen (Scheuchl et al. 2023). Mit Ausnahme der domestizierten Bienen (hauptsächlich die Westliche Honigbiene *Apis mellifera*) handelt es sich um **Wildbienen** (▶ Exkurs 11.8). Diese leben überwiegend **solitär** und ernähren sich in unterschiedlichem Ausmaß von Blüten. In der Regel sind **Bienen** (◘ Tab. 11.10) gänzlich **auf Blumennahrung angewiesen** und haben in enger **Coevolution** mit den Blütenpflanzen spezialisierte **Saugrüssel** und **Pollensammelapparate** entwickelt (▶ Exkurs 11.3).

Exkurs 11.8 Bienensterben und Wildbienenschutz

Spatestens seit der Studie des Entomologischen Vereins Krefeld über das massive **Insektensterben** in Deutschland (Hallmann et al. 2017) ist auch das **Bienensterben** in aller Munde. Dabei betrifft die Sorge vor allem die **Westliche Honigbiene** (*Apis mellifera*), die weltweit als **Nutztier** gehalten wird. Tatsächlich scheint sie unter **ökonomischen** Gesichtspunkten unverzichtbar zu sein, da ein beachtlicher Teil der Welternährung auf ihre **Bestäubungsleistung** zurückgeht. Im Film *More than Honey* (Imhoof und Lieckfeld 2013) wird dies eindrucksvoll am Beispiel der Mandelernte in Kalifornien gezeigt. Auf einer Fläche von 3000 km^2 breitet sich eine **extreme Monokultur** aus, die in der vierwöchigen Blühzeit von 93 Mrd. Honigbienen bestäubt wird und 80 % der weltweiten Mandelernte einbringt. Zehntausende Bienenstöcke werden quer durch die USA nach Kalifornien gebracht und nach der Blühzeit an andere Massenbestände gefahren. Die Monokulturen können nur unter Einsatz von **Pestiziden** bewirtschaftet werden, die auch von den Bienen aufgenommen werden und im Honig wiederzufinden sind. Der Einsatz von Insektiziden (z. B. **Neonicotinoiden**) und die durch den Menschen verursachte Ausbreitung der **Varroamilbe** dürften mit für das Bienensterben verantwortlich sein.

Angesichts des ökonomischen Nutzens der Honigbiene wird ihre Bedeutung für **Naturschutz** und **Artenvielfalt** vielfach überschätzt. Die Honigbiene ist nur eine von **Tausenden von Bienenarten**. Sie ist ein **hochgezüchtetes Nutztier**, das überdies eine deutlich geringere **Bestäubungsleistung** aufbringt als manche Wildbienen (Westerkamp 1991). So berichten Vicens und Bosch (2000), dass 1 ha Apfelbäume von wenigen Hundert Individuen der Mauerbiene *Osmia cornuta* ebenso gut bestäubt wird wie von

mehreren Zehntausend Arbeiterinnen der Honigbiene. Die geringere Bestäubungsleistung hat ihren Hauptgrund in der langen Lebensdauer des Volkes. Diese führt dazu, dass Honigbienen nicht an bestimmte Pflanzenarten angepasst sind, sondern im Laufe des Jahres eine **Vielzahl verschiedener Futterpflanzen** ausbeuten. Tatsächlich ist die Honigbiene der ausgeprägteste **Generalist** unter den Bienen und als solcher weniger präzise als die Spezialisten.

Für die **Ökologie von Lebensräumen** und den Arterhalt sind **Wildbienen unverzichtbar** (Garibaldi et al. 2013). Da sie keinen Honig produzieren, erbringen sie ihre **Bestäubungsleistung** weitgehend unbeachtet vom Menschen. Sie leben nur kurze Zeit und bringen wenige Nachkommen hervor. Ihre ökologische Bedeutung liegt vor allem darin, dass sie sehr **spezifisch** an ihre Futterpflanzen **angepasst** sind, an denen sie **Pollen und Nektar** sammeln. Sie fliegen die Blüten in allen Blühphasen an und sind verlässliche Bestäuber.

Etwa 50 % der Wildbienen Deutschlands sind in ihrem Bestand gefährdet (Westrich et al. 2011). Der Rückgang der pflanzlichen Artenvielfalt, die Zerstörung von Lebensräumen und Nistplätzen (z. B. Sandflächen, Steinbrüche, Trockenmauern, altes Holz) und der Einsatz von Pestiziden tragen erheblich zum Artensterben bei. Kritisch ist auch eine übermäßige Präsenz von Honigbienen, die am Ende der Massentrachten mit den Wildbienen um Futterpflanzen **konkurrieren** und Krankheiten und Gifte auf diese übertragen können (Burger 2018). Ziel sollte es daher sein, **artenreiche Lebensräume** mit einem hohen Angebot an Blüten und Nistmöglichkeiten zu schaffen und in diesen Gebieten die Honigbienen auf ein tolerierbares Maß zu reduzieren.

⊡ Tab. 11.10 **Übersicht über die Stellung wichtiger Blütenbestäuber im System der Hautflügler (Hymenoptera)**, stark vereinfacht nach Michener (2007), Sann et al. (2018) und Almeida et al. (2023)

Hymenoptera (Hautflügler)

Apocrita (Schlupfwespen, Taillenwespen)

- Cynipidae (Gallwespen) — *Andricus* ⊡ Abb. 8.94 / *Diplolepis* ⊡ Abb. 8.94

- Agaonidae (Feigengallwespen) — *Blastophaga* ⊡ Abb. 11.27i. j (Fb) / *Ceratosolen* (Fb)

Aculeata (Stechimmen)

- Vespoidea

Formicidae (Ameisen) — *Myrmecia* (Fb)

Vespidae (Faltenwespen) — *Polistes* ⊡ Abb. 11.42a

Scoliidae (Dolchwespen) — *Dasyscolia* ⊡ Abb. 11.37b (Pk)

Tiphiidae (Rollwespen) — ⊡ Abb. 11.37f (Pk)

- **Apoidea** (Bienen und Grabwespen)

Spheciformis (Grabwespen)

Crabronidae — *Argogorytes* (Pk)

Anthophila (Apiformes, Bienen)

- **Kurzzungige Bienen**

Melittidae — *Dasypoda*, Hosenbiene ⊡ Abb. 11.42f / *Rediviva* (Ös) / *Macropis*, Schenkelbiene ⊡ Abb. 11.22a, c (Ös)

Andrenidae (Sandbienen) — *Andrena* ⊡ Abb. 11.37d, 11.42b (Pk)

Halictidae (Furchenbienen) — *Halictus* ⊡ Abb. 11.42c / *Lasioglossum*

Stenotritidae — *Ctenocolletes*

Colletidae (Seidenbienen) — *Colletes* / *Hylaeus*, Maskenbiene

- **Langzungige Bienen**

Megachilidae (Bauchsammerbienen) — *Anthidium*, Wollbiene ⊡ Abb. 11.42e / *Osmia*, Mauerbienen / *Megachile*, Mörtel-, Blattschneiderbienen

Apidae (Echte Bienen)

Anthophorinae (Pelzbienen) — *Anthophora* ⊡ Abb. 11.26i (Pk) / *Amegilla* ⊡ Abb. 11.42g

Nomadinae (Kuckucksbienen) — *Nomada*

Apinae (Honigbienenartige)

Centridini — *Centris* Abb. 11.21c, d (Ös)

Ctenoplectrini — *Ctenoplectra* (Ös)

Euglossini (Prachtbienen) P — *Euglossa*, ⊡ Abb. 11.23a, f, h / *Eulaema* ⊡ Abb. 11.23c

Meliponini (Stachellose Bienen) — *Trigona* (Hs)

Apini (Honigbienen) — *Apis* ⊡ Abb. 11.42l

Bombini (Hummeln) — *Bombus* ⊡ Abb. 11.42i–k

Eucerinae (Langhornbienen) — *Eucera* (Pk) / *Tetralonia* (Pk)

Xylocopinae (Holzbienenartige) — *Xylocopa*, Holzbiene ⊡ Abb. 11.42h, 11.43

MWZ, Mundwerkzeuge. Fb, Feigenbestäubung. Hs, Harzsammlerinnen. Ös, Ölsammlerinnen. Os, Parfümsammler. Pk, Pseudokopulation. * soziale Lebensweise

Bienen als Blütenbestäuber

Die **Bienen** (Anthophila nach anderer Systematik Apiformes) bilden eine Teilordnung innerhalb der Stechimmen (Aculeata, Hymenoptera; ◘ Tab. 11.10). Sie sind vermutlich in der frühen Kreide (vor etwa 128 Mio. Jahren) entstanden und haben sich **zusammen mit den Angiospermen** entfaltet (Sann et al. 2018; ◘ Abb. 5.83).

Mit Ausnahme einiger Wespengruppen und Ameisen gehören alle bestäubenden Hymenopteren zu den Bienen (Anthophila; ◘ Tab. 11.10). Sie lassen sich blütenbiologisch nach unterschiedlichen Gesichtspunkten ordnen. Nach der **Lebensweise** werden solitäre und soziale Bienen unterschieden, nach dem **Sammelgut** Pollen, Öl, Parfüm und Harz sammelnde Bienen. Bienen sind die einzige Insektengruppe, die **Pollen** als **Proteinquelle** für ihre **Brut** sammeln. Sie haben hervorragende **Pollensammelapparate** entwickelt, mit denen sie in der Lage sind, den **Pollen** einer Blüte **vollständig** abzusammeln (Schlindwein et al. 2005; Müller et al. 2006; Harder und Johnson 2008).

Nach der Art des **Pollensammelns** unterscheidet man Kropf-, Bein- und Bauchsammlerinnen (Kugler 1970):

- **Kropfsammlerinnen** (z. B. *Hylaeus*, teilweise *Xylocopa*) fressen Pollen und speien ihn zusammen mit Nektar in die Brutzellen.
- **Bein- und Bauchsammlerinnen** bürsten den über den Körper verteilten Pollen mithilfe diverser Borsten oder ‚Pollenkämme‘ auf die Sammelapparate der Beine (häufigster Fall) oder auf ihre Bauchseite (z. B. *Heriades, Osmia, Anthidium, Megachile*). Dabei wird der Pollen entweder trocken gesammelt (z. B. *Halictus-, Colletes-, Panurgus*-Arten) oder mit erbrochenem Nektar oder Speichel benetzt (z. B. *Eucera, Melitta, Macropis, Bombus, Apis*, manche *Andrena*-Arten).

Die **sozial lebenden** Hummeln (*Bombus*), Honigbienen (*Apis*) und stachellosen Meliponini (*Melipona, Trigona*) besitzen an den Hinterbeinen ‚Körbchen‘, in denen große Mengen an Pollen transportiert werden können.

Oligolektische und polylektische Bienen

Die meisten Bienen sind auf bestimmte Futterpflanzen **spezialisiert**. Neben der **Blütenkonstruktion**, die zur Biene passen und von ihr bedient werden muss (▶ Abschn. 11.7), bestimmt vor allem die Zusammensetzung des **Pollens**, welche Pflanzen besucht werden. **Oligolektische** Bienen sammeln **Pollen an nur wenigen**, meist eng verwandten Pflanzenarten. So sind beispielsweise die Knautien-Sandbiene (*Andrena hattorfiana*, Andrenidae; ◘ Abb. 11.42b) auf die Acker-Witwenblume (*Knautia arvensis*) und andere Kardengewächse (Caprifoliaceae-Dipsacoideae) und die Hosenbiene *Dasypoda hirtipes* (Melittidae; ◘ Abb. 11.42f) auf Zichorien (*Cichorium intybus*) und andere Asteraceae spezialisiert. Insgesamt gehören etwa **32 %** der in Deutschland heimischen Wildbienenarten zu den **Pollenspezialisten** (Westrich 2019). Sie sind mit 27 Pflanzenfamilien assoziiert, deren Blüten auch von **polylektischen** Bienen besucht werden, also von Arten, die **keine besondere Präferenz** für eine bestimmte Pollensorte aufweisen. Die Spezialisierung auf Pollen dürfte somit eine **einseitige Anpassung** der Bienen an die Blüten sein.

Verbreitung wichtiger Bienengruppen

Die Bienengruppen sind **biogeografisch** unterschiedlich verbreitet und haben die **Florenentwicklung** maßgeblich beeinflusst (Vogel 1980):

- **Solitärbienen** treten weltweit auf und sind besonders im **Mittelmeergebiet** und in den mediterranen Regionen des **südwestlichen Nordamerikas** wichtige Blütenbestäuber.
- **Hummeln** (*Bombus*) sind ursprünglich in der **Holarktis** beheimatet. Sie können nur fliegen, wenn die Temperatur ihrer Flugmuskulatur mindestens 30 °C beträgt. Diese Temperatur erreichen die Tiere weitgehend **unabhängig** von der Umgebungstemperatur durch eine spezifische **Thermoregulation**, die es ihnen auch erlaubt, bei niedrigen Temperaturen (ca. 6 °C) und im Hochgebirge (über 4000 m) aktiv zu sein. In der **Neuen Welt** ist die Hummel von Nord- nach

---

◘ **Abb. 11.42 Bestäubung durch Wespen und Bienen. a,** Efeu (*Hedera helix*, Araliaceae) mit Feldwespe (*Polistes*, Vespidae). Mainz. **b,** Acker-Witwenblume (*Knautia arvensis*, Caprifoliaceae) mit Knautien-Sandbiene (*Andrena hattorfiana*, Andrenidae). **c,** Kaukasus-Skabiose (*Scabiosa caucasica*, Caprifoliaceae) mit Gelbbindiger Furchenbiene (*Halictus scabiosae*, Halictidae). **d,** Rapunzel-Glockenblume (*Campanula rapunculoides*, Campanulaceae) mit Scherenbiene (*Chelostoma rapunculi*, Megachilidae). **e,** Alpen-Ziest (*Stachys alpina*, Lamiaceae) mit Großer Wollbiene (*Anthidium manicatum*, Megachilidae). **f,** Zichorie (*Cichorium intybus*, Asteraceae) mit Hosenbiene (*Dasypoda hirtipes*, Melittidae). **g–l,** Echte Bienen (Apidae). **g,** *Salvia africana-caerulea* (Lamiaceae) mit *Amegilla*. Südafrika. **h,** Muskatellersalbei (*Salvia sclarea*, Lamiaceae) mit Holzbiene (*Xylocopa violacea*). **i,** Kaukasus-Skabiose (*Scabiosa caucasica*, Caprifoliaceae) mit Gefleckter Kuckuckshummel (*Bombus vestalis*). **j, k,** *Escallonia rubra* (Escalloniaceae) mit Hummelarten (*Bombus*). Südchile. **j,** *B. dahlbomii*. Endemisch, ≥ 4 cm lang (!). Bestäuber. (führt Kopf in die Blüte ein). **k,** Dunkle Erdhummel (*Bombus terrestris*). Eingeführt, ca. 2 cm lang. Nektardieb (sticht Kronröhre an, da Mundwerkzeuge zu kurz sind). **l,** Gelber Hornmohn (*Glaucium flavum*, Papaveraceae) mit Honigbiene (*Apis mellifera*). Kroatien. b–f, h, i: BG Mainz. (© **a, h–l**: R. Claßen-Bockhoff, Mainz. **b–f, i**: N. Silló. Mit freundlicher Genehmigung. **g**: P. Wester, Stellenbosch. Mit freundlicher Genehmigung)

Südamerika eingewandert. Im Zuge der **Andenfaltung** hat sie temperate Lebensräume zwischen 2000 und 4000 Höhenmetern besiedelt und dort zur Evolution von Hummelblumen beigetragen.

Hummeln leben **sozial**. Ihre Nester umfassen wenige Hundert Individuen (überwiegend Arbeiterinnen) und gehen in Mitteleuropa gewöhnlich im Herbst zugrunde. Nur die begatteten **Jungköniginnen** überwintern und bauen im zeitigen Frühjahr ein neues Volk auf. **Hummelvölker** lassen sich leicht im Labor halten. Seit den 1980er-Jahren wird vor allem die Dunkle Erdhummel (*Bombus terrestris*) in **Gewächshäusern** zur Bestäubung von **Tomaten** und anderen Nutzpflanzen eingesetzt.

— **Holzbienen** (Xylocopinae) sind besser als Hummeln vor Überhitzung geschützt. Sie ersetzen die Hummel **südlich der** Sahara und im **tropischen Asien**. Da die Tiere wärmeliebend (thermophil) sind, dringen sie nicht so hoch ins Gebirge vor: Sie werden in den paläotropischen Hochgebirgen durch Nektarvögel (Nectariniidae) ersetzt.

— **Wildarten der Honigbiene** (*Apis*, Apini) kommen im **südlichen Asien** vor. Insgesamt gibt es weltweit neun Honigbienenarten, von denen acht Arten auf Asien beschränkt sind. Nur die Westliche Honigbiene (*Apis mellifera*) ist mit etwa 20 Unterarten in Europa, Nordafrika und Vorderasien verbreitet. Sie wird weltweit zur Honiggewinnung genutzt.

Die Honigbiene wurde vor etwa 300 Jahren nach **Kalifornien** eingeführt, wo sie teilweise verwilderte und heute mit Wildbienen konkurriert (Goulson 2003). In **Mittel- und Südamerika** entstand die afrikanisierte amerikanische Honigbiene durch Kreuzung von zwei *Apis mellifera*-Unterarten. Sie bringt hohe Honigerträge ein, ist aber sehr aggressiv und gefährlich (,Killerbiene').

— **Stachellose Bienen** (Meliponini) sind **pantropisch** verbreitet. Sie leben wie die Honigbienen **hochsozial** in dauerhaften Kolonien. Allerdings praktizieren sie keine Brutpflege, sondern versehen jedes Ei mit einem Futterballen, bevor die Zelle verschlossen wird. Viele Arten sammeln pflanzliche **Harze** und Fasern und kleiden damit die Brut- und Honigzellen aus (► Abschn. 11.3.6).

Parfüm sammelnde Prachtbienen (**Euglossini**) und Öl sammelnde Bienen der *Centris*-Verwandtschaft (**Centridini**) sind in **Südamerika** endemisch; nur hier haben sich **Parfümblumen** und von *Centris* bestäubte **Ölblumen** entwickelt (► Abschn. 11.3.3 und 11.3.4).

— Die Bienen **Australiens** und **Neuseelands** tragen vergleichsweise wenig zur Bestäubung bei. Relativ ursprünglich ist die in Australien endemische Gruppe der Stenotritidae. Daneben kommen kleine Arten, z. B. der Seidenbienen (Colletidae) vor, während grö-

ßere und höher entwickelte Bienen (mit Ausnahme einiger Meliponini) fehlen. Das Fehlen höher entwickelter Bienen hat vermutlich zur Entfaltung der Vogelblumen beigetragen.

Um die Bestäubung der eingeführten, europäischen Nutzpflanzen zu sichern, wurden Großbienen importiert (Westerkamp und Gottsberger 2000). Hauptbestäuber ist heute die Honigbiene. Stachellose Bienen (Meliponini) werden in Australien in begrenztem Umfang zur Honigproduktion und ebenfalls zur Bestäubung von Nutzpflanzen eingesetzt.

Bienenblumen

Bienenblumen kommen weltweit und in fast allen Verwandtschaftsgruppen der Blütenpflanzen vor. Sie **duften** meist angenehm, sind gewöhnlich **1–3 cm** groß, überwiegend **blau** oder **gelb** gefärbt und mit **Saftmalen** versehen (◘ Abb. 11.4b und 11.9d, e; ► Abschn. 11.3.1). Ihre Symmetrie ist vielfältig, aber überwiegend **zygomorph**. In **Lippen-** und **Rachenblumen** erfolgt die Einstäubung der Besucher gewöhnlich von oben (dorsal, **nototrib**), in **Schiffchenblüten** von unten (ventral, **sternotrib**; ► Abschn. 11.2.3, 11.7.1 und 11.7.2). Neben Pollen und Nektar werden fette Öle, Parfüm, Harz und andere Lockstoffe angeboten (► Abschn. 11.3.1, 11.3.2, 11.3.3, 11.3.4 und 11.4.2). Bienenblumen sind außerordentlich **divers** und weisen die höchste Vielfalt an **Reiz-** und **Lockmitteln** auf (◘ Tab. 11.7). Viele **Beispiele** dazu wurden bereits in ► Abschn. 11.2 und 11.3 vorgestellt.

Da Bienen große Mengen Pollen sammeln, der den Pflanzen für die eigene Reproduktion verloren geht, haben sich im Laufe der Blütenevolution vielfältige **Einrichtungen** (► Abschn. 11.3.1) und **Bestäubungsmechanismen** (► Abschn. 11.7) zum **Pollensparen** entwickelt. Letztere treten vor allem in **zygomorphen Blüten** auf, die man nach ihrer **Funktionsweise** in Lippen- und Schiffchenblumen gliedern kann.

Lippenblumen

Lippenblumen treten in mindestens 48 Angiospermenfamilien auf (Westerkamp und Claßen-Bockhoff 2007). Unter den zehn monocotylen Familien sind die **Orchideen** (Sy 10B:13) die größte Gruppe, unter den 38 eudicotylen Verwandtschaftskreisen die Familien der **Lamiales** (Sy 10B:58) Meist handelt es sich bei den Lippenblumen um **Blüten**, seltener um **Pseudanthien** sensu Troll (z. B. *Thalia* ◘ Abb. 10.11h, *Mimetes* ◘ Abb. 11.39c) oder **Teile einer Blüte** (Meranthien, z. B. *Iris* ◘ Abb. 9.35e, f und 11.12c).

Trotz ihres sehr unterschiedlichen Blütenbaus zeichnen sich alle Lippenblumen primär durch **Zygomorphie, Nektar** als Lockstoff und **dorsalen Pollentransfer** aus. Sie haben eine **Unterlippe**, die als **Landeplatz** dient, und eine **Oberlippe**, unter der die **Antheren** verborgen liegen. Besucher suchen Nektar am Grund der Blume und kommen dabei mit Pollen und Narbe in Kontakt, sofern sie mit ihren Körperproportionen genau in die Blüte **passen**. Kleinere Bienen oder Falter gelangen an den Nektar, ohne zu bestäuben. Eine Möglichkeit, solche **Nektardiebe** auszuschließen, liegt z. B. in der Konstruktion eines **staminalen Hebelmechanismus** (▶ Abschn. 11.7.1). Dabei senken sich die Pollensäcke beim Blütenbesuch auf den Rücken der Biene ab und schwingen anschließend wieder in die Ausgangslage zurück (◻ Abb. 10.37a–c).

Lippenblumen sind primär mit **Bienen** assoziiert. Die wichtigsten Evolutionstendenzen sind der **Schutz des Pollens** vor Pollen sammelnden Bienen und **präzise Pollenübertragung**. Im Laufe der Evolution wurde die Lippenblumenkonstruktion vielfach abgewandelt und auch für andere Bestäubergruppen wie Vögel und Fledermäuse zugänglich.

Schiffchenblumen

Schiffchenblumen (*keel blossoms*) sind meist **zygomorphe Nektarblüten** und besitzen eine Blütenkonstruktion, bei der die Reproduktionsorgane von einer spezifisch gestalteten Unterlippe, dem Schiffchen, umschlossen sind. Sie werden erst frei, wenn ein Bestäuber durch sein Gewicht oder ein bestimmtes Verhalten das Schiffchen öffnet. Hauptbestäuber sind Bienen, die in der Lage sind, den Öffnungsmechanismus auszulösen.

Im Vergleich zur dorsalen (nototriben) Bestäubung der Lippenblumen scheint die ventrale (sternotribe) Bestäubung weniger günstig zu sein, da die Bienen den Pollen relativ leicht von ihrer Bauchseite absammeln können. Allerdings finden sich bei sternotriben Blüten verschiedene **Einrichtungen**, die die Bienen entweder vom Pollen **ablenken** (Attrappen, Heteranthherie, Nektar; ▶ Abschn. 11.3.1) oder das Pollensammeln so **erschweren**, dass alle Beine zum Festhalten bzw. Öffnen des Blüteneingangs benötigt werden (Westerkamp 1997). Die große Zahl sternotrib bestäubter Arten zeigt, dass die ventrale Einstäubung ein Erfolgsmodell ist. Aus evolutionsbiologischer Sicht führt der Wechsel von der nototriben zur sternotriben Einstäubung (bzw. umgekehrt) zu **mechanischer Isolation** und Artbildung (▶ Exkurs 11.9).

Schiffchenkonstruktionen sind **reversibel** oder **irreversibel** (◻ Tab. 11.12). Sie bilden ein adaptives Syndrom, das sich in mindestens 14 Angiospermenfamilien parallel entwickelt hat (Westerkamp 1997). Wie die Lippenblume stellt auch die Schiffchenblume eine evolutionäre Antwort der Blütenpflanzen auf das Pollensammelvermögen der Bienen dar und dient dem Schutz und der Einsparung von Pollen.

Holzbienenblumen

Kugler (1970) unterscheidet **innerhalb der Bienenblumen** Holzbienen-, Hummel-, eigentliche Bienen- und Kleinbienenblumen. Während sich die letzten drei Gruppen vor allem in der **Blütengröße** unterscheiden, zeichnen sich die **Holzbienenblumen** (*Xylocopa*-Blumen) durch ein relativ gut umgrenztes Merkmalssyndrom aus. Die Blüten sind meist **groß**, **robust** und in ihren **Proportionen** an die Größe der Holzbienen **angepasst**. Der Blüteneingang ist eng und kann nur unter **Aufwendung von Kraft** geöffnet werden. Die Farben sind weniger gesättigt als bei den übrigen Bienenblumen, der Duft ist frisch. Pollen wird **nototrib** übertragen und Nektar z. B. durch einen derben Kelch vor **Nektarräubern geschützt**.

Zu den Holzbienenblumen zählen z. B. die Fabaceae *Phlomis fruticosa* und *Spartium junceum* (◻ Abb. 11.53a), einige Salbeiarten (*Salvia apiana*, *S. sclarea*, *S. aethiopis*; ◻ Abb. 9.36i, ◻ 11.42h und 11.49f), *Polygala myrtifolia* (◻ Abb. 11.51f) und *Acanthus mollis* (Acanthaceae; ◻ Abb. 11.43b). Die Blütenkonstruktion und Bestäubung der Acanthaceae durch *Xylocopa valga* wurden detailliert von Schremmer (1960) beschrieben und dienen hier als repräsentatives Beispiel für eine Holzbienenblume.

Die Blütenhülle von *Acanthus* ist **extrem zygomorph**. Der pentamere Kelch ist synsepal und bildet die derbe **Oberlippe** der Blüte Von der pentameren Krone ist nur die dreilappige **Unterlippe** entwickelt, während die beiden adaxialen Petalen den Rand einer kurzen **Blütenröhre** bilden, in der **Nektar** gebildet wird (◻ Abb. 11.43c: Ul, Ne). Die **Nektarkammer** am Grund der Blüte ist zum geräumigen Blüteninneren hin durch Borsten abgetrennt. Die vier Stamina stehen paarweise zusammen. Ihre **Filamente** sind dick und **starr**. Die beiden adaxialen liegen leicht gewölbt unter der Oberlippe und platzieren die Antheren für eine **nototribe** Bestäubung. Die beiden abaxialen Filamente sind dagegen **S-förmig** gebogen und bilden die seitlichen Beschränkungen des Blüteninnenraumes. Ihre Antheren verkleben mit den oberen Antheren zu einem Komplex, in dessen Mitte der Griffel geführt wird (◻ Abb. 11.43c: Gr). Die Holzbiene landet auf der leicht aufgewölbten Unterlippe und zwängt sich in den engen Blüteneingang. Dabei wird die ganze Blüte **elastisch deformiert**. Die seitlichen Filamente **spreizen auseinander**, wodurch alle vier Antheren nebeneinander zu liegen kommen. In der staminaten Blühphase stäuben sie die Bienen auf dem Thorax ein (◻ Abb. 11.43b, e), in der rezeptiven Blühphase nimmt die Narbe des nun abgesenkten Griffels den Pollen ab. Das Tier füllt jedes Mal den Innenraum der Blüte völlig aus und wird zudem von Haaren auf der Unterlippe zum Nektar geführt (◻ Abb. 11.43d: Ha). Alle Blütenbesuche durch die Holzbiene sind erfolgreich und führen zur Bestäu-

Abb. 11.43 *Acanthus mollis* (**Acanthaceae**). Holzbienenblume. **a,** Blütenstand und Blütenformel. **b,** Große Holzbiene (*Xylocopa violacea*, Xylocopinae). Landung auf der weißen Unterlippe der Blüte; die Oberlippe wird von einem Kelchblatt (Se, Sepalum) gebildet. **c,** Konstruktion des Blüteninnenraums (Oberlippe entfernt). Gr, Griffel. Ne, Nektar am Grund der kurzen, dickwandigen Kronröhre. Ul, Unterlippe. **d, e,** Beim Eindringen in die Blüte spreizt die Holzbiene das starre Filamentgerüst auseinander, wodurch alle vier Antheren parallel ausgerichtet werden und das Tier nototrib einstäuben. Ha, Führungshilfe in Form von Haaren. (© R. Claßen-Bockhoff, Mainz)

bung. Verlässt die Holzbiene die Blüte, schwingen die Filamente in ihre Ausgangslage zurück. Wie andere Holzbienenblumen auch, ist die Blüte von *Acanthus* gegen Nektarräuber geschützt. Zum einen bringen kleinere Bienen nicht die benötigte Kraft auf, um in die Blüte einzudringen, zum anderen umhüllt der derbe Kelch die Nektarröhre und verhindert das seitliche Einstechen von z. B. Hummeln.

Bestäubung durch Ameisen (Myrmekophilie)

Bestäubung durch Ameisen kommt vor, ist aber relativ selten (Peakall et al. 1991). Die Tiere gelten als schlechte Bestäuber, weil sie **unbehaart** und **nicht flugfähig** sind. Selbst wenn der Pollen auf dem glatten Körper haften sollte, wird er nicht weit ausgebreitet. Einige Ameisenarten produzieren überdies antibakterielle und fungizide Stoffe auf ihrer Oberfläche, die den Pollen möglicherweise schädigen (Dutton und Frederickson 2012). Vielfach wirken Ameisen auch zerstörerisch an Blüten und entnehmen Nektar ohne Gegenleistung (Nektardiebe; ▶ Abschn. 11.6.1).

Trotz der geringen Bestäubungsleistung kommt Ameisenbestäubung in knapp **20 Pflanzenfamilien** vor, darunter Euphorbiaceae, Caryophyllaceae, Brassicaceae, Apiaceae und Orchidaceae (De Vega et al. 2014). Innerhalb der australischen Orchideen haben sich **Sexu-**altäuschblumen entwickelt, die Ameisenmännchen anlocken (*Myrmecia*; ▶ Abschn. 11.4.2).

Ameisenbestäubung tritt vor allem an **insektenarmen Extremstandorten** wie windigen Felskanten und heißen Steilhängen auf, wo es viele Ameisen, aber wenige flugfähige Insekten gibt (Hickman 1974; Wyatt 1981; Ajani und Claßen-Bockhoff 2019). Die Pflanzen weisen eine niedrige Wuchsform, offen liegenden Nektar und ein geringes *floral display* (▶ Abschn. 9.6.5) auf. Sie produzieren wenig Pollen, wenige Samenanlagen und sind optisch nicht attraktiv.

11.6.6 Ornithophilie: Blumenvögel und Vogelblumen

Vögel gehören zu den wichtigsten Bestäubergruppen der **Subtropen** und **Tropen**. Sie suchen Blüten und Blütenstände auf, um über den Nektar ihren **Energiebedarf** zu decken und ihren **Durst** zu stillen. Da sie **keinen Pollen** sammeln, **das ganze Jahr über** ein **hohes Nahrungsbedürfnis** haben und oft **weite Wanderungen** zurücklegen, ist der Pollentransport durch Vögel **günstiger** als durch Bienen (Stiles 1978; Thomson et al. 2000). Diese Vorteile dürften erklären, dass sich in über 60 Angiospermenfamilien Vogelblumen, überwiegend aus Bienenblumen, entwickelt haben (Cronk und Ojeda 2008). Beispiele liefern die Bignoniaceae, Rubiaceae, Gesneriaceae oder die Gattungen *Pentstemon* (Plantaginaceae) und *Salvia* (Lamiaceae; ▶ Abschn. 11.7.1).

Blumenvögel

Blüten bestäubende Vögel haben sich **vielfach parallel** in 50 von 237 Vogelfamilien der Seglervögel (Apodiformes), Papageien (Psittaciformes) und Sperlingsvögel (Passeriformes) entwickelt (◘ Tab. 11.11; Wester 2014 und Literatur darin). Zu den bedeutendsten **Blumenvögeln** bezüglich Artenzahl und Spezialisierung zählen die **Kolibris** (Trochilidae) der Neuen Welt, die **Nektarvögel** (Nectariniidae) der Alten Welt und die **Honigfresser** (Meliphagidae) Australasiens.

Obgleich die Gruppe der Vögel sehr alt ist und aus den Flugsauriern hervorgegangen sein dürfte, hat die **Coevolution** von Vögeln und Blütenpflanzen vermutlich erst im frühen Tertiär (**Paläogen**) begonnen (◘ Abb. 5.83; Mayr und Wilde 2014). Das **älteste Fossil** eines Blumenvogels, das sich allerdings keiner rezenten Vogelgruppe zuordnen lässt, wurde in der Grube Messel bei Darmstadt gefunden (◘ Abb. 3.6a) und auf 47 Mio. Jahre datiert (mittleres Eozän; ◘ Tab. 3.2).

Vögel beuten Blüten im **Sitzen** (*perching*; ◘ Abb. 11.44j, k und 11.45b, h–k) oder im **Schwirrflug** (*hovering*; ◘ Abb. 11.44a, b) aus. Die ursprüngliche Annahme, dass nur die neuweltlichen Kolibris in der Lage seien, Blüten im Schwirrflug auszubeuten, ist inzwischen überholt (Westerkamp 1990). Kolibris, insbesondere größere Arten (◘ Abb. 11.44c), setzen sich beim Nektartrinken hin, und über 80 altweltliche Vogelarten (insbesondere Nektarvögel) wurden im Schwirrflug an Blüten beobachtet (Wester 2014).

Blumenvögel haben einen ausgezeichneten **Sehsinn** (▶ Abschn. 11.2.2) und einen gering entwickelten **Geruchssinn** (aber: Steiger et al. 2008). Entsprechend sind Vogelblumen meist kräftig gefärbt und duftlos. Man spricht von **Papageienfarben**, um die stahlblauen, leuchtend roten, weißen oder gelben Blüten zu beschreiben (◘ Abb. 11.7b und 11.39a–c).

Für die meisten Blumenvögel ist **Nektar** die wichtigste Nahrungsgrundlage (◘ Tab. 11.11). In Anpassung an die Nektaraufnahme weisen die Tiere **lange, gebogene Schnäbel** auf, die sie passgenau in die Blüten einführen (◘ Abb. 11.45g, 11.46a, b und 11.50a–d). Der Nektar wird kapillar mit der Zunge aufgeleckt, die sehr lang (Nektarvögel), gespalten (Kolibris, Brillenvögel), zu einer Röhre geformt (Mistelfresser), mit Papillen (Honigpapageien) oder einer pinselartigen Spitze (Kaphonigfresser, Kleidervögel) besetzt ist. Zur Deckung des Eiweißbedarfs nehmen die Blumenvögel in unterschiedlichem Ausmaß Pollen, Insekten, Spinnen und Früchte auf (◘ Tab. 11.11).

◘ Tab. 11.11 **Blumenvögel.** Systematik und Verbreitung wichtiger Gruppen (nach Mayr und Wilde 2014; Wester 2014, ergänzt)

Deutscher Name	Englischer Name	Familie	Verbreitungsgebiet	Ernährung
Seglervögel (Apodiformes)				
Kolibris	*hummingbirds*	Trochilidae	Amerika	Nektar, I
Papageien (Psittaciformes)				
Honigpapageien	*lorikeets*	Psittacidae	Australasien	Nektar, Pollen, F
Fledermauspapageien	*hanging parrots*			
Sperlingsvögel (Passeriformes)				
Nektarvögel	*sunbirds*	Nectariniidae	Paläotropis	Nektar, I, S
Brillenvögel	*white-eyes*	Zosteropidae	Paläotropis	F, I, S, Nektar
Mistelfresser	*flowerpeckers*	Dicaeidae	Ostasien	Nektar, F, I, S
Honigfresser	*honeyeater*	Meliphagidae	Australasien	Nektar, Pollen, F, I
Kaphonigfresser	*sugarbirds*	Promeropidae	Südafrika	Nektar, I
Webervögel	*weavers*	Ploceidae	Zentral-, Südafrika, selten Asien	F, I, K, Nektar
Türkisvögel	*honeycreepers*	Thraupidae	Neotropis	Nektar, F, I
Kleidervögel	*Hawaain honeycreepers*	Fringillidae (syn. Drepanididae*)	Hawaii	Nektar, I, S (oder K)

* Nach Zuccon et al. 2012. **Ernährung**: F, Früchte (überwiegend Saftfrüchte). I, Insekten. K, Körner (Samen, Nüsse). S, Spinnen

■ **Abb. 11.44 Neuweltliche und australische Vogelblumen und Blumenvögel. a–f**, Beispiele aus Amerika. Bestäubung durch Kolibris (Trochilidae). **a,** *Fouquieria splendens* (Fouquieriaceae) mit Schwarzkinnkolibri (*Archilochus alexandri*, ca. 9 cm). Schwirrflug. Arizona. **b,** *Salvia guarantica* (Lamiaceae) mit Veilchenkopfelfe (*Calypte costae*). Präzise Polleneinstäubung auf dem Kopf. Riverside BG, Kalifornien. **c,** *Puya coerulea* (Bromeliaceae) mit sitzendem Riesenkolibri (*Patagona gigas*, ca. 24 cm). Chile. **d,** *Columnea gloriosa* (Gesneriaceae). BG Mainz. **e,** Rote Grenadilla (*Passiflora coccinea*, Passifloraceae). Costa Rica. **f,** *Tropaeolum tricolor* (Tropaeolaceae). Chile.

g–k, Beispiele aus Australien. **g,** Emustrauch (*Eremophila*, Scrophulariaceae). Westaustralien. **h,** *Diplolaena angustifolia* (Rutaceae). Pinselblume (Pseudanthium). Westaustralien. **i, j**, Bestäubung durch Honigfresser (Meliphagidae). **i,** Kaschmir-Bergenie (*Bergenia ciliata*, Saxifragaceae) mit *Anthochaera chrysoptera*. Bestäubung vom Boden aus. BG Melbourne. **j,** *Grevillea* (Proteaceae) mit *Lichenostomus virescens*. Bestäubung vom Geäst aus. Südwestaustralien. **k,** *Callistemon* (Myrtaceae) mit Allfarblori (*Trichoglossus rubritorquis*, Psittacidae). Nordaustralien. (© **b**: P. Wester, Mainz. Mit freundlicher Genehmigung. **a, c–k**: R. Claßen-Bockhoff, Mainz)

■ **Abb. 11.45   Altweltliche Vogelblumen und Blumenvögel. a–f,** Beispiele aus Indonesien. **a–d,** Fackel-Ingwer (*Etlingera elatior*, Zingiberaceae). **a,** Älterer Blütenkopf mit basaler Streckung (Doppelpfeil). Exposition durch langen Schaft. **b,** Jüngerer Kopf mit Braunkehl-Nektarvogel (*Anthreptes malacensis*, Nectariniidae). **c, d,** Blüten von oben, das gelbe Saftmal zeigend. **e, f,** *Rhodoleia championi* (Hamamelidaceae). **e,** Dicht gedrängt stehende Pseudanthien mit je etwa zehn zygomorphen Einzelblüten. **f,** Einzelnes Pseudanthium von unten. Zentrum entindividualisiert mit strukturübergreifendem Nektarraum. Kreis: einzelne, zygomorphe Blüte. **g–k,** Beispiele aus Südafrika. **g,** *Nectarinia violacea.* Männchen. **h,** *Leucospermum* (Proteaceae) mit Männchen von *Cinnyris chalybeus* (syn. *Nectarinia chalybea*). **i,** *Schotia afra* (Fabaceae) mit Webervogel (Ploceidae). **j, k,** *Leucospermum* (Proteaceae) mit (**j**) Männchen des Kaphonigfressers (*Promerops cafer*, Promeropidae) und (**k**) Rotschwingenstar (*Onychognathus morio*, Sturnidae). Schnabelansatz mit Pollen eingestäubt. (© R. Claßen-Bockhoff, Mainz)

Kolibris

Die bekanntesten Blumenvögel sind die **Kolibris** (■ Abb. 11.44a–c, 11.46g–j und 11.50a, d), die mit über 360 Arten in der Neuen Welt beheimatet sind (Schuchmann 1999). Zu ihnen gehören die **schillerndsten** und **agilsten** Vögel. Sie beuten die Blüten überwiegend im **Schwirrflug** aus (■ Abb. 11.44a, b), wobei sie auch in der Luft stehen und rückwärts fliegen können. Der kleinste Kolibri ist die schmetterlingsgroße **Bienenelfe** (*Mellisuga helenae*, ca. 6 cm), die auf Kuba vorkommt und nur etwa 1,5 g wiegt (vgl. Spatz: 20–30 g). Der größte Kolibri ist über 20 cm groß, 24 g schwer (*Patagona gigas*) und meist sitzend an den Blüten zu finden (■ Abb. 11.44c; Schuchmann 1999).

Kolibris haben einen enorm **hohen Energiebedarf**, da sie aufgrund ihrer Kleinheit und relativ großen Oberfläche mehr Energie als größere Vögel benötigen, um ihre Körpertemperatur (39 °C) aufrechtzuerhalten. Die nächtliche Abkühlung in den Tropen überstehen sie in einem Starrezustand (**Torpor**), während dessen sie ihren Stoffwechsel stark verlangsamen. Die meisten Arten sind **nicht** auf bestimmte Futterpflanzen **spezialisiert**, sondern nutzen die zur Verfügung stehenden Blüten. Dabei fliegen sie entweder ein großes Areal auf einer regelmäßigen Route ab (*trapliner*) oder bleiben in einem kleineren Gebiet (*territorial*), das sie gegen Eindringlinge verteidigen (Krauss et al. 2017). Unterschiedliche Verhaltensweisen und Schnabellängen tragen dazu bei, dass eine artspezifische Präzision der Pollenübertragung gewährleistet wird (▶ Exkurs 11.9).

Kolibris kommen ausschließlich in der **Neuen Welt** von Alaska bis Feuerland vor. Ihr Verbreitungsschwerpunkt liegt in den **Tropen**, insbesondere in den **Anden**, wo sie noch in Höhen von 4000–5200 m vorkommen (Schuchmann 1999). Die außertropischen Arten legen weite Wanderungen zurück, um das ganze Jahr über Futterpflanzen zu finden.

Interessanterweise wurde das **älteste Fossil** eines Kolibris in **Europa** gefunden (Mayr 2004). Es stammt aus dem frühen Oligozän (34–23 Mio. Jahre vor heute) und wirft die Frage auf, ob Blüten schon in dieser Zeit von frühen Kolibris bestäubt wurden und mit diesen zusammen die Neue Welt kolonisierten oder ob sich die Interaktion zwischen Blüten und Kolibris erst auf den amerikanischen Subkontinenten entwickelt hat (Mayr 2005; Kriebel et al. 2020). Heute sind insgesamt über 7000 kolibribestäubte Pflanzenarten aus 404 Gattungen und 68 Familien der Blütenpflanzen bekannt (Abrahamczyk und Kessler 2015).

Nektarvögel

Die **Nektarvögel** (Honigsauger; ■ Abb. 11.45b, g, h) sind das altweltliche Pendant zu den Kolibris. Ihr Flug ist allerdings nicht so wendig, und Schwirrflug ist selten; in den meisten Fällen sitzen die Tiere beim Nektartrinken. Die Männchen sind an ihrem metallisch bunten Gefieder erkennbar, die Weibchen meist unscheinbar. Die Nektarvögel sind die artenreichste und am weitesten verbreitete Gruppe von Blumenvögeln in den afrikanischen und asiatischen (Sub-)Tropen und weisen etwa 450 Arten aus über 100 Pflanzenfamilien als Futterpflanzen auf (Mayr und Wilde 2014). Neben ihnen treten auch **Brillenvögel**, **Webervögel** und andere Gruppen als Blütenbesucher auf (■ Tab. 11.11).

In Nordafrika und Europa kommen heute keine Blumenvögel mehr vor. Fossilfunde und das Auftreten von Blüten mit ornithophilem Merkmalssyndrom (■ Tab. 11.9) in den Tertiärwaldrelikten der Kanarischen Inseln und Madeiras (Vogel et al. 1984) lassen aber vermuten, dass es einst Blumenvögel und Vogelblumen nördlich der Sahara gegeben hat. Klimatische Veränderungen und die Verarmung der Flora durch die Eiszeit dürften zum Aussterben der beteiligten Arten geführt haben.

Honigfresser und Papageien

Die wichtigste Gruppe der Blumenvögel Australiens sind die **Honigfresser** (■ Abb. 11.44i–k), die seit dem Miozän (23–5 Mio. Jahre vor heute) fossil belegt sind (Mayr und Wilde 2014). Es handelt sich um relativ große und schwere Tiere (oft taubengroß, etwa 20–80 g schwer), die die Blüten im **Sitzen** oder **vom Boden her** ausbeuten. Sie sind vor allem mit Myrtaceae, Proteaceae und Rutaceae assoziiert.

In Australien gibt es etwa 250 ornithophile Pflanzenarten, die von über 100 Vogelarten bestäubt werden. Neben den Meliphagiden treten verschiedene Papageiengruppen als Bestäuber auf (■ Tab. 11.11). Der relativ hohe Anteil an Ornithophilen wird auf das Fehlen höher entwickelter Bienen auf dem Kontinent zurückgeführt (Vogel 1980).

Vogelblumen

Ornithophile Blumen sind leicht an den **intensiven (oft roten) Farben**, dem **fehlenden Duft** und dem **reichlich** produzierten, **wässrigen Nektar** zu erkennen (■ Tab. 11.9). Sie treten als **Einzelblüten** oder **Blütenstände** auf (Porsch 1923). Bei den **Blütenständen** handelt es sich oft um **Pseudanthien** sensu Troll (▶ Abschn. 9.5.1). Diese bilden Pinsel- und Bürstenblumen (■ Abb. 11.44h, j) oder, unter Einbeziehung von Petalen oder farbigen Hochblättern, Napf-, Glocken- und Röhrenblumen (■ Abb. 11.39c, 11.44h, 11.45a, e, 9.21b, f, i, k, o und 9.27f).

Das ornithophile Merkmalssyndrom

Die **Einzelblüten** sind meist **groß** und **robust**, **eng-** und **langröhrig** und bieten **Nektar** am Grund der Blüte an. Obgleich die **Blütenform** sehr variabel ist, herrschen doch **Lippen-** und **Röhrenblumen** vor. Dabei ist die Blüte oft gebogen und folgt damit der Schnabelkrümmung der Vögel. Die Gestaltbildung der Blüte liegt üblicherweise auf der Krone (■ Abb. 11.44d, g), kann aber auch vom Androeceum (*Calothamnus sanguineus*; ■ Abb. 10.26g), von einer Corona (*Passiflora tulae*, Passifloraceae; *Tulbaghia montana* ■ Abb. 10.34e) oder von einem Kelchsporn (*Impatiens niamniamensis*; ■ Abb. 11.17c) übernommen werden. Eine **Unterlippe fehlt** gewöhnlich, sodass der Vogel seinen Schnabel ohne Behinderung von vorn oder schräg unten in die Blüte einführen kann (■ Abb. 3.26i, 11.44d, g, 11.46a, b und 11.50b, c).

Obgleich Vögel **alle Farben** des sichtbaren Lichtes und UV erkennen, herrschen **rote Vogelblumen** vor. Dieser Widerspruch wird mit zwei, sich nicht zwingend ausschließenden Annahmen erklärt. Die *bird preference hypothesis* (Chittka and Waser 1997) geht davon aus, dass die **rote Farbe** für Vögel ein **Signal** darstellt, das ihnen aus der **Ferne** Futterpflanzen anzeigt (Grant 1966; ▶ Exkurs 11.5: Signalnormierung). Demgegenüber besagt die *bee avoidance hypothesis* (Castellanos et al. 2004; Camargo et al. 2018), dass die rote Farbe eine Anpassung **gegen Bienen** ist. Da Bienen rote Blüten nicht gut erkennen können (▶ Abschn. 11.2.2), suchen sie diese weniger auf. Durch die fehlende Konkurrenz mit Bienen wird die rote Blüte zu einer sicheren und daher bevorzugten Futterquelle für Vögel.

Nektar ist das Hauptlockmittel von Vogelblumen. Er ist meist wässriger (5–25 %; ▶ Abschn. 11.3.2) als bei Bienenblumen und wird in großen Mengen produziert. Bei Einzelblüten liegt das Nektarium meist am Blütengrund. Die Vögel führen ihren Schnabel tief in die Blüte ein und **lecken** den Nektar mit der **Zunge** auf. Dabei muss das Gynoeceum oberständiger Blüten vor dem harten Schnabel geschützt werden. Dies geschieht häufig dadurch, dass Nektar mithilfe **kapillar** wirkender Haare in der Blütenröhre aufsteigt und oberhalb des Gynoeceums entnommen wird.

Häufig weisen Vogelblumen **exponierte** Narben und Pollensäcke auf. Ein großer **Abstand** zwischen Nektar und rezeptiven Oberflächen ist **vorteilhaft**, weil der Pollen dann eher auf den **Federn** des Kopfes oder der Brust abgelegt werden kann, wo er gut haftet. In anderen Fällen wird der Pollen auf dem **Schnabel** deponiert, und zwar je nach Schnabellänge und Bestäubungsrichtung vorn oder hinten, oben oder unten (■ Abb. 11.45k und 11.46a, b, j). Dies kann bei nah verwandten, gleichzeitig blühenden Arten zu **mechanischer Isolation** führen (▶ Exkurs 11.9). Interessanterweise ist der Pollen zahlreicher Vogelblumen, z. B. vieler ornithophiler Kakteen (Cactaceae), rot oder braun gefärbt und auf dem Schnabel kaum zu erkennen. Rose und Barthlott (1994) vermuten, dass die **kryptische Pollenfarbe** eine Anpassung an die Bestäubung durch Vögel ist und deren Bestreben entgegenwirkt, sichtbaren Pollen vom Schnabel abzuwischen.

Konstruktion vogelblütiger Blütenstände

Bei **Blütenständen** wird die hohe Menge an Nektar auf zahlreiche Blüten verteilt. Dabei lassen sich verschiedene Konstruktionen beobachten:

- Bei den **Pinselblumen** der Gattung *Leucospermum* (Proteaceae; ■ Abb. 11.45h, j, k) ist das Nektarvolumen der Einzelblüten gering, aber in der Summe der gleichzeitig offenen Blüten hoch genug, um für Vögel attraktiv zu sein. Die Blütenköpfe weisen in der Mitte einen **sterilen Sitzplatz** auf, der den Vögeln die Nektaraufnahme erleichtert. Wie bei einer Einzelblüte können die Vögel mit einem einzigen Anflug den gesamten Nektarvorrat der Blumen ausbeuten. *Leucospermum* ist in der Kapprovinz beheimatet

(■ Abb. 3.26d) und wird von Nectariniden, dem Kaphonigfresser (*Promerops*) und anderen Vögeln bestäubt (■ Abb. 11.45h, j, k und ► 3.26e).

Die gleiche Konstruktion liegt dem attraktiven **Blütenkopf** des **Fackel-Ingwers** (*Etlingera elatior*, syn. *Nicolaia elatior*, Zingiberacee) zugrunde, der von leuchtend roten Hochblättern umgeben ist (■ Abb. 11.45b). Hier streckt sich die Infloreszenzachse mit dem aufwärts fortschreitenden Aufblühen der Blüten (■ Abb. 11.45a), sodass der Abstand zwischen dem Nektarangebot am Grund der Einzelblüten und dem Sitzplatz der bestäubenden Nektarvögel annähernd konstant bleibt (Claßen 1987). Die Blüten haben einen gelben Rand und ähneln entfernt dem aufgesperrten Rachen eines Jungvogels (■ Abb. 11.45c, d). Ob dieses Mal tatsächlich eine Signalfunktion hat, ist nicht näher untersucht.

– Eine gänzlich andere Konstruktion weist das **florale Pseudanthium** von ***Rhodoleia championi*** (Hamamelidaceae; ■ Abb. 11.45e) auf. Die Köpfchen bestehen aus etwa zehn zygomorphen Blüten mit je zwei bis drei nach außen weisenden, roten Petalen. Die inneren Petalen sind reduziert, wodurch die Blüten im Zentrum der Blume entindividualisiert werden (■ Abb. 11.45f). Sie bilden sehr viel Nektar, der am behaarten Köpfchenboden gehalten wird. Das gesamte Zentrum der Blume liefert somit einen einzigen, großen Nektarvorrat. Die Blumen werden von Brillenvögeln und Nektarvögeln bestäubt (Gu et al. 2010).

Eine ähnliche Konstruktion findet sich bei den **extrafloralen Pseudanthien** einiger australischer *Diplolaena*-Arten (Rutaceae; ■ Abb. 11.44h), die von Meliphagiden besucht werden. Morphologisch handelt es sich zwar nicht um Köpfchen, sondern um cymös angeordnete ‚Blütenstände' (*floral units*; (Claßen-Bockhoff et al. 1991), aber funktional stimmen die Blumen miteinander überein.

Viel Nektar lockt auch viele **Nektardiebe** an. Tagfalter und Ameisen bedienen sich ebenso am Nektar der Vogelblumen wie Bienen, die ein Loch in die Blütenröhre bohren und den Nektar stehlen (■ Abb. 11.42k). Einen großen Einfluss haben auch **Milben**, die in den Nasenöffnungen der Kolibris von Blüte zu Blüte transportiert werden, sich dort stark vermehren und erheblichen Schaden anrichten (Colwell 1986).

11

Exkurs 11.9 Mechanische Isolation durch Resupination

Wechselt ein Bestäuber zwischen verschiedenen Futterpflanzen hin und her, kann es zur **Pollenvermischung** kommen. Eine Möglichkeit, dies zu vermeiden, ist die **mechanische Isolation** (► Abschn. 3.1.2). Dabei wird der Pollen **artspezifisch** auf eine **bestimmte** Stelle des Tierkörpers abgelegt und ebenso spezifisch von der Narbe einer artgleichen Blüte abgenommen (Grant 1994a). Beispiele für mechanische Isolation finden sich bei bienenbestäubten Arten der Gattungen *Pedicularis* (Scrophulariaceae; Macior 1982; Grant 1994b), *Rhinanthus* (Orobanchaceae; Kwak 1978), *Polygala* (Polygalaceae; Brantjes 1982), *Stylidium* (Stylidiaceae; Armbruster et al. 1994) und *Salvia* (Lamiaceae; Grant und Grant 1964; Claßen-Bockhoff et al. 2004b) sowie bei Orchideen (Dressler 1968, 1981; Pauw 2006), vogelblütigen *Heliconia*- (Stiles 1975) und Gesneriaceen-Arten (Clark et al. 2006; Hübenthal et al. 2003).

Mechanische Isolation beruht auf unterschiedlichen Blütenproportionen oder auf **Resupination**. Darunter versteht man die 180°-Drehung von Blüten, die bei zygomorphen Blüten zur **Lageumkehr der Reproduktionsorgane** führt (Goebel 1924). Die Drehung erfolgt aufgrund endogener Signale oder wird durch Schwerkraft induziert (Hill 1939). Resupination kommt in mindestens 14 Angiospermenfamilien aus acht Ordnungen vor (Dworaczek und Claßen-Bockhoff 2016). Sie ist besonders häufig bei **Orchideen**, bei denen das Labellum durch Verdrillung des Fruchtknotens (oder Blütenstieles) in die Unterlippenposition gedreht wird (■ Abb. 11.17f: Pfeil).

Bei den **Gesneriaceae** herrscht nototribe Pollenübertragung vor. So wird z. B. der Pollen der vogelblütigen *Drymonia dodsonii* auf die Schnaboberseite des Kolibris abgelegt (■ Abb. 11.46a, c). Die Blüten der nah verwandten Gattung *Glossoma* sind dagegen resupiniert (Clark et al. 2006). Entsprechend deponieren die Blüten von *G. tetragonoides* und *G. penduliflorus* ihren Pollen auf die Schnabelunterseite (◘ Abb. 11.46b, e, f). Die Arten kommen zusammen in der Otonga Reserve der ecuadoriani-schen Anden vor, blühen zur selben Zeit und werden von denselben Kolibriarten bestäubt (Hübenthal et al. 2003). Die Resupination führt zur Vermeidung von Pollenver-mischung, verhindert Hybridisierung und hat möglicher-weise zur Artbildung beigetragen (▸ Abschn. 3.1.2).

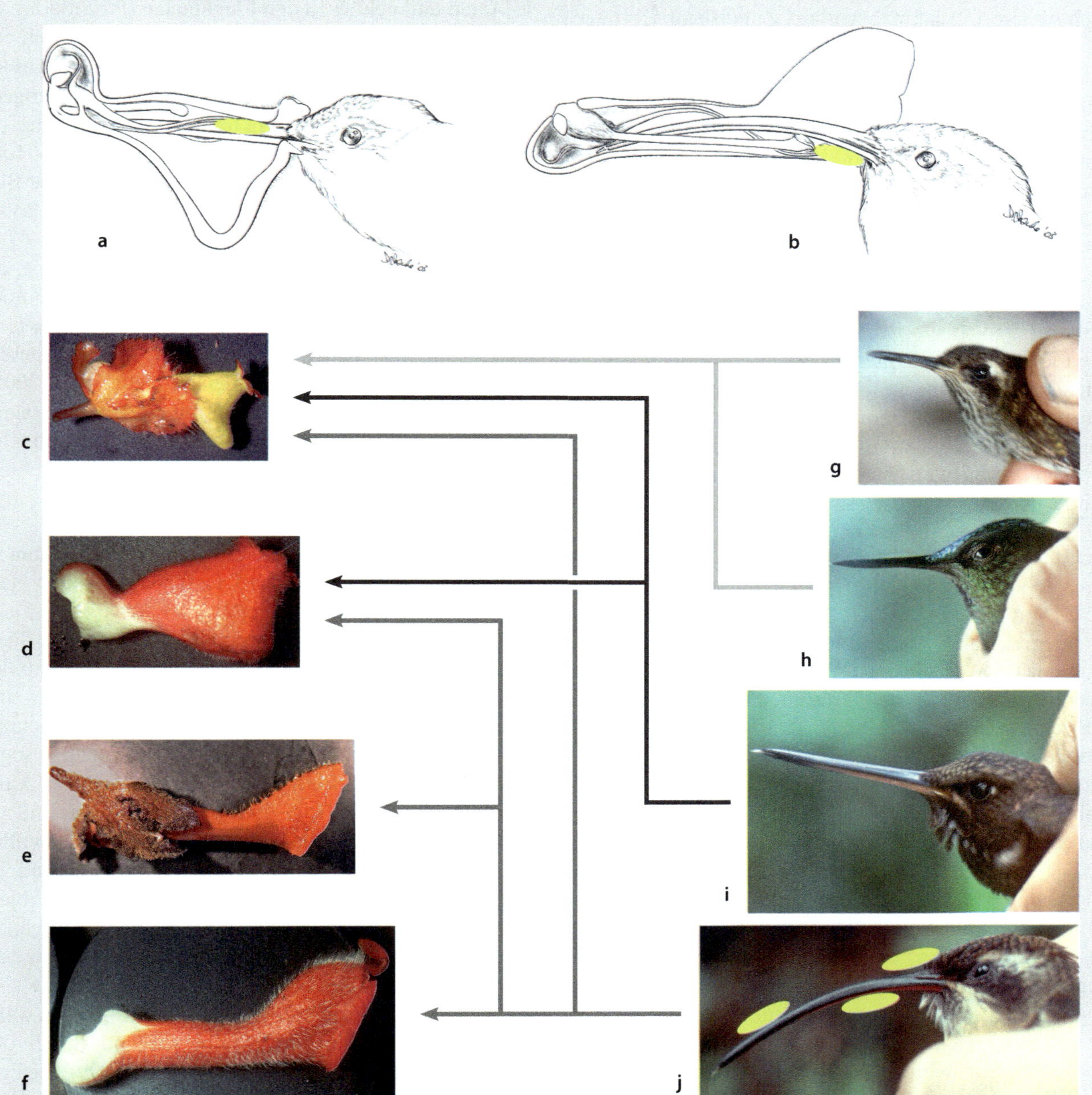

◘ **Abb. 11.46 Mechanische Isolation durch Resupination**. Die gezeigten Blüten (**c**–**f**) gehören zu den Gesneriaceae, sind relativ nah verwandt und werden von Kolibris (**g**–**j**) bestäubt. Sie unter-scheiden sich durch die Lage der Reproduktionsorgane. **a**, Noto-tribe Pollenablage (vgl. **c**, **d**). **b**, Sternotribe Pollenablage (vgl. **e**, **f**). **c**, *Drymonia dodsonii*. **d**, *Drymonia* oder *Alloplectus*-Art. **e**, *Glossoma tetragonoides*. **f**, *G. penduliflorus*. **g**, *Adelomia melano-genys*. **h**, *Aglaiocercus coelestris*. **i**, *Coeligena wilsonii*. **j**, *Phaet-hornis syrmatophorus*. Die Pfeile geben die beobachtete Interaktion der Vogelarten mit den Blüten an. In Abhängigkeit von der Schnabellänge werden kurz- oder langröhrige Blüten bevorzugt. *Phaethornis syrmatophoris* besucht alle Blüte und wird an unterschiedlichen Schnabelstellen mit Pollen beladen. Gelb: Pollenpakete, (© Hübenthal et al. 2003, verändert. **a**, **b**: Zeichnungen: D. Franke, Mainz)

11.6.7 Chiropterophilie: Fledertiere und Fledertierblumen

Fledermäuse haben als **Vampire** immer schon die Fantasie der Menschen beflügelt. Dass sie auch Blüten besuchen, wurde erstmals 1772 auf der Insel Réunion beobachtet (Dobat und Peikert-Holle 1985). Es dauerte allerdings noch weitere 150 Jahre, bevor aus Zufallsbeobachtungen die Überzeugung entstand, dass Fledertierblumen tatsächlich existieren (Porsch 1931). In der folgenden Zeit wurden Blumen vor allem indirekt aufgrund des chiropterophilen **Merkmalssyndroms** (◖ Tab. 11.9) als fledertierblütig angesprochen. Direkte Beobachtungen im Gelände sind bis heute aufgrund der **nächtlichen Aktivität** der Tiere selten (van der Pijl 1936; Vogel 1968/1969). Studien zum Verhalten der Blumenfledertiere beruhen daher überwiegend auf Käfighaltung (von Helversen und Winter 2003).

Blumenfledertiere

Die Fledertiere (Chiroptera) werden traditionell in **Flughunde** und **Fledermäuse** unterteilt. Während beide Gruppen ursprünglich für monophyletisch gehalten wurden, zeigen molekulare Daten, dass die Flughunde aus einer von vier Fledermauslinien entstanden sind, die Fledermäuse also paraphyletisch sind (Sy 2; Teeling et al. 2005).

Die Fledertiere bilden nach den Nagetieren die artenreichste und überdies einzige **flugfähige** Gruppe der Säugetiere. Sie umfassen über 1000 Arten, die sich überwiegend (75 %) von **Insekten** ernähren. Zahlreiche Arten (ca. 20 %), vor allem der altweltlichen Flughunde (Pteropodidae) und neuweltlichen Fruchtvampire (Phyllostomidae-Stenodermatinae), fressen **Früchte** und sind bedeutende **Diasporenausbreiter** (▶ Abschn. 12.3.2). Die **Blumenfledertiere** kommen wie die fruchtfressenden (frugivoren) Arten nur in den **Subtropen und Tropen** vor, wo das ganze Jahr über Nahrung vorhanden ist. Sie machen etwa 5 % der Arten aus und gehören zu den gleichen Familien wie die Fruchtfresser.

Die Fledertiere sind vermutlich im Paläozän (~ 64 Mio. Jahre vor heute) im heutigen Nordamerika entstanden (Teeling et al. 2005). Fossilfunde weisen darauf hin, dass die Fledertiere zu dieser Zeit schon **flugfähig** waren und **Echolotung** zur Orientierung nutzten. Im Zuge globaler Erwärmung, steigender Pflanzendiversität und einer reichen Insektenwelt setzte im Eozän (~ 52 Mio. Jahre vor heute) die Diversifizierung der vier Fledermauslinien ein; aus zwei von ihnen entwickelten sich im Miozän (~ 22 Mio. Jahre vor heute) unabhängig voneinander die Blumenfledertiere Asiens und Amerikas.

Flughunde der Alten Welt

In der Alten Welt sind die **Langzungenflughunde** zur Blütennahrung übergegangen. Die früher als Macroglossini zusammengefasste Gattungsgruppe umfasst etwa 15 Arten und gehört zu den **Flughunden** (Pteropodidae). Die Tiere sind sehr klein (8–15 cm) und haben sich auf Nektar und Pollen als Nahrung spezialisiert. In Anpassung an die Blumennahrung weisen sie lang gezogene Schnauzen und herausstreckbare Zungen auf, die oft bürstenartig geformt sind (Dobat und Peikert-Holle 1985). Die Tiere **klammern** sich gewöhnlich an die Blüten oder Blütenstände (◖ Abb. 11.47f) und hinterlassen **Krallenspuren** an ihren Futterpflanzen (◖ Abb. 11.47d).

Die **Flughunde** sind die einzige Fledertiergruppe, die **keine Echolotung** besitzt. Obgleich die Phylogenie noch nicht vollständig geklärt ist, wird vermutet, dass die Tiere diese Fähigkeit verloren haben und sich stattdessen optisch und olfaktorisch orientieren (Teeling et al. 2005). Sie haben gut entwickelte Augen mit einer ausgeprägten Fähigkeit zur **Nachtsichtigkeit** und einen ausgezeichneten **Geruchssinn**.

Fledermäuse der Neuen Welt

In der Neuen Welt ernähren sich vor allem die **Blumenfledermäuse** (Phyllostomidae-**Glossophaginae**) von Nektar und Pollen. Sie umfassen etwa 23 Arten und zählen zu den Blattnasen (Phyllostomidae). Auch diese Tiere besitzen schlanke Köpfe und lange, oft mit Papillen besetzte Zungen. Ihr Gebiss ist stark reduziert. Bei einigen Arten tritt durch das Auseinanderrücken der Schneidezähne eine **Zahnlücke** auf, durch die die Zunge sogar bei geschlossenem Maul hervorgestreckt werden kann (Dobat und Peikert-Holle 1985). Die Blattnasen sind zur **Echolotung** befähigt. Sie stoßen Laute im **Ultraschallbereich** aus, deren reflektiertes Echo sie auffangen und zur Erkennung von ruhenden und sich bewegenden Objekten nutzen. Sie haben oft **große Ohren** und als Eigenart einen **Nasenaufsatz**, der möglicherweise der Signalverstärkung dient. Der **Sehsinn** ist mäßig gut entwickelt. Die Fledermäuse nehmen Hell-Dunkel-Kontraste wahr, orientieren sich nachts aber überwiegend durch den Schall (von Helversen und von Helversen 1999). Sie beuten ihre Futterpflanzen überwiegend im **Schwirrflug** aus.

◖ **Abb. 11.47 Fledertiere und Blumen. a–d,** Leberwurstbaum (*Kigelia africana*, Bignoniaceae). Kebun Raya Purwodadi. Ostjava. **a,** Hängende (flagelliflor) Blütenstände mit Knospen. **b, c,** Weit offene Blüten in der Nacht. **d,** Abgefallene Blüten mit Krallenspuren am nächsten Morgen. **e,** *Parmentiera* (Bignoniaceae). Weit offene Blüte und Frucht am alten Holz (Kauliflorie). **f, g,** *Parkia javanica* (Fabaceae). Penduliflore Köpfchen. **f,** Nächtlicher Besuch des Kleinen Langzungenflughundes (*Eonycteris spelaea*, Pteropodidae). Tobasee, Nordsumatra. **g,** Köpfchen mit über 1000 Einzelblüten. mB, monokline Blüten. Ne, sterile Nektarblüten. Os, Osmophoren (sterile Duftblüten). **h,** Bananenstaude (*Musa*, Musaceae). Teilblütenstände von derben, braunroten Brakteen verdeckt. Teneriffa. **i,** Saguaro (*Carnegiea gigantea*, Cactaceae). Weit offene, exponierte Blüten. Sonora-Wüste, Arizona. **j,** *Agave americana* (Asparagaceae). Meterhoch exponierter Blütenstand. Kalifornien. (© R. Claßen-Bockhoff, Mainz)

a
b
c
d
e
f
g
Os
Ne
mB
h
i
j

Fledertierblumen

Innerhalb der Blütenpflanzen werden vermutlich mehr als 750 Arten aus 270 Gattungen und 64 Angiospermenfamilien von Fledertieren bestäubt. Etwa 80 % davon kommen in der Neotropis vor (Dobat und Peikert-Holle 1985 inkl. Literatur).

Fledertierblumen sind durch eine **nächtliche Blühzeit** (◘ Abb. 11.47b, c, f) und einen säuerlich-muffigen **Duft** charakterisiert (◘ Tab. 11.9). Sie sind oft groß und derb und weisen eine **trübe** oder **helle Färbung** auf. Als Lockstoffe dienen Pollen und Nektar, die beide in großer Menge vorliegen. **Pollen** ist die Haupteiweißquelle der Tiere und dementsprechend reich an Proteinen und essentiellen Aminosäuren. Der **Nektar** ist schleimigwässrig und enthält 11–26 % Zucker.

Die Gestalt der Fledertierblumen ist variabel, doch herrschen **weit offene Glocken-** und **Rachenblüten** (◘ Abb. 11.47c, e, i) bzw. **Pinsel-** und **Bürstenblumen** vor (◘ Abb. 11.47g, j). Diese sind meist vom Laub der Pflanzen separiert, was den Tieren die Orientierung der Futterquellen in der Nacht erleichtert. Sie hängen an langen fädigen Blütenstielen oder Blütenstandachsen herab (◘ Abb. 11.47a, f; **Flagelli-** oder **Penduliflorie**), stehen am ‚alten Holz‘ (◘ Abb. 11.47e; Kauliflorie ► Abschn. 6.7.1) oder sind über das Laub exponiert (◘ Abb. 11.47i, j):

- Die großen, tiefroten Rachenblumen des **Leberwurstbaumes** (*Kigelia africana*, Bignoniaceae) sind leicht zygomorph und verbergen ihre Reproduktionsorgane im Inneren der Blüte (◘ Abb. 11.47c). Sie hängen in fädig verzweigten Blütenständen von den Bäumen (flagelliflor) herab und öffnen sich erst am Abend (◘ Abb. 11.47a–c). Am nächsten Morgen sind die Blüten abgefallen; Krallenspuren zeugen von den nächtlichen Besuchen der Bestäuber (◘ Abb. 11.47d). Ähnliche Verhältnisse liegen bei anderen Bignoniaceae, wie der kaulifloren *Parmentiera* (◘ Abb. 11.47e), oder Vertretern der Gesneriaceae und Solanaceae vor (Dobat und Peikert-Holle 1985).
- Eine völlig andere Konstruktion weisen die Kolbenpinselblumen von *Parkia javanica* (Fabaceae) auf. Sie sind zwar ähnlich groß (ca. 8 cm) und hängen ebenfalls an langen Stielen herab, umfassen aber mehrere Tausend Blüten (◘ Abb. 11.47g). Diese sind **arbeitsteilig differenziert** und in drei Zonen angeordnet. Die Hauptmasse der Blüten ist monoklin (mB); es folgen zum Blütenstandstiel hin zunächst sterile **Nektarblüten** (Ne) und dann sterile Blüten, deren Staminodien als Duftspender (**Osmophoren**) agieren. Flughunde wie der Kleine Langzungenflughund (*Eonycteris spelaea*) fliegen die hellen Blumen an und klammern sich an den Kolben (◘ Abb. 11.47f).

Während sie die Nektarblüten ausbeuten, werden sie auf dem Bauch mit Pollen eingestäubt.
- Während sich auch bei der Banane kleine Flughunde zwischen die braunroten Brakteen des Blütenstandes zwängen (◘ Abb. 11.47h) und mit ihren langen Zungen den Nektar am Grund der Blüten ablecken, werden die großen Trichterblüten des Saguaro-Kaktus (◘ Abb. 11.47i) und die Pinselblumen der Agaven (◘ Abb. 11.47j) im Schwirrflug ausgebeutet.

Die Blumenfledertiere sind eine sehr **junge Bestäubergruppe** (◘ Abb. 5.83), die den **nächtlichen Luftraum** als konkurrenzfreie, **unbesetzte Nische** erobert haben. Aufgrund von Syndromübereinstimmungen vermutet man, dass einige chiropterophile Blumen aus bereits spezialisierten, **sphingophilen** (nächtliche Anthese) oder **ornithophilen** (hoher Nektargehalt) Blumen hervorgegangen sind (Dobat und Peikert-Holle 1985).

11.6.8 Bestäubung durch nichtfliegende Säuger

Die Vermutung, dass flugunfähige Säugetiere Bestäuber von Blütenpflanzen sein könnten, geht auf Porsch (1934) zurück, doch erst seit den 1980er-Jahren wird die Beziehung zwischen bodenlebenden Säugern und Blüten genauer erforscht (Rourke und Wiens 1977; Wiens et al. 1983).

Nach Carthew und Goldingay (1997) gehören zu den nichtfliegenden, Blüten besuchenden Säugetieren mindestens 58 Arten der **Beuteltiere** (Marsupialia), **Nagetiere** (Rodentia: Schläfer, Wühler, Mäuse; ◘ Abb. 11.48f), **Primaten** (Loris, Buschbabys, Meerkatzenverwandte, Krallenaffen, Kapuzinerartige, Lemuren; Nilsson et al. 1993), **Spitzhörnchen** (Scandentia: Tupaias), **Raubtiere** (Carnivora: Schleichkatzen, Kleinbären) und **Rüsselspringer** (Macroscelidea; ◘ Abb. 11.48d, e). Die Tiere sind oft **nachtaktiv,** klein oder mittelgroß.

Auf Seiten der Pflanzen sind über 85 Pflanzenarten aus 19 Familien, darunter vor allem Proteaceae (◘ Abb. 11.48a), Myrtaceae, Bombacaceae und Asparagaceae (inkl. Hyacinthaceae ◘ Abb. 11.48b–d) bekannt (Carthew und Goldingay 1997; Wester 2010). Die **Blumen** (Blüten oder Blütenstände) stehen am Boden. Sie sind meist robust und bleich oder trüb gefärbt. Sie präsentieren große Mengen leicht erreichbaren **Nektar** und strömen einen intensiven, **spezifischen Duft** aus. Dieser ist vermutlich ausschlaggebend, wie die südafrikanische Gattung *Eucomis* (Asparagaceae) veranschaulicht. Sie weist Aasfliegen-, Wespen- und Nagetierblumen (◘ Abb. 11.48f) auf, die ihre Bestäuber bei weitgehend gleicher Blütengestalt und vergleichbarem

Nektarangebot durch unterschiedliche Düfte anlocken. Dabei spielen, ähnlich wie bei Fledermausblumen, **Schwefelverbindungen** eine wichtige Rolle (Shuttleworth und Johnson 2009; Wester et al. 2019).

Säugetierblumen kommen in Australien, Zentral- und Südafrika sowie Zentral- und Südamerika vor (Carthew und Goldingay 1997). Sie sind **mehrfach parallel** entstanden (Wiens et al. 1983) und insgesamt noch unzureichend untersucht. Das liegt ähnlich wie bei den Fledertierblumen an der nächtlichen Aktivität der Bestäuber. Die Tiere sind meist wenig spezialisiert und suchen auch andere Futterquellen auf. Innerhalb der Pflanzen gibt es Generalisten, die auch von Vögeln und/oder Fledertieren bestäubt werden, und Spezialisten, die auf flugunfähige Säuger angewiesen sind (Wester 2011; Wester et al. 2019).

11.7　Ausgewählte Bestäubungsmechanismen

Unter einem Bestäubungsmechanismus versteht man eine spezielle **Form der Pollenübertragung**, die eine geeignete **Passung der Bestäuber** voraussetzt. Sie führt gewöhnlich zu einer **Spezialisierung** des Bestäubungsge-

schehens. Auf Seiten der Pflanzen entstehen komplizierte **Blütenkonstruktionen**, die den Bestäuber in einer derartigen Weise **gängeln**, dass Pollen zum Vorteil der Pflanze übertragen wird.

Beispiele für Bestäubungsmechanismen liefern die **Vibrationsbestäubung** (*buzz pollination*; ▶ Abschn. 11.3.1, ■ Abb. 11.13), die **Umwanderungseinrichtungen** (▶ Abschn. 11.3.2, ■ Abb. 11.16e, f) und die **Kesselfallen- und Täuschblumen** (▶ Abschn. 11.4). Auch Röhrenblüten, Stieltellerblüten und zygomorphe Blüten schließen inadäquate Tiere aus.

Die Blüten, die in den folgenden Abschnitten exemplarisch vorgestellt werden, bilden **mechanische Barrieren**, die von den Bestäubertieren unter **Aufwendung physischer Kraft** überwunden werden müssen (Córdoba und Cocucci 2011, 2017; Stöbbe et al. 2016). Da die Tiere dabei **Energie** investieren, erscheinen solche Blütenkonstruktionen auf den ersten Blick kontraproduktiv. Allerdings sind Bienen und Vögel, an die diese Mechanismen primär gerichtet sind, **lernfähig** und können ihren Energieverbrauch steuern. So besuchen Hummeln beispielsweise nur dann kraftaufwendige Blüten, wenn ihre **Energiebilanz positiv** ist (Heinrich 1979). Das ist der Fall, wenn entweder als **Gegenleistung** viel oder hochkonzentrierter **Nektar** erhältlich ist oder wenn die

Tiere durch den Besuch kraftaufwendiger Blüten eine **konkurrenzarme Futterquelle** erschließen, die von schwächeren Insekten nicht ausgebeutet werden kann.

Kraft verlangende Bestäubungsmechanismen kommen bei **Monocotylen** und **Eudicotylen** vor (◘ Tab. 11.12). Sie sind häufiger bei **zygomorphen** als bei radiären Blüten und meist mit noto- oder sternotriber Bestäubung verbunden (▶ Abschn. 11.2.3). Die Mechanismen sind **reversibel** oder **irreversibel** (◘ Tab. 11.12) und beruhen auf unterschiedlichen **physikalischen Prinzipien**:

- Reversible Bestäubungsmechanismen führen die Blütenorgane nach der Pollenübertragung wieder in ihre Ausgangslage zurück. Die Blüten können **mehrfach** von Bestäubertieren aufgesucht werden, wodurch **Dichogamie** und damit eine Steigerung der Fremdbestäubungsrate möglich sind (▶ Abschn. 9.6.6). Ein weiterer Vorteil liegt in der **Pollenportionierung**, durch die der Pollen auf **verschiedene Empfängerblüten** übertragen werden kann (Harder und Wilson 1994).

  Die Mechanismen können so oft ausgelöst werden, wie es die **Konsistenz der Gewebe** zulässt. Mit der wiederholten Auslösung des Mechanismus ermüdet das Gewebe, und die **benötigte Kraft** wird immer geringer (z. B. bei *Salvia*; Claßen-Bockhoff et al. 2004b). In vielen Fällen kehrt die Blüte dann nicht mehr in die Ausgangslage zurück.

- Bei den meisten **irreversiblen** Bestäubungsmechanismen wird eine **Spannung** aufgebaut, die durch den Gegendruck des umliegenden Gewebes aufrecht gehalten wird (▶ Abschn. 11.7.4 und 11.7.5). Die **Entspannung** erfolgt rein **mechanisch**. Vor dem Besuch des Bestäubers halten sich die gespannten Blütenorgane gegenseitig in einem **Gleichgewicht**, das durch die Deformation der am Spannungsaufbau beteiligten Blütenorgane aufgehoben wird und zur ‚explosiven' Bewegung führt.

Plastische Entspannungsbewegungen sind aus verschiedenen Verwandtschaftskreisen bekannt (◘ Tab. 11.12). Ihr gemeinsames Merkmal ist die **hohe Geschwindigkeit** der Bewegung, die meist im Bereich von **Sekundenbruchteilen** liegt (z. B. Edwards et al. 2005). In diese äußerst kurze Zeitspanne fällt die **einzige Chance** der Blüte, bestäubt zu werden. Da zudem Dichogamie und Pollenportionierung entfallen, scheinen irreversible Bestäubungsmechanismen zunächst nachteilig zu sein. Dem widerspricht jedoch die Tatsache, dass die explosive Pollenübertragung **mehrfach parallel** entstanden ist. Außerdem haben Untersuchungen an Fabaceeenblüten gezeigt, dass die **Effizienz** der Pollenübertragung bei *Desmodium* mit irreversiblem Mechanismus signifikant höher ist als bei *Crotalaria* mit reversiblen Pumpmechanismen (Fleming und Etcheverry 2017). Offensichtlich spielen für eine erfolgreiche Bestäubung auch weitere Aspekte wie die übertragene **Pollenmenge** oder das **Sammelverhalten** des Bestäubers eine wichtige Rolle (Suzuki 2003).

Einen irreversiblen Mechanismus, der nicht auf Vorspannung beruht, weisen die **Seidenpflanzengewächse** (Apocynaceae-Asclepiadoideae) auf (▶ Abschn. 11.7.6). Hier müssen die Bestäubertiere die Pollinarien, die ihnen **angeklemmt** werden, aktiv aus der Blüte herausziehen. Bringen sie die notwendige Kraft nicht auf, verenden sie in der Blüte.

◻ Tab. 11.12　Ausgewählte Bestäubungsmechanismen zoophiler Blüten

Bestäubungs-mechanismus	Form	Beispiel (Abb.)	Familie	Po	Literatur (Auswahl)
Hebelbewegung					
Konnektivhebel	Lippenblume	*Salvia* (10.37, 11.49, 11.50)	Lamiaceae	n (s, l, f)	Claßen-Bockhoff et al. 2003, 2004b, Claßen-Bockhoff 2017, Guerin 2005
		Hemigenia (10.35p)			
		Calceolaria (11.21e, f)	Calceolari-aceae	n	Vogel 1974
Antherenhebel		*Roscoea* (10.34k)	Zingiberaceae		Troll 1929
Konstruktion von Schiffchenblüten					
Klapp-/ Bürst-mechanismus	Schiffchen-blume	*Polygala* (11.51)	Polygalaceae	l-s	Westerkamp & Weber 1999
		Trifolium	Fabaceae		Westerkamp 1993, 1997
		Lathyrus (11.52c-e)		s	
Pump-mechanismus		*Lotus, Vigna* (11.52h, i, k, l)			
Schnell-mechanismus		*Medicago* (11.53g) *Spartium* (11.53a-f)		s (d)	
Turgormechanismen					
Bewegung des Gynostemiums	Zygomorphe Blüte	*Stylidium* (11.54)	Stylidiaceae	n, s, l	Findlay & Findlay 1975, Armbruster et al. 1994
Explosive Pollenübertragung					
Filament-spannung	Radiäre Blüte	*Cornus* (9.21n)	Cornaceae	s	Edwards et al. 2005, Whitaker et al. 2007
Stipesspannung	Zygomorphe Blüte	*Catasetum* (11.55)	Orchidaceae	n	Dodson 1962, Romero & Nelson 1986
Filament-spannung	Schiffchen-blume	*Hyptis*	Lamiaceae	s	Brantjes & de Vos 1981
		Schizanthus (11.56)	Solanaceae	s	Cocucci 1989, Pérez et al. 2006
Explosive Griffelbewegung					
Griffelspannung	Schiffchen-blume	*Maranta* (11.57) *Thalia* (10.11h)	Marantaceae	Mwz	Claßen-Bockhoff 1991
Klemmfallenmechanismus					
Zugmechanismus	Radiäre Blüte	*Ceropegia* (11.32, 11.33) *Asclepias* (11.60)	Apocynaceae	B, Mwz	Vogel 1961, Kunze 1995, Cocucci et al. 2014, Endress 2016

Sy, **Symmetrie**: r, radiär. zy, zygomorph. Po, **Pollenbeladung**: B, Beine. la, lateral. Mwz, Mundwerkzeuge. no, nototrib (dorsal). st, sternotrib (ventral). Grau unterlegt: irreversibler Mechanismus

11.7.1 **Staminaler Hebelmechanismus von** *Salvia*

Der erstmals von Sprengel (1793) beschriebene Hebel- oder Schlagbaummechanismus der Salbeiblüte (*Salvia*, Lamiaceae) gilt als **klassisches Beispiel** für **nototribe** Bestäubung (■ Abb. 11.4a: Mitte des unteren Schmuckrandes). Er wurde erstmals am Wiesensalbei (*S. pratensis*; ■ Abb. 11.49d) beobachtet, der mit den mediterranen Medizinalpflanzen des Arznei- und Muskatellersalbeis (*S. officinalis*, *S. sclarea*; ■ Abb. 11.42h) zu den bekanntesten Salbeiarten Europas gehört. **Weltweit** kommen über **1000 Arten** der Gattung *Salvia* vor, von denen viele eine **Bedeutung** als **Heil-** und **Zierpflanzen** haben.

Der Wiesensalbei und seine Verwandten

Die zygomophen **Lippenblüten** des Salbeis besitzen nur zwei voll entwickelte Stamina, die **zusammen** den **Hebelapparat** bilden (▶ Abschn. 10.4.7; Claßen-Bockhoff et al. 2003). Der **Wiesensalbei** bildet monothecische Antheren, deren Konnektive die Hebelarme bilden. Jedes Stamen besteht aus dem oberen, **fertilen Hebelarm**, der die beiden einzigen Pollensäcke der Theke unter der Oberlippe verbirgt, dem **sterilen Hebelarm**, der den Zugang zum Nektar versperrt, und dem **Gelenk**, um das die Hebelarme schwingen (■ Abb. 10.37a–c). Bienen, die am Blütengrund nach Nektar suchen, schieben die Barrieren nach hinten und senken dadurch den oberen Hebelarm mit dem Pollen auf ihren Kopf oder Rücken ab. Da die Blüte des Wiesensalbeis **protandrisch** ist (▶ Abschn. 9.6.6), benötigt sie **zwei** Bestäuberbesuche für einen erfolgreichen Pollentransfer. In der staminaten Blühphase nimmt das Insekt den Pollen auf, in der rezeptiven Phase streift es ihn an der Narbe ab, die inzwischen durch Absenken des Griffels die Position der abgewelkten Antheren eingenommen hat (■ Abb. 11.49a–c).

Die artenreiche Gattung ist morphologisch und ökologisch sehr **divers** (Will und Claßen-Bockhoff 2017). Obgleich viele **Arten** die oben beschriebenen Verhältnisse aufweisen, treten auch zahlreiche, strukturelle und funktionelle Varianten auf. Neben Lippenblüten mit verborgenem Pollen treten Lippen- und **Röhrenblüten** mit herausgestreckten Antheren auf (■ Abb. 11.50c, d) Die **Proportionen** der Blütenteile, insbesondere der Länge der Kronröhre, der Filamente und der Hebelarme, variieren beträchtlich (■ Abb. 11.50e–j). Dadurch kommt es neben der vorherrschenden Nototribie auch zur sternotriben, lateralen oder frontalen **Einstäubung** der Bestäuber (■ Abb. 11.49g–i). Der Hebelmechanismus wird **funktionsunfähig**, wenn das Gelenk versteift oder der untere Hebelarm reduziert wird (■ Abb. 10.37i).

Innerhalb der Gattung treten neben protandrischen Arten auch **protogyne** Arten auf und solche ohne Dichogamie, bei denen der Griffel vor den Antheren berührt wird (*approach herkogamy*; ▶ Abschn. 9.6.6). **Gynodiözische** Arten mit verschiedenen Blütenmorphen kommen vor. Alle diese Varianten beeinflussen das Reproduktionssystem und tragen in unterschiedlichem Ausmaß zu Selbst- oder Fremdbestäubung, Hybridisierung oder mechanischen Isolation bei (Claßen-Bockhoff et al. 2004b; Zhang und Claßen-Bockhoff 2019).

Etwa 80 % der Arten werden von **Bienen** bestäubt. Je nach Blütenkonstruktion und Lebensraum herrschen Hummeln, Honigbienen, Holzbienen oder verschiedene Solitärbienen vor (z. B. Celep et al. 2020). Eine karibische Art ist **schwärmerblütig** (*S. arborescens*; Reith und Zona 2016), die übrigen Arten sind an **Vögel** angepasst oder nicht eindeutig zuzuordnen (Wester und Claßen-Bockhoff 2011).

Evolutionäre Vorteile des Hebelmechanismus

Aufgrund des Hebelmechanismus galt *Salvia* lange Jahre als eine natürliche Verwandtschaftsgruppe. Molekulare Analysen belegen aber, dass die Gattung **polyphyletisch** und der Hebelmechanismus **mehrfach parallel** entstanden und abgewandelt worden ist (Walker und Sytsma 2007). Als taxonomische Konsequenz wurden fünf kleine Gattungen, darunter *Rosmarinus* und *Perovskia*, in *Salvia* s.l. intergriert (Drew et al. 2017).

■ **Abb. 11.49** **Konstruktion von Bienenblumen in der Gattung** *Salvia* **(Lamiaceae). a–c,** Schema des Bestäubungsgeschehens am Beispiel von *S. pratensis*. **a,** Schematischer Längsschnitt durch die Blüte. Griffel und Staminalhebel schwarz, Anthere gelb. Pfeil: Barriere im Blüteneingang, die zurückgeschoben werden muss. Gestrichelte Pfeile: Bewegungsrichtung des Hebels und nototribe Bestäubung. **b,** Pollenabgabe. Durch Betätigung des Hebels wird der Pollen auf dem Rücken des Bestäubers abgelegt. **c,** Rezeptive Blühphase. Der verlängerte Griffel steht in der ehemaligen Position der Antheren und nimmt mit der Narbenregion Fremdpollen vom Bestäuber ab. **d–f,** Nototribe Bestäubung. **d,** Wiesensalbei (*Salvia pratensis*) mit Honigbiene (*Apis mellifera*). **e,** *S. macrosiphon* mit Ackerhummel (*Bombus pascuorum*). **f,** Ungarn-Salbei (*S. aethiopis*) mit Großer Holzbiene (*Xylocopa violacea*). **g,** *S. jurisicii*. Resupinierte Blüte mit sternotriber Einstäubung. Durchgezogene Linie: Anflug des Bestäubers. Gestrichelte Linie: Einstäubung. **h,** Quirlblütiger Salbei (*S. verticillata*). Blüte mit beweglicher Oberlippe und frontaler Einstäubung. **i,** Österreichischer Salbei (*S. austriaca*). Blüte mit seitlich abstehenden Stamina und lateraler Einstäubung. **j,** *Bombus terrestris*, Arbeiterin. Pollenablage an verschiedenen Körperteilen. *1, S. verticillata. 2, S. nemorosa. 3, S. aethiopis. 4, S. pratensis. 5, S. glutinosa. 6, S. austriaca*. (© **a–c**: Stöbbe et al. 2016. Zeichnungen: D. Franke & A. Korek, Mainz. **d**: E. Tweraser, Mainz. **e**: A. Groß, Mainz. **f**: S. Czarny, Mainz. **g, h**: P. Wester, Mainz. **i**: R. Claßen-Bockhoff, Mainz. **j**: Grafik: E. Tweraser, Wien. Daten aus Claßen-Bockhoff et al. 2004b. Mit freundlicher Genehmigung aller Bildautorinnen)

Der Hebelmechanismus von *Salvia* hat sich vermutlich in **Coevolution** mit **Bienen** entwickelt. Verschiedene Vorteile könnten mit ihm verbunden sein.

— Als Anpassung gegen das übermäßige Pollensammeln von Bienen **verbergen** zahlreiche Lippenblüten ihre Antheren unter der Oberlippe. Kleine Insekten können unter diesen hindurchkriechen und ohne Bestäubung an den Nektar gelangen. Durch das **graduelle Absenken** der Pollensäcke in Blüten mit Hebelmechanismus kann der Pollen auch auf weniger hohe Insekten abgelegt werden, wodurch **Nektardiebe** zu **Bestäubern** werden.

— Eine Blüte, die **Kraft** von den Bestäubern verlangt, hat prinzipiell die Möglichkeit, sich auf stärkere Bienen zu spezialisieren. Überraschenderweise haben **Kraftmessungen** an über 30 sehr unterschiedlichen Salbeiarten aber gezeigt, dass die Blüten mit max. 20 mN deutlich weniger Kraft beanspruchen, als Honigbienen und Erdhummeln im Experiment aufbringen können (Stöbbe et al. 2016). Der Hebelmechanismus stellt daher **kein** Instrument zur Spezialisierung der Blüte auf kräftige Bestäuber dar, sondern lässt im Gegenteil eine **große Anzahl** verschiedener Arten als **Bestäuber** zu. Er ermöglicht den Salbeipflanzen die **Besiedlung neuer Standorte**, da von den lokal anwesenden Bienenarten immer einige als Bestäuber geeignet sind. Nach derzeitigem Kenntnisstand weisen die meisten Salbeiarten drei bis fünf Bestäuberarten pro Standort auf; bei den weit verbreiteten Arten *S. virgata* und *S. pratensis* wurden dagegen über 20 Bestäuberarten nachgewiesen (Celep et al. 2014; Silló und Claßen-Bockhoff 2024).

— Kommen Salbeiarten zusammen (**sympatrisch**) vor und blühen zur gleichen Zeit, werden sie oft von den gleichen Bestäubertieren besucht (Claßen-Bockhoff et al. 2004b; Celep et al. 2020). Eine wesentliche Funktion des Hebelmechanismus dürfte darin liegen, durch **präzise Pollenübertragung** Pollenvermischung zu vermeiden. Die Präzision beruht dabei auf der **artspezifischen** und relativ konstanten **Länge** des oberen Hebelarmes und der **Gelenkkonstruktion**, die ein Schlackern der Bewegung verhindert (▶ Abschn. 10.4.7, ▫ Abb. 10.37l–p). Die Nutzung des gleichen Bestäubers bei gleichzeitig vorliegender **mechanischer Isolation** verringert die Gefahr eines Bestäubermangels und trägt zum **Arterhalt** und zur **Artbildung** bei (Grant 1994a; ▶ Exkurs 11.9).

— Die Hebelbewegung ist nicht nur präzise, sondern auch **reversibel**. Beide Eigenschaften sind der **leichtgängigen Aufhängung** der Hebelarme und deren Führung durch spezielle **Gelenkstrukturen** zu verdanken (▫ Abb. 10.37l–p; Claßen-Bockhoff et al. 2004a). Bei jeder Auslösung wird nur ein Teil der Pollenmenge abgegeben, sodass der Pollen einer Blüte auf verschiedene Bestäuber abgeladen werden kann. Da die Bestäuber zu verschiedenen Empfängerblüten fliegen, führt die **Pollenportionierung** zu einer **erhöhten genetischen Diversität** der Nachkommen.

— Aufgrund der **nototriben** Einstäubung und **kleinen Pollenportionen** bemerkt die Biene erst nach mehreren Blütenbesuchen die Kontamination mit Pollen auf ihrem Rücken und beginnt, sich zu putzen. Experimente mit der Dunklen Erdhummel (*Bombus terrestris*) und der Honigbiene (*Apis mellifera*) haben gezeigt, dass der Pollen auf der **Stirn** und vom hinteren **Thorax** bis zum mittleren **Abdomen** am besten vor dem Absammeln geschützt ist (Koch et al. 2017). Das sind genau die Stellen, an denen der Salbeipollen bevorzugt abgelegt wird.

Übergang zur Vogelblütigkeit

Das **Verbergen des Pollens** unter der Oberlippe, die **nototribe** Bestäubung, die **Leichtgängigkeit, Präzision und Reversibilität** der Hebelbewegung bewahren die Blüte vor übermäßigem Pollenverlust.

Eine noch bessere Lösung, Pollen zu sparen, bietet der Wechsel von der Bienen- zur **Vogelblütigkeit** (▶ Abschn. 11.6.6). Tatsächlich werden mindestens 185 Salbeiarten von Vögeln bestäubt. Die überwiegende Mehrheit kommt in der Neuen Welt vor und ist an **Kolibris** angepasst (▫ Abb. 11.44b und 11.50c, d; Wester und Claßen-Bockhoff 2007, 2011). In der Alten Welt sind nur drei südafrikanische (z. B. *S. lanceolata*; ▫ Abb. 11.50a, b) und ein oder zwei madegassische Arten bekannt, die von Nektarvögeln und Brillenvögeln bestäubt werden (Wester und Claßen-Bockhoff 2006b).

Morphologische und molekulare Daten weisen darauf hin, dass der **Wechsel** von der Bienen- zur Vogelblütigkeit (und wieder zurück zur Bienenblütigkeit) **mehrfach parallel** erfolgt ist (Wester und Claßen-Bockhoff 2007; Fragoso-Martínez et al. 2017; Kriebel et al. 2020; Sazatornil et al. 2023). Vogelblumen schließen Bienen vor allem durch die vorherrschende **rote Farbe** und lange, enge **Kronröhren** aus (▫ Abb. 11.50e–j). Dabei treten zwei verschiedene Blütenkonstruktionen auf: **Lippenblüten** mit verborgenem Pollen und funktionierendem Hebelmechanismus (≥ 92 Arten; ▫ Abb. 11.50a, b) und **Röhrenblüten** mit herausgestreckten Antheren und inaktivem Hebel (≥ 58 Arten; ▫ Abb. 11.50c, d). In den meisten Röhrenblüten sind die Staminalhebel voll entwickelt und beweglich, können aber durch die **Enge der Blüte** nicht mehr ausgelenkt werden. Der Pollen wird in diesen Fällen **vor der Blüte** präsentiert und, im günstigsten Fall, auf die Federn des Kopfes abgelegt. Dazu muss der Abstand zwischen dem Nektar am Blütengrund und den Pollen führenden Theken groß genug sein. Verschiedene Blü-

Abb. 11.50 **Vogelblumen in der Gattung *Salvia*. a, b,** *S. lanceolata* mit *Cinnyris chalybeus* (Nectariniidae). **a,** Bestäubung im Sitzen, Pollenablage auf Hinterkopf. Südafrika. **b,** Schema der Lippenblüte mit verborgenem Pollen und staminalem Hebelmechanismus. **c, d,** *S. haenkei* mit *Sappho sparganura* (Trochilidae). **c,** Schema der engen Röhrenblüte mit herausgestreckten Stamina und nicht funktionsfähigem Hebelmechanismus. **d,** Bestäubung im Schwirrflug, Pollenablage auf Hinterkopf. **e–j,** Vergrößerung des Abstandes zwischen dem Nektar am Blütengrund und den Pollensäcken durch variable Blütenproportionen (verlängerte Organe farbig dargestellt). Grün: oberer Konnektivarm. Orange: Filament. Rot: Blütenkrone (Streckung proximal und/oder distal der Filamentansatzstelle). (© **d**: Wester und Claßen-Bockhoff 2006a. Übrige Bilder: Wester und Claßen-Bockhoff 2007, leicht verändert. Foto (**a**): R. Groneberg (Mainz, mit freundlicher Genehmigung). Zeichnungen: D. Franke, Mainz (**b, c**), L. Klöckner, Mainz (**e–j**))

tenstrukturen tragen zu dieser Distanzverlängerung bei (■ Abb. 11.50e–j).

Die mehrfach parallele Reduktion des Hebelmechanismus beim Übergang von der Bienen- zur Vogelblütigkeit deutet darauf hin, dass dieser mit dem Wechsel der Bestäubergruppe **entbehrlich** geworden ist (Wester und Claßen-Bockhoff 2007). Der Befund stärkt die Annahme, dass sich der Hebelmechanismus in **Coevolution mit Bienenblumen** entwickelt hat.

11.7.2 Schiffchenblumen bei Polygalaceae und Fabaceae

Die Reproduktionsorgane, die in einem **Schiffchen** verborgen liegen, werden durch **Druck** auf das Schiffchen freigelegt. Voraussetzung ist eine **elastische Aufhängung** des Schiffchens, das gegenüber den Reproduktionsorganen beweglich ist. Einen entscheidenden Einfluss auf die

Funktionsweise der Schiffchenblüte nimmt der **Landeplatz**, der als primärer **Kraftaufnehmer** und, sofern er außerhalb des Schiffchens liegt, als **Kraftüberträger** fungiert (Westerkamp 1997).

Bei zahlreichen Arten reicht das **Gewicht** eines landenden Tieres nicht aus, um das Schiffchen zu öffnen. Dazu ist vielmehr ein bestimmtes Verhalten des Bestäubers notwendig, der unter Aufwendung **physischer Kraft** das Schiffchen öffnet. Manche Blüten verlangen so viel Kraft, dass schwächere Insekten vom Bestäubungsgeschehen ausgeschlossen werden (Cordoba und Cocucci 2011). Im Gegensatz zum Hebelmechanismus der Gattung *Salvia* ist daher mit der Schiffchenkonstruktion eine **Spezialisierung** auf unterschiedliche kräftige Bienen verbunden.

Schiffchenkonstruktionen mit reversiblem Bestäubungsmechanismus sind für die Mehrheit der Schmetterlingsblütler (Fabaceae-Faboideae) charakteristisch. Eine **konvergent** entstandene Form kommt bei den Kreuzblumen (Polygalaceae) vor (Westerkamp und Weber 1999).

Pollenübertragung bei *Polygala myrtifolia*

Die Gattung *Polygala* (Kreuzblume, Polygalaceae) umfasst weltweit über 300 Arten. In Mitteleuropa kommen zwölf Arten vor, darunter die Gewöhnliche Kreuzblume (*P. vulgaris*) und die in den Alpen verbreitete Buchsbaum-Kreuzblume (*P. chamaebuxus*; ◼ Abb. 11.12d). Die meisten Arten weisen auf der Spitze des Schiffchens einen auffälligen **plastischen Auswuchs** auf, der von Osche (1979) als Antherenattrappe gedeutet wurde (▶ Abschn. 11.3.1).

Eine der attraktivsten Arten ist *Polygala myrtifolia* aus Südafrika. Ihre Blüten sind etwa 3 cm groß und an **Holzbienen** als Bestäuber angepasst (◼ Abb. 11.51b, c). Zwei pinkfarbene **Kelchblätter** flankieren das Schiffchen, das vom median-abaxialen **Kronblatt** gebildet wird (◼ Abb. 11.51a). Das Schiffchen weist seitlich an seiner Spitze ein **attraktives Büschel steifer** Haare auf und umschließt acht Stamina und den dimeren Griffel. Kurz vor der Anthese öffnen sich die Antheren und laden den Pollen auf die adaxiale Seite des Griffels ab, wo er **sekundär präsentiert** wird (◼ Abb. 11.51d, e,

◼ **Abb. 11.51   Bestäubung der Schiffchenblüte von *Polygala myrtifolia* (Polygalaceae). a,** Blütendiagramm (die beiden petaloiden Kelchblätter farblich hervorgehoben). **b,** Blüte von vorn mit pinselförmigem Auswuchs auf der Schiffchenspitze. **c,** Bestäubung durch eine Große Holzbiene (*Xylocopa violacea*). Mallorca. **d,** Androeceum aus acht Stamina. Der Pollen wird auf der (adaxialen) Innenseite des gekrümmten Griffels abgeladen. **e,** Griffel mit sekundärer Pollenpräsentation. **f,** Bestäubung. Durch Druck des Hinterleibes auf den büscheligen Auswuchs gelingt es der Holzbiene, das Schiffchen zu öffnen; dabei tritt Pollen aus der Schiffchenspitze aus. *****, Kontaktpunkt zwischen Haarbüschel und Schiffchen, über den die Kraft auf das Schiffchen übertragen wird. (© **a:** Eichler 1878. **d, e:** M. Junginger & R. Claßen-Bockhoff, Manz. **b, c, f:** R. Claßen-Bockhoff, Mainz)

► Exkurs 9.7). Die Holzbiene landet oberhalb des Haarbüschels auf dem Schiffchen, hält sich mit den Beinen fest und versucht, durch Einführung des Saugrüssels an den Nektar zu gelangen. Dabei drückt sie mit dem Hinterleib auf den **Schiffchenauswuchs**, der über eine **steife Verbindung** am unteren Ende der Schiffchenspitze befestigt ist (◘ Abb. 11.51f: *). Im Zuge der Rückwärtskrümmung des Haarbüschels **deformiert** sich das Schiffchen, entlässt eine Pollenportion aus der Schiffchenspitze und deponiert sie seitlich am Thorax der Biene. Die Bewegung ist **reversibel**. Verlässt die Biene die Blüte, schwingt das Haarbüschel zurück, und das Schiffchen schließt sich wieder (je nach Alter der Blüte vollständig oder teilweise).

Kraftmessungen an manipulierten Blüten, denen das Haarbüschel entfernt wurde, bestätigen, dass der Auswuchs als **hebelartige Verlängerung** des Schiffchens dient und die notwendige Kraft zur Schiffchenöffnung erheblich verringert (de Kock et al. 2018). Die Blüte von *Polygala myrtifolia* erfordert somit Kraft, ist aber vor allem aufgrund ihrer **Größe** auf Holzbienen spezialisiert.

Bestäubungsmechanismen der Fabaceae

Die **Schmetterlingsblütler** (Fabaceae-Faboideae) sind eine artenreiche Gruppe (~ 12.000) mit zahlreichen, weitverbreiteten **Kulturpflanzen** (◘ Tab. 3.4, 3.5, und 3.6). Ihre Schiffchenblüte ist eine **typische Bienenblume**, die ihren **Pollen** vor Pollen sammelnden Bienen **versteckt** (► Abschn. 11.6.5). Zur Pollenübertragung muss das Schiffchen von den Bestäubern unter **Kraftaufwand geöffnet** werden. Dabei werden die Tiere gewöhnlich an der Bauchseite (**sternotrib**) eingestäubt (Westerkamp 1997).

Die **Organisation** der Blüte ist innerhalb der Faboideae recht **einheitlich**, da die fünf freien Kronblätter fast immer eine Fahne, zwei Flügel und ein Schiffchen bilden (◘ Abb. 11.52c und 11.53j). Die **Fahne** entspricht dem median-adaxialen Petalum, welches die beiden seitlichen **Flügel** überdeckt (cochlear absteigend; ◘ Abb. 10.17e). Letztere decken das abaxial liegende **Schiffchen**, das sich aus zwei **postgenital** durch Haare oder Epidermisstrukturen verbundenen Kronblättern zusammensetzt und die **Reproduktionsorgane** umschließt. Neun der zehn Stamina sind zu einer steifen, mehr oder weniger langen **Staminalröhre** vereint (◘ Abb. 11.52d: Ar). Das zehnte, median-adaxiale Stamen steht frei (◘ Abb. 11.52e: Pfeil) und ermöglicht den Zugang zum **Nektar**, der im Inneren der Staminalröhre sezerniert wird. In **Pollenblumen** sind gewöhnlich **alle zehn** Stamina zu einer Röhre verbunden (Lopez et al. 1999), ein Merkmal, das sich im Blütendiagramm niederschlägt (◘ Abb. 11.52a, b). In der Staminalröhre liegt der **steife Griffel**; er besteht aus nur einem Frucht-

blatt, das sich nach der Befruchtung meist zu einer **Hülse** entwickelt (► Abschn. 12.2.2, ◘ Abb. 12.12).

Funktionsmorphologisch bilden Flügel und Schiffchen eine **funktionelle Einheit**. Sie sind gegenüber der Fahne und den Reproduktionsorganen **beweglich** und werden von dem Bestäubertier nach unten gedrückt. Ihre Beweglichkeit beruht auf der **dünnen Ansatzstelle** der Petalen am Blütenboden, ihre gemeinsame Bewegung auf einer mechanischen **Verzahnung** der eingewölbten Schiffchenseiten mit **passgenauen** Ausbuchtungen der Flügel (◘ Abb. 11.53b, c).

Angelockt von der **Fahne**, die oft Saftmale trägt, landet die Biene auf dem Flügel-Schiffchen-Komplex. Auffällige **Skulpturen** auf der Außenseite der Flügel helfen möglicherweise beim Festhalten (◘ Abb. 11.53h). Fehlt ein Landplatz, wie z. B. bei *Ononis spinosa* (◘ Abb. 11.52g), beißen sich die Bienen mit ihren Mandibeln fest. Die Tiere führen ihren Saugrüssel am Grund der Fahne in die Blüte ein, wo sich eine **Rinne als Führungshilfe** befindet (◘ Abb. 11.53d). Dazu benötigen sie **Kraft**. Sie drücken mit dem Kopf gegen die **Fahne**, die als **Widerlager** fungiert, und drücken dann mit den Beinen den Flügel-Schiffchen-Komplex **nach unten** (Westerkamp 1997).

Der nun folgende Prozess der Pollenübertragung unterscheidet sich zwischen den Arten. Üblicherweise werden **vier Bestäubungsmechanismen** unterschieden, die auf Delpino (zitiert nach Hildebrand 1867) zurückgehen (◘ Tab. 11.12), die drei **reversiblen Klapp-**, **Bürst-** und **Pumpmechanismen** und der **irreversible Schnellmechanismus**. Zwischen den Formen gibt es **Übergänge** (Galloni und Cristofolini 2003).

Klappmechanismus

Der einfachste Mechanismus ist der reversible Klappmechanismus, bei dem das Schiffchen **oben offen** ist und sich durch das **Gewicht des Tieres** öffnet. Während sich der Flügel-Schiffchen-Komplex nach unten bewegt, behalten die Reproduktionsorgane ihre Lage bei und berühren die Körperunterseite des Bestäubers (**sternotribe** Bestäubung).

Der Klappmechanismus tritt in verschiedenen Triben auf, z. B. bei den Trifolieae in der Gattung *Trifolium* (Klee) und den Hedysareae bei *Hedysarum* (Süßklee), *Melilotus* (Steinklee) und *Onobrychis* (Esparsette).

Bürstmechanismus

Der reversible Bürstmechanismus wird in ähnlicher Weise wie der Klappmechanismus ausgelöst. Allerdings öffnen sich die Antheren schon in der Knospe (extreme Protandrie) und deponieren den Pollen auf dem Griffel, der als **sekundärer Pollenpräsenter** (► Exkurs 9.7) fungiert. Bei der Wiesen-Platterbse (*Lathyrus pratensis*; ◘ Abb. 11.52d, e) und dem Blasenstrauch (*Colutea*

■ **Abb. 11.52   Reversible Bestäubungsmechanismen bei Fabaceae. a, b,** Blütendiagramme. **a,** Androeceum (9+1) mit Zugang zum Nektar. **b,** Androeceum mit geschlossener Röhre (10), charakteristisch für Pollenblüten. Fa, Fahne. Fl, Flügel. Sch, Schiffchen. **c–f, Bürstmechanismus. c–e,** Wald-Platterbse (*Lathyrus sylvestris*). **c,** Schiffchenblüten mit aufrechter Fahne, zwei seitlichen Flügeln und einem aus zwei Petalen verklebten Schiffchen (verdeckt). **d,** Längsschnitt durch eine Knospe. Der Pollen wird auf die Griffelbürste übertragen. Ar, Androecealröhre. **e,** Detail aus einer ausgelösten Blüte. Der Griffel präsentert den Pollen. Pfeil: freies Stamen. **f,** Gelber Blasenstrauch (*Colutea arborescencs*). Griffel mit adaxial liegender Bürste. Durchlichtaufnahme. **g–m, Pumpmechanismus. g,** Kriechende Hauhechel (*Ononis spinosa* subsp. *maritima*). **h, i,** *Vigna*. **h,** Blüte mit S-förmig gewundenem Schiffchen, unausgelöst. **i,** Austritt eines Pollenpaketes nach Druck auf die Flügel. **j,** Strauchkronwicke (*Hippocrepis emerus*). Durchlichtaufnahme eines Schiffchens mit Pollen in der Schiffchenspitze. **k, l,** Gewöhnlicher Hornklee (*Lotus corniculatus*). **k,** Blüte mit aufrechter Fahne, anliegenden Flügeln und zugespitztem Schiffchen. **l,** Schiffchenspitze mit herausgeschobenem Pollenpaket. **m,** Spargelbohne (*Lotus maritimus*). Fünf kurze Stamina und fünf längere mit geschwollener Filamentspitze. (© **a, b**: Eichler 1878. **c, g–i**: R. Claßen-Bockhoff, Mainz. **d, e, k, l**: M. Junginger & R. Claßen-Bockhoff, Mainz. **f, j, m**: L. Schardt & R. Claßen-Bockhoff, Mainz)

Abb. 11.53 Schnellmechanismus bei Fabaceae. a–f, Pfriemenginster (*Spartium junceum*). **a**, Blüte im ausgelösten Zustand. **b, c,** Druckknopfverschluss. Einwölbung an der Basis des Schiffchens (**b**) und passgenaue Ausbuchtung an der Basis des Flügels (**c**). Ha, Verklebung der Schiffchenunterseite durch Haare. **d**, Basis der Fahne mit Führungsrinne (Ri) für den Insektenrüssel. **e**, Blick von unten auf die Schiffchenbasis, die Öffnung des Schiffchens und die Dellen und Wölbungen des Druckknopfmechanismus zeigend. **f,** Künstliche Auslösung des Schnellmechanismus. *, höchster Punkt der Pollenwolke (6 cm). **g**, Sichelklee (*Medicago falcata*). Blick von oben in eine ausgelöste Blüte mit weit offenem Schiffchen (Fahne entfernt) und nach oben geschnellter Staminalröhre mit Griffel. **h–k**, Besenginster (*Cytisus scoparius*). **h**, Skulpturierte Flügeloberfläche. **i, j**, Unausgelöste Blüte von der Seite und von vorn. **k**, Ausgelöste Blüte mit heteromorphen Stamina (Fahne und Flügel entfernt). Ab, Ausbuchtung an der Schiffchenbasis. Gr, stark eingerollter Griffel. *, vier längere Stamina. (© **a, i–k**: R. Claßen-Bockhoff, Mainz. **b–h**: M. Gröteke & R. Claßen-Bockhoff, Mainz)

arborescens; ◘ Abb. 11.52f) wird der Pollen von Haaren (**Griffelbürste**) auf der Innenseite des aufwärts gekrümmten Griffels aufgenommen. Zur Anthesezeit sind die Stamina abgewelkt. Beim Herabklappen des Schiffchens tritt der Griffel hervor und berührt die Bauchseite der Biene zuerst mit der Narbe und dann mit der pollenbeladenen Griffelbürste.

Beispiele liefern die Gattungen *Vicia* (Wicke), *Lathyrus* (Platterbse), *Pisum* (Erbse, alle Fabeae), *Robinia* (Robinie, Robinieae) und *Wisteria* (Blauregen, Millettieae). Durch die sekundäre Pollenpräsentation erhöht sich gegenüber dem Klappmechanismus die **Präzision** der Bestäubung.

Pumpmechanismus

Blüten mit **Pumpmechanismus** haben ein Schiffchen, dessen Elemente auf der Oberseite eng aneinanderliegen oder **postgenital verklebt** sind; nur die oft etwas ausgezogene Schiffchenspitze bleibt offen (◘ Abb. 11.52k, l). Der Pollen wird wiederum in der Knospe entlassen (extreme Protandrie), aber diesmal in der **Schiffchenspitze** deponiert (◘ Abb. 11.52j). Durch das Gewicht der Biene und die Absenkung des Flügel-Schiffchen-Komplexes **deformiert** das Schiffchen und drückt eine **Pollenportion** aus der Spitze heraus. Unterstützend wirken die **Stamina**, die wie **Stößel** nach vorn geschoben werden. Bei einigen Arten wird der Prozess des Pollenauspumpens dadurch verstärkt, dass die Filamente von fünf (*Lotus*) oder allen zehn Stamina (*Anthyllis*) unter den Antheren verdickt sind (◘ Abb. 11.52m).

Beispiele finden sich in den Gattungen *Lotus* (Hornklee) *Securigera* (Kronwicke, beide Loteae), *Lupinus* (Lupine, Genisteae), *Ononis* (Hauhechel, Trifolieae) oder *Vigna* (Phaseoleae). Die Gattung *Vigna* ist besonders interessant, weil in ihr Arten mit mehrfach **aufspiralisierten Schiffchen** vorkommen (◘ Abb. 11.52h, i). Drückt man auf die Flügel, deformiert das Schiffchen und presst eine große Portion Pollen aus der Spitze heraus.

Irreversibler Schnellmechanimsus

Der vierte Bestäubungsmechanismus der Schmetterlingsblütler ist **irreversibel**. Er leitet sich vom Klappmechanismus ab, weswegen er an dieser Stelle vorgestellt wird.

Bei den irreversibel auslösenden Schiffchenblüten liegen die Reproduktionsorgane **unter Spannung** im Schiffchen und schnellen schlagartig nach oben, wenn sich das Schiffchen öffnet. Die Spannung entsteht in der **späten Knospenphase**, wenn die Reproduktionsorgane, insbesondere der Griffel, **stärker wachsen** als das sie umgebende Schiffchen. An der **Oberseite** des Schiffchens liegen die Petalen eng aneinander und verhindern das Austreten der Reproduktionsorgane. Die Spannung

wird von den Flügeln **gehalten**, die das Schiffchen über die **passgenaue Verzahnung** zusammendrücken ('Druckknopfverschluss'). Landet die Biene auf dem Flügel-Schiffchen-Komplex und drückt die Flügel beim Einschieben des Saugrüssels nach unten, lockert sich der Verschluss. Das Schiffchen reißt von der Basis zur Spitze auf und die Reproduktionsorgane schlagen gegen das Tier. Die Schnellbewegung beruht auf der **spontanen Streckung** von Parenchymzellen, die zuvor an der Ausdehnung gehindert wurden. Das **Bewegungsgewebe** liegt auf der Unterseite **unterschiedlicher Strukturen**: auf der des Schiffchens bei *Genista* (Mönch 1910), der Staminalröhre bei *Medicago* (Larkin und Grauman 1954) oder des Griffels bei *Spartium* (Claßen-Bockhoff et al. 2019).

Gewöhnlich wird bei der Auslösung eine einzige **Pollenwolke** freigesetzt, beim Besenginster (*Cytisus scoparius*; ◘ Abb. 11.53i, j) sind es dagegen zwei. Die Blüte dieser Art hat ein **heteromorphes Androeceum** (▶ Abschn. 11.3.1) aus vier langen (◘ Abb. 11.53k: *) und sechs kurzen Stamina. Als Erste schlagen die kurzen Stamina gegen den Bauch der Biene, dann rollt sich der Griffel beim Herausschnellen spiralig ein und berührt den Rücken des Bestäubers. Im Zuge der weiteren Bewegung gelangt der Pollen der langen Stamina auf den Rücken des Tieres und löst die zweite Pollenwolke aus. Die Bestäubung ist somit **nototrib**. Der auf der Bauchseite deponierte Pollen gelangt nicht auf die Narbe und steht der Biene als **Sammelpollen** zur Verfügung (Lopez et al. 1999).

Die **Kraft**, die die Bienen zur Öffnung des Schiffchens benötigen, variiert **signifikant** zwischen Arten (Cordoba und Coccuci 2011) und führt in manchen Fällen zur **Spezialisierung** auf wenige, kräftige Bestäuberarten. So wird der Pfriemenginster (*Spartium junceum*) fast ausschließlich von **Holzbienen** bestäubt. Obgleich die Blüten **keinen Nektar** produzieren, strecken die Bienen ihren Saugrüssel aus und öffnen damit den Blütenverschluss. Ein ähnliches, Nektar suchendes Verhalten beobachtete Schremmer (1955) bei Honigbienen (*Apis mellifera*) an den nektarlosen Blüten der Dornigen Hauhechel (*Ononis spinosa*; ◘ Abb. 11.52g). Er deutete dies als **erlerntes Verhalten**, das den Bienen den Zugang zum Pollen erschließt.

Beispiele für den Schnellmechanismus finden sich in den Gattungen *Medicago* (Schneckenklee) und *Melilotus* (Steinklee, beides Trifolieae) und bei zahlreichen Genisteae wie *Genista* (Ginster), *Cytisus* (Besenginster) oder *Spartium* (Pfriemenginster). Der Mechanismus gilt als **abgeleitet** (Arroyo 1981) und trotz des hohen Pollenverlustes einiger Arten (Lopez et al. 1999) als sehr **effizient** (Fleming und Etcheverry 2017).

Die Phylogenie der Faboideae zeigt, dass alle Schiffchenkonstruktionen **mehrfach parallel** in verschiedenen

Triben entstanden sind (LPWG 2013). So tritt der Bürstmechanismus in mindestens vier Triben auf und Arten mit Klapp-, Pump- und Schnellmechanismen sowohl in den Trifolieae als auch in den Genisteae. Aufgrund der übereinstimmenden Blütenorganisation leiten bereits **kleine Veränderungen** im Zeitpunkt der Pollenabgabe (extreme Protandrie, sekundäre Pollenpräsentation) oder in der relativen Wachstumsgeschwindigkeit (Spannungsaufbau) zu einem anderen Bestäubungsmechanismus über. Die Schmetterlingsblütler liefern damit ein Beispiel für graduelle **Diversifizierung** und **Synorganisation** (▶ Exkurs 11.10).

11.7.3 Turgormechanismus von *Stylidium*

Bei den überwiegend in Australien beheimateten **Stylidiaceae** (*trigger plants*) wird der Pollen durch eine **reversible Turgorbewegung** übertragen (◘ Abb. 11.54). Die Familie liefert vermutlich das einzige Beispiel für diese Form der Pollenübertragung (◘ Tab. 11.12).

Die mit etwa 300 Arten größte Gattung *Stylidium* hat zygomorphe Blüten, in deren Zentrum eine Säule aus je zwei congenital vereinten Stamina und Karpellen steht. Sie wird wie bei den Orchideen und Aristolochiaceae als **Gynostemium** bezeichnet. Im **unausgelösten** Zustand ist die Säule zurückgeschlagen und ragt seitlich aus der Blüte heraus (◘ Abb. 11.54c). Diese Position wird durch eine **Turgorspannung** gehalten, die (ähnlich wie bei der Venusfliegenfalle; ◘ Abb. 8.56g, h) **aktiv** erzeugt wird. Voraussetzung dafür ist die Existenz eines **Bewegungsgewebes**, das aus einem ausdehnungsfähigen Parenchym und einem als Widerlager fungierenden Kollenchym besteht (▶ Abschn. 2.2.3 und 12.3.5). Berühren Nektar suchende Bienen oder Wollschweber die Basis der Säule, löst sich die Spannung und die Säule schlägt mit hoher **Geschwindigkeit** (10–30 ms; Findlay und Findlay 1975) auf den Körper des Insektes (**seismonastische** Bewegung; ▶ Exkurs 8.6). Danach kehrt sie unter Spannungsaufbau wieder in ihre Ausgangslage

zurück; dieser Prozess verläuft deutlich **langsamer** (200–700 s; Findlay und Findlay 1975).

Die meisten Blüten sind **protandrisch** und benötigen zwei Blütenbesuche für eine erfolgreiche Pollenübertragung. In der jungen Blüte wird Pollen aus den Pollensäcken entlassen, die dem Narbenbereich eng anliegen (◘ Abb. 11.54b: Pfeil). In älteren Blüten wachsen die Narben aus, werden rezeptiv und nehmen den Fremdpollen auf (◘ Abb. 11.54c: Pfeil).

Ein Verbreitungsschwerpunkt der Gattung liegt in Südwestaustralien, wo häufig mehrere Arten **sympatrisch** vorkommen, zur **gleichen Zeit** blühen und von den **gleichen** Solitärbienen, Honigbienen, Schwebfliegen und Wollschwebern **bestäubt** werden (Armbruster et al. 1994). Sie können **coexistieren**, da die **Pollenübertragung** sehr **präzise** erfolgt (mechanische Isolation; ▶ Exkurs 11.9). Jede Art besetzt innerhalb eines Standortes eine bestimmte **Bestäubungsnische** (*pollination niche*), die sich aus drei Blütenparametern ergibt: der **Position** der Säule vor der Auslösung, die zur dorsalen, ventralen oder seitlichen Einstäubung führt, der **Länge** der Säule, die den Pollenabladeplatz längs des Tierkörpers bestimmt, und der Tiefe der **Nektarbergung** am Blütengrund, die eine passende Länge der Mundwerkzeuge voraussetzt.

Interessanterweise **variieren** diese Parameter nicht nur zwischen den Arten, sondern auch **zwischen Populationen** einer Art. Je nach **Vergesellschaftung** mit anderen Arten bilden sich die Merkmale so aus, dass die Bestäubungsnischen gut **voneinander getrennt** sind (Armbruster et al. 1994). Damit liefert die Gattung *Stylidium* eines der bestuntersuchten Beispiele für *character displacement* (Brown und Wilson 1956). Darunter versteht man die **Kontrastverstärkung von Merkmalen** zwischen nah verwandten Arten. Dort, wo diese sympatrisch auftreten, unterscheiden sie sich deutlicher voneinander als dort, wo sie alleine vorkommen. Innerhalb der **artspezifischen Variationsbreite** setzt sich jeweils die Variante an einem Standort durch, die am wenigsten Konkurrenz verursacht.

◘ **Abb. 11.54** *Stylidium falcatum* (Stylidiaceae). Westaustralien. **a,** Blütenstand mit zygomorphen Blüten. **b,** Junge Blüte mit seitlich herausragender Säule und braunen, noch geschlossenen Pollensä- cken (Pfeil). **c,** Ältere Blüte in der weiblichen Blühphase, die behaarte Narbenregion deutlich erkennbar (Pfeil). Blütendiagramm. (© R. Claßen-Bockhoff, Mainz)

11.7.4 Irreversible Schleuderbewegungen

Explosive Bestäubungsmechanismen sind immer **irreversibel** und beruhen auf einem **Spannungsaufbau** zwischen Geweben (▶ Abschn. 12.3.5). Die Pollen tragenden Strukturen **wachsen** vor dem Aufblühen der Blüte **schneller** als die Blütenstrukturen, die sie umgeben. Sie liegen daher **unter Spannung** und haben das **Bestreben**, sich **auszudehnen**. Durch einen **Berührungsreiz**, der vom **Bestäubertier** gesetzt wird, löst sich die Spannung, und die gespeicherte Energie entlädt sich in einer **schnellen Bewegung**. In deren Verlauf wird der Pollen mit **hoher Geschwindigkeit** und über eine erhebliche **Entfernung** ausgeschleudert oder direkt **auf Bestäubertiere** übertragen.

Katapultschleuder von *Cornus canadensis*

Der **Kanadische Hartriegel** (*Cornus canadensis*, Cornaceae) wächst als bodendeckende Waldpflanze in Nordamerika. Seine radiären Blüten stehen kopfig aggregiert in Pseudanthien (sensu Troll), die von je vier weißen Hochblättern umgeben sind (◘ Abb. 9.21m). Die Antheren liegen in der Knospe eng aneinander; sie öffnen sich bereits vor dem Aufblühen und halten den Pollen zwischen sich fest. Die **Filamente** werden von den **verklebten Petalen** unter Spannung gehalten. Öffnet sich die Blüte, schnellen die Filamente nach außen und schleudern den Pollen mit einer ungeheuren Geschwindigkeit (< 0,5 ms) heraus (Whitaker et al. 2007). Blütenbesucher, die kräftig genug sind, die Petalenverklebung zu sprengen, werden dabei auf der Bauchseite (sternotrib) eingestäubt.

Einen ähnlichen Schleudermechanismus besitzen auch einige Brennnesselgewächse (Urticaceae), die allerdings windblütig (anemophil) sind (▶ Abschn. 11.8.1).

Pollinarienschleuder von *Catasetum macroglossum*

Die Blüten von *Catasetum* und verwandten Orchideen werden von Parfüm sammelnden Prachtbienenmännchen bestäubt (▶ Abschn. 11.3.4). Transporteinheit ist das **Pollinarium** (▶ Exkurs 11.4), welches bei *Catasetum* aus den beiden gestielten Pollinien, einem bandförmigen Stipes und dem Klebkörper (Viscidium) besteht (◘ Abb. 11.25f). Der Stipes ist **überdehnt** und wird von einem lang in die Blüte hineinragenden, fädigen Fortsatz des Rostellums (Narbenlappens) unter Spannung gehalten (◘ Abb. 11.55a: Pfeil, und 11.55b: *1*, Tr: Trigger).

Die meisten Arten der Gattung *Catasetum* sind **diözisch** (▶ Abschn. 9.6.3) und weisen einen **Sexualdimorphismus** auf (Romero und Nelson 1986). Dies gilt auch für die am besten untersuchte Art *C. macroglossum* (◘ Abb. 11.55b). Vom Duft angelockt fliegen die Bienenmännchen die **staminate Blüte** an und **sammeln** die **ätherischen Öle**. Berührt das Bienenmännchen dabei den **Trigger**, löst sich die Spannung und schleudert das Pollinarium auf die Rückseite (Thorax) der Biene, wo es mithilfe des Klebkörpers haftet (Dod-

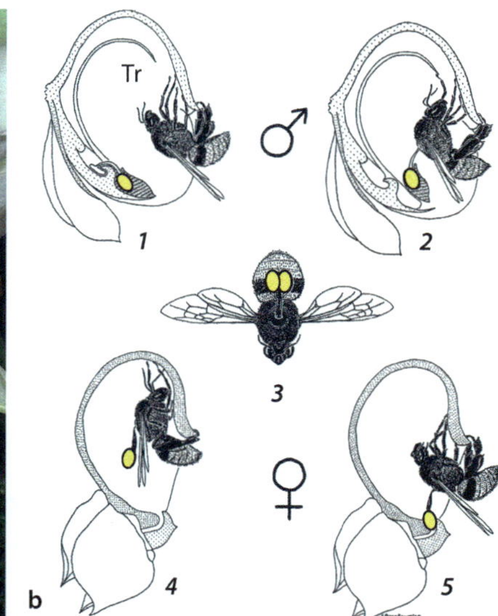

◘ Abb. 11.55   Schleudermechanismus bei _Catasetum_ (Orchidaceae).
a, _C. pileatum._ Staminate Blüten mit Trigger (Pfeil) im Blüteneingang. **b**, Pollinienübertragung bei _C. macroglossum._ Das Pollinarium
wird vom Trigger (Tr) unter Spannung gehalten. _1, 2,_ Staminate
Blüte. Explosive Aufladung des Pollinariums (gelb) auf den Thorax
der Biene. _3,_ Transport. _4, 5,_ Karpellate Blüte. Übertragung von Pollen auf die Narbe. (© **a**: Orchi/CC BY-SA (► http://creativecommons.
org/licenses/by-sa/3.0/). **b**: Dodson 1962, leicht verändert)

son 1962). Offensichtlich meidet das Bienenmännchen
nun aufgrund des heftigen Schlages weitere staminate
Blüten und fliegt vom Duft angelockt zu einer anders
aussehenden, karpellaten Blüte. Hier geraten die Pollinien im Zuge des Parfümsammelns in die Nähe der
Narbe, an der der Pollen abgestreift wird. Durch den
Sexualdimorphismus kann sich die staminate Blüte
die rabiate Methode der Pollenübertragung ‚leisten‘,
ohne den Bestäubungserfolg zu gefährden.

Die **Geschlechtsbestimmung** erfolgt bei den daraufhin getesteten _Catasetum_-Arten durch **abiotische Faktoren** (Licht, Feuchtigkeit, Substrat). An natürlichen
Standorten treten oft viel weniger karpellate als staminate Blüten auf, was die Sicherheit der Bestäubung
erschwert. _C. macroglossum_ löst das Dilemma durch
unterschiedlich lange Anthesezeiten: Während die staminaten Blüten bereits nach vier bis fünf Tagen abwel-
ken, bleiben die karpellaten Blüten bis zu sechs Wochen
empfängnisbereit (Dodson 1962).

Explosive Schiffchenblüte von _Hyptis pauliana_

Bei _Hyptis pauliana_ (Lamiaceae: Ocimeae-Hyptidinae)
entwickelt sich die **Spitze der Unterlippe** (median-ab-
axiales Kronblatt) zu einem steifen Schiffchen, das die
vier Stamina der Blüte einschließt. Obgleich die Art vom
Bau her eine **Lippenblüte** besitzt, hat sie sich **funktionell**
in eine **Schiffchenblume** gewandelt.

Das Schiffchen ist **beweglich** über ein Gewebeband
an der Kronröhre befestigt (Brantjes und Vos 1981). In
der Knospenlage sind Gewebeband und Schiffchen nach
innen gekrümmt. Kurz vor der Anthese erhöht sich in
den Epidermiszellen des Gewebebandes der Turgor und
verleiht dem Schiffchen das Bestreben, nach hinten
umzuschlagen. Dieser Prozess führt zur Öffnung der
Blüte, läuft aber nur unvollständig ab, weil das Schiffchen von den zwischenzeitlich stark verlängerten Stamina, die gegen die Innenseite des Schiffchens drücken,
festgehalten wird. Vor der Auslösung steht das System
somit unter einer **gegenläufigen Spannung**. Wird das
Schiffchen von einem Bestäuber berührt, löst sich die
Spannung. Die Stamina schnellen nach oben und entlassen eine Pollenwolke, während das Schiffchen nach
hinten umschlägt.

Nach Brantjes und Vos (1981) treten ähnliche explosive Mechanismen auch bei anderen Vertretern der Hyp-
tidinae wie _Eriope_, _Marsipianthes_, _Peltodon_ und
Raphiodon auf.

Klebdrüsen bei _Schizanthus pinnatus_

Die Blüten der Spaltblumen (_Schizanthus_) sind zygomorph und erinnern mit ihrer auffällig gezeichneten
Fahne an Orchideenblüten (◘ Abb. 3.2c und 11.56).
Tatsächlich steht die nur wenige Arten umfassende Gattung aus Chile an der Basis der **Solanaceae**.

Die fünf Kronblätter der Blüten bilden eine aufge-
richtete Fahne, zwei seitliche Blütenblätter und ein
Schiffchen, das sich aus zwei **asymmetrischen,** zueinan-
der **spiegelsymmetrischen** Kronblättern zusammensetzt.
Jedes Element bildet die Hälfte des Schiffchens und
einen seitlich abstehenden Flügel (◘ Abb. 11.56b, c).
Das Schiffchen ist nach oben hin **offen** und auf seiner
Innenseite dicht mit **Drüsenhaaren** bedeckt. Das
Androeceum besteht aus zwei **fertilen Stamina**, die im

◻ **Abb. 11.56   Stamenbewegung von *Schizanthus* (Solanaceae). a, b,** Blütendiagramm. **a** Ursprüngliche Symmetrie. **b**, Symmetrie nach Drehung des Blütenstieles. Petalen figürlich eingezeichnet und gefärbt, ein abaxiales Petalum zur Verdeutlichung des asymmetrischen Baues hervorgehoben. **c**, *S. hookeri*. Orchideenähnliche Blüte vor der Auslösung, Stamina im Schiffchen (Sch). Fl, Flügel. **d–f**, *S. pinnatus*. **d**, Blüte vor der Auslösung. **e**, Knospe mit abpräpariertem Schiffchen, ein S-förmig gebogenes Stamen vor dem Spannungsaufbau zeigend. **f**, Blüte nach der Auslösung mit gerade ausgestreckten, entspannten Stamina (obere Petalen abpräpariert). (© **a–c**: R. Claßen-Bockhoff, Mainz. **d–f**: J. Chinga, Mainz/Santiago de Chile. Mit freundlicher Genehmigung)

Schiffchen liegen, und drei kurzen, steifen **Staminodien**. Die fertilen Stamina liegen überdehnt vor und können sich nicht entspannen, weil ihre Filamente vom **Sekret der Drüsenhaare** festgehalten werden (Cocucci 1989). Landet eine Biene auf dem Schiffchen, reißt die Verklebung auf, und die Filamente schnellen nach oben. Dabei wird der Pollen herausgeschleudert

11.7.5   Explosive Griffelbewegung der Marantaceae

Die explosive Pollenübertragung der Pfeilwurzgewächse (Marantaceae) gehört zu den spektakulärsten und zugleich unbekanntesten Bestäubungsmechanismen der Blütenpflanzen.

Die Marantaceae sind eine **pantropisch** verbreitete Pflanzenfamilie mit etwa 550 Arten in 29 Gattungen (Govaerts und Kennedy 2016). Diese gehören zum krautigen **Unterwuchs** tropischer Wälder, wo sie aufgrund ihrer hohen **Wüchsigkeit** eine beachtliche Biomasse erzeugen (◻ Abb. 11.57a). Zahlreiche *Maranta*- und *Calathea*-Arten sind wegen ihrer bunten Blattzeichnung (◻ Abb. 8.52c, 8.64b, c und 8.65i) als **Zimmerpflanzen** bekannt, andere werden als dekorative **Schattenpflanzen** in tropischen Parks kultiviert. *Maranta arundinacea* ist eine bedeutende tropische **Nutzpflanze**, aus deren stärkereichem Rhizom das Pfeilwurzmehl gewonnen wird. Erwähnenswert sind auch die **Schlafbewegungen** der Laubblätter, die mithilfe von Gelenkpolstern (**Pulvini**) ausgeführt werden (▶ Exkurs 8.6, ◻ Abb. 8.56c, d).

Die meisten Marantaceen sind bienenblütig. Sie werden in den Neotropen von langrüsseligen **Prachtbienen** und in der Alten Welt von kleinen bis mittelgroßen **Solitärbienen** bestäubt (◻ Abb. 11.57f, g). Einige Arten der neotropischen Gattung *Calathea* und der zentralafrikanischen Gattungen *Thaumatococcus* und *Marantochloa* locken Kolibris bzw. Nektarvögel an (◻ Abb. 11.57h, i; Kennedy 2000; Ley und Claßen-Bockhoff 2009).

Blütenbau

Die komplex aufgebauten **Blütenstände** bilden ihre Blüten stets in **Pärchen** (◻ Abb. 9.15). Diese bestehen aus zwei **asymmetrischen** Blüten, die **zueinander spiegelsymmetrisch** sind. Meist blühen sie nacheinander auf; in der Gattung *Thalia* entfalten sie sich jedoch synchron und bilden zusammen eine pseudanthiale, zygomorphe Holzbienenblume (◻ Abb. 10.11h).

Abb. 11.57 Marantaceae. a, *Marantochloa purpurea.* Reich verzweigte Infloreszenz. Gabun. **b,** *Halopegia azurea.* Gabun. **c,** *Calathea lutea.* As, Außenstaminodium. Gr, Griffel. Kb, Kapuzenblatt. Sb, Schwielenblatt. Th, Theke. Tr, Trigger. **d, e,** *Hylaeanthe hoffmannii.* Costa Rica. **d,** Blüte vor der Bestäubung. As, Außenstaminodien. Pe, Petalum. Sb, Schwielenblatt. Th, abgewelkte Theke. **e,** Blüte nach der explosiven Griffelbewegung. Bei Auslösung des Griffels (Gr) schlägt der Eigenpollen (Po) gegen das Schwielenblatt (bzw. den Insektenkörper) pA, petaloider Anhang der halbfertilen Anthere. **f, g,** Bestäubung durch *Amegilla vivida* (Anthophorini). **f,** *Hypselodel-* *phys poggeana.* Typische, horizontal ausgerichtete Bienenblume. Gabun. **g,** Schematische Darstellung am Beispiel von *Marantochloa purpurea.* **h, i,** Bestäubung durch Nektarvögel (Nectariniidae), vermutlich *Cyanomitra olivaceus.* **h,** Schematische Darstellung am Beispiel der vertikal gestellten Blüte von *Thaumatococcus.* **i,** *Afrocalathea rhizantha.* Blüte in Anpassung an die Vogelbestäubung vertikal ausgerichtet Gabun. (© **a–e:** R. Claßen-Bockhoff, Mainz. **f–i:** Ley und Claßen-Bockhoff (2009), verändert. Blütenzeichnungen (**g, h**): L. Klöckner, Mainz. Vogelzeichnung (**h**): D. Franke, Mainz)

Die **Blüten** folgen dem typischen **trimer-pentazyklischen** Bau der **Monocotylen** (Abb. 11.58b und 10.11). Sepalen und Petalen bleiben meist unscheinbar. Von den zwei mal drei Staminalanlagen sind alle bis auf eine steril oder fehlen (▶ Abschn. 10.4.7).

— Der äußere Kreis des Androeceums besteht aus ein bis zwei attraktiv gefärbten **Außenstaminodien** (Abb. 11.59a, b: As). Im inneren Kreis stehen zwei Staminodien, das **Schwielenblatt** (Sb, *fleshy staminode*) und das **Kapuzenblatt** (Kb, *hooded staminode*) sowie das halbfertile **Stamen** (monothecisch;

11

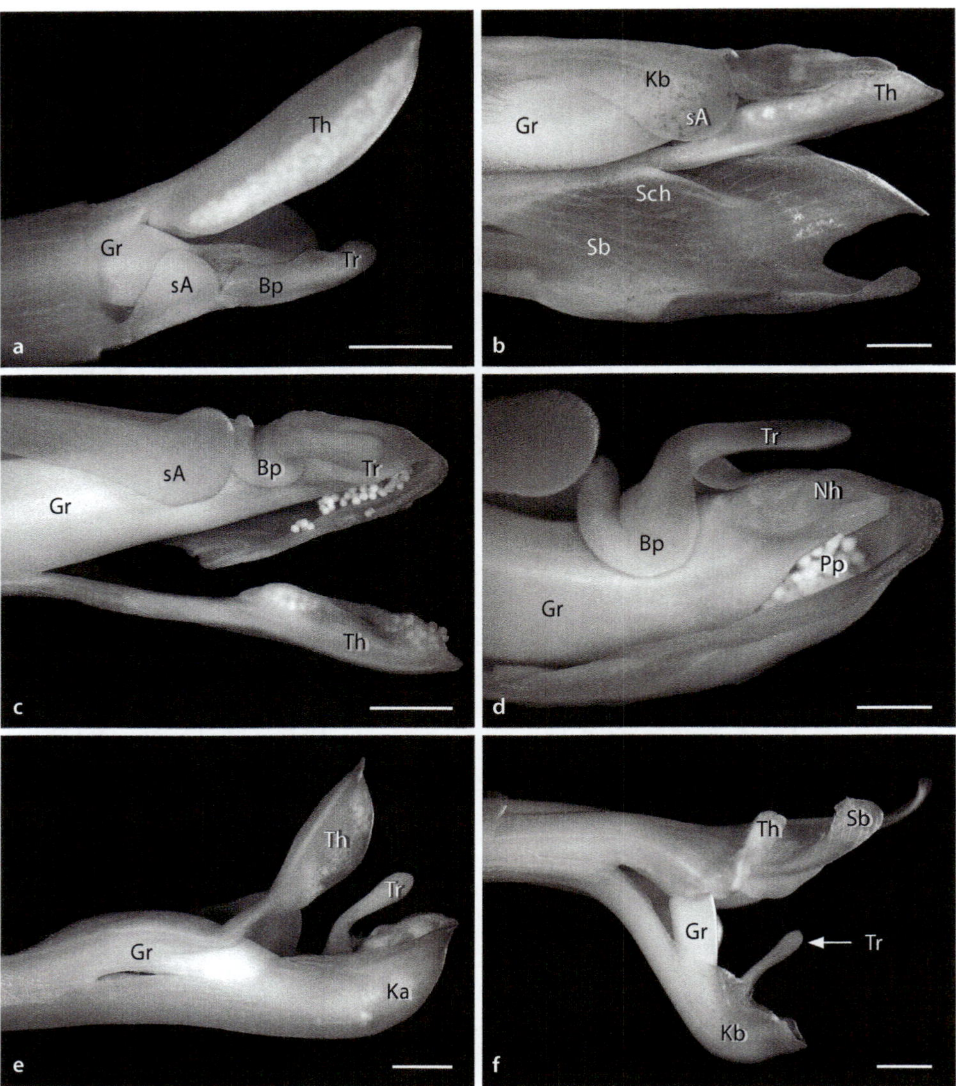

◻ **Abb. 11.58   Pollenübetragung in der Knospe.** *Calathea crotalifera* (Marantaceae). **a**, Knospengröße 12 mm. Die Theke (Th) ist die dominante Struktur. Bp, Basalplatte. Gr, Griffel. sA, seitlicher Anhang des Kapuzenblattes. Tr, Trigger. Balken: 1 mm. **b**, Knospengröße 16 mm. Theke und Griffel sind fest vom Kapuzenblatt (Kb) und Schwielenblatt (Sb) umhüllt; zur Sichtbarmachung der Schwiele (Sch) Knospe geöffnet. Balken: 1 mm. **c, d**, Knospengröße 24 mm. **c**, Basalplatte, Trigger und seitlicher Anhang des Kapuzenblattes sind voll entwickelt. Der Pollen wird vom wachsenden Griffel aus der Theke gequetscht. Balken: 1 mm. **d**, Der Pollen wird auf die Pollen-platte (Pp) gedrückt, die auf der Rückseite der Narbenhöhle (Nh) liegt. Balken: 500 μm. **e**, Der Pollentransfer auf den Griffelkopf erfolgt wenige Stunden vor der Anthese; anschließend welkt die Theke. Der Griffel streckt sich stärker als das Kapuzenblatt und baut Spannung auf. Ka, Kapuze. Balken: 1 mm. **f**, In der offenen Blüte ist der Griffel nach hinten überstreckt und der Trigger versperrt den Blüteneingang. Balken: 2 mm. (© Ley und Claßen-Bockhoff 2011 (nach Claßen-Bockhoff und Heller 2008a, dort als *C. platystachya* bezeichnet))

▶ Abschn. 10.4.1). Dieses bildet eine **fertile Theke** (Th) mit zwei Pollensäcken, während die zweite Theke nicht ausgebildet wird; bei manchen Arten entsteht an ihrer Stelle ein petaloider Fortsatz (*Hylaeanthe hoffmannii*; ◻ Abb. 11.57e: pA):

– Das **Schwielenblatt** trägt eine oder zwei **steife Leisten**, die den Blüteneingang **verengen** und den Bestäuber in eine bestimmte Position zwingen (◻ Abb. 11.58b; Ley und Claßen-Bockhoff 2012).

– Das **Kapuzenblatt** ist sehr divers gestaltet (Pischtschan et al. 2010). Es formt die namengebende **Kapuze**, die den Griffelkopf umhüllt, und einen **Trigger**, der den Zugang zum Nektar versperrt (◻ Abb. 11.58e, f und 11.59d: Ka, Tr). Der **Trigger** ist ein fädig oder lappig gestalteter Auswuchs des Kapuzenblattrandes und geht an seiner Basis in eine schwielige Struktur, die **Basalplatte** (Bp), über (◻ Abb. 11.58d und 11.59d: Bp, Tr).

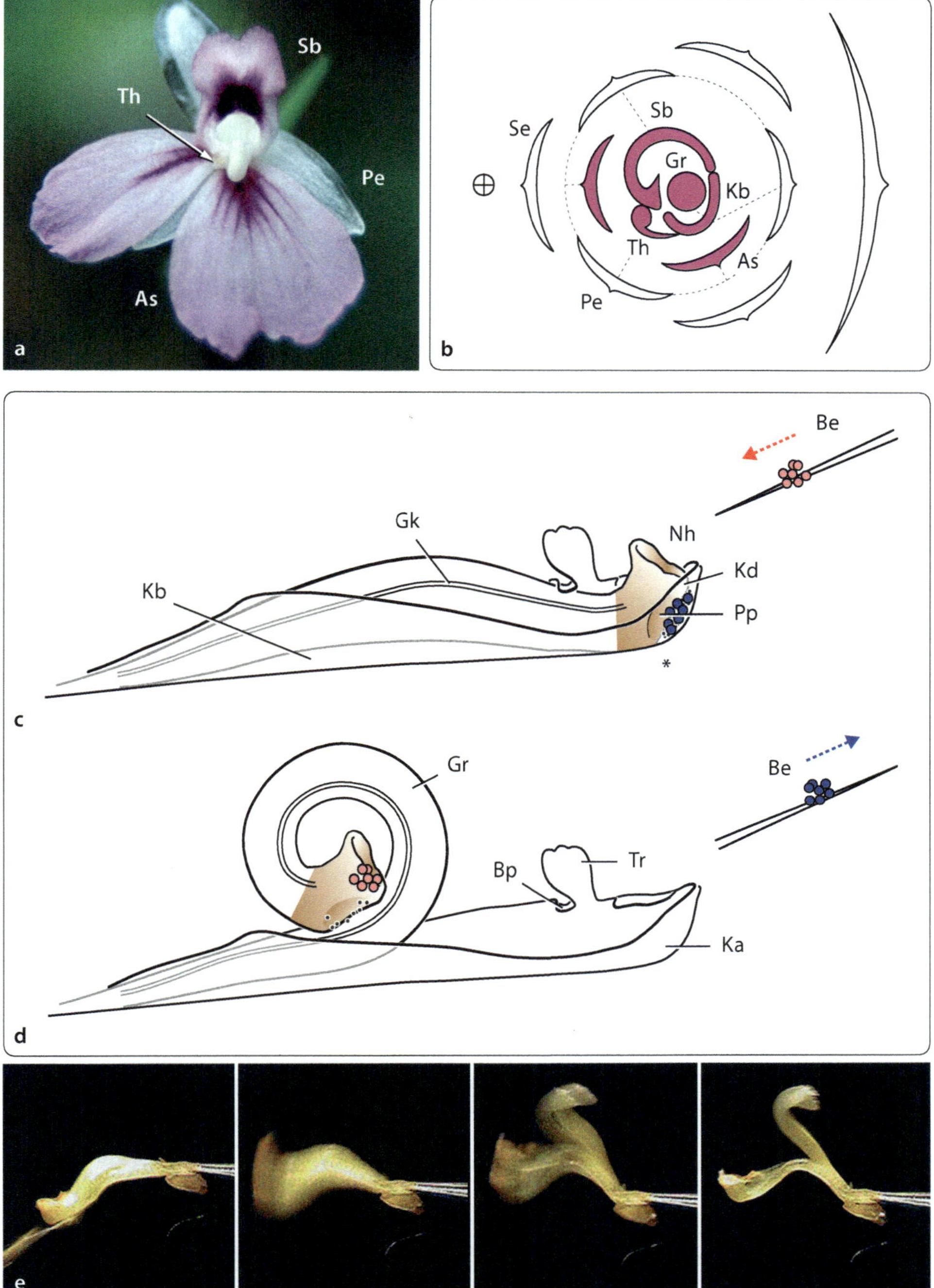

◘ **Abb. 11.59   Explosive Griffelbewegung. a, b,** *Maranta leuconeura.* Organisation der Blüte. **a,** Blüte von vorn. **b,** Blütendiagramm. Strichelung: Blütenröhre. As, Außenstaminodium. Gr, Griffel. Kb, Kapuzenblatt. Pe, Petalum. Sb, Schwielenblatt. Se, Sepalum. Th, Theke des halbfertilen Stamens. **c, d,** Prinzip der Pollenübertragung. **c,** Vor der Auslösung wird der Griffel vom Kapuzenblatt unter Spannung gehalten (Wölbung). *, Druckpunkt. Der Eigenpollen (blau) liegt auf der Pollenplatte (Pp), der Fremdpollen (rot) auf den Mundwerkzeugen des Bestäubers (Be). Roter Pfeil: Anflug des Bestäubers. Gk, Griffelkanal. Kb, Kapuzenblatt. Kd, Klebstoffdrüse. Nh, Narbenhöhle. **d,** Nach der Auslösung liegt der Griffel in seiner eingerollten Endlage. Der Fremdpollen (rot) befindet sich in der Narbenhöhle, der Eigenpollen (blau) wird abtransportiert (blauer Pfeil; s. Text). Bp, Basalplatte. Gr, Griffel. Ka, Kapuze. Tr, Trigger. **e,** Griffelbewegung von *Calathea lutea.* Costa Rica. Die vier aufeinanderfolgenden Hochfrequenzaufnahmen (30 Bilder pro Sekunde) zeigen, dass die Pollenübertragung in 0,03 s (Bild 2 bis 3) abläuft. (© **a, b**: Pischtschan und Claßen-Bockhoff 2008, verändert. Grafik (**b**): A. Berg, Mainz. **c–d**: Original. Zeichnung & Grafik: D. Franke & M. Geyer, Mainz. **e**: Claßen-Bockhoff und Heller 2008a. Aufnahmen: L. Nauheimer & R. Claßen-Bockhoff, Mainz)

Das Kapuzenblatt umhüllt den trimer organisierten **Griffel** (◘ Abb. 11.58f und 11.59c). Die Spitzen der drei am Griffel beteiligten Karpelle bilden den Rand einer großen **Narbenhöhle** (◘ Abb. 11.59c: Nh), die in den Griffelkanal übergeht (Gk). Oberhalb der Narbenhöhle folgen erst eine **Klebstoffdrüse** (Kd) und dann, auf der Rückseite des Griffelkopfes, eine abgeflachte **Pollenplatte** (Pp), auf die bereits in der Knospe der **Eigenpollen** abgelegt wird (blau; ◘ Abb. 11.58d: Pp).

Spannungsaufbau und Bestäubung

Die offene Blüte ist eine **asymmetrische Schiffchenblume** (◘ Abb. 11.57b–d und 11.59a). Die Außenstaminodien übernehmen die **Anlockungsfunktion** und fungieren als **Landeplatz**. Schwielen- und Kapuzenblatt begrenzen den Blüteneingang und bilden **Oberlippe** und **Schiffchen** der Blüte. Die abgewelkte Theke hängt seitlich aus der Blüte (◘ Abb. 11.57d: Th) und der Trigger versperrt den Zugang zum Nektar. Der Griffel mit dem Eigenpollen auf der Pollenplatte liegt gespannt im Kapuzenblatt, das seinerseits maximal gedehnt ist (◘ Abb. 11.58f).

Die Bestäubung der Marantaceenblüte geht mit **extremer Protandrie, sekundärer Pollenpräsentation** und einer **explosiven Griffelbewegung** einher. Sie umfasst die folgenden drei Phasen:

- **Pollenübertragung in der Knospe:** Die Pollenübertragung von der Anthere auf die Pollenplatte des Griffels erfolgt in den letzten Stunden vor der Öffnung der Blüte. Sie wird durch die **dichte Knospenpackung** unterstützt, in der die **Leisten** des Schwielenblattes mit dazu beitragen, dass die jungen Organe in einer für die Pollenübertragung geeigneten Weise angeordnet sind (◘ Abb. 11.58a, b). Das Kapuzenblatt umfasst den jungen Griffel und die reife Theke, die oberhalb des Griffels liegt. Der **wachsende Griffel** stößt gegen die Theke und presst deren Pollen auf die Pollenplatte an seinem Hinterkopf (◘ Abb. 11.58c, d; Claßen-Bockhoff und Heller 2008b). Die entleerte Theke beginnt zu welken, während der Griffel weiterhin vom Kapuzenblatt umhüllt bleibt.

- **Aufbau und Halten der Spannung:** In den folgenden Stunden strecken sich die Blütenorgane beträchtlich, und die Blüte erreicht ihre adulte Größe. Der **Griffel wächst** dabei **schneller** als das ihn umgebenden Kapuzenblatt und gerät auf diese Weise unter Spannung (Pischtschan und Claßen-Bockhoff 2008). Er drückt mit dem Kopf gegen den **Kontaktpunkt** des Hutes (◘ Abb. 11.59c: *) und dehnt das dünne Kapuzenblatt, das dadurch unter **Zugspannung** gerät. Bei vielen Arten wölbt sich der Griffel wie ein gespannter Bogen auf (◘ Abb. 11.58e) und wird dann zusätzlich von der Basalplatte gehalten (Jerominek and Claßen-Bockhoff 2024).

- **Lösen der Spannung, explosive Griffelbewegung und Pollenaustausch:** In der offenen Blüte liegen Griffel und Kapuzenblatt **in gegenseitiger Spannung** vor. Berührt ein **Bestäuber** den Trigger, wird der **mechanische Reiz** über die Basalplatte auf das Kapuzenblatt übertragen. Durch dessen **Deformation löst** sich der Kontakt zwischen den beiden Strukturen und der Griffel rutscht aus der Kapuze heraus (◘ Abb. 11.59c–e). Im **Bruchteil einer Sekunde** schnellt der Griffel nach oben und **rollt sich ein**. Während dieser **blitzschnellen Bewegung** kratzt er zuerst mit der Kante der Narbenhöhle den **Fremdpollen** vom Bestäuber ab, berührt diesen dann mit der **Klebstoffdrüse** und klebt ihm unmittelbar darauf den auf der Pollenplatte liegenden **Eigenpollen** an (◘ Abb. 11.59c, d). Die hohe **Geschwindigkeit** und **Synchronisation** zwischen Griffelbewegung und Bestäuberverhalten führen zu einer äußerst **präzisen** Pollenübertragung.

Funktionsweise der explosiven Griffelbewegung

Die Griffelbewegung gehört mit einer **Geschwindigkeit** von 0,2–0,03 s. (Kunze 1984; Claßen-Bockhoff 1991) zu den schnellsten Bewegungen im Pflanzenreich (Skotheim und Mahadevan 2005). Sie wurde wiederholt mit der Fangbewegung der Venusfliegenfalle (◘ Abb. 8.56g, h) verglichen, unterscheidet sich aber von dieser darin, dass die Spannung nicht aktiv durch Turgoränderungen aufgebaut wird, sondern rein **mechanisch** zustande kommt (Jerominek und Claßen-Bockhoff 2015).

Die Aufwölbung des Griffels geht mit einer **extremen Dehnung** der oberen Epidermis- und Subepidermisschichten einher, während die Zellschichten auf der Unterseite des Griffels an der Ausdehnung gehindert werden. Bei der **Entspannung** wird die elastisch gespeicherte Energie frei. Die Zellen der **Oberseite** werden kürzer und dicker, ohne ihr Volumen signifikant zu ändern, während sich die Zellen der **Unterseite** unter **Wasseraufnahme** enorm strecken. Die Streckung geht mit einer Änderung des **Turgors** einher, die nicht Auslöser, sondern **Folge** der Bewegung ist (Jerominek et al. 2018).

Das Gewebe der **Griffelunterseite** hat eine spezifische Konstruktion, die gleichermaßen die rasche Wasseraufnahme und Ausdehnung der Unterseite gewährleistet (Pischtschan und Claßen-Bockhoff 2008). Es besteht aus einem **Plattenkollenchym** mit lang gestreckten Zellen und langen Interzellularräumen. Die **verstärkten** Zellwände grenzen an die Interzellularen, während die dünnen Zellwände zwischen den Zellen stark **perforiert** sind. Es resultiert ein Gewebe, das gleichzeitig **stabil** (Kollenchym) und **gleitfähig** (Interzellularen) ist und sehr rasch **Wasser aufnehmen** kann (perforierte Zellwände).

Evolutionsbiologische Bedeutung der Griffelbewegung

Die Marantaceenblüten haben aufgrund der explosiven Pollenübertragung nur eine **einzige Bestäubungschance**. Diese läuft aufgrund ihrer hohen **Synorganisation** (▶ Exkurs 11.10) und **Synchronisation** sehr **präzise** ab. Die nahezu verlustfreie Bestäubung schlägt sich in niedrigen **P/O-Werten** nieder (34–140:1, n = 28 afrikanische Arten), wobei Arten der Gattung *Sarcophrynium* sogar nur zwei bis drei Pollenkörner pro Samenanlage produzieren (Ley und Claßen-Bockhoff 2013). So niedrige Werte deuten gewöhnlich auf Autogamie hin (Cruden 1977). Da diese aber bei den Marantaceae weitgehend durch **Herkogamie** verhindert wird, dürfte die geringe P/O-Ratio tatsächlich die extrem hohe Präzision der Pollenübertragung widerspiegeln.

Angesichts der vielen Arten und der Einzigartigkeit des Pollentransfers stellt sich die Frage, ob der Bestäubungsmechanismus der Marantaceae die Artbildung innerhalb der Familie als **Schlüsselstruktur** gefördert haben könnte (Kennedy 2000). Falls dies der Fall wäre, sollte man **mechanische Isolation** zwischen Schwesterarten erwarten (▶ Abschn. 3.1.2). Diese könnte auf einer unterschiedlichen Pollenablage auf denselben Bestäuber oder durch Anpassung an verschiedene Bestäuber beruhen (Grant 1994a). Die erste Option wurde bislang nur zwischen den afrikanischen Schwestergruppen *Hypselodelphys*/*Trachyphrynium* und *Megaphrynium* gefunden. Deren Arten werden von *Amegilla vivida* (Anthophorini) bestäubt (◘ Abb. 11.57f, g), wobei der Pollen entweder unterhalb des Kopfes oder auf den Mundwerkzeugen deponiert wird. Die zweite Option scheint nicht zuzutreffen. Zwar haben sich Arten an verschiedene Bestäubergruppen angepasst, aber die **adaptiven Änderungen** betreffen Blütenmerkmale wie Größe, Exposition und Länge der Blütenröhre, nicht aber die Strukturen des Kapuzenblattes, Triggers oder Griffels. Die **Artbildung** in der Familie der Marantaceae beruht somit nicht auf einer Diversifizierung des **Bestäubungsmechanismus**, sondern vor allem auf **geografischer** und **ethologischer Isolation** (Ley und Claßen-Bockhoff 2011).

11.7.6 Klemmfallenmechanismus von *Asclepias*

Die Seidenpflanzengewächse besitzen mit dem Klemmfallenmechanismus einen **einzigartigen Bestäubungsmodus**. Er geht strukturell mit hochgradig **synorganisierten**

Blütenstrukturen einher (▶ Exkurs 11.10) und verlangt von den Bestäubern (im Gegensatz zu allen anderen vorgestellten Beispielen) **Zugkraft**.

Aufgrund des Bestäubungsmechanismus und der mit ihm evolvierten Strukturen wurden die **Seidenpflanzengewächse** früher als eigenständige Familie Asclepiadaceae geführt. Heute gehören sie als Unterfamilie **Asclepiadoideae** zur Familie der Hundsgiftgewächse (**Apocynaceae**). Wie diese weisen sie in ihren Blüten ein kompaktes Gynoeceum auf, an dem die Narben am Griffelkopf verborgen liegen (▶ Abschn. 9.6.6, ◘ Abb. 9.36c, d). Die Blüten der Asclepiadoideae sind jedoch **viel komplizierter** gebaut als die der Apocynaceae – nach Endress (1994) stellen sie die am stärksten **synorganisierten** Blüten der Dicotylen dar.

Die Seidenpflanzengewächse sind eine große Gruppe mit 164 Gattungen (Endress et al. 2014). Zu ihnen gehören zahlreiche **Fallen- und Aasblumen**, wie z. B. die Leuchterblumen (*Ceropegia*; ◘ Abb. 11.5, 11.32a–c und 11.33a) und **Stapelien** (◘ Abb. 11.32e), aber auch die intensiv duftende **Wachsblume** (*Hoya bella*) und die **Schwalbenwurz** (*Vincetoxicum hirundinaria*) als einzige mitteleuropäische Art. Die Gattung *Asclepias* dient hier als Beispiel, um den komplizierten Bestäubungsmechanismus zu erklären. Sie kommt mit über 200 Arten in Nordamerika und Südafrika vor.

Blütenbau

Die Blüte der Schönen Seidenpflanze (*Asclepias speciosa*) ist radiär und mit Ausnahme des Gynoeceums pentamer organisiert (◘ Abb. 11.60a).

In der Mitte steht eine kompakte, **fünfkantige Säule**, in der zwei Karpelle und fünf Antheren **postgenital** fusioniert sind. Sie wird im Unterschied zum congenitalen Gynostemium der Orchidaceae (▶ Exkurs 11.4), Aristolochiaceae (◘ Abb. 11.34d, e) und Stylidiaceae (▶ Abschn. 11.7.4) als **Gynostegium** bezeichnet. Obgleich das Gynoeceum der Seidenpflanzengewächse aus zwei **freien Karpellen** (dimer, chorikarp; ▶ Abschn. 10.5.3) besteht, wird es im Zuge der Gynostegiumbildung **sekundär fünfzählig**. Offensichtlich nimmt das Gynoeceum durch die sehr früh erfolgende Fusion mit dem Androeceum die pentamere Symmetrie der Blüte an und bildet fünf Narben, die zu zweit oder zu dritt zu den beiden Karpellen gehören (Endress 2016).

Die fünf **Antheren** bedecken breitflächig die fünf Wände des Gynostegiums (◘ Abb. 11.60d). Jede Anthere bildet nur zwei Pollensäcke (bithecisch-bisporangiat; ▶ Abschn. 10.4.1). In jedem Pollensack liegt die gesamte Pollenmasse als ein kompaktes **Pollinium** vor (◘ Abb. 11.60e: Po; ▶ Abschn. 10.4.6). Am Rand bilden die Antheren harte, flügelartig aufgewölbte **Ränder** (◘ Abb. 11.60d: Af). Die Ränder zweier benach-

☐ Abb. 11.60   Blütenbau und Bestäubung bei Seidenpflanzengewächsen (Apocynaceae-Asclepiadoideae). a, Blütendiagramm der Gattung *Asclepias*. Blau: dimeres, primär chorikarpes Gynoeceum. Gelb: fünf Antheren mit je zwei Pollinien. Grün: Kelch. Orange: Corona aus fünf Elementen und jeweils einem Nektarium am Grund. Rot: Krone. Schwarz: Pollinarien aus je einem Klemmkörper, zwei Translatoren und zwei Pollinien, von denen jeweils eine aus der links bzw. rechts benachbarten Anthere stammt. Ls, Leitschiene mit Narbe und Klemmkörper zwischen den flügelartig ausgezogenen Rändern zweier benachbarter Antheren. **b–i,** Schöne Seidenpflanze (*Asclepias speciosa*). **b,** Offene Blüten mit fünfzähliger, petaloider Corona (Co). Fs, einwärts gekrümmter Fortsatz des Coronaelementes. **c,** Honigbiene (*Apis mellifera*) beim Blütenbesuch. Im Kreis ein Klemmkörper mit Pollinium am Hinterbein der Biene. BG Mainz. **d,** Blick auf eine Anthere, Nebenkrone entfernt, das Nektarepithel (Ne) zeigend. Die Antherenflügel (Af) zweier benachbarter Antheren bilden zwischen sich die Leitschiene. Gy, fünfkantiges Gynostegium. Kk, Klemmkörper am oberen Ende der Leitschiene. **e,** Gleiche Ansicht wie in **d,** aber Antherenwand entfernt. Die beiden Pollinien (Po) sind über je einen Translator (Tl) mit zwei verschiedenen Klemmkörpern verbunden. Na, Narbe. **f,** Leitscheine (Ls) mit künstlich eingeführtem Pollinium. **g,** Mehrfach verkettete Pollinarien am Hinterbein einer verendeten Honigbiene. **h,** Klemmkörper, an einem Haar befestigt. Der Translator (Tl) ist in sich verdreht und weist einen deutlichen Knick oberhalb des Polliniums auf (*). Balken: 200 µm. **i,** Klemmkörper am Haftlappen eines Beins der Honigbiene. Balken: 200 µm. (© a: Endress 2016. b–i: Auras & Claßen-Bockhoff, Mainz)

barter Antheren lassen zwischen sich eine Rinne frei (**Leitschiene;** ☐ Abb. 11.60f: Ls), die sie teilweise bedecken. In den Rinnen befinden sich die fünf **Narben** des Gynostegiums. Die Leitschiene verjüngt sich nach oben und endet am **Klemmkörper** (☐ Abb. 11.60d: Kk), einem massiven, schwarzen Körper (Corpusculum), der auf der abaxialen Seite einen Schlitz aufweist (☐ Abb. 11.60e, h). Der Klemmkörper verbindet die beiden ihm benachbarten Pollinien mithilfe kurzer Stielchen (**Translatoren;** ☐ Abb. 11.60e, h: Tl) zu einer Transportform, dem **Pollinarium** (▶ Abschn. 10.4.6).

Die Translatoren sind in sich verdreht und weisen oberhalb der Pollinien eine rechtwinkelige Krümmung auf (☐ Abb. 11.60h: *). Klemmkörper und Translatoren entstehen aus **Sekreten des Griffelkopfes** (Endress 1994; Kunze 1995). Sie haben eine **hornartige** Konsistenz und sind **begrenzt elastisch.** Obgleich sie **nicht zellulär organisiert** sind, weisen sie eine **definierte,** artspezifische **Gestalt** auf.

Das Gynostegium wird außen von einer petaloiden **Corona** (☐ Abb. 11.60b: Co) umgeben. Diese entwickelt sich als **neue Formation** zwischen Krone und Androeceum (Endress 2016), ist innerhalb der Seidenpflanzengewächse sehr **variabel** (Kunze 1982) und übernimmt **Anlockungs-** und **Safthalterfunktionen**. Bei *A. speciosa* besteht die Corona aus fünf tütenförmig gestalteten Elementen, an deren Grund Nektar sezerniert wird (■ Abb. 11.60d: Ne; Woodson 1954). Jedes Element weist einen einwärts gekrümmten Fortsatz (■ Abb. 11.60b: Fs) auf, der das Nektarium überdeckt und möglicherweise auch als Führungshilfe für den Saugrüssel der Bienen dient (■ Abb. 11.60c). Bei anderen Arten, wie z. B. *A. curassavica*, wird der Nektar nicht am Grund der Coronaelemente, sondern am Fuß der Leitschiene sezerniert und von hier aus kapillar in die Safthalter geleitet (Galil und Zeroni 1965).

Der Bau der *Asclepias*-Blüte ist äußerst bemerkenswert. Gynostegium, Pollinarium, Leitschiene und Corona sind **Neubildungen** der Seidenpflanzengewächse und mit einem hohen Grad an **Synorganisation** verbunden (▶ Exkurs 11.10; Kunze 1982; Endress 1994, 2016). Dies gilt insbesondere für die enge Kooperation von Gynoeceum und Androeceum, die beide am Bau des Gynostegiums, der Pollinarien und der Leitschiene beteiligt sind. Gemeinsam vermitteln sie die **Anheftung** des Pollinariums am Bestäuber und dessen **präzise Übertragung** auf die Narben.

Die Übertragung von **Pollinien** anstelle von einzelnen Pollenkörnern (Monaden) stellt die höchste Stufe der **Pollenaggregation** dar (Harder und Johnson 2008). Diese wird nur von Orchideen (▶ Exkurs 11.4) und Apocynaceae erreicht, zwei weit entfernt stehenden Familien. Sie bilden in **konvergenter** Weise Pollinarien, wobei die beiden Pollinien bei den Orchideen zu einer einzigen Anthere und bei den Seidenpflanzengewächse zu zwei **benachbarten Antheren** gehören (▶ Abschn. 10.4.6, ■ Abb. 10.32f, g). Die hohe Aggregation des Pollens beeinflusst die Pollenentnahme, den Transport und die Abgabe des Pollens an die Narbe. Sie gilt als **vorteilhaft**, da sie Pollenverlust vermindert und zur Befruchtung vieler Samenanlagen führt.

Bestäubungsmechanismus

Die Seidenpflanzen bieten **Nektar** an und werden hauptsächlich von **Bienen** und Hummeln, aber auch von Faltern, Fliegen und anderen Insekten bestäubt (Wyatt 1976; Kunze 1995; Coombs et al. 2012). Sie gehören damit trotz ihres komplizierten Blütenbaues zu den **Generalisten** (Kephart und Theiss 2003).

Nektar suchende Insekten landen auf der Blüte und führen ihren Saugrüssel in einen der fünf Safthalter ein (■ Abb. 11.60c). Dabei halten sie sich seitlich fest und rutschen leicht mit ihren Fußgliedern (oder Haaren) in eine der Leitschienen. Beim Versuch, sich zu befreien, geraten sie in den Schlitz des **Klemmkörpers**, der sich fest um den Fremdkörper schließt (■ Abb. 11.60h, i). Unter Aufwendung von **physischer Kraft** ziehen die Tiere den Fuß mitsamt dem angeklemmten Pollinarium aus der Blüte.

Experimente mit *A. speciosa*, *A. syriaca* und *A. incarnata*, in denen das Insektenbein durch ein Haar ersetzt wurde, das mittels eines Kraftaufnehmers (Reith et al. 2006) durch die Leitschiene gezogen wurde, zeigen, dass die Pollinienentnahme in drei Schritten abläuft (■ Abb. 11.61; unveröff.). Zunächst wird das Haar bis zum Klemmkörper gezogen. Das **Lösen des Klemmkörpers** verlangt mit 4–10 mN die höchste Kraft. Anschließend fällt die Kraft ab, um dann bei dem allmählichen Herausziehen der Pollinien wieder auf moderate Werte anzusteigen. Beim Herausziehen dehnen sich die Translatoren auf fast ihre doppelte Länge aus (■ Abb. 11.61d–f). Dabei stellen sich die Pollinien vorübergehend senkrecht (■ Abb. 11.61f), bevor sie sich kurz vor dem Freiwerden in ihre Ausgangslage zurückdrehen (■ Abb. 11.61g). Der stabile Kurvenverlauf illustriert die hohe **Präzision** der Bewegung.

Für den weiteren Bestäubungsverlauf ist es wichtig, dass die Pollinien so **ausgerichtet** werden, dass sie in die Leitschiene eingeführt werden können (■ Abb. 11.61j). Dies geschieht wie bei den Orchideen durch eine Drehung an der Luft und ist vermutlich durch Trocknungsprozesse bedingt (Endress 1994). Galil und Zeroni (1969) und Wyatt (1976) zeigten am Beispiel von *A. curassavica* und *A. tuberosa*, dass die **Pollenschläuche** nur an der konvexen Seite der **Pollinien** austreten können. Die Positionierung der Pollinien in der Leitschiene muss daher so erfolgen, dass die **keimfähige Seite** auf der Narbe liegt.

Die Übertragung der Pollinien auf eine Narbe erfolgt sehr **spezifisch**. Nur Pollinien der gleichen Art **passen genau** in die Leitschiene (Wyatt 1976; Kephart und Theiss 2003). Rutscht ein mit Pollinien beladenes Insekt beim Blütenbesuch in die Leitschiene, bleibt das Pollinium stecken und kommt auf der Narbe zur **Keimung**. Der Translator reißt an der Knickstelle oberhalb des Polliniums ab und wird weiter durch die Leitschiene gezogen. Ist dort ein Pollinarium vorhanden, wird es mithilfe des Klemmkörpers herausgezogen, wodurch es zu einer **Verkettung der Pollinarien** kommt (■ Abb. 11.60g). Dieses häufig zu beobachtende Phänomen ist evolutionsbiologisch noch nicht verstanden (Coombs et al. 2012; Cocucci et al. 2014).

Die **Kräfte**, die das Herausziehen eines Pollinariums erfordern, liegen offensichtlich an der Grenze dessen, was ein Insekt mit dem Fuß an Zugkraft aufbringen kann. Immer wieder findet man abgerissene Gliedmaßen oder sogar **tote Insekten** in den Blüten der Seidenpflanze. Die Tiere waren entweder zu schwach, um den Klemmkörper herauszuziehen, oder haben sich in mehreren Klemmfallen verfangen (Kunze 1995; Coombs et al. 2012).

11

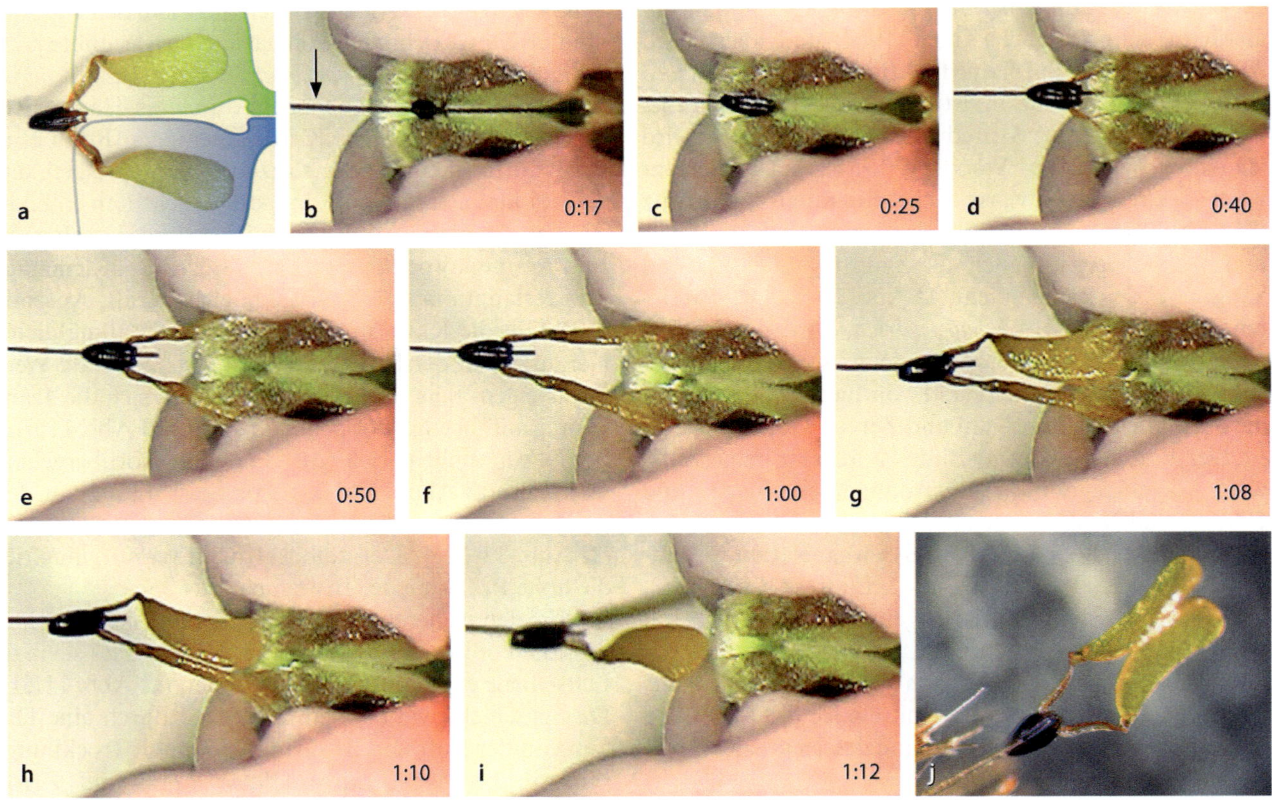

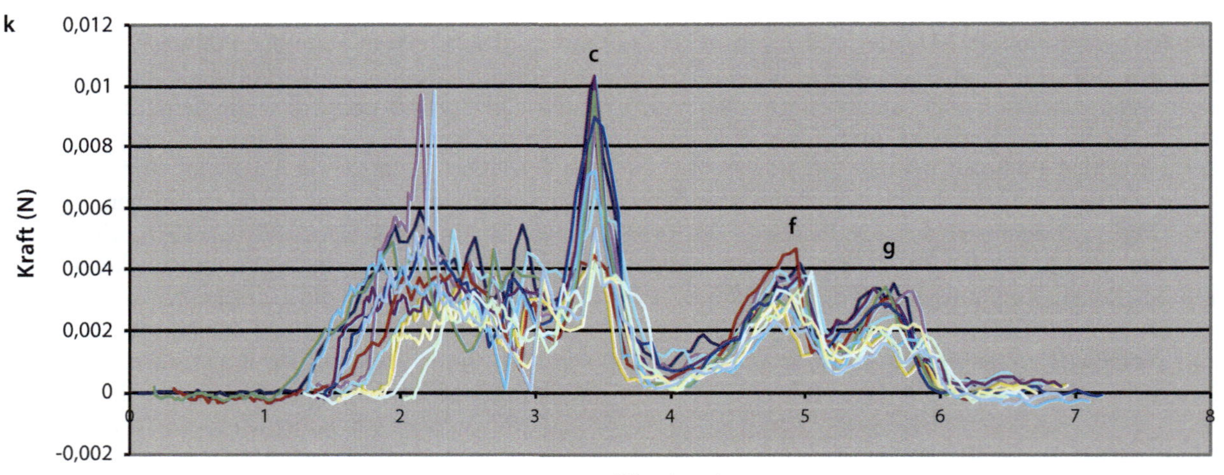

■ **Abb. 11.61   Klemmfallenmechanismus bei *Asclepias speciosa*. a,** Die Projektion der Thekenwände auf ein Pollinarium veranschaulicht die Zugehörigkeit der Pollinien zu zwei benachbarten Antheren (farblich unterschieden) und das Zustandekommen der Leitschiene. **b–i,** Künstliches Herausziehen eines Pollinariums mithilfe eines Haares. Bildauswahl aus einem Video. Laufzeit 1:12 Minuten; Zeitangaben unten rechts. **b,** Einführen des Haares (Pfeil) in die Leitschiene. **c,** Lösen des Klemmkörpers. **d,** Beginn des Herausziehens der Pollinien. **e,** Weiteres Herausziehen, die Pollinien noch in der ursprünglichen Position. **f,** Polliniendrehung um 90°. **g,** Zurückschlagen der Pollinien in Ausgangslage. **h,** Freiwerden der Pollinien. **i,** Extrem schnelles Herausspringen des Pollinariums nach der Freisetzung. **j,** Transportform des Pollinariums mit parallel angeordneten, senkrecht stehenden Pollinien. **k,** Kraft-Weg-Kurve aus 13 Messungen an drei verschiedenen Blüten nach Weg- und Nullwertkorrektur. **c,** maximale Kraft (4–10 mN) beim Lösen des Klemmkörpers. **f, g,** Erneuter Kraftanstieg durch Drehung der Pollinien (c, f und g beziehen sich auf die entsprechenden Fotos). (© M. Auras, M. Jerominek & R. Claßen-Bockhoff, Mainz)

Der Klemmfallenmechanismus hat sich innerhalb der **Seidenpflanzenverwandtschaft** (Apocynaceae-Asclepioideae) stark **abgewandelt**. Wie bei vielen kompliziert gebauten Blüten ist die zugrunde liegende Organisation einheitlich, aber die Gestaltung der **Elemente variabel**. Das betrifft vor allem die Corona, die

Proportionen des Pollinariums und die Lage der Nektarien (Kunze 1982; Endress 1994). Die artspezifische Gestaltung der Blütenelemente trägt zur Spezialisierung auf bestimmte Bestäuber und zur mechanischen Isolation bei (Kephart und Theiss 2003).

Exkurs 11.10 Synorganisation und Covariation

Betrachtet man die erstaunlichen Blütenstrukturen und ausgefeilten Bestäubungsmechanismen der *Asclepias*- und Marantaceenblüten, stellt sich unmittelbar die Frage: Wie kann so etwas entstehen?

Die Antwort lautet nicht ‚um den Reproduktionserfolg der Pflanzen zu erhöhen'. **Evolution** läuft **nicht zielgerichtet** (teleologisch), sondern **zufällig** über die Prozesse der natürlichen Variation und Selektion ab. Deswegen sind auch ähnliche kausal ausgerichtete Formulierungen wie etwa ‚die Blüten sind bunt, **um** Tiere anzulocken' irreführend. Sie sollten lauten: ‚die Blüten sind bunt und **können daher** Tiere anlocken'. Jede strukturelle Änderung im Blütenbereich hat eine funktionelle **Konsequenz**. Dabei spielen Synorganisation und Covariation eine bedeutende Rolle.

Synorganisation

Blüten sind Struktur-Funktionseinheiten, deren Elemente im Laufe der Evolution zu einem immer engeren Verband zusammentreten. Die **Integration** ursprünglich unabhängiger Organe in eine **übergeordnete Funktionseinheit** wird **Synorganisation** (Endress 2016) oder *floral integration* (Hallgrímsson et al. 2009) genannt. Sie ist eine der bedeutendsten **Evolutionstendenzen** der Angiospermen und führt zur **Vielfalt** der Blütenkonstruktionen und Bestäubungsmechanismen (Armbruster et al. 2014). Blütenelemente entwickeln sich in einer **aufeinander abgestimmten** Weise und **kooperieren** bei der Anlockung von Bestäubern und der Übertragung des Pollens.

Blüten mit spezialisierten Bestäubungsmechanismen liefern besonders eindrucksvolle **Beispiele** für Synorganisation. So funktionieren die **Schiffchenblüten** der Fabaceae durch den synorganisierten **Flügel-Schiffchen-Komplex** (McMahon und Hufford 2002), die Blüten der Marantaceae durch die Kooperation von **Staminodien und Griffel** (Ley und Claßen-Bockhoff 2012) und die **Klemmfalle** der *Asclepias*-Blüte durch die funktionale Integration von Androeceum und Gynoeceum bei der Bildung von **Gynostegium**, **Pollinarium** und **Leitschiene** (Endress 2016).

Die mehrfach **konvergent** entstandenen Hebelmechanismen, Schiffchenkonstruktionen und Pollinarien zeigen

dabei eindrucksvoll, dass ganz unterschiedlich organisierte Blüten gleichartige Funktionseinheiten bilden können.

Covariation

Im Gegensatz zu den **funktionsmorphologischen** Aspekten der Synorganisation sind deren **Entwicklungsgrundlagen** noch unzureichend erforscht (Endress 2016). Das gilt vor allem für die **ontogenetischen Entwicklungsprozesse** und deren Einfluss auf die **Evolution des Phänotyps** (Gould 1977; ▶ Abschn. 1.2.3).

Voraussetzung für Synorganisation ist eine **präzise Position** der Organe und ihrer Teile. Sie wird vor allem durch **wirtelige** Organstellung erreicht (▶ Abschn. 10.1.1; Endress 2016). Die Gestaltbildung der Organe setzt während der **Entwicklung der Blüte** ein. **Zufällig** entstandene Abwandlungen können die **Synorganisation** der Teile **fördern** und sich langfristig als evolutionäre Neuerungen (**Innovationen**) durchsetzen.

Die **Variationsmöglichkeiten** der Entwicklungsprozesse in Blüten sind enorm hoch. So können im Vergleich zu einem Vorfahren einzelne Entwicklungsschritte schneller oder langsamer ablaufen, früher oder später einsetzen (extreme Protandrie), verkürzt oder verlängert werden (Spornlänge). Entwicklungsschritte können fehlen (Internodienstreckung) oder neu hinzukommen (Griffelbildung). Sie können den gesamten Entwicklungsprozess oder nur einzelne Phasen betreffen (Li und Johnston 2000) und in diesem Fall von später folgenden Prozessen maskiert werden (Naghiloo 2020).

Von **Covariation** spricht man, wenn die Entwicklung zuvor unabhängig voneinander variierender Blütenstrukturen aufeinander abgestimmt erfolgt und im adulten System zu **Synorganisation** führt. Covariation ist das Ergebnis natürlicher Selektion und kann **statistisch** am Grad der **Entwicklungskorrelation** zwischen den an der Synorganisation beteiligten Strukturen erfasst werden (Diggle 2002; Armbruster et al. 2009; Hallgrímsson et al. 2009). Der Nachweis solcher Korrelationen im Blütenbereich ist allerdings schwierig; er verlangt **quantitative** morphogenetische Studien, die sehr aufwendig sind (Bull-Hereñu et al. 2016; Naghiloo and Claßen-Bockhoff 2017; Chinga et al. 2020).

11.8 Bestäubung durch Wind und Wasser

Die überwiegende **Mehrzahl der Blütenpflanzen** wird von Tieren bestäubt. Die **Zoophilie** gilt als **primäre** Bestäubungsform, aus der sich **mehrfach parallel** Wind- und Wasserbestäubung entwickelt haben. Beide sind **abgeleitet** und haben sich in **Anpassung** an standortökologische Gegebenheiten sekundär entwickelt.

Der Pollentransfer durch Wind und Wasser erfolgt passiv mit den **Strömungen** und **Turbulenzen** der abiotischen Umwelt. Er ist im Gegensatz zur Tierbestäubung **ungerichtet**. Die Wahrscheinlichkeit für ein Pollenkorn, auf die Narbe einer artgleichen Blüte zu gelangen, ist **gering** und verlangt eine **Unmenge an Pollenkörnern**. Da keine Tiere angelockt werden, weisen anemo- und hydrophile Blüten **keine Reiz- und Lockmittel** auf (◘ Abb. 9.19a). Die Blütenhülle ist oft reduziert; die **Blüten** sind klein und unscheinbar und die Reproduktionsorgane an die Interaktion mit Wind und Wasser angepasst.

11.8.1 Windbestäubung (Anemophilie)

Obgleich die Bestäubung durch den Wind seit Darwins (1876) Verwunderung über deren **Ineffizienz** und **Pollenverschwendung** als nachteilig gilt, sind etwa 10 % der Blütenpflanzen anemophil. Sie werden nicht nur durch den Wind bestäubt, sondern haben sich sogar mindestens **65-mal** unabhängig voneinander aus zoophilen Arten entwickelt (Friedman und Barrett 2008 und Literatur darin). Welche **treibende Kraft** steckt hinter dem Übergang von der Tier- zur Windbestäubung, und welche Taxa sind unter welchen Bedingungen davon betroffen? Viele zentrale Fragen zur Evolution der Anemophilie sind trotz der über 150-jährigen Erforschung der Windbestäubung (Delpino 1868–1875) immer noch offen (Timerman und Barrett 2018).

Anemophile Pflanzen

Anemophile Blütenpflanzen sind meist einfach an ihren **Merkmalen** zu erkennen (◘ Tab. 11.13, ◘ Abb. 9.19). Sie besitzen **kleine**, überwiegend **dikline Blüten**, deren Reproduktionsorgane unmittelbar von den **Luftströmungen** erreicht werden. Die **Blütenhülle**, die eine störende Barriere bilden könnte, ist reduziert oder **fehlt**. Der **Pollen** ist klein und **schwebeleicht**, wird in **großen Mengen** produziert und meist in Form von **Pollenwolken** ausgestäubt. Das ist besonders im Frühjahr spürbar, wenn die Birkengewächse (Betulaceae) blühen und **Heuschnupfen** hervorrufen. Obwohl sich die **Menge** der allergieauslösenden Proteine mit der Reduktion des Pollenkitts bei Windblütlern verringert (▶ Abschn. 10.4.4), löst doch die **immense Anzahl** der Pollenkörner heftige Reaktionen

◘ **Tab. 11.13** Merkmale anemophiler Pflanzen (zusammengestellt nach Kugler 1970; Culley et al. 2002; Friedman und Barrett 2008)

Pollen und Stamina	
Pollendurchmesser	20–60 µm (zum Vergleich Zoophile: 5–200 µm)
Pollenvariabilität	gering
Struktur der Exine	glatt, wenig ornamentiert
Pollenkitt	fehlend oder in Exine verborgen
Pollenkörner	trocken, stäubend
Transportform	Monaden
Filamente	oft lang, elastisch
Pollenproduktion	hoch
Samenanlagen und Narben	
Narben	fedrig, große Auffangfläche, oft klebrig
Anzahl Samenanlagen/Blüte	gering, oft nur eine Samenanlage
Blütenbau	
Blütenhülle	klein oder fehlend
Blütenbau	überwiegend diklin
Nektarien	fehlen
Duft	fehlt
Farbe	unscheinbar
Symmetrie	radiär
Blütenstand	
Blütenstand	steif, elastisch, hängend, kompakt oder feingliedrig
Anzahl der Blüten	moderat bis hoch
Exposition	vom Laub entfernt oder vor dem Laub blühend
Reproduktion	
P/O-Ratio	hoch, oft $10^6 : 1$
Dichogamie	oft protogyn
Aufblühfolge	oft synchron
Populationsdichte	moderat bis hoch
Abiotische Faktoren	
Habitat	offene Standorte
Windgeschwindgkeit	moderat
Niederschlag	gering oder saisonal
Vorkommen	tropische Grasländer, temperate Wälder, insektenarme Standorte (z. B. Inseln, Hochgebirge)

aus. Die **Narben** weisen meist eine **vergrößerte Oberfläche** zum Auffangen des Pollens auf.

Die Blüten stehen gewöhnlich in **Blütenständen**, die als bestäubungsbiologische Einheiten (**Blumen**; ▶ Abschn. 9.5.1) fungieren. Sie weisen **keine Lock- und Reizmittel** auf, d. h., farbige Schauapparate, Nektarien oder Duftbouquets fehlen. Entsprechend beruht die staminate **Funktion** allein darauf, **genügend Pollen** für die Windbestäubung zur Verfügung zu stellen und diesen **möglichst optimal** an den Windtransport **anzupassen**, während die rezeptive **Funktion** im Auffangen des Pollens durch die Narbe besteht. Beide Funktionen werden durch den **Blütenbau** und die **Architektur** der Blütenstände unterstützt (Niklas 1987).

Anemophile Pflanzen umfassen **Holzgewächse** und **Kräuter**. Sie kommen vor allem in **windoffenen Grasländern** (Savannen, Steppen, Prärien; ◘ Abb. 3.22a, 3.25m und 3.26k), an **Salzstandorten** und **insektenarmen** Standorten vor (Arktis, Inseln, Hochgebirge; ◘ Abb. 3.23e, n und 3.24h). Sie fehlen in intakten, tropischen Regenwäldern. Neben **adäquaten Windverhältnissen** sind auch eine **niedrige Luftfeuchtigkeit**, wenige oder nur saisonal auftretende Niederschläge und **offene, artenarme Habitate** geeignete Voraussetzungen für die Etablierung anemophiler Arten (Culley et al. 2002).

Ganz allgemein kommen Windblüher eher in den **temperaten Zonen** höherer Breitengrade oder alpiner Höhen vor (◘ Abb. 3.18 und 3.19). Beispiele aus der **mitteleuropäischen** Vegetation sind die Birken- und Buchengewächse der Laubwälder (◘ Abb. 11.62e–g), Strand- und Salzpflanzen wie der monokline Dreizack, der diözische Sanddorn oder Vertreter der Amaranthaceae (◘ Abb. 11.62a, b, h, i), die Brennnesselgewächse (◘ Abb. 11.62l, m und 9.32i, j) und windblütigen Arten der Rosaceae (◘ Abb. 9.32d), Ranunculaceae (◘ Abb. 11.62n) oder Euphorbiaceae (Einjähriges Bingelkraut, *Mercurialis annua*). Der große Blütenstand von *Ricinus communis* (Euphorbiaceae) ist monözisch und bildet verzweigte ‚Staminalbäumchen‘ (◘ Abb. 11.62j, k). Diese gelten traditionell als polyandrische Blüten (▶ Abschn. 10.2.3; Prenner et al. 2008); entwicklungsmorphologische Untersuchungen deuten aber darauf hin, dass es sich um mehrblütige *floral units* (▶ Abschn. 9.2.3) handelt (Claßen-Bockhoff und Frankenhäuser 2020).

Anpassungen an die Bestäubung durch den Wind

Die Windbestäubung umfasst drei Schritte: die **Entlassung**, **Ausbreitung** und **Aufnahme** des Pollens. Jeder dieser Schritte verlangt spezielle morphologische und biomechanische **Anpassungen** (Niklas 1992), die den Bau der Blüten und Blütenbestände, insbesondere aber die Beschaffenheit von Pollen und Narben betreffen.

Pollenbeschaffenheit, Transporteigenschaften und Bestäubung

Der **Pollen** anemophiler Arten ist **klein, schwebeleicht, trocken** und wenig oberflächenstrukturiert (◘ Tab. 11.13, ◘ Abb. 10.29b: Rc). **Pollenkitt fehlt** oder ist nur in **Resten** vorhanden; die Pollenkörner werden einzeln als **Monaden** transportiert (▶ Abschn. 10.4.6).

Mithilfe von **Computermodellen** und Experimenten im **Windkanal** lassen sich die aerodynamischen Eigenschaften von Pollenkörnern testen (Niklas 1987). Von entscheidender Bedeutung für den Pollentransport ist die **Sinkgeschwindigkeit** des Pollens, die ihrerseits von der Größe, Form und Masse des Pollenkorns abhängt. Alle diese Werte **variieren erheblich**, liegen aber **nicht grundsätzlich niedriger** als bei zoophilen Arten (Kugler 1970). Im Mittel beträgt die Sinkgeschwindigkeit von anemophil ausgebreitetem Pollen wenige Zentimeter pro Sekunde, z. B. 1,5–3 cm/s bei der Hängebirke (*Betula verrucosa*, Betulaceae) und etwa 3 cm/s beim Knäuelgras (*Dactylis glomerata*, Poaceae; ◘ Abb. 11.63l). Eine Ausnahme macht der selbstfertile **Mais** (*Zea mays*, Poaceae; ◘ Abb. 11.63d), dessen riesige Pollenkörner (130 μm) sehr schnell absinken (13–30 cm/s, Kugler 1970). Vermutlich sind die gut ausgestatteten Pollenkörner notwendig, um den langen Weg durch den über 30 cm langen Griffel bewältigen zu können (◘ Abb. 9.32e, ▶ Abschn. 10.5.6).

Die Sinkgeschwindigkeit ist wichtig für den **Bestäubungserfolg**, da sie das Verhältnis Pollendichte zu Ausbreitungsentfernung beeinflusst. Mit zunehmender Entfernung nimmt die Dichte ab. Zu **schwerer Pollen** sinkt schnell ab, führt möglicherweise zur Selbstbestäubung oder geht verloren, während zu **leichter Pollen** über die Populationsgrenze hinweg verweht werden kann und weniger Chancen hat, eine artgleiche Narbe zu erreichen.

Die mittlere **Geschwindigkeit des Pollentransfers** liegt bei 2–6 cm/s (Whitehead 1969). Das beste Transportergebnis wird bei moderaten **Windgeschwindigkeiten**, hohen **Temperaturen** und geringer **Luftfeuchtigkeit** erzielt (Timerman und Barrett 2018). Bei **Aufwind** kann Pollen bis in eine Höhe von 2000 m und einer Entfernung von mehreren Tausend Kilometern getragen werden (Kugler 1970). Da die **Lebensdauer** windblütigen Pollens aber sehr kurz ist (oft nur wenige Stunden), findet Windbestäubung vor allem im **Nahbereich** statt (Friedman und Barrett 2008).

Das **Auffangen des Pollens** erfolgt mittels großer, **oft fedrig** gestalteter Narben (◘ Abb. 11.62b–e, 11.63n, o und 11.85d). Dabei wird offensichtlich **arteigener Pollen** aus dem Luftstrom **ausgefiltert**. Linder und Midgley (1996) fanden 40–80 % arteigenen Pollens auf den Narben von vier sympatrischen, gleichzeitig blühenden, anemophilen Pflanzen. Ob das Pollenfiltern ein generelles Phänomen windblütiger Pflanzen ist, bleibt vorerst

Abb. 11.62 Windbestäubung. a, Strand-Dreizack (*Triglochin maritima*, Juncaginaceae). Ähre mit monoklinen, protogynen Blüten in der rezeptiven Blühphase. **b,** Sanddorn (*Hippophaë rhamnoides*, Elaeagnaceae). Unscheinbare karpellate Blüten der diözischen Pflanze. **c,** Kasuarine (*Casuarina* cf. *obesa*, Casuarinaceae). Diözie. Blütenstände und junger Fruchtverband einer karpellaten Pflanze. **d,** *Tersonia brevipes* (Gyrostemonaceae). Diözie. Karpellate Blüte. **e,** Hasel (*Corylus avellana*, Betulaceae). Karpellater Blütenstand. **f,** Hängebirke (*Betula pendula*, Betulaceae). Monözie. Kätzchen mit staminaten Blüten. Pfeil: Pollenabgabe. **g,** Steineiche (*Quercus ilex*, Fagaceae). Monözie. Kätzchen mit staminaten Blüten. **h, i,** Amaranthaceae. **h,** Portulak-Keilmelde (*Halimione portulacoides*). Monözie. Staminater Blütenstand. **i,** Kali-Salzkraut (*Kali turgidum*, syn. *Salsola kali*). Monoklinie. Blütenstand mit stachelspitzigen Hochblättern. **j, k,** Rizinus (*Ricinus communis*, Euphorbiaceae). **j,** Monözischer Blütenstand mit karpellaten Blüten in distaler Position. **k,** Staminate Blüheinheit mit verzweigten ‚Staminalbäumchen'. **l, m,** Urticaceae. **l,** Große Brennnessel (*Urtica dioica*). Diözie. Ausschnitt aus staminatem Blütenstand (stark vergrößert). Filamente unter Spannung: explosive Pollenentlassung. **m,** Pillen-Brennnessel (*U. pilulifera*). Monözie. Pflanze mit verzweigten, staminaten und kugelförmigen, karpellaten Blütenständen. **n,** Glänzende Wiesenraute (*Thalictrum lucidum*, Ranunculaceae). Blütenstand mit ambophilen Pollenblumen. Bestäubung durch Wind und Insekten (kleines Bild) möglich. (© R. Claßen-Bockhoff, Mainz)

offen. Die Ergebnisse deuten aber ebenso wie die Windkanalversuche von Niklas (1987) darauf hin, dass die Pollenübertragung auf die Narbe mehr als ein zufälliges Abfangen von Pollenkörnern aus der Luftströmung ist (Friedman und Barrett 2008).

Exposition und Verteilung dikliner Blütenmorphen

Eine wichtige Voraussetzung für den Pollentransfer durch den Wind ist die geeignete Stellung der Blüten an der Pflanze (**Exposition**). Die Blütenstände werden entweder durch **lange Schäfte** über die umliegende Vegetation herausgehoben (z. B. Grasartige; ◘ Abb. 11.63 und 11.65), **hängen** aus dem Laub **herab** und/oder blühen **vor dem Laub** (◘ Abb. 11.62f, g).

Nach **funktionsmorphologischen** Gesichtspunkten lassen sich die Blütenstände windblütiger Arten in drei Gruppen einteilen (vgl. Delpino 1868–1875):

- Die erste Gruppe ist durch **kompakte, steife Blütenstände** charakterisiert, die ihren Pollen weitgehend **passiv** mit der Schwerkraft entlassen. Zu ihnen gehören die Typhaceae mit den Rohrkolben und Igelkolben (◘ Abb. 11.65e, f) und die Juncaginaceae mit dem Strand-Dreizack (◘ Abb. 11.62a). Dieser bildet monokline, protogyne (► Abschn. 9.6.6) Blüten in einer Ähre. Der Pollen wird ausgeschüttet und sammelt sich auf kleinen Perigonblättern, von wo er mit dem Wind verweht wird.
- Die zweite Gruppe weist **hängende Blütenstände** auf, die im Wind hin und her **schwingen**, kurz und synchron blühen und dabei gut sichtbare **Pollenwolken** ausstäuben. Diese Blütenstände werden als **Kätzchen** bezeichnet und treten bei den diözischen Weidengewächsen (Salicaceae: Weide, Pappel) und monözischen Birken- (Betulaceae: Birke, Hasel; ◘ Abb. 11.62f) und Buchengewächsen (Fagaceae: Buche, Eiche; ◘ Abb. 11.62g) auf.

  Die Kätzchenblüher wurden früher als **Amentiferae** bezeichnet und galten als eine natürliche Verwandtschaftsgruppe an der Basis der Angiospermen. Von Wettstein (1901–1908) betrachtete sie aufgrund ihrer Windblütigkeit und Eingeschlechtlichkeit als Bindeglied zu den Gymnospermen und Stütze seiner Pseudanthientheorie (► Abschn. 5.6.7). Heute weiß man, dass die kätzchenblühenden Familien **polyphyletisch** und **abgeleitet** sind, ihre Ähnlichkeit **analog** ist und auf der **gleichsinnigen Anpassung** an die Windbestäubung beruht.
- Die dritte Gruppe umfasst Blütenstände, deren Blüten Stamina mit **langen elastischen Filamenten** besitzen. Die Freisetzung des Pollens wird durch die natürliche **Vibration** der Stamina gefördert, die ihrerseits durch Turbulenzen angeregt wird (Niklas 1992). In diese Gruppe gehören die Süßgräser (Poa-

ceae) und Vertreter anderer grasartiger Familien (► Exkurs 11.11) sowie anemophile Arten der Urticaceae, Euphorbiaceae oder Rosaceae (◘ Abb. 9.32d). Bei dem Einjährigen Bingelkraut (*Mercurialis annua*, Euphorbiaceae) und der Großen Brennnessel (*Urtica dioica*, Urticaceae; ◘ Abb. 11.62l) stehen die Stamina unter **Spannung** und schleudern den Pollen **explosiv** aus (◘ Abb. 11.62l, ► Abschn. 11.7.4).

Experimente im **Windkanal** zeigen, dass die äußere Form der Blütenstände den Pollenfluss mitbestimmt (Niklas 1987). Die geschlossenen Formen von **Ähren-** und **Ährenrispengräsern**) erzeugen auf der windabgewandten Seite **Turbulenzen**, durch die die Pollenkörner zu den Blüten gelenkt werden. Die lockeren Blütenstände (**Rispengräser**) lassen dagegen den Pollenfluss hindurchgleiten. Sie wiegen sich im Wind und überstreichen damit einen **großen Raum**, aus dem sie Pollenkörner aufnehmen. Ähnlich wie bei den Samenzapfen der Gymnospermen (◘ Abb. 5.69) wird somit auch bei den Angiospermen die **Pollenfangquote** durch die Architektur des Blütenstandes gefördert (Niklas 1987).

Die Blütenstände der meisten Anemophilen sind **monözisch** oder **diözisch** organisiert. Bei monözischen Arten stehen die Blütenmorphen entweder in einem Blütenstand zusammen, wobei die karpellaten Blüten über den staminaten Blüten (*Ricinus communis*, *Sanguisorba minor*, *Urtica pilulifera*; ◘ Abb. 11.62j, m und ► 9.32d) oder unten ihnen liegen (*Typha*, *Sparganium*, *Carex*-Arten; ◘ Abb. 11.65e–g). Oder die staminaten Blütenstände (oft Kätzchen) stehen exponiert an der Peripherie der Äste, während die karpellaten Blütenstände dem Stamm anliegen (*Casuarina*, *Tersonia*, *Corylus*; ◘ Abb. 11.62c–e). Dieser **Dimorphismus** verdeutlicht eindrucksvoll die **unterschiedliche Anpassung** der Pollen abgebenden und Pollen aufnehmenden Strukturen, die bei windblütigen Pflanzen frei von jeder Anpassung an Bestäubertiere evoluieren können.

Da viele Anemophile sehr schnell aufblühen, neigen Arten mit monoklinen und monözischen Blütenständen zur Selbstbestäubung (**Geitonogamie**; ► Abschn. 9.6.5). Bei Kulturpflanzen ist Selbstbestäubung für den **Sortenerhalt** erwünscht. So besitzen Zuchtformen des Saatweizens (*Triticum aestivum*, Poaceae; ◘ Abb. 11.63e) kurze statt langer Filamente. In der Natur besteht dagegen die Tendenz, Selbstbestäubung zu vermeiden. Die überproportionale Häufung **protogyner** Arten innerhalb anemophiler Pflanzen trägt vermutlich zu einer Erhöhung der Fremdbestäubungsrate bei (Friedman und Barrett 2008). Systematische Studien zum **Aufblühverhalten** windblütiger Pflanzen fehlen allerdings. Der Übergang zur **Diözie** ist eine Option, Selbstbestäubung zu verhindern. Für eine erfolgreiche Bestäubung müssen in diesem Fall die staminaten und karpellaten Individuen **synchron** blühen und in **großen, dichten Beständen** zusammenstehen, in denen ausreichend Fremdpollen zur Verfügung steht. Beispiele liefern die Restionaceenheiden (■ Abb. 3.26k), Brennnesselfluren und Sanddorngebüsche.

Sind anemophile Pflanzen ineffizient und verschwenderisch?

Der Transport durch den Wind erfolgt ungerichtet und verlangt immense Mengen an Pollenkörnern. Tatsächlich ist die Anzahl der Pollenkörner pro Samenanlage (P/O-Ratio; ▶ Exkurs 9.6) bei anemophilen Arten um Größenordnungen höher als bei zoophilen Arten. Cruden (1977) gibt als mittleren Wert für windbestäubte Pflanzen eine P/O-Ratio von 22.150:1 und für zoophile von 3450:1 an. Sind anemophile Arten also ineffizient und verschwenderisch?

Relativierung der P/O-Werte

Abgesehen davon, dass eine ‚Verschwendung' von Ressourcen aus evolutionsbiologischer Sicht unwahrscheinlich ist, sprechen auch andere Argumente gegen die Annahme einer unnötig hohen Pollenproduktion.

Anemophile Arten produzieren zwar im Allgemeinen mehr Pollenkörner als zoophile, aber es gibt auch **Ausnahmen**. So haben entomophile Arten wie der Bergahorn (*Acer pseudoplatanus*, Aceraceae) oder die Winterlinde (*Tilia cordata*, Malvaceae) mit 94.078 bzw. 43.500 Pollenkörnern pro Samenanlage sehr hohe P/O-Werte, während die anemophile Hängebirke (*Betula verrucosa*, Betulaceae) mit einer P/O-Ratio von nur etwa 6734:1 einen ähnlichen Wert wie der zoophile Knöterich (*Polygonatum bistorta*, Polygonaceae: 5678:1) aufweist (Pohl 1937).

Die Anzahl der Pollenkörner pro Samenanlage sagt nicht zwingend etwas über den **Reproduktionserfolg** einer Pflanze aus (Friedman und Barrett 2009). Der Samenansatz charakterisiert nur den reproduktiven Erfolg der Pflanze als Mutter (*female fitness*), während der paternale Erfolg (*male fitness*) unberücksichtigt bleibt (▶ Abschn. 9.6.1). Pollenkörner werden aber nicht nur produziert, um die Samenanlagen zu befruchten, sondern auch, um gegenüber anderen Individuen **konkurrenzstark** zu sein. Außerdem spielt bei der Anzahl der Pollenkörner das *investment* eine Rolle, also wie viel Energie die Pflanze jeweils in die Produktion von Pollen, Samenanlagen und Transport investiert (Niklas 1992; Culley et al. 2002).

Unter diesen Aspekten muss die hohe Pollenproduktion nicht verschwenderisch sein, sondern kann notwendig sein, um mithilfe des Windes eine **erfolgreiche Bestäubung** durchzuführen. Sie ist nicht nur Ausdruck des **ungerichteten Transportes**, sondern auch der **Fitnessansprüche** der Pflanze.

Effizienz des Pollentransfers

Die Anzahl der Samenanlagen pro Blüte ist bei windblütigen Arten meist gering. Oft tritt nur eine Samenanlage pro Blüte auf (■ Tab. 11.13). Phylogenetische Studien weisen darauf hin, dass die Zahl der Samenanlagen in vielen Fällen erst nach dem Übergang zur Windblütigkeit reduziert worden ist (Linder 2000; Friedman und Barrett 2008). Man nimmt daher an, dass diese Reduktion eine evolutionäre Antwort auf die geringe **Bestäubungswahrscheinlichkeit** einer Blüte ist. Diese Annahme ist jedoch angesichts der beobachteten **Narbenbelegung** mit Pollen nicht aufrechtzuerhalten. Bereits Pohl (1933) zeigte am Beispiel der Traubeneiche (*Quercus petraea*, Fagaceae), dass jede Blüte im Durchschnitt 13 Pollenkörner für die Befruchtung von zwei Samenanlagen zur Verfügung hat. Neuere Arbeiten berichten von drei bis 100 übertragenen Pollenkörnern pro Samenanlage bei windblütigen Arten (zusammengefasst in Friedman und Barrett 2008).

Experimente zur **Pollentransporteffizienz** (Friedman und Barrett 2009) führten zu dem überraschenden Ergebnis, dass der **Pollenfang** windblütiger Pflanzen nicht hinter dem zoophiler Pflanzen zurücksteht. Die Autoren fanden bei 19 windblütigen Gräsern und Kräutern eine durchschnittliche Pollenauffangquote von 0,32 % (0,01–1,19 %) des produzierten Pollens. Diese Quote ist der von 24 untersuchten zoophilen Pflanzen durchaus vergleichbar (0,03–1,9 %; Harder 2000). Friedman und Barrett (2009) folgern aus diesen Daten, dass die hohe Anzahl an Pollenkörnern bei Windblühern nicht nur auf dem hohen Pollenverlust beruht, sondern auch im Dienst der **Pollenselektion** steht. Da windblütige Pflanzen kurz und synchron blühen, gelangen mehrere Pollenkörner gleichzeitig auf eine Narbe, fördern die Keimung (▶ Abschn. 10.5.5) und konkurrieren dort um die wenigen Samenanlagen.

Die Reduktion der Anzahl an Samenanlagen mit dem Übergang zur Windblütigkeit beruht vermutlich nicht auf Pollenmangel, sondern auf der gesamten morphologischen und aerodynamischen Konstitution der windblütigen Pflanze. Viele kleine Blüten sind eine geeignete Alternative zu wenigen großen Blüten, da sie in großer Anzahl produziert und in einem größeren Raum verteilt werden können (Friedman und Barrett 2009). Beides fördert den Bestäubungserfolg durch den Wind.

Ambophilie und Evolution der Anemophilie

Der Wind ist das **ursprüngliche Medium** der Sporen- und Pollenausbreitung der Landpflanzen (▶ Abschn. 4.1.2 und 4.3). Während die **Gymnospermen primär windblütig** sind und nur in einigen Gruppen auch von Insekten bestäubt werden (▶ Abschn. 5.6.6), gelten die **Angiospermen** als **primär zoophil**. Sie entstanden in den feuchtwarmen Wäldern der Kreidezeit (▶ Abschn. 3.6.2) und gelangten im Zuge von Migration und Klimawechsel in trockenere, windoffene Vegetationszonen. Vermutlich sind die ersten Angiospermen schon in der Kreide **sekundär anemophil** geworden (Whitehead 1969).

Auslöser eines Wechsels zur Windbestäubung waren und sind **Umweltänderungen**, die zu einem drastischen **Abfall** der **Bestäuberhäufigkeit** oder **Bestäuberaktivität** führen (Timerman und Barrett 2018). Grundsätzlich gibt es bei anhaltendem Bestäubermangel (*pollinator limitation*) zwei evolutionäre Auswege: Monokline, selbstkompatible Pflanzen neigen zur **Selbstbestäubung** (▶ Abschn. 9.6.5), während dikline Arten offener Habitate eher zur **Windbestäubung** übergehen (Whitehead 1969). Verwandtschaftskreise mit diklinen Blüten, trockenen, monadischen Pollenkörnern und Protogynie weisen gehäuft Übergänge zur Windbestäubung auf (Friedman und Barrett 2008).

Der Wechsel von der Tier- zur Windbestäubung hat **Zwischenformen** hervorgebracht. Man spricht von **Ambophilie**, wenn Blüten von **Insekten und** vom **Wind** bestäubt werden (z. B. Arten der Gattung *Thalictrum*; ◘ Abb. 11.62n; Culley et al. 2002). Ob die Ambophilie ein **evolutionär stabiles Stadium** oder ein **Übergangsstadium** zur Windblütigkeit ist, muss in jedem Einzelfall **geprüft** werden. Die Ambophilie ist **stabil**, wenn sich die Pflanzen mit den beiden Bestäubungsoptionen an **saisonal** oder **lokal** (Wald vs. Steppe) wechselnde Bedingungen anpassen können. Liegen dagegen **konstant** gute **Windverhältnisse** vor, tendiert ein System zur Windbestäubung.

Eine **Rückkehr zur Zoophilie** ist nicht ausgeschlossen, aber schwierig, da Lock- und Reizmittel reduziert wurden und wieder neu erlangt werden müssen. **Sekundär zoophil** sind vermutlich die Feigen (*Ficus*), die sich innerhalb der anemophilen Moraceae-Verwandtschaft entwickelt haben (Culley et al. 2002), sowie Arten der Gattung *Schiedea* (Caryophyllaceae; Weller et al. 2006) und einige Cyperaceae (z. B. *Dichromena cliata*; ◘ Abb. 11.65i–k; Leppik 1955).

Exkurs 11.11 Gräser und Grasartige

Als Gräser werden häufig alle grasartig aussehenden Pflanzen bezeichnet. Tatsächlich gehören diese aber unterschiedlichen Familien an, die zur Ordnung der Grasartigen (Poales; Sy 10B:10) gehören.

Zu den **Poales** zählen 13 Familien mit weltweit etwa 16.700 Arten. Während die Bromeliaceae und Xyridaceae-zoophil sind, gehören alle übrigen Familien zu den **Windblütlern**. Die wichtigsten Familien sind die Süßgräser (Poaceae; ◘ Abb. 11.63), Sauergräser (Cyperaceae; ◘ Abb. 11.65g–k), Binsengewächse (Juncaceae; ◘ Abb. 11.65a, b), Rohrkolbengewächse (Typhaceae inkl. Sparganiaceae; ◘ Abb. 11.65e, f) und die überwiegend südhemisphärisch verbreiteten Familien der Eriocaulaceae und Restionaceae (◘ Abb. 11.65c, d). Sie alle bilden die **Graslandschaften** der Erde, die etwa 20 % der terrestrischen Vegetation umfassen: die Steppen Eurasiens, Tundren Zentral- und Nordasiens (▶ Abschn. 3.8.2, ◘ Tab. 3.3), Savannen Afrikas, Prärien Nordamerikas, Pampas Südamerikas und Paramos tropischer Hochgebirge.

Die drei wichtigsten Familien Mitteleuropas sind die Süßgräser (Poaceae), Binsengewächse (Juncaceae) und Sauergräser (Cyperaceae).

Poaceae: Süßgräser

Die **mitteleuropäischen Graslandschaften** gliedern sich in artenreiche Trockenrasen, Nasswiesen, alpine Matten, Dünengesellschaften und Kulturflächen, die Wirtschaftsgrünland und Getreideflächen umfassen. Sie werden von **Süßgräsern** dominiert.

Die Süßgräser gehören mit etwa 12.000 Arten zu den größten Familien der Blütenpflanzen. Sie sind weltweit verbreitet und enthalten die wichtigsten **Nahrungspflanzen** der Erde. Allein **Reis** (*Oryza sativa*), **Mais** (*Zea mays*) und **Weizen** (*Triticum aestivum*; ◘ Abb. 11.64a–e) liefern über 50 % der weltweiten Nahrungs- und Futterpflanzen (▶ Abschn. 3.9.2). Sie werden seit Jahrtausenden kultiviert. Weitere Getreidearten aus der Weizenverwandtschaft (◘ Tab. 3.4 und 3.5, ◘ Abb. 3.4) sowie Gerste (*Hordeum vulgare*), Roggen (*Secale cereale*), Hafer (*Avena sativa*) und verschiedene Hirsegewächse (◘ Tab. 3.4) gehören ebenso zu den Süßgräsern wie das Zuckerrohr (*Saccharum officinarum*; ◘ Abb. 11.64g) oder Zitronengras (*Cymbopogon*), das Gewürz- und Aromastoffe lie-

■ **Abb. 11.63   Süßgräser (Poaceae). a–g, Nutzpflanzen. a, b,** Reis (*Oryza sativa*). **a**, Reisanbau auf Bali, Indonesien. **b**, Reispflanze. **c**, Kilometerweite Getreideflächen, aus deren Untergrund gleichzeitig Öl gefördert wird. Alberta, Kanada. **d**, Mais (*Zea mays*). Monözie: Staminate Infloreszenz terminal, karpellate Kolben seitlich. Rot: Büschel extrem langer Griffel. **e**, Saatweizen (*Triticum aestivum*). Blühende Pflanze mit kurzen Filamenten (Kulturform). **f**, Zweizeilige Gerste (*Hordeum vulgare* f. *distichon*). Terminale Ähre mit langen Grannen. **g**, Zuckerrohr (*Saccharum officinarum*). Costa Rica. **h**, **i**, **Ährengräser. h**, Gewöhnliche Quecke (*Elymus repens*). Ährchen mit Breitseite zur Ährenachse gestellt. **i**, Bastard-Raygras (*Lolium* × *hybridum*). Ährchen mit Schmalseite zur Ährenachse weisend. **j**, **Fingergras**. Gamagras (*Tripsacum dactyloides*). **k**, **Ährenrispengras.** Wiesen-Fuchsschwanz (*Alopecurus pratensis*). **l–o**, **Rispengräser. l**, Knäuelgras (*Dactylis glomerata*). Knäuelig gehäuften Ährchen am Ende der Rispenäste. **m**, **n**, Trespen (*Bromus*). **m**, Ausschnitt aus Blütenstand. **n**, Blühendes Ährchen **o**, Gewöhnlicher Glatthafer (*Arrhenatherum elatius*). Monokline Blüte mit drei heraushängenden Stamina und zwei fedrig behaarten Griffeln. (© R. Claßen-Bockhoff, Mainz)

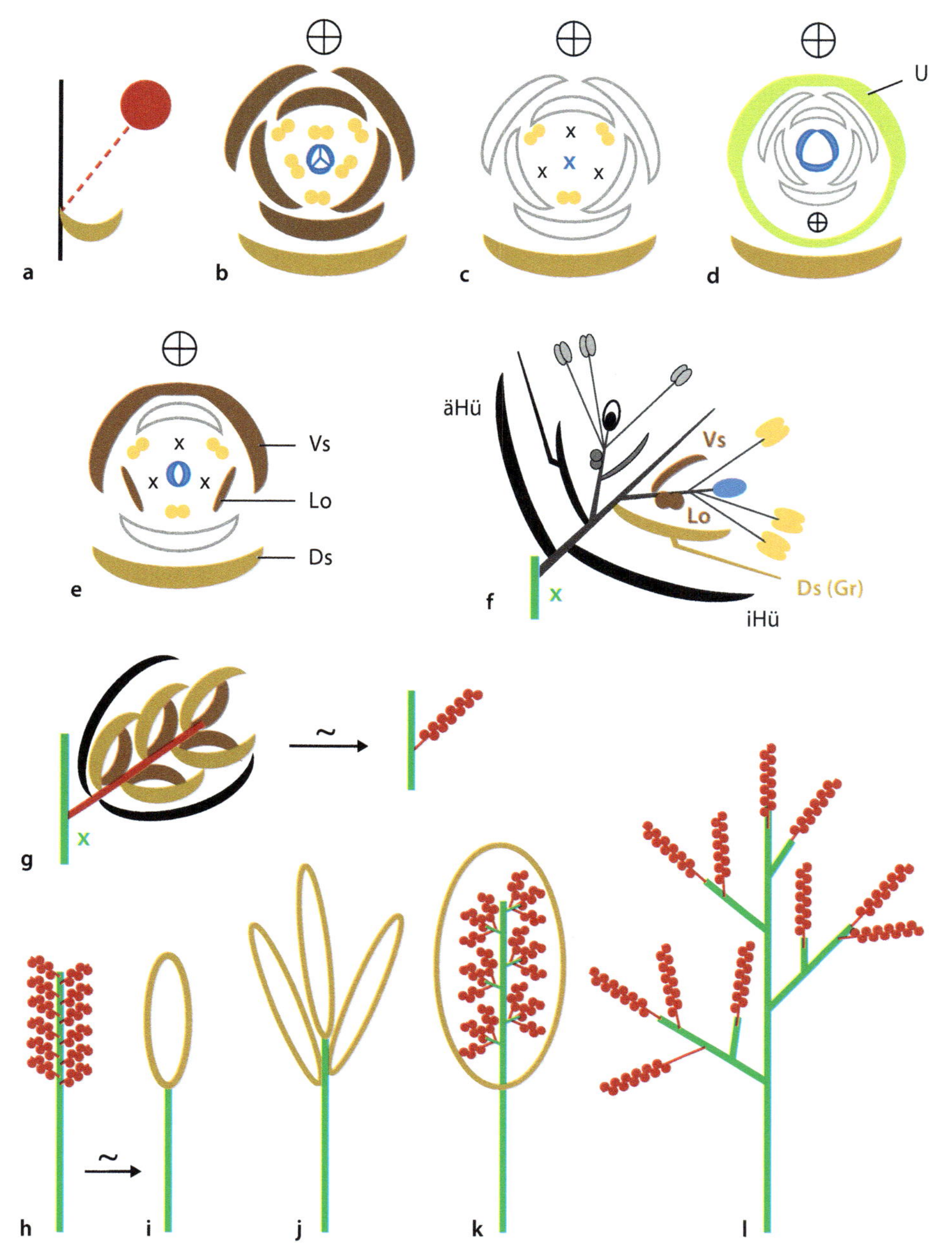

Abb. 11.64 Blüten und Blütenstände grasartiger Familien. a, Die Blüte der Grasartigen (rot) steht immer seitlich in einem Blütenstand. Hellbraun: Tragblatt der Blüte (Deckspelze). **b–e,** Blütendiagramme. **b, Juncaceae.** Typische, monokline Monocotylenblüte: zweikreisiges Perigon (braun), sechs Stamina (gelb), trimer-synkarpes, oberständiges Gynoeceum (blau). **c, d,** *Carex* **(Cyperaceae)**. Blüten diklin. Die ungefärbten Symbole und Kreuze geben jeweils die gegenüber dem Juncaceendiagramm fehlenden Elemente wieder. **c,** Staminate Blüte, auf drei Stamina reduziert. **d,** Einblütiges, karpellates Ährchen in der Achsel eines schuppenförmigen Tragblattes (hellbraun). Die auf ihr Gynoeceum reduzierte Blüte sitzt seitlich in der Achsel des stängelumfassenden Utriculus (U; entspricht dem Vorblatt der Ährchenachse und dem Tragblatt der Blüte). **e–l, Poaceae. e,** Blüte überwiegend monoklin. Perigon reduziert bzw. zu Vorspelze (Vs) und Schwellkörpern (Lo, Lodiculae) modifiziert. Ds, Deckspelze (Tragblatt der Blüte). **f,** Zweiblütiges Ährchen im Aufriss. äHü, äußere Hüllspelze, iHü, innere Hüllspelze. Deckspelze im Beispiel mit Granne (Gr). Blau: Gynoeceum. Gelb: Antheren. Grünes Kreuz: Tragblatt des Ährchens fehlt. **g,** Aufriss eines mehrblütigen Ährchens im Knospenzustand, Deck- und Vorspelzen hüllen die Reproduktionsorgane vollständig ein. Grün: Infloreszenzachse. Rot: Ährchenachse. Schwarz: Hüllspelzen. Rechts: Symbol für Ährchen (s. **h, k, l**). **h–l,** Ährchen und Ährchensysteme der Süßgräser (Poaceae). **h,** Ährengras. Endständiger Blütenstand aus seitlichen, sitzenden Ährchen (rot). **i,** Symbol für Ähre aus Ährchen (hellbraun). **j,** Fingergras. Mehrere Ähren in terminal gehäufter Anordnung. **k,** Ährenrispengras. Ährchen (rot) zu mehreren an verzweigten, sitzenden Seitenästen, habituell eine Ähre vortäuschend (hellbraunes Oval). **l,** Rispengras. Ährchen an (mehrfach) verzweigten, deutlich gestreckten Seitenästen. (© Original. f: verändert nach ▶ https://upload.wikimedia.org/wikipedia/commons/1/11/Grasbluete.png)

fert. Zahlreiche Gräser eignen sich als Baumaterialien (z. B. **Bambusarten**; ◘ Abb. 8.26a–c) oder **Zierpflanzen**. Besondere Bedeutung im nordeuropäischen Raum hat das **Schilfrohr** (*Phragmites australis*), mit dem Häuser gedeckt werden (Reetdächer).

Grasfunde im Kot von Dinosauriern deuten darauf hin, dass Süßgräser schon in der Oberkreide (vor 80–90 Mio. Jahren; ◘ Tab. 3.2) existierten (Prasad et al. 2005; Piperno und Sues 2005). Vermutlich haben sie sich aber erst seit dem mittleren Miozän (ca. 11 Mio. Jahre vor heute) und verstärkt in den letzten 2–3 Mio. Jahren mit der Evolution der Weidetiere (Rinder, Schafe, Ziegen) und der Entstehung ausgedehnter Steppen- und Grasländer ausgebreitet (► Exkurs 8.5).

Blütenbau

In Anpassung an die **Windblütigkeit** wurden die Blüten der Süßgräser im Laufe der Evolution reduziert (◘ Abb. 11.64e). Eine typisch ausgebildete Blütenhülle fehlt. Drei Antheren hängen an langen Filamenten aus der Blüte heraus und umgeben den oberständigen Fruchtknoten mit meist zwei fedrigen Narben (◘ Abb. 11.63n, o). Die Reproduktionsorgane werden in der Knospe eng von zwei harten Hüllblättern umschlossen (◘ Abb. 11.64g). Die **Deckspelze** (Lemma; ◘ Abb. 11.64e, f: Ds) entspricht dem **Tragblatt** der Blüte, die ihr gegenüberliegende **Vorspelze** (Palea, Vs) ist vermutlich aus zwei congenital vereinten, äußeren **Perigonblättern** hervorgegangen. Zur Blütezeit werden die Spelzen von zwei Schwellkörpern, den **Lodiculae** (Lo), auseinandergespreizt. **Entwicklungsgenetische** Befunde haben die schon früh geäußerte Ansicht bekräftigt, dass die beiden Lodiculae den zwei inneren **Perigonblättern** homolog sind (Whipple et al. 2007; ► Exkurs 10.1). Somit lässt sich der Aufbau der Grasblüte trotz ihrer extremen Umgestaltung auf die Monocotylenblüte beziehen (◘ Abb. 11.64b).

Ährchen und Ähre

Die Blüten der Süßgräser stehen in ein- bis mehrblütigen **Ährchen** (◘ Abb. 11.64f, g), die ihrerseits in einfachen oder komplexen Blütenständen angeordnet sind. Die Ährchen nehmen die Position von Blüten ein (**Blütenäquivalente**; ► Abschn. 9.3.4), besitzen **kein Tragblatt** (◘ Abb. 11.64f, g: grünes Kreuz) und weisen an der Basis ein oder zwei sterile **Hüllspelzen** auf (◘ Abb. 11.64f: äHü, iHü). Die Hüll-, Deck- und Vorspelzen können stachelspitzig zulaufen oder einen langen, geraden oder geknickten Fortsatz tragen (**Granne**; ◘ Abb. 11.63f und 11.64f: Gr). Beim Federgras (*Stipa*; ◘ Abb. 12.25l) ist die Granne besonders lang und fedrig behaart. Sie dient als Flughilfe bei der Diasporenausbreitung und ermöglicht das Einbohren der Frucht in die Erde (► Abschn. 12.3.5).

Die Blütenstände der Gräser stehen an der Spitze **elastischer Halme**. Als **Ährengräser** bezeichnet man Gräser, bei denen die Ährchen in einer terminalen Ähre stehen (◘ Abb. 11.63h, i und 11.64h), als **Fingergräser** solche, die mehrere terminal aggregierte Ähren (mit Ährchen) aufweisen (◘ Abb. 11.63j und 11.64j). Bei den **Rispengräsern** stehen die Ährchen in einem verzweigten Blütenstand mit langen Internodien (◘ Abb. 11.63g, m und 11.64l). Bei den **Ährenrispengräsern** bleiben die Internodien dagegen so kurz, dass der Blütenstand zur Blühzeit walzenförmig und bei oberflächlicher Betrachtung wie eine Ähre aussieht (◘ Abb. 11.63k und 11.64k). Beispiele aus der mitteleuropäischen Vegetation liefern das Lieschgras (*Phleum*) und das Fuchsschwanzgras (*Alopecurus*; ◘ Abb. 11.63k).

Juncaceae: Simsen und Binsen

Die Juncaceae sind in Mitteleuropa mit den Gattungen *Juncus* (Binse; ◘ Abb. 11.65a, b) und *Luzula* (Hainsimse) vertreten. Die **Binsen** besiedeln bevorzugt feuchte Wiesen und sind in Ufernähe zu finden, wo sie große Horste bilden (◘ Abb. 6.57g, h). Ihre Halme sind ebenso rund wie die Blätter, die den terminalen Blütenstand oft übergipfeln (■ Abb. 8.43d). Die **Hainsimsen** kommen eher auf schattigen Waldböden vor und haben flache, grasartige Blätter. Sie unterscheiden sich von den Süßgräsern in der meist tristichen (statt distichen) Blattstellung und den unverdickten Knoten.

Die **Blüten** der Juncaceae entsprechen in ihrem Bau der typischen Monocotylenblüte (■ Abb. 11.64b). Sie sitzen in der Achsel eines schuppenförmigen Tragblattes und weisen auch **schuppenförmige Perigonblätter** auf (■ Abb. 11.65b). Sechs Stamina umgeben das oberständige Gynoeceum, das drei, häufig **gedrehte Griffel** aufweist. Die Blüten stehen in einm **thyrsopaniculaten Blütenstand** (▶ Abschn. 9.3.5), der **kopfig aggregiert** oder nach Art einer **Spirre** (■ Abb. 9.8b) verzweigt ist.

Cyperaceae: Sauergräser

Die Sauergräser umfassen etwa 5500 Arten und sind weltweit verbreitet. Sie haben ähnliche **Standortpräferenzen wie** die **Juncaceae**, von denen sie sich durch ihren meist **dreikantigen Stängel** unterscheiden.

Die meisten Gattungen sind artenarm und nur lokal verbreitet. Die beiden größten Gattungen sind *Carex* (**Segge**, > 1750 Arten) und *Cyperus* (**Zypergras**, > 680 Arten), zu dem der Echte Papyrus (■ Abb. 7.3) und der möglicherweise sekundär zoophile *C. obtusiflorus* gehören (■ Abb. 11.65j).

Die **Blüten** der Sauergräser sind klein und unscheinbar. Sie sind **monoklin** (Wollgras; ■ Abb. 12.25i, j) oder **diklin** und dann **monözisch** (*Kobresia simpliciuscula*) oder **diözisch**

(*Carex dioica*) verteilt. Bei den meisten Gattungen ist das Perigon auf Borsten oder Schuppen reduziert; die Anzahl der Stamina variiert zwischen ein bis drei, das oberständige Gynoeceum trägt ein bis drei Narbenäste. Die Gattung *Carex* weist durchweg dikline, perigonlose Blüten auf. Die staminate Blüte sitzt in der Achsel eines schuppigen Tragblattes und ist auf drei Stamina reduziert (■ Abb. 11.64c). Die karpellate Blüte ist Teil eines **einblütigen Ährchens**, das ebenfalls in der Achsel eines schuppenförmigen Tragblattes sitzt und ein stängelumfassendes Vorblatt besitzt (■ Abb. 11.64d: U). In der Achsel dieses Vorblattes sitzt die karpellate Blüte, die auf ihr tri- oder dimeres Gynoeceum reduziert ist. Das Vorblatt des Ährchens entspricht somit dem Tragblatt der Blüte (■ Abb. 6.16c). Es umgibt die Blüte wie ein Schlauch und wird **Utriculus** genannt.

Berühmt ist das in Südamerika verbreitete **Totora-Schilf** (*Schoenoplectus californicus*), das bis heute zum Bau von **schwimmenden Inseln** auf dem Titicacasee verwendet wird. Legendär sind auch die aus ihm gefertigten **Schilfboote des Titicacasees**. Die detailgetreue Ähnlichkeit dieser Boote mit Abbildungen aus dem alten Ägypten veranlasste Thor Heyerdahl zu der Hypothese, dass der Atlantik bereits vor Kolumbus mithilfe von Schilfbooten überquert wurde. Er testete diese Hypothese mit der **Expedition Ra** (Heyerdahl 1974). Dazu ließ er Boote aus Papyrus bauen und überquerte mit ihnen erfolgreich den Atlantik von Europa nach Amerika. Die traditionelle Technik des Bootbaues wird am Titicacasee immer noch gepflegt, obgleich die Schilfboote heute zunehmend von Motorbooten verdrängt werden.

■ **Abb. 11.65   Grasartige Familien**. **a, b**, **Juncaceae**. **a**, Sparrige Binse (*Juncus squarrosus*). Blütenstand mit Ährchen. Irland. **b**, Gämsen-Binse (*J. jacquinii*). Dunkle Ährchen mit monoklinen Blüten und rötlichen, auffällig gedrehten Griffeln. Fragant, Österreich. **c**, **Eriocaulaceae**. *Actinocephalus ramosus*. Köpfchen in doldenförmiger Anordnung. Pico das Almas, Brasilien **d**, **Restionaceae**. *Anarthria scabra*. Diözische, staminate und karpellate Blütenstände. Esperance, Westaustralien. **e, f**, **Typhaceae**. Bayern. **e**, Breitblättriger Rohrkolben (*Typha latifolia*). Abgeblühter monözischer Blütenstand. Oben: Infloreszenzachse der abgefallenen, staminaten Blüten. Unten: in Ausbreitung begriffene Früchte mit haarförmigem Perigon. **f**, Einfacher Igelkolben (*Sparganium simplex*). Monözischer Blütenstand mit karpellaten (unten) und staminaten (oben) Köpfchen. **g–k**, **Cyperaceae**. **g, h**, Seggen (*Carex*). Eifel. **g**, Blaugrüne Segge (*C. flacca*). Monözischer Blütenstand mit einem terminalen, staminaten Ährchen und mehreren seitlichen, karpellaten Ährchen. **h**, Igel-Segge (*C. echinata*). Monözischer Blütenstand mit staminaten Blüten an der Basis (abgewelkt) und Früchten an der Spitze jedes Ährchens. **i–k**, Ambophile oder sekundär zoophile Arten. **i**, *Dichromena ciliata*. BG Mainz. **j**, *Cyperus obtusiflorus*. Gauteng, Südafrika. **k**, *Ficinia radiata*. Westkap, Südafrika. (© R. Claßen-Bockhoff, Mainz)

11.8.2 Wasserbestäubung (Hydrophilie)

Wasser bringt den Pollen von Landpflanzen zum Platzen. Daher wurden die frühen Beobachtungen zur Wasserbestäubung, die bis ins 18. Jahrhundert zurückreichen, lange Zeit als Kuriosum abgetan (Cox 1993). Heute weiß man nicht nur, dass es Wasserbestäubung gibt, sondern auch, dass sich diese **mehrfach parallel** innerhalb der Blütenpflanzen entwickelt hat.

Bestäubung und Klonbildung bei Wasserpflanzen

Wasser ist als Medium für den Pollentransfer denkbar **ungeeignet**. Es ist ein schlechtes Transportmittel, bringt Pollenkörner zum Platzen oder vorzeitig zum Keimen und birgt im Küsten- und Uferbereich die Gefahr des Trockenfallens. Wasserpflanzen (etwa 2 % der Blütenpflanzen) bilden daher entweder Blütenstände, die **über der Wasseroberfläche** von Tieren oder Wind bestäubt werden oder sind zu einer rein **asexuellen Lebensweise** übergegangen. Nur etwa **5 % der Wasserpflanzen** sind auch **wasserblütig** (Philbrick und Les 1996).

Vegetative Vermehrung spielt bei Wasserpflanzen eine bedeutende Rolle und wird als Kompensation für die **unsichere Bestäubung** angesehen (Philbrick und Les 1996). Die Pflanzen bilden riesige **Klone** durch Fragmentierung und Turionenbildung (▶ Abschn. 6.9.2). Ihre Wüchsigkeit hat bei *Elodea* (◘ Abb. 11.66g) und *Lagarosiphon* (◘ Abb. 11.66f; beides Hydrocharitaceae) zu den deutschen Trivialnamen Wasserpest bzw. Schein-Wasserpest geführt. Die Pflanzen gehören ebenso wie die in tropischen Gewässern weitverbreite Wasserhyazinthe (*Eichhornia*, Pontederiaceae) zu den **invasiven Arten** (▶ Exkurs 3.10). Sie bilden ausgedehnte Unterwasserbestände, verdrängen heimische Arten, behindern die Schifffahrt und führen zur Verlandung tropischer Süßgewässer.

Man vermutet, dass sich Wasserpflanzen aus zweierlei Gründen so üppig vegetativ vermehren. Zum einen ist das Wasser ein relativ **stabiler Lebensraum**, in dem kein so hoher Anpassungsdruck herrscht wie auf dem Land. Eine kontinuierliche genetische Diversifizierung durch sexuelle Fortpflanzung ist daher nicht zwingend notwendig. Zum anderen verlangt der Übergang zur Wasserblütigkeit einen hohen ‚Umbau' der Blüte, den nicht viele Blütenpflanzen bewerkstelligt haben.

Hydrophiles Merkmalssyndrom

Die Bestäubung im oder auf dem Wasser verlangt **spezifische Anpassungen** der Blüte, des Pollens und der Narben. Die folgenden Ausführungen und Beispiele basieren auf den Angaben von Kugler (1970), Cox (1993) sowie Philbrick und Les (1996):

- Die **Blüten** der Hydrophilae sind klein, unscheinbar und oft auf wenige Stamina und Griffel reduziert. Sie sind überwiegend **diklin**, wobei Zweihäusigkeit (**Diözie**) mit >50 % **überproportional** vertreten ist (◘ Tab. 11.14; zum Vergleich: Landpflanzen 5–6 % ▶ [Tab. 9.3]). Diözie **verhindert Inzucht**, die ansonsten bei Wasserpflanzen aufgrund klonalen Wachstums und fehlender Mechanismen zur Verhinderung von Selbstbestäubung besonders hoch sein könnte.
- **Pollen** wird in **großen Mengen** produziert, liegt meist in Form von **Monaden** vor und ist rund oder **fädig**. Die **Wand** des Pollenkorns ist glatt. Pollenkitt und Austrocknungsschutz werden nicht benötigt; die Exine ist dementsprechend oft **dünn**. Bei den dicotylen Süßwasserarten *Callitriche hermaphroditica* (Callitrichaceae; ◘ Abb. 11.66i) und *Ceratophyllum demersum* (Plantaginaceae; ◘ Abb. 11.66h) und der marinen Monocotylen *Thalassia hemperichii* (Hydrocharitaceae) ist die Exine nur rudimentär vorhanden, bei *Amphibolis* (marin, Cymodoceaceae) und einigen Arten von *Najas* (limnisch, Hydrocharitaceae) fehlt sie völlig (Philbrick und Les 1996). Bei den im Süßwasser lebenden Gattungen *Zannichellia* (Potamogetonaceae) und *Najas* (Hydrocharitaceae) keimt der Pollen schon in den geöffneten Antheren aus, wodurch sich seine Schwebefähigkeit erhöht.
- Die **Narben** liegen frei und sind oft sehr **lang**. Wie bei der Windbestäubung steigt der Bestäubungserfolg mit der Größe der **Auffangfläche**. Die Anzahl der Samenanlagen pro Blüte ist gering, oft wird nur eine Samenanlage gebildet. Bei den Cymodoceaceae treten **vivipare** Arten auf (Kuo und Kirkman 1990; ▶ Abschn. 6.4.3).

Das Auffinden der Bestäubungspartner erfolgt wie bei der Windbestäubung **ungerichtet**. Die Bestäubung erfolgt entweder **im Wasserkörper** (Hyphydrophilie) oder auf bzw. unmittelbar über der **Wasseroberfläche** (Ephydrophilie). Im ersten Fall öffnen sich die Antheren unter Wasser, im zweiten Fall treiben staminate Blüten oder Pollenflöße an der Wasseroberfläche.

Zwischen den Formen gibt es **Übergänge**. So kann Pollen, der unter Wasser entlassen wird, dort bestäuben oder an die Wasseroberfläche steigen (Zosteraceae; Cox 1993). Im Gegenzug kann auch Pollen, der an der Oberfläche entlassen wird, absinken und zu Unterwasserbestäubung führen (*Najas marina*, Hydrocharitaceae; Kugler 1970). Pflanzen der Gezeitenzone können je nach Tidenstand unter oder über Wasser bestäubt werden.

Abb. 11.66 Wasserblütige Pflanzen. a–e, Salzwasserpflanzen. a, Seegras (*Zostera marina*, Zosteraceae). Ausgedehnte Seegraswiesen vor der Insel Poel bilden im Gezeitenbereich Wälle mit angespülten Pflanzen. Ostsee. **b,** Neptungras (*Posidonia ozeanica*, Posidoniaceae). Angelandete Bestände bei Marsala, Sizilien. **c,** Angeschwemmter ‚Neptunball'. **d,** Unterwasserwiesen vor Dubrovnik. **e,** *Cymodocea nodosa* (Cymodoceaceae). Dubrovnik. **f–i, Süßwasserpflanzen. f,** Wechselblatt-Wasserpest (*Lagarosiphon major*, Hydrocharitaceae). Invasive Art aus Südafrika. Treibende Blüten auf dem Salagou-Stausee, Frankreich. **g,** Kanadische Wasserpest (*Elodea canadensis*, Hydro-charitaceae). **h,** Hornblatt (*Ceratophyllum demersum*, Ceratophyllaceae). Wirtelig beblätterte Sprossachse mit staminaten Blüten. **i,** Stumpfkantiger Wasserstern (*Callitriche cophocarpa*, Plantaginaceae). (© **a–e**: R. Claßen-Bockhoff, Mainz. **f**: C. Ferrer Wikimedia Commons CC BY-SA (► https://creativecommons.org/licenses/by-sa/4.0). **g**: K. Peters – Fabelfroh 10:49, 30 December 2005 (UTC)/ CC BY-SA (► http://creativecommons.org/licenses/by-sa/3.0/). **h**: C. Fischer CC BY-SA (► https://creativecommons.org/licenses/by-sa/3.0). **i**: Jan Prančl/CC BY (► https://creativecommons.org/licenses/by/3.0))

Ephydrophilie: Bestäubung auf oder über der Wasserfläche

Findet die Bestäubung auf oder unmittelbar über der Wasseroberfläche statt, **treiben** entweder die **staminaten Blüten** mit dem Wind oder der Strömung auf die karpellaten Blüten zu, oder der **Pollen** wird an der Oberfläche entlassen und bildet ausgedehnte Aggregate.

Verdriftung von staminaten Blüten

Die **Verdriftung von Blüten** veranschaulicht die **Gewöhnliche Wasserschraube** (*Vallisneria spiralis*, Hydrocharitaceae), die als Aquarienpflanze beliebt und bekannt ist. Sie kommt in (sub-)tropischen **Süßgewässern** vor und ist zweihäusig (**diözisch**). Die sehr kleinen, **staminaten Blüten** werden unter Wasser gebildet, lösen sich als Knospen von der Mutterpflanze und treiben an die Wasseroberfläche. Dort öffnen sich die **unbenetzbaren** (hydrophoben) Blüten und gleiten auf ihren Hüllblättern über die Wasseroberfläche. Die **karpellaten Blüten** bleiben mit der Mutterpflanze verbunden und schwimmen an sehr langen Stielen auf der Wasseroberfläche. Aufgrund ihrer **hydrophoben** Oberfläche bilden sie kleine, offene Trichter, in die die staminaten Blüten hineingezogen werden. Die offenen Antheren geben ihren **klebrigen Pollen** (Pollenkitt) direkt an die Narben ab.

Die Verdriftung staminater Blüten auf der Wasseroberfläche ist auf die **Froschbissgewächse** (Hydrocharitaceae; ◘ Tab. 11.14) beschränkt (Tanaka et al. 2004). Innerhalb der Familie gibt es aber erstaunlich viel Diversität. Bei der Grundnessel (*Hydrilla*) schnellen die Antheren nach oben und **schleudern** den Pollen aus. Bei *Lagarosiphon* treten unzählige, staminate Blüten zu **Flößen** zusammen (◘ Abb. 11.66f) und erhöhen dadurch die Wahrscheinlichkeit, auf karpellate Blüten zu treffen. *Enhalus acoroides*, eine marine Art (◘ Tab. 11.14), blüht nur bei extremem **Niedrigwasser**, wenn Ebbetümpel mit begrenzter Oberfläche zurückbleiben. Dies erhöht die Wahrscheinlichkeit, dass staminate Blüten zu den Narben gelangen (Troll 1931).

Verdriftung von Pollenmassen

Die **Verdriftung von Pollenmassen** ist relativ häufig. Innerhalb der Familie der **marinen Tanggrasgewächse** (Cymodoceaceae; ◘ Tab. 11.12) lassen sich drei Formen der Wasserbestäubung unterscheiden:

Arten von *Cymodocea*, *Amphibolis* und *Thalassodendron* entlassen ihren Pollen an der Wasseroberfläche, wo er ausgedehnte Pollenfelder oder gitterartige **Pollenflöße** bildet (Cox 1993). Die **Narben** sind **fädig** und fangen den Pollen auf.

Bei *Halodule* findet die Bestäubung nur bei extremem **Niedrigwasser** statt. Die Pollenkörner liegen in klebrigen Schleimröhren, die sich zu großen **Flößen** zusammenfinden. Diese werden in die **Gezeitentümpel**

gespült, in denen sich die karpellaten Blüten mit den empfängnisbereiten Narben befinden (Cox 1993).

Syringodium hat Pollenkörner mit einer ähnlichen Dichte wie das Meerwasser; sie formt kleine Klumpen, die unter der Oberfläche zu den Narben der karpellaten Blüten verdriftet werden.

Die ebenfalls marine *Halophila* (**Hydrocharitaceae**) bildet keine Flöße, sondern klebrige Schleimröhren. Bei *Ruppia* (Salde, **Ruppiaceae**) erhöht sich die Bestäubungswahrscheinlichkeit durch die langen Stiele der karpellaten Blüten, die mit der Strömung auf der Wasseroberfläche hin und her schwingen und damit die Auffangfläche vergrößern (Cox 1993). Bei der monözischen *Zostera* (Zosteraceae) schwimmt der einseitswendige, kolbenförmige Blütenstand auf seinem Hochblatt (Spatha) auf der Wasseroberfläche. Hier wird massenhaft fädiger Pollen entlassen, der die Narben bestäubt. Die **Süßwasserart** *Lepilaena cylindrocarpa* (**Potamogetonaceae**) bildet **runden** Pollen, der sich zu schleimigen Matten verbindet. Bei dem ebenfalls im Süßwasser lebenden Hornkraut (*Ceratophyllum demersum*, Ceratophyllaceae) lösen sich die Stamina unter Wasser von den Blüten und steigen an die Wasseroberfläche, wo sich die Antheren öffnen. Die Pflanze besitzt keine Wurzeln (auch nicht im Embryo; Jones 1931), sondern flottiert frei im Wasser. Sie wächst am apikalen Ende, während sie am anderen Ende abstirbt (,*repens*-Typ' sensu Hagemann 1999).

Hyphydrophilie: Bestäubung im Wasser

Im **dreidimensionalen Wasserkörper** ist die Wahrscheinlichkeit einer Bestäubung wesentlich **geringer** als an der Wasseroberfläche. Auch hier haben sich **mehrfach parallel** Anpassungen zur **Optimierung** der Partnersuche entwickelt (Cox 1993). In jedem Fall steigt die Bestäubungswahrscheinlichkeit mit der Vergrößerung der Narben, die bei unterwasserbestäubten Pflanzen lang bis **extrem** lang (*Phyllospadix*, *Halophila*) ist.

Unterwasserbestäubung scheint bei **marinen** Arten häufiger zu sein als bei Süßwasserarten (◘ Tab. 11.14). Dies könnte damit zusammenhängen, dass sich der Pollen leichter an die Dichte von Salzwasser als von Süßwasser anpassen kann. Seine Lebensdauer ist vermutlich recht kurz (Philbrick und Les 1996).

Anpassungen an die Unterwasserbestäubung

Die **Antheren** öffnen sich unter Wasser und entlassen den Pollen. Das **Endothecium** ist als Öffnungsschicht nicht mehr zwingend notwendig. Es ist bei *Zostera* (Zosteraceae) in seiner Versteifung reduziert, bei *Zannichellia* (Potamogetonaceae) und *Najas* (Hydrocharitaceae) fehlt es.

Der entlassene **Pollen** ist meist von **Schleim** umhüllt und lagert sich zu ausladenden **Pollenflößen** zusammen.

Tab. 11.14   Hydrophile Pflanzen. Auswahl nach Kugler 1970, Cox 1993, Philbrick & Les 1996. B, Blütenverteilung: di, diözisch. mo, monözisch. mk, monoklin

Gattung, Art	Deutscher Name	B	Familie	Lebensraum	Bestäubung
Alismatales					
Potamogeton lucens			**Laichkrautgewächse** Potamogetonaceae	Süßwasser Brackwasser	unter Wasser
Lepilaena bilocularis		mo, di			
L. cylindrocarpa					Oberfläche (Pollen)
Zannichellia palustris	Teichfaden	mo			
Vallisneria spiralis	Wasserschraube	± di	**Froschbissgewächse** Hydrocharitaceae		Oberfläche (Blüte)
Lagarosiphon	Schein-Wasserpest				
Hydrilla verticillata	Grundnessel				
Elodea canadensis	Wasserpest				
Najas	Nixenkraut				unter Wasser
Enhalus acoroides				Meerwasser Brackwasser	Oberfläche (Blüte) und unter Wasser
Halophila ovalis		mo, di			unter Wasser
Thalassia testudinum		di			
Zostera marina	Seegras	mo	**Seegrasgewächse** Zosteraceae		Oberfläche (Pollen) und unter Wasser
Phyllospadix scouleri		di			
Posidonia oceanica	Neptungras	mk	**Neptungrasgewächse** Posidoniaceae		
Cymodocea nodosa		di	**Tanggrasfamilie** Cymodoceaceae		
Amphibolis sp.					
Halodule pinifolia					
Thalassodendron					
Syringodium sp.					unter Wasser
Ruppia marina	Salde	**mk**	**Ruppiaceae** Saldengewächse		Oberfläche (Pollen)
Ceratophyllales					
Ceratophyllum demersum	Hornblatt	mo	**Hornblattgewächse** Ceratophyllaceae	Süßwasser	Oberfläche (Pollen)
Lamiales					
Callitriche hermaphroditica	Wasserstern	mo, di	**Wegerichgewächse** Plantaginaceae	Süßwasser	Oberfläche (Pollen)

B, Blütenverteilung: di, diözisch. mo, monözisch. mk, monoklin. **Bestäubung**: Pollen bzw. Blüte: s. Text

Möglicherweise ersetzt die Schleimhülle die Funktion der **Exine**, die sehr dünn ist oder fehlt (*Halodule wrightii, Thassalodendron ciliatum, Ceratophyllum demersum*; ◨ Tab. 11.14). *Thalassia* (Hydrocharitaceae) und *Lepilaena* (Potamogetonaceae) haben **runde** Pollenkörner, die an langen Schleimsträngen zusammenkleben. Die vier marinen Familien der Cymodoceaceae, Ruppiaceae, Zosteraceae und Posidonaceae haben dagegen **fädigen Pollen** mit besseren Gleiteigenschaften entwickelt, der sich zu großflächigen Pollenfeldern zusammenschließt. Außerordentlich lang sind die **Pollenkörner** bei *Zostera* (2 mm; Kugler 1970) und *Amphibolis* (5 mm; Philbrick und Les 1996). Computersimulationen deuten darauf hin, dass fädiger Pollen eine höhere Chance hat, auf eine Narbe zu treffen, als runder Pollen (Cox 1993).

Bei frei im Wasser treibenden Pollenkörnern bestimmt deren **spezifisches Gewicht** die **Sink-** bzw. **Schwebefähigkeit**. Beim diözischen Nixenkraut (*Najas marina*, Hydrocharitaceae) ist der Pollen schwerer als Wasser und sinkt auf die karpellaten Blüten unter der Wasseroberfläche ab (Kugler 1970). Bei *Callitriche hermaphroditica* (Plantaginaceae) entlässt das einzige Stamen unter Wasser öligen Pollen ohne Exine, der leichter als Wasser ist und in kugeligen oder fädigen Aggregaten an die Wasseroberfläche aufsteigt.

Anpassungen an die Gezeitenzone

Bei einigen Arten der **Gezeitenzone** kommt es je nach **Besiedlungstiefe** zu Oberflächen- **und/oder** Unterwasserbestäubung. Beispiele liefern die **Seegrasgewächse** (Zosteraceae) *Zostera marina* und *Phyllospadix scouleri*, deren Blütenstände über das Wasser hinausragen oder ständig überspült sind. Bei Flut werden die Pflanzen an die Küste gespült, wo sie sich zu riesigen Wällen aufhäufen (◨ Abb. 11.66a).

Bekannt sind auch die ‚**Neptunbälle**' der Mittelmeerküsten (◨ Abb. 11.66b, c). Sie bestehen aus den abgestorbenen Resten des Neptungrases (*Posidonia oceanica*, Posidoniaceae), die durch Wellenbewegungen zu Kugeln zusammengerollt werden. Das Neptungras hat hervorragende **Dämmeigenschaften** und wurde 2007 als natürliches Dämmmaterial patentiert (▶ https://produktinfo.blauer-engel.de/uploads/pdf_uploads/NeptuTherm_%20Flyer_19_03_kl.pdf).

Die **Unterwasserwiesen** der Gezeitenzone sind ein **vielfältiger Lebensraum** für unzählige marine Organismen und ein wichtiger **CO$_2$-Speicher**. Sie werden durch die Erwärmung des Meeres und den küstennahen Motorbootverkehr stark beeinträchtigt und stehen teilweise unter Schutz (Jordà et al. 2012 und Literatur darin).

Evolution der Hydrophilie

Hydrophile Pflanzen haben sich im **Süßwasser** und im **Meer** entwickelt und sind **weltweit** mit einem Schwerpunkt in den (Sub-)Tropen verbreitet. Dennoch ist die Wasserbestäubung insgesamt **selten**. Sie tritt bei etwa 130 Arten aus neun Familien auf (◨ Tab. 11.14; Philbrick und Les 1996). Meist handelt es sich um kleine Gattungen mit weniger als zehn Arten. Das marine Nixenkraut (*Najas*, Hydrocharitaceae) und die im Süßwasser vorkommenden Wassersterne (*Callitriche*, Plantaginaceae) stellen mit 40 bzw. 25 bis 30 Arten die größten Gattungen.

Interessanterweise gehören von den neun Familien sieben zu den **Monocotylen**, und zwar alle in die weit basal stehende Ordnung der Froschlöffelartigen (**Alismatales**; Sy 10B:18). Dieser Befund passt zu der Hypothese, dass sich die Monocotylen aus Wasserpflanzen entwickelt haben könnten (Givnish et al. 2018). Innerhalb der **Dicotylen** sind nur zwei hydrophile Gattungen bekannt. Das **Hornblatt** (*Ceratophyllum*) gehört zur Familie der Ceratophyllaceae, die vermutlich die Schwestergruppe der Eudicotylen ist (Sy 10B:20), und der **Wasserstern** (*Callitriche*) zur weit entfernt stehenden Familie der Plantaginaceae (Lamiales; Sy 10B:58).

Die Wasserblütigkeit ist **mehrfach unabhängig** voneinander entstanden. Die relativ **uniforme Umgebung** hat eine begrenzte Anzahl von **Anpassungen** hervorgebracht, die immer wieder **parallel** in den hydrophilen Verwandtschaftskreisen auftreten. Zu den wichtigsten gehören die Evolution von **fädigem Pollen**, der Zusammenschluss des Pollens zu **Pollenflößen** und die Herausbildung **langer Narben**.

Daumann (1963) vermutete, dass sich die Hydrophilie sowohl **direkt aus der Zoophilie** als auch über die **Anemophilie** entwickelt haben könnte. Für die erste Annahme spricht das Vorhandensein einer voll entwickelten Exine mit Pollenkitt (*Vallisneria*, Hydrocharitaceae), für die zweite die starke Reduktion der Exine, das Fehlen von Kittstoffen und die nahe Verwandtschaft zu windblütigen Arten (z. B. Potamogetonaceae, Callitrichaceae).

Für die **Froschbissgewächse** (Hydrocharitaceae), die Süß- und Salzwasserbestäubung sowie Hy- und Ephydrophilie aufweisen (◨ Tab. 11.14), liegt eine **phylogenetische Analyse** vor (Les et al. 2006). Danach hat der **Übergang** von der **Entomophilie** zur **Süßwasserhydrophilie** mindestens dreimal unabhängig voneinander innerhalb der Familie stattgefunden. Die **marinen Arten** sind vermutlich **monophyletisch** und haben sich aus einem **Süßwasserast** entwickelt. Der Bestäubungsmechanismus mit flottierenden Blüten ist mehrfach entstanden sowohl bei marinen (*Enhalus*) als auch limnischen Arten (z. B. *Vallisneria*), während sich der Pollentransport auf der Wasseroberfläche (*Elodea*) und der explosive Pollenschleudermechanismus (*Hydrilla*) nur je einmal entwickelt haben. Es gibt keine Hinweise auf anemophile Vorfahren der wasserblütigen Arten in dieser Familie (Tanaka et al. 2004).

Zusammenfassung

Die Bestäubung erfolgt bei den Blütenpflanzen primär durch **Tiere** (**Zoophilie**). Sekundär haben sich mehrfach parallel Wind- und Wasserbestäubung entwickelt.

- Grundlagen der Zoophilie
  - Die bestäubungsbiologische Einheit der Blütenpflanzen ist die **Blume**, die einer Einzelblüte oder einem Blütenstand entspricht. In Anpassung an die Körperproportionen, Sinnesleistungen und Bedürfnisse der Bestäuber weist sie verschiedene **Signale** (**Reizmittel**) und **Lockmittel** auf. Zu den Reizmitteln gehören **Form**, **Farbe** und **Duft** der Blumen, zu den Lockmitteln **Nahrungsangebote** (Pollen, Nektar, fettes Öl), **Nestbauhilfen** (Harz), **Parfüm**, **Kopulations-** und **Eiablageplätze**.
  - Im Laufe der Evolution haben sich die Blumen **einseitig** oder **coevolutiv** an ihre Bestäuber angepasst und spezifische Merkmalssyndrome, **Blumenstile**, entwickelt. **Spezialisten** lassen nur bestimmte Tiergruppen als Bestäuber zu. Sie profitieren von präziser Pollenübertragung, riskieren aber Bestäubermangel. **Generalisten** finden überall Bestäuber, weisen aber einen hohen Pollenbedarf auf.
  - Die Beziehung zwischen Blumen und Bestäubern dient dem **wechselseitigen Vorteil**. Die **Symbiose** geht in **Parasitismus** über, wenn Tiere Nektar und Pollen aufnehmen, **ohne** zu bestäuben, oder Blumen Tiere ohne Gegenleistung anlocken (Täuschblumen).
  - **Bestäuber** sind nur solche Tiere, die **regelmäßig** mit den reproduktiven Oberflächen (Pollen, Narben) der Blumen in Kontakt kommen und **Pollen übertragen**. **Besucher** sind demgegenüber alle Tiere, die sich auf Blumen aufhalten.

- Signale der Blüte (Reizmittel)

Reizmittel sind an die Sinne der Bestäuber gerichtet und erhöhen den Attraktionswert einer Blume.

  - **Duftstoffe** entwickelten sich vermutlich zunächst als **Abwehrstoffe** (Repellents), bevor sie zur Anlockung von Bestäubern genutzt wurden. Sie werden in **Osmophoren** gebildet und liegen gewöhnlich in einem **Gemisch** vieler verschiedener Komponenten vor. Dabei bestimmen nur wenige Substanzen die **Duftnote**, der Rest dient der Nuancierung. Blütendüfte sind daher **vielfältig** und sehr **spezifisch**. Sie haben bei Fallen- und Aasblumen, Parfümblumen, Sexualtäuschblumen und nachtblühenden Schwärmer-, Fledertier- und nichtfliegenden Säugerblumen eine herausragende Bedeutung. Der **Zeitpunkt** der Duftemission wird bei manchen Arten durch Erwärmung bestimmter Gewebe (**Thermogenese**) reguliert, die die Flüchtigkeit der Duftstoffe erhöht.
  - Die **Farbwirkung** der **Blumen** beruht auf Farbstoffen (**Pigmenten**), die wasserlöslich in der Vakuole oder wasserunlöslich in Öltröpfchen oder Plastiden vorliegen. Lichtwellen werden reflektiert und/oder absorbiert und ergeben durch additive und/oder subtraktive Mischung ein großes **Spektrum an Farbtönen**. Farbmale (**Saftmale**) und altersabhängige **Farbwechsel** dienen der Nahorientierung der Bestäuber. Das Farbensehen der Bestäubergruppen ist sehr divers. Im Gegensatz zum Menschen haben viele Tiere einen **UV-Rezeptor**, mit dem sie ultraviolettes Licht wahrnehmen. Farben spielen vor allem bei Bienen-, Tagfalter- und Vogelblumen eine wichtige Rolle.
  - Die **Gestalt** der Blumen variiert von flachen Napfblumen bis hin zu Stieltellerblüten mit tief verborgenem Nektar und zygomorphen Blüten. Letztere gehen mit dorsaler (**nototriber**) oder ventraler (**sternotriber**) Pollenbeladung einher.

- Lockmittel

Lockmittel werden von den Blüten zur Befriedigung der Bestäubertiere bereitgestellt.

  - **Pollen** gehört zu den ältesten Lockmitteln der Blütenpflanzen. Aufgrund der in ihm enthaltenen **Proteine**, **Fette** und **Kohlenhydrate** ist er ein sehr **nahrhaftes** Futter für Tiere. Er wird zur Selbstversorgung **gefressen** oder für die Brut **gesammelt**. In beiden Fällen geht der Pollen für die Reproduktion der Blüte **verloren**. Der **Interessenskonflikt** zwischen Tieren und Pflanzen hat im Laufe der Evolution zu Blütenkonstruktionen geführt, in denen Pollen vor den Bestäubern versteckt wird.
  - **Nektar** enthält etwa 10–50 % Zucker und ist damit die wichtigste **Energiequelle** für Blüten besuchende Tiere. Er kann **nachproduziert** werden und hat sich vermutlich als ‚billige' Alternative zum Pollen entwickelt. Tiere trinken Nektar für den **eigenen Bedarf**, und Bienen sammeln ihn zusätzlich für ihre **Brut**. Nektar wird in **Nektarien** produziert, die überall inner- oder außerhalb der Blüten lie-

gen können. Er wird **offen** dargeboten oder ist **tief** in der Blüte verborgen. Im Laufe der **Coevolution** zwischen langröhrigen Blüten und langrüsseligen Bestäubern entstanden Spezialisierungen, die auf Seiten der Tiere zu einer konkurrenzfreien Futterquelle und auf Seiten der Blumen zu einer präzisen Bestäubung führten.

- **Fettes Öl** wird nur von **Öl sammelnden Bienenweibchen** gesammelt, die es mit Pollen vermischt für ihre Brut verwenden. Das Ölsammeln leitet sich vermutlich vom Pollensammeln ab und ist mehrfach unabhängig voneinander entstanden. Das Öl wird in **Elaiophoren** produziert, die in Anpassung an das Aufsammeln mit den Beinen **paarig** vorliegen.
- **Parfüm** wird nur von den **Männchen** der südamerikanischen **Prachtbienen** gesammelt, die in Anpassung an das Duftsammeln vergrößerte **Hinterschienen** entwickelt haben. Die **ätherischen Öle** werden in **Osmophoren** produziert und liegen in sehr **spezifischen** Gemischen vor. Sie spielen vermutlich bei der **Paarung** eine Rolle. Die Mehrheit der Parfümblumen gehört zu den **Orchideen**, die eine ungeheure **Vielfalt** an Blütenformen und Bestäubungsmechanismen entwickelt haben.
- Vermutlich ist die Bereitstellung eines **Eiablageplatzes** eine der ältesten biotischen Interaktionen zwischen Blumen und Tieren. **Käfer, Fliegen, Motten** und verschieden Kleininsekten werden durch **Duft** von den Blumen angelockt und legen ihre Eier in das Blütengewebe, das den Larven als Nahrung dient. Die Beziehungen zwischen Yuccablüten und Yuccamotten bzw. Feigen und Feigenwespen stellen **obligate** Symbiosen mit extrem hoher gegenseitiger Anhängigkeit dar. In beiden Fällen tragen die Tiere **aktiv** zur Pollenübertragung bei.

• Täuschblumen
Täuschblumen senden Locksignale an potentielle Bestäuber, **ohne eine Gegenleistung** zu erbringen:
- Bei den **Aas-, Kot- und Fallenblumen** sind die Adressaten Fliegen und Käfer, die einen **Eiablageplatz** suchen. Sie werden von aas- oder dungähnlichen Düften angelockt und stürzen in eine **Falle**, aus der sie erst nach erfolgreicher Bestäubung entlassen werden. **Fallenblumen** haben sich **parallel** in verschiedenen Verwandtschaftskreisen entwickelt, wobei die bauliche Konstruktion in erstaunlicher Detailgenauigkeit übereinstimmt.
- **Pilzmückenblumen** täuschen Pilze als Eiablagesubstrat vor und können ebenfalls als Falle konstruiert sein.
- **Sexualtäuschblumen** ahmen Bienen- und Fliegenweibchen nach, die von **paarungsbereiten Männchen** angeflogen werden. Sie kommen fast

ausschließlich bei **Orchideen** vor. Obgleich die Tiere lernfähig sind, ist der Paarungstrieb zu stark, um die Attrappen zu meiden. Erst wenn die eigenen Weibchen schlüpfen, lassen die Männchen von den Blüten ab.

• Zeitkorrelationen
Die **Interaktion** von Tieren und Blumen beruht nicht nur auf struktureller und physiologischer Passung, sondern auch auf einem richtigen **Timing** der Blütenprozesse und Verhaltensweisen der Tiere. Für eine **erfolgreiche Bestäubung** müssen Blühzeitpunkt und Aufblühfolge (**Phänologie**), **Nektarsekretion**, **Duftemission** und **Farbwechsel**, **Gestaltveränderungen** und **Sexualphasen** der Pflanze **genau** mit dem **Aktivitätsmuster** und der **Motivation** der Tiere abgestimmt und synchronisiert sein.

• Blumenstile
Blumenstile sind Merkmalssyndrome, die die spezifische Anpassung von Blumen an bestimmte Bestäubergruppen charakterisieren.
- **Käfer und Blumen (Cantharophile):** Käfer weisen **kaum Anpassungen** an Blüten auf. Sie haben kurze **beißende Mundwerkzeuge** und sind **oft** auf offenen Blüten und Blütenständen zu finden (**Generalisten**). Anpassungen an die Käferbestäubung erfolgen überwiegend einseitig von der Pflanze aus. In **mediterranen** Gegenden treten gehäuft Napfblumen mit schwarzen Käfermalen auf (*painted bowls*); in den **Tropen** haben sich Blumen entwickelt, die Käfer **temporär** gefangen halten.
- **Fliegen und Blumen (Myiophilie):** Fliegen sind sehr divers und bestäuben ganz unterschiedliche Blumen. Kleinstfliegen sind oft Adressaten von Fallenblumen, kurzrüsselige Fliegen sind unspezialisiert und suchen generalistische Blumen auf. Größere Fliegen mit längeren oder langen Mundwerkzeugen beuten Bienen- und Falterblumen aus.
- **Falter und Blumen (Psycho-, Phaleno-, Spingophilie):** Falterblumen sind **Nektarblumen**. In Anpassung an den **langen Saugrüssel** der Schmetterlinge weisen sie meist eine lange, enge Röhre und einen Sitzplatz auf (**Stieltellerblüte**). **Tagfalterblumen** sind bunt und blühen tagsüber, während **Nachtfalterblumen** intensiv duften und am Abend oder nachts blühen. Schwärmer beuten die Blüten im **Schwirrflug** aus.
- **Bienen und Blumen (Melittophilie):** Bienen sind weltweit die **wichtigsten** und **häufigsten** Bestäuber. Sie haben spezialisierte **Pollensammelapparate** und **Saugrüssel** entwickelt und leben **solitär** oder **sozial**. Die **Honigbiene** ist nur eine Art unter vielen Tausend Bienen. Sie gehört zu den **ökonomisch** bedeutsamesten. **Nutztieren**; ihre Massenhaltung

ist jedoch ökologisch bedenklich. Demgegenüber spielen **Wildbienen** für den Erhalt von Biodiversität eine unverzichtbar. e Rolle. **Bienenblumen** sind oft blau oder gelb, tragen Saftmale, sind zygomoph (**Lippen-, Schiffchenblumen**), verbergen Pollen und Nektar und weisen spezialisierte **Bestäubungsmechanismen** auf. Neben Pollen und Nektar bieten sie fette **Öle** und **Parfüm** als Lockstoff an.

- **Vögel und Blumen (Ornithophilie):** Vogelblumen kommen nur in den (Sub-)Tropen vor, wo sie **Kolibris** (Neue Welt), **Nektarvögeln** (altweltliche Tropen) oder **Honigfressern** (Australien) das ganze Jahr über Nahrung anbieten. Da Vögel keinen Pollen sammeln, tragen sie effektiver als Bienen zum Pollentransfer bei. Das dürfte ein Grund dafür sein, dass in vielen Sippen der Blütenpflanzen ein Wechsel von der Bienen- zur Vogelblütigkeit stattgefunden hat. Vogelblumen sind oft rot, groß und robust. Sie produzieren viel dünnflüssigen Nektar und duften nicht.
- **Säugetiere und Blumen:** Unter den Säugetieren sind die **Fledertiere** (Flughunde, Fledermäuse: **Chiropterophilie**) die wichtigste Bestäubergruppe. Die Tiere sind nachtaktiv und werden vom fruchtig-muffigen Duft der Blumen angelockt. Die Blumen sind stammblütig (**kauliflor**), hängen an langen Stielen aus dem Laub herab (**penduliflor**) oder stehen frei exponiert. Sie sind **robust** gebaut und weisen überwiegend die Form von weit offenen **Glockenblumen** oder **Pinselblumen** auf. Zu den nichtfliegenden Säugetieren zählen vor allem **Nager**, **Rüsselspringer** und **Beuteltiere**, die vom Boden erreichbare Blüten und Blütenstände aufsuchen. Primaten und weitere Säugetiere treten vereinzelt als Bestäuber auf. Viele Bestäuber sind **nachtaktiv**.

- Bestäubungsmechanismen

Bestäubungsmechanismen ermöglichen eine spezifische Form der Pollenübertragung, bei der die **Blütenkonstruktion** eine besondere Rolle spielt. In vielen Fällen benötigen die Bestäuber physische **Kraft**, um den Zugang zum Nektar zu öffnen. Die geforderten Kräfte liegen im moderaten Bereich oder tragen, wie bei den **Schiffchenblumen** der **Fabaceae**, zur **Spezialisierung** auf kräftige Bestäuberarten bei. Die Bestäubungsmechanismen sind **reversibel** oder irreversibel (‚**explosive** Pollenübertragung') und beruhen auf verschiedenen physikalischen Prinzipien. **Staminale Hebelmechanismen**, **reversible Schiffchenblumen** und **Pollenschleudern** sind **mehrfach parallel** entstanden und demonstrieren eindrucksvoll die **morphologische Vielfalt** hinter einem übereinstimmenden **Funktionsprinzip**. Der reversible **Turgormechanismus** der Stylidiaceae, die irreversible Griffelbewegung der Marantaceae und der Klemmfallenmechanismus der Apocynaceae kennzeichnen dagegen Synapomorphien der genannten Familien.

Blüten mit komplexen Bestäubungsmechanismen weisen eine hohe **Synorganisation** und **Synchronisation** auf. Die Blütenorgane entwickeln sich in einer **aufeinander abgestimmten** Weise und bilden in der adulten Blüte eine einzige, gemeinsame **Funktionseinheit**.

- Anemophilie

Der Übergang von der Tier- zur Windbestäubung ist oftmals **parallel** erfolgt. Er wird durch **Bestäubermangel** und windexponierte **Standorte** begünstigt:

- Windblütige Pflanzen weisen meist **keine Blütenhülle** und **keine Reiz- und Lockmittel** auf. Sie bilden kleine, einfach gebaute, überwiegend **monokline** Blüten, die meist in Blütenständen zusammenstehen. In Anpassung an die ungerichtete Bestäubung produzieren sie sehr **viel staubigen Pollen**. Pollenkitt ist nur in Resten vorhanden oder fehlt, sodass die Pollenkörner einzeln (als **Monaden**) verweht werden.
- Die Entlassung des Pollens wird durch **elastische Filamente**, natürliche **Vibration** der Stamina oder **explosive** Pollenfreisetzung gefördert. Der Erfolg des Pollentransfers hängt von der **Windgeschwindigkeit** und **Schwebefähigkeit** des Pollens ab. Das **Auffangen** des Pollens wird von vergrößerten und gut exponierten Narben gewährleistet. Es wird durch die Konstruktion des Blütenstandes gefördert.
- Windbestäubung ist für die meisten Familien der **Grasartigen** (Poales) charakteristisch. Diese sind die Hauptbestandteile der **Grasländer** der Erde. Darüber hinaus treten einzelne windblütige Arten oder Gattungen auch in zoophilen Verwandtschaftskreisen auf. Fälle von einer sekundären **Rückkehr zur Zoophilie** sind ebenfalls bekannt.
- **Ambophile** Pflanzen werden von Tieren und vom Wind bestäubt. Sie stellen ein evolutionär **stabiles Stadium** dar oder zeigen den **Übergang** zur Windbestäubung an.

- Hydrophilie

Wasserblütigkeit ist **selten** und tritt nur bei **Wasserpflanzen** weniger Verwandtschaftskreise auf. Sie ist **mehrfach parallel** im **Süß- und Salzwasser** entstanden. Ähnlich wie bei den Anemophilen sind die Blüten einfach, stark reduziert und überwiegend **monoklin**. Sie befinden sich entweder **unter Wasser** oder an der **Wasseroberfläche**:

- Die Bestäubungswahrscheinlichkeit an der Wasseroberfläche ist höher als unter Wasser. Unter Mitwirkung des Windes treiben entweder **unbenetzbare** staminate **Blüten** oder **Pollenflöße** auf der Oberfläche und werden im Nahbereich von der Oberflächenspannung des Wassers zu den karpellaten Blüten hingezogen. Manche Pflanzen blühen nur bei Niedrigwasser und erhöhen die Wahrscheinlichkeit der Bestäubung im beschränkten Raum von Ebbetümpeln.

> — Die **Unterwasserbestäubung** hat sich vor allem im Meer entwickelt. Der **Pollen** ist oft (extrem) **fädig** und von einer **Schleimhülle** umgeben – beides fördert die Schwebefähigkeit und die Zusammenlagerung des Pollens zu großen Verbänden. Die Narben sind stark **vergrößert**, die Anzahl der Samenanlagen ist gering.

Literatur

Abrahamczyk S, Kessler M (2015) Morphological and behavioural adaptations to feed on nectar: how feeding ecology determines the diversity and composition of hummingbird assemblages. J Ornithol 156:333–347

Ajani Y, Claßen-Bockhoff R (2019) Reproductive ecology of *Seseli ghafoorianum* (Apiaceae) restricted to rocky cliffs in Iran. Turk J Bot 43:343–357

Almeida EAB, Bossert S, Danforth BN, Porto DS, Freitas FV, Davis CC, Murray EA, Blaimer BB, Spasojevic T, Ströher PR, Orr MC, Packer L, Brady SG, Kuhlmann M, Branstetter MG, Pie MR (2023) The evolutionary history of bees in time and space. Current Biology 33:3409–3422

Arcangeli G (1883) Osservazioni sull' impollinazione in alcune Aracee. Nuovo G Bot Ital 15:72–97

Arditti J (1966) Orchids. Sci Am 214:70–81

Armbruster WS (1984) The role of resin in angiosperm pollination: ecological and chemical considerations. Am J Bot 71:1409–1160

Armbruster WS, Webster GL (1979) Pollination of two species of *Dalechampia* (Euphorbiaceae) in Mexico by euglossine bees. Biotropica 11:278–283

Armbruster WS, Edwards ME, Debevec EM (1994) Floral character displacement generates assemblage structure of Western Australian triggerplants (*Stylidium*). Ecology 75:315–329

Armbruster WS, Hansen TF, Pélabon C, Pérez-Barrales R, Maad J (2009) The adaptive accuracy of flowers: measurement and microevolutionary patterns. Ann Bot 103:1529–1545

Armbruster WS, Pélabon C, Bolstad GH, Hansen TF (2014) Integrated phenotypes: understanding trait covariation in plants and animals. Philos Trans R Soc Lond Ser B Biol Sci 369:20130245

Arroyo MTK (1981) Breeding systems and pollination biology in Leguminosae. In: Polhill RM, Raven PH (Hrsg) Advances in legume systematics. Part 2. Royal Botanic Gardens, Kew, S 723–769

Attenborough D (2005) The private life of plants. Episode 3: Flowering. BBC Worldwide Ltd.BBCDVD1235

Ayasse M, Stökl J, Francke W (2011) Chemical ecology and pollinator-driven speciation in sexually deceptive orchids. Phytochemistry 72:1667–1677

Barrett SCH (1983) Crop mimicry in weeds. Econ Bot 37:255–282

Barth FG (1982) Biologie einer Begegnung. Die Partnerschaft der Insekten und Blumen. Deutsche Verlagsanstalt, Stuttgart

Barthlott W (1995) Mimikry. Nachahmung und Täuschung im Pflanzenreich. Biol unserer Zeit 25:74–82

Bayerisches Landesamt für Umwelt (2014) Beeinflusst der Klimawandel die Jahreszeiten in Bayern? Antworten der Phänologie, Augsburg

Beach JH (1982) Beetle pollination of *Cyclanthus bipartitus* (Cyclanthaceae). Am J Bot 69:1074–1081

Berkefeld K (1988) Untersuchungen zur Ökotypenbildung bei *Galium aparine* L. (Rubiaceae) und *Lapsana communis* L. (Compositae). Flora 181:111–130

Bernhardt P (2000) Convergent evolution and adaptive radiation of beetle-pollinated angiosperms. Plant Syst Evol 222:293–320

Bertsch A (1975) Blüten – lockende Signale. Maier, Ravensburg

Biedinger N, Barthlott W (1993) Untersuchungen zur Ultraviolettreflexion von Angiospermenblüten. I. Monocotyledoneae. Trop Subtrop Pflanzenwelt 86:7–122

Bolten AB, Feinsinger P, Baker HG, Baker I (1979) On the calculation od sugar concentration in flower nactar. Oecologia 41:301–304

Brantjes NBM (1982) Pollen placement and reproductive isolation between two Brazilian *Polygala* species (Polygalaceae). Plant Syst Evol 141:41–52

Brantjes NBM, de Vos OC (1981) The explosive release of pollen in flowers of *Hyptis* (Lamiaceae). New Phytol 87:425–430

Brown WL, Wilson EO (1956) Character displacement. Syst Zool 5:49–64

Buchmann SL (1983) Buzz pollination in angiosperms. In: Jones CE, Little RJ (Hrsg) Handbook of experimental pollination biology. Van Nostrand Reinhold Company, New York, S 73–113

Bull-Hereñu K, Ronse De Craene L, Pérez F (2016) Flower meristematic size correlates with heterostylous morphs in two Chilean *Oxalis* (Oxalidaceae) species. Flora 22:14–21

Burger R (2018) Wildbienen first – unsere wichtigsten Bestäuber und die Konkurrenz mit dem Nutztier Honigbiene. Pollichia 34:14–19

Cairampoma L, Haag S, Wester P, Schramme J, Neumeyer C, Claßen-Bockhoff R (2017) How blue *Salvia* s.l. flowers exclude bees. In: Başer HC (ed) Lamiaceae 2017. Abstracts. Nat Vol Essent Oils (4)2/64

Camargo MGG, Lunau K, Batalha MA, Brings S, Brito VLG, Morellato LPC (2018) How flower colour signals allure bees and hummingbirds: a community-level test of the bee avoidance hypothesis. New Phytol. https://doi.org/10.1111/nph.15594

Carthew SM, Goldingay RL (1997) Non-flying mammals as pollinators. Trends Ecol Evol 12:104–108

Castellanos MC, Wilson P, Thomson JD (2004) ,Anti-bee' and ,probird' changes during the evolution of hummingbird pollination in *Penstemon* flowers. J Evol Biol 17:876–885

Celep F, Atalay Z, Dikmen F, Doğan M, Claßen-Bockhoff R (2014) Flies as pollinators of melittophilous *Salvia* species (Lamiaceae). Am J Bot 101:2148–2159

Celep F, Atalay Z, Dikmen F, Doğan M, Sytsma KS, Claßen-Bockhoff R (2020) Pollination ecology, specialization, and genetic isolation in sympatric bee pollinated *Salvia* (Lamiaceae). Int J Plant Sci 181:800–811

Chase MW, Cameron KM, Freudenstein JV, Pridgeon AM, Salazar G, van den Berg C, Schuiteman A (2015) An updated classification of Orchidaceae. Bot J Linn Soc 177:151–174

Chinga J, Pérez F, Claßen-Bockhoff R (2020) The role of heterochrony in *Schizanthus* flower evolution – a quantitative analysis. Perspect Plant Ecol Evol Syst 49(2021):125591

Chittka L (1992) The colour hexagon: a chromaticity diagram based on photoreceptor excitations as a generalized representation of colour opponency. J Comp Physiol A 170:533–543

Chittka L, Menzel R (1992) The evolutionary adaptation of flower colours and the insect pollinators' colour vision. J Comp Physiol A 171:171–181

Chittka L, Waser NM (1997) Why red flowers are not invisible for bees. Isr J Plant Sci 45:169–183

Clark JL, Herendeen PS, Skog LE, Zimmer EA (2006) Phylogenetic relationships and generic boundaries in the Episcieae (Gesneriaceae) inferred from nuclear, chloroplast, and morphological data. Taxon 55:313–366

Claßen R (1987) Morphological adaptations for bird pollination in *Nicolaia elatior* (Jack) Horan (Zingiberaceae). Gardens' Bull (Singapore) 40:37–43

Claßen-Bockhoff R (1991) Untersuchungen zur Konstruktion des Bestäubungsapparates von *Thalia geniculata* (Marantaceae). Bot Acta 74:183–193

Claßen-Bockhoff R (2017) Stamen construction, development and evolution in *Salvia* s.l. Nat Volat Essent Oils 4:28–48

Claßen-Bockhoff R, Armstrong JA, Ohligschläger M (1991) The inflorescences of the Australian genera *Diplolaena* R.Br. and *Chorilaena* Endl. (Rutaceae). Aust J Bot 39:31–42

Claßen-Bockhoff R, Celep F, Ajani Y, Frenken L, Reuther K, Doğan M (2023) Dark-centered umbels in Apiaceae: diversity, development, and evolution. AoB Plants (eingereicht) 15:1–31

Claßen-Bockhoff R, Crone M, Baikova W (2004a) Stamen development in *Salvia* L.: homology reinvestigated. Int J Plant Sci 165:475–498

Claßen-Bockhoff R, Frankenhäuser H (2020) The ‚male flower' of *Ricinus communis* (Euphorbiaceae) interpreted as a multi-flowered unit. Front Cell Dev Biol 8:313. https://doi.org/10.3389/fcell.2020.00313

Claßen-Bockhoff R, Gröteke M, Jerominek M, Pischtschan E (2019) Explosive style movements in Fabaceae and Marantaceae. Structural diversity behind a similar mechanism. In: Timonin AC, Sokoloff DD (Hrsg) Plant anatomy: traditions and perspectives. MAKS, Moskau, S 44–45

Claßen-Bockhoff R, Heller A (2008a) Floral synorganization and secondary pollen presentation in four Marantaceae from Costa Rica. Int J Plant Sci 169:745–760

Claßen-Bockhoff R, Heller A (2008b) Style release experiments in four species of Marantaceae from the Golfo Dulce area, Costa Rica. Stapfia 88:557–571.

Claßen-Bockhoff R, Speck T, Tweraser E, Wester P, Thimm S, Reith M (2004b) The staminal lever mechanism in *Salvia* L. (Lamiaceae): a key innovation for adaptive radiation? Org Divers Evol 4:189–205

Claßen-Bockhoff R, Wester P, Tweraser E (2003) The staminal lever mechanism in *Salvia* (Lamiaceae): a review. Plant Biol 5:33–41

Claudel C (2021) The many elusive pollinators in the genus *Amorphophallus*. Arthropod Plant Interact 15:833–844

Cocucci A (1989) El mecanismo floral de *Schizanthus* (Solanaceae). Kurtziana 20:113–132

Cocucci AA, Marino S, Baranzelli M, Wiemer AP, Sérsic A (2014) The buck in the milkweed: evidence of male–male interference among pollinaria on pollinators. New Phytol 203:280–286

Colwell RK (1986) Community biology and sexual selection: lessons from hummingbird flower mites. In: Case TJ, Diamond J (Hrsg) Ecological communities. Harper and Row, New York, S 406–424

Coombs G, Dold AP, Brassine EI, Peter CI (2012) Large pollen loads of a South African asclepiad do not interfere with the foraging behaviour or efficiency of pollinating honey bees. Naturwissenschaften 99:545–552

Córdoba SA, Cocucci AA (2011) Flower power: its association with bee power and floral functional morphology in papilionate legumes. Ann Bot 108:919–931

Córdoba SA, Cocucci AA (2017) Does hardness make flower love less promiscuous? Effect of biomechanical floral traits on visitation rates and pollination assemblages. Arthropod Plant Interact 11:299–305

Cox PA (1993) Bestäubung im Wasser. Spektr Wiss 1993:32–38

Cozzolino S, Widmer A (2006) Orchid diversity: an evolutionary consequenbce of deception? Trends Ecol Evol 20:487–494

Cronk Q, Ojeda I (2008) Bird-pollinated flowers in an evolutionary and molecular context. J Exp Bot 59:715–727

Cruden RW (1977) Pollen-ovule ratios: a conservative indicator of breeding systems in flowering plants. Evolution 31:32–46

Culley TM, Weller SG, Sakai AK (2002) The evolution of wind pollination in angiosperms. Trends Ecol Evol 17:361–369

Dafni A, Bernhardt P, Schmida A, Ivri Y, Greenbaum S, O'Toole C, Losito L (1990) Red bowl-shaped flowers: convergence for beetle pollination in the Mediterranean region. Isr J Bot 39:81–92

Darwin C (1862) On the various contrivances by which British and foreign orchids are fertilised by insects, and on the good effects of intercrossing. Murray, London

Darwin C (1876) The effects of cross and self fertilisation in the vegetable kingdom. Murray, London

Daumann E (1963) Zur Frage nach dem Ursprung der Hydrogamie. Zugleich ein Beitrag zur Blütenökologie von *Potamogeton*. Prslia 35:23–30

Dellinger AS, Penneys DS, Staedtler YM, Fragner L, Weckwerth W, Schönenberger J (2014) A specialised bird pollination system with a bellows mechanims for pollen transfer and staminal food body rewards. Curr Biol 24:1615–1619

Delpino F (1867) Sugli apparecchi della fecondazione nele piante antocarpee. Cellini, Firenze

Delpino F (1868–1875) Ulteriori osservazioni e considerazioni sulla dichogamia nel regno vegetale. I. Atti della Società italiana di scienze naturle Milano 11:265–332

Diggle PK (2002) A developmental morphologist perspective on plasticity. Evol Ecol 16:267–283

Dobat K, Peikert-Holle T (1985) Blüten und Fledermäuse. Kramer, Frankfurt am Main

Dodson CH (1962) Pollination and Variation in the Subtribe Catasetinae (Orchidaceae). Ann Mo Bot Gard 49:35–56

Dodson CH, Dressler RL, Hills HG, Adams RM, Williams NH (1969) Biologically active compounds in orchid fragrances. Science 164:1243–1249

Dressler RL (1968) Pollination by euglossine bees. Evolution 22:202–210

Dressler RL (1981) The orchids. Natural history and classification. Harvard University Press, Cambridge, MA/London. Deutsche Übersetzung 1987. Die Orchideen. Ulmer, Stuttgart.

Drew BT, González-Gallegos JG, Xiang CL, Kriebel R, Drummond CP, Walker JB, Sytsma KJ (2017) *Salvia* united: the greatest good for the greatest number. Taxon 66:133–145

Dutton EM, Frederickson ME (2012) Why ant pollination is rare: new evidence and implications of the antibiotic hypothesis. Arthropod Plant Interact 6:561–569

Dworaczek E, Claßen-Bockhoff R (2016) ‚False resupination' in the flower-pairsof *Thalia* (Marantaceae). Flora 221:65–74

Dyer AG, Garcia JE, Shrestha M, Lunau K (2015) Seeing in colour: a hundred years of studies on bee vision since the work of the Nobel Laureate Karl von Frisch. Proc Roy Soc Victoria 127:66–72

Edwards J, Whitaker D, Klionsky S, Laskowski MJ (2005) A record-breaking pollen catapult. Nature 435:164

Eichler AW (1878) Blüthendiagramme. 2. Teil. Engelmann, Leipzig [Nachdruck 1954, Koeltz, Eppenheim]

Ellis AG, Johnson SD (2010) Floral mimicry enhances pollen export: the evolution of pollination by sexual deceit outside of the Orchidaceae. Am Nat 176:E143–E151

Eltz T, Sager A, Lunau K (2005) Juggling with volatiles: exposure of perfumes by displaying male orchid bees. J Comp Physiol A 191:575–581

Endress ME, Schumann-Liede S, Meve U (2014) An updated classification for Apocynaceae. Phytotaxa 159:175–194

Endress PK (1992) Zu Christian Konrad Sprengels Werk nach zweihundert Jahren. Vierteljahresschr Naturforsch Ges Zürich 137:227–233

Endress PK (1994) Diversity and evolutionary biology of tropial flowers. Cambridge University Press, Cambridge

Endress PK (2016) Development and evolution of extreme synorganization in angiosperm flowers and diversity: a comparison of Apocynaceae and Orchidaceae. Ann Bot 117:749–767

Engelmann G (1872) The flower of *Yucca* and its fertilization. Bull Torrey Bot Club 3:33

Faegri K, van der Pijl L (1980) The principles of pollination ecology, 3. Aufl. Pergamon Press, Oxford

FAO (Food and Agriculture Organization of the United Nations). http://www.fao.org/pollination/en/

Fenster CB, Armbruster WS, Wilson P, Dudash MR, Thomson JD (2004) Pollination syndromes and floral specialization. Annu Rev Ecol Evol Syst 35(1):375–403

Findlay GP, Findlay N (1975) Anaomy and movement of the column in *Stylidium*. Aust J Plant Physiol 2:597–621

Fleming TF, Etcheverry AV (2017) Comparing the efficiency of pollination mechanisms in Papilionoideae. Arthropod Plant Interact 11:273–283

Fragoso-Martínez I, Martínez-Gordillo M, Salazar GA, Sazatornil F, Jenks AA, del Rosario García Peña M, Barrera-Aveleida G, Benitez-Vieyra S, Magallón S, Cornejo-Tenorio G, Granados Mendoza C (2017) Phylogeny of the Neotropical sages (*Salvia* subg. *Calosphace*; Lamiaceae) and insights into pollinator and area shifts. Plant Syst Evol 304:43–55

Friedman J, Barrett SCH (2008) A phylogenetic analysis of the evolution of wind pollination in the angiosperms. Int J Plant Sci 169:49–58

Friedman J, Barrett SCH (2009) Wind of change: new insights on the ecology and evolution of pollination and mating in wind-pollinated plants. Ann Bot 103:1515–1527

Galil J (1977) Fig biology. Endeavour 1:52–56

Galil J, Eisikowitch D (1968) On the pollination ecology of *Ficus sycomorus* in East Africa. Ecology 49:259–269

Galil J, Eisikowitch D (1974) Further studies on pollination ecology in *Ficus sykomorus*. II. Pocket filling and emptying in *Ceratosolen arabicus* Magr. New Phytol 73:515–528

Galil J, Zeroni M (1965) Nectar system of *Asclepias curassavica*. Bot Gaz 126:144–148

Galil J, Zeroni M (1969) On the organization of the pollinium in *Asclepias curassavica*. Bot Gaz 130:1–4

Galloni M, Cristofolini G (2003) Floral rewards and pollination in Cytiseae (Fabaceae). Plant Syst Evol 238:127–137

Garibaldi LA, Stefan-Dewenter I, Winfree R, Aizen MA, Klein AM et al (2013) Wild pollinators enhance fruit set of crops regardless of honey bee abundance. Science 339:1608–1611

Givnish TJ, Zuluaga A, Spalink D, Soto Gomez et al. (2018) Monocot plastid phylogenomics, timeline, net rates of species diversification, the power of multi-gene analyses, and a functional model for the origin of monocots. Am J Bot 105:1888–1910

Goebel K (1924) Die Entfaltungsbewegungen der Pflanzen und deren teleologische Deutung. Fischer, Jena

Goldblatt P, Manning JC (2000) The long-proboscid fly pollination system in Southern Africa. Ann Mo Bot Gard 87:146–170

Goldblatt P, Manning JC, Bernhardt P (1995) Pollination Biology of *Lapeirousia* Subgenus *Lapeirousia* (Iridaceae) in Southern Africa. Floral Divergence and Adaptation for Long-Tongued Fly Pollination. Ann Mo Bot Gard 82:517–534

Goldsmith K, Goldsmith T (1982) Sense of smell in the black-chinned hummingbird. Condor 84:237–238

Good R (1956) Features of evolution in the flowering plants. Longmans, London

Gottsberger G (1984) Pollination strategies in brazilian *Philodendron* species. Ber Deut Bot Ges 97:391–410

Gottsberger G (1989) Beetle pollination and flowering rhythm of *Annona* spp. (Annonaceae) in Brazil. Plant Syst Evol 167:165–187

Gottsberger G (1992) Diversität der Bestäubung und Reproduktionsbiologie von ursprünglichen Angiospermen. Stapfia 28:11–27

Gottsberger G, Silberbauer-Gottsberger I (2006) Life in the Cerrado. A south American tropical ecosystem. Vol. II. Pollination and seed dispersal. Reta, Ulm

Gould SJ (1977) Ontogeny and phylogeny. Belknap Press, Cambridge

Goulson D (2003) Effects of introduced bees on native ecosystems. Annu Rev Ecol Evol Syst 34:1–26

Govaerts R, Kennedy H (2016) World checklist of Marantaceae. Facilitated by the Royal Botanic Gardens, Kew. https://apps.kew.org/wcsp/. Zugegriffen am 23.01.2016

Grant KA (1966) A hypothesis concerning the prevalence of red colouration in California hummingbird flowers. Am Nat 100:85–97

Grant KA, Grant V (1964) Mechanical isolation of *Salvia apiana* and *Salvia mellifera* (Labiatae). Evolution 18:196–212

Grant V (1994a) Modes and origin of mechanical and ethological isolation in angiosperms. Proc Natl Acad Sci USA 91:3–10

Grant V (1994b) Mechanical and ethological isolation between *Pedicularis groenlandica* and *P. attollens* (Scrophulariaceae). Biol Zentralbl 113:43–51

Grant V, Grant KA (1965) Flower pollination in the phlox family. Columbia University Press, New York/London

Gu L, Luo Z, Zhang D, Renner SS (2010) Passerine pollination of *Rhodoleia championii* (Hamamelidaceae) in subtropical China. Biotropica 42:336–341

Guerin G (2005) Floral biology of *Hemigenia* and *Microcorys* (Lamiaceae). Aust J Bot 53:147–162

Hagemann W (1999) Towards an organismic concept of land plants. The marginal blastozone and the development of the vegetation body of selected frondose gametophytes of liverworts and ferns. Plant Syst Evol 216:81–133

Hallgrímsson B, Jamniczky H, Young NM, Rolian C, Parsons TE, Boughner JC, Marcucio RS (2009) Deciphering the palimpsest: studying the relationship between morphological integration and phenotypic covariation. Evol Biol 36:355–376

Hallmann CA, Sorg M, Jongejans E, Siepel H, Hofland N, Schwan H, Stenmans W, Müller A, Sumser H, Hörren T, Goulson D, de Kroon H (2017) More than 75 percent decline over 27 years in total flying insect biomassin protected areas. PLoS ONE 12(10):e0185809. https://doi.org/10.1371/journal.pone.0185809

Harder LD (2000) Pollen dispersal and the floral diversity of monocotyledons. In: Wilson KL, Morrison DA (Hrsg) Monocots. CSIRO, Melbourne, S 243–257

Harder LD, Johnson SD (2008) Function and evolution of aggregated pollen in angiosperms. Int J Plant Sci 169:59–78

Harder LD, Thomson JD (1989) Evolutionary options for maximizing pollen dispersal of animal-pollinated plants. Am Nat 133:323–344

Harder LD, Wilson WG (1994) Floral evolution and male reproductive success: Optimal dispensing schedules for pollen dispersal by animal-pollinated plants. Evol Ecol 8:542–559

Harder LD, Jordan CY, Gross WE, Routley MB (2004) Beyond floricentrism: the pollination function of inflorescences. Plant Species Biol 19:137–148

Hardy CR, Stevenson DW (2000) Development of the gametophytes, flower, and floral vasculature in *Cochliosterna odoratissirnurn* (Commelinaceae). Bot J Linn Soc 134:131–157

Heinrich B (1979) Bumblebee economics. Harvard University Press, Cambridge

von Helversen D, von Helversen O (1999) Object recognition by echolocation: a nectar-feeding bat expoiting the flowers of a rain forest vine. J Comp Physiol A 189:327–336

von Helversen D, Winter Y (2003) Glossophagine bats and their flowers: costs and benefits for plants and pollinators. In: Kunz TH, Fenton MB (Hrsg) Bat ecology. University of Chicago Press, Chicago, S 346–397

Herre EA, Jandér KC, Machado CA (2008) Evolutionary ecology of figs and their associates: recent progress and outstanding puzzles. Annu Rev Ecol Evol Syst 39:439–458

Heß D (1983) Die Blüte. Eine Einführung in Struktur und Funktion, Ökologie und Evolution der Blüten. Ulmer, Stuttgart

van Heusden ECH (1992) Flowers of Annonaceae: morphology, classification, and evolution. Blumea Suppl 7:1–218

Heyerdahl T (1974) Expedition Ra. Mit dem Sonnenboot in die Vergangenheit. Rowohlt, Reinbek

Hickman JC (1974) Pollination by ants: a low energy system. Science 184:1290–1292

Hildebrand F (1867) Federigo Delpino's Beobachtungen über die Bestäubungsvorrichtungen bei den Phanerogamen. Mit Zusätzen und Illustrationen. Bot Zeitung 36:281–287

Hill AW (1939) Resupination studies of flowers and leaves. Ann Bot 3:871–887

Hollens H, van der Niet T, Cozien R, Kuhlmann M (2017) A spurious inference: Pollination is not more specialized in long-spurred than in spurless species in *Diascia-Rediviva* mutualisms. Flora 232(73):82

Hübenthal JA, Krämer M, Claßen-Bockhoff R (2003) Mechanical isolation among sympatric hummingbird pollinated *Alloplectus* species (Gesneriaceae) in the Ecuadorian cloud forest. Palmarum Hortus Francofurtensis 7:170. https://archive.org/details/palmarumhortusfr00palm

Imhoof M, Lieckfeld CP (2013) More than honey. Vom Leben und Überleben der Bienen. Orange Press, Freiburg

Irwin RE, Bronstein JL, Manson JS, Richardson L (2010) Nectar robbing: ecological and evolutionary perspectives. Annu Rev Ecol Evol Syst 41:271–292

Jacobs GH, Fenwick JA, Williams GA (2001) Cone-based vision of rats for ultraviolet and visible lights. J Exp Biol 204:2439–2446

Jacobs W, Renner M (1974) Taschenlexikon der Biologie der Insekten. Fischer, Stuttgart

Jerominek M, Claßen-Bockhoff R (2015) Electrical signals in prayer plants (Marantaceae)? Insights into the trigger mechanism of the explosive style movement. PLoS One 10:e0126411. https://doi.org/10.1371/journal.pone.0126411

Jerominek M, Claßen-Bockhoff R (2024) What keeps the style under tension? Experimental tests to understand the biomechanics of the explosive style movement in Marantaceae. JPR https://doi.org/10.1007/s10265-024-01535-2

Jerominek M, Will M, Claßen-Bockhoff R (2018) Insights into the inside – a quantitative histological study of the explosively moving style in Marantaceae. Front Plant Sci 9:1695. https://doi.org/10.3389/fpls.2018.01695

Johnson SD (2010) The pollination niche and its role in the diversification and maintenance of the southern African flora. Philos Trans R Soc B 365:499–516

Johnson SD, Midgley JJ (1997) Fly pollination of *Gorteria diffusa* (Asteraceae), and a possible mimetic function for dark spots on the capitulum. Am J Bot 84:429–436

Johnson SD, Nicolson SW (2008) Evolutionary associations between nectar properties and specificity in bird pollination systems. Biol Lett 4:49–52

Johnson SD, Wester P (2017) Stefan Vogel's analysis of floral syndromes in the South African flora: an appraisal based on 60 years of pollination studies. Flora 232:200–206

Johnson SD, Peter CI, Ellis AG, Boberg E, Botes C, van der Niet T (2011) Diverse polination systems of the twin-spurred orchid genus *Satyrium* in African grasslands. Plant Syst Evol 292:95–103

Jones EN (1931) The morphology and biology of *Ceratophyllum demersum*. Stud Nat Hist Iowa Univ 13:11–55

Jordà G, Marbà N, Duarte CM (2012) Mediterranean seagrass vulnerable to regional climate warming. Nat Clim Chang 2:821–824

Jürgens A, Wee SL, Shuttleworth A, Johnson SD (2013) Chemical mimicry of insect oviposition sites: a global analysis of convergence in angiosperms. Ecol Lett 16:1157–1167

Kennedy H (2000) Diversification in pollination mechanisms in the Marantaceae. In: Wilson KL, Morrison DA (Hrsg) Monocots: systematics and evolution. CSIRO, Melbourne, S 335–343

Kephart S, Theiss K (2003) Pollinator-mediated isolation in sympatric milkweeds (*Asclepias*): do floral morphology and insect behavior influence species boundaries? New Phytol 161:265–277

Kerner von Marilaun A (1891) Pflanzenleben. 2. Band. Geschichte der Pflanzen. Bibliographisches Institut, Leipzig/Wien

Kevan PG, Lane MA (1985) Flower petal mictrotexture as a tactile cue for bees. Proc Natl Acad Sci USA 82:4750–4752

Klinkhamer PGL, de Jong TJ (1993) Attractiveness to pollinators: a plant's dilemma. Oikos 66:180–184

Koch L, Lunau K, Wester P (2017) To be on the safe site – ungroomed spots on the bee's body and their importance for pollination. PLoS ONE 12(9):e0182522. https://doi.org/10.1371/journal.pone.0182522

de Kock C, Minnaar C, Lunau K, Wester P, Verhoeven C, Schulze MJ, Randle MR, Robson C, Bolus RH, Anderson B (2018) The functional role of the keel crest in *Polygala myrtifolia* (Polygalaceae) and its effects on pollinator visitation success. S Afr J Bot 118:105–111

Krauss SL, Phillips RD, Karron JD, Johnson SD, Roberts DG, Hopper SD (2017) Novel consequences of bird pollination for plant mating. Trends Plant Sci 22:395–410

Kriebel R, Drew B, González-Gallegos JG, Celep F, Heeg L, Mahdjoub MM, Sytsma KJ (2020) Pollinator shifts, contingent evolution, and evolutionary constraint drive floral disparity in *Salvia* (Lamiaceae): evidence from morphometrics and phylogenetic comparative methods. Evolution. https://doi.org/10.1111/evo.14030

Kugler H (1970) Blütenökologie. Fischer, Stuttgart

Kükenthal W, Renner M (1980) Leitfaden für das Zoologische Praktikum, 18. Aufl. Fischer, Stuttgart

Kullenberg B (1961) Studies on *Ophrys* pollination. Zool Bidrag Från Upps 34:1–340

Kunze H (1982) Morphogenese und Synorganisation des Bestäubungsapparates einiger Asclepiadaceen. Beitr Biol Pflanz 56:133–179

Kunze H (1984) Comparative studies of the flower in Cannaceae and Marantaceae. Flora 175:301–318

Kunze H (1995) Bau und Funktion der Asclepiadaceenblüte. Phyton 35:1–24

Kunze J, Gumbert A (2001) The combined effect of color and odor on flower choice behaviour of bumble bees in flower mimicry systems. Behav Ecol 12:447–456

Kuo J, Kirkman H (1990) Anatomy of viviparous seagrasses seedlings of *Amphibols* and *Thalassodendron* and their nutrient supply. Bot Mar 33:117–126

Kwak MM (1978) Pollination, hybridisation and ethological isolation of *Rhinanthus minor* and *R. serotinus* (Rhinanthoideae: Scrophulariaceae) by bumblebees (*Bombus* Latr.). Taxon 27:145–158

Larkin RA, Grauman HO (1954) Anatomical structure of the *Alfalfa* flower and an explanation of the tripping mechanism. Bot Gaz 116:40–52

Leins P, Erbar C (2007) Blüte und Frucht, 2., überarb. Aufl. Schweizerbart, Stuttgart

Leppik EE (1955) *Dichromena ciliata*, a noteworthy entomophilous plant among Cyperaceae. Am J Bot 42:455–458

Leppik EE (1969) Morphogenic classification of flower types. Phytomorphology 18:45–466

Les DH, Moody ML, Soros CL (2006) A reappraisal of phylogentic relationships in the Monocotyledon family Hydrocharitaceae (Alismatidae). Aliso 22:211–230

Lev-Yadun S, Inbar M (2002) Defensive ants, aphid and caterpillar mimicry in plants? Biol J Linn Soc 77:393–398

Ley A, Claßen-Bockhoff R (2009) Pollination syndromes in African Marantaceae. Ann Bot 104:41–56

Ley A, Claßen-Bockhoff R (2011) Ontogenetic and phylogenetic diversification in Marantaceae. In: Wanntorp L, Ronse De Craene LP (Hrsg) Flowers on the tree of life. Cambridge University Press, Cambridge, S 236–255

Ley A, Claßen-Bockhoff R (2012) Floral synorganization and its influence on mechanical isolation and autogamy in Marantaceae. Bot J Linn Soc 168:300–322

Ley A, Claßen-Bockhoff R (2013) Breeding system and fruit set in African Marantaceae. Flora 208:532–537

Li P, Johnston MO (2000)Heterochrony in plant evolutionary studies through the twentieth century. Bot Rev 66:57–88

Lieberei R, Reisdorf C (2012) Nutzpflanzen, 8. Aufl. (begr von W. Franke). Thieme, Stuttgart

Linder HP (2000) Pollen morphology and wind pollination in angiosperms. In: Harley MM, Morton CM, Blackmore S (Hrsg) Pollen and spores: morphology and biology. Royal Botanic Gardens, Kew, S 73–88

Linder HP, Midgley J (1996) Anemophilous plants select pollen from their own species from the air. Oecologia 108:85–87

Lindsey AH (1984) Reproductive biology of Apiaceae. I Floral visitors to *Thaspium* and *Zizia* and their importance in pollination. Am J Bot 71:375–387

Linnaeus C (1751) Philosophia botanica: in qua explicantur fundamenta botanica cum definitionibus partium, exemplis terminorum, observationibus rariorum, adiectis figuris aeneis. Kiesewetter, Stockholm

Lopez J, Rodriguez- Riano T, Ortega-Olivencia A, Devesa JA, Ruiz T (1999) Pollination mechanisms and pollen-ovule ratios in some Genisteae (Fabaceae) from Southwestern Europe. Plant Syst Evol 216:23–47

LPWG (Legume Phylogeny Working Group) (2013) Legume phylogeny and classification in the 21st century: progress, prospects and lessons for other species-rich clades. Taxon 62:217–248

de Luca PA, Vallejo-Marin M (2013) What's the ‚buzz‘ about? The ecology and evolutionary significance of buzz-pollination. Curr Opin Plant Biol 16:429–435

Lunau K (1988) Angeborenes und erlerntes Verhalten beim Blütenbesuch von Schwebfliegen – Attrappenversuche mit *Eristalis pertinax* (Scopoli) (Diptera, Syrphidae). Zool Jahrb Physiol 92:487–499

Lunau K (2004) Adaptive radiation and coevolution – pollination biology case studies. Org Divers Evol 4:207–224

Lunau K (2011) Warnen. Tarnen. Täuschen. Mimikry und Nachahmung bei Pflanze, Tier und Mensch. Völlig überarbeitete Neuauflage. Wissenschaftliche Buchgesellschaft, Darmstadt

Lunau K (2014) Visual ecology of flies with particular reference to colour vision and colour preferences. J Comp Physiol A 200: 497–512

Macior LW (1982) Plant community and pollinator dynamics in the evolution of pollination mechanisms in *Pedicularis* (Scrophulariceae). In: Armstrong JA, Powell JM, Richards AJ (Hrsg) Pollination and Evolution. Royal Botanic Gardens, Sydney, S 29–45

Maloof JE. Inouye DW (2000) Are nectar robbers cheaters or mutualists?. Ecology, 81(10), 2651–2661

Martínez-Harms J, Vorobyev M, Schorn J, Shmida A, Keasar T, Homberg U, Schmeling F, Menzel R (2012) Evidence of red sensitive photoreceptors in *Pygopleurus israelitus* (Glaphyridae: Coleoptera) and its implications for beetle pollination in the southeast Mediterranean. J Comp Physiol A 198:451–463

Mayr G (2004) Old World fossil record of modern type hummingbirds. Science 304:861–864

Mayr G (2005) Fossil hummingbirds in the Old World. Biologist 52:12–16

Mayr G, Wilde V (2014) Eocene fossil is earliest evidence of flower-visiting by birds. Biol Lett 10:20140223. https://doi.org/10.1098/rsbl.2014.0223

McKenna MA, Thomson JD (1988) A technique for sampling and measuring small amounts of floral nectar. Ecology 69:1306–1307

McMahon M, Hufford L (2002) Developmental morphology and structural homology of corolla-androecium synorganisation in the tribe Amorphae (Fabaceae: Papilionoideae). Am J Bot 89:1884–1898

Meeuse BJD (1961) The story of pollination. Ronald Press, New York

Meeuse BJD, Morris S (1984) Blumen-Liebe. Sexualität und Entwicklung der Pflanzen. DuMont, Köln

Menzel R (1987) Farbensehen blütenbesuchender Insekten. KFA, Jülich

Michener CD (2007) The bees of the world, 2. Aufl. Johns Hopkins University Press, Baltimore

Mitko L, Weber MG, Ramírez SR, Hedenström E, Wcislo WT, Eltz T (2016) Olfactory specialization for perfume collection in male orchid bees. J Exp Biol 219:1467–1475

Mönch C (1910) Über Griffel und Narbe einiger Papilionaceae. Beihefte Bot Centralblattes 27:83–126

Müller A, Diener S, Schnyder S, Stutz K, Sedivy C, Dorn S (2006) Quantitative pollen requirements of solitary bees: Implications for bee conservation and the evolution of bee-flower relationships. Biol Conserv 130:604–515

Müller B, Glösmann M, Peichl L, Knop GC, Hagemann C, Ammermüller J (2009) Bat eyes have ultraviolet-sensitive cone photoreceptors. PLoS ONE 4(7):e6390. https://doi.org/10.1371/journal.pone.0006390

Naghiloo S (2020) Patterns of symmetry expression in Angiosperms: developmental and evolutionary lability. Front Ecol Evol 8:104. https://doi.org/10.3389/fevo.2020.00104

Naghiloo S, Claßen-Bockhoff R (2017) Developmental changes in time and space promote evolutionary diversification of flowers: a case study in Dipsacoideae. Front Plant Sci 8:1665. https://doi.org/10.3389/fpls.2017.01665

Nagy KA, Odell DK, Seymour RS (1972) Temperature regulation by the inflorescenc of *Philodenron*. Science 178:1195–1197

Ne'eman G, Jürgens A, Newstrom-Lloyd L, Potts SG, Dafni A (2010) A framework for comparing pollinator performance: effectiveness and efficiency. Biol Rev 85:435–451

van der Niet T, Johnson SD (2012) Phylogenetic evidence for pollinator-driven diversification of angiosperms. Trends Ecol Evol 27:353–361

Niklas KJ (1987) Die Aerodynamik der Windbestäubung. Spektr Wiss 1978:104–110

Niklas KJ (1992) Plant biomechanics. An engineering approach to plant form and function. University of Chicago Press, Chicago/London

Nilsson LA (1979) Anthecological studies on the lady's slipper, *Cypripedium calceolus* (Orchidaceae). Bot Notiser 132:329–347

Nilsson LA (1988) The evolution of flowers with deep corolla tubes. Nature 334:147–149

Nilsson LA, Rabakonandrianina E, Pettersson B, Grünmeier R (1993) Lemur pollination in the malagasy rainforest liana *Strongylodon cravenieae* (Leguminosae). Evol Trends Plants 7:49–56

Ödeen A, Håstad O (2013) The phylogenetic distribution of ultraviolet sensitivity in birds. BMC Evol Biol 13:36. http://www.biomedcentral.com/1471-2148/13/36

Ollerton J, Alarcón R, Waser NM, Price MV, Watts S, Cranmer L, Hingston A, Peter CI, Rotenberry J (2009) A global test of the pollination syndrome hypothesis. Ann Bot 103:1471–1480

Osche G (1979) Zur Evolution optischer Signale bei Blütenpflanzen. Biol unserer Zeit 9:161–170

Ott D, Hühn P, Claßen-Bockhoff T (2016) *Salvia apiana* – a carpenter flower? Flora 221:82–91

Paulus HF (2019) Speciation, pattern recognition and the maximization of pollination: general questions and answers given by the reproductive biology of the orchid genus *Ophrys*. J Comp Physiol A 205:285–300

Paulus HF, Gack C (1990) Pollinators as prepollinating isolation factors: evolution and speciation in Ophrys (Orchidaceae). Isr J Plant Sci 39:43–79

Pauw A (2006) Floral syndromes accurately predict pollination by a specialized oil-collecting bee (*Rediviva peringueyi*, Melittidae) in a guild of South African orchids (Coryciinae). Am J Bot 93: 917–926

Peakall R (1990) Responses of male *Zaspilothynnus trilobatus* Turner wasps to females and the sexually deceptive orchid it pollinates. Funct Ecol 4:159–167

Peakall R, Beattie AJ, James SH (1987) Pseudocopulation of an orchid by male ants: a test of two hypotheses accounting for the rarity of ant pollination. Oecologia 73:522–524

Peakall R, Handel SN, Beattie AJ (1991) The evidence for, and importance of, ant pollination. In: Huxley CR, Cutler DF (Hrsg) Ant-plant interactions. Oxford University Press, Oxford, S 421–429

Pellmyr O (2003) Yuccas, yucca moths, and coevolution: a review. Ann Mo Bot Gard 90:35–55

Philbrick CT, Les DH (1996) Evolution of aquatic angiosperm reproductive systems. What is the balance between sexual and asexual reproduction in aquatic angiosperms? Bioscience 46:813–826

van der Pijl L (1936) Fledermäuse und Blumen. Flora 131:1–40

Piperno D, Sues HD (2005) Dinosaurs dined on gras. Science 310:1126–1128

Pischtschan E, Claßen-Bockhoff R (2008) The setting-up of tension in the style of Marantaceae. Plant Biol 10:441–450

Pischtschan E, Ley AC, Claßen-Bockhoff R (2010) Ontogenetic and phylogenetic diversification of the hooded staminodes in Marantaceae. Taxon 59:1111–1125

Pohl F (1933) Untersuchungen über die Bestäubungsverhältnisse der Traubeneiche. Beihefte Bot Centralblatt 51:693–696

Pohl F (1937) Die Pollenerzeugung der Windblütler. Beihefte Bot Centralblatt 56:365–470

Porsch O (1923) Blütenstände als Vogelblumen. Österr Bot Z 72:125–149

Porsch O (1931) *Crescentia* – eine Fledermausblume. Österr Bot Z 80:31–44

Porsch O (1934) Säugetiere als Blumenausbreiter und die Frage der Säugetierblume. I. Biol Generalis 10:657–685

Prasad V, Strömberg CAE, Alimohammadin H, Sahni A (2005) Dinosaur coprolithes and the early evolution of grasses and grazers. Science 310:1177–1180

Prenner G, Box MS, Cunniff J, Rudall PJ (2008) Branching stamens of *Ricinus* and the homologies of the angiosperm stamen fascicle. Int J Plant Sci 169:735–744

Quint M, Claßen-Bockhoff R (2006) Floral ontogeny, petal diversity and nectary uniformity in Bruniaceae. Bot J Linn Soc 150:459–477

Raguso RA (2004) Why are some floral nectars scented? Ecology 85:1486–1494

Ramírez SR, Eltz T, Fujiwara MK, Gerlach G, Goldmann-Huertas B, Tsutsuri ND, Pierce NE (2011) Asynchronous diversification in a specialized plant-pollinator mutualism. Science 333:1742–1746

Ramirez W (1974) Coevolution of *Ficus* and Agaonidae. Ann Mo Bot Gard 61:770–780

Reith M, Zona S (2016) Nocturnal flowering and pollination of a rare Caribbean sage, *Salvia arborescens* (Lamiaceae). Neotrop Biodivers 2:115–123

Reith M, Claßen-Bockhoff R, Speck T (2006) Biomechanics of *Salvia* flowers: the role of lever and flower tube in specialization on pollinators. In: Herrel A, Speck T, Rowe NP (Hrsg) Ecology and biomechanics – a mechanical approach to the ecology of animals and plants. Taylor & Francis, Boca Raton, S 123–145

Renner SS (2006) Rewardless flowers in the angiosperms and the role of insect cognition in their evolution. In: Waser N, Ollerton J (Hrsg) Plant-pollinator interactions: from specialization to generalization. University of Chicago Press, Chicago, S 123–144

Renner SS, Schaefer H (2010) The evolution and loss of oil-offering flowers: new insights from dated phylogenies for angiosperms and bees. Philos Trans R Soc B 365:423–435

Renz-Rathfelder S (1968) Vom Duft der Pflanzen. Der Palmengarten, Begleitheft zur Informationsausstellung im Palmengarten 1986

Renz-Rathfelder S (1990) Pflanze und Farbe. Sonderheft 14. Palmengarten. Stadt Frankfurt. Frankfurt am Main

Romero GA, Nelson CE (1986) Sexual Dimorphism in *Catasetum* orchids: forcible pollen emplacement and male flower competition. *Science* 232:1538–1540

Rose MJ, Barthlott W (1994) Coloured pollen in Cactaceae: a mimetic adaptation to hummingbird-pollination? Bot Acta 107:402–406

Rourke J, Wiens D (1977) Converent floral evolution in South African and Australian Proteaceae and its possible bearing on pollination by nonflying mammals. Ann Mo Bot Gard 64:1–17

Sann M, Niehuis O, Peters RS, Mayer C, Kozlov A, Podsiadlowski L, Bank S, Meusemann K, Misof B, Bleidorn C, Ohl M (2018) Phylogenomic analysis of Apoidea sheds new light on the sister group of bees. BMC Evol Biol 18:71. https://doi.org/10.1186/s12862-018-1155-8

Sazatornil F, Fornoni J, Fragoso-Martínez I, Perez-Ishiwara R, Benitez-Vieyra S (2023) Did early shifts to bird pollination impose constraints on Salvia flower evolution? Evolution 77:636–645

Schäffler I, Steiner KE, Haid M, van Berkel SS, Gerlach G, Johnson SD, Wessjohann L, Dötterl S (2015) Diacetin, a reliable cue and private communication channel in a specialized pollination system. Sci Rep 5:12779. https://doi.org/10.1038/srep12779

Scheuchl E, Schwenninger HR, Burger R, Diestelhorst O, Kuhlmann M, Saure C, Schmid-Egger C, Silló, N. (2023) Die Wildbienenarten Deutschlands – Kritisches Verzeichnis und aktualisierte Checkliste der Wildbienen Deutschlands (Hymenoptera, Anthophila). Anthophila 1: 25–138.

Schiestl FP (2005) On the success of a swindle: pollination by deception in orchids. Naturwissenschaften 92:255–264

Schiestl FP (2015) Ecology and evolution of floral volatile-mediated information transfer in plants. New Phytol 206:571–577

Schlindwein C, Wittmann D, Martins CF, Hamm A, Siqueira JA, Schiffler D, Machado IC (2005) Pollination of *Campanula rapunculus* L. (Campanulaceae): how much pollen flows into pollination and into reproduction of oligolectic pollinators? Plant Syst Evol 250:147–156

Schremmer F (1955) Über anormalen Blütenbesuch und das Lernvermögen blütenbesuchender Insekten. Österr Bot Z 102:551–571

Schremmer F (1960) *Acanthus mollis*, eine europäische Holzbienenblume. Österr Bot Z 107:84–105

Schremmer F (1969) Morphologische Anpassungen von Tieren – insbesondere Insekten an die Gewinnung von Blumennahrung. Verh Dtsch Zool Gesch 55:375–401

Schuchmann KL (1999) Family Trochilinae (Hummingbirds). In: Del Hoyo J, Elliot A, Sargatal J (Hrsg) Handbook of the birds of the world, Bd 5. Lynx, Barcelona, S 468–680

Sharkey CR, Fujimoto MS, Lord NP, Shin S, McKenna DD, Suvorov A, Martin GJ, Bybee SM (2017) Overcoming the loss of blue sensitivity through opsin duplication in the largest animal group, beetles. Sci Rep 7:8. https://doi.org/10.1038/s41598-017-00061-7

Shuttleworth A, Johnson SD (2009) A key role for floral scent in a wasp-pollination system in *Eucomis* (Hyacinthaceae). Ann Bot 103:715–725

Silló N, Claßen-Bockhoff R (2024) A multitude of bee pollinators in a phenotypic specialist -pollinator diversity from the plant's perspective. Flora 312,152461.

Skotheim JM, Mahadevan L (2005) Physical limits and design principles for plant and fungal movements. Science 308:1308–1310

Sprengel CK (1793) Das entdeckte Geheimnis der Natur im Bau und in der Befruchtung der Blumen. Vieweg, Berlin. (Nachdruck 1972; Engelmann, Leipzig)

Steiger SS, Fidler AE, Valcu M, Kempenaers B (2008) Avian olfactory receptor gene repertoires: evidence for a well-developed sense of smell in birds? Proc R Soc B Biol Sci 275:2309–2318

Steinbach G (1981) Die Blumen unserer Heimat. Deutscher Bücherbund, Stuttgart

Steiner KE (1998) Beetle pollination of peacock moraeas (Iridaceae) in South Africa. Plant Syst Evol 209:47–65

Steiner KE, Whitehead VB (1990) Pollinator adaptation to oil-secreting flowers – *Rediviva* and *Diascia*. Evolution 44:1701–1707

Stevens PF (2001 onwards) Angiosperm phylogeny website. Version 14, July 2017. http://www.mobot.org/MOBOT/research/APweb/

Stiles FG (1975) Ecology, flowering phenology, and hummingbird pollination of some Costa Rican *Heliconia* species. Ecology 56:285–301

Stiles FG (1978) Ecological and evolutionary implications of bird pollination. Am Zool 18:715–727

Stöbbe J, Schramme J, Claßen-Bockhoff R (2016) Training experiments with *Bombus terrestris* and *Apis mellifera* on artificial ‚Salvia‘ flowers. Flora 221:92–99

Surina B, Balant M, Glasnović P, Gogala A, Fišer Ž, Satovic Z, Liber Z, Radosavijević I, Classen-Bockhoff, R (2024) Lack of pollinators selects for increased selfing, restricted gene flow and resource allocation in the rare Mediterranean sage *Salvia brachyodon*. Scientific Reports, 14(1), 5017.

Suzuki N (2003) Significance of flower exploding pollination on the reproduction of the Scotch broom, *Cytisus scoparius* (Leguminosae). Ecol Res 18:523–532

Tanaka N, Uehara K, Murata J (2004) Correlation between pollen morphology and pollination mechanisms in the Hydrocharitaceae. J Plant Res 117:265–276

Teeling EC, Springer MS, Madsen O, Bates P, O'Brien SJ, Murphy WJ (2005) A molecular phylogeny for bats illuminates biogeography and the fossil record. Science 307:580–584

Thomas MM, Rudall PJ, Ellis AG, Savolainen V, Glover BJ (2009) Development of a complex floral trait: The pollinator-attracting petal spots of the beetly faisy, *Gorteria diffusa* (Asteraceae). Am J Bot 96:2184–2196

Thomson JD, Wilson P, Valenzuela M, Malzone M (2000) Pollen presentation and pollination syndromes, with special reference to *Penstemon*. Plant Species Biol 15:11–29

Timerman D, Barrett SCH (2018) Divergent selection on the biomechanical properties of stamens under wind and insect pollination. Proc R Soc B 285:20182251. https://doi.org/10.1098/rspb.2018.2251

Troll W (1929) *Roscoea purpurea* Sm., eine Zingiberacee mit Hebelmechanismus in den Blüten. Mit Bemerkungen über die Entfaltung der fertilen Staubblätter von *Salvia*. Planta 7:1–28

Troll W (1931) Botanische Mitteilungen aus den Tropen: II. Zur Morphologie und Biologie von *Enhalus acoroides* (Linn. f) Rich. Flora 125:427–456

Troll W (1957) Praktische Einführung in die Pflanzenmorphologie. 2. Teil: Die blühende Pflanze. Fischer, Jena [Nachdruck 1976, Koeltz, Königstein/Taunus]

de Vega C, Herrera CM, Dötterl S (2014) Floral volatiles play a key role in specialised ant pollination. Perspect Plant Ecol Evol Syst 16:32–42

Verhoeven C, Ren ZW, Lunau K (2018) False-colour photography: a novel digital approach to visualize the bee view of flowers. J Pollination Ecol 23:102–118

Vicens N, Bosch J (2000) Pollinating efficacy of *Osmia cornuta* and *Apis mellifera* (Hymenoptera: Megachillidae, Apidae) on ‚Red Delicious‘ apple. Environ Entomol 29:235–240

Vogel S (1954) Blütenbiologische Typen als Elemente der Sippengliederung, dargestellt anhand der Flora Südafrikas. Bot Stud 1:1–388

Vogel S (1961) Die Bestäubung der Kesselfallenblumen von *Ceropegia*. Beitr Biol Pflanz 36:159–237

Vogel S (1963a) Duftdrüsen im Dienste der Bestäubung. Über Bau und Funktion der Osmophoren. Abh Math-Naturwiss Kl Akad Wiss Mainz 10:600–763

Vogel S (1963b) Das sexuelle Anlockungsprinzip der Catasetineen- und Stanhopeen-Blüten und die wahre Funktion ihres sogenannten Futtergewebes. Österr Bot Z 110:308–337

Vogel S (1965) Kesselfallen-Blumen. Umschau 1965(1):12–17

Vogel S (1966) Parfümsammelnde Bienen als Bestäuber von Orchidaceen und *Gloxinia*. Österr Bot Z 113:302–361

Vogel S (1968/1969) Chiropterophilie in der neotropischen Flora. Neue Mitteilungen I-III. Flora 157:562–602 (1968), Flora 158:185–222 (1969a), Flora 158:289–323 (1969b)

Vogel S (1974) Ölblumen und ölsammelnde Bienen. Tropische und subtropische Pflanzenwelt 7. Abhandlung der Mathematisch-Naturwissenschaftlichen Klasse. Akademie der Wissenschaften Mainz. Steiner, Stuttgart

Vogel S (1975) Mutualismus und Parasitismus in der Nutzung von Pollenträgern. Verh Dtsch Zool Ges 1975:102–110

Vogel S (1977) Nektarien und ihre ökologische Bedeutung. Apidologie (Paris) 8:321–335

Vogel S (1978) Pilzmückenblumen als Pilzmimeten I, II. Flora 167:329–398

Vogel S (1980) Florengeschichte im Spiegel blütenökologischer Erkenntnisse. Rheinisch-Westfälische Akademie der Wissenschaften. Vorträge N 291. Westdeutscher, Opladen

Vogel S (1984) The *Diascia* flower and its bee an oil-based symbiosis in Southern Africa. Acta Bot Neerl 33:509–518

Vogel S (1986) Ölblumen und ölsammelnde Bienen. 2. Folge: *Lysimachia* und *Macropis*. Tropische und subtropische Pflanzenwelt. 54. Abhandlung der Mathematisch-Naturwissenschaftlichen Klasse. Akademie der Wissenschaften Mainz. Steiner, Stuttgart

Vogel S (1990) Ölblumen und ölsammelnde Bienen. 3. Folge. *Momordica*, *Thladiantha* und die Ctenoplectridae. Tropische und subtropische Pflanzenwelt. 73. Abhandlung der Mathematisch-Naturwissenschaftlichen Klasse. Akademie der Wissenschaften Mainz. Steiner, Stuttgart

Vogel S (1993) Betrug bei Pflanzen; Die Täuschblumen. Abhandlung der Mathematisch-Naturwissenschaftlichen Klasse. Akad Wiss Mainz 1993:1–48

Vogel S (2002) Ölblumen und ölsammelnde Bienen. Göttingen, IWF. https://doi.org/10.3203/IWF/Z-7083. (Videos)

Vogel S (2006) Floral syndromes: empirism versus typology. Bot Jahrb Syst 127:5–11

Vogel S, Martens J (2000) A survey of the function of the lethal kettle traps of *Arisaema* (Araceae), with records of pollinating fungus gnats from Nepal. Bot J Linn Soc 133:61–100

Vogel S, Michener CD (1985) Long bee legs and oil producing floral spurs, and a new *Rediviva* (Hymenoptera, Melittidae; Scrophulariaceae). J Kansas Entomol Soc 58:359–364

Vogel S, Westerkamp C, Thiel B, Gessner K (1984) Ornithophilie auf den Canarischen Inseln. Plant Syst Evol 146:225–248

Vorobyev M (2003) Coloured oil droplets enhance colour discrimination. Proc R Soc Lond B 270:1255–1261

Walker JB, Sytsma KL (2007) Staminal evolution in the genus *Salvia* (Lamiaceae): molecular phylogenetic evidence for multiple origins of the staminal lever. Ann Bot 100:375–391

Wang AY, Peng YQ, Harder LD, Huang JF, Yang DR, Zhang DY, Liao WJ (2019) The nature of interspecific interactions and co-diversification patterns, as illustrated by the fig microcosm. New Phytol 224:1304–1315

Warming E, Möbius M (1911) Handbuch der systematischen Botanik, 3. Aufl. Gebrüder Borntraeger, Berlin

Waser NM, Chittka L, Proce MV, Williams NM, Ollerton J (1996) Generalization in pollination systems, and why it matters. Ecology 77:1043–1060

Wasserthal LT (1997) The pollination of the Malagasy star orchids *Angraecum sequipedale, A. sororium* and *A. compactum* and the evolution of the extremely long spurs by pollinator shift. Bot Acta 110:343–359

Weber A (1992) *Nigella arvensis* – Blüte und Bestäubung. Film C 2238, Österreichisches Bundesinstitut für den Wissenschaftlichen Film, Wien. Begleitveröffentlichung. Wiss Film 44:53–60

Weber A, Gerlach G, Dötterl S (2019) Die großen wissenschaftlichen Leistungen von Stefan Vogel (1925–2015). Teil 5a. Öl statt Nektar – die Ölblumen (Allgemeine Aspekte). Palmengarten 82:49–61

Weberling F (1981) Morphologie der Blüten und der Blütenstände. Ulmer, Stuttgart

Weiss MR (1991) Floral color changes as cues for pollinators. Lett Nat 354:227–229

Weiss MR (1995) Floral colour change: a widespread functional convergence. Am J Bot 82:167–185

Weller SG, Sakai AK, Culley TM, Campbell DR, Dunbar-Walls AK (2006) Predicting the pathway to wind pollination: heritabilities and genetic correlations of inflorescence traits associated with wind pollination in *Schiedea salicaria* (Caryophyllaceae). J Evol Biol 19:331–342

Wester P (2010) Sticky snack for sengis: The Cape rock elephant-shrew, *Elephantulus edwardii* (Macroscelidea), as a pollinator of the Pagoda lily, *Whiteheadia bifolia* (Hyacinthaceae). Naturwissenschaften 97:1107–1112

Wester P (2011) Nectar feeding by the Cape rock elephant-shrew *Elephantulus edwardii* (Macroscelidea) – a primarily insectivore pollinates the parasite *Hyobanche atropurpurea* (Orobanchaceae). Flora 206:997–1001

Wester P (2014) Feeding on the wing: hovering in nectar-drinking Old World birds – more common than expected. Emu-Aust Ornithol 114:171–183

Wester P, Cairampoma L, Haag S, Schramme J, Neumeyer C, Claßen-Bockhoff R (2020) Bee exclusion in bird-pollinated Salvia flowers: the role of flower color versus flower construction. IJPS 181:770–786

Wetsre P, Claßen-Bockhoff R (2006a) Hummingbird pollination in Salvia haenkei (Lamiaceae) lacking the typical lever mechanism. Pl. Syst. Evol. 257:133–146

Wester P, Claßen-Bockhoff R (2006b) Bird pollination in South African *Salvia* species. Flora 201:396–406

Wester P, Claßen-Bockhoff R (2007) Floral diversity and pollen transfer mechanism in bird-pollinated *Salvia* species. Ann Bot 100:401–421

Wester P, Claßen-Bockhoff R (2011) Pollination syndromes of new world *Salvia* species with special reference to bird pollination. Ann Mo Bot Gard 98:101–155

Wester P, Johnson SD, Pauw A (2019) Scent chemistry is key in the evolutionary transition between insect and mammal pollination in African pineapple lilies. New Phytol 222:1624–1637

Westerkamp C (1990) Bird-flowers: hovering versus perching exploitation. Bot Acta 103:366–371

Westerkamp C (1991) Honeybees are poor pollinators – why? Plant Syst Evol 177:71–75

Westerkamp C (1993) The co-operation between the asymmetric flower of *Lathynu latifolius* (Fabaceae-Vicieae) and its visitors. Phyton 33:121–137

Westerkamp C (1996) Pollen in bee-flower relations. Some considerations on melittophily. Bot Acta 109:325–332

Westerkamp C (1997) Keel blossoms: Bee flowers with adaptations against bees. Flora 192:125–132

Westerkamp C (1999) Blüten und ihre Bestäuber. In: Zizka G, Schneckenburger S (Hrsg) Blütenökologie – faszinierendes Miteinander von Pflanzen und Tieren. Palmengarten Sonderheft, 31. Waldemar Kramer, Frankfurt am Main, S 25–47

Westerkamp C, Claßen-Bockhoff R (2007) Bilabiate flowers: the ultimate response to bees? Ann Bot 100:361–374

Westerkamp C, Gottsberger G (2000) Diversity pays in crop pollinatop. Crop Sci 40:1209–1222

Westerkamp C, Weber A (1999) Keel flowers of the Polygalaceae and Fabaceae: a functional comparison. Bot J Linn Soc 129:207–221

Westrich P (2019) Die Wildbienen Deutschlands, 2. Aufl. Ulmer, Stuttgart

Westrich P, Frommer U, Mandery K, Riemann H, Ruhnke H, Saure C, Voith J (2011) Rote Liste und Gesamtartenliste der Bienen (Hymenoptera, Apidae). Deutschlands. 5. Fassung, Stand. Naturschutz und Biologische Vielfalt 70:373–416

von Wettstein R (1901–1908) Handbuch der systematischen Botanik, 2 Bd. Deuticke, Leipzig/Wien

Whipple CJ, Zanis MJ, Kellogg EA, Schmidt RJ (2007) Conservation of B class gene expression in the second whorl of a basal grass and outgroups links the origin of lodicules and petals. Proc Natl Acad Sci USA 104:1081–1086

Whitaker DL, Webster LA, Edwards J (2007) The biomechanics of *Cornus canadenis* stamens are ideal for catapulting pollen vertically. Funct Ecol 21:219–225

Whitehead DR (1969) Wind pollination in the angiosperms: evolutionary and environmental considerations. Evolution 23:28–35

Wickler W (1968) Mimikry. Kindler, München

Wiens A, Rourke JP, Casper BB, Rickart EA, LaPine TR, Peterson CJ, Channing A (1983) Nonflying mammal pollination of Southern African Proteas: a non-coevolved system. Ann Mo Bot Gard 70:1–31

Will M, Claßen-Bockhoff R (2017) Time to split *Salvia* s.l. (Lamiaceae) – new insights from Old World *Salvia* phylogeny. Mol Phylogenet Evol 109:33–58

Wimp GM, Whitham TG (2001) Biodiversity consequences of predation and host plant hybridization on an aphid-ant mutualism. Ecology 82:440–452

Woodson RE (1954) The North American species of *Asclepias* L. Ann Mo Bot Gard 41:1–211

Wright GA, Schiestl FP (2009) The evolution of floral scent: the influence of olfactory learning by insect pollinators on the honest signalling of floral rewards. Funct Ecol 23:841–851

Wyatt R (1976) Pollination and fruit-set in *Asclepias*: a reappraisal. Am J Bot 63:845–851

Wyatt R (1981) Ant-pollination of the granite outcrop endemic *Diamorpha smallii* (Crassulaceae). Am J Bot 68:1212–1217

Zhang B, Claßen-Bockhoff R (2019) Sex-differential reproduction success and selection on floral traits in gynodioecious Salvia pratensis. BMC plant biology 19:1–10

Zhang ZQ, Kress WJ, Xie WJ, Ren PY, Gao JY, Li QJ (2011) Reproductive biology of two Himalayan alpine gingers (*Roscoea* spp., Zingiberaceae) in China: pollination syndrome and compensatory floral mechanisms. Plant Biol 13:582–589

Zimmermann Y, Ramírez SR, Eltz T (2009) Chemical niche differentiation among sympatric species of orchid bees. Ecology 90:2994–3008

Zuccon D, Prŷs-Jones R, Rasmussen PC, Ericson PGP (2012) The phylogenetic relationships and generic limits of finches (Fringillidae). Mol Phylogenet Evol 62:581–596

Zych M (2007) On flower visitors and true pollinators: the case of protandrous *Heracleum sphondylium* L. (Apiaceae). Plant Syst Evol 263:159–179

Samen, Früchte und Ausbreitung

Inhaltsverzeichnis

12.1 Samenbau und Nährgewebe – 961
12.1.1 Entstehung des Samens aus der Samenanlage – 961
12.1.2 Nährgewebe – 963
12.1.3 Samenschale – 964

12.2 Fruchtmorphologie – 967
12.2.1 Fruchtformen und Fruchtverbände – 969
12.2.2 Öffnungsfrüchte (Streufrüchte) – 971
12.2.3 Schließfrüchte – 979
12.2.4 Spaltfrüchte und Bruchfrüchte – 992

12.3 Ausbreitungsbiologie – 993
12.3.1 Evolution der Samen- und Fruchtausbreitung – 996
12.3.2 Zoochorie: Ausbreitung durch Tiere – 996
12.3.3 Anemochorie: Ausbreitung durch den Wind – 1003
12.3.4 Hydrochorie: Ausbreitung durch Wasser – 1011
12.3.5 Autochorie: Selbstausbreiter – 1015
12.3.6 Ausbreitungsbiologische Aspekte – 1021
12.3.7 Evolutionsbiologische Aspekte – 1023

Literatur – 1025

© Springer-Verlag GmbH Deutschland, ein Teil von Springer Nature 2024
R. Claßen-Bockhoff, *Die Pflanze*, https://doi.org/10.1007/978-3-662-65443-9_12

Trailer

Die sexuelle Fortpflanzung der Samenpflanzen schließt mit der Bildung und Ausbreitung von Samen und der erfolgreichen Etablierung von Keimpflanzen ab. Ausreichende Ausstattung der Samen mit Nährgewebe und Anpassungen an den Ausbreitungsvektor sichern den Reproduktionserfolg.

Das vorliegende Kapitel gibt einen Einblick in die Fruchtmorphologie und Ausbreitungsbiologie. Erstes Ziel ist es, das Grundwissen über die morphologische und biologische Vielfalt von Samen und Früchten zu vermitteln. Zahlreiche taxonomisch wichtige Merkmale zur Bestimmung von Arten und zur Rekonstruktion evolutionsbiologischer Prozesse stammen aus dem Bereich der Fruchtbildung. Darüber hinaus gehören Samen und Früchte zu den wichtigsten Nahrungsmitteln (◘ Abb. 12.1). Der alltägliche Umgang mit Früchten hat Bezeichnungen wie ‚Beere' und ‚Nuss' hervorgebracht, die sich von der botanischen Definition unterscheiden. Die Auflösung der nicht unerheblichen Sprachverwirrung ist ein weiteres Ziel des vorliegenden Kapitels.

Während bei den Gymnospermen ausschließlich Samen ausgebreitet werden, treten bei den Blütenpflanzen als Folge der Bedecktsamigkeit zusätzlich Früchte, Teilfrüchte, Spaltfrüchte und Fruchtverbände als Ausbreitungseinheiten (Diasporen) auf. Deren Vielfalt ist enorm. Sie basiert auf den Prozessen, die mit der Frucht- und Samenreife einhergehen: Samenbildung, Differenzierung der Fruchtwand und Bildung von Diasporen. Beispiele für die Ausbreitung durch Tiere, Wind und Wasser demonstrieren ebenso wie die Schleuder- und Explosionsmechanismen der Selbstausbreitung die strukturellen Anpassungen der Diasporen an die Art ihrer Ausbreitung. Die Vielzahl analoger Ähnlichkeiten und Musterwiederholungen auf unterschiedlichen Organisationsebenen geben einen Einblick in die Biologie der Pflanzen, der weit über den Gegenstand der Fruchtbildung und Ausbreitungsbiologie hinausgeht.

Die **Frucht** ist das **Gynoeceum im Zustand der Samenreife**. Ihre Entwicklung ist ein **Neuerwerb** der **bedecktsamigen Pflanzen** (Angiospermen), deren Samenanlagen sich im **Inneren** des Fruchtknotens befinden (► Abschn. 4.6.3, 5.6.7 und 10.5). Nach der Befruchtung entwickeln sich aus den Samenanlagen reife Samen und aus dem Gynoeceum die Frucht. Oft sind **Zusatzstrukturen** wie der Blütenboden oder die Blütenhülle an der Fruchtbildung beteiligt. Es ist daher auch üblich, die Frucht als **Blüte im Zustand der Samenreife** zu definieren (Knoll 1939). Mit der Fruchtbildung sind erhöhter **Schutz des Samens**, eine ausreichende **Nährstoffversorgung** und zahllose **Ausbreitungsmechanismen** verbunden.

Funktionell betrachtet sind die Früchte **Samenbehälter**. Sie dienen der Ausbreitung oder **Propagation** der Samen. Diese werden entweder nach Öffnung der Frucht einzeln ausgestreut (Öffnungsfrüchte; ► Abschn. 12.2.2) oder bleiben im Inneren geschlossener (Teil-)Früchte und werden mit diesen ausgebreitet (Schließ-, Spalt-, Bruchfrüchte; ► Abschn. 12.2.3 und 12.2.4). Die Ausbreitungseinheit heißt **Diaspore** (auch: Disseminule) und weist auf ihrer Oberfläche **Anpassungen** an die jeweilige Ausbreitungsart auf (► Exkurs 12.1 und Abschn. 12.3).

◘ **Abb. 12.1   Früchte sind von den Märkten der Welt nicht wegzudenken. a**, Obststand in Süditalien mit Erdbeeren, Aprikosen, Pfirsichen, Äpfeln, Ananas, Kirschen, Honigmelonen, Birnen, Wassermelonen, Kiwi und Apfelsinen. **b**, Marktverkäuferin mit Mangostanen (*Garcinia mangostane*, Clusiaceae). Indonesien (mit freundlicher Genehmigung). **c**, Kürbis (*Cucurbita maxima* ‚Red Hokkaido', Cucurbitaceae). Kultfrucht an Halloween. (© R. Claßen-Bockhoff, Mainz)

12.1 Samenbau und Nährgewebe

Der **Samen** ist die primäre Ausbreitungseinheit der Samenpflanzen. Er enthält den **Embryo**, der mit **Speicherstoffen** versorgt und durch die Samenschale (**Testa**) vor Austrocknung und mechanischer Beschädigung geschützt ist (▶ Abschn. 4.6.3).

Samen sind sehr vielgestaltig. Größe und Gewicht variieren von 0,1 mm und 0,002 mg (Staubsamen der Orchideen) bis etwa 40 cm und 20 kg (Samen im Steinkern der Seychellennuss; ◘ Abb. 12.28a, ▶ Exkurs 12.1).

12.1.1 Entstehung des Samens aus der Samenanlage

Nach der doppelten Befruchtung (▶ Abschn. 4.6.3) entwickelt sich aus der Samenanlage der reife Samen (◘ Abb. 12.2):

- Aus den **Integumenten** (iI, äI) entsteht die **Testa** (Te: grau), die den Embryo als **Samenschale** mechanisch

und chemisch schützt (▶ Abschn. 12.1.3). Die Öffnung an der Spitze der ehemaligen Samenanlage (**Mikropyle**) ist kaum noch sichtbar.
- Der diploide Nucellus (Nu, braun) geht in ein diploides Nährgewebe, das **Perisperm** (Pe), über oder wird restlos resorbiert.
- Im Embryosack entwickeln sich der **Embryo** (Em, orange) und das **sekundäre Endosperm** (sE, blau), das als **triploides** Nährgewebe besonders stoffwechselaktiv ist.
- Der Funiculus (Fu, Stiel der Samenanlage) fällt unter Hinterlassung einer Narbe, des **Hilums** (Hi), ab.

Je nach Bau der Samenanlage sind die Samen unterschiedlich orientiert. Innerhalb der beachtlichen Diversität unterscheidet man drei Hauptformen (▶ Abschn. 10.5.2):
- **Anatrope** Samen (▶ Abb. 10.43g, 10.44b, f und ◘ Abb. 12.2) sind zum Karpell hin gekrümmt. Dadurch liegen Mikropyle und Hilum nebeneinander. Der gemeinsame Abschnitt von Funiculus und Integument, die **Raphe** (▶ Abschn. 10.5.2), ist als

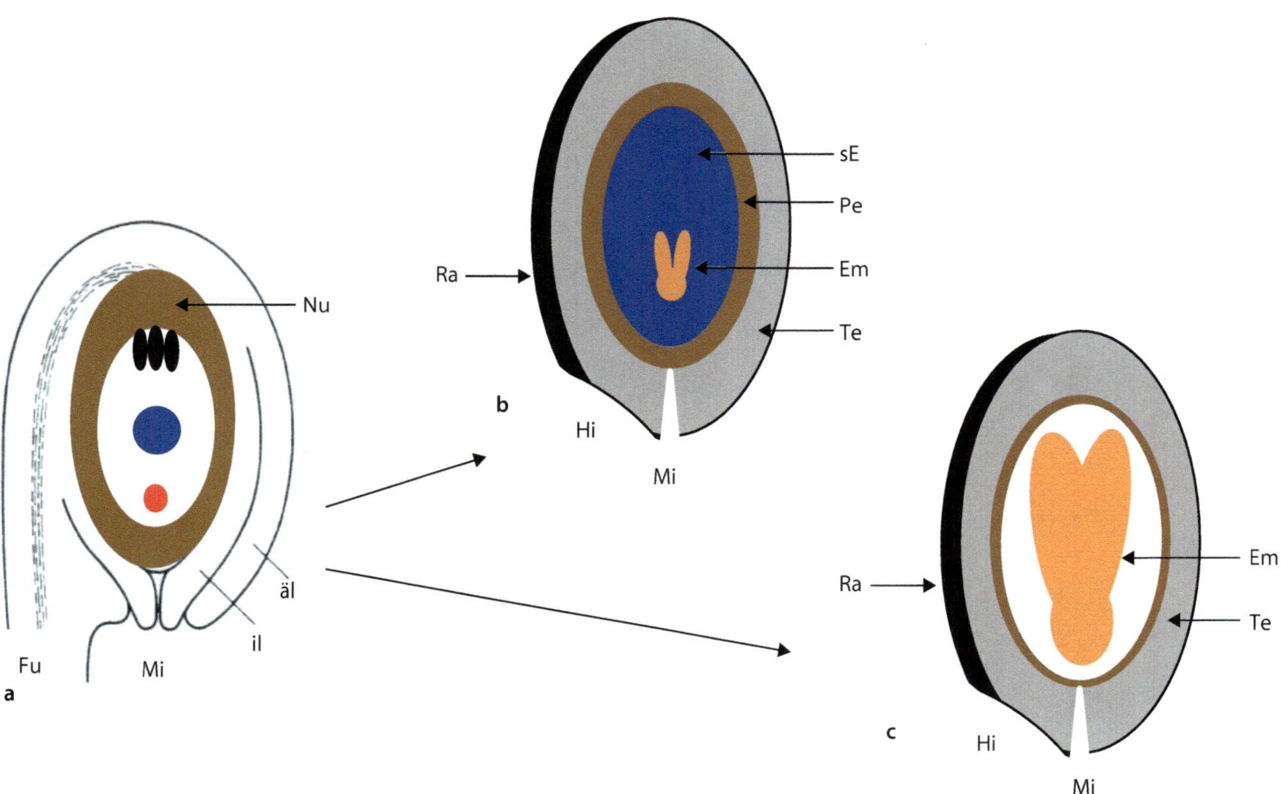

◘ **Abb. 12.2 Entwicklung des Angiospermensamens. a,** Anatrope Samenanlage nach doppelter Befruchtung. Die Synergiden sind zugrunde gegangen. Aus der befruchteten Eizelle geht die Zygote (rot) und aus der Fusion der beiden Polkerne mit dem zweiten Spermakern der sekundäre Endospermkern (blau) hervor. äI, äußeres Integument. Fu, Funiculus. iI, inneres Integument. Mi, Mikropyle. Nu, Nucellus (braun). **b, c,** Reife Samen. **b,** Embryo (orange) im Nährgewebe (sE, sekundäres Endosperm, blau). **c,** Embryo mit Speichercotyledonen (orange). Aus den Integumenten entwickelt sich die Samenschale (Te, Testa, grau), das Nucellusgewebe bildet das Perisperm (Pe, braun) (**b**) oder wird resorbiert (**c**). Die Mikropyle ist als kleine Öffnung erkennbar, der Funiculus fällt unter Hinterlassung einer Narbe (Hi, Hilum) ab. Die bandförmige Raphe (Ra) zeigt den Verlauf des Funicularnervs an. (© Original)

Streifen am Samen erkennbar (▪ Abb.12.5a und 12.27c: Ra). Der Embryo ist gerade und weist mit der Radicula zur Mikropyle und mit dem Sprossapikalmeristem (SAM) ins Innere des Samens.

— **Atrope** Samen stehen gerade in der Verlängerung des Funiculus (▶ Abb. 10.43c, c′). Hilum und Mikropyle liegen sich gegenüber, eine Raphe fehlt. Der Embryo ist wie bei anatropen Samen gerade.

▪ **Abb. 12.3** **Reservestoffspeicherung im Samen. a–c, Sekundäres Endosperm. a, b,** Kokospalme (*Cocos nucifera*, Arecaceae). **a,** Das flüssige, sekundäre Endosperm („Kokosmilch") liefert ein energiereiches Getränk. Java (mit freundlicher Genehmigung). **b,** Das ältere, zellulär organisierte Endosperm heißt Kopra und wird als ‚Kokosnuss' gegessen. **c,** Muskatnuss (*Myristica fragrans*, Myristicaceae). Querschnitt durch den Samen mit ruminiertem sekundärem Endosperm. **d–f, Speichercotyledonen. d,** Dicke Bohne (*Vicia faba*, Fabaceae). Kampylotroper Samen. *, Mikropyle, in nierenförmiger Einbuchtung. Fu, fleischiger Funiculus, über den der Samen mit dem Rand des Karpells verbunden ist. **e,** Cashewnuss (*Anacardium occi-* *dentale*, Anacardiaceae). Speichercotyledo mit vergleichsweiser kleiner Radicula und Sprossspitze (beides eingekreist); zweiter Cotyledo des Embryos entfernt. **f,** Walnuss (*Juglans regia*, Juglandaceae). Stark aufgewölbter Cotyledo mit anliegender, häutiger Testa. **g, h,** Paranussbaum (*Bertholletia excelsa*, Lecythidaceae). **g,** Nuss mit als ‚Paranüssen' bezeichneten, stark verholzten Samen (hineingelegt). **h,** Embryo im Längsschnitt (Samenschale entfernt); die obere Hälfte zeigt die Innenansicht mit dem Speichergewebe des Hypocotyls zwischen Radicula (Ra) und Sprossapikalmeristem (SAM), die untere die Außenansicht des Embryos. (© R. Claßen-Bockhoff, Mainz)

- **Kampylotrope** Samen (▶ Abb. 10.43d und 12.3d) haben eine nierenförmige Gestalt. Sie sind ebenso wie der Embryo gekrümmt. Mikropyle und Hilum liegen mittig in einer nierenförmigen Einbuchtung; seitlich neben dem Hilum ist eine kurze Raphe erkennbar.

12.1.2 Nährgewebe

Das Nährgewebe der Samenpflanzen heißt **Endosperm**. Es speichert Reservestoffe (Stärke, Fett, Proteine), die der Ernährung des Embryos dienen (▶ Abschn. 6.4.3). Die Nährstoffversorgung ist umso besser, je mächtiger und stoffwechselaktiver das Endosperm ist, wobei dessen Leistungsfähigkeit wesentlich von seinem **Ploidiegrad** (▶ Abschn. 2.4.4) abhängt.

Primäres Endosperm

Bei den **Gymnospermen** entspricht das Nährgewebe dem Megaprothallium, also dem Gewebe des Gametophyten, das den Embryosack komplett ausfüllt (◻ Abb. 12.4a: grün). Es ist **haploid** und meist **vor** der Befruchtung vorhanden (▶ Abschn. 4.6.2).

Sekundäres Endosperm

Bei den Blütenpflanzen wird das Nährgewebe erst **nach** der doppelten Befruchtung, also nur bei **Bedarf**, gebildet. Es entsteht aus der Fusion der beiden Polkerne mit einem Spermakern und heißt **sekundäres Endosperm** (◻ Abb. 12.2a, b: blau). Aufgrund seiner Entstehung aus drei haploiden Kernen ist es **triploid** und daher sehr viel stoffwechselaktiver als das primäre Endosperm der Gymnospermen. Man unterscheidet drei verschiedene Entstehungsweisen:

- Bei der sehr häufigen **zellulären** Endospermbildung setzt zeitgleich mit der Kernteilung die Zellwandbildung ein, und es entsteht ein festes Nährgewebe.
- Bei der **nukleären** Endospermbildung entsteht zunächst durch freie Kernteilungen eine polyenergide, flüssige Nährlösung. Ein Beispiel dafür liefert die Kokosnuss (*Cocos nucifera*, Arecaceae; ◻ Abb. 12.3a), deren ‚Kokosmilch‘ nichts anderes als flüssiges Endosperm ist. Erst mit der Zeit werden Zellwände eingezogen, die von außen nach innen fortschreitend das faserige ‚Kokosfleisch‘ bilden (Kopra; ◻ Abb. 12.3b).
- Bei der **helobialen** Endospermbildung entwickelt sich das Nährgewebe am mikropylaren Ende nukleär, während es am gegenüberliegenden Pol (Chalaza) bereits zellulär wird. Diese Entstehung kommt überwiegend bei den Alismatales (Sy 10B:18) vor, auf deren früheren Namen ‚Helobiae‘ die Bezeichnung zurückgeht.

Perisperm

Gewöhnlich wird das Nucellusgewebe während der Samenentwicklung resorbiert, und seine Nährstoffe gelangen ins sekundäre Endosperm. Bei einigen Samen bleibt das Nucellusgewebe aber erhalten. Es dient dem Embryo als zusätzliches, **diploides** Nährgewebe und wird **Perisperm** genannt (◻ Abb. 12.4b: braun). Perisperm kommt in ganz unterschiedlichen Verwandtschaftskreisen vor, bei den basal stehenden Seerosengewächsen (Nymphaeaceae) ebenso wie bei Pfeffer- (Piperaceae), Nelken- (Caryophyllaceae) oder Ingwergewächsen (Zingiberaceae). Seine Bildung gilt als ursprünglich.

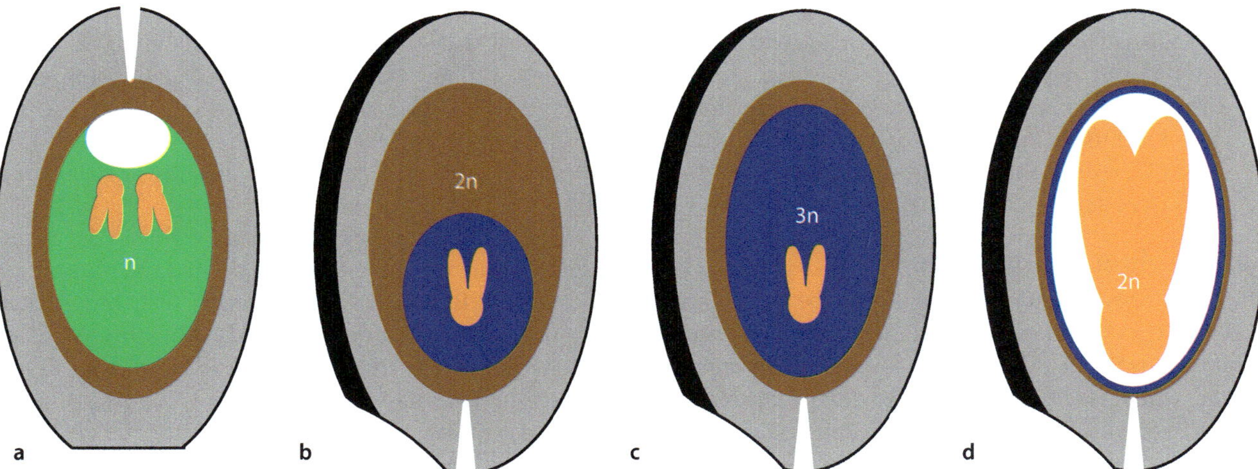

◻ **Abb. 12.4 Nährstoffspeicherung im Samen. a**, Gymnospermen (Samen atrop). Primäres Endosperm als Nährgewebe (n-Megaprothallium: grün). **b–d**, Angiospermen (Samen im Beispiel anatrop). **b, c**, Samen mit 2n-Perisperm (braun) und 3n-sekundärem Endosperm (blau) in unterschiedlichen Anteilen. **d**, Verlagerung der Nährstoffe in die Keimblätter (Speichercotyledonen) des Embryos (orange). Progressionen: Anstieg des Ploidiegrades und der Stoffwechselleistung des Nährgewebes, Aufbau des Nährgewebes erst bei Bedarf und Entwicklungsverkürzung des Embryos durch vorgezogene Resorption der Nährstoffe in die Keimblätter. (© Original, in Anlehnung an Troll 1957)

Speicherembryonen

Der Embryo bleibt entweder klein und mobilisiert die Reservestoffe des Nährgewebes erst bei der Keimung (◘ Abb. 12.2b), oder er nimmt die Nährstoffe bereits im Samen auf, wobei in der Regel die **Keimblätter** die Speicherung übernehmen (◘ Abb. 12.2c). Solche **Speichercotyledonen** sind sehr häufig. Sie füllen den gesamten Innenraum des Samens aus. und treten z. B. bei der Cashewnuss (◘ Abb. 12.3e), der Walnuss (◘ Abb. 12.3f) oder Eiche (◘ Abb. 6.9e) auf. Überdies sind sie für die große Gruppe der Hülsenfrüchtler (Leguminosen) charakteristisch. Zu diesen gehören z.B. Bohnen (◘ Abb. 12.3d), Erbsen, Linsen und Erdnüsse (◘ Abb. 12.19d).

Eine seltene Form der Nährstoffspeicherung im Embryo zeigt der Paranussbaum (*Bertholletia excelsa*, Lecythidaceae). In den als ‚Paranüssen' bezeichneten Samen dient das **Hypocotyl** als Speicherorgan (◘ Abb. 12.3g, h).

Nährstoffaufnahme

Im Gegensatz zu den heterosporen Farnen, deren Megasporen eine begrenzte Menge an Nährstoffen enthalten (▶ Abschn. 4.5.2), liefern die Sporophyten der Samenpflanzen ständig Reservestoffe nach. Diese müssen vom sekundären Endosperm aufgenommen werden. Strukturen, die zur Vergrößerung der Kontaktfläche zwischen dem elterlichen Nucellus und dem triploiden Nährgewebe beitragen, erleichtern diesen Prozess:

- **Endospermhaustorien:** Mit der zellulären Endospermbildung ist häufig die Bildung von Haustorialzellen verbunden. Diese dringen in den Nucellus ein und übertragen die Nährstoffe ins Endosperm.
- **Ruminiertes Endosperm:** In anderen Fällen wächst das Perisperm unter Faltenbildung in das sekundäre Endosperm hinein. Dieses wird dadurch zerfurcht (‚ruminiert', von Rumen: Pansen) und erscheint durch die Ablagerung dunkler Sekretstoffe marmoriert. Ein Querschnitt durch den Samen der Muskatnuss (*Myristica fragrans*, Myristicaceae) zeigt dies besonders deutlich (◘ Abb. 12.3c).

Samen ohne Nährgewebe

Samen können **primär ohne** Nährgewebe sein. Das ist z. B. bei den Orchideen der Fall, denen die doppelte Befruchtung fehlt (▶ Abschn. 4.6.3). Sie bilden eine Unmenge winzig kleiner **Staubsamen**. Die Kapsel (nicht Schote) der Vanille enthält etwa 90.000 Samen, andere Arten besitzen **über 1 Mio. Samen** pro Frucht (▶ Abschn. 12.3.3). Davon kommen allerdings nur wenige zur Keimung, da die Samen auf die Hilfe von **Mykorrhiza**pilzen (meist Ständerpilzen) und ent-

sprechende Standorte angewiesen sind (▶ Abschn. 6.4.3, ▶ Exkurs 8.11).

Progressionen in der Nährstoffversorgung der Samenpflanzen

Vergleicht man die Nährgewebe der Samenpflanzen, lassen sich zwei Evolutionstendenzen (Progressionen) erkennen. Zum einen nimmt der **Ploidiegrad** und damit die Stoffwechselleistung vom n-Megaprothallium der Gymnospermen über das 2n-Perisperm zum 3n-sekundären Endosperm der Angiospermen zu. Zum anderen werden die Nährstoffe immer **ökonomischer** zur Verfügung gestellt. Während sie bei den Gymnospermen vom Gametophyten stammen, werden sie bei den Angiospermen erst **nach der Befruchtung** zusammen mit dem neuen Sporophyten gebildet und im Fall der Speicherembryonen bereits **vor** dem Auskeimen im Embryo deponiert. Hoher Energiegehalt und schnelle Mobilisierung der Reservestoffe erlauben es den Angiospermensamen, schnell auszukeimen. Der gänzliche Verzicht auf Nährgewebe ist zwar eine sparsame Lösung, bringt aber die Abhängigkeit von Symbiosepartnern und damit ein hohes Keimrisiko mit sich.

12.1.3 Samenschale

Aus den Integumenten entwickelt sich die **Testa**, die als Samenschale den Embryo vor Austrocknung, UV-Strahlung, mechanischer und chemischer Beschädigung schützt und so zum Überdauerungsvermögen des Samens beiträgt. Sie kann in eine harte innere (**Sklerotesta**) und eine anders gestaltete äußere Schicht gegliedert sein. Ist diese fleischig, liegt eine **Sarkotesta** vor (Granatapfel ◘ Abb. 12.16j, ist sie schleimig, eine **Myxotesta** (Tomate; ◘ Abb. 12.16b). Die histologische Gliederung der Samenschale ist vor allem bei Angiospermen verbreitet; sie tritt aber auch bei einigen (unitegmischen) Gymnospermen auf (z. B. *Ginkgo* ◘ Abb. 5.71a, b).

Fungiert die **Frucht als Diaspore**, verbleibt der Samen in ihrem Inneren. Die Samenschale ist dann oft zart und dünn, wie z. B. bei der Erdnuss, deren Testa nur noch als braunes Häutchen auftritt (◘ Abb. 12.19d). Wird die Frucht gefressen, durchläuft der Samen eine **Darmpassage** und wird an einem anderen Ort ausgeschieden. Eine Myxotesta erleichtert mit ihrem Schleim diese Darmpassage und schützt vor den Verdauungssäften des Ausbreiters (▶ Abschn. 12.3.2).

Die parasitisch lebenden Loranthaceae bilden **keine Samenschale**. Stattdessen sind die Samen von einer

Abb. 12.5 Samenanhängsel. a, Wunderbaum (*Ricinus communis*, Euphorbiaceaea). Anatroper Samen mit marmorierter Testa, Raphe (Ra) und Ameisenfraßkörper (Ca, Caruncula). **b**, Pfaffenhütchen (*Euonymus*, Celastraceae). Kapsel mit Samen, diese jeweils von einem orangefarbenem Arillus umgeben. **c–f**, Als Obst verzehrte Samenmäntel. **c**, Akee (Akipflaume, *Blighia sapida*, Sapindaceae). Kapsel mit drei schwarzen, jeweils von einem fleischigen Arillus (Ar) umgebenen Samen. **d**, Rambutan (*Nephelium lappaceum*, Sapindaceae). Nuss, Samen mit weißem Arillus. **e**, Durian (*Durio zibethinus*, Malvaceae). Kapsel, jeder Samen mit fleischigem Arillus. **f**, Pitahaya (*Hylocereus undatus*, Cactaceae). Beere, innen mit Pulpa aus Samen und Arilli. **g–i**, Schwarz-Rot-Kontraste zur Anlockung von Vögeln (▶ Exkurs 12.1, ▶ Abschn. 12.3.2). **g**, Muskatnuss (*Myristica fragrans*, Myristicaceae). Fleischige Kapsel. Schwarz glänzender Samen von rotem Arillus umgeben, letzterer als Mazis (Muskatblüte) im Handel. **h**, Baum-Strelitzie (*Strelitzia nicolai*, Strelitziaceae). Samen mit orange gefärbtem, büschelförmigem Arillus. **i**, *Acacia cyclops* (Fabaceae-Mimosoideae). Hülse, schwarzer Samen mit fleischigem, rotem Funiculus. (© **g**: W. Barthlott, Bonn. Mit freundlicher Genehmigung. Übrige Bilder: R. Claßen-Bockhoff, Mainz)

klebrigen Masse umhüllt, die vom Gewebe der verdauten Frucht stammt. Die Früchte werden von Vögeln gefressen und die Samen ausgeschieden. Diese bleiben mit ihrer Oberfläche an den Ästen einer Wirtspflanze haften (▶ Abb. 6.9d). Sie bilden ein Haustorium, mit dem sie in die Wirtspflanze und deren Leitgewebe eindringen (▶ Abschn. 6.4.3 und 8.6.2).

Fungiert der **Samen als Diaspore**, bildet die Testa die **Grenzschicht** nach außen und weist **Anpassungen** an die Art der Ausbreitung auf (▶ Tab. 12.6). Sie bildet Klett-,

Flug- und Schwimmhilfen oder Fraßkörper. Zahlreiche Samen tragen **fressbare Anhängsel**. Diese sind entweder kräftig gefärbt und an Vögel adressiert (Abb. 12.5b, g–i), oder sie enthalten Fette und andere Nährstoffe und werden von Ameisen verschleppt (Abb. 12.5a):

— Der **Arillus** (Samenmantel) der Blütenpflanzen wird vom Funiculus oder von der Testa gebildet und überzieht meist die gesamte Oberfläche des Samens.

Die saftig süßen Samenmäntel vieler Sapindaceae-Früchte wie Litchi (*Litchi chinensis*), Akee (Abb. 12.5c) und Rambutan (Abb. 12.5d) oder der Mangostane (Clusiaceae; Abb. 12.1b) werden von Tieren gefressen und vom Menschen als Obst geschätzt. Bemerkenswert sind die großen, stacheligen Früchte des Durianbaumes (*Durio zibethinus*, Malvaceae; Abb. 15.5e und 12.13f). Sie enthalten mehrere schwarze Samen, deren gelblicher Arillus außerordentlich stark riecht. Trotz des Gestanks ist die Frucht in Südostasien außerordentlich beliebt, wird roh gegessen oder Nachspeisen und Eiscreme zugesetzt.

Die Frucht der aus Kolumbien stammenden Pitahaya (*Hylocereus*, Cactaceae) ist ebenso wie die der mexikanischen Pitaya (*Stenocereus*) eine unterständige Beere, deren Inneres von einer Pulpa (lat. *pulpa*, „Fleisch") aus unzähligen kleinen Samen mit Arilli ausgefüllt wird (Abb. 12.5f). Der leuchtend rote Samenmantel der Muskatnuss kommt als Mazis (Muskatblüte) in den Handel und wird als Gewürz verwendet (Abb. 12.5g). Der kräftig orange gefärbte Samenmantel der Paradiesvogelblume *Strelitzia nicolai* besteht aus einer wolligen Quaste, die einseitig am Samen inseriert (Abb. 12.5h).

Auch der rot gefärbte, fleischige Becher um den schwarzen Samen der Eibe (Gymnosperme; ▶ Abb. 5.74h, i) wird als ‚Arillus' bezeichnet. Dieser Becher stammt aber nicht vom Samen, sondern von seinem Träger, der den Samen umwuchert. Beide Strukturen erfüllen den gleichen Zweck, Vögel anzulocken, sind aber bezüglich ihrer ontogenetischen Herkunft **analog**.

— **Elaiosomen** sind **ölhaltige Körperchen** (griech. *elaion*, „Öl", *soma*, „Körper"), die meist an der Region des Hilums entstehen. Sie werden von **Ameisen** mitsamt dem anhängenden Samen in den Bau geschleppt. Dort werden die nahrhaften Anhängsel gefressen, während der ‚nutzlose' Samen im Nest oder außerhalb desselben entsorgt wird (Myrmekochorie; ▶ Abschn. 12.3.2 und 8.6.2).

— Als **Caruncula** werden die Ameisenfraßkörper der **Wolfsmilchgewächse** (Euphorbiaceae; Abb. 12.5a: Ca) und einiger Nelkengewächse (*Moehringia*, Caryophyllaceae) bezeichnet. Diese entstehen in der Mikropylenregion, stimmen aber funktional mit den Elaisosomen überein.

Exkurs 12.1 Samen, Karat und Elfenbein

Schon in den frühen Hochkulturen Eurasiens (Babylon, Ägypten, Indien) wurden **Samen** zur **Volumen- und Gewichtsbestimmung** genutzt. Sie eigneten sich besser als Steine oder Muschelschalen, weil sie im trockenen Zustand eine relative Konstanz in Größe und Gewicht aufwiesen. Zur Volumenbestimmung wurde ein Gefäße mit Samen aufgefüllt und aus deren Anzahl das Füllvolumen bestimmt. Zum Wiegen verwendete man je nach Kulturkreis Reis, Weizen, Senfkörner oder verschiedene Bohnenarten. Die Einheit **Karat** (0,2 g) entsprach ursprünglich dem Gewicht eines getrockneten Samens des Johannisbrotbaumes (*Ceratonia siliqua*, Fabaceae-Caesalpinioideae) und wurde im Mittelalter als das Gewicht von drei Gersten- oder vier Weizenkörnern definiert.

Die Samen der **Paternostererbse** (*Abrus precatorius*; Abb. 12.6a und 12.21e) sind die Diasporen einer tropischen Fabaceae, die vermutlich aus Indien stammt und heute in den gesamten Tropen zu finden ist. Aus den glänzenden, schwarz-roten Samen wurden buddhistische Gebetsketten und Rosenkränze (Name) gefertigt. Heute werden überwiegend Schmuckartikel hergestellt (Abb. 12.6a). Die Samen werden von Vögeln ausgebreitet. Sie haben eine extrem feste Schale (▶ Abb. 7.14h) und enthalten das hochgiftige Protein Abrin.

Die **Samen** der südamerikanischen **Elfenbeinpalme** (*Phytelephas macrocarpa*, Arecaceae) sind unter den Namen ‚Taguanuss', ‚Corusconuss', ‚Elfenbeinnuss', ‚Steinnuss' oder **vegetabilisches Elfenbein** bekannt. Farbe, Härte und Konsistenz des sekundären Endosperms entsprechen denen des Elfenbeins. **Taguanüsse** sind seit Beginn des 19. Jahrhunderts als umweltfreundlicher Elfenbeinersatz im Handel (Abb. 12.6b, c). Sie bilden in den Bergwäldern Kolumbiens eine wichtige Einnahmequelle. Weitere Nutzungsmöglichkeiten der Pflanzen sind die Herstellung eines alkoholischen Getränkes aus dem Fruchtfleisch (Chicha de Tagua) und die Nutzung der Blätter zum Abdecken von Hütten. Weitere Arten mit elfenbeinartigem Nährgewebe gehören zu den Gattungen *Metroxylum* (z. B. *M. amicarum* von den Karolineninseln Mikronesiens) und *Hyphaene* (Doumpalmen, z.B. *H. petersiana*) aus dem südlichen Afrika (Jones 1995).

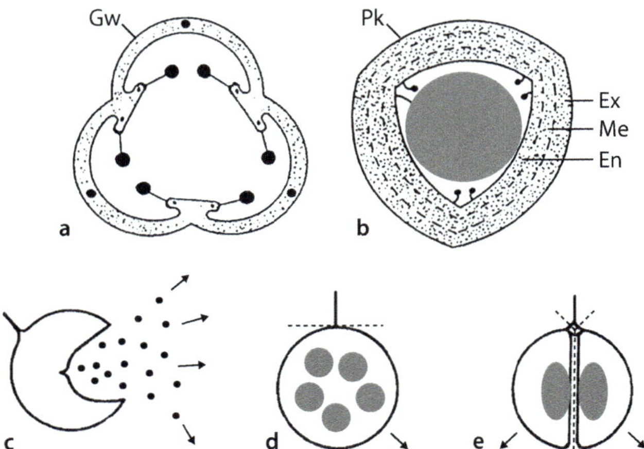

Abb. 12.6 Schmuck und Kunsthandwerk aus Samen. a, Paternostererbse (*Abrus precatorius*, Fabaceae). Armband mit Samen. Die harten, giftigen Samen täuschen einen essbaren Arillus vor (▶ Abschn. 12.3.2). **b, c**, Steinnusspalme (*Phytelephas macrocarpa*, Arecaceae). Das Nährgewebe des als Taguanuss bezeichneten Samens liefert vegetabilisches Elfenbein. **b**, Anatroper Samen mit entfernter Testa und elfenbeinähnlichem, sekundärem Endosperm. **c**, Schnitzwerk aus Südamerika. (© R. Claßen-Bockhoff, Mainz)

12.2 Fruchtmorphologie

Früchte sind **Funktionseinheiten** zur **Samenausbreitung**. Nach der Befruchtung nehmen die einzelnen Karpelle bzw. das gesamte Gynoeceum deutlich an Größe zu und umschließen einen, mehrere oder viele Samen. Unbefruchtete Samenanlagen verkümmern und sind als solche neben den reifen Samen erkennbar (▪ Abb. 12.7b und 12.21b). Die Wand des Gynoeceums wird zur **Fruchtwand (Perikarp)** und erfährt eine spezifische **histologische Differenzierung**.

Früchte weisen eine ungeheuer hohe **Diversität** auf und lassen sich unter verschiedenen Aspekten betrachten:

- **Morphologisch** gehen sie aus einem **Gynoeceum** hervor und liegen als Einblattfrucht, chorikarpe Sammelfrucht oder coenokarpe Frucht mit oder ohne Septen vor (▪ Tab. 12.1). Sie stehen wie das Gynoeceum ober-, mittel- oder unterständig. Bleiben die Früchte eines Blütenstandes bei der Samenreife zusammen, bilden sie einen Fruchtverband oder eine **Fruktifizenz**. Diese wird umgangssprachlich, ungeachtet ihrer komplexen Organisation, als ‚Frucht' bezeichnet.

- **Funktionsmorphologisch** bilden Früchte je nach dem **Verhalten des Perikarps** unterschiedliche Ausbreitungseinheiten (**Diasporen**). Öffnet sich die Fruchtwand und entlässt die Samen, liegen **Öffnungsfrüchte** in Form von Bälgen, Hülsen oder Kapseln vor (▶ Abschn. 12.2.2). Bleibt die Frucht geschlossen, wird sie als **Schließfrucht** ausgebreitet. Ihre Wand ist bei **Beeren** saftig-fleischig, bei **Nüssen** trockenhäutig oder verholzt und bei **Steinfrüchte**n außen saftig oder faserig und innen verholzt (▶ Abschn. 12.2.3). Bei **Spaltfrüchten** teilt sich die Frucht **längs** ihrer Septen und bildet geschlossene

Abb. 12.7 Fruchtbildung und Ausbreitung (Propagation). a, Fruchtknoten (im Beispiel parakarp) aus drei Karpellen mit wandständiger (parietaler) Anordnung der Samenanlagen (schwarz). Gw, Wand des Gynoeceums. **b**, Während der Fruchtreife entwickeln sich aus den befruchteten Samenanlagen reife Samen (dunkelgrau), die unbefruchteten Samenanlagen verkümmern. Die Wand des oberständigen Gynoeceums wird zur Fruchtwand (Pk, Perikarp), die sich histologisch in Exokarp (Ex), Mesokarp (Me) und Endokarp (En) differenzieren kann. **c–e**, Hauptpropagationsformen. **c**, Öffnungsfrucht. Die Samen werden entlassen und einzeln ausgestreut (Pfeile). **d**, Schließfrucht. Die Frucht wird mit all ihren Samen ausgebreitet. **e** Spaltfrucht. Die Frucht spaltet sich entlang des Septums in geschlossene Teilfrüchtchen auf. Als Ausbreitungseinheiten fungieren Samen (**c**), Früchte (**d**) und Teilfrüchte (Merikarpien, **e**). (© Original)

Spaltfrüchtchen (Merikarpien), bei **Bruchfrüchten** zerbricht die Frucht und breitet geschlossene Bruchstücke aus (▶ Abschn. 12.2.4).

- **Histologisch** bestimmt die Differenzierung des **Perikarps** die konkrete Fruchtform. Die Fruchtwand kann mehr oder weniger **homogen** sein oder von außen nach innen unterschiedliche Gewebetypen aufweisen. In diesem Fall wird das äußere Abschlussgewebe oberständiger Früchte als **Exokarp** und das unterständiger Früchte als **Epikarp** (▶ Abschn. 12.2.3) bezeichnet. Das mittig liegende Gewebe heißt **Mesokarp** und das zum Lokulament hinweisende, innere Abschlussgewebe **Endokarp**. Die Schichten werden unterschiedlich dick und können jeweils ein- oder mehrschichtig sein. Im letzten Fall entsprechen Exo- und Endokarp der Epidermis und zusätzlichen subepidermalen Schichten.

— **Ausbreitungsbiologisch** stehen Art und Ausstattung der **Diasporen** im Vordergrund. Die Diasporen sind an ihre Ausbreitungsvektoren **Tiere**, **Wind** und **Wasser** angepasst oder entwickeln eine Gewebespannung, die zum Ausschleudern der Samen führt (▶ Abschn. 12.3).

Umgangssprachlich spielen die verschiedenen Aspekte der Fruchtbiologie keine Rolle. So werden alle saftigen ‚Früchte' als ‚Beeren' und alle verholzten als ‚Nüsse' bezeichnet, wodurch es zu einer erheblichen Begriffsverwirrung kommt (◘ Tab. 12.4, und 12.5). Tatsächlich ergänzen sich aber die Organisation und Ausgestaltung einer Diaspore und charakterisieren gemeinsam die konkrete Form: Jede Diaspore hat eine definierte morphologische Organisation (Frucht, Fruchtverband)

◘ Tab. 12.1 Übersicht über das morphologische Fruchtsystem

Früchte

Merkmale des Gynoeceums			Verhalten des Perikarps			
Gynoeceum	Fruchtform	Placentation	**Öffnungsfrucht** ▶ Abschn. 12.2.2	**Schließfrucht** ▶ Abschn. 12.2.3	**Spaltfrucht** ▶ Abschn. 12.2.4	**Bruchfrucht** ▶ Abschn. 12.2.4
			Diasporen			
			Samen	Frucht, Früchtchen	Teilfrüchte[6] (Merikarpien)	Bruchstücke
mono-karpellat	**Einblatt-frucht**	marginal (selten laminal oder zentral)	Balg Hülse	Beere Steinfrucht Nuss		Bruchnuss Bruchbalg[7]
chorikarp	**Sammel-frucht**[1]		Sammelfrucht[4] mit Bälgchen	Sammelfrucht[4] mit - Beerchen - Steinfrüchtchen - Nüsschen		
coenokarp	**synkarpe Frucht**	zentralwinkel-ständig (selten zentral)	Kapsel[2] - Spaltkapsel - Porenkapsel - Deckelkapsel - Zähnchenkapsel - Schote[3] und Schötchen	Beere[5] Steinfrucht Nuss - Achäne - Karyopse	Spaltnüsschen Klausen[8]	Bruchnuss Klausen[8]
	parakarpe Frucht	parietal (selten zentral)				

Fruchtverbände (Fruktifizenzen)

Diasporen			Samen	Früchte	Fruchtverband	Bruch-fruchtverband
Formen von Fruchtverbänden			Balgverband Hülsenverband Kapselverband	Steinfruchtverband Nussverband	Beerenverband Steinfruchtverband Nussverband	Bruchnuss-verband

[1]Sammelfrüchte sind immer ober- oder mittelständig
[2]in einigen Fällen verhalten sich Kapseln zunächst wie Spaltfrüchte und öffnen dann erst die Fruchtfächer
[3]nur aus parakarpem Gynoeceum
[4]alternativ: Sammelbalg, -beere, -steinfrucht, -nuss
[5]inkl. Panzer- und Lederbeere
[6]nur aus synkarpen Fruchtknoten
[7]In diesem Fall werden Samen entlassen
[8]Klausen sind gleichzeitig Spalt- und Bruchfrüchtchen

und jede Fruchtform eine spezifische Ausgestaltung (Beere, Klette). Erst die Kombination der beiden Eigenschaften (Fruchtklette, Beerenverband) führt zu einem vertieften Verständnis der Struktur.

Im vorliegenden Kapitel werden die Früchte zunächst nach **morphologischen** Kriterien (▶ Abschn. 12.2) vorgestellt und zwar nach ihrer Organisation (▶ Abschn. 12.2.1) und dem Verhalten des Perikarps (▶ Abschn. 12.2.2–12.2.4). Danach folgt eine Übersicht über die **Ausbreitungsbiologie** der Angiospermen (▶ Abschn. 12.3). Die zahlreichen Beispiele geben einen Einblick in die Vielfalt und berücksichtigen vorzugsweise Pflanzen der **mitteleuropäischen** Flora, bekannte **Nutzpflanzen** und morphologisch interessante **Sonderfälle**. Tabellen verschaffen einen raschen Überblick und weisen noch einmal auf die sprachliche Diskrepanz zwischen Alltags- und Fachsprache hin. Die Charakterisierung der Beispiele erfolgt auf der Grundlage von Standardwerken (Ulbrich 1928; Ridley 1930; Troll 1957; van der Pijl 1982; Müller-Schneider 1977; Leins und Erbar 2007; Lieberei und Reisdorff 2007), Originalliteratur und eigener Anschauung. Trotz des umfangreichen Wissens, das heute zur Verfügung steht, gibt es immer noch erstaunlich viele Lücken in der Kenntnis von Fruchtformen und ihrer Ausbreitungsbiologie.

12.2.1 Fruchtformen und Fruchtverbände

Früchte gehen aus einem einzigen Karpell bzw. einem chorikarpen oder coenokarpen Gynoeceum hervor (◻ Tab. 12.1). Sie können einzeln auftreten oder Teil eines **Fruchtverbandes** sein.

Vom Gynoeceum zur Frucht

Früchte entwickeln sich aus den Gynoeceen der Blüten und teilen daher deren Eigenschaften (▶ Abschn. 10.5).

Einblattfrüchte

Weist das Gynoeceum einer Blüte nur ein einziges Karpell auf (**monokarpellates** Gynoeceum; ▶ Abschn. 10.5.3), bildet sich eine **Einblattfrucht**. Sie kommt bei etwa 10 % der Angiospermen vor und ist meist **oberständig**. Die Hauptgruppe bilden die **Hülsenfrüchtler** (Fabaceae; ▶ Exkurs 12.2), aber auch das **Steinobst** der Rosengewächse (Rosaceae) entwickelt sich aus nur einem Karpell (◻ Abb. 12.18a–c). Oft ist die längs verlaufende **Ventralnaht** der Frucht deutlich erkennbar (◻ Abb. 12.18a: Vn). Die Avocado-Frucht (*Persea americana*, Lauraceae) ist eine einsamige Beere; beim Sanddorn liegt die seltene Form einer einsamigen, mittelständigen Nuss vor (◻ Abb. 12.19e).

Sammelfrüchte

Das **chorikarpe Gynoeceum** (▶ Abschn. 10.5.3) besteht aus mehreren bis vielen **freien Karpellen**. Jedes einzelne Karpell geht in den Fruchtzustand über und bildet ein **Früchtchen**.

Die **Verkleinerungsform** wird gewählt, um dem Umstand Rechnung zu tragen, dass das fruchtende Karpell **Teil einer Frucht** ist und nicht wie bei der Einblattfrucht dem gesamten Gynoeceum entspricht. Sie wird auch im Englischen verwendet (z. B. Nuss, Nüsschen: *nut, nutlet*). Die einzige Ausnahme von dieser Sprachregelung findet sich bei den Kreuzblütlern (Brassicaceae): Hier spricht man von Schoten und Schötchen und meint damit lange und kurze Früchte.

Die aus vielen Früchtchen bestehende Frucht wird als **Sammelfrucht** bezeichnet (◻ Abb. 12.9). Sie entsteht ausschließlich aus Blüten mit einem **chorikarpem** Gynoeceum (◻ Tab. 12.1). Da Karpelle nur in ober- und mittelständiger Position frei voneinander sind (▶ Abschn. 10.5.3), gibt es **keine unterständigen** Sammelfrüchte. Die **Apfelfrucht**, traditionell als unterständiger Sammelbalg interpretiert, entspricht tatsächlich einer unterständigen Steinfrucht (Rohrer et al. 1991; Leins und Erbar 2007; ▶ Exkurs 12.3).

Die einzelnen Früchtchen werden nach der histologischen Differenzierung ihrer **Karpellwand** als Bälgchen, Beerchen, Steinfrüchtchen oder Nüsschen bezeichnet, die Früchte als Sammelbalg, Sammelbeere, Sammelsteinfrucht und Sammelnuss. Die morphologische Bezeichnung weicht von der Konstruktion der Diaspore ab, wenn, wie z. B. bei der Erdeere, das fleischige Receptaculum aus der morphologischen Sammelnuss eine funktionale ‚Beere‘ macht (◻ Abb. 12.19j–l).

Die Früchtchen werden einzeln ausgebreitet (Nelkenwurz; ◻ Abb. 12.9 und 12.23a, b) oder bleiben nach der Fruchtreife zusammen (z. B. Erdbeere; ◻ Abb. 12.19k). Gelegentlich wird der Begriff Sammelfrucht auf solche Formen beschränkt, deren Früchtchen im Verbund zusammenbleiben. Da es aber **Übergänge** zwischen Formen mit freien und verbundenen Früchtchen gibt, wird hier auf diese Unterscheidung verzichtet.

In Mitteleuropa treten Sammelfrüchte vor allem bei Vertretern der Hahnenfuß- (Ranunculaceae; ◻ Abb. 12.11d, e) und Rosengewächse (Rosaceae) auf, bei denen sie eine erstaunliche Formenvielfalt entwickelt haben (◻ Abb. 12.18m, n, 12.19l, m und 12.23a, b).

Coenokarpe Früchte

Coenokarpe Früchte entwickeln sich aus **coenokarpen** Gynoeceen. Dem Bau des Fruchtknotens entsprechend sind sie synkarp oder parakarp organisiert (▶ Abschn. 10.5.3):

- **Synkarpe Früchte** weisen gewöhnlich so viele Fruchtfächer (**Lokulamente**) wie Karpelle auf, die durch **Septen** voneinander getrennt werden. Die Samen sind **zentralwinkelständig** angeordnet.

  Septen können zur Fruchtreife abgebaut werden oder als Auswüchse der Fruchtwand neu entstehen. Solche **falschen Scheidewände** sind durchaus häufig und kommen beispielsweise bei Klausenfrüchten (Abb. 12.14k, l und 12.20f, g) und einigen Gliederfrüchten vor (Abb. 12.12g–j und 12.20d, e). Coenokarpe Früchte, die sich längs der Septen teilen, gehören zu den Spaltfrüchten (▶ Abschn. 12.2.4).

- **Parakarpe Früchte** enthalten nur ein einziges Fruchtfach, an dessen Wand (**parietal**) die Samen inserieren (▶ Abschn. 10.5.3). Falsche Septen können eingezogen (Schote der Brassicaceae; Abb. 12.14h und 12.15e, f) oder durch verlängerte Placentarleisten vorgetäuscht werden (Mohnkapsel; Abb. 12.13j).

Ständigkeit und unterständige Fruchtwände

Entsprechend der ober-, mittel- oder unterständigen Stellung des Gynoeceums in der Blüte (▶ Abschn. 10.5.4) treten ober-, mittel- und unterständige Früchte auf:

- **Oberständige** Früchte wie die Erdbeere sind daran zu erkennen, dass Blütenreste, meist der Kelch und/oder Stamina, **unterhalb** des Fruchtknotens an der Ansatzstelle des Fruchtstieles stehen (Abb. 12.8a und 12.19l). Die gegenüberliegende Seite ist abgesehen von gelegentlich auftretenden Griffelrudimenten frei von Strukturen.

- **Mittelständige** Früchte stehen **frei** in einem Fruchtbecher (Hypanthium; ▶ Abschn. 10.2.2), der nach oben hin offen ist (Abb. 12.8b). Bei der Hagebutte wächst dieser Becher zur Fruchtzeit kräftig aus, wird rot und fleischig und umhüllt die Nüsschen der chorikarpen Frucht fast vollständig (Abb. 12.19m); beim Sanddorn liegt er der Nuss eng an und täuscht eine Steinfrucht vor (Abb. 12.19e).

- **Unterständige** Früchte wie die Banane weisen die Blütenreste **oberhalb** des unterständigen Fruchtknotens, also dem Stiel gegenüber, auf (Abb. 12.8c und 12.16e: *). Bei ihnen geht die Fruchtwand nicht aus der Wand des Gynoeceums hervor, sondern entsteht **congenital** unter Beteiligung des Blütenbodens (▶ Abschn. 10.2.2). Die ‚Schalen‘ unter- und oberständiger Früchte sind somit nicht homolog, sondern **analog** (▶ Abschn. 12.2.3).

In der Fruchtbiologie wurde die Ständigkeit der Frucht bislang kaum berücksichtigt und auch sprachlch nicht adäquat zum Ausdruck gebracht. Das änderte sich mit dem Vorschlag von Bobrov und Romanov (2019), das äußere Abschlussgewebe unterständiger Früchte als **Epikarp** zu bezeichnen und damit vom analogen Exokarp abzugrenzen. In das Epikarp gehen Teile der Karpellanlagen und des Receptaculums ein (Abb. 10.8f) und in einigen Fällen auch noch weitere extraflorale Elemente wie Vor- oder Hochblätter. Alle diese Anlagen bilden zusammen aufgrund des congenitalen Prozesses eine neue morphogenetische Einheit, die **unterständige Fruchtwand**. Die Außenseite der Wand gehört dem Epikarp, die innere dem Endokarp an; die Strukturen dazwischen lassen sich aufgrund der congenitalen Entstehung nicht zuordnen. Sind sie histologisch differenziert, ergeben sich ober- und unterständige Beeren, Nüsse und Steinfrüchte (▶ Abschn. 12.2.3).

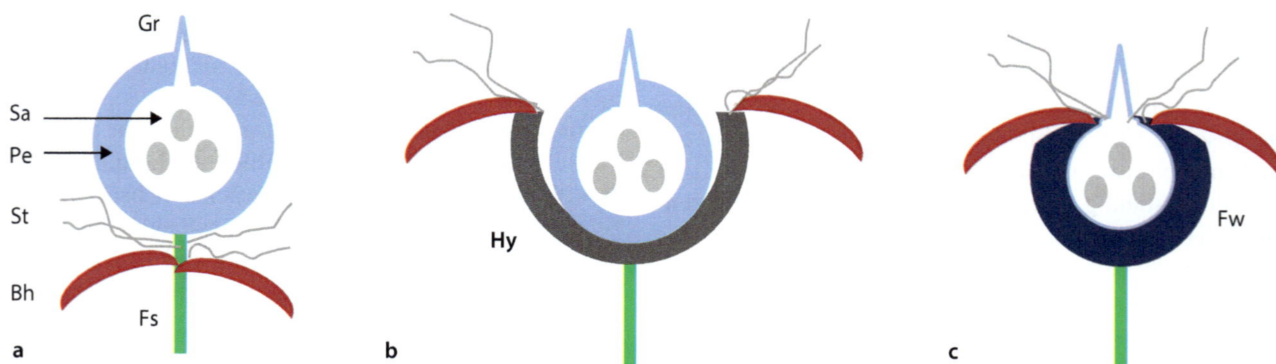

Abb. 12.8 Ständigkeit von Früchten (▶ Abb. 10.48). Dargestellt ist jeweils der schematische Längsschnitt einer Schließfrucht mit innen liegenden Samen (Sa). **a,** Oberständigkeit. Die Frucht (Pe: Perikarp; hellblau) steht oberhalb der abgewelkten Blütenhüllblätter (Bh, rot) und Stamina (St), deren Reste am Fruchtstiel (Fs, grün) erkennbar sind. Reste des Griffels (Gr) können vorhanden sein. **b,** Mittelständigkeit. Die Frucht steht frei im Zentrum eines Bechers (Hy, Hypanthium, dunkelgrau), an dessen oberem Rand die Reste der übrigen Blütenorgane zu finden sind. **c,** Unterständigkeit. Die unterständige Fruchtwand (Fw) geht congenital aus Hypanthium und Karpellanlage hervor. Die Reste der Blütenorgane befinden sich auf der gegenüberliegenden Seite des Fruchtstieles. (© Original)

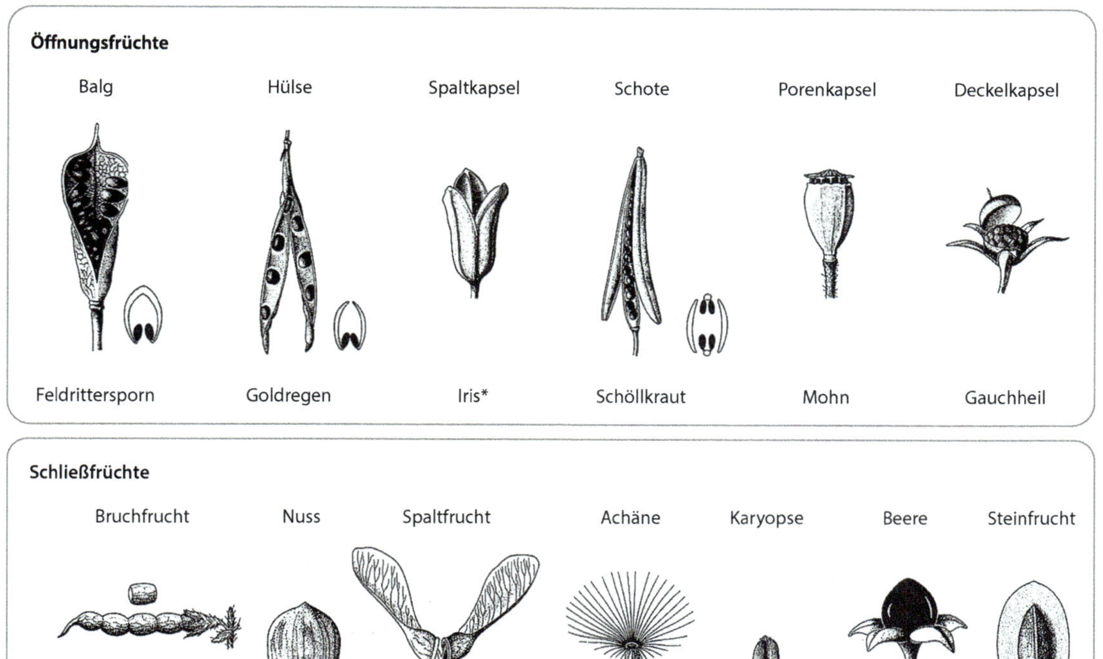

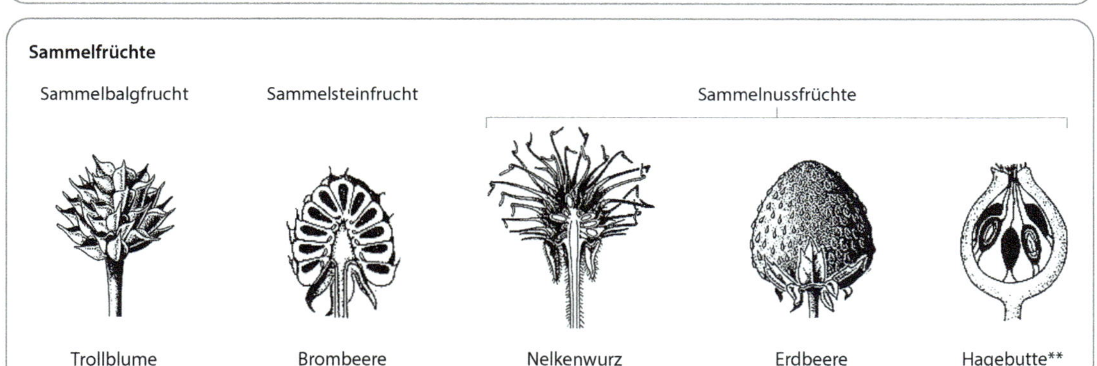

Abb. 12.9 Übersicht über die Grundformen von Früchten. (© nach Weberling 1981, verändert). *, Frucht unterständig. **, Frucht mittelständig

Fruchtverbände

Blüten stehen in den meisten Fällen in **Blütenständen** zusammen. Bleiben die Früchte bei der Samenreife vereint, bilden sie Fruchtverbände (**Fruktifizenzen**). Diese werden im Fall von Ananas (Abb. 12.16m–o), Maulbeere (Abb. 12.19q) und Feige (Abb. 12.18o und 11.27) als Diasporen ausgebreitet und umgangssprachlich als ‚Früchte' bezeichnet. In anderen Fällen entlässt die Fruktifizenz Samen (*Banksia*; Abb. 12.11i), Früchte (*Casuarina*; Abb. 12.19i und 12.24f) oder (selten) Bruchstücke (*Didelta*; Abb. 12.20i–k) als Diasporen.

Eine eigene Terminologie für Fruchtverbände gibt es nicht. Sie werden traditionell nach der Ausgestaltung des **Perikarps** der an ihrer Bildung beteiligten Früchte z. B. als Balg-, Beeren- oder Nussverbände bezeichnet (Tab. 12.1). Diese Vorgehensweise führt wie bei den Früchten zu Komplikationen, wenn die Organisation der Fruchtwand nicht der Ausgestaltung des Fruchtverbandes entspricht. Beispiele dafür liefern die Maulbeeren und andere Nussverbände, die funktional als ‚Beeren' agieren (Abb. 12.19n–r).

12.2.2 Öffnungsfrüchte (Streufrüchte)

Wenn bei **Angiospermen** Samen als Diasporen ausgebreitet werden, muss sich die Fruchtwand zuvor öffnen. Diese Öffnung erfolgt meist an **präformierten** Gewebestellen (**Dehiszenzlinien**), an denen sich die Zell-

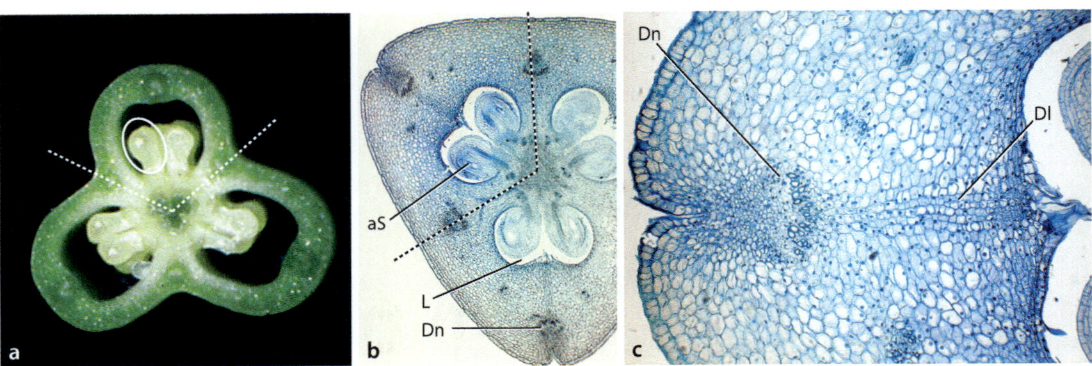

□ **Abb. 12.10 Entwicklung der Kapselfrucht bei der Tulpe. a,** Querschnitt durch den aus drei Karpellen aufgebauten Fruchtknoten (trimer, synkarp). Die Samenanlagen inserieren zwischen den Septen (zentralwinkelständiger Placentation). Die gestrichelte Linie markiert ein Karpell, der Kreis eine Samenanlage. **b,** Gewebeschnitt durch den Fruchtknoten. Die anatropen Samenanlagen (aS) füllen die Fruchtfächer (L, Lokulamente) fast vollständig aus, die Dorsalnerven (Dn, Dorsalis) sind deutlich erkennbar. **c,** Detail aus **b:** An der Rückseite der Fruchtfächer bildet sich eine Trennschicht (Dl, Dehiszenzlinie), die später das Fruchtfach dorsizid (lokulizid) öffnet. (© **a**: R. Claßen-Bockhoff, Mainz. **b, c**: B. Dittmann & R. Claßen-Bockhoff, Mainz)

wände durch Auflösung der Mittellamelle voneinander trennen und ein neues Abschlussgewebe gebildet wird (□ Abb. 12.10b, c).

Öffnungsfrüchte unterscheiden sich in der **Anzahl** der beteiligten Karpelle und der **Lage der Öffnungsstellen. Balg** und **Hülse** sind **Einblattfrüchte** (▶ Tab. 11.2), alle übrigen Öffnungsfrüchte entwickeln sich aus mehrblättrigen Gynoeceen und bilden entweder **Sammelfrüchte mit Bälgchen** (chorikarp) oder **Kapseln** (coenokarp).

Balg, Sammelbalg und Balgverband

Als **Balg** bezeichnet man eine **Einblattfrucht**, die sich entlang der Ventralnaht öffnet (**ventrizid**; □ Abb. 12.9). Beispiele liefern die Ranunculaceae mit der Trauben-Silberkerze (*Actaea cimicifuga*) und dem Gewöhnlichen Feldrittersporn (*Consolida regalis*; ▶ Abb. 11.17h). Das Perikarp ist meist trocken, doch zeigt die Muskatnuss (□ Abb. 12.5g), dass es auch fleischige Bälge gibt. Bei den südhemisphärischen Silberbaumgewächsen (**Proteaceae**) ist die Fruchtwand derb-ledrig (Australische Haselnuss, *Macadamia integrifolia*) bis sehr stark verholzt (*Xylomelum*; □ Abb. 12.11h). Im letzten Fall dient sie dem Schutz des Samens vor **Buschfeuern.** Bei anhaltender Hitze springt die Frucht an der Bauchnaht auf und entlässt den Samen, der auf dem fruchtbaren Ascheboden gut keimen kann (▶ Abschn. 8.6.1). In einigen Gattungen (*Hakea*; □ Abb. 12.11g) ist die Wucht des Aufspringens so stark, dass der Balg auch am Rücken einreißt und zur Hülse vermittelt. Das Beispiel zeigt, dass die Fruchtformen keine starren Kategorien, sondern natürliche Einheiten sind, die **Übergänge** zulassen.

In der Gattung *Banksia* (Proteaceae; □ Abb. 12.11i) bleiben die Blüten des kolbenförmigen Blütenstandes zur Fruchtzeit zusammen und bilden einen **Balgverband.** Als Diaspore wird auch hier der Samen entlassen.

Der **Sammelbalg** ist eine chorikarpe Öffnungsfrucht, deren Karpelle balgartig gestaltet sind (□ Abb. 12.11a–f). Sie heißen **Bälgchen,** gelten als ursprünglich und treten vorzugsweise in basalen Verwandtschaftskreisen auf. Beispiele finden sich bei den Magnoliaceae (□ Abb. 12.11a, b), Schisandraceae, zu denen der als Gewürz genutzte Sternanis gehört (□ Abb. 12.11c), Paeoniaceae (Pfingstrosen; □ Abb. 12.21b) und Ranunculaceae (□ Abb. 12.11d, e). Die Sammelbälge einiger Malvengewächse (Malvaceae) gelten dagegen als abgeleitet (Endress et al. 1983). Einige Arten weisen große Früchte mit Schwarz-Rot-Kontrasten auf, die Vögel als Ausbreiter anlocken (□ Abb. 12.11f). Bei Vertretern der Mittagsblumengewächse (Aizoaceae; □ Abb. 12.27g–i) öffnen sich die Bälgchen bei starkem Regen, der die Samen anschließend ausschwemmt (Ombrochorie; ▶ Abschn. 12.3.4).

Hülse

Hülsen sind **Einblattfrüchte,** die sich **ventrizid** (entlang der Ventralnaht) **und dorsizid** (entlang des Dorsalnervs) öffnen (□ Abb. 12.9). Die geöffnete Hülse liegt dementsprechend in zwei Teilen vor. Da die Samen nur am Blattrand (ventral) inserieren, lässt sich die Frucht auch an isolierten Fruchthälften erkennen (□ Abb. 12.11j). **Hülsen** treten vor allem bei **Fabaceae** auf und sind sehr formenreich (▶ Exkurs 12.2).

Sammelhülsen sind nicht bekannt. Die von Hilger und Hoppe (1995) genannten Beispiele *Neillia* (Rosaceae) und *Magnolia* (Magnoliaceae) entstehen vermutlich fakultativ aus Sammelbälgen, deren Bälgchen sich sehr weit öffnen.

○ **Abb. 12.11 Balgfruchtformen und Hülsen. a–e, Sammelbälge mit Bälgchen. a, b,** Immergrüne Magnolie (*Magnolia grandiflora*, Magnoliaceae). **a,** Sammelbalg. Samen mit rotem Arillus. **b,** Einzelne Bälgchen teils geschlossen, teils offen. **c,** Echter Sternanis (*Illicium verum*, Schisandraceae). **d, e,** Winterling (*Eranthis hiemalis*, Ranunculaceae). **d,** Chorikarpe Frucht vor der Öffnung der Karpelle. **e,** Offene Bälgchen mit reifen Samen. **f,** *Sterculia coccinea* (Malvaceae). Fünf rote Bälgchen, jeweils mit schwarzen Samen am Karpellrand. Ausbreitung durch Vögel. **g, h, Bälge.** Proteaceae. Fruchtwand stark verholzt, erst nach Feuereinwirkung ventrizid aufspringend. **g,** *Hakea.* Aufgesprungener Balg mit teilweise geöffneter Rückseite (Übergang zur Hülse). **h,** *Xylomelum angustifolium.* Unterschiedliche Entwicklungsstadien. Von links nach rechts: geschlossener Balg, ventrizide Öffnung, offener Balg von Vorder- und Rückseite. **i, Balgverband.** *Banksia* (Proteaceae). Fruchtstand aus über 1000, meist unbefruchteten Blüten und einzelnen bereits aufgesprungenen Bälgen. **j–l, Hülsen.** Fabaceae. **j,** Geschlossene und geöffnete Hülse. Ansatzstelle der Samen entlang der Ventralnaht erkennbar. **k, l,** Blauregen (*Wisteria sienensis*). **k,** Stark verholzte, samtig behaarte Hülse. **l,** Aufgeplatzte Frucht. **m, Bruchbalg.** Korallenbaum (*Erythrina*, Fabaceae). (© R. Claßen-Bockhoff, Mainz)

Exkurs 12.2 Hülsen und Hülsenfrüchtler

Hülsen sind die namengebenden Früchte der artenreichen **Hülsenfrüchtler**, die auch als Leguminosae (Legumen: Hülse) bezeichnet werden. Die Gruppe umfasste früher die drei Familien der Fabaceae (Papilionaceae, Schmetterlingsblütler), Mimosaceae und Caesalpiniaceae, die heute den Rang von Unterfamilien innerhalb der großen Familie der Fabaceae (knapp 20.000 Arten) haben. Die Hülsenfrüchtler sind eine weltweit verbreitete Gruppe und liefern wirtschaftlich wichtige Nahrungspflanzen wie Bohnen (*Phaseolus*, *Vicia*), Linsen (*Lens*), Erbsen (*Pisum*), Soja (*Glycine*) und Erdnüsse (*Arachis*; ▶ Tab. 3.4 und 3.6).

Die Benennung einer so großen Pflanzengruppe nach ihrer Hauptfruchtform verleitet dazu, alle Früchte der Familie als Hülsen anzusprechen, auch wenn sie sich nicht oder anders öffnen. So findet man immer wieder die Beschreibung von ‚Hülsen, die sich nicht öffnen' (Erdnuss, Klee) oder ‚Gliederhülsen' und ‚Rahmenhülsen', die sich anders als Hülsen öffnen. Um die Verwirrung komplett zu machen, werden die Hülsen der Bohnen und Erbsen umgangssprachlich als ‚Schoten' bezeichnet.

Obgleich alle Fabaceenfrüchte darin übereinstimmen, dass sie aus nur einem Karpell bestehen (**monokarpellat**), ist ihre Vielfalt beachtlich (◼ Abb. 12.12). Neben Hülsen treten Rahmenfrüchte, Nüsse, Gliederbeeren und Bruchfrüchte auf.

Rahmenfrüchte

Bei der Mimose (*Mimosa*) entwickelt sich aus dem Blütenköpfchen (▶ Abb. 9.20b) ein Fruchtverband, dessen einzelne Frucht üblicherweise als Rahmenhülse bezeichnet wird. Im Gegensatz zu einer Hülse öffnet sich die Frucht nicht ventrizid und dorsizid, sondern valvat, d. h., die gesamte Fruchtwand fällt in zwei Klappen ab und lässt nur einen Rahmen stehen, der durch die Leitbündel der Ventral- und Dorsalseiten stabilisert wird (◼ Abb. 12.12c).

Die Gattung *Entada* bildet die größten Früchte der Fabaceae (Gunn und Dennis 1976). Bei *E. gigas* und *E. phaseoloides* können sie bis zu 2 m lang werden und 6 cm große Samen enthalten (vgl. ◼ Abb. 12.12d). Die Pflanzen wachsen als Lianen in tropischen Küstenwäldern und sind dank der Schwimmfähigkeit ihrer Samen (◼ Abb. 12.27b) pantropisch verbreitet. Die Riesenfrüchte sind sekundär gekammert und breiten ihre Samen auf zweierlei Weise aus: entweder fällt die Fruchtwand wie bei *Mimosa* klappig ab (Rahmenfrucht) oder die Frucht zerbricht entlang der Kammerwände und entlässt einsamige Fragmente (Bruchnuss; Gunn und Dennis 1976; Ridley 1930).

Nüsse

Die Früchte der Erdnuss (*Arachis hypogaea*; ◼ Abb. 12.19d und 12.29a, b) und der Kameldornakazie (*Vachellia erio-*

loba; ◼ Abb. 12.12e, f) sind mehrsamige Nüsse. Die Erdnuss wird aktiv durch Wachstumsbewegungen ins Erdreich verlagert (Selbstableger; ▶ Abschn. 12.3.5), wo die Wand vermodert. Die stark verholzten Früchte der Kameldornakazie werden von Großsäugern gefressen.

In der Gattung *Parkia* stehen winzig kleine Blüten zu Hunderten in einem Köpfchen zusammen (▶ Abb. 11.47f, g). Nur wenige Blüten (drei bis acht) gelangen zur Fruchtreife und entwickeln etwa 50 cm lange Früchte, die als Fruchtverband am Köpfchenboden verbleiben. Die Früchte haben ein dünnes Perikarp von lediriger Beschaffenheit, das sich nicht öffnet; morphologisch stellen sie damit mehrsamige Nüsse dar. *P. speciosa* ist eine Nutzpflanze der südostasiatischen Tropen. Der unreife Fruchtverband wird abgeschlagen und auf dem Markt angeboten (◼ Abb. 12.12b). Nutzbar sind vor allem die dicken Samen, die als Suppeneinlage gegessen und in der traditionellen Medizin gegen Magenbeschwerden verwendet werden.

Gliederbeeren

Die Früchte der Röhren-Kassia (◼ Abb. 12.12g), der Tamarinde (*Tamarindus indica* ◼ Abb. 12.12h–j) und des Johannisbrotbaums (*Ceratonia siliqua*) sind **Gliederbeeren**. Ihre Samen liegen **in Kammern**, die durch **falsche Scheidewände** getrennt werden. Das Exokarp ist lederig. Endokarp und/oder Mesokarp liefern ein süßes Gewebe (Fruchtmus, **Pulpa**), das sehr nahrhaft ist und als Obst gegessen oder als Viehfutter verwendet wird.

Bruchfrüchte

Gliederfrüchte, die in ein- oder mehrsamige Fragmente **zerfallen**, bilden **Bruchnüsse**. Die Früchte der Gattung *Entada* verhalten sich fakultativ als Bruchnüsse (◼ Abb. 12.12d), weitere Beispiele liefern der Süßklee (*Hedysarum*), der Vogelfuß (*Ornithopus*) oder die Kronwicke (*Securigera*). Bei vielen Arten, so auch bei der chilenischen *Sophora cassioides* (◼ Abb. 12.20d) oder dem Japanischen Perlschnurbaum (*Styphnolobium japonicum*; ◼ Abb. 12.20e), lässt sich die Gliederbildung bereits an der unreifen Frucht erkennen. Sie kommt nicht durch falsche Scheidewände, sondern durch **lokale Ausbuchtung** der Karpellwand zustande. Zur Fruchtreife trocknet die Fruchtwand ein, und die Kompartimente fallen einzeln oder in Gruppen ab.

Bruchfrüchte, die sich **öffnen** und **Samen entlassen**, bilden Bruchbälge. Sie kommen beim Korallenbaum (*Erythrina*; ◼ Abb. 12.11m) vor. Hier zerbricht das Karpell zur Fruchtzeit in ein- bis mehrsamige Fragmente, die nicht geschlossen bleiben, sondern sich nach Art eines **Balges** ventral öffnen (▶ Abschn. 12.2.4).

■ **Abb. 12.12 Früchte von Hülsenfrüchtlern. a, b,** Hülsen. **a,** Riesige, bis 50 cm lange Hülsen aus dem tropischen Regenwald von Gabun. *Fillaeopsis discophora* (links: 18 × 40 cm) mit weiteren Hülsen als Größenvergleich. **b,** *Parkia speciosa.* Nussfruchtverbände. Markt in Bogor, Indonesien. **c, d,** Rahmenfrüchte. **c,** Mimose (*Mimosa*). Einblattfrüchte mit abgefallenen Klappen. **d,** *Entada abyssinica* (Fabaceae). Ausschnitt aus einer 60 cm langen, gekammerten Einblattfrucht (eine Kammer aufgeschnitten). Die Fruchtwände fallen klappig ab und entlassen die etwa 6 cm großen, schwimmfähigen Samen (■ Abb. 12.27b). oder die Frucht zerbricht in einsamige Bruchstücke. **e, f,** Nüsse. Kameldornakazie (*Vachellia erioloba*). Namibia. **e,** Etwa 6 cm lange, stark verholzte Frucht. **f,** Künstlich geöffnete Frucht mit mehreren Samen. **g–j,** Gliederbeeren. **g,** Röhren-Kassia (*Cassia fistula*). Einblattbeere mit falschen Scheidewänden, ausgefüllt von Pulpa (Mesokarp) und Samen. **h–j,** Tamarinde (*Tamarindus indica*). Nutzpflanze. **h,** Gegliederte Frucht von außen. **i,** Pulpa umgeben von einzelnen Leitbündeln nach dem Entfernen des Exokarps. **j,** Wie **i,** künstlich geöffnet mit Samen. (© R. Claßen-Bockhoff, Mainz)

Kapsel und Kapselverband

Alle Öffnungsfrüchte, die aus einer **coenokarpen** Frucht entstehen, heißen **Kapseln**. Ihre Fruchtwand ist meist **trockenhäutig**, doch kann das Perikarp in Ausnahmefällen auch fleischig (Marantaceae; ◘ Abb. 12.13a) oder in einen äußeren fleischigen und einen inneren, holzigen Teil differenziert sein (*Proboscidea*, Martyniaceae; ◘ Abb. 12.22i).

Kapselfrüchte weisen sehr unterschiedliche Öffnungsweisen auf und werden nach Lage und Form der Öffnungen unterschieden (◘ Abb. 12.14).

Spaltkapseln

Im häufigsten Fall treten Spaltkapseln auf, bei denen sich die Fruchtwand durch Längsspalten öffnet (◘ Abb. 12.9 und 12.13a–h). Die Öffnung entlang des Dorsalnervs (Dorsalis), die als **dorsizid** oder **lokulizid** bezeichnet wird, gilt als ursprünglich:

- Bei **parakarpen** Kapseln liegen die Dehiszenzlinien an der Dorsalseite jedes einzelnen Fruchtfaches und/oder **marginal** an der Verwachsungsstelle von zwei benachbarten Karpellen (◘ Abb. 12.14c: dz, m).
- Bei **synkarpen** Kapseln öffnen sich die Fächer entweder dorsizid (◘ Abb. 12.14d: dz) oder **valvat** unter Erhalt der Septen (◘ Abb. 12.13e und 12.14e). Zusätzlich können die Septen quer zu ihrem Verlauf aufreißen (**septifrag**; ◘ Abb. 12.14d: sf), wodurch in der Mitte eine Samen tragende Säule stehenbleibt (◘ Abb. 12.13g), oder die Fruchtfächer an ihrer Ventralnaht auseinanderweichen (**ventrizid**; ◘ Abb. 12.14d: vz). In beiden Fällen werden die Kapselfächer weit auseinandergebreitet und die Samen leichter entlassen (◘ Abb. 12.13b). Trennen sich geschlossene Fruchtfächer entlang ihrer Septen (septizid), entstehen Spaltfrüchte (◘ Abb. 12.14i, j).

Deckel-, Poren- und Zähnchenkapseln

Verläuft die Dehiszenzlinie einer Kapsel ringförmig, wird der obere Teil als Deckel abgesprengt (◘ Abb. 12.14m). Die daraus resultierenden **Deckelkapseln** finden sich in zahlreichen Familien, z. B. bei Primelgewächsen (Primulaceae: *Anagallis*; ◘ Abb. 12.9) und Kürbisgewächsen (Cucurbitaceae: Spritzgurke, Ex-

plodiergurke; ► Abschn. 12.3.5). Beim Schwammkürbis (*Luffa aegyptiaca*) öffnet sich die Frucht apikal und entlässt zahlreiche Samen. Die äußere Fruchtwand (Epi-, Mesokarp) ist dünn und trocken, das Endokarp mächtig entwickelt. Es besitzt ein dicht vernetztes, stark quellbares Leitbündelsystem (◘ Abb. 7.15c) und wird als **vegetabilischer Schwamm** verwendet.

Das bekannteste Beispiel für eine **Porenkapsel** liefert der Mohn (*Papaver*, Papaveraceae; ◘ Abb. 12.9, 12.13i, j und 12.14o). Unter der Narbenscheibe der parakarpen Frucht öffnen sich zahlreiche Poren, durch die die winzig kleinen Samen herausgeschüttelt werden. Bei Zuchtformen des Schlafmohns (*Papaver somnifera*; ► Exkurs 2.3) bleiben die Poren geschlossen, wodurch die ölhaltigen Samen leichter gewonnen werden können.

Bei heimischen Nelkengewächsen, etwa dem Leimkraut (*Silene vulgaris*) oder der Breitblättrigen Lichtnelke (*Silene latifolium*; ► Abb. 9.2m), öffnen sich die Kapseln mit **Zähnchen** (◘ Abb. 12.13k und 12.14n). Die charakteristische Fruchtöffnung ist im Gelände ein hilfreiches Bestimmungsmerkmal.

Schote und Schötchen

Die Schote ist eine Kapsel, die durch flächige (**valvate**) Öffnung charakterisiert ist (◘ Abb. 12.9 und 12.14f, g). In der Vergangenheit wurden verschiedene Interpretationen zur Klärung der Fruchtmorphologie vorgeschlagen (Brückner 2000). Nach aktuellem Kenntnisstand geht die Schote aus einem zweiblättrigen (dimeren) **parakarpen** Fruchtknoten mit wandständigen (parietalen) Samenanlagen hervor.

Beim **Schöllkraut** (*Chelidonium*; ◘ Abb. 12.9 und 12.15a, b) fallen die Karpellwände nach der Samenreife ab, sodass nur die Blattränder mit ihren Samenleisten als Rahmen (**Replum**) erhalten bleiben. Der Vorgang ähnelt der Bildung der Rahmenfrucht bei Fabaceae, an der aber nur ein Karpell beteiligt ist (► Exkurs 12.2).

Bei den **Kreuzblütlern** (Brassicaceae) wird der Rahmen durch eine **falsche Scheidewand** (► Abschn. 10.5.3) stabilisiert (◘ Abb. 12.14h). Das **Silberblatt** (*Lunaria*), das von Trockengestecken bekannt ist (◘ Abb. 12.15d–f), zeigt dies sehr deutlich. Trennt man die vordere und

---

◘ **Abb. 12.13 Kapselfruchtformen. a–h, Spaltkapseln. a–c,** Anlockung von Vögeln durch Farbkontraste (► Abschn. 12.3.2). **a,** *Trachyphrynium braunianum* (Marantaceae). Dorsizid. **b,** Sapindaceae. Dorsizid und ventrizid. **c,** Annattostrauch (*Bixa orellana*, Bixaceae). Parakarp, dorsizid. **d,** Rosskastanie (*Aesculus hippocastanum*, Sapindaceae). Meist nur ein einziger braun glänzender Samen ausgebildet. **e,** Ballonrebe (*Cardiospermum halicacabum*, Sapindaceae). Valvate Öffnung mit Erhalt der Septen. **f,** Durian (*Durio zibethinus*, Malvaceae). Etwa 40 cm große, bestachelte Kapselfrucht (◘ Abb. 12.5e). Ausbreitung durch Säugetiere (► Abschn. 12.3.2). **g,** Weidenröschen (*Epilobium angustifolium*, Onagraceae). Dorsizid und septifrag. Samen mit Flughaaren. **h,** Teufelsbaumwolle (*Abroma augusta*, Malvaceae). Pentamer, synkarpe Kapsel mit stark behaarten Septen und ausgedehnten Placenten. **i, j, Porenkapsel.** Mohn (*Papaver*, Papaveraceae; ► Abb. 2.10a und 7.24h). **i,** Frucht von außen mit Poren unter den Narbenstrahlen. **j,** Querschnitt durch die parakarpe Kapsel, die weit nach innen ragenden Placentarleisten zeigend. **k, Zähnchenkapsel.** Leimkraut (*Silene vulgaris*, Caryophyllaceae). **l–p, Kapselverbände. l,** *Carludovica palmata* (Cyclanthaceae). Samenentlassung durch Aufreißen fleischiger, in den Kolben eingesenkter Kapselwände. **m,** *Eucalyptus conferruminata* (ähnlich *E. lehmannii*, Myrtaceae). Samenausstreuung nach Feuereinwirkung. **n,** Orientalischer Amberbaum (*Liquidambar orientalis*, Altingiaceae). **o,** *Parrotiopsis jacquemontiana* (Hamamelidaceae; ► Abb. 6.15b). **p,** Wachsbeere (*Pollichia campestris*, Caryophyllaceae). Fleischige Blütenstiele verdecken die Kapseln der Einzelblüten und bilden funktional eine ‚Beere'. (© R. Claßen-Bockhoff, Mainz)

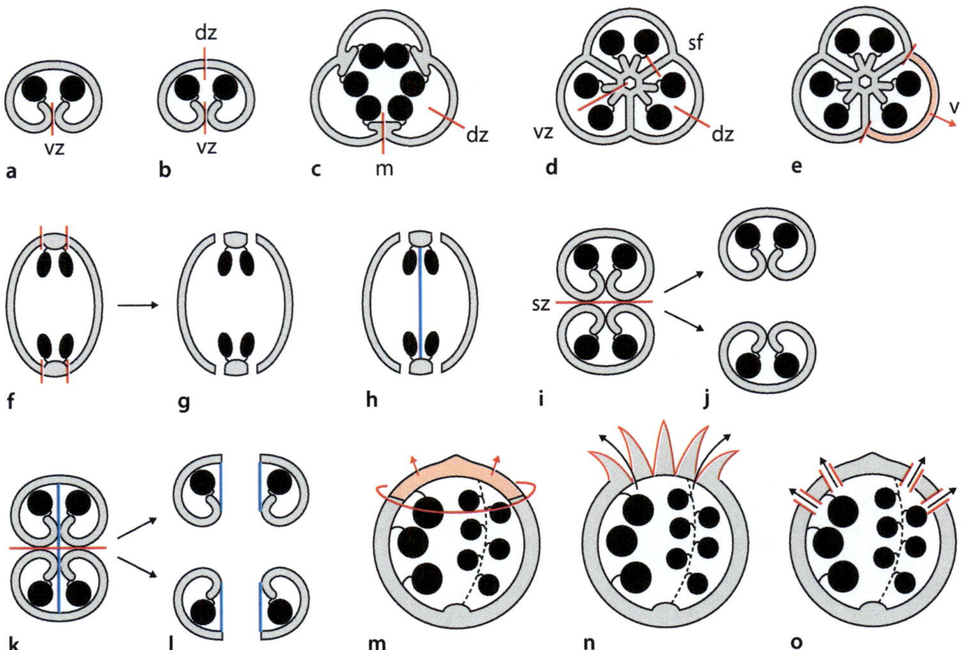

◘ Abb. 12.14   Schematische Zusammenstellung der Öffnungsweisen von Früchten. a–l, Querschnitte. **a,** Balg. Einblattfrucht mit ventrizider (vz) Öffnung. **b,** Hülse. Einblattfrucht mit ventrizider und dorsizider (dz) Öffnung. **c–e,** Spaltkapseln auf der Basis eines parakarpen (**c**) bzw. synkarpen (**d, e**) Gynoeceums. Öffnungsweisen: marginal (m), dorsizid, ventrizid, septifrag (sf) und valvat (v). Rötlich unterlegt: abgeworfene Struktur. **f–h,** Schote. Die dimer parakarpe Frucht (**f**) öffnet sich valvat, d. h., die Fruchtwände fallen bis auf die fusionierten Karpellränder ab (**g**). Bei den Kreuzblütlern (Brassicaceae) (**h**) stabilisiert eine falsche Scheidewand (blau) den Samen tragenden Rahmen. **i, j,** Spaltfrucht mit septizider (sz) Öffnung. Diapsoren sind geschlossene Spaltfrüchtchen. **k, l,** Klausenbildung. Das dimer synkarpe Gynoeceum wird entlang der echten Septe (rot) und der eingezogenen, falschen Scheidewand (blau) in vier Fächer geteilt, die sich voneinander trennen und als Klausen (**l**) ausgebreitet werden. **m–o,** Längsschnitte. **m,** Deckelkapsel, die sich ringsum öffnet (Linie) und abgesprengt wird (rötlich unterlegt). **n,** Zähnchenkapsel. Die Kapsel öffnet sich an der Spitze und entässt die Samen (Pfeile). **o,** Porenkapsel. Die Samen werden durch winzige Öffnungen in der Kapselwand freigesetzt (Pfeile). (© Original)

hintere Klappe der Frucht ab, bleibt die perlmuttartig glänzende Scheidewand stehen. An ihrem Rand haften die Samenanlagen, deren Abdrücke auf der Fläche erkennbar sind (◘ Abb. 12.15e: Pfeil).

Die Familie der **Brassicaceae** ist durch den Besitz von Schoten und Schötchen charakterisiert. Schötchen sind im Gegensatz zu den lang gestreckten Schoten kurz und oft kugelförmig, geflügelt oder gerippt. Die **Verkleinerungsform** bezieht sich hier auf die Größe und deutet **nicht** auf eine Sammelfrucht hin. Ähnlich wie bei den Hülsenfrüchtlern treten auch bei den Brassicaceae neben der Hauptfruchtform Nüsse (Zackenschötchen, *Bunias orientalis*) und Gliedernüsse (Meersenf, *Cakile maritima*) auf. Phylogenetische Studien zeigen, dass die Öffnungsfrüchte innerhalb der Brassicaceae ursprünglich sind und sich die Schließfrüchte mehrfach parallel aus ihnen entwickelt haben (Mühlhausen et al. 2013).

Kapselverbände

Kapselverbände finden sich bei Arten mit kopfigen Blütenständen. Beispiele liefern einige *Eucalyptus*-Arten (◘ Abb. 12.13m), der Orientalische Amberbaum (◘ Abb. 12.13n) oder die Asiatische Scheinparrotie (◘ Abb. 12.13o ▶ und 6.16b). In allen Fällen sind die Fruchtwände verholzt, öffnen sich und entlassen Samen als Diasporen:

— Einen sehr ungewöhnlichen Kapselverband bildet die **Wachsbeere** (*Pollichia*; ◘ Abb. 12.13p). Die Früchte stehen in einem dichten, cymös verzweigten Verband und werden von ihren eigenen Stielen umwallt. Diese werden zur Fruchtzeit weiß und dickfleischig (Magin 1984). Die so entstandene ‚Beere‘ wird von Vögeln gefressen oder vertrocknet und streut dann die Samen einzeln aus.

— Einzigartig ist die Öffnungsweise des Kolbens von *Carludovica palmata* (◘ Abb. 12.13l). Er ist fleischig und umgibt die in ihn eingesenkten, unterständigen Früchte. Zur Fruchtzeit reißt die Kolbenoberfläche von oben nach unten auf, rollt sich in Streifen nach hinten um und entlässt die Samen aus den auf diese Weise geöffneten fleischigen, kräftig rot gefärbten Kapseln.

Nur **analog** ähnlich ist der Fruchtverband der Kasuarinen (◘ Abb. 12.19t). Er entlässt ebenfalls Diasporen aus klappigen Fächern, bei denen es sich aber um Nüsse und nicht um Samen handelt. Der Fruchtverband ist entsprechend ein Nussverband (▶ Abschn. 12.2.3).

Abb. 12.15   Schoten. a–c, Schöllkraut (*Chelidonium majus*, Papaveraceae). **a,** Geschlossene Schote (oben), halb geöffnete Schote mit Samenleiste (unten) und Rahmen der völlig geöffneten und entleerten Frucht (mittig). **b,** Künstlich geöffnete Frucht (vordere Fruchtklappe abgehoben). Samen (braun) mit je einem weißen Elaiosom. **c,** Leere Rahmen mit teilweise noch anhaftenden Karpellwänden nach der Samenausstreuung. **d–f,** Silberblatt (*Lunaria redi-* *viva*, Brassicaceae). **d,** Blühende und fruchtende Pflanze. **e,** Fruchtrahmen (Replum) mit falscher Scheidewand, Ansatzstellen der ausgestreuten Samen am Rand erkennbar (Pfeil). Kreis: Lage der abgefallenen Blütenorgane, darüber der Gynophor (Gp). **f,** Geöffnete Frucht mit dem Samen tragenden Replum und den beiden, sich ablösenden Valven. (© R. Claßen-Bockhoff, Mainz)

12.2.3   Schließfrüchte

Bleibt die Frucht oder Teilfrucht geschlossen und wird mit all ihren Samen ausgebreitet, liegt eine **Schließfrucht** vor. Je nach Ausgestaltung des Perikarps unterscheidet man als Hauptformen **Beeren**, **Steinfrüchte** und **Nüsse** (■ Tab. 12.2).

Schließfrüchte gehen aus einem Karpell (monokarpellat) oder aus einem coenokarpen Gynoeceum hervor und sind ober-, mittel- oder unterständig. Schließfrüchtchen entstehen immer aus einem chorikarpen Gynoeceum und sind ober- oder mittelständig.

◘ Tab. 12.2   Differenzierung des Perikarps bei Schließfrüchten

	Exokarp bzw. Epikarp*	Mesokarp	Endokarp
Beere	meist einschichtige ‚Haut‘	saftig-fleischig	
– Panzerbeere	mehrschichtige, feste Schale		
– Lederbeere	ein - oder mehrschichtige schichtige ‚Haut‘	Fruchtfleisch trocknet aus	
– Endokarpbeere	mehrschichtige, feste Schale	lockeres Füllgewebe	Saftschläuche
Steinfrucht	meist einschichtige ‚Haut‘	saftig, fleischig oder weich-faserig	trockenhäutig oder verholzend
Nuss	trockenhäutig, faserig, verholzt		

*Bei Unterständigkeit

Beere, Sammelbeere und Beerenverband

Beeren tragende Pflanzen sind häufig und liefern wichtige **Obst- und Gemüsepflanzen** (◘ Tab. 12.3). Sie werden weltweit als Nahrungsmittel angebaut und zur Herstellung von Säften und alkoholischen Getränke genutzt. Die giftige, in Mitteleuropa heimische Tollkirsche (*Atropa bella-donna*; ► Abb. 2.10e, ► Exkurs 2.3) gehört (entgegen ihrer Bezeichnung) ebenfalls zu den Beeren.

Das Perikarp der Beere ist weich und meist saftig-fleischig. Gewöhnlich umschließt es **mehrere bis viele Samen**. Beispiele liefern die als **Obst** genutzte Johannisbeere (◘ Abb. 12.16a), Weintraube (*Vitis vinifera*, Vitaceae), Kiwi (*Actinidia deliciosa*, Actinidiaceae), Papaya (◘ Abb. 12.16d) und Banane (◘ Abb. 12.16e, f) oder die **Gemüse** liefernden Solanaceae (Paprika, Aubergine, Tomate; ◘ Abb. 12.16b) und Cucurbitaceae (Gurke, Zucchini; ◘ Tab. 12.3).

Einsamige Beeren sind relativ selten. Bekannt ist die Avocado (*Persea americana*, Lauraceae), die aus nur einem Karpell (**Einblattfrucht**) entsteht. Mit ihrem großen, harten Samen wird sie leicht für eine Steinfrucht gehalten, doch ist die Ähnlichkeit analog.

Innerhalb der Beeren treten einige **Sonderformen** auf:
- Früchte mit mehrschichtiger, derber Außenschicht **(Exo- oder Epikarp)** werden **Panzerbeeren** genannt. Zu ihnen gehören viele Melonen- und Kürbisarten (Cucurbitaceae), die weltweit in den Subtropen und

Tropen kultiviert und genutzt werden. Die in der Namib-Wüste endemische Nara-Melone (*Acanthosicyos horridu*; ◘ Abb. 12.16h) ist stark wasserhaltig und eine wichtige Nahrungspflanze für Menschen und viele Wüstenbewohner wie Giraffen oder Hyänen. Traditionell werden die harten Schalen vieler Panzerbeeren als Kalebassen genutzt (► Exkurs 12.3).
- Bei den **Lederbeeren** (Trockenbeeren) der Maracuja (*Passiflora*; ► Tab. 2.3) und des Granatapfels (◘ Abb. 12.16j)) trocknet das **zuvor fleischige** Perikarp aus und bildet zur Samenreife nur noch einen trockenhäutigen Schutz um die zahlreichen Samen. Diese sind von einer fleischigen Sarkotesta (Granatapfel) bzw. einem verschleimenden Arillus (Maracuja) umgeben. Der Granatapfel besitzt einen **doppelten Karpellkreis**, wodurch die Samen in zwei Ebenen angeordnet sind.
- **Gliederbeeren** treten bei Fabaceae auf (► Exkurs 12.2, ◘ Abb. 12.12g–j). Die Einblattfrüchte sind durch falsche Scheidewände in einsamige Kammern gegliedert und enthalten ein süßes Gewebe (Fruchtmus, **Pulpa**).
- Als Endokarpbeere wird die Fruchtform der Zitrusfrüchte (Rutaceae) bezeichnet. Das **Endokarp** bildet **Saftschläuche**, die in die Fruchtfächer hineinwachsen und diese vollständig ausfüllen (◘ Abb. 12.16i: Ens). Exo- und Mesokarp bilden die Schale. Das **Exokarp**

◘ Abb. 12.16   Beerenfruchtformen. a–j, Beeren. a, Rote Johannisbeere (*Ribes rubrum*, Grossulariaceae). Traube mit oberständigen Beeren. **b,** Tomate (*Solanum lycopersicum*, Solanaceae). Querschnitt durch dimere Frucht mit großem Placentargewebe. Samen mit Myxotesta. **c,** Lampionblume (*Physalis alkekengi*, Solanaceae). Beere von blasig vergrößertem Kelch umgeben (links künstlich geöffnet). **d,** Papaya (*Carica papaya*, Caricaceae). Parakarpe Beere mit parietaler Stellung der Samen. **e, f,** Banane (*Musa*, Musaceae; ► Abb. 8.49d). **e,** Unterständige Beere von außen. *, Lage der Blütenreste. **f,** Querschnitt, im Zentrum unbefruchtete Samenanlagen. **g, h,** Panzerbeeren. **g,** Kakaobaum (*Theobroma cacao*, Malvaceae). Frucht am ‚alten Holz‘ (kauliflor). **h,** Nara-Melone (*Acanthosicyos horridus*, Cucurbitaceae). Wichtige Nahrungspflanze in der Namib-Wüste. **i,** Endokarpbeere. Apfelsine (*Citrus sinensis*, Rutaceae). A, Albedo. Ens, Endokarpschläuche. F, Flavedo. **j,** Lederbeere. Granatapfel (*Punica granatum*, Lythraceae). Eingetrocknetes Perikarp. Seltener Fall einer Frucht mit zwei Karpellkreisen. **k, l, Sammelbeeren. k,** Rahmapfel (*Annona squamosa*, Annonaceae). **l,** Kermesbeere (*Phytolacca*, Phytolaccaceae). **m–o, Beerenverband.** Ananas (*Ananas comosus*, Bromeliaceae). **m,** Junger Fruchtverband mit Blattschopf. **n,** Ausschnitt aus einem reifen Fruchtverband, die Tragblätter (Tb) und Einzelfürchte (Fr) zeigend. **o,** Längsschnitt durch jungen Fruchtverband mit deutlich erkennbarer Infloreszenzstruktur. Kreis: Tragblatt, Blütenreste (rötlich) und junge, unterständige Frucht. (© R. Claßen-Bockhoff, Mainz)

Ens
A
F
Fr
Tb

ist von einer Wachsschicht bedeckt und in unreifen Früchten grün. Zur Fruchtreife wandeln sich Chloroplasten in Chromoplasten um, und die Schale färbt sich durch Carotinoide gelb, orange oder rötlich. Die nun als Flavedo (F; lat. *flavus*, „gelb") bezeichnete Schicht enthält die für die Zitrusfrüchte typischen Ölbehälter. Das **Mesokarp** bildet das weiße, locker-faserige ‚Albedo'-Gewebe (A; lat. *albus*, „weiß"). Es besteht aus einem interzellularenreichen

Parenchym, dessen hervorragende Dämmeigenschaften als Vorbild für den Bau des Motorradhelms dienten (Speck et al. 2012 ► Exkurs 7.3). Die Konsistenz der Albedo bestimmt, ob sich eine Frucht leicht (Mandarine) oder schwer (Zitrone) schälen lässt. Bei der Zuchtform der Navel-Orange (*Citrus sinensis*, Rutaceae) tritt wie beim Granatapfel der seltene Fall eines zweiten Karpellkreises auf, der sich zu einer kleinen ‚Zwillingsfrucht' entwickelt.

Exkurs 12.3 Kalebassen

Kalebassen sind Gefäße, die aus Panzerbeeren hergestellt werden (◘ Abb. 12.17). Die Früchte werden getrocknet oder ausgehöhlt und in vielfältiger Weise genutzt. Der Begriff Kalebasse geht auf den Kalebassenbaum (*Crescentia cujete*, Bignoniaceae) aus Mittelamerika zurück, dessen Früchte traditionell zur

Herstellung von Trinkgefäßen genutzt wurden. Eine andere, vielfach verwendete Art ist der Flaschenkürbis (*Lagenaria siceraria*, Cucurbitaceae), eine einjährige Kletterpflanze, die vermutlich aus Afrika stammt und sich von dort aus pantropisch ausgebreitet hat. Sie gehört weltweit zu den ältesten Kulturpflanzen.

◘ **Abb. 12.17 Kalebassen.** Traditionelle Nutzung. **a, b**, Rasseln. Südafrika. **c**, Rassel. Peru. **d**, Güiro (Schrapinstrument). Bolivien. **e**, Trinkgefäß für Mate-Tee (*Ilex paraguariensis*, Aqui-foliaceae). Chile. **f, g**, Bierschale und Löffel. Zentralafrika. **h**, Pfeife. Zentralafrika. **i**, Zierdose. Andenstaaten. **j**, Wasserflasche der San. Südafrika. (© R. Claßen-Bockhoff, Mainz)

Sammelbeere

Sammelfrüchte mit Beerchen sind selten. Beispiele liefern die tropischen **Annonaceen** mit dem **Rahmapfel** (◼ Abb. 12.16k), der Netzannone (*Annona reticulata*) und weiteren *Annona*-Arten, die in den Subtropen kultiviert werden und auch in Europa erhältlich sind. Die Karpellwand jedes einzelnen Karpells geht nach Art einer Beere in ein fleischiges Perikarp über. Dabei verkleben die Wände benachbarter Früchtchen, wodurch sich eine Sammelbeere mit homogenem Fruchtfleisch bildet, in das zahlreiche schwarze Samen eingebettet sind.

Das Gynoeceum der **Kermesbeere** (◼ Abb. 12.16l) entwickelt sich zu einer Sammelfrucht mit mehreren frei stehenden Beerchen, während sich von den drei Karpellen der Dattelpalme (*Phoenix dactylifera*, Arecaceae) meist nur eins entwickelt. Die **Dattel** entspricht somit einem einsamigen Beerchen.

Beerenverband

Die **Ananas** ist keine Frucht, sondern ein Fruchtverband. Sie bildet sich aus einem Blütenstand, der an der Spitze durchwächst und oberhalb der Früchte einen charakteristischen Blattschopf bildet (◼ Abb. 12.16m–o). Alle Strukturen des Blütenstandes, also die Infloreszenzachse, die Tragblätter und die unterständigen Fruchtknoten werden zur Fruchtzeit fleischig saftig und gehen in die Bildung der Beerenfruktifizenz ein.

Steinfrucht, Sammelsteinfrucht und Steinfruchtverband

Das Perikarp der Steinfrüchte differenziert sich in ein saftiges, fleischiges oder faseriges **Mesokarp** und ein trockenes, meist **verholztes Endokarp** (◼ Tab. 12.2). Letzteres bildet im häufigsten Fall einen **Steinkern**, der nur einen Samen umschließt. Das **Exokarp** oberständiger Früchte ist meist eine dünne Abschlusshaut, während das **Epikarp** einiger unterständiger Früchte sehr dick werden (Apfel ◼ Abb. 12.18l) und auch extraflorale Strukturen mit einbeziehen kann (Walnuss; ◼ Abb. 12.18g, ▶ Exkurs 12.4).

Monokarpellate Steinfrüchte finden sich beim **Steinobst** der Rosengewächse. Bei Pflaumen, Aprikosen und Kirschen (*Prunus domestica*, *P. armeniaca*, *P. avium*) erstreckt sich die Ventralnaht über die gesamte Länge der Frucht und ist gut erkennbar (◼ Abb. 12.18a: Vn). Öffnet man den Kern, sieht man den Samen innerhalb des Endokarps liegen (◼ Abb. 12.18b). Bei der Mandel (*Prunus dulcis*) platzt der weiche Perikarpanteil auf und

legt den Steinkern frei (◼ Abb. 12.18c). Auch der **Mangobaum** (*Mangifera*) weist oberständige Einblattfrüchte auf (◼ Abb. 12.18e, f). Bei diesen ist das Mesokarp so fest mit dem Endokarp verwachsen, dass sich der Steinkern nur schlecht herauslösen lässt.

Bei **coenokarpen Steinfrüchten** entstehen in Abhängigkeit von der **Anzahl der Samen** und dem Verhalten des **Endokarps** unterschiedliche Formen:

- In den meisten Fällen sind die Steinfrüchte **einkernig** und **einsamig** (Kokosnuss, Walnuss; ◼ Abb. 12.18g–k).
- **Mehrsamige Steinkerne** entstehen bei **synkarpen** Früchten, wenn sich aus ihnen ein gekammerter Steinkern mit je einem Samen pro Fach bilden (Kornelkirsche; ◼ Abb. 12.18d).
- **Mehrere Steinkerne** bilden sich aus einem synkarpen Gynoeceum, wenn jeder Samen **separat** von einem trockenhäutigen oder verholzten Endokarp umgeben wird. Ein Beispiel liefert die unterständige Frucht der Kaffeepflanze, die zwei Steinkerne enthält. Diese werden leicht für Samen gehalten, sind aber von je einem dünnen, trockenen Endokarp, der ‚Hornschale', umgeben. Nach innen folgt eine zarte Samenschale (Kaffee; ▶ Abb. 2.10j–l).

Die Ausgestaltung des **Mesokarps** ist sehr variabel. Während das Mesokarp im typischen Fall fleischigsaftig ist (Nektarine; ◼ Abb. 12.18b), kann es auch faserig sein (Kokosnuss; ◼ Abb. 12.18k), allmählich austrocknen (Pistazie, *Pistacia*, Anacardiaceae) oder sogar aufspringen (Mandel ◼ Abb. 12.18c, *Proboscidea* ◼ Abb. 12.22i). In den weichen Teil unterständiger Steinfrüchte gehen das **Epikarp** (Apfel) und ggf. weitere Strukturen mit ein (Walnuss; ▶ Exkurs 12.3).

Steinfrüchte werden umgangssprachlich auch als **Kirschen** bezeichnet, etwa bei der **Kornelkirsche** (◼ Abb. 12.18d) oder der **Kaffeekirsche**. Die **Tollkirsche** gehört dagegen zu den Beeren (◼ Tab. 12.3).

Andere Steinkerne werden als ‚Nüsse' bezeichnet. Dies gilt beispielsweise für die **Walnuss** (◼ Abb. 12.18g, h) und die Frucht der Kokospalme, deren Steinkern als **Kokosnuss** gehandelt wird (◼ Tab. 12.5). Die Frucht wird von einem harten Exokarp geschützt und weist ein mächtiges Fasergewebe auf, das vom Mesokarp gebildet wird und zur Schwimmfähigkeit der Kokosnuss beiträgt (◼ Abb. 12.18k ▶ und 7.15h). Dem Steinkern der auch zu den Palmen gehörenden, aber mit der Kokosnuss nicht näher verwandten **Seychellennuss** fehlt ein solches Schwimmgewebe; das Mesokarp ist hier wenig ausgeprägt (◼ Abb. 12.28a, ▶ Abschn. 12.3.5).

⬛ Tab. 12.3 Obst und Gemüse liefernde Beeren. Die Anordnung folgt der zugrundeliegenden Fruchtform

Beispiel	Art	Familie	essbarer Teil	Fruchtform
Beeren				
Avocado	*Persea americana*	Lauraceae	Me, En	monokarpellat, o
Tamarinde	*Tamarindus indica*	Fabaceae	**GB**: Me	
Kapstachelbeere	*Physalis peruviana*	Solanaceae	Perikarp	synkarp, o
Tollkirsche	*Atropa bella-donna*			
Tomate*	*Solanum lycopersicum*			
Aubergine	*S. melongena*			
Gemüsepaprika	*Capsicum annuum*			
Weintraube**	*Vitis vinifera*	Vitaceae		
Kiwi	*Actinidia deliciosa*	Actinidiaceae		
Kakipflaume	*Diospyros kaki*	Ebenaceae		
Sternfrucht	*Averrhoa carambola*	Oxalidaceae		
Kakao	*Theobroma cacao*	Malvaceae	**LB**: Samen	
Zitrone	*Citrus limon*	Rutaceae	**EB**: En-Schläuche	
Apfelsine***	*C. sinensis*			
Blau-/Heidelbeere	*Vaccinium myrtillus*	Ericaceae	Perikarp	synkarp, u
Preiselbeere	*V. vitis-idaea*			
Krähenbeere	*Empetrum nigrum*			
Guave	*Psidium guajava*	Myrtaceae		
Banane	*Musa × paradisiaca*	Musaceae	Me, En	
Granatapfel***	*Punica granatum*	Lythraceae	**LB**: Sarkotesta	
Papaya	*Carica papaya*	Caricaceae	Me–En	parakarp, o
Maracuja	*Passiflora edulis* forma *flavicarpa*	Passifloraceae	**LB**: Arilli	
Passionsfrucht	*P. edulis* forma *edulis*			
Johannisbeere	*Ribes rubrum*	Grossulariaceae	Perikarp	parakarp, u
Stachelbeere*	*Ribes uva-crispa*			
Gurke	*Cucumis sativus*	Cucurbitaceae		
Zucchini	*Cucurbita pepo* subsp. *pepo* convar. *giromontuuna*			
Honigmelone*	*Cucumis melo*		**PB**: Me, En	
Wassermelone	*Citrullus lanatus* var. *lanatus*			
Kürbis	*Cucurbita pepo*			
Pitahaya	*Hylocereus undata*	Cactaceae	Pulpa aus Samen und Arilli	

(Fortsetzung)

⬛ Tab. 12.3 Fortsetzung

Beispiel	Art	Familie	essbarer Teil	Fruchtform
Sammelbeeren				
Rahmapfel	*Annona squamosa*	Annonaceae	Perikarp der Beerchen	o
Dattel****	*Phoenix dactylifera*	Arecaceae		
Asiatische Kermesbeere	*Phytolacca acinosa*	Phytolaccacae		
Beerenverband				
Ananas	*Ananas comosus*	Bromeliaceae	Früchte, Tragblätter, Infloreszenzachse	u

EB, Endokarpbeere. En, Endokarp. Ep, Epikarp. Ex, Exokarp. **GB**, Gliederbeere. **LB**, Lederbeere. Me, Mesokarp. o, oberständig. **PB**, Panzerbeere. u, unterständig. *Samen mit Myxotesta. **Die Weintraube ist eine Rispe mit Beeren (▶ Abb. 9.8a). ***Doppelter Karpellkreis. ****Oft nur ein Karpell fruchtend.

⬛ Tab. 12.4 ,Beeren', die botanisch keine Beeren sind

Beispiel	Art	Familie	essbarere Teil	Fruchtform
Steinfruchtsysteme				
Holunderbeere	*Sambucus nigra*	Adoxaceae	Ex, Me	Steinfrucht, o
Krähenbeere	*Empetrum nigrum*	Ericaceae		
Brombeere	*Rubus* sect. *Rubus*	Rosaceae		Sammelsteinfrucht, o
Moltebeere	*Rubus chamaemorus*			
Himbeere	*R. idaeus*			
Vogelbeere	*Sorbus aucuparia*		Ep, Me	Steinfrucht, u
Mehlbeere	*Sorbus aria*			
Elsbeere	*Sorbus torminalis*			
Nussfruchtsysteme				
Erdbeere	*Fragaria vesca*	Rosaceae	Blütenboden (Receptaculum)	Sammelnuss, o
Maulbeere	*Morus*-Arten	Moraceae	Blütenhüllen	Nussvervand, o
Kapselfruchtsysteme				
Wachsbeere	*Pollichia campestris*	Caryophyllaceae	Blütenstiele	Kapselverband, o
Zapfen (keine Frucht! Gymnospermen)				
Wacholderbeere	*Juniperus*-Arten	Cupressaceae	Schuppen	Zapfen (▶ Abschn. 5.5.8)

12

Abb. 12.18 Steinfruchtformen. a-l, Steinfrüchte. a–c, Steinobst der Rosaceae. Oberständige Einblattfrüchte. **a**, Pflaume (*Prunus domestica*). Vn, Ventralnaht. **b**, Nektarine (*Prunus persica* var. *nucipersica*). Längsschnitt. Fleischiges Mesokarp, verholztes Endokarp (En) und darin liegender Samen. **c**, Mandel (*Prunus dulcis*). Ungewöhnliche Steinfrucht mit ledrigem, aufspringendem Exo- und Mesokarp. **d**, Kornelkirsche (*Cornus mas*, Cornaceae). Unterständige, coenokarpe Steinfrucht mit mehrsamigem Steinkern. **e, f**, Mango (*Mangifera indica*, Anacardiacea). **e**, Oberständige Einblattfrucht. **f**, Steinkern mit faserigem Endokarp. **g, h**, Walnuss (*Juglans regia*, Juglandaceae). **g**, Unterständige Früchte. **h**, Steinkern. **i–k**, Kokosnuss (*Cocos nucifera*, Arecaceae). **i**, Kokospalmen an der Pazifikküste. Costa Rica. **j**, Gestrandete Frucht mit jungem Sporophyten. Singapur. **k**, Längsschnitt durch die oberständige Frucht mit faserigem Mesokarp (▶ Abb. 7.15h)

und Steinkern; dieser ist als Kokosnuss im Handel. **l**, Apfel (*Malus* × cult., Rosaceae). Unterständige ‚Apfelfrucht‘ mit fleischigem Epikarp (Ep) und trockenhäutigem Endokarp (▶ Abb. 10.46e). **m, n, Sammelsteinfrüchte** (oberständig). Brombeere (*Rubus* sect. *Rubus*, Rosaceae). **n**, Himbeere (*Rubus idaeus*, Rosaceae). Ansicht und Längsschnitt durch die Sammelfrucht. Früchtchen mit fleischigem Mesokarp und verholztem Endokarp. **o–r, Steinfruchtverbände. o–q**, Fleischige Blütenstandböden. **o**, Essfeige (*Ficus carica*, Moraceae). Krugförmig gestalteter Blütenstandboden mit innen liegenden, winzig kleinen, oberständigen Früchten. **p, q**, Fruchtverbände mit unterständigen Früchten. **p**, Asiatischer Blüten-Hartriegel (*Cornus kousa*, Cornaceae). **q**, Nonibaum (*Morinda citrifolia*, Rubiaceae). **r**, *Chrysanthemoides monilifera* (Asteraceae). Fruchtendes Köpfchen mit unterständigen Steinfrüchten. (© R. Claßen-Bockhoff, Mainz)

Exkurs 12.4 Walnuss und Apfelfrucht

Während die Fruchtwände unterständiger Beeren und Nüsse weich bzw. trocken sind, weisen unterständige Steinfrüchte eine histologische **Differenzierung ihrer Fruchtwand** auf. Dies hat in der Vergangenheit immer wieder zu unterschiedlichen Interpretationen geführt. Die kontroversen Sichtweisen werden hier exemplarisch an den Früchten der Walnuss und des Apfels erläutert:

Walnuss (*Juglans regia*, Juglandaceae)

Die Frucht der Walnuss entwickelt sich aus einem dimeren, unvollständig septierten Gynoeceum, in das senkrecht zur echten eine ebenfalls unvollständige falsche Scheidewand eingezogen ist (Troll 1957). Der verholzte Steinkern (**●** Abb. 12.18h) ist einsamig und wird von den beiden großen, wellig gefurchten Cotyledonen des Embryos vollständig ausgefüllt (**●** Abb. 12.3f). Er ist außen von einem fleischig-faserigen Gewebe umgeben, das meist geschlossen bleibt oder (ähnlich wie bei der Mandel **●** Abb. 12.18c) aufspringen und den Steinkern freigeben kann.

Morphologisch entsteht das äußere Gewebe durch **congenitale** Entwicklungsprozesse aus Teilen des Receptaculums, den Anlagen des Tragblattes und der beiden Vorblätter und der Rückseite der Karpelle. Das war bereits Eichler (1878) und Engler (1894) bekannt, die die Frucht als unterständige **Steinfrucht** interpretierten (Leins und Erbar 2007).

Schon früh wurde dieser Ansicht jedoch widersprochen und die Frucht als eine **Nuss** angesehen, die von einer extrafloralen Hülle umschlossen wird (Zusammenfassung in Markowski 2005). Zur Unterstützung dieser Ansicht wurde die histologische Gliederung der Frucht in eine innere, verholzte Wand und ein äußeres, sich bei der Fruchtreife ablösendes Gewebe herangezogen (Langdon 1939). Die Interpretation als unterständige Nuss ist allerdings nicht haltbar, weil es aufgrund der congenitalen Entstehung keine Grenze zwischen Fruchtwand und Hypanthium gibt. In dem Moment, in dem ein unterständiger Fruchtknoten entsteht, wird die Rückseite der Karpelle von Receptaculargewebe überwallt (▶ Abschn. 10.2.2, ▶ Abb. 10.8f und 10.10). Werden weiter außen liegende Anlagen von diesem Entwicklungsprozess erfasst, gehen sie mit in die unterständige Fruchtwand ein. Diese ist kein Verwachsungsprodukt aus Hypanthium und Gynoeceum (typologische Sichtweise), sondern eine morphogenetische **Neubildung**, in die verschiedene Anlagen **ohne morphologische Abgrenzung** voneinander eingehen.

Die unterständige Fruchtwand kann histologisch in unterschiedliche Gewebe differenziert sein. Diese Schichten haben keine Bedeutung für die Homologie der Strukturen, sondern stellen Anpassungen an bestimmte funktionale Anforderungen dar (▶ Exkurs 5.6). Histologische Differenzierungen erfolgen oft **strukturübergreifend**, wie die mehrschichtigen Exo- und Endokarpe oberständiger Früchte zeigen. Auch die Differenzierung der unitegmischen Samenschale des *Ginkgo* (Gymnospermen; ▶ Abschn. 5.6.6) in Sklero- und Sarkotesta spiegelt die Inkongruenz zwischen morphologischer Homologie und histologischer Differenzierung wider.

Aufgrund des grundsätzlichen Unvermögens, das Gynoeceum unterständiger Früchte von extragynoecealen Strukturen abzugrenzen, ist es sinnvoll, die Charakterisierung **unterständiger Früchte** auf die gesamte unterständige Fruchtwand auszudehnen. Daraus folgt, dass alle unterständigen Früchte, die wie die Walnuss außen weich und innen hart sind, zu den Steinfrüchten gehören. Rohrer et al. (1991) verdeutlichen diesen Ansatz dadurch, dass sie eine neutrale Gliederung der Fruchtwand in Haut (*skin*), Fleisch (*flesh*) und Kern (*core*) vorschlagen.

Apfelfrucht (*Malus*, Rosaceae)

Ähnlich kontrovers verläuft die Interpretation der Apfelfrucht, die außer beim Apfel auch bei der Mispel (*Mespilus germanica*), Quitte (*Cydonia oblonga*), Birne (*Pyrus communis*) oder Japanischen Wollmispel (*Eriobotrya japonica*) auftritt. Sie entwickelt sich unterständig und besteht aus einer fleischigen Fruchtwand und einem pergamentartig-holzigen Kerngehäuse (Abb. 12.18l). Das Kerngehäuse besteht aus fünf einsamigen Fächern, die nach innen offen sind.

Troll (1957) interpretierte das Kerngehäuse als eine chorikarpe Frucht mit Bälgchen und die Apfelfrucht als einen unterständigen Sammelbalg, der von Achsengewebe umwallt wird und dadurch eine coenokarpe Frucht vortäuscht. Diese Ansicht hält sich hartnäckig, obgleich sie nicht durch entwicklungsmorphologische Befunde gestützt wird. Tatsächlich entwickelt sich die Apfelfrucht wie eine unterständige Steinfrucht (Leins und Erbar 2007; Rohrer et al. 1991), deren Wand zur Fruchtreife anschwillt. Die Öffnung der Fruchtfächer nach innen beruht nicht auf einem Aufreißen, sondern ist Ausdruck der hemisymplicaten Zone des Fruchtknotens (Abb.10.47e). (▶ Abschn. 10.5.3).

Sammelsteinfrucht

Bei **Himbeere** und **Brombeere** (Rosaceae) differenziert sich die Wand jedes einzelnen, freien Karpells nach Art einer Steinfrucht in ein fleischiges Exo-/Mesokarp und ein verholztes Endokarp (Abb. 12.18m, n). Jedes Karpell bildet ein separates **Steinfrüchtchen**. Durch die Volumenvergrößerung der Karpellwände werden die Früchtchen so fest gegeneinandergedrückt, dass sie verkleben und sich gemeinsam als Diaspore vom Blütenboden lösen.

Steinfruchtverband

Steinfruchtverbände treten in unterschiedlichen Verwandtschaftskreisen auf. Das bekannteste Beispiel ist die **Feige** (*Ficus*; Abb. 12.18o), die auf den ersten Blick nicht wie ein Fruchtverband aussieht. Tatsächlich liegen die unzähligen kleinen Blüten auf der Innenseite des krugförmigen Blütenstandbodens (▶ Abschn. 11.3.5). Die karpellaten Blüten weisen zwei Morphen mit unterschiedlich langen Griffeln auf: Die langgriffeligen Blüten entwickeln oberständige Steinfrüchte, während die kurzgriffeligen Blüten den bestäubenden Feigengallwespen als Gelegeplatz dienen (▶ Abb. 11.27).

Die Fruchtverbände des Asiatischen Blüten-Hartriegels (*Cornus*; Abb. 12.18p) und des Noni-Baumes (*Morinda*; Abb. 12.18g) gehören zwar verschiedenen Verwandtschaftskreisen an, ähneln sich aber hinsichtlich ihres Aufbaues. In beiden Fällen vergrößert sich der **Blütenstandboden** (Receptaculum) und wird fleischig. Mit ihm sind die unterständigen Früchte der Einzelblüten congenital verbunden.

Die Blüten der südafrikanischen Asteracee *Chrysanthemoides monilifera* (Abb. 12.18r) entwickeln Steinfrüchte, die zunächst im Verbund zusammenbleiben und später vermutlich einzeln ausgebreitet werden.

Nuss, Sammelnuss und Nussverband

Nüsse sind eine außerordentlich formenreiche Gruppe. Sie weisen immer ein **trockenhäutiges** oder **verholztes** Perikarp auf (Tab. 12.2), können aber durch Einbeziehung **weiterer Strukturen** vielfältige, auch beerenartige Diasporen bilden (Tab. 12.5, Abb. 12.19e, l–r):

- Die Frucht des **Sanddorns** (*Hippophaë*) könnte aufgrund der saftigen Wandung für eine Steinfrucht gehalten werden (Abb. 12.19e). Tatsächlich handelt es sich um eine mittelständige Nuss, die fast vollständig von einem nicht mit dem Perikarp verwachsenen, fleischigen Hypanthium umgeben ist (Lieberei und Reisdorff 2007).

- Die **Cashewnuss** (*Anacardium occidentale*, Anarcadiaceae), von der die Speichercotyledonen der Samen gegessen werden (Abb. 12.3e), besitzt einen fleischigen, gelb-orange gefärbten Fruchtstiel, der die

---

 Abb. 12.19 Nussfruchtformen. a–d, Nüsse. a, Haselnuss (*Corylus avellana*, Betulaceae). Nuss mit Cupula aus verwachsenen Trag- und Vorblättern. **b,** Hainbuche (*Carpinus betulus*, Betulaceae). Flügelnuss mit dreilappiger Flughilfe aus Trag- und Vorblättern. **c,** Eiche (*Quercus*, Fagaceae). Eichel mit Cupula (Cu). **d,** Erdnuss (*Arachis hypogaea*, Fabaceae). Einblattfrucht mit faserig-trockener Fruchtwand. **e,** Sanddorn (*Hippophaë rhamnoides*, Elaeagnaceae). Mittelständige Nuss, fast vollständig von fleischigem Hypanthium umschlossen. **f–m, Sammelnüsse. f–i,** Lotosblume (*Nelumbo nucifera*, Nelumbonaceae). **f,** Blüte mit Auswuchs des Blütenbodens. **g,** Junge Frucht. Unreife Nüsschen noch von Blütenboden umschlossen. **h,** Reife Frucht mit je einem Nüsschen pro Fach. **i,** Trockener Blütenboden, als Grabschmuck verwendet. **j–l,** Erdbeere (*Fragaria vesca*, Rosaceae). **j,** Blüte mit chorikarpem Gynoeceum. **k,** Aufwölbung des Blütenbodens nach Abwurf der Kronblätter. **l,** Oberständige Sammelfrucht mit fleischigem Blütenboden und Nüsschen. **m,** Hagebutte (*Rosa canina*, Rosaceae). Mittelständige Sammelfrucht mit fleischigem Hypanthium und innen liegenden Nüsschen. **n–t, Nussverbände. n–r,** ‚Beerenkonstruktion' aufgrund der roten, fleischigen Blütenhüllen der Einzelblüten. **n,** Echter Erdbeerspinat (*Chenopodium foliosum*, Amaranthaceae). **o,** *Berzelia alopecuroides* (Bruniaceae). Ausbreitung durch Vögel oder nach Austrocknen der Kelchblätter durch Abwurf der Nüsse. **p,** *Debregeasia orientalis* (Urticaceae). **q, r,** Maulbeere (*Morus*, Moraceae). **q,** Karpellate Ähre mit je zwei langen Griffeln pro Blüte. **r,** Nussfruchtverbände mit analoger Ähnlichkeit zu Brombeeren (Sammelsteinfrüchte). **s,** Esskastanie (*Castanea sativa*, Fagaceae). Meist drei Nüsse von stacheliger Cupula umhüllt. **t,** Kasuarine (*Allocasuarina*, Casuarinaceae). Bildung von ‚Fruchtfächern' aus verholzten Trag- und Vorblättern, darin je eine Flügelnuss (Abb. 12.24p). (© R. Claßen-Bockhoff, Mainz)

◻ Tab. 12.5   Nüsse und als ‚Nüsse' bezeichnete Samen und Steinkerne. Nach Lieberei und Reisdorff 2007; Stevens 2001 onwards

Beispiel	Art bzw. Gattung	Familie	Essbarer oder nutzbarer Teil	Morphologische Charakterisierung[**]
Nüsse				
Sanddorn	*Hippophaë rhamnoides*	Elaeagnaceae	Hypanthium	monokarpellat, einsamig, m
Erdnuss	*Arachis hypogaea*	Fabaceae	Keimblätter	monokarpellat, mehrsamig, o
Mandel	*Prunus dulcis*	Rosaceae		monokarpellat, einsamig, o
Haselnuss	*Corylus avellana*	Betulaceae		coenokarp, einsamig, o, Cupula: Hochblätter
Echte Pistazie	*Pistacia vera*	Anarcadiaceae		coenokarp, einsamig, o Steinkern öffnet sich!
Cashewnuss	*Anacardium occidentale*		Keimblätter bzw. Fruchtstiel	coenokarp, einsamig, o
Buchecker	*Fagus*	Fagaceae	Keimblätter[*]	
Eichel	*Quercus*			
Rosskastanie	*Aesculus hippocastanum*	Sapindaceae	sekundäres Endosperm[*]	coenokarp, ein- bis zweisamig, o
Wassernuss (Wasserkastanie)	*Trapa bicornis* var. *bispinosa*	Lythraceae	Keimblätter	coenokarp, einsamig, u
Sammelnüsse				
Lotos	*Nelumbo nucifera*	Nelumbonaceae	sekundäres Endosperm	Nüsschen von Achsenwucherung umwallt, o
Erdbeere	*Fragaria vesca*	Rosaceae	Receptaculum	Nüsschen dem aufgewölbten Blütenboden aufsitzend, o
Hagebutte	*Rosa canina*		Hypanthium	Nüsschen im Hypanthium liegend, m
Nussverbände				
Esskastanie	*Castanea sativa*	Fagaceae	Keimblätter	Nüsse von Cupula (Achsengewebe) umhüllt
Kasuarine	*Allocasuarina*	Casuarinaceae	-	Flugnüsse von verholzten Trag- und Vorblättern umschlossen
Jackfrucht	*Artocarpus heterophylla*	Moraceae	Fruchtmus aus Blütenstandgewebe	o
Maulbeere	*Morus*		Hüllblätter	
Erdbeerspinat	*Chenopodium foliosum*	Amaranthaceae		o
	Brunia alopecuroides	Bruniaceae		
	Debregeasia orientalis	Urticaceae		
Samen mit verholzter Testa				
Muskatnuss	*Myristica fragrans*	Myristicaceae	Arillus, Perisperm, sekundäres Endosperm	Balg, o
Macadamianuss	*Macadamia integrifolia*	Proteaceae	Keimblätter	
Colanuss	*Cola*-Arten	Malvaceae-Sterculioideae	Keimblätter (2–7)	Sammelbalg, o

◻ Tab. 12.5 (Fortsetzung)

Beispiel	Art bzw. Gattung	Familie	Essbarer oder nutzbarer Teil	Morphologische Charakterisierung**
Paranuss	*Bertholletia excelsa*	Lecythidaceae	Hypocotyl	vielsamige Nuss, u
Taguanuss (Steinnuss)	*Phytelephas macrocarpa*	Arecaceae	Sekundäres Endosperm	einsamige Nuss, o
Purgiernuss	*Jatropha curcas*	Euphorbiaceae		Kapsel, o
Pimpernuss	*Staphylea colchica*	Staphyleaceae		
Steinkerne mit verholztem Endokarp				
Betelnuss	*Areca catechu*	Arecaceae	Sekundäres Endosperm	± einsamige Steinfrucht, o
Kokosnuss	*Cocos nucifera*			
Seychellennuss	*Lodoicea maldivica*			
Walnuss	*Juglans regia*	Juglandaceae	Keimblätter	Steinfrucht, u
Pekannuss	*Carya illinoinensis*			aufspringende Steinfrucht, u

Morphologische Charakterisierung: m, mittelständig o, oberständig. u, unterständig. *Überwiegend als Viehfutter genutzt. **Übliche Anzahl der Samen in einer reifen Frucht

Nuss an Größe weit übertrifft. Der als Cashew-Apfel bezeichnete Fruchtstiel ist reich an Vitamin C und wird zu Marmelade, Saft oder Wein verarbeitet (Lieberei und Reisdorff 2007). Die Frucht wird mit Stiel als ‚Beere' ausgebreitet.

Nuss

Haselnuss und Erdnuss gehören zu den Nüssen, nicht aber Walnuss und Kokosnuss. Ähnlich wie bei ‚Beeren' weicht auch bei ‚Nüssen' die **umgangssprachliche Bezeichnung** der Früchte von der wissenschaftlichen Fachsprache ab. Ungeachtet der morphologischen Organisation werden auch Steinkerne (Kokosnuss, Seychellennuss, Walnuss) und Samen (Paranuss, Pimpernuss, Colanuss) als Nüsse bezeichnet ◻ (Tab. 12.5).

Zu den Nüssen zählen die Früchte zahlreicher **mitteleuropäischer Laubbäume**, die vom Wind ausgebreitet oder von Tieren gefressen werden (► Abschn. 12.3.2). Bei Haselnuss und Hainbuche (beides Betulaceae) gehen Trag- und Vorblätter mit in die Diasporenbildung ein und bilden einen Becher (Cupula; ◻ Abb. 12.19a) bzw. eine Flughilfe (◻ Abb. 12.19b). Die Nüsse der Eiche (Eichel) und Buche (Buchecker, beides Fagaceae) werden jeweils von einer **Cupula** umgeben, die anliegend bleibt (◻ Abb. 12.19c) oder klappig aufspringt. Die Homologie dieser Hüllen war lange Zeit umstritten; heute werden sie als modifizierte Verzweigungssysteme aufgefasst (Fey und Endress 1983; Markowski 2005).

Einige Fruchtbezeichnungen haben einen engen Bezug zu einer bestimmten systematischen Gruppe. So wird die einsamige, unterständige Nuss der **Asteraceae** als **Achäne** und die oberständige, einsamige Nuss der Süßgräser (**Poaceae**) als **Karyopse** bezeichnet.

Sammelnuss

Bei den chorikarpen Erdbeeren und Hagebutten (Rosaceae) bilden sich durch Verholzen der Karpellwände **Nüsschen** (◻ Abb. 12.9). Sie stehen bei der **Erdbeere** als ‚Kerne' auf dem zur Fruchtzeit stark vergrößerten Blütenboden (◻ Abb. 12.19j–l). Dieser wird rot und saftig und bildet das vermeintliche ‚Fruchtfleisch' der ‚Beere', die botanisch einer Sammelnuss entspricht. Bei der **Hagebutte** liegt ein mittelständiges Gynoeceum vor (◻ Abb. 12.9), dessen freie Karpelle auf dem krugförmigen Blütenboden angeordnet sind. Zur Fruchtzeit wächst dieser **Blütenbecher** (Hypanthium; ► Abschn. 10.2.2) aus, wird rot und fleischig und umgibt die Nüsschen mit einem saftigen Mantel, an dessen enger Öffnung die Reste der Blütenorgane stehen (◻ Abb. 12.19m). Diese Öffnung sowie Griffelrudimente an den verholzten Früchtchen zeigen an, dass es sich bei der unterständigen Frucht nicht um eine ‚Beere', sondern um eine Sammelnuss handelt. Die borstig behaarten Früchtchen der Hagebutte verursachen auf der Haut des Menschen einen Juckreiz und erfreuen sich als ‚Juckpulver' geteilter Beliebtheit.

Die in tropischen Gewässern lebende Lotosblume (Nelumbonaceae) besitzt eine sehr ungewöhnliche Sammelnuss (◻ Abb. 12.19f–i). Schon in der Blüte umwächst ein gelber Auswuchs des **Blütenbodens** die freien Karpelle, die sich zu Nüsschen differenzieren. Zur Fruchtzeit bildet der Auswuchs ein faseriges Gewebe, das der Sammelfrucht Schwimmfähigkeit verleiht

(▶ Abschn. 12.3.4). Bei Trockenheit schrumpft das Gewebe und entlässt, **analog** zu einer Öffnungsfrucht, die Nüsschen. Die trockenen Blütenböden werden als Grabschmuck verwendet (◘ Abb. 12.19i), die Samen geröstet oder zu Mehl verarbeitet. Berichten aus China zufolge, waren 1000 Jahre alte Samen aus dem Sediment eines Sees noch keimfähig und in der Lage, Pflanzen zu entwickeln (Lieberei und Reisdorff 2007).

Nussverband

Nussverbände sind erstaunlich vielgestaltig (◘ Abb. 12.19n–t), vor allem wenn florale oder extraflorale Strukturen mit in die Bildung des Funktionskomplexes einbezogen werden und diese als ‚Beeren‘ oder ‚Kapseln‘ erscheinen lassen:

- Eine der bekanntesten Nussverbände ist die **Maulbeere** (Moraceae; ◘ Abb. 12.19q, r). Sie ähnelt der Brombeere, aber ihre fleischigen Elemente entsprechen keinen Steinfrüchtchen, sondern Nüssen, die von je vier zur Fruchtzeit rot und fleischig werdenden Blütenhüllblättern umschlossen werden. Ähnliche ‚Beeren‘ treten auch bei Amaranthaceae, Bruniaceae und Urticaceae auf (◘ Abb. 12.19n–p). Die fleischigen Blütenhüllen sind jeweils rot gefärbt und dürften von Vögeln gefressen werden. Bei *Berzelia alopecuroides* (Bruniaceae) handelt es sich um Kelchblätter, die den Fruchtverband zunächst für Vögel attraktiv machen und später eintrocknen und die Nüsse freigeben.
- **Brotfrucht- und Jackfruchtbäume** (*Artocarpus altilis*, *A. heterophyllus*) gehören ebenfalls zu den Moraceae. Wie bei der Maulbeere sitzen zahllose Blüten dicht gedrängt an einer Infloreszenzachse und bilden zusammen einen riesigen Fruchtverband. Die Fruchtverbände entwickeln sich kauliflor und hängen an relativ dünnen Stielen am Stamm (▶ Abb. 6.25c). Sie können beim Jackfruchtbaum ein Gewicht von 15–40 kg (!) erreichen und stellen damit die schwersten bekannten Fruchtverbände dar.

  Die einzelnen, etwa kastaniengroßen Nüsse werden von einer langen Kelchröhre überragt, deren Enden untereinander und mit denen der Nachbarblüten verkleben (Holttum 1969; Zerega et al. 2010). Auf diese Weise entsteht die noppenartige Oberfläche des Fruchtverbandes. Ähnlich wie bei der Ananas (◘ Abb. 12.16m–o) wandelt sich der gesamte Blütenstand in einen Fruchtverband um, wobei die Infloreszenzachse, die Vorblätter der Blüten und die Kelche zu einem kremigen Mus (analog einer Pulpa) werden, in das die Samen eingebettet sind. Dieses ‚Fruchtmus‘ enthält Stärke, Zucker und Vitamine, wird gekocht gegessen oder wie die Samen zu Mehl gemahlen.

  Beide *Artocarpus*-Arten sind in den südostasiatischen Tropen weit verbreitet und stellen dort

wichtig Nahrungspflanzen dar. Die englischen Seefahrer lernten die Vorzüge der Pflanzen schon früh kennen und ließen Stecklinge von Tahiti in die Neue Welt transportieren. Berühmt wurde diese Aktion durch die Meuterei auf der *H. M. S. Bounty* im Jahr 1789. Der Brotfruchtbaum konnte sich jedoch auf den Westindischen Inseln nicht als Stärkelieferant gegenüber der Banane durchsetzen und wurde auch in Asien durch zunehmenden Reisanbau verdrängt.

- Bei der Esskastanie oder **Marone** (*Castanea sativa*, Fagaceae) handelt es sich um einen aus drei Nüssen bestehenden Fruchtverband (◘ Abb. 12.19s). Die Nüsse werden von einer stacheligen Fruchtschale (**Cupula**) umhüllt, deren morphologische Homologie jahrzehntelang diskutiert wurde. Nach heutiger Sicht entsprechen die Cupulaklappen reduzierten Verzweigungssystemen eines cymösen Blütenstandes (Fey und Endress 1983). Mit ihren braunen Nüssen in einer stacheligen Schale ähnelt die Esskastanie der Rosskastanie (◘ Abb. 12.13d). Bei dieser handelt es sich jedoch um eine Kapsel mit stacheliger Fruchtwand, die meist nur einen großen Samen entlässt – erneut ein Beispiel für **analoge Ähnlichkeit**.
- **Achänen-** und **Karyopsenverbände** treten bei Asteraceae und Poaceae auf. So werden beispielsweise die Früchte der **Spitzklette** (*Xanthium*; ◘ Abb. 12.23e) vom Involucrum des Köpfchens umhüllt und gemeinsam ausgebreitet. Einen Karyopsenverband stellt der **Maiskolben** dar, der einem Blütenstand mit oberständigen Früchten entspricht. Das Perikarp ist dünn und trockenhäutig und wird vollständig von dem einzigen Samen ausgefüllt. Wie andere Getreidearten auch enthalten die Samen der Maispflanze ein sehr nährstoffreiches sekundäres Endosperm (▶ Abb. 6.10d, e).

12.2.4 Spaltfrüchte und Bruchfrüchte

Früchte bilden unter bestimmten Umständen **geschlossene, einsamige Teilfrüchte**, die als Diasporen ausgebreitet werden. Ihr Auftreten ist für manche Verwandtschaftskreise charakteristisch und ihre Kenntnis für die Systematik der Blütenpflanzen wichtig.

Spaltfruchtsysteme

Bei den Spaltfrüchten handelt es sich um **synkarpe** Früchte, die sich in einsamige Spaltfrüchtchen teilen. Die Diasporen heißen **Merikarpien** (Spaltfrüchtchen) und umschließen stets ein natürliches Fruchtfach. Sie sind **karpellhomolog**.

Spaltfrüchte

Spaltfrüchte teilen sich **septizid**, also entlang ihrer Septen (◘ Abb. 12.14i, j). Dabei wird das Septum ganz durchtrennt (Ahorn), oder es bleibt ein Rest zurück, von dem sich die Früchtchen ablösen (Apiaceae, Geraniaceae). Beispiele liefern die Spaltnüsschen des Ahorns (◘ Abb. 12.9 und 12.20a), der Doldengewächse (◘ Abb. 12.20b), einiger Rubiaceae (z. B. *Galium*) und Malvaceae (z. B. *Althaea*, *Abutilon*):

— Die Frucht des **Ahornbaumes** entwickelt sich aus einem **oberständigen**, dimer-synkarpen Gynoeceum zu einer zweisamigen Nuss (auch als Doppelnuss bezeichnet). Sie spaltet sich entlang des Septums in zwei Spaltnüsschen, die mit je einem flügelartigen Perikarpauswuchs versehen sind und vom Wind ausgebreitet werden (▶ Abschn. 12.3.3).

— Die dimer-synkarpe Frucht der **Doldengewächse** ist **unterständig** und wird auch als Doppelachäne bezeichnet. Sie bildet aus dem sklerenchymatisierten Gewebe des Septums einen Fruchtträger (**Karpophor**), entlang dessen sich die Merikarpien ablösen (◘ Abb. 12.20b).

Sonderfälle

In einigen Fällen bleiben die ‚Spaltfrüchtchen‘ nicht geschlossen, sondern **öffnen** sich und entlassen Samen. Sie gehören somit zu den **Öffnungsfrüchten** (▶ Abschn. 12.2.2), können aber weder als Bälgchen (chorikarpes Gynoeceum) noch als Spaltbälgchen (Spaltfrüchtchen bleiben geschlossen) bezeichnet werden. Beispiele liefern die Kapseln von *Geranium*, *Hura* (▶ Abschn. 12.3.5) und *Picralima nitida* (Apocynaceae).

Bruchfruchtsysteme

Bei Bruchfrüchten zerfällt die Frucht in Fragmente, die **nicht karpellhomolog** sind. Meist treten sie bei mehrsamigen **Gliederfrüchten** auf, die durch **falsche Scheidewände** die Frucht kammern (◘ Abb. 12.12g–j). Diese brechen bei einigen Arten auf und breiten einsamige ‚Glieder‘ aus.

Bruchfrüchte

Beispiele für Bruchfrüchte treten bei den **Hülsenfrüchtlern** (Fabaceae; ◘ Abb. 12.20d, e, ▶ Exkurs 12.2) und **Kreuzblütlern** (Brassicaceae, z. B. *Raphanus raphanistrum*) auf. Ihre Früchte werden üblicherweise als Gliederhülsen und Gliederschoten bezeichnet, obgleich es sich morphologisch um **Bruchnüsse** handelt.

Einen Sonderfall bilden einige Vertreter der **Ochnaceae**, bei denen sich die **Karpellrücken** der am synkarpen Gynoeceum beteiligten Karpelle bereits zur Blütezeit stark aufwölben (*Ochna*; ▶ Abschn. 10.5.6). Zur Fruchtzeit werden sie schwarz und kontrastieren mit dem roten Zentrum der Frucht, von dem sie sich als ‚Nüsschen‘ ablösen bzw. von Vögeln abgefressen werden (◘ Abb. 12.20c). Die ‚Nüsschen‘ sind nicht karpellhomolog, sondern entsprechen nur den Samen tragenden Teilen der Fruchtfächer. Diese werden als geschlossene, einsamige Bruchfrüchtchen abgeschnürt.

Bruchfruchtverbände

Blütenstände, die zur Fruchtzeit in Teile brechen, die nicht homolog zu Blütenstandteilen sind, können als Bruchfruchtverbände bezeichnet werden:

— Das Gamagras (*Tripsacum dactyloides*, Poaceae) ist ein in Nordamerika weit verbreitetes Süßgras. Die Karyopsen sind in einer Ähre angeordnet und jeweils in die verholzte Blattscheide ihres Tragblattes eingesenkt (◘ Abb. 12.20h). Die Ähre bricht auseinander und breitet ein- oder mehrfrüchtige Bruchstücke aus, die aus Achsenabschnitten, Blattscheiden und Karyopsen bestehen.

— Bei der südafrikanischen Asteracee *Didelta carnosa* (◘ Abb. 12.20i–k) bilden sich am Rand des Köpfchens mehrfrüchtige Segmente. Das Zentrum bleibt steril. Vor jedem der drei bis fünf Involucralblätter entwickeln sich 15 bis 20 im Köpfchenboden liegende Achänen. Zur Fruchtreife werden die Involucralblätter papierartig, brechen mit den fruchttragenden Köpfchensegmenten vom sterilen Zentrum ab und verwehen mit dem Wind (Claßen-Bockhoff 1994).

Klausen

Als Klausen bezeichnet man die **Teilfrüchtchen** der Raublattgewächse (**Boraginaceae**; ◘ Abb. 12.20f) und Lippenblütler (**Lamiaceae**; ◘ Abb. 12.20g). In beiden Familien liegt ein zweifächeriges (dimeres) synkarpes Gynoeceum vor, in das senkrecht zum Septum eine **falsche Scheidewand** eingezogen wird (◘ Abb. 12.14k, l). Es entstehen vier einsamige Kammern, deren Rückenseiten (wie bei *Ochna* ◘ Abb. 12.20c) schon zur Blütezeit aufgewölbt sind (gynobasisch ▶ Abschn. 10.5.6). Die Frucht teilt sich entlang der echten (Spaltfruchtverhalten) und falschen Scheidewände (Bruchfruchtverhalten) und bildet vier Nüsschen, die als **Klausen** bezeichnet werden.

12.3 Ausbreitungsbiologie

Die sexuelle Fortpflanzung der Samenpflanzen ist erst nach der erfolgreichen Samenausbreitung und Etablierung der Keimpflanzen am neuen Standort abgeschlossen. Der reproduktive Erfolg hängt somit direkt von der Ausstattung des Samens mit **Nährstoffen** und der **Anpassung** der Diasporen an die **Art der Ausbreitung** ab.

■ **Abb. 12.20 Spalt- und Bruchfruchtformen. a, b, Spaltfrüchte. a,** Spitzahorn (*Acer platanoides*, Sapindaceae). Oberständige, zweisamige Spaltnuss mit Perikarpflügeln vor der Auftrennung in einsamige Spaltnüsschen (Merikarpien). **b,** *Smyrnium olusatrum* (Apiaceae). Unterständige, zweisamige Spaltnuss. Ablösung der einsamigen Merikarpien vom Karpophor (Mittelsäule). **c-e, Bruchfrüchte. c,** *Ochna intergerrima* (Ochnaceae). Frucht mit stark aufgewölbten Karpellrücken. Als Diasporen fungieren geschlossene, Samen tragende Karpellteile. **d, e,** Einblattfrüchte mit deutlicher Einschnürung in einsamige Kammern. **d,** *Sophora cassioides* (Fabaceae). **e,** Japanischer Perlschnurbaum (*Styphnolobium japonicum*, Fabaceae). **f, g, Klausenfrüchte. f,** Beinwell (*Symphytum officinale*, Boraginaceae). Drei Klausen ausgebildet, eine Anlage unbefruchtet. **g,** *Salvia brachyodon* (Lamiaceae). **h–k, Bruchfruchtverband. h,** *Tripsacum dactyloides* (Poaceae). Zerfall der Ähre in Bruchstücke aus je einer Karyopse, Achsen- und Blattanteilen. **i–k,** *Didelta carnosa* subsp. *carnosa* (Asteraceae). **i,** Blühendes Köpfchen. **j,** Differenzierung des abgeblühten Köpfchens in bestachelte, Früchte bildende Segmente und einen sterilen Mittelteil. **k,** Diasporen aus abbrechenden Segmenten und papierartigen Involucralblattflügeln. (© R. Claßen-Bockhoff, Mainz)

Die verschiedenen Formen der Diasporenausbreitung (**Propagation**, *dispersal*) werden durch die Endung -chorie gekennzeichnet (griech. *chōrein*, „sich verbreiten"). Man unterscheidet die Selbstausbreitung (**Autochorie**) von der Ausbreitung mittels fremder Hilfe (**Allochorie**) durch Wind (**Anemochorie**), Wasser (**Hydrochorie**) und Tiere (**Zoochorie**).

An die jeweilige Ausbreitungsart sind die Diasporen mit saftigen und nährstoffreichen Teilen, Haken und Drüsen, Flug-, Schwebe- und Schwimmhilfen oder Schwellgeweben angepasst (◘ Tab. 12.6). Die Anpassungen erfolgen **unabhängig** von der Morphologie der Diasporen und treten in **analoger** Weise bei Samen und Früchten auf.

◘ **Tab. 12.6 Anpassung der Diasporen an spezifische Ausbreitungsarten**. Zusammengestellt nach Ulbrich 1928; Müller-Schneider 1977; van der Pijl 1982; Leins und Erbar 2007

Ausbreitungsart (Propagation)	Ausbreitungsvermittler	Anpassungen der Diasporen	Bevorzugter Lebensraum
Zoochorie (Tierausbreitung)			
Endozoochorie	Vögel Ornithochorie	**optisch** attraktiv: Schwarz-Rot-Kontrast, glänzende Oberfläche, Diasporen fleischig, Schließfrucht oder Öffnungsfrucht mit Arillus	tropische Wälder, temperate Strauchgesellschaften
	Säugetiere Mammaliochorie	**duftend/stinkend** Diasporen groß, fleischig	tropische Wälder, meist Bäume
	– Flughunde Chiropterochorie	**kauli-, flagelliflor**	
	– Flugunfähige Säugetiere	oft **hartschalig**	
Epizoochorie	– Weidetiere, Kleinsäuger	**Klettstrukturen**: klebrige und/oder hakige Oberfläche	offene Steppen- und Wüstenstandorte
Dyszoochorie	– Nagetiere	hoher **Nährwert**, harte Schale	Lebensraum von Tieren mit Vorratshaltung
Myrmekochorie	Ameisen	nährstoffreiche Anhängsel (**Elaiosomen**), bodennahe Wuchsform	temperate Wälder, mediterrane Regionen
Anemochorie (Windausbreitung)			
Anemoballisten	Wind	becherförmige Kapseln, elastische Stiele	offene Standorte
Flieger		**geringe Sinkgeschwindigkeit**: klein und leicht oder Flügel, Haare als Flughilfen	hohe Wälder, windexponierte Standorte
Steppenroller		annuelle Pflanzen oder Pflanzenteile	offene, windexponierte Steppen und Wüsten
Hydrochorie (Wasserausbreitung)			
Nautochorie	Wasser	**Schwimmhilfen**: Hohlräume, faserige Gewebe	Meeresküsten, Uferbereiche
Ballisten	Regen	Samen in offenen Bechern	Trockengebiete mit instabilen Niederschlagsverhältnissen
Ombrochorie		Regenschwemmlinge, reversible **Quellungsgewebe**	
Autochorie (Selbstausbreitung)			
Barochorie	Schwerkraft	Diasporen ohne weitere Anpassungen, oft groß und schwer	unspezifisch
Schleuderbewegungen		Hygroskopisch aktive **Quellungsgewebe,** Gewebespannung durch **Turgor**	
Geokarpie		Wachstumsbewegungen	Krautschicht von Wäldern
Bohr- und Kriechbewegungen		**Hygroskopische** Verdrillung und Entspiralisierung, rückwärts gerichtete Borsten	überwiegend Grasländer

Die **Ausbreitung** der Diasporen wird auch als **Verbreitung** bezeichnet. In diesem Fall muss man die **geografische Verbreitung** einer Art von der Verbreitung der **Diasporen** im Sinne von **Ausbreitung** unterscheiden.

12.3.1 Evolution der Samen- und Fruchtausbreitung

Angesichts der vielfältigen morphologischen Fruchtsysteme, ausbreitungsbiologischen Vektoren und Mechanismen stellt sich die Frage nach den treibenden evolutionären Kräften, die diese Vielfalt hervorgebracht haben. **Fossilfunde** deuten darauf hin, dass **Windausbreitung** in der **Kreidezeit** vorherrschte. Erste fleischige Samen und Früchte wurden vermutlich von **Flugsauriern** (Pterosauriern) ausgebreitet (Fleming und Lips 1991). Mit dem Klimawandel zu Beginn des Paläogens (vor etwa 65 Mio. Jahren; ▶ Abschn. 3.7, ▶ Tab. 3.1 und 3.2) entwickelten sich **geschlossene Wälder**, in denen Windausbreitung wenig wirksam war. Gleichzeitig folgten auf das Sauriersterben die schnellen Artbildungsphasen der Vögel und Säugetiere, die nun als **Fruchtfresser** zur Verfügung standen (Bolmgren und Eriksson 2005).

- Nach van der Pijl (1982) herrschten bei den **frühen Angiospermen** fruchtfressende (**frugivore**) Reptilien, Vögel und Säugetiere als Ausbreiter vor. Auch heute gibt es noch vereinzelt **Reptilienausbreitung**, z. B. auf den Galapagos-Inseln. **Vögel** und Säugetiere gehören in den tropischen Wäldern immer noch zu den wirksamsten Fruchtausbreitern und breiten auch die Samen vieler Gymnospermen wie der Eibengewächse (Taxaceae; ▶ Abb. 5.74i, j), Steineibengewächse (Podocarpaceae; ▶ Abb. 5.74m–o) und Meerträubelarten (Ephedraceae; ▶ Abb. 5.77c, d) aus.
- Mit der Entstehung **offener Steppengebiete** und **Wüsten** im **Pliozän** (vor etwa 5 Mio. Jahren; ▶ Tab. 3.2) gewann der **Wind** zunehmend an Bedeutung. **Anemochorie** ist heute die weltweit **häufigste Ausbreitungsart**. In tropischen Wäldern tritt sie bei sehr hohen Bäumen und Lianen auf, deren Früchte und Samen eine ausreichende **Fallhöhe** haben, um mit dem Wind ausgebreitet zu werden. In temperaten Wäldern und Gebieten mit stabilen Windverhältnissen (Westwindzone, Passate, Monsune) spielt sie eine dominante Rolle.
- Die Ausbreitung von Diasporen durch **Weidetiere**, denen Kletten und Kleber angeheftet werden (**Epi-**

zoochorie), hat sich vermutlich mit der Evolution von Weideflächen und Trockenregionen (Wüsten) entwickelt (▶ Exkurs 8.7).
- Relativ jungen Datums dürften die Ausbreitung von Samen durch **Ameisen** (**Myrmekochorie**) und die komplizierten Ausbreitungsmechanismen **autochorer Diasporen** sein (van der Pijl 1982). Demgegenüber haben sich Anpassungen an die Ausbreitung durch Wasser (**Hydrochorie**) vermutlich immer schon an geeigneten Standorten wie Meeresküsten und Uferbereichen von Süßgewässern entwickelt.
- Seit einigen Tausend Jahren, vor allem aber seit der **Kolonialzeit** und der heutigen **Globalisierung**, nimmt der **Mensch** entscheidenden Einfluss auf die Ausbreitung der Pflanzen (**Anthropochorie**), indem er aktiv oder passiv Samen und Früchte transportiert und weltweit ausbreitet (▶ Exkurs 3.10, ▶ Abschn. 3.9.1).

Phylogenetische Studien zeigen, dass fleischige Früchte und trockene Öffnungs- und Schließfrüchte **vielfach parallel** im **gesamten System der Angiospermen** entstanden sind, wieder verloren gingen und neu entwickelt wurden (Lorts et al. 2008; Bobrov und Romanov 2019 und Literatur darin). Entscheidender als die Verwandtschaftsverhältnisse sind ganz offensichtlich die **Standortbedingungen**, an denen sich Wind, Wasser und Tiere in unterschiedlicher Weise als Ausbreitungsvektoren anbieten. Auch die **Wuchsform** der Pflanze spielt eine wichtige Rolle, da die Exposition und Größe der Diasporen von der Wuchshöhe abhängen. Zusammenfassend geht man heute davon aus, dass Tier-, Wind- und Wasserausbreitung bereits vor 65 Mio. Jahren existierten und sich die Pflanzen seitdem mit wechselnden standortökologischen Bedingungen immer wieder neu an sie angepasst haben.

12.3.2 Zoochorie: Ausbreitung durch Tiere

Die Interaktion zwischen Tieren und Diasporen erfolgt auf vielfältige Weise. Entweder werden Samen und Früchte von fruchtfressenden (**frugivoren**) Tieren gefressen (**Endozoochorie**), oder sie bleiben außen an den Tieren haften und werden als **Kletten** ausgebreitet (**Epizoochorie**). Darüber hinaus werden Diasporen als **Wintervorrat** gesammelt (**Dyszoochorie**) oder von Ameisen verschleppt (**Myrmekochorie**).

Endozoochorie

Vögel, Fledertiere und flugunfähige Groß- und Kleinsäuger sind wichtige Diasporenausbreiter. Sie fressen die Früchte, wobei die Samen entweder die Darmpassage durchlaufen oder wieder ausgespuckt werden. In jedem Fall werden sie entsprechend der Mobilität der Tiere über kurze oder weite Strecken ausgebreitet.

Die Samen der gefressenen Früchte durchlaufen den **Magen-Darm-Trakt** der Tiere und müssen gegen deren **Verdauungsenzymen** mechanisch und chemisch **geschützt** sein. Eine Möglichkeit, den Transport zu erleichtern, bieten schleimige Samenschalen (**Myxotesta**). Allerdings überleben bei Weitem nicht alle Samen die Darmpassage; manchmal sind es weniger als 10 %, manchmal bis zu 60 % (Pakeman 2001).

Die **Diasporen** sind **fleischig-süß** und liefern den Tieren vor allem Kohlenhydrate (Zucker) und Wasser. Als Fraßkörper dient meist die fleischige Fruchtwand, aber wie die Beispiele der ‚**Beeren**' zeigen (▶ Abschn. 12.3.2, ◘ Tab. 12.4), werden auch fleischige Samenmäntel (◘ Abb. 12.5), Funiculi, Fruchtstiele, Blütenböden und andere akzessorische Strukturen gefressen.

Ornithochorie: Vogelausbreitung

Diasporen mit Anpassung an die Ausbreitung durch **Vögel** lassen sich durch das **ornithochore Merkmalssyndrom** charakterisieren (van der Pijl 1982). Sie sind vor der Reife grün und sauer und werden erst zum Zeitpunkt der Samenreife attraktiv und süß. Damit wird ein vorzeitiges Fressen verhindert. Die Diasporen fallen nicht ab, sondern bleiben gut exponiert an der Pflanze stehen. Sie locken mit ihren fleischigen Teilen frugivore Vögel an und schützen ihre Samen vor deren Verdauungsenzymen. Eine harte Schale fehlt ebenso wie ein ausgeprägter Fruchtduft.

Die **Anlockung** der **Vögel** erfolgt wie im Blütenbreich (Ornithophilie; ▶ Abschn. 11.6.6) durch **optische Signale**, wobei auffällige Farben, **Schwarz-Rot-**Kontraste und **glänzende** Oberflächen vorherrschen (◘ Abb. 12.21). Die gleichen Signale dienen auch zum **Vortäuschen** von Nahrung etwa bei den harten rot-schwarzen Samen einiger Fabaceae (‚Korallensamen'; ◘ Abb. 12.6a und 12.21e), die keinen fleischigen Anteil aufweisen (Peckham'sche Mimikry; ▶ Exkurs 11.5). Die Täuschung funktioniert nur, solange die Vorbilder in der Überzahl sind. In vielen Fällen wenden sich die Vögel auch von den Attrappen ab, wenn sie die Samen nicht aufpicken können. Dabei können Samen außen am Schnabel oder im Gefieder hängen bleiben.

Vogelausbreitung ist **weltweit** sehr häufig. In **tropischen Waldsystemen** werden einer Studie über drei verschiedene neotropische Waldgemeinschaften zufolge die Diasporen von etwa 70 % der Straucharten,
32–47 % der Baumarten und 17–53 % der Lianen von Vögeln ausgebreitet (Gentry 1983). In **temperaten Breiten** sind die Früchte meist kleiner und stehen an Bäumen, Sträuchern und Kräutern. Da die Nahrung nicht das ganze Jahr über zur Verfügung steht, sind die Vogelarten nicht ausschließlich frugivor. Bei einigen Pflanzen wie der Eberesche (*Sorbus aucuparia*, Rosaceae) bleiben die roten Früchte lange an der Pflanze und bieten den Vögeln auch im Winter Nahrung (**Wintersteher**).

Mammaliochorie: Säugerausbreitung

Frugivore Säugetiere sind vor allem in den **Tropen** wichtige Diasporenausbreiter. Sie werden vom **Duft** der reifen Früchte angelockt. Experimente mit nachtaktiven Fledertieren und Feigen (*Ficus*, Moraceae; Hodgkison et al. 2013) bzw. mit Affen und neotropischen Pflanzenarten (Nevo et al. 2016) zeigen, dass die Früchte ihren Duft während der Reifezeit verändern und die Tiere den **Reifegrad** der Früchte daran erkennen können. Auf diese Weise ‚signalisieren' die Früchte den Tieren den richtigen Zeitpunkt zur Nahrungsaufnahme und Ausbreitung.

Zu den frugivoren Säugetieren gehören Fledertiere (Chiroptera) und flugunfähige Groß- und Kleinsäuger. Sie sind sehr effektiv und gehören zu den wichtigsten Diasporenausbreitern tropischer Wälder (Pakeman 2001):

- Innerhalb der Fledertiere sind die **Flughunde** der Alten Welt (Pteropodidae; ▶ Abschn. 11.6.7) überwiegend frugivor. Zu ihnen gehören die größten Fledertiere mit einer Flügelspannweite von über 150 cm (◘ Abb. 12.21f). Sie sind **nachtaktiv** und schlafen am Tag kopfüber hängend im Geäst von Bäumen (◘ Abb. 12.21g). Sie haben einen sehr gut entwickelten Geruchssinn und werden von intensiven, oft ranzigen **Fruchtdüften** angelockt. Weitere **Merkmale der Chiropterochorie** sind weiche Fruchtsysteme, die ausgepresst werden können, und eine exponierte Stellung der Diasporen am Baum (flagelli-, kauliflor; ▶ Abschn. 6.7.1, ▶ Abb. 11.47a, i, j). Beispiele für chiropterochore Diasporen bieten die Moraceae (z. B. Feigen ◘ Abb. 12.18o) Palmen (Arecaceae), Annonaceae, Sapotaceae oder Anacardiaceae (van der Pijl 1957).
- Affen und Großsäuger wie Elefanten, Antilopen und Giraffen breiten Diasporen in tropischen Wäldern und Grasländern, kleinere Säugetiere wie Rotwild, Füchse oder Nagetiere in temperaten Breiten aus. Die Diasporen verbleiben an der Pflanze und werden von den Tieren abgefressen. Höherwüchsige Pflanzen benötigen kletterfähige oder hochwüchsige Tiere für eine erfolgreiche Fruchtausbreitung.

– **Affen** gehen bei der Futtersuche nicht wählerisch vor: Sie fressen reife wie unreife Früchte und zerstören einen Teil der Diasporen mit ihrem harten Gebiss. Dieses erlaubt ihnen auch das Öffnen **hartschaliger** Fruchtsysteme wie z. B. von Panzer- und Lederbeeren.

Einige Früchte sind nicht lange haltbar, weil sehr früh **Gärungsprozesse** einsetzen. Als Resultat entsteht **Alkohol**, der eine berauschende Wirkung auf die Fruchtfresser haben kann. In dem Film *Die lustige Welt der Tiere* (Uys 1974) werden Elefanten, Schweine und Affen gezeigt, die nach dem Genuss überreifer *Marula*-Beeren (*Sclerocarya birrea*, Anacardiaceae) wie betrunken herumtorkeln. Nach neueren Untersuchungen ist der Alkoholgehalt der Früchte aber viel zu gering, um einen 3 t schweren Elefanten zu berauschen. Stattdessen führt vermutlich das Gift eines Käfers, der sich in der Borke des Baumes verpuppt, zu der Verhaltensänderung der Tiere (Morris et al. 2006).

Dyszoochorie

Nüsse und hartschalige Samen werden von **Vögeln** (Specht, Eichel-, Tannenhäher) und **Nagetieren** (Eichhörnchen, Hamster, Feldmaus) **gesammelt**, als **Wintervorrat** verschleppt und vergraben. Ein Teil der Diasporen wird gefressen, ein anderer Teil nicht wiedergefunden. Die Samen können am vergrabenen Standort auskeimen und ggf. Jungpflanzen etablieren. Dyszoochorie heißt wörtlich „schlechte Ausbreitung" (griech. *dys*, „schlecht"), wird aber auch mit Zufalls- oder Versteckausbreitung übersetzt. Die Bezeichnungen nehmen darauf Bezug, dass ein Großteil der Diasporen für die Reproduktion der Pflanzen **verloren** geht.

Zu den dyszoochor ausgebreiteten **Diasporen** gehören die Eicheln (*Quercus*; ◨ Abb. 12.19c), Bucheckern (*Fagus*) und Esskastanien (*Castanea sativa*; ◨ Abb. 12.19s) aus der Familie der Buchengewächse (Fagaceae) sowie Rosskastanien (*Aesculus*, Sapindaceae; ◨ Abb. 12.13d), Haselnüsse (*Corylus*, Betulaceae; ◨ Abb. 12.19a) und Walnüsse (*Juglans*, Juglandaceae; ◨ Abb. 12.18g, h). Die Samen der Zirbelkiefer (*Pinus cembra*, Pinaceae) bilden die Hauptnahrungsquelle des Tannenhähers (*Nucifraga caryocatactes*). Im Gegensatz zu kleineren Nagetieren, die die Diasporen meist nicht weiter als 100 m vom Ursprungsort entfernt vergraben, breiten die Vögel die Samen auch über die Waldgrenze hinaus aus.

Der **Paranussbaum** (*Bertholletia excelsa*, Lecythidaceae) bildet im Amazonasgebiet eine enge Lebensgemeinschaft mit **Agutis** (Nagetiere; van der Pijl 1982). Der Baum bildet unterständige, synkarpe Nüsse mit über 20 Samen. Die Früchte sind etwa 15 cm groß, 1 kg schwer und fallen zu Boden (Lieberei und Reisdorff 2007). Die Wand der Nuss ist 1–2 cm dick und vollständig verholzt (◨ Abb. 12.3g). Interessanterweise sind auch die Schalen der dreikantigen Samen (als ‚Paranüsse' bezeichnet) dick und verholzt. Die Agutis nagen zunächst mit ihrem starken Gebiss die Nüsse auf und vergraben dann die Samen, die durch die harte Testa vor Vermoderung geschützt sind. Die Samen sind reich an **Reservestoffen**, die im Hypocotyl und nicht im sekundären Endosperm oder in den Keimblättern gespeichert werden (◨ Abb. 12.3h).

Myrmekochorie

Zwischen Pflanzen und Ameisen bestehen **zahlreiche Interaktionen** (▶ Abschn. 8.6.2). Die Ausbreitung von Samen (Myrmekochorie) geht mit der Bildung eines ölhaltigen Samenanhängsels einher (**Elaiosom**; ▶ Abschn. 12.1.3). Die Insekten transportieren den Samen in ihr Nest, fressen das Elaiosom und deponieren den Samen entweder in einem verlassenen Teil ihres Nestes oder befördern ihn als Abfall hinaus. Dabei bleibt der Samen unbeschadet und **keimfähig**. Er wird überdies an einem nährstoffreichen Ort abgelagert, wo er oft auch vor Räubern und Feuer geschützt ist und gute Keimbedingungen vorfindet (Beattie 1982).

Samenausbreitung durch Ameisen tritt in mindestens 67 Angiospermenfamilien auf (Beattie 1982). Sie findet sich besonders häufig bei krautigen **Frühjahrsblühern** temperater Wälder. Beispiele liefern das Schneeglöckchen (*Galanthus nivalis*, Amaryllidaceae), Veilchen- (*Viola*, Violaceae) und Primelarten (*Primula*, Primulaceae), Vertreter der Hahnenfußgewächse (Ranunculaceae) wie Nieswurz (*Helleborus*), Windröschen (*Anemone*), Leberblümchen (*Hepatica nobilis*) und Frühlings-Adonisröschen (*Adonis vernalis*) oder der Mohngewächse (Papaveraceae) mit Lerchensporn (*Corydalis cava*) und Schöllkraut (*Chelidonium majus*; ◨ Abb. 12.15b). In mediterranen Gebieten gehören **Wurzelparasiten** wie der Zistrosenwürger (*Cytinus*, Cytinaceae ◨ Abb. 8.94c), die Schuppenwurz (*Lathraea*, Orobanchaceae) oder das Leinblatt (*Thesium*, Santalaceae) zu den myrmecochor ausgebreiteten Pflanzen (van der Pijl 1982).

Obgleich die Samenausbreitung durch Ameisen für das **Ökosystem Wald** sehr wichtig ist, spielt Myrmekochorie weltweit gesehen keine große Rolle. Auch die Ausbreitungsdistanz bleibt mit 10–20 bzw. 75 m im Nahbereich (Beattie 1982).

Epizoochorie: Kletten und Kleber

Innerhalb der zoochoren Ausbreitungsmöglichkeiten ist die Epizoochorie die einzige, bei der die Tiere **keine Gegenleistung** für ihre Ausbreitungsarbeit erhalten. Die Pflanzen passen ihre Diasporen vielmehr einseitig an Federkleid, Fell oder Hufe möglicher Ausbreiter an. Dabei entstehen teilweise bizarre Formen, die sich in die Haut der Tiere einbohren und zu erheblichen Verletzungen führen können.

Epizoochore Diasporen sind trocken und meist **verholzt**. Sie weisen auf ihrer Oberfläche **Kleb-** oder **Klettstrukturen** (Widerhaken, Stacheln, Klebdrüsen) auf oder sind als Ganzes hakig gebogen (■ Abb. 12.22i). Sie sind mit **Weidetieren** (Schafen, Ziegen, Rindern), **Kleinsäugern** (Nagetieren, Füchsen, Ratten) und **Wasservögeln** assoziiert. Dementsprechend treten sie besonders häufig in offenen Steppen- und Wüstenlandschaften oder an Gewässern auf. Die Diasporen haften den Tieren an und werden über **weite Distanzen** mitgeschleppt.

Neben Wind und Meeresströmungen gilt der epizoochore Transport durch **Vögel**, insbesondere durch Zugvögel, als eine wichtige Möglichkeit der **Fernausbreitung** (*long distance dispersal*; Gillespie et al. 2012; ▶ Abschn. 12.3.6). Nach van der Pijl (1982) wurden die schleimigen Samen von *Pisonia*-Arten (Nyctaginaceae) und die bestachelten Köpfchen (Kelchstacheln) einiger *Acaena*-Arten (Rosaceae: Kelchstacheln; ■ Abb. 12.22l) von Vögeln auf weit abgelegene **Inseln** verschleppt. Dies ist aber nicht die Regel, da sich die Vögel gewöhnlich beim Putzen ihres Gefieders die Diasporen abstreifen.

Weltweit durch den **Menschen** werden die **Wollkletten** ausgebreitet. Dazu zählen alle Diasporen, die sich in der Wolle von Schafen festsetzen und über den **Wollhandel** passiv transportiert werden. Viele Neophyten und invasive Arten finden auf diese Weise eine neue Heimat (▶ Exkurs 3.10, ▶ Abschn. 3.9.1).

Epizoochore Diasporen sind außerordentlich **häufig** und treten in einer ungeheuren **Formenvielfalt** auf (Ulbrich 1928). Sie haben sich in vielen Verwandtschaftskreisen **parallel** bzw. **konvergent** entwickelt und lassen sich nach der Art ihrer Anheftung in **Kletten**, **Trampelkletten** und **Kleber** unterteilen.

Obgleich es naheliegt, alle klebrigen und hakigen Strukturen als epizoochore Anpassungen zu interpretieren, ist hier Vorsicht geboten. Kleb- und Klettstrukturen können auch der Verankerung einer Diapore auf dem Boden oder als Fraßschutz dienen; schleimige Epidermen fungieren je nach chemischer Zusammensetzung auch als Keimhilfen oder verhindern vorzeitiges Keimen (Murbeck 1919; Stopp 1958).

Kletten

Als **Kletten** bezeichnet man alle Diasporen, die aufgrund ihrer **Oberflächenstruktur** an Tieren haften können. Sie fallen nicht von der Pflanze ab, sondern werden von vorbeiziehenden Tieren abgestreift. Die **erfolgreiche Ausbreitung** hängt daher von der Zusammensetzung der Vegetation und Expositionshöhe der Diasporen sowie von der Größe, dem Verhalten und der Beschaffenheit des Fells bzw. Gefieders der Tiere ab (Agnew und Flux 1970; Mouissie et al. 2005).

Die morphologische Vielfalt der Kletten beruht auf **Kletthaaren**, verholzten **Emergenzen** (▶ Abschn. 7.2.1) oder **stachelspitzigen Organen**. Sehr selten werden Samen epizoochor ausgebreitet; meist handelt es sich um **Früchtchen** (z. B. Ranunculaceae, Rosaceae; ■ Abb. 12.22j und 12.23a, b), **Teilfrüchte** (z. B. Merikarpkletten; ■ Abb. 12.22c und 12.23k), **Früchte** (z. B. Achänen; ■ Abb. 12.23f, g) oder **Fruchtverbände** (z. B. Asteraceae, Apiaceae; ■ Abb. 12.23e, h, l):

- **Kletthaare** sind stets tote, einzellige (Labkraut, *Galium*, Rubiaceae) oder mehrzellige (*Desmodium*, Fabaceae) Trichome. Sie sind oft nach rückwärts gekrümmt, treten bei **kleinen Diasporen** auf und bleiben im Fell von Nagern oder Niederwild haften.

- **Emergenzen** sind für größere Diasporen charakteristisch. Sie bestehen aus einem Gewebesockel, dem ein oder mehrere Kletthaken aufsitzen. Beispiele liefern nach Ulbrich (1928) die **Nüsschen** einiger Hahnenfußarten (z. B. *Ranunculus arvensis*, Ranunculaceae) und die **Merikarpien** einiger Doldengewächse (Apiaceae, z. B. *Orlaya grandiflora*; ■ Abb. 12.22c). Bei Asteraceae, deren Achänen in Köpfchen angeordnet sind, bilden gelegentlich nur die nach außen weisenden Achänenwände Klettstrukturen aus (**Heteromorphie**; z. B. *Koelpinia*, *Calendula*; ■ Abb. 12.23g, j).

- Zu den **stachelspitzigen Organen** zählen die persistierenden Griffel zahlreicher Hahnenfuß- (Ranunculaceae) und Rosengewächse (Rosaceae; ■ Abb. 12.23a, b), die **Pappuszähne** von Zweizahnarten (Asteraceae; ■ Abb. 12.23f), die **Involucralblätter** der Klette (*Arctium*, Asteraceae; ■ Abb. 12.23c, d), Spitzklette (*Xanthium*, Asteraceae; ■ Abb. 12.23e) und Kugeldistel (*Echinops*; ■ Abb. 12.22f) und die **Spelzen** vieler Steppengräser (Pocaceae; ■ Abb. 12.22k und 12.25l).

Die in den vorder- und zentralasiatischen Steppengebieten beheimatete ***Gundelia tournefortii*** bildet eine innerhalb der Asteraceae einzigartige Klette aus einem sekundären Köpfchen (Claßen-Bockhoff et al. 1989). Der Blütenstand entspricht einem Dreifachköpfchen. (■ Abb. 12.23h, i). Jedes sekundäre Köpfchen besteht aus sieben Blüten, die jeweils von einem wenigblättrigen Involucrum umgeben sind und daher als einblütige Köpfchen interpretiert werden. Die zentral stehende Blüte entwickelt eine große Frucht, während die einblütigen Seitenköpfchen funktional staminat sind. Zur Fruchtzeit wachsen die Involucralblätter der sieben Köpfchen zu stachelspitzigen Strukturen aus und umhüllen die zentrale Frucht (■ Abb. 12.22d). Sie bilden gemeinsam eine Klette, die von Tieren abgestreift wird.

Eine ähnliche Konstruktion findet sich bei ***Echinophora spinosa*** (Apiaceae). Das Doldengewächs ist an den Küsten des Mittelmeeres verbreitet und wird auch als Steppenroller (s. Anemochorie) ausgebreitet. Die sekundäre Dolde besteht aus Döldchen, die jeweils zentral eine Zwitterblüte aufweisen, während alle übrigen Blüten staminat sind (▶ Abb. 9.33c). Zur Fruchtzeit wer-

Abb. 12.22 Kletten und Trampelkletten. a, Epizoochorie. Ausbreitung durch Anhaftung. **b,** *Tribulus terrestris* (Zygophyllaceae). Bestachelte Spaltfrucht. **c,** *Orlaya grandiflora* (Apiaceae). Merikarpkletten. **d,** *Gundelia tournefortii* (Asteaceae). Doppelkopfklette mit zentraler Frucht und seitlichen Schutzstrukturen aus verdornten Involucralblättern funktional staminater Köpfchen. **e,** *Onobrychis crista-galli* (Fabaceae). Einblattklette. **f,** Kugeldistel (*Echinops*, Asteraceae). Köpfchen mit nur einer Frucht und verholzenden, spitz zulaufenden Involucralblättern und Haaren am Grund. **g–i,** Trampelkletten. **g, h,** Pedaliaceae. Zweifächerige Kapseln. **g,** *Rogeria longiflora.* Verholzte, spitz zulaufende Kapsel. **h,** Afrikanische Teufelskralle (*Harpagophytum procumbens*). Verholzte, krallenartige Auswüchse des Perikarps. **i,** Gemshornklette (*Proboscidea*, Martyniaceae). Parakarpe Kapsel mit hakig gebogenem Schnabel. Die Wand entspricht dem Endokarp, das nach dem Ablösen des fleischigen Mesokarps erhalten bleibt. **j,** Adonisröschen (*Adonis vernalis*, Ranunculaceae). Nüsschen mit hakig gebogenen Griffeln. **k,** *Echinaria capitata* (Poaceae). Ährchen mit stachelspitzigen Spelzen. **l,** Stachelnüsschen (*Acaena ovalifolium*, Rosaceae). Köpfchen. Jede Frucht mit zwei Kelch-Kletthaken. (© R. Claßen-Bockhoff, Mainz)

den die **Kelche** und **Involucellarblätter** stachelspitzig und bilden zusammen mit den verholzten **Blütenstielen** wirksame Klettstrukturen. Es resultiert eine Döldchenklette mit nur einer zentral liegenden, gut ausgestatteten und geschützten Frucht.

Trampelkletten

Kletten, die am Boden liegen und an den Füßen oder Hufen von Tieren hängen bleiben, heißen **Trampelkletten**. Sie sind stark verholzt und so robust, dass sie nicht sofort zertreten, sondern mitgeschleppt werden. Die Diasporen bilden aufwärts gerichtete Stachel, Hörner oder Krallen, die tief in die Haut eindringen und die Tiere ernsthaft verletzen können.

Trampelkletten kommen vor allem in Steppen- und Wüstengebieten vor. Sie sind morphologisch divers und lassen sich schwer öffnen. Beispiele liefern *Onobrychis crista-galli* (Fabaceae; ◘ Abb. 12.22e) mit einsamigen Nüssen, *Tribulus terrestris* (Zygophyllaceae; ◘ Abb. 12.22b) mit mehrsamigen Spaltnüsschen und Vertreter der Pedaliaceae und Martyniaceae:

- Die **Pedaliaceae** sind in den südafrikanischen Trockengebieten beheimatet. In der Namib-Wüste kommen *Rogeria*-Arten vor, deren zweiteilige synkarpe Kapseln hornförmig ausgezogen sind (◘ Abb. 12.22g). Die Früchte bleiben sehr lange an der Pflanze und fungieren entweder als Klette oder Trampelklette. Die ebenfalls in der Namib-Wüste lebende **Afrikanische Teufelskralle** (*Harpagophytum procumbens*) bildet sehr wirksame und für Tiere grausame Trampelkletten (◘ Abb. 12.22h). Die 10–15 cm großen, abgeflachten Früchte liegen auf dem Boden und bilden zwei Reihen krallenförmig verzweigter Auswüchse. Diese bohren sich mit ihren spitzen Widerhaken tief in die Haut ein und lösen sich erst ab, wenn sie völlig zertrampelt sind. Die Afrikanische Teufelskralle ist eine traditionelle Heilpflanze und in ihrem Bestand bedroht.
- Die **Martyniaceae** kommen nur in der Neuen Welt vor. Ihr bekanntester Vertreter ist die nordamerikanische **Gemshornklette** (*Proboscidea louisianica*; ◘ Abb. 12.22i). Die etwa 15 cm großen Früchte sind mit steifen Borsten besetzt und laufen in zwei lange, gekrümmte und zugespitzte Hörner aus. Fruchtmorphologisch ist interessant, dass die parakarpe Kapsel zunächst eine fleischige Wand bildet, die sich bis auf das **Endokarp** ablöst. Das Endokarp bildet die Wand der Klette, die sich schließlich öffnet und die Samen freisetzt. Die Hörner entstehen aus dem dimeren Griffel der Frucht.

Kleber und Schüttelkletten

Schon Darwin (1860) vermutete, dass kleine Diasporen zusammen mit **feuchtem Schlamm** an den Füßen von **Wasservögeln** haften und von diesen ausgebreitet werden. Tatsächlich trifft dies auf eine große Zahl kleiner Früchte und Samen von Süß- und Sauergräsern (Poaceae, Cyperaceae), Binsen (Juncaceae) und Sumpfpflanzen (z. B. Alismataceae, Potamogetonaceae) zu und erklärt deren **weite Verbreitung** (Ulbrich 1928).

Klebrige Epidermen und Drüsenhaare fördern das Anhaften von Diasporen im Gefieder oder Fell von Tieren. So werden etwa die Kelche des Klebrigen Salbei (*Salvia glutinosa*) und anderer Lamiaceae mitsamt der Klausen von der Pflanze abgerissen und ausgebreitet (Stopp 1952). Bei anderen Arten haften die klebrigen Planzenteile an einem Tier, und die Samen werden durch Erschütterung ausgeschleudert (**Schüttelklette**).

12.3.3 Anemochorie: Ausbreitung durch den Wind

Lokale **Turbulenzen** können ebenso wie die globalen **Luftströme** (Westwinde, Passate, Monsune) für die Ausbreitung von Diasporen genutzt werden (Gillespie et al. 2012). **Geringes Eigengewicht** und/oder **große Oberflächen** sind dabei hilfreich und werden durch Kleinheit der Diasporen und/oder akzessorische Bildungen wie luftgefüllte Räume (Ballonprinzip), Haare und Flügel erreicht (◘ Abb. 12.24 und 12.25).

Angesichts der Diversität anemochorer Diasporen stellt sich die Frage nach der **Effektivität** einzelner Konstruktionen. Ein wichtiges Maß zur Abschätzung der Ausbreitungsentfernung durch den Wind ist die **Sinkgeschwindigkeit**. Je geringer die Sinkgeschwindigkeit ist, umso günstiger ist die Luftzirkulation der Diasporen und umso weiter die Ausbreitungsdistanz (◘ Tab. 12.7). Dabei darf die **Fallhöhe** ein bestimmtes Mindestmaß nicht unterschreiten. Die Teilfrüchte des Ahorns benötigen beispielsweise 35 cm Fallraum, bevor die Rotation einsetzt, die erst nach 80 cm ihre optimale Frequenz von 16 Umdrehungen/s erreicht (Hecker 1981).

Zur **Messung des Ausbreitungsradiums** stehen verschiedene Methoden zur Verfügung. Sie reichen von experimentellen Studien im Gelände (Jongejans und Telenius 2001) oder im Windkanal (Emig und Leins 1994) bis hin zu mathematischen Berechnungen (Vittoz und Engler 2007). Die Ergebnisse schwanken aufgrund der Komplexität der zu beachtenden Faktoren beträchtlich und lassen nur grobe Schlussfolgerungen zu. Dennoch sind diese Daten angesichts zunehmender Landschaftsfragmentierung und Migration von Arten wichtig, da das **Ausbreitungspotential** der Arten unmittelbaren Einfluss auf das Überleben einzelner Populationen hat.

Staubsamen und Anemoballisten

Winzig kleine Samen sind so leicht, dass sie ohne weitere Anpassungseinrichtungen vom Wind verweht werden. Sie enthalten oft kein oder nur ein wenigzelliges Nährgewebe und einen weitgehend unentwickelten Embryo.

Bekannt ist der **Staubsamen** der Orchideen, der nur 0,002–0,005 mg wiegt (□ Abb. 12.24a). Die Dimension wird deutlich, wenn man bedenkt, dass 1 Mio. Samen nur 2–5 g wiegen und dass eine einzige Kapsel von *Maxillaria* bis zu 1,75 Mio. Samen enthalten kann (Jenny et al. 1996). Die Außenseite der Testa ist bei vielen Staubsamen mit netzartig verlaufenden Rippen bedeckt (□ Abb. 12.24a), die die Flugfähigkeit und Unbenetzbarkeit des Samens erhöhen (Rauh et al. 1975).

Die hohe Samenproduktion epiphytischer Arten ist eine **Anpassung** an ihren Lebensraum, da nur ein Bruchteil der Samen einen geeigneten Keimort findet, während der größte Teil zugrunde geht. Ähnliche Verhältnisse finden sich auch bei **Ernährungsspezialisten** wie den parasitisch lebenden Orobanchaceae und Rafflesiacae oder den an nährstoffarme, saure Böden angepassten Ericaceae und Eriocaulaceae. Sie alle haben nur eine geringe Chance, den richtigen Wirt oder Standort zur Keimung zu finden.

Körnchenartige Samen, die zwar klein, aber deutlich größer sind als Staubsamen, kommen oft in Verbindung mit **Poren- oder Zähnchenkapseln** vor, z. B. bei Primeln (Primulaceae) und Glockenblumen (Campanulaceae), beim Mohn (*Papaver*, Papaveraceae; □ Abb. 12.13i) oder Leimkraut (*Silene*, Caryophyllaceae; □ Abb. 12.13k). Die Samen werden durch den Wind **herausgeschüttelt**. Dabei folgen diese als **Anemoballisten** bezeichneten Diasporen dem gleichen Prinzip: Die Kapseln stehen am Ende steifer, aber elastischer Stängel, die vom Wind ausgelenkt werden und weit über ihre Ausgangslage hinaus zurückschnellen. Dabei werden die Samen z. B. bei *Phyteuma scheuchzeri* (Campanulaceae) bis zu 9 m weit ausgestreut (Maier et al. 1999).

Diasporen mit Flughilfen

Die meisten anemochoren Diasporen sind mit Flughilfen ganz unterschiedlicher Art ausgestattet (□ Tab. 12.8). Entscheidend für die **Flugbewegung** sind neben Größe und Gewicht der Ausbreitungseinheit die **relative Größe** der Haare und Flügel, deren **Ansatzstelle** an der Diaspore, die resultierende **Symmetrie** der Diaspore und die Lage ihres **Schwerpunktes**. Die Übersicht über Ballon-, Segel-, Rotations-, Federball- und Haarflieger in □ Tab. 12.8 zeigt exemplarisch die Formenfülle an.

Ballonflieger

Ballonflieger haben meist **große Diasporen**. Die Fruchwände sind blasig aufgetrieben und pergamentartig dünn. Sie umschließen einen **Luftraum**, in dem die Samen liegen (□ Abb. 12.24l).

Scheiben- und Segelflieger

Scheiben- und Segelflieger folgen dem **Gleitflugprinzip**:
- Bei den **Scheibenfliegern** handelt sich überwiegend um **Nüsse**, deren **Perikarp scheibenförmig** ausgezogen ist. Beispiele liefern die Ulme und Kleeulme (□ Abb. 12.24h) sowie die attraktiven Früchte des Blutfruchtbaumes Namibias (*Terminalia prunioides*, Combretaceae; □ Abb. 12.24m). In anderen Fällen ist die gesamte Frucht scheibenförmig flach wie z. B. bei einigen Arten der mediterran verbreiteten Schneckenklees (□ Abb. 12.24n) oder der südafrikanischen Asteraceengattung *Dimorphotheca* (□ Abb. 12.24o). Bei beiden handelt es sich um krautige Pflanzen mit bodennahen Früchten, die kleinräumige Turbulenzen zur Ausbreitung nutzen.

□ **Abb. 12.24** **Anemochore Samen und Früchte. a, b,** Dimensionen von Samen. **a,** *Clowesia russeliana* (Orchidaceae). Staubsamen von etwa 0,6 mm Länge. Auffällige Oberflächenskulptur. Balken: 100 µm. **b,** *Alsomitra macrocarpa* (Cucurbitaceae). Segelflieger. Größter bekannter Flugsamen mit etwa 15 cm Länge (250-fach größer als Samen in **a**). Balken: 2,5 cm. **c, d,** Kelchblattflieger. **c,** *Heptacodium miconioides* (Caprifoliaceae). Fünf vergrößerte Kelchblattzipfel. **d,** *Alberta magna* (Rubiaceae). Zwei vergrößerte Kelchblattzipfel. **e,** *Ailanthus altissima* (Simaroubaceae). Schraubendrehflieger, Nuss, Perikarpflügel. **f,** *Catalpa speciosa* (Bignoniaceae). Segelflieger, Samen, Testaflügel. **g,** *Scabiosa* (Caprifoliaceae-Dipsacoideae). Federballflieger, Nuss, Außenkelchflieger (vgl. **r**). **h,** *Ptelea trifoliata* (Rutaceae). Scheibenflieger, Nuss, Perikarpsaum. **i,** *Pinus sylvestris* (Pinaceae, Gymnosperme!). Schraubenflieger, Samen, Flügel aus Deck-Samenschuppen-Komplex (▶ Abschn. 5.6.6). **j,** *Jacaranda mimosifolia* (Bignoniaceae). Segelflieger, Samen, häutige Testa. **k,** *Acer* (Sapindaceae). Schraubenflieger. Links: zweisamige Spaltnuss. Rechts: Spaltnüsschen, Perikarpflügel. **l,** *Staphylea colchica* (Staphyleaceae). Ballonflieger, Nuss, aufgeblasenes Perikarp. **m,** Blutfruchtbaum (*Teminalia prunioides*, Combretaceae). **n,** *Medicago radiata* (Fabaceae). Scheibenflieger, Nuss, abgeflachte Fruchtform. **o,** *Dimorphotheca* (Asteraceae). Scheibenflieger. Achäne, abgeflachte Fruchtform. **p,** *Allocasuarina* (Casuarinaceae). Schraubenflieger, Nuss, Perikarpflügel. **q,** Combretaceae. Drehwalzenflieger, Nuss, Perikarpflügel. **r,** *Scabiosa* (Caprifoliaceae-Dipsacoideae). Fruchtendes Köpfchen (vgl. **g**). **s–u,** Federballflieger. **s,** *Petrea volubilis* (Verbenaceae). Frucht, Kelchblattflügel. **t,** *Congea* (Lamiaceae). Fruchtende Cyme, vergrößerte Vorblätter erster und zweiter Ordnung. **u,** Dipterocarpaceae. Nüsse verschiedener Arten, Kelchblattflügel. (© **a**: W. Barthlott, Bonn. Mit freundlicher Genehmigung. **b–u**: R. Claßen-Bockhoff, Mainz)

□ Abb. 12.25 Haarflieger. a–d, Federballflieger. a, b, Bocksbart (*Tragopogon*, Asteraceae). Fruchtendes Köpfchen (**a**) und einzelne Diasporen (**b**). Achäne. Federballflieger mit gewebeartigem Pappusschirm aus verzweigten Haaren. **c,** *Ursinia* (Asteraceae). Achänen mit scheibchenförmigem Pappus. **d,** Baldrian (*Valeriana officinalis*, Caprifoliaceae-Valerianoideae). Achäne mit fedrig behaartem Kelch. **e–g, Haarflieger.** Baumwolle (*Gossypium*, Malvaceae). **e,** Baumwollfeld, Griechenland. Detail: Samen mit dichtem Besatz von Testahaaren. **f,** Kapsel mit heraustretenden Samen. **g,** Ernte der reifen Kapseln. **h–j, Haarschopfflieger. h,** Apocynaceae. Kapsel mit anemochoren Samen. Seidenglänzende Samenhaare. **i,** Wollgras. (*Eriophorum angustfolium*, Cyperaceae). Fruchtendes Ährchen, Karyopsen mit Perigonhaaren. **j,** Weide (*Salix*, Salicaceae). Fruchtendes Kätzchen. Nuss mit Funiculushaaren. **k, l, Federschweifflieger. k,** *Clematis vitalba* (Ranunculaceae). Pflanze mit Sammelfrüchten. Detail: einzelne Sammelfrucht, jedes Nüsschen mit fedrig behaartem Griffel. **l,** Federgras (*Stipa*, Poaceae). Achäne mit begrannter Deckspelze (Tragblatt). (© R. Claßen-Bockhoff, Mainz)

Tab. 12.7 Sinkgeschwindigkeit und Ausbreitungsweiten anemochorer Diasporen. Auswahl, angeordnet nach Pflanzengruppen und Sinkgeschwindigkeit. Daten aus Müller-Schneider (1977) nach Schmidt (1918)

Art	SG [cm/s]	mVB [m**]
Sporenpflanzen		
Tüpfelfarn, *Polytrichum*	0,23	19.000 km
Gymnospermen		
*Kiefer, *Pinus silvestris* (Pinaceae)	43	550
Tanne, *Abies alba* (Pinaceae)	106	90
Angiospermen		
Löwenzahn, *Taraxacum officinale* (Asteraceae)	10	10.200
Habichtskraut, *Hieracium* spec. (Asteraceae)	20	2500
*Birke, *Betula pendula* (Betulaceae)	25	1600
*Java-Gurke, *Alsomitra macrocarpa* (Cucurbitaceae)	37	740
*Götterbaum, *Ailanthus altissima* (Simaroubaceae)	91	120
*Spitz-Ahorn, *Acer platanoides* (Sapindaceae)	107	90
*Hainbuche, *Carpinus betulus* (Betulaceae)	120	70
*Kleeulme, *Ptelea trifoliata* (Rutaceae)	150	45
*Esche, *Fraxinus excelsior* (Oleaceae)	200	25
*Langfaden, *Combretum* spec. (Combretaceae)	300	11
*Schneeglöckchenbaum, *Halesia tetraptera* (Styracaceae)	330	11
*Skabiose, *Scabiosa* spec. (Caprifoliaceae)	380	7
Mohn, *Papaver somniferum* (Papaveraceae)	500	4
Zum Vergleich: Pilze		
Stäubling, *Lycoperdon*	0,047	470.000 km

SG, Sinkgeschwindigkeit. mVB, mittlere Verbreitungsgrenze, definiert als Distanz, die 1/100 der Diasporen erreichen kann. Berechnet unter der Annahme einer mittleren Durchwirbelung der Luft und einer Windgeschwindigkeit von 10 m/s
*Vgl. Tab. 12.8. **Wenn nicht anders angegeben

Dimorphotheca gehört zur gleichen Tribus **Calenduleae** wie *Chrysanthemoides, Osteospermum* und *Calendula*. Die Gruppe demonstriert mit Steinfrüchten (Abb. 12.18r), Drehwalzenfliegern (Tab. 12.8) und heteromorphen Früchten (Abb. 12.23j) eine eindrucksvolle **Divergenz** der Fruchtgestaltung (Reese und Hilger 1983).

– **Segelflieger** sind meist **Samen**. Den bekanntesten und zugleich mit bis zu 15 cm Spannbreite größten Flugsamen weist die tropische Java-Gurke (*Alsomitra*; Abb. 12.24b) auf. Die Kapseln der Liane öffnen sich in großer Höhe und entlassen zahlreiche, dicht gepackte, sehr leichte (0,3 g) Samen, die in weiten Kreisen zur Erde segeln. Werden sie von Windströmungen erfasst, legen sie in fast gerader Flugbahn mehrere Hundert Meter zurück (Tab. 12.7). Die gute Segeleigenschaft beruht auf dem exzentrischen Schwerpunkt des Samens und der Beschaffenheit der Testa, die zu einer zum Rand hin immer dünner werdenden **Flughaut** ausgezogen ist. Die Konstruktion des *Alsomitra*-Samens diente Igo Etrich in den Jahren 1904–1909 als biologisches Vorbild für den Bau seiner ersten **Gleitflugzeuge**, die bis zu 300 m weit fliegen konnten (Nachtigall 1998; ▶ Exkurs 7.3).

Rotationsflieger

Rotationsflieger drehen sich während des Fluges um ihre eigene Achse bzw. einen asymmetrisch liegenden Schwerpunkt:

– **Schraubenflieger** gehören zu den häufigsten anemochoren Konstruktionen. Sie entsprechen Samen, Merikarpien, Früchten oder Fruchtverbänden (Tab. 12.8) und treten auch bei den Samen einiger Gymnospermen auf. Die Diasporen sind **asymmetrisch** und weisen eine **rotierende Bewegung** auf. Der Flügel sitzt dem Schwerpunkt seitlich an und besitzt eine stark verfestigte Kante, die den ansonsten dünnen Flügel stabilisiert. Bei **Perikarpflügeln** verläuft der Hauptnerv entlang der Kante und zweigt seitlich in dünnere Leitbündel ab (Abb. 12.24k). Dadurch erhält die Flügeloberfläche eine netzartige Struktur, die die Flugeigenschaft verbessert. Bei **Testaflügeln** sind die Zellwände an der Kante deutlich dicker als auf der Fläche.

– **Schraubendrehflieger** führen **zusätzlich** zur Drehung um den Schwerpunkt noch eine Rotation um ihre Längsachse durch. Die Flügel sind fast symmetrisch und haben keine verstärkte Kante. Als Flugbahn resultiert eine Spirale (Abb. 12.24e).

▫ **Tab. 12.8   Diversität anemochorer Diasporen.** Siehe ▫ Abb. 12.24, 12.25 und 12.26. Nach Ulbrich (1928), Müller-Schneider (1977), Hecker (1981), ergänzt

Beispiel	Familie	Diaspore	Anpassung	Abb.
Ballonflieger				
Blasenstrauch *Colutea arborescens*	Fabaceae	Nuss	aufgeblasenes Perikarp	
Pimpernuss *Staphylea colchica*	Staphyleaceae			▫ Abb. 12.24l
Scheibenflieger (Gleitflug)				
Ulme *Ulmus rubra*	Ulmaceae	Nuss	flacher Perikarprand	
Kleeulme *Ptelea trifoliata*	Rutaceae			▫ Abb. 12.24h
Blutfruchtbaum *Terminalia prunoides*	Combretaceae		scheibenförmiges Perikarp	▫ Abb. 12.24m
Schneckenklee *Medicago radiata*	Fabaceae			▫ Abb. 12.24n
Dimorphotheca div. spec.	Asteraceae			▫ Abb. 12.24o
Segelflieger (Gleitflug)				
Javagurke *Alsomitra macrocarpa*	Cucurbitaceae	Samen	Testaflügel	▫ Abb. 12.24b
Jacaranda mimosifolia	Bignoniaceae			▫ Abb. 12.24j
Afrikanischer Tulpenbaum *Spathodea campanulata*				
Trompetenbaum *Catalpa speciosa*				▫ Abb. 12.24f
Birke *Betula* div. spec.	Betulaceae	Nuss	Perikarpflügel	
Schraubenflieger (Rotation)				
Kiefer *Pinus sylvestris*	Pinaceae (Gymnospermen)	Samen	Flügel von Deck-Samenschuppen-Komplex	▫ Abb. 12.24i
Ahorn *Acer* div. spec.	Sapindaceae	Spaltnüsschen	Perikarpflügel	▫ Abb. 12.20a und 12.24k
Kasuarine *Allocasuarina* div. spec.	Casuarinaceae	Nuss		▫ Abb. 12.19t und 12.24p
Hainbuche *Carpinus betulus*	Betulaceae	Nuss	Trag- und Vorblattflügel	▫ Abb. 12.19b
Linde *Tilia* div. spec.	Malvaceae	Fruchtverband	α-Vorblattflügel	► Abb. 6.38c
Schraubendrehflieger (Rotation)				
Götterbaum *Ailanthus altissima*	Simaroubaceae	Nuss	Perikarpflügel	▫ Abb. 12.24e
Esche *Fraxinus excelsior*	Oleaceae			

◻ Tab. 12.8 (Fortsetzung)

Beispiel	Familie	Diaspore	Anpassung	Abb.
Drehwalzenflieger (Rotation)				
Combretum div. spec.	Combretaceae	Nuss	Vierflügeliges Perikarp	◻ Abb. 12.24q
Halesia carolina	Styracaceae			
Dodonaea viscosa	Sapindaceae			
Osteospermum	Asteraceae			
Flügelfruchtstrauch *Phaeoptilum spinosum*	Nyctaginaceae			
Federballflieger				
Sieben Söhne des Himmels-Strauch *Heptacodium miconioides*	Caprifoliaceae	Nuss	Kelchflügel	◻ Abb. 12.24c
Petrea volubilis	Verbenaceae			◻ Abb. 12.24s
Shorea ssp.	Dipterocarpaceae			◻ Abb. 12.24u
Alberta magna	Rubiaceae			► Abb. 10.16j
Congea div. spec.	Lamiaceae	Fruchtende Cyme	Flügel aus Trag-/ Vorblättern	◻ Abb. 12.24t
Skabiose *Scabiosa* div. spec.	Caprifoliaceae	Nuss	Außenkelch	◻ Abb. 12.24g, r
Baldrian *Valeriana* div. spec.	Caprifoliaceae-Valerianoideae	Achäne	Pappus-Haare	◻ Abb. 12.25d
Bocksbart *Tragopogon* div. spec.	Asteraceae			◻ Abb. 12.25a, b
Ursinia div. spec.			Pappusscheibchen	◻ Abb. 12.25c
Haarflieger				
Baumwolle *Gossypium* div. spec.	Malvaceae	Samen	Testahaare	◻ Abb. 12.25e–g
Kapokbaum *Ceiba pentandra*			Haare von Innenseite des Perikarps	
Haarschopfflieger				
Wollgras *Eriophorum* div. spec.	Cyperaceae	Karyopse	Perigonhaare	◻ Abb. 12.25i
Oleander *Nerium oleander*	Apocynaceae	Samen	Testahaare	vgl. ◻ Abb. 12.25h
Weidenröschen *Epilobium angustifolium*	Onagraceae			◻ Abb. 12.13g
Pappel *Populus* div. spec.	Salicaceae		Funiculushaare	
Weide *Salix* div. spec.				◻ Abb. 12.25j
Federschweifflieger				
Waldrebe *Clematis vitalba*	Ranunculacae	Nüsschen	Griffelhaare	◻ Abb. 12.25k
Federgras *Stipa* div. spec.	Poaceae	einblütiges Ährchen	Granne von Deckspelze	◻ Abb. 12.25l

(Fortsetzung)

◘ Tab. 12.8 (Fortsetzung)

Beispiel	Familie	Diaspore	Anpassung	Abb.
Steppenroller				
Salzkraut *Salsola kali*	Amaranthaceae	Pflanze		◘ Abb. 12.26c
Stranddistel *Eryngium maritimum*	Apiaceae			◘ Abb. 12.26d, e
Ungarn-Salbei *Salvia aethiopis*	Lamiaceae			◘ Abb. 12.26f
Perückenstrauch *Cotinus coggygria*	Anacardiaceae	Fruchtstand	Behaarte Infloreszenzachsen	◘ Abb. 12.26i
Arctopus monacanthus	Apiaceae	Teilfruchtverband	Involucellarblätter	◘ Abb. 12.26h

— **Drehwalzenflieger** besitzen meist vier saumartig ausgezogene Kanten. Sie treten in verschiedenen Pflanzenfamilien auf und sind für zahlreiche südafrikanische Combretaceae charakteristisch (◘ Abb. 12.24q).

Federballflieger

Federballflieger besitzen einen **tief liegenden Schwerpunkt**, dem eine trichterförmige Flugstruktur (Flügel, Saum) aufsitzt. Sie sind relativ häufig und fallen in drei verschiedene Konstruktionsformen:

1. Die erste wird von der Gattung **Scabiosa** (◘ Abb. 12.24g, r) repräsentiert. Ihre unterständige Frucht ist von einem papierartig dünnen **Außenkelch** umgeben, der zusammen mit den langen Kelchgrannen der Ausbreitung dient (Hilger und Hoppe 1984; Mayer 1995).
2. Im zweiten Fall wachsen einige bis alle **Kelchblätter** zu Flughilfen aus. Besonders eindrucksvoll sind die schweren, lang geflügelten Nüsse der **Dipterocarpaceae**, zu denen die ‚Urwaldriesen‘ der asiatischen Tropen gehören (► Abschn. 3.8.2, ► Abb. 3.23a). Je nach Gattung sind zwei, drei oder alle fünf Kelchblätter zur Fruchtzeit vergrößert (◘ Abb. 12.24u). Die Nüsse werden über 30 g schwer, weisen eine Sinkgeschwindigkeit von 300 cm/s auf und können bis zur dreifachen Weite ihrer Fallhöhe ausgebreitet werden (Stopp 1952; Hecker 1981). Da die Flügel leicht verdrillt sind, bremsen sie nicht nur die Fallgeschwindigkeit ab, sondern versetzen die Frucht auch in eine Rotationsbewegung.
3. Die **Pappusschirmchen** der Asteraceae fliegen mithilfe von **Haaren**. Bei den bekannten ‚Pusteblumen‘ des Löwenzahnes oder des deutlich größeren Bocksbartes (► Abb. 12.25a, b) handelt es sich nicht um flugfähige Samen (wie üblicherweise angenommen), sondern um unterständige Früchte, denen der Kelch in Form eines

dichten Haarkranzes (**Pappus**) aufsitzt. Die Pappushaare können sehr lang werden und verzweigt sein, wodurch eine filigrane, gewebeartige Schirmfläche entsteht. Das leichte Gewicht der Diaspore trägt dazu bei, dass die Sinkgeschwindigkeit sehr langsam ist und die Ausbreitung über mehrere Kilometer hinweg erfolgen kann (◘ Tab. 12.7).

Innerhalb der Asteraceae dominieren Pappushaare als Bauelement der **Federballflieger**, doch findet sich in der südafrikanischen Gattung *Osteospermum* auch eine alternative Konstruktion mit Pappusscheiben (◘ Abb. 12.25c). Pappusähnlich, aber parallel entstanden sind die Kelchborsten der Baldriangewächse (◘ Abb. 12.25d und 10.16k).

Vergrößerte **Kelchblattzipfel** treten auch bei Rubiaceae, Verbenaceae und Lamiaceae auf, bei denen Blüten oder Teilblütenstände als Diasporen fungieren. Sie vermitteln zwischen Scheiben- und Federballfliegern.

— Die **calycophyllen Rubiaceae** (► Abschn. 9.5.1), zu denen zahlreiche Arten unterschiedlicher Unterfamilien gehören (Claßen-Bockhoff 1996) weisen leicht verdrehte Kelchblattzipfel auf. Bei *Alberta magna* (◘ Abb. 10.16j) wachsen zwei Kelchlobenl nach der Blüte zu großen roten Flughilfen aus. Sie tragen zunächst zur Schauwirkung des Blütenstandes bei, vertrocknen dann und breiten die Frucht aus.

Bei dem asiatischen Hochstrauch *Heptacodium miconoides* (◘ Abb. 12.24c) und der neotropischen Liane *Petrea volubilis* (Verbenaceae; ◘ Abb. 12.24s) liegen vergleichbare Verhältnisse vor.

— Demgegenüber zeigen die Lamiaceae-**Symphoremoideae**, dass der gleiche Funktionstyp in analoger Weise zustande kommen kann. Bei *Symphorema*, *Sphenodesma* und *Congea* entspricht die Diaspore einer Cyme, deren Vorblätter erster und zweiter Ordnung zu Flugorganen auswachsen (Abb. 9.20p und 12.24t; Claßen 1984).

Haarflieger

Haarflieger sind sehr **häufig** und treten vor allem bei krautigen Pflanzen auf. Die Haare sind tot, ein- oder mehrzellig und erscheinen aufgrund von Totalreflexion weiß. Aus der Fülle der Formen werden hier exemplarisch allseits behaarte Samen, Schopfflieger und Federschweifflieger vorgestellt:

- Das bekannteste Beispiel eines **allseitig** behaarten Samens liefert die **Baumwolle** (Abb. 12.25e–g). Während die Haare bei Wildarten relativ kurz sind, erreichen sie bei Zuchtformen eine Länge von bis zu 5 cm. Die Baumwolle ist eine der wichtigsten **Textillieferanten** (▶ Tab. 7.2). Ihre Haare bestehen fast gänzlich aus Cellulose und lassen sich gut verspinnen. Demgegenüber sind die Haare des ebenfalls zu den Malvaceae gehörenden Kapokbaumes (*Ceiba pentandra*) spröde und aufgrund ihrer leichten Verholzung nicht spinnbar. Sie stammen nicht von der Samenschale (Testa), sondern entstehen auf der Innenseite der Kapselwand, womit sie ein Beispiel für **analoge** Ähnlichkeit geben.
- **Haarschöpfe** treten bei einseitigem Besatz mit Haaren auf. Sie sind häufig an **Samen** zu finden (Abb. 12.13g und 12.25h). Bei Pappel und Weide (Abb. 12.25j) entspringen die Haare nicht der Testa, sondern einem Rest des Funiculus (Hecker 1981). Einen Schopfflieger mit analoger Konstruktion bildet das Wollgras, bei dem die Haare von der Blütenhülle stammen und die **Frucht** als Diaspore ausgebreitet wird (Abb. 12.25i).
- Beim **Federschweifflieger** der **Waldrebe** (Abb. 12.25k) werden Nüsschen ausgebreitet, an denen der lang und weich behaarte **Griffel** persistiert. Die unverwechselbaren Sammelfrüchte bleiben bis ins Frühjahr hinein an der Pflanze stehen (Wintersteher). Sehr eindrucksvoll sind auch die über 20 cm langen Federschweife einiger *Stipa*-Arten (Abb. 12.25l), die den Aspekt der Federgrassteppe prägen (▶ Abb. 3.22a). Sie entsprechen den **Grannen** der Deckspelzen (Tragblätter), die zusammen mit der Karyopse ausgebreitet werden. Am Boden bohrt sich die Granne mittels reversibler Quellungsvorgänge (hygroskopisch) ein (s. Autochorie).

Steppenroller

Steppenroller (Steppenhexen, Buriane, *tumble-weeds*) sind Pflanzen oder Pflanzenteile, die nach der Fruchtreife vom Wind über den Boden gerollt werden. Voraussetzung für ihre erfolgreiche Ausbreitung ist eine **offene Vegetation**, so wie man sie in Steppengebieten, Halbwüsten oder Küstenbereichen findet (Abb. 12.26a, b, d, f):

- Die meisten Steppenroller sind **annuelle** Pflanzen, die gänzlich vertrocknen, aus dem Boden gerissen und als große, sparrige Systeme über den Boden gerollt werden (Abb. 12.26a–c). Dabei werden die Diasporen aus dem Verzweigungssystem ausgeschüttelt. Ein bekanntes Beispiel ist das **Salzkraut** (Abb. 12.26c), das an europäischen Küsten und Salzstandorten verbreitet ist. Seine Nüsse sind mit einem Perigonsaum versehen, der ihnen zusätzlich die Fähigkeit zur Windausbreitung verleiht. Ganz ähnlich verhalten sich einige Mannstreuarten (*Eryngium* Abb. 12.26d, e), der Ungarn-Salbei (Abb. 12.26f) oder die südafrikanische Asteraceae *Didelta carnosa*, deren Diasporen zusätzlich vom Wind ausgebreitet werden (Abb. 12.20i–k).
- Bei **ausdauernden Pflanzen** kommt es vor, dass fruchtende Teile von der Pflanze abgerissen und als Steppenroller verbreitet werden. Bekanntestes Beispiel ist der im Mittelmeerraum verbreitete **Perückenstrauch** (Abb. 12.26i), der Teile seiner großen Infloreszenz abwirft. Zur Fruchtzeit entwickeln sich nur wenige kleine Steinfrüchte, die in das ausladende, stark behaarte Verzweigungssystem eingebettet sind.

  Fruchtstände oder Teile derselben können auch vom Wind ausgerollt werden, wenn sie zu Boden fallen und **Ballen** bilden (Abb. 12.25g) oder wenn sie **unmittelbar am Boden** stehen. Die südafrikanische *Arctopus monacanthus* (Apiaceae) bildet einen ungestielten Blütenstand im Zentrum ihrer Rosette (Abb. 12.26h). Zur Fruchtzeit lösen sich die Teilinfloreszenzen mit ihren papierartigen Brakteen ab und werden über den Boden gerollt.

12.3.4 Hydrochorie: Ausbreitung durch Wasser

Wasser trägt auf zweierlei Weise zur Ausbreitung von Diasporen bei. Unter **Nautochorie** versteht man die Verdriftung **schwimmfähiger** Ausbreitungseinheiten durch Süßgewässer oder Meeresströmungen. Sie tritt gehäuft bei Wasser-, Ufer- und Küstenpflanzen auf. Bei der **Ombrochorie** erfolgt die Diasporenausbreitung durch **Regen**. Sie ist besonders wirkungsvoll an trockenen Standorten.

Schwimmende Diasporen (Nautochorie)

Schwimmende Diasporen weisen **große Oberflächen** und **luftgefüllte Räume** auf, die die Schwimmfähigkeit erhöhen. In diesen Eigenschaften ähneln sich hydrochore und anemochore Diasporen. Weiterhin sind schwimmfähige Diasporen oft **vor Durchnässung geschützt**, indem sie faserige oder verkorkte Außenschichten besitzen (Abb. 12.18k und 12.27a).

◾ **Abb. 12.26 Steppenroller. a,** Steppenlandschaft mit Steppenroller. Lanzhou, China. **b,** Anhäufung verwehter Steppenroller. Arizona. **c,** Kali-Salzkraut (*Salsola kali*, Amaranthaceae). Sizilien (mit freundlicher Genehmigung). **d, e,** Stranddistel (*Eryngium maritimum*, Apiaceae). **d,** Dünengesellschaft. Süditalien. **e,** Blühende Pflanze. **f,** Ungarn-Salbei (*Salvia aethiopis*, Lamiaceae). Sparrig verzweigte Pflanze zur Blütezeit. Zentralanatolische Steppe. **g,** Ballen aus klettenden Asteraceenköpfchen. **h,** *Arctopus monacanthus* (Apiaceae). Steppenrollende Teilinfloreszenzen, von papierartigen Brakteen eingehüllt (kleines Bild). Südafrika. **i,** Perückenstrauch (*Cotinus coggygria*, Anacardiaceae). Steppenrollende Fruchtverbände. Stark behaarte, sparrige Verzweigungssysteme mit wenigen Steinfrüchten (Detail). (© R. Claßen-Bockhoff, Mainz)

Ausbreitung durch Meeresströmungen

Ozeane sind gleichermaßen Barrieren wie Ausbreitungswege für Pflanzen. Pflanzen ohne **schwimmfähige Diasporen** oder **Toleranz gegen Salzwasser** können sie nicht überwinden, andere können Tausende Kilometer mit den Meeresströmungen verdriftet werden (Gillespie et al. 2012). Gunn und Dennis (1976) listen Vertreter aus 164 Gattungen und 64 Familien der Angiospermen sowie drei Gymnospermenarten mit Diasporen auf, die mindstens einen Monat im Meerwasser überleben können. Die meisten gehören zu den Fabaceae (*Entada* ◘ Abb. 12.12d und 12.27b, *Mucuna* ◘ Abb. 12.27c), aber auch Vertreter anderer Meeresküsten- und Lagunenpflanzen wie zahlreiche Palmen- oder Mangrovenarten (▸ Abb. 6.11 und 8.81, ▸ Abschn. 8.4.5) zählen dazu:

— Das bekanteste Beispiel ist die **Kokospalme** (*Cocos nucifera*, Arecaceae), die weltweit an tropischen Küsten verbreitet ist (◘ Abb. 12.18i–k). Ihre **Steinfrucht** weist außen ein Exokarp auf, das gegen Salzwasser schützt. Es folgen nach innen das eigentliche Schwimmgewebe, ein lockeres, faseriges Mesokarp mit **luftgefüllten Hohlräumen**, und das verholzte, **widerstandsfähige** Endokarp. Der Embryo bleibt lange Jahre **keimfähig**. Trotz der guten Schwimmeigenschaften dürfte die weltweite Verbreitung der Kokospalme nicht allein auf Nautochorie beruhen – vermutlich hat der Mensch nicht unwesentlich zu ihrer Ausbreitung beigetragen.

— An den Küsten Südostasiens und des pazifischen Inselraumes wird häufig die Steinfrucht des **Zerberusbaumes** (*Cerbera odollam*, Apocynaceae) angespült, dessen Milchsaft äußerst giftig ist. Das Exokarp ist meist schon verwittert, sodass das dicke faserige Mesokarp die Außenschicht bildet (◘ Abb. 12.27a). Der Steinkern hat zwei Fächer, von denen das eine mit einem großen schwimmfähigen Samen ausgefüllt ist, während das andere leer bleibt und als Hohlraum die Schwimmfähigkeit verbessert (Gunn und Dennis 1976). Die Frucht ist ein guter Schwimmer, aber die Beschränkung der Pflanze auf die Altwelttropen deutet darauf hin, dass die Keimfähigkeit des Embryos nicht sehr lange andauert. Möglicherweise dringt Salzwasser in die Fruchtfächer ein, wenn das Mesokarp zu lange im Wasser liegt und aufreißt.

— Die Samen der tropischen Fabaceengattung *Entada* (◘ Abb. 12.12d und 12.27b) werden weltweit verdriftet und sogar an nordeuropäischen Küsten gefunden (Gunn und Dennis 1976). Sie erreichen eine Größe von 6 cm und enthalten einen Luftraum im Inneren, da der Embryo den Samen nicht vollständig

ausfüllt. Ähnliche Verhältnisse liegen bei anderen Fabaceensamen vor wie z. B. den Samen der Gattung *Mucuna*, die an ihrer auffälligen Raphe erkennbar sind (◘ Abb. 12.27c: Ra).

Ausbreitung durch Süßgewässer

Zahlreiche Pflanzen, die an Ufern oder in Feuchtgebieten leben, breiten ihre Diasporen mithilfe des Wassers aus. Die Früchte und Samen sind meist **klein**, **leicht** und **unbenetzbar**. Sie treiben auf der Wasseroberfläche stehender Gewässer oder werden entlang von Bachläufen oder Flussufern über größere Entfernungen ausgebreitet.

In den temperaten Regionen sind vor allem die Samen und Früchte krautiger Pflanzen nautochor. Sie weisen **luftführende Zellen**, Gewebe mit **Interzellularräumen** oder **Luftblasen** innerhalb der Diaspore auf (Müller-Schneider 1977):

— Die Früchte (Achänen) der Seggen (*Carex*, Cyperaceae) sind von einem Fruchtschlauch (Utriculus; ▸ Abschn. 11.8.1, ▸ Abb. 11.64d) und die Samen der Seerose (***Nymphaea***, Nymphaeaceae) von einem Arillus locker umschlossen. In beiden Fällen wird eine Luftblase eingeschlossen, die die Schwimmfähigkeit der Diaspore erhöht.

— Luftführende **Schwimmgewebe** treten unabhängig vom Bau der Diasporen immer wieder **konvergent** auf. Das belegen die **Samen** des Fieberklees (*Menyanthes trifoliata*, Menyanthaceae) und der Sumpfdotterblume (*Caltha palustris*, Ranunculaceae), die **Nüsschen** des Pfeilkrautes (*Sagittaria sagittifolia*) und Froschlöffels (*Alisma plantago-aquatica*; beides Alismataceae), die **Steinfrüchtchen** der Laichkräuter (*Potamogeton*, Potamogetonaceae), die **Merikarpien** des Wasserfenchels (*Oenanthe aquatica*, Apiaceae) und die **Nüsse** des Igelkolbens (*Sparganium*, Typhaceae).

Die Schwimmfähigkeit kann wenige Tage (*Ranunculus flammula*: fünf Tage) bis mehrere Monate anhalten. Experimente haben gezeigt, dass die Diasporen des Igelkolbens (*Sparangium*), der Schwertlilie (*Iris*) und des Pfeilkrautes (*Sagittaria*) zwölf Monate im Wasser flottieren können, die des Froschlöffels (*Alisma*) und einiger *Carex*- und *Rumex*-Arten (Polygonaceae) sogar 15 Monate und länger (Müller-Schneider 1977).

Auch Diasporen, die keine speziellen Vorrichtungen zur Ausbreitung durch Wasser besitzen, können eine Zeitlang in Süßwasser überleben. Sie werden durch Starkregen, Überflutungen oder Schmelzwasser weggespült und ausgebreitet. Das Auftreten alpiner Pflanzen auf Schotterflächen in niedrigen Höhenlagen beruht auf einem solchen Abschwemmen von Diasporen aus höheren Gebirgslagen (Bill et al. 1999).

b
Ra
c
12
d
e
f
g
h
i
Kl
Sk
Ff
a

Hygrochasie und Ausbreitung durch Regen (Ombrochorie)

Öffnen sich die Früchte bei Befeuchtung, liegt **Hygrochasie** vor. Die Samen werden dabei von anhaltenden Niederschlägen ausgeschwemmt bzw. von schweren Regentropfen ausgeschleudert.

Die Schleuderbewegung ist eine hygroskopische Bewegung, die auf dem unterschiedlichen **Quellungsverhalten** toter Zellschichten beruht (▶ Exkurs 5.9). Für die **Richtung der Quellung** ist die submikroskopische Struktur der Zellwände maßgebend. Im gequollenen Zustand befindet sich Wasser zwischen den Cellulosefibrillen und dehnt die Zellwand aus; bei Entquellung rücken die Fibrillen zusammen, und die Zellwand verkürzt sich.

Berühmt ist die **Echte Rose von Jericho** (*Anastatica hierochuntica*, Brasssicaceae), die in den Wüstengebieten von Ägypten bis Jordanien vorkommt. Nach dem Absterben der annuellen Pflanze sind die trockenen Zweige einwärts gekrümmt und schützen die Früchte. In diesem Zustand kann die Pflanze als Steppenroller verweht werden. Bei Befeuchtung breiten sich die Zweige aus und präsentieren die Schötchen, aus denen die reifen Samen herausfallen (■ Abb. 12.27d, e). (Nur äußerlich ähnlich verhält sich die ‚Falsche Rose von Jericho', *Selaginella lepidophylla*; ▶ Abb. 5.23b, c, die zu den Moosfarnen (Selaginellaceae, Lycophyta) gehört. Bei ihr handelt es sich um eine poikilohydrische Pflanze, die sich reversibel bei Feuchtigkeit entfaltet.)

Regenballisten

Regenballisten zeigen eine ähnliche Konstruktion wie Anemoballisten. Auch bei ihnen liegen die Diasporen in becherartigen Strukturen (Kapseln oder Kelchen), die elastisch beweglich sind. Die Becher sind offen oder öffnen sich bei Feuchtigkeit; die Diasporen werden durch die Energie der auftreffenden **Regentropfen** herausgeschleudert. Beispiele finden sich bei Lamiaceae (*Salvia*-, *Prunella*-Arten), Plantaginaceae (*Veronica*-Arten), Brassicaceae (*Lepidium*-, *Thlaspi*-, *Iberis*-Arten) und Ranunculaceae (*Caltha palustris, Eranthis hiemalis*, ■ Abb. 12.11d, e]).

Regenschwemmlinge (Ombrohydrochorie)

Regenschwemmlinge sind meist Pflanzen mit **Öffnungfrüchten**, die sich reversibel öffnen und schließen. Ein eindrucksvolles Beispiel liefern die **Mittagsblumen**gewächse (Aizoaceae; ■ Abb. 12.27g–i). Sie haben ihren Verbreitungsschwerpunkt im Südwesten Afrikas, wo sie Standorte mit stark schwankenden Niederschlagsverhältnissen besiedeln. Viele Arten besitzen kompliziert gebaute Kapseln. Bei Regen quellen besonders gestaltete **Schwellkörper** auf, die die Fächer spreizen und die Samen freigeben. Diese werden dann vom Regen weggespült.

Regenschwemmlinge können auch Pflanzen mit **Schließfrüchten** sein, die von der Pflanze abfallen oder am Boden gebildet werden. Ein interessantes Beispiel ist die nur 3 cm große Apiaceae *Hohenackeria exscapa* (■ Abb. 12.27f). Sie ist von Spanien über Nordafrika bis nach Anatolien verbreitet und an Salzstandorte angepasst. Der Lebenszyklus der annuellen Pflanze ist außerordentlich kurz. Die unterständigen Früchte sind von einer dicken, schwammartigen Fruchtwand umgeben. Sie spalten sich nicht in Merikarpien auf, sondern verharren am Boden, bis sie von starken Regengüssen weggeschwemmt werden.

12.3.5 Autochorie: Selbstausbreiter

Autochore Pflanzen breiten ihre Diasporen ohne die Hilfe externer Vektoren aus. In den wenigsten Fällen fallen die Früchte oder Samen dabei einfach zu Boden (**Barochorie**). Viel häufiger haben Pflanzen Mechanismen zur **aktiven Selbstausbreitung** ihrer Diasporen entwickelt. Zu diesen gehören **hygroskopische Bewegungen, Turgormechanismen, Kriech-** und **Wachstumsbewegungen** (Ulbrich 1928; Müller-Schneider 1977; van der Pijl 1982; Leins und Erbar 2007). Die Ausstreuweite liegt meist bei wenigen Metern (■ Tab. 12.9).

Barochorie

Fallen Früchte oder Samen einfach zu Boden, ist ihr **Gewicht** von entscheidender Bedeutung, weswegen die Ausbreitungsart auch als **Barochorie** bezeichnet wird (griech. *baros*, „Schwere", *chorein*, „fortbewegen"):

— In den meisten Fällen von Barochorie werden die Diasporen in einem zweiten Ausbreitungsschritt von Tieren verschleppt oder von Wind und Wasser fortgetragen. Beispiele liefern die **mittelgroßen** Samen der Rosskastanie (■ Abb. 12.13d) und die Früchte von Eiche (■ Abb. 12.19c) und Buche (*Fagus sylva-*

◻ Tab. 12.9   Streuweite autochorer Früchte. Nach Müller-Schneider 1977 und Literatur darin.[1], nach Swaine und Beer (1977)

Gattung, Art	Familie	Fruchttyp	Distanz [m]
Hygroskopische Mechanismen			
Storchschnabelarten[**] *Geranium*	Geraniaceae (Sy 10B:34)	Kapsel, pentamer, synkarp	1,5–6,0
Bach-Quellkraut[**] *Montia fontana*	Montiaceae (Sy 10B:47)	Kapsel, trimer, synkarp	2,0
Bingelkrautarten[**] *Mercurialis*	Euphorbiaceae (Sy 10B:31)	Kapsel, di-/trimer, synkarp	2,9–4,0
Sonnenwend-Wolfsmilch[**] *Euphorbia helioscopia*		Kapsel, trimer, synkarp	2,0
Papgeien-Inkalilie *Alstroemeria psittacina*	Alstroemeriaceae (Sy 10B:14)	Kapsel, trimer, synkarp	4,0
Veilchenarten[**] *Viola*	Violaceae (Sy 10B:31)	Kapsel, trimer, parakarp	2,4–4,7
Lupine *Lupinus digitatus*	Fabaceae (Sy 10B:26)	Hülse	7,0
Blauregen *Wisteria sinensis*			9,0
Wahrere Bärenklau *Acanthus mollis*	Acanthaceae (Sy 10B:58)	Kapsel, dimer, synkarp	9,5
Sandbüchsenbaum *Hura crepitans*	Euphorbiaceae (Sy 10B:31)	Kapsel, polymer, synkarp	14,0–45,0[1]
Bauhinie, Orchideenbaum *Bauhinia purpurea*	Fabaceae (Sy 10B:26)	Hülse	15,0
Turgormechanismen			
Schaumkrautarten[**] *Cardamine*	Brassicaceae (Sy 10B:39)	Schote	1,2–1,4
Kanonierblume[*] *Pilea spruceana*	Urticaceae (Sy 10B:27)	Nuss, monomer	1,7
Sauerkleearten[**] *Oxalis*	Oxalidaceae (Sy 10B:30)	Kapsel, pentamer, synkarp	2,2–2,3
Lerchensporn[**] *Corydalis sibirica*	Papaveraceae (Sy 10B:21)	Schote	2,2
Explodiergurke *Cyclanthera explodens*	Cucurbitaceae (Sy 10B:29)	Kapsel, dimer, parakarp	3,0
Springkrautarten[**] *Impatiens*	Balsaminaceae (Sy 10B:49)	Kapsel, pentamer, synkarp	3,4–6,3
Verborgene Schuppenwurz *Lathraea clandestina*	Orobanchaceae (Sy 10B:58)	Kapsel, dimer, parakarp	4,0
Dorstenie[*] *Dorstenia contrayerva*	Moraceae (Sy 10B:27)	Steinfrucht, pseudomonomer	5,0
Spritzgurke *Ecballium elaterium*	Cucurbitaceae (Sy 10B:29)	Kapsel, trimer, parakarp	12,7

[*]Ausschleudern von Früchten statt Samen. [**]Waldbodenpflanzen (▶ Abschn. 12.3.6). Die meisten Beispiele stammen aus dem Verwandtschaftskreis der Rosiden (Sy 10B:26–42)

Abb. 12.28   Autochorie. a, Seychellennuss (*Lodoicea maldivica*, Arecaceae). Steinkern mit dem weltweit größten Samen (mit freundlicher Genehmigung). **b,** Sandbüchsenbaum (*Hura crepitans*, Euphorbiaceae). Kürbisartige Frucht vor dem Aufplatzen. **c, d,** Storchschnabel (*Geranium*, Geraniaceae). **c,** Blüte und junge, den Schnabel entwickelnde Früchte. **d,** Ausgelöste Frucht mit persistierender Mittelsäule und rückwärts umgeschlagenen Karpellrücken. **e–g,** Kürbisgewächse (Cucurbitaceae). **e** Spritzgurke (*Ecballium elaterium*). Pfeil: Lage des Trennungsgewebes und Ort des Samenausstoßes. **f, g,** Explodiergurke (*Cyclanthera explodens*). **f,** Asymmetrische, weich-stachelige Frucht vor der Auslösung. **g,** Aufgeplatzte Frucht, das saftreiche Parenchym zeigend. (© R. Claßen-Bockhoff, Mainz)

tica, Fagaceae), die von Tieren gesammelt und fortgetragen werden. Die Keimlinge der viviparen **Mangroven** fallen von der Mutterpflanze ab und bleiben entweder senkrecht im Schlick stecken (barichor; ► Abschn. 6.4.3) oder werden mit der Gezeitenströmung ausgebreitet (nautochor).

– Das spektakulärste Beispiel für Barochorie ohne weitere Ausbreitung findet sich auf den Seychellen.

Dort bildet die Seychellenpalme (*Lodoicea maldivica*, Arecaceae) dichte Bestände von etwa 20 m Höhe. Ihre **Steinfrüchte** gehören mit bis zu 40 cm Länge zu den größten Früchten (■ Abb. 12.28a). Ihr Steinkern wird allgemein als **Seychellennuss** (oder Coco de Mer) bezeichnet und enthält den schwersten bekannten Samen (bis 20 kg; Jones 1995). Im Unterschied zur Kokospalme (► Abschn. 12.2.3;

◻ Abb. 12.18i–k) ist die reife Frucht der Seychellenpalme **nicht schwimmfähig**, sondern fällt einfach zu Boden. Dort sind die Keimungsbedingungen ungünstig, da aufgrund des ausladenden Blätterdaches wenig Sonnenlicht auf den Boden gelangt. Der riesige **Vorrat an Nährgewebe** begünstigt jedoch die Keimung und wird als Anpassung an den Keimort verstanden.

Ursprünglich hatte man angenommen, dass die Seychellenpalme auch außerhalb des Archipels vorkommt. Anlass dafür waren Steinkerne, die an verschiedenen tropischen Küsten angespült wurden. Von einem solchen Fund auf den Malediven stammt auch der Artname *L. maldivica*. Er kennzeichnet aber nicht das natürliche Verbreitungsgebiet der Palme, das auf zwei Inseln des **Seychellenarchipels** beschränkt ist. Die angespülten Steinkerne stammen von tauben Früchten, die deutlich leichter als die reifen Früchte sind und verdriftet werden.

Als die Herkunft der Coco de Mer mit ihrer eigenartigen, an ein weibliches Becken erinnernden Gestalt noch nicht bekannt war, rankten sich Sagen und Mythen um die Pflanze. Den Steinkernen wurden heilende und aphrodisierende Kräfte nachgesagt, und sie wurden bis zum Gegenwert einer ganzen Schiffsladung gehandelt (Gunn und Dennis 1976). Auch heute ist die Seychellennuss noch ein begehrter Touristenartikel, dessen Vermarktung allerdings strengen Naturschutzauflagen unterliegt (Fischer et al. 2008).

Xerochasie und hygroskopische Schleudermechanismen

Xerochasie beruht wie die Hygrochasie auf Quellungsbewegungen, die allerdings irreversibel sind und die Samen bei **Trockenheit** ausschleudern.

Voraussetzung ist auch hier das Vorhandensein von zwei Gewebeschichten **unterschiedlicher Textur**. Die eine Schicht hat das Bestreben, sich bei Entquellung zu verkürzen, die andere wirkt als Widerlager. Es baut sich eine **Spannung** auf, die beim Überschreiten eines Grenzwertes zum **Aufreißen** des Gewebes und im Zuge einer **schlagartigen Entspannung** zur Samenausbreitung führt. Die Schleudermechanismen gehen mit unterschiedlichen, oft kompliziert gebauten Fruchtformen einher und werden hier an drei Beispielen erläutert.

Katapult-Schleudermechanismus von *Geranium*

Der Wiesen-**Storchschnabel** (*Geranium pratense*, Geraniaceae) und seine Verwandten sind berühmt für ihren Schleudermechanismus, der die Samen nach Art eines Katapultes mehrere Meter von der Mutterpflanze entfernt (Wolters 1963; Leins und Erbar 2007). Die Frucht ist eine fünfzählige synkarp organisierte Kapsel und bildet je einen Samen pro Fach. Im reifen Zustand spaltet sie sich längs der Septen auf, wobei einsamige Spaltfrüchtchen entstehen, die ventral mit der Mittelsäule verbunden bleiben. Nach oben läuft jedes Fruchtfach in einen sterilen Schnabel aus (Name) ◻ (Abb. 12.28c). In dessen Innerem verläuft ein Strang faserartiger Zellen, die außen eine Quer- und innen eine Längstextur aufweisen. **Zunehmende Austrocknung** des Gewebes bewirkt das Ablösen der Fruchtfächer von der Mittelsäule. Dabei öffnen sich die Spaltfrüchtchen (Sonderfall ▶ Abschn. 12.2.4) ventrizid und stellen sich horizontal. Die Samen werden jedoch durch Borsten am Hinausfallen gehindert. Gleichzeitig baut sich durch unterschiedliches Quellungsverhalten eine **Spannung im mittleren Teil** des Schnabels auf. Das Bestreben der Rückseite, sich einzurollen, wird durch das innen liegende Gewebe unterdrückt, bis es zur **Spannungsentladung** kommt. Während die Schnäbel oben mit der Mittelsäule verbunden bleiben, schlagen die Karpellwände nach hinten um und schleudern die Samen bis zu 3 m weit fort (◻ Abb. 12.28d).

Quetsch-Schleudermechanimsus von *Viola*

Entquellung und Gewebeschrumpfung liegen auch dem Quetschmechanismus der **Veilchen** zugrunde (Wolters 1963). Beim Wilden Stiefmütterchen (*Viola tricolor* subsp. *arvensis*, Violaceae) liegen dreizählige parakarpe Kapseln vor, die mit wandständig (parietal) angeordneten Samen angefüllt sind. Die Fruchtwand ist mit einem Bewegungsgewebe ausgerüstet, das das Bestreben hat, sich zusammenzuziehen. Bei Trockenheit platzt die Frucht lokulizid auf, und die drei Fruchtklappen senken sich nach hinten ab. Dann beginnen sie sich tütenförmig auf der Innenseite zusammenzuziehen, wodurch die Samen nacheinander herausgequetscht werden. Dabei erfahren sie eine Beschleunigung, durch die sie mehrere Meter von der Mutterpflanze weggeschleudert werden.

Explosionsmechanismen

Viele Fabaceae wie z. B. Erbsen (*Pisum*), Platterbsen (*Lathyrus*), Wicken (*Vicia*) oder Bohnen (*Vicia*) schleudern ihre Samen durch blitzschnelles Umrollen der Hülsenhälften aus (Ulbrich 1928). Beim Besenginster (*Sarothamnus scoparius*) und Blauregen (◻ Abb. 12.11k, l) ist dieser Vorgang mit einem knisternden Geräusch verbunden. Ähnlich verhält es sich bei einigen Euphorbiaceae (*Euphorbia*, *Mercurialis*, *Ricinus*), von denen der **Sandbüchsenbaum** (*Hura crepitans*; ◻ Abb. 12.28b) den spektakulärsten Mechanismus aufweist. Die etwa kürbisgroße, oben abgeflachte Kapsel spaltet sich längs der Septen in bis zu 16 Spaltfrüchtchen, die zunächst an der Mittelsäule verbleiben. Zur Reifezeit verliert die Frucht über 60 % ihres Frischgewichtes. Mit einem lauten Knall (lat. *crepitans*, „knallend") springen die Teilfrüchte von der Säule ab, zerfallen in je zwei Hälften und schleudern die Samen mit hoher Geschwindigkeit (> **40m/s**) mehrere bis viele (max. 45) Meter von der Mutterpflanze weg (Swaine und Beer 1977).

Explosive Turgormechanismen

Spannungsunterschiede können auch in **lebenden Geweben** aufgebaut werden und zur Samenausschleuderung führen. Sie beruhen auf dem **Turgor** der Zellen (► Abschn. 2.2.3), der bei Überwindung eines Schwellenwertes zum Aufsprengen der Frucht und zur explosionsartigen Ausstreuung der Samen führt.

In vielen Fällen sind die Früchte so gestellt, dass die Samen in einem Winkel von annähernd 45° aus der Frucht herausschießen, was eine weite Flugbahn mit sich bringt und gleichzeitig gewährleistet, dass die Samen über das eigene Laub hinweggeschleudert werden.

Spritzmechanismus der Spritzgurke

Einen sehr eigenartigen Turgormechanismus weist die im Mittelmeerraum verbreitete **Spritzgurke** (*Ecballium elaterium*, Cucurbitaceae) auf. Die unterständige, parakarpe Frucht besteht aus drei Karpellen und hängt nach unten, sodass ihre Anheftungsstelle schräg nach oben weist (■ Abb. 12.28e: Pfeil). Rund um den Fruchtstiel, der wie ein **Stopfen** ins Innere der Frucht hineinreicht, liegt ein zartes Gewebe, das später bei der Spanungsentladung als **Trennungsgewebe** fungiert. Das **Perikarp** ist fest, elastisch und durch weite Interzellularräume stark **dehnbar**. An seiner Innenseite inserieren bis zu 60 Samen an parietalen Leisten. Das Lokulament ist von einem zartwandigen, saftreichen **Parenchym** angefüllt. Es enthält Glykoside, die die Wasseraufnahme fördern. Nach Overbeck (1930) dehnt sich das Volumen der Frucht dadurch aus und drückt mit 3 at (2,94 bar) gegen die Fruchtwand. Diese ist so ausgelegt, dass sie erst bei 10 at (9,81 bar) platzt, d. h., sie kann den dreifachen Druck des Turgors aushalten. Die Spannung entlädt sich daher an der schwächsten Stelle, dem zunehmend locker werdenden Trennungsgewebe rund um den Fruchtstiel, und schießt den Stielpfropfen schließlich heraus. Durch den plötzlichen Abfall des Innendruckes entspannt sich die straff gespannte Fruchtwand und spritzt den Fruchtsaft mitsamt Samen unter hohem Druck aus der Frucht. Die Samen werden mit einer Geschwindigkeit von 15m/s über 12 m weit ausgebreitet und bedecken dabei ein Streuareal von 4 m².

Schleuder- und Quetschmechanismen

Auch der Ausbreitungsmechanismus der **Explodiergurke** (*Cyclanthera explodens*; ■ Abb. 12.28f, g) und anderer Kürbisgewächse (Cucurbitaceae) beruht auf einer durch Turgor bedingten Gewebespannung, die sich an einer Schwachstelle entlädt, die Frucht aufplatzen lässt und die Samen ausschleudert.

Unter den heimischen Arten liefern die Schaum- (*Cardamine*, Brassicaceae) und Springkräuter (*Impatiens*, Balsaminaceae) weitere Beispiele. Der Artname Rühr-mich-nicht-an (*I. noli-tangere*) nimmt Bezug darauf, dass reife Früchte bei Berührung durch Tiere oder Erschütterung durch Wind aufplatzen. Bei den tropischen Vertretern der Gattungen *Dorstenia* (Moraceae; Schleuss 1958) und *Pilea* (Urticaceae) werden kleine **Früchte** anstelle von Samen ausgeschleudert.

Wachstumsbewegungen und Geokarpie

Durch postflorale Wachstumsbewegungen können die Keimbedingungen reifer Früchte verbessert werden. Das Zimbelkraut (*Cymbalaria muralis*, Plantaginaceae), das an Felsen und Mauern wächst, ändert beispielsweise die **Wachstumsrichtung** der ursprünglich zum Licht gewandten Blütenstiele und schiebt seine Früchte tief in Felsritzen hinein. In ähnlicher Weise legen auch viele Kräuter wie der Efeu-Ehrenpreis (*Veronica hederifolia*, Plantaginaceae) ihre Früchte durch Absenken der Fruchtstiele in Bodenspalten ab.

Unter **Geokarpie** (Erdfrüchtigkeit) versteht man die Verlagerung der Früchte in den Erdboden hinein. Dies geschieht bei der **Erdnuss** (*Arachis hypogaea*, Fabaceae; ■ Abb. 12.19d und 12.29a, b) durch **Wachstum des Fruchtstieles**. Im Boden vermodert das Exokarp. Das Endokarp bildet die weiße Innenschicht des Mesokarps, das als trockene Fruchtwand bis zur Keimung überdauert (Mesokarpnuss; Lieberei und Reisdorff 2007). Ähnliche Verhältnisse finden sich bei weiteren **Fabaceae** wie der Angalo-Erbse (*Voandzeia subterranea*), der Kandela-Bohne (*Kerstingiella geocarpa*) oder dem Bockshornklee *Trigonella aschersoniana* (Ulbrich 1928). Bei dem mediterran verbreiteten Klee *Trifolium subterraneum* dringt das ganze Köpfchen in den Boden ein. Nur wenige Blüten setzen Frucht an. Die Kelchzipfel der übrigen Blüten wachsen zur Fruchtzeit aus, verholzen und bilden nach hinten (rückwärts) gerichtete starre Strukturen, die der Verankerung der Früchte im Boden dienen (Ulbrich 1928).

Bei einigen **Alpenveilchen**, wie dem mediterran verbreiteten *Cyclamen repandum* (Primulaceae; ■ Abb. 12.29f–h), werden die Früchte durch **Spiralisierung** der langen Fruchtstiele am oder im Boden abgelegt. Dort überwintern sie und werden im Frühjahr durch Ameisen oder andere Tiere verschleppt (Ulbrich 1928).

Bohr- und Kriechbewegungen

Diasporen mit Bohr- oder Kriechvorrichtungen dringen leicht in Bodenspalten ein, wo sie durch rückwärts spreizende Haare oder Grannen festgehalten werden. Die Bewegungen sind **hygroskopisch** und **reversibel**.

Die Bohrfrüchte des Reiherschnabels (*Erodium*, Geraniaceae) und des Federgrases (*Stipa*, Paceae) stimmen

◻ **Abb. 12.29   Selbstableger. a, b,** Erdnuss (*Arachis hypogaea*, Fabaceae). Geokarpie. **c–e,** Bohrfrüchtchen der Geraniaceae. **c,** Groß-Reiherschnabel (*Erodium ciconium*). Bohrfrüchtchen im trockenen Zustand mit borstig behaarter Spitze (Pfeil). **d,** *Pelargonium* spec. Ausgelöste Frucht mit vier Spaltfrüchtchen in unterschiedlichem Ablösezustand. Ff, Fruchtfach (Samen ausgeschleudert). Ms, Mittelsäule der Frucht. uS, unverdrillter, oberer Teil des Schnabels. **e,** *Pelargonium klinghardtense.* Bohrfrüchtchen mit verdrilltem Schnabel (vS) und langen Haaren. **f–h,** Alpenveilchen (*Cyclamen repandum*, Primulaceae). Absenken der Frucht durch Verdrillung des Fruchtstieles. **f,** Blatt, Blüten und sich einrollender Fruchtstiel. **g,** Frucht am Ende des aufspiralisierten Fruchtstieles. **h,** Auf dem Waldboden abgelegte Früchte nach der Blühzeit. Buchenwald, Gargano (Italien). (© R. Claßen-Bockhoff, Mainz)

darin überein, dass die Diasporen unten stark zugespitzt und oben lang begrannt sind:

- Beim **Reiherschnabel** handelt es sich morphologisch um **Spaltfrüchtchen**, die sich von der Mittelsäule abtrennen und je einen Samen enthalten (◧ Abb. 12.29c). Die Früchtchen sind außen mit kurzen starren Borsten besetzt (◧ Abb. 12.29d). Ihr Schnabel ist im mittleren Teil verdrillt und mit langen Borstenhaaren versehen; sein oberer Teil ist gerade, glatt und scharf abgewinkelt (◧ Abb. 12.29e). Im mittleren Schnabelabschnitt befindet sich das **Quellungsgewebe**, das im trockenen Zustand zur Torsion und bei Feuchtgkeit zur Entspiralisierung des Schnabels führt. Das Früchtchen bohrt sich in den Boden ein, wobei der abgewinkelte Schnabelteil oder Bodenpartikel als **Widerlager** dienen. Bei wechselnden Witterungsbedingungen kann sich die Diaspore innerhalb von zwei bis drei Tagen vollständig einbohren (Müller-Schneider 1977).
- Beim **Federgras** ist die Achäne ebenfalls zugespitzt und bildet mit der lang begrannten Deckspelze eine funktionelle Einheit (◧ Abb. 12.25l). Der untere Teil der Granne ist unbehaart und verdrillt, der obere fedrig behaart und abgewinkelt. Bei Benetzung durch Regen entspiralisiert die Granne und bohrt die Frucht in den Boden.

Bevor die Frucht auf den Boden fällt, kann sie vom Wind (anemochor) oder von vorbeistreifenden Tieren (epizoochor) ausgebreitet werden. Sie liefert damit ein Beispiel für die Nutzung mehrerer Ausbreitungsmechanismen (**Polychorie**; ▶ Abschn. 12.3.6).

Hygroskopisch aktive Borsten oder Grannen können durch **reversible** Spreizung und Entspreizung zu gerichteten **Kriechbewegungen** führen. Beispiele liefern einige *Trifolium*-Arten (*Trifolium stellatum*, Fabaceae) mit steifen Kelchborsten, *Scabiosa*-Arten (Caprifoliaceae-Dipsacoideae) mit Außenkelchborsten, Flockenblumen (*Centaurea cyanus*, Asteraceae) mit steifen Pappusborsten oder Süßgräser mit hygroskopisch aktiven Grannen. Beim Glatthafer (*Arrhenatherum elatius*, Poaceae) konnte ein Kriechleistung von 37 cm pro Tag nachgewiesen werden (van der Pijl 1982).

12.3.6 Ausbreitungsbiologische Aspekte

Der **Erfolg** der Diasporenausbreitung wird an der Anzahl überlebensfähiger Keimpflanzen gemessen. Die artspezifische Ausbreitung unterliegt dabei immer **Kompromissen** zwischen widersprüchlichen Anforderungen (vgl. ▶ Abschn. 9.6.1).

r- und K-Strategen

Orchideen produzieren über 1,5 Mio. winzig kleiner Samen (◧ Abb. 12.24a) in einer Kapsel, während die Seychellennuss nur einen einzigen Samen in ihrem riesigen Steinkern besitzt (◧ Abb. 12.28a). Was steckt hinter diesen sehr unterschiedlichen Zahlen?

In der Ökologie unterscheidet man die beiden extremen **Reproduktionsraten** als r- und K-Strategien:

- **r-Strategen** produzieren eine **immense Anzahl** kleiner Samen, in die wenig investiert wird. Bei den Orchideen und einigen parasitisch lebenden Pflanzen fehlt z. B. das Nährgewebe, sodass die Samen nur an Standorten keimen können, an denen Mykorrhizapartner (▶ Exkurs 8.12) oder Wirtspflanzen zur Verfügung stehen. **Je unsicherer** es ist, einen geeigneten **Keimort** zu finden, **umso mehr** Samen müssen produziert werden, damit wenigstens einige erfolgreich sind und die Population erhalten. Hohe Reproduktionsraten treten daher bevorzugt an **instabilen Standorten** oder bei Pflanzen mit **spezifischen Keimorten** (Epiphyten, Moorpflanzen, Parasiten) auf.
- **K-Strategen** produzieren wenige große, sehr gut ausgestattete Samen. Sie kommen z. B. in **dichten Tropenwäldern** vor, in denen fruchtfressende (frugivore) Vögel und Säuger als Ausbreiter zur Verfügung stehen (Lorts et al. 2008). Aufgrund der geringen Lichtverhältnisse am Waldboden ist eine **gute Nährstoffausstattung** verbunden mit der Bildung **großer Samen** vorteilhaft. Ähnliches gilt für **Wüstenstandorte**, in denen nicht Licht-, sondern Wassermangel der limitierende Faktor ist. Hier finden sich komplex organisierte Diasporen mit **arbeitsteiliger Differenzierung** (z. B. *Gundelia* ◧ Abb. 12.22d und 12.23h, *Echinophora* ◧ Abb. 12.23l), bei denen nur wenige, zentral stehende Blüten zur Fruchtreife gelangen, während die Seitenblüten sterile, verholzte Hilfsstrukturen (Schutz, Wasserspeicher) bilden. **Je schwieriger** die **Keimungsbedingungen** sind, **umso weniger** Samen werden produziert. Diese sind so ausgestattet, dass sie trotz widriger Verhältnisse austreiben und Keimlinge erfolgreich etablieren können. K-Strategen treten daher vor allem an **stabilen Standorten** mit schwierigen Keimbedingungen auf.

Nah- vs. Fernausbreitung

Die Steinfrucht der Seychellennusspalme fällt von der Mutterpflanze ab und kommt in deren unmittelbaren Nähe zur Keimung; die Früchte der Kokospalme werden dagegen Tausende Kilometer weit über die Ozeane ausgebreitet. Beide Extreme haben Vor- und Nachteile und sind selten ausgeprägt. Die meisten Pflanzen weisen eine **mittlere Ausbreitungsdistanz** auf:

- **Nahausbreitung** erfolgt vor allem durch **Auto-, Ombro-, Dyszoo-** und **Myrmekochorie**. Sie hat den Vorteil, dass der **günstige Standort**, an dem sich die Mutterpflanze etablieren konnte, zur Keimung **genutzt** wird und die Population an diesem Ort erhalten bleibt. Eine zu **hohe Dichte** an Keimlingen führt aber zu **Konkurrenz**, die sich negativ auf den Keimungserfolg auswirkt. Es ist daher zu erwarten, dass sich allzu nahe Ausbreitung nur unter bestimmten ökologischen Bedingungen entwickelt hat.

  Solche herrschen z. B. im Unterwuchs temporärer Laubwälder vor, wo sich oft **Massenbestände** von Kräutern finden (◻ Tab. 12.9**). Buschwindröschen (▶ Abb. 3.21e, f), Springkräuter (*Impatiens noli-tangere*, Balsaminaceae) und andere Arten stellen spezifische ökologische Ansprüche an die Lichtverhältnisse und Bodenbeschaffenheit ihres Standortes. Für sie ist es günstig, nah genug an der Mutterpflanze zu keimen, um die günstigen Standortbedingungen zu nutzen. Da oft noch weitere Ausbreitungsmöglichkeiten hinzukommen, etwa die Verschleppung der Samen durch Ameisen (Myrmekochorie), werden die Keimlinge ein Stück weit von der Mutterpflanze entfernt, wo sie ausreichend Platz zur Etablierung haben (Ulbrich 1928).

- Wenn von **Fernausbreitung** (*long distance dispersal*) die Rede ist, denkt man vor allem an transozeanische Ausbreitung auf andere Kontinente oder die Besiedlung abgelegener Inseln. Eine solche Fernausbreitung wird fast ausschließlich durch **Anemo-, Nauto-** und **Ornithochorie** gewährleistet. Üblicherweise gelten aber bereits Entfernungen von 100 m als Fernausbreitung (Müller-Schneider 1977), also Distanzen, die auch durch **Epizoochorie** und **Endozoochorie** erreicht werden.

  Mit zunehmender Entfernung von der Mutterpflanze sinkt die Wahrscheinlichkeit, einen geeigneten Keimort zu finden, der klimatisch und vegetationsbiologisch dem Herkunftsort entspricht. Weit ausgebreitete Arten kommen daher vor allem in ausgedehnten, offenen Gebieten wie der eurasischen Steppenlandschaft vor. Außerdem sinkt mit zunehmender Distanz die Wahrscheinlichkeit, artgleiche Individuen zu finden. Im Extremfall können nur **selbstfertile** Pflanzen am neuen Standort Samen bilden (Gründereffekt; ▶ Abschn. 3.1.2). Der lange Transportweg, das Auffinden eines geeigneten Keimortes, die Schwierigkeiten bei der Keimung und bei der Etablierung am neuen Standort machen eine erfolgreiche Fernausbreitung über sehr weite Distanzen zu einem insgesamt **seltenen Ereignis** (Gillespie et al. 2012).

Polychorie und Heteromorphie

Durch Nutzung mehrerer Ausbreitungsvektoren (**Polychorie**) und Bildung morphologisch unterschiedlicher Diasporen (**Heteromorphie**) ergeben sich sehr flexible Ausbreitungsmöglichkeiten.

Verschiedene Ausbreitungsvektoren können als **Alternativen** oder **nacheinander** genutzt werden. So werden zahlreiche Diasporen durch Wind oder Wasser transportiert oder, wie bei den Mangroven, durch Barochrie oder Nautichorie ausgebreitet. In anderen Fällen folgt auf die autochore Samenausstreuung eine weitere Ausbreitung, z. B. durch Ameisen.

Innerhalb der heteromorphen Diasporen unterscheidet man Heterokarpie bzw. Heteromerikarpie und Amphikarpie:

- **Heterokarpie** bedeutet, dass die Pflanze Früchte mit unterschiedlichen Oberflächen bildet. Bei der Ringelblume (*Calendula*, Asteraceae; ◻ Abb. 12.23j) sind die Achänen eines Köpfchens von außen nach innen bestachelt, geflügelt oder glatt. Sie werden epizoochor, anemochor und myrmekochor ausgebreitet.

- **Heteromerikarpie** findet sich z. B. bei vielen Apiaceae, bei denen die nach außen weisenden Merikarpien bestachelt oder geflügelt und die nach innen gerichteten glatt sind. Bei *Mikroparacaryum intermedium*, einer Boraginacee aus Jordanien, sind drei der vier Klausen geflügelt und werden abgetrennt, während die vierte Klause bestachelt ist und an der Pflanze verbleibt (Hilger et al. 1985).

- Von **Amphikarpie** spricht man im Zusammenhang mit Geokarpie, wenn neben den in die Erde verlagerten **Erdfrüchten** auch oberirdische **Luftfrüchte** auftreten. Die Erdfrüchte sichern den Ort der Mutterpflanze als günstigen Keimort, während die Luftfrüchte ausgebreitet werden. Amphikarpie tritt häufig bei annuellen **Wüstenpflanzen** (Zohary 1937) und in Verbindung mit fakultativer **Kleistogamie** auf (▶ Abschn. 9.6.5). Die offenen (chasmogamen) Blüten bilden Luftfrüchte, während die kleistogamen Blüten Erdfrüchte hervorbringen.

Synaptospermie und Keimverhalten

Eine mögliche **Konkurrenz** unter **Keimlingen** kann vermieden oder minimiert werden, wenn die Samen einzeln ausgestreut werden. Das geschieht bei vielen Öffnungsfrüchten und allen einsamigen Schließfrüchten, Früchtchen, Spaltfrüchtchen und Bruchfrüchten. Die Tendenz, mehrsamige Früchte in **einsamige Diasporen** aufzuteilen, dürfte ihre evolutionsbiologische Bedeutung in der individualisierten Ausbreitung haben.

Umso erstaunlicher ist das Phänomen der **Synapto-spermie**, worunter man einen Ausbreitungsverband (**Keimkopplung**) aus Früchten versteht, die bis zur Keimung zusammenbleiben. Der Begriff stammt von Murbeck (1920), der in den nordafrikanischen **Steppen- und Wüstengebieten** eine überdurchschnittlich hohe Anzahl synaptospermer Diasporen gefunden hat. Beispiele finden sich bei den Fabaceae (*Onobrychis crista-galli*; ◘ Abb. 12.22e), Zygophyllaceae (*Tribulus terrestris*; ◘ Abb. 12.22b), Amaranthaceae (*Salsola kali*; ◘ Abb. 12.26c), Poaceae (*Echinaria capitata*; ◘ Abb. 12.22k) und vielen weiteren Familien von Trockenstandorten (Zohary 1937). Die Diasporen sind meist polychor und werden vom Wind (viele Steppenroller) und/oder epizoochor von Tieren (viele Trampelkletten) ausgebreitet.

Die **biologische Bedeutung** der Synaptospermie ist eng mit den Standorteigenschaften verbunden:

- So zeigt Murbeck (1920), dass komplexer organisierte Diasporen im Vergleich zu einem Samen das bis zu 50-Fache an Wasser aufnehmen können und die Zeit der Verdunstung um das 10- bis16-Fache verlängern. Die gute und schnelle **Wasserversorgung** der Diaspore durch **Hüllbildung** ist ein wichtiger Vorteil bei der Keimung insbesondere an Trockenstandorten mit schwankenden Keimungsbedingungen.

- Ein zweiter Vorteil, der ebenfalls mit Hüllbildung und variablen Standortbedingungen zu tun hat, liegt in der unterschiedlichen **Dormanz** der Samen. Als Überdauerungsstadien können Samen sehr lange ruhen und auf günstige Keimbedingungen warten (▶ Abschn. 6.4.2). Die Hüllen verholzter Fruchtverbände bleiben meist mehrere Jahre an den Pflanzen und **schützen** die Samen vor Fraß, Feuer und unzeitgemäßer Ausbreitung (*Echinophora spinosa, Arctopus echinatus, Xanthium strumarium, Gundelia tournefortii*; ◘ Abb. 12.22d und 12.23e, h, l, m).

Bei zahlreichen synaptospermen Verbänden (aber nicht nur bei diesen) keimen die Samen in **verschiedenen Vegetationsperioden** aus (z. B. *Medicago laciniata*, Fabaceae; Zohary 1937). Die portionierte Freisetzung beruht dabei entweder auf einem unterschiedlichen **Quellungsverhalten** der Samen oder ist strukturell bedingt (z. B. Gliederfrüchte von *Cakile*, Brassicaceae). Sie ermöglicht das Auskeimen unter wechselnden Bedingungen, reduziert den Verlust von Samen und dient dem Erhalt der Population am Standort.

12.3.7 Evolutionsbiologische Aspekte

Die Evolution der Ausbreitungseinheiten lässt sich phylogenetisch in **einzelnen Verwandtschaftskreisen** rekonstruieren (Lorts et al. 2008). Allgemeine Evolutions-tendenzen treten aber eher im ökologischen und morphologischen Kontext auf. Die gleichsinnige Anpassung an **ähnliche Standortbedingungen** ist so offensichtlich wie die **analoge Ähnlichkeit** von Diasporen unterschiedlicher Organisation.

Aus **morphologischer** Sicht ist vor allem eine Tendenz interessant, die von Corner (1958) als *transference of function* beschrieben wurde. Sie nimmt auf die Tatsache Bezug, dass die Anpassung der Diasporen vor allem durch die Ausgestaltung der **Oberfläche** erfolgt, die direkt mit der Umwelt kommuniziert (Zohary 1950; Stebbins 1970; Kravtsova 2015). Bei der Samenausbreitung ist das die Samenschale (**Testa**), bei der Fruchtausbreitung sind es **Perikarp**, Kelche oder andere Blütenstrukturen, und bei Fruchtverbänden treten weitere Bauelemente zur Ausstattung der Ausbreitungseinheiten auf (◘ Abb. 12.30). Die **Konvergenz** von Testa- und Perikarpflügeln, Samen- und Fruchthaarschöpfen oder fleischigen Blüten- und Blütenstandböden zeigt eindrucksvoll, dass morphologisch unterschiedliche Strukturen zu gleichen Anpassungen befähigt sind.

Die **Verlagerung** von Schutz- und Anpassungsfunktionen auf immer weiter außen liegende Strukturen geht meist mit einem **Funktionsverlust** der innen liegenden Strukturen einher. Dies gilt insbesondere für die Testa, die oft reduziert ist, wenn ihre Funktionen vom Perikarp

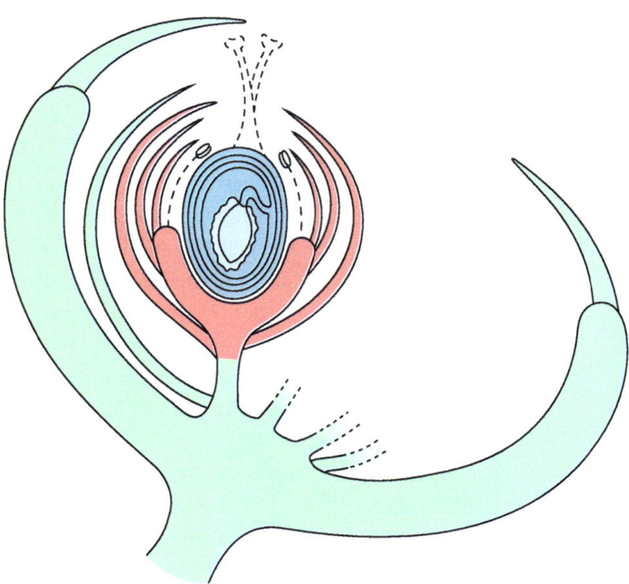

◘ **Abb. 12.30 Funktionsübertragung.** Schema zur Veranschaulichung der Bauelemente (Auswahl), die zur Bildung einer Ausbreitungseinheit bei Blütenpflanzen zur Verfügung stehen. Von innen nach außen: **Samenschale** (hellblau) mit möglicher Differenzierung in Sklero- und Sarko-/Myxotesta, Arillus- und Elaiosombildung. **Fruchtwand** (dunkelblau) mit möglicher Differenzierung in Endo-, Meso- und Exokarp. **Blütenstrukturen** (rot) wie Griffel, Hüllblätter und Blütenboden bzw. Blütenbecher. **Extraflorale Strukturen** (grün) wie Hochblätter oder Infloreszenzachsen. (© Original)

übernommen werden (z. B. Erdnuss; ◘ Abb. 12.19d). Im funktionellen Bereich ist die **Musterwiederholung** z. B. bei ‚Öffnungsfrüchten‘ zu beobachten, die anstelle von Samen Nüsschen (*Nelumbo*; ◘ Abb. 12.19g, h) oder Nüsse (*Allocasuarina*; ◘ Abb. 12.19t) ausstreuen.

Insgesamt ist die **zunehmende Komplexität** der Diasporen mit einer gesteigerten Anpassungsvielfalt räumlicher und zeitlicher Art und mit einer höheren Diversität nutzbarer Ausbreitungsvektoren (Polychorie) verbunden. Je komplexer eine Struktur ist, umso mehr Möglichkeiten sind für eine spezifische Anpassung gegeben. Dabei wiederholen sich Entwicklungs- und Differenzierungsprozesse und führen zu analog ähnlichen Formen.

Zusammenfassung

Die **Frucht** ist das **Gynoeceum** im Zustand der **Samenreife**. Sie umschließt einen oder mehrere Samen und dient, oft unter Beteiligung von Zusatzstrukturen, deren Ausbreitung.

• Samenbau
Der **Samen** ist die primäre Ausbreitungseinheit (**Diaspore**) der Samenpflanzen. Er besteht aus Embryo, Nährgewebe und Samenschale. Das Nährgewebe der Blütenpflanzen ist das **sekundäre Endosperm**, das **triploid** ist und im Zuge der doppelten Befruchtung zusammen mit dem Embryo entsteht. Es wird durch Reste des Nucellusgewebes ergänzt (**Perisperm**) oder bereits im Samen vom Embryo aufgenommen, der dann meist **Speicherkeimblätter** aufweist.

• Fruchtformen
Die Fruchtbildung ist ein **Neuerwerb** der Blütenpflanzen und beruht auf deren **Angiospermie**. Früchte entwickeln sich aus einem Karpell (**Einblattfrüchte**), aus mehreren freien Karpellen (**Sammelfrüchte**) oder aus mehreren congenital vereinten Karpellen (**coenokarpe Früchte**). Sie können sich öffnen und Samen entlassen (**Öffnungsfrüchte**), geschlossen bleiben und als ganze Frucht ausgebreitet werden (**Schließfrüchte**) oder sich in geschlossene Teilfrüchte (Merikarpien) aufspalten (**Spaltfrüchte**) bzw. in Fragmente zerbrechen (**Bruchfrüchte**):

— Innerhalb der **Öffnungsfrüchte** werden **Bälge** (Einblattfrucht, ventrizide Öffnung), **Hülsen** (Einblattfrucht, ventrizide und dorszide Öffnung) und **Kapseln** (coenokarpe Frucht, verschiedene Öffnungsweisen) unterschieden. Die **Schote** gehört zu den Kapseln und ist durch eine klappige (valvate) Öffnung charakterisiert.

— **Schließfrüchte** werden nach der Beschaffenheit ihrer Fruchtwand (**Perikarp**) benannt. Wenn diese histologisch differenziert ist, werden die Gewebe von außen nach innen als Exokarp (ober-, mittelständige Früchte) bzw. Epikarp (unterständige Früchte), Mesokarp und Endokarp bezeichnet. Bei **Beeren** ist die Fruchtwand weich und saftig; lediglich das Exokarp kann eine derbe Schutzschicht bilden (Panzerbeeren). Bei **Nüssen** ist das Perikarp trocken, meist faserig oder verholzt, und bei **Steinfrüchten** ist das Mesokarp weich (saftig oder faserig) und das Endokarp verholzt (**Steinkern**). Das Exokarp oberständiger Steinfrüchte ist meist dünn, während die Wand unterständiger Steinfrüchte kräftig ausgebildet sein kann. Sie entsteht durch **congenitale** Entwicklungsprozesse des Receptaculums mit den Karpellanlagen und gegebenenfalls weiteren, extrafloralen Anlagen, die gemeinsam die unterständige Fruchtwand bilden.

— Bei **Sammelfrüchten** geht jedes Karpell in den Fruchtzustand über und wird dann **Früchtchen** genannt (z. B. Bälgchen, Steinfrüchtchen, Nüsschen). Eine terminologische Ausnahme bilden die als Schötchen bezeichneten kleinen Schoten (Kapseln). Sammelfrüchte mit Bälgchen heißen Sammelbälge, mit Nüsschen Sammelnuss usw.

— Bei den Teilfrüchtchen einer **Spaltfrucht** spricht man von Spaltfrüchtchen.

Bleiben die Früchte eines Blütenstandes zur Fruchtreife zusammen, liegt ein **Fruchtverband** (Fruktifizenz) vor. Er wird nach der Beschaffenheit seiner Früchte benannt, z. B. Balg- oder Nussverband.

In die **Gestaltung** der Diaspore können florale oder extraflorale (**akzessorische**) Elemente einbezogen sein. Sie verändern oft den Charakter der Ausbreitungseinheit und umgeben z. B. Nüsse mit einem fleischigen Gewebe. Dadurch entstehen Konflikte mit der **Umgangssprache**, in der alle weichen ‚Früchte‘ als Beeren und alle harten als Nüsse bezeichnet werden. Erdbeere und Maulbeere sind beispielsweise keine Beeren im morphologischen Sinn, sondern Sammelnüsse und Nussverbände. Auch sonst stimmen **Fach- und Umgangssprache** oft nicht überein; so werden die Kapseln der Vanille oder die Hülsen der Bohnen (botanisch falsch) als Schoten bezeichnet. Die abweichende Benennung der Früchte beruht auf den unterschiedlichen Aspekten, unter denen Früchte betrachtet werden können. Erst die Kombination morphologischer und ausbreitungsbiologischer Eigenschaften (Frucht-Klette) führt zu einem vertieften Verständis der Fruchtformen.

• Ausbreitung
Die **Ausbreitung der Diasporen** (Samen, Früchte, Teilfrüchte, Fruchtverbände) erfolgt mithilfe von Tieren (**Zoochorie**), Wind (**Anemochorie**) und/oder Wasser (**Hydrochorie**). Durch die Entwicklung komplizierter

Schleudermechanismen ist die Pflanze auch in der Lage, ihre Samen (seltener Früchte) selbst auszustreuen (**Autochorie**). Die Ausbreitung beruht in diesen Fällen auf **Quellungsbewegungen**, die bei Trockenheit (Xerochasie) oder Feuchtigkeit (Hygrochasie) die Früchte öffnen, oder irreversiblen Turgormechanismen.

In **Anpassung** an die unterschiedlichen Ausbreitungsvektoren haben die Diasporen ‚Fruchtfleisch', nährstoffreiche Anhängsel, Flugapparate, Schwimmhilfen und Kletthaken entwickelt. Die Ausbreitungshilfen sind **vielfach unabhängig** voneinander in **Anpassung** an die spezifischen **Standortbedingungen** der Pflanzen entstanden; sie sind weitgehend unabhängig von der Morphologie der Diasporen und den Verwandtschaftsverhältnissen der Pflanzen.

• Evolutionsbiologische Aspekte

Die **evolutionsbiologische Bedeutung** der Diasporenausbreitung liegt im Erhalt und in der Ausbreitung von Populationen. Dabei spielen **Ökonomie und Effizienz** eine wesentliche Rolle und haben im Laufe der Evolution zu art- und standortspezifischen **Kompromissen** geführt. Die Nutzung verschiedener Ausbreitungsvektoren (**Polychorie**), die Bildung unterschiedlicher Diasporen (**Heteromorphie**) und die Möglichkeit, Samen einzeln oder in Verbänden (**synaptosperm**) auszubreiten, erhöhen das Potential der Pflanze, sich in Raum und Zeit standortgerecht auszubreiten.

Die gleichsinnige Anpassung an **ähnliche Standortbedingungen** ist ebenso offensichtlich wie die **analoge Ähnlichkeit** von Diasporen unterschiedlicher Organisation. Unter *transference of function* versteht man die **Verlagerung** der Anpassungs- und Schutzfunktionen von der Samenschale auf immer weiter außen liegende Strukturen. Je komplexer die Diaspore organisiert ist, umso mehr Möglichkeiten hat sie für eine spezifische Anpassung. Dabei **wiederholen** sich Entwicklungs- und Differenzierungsprozesse und führen zu analog ähnlichen Formen.

Literatur

Agnew ADQ, Flux JEC (1970) Plant dispersal by hares (*Lepus capensis* L.) in Kenya. Ecology 51:735–737

Beattie AJ (1982) Ants and gene dispersal in flowering plants. In: Armstrong JA, Powell JM, Richards AJ (Hrsg) Pollination and evolution. Royal Botanic Gardens, Sydney, S 1–8

Bill HC, Poschlod P, Reich M, Plachter H (1999) Experiments and observations on seed dispersal by running water in Alpine floodplain. Bull Geobot Inst ETH 65:13–28

Bobrov AVFC, Romanov MS (2019) Morphogenesis of fruits and types of fruit of angiosperms. Bot Lett. https://doi.org/10.1080/23818107.2019.1663448

Bolmgren K, Eriksson O (2005) Fleshy fruits – origins, niche shifts and diversification. Oikos 109:255–272

Brückner C (2000) Clarification of the Carpel Number in Papaverales, Capparales, and Berberidaceae. Bot Rev 66: 155–307

Claßen R (1984) Organisation und Funktion der blumenbildenden Hochblatthüllen bei Symphoremoideae (Verbenaceae). Beitr Biol Pflanz 60:383–402

Claßen-Bockhoff R (1994) Functional units beyond the level of the capitulum and cypsela in Compositae. In: Caligari PDS, Hind DJN (Hrsg) Compositae: Biology and utilization. Proceedings of the International Compositae Conference 1994, Bd 2. Royal Botanic Gardens Kew, Kew, S 129–160

Claßen-Bockhoff R (1996) A survey of flower-like inflorescences in the Rubiaceae. Opera Bot Belgica 7:329–367

Claßen-Bockhoff R, Froebe HA, Langerbeins D (1989) Die Infloreszenzstruktur von *Gundelia tournefortii* L. (Asteraceae). Flora 182:463–479

Corner EJH (1958) Transference of function. J Linnean Soc London Zool 44:33–40

Darwin C (1860) Über die Entstehung der Arten im Tier- und Pflanzenreich durch natürliche Züchtung. Übersetzung von HG Bronn, Stuttgart

Eichler AW (1878) Blüthendiagramme. 2. Teil. Engelmann, Leipzig. (Nachdruck 1954, Koeltz, Eppenheim)

Emig W, Leins P (1994) Ausbreitungsbiologische Untersuchungen in der Gattung *Campanula* L. I. Vergleichende Windkanalexperimente zur Samenportionierung bei *C. trachelium*, *C. sibirica* L. und *C. glomerata* L. Bot Jahrb Syst 116:243–257

Endress PK, Jenny M, Fallen ME (1983) Convergent elaboration of apocarpous gynoecia in higher advanced dicotyledons (Sapindales, Malvales, Gentianales). Nord J Bot 3:293–300

Engler A (1894) Juglandaceae. In: Engler A, Prantl K (Hrsg) Die natürlichen Pflanzenfamilien nebst ihren Gattungen und wichtigeren Arten insbesondere den Nutzpflanzen. III. Teil, 1. Abteilung. Engelmann, Leipzig, S 19–25

Fey BS, Endress PK (1983) Development and morphological interpretation of the cupule in Fagaceae. Flora 173:451–468

Fischer A, Fleischer-Dougley F, Fischer BE (2008) Coco de Mer. Mythos und Eros der Meereskokosnuss. Seychelles Islands Foundation, Victoria

Fleming TH, Lips KR (1991) Angiosperm endozoochory: Were pterosaurs cretaceous seed dispersers? Am Nat 138:1058–1065

Gentry AH (1983) Dispersal ecology and diversity in neotropical forest communities. Sonderbd Naturwiss Ver Hambg 7:303–314

Gillespie RG, Baldwin BG, Waters JW, Fraser CI, Nikula R, Roderick GK (2012) Long-distance dispersal: a framework for hypothesis testing. Trends Ecol Evol 27:47–56

Gunn CR, Dennis JV (1976) World guide to tropical drift seeds and fruits. Demeter, New York

Hecker U (1981) Windverbreitung bei Gehölzen. Mitt Dtsch Dendrol Ges 72:73–92

Hilger HH, Hoppe JR (1995) Die morphologische Vielfalt der generativen Diasporen – Präsentation eines Lehr- und Lernschemas. Feddes Repert 106:503–513

Hilger HH, Hoppe M (1984) Die Entwicklung des Außenkelchs von *Scabiosa*, Sektionen *Sclerostemma* und *Trochocephalus* (Dipsacaceae). Beitr Biol Pflanz 59:55–73

Hilger HH, Balzer M, Frey W, Podlech D (1985) Heteromerikarpie und Fruchtpolymorphismus bei *Microparacaryum*, gen. nov. (Boraginaceae). Plant Syst Evol 148:291–312

Hodgkison R, Ayasse M, Häberlein C, Schulz S, Zubaid A, Mustapha WAW, Kunz TH, Kalko EK (2013) Fruit bats and bat fruits: the evolution of fruit scent in relation to the foraging behaviour of bats in the New and Old World tropics. Funct Ecol 27:1075–1084

Holttum RE (1969) Plant life in Malaya. Longman, Kuala Lumpur

Jenny M, Mayer V, Schmidt KHA, Steinecke H, Wilde V (1996) Fliegende Früchte und Samen. In: Hagemann I, Steiniger FF (Hrsg) Alles was fliegt in Natur, Technik und Kunst. Kramer, Frankfurt am Main Palmengarten Sonderheft 24, S 99–123

Jones DL (1995) Palms throughout the world. Struik, Cape Town

Jongejans E, Telenius A (2001) Field experiments on seed dispersal by wind in ten umbelliferous species (Apiaceae). Plant Ecol 152:67–78

Knoll F (1939) Über den Begriff „Frucht". Der Biologe 8:154–160

Kravtsova TI (2015) On some regularities of one-seeded fruits evolution. J Life Sci 9:511–520

Langdon LM (1939) Ontogenetic and anatomical studies of the flower and fruit of the Fagaceae and Juglandaceae. Bot Gaz 101:301–327

Leins P, Erbar C (2007) Blüte und Frucht. Morphologie, Entwicklungsgeschichte Phylogenie, Funktion, Ökologie, 2. Aufl. Schweizerbart, Stuttgart

Lieberei R, Reisdorff C (2007) Nutzpflanzenkunde. Begr. von W. Franke, 7. Aufl. Thieme, Stuttgart

Lorts CM, Briggeman T, Sang T (2008) Evolution of fruit types and seed dispersal: a phylogenetic and ecological snapshot. J Syst Evol 46:396–404

Magin N (1984) Die „Frucht" von *Pollichia campestris* Aiton (Caryophyllaceae). Bot Jahrb Syst 104:455–467

Maier A, Emig W, Leins P (1999) Dispersal patterns of some *Phyteuma* species (Campanulaceae). Plant Biol 1:408–417

Markowski M (2005) Morphologische und morphogenetische Untersuchungen an Blüten und Blütenständen ausgewählter Vertreter der Fagales s.l. Diplomarbeit (unveröff.), Ruhr-Universität Bochum, Fakultät Biologie

Mayer V (1995) Functional significance of the epicalyx in the fruits of *Scabiosa* and *Tremastelma* (Dipsacaceae): anatomy and germination behaviour. Bot Jahrb Syst 117:211–238

Morris S, Humphreys D, Reynolds D (2006) Myth, Marula, and Elephant: an assessment of voluntary ethanol intoxication of the African elephant (*Loxodonta africana*) following feeding on the fruit of the *Marula* tree (*Sclerocarya birrea*). Physiol Biochem Zool 79:363–369

Mouissie AM, Lengkeek W, van Diggelen R (2005) Estimating adhesive seed-dispersal distances: field experiments and correlated random walks. Funct Ecol 19:478–486

Mühlhausen A, Lenser T, Mummenhoff K, Theißen G (2013) Evidence that an evolutionary transition from dehiscent to indehiscent fruits in *Lepidium* (Brassicaceae) was caused by a change in the control of valve margin identity genes. Plant J 73: 824–835

Müller-Schneider P (1977) Verbreitungsbiologie (Diasporologie) der Blütenpflanzen, 2. Aufl. Veröffentlichungen des Geobotanischen Instituts der ETH, Stiftung Rübel, Zürich. 61. Heft

Murbeck SV (1919) Beiträge zur Biologie der Wüstenpflanzen. I. Vorkommen und Bedeutung der Schleimabsonderung aus Samenhüllen. Lunds Univ Årsskr 15:1–36

Murbeck SV (1920) Beiträge zur Biologie der Wüstenpflanzen. II. Die Synaptospermie. Lunds Univ Årsskr 17:1–53

Nachtigall W (1998) Bionik. Grundlagen und Beispiele für Ingenieure und Naturwissenschaftler. Springer, Berlin

Nevo O, Heymann EW, Schulz S, Ayasse M (2016) Fruit odor as a ripeness signal for seed-dispersing primates? A case study on four neotropical plant species. J Chem Ecol 42:323–328

Overbeck F (1930) Mit welchen Druckkräften arbeitet der Schleudermechanismus der Spritzgurke? Planta 10:138–169

Pakeman RJ (2001) Plant migration rates and seed dispersal mechanisms. J Biogeogr 28:795–800

van der Pijl L (1957) The dispersal of plants by bats. Acta Botanica Neerl 6:291–315

van der Pijl L (1982) Principles of dispersal in higher plants, 3. Aufl. Springer, Berlin/Heidelberg/New York

Rauh W, Barthlott W, Ehler N (1975) Morphologie und Funktion der Testa staubförmiger Flugsamen. Bot Jahrb Syst 96:353–374

Reese H, Hilger HH (1983) Achene development in *Dimorphotheca pluvialis, Osteospermum vaillantii*, and *Calendula arvensis* (Asteraceae). Acta Botanica Neerl 32:350–350

Ridley HN (1930) The dispersal of plants throughout the world. Reeve, Ashford/Kent. (Nachdruck 1960, Koeltz, Königstein im Taunus) & Bishen Singh Mahendra Pal Singh (Dehra Dun, Indien).

Rohrer JR, Robertson KR, Phipps JB (1991) Variation in structure among fruits of Maloideae (Rosaceae). Am J Bot 78:1617–1635

Schleuss G (1958) Über die Fruchtentwicklung der Gattung *Dorstenia*, insbesondere über ihren Turgescenz-Schleudermechanismus. Planta 52:276–319

Schmidt W (1918) Die Verbreitung von Samen und Blütenstaub durch die Luftbewegungen. Österr Bot Z 67:313–328

Speck T, Speck O, Neinhuis C, Bargel H (2012) Bionik. Faszinierende Lösungen der Natur für die Technik der Zukunft. Lavori, Freiburg

Stebbins GL (1970) Transference of function as a factor in the evolution of seeds and their accessory structures. Israel J Bot 19:59–70

Stevens PF (2001 onwards) Angiosperm Phylogeny Website. http://www.mobot.org/MOBOT/research/APweb/ Version 14, July 2017

Stopp K (1952) Morphologische und verbreitungsbiologische Untersuchungen über persistierende Blütenkelche. Akademie der Wissenschaften und der Literatur Mainz, Abhandlungen der mathematisch-naturwissenschaftlichen Klasse Nr. 12, Mainz

Stopp K (1958) Die verbreitungshemmenden Einrichtungen in der südafrikanischen Flora. Botanische Studien 8. Jena

Swaine MD, Beer T (1977) Explosive seed dispersal in *Hura crepitans* L. (Euphorbiaceae). New Phytol 78:695–708

Troll W (1957) Praktische Einführung in die Pflanzenmorphologie. 2. Teil: Die blühende Pflanze. Fischer (Nachdruck 1975: Koeltz, Königstein im Taunus), Jena

Ulbrich E (1928) Biologie der Früchte und Samen (Karpobiologie). Springer, Berlin

Uys JJ (1974) Die lustige Welt der Tiere (Animals Are Beautiful People). Dokumentar- und Tierfilm, Südafrika

Vittoz P, Engler R (2007) Seed dispersal distances: a typology based on dispersal modes and plant traits. Bot Helv 117:109–124

Weberling F (1981) Morphologie der Blüten und der Blütenstände. Ulmer, Stuttgart

Wolters B (1963) Verbreitung von Samen und Früchten. Selbstverbreitung durch hygroskopische Mechanismen. Begleitveröffentlichung zum Wissenschaftlichen Film C840/1961. Institut für den Wissenschaftlichen Film, Göttingen

Zerega NJC, Nur Supardi MN, Motley TJ (2010) Phylogeny and recircumscription of Artocarpeae (Moraceae) with a focus on *Artocarpus*. Syst Bot 35:766–782

Zohary M (1937) Die verbreitungsökologischen Verhältnisse der Pflanzen Palästinas. I. Die antitelechorischen Erscheinungen. Beih Bot Centralbl 56:1–155, Tafel I-XI

Zohary M (1950) Evolutionary trends in the fruiting head of compositae. Evolution 4:103–109

Serviceteil

Systematischer Anhang (Sy) – 1028

Taxonomischer Anhang – 1046

Stichwortverzeichnis – 1093

Systematischer Anhang (Sy)

Die **biologische Vielfalt** lässt sich nur erfassen und nutzen, wenn sie nach einheitlichen Regeln benannt und geordnet wird. Die Erfassung, Benennung, Beschreibung und Einordnung von Arten in das System der Pflanzen ist Aufgabe der **Taxonomie**.

Wissenschaftliche Pflanzennamen bestehen aus einem Gattungs- und einem Artnamen (▶ Exkurs 3.1). Diese als **binäre Nomenklatur** bezeichnete Benennung geht auf Carl von Linné (1753) zurück, der jedoch nicht der Erste war, der sich um einheitliche Pflanzennamen bemühte. Vor ihm hatte bereits Caspar Bauhin (1623) den Gattungsnamen eingeführt, dem er eine recht umfangreiche Artbeschreibung anfügte. Linné (1753) ersetzte die Aufzählung der diagnostischen Merkmale durch einen einzigen **Artnamen**, wodurch das System übersichtlicher und praktischer wurde.

Jedem Artnamen wird das Kürzel des **Autors** bzw. der **Autorin** angefügt, der bzw. die die Art zuerst beschrieben hat, z. B. L. für Linné (Sy 1). Nach der **Prioritätsregel** ist im Falle einer mehrfachen Artbeschreibung die ältere gültig (angefangen bei Linné), während die jüngeren eingezogen werden. Unter einem **Synonym** (abgekürzt syn.) versteht man einen ungültigen Namen, der auch dadurch entstehen kann, dass neue Erkenntnisse der Verwandtschaftsforschung eine **taxonomische Korrektur** notwendig machen.

Taxonomische Rangstufen und Probleme der Taxonomie

Die **Klassifikation** der Arten erfolgt **hierarchisch-enkaptisch** (eingeschachtelt), das heißt, Arten werden zu Gattungen, diese zu Familien und diese zu Ordnungen zusammengefasst (Sy 1). Die hierarchischen Ebenen heißen **taxonomische Rangstufen** (Ränge), wobei unter einem **Taxon** eine systematische Einheit beliebigen Ranges verstanden wird.

Die **Rangbezeichnungen** bestehen aus einem taxonomischen Stammnamen und einer **rangspezifischen Endung**. Sie sind im Internationalen **Code der Nomenklatur** für Algen, Pilze und Pflanzen (ICN) festgelegt (Miller et al. 2012). Die nomenklatorischen Vereinbarungen werden regelmäßig überprüft und **aktualisiert**, um die Einheitlichkeit zu gewährleisten und den zunehmenden Erkenntnissen der Systematik gerecht zu werden. Allerdings zeigen die Beispiele der Moosgattung *Mnium* und der Lamiaceengattung *Thymus*, dass die Anzahl der Ränge oberhalb des Gattungsnamens unterschiedlich ist und dass es mehr hierarchische Untergliederungen als Rangbezeichnungen gibt (Sy 1). Je nach Literatur haben die Ränge unterschiedliche ‚Arbeitsnamen‘; allein die Endung -phyta tritt auf fünf verschiedenen Rangstufen auf.

Basierend auf den allgemeinen Schwierigkeiten der botanischen Nomenklatur werden die taxonomischen Ränge auch im vorliegenden Buch **nicht einheitlich** angewendet. Die in diesem Anhang zusammengestellte systematische Übersicht folgt daher einem **pragmatischen** Ansatz. Sie basiert auf der jeweils angegebenen Literatur und wird im gesamten Buch einheitlich verwendet. Sie unterscheidet sich im Detail von anderen publizierten Klassifikationen und Phylogenien, erlaubt aber dem Nutzer, jede im Buch erwähnte Gruppe mithilfe eines **Zahlencodes** schnell aufzufinden, z. B. Braunalgen: Sy 4:10, Torfmoose: Sy 7B:22, Rosengewächse: Sy 10B:27.

Im vorliegenden Buch werden auch veraltete, aber weitverbreitete Namen (z. B. Angiospermen statt Magnoliopsida), eingedeutschte Versionen (z. B. Spermatophyten statt Spermatophyta), eingebürgerte Kurzformen (Eudicotylen statt Eudicotyledonae) und deutsche Bezeichnungen (z. B. Samenpflanzen) verwendet, um die Lesbarkeit des Textes zu verbessern. Der korrekte Name und die Stellung des Taxons im System können über den Zahlencode ermittelt werden.

Sy 1 Taxonomische Rangstufen. Zu jeder Rangstufe gehört ein Autorenkürzel, das hier exemplarisch für die Art- und Gattungsnamen eingefügt ist. Art- und Gattungsnamen werden kursiv, der Autorenname oft in Kapitälchen geschrieben. Der Gattungsname wird groß-, der Artname kleingeschrieben. Ist der Artname einer Pflanze nicht bekannt, wird dem Gattungsnamen ein ‚spec.' für Spezies (Art) angefügt.

Endung	Rang	Beispiele(▶ Sy 7B:44; Sy 10B:58)	
-ota	Domäne,Reich	Eucaryota	
-bionta	Unterreich	**Archaeplastida,** Chlorobionta, Plantae, Viridiplanta ▶ Pflanzen	
		Chloroplastida	
		Streptophyta	
-phyta	Abteilung, Stamm	**Embryophyta**, Archegoniaten ▶ Landpflanzen	
		Bryophyta ▶ Laubmoose	**Kormophyta,** Tracheophyta, Polysporangiophyta ▶ Gefäßpflanzen
			Euphyllophyta
			Spermatophyta ▶ Samenpflanzen
-phytina	Unterabteilung	Bryophytina	
-opsida	Klasse	Bryopsida	Magnoliopsida, Angiospermen ▶ Blütenpflanzen
			Eudicotyledonae, **Eudicotyle** ▶ Zweikeimblättrige
			Kerneudicotyle
-idae	Unterklasse	Bryidae	Superasteridae
			Asteridae
			Lamiidae
-anae	Überordnung	Bryanae	
-ales	Ordnung	Bryales	Lamiales
-ineae	Unterordnung	–	–
-aceae	Familie	Mniaceae	Lamiaceae
-oideae	Unterfamilie		Lamioideae
-eae	(die) Tribus		Saturejeae
-inae	(die) Subtribus		Thyminae
	Gattung. Genus: gen.	*Mnium* HEDW.	*Thymus* L.
	Art, Species: spec.	*Mnium* spec.	*T. serpyllum* L.
	Unterart. Subspecies: subsp.		*T. serpyllum* subsp. *tanaensis* (HYL) JALAS
	Varietät: var.		*T. serpyllum* var. *majus* SCHREB,

Phylogenetische Stammbäume

Der systematische Anhang gibt die Vielfalt der Pflanzen in Form von **Listen** und **Stammbäumen** wieder. Die Stammbäume basieren auf molekularen Daten und sind gewöhnlich gabelig (dichotom) verzweigt. Die Baumgestaltung beruht auf der Annahme, dass sich eine Ausgangsart in zwei Gruppen (**Schwestergruppen**; Sy 2: Sg) aufspaltet. Das ist wahrscheinlich häufig, aber **nicht grundsätzlich** der Fall (Hörandl 2006).

Die **Richtigkeit** der Äste wird durch statistische Rechenmethoden abgesichert und durch **Wahrscheinlichkeitsindices** wiedergegeben. Fallen die Werte unter einen bestimmten Grenzwert, ist die Aufspaltung unsicher; in diesem Fall werden die Äste nebeneinander in einer **Polytomie** dargestellt (Sy 2: Pt).

Der Ort der Aufspaltung im Baum wird als **Knoten** (Sy 2: Kn) bezeichnet; die Abfolge der Knoten im Baum entspricht der **evolutionären Zeit**. Die unteren Knoten geben die älteren Aufspaltungen und höheren taxonomischen Rangstufen wieder (Rückgrat, *backbone*), die oberen Knoten (Krone, *crown groups*) umfassen die rezenten Gruppen (Jetztzeit).

Arten, die zu einem Taxon gehören und auf eine gemeinsame Stammart zurückgehen, bilden eine **natürliche, monophyletische** Gruppe (Sy 2b: rot). Monophyla werden durch den Besitz abgeleiteter (**apomorpher**) Merkmale gestützt, die in dieser Gruppe **neu erworben** wurden und sich von den ursprünglichen (**plesiomorphen**) Merkmalen unterscheiden. Von einer **Synapomorphie** (Sy 2: Sa) spricht man, wenn man die gemeinsamen Merkmale einer monophyletischen Gruppe meint, von einer **Autapomorphie** (Ap), wenn die evolutionäre Neuerung nur eine Art betrifft.

Arten einer **paraphyletischen** Gruppe gehen zwar auch auf eine gemeinsame Ausgangsart zurück, gehören aber nicht alle dem gleichen Taxon an (Sy 2a). Ein Beispiel liefern die Zweikeimblättrigen Pflanzen, aus denen die Monocotylen hervorgegangen sind. Um Monophylie herzustellen, wurden die basalen Gruppen der ehemaligen Dicotylen von den Eudicotylen abgetrennt (Sy 10A). Als **polyphyletische** Gruppe bezeichnet man Taxa, deren Arten keinen unmittelbaren gemeinsamen Vorfahren haben (Sy 2c: blau). Oft handelt es sich um morphologisch gut gestützte Gruppen, die erst durch die molekulare Analyse als polyphyletisch erkannt wurden. Da es das Ziel der Systematik ist, natürliche Grup-

pen zu erkennen, werden polyphyletische Taxa meist **neu definiert**. Aus der ursprünglichen Gattung *Acacia* wurden beispielsweise Arten **ausgegliedert** und als neue Gattungen (z.B. *Vachellia*) beschrieben, um ein Monophylum zu erhalten (Kyalangalilwa et al. 2013); in die große Gattung *Salvia* wurden aus dem gleichen Grund fünf kleine Gattungen **eingegliedert** (Drew et al. 2017).

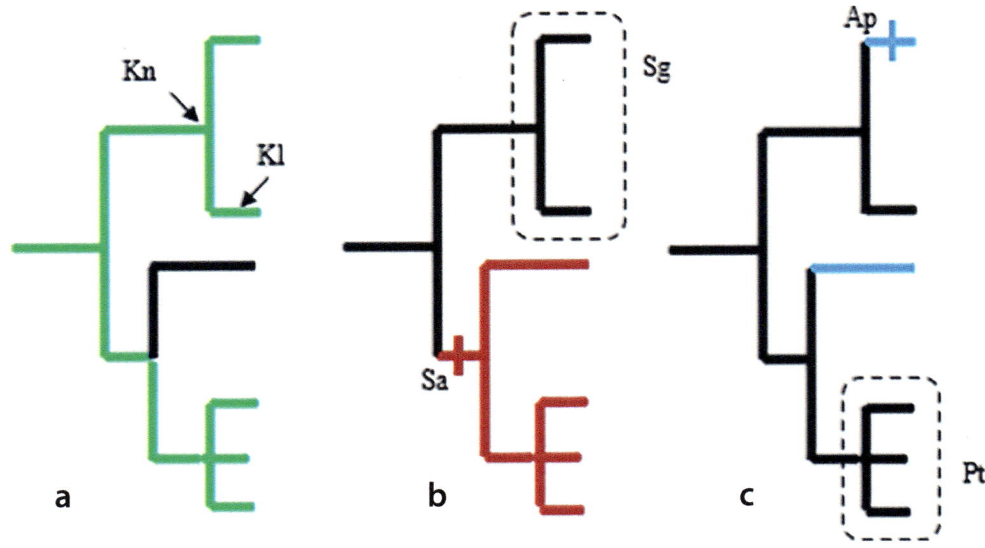

Sy 2 Phylogenetische Bäume. Beispiel eines dichotom aufspaltenden Baumes mit je zwei Ästen (Kl, Kladen) pro Knoten (Kn). Evolutionäre Leserichtung jeweils von links nach rechts. **a,** Paraphylie. Die grüne Gruppe bringt auch den schwarzen Ast hervor. **b,** Monophylie. Die rote Gruppe geht aus einem gemeinsamen Vorfahren hervor. Sa, Synapomorphie. Sg, Schwestergruppe. **c,** Polyphylie. Die blauen Äste haben zwei verschiedene Ursprünge. Ap, Autapomorphie. Pt, Polytomie.

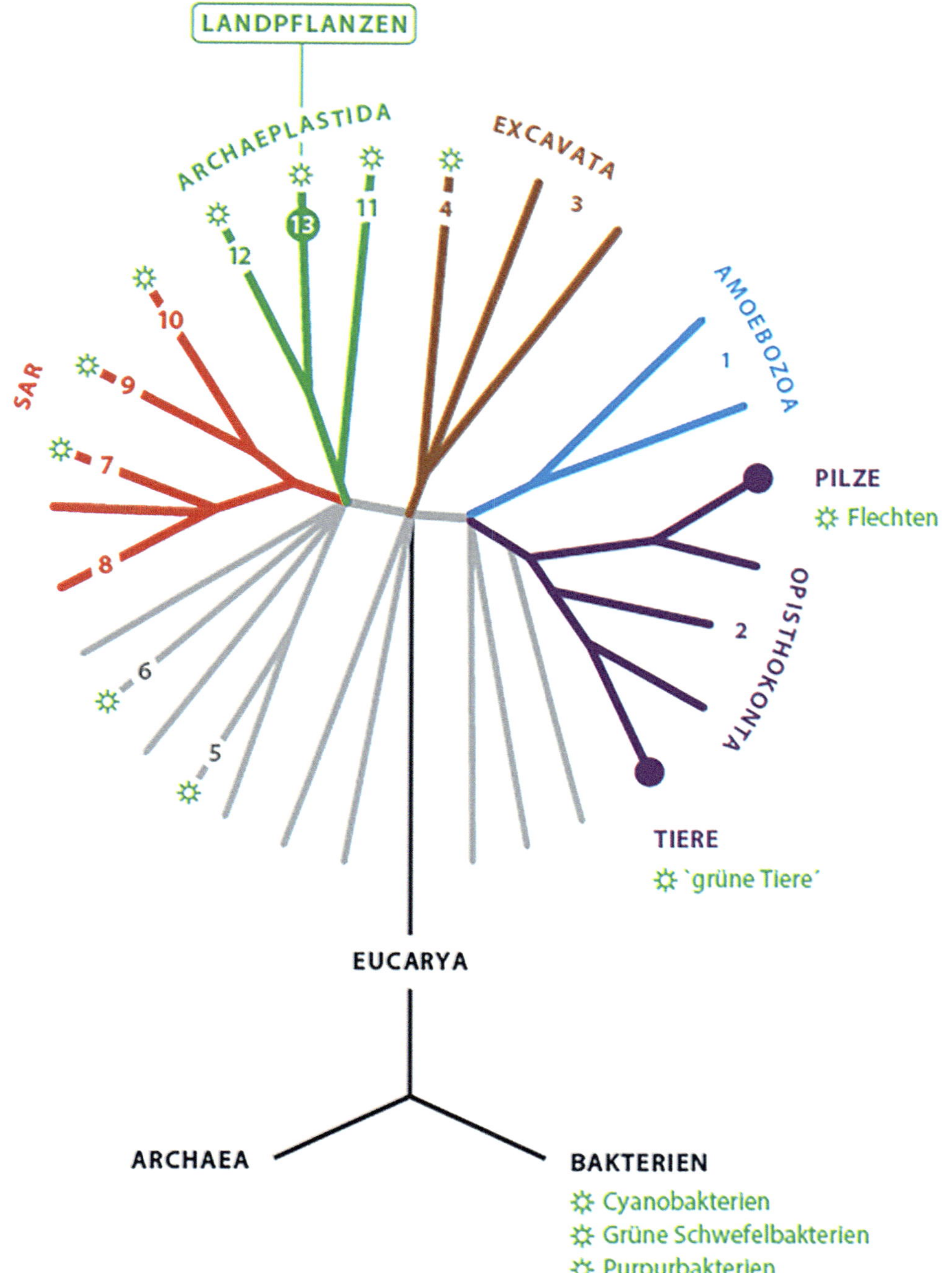

Sy 3 Evolution photoautotropher Organismengruppen. Die Darstellung gibt die Verwandtschaftsverhältnisse der drei Domänen der Archaea, Bakterien und Eukarya wieder (▶ Exkurs 3.2). Zu den Eukarya (Sy 4) gehören fünf systematisch umschreibbare Gruppen (farblich abgesetzt) und einige Evolutionslinien ohne bekannte Zugehörigkeit (grau). Alle Organismen mit oxygener Photosynthese (▶ Exkurs 2.2) gehen auf eine Symbiose mit Cyanobakterien zurück. Die primäre Endocytose führte zur Evolutionslinie der Pflanzen (Archaeplastida), zu der die primären Algen (▶ Abschn. 2.1) und alle Landpflanzen gehören. Im Zuge wiederholter Endocytosen sind unter Beteiligung primärer Algen weitere photoautotrophe Organismengruppen entstanden (Sonnensymbol). Sekundäre Algen (▶ Abschn. 2.1) gehören wie die Flechten und ‚grünen' Tiere nicht zu den Pflanzen, sondern zu heterotrophen Verwandtschaftskreisen. Die Zahlen verweisen auf die Zahlen in Sy 4. Adaptiert und erweitert nach Adl et al. 2012.

Sy 4 Klassifikation der Eukarya. Da noch zahlreiche Kenntnislücken bestehen, werden die Gruppen hier nach ihrer groben Zusammengehörigkeit aufgelistet. Die taxonomischen Namen kennzeichnen nicht den hierarchischen Rang, sondern geben (so weit möglich) die traditionell eingeführten Bezeichnungen wieder. Hellgrau unterlegt: ehemalige Chromalveolata. Dunkelgrau unterlegt: Pflanzen. Nach Adl et al. 2012.

	Supergruppe	Gruppe	Untergruppe (Beispiele)
Amorphea	1 Amoebozoa	Tubulinea Dictyostelia, 11 weitere Gr.	
	2 Opisthokonta	Holozoa	Metazoa (Tiere), fünf weitere Gruppen
		Nucletmycea	Fungi (Chitinpilze), drei weitere Gruppen
		drei Gruppen mit unklarer Stellung	Anacrymonadida
			Apusomonada
			Breviata
	3 Excavata	Metamonada Malawimonas 4 Discoba	drei Gruppen, in den Discicristata: **Euglenophyceae** (Augentierchen; Euglenozoa,)
Diaphoretickes	neun Gruppen mit unklarer Stellung, darunter zwei mit autotrophen Arten	5 Cryptophyceae	drei Gruppen, darunter **Cyrptomonadales**
		6 **Haptophyta**	zwei Gruppen, in den Prymnesiophyceae: Coccolithales (Kalkflagellaten)
	SAR (Stramenopiles, Alveolata, Rhizaria)	7 Cercozoa	15 Gruppen, darunter **Chlorarachniophyta**
		8 Retaria	
		9 Alveolata	vier Gruppen, darunter **Dinophyta** (Dinoflagellata, Panzergeißler) mit 50% photoautotrophen Arten
		10 Stramenopiles	20 Gruppen, darunter 13 Gruppen mit photoautotrophen Organismen, z. B. **Chrysophyceae** (goldbraune Algen) **Xanthophyceae** (gelbgrüne Algen) **Phaeophyceae** (Braunalgen) Bacillariophyceae (**Diatomeen**, Kieselalgen)
	Archaeplastida (Viridiplantae, Plantae)	11 Glaucophyta	
		12 Rhodophyceae	Cyanidiales Rhodoellophyceae Stylonematales Prophyridiophyceae Composopogonales Bangiales Florideophycidae
		13 Chloroplastida	▶ Sy 5 (Fortsetzung bei *)

Sy 5 Phylogenie der Chloroplastida. Verwandtschaftsverhältnis der Chlorophyta und Streptophyta mit ausgewählten Gattungen.*, Chloroplastida. ①, Zellteilung mit Phycoplast. ②, Zellteilung mit Phragmoplast. Grau unterlegt: Plasmabrücken vorhanden. Nach Leliaert et al. 2012.

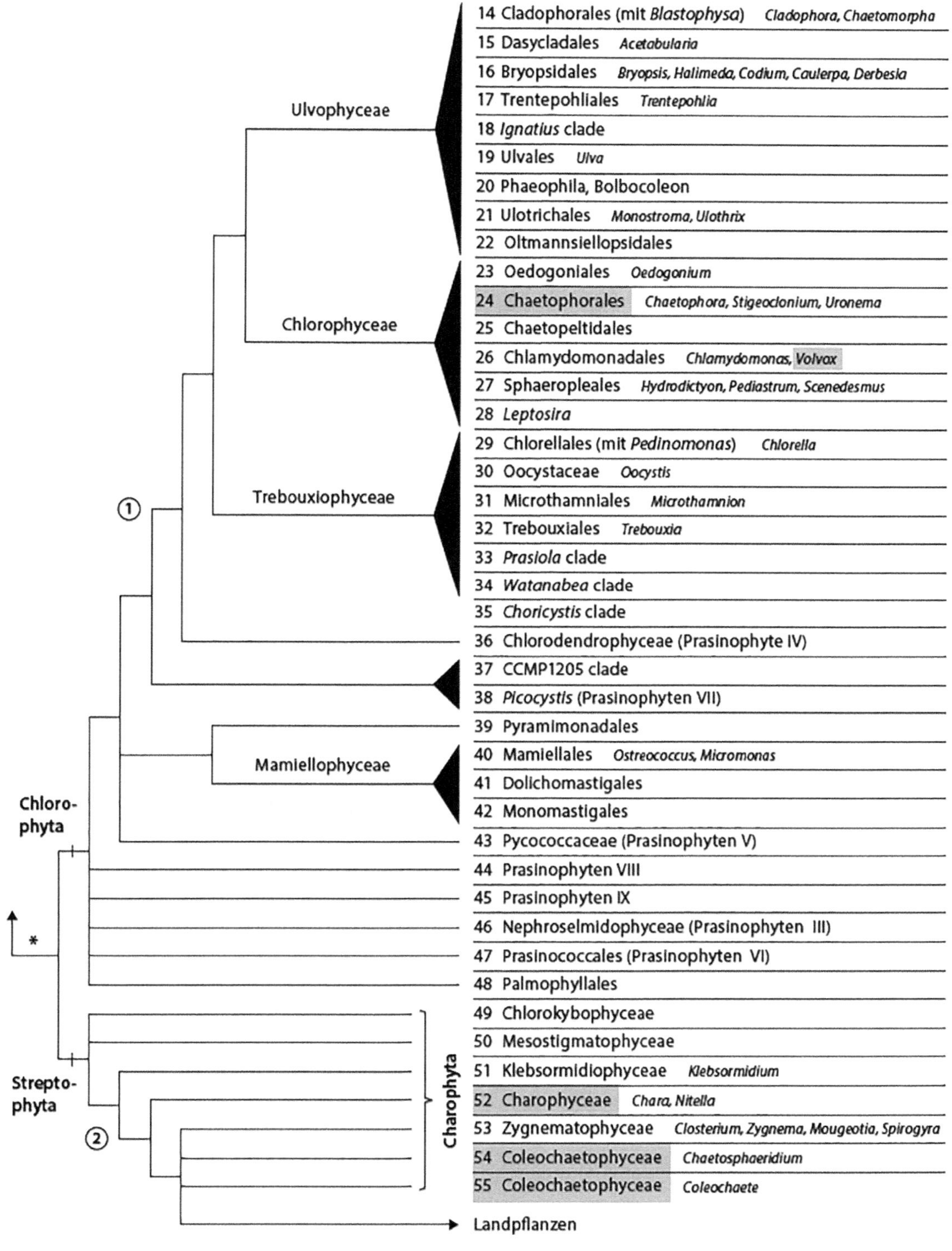

Sy 6 Systematik der Landpflanzen. *1*, Archegoniatae, Embryophyta. *2*, Moose. *3*, Tracheophyta (Gefäßpflanzen), Kormophyta (Kormuspflanzen), Polysporangiophyta. *4*, Lycophyta. *5*, Euphyllophyta, *6*, Monilophyta. *7*, Spermatophyta (Samenpflanzen). *8*, Gymnospermen, Nacktsamer. *9*, Angiospermen, Bedecktsamer, Blütenpflanzen. *10*, Eudicotyle (verkürzt dargestellt).

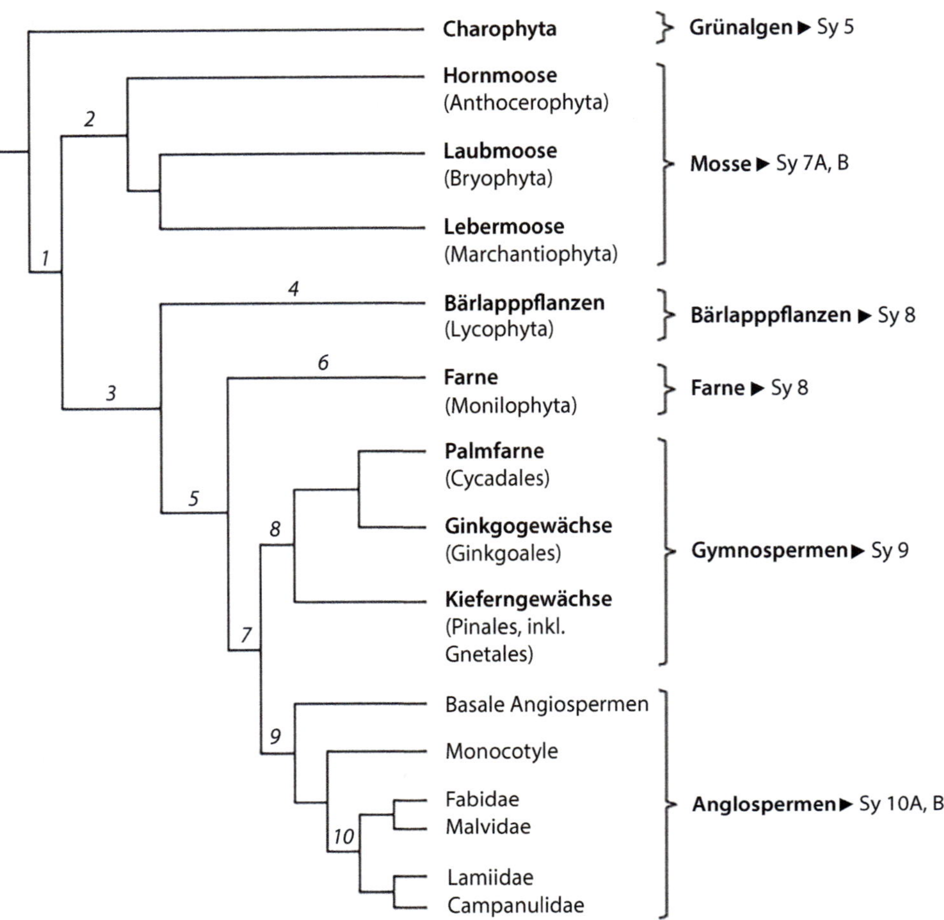

Sy 7A Phylogenie der Moose. Hypothetischer Stammbaum. Die Zahlen verweisen auf die Ordnungen in Sy 7B. Zusammengestellt nach Cole und Hilger 2016; Goffinet und Buck 2018; Krug 2017; Söderström et al. 2016. Anmerkung: Nach der hier verwendeten Systematik gibt es keinen taxonomischen Oberbegriff für alle Moose.

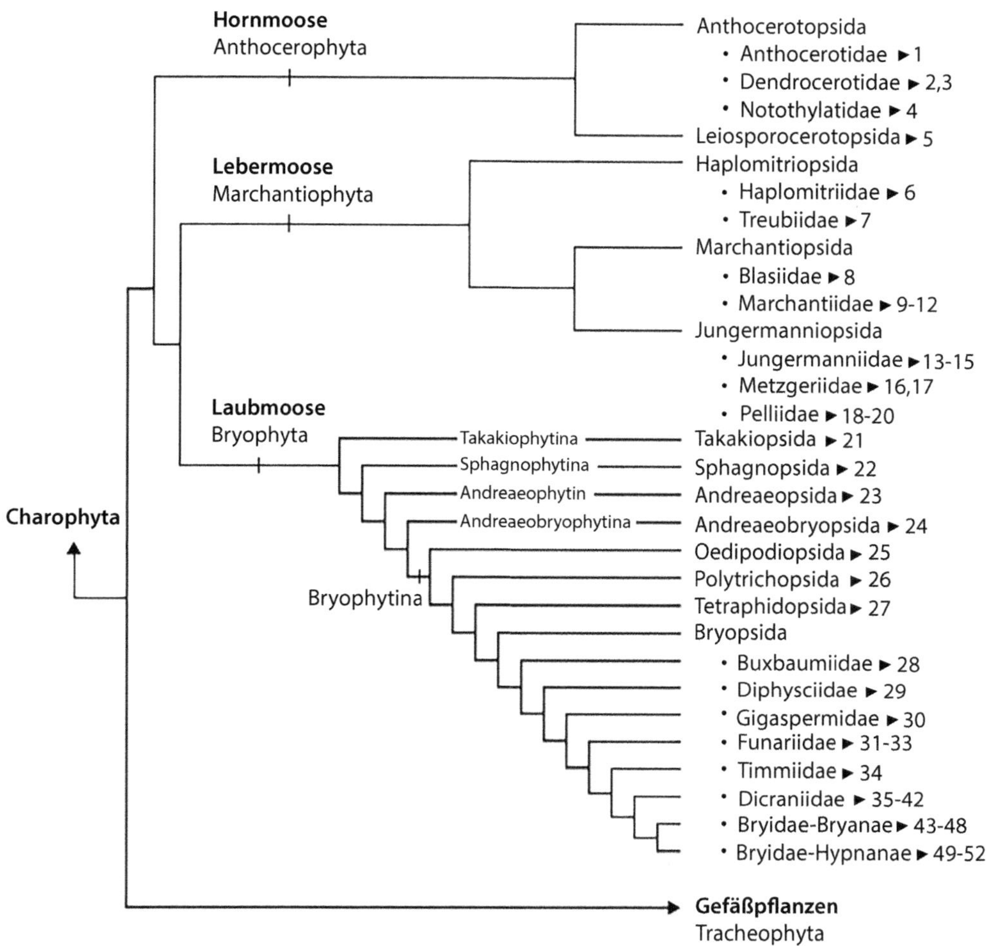

Sy 7B Die Ordnungen und Familien der Moose.
Grau unterlegt: Peristomate Moose (Bryophytina).
Nach Goffinet und Buck 2018; Söderström et al. 2016.

Anthocerophytina (Hornmoose)		
1	Anthocerotales	Anthocerotaceae
2	Dendrocerotales	Dendrocerotaceae
3	Phymatocerotales	Phymatocerotaceae
4	Notothyladales	Notothyladaceae
5	Leiosporocerotales	Leiosporocerotaceae
Marchantiophyta (Lebermoose)		
6	Calobryales	Haplomitriaceae
7	Treubiales	Treubiaceae
8	Blasiales	Blasiaceae
9	Lunulariales	Lunulariaceae
10	Marchantiales	Aytoniaceae, Cleveaceae, Conocephalaceae, Corsiniaceae, Cyathodiaceae, Dumortieraceae, Exormothecaceae, Marchantiaceae, Monocleaceae, Monosoleniaceae, Oxymitraceae, Ricciaceae, Targioniaceae, Wiesnerellaceae
11	Neohodgsoniales	Neohodgsoniaceae
12	Sphaerocarpales	Monocarpaceae, Riellaceae, Sphaerocarpaceae
13	Jungermanniales Cephaloziineae	Adelanthaceae, Anastrophyllaceae, Cephaloziaceae, Cephaloziellaceae, Lophoziaceae, Scapaniaceae,
	Jungermanniineae	Acrobolbaceae, Antheliaceae, Arnelliaceae, Balantiopsidaceae, Blepharidophyllaceae, Calypogeiaceae, Endogemmataceae, Geocalycaceae, Gymnomitriaceae, Gyrothyraceae, Harpanthaceae, Hygrobiellacae, Jackiellaceae, Jungermanniaceae, Notoscyphaceae, Saccogynaceae, Solenostomataceae, Southbyaceae, Stephaniellaceae, Trichotemnomataceae
	Lophocoleineae	Blepharostomataceae, Brevianthaceae, Chonecoleaceae, Grolleaceae, Herbertaceae, Lepicoleaceae, Lepidoziaceae, Lophocoleaceae., Mastigophoraceae, Plagiochilaceae, Pseudolepicoleaceae, Trichocoleaceae
	Myliineae	Myliaceae
	Perssoniellineae	Schistochilaceae
14	Porellales Jubulineae	Frullaniaceae, Jubulaceae, Lejeuneaceae,
	Porellineae	Goebeliellaceae, Lepidolaenaceae, Porellaceae,
	Radulineae	Radulaceae
15	Ptilidiales	Herzogianthaceae, Neotrichocoleaceae, Ptilidiaceae
16	Metzgeriales	Aneuraceae, Metzgeriaceae
17	Pleuroziales	Pleuroziaceae
18	Fossombroniales Calyculariineae	Calyculariaceae
	Fossombroniineae	Allisoniaceae, Fossombroniaceae, Petalophyllaceae
	Makinoiineae	Makinoaceae
19	Pallaviciniales Pallaviciniineae	Hymenophytaceae, Moerckiaceae, Pallavicinaceae
	Phyllothalliineae	Phytothalliaceae
20	Pellilales	Noterocladaceae, Pelliaceae

Bryophyta (Laubmoose)		
21	Takakiales	Takakiaceae
22	Sphagnales.	Ambuchananiaceae, Flatbergiaceae, Sphagnaceae
23	Andreaeales	Andreaeaceae
24	Andreaeobryales	Andreaeobryaceae
25	Oediopodiales	Oedipodiaceae
26	Polytrichales	Polytrichaceae
27	Tetraphidales	Tetraphidaceae
28	Buxbaumiales	Buxbaumiaceae
29	Diphysciales	Diphysciaceae
30	Gigaspermales	Gigaspermaceae
31	Disceliales	Disceliaceae
32	Encalytales	Bryobartramiaceae, Encalyptaceae
33	Funariales	Funariaceae
34	Timmiales	Timmiaceae
35	Protohaplolepidae	Catoscopiaceae, Distichiaceae, Flexitrichaceae, Timmiellaceae
36	Pseudotrichales	Chrysoblastellaceae, Pseudoditrichaceae,
37	Scouleriales	Drummondiaceae, Scouleriaceae,
38	Bryoxiphilaes	Bryoxiphiaceae
39	Grimmiales	Grimmiaceae, Ptychomitriaceae, Saelaniaceae, Seligeriaceae
40	Archidiales	Archidiaceae
41	Dicranales	Bruchiaceae, Calymperaceae, Dicranaceae, Ditrichaceae, Erpodiaceae, Eustichiaceae, Fissidentaceae, Hypodontiaceae, Leucobryaceae, Micromitriaceae,Rhabdoweisiaceae, Rhachitheciaceae, Schistostegaceae, Viridivelleraceae,
42	Pottiales	Mitteniaceae, Pleurophascaceae, Pottiaceae, Serpotortellaceae,
43	Splachnales	Meesiaceae, Splachnaceae
44	Bryales	Bryaceae, Leptostomataceae, Mniaceae, Phyllodrepaniaceae, Pulchrinodaceae
45	Bartramiales	Bartramiaceae
46	Orthotrichales	Orthotrichaceae
47	Hedwigiales	Hedwigiaceae, Helicophyllaceae, Rhacocarpaceae
48	Rhizogoniales	Aulacomniaceae, Orthodontiaceae, Rhizogoniaceae
49	Hypondendrales	Braithwaiteaceae, Hypnodendraceae, Pterobryellaceae, Racopilaceae,
50	Ptychomniales	Ptychomniaceae
51	Hookeriales	Daltoniaceae, Hookeriaceae, Hypopterygiaceae, Leucomiaceae, Pilotrichaceae, Saulomataceae, Schimperobryaceae,
52	Hypnales	Amblystegiaceae, Anomodontaceae, Brachytheciaceae, Calliergonaceae, Catagoniaceae, Climaciaceae, Cryphaeaceae, Echinodiaceae, Entodontaceae, Fabroniaceae, Fontinalaceae, Helodiaceae, Hylocomiaceae, Hypnaceae, Lembophyllaceae, Leptodontaceae, Lepyrodontaceae, Leskeaceae, Leucodontaceae, Meteoriaceae, Microtheciellaceae, Miyabeaceae, Myriniaceae, Myuriaceae, Neckeraceae, Orthorrhynchiaceae, Plagiotheciaceae, Phyllogoniaceae,Prionodontaceae, Pterigynandraceae, Pterobryaceae, Pylaisiadelphaceae, Regmatodontaceae, Rhizofabroniaceae, Rhytidiaceae, Rutenbergiaceae, Sematophyllaceae, Sorapillaceae, Stereophyllaceae, Symphyodontaceae, Theliaceae, Thuidiaceae, Trachylomataceae

Sy 8 Bärlapp- und Farnpflanzen. Hypothetischer Stammbaum. Hellgrau unterlegt: leptosporangiate Farne. Dunkelgrau unterlegt: heterospore Taxa. *, Wachstum mit Zellreihen. © nach PPG I 2016.

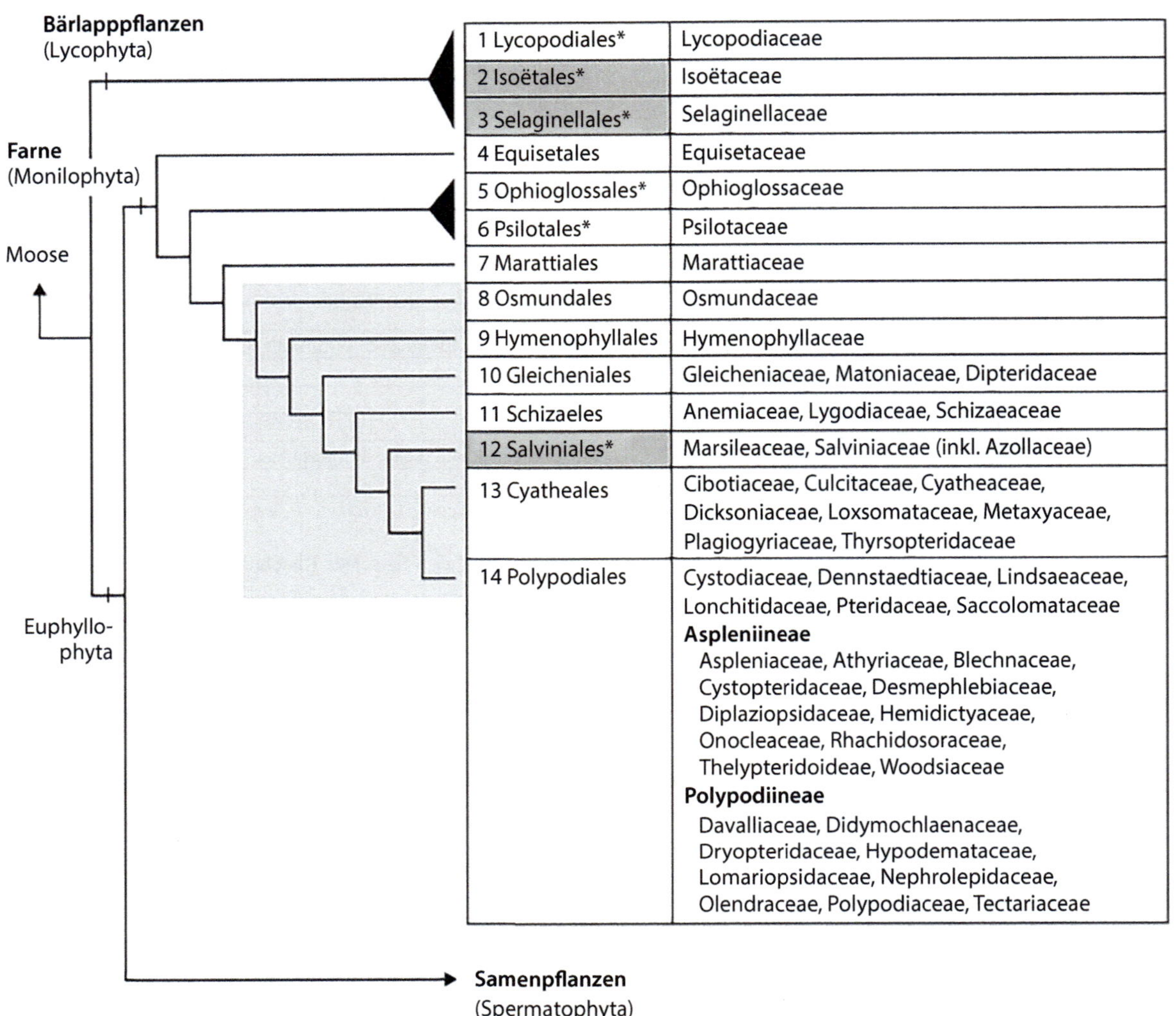

Sy 9 Gymnospermen. **a**, Hypothetischer Stammbaum. **b–f**, Unterschiedliche, aktuell diskutierte Verwandtschaftsverhältnisse. © a: Adaptiert nach Cole und Hilger 2016. b–f: Soltis et al. 2017.

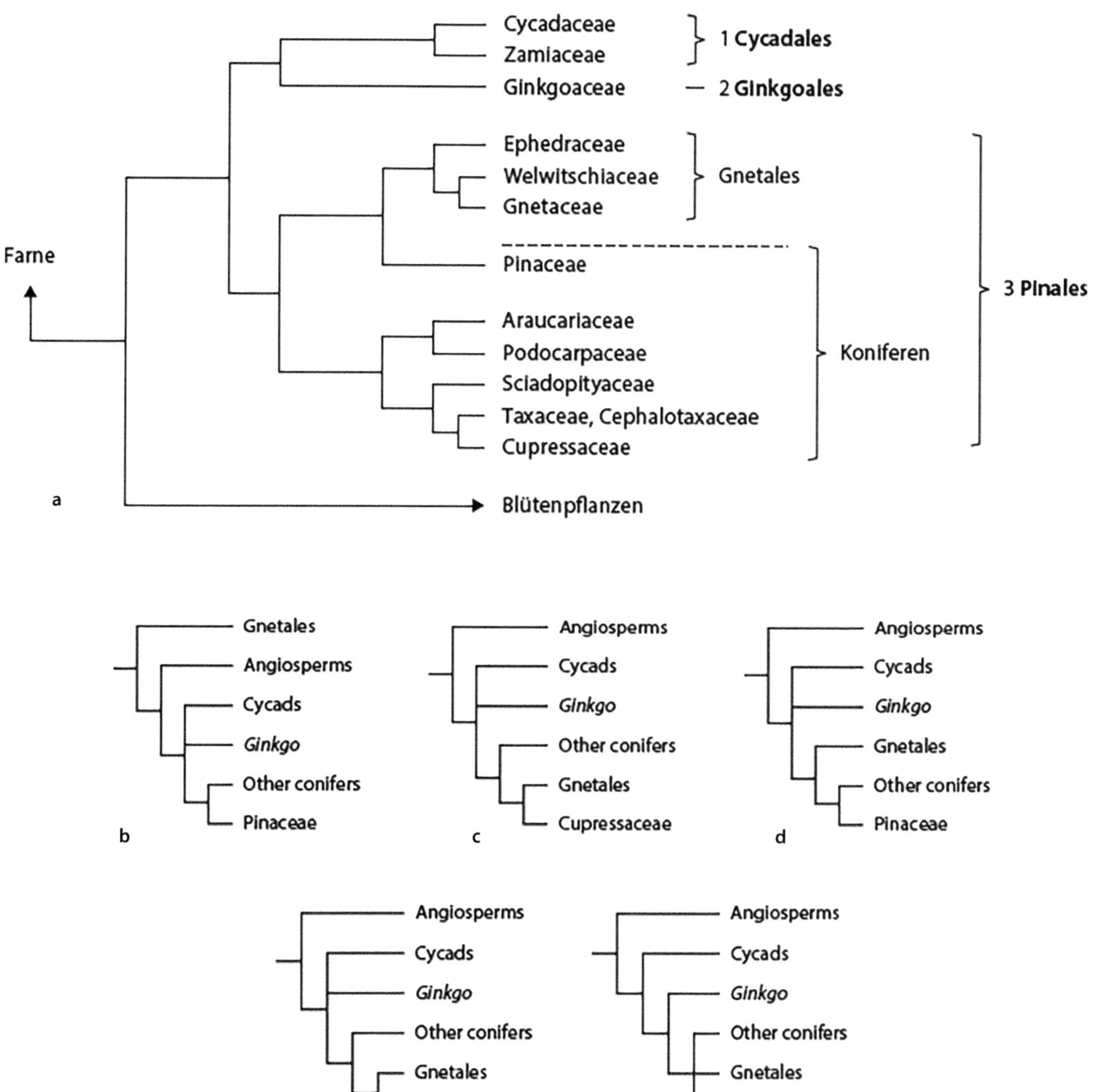

Sy 10A Phylogenie der Angiospermen.
Angiosperm Phylogeny Group (APG) IV 2016

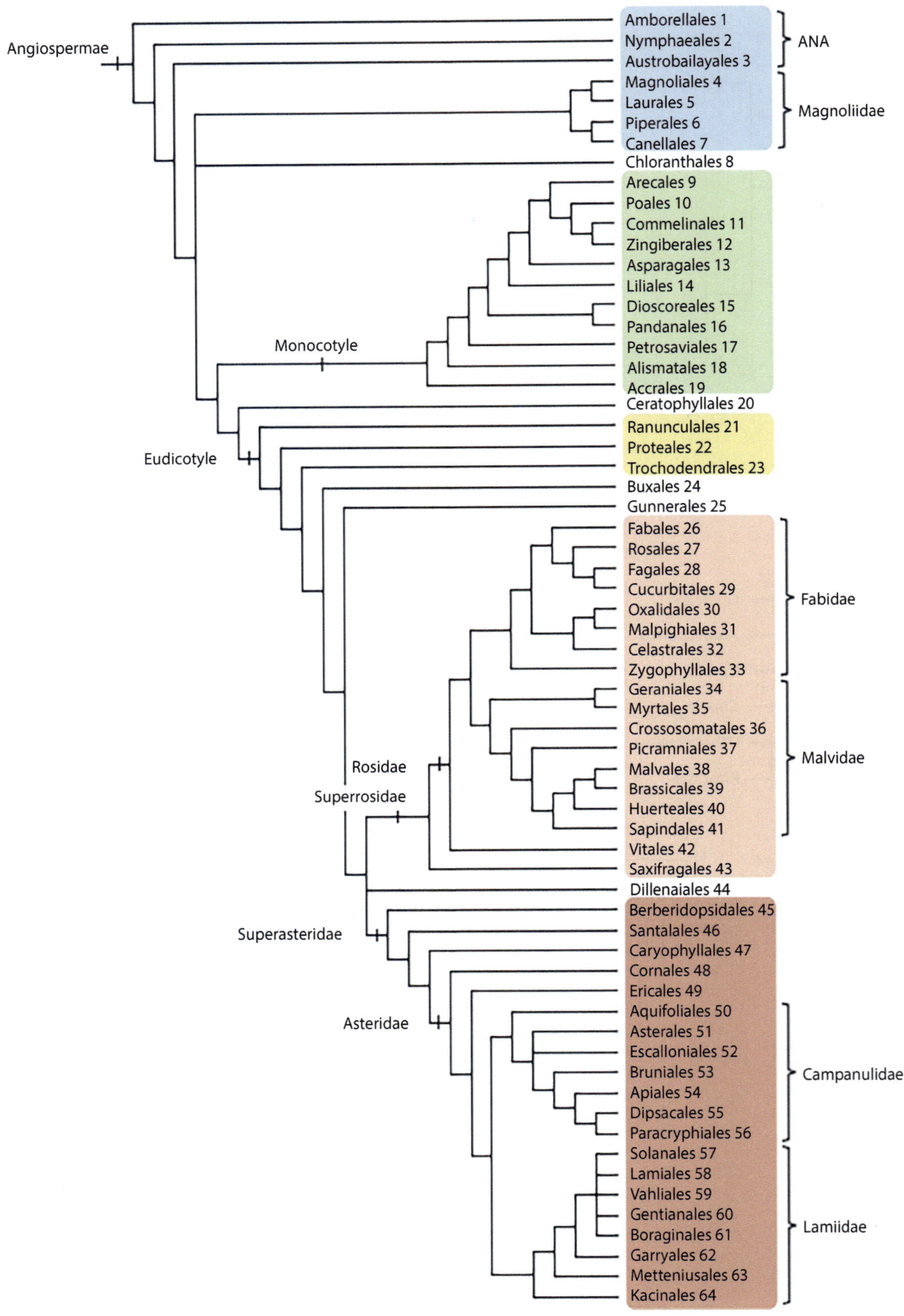

Sy 10B Die Ordnungen und Familien der Angiospermen.
APG IV 2016.

Basale Angiospermen		
ANA-Gruppe		
1	Amborellales	Amborellaceae
2	Nymphaeales	Cabombaceae, Hydatellaceae, Nymphaeaceae
3	Austrobaileyales	Austrobaileyaceae, Schisandraceae (incl. Illiciaceae),Trimeniaceae
Magnoliidae		
4	Magnoliales	,Annonaceae, Eupomatiaceae, Degeneriaceae, Himantandraceae, Magnoliaceae, Myristicaceae
5	Laurales	Atherospermataceae, Calycanthaceae, Hernandiaceae, Monimiaceae Gomortegaceae, Lauraceae, Siparunaceae
6	Piperales	Aristolochiaceae (inkl. Asaraceae, Hydnoraceae, Lactoridaceae), Piperaceae Saururaceae
7	Canellales	Canellaceae, Winteraceae
Unabhängige Linie (nicht eindeutig zuzuordnen)		
8	Chloranthales	Chloranthaceae
Monocotyle		
9	Arecales	Arecaceae, Dasypogonaceae
10	Poales	Bromeliaceae, Cyperaceae, Eriocaulaceae, Juncaceae, Poaceae, Rapateaceae, Restionaceae, Typhaceae (incl. Sparganiaceae), Xyridaceae
11	Commelinales	Commelinaceae, Haemodoraceae, Hanguanaceae, Philydraceae, Pontederiaceae
12	Zingiberales	Cannaceae, Costaceae, Heliconiaceae, Lowiaceae, Marantaceae, Musaceae, Strelitziaceae, Zingiberaceae
13	Asparagales	Amaryllidaceae (inkI. Agapanthaceae, Alliaceae), Asparagaceae (inkl. Agavaceae, Hyacinthaceae, Ruscaceae), Aspodelaceae (inkl. Xanthorrhoeaceae, Hemerocallidaceae), Asteliaceae, Blandfordiaceae, Boryaceae, Doryanthaceae, Hypoxidaceae, Iridaceae, Ixioliriaceae, Lanariaceae, Orchidaceae, Tecophilaeaceae
14	Liliales	Alstroemeriaceae, Campynemataceae, Colchicaceae, Corsiaceae, Liliaceae, Melanthiaceae, Petermanniaceae, Philesiaceae, Ripogonaceae, Smilacaceae
15	Dioscoreales	Burmanniaceae, Dioscoreaceae (inkl. Nartheciaceae, Taccaceae)
16	Pandanales	Cyclanthaceae, Pandanaceae, Stemonaceae, Triuridaceae, Velloziaceae
17	Petrosaviales	Petrosaviaceae
18	Alismatales	Alismataceae (inkl. Limnocharitaceae), Aponogetonaceae, Araceae, Butomaceae, Cymodoceaceae, Hydrocharitaceae, Juncaginaceae, Maundiaceae, Posidoniaceae, Potamogetonaceae, Ruppiaceae, Scheuchzeriaceae, Tofieldiaceae, Zosteraceae
19	Acorales	Acoraceae
Vermutete Schwestergruppe der Eudicotylen		
20	Ceratophyllales	Ceratophyllaceae
Eudicotyle		
Basale Gruppen		
21	Ranunculales	Berberidaceae, Circaeasteraceae, Eupteleaceae, Lardizabalaceae, Menispermaceae, Papaveraceae, Ranunculaceae
22	Proteales	Nelumbonaceae, Platanaceae, Proteaceae, Sabiaceae
23	Trochodendrales	Trochodendraceae
24	Buxales	Buxaceae (incl. Haptanthaceae)
25	Gunnerales	Gunneraceae, Myrothamnaceae
Kerneudicotyle: Superrosidae		
26	Fabales	Fabaceae (Leguminosae, inkl. Caesalpiniaceae, Mimosaceae), Polygalaceae, Quillajaceae, Surianaceae
27	Rosales	Barbeyaceae, Cannabaceae, Dirachmaceae, Elaeagnaceae, Moraceae, Rhamnaceae, Rosaceae, Ulmaceae, Urticaceae (incl. Cecropiaceae)
28	Fagales	Betulaceae, Casuarinaceae, Fagaceae, Juglandaceae, Myricaceae, Nothofagaceae, Ticodendraceae
29	Cucurbitales	Apodanthaceae, Anisophyllaceae, Begoniaceae, Coriariaceae, Corynocarpaceae, Cucurbitaceae, Datiscaceae, Tetramelaceae
30	Oxalidales	Brunelliaceae, Cephalotaceae, Connaraceae, Cunoniaceae, Elaeocarpaceae, Huaceae, Oxalidaceae
31	Malpighiales	Achariaceae, Balanopaceae, Bonnetiaceae, Calophyllaceae, Caryocaraceae, Centroplacaceae, Chrysobalanaceae, Clusiaceae (Guttiferae), Ctenolophonaceae, Dichapetalaceae, Elatinaceae, Erythroxylaceae, Euphorbiaceae, Euphroniaceae, Goupiaceae Humiriaceae, Hypericaceae, Irvingiaceae, Ixonanthaceae, Lacistemataceae, Linaceae, Lophopyxidaceae, Malpighiaceae, Ochnaceae, Pandaceae, Passifloraceae, Peraceae, Phyllanthaceae, Picrodendraceae, Podostemaceae, Putranjivaceae, Rafflesiaceae, Rhizophoraceae, Salicaceae, Trigoniaceae, Violaceae
32	Celastrales	Celastraceae (incl. Hippocrateaceae, Brexiaceae, Parnassiaceae), Lepidobotryaceae

33	Zygophyllales	Krameriaceae, Zygophyllaceae
34	Geraniales	Geraniaceae, Francoaceae (inkl. Bersamaceae, Greyiaceae, Ledocarpaceae, Melianthaceae, Rhynchothecaceae, Vivianiaceae)
35	Myrtales	Alzateaceae, Combretaceae, Crypteroniaceae, Lythraceae (incl. Punicaceae, Sonneratiaceae, Trapaceae), Melastomataceae (incl. Memecylaceae), Myrtaceae, Onagraceae, Penaeaceae (incl. Oliniaceae), Vochysiaceae
36	Crossosomatales	Aphloiaceae, Crossosomataceae, Geissolomataceae, Guamatelaceae, Stachyuraceae, Staphyleaceae, Strasburgeriaceae
37	Picramniales	Picramniaceae
38	Malvales	Bixaceae, Cistaceae, Cytinaceae, Dipterocarpaceae, Malvaceae (incl. Bombacaceae, Sterculiaceae, Tiliaceae), Muntingiaceae, Neuradaceae, Sphaerosepalaceae, Sarcolaenaceae, Thymelaeaceae
39	Brassicales	Akaniaceae, Bataceae, Brassicaceae, Capparaceae, Caricaceae, Cleomaceae, Emblingiaceae, Gyrostemonaceae, Koeberliniaceae, Limnanthaceae, Pentadiplandraceae, Moringaceae, Resedaceae, Salvadoraceae, Setchellanthaceae, Tovariaceae, Tropaeolaceae
40	Huerteales	Dipentodontaceae, Gerrardinaceae, Petenaeaceae, Tapisciaceae
41	Sapindales	Anacardiaceae, Biebersteiniaceae, Burseraceae, Kirkiaceae, Meliaceae, Nitrariaceae, Rutaceae, Sapindaceae, Simaroubaceae
42	Vitales	Vitaceae
43	Saxifragales	Altingiaceae, Aphanopetalaceae, Cercidiphyllaceae, Crassulaceae, Cynomoriaceae, Daphniphyllaceae, Grossulariaceae, Haloragaceae, Hamamelidaceae, Iteaceae, Paeoniaceae, Penthoraceae, Peridiscaceae, Saxifragaceae, Tetracarpaeaceae
44	Dilleniales	Dilleniaceae
Kerneudicotyle: Superasteridae		
45	Berberidopsidales	Aextoxicaceae, Berberidopsidaceae
46	Santalales	Balanophoraceae, Loranthaceae, Misodendraceae, Olacaceae, Opiliaceae, Santalaceae (inkl. Thesiaceae, Viscaceae), Schoepfiaceae
47	Caryophyllales	Achatocarpaceae, Aizoaceae, Amaranthaceae (incl. Chenopodiaceae), Anacampserotaceae, Ancistrocladaceae, Asteropeiaceae, Barbeuiaceae, Basellaceae, Cactaceae, Caryophyllaceae, Didiereaceae, Dioncophyllaceae, Droseraceae, Drosophyllaceae, Frankeniaceae, Gisekiaceae, Halophytaceae, Kewaceae, Limeaceae, Lophiocarpaceae, Macarthuriaceae, Microteaceae, Molluginaceae, Montiaceae, Nepenthaceae, Nyctaginaceae, Petiveriaceae, Plumbaginaceae, Polygonaceae, Portulacaceae, Physenaceae, Phytolaccaceae, Rhabdodendraceae, Sarcobataceae, Simmondsiaceae, Stegnospermataceae, Talinaceae, Tamaricaceae
48	Cornales	Cornaceae, Curtisiaceae, Grubbiaceae, Hydrangeaceae, Hydrostachyaceae, Loasaceae, Nyssaceae
49	Ericales	Actinidiaceae, Balsaminaceae, Clethraceae, Cyrillaceae, Diapensiaceae, Ebenaceae, Ericaceae, Fouquieriaceae, Lecythidaceae, Marcgraviaceae, Mirtastemonaceae, Pentaphylacaceae, Polemoniaceae, Primulaceae (inkl. Myrsinaceae, Theophrastaceae), Roridulaceae, Sapotaceae, Sarraceniaceae, Sladeniaceae, Styracaceae, Symplocaceae, Tetrameristaceae, Theaceae
50	Aquifoliales	Aquifoliaceae, Cardiopteridaceae, Helwingiaceae, Phyllonomaceae, Stemonuraceae
51	Asterales	Alseuosmiaceae, Argophyllaceae, Asteraceae, Calyceraceae, Campanulaceae (inkl. Lobeliaceae), Goodeniaceae, Menyanthaceae, Pentaphragmataceae, Phellinaceae, Rousseaceae, Stylidiaceae
52	Escalloniales	Escalloniaceae
53	Bruniales	Bruniaceae, Columelliaceae
54	Apiales	Apiaceae, Araliaceae, Griseliniaceae, Myodocarpaceae, Pennantiaceae Pittosporaceae, Torricelliaceae
55	Dipsacales	Adoxaceae, Caprifoliaceae (inkl. Dipsacaceae Linnaeaceae Morinaceae Valerianaceae)
56	Paracryphiales	Paracryphiaceae
57	Solanales	Convolvulaceae (incl. Cuscutaceae), Hydroleaceae, Montiniaceae, Solanaceae (incl. Nolanaceae), Sphenocleaceae
58	Lamiales	Acanthaceae, Bignoniaceae, Byblidaceae, Calceolariaceae, Carlemanniaceae, Gesneriaceae, Lamiaceae, Lentibulariaceae, Linderniaceae, Martyniaceae, Mazaceae, Oleaceae, Orobanchaceae, Paulowniaceae, Pedaliaceae, Phrymaceae, Plantaginaceae, Plocospermataceae, Schlegeliaceae, Scrophulariaceae, Stilbaceae, Tetrachondraceae, Thomandersiaceae, Verbenaceae
59	Vahliales	Vahliaceae
60	Gentianales	Apocynaceae (incl. Asclepiadaceae), Gentianaceae, Gelsemiaceae, Loganiaceae, Rubiaceae
61	Boraginales	Boraginaceae (inkl. Codonaceae, Hydrophyllaceae, Cordiaceae)
62	Garryales	Eucommiaceae, Garryaceae (incl. Aucubaceae)
63	Metteniusales	Metteniusaceae
64	Icacinales	Oncothecaceae, Icacinaceae

Sy 11 **Insekten**. Im Buch erwähnte Taxa. 1-14: systematische Ordnungen. Übrige Taxa alphabetisch.

1	Blattodea, Schaben		
2	Coleoptera, Käfer	Attelabidae	Blattroller
		Buprestidae	Prachtkäfer
		Cantharidae	Weichkäfer
		Cerambycidae	Bockkäfer
		Cleridae	Buntkäfer
		Curculionidae	Rüsselkäfer
		Elateridae	Schnellkäfer
		Glaphyridae	-
		Malachiidae	Zipfelkaäfer
		Meloidae	Ölkäfer
		Mordellidae	Stachelkäfer
		Nitidulidae	Glanzkäfer
		Oedemeridae	Scheinbockkäfer
		Scarabaeidae	Blatthornkäfer
		Silphidae	Aaskäfer
		Staphylinidae	Kurzflügler
3	Diptera, Fliegen		
	31 Brachycera, Fliegen	Anthomyiidae	Blumenfliegen
		Bombyliidae	Wollschweber
		Calliphoridae	Schmeißfliegen
		Conopidae	Dickkopffliegen
		Drosophilidae	Taufliegen
		Muscidae	Echte Fliegen
		Nemestrinidae	Netzfliegen
		Scathophagidae	Dungfliegen
		Stratiomyidae	Waffenfliegen
		Syrphidae	Schwebfliegen
		Tabanidae	Bremsen
	32 Nematocera, Mücken	Cecidomyiidae	Gallmücken, Kriebelmücken
		Ceratopogonidae	Gnitzen
		Chiromonidae,	Zuckmücken
		Mycetophilidae	Pilzmücken
		Psychodidae	Schmetterlingsmücken
		Sciaridae	Trauermücken
4	Hemiptera, Schnabelkerfe	Auchenorrhyncha	Zikaden
		Heteroptera	Wanzen
		Sternorrhyncha	Pflanzenläuse
		Coccoidea	Schildläuse
		Aphidoidea	Blattläuse

5	Hymenoptera, Hautflügler: Symphyta, Pflanzenwespen		
	Apocrita, Taillenwespen	Agaonidae Cypnidae	Feigengallwespen Gallwespen

	51 Vespoidea	Formicidae
		   Dolichoderinae
		   Formicinae
		   Myrmicinae
		   Pseudomyrmicinae
		Scoliidae
		Tiphiidae
		Vespidae
			Ameisen
			   Drüsenameisen
			   Schuppenameisen
			   Knotenameisen
			   -
			Dolchwespen
			Rollwespen
			Faltenwespen

	52 Apoidea - Spheciformes	Crabronidae	Grabwespen

	- Anthophila (Apiformes)	Andrenidae
		Apidae
		   Anthophotinae
		   Apinae
		      Apini
		      Bombini
		      Centridini
		      Ctenoplectrini
		      Euglossini
		      Meliponini
		   Eucerinae
		   Nomadinae
		   Xylocopinae
		Colletidae
		Stenotritidae
		Halictidae
		Megachilidae
		Melittidae
			Sandbienen
			Echte Bienen
			   Pelzbienenartige
			   Honigbienenartige
			      Honigbienen
			      Hummeln
			      -
			      Langhornbienen
			      Prachtbienen
			      Stachellose Bienen
			   Langhornbienen
			   Kuckucksbienen
			   Holzbienenartige
			Seidenbienen
			-
			Furchenbienen
			Bauchsammlerbienen
			-

6	Isoptera, Termiten		
7	Lepidoptera, Schmetterlinge	Crambidae Geometridae Gracillariida Lasiocampidae Lycaenidae Micropterygidae Noctuidae Nymphalidae Papilionidae Pieridae Prodoxidae Sesiidae Sphingidae Tineidae Tortricidae Zygaenidae	Rüsselzünsler Spanner Miniermotten Glucken Bläulinge Urmotten Eulen Fleckenfalter Ritterfalter Weißlinge Yuccamotten Glasflügler Schwärmer Motten Wickler, Blattroller Widderchen
8	Mantodea, Fangschrecke		
9	Mecoptera, Schnabelfliegen	Panorpidae	Skorpionsfliege
10	Neuroptera, Netzflügler		
11	Orthoptera, Heuschrecken		
12	Phasmatodea, Gespenstschrecken		
13	Plecoptera, Steinfliegen		
14	Thysanoptera, Fransenflügker, Thripse		

Sy 12 Wirbeltiere. Im Buch erwähnte Taxa. 1–4: systematische Ordnungen. Übrige Taxa alphabetisch.

1	**Amhibia**, Lurche	Anura	Froschlurche
		Dendrobatidae	Baumsteigerfrösche
		Caudata	Schwanzlurche
2	**Sauropsida** („Reptilien'), Kriechtiere	Serpentes	Schlangen
		Sauria, Lacertilia	Echsen
3	**Aves**, Vögel		
	31 Seglervögel, Apodiformes	Trochilidae	Kolibris
	32 Papageien, Psittaciformes	Psittacidae	Eigentliche Papageien
	33 Sperlingsvögel, Passeriformes	Corvidae	Rabenvögel
		Dicaeidae	Mistelfresser
		Fringillidae,	Kleidervögel
		Meliphagidae	Honigfresser
		Nectariniidae	Nektarvögel
		Passeidae	Sperlinge
		Ploceidae	Webervögel
		Promeropidae	Honigvögel
		Thraupidae	Türkisvögel
		Zosteropidae	Brillenvögel
4	**Mammalia**, Säugetiere		
	41 Carnivora, Raubtiere		
	42 Cervidae, Hirsche		
	43 Chiroptera, Fledertiere	Pteropodidae	Flughunde
		Microchiroptera,	Fledermäuse
		Phyllostomidae,	Blattnasem
		Stenodermatinae	Fruchtvampire
		Glossophaginae	Blumenfledermäuse
	44 Macroscelidea, Rüsselspringer		
	45 Marsupialia, Beutelsäuger		
	46 Primaten, Herrentiere		
	47 Proboscoideae, Rüsseltiere		
	48 Rodentia, Nagetiere		
	49 Scandentia, Tupaias		

Literatur

Das Literaturverzeichnis befindet sich am Ende des Taxonomischen Anhangs.

Taxonomischer Anhang

Der Taxonomische Anhang ist eine **Ergänzung zum Stichwortverzeichnis**. Während die Taxa dort über den Seitenverweis auf ihren **lateinischen Gattungsnamen** zu finden sind, enthält der Taxonomische Anhang die lateinischen Namen aller im Buch genannten **Arten** und zusätzlich die **deutschen Namen** von zahlreichen mitteleuropäischen Taxa, Nutz- und Zierpflanzen. **Querverweise** führen zu Abbildungen (◘ A), Exkursen (▶ E), Tabellen (◘ T) und vor allem zum **Systematischen Anhang** (▶ Sy). In diesem lässt sich die systematische Stellung der Pflanzengruppen und sekundären Algen bis zum **Familienrang** nachschlagen. Die systematische Stellung der übrigen Organismengruppen (Bakterien, Einzeller, Pilze, Tiere) ist nicht Gegenstand des vorliegenden Buches und wird nur in Form einer groben Orientierung aufgeführt. Die Stellung der fossilen Taxa (*) ist den jeweils angegebenen Exkursen zu entnehmen. Die ungewöhnliche Formatierung des Taxonomischen Anhangs ist herstellerbedingt.

A

Aasfliegen: Sammelname
Aaskäfer s. *Silphidae*
Abies, Tanne, Pinaceae ▶ Sy 9:3
 A. alba, Weiß-Tanne ◘ **A 6.33, 8.60**
 A. balsamea, Balsamtanne
 A. cilicica, Kilikische Tanne
 A. nordmanniana, Nordmann-Tanne ◘ **A 5.45**
Abroma augusta, Malvaceae ▶ Sy 10B:38, ◘ **A 12.13**
 Abrus precatorius, Paternostererbse, Fabaceae-Faboideae ▶ Sy 10B:26, ◘ **A 7.14, 12.6, 12.21**
 Abutilon, Malvaceae ▶ Sy 10B:38
 Acacia (Afrika) s. *Vachellia*
 Acacia (Australien), Akazie, Fabaceae-Mimosoideae ▶ Sy 10B:256, ◘ **A 8.55**
 A. cyclops ◘ **A 12.5**
 A. heterophylla
 A. longifolia
 A. melanoxylon ◘ **A 8.55**
 A. platensis
 A. saligna ◘ **A 8.95**
Acaena, Stachelnüsschen, Rosaceae ▶ Sy 10B:27
 A. ovalifolium ◘ **A 12.22**
Acanthaceae, Lamiales ▶ Sy 10B:58
 Acantholimon, Igelpolster, Plumbaginaceae ▶ Sy 10B:47, ◘ **A 6.24, 6.54**
 Acanthorhiza aculeata, Arecaceae ▶ Sy 10B:9
 Acanthosicyos horridus, Nara-Strauch, Cucurbitaceae ▶ Sy 10B:29, ◘ **A 3.23, 12.16**
 Acanthus mollis, Wahrer Bärenklau, Acanthaceae ▶ Sy 10B:58, ◘ **A 11.43**
Acari, Milben, Arachnida, Spinnentiere

Acer, Ahorn, Sapindaceae ▶ Sy 10B:41, ◘ **6.9, 12.9, 12.24**
 A. platanoides, Spitzahorn ◘ **A12.20**
 A. pseudo-platanus, Bergahorn ◘ **A 8.64**
 A. saccharum, Zuckerahorn
Acetabularia, Dasycladales ▶ Sy 5:15
 A. acetabulum ▶ **A 5.4**
Achillea millefolium, Schafgarbe, Asteraceae ▶ Sy 10B:51, ◘ **A 9.2, 11.40**
Ackerbohne s. *Vicia*
Acker-Schmalwand s. *Arabidopsis*
Ackerwinde s. *Convolvulus*
Aconitum, Eisenhut, Ranunculaceae ▶ Sy 10B:21, ◘ **A 11.11**
Acoraceae, Acorales ▶ Sy 10B:19
Acorus calamus, Kalmus, Acoraceae ▶ Sy 10B:19
Acrostichum, Mangrovenfarn, Pteridaceae ▶ Sy 8:14
Actaea cimicifuga, Trauben-Silberkerze, Ranunculaceae ▶ Sy 10B:21
Actinidia deliciosa, Kiwi, Actinidiaceae ▶ Sy 10B:49
 A. kolomikta ◘ **A 8.65**
Actinocephalus ramosus, Eriocaulaceae ▶ Sy 10B:10, ◘ **A 11.65**
 Actinodium cunninghamii, Sumpfgänseblümchen, Myrtaceae ▶ Sy 10B:35, ◘ **A 9.21**
 Actinotus leucocephalus, Apiaceae ▶ Sy 10B:54, ◘ **A 9.29**
 Adansonia digitata, Baobab, Malvaceae ▶ Sy 10B:38
 Adelomia melanogenys, Trochilidae ▶ Sy 12:3, ◘ **A 11.46**
 Adiantum peruvianum, Pteridaceae ▶ Sy 8:14
 A. raddianum, Frauenhaarfarn ◘ **A 5.41**
 A. trapeziforme ◘ **A 5.59**
Adlerfarn s. *Pteridium*
Admiral s. *Vanessa*
 Adonis annua, Herbst-Adonisröschen, Ranunculaceae ▶ Sy 10B:21, ◘ **A 8.5**
 A. vernalis, Frühlings-Adonisröschen ◘ **A 12.22**
 Adoxa moschatellina, Moschuskraut, Adoxaceae ▶ Sy 10B:55
Aechmea, Bromeliaceae ▶ Sy 10B:10
Aegialitis, Plumbaginaceae ▶ Sy 10B:47
Aegiceras, Primulaceae-Myrsinoideae ▶ Sy 10B:49
Aegilops, Poaceae ▶ Sy 10B:10
 A. speltoides ◘ **A 3.4**
 A. tauschii ◘ **A 3.4**
Aegopodium podagraria, Giersch, Apiaceae ▶ Sy 10B:54
Aeonium, Crassulaceae ▶ Sy 10B:43, ◘ **A 6.20, 6.57**
Aesculus hippocastanum, Rosskastanie, Sapindaceae ▶ Sy 10B:41, ◘ **A 6.32, 8.50, 8.95, 11.10, 12.13**
 Affen s. Primates

Affodill s. *Asphodelus*
Aframomum giganteum, Zingiberaceae ▶ Sy 10B:12, ◼ **A 10.34**
Afrocalathea rhizantha, Marantaceae ▶ Sy 10B:12, ◼ **A 11.57**
Afrocarpus latifolius, Podocarpaceae ▶ Sy 9:3, ◼ **A 5.47**
Agathis alba, Araucariaceae ▶ Sy 9:3
A. australis, Kaurifichte
Agaonidae, Feigengallwespen, Apocrita ▶ Sy 11:51
Agathosma, Rutaceae ▶ Sy 10B:41
Agave, Agave, Asparagaceae-Agavoideae ▶ Sy 10B:13, ◼ **A 6.57, 8.41**
A. americana ◼ **A 11.47**
A. salmiana
A. sisalana, Sisalagave ◼ **A 7.15, 8.42**
A. tequilana
A. vivipara ◼ **A 6.49**
Agavoideae, Agavengewächse ▶ Asparagaceae ◼ **A 6.57**
Aglaiocercus coelestris, Trochilidae ▶ Sy 12:3, ◼ **A 11.46**
Aglaomorpha, Polypodiaceae ▶ Sy 8:14
Aglaophyton major*, Rhyniophyta ▶ E 3.5, ◼ **A 3.11
Agraulis vanillae, Edelfalter, Nymphalidae ▶ Sy 11:7
Agrimonia eupatoria, Odermennig, Rosaceae ▶ Sy 10B:27
Agrostemma githago, Caryophyllaceae ▶ Sy 10B:47, ◼ **A 10.45**
Aguti s. *Dasyprocta*
Ahorn s. *Acer*
Ahorngewächse s. Sapindaceae
Ahorn-Runzelschorf s. *Rhytisma*
Ailanthus altissima, Götterbaum, Simaroubaceae ▶ Sy 10B:41, ◼ **A 12.24**
Aizoaceae, Mittagsblumengewächse, Caryophyllales ▶ Sy 10B:47, ◼ **A 3.23, 12.27**
Akazie s. *Acacia*
Akebia trifoliata, Lardizabalaceae ▶ Sy 10B:21, ◼ **A 6.55**
Akee, Akipflaume s. *Blighia*
Alberta magna, Rubiaceae ▶ Sy 10B:60, ◼ **A 10.16, 12.24**
Albuca, Asparagaceae ▶ Sy 10B:13, ◼ **A 10.51**
Alchemilla, Frauenmantel, Rosaceae ▶ Sy 10B:27 ◼ **A 7.22**
Aldrovanda vesiculosa, Wasserfalle, Droseraceae ▶ Sy 10B:47
Alepidea dodii, Apiaceae ▶ Sy 10B:54, ◼ **A 8.58, 9.29**
Alethopteris*, Pteridospermen ▶ E 3.7, ◼ **A 5.34
Algen ◼ **T 4.1. 5.1. 5.2** ▶, s. primäre, sekundäre Algen
Algenfarn ▶, s. *Azolla*

Alisma plantago-aquatica, Froschlöffel, Alismataceae ▶ Sy 10B:18
Alismataceae, Alismatales ▶ Sy 10B:18
Alismatales, Froschlöffelartige, Monocotylen ▶ Sy 10B:18
Alkanna tuberculata, Schminkwurz, Falsche Alkanna, Boraginaceae ▶ Sy 10B:61
Allium, Lauch, Amaryllidaceae-Allioideae ▶ Sy 10B:13, ◼ **A 6.49, 8.41**
A. cepa var. *proliferum* ◼ **A 6.49**
A. cepa, Küchenzwiebel ◼ **A 2.16, 6.10, A 6.45, 6.46, 8.46, 8.48**
A. porrum, Porree
A. sativum, Knoblauch ◼ **A 6.36**
A. scorodoprasum, Schlangen-Lauch ◼ **A 6.49**
A. ursinum, Bärlauch
Allocasuarina, Kasuarine, Casuarinaceae ▶ Sy 10B:28, ◼ **A 6.54, 12.19, 12.24**
Alloplectus dodsonii, Gesneriaceae ▶ Sy 10B:58, ◼ **A 10.49**
A. tetragonoides ◼ **A 10.49**
Alnus, Erle, Betulaceae ▶ Sy 10B:28
A. glutinosa, Schwarzerle ◼ **A 3.21, 8.85**
Aloe, Asphodelaceae-Asphodeloideae ▶ Sy 10B:13
A. dichotoma, Köcherbaum ◼ **A 6.24, 6.48, 8.21, 8.27, 9.27**
Alopecurus pratensis, Wiesen-Fuchsschwanz, Poaceae ▶ Sy 10B:10, ◼ **A 11.63**
Alpenveilchen s. *Cyxclamen*
Alpinia mutica, Zingiberaceae ▶ Sy 10B:12, ◼ **A 9.40**
Alraune s. *Mandragora*
Alsomitra macrocarpa, Java-Gurke, Cucurbitaceae ▶ Sy 10B:29, ◼ **A 12.24**
Alsophila dicksonioides, Cyatheaceae ▶ Sy 8:13
Alstroemeria psittacina, Papgeien-Inkalilie, Alstroemeriaceae▶ Sy 10B:14
*Altfarne s. Primofilices
Althaea, Malvaceae ▶ Sy 10B:38
Alveolata: Gruppe mit sekundären Algen ▶ Sy 4:9
Alyssum, Steinkraut, Brassicaceae ▶ Sy 10B:39, ◼ **A 3.22**
Amanita muscaria, Fliegenpilz, Agaricomycotina, Basidiomycota
Amaranthaceae, Fuchsschwanzgewächse, Caryophyllales ▶ Sy 10B:47
Amaryllidaceae, Asparagales ▶ Sy 10B:13
Amborella trichopoda, Amborellaceae ▶ Sy 10B:1, ◼ **A 5.84**
Amborellales, Basale Angiospermen ▶ Sy 10B:1
Ambrosia artemisiifolia, Beifußblättriges Traubenkraut, Asteraceae ▶ Sy 10B:51, ◼ **A 8.12**
Ambystoma mexicanum, Axolotl, Caudata ▶ Sy 12:1

Amegilla, Anthophorini, Apinae, Pelzbienenartige ▶ Sy 11:52, ◘ **A11.42**

A. vivida ◘ **A 11.57**

Ameisen s. Formicidae

Amentiferae: kätzchentragende Holzgewächse

Ammobium alatum. Asteraceae ▶ Sy 10B:51, **A 9.31**

Ammoniakpflanze s. *Dorema*

Ammophila arenaria, Strandhafer, Poaceae ▶ Sy 10B:10, ◘ **A 6.57**

Amorphophallus bulbifer, Araceae ▶ Sy 10B:18

A. titanum, Titanenwurz ◘ **A11.36**

Amphibolis, Cymodoceaceae ▶ Sy 10B:18

Amyema, Loranthaceae ▶ Sy 10B:46, ◘ **A 8.92**

Anabaena azollae, Cyanobakterien ▶ Sy 3

Anacardiaceae, Sumachgewächse, Sapindales ▶ Sy 10B:41

Anacardium occidentale, Cashew, Anacardiaceae ▶ Sy 10B:41, ◘ **A 12.3**

Anagallis, Gauchheil, Primulaceae ▶ Sy 10B:49, ◘ **A 12.9**

Anagraecum sesquipedale, Orchidaceae-Epidendroideae ▶ Sy 10B:13

ANA-Gruppe, Basale Angiospermen ▶ Sy 10A:1–3

Ananas comosus, Ananas, Bromeliaceae ▶ Sy 10B:10, ◘ **A 12.16**

Anarthria scabra, Restionaceae ▶ Sy 10B:10, ◘ **A 11.65**

Anastatica hierochuntica, Echte Rose von Jericho, Brassicaceae ▶ Sy 10B:39, ◘ **A 12.27**

Andreaea rupestris, Andreaeaceae ▶ Sy 7B:23, ◘ **A 5.52**

Andreaeopsida, Klaffmoose, Bryophyta ▶ Sy 7A, D:23, ◘ **A 5.51**

Andrena cineraria, Andrenidae, Sandbienen, ▶ Sy 11:52, ◘ **A 11.37**

A. fulva ◘ **A 11.19**

A. hattorfiana, Knautien-Sandbiene ◘ **A 11.42**

Andricus quercuscalicis, Knopperngallwespe, Cynipidae ▶ Sy 12:3, ◘ **A 8.94**

Androcymbium s. *Colchicum*

Anemia phyllitidis, Anemiaceae ▶ Sy 8:11, ◘ **A 5.64**

Anemone, Windröschen, Ranunculaceae ▶ Sy 10B:21, ◘ **A 9.6, 10.3, 10.21**

A. blanda, Balkan-Windröschen ◘ **A 2.19**

A. coronaria

A. nemorosa, Buschwindröschen ◘ **A 3.21**

Aneurophyton,* Progymnospermen ▶ E 3.6, ◘ **A 3.13, 3.14, 5.28, 5.42

Angelica archangelica, Arznei-Engelwurz, Apiaceae ▶ Sy 10B:54, ◘ **A 8.46**

Angelonia tomentosa, Plantaginaceae ▶ Sy 10B:58, ◘ **A 11.21**

Anginon difforme, Apiaceae ▶ Sy 10B:54, ◘. **A 6.20**

**Angiopteris,* fossile Marattiales ▶ E 3.7

Angiospermen, Bedecktsamer, Blütenpflanzen ▶ Sy 6:9, Sy 10A, ◘ **A 3.10, 4.24, 4.26, 4.28, 5.42,** ◘ **T 8.3**

Anigozanthus manglesii, Kängurupfote, Haemodoraceae ▶ Sy 10B:11, ◘ **A 3.25**

Anisophyllea disticha, Anisophylleaceae ▶ Sy 10B:29, ◘ **A 8.52**

Annona coriacea, Annonaceae ▶ Sy 10B:4, ◘ **A 11.29**

A. reticulata, Netzannone,

A. squamosa, Rahmapfel ◘ **A 12.16**

Annonaceae, Annonen-, Rahmapfelgewächse, Magnoliales ▶ Sy 10B:4, ◘ **A 5.84**

Anogramma leptophylla, Dünnblättrige Nacktfarne, Pteridaceae ▶ Sy 8:14, ◘ **A 5.20, 5.60**

Anthemis tinctoria, Färberhundskamille, Asteraceae ▶ Sy 10B:51

Anthericum ramosum, Traubige Graslilie, Asparagaceae ▶ Sy 10B:13, ◘ **A 10.6**

Anthidium manicatum, Große Wollbiene Megachilidae ▶ Sy 11:52, ◘ **A 11.42**

Anthocerophyta, Hornmoose ▶ Sy 7A, B, ◘ **A 4.14, 5.51, 5.52**

Anthoceros, Anthocerotaceae, Anthocerophyta ▶ Sy 7B:1

A. pearsoni ◘ **A 5.52**

A. vincentianus ◘ **A 5.52**

Anthochaera chrysoptera, Meliphagidae ▶ Sy 12:33, ◘ **A 11.44**

Anthophila, Bienen ▶ Sy 11:52

Anthophora, Pelzbiene, Anthophorini, Apinae ▶ Sy 11:52, ◘ **A 11.26**

A. diversipes ◘ **A 11.18**

A. plumipes

Anthopleura xanthogrammica, Grüne Riesenanemone, Anthozoa, Cnidaria

Anthospermum, Rubiacae ▶ Sy 10B:60

Anthreptes malacensis, Braunkehl-Nektarvogel, Nectariniidae ▶ Sy 12:33, ◘ **A 11.45**

Anthriscus sylvestris, Wiesenkerbel, Apiaceae ▶ Sy 10B:54, ◘ **A 6.45, 8.80, 9.34**

Anthurium, Anthurie, Araceae ▶ Sy 10B:17, ◘ **A 9.2**

Anthyllis, Fabaceae-Faboideae ▶ Sy 10B:26

Antirrhinum majus, Löwenmaul, Plantaginaceae ▶ Sy 10B:58

Apfel s. *Malus*

Apfelsine s. *Citrus*

Aphidoidea, Blattläuse, Stenorrhyncha, Pflanzenläuse ▶ Sy 11:4

Apiaceae, Doldenblütler, Apiales ▶ Sy 10B:54, ▶ E 9.6, ◘ **A 9.28, 10.12, 11.40**

Apidae, Echte Bienen, Anthophila ▶ Sy 11:52

Apinae, Honigbienenartige, Apidae ▶ Sy 11:52

Apis mellifera, Westliche Honigbiene, Apini, Apinae ▶ Sy 11:52, ◘ **A 11.42, 11.49, 11.60**

Apium graveolens var. *rapaceum,* Knollensellerie, Apiaceae ▶ Sy 10B:54, ◘ **A 1.5, 8.11**

Apocynaceae, Hundsgiftgewächse, Gentianales ▶ Sy 10B:60, ◘ **A 12.25**

Apocynaceae-Asclepiadoideae, Seidenpflanzengewächse, Schwalbenwurzgewächse s. Apocynaceae

Apodanthaceae, Cucurbitales ► Sy 10B:29

Apoidea, Bienen und Grabwespen, Hymenoptera ► Sy 11:52, T 11.10

Apollofalter s. *Parnassius*

Apollonias canariensis, Lauraceae ► Sy 10B:5, ◘ A 8.61

Apostasioideae s. Orchidaceae ◘ A 11.24

Apotomis betuletana, Birkenwickler, Tortricidae ► Sy 11:7

Aprikose s. *Prunus*

Aquilegia, Akelei, Ranunculaceae ► Sy 10B:21, ◘ A 8.50, 9.9, 11.11. 11.17

A. vulgaris, Gemeine Akelei ◘ A 11.15

Arabidopsis thaliana, Acker-Schmalwand, Brassicaceae ► Sy 10B:39, ► E 8.2, 9.1, ◘ A 6.22, 10.7

Arabis alpina, Alpen-Gänsekresse, Brassicaceae ► Sy 10B:39, ◘ A 7.9

Araceae, Aronstabgewächse, Alismatales ► Sy 10B:18, ◘ A11.35

Arachis hypogaea, Erdnuss, Fabaceae ► Sy 10B:26, ◘ A 12.3, 12.19, 12.29

Arachnites uniflora, Corsiaceae ► Sy 10B:13

Araneae, Webspinnen, Achanida, Spinnentiere

Araucaria, Araukarie, Araucariaceae ► Sy 9:3 ◘ A 3.7, 5.46, 5.72, 6.20, 6.24

A. angustifolia ◘ A 5.46

Araucariaceae, Araukariengewächse, Pinales ► Sy 9:3, ◘ A 4.26, 5.46

Archaea, Prokaryoten ► E 3.2

Archaeaopteris, Progymnospermen ► E 3.6, ◘ A 3.13, 3.15, 5.34, 5.42

Archaefructus, fossile Angiospermen ► E 3.9

A. liaoningensis

A. sinensis ◘ A 5.81

Archaeopteris, Progymnospermen ► E 3.6, ◘ A 3.15, 5.28, 5.63

Archaeosperma arnoldii, Pteridospermen* ► E 3.7, ◘ A 5.67

Archaeplastida, Pflanzen ► Sy 3

Archilochus alexandri, Schwarzkinnkolibri, Trochilidae ► Sy 12:31, ◘ A 11.44

Arctium, Klette, Asteraceae ► Sy 10B:51, ◘ A 12.23

Arctopus echinatus, Apiaceae ► Sy 10B:54, ◘ A 12.23

A. monacanthus ◘ A 12.26

Arctotheca populifera, Asteraceae ► Sy 10B:51

Arctotis fastuosa, Asteraceae ► Sy 10B:51, ◘ A 11.40

Ardisia crenata, Primulaceae-Myrsinoideae ► Sy 10B:49, ◘ A 8.61

Areca catechu, Betelnusspalme, Arecaceae ► Sy 10B:9

A. triandra ◘ A 12.21

Arecaceae, Palmen, Arecales ► Sy 10B:9, ◘ A 6.53, 8.52

Arenga sacchifera, Zuckerpalme, Arecaceae ► Sy 10B:9

Argogorytes, Sphecidae, Grabwespen, Vespoidea ► Sy 11:51

Argyroderma delaetii, Aizoaceae ► Sy 10B:47, ◘ A 8.43

Arisaema concinnum, Araceae ► Sy 10B:18, ◘ A 9.21, 11.35

Arisarum vulgare, Araceae ► Sy 10B:18, ◘ A 11.35

Aristolochia, Aristolochiaceae ► Sy 10B:6

A. arborea ◘ A 11.33, 11.34

A. clematitis, Aufrechte Osterluzei ◘ A 11.34

A. gigantea

A. grandiflora

A. macrophylla, Amerikanische Pfeifenwinde ◘ A 8.14, 10.46, 11.33

A. sipho s. *A. macrophylla*

A. tricaudata

Aristolochiaceae, Osterluzeigewächse, Piperales ► Sy 10B:6, ◘ A 11.34

Aristotelia chilensis, Elaeocarpaceae ► Sy 10B:30, ◘ A 6.9

Armeria maritima, Strandnelke, Plumbaginaceae ► Sy 10B:47, ◘ A 10.50

Armillaria mellea, Halimasch, Agaricomycotina, Basidiomycota

A. ostoyae, Dunkler Halimasch

Armleuchteralgen s. Charophyceae

Armoracia rusticana, Meerrettich, Brassicaceae ► Sy 10B:39

Aronstab s. *Arum*

Aronstabgewächse s. Araceae

Arrhenatherum elatius, Gewöhnlicher Glatthafer, Poaceae ► Sy 10B:10, ◘ A 11.63

Artedia squamata, Apiaceae ► Sy 10B:54, ◘ A 8.63, 9.9, 9.29, 9.34, 11.41

Arthropodium cirrhatum, Asparagaceae ► Sy 10B:13, ◘ A 10.33, 10.34

Arthyrium filix-femina, Gemeiner Waldfrauenfarn, Athyriaceae ► Sy 8:14, ◘ A 5.59

Artocarpus altilis, Brotfruchtbaum, Moraceae ► Sy 10B:27, ◘ A 6.25

A. heterophyllus, Jackfruchtbaum ◘ 6.25c

Arum conophalloides, Araceae ► Sy 10B:18, ◘ A 11.35

A. italicum ◘ A 11.35

A. maculatum, Aronstab ◘ A 7.23

Aruncus dioicus, Wald-Geißbart, Rosaceae ► Sy 10B:27, ◘ A 9.2, 9.5

Arundo donax, Pfahlrohr, Poaceae ► Sy 10B:10, ◘ A 6.18, 6.46, 8.5, 8.23, 8.38

Asarum caudatum, Haselwurz, Aristolochiaceae ► Sy 10B:6

A. europaeum, Gewöhnliche Haselwurz

Asclepiadoideae, Schwalbenwurzgewächse s. Apocynaceae-Asclepioideae

Asclepias, Seidenpflanze, Apocynaceae-Asclepiadoideae ▶ Sy 10B:60, ◪ A 11.60

A. cornuti

A. curassavica, Curaçao-Seidenpflanze ◪ A 12.25

A. speciosa, Schöne Seidenpflanze ◪ A 11.60, 11.61

A. tuberosa

Ascomycota, Schlauchpilze, Fungi

Ascophyllum nodosum, Knotentang, Fucales ▶ Sy 4:10, ◪ A 5.16

Asparagaceae, Spargelgewächse, Asparagales ▶Sy 10B:13, ◪ A 8.22

Asparagopsis armata, Florideophycidae ▶ Sy 4:12

Asparagus, Spargel, Asparagaceae ▶ Sy 10B:13, ◪ A 10.4, 11.14

A. verticillatus, Wirtel-Spargel ◪ A 8.23

Asphodelaceae, Affodillgewächse, Asparagales ▶ Sy 10B:13

Asphodelus, Affodill, Asphodelaceae ▶ Sy 10B:13, ◪ A 6.46

Aspleniineae, Polypodiales ▶ Sy 8:14

Asplenium bulbiferum, Aspleniaceae ▶ Sy 8:14, ◪ A 5.41

A. ceterach, Milzfarn ◪ A 5.23

A. nidus, Nestfarn ◪ A 5.59

A. scolopendrium, Hirschzunge ◪ A 5.41

A. trichomanes, Brauner Streifenfarn ◪ A 5.41

Aster, Asteraceae ▶ Sy 10B:51, ◪ A 11.11

Asteraceae, Korbblütler, Asterales ▶ Sy 10B:51, ◪ A 3.23, 9.30

Asteridae, Kerneudicotylen ▶ Sy 10A, B:47–64

**Asteroxylon elberfedlianum,* Bärlapppflanzen ▶ E 3.6, ◪ A 3.14

**A. mackiei* ◪ A 3.13, 5.31

Astragalus, Fabaceae-Faboideae ▶ Sy 10B:26, ◪ A 6.54, 8.51

Astrantia major, Große Sterndolde, Apiaceae ▶ Sy 10B:54, ◪ A 9.29

Astydamia latifolia, Nymphendolde, Apiaceae ▶ Sy 10B:54, ◪ A 11.16

Athyrium, Athyriaceae ▶ Sy 8:14

Atropa bella-donna, Tollkirsche, Solanaceae ▶ Sy 10B:57, ◪ A 2.10, 12.9

Atta, Blattschneiderameise, Myrmicinae, Formicidae ▶ Sy 11:51

Aubergine ▶, s. *Solanum*

Audouinella, Florideophycidae ▶ Sy 4:12, ◪ A 2.6, 4.11

A. gynandra

Audouinia capitata, Bruniaceae ▶ Sy 10B:53, ◪ A 7.5

A. esterhuyseniae ◪ A 7.5

A. laxa ◪ A 7.5

Augentierchen s. Euglenophyceae

Austrobaileyales, Basale Angiospermen ▶ Sy 10B:3

Avena sativa, Saathafer, Poaceae ▶ Sy 10B:10, ◪ A 8.68

Averrhoa carambola, Sternfrucht, Carambola, Oxalidaceae ▶ Sy 10B:30

Aves, Vögel, Vertebrata ▶ Sy 12:3, ◪ T 11.11

Avicennia, Acanthaceae ▶ Sy 10B:58

A. germinans

A. marina

Avocado ▶ *Persea*

Axinaea, Melastomataceae ▶ Sy 10B:35

Axolotl s. *Ambystoma*

Azadirachta indica, Niembaum, Meliaceae ▶ Sy 10B:41

Azara lanceolata, Salicaceae ▶ Sy 10B:31, ◪ A 8.46

Azolla filiculoides, Algenfarn, Salviniaceae ▶ Sy 8:12, ◪ A 5.40, 5.62

Azorella, Apiaceae ▶ Sy 10B:54

Azteca, Formicidae ▶ Sy 11:51

B

Baccharis, Asteraceae ▶ Sy 10B:51, ◪ A 8.94

Bachbunge s. *Veronica*

Bacillariophyceae, Diatomeen, Kieselalgen ▶ Sy 4:10

Bactris, Pfirsich-, Stachelplame, Arecaceae ▶ Sy 10B:9

Bakterien, Prokaryoten ▶ E 3.2, Sy 3

Balanophora, Balanophoraceae ▶ Sy 10B:46

Balanophoraceae, Santalales ▶ Sy 10B:46

Baldrian s. *Valeriana*

Baldriangewächse s. Caprifoliaceae-Valerianoideae

Balsabaum s. *Ochroma*

Balsaminaceae, Ericales ▶ Sy 10B:49

Bambus ▶ Poaceae-Bambusoideae ◪ A 8.25, 8.48

Bambusa, Poaceae ▶ Sy 10B:10, ◪ A 8.41

Banane s. *Musa*

Bangia, Bangiales, Rhodophyceae ▶Sy 4:12, ◪ A 5.19

Banksia, Proteaceae ▶ Sy 10B:22, ◪ A 3.25, 12.11

Baobab s. *Adansonia*

**Baragwanathia longifolia,* Bärlapppflanzen ▶ E 3.6

Bärenklau s. *Heracleum*

Bärlapp s. *Lycopodium*

Bärlapppflanzen, Bärlappartige ▶ Lycophyta

Bärlappgewächse, Lycopodiaceae ▶ Sy 8:1

Bartsia, Alpenhelm, Orobanchaceae ▶ Sy 10B:58

Basale Angiospermen ▶ Sy 10A, B:1–7

Basidiomycota, Ständerpilze, Fungi

Basistemon, Plantaginaceae ▶ Sy 10B:58

Batrachospermum gelatinosum, Froschlaichalge, Rhodophyceae ▶ Sy 4:12

Bauhinia purpurea, Bauhinie, Orchideenbaum, Cercidoideae, Fabaceae ▶ Sy 10B:26

Bauchsammlerbiene s. Megachile

Baum der Reisenden s. *Ravenala*

Baumfarne s. Cyatheales

Baumsteigerfrösche s. Dendrobatidae

Baumheide s. *Erica*
Baumwolle s. *Gossypium*
Beaucarnea recurvata, Asparagaceae-Nolinoideae ▶ Sy 10B:13
Beaufortia, Myrtaceae ▶ Sy 10B:35, ■ A 6.41
Beckenmoos s. *Pellia*
Bedecktsamer s. Angiospermen
Begonia, Begonie, Begoniaceae ▶ Sy 10B:29, ■ A 7.2, 8.44, 9.33
Beinwell s. *Symphytum*
Bellis perennis, Gänseblümchen, Asteraceae ▶ Sy 10B:51, ■ A 9.9
*Bennettitales, fossile Palmfarne ▶ E 3.8, ■ A 3.10, 5.42, 5.68
Berberis, Berberitze, Berberidaceae ▶ Sy 10B:21, ■ A 6.15
B. gagnepainii ■ A 10.30
Bergenia ciliata, Kaschmir-Bergenie, Saxifragaceae ▶ Sy 10B:43, ■ A 11.44
B. crassifolia ■ A 8.54
Bertholletia excelsa, Paranussbaum, Lecythidaceae ▶ Sy 10B:49, ■ A 12.3
Berzelia abrotanoides, Bruniaceae ▶ Sy 10B:53, ■ A 10.30
B. alopecuroides ■ A 12.19
B. galpinii ■ A 7.23
B. lanuginosa ■ A 3.26
Besenginster s. *Cytisus*
Beta, Rübe, Amaranthaceae ▶ Sy 10B:47
B. vulgaris subsp. *vulgaris*, Zuckerrübe ■ A 6.46, 8.74
B. vulgaris var. *conditiva*, Rote Bete ■ A 8.11
B. vulgaris var. *rapacea*, Futter-, Runkelrübe
B. vulgaris, Gemeine Rübe ■ A 6.46, 8.77
Betelnusspalme s. *Areca*
Betelpfeffer s. *Piper*
Betula, Birke, Betulaceae ▶ Sy 10B:28
B. pendula, Hängebirke ■ A 11.62
B. pubenscens, Moorbirke
Betulaceae, Birkengewächse, Fagales ▶ Sy 10B:28
Beuteltiere s. Marsupialia
Biarum ditschianum, Araceae ▶ Sy 10B:18, ■ A 11.35
Bidens, Zweizahn, Asteraceae ▶ Sy 10B:51, ■ A 12.23
Bienen ▶ Anthophila ▶ Sy 11:52, ▶ E 11.8, ■ T. 11.10
Bignoniaceae, Trompetenbaumgewächse, Lamiales ▶ Sy 10B:58
Bilsenkraut s. *Hyoscyamus*
Binse s. *Juncus*
Binsen s. Juncaceae
Birke s. *Betula*
Birkengewächse s. Betulaceae
Birkenspanner s. *Biston*

Birne s. *Pyrus*
Biston betularia, Birkenspanner, Geometridae ▶ Sy 11:7, ■ A 8.62
Bixa orellana, Annattostrauch, Bixaceae ▶ Sy 10B:38, ■ A 12.13
Bläulinge s. *Vanessa*
Blakea laurifolia, Melastomataceae ▶ Sy 10B:35
Blasenstrauch s. *Colutea*
Blasentang s. *Fucus*
Blasia pusilla, Blasiusmoos, Blasiaceae Marchantiophyta ▶ Sy 7A, C:8
Blastophaga, Feigengallwespe, Agaonidae ▶ Sy 11:51, ■ A 11.27
Blatta orientalis, Gemeine Küchenschabe, Blattodea, Insekten ▶ Sy 11:52
Blattläuse s. Aphidoidea
Blattnasen s. Phyllostomidae
Blattschneiderameisen s. *Atta*
Blaubeere s. *Vaccinium*
Blauregen s. *Wisteria*
Blechnum magellanicum, Blechnaceae ▶ Sy 8:14, ■ A 5.41
Bleiwurzgewächse s. Plumbaginaceae
Blepharis, Acanthaceae ▶ Sy 10B:58
Blighia sapida, Akee, Akipflaume, Sapindaceae ▶ Sy 10B:41, ■ A 12.5
Blumenfledermäuse, Glossophaginae s. Phyllostomidae
Blumenkohl s. *Brassica*
Blütenpflanzen ▶ Angiospermen
Blutweiderich s. *Lythrum*
Bockkäfer s. Cerambycidae
Bocksbart s. *Tragopogon*
Boehmeria nivea, Ramie, Urtiaceae ▶ Sy 10B:27
Bohne s. *Phaseolus, Vicia*
Bohnenkraut s. *Satureja*
Boletus, Steinpilz, Agaricomycotina, Basidiomycota
Bombax, Wollbaum, Malvaceae ▶ Sy 10B:38, ■ A 7.15
B. ceiba, Seidenwollbaum, vegetabilische Seide
Bombus, Hummel, Bombini, Apinae ▶ Sy 11:52, ■ A 11.42
B. pascuorum, Ackerhummel ■ A 11.49
B. terrestris, Dunkle Erdhummel ■ A 11.42
B. vestalis, Gefleckte Kuckuckshummel ■ A 11.42
Bombyliidae, Wollschweber, Brachycera ▶ Sy 11:31, ■ A 11.41
Bombylius fulvescens, Bombyliidae ■ A 11.41
Boraginaceae, Raublattgewächse, Boraginales ▶ Sy 10B:61
Borago, Borretsch, Boraginaceae ▶ Sy 10B:61, ■ A 7.9
Borkenkäfer s. *Ips*
Borstenhirse s. *Setaria*

Bossiaea, Fabaceae ▶ Sy 10B:26

Boswellia sacra, Weihrauchbaum, Burseraceae ▶ Sy 10B:41

Botrychium, Rautenfarn, Ophioglossaceae ▶ Sy 8:5

B. lunaria, Mondraute ◘ A 5.38

Botrydium, Xanthophyceae ▶ Sy 4:10

Bougainvillea, Drillingsblume, Nyctaginaceae ▶ Sy 10B:47, ◘ A 6.35, 6.36, 6.55

B. glabra ◘ A 9.21

B. mirabilis ◘ A 9.21, 11.9

Bowenia, Zamiaceae ▶ Sy 9:1

Brachsenkräuter s. *Isoëtales*

Brachycera, Fliegen, Diptera ▶ Sy 11:31

Brachychiton rupestris, Flaschenbaum, Malvaceae ▶ Sy 10B:38, ◘ A 6.53

Bradyrhizobium, Protobacteria, Bakterien

Brandpilze s. Ustilaginomycotina

Brassia verrucosa, Orchidaceae-Orchidoideae ▶ Sy 10B:13, ◘ A 11.26

Brassica, Kohl, Brassicaceae ▶ Sy 10B:39, ◘ A 11.11

B. napus var. *napobrassica*, Steck-, Kohlrübe

B. napus, Raps ◘ A 9.2

B. oleracea var. *botrytis*, Blumenkohl

B. oleracea var. *gongylodes*, Kohlrabi ◘ A 1.5, 6.6, 8,11

B. oleracea, Kohl

B. rapa subsp. *rapa*, Stoppelrübe

Brassicaceae, Brassicales ▶ Sy 10B:39, ◘ A 12.15

Braunalgen s. Phaeophyceae

Brechnuss s. *Strychnos*

Breiapfelbaum s. *Manilkara*

Bremsen s. Tabanidae

Brennnesselgewächse s. Urticaceae

Brillenvögel s. Zosteropidae

Brocchinia hechtioides, Bromeliaceae ▶ Sy 10B:10

B. reducta

Brombeere s. *Rubus*

Bromeliaceae, Bromeliengewächse, Zingiberales ▶ Sy 10B:10, ◘ A 3.24

Bromus, Trespe, Poaceae ▶ Sy 10B:10, ◘ A 11.63

B. racemosus, Trauben-Trespe ◘ A 8.25

Brotfruchtbaum s. *Artocarpus*

Brownea coccinea, Caesalpinioideae, Fabaceae ▶ Sy 10B:26, ◘ A 7.13

Brugmansia aurea, Engelstrompete, Solanaceae ▶ Sy 10B:57, ◘ A 7.8

Bruguiera gymnorrhiza, Rhizophoraceae ▶ Sy 10B:31, ◘ A 6.11, 8.81

B. sexangula ◘ A 8.81

Brunfelsia jamaicensis, Solanaceae ▶ Sy 10B:57, ◘ A 11.39

Brunia albiflora, Bruniaceae ▶ Sy 10B:53, ◘ A 6.34

B. alopecuroides

B. macrocephala ◘ A 8.87

Bruniaceae, Bruniales ▶ Sy 10B:53

Brunnenlebermoos s. *Marchantia*

Brunonia australis, Goodeniaceae ▶ Sy 10B:51

Brutpflanze s. *Kalanchoë*

Bryonia dioica, Zaunrübe, Cucurbitaceae ▶ Sy 10B:29, ◘ A 6.55, 9.33, 10.10, 10.48

Bryophyta, Laubmoose ▶ Sy 7A, D, ◘ A 4.14, 4.15, 5.51, 5.54

Bryophytina, peristomate Laubmoose ▶Sy 7A, D:25–52, ◘ A 5.51, 5.52

Bryopsida, Bryophyta ▶Sy 7A:28–52

Bryopsidales, Ulvophyceae ▶ Sy 5:16

Bryum argenteum, Silbermoos, Bryaceae ▶ Sy 7B:44

Buche s. *Fagus*

Buddleja, Scrophulariaceae ▶ Sy 10B:58

Bulbophyllum, Orchidaceae-Epidendroideae ▶ Sy 10B:13, ◘ A 11.7

Bunias orientalis, Zackenschötchen, Brassicaceae ▶ Sy 10B:39

Buntnessel s. *Solenostemon*

Bupleurum croceum, Apiaceae ▶ Sy 10B:54, ◘ A 9.29

Buprestidae, Prachtkäfer, Coleoptera ▶ Sy 11:2

Burmanniaceae, Monocotylen

Burseraceae, Salpindales ▶ Sy 10B:41

Buschwindröschen s. *Anemone*

Butomaceae, Alismatales ▶ Sy 10B:18

Butomus umbellatus, Butomaceae ▶ Sy 10B:18, ◘ A 10.9, 10.45

Butterbaum s. *Cyphostemma*

Buxales, basale Eudicotylen ▶Sy 10B:24

Buxus sempervirens, Buchsbaum, Buxaceae ▶ Sy 10B:24, ◘ A 8.95

Byblis, Regenbogenpflanze, Byblidaceae ▶ Sy 10B:58

C

Cactaceae, Kakteen, Caryophyllales ▶Sy 10B:47, ◘ A 3.22, 3.24, 8.11, 8.31

Caenonomada, Centridini, Apinae ▶ Sy 11:52

Caesalpinia, Fabaceae-Caesalpinoideae ▶ Sy 10B:26, ◘ A 10.29

Caesalpinioideae, Johannisbrotgewächse s. Fabaceae

Cakile maritima, Meersenf, Brassicaceae ▶ Sy 10B:39

Caladenia, Orchidaceae-Orchidoideae ▶ Sy 10B:13

C. cairnsiana ◘ A 11.26

C. dilatata ◘ A 11.26

Caladium, Araceae ▶ Sy 10B:18, ◘ A 8.41

Calamagrostis, Poaceae ▶ Sy 10B:10

*Calamitaceae, Riesen-Schachtelhalme ▶E 3.6, ◘ A 5.29

*Calamites, Calamitaceae ▶ E 3.6, ◘ A 3.15

Calamophyton primaevum, Cladoxylales ▶ E 3.6, ◘ A 3.13

Calamopitys, Pteridospermen ▶ E 3.7

Calamus, Rotang-, Rattanpalme, Arecaceae ▶ Sy 10B:9, ◘ A 6.56

C. australis ◘ A 6.56

C. hollrungii ◘ **A 6.56**
Calathea crotalifera, Marantaceae ▶ Sy 10B:12, ◘ **A 9.15, 11.58**
C. lutea ◘ **A 11.59**
C. makoyana s. *Goeppertia*
C. warscewiczii s. *Goeppertia*
C. zebrina ◘ **A 7.5**
Calceolaria, Pantoffelblume, Calceolariaceae ▶ Sy 10B:58, ◘ **A 11.22**
C. glandulosa ◘ **A 11.21**
C. schickendanziana ◘ **A 11.21**
Calceolariaceae, Pantoffelblumengewächse, Lamiales ▶ Sy 10B:58
Calendula officinalis, Ringelblume, Asteraceae ▶ Sy 10B:51, ◘ **A 12.23**
Calliandra, Fabaceae-Mimosoideae ▶ Sy 10B:26, ◘ **A 10.39**
C. medellinensis, Fabaceae-Mimosoideae ◘ **A 10.39**
C. surinamensis, Fabaceae
Calliblepharis ciliata, Rhodophyceae ▶ Sy 4:12, ◘ **A 5.14**
Callicarpa, Lamiaceae ▶ Sy 10B:58
Callipteris*, Monilophyta ▶ E 3.7, ◘ **A 5.34
Calliphoridae, Schmeißfliegen, Brachycera ▶ Sy 11:31
Callistemon, Myrtaceae ▶ Sy 10B:35, ◘ **A 11.44**
C. citrinus, Flaschenbürstenbaum ◘ **A 6.41, 6.42**
Callistophyton*, Pteridospermen ▶ E 3.7, ◘ **A 5.42
Callitriche cophocarpa, Stumpfkantiger Wasserstern, Plantaginaceae ▶ Sy 10B:58, ◘ **A 11.66**
Callitris, Cupressaceae ▶ Sy 9:3, ◘ **A 6.54**
**Callixylon*, Progymnospermen ▶ E 3.6
Calothamnus asper, Myrtaceae ▶ Sy 10B:35, ◘ **A 10.14**
C. homalophyllus ◘ **A 10.26**
C. sanguineus ◘ **A 10.26**
Caltha palustris, Sumpfdotterblume, Ranunculaceae ▶ Sy 10B:21
Calycanthaceae, Laurales ▶ Sy 10B:5
Calypte costae, Veilchenkopfelfe, Trochilidae ▶ Sy 12:31, ◘ **A 11.44**
Calystegia sepium, Echte Zaunwinde, Convolvulaceae ▶ Sy 10B:57
Camelina sativa, Leindotter, Brassicaceae ▶ Sy 10B:39
Camellia japonica, Japanische Kamelie, Theaceae ▶ Sy 10B:49, ◘ **A 10.16**
C. sinensis, Teepflanze
Cameraria ohridella, Rosskastanienminiermotte, Gracillariida ▶ Sy 11:7 ◘ **A 8.95**
Camissonia clavaeformis, Onagraceae ▶ Sy 10B:40
Campanula, Glockenblume, Campanulaceae ▶ Sy 10B:51, ◘ **A 9.2, 10.3, 11.11**
C. rapunculoides, Rapunzel-Glockenblume ◘ **A 11.42**

Campanulaceae, Glockenblumengewächse, Asterales ▶ Sy 10B:51
Camponotus, Holzameise, Formicinae, Formicidae ▶ Sy 11:51
Camptandra, Zingiberaceae ▶ Sy 10B:12
Camptostemon, Malvaceae ▶ Sy 10B:38
Canellaceae, Canellales ▶ Sy 10B:7
Canna × *generalis*, Blumenrohr, Cannaceae ▶ Sy 10B:12, ◘ **A 8.23**
C. indica, Blumenrohr ◘ **A 9.39, 10.22**
Cannabis sativa subsp. *sativa*, Hanf, Cannabaceae ▶ Sy 10B:27
Cannaceae, Zingiberales ▶ Sy 10B:12
Cantharidae, Weichkäfer, Coleoptera ▶ Sy 11:2
Capparaceae, Kaperngewächse, Brassicales ▶ Sy 10B:29, ◘ **A 9.36, 10.9**
Capparis spinosa, Kapernstrauch, Capparaceae ▶ Sy 10B:29, ◘ **A 11.41**
Caprifoliaceae, Geißblattgewächse ▶ Sy 10B: 55
Caprifoliaceae-Valerianoideae, Baldriangewächse ◘ **A 10.16, 12.25**
Capsella bursa-pastoris, Hirtentäschelkraut, Brassicaceae ▶ Sy 10B:39
Capsicum annuum, Gemüsepaprika, Solanaceae ▶ Sy 10B:57
Cardamine, Schaumkraut, Zahnwurz, Brassicaceae ▶Sy 10B:39
C. bulbifera, Zwiebel-Zahnwurz ◘ **A 6.49**
C. hirsuta, Brassicaceae
C. pratensis, Brassicaceae
Cardiospermum halicacabum, Sapindaceae ▶ Sy 10B:41, ◘ **A 12.13**
Carduus, Ringdistel, Asteraceae ▶ Sy 10B:51, ◘ **A 12.9**
Carex, Segge, Cyperaceae ▶ Sy 10B:10, ◘ **A 8.22, 11.64**
C. dioica
C. echinata, Igel-Segge ◘ **A 11.65**
C. flacca, Blaugrüne Segge ◘ **A 11.65**
C. humilis, Erdsegge ◘ **A 6.48**
C. pseudocyperus ◘ **A 8.5**
Carica papaya, Papaya, Caricaceae ▶ Sy 10B:39, ◘ **A 12.16**
Carissa macrocarpa, Natal-Pflaume, Apocynaceae ▶ Sy 10B:60, ◘ **A 8.29**
Carlina, Silberdistel, Asteraceae ▶ Sy 10B:51
Carludovica palmata, Cyclanthaceae ▶ Sy 10B:16, ◘ **A 12.13**
Carmichaelia, Fabaceae-Faboideae ▶ Sy 10B:26
Carnegiea gigantea, Saguaro, Cactaceae ▶ Sy 10B:47, ◘ **A 3.22, 6.20, 8.31, 11.47**
Carpinus betulus, Hainbuche, Betulaceae ▶ Sy 10B:28, ◘ **A 6.25, 12.19**

Carpobrotus edulis, Essbare Mittagsblume, Aixoaceae ▶ Sy 10B:47, ◪ **A 7.2, 8.43**

Carthamus dentatus, Wollige Färberdistel, Asteraceae ▶ Sy 10B:51, ◪ **A 11.41**

C. tinctorius, Färberdistel

Carya illinoinensis, Pekannuss, Juglandaceae ▶ Sy 10B:28

Caryocar, Caryocaraceae ▶ Sy 10B:31, ◪ **A 3.24**

Caryocaraceae, Malpighiales ▶ Sy 10B:31

Caryophyllaceae, Nelkengewächse, Caryophyllales ▶ Sy 10B:47

Caryophyllales, Superasteridae ▶ Sy 10B:47

Cashew s. *Anacardium*

Cassia fistula, Röhren-Kassia, Fabaceae-Caesalpinioideae ▶ Sy 10B:26, ◪ **A 12.12**

Cassytha, Lauraceae ▶ Sy 10B:5

Castanea sativa, Esskastanie, Marone, Fagaceae ▶ Sy 10B:28, ◪ **A 8.94, 12.19**

Castilla elastica, Panamakautschukbaum, Moraceae ▶ Sy 10B:27

Castilleja, Orobanchaceae ▶ Sy 10B:58, ◪ **A 8.92**

Casuarina, Casuarinaceae ▶ Sy 10B:28

C. cf. *obesa* ◪ **A 11.62**

Casuarinaceae, Fagales ▶ Sy 10B:28, ◪ **A 3.25**

Catalpa bignonioides, Gewöhnlicher Trompetenbaum, Bignoniaceae ▶ Sy 10B:58, ◪ **A 5.24**

C. speciosa, Prächtiger Trompetenbaum ◪ **A 12.24**

Catasetum, Orchidaceae-Epidendroideae ▶ Sy 10B:13

C. macroglossum ◪ **A 11.55**

C. pileatum ◪ **A 11.55**

Cathaya argyrophylla, Pinaceae ▶ Sy 9:3

Cattleya, Orchidaceae-Epidendroideae ▶ Sy 10B:13

Cataulacus mckeyi, Myrmicinae, Formicidae ▶ Sy 11:51

Caularthron bilamellatum, Orchidaceae, ▶ Sy 10B:13

Caulerpa, Bryopsidales, Ulvophyceae ▶ Sy 5:16

C. lentillifera, Meerestraube ◪ **A 5.5**

C. prolifera ◪ **A 5.15**

C. taxifolia, Killeralge

Caytonia nathorsti, Caytoniales, Pteridospermen ▶ E 3.7, ◪ **A 5.68**

*Caytoniales, Pteridospermen ▶ E 3.7, ◪ **A 3.10, 5.42**

Ceanothus, Rhamnaceae ▶ Sy 10B:27

Cecidomyiidae, Gallmücken, Nematocera ▶ Sy 11:32

Cecropia, Ameisenbaum, Urticaceae ▶ Sy 10B:27, ◪ **A 8.89**

C. obtusifolia. ◪ **A 8.89**

C. palmata. ◪ **A 8.89**

Cedrus libani, Libanon-Zeder, Pinaceae ▶ Sy 9:3, ◪ **A 5.45, 5.72**

Ceiba pentandra, Kapokbaum, Malvaceae ▶ Sy 10B:38, **A 8.30**

Celastraceae, Spindelbaumgewächse, Celastrales ▶ Sy 10B:32

Celosia cristata, Hahnenkamm, Amaranthaceae ▶ Sy 10B:47, ◪ **A 9.9**

Centaurea, Flockenblume, Asteraceae ▶ Sy 10B:51, ◪ **A 8.61**

C. cyanus, Flockenblume

C. montana, Berg-Flockenblume, **A 9.31**

Centranthus longiflorus, Spornblume, Caprifoliaceae ▶ Sy 10B:55, ◪ **A 10.16**

Centris autrani, Centridini, Apinae ▶ Sy 11:52, ◪ **A 11.21**

C. trigonoides ◪ **A 11.21**

Cephaëlis elata, Rubiaceae ▶ Sy 10B:60, ◪ **A 9.21**

Cephalanthus occidentalis, Rubiaceae ▶ Sy 10B:60, ◪ **A 9.20**

Cephaleuros, Trentepohliales ▶ Sy 5:17

Cephalopteris*, Altfarne ▶ E 3.6, ◪ **A 3.13

C. keilhauii* ◪ **A 5.33

Cephalotaxaceae, Kopfeibengewächse, Pinales ▶ Sy 9:3

Cephalotaxus harringtonia, Cephalotaxaceae ▶ Sy 9:3

C. sinensis ◪ **A 5.47**

Cephalotus follicularis, Zwergkrug, Cephalotaceae ▶ Sy 10B:30, ◪ **A 8.91**

Cephalozia bicuspidata, Cephaloziaceae ▶ Sy 7B:13, ◪ **A 5.56**

Cerambycidae, Bockkäfer, Coleoptera ▶ Sy 11:2

Ceramium, Rhodophyceae ▶ Sy 4:12

Ceratium, Dinophyta ▶ Sy 4:9

Ceratobasidium, Agaricomycotina, Basidiomycota

Ceratodon purpureus, Ditrichaceae ▶ Sy 7B:41

Ceratonia siliqua, Johannisbrotbaum, Fabaceae-Caesalpinioideae ▶ Sy 10B:26

Ceratophyllales, Angiospermen ▶ Sy 10B:20

Ceratophyllum demersum, Hornblatt, Ceratophyllaceae ▶ Sy 10B:20, ◪ **A 11.66**

Ceratopogonidae, Gnitzen, Nematocera Sy 11:32

Ceratosolen arabicus, Feigengallwespe, Agaonidae ▶ Sy 11:51

Ceratostema callistum, Ericacee ▶ Sy 10B:49, ◪ **A 8.65**

Ceratozamia, Zamiaceae ▶ Sy 9:1, ◪ **A 5.70**

C. mexicana ◪ **A 5.43**

Cerbera odollam, Zerberusbaum, Apocynaceae ▶ Sy 10B:60, ◪ **A 12.27**

Cercis siliquastrum, Judasbaum, Fabaceae-Cercideae ▶ Sy 10B:26

Ceriops, Rhizophoraceae ▶ Sy 10B:31

Ceroctis capensis, Meloideae, Ölkäfer ▶ Sy 11:2, ◪ **A 11.40**

Ceropegia, Leuchterblume, Apocynaceae-Asclepioideae ▶Sy 10B:60

C. ampliana ◪ **A 11.5**

C. dichotoma **A 8.30**

C. distincta var. *haygarthii* ◪ **A 11.5, 11.32**

C. elegans ◪ **A 11.5**

C. euryacme ◪ **A 11.5**

C. linearis (syn. *C. woodii)* ◘ **A 11.5, 11.32**
C. radicans ◘ **A 11.5**
C. robynsiana ◘ **A 11.5**
C. sandersonii ◘ **A 11.5**
C. sandersonii × *C. nilotica.* ◘ **A 11.5**
C. stapeliiformis ◘ **A 11.5, 11.32, 11.33**
Cervus canadensis, Wapiti, Cervidae ► Sy 12:42, ◘ **A 3.21**
Ceterach s. *Asplenium*
Cetonia aurata, Rosenkäfer, Scarabaeidae ► Sy 11:2, ◘ **A 11.40**
Cetraria islandica, Isländisches Moos, Lichenes
Chaerophyllum bulbosum, Kerbelrübe, Apiaceae ► Sy 10B:54, ◘ **A 6.41, 9.11, 9.34, 11.14, 11.20, 11.28**
Chaetomorpha antenina, Cladophorales ► Sy 5:14, ◘ **A 5.11**
Chaetophorales, Chlorophyceae ► Sy 5:24
Chaetothyriales, ,schwarze Hefen', Ascomycota
Chalepogenus, Centridini, Apinae ► Sy 11:51
Chamaerops humilis, Zwergpalme, Arecaceae ► Sy 10B:9
Chara fragilis, Armleuchteralge, Charophyceae ► Sy 5:52, ◘ **A 4.9**
C. vulgaris ◘ **A 5.18**
Charophyceae, Armleuchteralgen ► Sy 5:52
Charophyta, Chloroplastida ► Sy 5:49–55, ◘ **A 4.14**
Cheilanthes tenuifolia, Pteridaceae ► Sy 8:14, ◘ **A 5.28**
Cheilocostus speciosus, Costaceae ► Sy 10B:12, ◘ **A 6.20**
Chelidonium majus, Schöllkraut, Papaveraceae ► Sy 10B:21, ◘ **A 7.24, 8.50,12.9, 12.15**
Chelostoma campanularum, Scherenbiene, Megachilidae ► Sy 11:2
C. rapunculi ◘ **A 11.42**
Chenopodium foliosum, Echter Erdbeerspinat, Amaranthaceae ► Sy 10B:47, ◘ **A 12.19**
C. quinoa, Quinoa
Chiastocheta, Brachycera ► Sy 11:31
Chinarindenbaum s. *Cinchona*
Chironia, Gentianaceae ► Sy 10B:60, ◘ **A 10.30**
Chiroptera, Fledertiere ► Sy 12:43
Chlamydomonadales, Chlorophyceae ► Sy 5:26
Chlamydomonas, Chlamydomonadales ► Sy 5:26, ◘ **A 2.6, 4.5**
C. alpina
C. braunii ◘ **A 4.5**
C. coccifera ◘ **A 4.5**
C. nivalis
C. variabilis ◘ **A 4.5**
Chloranthales, Basale Angiospermen ► Sy 10B:8, ◘ **A 5.84**
Chlorarachniophyta, Cercozoa ► Sy 4:7
Chlorella, Chlorellales ► Sy 5:29

Chlorococcus, Chlorophyceae ► Sy 5
Chlorophyceae, Chlorophyta ► Sy 5:23–28
Chlorophyta, Grünalgen, Chloroplastida ► Sy 5:14–48
Chlorophytum comosum, Grünlilie, Asparagaceae ► Sy 10B:13, ◘ **A 8.23**
Chloroplastida, Chlorophyta und Streptophyta ► Sy 4:13, Sy 5
Chondria tenuissima, Rhodophyceae ► Sy 4:12, ◘ **A 5.13**
Chrysanthemoides monilifera, Asteraceae ► Sy 10B:51, ◘ **A 12.18**
Chrysanthemum, Asteraceae ► Sy 10B:51, ◘ **A 11.9**
Chrysocapsa, Chrysophyceae ► Sy 4:10
Chrysocoma, Asteraceae ► Sy 10B:51
Chrysophyceae, Goldbraune Algen ► Sy 4:10
Chrysosphaera, Chrysophyceae ► Sy 4:10
Cicer arietinum, Kichererbse, Fabaceae ► Sy 10B:26
Cichorium intybus, Wegwarte, Zichorie, Asteraceae ► Sy 10B:51, ◘ **A 11.42**
Cinchona, Chinarindenbaum, Rubiaceae ► Sy 10B:60
C. officinalis, Cinchonabaum
Cinnamomum aromaticum, Zimt, Lauraceae ► Sy 10B:5
C. camphora, Kampferbaum
C. zeylanicum ◘ **A 10.23**
Cinnyris chalybeus (syn. *Nectarinia chalybea*) Nectariniidae ► Sy 12:31, ◘ **A 11.45, 11.50**
Cirsium, Kratzdistel, Asteraceae ► Sy 10B:51, ◘ **A 9.39**
C. tuberosum, Knollige Kratzdistel ◘ **A 11.41**
C. vulgare, Gewöhnliche Kratzdistel ◘ **A 6.38**
Cistus albidus, Zistrose, Cistaceae ► Sy 10B:38, ◘ **A 10.18**
C. cretensis, Kretische Zistrose ◘ **A 11.40**
Citrullus, Cucurbitaceae ► Sy 10B:29, ◘ **A 7.7**
C. lanatus var. *lanatus,* Wassermelone
Citrus, Rutaceae ► Sy 10B:41
C. × *aurantiifolia*, Limette
C. × *limon*, Zitrone ◘ **A 7.24, 11.24**
C. maxima, Pomelo
C. reticulata, Mandarine
C. × *sinensis*, Apfelsine
Cladonia, Rentierflechte, Lichenes ◘ **A 5.6**
Cladophora, Cladophorales ► Sy 5:14, ◘ **A 5.3**
C. vagabunda,
Cladophorales, Ulvophyceae ► Sy 5:14
**Cladoxylon*, Cladoxylales, Altfarne ► E 3.6
C. scoparium* ◘ **A 5.63
Claviceps purpurea, Purpurbrauner Mutterkornpilz, Ascomycota
Clematis vitalba, Waldrebe, Ranunculaceae ► Sy 10B:21, ◘ **A 6.55, 8.13, 8.14, 8.21, 10.42, 12.25**
Cleome hassleriana, Cleomaceae ► Sy 10B:39, ◘ **A 9.36**

Cleretum bellidiforme, Mittagsblume, Eiskraut, Aizoaceae ▶ Sy 10B:47

Cliffortia, Rosaceae ▶ Sy 10B:27

Closterium, Zygnematophyceae ▶ Sy 5:53, ◨ A 2.6, 5.3

Clowesia russeliana, Orchidaceae ▶ Sy 10B:13, ◨ A 12.24

Clusia, Clusiaceae ▶ Sy 10B:31

Cnidaria, Nesseltiere

Cocastrauch s. *Erythroxylum*

Coccinia, Cucurbitaceae ▶ Sy 10B:29

Coccolithales, Kalkflagellaten ▶ Sy 4:6, ◨ A 3.6

Coccoidea, Schildläuse, Hemiptera ▶ Sy 11:4

Cochliostema odoratissima, Commelinaceae ▶ Sy 10B:11, ◨ A 11.13

Cocos nucifera, Kokospalme, Arecaceae ▶ Sy 10B:9, ◨ A 3.24, 6.31, 7.15, 12.3, 12.18

Cocytius clentius, Sphingidae ▶ Sy 11:7

C. antaceus ◨ A 11.19

Codiaeum variegatum, Euphorbiaceae ▶ Sy 10B:21, ◨ A 8.65

Codium, Bryopsidales ▶ Sy 5:16, ◨ A 5.5

C. tomentosum

Coeligena wilsonii, Brauner Andenkolibri, Trochilidae ▶ Sy 12:31, ◨ A 11.46

Coelogyne mayerianum, Orchidaceae-Epidendroideae ▶ Sy 10B:13, ◨ A 11.26

*Coenopteridales, Altfarne ▶ E 3.6, ◨ A 3.13

Coffea arabica, Kaffeestrauch, Rubiacae ▶ Sy 10B:60, ◨ A 2.10

Cola, Colanuss, Malvaceae-Sterculioidae ▶ Sy 10B:38

Colchicum autumnale, Herbstzeitlose, Colchiaceae ▶ Sy 10B:14, ◨ A 2.10, 6.43

C. spec. (syn. *Androcymbium*) ◨ A 11.48

Coleochaete scutata, Coleochaetophyceae ▶ Sy 5:55

C. soluta

Coleochaetophyceae, Charohyta ▶ Sy 5:55

Coleoptera, Käfer, Insekten ▶ Sy 11:2

Coleus s. *Solenostemon*

Collembola, Springschwänze, Arthropoda, Gliederfüßer

Colletes, Colletidae, Seidenbienen ▶ Sy 11:52

Colletia paradoxa, Rhamnaceae ▶ Sy 10B:27, ◨ A 8.29

Colocasia exculenta, Taro, Araceae ▶ Sy 10B:18

Columnea consanguinea, Gesneriaceae ▶ Sy 10B:58

C. gloriosa ◨ A 11.44

C. tessmannii

Colutea arborescncs, Gelber Blasenstrauch, Fabaceae-Faboideae ▶ Sy 10B:26, ◨ A 11.52

Combretaceae, Flügelsamengewächse, Myrtales ▶ Sy 10B:35

Combretum, Langfaden, Combretaceae ▶ Sy 10B:35, ◨ A 12.24

Commelina coelestis, Commelinaceae ▶ Sy 10B:11, ◨ A 10.38

Commelinaceae, Commelinales ▶ Sy 10B:11

Commiphora habessinica, Myrrhe, Burseraceae ▶ Sy 10B:41

C. myrrha, Myrrhe

Conchocelis s. *Porphyra*

Congea, Lamiaceae-Symphoremoideae ▶ Sy 10B:58, ◨ A 12.24

C. tomentosa ◨ A 9.21

Conium maculatum, Gefleckter Schierling, Apiaceae ▶ Sy 10B:54

Conocarpus erectus, Combretaceae ▶ Sy 10B:35

Conophytum, Aizoaceae ▶ Sy 10B:47

Consolida hispanica, Ranunculaceae ▶ Sy 10B:21

C. regalis, Gewöhnlicher Feldrittersporn ◨ A 10.42, 11.17, 12.9

Convallaria majalis, Maiglöckchen, Asparagaceae-Nolinoideae ▶ Sy 10B:13, ◨ A 8.22

Convolvulaceae, Windegewächse, Solanales ▶ Sy 10B:57

Convolvulus arvensis, Ackerwinde, Convolvulaceae ▶ Sy 10B:57, ◨ A 2.7

Cooksonia bohemica, Rhyniophyta ▶ E 3.5, ◨ A 3.11, 5.29

Copernica prunifera, Carnaubapalme, Arecaceae ▶ Sy 10B:9

Corallina mediterranea, Korallenmoos, Corallinales, Rhodophyceae ▶ Sy 4:12

C. officinalis ◨ A 5.14

Corallinales, Florideophyceae, Rhodophyceae ▶ Sy 4:12

Corallorhiza, Orchidaceae ▶ Sy 10B:13

Corchorus capsularis, Jute, Malvaceae ▶ Sy 10B:41

C. olitorius, Jute

*Cordaitales, fossile Gymnospermen ▶ E 3.8, ◨ A 3.10, 5.42

Cordyline, Keulenlilie, Asparagaceae-Lomandroideae ▶ Sy 10B:13, ◨ A 8.27

Coriandrum sativum, Koriander, Apiaceae ▶ Sy 10B:54, ◨ A 6.9, 9.28, 10.49

Coriariaceae, Cucurbitales ▶ Sy 10B:39

Cornus, Cornaceae ▶ Sy 10B:48

C. canadensis, Kanadischer Hartriegel ◨ A 9.21

C. kousa, Blumen-Hartriegel ◨ A 6.27, 12.18

C. mas, Kornelkirsche ◨ A 12.18

Correa reflexa, Rutaceae ▶ Sy 10B:41, ◨ A 11.39

Corsia, Corsiaceae ▶ Sy 10B:14

Coryanthes, Orchidaceae-Epidendroideae ▶ Sy 10B:14

C. albertinae ◨ A 11.23

C. speciosa ◨ A 11.23

Corybas, Orchidaceae-Orchidoideae ▶ Sy 10B:14

Corydalis cava, Hohler Lerchenspor, Papaveraceae ▶ Sy 10B:21

C. sibirica, Lerchensporn

Corylus avellana, Gemeine Hasel, Betulaceae ► Sy 10B:28, ◘ **10.27**, **11.62**, **12.9**, **12.19**

Corypha umbraculifera, Talipot-Palme, Arecaceae ► Sy 10B:9, ◘ **A 6.31**

Costaceae, Zingiberales ► Sy 10B:12

Costus s. *Cheilocostus*

Cotinus coggygria, Perückenstrauch, Anacardiaceae ► Sy 10B:41, ◘ **A 12.26**

Cotula, Asteraceae ► Sy 10B:51

Cotyledon orbiculata, Crassulaceae ► Sy 10B:43, ◘ **A 8.62**

Couroupita guianensis, Kanonenkugelbaum, Lecythidaceae ► Sy 10B:49

Crassula columnaris, Crassulaceae ► Sy 10B:43

C. plegmatoides ◘ **A 8.62**

C. rupestris. ◘ **A 8.62**

C. teres

Crassulaceae, Dickblattgewächse, Saxifragales ► Sy 10B:43, ◘ **A 10.3**

Crataegus monogyna, Weißdorn, Rosaceae ► Sy 10B:27

Craterostogma plantaginea, Linderniaceae ► Sy 10B:58, ◘ **A 10.36**

Crematogaster borneensis, Myrmicinae, Formicidae ► Sy 11:51

Crescentia cujete, Kalebassenbaum, Bignoniaceae ► Sy 10B:58

Crocus sativus, Safran-Krokus, Colchicaceae ► Sy 10B:14, ◘ **A 10.51**

Crotalaria juncea, Bengalischer Hanf, Fabaceae ► Sy 10B:26

Croton nuntians, Euphorbiaceae ► Sy 10B:31

Cruciata, Kreuzlabkraut, Rubiaceae ► Sy 10B:60

Cryosophila, Arecaceae ► Sy 10B:9

Cryphaeaceae, Bryophyta ► Sy 7B:52

Cryptocoryne, Wasserkelch, Araceae ► Sy 10B:18

Cryptomonadales, Schlundgeißler ► Sy 4:5

Cryptomonas, Crytophyceae ► Sy 4:5

Cryptophyceae: Gruppe mit sekundären Algen ► Sy 4:5

Cryptothallus mirabilis, Aneuraceae, Marchantiophyta ► Sy 7A, C:16

Ctenanthe burle-marxii, Marantaceae ► Sy 10B:12, ◘ **A 8.64**

C. setosa ◘ **A 8.56**

Ctenoplectra, Ctenoplectrini, Apinae ► Sy 11:52

Cucumis melo, Honigmelone, Cucurbitaceae ► Sy 10B:29

C. sativus, Gurke ◘ **A 7.9**, **7.21**

Cucurbita, Kürbis, Cucurbitaceae ► Sy 10B:29, ◘ **A 8.10**

C. maxima, Kürbis ‚Red Hokkaido' ◘ **A 12.1**

C. pepo, Kürbis

C. pepo subsp. *pepo*, Zucchini

Cucurbitaceae, Kürbisgewächse, Cucurbitales ► Sy 10B:29, ◘ **A 3.23**, **5.26**, **12.28**

Cupressaceae, Zypressengewächse, Pinales ► Sy 9:3, ◘ **A 5.48**, **5.74**

Cupressus lusitanica, Cupressaceae ► Sy 9:3, ◘ **A 5.74**

C. macnabiana ◘ **A 5.74**

C. sempervirens, Zypresse ◘ **A 6.38**

Curculionidae, Rüsselkäfer ► Sy 11:2

Curcuma, Zingiberaceae ► Sy 10B:12, ◘ **A 9.23**

C. longa, Gelbwurzel

Cuscuta, Teufelszwirn, Seide, Convolvulaceae ► Sy 10B:57, ◘ **A 8.93**

Cutleria, Cutleriales, Phaeophyceae ► Sy 4:10, ◘ **A 4.12**

Cutleriales, Phaeophyceae ► Sy 4:10

Cyanella alba ssp. *flavescens*, Tecophilaeaceae ► Sy 10B:13, ◘ **A 9.36**

Cyanidiales, Rhodophyceae ► Sy 4:12

Cyanobakterien ► Sy 3 ► E 3.2

Cyanomitra olivaceus, ►Nectariniidae Sy 12:33

Cyanotis vaga, Commelinaceae ► Sy 10B:11, ◘ **A 10.34**

Cyathea australis, Cyatheaceae ► Sy 8:13, ◘ **A 5.37**

C. capensis ◘ **A 5.37**

*C. dealbata*m, Silberfarn

Cyatheales, Baumfarne, Monilophyta ► Sy 8:13, ◘ **A 3.7**, **5.29**, **5.37**, **5.57**

Cycadales, Palmfarne, Gymnospermen ► Sy 9:1, ◘ **A 3.10**, **4.14**, **4.26**, **4.27**, **5.42**, **5.48**, **5.70**

*Cycadeoidea, Bennettitales ► E 3.8, ◘ **A 5.68**

Cycadothrips chadwicki, Thysanoptera ► Sy 11:14

Cycas circinales, Cycadaceae ► Sy 9:1, ◘ **A 5.68**, **6.31**

C. elongata ◘ **A 5.43**

C. panzhihuaensis ◘ **A 5.43**

C. revoluta ◘ **A 4.27**, **5.70**

Cyclamen persicum, Alpenveilchen, Primulaceae ► Sy 10B:49, ◘ **A 1.5**

C. repandum, Alpenveilchen ◘ **A 12.29**

Cyclanthaceae, Pandanales ► Sy 10B:41

Cyclanthera explodens, Explodiergurke, Cucurbitaceae ► Sy 10B:29, ◘ **A 12.28**

Cyclocephala atricapilla, Dynastinae, Scarabaeidae ► Sy 11:2, ◘ **A 11.29**

*Cyclostigma, Bärlapppflanzen ► E 3.6, ◘ **A 3.13**

Cydalima perspectalis, Buchsbaumzünsler, Crambidae ► Sy 11:7, ◘ **A 8.95**

Cydonia oblonga, Quitte, Rosaceae ► Sy 10B:27

Cylindrocapsa, Chlamydomonales ► Sy 5:26, ◘ **A 5.12**

Cylindropuntia bigelovii, Teddybär-Kaktus, Cactaceae ► Sy 10B:47, ◘ **A 3.22**, **6.48**

C. whipplei ◘ **A 8.31**

Cymbalaria muralis, Zimbelkraut, Plantaginaceae ▶ Sy 10B:58

Cymbidium, Orchidaceae-Epidendroideae ▶ Sy 10B:13, ◘ A 10.45

Cymbopogon citratus, Zitronengras, Poaceae ▶ Sy 10B:10

Cymodocea nodosa, Cymodoceaceae ▶ Sy 10B:18, ◘ A 11.66

Cymodoceaceae, Tanggrasgewächse, Alismatales ▶ Sy 10B:18

Cynipidae, Gallwespen, Apidae ▶ Sy 11:51

Cynoglossum officinale, Hundszunge Boraginaceae ▶ Sy 10B:61, ◘ A 7.9

Cynomorium, Cynomoriaceae ▶ Sy 10B:43

Cypella herbertii, Iridaceae▶ Sy 10B:13, ◘ A 11.21

Cyperaceae, Sauergräser, Poales ▶ Sy 10B:10, ▶ E 11.11, ◘ A 11.65

Cyperus, Zypergras, Cyperaceae ▶ Sy 10B:10

C. obtusiflorus ◘ A 11.65

C. papyrus subsp. *papyrus*, Echter Papyrus ◘ A 7.3

Cyphostemma currorii, Butterbaum, Vitaceae ▶ Sy 10B:42, ◘ A 3.23, 8.30

Cypripedioideae ▶ Orchidaceae ◘ A 11.24

Cypripedium, Frauenschuh, Orchidaceae-Cypripedioideae ▶ Sy 10B:13, ◘ A 11.11, 11.30

C. calceolus ◘ A 11.30

Cytinus hypocistis, Gelber Zistrosenwürger, Cytinaceae ▶ Sy 10B:38, ◘ A 8.93

Cytisus scoparius, Besenginster, Fabaceae-Faboideae ◘ A 11.53

D

Dactylis glomerata, Knäuelgras, Poaceae ▶ Sy 10B:10, ◘ A 11.63

Dactylorhiza, Knabenkraut, Orchidaceae-Orchidoideae ▶ Sy 10B:13

Dahlia, Dahlie, Asteraceae ▶ Sy 10B:51, ◘ A 8.78

Dalbergia melanoxylon, Grenadillholz, Fabaceae ▶ Sy 10B:26

Dalechampia scandens, Euphorbiaceae ▶ Sy 10B:31, ◘ A 9.21

D. spathulate ◘ A 9.21, 11.23

Danae racemosa, Traubendorn, Asparagaceae-Nolinoideae ▶Sy 10B:13, ◘ A 8.28

Danaea, Marattiaceae, Marattiales ▶ Sy 8:7

Daphne, Seidelbast, Thymelaeaceae ▶ Sy 10B:38

Darlingtonia californica, Kobralilie, Sarraceniaceae ▶ Sy 10B:49

Darmtang s. *Enteromorpha*

Darwinia leiostyla, Myrtaceae ▶ Sy 10B:35, ◘ A 9.21, 9.39, 10.52

D. vestita ◘ A 10.52

Dasycladales, Ulvophyceae ▶ Sy 5:15

Dasypoda hirtipes, Hosenbiene, Melittidae ▶ Sy 11:52, ◘ A 11.42

Dasypogon bromeliifolius, Dasypogonaceae ▶ Sy 10B:9, ◘ A 8.87

Dasyprocta, Aguti, Rodentia ▶ Sy 12:48

Dasyscolia ciliata, Scoliidae, Dolchwespen ▶ Sy 11:51, ◘ A 11.37

Datiscaceae, Cucurbitales ▶ Sy 10B:29

Dattelpalme s. *Phoenix*

Daucus, Apiaceae ▶ Sy 10B:54

D. bicolor ◘ A 9.29

D. carota, Wilde Möhre, Apiaceae ▶ Sy 10B:54, ◘ A 8.78, 9.29

D. carota ssp. *maxima* ◘ A 9.29

D. carota subsp. *sativus*, Karotte, Möhre ◘ A 8.78

Davallia, Davalliaceae ▶ Sy 8:14

Davidia incolucrata, Nyssaceae, Cornales ▶ Sy 10B:48, ◘ A 7.25

Debregeasia orientalis, Urticaceae ▶ Sy 10B:27, ◘ A 12.19

Degeneriaceae, Magnoliales ▶ Sy 10B:4

Delphinium elatum, Hoher Rittersporn, Ranunculaceae ▶ Sy 10B:21

Dendrobatidae, Baumsteigerfrösche, Anura ▶ Sy 12.1

Dendrobium, Orchidaceae-Epidendroideae ▶ Sy 10B:13, ◘ A 7.21

D. brymerianum ◘ A 11.26

D. sinens

Dendroceros crispus, Dendrocerotaceae ▶ Sy 7:2, ◘ A 5.52

Dendrophylax lindenii, Geisterorchidee, Orchidaceae ▶ Sy 10B:13

Dendrosenecio brassiciformis, Asteraceae ▶ Sy 10B:51, ◘ A 3.23

D. keniodendron ◘ A 8.15

**Denkania indica*, Glossopteridales ▶ E 3.7, ◘ A 5.68

Dennstaedtia, Dennstaedtiaceae ▶ Sy 8:14, ◘ A 5.60

Derbesia marina, Bryopsidales ▶ Sy 5:16, ◘ A 4.7

Desmodium, Fabaceae-Faboideae ▶ Sy 10B:21

Deutzia gracilis, Hydrangeaceae ▶ Sy 10B:48, ◘ A 9.5

Dianella, Hemerocallidaceae ▶ Sy 10B:13, ◘ A 10.33, 10.34

Diascia, Scrophulariaceae ▶ Sy 10B:58, ◘ A 11.22

D. barberae ◘ A 11.22

D. longicornus ◘ 11.19

D. rigenscens

Diatomeen, Bacillariophyceae, Kieselalgen ▶ Sy 4:10

Dicentra spectabilis, Tränendes Herz, Papaveraceae-Fumarioideae ▶ Sy 10B:21, ◘ A 10.20

Dichromena ciliata, Cyperaceae ▶ Sy 10B:10, ◘ A 9.21, 11.65

Dichrostachys cinerea, Fabaceae-Mimosoideae ▶ Sy 10B:26, ◘ A 10.39

Dickblattgewächse s. Crassulaceae

Dickröhrlinge, Boletaceae, Agaricomycotina, Basidiomycota

Dicksonia antarctica, Dicksoniaceae ► Sy 8:13, ◘ **A 5.37**

Dicotylen: Basale Angiospermen und ►Eudicotylen Sy 10A, ◘ **A 5.29**

Dicranaceae, Bryophyta ► Sy 7B:41

Dictyopteris polypodioides, Phaeophyceae ► Sy 4:20

Dictyota dichotoma, Gabelzunge, Dictyotales ► Sy 4:10, ◘ **A 5.9**

Dictyotales, Phaeophyceae ► Sy 4:10

Didelta carnosa subsp. *carnosa,* Asteraceae ► Sy 10B:51, ◘ **A12.20**

D. carnosa subsp. *tomentosa* ◘ **A 6.57**

Didierea trollii, Didiereaceae ► Sy 10B:47, ◘ **A 6.15**

Dietes bicolor, Iridaceae ► Sy 10B:13, ◘ **A 11.40**

Digitalis purpurea, Roter Fingerhut, Scrophulariaceae ► Sy 10B:58, ◘ **A 9.2**

Dilleniales, ►Kerneudicotylen Sy 10B:44

Dimorphotheca, Asteraceae ► Sy 10B:51, ◘ **A 12.24**

Dinkel s. *Triticum*

Dinococcus, Dinophyta ► Sy 4:9

Dinoflagellata s. Dinophyta

Dinophyta, Dinoflagellata, Panzergeißler ► Sy 4:9

Dionaea muscipula, Venusfliegenfalle, Droseraceae ► Sy 10B:47, ◘ **A 8.56, 8.91**

Dioon edule, Zamiaceae ► Sy 9:1, ◘ **A 4.27**

Dioscorea, Yamswurzel, Dioscoreaceae ►Sy 10B:15, ◘ **A 2.7, 8.78**

D. rotunda

Diospyros, Ebenholz, Ebenaceae ► Sy 10B:49

D. kaki, Kakipflaume

Diplolaena angustifolia, Rutaceae ► Sy 10B:41, ◘ **A 11.44**

Diplolepis rosae, Gemeine Rosengallwespe, Cynipidae ► Sy 11:51, ◘ **A 8.94**

Diplotaxis tenuifolia, Schmalblättriger Doppelsame, Brassicaceae ► Sy 10B:39, ◘ **A 9.11**

Dipsacus fullonum, Wilde Karde, Caprifoliaceae-Dipsacoideae ► Sy 10B:55, ◘ **A 8.47**

Diptera, Zweiflügler, Insekten ► Sy 11:3

Dipterocarpaceae, Flügelnussgewächse, Malvales ► Sy 10B:38, ◘ **A 3.23, 12.24**

Disa uniflora, Orchidaceae-Orchidoideae ► Sy 10B:13, ◘ **A 11.26**

Dischidia, Apocynaceae-Asclepioideae ►Sy 10B:51, ◘ **A 8.54**

D. collyris ◘ **A 8.75**

D. major (syn. *D. rafflesiana*) ◘ **A 8.54**

Dissochaeta, Melastomataceae ►Sy 10B:35

Dissotis rotundifolia, Melastomataceae ► Sy 10B:35, ◘ **A 10.38**

Distelfalter s. *Vanessa*

Diuris, Orchidaceae-Orchidoideae ► Sy 10B:13, ◘ **A 11.26**

Dodonaea viscosa, Sapindaceae ► Sy 10B:41

Doldenblütler s. Apiaceae

Dorema ammoniacum, Ammoniakpflanze, Apiaceae ► Sy 10B:54

D. aucheri ◘ **A 7.24**

Dornteufel, *Moloch horridus,* Sauria ► Sy 12:2, ◘ **A 8.62**

Dorstenia contrayerva, Moraceae ► Sy 10B:27

D. yambuayensis ◘ **A 9.21**

Dorystoechas, Lamiaceae ► Sy 10B:58 ◘, **A 10.33**

Douglasie s. *Pseudotsuga*

Dracaena, Drachenbaum, Asparagaceae-Nolinoideae ► Sy 10B:13

D. cinnabari, Drachenblutbaum

D. draco, Drachenbaum ◘ **A 8.27**

Dracontium, Araceae ► Sy 10B:18, ◘ **A 6.46**

Drakaea livida (syn. *D. fitzgeraldii*), Hammerorchidee, Orchidaceae ► Sy 10B:13, ◘ **A 11.37**

Drehmoos s. *Funaria*

Drehzahnmoos s. *Syntrichia*

Drepanophycus,* Bärlapppflanzen ► E 3.6, ◘ **A 3.13

Drillingsblume s. *Bougainvillea*

Drimys winteri, Winteraceae ► Sy 10B:7, ◘ **A 3.27, 5.84, 10.42, 10.51**

Drosera, Sonnentau, Droseraceae ► Sy 10B:47, ◘ **A 3.21, 7.9, 8.90**

D. anglica, Langblättriger Sonnentau

D. glanduligera

D. intermedia, Mittlerer Sonnentau

D. rotundifolia, Rundblättriger Sonnentau

Droseraceae, Sonnentaugewächse, Caryophyllales ► Sy 10B:47

Drosophila, Fruchtfliege, Drosophilidae ► Sy 11:31

Drosophyllum lusitanicum, Taublatt, Drosophyllaceae ► Sy 10B:47, ◘ **A 8.90**

Dryandra, Proteaceae ► Sy 10B:22, ◘ **A 6.54**

Dryas octopetala, Weiße Silberwurz, Rosaceae ► Sy 10B:27, ◘ **A 6.54**

Drymonia dodsonii, Gesneriaceae ► Sy 10B:58, ◘ **A 11.46**

Drynaria, Polypodiaceae ► Sy 8:14

Dryocosmus kuriphilus, Japanische Esskastanien-Gallwespe, Cynipidae ► Sy 11:51, ◘ **A 8.94**

Dryopteris filix-mas, Echter Wurmfarn, Dryopteridaceae ► Sy 8:14, ◘ **A 5.41, 5.57**

Dudleya caespitosa, Crassulaceae ► Sy 10B:43, ◘ **A 10.26**

Duguetia furfuracea, Annonaceae ► Sy 10B:4, ◘ **A 11.28**

Duisbergia mirabilis,* Cladoxylales, Altfarne ► E 3.6, ◘ **A 3.13

Dunaliella salina, Chlamydomonadales ► Sy 5:15, ◘ **A 5.5**

Dünnfarn s. *Trichomanes*

Durio zibethinus, Durianbaum, Malvaceae ► Sy 10B:38, ◘ **A 12.5, 12.13**

Duroia hirsuta, Rubiaceae ► Sy 10B:60

Durvillaea antarctica, Fucales ▶ Sy 4:10, ◘ **A 5.16**
Dyssodia decipiens, Asteraceae ▶ Sy 10B:51, **A 9.31**

E
Ebenholz s. *Diospyros*
Eberesche s. *Sorbus*
Ecballium elaterium, Spritzgurke, Cucurbitaceae ▶ Sy 10B:29, ◘ **A 12.28**
Echinaria capitata, Poaceae ▶ Sy 10B:10, ◘ **A 12.22**
Echinocactus grusonii, Cactaceae ▶ Sy 10B:47, ◘ **A 8.31**
Echinocereus triglochidiatus, Cactaceae ▶ Sy 10B:47, ◘ **A 8.31**
Echinophora, Stacheldolde, Apiaceae ▶ Sy 10B:54
E. spinosa ◘ **A 9.34, 12.23**
E. trichophylla ◘ **A 8.94, 9.29**
Echinops, Kugeldistel, Asteraceae ▶ Sy 10B:51, ◘ **A 12.22**
Echinopsis chiloensis, Cactaceae ▶ Sy 10B:47, ◘ **A 3.24, 8.93**
Echium, Natternzunge, Boraginaceae ▶ Sy 10B:61
Ecklonia maxima, Phaeophyceae ▶ Sy 4:10, ◘ **A 5.17**
Ecpoma gigantostipula, Rubiaceae ▶ Sy 10B:60
Ectocarpales, Phaeophyceae ▶ Sy 4:10
Ectocarpus, Faseralge, Ectocarpales, Phaeophyceae ▶ Sy 4:10
Efeu s. *Hedera*
Ehrenpreis s. *Veronica*
Eibe s. *Taxus*
Eibengewächse s. Taxaceae
Eichblatt s. *Phycodrys rubens*
Eiche s. *Quercus*
Eichhornia, Wasserhyazinthe, Pontederiaceae ▶ Sy 10B :11
Einbeere s. *Paris*
Einkeimblättrige ▶ Monocotylen
Einkorn s. *Triticum*
Elaeagnaceae, Ölweidengewächse, Rosales ▶ Sy 10B:27
Elaeagnus angustifolia, Elaeagnaceae ▶ Sy 10B:27, ◘ **A 7.21**
E. viridis var. *delavayi* ◘ **A 7.21**
Elaeis quineensis, Ölpalme, Arecaceae ▶ Sy 10B:9, ◘ **A 8.27**
Elefanten, *Loxodonta africana*, Proboscoideae, Rüsseltiere ▶ Sy 12:47
Elephantulus edwardii, Elefantenspitzmaus, Macroscelidea ▶ Sy 12:44, ◘ **A 11.48**
Elettaria cardamomum, Grüner Cardamom, Zingiberaceae ▶ Sy 10B:12,
E. elatior ◘ **A 9.21**
Elkinsia polymorpha*, Pteridospermen ▶ E 3.7, ◘ **A 5.42
Elodea, Wasserpest, Hydrocharitaceae ▶ Sy 10B:18

E. canadensis, Kanadische Wasserpest ◘ **A 11.66**
E. nutallii, Wasserpest
Elsbeere s. *Sorbus*
Elymus repens, Kriech-Quecke, Poaceae ▶ Sy 10B:10, ◘ **A 11.63**
Elysia chlorotica, Grüne Samtschnecke, Gastropoda
Embryophyta, Landpflanzen ▶ Sy 6:1
Emmer s. *Triticum*
Empetrum nigrum, Schwarze Krähenbeere, Ericaceae ▶ Sy 10B:49
Emporia*, Voltziales ▶ E 3.8, ◘ **A 5.42
Encephalartos horridus, Zamiaceae ▶ Sy 9:1, ◘ **A 5.70**
E. natalensis ◘ **A 5.70**
E. horridus ◘ **A 5.43, 5.70**
E. transvenosus ◘ **A 5.43**
Engelstrompete s. *Brugmansia*
Enhalus acoroides, Hydrocharitaceae ▶ Sy 10B:18
Ensete ventricosum, Zierbanane, Musaceae ▶ Sy 10B:12, ◘ **A 8.44**
Entada abyssinica, Fabaceae-Caesalpinioideae ▶ Sy 10B:26, ◘ **A 12.12, 12.27**
E. gigas
E. phaseoloides
Enteromorpha, Ulvales ▶ Sy 5:19, ◘ **A 5.11, 5.19**
E. intestinalis, Darmtang
**Eospermatopteris*, Cladoxylales, Altfarne ▶ E 3.6
Eonycteris spelaea, Kleiner Langzungenflughund, Pteropodidae ▶ Sy 12:43, ◘ **A 11.47**
Ephedra, Meerträubel, Ephedraceae ▶ Sy 9:3, ◘ **A 5.49, 5.77**
E. altissima ◘ **A 5.77**
E. chilensis ◘ **A 5.77**
E. distachya ◘ **A 5.77, 5.78**
E. foeminea ◘ **A 5.77**
E. major ◘ **A 5.77**
E. triandra
E. viridis ◘ **A 5.49**
Ephedraceae, Meerträubelgewächse, Pinales ▶ Sy 9:3, ◘ **A 4.26, 5.49**
Ephemeropsis, Hookeriaceae, Bryophyta ▶ Sy 7B:51
Ephydatia fluviatilis, Spongilidae, Süßwasserschwämme, Porifera
Epidendroideae ▶ Orchidaceae ◘ **A 11.24**
Epidendron, Orchidaceae-Epidendroideae ▶ Sy 10B:13
Epilobium angustifolium, Schmalblättriges Weidenröschen, Onagraceae ▶ Sy 10B:35, ◘ **A 12.13**
Epipactis helleborine, Breitblättrige Stendelwurz, Orchidaceae-Epidendroideae ▶ Sy 10B:13, ◘ **A 11.26**
Epiphyllum, Cactaceae ▶ Sy 10B:47
Epipogium, Orchidaceae ▶ Sy 10B:13
Equisetales, Monilophyta ▶ Sy 8:4, ◘ **A 3.10**
Equisetum, Schachtelhalm, Equisetaceae ▶ Sy 8:4, ◘ **A 4.20, 5.27, 5.36, 5.54**

E. arvense, Acker-Schachtelhalm, Zinnkraut ■ **A 5.27, 5.35, 5.58, 5.64, 5.66**

E. giganteum

E. hyemale, Winter- ■Schachtelhalm **A 5.35**

E. palustre, Sumpf-Schachtelhalm

E. pratense, Wiesen-Schachtelhalm

E. robustum ■ **A 5.65**

E. sylvaticum, Wald ■-Schachtelhalm **A 5.35**

E. telmateia, Riesen-Schachtelhalm

E. sylvaticum ■ **A 5.35, 5.64**

Eragrostis tef, Zwerghirse, Poaceae ► Sy 10B:10

Eranthis hyemalis, Winterling, Ranunculaceae ► Sy 10B:21, ■ **A 10.21, 10.40, 10.42, 12.11**

Erbse s. *Pisum*

Erdbeere s. *Fragaria*

Erdnuss s. *Arachis*

Eremodaucus lehmannii, Apiaceae ► Sy 10B:54

Eremophila, Emustrauch, Scrophulariaceae ► Sy 10B:58, ■ **A 11.44**

Eremurus cf. *stenophyllus,* Steppenkerze, Asphodelaceae-Xanthorrhoideae ► Sy 10B:13, ■ **A 8.78**

Erica arborea, Baumheide, Ericaceae ► Sy 10B:49

E. cerinthoides ■ **A 3.26**

E. vestita, ■ **A 10.30**

Ericaceae, Heidekrautgewächse, Ericales ► Sy 10B:49, ■ **A 3.21**

Eriobotrya japonica, Japanische Wollmispel, Rosaceae ► Sy 10B:27

Eriocaulaceae, Poales ► Sy 10B:10, ■ **A 3.24**

Eriogonum parvifolium, Polygonaceae ► Sy 10B:47, ■ **A 8.93**

Eriope, Lamiaceae ► Sy 10B:58

Eriophorum, Wollgras, Cyperaceae ► Sy 10B:10, ■ **A 3.21, 8.90**

E. angustfolium, Schmalblättriges Wollgras ■ **A 12.25**

Eristalis pertinax, Syrphidae ► Sy 12:31

Erle s. *Alnus*

Ernteameisen: Sammelname

Erodium ciconium, Groß-Reiherschnabel, Geraniaceae ► Sy 10B:34, ■ **A 12.29**

Eryngium, Mannstreu, Apiaceae ► Sy 10B:54

E. maritimum, Stranddistel ■ **A 12.26**

Erysiphe alphitoides, Eichenmehltau, Ascomycota ■ **A 8.95**

Erythrina, Korallenbaum, Fabaceae-Faboideae ► Sy 10B:26, ■ **A 12.11**

Erythroxylaceae ► Sy 10B:31

Erythroxylum coca, Kokastrauch, Erythroxylaceae ► Sy 10B:31, ■ **A 2.10**

Escallonia rubra, Escalloniaceae ► Sy 10B:52, ■ **A 11.42**

Esche s. *Fraxinus*

Eschscholtzia californica, Papaveraceae ► Sy 10B:21, ■ **A 10.8, 10.45**

Esparsette s. *Onobrychis*

Espe s. *Populus*

Espeletia, Asteraceae ► Sy 10B:51

Esskastanie s. *Castanea*

Etapteris,* Altfarne ► E 3.6, ■ **A 5.33

Etlingera (syn. *Nicolaia*) *elatior,* Fackel-Ingwer, Zingiberaceae ► Sy 10B:12, ■ **A 11.45**

Eucalyptus, Myrtaceae ► Sy 10B:35b, ■ **A 8.20, 8.21, 8.61, 12.13**

E. conferruminate ■ **A 12.13m**

E. diversicolor, Karri ■ **A 3.25, 6.52**

E. globulus

E. jacksonii

E. macrocarpa ■ **A 10.16**

E. regnans, Riesen-Eukalyptus

Eucera, Langhornbiene, Eucerini, Apinae ► Sy 11:52

Euchaetis longibracteata, Rutaceae ► Sy 10B:41, ■ **A 8.58, 8.61, 9.21, 10.33**

Eucladium, Pottiaceae, Bryophyta ► Sy 7B:42, ■ **A 5.21**

E. verticillatum

Eucomis regia, Asparagaceae ► Sy 10B:13, ■ **A 11.48**

Eudicotylen, Dreifurchen-Zweikeimblättrige, Angiospermen ► Sy 10B:21–64

Eudorina, Volvocaceae, Chlamydomonales ► Sy 5:26

Euglena viridis, Euglenophyceae, Augentierchen ► Sy 4:4

Euglenophyceae, Augentierchen ► Sy 4:4

Euglossini, Prachtbienen, Apinae ► Sy 11:52

Euglossa cordata, Euglossini ► Sy 11:52, ■ **A 11.19, 11.23**

Eukaryoten: Organismen mit Eucyten ► E 3.2

Eulaema meriana, Euglossini ► Sy 11:52, ■ **A 11.23**

Eulychnia acida, Cactaceae ► Sy 10B:47

Euonymus, Spindelstrauch, Celastraceae ► Sy 10B:32, ■ **A 11.40, 12.5, 12.12**

E. alatus, Flügel-Spindelstrauch,

E. europaeus, Gewöhnliches Pfaffenhütchen

Euphorbia, Wolfsmilch, Euphorbiaceae ► Sy 10B:31, ■ **A 3.22, 8.15, 8.30, 9.26**

E. canariensis ■ **A 7.24**

E. candelabrum, Kandelaber-Wolfsmilch ■ **A 3.22, 8.15**

E. cyparissias, Zypressen-Wolfsmilch ■ **A 8.76, 8.95**

E. damarana

E. eugeniae ■ **A 9.9**

E. fimbriata ■ **A 8.30**

E. fulgens ■ **A 9.27**

E. helioscopia, Sonnenwend-Wolfsmilch

E. heptagona ■ **A 8.30**

E. heterophylla ■ **A 6.16**

E. ledenii ■ **A 9.41**

E. marginata ■ **A 9.27**

E. mauritanica ◘ A 9.41
E. milii, Christusdorn ◘ A 9.27
E. pulcherrima, Weihnachtsstern ◘ A 9.27
E. regis-jubae ◘ A 6.54
E. royleana ◘ A 8.30
E. splendens ◘ A 7.23
E. tithymaloides (syn. *Pedilanthus*) ◘ A 9.27
E. tuberculata ◘ A 9.27
E. virosa, Namibische Giftwolfsmilch ◘ A 8.30
E. xylophylloides
Euphorbiaceae, Wolfsmilchgewächse ▶ Sy 10B:31
Euphrasia, Augentrost, Orobanchaceae ▶ Sy 10B:58B, ◘ A 8.92
Euphyllophyta: Farne und Samenpflanzen ▶ Sy 6:5, ◘ A 5.57
Eupomatia laurina, Eupomatiaceae ▶ Sy 10B:4, ◘ A 3.25, 5.84
Eupomatiaceae, Magnoliales ▶ Sy 10B:4
Euplusia, Euglossini ▶ Sy 11:52
Eusporangiate Farne, Monilophyta ▶ Sy 8:4–7
Eustoma russellianum, Prärie-Enzian, Gentianaceae ▶ Sy 10B:60, ◘ A 11.12
Eutricha capensis, Lasiocampidae, Glucken ▶ Sy 11:7, ◘ A 11.31
Exocarpos, Santalaceae ▶ Sy 10B:46, ◘ A 6.54

F
Fabaceae, Leguminosae, Hülsenfrüchtler, Fabales ▶ Sy 10B:26, ◘ A 11.31, ▶ E 12.2
Fabaceae-Faboideae, Schmetterlingsblütler
Fadenwürmer, Nematoda, Bilateria-Protostomia
Fagaceae, Buchengewächse, Fagales ▶ Sy 10B:28
Fagus sylvatica, Rotbuche, Fagaceae ▶ Sy 10B:28, ◘ A 1.1, 3.21, 6.9
Falkenbergia rufonalosa s. *Asparagopsis armata*
Fallopia japonica, Japanischer Staudenknöterich, Polygonaceae ▶ Sy 10B:47, ◘ A 3.20
Falscher Mehltau des Weines s. *Plasmopara*
Fargesia murielae, Schirmbambus, Poaceae ▶ Sy 10B:10
Farne ▶ Monilophyta
Faseralge s. *Ectocarpus*
Federgras s. *Stipa*
Feenhaar s. *Tillandsia*
Feige s. *Ficus*
Felberich s. *Lysimachia*
Feldrittersporn s. *Consolida*
Fenchel s. *Foeniculum*
Ferraria crispa, Iridaceae ▶ Sy 10B:13, ◘ A 11.32
Ferulago galbanifera, Apiaceae ▶ Sy 10B:54, ◘ A 8.37
Festuca, Poaceae ▶ Sy 10B:10
Fettkraut s. *Pinguicula*
Feuerdorn s. *Pyracantha*

Ficaria verna (syn. *Ranunculus fucaria*), Scharbockskraut, Ranunculaceae ▶ Sy 10B:21, ◘ A 6.47, 6.48, 7.25, 11.15
Fichte s. *Picea*
Ficinia radiata, Cyperaceae▶ Sy 10B:10, ◘ A 11.65
Ficus, Feige, Moraceae ▶ Sy 10B:27, ◘ A 5.48, 8.82, 8.83, 11.27
F. benghalensis, Banyanbaum ◘ A 8.82
F. carica, Essfeige ◘ A 12.18
F. elastica, Gummibaum
F. macrophylla (syn. *F. magnolioides*) ◘ A 8.83
F. religiosa, Pappelfeige, Bodhibaum, Heiliger Feigenbaum ◘ A 8.44
F. sycomorus, Sykomore, Adamsfeige, Eselsfeige ◘ A 11.27
F. variegata ◘ A 11.27
Filipendula ulmaria, Mädesüß, Rosaceae ▶ Sy 10B:27
Fillaeopsis discophora, Fabaceae ▶ Sy 10B:26, ◘ A12.12
Fingerhut s. *Digitalis*
Fingerkraut s. *Potentilla*
Fittonia albivenis, Fittonie, Acanthaceae ▶ Sy 10B:58, ◘ A 8.44
Fitzroya cupressioides, Patagonische Zypresse, Cupressaceae ▶ Sy 9:3, ◘ A 5.46
Flachs, Lein s. *Linum*
Flaschenbaum s. *Brachychiton*
Flaschenbürstenbaum s. *Callistemon*
Flechten s. Lichenes
Fleckenfalter s. Nymphaeidae
Fledertiere s. Chiroptera
Fledermäuse s. Microchiroptera
Flieder s. *Syringa*
Fliegen s. Brachycera
Fliegenpilz s. *Amanita*
Flockenblume s. *Centaurea*
Florideen s. Florideophycidae
Florideophycidae (Florideen), Rhodophyceae ▶ Sy 4:12
Flügelnussgewächse s. Dipterocarpaceae
Flughunde s. Pteropodidae
Foeniculum vulgare, Fenchel, Apiaceae ▶ Sy 10B:54, ◘ A 8.50
F. vulgare var. *azoricum*, Gemüsefenchel
Fontinalis antipyretica, Fontinalaceae ▶ Sy 7B:52
Formicidae, Ameisen ▶ Sy 11:51, T 8.12
Forsythia, Forsythie, Oleaceae ▶ Sy 10B:58
Fossombronia tuberifera, Fossombroniaceae ▶ Sy 7B:18, ◘ A 5.20
Fouquieria splendens, Fouquieriaceae ▶ Sy 10B:49. ◘ A 8.55, 11.44
Fragaria vesca, Erdbeere, Rosaceae ▶ Sy 10B:27, ◘ A 6.47, 12.9, 12.19
Frankia alni, Actinobacteria, Bakterien
Fransenflügler, Thripse s. Thysanoptera

Frauenfarn s. *Arthyrium*

Frauenhaarfarn s. *Adiantum*

Frauenhaarmoos s. *Polytrichum*

Frauenmantel s. *Alchemilla*

Fraxinus excelsior, Gemeine Esche, Oleaceae ▶ Sy 10B:58

Freesia, Freesie, Iridaceae ▶ Sy 10B:13, ◘ A **10.9, 10.19, 10.51**

Fremontodendron californicum, Malvaceae ▶ Sy 10B:38

F. mexicanum ◘ A **10.26**

Freycinetia arborea, Pandanaceae ▶ Sy 10B:16, ◘ A **9.21**

Froschlaichalge s. *Batrachospermum*

Froschlöffel s. *Alisma*

Frullania dilata, Breites Wassersackmoos, Frullaniaceae ▶ Sy 7B:14, ◘ A **5.22**

Fucales, Phaeophyceae ▶ Sy 4:10

Fucus, Fucales ▶ Sy 4:10, ◘ A **4.12, 5.19**

F. serratus, Sägetang,

F. spiralis, Spiraltang

F. vesiculosus, Blasentang ▶ A **4.13, 5.16**

Fulcatifolium taxoides, Podocarpaceae ▶ Sy 9:3

Funaria hygrometrica, Wetteranzeigendes Drehmoos, Funariaceae ▶ Sy 7B:33, ◘ A **5.52, 5.53**

Furcellaria fastigiata, Rhodophyceae ▶ Sy 4:12, ◘ A **5.13**

G

Gabelblattgewächse s. Psilotales

Gabelfarn s. *Gleichenia*

Gabeltang s. *Cutleria*

Gabelzunge s. *Dictyota*

Gänseblümchen s. *Bellis*

Gaillardia, Asteraceae ▶ Sy 10B:51, A **9.31**

Galactites, Milchfleckdistel, Asteraceae ▶ Sy 10B:51

Galanthus nivalis, Schneeglöckchen, Amaryllidaceae ▶ Sy 10B:13

Galeopsis speciosa, Lamiaceae ▶ Sy 10B:58, ◘ A **11.7**

Galium, Labkraut, Rubiaceae ▶ Sy 10B:60

G. aparine, Klebkraut,

G. odoratum, Waldmeister ◘ A **8.47**

Gallmücken s. Cecidomyiidae

Gallwespen s. Cynipidae

Garcinia mangostane Mangostane, Clusiaceae ▶ Sy 10B:31, ◘ A **12.1**

Gartenbohne s. *Phaseolus*

Gastropoda, Schnecken, Mollusca, Weichtiere

Gazania, Asteraceae ▶ Sy 10B:51, ◘ A **11.7**

G. rigens ◘ A **9.31**

G. tenuifolia ◘ A **11.7**

G. uniflora

Gefäßpflanzen, Tracheophyten ▶ Sy 6:*3*

Geissoloma marginatum, Geissolomataceae ▶ Sy 10B:36, ◘ A **3.26**

Geissolomataceae, Crossosomatales ▶ Sy 10B:36

Gelbgrüne Algen s. Xanthophyceae

Gemshorn s. *Proboscoidea*

Genista, Ginster, Fabaceae-Faboideae ▶ Sy 10B:26

Genlisea hispidula, Reusenfalle, Lentibulariaceae ▶ Sy 10B:58, ◘ A 8.91

Gentiana, Enzian, Gentianaceae ▶ Sy 10B:60, ◘ A **11.11**

Geraniaceae, Geraniengewächse, Geraniales ▶ Sy 10B:34

Geranium, Storchschnabel, Geraniaceae ▶ Sy 10B:34, ◘ A **11.11, 12.28**

G. pratense, Wiesen-Storchschnabel ◘ A **8.3, 10.20**

G. sanguineum ◘ A **8.69**

G. sylvaticum ◘ A **8.69**

Gerbera, Asteraceae ▶ Sy 10B:51

Germer s. *Veratrum*

Gerste s. *Hordeum*

Gesneriaceae, Gesneriengewächse, Lamiales ▶ Sy 10B:58

Getreide s. Poaceae

Geum, Nelkenwurz, Rosaceae ▶ Sy 10B:27, ◘ A **12.9, 12.23**

G. urbanum, Echte Nelkenwurz ◘ A **12.23**

Geweihfarn s. *Platycerium*

Gewürznelke s. *Syzygium*

Giersch s. *Aegopodium*

Giftsumach s. *Toxicodendron*

Gilbweiderich s. *Lysimachia*

Ginkgo biloba, Ginkgobaum, Ginkgoaceae ▶ Sy 9:2, ◘ A **4.28, 5.44, 5.48, 5.71**

Ginkgoales, Gingkogewächse, Gymnospermen ▶ Sy 9:2, ◘ A **3.10, 4.14, 5.42**

Gladiolus, Gladiole, Iridaceae ▶ Sy 10B:13

Glatthafer s. *Arrhenatherum*

Glaucium flavum, Gelber Hornmohn, Papaveraceae ▶ Sy 10B:21, ◘ A **11.42**

Glaucophyta, Archaeplastida ▶ Sy 4:11

Glaux maritima, Strand-Milchkraut, Primulaceae ▶ Sy 10B:49, ◘ A **7.22**

Gleditsia japonica, Gleditschie, Fabaceae-Caesalpinioideae ▶ Sy 10B:26, ◘ A **6.14**

G. sinensis, Chinesische Gleditschie ◘ A **8.29**

Gleichenia, Gabelfarn, Gleicheniaceae ▶ Sy 8:14

Gleicheniaceae, Gleicheniales ▶ Sy 8:10

Gleicheniales, Monilophyta ▶ Sy 8:10, ◘ A **5.39, 5.57**

Gleicheniella pectinatam, Gleicheniaceae ▶ Sy 8:10, ◘ A **5.39**

Gloeocapsa, Cyanobakterien ▶ Sy 3

Gloeodinium, Dinophyta ▶ Sy 4:9

Glomeromycota, arbsculäre Mycorrhizapilze, Fungi

Glossoma penduliflorus, Gesneriaceae ► Sy 10B:58, ◙ A 11.46

  G. tetragonoides ◙ A 11.46

*Glossopteridales, Pteridospermen ► E 3.7, ◙ A 3.10, 5.68

Glossopteris, Zungenfarn, Glossopteridales ► E 3.7, ◙ A 3.10, 3.16, 5.42

Gloxinia perennis, Gesneriaceae ► Sy 10B:58, ◙ A 11.23

Glycine max, Soja, Fabaceae-Faboideae ► Sy 10B:26

Glycorrhiza glabra, Süßholz, Lakritzpflanze, Fabaceae-Faboideae ► Sy 10B:26

Gnetaceae, *Gnetum*-Gewächse, Pinales ► Sy 9:3, ◙ A 4.26

Gnetales s. *Gnetum*-Gewächse

Gnetum gnemon, Gnetaceae ► Sy 9:3, ◙ A 5.49, 5.76

Gnetum-Gewächse ► Sy 9:3, ◙ A 3.10, 5.42, 5.49

Gnitzen s. Ceratopogonidae

Goeppertia makoyana, Marantaceae ► Sy 10B:12, ◙ A 8.52

  G. warscewiczii ◙ A 8.52, 10.11, 11.57

Götterbaum s. *Ailanthus*

Goldalgen s. Gelbgrüne Algen

Goldbraune Algen s. Chrysophyceae

Goldregen s. *Laburnum*

Golftang s. *Sargassum*

Gomphonema, Bacillariophyceae ► Sy 4:10

Gongora, Orchidaceae-Epidendroideae ► Sy 10B:13

  G. maculata ◙ A 11.23

  G. powellii ◙ A 11.23

Gonium, Volvocaceae, Chlamydomonales ► Sy 5:26

Goodeniaceae ► Sy 10B:51

Gorteria diffusa, Asteraceae ► Sy 10B:51, ◙ A 11.37

Gosslingia breconensis, Zosterophyta ► E 3.5, ◙ A 5.63

Gossypium, Baumwolle, Malvaceae ► Sy 10B:38, ◙ A 12.25

  G. acerifolium

  G. arboreum

  G. barbadense,

  G. herbaceum

  G. hirsutum

Gottesanbeterin s. *Mantis*

Granatapfel s. *Punica*

Grasbaum s. *Xanthorrhoea*

Grasbaumgewächse s. Asphodelaceae-Xanthorrhoideae

Greiskraut s. *Senecio*

Grevillea, Proteaceae ► Sy 10B:22, ◙ A 11.44

Greya, Prodoxidae, Yuccamotten ► Sy 11:7

Grimmia torquata, Grimmiaceae ► Sy 7B:39

Grimmiaceae, Dicraniidae ► Sy 7A, B:39

Grinnellia americana, Rhodophyceae ► Sy 4:12 ► A 5.15

Grubbiaceae, Cornales ► Sy 10B:48

Grünalgen, Chloroplastida ► Sy 4:13

Guaiacum officinale, Pockholzbaum, Zygophyllaceae ► Sy 10B:33

Guave s. *Psidium*

Gummibaum s. *Ficus*

Gundelia tournefortii, Asteaceae ► Sy 10B:51, ◙ A 12.22, 12.23

Gunnera, Gunneraceae ► Sy 10B:25, ◙ A 8.45

  G. tinctoria var. *valdiviensis*, Mammutblatt ◙ 3.27

Gunnerales, basale ►Eudicotylen Sy 10B:25

Gurke s. *Cucumis*

Guttaperchabaum s. *Palaquium gutta*

Guzmania mostachia, Bromeliacae ► Sy 10B:10, ◙ A 9.23

Gymnodinium, Dinophyta ► Sy 4:9

Gymnogongrus norvegicus, Rhodophyceae ► Sy 4:12, ◙ A 5.14

Gymnospermen, Nacktsamer ► Sy 6:8, Sy 9, ◙ A 4.25, 5.29, ◙ T 5,7, 5.8, 8.4

Gyrostemon ramulosus, Gyrostemonaceae ► Sy 10B:39

H

Haberlea rhodopensis, Gesneriaceae ► Sy 10B:58, ◙ A 5.23

Habichtskraut s. *Hieracium*

Haemanthus, Amaryllidaceae ► Sy 10B:13, ◙ A 6.43

Haematoxylum campechianum, Blauholz, Campechbaum, Fabaceae-Caesalpinioideae ► Sy 10B:26

Haemodoraceae, Commeliales ► Sy 10B:11

Hafer s. *Avena*

Hagebutte s. *Rosa*

Hagenia abyssinica, Rosaceae ► Sy 10B:27, ◙ A 3.23

Hahnenfuß s. *Ranunculus*

Hahnenfußgewächse s. Ranunculaceae

Hainbuche s. Carpinus

Hakea, Proteaceae ► Sy 10B:22, ◙ A 6.54, 8.61, 12.11

  H. sericea

Halesia carolina, Styracaceae ► Sy 10B:49

  H. tetraptera, Schneeglöckchenbaum

Halictus scabiosae, Gelbbindige Furchenbiene, Halictidae ► Sy 11:52, ◙ A 11.42

Halicystis ovalis s. *Derbesia*

Halimasch s. *Armillaria*

Halimeda, Bryopsidales ► Sy 5:16

Halimione portulacoides, Portulak-Keilmelde, Amaranthaceae ► Sy 10B:47, ◙ A 11.62

Halodule pinifolia, Cymodoceaceae ► Sy 10B:18

  H. wrightii

Halopegia azurea, Marantaceae ► Sy 10B:12, ◙ A 11.57

Halophila ovalis, Hydrocharitaceae ► Sy 10B:18

Halopteris filicina, Phaeophyceae ► Sy 4:10, ◙ A 5.9

Hamamelidaceae, Zaubernussgewächse, Saxifragales ► Sy 10B:42

Hanf s. *Cannabis*

Haplomitrium, Haplomitriaceae ▶ Sy 7A, C:6
Haplopappus gracilis, Asteraceae ▶ Sy 10B:51
Haptophyta, Kalkalgen ▶ Sy 4:6
Harpagophytum procumbens, Afrikanische Teufels-kralle, Pedaliaceae ▶ Sy 10B:58, ▣ **A 12.22**
Hartriegel s. *Cornus*
Hasel, Haselnuss s. *Corylus*
Haumania danckelmaniana, Marantaceae ▶ Sy 10B:12, ▣ **A 6.56, 7.18, 8.23, 8.48, 8.56**
H. liebrechtsiana ▣ **A 7.25**
Hautflügler s. Hymenoptera
Hebenstreitia, Scrophulariaceae ▶ Sy 10B:58, ▣ **A 9.2**
Heckenkirsche s. *Lonicera*
Hedera helix, Efeu, Araliaceae ▶ Sy 10B:54, ▣ **A 7.23, 8.75, 8.84, 11.42**
Hedysarum, Süßklee, Fabaceae-Faboideae ▶ Sy 10B:26
Heidekrautgewächse s. Ericaceae
Heidelbeere s. *Vaccinium*
Heliamphora nutans, Sumpfkrug, Sarraceniaceae ▶ Sy 10B:49, ▣ **A 8.91**
Helianthemum, Sonnenröschen, Cistaceae ▶ Sy 10B:38, ▣ **A 6.54**
Helianthus, Sonnenblume, Asteraceae ▶ Sy 10B:51, ▣ A **6.21, 9.9, 9.39**
H. annuus, Sonnenblume ▣ **A 10.29**
H. tuberosus, Topinambur
Helichrysum, Strohblume, Asteraceae ▶ Sy 10B:51
H. sessilioides ▣ **A 6.54**
Helicodiceros muscivorus, Araceae ▶ Sy 10B:18, ▣ **A 11.35**
Heliconia, Heliconiaceae ▶ Sy 10B:12, ▣ **A 11.39**
Heliconius clysonimus, Passionsblumenfalter, Nym-phalidae ▶ Sy 11:7, ▣ **A11.41**
Helipterum craspedioides, Asteraceae ▶ Sy 10B:51, **A 9.31**
Helleborus, Nieswurz, Ranunculaceae ▶ Sy 10B:21, ▣ **7.8, 8.33, 8.50, 10.21, 10.40**
H. foetidus, Stinkende Nieswurz ▣ A **6.12**
H. niger
H. orientalis, Orientalische Nieswurz ▣ **A 8.50, 9.38, 10.16, 10.18,** ▣ **A 10.45**
H. purpurascens, Purpur-Nieswurz ▣ **A 11.15**
H. viridis, Grüne Nieswurz
Helwingia chinensis, Helwingiaceae ▶ Sy 10B:50, ▣ **A 8.44**
Hemerocallis, Taglilie, Asphodelaceae-Hemerocallidoideae ▶ Sy 10B:13, ▣ **A 8.80**
H. minor, Kleine Taglilie ▣ **A 9.36**
Hemigenia conferta, Lamiaceae-Prostantheroideae ▶ Sy 10B:58, ▣ **A 10.35**
Hemiptera, Pflanzensauger (Zikaden, Wanzen, Läuse) ▶ Sy 11:4

Hepatica nobilis, Leberblümchen, Ranunculaceae ▶ Sy 10B:21
Heptacodium miconioides, Sieben Söhne des Him-mels-Strauch, Caprifoliaceae ▶ Sy 10B:55, ▣ **A 12.24**
Heptapleurum ellipticum, Araliacae ▶ Sy 10B:54
Heracleum mantegazzianum, Riesen-Bärenklau, Apiaceae ▶ Sy 10B:54, ▣ **A 3.20**
Herbstzeitlose s. *Colchicum*
Heriades, Löcherbiene, Megachilidae ▶ Sy 11:52
Heritiera littoralis, Flügelwurzelbaum, Malvaceae ▶ Sy 10B:38, ▣ **A 8.82**
Hermannia denudata, Malvaceae ▶ Sy 10B:38, ▣ **A 10.18**
Herzblatt s. *Parnassia*
Heterogloea, Xanthophyceae ▶ Sy 4:10
Heteroptera, Wanzen, Hemiptera ▶ Sy 11:4
Heterospore Farne ▶ Sy 8:2,3,12, ▣ **A 4.21**
Hevea brasiliensis, Kautschukbaum, Euphorbiaceae ▶ Sy 10B:31, ▣ **A 7.24, 11.24**
Hibiscus rosa-sinensis, Malvaceae ▶ Sy 10B:38
H. schizopetalus ▣ **A 10.26**
Hieracium, Habichtskraut, Asteraceae ▶ Sy10B:51
Hillia parasitica, Rubiaceae ▶ Sy 10B:60
Himantandraceae, Magnoliales ▶ Sy 10B:4
Himanthalia elongata, Riementang, Fucales ▶ Sy 4:10, ▣ **A 5.16**
Himbeere s. *Rubus*
Hippobroma (syn. *Laurentia*) *longifolia,* Campanula-ceae ▶ Sy 10B:51, ▣ **A 11.39**
Hippocrepis emerus, Strauchkronwicke, Fabaceae-Faboideae ▶ Sy 10B:26, ▣ **A 11.52**
Hippophaë rhamnoides, Sanddorn, Elaeagnaceae ▶ Sy 10B:27, ▣ **A 6.24, 6.29, 6.33, 7.9, 8.76, 8.85, 11.62, 12.19**
Hippuris vulgaris, Tannenwedel, Plantaginaceae ▶ Sy 10B:58 ▣, **A 6.20, 7.2, 8.10, 8.47**
Hirschzunge s. *Asplenium*
Hirtentäschelkraut s. *Capsella*
Hohenackeria exscapa, Apiaceae ▶ Sy 10B:54, ▣ **A 12.27**
Holunder s. *Sambucus*
Holzbienen s. Xylocopa
Homalocladium s. *Muehlenbeckia*
Honigbiene s. *Apis*
Honigfresser s. Meliphagidae,
Hordeum vulgare, Gerste, Poaceae ▶ Sy 10B:10, ▣ **A 2.19**
H. vulgare f. *distichon,* Zweizeilige Gerste ▣ **A 11.63**
**Horneophyton lignieri,* Rhyniophyta ▶ E 3.5
Hornmilben s. Acari-Orobatida
Hornmoose s. Anthocerophyta
Hornstedtia scyphifera, Zingiberaceae ▶ Sy 10B:12, ▣ **A 8.82**
Hortensie s. *Hydrangea*

Houttuynia cordata, Saururaceae ▶ Sy 10B:6, ◘ A 9.21

Hoya bella, Wachsblume, Apocynaceae-Asclepoioideae ▶ Sy 10B:60

Huflattich s. *Tussilago*

Hülsenfrüchtler, Leguminosen s. Fabaceae

Hummel s. *Bombus*

Humulus lupulus, Hopfen, Cannabaceae ▶ Sy 10B:27, ◘ A 8.47

Hundszunge s. *Cynoglossum*

Huperzia, Lycopodiaceae ▶ Sy 8:1

H. selago, Tannenbärlapp ◘ A 5.27, 5.64

H. serrata

H. squarrosa ◘ A 5.32

Hura crepitans, Sandbüchsenbaum, Euphorbiaceae ▶ Sy 10B:31, ◘ A 12.28

Huttonaea grandiflora, Orchidaceae-Orchidoideae ▶ Sy 10B:13, ◘ A 11.26

Hydnophytum formicarum, Rubiaceae ▶ Sy 10B:60, ◘ A 8.89

Hydra viridissima, Grüne Hydra, Hydrozoa, Nesseltiere

Hydrangea, Hortensie, Hydrangeaceae ▶ Sy 10B:48, ◘ A 8.84

H. macrophylla, Bauernhortensie ◘ A 9.25

H. petiolaris, Kletterhortensie ◘ A 8.84, 9.25

Hydrangeaceae, Cornales ▶ Sy 10B:48

Hydrilla verticillat, Grundnessel, Hydrocharitaceae ▶ Sy 10B:18

Hydrocharitaceae, Froschbissgewächse, Alismatales ▶ Sy 10B:18

Hydrocotyle bonariense, Araliaceae ▶ Sy 10B:54, ◘ A 6.57

H. linearis, Wassernabel ◘ A 8.53

Hydrodictyon, Sphaeropleales ▶ Sy 5:27, ◘ A 5.3

Hydrurus foetidus, Chrysophyceae ▶ Sy 4:10

**Hyenia elegans*, Cladoxylales ▶ E 3.6, ◘ A 3.13. 3.14

Hygroryza aristata, Schwimmreis, Poaceae ▶ Sy 10B:10, ◘ A 6.20, 8.84

Hylaeanthe hoffmannii, Marantaceae ▶ Sy 10B:12, ◘ A 8.89, 11.57

Hylaeus, Maskenbienen, Colletidae ▶ Sy 11:52

Hylocereus undatus, Pitahaya, Cactaceae ▶ Sy 10B:47, ◘ A 12.5

Hymenocallis, Amarylliaceae ▶ Sy 10B:48, ◘ A 10.33, 10.34

H. × festalis ◘ A 10.34

Hymenophyllaceae, Hautfarne, Monilophyta ▶ Sy 8:9, ◘ A 5.57

Hymenophyllum caudicultum, Hymenophyllaceae ▶ Sy 8:9, ◘ A 5.39

H. cruentum ◘ A 5.39

H. tunbrigense

Hymenoptera, Hautflügler, Insekten ▶ Sy 11:5, T 11.10

Hyobanche rubra, Orobanchaceae ▶ Sy 10B:58, ◘ A 8.93

Hyoscyamus niger, Bilsenkraut, Solanaceae ▶ Sy 10B:57

Hyparrhenia, Poaceae ▶ Sy 10B:10

Hypericaceae, Malpighiales ▶ Sy 10B:31

Hypericum Johanniskraut, Hypericaceae ▶ Sy 10B:31, ◘ A 7.23, 9.5

H. calycinum ◘ A 10.45

H. perforatum, Echtes Johanniskraut ◘ A 6.42, 10.14, 10.26

H. pyramidatum ◘ A 8.73

H. salicynum ◘ A 10.46

Hyphaene thebaica, Doumpalme, Arecaceae ▶ Sy 10B:9

Hypselodelphys, Marantaceae ▶ Sy 10B:12, ◘ A 8.22

H. poggeana ◘ A 11.57

H. violacea ◘ A 8.23

Hyptis pauliana, Lamiaceae ▶ Sy 10B:58

I

Iberis, Schleifenblume, Brassicaceae ▶ Sy 10B:39

Igelgras s. *Triodia*

Igelpolster s. *Acantholimon*

Ilex, Stechpalme, Aquifoliaceae ▶ Sy 10B:50

I. paraguariensis, Mate-Strauch ◘ A 12.17

Illicium, Schisandraceae ▶ Sy 10B:3, ◘ A 11.11

I. anisatum, Japanischer Sternanis

I. verum, Echter Sternanis ◘ A 12.11

Impatiens, Springkraut, Balsaminaceae ▶ Sy 10B:49

I. glandulifera, Drüsiges Springkraut ◘ A 3.20, 7.22, 9.38

I. niamniamensis, Kongo-Lieschen ◘ A 11.17

I. noli-tangere, Rühr-mich-nicht-an

Indigofera tinctoria, Indigostrauch, Fabaceae-Faboideae ▶ Sy 10B:26

Ingwer s. *Zingiber*

Ingwergewächse s. Zingiberaceae

Insekten, Insecta ▶ Sy 11, ▶ E 11.3

Ipomoea batatas, Süßkartoffel, Batate, Convolvulaceae ▶ Sy 10B:57, ◘ A 8.78

I. purpurea, Prunkwinde ◘ A 10.29

Ips typographus, Buchdrucker, Borkenkäfer, Curculionidae ▶ Sy 11:2, ◘ A 8.20

**Irania hermaphroditica* ▶ E 3:8

Iriartea deltoides, Arecaceae ▶ Sy 10B:9

Iridaceae, Schwertliliengewächse, Asparagales ▶ Sy 10B:13

Iridomyrmex cordatus, Dolichoderinae, Formicidae ▶ Sy 11:51

Iris, Schwertlilie, Iridaceae ▶ Sy 10B:13, ◘ A 6.46, 7.12, 8.43, 9.36, 10.51, 12.9

I. germanica ◘ A 11.12

I. pseudacorus, Sumpf-Schwertlilie ◘ A 6.46

I. × hollandica, Holländische Schwertlilie ◘ A 9.36

Isatis tinctoria, Färberwaid, Brassicaceae ▶ Sy 10B:39

Ischnosiphon centricifolius, Marantaceae ▶ Sy 10B:12

Isoëtaceae, Brachsenkräuter, Isoëtales ▶ Sy 8:2, ◘ A 5.65

Isoëtales, Lycophyta ▶ Sy 8:2, ◘ A 5.57

Isoëtes echinospora, Isoëtaceae ▶ Sy 8:2

I. lacustris

I. velata ◘ A 5.34

Isopogon, Proteaceae ▶ Sy 10B:22

Isospore Farne ▶ Sy 8, ◘ A 4.18

Ixianthes, Stilbaceae ▶ Sy 10B:58

J

Jacaranda mimosifolia, Bignoniaceae ▶ Sy 10B:58, ◘ A 12.24

Jackfruchtbaum s. *Artocarpus*

Jacksonia, Fabaceae ▶ Sy 10B:26

Jancaea heldreichii, Gesneriaceae ▶ Sy 10B:58

Japanischer Beerentang s. *Sargassum*

Japanischer Staudenknöterich, s. *Fallopia*

Jatropha curcas Purgiernuss, Euphorbiaceae ▶ Sy 10B:31

J. podagrica

Jochalgen s. Zygnematophyceae

Johannisbeere s. *Ribes*

Johannisbrotbaum s. *Ceratonia*

Johanniskraut s. *Hypericum*

Joshua Tree s. *Yucca*

Judasbaum s. *Cercis*

Juglans regia, Walnuss, Juglandaceae ▶ Sy 10B:28, ▶ E 12.4, ◘ A 6.25, 12.3, 12.18

Juncaceae, Binsengewächse, Poales ▶ Sy 10B:10, ◘ A 11.64

Juncaginaceae, Alismatales ▶ Sy 10B:18, ▶ E 11.11

Juncus, Binse, Juncaceae ▶ Sy 10B:10, ◘ A 6.57, 7.20, 8.43, 11.65

J. effusus, Flatterbinse ◘ A 8.22

J. jacquinii, Gämsen-Binse ◘ A 11.65

J. maritimus, Strandbinse ◘ A 6.57

J. squarrosus, Sparrige Binse ◘ A 11.65

Jungermanniidae, Jungermanniopsida ▶ Sy 7A, C:13–15

Juniperus, Wacholder, Cupressaceae ▶ Sy 9:3, ◘ A 6.51

J. communis, Gemeiner Wacholder ◘ A 5.74

J. excelsa

J. foetidissima, Stinkender Wacholder ◘ A 5.46

J. osteosperma, Utah-Wacholder ◘ A 6.51

J. oxycedrus, Stech-Wacholder ◘ A 5.46

J. virginiana, Virginischer Wachholder

Jute s. *Corchorus*

K

Kadsura japonica, Schisandraceae ▶ Sy 10B:3, ◘ A 5.84

Käfer, Coleoptera ▶ Sy 11:2

Kaffeestrauch s. *Coffea*

Kakaobaum s. *Theobroma*

Kakipflaume s. *Diospyros*

Kakteen, Cactaceae ▶ Sy 10B:47

Kalanchoë, Brutpflanze, Crassulaceae ▶ Sy 10B:43, ◘ E 6.7, ◘ A 6.50

K. blossfeldiana ◘ A 10.3

K. daigremontiana, Brutpflanze ◘ A 6.50, 8.36, 8.58, 9.12

K. delagoensis ◘ A 8.55

K. verticillata

Kalebassenbaum s. *Crescentia*

Kali turgidum (syn. *Salsola kali*), Kali-Salzkraut, Amaranthaceae ▶ Sy 10B:47, ◘ A 11.62

Kalkalgen s. Haptophyta

Kalkfagellaten s. Coccolithales

Kalktang s. *Lithothamnion*

Kamille s. *Matricaria*

Kämmchenrotalge s. *Plocamium*

Kandelia obovata, Rhizophoraceae ▶ Sy 10B:31, ◘ A 6.11

▶Kängurupfote, s. *Anigozanthus*

Kannenpflanze s. *Nepenthes*

Kannenpflanzengewächse s. Nepenthaceae

Kanonenkugelbaum s. *Couroupita*

Kapmargerite s. *Osteospermum*

Kapokbaum s. *Ceiba*

Kapstachelbeere s. *Physalis*

Kapuzinerkressegewächse s. Tropaeolaceae

Karotte s. *Daucus*

Karri s. *Eucalyptus*

Kartoffel s. *Solanum*

Kasuarine s. *Allocasuarina*

Kaurifichte s. *Agathis*

Kautia arvensis, Acker-Witwenblume, Caprifoliaceae-Dipsacoideae ▶ Sy 10B:55, ◘ A 11.42

Kautschukbaum s. *Hevea*

Keilblattgewächse s. Sphenophyllales

Kerbelrübe s. *Chaerophyllum*

Kermesbeere s. *Phytolacca*

Kerneudicotylen, Angiospermen ▶ Sy 10B:26–64

Kerstingiella geocarpa, Kandela-Bohnen, Fabaceae ▶ Sy 10B:26

Kichererbse s. *Cicer*

Kiefer s. *Pinus*

Kiefernartige s. Pinales

Kieferngewächse s. Pinaceae

Kieselalgen s. Diatomeen, Bacillariophyceae

Kigelia africana, Leberwurstbaum, Bignoniaceae ▶ Sy 10B:58, ◘ A 11.47

Killeralge ▶ *Caulerpa*
Kingia australis, Black Boy, Dasypogonaceae ▶ Sy 10B:9, ◼ **A 6.53**
Kirsche s. *Prunus*
Kiwi s. *Actinidia*
Klaffmoose s. Andreaeales
Klebkraut s. *Galium*
Klebsormidiophyceae, Charophyta ▶ Sy 5:51
Klee s. *Trifolium*
Kleefarn s. *Marsilea*
Kleeulme s. *Ptelea*
Kleinia deflersii, Asteraceae ▶ Sy 10B:51, **A 8.30**
Klette s. *Arctium*
Knautia arvensis, Acker-Witwenblume, Caprifoliaceae-Dipsacoideae ▶ Sy 10B:55, ◼ **A 9.33, 10.49**
Knoblauch s. *Allium*
Knollensellerie s. *Apium*
Knopperngallwespe s. *Andricus*
Knotentang s. *Ascophyllum*
Knöterich s. *Polygonum*
Knöterichgewächse s. Polygonaceae
Koalabär s. *Phascolarktus*
Kobresia simpliciuscula, Cyperaceae ▶ Sy 10B:10
Köcherbaum s. *Aloe*
Koelpinia linearis, Asteraceae ▶ Sy 10B:51, ◼ **A 12.23**
Kohl s. *Brassica*
Kohleria, Gesneriaceae ▶ Sy 10B:58, ◼ **A 10.35**
Kohlrabi s. *Brassica*
Kokastrauch s. *Erythroxylum*
Kokospalme s. *Cocos*
Kolbenhirse s. *Setaria*
Kolibris s. Trochilidae
Koniferen s. Pinales
Königin der Nacht s. *Selenicereus*
Königsfarn s. *Osmunda*
Königskerze s. *Verbascum*
Königspalme s. *Roystonea*
Korallen s. Nesseltiere
Korallenbaum s. *Erythrina*,
Korallenmoos s. *Corallina*
Korallenschlange: Sammelname für quer gebänderte Schlangen, Sauropsida (Reptilien)
Korbblütler s. Asteraceae
Koriander s. *Coriandrum*
Kormophyta, Kormuspflanzen ▶ Sy 6:3
Kornelkirsche s. *Cornus*
Korthalsella, Santalaceae ▶ Sy 10B:46
Krabbenspinne s. *Thomisus onustus*
Krähenbeere s. *Empetrum*
Krameria, Krameriaceae ▶ Sy 10B:33
Kratzdistel s. *Cirsium*
Kreosotbusch s. *Larrea*

Kreuzblütler s. Brassicaceae
Kriebelmücken s. Simuliidae
Kronwicke s. *Securigera*
Küchenschelle s. *Pulsatilla*
Kugeldistel s. *Echinops*
Kürbis s. *Cucurbita*
Kürbisgewächse s. Cucurbitaceae

L
Labkraut s. *Galium*
Laburnum, Goldregen, Fabaceae ▶ Sy 10B:26, ◼ **A 12.9**
Lachemilla diplophylla, Rosaceae ▶ Sy 10B:27
Lachenalia mutabilis, Asparagaceae ▶ Sy 10B:13, ◼ **A 9.23**
Lacksumach s. *Rhus*
Lactuca serriola, Stachellattich, Asteraceae ▶ Sy 10B:51
Lagarosiphon, Schein-Wasserpest, Hydrocharitaceae ▶ Sy 10B:18
L. major, Wechselblatt-Wasserpest ◼ **A 11.66**
Lagenaria siceraria, Flaschenkürbis, Cucurbitaceae ▶ Sy 10B:29
Lagenostoma lomaxii*, Lyginopteridales ▶ E 3.7, ◼ **A 5.67
Lagerstroemia tomentosa, Lythraceae ▶ Sy 10B:35, ◼ **A 10.18**
Laguncularia racemosa, Combretaceae ▶ Sy 10B:35
Laichkraut s. *Potamogeton*
Lamiaceae, Lippenblütler, Lamiales ▶ Sy 10B:58, ◼ **10.13**
Lamiales, Superasteridae ▶ Sy 10B:58
Laminaria digitata, Fingertang, Laminariales ▶ Sy 4:10, ◼ **A 5.17**
L. hyperborea, Palmentang ◼ **A 5.15**
L. saccharina s. *Saccharina latissima*
Laminariales, Tange, Phaeophyceae ▶ Sy 4:10
Lamium maculatum, Lamiaceae ▶ Sy 10B:58
L. purpureum ◼ **A 10.35**
Landpflanzen, Embryophyta ▶ Sy 6:1
Langzungenflughunde s. Pteropodidae
Lannea, Anacardiaceae ▶ Sy 10B:41, ◼ **A 7.7**
Lantana camara, Wandelröschen, Verbenaceae ▶ Sy 10B:58, ◼ **A 11.10, 11.41**
Lapeirousia, Iridaceae ▶ Sy 10B:13
L. anceps ◼ **A 11.18**
L. divaricata ◼ **A 11.18**
L. fabricii ◼ **A 11.18**
L. jacquinii ◼ **A 11.7**
L. silenoides ◼ **A 11.18**
Larix, Lärche, Pinaceae ▶ Sy 9:3, ◼ **A 5.72, 6.53**
L. decidua, Europäische Lärche ◼ **A 5.45**

Larrea tridentata, Kreosotbusch, Zygophyllaceae ▶ Sy 10B:33, ◘ A 6.51

Laserpitium siler, Apiaceae ▶ Sy 10B:54, ◘ A 8.93

Lasioglossum, Halictidae, Furchenbienen ▶ Sy 11:52

Lasiopetalum, Malvaceae ▶ Sy 10B:38

L. behrii ◘ A 9.17

L. cordifolium ◘ A 9.17

L. discolor ◘ A 6.41, 6.42, 9.17, 9.21

L. oppositifolium ◘ A 9.17

Lathraea, Schuppenwurz, Orobanchaceae ▶ Sy 10B:58

L. clandestina, Verborgene Schuppenwurz

Lathyrus, Platterbse, Fabaceae-Faboideae ▶ Sy 10B:26, ◘ A 8.34, 8.46

L. aphaca, Ranken-Platterbse ◘ A 8.46

L. latifolius, Breitblättrige Platterbse ◘ A 8.46

L. pratensis, Wiesen Platterbse ◘ A 11.52

L. sylvestris, Wald-Platterbse ◘ A 11.52

L. tuberosus, Knollen-Platterbse ◘ A 8.51

Laubmoose s. Bryophyta

Lauraceae, Lorbeergewächse, Laurales ▶ Sy 10B:5

Laurales, Magnoliidae ▶ Sy 10B:5

Laurus, Lorbeer, Lauraceae ▶ Sy 10B:5, ◘ A 5.84, 10.30, 10.33, 11.16

L. azoricus

L. nobilis, Lorbeer ◘ A 3.23

L. novocanariensis, ◘ A 8.61

Lavandula, Lavendel, Lamiaceae ▶ Sy 10B:58

L. angustifolia (syn. *L. officinalis*), Schmalblättriger oder Echter Lavendel

L. dentata, Französischer Lavendel ◘ A 9.23

L. × intermedia, Lavandin, ◘ A 11.6

L. latifolia, Breitblättriger Lavendel, Aspic

L. stoechas ◘ A 9.21

Lawsonia inermis, Hennastrauch, Alkannastrauch, Lythraceae ▶ Sy 10B:35

**Lebachia*, Voltziales ▶ E 3.8

**L. lockardii* ◘ A 5.68

**L. piniformis* ◘ A 5.68

Lebensbaum s. *Thuja*

Leberblümchen s. *Hepatica*

Lebermoose, Marchantiophyta ▶ Sy 7A:6–20

**Lebowskia*, Voltziales* ▶ E 3.8

Lecanopteris, Polypodiaceae ▶ Sy 8:14

Lecerquia complexa, Bärlapppflanzen ▶ E 3.6

Lechenaultia hirsuta, Goodeniaceae ▶ Sy 10B:51, ◘ A 10.18

Ledum palustre, Ericaceae ▶ Sy 10B:49

Leguminosen s. Fabaceae

Leimkraut s. *Silene*

Leinkraut, Flachs s. *Linum*

Lejeuneaceae, Marchantiophyta ▶ Sy 7B:14

Lemna, Wasserlinse, Lemnoideae, Araceae ▶ Sy 10B:9

L. gibba, Buckelige ◘ Wasserlinse A 6.52

L. minor, Kleine ◘ Wasserlinse A 6.52

Lemnoideae, Wasserlinsengewächse s. Araceae

Lens culinaris, Linse, Fabaceae-Faboideae ▶ Sy 10B:26

Lentibulariaceae, Lamiales ▶ Sy 10B:58

Leonardoxa africana, Fabaceae ▶ Sy 10B:26

Leontopodium, Edelweiß, Asteraceae ▶ Sy 10B:51, A 9.31

Lepidium, Brassicaceae ▶ Sy 10B:39

**Lepidocarpon*, Samenbärlapp, Bärlapppflanzen ▶ E 3.6, ◘ A 5.63

Lepidodendraceae, Bärlapppflanzen ▶ E 3.6, ◘ A 5.29

**Lepidodendron*, Schuppenbaum, Bärlapppflanzen ▶ E 3.6, ◘ A 3.7, 3.15, 5.31, 5.63

Lepidoptera, Schmetterlinge ▶ Sy 11:7

**Lepidopteris*, Peltaspermales, Pteridospermen ▶ E 3.7

Lepidozamia porovskiana, Zamiaceae ▶ Sy 9:1, ◘ A 5.43

Lepilaena bilocularis, Potagometonaceae ▶ Sy 10B:18

L. cylindrocarpa

Leporella fimbriata, Hasenorchidee ▶ Sy 10B:13

Leptopalpus, Meloidae, Ölkäfer ▶ Sy 11:2

Leptosporangiate Farne, Monilophyta ▶ Sy 8:8–14, ◘ A 5.55, 5.56

Lerchensporn s. *Corydalis*

Letharia, Wolfsflechte, Lichenes ◘ A 5.6

Leucogenes leontopodium, Neuseeländisches Edelweiß, Asteraceae ▶ Sy 10B:51, ◘ A 7.10

Leucospermum, Proteaceae ▶ Sy 10B:22, ◘ A 3.26, 11.45, 11.48

Lichenes, Flechten ▶ Sy 3, ◘ E 5.1

Lichenostomus virescens, Meliphagidae ▶ Sy 12:33, ◘ A 11.44

**Lidgettonia mucronata*, Peltaspermales* ▶ E 3.7, ◘ A 5.68

Ligularia sibirica, Asteraceae ▶ Sy 10B:51, ◘ A 9.2

Ligustrum vulgare, Liguster, Oleaceae ▶ Sy 10B:58, ◘ A 9.2

Lilaeopsis chinensis, Apiaceae ▶ Sy 10B:54

Liliaceae, Liliengewächse, Liliales ▶ Sy 10B:14

Lilium, Lilie, Liliaceae ▶ Sy 10B:14, ◘ A 4.28, 11.16

L. auratum ◘ A 10.29

L. bulbiferum, Feuerlilie ◘ A 6.49

L. candidum, Madonnenlilie

L. martagon, Türkenbundlilie ◘ 6.46

Limette s. *Citrus*

Limonium, Strandflieder, Plumbaginaceae ▶ Sy 10B:47, ◘ A 6.38

L. arborescens, Geflügelter Strandflieder ◘ A 10.16

Linaceae, Leingewächse, Malpighiales ▶ Sy 10B:31

Linaria alpina, Alpen-Leinkraut, Plantaginaceae ▶ Sy 10B:58, ☐ **A 11.9**

L. vulgaris, Echtes Leinkraut ☐ **A 8.76, 9.9, 11.17**

Linde s. *Tilia*

Lindenbergia, Orobanchaceae ▶ Sy 10B:58

Lindernia ruellioides, Linderniaceae ▶ Sy 10B:58, ☐ **A 10.36**

Linderniaceae, Lamiales ▶ Sy 10B:58

Linse s. *Lens*

Linum flavum, Gelber Lein, Linaceae ▶ Sy 10B:31, ☐ **A 11.28**

L. usitatissimum, Lein, Flachs

Liquidambar orientalis, Orientalischer Amberbaum, Altingiaceae ▶ Sy 10B:43, ☐ **A 12.13**

Lisaea strigose, Apiaceae ▶ Sy 10B:54, ☐ **A 9.29**

Litchi chinensis, Litchi, Sapindaceae ▶ Sy 10B:41

Lithophyllum, Rhodophyceae ▶ Sy 4:12, ☐ **A 5.14**

Lithops, Lebender Stein, Aizoaceae ▶ Sy 10B:47, ☐ **A 8.63**

Lithops gesinae ☐ **A 8.62**

Lithothamnion, Kalktang, Rhodophyceae ▶ Sy 4:12

Loasa tricolor, Loasaceae ▶ Sy 10B:48, ☐ **A 11.16**

Loasaceae, Blumennesselgewächse, Cornales ▶ Sy 10B:48, ☐ **A 11.16**

Lobelia telekii, Campanulaceae ▶ Sy 10B:51, ☐ **A 3.23**

Lodoicea maldivica, Seychellenpalme, Arecaceae ▶ Sy 10B:9, ☐ **A 12.28**

Löwenmaul s. *Antirrhinum*

Löwenzahn s. *Taraxacum*

Loiseleuria, Ericaceae ▶ Sy 10B:49

Lolium × hybridum, Bastard-Raygras, Poaceae ▶ Sy 10B:10, ☐ **A 11.63**

Lonicera, Heckenkirsche, Geißblatt, Caprifoliaceae ▶ Sy 10B:55

L. japonica, Japanische Heckenkirsche ☐ **A 11.10**

L. xylosteum, Rote Heckenkirsche

Lophophora williamsii, Peyotl, Cactaceae ▶ Sy 10B:47, ☐ **A 2.10**

Loranthaceae, Riemenblumengewächse, Santalales ▶ Sy 10B:46, ☐ **A 6.8**

Lorbeer s. *Laurus*

Lorbeergewächse s. Lauraceae

Loriculus, Fledermauspapageien, Psittacidae ▶ Sy 12:32

Lotos nucifera, Indische Lotospflanze, Nelumbonaceae ▶ Sy 10B:22, ☐ **A 7.6**

Lotosblume s. *Nelumbo*

Lotus corniculatus, Gewöhnlicher Hornklee, Fabaceae-Faboideae ▶ Sy 10B:26, ☐ **A 11.52**

L. maritimus, Spargelbohne ☐ **A 11.52**

L. uliginosa

Lucilia, Schmeißfliege, Calliphoridae ▶ Sy 11:31, ☐ **A 11.40**

Ludovia lancifolia, Cyclanthaceae ▶ Sy 10B:5, ☐ **A 7.22, 10.39**

Luffa aegyptiaca, Schwammkürbis, vegetabilischer Schwamm, Cucurbitaceae ▶ Sy 10B:29, ☐ **A 7.15**

Lumnitzera, Combretaceae ▶ Sy 10B:35

Lunaria rediviva, Silberblatt, Brassicaceae ▶ Sy 10B:39, ☐ **A 12.15**

Lupinus digitatus, Lupine, Fabaceae-Faboideae ▶ Sy 10B:26

Luzula, Hainsimse, Cyperaceae

Lycaenidae, Bläulinge ▶ Sy 11:7, ☐ A11.41

Lychnis flos-cuculi, Caryophyllaceae ▶ Sy 10B:47

Lycium intricatum, Sparriger Bocksdorn, Solanaceae ▶ Sy 10B:57, ☐ **A 8.29**

Lycoperdon, Stäubling, Agaricomycotina, Basidiomycota

Lycophyta, Bärlapppflanzen, Bärlappartige ▶ Sy 8:1–3, ▶ E 3.6, ☐ **A 3.10, 4.14, 5.57,** ☐ **T 5.5**

Lycopodiaceae, Bärlappgewächse, Lycopodiales ▶ Sy 8:1, ☐ **A 5.26**

Lycopodiales, Lycophyta ▶ Sy 8:1, ☐ **A 5.57**

Lycopodiella, Sumpf-Bärlapp, Lycopodiaceae ▶ Sy 8:1

**Lycopodites,* Bärlapppflanzen ▶ E 3.6

Lycopodium, Bärlapp, Lycopodiaceae ▶ Sy 8:1, ☐ **A 5.27, 5.36, 5.65**

L. annotinum, Wald-Bärlapp ☐ **A 5.32, 5,64**

L. clavatum, Keulenbärlapp

L. lucidulum

L. selago s. *Huperzia selago*

L. squarrosum s. *Huperzia squarrosa*

Lyginopteridales,* Pteridospermen ▶ E 3.7, ☐ **A 3.10, 5.67

Lyginopteris,* Lyginopteridales, Pteridospermen ▶ E 3.7, ☐ **A 3.10, 5.42

Lygodium japonicum, Kletterfarn, Lygodiaceae ▶ Sy 8:11, ☐ **A 5.39, 5.59, 5.60**

Lysimachia, Gilbweiderich, Primulaceae ▶ Sy 10B:49, ☐ **A 7.9, 7.22**

L. ciliata, Bewimperter Felberich, ☐ **A 6.36**

L. nummularia, Pfennigkraut, ☐ **A 6.18, 6.41, 776.42, 10.26, 10.45**

L. punctata ☐ **A 11.22**

L. vulgaris ☐ **A 11.22**

Lythraceae, Rosales ▶ Sy 10B:26

Lythrum salicaria, Blutweiderich, Lythraceae ▶Sy 10B:35, ☐ **A 6.41, 6.42**

M

Macadamia integrifolia, Australische Haselnuss, Proteaceae ▶ Sy 10B:22

Macaranga triloba, Euphorbiaceae ▶ Sy 10B:31, ☐ **A 8.89**

Macrocystis pyrifera, Riesentang, Laminariales, Phaeophyceae ▶ Sy 4:10

Macroglossum stellatarum, Taubenschwänzchen, Kolibrischwärmer, Sphingidae ▶ Sy 11:7, ◘ A 11.41

Macropis fulvipes, Schenkelbiene, Melittidae ▶ Sy 11:52, ◘ A11.22

Macroscelidea, Rüsselspringer ▶ Sy 12:44, ◘ A 11.48

Macrozamia, Zamiaceae ▶ Sy 9:1, ◘ A 4.27

M. lucida

Magnolia, Magnoliaceae ▶ Sy 10B:4, ◘ A 6.41, 10.3, 11.11

M. grandiflora, Immergrüne Magnolie ◘ A 12.11

Magnoliaceae, Magnoliales ▶ Sy 10B:4, ◘ A 12.11

Magnoliales, Magnoliidae ▶ Sy 10B:4

Magnoliiden, Basale Angiospermen ▶ Sy 10A, B:4–7

Mahagoni s. *Swietenia*

Mahoberberis, Berberidaceae ▶ Sy 10B:21, ◘ A 6.18

Maiglöckchen s. *Convallaria*

Mais s. *Zea*

Makrozamia ridlei, Zamiaceae ▶ Sy 9:1, ◘ A 5.70

Malpighia coccigera, Malpighiacee ▶ Sy 10B:31, ◘ A 11.21

Malpighiaceae, Malpighiales ▶ Sy 10B:31

Malus, Apfel, Rosaceae ▶ Sy 10B:27, ◘ A 6.29, 10, 12.18, ◘ E 12.4

M. communis, Wildapfel, ◘ A 10.27

M. domestica, Apfel

M. sieversii, Apfel

Malva sylvestris, Malve, Malvaceae ▶ Sy 10B:41, ◘ A 7.9

Malvaceae, Malvengewächse, Malvales ▶ Sy 10B:41, ◘ A 10.14

Mamiellaceae, Chlorophyta ▶ Sy 5:40

Mammalia, Säugetiere, Vertebrata ▶ Sy 12:4

Mammutbaum s. *Metasequoia, Sequoia, Sequoiadendron*

Mandarine s. *Citrus*

Mandel s. *Prunus*

Mandragora officinarum, Gemeine Alraune, Solanaceae ▶ Sy 10B:57

Mangifera indica, Mango, Anacardiaceae ▶ Sy 10B:41, ◘ A 6.31, 12.18

Mango s. *Mangifera*

Mangostane s. *Garcinia*

Manihot esculenta, Maniok, Yuka, Euphorbiaceae ▶ Sy 10B:31, ◘ A 8.78

Manilahanf s. *Musa*

Manilkara zapota, Breiapfelbaum, Sapotaceae ▶ Sy 10B:49

Mantis, Gottesanbeterin, Mantodea ▶ Sy 11:8, ◘ A 8.62

Maracuja s. *Passiflora*

Marah macrocarpus, Cucurbitaceae ▶ Sy 10B:29, ◘ A 6.55, 7.13

Maranta, Marantaceae ▶ Sy 10B:12

M. arundinacea

M. leuconeura ◘ A 7.25, 11.59

M. leuconeura var. *erythroneura* ◘ A 8.65

M. leuconeura var. *kerchoveana* ◘ A 8.64

Marantaceae, Pfeilwurzgewächse, Zingiberales ▶ Sy 10B:12. ◘ A 3.23, 10.11

Marantochloa purpurea, Marantaceae ▶ Sy 10B:12, ◘ A 11.57

Marattia, Marattiaceae ▶ Sy 8:7

Marattiales, Monilophyta ▶ Sy 8:7, ◘ A 5.57

Marcgravia pedunculosa. Marcgraviaceae ▶ Sy 10B:49, ◘ A 8.84

M. umbellata ◘ A 8.54, 8.84

Marchantia, Marchantiaceae ▶ Sy 7B:10, ◘ A 4.16, 5.21

M. polymorpha, Brunnenlebermoos ◘ A 4.17

Marchantiidae, Marchantiopsida ▶ Sy 7A, C:9–12

Marchantiophyta, Lebermoose ▶ Sy 7A:6–20, ◘ A 4.14, 5.51, 5.56

Marone s. *Castanea*

Marsilea quadrifolia, Vierblättriger Kleefarn, Marsileaceae ▶ Sy 8:11, ◘ A 5.40, 5.62

Marsileaceae, Kleefarngewächse, Salviniales ▶ Sy 8:12

Marsipianthes, Lamiaceae ▶ Sy 10B:58

Marsupialia, Beuteltiere ▶ Sy 12:52

Masdevallia, Orchidaceae-Epidendroideae ▶ Sy 10B:13

Massonia, Asparagaceae ▶ Sy 10B:13, ◘ A 11.48

Mastixstrauch s. *Pistacia*

Mate-Strauch s. *Ilex*

Matricaria chamomilla, Echte Kamille, Asteraceae ▶ Sy 10B:51, ◘ A 9.6

M. discoidea, Strahllose Kamille ◘ A 6.41

Matteuccia struptiopteris, Straußenfarn, Onocleceae ▶ Sy 8:14, ◘ A 5.64

Maulbeere s. *Morus*

Maulbeergewächse s. Moraceae

Mäusedorn s. *Ruscus*

Mecodium rarum, Hymenophyllaceae ▶ Sy 8:9, ◘ A 5.61

Medicago, Schneckenklee, Fabaceae-Faboideae ▶ Sy 10B:26

M. falcata, Sichelklee ◘ A 11.53

M. laciniata, Schneckenklee

M. radiata ◘ A 12.24

M. sativa, Luzerne ◘ A 8.74

Medinilla venosa, Melastomataceae ▶ Sy 10B:35, ◘ A 10.38

Medullosa, Medullosales, Pteridospermen ▶ E 3.7, ◘ A 3.10, 3.15, 5.42

*Medullosales, Pteridospermen ▶ E 3.7, ◘ A 3.10

Meerestraube s. *Caulerpa*
Meerrettich s. *Armorica*
Meersalat s. *Ulva*
Meersenf s. *Cakile*
Megachile, Mörtel-, Blattschneiderbiene, Megachilidae ▶ Sy 11:52
Megapalpus nitidus, Bombyliidae ▶ Sy 11:31, ◘ **A 11.37**
Megaphrynium, ▶Marantaceae Sy 10B:12
Megistorhynchus longirostris, Nemestrinidae ▶ Sy 11:31, ◘ **A 11.18, 11.19**
Mehlbeere s. *Sorbus*
M. uncinata, Teebaum
Melampyrum arvense, Orobanchaceae ▶ Sy 10B:58
M. nemorosum, Hain-Wachtelweizen ◘ **A 9.23**
Melanargia cf. *larissa*, Nymphalidae ▶ Sy 11:7, ◘ **A11.41**
Melastoma, Melastomataceae ▶ Sy 10B:35
Melastomataceae, Myrtales ▶ Sy 10B:35
Melianthus major, Honigstrauch, Melianthaceae ▶ Sy 10B:34, ◘ **A 8.34, A 8.46, 8.50**
Melilotus albus, Weißer Steinklee, Fabaceae-Faboideae ▶ Sy 10B:26, ◘ **A 9.16**
Meliphagidae, Honigfresser ▶ Sy 12:33
Meliponini, Stachellose Bienen, Apinae ▶ Sy 11:52
Meliponq, Meliponini ▶ Sy 11:52
Melitta, Melittidae ▶ Sy 11:52
Mellisuga helenae, Bienenelfe, Trochilidae ▶ Sy 12:31
Meloideae, Ölkäfer ▶ Sy 11:2
Melone s. *Cucumis*
Mentha × *piperita*, Pfefferminze, Lamiaceae ▶ Sy 10B:58
Menyanthes trifoliata, Fieberklee, Menyanthaceae ▶ Sy 10B:51
Mercurialis annua, Einjähriges Bingelkraut, Euphorbiaceae ▶ Sy 10B:31
Merxmuellera macowanii, Poaceae ▶ Sy 10B:10, ◘ **A 6.57**
Mesembryanthemum crystallinum, Eisblume, Aizoaceae ▶ Sy 10B:47, ◘ **A 8.62**
Mespilus germanica, Mispel, Rosaceae ▶ Sy 10B:27
Messor, Ernteameise, Myrmicinae, Formicidae ▶ Sy 11:51
Metasequoia glyptostroboides, Urweltmammutbaum, Cupressaceae ▶ Sy 9:3, ◘ **A 5.44, 5.74**
Metroxylon sagu, Sagopalme, Arecaceae ▶ Sy 10B:9
Metzgeriidae, Jungermanniopsida ▶ Sy 7A, C:16–17
Metzgeriopsis, Lejeuneaceae, Marchantiophyta ▶ Sy 7B:14
**Metzgeriothallus sharonae*, Lebermoosartige ▶ Kap. 3.4
Michauxia campanuloides, Campanulaceae ▶ Sy 10B:51, ◘ **A 9.39**

Micrasterias, Zygnematophyceae ▶ Sy 5:53, ◘ **A 5.3**
Microchiroptera, Fledermäuse ▶ Sy 12:43
Microcorys, ▶ LamiaceaeSy 10B:58
Microcystis, Cyanobakterien ▶ Sy 3, ◘ **A 5.1**
Micromonas, Mamiellaceae ▶ Sy 5:40
Mikroparacaryum intermedium, Boraginaceae ▶ Sy 10B:61
Micropterix, Micropterygidae, Urmotten ▶ Sy 11:7
Micruroides, Korallenottern, Serpentes ▶ Sy 12:2
Micrurus; Korallenschlangen, Serpentes ▶ Sy 12:2
Mikiola fagi, Buchengallmücke, Cecidomyiidae ▶ Sy 11:32, ◘ **A 8.94**
Milben s. Acari
Milzfarn s. *Asplenium*
Mimetes hirtus, Proteaceae ▶ Sy 10B:21, ◘ **A 11.39**
Mimosa, Sinnpflanze, Mimose, Fabaceae-Mimosoideae ▶ Sy 10B:26, ◘ **A 7.10, 12.12**
M. pudica ◘ **A 6.36, 8.56, 9.20**
Mimosoideae, Mimosengewächse s. Fabaceae
Mimulus, Gauklerblume, Phrymaceae ▶ Sy 10B:58
Miniermotten s. Gracillariidae
Minze s. *Mentha*
Mirabilis jalapa, Wunderblüte, Vieruhrblume, Nyctaginaceae ▶ Sy 10B:47, ◘ **A 11.9**
M. longifolia ◘ **A 11.39**
Mispel s. *Mespilus*
Mistel s. *Viscum*
Mitrastemon, Mitrastemonaceae ▶ Sy 10B:49
Mittagsblume s. *Carpobrotus*
Mittagsblumengewächse s. Aizoaceae
Mnium, Mniaceae ▶ Sy 7B:44, ◘ **A 4.16**
Mohn s. *Papaver*
Möhre s. *Daucus*
Molinia (syn. *Boldea*), Monimiaceae ▶ Sy 10B:5, ◘ **A 11.11**
Momordica, Cucurbitaceae ▶ Sy 10B:29
Mondraute s. *Botrychium*
Monechma cleomoides, Acanthaceae ▶ Sy 10B:58, ◘ **A 10.35**
Monilaria scutata, Aizoaceae ▶ Sy 10B:47, ◘ **A 8.62**
Monilophyta, Farne ▶ Sy 6:6, Sy 8, ◘ **A 3.10, 4.14, 5.57**, ◘ **T 5.6**
Monimiaceae, Laurales ▶ Sy 10B:5
Monocotylen, Einkeimblättrige ▶ Sy 10A, B:10–19, ◘ **E 8.5**, ◘ **A 5.29**
Monodora myristica, Annonaceae ▶ Sy 10B:4, ◘ **A 5.84**
Monopera, Plantaginaceae ▶ Sy 10B:58
Monophyllaea, Gesneriaceae ▶ Sy 10B:58
Monostroma grevillei, Ulotrichales ▶ Sy 5:21
Monotropa hypopitys, Fichtenspargel, Ericaceae ▶ Sy 10B:49, ◘ **A 8.85**
Monstera, Araceae ▶ Sy 10B:18, ◘ **A 8.64**

Montia fontana, Bach-Quellkraut, Montiaceae ▶ Sy 10B:47

**Montsechia*, fossile Angiospermen ▶ E 3.9

Moorbirke s. *Betula*

Moose ▶ Sy 6:2, Sy 7, Sy 8:4, ◘ A 3.10, 4.18

Moosfarn s. *Selaginella*

Moraceae, Maulbeergewächse, Rosales ▶ Sy 10B:27

Moraea, Iridaceae ▶ Sy 10B:13, ◘ A 3.26

**Moresnetia zalesskyi*, Pteridospermen ▶ E 3.7

Morinda citrifolia, Nonibaum, Rubiaceae ▶ Sy 10B:60, ◘ A 12.18

M. jasminoides ◘ A 8.61

Moringa ovalifolia, Moringaceae ▶ Sy 10B:39, A 8.30

Morus, Maulbeere, Moraceae ▶ Sy 10B:27, ◘ A 12.19

Moschuskraut s. *Adoxa*

Motten: Sammelname für verschiedene Kleinschmetterlingsfamilien

Mougeotia, Zygnematophyceae ▶ Sy 5:53, ◘ A 2.6

Mucuna sloanei, Fabaceae ▶ Sy 10B:26, ◘ A 12.27

Mücken s. Nematocera

Muehlenbeckia platyclada, Bandbusch, Polygonaceae ▶ Sy 10B:47, ◘ A 8.28

Mundulea phylloxylon, Fabaceae ▶ Sy 10B:26

Mus minutoides, Afrikanische Zwergmaus, Rodentia ▶ Sy 12:48, ◘ A 11.48

Musa, Banane, Musaceae ▶ Sy 10B:12

M. × paradisiaca, Obstbanane ◘ A 6.57, 8.49, 12.16

M. textilis, Manilahanf ◘ A 7.15

Musaceae, Zingiberales ▶ Sy 10B:12

Musanga cecropioides, Schirmbaum, Urticaceae ▶ Sy 10B:27, ◘ A 8.50

Musca domestica, Stubenfliege ▶ Sy 11:31, ◘ A 11.19, 11.32

Muscaria comosum, Schopfige Traubenhyazinthe, Asparagaceae ▶ Sy 10B:13, ◘ A 9.23

Muskatnuss s. *Myristica*

Mussaenda erythrophyllam Rubiaceae ▶ Sy 10B:60, ◘ A 9.25

M. frondosa. ◘ A 9.25

M. pubescens ◘ A 9.25

M. „Queen Sirikit" ◘ A 9.25

Mutterkornpilz s. *Claviceps*

Mycetophilidae, Pilzmücken ▶ Sy 11:32

Myosotis, Vergissmeinnicht, Boraginaceae ▶ Sy 10B:61, ◘ A 11.4

M. scorpioides, Sumpf- ◘Vergissmeinnicht A 11.9

Myosurus minimus, Kleiner Mäuseschwanz, Ranunculaceae ▶ Sy 10B:21

Myrica, Gagelstrauch, Myricaceae ▶ Sy 10B:28

Myriocepahlus helichrysoides, Asteraceae ▶ Sy 10B:51, ◘ A 9.31

Myriophyllum, Tausendblatt, Haloragaceae ▶ Sy 10B:43

Myristica fragrans, Muskatnuss, Myristicaceae ▶ Sy 10B:4, ◘ A 12.3, 12.5

Myristicaceae, Muskatnussgewächse, Magnoliales ▶ Sy 10B:4

Myrmecia, Trebouxiales ▶ Sy 5:32

Myrmecia urens, Myrmecinae, Formicidae ▶ Sy 11:51

Myrmelachista schumanni, Formicinae, Formicidae ▶ Sy 11:51

Myrmecodia echinata, Rubiaceae ▶ Sy 10B:60, ◘ A 8.84

M. platytyrea ◘ A 8.84

Myrothamnaceae, Gunnerales ▶ Sy 10B:25

Myrothamnus flabellifolius, Myrothamnaceae ▶ Sy 10B:25, ◘ A 5.23

Myroxylon balsamum, Perubalsam, Fabaceae ▶ Sy 10B:26

Myrrhe s. *Commiphora*

Myrtaceae, Myrtengewächse, Myrtales ▶ Sy 10B:35, ◘ A 10.14

N

Nachtfalter: Sammelname für Eulen, Glucken, Motten, Schwärmer, Spinner

Nachtschattengewächse s. Solanaceae

Nacktfarn s. *Anogramma*

Nacktsamer s. Gymnospermen

Nadelbaumgewächse s. Pinales

Nagetiere s. Rodentia

Najas marina, Nixenkraut, Hydrocharitaceae ▶ Sy 10B:18

Nara-Strauch s. *Acanthosicyos*

Narcissus, Narzisse, Amaryllidaceae ▶ Sy 10B:13, ◘ A 9.9, 10.9, 11.11

N. lobularis

Narthecium ossifragum, Nartheciaceae ◘ A 11.12

**Nathorstiana*, Bärlapppflanzen ▶ E 3.6

Natternzunge s. *Ophioglossum*

Natternzungengewächse s. Ophioglossales

Nectarinia violacea, Nectariniidae ▶ Sy 12:33, ◘ A 11.45

Nectariniidae, Nektarvögel ▶ Sy 12:33

Neillia, Rosaceae ▶ Sy 10B:27

Nektarine s. *Prunus*

Nelkengewächse s. Caryophyllaceae

Nelkenwurz s. *Geum*

Nelumbo nucifera, Indische Lotosblume, Nelumbonaceae ▶ Sy 10B:22, ◘ 7.6, 12.19

Nemalion, Rhodophyceae ▶ Sy 4:12

Nematanthus, Gesneriaceae ▶ Sy 10B:58, ◘ A 10.35

Nematocera, Mücken ▶ Sy 11:32

Nemesia ligulate, Scrophulariaceae ▶ Sy 10B:58, ◘ A 11.12

Nemestrinidae, Netzfliegen ▶ Sy 11:31

Nemognatha, Meloidae, Ölkäfer ▶ Sy 11:2, ◘ A 11.19

Neoregelia princeps, Bromeliaceae ▶ Sy 10B:10, ◘ A 8.65

N. spectabilis ◘ **A 8.65**
Neottia nidus-avis, Vogel-Nestwurz, Orchidaceae-Epidendroideae ▶ Sy 10B:13, ◘ A 8.85
Nepenthaceae, Kannenpflanzengewächse, Caryophyllales ▶ Sy 10B:47
Nepenthes, Kannenpflanze, Nepenthaceae ▶ Sy 10B:47, ◘ **A 7.22, 8.53, 8.90, 8.91**
N. bicalcarata ◘ A 8.91
N. gracilis
N. kampotiana ◘ **A 8.53**
N. lowii
Nephelium lappaceum, Rambutan, Sapindaceae ▶ Sy 10B:41, ◘ **A 12.5**
Nerium oleander, Oleander, Apocynaceae ▶ Sy 10B:60, ◘ **A 8.60, 8.61, 12.25**
Neuropteris*, Pteridospermen ▶ E 3.7, ◘ **A 5.34
Nesseltiere: Seeanemonen, Steinkorallen ▶ Cnidaria
Netzflügler, Neuroptera ▶ Sy 11:10
Neuseeländischer Flachs s. *Phormium*
Neuseeländisches Edelweiß s. *Leucogenes*
Neviusia alabamensis, Rosaceae ▶ Sy 10B:27, ◘ **A 9.20**
Nicotiana, Tabak, Solanaceae ▶ Sy 10B:57, ◘ **A 7.7**
N. rustica
N. tabacum ◘ **A 2.5, 2.10, 2.18**
Niembaum s. *Azadirachta*
Nierembergia, Solanaceae ▶ Sy 10B:57
Nieswurz s. *Helleborus*
Nigella damascena, Jungfer im Grünen, Ranunculaceae ▶ Sy 10B:21, ◘ **A 11.15**
N. sativa, Echter Schwarzkümmel ◘ **A 11.16**
Nipa, Arecaceae ▶ Sy 10B:9
Nitella, Charophyceae ▶ Sy 5:52
Noctiluca, Dinophyta ▶ Sy 4:9
Nomada, Wespenbiene, Nomadinae ▶ Sy 11:52
Nonibaum s. *Morinda*
Norantea brasiliensis, Marcgraviaceae ▶ Sy 10B:49
Norantea guianensis ◘ **A 8.54**
Nostoc, Cyanobakterien ▶ E 3.2, Sy 3, ◘ **A 5.1, 5.6, 5.52**
Nothofagus, Südbuche, Fagaceae ▶ Sy 10B:28, ◘ **A 3.25**
N. dombeyi, Chilenische Scheinbuche ◘ **A 3.27, 8.94**
Notholaena, Pteridaceae ▶ Sy 8:14
Nucifraga caryocatactes, Tannenhäher, Corvidae ▶ Sy 12:33
Nuphar, Teichrose, Nymphaeaceae ▶ Sy 10B:2, ◘ **A 5.84**
Nusseibe s. *Torreya*
Nuytsia floribunda, Loranthaceae ▶ Sy 10B:46, ◘ **A 8.92**
Nyctaginaceae, Caryophyllales ▶ Sy 10B:37
Nymphaea, Seerose, Nymphaeaceae ▶ Sy 10B:2
N. alba, Seerose ◘ **A 7.23, 8.43, 10.7, 10.43**
N. caerulea ◘ **A 10.22**
N. stellata var. *bulbillifera*
N. × *daubenyana* ◘ **A 10.43**
Nymphaeales, ANA-Gruppe ▶ Sy 10B:2
Nymphalidae, Fleckenfalter ▶ Sy 11:7
Nymphoides humboldtiana, Menyanthaceae ▶ Sy 10B:51, ◘ **A 10.18**

O

Ochna intergerrima, Ochnaceae ▶ Sy 10B:31, ◘ **A 10.51, 12.20**
Ochnaceae, Malpighiales ▶ Sy 10B:31
Ochroma pyramidale, Balsabaum, Malvaceae ▶ Sy 10B:38
Ochromonas, Chrysophyceae ▶ Sy 4:10
Ocimum, Lamiaceae ▶ Sy 10B:58
Ocotea foetens, Lauraceae ▶ Sy 10B:5, ◘ **A 8.61**
Odontites, Zahntrost, Orobanchaceae ▶ Sy 10B:58
Oedera (syn. *Eroeda*) *capensis*, Asteraceae ▶ Sy 10B:51, **A 9.31**
Oedogoniales, Chlorophyceae ▶ Sy 5:23
Oedogonium, Oedogoniales ▶ Sy 5:23, ◘ **A 2.6, 4.6, 5.12**
Ölkäfer s. Meloideae
Oenanthe aquatica, Wasserfenchel, Apiaceae ▶ Sy 10B:54
O. lachenalii ◘ **A 9.34**
O. prolifera ◘ **A 9.9**
Oenothera biennis, Nachtkerze, Onagraceae ▶ Sy 10B:35, ◘ **A 10.9, 11.17**
O. fruticose ◘ **A 10.29**
O. macrocarpa ◘ **A 11.17**
Ölbaum s. *Olea*
Olea europaea, Olivenbaum, Oleaceae ▶ Sy 10B:58, ◘ **A 6.53, 12.9**
Oleaceae, Lamiales ▶ Sy 10B:58
Oleander s. *Nerium*
Oleandra wallichii, Oleandraceae ▶ Sy 8:14, **A 5.28**
Olive s. *Olea*
Ölpalme s. *Eleais*
Ölweidengewächse s. Elaeagnaceae
Onagraceae, Myrtales ▶ Sy 10B:35
Oncidium sphacelatum, Orchidaceae-Epidendroideae ▶ Sy 10B:13
Oncosperma tigillarium Arecaceae ▶ Sy 10B:9, ◘ A 8.84
Onobrychis crista-galli, Esparsette, Fabaceae-Faboideae ▶ Sy 10B:26, ◘ **A 12.22**
Ononis spinosa, Dornige Hauhechel, Fabaceae-Faboideae ▶ Sy 10B:26
O. spinosa subsp. *maritima*, Kriechende Hauhechel ◘ **A 11.52**
Onosma, Lotwurz, Boraginaceae ▶ Sy 10B:61, ◘ **A 9.2**
Onychognathus morio, Rotschwingenstar, Passeridae ▶ Sy 12:33, ◘ **A 11.45**
Ophioglossaceae, Ophioglossales ▶ Sy 8:5

Ophioglossales, Natternzungengewächse, Monilophyta ▶ Sy 8:5, ◼ **A 5.38, 5.57**

Ophioglossum reticulatum, Natternzunge, Ophioglossaceae ▶ Sy 8:5

O. vulgatum ◼ **A 5.38**

Ophrys, Ragwurz, Orchidaceae-Orchidoideae ▶ Sy 10B:13

O. apifera, ◼ **A 11.37**

O. heleniae

O. insectifera, Fliegenragwurz

O. lutea, Gelbe Ragwurz ▶ Sy 10B:13

O. speculum, Spiegelragwurz

Opuntia, Cactaceae ▶ Sy 10B:47, ◼ **A 8.31**

Orchidaceae, Orchideen, Asparagales ▶ Sy 10B:13, ◼ **E 11.4**

Orchidoideae s. Orchidaceae ◼ **A 11.24**

Orchis, Knabenkraut, Orchidaceae-Orchidoideae ◼ **A 11.17**

O. boryi

Orlaya grandiflora, Strahlen-Breitsame, Apiaceae ▶ Sy 10B:54, ◼ **A 9.7, 9.28, 9.29, 12.22**

Ornithogalum caudatum, Liliaceae ▶ Sy 10B:14, ◼ **A 10.23**

O. nutans ◼ **A 10.23**

Ornithopus, Vogelfuß, Fabaceae ▶ Sy 10B:26, ◼ **A 12.9**

Orobanchaceae, Sommerwurzgewächse, Lamiales ▶ Sy 10B:58

Orobanche, Sommerwurz, Orobanchaceae ▶ Sy 10B:58

O. atropurpurea ◼ **A 11.48**

O. gracilis, Blutrote Sommerwurz ◼ **A 11.12**

O. laserpitii-sileris ◼ **A 8.93**

O. minor ◼ **A 11.12**

Orothamnus zeyheri, Proteaceae ▶ Sy 10B:22, ◼ **A 9.21**

Orphium frutescens, Gentianaceae ◼ **A 11.13**

Orthotrichaceae, Bryophyta ▶ Sy 7B:46

Oryza sativa, Reis, Poaceae ▶ Sy 10B:10, ◼ **A 11.63**

Osbornia, Myrtaceae ▶ Sy 10B:35

Osmia cornuta, Mauerbiene, Megachilidae ▶ Sy 11:52

O. mocsaryi, Mocsary-Mauerbiene ◼ **A 11.28**

Osmunda regalis, Königsfarn, Osmundaceae ▶ Sy 8:8, ◼ **A 5.39, 5.59, 5.60, 5.64**

Osmundales, Königsfarnartige, Monilophyta ▶ Sy 8:8, ◼ **A 5.57**

Osteospermum, Asteraceae ▶ Sy 10B:51

Osteospermum ecklonis, Kapmargerite

Ostreococcus, Mamiellaceae ▶ Sy 5:40

Ottoa oenanthoides, Apiaceae ▶ Sy 10B:54

Oxalidaceae, Oxalidales ▶ Sy 10B:30

Oxalis, Sauerklee, Oxalidaceae ▶ Sy 10B:30

O. acetosella, Wald-Sauerklee

O. articulata ◼ **A 6.46**

O. bupleurifolia

O. pes-caprae, Nickender Sauerklee ◼ **A 8.80**

O. tetraphylla

O. tuberosam, Oka, Knolliger Sauerklee

Oxynoe olivacea, Grüne Schlundsackschnecke, Gastropoda

Oxypolis, Apiaceae ▶ Sy 10B:54

Oxythyrea, Scarabaeidae ▶ Sy 11:2, ◼ **A 11.40**

P

Pachycentria constricta, Melastomataceae ▶ Sy 10B:35

P. glauca

Padina pavonia Trichteralge, Dictyotales ▶ Sy 4:10, ◼ **A 5.16**

Paeonia, Pfingstrose, Paeoniaceae ▶ Sy 10B:43

P. wittmanniana ◼ **A 12.21**

Paeoniaceae, Pfingstrosengewächsen, Saxifragales ▶ Sy 10B:43, ◼ **A 12.21**

Paepalanthus bromelioides, Eriocaulaceae ▶ Sy 10B:10

Palaquium gutta, Guttaperchabaum, Sapotaceae ▶ Sy 10B:40

Paliurus spina-christi, Christusdorn, Rhamnaceae ▶ Sy 10B:27, ◼ **A 8.61**

Palmaria, Rhodophyceae ▶ Sy 4:12

Palmen s. Arecaceae

Palmentang s. *Laminaria*

Palmfarne s. Cycadales

Palmlilie s. *Yucca*

Palustriella commutata, Amblystegiaceae ▶ Sy 7B:52, ◼ **A 5.21**

Pameridea marlothii, Heteroptera, Wanzen ▶ Sy 11:4

P. roridulae

Pancratium maritimum, Strandlilie, Amarylliaceae ▶ Sy 10B:13

Pandanaceae, Schraubenbaumgewächse, Liliales ▶ Sy 10B:14

Pandanus edulis, Pandanaceae ▶ Sy 10B:14

P. tectorius subsp. *Australiensis* ◼ **A 8.27**

P. utilis, Schraubenbaum ◼ **A 6.20, 8.82**

Pandorina, Volvocaceae ▶ Sy 5:26

Pangonius pyritosus, Tabanidae, Bremsen ▶ Sy 11:31, ◼ **A 11.41**

Pantoffelblume s. *Calceolaria*

Panurgus, Zottelbiene, Andrenidae ▶ Sy 11:52

Panzergeißler s. Dinophyta

Papageien s. Psittacidae

Papaver, Mohn, Papaveraceae ▶ Sy 10B:21, ◼ **A 7.24, 12.9, 2.10, 12.13**

P. radicatum, Arktischer Mohn

P. rhoeas, Klatschmohn ◼ **A 10.16, 11.7**

P. somniferum, Schlafmohn ◼ **A 2.10, 7.24, 12.13**

Papaveraceae, Mohngewächse, Ranunculales ▶ Sy 10B:21

Papaya s. *Carica*

Paphiopedium gratvixianum, Venusschuh, Orchidaceae-Cypripedioideae ► Sy 10B:13, ◘ **A 11.26**

Papilio helenus, Rote Helene, Papilionidae ► Sy 11:7, ◘ **A 9.25**

P. machaon, Schwalbenschwanz

P. polytes, Mormonfalter ◘ **A 9.25**

Papilionidae, Ritterfalter ► Sy 11:7

Pappel s. *Populus*

Paprika s. *Capsicum*

Papyrus s. *Cyperus*

Paradiesvogelblume s. *Strelitzia*

Paranussbaum s. *Bertholletia*

Parasitaxus ustus, Podocarpaceae ► Sy 9:3

Parategeticula, Prodoxidae, Yuccamotten ► Sy 11:7

Paratetrapedia, Centridini, Apinae ► Sy 11:52

Parkia javanica, Fabaceae-Mimosoideae ► Sy 10B:26, ◘ **A 11.47**, **12.12**

Parmentiera, Bignoniaceae ► Sy 10B:58, ◘ **A 11.47**

Parnassia mysorensis, Celastraceae ► Sy 10B:32, ◘ **A 10.39**

P. palustris, Sumpf-Herzblatt ◘ **A 6.21**

Parnassius apollo, Apollofalter, Papilionidae ► Sy 11:7

Parrotiopsis jacquemontiana, Asiatische Scheinparrotie, Hamamelidaceae ► Sy 10B:43, ◘ **A 6.16, 8.38, 9.21, 12.13**

Parthenium argentatum, Guayule, Asteraceae ► Sy 10B:10

Parthenocissus, Wilder Wein, Vitaceae ► Sy 10B:42

P. quinquefolia ◘ **A 8.65**

P. tricuspidate ◘ **A 6.55**

Passiflora, Passionsblume, Passifloraceae ► Sy 10B:31, ◘ **A 6.55, 7.22, 11.16**

P. coccinea, Rote Grenadilla ◘ **A 11.44**

P. coriacea ◘ **A 10.9**

P. cyanea

P. edulis forma *edulis,* Passionsblume

P. edulis forma *flavicarpa,* Maracuja

P. foetida ◘ **A 10.16**

P. foetida var. *hispida* ◘ **A 10.15, 10.48**

P. helleri

P. standleyi ◘ **A 10.24**

P. tulae

Pastinaca sativa, Pastinak, Apiaceae ► Sy 10B:54

Patagona gigas, Riesenkolibri ► Sy 12:31, ◘ **A 11.44**

Patagonische Zypresse s. *Fitzroya*

Paternostererbse s. *Abrus*

Paulownia tomentosa, Paulowniaceae ► Sy 10B:58, ◘ **A 10.28**

Pavonia multiflora, Malvaceae ► Sy 10B:38, ◘ **A 10.14, 10.16**

Pecopteris,* fossile Marattiales ► E 3.7, ◘ **A 5.34

Pedaliaceae, Lamiales ► Sy 10B:58

Pediastrum, Sphaeropleales ► Sy 5:27

Pedicularis rex ◘ **A 8.47**

Pedicularis, Läusekraut, Orobanchaceae ► Sy 10B:58

Pedilanthus s. *Euphorbia*

Pekannuss s. *Carya*

Pelargonium, Geraniaceae ► Sy 10B:34, ◘ **A 3.26, 12.29**

P. echinatum

P. klinghardtense ◘ **A 12.29**

Pellia epiphylla, Gemeine Beckenmoos, Pelliaceae ► Sy 7B:20, ◘ **A 4.17, 5.9, 5.20**

Pelliidae, Jungermanniopsida ► Sy 7A, C:18–20

Peltaria alliacae, Lauch-Scheibenschötchen Brassicaceae ► Sy 10B:39, ◘ **A 9.11**

Peltaspermales,* Pteridospermen ► E 3.7, ◘ **A 3.10, 5.68

Peltaspermum,* Pteridospermen ► E 3.7, ◘ **A 5.42

Peltigera, Lichenes ◘ **A 5.6**

Peltodon, Lamiaceae ► Sy 10B:58

Penaeaceae, Myrtales ► Sy 10B:35

Pennisetum glaucum, Perlhirse, Poaceae ► Sy 10B:10

P. miliaceum, Rispenhirse

Pentastemona, Pandanaceae ► Sy 10B:16

Pentoxlon,* Pentoxylales* ► E 3.8, ◘ **A 5.42

**Pentoxylales,* Pteridospermen* ► E 3.8

Pentstemon, Plantaginacee ► Sy 10B:58, ◘ **A 10.39**

Peperomia columella, Zwergpfeffer, Piperaceae ► Sy 10B:6

Peristomate Laubmoose ► Bryophytina

Perlhirse s. *Pennisetum*

Peronospora tabacina, Tabakblauschimmel Peronosporomycetes

Peronosporomycetes (syn. Oomycetes), Schleim-, Ei-, Algenpilze, Stramenopiles ► Sy 4.10

Perovskia ► *Salvia*

Persea americana, Avocado, Lauraceae ► Sy 10B:5

P. indica ◘ **A 8.61**

Perubalsam s. *Myroxylon*

Perückenstrauch s. *Cotinus*

Petalomyrmex phylax, Formicinae, Formicidae ► Sy 11:51

Petrea volubilis, Verbenaceae ► Sy 10B:58, ◘ **A 12.24**

Petrophile brevifolia, Proteaceae ► Sy 10B:22, ◘ **A 10.51**

Petroselinum, Petersilie, Apiaceae ► Sy 10B:54, ◘ **A 8.59**

Petunia hybrida, Petunie, Solanaceae ► Sy 10B:57

Peucedanum ostruthium, Meisterwurz, Apiaceae ► Sy 10B:54

Peyotl s. *Lophophora*

Pfaffenhütchen s. *Euonymus*

Pfahlrohr s. *Arundo*

Pfeffer s. *Piper*

Pfeffergewächse s. Piperaceae

Pfeilwurz s. *Maranta*

Pfeilwurzgewächse s. Marantaceae

Pfennigkraut s. *Lysimachia*

Pfirsich s. *Prunus*

Pflanzen, Archaeplastida ▶ Sy 3

Pflaume s. *Prunus*

Pfriemenginster s. *Spartium*

Phaeoceros laevis, Notothyladaceae ▶ Sy 7B:4, ◘ A 5.52

Phaeocystis, Haptophyta ▶ Sy 4:6

Phaeophyceae, Braunalgen, Stramenopiles ▶ Sy 4:10

Phaeoptilum spinosum, Flügelfruchtstrauch, Nyctaginaceae ▶ Sy 10B:47

Phaethornis syrmatophorus, Trochilidae ▶ Sy 12:31, ◘ A 11.46

Phalaeopsis, Orchidaceae-Epidendroideae ▶ Sy 10B:13, ◘ A 7.21

Phaleria capitata, Thymelaeaceae ▶ Sy 10B:38 ◘ A 11.39

Phascolarctos cinereus, Koalabär ▶ Sy 12:45, ◘ A 3.25

Phaseolus, Gartenbohne, Fabaceae-Faboideae ▶ Sy 10B:26, ◘ A 10.46

P. coccineus (syn. *P. multiflorus),* Feuerbohne ◘ A 6.8

P. vulgaris, Gartenbohne ◘ A 2.5, 2.21

Phasmatodea, Gespenstschrecken ▶ Sy 11:8, ◘ A 8.62

Pheidole bicorni, Myrmicinae, Formicidae ▶ Sy 11:51

Philcoxia, Plantaginaceae ▶ Sy 10B:58

Phillyrea. Steinlinde, Oleaceae ▶ Sy 10B:58, ◘ A 3.22

Philodendron bipinnatifidum, Araceae ▶ Sy 10B:18, ◘ A 8.75

P. selloum, Araceae

Philoliche (syn. *Pangonia) rostrata,* Tabanidae, Bremsen ▶ Sy 11:31

P. gulosa ◘ A 11.18

Phleum, Lieschgras, Poaceae ▶ Sy 10B:10

Phlomis fruticosa, Fabaceae-Faboideae ▶ Sy 10B:26

Phlox, Polemoniaceae ▶ Sy 10B:49

Phoenix canariensis, Kanarische Dattelpalme, Arecaceae ▶ Sy 10B:9, ◘ A 6.53, 8.27

P. dactylifera, Echte Dattelpalme ◘ A 6.31

Phormium tenax, Neuseeländischer Flachs, Asphodelaceae-Hemerocallidoideae ▶ Sy 10B:13, ◘ A 8.44

Phragmites australis, Schilfrohr, Poaceae ▶ Sy 10B:10, ◘ A 8.25, 8.48

Phycodrys rubens, Eichblatt, Rhodophyceae ▶ Sy 4:12, ◘ A 5.14

Phyllanthus, Phyllanthaceae ▶ Sy 10B:31, ◘ A 8.52

Phyllobacterium myrsinacearum Protobacteria, Bakterien

Phyllocladus, Podocarpaceae ▶ Sy 9:3

Phyllospadix scouleri, Zosteraceae ▶ Sy 10B:18

Phyllostachys edulis, Moso-Bambus, Poaceae ▶ Sy 10B:10, ◘ A 8.25. 8.26

Phyllostomidae, Blattnasen, Microchiroptera ▶ Sy 12:43

Physalis alkekengi, Lampionblume, Solanaceae ▶ Sy 10B:57, ◘ A 12.16

P. peruviana, Kapstachelbeere

Physcomitrella patens, Funariaceae ▶ Sy 7A, D:33

Phytelephas macrocarpa, Steinnusspalme, Taguanuss, vegetabilisches Elfenbein, Arecaceae ▶ Sy 10B:9, ◘ A 12.6

Phyteuma scheuchzeri, Campanulaceae ▶ Sy 10B:51

Phytolacca, Kermesbeere, Phytolaccaceae ▶ Sy 10B:47, ◘ 8.78, 12.16

P. acinos ◘ A 6.42

P. americana, Kermesbeere ◘ A 8.78

P. dioica ◘ A 8.15

Phytophthora cinnamon (Wurzelfäule) Peronosporomycetes

P. infestans (Kraut- und Knollenfäule)

Picea abies, Gemeine Fichte, Pinaceae ▶ Sy 9:3, A 5.45, 5.72, 6.33, 8.20, 8.68, 8.85

P. engelmannii, Engelmann-Fichte ◘ A 5.45

P. excelsa

Picralima nitida, Apocynaceae ▶ Sy 10B:60

Pieris brassicae, Kohlweißling, Pieridae ▶ Sy 11:7, ◘ A 11.19

Pilea spruceana, Kanonierblume, Urticaceae ▶ Sy 10B:27

Pillenfarn s. *Pilularia*

Pilostyles boyacensis, Apodanthaceae ▶ Sy 10B:29

Pilularia globulifera, Kugel-Pillenfarn, Marsileaceae ▶ Sy 8:12

Pilze, Fungi ▶ E 8.12

Pilzmücken s. Mycetophilidae

Pimelea, Thymelaeaceae ▶ Sy 10B:38

P. physodes ◘ A 9.21

P. cracens ◘ A 6.20

P. sulphurea, ◘ A 6.16

Pimpernuss s. *Staphylea*

Pimpinella anisum, Anis, Apiaceae ▶ Sy 10B:54

Pinaceae, Kieferngewächse, Pinales ▶ Sy 9:3, ◘ A 4.28, 5.42, 5.45, 5.72

Pinales, Koniferen, Nadelbaumgewächse, Gymnospermen ▶ Sy 9:3, ◘ A 3.10, 4.14, 4–26, 5.42

Pinellia tripartita, Araceae ▶ Sy 10B:18, ◘ A 11.33, 11.35

Pinguicula. Fettkraut, Lentibulariaceae ▶ Sy 10B:58, ◘ A 3.21

P. vulgaris ◘ **A 7.25, 8.90**
Pinselkäfer s. *Trichius*
Pinus, Kiefer, Pinaceae ▶ Sy 9:3, ◘ **A 4.28, 5.48, 5.69, 5.72, 6.29, 8.16, 8.60**
P. brutia, Kalabrische Kiefer ◘ **A 5.45**
P. canariensis, ◘Kanarenkiefer **A 5.72**
P. cembra, Zirbelkiefer
P. contorta ◘ **A 8.42**
P. heldreichii
P. longaeva, Grannenkiefer
P. mugo, Latschenkiefer, Föhre, Bergkiefer
P. nigra Schwarzkiefer ◘ **A 5.45**
P. pinaster, Europäische Strandkiefer
P. ◘ *sylvestris*, Waldkiefer ◘ **A 5.46, 7.17, 7.24, 8.20, 11.24**
Piper, Piperaceae ▶ Sy 10B:6
P. betle, Betelpfeffer
P. nigrum, Pfeffer
Piperaceae, Piperales ▶ Sy 10B:6
Piperales, Basale Angiospermen ▶ Sy 10B:6
Pisonia, Nyctaginaceae ▶ Sy 10B:47
Pistacia, Pistazie, Anacardiaceae ▶ Sy 10B:41, ◘ **A 3.22**
P. lentiscus, Mastixstrauch
P. vera, Echte Pistazie
Pistia stratiotes, Araceae ▶ Sy 10B:18, ◘ **A 7.6**
Pisum sativum, Erbse, Fabaceae-Faboideae ▶ Sy 10B:26, ◘ **A 6.12**
Pitahaya s. *Hylocereus*
Pityrogramma, Pteridaceae ▶ Sy 8:14, ◘ **A 5.60**
Plagionotus arcuatus, Wespenbock, Cerambycidae ▶ Sy 11:2, ◘ **A 11.31**
Plantago, Wegerich, Plantaginaceae ▶ Sy 10B:58, ◘ **A 8.51**
P. coronopus ◘ **A 8.51**
P. lanceolata, Spitzwegerich, ◘ **A 8.51, 9.38**
P. major ◘ **A 8.51**
P. maritima ◘ **A 8.51**
P. media, ◘ **A 8.51**
Plasmopara viticola, Falscher Mehltau des Weines, Peronosporomycetes
Platanthera bifolia, Grüne Waldhyazinthe, Orchidaceae-Orchidoideae ▶ Sy 10B:13, ◘ **A 11.17**
Platanus occidentalis, Platane, Platanaceae ▶ Sy 10B:22
Platycerium, Geweihfarn, Polypodiaceae ▶ Sy 8:14, ◘ A 5.41
P. bifurcatum, ◘ **A 5.41**
P. vassei, ◘ **A 5.41, 5.59**
Platydorina, Volvocaceae ▶ Sy 5:26
Pleurococcus, Chaetophorales ▶ Sy 5:24
Pleuromeia*, fossile Brachsenkrautartige ▶ E 3.6, ◘ **A 5.63
Pleurothallis, **Orchidaceae** ▶ Sy 10B:13
Plocamium cartilagineum, Kämmchenrotalge, Rhodophyceae ▶ Sy 4:12, ◘ **A 5.14**

Ploceidae, Webervögel ▶ Sy 12:33, ◘ **A 11.45**
Plumbaginaceae, Caryophyllales ▶ Sy 10B:47, ◘ **A 6.38**
Plumbago capensis, Plumbaginaceae ▶ Sy 10B:47, ◘ **A 7.9**
Poa annua, Poaceae ▶ Sy 10B:10
P. bulbosa var. *vivipara*, Zwiebel-Rispengras ◘ **A** 6.49
Poaceae, Süßgräser, Poales ▶ Sy 10B:10, ▶ E 11.11, ◘ **A 8.56, 11.63, 11.64**
Pockholzbaum s. *Guaiacum*
Podocarpaceae, Steineibengewächse ▶ Sy 9:3, ◘ **A 5.47, 5.74**
Podocarpus, Podocarpaceae ▶ Sy 9:3, ◘ **A 5.47**
P. drouynianus ◘ **A 5.4**
P. falcatus s. *Afrocarpus falcatus*
P. latifolius ◘ **A 5.47, 5.74**
P. macrophyllus, Großblättrige Steineibe, ◘ **A 5.75**
P. milanjianus, ◘ **A 5.74**
P. nivalis, ◘ **A 5.74**
Podostemaceae, Malpighiales ▶ Sy 10B:31
Polistes, Feldwespe, Vespidae ▶ Sy 11:51, **A 11.42**
Pollichia campestris, Wachsbeere, Caryophyllaceae ▶ Sy 10B:47 ◘ **A 12.13**
Polycalymma stuartii, Asteraceae ▶ Sy 10B:51, ◘ **A 9.31**
Polygala, Kreuzblume Polygalaceae ▶ Sy 10B:26
P. chamaebuxus, Buchsbaum-Kreuzblume ◘ **A 11.12**
P. myrtifolia ◘ **A 11.51**
P. vulgaris, Gewöhnliche Kreuzblume
Polygonaceae. Knöterichgewächse, Caryophyllales ▶ Sy 10B:47
Polygonatum multiflorum, Vielblütiges Salomonssiegel, Asparagaceae ▶ Sy 10B:13, ◘ **A 6.45, 6.46, 8.5**
Polygonum, Knöterich, Polygonaceae ▶ Sy 10B:47, ◘ **A 10.44**
P. lapathifolium, Ampfer-Knöterich ◘ **A 8.46**
P. viviparum, Knöllchen-Knöterich ◘ **A 6.49**
Polyphlebium, Hymenophyllaceae ▶ Sy 8:9, ◘ **A 5.61**
Polypodiaceae, Tüpfelfarngewächse ▶ Sy 8:14, ◘ **A 4.19, 4.20**
Polypodiales, Tüpfelfarnartige, Monilophyta ▶ Sy 8:14, ◘ **A 5.57, 5.59**
Polypodiineae, Polypodiales ▶ Sy 8:14
Polypodium, Polypodiaceae ▶Sy 8:14, ◘ **A 5.27, 5.36, 5.60**
P. nigrescens ◘ **A 5.59**
Polysiphonia, Florideophycidae ▶ Sy 4:12, ◘ **A 4.10, 4.11**
Polysporangiophyta ▶ Sy 6:3
Polystichum, Dryopteridaceae ▶ Sy 8:14, ◘ **A 5.60**
Polytrichiaceae, Polytrichopsida ▶ Sy 7A, D:26
Polytrichum, Frauenhaarmoos, Polytrichaceae ▶ Sy 7B:26, ◘ **A 5.22**
P. commune, Goldenes Frauenhaarmoos ◘ **A 5.53**
P. formosum, Schönes Frauenhaarmoos ◘ **A 5.24**

Pomelo s. *Citrus*

Poncirus trifoliata, Dreiblättrige Orange, Rutaceae ▶ Sy 10B:41, ◾ **A 8.29**

Pontania. Blattwespe, Cynipidae ▶ Sy 11:31, ◾ **A 8.94**

Pontederiaceae, Commelinales ▶ Sy 10B:11

Populus, Pappel, Salicaceae ▶ Sy 10B:31, ◾ **A 8.17**

P. alba, Silberpappel

P. tremuloides, Amerikanische Zitterpappel, Espe

Porphyra, Purpurtang, Bangiales, Rhodophyceae ▶ Sy 4:12, ◾ **A 4.11, 5.19**

P. linearis ◾ **A 5.14**

Porphyridiophyceae, Rhodophyceae ▶ Sy 4:12

Porphyridium, Rhodophyceae ▶ Sy 4:12

Portulacaceae, Caryophyllales ▶ Sy 10B:47

Posidonaceae, Neptungrasgewächse ▶ Sy 10B:18

Posidonia ozeanica, Neptungras, Posidoniaceae ▶ Sy 10B:18, ◾ **A 11.66**

Potamogeton alpinum, Potamogetonaceae ▶ Sy 10B:18

P. lucens

Potamogetonaceae, Laichkrautgewächse, Alismatales ▶ Sy 10B:18

Potentilla, Fingerkraut, Rosaceae ▶ Sy 10B:27

Pottia, Pottiaceae, Bryophyta ▶ Sy 7B:42

Pottia lanceolata ◾ **A 5.52**

Pottiaceae, Dicraniidae, Bryophyta ▶ Sy 7B:42

Prachtbienen s. Euglossini,

Prachtkäfer s. Buprestidae

Prasinophyta, Chlorophyta ▶ Sy 5

Prasiola, Trebauxiales ▶ Sy 5:32, ◾ **A 5.19**

Preiselbeere s. *Vaccinium*

Preissia quadrata, Preiss Lebermoos, Marchantiaceae ▶ Sy 7B:10, ◾ **A 5.21**

Primäre Algen ▶ Sy 4:11–13, E 3.3, ◾ **T 4.1. 5.1. 5.2**

Primates, Herrentiere ▶ Sy 12:46

*Primofilices, Altfarne ▶ E 3.6, ◾ **A 3.10**

Primula, Primel, Primulaceae ▶ Sy 10B:49, ◾ **A 7.14**

P. farinosa, Mehlprimel

P. veris, Frühlingsprimel ◾ **A 9.37**

P. vialii ◾ **A 6.21**

Primulaceae, Primelgewächse, Ericales ▶ Sy 10B:49

Probergrothius sexpunctatus Heteroptera, Wanzen, Hemiptera ▶ Sy 11:4

Proboscidea louisianica, Gemshorn, Martyniaceae ▶ Sy 10B:58, ◾ **A 12.22**

Prodoxidae, Yuccamotten ▶ Sy 11:7

*Progymnospermen ▶ E 3.6, ◾ **A 3.10, 5.29, 5.42**

Prokaryoten (*Archaea,* Bakterien) ▶ Sy 3

Prostanthera cuneata ◾ **A 10.35**

Promerops cafer, Kaphonigfresser, Promeropidae ▶ Sy 12:33, ◾ **A 3.26, 11.45**

Prosoeca peringueyi, Nemestrinidae ▶ Sy 11:31, ◾ **A 11.18**

Prostanthera Lamiaceae-Prostantheroideae ▶ Sy 10B:58, ◾ **A 10.33**

Protea, Proteaceae ▶ Sy 10B:22

P. glabra ◾ **A 8.87**

P. nitida

P. repens

Proteaceae, Proteusgewächse, Proteales ▶ Sy 10B:22

Proteales, basale ▶ Eudicotylen Sy 10A, B:22

Protocyten (Archaea, Bakterien) ▶ Sy 3

*Protracheophyten ▶ E 3.5

Prunella, Lamiaceae ▶ Sy 10B:58

P. grandiflora ◾ **A 10.35**

P. vulgaris ◾ **A 10.35**

Prunus, Rosaceae ▶ Sy 10B:27, ◾ **A 10.46. 11.9**

P. armeniaca, Aprikose

P. avium, Kirsche ◾ **A 7.22, 8.21, 11.16**

P. cerasus, Sauerkirsche ◾ **A 6.43**

P. domestica, Pflaume ◾ **A 12.18**

P. dulcis, Mandel ◾ **A 12.18**

P. persica, Pfirsich

P. persica var. nucipersica, Nektarine ◾ **A 12.18**

P. spinosa, Schlehe ◾ **A 8.12**

Prymnesium parvum, Xanthophyceae ▶ Sy 4:10

*Psaronius, fossile Marattiales ▶ E 3.7, ◾ **A 3.15**

Pseudobornia, Schachtelhalmartige ▶ E 3.6, ◾ **A 3.13**

Pseudomyrmex ferruginea, Pseudomyrmecinae, Formicidae ▶ Sy 11:51

Pseudosasa japonica, Japanischer Pfeilbambus, Poaceae ▶ Sy 10B:10, ◾ **A 8.23**

Pseudosphaerocystis, Chlamydomonadales ▶ Sy 5:26

*Pseudosporochnus nodosus, Cladoxylales ▶ E 3.6

Pseudotsuga menziesii, Douglasie, Pinaceae ▶ Sy 9:3

Psidium guajava, Guave, Myrtaceae ▶ Sy 10B:35

*Psilophyton burnotense, Trimerophyta ▶ E 3.5, ◾ **A 5.33**

P. charientos ◾ **A 5.63**

P. dawsonii

Psilotales, Gabelblattfarne, Monilophyta ▶ Sy 8:6, ◾ **A 5.38, 5.57**

Psilotum nudum, Gabelblatt, Psilotaceae ▶ Sy 8:6, ◾ **A 5.36, 5.38, 5.58**

Psittacidae, Eigentliche Papageien ▶ Sy 12:32

Psorothamnus schottii, Fabaceae ▶ Sy 10B:26, ◾ **A 11.31**

Psychoda, Psychodidae, Schmetterlingsmücken ▶ Sy 11:32

Psychotria, Rubiaceae ▶ Sy 10B:60, ◾ **A 12.21**

Ptelea trifoliata, Kleeulme, Rutaceae ▶ Sy 10B:41, ◾ **A 12.24l**

Pteridinium, Dinophyta ▶ Sy 4:9

Pteridium aquilinum, Adlerfarn, Dennstaedtiaceae ▶ Sy 8:14, ◾ **A 5.36, 5.41, 5.60**

*Pteridospermen, Samenfarne ▶ E 3.7, ◼ A 3.10, 5.42

Pteris, Pteridaceae ▶ Sy 8:14

Pterocephalus, Caprifoliaceae-Dipsacoideae ▶ Sy 10B:55

Pteropodidae, Flughunde ▶ Sy 12:43

Pteropus poliocephalus, Graukopf-Flughund Pteropodidae ▶ Sy 12:43, ◼ A 12.21

P. vampyrus, Kalong-Flughund ◼ A 12.21

Pterygodium hastatum, Orchidaceae-Orchidoideae ▶ Sy 10B:13, ◼ A 11.22

Puccinia graminis, Getreideschwarzrost, Pucciniomycotina

Pucciniomycotina, Rostpilze, Basidiomycota ▶ E 3.10

Pulmonaria angustifolia, Schmalblättriges Lungenkraut, Boraginaceae ▶ Sy 10B:61, ◼ A 11.10

Pulsatilla patens, Finger-Kuhschelle, Ranunculaceae ▶ Sy 10B:21, ◼ A 7.10, 10.48

Punica granatum, Granatapfel, Lythraceae ▶ Sy 10B:35, ◼ A 12.16

Purpurbakterien ▶ Sy 3

Purpurmoos s. *Ceratodon,*

Purpurtang s. *Porphyra*

Puya coerulea, Bromeliaceae ▶ Sy 10B:10, ◼ A 11.44

Pycnosorus pleiocephalus, Asteraceae ▶ Sy 10B:51, ◼ A 9.6, 9.31

Pygopleurus israelitus, Glaphyridae, Coleoptera ▶ Sy 11.2

Pyrola minor, Kleines Wintergrün, Ericaceae ▶ Sy 10B:49, ◼ A 8.76

Pyrus, Birne, Rosaceae ▶ Sy 10B:27, ◼ A 7.14

P. communis, Birne

Q

Quecke s. *Elymus*

Quercus, Eiche, Fagaceae ▶ Sy 10B:28, ◼ A 3.22, 6.9, 8.20, 8.74, 9.33, 12.19

Q. cerris, Zerreiche ◼ A 5.49

Q. ilex, Steineiche ◼ A 11.62

Q. robur, Stieleiche ◼ A 8.94, 8.95

Q. suber, Korkeiche ◼ A 8.21

Q. velutina, Färbereiche

Quillaja saponaria, Seifenrindenbaum, Rosaceae ▶ Sy 10B:27

Quinoa s. *Chenopodium*

Quitte s. *Cydonia*

R

Radieschen s. *Raphanus*

Radula flaccida, Radulaceae, Marchantiophyta ▶ Sy 7B:14

Rafflesia arnoldii, Rafflesiaceae ▶ Sy 10B:31, ◼ A 11.36

R. kelantanesis ◼ A 11.36

Rafflesiaceae, Malpighiales ▶ Sy 10B:31

Ragwurz s. *Ophrys*

Rahmapfel s. *Annona*

Rambutan s. *Nephelium*

Ramie s. *Boehmeria*

Ramonda pyrenaica, Gesneriaceae ▶ Sy 10B:58

Ranunculaceae, Hahnenfußgewächse, Ranunculales ▶ Sy 10B:21, ◼ A 6.15, 10.18, 12.11

Ranunculales, basale ▶Eudicotylen Sy 10B:21

Ranunculus, Hahnenfuß, Ranunculaceae ▶ Sy 10B:21, ◼ A 2.5, 7.20, A 8.58, 8.72, 10.21. 10.42, 11.11

R. aquatilis, Wasserhahnenfuß

R. arvensis

R. asiaticus

R. auricomus

R. bulbosus

R. ficaria s. *Ficaria vern*a

R. flammula

R. illyricus ◼ A 7.10

R. lingua, Zungen-Hahnenfuß ◼ A10.5, 10.42

R. repens, Kriechender Hahnenfuß ◼ A 8.7

Raphanus raphanistrum, Acker-Rettich, Brassicaceae ▶ Sy 10B:39

R. sativus, Rettich

R. sativus var. *niger*, Speiserettich

R. sativus var. *sativus*, Radieschen ◼ A 6.46

Raphia farinifera, Bastpalme, Arecaceae ▶ Sy 10B:9

Raphiodon, Lamiaceae ▶ Sy 10B:58

Rattanpalme s. *Calamus*

Ravenala madagascariensis, Baum der Reisenden, Strelitziaceae ▶ Sy 10B:12, ◼ A 6.20

Rediviva embeorum, Melittidae ▶ Sy 11:52, ◼ A 11.19

R. peringueyi

Regnellidium, Marsileaceae ▶ Sy 8:12

Reiherschnabel s. *Erodium*

Reis s. *Oryza*

Rellimia, Progymnospermen ▶ E 3.6

Remyophyton delicatum, Rhyniophyta ▶ E 3.5

Renanthera monachica. Orchidaceae-Epidendroideae ▶ Sy 10B:17, ◼ A 11.26

Reseda luteola, Färberwau, Gilbkraut, Resedaceae ▶ Sy 10B:39

Restionaceae ▶ Sy 10B:10, ◼ A 3.26, 11.65

Rettich s. *Raphanus*

Rhacophyton, Coenopteridales, Altfarne ▶ E 3.6

R. ceratangium

Rhagonycha fulva, Roter Weichkäfer, Cantharidae ▶ Sy 11:2, ◼ A 11.28, 11.40

Rhaphia, Bambuspalme, Arecaceae ▶ Sy 10B:9, ◼ A 8.27

Rhinanthus minor, Kleiner Klappertopf, Orobanchaceae ▶ Sy 10B:58, ◼ A 10.3

Rhiodellophyceae, Rhodophyceae ▶ Sy 4:12

Rhizanthella gardneri, Erdorchidee, Orchidaceae-Orchidoideae ► Sy 10B:13

Rhizobium leguminosarum, Protobacteria, Bakterien

Rhizocarpon geographicum, Landkartenflechte, Lichenes

Rhizophora mangle, Rhizophoraceae ► Sy 10B:31, ◘ A 6.11

R. stylosa ◘ A 6.11, 8.81

Rhododendron, Ericaceae ► Sy 10B:49, ◘ A 8.59. 8.61

R. campanulatum ◘ A 8.61

R. ponticum, Pontischer Rhododendron

Rhodoleia championi, Hamamelidaceae ► Sy 10B:43, ◘ A 11.45

Rhodophyceae, Rotalgen ► Sy 4:12, ◘ A 5.13

Rhodymenia, Rhodophyceae ► Sy 4:12, ◘ A 5.19

Rhus verniciflua, Lacksumach, Anacardiaceae ► Sy 10B:41

Rhynia, Rhyniophyta ► E 3.5, ◘ A 5.26

R. gwynne-vaughamii ◘ A 3.11

R. major

*Rhyniophyta, Telompflanzen ► E 3.5, ◘ A 3.10, 5.26

Rhyticarpus difformis, Apiaceae ► Sy 10B:54

Rhytisma acerinum, Ahorn-Runzelschorf, Ascomycota

Ribes, Grossulariaceae ► Sy 10B:43, ◘ A 10.44, 10.46

R. rubrum, Rote Johannisbeere ◘ A 12.16

R. uva-crispa, Stachelbeere

Riccia, Ricciaceae ► Sy 7B:10

Ricciocarpus, Ricciaceae, Marchantiophyta ► Sy 7B:10

Ricinus communis, Wunderbaum, Euphorbiaceae ► Sy 10B:31, ◘ A 2.9, 8.40, 10.29, 12.5, 11.62

Riementang s. *Himanthalia*,

Riesen-Goldrute s. *Solidago*

Riesenmammutbaum s. *Sequoiadendron*

►*Riesen-Schachtelhalme, s. Calamitaceae

Riesentang s. *Macrocystis*

Ringelblume s. *Calendula*

Rispengras s. *Poa*

Ritterfalter s. Papilionidae

Ritterling s. *Tricholoma*

Rivularia, Cyanobakterien ► Sy 3, ◘ A 5.1

Robinia pseudoacacia, Fabaceae-Faboideae ► Sy 20B:26, ◘ A 8.20

Rodentia, Nagetiere ► Sy 12:48

Rogeria longiflora, Pedaliaceae ► Sy 10B:58, ◘ A 12.22

Roggen s. *Secale*

Rohrzucker s. *Saccharum*

Romulea sabulosa, Iridaceae ► Sy 10B:13, ◘ A 11.12

Roridula gorgonias, Wanzenpflanze, Roridulaceae ► Sy 10B:49, ◘ A 8.90

Rosa, Rose, Rosaceae ► Sy 10B:27, ◘ A 6.18, 8.7, 9.9, 10.3

R. canina, Hundsrose, Hagebutte ◘ A 10.16, 10.26, 12.9, 12.19

R. damascena, Rosaceae

Rosaceae, Rosengewächse, Rosales ► Sy 10B:27, ◘ A 12.11

Roscoea cautleoides, Zingiberaceae ► Sy 10B:12, ◘ A 10.33, 10.34

Rose von Jericho, die Echte s. *Anastatica*

Rose von Jericho, die Falsche s. *Selaginella*

Rosengewächse s. Rosaceae

Rosmarin s. *Salvia*

Rosskastanie ► *Aesculus*

Rostpilze s. Pucciniomycotina

Rotalgen s. Rhodophyceae

Rote Bete s. *Beta*

Roystonea regia, Königspalme, ►Arecaceae Sy 10B:9, ◘ A 6.24

Rubia peregrina, Kletten-Krapp, Rubiaceae► Sy 10B:60, ◘ A 8.47

R. tinctoria, Färberröte, Krapp

Rubiaceae, Rötegewächse, Gentianales ► Sy 10B:60

Rubus, Rosaceae ► Sy 10B:27

R. chamaemorus, Moltebeere

R. idaeus, Himbeere ◘ A 6.14, 12.18

R. sect. Rubus, Brombeere ◘ A 6.27, 6.36, 7.10, 10.9, 11.40, 12.9, 12.18

Ruellia portellae, Acanthaceae ► Sy 10B:58

Rüsselkäfer s. Curculionidae

Rüsselspringer s. Macroscelidea

Rumex, Ampfer, Polygonaceae ► Sy 10B:47

R. acetosella, Kleinen Sauerampfer

Runcaria heizelinii Pteridospermen ► E 3.7

Runkelrübe s. *Beta*

Ruppia marina, Salde, Ruppiaceae ► Sy 10B:18

Ruscus, Mäusedorn, Asparagaceae-Nolinoideae ► Sy 10B:13, ◘ A 1.5, 8.28

R. aculeatus ◘ A 1.4, 8.28

R. colchicus ◘ A 8.28

Ruta graveolens, Weinraute, Rutaceae ► Sy 10B:41, ◘ A 9.2

Rutaceae, Rautengewächse, Sapindales ► Sy 10B:41

Rhynchosia, Fabaceae-Faboideae ► Sy 10B:26, ◘ A 12.21

S

Sabiaceae, Protreales ► Sy 10B:22

Saccharina latissimi, Zuckertang, Laminariales ► Sy 4:10, ◘ A 5.17

Saccharum officinarum, Zuckerrohr, Poaceae ► Sy 10B:10, ◘ A 7.19, 8.25, 11.63

Sacchiphantes viridis, Grüne Fichtengallenlaus, Coccoidea ► Sy 11:4, ◘ A 8.94

Sägetang s. *Fucus*

Säugetiere s. Mammalia
Sagittaria sagittifolia, Pfeilkraut, Alismataceae ▶ Sy 10B:18
Sagopalme s. *Metroxylon*
Saguaro-Kaktus s. *Carnegiea*
Salbei s. *Salvia*
Salix, Weide, Salicaceae ▶ Sy 10B:31, ◘ A 8.19, 8.95, 12.25
S. *retusa*, Stumpfblättrige Zwergweide ◘ A 6.54
S. *viminalis* ◘ A 8.20
▶Salomonssiegel, s. *Polygonatum*
Salpichlaena, Blechnaceae ▶ Sy 8:14
Salsola s. *Kali*
Salvia, Salbei, Lamiaceae ▶ Sy 10B:58, ◘ A 10.3
S. *aethiopis*, Ungarn-Salbei ◘ A 11.49, 12.26
S. *africana-caerulea*, Lamiaceae ◘ A 11.42
S. *albimaculata* ◘ A 11.7
S. *apiana*, Weißer Salbei ◘ A 9.36
S. *arborescens*
S. *argentea* ◘ A 7.5, 10.37
S. *austriaca*, Österreichischer Salbei, Steppensalbei ◘ A 11.49
S. *brachyodon* ◘ A 11.28, 12.20
S. *brandegei*
S. *candelabrum* ◘ A 9.12
S. *divinorum* Azteken-Salbei
S. *glutinosa*, Klebriger Salbei ◘ A 10.37, 11.49
S. *guarantica* ◘ A 11.44
S. *haenkei* ◘ A 3.3, 11.50
S. *involucrata* ◘ A 10.37
S. *jurisicii* ◘ A 11.49
S. *lanceolata* ◘ A 11.50
S. *leucophylla*, Purpursalbei
S. *macrosiphon* ◘ A 11.49
S. *nemorosa* ◘ A 11.4
S. *nutans*, Nickender Salbei ◘ A 7.13
S. *officinalis*, Arzneisalbei
S. *orbignaei* ◘ A 3.3
S. *patens* ◘ A 11.7
S. *pomifera* ◘ A 10.4
S. *pratensis*, Wiesensalbei ◘ A 3.5, 10.37, 11.41, 11.49
S. *rosmarinus* (syn. *Rosmarinus officinalis*)
S. *scabra*. ◘ A 10.3
S. *sclarea*, Muskatellersalbei ◘ A 11.42
S. *sessei* ◘ A 10.16
S. *sophrona*. ◘ A 10.37
S. *spathacea*. ◘ A 10.37
S. *tubiflora* ◘ A 11.7
S. *uliginosa* ◘ A 7.5, 10.37
S. *vaseyi* ◘ A 6.54
S. *verticillata*, Quirlblütiger Salbei ◘ A 9.5, 11.41, 11.49
S. *virgata*
S. *viridis*, Schopfsalbei ◘ A 9.2, 10.13, 11.20
S. *yangii* (syn. *Perovskia atripliciflia*) ◘ A 6.25

Salviaceae, Schwimmfarngewächse ▶ Sy 8:12
Salvinia, Schwimmfarn, Salviniaceae ▶ Sy 8:12
S. *molesta*
S. *natans* ◘ A 5.40, 5.62, 5.64
S. *oblongifolia*
Salviniales, Wasserfarne, Monilophyta ▶ Sy 8:12, ◘ A 5.40, 5.57
Salzkraut s. *Salsola*
Sambucus nigra, Schwarzer Holunder, Adoxaceae ▶ Sy 10B:55, ◘ A 6.27, 7.11, 8.21
Samenbärlapp s. *Lepidocarpon*
Samenfarne s. Pteridospermae
Samenpflanzen s. Spermatophyta
Sanddorn s. *Hippophaë*
Sanguisorba minor, Kleiner Wiesenknopf, Rosaceae ▶ Sy 10B:27, ◘ A 8.50, 9.33
Sansevieria, Bogenhanf, Asparagaceae ▶ Sy 10B:13, ◘ A 8.43
Santalaceae, Sandelholzgewächse, Santalales ▶ Sy 10B:46
Santalum album, Sandelholz, Santalaceae ▶ Sy 10B:46
Sapindaceae, Seifenbaumgewächse, Sapindales ▶ Sy 10B:41
Sapotaceae, Ericales ▶ Sy 10B:49
Sappho sparganura, Trochilidae ▶ Sy 12:31, ◘ A 11.50
Sarcandra chloranthoides, Chloranthaceae ▶ Sy 10B:8, ◘ A 5.84
Sarcocaulon crassicaule, Geraniaceae ▶ Sy 10B:34, ◘ A 8.55
S. *patersonii*, Buschmannskerze
Sarcochilus, Orchidaceae ▶ Sy 10B:13, ◘ A 8.88
Sarcophrynium, ▶Marantaceae Sy 10B:12
Sargassum, Golftang, Fucales, Phaeophyceae ▶ Sy 4:10
S. *fluitans*
S. *fusiforme*
S. *muticum*, Japanischer Beerentang ◘ A 5.16
S. *natans*
Sarothamnus scoparius, Besenginster, Fabaceae ▶ Sy 10B:26
Sarracenia, Schlauchpflanze, Sarraceniaceae ▶ Sy 10B:49, ◘ A 8.91
S. *minor*
S. *purpurea*
Satureja, Bohnenkraut, Lamiaceae ▶ Sy 10B:58
S. × *karstiana* ◘ A 3.3
S. *montana* subsp. *variegatea* ◘ A 3.3
S. *subspicata* subsp. *liburnica* ◘ A 3.3
Satyrium bicorne, Orchidaceae-Orchidoideae ▶ Sy 10B:13, ◘ A 11.26
Sauergräser s. Cyperaceae
Sauerklee s. *Oxalis*
Sauromatum guttatum, Araceae ▶ Sy 10B:18, ◘ A 11.35

Saururus cernuus, Molchschwanz, Saururaceae ▶ Sy 10B:6, ◘ **A 5.84**

Sawdonia spinosissima,* Zosterophyta ▶ E 3.5, ◘ **A 5.31

Saxifraga, Steinbrech, Saxifragaceae ▶ Sy 10B:43

S. aizoides ◘ **A 11.16**

S. paniculata, Rispen-Steinbrech ◘ **A 11.12**

S. rotundifolia, Rundblättriger Steinbrech ◘ **A 11.31**

S. stolonifera ◘ **A 11.16**

Saxifragaceae, Steinbrechgewächse, Saxifragales ▶ Sy 10B:43

Scabiosa, Skabiose, Caprifoliaceae-Dipsacoideae ▶ Sy 10B:55, ◘ **A 11.41, 12.24**

S, caucasica, Kaukasus-Skabiose ◘ **A 11.42**

Scarabaeidae, Blatthornkäfer ▶ Sy 11:2, ◘ **A 11.40**

Scenedesmus, Sphaeropleales ▶ Sy 5:27

Schachtelhalm s. *Equisetum*

Schachtelhalmgewächse s. Equisetaceae

Schafgarbe s. *Achillea,*

Scharbockskraut s. *Ficaria*

Schaumkraut s. *Cardamine*

Scheuchzeria palustris, Blumenbinse, Scheuchzeriaceae ▶ Sy 10B:18, ◘ A 8.84

Schiedea, Caryophyllaceae ▶ Sy 10B:47

Schierling s. *Conium*

Schildläuse s. Coccoidea

Schilfrohr s. *Phragmites*

Schirmbambus s. *Fargesia*

Schisandraceae, Austrobaileyales ▶ Sy 10B:3, ◘ **A 5.84**

Schizaea fistulosa, Schizaeaceae ▶ Sy 8:11, ◘ **A 5.61**

Schizaeaceae, Schizaeales ▶ Sy 8:11, ◘ **A 5.39, 5.57, 5.60**

Schizanthus, Spaltblume, Solanaceae ▶ Sy 10B:57, ◘ **A 3.2**

S. alpestris

S. hookeri ◘ **A 11.56**

S. laetus

S. pinnatus ◘ **A 11.56**

Schizolobium, Fabaceae-Caesalpinioideae ▶ Sy 10B:26, ◘ **A 3.24**

Schizophragma integrifolia, Hydrangeaceae ▶ Sy 10B:48, ◘ **A 9.25**

Schlauchpilze s. Ascomycota

Schlehe s. *Prunus*

Schlumbergera, Cactaceae ▶ Sy 10B:47

Schlundgeißler s. Cryptophyceae

Schmeißfliegen s. *Calliphoridae*

Schmetterlingsblütler s. Fabaceae-Faboideae

Schmetterlinge s. Lepidoptera

Schmetterlingsmücken s. Psychodidae

Schmuckalgen s. Zygmenatophyceae

Schneckenklee s. *Medicago*

Schneeglöckchen s. *Galanthus*

Schoenoplectus californicus, Totora-Schilf, Cyperaceae ▶ Sy 10B:10

Schöllkraut s. *Chelidonium*

Schotia afra, Fabaceae ▶ Sy 10B:26, ◘ **A 11.45**

Schraubenbaum s. *Pandanus*

Schraubenbaumgewächse s. Pandanaceae

Schuppenbaum s. *Lepidodendron*

Schwärmer s. Sphingidae

Schwalbenschwanz s. *Papilio*

Schwalbenwurzgewächse s. Apocynaceae-Asclepiadoideae

Schwammkürbis s. *Luffa*

Schwartzia brasiliensis, Marcgraviaceae ▶ Sy 10B:49, ◘ **A 8.54**

Schwarzwurzel s. *Scorzonera*

Schwebfliegen s. Syrphidae

Schwefelbakterien ▶ Sy 3

Schwertlilie s. *Iris*

Schwertliliengewächse s. Iridaceae

Schwimmfarn s. *Salvinia*

Schwimmreis s. *Hygroryza*

Sclerocarya birrea, Marula-Baum, Anacardiaceae ▶ Sy 10B:41

Scorzonera hispanica, Schwarzwurzel, Asteraceae ▶ Sy 10B:51

Scrophulariaceae, Braunwurzgewächse, Lamiales ▶ Sy 10B:58

Secale cereale, Roggen, Poaceae ▶ Sy 10B:10

Sechium edule, Chayote, Cucurbitaceae ▶ Sy 10B:29

Securigera varia, Kronwicke, Fabaceae-Faboideae ▶ Sy 10B:26, ◘ **A 6.41, 6.42**

Sedum, Mauerpfeffer, Crassulaceae ▶ Sy 10B:43, ◘ **A 7.7**

Seerose s. *Nymphaea*

Seerosengewächse s. Nymphaeceae

Segge s. *Carex*

Seidenbiene s. *Colletes*

Seidenpflanze s. *Asclepias*

Seidenpflanzengewächse s. Apocynaceae-Asclepiadoideae

Sekundäre Algen ▶ Sy 4:4–10, E 3.3, ◘ **T 4.1. 5.1. 5.2**

Selaginella, Moosfarn, Selaginellaceae ▶ Sy 8:3, ◘ **A 4.22, 4.23, 5.64, 5.65**

S. erytropus ◘ **A 5.32**

S. helvetica, Schweizer Moosfarn

S. lepidophylla, Falsche Rose von Jericho ◘ **A 5.23**

S. martensii ◘ **A 5.32**

S. selaginoides, Dorniger Moosfarn

Selaginellaceae, Moosfarngewächse, Selaginellales ▶ Sy 8:1, ◘ **A 5.57**

**Selaginellitea,* Bärlapppflanzen ▶ E 3.6

Selenicereus grandiflorus, Königin der Nacht, Cactaceae ▶ Sy 10B:47

Sellerie s. *Apium*

Semele androgyna, Klettermäusedorn, Asparagaceae-Nolinoideae ►Sy 10B:13, ◘ A 1.5, 8.28

Sempervivum, Hauswurz, Crassulaceae ► Sy 10B:43

Senecio, Greiskraut, Asteraceae ► Sy 10B:51

S. inaequidens, Schmalblättriges Greiskraut ◘ 3.20, A 8.5, 8.12

S. rowleyanus, Erbsenpflanze

Senf s. *Sinapis*

Sequoia sempervirens, Küstenmammutbaum, Cupressaceae ► Sy 9:3, ◘ A 3.7, 5.46

Sequoiadendron giganteum, Riesenmammutbaum, Cupressaceae ► Sy 9:3, ◘ A 6.50, 6.52

Serapias, Orchidaceae ► Sy 10B:13

Sesamum indicum, Sesam, Pedaliaceae ► Sy 10B:58

Setaria, Borstenhirse, Poaceae ► Sy 10B:10

Setaria italica, Kolbenhirse

Seychellennuss s. *Lodoicea*

Sherardia, Rubiaceae ► Sy 10B:60

Shorea, Dipterocarpaceae ► Sy 10B:38, ◘ A 12.24

Sideritis daysgraphala, Wolliges Gliedkraut, Lamiaceae ► Sy 10B:58, ◘ A 7.10

S. montana, Berg-Gliedkraut ◘ A 9.23

*Siegelbaum s. *Sigillaria*

Sigillaria, Siegelbaum, Bärlapppflanzen ► E 3.6, ◘ A 5.31

Sigillariaceae, Bärlapppflanzen ► E 3.6

Silberbaumgewächse s. Proteaceae

Silberblatt s. *Lunaria*

Silberfarn s. *Cyathea*

Silbermoos s. *Bryum*

Silberwurz s. *Dryas*

Sildalcea malviflora, Malvaceae ► Sy 10B:38, ◘ A 10.29

Silene, Caryophyllaceae ► Sy 10B:47

S. aegyptiaca ◘ A 11.41

S. latifolium, Breitblättrige Lichtnelke ◘ A 9.2

S. noctiflora, Acker-Lichtnelke

S. nutans ◘ A 10.4

S. otitis

S. vulgaris, Leimkraut ◘ A 12.13

Silphidae, Aaskäfer ► Sy 11:2

Simuliidae, Kriebelmücken ► Sy 11:32

Sinapis, Senf, Brassicaceae ► Sy 10B:39

Sinnpflanze s. *Mimosa*

Skorpionsfliegen, Panorpidae, Mecoptera ► Sy 11:9

Smilax, Stechwinde, Smilacaceae ► Sy 10B:14, ◘ A 8.72

S. aspera ◘ A 8.46

Smyrnium olusatrum, Apiaceae ► Sy 10B:54, ◘ A12.20

S. perfoliatum ◘ A 9.29

Socratea exorrhiza, Arecaceae ► Sy 10B:9

Soja s. *Glycine*

Solanaceae, Nachtschattengewächse, Solanales ► Sy 10B:57, ◘ A 5.26

Solanopteris, Polypodiaceae ► Sy 8:14

Solanum citrullifolium, Solanaceae ► Sy 10B:57, ◘ A 10.38, 11.13

S. lycopersicum, Tomate, ◘ A 12.16

S. melongena, Aubergine

S. pyracanthos ◘ A 7.10

S. rostratum, Stachel-Nachtschatten

S. tuberosum, Kartoffel ◘ A 2.7, 6.45, 8.11

Solenostemon, Buntnessel, Lamiaceae ► Sy 10B:58, ◘ A 7.14

Solidago canadensis, Goldrute, Asteraceae ► Sy 10B:51, ◘ A 3.20

S. gigantea, Riesen-Goldrute

Sonchus leptocephalus, Asteraceae ► Sy 10B:51

S. oleraceus, Kohl-Gänsedistel,

Sonnenblume s. *Helianthus*

Sonnenröschen s. *Helianthemum*

Sonnentau s. *Drosera*

Sonneratia alba, Lythraceae ► Sy 10B:35, ◘ A 8.81

Sophora cassioides, Fabaceae ► Sy 10B:26, ◘ A 12.20

Sopubia cana, Orobanchaceae ► Sy 10B:58, ◘ A 10.35

Sorbus, Rosaceae ► Sy 10B:27

S. aria, Mehlbeere

S. aucuparia, Eberesche, Vogelbeere

S. torminalis, Elsbeere

Sparaxis elegans, Iridaceae ► Sy 10B:13, ◘ A 11.7

◘ *Sparganium simplex*, Einfacher Igelkolben, Typhaceae ► Sy 10B:10, ◘ A 11.65

Spargel s. *Asparagus*

Spargelgewächse s. Asparagaceae

Sparmannia africana, Zimmerlinde, Malvaceae ► Sy 10B:38, ◘ A 10.39

Spartium junceum, Pfriemenginster, Fabaceae-Faboideae ► Sy 10B:26, ◘ A 11.53

Spathiphyllum, Araceae ► Sy 10B:18

Spathodea campanulata, Afrikanischer Tulpenbaum, Campanulaceae ► Sy 10B:51

Spermatophyta, Samenpflanzen ► Sy 6:7, ◘ T 8.1, 8.2

Sphaerocarpales, Marchantiophyta ► Sy 7B:12

Sphaerocarpos, Sphaerocarpaceae ► Sy 7B:12

Sphaeropleales, Chlorophyceae ► Sy 5:27

Sphagnales, Sphagnopsida ► Sy 7A, D:22

Sphagnopsida, Torfmoose, Bryophyta ► Sy 7A:22, ◘ A 5.51, 5.52

Sphagnum, Torfmoos, Sphagnaceae ► Sy 7B:22, ◘ A 5.21, 5.22

S. acutifolium

S. squarrosus ◘ A 5.52

Sphenodesma, Lamiaceae-Symphoremoideae ► Sy 10B:58

Sphenophyllales, Sphenophyta ► E 3.6, ◘ A 3.10

Sphenophyllum, Sphenophyllales, Keilblattgewächse ▶ E 3.6, ◘ **A 3.13**

Sphenophyta, Schachtelhalmartige ▶ E 3.6

Sphenopteris, Pteridospermen ▶ E 3.7, ◘ **A 5.34**

Sphingidae, Schwärmer ▶ Sy 11:7

Spindelstrauch s. *Euonymus*

Spinnen, Webspinnen s. Araneae

Spiraea, Spierstrauch, Rosaceae ▶ Sy 10B:27, ◘ **A 9.5**

Spiraltang s. *Fucus*

Spirogyra, Zygnematophyceae ▶ Sy 5:53, ◘ **A 2.6, 4.9, 5.5**

Spitzklette s. *Xanthium*

Spongilla lacustris, Spongilidae, Porifera, Schwämme

Sporenpflanzen ▶ Sy 6:*2,4,6*

Springkraut s. *Impatiens*

Springschwänze s. Collembola

Spritzgurke s. *Ecballium*

Staavia dodii, Bruniaceae ▶ Sy 10B:53, ◘ **A 9.21**

S. dregeana ◘ **A 8.42**

S. glutinosa ◘ **A 8.58, 8.61**

S. radiata ◘ **A 8.42**

S. verticillate ◘ **A 11.14**

Stabschrecke s. Phasmatodea,

Stachelbeere s. *Ribes*

Stachellose Bienen s. Meliponini

Stachelnüsschen s. *Acaena*

Stachys affinis, Knollenziest, Lamiaceae ▶ Sy 10B:58

S. alpina, Alpen-Ziest ◘ **A 11.42**

Ständerpilze s. Basidiomycota

Stangeria eriopus, Zamiaceae ▶ Sy 9:1, ◘ **A 5.43, 5.70**

Stanhopea embreei, Orchidaceae-Epidendroideae ▶ Sy 10B:13, ◘ **A 11.23**

Stapelia asterias, Stapelie, Aasblume, Apocynaceae-Asclepoioideae ▶ Sy 10B:60, ◘ **A 11.32**

Staphylea colchica, Kolchische Pimpernuss, Staphyleaceae ▶ Sy 10B:36, ◘ **A 12.24l**

Stechpalme s. *Ilex*

Steck-, Kohlrübe ▶ *Brassica*

Steineibe s. *Podocarpus*

Steineibengewächse s. Podocarpaceae

Steinklee s. *Melilotus*

Steinkorallen, Scleractinia, Anthozoa, Cnidaria, Nesseltiere

Steinkraut s. *Alyssum*

Steinlinde s. *Phillyrea*

Stenocereus pruinosus, Cactaceae ▶ Sy 10B:47, ◘ **A 8.31**

S. thurberi, Orgelpfeifenkaktus ◘ **A 8.31**

Stenochlaena tenuifolia, Blechnaceae ▶ Sy 8:14

Stenomyelon, Pteridospermen ▶ E 3.7

Sterculia coccinea, Malvaceae ▶ Sy 10B:38, ◘ **A 12.11**

Steriphoma aurantiaca, Capparaceae ▶ Sy 10B:39, ◘ **A 10.9**

Sternanis s. *Illicium*

Sterndolde s. *Astrantia*

Stenotritidae, Bienen ▶ Sy 11:52

Sticherus, Gleicheniaceae ▶ Sy 8:10, ◘ **A 5.39**

Stiefmütterchen s. *Viola*

Stigmaphyllon littorale, Malpighiacee ◘ **A 11.21**

Stilbaceae ▶ Sy 10B:58

Stipa, Federgras, Poaceae ▶ Sy 10B:10, ◘ **A 3.22, 12.25**

Stockmansella, Rhyniophyta ▶ E 3.5

Stoppelrübe s. *Brassica*

Storchschnabel s. *Geranium*

Stramenopiles: Gruppe mit sekundären Algen ▶ Sy 4:10

Strandflieder s. *Limonium*

Strandhafer s. *Ammophila*

Strandnelke s. *Armeria*

Strangalia, Schmalbock, Cerambycidae ▶ Sy 11:2, ◘ **A 11.40,**

Streifenfarn s. *Asplenium*

Strelitzia nicolai, Baum-Strelitzie, Strelitziaceae ▶ Sy 10B:12, ◘ **A 12.5**

S. reginae, Paradiesvogelblume

Streptocarpus, Gesneriaceae ▶ Sy 10B:58

Streptophyta, Chloroplastida ▶ Sy 5:49–55

Striga, Orobanchaceae ▶ Sy 10B:58

Strophanthus preussii, Apocynaceae ▶ Sy 10B:60, ◘ **A 11.32**

Strychnos nux-vomica, Brechnuss, Loganiaceae ▶ Sy 10B:60

Stylidiaceae, ▶ AsteralesSy 10B:51

Stylidium falcatum, Stylidiaceae ▶ Sy 10B:51, ◘ **A 11.54**

Styphnolobium japonicum, Japanischer Perlschnurbaum, Fabaceae ▶ Sy 10B:26, ◘ **A 12.20**

Sublepidodendron, Bärlapppflanzen ▶ E 3.6, ◘ **A 3.13**

Südbuche s. *Nothofagus*

Sumpfzypresse s. *Taxodium*

Superasteriden, ▶ Kerneudicotylen Sy 10A, B:45–64

Superrosiden, ▶ Kerneudicotylen Sy 10A, B:26–43

Süßgräser s. Poaceae

Süßholz s. *Glycorrhiza*

Süßkartoffel s. *Ipomoea*

Süßklee s. *Hedysarum*

Swertia, Sumpfenzian, Gentianaceae ▶ Sy 10B:60, ◘ **A 9.38, 11.16**

Swietenia mahagoni, Echtes Mahagoni, Meliaceae ▶ Sy 10B:41

Swillingtonia denticulata, Voltziales ▶ E 3.8

Sympetalae: früherer Name für Asteridae

Symphorema, Lamiaceae-Symphoremoideae ▶ Sy 10B:58

Symphytum officinale, Beinwell, Boraginaceae ▶ Sy 10B:61, ◘ **A 6.38, 12.20**

Synaema marlothii, Glanz-Krabbenspinne, Araneae,
Synanthedon myopaeformis, Sesiidae, Glasflügler ► Sy 11:7, ◘ A 11.41
Syntrichia ruralis, Drehzahnmoos, Pottiaceae ► Sy 7B:42, ◘ A 5.24
Syringa vulgaris, Flieder, Oleaceae ► Sy 10B:58
Syringodium, Cymodoceaceae ► Sy 10B:18
Syrphidae, Schwebfliegen ► Sy 11:31, ◘ A 11.40
Syzygium aromaticum, Gewürznelke, Myrtaceae ► Sy 10B:35

T

Tabak s. *Nicotiana*
Tabanidae, Bremsen ► Sy 11:31
Tabebuia heterophylla, Bignoniaceae ► Sy 10B:58, ◘ A 6.25
Tacca, Dioscoreaceae ► Sy 10B:15, ◘ A 10.33, 10.34
T. chantrieri ◘ A 10.34
T. cristata ◘ A 10.34
T. plantaginea ◘ A 8.80
**Taeniocrada*, Rhyniophyta ► E 3.5
Taeniophyllum, Orchidaceae-Epidendroideae ► Sy 10B:13, ► Sy 10B:13
Tagetes, Studentenblume, Asteraceae ► Sy 10B:51
Tagfalter: Sammelname
Tagliliengewächse s. Asphodelaceae-Hemerocallidoideae
Taguanuss s. *Phytelephas*
Takakiopsida, Bryophyta ► Sy 7A:21
Talipot-Palme s. *Corypha*
Tamarindus indica, Tamarindenbaum, Fabaceae-Caesalpinioideae ► Sy 10B:26, ◘ A 12.12
Tambourissa religiosa, Monimiaceae ► Sy 10B:5
Tanacetum vulgare, Rainfarn, Asteraceae ► Sy 10B:51, ◘ A 11.40
Tang s. Laminariales
Tanne s. *Abies*
Tannenbärlapp s. *Huperzia*
Tannenwedel s. *Hippuris*
Tapinotaspis, Centridini, Apinae ► Sy 11:52
Taraxacum officinale, Löwenzahn, Asteraceae ► Sy 10B:51, ◘ A 8.74
Taro s. *Colocasia*
Tatianaerhynchites, Apfelfruchtstecher, Attelabidae ► Sy 11:2
Taubenschwänzchen s. *Macroglossum*
Taufliegen s. Drosophilidae
Tausendblatt s. *Myriophyllum*
Taxaceae, Eibengewächse, Pinales ► Sy 9:3, ◘ A 5.73
Taxodium distichum, Sumpfzypresse, Cupressaceae ► Sy 9:3, ◘ A 5.46, 8.81
T. mucronatum, Mexikanische Sumpfzypresse
Taxus baccata, Europäische Eibe, Taxaceae ► Sy 9:3, ◘ A 5.47, 5.73, 5.74, 5.75
T. brevifolia
Teakholzbaum s. *Tectona*

Tecophilaeaceae, Asparagales ► Sy 10B:13
Tectona grandis, Teakholzbaum, Lamiaceae ► Sy 10B:58
Teddybär-Kaktus s. *Cylindropuntia*,
Teepflanze s. *Camellia*
Tegeticula corruptrix, Prodoxidae, Yuccamotten ► Sy 11:7
T. intermedia
T. yuccasella
**Telompflanzen* ◘ E 3.5, ◘ A 5.25, 5.29, 5.33
Tephrosia, Fabaceae ► Sy 10B:26
Terminalia, Combretaceae ► Sy 10B:35
T. prunioides, Blutfruchtbaum ◘ A 12.24
Termiten, Isoptera ► Sy 11:6
Tersonia brevipes, Gyrostemonaceae ► Sy 10B:39, ◘ A 11.62
Tetraena, Zygophyllaceae ► Sy 10B:33, ◘ A 10.33
**Tetraxylopteris*, Progymnospermen ► E 3.6
Teucrium fruticans, Strauchiger Gamander, Lamiaceae ► Sy 10B:58, ◘ A 9.38
Teufelskralle s. *Harpagophytum*
Thalassia hemperichii, Hydrocharitaceae ► Sy 10B:18
T. testudinum
Thalassodendron ciliatum, Cymodoceaceae ► Sy 10B:18
Thalia dealbata, Marantaceae ► Sy 10B:12
T. geniculata ◘ A 10.11
Thalictrum, Ranunculaceae ► Sy 10B:21, ◘ A 10.41
T. lucidum, Glänzende Wiesenraute ◘ A 11.62
Thamnea matroosbergensis, Bruniaceae ► Sy 10B:53, ◘ A 7.5
Thaumatococcus, Marantaceae ► Sy 10B:12, ◘ A 11.57
Theaceae, Ericales ► Sy 10B:49
Themeda triandra, Poaceae ► Sy 10B:10
Theobroma cacao, Kakaobaum, Malvaceae ►Sy 10B:38, ◘ A 12.16
Thesium, Leinblatt, Santalaceae ► Sy 10B:46, ◘ A 6.38
Thlaspi, Brassicaceae ► Sy 10B:39
Thomisus onustus, Krabbenspinne, Araneae ◘ A 8.62
Thonningia sanguinea, Balanophoraceae ► Sy 10B:46, ◘ A 8.93
Thuja occidentalis, Lebensbaum, Cupressaceae ► Sy 9:3, ◘ A 5.46
T. orientalis, Morgenländischer Lebensbaum ◘ A 5.74
T. plicata
Thujopsis, Cupressaceae ► Sy 9:3
Thunbergia myosuroides, Acanthaceae ► Sy 10B:58, ◘ A 10.35
Thymelaeaceae, Seidelbastgewächse, Malvales ► Sy 10B:38
Thymophylla tenuifolia, Asteraceae ► Sy 10B:51, A 9.31

Thymus, Thymian, Lamiaceae ▶ Sy 10B:58
Thysanoptera, Fransenflügler, Thripse ▶ Sy 11:14
Tiedemannia canbyi, Apiaceae ▶ Sy 10B:54
T. filiformis
Tilia, Linde, Malvaceae ▶ Sy 10B:38, ◘ A 6.2, 6.24, 6.38, 7.15, 8.17
Tilia platyphyllos, Sommerlinde ◘ A 6.1
Tillandsia, Bromeliaceae ▶ Sy 10B:10, ◘ A 8.88
T. butzii
T. caput-medusae
T. usneoides, Feenhaar, Spanisches Moos ◘ A 7.21, 8.88
Tinantia erecta, Commelinaceae ▶ Sy 10B:11, ◘ A 10.38
Tiphiidae, Rollwespe ▶ Sy 11:51
Titanwurz s. *Amorphophallus*
Tmesipteris parva, Psilotales ▶ Sy 8.6 ◘ A 5.38, 5.64
Tococa guianensis, Melastomataceae ▶ Sy 10B:35, ◘ A 8.89, 10.30
Tollkirsche s. *Atropa*
Tolmiea menziesii, Saxifragaceae ▶ Sy 10B:43
Tomate s. *Solanum*
Topinambur s. *Helianthus*
Tordylium officinalis, Apiaceae ▶ Sy 10B:54, ◘ A 9.28, 9.29
Torenia, Linderniaceae ▶ Sy 10B:58, ◘ A 10.33
T. fournieri ◘ A 10.36
T. polygonoides ◘ A 10.36
Torfmoos s. *Sphagnum*
Torfmoose s. Sphagnopsida
Torilis leptophylla, Klettenkerbel, Apiaceae ▶ Sy 10B:54, ◘ A 12.23
Torreya californica, Kalifornische Nusseibe, Taxaceae ▶ Sy 9:3, ◘ A 5.73, 5.75
T. nucifera, Japanische Nusseibe, ◘ A 5.74
Tortrix iridiana, Eichenwickler, Tortricidae ▶ Sy 11:7
Tortula, Pottiaceae ▶ Sy 7B:42
Tortula ruralis s. *Syntrichia ruralis*
*Tourettia lappacea***,** Bignoniaceae ▶ Sy 10B:58, ◘ A 9.23
Toxicodendron radicans, Giftsumach, Anacardiaceae ▶ Sy 10B:41
Tracheophyta, Gefäßpflanzen ▶ Sy 6:3
Trachycarpus fortunei, Hanfpalme, Arecaceae ▶ Sy 10B:9, ◘ A 8.27
Trachypetrella, Krötenschrecke, Orthoptera ▶ Sy 11:11, ◘ A 8.62
Trachyphrynium braunianum, Marantaceae ▶ Sy 10B:12, ◘ A 12.13
Tradescantia, Commelinaceae ▶ Sy 10B:11, ◘ A 11.11
T. zebrina, Zebrapflanze, ◘ A 7.10
Tragopogon, Bocksbart, Asteraceae ▶ Sy 10B:51, ◘ A 12.25

T. pratensis, Wiesenbocksbart
Trapa bicornis var. *bispinosa,* Wassernuss, Wasserkastanie, Lythraceae ▶ Sy 10B:35
Trebouxia, Trebouxiales ▶ Sy 5:32
Trebouxiales, Chlorophyta ▶ Sy 5:32
Trentepohlia, Trentepohliales ▶ Sy 5:17, ◘ A 5.11
Trentepohliales, Ulvophyceae ▶ Sy 5:17
Trespe s. *Bromus*
Treubiidae, Haplomitriopsida ▶ Sy 7A, C:7
Trevesia burckii, Araliaceae ▶ Sy 10B:54, ◘ A 8.50
Tribulus terrestris, Zygophyllaceae ▶ Sy 10B:33, ◘ A 6.57, 12.22
Trichius fasciatus, Gebänderter Pinselkäfer, Scarabaeidae ▶ Sy 11:2, ◘ A 11.40
Trichoglossus rubritorquis, Allfarblori Psittacidae ▶ Sy 12:32, ◘ A 11.44
Tricholoma, Ritterling, Agaricomycotina, Basidiomycota
Trichomanes, Dünnfarn, Hymenophyllaceae ▶ Sy 8:9
Trichteralge s. *Padina*
Tricolpat-Zweikeimblättrige s. Eudicotylen
Trientalis europaea, Siebenstern, Primulaceae ▶ Sy 10B:49
Trifolium, Klee, Fabaceae-Faboideae ▶ Sy 10B:26
T. stellatum
T. subterraneum, Klee
Triglochin maritima, Strand-Dreizack, Juncaginaceae ▶ Sy 10B:18, ◘ A 11.62
Trigona, Meliponini, Apinae ▶ Sy 11:52
Trigonella aschersoniana, Bockshornklee, Fabaceae ▶ Sy 10B:26
*Trimerophyta, Telompflanzen ▶ E 3.5, ◘ A 3.10, 5.26
Trimerophyton, Trimerophyta ▶ E 3.5
Triodia, Igelgras, Poaceae ▶ Sy 10B:10
Triphyophyllum peltatus, Hakenblatt, Dioncophyllaceae ▶ Sy 10B:47
Triplaris, Polygonaceae ▶ Sy 10B:47, ◘ A 3.24
Tripsacum dactyloides, Gamagras, Poaceae ▶ Sy 10B:10, ◘ A 11.63, 12.20
Tristerix aphyllus, Loranthaceae ▶ Sy 10B:46, ◘ A 8.93
T. corymbosus ◘ A 6.9
Triticum aestivum, Weichweizen, Poaceae ▶ Sy 10B:10, ◘ A 2.9, 3.4, 8.23, 8.68, 11.63, 12.9
T. aestivum subsp. *aestivum*, Saatweizen ◘ A 6.10
T. aestivum subsp. *spelta*, Dinkel ◘ A 3.4
T. dicoccoides, Wilder Emmer ◘ A 3.4
T. monococcum, Einkorn
T. turgidum subsp. *dicoccoides*, Emmer ◘ A 3.4
T. turgidum subsp. *durum*, Hartweizen ◘ A 3.4
T. urartu ◘ A 3.4
Tritoniopsis, Iridaceae ▶ Sy 10B:13
Trochilidae, Kolibris ▶ Sy 12:3, T 11.11

Trochodendrales, basale ▸Eudicotylen Sy 10B:21
Trollius europaea, Trollblume, Ranunculaceae ▸ Sy 10B:21, ◘ **A 10.30, 12.9**
Trompetenbaum s. *Catalpa*
Tropaeolaceae, Kapuzinerkressegewächse, Brassicales ▸ Sy 10B:39
Tropaeolum, Kapuzinerkresse, Tropaeolaceae ▸ Sy 10B:39, ◘ **A 11.17**
T. bicolor ◘ **A 11.17**
Tropaeolum majus ◘ **A 8.39. 11.17**
Tropaeolum tricolor ◘ **A 11.44**
Tryptomene, Myrtaceae ▸ Sy 10B:35
Tüpfelfarn s. *Polypodium*
Tüpfelfarne s. Polypodiales
Türkenbund s. *Lilium*
Tulbaghia, Amaryllidaceae-Allioideae ▸ Sy 10B:13, ◘ **A 10.9, 10.34**
T. ludwgiana ◘ **A 10.31**
T. montana ◘ **A 10.34**
T. natalensis ◘ **A 10.3**
T. violacea ◘ **A 10.9**
Tulipa, Tulpe, Liliaceae ▸ Sy 10B:14, ◘ **A 9.9, A 10.3, 10.22, 10.51, 12.10**
T. agenensis
T. gesneriana ◘ **A 10.7**
Tulpenbaum s. *Spathodea*
Tupaia, Scandentia ▸ Sy 12:49
Tussilago farfara, Huflattich, Asteraceae ▸ Sy 10B:51, ◘ **A 6.43**
Typha latifolia, Breitblättriger Rohrkolben, Typhaceae ▸ Sy 10B:10, ◘ **A 11.65**

U

Ulmus glabra, Bergulme, Rüster, Ulmaceae ▸ Sy 10B:27
U. minor var. *suberosa,* Feldulme ◘ **A 8.21**
U. rubra, Ulme ◘ **A 12.24**
Ulothrix, Ulotrichales ▸ Sy 5:21, ◘ **A 2.6, 5.3**
Ulotrichales, Ulvophyceae ▸ Sy 5:21
Ulva armoricana, Meersalat, Ulvales ▸ Sy 5:19
U. lactuca, Meersalat ◘ **A 4.8, 5.11, 5.15**
Ulvales, Ulvophyceae ▸ Sy 5:19
Ulvophyceae, Chlorophyta ▸ Sy 5:14–22
Uncaria gambir, Gambir, Rubiacae ▸ Sy 10B:60
Urmotten s. Micropterygidae
Uromyces, Pucciniomycotina ◘ **A 8.95**
Uromycladium tepperianum, Pucciniomycotina ◘ **A 8.95**
Uronema, Chaetophorales ▸ Sy 5:24
Urospermum, Schwefelköpfchen, Asteraceae ▸ Sy 10B:51, **A 9.31**
Urospora, Ulotrichales ▸ Sy 5:21, ◘ **A 5.19**
Ursinia, Asteraceae ▸ Sy 10B:51, ◘ **A 12.25**
Urtica dioica, Große Brennnessel, Urticaceae ▸ Sy 10B:27, ◘ **A 7.9, 8.7, 9.33, 11.62**

U. pilulifera, Pillen-Brennnessel ◘ **A 11.62**
Urticaceae, Brennnesselgewächse, Rosales ▸ Sy 10B:27
Utricularia, Wasserschlauch, Lentibulariaceae ▸ Sy 10B:58
U. multifida ◘ **A 8.91**
Usnea, Bartflechte, Lichenes ◘ **A 5.6**
Ustilago hordei Ustilaginomycotina
U. maydis
U. tritici
Ustilaginomycotina, Brandpilze, Basidiomycota

V

Vaccinium myrtillus, Blau-, Heidelbeere, Ericaceae ▸ Sy 10B:49
V. uliginosum, ◘ **A 10.23**
V. vitis-idaea, Preiselbeere
Vachellia, Büffelhornakazie, Fabaceae-Mimosoideae ▸ Sy 10B:26, ◘ **A 3.23**
V. drepanolobium ◘ **A 8.89**
V. erioloba, Kameldorn◘ **A 12.12**
V. horrida, Schreckliche Akazie
V. sphaerocephala ◘ **A 8.89**
V. tortilis, Schirmakazie ◘ **A 3.23, 6.53**
Valeriana officinalis, Baldrian, Caprifoliaceae-Valerianoideae ▸ Sy 10B:55, ◘ **A 12.25**
Vallisneria spiralis, Gewöhnliche Wasserschraube, Hydrocharitaceae ▸ Sy 10B:19
Vanda, Orchidaceae ▸ Sy 10B:13
Vanessa atalanta, Admiral, Nymphalidae ▸ Sy 11:47
V. cardui, Distelfalter ◘ **A11.41**
Vanilla planifolia, Vanille, Orchidaceae-Vanilloideae ▸ Sy 10B:13 ◘ **A 8.84**
Vanilloideae s. Orchidaceae, ◘ **A 11.24**
Varroa destructor, Varroamilbe, Oribatida, Acari, Milben
Vaucheria, Xanthophyceae ▸ Sy 4:10
Vegetabilische Seide, Seidenwollbaum s. *Bombax*
Vegetabilischer Schwamm, Schwammkürbis s. *Luffa*
Vegetabilisches Elfenbein s. *Phytelephas*
Veilchen s. *Viola*
Vellozia caudata, Velloziaceae ▸ Sy 10B:16, ◘ **A 3.24**
Velloziaceae, Pandanales ▸ Sy 10B:16
Venusfliegenfalle s. *Dionaea*
Veratrum, Germer, Melanthiaceae ▸ Sy 10B:14, ◘ **A 8.49**
V. album, Weiße Germer
V. nigrum, Schwarzer Germer ◘ **A 8.44**
Verbascum, Königskerze, Scrophulariaceae ▸ Sy 10B:58, ◘ **A 7.9**
Veronica, Ehrenpreis, Plantaginaceae ▸ Sy 10B:58
V. albicans ◘ **A 9.5**

V. anagallis-aquatica, Blauer Wasser-Ehrenpreis ▪ **A 6.36**

V. beccabunga, Bachbunge ▪ **A 2.21**

V. hederifolia, Efeu-Ehrenpreis

Verrucaria, Lichenes ▪ **A 5.19**

Vertebrata, Wirbeltiere ► Sy 12

Verticordia, Myrtaceae ► Sy 10B:35, ▪ **A 6.54, 11.16**

Vespoidea, Ameisen, Wespen ► Sy 11:51

Viburnum lanata, Wolliger Schneeball, Adoxaceae ► Sy 10B:55

V. opulus, Gewöhnlicher Schneeball ▪ **A 9.25**

V. plicatum ‚Waranabe', Japanischer Schneeball ▪ **A 9.25**

V. rhytidophyllum, Runzelblättriger Schnellball ▪ **A 8.45**

Vicia, Wicke, Bohne, Fabaceae-Faboideae ► Sy 10B:26

V. faba, Dicke Bohne ▪ **A 12.3**

V. sepium, Zaunwicke

Victoria amazonica, Riesenseerose, Nymphaeaceae ► Sy 10B:2, ▪ **A 8.45**

Vigna, Fabaceae-Faboideae ► Sy 10B:26, ▪ **A 11.52**

Vinca minor, Kleines Immergrün, Apocynaceae ► Sy 10B:60, ▪ **A 9.36, 10.20**

Vincetoxicum hirundinaria, Schwalbenwurz, Apocynaceae-Asclepoioideae ► Sy 10B:60

Viola, Veilchen, Stiefmütterchen, Violaceae ► Sy 10B:31

V. calaminaria, Galmeiveilchen ▪ **A 10.3**

V. cornuta, Hornveilchen ▪ **A 11.7**

V. mirabilis, Wunderveilchen

V. tricolor, Stiefmütterchen ▪ **A 10.20**

Violaceae, Malpighiales ► Sy 10B:31

Viscum, Santalaceae ► Sy 10B:46, ▪ **A 8.90**

V. album, Weißbeerige Mistel, ▪ **A 8.92**

V. minimum, Zwergmistel

Vitaceae, Vitales ► Sy 10B:42

Vitis vinifera, Echter Wein, Vitaceae ► Sy 10B:42, ▪ **A 6.24, 6.33**

Voandzeia subterranea, Angalo-Erbse, Fabaceae ► Sy 10B:26

Vögel s. Aves

Vogelbeere s. *Sorbus*

*Voltziales, fossile Gymnospermen ► E 3.8, ▪ **A 3.10, 5.68**

Volvocaceae, Chlamydomonales ► Sy 5:26

Volvox, Volvocaceae ► Sy 5:26, ▪ **A 5.3**

Vriesea, Bromeliaceae ► Sy 10B:10, ▪ **A 8.88**

Vulpicida, Lichenes ▪ **A 5.6**

W

Wachendorffia paniculata, Haemodoraceae ► Sy 10B:11, ▪ **A 9.36**

Wacholder s. *Juniperus*

Wachsbeere s. *Pollichia*

Waldmeister s. *Galium*

Waldrebe s. *Clematis*

Walnuss s. Juglans

Wanzen s. Heteroptera

Warscewiczia coccinea, Rubiaceae ► Sy 10B:60, ▪ **A 9.25**

Wasserfarne s. Salviniales

Wasserlinse s. *Lemna*

Wasserlinsengewächse s. Araceae-Lemnoideae

Wassermelone s. *Citrullus*

Wassernetz s. *Hydrodictyon*

Wassernuss, Wasserkastanie s. *Trapa*

Wasserpest s. *Elodea*

Wassersackmoos s. *Frullania*

Wasserschlauch s. *Utricularia*

Watsonia, Iridaceae ► Sy 10B:13, ▪ **A 8.87**

Webervögel s. Ploceidae

Weichkäfer s. Cantharidae

Weide s. *Salix*

Weidengewächse s. Salicaceae

Weidenröschen s. *Epilobium*

Weihnachtsstern s. *Euphorbia*

Weihrauchbaum s. *Boswellia*

Wein s. *Vitis*

Weizen s. *Triticum*

Welwitschia mirabilis, Welwitschiaceae ► Sy 9:3, ▪ **A 5.49, 5.78, 5.79, 6.51**

Welwitschiaceae, Pinales ► Sy 9:3, ▪ **A 4.26**

Wespen s. Vespoidea

Westringia dampieri, Lamiaceae-Prothantheroideae ► Sy 10B:58, ▪ **A 10.13**

Whiteheadia bifolia, Asparagaceae ► Sy 10B:13, ▪ **A 11.48**

Wiesenkerbel s. *Anthriscus*

Wiesenknopf s. *Sanguisorba*

Wilder Wein s. *Parthenocissus*

Williamsonia, Bennettitales ► E 3.8

Williamsoniella, Bennettitales ► E 3.8, ▪ **A 5.68**

Winde s. *Convolvulus*

Windegewächse s. Convolvulaceae

Windröschen s. *Anemone*

Winteraceae, Canellales ► Sy 10B:7

Winterling s. *Eranthis*

Wisteria sienensis, Blauregen, Fabaceae-Faboideae ► Sy 10B:26, ▪ **A 12.11**

Witsonia maura, Iridaceae ► Sy 10B:13, ▪ **A 11.12**

Wolffia arrhiza, Wurzellose Zwergwasserlinse, Araceae-Lemnoideae ► Sy 10B:18, ▪ **A 6.52**

Wolfsmilch s. *Euphorbia*

Wollbaum s. *Bombax*

Wollemia nobilis, Wollemie, Araucariaceae ► Sy 9:3, ▪ **A 5.44**

►Wollgra, s.s *Eriophorum*

Wollschweber s. Bombyliidae

Wunderbaum s. *Ricinus*

Wurmfarn s. *Dryopteris*

X

Xanthium spinosum, Dornige Spitzklette, Asteraceae ▶ Sy 10B:51, ▣ A 8.46

X. strumarium, Spitzklette, ▣ A 12.23

Xanthocyparis vietnamensis, Cupressaceae ▶ Sy 9:3

Xanthopan morgani ‚praedicta', Sphingidae ▶ Sy 11:7

Xanthophyceae, Gelbgrüne Algen, Stramenopiles ▶ Sy 4:10

Xanthoria, Lichenes ▣ A 5.6

Xanthorrhoea, Grasbaum, Asphodelaceae-Xanthorrhoeoideae ▶ Sy 10B:13, ▣ A 3.25, 6.53, **8.27**

X. preissii ▣ A 8.87

Xanthosia rotundifolia, Apiaceae ▶ Sy 10B:54, ▣ A 3.5, 9.29

Xerocomus, Filzröhrling, Agaricomycotina, Basidiomycota

Xylocarpus, Meliaceae ▶ Sy 10B:50

Xylocopa violacea, Große Holzbiene, Xylocopinae ▶ Sy 11:52, ▣ A 11.42, 11.43, 11.49, 11.51

Xylomelum angustifolium, Proteaceae ▶ Sy 10B:22, ▣ A 12.11

Y

Yamswurz s. *Dioscorea*

Yucca, Palmlilie, Asparagaceae-Agaveae ▶ Sy 10B:13, ▣ A 11.28

Y. brevifolia, Joshua-Palmlilie ▣ A 3.21, 8.27

Y. whipplei

Yuccamotten s. Prodoxidae

Z

Zahnwurz s. *Cardamine*

Zamia amblyphyllidia, Zamiaceae ▶ Sy 9:1

Zamiaceae, Cycdales ▶ Sy 9:1

Zannichellia palustris, Teichfaden, Potagometonaceae ▶ Sy 10B:18

Zanonia s. *Alsomitra*

Zaubernussgewächse s. Hamamelidaceae

Zaunrübe s. *Bryonia*

Zaunwinde s. *Calystegia*

Zea mays, Mais, Poaceae ▶ Sy 10B:10, ▣ A 8.22, **8.23, 8.38, 8.60. 9.33, 11.63**

Zeder s. *Cedrus*

Zichorie s. *Cichorium*

Zieralgen s. Zygnematophyceae

Ziest s. *Stachys*

Zimt s. *Cinnamomum*

Zingiber officinale, Ingwer, Zingiberaceae ▶ Sy 10B:12

Zingiberaceae, Ingwergewächse, Zingiberales ▶ Sy 10B:12, ▣ A 3.23

Zinnkraut s. *Equisetum*

Zitrone s. *Citrus*

Zooxanthellen: verschiedene sekundäre Algen ▶ Sy 4:5, 9, 10

Zostera marina, Seegras, Zosteraceae ▶ Sy 10B:18, ▣ A 11.66

Zosteraceae, Seegrasgewächse ▶ Sy 10B:18

**Zosterophyllum myretonianum*, Zosterophyta ▶ E 3.5, ▣ A 5.63

**Z. rhenanum* ▣ A 3.12, 3–14

**Zosterophyta*, Telompflanzen ▶ E 3.5, ▣ A 3.10, 5.26

Zosteropidae, Brillenvögel ▶ Sy 12:33

Zucchini s. *Cucurbita*

Zuckerpalme s. *Arenga*

Zuckerrohr s. *Saccharum*,

Zuckerrübe s. *Beta*

Zuckertang s. *Saccharina*

Zuckmücken, Chiromonidae s. Nematocera

**Zungenfarn s. Glossopteris*

Zweiflügler (Fliegen, Mücken) s. Diptera

Zweikeimblättrige s. Dicotylen

Zweizahn s. *Bidens*

Zwerghirse s. *Eragrostis*

Zwergpalme s. *Chamaerops*

Zwergwasserlinse s. *Wolffia*

Zwiebel s. *Allium*

Zwiebelgewächse s. Amaryllidaceae-Allioideae

Zygaena filipendulae, Blutströpfchen Zygaenidae ▶ Sy 11:7, ▣ A 11.41

Zygnema, Zygnematophyceae ▶ Sy 5:53, ▣ A 2.6

Zygnematophyceae, Joch-, Schmuck-, Zieralgen ▶ Sy 5:53

Zygophyllaceae, Jochblattgewächse, Zygophyllales ▶ Sy 10B:33

Zygophyllum, Jochblatt, Zygophyllaceae ▶ Sy 10B:33, ▣ A 7.22

Z. album ▣ A 10.23

Zygopteris, Coenopteridales* ▶ E 3.6, ▣ A 3.10

Zypresse s. *Cupressus, Fitzroya,*

Zypressengewächse s. Cupressaceae

Literatur

Adl SM, Alastair GB, Simpson CE et al (2012) The revised classification of eukaryotes. Journal of Eukaryotic Microbiology 59:429–493

APG IV (2016) An update of the Angiosperm Phylogeny Group classification for the orders and families of flowering plants: APG IV. Botanical Journal of the Linnean Society 181:1–20. https://doi.org/10.1111/boj.12385

Bauhin C (1623) Pinax theatri botanici. Ludovici Regis, Basel

Cole TCH, Hilger HH (2016) Stammbaum der Tracheophyten. Phylogenie und Systematik der Gefäßpflanzen. https://refubium.fu-berlin.de/handle/fub188/18495. Freigabe 2016-11-07

Cole T, Hilger H, Goffinet B (2021) Bryophyte Phylogeny Poster (BPP, 2021). https://www.researchgate.net/publication/257240194_Bryophyte_Phylogeny_Poster_BPP_2021

Drew BT, González-Gallegos JG, Xiang CL, Kriebel R, Drummond CP, Walker JB, Sytsma KJ (2017) Salvia united: The greatest good for the greatest number. Taxon, 66:133–145

Goffinet B, Buck WR (2018) Classification of the Bryophyta. Online version available at http://bryology.uconn.edu/classification/. Checked on DATE

Hörandl E (2006) Paraphyletic versus monophyletic taxa – evolutionary versus cladistic classifications. Taxon 55:564–570

Krug M (2017) Evaluating the phylogenetic structure and microstructural evolution of organellar markers from both compartments in the reconstruction of a carboniferous radiation (mosses). Dissertation, Rheinische Friedrich-Wilhelms-Universität Bonn

Kyalangalilwa B, Boatwright JS, Daru BH, Maurin O, van der Bank M (2013) Phylogenetic position and revised classification of Acacia sl (Fabaceae: Mimosoideae) in Africa, including new combinations in Vachellia and Senegalia. Bot J Linn Soc 172:500–523

Leliaert F, Smith DR, Moreau H, Herron MD, Verbruggen H, Delwiche CF, De Clerck O (2012) Phylogeny and molecular evolution of the green algae. Crit Rev Plant Sci 31:1–46

Linné C von (1753) Species plantarum, exhibentes plantas rite cognitas, ad genera relatas, cum differentiis specificis, nominibus trivialibus, synonymis selectis, locis natalibus, secundum systema sexuale digestas. Salvius, Stockholm

Miller JS, Funk VA, Wagner WL, Barrie F, Hoch PC, Herendeen P (2012) Outcomes of the 2011 botanical nomenclature section at the XVIII international botanical congress. PhytoKeys 5:1–3

PPG I (2016) A community-derived classification for extant lycophytes and ferns. J Syst Evol 54:563–603

Söderström L, Hagborg A, von Konrat M … Zhu R-L (2016) World checklist of hornworts and liverworts. PhytoKeys 59:1–828

Soltis D, Soltis P, Endress OP, Chase M, Manchster S, Judd W, Majure L, Mavrodiev E (2017). Phylogeny and evolution of the angiosperms. Revised and updated edition. Chicago University Press, Chicago

Stichwortverzeichnis

A

Aasblume 819, 867, 868–874, 887, 927
Aasfliege 855, 868–876, 882, 887, 906
Abaxiale Seite 355, 357, 534–537, 571
ABC-Modell der Blüte 325, 742, 744, 763
Abdruck 74
Abies 107, 272, 273, 275, 276, 379, 393, 477, 507, 513, 577, 1007
Abiotischer Faktor 5, 71, 114, 146, 226, 361, 385, 623, 921, 932
Abkühlung 79, 95, 99, 449, 817, 900
Ablademechanismus 724
Abroma 976
Abrus 458, 866, 966, 967, 998
Abschlussgewebe 86, 190, 200, 248, 415, 442, 445, 454–458, 472, 498, 504, 516, 571, 589, 592, 594–596, 598, 968, 970
Absenker 264, 389, 416, 420
Absorptionsgewebe 86, 225, 248, 442, 454, 470, 594
Absterbezone 209, 210, 221
Abutilon 993
Abwehrstoff 35, 261, 311
Acacia 104, 117, 546, 547, 555, 566, 567, 578, 620, 633, 651, 652, 774, 965, 1030
Acaena 121, 1000, 1001
Acanthaceae 474, 552, 582, 607, 608, 778, 796, 895, 1016
Acantholimon 384, 427
Acanthorhiza 613
Acanthosicyos 111, 112, 980
Acanthus 895, 896, 1016
Acari 151, 648, 902
Acer 362, 364, 372, 467, 510, 512, 584, 837, 936, 993, 994, 1003, 1004, 1007, 1008
Acetabularia 23, 138, 183–185
Achäne 968, 971, 991, 1004–1006, 1009, 1021
Achänenverband 992
Achillea 71, 540, 668, 828, 885
Achsenordnungsgrad 382, 667, 673
Aconitum 829, 838
Acoraceae 683
Acorus 817, 820
Acrostichum 253
Actaea 972
Actin 45
Actinidia 585, 980, 984
Actinocephalus 942
Actinodium 405, 676, 683, 687, 696, 697
Actinotus 703, 705, 830
Adansonia 420, 530
Adaptive Radiation 72, 116, 119, 884 *Siehe auch Artbildung*
Adaxiale Seite 355, 357, 534, 536, 543, 571, 785
Adelomia 903
Adelphie 754, 766, 768
Adiantum 253, 260, 291, 294
Adnate Stipel 539, 555
Adonis 495, 790, 999, 1001
Adossiertes Vorblatt 357, 374
Adoxa 680
Adoxaceae 388, 396, 451, 455, 511, 517, 551, 553, 680, 685, 699–701, 719, 828, 830, 985
Adultphase 390
Adventivembryonie 172
Adventivwurzel 595

Aegialitis 607
Aegiceras 607
Aegilops 70
Aeonium 116, 377, 432
Aerenchym 442, 443, 445, 502, 519, 573, 607
Aerodynamik 308, 933, 936
Aesculus 362, 371, 383, 387, 393, 394, 561, 600, 650, 652, 820, 827, 845, 976, 990, 992, 999, 1015
Aframomum 775, 776, 777
Afrocalathea 923
Afrocarpus 275
Agamospermie 172
AGAMOUS (AG) 12, 744
Agaonidae 859, 861, 891, 1044
Agar 37, 197, 208
Agathis 269, 475, 477, 549
Agathosma 573
Agave 349, 418, 432, 459, 460, 468, 548, 549, 622, 904, 906
Aglaiocercus 903
Aglaomorpha 629
Aglaophyton 88, 89, 223, 291
Agraulis 827
Agrimonia 680, 683
Agrostemma 791
Äguifacial. *Siehe Blatt: Histologie*
Ähnlichkeit 7, 12, 16 *Siehe auch Analogie*
Ährchen 418, 677, 680–684, 938–942, 1001, 1009
Ähre 333, 668, 677, 681, 683, 690, 934, 935, 938–942, 988, 993, 994
Ährengras 683, 935, 938–940
Ährenrispengras 935, 938–940
Ätherisches Öl. *Siehe Öl*
Ailanthus 601, 1004, 1007, 1008
Aizoaceae 112, 119, 443, 551, 580–582, 622, 879, 972, 1015
Akebia 429, 620
Akkrustierung 42
Akrokarpes Moos 212
Akropetale Entwicklung 248, 295, 374, 541
Akropetale Segregation 354, 402, 536, 671
Akrotonie. Siehe *Förderung*
Aktinomorphie *Siehe Symmetrie*
Aktinostele 225, 229, 249, 254
Aktionspotential 569, 640
Aktiver Transport 468, 569
Aktivitätsmuster von Bestäubertieren 858, 863, 879, 881
Akzessorisches Pigment 179
Albedo 980, 982
Alberta 758, 759, 1004, 1009
Albinoblüte 826
Albuca 799
Alchemilla 172, 465, 473
Aldrovanda 599, 635, 641
Alepidea 578, 703, 705
Alethopteris 246
Aleuron 32, 33, 362
Alge 2, 22, 26, 48, 51, 55, 80, 82, 86, 134, 627
– Diversität 195, 198, 202, 203
– Evolution 80
– Lebensweise 200, 201, 205–208, 215
– Meeresalge 138, 143, 180, 205
– Merkmalsübersicht 180
– ökologische und ökonomische Bedeutung 205–208

Alge (*Fort.*)
– Organisationsformen 23, 178–185, 192–205
– primäre 22, 27, 54, 82, 135, 178, 179, 180
– sekundäre 4, 22, 28, 37, 54, 82, 134, 135, 178, 179, 180, 181, 200, 710
– Sexualsysteme 134–146
– Süßwasseralge 134, 135, 139, 177, 194, 204, 205
– Systematik 1032, 1033
Algenblüte 177, 180, 194, 205, 207
Alginsäure 200, 208
Alisma 1013
Alismataceae 1003
Alismatales 280, 946, 947
Alkaloid 33, 241, 516, 651, 824
Alkanna 823
Allelausstattung 717
Allelopathie 35, 117, 615
Allium 34, 48, 110, 362, 365, 396, 399, 411–413, 418, 445, 518, 546, 548, 554, 557, 558, 568, 573, 622
Allocasuarina 428, 988, 990, 1004, 1008, 1024
Allochorie 995
Allomerus 632
Allopatrie 68
Alloplectus 774, 797
Allopolyploidie 58, 70
Allorhizie 237, 264, 356, 587, 588
Alnus 107, 108, 327, 512, 600, 607, 617, 618, 650
Aloe 111, 384, 417, 425, 527, 528
Alopecurus 938, 940
Alpen 102
Alpidische Faltung 99
Alpine Stufe 101, 109, 111, 114, 933
Alpinia 726, 727
Alsomitra 448, 1004, 1007, 1008
Alstroemeria 1016
Alternanzregel 374, 377, 557
Alternierende Anordnung 738, 742, 748
Altersbestimmung 385, 393, 412, 420
Althaea 993
Alyssum 109
Amaranthaceae 118, 505, 574, 933, 992
Amaryllidaceae 365
Amazonas 114, 634
Ambophilie 934, 937
Amborella 280, 331, 333, 695
Amborellales 280, 746
Ambrosia 503
Ambystoma 15
Amegilla 891, 892, 923, 927
Ameise. *Siehe Formicidae*
Ameisenausbreitung. *Siehe Myrmekochorie*
Ameisengarten 634
Ameisenpflanze 84, 613, 629, 632, 638
Amentiferae 327, 935
Ammobium 707, 708
Ammophila 432
Amöbe 180, 181
Amöboide Bewegung 132, 140, 141, 142
Amorphophallus 111, 550, 875
Amphibolis 943, 945, 946
Amphikarpie 1022
Amphiphloische Stele 229
Amphistomatischer Blattbau 571, 573, 578
Amphithecium 282
Amphitonie *Siehe* Förderung
Amphivasal. *Siehe* Leitbündel

Amyema 645, 647
Amyloplast 29, 591
Anabaena 177, 178, 194, 259
Anacardiaceae 115, 997
Anacardium 964, 988, 990
Anagallis 880
Anagraecum 840
ANA-Gruppe 280, 330, 1040
Analogbegriff 199, 232, 233, 281, 298, 619
Analogie 7, 10–12, 16, 191, 199
– Vegetationskörper 363, 496, 504, 523, 524, 549, 563, 575, 581, 598, 603, 640
– Reproduktiver Bereich 156, 298, 666, 671, 695, 699, 701, 705, 929
– Frucht, Samen 316, 966, 970, 980, 992, 995, 1011
Ananas 116, 379, 960, 971, 980, 983, 992
Ananasgalle 648, 649
Anarthria 942
Anastatica 216, 1015
Anastomose 278, 518, 520, 523, 528, 550
Anatomie 8
Anatrope Samenanlage 167, 169, 304, 331, 788, 789, 791, 961, 965, 967, 972
ancestral character analysis 805
Anden 102, 114, 116, 894, 900
Andreaea 284
Andreaeales 283, 285, 286
Andreaeopsida 209
Andrena 844, 866, 876, 877, 891, 892
Andricus 891
Androdiözie 716, 729
Androeceum 737, 764, 766, 767, 805, 918
Androgynophor 745, 747, 840
Andromonözie 710, 711, 713–715, 729
Androspore 137
Anemia 253, 300, 304
Anemoballist 995, 1004
Anemochorie 87, 154, 157, 286, 627, 759, 991, 993, 995, 996, 1003–1011, 1021, 1022
Anemone 49, 108, 674, 726, 738, 790, 830, 886, 999, 1022
Anemophilie 161, 163, 308, 309, 312, 393, 695, 712, 716, 723, 726, 738, 757, 772, 796, 814, 920, 932–942
Aneuploidie 58
Aneuraceae 220
Aneurophyton 91–93, 96, 230, 233, 235, 261
Anisophyllea 372, 563, 564
Angelica 541, 554, 603, 621
Angelonia 848, 849
Anginon 370
Angiopteris 253, 256
Angiospermen 33, 98, 134, 166, 351, 420, 463, 490, 627, 716, 815, 960, 963, 1007
– Evolution 98, 262, 280, 330
– Generationswechsel 160–171
– Merkmale 98, 265
– Systematik 261, 280, 1040–1042
Angiospermie 87, 98, 261, 280, 307, 324, 331, 737, 785
Anigozanthos 117, 118
Anisogamie 132, 134, 135, 137, 138, 146
Anisophyllie 241, 372
Anlockung 636, 781, 926, 929, 997. *Siehe auch Reizmittel*
Annona 863, 864, 980, 983
Annonaceae 330, 726, 861, 863, 881, 886, 887, 983, 997
Annuelle 98, 107, 218, 349, 402, 403, 1011
Anogramma 210, 217, 259, 295

Anomales Dickenwachstum 413, 415, 502
Anomalie 564, 648, 668, 678, 679, 752
Anpassung 7, 575, 617, 627
– Ausbreitung 323, 993, 995
– Bestäubung 331, 815, 816, 828, 840, 843, 853, 863, 881, 886, 892, 901, 932, 933, 943
– Funktion 9, 10, 248
– Klimawandel 235
– Landleben 86, 87, 161, 222, 281
– Lebensweise 638
– Standort 100, 111, 116, 217, 264, 354, 623, 624, 629, 932, 947, 1004, 1018
Anpassungsfähigkeit 4, 72, 131, 326, 486, 489, 575, 603, 623
Antarktis 99, 101, 121
Anthemis 823
Anthere 160, 169, 325, 714, 722, 753, 765, 768–775, 806, 832, 855, 910, 926–929
Antherenanheftung 765
Antherenattrappe 776, 778, 781, 784, 831, 857, 914
Antherenfortsatz 765, 772, 773, 778
Antherenöffnung 772, 773
Antherenwand 289, 768
Anthericum 742, 743
Antheridienstand 149, 151
Antheridienzelle 167, 169
Antheridium 149, 150
Anthese 873
Anthidium 891, 892
Anthocerophyta 208, 282–286
Anthoceros 218, 284
Anthochaera 898
Anthocyan 33, 454, 821, 823
Anthodium 706
Anthophor 745
Anthophora 842, 843, 857, 876, 891
Anthophyt 262
Anthophytentheorie 330
Anthopleura 207
Anthospermum 119
Anthreptes 899
Anthriscus 413, 415, 541, 684, 713, 715, 727
Anthurium 472, 668, 853
Anthyllis 918
Antiklin. *Siehe Zellteilung*
Antipode 169
Antirrhinum 676, 678, 744, 752, 829
Anulus
– Farne 154, 290
– Kesselfallenblume 872, 873
– Moose 284, 286
AP (APETALA) 670
Apertur 161, 309, 326, 770, 797, 799
Apetale Blüte 757
Apex 226
Apfelfrucht 969
Aphidoidea 631, 866
Apiaceae 107, 373, 405, 541, 675, 683, 684, 696, 697, 700, 703–705, 711, 713–715, 722, 727, 765, 801, 820, 828, 836, 862, 885–887, 896, 993, 1000, 1022
Apidae 891
Apikaldominanz 382
Apikale Lage 226, 355, 357, 489
Apis 819, 824, 843, 844, 884, 890–892, 894, 910, 912, 918, 919, 928
Apium 11, 411, 415, 501, 622
Apocynaceae 740, 804, 868, 1006

Apocynaceae-Asclepiadoideae 111, 772, 801, 908, 927, 928
Apoidea 770, 824, 827, 828, 831, 832, 845, 855, 876, 882, 885, 889, 892, 895, 902, 907, 910, 929
– Öl sammelnde Bienen 847, 848
– oligolektische Bienen 892
– Parfüm sammelnde Bienen 844, 921
– polylektische Bienen 892
– Solitärbienen 851, 855, 861, 876, 889, 892, 922
– soziale Bienen 892, 894
– Übersicht Blütenbesucher 891
Apomixis 172
Apoplast 6, 16, 23, 38, 80, 197
Apoplastische Beladung 44
Apoplastischer Transport 215, 464
Aposporie 172
approach herkogamy 720, 721, 796, 910
Aquafarm 183, 208
Aquatische Lebensweise 86, 253, 280, 296, 523, 636
Äquidistanzregel 374, 377
Äquifacialer Blattbau 571, 573, 576–578
Aquilegia 540, 561, 678, 679, 790, 829, 837, 838, 841
Arabidopsis 235, 245, 325, 380, 381, 420, 432, 491, 492, 536, 538, 589–591, 669, 670, 675, 676, 678, 683, 742, 744, 752
Arabis 452
Araceae 115, 217, 354, 374, 412, 422, 423, 472, 475, 536, 629, 683, 696, 726, 863, 868, 871, 872, 874, 886, 887
Arachis 116, 617, 622, 719, 964, 974, 988, 990, 991, 1019, 1020, 1024
Arachnites 871
Araneae 638
Araucaria 96, 269, 272, 274, 315, 377, 384, 393
Araucariaceae 75, 163, 269
Arbeitskern 48
Arbeitsteilung 20, 86, 138, 177, 188, 225, 228, 232, 238, 467, 486, 487, 507, 619, 638, 692, 784, 840, 906, 1021
Arbusculär *Siehe Mykorrhiza*
Archaea 21, 77, 78, 84
Archaefructaceae 328
Archaefructus 98, 280, 328
Archaeophyt 104
Archaeopteris 92, 93, 231, 233, 235, 245, 246, 261, 264, 291, 299
Archaeosperma 305
Archaeplastida 22, 37, 80, 82, 197
Archegonienkammer 165, 166, 309
Archegonienstand 149, 151
Archegonium 149, 150, 152, 163
Archespor 152, 153, 281, 282, 283, 288, 769
Archilochus 898
architectural effect 714
Architektur 355, 389, 424, 713, 727, 729, 845, 933, 935
Architekturmodell 392, 424, 425
Arctium 1000, 1002
Arctopus 1002, 1010–1012, 1023
Arctotheca 573
Arctotis 885
Ardisia 578, 581
Areal 104
Areca 34, 113, 528, 991
Arecaceae 236, 361, 382, 425, 430, 431, 465, 466, 468, 521, 522, 524, 527, 563, 566, 593, 667, 868, 886, 997, 1013
Arecolin 34
Arenga 467
Areole 451, 533, 534
ARF (AUXIN RESPONSE FACTOR) 536
Argogorytes 891
Arillus 316, 965, 966, 973, 980, 990, 995, 1013

Arisaema 697, 873, 874
Arisarum 874, 875
Aristolochia 506, 792, 830, 870–872
Aristolochiaceae 330, 331, 726, 801, 868, 871, 872, 919, 927
Aristotelia 364
Arktis 861, 933
Armeria 474, 718, 798
Armillaria 422, 615
Armoracia 33, 411, 415
ARP *(ASYMMETRIC LEAVES, ROUGH SHEATH,*
   PHANTASTICA) 245
Arrak 468
Arrhenatherum 938, 1021
Artbegriff 66–68
Artbildung 58, 68–70, 95, 96, 98, 100, 116, 117, 119, 232, 268, 737,
   880, 884, 895, 903, 912, 927
Artbildungsphase 252
Artedia 679, 704, 705, 713, 715, 887
Artenreichtum 100, 114, 117, 854, 890
Artenrückgang 122
Artenschutz 770
Arthropodium 775–777, 831
Arthyrium 294
Artocarpus 385, 386, 990, 992
Arum 474, 818, 830, 870, 873
Aruncus 668, 672
Arundo 375, 412, 413, 520, 542, 621
AS *(ASYMMETRIC LEAVES)* 536
Asarum 871
Asche 626
Ascidiate Zone 785–787
Ascidiates Blatt. *Siehe Schlauchblatt*
Asclepias 34, 451, 478, 830, 837, 840, 845, 927, 928, 930, 931
Ascomycota 84, 186, 616, 633, 651
Ascophyllum 200, 202
Asepale Blüte 757
Asparagaceae 12, 432, 528, 529, 906
Asparagopsis 143
Asparagus 520, 620, 741, 836, 837
Asphodelus 413, 622
Aspleniineae 253
Asplenium 216, 253, 259, 260, 294, 627, 629
Assimilat 228, 465
Assimilationslamelle 212
Assimilationsparenchym 222, 518, 571, 576
Assimilator 232, 233, 237, 619, 620
Assimilattransport 210, 214, 224, 228, 465
Assimilierende Wurzel 587, 613, 620, 629
Aster 829
Asteraceae 112, 119, 172, 373, 648, 675, 676, 683, 696, 697, 700,
   705–707, 711, 716, 718, 722, 724, 728, 759, 854, 887, 991, 992,
   1000, 1010
Asteridae 748, 790
Asterntyp 707, 708, 728
Asteroid 77
Asteroxylon 91, 223, 225, 229, 238, 239
Ästhetik 379
Astragalus 107, 425, 427, 562, 623
Astrantia 412, 703, 705
Astydamia 838
Ataktostele 231, 265, 523
Atemhöhle 450, 571
Atempore 209
Atemwurzel 587, 607, 609
Ätherisches Öl 33, 117, 452, 472, 476, 478, 516, 624, 818, 819, 851
Äthylengehalt 859
Athyrium 253

ATP 24, 28, 31, 45, 46, 50, 52
Atropa 34, 35, 37, 980, 983
Atrope Samenanlage 161, 163, 165, 304, 309, 789, 962
Atropin 34
Atta 650
Attrappe 866, 895
Audouinella 27, 141, 143
Audouinia 447
Aufblühfolge 673, 713, 715, 727–730, 845, 878, 880
– akropetale 406, 668, 684, 722, 726
– basipetale 406, 684, 685, 693, 726
– bidirektionale 408, 685
– ordinale 405, 406, 693, 715, 727
– sukzessive 730
– zentrifugale 707, 708
– zentripetale 706
Auferstehungpflanze 215. *Siehe auch Poikilohydrie*
Aufriss 356, 682
Aufsitzerpflanze. *Siehe Epiphyt*
Ausbreitung 4, 158, 708, 904, 960, 993, 996, 1022
Ausbreitungseinheit. *Siehe Diaspore*
Ausbreitungsweite 1007
Ausdauernde Kräuter 432
Außenkelch 758, 759, 1009, 1010, 1021
Außenkelchflieger 1004
Ausläufer. *Siehe* Stolon
Ausläuferknolle 411, 412, 416, 432, 502, 622
Aussaatplan 878
Ausscheidung. *Siehe Sekretion*
Australien 898, 900, 919
Australis 99, 101, 104, 117, 118
Austrobaileyales 280
Autochorie 995, 996, 1015–1021
Autogamie. *Siehe Selbstbestäubung*
Autonomer Prozess 248, 380, 493, 537, 538
Autopolyploidie 58
Auxin 39, 231, 245, 248, 264, 364, 380–382, 491, 493, 497, 521, 538,
   590, 591, 593
Avena 110, 588, 937
Aves 422, 820, 825, 827, 828, 840, 845, 855, 861, 882, 885, 896, 897,
   907, 997, 999, 1000, 1003
Avicennia 474, 607–609
Axinaea 861
Azadirachta 478
Azara 554, 555, 620
Azolla 121, 178, 253, 256, 258, 259, 297
Azteca 632, 633

B

Baccharis 649
Bacillariophyceae. *Siehe* Diatomee
Bacteriochlorophyll 28
Bakterioid 617
Bakterium 21, 28, 77, 78, 84, 578, 636, 648, 650
Balanophora 643
Balanophoraceae 643
Balg 968, 972, 978, 990
Bälgchen 972, 973
Bärlapppflanze *Siehe Lycophyta*
Balgverband 968, 971, 972, 973
Ballist 995
Ballonflieger 1004, 1008
Balsaholz 513
Balsam 475, 477
Baltikum 76
Bambus 524–526, 558, 940

Bambusa 548
Bananenwuchs 424, 432
Bangiales 135, 141, 142, 179, 180, 196
Banksia 117, 118, 972, 973
Baragwanathia 238
Barochorie 365, 995, 1015
Bartsia 644
Basale Angiospermen 117, 118, 169, 261, 280, 326, 330–333, 465, 726, 738, 744, 746, 757, 770, 786, 799, 804, 858, 886
Basale Placentation 788
Basalplatte 924
Basidiomycota 616
Basifixe Anthere 765
Basipetale Entwicklung 264, 295, 382
Basistemon 848
Basitonie Siehe Förderung
Bast 236, 262, 265, 442, 504, 507, 514, 516, 592, 595
Bastfaser 459, 462, 507, 514, 516
Bastparenchym 465, 507, 514
Bastrübe 415, 597, 603, 604
Baststrahl 504
Batate 603
Batrachospermum 197
Bauchkanalzelle 150
Bauchsammler 892
Bauhinia 111, 1016
Baumkronenanalyse 391
Baumwuchs 93, 237, 251, 253, 259, 271, 390, 391, 425, 426, 524
Beaucarnea 470, 528
Beaufortia 406
Beccari'sches Körperchen 631
Bedecktsamigkeit. Siehe Angiospermie
Bedingtes Sympodium 393, 412
bee avoidance hypothesis 901
Beerchen 980, 983
Beere 316, 794, 968, 971, 980-982, 985
Beerenverband 968, 971, 980, 983
beetle marks 705
Befruchtung. Siehe Syngamie
Befruchtungserfolg 146, 151, 152, 326, 331, 785, 790, 804
Befruchtungsvermittler 4, 133, 151, 651
Begeißelung 178, 179, 200
Begleitpigment 28
Begonia 443, 550, 712, 796, 865
Behaarung 578
Beiknospe 322, 395–399, 405, 407, 412, 529, 531, 601, 667, 692, 693
Beinsammler 892
Bellis 679, 683
Belt'sches Körperchen 630, 633
Benetzbarkeit 446
Bennettitales 96–98, 262, 267, 306, 326
Benthos 180, 197, 205
Berberidaceae 772
Berberis 366, 367, 422, 549, 616, 645, 769
Bereicherungszone 404
Bergenia 564, 565, 898
Berindung 236, 239, 271, 400, 401
Berindungsmodell 488, 489
Bernstein 76, 309, 476, 477
Bertholletia 445, 621, 962, 964, 991, 999
Berührungsreiz 920
Berzelia 120, 474, 626, 683, 773, 988, 992
Bestäubergruppe 330–332, 816, 881–884
Bestäubermangel 816, 937
Bestäubung 161, 163, 169, 170, 651, 708, 709, 711, 737, 814
Bestäubungsleistung 122, 890

Bestäubungsmechanismus 726, 738, 864, 868, 894, 907, 909, 910, 915, 916, 927, 928
Bestäubungstropfen 87, 161, 163, 307, 309, 322
Beta 33, 411–413, 415, 468, 502, 597, 603, 621
Betalain 33, 307, 309
Betelbissen 37, 113, 528
Betula 100, 220, 425, 511, 512, 516, 616, 647, 933–935, 1007, 1008
Betulaceae 107, 220, 613, 616, 650, 932, 935
Bewegung
– irreversible 568, 908, 909, 918, 920. Siehe auch Explosive Bewegung, Schleuderbewegung
– reversible 569, 640, 876, 908, 914, 912, 919, 1015
Bewegungsgewebe 286, 290, 569, 640, 768, 995, 1015, 1017–1019
Biarum 873, 874
Bicollateral. Siehe Leitbündel
Bidens 1002
Biegemechanik 229, 236
Biene. Siehe Anthophila, Apoidea
Bienenblume 823, 826, 832, 845, 894, 910, 915, 923
Bienenblütigkeit. Siehe Melittophilie
Bienenmännchen 851, 861
Bienensterben 890
Bienne 349, 432
Bifacial. Siehe Blatt: Histologie
Bignoniaceae 115, 219, 776, 796, 853, 897
Bildungsgewebe. Siehe Meristem
Binäre Nomenklatur 66, 1028
Biodiversität 101, 122, 123
Biodiversitätszentrum 114, 116, 117, 578
Bioethanol 178
Biofilm 77, 84
Biogas 78
Bioindikator 186, 220
Biologischer Rhythmus 878
Biomasse 201, 205, 207, 220
Biomembran 6, 30, 45, 50
Bionik 251, 446, 448
Biospezies 67
Biostratigrafie 76
Biotische Interaktion 71, 575, 584, 629
Biotische Umwelt 623
Biowasserstoff 178
Bipolare Organisation 227, 237, 261, 264, 352, 353, 360, 589, 591, 600
bird preference hypothesis 901
Bischofsstab 425, 514, 678
Biston 582
Bitegmisch. Siehe Integument
Bitterstoff 33
Bivalent 56
Bixa 823, 976
Blasia 218
Blastophaga 860, 891
Blastozon 227
Blatt 200, 232, 233, 369, 534
– Entwicklung 536–553
– Evolution 233, 263
– Histologie 487, 570–573, 576–578
– funktionelle Vielfalt 553–586, 620–623
– Morphologie 369–374, 534–537
– Nervatur 233, 245, 521, 536, 560, 568
– Steckbrief 355
Blattabwurf 576
Blattachselmeristem 9, 191, 264, 354–356, 382, 396, 686
Blattbewegung 32, 566, 568, 570
Blättchen 209, 214
Blattfolge 356, 367
Blattgrund. Siehe Unterblatt

Blattlücke 229, 233, 237, 504, 594
Blattmuster 563, 575, 583, 584, 922
Blattpolarität 372, 537, 573
Blattpolster 92
– Kakteen 402
– Lycophyta 239
Blattprimordium 5, 494, 497, 521, 536
Blattrand 534
– Meristem 354, 358, 360, 536, 537, 540, 543, 544
– Serratur 537, 539, 560, 578
Blattscheide 412, 521, 525, 527, 535, 536, 538, 541,
   542, 553–558, 750
Blattspreite. *Siehe* Lamina
Blattspur 470, 494, 497, 503, 521, 600
Blattstellung. *Siehe Phyllotaxis*
Blattstiel. *Siehe Petiolus*
Blattsukkulenz 111, 530, 575, 578, 580, 622
Blechnum 253, 260
Blepharis 778
Blighia 965
Blüheinheit 402, 405
Blühen ohne Laub 408, 409
Blühendes Monopodium 404, 405, 667, 671
Blühendes Sprosssystem, *Siehe Blühtrieb*
Blühimpuls 5, 72, 402, 405, 666, 670, 693
Blühphase 402, 881
Blühtrieb 402–407, 666, 685, 692
Blühzeit 816, 858, 878–880, 881, 882, 935
Blume 695–701, 757, 875, 902
Blumengestalt 827–830, 882
Blumenstil 814–816, 881–907
Blumenuhr 879
Blüte 159, 160, 313, 318, 324, 680, 736, 737
Blütenäquivalent 671, 680, 683, 728
Blütenbiologie 816
Blütendiagramm 761, 762, 854, 922
Blütendimorphismus 680, 698, 708, 710–716, 920
Blütenduft 817–820, 851, 855, 858, 863, 868, 871, 875,
   818, 881, 882, 887, 894, 906
Blütenentwicklung 741–757
Blütenfarbe 821–827
Blütenform 332, 827–830, 882
Blütenformel 762
Blütenhülle. *Siehe Perianth*
Blütenidentitätsgen 671, 696
Blütenmal 778, 780, 816, 822, 823, 826, 827, 842, 889, 894, 889.
   Siehe auch Antherenattrappe
Blütenmeristem 324, 325, 360, 367, 669–676, 741–757
Blütenmorphe 710, 713, 715, 718, 720, 726, 798
Blütenorganidentität 670, 744
Blütenpärchen 689, 690, 740, 749, 922
Blütenpflanze. *Siehe Angiospermen*
Blütenröhre 738, 828, 841, 889
Blütenstand 308, 318, 402, 666–695, 708, 722, 730, 901, 935, 939, 940
– einfacher 671, 682–684
– geschlossener 671, 680
– offener 671
– verzweigter 671, 684, 685, 708
Blütenstandanalyse 694
Blütenstiel 745, 976, 1003
Blütentheorie 324–330, 358, 736, 756
Blutschnee 207
Boden 586, 588, 615, 623, 636. *Siehe auch Mangroven, Torf*
Bodenentwicklung (Devon) 235
Bodenorganismus 151, 615, 623, 641
Bodenverbesserung 178, 205
Boehmeria 459

Bohrfrucht 940, 995, 1019
Bohrkern 391
Bombacaceae 906
Bombax 451, 460
Bombus 824, 843, 891–896, 907, 910, 912, 929
Bombyliidae 828, 843, 878, 887, 919
Bombylius 887
Bonsai 276, 277
Boraginaceae 687, 794, 801, 827
Borago 452
Boragoid 668, 687
Borealer Nadelwald 107, 108, 272
Borke 117, 271, 360, 442, 445, 455, 506, 511, 515–518,
   594, 596, 626, 999
Borkenkäfer 276
Bossiaea 529
Boswellia 113, 477, 820
Botanischer Garten 123, 719
Botrychium 155, 226, 253–255
Botrydium 179
Botryoid 667, 668, 672, 680–683, 693, 695
Bougainvillea 398, 399, 429, 430, 529, 620, 623, 667, 692, 696, 697,
   824, 826
Bowenia 267
Brachycera 828, 841, 855, 868, 871, 881, 882, 885, 887
Brachychiton 426
Braktee 372, 671
Brakteose Beblätterung 405, 667
Brandrodung 626
Brassia 857
Brassica 11, 110, 359, 410, 411, 446, 501, 603,
   622, 668, 829
Brassicaceae 107, 216, 235, 471, 682, 684, 685, 718, 789, 794, 896,
   969, 976, 978, 1015
breeding system. Siehe Reproduktionssystem
Brennhaar 452, 453
Brettwurzel 608, 610
Brocchinia 635, 638
Bromeliaceae 114, 451, 470, 557, 629, 698, 937
Bromus 525, 938
Brownea 457
Bruchfrucht 794, 960, 967, 968, 974, 993, 994
Bruchfruchtverband 968, 993, 994
Brugmansia 34, 450
Bruguiera 366, 607–609
Brunfelsia 830, 883
Brunia 396, 411, 624, 990
Bruniaceae 119, 120, 396, 549, 575, 992
Brunonia 724
Brutbecher 217
Brutknospe *Siehe Bulbille*
Brutkörper 217, 259
Bryaceae 151
Bryonia 415, 429, 430, 452, 620, 712, 751
Bryophytina 209, 285, 1037
Bryopsidales 23, 138, 139, 183
Bryum 151
Buddleja 740
Bulbille 217, 243, 264, 365, 416–420, 550, 622
Bulbophyllum 627, 823
Bündelrohr 231, 250
Bündelscheide 572, 574
Bunias 978
Bupleurum 703
Buprestidae 886
Burmanniaceae 868
Bürstenblume 828, 830, 906

Bürstmechanismus 706, 724, 725, 915, 916
Butomaceae 790
Butomus 747, 769, 788, 791
Buxales 281
Buxus 650, 652
buzz pollination. Siehe Vibrationsbestäubung
Byblis 635, 636

C

C_3-Pflanze 28, 278
C_4-Pflanze 26, 28, 572, 574
Cactaceae 12, 107, 114, 115, 378, 402, 430, 451, 501, 502, 529, 530, 574, 578, 623, 803, 824, 901
Caenonomada 848
Caesalpinia 771
Cakile 978, 1023
Caladenia 857
Caladium 548
Calamagrostis 114
Calamitaceae 92, 93
Calamites 92, 93, 291, 302
Calamophyton 92, 93
Calamus 430, 431, 528, 620, 621, 690
Calathea 447, 454, 563, 922, 924, 925
Calceolaria 474, 848, 849
Calceolariacae 114
Calciumoxalatkristall 31, 32
Calendula 824, 880, 1000, 1002, 1007, 1022
Calliandra 784, 837, 840
Calliblepharis 198
Callicarpa 740
Callipteris 246
Callistemon 405, 406, 407, 578, 898
Callistophyton 262
Callitrichaceae 947
Callitriche 943, 944, 946, 947
Callitris 428
Callixylon 93
Callose 43, 717, 802
Calothamnus 754, 766, 768, 901
Caltha 543, 564, 726, 880, 889, 1013
Calvin-Zyklus 28, 574
Calycanthaceae 737
Calycophylle Rubiaceae 700, 759
Calypte 898
Calystegia 427, 879, 880
Calyx 737, 757, 758, 841, 1000, 1004, 1009
Cambium 465, 469, 494, 495, 497, 503, 504, 523, 598
– dipleurisches 236, 261, 262, 265, 504
– monopleurisches 236, 240, 250, 470
Cambiumzylinder 503
Camelina 113, 461, 758, 867
Camellia 113, 461, 758
Camissonia 774
Campanula 668, 738, 829, 830, 861, 892
Campanulaceae 722, 724, 828, 1004
CAM-Pflanze 33, 573, 574, 578
Campo rupestre 114, 115
Camponotus 632
Campsoscolia 877
Camptandra 776
Camptostemon 607
Campylotrope Samenanlage 789
canalization hypothesis 493
Canellaceae 280, 740

Canna 520, 725, 764
Cannabis 459, 711, 716
Cannaceae 740, 776
Cantharidae 886
Cantharophilie 756, 815, 882, 886
Capensis 101, 104, 117
Capitulum. *Siehe Köpfchen*
Capparaceae 745, 796, 889
Capparis 887
Caprifoliaceae 716, 751
Caprifoliaceae-Dipsacoideae 700
Capsal. *Siehe Organisationsform*
Capsella 447
Capsicum 116, 980
Cardamine 245, 418, 538, 550, 622, 1016, 1019
Cardiospermum 976
Carex 107, 417, 519, 935, 939, 941, 942, 1013
Carica 711, 980
Carinalhöhle 251
Carissa 529, 531, 623
Carlina 706
Carludovica 976, 978
Carmichaelia 529
Carnegiea 109, 377, 533, 622, 904, 906
Carnivorie 472, 475, 564, 615, 629, 634–641
Carotin 29, 184, 824
Carotinoid 29, 33, 769, 824, 826, 982
Carpinus 100, 385, 386, 988, 991, 1007, 1008
Carpobrotus 119, 443, 453, 551, 581, 622
Carthamus 823, 887
Caruncula 363, 965, 966
Carya 962, 991
Caryocar 115
Caryophyllaceae 107, 374, 794, 824, 896, 963, 966
Caryophyllales 505, 574
Cashew-Apfel 991
Caspary-Streifen 456, 464, 594
Cassia 794, 974, 975
Cassytha 643, 644
Castanea 644, 649, 988, 990, 992, 999
Castilla 477, 478
Castilleja 645
Casuarina 118, 934, 935
Casuarinaceae 613, 617, 789
Catalpa 219, 1004, 1008
Catasetum 818, 853, 920, 921
Cathaya 269
Cattleya 856
Caudicula 854, 855
Caulerpa 23, 105, 183, 184, 185, 197, 199, 207–209
Cauloid 183, 190, 199, 200
Caulonema-Stadium 212
Caytonia 96, 306, 327
Caytoniales 85, 262, 305, 306
Ceanothus 617
Cecidomyiidae 649
Cecropia 630, 632, 633
Cedrus 272, 273, 276, 315, 316, 513
Ceiba 451, 459, 530, 1011
Celastraceae 115
Cellulose 6, 37, 41, 86, 182, 457
Cellulosefibrille 39, 41, 46, 287, 451
Celosia 678, 679
Centaurea 578, 623, 707, 708, 1021
Centranthus 758
Centris 847–849, 891, 894
Centromer 49

Cephaëlis 697
Cephalanthus 696, 830
Cephaleuros 201
Cephalopteris 244
Cephalotaxaceae 275, 316
Cephalotaxus 272, 275, 313
Cephalotus 564, 635, 638, 640
Cephalozia 290
Cerambycidae 886
Ceramium 197
Ceratium 140
Ceratodon 151, 152
Ceratonia 385, 794, 966, 974
Ceratophyllaceae 946
Ceratophyllales 280, 281
Ceratophyllum 523, 599, 943–947
Ceratopogonidae 776, 887
Ceratosolen 859
Ceratostema 266, 310, 583, 585
Ceratozamia 265, 266, 310
Cerbera 1013, 1015
Cercis 385
Ceriops 607
Ceroctis 885
Ceropegia 622, 819, 830, 868, 870, 871, 875, 927
Cerrado 114
Cervus 108
Cetonia 885, 886
Cetraria 186
Chaerophyllum 406, 411, 684, 685, 713–715, 722, 726, 727, 836, 837, 846, 862, 867
Chaetomorpha 195
Chaetophorales 186, 201
Chaetothyriales 633
Chalaza 788, 789
Chalazogamie 789
Chalepogenus 848
Chamaephyt 424, 425, 427, 623
Chamaerops 459
Chaparral 107, 577, 624
Chara 140, 141, 190, 204
character displacement 919
Charophyceae 139, 141, 207
Charophyta 54, 80, 81, 84, 135, 139, 146, 179, 180, 194, 281, 1033
Chasmogamie 71, 791
Cheilanthes 230, 259
Cheilocostus 377, 378
Chelidonium 476, 477, 479, 561, 979, 999
Chelostoma 861, 892
Chemoautotrophe Ernährung 2, 77, 78
Chemoorganotrophe Ernährung 78
Chemotaktisches Signal 137, 617, 648
Chenopodium 116, 988, 990
Chiasmabildung 57
Chiastochaeta 858
Chimäre 583, 826
Chinalack 475, 477
Chinin 34
Chironia 773
Chiroptera 820, 825, 831, 840, 861, 879, 904, 997
Chiropterochorie 995, 998
Chiropterophilie 904–906
Chlamydomonadales 185, 194, 201
Chlamydomonas 27, 37, 132–136, 180, 181, 207
Chlamys 135
Chloranthaceae 695
Chloranthales 280

Chlorarachniophyta 82, 135, 179–181
Chlorella 140, 182, 207
Chlorellales 140
Chlorenchym 442, 445, 520
Chlorococcus 182
Chlorocyt 213, 215, 220
Chloronema-Stadium 212
Chlorophyceae 135–138, 146, 179, 180, 182, 194, 205, 207, 221, 1033
Chlorophyll 24, 25, 28, 86, 179, 534, 583, 824
Chlorophyllfrei 644
Chlorophyta 37, 54, 80, 82, 179, 180, 182, 194, 205, 206, 581, 1033
Chlorophytum 520
Chloroplast 23–25, 27, 177, 445, 571
Chloroplastendimorphismus 26, 572
Chloroplastida 22, 27, 28, 80, 82, 134, 135, 197, 1033
Chondriom 21, 52
Chorikarpie. *Siehe Gynoeceum*
Choripetal, chorisepal, choritepal *Siehe Perianth*
Chromatid 49, 54
Chromatin 48
Chromoplast 24, 29, 821, 982
Chromosom 48, 49, 54
Chromosomensatz 48, 132
Chronobiologie 879
Chrysanthemoides 987, 988, 1007
Chrysanthemum 826
Chrysocapsa 182
Chrysocoma 573
Chrysophyceae 82, 135, 179–182, 185, 205, 207
Chrysosphaera 182
Cicer 719
Cichorium 411, 415, 879, 880, 892
Cilie 46
Cinchona 34, 516
Cineol 818, 851, 852
Cinnamomum 113, 516, 765, 818
Cinnyris 899, 913
Circumnutation 430
Cirsium 401, 725, 887
Cistaceae 831
Cistus 759, 760, 885
Citratzyklus 52
Citrullus 113, 449
Citrus 31, 113, 172, 443, 448, 476, 478, 650, 790, 817, 818, 960, 980, 982
Cladonia 186, 187
Cladophora 182, 194
Cladophorales 138, 194, 195, 207
Cladoxylales 93, 233, 235, 245
Cladoxylon 93, 245, 299
Clematis 288, 429, 504–506, 516, 566, 620, 787, 801, 1006, 1009, 1011
Cleome 721
Cleretum 880
Cliffortia 119
Closterium 27, 182
Clowesia 1004
Clusia 627
Clusiaceae 863
Cnidaria 4, 207
CO (CONSTANS) 670
CO_2-Assimilation 28
CO_2-Konzentration 80, 81, 87, 92, 95, 96, 232, 235, 574, 634
CO_2-Speicher 114, 221, 275, 947
Cocain 34
Coccal. *Siehe Organisationsform*
Coccinia 711
Coccoidea 631

Coccolithales 73, 74, 179, 182, 205
Cochliostema 832, 835
Coco de Mer 1017
Cocos 55, 113, 115, 362, 392, 459, 460, 521, 528, 650, 983, 987, 991, 1013, 1017, 1021
Cocytius 843, 844
Codein 34
Codiaeum 585
Codiolum-Stadium 138
Codium 183, 184, 191
Coeligena 903
Coelogyne 857
Coenobium 181, 182, 185
Coenoblast 55
Coenokarpie. *Siehe Gynoeceum*
Coenopteridales 92, 93, 233
Coevolution 98, 814, 815, 828, 847, 858, 861, 887, 889, 897, 912
Coffea 34, 37, 113, 983
Coffein 34
Cola 990, 991
Colchicin 34, 37, 54, 58, 409, 907, 490
Coleochaete 139, 199, 204
Coleochaetophyceae 139, 204
Coleoptera 825, 826, 828, 831, 842, 843, 855, 861, 863, 865, 868, 873, 885, 886, 1043
Collembola 151
Colletes 891, 892
Colletia 398, 529, 531, 617, 623
Colletidae 891, 894
Colocasia 411
Columella
– Moose 285
– Wurzel 591
Columnea 372, 778, 898
Colutea 915, 916, 1008
Combretaceae 111, 1010
Combretum 111, 1007, 1009
Commelina 781, 783
Commelinaceae 781
Commiphora 111, 113, 477, 820
Compitum 326, 803, 804, 863
Conchocelis-Stadium 142
Conchospore 142
Congea 697, 1004, 1009
Congenitale Entstehung 305, 543, 746, 748, 750, 764, 778, 780, 789, 790, 794, 805, 871, 970, 987
Coniin 34
Conium 34
Conocarpus 608
Conophytum 581
Consolida 726, 787, 790, 837, 841, 972
Convallaria 470, 519
Convolvulaceae 427, 828
Convolvulus 30, 427
Cooksonia 88, 89, 236
Copernica 446
Copigment 821
Corallina 197, 198
Corallinales 197
Coralloide Wurzel 267
Corallorhiza 599
Corchorus 113, 459
Cordaitales 92, 95, 97, 262
Cordyline 528
Coriandrum 362, 364, 704, 797
Coriariaceae 617
Cornaceae 886

Cornus 387, 388, 697, 920, 983, 987, 988
Corolla 736, 737, 745, 748, 757, 910, 912
Corona 745–747, 753, 755, 776, 777, 817, 837, 928
Corpus 490, 491
Correa 883
Corsia 616
Cortex. *Siehe Rinde*
Coryanthes 852, 853
Corybas 871
Corydalis 999, 1016
Corylus 100, 327, 385, 387, 600, 601, 768, 803, 934, 935, 988, 990, 991, 999
Corymbus 668, 681, 685, 698, 828
Corypha 349, 392, 667
Cospeziation 861
Costaceae 115
Cotinus 1010–1012
Cotula 711
Cotyledo 278, 361, 367, 369, 534, 600, 987
Cotyledon 580
Couroupita 385
Covid-19 123
Crassinucellate Samenanlage 790
Crassula 578, 580, 622
Crassulaceae 119, 573, 574, 578, 790
Crataegus 818
Craterostigma 216, 778, 780, 781
Cratoreuron 211
Crematogaster 632, 633
Crescentia 385, 982
Crocus 796, 823
crossing-over 57
Crotalaria 459, 908
Croton 427
Cruciata 378, 557
Cryosophila 613
Cryphaeaceae 218
Cryptocoryne 873
Cryptomonadales 82
Cryptomonas 179
Cryptophyceae 25, 29, 135, 179–181, 207
Cryptothallus 220
Ctenanthe 570, 584
Ctenoplectra 847, 848
CUC (CUP-SHAPED COTYLEDON) 538
Cucumis 452, 471, 960
Cucurbita 466, 502, 880, 960
Cucurbitaceae 111, 224, 467, 470, 651, 980, 1017, 1019
Cumarin 34
Cupressaceae 269, 271, 274, 313, 316, 317, 402, 513
Cupressus 272, 316, 317, 401
Cupula 305, 988, 990, 991, 992
Curculionidae 650, 886
Curcuma 411, 699, 823
Cuscuta 643, 644, 646, 647
Cuticula 42, 87, 216, 222, 442, 446, 571, 576, 598, 836
Cuticularfalte 446, 447, 454, 825
Cuticularleiste 450, 836
Cuticulaverklebung 750
Cutin 33, 42, 442, 446
Cutleria 144, 145, 201
Cutleriales 201
Cyanella 781
Cyanidiales 196
Cyanobakterium 21, 28, 29, 77, 78, 84, 177–178, 185, 194, 207, 215, 221, 259, 267, 581, 615
Cyanomitra 923

Cyanotis 777
Cyathea 252, 253, 255, 259, 628
Cyatheales 75, 92, 96, 249, 251, 252, 253, 259, 304, 425
Cyathium 330, 675, 681, 694, 702, 703, 728
CYC (CYCLOIDEA) 752
Cycadaceae 267
Cycadales 95–97, 162–166, 262, 265–267, 309, 425,
    496, 523, 576
Cycadeoidea 97, 306
Cycadothrips 311
Cycas 165, 166, 178, 264, 266, 268, 298, 310, 311, 324, 392
Cyclamen 11, 412, 454, 621, 1019
Cyclanthaceae 475, 683, 886
Cyclanthera 1016, 1017, 1019
Cyclocephala 863, 864
Cyclostigma 90
Cydonia 447, 461, 988
Cylindrocapsa 194
Cylindropuntia 109, 417, 533
Cymbalaria 624, 1019
Cymbidium 791
Cymbopogon 111, 818, 937
Cyme 672, 673, 681, 685–689, 693, 752, 1009
Cymodocea 944–946
Cymodoceaceae 943, 945, 946
Cymoid 668, 681, 686, 688, 689, 691
Cymös. *Siehe Reproduktive Verzweigung*
Cynipidae 648, 649, 891
Cynoglossum 452
Cynomoriaceae 644, 1042
Cynomorium 643
Cypella 848, 849
Cyperaceae 114, 375, 574, 937, 941, 1003
Cyperus 444, 941, 942
Cyphostemma 112
Cypripedium 828, 829, 856, 865, 871
Cyste 137, 183, 184, 200
Cytinus 643, 646, 999
Cytisus 425, 646, 830, 917, 918, 999
Cytokinese 5, 54, 135
Cytokinin 382
Cytoplasma 44, 45
Cytoskelett 44, 45, 593

D

Dactylis 569, 933, 938
Dactylorhiza 856
Dahlia 604, 622
Dalbergia 511
Dalechampia 697, 852, 853, 863
Dämmeigenschaft 947
Danae 529
Danaea 253
Daphne 795
Darlingtonia 564, 635, 640
Darmpassage 964, 997
Darrdichte 513
Darwin, C. 130, 816
Darwinia 697, 725, 801, 830
Dasiprocta 999
Dasycladales 23, 74, 138, 183
Dasypoda 891, 892
Dasypogon 624
Datierung 76, 186
Datiscaceae 617
Daucus 411, 415, 445, 541, 603, 622, 684, 704, 705, 713, 824, 830

Dauerepidermis 447, 501, 502, 530, 533
Dauergewebe 440–442
Dauerrübe 415, 622
Dauerzelle 188, 199, 441, 496, 586
Davallia 259
Davidia 481, 675
De novo. *Siehe Neuerwerb*
Debregeasia 988, 990
Deck-Samenschuppen-Komplex 1004
Deckschuppe 314
Deformation 751, 843, 895, 915, 918, 926
Degeneriaceae 738
Dehiszenz. *Siehe Trennungsgewebe*
Dekussation. *Siehe Phyllotaxis*
delayed femaleness 726
delayed selfing 719, 726, 727, 729, 881
Deletion 57
Delphinium 726, 790, 821, 837
Dendrobatidae 629, 1045
Dendrobium 471, 857
Dendroceros 284
Dendrochronologie 76, 420, 506
Dendrophylax 613
Dendrosenecio 111, 112, 505
Denkania 306
Dennstaedtia 295
Derbesia 134, 138, 139, 183
Dermatogen 446, 589
Dermatokalyptrogen 595, 596
Desmodium 908, 1000
Desmotubulus 43, 50
Despezialisierung 15, 816, 828, 847
Determination 4, 15
Deutzia 672
Devon 79, 85, 90–93, 96, 97, 232, 235, 238, 245, 261
Diade 690
Dianella 775, 777
Diascia 119, 474, 848, 850
Diaspore 131, 161, 304, 706, 968, 971, 988
Diatomee 29, 37, 74, 82, 98, 133–135, 179, 180, 182, 205, 207, 1032
Dicentra 740, 762
DICH (DICHOTOMA) 752
Dichasium. *Siehe Cyme, Vegetative Verzweigung*
Dichogamie 720, 722–724, 726
Dichotomie 190–192, 200, 237, 720, 908
Dichronema 697, 942
Dichrostachys 784, 819
Dichtepackung 379
Dickenwachstum 358, 360, 381, 396, 445, 494, 502
– anomales 413, 415, 496, 505, 507, 596, 597, 603, 604
– corticales 501, 502
– medulläres 501, 502
– primäres 256, 265, 494, 496, 501, 520, 521, 523, 524, 526, 593, 603
– sekundäres 235, 237, 239, 250, 262, 265, 415, 469, 495, 503–506,
    528, 576, 592, 594–597, 603
Dicksonia 252, 253
Dicotyle 261, 264, 265, 415, 450, 456, 465, 469, 491, 493, 494, 497,
    499, 500, 553, 587
Dicranaceae 218
Dictyopteris 190
Dictyosom 38, 45, 50
Dictyostele 231, 249, 251, 256
Dictyota 144, 179, 191, 192, 200
Dictyotales 200
Didelta 432, 993, 994, 1011
Didgeridoo 514
Didierea 371, 623

Didynamische Antherenstellung 778
Dietes 885
Differentielle Genexpression 15, 71, 744
Differentielle Meristemaktivität 745, 750, 805
Differenzierung 4, 15
Differenzierungszone 209, 489, 491, 493, 586, 591, 593
Diffusion 461
Digitalis 34, 668, 678
Digitates Fiederblatt 535, 560, 561
Dikaryotische Zelle 138
Dikline Blüte 171, 702, 709, 710, 932, 939, 941, 943
Dilatation 188, 189, 455, 501, 504, 516, 533
Dilleniales 281
Dimorphismus 798, 865
Dimorphotheca 1004, 1008
Dinococcus 182
Dinophyta 24, 28, 82, 135, 140, 179–182, 205, 207, 1032
Dinosaurier 96, 98, 312, 940
Dioizie 146, 151, 158, 159, 170, 171, 217, 218, 285, 291, 709
Dionaea 32, 475, 568–570, 620, 635, 640, 641, 919, 926
Dioon 165, 574
Dioscorea 30, 411, 553, 603, 604, 613, 622
Diospyros 512, 514
Diözie 152, 170, 267, 268, 308, 392, 393, 710, 712, 716, 859, 873,
   878, 880, 920, 934, 935, 943, 945
Diploide Kernphase 48, 81, 86, 222
Diplolaena 898, 902
Diplolepis 891
Diplont 4, 133–135, 144
Diplophyllie 564, 565
Diplosporie 172
Diplostemonie 766, 767
Diplotaxis 684, 685
Dipsacus 556, 675
Diptera 309, 332, 648, 828, 838, 855, 861, 865, 873, 876, 885, 886,
   929, 1043
Dipterocarpaceae 1010, 111, 112, 1004
Disa 119, 857
Dischidia 565, 566, 599, 632, 634
Diskus 757, 836, 837, 838
Dissochaeta 613
Dissotis 783
Distale Lage 355
Distichie. *Siehe Phyllotaxis: Stichie*
Dithecische Anthere 764
Ditrichaceae 151
Diuris 857
Diurnaler Säurerhythmus 574
DIV (DIVARICATA) 752
Divergenz 1007
Divergenzwinkel 375, 737
Diversifizierung 737, 814, 919
DNA (DNS) 47, 48
DNA-Sequenz 12
Dodonaea 1009
Döldchenklette 1003
Döldchenmeristem 751
Dolde 681, 683, 828
Dolde mit Döldchen 673, 675, 685, 703–705
Doldentraube 681, 683
Dolomiten 43, 74
Domatium 630, 631
Doppelachäne 993
Doppelhelix 48
Doppelnuss 993
Doppelte Befruchtung 166, 170, 814, 961
Doppelter Karpellkreis 980

Doppeltes Perianth 325, 738, 757, 763
Doppelwickel 681, 687
Dorema 476, 477, 479
Dormanz 361, 385, 1023
Dorn 10, 454
– Blattdorn 425, 427, 428, 430, 534, 535, 555, 562, 566, 578, 623,
   630, 633
– Sprossdorn 382, 393, 398, 425, 427, 429, 430, 529, 531, 620, 623
– Wurzeldorn 613, 614
– Übersicht 623
Dornstrauch 111, 424, 425, 427, 529, 567
Dorsalis 785, 786, 791, 972, 976
Dorsifixe Anthere 765
Dorsizide Öffnung 972, 976, 978
Dorstenia 697, 795, 1016, 1019
Dorystoechas 775
Dracaena 111, 425, 527, 528
Drachenbaum von Icod 528
Dracontium 413
Drakaea 876
Drehwalzenflieger 1004, 1007, 1009, 1010
Dreifachsymbiose 633
Dreikernpollen 167, 169, 718
Drepanophycus 91
Drimys 121, 331, 333, 786, 787, 790
Drosera 51, 108, 452, 475, 634–637
Drosophila 873
Drosophilidae 887
Drosophyllaceae 549
Drosophyllum 635, 637, 638
Druck 6, 290, 464, 479, 913, 916, 1019. *Siehe auch Gwebedruck,
   Turgor*
Druckfestigkeit 224, 457
Druckknopfmechanismus 917, 918
Druse 31, 442
Drüsengewebe 441, 446
Drüsenhaar 452, 636, 847, 921, 1003
Drüsenzelle 261, 576
Dryandra 428
Dryas 427, 617, 862
Drymonia 902, 903
Drynaria 629
Dryopteris 253, 259–261, 281, 293
Dudleya 766
Duft 309, 318, 452, 649, 997. *Siehe auch Blütenduft*
Duftanalyse 820, 846
Duftstoff 311, 330, 478, 778, 817, 818, 835, 847, 851
Duguetia 862
Duisbergia 92
Dunaliella 184
Dünenbefestigung 432, 518
Durchbrochene Zellwand 224, 926, 228
Durchlüftungsgewebe 444, 571
Durchwachsende Blüte 678, 679
Durchwachsender Blütenstand 404, 405, 686
Durio 965, 976
Duroia 632, 634
Durvillaea 201, 202
Dyssodia 707, 708
Dyszoochorie 995, 996, 999, 1022

E

Ecballium 32, 1016, 1017, 1019
Echinaria 1001, 1023
Echinocactus 533
Echinocereus 533

Echinophora 649, 680, 704, 705, 713, 715, 1000, 1002, 1021, 1023
Echinops 1000, 1001
Echinopsis 115, 646, 647
Echium 116
Echolotung 904
Ecklonia 203
Ecpoma 555
Ectocarpales 200
Ectocarpus 134, 200
Edaphon 207
Effektivität 331, 884
Effizienz 815, 827, 884
Eiablage 814, 858, 868, 875, 886, 887
Eiablageplatz 311, 330, 861, 862, 866, 873, 882, 887
Eiapparat 169
Eichhornia 943
Eigenfeucht. *Siehe Homoiohydrie*
Eigenpollen 923, 926
Eikern 169
Einblattfrucht 968, 969, 972, 980, 987, 988, 994
Einjährig. *Siehe Annuelle*
Einstäubung
 – dorsale *Siehe Nototribie*
 – frontale 910
 – laterale 910
 – ventrale *Siehe Sternotribie*
Einzeller 2, 20, 77, 134, 180
Einzelliges Stadium 178
Eizelle 13, 130–132, 137, 141–172, 307, 814, 961
Ektexine 309
Ektophloische Stele 228
Elaeagnaceae 451, 470
Elaeagnus 471
Elaeis 113, 527, 528
Elaiophor 442, 474, 847
Elaioplast 29
Elaiosom 632, 634, 966, 995, 999
Elastizität 427, 458, 463, 913, 935, 940
Elatere 283, 285, 291
Elektronentransportkette 26, 52
Elementarprozess 223
Elephantulus 907
Elettaria 697, 820
Elkinsia 96, 262, 263
Elodea 420, 943, 944, 946, 948
Elymus 432, 938
Elysia 207
Embolie 464, 510
Embryo 87, 146, 152, 165, 248, 304, 309, 360, 600, 961
Embryogenese 227, 360, 361, 591
Embryonale Lebensphase 358
Embryophyta. *Siehe Landpflanze*
Embryosack 160, 163, 169, 789, 790
Embryosackmutterzelle 160, 163, 169
Embryosackzelle 160, 163, 165, 169
Embryotheca 282, 284
Embryozelle 226, 227, 360
Emergenz 9, 154, 288, 298, 451, 454, 636, 756, 788, 835, 914, 1000
Empetrum 427, 984, 985
Emporia 262
Enantiostylie 720, 721, 740
Enationstheorie 233, 238
Encephalartos 266, 310
Endblüte 676, 680, 682, 683, 713, 729
Endemismus 104, 114, 116, 117, 271, 278, 396
Endexine 309, 326
Endocytose 21

Endodermis 43, 228, 231, 234, 248, 250, 264, 441, 442, 445, 455, 456, 461, 468, 487, 521, 577, 586, 592–594, 596, 598
Endogene Entstehung 586, 591, 595, 597, 601
Endogene Entwicklung 217, 235, 248, 259, 264, 356
Endogene Lage 354
Endogene Rhythmik 389
Endogenes Signal 5, 71, 591
Endokarp 967, 968, 976, 980, 983, 985, 1003
Endokarpbeere 980, 985
Endomembransystem 49, 51
Endoparasit 644, 647, 671, 741
Endophloische Stele 228
Endoplasmatisches Reticulum 38, 43, 45, 47, 50
Endopolyploidie 47, 58, 452
Endoskope Embryoorientierung 226, 227, 360
Endosperm 304, 963
 – primäres 163, 165, 166, 168
 – sekundäres 29, 33, 52, 55, 113, 147, 169, 170, 360, 528, 961–963, 967, 990
Endospor 285
Endosporangie 87, 158–160, 165
Endosporie 87, 155, 159, 160, 291, 296, 304, 307
Endosymbiontentheorie 21, 22, 24, 47, 52
Endosymbiose 21, 22, 25, 82, 84, 144, 177, 200, 207, 267, 578, 581
Endothecium 282, 309, 325, 446, 768, 945
Endozoochorie 312, 995–997, 1022
Enhalus 945, 946, 948
Entada 974, 975, 1013, 1015
Enteromorpha 194, 195, 207
Entgiftung 33
Entindividualisierung 707, 828, 899, 902
Entomophilie 815
Entstehung des Lebens 77
Entwicklungsgenetik 12, 234, 355, 391, 428, 688
Entwicklungsgeschwindigkeit 405
Entwicklungshemmung 693, 714, 751
Entwicklungsprozess 9, 10, 354, 488, 496, 521, 931
Entwicklungsverkürzung 15, 86, 146, 164, 166, 218, 245, 302, 505, 583, 696, 794
Entwicklungsverlängerung 15, 85, 144, 162
Entwicklungsverzögerung 15, 246, 166
Eonycteris 904, 906
Eospermatopteris 93
Eozän 99
Epeltates Karpell 788
Ephedra 97, 166, 265, 278, 279, 319, 320, 321, 324, 425
Ephedraceae 278, 996
Ephemeropsis 218
Ephydatia 207
Epiascidium 566
Epicotyl 355, 362
Epidermis 42, 209, 222, 441, 442, 445, 446, 453, 454, 497, 571, 598, 640
Epidermispapille 446–448, 454, 778, 825, 868, 873
Epigäisch. *Siehe Keimung*
Epigenese 71. *Siehe auch Molekulare Regulation*
Epigyne Blüte 795, 796
Epikarp 968, 970, 980, 983, 985, 987
Epilithische Lebensweise 204
Epilobium 600, 976, 1009
Epimatium 316
Epipactis 837, 857
Epiphylle Lebensweise 218
Epiphyllum 529
Epiphyt 114, 115, 121, 204, 218, 243, 249, 253, 254, 259, 424, 451, 470, 471, 566, 611, 624, 627–629, 634, 647, 873, 1004, 1021

Epipodium 355
Epipogium 599
Epistomatischer Blattbau 571
Epithel 473
Epitonie. *Siehe Förderung*
Epizoochorie 995, 996, 999, 1001, 1021, 1022
Equisetaceae 155, 475
Equisetales 93, 96, 216, 226, 234, 253, 269
Equisetum 43, 55, 155, 227, 229, 233, 247, 249, 250, 253, 254, 289, 293, 298, 300, 302, 462, 524
Eragrostis 110
Eranthis 408, 785, 787, 788, 790, 973
Erbgut 47
Erdgas 76
Erdöl 76
Erdspross 200, 232, 237, 249
Erdzeitalter 79, 83, 99
Eremophila 898
Eremurus 604
Erica 119, 120, 276, 773
Ericaceae 108, 117, 119, 120, 425, 427, 575, 578, 627, 1004
Ericales 615
Ericoides Blatt 119, 425, 578
Eriobotrya 988
Eriocaulaceae 114, 937, 942, 1004
Eriogonum 646
Eriope 921
Eriophorum 108, 637, 941, 1006, 1009, 1011
Eristalis 825
Erkennungsreaktion 169, 326, 617, 648, 716, 718
Ernährung 282, 285, 288, 369, 769
Ernährungsspezialist 629, 634, 636, 1004
Erodium 1019, 1020
Erregungsleitung 638
Ersatzkeimbett 169, 326, 796
Erstarkung 256, 367, 369, 396, 489, 496, 557, 711, 729
Eryngium 583, 704, 1010–1012
Erythrina 111, 973, 974
Erythroxylum 34, 37, 116
Escallonia 892
Eschscholtzia 746, 747, 791
Espeletia 114
Etapteris 244
Ethologisch. *Siehe Isolation*
Etioplast 24, 25
Etlingera 899, 902
Etrich II Taube 448, 1007
Euanthientheorie 97, 326, 327, 756
Euanthium 327
Eucalyptus 35, 104, 117, 118, 423, 514, 518, 566, 568, 573, 578, 616, 626, 645, 758, 759, 818, 820, 976, 978
Eucera 861, 876, 891, 892
Euchaetis 573, 578, 697, 775
Eucladium 211, 221
Eucomis 906, 907
Eucyt 20
Eudicotyle 230, 237, 261, 280, 281, 326, 369, 574, 697, 740, 744, 770, 804, 886, 894, 1040–1042
Eudorina 185
Eugenol 818, 851
Euglena 37, 46, 179, 181
Euglenophyceae 24, 28, 30, 82, 135, 179, 180, 205
Euglossa 844, 852, 853, 891
Euglossini 114, 843, 844, 851, 852, 855, 861, 863, 891, 894, 920, 922
Eukarya 20, 77, 78, 130
Eukaryotische Zelle 20, 21, 78

Eulaema 851–853, 891
Eulychnia 647
Euonymus 516, 885, 965
Euphorbia 7, 55, 109, 111, 373, 428, 430, 474, 476, 478, 479, 507, 529, 530, 532, 534, 555, 600, 601, 622, 651, 652, 678, 679, 696, 702, 703, 711, 716, 728, 796, 797, 830, 835, 1016, 1018
Euphorbiaceae 12, 268, 529, 681, 696, 697, 702, 727, 896, 933, 935, 966
Euphrasia 644, 645
Euphyll 93, 96, 232, 233, 244, 245, 246
Euphyllophyta 225, 233
Euplusia 853
Eupomatia 117, 118, 333, 784
Eupomatiaceae 738, 886
Euramerika 87, 90
Eusporangium 289, 298, 302, 309, 325
Eustele 231, 261, 265
Eustoma 832, 833
Eutricha 867
Eutrophierung 205
evo-devo 16
Evolution 12–15, 65, 84, 130, 748
Evolutionstendenz 146, 740, 748, 793, 805, 931
Evolutionstheorie 268, 326, 816, 931
Exine 42, 132, 161, 717, 769, 770, 932, 943, 947
Exkret 472
Exocarpos 428, 529
Exocytose 6, 37, 38, 51, 181, 472, 475
Exodermis 248, 264, 442, 445, 454, 592, 595
Exogene Lage 226, 355, 489, 601
Exokarp 967, 968, 980, 983, 985
Exoskope Embryoorientierung 226, 227
Exospor 42, 285, 288
Exothecium 309
Expansin 39
Explosive Bewegung 290, 802, 881, 908, 918, 920–922, 925–927, 934, 935, 948, 1004, 1015, 1018, 1019. *Siehe auch Schleuderbewegung*
Exposition 286, 566, 695, 745, 799, 871, 901, 932, 935, 997
Extrachromosomale Vererbung 25
Extrafloraler Schauapparat 696, 697, 703, 705–707, 902
Extragynoeceales Compitum 804
Extremes Monochasium 385, 393, 407, 429, 430, 693
Extremstandort 207, 220, 574, 719, 896
Extrorse Antherenöffnung 765, 772
Exudat 617

F

Fabaceae 111, 119, 361, 362, 467, 529, 553, 555, 616, 682, 724, 740, 789, 790, 794, 801, 828, 853, 867, 908, 914, 915, 931, 965, 972–974, 980, 1018
Fächel 681, 687, 688
Fadenbildung 190
Fadenwurm 648
fading borders 744
Fagaceae 107, 616, 648, 650, 933, 935, 991, 999
Fagus 4, 71, 100, 107, 108, 275, 276, 362, 364, 385, 425, 510, 512, 513, 576, 649, 650, 935, 990, 999, 1015
Fakultative Endblüte 680, 729
Fakultativer Metabolismus 574
Falenophilie 318, 845, 858, 882, 889
Falkenbergia 143
Fallenmechanismus 636–641, 865, 868
Fallgrube 564, 635, 638
Fallopia 105, 106
Falsche Scheidewand 794, 970, 974–980, 987, 993

Falsche Viviparie 365, 420
Falterblume 826, 889
Fangblatt 641
Farbe 640, 825, 882, 894, 897, 901, 912. *Siehe auch Blütenfarbe*
Färbepflanze 823
Farbkontrast 316, 826, 976
– Hell-Dunkel-Kontrast 828, 868, 871, 874, 882, 887, 904
– Schwarz-Rot-Kontrast 965, 972, 995, 997, 998
Farbstoff *Siehe Pigment*
Farbwechsel 33, 827, 881
Fargesia 349
Farnpflanze. *Siehe Monilophyta*
Faser, Faserbündel 113, 116, 442, 459–461
Faserige Beschaffenheit 980, 983, 1013
Faserpflanze 113, 116, 459
Faserzelle 441, 442
Faszikulär. *Siehe Cambium*
Fäulnis 76
Federballflieger 1004, 1006, 1009, 1010
Federgrassteppe 1011
Federschweifflieger 1006, 1009, 1011
Fegehaar 801
Feigenbestäubung 859–861, 891
Felsspaltenkriecher 427, 624
female fitness 709
Fenestraria 581
Fensterblatt 581, 640
Fenstereffekt 868, 871, 872
Fernausbreitung 69, 104, 1000, 1022
Ferntransport 382, 462
Fernwirkung 866, 868, 876, 901
Ferraria 868
Ferulago 541
Festigungsgewebe 225, 442, 458, 499
Festuca 114
Fettes Öl 847, 851, 855, 861, 882, 891, 894, 920
Feuer 104, 117, 119, 361, 574, 624–627, 972, 973, 976
Fibonacci-Zahl 379
Ficaria 416, 417, 420, 481, 622
Fichtenforst 275
Fichtensterben 514
Ficinia 942
Ficus 110, 277, 385, 477, 478, 516, 549, 608, 611, 612, 621, 627, 726,
   805, 859, 860, 881, 891, 937, 971, 987, 988, 997
Fieder 369, 539, 560
Fiederblatt 264, 267, 535, 538, 539, 560
– akropetales 541
– divergentes 540
– peltates 545
Fiederverschleppung 560, 561
Filament 325, 756, 764, 766, 772, 775
Filamentauswuchs 765, 775, 778, 782, 835
Filamentknie 775, 778, 780
Filamentröhre 748, 775
Filipendula 560, 685, 691
Fingergras 938, 939, 940
fitness 132, 709, 720, 722, 738, 936. *Siehe auch Reproduktionserfolg*
Fitzroya 271, 274, 420, 626
Flächenbildung 190
Flachspross 274
Flachwurzler 589
Fladerschnitt 511
Flagellat 137, 178, 180
Flagelliflorie 566, 882, 904, 906, 995, 997
Flankenmeristem 490–492
Flaschenbaum 424, 425
Flaschenhalseffekt (*bottleneck*) 69

Flavedo 980
Flavon 445, 821
Flavonoid 33, 821
Flavonol 826
FLC (FLOWERING LOCUS C) 670
Flechte. *Siehe Lichenes*
Fledertier. *Siehe Chiroptera*
Fledertierausbreitung. *Siehe Chiropterochorie*
Fledertierblütigkeit. *Siehe Chiropterophilie*
Fleischige Beschaffenheit 980, 983, 997, 1001, 1003
Flexistylie 726, 727
Fliege. *Siehe Diptera*
Fliegenblütigkeit. *Siehe Myiophilie*
Flieger (Ausbreitung) 1004–1011
Flimmereffekt 828, 830, 868
Flimmerkörper 857, 868, 882, 887
Flockenblumentyp 707, 708
floral display 719, 727, 880
floral quartet model 744
floral unit 671, 680, 681, 685, 689, 693, 698, 933
floral unit Meristem 360, 669, 673–676, 749, 751
Florales Dichasium. *Siehe Cymoid*
Florenentwicklung 892
Florenreich 104–121
Florenvermischung 104
Florenwechsel 90, 95, 98
Floreszenz 403
Florideenstärke 30
Florideophycidae 135, 141–143, 179, 180, 196
Florigen 669
Fluchtreflex 868
Flügelung 398, 400–402, 560, 567
Flugfrucht, Flugsamen. *Siehe Anemochorie*
Flughilfe 759, 940, 966, 991, 1004
Fluid-Mosaik-Modell 50
Foeniculum 411, 541, 561, 607
Folgemeristem. *Siehe Meristem*
Fontinalaceae 218
Fontinalis 218
Förderung 271, 384–388, 393, 412, 704, 705
Forensik 770
Formation 737
Formbildung. *Siehe Morphogenese*
Formicidae 555, 566, 616, 632, 638, 835, 866, 891, 896, 902, 995,
   996, 999
Forsythia 396, 514
Fortpflanzung. *Siehe Reproduktion*
Fossil 72, 85, 87, 89, 93, 96–98, 238, 239, 244, 246, 261, 267, 299,
   305–307, 897, 900, 904, 996
Fossiler Brennstoff 74
Fossilisierung 72–76
Fossillagerstätte 72–74, 88, 92, 269, 280
Fossombronia 210, 217
Fouquieria 566, 567, 623, 898
Fovea 243, 301
Fragaria 58, 416, 432, 711, 757, 960, 969, 970, 988, 990, 991
Fragmentierung 68, 122, 194, 217, 417, 943
Fraktionierung 396, 398, 537, 540–542, 669, 671, 673–675, 684,
   741, 742, 750, 751, 756
Frankia 617
Fransenflügler. *Siehe Thysanoptera*
Fraßkörper 966, 997
Fraßschutz 188, 446, 475, 555, 578, 623, 629, 706, 838, 863, 1000
Fraxinus 100, 510, 512, 1007, 1008
Freesia 119, 746, 747, 761
Fremdbefruchtung 57, 152, 158, 170, 291
Fremdbestäubung. *Siehe Xenogamie*

Fremontodendron 766
Freycinetia 697, 861
Frondoses Blatt 372
Frucht 87, 261, 528, 960, 967–993, 1000
Fruchtbarer Halbmond 107, 110
Fruchtbildung 326, 785
Fruchtblatt. *Siehe Karpell*
Früchtchen 969, 1000
Fruchtfresser. *Siehe Frugivorie*
Fruchtknoten. *Siehe Ovar*
Fruchtsystem 968
Fruchtverband 859, 968, 971, 992, 1000, 1008, 1015
Fruchtwand. *Siehe Perikarp*
Frugivorie 904, 996, 997, 1021
Frühholz 506, 510
Frühjahrsblüher 719, 726, 878, 999
Frühjahrsblüte 112
fruit set effect 714
Fruktifizenz. *Siehe Fruchtverband*
Frullania 152, 213, 215
Frullaniaceae 213
FT (FLOWERING LOCUS T) 670
Fucales 200, 202
Fucoxanthin 29
Fucus 29, 133, 134, 144–146, 179, 188, 195, 200, 202
Fühlborste 569, 570, 640
Führungshilfe 778, 780, 915
Fulcatifolium 271
FUM. *Siehe Floral unit Meristem*
Funaria 284, 287
Funariaceae 235
Fungizid 514
Funicularnerv 786, 961
Funiculus 756, 788, 961, 965, 1011
Funiculushaar 1006, 1009
Funktional karpellate Blüte 712, 713, 714
Funktional staminate Blüte 680, 710, 713, 1000
Funktionelle Differenzierung. *Siehe Arbeitsteilung*
Funktionelle Synkarpie 804
Funktionserweiterung 619
Funktionstrennung 247, 304, 398
Funktionsübertragung 298, 799, 887, 1023
Funktionsverlust 1023
Funktionswechsel 555, 619, 696
Furcellaria 196
Furchungsteilung. *Siehe Cytokinese*
Fuß
– Embryo 226
– Sporogon 282
Fusiforminitiale 504
Fusion 223, 245, 248, 264, 305, 313, 500, 750. *Siehe auch Congenitale Entstehung, Postgenitale Fusion*
Futtergewebe 851, 861, 864
Futterkörper 631
Futterpflanze 411, 937
Futtersuchverhalten 722, 827, 845, 880
Fynbos 119, 120, 577, 624

G

Gaillardia 707
Galactites 708
Galanthus 818, 999
Galeopsis 823
Galium 34, 378, 430, 538, 555–557, 993, 1000
Galle 648, 649, 859
Gallerte 185, 196

Gallerthülle 181
Gamet 37, 131, 132, 137, 146, 200
Gametangienstand 150
Gametangium 86, 146, 149, 150, 451
Gametocyt 134, 140
Gametogenese 160, 161
Gametophyt 5, 81, 131, 134, 146–148, 188, 192, 235, 709, 737. *Siehe auch Prothallium*
– heterothallischer 134, 135, 137, 138, 141, 144, 146, 159, 201, 651
– homothallischer 134, 141, 144
– Megagametophyt 156, 169
– Mikrogametophyt 155, 163, 164, 169
Gamophyllie 555, 556
Garcinia 960, 966
Gasaustausch 209, 444, 445, 534, 571, 587, 607
Gaschromatografie 820
Gasvakuole 177
Gazania 707, 823, 826, 830
Gebirgsbildung 68, 83, 99
Gefäß. *Siehe Trachee*
Gefüllte Blüte 678, 679, 699
Gegenständigkeit. *Siehe Phyllotaxis*
Geißel 46, 134, 150, 178
Geissoloma 120
Geissolomataceae 119, 120
Geitonogamie. *Siehe Selbstbestäubung*
Gelege 330, 858, 866–868
Gelenk 781, 782, 876, 910, 912, 921
Geliermittel 197, 200
Geliervermögen 38
Gemüsepflanze 110, 116, 415, 644, 651, 980, 984
Genblock S 716, 717, 798
Genduplikation 12, 57, 234, 325, 744, 825
Generalist 816, 885, 907, 929
Generation 133
Generationswechsel 4, 81, 86, 133, 159
– dreigliedriger 141, 143
– heteromorpher 133, 134, 141
– heterophasischer 133
– Homologie 159, 281
– isomorpher 134, 138, 140
Generationszeit 420
Genet 130
Genetische Diversität 281, 326
Genetische Drift 69
Genetische Rekombination 53, 56, 57, 171, 709, 719
Genexpression 13, 234, 245, 355, 683. *Siehe auch Molekulare Regulation*
Genista 821, 918
Genklasse 744
Genlisea 599, 636, 641
Genotyp 15, 70
Genpool 131, 152, 171, 709, 719
Gentiana 829
Gentianaceae 828
Genussmittelpflanze 110, 113, 116
Geokarpie 995, 1019, 1020
Geophyt 107, 410, 424, 432, 518, 603, 605, 624, 626
Geotrope Orientierung 248
Geraniaceae 119, 120, 887
Geranium 288, 595, 596, 762, 772, 818, 829, 993, 1016–1018
Gerbera 675
Gerbstoff 33, 43, 71, 113, 510, 514, 516, 633
Gerontoplast 24, 26
Geruchssinn 817, 820, 897, 904, 997
Gerüst 497, 671, 680–682, 685, 693

Geschlechtertrennung 709
Geschlechterverteilung 170
Geschlechtsbestimmung
– chromosomale 134, 137, 138, 152
– modifikatorische 72, 710, 711, 921
Geschwindigkeit 201, 291, 496, 510, 640, 803, 908, 919, 920, 926, 933, 1019
Gesneriaceae 216, 354, 627, 776, 778, 897, 902, 903, 906
Gestaltbildung. *Siehe Morphogenese*
Getreide 107, 110, 113, 116, 361, 650, 651, 992
Geum 560, 801, 969, 1002
Gewebe 440
Gewebebildung. *Siehe Histogenese*
Gewebedruck 31, 74, 208, 704, 741, 751
Gewebespannung 444, 605, 908, 918–921, 925, 926, 934, 935, 1018, 1019
Gewebesystem 440, 465
Gewicht 513, 895, 914, 915, 918, 947, 966, 992, 1004, 1015
Gewürzinsel 113
Gewürzpflanze 113, 116, 820
Gezeitenzone 364, 607
Gibberellin 670
Gift 33–35, 234, 261, 475, 479, 633, 835
Gigantismus 111, 114, 624
Ginkgo 96, 97, 163, 166, 167, 245, 264, 268–270, 277, 307, 309, 312, 324, 466, 549, 576, 987
Ginkgoaceae 269
Ginkgoales 94–98, 262, 265, 267
Glaphyridae 825, 886
Glashaar 215, 218
Glaskörper 581
Glaszelle 580, 581
Glaucium 892
Glaucophyta 22, 26, 29, 80, 82, 135, 179–181
Glaux 473, 474
Gleditsia 370, 529, 531, 623
Gleichenia 233, 253
Gleicheniales 96, 253, 256, 257, 304
Gleicheniella 257
Gleichgewicht 35, 205, 208, 574, 858, 908
Gleitflugprinzip 1004
Gliederbeere 974, 975, 980
Gliederfrucht 970, 978, 993, 1023
Globalisierung 104, 111, 828, 830, 901, 906, 996
Glockenblume (Form) 372, 668, 738, 830
Gloeocapsa 186
Gloeodinium 182
Glomeromycota 615
Glossa 843
Glossoma 903
Glossopteridales 85, 262, 305, 306
Glossopteris 76, 94, 96
Glossopteris-Flora 76
Gloxinia 852, 853
Glucose 835
Glycine 110, 617, 651, 719, 974
Glycorrhiza 467
Glykoprotein 39
Glyoxysom 52
Gnetaceae 278
Gnetales 97, 166, 262, 278, 279, 318, 327, 462
Gnetum 97, 163, 166, 265, 278, 279, 318, 319, 324
Goeppertia 749, 803
Goethe, J. W. v. 8, 268, 326, 368
Goldener Schnitt 378, 379
Golgi-Vesikel 37, 38, 45, 51
Gomphonema 179

Gonanthere 781, 783
Gondwana 271, 90
– Areal 117, 269
– Flora 94, 117, 581
Gongora 852, 853
Gonitogonie 55, 134, 137, 185
Gonium 185
Gonotrophie 134, 152, 285
Goodeniaceae 117
Gorteria 708, 878
Gosslingia 89, 225, 298, 299
Gossypium 42, 113, 116, 451, 459, 1006, 1011
Grabschmuck 988, 992
Gracillariidae 650
Granne 288, 938, 939, 940, 1009, 1011, 1021
Grasland 99, 107, 111, 112, 114, 117, 574, 624, 932, 933, 937
Graswuchs 432
Grevillea 117, 898
Greya 858
Griffel. *Siehe Stylus*
Griffelhaar 725, 916, 918, 1006, 1009, 1011
Griffelkanal 802, 803
Griffelklette 1002, 1003
Griffellappen 796
Grimmia 217
Grimmiaceae 215
Grinnellia 199
Großsäuger 974, 997
Grubbiaceae 119
Grube Messel 72, 73, 897
Gründereffekt 69, 1022
Grundfunktion 232, 281, 288, 619
Grundgewebe. *Siehe Parenchym*
Grundorgan 232, 486, 488, 586, 619
Grundriss 356, 682
Gründüngung 617
Guaiacum 475, 477, 512, 514
Güiro 982
Gummi 116, 478, 479
Gundelia 1000, 1001, 1021, 1023
Gunnera 121, 178, 550, 553
Gunnerales 281
Guttapercha 472, 478, 479
Guttation 465, 473, 583
Guzmania 699
Gymnodinium 179
Gymnogongrus 191, 198
Gymnospermen 76, 92, 159, 230, 231, 261–266, 272, 456, 463, 465, 469, 470, 472, 490, 583, 789, 963, 1007
– Bestäubung 96, 307, 309, 311, 313, 321, 322, 815, 858, 936
– Blatt 269, 271, 272, 549, 571, 575–577
– Diversität und Lebensweise 267–280, 310, 312, 315, 317, 320, 323
– Evolution 93, 97, 262, 267
– Generationswechsel 161–167
– ökologische und ökonomische Bedeutung 272–276
– Systematik 97, 1039
– Reproduktionsorgane 307–309, 313, 316, 318, 320, 323, 935
– Vegetationskörper 93, 420, 493, 587
Gymnospermie 308
Gynobasische Griffelstellung 794, 801
Gynodiözie 710, 712, 716
Gynoeceum 326, 737, 741, 746, 750, 790, 791, 806, 960
– chorikarpes 790, 796, 805, 927, 967, 968, 969, 972, 973, 988
– coenokarpes 738, 750, 790, 796, 801, 804, 967, 968, 969, 970, 972, 987, 988, 990
– mittelständiges 761, 795, 796, 970, 971, 979, 988, 991

– monokarpellates 790, 963, 968, 969, 974, 979, 984, 990
– oberständiges 746, 761, 762, 795, 805, 969, 985, 987, 940, 967, 980, 987, 991–993
– parakarpes 790–794, 806, 854, 967–970, 976, 978, 980, 984, 1001, 1003, 1016, 1018, 1019
– pseudomonomeres 794, 1016
– synkarpes 741, 790, 794, 803, 804, 836, 939, 968, 970, 976, 978, 992, 993, 999, 1003
– unterständiges 746, 751, 795, 796, 801, 836, 854, 966, 970, 980, 983, 987, 988, 991, 994, 999, 1010, 1019
Gynomonözie 708, 710, 711
Gynophor 720, 745, 747, 887, 889, 979
Gynostegium 801, 927, 928, 931
Gynostemium 801, 854, 855, 870, 871, 872, 876, 919
Gyrostemon 790

H

Haare. *Siehe Trichom*
Haberlea 216
Haemanthus 409, 622
Haematoxylin 823
Haematoxylum 823
Haemodoraceae 720
Haftkralle 201
Haftscheibe 205, 364, 393, 429, 430, 620, 644, 647
Haftwurzelfeld 587, 598, 613, 614
Haftwurzelkletterer 430
Hagenia 111, 112
Hakea 104, 117, 428, 490, 578, 623, 972, 973
Halbkugelpolster 428
Halbstrauch 424, 427
Halbwüste 99, 102, 119, 575, 706, 1011
Halesia 1007, 1009
Halictus 843, 891, 892
Halicystis 138
Halimeda 183
Halimione 934
Halmkonstruktion 371, 524, 525, 558
Halodule 945–947
Halopegia 923
Halophila 945, 946
Halophyt 117, 119, 217, 474, 530, 581, 608, 623, 933
Halopteris 192
Halskanalzelle 150
Hapaxanth. *Siehe Monokarpe Lebensform*
Haplo-Diplont 4, 131, 133–135, 138, 144, 146
Haploide Kernphase 48, 81
Haplomitrium 214
Haplont 132–135, 137–139, 146, 281
Haplopappus 48
Haplostele 225, 229
Haplostemonie 766, 767
Haptere 288, 289, 293
Haptophyta 25, 28, 30, 37, 82, 98, 135, 179, 180, 205
Harpagophytum 1001, 1003
Hartbast 514
Hartfaser 461
Hartholz 513
Hartlaubvegetation 99, 107, 117–119, 396, 575, 577, 624, 626
Harz 33, 76, 472, 475–477, 510, 855, 861, 862, 882, 891, 894
Harzblume 863
Harzgewinnung 475
Harzkanal 442, 474, 475, 499, 507, 572, 576, 577
Haumania 431, 466, 481, 520, 558, 570, 620
Hauptachse 382

Haustorium 165, 166, 226, 285, 307, 354, 362, 365, 369, 442, 470, 472, 599, 641, 964, 965
Hautflügler 332
HD-ZIPIII-Genfamilie 536
Hebelmechanismus 751, 781, 782, 895, 910, 913
Hebenstreitia 668
Hedera 430, 474, 599, 611, 613, 614, 621, 892
Hedysarum 915, 974
Heide 107, 117, 624
Heilpflanze 268, 910, 1003
Heliamphora 564, 635, 636, 640
Helianthemum 428
Helianthus 110, 362, 379, 411, 449, 679, 725, 771, 824
Helichrysum 428, 569, 708
Helicodiceros 874
Heliconia 883, 902
Heliconiaceae 698
Heliconius 583, 866, 887
Helipterum 707, 708
Helleborus 367, 450, 560, 561, 723, 758, 760, 785, 790, 791, 820, 824, 837, 838, 999
Helwingia 399, 550
Hemerocallis 605, 621, 721, 830
Hemicellulose 39
Hemigenia 778, 781
Hemikryptophyt 424, 432
Hemiptera 648
Hemisymplicate Zone 741, 790, 792
Hemmfeldtheorie 380
Hemmstoff. *Siehe Allelopathie*
Hemmzone 404
Henna 823
Hepatica 999
Heptacodium 759, 1004, 1009
Heptapleurum 613
Heracleum 105, 106
Herbarium 123
Herbivorie 311, 866. *Siehe auch Fraßschutz*
Herbstlaubfärbung 25, 583, 584, 824
Heriades 892
Heritiera 608, 610, 621
Herkogamie 719, 721, 722, 927
Hermannia 760
Herzglykosid 33
Herantherie 772, 781, 783, 832, 895
Heterochronie 15, 164, 741, 745, 748, 778
Heterocyste 178
Heterocyt 218
Heterodichogamie 726
Heterogloea 182
Heterokarpie 1002, 1007
Heteromerikarpie 1022
Heteromorphie 706, 719, 720, 917, 918, 1000, 1022
Heterophyllie 371, 555, 566, 629, 634
Heteroptera 638
Heterorhizie 605, 606
Heterosporie 144, 152, 155, 159, 170, 241, 291, 292, 298, 301, 304
Heterostylie 718, 720, 722
Heterothallie *Siehe Gametophyt*
Heterotrophe Ernährung 3, 15, 77, 78, 181, 197, 214, 220, 616, 618
Heuschnupfen 769, 932
Hevea 116, 476–479, 516
Hexenbesen 425, 426
Hibiscus 766, 768, 803
Hieracium 172, 1007
Hijiki 208

Hilum 961
Himantandraceae 738
Himanthalia 202
Hippobroma 883
Hippocrepis 916
Hippophae 383–385, 390, 393, 395, 425, 452, 601, 617, 618, 623, 757, 933–936, 970, 988, 990
Hippuris 375, 377, 443, 502, 556
Histogenese 16, 199, 234, 493
Histogenetische Zone 489, 491, 493
Histologie 8
Histologische Differenzierung 323, 987
Histon 48
Hochblatt 367, 372, 534, 538, 541, 696, 777
Hochgebirge 112, 271, 933, 624, 861
Hofmeister, W. 133, 146, 148, 159
Hoftüpfel 462, 464, 507, 576
Hohenackeria 1015
Höhenstufe 100, 623
Höhenwuchs 86, 87, 265
Hohle Sprossachse 501, 518, 524, 631
Hohler Stamm 391, 425, 426, 514, 632
Hohlraumerhaltung 74
Holarktis 99, 101, 107, 108, 109
Holozän 99
Holz 111, 117, 236, 250, 262, 265, 442, 504–511, 514, 592, 595
Holzbiene. *Siehe Xylocopa*
Holzbienenblume 895, 896, 922
Holzfaser 459, 461, 463, 507, 509
Holzgewächs 349, 403, 410, 716, 933
Holzkohle 74, 511
Holzkonstruktion (Holzstamm) 92, 93, 236, 237, 261, 494, 507–509
Holznutzung 511–513
Holzparenchym 461, 506, 507, 509
Holzrose 645, 647
Holzrübe 415, 603
Holzstoff. *Siehe Lignin*
Holzstrahl 504, 506
Homeobox-Gene 492
Homoiohydrie 216, 222
Homologbegriff 200, 233, 619
Homologie 7–10, 16, 234, 240, 281, 302, 325, 546, 548, 683, 756, 757, 940, 991
– morphologische 8, 9, 11, 16, 234, 355, 363, 486, 529, 1010
– phylogenetische 8, 12, 16, 234, 291, 313, 325
Homologiekriterium 7, 9, 281, 352, 354, 393, 488, 529. *Siehe auch Meristempotential*
Homoplasie 12, 13, 16
Homoploider Hybrid 70
Homorhizie 248
– primäre 237, 248
– sekundäre 264, 356, 415, 587, 598
Honigbiene. *Siehe Apis*
Honigtau 631
Hookeriaceae 218
Hordeum 49, 110, 557, 937, 938
Horizontaler Gentransfer 8, 77, 648
Hormon. *Siehe Molekulare Regulation*
Horneophyton 298
Hornstedtia 610, 611, 621
Horst 432, 940
Houttuynia 678, 697
hovering. Siehe Schwirrflug
Hoya 927
Hüllbildung 1023
Hülse 792, 915, 965, 968, 971–974, 978, 99, 1016
Hülsenfrüchtler 110, 644, 969, 974, 975, 978

Hülsenverband 968
Humboldt, A. v. 424, 528
Hummel. *Siehe Bombus*
Hummelblume 894
Humulus 555, 556, 651, 711
Huperzia 227, 241–243, 298, 300, 311
Huperzin A 241
Hura 993, 1016–1018
Huttonaea 857
Hyalocyt 213, 215, 220
Hybridisierung 13, 58, 65, 69, 70, 100, 903, 910
Hybridorgan 354
Hybridschwarm 67
Hydathode 254, 442, 465, 473, 583
Hydnophytum 630, 632, 634
Hydnora 644
Hydra 207
Hydrangea 430, 613, 614, 621, 685, 699, 701
Hydrangeaceae 700, 759
Hydrenchym 442, 445
Hydrilla 945, 946, 948
Hydrocharitaceae 945–947
Hydrochorie 365, 995, 996, 1011–1015
Hydrocotyle 432, 560, 564
Hydrodictyon 182, 185
Hydroid 212, 215, 223
Hydrophilie 738, 814, 943–948
Hydropot 470
Hydrurus 185
Hyenia 91, 93
Hygrochasie 1015
Hygromorpher Blattbau 575, 576, 583
Hygronastie 569
Hygrophyt 218, 623
Hygroryza 377, 613, 614, 620
Hygroskopische Bewegung 286, 287, 288, 316, 995, 1016, 1019
Hylaeanthe 630, 923, 924
Hylaeus 892
Hylocereus 965, 966
Hymenocallis 775–777
Hymenophyllaceae 228, 296, 629
Hymenophyllales 96, 253, 256, 257, 304
Hymenophyllum 253, 256, 257
Hymenoptera 332, 648, 843, 892, 1044
Hyobanche 646
Hyoscyamin 34
Hyoscyamus 34
Hypanthialröhre 841
Hypanthium 745–747, 750, 755, 788, 790, 801, 970, 988, 990, 991
Hyparrhenia 111
Hypericaceae 768
Hypericum 407, 474, 478, 596, 672, 754, 766, 768, 791, 792
Hyperstigma 799
Hyphaene 966
Hypoascidium 566
Hypocotyl 11, 231, 278, 355, 362, 364, 597, 600–602, 647, 964, 991. *Siehe auch Knolle*
Hypocotylknospe 601
Hypodermales Stereom 225, 240
Hypodermis 446, 571, 576, 577
Hypogäisch. *Siehe Keimung*
Hypogyne Blüte 795
Hypophyse *Siehe Suspensorzelle*
Hypopodium 355
Hypostomatischer Blattbau 571, 576, 577
Hypotonie. *Siehe Förderung*

Hypotonisches Milieu 181
Hypselodelphys 427, 519, 520, 923, 927
Hyptis 921

I

Iberis 683, 1015
Idioblast 359, 461, 499
Ilex 361, 982
Illicium 113, 477, 829, 972, 973
Immergrüne Pflanze 243, 254, 264, 265, 267, 271, 356, 575, 576
Impatiens 105, 106, 473, 719, 722, 723, 837, 841, 901, 1016, 1019, 1022
Inaperturates Pollenkorn 770
Indian Summer 107, 584
Indigo 823
Indigofera 113, 823
Individualentwicklung. *Siehe Ontogenese*
Indusium 154, 292, 296
Infektion 425, 514, 583, 647–652, 705
Infloreszenz. *Siehe Blütenstand*
Infloreszenzblume. *Siehe Pseudanthium sensu Troll*
Infloreszenzmeristem 358, 669–673, 680, 683, 686, 693, 741, 752
Initialzelle 44, 489, 491, 492, 589, 673
Inklusion 76
Inkohlung 74
Inkorporation 264, 537, 542, 543
Inkrustierung 42
Innovationsknospe 271, 385, 410, 415, 424, 518, 603, 605
Innovationszone 404
Insekt 322, 648, 820, 904, 937, 1043, 1044
Insektizid 37, 890
Inselstandort 505, 636, 933
Insertion 57
Intectate Exine 770
Integument 160, 161, 166, 167, 304, 305, 320, 788, 961, 964
Intercostalfeld 550
Interfaszikuär. *Siehe Cambium*
Interfoliarstipel 555, 557
Interkalar. *Siehe Zellteilung*
Interkalares Meristem 191, 250, 356, 496, 524, 528, 548, 557
Internodalzelle 204
Internodienbündel 494, 497
Internodium 200, 352, 496, 598
Interpetiolarstipel 555
Interphase 48, 53
Interpolationstheorie 15, 146
Interzellulare 7, 23, 38, 209, 216, 286, 443, 444
Interzellularraum 444, 571, 573, 1013
Intine 132, 161, 717, 770
Introrse Antherenöffnung 765, 772
Invasive Art 104, 106, 119, 183, 201, 208, 256, 581, 607, 644, 648, 650–652, 944, 1000
Inverse Leitbündelanordnung 314, 543, 546, 572
investment 709, 815, 936
Involucellarblatt 675, 703, 1010
Involucellum 373, 684
Involucralblatt 372, 373, 578, 623, 675, 703, 706, 993, 1000–1002
Involucrum 372, 684, 702, 706, 992
Inzucht (*inbreeding*) 719, 943
Ionenkanal 31
Ipomoea 411, 603, 604, 622, 771
Ips 514, 650
Irania 97
Iriartea 611
Iridaceae 114, 119, 120, 796, 847, 886, 887
Iris 412, 413, 456, 547, 551, 621, 721, 801, 833, 835, 894, 1013

Isatis 823
Ischnosiphon 427
Isodiametrische Zelle 23, 443, 573
Isoetaceae 240, 301, 243
Isoetales 44, 96, 241, 243
Isoetes 155, 226, 237, 243, 289, 291, 298, 301, 574
Isogamie 132, 134, 135, 137, 138, 146
Isolationsmechanismus 69
– ethologischer 69, 858, 876, 927
– genetischer 69
– geographischer 69, 927
– mechanischer 69, 851, 902, 903, 919, 926
– phänologischer 69, 878
– ökologischer 69
Isopogon 573
Isoptera 514, 616
Isosporie 155, 241, 298, 302
Isotonisches Milieu 181
Ixianthes 848

J

Jacaranda 1004, 1008
Jacksonia 529
Jahresring 75, 94, 420, 506, 509, 510, 528
Jahreszeit 98
Jahreszuwachs. *Siehe Zuwachseinheit*
Jancaea 216
Jatropha 555, 991
Johannistrieb 385
Juckpulver 991
Jugendphase 390
Juglans 35, 386, 512, 622, 795, 962, 964, 983, 987, 991, 999
Juncaceae 114, 685, 937, 939, 1003
Juncaginaceae 935
Juncus 432, 469, 519, 546, 551, 940, 942
Jungermanniidae 209
Juniperus 271, 272, 274, 276, 316, 317, 324, 420, 421, 513
Jura 97
Juveniles Holz 505
Juveniles Stadium 524
Juvenilrot 33, 259, 583, 585

K

Kabelkonstruktion 594, 598
Kadavermimese 871
Kadsura 333
Käfer. *Siehe Coleoptera*
Käferblume 330, 886
Käferblütigkeit. *Siehe Cantharophilie*
Käfermal 707, 823, 826, 886, 882, 885
Kaffee 37
Kakteenwuchs 530, 533
Kalanchoe 417, 419, 446, 540, 550, 566, 567, 622, 686, 738, 748, 766
Kalebasse 980, 982
Kaledonische Faltung 87
Kali 934
Kalkalpen 184
Kalkbank 205
Kalkbildung 77, 221
Kalkdrüse 473
Kalkeinlagerung 37, 180, 182, 198, 202
Kalkpflanze 623
Kallusgewebe 600

Kalte Zone 100, 107, 108
Kalyptra 586, 591, 599
– Blüte 759
– Moose 152, 282, 286
– Wurzel 243, 248, 356, 361, 586, 591
Kalyptrogen 589, 593
Kampylotrope Samenanlage 963
Kanaleffekt 605
Kanarische Inseln 99, 107, 109, 116, 276, 425, 505, 528, 611, 900
Kandelia 366, 607
Känophytikum 87, 99
Kapillarkraft 215, 461, 843, 847, 851, 897, 901
Kappenbildung 194
Kapsel 968, 972, 976, 978, 991, 992, 1004, 1015, 1016
Kapselverband 968, 976, 978, 985
Kapuzenblatt 749, 923, 925
Karat 966
Karbon 92, 93, 96, 97, 239, 254
Karpell 160, 167, 307, 324, 326, 331, 715, 736, 737, 750, 786, 787
Karpellate Blüte 393, 710, 711, 738
Karpogon 134, 141
Karpophor 993
Karpospore 142
Karposporophyt 142, 143
Karyogramm 58
Karyokinese 53
Karyopse 362, 968, 991, 993, 1009, 1011
Karyopsenverband 992
Karyotyp 48
Katalepsis 271, 382, 385, 393
Katapultschleuder 920, 1018
Kätzchen 312, 313, 934, 935
Kaugummi 479
Kauliflorie 385, 859, 860, 904, 906, 980, 992, 995, 997
Kautschuk 472, 477, 478
Kavitationseffekt 286, 290
Keimblatt. *Siehe Cotyledo*
Keimfalte. *Siehe Apertur*
Keimkopplung 1023
Keimpflanze 358, 362, 364
Keimruhe 361
Keimung 309, 322, 361, 362, 363, 600, 607, 626, 644, 1013
Keimwurzel. *Siehe Radicula*
Keimzelle 57, 131
Kelch. *Siehe Calyx*
Kelpwald 201, 205
Kerneudicotyle 738, 740, 1041, 1042
Kerngenom 48
Kernholz 510
Kernhülle 20, 47, 48, 50, 54
Kernphase 132, 133, 138
Kern-Plasma-Relation 47, 185, 188
Kernporenkomplex 47
Kernteilung. *Siehe Karyokinese*
Kerstingiella 1019
Kesselfallenblume 475, 640, 828, 830, 857, 868–874, 887, 907, 927
key innovation. Siehe Neuerwerb
Kieselgur 74, 205, 208
Kieselsäure 37, 453
Kigelia 904, 906
Killerbiene 894
Kinetochor 49
Kingia 426
Kladistik 12, 67
Kladokarpes Moos 212
Klammerflug 906

Klappfalle 635, 640
Klappmechanismus 915
Klause 794, 801, 968, 970, 978, 993
Klebdrüse 645, 638, 921, 925, 926, 1000
Kleber 695, 1000, 1003
Klebfalle 635, 636, 637
Klebsormidiophyceae 139
Kleie 362
Kleinia 622
Kleinsäuger 123, 997, 1000
Kleistogamie 719, 1022
Klemmfallenmechanismus 830, 927, 930
Klemmkörper 928, 929
Kleptoplastide 207
Klettausbreitung 801
Klette 451, 452, 965, 996, 999–1003
Kletterpflanze 427, 457, 711, 716, 982
Klettverschluss 448
Klima 79, 87, 92, 98, 99, 114, 575, 581, 900, 904
Klimawandel 80, 81, 90, 95, 96, 98, 100, 232, 240, 236, 267, 514, 626
Klimazone 97, 100
Klon 105, 130, 152, 217, 416, 420, 600, 943
Knautia 712, 797, 892
Knersvlakte 119, 578, 580, 582
Knöllchenbakterium 616
Knolle 10, 11, 200, 243, 382, 413
– Hypocotylknolle 11, 411–413, 415, 502, 613, 614, 631, 634
– Sprossknolle 11, 410, 411, 622
– Wurzelknolle 603, 604
– Übersicht 621–622
Knospendeckung 759
Knospenschuppe 370, 393, 534
Knospenschutz 372, 385, 541–543, 554, 555, 557, 706, 757, 759
Knoten 200, 352, 492, 503, 504, 523–525, 598
KNOX-Gene 245, 493, 536, 538
Kobresia 941
Koelpinia 1000, 1002
Kohäsion 285, 286, 290
Kohäsionsmechanismus 768
Kohle 74, 92
Kohleria 778
Kokardenmuster 708, 826
Kokosmilch 962, 963
Kolben. Siehe *Spadix*
Koleoptile 362
Koleorrhiza 362
Kollabieren von Zellen 605
Kollenchym 225, 240, 441, 442, 457, 458, 501, 504, 572, 594, 926
Kolletere 454, 473
Kolline Stufe 100
Kolonialware 114
Kolonialzeit 996
Kolonie 4, 134, 137, 181, 185
Komet 77
Kompartimentierung 24, 33, 44, 45
Kompasspflanze 568
Komplementarität 54, 389, 487–490, 710, 720, 722, 726, 798, 816, 825. *Siehe auch Passung*
Komplementäres Bezugssystem 389, 487, 488
Kompromiss 405, 575, 709, 719, 815, 1021
Konjugation 77, 140
Konjugierte Doppelbindung 29, 821
Konjunkt. *Siehe Förderung*
Konkauleszenz 399, 400, 401, 693
Konkurrenz 84, 623, 750, 816, 831, 840, 861, 901, 919, 1022

Konnektiv 325, 766, 772, 775–782
Kontaktreiz. *Siehe Thigmonastie*
Kon-Tiki 513
Kontinentalverschiebung 79, 83, 98
Kontinuummorphologie. *Siehe Pflanzenmorphologie*
Kontraktile Vakuole 32, 180, 181
Kontraktile Wurzel 604, 605
Kontrollgen 245
Konvergenz 3, 12–13, 16, 200, 233, 301, 304, 399, 428, 430, 530, 696, 781, 868, 914, 931, 1000, 1013, 1023. *Siehe auch Analogie*
Kooperation 815
Koordinierter Geißelschlag 185
Kopal 475
Köpfchen 674, 675, 681, 683, 705, 706, 942
Kopra 962, 963
Kopulation. *Siehe Paarung*
Koralle 4
Korallenbleiche 207
Korallenriff 207, 208. *Siehe auch Riffbildner*
Korallenschlange 866
Kork 442, 455, 516–518
Korkcambium. *Siehe Phellogen*
Korkgewebe 43
Korkstoff. *Siehe Suberin*
Korkwarze. *Siehe Lenticelle*
Kormophyta 89, 153, 222, 225–237, 245, 288–291, 1034
Kormus 20, 86, 153, 188, 200, 225, 261
– bipolarer 226, 237, 252–261, 352
– lycophyller 226, 238–241
– monilophyller 226, 237, 244–252
Korrugative Knospenlage 759, 760
Korthalsella 529
Kraftaufwand 605, 781, 830, 896, 897, 907, 908, 910, 912–918, 927, 929, 930
Kraft-Weg-Kurve 930
Krallenspur 904, 906
Krameria 644, 848
Kranzanatomie 572, 577
Kraut- und Knollenfäule 650
Kraut 424, 432, 933
Krautschicht 873
Kreide 73, 80, 96, 98, 280, 615, 937, 996
Kreidefelsen 43, 73, 74, 98
Kriechbewegung 995, 1019, 1021
Kriechpflanze 412, 432, 598
Kriechwuchs. *Siehe repens-Typ*
Kronblatt. *Siehe Petalum*
Kronröhre. *Siehe Corolla*
Kropfsammler 892
Krummholzzone 271
Krümmungsbewegung 569
Kryptische Färbung 781, 783, 901
Kryptophyt 424, 432
K-Stratege 1021
Kugelbuschzone 109
Kurztagspflanze 878
Kurztrieb 271, 382, 390, 529
Kurztrieb-Langtrieb-Dimorphismus 268, 269, 271, 390, 409
Küste 995, 1011, 1012
Kwongan 624

L

Labellum 837, 852–854, 876
Lachemilla 564
Lachenalia 699

Lackglanz 30, 453, 454
Lactuca 568
Lagarosiphon 943–946
Lagenaria 982
Lagenostom 307
Lagenostoma 305
Lagerstroemia 760
Laguncularia 607, 608
Lakritz 467
Lakune 443, 445, 496, 502
Lamellenstruktur 870, 871, 882
Lamiaceae 374, 458, 467, 501, 678, 689, 716, 722, 740, 751, 752, 765, 776, 794, 796, 801, 820, 993, 1015
Lamiales 894
Lamina 369, 536, 539, 560, 561
Laminale Placentation 788, 791, 968
Laminaria 144, 179, 197, 199, 201, 203
Laminariales 190, 201
Lamium 778, 820
Landeplatz 828, 894, 914, 926
Landgang der Pflanzen 84, 139, 615
Landpflanze 82, 152, 197, 209
– Evolution 79, 80, 84, 90
– Generationswechsel 146–148
– Merkmale 3, 131, 132, 134
– Verwandtschaft 22, 84, 146, 1034
Langtagspflanze 878
Langtrieb 382, 389
Lannea 449
Lantana 827, 887
Lapeirousia 119, 823, 840, 842, 851
Larix 107, 272–276, 315, 416, 426, 477, 507, 576
Larrea 421
Larvenbrot 831, 847
Laserpitium 646
Lasioglossum 891
Lasiopetalum 400, 406, 407, 692, 693, 697
Lateralis 785, 786
Latex 34, 35, 442, 476, 478, 1013
Lathraea 644, 999, 1016
Lathyrus 554, 555, 562, 620, 621, 915, 916, 918, 1018
Latrorse Antherenöffnung 772, 773
Laubschüttung 457, 583
Lauraceae 478, 772, 886, 969
Laurales 280, 746, 756
Laurophyll. *Siehe Lorbeerblatt*
Laurus 110, 578, 773, 775, 837, 838
Lavandula 697–699, 818, 821
Lavendelöl 820
Lawsonia 823
Lebachia 97, 306
Lebender Stein 119, 578
Lebendes Fossil 97, 254, 261, 268, 270, 278
Lebensdauer 280, 420, 424, 594, 933
Lebensphase 134, 349, 390, 424
Lebensraum Wasser 943, 945
Lebensweise 424, 854
Lebenszyklus 184, 281, 298, 350, 351
Lebowskia 97
Lecanopteris 629
Lechenaultia 760
Leclerquia 93, 225, 233, 240
Lederbeere 980, 985, 999
Ledum 774
Leichtbauweise 251
Leichtgängigkeit 781

Leitbündel 231, 468, 493, 518
– amphivasales 470, 528
– bicollaterales 231, 470, 501, 502
– collaterales 231, 494, 573, 577, 598
– konzentrisches 470, 518, 519, 573
– offen collaterales 265, 497
– geschlossen collaterales 265, 470, 497, 518, 546, 571
– sympodiales 231
Leitbündelanordnung
– inverse 546
– ringförmige 497
– zerstreute 521, 523
Leitbündelentwicklung 491, 496, 521, 538, 550
Leitbündelscheide 455, 468, 518, 576
Leitbündelsystem 231, 494, 499, 500, 522, 976
– geschlossenes 499, 500
– offenes 497, 500
Leitbündelübergang im Hypocotyl 600, 602
Leitfossil 76, 94
Leitgewebe 224, 228–231, 261, 280, 442, 461, 468
Leitschiene 778, 780, 928, 931
Lejeuneaceae 218
Lemna 217, 420, 422, 423, 445, 940
Lens 110, 964, 974
Lenticelle 7, 455, 505, 516, 597, 607
Leonardoxa 632, 633
Leontopodium 706, 707
Lepidium 1015
Lepidocarpaceae 301
Lepidocarpon 93, 291, 299, 301, 304
Lepidodendraceae 240
Lepidodendron 75, 92, 93, 239, 240, 291, 299
Lepidoptera 332, 825, 828, 842, 843, 845, 855, 887, 1044
Lepidopteris 96
Lepidozamia 266, 267
Lepilaena 945–947
Leporella 876
Leptoid 212
Leptopalpus 886
Leptosporangium 289, 290, 292
Lernfähigkeit 820, 865, 876, 907, 918
Lessoniaceae 203
Leucadendron 119, 120
Leucogenes 453
Leucospermum 119, 120, 899, 901, 907
Leukoplast 24, 29
LFY (LEAFY) 670, 676
Liane 114, 115, 265, 424, 457, 464, 504, 638, 974, 1007
Lichenes 2, 84, 178, 186, 187, 206, 207, 215, 218, 581, 627
Lichenostomus 898
Lichtabsorption 29, 821, 825
Lichtbrechung 581
Lichtreaktion 26, 28
Lichtreflexion 821, 825
Lidgettonia 306
Lignin 33, 41, 43, 86, 87, 222, 224, 456
Lignotuber 626
Ligula
– Lycophyta 239, 241, 243, 301
– Poaceae 525, 544, 557
Ligularia 668
Ligustrum 668, 684, 837
Lilaeopsis 560
Liliaceae 167, 738, 828
Lilium 167, 413, 415, 418, 622, 771, 825, 837, 838
Limitdivergenzwinkel 379
Limnische Lebensweise. *Siehe Süßwasser*

Limonium 401, 474, 758
Linaria 601, 678, 679, 826, 837, 841
Lindenbergia 643
Lindernia 780
Linderniaceae 216, 778, 780
Linné, C. v. 66, 879
Linum 110, 447, 459, 720, 862, 867
Lipid 769
Lippenblume 751, 776, 828, 830, 882, 894, 901, 910
Liquidambar 976, 978
Lisaea 705
Litchi 966
Lithophyllum 197, 198
Lithophyt 623
Lithops 580, 581, 622
Lithothamnion 197
Loasa 838
Loasacee 453
Lobelia 111, 112
Lobulum inflexum 704
Lockmittel 331, 695, 696, 814, 831, 851, 861, 881, 882, 894
Loculament 785, 790, 794
Lodiculae 939, 940
Lodoicea 116, 961, 983, 991, 1017, 1021
Loiseleuria 427
Lokulizide Öffnung. *Siehe Dorsizide Öffnung*
Lolium 938
long distance dispersal. Siehe Fernausbreitung
Longizide Öffnung 773, 774
Lonicera 396, 769, 827, 880
Lophophora 34, 37
Loranthaceae 117, 643, 647, 964
Lorbeerblatt 278, 578, 581
Lotos 448
Lotus 555, 916, 918
Lotus-Effekt 448
Loxodonta 633
Lucilia 885
Ludovia 473, 784, 819, 863
Luffa 460, 976
Luftkammer 209
Luftkissenkonstruktion 550, 553. *Siehe auch Salvinia-Effekt*
Luftsack 307, 313
Luftspross 229, 232, 235, 238, 240, 241, 249, 254
Luftwurzel. *Siehe Wurzel: Funktionelle Vielfalt*
Lumnitzera 607
Lunaria 976, 979
Lupinus 918, 1016
Luzula 940
Lycaenidae 887, 889
Lychnis 745
Lycium 531, 623
Lycoperdon 1007
Lycophyll 93, 156, 157, 232, 233, 238, 241, 243, 298, 301
Lycophyta 44, 171, 226, 269, 298, 1015
– Diversität 242, 300
– Generationswechsel 153–159
– Lebensweise 215, 241–243
– Merkmalsevolution 224, 238–240
– Merkmalsübersicht 237, 243
– Reproduktionsorgane 291, 298
– Systematik 1038
– Vegetationskörper 236, 239, 241, 249
Lycopodiaceae 191, 240, 241, 243, 298, 475, 627
Lycopodiales 241, 243, 249
Lycopodiella 241
Lycopodites 241, 243

Lycopodium 155, 191, 227, 241–243, 249, 288, 298, 300, 301, 311
Lyginopteridales 262, 305, 307
Lyginopteris 96, 230, 307
Lygodium 105, 233, 249, 253, 256, 257, 294, 295
Lyse der Mittellamelle 7, 38, 282, 443, 455, 769
Lysigene Auflösung 443, 472, 475, 478
Lysikarpie 794
Lysimachia 375, 396, 398, 399, 405–407, 452, 473, 474, 692, 766, 791, 848, 850
Lythrum 406, 720

M

Macadamia 972, 990
Macaranga 631, 632
Macchie 107, 109, 577, 624
Macrocystis 201
Macroglossum 887, 889
Macropis 847, 848, 850, 891, 892
Macroscelidea 906
Macrozamia 165, 309, 311
MADS-Box Gene 12, 325, 744
Magnolia 406, 737, 738, 757, 829, 972, 973
Magnoliaceae 766, 886, 972
Magnoliales 280, 738, 756
Magnoliiden 330
Mahoberberis 375
Makrozamia 310
male fitness 709
Malpighia 849
Malpighiaceae 847
Malpighische Zelle 461
Malus 110, 390, 768, 792, 890, 960, 983, 987
Malva 452, 821, 837
Malvaceae 407, 451, 768, 804, 886, 972
Mamiellaceae 23
Mamille 534
Mammalia 906, 907, 997, 999
Mammaliochorie 976, 995
Mandragora 415
Mangifera 172, 392, 983, 987
Mangrove 99, 111, 114, 364–366, 607–609, 611, 1013
Manihot 268, 411, 603, 604, 622
Manilkara 477, 479
Mannan 37
Mantelmeristem 494, 496, 518, 523, 524, 528
Marah 429, 457
Maranta 411, 481, 584, 585, 922, 925
Marantaceae 112, 371, 427, 470, 518, 524, 543, 563, 569, 583, 675, 689, 740, 748, 749, 765, 776, 784, 801, 922–927, 931, 976
Marantochloa 922, 923
Marattia 253
Marattiales 92, 96, 216, 226, 234, 246, 248, 249, 251, 256, 292, 293, 302
Marcgravia 565, 566, 613, 614, 621
Marcgraviaceae 430, 566
Marchantia 150–152, 209–211, 217, 218
Marchantiaceae 151
Marchantiophyta 29, 84, 189, 190, 208, 211, 282, 283, 285, 291, 581
Marginale Placentation 788, 790, 791, 976, 968, 978
Marine Lebensweise 180
Mark 236, 250, 443, 497, 499, 501
Markhöhle 250, 251
Markparenchym 229
Markstrahl 231, 442, 443, 497, 498, 504, 592, 593, 595, 597
Marsilea 155, 250, 253, 256, 258, 296, 297, 462
Marsileaceae 256, 259, 296

Marsipianthes 921
Marsupialia 906
Martyniaceae 1003
Masdevallia 871
Maserung 513
Maskenblume 828, 830, 841
Maskierte Blattstellung. *Siehe Phyllotaxis*
Maskiertes Fiederblatt 539, 545
Massenaussterben 80, 95, 98, 122, 261, 267, 269
Massonia 907
Massula 772
Mate-Tee 982
Matricaria 406, 674
Matteuccia 247, 253, 298, 300, 304, 311, 406, 674, 683, 821
Maxillaria 1004
Mazeration 38
Mazis 965, 966
Mecodium 296
Mediane 356, 357, 396
Medianfurche 766
Medianstipel 535, 543, 544, 551, 555, 620
Medicago 597, 617, 917, 918, 1004, 1008, 1023
Medinilla 783
Mediterraner Lebensraum 99, 107, 117, 119, 577, 624, 826, 892
Medulla 501. *Siehe Mark*
Medullosa 92, 96, 262
Medullosales 85, 262
Meeresströmung 100, 1000, 1013
Megachile 891, 892
Megachilidae 891
Megapalpus 877, 878
Megaphrynium 927
Megaphyll 232, 233
Megistorhynchus 842, 844
Mehlkörper 362
Mehrfachmutante 744
Mehrfachtraube 668, 672, 680, 681, 684, 685, 693
Mehrzeller 5, 6, 16. *Siehe auch Thallus*
Meiose 53, 56, 130
Meiospore (Meiosespore) 131, 146, 282
Melaleuca 518, 616
Melampyrum 644, 698, 699
Melanargia 887
Melanin 824
Melastoma 781
Melastomataceae 627, 629, 781, 783, 796
Melianthus 543, 554, 560, 561, 620
Melilotus 398, 691, 692, 915, 918
Meliphagidae 883, 897, 898, 900, 902
Melipona 863, 892
Meliponini 876, 891, 894
Melitta 892
Melittidae 891
Melittoid 881, 887
Melittophilie 814, 882, 889–896
Mellisuga 900
Meloidae 886
Mentha 452, 817, 818, 820
Menyanthes 1013
Meranthium 720, 801
Mercurialis 933, 935, 1016
Merikarp 967, 968, 978, 992–994, 1000, 1002, 1008, 1013, 1021, 1022
Meristem 5, 190, 227, 358–360, 669–676, 741
Meristemausdehnung 396, 398, 673, 745, 748, 751, 753, 754, 756
Meristemgröße 684, 687
Meristemkappe 671, 673, 675, 741

Meristemoid 359, 440, 595
Meristempotential 7, 11, 352, 355, 368, 486, 588, 669, 676, 680
Meristemverschleppung 398, 693
Meristoderm 190, 201
Merkmal 7, 12, 42, 234, 557, 683, 706, 740, 805
Merkmalssyndrom 576, 737, 814, 816, 841, 871, 881, 882, 884, 904, 932, 943
Merxmuellera 112
Mescalin 34
Mesembryanthemum 119, 574, 580, 581
Mesokarp 967, 968, 975, 980, 982, 983, 985, 1013
Mesomorpher Blattbau 575, 576
Mesophyll 443, 465, 571, 573, 578
Mesophytikum 87, 95, 261, 267
Mesopodium 355
Mesotonie. *Siehe Förderung*
Mespilus 987
Metamertheorie 488
Metamorphose 368
Metasequoia 269–272, 317, 564, 576
Metatopie 398, 555, 667, 692, 693, 748, 750, 768
Metaxylem 225, 228, 494
Meteoriteneinschlag 98
Methanfreisetzung 624, 627
Metroxylon 268
Metuselah 420
Metzgeriopsis 218
Metzgeriothallus 85
Meuterei auf der Bounty 992
Michauxia 724, 725, 796
Micrasterias 182
Microcorys 781
Microcystis 178, 185
Micromonas 23
Micropterygidae 831, 886, 889
Mikrofilament 45
Mikroparacaryum 1022
Mikrophyll 232, 233, 238
Mikropyle 160, 161, 163, 304, 307, 309, 789, 961
Mikroskopie 193, 201, 358, 359, 479, 480, 481, 490
Mikrotubulus 46
Milchröhre 24, 55, 442, 474, 478, 499, 516, 597
Milchsaft. *Siehe Latex*
Mimese 564, 575, 581, 582, 866, 867
Mimetes 120, 830, 883, 894
Mimikry 575, 583, 651, 778, 865–867, 878
Mimosa 32, 398, 399, 453, 569, 570, 640, 667, 696, 830, 974, 975
Mimulus 796, 798
Miozän 99, 631
Mirabilis 824, 826, 879, 883
Missbildung. *Siehe Anomalie*
Mitochondrium 21, 45, 47, 52
Mitose 53–54, 58, 132, 152, 169, 490
Mitosespore 131, 137, 141
Mitrastema 643
Mittellamelle 6, 23, 24, 37, 38, 51
Mittelmeerraum. *Siehe Mediterraner Lebensraum*
Mnium 150
Mobilität 2, 3
Modellierung 696, 933
Modellorganismus 185, 245, 364, 381, 420, 432, 640, 752
Modul 352, 389, 391, 393, 488, 489, 685, 692
Moehringia 966
Molekulare Regulation 71, 140, 380, 381, 492, 587, 591, 675, 699, 704, 714, 722, 751. *Siehe auch Auxin, Chemotaktisches Signal*
Molinia 829
Moloch 582

Momordica 848
Monadal. *Siehe Organisationsform*
Monade 309, 772, 774, 854, 866, 932, 933, 943
Monechma 778
Monilaria 580
Monilophyll 96, 227, 232
Monilophyta 96, 155, 171, 225, 226, 227, 244, 550, 583, 588, 627, 629
– Diversität 247, 252, 255–260, 294, 300
– Gametophyt 190, 191, 208, 210, 214
– Generationswechsel 153–156
– Lebensweise 252–261
– Merkmalsübersicht 237, 244
– Reproduktionsorgane 291–298, 302–304
– Systematik 1038
– Vegetationskörper 236, 247–250
Monimiaceae 799
Monochasium. *Siehe Cyme, Vegetative Verzweigung*
Monocotyle 216, 231, 261, 265, 280, 369, 412, 450, 455, 456, 465, 467, 470, 471, 491, 493, 496, 518, 519, 522, 523, 542, 546, 558, 588, 682, 738, 776, 836
Monodora 333
Monoizie 151, 170, 171, 285
Monokarpe Lebensform 349, 415, 432, 604
Monokline Blüte 171, 261, 708, 710, 712, 714, 736, 939, 941
Monokultur 122, 275
Monopera 848
Monophyletische Gruppe 12, 68, 85, 177, 262, 267
Monophyllaea 354
Monopodium. *Siehe Vegetative Verzweigung*
Monostroma 138
Monotel. *Siehe Synfloreszenz*
Monothecische Anthere 764, 776, 781, 923
Monotropa 600, 616, 618
Monotypische Gattung 268, 269, 271, 278
Monözie 152, 170, 308, 317, 702, 710–712, 728, 784, 859, 873, 933, 934, 935, 938, 941
Monstera 584, 613
Montane Stufe 100
Montia 1016
Montsechia 280
Moor 107, 108, 211, 221, 624, 635–637, 2021
Moos 189, 208–217, 226, 472, 627, 710
– Diversität 210, 219, 287
– Generationswechsel 148, 149, 153, 171
– Lebensweise 211, 215, 217–222
– Merkmalsübersicht 214, 285
– ökologische Bedeutung 220–222
– Sporogon 133, 148, 149, 152, 282–288
– Systematik 1035–1037
– Thallusbau 208, 209, 212, 213, 220
– Thallusform 87, 214
Moosblüte 287
Moraceae 111, 627, 795, 992
Moraea 119, 120, 613
Moresnetia 96
Morinda 578, 987, 988
Morphin 34, 478
Morphogenese 13, 16, 188, 234, 354, 537
Morphogenetische Zone 489, 491
Morphologie *Siehe Pflanzenmorphologie*
Morphospezies 67
Morus 971, 988, 990, 992
Mosaikfärbung 826
Mosaikmutation 583
Motivation 814, 861, 887
Motorprotein 45

Motorradhelm 982
Mottenblütigkeit. *Siehe Falenophilie*
Mougeotia 27, 182
Mucuna 1013, 1015
Muehlenbeckia 529, 530, 620
Müller'sches Körperchen 630, 633
Multinetzwachstum 40
Multizyklische Dichogamie 727, 728, 878
Mundulea 529
Mundwerkzeug 828, 831, 838, 840, 842–846, 858, 887
Murein 177
Mus 907
Musa 113, 432, 445, 459, 460, 559, 621, 904, 906, 980
Musaceae 557
Musca 844, 868
Muscaria 699
Mussaenda 700, 701
Musterwiederholung 707, 1024
Mutante 678, 744, 756
Mutation 676, 719
Mutterkorn 651
Mutualismus 84, 331, 815
Mycel 615, 616
Mycetophilidae 855, 861, 871, 882, 887
Myiophilie 882, 887
Mykoheterotrophie 616, 618
Mykorrhiza 84, 91, 155, 170, 214, 220, 235, 240, 248, 254, 362, 594, 615, 616, 618, 629, 964, 1021
Myosotis 817, 826
Myosurus 757, 790
Myrica 617
Myriocephalus 707, 708
Myriophyllum 420
Myristica 113, 962, 964–966, 972, 990
Myristicaceae 111
Myrmecia 140, 186, 876
Myrmecodia 412, 613, 614, 623, 632, 634
Myrmekochorie 966, 995, 996, 999, 1022
Myrmekophilie 896
Myrmekophylaxis 633
Myrmekotrophie 634
Myrmelachista 632
Myrothamnus 216
Myroxylon 477
Myrtaceae 447, 696, 724, 768, 853, 900, 906, 964, 980, 985, 997
Myxotesta 447, 964, 980, 985, 997
μCT (Mikro-Computertomografie) 480, 521

N

Na$^+$-K$^+$-Pumpe 6
Nachhaltigkeit 122–123
Nachtaktivität 879, 880, 882, 904, 906, 907, 997
Nachtfalter 855, 879
Nachtfalterblume 883, 889
Nachwachsender Rohstoff 511, 524
Nacktsamer. *Siehe Gymnospermen*
Nagetier 995, 999
Nahausbreitung 1022
Nahbereich 933
Nährgewebe. *Siehe Endosperm*
Nährstoffversorgung 132, 155, 158, 226, 291, 627, 960, 963, 964
Nahrungsangebot 207, 311, 629, 632, 634, 641, 814, 858, 861, 879, 886, 904, 997
Nahrungspflanze 110, 113, 116, 411, 603–604, 937, 974, 992. *Siehe auch Frucht, Samen*
Nahtransport 381

Nahwirkung 820, 868, 876
Najas 943, 945–947
Namib. *Siehe Wüste*
Napfblume 825, 826, 828, 830, 886, 901
Narbe. *Siehe Stigma*
Narbenrezeptivität 722
Narbensekret 161, 169, 718, 720, 797, 799, 874
Narcissus 408, 412, 475, 678, 679, 747, 753, 829
Narthecium 833
Nastie 568
Nathorstiana 243
Naturhistorisches Museum 123
Naturschutz 267, 389, 627, 770, 884. *Siehe auch Umweltgefährdung*
Nautochorie 995, 1011, 1022
Nebel 111, 119, 120, 276, 278
Nebelauskämmung 218, 220, 276, 549, 624
Nebenblatt. *Siehe Stipel*
Nectarinia 899
Nectariniidae 883, 894, 897, 900, 902, 912, 922, 923
Neillia 972
Nektar 631, 640, 745, 784, 831, 832, 835–846, 861, 882, 894, 897, 901, 906, 929
Nektarattrappe 837, 838
Nektarblatt 741, 820, 836, 838
Nektardieb 815, 845, 858, 884, 886, 889, 892, 895, 896, 902, 912
Nektarium 442, 451, 454, 474, 746, 757, 775, 801, 835, 855, 895
– Epithelnektarium 474, 835, 836
– Extraflorales Nektarium 473, 474, 545, 546, 566, 630, 634, 651, 678, 702, 703, 835, 838
– Extranuptiales Nektarium 474, 835
– Septalnektarium 836, 837
– Trichomnektarium 474
Nektarmessung 846
Nektarproduktion 845, 881
Nelumbo 361, 523, 564, 757, 863, 988, 990, 991, 1024
Nemalion 196
Nematanthus 778
Nematocera 868, 870, 871, 873, 882, 887, 1043
Nemesia 119, 830, 832, 833
Nemestrinidae 887
Nemognatha 844, 886
Neogen 99
Neophyt 104, 1000
Neoregelia 585
Neotenie *Siehe Entwicklungsverkürzung*
Neotropis 101, 114, 849, 904
Neottia 616, 618
Nepenthaceae 111, 872
Nepenthes 473, 564, 566, 620, 634, 635, 638, 640
Nephelium 965, 966
Neptunball 944, 947
Nerium 447, 577, 578, 1009
Nervatur. *Siehe Blatt*
Nestbaumaterial 814, 861, 862
Netzwerk 616
Neuerwerb 42, 81, 84, 149, 814, 931, 960, 987
– Angiospermen 167, 170, 261, 280, 304, 324–326, 330, 796, 799
– Blüte 753, 757, 769, 785, 805
– Embyophyta 86
– Euphyllophyta 248
– Kormophyta 154, 155, 291
– Landpflanzen 152
– Samenpflanzen 159, 225, 261, 304
– Telompflanze 86, 224, 245
Neuropteris 246
Neviusia 696, 830
Nicht selbsttragend 524

Nicotiana 26, 33, 34, 37, 47, 116, 449, 468, 651
Nicotin 34
Niederblatt 369, 370, 416, 534, 538, 557
Niederschlag. *Siehe Regen*
Niederwaldwirtschaft 385
Niedrigwasser 945, 950
Nierembergia 848
Nigella 594, 790, 837, 838
Nipa 607
Nitella 204
Nitrogenase 617
Nivale Stufe 101
Noctiluca 179
Nodalzelle 204
Nomada 866
Norantea 565, 566
Nori 198
Nostoc 121, 177, 178, 186, 187, 194, 214, 218, 267, 284
Nothofagus 117, 118, 121, 581, 649
Notholaena 259
Nototribie 776, 781, 828, 830, 840, 894, 902, 903, 908–910, 912, 918
Nucellus 160, 163, 291, 307, 309, 788, 961
Nucifraga 999
Nucleolus 47, 48, 54
Nucleolus-Organisator-Region (NOR) 48
Nucleoplasma 48
Nucleus 47
Nuphar 331, 333
Nuptial. *Siehe Nektarium*
Nuss 968, 974, 975, 978, 979, 983, 988–992, 999, 1008
Nüsschen 970, 991, 1000, 1011
Nussverband 968, 971, 978, 988, 990, 992
Nutationsbewegung 569
Nutzpflanze 34, 110, 111, 113, 116, 114, 651, 716, 719, 922, 935
Nutzpflanzenbestäubung 894
Nuytsia 645, 647
Nyctaginaceae 505
Nyktinastie 568
Nymphaea 169, 449, 473, 474, 543, 550, 551, 599, 744, 788, 790, 880, 1013
Nymphaeaceae 330, 470, 571, 886, 963
Nymphaeales 280, 523, 695, 746, 756
Nymphaeidae 889
Nymphoides 760

O

Obdiplostemonie 766, 767
Oberblatt 369, 534–539, 546
Oberfläche 3, 4, 615, 695, 933, 1003, 1023
Oberflächenstruktur 76, 163, 256, 445, 446, 451, 454, 770, 796, 798, 825, 831, 817, 878, 1004, 1000
Oberlippe 740, 752, 781, 828, 895, 910
Oberseite 355, 534
Obhaplostemonie 766, 767
Obst 110, 113, 116, 650, 651, 980, 984
Obturator 794
Ochna 993, 994
Ochnaceae 801
Ochrea 535, 543, 554, 557
Ochroma 512
Ochromonas 179
Ocimum 778
Ocotea 578
Odontites 644
Oedera 707, 708
Oedogoniales 194, 207

Oedogonium 27, 135, 137, 194
Oenanthe 678, 679, 713, 715, 1013
Oenothera 747, 771, 830, 841, 879
Offene Gestalt 4, 15
Öffnungsfrucht 960, 967, 968, 971–979
Öffnungsfrüchtchen 968
Öhrchen 557
Ökologische und ökonomische Bedeutung 205, 207, 208, 217, 220, 221, 272, 275, 890
Ökologischer Fußabdruck 122. *Siehe auch Umweltgefährdung*
Öl
– ätherisches 35, 452, 472, 475, 478, 818, 819
– fettes 473, 814, 847, 861
Ölbehälter 33, 443, 474, 476, 478, 982
Ölblume 474, 847, 848, 850, 894
Old-Red-Kontinent. *Siehe Euramerika*
Olea 110, 391, 420, 425, 426, 514
Oleandra 230
Oleosom *52*
Olfaktorischer Reiz 817, 851
Oligolektisch. *Siehe Apoidea*
Oligozän 99, 574
Ölkörper 209, 210, 214
Ölpflanze 110, 113
Ölschiefer 73, 76
Öltröpfchen 52, 140, 478, 821, 824, 825
Ölvakuole 32, 478
Ombrochorie 972, 995, 1011, 1022, 1015
Oncidium 774, 848, 855
Oncosperma 613, 614, 623
Onobrychis 915, 1001, 1003, 1023
Onocleaceae 300
Ononis 915, 916, 918
Onosma 668
Ontogenese 4, 13, 14, 16, 349
Ontogenetische Abbreviation. *Siehe Entwicklungsverkürzung*
Onychognathus 899
Oocyt *134*
Oogamie 81, 132, 134, 135, 137, 144, 146, 149
Oogonium 134, 137, 140, 144
Operator 866, 867
Ophioglossaceae 226, 254
Ophioglossales 226, 234, 253, 255, 269, 304
Ophioglossum 48, 155, 253–255
Ophrys 861, 818, 876, 877
Opium 35, 110
Opponierte Anordnung 738
Opportunist 816
Option 15, 155, 238, 719, 738, 778, 816, 840, 935
Optischer Reiz 796, 817, 851, 855, 868, 876, 997
Opuntia 529, 533, 620
Orchidaceae 119, 170, 280, 362, 472, 536, 574, 594, 613, 615, 626, 627, 629, 738, 772, 798, 801, 803, 817, 847, 851–857, 863, 865, 868, 876, 887, 894, 896, 902, 919, 927, 929, 961, 964, 1004, 1021
Orchis 841, 855, 865
Ordovizium 81
organ identity 355, 744
Organbegriff 232, 233
Organbildung (Devon) 232–237
Organbildung. *Siehe Organogenese*
Organisationsform 55, 138, 139, 178–185, 188, 189, 192–194, 197, 200, 201, 208, 215, 226
Organisationszentrum 491, 492
Organismus 15, 20
Organogenese 13, 16, 226, 261, 490, 492
Organverdopplung 747
Orlaya 675, 704, 705, 751, 1000, 1001

Ornithochorie 316, 323, 324, 364, 965, 966, 995, 997, 998, 1022
Ornithogalum 765
Ornithophilie 700, 815, 882, 896–903, 906, 912, 997
Ornithopus 974
Orobanchaceae 643, 644, 647, 1004
Orobanche 644, 646, 832, 833, 907
Orothamnus 697, 830
Orphium 832, 835
Orthologes Gen 8
Orthostiche 374, 376
Orthotrichaceae 218
Orthotroper Wuchs 412
Ortsgebundenheit. *Siehe Sessilität*
Oryza 113, 122, 937, 938
Osbornia 607
Osmia 862, 890–892
Osmophor 442, 474, 475, 753, 784, 819, 851, 863, 868, 871, 882,
   904, 906
Osmose 32
Osmunda 253, 256, 257, 294, 295, 298, 300, 304
Osmundales 96, 251, 253, 256, 257
Osteospermum 119, 1007, 1009, 1010
Ostiolum 859, 860
Ostreococcus 23
Ottoa 560
outcrossing. Siehe Xenogamie
Ovar 167, 169, 326, 785, 967, 972
Oxalis 31, 71, 411–413, 566, 569, 603, 607, 622, 719, 880, 1016
Oxygene Phosphorylierung 78
Oxynoe 207
Oxypolis 547
Oxythyrea 885
Ozonschicht 77

P

Paarung 330, 814, 851, 855, 859–861, 863, 865, 876–878, 886. *Siehe*
   auch Rendezvousplatz
Pachycentria 631, 632
Padina 202
Paedomorphose. *Siehe Entwicklungsverkürzung*
Paeonia 678, 821, 972
Paeoniaceae 972
Paepalanthus 635, 638
painted bowl 823, 882, 886
Paläobotanik 72
Paläogen 99, 897, 996
Paläophytikum 87
Paläotropis 101, 103, 111–113, 459, 632, 897, 904
Paläozän 99
Palaquium 477
Palea 940
Palisadenparenchym 443, 571, 576, 578
Paliurus 555, 578
Palmaria 196
Palmelloid. *Siehe Organisationsform*
Palmenherz 528
Palmenwuchs 424
Palmöl 528
Palmwein 468, 528
Palustriella 221
Palynologie 770
Pameridea 638
Panaschiertes Blatt 29, 583
Pancratium 753, 776
Pandanaceae 111, 524, 611
Pandanus 377, 425, 527, 613, 621

Pandorina 185
Pangäa 92, 96
Pangonius 887
Panicula. *Siehe Rispe*
Pantherung 857, 868, 871, 874, 887
Panurgus 892
Panzerbeere 980, 982, 985, 999
Papaver 34, 37, 110, 448, 476, 477, 479, 758, 759, 823, 825, 862,
   879, 880, 886, 976, 1004, 1007
Papaveraceae 478, 831, 886, 999
Paphiopedium 857, 865
Papier 444, 511
Papilio 889
Papilionidae 889
Pappus 706, 1000, 1002, 1006, 1009, 1010, 1021
Para-Angiophyt 262
Parakarp. *Siehe Gynoeceum*
Parakladium 403
Parallelismus 3, 12, 13, 16, 200, 232
– Algen, Thallophyten 80, 134, 146, 178, 186, 197, 201, 208,
   268, 285
– Bestäubung, Blumenstile 311, 814, 825, 828, 829, 832, 840, 842,
   847, 876, 885, 886, 895, 897, 907, 908, 910, 912, 918, 932, 943,
   945, 947
– Blüte, Blütenstand 325, 708, 724, 740, 757, 765, 772, 781, 799
– Fruchtbiologie, Ausbreitung 978, 996, 1000, 1010
– Lebensformen 114, 311, 615, 616, 627, 631, 634, 643, 861
– Samenpflanzen 311, 325, 523, 524, 568, 574
– Sexual-, Reproduktionssystem 155, 164, 281, 291, 716–717,
   855, 859
– Tracheophyten, Landpflanzen 89, 90, 197, 222, 225, 226, 229,
   231–236, 241, 244, 251, 259, 302, 523
– Zelle 37, 80, 82, 178, 226
Paraloges Gen 8
Páramo 114
Paraphyletische Gruppe 68, 261, 267, 904
Paraphyse 149, 151, 292
Parasitaxus 271, 643
Parasitismus 2, 84, 218, 271, 331, 364, 422, 472, 599, 615, 616, 623,
   629, 641–648, 814, 815, 858, 861, 875, 881, 999, 1021
Parastiche 376, 378, 379
Parategeticula 858
Paratetrapedia 848
Parenchym 24, 39, 224, 228, 441–443, 493
Parenchymlücke 236, 497, 498, 503
Parfümblume 818, 851–853, 855, 861, 882, 891, 894, 855, 894
Parfümindustrie 820
Parietale Placentation 791, 792, 794, 967, 968, 976, 980, 1018, 1019
Paris 412
Parkia 904, 906, 974, 975
Parmentiera 904, 906
Parnassia 379, 784, 837
Parnassius 889
Parrotiopsis 373, 378, 542, 555, 696, 697, 976, 978
Parthenium 477, 478
Parthenocissus 393, 429, 430, 585, 620
Parthenogenese 859
partial shoot theory 488, 489, 492
Partnerschaft 815
Passiflora 429, 473, 583, 620, 745, 747, 753, 755, 758, 759, 766, 837,
   838, 866, 898, 901, 980
Passifloraceae 430
Passung 881, 889, 895, 907, 917, 918, 929
Pastinaca 411, 415, 713, 727
Patagona 898, 900
Paulownia 769
Pavonia 754, 758, 759

Pecopteris 246
Pedaliaceae 796, 1001, 1003
Pedates Fiederblatt 535, 560, 561
Peddigrohr 430
Pediastrum 182, 185
Pedicellus. *Siehe Blütenstiel*
Pedicularis 556, 644, 902
Pektin 38, 39
Pektinase 38, 443
Pelargonium 119, 120, 555, 818, 821
Pellia 151, 190–192, 209
Pelliaceae 151
Pellicula 37, 181
Pelorie. *Siehe Anomalie*
Peltaria 684, 685
Peltaspermales 85, 96, 306
Peltaspermum 262
Peltation 543–548
Peltigera 186, 187
Peltodon 921
Penaeaceae 119
Pennisetum 110, 113
Pentamerie 738
Pentarche Wurzel 593
Pentastemona 740
Pentazyklische Blüte 738, 743
Pentoxylon 97, 262
Pentstemon 784, 785, 897
Peperomia 581, 627
Peramorphose. *Siehe Entwicklungsverlängerung*
Perenne 218, 349, 402, 403, 410, 432, 557, 1011
Perianth 324, 325, 326, 327, 331, 737–763, 805, 828
Periblem 589, 595, 596
Pericambium 594
Perichaetium 151, 287
Periderm 261, 441, 442, 445, 455, 504, 516, 592, 596, 597
Peridinium 179
Perigon 738, 757, 763, 841, 1006, 1009, 1011
Perigyne Blüte 795, 796
Perigynes Hypanthium 746
Perikarp 967, 971, 972, 980, 1023
Perikarpflügel 993, 994, 1004, 1007, 1008
Periklin. *Siehe Zellteilung*
Periplasmodialtapetum 55, 288, 296, 475, 769
Periplaste Blattform 540, 561
Perisperm 961, 963, 990
Perispor 296
Peristom
– Moose 149, 282, 284, 287
– Schlauchblatt 638
Perizykel 228, 248, 264, 455, 586, 592, 594, 596
Perlkörperchen 633
Perm 95, 96, 236, 240, 267
Permeabilität 50
Permineralisierung 74
Peronosporomycetes 650, 651
Perovskia 386
Peroxisom 45, 52
Persea 578, 980
Petaloide Ausprägung 325, 373, 667, 696, 699, 703, 757, 776, 777, 801
Petalomyrmex 632, 633
Petalum 325, 737, 759, 760
Petiolus 367, 369, 430, 536, 538, 543–546, 551, 554, 566, 567, 570, 573
Petrea 759, 1004, 1009
Petroselinum 573

Petunia 744, 821
Peucedanum 603
Peyotl 34, 37
Pfahlwurzel 280, 415, 427, 589, 597
Pflanze 2–8, 37, 82
Pflanzenmorphologie 8–10, 16, 352, 354, 368, 487, 489, 548, 688, 750
Pflanzenzelle 6, 20, 22–24, 80, 131, 178–185
Pfropfung 44, 583, 826
Phaeoceros 284
Phaeocystis 181
Phaeophyceae 29, 37, 54, 82, 134, 135, 144–146, 179, 180, 190, 200–208
Phaeoplast 26
Phaeoptilum 1009
Phaethornis 903
Phagocytose 22
Phalaenopsis 471
Phaleria 883
Phänologie 878, 879
Phanerophyt 424, 425
Phänotyp 8, 15, 71, 234
Phänotypische Plastizität 66, 71
Phänotypischer Variation 71. *Siehe auch Plastizität*
Phascolarctos 117
Phasentrennung 304, 727, 728, 729, 730
Phasenüberlappung 722, 728, 730, 878, 880, 881
Phaseolus 26, 51, 116, 362, 363, 569, 719, 792, 964
Phasmatodea 582
Pheidole 632
Phellem 455, 596
Phelloderm 455, 596
Phellogen 454, 516, 594, 596
Pheromon 858, 876
Philcoxia 635, 638
Philidris 632
Phillyrea 109
Philodendron 599, 613, 621, 863
Philoliche 842, 843
Phleum 940
Phlobaphen 43, 455, 514, 516
Phloem 228, 382, 442, 461, 462, 497, 571, 594
Phloembeladung 465, 572, 576
Phloementladung 468
Phloemsaft 467, 528, 835
Phlomis 895
Phlox 884
Phoenix 110, 362, 392, 426, 468, 527, 528, 711, 983
Phormium 459
Photoautotrophe Ernährung 2, 4, 15, 28, 77
Photoperiode 878
Photorespiration 574
Photosynthese 2, 28, 77, 177, 534, 570, 575
Phototoxisch 105
Phototrope Orientierung 355
Phototropismus 568, 586
Phragmites 422, 525, 558, 940
Phragmoplast 38, 46, 54, 55, 80, 201, 204
Phycobilin 29
Phycodrys 198
Phycoplast 54, 55, 201
Phyllanthus 529, 563, 564
Phyllobacterium 581
Phyllocladus 271, 529
Phyllodientheorie 546
Phyllodium 535, 546, 547, 566, 567, 620
Phylloid 183, 190, 194, 199, 200, 212, 215, 222

Phyllokladium 9, 10, 271, 354, 383, 529, 550, 620
Phyllospadix 945–947
Phyllosporie 292, 298, 309
Phyllostachys 525, 526
Phyllostomidae 904
Phyllotaxis 148, 233, 374–381
– dekussierte 322, 393, 529, 672
– disperse 271–274, 374, 377–379, 432
– gegenständige (wirtelige) 374
– maskierte 378, 693
– spirostiche 376, 378, 524
– stiche 259, 375–377, 499, 500, 522, 542, 563, 941
– verticillate (quirlständige) 375, 377
– wechselständige (spiralige) 375
Phylogenese 13, 14, 16
Phylogenetische Annahme 750
Physalis 980
Physcomitrella 235
Physiognomie 424, 425, 607
Physiologische Grenzschicht 572, 594
Phytelephas 966, 967, 991
Phyteuma 724, 1004
Phytohormon 381
Phytolacca 407, 415, 507, 597, 603, 604, 622, 823, 980, 983
Phytolaccaceae 505
Phytomer 352
Phytontheorie 488, 489
Phytopathologie 648
Phytophthora 269, 650
Picea 107, 272, 273, 275, 276, 313, 315, 393, 395, 416, 420, 477,
    507, 514, 588, 616, 618, 649
Pieris 844
Pigment 28, 33, 454, 510, 821–824
Pigmentierung 43
Pilea 1016, 1019
Pilostyles 644
Pilularia 253, 256, 259, 296
Pilz 2, 84, 104, 207, 615, 633, 648, 650
Pilzattrappe 872
Pilzgeruch 871
Pilzmückenblume 870, 871, 872, 874
Pimelea 372, 373, 377, 697, 830
Pimpinella 820
Pin-Blüte 720
Pinaceae 167, 269, 273, 313, 466, 508, 616, 648
Pinales 96, 97, 163, 166, 262, 267, 271, 313, 382, 466
Pinar 276
Pinellia 481, 870, 873, 874
Pinguicula 108, 634, 635, 637, 638
Pinnates Fiederblatt 535, 560, 561
PIN-Proteine 381, 538, 590, 591
Pinselblume 696, 784, 830, 828, 889, 898, 901, 906
Pinselzunge 840
Pinus 104, 105, 107, 166, 271–277, 307, 313, 315, 324, 369, 390,
    420, 470, 475–477, 507, 508, 511, 516, 549, 576, 577, 616, 999,
    1004, 1007, 1008
Pionierpflanze 186, 719, 617
Piper 113, 632
Piperaceae 478, 627, 963
Piperales 280
Pisonia 1000
Pistacia 109, 983, 990
PI (PISTILLATA) 744
Pistia 448
Pistill 801
Pisum 110, 367, 369, 555, 617, 621, 719, 918, 964, 974, 1018
Pityrogramma 295

Placenta 786, 788, 980, 976
Placentation 788, 791
Plagionotus 866, 867
Plagiotroper Wuchs 412, 432
Planation 223, 245
Plankton 177, 180, 182, 185, 205
Plantaginaceae 847, 946, 1015
Plantago 539, 560, 562, 620, 723, 726, 740
plant's dilemma hypothesis 719, 880
Plasmabrücke. *Siehe Plasmodesmos*
Plasmalemma 7, 23, 24, 30, 38, 51, 464
Plasmaströmung 45
Plasmatheorie 21
Plasmodesmos 6, 23, 24, 38, 43, 44, 50, 80, 185, 193, 197, 204, 227,
    464, 492
Plasmodium 55
Plasmogamie 138
Plasmolyse 31, 32, 444
Plasmopara 651
Plastide 21, 22, 24, 25, 47, 82
Plastizität 143, 227, 486, 713, 714, 719, 728, 741, 756, 759, 805
Plastochron 374, 737, 742
Plastom 21, 25
Platanthera 837, 841
Platanus 516, 543
Platycerium 249, 253, 259, 260, 294, 304, 627, 629
Platydorina 185
Platykladium 529, 533, 620
Platzverhältnisse 680, 687, 708, 738, 746, 749–751, 753
Plectenchym 20, 180, 192, 193, 196, 197
Pleiochasium. *Siehe Cyme, Vegetative Verzweigung*
Pleistozän 99, 100
Plektostele 225, 229, 241, 243
Plerom 595
Pleurococcus 186
Pleurokarpes Moos 212
Pleuromeia 96, 243, 299, 301
Plicate Zone 785–788
Pliozän 99, 996
Plocamium 197, 198
Ploceidae 112, 897, 899, 900
Ploidiegrad 48, 964
Plumbaginaceae 474
Plumbago 452
Plumula 362
Pneumatophor. *Siehe Atemwurzel*
Poa 172, 418, 622
Poaceae 111, 172, 280, 362, 365, 370, 375, 377, 422, 470, 524, 525,
    543, 557, 568, 570, 574, 578, 651, 716, 738, 770, 935, 937–940,
    991, 992, 1003, 1021
Podocarpaceae 163, 271, 275, 316, 529, 996
Podocarpus 272, 275, 317, 324
Podostemaceae 354, 523
Poikilohydrie 186, 208, 215, 216, 218, 220, 241, 259, 1015
Polare Organisation 137, 185
Polarität 185, 226, 227, 360, 380, 381, 386, 387, 537, 544, 573, 591,
    598. *Siehe auch Bipolare Organisation*
Polistes 891, 892
Polkern 169, 172
Pollakanth. *Siehe Polykarpe Lebensform*
Pollen 831, 882, 894, 906, 933
– klebriger 772, 798, 946
– staubiger 772, 835, 934
pollen discounting 720, 728
pollen presentation theory 885
Pollenabgabe 703, 713, 722, 723, 727
Pollenblume 770, 830, 831, 865, 915

Pollendilemma 831
Pollendonator 714, 727
Pollenentwicklung 769
Pollenfang 169, 307, 933, 935, 936, 943, 945
Pollenfloß 943, 945, 947
Pollenflugkalender 878
Pollenfressen 831, 861, 863, 886
Pollenkammer 165, 166, 307
Pollenkeimung 718, 770, 797, 799
Pollenkitt 288, 326, 769, 770, 798, 819, 824
Pollenkorn 42, 160, 163, 165, 167, 169, 309, 326, 771
Pollenkornmutterzelle 769
Pollen-Narben-Dimorphismus 718
Pollenportionierung 722, 724, 801, 908, 912, 915, 918
Pollenpräsentation 720, 722, 726, 737, 772, 881
– primäre 309, 769, 864
– sekundäre 706, 724, 801, 802, 830, 914, 919, 926
Pollenproduktion 816, 933
Pollenrezeptor 714, 727
Pollensack 160, 161, 291, 475, 737, 764
Pollensammelapparat 889, 892
Pollensammeln 831, 861
Pollenschlauch 87, 160, 161, 163, 166, 307, 309, 774, 785,
    789, 799, 803
Pollenschlauchleitgewebe 716, 786, 799, 802, 803
Pollenschlauchzelle 169
Pollenselektion 98, 169, 326, 716, 770, 785, 790, 799, 804, 936
Pollensparen 831, 833, 894, 895
Pollensystematik 770
Pollentetrade 769, 771, 772, 774
Pollentracht 770
Pollentransfer 716, 720, 816, 840, 870, 886, 894, 910, 924, 932
Pollentransportform 774
Pollenverlust 714, 720, 728, 772, 814, 884–886, 912, 918, 929, 936
Pollenwolke 917, 918, 921, 932, 935
Pollenzapfen 165, 308, 309, 318, 319, 322
Pollenzelle 160, 161, 163, 165, 169
Pollichia 976, 978
Pollinarium 772, 854, 857, 876, 908, 920, 928, 930, 931
Pollinium 772, 853, 854, 920, 921, 927, 928
Polsterstrauch 107, 424, 427
Polyade 772, 774
Polyandrie 767
– primäre 753, 766
– sekundäre 295, 329, 738, 745, 750, 753, 754,
    756, 766, 768
Polyarche Wurzel 594
Polycalymma 707, 708
Polychorie 1021, 1022, 1023
Polyembryonie 166, 172, 309
Polyenergide Zelle 138, 181–183, 188, 192, 194, 204, 478
Polygala 830, 833, 895, 902, 914
Polygalaceae 828, 914
Polygamie 710
Polygonaceae 365, 529, 543, 557
Polygonatum 412, 413, 621
Polygonum 418, 420, 554, 584, 621, 622, 789
Polykarpe Lebensform 349, 415
Polylektisch. *Siehe Apoidea*
Polyphyletische Gruppe 68, 910, 935
Polyploidie 58, 70, 475, 490, 769
Polypodiaceae 154, 249, 292
Polypodiales 96, 216, 248, 251, 253, 259, 304, 574
Polypodiineae 253
Polypodium 227, 259, 294, 295
Polysiphonia 141, 142
Polysom 47

Polysporangiate Anthere 764
Polysporangiophyta 222
Polystele 231, 256
Polystichum 295
Polytel. *Siehe Synfloreszenz*
Polytrichaceae 212, 214
Polytrichum 213, 219, 287, 1007
Polyzyklische Stele 229, 249
Poncirus 398, 529, 531, 623
Pontederiaceae 720
Population 68, 716, 727, 728, 878, 919
Populationsgröße 122, 816
Populus 361, 385, 422, 509–513, 600, 647, 935, 1009, 1011
P/O (*pollen/ovule*)-Ratio 714, 927, 932, 936
Porizide Öffnung 765, 773, 783, 832, 835
Porphyra 141, 142, 197, 198
Porphyridiophyceae 196
Porphyridium 182
Portulacaceae 574
Porus 450, 464
Posidonia 944, 946, 947
Posidoniaceae 946
Positionsänderung von Blütenorganen 726, 881
Positionseffekt 5, 71, 493, 591
Positionsverschiebung. *Siehe Metatopie*
Postgenitale Fusion 537, 542, 543, 750, 927
Postgenitale Verklebung 326, 778, 786, 787, 832, 915,
    918, 920, 927
Potamogeton 371, 946, 1013
Potamogetonaceae 946, 947, 1003
Potentilla 172, 711, 738
Pottia 217, 284
Pottiaceae 215, 218, 219
P-Protein 466
Präkambrium 77
Prärie 107
Prasinophyta 179, 180
Preissia 211
Primärblatt 367, 370
Primäre Festigkeit 7, 31, 32, 38, 86, 199, 222, 456
Primärhaustorium 644, 645, 647
Primärproduzent 122, 205, 207
Primärstärke 26, 573
Primärwand 24, 37, 38, 40
Primärwurzel 264, 587, 595, 603
Primates 906, 997, 999
Primofilices 90, 91, 93, 232, 233, 299
Primordium 5, 14, 314, 368, 380, 381, 487, 492, 536–538, 548, 753
Primula 379, 452, 458, 720, 830, 999, 1004
Primulaceae 107, 718, 794
Proboscidea 976, 983, 1001, 1003
Proboscis. *Siehe Saugrüssel*
Procambium. *Siehe Provaskuläres Gewebe*
Prodoxidae 858, 862, 881
Proembryo 360, 492, 590, 591
Profilstellung 568, 578
Progymnospermen 90–94, 96, 230, 231, 233, 235, 236, 245, 246,
    261, 262, 299
Prokaryot 20, 77, 177
Prolepsis 385
Proliferierend *Siehe Durchwachsend*
Promerops 120, 897, 899, 902
Propagation. Siehe Ausbreitung
Proplastide 24, 25, 53
Prosenchymatische Zelle 23, 459
Prosoeca 842
Prostanthera 775, 778, 781

Protandrie 713, 722, 723, 728, 910, 919
Protea 119, 624, 626
Proteaceae 117, 119, 120, 583, 585, 613, 724, 801, 900, 906, 972, 973
Proteales 281
Protein 769, 831, 892
Proteinbiosynthese 46
Proteinoplast 29
Proteoidwurzel 613, 615
Prothallium 148, 153–155, 158, 159, 163, 166, 208, 299, 301, 963.
   Siehe auch Gametophyt
Prothalliumzelle 157, 158, 163, 184, 167, 172
Protocyt 20
Protoderm 446, 493, 595, 596
Protogynie 331, 702, 714, 723, 726, 728, 863, 868, 871, 910, 932, 934, 935
Protonema 149, 189, 212, 214, 218
Protonengradient 468
Protonenpumpe 6, 7, 31, 464
Protophloem 494
Protostele 87, 89, 222, 224, 228
Protoxylem 225, 228, 494, 496
Protracheophyta 89, 223
Provaskuläres Gewebe 491, 494, 497, 521, 523, 598
Proximale Lage 355
Prozessmorphologie. *Siehe Pflanzenmorphologie*
Prunella 778, 1015
Prunus 33, 110, 389, 408, 409, 425, 446, 461, 473, 503, 512, 516, 601, 792, 803, 826, 835, 838, 890, 960, 983, 987, 990
Psaronius 92, 96, 248, 251, 256
Pseudanthientheorie 327, 935
Pseudanthium 329
– sensu Delpino 329, 707
– sensu Troll 330, 372, 675, 695–697, 703, 749, 883, 894, 898, 899, 901, 902, 920, 922
– sensu v. Wettstein 313, 314, 318, 327, 330
Pseudobornia 92, 93
Pseudobulbe 629
Pseudoelatere 283, 285
Pseudogamie 172
Pseudokopulation 891
Pseudopodium 282, 285, 286
Pseudosasa 520
Pseudosphaerocystis 182
Pseudosporochnus 93
Pseudotsuga 616
Psidium 984
Psilophyton 89, 228, 244, 245, 298, 299
Psilotaceae 191, 254
Psilotales 216, 226, 234, 237, 248, 249, 255, 269, 286, 302
Psilotum 155, 191, 249, 253, 254, 255, 292, 293
Psittacidae 831, 897, 900
Psorothamnus 867
Psychodidae 873, 887
Psychophilie 889
Ptelea 1004, 1007, 1008
Pteridaceae 210, 217, 230
Pteridium 248–250, 253, 259, 260, 295, 462, 835
Pteridosperme 85, 92, 94–96, 230, 233, 246, 261, 262, 305
Pteris 295
Pterocephalus 751
Pteropodidae 904, 997
Pterygodium 848, 850
Pulmonaria 827, 830
Pulpa 965, 966, 974, 975, 980
Pulque 468
Pulsatilla 453, 454, 726, 790, 801
Pulvinus 524, 525, 568–570, 922

Pumpmechanismus 722, 725, 908, 916, 918
Puna 114
Punica 110, 790, 964, 980
Punktmusterblume 828, 830, 831, 887
Pusteblume 1010
Puya 114, 898
Pycnosorus 674, 707, 708
Pygopleurus 886
Pyrenoid 26
Pyrola 600, 601
Pyrus 458, 461, 960, 988

Q

Quartär 99
Quellung 44, 161, 208, 209, 282, 286, 287, 296, 362, 447, 569, 718, 976, 1011, 1015, 1018
Quellungsbewegung. *Siehe Hygroskopische Bewegung*
Quercus 100, 107, 109, 110, 279, 362, 364, 385, 420, 464, 465, 510, 512, 513, 516, 597, 622, 647–650, 652, 712, 823, 934, 935, 988, 990, 999, 1015
Querrunzelung 605
Querwand 463, 465, 466, 510
Querzone 537, 540, 543, 544, 786, 787
Quetschschleuder 1018
Quillaja 516
Quincunx 759, 760

R

Racema. *Siehe Traube*
Racemös. *Siehe Reproduktive Verzweigung*
Rachenblume 894, 906
RAD (RADIALIS) 752
Radialer Transport 595
Radialschnitt 511
Radicula 264, 309, 356, 361, 362, 587, 590, 962
Radikation 264, 356
Radiokarbonmethode 76, 420
Radula 218
Radulaceae 218
Rafflesia 111, 875
Rafflesiacae 1004
Rahmenfrucht 974, 975, 976
Ramet 130, 413, 416, 417, 420
Ramonda 216
Randblüte 673, 696, 698, 700, 703–706, 711, 712, 728
Randmuster 704
Ranke 10, 200, 382, 427, 429, 638
– Blattranke 430, 535, 554, 562, 564, 566, 621, 638
– Sprossranke 393, 620
– Wurzelranke 613, 614
– Übersicht 620, 621
Ranunculaceae 107, 172, 683, 726, 740, 763, 766, 787, 790, 828, 836, 886, 933, 969, 999, 1000, 1015
Ranunculales 281
Ranunculus 26, 30, 71, 172, 371, 453, 454, 469, 499, 573, 593, 594, 741, 742, 787, 790, 824, 829, 836–838, 886, 1000, 1013
Raphanus 110, 362, 411–413, 415, 603, 621, 993
Raphe 961, 965, 967, 1013
Raphia 459, 527, 575
Raphidenbündel 31
Raphiodon 921
Rattan 528
Raubbau 114, 116, 122
Rauch 361, 626

Räuchermittel 476, 477
Raumnutzung. *Siehe Dichtepackung*
Raumwedel 92, 93, 223, 245, 254, 263
Rauschmittel 34, 116
Ravenala 375, 377
Reaktionsholz 514
Reaktionsnorm 70, 72, 878
Receptaculum
– Blüte 683, 737, 738, 757, 790, 836, 988, 990, 991
– Blütenstand 706, 987
– *floral unit* 673, 706, 708
– Sorus 291, 296
Rediviva 844, 847, 850, 891
Reembryonalisierung 5, 190, 443, 359
Refraktometer 845, 846
Refugium 68, 100, 117
Regenballist 1015
Regeneration 624, 626
Regenerationsfähigkeit 4, 185, 207, 217, 391
Regen 74, 152, 215, 217, 307, 391, 451, 470–472, 569, 626, 627, 629,
    640, 838, 972, 995, 1011, 1015
Regnellidium 256, 296
Regulation. *Siehe Auxin, Molekulare Regulation*
Reifholz 510
Reißfestigkeit 464, 511
Reiterationstrieb 349, 350, 385, 434
Reizbare Narbe 796
Reizbares Staminodium 785
Reizmittel. *Siehe Signal*
Rekauleszenz 399, 400, 401, 550, 693
Relative Hauptachse 382
Reliktstandort 269, 271, 280
Rellimia 93
Remeristematisierung 359, 360, 419, 455, 470, 503, 594, 595, 644
Remyophyton 89
Renanthera 857
Rendezvousplatz 814, 861, 882, 997
Repellent 35, 311, 817, 820
repens-Typ 209, 432, 611, 945
Replikation 49, 53, 54, 56
Replum 976
Reproduktion 130, 143, 217, 831, 894, 932, 999
Reproduktionserfolg 132, 146, 629, 709, 880, 865, 879-881, 884,
    936. *Siehe auch fitness*
Reproduktionsorgan 159, 171, 736, 932
Reproduktionssystem 709, 845
Reproduktive Phase 298, 358, 666
Reproduktive Verzweigung 403, 667, 685, 688
– cymös 681, 686, 688, 689, 708, 902, 978
– racemös 686, 689, 693
Reptilienausbreitung 996
Reseda 823
reseeder (Aussamer) 624
Reservestoff 179
resprouter (Austreiber) 624
Restionaceae 116, 117, 932, 933, 938
Restmeristem 358, 360, 469, 491, 493–497, 500, 503, 523, 528, 537
Resupination 565, 566, 568, 573, 854, 902, 903, 910
Retziaceae 119
Reusenfalle 636, 641
Reusenhaar 868, 870, 871, 873, 874
reversal 740, 753
Revolverblüte 840
Rezeptakel 144
Rezeptive Blühphase 702, 706, 708, 713, 723, 798, 859, 874
Rhachis 535, 539, 547, 560, 562, 568, 620
Rhacophyton 96, 245

Rhagonycha 862, 885
Rhaphia 521
Rheinisches Schiefergebirge 72
Rhexigene Auflösung 499, 524
Rhinanthus 644, 738, 902
Rhiodellophyceae 196
Rhizanthella 616
Rhizobium 616
Rhizocarpon 186
Rhizodermis 248, 442, 445, 454, 464, 470, 471, 586, 590, 592, 594, 598
Rhizoid 154, 183, 184, 194, 199, 200, 201, 204, 209, 216, 225, 235, 254
Rhizom 200, 232, 370, 411–413, 470, 518, 519, 603, 621
Rhizophor 239, 241, 243
Rhizophora 366, 607–609, 621
Rhizophoraceae 364, 366, 607, 611
Rhizophyll 599, 641
Rhizospähre 613, 617
Rhizostiche 595
Rhizothamnium 617, 618
Rhododendron 573, 578, 651, 835
Rhodoleia 899, 902
Rhodophyceae 22, 26, 28–30, 37, 74, 80, 82, 134, 135, 141–144,
    179, 180, 182, 196, 198, 205, 206
Rhodoplast 26
Rhus 475, 477
Rhynia 88, 89, 223, 228, 229, 244, 298
Rhynie Chert 72, 74, 88
Rhyniophyta 87–89, 211–225, 298
Rhyticarpus 566
Rhytisma 584
Ribes 789, 792, 980
Ribosom 45, 46, 52
Riccia 190
Ricciaceae 217
Ricciocarpus 217
Ricinus 32, 34, 326, 362, 363, 405, 539, 543, 545, 675, 769, 771,
    933–935, 965
Riesenkern 184
Riffbildner 183, 184, 197, 205
Rinde 250, 443, 455, 497, 499, 501, 516, 589
Rindenkonstruktion (Rindenstamm) 92, 236, 240
Ringporiges Holz 510
Ringprimordium 738, 745, 746, 750, 752, 790
Ringwulst 248, 749, 753, 754, 767
Rippenmeristem 491, 492
Rispe 668, 680, 681, 684, 691, 693, 985
Rispengras 684, 935, 938, 939, 940
Rivularia 178
Rizin 34
RNA (RNS) 46–48
Robinia 465, 510, 514, 555, 600, 601, 678, 918
Rodentia 825, 904, 906
Rogeria 1001, 1003
Röhrenbildung 746
Röhrenblüte 828, 830, 840, 901, 910, 912
Röhrensystem 461, 463, 466, 478, 504, 510
Rohrkonstruktion (Rohrstamm) 92, 236, 250
Rohrzucker 835
Rohstoff 207
Rollblatt 578
Rollrüssel 843, 844, 887, 889
Romanesco 678
Romulea 833, 886
Roridula 475, 635, 637
Roridulaceae 119
Rosa 110, 375, 454, 499, 539, 649, 678, 679, 738, 746, 757, 758, 766,
    768, 817, 818, 830, 970, 988, 990, 991

Rosaceae 107, 172, 553, 555, 648, 650, 683, 691, 776, 777, 781, 790, 796, 828, 831, 884, 885, 933, 935, 969, 1000
Roscoea 776, 777, 781, 884
Rosenapfel 648, 649
Rosettenpflanze 413, 415, 432
Rosmarinus 818
Rostellum 854
Rotationflieger 1007–1009
Roystonea 384
r-Stratege 1021
Rübe 11, 413, 603, 604
Rubia 556, 557, 823
Rubiaceae 555, 629, 696, 700, 724, 757, 897
RuBisCo 26, 574
Rubus 172, 370, 388, 396, 399, 416, 417, 430, 453, 600, 617, 620, 623, 651, 885, 987, 988, 992
Rückkopplung 381, 493, 536, 538
Ruderalpflanze 420
Ruellia 583
Ruhende Knospe 358
Ruhendes Zentrum 490–492, 673, 675, 741
Ruhezentrum Wurzel 589, 591
Rumex 600, 711, 1013
Ruminiert. *Siehe Endosperm*
Runcaria 96
Rundblatt 543, 546, 551, 571, 573
Ruppia 945, 946
Ruppiaceae 946
Ruscus 9, 10, 383, 399, 529, 530, 550, 620
Rüssellänge 889
Ruta 668, 680, 738
Rutaceae 119, 696, 900, 980
Rutenstrauch 278, 279, 424, 425, 428, 529, 578
Rutschfläche 640

S

Saatgutbank 123
Sabiaceae 740
Saccharina 201, 203
Saccharum 33, 113, 467, 525, 574, 651, 937, 938
Safran 823
Safthalter 784, 838, 840, 929
Saftmal. *Siehe Blütenmal*
Saftschlauch 980
Saftspalte 474, 835, 836
Saftwurzel 607
Sagittaria 1013
Sago 268, 528
Salicaceae 648, 935
Salix 361, 391, 425, 427, 514, 516, 600, 649, 652, 935, 1006, 1009, 1011
Salpichlaena 259
Salsola 934, 1010, 1011, 1012, 1023
Salvia 35, 67, 71, 428, 447, 457, 668, 672, 678, 686, 687, 698, 720, 751, 752, 758, 775, 781–782, 797, 823, 830, 846, 887, 892, 895, 897, 898, 902, 908, 910–913, 994, 1003, 1011, 1012, 1015
Salvinia 105, 155, 253, 256, 258, 296, 297, 300, 304
Salvinia-Effekt 256
Salviniaceae 178, 256
Salviniales 96, 253, 291, 296
Salzdrüse 473, 474, 608
Salzpflanze. *Siehe Halophyt*
Salzsee 117, 118, 184
Salzstandort 574, 578, 933, 1011, 1015
SAM. *Siehe Sprossapikalmeristem*
Sambucus 388, 396, 455, 511, 685, 769, 828

Samen 87, 130, 147, 159, 161, 166, 169, 262, 304, 362, 365, 961–968, 1007
Samenanlage 160, 167, 304, 307, 308, 309, 312, 324, 331, 737, 785, 786, 788, 961
Samenausbreitung 316, 323, 324, 967, 993
Samenhaar 451, 459, 719, 1006
Samenpflanze. *Siehe Spermatophyta*
Samenschale. *Siehe Testa*
Samenschuppe 314
Samenträger 316, 319
Samenzapfen 163, 165, 308, 311, 314, 315, 321, 3223, 935
Sammelbehälter 851
Sammelbein 844
Sammelfrucht 757, 967, 969, 972, 983, 988, 991
Sammelgruppe 82, 89, 96, 177, 261
Samtglanz 446, 453, 454
Sanguisorba 560, 561, 712, 726, 935
Sansevieria 551, 622
Santalaceae 529, 643, 647
Santalales 643
Santalum 817, 818
Sapindaceae 107, 115, 976
Saponin 516
Sapotaceae 997
Sappho 913
Saprophytische Ernährung 220, 422
Sarcandra 333
Sarcocaulon 516, 566, 567, 623
Sarcochilus 628
Sarcophrynium 927
Sargassosee 201
Sargassum 105, 201, 202, 205, 208, 311, 323, 980, 987
Sarothamnus 1018
Sarracenia 564, 635, 636, 640, 801
Sarraceniaceae 640
Satureja 67
Satyrium 855, 857, 884
Sauerstoff 28, 52, 76, 77, 78, 81, 84, 177, 205, 607, 608, 824, 617
Säugetierausbreitung. *Siehe Mammaliochorie*
Säugetierblume 882
Saugfalle 636, 641
Saugfuß 218
Saughaar 451, 470, 471, 629
Saugquaste 847
Saugrüssel 843, 844, 889, 915, 929
Saurier 996
Sauromatum 873, 874
Savanne 111, 112, 114, 333, 589
Sawdonia 89, 238, 239
Saxifraga 474, 830, 831, 833, 836–838, 867
Saxifragaceae 474, 858
Scabiosa 751, 887, 892, 1004, 1007, 1009, 1010, 1021
Scarabaeidae 886
Scenedesmus 182, 185
Schädling 629, 648–652
Schaft 690, 935
Schalenzwiebel 411–413, 560, 622
Schallschluckende Oberfläche 551, 553
Schattenblatt 71, 454, 576
Schaufunktion 372, 555, 737, 753, 757, 759, 784
Schefflera 386
Scheibenflieger 1004, 1008
Scheinbare Stipel 555
Scheinbares Fiederblatt 563
Scheinkern 514
Scheinsaftblume 855, 865

Scheinstamm 432, 557, 559
Scheinwirtel 378
Scheitelgrube 489, 494, 521, 528
Scheitelzelle 188–191, 196, 200, 204, 209, 212, 214, 221, 225, 227, 237, 243, 247, 248
Scheitelzellreihe 5, 190–192, 208, 214, 226, 237, 243, 253, 209, 240, 241
Scheuchzeria 613, 614, 620, 772
Schierlingsbecher 35
Schiffchen 724, 740, 750, 895, 914, 918, 921, 922
Schiffchenblume 828, 830, 894, 895, 913, 914, 926, 931
Schildblatt 535, 543, 544, 550, 564, 581, 635
Schildhaar 451, 452
Schilfboot 941
Schirmrispe. *Siehe Corymbus*
Schisandraceae 330, 972
Schizaea 295, 296
Schizaeaceae 296
Schizaeales 96, 253, 256, 257, 304
Schizanthus 66, 921, 922
Schizogene Auflösung 443, 450, 475, 478, 499
Schizolobium 115
Schizophragma 700, 701
Schlafbewegung 568, 922
Schlafplatz 861
Schlauchblatt 535, 543, 544, 564, 565, 566, 635–636, 638, 641
Schleim 137, 150, 185, 241, 326, 364, 489, 641, 647, 718, 799, 804, 945, 864. *Siehe auch Narbenschleim*
Schleimkörper 466
Schleuderbewegung 285, 286, 638. 920, 921, 935, 945, 995, 1018, 1019. *Siehe auch Explosive Bewegung*
Schließbewegung 111, 578, 878
Schließfrucht 331, 960, 967, 968, 979, 980, 1015
Schließhaut 464
Schließzelle 44, 450, 451
Schlumbergera 529
Schlundschuppe 887, 889
Schlüsselinnovation *Siehe Neuerwerb*
Schmetterling. *Siehe Lepidoptera*
Schneetälchen 217
Schoenoplectus 941
Schokolade 114
Schopfbaum 259, 267, 425
Schopfblume 565, 566, 676, 696, 699
Schosser 393
Schötchen 969, 978, 1015
Schote 794, 968, 969, 976, 978, 979, 1016
Schotia 899
Schraubel 681, 687, 688
Schraubendrehflieger 1004, 1007, 1008
Schraubenflieger 1004, 1007, 1008
Schreckstoff. *Siehe Repellent*
Schreibkreide 208
Schuppenblatt 267, 575
Schuppenzwiebel 412, 622
Schüttelklette 1003
Schutz 29, 33, 623. *Siehe auch Fraßschutz, UV-Schutz, Verdunstungsschutz*
– durch Ameisen 633
– vor Austrocknung 146, 152, 1023
– vor Feuer 626
– vor Verletzung 158, 282, 307, 446, 554, 575, 583, 591, 752, 785, 799, 861, 960
Schwammparenchym 209, 443, 444, 450, 571, 576
Schwärmerblütigkeit. *Siehe Sphingophilie*
Schwartzia 565, 566
Schwebefähigkeit 932, 933, 943, 947

Schwerkraft 86, 248, 372, 355, 386, 387, 595, 854, 902, 995, 1015
Schwerkraftperzeption 29, 591
Schwermetall 576, 623, 634
Schwerpunkt 1004, 1007, 1010
Schwertblatt 535
Schwielenblatt 749, 923, 925
Schwimmblatt 550, 553
Schwimmende Insel 941
Schwimmfähigkeit 550, 974, 983, 991, 1011, 1013
Schwimmhilfe 613, 624, 966, 995
Schwirrflug 840, 842, 843, 887, 897, 898, 900, 904, 906, 913
Schwundschicht 768, 769
Sclerocarya 999
Scopalamin 34
Scorzonera 411, 415, 560
Scrophulariaceae 119, 560, 776, 796, 847
Scutellum 313, 362
Secale 361, 589, 651, 803, 937
Sechium 364
Securigera 406, 407, 918, 974
Sedum 449, 578
Segelflieger 1004, 1007, 1008
Segregation 487, 492, 669, 671, 673, 675, 683, 686, 756
Sehsinn 817, 824, 825, 897, 904
Seidenglanz 453, 454
Seismonastie 569, 796, 919
Seitenwurzel 359, 586, 587, 591, 594–596, 599
Sekret 472, 613, 778, 922, 928
Sekretion 442, 474, 845
Sekretionstapetum 156, 158, 288, 298, 301, 475, 769
Sekundäre Narbe 799
Sekundäre Rinde 516, 594, 596
Sekundäre Zoophilie 937, 941, 942
Sekundärer Embryosackkern 169, 170, 961
Sekundärer Endospermkern 169, 170, 961
Sekundärer Pflanzenstoff 33, 41, 81, 98, 261, 467, 477, 818, 820, 821, 823
Sekundäres Phloem. *Siehe Bast*
Sekundäres Xylem. *Siehe Holz*
Sekundärhaustorium 644
Sekundärholz 505
Sekundärwand 24, 37, 42
Selaginella 155–158, 215, 216, 237, 240–243, 245, 288, 291, 298, 300, 301, 462, 1015
Selaginellaceae 229, 243, 301
Selaginellales 44, 226, 241, 243
Selaginellites 241, 243
Selbstausbreitung. *Siehe Autochorie*
Selbstbefruchtung 151, 152, 170, 171
Selbstbestäubung 98, 170, 201, 709, 937, 910
– Autogamie 719, 730, 796, 927
– Geitonogamie 719, 722, 727, 730, 858, 935
Selbstfertilität 718, 727, 1022
Selbstheilungseffekt. *Siehe Wundverschluss*
Selbstinkompatibilität 69, 326, 716, 769
– gametophytische 717, 718, 770
– sporophytische 717, 718, 770
Selbstreinigung 448
Selektion 15, 35, 72, 86, 117, 222, 234, 235, 268, 291, 626, 647, 695, 719, 814, 815, 840, 847, 881, 931. *Siehe auch Pollenselektion*
Selenicereus 879, 880
Semele 529, 530
Semipermeable Membran 7, 32, 464
Sempervivum 578, 740
Senecio 105, 106, 503, 581
Seneszenzphase 391
Sepalum 325, 737

Septenschwund 791
Septifrage Öffnung 976, 978, 993
Septum 518, 524, 790, 790, 967, 976, 978
Sequoia 75, 271, 272, 274, 507, 626
Sequoiadendron 271, 272, 420, 423
Serapias 861
Serotinie 626
Sesamum 113
Sessilität 2, 4, 133, 623
Seta 282, 285, 286
Setaria 110
Sexualität 4, 55, 81, 130, 158, 709, 710
Sexuallockstoff 138, 144, 146, 151
Sexualorgan 149, 737
Sexualtäuschblume 708, 855, 876, 877, 881, 896
Sexuelle Differenzierung 132, 158, 291
Seychellen 1018
Sherardia 378
shifting boundaries 744
Shorea 1009
Sichel 681, 687, 688, 690
Sideritis 453, 699
Siebelement 201, 228, 465, 466, 593
Siebfeld 224, 466
Siebplatte 224, 228, 466
Siebpore 44, 224, 228, 466
Siebröhre 441, 442, 465, 468, 505
Siebröhren-Geleitzellen-Komplex 44, 228, 441, 442, 462, 466, 467
Siebröhrenmutterzelle 467
Siebröhrenplastide 465
Siebzelle 224, 441, 442, 465, 466, 507
Sigillaria 92, 93, 239, 240
Sigillariaceae 240
Signal 740, 780, 814, 817, 832, 866, 868, 876, 901, 997
Sildalcea 771
Silene 668, 711, 741, 879, 880, 887, 976, 1004
Silur 84, 87, 222
Simuliidae 887
Sinapis 33, 447, 966
Sinkgeschwindigkeit 624, 933, 995, 1003, 1007, 1010
Sinnesleistung. *Siehe Geruchssinn, Sehsinn*
Siphonal. *Siehe Organisationsform*
Siphonogamie 166, 167, 170
Siphonostele 225, 251
– mit Blattlücken 229, 249, 504
– ohne Blattlücken 229, 240, 241, 243
Sklereid 441, 442, 458, 461
Sklerenchym 225, 228, 442, 458, 504, 524, 572, 576, 578, 594
Sklerenchymfaser 228
Sklerenchymkonstruktion (Sklerenchymstamm) 236, 262, 494, 518
Sklerenchymscheide 236, 468, 524, 528, 571, 576
Skleromorpher Blattbau 271, 575, 576, 577, 578
Sklerotesta 311, 312, 323, 964, 987
Smilax 553–555, 593, 594
Smyrnium 583, 704, 994
snap-buckling 569, 640, 641
SOC1 (SUPPRESSOR OF OVEREXPRESSING OF CONSTANS) 670
Socratea 611
Solanaceae 224, 470, 560, 781, 832, 847, 853, 906, 980
Solanopteris 629
Solanum 30, 116, 361, 362, 411–413, 416, 445, 447, 453, 468, 501, 502, 516, 603, 622, 623, 650, 711, 714, 720, 781, 783, 786, 832, 835, 894, 964, 980
Solenostele 229, 249
Solenostemon 458
Solidago 105, 106, 845

Solnhofener Plattenkalk 72
Somatische Mutation 583, 826
Sommergrüne Pflanze 254, 356, 575, 576
Sonchus 505, 880
Sonnenblatt 576
Sonneratia 607–609
Sophora 974, 994
Sopubia 778
Sorbus 172, 997
Sorophor 296
Sorte 58, 123, 411, 448, 583, 678, 701, 716, 719, 935, 976, 1011
Sorus 281, 291, 292, 293
Sorusverband 296, 297
Spadix 681
Spalierstrauch 427
Spaltfrucht 960, 967, 968, 992, 994, 1004
Spaltfrüchtchen. *Siehe Merikarp*
Spaltöffnung. *Siehe Stoma*
Sparaxis 823
Sparganium 935, 942, 1013
Sparmannia 784, 785
Spartium 425, 722, 895, 917, 918
Spatha 374, 668, 683, 870, 874, 875
Spathiphyllum 853
Spathodea 1008
Spätholz 506, 510
Spätkatalepsis 269, 382
Speichercotyledo 362, 369, 622, 961, 962, 988, 990
Speichergewebe 30, 32, 45, 52, 212, 236, 445, 501, 519, 534, 597, 603, 962. *Siehe auch Endosperm, Stoffspeicherung*
Speicherknöllchen 210, 217, 259
Speicherorgan 229, 410–415, 445, 499, 501–502, 507, 530–534, 557, 558, 578–581, 587, 603, 604, 621–622, 962. *Siehe auch Nährgewebe, Sukkulenz*
Spelze 374, 939, 940, 1000, 1006, 1011, 1021
Spermakern 132, 169, 170, 307, 309
Spermatangium 134
Spermatide 150, 158
Spermatium 132, 134
Spermatocyt 134, 144
Spermatogenes Gewebe 150, 158
Spermatogonium 134, 140
Spermatophyta 97, 171, 191, 224, 225, 226, 227, 231, 237, 261–265, 304–307, 472. *Siehe auch Angiospermen, Gymnospermen*
– Evolution 261–263
– Generationswechsel 133, 159–161, 304
– Systematik 1039–1042
Spermatozoid 81, 132, 134, 137, 139, 150, 163, 165–167, 180, 307, 309
Spermazelle 166
Spezialisierung 188, 740, 815, 828, 829, 840, 843, 855, 879, 907, 912, 914, 918
Spezialist 816, 854, 890, 907
Sphaerocarpos 152
Sphaeropleales 194
Sphagnales 283, 285, 286
Sphagnopsida 209, 211
Sphagnum 211, 213, 215, 220, 284
Sphenophyllales 90, 92, 93, 233, 250
Sphenophyllum 93
Sphenophyta 233, 254
Sphenopteris 246
Sphingidae 828, 840, 879, 889
Sphingophilie 889, 906, 910
Spindelapparat 46, 53, 54
Spiraea 672, 693
Spiralige Anordnung 331, 737, 738, 741, 766, 787
Spirogyra 27, 140, 182, 184

Spirostiche. *Siehe Phyllotaxis*
Spirre 681, 685, 941
Spitzenwachstum 188, 459, 541, 548
Splintholz 510
Spongilla 207
Sporangienentwicklung 295, 289–290, 295, 302, 303, 753, 765–766, 768–770, 788–789
Sporangienstand 301
Sporangienträger 91, 159, 291, 292, 298, 302, 318, 321, 736
– Megasporangienträger 314, 320
– Mikrosporangienträger 313, 314
Sporangienträgerstand 157
Sporangiophor. *Siehe Sporangienträger*
Sporangium 86, 146, 152, 200, 222, 288, 281, 292, 451
– Megasporangium 153, 154, 156, 157, 158, 291, 297, 301, 304
– Mikrosporangium 288, 293, 298, 306, 309, 315, 470
Spore 131, 155, 156, 291, 296, 301
Sporenausbreitung 140, 142, 146, 224, 281, 282, 287
Sporenentlassung 286, 289, 290, 325
Sporenmutterzelle 7, 146, 152, 154, 282, 288
– Megasporenmutterzelle 160
– Mikrosporenmutterzelle 165
Sporn 828, 836–838, 840, 841, 850, 855, 865, 931
Sporoderm 132, 158, 161, 282, 285, 770
Sporogenes Gewebe. *Siehe Archespor*
Sporogon. *Siehe Moos*
Sporokarp 292, 296, 297
Sporophyll 159, 200, 247, 281, 292, 298, 308, 309, 311
Sporophyllstand 281, 298, 302
Sporophyt 5, 81, 86, 87, 131, 132, 134, 146, 147, 153, 159, 200, 222, 225, 235, 709, 737
Sporopollenin 33, 42, 74, 81, 87, 132, 135, 139, 146, 158, 161, 182, 285, 309, 769
Spreite. *Siehe Lamina*
Spreizklimmer 250, 259, 388, 398, 429, 430, 528, 620
Sprengel, C. K. 816
Spreublatt 374, 706
Springbrunnentyp. *Siehe Plectenchym*
Spross 261, 265, 352, 353, 486, 598
– Evolution 236, 237
– funktionelle Vielfalt 11, 382, 410, 411, 419–414, 427, 429, 529–534, 620–623
– Organisation (Morphologie, Histologie) 497–502, 518–528
– Sprossentwicklung 489–497
– Sprossmodelle 487–488
– Steckbrief 356
Sprossachse 200, 232, 233, 486, 487, 493, 497, 529
Sprossapikalmeristem (SAM) 5, 191, 226, 237, 354, 355, 359, 360, 381, 487, 489, 490, 491, 498, 590, 741
Sprossbürtige Farnwurzel 248, 256
Sprossbürtige Wurzel 264, 272, 356, 413, 415, 416, 430, 527, 528, 587, 588, 595, 597–599, 603
Sprosslose Pflanze 600
Sprossmodell der Blüte. *Siehe Blütentheorie*
Sprosspol 360
Sprossung 422
Sprossverkettung *Siehe Monopodium, Sympodium*
Staavia 385, 397, 549, 578, 697, 836, 837
Stabilität 183, 250, 524. *Siehe auch Stützfunktion*
Stachel 238, 393, 430, 453, 454, 550, 554, 555, 578, 613, 620, 623, 1000
Stachyosporie 298, 312, 327, 794
Stachys 411, 892
Stamen 160, 169, 223, 324, 325, 736, 737, 756, 764, 775
Stamenentwicklung 765, 766, 782
Stamen-Petalum-Röhre 738, 741, 746, 747, 748, 761
Staminalbündel 753

Staminalröhre 745, 753, 784, 915
Staminate Blühphase 708
Staminate Blüte 393, 702, 710, 711, 738
Staminodium 331, 473, 710, 749, 752, 763, 772, 780, 781, 784, 831, 832, 863, 922, 923
Stämmchen 209
Stammesentwicklung. *Siehe Phylogenese*
Stammkonstruktion 236–237
Stammsukkulenz 7, 12, 111, 402, 424, 430, 502, 507, 530, 532, 622, 729
Stammzelle. *Siehe Initialzelle*
Ständigkeit. *Siehe Gynoeceum*
standing crop 845
Standortbedingung 71, 100, 575, 623, 627, 816, 937, 996, 1022
Stängel 232
Stangeria 266, 309, 310
Stanhopea 818, 852, 853
Stapelia 868, 927
Staphylea 991, 1004, 1008
Stärke 29, 116, 177
Statolithenstäke 29, 248, 591
Staubblatt. *Siehe Stamen*
Staubsamen 362, 627, 964, 1004
Staude. *Siehe Perenne*
Steckling 416, 598, 859, 992
Steinfrucht 968, 979, 983–988, 991, 1007, 1013, 1016
Steinfrüchtchen 988
Steinfruchtverband 968, 987, 988
Steinkern 74, 987
Steinkohlewald 92–94, 240
Steinobst 107, 969, 987
Steinzelle. *Siehe Sklereid*
Stelärtheorie 228
Stele 228–231, 237
Stelzwurzel 524, 607–611
Stenocereus 533, 966
Stenochlaena 191
Stenomyelon 230
Steppe 107, 109, 996, 1003, 1011, 1012, 1022, 1023
Steppenroller 995, 1000, 1010, 1011, 1012, 1023
Sterculia 973
Stereid 212
Stereolupe 479
Stereomorphe Blüte 828, 829, 840
Sterile Blüte 699, 728, 840, 904, 906
Steriphoma 747
Sternhaar 451, 452
Sternotribie 828, 830, 849, 894, 895, 903, 908–910, 915, 920
Sticherus 257
Stickstofffixierung 84, 177, 218, 259, 615–617
Stieltellerblüte 826, 828, 830, 840, 882, 883, 889
Stigma 161, 169, 326, 717, 718, 720, 722, 726, 777, 787, 796–799, 803, 832, 901, 926
stigma clogging 720
Stigmaphyllon 848, 849
Stigmarium 237, 239
Stilbaceae 119
Stildivergenz 855, 884
Stipa 109, 288, 940, 1006, 1009, 1011, 1019, 1021
Stipel 369, 373, 535, 536, 538, 542, 553, 556, 620, 631, 696
Stipelle 560
Stipes 855, 920
STM (SHOOTMERISTEMLESS) 492, 493, 536
Stockausschlag 349, 385, 624, 626
Stockmansella 89
Stoffspeicherung 31, 32, 209, 248, 410, 416, 497, 554, 587, 603, 621, 952. *Siehe auch Speicherorgan*
Stofftransport 209, 497, 550

Stolon 370, 416
Stoma 7, 32, 86, 87, 216, 222, 232, 238, 256, 282, 359, 443, 451, 461, 534, 571, 576–578, 598
– *Helleborus*-Typ 450
– *Mnium*-Typ 214, 284, 286
Stomium 290, 309, 768, 772
Strahlenblüte. *Siehe Randblüte*
Stramenopiles 28, 82, 144, 181, 269
Strangalia 885, 886
Strasburgerzelle 466, 576
Stratifikation 361
Strauchwuchs 119, 265, 391, 425, 428
Strelitzia 448, 965, 966
Streptocarpus 354
Streptophyta 37, 54, 80, 84, 135, 139, 150, 179, 180, 204, 1033
Streufrucht. *Siehe Öffnungsfrucht*
Striga 644
Strobilus. *Siehe Zapfen*
Strohblume 706–708
Stroma 24, 25
Stromatolith 77
Strophanthus 868
Strychnin 34
Strychnos 34
Stufenleiter des Lebens 2
Stützfunktion 542, 557, 587, 611, 620–621
Stylidiaceae 801, 927
Stylidium 801, 902, 919, 920
Stylodium 801
Stylopodium 836–838
Stylus 167, 170, 326, 717, 799–805, 918, 922
Styphnolobium 974, 994
Styrax 820
Subapikale Lage 189, 361, 586, 589, 591
Suberin 33, 43, 442, 456
Sublepidodendron 90
Subtropen 100, 107, 111, 575, 896, 904
Suchbewegung 429, 430
Südafrika 826, 850, 887, 899
Süßwasser 86, 122, 180, 181, 943, 945–947, 1013. *Siehe auch Alge: Süßwasseralge*
Sukkulente Karoo 119
Sukkulentenbusch 109, 428
Sukkulenz 119, 445, 530, 566, 567, 575, 581, 607, 622. *Siehe auch Blattsukkulenz, Stammsukkulenz*
Sulcates Pollenkorn 309, 326, 770
Superprimordium 750, 754, 767, 768
Sushi 197
Suspensor 226, 360, 590, 591
Suspensorzelle 226, 227, 264, 360, 589, 591
Swadonia 298
Swertia 723, 837, 838
Swietenia 512
Swillingtonia 97
Syllepsis 382, 385, 393, 396, 667
Symbiose 84, 121, 151, 178, 186, 205, 207, 214, 218, 235, 259, 284, 311, 581, 615–618, 623, 629, 814, 815, 858, 859
Symmetrie 740, 752, 762, 909
– Asymmetrie 50, 372, 567, 703, 740, 749, 781, 1007
– Bilateralsymmetrie 740
– Disymmetrie 740, 761
– Drehsymmetrie 740, 761
– Radiärsymmetrie (Aktinomorphie, Polysymmetrie) 331, 354, 488, 740, 753, 805
– Spiegelsymmetrie 704, 749, 922
– Zygomorphie (Monosymmetrie) 700, 740, 751, 752, 761, 805, 820, 830, 882, 894, 909 *Siehe auch Bifacialer Blattbau*

Sympatrie 68, 912, 919
Sympetal. *Siehe Perianth*
Symphorema 1010
Symphyse 611
Symphytum 401, 693, 994
Symplast 6, 16, 20, 23, 38, 54, 80, 193, 197, 200, 225, 486. *Siehe auch Thallus*
Symplastisch isoliert 7, 44, 451, 492
Symplastischer Transport 215, 464
Symplicate Zone 790, 792, 803
Sympodium. *Siehe Vegetative Verzweigung*
Synangialtheorie 305
Synangium 281, 291, 292, 293, 302, 305, 309, 319, 322, 325, 764
Synangiumträger 320, 322, 324
Synanthedon 887
Synanthere 778
Synapomorphie 12, 261
Synaptospermie 1023
Synascidiate Zone 790, 792
Syncephalium 707, 708
Synchronisation 144, 146, 801, 863, 876, 880, 881, 926, 927
Syncytium 55
Synergide 169, 170
Synfloreszenzkonzept 403–405, 408
Syngamie 86, 130, 137, 157, 163, 165, 170, 171, 307, 708, 709, 737, 814
Synkarpie. *Siehe Gynoeceum*
Synorganisation 740, 836, 919, 927, 931
Synsepal. *Siehe Perianth*
Synstigma 805, 859
Syntepal. *Siehe Perianth*
Syntrichia 219
Syringa 467, 601, 684
Syringodium 945, 946
Syrphidae 331, 825, 842, 843, 885, 887, 919
Systematik 12, 66–68, 72, 123, 1028–1045
Syzygium 113, 818

T

Tabanidae 887
Tacca 621, 775–777, 801, 871
Taccaceae 536
Taeniocrada 89
Taeniophyllum 613
Tafelberg 119, 634
Tageslänge 623
Tagetes 823
Tagfalter 827, 828, 855, 902, 929
Tagfalterblume 825, 889
Tagfalterblütigkeit. *Siehe Psychophilie*
Taiga 107, 272
Taktiler Reiz 817, 855, 876
Tamaricaceae 575
Tamarindus 974, 975
Tambourissa 799
Tanacetum 885
Tangentiale Spannung 514
Tangentialschnitt 511
Tannin. *Siehe Gerbstoff*
Tapetum 58, 161, 286, 288, 309, 325, 475, 717, 768, 769
Tapinotaspis 848
Taraxacum 55, 172, 288, 415, 478, 597, 708, 803, 1007
Tarnung. *Siehe Mimese*
Täuschblume 815, 830, 841, 855, 865, 866, 867, 868, 876, 882, 887, 907
Taxaceae 275, 313, 314, 996

Taxodium 264, 272, 274, 564, 576, 608, 609
Taxon 7, 66
Taxonomie 66, 368, 1028–1029
Taxus 35, 271, 272, 275, 314, 316–318, 324, 389, 507, 513, 966
Tecophilaceae 720
Tectate Exine 770
Tectona 511, 512
Teerfleckenkrankheit 584
Tegeticula 858
Tegment 371, 385, 410
Teilblütenstand 684, 685, 692
Telomer 49
Telomerase 49
Telompflanze 87, 89, 148, 216, 222–225, 298, 615
Telomsystem 87, 191, 222, 244, 232, 261
Telomtheorie 222, 223, 233, 244, 245, 268, 305
Teminalia 1004
Temperate Zone 100, 107, 108, 575, 576, 933, 997
Temperatur 74, 80, 81, 97–100, 623, 878
Temporäre Diözie 727, 880
Tentakel 635, 636
Tenuinucellate Samenanlage 790
Tepalum 757
Tephrosia 529
Teppichstrauch 427, 428
Tequila 468
Teratum. *Siehe Anomalie*
Terminalia 111, 1004, 1008
Terpen 472, 475, 818, 819
Terpenoid 33
Terpentin 475, 477
Terrestrische Lebensweise 177, 180, 207, 424, 623, 644
Territoriales Verhalten 900
Tersonia 934, 935
Tertiär 99
Tertiärwand 42
Testa 166, 304, 307, 324, 360, 447, 788, 961, 964, 990, 1004, 1006,
    1008, 1009, 1011, 1023
Tethys 96, 98
Tetrade 854
Tetraena 775
Tetraponera 632
Tetrarche Wurzel 593
Tetrasporangiate Anthere 764
Tetraspore 142
Tetrasporer Embryosack 163
Tetrasporophyt 142, 143
Tetraxylopteris 93
Teucrium 722, 723
Textur 39, 42, 459, 461, 463, 1018
TFL (TERMINAL FLOWER) 670
Thalassia 943, 946, 947
Thalassodendron 945, 946
Thalia 191, 749, 894, 922
Thalictrum 540, 786, 934, 937
Thalluspflanze 188–192, 208–217
Thallus 20, 86, 134, 138, 148, 151, 188–193, 200, 204, 209, 210
– Definition 188
– Mehrzeller 180–196
– Symplast 180, 185, 188, 197–200
Thamnea 447
Thassalodendron 947
Thaumatococcus 922, 923
Theke 169, 325, 764, 768
Themeda 111
Theobroma 116, 385, 650, 980
Theophrast von Eresos 2, 130, 617, 859

Thermogenese 30, 311, 330, 863, 864, 873, 881, 882
Thermoregulation 575, 892
Therophyt 424, 432
Thesium 400, 401, 647, 693, 999
Thigmonastie 427, 569
Thlaspi 1015
Thomisus 582, 840
Thonningia 646
Thrum-Blüte 720
Thuja 271, 272, 274, 316, 317, 513
Thujopsis 577
Thunbergia 778
Thylakoid 24–26, 573
Thylle 464, 510
Thymelaeaceae 757
Thymophylla 707
Thymus 817, 818, 820
Thyrsopaniculater Blütenstand 681, 685, 690, 691, 698, 701, 941
Thyrsus 668, 672, 681, 685, 688, 691, 694, 698, 707, 708
Thysanoptera 309, 311, 330, 332, 799, 885
Tiedemannia 560
Tiefenlage 587, 603, 605
Tiefwurzler 588
Tier 2–7, 133, 151, 711, 814
Tierausbreitung. *Siehe Zoochorie*
Tierbestäubung. *Siehe Zoophilie*
Tilia 100, 350, 383–385, 399, 420, 460, 509, 510, 512, 513, 600, 818,
    837, 845, 1008
Tillandsia 470, 471, 599, 627–629, 632, 634
Tinantia 783
Tiphiidae 876
Tmesipteris 253–255, 292, 300, 629
Tococa 630–632, 772, 773
Todesfalle 870, 873
Tollhonig 835
Tolmiea 550
Tonoplast 7, 22–24, 30, 51
Tordylium 704, 705
Torenia 775, 778, 780
Torf 220
Torilis 1002
Torpor 900
Torreya 313, 314, 316–318
Torsion 378
Tortula 287
Torus 464
Totalreflexion 445, 516, 583, 821, 1011
Tote Zelle 451, 462, 506
Totipotenz 4, 5, 15, 190, 419
Tourettia 699
Toxicodendron 35
Trabecula 183, 298
Trachee 228, 441, 442, 461, 462–464, 504, 506, 507, 509
Tracheide 87, 224, 228, 250, 441, 442, 461, 463, 506, 507, 509, 576
Tracheophyta 89, 90, 224. *Siehe auch Kormophyta*
Trachycarpus 527
Trachypetrella 582
Trachyphrynium 427, 927, 976
Tradescantia 453, 454, 829
Tragblatt 369
Tragopogon 560, 880, 1006, 1009
Trampelklette 1001–1003, 1023
Transference of function 298, 1023. *Siehe*
    auch Funktionsübertragung
Transferzelle 285, 572, 594
Transfusionsgewebe 576, 577
Transitorische Färbung 583, 704, 705

Transkriptionsfaktor 744
Translator 928
Translokator 50
Transmissionsgewebe. *Siehe Pollenschlauchleitgewebe*
Transpiration 215, 445, 449, 465, 534, 583, 871
Transpirationssog 86, 209, 215, 232, 461
Transportgeschwindigkeit 465, 466
Transversale 356, 357, 374, 396, 687
Transversalfurche 766
Trapa 990
Trapliner 900
Traube 667, 668, 671, 680, 681, 682, 693, 695, 784, 980
Träufelspitze 549, 581
Trebouxia 140, 182, 186
Trebouxiales 140
Trebouxiophyceae 179, 180
Trennungsgewebe 971, 972, 1019
Trentepohlia 186, 201, 207
Trentepohliales 138, 140, 201
Trevesia 561
Triade 681, 690, 691
Trias 96
Tribulus 432, 1001, 1003, 1023
Trichal. *Siehe Organisationsform*
Trichius 885
Trichoglossus 898
Trichogyne 143, 146
Tricholoma 616
Trichom 441, 451–453, 778. *Siehe auch Anemochorie*
Trichomanes 253, 256
Trichromatisch. *Siehe Sehsinn*
Trichterblume 828, 830, 840
Tricolpates Pollenkorn 326, 770, 771, 774
Trientalis 740
Trifolium 617, 915, 1019, 1021
Trigger. *Siehe Explosive Bewegung*
Triglochin 933, 934
Trigona 863, 891, 892
Trigonella 1019
Trimerie 281, 374, 738, 738, 742, 743, 972
Trimerophyta 87, 89, 222, 224, 232, 233, 245, 298, 299
Trimerophyton 89
Triodia 117, 118
Triphyophyllum 635, 638
Triplaris 115
Triple-Mutante 328
Triploides Nährgewebe. *Siehe Endosperm: sekundäres E.*
Tripsacum 938, 993, 994
Tristerix 364, 599, 644, 646, 647
Tristichie. *Siehe Phyllotaxis: Stichie*
Tristylie 720
Triticum 32, 58, 70, 110, 122, 365, 520, 588, 935, 937, 938, 966
Tritoniopsis 848
Trochilidae 114, 566, 700, 820, 866, 883, 897, 900, 902, 912, 922
Trochodendrales 281
Trockenrasen 107
Trockenresistenz. *Siehe Homoiohydrie*
Trollius 726, 773, 790, 858
Tropaeolaceae 114
Tropaeolum 539, 543, 544, 564, 757, 837, 841, 898
Tropen 100, 107, 111, 116, 607, 608, 627, 629, 887, 896, 900, 904, 997
Trophanthere 781, 783, 832
Trophont 135, 136
Trophophyll 247, 253, 298
Trophosporophyll 247, 253–269, 292–298, 300, 302, 629
Tropismus 568

Trunkation 404, 680
Tryptomene 573
Tuffbildung 221
Tulbaghia 738, 746, 747, 776, 777
Tulipa 110, 678, 679, 738, 744, 764, 772, 791, 801, 825, 886, 972
Tundra 107, 217
Tunica 490, 491, 494
Tupaia 638, 906
Tüpfel 23, 24, 42, 462, 510
Tüpfelfeld 39
Tüpfelkanal 461
Turbulenz 932, 935
Turgor 6, 7, 31, 32, 38, 86, 87, 181, 208, 222, 240, 444, 451, 456, 919. *Siehe auch Primäre Festigkeit*
Turgoränderung 177, 568, 569, 605, 640, 796, 919, 921
Turgormechanismus 635, 1016, 1019
Turio 420, 445, 943
Tussilago 408, 409, 708, 880
Tussock 111
Typha 774, 935, 942
Typologie 8, 368, 403, 408, 546–547, 676, 987
Typus 368

U

Überdauerung 183, 210, 217, 259, 410–415
Überdauerungsorgan 353, 410–415, 432, 496, 501, 598, 603, 605
Überdüngung 208
Übergänge 196, 229, 362, 574, 884
– Ausbreitung 937, 943
– Blatt 540, 543, 555, 560, 568, 576, 641
– Blüte 737, 744, 756, 763, 796, 915
– Blütenstand 680, 690, 695
– Frucht 969, 972
– Organ 10, 354–355
– Vegetationskörper 390, 415, 427, 452, 600
Übergangskriterium. *Siehe Homologiekriterium*
Übergipfelung 87, 190, 191, 223, 225, 232, 238, 245, 245, 382, 692, 693
Überknotenwurzler 598, 599
Überwallungsprozess 746
Ulmus 100, 276, 510, 512, 600, 1004, 1008
Ulothrix 27, 182, 190, 194
Ulotrichales 194
Ulva 134, 138, 140, 188, 194, 195, 197, 199, 207, 208
Ulvales 138, 194
Ulvophyceae 135, 138, 146, 179, 180, 182, 194, 195, 207
Umfangserweiterung. *Siehe Dilatation*
Umgangssprache 43, 119, 287, 368, 454, 455, 516, 603, 960, 967–969, 971, 974, 983, 985, 990, 991
Umkehr der Blühphasen 728
Umwanderungsblüte 830, 838, 881, 907
Umwelteinfluss. *Siehe Standortbedingung*
Umweltgefährdung 104–107, 111, 114, 116, 119, 122, 123, 201, 205, 207, 208, 220, 221, 275, 514, 626, 848, 878, 890, 947, 1000
Unbenetzbarkeit 258, 448, 945, 1004, 1013
Uncaria 113
Ungerichteter Transport 816, 932, 943
Unifacialer Blattabschnitt 535, 543, 544, 546–548, 550, 551, 571, 573
Unitegmisch. *Siehe Integument*
Unspezialisierter Bestäuber 714, 727, 828, 830, 838, 861, 885
Unterblatt 369, 528, 534, 537, 538, 539, 542, 553–560, 620
Unterdruck 223, 290, 291, 461, 462, 636, 641
Unterknotenwurzler 598, 599
Unterlippe 740, 752, 832, 833, 894, 921
Unterseite 355, 534

Unterwasserbestäubung 945
Unterwasserwiese 944, 947
Uratmosphäre 77
Urkontinent 83
Urmeristem 358, 360
Urmotte 309
Urnenblatt 566, 634
Uromycladium 104
Uronema 201
Urospermum 707
Urospora 194
Urozean 77, 83
Urpflanze 329, 368
Ursinia 1006, 1009
Urtica 452, 454, 459, 499, 711, 712, 795, 934–936
Urticaceae 453, 795, 920, 933, 935, 992
Urushiol 35
Urzeit 77
Usnea 186, 187, 470
Ustilaginomycotina 651, 711
Utricularia 420, 599, 634, 636, 641
Utriculus 939, 941, 1013
UV-Absorption 826
UV-Licht 821–824
UV-Mal 823
UV-Reflexion 826
UV-Schutz 86, 158, 446, 821
UV-Strahlung 33, 77, 86

V

Vaccinium 427, 765
Vachellia 111, 112, 425, 426, 555, 623, 630, 632, 633, 974, 975
Vakuole 7, 22–24, 31, 33, 222
Vakuolenfarbstoff 821, 823
Valeriana 818, 1006, 1009
Valerianaceae 478, 759, 1010
Vallecularkanal 251
Vallisneria 945–948
Valvate Öffnung 765, 773, 974, 976, 978
Vanda 627
Vanessa 889
Vanilla 116, 613, 614, 620, 621, 818
Variable Proportion 683
Variskische Faltung 95
Varroamilbe 890
Vaucheria 46, 134, 179, 183
Vegetabilischer Schwamm 976
Vegetabilisches Elfenbein 528, 966, 967
Vegetationskegel 489, 494
Vegetationskörper. *Siehe Kormus, Spross, Thallus, Trophont*
Vegetationszone 100–103
Vegetative Phase 298, 349, 358, 398, 413, 666
Vegetative Vermehrung 130, 131, 136, 172, 183, 185, 194, 201, 217, 349, 365, 412, 416–420, 550, 607, 622, 943
Vegetativer Unterbau 403, 404, 684, 693
Vegetative Verzweigung 382, 383, 385, 389, 390, 393, 396, 424
– Monopodium 271, 382, 383, 384, 389, 393, 395, 667
– Sympodium 382, 383, 384, 389, 395, 403, 688
Velamen radicum 470, 471, 472, 614, 629
Vellozia 115
Velloziaceae 114, 216
Ventralis 786
Ventralmeristem 543, 544, 547, 548
Ventralnaht 750, 785, 786, 787, 788, 791, 969, 972
Ventralschuppe 209

Ventrifixe Anthere 765
Ventrizide Öffnung 972, 973, 976, 978
Verankerung 234, 427–430, 620, 621, 627, 1000, 1019
Veratrum 432, 559, 560, 621, 716
Verbänderung 425, 514, 678, 679
Verbascum 452
Verdauungsdrüse 442, 473, 475, 635, 636
Verdauungsenzym 640, 997
Verdickungsmeristem 523, 528
Verdriftung 945
Verdunstung. *Siehe Transpiration*
Verdunstungskälte 278, 465
Verdunstungsschutz 86, 158, 216, 449, 451, 574–576, 578, 838
Vereisung 99
Verholzung 43, 457, 524, 988, 990, 999, 1000
Verkalkung 43, 180, 182, 183, 184, 197, 202
Verkieselung 43, 74, 180, 182
Verklebung 750, 778, 786
Verkorkung 43, 74, 430, 454, 516, 593, 595
Vernalisation 361, 670
Veronica 51, 396, 399, 672, 692, 1015, 1019
Versatile Anthere 765, 776, 781, 782
Verschleimung 591
Versteinerung 74
Verticordia 428, 837, 838
Verwachsung. *Siehe Fusion*
Verzweigung 191, 200, 226, 237, 688. *Siehe auch Reproduktive Verzweigung, Vegetative Verzweigung*
– axilläre 191, 237, 264, 356
– dichotome. *Siehe Dichotomie*
– extraaxilläre 237, 244, 251
– scheinbar dichotome 191
– seitliche 191
– terminale 191, 238
Verzweigungsanalyse 393–396
Vespoidea 831, 855, 876, 892, 906
Vibrationsbestäubung 772, 832, 835, 907
Viburnum 451, 551, 553, 685, 699, 701, 830
Vicia 110, 617, 719, 824, 835, 918, 962, 964, 966, 974, 1018
Victoria 550, 553, 564, 624
Viehfutter 200, 415, 974, 991
Vigna 916, 918
Vinca 720, 721, 762
Vincetoxicum 774, 927
Viola 71, 454, 719, 738, 762, 823, 825, 999, 1016, 1018
Virus 648, 650
Viscidium 854, 855, 920
Viscinfaden 772, 774, 798
Viscinkörper 798
Viscum 364, 599, 644, 645, 647
Vitaceae 393, 407, 875
Vitalfärbung 820
Vitalität 391
Vitis 110, 383, 384, 395, 396, 430, 516, 620, 651, 685, 716, 980, 985
Viviparie 218, 364–366, 608. *Siehe auch Falsche Viviparie*
Voandzeia 1019
Vogel. *Siehe Aves*
Vogelausbreitung. *Siehe Ornithochorie*
Vogelblume 823, 845, 857, 883, 896, 898, 901, 910, 913
Vogelblütigkeit. *Siehe Ornithophilie*
Vollkugelpolster 428
Vollturgeszenz 31, 208, 215, 444, 569
Voltziales 92, 95–98, 262, 267, 306, 314
Volvocaceae 185
Volvox 135, 137, 181, 182, 185, 201

Vorauseilende Entwicklung 538, 542, 557, 672, 680, 748, 757, 765
Vorblatt 373, 685, 696, 759, 1004, 1008, 1009
Vorläuferspitze 547, 549
Vorspannung 569, 640, 641, 801
Vortäuschung 866, 871, 876, 887, 997
Vriesea 627, 628
Vulkanismus 77, 95, 98
Vulpicida 187

W

Wacholderheide 389
Wachsender Felsen von Usterling 219, 221
Wachs 446, 448, 516, 577, 578, 580, 581, 640, 871
Wachstum 188–191, 226, 227
– begrenztes (geschlossenes) 4, 15, 233, 356, 534, 667, 669, 741
– klonales 105, 130, 214, 416
– kontinuierliches 389, 392, 425, 693
– offenes 2, 5, 15, 81, 349, 597, 623
– rhythmisches 389, 392, 424
Wachstumsbewegung 524, 568, 605, 724, 995, 1019
Wachstumsrate 421
Wachstumsregulator. *Siehe Auxin*
Wachstumszyklus 391
Wald 103
– Bergwald 106, 110, 112, 273
– Laubwald 3, 100, 107, 108, 117, 275, 276, 382, 933, 1022
– Lorbeerwald 99, 107, 109, 118, 581
– Nadelwald 276, 475, 476, 575, 576
– Nebelwald 112, 186, 256, 627
– Regenwald 111, 112, 114, 115, 117, 121, 627
– Tertiärwald 109, 117, 119, 900
– Tropenwald 575, 576, 995, 997, 1021
Wanderpalme 611
Warmzeit 100
Warscewiczia 700, 701
Wasseraufnahme 209, 234, 461, 464, 470–472, 586
Wasserausbreitung. *Siehe Hydrochorie*
Wasserbestäubung. *Siehe Hydrophilie*
Wasserdampf 461
Wasserhaushalt 4, 31, 215, 222, 487
Wasserleitgewebe 224, 228, 507
Wasserleitsystem 86, 216, 240
Wasserpflanze 249, 280, 445, 523, 613, 624, 943, 947
Wasserqualität 205
Wassersack 213
Wasserspeicher 209, 430, 502, 530, 533, 581, 603, 621
Wasserspeicherkapazität 220
Wassertransport 228
Wasserversorgung 627
Watsonia 624
Wechselfeucht. *Siehe Poikilohydrie*
Wechselständig. *Siehe Phyllotaxis*
Wedel 247, 248, 256
Weibchenattrappe 861, 878
Weichbast 514
Weichfaser 459
Weichholz 513
Weidetier 562, 940, 995
Weißfäule 422
Welternährung 122
Weltgesundheit 122
Welwitschia 97, 111, 163, 265, 269, 278, 279, 322, 323, 324, 420, 421, 550, 574
Welwitschiaceae 278
Westringia 752

Whiteheadia 907
Wickel 681, 687, 688, 702
Wildflower Industry 119
Williamsonia 97
Williamsoniella 97, 306
Wind 154, 163, 224, 308, 322, 932, 995, 1003
Windausbreitung. *Siehe Anemochorie*
Windbestäubung. *Siehe Anemophilie*
Windepflanze 249, 259, 427, 429, 457, 620
Windkanal 163, 308, 933, 935, 1003
Windschur 425, 426
Winkelkletterer 427, 431, 620
Winteraceae 886
Wintersteher 997, 1011
Wintervorrat 996, 999
Wirtelige Anordnung 331, 374, 931
Wirtschaftsleistung der Natur 122
Wirtsspezifität 648, 650, 858
Wissenschaftliches Arbeiten 440, 488, 546, 884
Wisteria 918, 973, 1016
Witsonia 832, 833
Wolffia 422, 423
Wollemia 269, 270, 272
WOX5 (WUS-like homeobox transcription factor 5) 590
Wuchsform 91, 225, 235, 249, 265, 278, 424–433, 816, 996
Wundreaktion 514, 600, 647
Wundverschluss 183, 442, 474, 475, 478, 505, 514
Würgefeige 611, 627
Wurzel 586–589, 597–600
– Entwicklung 589–591
– Evolution 234, 235, 264, 265
– Histologie 591–597
– funktionelle Vielfal 411, 414, 415, 471, 472, 603–614, 620–623, 627, 629
– Steckbrief 356
Wurzelartige Struktur 233, 234, 235, 237, 239, 241
Wurzelbürtiger Spross (Wurzelbrut) 354, 417, 599, 600
Wurzelcambium 592, 595, 597, 598
Wurzeldruck 465, 473
Wurzelfäule 650
Wurzelhaar 248, 442, 464, 471, 586, 588, 589, 592, 594, 617
Wurzelhaarzone 471
Wurzelhaube. *Siehe Kalpytra*
Wurzelknöllchen 617, 618
Wurzelkontraktion 415
Wurzellose Pflanze 364, 599, 644, 945
Wurzelmantelkonstruktion (Wurzelmantelstamm) 92, 236, 251, 259
Wurzelmeristem 352, 354, 360, 586, 589–591, 593
Wurzelpol 261, 264, 360
Wurzelstock 603
Wurzelsystem 4, 264, 272, 486, 587, 589, 615
Wurzeltasche 595, 596
Wurzeltiefe 589
Wurzelträger 237, 242
WUS/CLV3 (WUSCHEL/CLAVATA3) 491
Wüste 107, 111, 112, 118, 186, 278, 361, 421, 575, 589, 719, 980, 996, 1003, 1021–1023

X

Xanthium 554, 555, 623, 992, 1000, 1002, 1023
Xanthocyparis 269
Xanthopan 840
Xanthophyceae 37, 82, 135, 179–182, 207
Xanthophyll 29
Xanthoria 187
Xanthorrhoea 118, 425, 527, 528, 624, 626
Xanthosia 71, 703, 705

Xenogamie 171, 709, 716, 858, 868, 871, 910
Xenologes Gen 8
Xerochasie 1018
Xeromorphie 95
Xeromorpher Blattbau 575, 577
Xeronastie 569
Xerophyt 218, 623
Xylan 37
Xylem 228, 442, 461, 462, 497, 571
Xylemdifferenzierung
– centrarche 228
– endarche 231, 241, 261, 598
– exarche 229, 241, 243, 248, 595
– mesarche 229, 261, 262
Xylemstrahl 594, 595, 600
Xylocarpus 607
Xylocopa 891, 892, 894–896, 910, 914, 918
Xylomelum 972, 973
Xyridaceae 937

Y

YABBY-Genfamilie 536
Yucca 109, 470, 527, 528, 858, 862

Z

Zähligkeit 738
Zamia 309
Zamiaceae 267, 311
Zannichellia 943, 945, 946
Zäpfchenrhizoid 209
Zapfen 159, 281, 288, 292, 298, 301, 306, 308, 318, 985
Zea 116, 122, 170, 519, 520, 542, 569, 574, 577, 586, 591, 598, 712, 744, 799, 803, 933, 937, 938, 966, 992
Zedernöl 513
Zeichnen 440
Zeigerpflanze 220, 254, 878
Zeitalter 77, 79, 80, 83, 85, 95, 99
Zeitkorrelation 397, 385, 386, 389, 408–410, 538, 746, 753, 845, 881, 919, 997. *Siehe auch Aufblühfolge, Dichogamie*
Zeitverschiebung. *Siehe Heterochronie*
Zelle 44–53. *Siehe auch Pflanzenzelle*
Zellfaden 180, 189, 192, 196
Zellfragmentierung 183
Zellgröße 23, 24
Zellkern. *Siehe Nucleus*
Zellkommunikation 7, 24, 39, 193, 492
Zelllage (*layer*) 490, 492
Zellmembran. *Siehe Biomembran*
Zellorganell 21, 24, 617
Zellplatte 38, 54
Zellsaft 31
Zellstreckung 39, 188
Zellteilung 53, 54, 188, 196
– antikline 188, 189, 190, 446, 490, 492, 596
– äquale 189, 190, 191, 192
– inäquale 189, 190, 191, 192, 360, 467
– interkalare 190, 194, 200, 286, 538, 543, 549, 566, 673, 787
– perikline 188, 189, 504, 595, 596
– unvollständige 6, 185, 196, 200. *Siehe auch Phragmoplast*

– vollständige. *Siehe Cytokinese*
Zellteilungsaktivität 489, 490, 492, 538, 548, 592
Zelltheorie 21
Zelltod 177, 185
Zellwand 6, 7, 23, 24, 37–44, 51, 199, 200, 209
Zellwandversteifung 285, 286, 309, 462, 510, 768
Zellzyklus 53–58
Zen-Garten 219, 222
Zentralfadentyp. *Siehe Plectenchym*
Zentrale Placentation 968
Zentralplacenta 791, 794
Zentralwinkelständige Placentation 790, 791, 792, 968, 970, 972
Zentralzylinder 229, 586, 589, 590, 592, 594, 596, 599
Zerstreutporiges Holz 510
Zichorienkaffee 415
Zichorientyp 707, 708
Zierpflanze 58, 105, 110, 114, 119, 261, 268, 454, 650, 678, 856, 910, 922
Zingiber 113, 411, 817, 818
Zingiberaceae 112, 115, 478, 557, 776, 796, 963
Zisternenpflanze 470, 556, 627, 629, 635, 638
Zitrusfrucht 980
Zoidiogamie 165, 166, 307
Zoochorie 84, 324, 995, 996
Zoogamet 134, 144
Zoophilie 84, 161, 169, 261, 280, 307, 311, 324, 332, 695, 712, 769, 772, 814, 881, 882, 932, 937
Zoospore 131, 134, 180
Zooxanthelle 207
Zostera 944–947
Zosteraceae 943, 946, 947
Zosterophyllum 89, 91, 148, 228, 238, 298, 299
Zosterophyta 87, 89, 90, 93, 222, 224, 225, 233, 298, 299
Zosteropidae 897, 900, 902, 912
Zuchtform. *Siehe Sorte*
Zuckergewinnung 415
Zugfestigkeit 41, 86, 457, 594
Zugspannung 290, 514, 926
Zugwurzel 587, 603, 605–607
Zunge 897, 901, 904
Zungenblüte 707, 708
Zuwachseinheit 192, 387, 389, 397, 402, 404, 406, 510, 605
Zuwachszone 76, 506, 510, 597
Zweikernpollen 167, 169, 718
Zwergmännchen 137, 218
Zwergstrauch 107, 427
Zwergwuchs 624
Zwiebel 411–414
Zwiebelpflanze 119, 410, 413, 518
Zwillingsfrucht 982
Zwischenfieder 560, 561
Zwitterblüte. *Siehe Monokline Blüte*
Zwitterblütigkeit 98, 757
Zygaena 27, 887
Zygnematophyceae 139, 182, 205, 221
Zygomorphie. *Siehe Symmetrie*
Zygophyllaceae 118, 555, 574
Zygophyllum 473, 765
Zygote 143, 200, 961
– Dauerzygote 134–139, 146, 182
– Planozygote 134, 136, 137
Zyklische Anordnungs, 738, 742, 766

GPSR Compliance

*The European Union's (EU) General Product Safety Regulation (GPSR)
is a set of rules that requires consumer products to be safe and our
obligations to ensure this.*

*If you have any concerns about our products, you can contact us on
ProductSafety@springernature.com*

In case Publisher is established outside the EU, the EU authorized
representative is:

Springer Nature Customer Service Center GmbH
Europaplatz 3
69115 Heidelberg, Germany

Batch number: 09681664

Printed by Printforce, the Netherlands